80
20
H
N
10
CR
P
80

FLORA MESOAMERICANA

VOLUMEN 2, PARTE 1

CYCADACEAE a CACTACEAE

CARMEN ULLOA ULLOA, HÉCTOR M. HERNÁNDEZ,
FRED R. BARRIE, GERRIT DAVIDSE, SANDRA KNAPP

(EDITORES GENERALES)

TERI BILSBORROW, CARLOS GÓMEZ-HINOSTROSA, ALBA L. ARBELÁEZ

(ASISTENTES EDITORIALES)

MISSOURI BOTANICAL GARDEN

UNIVERSIDAD NACIONAL AUTÓNOMA DE MÉXICO

INSTITUTO DE BIOLOGÍA

NATURAL HISTORY MUSEUM, LONDON

2025

ISBN 968-36-3309-9 obra completa

ISBN 978-1-935641-32-2 volumen 2, parte 1

Library of Congress Control Number 97156103

Copyright © 2025 by Missouri Botanical Garden Press

4344 Shaw Boulevard

St. Louis, MO 63110, U.S.A.

www.mbgpress.org

All rights reserved. Printed in the U.S.A./Derechos Reservados. Impreso en los Estados Unidos de América

CONTENIDO

PARTICIPANTES EN EL VOLUMEN 2, PARTE 1

Hernán Alvarado-Sizzo, Instituto de Investigaciones en Ecosistemas y Sustentabilidad (IIES), Universidad Nacional Autónoma de México, Morelia, 58190 Michoacán, México.

Juan José Ancona (UADY), Departamento de Botánica, Campus de Ciencias Biológicas y Agropecuarias, Universidad Autónoma de Yucatán, carretera Mérida-Xmatkuil km 15.5, 97100 Mérida, Yucatán, México. Dirección actual: (IEB), Centro Regional del Bajío, Instituto de Ecología A.C., 61600 Pátzcuaro, Michoacán, México.

David A. Aquino, Jardín Botánico, Instituto de Biología, Universidad Nacional Autónoma de México, Ciudad Universitaria, Alcaldía Coyoacán, 04510 Ciudad de México, México.

Salvador Arias, Jardín Botánico, Instituto de Biología, Universidad Nacional Autónoma de México, Ciudad Universitaria, Alcaldía Coyoacán, 04510 Ciudad de México, México.

Gerardo Aymard Corredor (PORT), UNELLEZ-Guanare Programa de Ciencias del Agro y el Mar, Herbario Universitario Mesa de Cavacas, Estado Portuguesa 3350, Venezuela; y Compensation International Progress S.A., Ciprogress-Greenlife, Bogotá D.C., Colombia.

Fred R. Barrie (MO/F), Missouri Botanical Garden, 4344 Shaw Blvd., St. Louis, MO 63110, Estados Unidos; y The Gantz Family Collections Center, The Field Museum, 1400 S. Lake Shore Drive, Chicago 60605, Estados Unidos.

John Benfield (BM), The Natural History Museum, Cromwell Road, London SW7 5BD, Reino Unido.

Helia Bravo-Hollis†, Jardín Botánico, Instituto de Biología, Universidad Nacional Autónoma de México, Ciudad Universitaria, Alcaldía Coyoacán, 04510 Ciudad de México, México.

Janelle M. Burke, College of Arts and Sciences, Howard University, 2400 Sixth Street NW, Washington, D.C. 20059, Estados Unidos.

Maarten J.M. Christenhusz (K), Herbarium, Royal Botanic Gardens, Kew, Richmond, Surrey TW9 3AE, Reino Unido.

Mireya Correa A.† (PMA), Herbario, Facultad de Ciencias Naturales, Exactas y Tecnología, Universidad de Panamá, Estafeta Universitaria, 0824 Panamá, Panamá.

Miguel Ángel Cruz, Jardín Botánico, Instituto de Biología, Universidad Nacional Autónoma de México, Ciudad Universitaria, Alcaldía Coyoacán, 04510 Ciudad de México, México.

Ramiro Cruz Durán (FCME), Herbario de la Facultad de Ciencias, Facultad de Ciencias, Universidad Nacional Autónoma de México, Ciudad Universitaria, Alcaldía Coyoacán, 04510 Ciudad de México, México.

Gerrit Davidse (MO), Missouri Botanical Garden, 4344 Shaw Blvd., St. Louis, MO 63110, Estados Unidos.

Tânia Regina dos Santos Silva (HUEFS), Herbário, Departamento de Ciências Biológicas, Universidade Estadual de Feira de Santana, Av. Transnordestina, s/n., Feira de Santana, Bahia 44036-900, Brasil.

Katie S. Edwards (actualmente Lloyd) (K), Herbarium, Royal Botanic Gardens, Kew, Richmond, Surrey TW9 3AE, Reino Unido.

Roy H.J. Erkens, Maastricht School of Liberal Arts and Sciences, Maastricht University, P.O. Box 616, 6200 MD Maastricht, Países Bajos.

Adolfo Espejo Serna (UAMIZ), Herbario Metropolitano, Departamento de Biología, División de Ciencias Biológicas y de la Salud, Apartado Postal 55-535, Av. Ferrocarril San Rafael Atlixco 186, Col. Leyes de Reforma 1ª sección, Alcaldía Iztapalapa, 09310 Ciudad de México, México.

Aljos K. Farjon (K), Herbarium, Royal Botanic Gardens, Kew, Richmond, Surrey TW9 3AE, Reino Unido.

Aaron Floden (MO), Missouri Botanical Garden, 4344 Shaw Blvd., St. Louis, MO 63110, Estados Unidos.

Hilda Flores-Olvera (MEXU), Herbario Nacional de México, Departamento de Botánica, Instituto de Biología, Universidad Nacional Autónoma de México, Ciudad Universitaria, Alcaldía Coyoacán, 04510 Ciudad de México, México.

Alan R. Franck (FLAS), Florida Museum of Natural History, Dickinson Hall, 1659 Museum Road, Gainesville, FL 32611-7800, Estados Unidos.

Daniel Franco-Estrada, Jardín Botánico, Instituto de Biología, Universidad Nacional Autónoma de México, Ciudad Universitaria, Alcaldía Coyoacán, 04510 Ciudad de México, México.

David S. Gernandt (MEXU), Herbario Nacional de México, Departamento de Botánica, Instituto de Biología, Universidad Nacional Autónoma de México, Ciudad Universitaria, Alcaldía Coyoacán, 04510 Ciudad de México, México.

Michael H. Grayum (MO), Missouri Botanical Garden, 4344 Shaw Blvd., St. Louis, MO 63110, Estados Unidos.

Barry E. Hammel (MO), Missouri Botanical Garden, 4344 Shaw Blvd., St. Louis, MO 63110, Estados Unidos.

Gerlinde Hausner†, Botany Department, University of Mainz, Mainz, Alemania.

Thorunn Helgason, Department of Biology, University of York, Heslington, York, YO10 5DD, Reino Unido.

Héctor M. Hernández (MEXU), Herbario Nacional de México, Departamento de Botánica, Instituto de Biología, Universidad Nacional Autónoma de México, Ciudad Universitaria, Alcaldía Coyoacán, 04510 Ciudad de México, México.

Paul Hiepko† (B), Herbarium, Botanischer Garten und Botanisches Museum Berlin-Dahlem, Zentraleinrichtung der Freien

Universität Berlin, Königin-Luise-Strasse 6-8, D-14195 Berlin, Alemania.

Jaime Jiménez (FCME), Herbario de la Facultad de Ciencias, Facultad de Ciencias, Universidad Nacional Autónoma de México, Ciudad Universitaria, Alcaldía Coyoacán, 04510 Ciudad de México, México.

Quírico Jiménez Madrigal, Ingeniería en Gestión Forestal y Vida Silvestre. Universidad Técnica Nacional (UTN) sede Atenas, Costa Rica.

Leo Junikka (H), Finnish Museum of Natural History, University of Helsinki, P.O. Box 7, 00014 Helsinki, Finlandia.

Ronaq Khan (BM), The Natural History Museum, Cromwell Road, London SW7 5BD, Reino Unido.

Bente Bang Klitgaard (K), Herbarium, Royal Botanic Gardens, Kew, Richmond, Surrey TW9 3AE, Reino Unido.

Sandra Knapp (BM), The Natural History Museum, Cromwell Road, London SW7 5BD, Reino Unido.

Job Kuijt† (UVIC), Herbarium, Biology Department, University of Victoria, P.O. Box 3020 STN CSC, Victoria, British Columbia V8W 3N5, Canadá.

Francisco G. Lorea-Hernández (XAL), Red de Biodiversidad y Sistemática, Instituto de Ecología, A.C., Apartado Postal 63, 91000 Xalapa, Veracruz, México.

David H. Lorence, National Tropical Botanical Garden, 3530 Papalina Road, Kalaheo, HI 96741, Estados Unidos.

Paul J.M. Maas, Naturalis Biodiversity Center, section Botany, P.O. Box 9517, 2300 RA Leiden, Países Bajos.

Lilí Martínez-Domínguez (MEXU), Posgrado en Ciencias Biológicas, Instituto de Biología, Universidad Nacional Autónoma de México; Circuito Exterior, Ciudad Universitaria, 04510 Coyoacán, CDMX, México; (CIB) Facultad de Biología, Universidad Veracruzana; Circuito Aguirre Beltrán s/n, 91090 Xalapa, Veracruz, México.

Juan Francisco Morales (TRIN), National Herbarium of Trinidad and Tobago, Department of Life Sciences, Faculty of Science and Technology, The University of West Indies, St. Augustine Campus, Trinidad y Tobago.

Fernando Nicolalde-Morejón, Laboratorio de Taxonomía Integrativa, Instituto de Investigaciones Biológicas, Universidad Veracruzana, 91190 Xalapa, Veracruz, México.

Sachiko Nishida (NUM)**,** Nagoya University Museum, Furocho, Chikusa-ku, Nagoya, 464-8601, Japón.

Kevin C. Nixon (BH), School of Integrative Plant Science, Plant Biology Section, Cornell University 406B Mann Library Building, Ithaca, NY 14853, Estados Unidos.

Gilberto Ocampo (HUAA), Departamento de Biología, Centro de Ciencias Básicas, Universidad Autónoma de Aguascalientes, Avenida Universidad 940, Ciudad Universitaria, 20100 Aguascalientes, Aguascalientes, México.

Rosa del Carmen Ortiz (MO), Missouri Botanical Garden, 4344 Shaw Blvd., St. Louis, MO 63110, Estados Unidos.

Juan Javier J. Ortiz-Diaz (UADY), Departamento de Botánica, Campus de Ciencias Biológicas y Agropecuarias, Universidad Autónoma de Yucatán, Mérida-Xmatkuil km 15.5 Apartado Postal 4-116, 97000 Mérida, Yucatán, México.

María del Carmen Peña-Chocarro (BM), The Natural History Museum, Cromwell Road, London SW7 5BD, Reino Unido.

Colin A. Pendry (E), Royal Botanic Garden, 20a Inverleith Row, Edinburgh, EH3 5LR, Reino Unido.

Jorge Alberto Pérez de la Rosa (IBUG), Instituto de Botánica, Departamento de Botánica y Zoología, CUCBA, Universidad de Guadalajara, camino Ramón Padilla Sánchez 2100, predio Las Agujas, Nextipac, 45510 Zapopan, Jalisco, México.

George E. Pilz† (EAP), Herbario Paul C. Standley, Escuela Agrícola Panamericana, P.O. Box 93, Tegucigalpa, Honduras.

Ghillean T. Prance (K), Herbarium, Royal Botanic Gardens, Kew, Richmond, Surrey TW9 3AE, Reino Unido.

Raúl Puente (DES), Desert Botanical Garden, Phoenix, AZ 85008, Estados Unidos.

Susanne S. Renner, Washington University, Department of Biology, 1 Brookings Drive, St. Louis, MO 63130, Estados Unidos.

Concepción Rodríguez-Jiménez† (ENCB), Departamento de Botánica, Escuela Nacional de Ciencias Biológicas, Instituto Politécnico Nacional, 11410 Ciudad de México, México.

Daniel A. Santamaría-Aguilar (MO), Missouri Botanical Garden, 4344 Shaw Blvd., St. Louis, MO 63110, Estados Unidos; y Shirley C. Tucker Herbarium, A257 Life Science Annex, Department of Biological Sciences, Louisiana State University, Baton Rouge, LA 70803-1705, Estados Unidos.

George E. Schatz† (MO), Missouri Botanical Garden, 4344 Shaw Blvd., St. Louis, MO 63110, Estados Unidos.

Karen J. Sidwell (BM), The Natural History Museum, Cromwell Road, London SW7 5BD, Reino Unido. Dirección actual: South Riding, Beer Devon, EX12 3LU, Reino Unido.

Dennis W. Stevenson (NY), The New York Botanical Garden, 2900 Southern Blvd., Bronx, NY 10458-5126, Estados Unidos.

Donald E. Stone† (DUKE), Herbarium, Biology Department, Duke University, Box 90338, Durham, NC 27708-0338, Estados Unidos.

Sue Y. Sutton (BM), The Natural History Museum, Cromwell Road, London SW7 5BD, Reino Unido.

Margaret C. Tebbs (BM), Department of Botany, The Natural History Museum, Cromwell Road, London SW7 5BD, Reino Unido.

Simon P. Thornton-Wood (BM), The Natural History Museum, Cromwell Road, London SW7 5BD, Reino Unido.

Carol A. Todzia (TEX), Billie L. Turner Plant Resources Center, University of Texas at Austin, Main Building, Room 127, 110 Inner Campus Dr. Stop F0404, Austin, TX 78712-1711, Estados Unidos.

Carmen Ulloa Ulloa (MO), Missouri Botanical Garden, 4344 Shaw Blvd., St. Louis, MO 63110, Estados Unidos.

Henk van der Werff (MO), Missouri Botanical Garden, 4344 Shaw Blvd., St. Louis, MO 63110, Estados Unidos.

José Antonio Vázquez-García (IBUG), Centro Universitario de Ciencias Biológicas y Agropecuarias, Instituto de Botánica, Departamento de Botánica y Zoología, Universidad de Guadalajara, camino Ramón Padilla Sánchez 2100, Nextipac, 45200 Zapopan, Jalisco, México.

Albert R. Vickery (BM), The Natural History Museum, Cromwell Road, London SW7 5BD, Reino Unido.

John H. Wiersema (US), Research Associate, Department of Botany, NMNH-MRC 166, Smithsonian Institution, P.O. Box 37012, Washington, DC 20013-7012, Estados Unidos.

PREFACIO

La *Flora Mesoamericana* constará de trece volúmenes. El volumen seis fue publicado y distribuido el 9 de marzo de 1994, el volumen uno, el 7 de noviembre de 1995, el volumen cuatro (parte 1), el 30 de noviembre de 2009, el volumen cuatro (parte 2), el 8 de marzo de 2012, el volumen dos (parte 3), en mayo de 2015 y el volumen cinco (parte 2), en enero de 2018; el volumen dos (parte 2) se terminó de imprimir el 12 de marzo de 2020, pero debido a retrasos por la pandemia COVID-19 solo fue distribuido efectivamente hasta el 14 de abril de 2020; el volumen siete (parte 2) se terminó de imprimir en febrero de 2023. Los volúmenes restantes serán publicados a intervalos irregulares. Las familias están ordenadas en secuencia taxonómica; sin embargo, los volúmenes no aparecerán en secuencia numérica.

La idea de la *Flora Mesoamericana* fue impulsada por Peter H. Raven, Presidente Emérito del Missouri Botanical Garden quien, desde 1972, ha promovido activamente el concepto de una Flora Centroamericana. En ese año Raven organizó una reunión, conjuntamente con el XIX Simposio Anual de Sistemática en St. Louis, Missouri, para discutir la factibilidad del proyecto. Aunque entonces hubo un acuerdo general sobre la necesidad y utilidad de la obra, la mayoría de los asistentes pensaron que no era aún el momento para iniciarla. Una de las principales razones era que la *Flora of Guatemala* y la *Flora of Panama* aún no habían sido terminadas. En 1979, tras la conclusión de la *Flora of Guatemala* (1977) y la inminente culminación de la *Flora of Panama,* se contaba ya con una infraestructura suficientemente amplia como para efectuar un tratamiento más extenso de la flora de toda la región. Sobre estas bases, Raven, junto con José Sarukhán K., entonces director del Instituto de Biología de la Universidad Nacional Autónoma de México, y John F.M. Cannon†, entonces Keeper of Botany del British Museum (Natural History), como era llamado en ese entonces (hoy Natural History Museum, London), propusieron un proyecto florístico aún más ambicioso que cubriera no solo a América Central sino, además, la región tropical del sur de México, esto es, la parte más importante del área tropical del subcontinente Norteamericano. Estas tres instituciones se volvieron entonces las organizadoras del proyecto de la *Flora Mesoamericana.*

Tras estos primeros pasos, las tres instituciones eligieron a Gerrit Davidse (MO), Mario Sousa S.† (MEXU), Arthur O. Chater y Christopher J. Humphries† (ambos BM) como organizadores y editores del proyecto. Previendo la conveniencia de contar con la opinión y la cooperación de individuos de instituciones a nivel internacional al principio del proyecto, a comienzos de 1980 distribuimos un amplio esquema del plan de trabajo entre individuos e instituciones en América Latina, Estados Unidos y Europa, los cuales se habían mostrado particularmente activos en el quehacer de la taxonomía botánica de la región. Se solicitaron comentarios y se enviaron invitaciones para la asistencia a una reunión de organización y planeación auspiciada por las instituciones, en St. Louis, los días 14 y 15 de julio de 1980. A esta reunión asistieron veintiséis personas representantes de trece instituciones de siete países: Frank Almeda, Jr., California Academy of Sciences, San Francisco; María de la Luz Arreguín S., Instituto Politécnico Nacional, México; William C. Burger†, Field Museum of Natural History, Chicago; Graciela Calderón de Rzedowski†, Instituto Politécnico Nacional, México; John F.M. Cannon, Natural History Museum, London; Arthur O. Chater, Natural History Museum, London; Fernando Chiang C., Instituto de Biología, UNAM, México; Mireya D. Correa†, Universidad de Panamá, Panamá; Clark P. Cowan, Colegio Superior de Agricultura Tropical, Cárdenas, Tabasco; Thomas B. Croat, Missouri Botanical Garden, St. Louis; William G. D'Arcy†, Missouri Botanical Garden, St. Louis; Gerrit Davidse, Missouri Botanical Garden, St. Louis; John D. Dwyer†, Missouri Botanical Garden, St. Louis; Alwyn H. Gentry†, Missouri Botanical Garden, St. Louis; Mack Gilkeson, National Science Foundation, Washington, D.C.; Alfredo Grijalva, Herbario Nacional de Nicaragua, Managua; Christopher J. Humphries, Natural History Museum, London; Luis Eduardo Mora†, Herbario Nacional Colombiano, Bogotá; Cirilo Nelson†, Universidad Nacional Autónoma de Honduras, Tegucigalpa; Peter H. Raven, Missouri Botanical Garden, St. Louis; William J. Riemer, National Science Foundation, Washington, D.C.; Jerzy Rzedowski†, Instituto Politécnico Nacional, México; José Sarukhán K., Instituto de Biología, UNAM, México; Mario Sousa S., Instituto de Biología, UNAM, México; W. Douglas Stevens, Missouri Botanical Garden, St. Louis; Robert L. Wilbur†, Jr., Duke University, Durham, North Carolina.

En esta ocasión, contrastando con la reunión de 1972, se contó con la aprobación general para el inicio de la flora sinóptica en español y el proyecto se puso en marcha oficialmente. El nombre *Flora Mesoamericana* fue propuesto por José Sarukhán K., puesto que el concepto de América Central en su habitual acepción geopolítica casi nunca incluye el sur de México y, puesto que el término Mesoamérica, como es utilizado en otras disciplinas, incluye siempre aquella región, así como una gran parte de América Central, el título *Flora Mesoamericana* resultó ser apropiado y conciso.

La reunión general fue seguida inmediatamente por una reunión del comité organizador y editorial, con el objeto de preparar un plan detallado de la secuencia y el formato de la Flora, para iniciar un centro de traducción en México y para organizar el trabajo de campo que se debía efectuar. Esto resultó en una *Guía para autores / Guide for authors,* bilingüe, por G. Davidse, M. Sousa S. y A.O. Chater, publicada en 1982, y un *Glosario para Spermatophyta* por M. Sousa S. & S. Zárate P., publicado en 1983 (reimpreso en 1988). Estas publicaciones se actualizan periódicamente y están disponibles en el sitio web de la *Flora Mesoamericana* (http://www.tropicos.org/Project/FM/).

Entre tanto, se dio amplia difusión al proyecto a través de una serie de revistas botánicas (*Annals of the Missouri Botanical Garden, Macpalxóchitl, Systematic Botany* y *Taxon*) y se buscaron colaboradores por medio de contactos personales.

Los lectores familiarizados con la *Flora Europaea* notarán de inmediato las similitudes entre esta y la *Flora Mesoamericana.* La *Flora Europaea* ha sido ampliamente reconocida como un proyecto exitoso, que produjo rápidamente una relación sinóptica muy precisa y útil de la flora de un área muy extensa y, ya que el objetivo principal de ambos proyectos era una publicación autorizada que reuniera la mejor información taxonómica actual para el área, pensamos que la misma sería un excelente modelo para la *Flora Mesoamericana.*

Sin embargo, nuestra flora es más numerosa y diversa pero menos conocida, hay menos floras nacionales y locales, listas florísticas, monografías y otras publicaciones taxonómicas disponibles, y faltan colecciones generales de muchas áreas muy ricas en especies. En consecuencia, hay inevitablemente varias diferencias importantes con la *Flora Europaea.* Así, la escasa información sobre tipificación nos indujo a incluirla para las especies aceptadas. De igual manera, la falta de publicaciones sobre distribución basadas en especímenes mesoamericanos nos llevó a incluir esta información en la Flora. Nuevas lectotipificaciones y novedades taxonómicas se publican en la Flora por primera vez, cuando son necesarias por una limitante de tiempo.

También diferimos a otro nivel operativo básico. Debido al inadecuado número de colecciones de ciertas áreas críticas, decidimos hacer énfasis en un programa de colecta simultánea a la organización y redacción de la Flora. Por lo anterior, gran parte de lo que aquí se presenta está basada en información recientemente recabada por el proyecto mismo.

La secuencia institucional de editores generales del proyecto *Flora Mesoamericana* sigue el orden establecido en el convenio original entre las tres instituciones, aunque los nombres de los editores individuales cambian con el tiempo.

En el Volumen 2 (parte 1) se incluyen 59 familias con 243 géneros y 1375 especies (Tabla 1) de las cuales 676 son endémicas a la región mesoamericana. Las familias más grandes son Lauraceae (262 especies), Annonaceae (170) y Cactaceae (106). Los géneros más diversos en Mesoamérica con 20 o más especies se encuentran en la Tabla 2. Se publican cuatro combinaciones nuevas. En el Apéndice se presenta una lista de taxones con tipos mesoamericanos que no se llegaron a considerar en los tratamientos y son nombres publicados recientemente, mientras el volumen ya estaba en proceso de publicación.

Tabla 1. Familias tratadas en el volumen 2(1), listadas en orden decreciente de acuerdo con su número de géneros y especies.

Familia	*Géneros*	*Spp.*
Lauraceae	21	262
Annonaceae	18	170
Cactaceae	24	106
Polygonaceae	12	91
Viscaceae	3	77
Zamiaceae	3	61
Magnoliaceae	1	53
Loranthaceae	9	52
Caryophyllaceae	13	44
Nyctaginaceae	12	44
Menispermaceae	11	41
Fagaceae	1	39
Ranunculaceae	7	30
Myristicaceae	6	27
Sabiaceae	1	27
Dilleniaceae	6	22
Olacaceae	6	16
Proteaceae	4	16
Phytolaccaceae	8	14
Nymphaeaceae	1	13
Pinaceae	2	13
Juglandaceae	4	12
Chenopodiaceae	8	10
Chloranthaceae	1	9
Papaveraceae	6	9
Siparunaceae	1	9
Hernandiaceae	3	8
Monimiaceae	1	8
Berberidaceae	1	7
Portulacaceae	1	7
Opiliaceae	1	6
Balanophoraceae	5	5
Cupressaceae	3	5
Montiaceae	3	5
Podocarpaceae	2	5
Aizoaceae	3	4
Basellaceae	2	4
Buxaceae	3	4
Cabombaceae	2	4
Myricaceae	1	4
Betulaceae	3	3
Droseraceae	1	3
Achatocarpaceae	1	2
Araucariaceae	1	2
Canellaceae	2	2
Casuarinaceae	1	2
Ceratophyllaceae	1	2

Familia	*Géneros*	*Spp.*
Cycadaceae	1	2
Eremolepidaceae	1	2
Molluginaceae	2	2
Talinaceae	1	2
Gnetaceae	1	1
Nelumbonaceae	1	1
Platanaceae	1	1
Santalaceae	1	1
Stegnospermataceae	1	1
Taxaceae	1	1
Ticodendraceae	1	1
Winteraceae	1	1
TOTAL	243	1375

Tabla 2. Géneros en el volumen 2(1) con 20 o más especies.

Género	*Spp.*
Ocotea	96
Phoradendron	61
Magnolia	53
Coccoloba	47
Quercus	39
Zamia	39
Guatteria	37
Licaria	36
Desmopsis	35
Meliosma	27
Annona	25
Persea	22
Ceratozania	20

Carmen Ulloa Ulloa
Héctor M. Hernández
Fred R. Barrie
Gerrit Davidse
Sandra Knapp

AGRADECIMIENTOS

El desarrollo del proyecto *Flora Mesoamericana* ha sido posible gracias al apoyo financiero de una amplia variedad de instituciones e individuos.

Nuestras instituciones, el Missouri Botanical Garden, la Universidad Nacional Autónoma de México y el Natural History Museum, London, han destinado por muchos años sus recursos para el desarrollo de todas las fases del proyecto. El proyecto debe mucho al continuo apoyo de Lúcia G. Lohmann, actual Presidente del Missouri Botanical Garden y a Peter Wyse Jackson, ahora Presidente Emérito del Missouri Botanical Garden, a Peter H. Raven, Presidente Emérito del Missouri Botanical Garden, a Olga Martha Montiel, anterior Vicepresidente del Centro de Conservación y Desarrollo Sostenible, a Warren D. Stevens, Robert E. Magill y James S. Miller, anteriores Vicepresidentes de Ciencia y Conservación del Missouri Botanical Garden; más recientemente a Sebastián Tello, Director del Departamento de América Latina y a Gunter Fischer, Vicepresidente de Ciencia y Conservación. Merece especial mención el apoyo financiero para la publicación de los volúmenes por parte de la Universidad Nacional Autónoma de México, logrado gracias al esfuerzo de José Sarukhán K., Antonio Lot H., Héctor M. Hernández, Tila María Pérez O., Víctor Manuel Sánchez-Cordero D. y Susana Magallón Puebla, Directores del Instituto de Biología; a partir de 2012 fondos del Missouri Botanical Garden han apoyado también la publicación de los volúmenes. También, en 1985, el British Museum (Natural History), como en aquel tiempo se llamaba, creó una sección de *Flora Mesoamericana* dentro de su departamento de botánica, lo que posibilitó a varios de sus miembros a dedicar sus esfuerzos curatoriales, de colecta y de investigación al proyecto, con el continuo apoyo de Stephen Blackmore, Richard Bateman y Johannes Vogel, Keepers of Botany, y de Phil Rainbow y Tim Littlewood, Heads of Life Sciences (en la actualidad Executive Director of Science). Queremos agradecer a Neil Chalmers, Michael Dixon y Douglas Gurr, Directores del Natural History Museum, London, por el apoyo general. Así mismo, a Jordan Teisher y al curador emérito James S. Solomon por su apoyo y gestión como directores del herbario del Missouri Botanical Garden y a Lauren Boyle, administradora de colecciones de MO; también a María del Rosario García Peña, por facilitar el préstamo de colecciones del Herbario Nacional de México (MEXU).

Estamos sumamente agradecidos con la National Science Foundation (NSF) de Estados Unidos, por la serie de convenios que otorgaron apoyo financiero para el trabajo de campo realizado por algunos de los colaboradores de la Flora y que en gran medida apoyaron la participación del Missouri Botanical Garden en el proyecto. De igual manera, agradecemos al Consejo Nacional de Ciencia y Tecnología (CONACYT), de México, y recientemente a la Comisión Nacional para el Conocimiento y Uso de la Biodiversidad (CONABIO), que han aportado varios generosos apoyos para una participación similar por parte de la Universidad Nacional Autónoma de México; el Colegio de Postgraduados, en Chapingo; la Escuela Nacional de Ciencias Biológicas del Instituto Politécnico Nacional, en México; la Universidad Autónoma Metropolitana (UAM-Iztapalapa), en México; y el Colegio Superior de Agricultura Tropical, en Cárdenas, Tabasco. La Dirección de Investigación Científica y Superación Académica de la Secretaría de Educación Pública apoyó el trabajo de campo de la Universidad Autónoma Metropolitana (UAM-Iztapalapa). La Coordinación de la Investigación Científica de la Universidad Nacional Autónoma de México subsidió inicialmente parte del trabajo de traducción y editorial en el Instituto de Biología y más recientemente ha proporcionado apoyo financiero para cubrir los gastos de impresión de los volúmenes. El Consejo Nacional de Investigaciones Científicas y Tecnológicas de Costa Rica (CONICIT) aportó el apoyo necesario para el trabajo de campo por parte del Museo Nacional de Costa Rica.

Así mismo, apreciamos la serie de donaciones de las siguientes instituciones que contribuyeron significativamente al éxito del proyecto. Aportes de la Monsanto Company, en St. Louis, permitieron el nombramiento de C. Dennis Adams† como Investigador Asociado del Missouri Botanical Garden en el Natural History Museum, London. La Jessie Smith Noyes Foundation proporcionó becas a un buen número de participantes para visitar el Missouri Botanical Garden, ayudándolos a terminar los tratamientos de las familias para el proyecto. La National Geographic Society, en Washington, D.C., contribuyó con fondos para el trabajo de campo en varios países mesoamericanos. El apoyo de USDA Cooperative State Research Education and Extension Service permitió al Missouri Botanical Garden ingresar a bases de datos todas sus colecciones mexicanas y mesoamericanas, más de 750 000 ejemplares. Una beca del Global Biodiversity Information Facility (GBIF) permitió al Missouri Botanical Garden georreferenciar la mayor parte de las colecciones de El Salvador, Honduras y Belice. Una beca similar de la NSF le permitió al Missouri Botanical Garden georreferenciar sus colecciones de Guatemala, y ha permitido que el trabajo de georreferenciación continúe con las colecciones de Panamá, Costa Rica y México. Una beca de The Science Database Fund del Natural History Museum, London, permitió crear bases de datos de gran parte del material mesoamericano de su institución (BM). En los últimos años, un generoso apoyo financiero destinado al proyecto *Flora Mesoamericana* en el Missouri Botanical Garden proviene de The Wallace Genetic Foundation, The Richard Lounsbery Foundation y The Mellon Foundation. El generoso apoyo financiero de The Taylor Fund for Ecological Research ha sido especialmente apreciado. El

Programa del Medio Ambiente de la British Airways proporcionó vuelos para la colecta de material y reuniones editoriales. El Smithsonian Tropical Research Institute (STRI) ha brindado una generosa asistencia financiera para colectas en Panamá. El Field Museum of Natural History, en Chicago, ha proporcionado generosamente espacio para oficinas, sus magníficas colecciones mesoamericanas y otros servicios a Randall J. Evans y Fred R. Barrie, permitiéndoles así trabajar por un periodo prolongado.

Agradecemos sinceramente a los autores cuyas aportaciones y dedicación enriquecieron enormemente este volumen y a los numerosos botánicos, en todo el mundo, que han contribuido con sus conocimientos, tiempo y esfuerzo en este proyecto. Sin su ilimitada ayuda, un proyecto como este sería imposible. Se agradece a los siguientes taxónomos el haber aportado información geográfica o taxonómica al tratamiento de las Cactaceae: J.G. Cerén López, M. Correa, L. Ferrufino, C. Gómez-Hinostrosa, U. Guzmán, D.R. Hunt, M. Kimnach, G.H. Paniagua, L. Scheivar y M. Véliz. Un agradecimiento particular a David Gernandt (MEXU) por su revisión detallada de los tratamientos de las familias de coníferas, y a Andrés Ortiz Rodríguez (MEXU) por aclararnos varias dudas del tratamiento de Annonaceae.

Es también un placer expresar nuestro reconocimiento a las numerosas instituciones botánicas que generosamente nos permitieron el acceso a sus colecciones y bibliotecas. Un agradecimiento especial a Stephanie Keil y Mary Stiffler de la Peter H. Raven Library del MO por su ayuda escaneando o facilitando libros.

Agradecemos a Allison M. Brock y Amanda Koehler de la Missouri Botanical Garden Press por orientarnos sobre la publicación de este volumen. Carlos e Inés Villanueva, Ciudad de México, nos facilitaron los archivos necesarios para los acabados de los tres primeros volúmenes publicados. A Teri Bilsborrow (MO), Carlos Gómez-Hinostrosa (MEXU) y Alba L. Arbeláez (MO) quienes participaron como asistentes editoriales de este volumen. Agradecemos a Jennifer Bain y Alejandra Zaldívar (ambas de MEXU) por la traducción de varios tratamientos de volúmenes anteriores. Michael Grayum (MO) colaboró revisando la distribución de las especies en Costa Rica y Amy Pool (MO) ayudó con la revisión de pruebas de imprenta de este volumen.

El grupo de editores generales del proyecto ha pasado por varias restructuraciones: Carmen Ulloa Ulloa (MO) se unió a Gerrit Davidse (MO) y Sandra Knapp (BM) a partir de 2009; Héctor M. Hernández (MEXU) se unió en 2017 luego de la partida repentina de nuestro colega y amigo Mario Sousa S. Fred Barrie (MO), quien ha estado involucrado en volúmenes anteriores, se une al grupo editorial a partir de 2021. Nuestro reconocimiento especial a Fernando Chiang C. (MEXU), Christopher Humphries (BM) y David A. Sutton (BM), quienes estuvieron muy involucrados con el proyecto en volúmenes anteriores. Agradecemos a Diana Gunter (Oak View, CA) por su eficiente desempeño como editora técnica en algunos volúmenes anteriores. Le debemos un agradecimiento especial a Jeany Vander Neut Davidse (St. Louis), quien trabajó en todas las etapas iniciales de producción de la Flora, desde la incorporación de los manuscritos en computadora hasta el procesamiento de las numerosas colecciones nuevas generadas a partir del programa de colecta del Missouri Botanical Garden en Mesoamérica; a Cirri R. Moran (St. Louis) quien fue responsable de la captura de los datos florísticos de Mesoamérica en Tropicos®, la base de datos del Missouri Botanical Garden, e investigación bibliográfica; a Robert E. Magill, Paul Smock, Jim Solomon, Heather Stimmel, James L. Zarucchi† (todos de MO) y Jay Paige (St. Louis), por su valioso consejo y ayuda en la computarización y en la base de datos; y a Bruce E. Phillips, Shirley Anton Suntrup, Gail Luecke, Virginia G. Laschober†, John S. Skinner† (todos de MO) y Mark Rendel (BM), por la incorporación de los datos taxonómicos en la computadora; a Emily Horton y Marlene Katz, voluntarias en MO, por tareas misceláneas; a Mike Blomberg (MO) y Stephanie Keil (MO), Fred Keusenkothen, Randy Smith y Wendy Westmoreland (todos MO en el pasado) por ágilmente escanear los ejemplares y hacerlos disponibles para los autores a través del Internet. Agradecemos a Alfonso Delgado S., Patricia Dávila A., Héctor M. Hernández, Miguel Ulloa S., Claudio Delgadillo M., Gerardo Adolfo Salazar Chávez, Martin Ricker Reyman y María del Carmen González Villaseñor, Jefes del Departamento de Botánica del Instituto de Biología de la UNAM, quienes colaboraron en la fase organizativa y, en sus respectivos periodos de gestión, en la consecución de recursos para el proyecto, y a Gloria Andrade por su enorme ayuda en aspectos curatoriales, de organización y de administración del proyecto en MEXU, lo que ha permitido el desarrollo eficiente del mismo. Debemos dar las gracias también a Alex Monro (actualmente K), María Peña-Chocarro (actualmente España), Simon P. Thornton-Wood, Thorunn Helgason (actualmente en York) y Karen Sidwell (todos del BM en el pasado), quienes han ayudado grandemente con la organización de la Flora en el Natural History Museum en Londres y con la producción de los manuscritos. Así mismo, a Charles E. Jarvis (BM en el pasado), Michael Grayum (MO) y Roy Gereau (MO) quienes han dado valiosas opiniones en problemas de tipificación y nomenclatura.

El proyecto *Flora Mesoamericana* no hubiera sido posible sin el trabajo dedicado de los cientos de colectores de los dos últimos siglos. De los muchos que han contribuido de esta manera desde los comienzos del proyecto en 1980, queremos hacer especial mención a aquellos contratados específicamente para el proyecto: Esteban Martínez S., Edgar F. Cabrera C., Gabriel Aguilar Méndez†, Demetrio Álvarez Montejo, Alush S. Ton y Alberto Reyes-García (todos de MEXU).

INTRODUCCIÓN GENERAL

El objetivo del proyecto *Flora Mesoamericana* es lograr un inventario sinóptico de las plantas vasculares de Mesoamérica. La obra sintetiza la información ya existente con los nuevos datos generados por el proyecto, así como por otros proyectos que se llevan a cabo en la región. Al igual que otros autores de Floras, reconocemos que la calidad de los juicios taxonómicos que se presentan en la obra es irregular, lo cual refleja en parte el nivel de conocimiento de los distintos grupos, así como las limitaciones de tiempo impuestas por el proyecto. En una flora en la que constantemente se descubren y describen nuevos géneros y especies, y en la cual la mayoría de los géneros no cuentan con revisiones recientes, la labor de los autores es particularmente difícil. Por esta razón recurrimos, hasta donde nos fue posible, al auxilio de los especialistas que, a través de años de conocimiento íntimo de sus grupos, tanto en el campo como en el herbario, están capacitados para producir tratamientos taxonómicos de calidad.

GRUPOS QUE CUBRE LA OBRA

La *Flora Mesoamericana* cubre todas las plantas vasculares incluyendo a los helechos y plantas afines, cicadáceas, coníferas y angiospermas. La secuencia de las familias de helechos y grupos afines ha sido modificada a partir de la de Crabbe, Jermy & Mickel (1975), *A new generic sequence for the Pteridophyte herbarium.* La secuencia de coníferas sigue la de Dallimore & Jackson, revisado por Harrison (1966), *Handbook of Coniferae and Ginkgoaceae.* La secuencia de angiospermas hasta el volumen 4 (parte 1) fue en esencia la de Melchior (1964), *Syllabus der Pflanzenfamilien.* Sin embargo, a partir del volumen 4 (parte 2) se adoptó la clasificación y secuencia filogenética general propuesta por el *Angiosperm Phylogeny Group* III-APG III (2009), y recientemente actualizada de cierta forma por el *Angiosperm Phylogeny Group* IV-APG IV (2016); la delimitación de las familias ha sido modificada por los autores de las familias, siempre bajo la consulta con los editores. En general no hemos vacilado en aceptar conceptos más recientes en los casos en los que las nuevas evidencias han sido contundentes.

El contenido de los volúmenes será: Vol. 1: Helechos y grupos afines; Vol. 2 (parte 1): Cycadaceae a Cactaceae; Vol. 2 (parte 2): Piperaceae; Vol. 2 (parte 3): Saururaceae a Zygophyllaceae; Vol. 3 (parte 1): Fabaceae; Vol. 3 (parte 2): Surianaceae a Icacinaceae; Vol. 4 (parte 1): Cucurbitaceae a Polemoniaceae; Vol. 4 (parte 2): Rubiaceae a Verbenaceae; Vol. 5 (parte 1): Solanaceae a Caprifoliaceae; Vol. 5 (parte 2): Asteraceae; Vol. 6: Alismataceae a Cyperaceae; Vol. 7 (parte 1): Araceae a Typhaceae; Vol. 7 (parte 2): Orchidaceae.

Además de las especies nativas, se incluyen plantas exóticas naturalizadas, malezas agrícolas y ruderales, plantas cultivadas a escala agrícola, árboles cultivados en áreas urbanas, plantas de ornato muy comunes y otras plantas cultivadas extensamente. Las plantas cultivadas a pequeña escala, solo en jardines privados, jardines botánicos y estaciones de investigación no han sido incluidas, pero, dependiendo del autor, se mencionan en los tratamientos correspondientes. Los híbridos se tratan con mayor o menor profundidad, dependiendo de la frecuencia de su aparición.

ÁREA QUE COMPRENDE LA OBRA

La delimitación del área que cubre la Flora es principalmente geográfica, con la intención de que incluya el corazón del área tropical de América del Norte.

Aun cuando es posible referirse a una flora mesoamericana característica, su distinción de la flora sudamericana se ha desvanecido considerablemente a partir del cierre del Istmo de Panamá durante el Pleistoceno hace aproximadamente 2.5 millones de años. Como resultado de esto, no existe una marcada división florística en el límite sureste del área de la Flora entre Panamá y el vecino Chocó en Colombia. Sin embargo, la conformación del istmo y su abrupta diferenciación del subcontinente sudamericano marcan un límite claramente definido que nosotros hemos adoptado. En el noroeste, la región del Istmo de Tehuantepec fue elegida como límite, ya que el área al suroeste de la misma incluye virtualmente toda el área auténticamente cálido-húmeda de México, cuya vegetación está predominantemente relacionada con la de Centroamérica y Sudamérica. Algunas consideraciones prácticas adicionales jugaron también un papel importante en la delimitación del área de estudio. Hacia el sureste, la *Flora of Panama* termina su distribución en la frontera colombo-panameña, y la *Flora de Colombia* inicia ahí la suya. Hacia el noroeste, en México, las fronteras estatales conforman un buen punto para la delimitación, ya que la división política simplifica el manejo de ejemplares para propósitos de préstamos y mapeo. Con estas consideraciones en mente, se eligieron las fronteras Veracruz-Oaxaca y Tabasco-Chiapas como la línea noroeste para la delimitación de la Flora. Puesto que cuatro áreas razonablemente bien definidas fuera de esta región, a saber, Uxpanapa y los Tuxtlas en Veracruz, y Chimalapa y Tuxtepec en Oaxaca cerca de la confluencia de las fronteras de Oaxaca, Chiapas y Veracruz, muestran también un carácter marcadamente mesoamericano, se decidió que los taxones de estas áreas podían ser incluidos en la Flora si el colaborador en cuestión estimaba que eran de procedencia tropical y bien podían eventualmente ser hallados dentro de los límites formales de la *Flora Mesoamericana*. Así, Veracruz y Oaxaca se citan sin abreviar.

La Flora, por lo tanto, cubre las siguientes unidades geográficas políticamente bien definidas: los estados mexicanos de Tabasco, Chiapas, Yucatán, Campeche y Quintana Roo, y los países centroamericanos de Belice, Guatemala, Honduras (incluyendo las Islas Swan), El Salvador, Nicaragua, Costa Rica (incluyendo la Isla del Coco) y Panamá.

Con el propósito de ser más precisos en la citación de distribuciones en la Flora, se decidió citar un ejemplar de herbario por cada territorio, o una cita bibliográfica.

IDIOMA

Elegimos publicar la Flora en español y no en inglés, que es por lo general el idioma más utilizado tanto en ciencia como en el comercio, puesto que el español es la principal lengua de la gente que habita la región. Creemos que con esto la Flora será más útil para los usuarios que viven en el área. La única excepción la constituye Belice, en donde el inglés es el idioma oficial y el español es el segundo idioma.

TERMINOLOGÍA

En general, hemos tratado de utilizar una terminología técnica sencilla pero precisa. El *Glosario para Spermatophyta, español-inglés* (1988, 1a. reimpresión), escrito por Sousa S. & Zárate P. como un glosario mínimo para este proyecto, constituye el núcleo del vocabulario técnico. Hemos tratado, hasta cierto punto, de uniformar la terminología, una tarea que no es siempre fácil, especialmente cuando un variado grupo de autores contribuye a un proyecto de esta magnitud. Actualmente se mantiene en MEXU un banco de datos computarizado de equivalentes español-inglés, tal como se usan en la *Flora Mesoamericana.* La primera edición de esta lista de términos equivalentes fue publicada bajo el título *Glosario inglés-español, español-inglés* por Chiang, Sousa S. & Sousa-Peña en 1990. Se decidió incluir en el volumen 1 un Glosario, ya que sería de utilidad para los usuarios al ser este el primer volumen dentro de las plantas vasculares comprendidas en la flora, además se agrega la terminología sugerida para los helechos y plantas afines. Actualmente, se puede revisar el glosario, junto con la versión electrónica de la Flora, en línea, en el sitio web de la *Flora Mesoamericana* (http://www.mobot.org/mobot/TROPICOS/Meso/Glossary/glossfr.html). Dado el carácter altamente especializado de la morfología de las Asteraceae, Cactaceae y Orchidaceae, sus volúmenes respectivos cuentan también con un glosario.

BIBLIOGRAFÍA

Cada volumen de la Flora contará con una bibliografía completa de toda la literatura citada en las referencias, salvo aquellas que forman parte de las citas de especies. R.J. Hampshire & D.A. Sutton, del Natural History Museum de Londres, han desarrollado una bibliografía mesoamericana computarizada, la cual fue publicada bajo el título de *A Preliminary Bibliography of the Mesoamerican Flora* (1988), que está siendo continuamente revisada y actualizada y, al término de la publicación completa de la *Flora Mesoamericana*, se publicará una versión final compilatoria. Mientras tanto, todas las referencias han sido incorporadas a la base de datos bibliográficos general de Tropicos®. Esta bibliografía puede ser consultada desde las siguientes entradas: categorías taxonómicas, geográficas y referencias cruzadas por temas.

BASE DE DATOS COMPUTARIZADA Y VERSIÓN EN INTERNET

En 1988 se decidió iniciar una base de datos computarizada con los datos florísticos mesoamericanos que fuera paralela y complementaria a la *Flora Mesoamericana* publicada. Utilizando el sistema de manejo de la base de datos Tropicos®, toda la información en la *Flora Mesoamericana* sobre nomenclatura, tipos, taxonomía, distribución, ecología y hábitat es incorporada a la base de datos desde el momento en que se dispone de ella para cada volumen. Continuamos construyendo la sección de especímenes de la base de datos (incluyendo la georreferenciación de las localidades de colecta cuando hay suficiente información descriptiva). Todos los especímenes que se citan en el volumen están incorporados incluyendo los especímenes tipo, todas las colecciones Mesoamericanas en el Missouri Botanical Garden, los conjuntos de datos provistos por los contribuyentes y los especímenes seleccionados, de importancia especial, y de otros herbarios. Además de la información bibliográfica mencionada en la sección anterior, también se están incluyendo las citas completas de los nombres de los taxones aceptados y de sus sinónimos, al igual que su distribución geográfica, utilizando información sobre distribución de la *Flora Mesoamericana*, información de la base de datos de los especímenes y se complementa con los registros de trabajos taxonómicos importantes publicados previamente sobre plantas mesoamericanas (p. ej., *Flora of Guatemala, Flora de Nicaragua, Manual de Plantas de Costa Rica, Flora Costaricensis, Flora of Panama, Flora Neotropica, Flora of Chiapas, Listados Florísticos de México, Flora Ilustrada de la Península de Yucatán,* revisiones y monografías).

En su actual etapa formativa la base de datos se utiliza principalmente para propósitos editoriales. Sin embargo, ahora que ya tiene incorporada gran cantidad de información, creemos que se ha convertido en una herramienta importante de referencia para los participantes de los volúmenes siguientes y, más aún, para los usuarios de la información florística mesoamericana en general.

La versión en internet de *Flora Mesoamericana* (W3FM) apareció por primera vez en 1994 desde el servidor de Natural History Museum. En 1995 cambió al Missouri Botanical Garden y actualmente se puede acceder a esta desde el servidor del Missouri Botanical Garden usando Tropicos®. Se convirtió en la versión en tiempo-real en octubre de 1997, y desde ese día se actualiza continuamente.

VOLUMEN DE SINOPSIS HISTÓRICA Y ACTUALIZACIÓN

Ha sido nuestra intención, desde el inicio de este proyecto, producir, una vez concluida *Flora Mesoamericana,* un volumen en donde se presente una revisión de la historia florística de Mesoamérica (incluido el proyecto *Flora Mesoamericana*), su historia geológica y clima, su vegetación y el estado que guarde en esa fecha, así como la actualización de los volúmenes publicados anteriormente.

NOTAS ACERCA DEL FORMATO

Los autores de todos los tratamientos son citados al comienzo de cada familia y género. En unos cuantos casos, alguien más además de alguno de los editores generales ha organizado los manuscritos dentro de una familia, lo cual también se indica. Sin embargo, los editores generales y el o la editora del volumen son responsables por la forma en que los textos hayan sido finalmente publicados.

Los géneros y especies se ordenan alfabéticamente cuando no se dispone de un arreglo taxonómico satisfactorio.

Se incluyen claves dicotómicas con sangrías para todas las familias, géneros, especies, subespecies y variedades.

La literatura publicada sobre las familias, géneros o especies se cita después de las respectivas descripciones cuando se considera útil para su determinación, cuando brinda información nueva y significativa, o cuando ha sido utilizada extensamente durante la redacción de los tratamientos. La más reciente estimación del número de géneros y especies a escala global se cita después de las descripciones de familias y géneros, respectivamente.

DESCRIPCIONES

Por lo general las descripciones de los taxones se basan en el material del área de la Flora. Sin embargo, particularmente cuando se trata de familias y géneros, las descripciones son a veces más amplias que una descripción estrictamente mesoamericana la cual podría resultar engañosa a escala mundial.

A menos que el autor explícitamente dé excepciones, se sobreentiende que los caracteres incluidos en las descripciones de categorías taxonómicas elevadas pertenecen a todos los taxones inferiores incluidos en la misma categoría.

Las dimensiones de los caracteres en las descripciones, cuando aparecen sin especificar, se refieren siempre a la longitud o a la altura. Dos cifras unidas por un signo de multiplicación y sin especificación alguna, se refieren a la longitud y la anchura respectivamente. Los límites excepcionales fuera del intervalo normal de las dimensiones se colocan entre paréntesis. Los números cromosómicos que se citan al final de las descripciones se refieren a recuentos basados en plantas mesoamericanas.

DISTRIBUCIÓN

La distribución de familias, géneros, especies, subespecies y variedades se da en términos generales. Dentro del área de Mesoamérica, la distribución de especies, subespecies y variedades se indica por las siguientes abreviaturas y secuencias de las doce unidades geográficas: T (Tabasco), Ch (Chiapas), Y (Yucatán), C (Campeche), QR (Quintana Roo), B (Belice), G (Guatemala), H (Honduras), ES (El Salvador), N (Nicaragua), CR (Costa Rica), P (Panamá). Se cita únicamente un ejemplar para cada una de las unidades geográficas en las que el taxón está presente, aunque se conozcan muchos otros. Solamente se citan en esta sección los ejemplares que han sido vistos personalmente por el autor del grupo. Si el autor no ha visto un ejemplar de cierta región, pero considera que un taxón existe en la región basándose en algún registro de la literatura, se cita este en lugar del ejemplar. La distribución general se presenta en el siguiente orden: Canadá, Estados Unidos, México, Mesoamérica, Colombia, Venezuela, Guyana, Surinam, Guayana Francesa (Guayanas, si se trata de las tres últimas en conjunto), Ecuador, Perú, Bolivia, Brasil, Paraguay, Uruguay, Chile, Argentina, Antillas, Trinidad y Tobago, Europa, Asia, África, Australia, Islas del Pacífico.

CITACIÓN DE EJEMPLARES

Algunos prominentes colectores en el área mesoamericana (p. ej., Tonduz, Pittier, von Türckheim y Liebmann) no siempre numeraron sus muestras con sus propios números. Para citar números de estas colecciones, hemos hecho lo siguiente. En los casos de Tonduz y Pittier, citamos el número de registro del herbario del Instituto Físico-Geográfico Nacional de Costa Rica. Para von Türckheim, citamos el número de John Donnell Smith, quien distribuyó las colecciones. Para Liebmann, citamos el número que escribió en sus etiquetas de herbario bajo "Plantae Mexicanae" y no bajo "Flora Mexicana".

NOMBRES VULGARES

Después de los nombres científicos, y precedidos por la abreviatura N.v., se dan los nombres vulgares más conocidos y más ampliamente usados por la población de habla hispana. Estos nombres han sido incluidos a discreción de los autores y editores generales. Cuando el uso de los nombres es muy local, así se indica por medio de la abreviatura geográfica respectiva.

ABREVIACIÓN DE CITAS

Los nombres de los autores de los taxones se abrevian de acuerdo con *Authors of Plant Names* (APN) de Brummitt & Powell (1992), aunque se usan espacios entre las iniciales y el apellido o apellidos y se actualizan continuamente en *The International Plant Names Index* (IPNI, http://www.ipni.org); los libros, de acuerdo con *Taxonomic Literature* 2a. ed. (TL2) de Stafleu & Cowan (1976-1988), y Stafleu & Mannega (1992), y las publicaciones periódicas de acuerdo con *Botanico-Periodicum-Huntianum/2* (B-P-H/2) de Bridson & Smith (1991). Para la literatura y los nombres de los autores no tratados por estas tres obras se usarán los mismos principios de abreviación.

HÁBITAT

Para la mayoría de las especies se incluyen breves caracterizaciones de los hábitats, tipos de vegetación o biomas. Sin embargo, debido a la falta de una terminología ecológica globalmente aceptada, no se ha hecho ningún intento para uniformar su uso.

ILUSTRACIONES

Como la Flora no es ilustrada, se cita una referencia por taxón y, si no se localizó ninguna ilustración, se utiliza la expresión "Ilustr.: no se encontró".

TIPOS Y SINÓNIMOS

Los tipos se citan únicamente en los casos de nombres aceptados, pero no en el caso de los sinónimos, en un formato conciso que incluye el país de origen, los estados mexicanos, el colector, el número y el acrónimo del herbario. Si se desconoce el país preciso, la cita respectiva puede estar sustituida por una breve nota del protólogo. Cuando la palabra "tipo" es empleada sin más especificaciones, indica que el autor no sabe con certeza qué clase de tipo representa el elemento citado (p. ej., holotipo, isotipo, sintipo, lectotipo o neotipo). Por lo anterior y de acuerdo con la versión actual del *International Code of Nomenclature for algae, fungi and plants - Shenzhen Code* (Código Internacional de Nomenclatura para algas, hongos y plantas - Código de Shenzhen), nuestra cita de un tipo nunca debe ser tomada como la selección formal de un lectotipo, excepto cuando se utiliza la expresión "Lectotipo (designado aquí)". Todas las lectotipificaciones hechas previamente se indican por medio de una referencia de la literatura, si se conoce. En esta Flora los sintipos, en ocasiones, son empleados en un sentido más amplio que lo usado por el Código de Shenzhen. Algunas veces hemos citado como sintipos a ilustraciones que fueron parte del material original en lo que se basó un nombre; en cambio, el Código se limita únicamente a especímenes como sintipos. Un acrónimo de herbario seguido de un signo de admiración indica que el tipo ha sido visto por el autor.

Por lo general, solo se citan los sinónimos importantes en Mesoamérica, pero se incluyen otros a discreción de los autores y editores generales, principalmente para explicar usos taxonómicos o de nomenclatura. Los sinónimos se ordenan alfabéticamente.

ABREVIATURAS MÁS USADAS

Anon.	colector no conocido, anónimo (anonymus)
Aprox.	aproximadamente
auct.	de autor(es) (auctorum)
B	Belice
c.	cerca de una cifra (circa)
C	Campeche
C.	Centro
cb	código de barras o código QR
Cd.	ciudad
Ch	Chiapas
cm	centímetro(s)
com. per.	comunicación personal
cons.	conservado (conservandus)
CR	Costa Rica
cult.	cultivado
cv.	cultivar
E.	Este
ed.	edición
Edo.	estado
ES	El Salvador
emend.	enmendado, corregido (emendatus)
et al.	y otros (et alii)
f.	figura
fam.	familia
fragm.	fragmento
G	Guatemala
gen.	género(s) (genus, genera)
H	Honduras
Herb.	Herbario
i.e.	esto es (id est)
Ilustr.	Ilustración
inéd.	inédito
Is.	Isla(s)
m	metro(s)
mm	milímetro(s)
MS	manuscrito
n	número cromosómico haploide
N	Nicaragua
N.	Norte
nr	número de registro de herbario
n.s.	nueva serie
n.v.	no visto (non visus)
N.v.	Nombre vulgar
nom. cons.	nombre conservado (nomen conservandum)
nom. nud.	nombre sin descripción (nomen nudum)
nom. illeg.	nombre ilegítimo (nomen illegitimum)
nom. inval.	nombre inválido, que no fue válidamente publicado (nomen invalidum)
O.	Oeste
P	Panamá
p. ej.	por ejemplo
p. p.	en parte (pro parte)
prep.	preparación
QR	Quintana Roo
S.	Sur
sect.	sección (sectio)
s. l.	sentido amplio (sensu lato)
s.n.	sin número
s. str.	sentido estricto (sensu stricto)
sp(p).	especie(s) (species)

subfam.	subfamilia	T	Tabasco
subg.	subgénero (subgenus)	var.	variedad (varietas)
subsect.	subsección (subsectio)	vs.	contra (versus)
subsp(p).	subespecie(s) (subspecies)	x	número cromosómico básico
syn.	sinónimo (synonymus)	Y	Yucatán
t.	tabla, lámina	$2n$	número cromosómico diploide

33. CYCADACEAE

Descripción de la familia por D.W. Stevenson, F. Nicolalde-Morejón & L. Martínez-Domínguez.

Plantas estrictamente dioicas; tallo columnar, poco ramificado, paquicaule, con la base de las hojas persistentes en el extremo superior, pudiendo presentar bulbos adventicios. Hojas 30-50(-60), 100-300 cm, pinnadas a 5-pinnadas, dispuestas en una corona terminal; pecíolo con 2 hileras de espinas laterales que representan folíolos reducidos; folíolos en pares, opuestos a subopuestos, con una vena primaria gruesa y conspicua, sin venas secundarias. Estróbilo polinífero determinado, terminal, compuesto por numerosos microsporofilos arreglados sobre un eje; microsporofilos estrechamente imbricados, acuminados, planos, con estructuras en la superficie inferior que contienen polen. Megasporofilos arreglados en espiral en una roseta indeterminada, terminal, cayendo por separado en la madurez, con el eje central continuando el desarrollo vegetativo, la porción distal dilatada en una lámina pinnatífida, pectinada o dentada; óvulos 2-10 sobre la porción proximal de los megasporofilos, insertados marginalmente. Cubierta de la semilla con una porción externa carnosa y una capa interna dura, generalmente aplanada, grande, café a rojo o rojo-anaranjado en la madurez. 10 gen. y 39 spp., trópicos del Viejo Mundo; 1 gen. y 2 spp. en Mesoamérica.

Las dos especies tratadas aquí se cultivan comúnmente como plantas ornamentales en las áreas tropicales y subtropicales de América y aparentemente se están naturalizando en los hábitats alterados creados por el hombre (p. ej., casas abandonadas).

Bibliografía: Stevenson, D.W. *Fl. Colombia* 21: 1-92 (2001).

1. Cycas L.

Dyerocycas Nakai, *Epicycas* de Laub.

Por D.W. Stevenson, F. Nicolalde-Morejón & L. Martínez-Domínguez.

Tallos hasta 7 m, aéreos, cilíndricos. Hojas producidas en los brotes de crecimiento estacional intercaladas con catafilos, las hojas basales están reducidas a espinas, generalmente pubescentes cuando jóvenes. Vernación longitudinal, erecta o raramente reflexa; vernación horizontal circinada. Microsporofilos agregados dentro de un estróbilo definido; cada microsporofilo con numerosos microsporangios (sacos polínicos) en el lado abaxial y con un ápice estéril simple, a menudo terminado en una espina. Polen cimbiforme, monosulcado. Megasporofilos imbricados de manera flexible o apretada, dispuestos en espiral en una roseta terminal indeterminada con un eje central que continúa el crecimiento vegetativo, la lámina pinnatífida, pectinada, dentada o entera en la zona distal del estípite portador de óvulos. Óvulos (1)2-muchos, insertándose marginalmente en el estípite, ascendentes (dirigiéndose oblicuamente hacia afuera). Semillas platispérmicas, subglobulares a elipsoidales, la sarcotesta carnosa, amarilla, anaranjada o café, la esclerotesta leñosa, con o sin tejido esponjoso. Endospermo haploide, derivado del gametofito femenino. Embrión recto, 2 cotiledones que generalmente se unen en las puntas, un suspensor muy largo y retorcido en espiral. Aprox. 119 spp., trópicos del Viejo Mundo; 2 spp. en Mesoamérica.

1. Folíolos menos de 0.7 cm de ancho, los márgenes revolutos; parte estéril de los megasporofilos pinnatífida; microsporofilos abruptamente acuminados; semillas anaranjadas a rojas. **1. C. revoluta**
1. Folíolos c. 0.9 cm de ancho o más, los márgenes planos o ligeramente revolutos; parte estéril de los megasporofilos serrada; microsporofilos largamente acuminados; semillas verdes. **2. C. rumphii**

1. Cycas revoluta Thunb., *Verh. Holl. Maatsch. Weetensch. Haarlem* 20: 424 (1782). Holotipo: Japón, *Thunberg s.n.* (UPS-[nr] 23734!). Ilustr.: Chen & Stevenson, *Fl. China Ill.* 4: 2, t. 2, f. 1-6 (2001).

Cycas miquelii Warb., *C. revoluta* Thunb. var. *brevifrons* Miq., *C. revoluta* var. *planifolia* Miq., *C. revoluta* var. *prolifera* Siebold & Zucc., *C. revoluta* var. *revoluta*, *C. revoluta* var. *robusta* Messeri, *Epicycas miquelii* (Warb.) de Laub.

Hojas 5-200 cm; folíolos 6-18 × 0.3-0.7 cm. Estróbilo polinífero 40-50 × 8-9 cm, con 200-450 microsporangios. Megasporofilos 40-200 en una corona, cada uno con (2-)4(-6) óvulos. Semillas anaranjadas a rojas, la sarcotesta sin crestas y ocasionalmente con un punto apical muy pequeño. *Cultivada.* P (*Churchill 6020*, MO). 100-500 m. (Nativa del sureste de Japón y este de China; introducida en los trópicos).

2. Cycas rumphii Miq., *Bull. Sci. Phys. Nat. Néerl.* 1839: 45 (1839). Lectotipo: (designado por Hill, 1994): Rumphius, *Herb. Amboin.* 1: t. 22-23 (1741). Ilustr.: Hill, *Austral. Syst. Bot.* 7: 550, t. 6 (1994).

Cycas celebica Miq., *C. rumphii* Miq. forma *rumphii*, *C. rumphii* subsp. *rumphii*, *C. rumphii* var. *rumphii*.

Hojas 100-300 cm; folíolos 10-30 × 0.9-1.4 cm. Estróbilo polinífero 60-70 × 15-18 cm; microsporofilos con 500-900 microsporangios. Megasporofilos 15-25 en una corona, cada una con 6-8 óvulos. Semillas amarillas a cafés, la sarcotesta con el ápice acuminado y 2 aristas laterales medianas extendidas hacia la base. *Cultivada.* P (*Churchill & Schmalzel 6031*, MO). 0-100 m. (Nativa de Malasia, Sri Lanka, sur de India, Filipinas, Indonesia; introducida en los trópicos).

34. ZAMIACEAE

Descripción de la familia y clave genérica por D.W. Stevenson, F. Nicolalde-Morejón & L. Martínez-Domínguez.

Plantas dioicas, terrestres o epífitas; tallos hipogeos y epigeos, paquicaules, los tallos arbóreos lisos o cubiertos por las bases persistentes de las hojas; catafilos persistentes o caducos, generalmente triangulares, cartáceos a coriáceos. Hojas compuestas (paripinnadas), estipuladas, dispuestas en una corona de pocas (2) o muchas (60 o más), descendentes o ascendentes; pecíolo y 1/3 proximal del raquis cubiertos con aguijones, escasos o abundantes, a veces inermes. Folíolos opuestos a subopuestos, imbricados a no imbricados, sésiles o ligeramente peciolulados, lineares a obovados, planos a canaliculados, simétricos o asimétricos, membranáceos a coriáceos, las venas prominentes o poco conspicuas, la articulación ensanchada o lisa, los márgenes enteros a dentados, el ápice agudo a acuminado. Estróbilos poliníferos solitarios o varios (6), determinados, formados por numerosos esporofilos insertados en espiral en un eje central, el ápice agudo y peltado, con esporangios en la superficie abaxial, ocasionalmente en la superficie adaxial; microsporangios numerosos, en grupos de 2-5, dehiscentes longitudinalmente, el polen monosulcado, proximalmente con escultura foveolada. Estróbilos ovulíferos generalmente solitarios, determinados, con numerosas megasporofilos insertados en espiral en un eje central, largamente triangulares o hexagonales, pediceladas, cada una con 2 óvulos. Semillas radiospérmicas, la sarcotesta blanca, rosa, roja o anaranjada; embrión con 2 cotiledones y un suspensor enrollado. Aprox. 10 gen. y 387 spp. distribución mundial; 3 gen. y 61 spp. en Mesoamérica.

Bibliografía: Stevenson, D.W. *Fl. Colombia* 21: 22-70 (2001). Stevenson, D.W. & Sabato, S. *Taxon* 35: 134-144 (1986b).

1. Folíolos decurrentes sobre el raquis; esporofilos largamente triangulares, imbricados. **2. Dioon**
1. Folíolos articulados sobre el raquis; esporofilos hexagonales, no imbricados.
  2. Articulaciones no prominentes, aplanadas; ápice de los esporófilos bicorniculado. **1. Ceratozamia**
  2. Articulaciones prominentes, anulares; ápice de los esporófilos truncado. **3. Zamia**

1. Ceratozamia Brongn.

Por L. Martínez-Domínguez, F. Nicolalde-Morejón & D.W. Stevenson.

Plantas terrestres; tallos epigeos o semiepigeos. Hojas verde claro a café rojizo cuando emergen; pecíolo y raquis torcidos en espiral o lineares, con pubescencia blanquecina a café, inermes o con aguijones rectos en ocasiones bifurcados. Folíolos opuestos a subopuestos, no imbricados, sésiles, lineares a obovados, aplanados a canaliculados, simétricos a asimétricos, papiráceos a coriáceos, las venas lisas, las articulaciones planas, verdes, amarillas o cafés, los márgenes enteros, el ápice acuminado o agudo. Estróbilos poliníferos generalmente 1-3, erectos, cilíndricos, pero gradualmente angostados hacia el ápice, verde-amarillentos a crema, la pubescencia rojiza a café-rojiza; pedúnculo erecto; microsporofilos bicorniculados en el extremo distal, con 24-280 esporangios. Estróbilo ovulífero generalmente solitario, erecto, cilíndrico a globoso, verde-amarillento a verde oscuro, los tricomas negruzcos a café-rojizos, el ápice agudo a mucronato; pedúnculo erecto o péndulo; megasporofilos peltados, bicorniculados en el extremo distal, la cara distal prominente o truncada. Semillas ovadas a globosas, la sarcotesta blanca a rosácea cuando inmadura, amarillo a crema en la madurez, la esclerotesta café claro, lisa. Aprox. 43 spp., en México (Sierra Madre Oriental, Sierra Madre de Chiapas y Sierra Madre del Sur), en menor medida en Belice, Guatemala y Honduras; 20 spp. en Mesoamérica.

Bibliografía: Martínez-Domínguez, L. et al. *Phytotaxa* 268: 25-45 (2016); *Organisms Diversity Evol.* 17: 727-752 (2017); *PhytoKeys* 208: 1-102 (2022). Stevenson, D.W. et al. *Brittonia* 38: 17-26 (1986).

1. Folíolos oblongos, obovados a oblanceolados, más de 4 cm de ancho.
  2. Folíolos papiráceos a membranáceos, lustrosos en el haz.
    3. Folíolos membranáceos, obovados a oblanceolados, más de 8 cm de ancho.
      4. Folíolos con los márgenes sinuados en el extremo distal, el ápice asimétrico. **5. C. euryphyllidia**
      4. Folíolos con los márgenes rectos en el extremo distal, el ápice simétrico. **8. C. hondurensis**
    3. Folíolos papiráceos, oblongos, hasta 8.7 cm de ancho.
      5. Pecíolo con aguijones robustos; folíolos con el envés lustroso; estróbilo ovulífero con ápice acuminado. **10. C. miqueliana**
      5. Pecíolo con aguijones delgados; folíolos con el envés glauco; estróbilo ovulífero con ápice apiculado. **15. C. rosea**
  2. Folíolos coriáceos, glaucos en el haz.
    6. Pedúnculo del estróbilo ovulífero de hasta 3 cm. **17. C. santillanii**
    6. Pedúnculo del estróbilo ovulífero más de 3 cm.
      7. Plantas de la Sierra El Madrigal en los límites entre Tabasco y Chiapas; folíolos generalmente más cortos y anchos (16-30 × 4.5-8.8 cm). **3. C. becerrae**
      7. Plantas de la Sierra Norte de Chiapas; folíolos generalmente más largos y estrechos (22-37 ×3.9-5.6 cm). **20. C. zoquorum**
1. Folíolos lineares a lanceolados, hasta 4 cm de ancho.
  8. Raquis y pecíolo torcidos en espiral, fuertemente canaliculados, con el ápice agudo. **12. C. norstogii**
  8. Raquis y pecíolo lineares, aplanados a ligeramente canaliculados, con el ápice acuminado.
    9. Pecíolo con aguijones robustos.
      10. Folíolos generalmente rectos abaxialmente en la porción media; estróbilo ovulífero con tricomas negruzcos a glabro en la madurez.
        11. Microsporofilos con cuernos rectos; diámetro del estróbilo polinífero menos de 6.5 cm. **6. C. gigantea**
        11. Microsporofilos con cuernos recurvados; diámetro del estróbilo polinífero más de 7 cm. **14. C. robusta**
      10. Folíolos curvados abaxialmente en la porción media; estróbilo ovulífero con tricomas púrpuras a café-rojizos en la madurez.
        12. Estróbilo ovulífero verde con la base de los megasporofilos y los tricomas púrpuras; microsporofilos con la porción fértil profundamente lobada. **13. C. osbornei**
        12. Estróbilo ovulífero verde con la base de los megasporofilos rosácea y los tricomas cafés a café-rojizos; microsporofilos con la porción fértil lobada. **18. C. subroseophylla**
    9. Pecíolo con aguijones delgados.
      13. Folíolos ligeramente canaliculados.
        14. Hojas con raquis usualmente del mismo largo o más corto que el pecíolo; plantas de Cintalapa (Chiapas). **2. C. alvarezii**
        14. Hojas con raquis usualmente más largo que el pecíolo; plantas de Villaflores, Jiquipilas y Villa Corzo (Chiapas). **11. C. mirandae**
      13. Folíolos aplanados.
        15. Base de los folíolos amarilla en hojas maduras; estróbilo ovulífero con el ápice aristado. **9. C. matudae**
        15. Base de los folíolos verde en hojas maduras; estróbilo ovulífero con el ápice acuminado a apiculado.
          16. Hojas emergentes glaucas, descendentes.
            17. Folíolos por lo general no basalmente falcados; estróbilo ovulífero con ápice apiculado; semillas ovadas. **1. C. alba**
            17. Folíolos por lo general basalmente falcados; estróbilo ovulífero con ápice acuminado; semillas globosas. **16. C. sancheziae**
          16. Hojas emergentes lustrosas, ascendentes.
            18. Estróbilo ovulífero hasta 23 cm; pedúnculo del estróbilo polinífero igual o más de 12 cm. **7. C. guatemalensis**
            18. Estróbilo ovulífero mayor a 25 cm; pedúnculo del estróbilo polinífero menor de 11 cm.
              19. Microsporofilos elípticos con cuernos recurvados. **4. C. chimalapensis**
              19. Microsporofilos obcónicos con cuernos rectos. **19. C. vovidesii**

1. Ceratozamia alba Pérez-Farr., Gut.-Ortega & Vovides, *Phytotaxa* 666: 265 (2024). Holotipo: México, Chiapas, *Pérez-Farrera & Martínez-Martínez 4396* (HEM!). Ilustr.: Pérez-Farrera et al., *Phytotaxa* 666: 267, t. 6 (2024a).

Tallos hasta 0.3 m × 22 cm. Hojas 4-18, 120-215 cm, descendentes, verdes con apariencia glauca cuando emergen; pecíolo 50-105 cm, linear, la pubescencia café, con aguijones 0.5-3.4 mm, delgados; raquis 48-109.6 cm, linear, verde oscuro, con aguijones. Folíolos 14-28 pares, 27-38.7 × 2.2-3.5 cm, 1.8-5.9 cm de distancia entre sí, lineares a lanceolados, mayormente rectos, generalmente no falcados basalmente, aplanados, papiráceos, el haz lustroso, generalmente glaucos en el envés, la base verde claro en hojas jóvenes, verde en hojas maduras, los márgenes enteros, el ápice acuminado, asimétrico. Estróbilo polinífero 15.9-18.5 × 3.4-3.5 cm, verde cuando emerge, amarillo a crema en la madurez; pedúnculo 8-10 × 1.1-1.5 cm; microsporofilos 0.6-0.75 × 0.62-0.81 cm, la porción fértil lobada, los cuernos rectos. Estróbilo ovulífero 21.5-24 × 8-9 cm, verde cuando emerge, verde oscuro glauco con abundantes tricomas negruzcos en la madurez, el ápice apiculado; pedúnculo 6-10 × 1.8-2.4 cm, erecto; megasporofilos 46-56, 2.3-2.5 × 4.4-5.4 cm. Semillas 1.4-2.8 × 1.45-1.7 cm, ovadas. *Selvas altas perennifolias*. Ch (*Pérez-Farrera & Martínez-Martínez 4396*, XAL). 700-800 m. (Endémica).

Ceratozamia alba es conocida solo de una localidad con menos de 50 individuos.

2. Ceratozamia alvarezii Pérez-Farr., Vovides & Iglesias, *Novon* 9: 410 (1999). Holotipo: México, Chiapas, *Pérez-Farrera 889* (CHIP!). Ilustr.: Pérez-Farrera et al., *Novon* 9: 412, t. 1 (1999). N.v.: Espadaña cimarrona, Ch.

Tallos hasta 0.4 m × 15 cm. Hojas 4-30, 50-120 cm, ascendentes, cafés sin apariencia glauca cuando emergen; pecíolo 20-60 cm, linear, la pubescencia marrón claro, con aguijones 1.9-3.7 mm, delgados; raquis 40-80 cm, linear, cobrizo a verde, con aguijones. Folíolos 30-75 pares, 15-35 × 0.3-0.9 cm, 0.14-1.3 cm de distancia entre sí, linear a lanceolados, mayormente rectos, generalmente no basalmente falcados, ligeramente canaliculados, papiráceos, el haz y el envés lustrosos, la base verde a café en hojas jóvenes, verde en hojas maduras, los márgenes enteros, el ápice acuminado, simétrico. Estróbilo polinífero 15-30 × 3-4 cm, verde cuando emerge, amarillo a crema en la madurez; pedúnculo 3-4 × 1-1.5 cm; microsporofilos 1.2-1.5 × 0.5-0.6 cm, la porción fértil lobada, los cuernos rectos. Estróbilo ovulífero 17-27 × 8-11 cm, verde cuando emerge, verde-ocre glauco con abundantes tricomas negruzcos en la madurez, el ápice agudo; pedúnculo 5-10 × 1.5-2.5 cm, erecto; megasporofilos 50-90, 3-3.5 × 3.5-4 cm. Semillas 2.5-3 × 2.3-2.9 cm, esféricas. $2n = 16$. *Bosques de encino*. Ch (*Martínez-Domínguez et al. 1402*, MEXU). 900-1450 m. (Endémica).

Ceratozamia alvarezii es muy similar en morfología vegetativa y reproductiva a *C. mirandae*, por lo cual, su identificación requiere evaluar la variación poblacional. La diferencia entre estas especies se encuentra en caracteres morfométricos asociados a las estructuras reproductivas, particularmente el tamaño del estróbilo ovulífero de entre 17 a 27 cm en *C. alvarezii* y 13.5 a 30 cm en *C. mirandae*. Además, en la primera las semillas son generalmente más grandes independientemente del tamaño del estróbilo ovulífero.

3. Ceratozamia becerrae Pérez-Farr., Vovides & Schutzman, *Bot. J. Linn. Soc.* 146: 124 (2004). Holotipo: México, Tabasco, *Vovides 1458* (XAL!). Ilustr.: Vovides et al., *Bot. J. Linn. Soc.* 146: 125, t. 1 (2004).

Tallos hasta 0.3 m × 15 cm. Hojas 2-12 (17), 49-210 cm, descendentes, verde claro con apariencia glauca cuando emergen; pecíolo 23.3-111.5 cm, la pubescencia blanquecina, linear, inerme o con aguijones 0.2-1.3 mm, delgados; raquis 20-105 cm, linear, amarillento a verde-amarillento, generalmente inerme. Folíolos 6-15 pares, 16-30 × 4.5-8.8 cm, 5.5-11.1 cm de distancia entre sí, oblongos a oblanceolados, abaxialmente curvados a rectos, por lo general basalmente falcados, aplanados, coriáceos, el haz y el envés glaucos o lustrosos, la base verde a verde-amarillenta en hojas jóvenes y maduras, los márgenes enteros, el ápice acuminado y agudo, asimétrico. Estróbilo polinífero 10.8-20 × 2.8-4 cm, verde con tricomas negruzcos cuando emerge, crema con tricomas negruzcos en la madurez; pedúnculo 5-10 × 1.5-2 cm; microsporofilos 0.9-1.37 × 0.7-0.9 cm, la porción fértil profundamente lobada, los cuernos rectos. Estróbilo ovulífero 15-23 × 7.5-8.5 cm, verde con tricomas café-rojizos cuando emerge, verde con tricomas cafés a negruzcos en la madurez, el ápice agudo; pedúnculo 5-12 × 1.6-2 cm, erecto o péndulo; megasporofilos 43-56, 1.7-2 × 3.5-4 cm. Semillas 1.5-2.4 × 1.2-2 cm, ovadas. $2n = 16$. *Bosques de encino, bosques de pino-encino*. T (*Martínez-Domínguez 124*, CIB); Ch (*Lázaro 376*, CHIP). 100-800 m. (Endémica).

Esta especie carece de caracteres morfológicos diagnósticos, y forma parte de un complejo taxonómico con *Ceratozamia zoquorum* y *C. santillanii*. Se encuentra en la Sierra El Madrigal, en los límites entre Tabasco y Chiapas.

4. Ceratozamia chimalapensis Pérez-Farr. & Vovides, *Bot. J. Linn. Soc.* 157: 169 (2008). Isotipo: México, Oaxaca, *Pérez-Farrera 2622* (XAL!). Ilustr.: Vovides et al., *Bot. J. Linn. Soc.* 157: 171, t. 2 (2008). N.v.: Mazacopa, Oaxaca.

Tallos hasta 0.6 m × 30 cm. Hojas 7-24, 66-250 cm, ascendentes, cafés sin apariencia glauca cuando emergen; pecíolo 40-70 cm, linear, verde, con aguijones 0.5-3 mm, delgados; raquis 60-150 cm, linear, verde, con aguijones. Folíolos 36-70 pares, 27-46 × 1.2-1.8 cm, 0.8-1.3 cm de distancia entre sí, lanceolados, generalmente curvados abaxialmente en la parte distal, no basalmente falcados, aplanados, papiráceos, el haz lustroso, el envés glauco, la base café-amarillenta en hojas jóvenes, verde en hojas maduras, los márgenes enteros, el ápice acuminado, simétrico. Estróbilo polinífero 25-40 × 3-5 cm, amarillo verdoso con tricomas cafés cuando emerge, crema verdoso con tricomas cafés en la madurez; pedúnculo 5-11 × 1.5-3 cm; microsporofilos 1.3-2 × 0.6-1 cm, la porción fértil lobada a ligeramente lobada, los cuernos rectos. Estróbilo ovulífero 35-40 × 7.3-10.6 cm, verde con tricomas negruzcos cuando emerge, verde con tricomas negruzcos en la madurez, el ápice acuminado; pedúnculo 7-11 × 1.7-2 cm, erecto; megasporofilos 99-192, 1.8-2.5 × 4-5.9 cm. Semillas 2-3 × 1.4-1.9 cm, ovadas. $2n = 16$. *Bosques de encino*. Oaxaca (*Hernández & Sharp 1277*, MEXU). 290-1000 m. (México [Oaxaca]).

Especie endémica a Chimalapas, pero podría encontrarse en Mesoamérica.

5. Ceratozamia euryphyllidia Vázq. Torres, Sabato & D.W. Stev., *Brittonia* 38: 17 (1986). Holotipo: México, Veracruz, *Vázquez 2842* (NY!). Ilustr.: Stevenson et al., *Brittonia* 38: 21, t. 4 (1986).

Tallos hasta 0.5 m × 15.3 cm. Hojas 2-22, 95-337.5 cm, ascendentes, verde claro con apariencia glauca cuando emergen; pecíolo 40-193 cm, linear, verde a amarillento, con aguijones 1.3-5 mm, delgados; raquis 53-218.5 cm, linear, verde claro a amarillento, con aguijones. Folíolos 6-17 pares, 19.9-35.7 × 8.5-17.6 cm, 9-22 cm de distancia entre sí, ampliamente obovados, generalmente abaxialmente rectos, no basalmente falcados, aplanados, membranáceos, el haz lustroso, el envés glauco, la base amarilla a verde claro en hojas jóvenes, verde en hojas maduras, margen entero con el extremo distal sinuado, el ápice acuminado, asimétrico. Estróbilo polinífero 27-35 × 3-4.3 cm, amarillo verdoso con tricomas rojizos cuando emerge, verdoso con tricomas negruzcos en la madurez; pedúnculo 6-12 × 1.5-2 cm; microsporofilos 1-1.5 × 0.5-1.3 cm, la porción fértil lobada, los cuernos rectos. Estróbilo ovulífero 15-20 × 5-6 cm, verde-amarillento con tricomas vino a púrpura cuando emerge, verde con tricomas negruzcos a vino en la madurez, el ápice acuminado; pedúnculo 5-11.5 × 1-2.5 cm, erecto; megasporofilos 35-64, 1.2-1.8 × 1.5-3 cm. Semillas 2.3-2.5 × 1.5-1.7 cm, ovadas. *Selvas altas perennifolias*. Oaxaca (*Martínez-Domínguez & Nicolalde-Morejón 52*, CIB); Veracruz (*Vázquez 2551*, MO). 100-630 m. (México [Oaxaca, Veracruz]).

Especie endémica a la selva de las regiones Uxpanapa y Chimalapas, pero podría encontrarse en Mesoamérica.

6. Ceratozamia gigantea Mart.-Domínguez, Nic.-Mor., D.W. Stev. & González-Aguilar, *Kew Bull.* 79: 546 (2024). Holotipo: México, Tabasco, *González-Aguilar & de la Cruz 177* (CIB!). Ilustr.: Martínez-Domínguez et al., *Kew Bull.* 79: 547, t. 1 (2024).

Tallos hasta 5 m × 45 cm. Hojas 10-50, 220-375 cm, descendentes, café sin apariencia glauca cuando emergen; pecíolo 75-150 cm, linear, café-verdoso, con aguijones 3-4.5 mm, robustos; raquis 135-255 cm, linear, verde oscuro, con aguijones. Folíolos 26-48 pares, 30-45 × 2.7-3.6 cm, 3.1-6.5 cm de distancia entre sí, lanceolados, abaxialmente curvados en la parte distal, no basalmente falcados, aplanados, papiráceos, el haz lustroso, el envés ligeramente glauco, la base café en hojas jóvenes, verde en hojas maduras, margen entero, el ápice acuminado, simétrico. Estróbilo polinífero 50-80 × 5.09-6.36 cm, verde con tricomas café-rojizos cuando emerge, amarillo-verdoso con tricomas café-rojizo en la madurez; pedúnculo 11-18.6 × 2.57-3.5 cm; microsporofilos 1.19-2.21 × 0.89-1.28 cm, la porción fértil lobada, los cuernos rectos. Estróbilo ovulífero 50-66 × 10.5-16 cm, verde con tricomas café-rojizos cuando emerge, verde con abundantes tricomas negruzcos en la madurez, el ápice acuminado; pedúnculo 10-14 × 2.4-2.9 cm, erecto; megasporofilos 200-300, 1.9-2.6 × 3-5 cm. Semillas 3.6-4.5 × 0.90–1.85 cm, ovadas. *Selvas altas perennifolias*. T (*Martínez-Domínguez et al. 2301*, MEXU). 180-200 m. (Endémica).

7. Ceratozamia guatemalensis Pérez-Farr., Gut.-Ortega & M.L. Quezada, *Phytotaxa* 668: 71 (2024). Holotipo: Guatemala, *Quezada & Pérez-Farrera 5826* (HEM!). Ilustr.: Pérez-Farrera et al., *Phytotaxa* 668: 73, t. 11 (2024b).

Tallos hasta 0.5 m × 24 cm. Hojas 4-13, 160-215 cm, ascendentes, café-rojizas sin apariencia glauca cuando emergen; pecíolo 52-132 cm, linear, la pubescencia grisácea a blanquecina, con aguijones 1.4-3.9 mm, delgados; raquis 97-150 cm, linear, verde, con aguijones. Folíolos 40-81 pares, 25-47 × 0.9-1.5 cm, 0.6-2 cm de distancia entre sí, lanceolados, rectos, por lo general basalmente falcados, aplanados, papiráceos, el haz lustroso, el envés glauco, la base café en hojas jóvenes, verde en hojas maduras, los márgenes enteros, el ápice acuminado, simétrico. Estróbilo polinífero 24-30 × 4-4.4 cm, amarillo a verde-amarillento con pubescencia rojiza cuando emerge, amarillo-crema en la madurez; pedúnculo 12-15 × 1-2 cm; microsporofilos 1-1.3 × 0.87-1.12 cm, la porción fértil lobada, los cuernos rectos. Estróbilo ovulífero 22-25 × 6.1-6.5 cm, verde con abundante pubescencia rojiza cuando emerge, verde-grisáceo con pubescencia negruzca en la madurez, el ápice apiculado; pedúnculo 5-9 × 1.4-1.6 cm, erecto; megasporofilos 68-80, 1.9-2 × 3-4 cm. Semillas 2-2.3 × 1.8-1.9 cm, ovadas. *Bosques de encino, bosques mesófilos de montaña*. G (*Véliz & Dávila MV 17042*, BIGU). 900-1950 m. (Endémica).

8. Ceratozamia hondurensis J.L. Haynes, Whitelock, Schutzman & R.S. Adams, *Cycad Newslett.* 31(2/3): 18 (2008). Lectotipo (designado por Martínez-Domínguez et al., 2022): Honduras, *Brant & Zúñiga 2830* (MO!). Ilustr.: Haynes et al., *Cycad Newslett.* 31(2/3): 16, f. 1A-H (2008). N.v.: Camotillo, H.

Tallos hasta 0.5 m × 20 cm. Hojas 5-25, 90-300 cm, ascendentes, verde claro con apariencia glauca cuando emergen; pecíolo 50-100 cm, linear, la pubescencia blanquecina, con aguijones 1.3-4.5 mm, delgados; raquis 80-200 cm, linear, verde, con aguijones. Folíolos 10-18 pares, 20-30 × 9-13 cm, 9-20 cm de distancia entre sí, obovados a oblanceolados, rectos, no basalmente falcados, aplanados, membranáceos, el haz lustroso, el envés glauco, la base verde a verde-amarillento en hojas jóvenes y maduras, los márgenes enteros, el ápice acuminado, simétrico. Estróbilo polinífero 30-35 × 4-5 cm, amarillo-verdoso cuando emerge, crema con tricomas negruzcos en la madurez; pedúnculo 2-4 × 2-3 cm; microsporofilos 1-1.5 × 0.5-1.2 cm, la porción fértil lobada, los cuernos rectos. Estróbilo ovulífero 18-22 × 8-10 cm, verde cuando emerge, verde oscuro con pubescencia negruzca en la madurez, el ápice mucronato; pedúnculo 5-15 × 1-3 cm, erecto; megasporofilos 90-100, 1.5-3 × 1.2-2 cm. Semillas 2-2.5 × 1.5-2 cm, ovadas. *Selvas altas perennifolias*. H (*Nelson et al. 17586*, TEFH). 200-600 m. (Endémica).

9. Ceratozamia matudae Lundell, *Lloydia* 2: 75 (1939). Holotipo: México, Chiapas, *Matuda 2645* (MICH!). Ilustr.: no se encontró.

Tallos hasta 0.5 m × 30 cm. Hojas 5-14, 80-155 cm, descendentes, verdes sin apariencia glauca cuando emergen; pecíolo 30-79 cm, linear, con pubescencia café, inerme o con aguijones 1-2.8 mm, delgados; raquis 45-76 cm, linear, amarillo a amarillo-verdoso, con aguijones. Folíolos 23-53 pares, 23-40 × 0.6-1.3 cm, 0.6-1.7 cm de distancia entre sí, lanceolados, rectos o abaxialmente curvados, no basalmente falcados, aplanados, papiráceos, el haz y el envés lustrosos, la base amarilla en hojas jóvenes y maduras, los márgenes enteros, el ápice acuminado, simétrico. Estróbilo polinífero 8-16 × 3-5 cm, amarillo-verdoso con pubescencia rojiza cuando emerge, crema con pubescencia rojiza en la madurez; pedúnculo 8-11 × 1.5-2 cm; microsporofilos 0.78-1.4 × 0.77-1.1 cm, la porción fértil profundamente lobada, los cuernos rectos. Estróbilo ovulífero 8.5-10 × 3.8-8 cm, amarillo-verdoso cuando emerge, verde oscuro con tricomas negruzcos en la madurez, el ápice aristado; pedúnculo 10-13 × 0.9-1.3 cm, erecto o péndulo; megasporofilos 20-30, 2.5-3.5 × 4-5.5 cm. Semillas 1.5-3.8 × 1.9-4 cm, globosas. *Selvas altas perennifolias*. Ch (*Martínez-Domínguez et al. 1405*, MEXU). 1000-1500 m. (Endémica).

10. Ceratozamia miqueliana H. Wendl., *Index Palm.* 68 (1854). Neotipo (designado por Stevenson & Sabato, 1986a): México, Veracruz, *Stevenson et al. 542* (NY!). Ilustr.: Hemsley, *Biol. Cent.-Amer., Bot.* 5: t. 83 (1879-1888). N.v.: Palmita.

Ceratozamia mexicana Brongn. var. *miqueliana* (H. Wendl.) J. Schust.

Tallos hasta 0.8 m × 18 cm. Hojas 12-37, 50-261 cm, ascendentes, verde claro con apariencia glauca cuando emergen; pecíolo 45-97 cm, linear, la pubescencia blanquecina, con aguijones 2.2-5.9 mm, robustos; raquis 55-164 cm, linear, verde, con aguijones. Folíolos 12-23 pares, 16-36 × 4.4-8.7 cm, 2.9-8.5 cm de distancia entre sí, oblongos, rectos, no basalmente falcados, aplanados, papiráceos, el haz y el envés lustrosos, la base verde en hojas jóvenes y maduras, los márgenes enteros, el ápice acuminado, asimétrico. Estróbilo polinífero 15-30 × 3.1-4.2 cm, amarillo-verdoso con tricomas rojizos cuando emerge, amarillo a crema en la madurez; pedúnculo 4-5 × 1.3-1.5 cm; microsporofilos 1-2 × 0.7-1.5 cm, la porción fértil profundamente lobada, los cuernos rectos. Estróbilo ovulífero 22-29.3 × 9-12 cm, amarillo-verdoso cuando emerge, verde-amarillento en la madurez con tricomas negruzcos, el ápice acuminado; pedúnculo 7-9.5 × 2.7-3.3 cm, erecto o péndulo; megasporofilos 100-105, 2-3 × 3.5-4.2 cm. Semillas 2.8-3.5 × 1.5-4 cm, ovadas. 2*n* = 16. *Selvas altas perennifolias*. T (*Nicolalde-Morejón et al. 1846*, CIB); Ch (*Walters 2001-36-A*, MEXU). 30-1000 m. (México [Veracruz], Mesoamérica).

11. Ceratozamia mirandae Vovides, Pérez-Farr. & Iglesias, *Bot. J. Linn. Soc.* 137: 81 (2001). Holotipo: México, Chiapas, *de la Cruz 66* (CHIP!). Ilustr.: Vovides et al., *Bot. J. Linn. Soc.* 137: 82, t. 1 (2001), como *C. mirandai*. N.v.: Amendú, amenduai, espadaña de cochi, peinetilla, Ch.

Tallos hasta 0.6 m × 30 cm. Hojas 3-40, 80-208 cm, ascendentes, cafés sin apariencia glauca cuando emergen; pecíolo 30-95 cm, linear, la pubescencia café, con aguijones 3-4 mm, delgados; raquis 50-144 cm, linear, cobrizo a verde, con aguijones. Folíolos 32-88 pares, 18-40 × 0.4-1 cm, 0.4-1.5 cm de distancia entre folíolos, lineares a lanceolados, mayormente rectos, generalmente no basalmente falcados, ligeramente canaliculados, papiráceos, el haz y el envés lustrosos, la base verde a café en hojas jóvenes y verde en hojas maduras, los márgenes enteros, el ápice acuminado, simétrico. Estróbilo polinífero 20-45 × 3-6 cm, verde claro a amarillento cuando emerge con pubescencia rojiza a café-rojiza, amarillo a crema en la madurez con pubescencia rojiza; pedúnculo 3-10 × 1.5-3 cm; microsporofilos 1.23-1.8 × 0.62-0.86 cm, la porción fértil lobada, los cuernos rectos. Estróbilo ovulífero 13.5-30 × 7-13 cm, verde cuando emerge con abundante pubescencia café-rojiza, verde glauco con abundantes tricomas café-rojizos a negruzcos en la madurez, el ápice acuminado; pedúnculo 5-10 × 1.4-2.5 cm, erecto o péndulo; megasporofilos 70-90, 3-4 × 3.5-5 cm. Semillas

1.9-2.9 ×1.2-2.5 cm, esféricas. 2*n* = 16. *Bosques de pino-encino, selvas altas perennifolias*. Ch (*Martínez-Domínguez et al. 1432*, CIB). 850-1500 m. (Endémica).

Ceratozamia mirandae está estrechamente relacionada en términos morfológicos y geográficos a *C. alvarezii*; sin embargo, *C. mirandae* posee hojas con raquis más largos que el pecíolo; estas alcanzan a medir el doble de largo que en *C. alvarezii*. Habita en diversas poblaciones distribuidas en el área circundante a Sierra Morena y Tres Picos en la Sierra Madre de Chiapas.

12. Ceratozamia norstogii D.W. Stev., *Brittonia* 34: 181 (1982). Holotipo: México, Chiapas, *Purpus 6* (NY!). Ilustr.: Stevenson, *Brittonia* 34: 182, t. 1 (1982). N.v. Plumillo, Ch.

Tallos hasta 0.6 m × 40 cm. Hojas 5-48, 50-126 cm, ascendentes, cobrizas con apariencia glauca cuando emergen; pecíolo 10-49 cm, torcido en espiral, cobrizo con abundantes tricomas grisáceos a blanquecinos, con aguijones 1.1-3.1 mm, robustos; raquis 45-88 cm, torcido en espiral, cobrizo, con aguijones. Folíolos 35-91 pares, 14-48 × 0.2-0.4 cm, 0.2-1.3 cm de distancia entre folíolos, lineares, rectos, no basalmente falcados a falcados, fuertemente canaliculados, coriáceos, el haz y el envés lustrosos, la base verde-amarillenta en hojas jóvenes y maduras, los márgenes enteros, el ápice agudo, simétrico. Estróbilo polinífero 15-25 × 4.5-9 cm, marrón-rojizo cuando emerge, verde-amarillento a crema en la madurez; pedúnculo 2-5 × 1-2 cm; microsporofilos 0.92-1.16 × 0.86-1.1 cm, la porción fértil lobada, los cuernos rectos. Estróbilo ovulífero 20-40 × 8-13 cm, verde cuando emerge, verde-grisáceo con pubescencia negruzca en la madurez, el ápice acuminado; pedúnculo 5-10 × 1-2 cm, erecto; megasporofilos 64-68, 3-4 × 2-3 cm. Semillas 2-3.5 × 1.2-1.5 cm, ovadas. 2*n* = 16. *Bosques de pino-encino*. Ch (*Martínez-Domínguez et al. 1329*, CIB). 800-1600 m. (México [Oaxaca], Mesoamérica).

13. Ceratozamia osbornei D.W. Stev., Mart.-Domínguez & Nic.-Mor., *PhytoKeys* 208: 68 (2022). Holotipo: Belice, *Holst 4105* (NY!). Ilustr.: Martínez-Domínguez et al., *PhytoKeys* 208: 10, t. 5 (2022).

Tallos hasta 2 m × 40 cm. Hojas 12-50, 90-300 cm, ascendentes, cafés sin apariencia glauca cuando emergen; pecíolo 75-100 cm, linear, la pubescencia blanquecina a grisácea, con aguijones 2-4.5 mm, robustos; raquis 90-200 cm, linear, café oscuro a verde, con aguijones. Folíolos 26-51 pares, 30-45 × 2.5-4.0 cm, 1.7-5 cm de distancia entre sí, lanceolados, longitudinalmente curvados a rectos, generalmente no basalmente falcados, aplanados, papiráceos, el haz y el envés lustrosos, la base café en hojas jóvenes, verde en hojas maduras, los márgenes enteros, el ápice acuminado, simétrico. Estróbilo polinífero 60-80 × 7-9 cm, verde cuando emerge, amarillo a crema en la madurez; pedúnculo 7-11 × 2.5-3.5 cm; microsporofilos 2.0-3.3 × 1.1-1.85 cm, la porción fértil profundamente lobada, los cuernos rectos. Estróbilo ovulífero 30-50 × 9-14 cm, verde cuando emerge, verde con abundantes tricomas púrpuras en la madurez, el ápice acuminado; pedúnculo 12-20 × 2.5-4.5 cm, erecto; megasporofilos 108-280, 1.8-2.3 × 2.3-4.1 cm. Semillas 3.0-4.5 × 2.0-3.0 cm, ovadas. *Selvas altas perennifolias*. B (*Calonje et al. BZ08-042*, FTG). 200-750 m. (Endémica).

14. Ceratozamia robusta Miq., *Tijdschr. Wis-Natuurk. Wetensch. Eerste Kl. Kon. Ned. Inst. Wetensch.* 1: 42 (1848). Neotipo (designado por Stevenson & Sabato, 1986a): México, Chiapas, *Stevenson 549A* (NY!). Ilustr.: no se encontró. N.v.: Amendú, palma amendú, tushku, Ch.

Ceratozamia mexicana Brongn. var. *robusta* (Miq.) Dyer.

Tallos hasta 1 m × 40 cm. Hojas 8-50, 79-264.5 cm, ascendentes, café oscuro sin apariencia glauca cuando emergen; pecíolo 62-85 cm, linear, verde, la pubescencia marrón claro, con abundantes aguijones 4.8-7 mm, robustos; raquis 60-185 cm, linear, con aguijones robustos. Folíolos 20-45 pares, 18-42 × 2.5-4 cm, 3-4.5 cm de distancia entre sí, lanceolados, rectos, no basalmente falcados a falcados, aplanados, papiráceos, generalmente glaucos en el envés, el haz lustroso, la base café en hojas jóvenes y verde en hojas maduras, los márgenes enteros, el ápice acuminado, asimétrico. Estróbilo polinífero 50-70 × 7-8.5 cm, verde claro cuando emerge, amarillo-verdoso a crema en la madurez; pedúnculo 10-15 × 2.7-3.2 cm; microsporofilos 2.8-3 × 1.3-1.8 cm, la porción fértil profundamente lobada, los cuernos recurvados. Estróbilo ovulífero c. 26 × 40 cm, verde oscuro cuando emerge, verde oscuro con abundante pubescencia negruzca en la madurez, el ápice acuminado; pedúnculo 5.2-11 × 3.5-8 cm, erecto; megasporofilos 310-320, 1.7-1.8 × 2.3-3.5 cm. Semillas 2.5-3.5 × 1.9-2.5 cm, ovadas. *Selvas altas perennifolias*. Ch (*Martínez-Domínguez 44*, CIB); G (*Steyermark 49506*, MO). 500-1200 m. (Endémica).

15. Ceratozamia rosea Pérez-Farr., Gut.-Ortega & Vovides, *Phytotaxa* 595: 79 (2023). Holotipo: México, Chiapas, *García & José 832* (HEM!). Ilustr.: García González et al., *Phytotaxa* 595: 75, f. 3 (2023). N.v.: Piña de monte, Ch.

Tallos hasta 0.25 m × 15 cm. Hojas 4-10, 90-232 cm, descendentes, café claro a verde claro con apariencia glauca cuando emergen; pecíolo 48-118 cm, linear, verde a amarillento, con aguijones 0.16-0.28 mm, delgados; raquis 50-117 cm, linear, café-rojizo o verde, con escasos aguijones. Folíolos 10-20 pares, 25-40 × 4-6.5 cm, 4-8.6 cm de distancia entre sí, oblongos (oblanceolados en juveniles), generalmente rectos abaxialmente, no falcados basalmente, aplanados, papiráceos, el haz lustroso, el envés glauco, la base rojiza a amarillo-verdosa en hojas jóvenes, café a verde en hojas maduras, los márgenes enteros, el ápice acuminado, asimétrico o simétrico. Estróbilo polinífero 14-20 × 2.3-2.8 cm, amarillo-verdoso con tricomas rojizos cuando emerge, verde con abundantes tricomas café-rojizos en la madurez; pedúnculo 4-5.5 × 0.85-1.03 cm; microsporofilos 0.84-0.96 × 0.7-0.8 cm, la porción fértil lobada, los cuernos recurvados. Estróbilo ovulífero 10-20 × 5.9-6.5 cm, verde-amarillento con tricomas rojizos cuando emerge, verde con tricomas negros en la madurez, el ápice apiculado; pedúnculo 3.7-7 × 1-1.5 cm, erecto; megasporofilos 22-46, 1-1.5 × 2.5-3.7 cm. Semillas 2-2.3 × 1.4-1.6 cm, globosas. *Selvas altas perennifolias*. Ch (*Martínez-Domínguez et al. 2854*, CIB). 400-600 m. (Endémica).

16. Ceratozamia sancheziae Pérez-Farr., Gut.-Ortega & Vovides, *Phytotaxa* 500: 209 (2021). Holotipo: México, Chiapas, *Pérez-Farrera 3558* (HEM!). Ilustr.: Gutiérrez-Ortega et al., *Phytotaxa* 500: 210, t. 7A-D (2021).

Tallos hasta 0.3 m × 20 cm. Hojas 4-12(-20), 100-232.5 cm, descendentes, verde claro o cafés con apariencia glauca cuando emergen; pecíolo 40-134.5 cm, linear, los tricomas grisáceos a blanquecinos, inerme o con aguijones 0.5-3.4 mm, delgados; raquis 55-120 cm, linear, café o verde, inerme o con escasos aguijones. Folíolos 20-35 pares, 22-36 × 1.7-3 cm, 1.4-3.5 cm de distancia entre sí, lineares a lanceolados, mayormente rectos, por lo general basalmente falcados, aplanados, papiráceos, el haz y el envés lustrosos, la base verde a café en hojas jóvenes, verde en hojas maduras, los márgenes enteros, el ápice acuminado, simétrico. Estróbilo polinífero 15-20 × 1.8-3.2 cm, verde claro cuando emerge, verde a crema en la madurez con tricomas negruzcos; pedúnculo 6-10 × 0.7-1.5 cm; microsporofilos 0.8-1.2 × 0.6-0.8 cm, la porción fértil lobada, los cuernos rectos y recurvados. Estróbilo ovulífero 12-25 × 7-8.5 cm, verde-amarillento cuando emerge, verde con escasos tricomas negruzcos en la madurez, el ápice acuminado; pedúnculo 5-11 × 0.9-1.1 cm, erecto; megasporofilos 35-100, 0.9-1.2× 3.5-4 cm. Semillas 1.9-2.3 × 1.4-1.5 cm, globosas. *Bosques de encino, bosques de pino-encino*. Ch (*Martínez-Domínguez et al. 2321*, CIB). 1000-1536 m. (Endémica).

17. Ceratozamia santillanii Pérez-Farr. & Vovides, *Syst. Biodivers.* 7: 435 (2009). Holotipo: México, Chiapas, *Pérez-Farrera 3030* (HEM!). Ilustr.: Pérez-Farrera et al., *Syst. Biodivers.* 7: 439, t. 3 (2009).

Tallos hasta 0.45 m × 13 cm. Hojas 2-4, 50.5-79.3 cm, descendentes, verde claro con apariencia glauca cuando emergen; pecíolo 23.5-45 cm, linear, verde-amarillento, inerme o con aguijones 0.5-1.5 mm, delgados; raquis 23-60 cm, linear, verde a verde-amarillento, inerme o con aguijones. Folíolos 6-12 pares, 17.4-30.6 × 4.2-6.5 cm, 3.5-7.1 cm de distancia entre sí, oblongos, abaxialmente curvos a rectos, no basalmente falcados a basalmente falcados, aplanados, coriáceos, el haz y/o el envés glaucos, la base verde en hojas jóvenes y maduras, los márgenes enteros, el ápice acuminado, asimétrico. Estróbilo polinífero 15-20 × 1.5-3 cm, verde con pubescencia negra cuando emerge, amarillo a crema en la madurez; pedúnculo 2-4 × 1.1-1.5 cm; microsporofilos 1.2-2 × 0.5-1 cm, la porción fértil lobada, los cuernos rectos. Estróbilo ovulífero 12-20 × 7-8.5 cm, verde con pubescencia oscura cuando emerge, verde con pubescencia negruzca en la madurez, el ápice agudo; pedúnculo 2-3 × 0.9-1.3 cm, erecto; megasporofilos 42-47, 1.5-2.2 × 1.3-2.2 cm. Semillas 2-2.4 × 1.8-2.2 cm, ovadas. $2n = 16$. *Selvas altas perennifolias*. Ch (*Pérez-Farrera 2944*, HEM). c. 800 m. (Endémica).

Ceratozamia santillanii se conoce solo de la localidad tipo y forma parte de un grupo taxonómico críptico con *C. zoquorum* y *C. becerrae*. Sin embargo, en *C. santillanii* el pedúnculo de los estróbilos ovulíferos mide 3 cm como máximo, mientras que en las poblaciones de las otras dos especies se han registrado pedúnculos desde 5 hasta 18.5 cm.

18. Ceratozamia subroseophylla Mart.-Domínguez & Nic.-Mor., *Phytotaxa* 268: 35 (2016). Holotipo: México, Veracruz, *Martínez-Domínguez 158* (CIB!). Ilustr.: Martínez-Domínguez et al., *Phytotaxa* 268: 36, t. 4(1-6) (2016). N.v.: Hymniom pekmuk, Veracruz.

Ceratozamia dominguezii Pérez-Farr. & Gut.-Ortega.

Tallos hasta 1.8 m × 41 cm. Hojas (2-)10-83, 72-370 cm, ascendentes, café-amarillentas sin apariencia glauca cuando emergen; pecíolo 50-150 cm, linear, café-verdoso, con aguijones 4-8.5 mm, robustos; raquis 80-255 cm, linear, café-verdoso, con aguijones. Folíolos 20-48 pares, 18-45 × 2.5-4 cm, 1.7-6.5 cm de distancia entre sí, lanceolados, abaxialmente curvados en la parte distal, no basalmente falcados, planos, papiráceos, el haz lustroso, el envés glauco, la base café en hojas jóvenes, verde en hojas maduras, los márgenes enteros, el ápice acuminado, simétrico. Estróbilo polinífero 15-30 × 3.1-5.4 cm, verde con tricomas rojizos cuando emerge, amarillo-verdoso con tricomas café oscuro en la madurez; pedúnculo 9.5-19 × 1.5-2.7 cm; microsporofilos 1.47-2.8 × 1-1.4 cm, la porción fértil lobada, los cuernos rectos. Estróbilo ovulífero 15.5-48 × 11-14.5 cm, amarillo con tricomas rojizos a vino cuando emerge, verde y los megasporofilos con la base rosácea y los tricomas oscuros a café-rojizos en la madurez, el ápice mucronato; pedúnculo 9.8-17.5 × 1.8-2.3 cm, erecto; megasporofilos 110-210, 1.8-2.5 × 2.5-4.47 cm. Semillas 2.9-3.8 × 0.8-1.75 cm, ovadas. *Selvas altas perennifolias*. Veracruz (*Martínez-Domínguez & Nicolalde-Morejón 129*, CIB). 100-1050 m. (México [Veracruz]).

Se espera encontrar *Ceratozamia subroseophylla* en Mesoamérica.

19. Ceratozamia vovidesii Pérez-Farr. & Iglesias, *Bot. J. Linn. Soc.* 153: 394 (2007). Holotipo: México, Chiapas, *Pérez-Farrera 2620a* (HEM!). Ilustr.: Pérez-Farrera et al., *Bot. J. Linn. Soc.* 153: 395, t. 1 (2007).

Tallos hasta 0.8 m × 30 cm. Hojas 5-18, 97-238 cm, ascendentes, café-rojizas sin apariencia glauca cuando emergen; pecíolo 40-164 cm, linear, la pubescencia café, con aguijones 1.4-3.8 mm, delgados; raquis 54-153 cm, linear, verde, con aguijones. Folíolos 30-85 pares, 20-45 × 0.7-1.4 cm, 0.3-2.5 cm de distancia entre sí, lanceolados, rectos, por lo general basalmente falcados, aplanados, papiráceos, el haz lustroso, el envés glauco, la base café en hojas jóvenes, verde en hojas maduras, los márgenes enteros, el ápice acuminado, simétrico. Estróbilo polinífero 35-45 × 4-5 cm, amarillo a verde-amarillento con pubescencia rojiza cuando emerge, amarillo-crema en la madurez; pedúnculo 5-9 × 1-2 cm; microsporofilos 1.2-1.5 × 0.8-1 cm, la porción fértil lobada, los cuernos rectos. Estróbilo ovulífero 30-45 × 6.5-10 cm, verde con abundante pubescencia rojiza cuando emerge, verde-grisáceo con pubescencia negruzca en la madurez, el ápice acuminado; pedúnculo 7-16 × 2-2.5 cm, erecto; megasporofilos 60-70, 3.8-4.5 × 4-5 cm. Semillas 2.3-3 × 1.5-2 cm, ovadas. $2n = 16$. *Bosques mesófilos de montaña*. Ch (*Martínez-Domínguez et al. 1451*, CIB). 730-1850 m. (Endémica).

20. Ceratozamia zoquorum Pérez-Farr., Vovides & Iglesias, *Bot. J. Linn. Soc.* 137: 77 (2001). Holotipo: México, Chiapas, *Pérez-Farrera 1732* (CHIP!). Ilustr.: Pérez-Farrera et al., *Bot. J. Linn. Soc.* 137: 78, t. 1 (2001).

Tallos hasta 0.4 m × 15 cm. Hojas 3-17, 46-216.5 cm, descendentes, verde claro con apariencia glauca cuando emergen; pecíolo 24-112 cm, linear, la pubescencia blanquecina, inerme o con aguijones 0.8-1.5 mm, delgados; raquis 17.6-114.5 cm, linear, amarillento a verde-amarillento, generalmente inerme. Folíolos 6-17 pares, 16.9-36.2 × 3.9-8.8 cm, 4.6-11.1 cm de distancia entre sí, oblongos a oblanceolados, rectos a abaxialmente curvados, por lo general basalmente falcados, aplanados, coriáceos, el haz y/o el envés glaucos, la base verde en hojas jóvenes y maduras, los márgenes enteros, el ápice acuminado, ocasionalmente agudo, asimétrico. Estróbilo polinífero 10.8-20 × 2.8-3.8 cm, amarillo-verdoso con pubescencia negruzca cuando emerge, amarillo a crema en la madurez; pedúnculo 6-13 × 1-1.5 cm; microsporofilos 1-1.7 × 0.7-1.2 cm, la porción fértil profundamente lobada, los cuernos recurvados. Estróbilo ovulífero 15.5-24 × 7.5-9 cm, verde con pubescencia negruzca cuando emerge, verde con pubescencia marrón-rojizo oscuro en la madurez, el ápice agudo; pedúnculo 5-18.5 × 1.6-2 cm, erecto o péndulo; megasporofilos 43-50, 1.7-2 × 1.5-4 cm. Semillas 2-2.5 × 1.5-1.7 cm, ovadas. $2n = 16$. *Bosques mesófilos de montaña, bosques de pino-encino, selvas altas perennifolias*. Ch (*Martínez-Domínguez et al. 20*, CIB). 500-1150 m. (Endémica).

Ceratozamia zoquorum se encuentra en la Sierra Norte de Chiapas.

El ejemplar *Pérez-Farrera 905* (MEXU, MO, XAL) fue citado erróneamente como isotipo en la publicación original y se debe considerar un paratipo.

2. **Dioon** Lindl., orth. & nom. cons.

Por F. Nicolalde-Morejón, L. Martínez-Domínguez & D.W. Stevenson.

Tallos epigeos, en algunas especies arbóreos, en ocasiones bifurcados. Hojas densamente pubescentes cuando emergen, glabras en la senescencia, la pubescencia blanquecina a café-amarillenta; pecíolo corto, a veces ausente, inerme. Folíolos opuestos a subopuestos, imbricados a no imbricados, insertados en ángulo recto o agudo sobre el raquis, sésiles, lineares a lanceolados, planos, simétricos, coriáceos, la base atenuada, los márgenes escasamente denticulados, con 2-5 dientes en la parte media-distal, o enteros, el ápice acuminado a veces recurvado. Estróbilo polinífero solitario, erecto, cortamente pedunculado, cilíndrico, densamente tomentoso cuando emerge, blanquecino; microsporofilos fuertemente imbricados, triangulares. Estróbilo ovulífero solitario, erecto, cortamente pedunculado, ovoide, tomentoso cuando emerge, blanquecino; megasporofilos fuertemente imbricados, triangulares. Semillas esféricas a ovoides, la sarcotesta amarilla cuando madura, la esclerotesta café a café claro, lisa. Aprox. 18 spp., México y Mesoamérica; 2 spp. en Mesoamérica.

En la literatura mesoamericana se han citado con frecuencia dos especies de *Dioon* que representan endemismos para México: *D. edule* Lindl. y *D. spinulosum* Dyer ex Eichler. La primera es la especie tipo del género, endémica de México, la cual se distribuye a lo largo de la Sierra Madre Oriental entre los estados de Veracruz, Hidalgo, Querétaro y San Luis Potosí. Por otra parte, *D. spinulosum* representa un microendemismo para México, restringido al municipio de Tuxtepec, Oaxaca. Estas dos especies no son incluidas aquí debido a que no se ha confirmado su existencia en la región mesoamericana.

Bibliografía: De Luca, P. et al. *Brittonia* 34: 355-362 (1982). Nicolalde-Morejón, F. et al. *Syst. Biodivers.* 7: 73-79 (2009a).

1. Pecíolo con folíolos reducidos; folíolos ligeramente imbricados, insertados en ángulo recto, con el ápice recto. **1. D. mejiae**
1. Pecíolo sin folíolos reducidos; folíolos fuertemente imbricados, insertados en ángulo agudo, con el ápice recurvado. **2. D. merolae**

1. Dioon mejiae Standl. & L.O. Williams, *Ceiba* 1: 37 (1950). Holotipo: Honduras, *Standley 16756* (F!). Ilustr.: no se encontró. N.v.: Teosinte.

Dioon edule Lindl. var. *latipinnium* Dyer.

Tallos hasta 8 m × 38 cm. Hojas numerosas 20-60, 100-230 cm, ascendentes, arqueándose en el ápice, el tomento crema-blanquecino cuando emerge la hoja; pecíolo 1-3 cm, con folíolos reducidos, densamente tomentosos cuando jóvenes, blanquecinos, glabros en la senescencia; raquis 80-150 cm, tomentoso cuando joven, blanquecino, glabro en la senescencia. Folíolos hasta 110 pares, los medios 14-18 × 1.3-1.5 cm, ligeramente imbricados, insertados en ángulo recto sobre el raquis, lanceolado, linear a ligeramente falcado, el ápice gradualmente acuminado, los márgenes dentados en plántulas (con 2-3 dientes), enteros en plantas adultas. Estróbilo polinífero solitario, hasta 45 × 12 cm, cilíndrico cuando maduro, densamente tomentoso, crema-blanquecino, pedúnculo 1.5-2.5 cm. Estróbilo ovulífero solitario, hasta 45 × 35 cm, ovoide, tomentoso, crema, el ápice acuminado; pedúnculo hasta 8 cm, densamente tomentoso, crema-blanquecino; megasporofilos 5-7 cm × 3.5-5.5 cm en la base, densamente pubescentes, crema, el ápice agudo. Semillas hasta 4.5 × 3.5 cm, ovoides a subglobosas, sarcotesta amarilla cuando madura. *Selvas altas perennifolias*. H (*Haynes 25*, TEFH). 200-600 m. (Endémica).

Dioon mejiae es endémica de Honduras. Algunos autores han sugerido que el rango de distribución natural de esta especie podría ampliarse hasta Nicaragua. No obstante, actualmente en Nicaragua solo se disponen registros de plantas cultivadas, sin indicios de la presencia natural de esta especie.

2. Dioon merolae De Luca, Sabato & Vázq. Torres, *Brittonia* 33: 180 (1981). Isotipo: México, Chiapas, *Vázquez Torres 2301* (MEXU!). Ilustr.: De Luca et al., *Brittonia* 33: 181, t. 2a-b (1981). N.v.: Espadaña, Ch.

Tallos hasta 10 m × 35 cm. Hojas 30-60(-110), 90-120 cm, ascendentes, el tomento grisáceo a café claro cuando emerge la hoja; pecíolo 8-16 cm, sin folíolos reducidos, el tomento grisáceo cuando joven, glabro en la senescencia; raquis 70-124 cm, el tomento grisáceo cuando joven, glabro en la senescencia. Folíolos 90-118 pares, los folíolos medios 6-14 × 0.8-1.2 cm, imbricados, insertados en ángulo agudo sobre el raquis, lineares, lanceolados, los márgenes escasamente denticulados (con 2-4 dientes) en la parte media-distal, el ápice acuminado y recurvado. Estróbilo polinífero solitario, 21-38 × 9-14 cm, cilíndrico, densamente tomentoso blanquecino cuando emerge; pedúnculo 2-4 cm. Estróbilo ovulífero solitario, 29-50 × 16-21 cm, ovoide, tomentoso, blanquecino, el ápice acuminado; pedúnculo 4-6 cm, tomentoso, café claro; megasporofilos 7.5-9.5 cm × 3.5-5 cm, densamente pubescentes, blanquecinos, el ápice acuminado. Semillas 2.1-3.8 × 1.8-2.6 cm, esféricas a ovoides, la sarcotesta amarilla cuando madura. *Bosques de encino, selvas altas perennifolias.* Ch (*Nicolalde-Morejón & González 1582*, CIB). 300-1300 m. (México [Oaxaca], Mesoamérica).

3. Zamia L., nom. cons.

Aulacophyllum Regel.

Por F. Nicolalde-Morejón, D.W. Stevenson & L. Martínez-Domínguez.

Plantas terrestres o epífitas; tallos hipogeos o epigeos. Hojas verde claro a café-rojizas cuando emergen; pecíolo y raquis lineares, con pubescencia café-amarillenta, con aguijones o inermes. Folíolos opuestos o subopuestos, imbricados a no imbricados, sésiles o ligeramente peciolulados, lineares a oblanceolados, membranáceos a coriáceos, las venas prominentes o lisas, la articulación ensanchada, los márgenes enteros a dentados, el ápice agudo a acuminado. Estróbilos poliníferos generalmente 1-6, cónicos a cilíndricos, crema a amarillentos, la pubescencia café-amarillenta; pedúnculo erecto o decumbente; microsporofilos hexagonales con el extremo distal truncado, el ápice estéril compuesto de 6 caras fuertemente inclinadas, las cuales rodean la faceta central cóncava. Estróbilos ovulíferos generalmente 1-2, cilíndricos a ovoides, crema a púrpura, la pubescencia crema a café-amarillenta; pedúnculo erecto o decumbente; megasporofilos peltados, hexagonales, truncados a ligeramente prominentes. Semillas ovoides, la sarcotesta blanca o rosada cuando inmadura, rojo-anaranjada en la madurez, la esclerotesta lisa. Aprox. 87 spp., América tropical; 39 spp. en Mesoamérica.

Bibliografía: Nicolalde-Morejón, F. et al. *Brittonia* 61: 301-335 (2009b). Stevenson, D.W. *Brittonia* 45: 1-16 (1993).

1. Folíolos acanalados adaxialmente entre las venas.
 2. Tallos hipogeos.
  3. Folíolos obovados a oblanceolados, los márgenes enteros. **20. Z. meermanii**
  3. Folíolos elípticos a lanceolados, los márgenes serrados a dentados sobre el 1/3 distal.
   4. Folíolos con los márgenes serrados, el ápice acuminado; hojas verde claro cuando emergen. **5. Z. dressleri**
   4. Folíolos con los márgenes serrados a dentados, el ápice agudo; hojas café oscuro cuando emergen. **31. Z. purpurea**
 2. Tallos epigeos.
  5. Hojas generalmente 3 a 5; folíolos oblongos.
   6. Pecíolo más corto que el raquis. **12. Z. imperialis**
   6. Pecíolo y raquis de igual longitud. **33. Z. skinneri**
  5. Hojas 6 o más; folíolos elípticos a oblongo-elípticos.
   7. Hojas café-rosáceo o rosa tornándose rosa-anaranjado cuando emergen, la pubescencia plateada; folíolos con márgenes enteros. **10. Z. hamannii**
   7. Hojas verdes cuando emergen, lustrosas; folíolos con márgenes serrados.
    8. Folíolos elípticos, los márgenes serrados sobre el 1/3 distal. **23. Z. nesophila**
    8. Folíolos elípticos a oblongo-elípticos, los márgenes serrados sobre los 2/3 distales. **24. Z. neurophyllidia**
1. Folíolos lisos a lineolados.
 9. Folíolos con un peciólulo distintivo. **19. Z. manicata**
 9. Folíolos sésiles.
  10. Folíolos con variegación. **39. Z. variegata**
  10. Folíolos sin variegación.
   11. Pecíolo inerme; plantas epífitas. **30. Z. pseudoparasitica**
   11. Pecíolo con aguijones; plantas terrestres.
    12. Márgenes de los folíolos enteros.
     13. Ápice de los folíolos acuminado.
      14. Folíolos oblanceolados a oblongos, el ápice abruptamente acuminado.
       15. Folíolos planos; hojas verdes cuando emergen. **29. Z. pseudomonticola**
       15. Folíolos con un distintivo pliegue medio; hojas verde-azulosas iridiscentes cuando emergen. **38. Z. tuerckheimii**
      14. Folíolos lanceolados a elípticos, el ápice largamente acuminado.
       16. Folíolos planos, 2.45-5.5 cm de ancho, cartáceos a papiráceos. **1. Z. acuminata**
       16. Folíolos con un distintivo pliegue medio, 1.5-2.3 cm de ancho, subcoriáceos. **22. Z. nana**
     13. Ápice de los folíolos agudo a atenuado.
      17. Folíolos simétricos, el ápice atenuado.
       18. Folíolos papiráceos, con un distintivo pliegue medio. **17. Z. lindleyi**
       18. Folíolos coriáceos, planos. **34. Z. soconuscensis**
      17. Folíolos asimétricos, el ápice agudo.

19. Folíolos con un distintivo pliegue medio, cartáceos. **4. Z. decumbens**
19. Folíolos planos, papiráceos. **8. Z. gomeziana**
12. Márgenes de los folíolos serrulados a dentados.
20. Márgenes de los folíolos dentados.
21. Folíolos inconspicuamente dentados sobre el 1/3 distal. **28. Z. prasina**
21. Folíolos prominentemente dentados.
22. Folíolos papiráceos, ligeramente imbricados.
23. Folíolos con el ápice agudo. **11. Z. herrerae**
23. Folíolos con el ápice acuminado. **27. Z. oreillyi**
22. Folíolos coriáceos, no imbricados.
24. Folíolos oblongos a oblanceolados.
25. Folíolos lustrosos; pedúnculo del estróbilo ovulífero decumbente. **14. Z. katzeriana**
25. Folíolos glaucos; pedúnculo del estróbilo ovulífero erecto. **15. Z. lacandona**
24. Folíolos lanceolados.
26. Folíolos planos; pecíolo y raquis con escasos aguijones. **9. Z. grijalvensis**
26. Folíolos con un distintivo pliegue medio; pecíolo y raquis con abundantes aguijones.
27. Hojas descendentes; estróbilo ovulífero con el ápice agudo. **2. Z. cremnophila**
27. Hojas ascendentes; estróbilo ovulífero con el ápice apiculado. **36. Z. standleyi**
20. Márgenes de los folíolos serrulados.
28. Folíolos papiráceos.
29. Folíolos linear-lanceolados, el ápice largamente acuminado, la base atenuada; tallos hipogeos. **21. Z. monticola**
29. Folíolos elípticos a obovados, el ápice acuminado, la base oblicua, cuneada; tallos epigeos. **25. Z. obliqua**
28. Folíolos coriáceos.
30. Folíolos angostamente lineares a lanceolados.
31. Folíolos linear-lanceolados, 1.8-3.5 cm de ancho, ligeramente canaliculados. **18. Z. loddigesii**
31. Folíolos angostamente lineares, hasta 1.7 cm de ancho, canaliculados.
32. Hojas verde claro cuando emergen; estróbilos ovulíferos marrón; pedúnculo del estróbilo ovulífero y polinífero 2 veces más largo que la parte fértil. **16. Z. lawsoniana**
32. Hojas café-rojizas cuando emergen; estróbilos ovulíferos cafés; pedúnculo del estróbilo ovulífero y polinífero igual o ligeramente más largo que la parte fértil. **35. Z. spartea**
30. Folíolos lanceolados a oblongo-oblanceolados.
33. Folíolos lanceolados.
34. Folíolos generalmente subfalcados o al menos así en base, prominentemente serrulados sobre el 1/2 distal, el ápice agudo. **6. Z. elegantissima**
34. Folíolos falcados hacia el extremo apical, serrulados sobre el extremo distal, el ápice acuminado. **32. Z. sandovalii**
33. Folíolos oblongo-oblanceolados.
35. Folíolos oblanceolados.
36. Folíolos con el ápice acuminado, asimétrico, los márgenes prominentemente serrulados. **3. Z. cunaria**
36. Folíolos con el ápice acuminado simétrico, los márgenes finamente serrulados. **13. Z. ipetiensis**
35. Folíolos oblongos.
37. Ápice de los folíolos largamente acuminado. **26. Z. onan-reyesii**
37. Ápice de los folíolos acuminado.
38. Pecíolo con abundantes aguijones; folíolos con un distintivo pliegue medio. **7. Z. fairchildiana**
38. Pecíolo con escasos aguijones o inerme; folíolos planos. **37. Z. stevensonii**

1. Zamia acuminata Oerst. ex Dyer, *Biol. Cent.-Amer., Bot.* 3: 194 (1884). Holotipo: Nicaragua [probablemente Costa Rica], *Oersted s.n.* (C!). Ilustr.: Lindström et al., *Phytotaxa* 98: 35, t. 5 (2013).

Plantas terrestres; tallos hasta 0.5 m × 7 cm, epigeos; catafilos 5-6 × 1-2 cm de ancho en la base, papiráceos, el ápice aristado. Hojas 2-7 (-10), 100-177 cm, ascendentes, verde claro cuando emergen; pecíolo 60-89 cm, con escasos aguijones; raquis 53-89 cm, con escasos aguijones sobre el 1/3 proximal. Folíolos 6-15 pares, 17.7-34 × 2.4-5.5 cm, lanceolados a elípticos, sésiles, lisos, simétricos, planos, ligeramente falcados, cartáceos a papiráceos, la base cuneada, los márgenes enteros, el ápice largamente acuminado. Estróbilos poliníferos 1 o 2, 7-8.5 × 1.5-1.6 cm, erectos, cilíndricos, crema a cafés, tomentosos, el ápice agudo; pedúnculo 1.7-2.2 × 0.4-0.6 cm, tomentoso, café; microsporofilos con 16-22 esporangios agregados en un grupo sobre el lado abaxial. Estróbilo ovulífero solitario, 12-13.5 × 6-7.5 cm, erecto, globoso a ovoide, crema-café, tomentoso, el ápice estéril agudo-acuminado; pedúnculo 2-4 × 1-1.2 cm, densamente tomentoso, café; megasporofilos c. 0.27 × 0.37 cm. Semillas ovoide-piramidales, la sarcotesta roja cuando madura. Estróbilos oct.-nov.; semillas jun.-jul. *Selvas altas perennifolias*. CR (*Calonje et al. MAC04-001* CR); P (*Stevenson & Valdespino 1147*, MO). 100-1300 m. (Endémica).

2. Zamia cremnophila Vovides, Schutzman & Dehgan, *Bot. Gaz.* 149: 351 (1988). Holotipo: México, Tabasco, *Magaña & Zamudio 343* (MEXU!). Ilustr.: Schutzman et al., *Bot. Gaz.* 149: 352, t. 4 (1988).

Plantas terrestres; tallos hasta 0.34 m × 12 cm, hipogeos; catafilos 5.4 × 2.9 cm de ancho en la base, cartáceos, la base triangular, el ápice aristado. Hojas 2 o 3(4), 57-179 cm, descendentes, café-rojizas cuando emergen; pecíolo 10-96 cm, negruzco en hojas jóvenes, con abundantes aguijones; raquis hasta 84 cm, con aguijones sobre el 1/3 proximal. Folíolos 5-28 pares, 22-38 × 3-5 cm, lanceolados, simétricos, sésiles, lineolados, no imbricados, con un distintivo pliegue medio, coriáceos, la base atenuada, los márgenes prominentemente dentados sobre el 1/3 distal, el ápice agudo. Estróbilo polinífero hasta 8 × 1.4 cm, erecto, cilíndrico, café claro, el ápice agudo; pedúnculo c. 4.5 × 1.2 cm, densamente tomentoso, café claro; esporangios presentes sobre el lado abaxial. Estróbilo ovulífero hasta 14 × 5 cm, erecto, elipsoide, café-rojizo, el ápice agudo; pedúnculo c. 3 × 1.6 cm, tomentoso, café. Semillas 2-3 × 1.4-2 cm, ovoides, la sarcotesta blanca cuando inmadura, roja cuando madura. $2n = 16$. *Selvas altas perennifolias*. T (*Nicolalde-Morejón et al. 1818*, CIB). 50-150 m. (Endémica).

Zamia cremnophila originalmente fue descrita para Tabasco; no obstante, exploraciones botánicas recientes confirman una ampliación de su rango de distribución en Chiapas, pero no se vio material de herbario para este estado.

3. Zamia cunaria Dressler & D.W. Stev., *Brittonia* 45: 5 (1993). Holotipo: Panamá, *Stevenson et al. 1153* (NY!). Ilustr.: Stevenson, *Brittonia* 45: 5, t. 2 (1993).

Plantas terrestres; tallos hasta 0.1 m, hipogeos, subglobosos; catafilos de dos formas, 3-4 × 4-5 cm de ancho en la base y ovados, o 7-10 × 2-3 cm de ancho en la base y aciculares. Hojas 1(3), 50-150 cm, ascendentes; pecíolo 15-50 cm, con escasos a abundantes aguijones; raquis hasta 100 cm, con escasos aguijones en el 1/3 proximal. Folíolos 3-12 pares, 20-40 × 5-8 cm, oblanceolados, simétricos, sésiles, lisos, planos, coriáceos, la base cuneada, los márgenes prominentemente serrulados sobre el 1/3 distal, el ápice acuminado, asimétrico. Estróbilo polinífero 4-6 × 1-1.5 cm, erecto, cilíndrico a ovoide-cilíndrico, crema a café claro, el ápice agudo; pedúnculo 2-4 cm, tomentoso, café; microsporofilos con caras profundamente inclinadas, los esporangios presentes en la superficie del lado abaxial y adaxial de la región fértil. Estróbilo ovulífero solitario, 15-20 × 5-7 cm, cilíndrico a ovoide-cilíndrico, vino-rojizo a rojo-café oscuro. Semillas 1.5-2 × 0.5-0.8 cm, la esclerotesta rosa cuando inmadura, roja cuando madura. Estróbilos ene.-feb.;

semillas nov.-dic. *Selvas altas perennifolias*. P (*de Nevers & Herrera 4132*, PMA). 400-800 m. (Endémica).

4. Zamia decumbens Calonje, Meerman, M.P. Griff. & Hoese, *J. Bot. Res. Inst. Texas* 3: 31 (2009). Holotipo: Belice, *Calonje et al. BZ08-201* (BRH). Ilustr.: Calonje et al., *J. Bot. Res. Inst. Texas* 3: 32, t. 1 (2009).

Plantas terrestres; tallos hasta 0.8 m × 11 cm, epigeos, globosos a cilíndricos, decumbentes, ocasionalmente ramificados; catafilos 4-5 × 1-2 cm de ancho en la base, cartáceos, estipulados, ligeramente triangulares a triangulares. Hojas 5-7, 90-175 cm, erectas a arqueándose hacia el ápice, verde claro cuando emergen, tornándose verde oscuro cuando maduran; pecíolo 30-55 cm, con aguijones; raquis 60-120 cm, inerme o con escasos aguijones sobre el 1/3 proximal. Folíolos hasta 28 pares, 17.5-19 × 2.8-4.1 cm, oblongos, asimétricos, sésiles, lisos, con un distintivo pliegue medio, rectos o falcados, cartáceos, la base atenuada, los márgenes enteros, el ápice agudo. Estróbilos poliníferos 2-6 o más, 10-16.5 × 2.1-2.5 cm, cónico-cilíndricos, erectos cuando emergen, péndulos cuando maduran, crema a café; pedúnculo 12-23 × 0.9-1 cm, pubescente, café-verdoso; microsporofilos con esporangios presentes sobre la superficie abaxial. Estróbilo ovulífero solitario, 12-20 × 5.7-6.4 cm, cilíndrico, erecto cuando madura, cuando emerge tomentoso, crema, cuando madura glabro, verde claro a obscuro, el ápice agudo; pedúnculo 7-13 × 1.5-2 cm, tomentoso, crema; megasporofilos 1.6-1.8 × 2.25-2.9 cm. Semillas 1.7-2 × 1.1-1.45 cm, ovoides, la sarcotesta rosa cuando inmadura, anaranjada cuando madura. Estróbilos ago.-sep. *Selvas altas perennifolias*. B (*Davidse & Brant 32232*, MO). 150-700 m. (Endémica).

5. Zamia dressleri D.W. Stev., *Brittonia* 45: 6 (1993). Holotipo: Panamá, *Stevenson & Valdespino 1145* (NY!). Ilustr.: Stevenson, *Brittonia* 45: 7, t. 3 (1993).

Plantas terrestres; tallos hasta 0.05 m hipogeos; catafilos 1-2 × 2-3 cm de ancho en la base, ovados. Hojas generalmente 2 o 3, 50-150 cm, verde claro cuando emergen, verde oscuro cuando maduran; pecíolo 30-100 cm, con escasos a abundantes aguijones; raquis con escasos aguijones en el 1/3 inferior. Folíolos 2-5 pares, 30-50 × 12-15 cm, elípticos, simétricos, sésiles, acanalados adaxialmente entre las venas, planos, coriáceos, la base cuneada, los márgenes serrados sobre el 1/3 distal, el ápice acuminado. Estróbilo polinífero 5-8 × 1-2 cm, cilíndrico a alargadamente cilíndrico, crema a café claro. Estróbilo ovulífero solitario, 10-15 × 3-4 cm, ovoide-cilíndrico, vino-rojizo a rojo-café oscuro, cortamente pedunculado. Semillas 1-1.5 cm, ovoides, la sarcotesta roja cuando madura. Estróbilos ene.-feb.; semillas nov.-dic. *Selvas altas perennifolias*. P (*Dressler 5135*, MO). 200-500 m. (Endémica).

6. Zamia elegantissima Schutzman, Vovides & R.S. Adams, *Phytologia* 85: 389 (1998 [2003]). Holotipo: Panamá, *Dressler 4897* (MO!). Ilustr.: Schutzman et al., *Phytologia* 85: 138, t. 1 (1998 [2000]).

Plantas terrestres; tallos hasta 3 m, epigeos; catafilos hasta 7 × 3 cm en la base, cartáceos, el ápice aristado. Hojas 20 o más, hasta 170 cm, ascendentes, arqueándose hacia el ápice, verde claro, lustrosas, glabras; pecíolo 43-45 cm, con escasos aguijones. Folíolos hasta 30 pares, 20-22 × 2.5-4 cm, lanceolados, simétricos, sésiles, lisos, planos, generalmente subfalcados o al menos así en la base, coriáceos, la base atenuada, los márgenes prominentemente serrulados sobre el 1/2 distal, el ápice agudo. Estróbilo polinífero erecto, cilíndrico, crema-amarillento a café claro; microsporofilos con esporangios en la superficie abaxial. Estróbilo ovulífero solitario, erecto, cilíndrico, tomentuloso, crema a café claro, el ápice agudo a apiculado; pedúnculo tomentuloso; megasporofilos c. 1 × 2.4 cm. Semillas c. 2.8 × 1.6 cm, ovoides, la sarcotesta roja cuando madura. Estróbilos nov.-dic.; semillas jul.-ago. *Selvas altas perennifolias*. P (*de Nevers et al. 3966*, MO). 100-400 m. (Endémica).

7. Zamia fairchildiana L.D. Gómez, *Phytologia* 50: 401 (1982). Lectotipo (designado por Acuña Castillo & Gómez P., 2009): Costa Rica, *Gómez-Laurito & Bermúdez 2665* (USJ!). Ilustr: Gómez P., *Phytologia* 50: 404, t. 1E-F (1982).

Zamia pseudo-pseudoparasitica Dressler.

Plantas terrestres; tallos hasta 1 m × 15 cm, epigeos; catafilos hasta 12 × 5 cm en la base, cartáceos, el ápice aristado. Hojas 3-10, hasta 100 cm; pecíolo 30-50(-80) cm, con abundantes aguijones; raquis con abundantes aguijones en el 1/3 inferior. Folíolos 10-30 pares, 20-40 × 2-4 cm, oblongos, simétricos, sésiles, lisos, con un distintivo pliegue medio, subfalcados, coriáceos, la base atenuada, los márgenes serrulados sobre el 1/3 distal, el ápice acuminado. Estróbilo polinífero 10-40 × 2-5 cm, cilíndrico, crema a amarillo; microsporofilos con esporangios en el lado abaxial y adaxial. Estróbilo ovulífero 20-30 × 6-10 cm, cilíndrico, amarillo-verde a café claro, el ápice acuminado. Semillas 1-1.5 cm, ovoides, la sarcotesta roja cuando madura. *Selvas altas perennifolias*. CR (*Holst et al. 8659*, CR); P (*Stevenson et al. 1146*, MO). 50-1500 m. (Endémica).

8. Zamia gomeziana R.H. Acuña, *Brenesia* 73-74: 29 (2010). Holotipo: Costa Rica, *Herrera & Chacón 2865* (CR!). Ilustr.: Acuña Castillo, *Brenesia* 73-74: 33, t. 1 (2010).

Plantas terrestres; tallos hasta 2 m, epigeos. Hojas 100-175 cm; pecíolo 30-80 cm, con escasos aguijones; raquis 70-100 cm, ligeramente arqueado hacia el ápice. Folíolos 13-24 pares, 32-38 × 3-4 cm, lanceolados, asimétricos, sésiles, lisos, planos, falcados hacia el extremo apical, papiráceos, la base atenuada, los márgenes enteros, el ápice agudo. Estróbilo polinífero desconocido. Estróbilo ovulífero c. 20 × 8 cm, con forma de barril, el ápice cónico; pedúnculo c. 11 cm, cilíndrico, tomentoso. Semillas c. 1 cm, la sarcotesta anaranjada cuando madura. *Bosques nublados*. CR (*Herrera & Chacón 2865*, MO). c. 1375 m. (Endémica).

9. Zamia grijalvensis Pérez-Farr., Vovides & Martínez-Camilo, *Nordic J. Bot.* 30: 566 (2012). Holotipo: México, Chiapas, *Pérez-Farrera 3026* (HEM!). Ilustr.: Pérez-Farrera et al., *Nordic J. Bot.* 30: 566, t. 1A-D (2012).

Plantas terrestres; tallos hasta 42 × 8 cm, hipogeos; catafilos hasta 3 × 2.4 cm de ancho en la base, triangulares, cartáceos. Hojas 1(2), hasta 172 cm, ascendentes, arqueándose hacia el ápice, café-rojizas cuando emergen, verde oscuro cuando maduran; pecíolo y raquis con escasos aguijones. Folíolos 14-29 pares, 24.5-43 × 2.2-3.2 cm, lanceolados, simétricos, sésiles, lisos, no imbricados, planos, coriáceos, la base atenuada, los márgenes prominentemente dentados sobre el 1/3 distal, el ápice acuminado. Estróbilos poliníferos 1 o 2, hasta 24 × 1.4 cm, erectos, cilíndricos, tomentosos, ocre a cafés, el ápice agudo; pedúnculo 7.6-19.1 × 1-1.4 cm, puberulento. Estróbilo ovulífero solitario, hasta 23 × 7 cm, erecto, cilíndrico, tomentuloso, café-rojizo a café-anaranjado, el ápice acuminado; pedúnculo hasta 11.6 × 1.9 cm, puberulento. Semillas c. 2 × 1.25 cm, ovoides a angulares, la sarcotesta anaranjada cuando madura. $2n$ = 19, 20. *Selvas altas perennifolias*. Ch (*Pérez-Farrera 3026*, MO). 650-700 m. (Endémica).

En la publicación original se declaró el ejemplar *Pérez-Farrera 2620a* como holotipo que corresponde al mismo de *Ceratozamia vovidesii*; sin embargo, el ejemplar tipo, acorde a los autores del binomio, es *Pérez-Farrera 3026* como se cita en este trabajo.

10. Zamia hamannii A.S. Taylor, J.L. Haynes & Holzman, *Bot. J. Linn. Soc.* 158: 413 (2008). Holotipo: Panamá, *Taylor et al. ASTB04-ZE1* (PMA!). Ilustr.: Taylor Blake et al., *Bot. J. Linn. Soc.* 158: 414, t. 6 (2008).

Plantas terrestres; tallos hasta 2.4 m × 2 cm, epigeos; catafilos c. 6 × 2.5 cm en la base, cartáceos, el ápice aristado. Hojas hasta 27, 106-227 cm, café-rosáceo o rosadas tornándose rosa-anaranjado cuando emergen, la pubescencia plateada, tornándose rosa-anaranjado, verde oscuro cuando maduran; pecíolo 48-110.5 cm. Folíolos 5-10 pares, 26-62 × 7-13 cm, elípticos a oblongo-elípticos, simétricos, acanalados adaxialmente entre las venas, planos, coriáceos, la base cuneada, los márgenes enteros, el ápice acuminado. Estróbilo polinífero solitario o en grupos de 2-6, 9-12 × c. 1.5 cm, café-amarillento; microsporofilos 0.3-0.5 cm de ancho. Estróbilo ovulífero solitario, 11-28 × 7-9 cm, cilíndrico-globoso, erecto, cuando madura verde o verde-grisáceo; pedúnculo 5-6.5 × 2.2-3.4 cm; megasporofilos 1.6-3.2 × 0.8-1.6 cm. Semillas 2.4-2.8 × 1.4-1.8 cm, la sarcotesta rojo intenso cuando madura. Estróbilos sep.-oct.; semillas may.-jun. *Selvas altas perennifolias*. P (*Taylor et al. ASTB04-ZE1*, MO). 0-10 m. (Endémica).

Zamia hamannii solo se conoce de la localidad tipo.

11. Zamia herrerae S. Calderón & Standl., *J. Washington Acad. Sci.* 14: 93 (1924). Holotipo: El Salvador, *Calderón 1682* (US!). Ilustr.: Standley, *J. Washington Acad. Sci.* 14: 94, t. 1 (1924).

Plantas terrestres; tallos hasta 0.2 m × 14 cm, hipogeos; catafilos c. 4.6 × 1.2 cm en la base, cartáceos, el ápice aristado. Hojas 2-4, 61-96 cm, ascendentes, verdes cuando emergen; pecíolo 19-34 cm, con aguijones; raquis hasta 63 cm, con escasos aguijones sobre el 1/3 proximal. Folíolos 15-32 pares, 14-38 × 1.2-2.5 cm, lanceolados, simétricos, sésiles, lisos, ligeramente imbricados, planos, papiráceos, la base atenuada, los márgenes prominentemente dentados sobre los 2/3 distales, el ápice agudo. Estróbilo polinífero 4-7.5 × 1.3-2.1 cm, erecto, cilíndrico a cónico, café claro, el ápice mucronato; pedúnculo 6-8 × 1.1-1.4 cm. Estróbilo ovulífero 7-12 × 4-5 cm, erecto, cilíndrico a ovoide, café, el ápice agudo; pedúnculo 3.5-4.2 × 1.1-1.3 cm. Semillas 1.6-2 × 1.2-1.5 cm, ovoides, la sarcotesta rosa pálido cuando inmadura, roja cuando madura. $2n = 23, 24$. *Selvas altas perennifolias*. Ch (*Nicolalde-Morejón & González 1579*, XAL); G (*Standley 67306*, F); ES (*De Riemer 1213*, MHES); N (*Grijalva 3658*, MO). 100-600 m. (Endémica).

Zamia herrerae fue originalmente descrita con base en material de El Salvador. Todas las colectas botánicas históricas y recientes para esta especie confirman su distribución hacia la planicie costera del Pacífico de Nicaragua, El Salvador, Guatemala y el sur de México.

12. Zamia imperialis A.S. Taylor, J.L. Haynes & Holzman, *Bot. J. Linn. Soc.* 158: 421 (2008). Holotipo: Panamá, *Taylor & Quirós ASTB01-LRica1* (PMA!). Ilustr.: Taylor Blake et al., *Bot. J. Linn. Soc.* 158: 422, t. 11 (2008).

Plantas terrestres; tallos hasta 2 m × 22 cm, epigeos; catafilos c. 7 × 3 cm en la base, cartáceos, el ápice aristado. Hojas generalmente 3-5 (-12), 52-257 cm, rojo oscuro cuando emergen, verde oscuro cuando maduran; pecíolo 37-164 cm, con aguijones; raquis hasta 183 cm. Folíolos 2-9 pares, 27-75 × c. 6.5 cm, oblongos, simétricos, sésiles, acanalados adaxialmente entre las venas, planos, coriáceos, los márgenes serrados sobre el 1/3 distal, el ápice acuminado. Estróbilo polinífero solitario o en grupos de 3 o más, 8.5-19 × 2-3 cm, amarillento a café-amarillento; pedúnculo 4.8-8 × 1-2 cm; microsporofilos 0.1-0.6 × 0.2-0.5 cm. Estróbilo ovulífero solitario, 21-31 × 7-11 cm, cilíndrico a cilíndrico-globoso, café o café-verdoso; pedúnculo 6-9 × 2.5-3.2 cm; megasporofilos 1-2 × 1.7-3.8 cm. Semillas 1.9-3 × 1.1-1.9 cm, la sarcotesta rojo intenso cuando madura. Estróbilos oct.-nov.; semillas jun.-jul. *Selvas altas perennifolias*. P (*de Nevers et al. 6727*, MO). 200-600 m. (Endémica).

13. Zamia ipetiensis D.W. Stev., *Brittonia* 45: 7 (1993). Holotipo: Panamá, *Stevenson & Valdespino 1159* (NY!). Ilustr.: Stevenson, *Brittonia* 45: 8, t. 4 (1993).

Plantas terrestres; tallos hasta 0.1 m, hipogeos, subglobosos; catafilos 3-4 × 4-5 cm de ancho en la base, ovados. Hojas 1(-3), 50-150 cm; pecíolo 15-50 cm, con escasos o abundantes aguijones; raquis hasta 50 cm. Folíolos 3-12 pares, 20-40 × 5-8 cm, oblanceolados, simétricos, sésiles, lisos, planos, coriáceos, la base cuneada, los márgenes finamente serrulados sobre el 1/3 distal, el ápice acuminado, simétrico. Estróbilo polinífero 4-6 × 1-1.5 cm, cilíndrico a ovoide-cilíndrico, crema a café; pedúnculo 2-4 cm; microsporofilos con esporangios en el lado abaxial y adaxial. Estróbilo ovulífero solitario, 15-20 × 5-7 cm, cilíndrico a ovoide-cilíndrico, vino-rojo a rojo oscuro-café. Semillas c. 1.5 × 0.5 cm, la sarcotesta rosa a rojo claro cuando madura. Estróbilos dic.-ene.; semillas jun.-jul. *Selvas altas perennifolias*. P (*Knapp et al. 4558*, MO). 100-500 m. (Endémica).

14. Zamia katzeriana (Regel) E. Rettig, *Gartenflora* 45: 148 (1896). *Ceratozamia katzeriana* Regel, *Trudy Imp. S.-Peterburgsk. Bot. Sada* 4: 298 (1876). Lectotipo (designado por Stevenson & Sabato, 1986a): cultivada, *Regel s.n.* (LE!). Ilustr.: Schutzman, *Phytologia* 55: 300-301, t. 1A-H (1984).

Zamia splendens Schutzman.

Plantas terrestres; tallos hasta 0.25 m × 7 cm, hipogeos; catafilos c. 5.3 × 1.4 cm de ancho en la base, cartáceos, semideciduos, el ápice aristado. Hojas 1 o 2(3), 49-220 cm, ascendentes a descendentes, rosa-rojizas cuando emergen, verde oscuro cuando maduran; pecíolo 20-130 cm, con escasos aguijones; raquis hasta 84 cm, sin aguijones. Folíolos 3-7 pares, 18-35 × 3.5-12 cm, oblanceolados, simétricos, sésiles, lisos, planos, no imbricados, coriáceos, lustrosos, la base atenuada, los márgenes prominentemente dentados sobre el 1/3 distal, el ápice agudo. Estróbilo polinífero hasta 4 × 1.1 cm, decumbente, cónico, café claro, el ápice agudo; pedúnculo hasta 6 × 1.2 cm. Estróbilo ovulífero solitario, 8-12 × 4.5-6 cm, elíptico, café-amarillento, el ápice aristado; pedúnculo 2-4.3 × 1.1-1.3 cm, decumbente. Semillas 1.1-1.4 × 1.6-2 cm, ovoides, la sarcotesta rosa cuando inmadura, roja cuando madura. $2n = 16$. *Selvas altas perennifolias*. T (*Nicolalde-Morejón et al. 1773*, CIB); Ch (*Nicolalde-Morejón et al. 1453*, XAL). 200-700 m. (Endémica).

15. Zamia lacandona Schutzman & Vovides, *Novon* 8: 441 (1998). Holotipo: México, Chiapas, *Schutzman 517* (FLAS!). Ilustr.: Schutzman & Vovides, *Novon* 8: 442, t. 1 (1998).

Plantas terrestres; tallos hasta 0.14 m × 9 cm, hipogeos; catafilos 8.3 × 3.6 cm de ancho en la base, coriáceos, el ápice aristado. Hojas generalmente solitarias, 46-211 cm, ascendentes, café-rojizas cuando emergen, verde oscuro cuando maduran; pecíolo 45-120 cm, negruzco en hojas jóvenes, con aguijones; raquis 34-91 cm, con escasos aguijones sobre el 1/3 proximal. Folíolos 10-22 pares, 25-45.2 × 3.5-4.3 cm, oblongos, simétricos, sésiles, lisos, no imbricados, planos, subfalcados, coriáceos, glaucos, la base atenuada, los márgenes prominentemente dentados sobre el 1/3 distal, el ápice agudo. Estróbilos poliníferos 2, 5.4-7 × 1.5-1.7 cm, erectos, cónicos, café claro, el ápice agudo; pedúnculo 5.8-7 × c. 1.2 cm, café claro. Estróbilo ovulífero solitario, c. 14 × 5 cm, erecto, elipsoide, café oscuro, el ápice apiculado; pedúnculo c. 6.5 × 1.2 cm, erecto, café. Semillas 2-2.4 × 1.3-1.9 cm, irregularmente ovoides, la sarcotesta rosa pálido cuando inmadura, roja cuando madura. $2n = 16, 17, 18$. *Selvas altas perennifolias*. Ch (*Nicolalde-Morejón & Martínez 1418*, XAL). 80-200 m. (Endémica).

16. Zamia lawsoniana Dyer in Hemsl., *Biol. Centr.-Amer., Bot.* 3: 195 (1882-1886 [1884]). Holotipo: México, Oaxaca, *Herb. Fielding 209* (OXF!). Ilustr.: Hemsley, *Biol. Centr.-Amer., Bot.* 5: t. 84 (1879-1888). N.v.: Pozol agrio, T.

Plantas terrestres; tallos hasta 0.6 m × 18 cm, hipogeos, ramificados dicotómicamente en plantas adultas; catafilos c. 8.4 × 1.49 cm en la base, cartáceos, el ápice largamente aristado. Hojas 2-5(14), 66-163 cm, ascendentes, verde claro cuando emergen, verdes cuando maduran; pecíolo 18-52.3 cm, ligeramente torcido en los adultos, recto en los juveniles, con aguijones; raquis 32-66.5 cm, ligeramente torcido en los adultos, recto en los juveniles, con escasos aguijones sobre el 1/3 proximal. Folíolos 16-32 pares, 21.7-39 × 0.65-1.47 cm, lineares, simétricos, sésiles, lisos, no imbricados, canaliculados, coriáceos, la base atenuada, los márgenes serrulados sobre el 1/3 distal, el ápice largamente agudo. Estróbilos poliníferos 1-3, 4.8-6 × 0.7-1.2 cm, erectos, cilíndricos, amarillo claro, el ápice agudo; pedúnculo 19-32 × 0.7-0.9 cm, amarillo claro. Estróbilo ovulífero 1 o 2, hasta 14 × 5.6 cm, erectos, cilíndricos, café claro, el ápice agudo; pedúnculo hasta 24.6 × 1.4 cm, café. Semillas c. 1.8 × 1 cm, ovoides, la sarcotesta rosa pálido cuando inmadura, roja cuando madura. *Selvas altas perennifolias*. T (*Nicolalde-Morejón et al. 1743*, CIB); Ch (*Pérez-Farrera 81*, CIB). 0-150 m. (México [Oaxaca, Veracruz], Mesoamérica).

17. Zamia lindleyi Warsz. ex A. Dietr., *Allg. Gartenzeitung* 19: 146 (1851). Lectotipo (designado por Stevenson & Sabato, 1986b): Dietrich, *Allg. Gartenzeitung* 19: [418], t. s.n., imagen izquierda (1851). Ilustr.: Calonje et al., *Mem. New York Bot. Gard.* 106: 433, t. 26-5B, D (2012).

Plantas terrestres; tallos hasta 2 m × 21 cm, epigeos, rara vez ramificados; catafilos hasta 5 × 3 cm de ancho en la base, cartáceos, triangulares a angostamente triangulares. Hojas hasta 17, hasta 225 cm, verde claro cuando emergen, tornándose verde oscuro cuando maduran; pecíolo hasta 70 cm, con escasos aguijones; raquis hasta 160 cm, verde-amarillento, con aguijones sobre el 1/3 inferior, la superficie abaxial entre folíolos cóncava, con tomento blanco cuando emerge, glabro cuando madura. Folíolos hasta 64 pares, c. 30.5 × 2.5 cm, lineares a linear-lanceolados, simétricos, sésiles, lisos, con un distintivo pliegue medio, planos, rectos a ligeramente falcados, papiráceos, la base atenuada, los márgenes enteros, el ápice atenuado. Estróbilo polinífero desconocido. Estróbilo ovulífero solitario, hasta 22 × 9 cm, cilíndrico, erecto cuando madura, el ápice estéril de 3-4 cm; pedúnculo hasta 9.5 × 3.15 cm. Semillas 2.4-2.9 × 1.5-1.9 cm, la sarcotesta roja cuando madura. Semillas ago.-sep. *Bosques nublados*. P (*Stevenson et al.1152*, MO). 1000-1550 m. (Endémica).

18. Zamia loddigesii Miq., *Tijdschr. Nat. Geschied.* 10: 72 (1843). Lectotipo (designado por Nicolalde-Morejón et al., 2009b): cultivada, *Van Houtte 3374* (U!). Ilustr.: no se encontró.

Palmifolium galeottii (de Vriese) Kuntze, *P. loddigesii* (Miq.) Kuntze, *P. mexicanum* Kuntze, *Zamia cycadifolia* Dyer, *Z. galeottii* de Vriese, *Z. leiboldii* Miq., *Z. leiboldii* var. *angustifolia* Regel, *Z. leiboldii* var. *latifolia* Regel, *Z. leiboldii* var. *leiboldii*, *Z. loddigesii* Miq. var. *angustifolia* J. Schust., *Z. loddigesii* var. *angustifolia* Regel, *Z. loddigesii* var. *cycadifolia* J. Schust., *Z. loddigesii* var. *leiboldii* (Miq.) A. DC., *Z. loddigesii* var. *loddigesii*, *Z. loddigesii* var. *longifolia* J. Schust., *Z. loddigesii* var. *obtusifolia* Regel, *Z. mexicana* Miq., *Z. sylvatica* Chamb.

Plantas terrestres; tallos hasta 0.45 m × 15 cm, hipogeos, ramificados dicotómicamente en plantas adultas; catafilos c. 8.4 × 3.7 cm en la base, cartáceos, el ápice aristado. Hojas 2 o 3(4), 45-96 cm, ascendentes, verde claro cuando emergen, verde oscuro cuando maduran; pecíolo 15-25 cm, con aguijones; raquis hasta 57 cm, con escasos aguijones sobre el 1/3 proximal. Folíolos 12-23 pares, 16-26 × 1.8-3.5 cm, linear-lanceolados, simétricos, sésiles, lisos, ligeramente canaliculados, coriáceos, la base atenuada, los márgenes serrulados sobre el 1/3 distal, el ápice agudo. Estróbilos poliníferos 1 o 2, 8-14 × 1.8-4 cm, erectos, cilíndricos, café claro, el ápice agudo; pedúnculo c. 6 × 1.2 cm, café claro. Estróbilo ovulífero 1 o 2, hasta 16 × 6 cm, erectos, elipsoides a cónicos, amarillentos, el ápice agudo; pedúnculo hasta 6 × 1.6 cm, café. Semillas 1.4-1.8 × 0.8-1 cm, ovoides, la sarcotesta rosa pálido cuando inmadura, roja cuando madura. $2n = 18$. *Selvas altas perennifolias, encinares, vegetación secundaria, áreas de cultivo*. Veracruz (*Castillo et al. 13681*, XAL). 0-1100 m. (México [Hidalgo, Oaxaca, Tamaulipas, Veracruz]).

Zamia loddigesii es endémica de México y se espera encontrar en Mesoamérica.

19. Zamia manicata Linden ex Regel, *Trudy Imp. S.-Peterburgsk. Bot. Sada* 4: 310 (1876). Neotipo (designado por Stevenson & Sabato, 1986b): Regel, *Gartenflora* 27: t. 926, f. e (1878). Ilustr.: Stevenson, *Fl. Colombia* 21: 52, t. 10 (2001).

Zamia madida R.E. Schult.

Plantas terrestres; tallos hasta 0.5 m × 10 cm, hipogeos, globosos a subcilíndricos; catafilos 3-8 × 1-2 cm de ancho en la base, la base triangular, el ápice largamente acuminado. Hojas 3-10, 50-200 cm, café-amarillentas cuando emergen, tornándose verde oscuro cuando maduran; pecíolo 20-100 cm, con aguijones escasos o abundantes; raquis hasta 100 cm, generalmente con aguijones sobre el 1/3 proximal. Folíolos 10-30 pares, 15-35 × 3-7 cm, oblongos a largamente elípticos, con peciólulos, lisos, planos, cartáceos, la base cuneada y con un reborde semicircular glanduliforme en la parte abaxial, los márgenes serrados sobre el 1/3 distal, el ápice agudo a acuminado. Estróbilo polinífero 4-6 × 1-1.5 cm, cilíndrico, amarillento; pedúnculo 15-30 cm. Estróbilo ovulífero 10-15 × 4-7 cm, cilíndrico a ovoide-cilíndrico, vino tinto a marrón-rojizo. Semillas 1-1.5 × 0.5-0.88 cm, la sarcotesta roja cuando madura. Estróbilos dic.-ene.; semillas jun.-jul. *Selvas altas perennifolias*. P (*Allen 4553*, MO). 100-1000 m. (Mesoamérica, Colombia).

20. Zamia meermanii Calonje, *J. Bot. Res. Inst. Texas* 3: 23 (2009). Isotipo: Belice, *Calonje et al. BZ08-152* (MO!). Ilustr.: Calonje, *J. Bot. Res. Inst. Texas* 3: 24, t. 1 (2009).

Plantas terrestres; tallos hasta 0.27 m × 18 cm, hipogeos, globosos a cilíndricos, ocasionalmente ramificados; catafilos c. 6 × 2 cm en la base, triangulares, cartáceos, estipulados, el ápice lanceolado. Hojas 1-3, 42-146.5 cm, descendentes, café-rojizas cuando emergen, tornándose verde oscuro cuando maduran; pecíolo 26-60 cm, inerme o con abundantes aguijones; raquis 50-109 cm, inerme o con escasos aguijones. Folíolos 7-23 pares, 12.5-32 × 3.4-7.5 cm, obovados a oblanceolados, simétricos, sésiles, acanalados adaxialmente entre las venas, pero abaxialmente no conspicuos, planos, coriáceos, los márgenes enteros, crenulados con muescas en el 1/3 distal. Estróbilo polinífero 13-16 × 2.2.-2.5 cm, erecto, cónico-cilíndrico, crema a café; pedúnculo 9-10 × 0.9-1 cm; microsporofilos con microsporangios sobre la superficie abaxial. Estróbilo ovulífero solitario, 12-20 × 6-7 cm, cilíndrico, crema a café-claro, erecto cuando madura, tomentoso cuando emerge y cuando madura; pedúnculo 8-12 × 1.5-3 cm, tomentoso, crema a café. Semillas 2-2.5 × 1-1.2 cm, la sarcotesta roja cuando madura. Estróbilos ago.; semillas dic. *Selvas altas perennifolias*. B (*Calonje & Meerman BZ08-125*, BRH). 40-200 m. (Endémica).

21. Zamia monticola Chamb., *Bot. Gaz.* 81: 219 (1926). Lectotipo (designado aquí): México, Veracruz, *Chamberlain s.n.* (NY-[cb] NY00001139!). Ilustr.: Chamberlain, *Bot. Gaz.* 81: 222, t. 3 (1926).

Plantas terrestres; tallos hasta 0.3 m × 20 cm, hipogeos; catafilos c. 6 × 2 cm en la base, largamente triangulares, cartáceos, el ápice generalmente linear. Hojas 5-20, 100-200 cm; pecíolo 50-75 cm, con aguijones; raquis hasta 100 cm, con escasos aguijones sobre el 1/3 proximal. Folíolos 30-40 pares, 25-30 × 4-6 cm, linear-lanceolados, simétricos, sésiles, lisos, planos, papiráceos, la base atenuada, los márgenes serrulados sobre el 1/3 distal, el ápice largamente acuminado. Estróbilos poliníferos 2-6, 12-20 × 2-4 cm, erectos, cilíndricos a oblongos, crema a café claro, el ápice agudo; pedúnculo 10-20 cm, café claro. Estróbilo ovulífero desconocido. Semillas 2.9-3.2 × 1.5-1.6 cm. *Selvas altas perennifolias*. G (*Förther et al. 10918{69}*, NY). 40-500 m. (México [Veracruz], Mesoamérica).

22. Zamia nana A. Lindstr., Calonje, D.W. Stev. & A.S. Taylor, *Phytotaxa* 98: 36 (2013). Holotipo: Panamá, *Stevenson & Valdespino 1147* (PMA!). Ilustr.: Lindström et al., *Phytotaxa* 98: 38, t. 6 (2013).

Plantas terrestres; tallos hasta 0.5 m × 5 cm, hipogeos, subglobosos a cilíndricos, ocasionalmente ramificados; catafilos c. 5.5 × 3.5 cm en la base, ampliamente triangulares, papiráceos. Hojas 2-5(-10), 40-100 cm, ascendentes, verde claro cuando emergen, tornándose verde oscuro cuando maduran; pecíolo 15-60 cm, con escasos aguijones; raquis 27-36 cm, con escasos aguijones sobre el 1/3 inferior. Folíolos 9-20 pares, 13.5-23.2 × 1.5-2.3 cm, lanceolados a elípticos, simétricos, sésiles, lisos, con un distintivo pliegue medio, subcoriáceos, la base cuneada, los márgenes enteros, el ápice largamente acuminado. Estróbilos poliníferos 3-7, 4.5-10 × 1.5-2.3 cm, erectos, cilíndricos, tomentosos, crema a cafés, el ápice agudo; pedúnculo 1.5-3.5 × 0.5-1 cm, tomentoso café; microsporofilos con el ápice cónico estéril, microsporangios en la superficie abaxial. Estróbilos ovulíferos 1 o 2, 6-11 × 3-5 cm, erectos, cilíndricos a ovoides, café oscuro, tomentosos, el ápice estéril, agudo-acuminado; pedúnculo 4-5 cm. Semillas 1-1.5 cm, ovoides, la sarcotesta rosa cuando inmadura, roja cuando madura. Estróbilos ene.-feb.; semillas oct.-dic. *Selvas altas perennifolias*. P (*Dressler 5322*, MO). 625-1020 m. (Endémica).

23. Zamia nesophila A.S. Taylor, J.L. Haynes & Holzman, *Bot. J. Linn. Soc.* 158: 417 (2008). Holotipo: Panamá. *Taylor et al. ASTB05-BT1* (PMA!). Ilustr.: Taylor Blake et al., *Bot. J. Linn. Soc.* 158: 419, t. 10 (2008).

Plantas terrestres; tallos hasta 0.28 m × 24 cm, epigeos; catafilos c. 7 × 3 cm en la base, cartáceos, el ápice aristado. Hojas hasta 20, 116-239 cm, cuando emergen y maduran verdes; pecíolo 27-113 cm; raquis 78-126 cm. Folíolos 5-12 pares, 25-38 × 6.5-10.5 cm, elípticos, simétricos, sésiles, acanalados adaxialmente entre las venas, planos, coriáceos, los márgenes serrados sobre el 1/3 distal, el ápice acuminado. Estróbilo polinífero solitario o en grupos de 2-5, cónico-cilíndrico a alargadamente cónico-cilíndrico, café-amarillento, el ápice estéril, agudo; pedúnculo 4.5-12 × 1-2 cm; microsporofilos 0.1-0.4 × 0.2-0.5 cm. Estróbilo ovulífero solitario, 15-39 × 4.5-10.4 cm, cilíndrico a cilíndrico-globoso, péndulo cuando madura, verde a verde-grisáceo cuando madura; pedúnculo hasta 15 × 4 cm; megasporofilos 1-2 × 1.7-3.8 cm. Semillas 1.9-2.8 × 1.1-1.8 cm, la sarcotesta rojo intenso cuando madura. *Selvas altas perennifolias*. P (*Hardy 230*, PMA). 0-10 m. (Endémica).

24. Zamia neurophyllidia D.W. Stev., *Brittonia* 45: 10 (1993). Holotipo: Panamá, *Correa et al. 3078* (PMA!). Ilustr.: Stevenson, *Brittonia* 45: 11, t. 5 (1993).

Plantas terrestres; tallos hasta 2 m × 12 cm, epigeos; catafilos c. 7 × 2.5 cm en la base, cartáceos, el ápice aristado. Hojas hasta 22, 61-180 cm, verde claro cuando emergen, tornándose verde oscuro cuando maduran; pecíolo 25.5-92 cm; raquis 40-102 cm. Folíolos 6-11 pares, 20-31.3 × 6.1-10.5 cm, elípticos a oblongo-elípticos, simétricos, sésiles, acanalados adaxialmente entre las venas, planos, coriáceos, los márgenes serrados. Estróbilo polinífero desconocido. Estróbilo ovulífero solitario, 13.2-20 × 5.7-7.2 cm, cilíndrico-globoso, verde a verde-amarillento, péndulo cuando madura; pedúnculo 7.5-15.5 × c. 1.7 cm, péndulo cuando madura; megasporofilos 1.2-1.7 × 2.2-2.7 cm. Semillas 1.8-2.5 × 0.9-1.5 cm, la sarcotesta rojo intenso cuando madura. Estróbilos jun.-jul. (ovulíferos); semillas dic.-ene. *Selvas altas perennifolias*. N (*Stevens et al. 23442*, MO); CR (*Gómez 24141*, MO); P (*Gentry 2740*, MO). 100-200 m. (Endémica).

Esta especie originalmente fue propuesta como un endemismo para Panamá. Sin embargo, colecciones botánicas recientes extienden su rango de distribución a Costa Rica y sur de Nicaragua. Hasta el momento no se dispone de material botánico de Guatemala.

25. Zamia obliqua A. Braun, *Monatsber. Königl. Preuss. Akad. Wiss. Berlin* 1875: 376 (1875). Neotipo (designado por Stevenson & Sabato, 1986b): Colombia, *Seemann 1569* (BM!). Ilustr.: Stevenson, *Fl. Colombia* 21: 63, t. 13 (2001).

Zamia obliqua Regel ex Ducos.

Plantas terrestres; tallos hasta 5 m × 12 cm, epigeos; catafilos 3-5 × 2-3 cm de ancho en la base, la base triangular, el ápice largamente acuminado. Hojas 5-20, 100-250 cm, café-amarillentas cuando emergen, tornándose verde oscuro cuando maduran; pedúnculo 30-70 cm, con numerosos aguijones cortos; raquis con aguijones sobre el 1/3 proximal. Folíolos 10-20 pares, 5-10 × 3-6 cm, elípticos a obovados, simétricos, sésiles, lisos, planos, papiráceos, la base oblicua, cuneada, los márgenes serrulados sobre el 1/3 distal, el ápice acuminado. Estróbilo polinífero 4-6 × 1-1.5 cm, cilíndrico a ovoide-cilíndrico, amarillento a marrón claro; pedúnculo 2-4 cm; microsporofilos con microsporangios sobre la superficie adaxial y abaxial. Estróbilo ovulífero solitario, 15-25 × 5-8 cm, cilíndrico a ovoide-cilíndrico, amarillento a marrón claro. Semillas 1-1.5 × 0.5-0.8 cm, ovoides, la sarcotesta roja cuando madura. Estróbilos dic.-ene.; semillas ago.-sep. *Selvas altas perennifolias*. CR (*Aguilar et al. 2970*, CR); P (*Stevenson et al. 1157*, MO). 10-200 m. (Mesoamérica, Colombia).

26. Zamia onan-reyesii C. Nelson & Sandoval, *Ceiba* 49: 135 (2008). Holotipo: Honduras, *Reyes 406* (TEFH!). Ilustr.: Nelson & Sandoval González, *Ceiba* 49: 136, t. 2-6 (2008).

Zamia bussellii Schutzman, R.S. Adams, J.L. Haynes & Whitelock.

Plantas terrestres; tallos hasta 2 m × 16 cm, epigeos; catafilos hasta 5.5 × 2.5 cm en la base, triangulares, cartáceos, el ápice aristado. Hojas 3-15(-44), 60-180 cm, erectas a ligeramente curvadas hacia el ápice, verde-blanquecinas cuando emergen, tornándose verde oscuro cuando maduran; pecíolo 15-40 cm, con escasos aguijones; raquis 40-120 cm, con escasos aguijones a lo largo del 1/3 proximal. Folíolos hasta 30 pares, c. 36 × 4 cm, oblongos, simétricos, sésiles, lisos, con un distintivo pliegue medio, coriáceos, los márgenes serrulados sobre el 1/3 distal, el ápice largamente acuminado. Estróbilo polinífero hasta 28 × 4 cm, erecto, cilíndrico, café claro a crema, el ápice agudo; pedúnculo hasta 8.5 × 1.6 cm, café claro. Estróbilo ovulífero solitario, hasta 43 × 12 cm, erecto, cilíndrico, café a verdoso, el ápice agudo; pedúnculo hasta 5 × 2.5 cm, café. Semillas hasta 3 × 2 cm, ovoides, la sarcotesta blanca cuando inmadura, roja cuando madura. *Selvas altas perennifolias*. H (*Reyes & Mejía 407*, TEFH). 0-1300 m. (Endémica).

27. Zamia oreillyi C. Nelson, *Ceiba* 46: 56 (2005 [2007]). Holotipo: Honduras, *Sandoval et al. 1157* (TEFH!). Ilustr.: Nicolalde-Morejón et al., *Brittonia* 61: 321, t. 9 (2009b). N.v.: Camotillo, H.

Plantas terrestres; tallos hasta 0.25 × 7.5 cm, hipogeos. Hojas 1(2), hasta 78 cm, ascendentes, café-amarillentas cuando emergen, tornándose verde oscuro cuando maduran; pecíolo hasta 47 cm, con aguijones; raquis 35-40 cm, con escasos aguijones sobre el 1/3 distal. Folíolos 29-31 pares, 11-16 × 0.8-1.3 cm, lanceolados, simétricos, sésiles, lisos, planos, ligeramente imbricados, papiráceos a subcoriáceos, la base atenuada, los márgenes prominentemente dentados sobre el 1/3 distal, el ápice acuminado. Estróbilo polinífero hasta 3.5 × 1.5 cm, decumbente, cilíndrico, café claro, el ápice acuminado; pedúnculo hasta 15.9 × 0.8 cm. Estróbilo ovulífero desconocido. Semillas desconocidas. *Selvas altas perennifolias*. H (*Balick et al. 1711*, NY). 0-200 m. (Endémica).

28. Zamia prasina W. Bull, *Cat. New Beautiful Rare Pl.* 1881(176): 20 (1881). Lectotipo (designado por Calonje & Meerman, 2009): Belice, *Bull s.n.* (K!). Ilustr.: Stevenson et al., *Delpinoa* n.s. 37-38: 6, t. 1 (1995-1996 [1998]), como *Z. polymorpha*.

Zamia polymorpha D.W. Stev., A. Moretti & Vázq. Torres.

Plantas terrestres; tallos hipogeos hasta 0.35 m × 9.5 cm; catafilos hasta 5 × 2.7 cm de ancho en la base, cartáceos, el ápice aristado. Hojas 2-4(-6), 57-100 cm, ascendentes, cafés cuando emergen; pecíolo 12-30 cm, con escasos aguijones; raquis hasta 70 cm, con escasos aguijones sobre el 1/3 proximal. Folíolos 12-18 pares, 15-20 × 4-6 cm, oblongos a oblanceolados, simétricos, sésiles, lineolados, planos, coriáceos, la base cuneada, los márgenes inconspicuamente dentados sobre el 1/3 distal, el ápice agudo a acuminado. Estróbilo polinífero hasta 10 × 4 cm, erecto, cilíndrico a ovoide, café claro, el ápice agudo; pedúnculo 2-4 × 1.5 cm, café claro. Estróbilo ovulífero solitario, 10-15 × 5-7 cm, erecto, cilíndrico, café-verdoso, glabro cuando maduro, el ápice agudo; pedúnculo c. 3.5 × 1.5 cm, café-verdoso. Semillas 1.5-2 × 0.5-0.8 cm, ovoides, la sarcotesta rojo claro cuando inmadura, roja cuando madura. 2*n* = 17, 22, 23, 24, 25, 26, 27, 28. *Selvas altas perennifolias, selvas medianas subperennifolias, vegetación alterada*. Y (*Nicolalde-Morejón et al. 1759*, CIB); C (*Nicolalde-Morejón et al. 1756*, CIB); QR (*Nicolalde-Morejón et al. 1764*, CIB); B (*Estrada 234*, CICY); G (*Harmon & Fuentes 5735*, MO). 0-200 m. (Endémica).

29. Zamia pseudomonticola L.D. Gómez ex D.W. Stev. & Sabato, *Taxon* 35: 141 (1986). Holotipo: Costa Rica, *Gómez s.n.* (CR!). Ilustr.: Gómez P., *Phytologia* 50: 404, t. 1I (1982).

Plantas terrestres; tallos hasta 2 m × 15 cm, epigeos; catafilos c. 10 × 3 cm en la base, largamente triangulares, cartáceos, el ápice aristado. Hojas 3-10, 80-160 cm, verdes cuando emergen; pecíolo con escasos aguijones; raquis inerme. Folíolos 9-20 pares, 15-22 × 3.5-4.5 cm, oblanceolados, simétricos, sésiles, lisos, planos, cartáceos, los márgenes enteros, el ápice abruptamente acuminado a cuspidado, distintivamente curvado. Estróbilo polinífero 8-9.5 cm, pedúnculo 4-6 cm, erecto; microsporofilos apicalmente piramidal-truncados. Estróbilo ovulífero solitario, 18-28 × 8-12 cm. Semillas 1.7-1.9 × c. 1.3 cm, ovoides, la sarcotesta anaranjada. Estróbilos dic.-ene.; semillas jun.-jul. *Bosques nublados*. CR (*Gómez s.n.*, MO); P (*Folsom 4060*, MO). 1000-1400 m. (Endémica).

30. Zamia pseudoparasitica J. Yates in Seem., *Bot. Voy. Herald* 202 (1854). Holotipo: Panamá, *Warszewicz 48* (BM!). Ilustr.: Gómez P., *Phytologia* 50: 404, t. 1B-D (1982).

Palmifolium pseudoparasiticum (J. Yates) Kuntze, *Zamia pseudoparasitica* J. Yates var. *latifolia* J. Schust.

Plantas epífitas; tallos hasta 1.5 m × 15 cm. Hojas 3-10, 100-300 cm; pecíolo 30-100 cm, inerme; raquis inerme. Folíolos 20-50 pares, 30-50 × 2-4 cm, oblanceolados, simétricos, sésiles, lisos, planos, subfalcados, la base atenuada, los márgenes enteros, el ápice agudo. Estróbilo polinífero 25-50 × 2-4 cm, cilíndrico, crema a amarillento. Estróbilo ovulífero 25-50 × 8-12 cm, cilíndrico a ovoide-cilíndrico, verde-amarillento. Semillas con sarcotesta amarilla. Estróbilos ago.-oct.; semillas ene.-mar. *Selvas altas perennifolias*. P (*Stevenson et al. 1149*, MO). 500-1000 m. (Endémica).

31. Zamia purpurea Vovides, J.D. Rees & Vázq. Torres, *Fl. Veracruz* 26: 28 (1983). Holotipo: México, Veracruz, *Vovides 734* (XAL!). Ilustr.: Vovides et al., *Fl. Veracruz* 26: 29, t. 5 (1983).

Plantas terrestres; tallos hasta 0.3 m × 6 cm, hipogeos; catafilos c. 5 × 2 cm en la base, membranáceos. Hojas 1-6, 34-160 cm, ascendentes, café oscuro cuando emergen, tornándose verdes cuando maduran; pecíolo 17-85 cm, con aguijones; raquis 17-75 cm, con escasos aguijones en el 1/3 proximal. Folíolos 3 o 4(-6) pares, 6-32 × 3.5-9 cm, elípticos a lanceolados, simétricos, sésiles, acanalados adaxialmente entre las venas, planos, coriáceos, la base atenuada, los márgenes dentados sobre el 1/3 distal, el ápice agudo. Estróbilos poliníferos 1 o 2, 2-4.3 × 0.5-1.1 cm, erectos, cónicos, café claro, el ápice agudo; pedúnculo 2-3.5 × 0.7-0.9 cm, café claro. Estróbilo ovulífero solitario, 6-9 × 3-4.5 cm, erecto, cónico, púrpura, el ápice agudo; pedúnculo c. 2.9 × 1.6 cm, café oscuro. Semillas 0.8-1.1 × 0.6-0.8 cm, ovoides, la sarcotesta rosa pálido cuando inmadura, roja cuando madura. 2*n* = 16. *Selvas altas perennifolias*. Veracruz (*Nicolalde-Morejón & Torres 1502*, CIB); Oaxaca (*Nicolalde-Morejón & Martínez-Domínguez 1984*, CIB). 50-300 m. (México [Oaxaca, Veracruz)].

Se espera encontrar *Zamia purpurea* en Mesoamérica.

32. Zamia sandovalii C. Nelson, *Ceiba* 46: 55 (2005 [2007]). Holotipo: Honduras, *Sandoval et al. 1154* (TEFH!). Ilustr.: no se encontró. N.v.: Yuca de ratón, H.

Plantas terrestres; tallos hasta 0.23 m × 16 cm, hipogeos; catafilos 6.5-7.5 cm × 2.9-5.3 cm en la base, triangulares, cartáceos, el ápice aristado. Hojas 1-3, 170-210 cm, descendentes, verde claro con abundantes tricomas blanquecinos cuando emergen, verde cuando maduran; pecíolo 58-97 cm, con escasos aguijones; raquis hasta 109 cm, inerme. Folíolos 18-34 pares, 22-36 × 2-4 cm, lanceolados, simétricos, sésiles, lisos, planos, falcados, coriáceos, la base atenuada, los márgenes serrulados sobre el 1/2 distal, el ápice acuminado. Estróbilo polinífero 16.2-28 × 2.6-4.1 cm, erecto, cilíndrico, café-rojizo, el ápice apiculado; pedúnculo 6.2-7.1 × 1.2-1.7 cm, café-rojizo. Estróbilo ovulífero solitario, 12-18 × 4.5-9 cm, erecto, elipsoide a cilíndrico, café-rojizo, el ápice acuminado; pedúnculo 2.3-5.3 × 1.7-2.7 cm, café. Semillas 1.8-2.8 × 1.2-1.7 cm, ovoides, la sarcotesta blanca cuando inmadura, roja cuando madura. *Selvas altas perennifolias*. H (*Sandoval et al. 1155*, TEFH). 0-200 m. (Endémica).

33. Zamia skinneri Warsz. ex A. Dietr., *Allg. Gartenzeitung* 19: 146 (1851). Lectotipo (designado por Stevenson & Sabato, 1986b): Dietrich, *Allg. Gartenzeitung* 19: [418], t. s.n., imagen derecha (1851). Ilustr.: Taylor Blake et al., *Bot. J. Linn. Soc.* 158: 409, t. 4 (2008).

Aulacophyllum skinneri (Warsz. ex A. Dietr.) Regel, *Palmifolium skinneri* (Warsz. ex A. Dietr.) Kuntze.

Plantas terrestres; tallos hasta 3 m × 20 cm, epigeos; catafilos c. 9 × 3.5 cm en la base, largamente triangulares, cartáceos, el ápice aristado. Hojas hasta 27, 106-227 cm; pecíolo 48-110.5 cm; raquis 50-100 cm. Folíolos 4-10 pares, 25.5-51.4 × 7-16.6 cm, elípticos a oblongo-elípticos, simétricos, sésiles, acanalados adaxialmente entre las venas, planos, coriáceos, la base atenuada, los márgenes serrados. Estróbilo polinífero solitario o en grupos de 2-6, alargado, cónico-cilíndrico, café-rojizo, el tomento amarillo; pedúnculo 4.5-8 × 1-1.5 cm; microsporofilos 0.3-0.8 × 0.4-0.5 cm. Estróbilo ovulífero solitario 8-12 × c. 4 cm (cercanamente receptivo), cilíndrico a globoso; pedúnculo 3-6 × 2.5-3 cm; semillas 2-2.2 × c. 1 cm. Estróbilos sep.-oct. *Selvas altas perennifolias*. P (*Dressler 4800*, MO). 50-750 m. (Endémica).

34. Zamia soconuscensis Schutzman, Vovides & Dehgan, *Bot. Gaz.* 149: 347 (1998). Holotipo: México, Chiapas, *Matuda 2659* (F!). Ilustr.: Schutzman et al., *Bot. Gaz.* 149: 348, t. 1 (1988).

Plantas terrestres; tallos hasta 0.65 m × 32 cm, epigeos, bifurcados en plantas adultas. Hojas 3-15 (o más), 120-190 cm, ascendentes, cafés cuando emergen, tornándose verdes cuando maduran; pecíolo 38-72 cm, con aguijones; raquis hasta 84 cm, con escasos aguijones. Folíolos 41-52 pares, 12-35 × 0.6-1.5 cm, linear-lanceolados, simétricos, sésiles, lisos, planos, subfalcados, coriáceos, la base atenuada, los márgenes enteros, el ápice atenuado. Estróbilo polinífero 9-15 × 1.2-2.4 cm, erecto, cilíndrico a cónico, café oscuro, el ápice apiculado; pedúnculo hasta 7.2 × 1.2 cm, café claro. Estróbilo ovulífero solitario, 12-15 × 6.1-7.3 cm, erecto, cilíndrico, café-rojizo, el ápice aristado; pedúnculo c. 2.1 × 1.2 cm, café. Semillas 2.1-2.6 × 1.4-1.9 cm, ovoides a angulares, la sarcotesta blanca cuando inmadura, rosa pálido cuando madura. 2*n* = 16. *Selvas altas perennifolias*. Ch (*Nicolalde-Morejón et al. 2450*, CIB). 900-1440 m. (Endémica).

35. Zamia spartea A. DC., *Prodr.* 16(2): 539 (1868). Holotipo: México, Oaxaca, *Alamán s.n.* (G-DC!). Ilustr.: Nicolalde-Morejón et al., *Brittonia* 61: 329, t. 12 (2009b).

Palmifolium sparteum (A. DC.) Kuntze, *Zamia loddigesii* Miq. var. *spartea* (A. DC.) J. Schust.

Plantas terrestres; tallos hasta 0.4 m × 8 cm, hipogeos, a veces ramificándose en plantas adultas; catafilos c. 6 × 1.4 cm de ancho en la base, cartáceos, la base triangular, el ápice aristado. Hojas 2-5(-8), hasta 60 cm, ascendentes, café-rojizas cuando emergen, verdes cuando maduran; pecíolo hasta 21 cm, ocasionalmente torcido, verde-amarillento en hojas jóvenes, con abundantes aguijones; raquis hasta 42 cm, ocasionalmente torcido, con escasos aguijones en el 1/3 proximal. Folíolos 15-20 pares, 20-35 × 0.3-0.6 cm, angostamente lineares, simétricos, sésiles, lisos, canaliculados, coriáceos, la base atenuada, los márgenes serrulados sobre el 1/3 distal, el ápice agudo. Estróbilos poliníferos 2 o 3, 6.5-8.5 × 1.4-1.9 cm, erectos, cilíndricos, tomentulosos, crema-amarillentos, el ápice agudo; pedúnculo hasta 8 × 1.1 cm, tomentoso, café claro. Estróbilo ovulífero solitario, hasta 12 × 5 cm, erecto, cilíndrico a oval-cilíndrico, tomentoso, café, el ápice agudo; pedúnculo hasta 4 × 1.1 cm, tomentoso. Semillas 1.2-1.6 × 0.7-0.9 cm, ovoides, la sarcotesta rosa cuando inmadura, roja cuando madura. $2n = 18$. *Selvas altas perennifolias, bosques tropicales caducifolios*. Oaxaca (*Martínez-Domínguez & Nicolalde-Morejón 128*, CIB). 200-400 m. (México [Oaxaca]).

Zamia spartea es endémica al istmo de Tehuantepec (Oaxaca). Se podría encontrar en Chiapas.

36. Zamia standleyi Schutzman, *Syst. Bot.* 14: 214 (1989). Holotipo: Honduras, *Schutzman 449* (FLAS!). Ilustr.: no se encontró. N.v.: Camotillo, H.

Plantas terrestres; tallos hasta 1.4 m × 9 cm, hipogeos; catafilos c. 9 × 2.5 cm en la base, largamente triangulares, cartáceos, el ápice aristado. Hojas 1-5, 20-100 cm, ascendentes; pecíolo 35-60 cm, con abundantes aguijones; raquis hasta 70 cm, con aguijones sobre el 1/3 proximal. Folíolos 10-15 pares, 20-45 × 1-4 cm, lanceolados, simétricos, sésiles, lisos, con un distintivo pliegue medio, no imbricados, coriáceos, la base atenuada, los márgenes prominentemente dentados sobre el 1/3 distal, el ápice agudo. Estróbilo polinífero 6-10 × 1-2 cm, erecto, cilíndrico, café claro, el ápice agudo; pedúnculo 2-4 × c. 1.1 cm, café claro. Estróbilo ovulífero solitario, 8-12 × 3-8 cm, erecto, cilíndrico a ligeramente ovoide, café, el ápice apiculado; pedúnculo 2.5-4 × c. 1.3 cm, café. Semillas hasta 3 × 2 cm, ovoides, la sarcotesta rosa pálido cuando inmadura, roja cuando madura. $2n = 16$. *Selvas altas perennifolias*. G (*Förther et al. 10234{252}*, W); H (*Standley 53721*, US). 0-200 m. (Endémica).

37. Zamia stevensonii A.S. Taylor & Holzman, *Bot. Rev. (Lancaster)* 78: 336 (2012). Holotipo: Panamá, *Taylor et al. CCh23052012* (PMA!). Ilustr.: Taylor Blake & Holzman, *Bot. Rev. (Lancaster)* 78: 337, t. 2 (2012).

Plantas terrestres; tallos hasta 1.5 m × 8 cm, epigeos; catafilos c. 8 × 3.5 cm en la base, triangulares, cartáceos, el ápice aristado. Hojas 7-25, 25-120 cm, verdes, glabras o con pubescencia blanquecina cuando emergen, verde oscuro, lustrosas cuando maduran; pecíolo 28-63 cm, con escasos aguijones o inerme; raquis hasta 70 cm, con pocos aguijones sobre el 1/3 proximal. Folíolos 3-25 pares, 10-25 × 2-5 cm, oblongos, simétricos, sésiles, lisos, planos, coriáceos, los márgenes serrulados sobre el 1/3 distal, el ápice acuminado. Estróbilos poliníferos solitarios o en grupos de 2 o 3, 5.5-17 × 2.5-4 cm, cilíndricos a alargadamente cónicos, dorado-rojizos a café-amarillentos, tomentosos, el ápice agudo; pedúnculo 4-10 × 0.5-2 cm; microsporofilos c. 0.5 × 0.7-0.8 cm, ligeramente prominentes, microsporangios en el lado abaxial. Estróbilo ovulífero solitario, raramente en pares, 4.5-16 × 4-9 cm, cilíndrico a cilíndrico-globoso, tomentoso, café-amarillento cuando emerge, verde o verde-grisáceo cuando madura; pedúnculo hasta 10 × 0.5-3 cm; megasporofilos 1-1.7 × 1.5-2.5 cm. Semillas 1.8-2.1 × 1.2-1.3 cm, la sarcotesta rojo intenso cuando madura. Estróbilos nov.-dic.; semillas nov.-dic. del año siguiente. *Selvas altas perennifolias*. P (*Carrasquilla et al. 3522*, PMA). 100-800 m. (Endémica).

38. Zamia tuerckheimii Donn. Sm., *Bot. Gaz.* 35: 8 (1903). Sintipo: Guatemala, *von Türckheim 7786* (US!). Ilustr.: Smith, *Bot. Gaz.* 35: t. 1, f. 1-12 (1903).

Plantas terrestres; tallos hasta 1 m × 12 cm, epigeos. Hojas 8-15, 100-200 cm, ascendentes, la porción distal descendente, verde-azuloso iridiscente cuando emergen; pecíolo 30-50 cm, con escasos aguijones; raquis hasta 150 cm, inerme. Folíolos 8-15 pares, 14-18 × 4-6 cm, oblanceolados a oblongos, simétricos, sésiles, lisos, con un distintivo pliegue medio, papiráceos, lustrosos, los márgenes enteros, el ápice abruptamente acuminado. Estróbilo polinífero 12-15 × 2-4 cm, erecto, cilíndrico, café-grisáceo cuando madura, el ápice agudo; pedúnculo hasta 6.5 × 1.4 cm, café claro. Estróbilo ovulífero solitario, 12-18 × 4-8 cm, erecto, cilíndrico, café cuando inmaduro, verde-azuloso cuando madura, el ápice aristado; pedúnculo c. 3.4 × 1.5 cm, café claro. Semillas 2.1-2.6 × 1.3-1.6 cm, alargadamente ovoides, la sarcotesta roja cuando madura. $2n = 16$. *Selvas altas perennifolias*. G (*Croat 41647*, MO). 250-1000 m. (Endémica).

Zamia tuerckheimii es endémica de Guatemala. Las colectas botánicas conocidas incluyen únicamente la localidad tipo, que se encuentra en el departamento de Alta Verapaz.

39. Zamia variegata Warsz., *Allg. Gartenzeitung* 13: 253 (1845). Neotipo (designado por Nicolalde-Morejón et al., 2009b): México, Chiapas, *Stevenson 685* (NY!). Ilustr.: no se encontró.

Zamia muricata Willd. var. *picta* Miq., *Z. picta* (Miq.) Dyer.

Plantas terrestres; tallos hasta 0.16 m × 10.5 cm, hipogeos; catafilos 7.1 cm × 2.4 cm en la base, cartáceos, el ápice aristado. Hojas 1 o 2 (3), 40-291 cm, ascendentes; pecíolo hasta 180 cm, verde oscuro, con abundantes aguijones; raquis hasta 105 cm, con escasos aguijones en el 1/3 proximal. Folíolos 3-10 pares, 12-22 × 3.1-8.8 cm, elípticos, simétricos, sésiles, lisos, planos, papiráceos, verde oscuro con variegación, la base atenuada, los márgenes dentados sobre el 1/3 distal, el ápice agudo. Estróbilo polinífero 7-11 × 1.9-2.5 cm, erecto, cilíndrico, crema-amarillento, el ápice agudo; pedúnculo 3-6 × 0.7-0.9 cm, café claro, el ápice agudo. Estróbilo ovulífero solitario, c. 12 × 4.5 cm, erecto, ovoide a cilíndrico, verde-grisáceo, el ápice agudo. Semillas 1.1-1.5 × 0.7-1 cm, ovoides, la sarcotesta roja cuando madura. $2n = 21$, 22. *Selvas altas perennifolias*. Ch (*Nicolalde-Morejón et al. 1443*, XAL); G (*Steyermark 45048*, NY). 40-500 m. (Endémica).

35. PINACEAE

Descripción de la familia y clave genérica por J.A. Pérez de la Rosa, A. Farjon & D.S. Gernandt.

Árboles o arbustos siempreverdes, raramente deciduos, generalmente monoicos. Conos unisexuales, los polínicos en agrupaciones o solitarios, con numerosos microsporofilos dispuestos en hélices, cada uno con 2 microsporangios; granos de polen generalmente con sacos aeríferos (excepto en *Larix* Mill. y *Pseudotsuga* Carrière). Conos ovulados (estróbilos) con las escamas fértiles (megasporofilas) arregladas en hélices y con brácteas escamiformes; cada escama fértil con 2 óvulos; conos maduros con las escamas leñosas, las brácteas dorsales de las escamas largas, pequeñas o totalmente reducidas. Semillas con o sin alas; cotiledones 2-23. Aprox. 10 gen., y 230 spp., de distribución subcosmopolita; 2 gen. y 13 spp. en Mesoamérica.

Bibliografía: Vidaković, M. *Conifers* 1-754 (1991).

1. Hojas aplanadas, solitarias; conos con las escamas deciduas en la madurez. **1. Abies**
1. Hojas aciculares, agrupadas; conos con las escamas adheridas al raquis en la madurez. **2. Pinus**

1. Abies Mill. N.v.: Abeto, oyamel.

Por J.A. Pérez de la Rosa & A. Farjon.

Árboles grandes, siempreverdes, monoicos, de copa piramidal. Ramas verticiladas; ramillas suaves después de la abscisión de las hojas. Hojas lisas con la base peltada, cicatrices de las hojas poco profundas y circulares. Conos polínicos en un eje hacia arriba de las hojas; granos de polen con 2 cámaras aeríferas. Conos ovulados erectos, terminales en las ramas superiores; durante la época de polinización las brácteas de las escamas tan grandes como las escamas fértiles; conos maduros erectos, deciduos en la madurez; cotiledones 4-10. Aprox. 40 spp., zonas templadas del hemisferio norte; 2 spp. en Mesoamérica.

Bibliografía: Liu, T.S. *Monogr. Gen.* Abies 1-608 (1971). Martínez, M. *Pináceas Mex.* ed. 3, 75-159 (1963).

1. Hojas más grandes más de 4 cm, con 2(-4) canales resiníferos; bráctea dorsal igual o menor que la escama del cono (inclusa). **1. A. guatemalensis**
1. Hojas más grandes menos de 4 cm, con 4 o más canales resiníferos; bráctea dorsal mayor que la escama del cono (exerta). **2. A. hickelii**

1. Abies guatemalensis Rehder, *J. Arnold Arbor.* 20: 285 (1939). Holotipo: Guatemala, *Faull 13104* (A). Ilustr.: Farjon, *Pinaceae* 98, t. 1-2, 4-5 (1990).

Abies guatemalensis Rehder subsp. *ixtepejiensis* (Silba) Silba, *A. guatemalensis* var. *ixtepejiensis* Silba, *A. guatemalensis* subsp. *longibracteata* (Debreczy & I. Rácz) Silba, *A. guatemalensis* var. *longibracteata* Debreczy & I. Rácz, *A. guatemalensis* subsp. *rushforthii* (Silba) Silba, *A. guatemalensis* var. *rushforthii* Silba, *A. guatemalensis* var. *tacanensis* (Lundell) Martínez, *A. guatemalensis* subsp. *tamaulipasensis* (Silba) Silba, *A. guatemalensis* var. *tamaulipasensis* Silba, *A. guatemalensis* subsp. *zapotekensis* (Debreczy, I. Rácz & G. Ramírez) Silba, *A. tacanensis* Lundell, *A. zapotekensis* Debreczy, I. Rácz & G. Ramírez.

Árboles 20-35(-40) m; tallos (45-)60-80(-110) cm de diámetro; copa estrecha y cónica o ligeramente redondeada; corteza 1-2(-3) cm, en placas pequeñas, escamosas, grisácea por fuera y café-rojiza por dentro; ramillas rígidas o ligeramente colgantes, café claro, ligeramente hirsutas. Hojas (20-)30-50(-70) × 1.2-1.5 mm, lineares, rectas, dispuestas en la ramita de forma dística o subdística, verde claro brillante en la cara abaxial y gris en la adaxial, el ápice emarginado, raramente obtuso; hileras de estomas 14-22 en el envés, algunos estomas escasamente esparcidos en el haz; canales resiníferos 2(-4); haces vasculares 2, bien separados. Conos ovulados (7-)9-13(-15) × 3.5-6(-8) cm, cilíndrico-oblongos, truncados, resinosos, café-amarillentos y rojo-violáceos cuando inmaduros, sésiles o con pedúnculo hasta 0.5 cm; escamas 16-22 × 23-30 mm, oblongas, auriculadas; bráctea dorsal 7-9 (-11) × 4-6 mm, inclusa, cuneado-oblonga, el ápice truncado y denticulado. Semillas 7-10 mm, el ala (16-)20-25 mm, café claro. *Bosques de* Abies *subtropicales y templados, húmedos.* Ch (*Cortázar 2807*, BM); G (*Molina R. et al. 16377*, US); H (*Renfrow et al. 137*, MO); ES (*Allen & Lewy van Severen 7320*, US). (2400-)2800-3300(-3700) m. (México [Guerrero, Oaxaca], Mesoamérica).

Se considera que la escasa variación presentada por *Abies tacanensis* cabe dentro de la presentada por esta especie.

2. Abies hickelii Flous & Gaussen, *Bull. Soc. Hist. Nat. Toulouse* 64: 24 (1932). Holotipo: México, Oaxaca, *Conzatti s.n.* (LY). Ilustr.: Farjon, *Pinaceae* 104, t. 1-2, 4, 6-8 (1990).

Abies religiosa (Kunth) Schltdl. & Cham. subsp. *hickelii* (Flous & Gaussen) Strandby, K.I. Chr. & M. Sørensen.

Árboles grandes (15-)20-30 m; tallos (30-)40-80(-120) cm de diámetro; copa amplia y redondeada; corteza 1-2(-4) cm, en placas pequeñas, muy delgadas, gris claro por fuera y café-amarillento por dentro; ramillas rígidas y extendidas, café-rojizas, un poco hirsutas. Hojas (16-) 20-30(-37) × 1-1.5 mm, lineares, rectas o ligeramente falcadas, dispuestas en la ramita de forma dística o subdística, verde oscuro por la parte abaxial y gris claro por la adaxial, el ápice emarginado, ocasionalmente obtuso; hileras de estomas 12-20 en el envés, raramente 1-3 hileras en el haz; canales resiníferos de 4-8(-12); haces vasculares 2, separados. Conos ovulados 7-10(-13) × 4-7 cm, cilíndrico-oblongos, ligeramente acuminados hacia el ápice, con algunas gotas de resina, en pedúnculos de 0.5-1 cm, café oscuro; escamas 13-16 × (16-)18-22(-35) mm, cuneado-oblongas, ligeramente auriculadas; bráctea dorsal 15-22 × 5-10 mm, exerta, oblongo-lanceolada, acuminada. Semillas 5-7 mm, el ala (7-)9-16(-20) mm, amarillenta. *Bosques de* Abies. Ch (*Little 17959*, US); G (*Schrenk s.n.*, MO). (2500-)3000-3300(-3500) m. (México [Guerrero, Oaxaca, Veracruz], Mesoamérica).

2. Pinus L. N.v.: Pino.

Por J.A. Pérez de la Rosa, A. Farjon & D.S. Gernandt.

Árboles, raramente arbustos, siempreverdes, monoicos. Ramas verticiladas; ramillas largas y cortas, en ocasiones estas últimas muy reducidas. Follaje parecido a acículas y escamas. Conos polínicos en grupos muy densos en la base de las ramillas del año anterior, granos de polen con sacos aeríferos. Conos ovulados dispuestos en la ramita en posición terminal. Conos abriendo durante el segundo o tercer año de vida, en ocasiones permaneciendo sin abrir en el árbol por muchos años; escamas fértiles con una superficie apical gruesa (apófisis), esta con una prominente protuberancia (umbón), ocasionalmente con una espina en la punta. Semillas generalmente aladas; cotiledones 2-15 (20-23 en *Pinus maximartinezii* Rzed.). Más de 100 spp., hemisferio norte, zonas tropicales hasta templadas; 11 spp. en Mesoamérica.

Solamente *Pinus merkusii* Jungh. & de Vriese atraviesa la línea ecuatorial en Asia.

Bibliografía: Carvajal, S. & McVaugh, R. *Fl. Novo-Galiciana* 17: 32-100 (1992). Farjon, A. & Styles, B.T. *Fl. Neotrop. Monogr.* 75: 1-291 (1997). Martínez, M. *Pinos Mexic.* ed. 2, 5-368 (1948). Perry, J.P. *Pines Mex. Centr. Amer.* 1-231 (1991).

1. Fascículos con vainas caedizas; escamas de los conos con umbón terminal.
  2. Conos 18 cm o más; pedúnculos menos de 2 cm. **1. P. ayacahuite**
  2. Conos menos de 15 cm; pedúnculos 2 cm o más. **3. P. chiapensis**
1. Fascículos con vainas persistentes; escamas de los conos con umbón dorsal.
  3. Fascículos con 3(4) acículas.
    4. Ramillas muy ásperas; acículas (10-)15-25(-30) cm; 0-400(-900) m. **2a. P. caribaea** var. **hondurensis**
    4. Ramillas escamosas; acículas 10-18 cm; (1300-)1700-2200 m. **11. P. teocote**
  3. Fascículos con 4 o 5 acículas, raramente 3 en *Pinus tecunumanii* y *P. hartwegii*.
    5. Fascículos con 4 acículas, raramente 3 o 5. **10. P. tecunumanii**
    5. Fascículos con 5 acículas, raramente 4 o 6.
      6. Conos 20 cm o más. **4. P. devoniana**
      6. Conos menores de 20 cm.
        7. Conos con las apófisis protuberantes. **9a. P. pseudostrobus** var. **apulcensis**
        7. Conos con las apófisis planas, raramente levantadas.
          8. Conos, ramillas y vainas de los fascículos café muy oscuro o negros. **5. P. hartwegii**
          8. Conos, ramillas y vainas de los fascículos cafés.

9. Conos maduros y abiertos igual o más anchos que largos; apófisis lisas, café-amarillentas. **8. P. oocarpa**
9. Conos maduros y abiertos más largos que anchos; apófisis con la superficie irregular, café.
10. Escamas duras; acículas rígidas; conos durando más de un año en la ramita después de la dehiscencia. **7. P. montezumae**
10. Escamas blandas; acículas flácidas; conos cayendo inmediatamente después de la dehiscencia.
11. Conos con escamas delgadas; pedúnculo permaneciendo adherido al cono al caer; acículas de hasta 1 mm de ancho, el hipodermo irregular con entrantes en el clorénquima. **6. P. maximinoi**
11. Conos con escamas anchas; pedúnculo permaneciendo adherido a la ramita al caer; acículas de 1.1-1.2 mm de ancho, el hipodermo delgado y uniforme. **9b. P. pseudostrobus** var. **pseudostrobus**

1. Pinus ayacahuite C. Ehrenb. ex Schltdl., *Linnaea* 12: 492 (1838). Lectotipo (designado por Farjon & Styles, 1997): México, Hidalgo, *Ehrenberg 647* (HAL, no se encontró). Ilustr.: Farjon & Styles, *Fl. Neotrop. Monogr.* 75: 201, t. 52, 202, t. 53 (1997), como *P. ayacahuite* var. *ayacahuite*.

Pinus ayacahuite C. Ehrenb. ex Schltdl. subsp. *neorecurvata* Silba, *P. ayacahuite* subsp. *oaxacana* (Silba) Silba, *P. ayacahuite* var. *oaxacana* Silba, *P. bonapartea* Roezl ex Anon., *P. donpedrii* Roezl, *P. hamata* Roezl, *P. loudoniana* Gordon & Glend. var. *donpedrii* (Roezl) Carrière.

Árboles (15-)20-30 m; tallos (35-)50-80(-100) cm de diámetro; copa estrecha y redondeada, en ocasiones ampliamente piramidal; corteza 1-2(-4) cm, escamosa en pequeñas placas de márgenes irregulares, café-amarillenta; ramillas delgadas, extendidas o ligeramente laxas, café claro, con tinte amarillento; corteza lisa; catafilos de 6-8 × 3-4 mm, las bases poco patentes. Fascículos de 5 acículas; vainas pronto caedizas. Acículas (6.5-)13-17 cm × 0.8-1(-1.2) mm, delgadas y ligeramente péndulas; haz vascular 1; canales resiníferos 2-3(-5), externos; hipodermo delgado y uniforme. Conos ovulados 18-25(-30) × 10-12(-14) cm, solitarios o en pares, raramente en verticilos de 3, semiterminales, subcilíndricos, gradualmente atenuados hacia el ápice y generalmente un poco encorvados, amarillentos, cayendo de la ramita apenas pasada la dehiscencia; pedúnculos 1-2 cm, que caen acompañando al cono; escamas amarillentas hasta café oscuro, aplanadas o ligeramente cóncavas, estrechas y frágiles, los márgenes ondulados; apófisis lisas y levantadas; umbón pequeño y terminal, generalmente cubierto de resina y sin espina. Semillas 6-8 mm; alas 25-35 mm, adnadas. *Bosques de* Pinus *templados húmedos*. Ch (*Stead & Styles 309*, MEXU); G (*Stead 337*, FHO); H (*Mejía 93*, EAP); ES (*Tucker 1067*, US). (1700-)2000-3000(-3700) m. (México [Edo. México, Guerrero, Hidalgo, Michoacán, Morelos, Oaxaca, Puebla, Tlaxcala, Veracruz], Mesoamérica).

2. Pinus caribaea Morelet, *Rev. Hort. Cote d'Or* 1: 107 (1851). Neotipo (designado por Lückhoff, 1964): Cuba, *Lückhoff 11608* (PRF). Ilustr.: Farjon, *Pines* ed. 2, 56 (2005b).

2a. Pinus caribaea Morelet var. **hondurensis** (Sénécl.) W.H. Barrett & Golfari, *Caribbean Forest.* 23: 65 (1962). *Pinus hondurensis* Sénécl., *Conifer. Monogr.* 126 (1867). Neotipo (designado por Barrett & Golfari, 1962): Belice, *Barrett 77582* (BAB). Ilustr.: Farjon & Styles, *Fl. Neotrop. Monogr.* 75: 88, t. 20J-L (1997).

Pinus caribaea Morelet subsp. *hondurensis* (Sénécl.) Silba, *P. hondurensis* Loock.

Árboles (6-)8-15(-25) m; tallos 30-40(-80) cm de diámetro; copa piramidal o estrechamente redondeada; corteza 2-4(-5) cm, en placas irregularmente cuadradas, café-grisácea por fuera y café-rojiza por dentro; ramillas rígidas y ascendentes, café oscuro con tinte grisáceo; corteza áspera y muy rugosa; catafilos de 5-6(-7) × 3-4 mm, la base prominente. Fascículos con 3(4) acículas; vainas 1-1.4(-2) cm, amarillentas, persistentes; acículas (10-)15-25(-30) cm × 1-1.5(-1.7) mm, rígidas; haces vasculares 2, contiguos; canales resiníferos 2-5(-7), internos y medios; hipodermo delgado y uniforme. Conos ovulados (4-)5.5-8 (3-)4-6.5 cm, generalmente solitarios o en verticilos de 2 o 3, largamente ovoides, cónicos, simétricos, café-rojizos, pueden durar adheridos a la ramita hasta 5 años; pedúnculos (1-)1.5-2 cm, que se rompen en la base donde se une a la ramita; escamas café claro en el momento de la dehiscencia, estrechas y fuertes, los márgenes poco irregulares; apófisis lisas y ligeramente levantadas; quilla bien marcada; umbón pequeño, dorsal, con una diminuta espina generalmente persistente. Semillas 5-7 mm; alas (16-)18-22 mm, articuladas. *Bosques de* Pinus. C (*Martínez S. et al. 31876*, MEXU); QR (*Flores & Puch 9075*, XAL); B (*Balick et al. 1837*, NY); G (*Stead & Styles 235*, FHO); H (*Martínez S. & Téllez 12681*, MO); ES (*Dar 3173*, MO); N (*Little 25002*, US). (0-)20-400(-900) m. (Endémica).

Esta especie es ampliamente cultivada fuera de su área de distribución natural, incluyendo en Costa Rica y Panamá.

3. Pinus chiapensis (Martínez) Andresen, *Phytologia* 10: 417 (1964). *Pinus strobus* L. var. *chiapensis* Martínez, *Anales Inst. Biol. Univ. Nac. México* 11: 81 (1940). Lectotipo (designado por Andresen, 1964): México, Chiapas, *Martínez s.n.* (MEXU!). Ilustr.: Farjon & Styles, *Fl. Neotrop. Monogr.* 75: 217, t. 57 (1997).

Pinus strobus L. subsp. *chiapensis* (Martínez) A.E. Murray.

Árboles (8-)25-30(-40) m; tallos 45-85(-160) cm de diámetro; copa piramidal y estrecha, ocasionalmente amplia y redondeada; corteza 1-2(-3) cm, escamosa, café-amarillenta; ramillas delgadas, frágiles y péndulas, amarillentas ligeramente cafés; corteza lisa y escamosa; catafilos 4-5 × c. 1.2 mm. Fascículos con 5 acículas; vainas caedizas; acículas 6-10(-13) cm × 0.7-0.9 mm, flexibles y ligeramente péndulas; haz vascular 1; canales resiníferos (1)2 o 3, externos; hipodermo delgado y uniforme. Conos ovulados (7-)9-15 × (3-)5-7(-9) cm, raramente solitarios, generalmente en verticilos de 2-3(-5), cilíndricos, simétricos, café-amarillentos, pronto caedizos después de la dehiscencia; pedúnculos 2-4(-6) cm, que caen acompañando al cono; escamas amarillentas o café claro, anchas y frágiles, los márgenes regulares; apófisis lisas, planas y generalmente con granos de resina; umbón terminal, sin espina. Semillas 5-6 mm; alas 22-27 mm, adnadas. *Bosques de* Pinus *subtropicales húmedos*. Ch (*Enríquez 7320*, MEXU); G (*Proctor 25402*, MO). (1000-)1500-2000(-2200) m. (México [Guerrero, Oaxaca, Puebla, Veracruz], Mesoamérica).

4. Pinus devoniana Lindl., *Edwards's Bot. Reg.* 25: misc. 62 (1839). Lectotipo (designado por Farjon & Styles, 1997): México, Hidalgo, *Hartweg s.n.* (W!). Ilustr.: Farjon & Styles, *Fl. Neotrop. Monogr.* 75: 138, t. 33 (1997).

Pinus devoniana Lindl. subsp. *nayaritana* (Martínez) Silba, *P. devoniana* subsp. *procera* (Martínez) Silba, *P. devoniana* subsp. *quevedoi* (Martínez) Silba, *P. devoniana* subsp. *tumida* (Martínez) Silba, *P. devoniana* subsp. *wincesteriana* (Gordon) Silba, *P. filifolia* Lindl., *P. grenvilleae* Gordon, *P. macrophylla* Lindl., *P. magnifica* Roezl, *P. michoacaensis* Roezl, *P. michoacana* Martínez, *P. michoacana* var. *cornuta* Martínez, *P. michoacana* forma *nayaritana* Martínez, *P. michoacana* forma *procera* Martínez, *P. michoacana* var. *quevedoi* Martínez, *P. michoacana* forma *tumida* Martínez, *P. montezumae* Lamb. var. *macrophylla* (Lindl.) Parl., *P. ocampii* Roezl, *P. pawlikowskiana* Roezl ex Carrière, *P. quevedoi* (Martínez) Gaussen, *P. verschaffeltii* Roezl ex Carrière, *P. wincesteriana* Gordon, *P. zamoraensis* Roezl ex Carrière, *P. zitacuarensis* Roezl, *P. zitacuarensis* var. *nitida* Carrière.

Árboles (8-)12-16(-28) m; tallos 30-50(-80) cm de diámetro; copa amplia y redondeada; corteza 2-4(-7) cm, en grandes placas rectangulares, café oscuro a gris por fuera y café-rojiza por dentro; ramillas rígidas, extendidas y ascendentes, café oscuro; corteza muy rugosa;

catafilos 10-16 × 3-5 mm, las bases muy prominentes. Fascículos con 5 acículas; vainas 2-2.5(-3.5) cm, café-amarillentas cuando jóvenes y café oscuro al madurar, persistentes; acículas (26-)30-37(-42) cm × (1.1-)1.3-1.6 mm, rígidas o muy poco péndulas, verde brillante con ligera tonalidad glauca; haces vasculares 2, connados; canales resiníferos 3, medios; hipodermo grueso, irregular con pequeños entrantes en el clorénquima. Conos 20-30(-38) × (10-)12-16(-18) cm, solitarios o en pares, raramente en verticilos de 3, oblongo-ovoides o cilíndricos, generalmente más anchos en el primer tercio y atenuados ligeramente hacia el ápice, café claro, durando adheridos a la ramita (0-)1-3 años después de la dehiscencia; pedúnculos 1-2(-3) cm, quedando adheridos a la ramita con algunas escamas basales cuando el cono cae; escamas cafés y con el tiempo tornándose café oscuro y finalmente grises, gruesas y fuertes, los márgenes irregulares; apófisis rugosas, planas o ligeramente levantadas; quilla muy marcada; umbón muy visible y dorsal, con una espina diminuta y frecuentemente persistente. Semillas 6-9 mm; alas (30-)35-45 mm, articuladas. *Bosques de* Pinus *subtropicales*. Ch (*Alava 1354*, MEXU); G (*Nelson 3680*, US). (700-)1200-1800(-2500) m. (México [Aguascalientes, Cd. México, Durango, Edo. México, Guanajuato, Guerrero, Hidalgo, Jalisco, Michoacán, Morelos, Nayarit, Oaxaca, Puebla, Querétaro, San Luis Potosí, Sinaloa, Tlaxcala, Veracruz, Zacatecas], Mesoamérica).

Pinus devoniana se cultiva en Costa Rica (*Grayum 9501*, MO).

5. Pinus hartwegii Lindl., *Edwards's Bot. Reg.* 25: misc. 62 (1839). Isolectotipo (designado por Farjon & Styles, 1997): México, Michoacán, *Hartweg s.n.* (W!). Ilustr.: Farjon & Styles, *Fl. Neotrop. Monogr.* 75: 117, t. 29 (1997).

Pinus aculcensis Roezl, *P. amecaensis* Roezl, *P. decaisneana* Roezl var. *wilsonii* (Roezl) Carrière, *P. decandolleana* Roezl var. *ehrenbergii* (Endl.) Carrière, *P. donnell-smithii* Mast., *P. ehrenbergii* Endl., *P. endlicheriana* Roezl, *P. hartwegii* Lindl. subsp. *donnell-smithii* (Mast.) Silba, *P. hartwegii* var. *rudis* (Endl.) Silba, *P. iztacihuatlii* Roezl, *P. lindleyana* Gordon, *P. lowii* Roezl, *P. montezumae* Lamb. subsp. *hartwegii* (Lindl.) Engelm., *P. montezumae* var. *hartwegii* (Lindl.) Shaw, *P. montezumae* var. *rudis* (Endl.) Shaw, *P. northumberlandiana* Roezl, *P. papeleui* Roezl, *P. resinosa* Roezl, *P. robusta* Roezl, *P. roezlii* Carrière, *P. rudis* Endl., *P. scoparia* Roezl, *P. standishii* Roezl, *P. suffruticosa* Roezl ex Carrière, *P. wilsonii* Roezl.

Árboles (5-)8-15(-20) m; tallos (30-)50-100(-120) cm de diámetro, la corteza muy rugosa; copa amplia y redondeada; corteza 3-6 cm, en largas placas rectangulares, gris oscuro por fuera y café-rojizo por dentro; ramillas rígidas ascendentes gris oscuro, con frecuencia negro; catafilos 6-10 × 2.5-3 mm, las bases prominentes. Fascículos con (3-)5 acículas; vainas (0.6-)0.8-1.6(-2) cm, café oscuro, casi negro, persistentes; acículas (6-)10-17(-21) cm × (0.8-)1-1.2 mm, rígidas, verde-grisáceo; haces vasculares 2, connados; canales resiníferos 3-8(-12), ocasionalmente ausentes, medios o con 1-4 internos; hipodermo delgado y uniforme. Conos ovulados 6-9 × 5-8 cm, en verticilos de 2-3(-5), ovoide-oblongos, simétricos o ligeramente curvos, café oscuro, casi negros, adheridos a la ramita por 3-5(-8) años, en ocasiones más; pedúnculos 0.5-1 cm, generalmente quedando adheridos a la ramita con escamas basales cuando cae el cono; escamas amarillentas en la parte adaxial y oscuro en la abaxial, sobre todo donde se alojan las alas de las semillas, estrechas y delgadas, flexibles, los márgenes irregulares; apófisis un poco rugosas y ligeramente deprimidas; quilla bien marcada; umbón muy pequeño, dorsal, con una espina pronto caediza. Semillas 4-6(-7) mm; alas 12-15 mm, articuladas. *Bosques de* Pinus *fríos*. Ch (*Matuda 4641*, MEXU); G (*Shannon 3616*, US); H (*Mejía & Hawkins 107*, FHO). (2800-)3200-3800(-4200) m. (México [Cd. México, Coahuila, Colima, Durango, Edo. México, Guerrero, Hidalgo, Jalisco, Michoacán, Morelos, Nuevo León, Oaxaca, Puebla, Tamaulipas, Tlaxcala, Veracruz], Mesoamérica).

No se pudo confirmar el reporte de Styles & Hughes (1983: 273) de *Pinus hartwegii* en El Salvador.

6. Pinus maximinoi H.E. Moore, *Baileya* 14: 8 (1966), nom. cons. *Pinus tenuifolia* Benth., *Pl. Hartw.* 92 (1842) non Salisb. (1796). Lectotipo (designado por Farjon & Styles, 1997): Guatemala, *Hartweg 620* (K-[cb] K000287581!). Ilustr.: Farjon & Styles, *Fl. Neotrop. Monogr.* 75: 145, t. 35 (1997).

Pinus douglasiana Martínez var. *maximinoi* (H.E. Moore) Silba, *P. escandoniana* Roezl, *P. hoseriana* Roezl, *P. pseudostrobus* Lindl. var. *tenuifolia* Shaw, *P. tzompoliana* Roezl.

Árboles de (15-)20-30(-40) m; tallos 40-70(-110) cm de diámetro; copa amplia y redondeada; corteza 2-4(-6) cm, en grandes placas rectangulares, gris por fuera y café-rojiza por dentro; ramillas extendidas o un poco levantadas, café claro; corteza ligeramente rugosa; catafilos 5-6(-8) × 3-4(-5) mm, las bases espaciadas y poco patentes. Fascículos con 5 acículas; vainas (1-)1.4-1.7(-2) cm, café-amarillentas, persistentes; acículas (17-)20-27(-30) cm × 0.7-1 mm, laxas y péndulas; haces vasculares 2, connados; canales resiníferos (2)3, medios; hipodermo irregular con entrantes en el clorénquima que llegan hasta la endodermis formando septos. Conos ovulados 5-8(-11) × (4-)5-7 cm, oblongos o largamente ovoides, simétricos, con la base reflejada, café-rojizos; pedúnculos 1-1.5 cm; durando adheridos a la ramita menos de un año después de la dehiscencia; escamas café claro, delgadas, angostas y flexibles, los márgenes irregulares; apófisis ligeramente rugosas y planas; quilla bien marcada; umbón dorsal pequeño, con una espina diminuta y pronto caediza. Semillas 5-7 mm; alas (16-)18-20(-22) mm, articuladas. *Bosques de* Pinus *subtropicales*. Ch (*Breedlove & Smith 21763*, MEXU); G (*Stead 207*, MO); H (*Hawkins et al. 98*, TEFH); ES (*Hughes 1264*, FHO); N (*Tomlin 175*, MO). (800-)1200-2000(-2200) m. (México [Colima, Edo. México, Guerrero, Hidalgo, Jalisco, Michoacán, Oaxaca, Puebla, Sinaloa, Tlaxcala, Veracruz], Mesoamérica).

7. Pinus montezumae Lamb., *Descr. Pinus* ed. 3, 1: 39 (1832). Lectotipo (designado por McVaugh en Carvajal & McVaugh, 1992): México, Veracruz, *Schiede & Deppe s.n.* (BM!). Ilustr.: Farjon & Styles, *Fl. Neotrop. Monogr.* 75: 132, t. 32A-F, H (1997), como *P. montezumae* var. *montezumae*.

Pinus montezumae Lamb. var. *lindleyi* Loudon.

Árboles de (10-)18-25 m; tallos 30-80 cm de diámetro; copa redondeada; corteza 1-3(-5) cm, en placas rectangulares, café oscuro hasta gris claro; ramillas rígidas y ascendentes café oscuro; corteza rugosa; catafilos (6-)8-10 × 3-4(-5) mm, las bases prominentes. Fascículos con (4)5(-7) acículas; vainas (1.5-)1.8-2.2 cm, café oscuro, persistentes; acículas (17-)25-30 cm × 1.1-1.4 mm, rígidas y extendidas, verde oscuro, ligeramente glaucas; haces vasculares 2, próximos pero distinguibles; canales resiníferos (2)3(-6), medios; hipodermo delgado y uniforme. Conos ovulados (6-)8-12(-15) × (5-)6.5-9 cm, solitarios o en verticilos de 2 o 3, ovoide-cónicos, simétricos o ligeramente encorvados, café oscuro, durando adheridos a la ramita 1-5 años; pedúnculos 0.8-1.7 cm, quedándose en la ramita al caer el cono; escamas café-rojizas que con el tiempo se tornan café oscuro y finalmente grises, gruesas y fuertes, los márgenes redondeados; apófisis planas; quilla bien marcada; umbón dorsal grande, oscuro, con una espina pronto caediza. Semillas 5-7 mm, semitriangulares; alas 18-24 mm, articuladas. *Bosques de* Pinus *templados*. Ch (*Breedlove 33414*, MEXU); G (*Higman et al. 6*, MO). (1500-)2000-2500 m. (México [Cd. México, Edo. México, Guerrero, Hidalgo, Jalisco, Michoacán, Morelos, Nayarit, Nuevo León, Oaxaca, Puebla, Querétaro, Tamaulipas, Tlaxcala, Veracruz, Zacatecas], Mesoamérica).

8. Pinus oocarpa Schiede ex Schltdl., *Linnaea* 12: 491 (1838). Neotipo (designado por Farjon & Styles, 1997): México, Michoacán, *Styles 36* (FHO!). Ilustr.: Farjon & Styles, *Fl. Neotrop. Monogr.* 75: 155, t. 37A-B, E-F, H-J (1997), como *P. oocarpa* var. *oocarpa*.

Pinus oocarpa Schiede ex Schltdl. var. *manzanoi* Martínez, *P. oocarpa* var. *oocarpoides* Endl., *P. oocarpoides* Lindl. ex Loudon.

Árboles (6-)12-25(-35) m; tallos 40-70(-100) cm de diámetro; copa amplia y redondeada; corteza 2-4 cm, en grandes placas rectangulares gris por fuera y café oscuro por dentro; ramillas rígidas y ascendentes, cafés; corteza rugosa; catafilos 7-10 × 3-5 mm, prominentes. Fascículos con (4)5(6) acículas; vainas 1-1.8 cm, café-amarillentas hasta café-grisáceas, persistentes; acículas (15-)20-25(-30) cm × 1-1.2(-1.4) mm, rígidas, ocasionalmente péndulas, verdes o verde oscuro; haces vasculares 2, connados; canales resiníferos 4-8, septales; hipodermo delgado y uniforme, ocasionalmente con pequeños entrantes en el clorénquima. Conos ovulados (4-)5-7 × (5-)6-8.5 cm, solitarios o en grupos de 2 o 3, raramente más, ovoides, globosos, u ovoide-cónicos, simétricos, amarillentos hasta café-grisáceos, durando adheridos a la ramita 2-10 años; pedúnculos (1.5-)2-3 cm, que caen generalmente con el cono; escamas amarillento brillante hasta amarillento-grisáceo, gruesas y fuertes, los márgenes poco irregulares; apófisis lisas y planas, en áreas con mucha humedad ligeramente levantadas y hasta piramidales, principalmente las de la base del cono; quilla bien marcada; umbón dorsal pequeño, con una diminuta espina caediza. Semillas 4-6 mm; alas 16-24 mm, articuladas. *Bosques de* Pinus *subtropicales*. Ch (*Breedlove 40046*, MEXU); G (*Salas 666*, US); H (*Molina R. & Molina 30794*, MO); ES (*Allen 7186*, US); N (*Moreno 14447*, MO). (600-)1000-1800(-2000) m. (México [Chihuahua, Durango, Edo. México, Guanajuato, Guerrero, Hidalgo, Jalisco, Michoacán, Morelos, Nayarit, Oaxaca, Puebla, Querétaro, Sinaloa, Sonora, Tlaxcala, Veracruz, Zacatecas], Mesoamérica).

9. Pinus pseudostrobus Lindl., *Edwards's Bot. Reg.* 25: misc. 63 (1839), nom. cons. Isolectotipo (designado por Farjon & Styles, 1997): México, Michoacán, *Hartweg s.n.* (BM!). Ilustr.: Farjon, *Pines* ed. 2, 168, t. 1 (2005b), como *P. pseudostrobus* var. *pseudostrobus*.

Pinus angulata Roezl, *P. estevezii* (Martínez) J.P. Perry, *P. orizabae* Gordon, *P. protuberans* Roezl, *P. pseudostrobus* Lindl. subsp. *coatepecensis* (Martínez) Silba, *P. pseudostrobus* var. *coatepecensis* Martínez, *P. pseudostrobus* subsp. *estevezii* (Martínez) Silba, *P. pseudostrobus* var. *estevezii* Martínez, *P. pseudostrobus* subsp. *laubenfelsii* (Silba) Silba, *P. pseudostrobus* var. *laubenfelsii* Silba, *P. pseudostrobus* forma *megacarpus* Loock, *P. regeliana* Roezl.

Árboles 15-25(-35) m; tallos 35-60(-100) cm de diámetro; copa amplia y redondeada; corteza 1-2(-4) cm, en grandes placas cuadrangulares, café-rojiza; ramillas extendidas o ligeramente péndulas, café-rojizas; corteza ligeramente rugosa; catafilos 6-7 × 3-4 mm, las bases poco patentes. Fascículos con 5 acículas; vainas (1.8-)2.2-2.5 cm, café claro, persistentes; acículas (24-)26-32(-38) cm × 1-1.2 mm, delgadas y laxas, verde claro, ligeramente amarillentas; haces vasculares 2, connados; canales resiníferos (2)3-5(-7), medios, rara vez alguno internos; hipodermo delgado con ligeras entrantes en el clorénquima. Conos ovulados (6-)8-15 × (4.5-)6-8 cm, solitarios o en pares, raramente en grupos de 3, ovoides o ligeramente ovoides, simétricos, café-amarillentos, pronto caedizos, no durando un año en la ramita después de la dehiscencia; pedúnculos 1-2 cm, que por lo general se quedan adheridos a la ramita al caer el cono; escamas café claro, ligeramente amarillentas, en los conos viejos café oscuro, delgadas y flexibles, los márgenes irregulares; quilla poco marcada; umbón dorsal pequeño y poco notable, con una espina diminuta y pronto caediza. Semillas 4-6 mm; alas 20-24 mm, articuladas. *Bosques de* Pinus. Ch, G, H, ES. 1700-3000 m. (México [Cd. México, Coahuila, Colima, Durango, Edo. México, Guanajuato, Guerrero, Hidalgo, Jalisco, Michoacán, Morelos, Nuevo León, Oaxaca, Puebla, Sinaloa, Tlaxcala, Veracruz], Mesoamérica).

9a. Pinus pseudostrobus Lindl. var. **apulcensis** (Lindl.) Shaw, *Publ. Arnold Arbor.* 1: 19 (1909). *Pinus apulcensis* Lindl., *Edwards's Bot. Reg.* 25: misc. 63 (1839). Lectotipo (designado por Farjon, 1995): México, Hidalgo, *Hartweg s.n.* (W!). Ilustr.: Farjon & Styles, *Fl. Neotrop. Monogr.* 75: 124, t. 30A-C, G- H, 125, t. 31B-E (1997).

Pinus nubicola J.P. Perry, *P. oaxacana* Mirov, *P. oaxacana* var. *diversiformis* Debreczy & I. Rácz, *P. pseudostrobus* Lindl. subsp. *apulcensis* (Lindl.) Stead, *P. pseudostrobus* subsp. *nubicola* (J.P. Perry) Silba, *P. pseudostrobus* Lindl. var. *oaxacana* (Mirov) S.G. Harrison, *P. pseudostrobus* subsp. *oaxacana* (Mirov) Silba.

Conos con apófisis desarrolladas y prominentes; umbón grande y conspicuo café-amarillento. *Bosques de* Pinus *templados y húmedos*. Ch (*Little 17963*, US); G (*Stead & Styles 336*, MO). (1700-)2000-3000 m. (México [Edo. México, Guerrero, Hidalgo, Oaxaca, Puebla, Tlaxcala, Veracruz], Mesoamérica).

9b. Pinus pseudostrobus Lindl. var. **pseudostrobus**.

Conos con apófisis planas o ligeramente levantadas; umbón pequeño, oscuro. *Bosques de* Pinus *templados*. Ch (*Higman et al. 14*, FHO); G (*Perry GUA 32-79*, GH); H (*Farjon & Mejía 295*, MEXU); ES (*Allen & Lewy van Severen 7324*, MO). (1800-)2000-2500(-2800) m. (México [Cd. México, Coahuila, Colima, Durango, Edo. México, Guanajuato, Guerrero, Hidalgo, Jalisco, Michoacán, Morelos, Nuevo León, Oaxaca, Puebla, Sinaloa, Tlaxcala, Veracruz], Mesoamérica).

10. Pinus tecunumanii F. Schwerdtf. ex Eguiluz & J.P. Perry, *Ci. Forest. (Mexico)* 8(41): 4 (1983). Isotipo: Guatemala, *Eguiluz 2* (CHAP!). Ilustr.: Farjon & Styles, *Fl. Neotrop. Monogr.* 75: 168, t. 41 (1997).

Pinus oocarpa Schiede ex Schltdl. var. *ochoterenae* Martínez, *P. patula* Schltdl. & Cham. subsp. *tecunumanii* (F. Schwerdtf. ex Eguiluz & J.P. Perry) Styles.

Árboles (10-)15-30(-40) m; tallos (25-)40-70(-100) cm de diámetro; copa cónica o redondeada; corteza 2-4(-6) cm, en largas tiras longitudinales, escamosa, gris claro por fuera y café oscuro por dentro; ramillas ascendentes, café-grisáceas, la inserción de los fascículos bien marcada cuando se desprenden; catafilos 5-9 × 2-4 mm. Fascículos con (3)4(5) acículas; vainas 1.6-2.2 cm, cafés con tinte grisáceo, persistentes que se acortan con la edad; acículas (10-)12-18(-21) cm × (0.8-)1-1.3 mm, rígidas o ligeramente péndulas, verde oscuro brillante; haces vasculares 2, connados; canales resiníferos 1-3, medios; hipodermo delgado y uniforme. Conos ovulados (4-)5-7(-11) × 3-4(-6) cm, solitarios, ocasionalmente en pares o rara vez en verticilos de 3, ovoide-oblongos, acuminados hacia el ápice, simétricos, café-rojizos, durando adheridos a la ramita 3-5(-10) años; pedúnculos 1-2(-3) cm, manteniéndose unidos al cono cuando cae, frecuentemente el cono acompañando a la ramita al caer; escamas rojo-púrpura con excepción del área donde se encuentra alojada la semilla con el ala, estrechas y fuertes, los márgenes irregulares; apófisis rugosas y planas; quilla bien marcada; umbón dorsal pequeño, con una espina diminuta y frecuentemente persistente. Semillas 5-7 mm; alas 14-20 mm, articuladas. *Bosques*. Ch (*Laughlin 1200*, MEXU); B (*Hunt 480*, BM); G (*Kellerman 6081*, MO); H (*Mejía 321*, FHO); ES (*Allen & Lewy van Severen 7325*, US); N (*Stevens & Araquistain 14917*, BM). (600-)800-2000(-2750) m. (Endémica).

11. Pinus teocote Schltdl. & Cham., *Linnaea* 5: 76 (1830). Lectotipo (designado por Farjon & Styles, 1997): México, Veracruz, *Schiede & Deppe s.n.* (HAL!). Ilustr.: Farjon & Styles, *Fl. Neotrop. Monogr.* 75: 181, t. 45 (1997).

Pinus besseriana Roezl, *P. hugelii* Roezl ex Carrière, *P. interposita* Roezl ex Gordon, *P. microcarpa* Roezl, *P. mulleriana* Roezl, *P. patula* Schltdl. & Cham. var. *stricta* Benth. ex Endl., *P. teocote* Schltdl. & Cham. forma *macrocarpa* (Shaw) Martínez, *P. teocote* subsp. *macrocarpa* (Shaw) Silba, *P. teocote* var. *macrocarpa* Shaw, *P. tumida* Roezl ex Carrière, *P. vilmoriniana* Roezl, *P. vilmoriniana* var. *besseriana* (Roezl) Carrière.

Árboles (10-)15-27 m; tallos 30-60(-90) cm de diámetro; copa amplia y redondeada; corteza 1.5-3(-5) cm, en largas placas rectangulares, gris oscuro por fuera y café-rojiza por dentro; ramillas rígidas extendidas o ascendentes café-grisáceas con tinte grisáceo; corteza rugosa; catafilos 5-6(-8) × 2-3(-4) mm, las bases bien marcadas. Fascículos con 3 acículas; vainas (0.7-)1-1.5 cm, café oscuro hasta café-grisáceo, persistentes; acículas 10-18 cm × 0.8-1.3 mm, rígidas y extendidas, verde oscuro; haces vasculares 2, poco separados; canales resiníferos (2)3-5(-7), medios, excepcionalmente 1 interno; hipodermo irregular y grueso con ligeras entrantes en el clorénquima. Conos ovulados 4-6(-7) × 3.5-4.5(-5) cm, solitarios o en pares, ocasionalmente en verticilos de 3 o 4, ovoide-cónicos, ocasionalmente subcilíndricos, simétricos, café oscuro, durando adheridos a la ramita 1-3 años después de la dehiscencia; pedúnculos (0.5-)0.8-1(-1.5) cm, que caen con el cono; escamas cafés con el tiempo tornándose grises, delgadas y fuertes, los márgenes poco irregulares; apófisis rugosas y generalmente poco levantadas; quilla ligeramente patente; umbón dorsal pequeño, con una diminuta espina pronto caediza. Semillas 4-5 mm; alas 13-15(-18) mm, articuladas. *Bosques*. Ch (*Breedlove 44429*, CAS). (1300-)1700-2200 m. (México [Aguascalientes, Cd. México, Chihuahua, Coahuila, Colima, Durango, Edo. México, Guanajuato, Guerrero, Hidalgo, Jalisco, Michoacán, Nayarit, Nuevo León, Oaxaca, Puebla, Querétaro, San Luis Potosí, Sinaloa, Tamaulipas, Tlaxcala, Veracruz, Zacatecas], Mesoamérica).

Ha sido reportado de Guatemala (Perry, 1991: 192), pero no se ha confirmado.

36. CUPRESSACEAE

Descripción de la familia y clave por A. Farjon.

Arbustos o árboles, perennifolios o a veces semiperennifolios; monoicos o dioicos, los tallos leñosos de árboles maduros con corteza fibrosa o estrictamente exfoliándose en tiras angostas, rara vez en trozos pequeños; ramitas foliosas persistentes o caedizas. Hojas persistentes, pequeñas y escuamiformes, coriáceas, o lineares y suaves, dispuestas decusadamente o helicoidalmente. Conos polínicos terminales y solitarios sobre las ramitas foliosas o paniculados sobre ramitas afilas péndulas, pequeños, ovoide-globosos, con microsporofilos peltados dispuestos decusadamente o helicoidalmente y conteniendo hasta 9 microsporangios abaxiales con polen (sub)esférico. Conos ovulados solitarios o agregados, terminales sobre ramitas cortas con hojas escuamiformes, tornándose leñosas con escamas peltadas o con pulpa suave y las escamas fusionadas formando un estróbilo abayado. Conos consistiendo de complejos bráctea-escama dispuestas decusadamente o helicoidalmente en los cuales el tejido de la escama es formado secundariamente, cubriendo o remplazando la bráctea con la cual los óvulos estaban asociados. Semillas 1-pocas a numerosas, con alas pequeñas o sin alas, dispersadas por gravedad, viento o animales. 30 gen., 135 spp., distribuidas en todos los continentes, excepto Antártica; 3 gen. y 5 spp. en Mesoamérica.

Bibliografía: Farjon, A. *Monogr. Cupressaceae &* Sciadopitys 1-643 (2005a).

1. Todas las hojas de los vástagos vegetativos lineares, suaves, dispuestas helicoidalmente. **3. Taxodium**
1. Todas las hojas de los vástagos vegetativos escuamiformes, coriáceas, dispuestas decusadamente o en verticilos de 3.
    2. Conos ovulados más o menos leñosos, las escamas con relieve, partidas y con numerosas semillas. **1. Hesperocyparis**
    2. Conos ovulados no leñosos pero abayados, con escamas lisas, fusionadas y una sola hasta pocas semillas. **2. Juniperus**

1. Hesperocyparis Bartel & R.A. Price

Por A. Farjon.

Árboles, perennifolios, monoicos; copa piramidal en árboles jóvenes, redondeada o con la cima aplanada en árboles maduros; corteza de los árboles maduros profundamente fisurada, dura, lentamente exfoliante en tiras; ramitas foliosas persistentes. Hojas pequeñas y escuamiformes, dispuestas decusadamente, monomorfas sobre ramitas similares. Conos polínicos solitarios, pequeños, frecuentemente numerosos. Conos ovulados tornándose leñosos, con 6-8(-10) escamas peltadas las cuales se parten durante la maduración para liberar las semillas. 17 spp. en el suroeste de Norteamérica hasta Honduras; 1 sp. en Mesoamérica.

Bibliografía: Farjon, A. *Taxon* 42: 81-84 (1993).

1. Hesperocyparis lusitanica (Mill.) Bartel, *Phytologia* 91: 181 (2009). *Cupressus lusitanica* Mill., *Gard. Dict.* ed. 8 *Cupressus* no. 3 (1768). Lectotipo (designado por Farjon, 1993): cultivada en Miller's Chelsea Physic Garden, de Portugal, *Anon. s.n.* (BM-[cb] BM001066254!). Ilustr.: Farjon, *Monogr. Cupressaceae &* Sciadopitys 211, t. 56, f. 1-3, 5-12 (2005a), como *C. lusitanica* var. *lusitanica*. N.v.: Cedar of Goa, cedro, cedro blanco, cedro blanco del desierto, ciprés, Mexican cypress.

Callitropsis lusitanica (Mill.) D.P. Little, *Cupressus assamica* Silba, *C. benthamii* Endl. var. *lindleyi* (Klotzsch ex Endl.) Mast., *C. coulteri* Forbes, *C. excelsa* Scott ex Carrière, *C. glauca* Lam., *C. glauca* var. *tristis* Endl., *C. karwinskiana* Regel, *C. lindleyi* Klotzsch ex Endl., *C. lindleyi* subsp. *hondurensis* (Silba) Silba, *C. lindleyi* var. *hondurensis* (Silba) Silba, *C. lusitanica* Mill. var. *chlorocarpa* Franco, *C. lusitanica* var. *communis* Franco, *C. lusitanica* var. *epruinosa* Franco, *C. lusitanica* var. *glauca* Henry, *C. lusitanica* var. *hondurensis* Silba, *C. lusitanica* Mill. var. *lindleyi* (Klotzsch ex Endl.) Carrière, *C. lusitanica* subsp. *mexicana* Maire, *C. lusitanica* var. *skinneri* Henry, *C. lusitanica* var. *tristis* Carrière, *C. lusitanica* var. *uhdeana* (Gordon ex Carrière) Carrière, *C. lusitanica* forma *vulgaris* Franco, *C. pendula* L'Hér., *C. uhdeana* Gordon ex Carrière, *Hesperocyparis lindleyi* (Klotzsch ex Endl.) Silba, *H. lindleyi* subsp. *hondurensis* (Silba) Silba, *H. lusitanica* var. *lindleyi* (Klotzsch ex Endl.) de Laub., *Neocupressus lusitanica* (Mill.) de Laub., *N. lusitanica* var. *lindleyi* (Klotzsch ex Endl.) de Laub.

Plantas hasta 35 m; tronco hasta 2 m de diámetro, la corteza fibrosa. Ramas largas patentes o ascendentes, frecuentemente terminando inclinado-péndulas, formando una copa piramidal o en árboles viejos simpódicos, redondeados o de cimas aplanadas. Ramas foliosas numerosas, patentes o inclinadas, delgadas, las últimas ramitas 1-2 mm de diámetro, alternándose, irregularmente dispuestas, más o menos cuadrangulares en corte trasversal o escasamente aplanadas. Hojas 1-2.5 mm sobre las últimas ramitas, hasta c. 10 mm sobre vástagos flageliformes, las ramitas de 3-4 órdenes superiores decusadas, imbricadas, decurrentes, verdes o verde-glaucas, escuamiformes, rómbicas, los márgenes diminutamente eroso-hialinos, el ápice incurvado y adpreso-agudo (u obtuso); glándulas inconspicuas o ausentes, los estomas pocos, esparcidos principalmente sobre los márgenes cerca la base de las hojas. Conos polínicos 3-5 × 2-2.5 mm, solitarios y terminales sobre las últimas ramitas, escasamente oblongos, más o menos cuadrangulares; microsporofilos 10-16(-18), decusados, peltados, conteniendo 3-4 microsporangios abaxiales. Conos ovulados 10-18(-20) mm de diámetro, solitarios o en grupos, terminales sobre ramitas foliosas cortas, madurando en 2 estaciones de crecimiento, persistentes, (sub)globoso-angulares cuando cerrados, pardos al madurar y con escamas partidas; complejos bráctea-escama 6-8(-10) en pares decusados, de más o menos igual tamaño, peltados, poligonales (4-6-angulares) en contorno, con relieve, con el ápice de la bráctea 3-5 mm, sobresaliente y recurvado, rugoso, abruptamente angostándose hacia el eje del estróbilo. Semillas numerosas, 3-4.5 × 3-4 mm, cercanamente agrupadas, angulosas o no, escasamente aplanadas, pardas o amarillento-pardas con hilo blanquecino en la base; alas 2 sobre lados opuestos, frecuentemente desiguales en tamaño y forma o algunas veces ausentes. *Forman manchas densas puras o esparcidas en bosques montanos mixtos de coníferas o de* Pinus, *también en bosques de* Pinus-Quercus, *sobre suelos variados, rocosos generalmente pobres en nutrientes*. B (*Whitefoord 9521*, BM); G (*Castillo & Castillo 2835*, F); H (*Davidse 34883*, BM); ES (*Tucker 1130*, K); N (*Araquistain & Sandino 1382*, U). 500-3000 m. (México [Aguascalientes, Cd. México, Chihuahua, Colima, Edo. México, Hidalgo, Michoacán, Tlaxcala, Veracruz, Zacatecas], Mesoamérica).

Esta especie está ampliamente cultivada en la región.

2. Juniperus L.

Por A. Farjon.

Arbustos o árboles, perennifolios, generalmente dioicos, la copa piramidal o redondeada e irregular; corteza delgada, fibrosa, exfoliante en tiras largas o láminas delgadas; ramitas foliosas numerosas, más o menos cuadrangulares en corte transversal, cubiertas con hojas. Hojas escuamiformes, gibosas, pequeñas, persistentes. Conos polínicos terminales sobre las últimas ramitas, solitarios, frecuentemente numerosos. Conos ovulados pequeños, abayados, con escamas suaves completamente fusionadas. Semillas 1-pocas, sin alas, dispersadas por animales (pájaros) que comen los conos abayados. Aprox. 55 spp. en el hemisferio norte; 3 spp. en las zonas montañosas del norte de Mesoamérica, 2 de las cuales no son muy bien conocidas botánicamente.

Bibliografía: Zanoni, T.A. & Adams, R.P. *Bol. Soc. Bot. México* 38: 83-121 (1979).

1. Arbustos, rara vez árboles pequeños; conos ovulados con (2)3 o 4 semillas, las semillas 2.3-3.5 × 2-3.5 mm. **3. J. standleyi**
1. Arbustos o árboles, conos de semillas con 1(2) semillas, las semillas más grandes que c. 4 × 3.5 mm.
   2. Corteza de la parte inferior del tronco de árboles maduros fibrosa, exfoliante en tiras; conos maduros púrpura-pardos, suaves; semillas 4-5(-6) × 3.5-4 mm. **1. J. comitana**
   2. Corteza de la parte inferior del tronco de árboles maduros dura, con placas cuadrangulares; conos maduros rosado-pardos, duros; semillas 6-7 × 5-6 mm. **2. J. gamboana**

1. Juniperus comitana Martínez, *Anales Inst. Biol. Univ. Nac. México* 15: 12 (1944). Holotipo: México, Chiapas, *Martínez 6700* (MEXU). Ilustr.: Martínez, *Anales Inst. Biol. Univ. Nac. México* 15: 14, t. 7 (1944).

Sabina comitana (Martínez) Y. Yang & K.S. Mao.

Árboles hasta 8-10 m, perennifolios, presumiblemente dioicos; tronco hasta 60-80 cm de diámetro; corteza del tronco 5-10 mm de grueso, fibrosa, lacerada, exfoliante en tiras largas, rojo-pardo a gris-pardo. Ramas largas patentes o ascendentes, formando en árboles maduros una copa ancha, redondeada o irregular. Ramas foliosas numerosas, irregularmente dispuestas, las últimas ramitas muy delgadas, 0.7-1 mm de diámetro, más o menos cuadrangulares en corte transversal o más teretes sobre las ramitas más viejas. Hojas 1-1.4 × 0.7-1 mm, decusadas sobre las ramitas últimas y laterales inferiores, pero ocasionalmente sobre secciones de crecimiento lento de las ramitas más viejas en verticilos alternos de 3, cercanamente adpresas, verde claro, rómbico-ovoides o rómbico-triangulares, los márgenes hialinos y diminutamente erosos a serrulados, el ápice acuminado o algunas veces obtuso; hojas sobre vástagos flageliformes de hasta 7 × 2 mm, lanceoladas, punzantes o rostradas; glándulas pequeñas, generalmente inactivas, no sumergidas o en un surco. Conos polínicos 4-6 × c. 2 mm; microsporofilos 10-12, decusados, peltados, conteniendo (3)4 microsporangios abaxiales. Conos ovulados terminales, solitarios sobre ramitas laterales muy cortas, madurando en un año a conos púrpura-pardos con una pruina glauca, los conos maduros 5-7 mm de diámetro, subglobosos. Complejos bráctea-escama 4, decusados, el par inferior menor que el par superior, los cuales se encuentran en el ápice del estróbilo, completamente fusionados, el tejido interno con pulpa suave, resinosa. Semillas 1 por estróbilo, rara vez 2 y entonces una menos desarrollada, 4-5(-6) × 3.5-4 mm, anchamente ovoides, irregularmente angulosas, foveoladas o sulcadas, con hilo claro en la base. *Laderas secas, rocosas o cañones, matorrales*. Ch (*Martínez 10529*, K); G (*Steyermark 50798*, NY). 1300-1800 m. (Endémica).

2. Juniperus gamboana Martínez, *Anales Inst. Biol. Univ. Nac. México* 15: 7 (1944). Holotipo: México, Chiapas, *Martínez 6701* (MEXU). Ilustr.: Martínez, *Anales Inst. Biol. Univ. Nac. México* 15: 10, t. 3, 11, t. 4 (1944).

Juniperus deppeana Steud. var. *gamboana* (Martínez) R.P. Adams.

Arbustos o árboles hasta 8-12 m, perennes, dioicos(?); tronco hasta 50-90 cm de diámetro; corteza del tronco fisurada, en la parte inferior con placas más o menos cuadrangulares a alargadas, duras. Ramas largas, patentes, formando una copa piramidal ancha a patente, las ramitas foliosas patentes o inclinadas, las últimas ramitas 1-1.2(-1.4) mm de grueso, más o menos cuadrangulares a teretes sobre las ramitas más viejas, cubiertas con hojas más o menos gibosas. Hojas (1.3-)1.5-2 × 0.7-1 mm, sobre las últimas ramitas decusadas, sobre las ramitas más viejas frecuentemente en verticilos alternos de 3, o una mezcla de estos arreglos, cercanamente apresas, verde claro o amarillento-verde, anchamente rómbicas, carinadas hacia el ápice agudo, sobre las ramitas más pequeñas gibosas, los márgenes diminutamente denticulados; glándula conspicua pero bastante inactiva, central en el surco abaxial. Conos polínicos 4-6 × c. 2 mm; microsporofilos 10-12, decusados, subpeltados, con ápice mucronato, conteniendo 3-4 microsporangios abaxiales. Conos ovulados (4-)6-8(-9) mm de diámetro, subglobosos, algunas veces irregulares, en un año madurando y tornándose rosados o rojizo-pardos con pruina glauca. Complejos bráctea-escama 4, decusados, completamente fusionados, las puntas de las brácteas conspicuas, el tejido interno seco y resinoso, duro. Semillas generalmente 1 por estróbilo, 6-7 × 5-6 mm, anchamente ovoides a ovoide-cónicas, con surcos y fóveas resinosas grandes y profundas, amarillento claro-pardo o castaño-pardo distalmente. *Bosques abiertos de* Pinus *o* Pinus-Quercus, *frecuentemente sobre suelos rocosos*. Ch (*Martínez 10530*, K); G (*Sharp 451033*, MEXU). 1800-2200 m. (Endémica).

3. Juniperus standleyi Steyerm., *Publ. Field Mus. Nat. Hist., Bot. Ser.* 23: 3 (1943). Holotipo: Guatemala, *Steyermark 36137* (F!). Ilustr.: Farjon, *Monogr. Cupressaceae &* Sciadopitys 387, t. 104 (2005a). N.v.: Ciprés, huitó, huitum.

Sabina standleyi (Steyerm.) Y. Yang & K.S. Mao.

Arbustos erectos a decumbentes hasta árboles de talla mediana, hasta 20 m, perennifolios, dioicos; corteza pardo-rojiza, tornándose a pardo oscuro, áspera y escamosa. Ramas patentes y ascendentes, las ramitas foliosas numerosas, dispuestas densamente, cortas, las últimas ramitas 1.1-1.5 mm de ancho, cuadrangulares en corte transversal, cubiertas por hojas más o menos gibosas. Hojas 1-1.5(-1.7) × 0.7-1.1 mm, todas decusadas, casi adpresas, verde claro o verde-glaucas, ovoide-rómbicas, gibosas, los márgenes más o menos hialinos pero enteros, algunas veces erosos, escasamente incurvados, el ápice obtuso (hojas más largas y agudo-mucronadas sobre vástagos flageliformes); glándulas inconspicuas e inactivas, debajo del centro de la hoja (sobre vástagos flageliformes frecuentemente activos con una gota de resina). Conos polínicos terminales sobre ramitas curvadas, 2-3 × 1.5-1.8 mm;

microsporofilos 6-10, decusados, peltados, con los márgenes redondeados, conteniendo 3-4 microsporangios abaxiales. Conos ovulados (5-)6-7(-9) mm de diámetro, subglobosos, púrpura-pardos o pardos, frecuentemente glaucos, madurando en un año. Complejos bráctea-escama 4, decusados, con 2 hojas basales menores recurvadas fusionadas al estróbilo, las puntas de las brácteas conspicuas, el tejido interno denso y seco, resinoso. Semillas (2)3 o 4 por estróbilo, 2.3-3.5 × 2-2.5 mm, anchamente ovoides, angulosas, con fóveas y surcos resinosos llenos con resina amarilla, pardas distalmente, el ápice con protuberancia micropilar. *Sobre crestas rocosas, borde de mesas o taludes inclinados, frecuentemente sobre tierra caliza, o invadiendo tierras cultivadas, en bosques de* Pinus *de alta montaña*. Ch (*Matuda 2861*, K); G (*Christenhusz et al. 5284*, MO). 3000-4250 m. (Endémica).

3. Taxodium Rich.

Por A. Farjon.

Árboles, perennifolios o rara vez semiperennifolios; monoicos; troncos llegando a tener una circunferencia enorme en algunos especímenes de árboles especialmente en México, la corteza fisurada en árboles maduros, exfoliante en tiras largas; ramitas foliosas cayendo junto con las hojas. Hojas lineares y suaves; dispuestas helicoidalmente. Conos polínicos paniculados en las ramitas afilas péndulas. Conos ovulados solitarios o agregados, tornándose leñosos con escamas peltadas irregulares, permaneciendo en parte cerrados o desintegrándose; semillas numerosas, con alas pequeñas. 2 spp. en Norteamérica; 1 sp. en Mesoamérica.

Bibliografía: Martínez, M. *Pináceas Mex.* ed. 3, 161-212 (1963).

1. Taxodium mucronatum Ten., *Ann. Sci. Nat., Bot.* sér. 3, 19: 355 (1853). Neotipo (designado por Farjon, 2005a): México, Edo. México, *Hawkes et al. 1389* (K). Ilustr.: Farjon, *Monogr. Cupressaceae & Sciadopitys* 130, t. 33 (2005a). N.v.: Ahuehuete, ciprés, Mexican cypress, sabino.

Taxodium distichum (L.) Rich. var. *mexicanum* (Carrière) Gordon, *T. distichum* var. *mucronatum* (Ten.) A. Henry, *T. huegelii* hort. ex P. Lawson, *T. mexicanum* Carrière, *T. montezumae* Decne.

Árboles hasta 30(-40) m; tronco monopódico o bifurcado hasta con múltiples tallos, hasta 3-8 m de diámetro, frecuentemente ramificando bajo por encima del suelo; neumatóforos ("rodillas") rara vez presentes, redondeados. Ramas simpódicas, formando una copa cónica o piramidal en árboles jóvenes, los árboles viejos frecuentemente bifurcados y con las ramas principales largas, formando una copa redondeada o irregular. Ramas foliosas con vástagos largos y cortos; vástagos cortos 6-16 cm, anchamente patentes dísticamente, pero en menos de 90 grados a partir de los vástagos largos, frecuentemente inclinados, a veces brevemente deciduos antes del desarrollo del follaje nuevo. Hojas sobre vástagos largos deciduos, sobre vástagos cortos generalmente persistentes, helicoidalmente dispuestas y a través de las bases torcidas de las hojas dispuestas en 2 hileras, verde claro o verde-glaucas, lineares, casi rectas o escasamente curvadas, la parte libre 3-15(-20) × c. 1 mm, con frecuencia gradualmente decreciendo hacia el ápice, la base cortamente decurrente, los márgenes enteros, el ápice obtuso, mucronado o agudo; estomas en 2 bandas anchas separadas por una vena media angosta o surco, casi igualmente abundantes sobre ambas superficies de la hoja. Conos polínicos 2-4(-5) × 2-3 mm, globosos a ovoide-oblongos, dispuestos en sistemas paniculados sobre ramitas afilas simpódicas, inclinados o péndulos; microsporofilos dispuestos en espiral, peltados, carinados, el ápice mucronato, conteniendo abaxialmente 4-6(-9) microsporangios globosos con polen papiloso subesférico. Conos ovulados (12-)14-25(-30) mm, terminales sobre ramitas cortas con hojas escuamiformes, o casi sésiles y frecuentemente agregados, madurando en una estación de crecimiento hasta conos subglobosos o más o menos ovoides pero irregulares. Complejos bráctea-escama c. 20-30, (inconspicuamente) visibles con suturas delgadas sobre conos maduros, dispuestos helicoidalmente, en parte fusionados en la base y/o el ápice del estróbilo, otros abriéndose escasamente, partiéndose, gruesamente leñosos, peltados, de tamaño desigual, más o menos de 4 lados, lisos o más generalmente rugosos, frecuentemente pulverulentos, con una costilla transversal causada por el ápice de la bráctea y el margen superior sulcado; brácteas completamente incluidas o con un ápice recurvado y diminuto emergiendo sobre la costilla transversal, verde-glauco, madurando a ocre claro-pardo, con frecuencia internamente con resina roja. Semillas c. 15-30 por estróbilo, 4-6 mm, triangulares o angular-ovadas, oblicuas, más o menos aplanadas, pardo brillante, con un hilo grande, de color pálido; alas muy pequeñas o vestigiales, formando hasta 3 costillas angostas menos de 1 mm de ancho. *A lo largo de ríos de tierras altas y riachuelos, frecuentemente formando bosques de galería*. Ch (*Mayo & Madison 348*, K); G (*Lehmann 1593*, K). 800-2100 m. (México [Aguascalientes, Chihuahua, Cd. México, Coahuila, Colima, Durango, Edo. México, Guanajuato, Guerrero, Hidalgo, Jalisco, Michoacán, Morelos, Nayarit, Nuevo León, Oaxaca, Puebla, Querétaro, San Luis Potosí, Sinaloa, Sonora, Tamaulipas, Tlaxcala, Veracruz, Zacatecas], Mesoamérica).

Taxodium mucronatum está muy cercanamente relacionada con *T. distichum* (L.) Rich. de Estados Unidos. Esta especie emblemática es ampliamente cultivada en México desde épocas prehispánicas. Villaseñor Ríos (2016: 589) citó la especie para Tabasco, pero no se ha podido confirmar su presencia en ese estado.

37. PODOCARPACEAE

Por A. Farjon.

Arbustos o árboles, perennifolios, dioicos o monoicos, con la corteza lisa, escamosa, exfoliante en escamas. Ramas foliosas persistentes, glabras, terminando en una yema vegetativa conspicua. Hojas persistentes o caedizas, dispuestas helicoidalmente, pequeñas y escuamiformes (no en Mesoamérica) o grandes con una lámina conspicua aplanada más larga que ancha. Conos polínicos solitarios o unos pocos agrupados, axilares (en Mesoamérica) a las hojas desde yemas pequeñas, similares a un amento y alargados en la antesis, consistiendo de un raquis delgado y microsporofilos dispuestos helicoidalmente cada uno con 2 sacos polínicos; polen generalmente alado más o menos similar al de *Pinus*. Conos ovulados laterales o terminales, generalmente pedunculados, generalmente bastante reducidos al madurar con solo una semilla fertilizada que se desarrolla; brácteas y escamas de la semilla completamente reducidas (*Prumnopitys*) o transformadas en un "receptáculo" engrosado, suculento y coloreado (*Podocarpus*) o relativamente bien desarrollado con más semillas por estróbilo (no en Mesoamérica); única semilla envuelta por una sarcotesta o un epimacio secos (*Podocarpus*) o suculentos (*Prumnopitys*). 18 gen. y c. 185 spp. distribuidas en todo el mundo, generalmente pantropical, pero también en la zona templada, especialmente en el hemisferio sur; 2 gen. y 5 spp. en Mesoamérica.

1. Hojas generalmente más de c. 25 × 3.5 mm, todas patentes en diferentes ángulos. **1. Podocarpus**
1. Hojas no más de c. 25 × 3.5 mm, dispuestas pectinadamente. **2. Prumnopitys**

1. Podocarpus L'Hér. ex Pers., nom. cons.

Por A. Farjon.

Árboles (Mesoamérica), dioicos, con las ramas patentes. Yemas vegetativas con 2 capas conspicuas de escamas, las externas generalmente superponiéndose a las escamas internas. Hojas cortamente pecioladas, con una lámina aplanada conspicua atenuada en ambos extremos y un solo nervio principal en el centro, hipostomáticas. Conos polínicos solitarios (Mesoamérica), amentiformes, sustancialmente alargados en la antesis. Conos ovulados pedunculados, axilares (Mesoamérica), desarrollando una sola semilla dura, seca (Mesoamérica) abrazada por un "receptáculo" engrosado, suculento, generalmente anaranjado o rojo formado de la fusión del complejo de la bráctea infértil con la escama de la semilla; receptáculo se encoge y seca sustancialmente y se torna oscuro en seco; epimacio encerrando la semilla y reduciéndose a una cresta pequeña cerca del ápice de la semilla en las especies de Mesoamérica. 107 spp, con una distribución mayormente pantropical; 4 spp. en Mesoamérica.

La taxonomía en esta revisión está basada en su mayoría solo en caracteres observados en la sección transversal de la anatomía de las hojas, algunos de los cuales en este momento no son vistos como taxonómicamente confiables.

1. Escamas de la yema vegetativa mucho más largas que anchas, agudas o acuminadas, patentes.
  2. Hojas acuminadas, el nervio principal prominente en el envés, dispuesto en un surco leve en el haz. **1. P. costaricensis**
  2. Hojas agudas, el nervio principal prominente solo en el 1/2 proximal de la hoja, más o menos aplanado hacia el ápice. **3. P. matudae**
1. Escamas de la yema vegetativa cortas, triangular-apiculadas o redondeado-obtusas, imbricadas.
  3. Escamas de la yema vegetativa redondeado-obtusas; hojas con el nervio principal prominente descansando en un surco leve en el haz. **2. P. guatemalensis**
  3. Escamas de la yema vegetativa triangular-apiculadas; hojas aplanadas, en el haz sin un nervio principal prominente, pero con un surco medio profundo. **4. P. oleifolius**

1. Podocarpus costaricensis de Laub., *Brenesia* 33: 120 (1990 [1991]). Holotipo: Costa Rica, *de Laubenfels 810* (MO). Ilustr.: no se encontró.

Árboles 20-30 m; tronco hasta 1 m, generalmente más delgado; corteza rojizo-pardo, escamosa y exfoliante; ramas foliosas con prominentes cicatrices foliares y finos surcos desde la base decurrente de las hojas. Yemas vegetativas 10-15 mm, terminales con escamas patentes y acuminadas; yemas axilares pequeñas, con escamas 2-3 mm, triangulares, carinadas, agudas a acuminadas, con las puntas libres. Hojas (4-)6-10(-13) cm × (7-)10-18(-22) mm, lanceoladas, aplanadas, generalmente con el ápice acuminado, el nervio principal (costa) prominente en el envés y extendiéndose hasta el ápice de la hoja, en un surco en el haz. Conos polínicos 20-55 × 4-5 mm. Conos ovulados no observados. *Selvas altas perennifolias, selvas medianas perennifolias.* CR (*Herrera 7736*, K); P (*Cuadros et al. 3963*, MO). 70-1600 m. (Endémica).

Según de Laubenfels (1990 [1991]), *Podocarpus costaricensis* es la única especie en Costa Rica con las escamas de la yema vegetativa largamente acuminadas; los ápices de sus hojas son también (generalmente) acuminados. La única otra especie en Mesoamérica con escamas similares en la yema es *P. matudae*; sus hojas son por lo general gradualmente atenuadas hasta un ápice agudo y solo en ocasiones acuminado; son también frecuentemente más angostas, pero hay considerable variación en esto. El nervio principal tiene características similares a esa especie. Aunque *P. costaricensis* ahora se conoce de más colecciones que las 4 citadas por de Laubenfels, los conos ovulados aún se desconocen, y probablemente son similares a los de *P. matudae*. Esta especie es disyunta de *P. matudae*, la cual no ha sido reportada con certeza al sur de Guatemala, y hasta el presente se conoce solo de un área limitada en Costa Rica y de una localidad (Parque Nacional del Darién) en Panamá.

2. Podocarpus guatemalensis Standl., *Proc. Biol. Soc. Washington* 37: 49 (1924). Holotipo: Guatemala, *Standley 25090* (US). Ilustr.: no se encontró.

Podocarpus allenii Standl., *P. guatemalensis* Standl. var. *allenii* (Standl.) J. Buchholz & N.E. Gray, *P. guatemalensis* subsp. *allenii* (Standl.) Silba, *P. guatemalensis* var. *pinetorum* (Bartlett) J. Buchholz & N.E. Gray, *P. guatemalensis* subsp. *pinetorum* (Bartlett) Silba, *P. pinetorum* Bartlett.

Árboles 20-35 m; tronco hasta 1.5 m; corteza lisa, rojizo-pardo tornándose a gris oscuro y fisurada; ramas patentes, formando una copa ancha o algunas veces piramidal; ramas foliosas finamente sulcadas desde la base decurrente de las hojas. Yemas vegetativas terminales semiglobosas u ovoides, con escamas c. 3 mm, cortas, carinadas, agudas, algunas veces apiculadas; yemas axilares pequeñas, con escamas ovadas. Hojas 4-16 cm × 6-18 mm (más grandes en plántulas y las ramas inferiores a la sombra), lanceoladas a linear-lanceoladas, rectas o escasamente curvadas, algunas veces falcadas, el ápice agudo o algunas veces obtuso, el nervio principal (costa) con una costilla más o menos prominente en el envés, con una costilla angosta en un surco en el haz. Conos polínicos 10-15 mm, cilíndricos. Conos ovulados en pedúnculos cortos, el receptáculo 6-8 mm, suculento, rojizo tornándose a pardo; semilla 7-8 × c. 5 mm, elipsoidal, lisa con una cresta apical pequeña, pardo claro o gris-pardo. *Selvas altas perennifolias de tierras bajas a submontanas.* B (*Gentle 3159*, K); G (*Standley 25090*, GH); H (*Liesner & Mejía 26372*, MO); CR (*Herrera 4037*, K); P (*McPherson 11944*, MO). 100-600 m. (México, Mesoamérica, Colombia, Venezuela).

Bartlett (1935) describió *Podocarpus pinetorum*, de Mountain Pine Ridge (Belice) comparándola con el tipo de *P. guatemalensis* (*Standley 25090*, US) el cual aparentemente proviene de una planta arbustiva joven con hojas más largas y falcadas. Sin estar completamente convencido, Barlett la separó de *P. guatemalensis*, pero escribió que podría representar solo una forma más madura de esa especie. De la misma manera, Standley (1941) expresó dudas acerca de la distinción entre su nueva especie *P. allenii* de Panamá y *P. guatemalensis*, por las mismas razones. Las hojas de estos árboles panameños grandes miden solo 3.5-4.5 cm × 7-8 mm, mientras que las hojas de las plántulas y los árboles jóvenes miden 9-12 cm × 9-14 mm. Estas dos especies fueron reducidas por Buchholz & Gray (1948b) a variedades de *P. guatemalensis*, en su mayoría debido a las diferencias en la anatomía foliar, particularmente la presencia de esclereidas y su posición en el mesófilo. Orr (1944) encontró esclereidas solo en *P. oleifolius*, entre las especies americanas de *Podocarpus*, pero él no examinó hojas de estos 2 taxones y solo hojas juveniles de *P. guatemalensis*. Según Buchholz & Gray (1948b), puede haber una correlación entre la forma de la hoja (juvenil vs. adulta) y el hábitat (tierras bajas vs. tierras altas), por lo que posiblemente no se justifique una distinción taxonómica con estos caracteres.

3. Podocarpus matudae Lundell, *Phytologia* 1: 212 (1937). Holotipo: México, Chiapas, *Matuda 698* (MICH). Ilustr.: no se encontró.

Podocarpus matudae Lundell subsp. *macrocarpus* (J. Buchholz & N.E. Gray) Silba, *P. matudae* var. *macrocarpus* J. Buchholz & N.E. Gray, *P. matudae* var. *reichei* (J. Buchholz & N.E. Gray) de Laub. &

Silba, *P. matudae* subsp. *reichei* (J. Buchholz & N.E. Gray) Silba, *P. reichei* J. Buchholz & N.E. Gray.

Árboles hasta 30 m o más; tronco hasta 1.5 m; corteza escamosa. Ramas foliosas delgadas, rectas, con surcos finos desde la base decurrente de las hojas. Yemas vegetativas terminales con escamas de hasta 12 mm, más o menos patentes, largamente acuminadas; yemas axilares pequeñas, con escamas acuminadas de 3-4 mm. Hojas 5-14(-20) cm × 8-17 mm (ambas medidas más grandes en las ramas a la sombra de árboles jóvenes y vigorosos, más pequeñas en las ramas del dosel de árboles viejos, de crecimiento lento) lanceoladas, aplanadas, coriáceas, cortamente pecioladas, atenuadas hasta un ápice agudo o más o menos acuminado, el nervio principal (costa) prominente en el envés y en el 1/2 proximal del haz, tornándose a aplanado hacia el ápice, dispuesto en un surco leve en el haz. Conos polínicos 3-4.5 × 0.4-0.5 cm, cilíndricos. Conos ovulados en pedúnculos cortos; receptáculo 6-12 mm, suculento, rojo tornándose a púrpura-pardo; semilla 8-12 mm, anchamente ovoide, con una cresta inconspicua, pardo oscuro al secarse. *Bosques montanos subtropicales de neblina*. Ch (*Matuda s.n.*, K); H (*Mejía 443*, MO); ES (*Martínez 1082*, MO). 1100-2370 m. (México [Oaxaca, Puebla, Veracruz], Mesoamérica).

Lundell (1937) describió *Podocarpus matudae* como una nueva especie de Chiapas (*Matuda 698*, MICH) con hojas más bien cortas y anchas. No mencionó acerca de las yemas vegetativas mientras que aparentemente los conos ovulados no estaban presentes en los ejemplares de Matuda estudiados por Lundell. Buchholz & Gray (1948b) añadieron una especie nueva del centro-sur de México, *P. reichei*, pero también citaron esta nueva especie de una colección hecha en Costa Rica. Las hojas son similares, sin tomar en cuenta las observaciones acerca de la presencia o ausencia de esclereidas en el mesófilo como un carácter informativo, los conos ovulados (semillas) son más grandes que los de *P. matudae*. Sin embargo, Buchholz & Gray (1948b) también describieron una nueva variedad *P. matudae* var. *macrocarpus*, de Chiapas y Guatemala, con dimensiones (máximas) de la semilla sobrepasando las de *P. reichei* y con conos polínicos de 4-6 cm. La maduración de estos órganos es crucial para una comparación adecuada, ya que frecuentemente no tienen el crecimiento máximo en los ejemplares de herbario. En todos estos ejemplares las yemas con sus escamas largas acuminadas son mayormente características y consideramos que todo este material pertenece a una sola especie distribuida desde el centro de México hasta Costa Rica. De Laubenfels y Silba (Silba, 1990) describieron una variedad con hojas de hasta 20 cm de Jalisco, México, pero no proporcionaron información acerca de los tamaños de las hojas o si estas hojas largas ocurrían solo en yemas vigorosas de plantas a la sombra.

4. Podocarpus oleifolius D. Don in Lamb., *Descr. Pinus* 2: 20 (1824). Lectotipo (designado por Farjon, 2010): Perú, *Ruiz & Pavón s.n.* (BM-[cb] BM000938855). Ilustr.: no se encontró.

Nageia oleifolia (D. Don) Kuntze, *Podocarpus macrostachys* Parl., *P. monteverdeensis* de Laub., *P. oleifolius* D. Don subsp. *costaricensis* (J. Buchholz & N.E. Gray) Silba, *P. oleifolius* var. *costaricensis* J. Buchholz & N.E. Gray, *P. oleifolius* var. *macrostachys* (Parl.) J. Buchholz & N.E. Gray, *P. oleifolius* var. *trujillensis* J. Buchholz & N.E. Gray.

Árboles 20-25(-30) m; tronco hasta 1 m; corteza pardo-amarillenta, eventualmente escamosa. Ramas foliosas con cicatrices de hojas prominentes y surcos decurrentes. Yemas vegetativas terminales subglobosas, con escamas 3-4 mm, redondeadas u ovadas; yemas axilares globosas, con escamas carinadas 2-3 mm, gruesas, redondeadas. Hojas extremadamente variables en tamaño dependiendo del crecimiento del vástago, generalmente 4-9 cm × 7-12 mm (tan pequeñas como c. 1.5 cm × 5 mm y tan grandes como c. 15 cm × 20 mm), lanceoladas a linear-lanceoladas, rectas (algunas veces escasamente curvadas), pecioladas, gradualmente angostándose hacia el ápice agudo o más o menos obtuso, coriáceas, el nervio principal (costa) una costilla más o menos prominente en el envés, frecuentemente con un surco central continuando hasta el ápice, no elevado por encima de la superficie de la lámina en el haz, pero formando un surco medio angosto. Conos polínicos c. 3 × 0.3-0.4 cm. Conos ovulados en pedúnculos cortos; receptáculo 6-10 mm, suculento, rojo; semilla 7-8 mm, ovoide-globosa, con una cresta inconspicua. *Bosques lluviosos montanos a montanos altos, bosques de neblina*. G (*Stevens et al. 25436*, MO); H (*Farjon 296*, E); ES (*Tucker 1034*, K); N (*Stevens 6724*, MO); CR (*Aguilar & Garrote 3969*, K); P (*Gentry & Mori 13771*, MO). 2000-2800 m. (México [Veracruz], Mesoamérica, Colombia, Venezuela, Ecuador, Perú, Bolivia).

Buchholz & Gray (1948b) describieron *Podocarpus oleifolius* var. *costaricensis* del Volcán Poás, Costa Rica; el tipo (*Pittier 822*, US), así como también otras colecciones de allí tienen hojas cortas y pequeñas, y las semillas crestadas. Se conocen ejemplares similares con hojas pequeñas de otras localidades en Mesoamérica y es dudoso que todos pertenezcan a un taxón distinto de la forma más común de la especie; estos se conocen de elevaciones altas y medias. De Laubenfels (1991) consideró *P. macrostachys* y *P. oleifolius* como especies distintas, la última restringida a Sudamérica; estas forman un continuo de tamaños de hoja altamente variable y no son consistentemente distintas. Un espécimen con conos polínicos (*de Laubenfels 814*, MO) de hojas pequeñas fue designado como el tipo de *P. monteverdeensis* de Monteverde, Costa Rica, pero su morfología cae completamente por dentro del rango encontrado en *P. macrostachys*/*P. oleifolius*, y ninguna de las distinciones mencionadas en el protólogo parecen mantenerse como verdaderas cuando se examina un número suficiente de colecciones. La forma y el tamaño de la hoja están influenciados por las condiciones de crecimiento y la edad de las plantas; los únicos caracteres vegetativos consistentes son los mencionados en la clave para las especies mesoamericanas al principio de este tratamiento.

2. Prumnopitys Phil.

Por A. Farjon.

Árboles, normalmente dioicos, muy ramificados, de tamaño moderado a grande. Hojas dispuestas helicoidalmente, pero retorcidas generalmente en la base peciolada para formar 2 hileras pectinadas en las ramas, relativamente pequeñas, subfalcadas, bifacialmente aplanadas, con bandas blanquecinas de estomas en el envés. Conos polínicos agregados, espigas axilares cerca del ápice de vástagos foliosos pequeños, amentiformes, rectos, amarillos en la antesis. Conos ovulados pedunculados, agrupados 2-varios en las ramas foliosas, reducidos a uno solo al madurar; semilla globosa o elíptica envuelta por un epimacio carnoso, verdoso a amarillento o azulado, similar a una drupa, tornándose péndula y sin receptáculo inflado como en *Podocarpus*. 9 spp., con distribución disyunta en Sudamérica (desde Costa Rica hasta el sur de Chile) y Nueva Caledonia, Nueva Zelandia y Australia (Queensland); 1 sp. en Mesoamérica.

1. Prumnopitys standleyi (J. Buchholz & N.E. Gray) de Laub., *Blumea* 24: 190 (1978). *Podocarpus standleyi* J. Buchholz & N.E. Gray, *J. Arnold Arbor.* 29: 72 (1948). Holotipo: Costa Rica, *Tonduz 10333* (US). Ilustr.: Buchholz & Gray, *J. Arnold Arbor.* 29: t. 4, f. 32-34 (1948a).

Pectinopitys standleyi (J. Buchholz & N.E. Gray) C.N. Page.

Árboles hasta 25 m, perennifolios; tronco monopódico, las ramas patentes, las ramas foliosas alternas, formando ramilletes aplanados; ramitas foliosas delgadas, glabras, inicialmente cubiertas por las bases angostas decurrentes de las hojas, luego con corteza exfoliante delgada. Hojas (12-)15-20(-25) × 2-3.5 mm, alternas, lineares, retorcidas y escasamente recurvadas por arriba de la base decurrente y algunas veces cerca del ápice, o más o menos falcadas, angostadas hacia la base, el ápice agudo a mucronado, el haz con un surco longitudinal conspicuo a lo largo del medio, verde oscuro, el envés con un angosto nervio principal longitudinal, estomatífero, los estomas en numerosas líneas, muy pequeños, cubiertos con una cera grisácea-blanca. Conos polínicos numerosos en ramitas afilas delgadas (espigas) hacia los extremos de los ramilletes foliosos, muy cercanos, cada estróbilo 10-15 × 2-2.5 mm en la antesis, en un "pedículo" de 2-3 mm (la base descubierta del raquis), delgados; microsporofilos numerosos, helicoidalmente dispuestos, subpeltados, curvados hacia arriba con un ápice escarioso-denticulado, agudo; cada uno sosteniendo cerca de la base 2 microsporangios transversalmente dehiscentes, relativamente grandes, conteniendo polen esférico. Conos ovulados en ramitas pequeñas con pocas hojas reducidas, axilares a estas, muy reducidas para producir una sola semilla subapical de c. 10 × 7-8 mm, con una sarcotesta carnosa (epimacio), verde, azulada cuando madura, rugosa cuando seca. *Bosques lluviosos montanos altos, bosques de neblina.* CR (*Tonduz 10743*, K). 2200-2900 m. (Endémica).

38. ARAUCARIACEAE

Descripción de la familia por J. Benfield.

Árboles medianos a grandes, monoicos, perennifolios. Follaje dispuesto en espiral e imbricado a bilateralmente aplanado. Hojas aciculares o anchamente aplanadas y gruesas, con varias a numerosas venas paralelas. Conos polínicos cilíndricos, solitarios o rara vez en agregados, ya sea terminales sobre las ramas o axilares con pedúnculos cortos; microsporofilos apretadamente imbricados antes de la antesis con numerosos microsporangios péndulos unidos a la base de la cabezuela. Conos ovulados terminales y pedunculados; la bráctea y escama ovulíferas fusionadas completamente o con una lígula ovulífera conspicua sobresaliendo; óvulos 1, muy rara vez 2, por cada escama del cono; semillas con 1, rara vez 2 alas membranosas unidas a la superficie del cono o encerradas dentro del tejido de la escama del cono, la semilla y la escama del cono siendo liberadas como una sola unidad. Cotiledones 4, algunas veces fusionados en pares. Germinación hipogea o epigea. 2 gen., 35 spp., Sudamérica, Península de Malasia, Filipinas, Borneo, Sulawesi, Nueva Guinea, Australia, Nueva Zelandia, Nueva Caledonia, Isla Norfolk hasta Fiji; cultivadas en el resto del mundo; 1. gen. con 2 spp. cultivadas en Mesoamérica.

1. Araucaria Juss.

Por J. Benfield.

Árboles con fuste recto, ramificándose característicamente en forma regular, las ramas primarias frecuentemente terminando curvadas hacia arriba dando la apariencia de un candelabro. Hojas multinervias, angostamente triangulares, conspicuamente carinadas, aplanadas y persistentes por c. 10 años, dispuestas en espiral y marcadamente imbricadas a paulatinamente aplanadas y ligeramente imbricadas, la base ancha. Conos polínicos agrandados en la antesis, cilíndricos, solitarios o rara vez en agregados de 2 o 3, terminales o axilares; microsporofilos imbricados, el ápice triangular a lanceolado; microsporangios 3-15 por microsporofilo, péndulos. Conos ovulados solitarios y terminales, frecuentemente masivos; escama del cono con una lígula conspicua en el ápice de la fusión entre la bráctea y la escama ovulífera, el ápice de la porción inferior de la escama de la semilla frecuentemente alargado y lanceolado, los márgenes de la escama del cono algunas veces membranáceos y actuando como alas. Semillas envueltas por dentro del tejido de la escama del cono y retenidas dentro de la escama; semilla y escama del cono liberadas juntas. 18 spp., nativas de Sudamérica, Península de Malasia, Nueva Guinea, Australia, Nueva Caledonia e Isla Norfolk; cultivadas en el resto del mundo; 2 spp. cultivadas en Mesoamérica.

Nota editorial: Otros nombres de especies cultivadas que se han reportado para Mesoamérica, pero que no fueron tratadas por el autor de esta familia son: *Araucaria bidwillii* Hook., *A. cunninghamii* Mudie, *A. excelsa* (Lamb.) W.T. Aiton y *A. heterophylla* (Salisb.) Franco.

1. Hojas en espirales débiles, ligeramente imbricadas a patentes, delgadas, suaves y angostamente lanceoladas. **1. A. angustifolia**
1. Hojas conspicuamente dispuestas en espiral, marcadamente imbricadas, rígidas y anchamente lanceoladas. **2. A. araucana**

1. Araucaria angustifolia (Bertol.) Kuntze, *Revis. Gen. Pl.* 3: 375 (1898). *Columbea angustifolia* Bertol., *Opusc. Sci.* 3: 411 (1819). Holotipo: Brasil, *Raddi s.n.* (FI). Ilustr.: no se encontró.

Árboles 30-40 m; verticilos de ramas en sus 2/5 distales; ramas terminando en una curvatura conspicua hacia arriba. Follaje en verticilos débiles, su arreglo sobre la rama de apariencia incrementalmente aplanada, solo ligeramente imbricado. Hojas 10-50 × 4-10 mm, bilateralmente aplanadas, angostamente lanceoladas, relativamente suaves. Conos de polen 80-100 × 10-20 mm, axilares; microsporofilos densamente imbricados; cabezuelas con ápice lanceolado sobresaliendo 5-8 mm. Conos ovulados 140-160 ×160-180 mm, escasamente aplanado-ovoides; escamas de las semillas c. 50 mm, más angostas que anchas, sin alas, el ápice muy corto, la lígula corta. Semillas grandes, pardas, laxas por dentro de la escama de la semilla. Germinación hipogea. $2n = 26$. *Cultivada.* H (Molina R., 1975: 9); ES (*Rodríguez 3990*, MO). (Nativa del sur de Brasil; cultivada como ornamental).

2. Araucaria araucana (Molina) K. Koch, *Dendrologie* 2: 206 (1873). *Pinus araucana* Molina, *Sag. Stor. Nat. Chili* 182 (1782). Tipo: no conocido. Ilustr.: no se encontró.

Abies araucana (Molina) Poir., *Araucaria araucana* (Molina) K. Koch var. *angustifolia* Dallim. & A.B. Jacks., *A. araucana* var. *aurea* (Dallim. & A.B. Jacks.) hort. ex Dallim. & A.B. Jacks., *A. araucana* subsp. *conguillioensis* Silba, *A. imbricata* Pav., *A. imbricata* var. *aurea* Dallim. & A.B. Jacks., *A. imbricata* var. *aureovariegata* Van Geert, *A. imbricata* forma *platifolia* G. Nicholson, *A. imbricata* var. *variegata* Gordon & Glend., *Columbea imbricata* (Pav.) Carrière, *C. imbricata* var. *densa* Carrière, *C. imbricata* var. *denudata* Carrière, *C. imbricata* var. *distans* Carrière, *C. imbricata* var. *latifolia* Carrière, *C. imbricata* var. *striata* Carrière, *C. imbricata* var. *variegata* (Gordon & Glend.) Carrière, *C. quadrifaria* Salisb., *Dombeya chilensis* Lam.

Árboles 30-35 m; verticilos de ramas sobre los 2/5 distales. Las ramas dispuestas muy regularmente. Follaje apretadamente verticilado, densamente imbricado sobre ramas robustas. Hojas 25-50 × 10-15 mm, bilateralmente aplanadas, ovado-lanceoladas. Conos polínicos 60-100 × 10-20 mm, axilares, solitarios o en agregados de 2 o 3; microsporofilos imbricados, el ápice 10-15 mm, lanceolados, sobresaliendo y marcadamente enroscados. Conos ovulados 100-170 × 80-130 mm, globular-ovoides; escamas de la semilla 30-40 mm, más angostas que anchas, sin alas, el ápice muy corto, la lígula corta. Semillas grandes, pardas, laxas por dentro de la escama de la semilla. Germinación hipogea. $2n = 26$. *Cultivada*. P (*Schmalzel 1699*, MO). (Nativa de Chile; generalmente cultivada como ornamental).

Aunque esta especie es ampliamente cultivada en Mesoamérica, los ejemplares de herbario son raros.

39. TAXACEAE

Descripción de la familia por A. Farjon.

Arbustos o árboles, perennifolios, dioicos o rara vez monoicos. Hojas helicoidalmente dispuestas o decusadas, lineares o lanceoladas, en el envés con 2 bandas estomáticas partidas por la vena media, canal resinoso presente o ausente. Conos polínicos axilares, solitarios, o apicales y agregados, sésiles o cortamente pedunculados; microsporofilos numerosos; microsporangios 3-9, radialmente dispuestos alrededor del pedículo de microsporofilos peltados, o solo abaxiales; polen no sacciforme. Estructuras conteniendo las semillas axilares, solitarias o pareadas, sésiles o cortamente pedunculadas; una sola semilla a modo de drupa o nuez, parcial o completamente envuelta en un arilo sacciforme o cupuliforme, carnoso o suculento, algunas veces de color brillante. 5 gen., 22 spp. Generalmente en el hemisferio norte, pero cruzando la línea ecuatorial en Australasia; 1 gen. y 1 sp. en Mesoamérica.

1. **Taxus** L.

Por A. Farjon.

Arbustos o árboles pequeños, hasta 15 m, dioicos; corteza lisa, delgada, exfoliante en placas pequeñas. Vástagos jóvenes verdes con la base de las hojas decurrente, sulcados. Yemas vegetativas terminales pequeñas, no resinosas. Hojas dispuestas helicoidalmente, la parte proximal libre peciolada, retorcida, las láminas dirigidas en 2 hileras subdísticas o más erráticas, lineares, rectas o recurvadas, aplanadas, con el haz verde brillante con el nervio principal angosto, el envés verde pálido con 2 bandas estomáticas separadas, el ápice cuspidado a acuminado. Conos polínicos expandiéndose desde pequeñas yemas verdes sobre el lado inferior de las ramas, numerosos, solitarios sobre un pedúnculo de 2-3 mm y axilares a cada hoja sobre un vástago fértil largo, globosos; microsporofilos peltados, con 6-9 microsporangios radialmente dispuestos alrededor de un pedículo corto unido centralmente. Óvulos dispuestos laterales sobre las ramas, menores en número, consistiendo de un vástago axilar enano con diminutas hojas escamosas verticiladas (las brácteas) y una sola semilla terminal envuelta los 4/5 de su longitud por un arilo suculento rojo, dejando el ápice de la semilla libre. Semilla anchamente elipsoidal u ovoide, escasamente comprimida lateralmente, con una esclerotesta dura. 10 spp., 3 spp. en Norteamérica, incluyendo partes de México; 1 sp. en Mesoamérica.

Las 10 especies generalmente reconocidas en *Taxus* son muy similares morfológicamente, con caracteres frecuentemente traslapados; se dice que algunos cultivares difieren más profundamente en algunos de estos caracteres, en relación con las especies que los originaron, que lo que las especies difieren entre ellas.

Bibliografía: Spjut, R.W. *J. Bot. Res. Inst. Texas* 1: 203-289 (2007b); 291-332 (2007a).

1. Taxus globosa Schltdl., *Linnaea* 12: 496 (1838). Lectotipo (designado por Spjut, 2007b): México, Hidalgo, *Ehrenberg s.n.* (K!). Ilustr.: Standley & Steyermark, *Fieldiana, Bot.* 24(1): 62, t. 15 (1958).

Taxus baccata L. var. *globosa* (Schltdl.) Elwes, *T. baccata* subsp. *globosa* (Schltdl.) Pilg.

Hojas 15-30 × 2-2.5 mm, verde claro. Arilo globoso grande (hasta 11 mm de diámetro) que deja el ápice de la semilla escasamente libre. *Bosques montanos, en estrato medio arbóreo*. Ch (Villaseñor Ríos, 2016: 591); G (*Sharp 45247*, F); H (*Hughes 87*, K); ES (*Tucker 1073*, K). 2300-3000 m. (México [Hidalgo, Morelos, Nuevo León, Oaxaca, Querétaro, Tamaulipas, Veracruz], Mesoamérica).

Las características mencionadas separan a *Taxus globosa* de las otras dos especies nativas de Norteamérica: *T. brevifolia* Nutt. y *T. canadensis* Marshall, las cuales están geográficamente bien separadas la una de la otra y de la especie en Mesoamérica. Todos los otros caracteres de la descripción genérica son similares en todas las especies.

40. GNETACEAE

Descripción de la familia por D.W. Stevenson.

Bejucos, los tallos produciendo un exudado crema a amarillo al cortarlos; madera con crecimiento secundario anómalo, apareciendo como anillos concéntricos de haces vasculares secundarios. Hojas opuestas, la nervadura reticulada. Plantas dioicas o funcionalmente dioicas. Ejes reproductivos arreglados en verticilos de espigas o panículas, las últimas unidades también verticiladas, cada verticilo subyacente a un cuello. Las estructuras que llevan el polen consistiendo de una bráctea envolvente obcónica con un pedículo delgado exerto llevando 2 sacos polínicos distales. Estructuras ovuladas estériles a menudo asociadas con los verticilos superiores de estructuras reproductivas microsporangiadas. Estructuras ovuladas fértiles encerradas por 3 capas, la más interna (el integumento interno) con ápice largo, atenuado, exerto que exuda una pequeña gota asociada con la polinización. Semillas amarillas a rojas a púrpura oscuro cuando maduras, pareciendo drupáceas, con una delgada capa externa coriácea, una capa intermedia compuesta de una parte externa carnosa y una parte interna fibrosa, y una capa interna papirácea, todas rodeando el mega-gametofito conteniendo un único embrión con 2 cotiledones. 1 gen., c. 50 spp., pantropical; 1 sp. en Mesoamérica.

Bibliografía: Markgraf, F. *Bull. Jard. Bot. Buitenzorg* sér. 3, 10: 407-511 (1930); *Ann. Missouri Bot. Gard.* 52: 379-386 (1965).

1. **Gnetum** L.

Por D.W. Stevenson.

Bejucos leñosos llegando a ser escandentes en el dosel de los árboles, con las unidades reproductivas en los extremos de las últimas ramas; ramitas más viejas llegando a ser ásperas a menudo con numerosas lenticelas grandes; ramas axilares a menudo pareciendo articuladas al punto de origen. Hojas decusadas, raramente subopuestas, con nudos hinchados. Ejes reproductivos a menudo ramificados, particularmente en plantas produciendo polen; los nudos envueltos por prominentes cuellos hinchados. Almacenamiento de la semilla nulo, las plántulas con cotiledones expandidos y un crecimiento hipocotilar único que funciona como un alimentador haustorial embebido en el megagametofito. Aprox. 50 spp., en los trópicos cálidos, principalmente en América, sureste de Asia y Pacífico con 1 sp. en el oeste de África, ausente en Australia; 1 sp. en Mesoamérica.

1. Gnetum woodsonianum (Markgr.) D.W. Stev., comb. et stat. nov. *Gnetum leyboldii* Tul. var. *woodsonianum* Markgr., *Ann. Missouri Bot. Gard.* 52: 385 (1965). Holotipo: Panamá, *Johnston 1786* (MO!). Ilustr.: Croat, *Ann. Missouri Bot. Gard.* 57: 3, t. 1 (1970).

Bejucos con tallos hasta 10 cm de diámetro; corteza gris a pardo-amarillenta, áspera con obvias lenticelas dispersas; ramas delgadas, lisas. Hojas con láminas 9-15 × 5-10 cm, papiráceas a subcoriáceas, ampliamente elípticas, la base desigualmente obtusa, el ápice deflexo y agudo hasta abruptamente acuminado, la superficie abaxial opaca, las venas secundarias angostas, notorias, las venas terciarias inconspicuas, la superficie adaxial obvia y finamente estriada por medio de densas fibras subepidérmicas; pecíolo c. 1 cm. Ejes microsporangiados con solo 1 o 2 verticilos en el eje principal, las últimas unidades con entrenudos cortos de 1-2 mm entre los cuellos de la bráctea. Microsporofilo apenas exerto del cuello envolvente. Ramas sosteniendo los óvulos raramente ramificadas, los entrenudos entre los cuellos de la bráctea hasta 10 mm. Semillas 45-50 × c. 20 mm, oblongas, con bordes paralelos, carnosas, la capa más externa gruesa (c. 1 mm cuando seca), roja a marrón. *Bosques lluviosos*. N (*Rueda et al. 9027*, MO); CR (*Gentry et al. 78489*, MO); P (*Correa 10120*, PMA). 0-800 m. (Mesoamérica, SO. Colombia).

Gnetum leyboldii Tul. es una especie sudamericana que se diferencia por la superficie adaxial no obvia y finamente estriada por medio de densas fibras subepidérmicas.

41. CABOMBACEAE

Descripción de la familia por J.H. Wiersema & F.R. Barrie.

Hierbas, acuáticas, perennes, rizomatosas, las raíces adventicias, las partes sumergidas poco o bastante mucilaginosas; rizomas rastreros, ramificados, delgados. Hojas sumergidas (*Cabomba*) y/o flotantes; hojas sumergidas opuestas u ocasionalmente en espiral, las láminas palmadamente disectadas, cortamente pecioladas; hojas flotantes alternas, opuestas u opuestas a hojas sumergidas, lineares a ampliamente elípticas, las láminas peltadas, algunas veces con un seno basal, los márgenes enteros; pecíolo corto o largo. Flores bisexuales; actinomorfas, axilares, solitarias, emergentes, dispuestas en o por encima de la superficie del agua; pedúnculo largo; perianto persistente en fruto, hipógino, los sépalos generalmente 3, libres o casi libres, los pétalos generalmente 3, libres; estambres 3-36, raramente más; carpelos 1-18, angostamente piriformes; estilo corto; estigma capitado (*Cabomba*) o linear-decurrente (*Brasenia*); ovario 1-locular, los óvulos 1-5. Frutos similares a aquenios, indehiscentes, coriáceos; semillas 1-5, el endospermo esparcido, el perispermo abundante, el embrión diminuto, los cotiledones 2, carnosos. 2 gen., 6 spp., en Norteamérica, Mesoamérica, Sudamérica, Antillas, África, este de Asia y Australia; 2 gen. y 4 spp. en Mesoamérica.

Bibliografía: Wiersema, J.H. *Fl. N. Amer.* 3: 78-80 (1997a). Williamson, P.S. & Schneider, E.L. *Fam. Gen. Vasc. Pl.* 2: 157-161 (1993).

1. Plantas sin hojas sumergidas, las hojas flotantes enteras, ampliamente elípticas; estambres 18-36(-51); partes sumergidas bastante cubiertas con mucílago. **1. Brasenia**
1. Plantas con hojas sumergidas disectadas, opuestas y, cuando florecen, las hojas flotantes lineares a angostamente elípticas, inconspicuas; estambres 3-6; partes sumergidas cubiertas con poco mucílago. **2. Cabomba**

1. Brasenia Schreb.

Hydropeltis Michx.

Por J.H. Wiersema & F.R. Barrie.

Hierbas acuáticas, perennes, las partes vegetativas jóvenes glabras, bastante mucilaginosas. Hojas flotantes, alternas; láminas ampliamente elípticas, peltadas; pecíolos alargados. Flores con 3 sépalos, no petaloides, linear-oblongos a angostamente ovados; pétalos 3, linear-oblongos, aurículas ausentes; estambres 18-36(-51); carpelos 4-18. Frutos fusiformes; semillas 1 o 2, ovoides, tubérculos ausentes. 1 sp., en Norteamérica, Mesoamérica, Sudamérica, Antillas, Asia, África, Australia.

Bibliografía: Osborn, J.M. & Schneider, E.L. *Ann. Missouri Bot. Gard.* 75: 778-794 (1988).

1. Brasenia schreberi J.F. Gmel., *Syst. Nat.* ed. 13 [bis], 2: 853 (1791). Holotipo: Estados Unidos, New Jersey, *Floyd 1* (M, imagen en Internet!). Ilustr.: Wild, *Fl. Zambes.* 1: 174, t. 25 (1960).

Brasenia purpurea (Michx.) Casp., *Hydropeltis purpurea* Michx.

Lámina de las hojas 3.5-13.5 × 2-8 cm. Flores c. 2 cm de diámetro; partes del perianto 10-20 × 2-7 mm, morado opaco, los pétalos levemente más largos y más angostos que los sépalos. Frutos 6-10 mm; semillas 2.5-4 × 2-3 mm. *Estanques y corrientes de movimiento lento.* T (Cowan, 1983: 31); Ch (*Breedlove & Thorne 21529*, MO); B (*Schipp 747*, F); G (*Heyde & Lux 3062*, MO); H (*Carr 2349*, F); ES (*Fassett 28702*, F). 0-1900 m. (Canadá, Estados Unidos, México, Mesoamérica, Venezuela, Cuba, La Española, Asia, África, Australia).

Brasenia schreberi es una especie de distribución amplia pero esporádica, se encuentra en todos los continentes excepto en Europa.

2. Cabomba Aubl.

Por J.H. Wiersema & F.R. Barrie.

Hierbas, acuáticas, perennes, las partes vegetativas cuando jóvenes a menudo con pubescencia ferruginosa, escasamente mucilaginosas. Hojas sumergidas y flotantes; hojas flotantes alternas, opuestas u opuestas a hojas sumergidas, presentes solo durante la floración, las láminas lineares a angostamente elípticas, inconspicuas (Mesoamérica), peltadas o la base bifurcada, los pecíolos 2-5 cm; hojas sumergidas opuestas, ocasionalmente verticiladas en algunos nudos, las láminas palmatisectas, con 3-7 segmentos lineares, estos dicotómica o tricotómicamente ramificados; pecíolos hasta 4 cm. Flores blancas a rosado-moradas (en Mesoamérica) o amarillas; yemas hasta c. 12 mm; sépalos 3, petaloides, obovados; pétalos 3, ovoides, la base auriculada con glándulas nectaríferas proximales amarillas, o abruptamente atenuadas y unguiculadas; estambres 3-6; carpelos 1-4, 1-loculares; óvulos 1-5. Frutos obovoides, coriáceos, atenuados apicalmente; semillas 1-5, ovoides, tuberculadas. 6 spp., este de Estados Unidos hasta Argentina y el Caribe; 3 spp. en Mesoamérica.

Bibliografía: Fassett, N.C. *Castanea* 18: 116-128 (1953). Ørgaard, M. *Nordic J. Bot.* 11: 179-203 (1991). Wiersema, J.H. *Ann. Missouri Bot. Gard.* 76: 1167-1168 (1989).

1. Hojas sumergidas verticiladas en todos o en la mayoría de los nudos; estambres 4-6, típicamente 6. **1. C. furcata**
1. Hojas sumergidas opuestas o raramente verticiladas en algunos nudos; estambres 3-5, típicamente 3.
   2. Carpelos (1)2(3); base de los pétalos auriculada. **2. C. haynesii**
   2. Carpelo 1; base de los pétalos abruptamente angostada, raramente auriculada. **3. C. palaeformis**

1. Cabomba furcata Schult. & Schult. f., *Syst. Veg.* ed. 15 bis, 7: 1379 (1830). Lectotipo (designado por Ørgaard, 1991): Brasil, *Leandro do Sacramento 8* (M, imagen en Internet!). Ilustr.: Ørgaard, *Nordic J. Bot.* 11: 181, t. 1D, 183, t. 2C (1991).

Cabomba piauhyensis forma *albida* Fassett, *C. piauhyensis* Gardner, *C. pubescens* Ule, *C. warmingii* Casp., *Nectris furcata* (Schult. & Schult. f.) Leandro ex Steud.

Hojas flotantes generalmente opuestas u opuestas a hojas sumergidas, las láminas c. 21 × 1.7 mm, lineares, peltadas, los pecíolos hasta 5 cm; hojas sumergidas verticiladas en todos o la mayoría de los nudos, las láminas con 5-7 segmentos principales, estos con 1-3 segmentos adicionales, mayormente dicótomos, excepto los 2 o 3 segmentos centrales con divisiones tricótomas secundarias y a menudo terciarias, los segmentos terminales 0.1-0.2 mm de ancho, los pecíolos hasta 2.5 cm. Pedúnculos hasta 4.5 cm. Flores generalmente 6-9 mm en yema, blancas o comúnmente rosado-púrpura; pétalos auriculados en la base; estambres (4-)6; carpelos (1)2 o 3, generalmente 3; óvulos 2-5. Semillas 2-5, 1.3-1.8 × 1.3-1.6 mm, 0.8-1.4 veces tan largas como anchas, los tubérculos en hileras longitudinales. *Aguas estancadas poco profundas.* CR (*Crow 6240*, MO). 0-700 m. (Mesoamérica, Colombia, Venezuela, Guayanas, Ecuador, Perú, Bolivia, Brasil, Cuba, Trinidad).

Ninguna de las colecciones panameñas vista por los autores se puede asignar a *Cabomba furcata*. Especímenes panameños asignados a *C. piauhyensis* por Fassett (1953) y Duke (1962e [1963]) son tratados aquí como *C. haynesii*.

2. Cabomba haynesii Wiersema, *Ann. Missouri Bot. Gard.* 76: 1167 (1989). Holotipo: Panamá, *Kennedy et al. 2323* (MO!). Ilustr.: Ørgaard, *Nordic J. Bot.* 11: 197, t. 9 (1991).

Hojas flotantes generalmente opuestas u opuestas a las hojas sumergidas, las láminas c. 15 × 1 mm, lineares, peltadas, los pecíolos hasta 3.5 cm; hojas sumergidas opuestas, raramente verticiladas en pocos nudos, las láminas con 5-7 segmentos principales, estos con 1-3 segmentos adicionales, mayormente dicótomos, excepto los 2 o 3 segmentos centrales con divisiones tricótomas secundarias y a menudo terciarias, los segmentos terminales 0.1-0.4 mm de ancho, los pecíolos hasta 2.5 cm. Pedúnculos hasta 5 cm. Flores generalmente 6-8 mm en yema, blancas o comúnmente rosado-moradas; pétalos auriculados en la base; estambres 3(-5); carpelos (1)2(3); óvulos 2 o 3. Semillas 1-3, 1.8-2.5 × 1.2-1.9 mm, 1-2 veces tan largas como anchas, los tubérculos en hileras longitudinales. *Aguas estancadas o con movimiento lento de hasta c. 1 m de profundidad.* H (*Blackmore & Chorley 3975*, MO); ES (*Standley 20955*, US); N (*Stevens 20849*, MO); P (*Duke & Bristan 8309*, US). 0-1000 m. (Mesoamérica, Colombia, Venezuela, Ecuador, Perú, Cuba, La Española, Puerto Rico).

3. Cabomba palaeformis Fassett, *Castanea* 18: 127 (1953). Isotipo: México, Tamaulipas, *Palmer 311* (F!). Ilustr.: Ørgaard, *Nordic J. Bot.* 11: 181, t. 1B, C, 183, t. 2B (1991).

Hojas flotantes generalmente opuestas u opuestas a las hojas sumergidas, las láminas lineares, c. 12 × 1 mm, peltadas o emarginadas basalmente, los pecíolos hasta 2.5 cm; hojas sumergidas opuestas, raramente verticiladas en pocos nudos, las láminas con 4-6 segmentos principales, estos con 1-3 segmentos adicionales, mayormente dicótomos, excepto los 2 o 3 segmentos centrales con divisiones tricótomas secundarias y a menudo terciarias, los segmentos terminales 0.1-0.7 mm de ancho; pecíolos hasta 2.5 cm. Pedúnculos hasta 4.5 cm. Flores generalmente 6-8 mm en yema, blancas, los márgenes del sépalo púrpura basalmente, al menos cuando secos; pétalos abruptamente angostados en la base, raramente auriculados; estambres 3; carpelo 1; óvulos (1)2. Semillas 1 o 2, 1.5-2 × 1.4-1.8 mm, 1.4-1.8 veces tan largas como anchas, los tubérculos en hileras longitudinales. *Aguas estancadas o con movimiento lento, frescas o ligeramente salobres.* T (*Novelo & Ramos 3487*, MO); Ch (*Matuda 2703*, MO); C (*Martínez S. et al. 31928*, MO); QR (*Cabrera et al. 4508*, MO); B (*Davidse & Brant 33129*, MO); G (*Lundell 17738*, MO); N (*Grijalva 2432*, MO); CR (*Aguilar 5321*, MO). 0-200 m. (México [Edo. México, San Luis Potosí, Tamaulipas, Veracruz], Mesoamérica).

42. NYMPHAEACEAE

Descripción de la familia y clave genérica por J.H. Wiersema & F.R. Barrie.

Hierbas, acuáticas, perennes, rizomatosas; plantas hermafroditas. Hojas flotantes, ligera a completamente hundidas, simples, alternas; láminas peltadas o más generalmente emarginadas basalmente; largamente pecioladas. Flores solitarias, axilares, largamente pedunculadas, actinomorfas, hipóginas a epíginas; sépalos (3)4-6(-14), libres; pétalos numerosos o rara vez ausentes, libres, gradualmente cambiando en forma hasta los estambres; estambres numerosos, multiseriados; carpelos 3-numerosos, parcialmente unidos a sincárpicos; ovario plurilocular, óvulos 2-muchos por lóculo, los estigmas radiados. Fruto abayado; semillas numerosas, generalmente ariladas. 5 gen., c. 70 spp., en todo el mundo; 1 gen. y 13 spp. en Mesoamérica.

Bibliografía: Crow, G.E. *Monogr. Syst. Bot. Missouri Bot. Gard.* 111: 797-804 (2007). Duke, J.A. *Ann. Missouri Bot. Gard.* 49: 137-143 (1962e [1963]). Schneider, E.L. & Williamson, P.S. *Fam. Gen. Vasc. Pl.* 2: 486-493 (1993). Standley, P.C. & Steyermark, J.A. *Fieldiana, Bot.* 24(4): 239-242 (1946j). Wiersema, J.H. *Monogr. Syst. Bot. Missouri Bot. Gard.* 85: 1592-1596 (2001).

1. Nymphaea L., nom. & typ. cons.

Castalia Salisb.

Por J.H. Wiersema & F.R. Barrie.

Rizomas erectos u horizontales, ovoides o globosos a cilíndricos, con o sin estolones alargados. Hojas flotantes o en ocasiones inmersas o subemergentes; láminas elíptico-sagitadas a orbiculares, con un seno basal prominente, 0.3-0.5 veces la longitud de la lámina, con frecuencia con tricoesclereidas y frecuentemente con esclereidas aciculares embebidas en el mesófilo y formando prominencias pequeñas sobre el haz de las hojas secas, las venas mayormente radiales con la vena media prominente, la base cordada a sagitada, anchamente peltada o no peltada en la base del seno, los márgenes enteros a espinoso-dentados, el ápice agudo a truncado o redondeado; pecíolo glabro o peloso, típicamente con 2 o más canales aéreos grandes y frecuentemente numerosos más pequeños. Flores solitarias, flotantes o inmersas, abriéndose y cerrándose durante el día (diurnas) o en la noche (nocturnas), hermafroditas, actinomorfas, las partes parcialmente fusionadas al tejido receptacular que rodea los carpelos; sépalos (3)4(5), libres, hipóginos, las venas inconspicuas a prominentes; pétalos 7-40, libres, en varios tonos de blanco, azul, rojo o amarillo, insertos en varias series, hipóginos a períginos, la transición desde pétalos a estambres gradual o abrupta; estambres 20-700, multiseriados, períginos a epíginos, los filamentos de los externos más anchos y frecuentemente petaloides, los filamentos de los internos más angostos o filiformes, conectivos con o sin apéndices terminales, las anteras 2-loculares, introrsas; carpelos 5-47, formando un anillo embebido en el tejido receptacular y apendicular ciatiforme y parcialmente fusionados con este; óvulos numerosos. Fruto una cápsula abayada, irregularmente dehiscente, madurando debajo del agua; semillas con arilo membranáceo no flotante. 50-55 spp., distribuidas en todos los continentes excepto Antártica, en climas tropicales a templados; 13 spp. (9 nativas y 4 naturalizadas) en Mesoamérica.

En Mesoamérica todas las especies se reconocen fácilmente en ambientes acuáticos por sus hojas flotantes y flores multipétalas. Mientras que las flores de varias especies abren durante el día, aquellas del subgénero neotropical *Nymphaea* subg. *Hydrocallis* (Planch.) Conard florecen durante la noche.

Bibliografía: Conard, H.S. *Publ. Carnegie Inst. Wash.* 4: 1-279 (1905). Wiersema, J.H. *Syst. Bot. Monogr.* 16: 1-112 (1987). Wiersema, J.H. et al. *Taxon* 57: 967-974 (2008).

1. Hojas maduras puberulentas en el envés. **8. N. lotus**
1. Hojas maduras glabras en el envés (tricoesclereidas presentes en la mayoría de las especies).
 2. Pétalos azules.
  3. Estambres 50-80; hojas enteras o escasamente sinuadas en la base, punteadas de morado en el envés. **3. N. caerulea**
  3. Estambres 100-200; hojas profundamente sinuadas, verdosas en el envés. **4. N. capensis**
 2. Pétalos blancos hasta cremas, amarillos o rosados.
  4. Flores abriéndose en el día; carpelos con apéndices triangulares o atenuados.
   5. Hojas maduras conspicuamente sinuado-dentadas; conectivos de los estambres externos proyectándose más de 3 mm más allá de las anteras; carpelos libres lateralmente, las particiones del ovario dobles.
    6. Hojas marcadamente dentadas y los dientes rostrados, la nervadura marcadamente reticulada con venas perpendiculares elevadas entre las venas principales, el haz generalmente con marcas negras cerca de los márgenes. **2. N. ampla**
    6. Hojas sinuado-dentadas o dentadas y los dientes agudos, la nervadura ligeramente reticulada, sin venas perpendiculares elevadas, generalmente sin marcas negras cerca de los márgenes. **12. N. pulchella**
   5. Hojas maduras enteras o ligeramente sinuadas; conectivos de los estambres externos proyectándose menos de 2 mm más allá de las anteras; carpelos fusionados lateralmente, las particiones del ovario simples.
    7. Pétalos amarillos; rizomas erectos, estoloníferos. **9. N. mexicana**
    7. Pétalos blancos o rosados; rizomas reptantes, los estolones ausentes. **10. N. odorata**
  4. Flores abriéndose en la noche; carpelos con apéndices claviformes.
   8. Hojas irregularmente dentadas; semillas 1.2-2.4 mm. **13. N. rudgeana**
   8. Hojas enteras; semillas rara vez más de 1.3 mm.
    9. Sépalos generalmente con punteadura negra o morada abaxialmente; hojas y perianto sin esclereidas aciculares; células papilares estigmáticas separándose para formar una masa pulverulenta.
     10. Flores tuberíferas nunca presentes; pecíolo con un anillo de tricomas en la base de la lámina; sépalos, pétalos y estambres externos en verticilos de a 4. **1. N. amazonum**
     10. Flores tuberíferas generalmente presentes; pecíolo sin anillo de tricomas en la base de la lámina; solo los sépalos y pétalos externos en verticilos de a 4. **11. N. prolifera**
    9. Sépalos uniformemente verdes abaxialmente; hojas y perianto con numerosas esclereidas aciculares; células papilares estigmáticas persistentemente unidas, no separándose.
     11. Nervadura de las hojas sin venas transversales evidentes en el centro, la nervadura radiada; rayos estigmáticos sin esclereidas aciculares. **6. N. glandulifera**
     11. Nervadura de las hojas con venas transversales escasa a marcadamente evidentes en el centro, formando un patrón de nervadura similar a una telaraña; rayos estigmáticos con pocas a numerosas esclereidas aciculares.
      12. Carpelos con apéndices más de 7 mm, más de 1/5 de la longitud del sépalo más largo; semillas ovoides, 1.2 o más veces tan largas como anchas. **5. N. conardii**
      12. Carpelos con apéndices menos de 7 mm, menos de 1/5 de la longitud del sépalo más largo; semillas subglobosas, 1.1-1.2 veces tan largas como anchas. **7. N. jamesoniana**

1. Nymphaea amazonum Mart. & Zucc., *Abh. Math.-Phys. Cl. Königl. Bayer. Akad. Wiss.* 1: 363 (1832). Lectotipo (designado aquí): Brasil, *Martius 3313* (M-[cb] M0171632!; isolectotipos: M-[cb] M0171633!, M-[cb] M0171634!). Ilustr.: Wiersema, *Syst. Bot. Monogr.* 16: 83, t. 30a-f (1987).

Castalia amazonum (Mart. & Zucc.) Britton & P. Wilson, *Leuconymphaea amazonum* (Mart. & Zucc.) Kuntze, *L. goudotiana* (Planch.) Kuntze, *Nymphaea alboviridis* A. St.-Hil., *N. amazonum* Mart. & Zucc. forma *goudotiana* (Planch.) Casp., *N. amazonum* var. *goudotiana* (Planch.) Conard, *N. blanda* G. Mey. forma *amazonum* (Mart. & Zucc.) Planch., *N. candolleana* Lehm., *N. goudotiana* Planch., *N. rudgeana* G. Mey. var. *amazonum* (Mart. & Zucc.) Griseb.

Rizomas erectos, ovoides a cilíndricos; rizomas vegetativos con frecuencia estoloníferos. Hojas maduras c. 32 × 26 cm, anchamente ovadas a elípticas, subcoriáceas, la superficie verde, maculada de morado, numerosas tricoesclereidas aparentes cuando secas, las esclereidas aciculares ausentes, el envés morado con pequeñas motas oscuras, las venas principales 13-21, radiadas, escasa a moderadamente elevadas en el envés centralmente, los márgenes enteros, el ápice redondeado; pecíolo glabro o peloso, apicalmente con un anillo de tricomas largos y septados. Flores flotantes, nocturnas; sépalos, pétalos y estambres externos en verticilos de a 4; sépalos 3-8 × 1.2-3 cm, ovados, verdes con rayas negras cortas, las esclereidas aciculares ausentes, el ápice redondeado o ligeramente agudo; pétalos 16, 20 o 24(28), blanco-cremosos, los externos más cortos que los sépalos, los internos 2.5-5.9 × 1-2.2 cm, ovados, las esclereidas aciculares ausentes, el ápice agudo a redondeado; estambres 80-200, blanco-cremosos, las esclereidas aciculares raras y muy finas, hasta 5 cm de largo, los filamentos hasta 20 mm de ancho, el apéndice del conectivo c. 1 mm, rara vez más; carpelos 20-38, los apéndices 5-12(-16) mm, conspicuamente claviformes, blanco-cremosos o tornándose rosa pálido o morado con la edad, las células de las papilas estigmáticas separándose, formando una masa pulverulenta. Frutos en general presentes debido a la producción de semillas autógamas, con pedúnculos solo escasamente retractados; semillas 0.95-1.35 × 0.5-0.85 mm, 1.4-1.9 veces tan largas como anchas, la superficie finamente granulosa, longitudinal y diminutamente puberulenta. *Aguas dulces estancadas o algo salobres*. T (*Novelo & Ramos 3427*, MO); Ch (*Matuda 16760*, MEXU); G (*Hedger 75*, BM);

ES (*Fassett 29326*, WIS); N (*Haynes 8593*, MO); CR (*Crow 7543*, MO); P (*Lehmann 1007*, BM). 0-300 m. (México [Guerrero, Oaxaca, Tamaulipas, Veracruz], Mesoamérica, Colombia, Venezuela, Guayanas, Ecuador, Perú, Bolivia, Brasil, Paraguay, Argentina, Antillas).

Nymphaea amazonum se separa fácilmente de otras especies del género por el anillo peloso en el ápice del pecíolo. El material mesoamericano pertenece a *N. amazonum* subsp. *amazonum*.

2. Nymphaea ampla (Salisb.) DC., *Syst. Nat.* 2: 54 (1821). *Castalia ampla* Salisb., *Ann. Bot. (König & Sims)* 2: 73 (1806 [1805]). Neotipo (designado por Cramer, 1979): México, Veracruz, *Houstoun s.n.* (BM!). Ilustr.: Conard, *Publ. Carnegie Inst. Wash.* 4: t. 5 (1905).

Rizomas erectos, ovoides a globosos, los estolones ausentes. Hojas maduras c. 60 cm de diámetro, suborbiculares, subcoriáceas, peltadas hasta 2 cm, el haz verde y generalmente maculado de negro cerca de los márgenes, las tricoesclereidas pocas, las esclereidas aciculares ausentes, el envés rojizo o purpúreo y con frecuencia maculado, las venas principales 13-29, radiadas, prominentes, reticuladas con las venas secundarias prominentes, los márgenes marcadamente dentados, los dientes agudos, irregularmente espaciados, el ápice redondeado; pecíolo glabro. Flores emergentes, diurnas; sépalos y pétalos externos en verticilos de a 4; sépalos 3-10 cm, ovados, verdes con rayas oscuras cortas, las esclereidas ausentes, el ápice obtusamente agudo; pétalos 13-28, blancos, las esclereidas ausentes; estambres 80-190, amarillos, las esclereidas aciculares ausentes, los externos con el apéndice del conectivo más de 3 mm; carpelos 18-28, apéndices c. 3 mm, triangulares, las papilas del estigma permaneciendo unidas. Frutos en general presentes debido a la producción de semillas autógamas, con pedúnculos escasamente retractados; semillas 1.2-2 × 0.9-1.4 mm, 1.2-1.5 veces tan largas como anchas, la superficie lisa, diminutamente puberulenta en líneas longitudinales. *Aguas dulces estancadas o algo salobres.* T (*Cowan et al. 2259*, MO); Ch (*Lot et al. 1311*, MO); Y (*Schott 528*, US); C (*Chater et al. 115*, MO); QR (*Chater et al. 95*, MO); B (*Wiley 91*, MO); G (*Steyermark 51548*, US); H (*Wilson 50*, US); ES (*Fassett 28619*, MO); N (*Haynes 8314*, MO); CR (*Lot et al. 1252*, MO); P (*Dwyer & Robyns 6570*, MO). 0-1000 m. (Estados Unidos, México [Coahuila, Colima, Guerrero, Jalisco, Michoacán, Nuevo León, Oaxaca, Puebla, Querétaro, San Luis Potosí, Tamaulipas, Veracruz], Mesoamérica, Islas Caimán, Antillas Mayores).

3. Nymphaea caerulea Savigny, *Décade Egypt.* 1: 74 (1798). Neotipo (designado por Verdcourt, 1989): Savigny, *Ann. Mus. Natl. Hist. Nat.* 1: t. 25 (1802). Ilustr.: Conard, *Publ. Carnegie Inst. Wash.* 4: t. 8 (1905).

Nymphaea nouchali Burm. f. var. *caerulea* (Savigny) Verdc.

Rizomas erectos, ovoides, los estolones presentes solo al comienzo de la etapa vegetativa. Hojas maduras c. 40 cm de diámetro, anchamente ovadas a orbiculares, el haz verde, las tricoesclereidas numerosas, las esclereidas aciculares ausentes, el envés verde, maculado de morado, las venas principales 12-25, radiadas, no elevadas por encima de la superficie, los márgenes subenteros a escasamente sinuado-dentados basalmente, el ápice redondeado; pecíolo glabro. Flores emergentes, diurnas; sépalos y pétalos externos en verticilos de a 4; sépalos 3-8 × 1-2.5 cm, ovados, verdes con rayas oscuras, el ápice agudo a redondeado; pétalos 12-20, 3-7.8 × 0.7-2 cm, ovados, azul pálido a intenso, el ápice agudo a obtuso; estambres 30-80, amarillo pálido a amarillos, los más externos azules, el apéndice del conectivo c. 5 mm; carpelos 12-23, las células papilosas del estigma permaneciendo unidas. Frutos 4-7 cm, con pedúnculos solo escasamente retractados; semillas c. 1.7 × 1.2 mm, la superficie lisa, puberulenta en líneas longitudinales. *Cultivada, escapada y localmente naturalizada.* CR (*Lot et al. 1219*, MO). (Nativa de África; cultivada y naturalizada en el resto del mundo).

4. Nymphaea capensis Thunb., *Prodr. Pl. Cap.* 2: 92 (1800). Lectotipo (designado por Verdcourt, 1989): Sudáfrica, *Thunberg s.n.* (UPS). Ilustr.: Conard, *Publ. Carnegie Inst. Wash.* 4: t. 10 (1905).

Rizomas erectos, ovoides, los estolones ausentes. Hojas maduras hasta 35(-40) × 30 cm, ovadas a orbiculares; subcoriáceas, el haz verde, las tricoesclereidas numerosas, las esclereidas aciculares ausentes, el envés pardo-grisáceo o pardo-purpúreo, las venas principales 20-25, radiadas y prominentes centralmente, los márgenes sinuados a inconspicuamente dentados, el ápice redondeado; pecíolo glabro. Flores emergentes, diurnas; sépalos y pétalos más externos en verticilos de a 4; sépalos 5.4-7.7 × 1.7-2.4 cm, ovados, verdes hacia el ápice, la superficie externa inconspicuamente nervada, sombreada pardo-rojiza hacia la base, los márgenes purpúreos; pétalos 12-24, 5.4-7 × 0.7-1.4 cm, angostamente elípticos a elípticos, azules, lavandas o morados; estambres 100-225, amarillos a azules o lavandas, el apéndice del conectivo de los externos 4-5 mm o más largo; carpelos 15-31, los apéndices c. 3 mm, largamente atenuados; papilas del estigma permaneciendo unidas. Fruto 5.5-6 cm de diámetro, con pedúnculos solo escasamente retractados; semillas c. 1.5 × 1 mm, la superficie lisa, diminutamente puberulenta en líneas longitudinales. *Cultivada, escapada y localmente naturalizada.* QR (*Cabrera & Cabrera 6428*, MO); CR (*Crow et al. 7458*, MO). 0-900 m. (Nativa de África; cultivada y naturalizada en el resto del mundo).

5. Nymphaea conardii Wiersema, *Brittonia* 36: 213 (1984). Holotipo: Venezuela, *Wiersema & González 2214* (MO!). Ilustr.: Wiersema, *Syst. Bot. Monogr.* 16: 57, t. 19 (1987).

Rizomas erectos, ovoides, estoloníferos solo durante el desarrollo de los tubérculos. Hojas maduras c. 18 × 14 cm, ovadas a anchamente elípticas, delicadas, el haz verde con numerosas tricoesclereidas y esclereidas aciculares, el envés verde o rayado o maculado con rojo cuando secas, las venas principales 9-15, la nervadura escasa a evidentemente similar a una telaraña en el centro, los márgenes enteros, el ápice redondeado; pecíolo glabro. Flores flotantes, nocturnas; sépalos y pétalos en verticilos de a 4; sépalos 3-6(-7.2) × 1-3 cm; oblongo-ovados, verdes, las esclereidas aciculares numerosas, el ápice agudo a redondeado; pétalos generalmente 12, 16 o 20, los externos más cortos que los sépalos, verdosos abaxialmente, los internos 2.1-4.4 × 0.6-2 cm, blanco-cremosos, las esclereidas aciculares numerosas, el ápice agudo a acuminado; estambres 24-80, blanco-cremosos, las esclereidas aciculares numerosas, el apéndice del conectivo rara vez más de 1 mm; carpelos 16-30, los apéndices 7-16 mm, claviformes, blanco-cremosos, los rayos estigmáticos con pocas a numerosas esclereidas aciculares, las células papilosas permaneciendo unidas. Frutos en general presentes debido a la producción de semillas autógamas, con pedúnculos escasamente retractados; semillas 0.65-0.9 × 0.5-0.7 mm, la superficie finamente granulosa, longitudinal y diminutamente puberulenta. *Lagunas efímeras, zanjas.* T (*Menéndez 340*, MEXU); Ch (*Breedlove 27347*, MO); B (*Schipp 1026*, F); H (*Molina R. & Molina 22704*, US); ES (*Fassett 28279*, F); N (*Haynes 8612*, MO); CR (*Crow 9912*, MO); P (*Hammel & D'Arcy 5007*, MO). 0-1000 m. (México [Oaxaca, Veracruz], Mesoamérica, Colombia, Venezuela, Guyana, Brasil, Cuba, La Española, Puerto Rico).

6. Nymphaea glandulifera Rodschied, *Med. Phys. J.* (*Göttingen*) 7(28):78 (1792). Lectotipo (designado por Wiersema, 1987): Guyana, *Rodschied 155* (GOET!). Ilustr.: Wiersema, *Syst. Bot. Monogr.* 16: 64, t. 22 (1987).

Nymphaea blanda G. Mey., *N. blanda* var. *fenzliana* (Lehm.) Casp., *N. fenzliana* Lehm.

Rizomas erectos, ovoides, los estolones ausentes. Hojas maduras c. 21 × 19 cm, anchamente elípticas a suborbiculares, cartáceas, el haz verde brillante, las tricoesclereidas y esclereidas aciculares numerosas, el envés verde pálido, las venas principales 9-15, radiadas centralmente, sin evidentes venas transversales, los márgenes enteros, el ápice redondeado; pecíolo glabro o peloso, los tricomas largos, septados. Flores flotantes, nocturnas; sépalos y pétalos en verticilos de a 4; sépalos 3.2-5.7(-7.5) × 1.1-2.1(-2.8) cm, oblongo-ovados, verdes o cuando secos basalmente con líneas pardo-ferrugíneas delgadas, las venas inconspicuas, las esclereidas aciculares presentes, el ápice agudo; pétalos 12-20, blanco-cremosos, las esclereidas aciculares presentes, los externos escasamente más cortos que los sépalos, los internos 2-3.5(-5) × 0.3-1.6 cm, el ápice agudo a acuminado; estambres 45-98, blanco-cremosos, las esclereidas aciculares presentes, el apéndice del conectivo rara vez más de 1 mm; carpelos 19-39, apéndices 7-14 mm, claviformes, los rayos estigmáticos sin esclereidas aciculares, las células papilosas permaneciendo unidas. Frutos normalmente presentes, con pedúnculos escasamente retractados; semillas 0.8-1 × 0.5-0.7 mm, la superficie lisa, la puberulencia en agregados. *Aguas estancadas y salobres*. B (*Hedger 326*, BM); G (*Standley 73128*, F); H (*Standley 55123*, F); N (*Moreno 24967*, MO); CR (*Liesner 2892*, MO). 0-100 m. (Mesoamérica, Colombia, Venezuela, Guayanas, Ecuador, Perú, Bolivia, Brasil, Cuba, Trinidad).

7. Nymphaea jamesoniana Planch., *Fl. Serres Jard. Eur.* 8: 120 (1853). Lectotipo (designado por Wiersema, 1987): Ecuador, *Jameson 546* (G!). Ilustr.: Wiersema, *Syst. Bot. Monogr.* 16: 53, t. 17 (1987).

Castalia gibertii Morong, *C. jamesoniana* (Planch.) Britton & P. Wilson, *Leuconymphaea jamesoniana* (Planch.) Kuntze, *Nymphaea gibertii* (Morong) Conard, *N. sagittariifolia* Lehm.

Rizomas erectos, ovoides a cilíndricos, los estolones ausentes. Hojas maduras c. 23.5 × 18.5 cm, elípticas, delicadas a subcoriáceas, el haz verde, con o sin motas oscuras, las tricoesclereidas y esclereidas aciculares numerosas, el envés verde, con o sin motas oscuras, las venas principales 11-17, conspicuamente similares a una telaraña en el centro, los márgenes enteros, el ápice redondeado; pecíolo glabro. Flores flotantes, nocturnas; sépalos, pétalos y estambres externos en verticilos de a 4; sépalos 2.5-6.5 × 1.1-3.5 cm, ovados, verdes, las esclereidas aciculares numerosas; pétalos 12, 16 o 20, los externos verdosos, iguales a o más cortos y más angostos que los sépalos, los internos 1.8-4.5 × 0.7-2 cm, blanco-cremosos, ovado-elípticos, las esclereidas aciculares numerosas, el ápice agudo a obtuso; estambres 35-85, blanco-cremosos, el apéndice del conectivo rara vez más de 1 mm; carpelos 19-33, los apéndices 3-9 mm, ligeramente claviformes, blanco-cremosos, el ápice rojizo o purpúreo, los rayos estigmáticos con numerosas esclereidas aciculares, las células papilosas permaneciendo unidas. Frutos en general presentes debido a la producción de semillas autógamas, con pedúnculos escasamente retractados; semillas 0.5-0.8 × 0.4-0.7 mm, la superficie finamente granulosa, diminutamente puberulenta. *Zanjas con agua dulce, lagunas, riachuelos de movimiento lento*. T (*Menéndez 255*, MO); Ch (*Breedlove & Thorne 20917*, MO); C (*Carnevali et al. 5798*, MO); G (*Morales et al. 2443*, MO); H (*Lentz 1187*, EAP); ES (*Fassett 28565*, F); N (*Haynes 8430*, MO); CR (*Crow et al. 9670*, MO). 0-900 m. (Estados Unidos, México [Guerrero, Jalisco, Nayarit, Oaxaca, Tamaulipas, Veracruz], Mesoamérica, Colombia, Venezuela, Guyana, Ecuador, Bolivia, Brasil, Paraguay, Argentina).

8. Nymphaea lotus L., *Sp. Pl.* 511 (1753). Lectotipo (designado por Verdcourt, 1989): Alpini, *Pl. Exot.* 213 (1627). Ilustr.: Conard, *Publ. Carnegie Inst. Wash.* 4: t. 16 (1905).

Rizomas erectos, ramificados o sin ramificar, los estolones delgados. Hojas maduras 20-35 cm de diámetro, orbiculares, subcoriáceas, conspicuamente peltadas 2-5 cm, el haz oscuro, verde brillante, las tricoesclereidas numerosas, las esclereidas aciculares ausentes, el envés verdoso a purpúreo opaco, puberulento, las venas principales 15-19, radiadas, elevadas en el envés, los márgenes espinoso-dentados, el ápice redondeado; pecíolo esparcida a densamente puberulento. Flores emergentes, abriéndose en la noche, con numerosas flores cerrando solo hasta la madrugada; sépalos y pétalos más externos en verticilos de a 4; sépalos 4.5-9 × 2-3.5 cm, ovados, verdes, marcadamente nervados; pétalos 16-20, 4-7 × 1-2 cm, elípticos, blancos; estambres 40-80, amarillos, los externos con apéndice del conectivo de c. 1 mm; carpelos 20-30, los apéndices lineares, 6-12 mm, las papilas del estigma permaneciendo unidas. Frutos 6-9 cm, con pedúnculos curvados hacia abajo; semillas 1.4-1.8 × 0.9-1.2 mm, la superficie papilosa en estrías longitudinales. *Lagos de agua dulce, lagunas*. H (*Molina R. 33730*, F); N (*Stevens & Montiel 30536*, MO); CR (*Crow et al. 7462*, MO); P (*Duke 11824*, MO). 0-900 m. (Nativa de África; cultivada y naturalizada en el resto del mundo).

9. Nymphaea mexicana Zucc., *Abh. Math.-Phys. Cl. Königl. Bayer. Akad. Wiss.* 1: 365 (1832). Lectotipo (designado aquí): México, estado desconocido, *Karwinsky s.n.* (M-[cb] M0171691!). Ilustr.: Conard, *Publ. Carnegie Inst. Wash.* 4: t. 13 (1905).

Rizomas erectos, cilíndricos, estoloníferos cuando en estado vegetativo. Hojas maduras 7-18 × 7-16 cm, ovadas o elípticas a suborbiculares, el seno basal 0.3-0.4 veces la longitud de la lámina, peltado c. 2 mm o menos desde la base del seno, delicadas, el haz verde y generalmente maculado de pardo, las tricoesclereidas numerosas, las esclereidas aciculares ausentes, el envés verde o con frecuencia rojo o purpúreo, las venas principales 11-22, radiadas, deprimidas en el área del centro, los márgenes enteros o sinuados, el ápice redondeado; pecíolo glabro. Flores flotantes o emergentes, diurnas; sépalos y pétalos externos en verticilos de a 4; sépalos 4-5.5 × 1-1.5 cm, elípticos, uniformemente amarillo-verdosos o algunas veces teñidos de rojo, las esclereidas ausentes, el ápice agudo; pétalos 12-30, 4-7 × 1.4-2.2 cm, angostamente elípticos a elípticos, amarillos, el ápice agudo, las esclereidas ausentes; estambres c. 50, amarillos, las esclereidas ausentes; apéndice del conectivo diminuto o ausente; carpelos 7-10, los apéndices c. 4.5 mm, oblongos o largamente atenuados, las células papilosas permaneciendo unidas. Frutos con los pedúnculos marcadamente retractados; semillas c. 5 mm de diámetro, globosas, uniformemente puberulentas. *Cultivada, no registrada como naturalizada*. N (*Guzmán et al. 612*, MO). 100-200 m. (S. Estados Unidos, México [Cd. México, Edo. México, Michoacán], Mesoamérica).

El híbrido natural estéril, *Nymphaea* ×*thiona* D.B. Ward, entre esta especie y *N. odorata* del sureste de los Estados Unidos, fue registrado por Crow (2007) como introducido en una localidad en Costa Rica (*Crow et al. 7456*, UNA). Las plantas introducidas se asemejan a *N. mexicana* en sus flores amarillas y rizomas erectos con estolones vegetativos, aunque en general son más robustas en tamaño y colonizan más agresivamente.

10. Nymphaea odorata Aiton, *Hort. Kew.* 2: 227 (1789). Lectotipo (designado por Conard, 1905): Cultivado en Kew Gardens, *Anonymous s.n.* (BM-[cb] BM000574883!). Ilustr.: Wiersema, *Fl. N. Amer.* 3: 73 (1997b).

Castalia odorata (Aiton) Wood.

Rizomas reptantes, cilíndricos y con frecuencia ramificados, los estolones ausentes. Hojas maduras c. 40 cm de diámetro, ovadas a suborbiculares, subcoriáceas, el haz verde, las tricoesclereidas numerosas, las esclereidas aciculares ausentes, el envés verde, rojo o purpúreo, las venas principales 13-21, radiadas en el centro, elevadas en el envés, los márgenes enteros, el ápice redondeado; pecíolo glabro o peloso. Flores flotantes, diurnas; sépalos y pétalos externos en verticilos de a 4; sépalos 5.9-7.5 × 2.1-2.5 cm, ovado-elípticos, uniformemente verdes o rojizos, las esclereidas aciculares ausentes, el ápice agudo; pétalos 21-40, 5.1-6.3 × 1.8-2.2 cm, ovado-elípticos, blancos o rara vez rosados, las esclereidas aciculares ausentes, el ápice agudo; estambres 40-120, amarillos, las esclereidas aciculares ausentes, el apéndice del conectivo rara vez más largo de 1 mm; carpelos 10-25, los apéndices 3-8(-10) mm, largamente atenuados, las células papilosas del estigma permaneciendo unidas. Pedúnculos marcadamente retractados en fruto; semillas 1.5-2 × 1-1.5 mm, la superficie lisa, glabra. *Lagunas, lagos y riachuelos de movimiento lento y ríos*. G (*Heyde & Lux 470*, US); H (*Williams & Molina R. 14538*, F); ES (*Villacorta & Cortez RV-00747*, MO); N (*Stevens 7703*, MO). 0-1900 m. (Canadá, Estados Unidos,

México [Cd. México, Durango, Edo. México, Hidalgo, Michoacán], Mesoamérica, Guyana, Bahamas, Cuba, Puerto Rico).

11. Nymphaea prolifera Wiersema, *Brittonia* 36: 219 (1984). Holotipo: Argentina, *Wiersema & Pedersen 2248* (NY!). Ilustr.: Wiersema, *Syst. Bot. Monogr.* 16: 89, t. 32 (1987).

Rizomas erectos, ovoides a cilíndricos, formando estolones solo cuando están en formación. Hojas maduras 22(-30) × 21(-29) cm; elíptico-ovadas a suborbiculares; subcoriáceas, el haz verde y con frecuencia maculado de morado, las tricoesclereidas numerosas, las esclereidas aciculares ausentes, el envés verde o matizado de morado y con frecuencia maculado de morado intenso, las venas principales 13-19, radiadas y parcialmente elevadas centralmente, los márgenes enteros, el ápice redondeado; pecíolo glabro. Flores de 2 formas, flores tuberíferas sumergidas, reproduciéndose asexualmente, estas con (3)4 brácteas sepaloides y con hojas, y flores tuberíferas secundarias en verticilos internos de (3)4 o flores flotantes, nocturnas; sépalos y pétalos externos en verticilos de a 4; sépalos 2.5-7.5 × 1.3-3.2 cm, ovados, verdes, algunas veces teñidos de morado, generalmente con líneas negras cortas, las esclereidas aciculares ausentes, el ápice redondeado; pétalos 19-35, ovados, blanco-cremosos, las esclereidas aciculares ausentes, los externos iguales a o escasamente más largos que y más angostos a escasamente más anchos que los sépalos, los internos 2.8-5.8 × 0.6-2.9 cm, el ápice acuminado a redondeado; estambres 99-248, los más externos blanco-cremosos graduando a morado o índigo por dentro, los más externos c. 5.5 cm, los filamentos c. 14 mm de ancho, las esclereidas aciculares dispersas, el apéndice del conectivo rara vez más de 2 mm; carpelos 20-39, los apéndices 6-15 mm, claviformes, color índigo o morado, las esclereidas aciculares ausentes, las células papilosas estigmáticas separándose y formando una masa pulverulenta. Frutos y semillas no vistos. *Sabanas inundadas o pantanos*. T (*Novelo & Ramos 3464*, MO); ES (*Fassett 28738*, WIS); CR (*Opler 926*, F). 0-100 m. (México [Veracruz], Mesoamérica, Ecuador, Brasil, Paraguay, Argentina).

Nymphaea prolifera tiene reproducción asexual prolífica, como su nombre lo indica, que involucra la producción de flores tuberíferas, i.e., con tubérculos. Pese a que no se ha observado la producción de semillas, un solo individuo puede liberar cientos de tubérculos diminutos, muchos de ellos con hojas juveniles y raíces ya desarrollados.

12. Nymphaea pulchella DC., *Syst. Nat.* 2: 51 (1821). Holotipo: Ecuador, *Tafalla s.n.* (BM-[cb] BM000551452!). Ilustr.: Crow, *Monogr. Syst. Bot. Missouri Bot. Gard.* 111: 803 (2007).

Nymphaea ampla (Salisb.) DC. var. *pulchella* (DC.) Casp.

Rizomas erectos, ovoides o globosos, los estolones ausentes. Hojas maduras c. 60 cm de diámetro, ovoides a suborbiculares, subcoriáceas, peltadas c. 2.5 cm, el haz verde y generalmente maculado de morado cerca de los márgenes, las tricoesclereidas pocas, las esclereidas aciculares ausentes, el envés rosa pálido o morado, con frecuencia maculado de morado, las venas principales 13-29, no prominentes, radiadas centralmente, venas transversales elevadas ausentes; el margen sinuado-dentado, los dientes obtusos; el ápice redondeado; pecíolo glabro. Flores emergentes, diurnas; sépalos y pétalos externos en verticilos de a 4; sépalos 3-10 cm, verdes con líneas oscuras cortas, las esclereidas aciculares ausentes; pétalos 4-22, blancos, las esclereidas aciculares ausentes; estambres 30-90, amarillos, las esclereidas aciculares ausentes, los más externos con apéndices de más de 3 mm; carpelos 9-24, los apéndices c. 3 mm, triangulares, las células papilosas del estigma permaneciendo unidas. Frutos en general presentes debido a la producción de semillas autógamas, con pedúnculos escasamente retractados; semillas 1-1.6 × 0.9-1.2 mm, la superficie lisa, puberulenta en líneas longitudinales. *Aguas estancadas o salobres*. Y (*Sima et al. 2312*, MO); C (*Cabrera & Cabrera 14911*, MO); G (*Steyermark 31828*, US); ES (*Fassett 28676*, US); N (*Haynes 8289*, MO); CR (*Burger et al. 11304*, MO); P (*de Nevers et al. 4766*, MO). 0-100 m. (México [Guerrero, Jalisco, Michoacán, Morelos, Nayarit, Oaxaca, Puebla], Mesoamérica, Colombia, Venezuela, Guayanas, Ecuador, Perú, Brasil, Bahamas, Trinidad).

13. Nymphaea rudgeana G. Mey., *Prim. Fl. Esseq.* 198 (1818). Holotipo: Guyana, *Rodschied 281* (GOET!). Ilustr.: Wiersema, *Syst. Bot. Monogr.* 16: 98, t. 36 (1987).

Castalia rudgeana (G. Mey.) Britton & P. Wilson, *Nymphaea amazonum* Mart. & Zucc. var. *forma-submersa* Sagot, *N. ampla* (Salisb.) DC. var. *rudgeana* (G. Mey.) DC., *N. sinuata* Salzm. ex Lehm.

Rizomas erectos, ovoides a subglobosos, los estolones ausentes. Hojas maduras 36(-45) cm de diámetro, suborbiculares, subcoriáceas, el haz verde o purpúreo, en ocasiones con motas morado oscuro, las tricoesclereidas numerosas, las esclereidas aciculares ausentes, el envés verde-purpúreo o pardo-purpúreo, en ocasiones con motas más oscuras, las venas principales (11-)15-23, radiadas, elevadas centralmente, los márgenes aplanados o escasamente involutos, irregularmente dentados, los dientes obtusos, el ápice redondeado; pecíolo glabro. Flores flotantes o más generalmente emergentes, nocturnas; sépalos, pétalos y estambres externos en verticilos de a 4; sépalos 3.5-8 × 1.1-3.2 cm, ovados, verdes, amarillentos proximalmente, las esclereidas aciculares presentes, finas, el ápice redondeado a agudo; pétalos 12-29, ovados, blanco-cremosos a amarillo claro, frecuentemente rosados en flores viejas, las esclereidas aciculares inconspicuas, los más externos escasamente más grandes o más generalmente escasamente más cortos y más angostos que los sépalos, los internos 2.2-5.6 × 0.7-1.7(-2.2) cm, el ápice agudo; estambres 39-186, los más externos c. 5 cm, los filamentos c. 16 mm de ancho, blanco-cremosos o amarillo pálido, los apéndices conectivos c. 1 mm; carpelos 11-31, los apéndices 6-16 mm, marcadamente claviformes, blanco-cremosos a amarillo pálido, rayos estigmáticos con esclereidas aciculares, las células papilosas del estigma separándose, formando una masa pulverulenta. Fruto normalmente presente, semillas maduras 1.2-2.4 × 0.8-1.8 mm, la superficie lisa, diminutamente puberulenta en líneas longitudinales. *Aguas dulces estancadas o salobres en tierras costeras*. N (*Stevens 20848*, MO). 0-100 m. (Mesoamérica, Colombia, Venezuela, Guayanas, Brasil, Antillas).

43. CHLORANTHACEAE

Descripción de la familia por C. Todzia.

Árboles, arbustos o hierbas. Hojas opuestas, decusadas; láminas simples, pinnatinervias, generalmente glabras, los márgenes dentados; pecíolos más o menos connados en la base; estípulas presentes. Inflorescencias racemosas o paniculadas, axilares o terminales. Flores pequeñas, bisexuales o unisexuales; perianto ausente o con un cáliz 3-lobado, con 1-3 brácteas subyacentes o ebracteado; estambres 1-3 en flores bisexuales, adnados c. 1/2 al ovario; anteras 2 o 4-esporangiadas, lineares a oblongas, con dehiscencia longitudinal, los conectivos frecuentemente expandidos o extendidos. Flores pistiladas y bisexuales, epíginas, hemiepíginas o desnudas; carpelo 1; estigma sésil; óvulo 1, ortótropo, 2-tegumentado, crasinucelado. Frutos en drupa; semillas con el endospermo bien desarrollado, oleaginoso y amiláceo, el embrión pequeño con 2 diminutos cotiledones. 4 gen., aprox. 75 spp. con distribución pantropical, solo *Hedyosmum* en América; 1 gen. y 9 spp. en Mesoamérica.

Bibliografía: Todzia, C.A. *Fl. Neotrop. Monogr.* 48: 1-139 (1988).

1. Hedyosmum Sw.

Tafalla Ruiz & Pav., *Tafallaea* Kuntze.

Por C. Todzia.

Arbustos o árboles, rara vez hierbas, aromáticos, monoicos o dioicos, frecuentemente con raíces fúlcreas; madera blanca, generalmente suave. Tallos con vainas foliares persistentes o con las cicatrices envolventes de las vainas foliares; nudos hinchados. Hojas opuestas, simples, carnosas a coriáceas cuando frescas, los márgenes dentados, con hidatodos en los ápices de los dientes, el haz con los pecíolos acanalados, las bases expandidas y connadas formando una vaina alrededor del tallo, los márgenes distales de la vaina foliar con apéndices estipulares o sin ellos. Plantas dioicas con las inflorescencias estaminadas axilares o terminales, compuestas de una espiga solitaria o de varias espigas en un eje racemoso o paniculado, con un par de brácteas foliiformes subyacentes. Plantas monoicas con las inflorescencias estaminadas en espigas solitarias originándose en el eje de la inflorescencia pistilada o dentro de una címula entre las flores pistiladas. Espigas estaminadas con 60-300 flores. Flores estaminadas con un estambre solitario, sésil, ebracteado; estambres cuadrangulares a oblongos, 4-loculares, con dehiscencia longitudinal, el conectivo de la antera extendido con el ápice aplanado, agudo o acuminado. Inflorescencias pistiladas axilares o terminales, solitarias, tirsoides, racemosas o paniculadas, frecuentemente fusionadas con el tallo por encima de los nudos, con brácteas foliiformes subyacentes. Flores pistiladas solitarias sobre el eje o, más frecuentemente, agrupadas en címulas, con un ovario elipsoidal o trígono; perianto adnado al ovario con 3 lóbulos libres o parcialmente fusionados en el ápice del ovario, con una bráctea floral subyacente; tejido maduro del perianto envolviendo al ovario, con un orificio o poro en cada cara del ovario, generalmente verde; estigmas sésiles o subsésiles sobre un estilo muy corto, papilosos, angulados; brácteas florales cuculadas, cartáceas o carnosas, envolviendo total o parcialmente a la flor, o sin envolverla. Fruto en drupa con la pared carnosa formada por el perianto acrescente, o múltiple, con brácteas florales volviéndose carnosas, connadas y con color; semillas pequeñas, elipsoidales o trígonas, rodeadas por tejido del perianto, frecuentemente embebidas en la matriz bracteal. $2n = 8$. Aprox. 40 spp. desde México hasta Panamá, Colombia, Venezuela, Ecuador, Perú, Bolivia, Brasil, Paraguay y Antillas, 1 sp. en el sureste de Asia; 9 spp. en Mesoamérica.

Hedyosmum es un género predominantemente neotropical de montaña con solo una especie en el Viejo Mundo. Los Andes del norte (Venezuela a Perú), con 25 spp., son el centro de diversificación, seguido por las regiones montañosas de Mesoamérica.

1. Inflorescencias pistiladas en un estróbilo cónico solitario con 90-350 flores; apéndices estipulares 5-6 mm, fimbriados, unguiculados. **8. H. mexicanum**
1. Inflorescencias pistiladas en racimos o panículas; apéndices estipulares 0.5-3 mm, lineares a fimbriados, no unguiculados.
  2. Hojas linear-lanceoladas a muy angostamente elípticas; plantas monoicas; espigas estaminadas en largos pedúnculos 0.3-0.9 cm; brácteas florales pistiladas cartáceas, no carnosas al madurar. **2. H. brenesii**
  2. Hojas angostamente elípticas, elípticas, ovadas u obovadas; plantas monoicas o dioicas; espigas estaminadas sésiles o en pedúnculos cortos menores de 0.3 cm; brácteas florales pistiladas carnosas al madurar.
    3. Hojas con 4-5 dientes por lado; inflorescencias pistiladas en címulas solitarias al final de un corto raquis. **3. H. burgerianum**
    3. Hojas con más de 6 dientes por lado; inflorescencias pistiladas en racimos o panículas con 4-numerosas címulas.
      4. Hojas extremadamente escabrosas cuando secas; vainas foliares marcadamente laciniadas a lo largo del margen distal. **9. H. scaberrimum**
      4. Hojas lisas a ligeramente escabrosas cuando secas; vainas foliares completa o ligeramente laciniadas a lo largo del margen distal.
        5. Címulas del fruto púrpura-rojizas; plantas en Mesoamérica solo cerca de la frontera Panamá-Colombia. **6. H. gentryi**
        5. Címulas del fruto blancas; plantas de varios lugares de Mesoamérica.
          6. Venas secundarias de las láminas foliares 12-26(-35) pares, en ángulo de 90° con respecto a la vena media; dientes separados entre sí por 5-7(-10) mm a lo largo de los márgenes foliares. **5. H. costaricense**
          6. Venas secundarias de las láminas foliares 5-11 pares, no en ángulo de 90° con respecto a la vena media; dientes separados entre sí por 1-4 mm a lo largo de los márgenes foliares.
            7. Flores pistiladas solitarias a lo largo del raquis; dientes separados entre sí por 2.5-4 mm a lo largo de los márgenes foliares; elevación 100-1300 m. **1. H. bonplandianum**
            7. Flores pistiladas agrupadas en címulas de 2-8 flores; dientes separados entre sí por 1-2(-4) mm a lo largo de los márgenes foliares; elevación (800-)1200-3000 m.
              8. Vainas foliares 1.1-1.4 cm; inflorescencias pistiladas 1.1-2.7 cm. **4. H. correanum**
              8. Vainas foliares 1.8-3 cm; inflorescencias pistiladas 3.2-7.5 cm.
                9. Hojas con dientes separados entre sí por 1-2(-3) mm, las venas secundarias impresas, estrigosas en el envés; vainas foliares (1-)2-3 cm, bien espaciadas y no traslapadas, con un área estriada triangular debajo de los procesos estipulares; plantas de Costa Rica y Panamá. **7a. H. goudotianum** var. **goudotianum**
                9. Hojas con dientes separados entre sí por 2.5-4 mm, las venas secundarias al mismo nivel que la superficie, glabras en el envés; vainas foliares (0.7-)1-1.6 cm, a menudo traslapadas, sin un área estriada debajo de los procesos estipulares; plantas de Nicaragua. **7b. H. goudotianum** var. **mombachanum**

1. Hedyosmum bonplandianum Kunth in Humb., Bonpl. & Kunth, *Nov. Gen. Sp.* 7: 165 (1825). Lectotipo (designado por Todzia, 1988): Colombia, *Bonpland s.n.* (P-[cb] P00136959!). Ilustr.: Humboldt et al., *Nov. Gen. Sp.* 7: t. 634-635 (1825).

Hedyosmum callososerratum Oerst., *Tafalla bonplandiana* (Kunth) Kuntze, *T. callososerrata* (Oerst.) Kuntze.

Arbustos o árboles pequeños, 1.5-15 m, dioicos. Láminas foliares (5-)7.5-13(-17) × (2-)3.5-6(-7) cm, elípticas a ovadas, glabras, suculentas, lisas al secarse, rígidamente cartáceas, el haz liso a ligeramente escabroso, la base cuneada a oblicuamente cuneada, los márgenes serrados a serrulados, con numerosos dientes separados entre sí por 2.5-4 mm, el ápice 0.5-1 cm, acuminado; venas secundarias (5-)7-8(-10) pares, separadas entre sí por 7-12 mm, arqueadas; vainas foliares 0.5-1.4 × 0.4-1.4 cm, el margen distal completo y con 2 apéndices pequeños, 1-3 mm, distales, lineares, a veces fimbriados; porción libre de los pecíolos (0.5-)1-2.5 cm. Inflorescencias estaminadas compuestas de espigas generalmente en 2 o 3 pares opuestos o en un eje corto (1-3 cm) terminado en una espiga única; espigas maduras (1-)1.5-3(-3.5) cm; anteras 1-1.7 × 0.4-0.6 mm, los conectivos extendiéndose c. 0.2 mm más allá de las tecas, terminando en un apículo corto c. 0.2 mm. Inflorescencias pistiladas 2-9 cm, tirsoides, paniculadas o racemosas, con (3-)7-20 flores solitarias alternas a subopuestas, separadas entre sí por 2-12 mm en el raquis. Címulas de flores solitarias; brácteas florales unidas para formar una cúpula carnosa 2-3 mm. Flores pistiladas 3-4 × 2-3 mm, sobre pedicelos cortos 1-3 mm o subsésiles; lóbulos del perianto 0.2-0.5 mm; estigmas 1.5-2.5 mm, lineares, blancos. Címulas del fruto 3-4 × 2-3 mm, irregularmente globosas, blancas. *Hábitats primarios o secundarios a lo largo de arroyos, barrancas y laderas desmontadas, selvas altas perennifolias premontanas, bosques de neblina, selvas bajas perennifolias.* N (*Stevens 6562*, MO); CR (*Todzia et al. 1977*, TEX); P (*Todzia et al. 2545*, MO). 100-1300 m. (Mesoamérica, Colombia).

2. Hedyosmum brenesii Standl., *Publ. Field Mus. Nat. Hist., Bot. Ser.* 18: 371 (1937). Holotipo: Costa Rica, *Brenes 4620* (F!). Ilustr.: Todzia, *Fl. Neotrop. Monogr.* 48: 24, t. 13B (1988).

Arbustos 1-2.5(-5) m, monoicos, muy ramificados. Láminas foliares 6-16 × 1.2-3.5 cm, delgadas, linear-lanceoladas a muy angostamente elípticas, glabras, lisas al secarse, cartáceas, la base cuneada, los márgenes serrados con 4-5 dientes separados entre sí por 3-6 mm, el ápice 0.7-2.3 cm, largamente acuminado de manera marcada; venas secundarias 6-12 pares, separadas entre sí por 4-8 mm, arqueadas, inconspicuas; vainas foliares 0.2-0.7 × 0.4-1 cm, el margen distal entero y con 2 procesos estipulares diminutos, c. 0.5 mm, angostamente triangulares, caducos; porción libre de los pecíolos 0-0.5 mm. Inflorescencias estaminadas en espigas pedunculadas, 1.4-2 cm, en los ejes pistilados; espigas maduras 1-2 cm, con pedúnculos 0.3-0.9 cm; estambres 18-54, las anteras c. 1 mm, los conectivos extendiéndose hasta un apículo c. 0.5 mm, acuminado, erecto, blanco, más allá de las tecas. Inflorescencias pistiladas 1.5-3.5 cm, en panículas cortas semejando cimas escorpioides, con (4-)14-50 flores alternadas en zigzag en los ejes de las inflorescencias; brácteas florales 2-4 mm, cartáceas. Flores pistiladas 2-3 × 1.5-2.5 mm, sésiles; lóbulos del perianto 0.2-0.5 mm; estigmas 0.5-1 mm, capitados. Frutos 3-4 × 2-3 mm, elipsoidales, purpúreos a negros. *Selvas altas perennifolias de montañas bajas o premontanas.* H (*Allen 6425*, US); N (*Neill 88*, MO); CR (*Wilbur et al. 23441*, MO); P (*Correa et al. 2270*, F). 300-1200 m. (Endémica).

3. Hedyosmum burgerianum D'Arcy & Liesner, *Syst. Bot.* 6: 79 (1981). Holotipo: Panamá, *Croat 37163* (MO!). Ilustr.: D'Arcy & Liesner, *Syst. Bot.* 6: 75, t. 1-3 (1981).

Árboles pequeños, 3.5-10 m, dioicos, muy ramificados, formando una densa copa. Láminas foliares 2.5-4 × 1-1.5 cm, ovadas a obovadas, glabras, lisas al secarse, cartáceas, la base cuneada, los márgenes ascendentes, serrados, con 4-6 dientes en cada lado separados entre sí por 4-8 mm, el ápice 4-7 mm, largamente acuminado a caudado; venas secundarias 6 pares, separadas entre sí por 2.5-4 mm, arqueadas, inconspicuas en el haz y ligeramente elevadas en el envés cuando secas; vainas foliares 0.2-0.6 cm, el margen distal entero y con 2 apéndices, c. 2 mm, persistentes, erosos; porción libre de los pecíolos 0.2-0.8 cm. Inflorescencias estaminadas solitarias, de espigas terminales o axilares; espigas maduras 0.7-1.3 cm, con pedúnculos c. 5 mm; estambres 40-55, las anteras 1-1.5 mm, los conectivos c. 0.2 mm, distalmente aplanados. Inflorescencias pistiladas 1-2 cm, terminales o axilares. Címulas solitarias en pedúnculos largamente péndulos, emergiendo del interior de la vaina foliar, las címulas 0.5-0.7 × 0.6-0.9 cm, con 2-3 flores dispuestas imbricadamente; brácteas florales c. 4 mm, carnosas. Flores pistiladas 4-5 × c. 2 mm; lóbulos del perianto c. 1 mm; estigmas 3-4 mm, lineares, blancos. Címulas del fruto no conocidas. *Selvas bajas perennifolias*. P (*Croat 37191*, MO). 1500-1690 m. (Endémica).

4. Hedyosmum correanum D'Arcy & Liesner, *Syst. Bot.* 6: 81 (1981). Holotipo: Panamá, *Mori & Bolten 7501* (MO!). Ilustr.: no se encontró.

Árboles o arbustos 2-5(-10) m, dioicos. Láminas foliares (3-)5-7 (-9.5) × (1-)1.5-4 cm, ovadas, obovadas o elípticas, glabras, lisas, coriáceas al secarse, la base cuneada, los márgenes serrulados con numerosos dientes separados entre sí por 1-1.5 mm, el ápice 2-4 mm, acuminado, dentado; venas secundarias 5-7 pares, separadas entre sí por 6-8 mm, arqueadas, con un ángulo de 45° con respecto a la vena media; vainas foliares 0.7-1.4 × 0.5-0.6(-0.9) cm, lisas, glabras, con 2 líneas longitudinales paralelas elevadas a todo lo largo desde los procesos estipulares, con una pequeña área estriada en el margen distal debajo de los procesos estipulares, el margen distal entero y con 2 apéndices estipulares c. 1.3 mm, lineares, caducos; porción libre de los pecíolos (0.1-)0.3-0.7(-1) cm, lisa a áspera, glabra. Inflorescencias estaminadas 2-3 cm, axilares o terminales, compuestas por 1 o 2 pares opuestos de espigas en un raquis corto 0.3-1 cm, terminado en 1 sola espiga; espigas maduras 1.3-2.3 × 3-4 mm, sésiles o con pedúnculos hasta 2 mm; raquis c. 0.5 mm de grosor; estambres 40-80, las anteras 1-1.5 mm, los conectivos extendidos c. 0.2 mm más allá de las tecas, aplanados o agudos. Inflorescencias pistiladas 1.1-2.7(-3.4) cm, axilares a terminales, en racimos simples o ramificados basalmente, con 5-10 címulas, las címulas 3-5 × 3-5 mm, con 2-4 flores agrupadas, opuestas o alternas en el eje de la inflorescencia, separadas entre sí por 2-5 mm, subsésiles o en pedúnculos cortos 0.5-1(-2) mm; brácteas florales 1.5-2, el ápice acuminado, 1-1.5 mm, carnosas. Flores pistiladas c. 2 × 1 mm; lóbulos del perianto 0.3-0.5 mm; estigmas (1-)2-2.5 mm, lineares a angostamente claviformes, blancos. Címulas del fruto 4-7 mm de diámetro. *Bosques de neblina.* P (*Hammel 3064*, BM). 1200-3000 m. (Endémica).

5. Hedyosmum costaricense C.E. Wood ex W.C. Burger, *Phytologia* 26: 132 (1973). Holotipo: Costa Rica, *Smith H566* (F!). Ilustr.: Todzia, *Fl. Neotrop. Monogr.* 48: 65, t. 28 (1988).

Arbustos o árboles pequeños, 3-7 m, monoicos o dioicos. Láminas foliares (4.3-)8-15(-20) × 2-5(-7) cm, angostamente elípticas a elípticas, lisas al secarse, rígidamente cartáceas a coriáceas, glabras, la base redondeada a cuneada, los márgenes serrados con numerosos dientes separados entre sí por 5-7(-10) mm, el ápice 0.8-1.6 cm, acuminado a caudado; venas secundarias 12-26(-35) pares, separadas entre sí por 4-7 mm, con un ángulo de 90° con respecto de la vena media, impresas en el haz y marcadamente elevadas en el envés; vainas foliares 0.7-1.7 cm, el margen distal entero y con 2 diminutos apéndices c. 1 mm, estipulares, caducos, lineares; porción libre de los pecíolos 0.8-2(-3) cm. Inflorescencias estaminadas en plantas dioicas en racimos 3.5-8(-12) cm, basalmente ramificados, cada rama con 1-3 nudos, cada nudo con 1-3 espigas; espigas maduras 0.9-2(-2.5) cm, sésiles o con pedúnculos cortos hasta 0.5 cm; en plantas monoicas las espigas solitarias generalmente emergiendo del interior de un grupo de flores femeninas; espigas con 20-30 flores en inflorescencias bisexuales y 40-80 flores en inflorescencias unisexuales; anteras c. 1 mm, los conectivos c. 0.5 mm de ancho, distalmente aplanados. Inflorescencias pistiladas y bisexuales 4-8 cm, en panículas tirsoides, con 4-12 címulas en pares opuestos separados entre sí por 0.9-2 cm a lo largo del eje de la inflorescencia; címulas 3-8 × 3-5 mm, con 2-4(-5) flores dispuestas imbricadamente; brácteas florales c. 3 mm, carnosas. Flores pistiladas 3-4 × 2-3 mm; lóbulos del perianto 0.5-1 mm; estigmas 2-3.5 mm, lineares, blancos. Címulas del fruto hasta 1.8 × 0.5-0.6 cm, irregularmente oblongoides, blancas. *Selvas montanas bajas húmedas.* CR (*Skutch 3279*, NY); P (*Mori & Dressler 7779*, BM). 600-1600 m. (Endémica).

6. Hedyosmum gentryi D'Arcy & Liesner, *Syst. Bot.* 6: 84 (1981). Holotipo: Panamá, *Gentry & Mori 14050* (F!). Ilustr.: no se encontró.

Árboles o arbustos pequeños, 4-8(-12) m, dioicos. Láminas foliares 6-16 × 3-6 cm, obovadas a elípticas, glabras, lisas al secarse, subcoriáceas a coriáceas, la base anchamente cuneada, los márgenes ascendentes, serrados, con numerosos dientes separados entre sí por 3-5 mm, el ápice 1-6 mm, cortamente acuminado; venas secundarias 11-16 pares, separadas entre sí por 4-6 mm, paralelas, con un ángulo de 90° con respecto a la vena media, ligeramente arqueadas, formando una vena submarginal casi recta a 1-2 mm del borde; vainas foliares 0.5-1.2 × 0.4-0.7 cm, ligeramente rugulosas en el ápice, el margen distal entero y con 2 diminutos apéndices estipulares c. 0.5 mm, subulados, enteros; porción libre de los pecíolos 0.7-1.6(-2.2) cm. Inflorescencias estaminadas no conocidas. Inflorescencias pistiladas 2.5-7.5(-12) cm, abiertas, en racimos o panículas terminales o axilares, con 2-10 címulas; címulas separadas entre sí por 0.5-1.1 cm, en pares opuestos sobre el eje de la inflorescencia, con 1(-3) flores; brácteas florales 2-3 mm, formando una cúpula carnosa con 3 puntas. Flores pistiladas 3-4 × 1.5-2.5 mm; lóbulos del perianto 0.2-0.5 mm; estigmas 2-3 mm, claviformes. Címulas del fruto 4-5 × 2-4 mm, púrpura-rojizas. *Bosques de neblina montanos, selvas bajas perennifolias.* P (*Gentry et al. 16889*, NY). 600-1800 m. (Mesoamérica, Colombia, Venezuela).

7. Hedyosmum goudotianum Solms in A. DC., *Prodr.* 16: 482 (1869). Lectotipo (designado por Todzia, 1987): Colombia, *Goudot s.n.* (P!). Ilustr.: Todzia, *Fl. Neotrop. Monogr.* 48: 21, t. 10A, D, F (1988).

Hedyosmum montanum W.C. Burger, *Tafalla goudotiana* (Solms) Kuntze.

Arbustos o árboles 2-10 m, dioicos. Láminas foliares (3.5-)6.3-16 (-18.5) × (1.6-)2.7-7(-8.4) cm, angostamente elípticas, elípticas u ovadas a obovadas, ligeramente escabrosas al secarse, coriáceas, la base cuneada a oblicuamente cuneada, los márgenes agudamente serrulados con numerosos dientes separados entre sí por 1-2(-4) mm, el ápice acuminado; venas secundarias 6-11 pares, separadas entre sí por 7-15 mm, arqueadas, elevadas y estrigosas a glabras en el envés, 0.2-1.3 cm; vainas foliares (0.7-)2-3 × 0.5-1.5(-2) cm, con un área triangular estriada debajo de los procesos estipulares, con 2 líneas ciliadas longitudinales elevadas extendiéndose a lo largo de la vaina desde los procesos estipulares, o sin estas y con 2 apéndices estipulares (1-)2.5-3 mm, fimbriados a ligeramente fimbriados; porción libre de los pecíolos 0.5-2 cm. Inflorescencias estaminadas (1.6-)2.8-7.1(-8.3) cm, terminales o axilares, compuestas de 1 o 2 pares opuestos de espigas en un raquis corto (1.1-4.1 cm) terminado en una sola espiga; espigas maduras (1-) 2.6-5(-6.7), sésiles o con pedúnculos cortos 1-2 mm; estambres 100-200, las anteras 1.5-2 × 0.6-1 mm, los conectivos extendidos c. 0.3 mm más allá de las tecas, agudos. Inflorescencias pistiladas (1.3-)3.2-7.5(-8.6) cm, axilares o terminales, en racimos o panículas, con (4-)8-17 címulas; címulas (3-)4-7(-9) × 3-6 mm, con (2)3-7(8) flores agrupadas, en pedúnculos cortos 1-3(-5) mm, alternas u opuestas en el eje de la inflorescencia, separadas entre sí por 3-12 mm; brácteas florales 3-6 mm, carnosas. Flores pistiladas (1.5-)2-3.5 × 1.5-2 mm; lóbulos del perianto 0.3-0.5 mm; estigmas 1.5-3(-4) mm, de forma irregular, desde lineares a irregularmente lobulados, blancos. Címulas del fruto 5-8 mm diámetro, irregularmente globosas, blancas. *Bosques de neblina montanos, selvas bajas perennifolias, bosques de neblina de subpáramos.* N, CR, P. 800-3000 m. (Mesoamérica, Colombia, Venezuela, Ecuador, Perú).

7a. Hedyosmum goudotianum Solms var. **goudotianum**.

Arbustos o árboles 2-10 m; entrenudos (2.7-)3.7-8.6(-8.9) cm. Hojas (3.9-)6.3-16(-18.5) cm, subcoriáceas a coriáceas al secarse; venas secundarias 6-11 pares, separadas entre sí por 8-15 mm, elevadas y estrigosas en el envés, los márgenes serrados con dientes separados entre sí por 1-2(-3) mm; venas secundarias estrigosas, impresas en el envés; vainas foliares (1-)2-3 × 0.5-1.5(-2) cm, lisas a ásperas, glabras a estrigosas, con un parche triangular estriado de tricomas adpresos debajo de los procesos estipulares, el margen distal con 2 apéndices 2.5-3 mm, estipulares fimbriados. Inflorescencias estaminadas 2.8-7.1(-8.3) cm. Inflorescencias pistiladas (2.4-)3.2-7.5(-8.6) cm; címulas con 3-7(8) flores, separadas entre sí por 3-12 mm. *Bosques de neblina montanos.* CR (*Todzia et al. 1809*, TEX); P (*Sytsma et al. 4987*, MO). 1000-3000 m. (Mesoamérica, Venezuela, Ecuador, Perú).

7b. Hedyosmum goudotianum Solms var. **mombachanum** Todzia, *Ann. Missouri Bot. Gard.* 74: 458 (1987). Holotipo: Nicaragua, *Moreno & López 7134* (MO!). Ilustr.: no se encontró.

Arbustos o árboles pequeños, 2-4 m; entrenudos 1-4(-5.2) cm. Hojas 3.3-13.6 cm, cartáceas a subcoriáceas al secarse, los márgenes serrados con dientes separados entre sí por 2.5-4 mm; venas secundarias 6-8 pares, separadas entre sí por 7-13 mm, al mismo nivel que la superficie, el envés glabro; vainas foliares 0.7-1.5 × 0.6-0.8 cm, traslapadas, persistentes y volviéndose fibrosas con la edad, lisas, glabras, cartáceas en el margen distal, con 2 apéndices estipulares c. 1 mm, caducos, lineares a ligeramente fimbriados. Inflorescencias estaminadas 1.6-3.8 cm. Inflorescencias pistiladas (1.3-)2.5-4.4 cm; címulas con (1-)3 o 4 flores, separadas entre sí por 2-6 mm. *Selvas bajas perennifolias, bosques de neblina.* N (*Stevens 4332*, MO). 800-1300 m. (Endémica).

8. Hedyosmum mexicanum C. Cordem., *Adansonia* 3: 307 (1862-1863 [1863]). Holotipo: México, Veracruz, *Galeotti 6004* (G!). Ilustr.: Todzia, *Fl. Neotrop. Monogr.* 48: 24, t. 13C (1988).

Hedyosmum artocarpus Solms, *H. glaucum* (Ruiz & Pav.) C. Cordem., *Tafalla artocarpus* (Solms) Kuntze, *T. glauca* Ruiz & Pav., *T. mexicana* (C. Cordem.) Kuntze.

Arbustos o árboles 3-12(-20) m, dioicos. Láminas foliares 10-25 × 2-6.5 cm, lanceoladas a oblanceoladas, ligeramente suculentas a subcoriáceas, glabras, lisas al secarse, la base cuneada a oblicuamente cuneada, los márgenes serrados, con numerosos dientes obtusos separados entre sí por 10 mm, el ápice 1-1.5 cm, acuminado; venas secundarias 12-20 pares, separadas entre sí por 5-9 mm, uniformemente arqueadas; vainas peciolares 1-2.5 × 0.4-1 cm, el margen distal entero y con 2 procesos estipulares 5-6 mm, fimbriados, unguiculados; porción libre de los pecíolos (0.2-)0.6-1.5(-2.3) cm. Inflorescencias estaminadas compuestas por espigas axilares o terminales; espigas maduras 3-13 cm, solitarias o en grupos de 3, la espiga central mucho más larga que las laterales, con pedúnculos 3-20 mm, curvados, laxos; anteras 2-3.5 mm, los conectivos formando un ápice plano 0.5-1 mm de ancho, discoidal, con un apículo diminuto, c. 0.3 mm, agudo. Inflorescencias pistiladas 1.7-4.5 × 1.2-3.5 cm, grandes conos estrobiliformes, terminales, a veces también axilares (más pequeños), compuestos de 30-70 grupos de 3-5 flores (un total de 90-350 flores); brácteas florales carnosas, fusionadas tanto dentro de los agregados como entre estos. Flores pistiladas 3-4 × 1.5-2.5 mm, libres en la matriz bracteal; lóbulos del perianto 0.5-1 mm; estigmas 3-5 mm, de contorno linear a claviforme, blanco-verdosos. Inflorescencias maduras 3-5 × 1.5-3 cm, carnosas, dulces, verde claro hasta amarillo a blanco. *Bosques húmedos de neblina, selvas bajas perennifolias.* Ch (*Breedlove 9727*, F); B (*Davidse & Holland 36745*, MO); G (*Steyermark 48739*, F); H (*Molina R. 11586*, F); ES (*Allen 7164*, US); N (*Moreno & Sandino 7450*, MO); CR (*Lent 1683*, MO); P (*Todzia & Schmalzel 2582*, MO). 700-3200 m. (México [Colima, Guerrero, Jalisco, Morelos, Nayarit, Oaxaca, Veracruz], Mesoamérica).

9. Hedyosmum scaberrimum Standl., *Publ. Field Mus. Nat. Hist., Bot. Ser.* 4: 200 (1929). Holotipo: Panamá, *Cooper 595* (F!). Ilustr.: Todzia, *Fl. Neotrop. Monogr.* 48: 26, t. 15B (1988).

Arbustos o árboles pequeños, 2-10 m, monoicos o dioicos. Láminas foliares (4.5-)8.5-22(-27) × (3-)3.5-6(-9) cm, elípticas, angostamente elípticas, anchamente oblongas o ligeramente obovadas, carnosas, lisas, rígidamente cartáceas cuando secas, escabrosas, la base cuneada a oblicuamente cuneada, los márgenes serrulados con numerosos dientes separados entre sí por 2-5 mm, el ápice 0.3-1 cm, acuminado; venas secundarias 6-10 pares, separadas entre sí por 10-19 mm, agudamente arqueadas; vainas peciolares 1.3-2.2 × 0.8-2 cm, escabrosas, con 2 líneas marcadas, elevadas, extendiéndose a lo largo de la vaina, marcadas con procesos fimbriados, el margen distal volviéndose laciniado por desgarramiento irregular de 0.2-1.8 cm distalmente y con 2 apéndices estipulares 2-3 mm, lineares a ligeramente fimbriados; porción libre de los pecíolos 0.4-1.4(-2.4) cm. Inflorescencias estaminadas dimorfas en plantas unisexuales y bisexuales. En plantas unisexuales, las inflorescencias estaminadas generalmente de 2 o 3 pares opuestos de espigas subsésiles en un raquis corto, 2-4 cm, terminadas en una sola espiga a veces pedunculada; espigas maduras 1.5-5.5 cm; estambres 100-150, las anteras 1.8-2.8 mm, los conectivos extendiéndose c. 0.5 mm más allá de la teca en forma de un ápice agudo, pardo. En plantas bisexuales, las inflorescencias estaminadas de espigas solitarias 0.3-2.2 cm, subsésiles o en pedúnculos 2-9 mm; estambres 21-50, las anteras 1.5-2 mm, los conectivos extendiéndose c. 0.2 mm más allá de la teca en forma de un ápice agudo, pardo. Inflorescencias pistiladas y bisexuales 4.3-9.5(-14) cm, axilares o terminales, en racimos o panículas, con 15-55 címulas; címulas 3-4 × 2-3 mm, con (1)2(-4) flores agrupadas, opuestas o alternadas en el eje de la inflorescencia, separadas entre sí por 3-8 mm, en pedúnculos cortos 1-3 mm; brácteas florales 4-5 mm, carnosas, envolviendo la mitad inferior de la flor. Flores pistiladas 3-4 × 2-2.5 mm; lóbulos del perianto c. 0.3 mm; estigmas 2-5 mm, de forma variable, blancos. Címulas del fruto 8-12 × 6-10 mm, irregularmente elipsoidales a globosas, blancas. *Selvas altas perennifolias, selvas altas perennifolias premontanas, márgenes de arroyos y ríos, vegetación secundaria.* N (*Rueda et al. 5204*, MO); CR (*Todzia 2069*, CR); P (*Todzia et al. 2535*, PMA). 0-1400 m. (Mesoamérica, Colombia, Ecuador).

44. CANELLACEAE

Descripción de la familia y clave genérica por G. Davidse.

Árboles, raramente arbustos, perennifolios, con aceites aromáticos en todas las partes de las plantas. Hojas alternas, simples, enteras, coriáceas, pinnatinervias, con glándulas pelúcidas, glabras, sin estípulas, los márgenes enteros; pecioladas. Inflorescencias terminales o laterales, cimosas, corimbiformes, o las flores solitarias; brácteas presentes o ausentes. Flores bisexuales, actinomorfas, hipóginas; perianto 2-4-seriado; sépalos (2)3, connados solo en la base o hasta 3/4 de su longitud, ampliamente imbricados, persistentes en fruto; pétalos 5-10(-12) en 1 o más series, carnosos, generalmente libres, algunas veces connados cerca de la base, imbricados; estambres 6-12, monadelfos, los filamentos connados formando un tubo, las anteras contiguas, 2-loculares, extrorsas, longitudinalmente dehiscentes; pistilo 1, súpero, con 2-6 carpelos, el ovario 1-locular, las placentas parietales, cada una con 2 a muchos óvulos semianátropos, el estilo corto, grueso, persistente, los lobos del estigma tantos como carpelos. Fruto una baya; semillas 1-40 o más, duras, brillantes, con endospermo oleaginoso. 6 gen., aprox. 24 spp., en América tropical, África y Madagascar; 2 gen. y 2 spp. en Mesoamérica.

Bibliografía: Salazar Lorenzo, J. *Syst. Neotrop. Canellaceae*. Unpublished Ph.D. thesis, Cornell Univ., Ithaca: 1-227 (2006).

1. Inflorescencias terminales; pétalos 5, en 1 serie; semillas embebidas en una pulpa gelatinosa; frutos sin estípite. **1. Canella**
1. Inflorescencias o flores axilares solitarias; pétalos 12, en 2 o 3 series; semillas embebidas en una pulpa fibrosa; frutos con estípite corto. **2. Pleodendron**

1. Canella P. Browne, nom. cons.

Winterana L., *Winterania* L.

Por G. Davidse.

Árboles o arbustos, completamente glabros excepto por tricomas diminutos sobre los pedicelos y márgenes de los sépalos. Hojas obtusas. Inflorescencias en cimas terminales; brácteas 1-3. Flores pediceladas; sépalos 3, connados el 1/4 inferior; pétalos 5, unidos solo cerca de la base, en 1 serie, rojo oscuro; estambres 10, las tecas de la antera 14-20, las extensiones del conectivo arriba de las tecas connadas en un anillo con un poro central a través del cual los estigmas son exertos en la antesis; ovario con 2 o 3 placentas, cada una con 2 óvulos; estigmas inconspicuamente 2 o 3-lobados. Fruto globoso, con pulpa gelatinosa, púrpura-negruzca al madurar, sin estípite; semillas 2-4. 1 spp., Estados Unidos (S. Florida), Mesoamérica, Venezuela, Antillas.

1. Canella winterana (L.) Gaertn., *Fruct. Sem. Pl.* 1: 373 (1788). *Laurus winterana* L., *Sp. Pl.* 371 (1753). Lectotipo (designado aquí): *Herb. Clifford 488, Winterana 1* (BM-[cb] BM000647665), estéril. Epitipo (designado aquí): Jamaica, *Sloane 6: 100* (BM-SL-[cb] BM000593950), fértil. Ilustr.: Long & Lakela, *Fl. Trop. Florida* 614, t. Family 127a-c (1971), como *C. alba*. N.v.: Canela de cuyo, canelache, canella, C; pepper cinnamon, wild cinnamon, Estados Unidos.

Canella alba Murray, *C. obtusifolia* Miers, *Winterana canella* L., *W. obtusifolia* (Miers) Warb.

Árboles o arbustos hasta 18 m; corteza gris, profundamente fisurada en parches más o menos redondeados. Hojas 2.2-11(-15) × 0.9-3 (-5) cm, obovadas a oblanceoladas, brillantes y diminutamente glandular-punteadas sobre la superficie superior, más pálidas y opacas sobre la superficie inferior, la vena media levemente sulcada hacia las base en el haz, elevada en el envés, a menudo como un reborde angosto, las venas secundarias 6-10 pares, la base cuneada y levemente decurrente sobre el pecíolo, los márgenes engrosados, blanquecinos, levemente revolutos, el ápice obtuso a retuso; pecíolo 4-15 mm, levemente sulcado adaxialmente. Inflorescencias 2-3 × 2.5-5 cm, con 7-25 flores; pedicelos 3-6 mm; bractéolas 2, c. 2 mm, triangulares. Flores con sépalos 2-3 mm, reniforme-orbiculares, a menudo emarginados, gruesos, diminutamente ciliados, glaucos sobre la superficie externa; pétalos 4-6 mm, angostamente obovados a ovados, carnosos, obtusos, rojo oscuro marcados con amarillo en la base por dentro, a menudo glaucos sobre la superficie externa; estambres 4-5.5 mm, los filamentos formando un tubo de 1-1.7 mm, las anteras c. 3 mm, rojas, tornándose a amarillo con la edad, la extensión del conectivo 0.5-0.8 mm; ovario 2.4-2.6 mm, ovoide; estilo c. 1.5 mm; estigmas amarillos. Bayas c. 1.3 × 0.7-1.3 cm, tornándose primero a blanco, luego rojo a negro-purpúreo al madurar; semillas 1-5, c. 5 × 4-5 mm, negras, curvadas en un extremo, redondeadas sobre uno de los lados. *Selvas bajas caducifolias, selvas medianas perennifolias, selvas medianas subperennifolias*. Y (*Simá et al. 2345*, MO); C (*Calónico & Álvarez 23528*, MO); QR (Salazar Lorenzo, 2006: 169). 1-400 m. (Estados Unidos [S. Florida], Mesoamérica, Venezuela, Antillas).

La corteza es usada medicinalmente para hacer un té que controla la diarrea y también como condimento similar al de la canela verdadera.

El reporte de *Canella winterana* para las Islas de la Bahía, Honduras, fue producto de una identificación errónea de *Molina R. 34990* (MEXU, MO) que corresponde a *Jacquinia arborea* Vahl (Theophrastaceae o Primulaceae-Theophrastoideae).

2. Pleodendron Tiegh.

Por. G. Davidse.

Árboles, completamente glabros excepto por los márgenes de los sépalos diminutamente ciliados. Hojas agudas a acuminadas. Inflorescencias de flores solitarias o 2-4 flores en grupos fasciculados, axilares; brácteas varias a numerosas. Flores pediceladas; sépalos 3, connados en el 1/2 inferior; pétalos 12, libres, blanquecinos, en 2 o 3 series; estambres 12, las tecas de la antera c. 24; ovario con 6 placentas, cada una con numerosos óvulos; estigmas 6-lobados, capitados. Fruto oblato, con pulpa fibrosa, con estípite corto; semillas 60 o más. 3 spp. en Mesoamérica y las Antillas; 1 sp. en Mesoamérica.

Bibliografía: Hammel, B.E. & Zamora, N. *Lankesteriana* 5: 211-218 (2005).

1. Pleodendron costaricense N. Zamora, Hammel & Aguilar, *Lankesteriana* 5: 211 (2005). Holotipo: Costa Rica, *Zamora et al. 2986* (CR). Ilustr.: Hammel & Zamora, *Lankesteriana* 5: 216, t. 1 (2005).

Árboles 15-35 m; corteza externa gris y blanca, levemente fisurada y escamosa. Hojas 7-15.5 × 3.5-5.5 cm, oblongas, brillantes y glandular-punteadas sobre la superficie superior, la vena media impresa en el haz, elevada en el envés y tornándose rojiza cuando seca, las venas secundarias 12 o 13 pares, la base obtusa a aguda, algunas veces levemente decurrente, los márgenes levemente revolutos cerca de la base, el ápice agudo a levemente acuminado, con un acumen de hasta 7 mm; pecíolos 5-12 mm, canaliculados adaxialmente. Inflorescencias en grupos fasciculados de 2-4 flores, o las flores solitarias; pedicelos 2-5 mm, a menudo con numerosas bractéolas imbricadas, dispuestas en espiral, las inferiores c. 0.5 mm, las distales 1-3 mm, circulares o semicirculares. Flores con el cáliz cupuliforme o campanulado, 3-lobado, el tubo 1-1.5 mm, los lobos 1-1.5 mm, redondeados y levemente imbricados, diminutamente ciliados; pétalos 12, apicalmente obtusos a redondeados, blanquecinos, en 3 series, los 3 pétalos externos 5-7 × 3.5-4.5 mm, ovados, suculentos, los 3 pétalos próximos 5-7 ×1.6-2.5 mm, lanceolados, suculentos, los 6 pétalos más internos más o menos membranáceos, basalmente valvados, irregularmente imbricados apicalmente; estambres 12, 4.5-7.5 mm, los filamentos formando un tubo de 3-5 mm, las anteras 1.5-2.5 mm, la extensión del conectivo 0.2-0.3 mm; ovario 4.5-4.8 × 2.3 mm, botuliforme, con c. 6 filas de óvulos apareados, los óvulos numerosos, reniformes; estigma capitado, c. 6-lobado. Bayas c. 2.5 × 3 cm, verdes, lisas, levemente glaucas; semillas numerosas, 4-5 × c. 4 mm, ovadas a oblongas o algo reniformes, negras, brillantes. *Selvas altas perennifolias*. CR (*Hammel 22049*, MO). 200-300 m. (Endémica).

45. WINTERACEAE

Descripción de la familia por S. Knapp.

Árboles o arbustos con madera sin vasos. Hojas alternas u ocasionalmente subopuestas o verticiladas, simples, enteras, pinnatinervias, generalmente con fragancia a pimienta, estipuladas. Inflorescencia terminal o axilar, fasciculada o en umbelas simples o compuestas o las flores solitarias. Flores bisexuales o unisexuales, actinomorfas; cáliz cerrado alrededor del botón y dehiscente en 2-3 lóbulos o abierto y envolviendo al botón; pétalos 2-numerosos, algunas veces ausentes, libres, imbricados; estambres numerosos o más rara vez escasos, en 2 o más series, los filamentos alargados, las anteras con 2 tecas, con dehiscencia extrorsa por medio de aperturas longitudinales; ovario con pocos a numerosos carpelos libres o algunas veces connados, en 1 o más series. Fruto apocárpico de 1 o más carpelos carnosos, ocasionalmente en baya sincárpica; semillas varias, con endospermo copioso y un embrión diminuto. 5 gen. y alrededor 80 spp., circumtropical en regiones montanas, a excepción de África; 1 gen. y 1 sp. en Mesoamérica.

Bibliografía: Marquínez, X. et al. *Molec. Phylogen. Evol.* 53: 435-449 (2009).

1. Drimys J.R. Forst. & G. Forst., nom. cons.

Wintera Murray.

Por S. Knapp.

Árboles o arbustos, algunas veces epífitas. Hojas alternas, glabras, el envés pelúcido-puntiforme. Flores solitarias o en umbelas o fascículos; cáliz dehiscente en la antesis en 2-3 lóbulos; pétalos 2 a numerosos, ocasionalmente reducidos a 1 o ausentes, en varias series; carpelos 1 o más, en 1 serie, libres; óvulos 2-seriados en la sutura ventral. Frutos de 1 a varios carpelos carnosos, apocárpicos. Aprox. 7-8 spp., desde el sur de México hasta el sur de Sudamérica; 1 sp. en Mesoamérica.

En la actualidad el género *Drimys* se considera restringido al continente americano y las especies de Australasia se ubican en el género *Tasmannia* R. Br. ex DC. La corteza de *Drimys* se usa como tónico y para prevenir el escorbuto, y fue ampliamente usada tanto en el área de distribución nativa como en Europa. El nombre común de "Winter's bark" (corteza de Winter) se refiere a las observaciones de William Winter quien colectó la planta en el estrecho de Magallanes durante el viaje del capitán Drake de 1578 (Smith, 1943).

Bibliografía: Smith, A.C. *J. Arnold Arbor.* 24: 1-33 (1943).

1. Drimys granadensis L. f., *Suppl. Pl.* 269 (1781 [1782]). Lectotipo (designado por Smith, 1943): Colombia, *Mutis 3839* (US). Ilustr.: Dandy, *Ann. Missouri Bot. Gard.* 49: 178, t. 153 (1962 [1963]). N.v.: Chacaca, chilillo, palo de chile, palo picante, Ch; chile, muelo, quiebra muelas, CR.

Drimys granadensis L. f. var *chiriquiensis* A.C. Sm., *D. granadensis* var. *mexicana* (DC.) A.C. Sm., *D. mexicana* DC., *D. winteri* J.R. Forst. & G. Forst. forma *granadensis* (L. f.) Eichler, *D. winteri* var. *granadensis* (L. f.) Eichler ex Dusén, *Wintera granadensis* (L. f.) Murray.

Árboles hasta 10 m; tallos hasta 18 cm de diámetro; ramas rígidas, con cicatrices marcadas de las hojas caídas. Hojas 5-12 × 1-5.5 cm, elípticas, coriáceas, el haz brillante, el envés glauco y blanquecino, la base atenuada, los márgenes enteros y ligeramente revolutos en ejemplares secos, el ápice agudo. Inflorescencias 2-3(-5) cm, con 3-6 flores, seudoumbeladas. Flores bisexuales, blancas, generalmente con olor a especias; sépalos 2, 0.3-0.6 × 0.3-0.6 cm, orbiculares, coriáceos, verdes; pétalos 8-20, 0.5-1.3 cm, elípticos; estambres 20-35(-50), distribuidos en espiral en un receptáculo c. 2 mm, los filamentos 1-1.5 mm, aplanados, las anteras con una glándula apical; carpelos 8-10, 1-2 mm, el estigma diminuto, sésil, bilobado. Frutos de 1-5 carpelos libres, 0.6-1 cm, carnosos, verdes o rojizos cuando maduros. *Bosques nublados, bosques enanos, bosques de* Quercus *y* Podocarpus. Ch (*Breedlove 23037*, MO); G (*Proctor 25485*, MO); H (*House 1317*, MO); ES (*Villacorta & Hellebuyck 2080*, MO); N (*Rueda et al. 13384*, MO); CR (*Morales 118*, MO); P (*Knapp et al. 4210*, MO). (900-)1600-3000(-3300) m. (México [Oaxaca], Mesoamérica, Colombia, Venezuela, Ecuador, Perú).

Las colecciones de Mesoamérica han sido identificadas como *Drimys granadensis* var. *chiriquiensis* y *D. granadensis* var. *mexicana* (Smith, 1943). Con base en la geografía y en diferencias pequeñas y traslapadas en el tamaño y número de partes florales, ese autor reconoció cinco variedades: *D. granadensis* var. *grandiflora* Hieron de Colombia, *D. granadensis* var. *uniflora* (Turcz.) A.C. Sm. de Venezuela y *D. granadensis* var. *peruviana* A.C. Sm. del norte de Perú, más las dos mesoamericanas. El gran aumento en el número de ejemplares desde la publicación de la monografía de Smith muestra que estas diferencias son muy variables, incluso dentro de áreas pequeñas. En consecuencia, aquí no se reconoce ninguna de las variedades de ese autor. El material de *D. granadensis* con frecuencia se identifica erróneamente en los herbarios como *D. winteri* J.R. Forst. & G. Forst., pero esa especie es exclusiva de la zona del estrecho de Magallanes, de la región central de Chile hasta Tierra del Fuego.

46. MYRISTICACEAE

Descripción de la familia y clave genérica por D. Santamaría-Aguilar.

Arbustos o árboles, dioicos o rara vez monoicos, perennifolios o pocas veces caducifolios, frecuentemente aromáticos, generalmente con exudación rojiza (a veces escasa), las ramas horizontales verticiladas. Hojas simples, alternas, dísticas, enteras, a menudo con puntuaciones translúcidas, glabras o pubescentes con tricomas estrellados, dendríticos a irregularmente estrellados o malpigiáceos, pecioladas; estípulas ausentes. Inflorescencias racemiformes, espiciformes, o paniculiformes, axilar-subterminales o pocas veces caulifloras o ramifloras; brácteas generalmente caducas; bractéola presente o ausente. Flores unisexuales, actinomorfas, inconspicuas, pediceladas, algunas veces con aroma; perianto generalmente con 3 lóbulos, uniseriado, connado basalmente, carnoso, glabro o pubescente en ambas caras, infundibuliforme, campanulado o urceolado, generalmente amarillento. Flores estaminadas con 3-13 estambres (Mesoamérica), los filamentos parcial o completamente connados en una columna, por lo general cortamente apiculada en el ápice, las anteras separadas o connadas, con dehiscencia longitudinal. Flores pistiladas con 1 carpelo; ovario súpero, sésil o cortamente estipitado, glabro o pubescente; estilo generalmente ausente, el estigma simple o 2-lobado. Frutos capsulares, dehiscentes por 2 valvas, en la línea de dehiscencia lisos, acanalados o carinados, de forma variable, glabros o pubescentes, la superficie lisa, rugosa o pocas veces acostillados; pericarpo generalmente grueso; semilla 1; testa a veces con líneas y/o manchas, lisa o acanalada; arilo rojo o más o menos de este color, en pocas ocasiones blanco; endospermo ruminado. 20 gen. y aprox. 500 spp., pantropical con pocas especies en África; 6 gen. nativos y aprox. 100 spp. en América; 6 gen. y 27 spp. en Mesoamérica (incl. 1 sp. introducida).

Bibliografía: Jaramillo-Vivanco, T.S. et al. *Fl. Ecuador* 72: 1-101 (2004). Kühn, U. & Kubitzki, K. *Fam. Gen. Vasc. Pl.* 2: 457-467 (1993). Smith, A.C. & Wodehouse, R.P. *Brittonia* 2: 393-510 (1938). Warburg, O. *Nova Acta Acad. Caes. Leop.-Carol. German. Nat. Cur.* 68: 1-680 (1897).

1. Hojas con la nervadura terciaria conspicua, más o menos subparalela y casi perpendicular a las venas secundarias. **1. Compsoneura**
1. Hojas con la nervadura generalmente inconspicua o cuando conspicua (*Virola*) no como descrita en el párrafo anterior.
  2. Envés de las hojas con tricomas estrellados, dendríticos o irregularmente estrellados, algunas veces escasos o inconspicuos.
    3. Pedicelos con bractéolas; flores estaminadas con 10 estambres, la columna de filamentos 0-0.2 mm; frutos oblatos. **4. Osteophloeum**
    3. Pedicelos sin bractéolas; flores estaminadas con 3(-7) estambres, la columna de filamentos (0.1-)0.3-1.5 mm; frutos elipsoides, esféricos, globosos, ovoides o subglobosos. **6. Virola**
  2. Envés de las hojas con tricomas malpigiáceos, pocas veces con tricomas dendrítico-estrellados al lado de las venas o glabro.
    4. Hojas con cristales hialinos en el envés; pedicelos sin bractéolas. **5. Otoba**
    4. Hojas sin cristales hialinos en el envés; pedicelos con bractéolas.
      5. Perianto de las flores estaminadas 1.2-2 mm; columna de filamentos glabra, estambres 3. **2. Iryanthera**
      5. Perianto de las flores estaminadas 5-8 mm; columna de filamentos pubescente, estambres 13. **3. Myristica**

1. Compsoneura (A. DC.) Warb.

Myristica Gronov. sect. *Compsoneura* A. DC.

Por D. Santamaría-Aguilar.

Arbustos o árboles, rara vez descritos como bejucos; ramitas teretes a subteretes, glabras o pubescentes; tricomas irregularmente estrellados (*Compsoneura rigidifolia*), sésiles; cristales hialinos ausentes. Hojas papiráceas a cartáceas o gruesamente coriáceas, sin pústulas, el haz glabro a glabrescente (al menos en la madurez), el envés glabro, glabrescente a diminutamente tomentoso, con puntuaciones resiníferas, las venas secundarias eucamptódromas o broquidódromas, las venas terciarias conspicuas, más o menos subparalelas y casi perpendiculares a las venas secundarias, la base no revoluta, los márgenes enteros, planos a ligeramente revolutos en toda su longitud; pecíolo ligeramente acanalado, glabro o tomentuloso. Inflorescencias axilares, supraaxilares o entre los nudos, los ejes glabros o pubescentes; bráctea ausente; bractéola ausente. Flores estaminadas pediceladas; perianto con 3 o 4 lóbulos, carnoso, las superficies externa e interna glabras o pubescentes; filamentos fusionados formando una columna glabra o diminuta y escasamente pubescente, las anteras 4-7(-11), separadas o totalmente connadas dorsalmente y formando una masa céntrica carnosa. Flores pistiladas pediceladas; perianto carnoso, las superficies externa e interna glabras o pubescentes; gineceo glabro (posiblemente pubescente), el estigma 2-lobado. Frutos elipsoides a elipsoide-ovoides, elípticos a elíptico-ovados, dehiscentes por 2 valvas, lisos o carinados en la línea de dehiscencia; pericarpo delgado o grueso, cuando delgado entonces glabro y liso, cuando grueso entonces pubescente y acostillado; semilla 1, similar en forma al fruto, la testa generalmente con manchas y/o líneas; arilo blanco o rojo, laciniado o irregularmente laciniado en el ápice. 18 spp., desde México hasta Brasil; 3 spp. en Mesoamérica.

La taxonomía que se sigue en este tratamiento es la de Janovec (2000).

Bibliografía: Janovec, J.P. *Syst. Stud.* Compsoneura. Unpublished Ph.D. thesis, Texas A&M Univ., College Station: 1-359 (2000). Janovec, J.P. & Harrison, J.S. *Syst. Bot.* 27: 662-673 (2002). Janovec, J.P. & Neill, A.K. *Brittonia* 54: 251-261 (2002 [2003]).

1. Hojas gruesamente coriáceas, pardas, pardo oscuro a oliváceas en ambas superficies, pubescentes en el envés, los tricomas irregularmente estrellados, pardos a ferrugíneos, la nervadura broquidódroma; flores estaminadas con la superficie externa del perianto tomentulosa, la interna glabra; frutos con el ápice abruptamente acuminado; pericarpo 1-3 mm de grosor, acostillado, ferrugíneo-tomentuloso. **3. C. rigidifolia**
1. Hojas papiráceas a cartáceas, nunca de color como el descrito arriba, glabras en el envés, la nervadura eucamptódroma; flores estaminadas con la superficie externa del perianto glabra, la interna densamente pubescente; frutos con el ápice agudo u obtuso; pericarpo 0.3-0.6 mm de grosor, sin costillas, glabro.
  2. Flores estaminadas con el perianto en botón floral angulado; anteras totalmente connadas dorsalmente y formando una masa céntrica carnosa, obcónica, plana o cóncava en el ápice; vertiente del Pacífico. **1. C. excelsa**
  2. Flores estaminadas con el perianto en botón floral no angulado o con costillas muy leves; anteras casi separadas a fusionadas en la base c. 1/4-1/2 de su longitud, obtusas a acuminadas en el ápice; vertiente del Caribe. **2. C. mexicana**

1. Compsoneura excelsa A.C. Sm., *Brittonia* 2: 413 (1938). Isotipo: Costa Rica, *Skutch 2791* (MO!). Ilustr.: Quesada et al., *Árboles Penins. Osa* 245 (1997), como *C. sprucei*. N.v.: Targuá de montaña, CR.

Arbustos o árboles 2.5-10(-23) m; tallos 10-16 cm de diámetro; corteza descrita como lisa, gris oscuro; savia pocas veces descrita, algunas veces roja o sin savia obvia; ramitas 0.19-0.25 cm de grosor, glabras, la corteza beige u oliva a pardo muy claro. Hojas 14-24.3 × 4.2-7(-8.4) cm, oblongo-elípticas, papiráceas, verde-olivo, pardoverdoso a pardo claro en ambas superficies, el haz y el envés glabros, las venas secundarias 6-12 por lado, eucamptódromas, arqueado-ascendentes, no anastomosadas, planas a ligeramente elevadas en el haz, levemente elevadas en el envés, la vena media plana en el haz, elevada en el envés, glabra en ambos lados, la base aguda, atenuada a cuneada, los márgenes planos o ligeramente revolutos en toda su longitud, el ápice cortamente acuminado o cuspidado; pecíolo 0.7-1.7 cm, subterete, ligeramente acanalado, glabro. Inflorescencias estaminadas axilares o entre los nudos, el eje principal 1.5-9 cm, todos los ejes glabros. Botones florales estaminados obovados, el ápice agudo a hundido, los lados angulados. Flores estaminadas en fascículos umbeliformes sésiles o cortamente pedunculados, cada fascículo con 2 o 3 flores; pedicelos 1.3-2 mm; perianto 1.5-2 mm, blanco-verdoso o blanquecino, connado por 0.3-1.5 mm de su longitud, la superficie externa glabra, la superficie interna densamente pubescente; lóbulos 3 o 4, deltoides, ampliamente ovados a deltoide-oblongos, erectos, el ápice agudo a subagudo; estambres 5-7(-11), 0.5-1 mm, la columna de filamentos 0.1-0.3 mm, glabra, las anteras 0.4-0.7 mm, totalmente connadas dorsalmente y formando una masa céntrica carnosa, obcónica, plana o cóncava en el ápice. Inflorescencias pistiladas no vistas. Botón floral pistilado ovado. Flores pistiladas con pedicelos 2.2-3.6 mm; perianto 2.8-3.2 mm, color no descrito, connado por 1.1-1.3 mm de su longitud, la superficie externa glabra, la superficie interna densamente pubescente; gineceo c. 1.1 mm, ovado, glabro, el estigma 2-lobado, superficialmente hendido a casi plano. Infrutescencia con 1 o 2 frutos, aunque comúnmente los frutos solitarios; frutos 2.7-3.4 × 1.4-2.3 cm (sin incluir el estípite), elipsoides a elipsoide-ovoides, amarillos o anaranjados, el ápice obtuso a agudo, la base obtusa, algunas veces levemente truncada; pericarpo c. 0.5 mm de grosor, sin costillas longitudinales, glabro; pedicelo 5-8 mm; semilla 2.1-2.8 × 1.2-1.5 cm, similar en forma al fruto, la testa pardo claro, grisácea o blanquecina, con manchas y/o líneas irregulares pardo brillante, el arilo descrito como rojo (amarillo o pardo claro cuando seco), entero, laciniado en el ápice. Floración may.-ago.; fructificación ene.-may., dic. *Selvas húmedas*. CR (*Kernan & Phillips 722*, MO); P (*Liesner 360*, MO). 0-1000 m. (Endémica).

Compsoneura excelsa y *C. mexicana* son muy parecidas en estado vegetativo y en fruto, pero las diferencias en las flores estaminadas son diagnósticas. Aunque solo se han visto especímenes de la vertiente del Pacífico, Jiménez Madrigal (2007b) menciona que esta especie y *C. mexicana* se encuentran en la vertiente Caribe de la Cordillera de Guanacaste en Costa Rica.

Los datos del botón floral y de las flores pistiladas provienen de Janovec (2000).

2. Compsoneura mexicana (Hemsl.) Janovec, *Syst. Bot.* 27: 668 (2002). *Myristica mexicana* Hemsl., *Biol. Cent.-Amer., Bot.* 3: 67 (1882). Holotipo: México, Tabasco, *Linden 1612* (K, imagen en Internet!). Ilustr.: Jiménez Madrigal, *Monogr. Syst. Bot. Missouri Bot. Gard.* 111: 686 (2007b). N.v.: Sangre, G, H, CR; miel quemada, orejuelo, sangre rojo, H; fruta dorada, sangrillo, sebo, CR; mura-guaga, P (Guaymi).

Compsoneura costaricensis Warb.

Arbustos o árboles 2-15 m; tallos 8-20 cm de diámetro, rara vez descritos como bejucos; corteza descrita como lisa, pardo-rojiza; savia roja en la corteza y blanca a rosada en las ramitas; ramitas 0.1-0.45 cm de grosor, glabras, la corteza beige a pardo muy claro. Hojas 8.5-40 × 2-14.5 cm, ovadas, obovadas, a elíptico-obovadas, o menos comúnmente elípticas, papiráceas a cartáceas, el haz verde brillante a verde opaco, raramente verde oliva o verde-pardusco, el envés de color similar al haz, pero un poco más opaco, el haz y el envés glabros, las venas secundarias 5-13 por lado, eucamptódromas, arqueado-ascendentes, no anastomosadas, planas a ligeramente elevadas en el haz, levemente elevadas en el envés, la vena media plana en el haz, elevada en el envés, glabra en ambos lados, la base aguda, atenuada a cuneada, los márgenes planos o ligeramente revolutos en toda su longitud, el ápice agudo a acuminado, caudado a fuertemente caudado; pecíolo 0.5-2.5 cm, subterete, ligeramente acanalado, glabro. Inflorescencias estaminadas axilares, supraaxilares o entre los nudos, el eje principal 1.5-11 cm, todos los ejes glabros. Botones florales estaminados ovados, el ápice obtuso, los lados no angulados o con costillas muy leves. Flores estaminadas en fascículos umbeliformes sésiles o cortamente pedunculados, cada fascículo con 2-8 flores; pedicelos 0-2.5 mm; perianto 1.6-3.6 mm, amarillo, anaranjado, blanco, crema, verdusco o la combinación de estos colores, connado por 0.2-2.5 mm de su longitud, la superficie externa glabra, la superficie interna densamente pubescente; lóbulos 3(4), angostamente ovados, lanceolados a deltoides, erectos, el ápice agudo a obtuso; estambres 4-7, 0.8-1.9 mm, la columna de filamentos 0.1-0.5 mm, diminuta y escasamente pubescente, las anteras 0.7-1.4 mm, casi separadas a fusionadas en la base por 1/4-1/2 de su longitud, obtusas a acuminadas en el ápice. Inflorescencias pistiladas axilares, el eje principal 0.5-3.8 cm, todos los ejes glabros, las flores arregladas en fascículos umbeliformes sésiles o cortamente pedunculados, el pedúnculo 0.05-0.15 cm, cada fascículo con 1-6 flores. Flores pistiladas con pedicelos 0.8-3 mm; perianto 1.5-2 mm, similar en forma y color al de las flores estaminadas, connado por 0.8-2 mm de su longitud, la superficie externa glabra, la superficie interna pubescente; gineceo 0.5-1.5 mm, ovado, glabro, el estigma 2-lobado, levemente hendido. Infrutescencias con 1-4 frutos. Frutos 1.6-3 × 1.3-2.1 cm (sin incluir el estípite), elípticos a elíptico-ovados, amarillos, anaranjados, o la combinación de estos colores, el ápice y la base obtusa; pericarpo c. 0.3-0.6 mm de grosor, sin costillas longitudinales, glabro; estípite 3-9(-12) mm; semilla 1.6-2.4 × 1.1-1.5 cm, la testa pardo claro, grisácea o blanquecina, con manchas y/o líneas irregulares pardo a negruzcas, opacas o brillantes, el arilo rojo (amarillento pardo o pardo claro cuando seco), entero, laciniado en el ápice. Floración feb.-dic. (principalmente jul. y sep.); fructificación ene.-jul., nov.-dic. *Selvas húmedas o muy húmedas*. T (*Croat 40104*, MO); Ch (*Gómez-Domínguez 2076*, MO); B (*Brewer 317*, MO); G (*Lundell & Contreras 19899*, MO); H (*Yuncker et al. 8336*, MO); N (*Rueda et al. 8676*, MO); CR (*Folsom 9420*, MO); P (*Knapp & Mallet 5710*, MO). 0-800(-1300) m. (México [Veracruz], Mesoamérica).

Los especímenes de *Compsoneura mexicana* históricamente fueron identificados y tratados como *C. sprucei* (A. DC.) Warb., una especie restringida a la Amazonía (Colombia, Ecuador, Perú, Venezuela y Brasil) (Janovec & Harrison, 2002). Villaseñor Ríos (2016), menciona la presencia de esta especie en Oaxaca; sin embargo, no se han observado especímenes de ese estado.

3. Compsoneura rigidifolia W.A. Rodrigues, *Brittonia* 41: 160 (1989). Holotipo: Panamá, *Mori & Kallunki 5537* (MO!). Ilustr.: Rodrigues, *Brittonia* 41: 161, t. 1 (1989).

Árboles 7-20 m; tallos 6-30 cm de diámetro; corteza no descrita; savia roja (en el tronco); ramitas 0.24-0.48(-0.8) cm de grosor, densamente tomentosas a tomentulosas (en ramitas jóvenes); tricomas irregularmente estrellados, pardos a ferrugíneos; corteza parda, grisácea o beige. Hojas 11-23.5 × 4.9-8.8 cm, elípticas a ligeramente ovado-elípticas, gruesamente coriáceas, pardas, pardo oscuro a oliváceas en ambas superficies, el haz glabro a glabrescente, el envés glabrescente a diminutamente tomentoso, con tricomas irregularmente estrellados, pardos a ferrugíneos, las venas secundarias 7-13 por lado, broquidódromas, arqueado ascendentes, anastomosadas cerca al margen, levemente impresas en el haz, las venas secundarias y la vena marginal muy destacadas en el envés, la vena media levemente elevada en el haz, conspicuamente elevada en el envés, tomentulosa en el envés, los tricomas pardos a ferrugíneos, irregularmente estrellados, la base angostamente obtusa, obtusa a levemente atenuada, los márgenes por lo general ligeramente revolutos en toda su longitud, el ápice agudo, acuminado o caudado; pecíolo 1.2-2.5 cm, subterete, ligeramente acanalado, pardo-tomentuloso a ferrugíneo-tomentuloso cuando joven, glabrescente con la edad. Inflorescencias estaminadas axilares, el eje principal 3.5-7 cm, todos los ejes densamente tomentulosos, los tricomas irregularmente estrellados, pardos a ferrugíneos. Botones florales estaminados ovoides a ligeramente ovados, el ápice agudo a obtuso, no angulados o con costillas muy leves. Flores estaminadas en fascículos umbeliformes pedunculados, cada fascículo con 4-8 flores; pedicelos 2-3 mm; perianto 1.5-2.7 mm, amarillo o amarillo-anaranjado, connado por 0.3-0.7 mm de su longitud, la superficie externa tomentulosa, los tricomas pardos a ferrugíneos, la superficie interna glabra; lóbulos 3 o 4, ampliamente ovados a deltoides, erectos, el ápice agudo; estambres 5-7(8), 0.5-1 mm, la columna de filamentos 0.2-0.3 mm, glabra, las anteras 0.4-0.8 mm, separadas, erectas a incurvadas. Inflorescencias y flores pistiladas no vistas. Infrutescencias con 1-4 frutos. Frutos 2.7-5.5 × 2-3.7 cm, elípticos a elíptico-ovados, pardos, la base redondeada o truncada, el ápice abruptamente acuminado, recto o deflexo; pericarpo 1-3 mm de grosor, con 9-13 costillas longitudinales o más, c. 0.2 cm arriba de la superficie, ferrugíneo-tomentuloso; pedicelo 5-7 mm; semilla con la testa parda y ligeramente reticulada, el arilo blanco (pardo claro o amarillo cuando seco), delgado, irregularmente laciniado. Floración mar., jul.-ago., oct.; fructificación feb.-mar., nov.-dic. *Selvas húmedas*. P (*Dwyer & Gentry 4801*, MO). 60-1000 m. (Mesoamérica, Colombia, Ecuador).

Compsoneura rigidifolia es fácil de identificar en Mesoamérica por sus hojas muy rígidas, con las venas secundarias y la vena marginal marcadamente elevadas en el envés y por sus tricomas irregularmente estrellados, pardos a ferrugíneos, en diferentes partes de la planta. Los frutos se caracterizan por tener el ápice abruptamente acuminado y el pericarpo grueso, acostillado y pubescente.

El tipo de este nombre y otras muestras fueron previamente identificados o tratados como *C. atopa* (A.C. Sm.) A.C. Sm. o *C. capitellata* (A. DC.) Warb., ambas conocidas solo de Sudamérica (Janovec, 2000). No se han observado las semillas y las etiquetas de herbario de los ejemplares estudiados no describen el arilo; los datos presentados provienen de Rodrigues (1989) y Janovec & Neill (2002 [2003]).

La distribución dada para Colombia y Ecuador está basada en Cogollo Pacheco en Idárraga-Piedrahita et al. (2011) y Jaramillo-Vivanco et al. (2004).

2. **Iryanthera** (A. DC.) Warb.

Myristica Gronov. sect. *Iryanthera* A. DC.

Por D. Santamaría-Aguilar.

Arbustos o árboles, dioicos o monoicos; ramitas teretes a ligeramente anguladas, glabrescentes a escasamente pubescentes; tricomas en diferentes partes malpigiáceos, o malpigiáceos mezclados con escasos tricomas dendrítico-estrellados (en el envés de lámina), sésiles; cristales hialinos ausentes. Hojas coriáceas, sin pústulas, el haz glabro (al menos en la madurez), el envés escasamente pubescente, algunas veces con puntuaciones resiníferas, las venas secundarias levemente anastomosadas cerca al margen, las venas terciarias inconspicuas, la base no revoluta, los márgenes enteros, planos; pecíolo no alado o algunas veces angostamente alado, acanalado, glabro a inconspicuamente pubescente. Inflorescencias axilares, sobre nudos sin hojas, ramifloras o en el tronco, los ejes pubescentes; brácteas presentes; bractéola en el ápice del pedicelo. Flores estaminadas pediceladas; perianto con 3 lóbulos, algo carnoso, la superficie externa densamente pubescente, la superficie interna glabra; filamentos fusionados en una columna, la columna glabra, las anteras 3, libres o fusionadas. Flores pistiladas pediceladas; perianto carnoso, las superficies externa e interna iguales a las de las flores estaminadas; gineceo glabro o raramente pubescente, el estigma 2-lobado. Frutos oblatos o globosos, dehiscentes en 2 valvas, en la línea de dehiscencia lisos o levemente carinados; pericarpo leñoso; semilla 1, similar en forma al fruto, no gibosa, la testa sin manchas o líneas, el arilo rojo (de color desconocido en Mesoamérica), laciniado. Aprox. 20 spp., desde Panamá hasta Brasil; 2 spp. en Mesoamérica.

Iryanthera solamente se conoce en Mesoamérica de Panamá. Este es el único género en América que ha sido documentado como monoico y esta característica se ha registrado en las siguientes especies: *I. hostmannii* (Benth.) Warb., *I. juruensis* Warb., *I. laevis* Markgr., *I. sagotiana* (Benth.) Warb. (Smith & Wodehouse, 1938; Jaramillo-Vivanco et al., 2004).

Iryanthera juruensis fue atribuida para Panamá por Gentry (1975), con base en la colección *Holdridge 6267* (MO, 2 pliegos), provincia de Colón, 60-150 m de elevación. Sin embargo, este material presenta hojas y frutos en no muy buena condición para ser tratados formalmente en este trabajo. Las pocas hojas completas miden 12.3-14 × 4.2-4.7 cm, con el envés casi glabro y tuberculado, las venas secundarias están impresas en el haz y ligeramente elevadas en el envés (algunas veces poco visibles), las cuales en apariencia no se anastomosan, y los pecíolos de 0.9-1.1 cm, son glabros o cuando jóvenes pubescentes. Los restos de frutos tienen pedicelo c. 1.5 cm, pubescente, con tricomas pardos; la mitad de una de las valvas tiene un tamaño c. 1.3 × 1.4 cm, con la superficie rugosa, el pericarpo tiene c. 4 mm de grosor y una semilla c. 2.1 × 2.9 cm es oblata. El colector describe que los frutos salen de las ramas.

Otro espécimen pobremente representado es *Hammel et al. 16202* (MO), con frutos inmaduros, herborizado en el Parque Nacional Darién entre los 450 y 600 m. Esa muestra tiene hojas c. 15 × 3.7-4.5 cm, pardas, las venas secundarias son c. 13 por lado, la vena marginal y las venas secundarias están destacadas en ambas caras, y el envés carece de puntuaciones. Los frutos inmaduros son glabros y tienen un pedicelo de 0.4-0.7 cm. Este espécimen ha sido identificado como *I. hostmannii*. Finalmente, Zárate Gómez (2019) atribuyo *I. paraensis* Huber para la provincia de Guanacaste en Costa Rica, lo cual representaría el primer reporte del género y una especie para este país. Sin embargo, no se cita un ejemplar de herbario para corroborar esta afirmación. También, este país y esa provincia son de los mejor explorados, lo que puede hacer pensar que se trata de un error.

1. Hojas con puntuaciones pardo-rojizas o negras en el envés, la superficie lisa; ramas de las inflorescencias 3.3-4.9 cm; flores estaminadas con perianto 1.5-2 mm; columna de filamentos (0.05-)0.1-0.2 mm, engrosada en el ápice. **1. I. megistocarpa**
1. Hojas sin puntuaciones en el envés, o si presentes estas muy escasas, la superficie ligeramente tuberculada; ramas de las inflorescencias 5.3-8.5 cm; flores estaminadas con perianto 1.2-1.5 mm; columna de filamentos c. 0.3 mm, recta o levemente ensanchada en la base. **2. I.** sp. **A**

1. Iryanthera megistocarpa A.H. Gentry, *Ann. Missouri Bot. Gard.* 62: 478 (1975). Holotipo: Panamá, *Gentry et al. 14200* (MO!). Ilustr.: Gentry, *Ann. Missouri Bot. Gard.* 62: 477, t. 2 (1975).

Árboles 5-20 m; tallos 16-45 cm de diámetro; corteza en pocas ocasiones descrita como escamosa, rosada o rojiza; savia algunas veces descrita como roja y acuosa; ramitas 0.27-0.47 cm de grosor, glabrescentes a inconspicuamente pubescentes, los tricomas malpigiáceos, cuando presentes pardo-rojizos a blanquecinos, teretes a ligeramente anguladas, sólidas, la corteza generalmente parda, pardo-amarillenta o negruzca, con o sin lenticelas, algunas veces más notorias en ramas con frutos, cuando presentes redondas o elípticas. Hojas 11-20.8 × 5.2-7 cm, elípticas, el haz pardo oscuro, glabro, el envés pardo claro, escasamente pubescente (densamente pubescente en hojas jóvenes), los tricomas malpigiáceos, rojizos y/o blanquecinos, con puntuaciones pardo-rojizas o negras, la superficie lisa, las venas secundarias 12-18 por lado, anastomosadas, impresas en el haz y elevadas en el envés, la vena media elevada en ambas caras, glabrescente o con escasos tricomas dispersos en el envés, pardo claro, malpigiáceos o malpigiáceos y con escasos tricomas dendrítico-estrellados al lado del nervio (*Herrera et al. 1153*, MO), las venas intersecundarias (0)1 o 2, impresas en el haz, la base subobtusa, no revoluta, los márgenes no revolutos, el ápice agudo; pecíolo 1-1.8 cm, rugoso, ligeramente acanalado, algunas veces angostamente alado, inconspicuamente pubescente. Inflorescencias estaminadas, axilares o sobre nudos sin hojas, todos los ejes densamente pubescentes, los tricomas malpigiáceos, pardo-rojizos a amarillentos, el pedúnculo 0.3-0.5 cm o ausente, las ramas secundarias 1 o 2(3), 3.3-4.9 cm, levemente aplanadas, con fascículos de 2-4 flores. Flores estaminadas con pedicelos 2-5 mm, la bráctea subyacente al pedicelo 0.5-0.8 mm, ampliamente ovada a subdeltoide, la superficie externa densamente pubescente, con tricomas pardos, la bractéola c. 0.5 mm, levemente 2-3-lobulada, los lóbulos triangulares, el indumento similar al de la bráctea; botón floral subgloboso; perianto 1.5-2 mm, verde o blanco-verdoso, subcarnoso, connado por c. 0.5 mm de su longitud, la superficie externa densamente pubescente, con tricomas pardo-rojizos, la superficie interna glabra o algunas veces con tricomas dispersos cerca al margen; lóbulos 3(4), ovados a subtriangulares, el ápice obtuso, con un pequeño reborde o este ausente y sin apéndice en la parte interna en botones florales; estambres 3, fusionados, capitados, la columna de filamentos (0.05-)0.1-0.2 mm, engrosada en el ápice, glabra, las anteras c. 0.3 mm. Inflorescencias y flores pistiladas no vistas. Infrutescencia con 1 fruto. Frutos 4.3-5.4 × 4-5.3 cm, globosos, escasa y diminutamente pubescentes, la superficie rugosa cuando seca, en la línea de dehiscencia lisos a marcadamente carinados (al menos cuando frescos), verdes; pericarpo 7-8 mm de grosor; pedicelo 0.5-3 × 0.4-0.6 cm, algunas veces lenticelado. Floración ene.-feb., jun.-jul.; fructificación ene.-abr., nov. *Selvas muy húmedas*. P (*McPherson 10612*, MO). 150-400 m. (Mesoamérica, Colombia).

Además de las características presentadas en la clave, *Iryanthera megistocarpa* se reconoce por sus frutos grandes y el pericarpo grueso.

El espécimen *Herrera et al. 1153* (MO) es inusual por presentar unos pocos tricomas dendrítico-estrellados al lado de las venas; este tipo de tricomas aparentemente no han sido mencionados para este género. El interior del fruto es descrito como suave y semitrasparente-blanquecino, y como astringente y semidulce (*Kennedy 2515*, MO).

Esta especie se registra para Colombia (Cogollo Pacheco en Idárraga-Piedrahita et al., 2011), pero no se han visto ejemplares de referencia.

2. Iryanthera sp. **A.** Ilustr.: no se encontró.

Arbustos de altura y diámetro desconocido; corteza y savia no descritos; ramitas 0.3-0.44 cm de grosor, glabrescentes, las partes distales y más jóvenes escasamente pubescentes, los tricomas malpigiáceos, cuando presentes pardo-rojizos, teretes, la corteza pardo claro a oscuro, inconspicuamente lenticelada. Hojas 11-17.5 × 3.7-5.6 cm, elíptico-lanceoladas, parduzcas a color canela en ambas caras, el haz glabro, el envés muy escasamente pubescente, con tricomas malpigiáceos, rojizos y/o blanquecinos, sin puntuaciones o si presentes muy escasas, la superficie ligeramente tuberculada, las venas secundarias 14-17 por lado, levemente anastomosadas, ligeramente impresas en el haz, elevadas en el envés, la vena media elevada en ambas caras, con escasos tricomas dispersos en el envés, pardo claro y/o blanquecinos, malpigiáceos, las venas intersecundarias 1 o 2, la base subotusa, no revoluta, los márgenes no revolutos, el ápice acuminado; pecíolo 0.9-1.5 cm, rugoso, ligeramente acanalado, glabro a inconspicuamente pubescente, el indumento más denso cuando joven. Inflorescencias estaminadas axilares o sobre nudos sin hojas, todos los ejes densamente pubescentes, los tricomas malpigiáceos, pardos, el pedúnculo ausente o 0.5-1.1 cm, las ramas laterales 1-2, 5.3-8.5 cm, levemente aplanadas, con fascículos de (1)2-4 flores. Flores estaminadas con pedicelos 3-4.5 mm, la bráctea subyacente al pedicelo c. 0.3-0.5 mm, deltoide, la superficie externa densamente pubescente, los tricomas pardos, la bractéola 0.1-0.2 mm, levemente 2- a 3-lobulada, subtriangular a ovada, el indumento similar al de la bráctea; botón floral subgloboso; perianto 1.2-1.5 mm, verde-amarillento, subcarnoso, connado por 0.5-0.7 mm de su longitud, la superficie externa densamente pubescente, los tricomas pardo-rojizos, la superficie interna glabra; lóbulos 3, ovados, el ápice obtuso, con un pequeño reborde y apéndice en la parte interna en botones florales; estambres 3, fusionados, capitados. la columna de filamentos c. 0.3 mm, recta o levemente ensanchada en la base, glabra, las anteras, c. 0.3 mm. Inflorescencias y flores pistiladas, y frutos no vistos. Floración jul., sep. *Selvas muy húmedas*. P (*Duke 8764*, MO). 100-150 m. (Endémica).

Especímenes de esta planta han sido tratados como *Iryanthera ulei* Warb. (p. ej., Gentry, 1975). Se ha podido estudiar tres ejemplares con botones florales estaminados (*Duke 5272*, MO; *Duke 8764*, MO; *Duke 13558*, MO). Sin embargo, con el material disponible no se puede llegar a una conclusión sobre su identificación como esta o alguna otra de las otras especies en el género.

3. **Myristica** Gronov., nom. cons.

Palala Rumph. ex Kuntze.

Por D. Santamaría-Aguilar.

Árboles; ramitas teretes, glabras; tricomas en diferentes partes de la planta malpigiáceos, sésiles; cristales hialinos ausentes. Hojas coriáceas, sin pústulas, el haz glabro (al menos en la madurez), el envés glabro o algunas veces con escasos tricomas malpigiáceos y puntuaciones resiníferas, las venas secundarias levemente anastomosadas a libres, las venas terciarias inconspicuas, la base no revoluta, los márgenes enteros, planos a ligeramente revolutos; pecíolo no alado, acanalado, glabro o diminuta e inconspicuamente pubescente. Inflorescencias axilares, entre las hojas o 2 mm arriba de la axila del pecíolo; brácteas presentes; bractéola en el ápice del pedicelo. Flores estaminadas pediceladas; perianto con 3 lóbulos, carnoso, la superficie externa diminutamente pubescente, la superficie interna glabra; filamentos fusionados en una columna, la columna pubescente, las anteras 13, fusionadas. Flores pistiladas pediceladas; perianto carnoso, la superficie externa e interna igual a la de las flores estaminadas; gineceo glabro o pubescente, el estigma 2-lobado. Frutos piriformes, ovalados a ovoides, dehiscentes en 2 valvas, en la línea de dehiscencia lisos; pericarpo grueso; semilla 1, elipsoide, no gibosa, la testa sin manchas o líneas, el arilo colorido, laciniado. Aprox. 175 spp., en el sur de India e Indochina, este y noreste de Australia y en el Pacífico al este de Fiji, la mayoría de las especies se encuentran en Nueva Guinea; 1 sp. introducida en Mesoamérica.

Bibliografía: Sinclair, J. *Gard. Bull. Singapore* 23: 1-540 (1968).

1. Myristica fragrans Houtt., *Nat. Hist.* 2(3): 333 (1774). Lectotipo (designado por Callmander & Veldkamp en Wijnands et al., 2017): Islas Molucas, *Anon. s.n.* (G-PREL-[cb] G00818072). Ilustr.: Duke, *Ann. Missouri Bot. Gard.* 49: 215, t. 167 (1962d). N.v.: Nuez moscada, G, H, N, CR, P.

Árboles 3.5-7 m; ramitas sólidas; corteza amarillenta (distalmente), sin lenticelas, estriada. Hojas 6.7-12.4 × 2.8-5.3 cm, elípticas a ovadas, el haz en material fresco descrito como lustroso, oliváceo, glabro, el envés en material fresco descrito como glauco o grisáceo, pardo muy claro a oliváceo, glabro o algunas veces con escasos tricomas malpigiáceos o puntuaciones rojizas, la vena media plana a ligeramente elevada en el haz, elevada en el envés, algunas veces con escasos tricomas malpigiáceos rojizos, la base cuneada a atenuada, el ápice acuminado, las venas secundarias 8-12 por lado, algunas veces con algunas venas intersecundarias, impresas a planas en el haz, elevadas en el envés; pecíolo 1-1.7 cm, rugoso. Inflorescencias estaminadas axilares, irregularmente umbeladas, con 2-5 flores; pedúnculo 1-1.2 cm, terete a levemente compreso, bifurcado, las ramas laterales 0.5-2.3 cm. Flores estaminadas sobre pedicelos de 8-11 mm, diminuta o moderadamente pubescentes; bractéola 1.5-2 × 2-2.5 mm, ampliamente ovada o semicircular, la superficie externa diminutamente pubescente; perianto 5-8 × 3-3.5 mm, ovoide, amarillo, blanco o crema, la superficie externa con tricomas pardo-rojizos; lóbulos 3, el ápice obtuso; estambres 13, la columna de filamentos 1-2.5 mm, las anteras 2.2-2.5 mm, con el apículo 0.3-0.5 mm, agudo, glabro. Inflorescencias y flores pistiladas no vistas. Infrutescencia con 1 fruto péndulo. Frutos 3.7-5.7 × 2.8-3.7 cm, escasa y diminutamente pubescentes, amarillos; pericarpo c. 6 mm de grosor; pedicelo 1.4-1.9 cm, engrosado hacia el ápice; semilla con testa negra y lustrosa, el arilo rojo brillante y muy dividido que cubre casi por completo la semilla. Floración jul.-ago., oct.; fructificación jul.-ago. *Cultivada.* G (Standley & Steyermark, 1946h: 296); H (Nelson, 2008: 750); ES (*Galán 2926*, LAGU); N (*Medina 46*, MO); CR (*Zamora et al. 1507*, MO); P (*Galdames et al. 5880*, MO). 0-800 m. (Nativa de las Molucas; ocasionalmente cultivada en Mesoamérica y otras regiones del Mundo).

Myristica fragrans se cultiva esporádicamente en Mesoamérica y otros países del continente americano por sus semillas de las que se obtiene la nuez moscada y la macis de los arilos secos. También se menciona que las hojas y el pericarpo tienen propiedades culinarias y medicinales. Standley & Steyermark (1946h) discuten los usos que se le dan en Guatemala, y León (1968) el uso en general. El último autor discute el origen, la morfología general y la ecología de *M. fragrans*. Como las semillas y los arilos no fueron observados, la información presentada en la descripción proviene de León (1968).

4. Osteophloeum Warb.

Por D. Santamaría-Aguilar.

Árboles; ramitas glabrescentes a diminutamente puberulentas; tricomas en diferentes partes de la planta estrellados, sésiles; cristales hialinos ausentes. Hojas coriáceas, sin pústulas, el haz glabro (al menos en la madurez), el envés pubescente, sin puntuaciones resiníferas, las venas secundarias levemente anastomosadas, las venas terciarias inconspicuas, la base levemente revoluta, los márgenes enteros; pecíolo algunas veces angostamente alado, acanalado, glabrescente a diminutamente pubescente. Inflorescencias axilares o sobre ramas sin hojas, los ejes pubescentes; brácteas presentes; bractéola en el ápice del pedicelo. Flores estaminadas pediceladas; perianto con 3 lóbulos, carnoso, la superficie externa pubescente, la superficie interna glabra; filamentos fusionados en una columna, la columna glabra, las anteras 10, connadas. Flores pistiladas pediceladas; perianto carnoso, la superficie externa e interna igual a la de las flores estaminadas; gineceo pubescente, el estigma 2-lobado. Frutos oblatos, dehiscentes por 2 valvas, en la línea de dehiscencia en apariencia levemente carinados (en la madurez); pericarpo leñoso; semilla 1, similar en forma al fruto, la testa sin manchas o líneas, el arilo rojo, entero. 1 sp., Mesoamérica a Brasil.

Este género aparece escrito como "*Osteophloem*" en Smith & Wodehouse (1938) y Smith (1938).

Bibliografía: Jaramillo-Vivanco, T.S. et al. *Nordic J. Bot.* 20: 443-447 (2000).

1. Osteophloeum platyspermum (Spruce ex A. DC.) Warb., *Nova Acta Acad. Caes. Leop.-Carol. German. Nat. Cur.* 68: 162 (1897). *Myristica platysperma* Spruce ex A. DC., *Prodr.* 14: 695 (1856-1857 [1857]). Lectotipo (designado por Jaramillo-Vivanco et al., 2004): Brasil, *Spruce 2491* (G-DC). Ilustr.: Mori et al., *Mem. New York Bot. Gard.* 76(2): 529, t. 228 (2002). N.v.: Duuca, sapa, sapa wala, P (Kuna).

1a. Osteophloeum platyspermum (Spruce ex A. DC.) Warb. var. **platyspermum**.

Árboles 22-40 m; tallos 27.4-159 cm de diámetro; savia descrita como rojiza-anaranjada y sin especificar en cuál parte; ramitas 0.29-0.66 cm de grosor, teretes o aplanadas, sólidas o ligeramente fistulosas, glabrescentes a diminutamente puberulentas, especialmente en las partes distales y muy jóvenes, los tricomas pardos, la corteza pardo oscuro, negruzca u olivácea, sin lenticelas. Hojas 8-16 × 2.7-4.5 cm, oblanceoladas a elíptico-oblongas, el haz pardo oscuro o claro y glabro, el envés blanquecino, diminuta y escasamente estrellado-pubescente, la vena media acanalada en el haz, elevada en el envés, glabrescente o algunas veces con escasos tricomas estrellados rojizos, las venas secundarias 8-13 por lado, impresas en el haz, algunas veces no muy visibles, elevadas en el envés, la base atenuada, los márgenes levemente revolutos en toda su longitud, algunas veces con apariencia de ser dentados, el ápice obtuso o agudo; pecíolo 1.5-3.5 cm, estriado. Inflorescencias estaminadas (inmaduras) con todos los ejes densamente estrellado-pubescentes, los tricomas pardos; pedúnculo 0.3-0.9 cm, aplanado, las ramas laterales 2, 0.2-0.7 cm, levemente aplanadas, con fascículos de 2-8 flores. Flores estaminadas (en botones florales) con pedicelo 1-2 mm, la bráctea subyacente al pedicelo c. 0.5 mm, ovada a semiorbicular, la superficie externa con tricomas estrellados de color pardo, la bractéola 0.3-0.5 mm, semicircular, el indumento similar al de la bráctea; perianto 3-3.5 mm, pardo a ferrugíneo, carnoso, connado por 0.5-1 mm de su longitud, la superficie externa con tricomas pardo-rojizos; lóbulos 3, subdeltados, el ápice subagudo a obtuso; estambres 10, la columna de filamentos 0-0.2 mm, glabra, las anteras 1-2 mm, oblongas a más o menos lineares. Inflorescencias y flores pistiladas no vistas. Infrutescencia no vista. Frutos 2-2.6 × c. 2.1 cm, glabrescentes a escasamente estrellado-pubescentes, algunas veces el indumento más denso donde se inserta el pedicelo, verdes, la base obtusa a subcordada, el ápice obtuso a acuminado; pericarpo 4-6 mm de grosor; semilla 1.3-1.5 × 2-2.3 cm, la testa negruzca a parda, el arilo descrito como rojo, grueso. Floración feb., dic.; fructificación feb.-mar. *Selvas muy húmedas.* P (*McPherson 20491*, MO). 50-400 m. (Mesoamérica, Colombia, Venezuela, Guayanas, Ecuador, Perú, Bolivia, Brasil).

Osteophloeum platyspermum var. *platyspermum* se distingue por sus tricomas estrellados y sésiles, de color pardo que cubren diferentes partes de la planta; hojas relativa y largamente pecioladas, con los márgenes levemente revolutos en toda su longitud y la base atenuada; las flores con 10 estambres; frutos oblatos. Los pocos especímenes mesoamericanos y fértiles estudiados de esta variedad provienen de ramas caídas y de frutos recolectados del suelo.

Ejemplares con flores estaminadas en Sudamérica fueron descritos con (10-)12-14 estambres (p. ej., Jaramillo-Vivanco et al., 2004; Smith & Wodehouse, 1938), o hasta con 20 estambres (Mitchell en Mori et al., 2002).

5. Otoba (A. DC.) H. Karst.

Dialyanthera Warb., *Myristica* Gronov. sect. *Otoba* A. DC.

Por D. Santamaría-Aguilar.

Árboles; ramitas teretes a levemente anguladas, estrigosas a glabrescentes; tricomas en diferentes partes de la planta malpigiáceos, sésiles; cristales hialinos presentes. Hojas cartáceas a delgadamente coriáceas, con pústulas en ambas caras, el haz glabro (al menos en la madurez), el envés estriguloso, escasa a densamente pubescente, sin puntuaciones resiníferas, las venas secundarias levemente anastomosadas, las venas terciarias inconspicuas, la base no revoluta, los márgenes enteros, plano; pecíolo conspicua a inconspicuamente alado, o sin alas, acanalado, pubescente a glabrescente. Inflorescencias axilares o entre las hojas, los ejes pubescentes; brácteas presentes; bractéola ausente (en Mesoamérica). Flores estaminadas pediceladas; perianto con 3(4) lóbulos, algo carnoso, la superficie externa densamente pubescente, la interna glabra; filamentos fusionados en una columna, levemente divergentes o parcialmente libres, la columna glabra, las anteras 3(4), libres. Flores pistiladas pediceladas; perianto carnoso, las superficies externa e interna iguales a las de las flores estaminadas; gineceo glabro o pubescente, el estigma 2-lobado. Frutos globosos a subglobosos, dehiscentes por 2 valvas, en la línea de dehiscencia lisos o raramente carinados; pericarpo leñoso; semilla 1, similar en forma al fruto, algunas veces gibosa, la testa sin manchas o líneas, el arilo rojo, anaranjado, transparente-anaranjado o blanco (en un fruto inmaduro), laciniado. 12 spp. desde Nicaragua hasta Brasil; 4 spp. en Mesoamérica.

Otoba gracilipes (A.C. Sm.) A.H. Gentry se atribuye a Costa Rica y Panamá, y *O. latialata* a Costa Rica según Jaramillo-Vivanco & Balslev (2020). Parte del material citado como *O. gracilipes* por Jaramillo-Vivanco & Balslev (2020) corresponde al concepto de *O. acuminata* (p. ej. *Poveda et al. 3793*, MO; *Allen 2004*, MO; *Croat 25225*, MO; así como *Grayum et al. 7675*, MO, citado bajo *O. novogranatensis*). Otras colecciones referidas como *O. gracilipes* en ese trabajo (*Lent 2526*, F, imagen digital; *Hartshorn 1310*, F-2 pliegos, imagen digital), así como las referidas a *O. latialata* de Costa Rica (*Allen 5591*, F, imagen digital, y *Hammel et al. 20786*, MO, colectores citados erróneamente como *Grayum & Morales*) se considera que pertenecen al concepto amplio aquí adoptado de *O. novogranatensis*. Jiménez Madrigal (2007b) menciona que, en Costa Rica, las flores estaminadas tienen 2-6 anteras; algo que no se ha podido corroborar en los especímenes estudiados.

Bibliografía: Jaramillo-Vivanco, T.S. & Balslev, H. *Phytotaxa* 441: 143-175 (2020). Santamaría-Aguilar, D.A. & Lagomarsino, L.P. *PhytoKeys* 178: 147-170 (2021). Santamaría-Aguilar, D.A. et al. *Brittonia* 71: 369-380 (2019b).

1. Pecíolo alado; hojas 25.5-43.5 cm, con (11-)19-25 venas secundarias por lado. **2. O. latialata**
1. Pecíolo no alado; hojas 2-24 cm, con 6-12(-17) venas secundarias por lado.
  2. Inflorescencias estaminadas 6-15.5 cm; flores con los filamentos estaminales separados por 0.4-0.8 mm de su longitud; semillas cubiertas por un arilo rojo. **3. O. novogranatensis**
  2. Inflorescencias estaminadas 2.5-5.5 cm; flores con los filamentos estaminales connados en toda su longitud; semillas cubiertas por un arilo blanco.
    3. Pecíolo (1.1-)1.8-2.6 cm; hojas (2.7-)4.4-6.1 cm de ancho, con 8-12 venas secundarias por lado; flores estaminadas con el pedicelo 5-8 mm; perianto 4.5-5.5 mm; androceo 3-4 mm; anteras oblongas, 0.45-0.8 mm; flores pistiladas con el gineceo pubescente; frutos 1.7-2.2(-2.4) cm de ancho, rugoso-granulosos, escasamente pubescentes a glabrescentes, pardos. **1. O. acuminata**
    3. Pecíolo 0.8-2 cm; hojas 2-3.5(-4.8) cm de ancho, con 6-8 venas secundarias por lado; flores estaminadas con el pedicelo 2-3.6 mm; perianto 2-3 mm; androceo 1-2 mm; anteras globosas a subglobosas, 0.2-0.3 mm; flores pistiladas con el gineceo glabro; frutos 1.6-1.7 cm de ancho, lisos a rugosos, glabros, verdes. **4. O. vespertilio**

1. Otoba acuminata (Standl.) A.H. Gentry, *Taxon* 28: 417 (1979). *Dialyanthera acuminata* Standl., *Publ. Field Mus. Nat. Hist., Bot. Ser.* 4: 209 (1929). Holotipo: Panamá, *Cooper 395* (F, imagen en Internet!). Ilustr.: Condit et al., *Trees Panama and Costa Rica* 339 (2011). N.v.: Miguelario, saba, sangrillo de montaña, velario, P.

Árboles 5-15(-30) m; tallos 20-60 cm de diámetro; corteza lisa y grisácea; savia pocas veces descrita, acuoso-rojiza en la corteza, o rojiza y sin especificar en cuál parte; ramitas 0.13-0.23 cm de grosor, estrigosas a glabrescentes, teretes, levemente anguladas y algunas veces ligeramente aplanadas, la corteza pardo claro a grisácea. Hojas (6.5-)8.5-15.5 × (2.7-)4.4-6.1 cm, ovadas a elípticas, el haz comúnmente pardo oscuro, glabro, con pústulas, algunas veces levemente ásperas, el envés blanquecino a pardo claro o la combinación de estos dos colores, estriguloso, ruguloso, las venas secundarias 8-12 por lado, levemente anastomosadas a libres, generalmente casi indistintas en el haz, ligeramente elevadas a aplanadas en el envés, la vena media plana a levemente acanalada en el haz, elevada en el envés, ligeramente estrigulosa a glabrescente, la base cuneada a atenuada, los márgenes planos, el ápice acuminado; pecíolo (1.1-)1.8-2.6 cm × 1.2-2.2 mm, sin alas o con alas muy angostas de 0.2-0.3 mm, pubescente a glabrescente. Inflorescencias estaminadas axilares o entre las hojas, ramificándose cerca de la base, (1)2-ramificada, todos los ejes densamente pubescentes, los tricomas pardo-ferrugíneos, el eje principal 1.2-3.5 cm, las flores dispuestas en las ramas principales en fascículos umbeliformes sésiles, cada rama con 1 o 2 fascículos, cada fascículo con 3-11 flores; bráctea c. 1.5 mm, deltoide, generalmente ausente, caduca, la superficie externa pubescente. Flores estaminadas con pedicelos 5-8 mm, robustos; perianto 4.5-5.5 mm, amarillo claro, amarillo-verdoso, verde o amarillo, connado por 1-1.5 mm de su longitud; lóbulos 3, 2.5-4 × 1.5-2 mm, lanceolados, la superficie externa densamente pubescente, los tricomas pardo-ferrugíneos, la superficie interna glabra; disco extraestaminal ausente; estambres 3, 3-4 mm, la columna de filamentos 2-2.7 mm, conspicuamente engrosada en la base y angosta hacia el ápice, los filamentos completamente fusionados a levemente divergentes en el ápice, las anteras 0.45-0.8 mm, libres, oblongas, rectas o incurvadas en el ápice. Inflorescencias pistiladas similares a las estaminadas, con tricomas similares a los de las inflorescencias estaminadas, el eje principal c. 0.5-2 cm, cada rama con 1-3 fascículos de flores, cada fascículo con 1-3 flores; bráctea no vista. Flores pistiladas con pedicelos 4-6 mm, gruesos; perianto c. 4.5 mm, pardo o verde, connado por c. 1.5 mm de su longitud; lóbulos 3, c. 2.3 × 1.7 mm, angostamente deltoides a lanceolados, la superficie externa densamente pubescente, los tricomas pardo-ferrugíneos, la superficie interna glabra; gineceo 3.5-4.2 × 1.2-2.4 mm, densamente pubescente, cortamente estipitado. Infrutescencia con 1 fruto, el eje principal cuando presente c. 2 cm. Frutos 1.9-2.5(-2.8) × 1.7-2.2(-2.4) cm, globosos, no gibosos, escasamente pubescentes a glabrescentes, la superficie rugoso-granulosa, en la línea de dehiscencia no carinados, la base obtusa, el ápice obtuso a ligeramente apiculado, sésiles o cortamente estipitados, verdes; pericarpo 1-2.1 mm de grosor; pedicelo 0.4-1.2 cm; semilla y arilo no vistos. Floración jun.-sep., nov.; fructificación feb.-mar., sep.-oct. *Selvas húmedas a muy húmedas*. CR (*Poveda et al. 3793*, MO); P (*Merello et al. 2720*, MO). 50-1000 m. (Endémica).

Otoba acuminata se reconoce por el tamaño mediano de sus hojas, con el pecíolo no conspicuamente alado, por sus flores estaminadas con la columna de filamentos engrosada en la base y las flores pistiladas con el gineceo densamente pubescente y los frutos cuando secos con la superficie rugoso-granulosa. Por el tamaño de sus hojas se podría confundir con *O. vespertilio*; para diferencias entre ambas véase la clave.

Otoba acuminata fue atribuida para Colombia con base en los especímenes *Brand & Narváez 682* (MO), *Callejas et al. 3440* (MO, 2 pliegos) y citados en Cogollo Pacheco et al. (2007), Cogollo Pacheco en Idárraga-Piedrahita et al. (2011) y Gradstein en Bernal et al. (2016). Dichos ejemplares y otros como: *Callejas et al. 5752* (MO), *Callejas et al. 5789* (MO) y *Thomas & Castaño 5501* (NY), corresponden con la recientemente descrita *O. scottmorii* D. Santam. Por lo tanto, *O. acuminata* es considerada como endémica de Mesoamérica.

2. Otoba latialata (Pittier) A.H. Gentry, *Taxon* 28: 417 (1979). *Dialyanthera latialata* Pittier, *Contr. U.S. Natl. Herb.* 20: 454 (1917-1925 [1922]). Holotipo: Panamá, *Pittier 4193* (US, imagen en Internet!). Ilustr.: Duke, *Ann. Missouri Bot. Gard.* 49: 219, t. 169 (1962d), como *D. latialata*. N.v.: Cuinar, miguelario, putmas (Kuna), P.

Árboles 6-20 m; tallos c. 35 cm de diámetro; corteza no descrita; savia pocas veces descrita, acuoso-rojiza o acuosa y con sabor amargo a algo ácida, sin especificar en cuál parte; ramitas 0.35-0.85 cm de grosor, cortamente estrigosas a glabrescentes, teretes a levemente anguladas, la corteza pardo claro. Hojas 25.5-43.5 × (9-)10.5-18.5 cm, elípticas a ampliamente obovado-elípticas, el haz pardo claro a oscuro, glabro, con pústulas, a veces levemente ásperas, el envés blanquecino, estrigoso, ruguloso, las venas secundarias (11-)19-25 por lado, levemente anastomosadas, generalmente casi indistintas en el haz, ligeramente elevadas a aplanadas en el envés, la vena media plana a levemente acanalada en el haz, elevada en el envés, estrigulosa a glabrescente, la base atenuada, los márgenes planos, el ápice acuminado a cortamente cuspidado; pecíolo (2.3-)3.5-5.5 cm × 2.3-3.7 mm, con alas conspicuas de 1.5-4 mm, pubescente a glabrescente. Inflorescencias estaminadas axilares o entre las hojas, ramificándose cerca de la base, (1)2 o 3-ramificadas, todos los ejes densamente pubescentes, los tricomas pardo-ferrugíneos, el eje principal 7-20.5 cm, las flores dispuestas en fascículos umbeliformes sésiles, cada rama con 5-8 fascículos, cada fascículo con 13-41 flores o más; bráctea 5-8 mm, deltoide, caduca, la superficie externa pubescente. Flores estaminadas con pedicelos (5-)7-13 mm, filiformes; perianto 3-4.5 mm, amarillo, crema o verde-amarillento, connado por 0.3-1 mm de su longitud; lóbulos 3, 2.5-3.5 × 0.7-1 mm, oblongos, la superficie externa pubescente, los tricomas pardo-ferrugíneos, la superficie interna glabra; disco extraestaminal ausente; estambres 3, 1.5-2.5 mm, la columna de filamentos 1.3-2 mm, fusionada, cilíndrica, algunas veces en la parte central un poco ancha, la base generalmente angosta, las anteras 0.2-0.3 mm, libres, oblongas, rectas o incurvadas en el ápice. Inflorescencias y flores pistiladas no vistas. Infrutescencia con 1-3 frutos, el eje principal 3.5-8.5 cm. Frutos 2.2-2.8 × 1.8-2.3 cm, globosos a subglobosos, por lo general ligeramente gibosos en uno de los lados hacia la parte distal, glabros, la superficie rugulosa, en la línea de dehiscencia tenuemente carinados, la base obtusa, el ápice agudo a acuminado, sésiles o cortamente estipitados, verdes; pericarpo c. 1 mm de grosor; pedicelo 1.5-2 cm; semilla 2-2.1 × 1.7-1.8 cm, similar en forma al fruto, gibosa hacia la parte distal, la testa pardo-rojiza, blanquecina, a pardo-negruzca, algunas veces con líneas pardo claro cuando seca, el arilo descrito como transparente a blanco en un fruto inmaduro. Floración feb., jun.-ago., dic.; fructificación ene.-feb., abr., nov.-dic. *Selvas húmedas*. P (*Antonio 1343*, MO). 0-300 m. (Mesoamérica, Colombia).

Otoba latialata se reconoce por las hojas grandes, con numerosas venas secundarias y el pecíolo alado. También por sus inflorescencias estaminadas con numerosas flores por fascículo y sobre pedicelos filiformes.

3. Otoba novogranatensis Moldenke, *Bull. Torrey Bot. Club* 59: 156 (1932). *Myristica otoba* Bonpl. in Humb. & Bonpl., *Pl. Aequinoct.* 2: 78 (1809) non *Otoba otoba* (Bonpl.) H. Karst. (1880). Holotipo: Colombia, *Bonpland 1743* (P-[cb] P00137108). Ilustr.: Jiménez Madrigal, *Monogr. Syst. Bot. Missouri Bot. Gard.* 111: 687 (2007b). N.v.: Fruta dorada, N, CR; bogamaní, bola de oro, campano, escobo negro, hoja dorada, sebo, CR; bogamani verde, miguelario, roble, saba, white cedar, wine wood, P.

Dialyanthera otoba (Bonpl.) Warb.

Árboles 7-47 m; tallos 10-100 cm de diámetro; corteza algunas veces descrita como escamosa, parda o negruzca; savia algunas veces descrita en el tronco como rojo brillante o café, descrita en otras partes de la planta como acuosa, roja, acuosa-amarillenta, sin especificar en cuál parte; ramitas 0.25-0.48 cm de grosor, estrigosas a glabrescentes, teretes o ligeramente anguladas y aplanadas, la corteza variable en color. Hojas 8.3-24 × 3.7-12.5 cm, ampliamente elípticas a oblongo-obovadas, el haz generalmente pardo oscuro o pardo claro, glabro, con pústulas, levemente áspero o liso, el envés generalmente blanquecino-grisáceo a pardusco, escasa a densamente pubescente, pustulado-rugoso, las venas secundarias 9-12(-17) por lado, levemente anastomosadas o libres, impresas a aplanadas en el haz, planas a ligeramente elevadas en el envés, la vena media plana a levemente acanalada en el haz, elevada en el envés, escasa a densamente pubescente o glabrescente, la base atenuada a cuneada, los márgenes planos, el ápice acuminado, obtuso a cortamente acuminado; pecíolo 1.5-3.7 cm × 2-2.5 (-4) mm, con alas angostas de 0.5-0.8(-1.2) mm, pubescente a glabrescente. Inflorescencias estaminadas comúnmente axilares, ramificándose cerca de la base, solitarias o 2-ramificadas, todos los ejes densamente pubescentes, los tricomas pardo-ferrugíneos, el eje principal 6-15.5 cm, las flores dispuestas en las ramas principales en fascículos umbeliformes sésiles, cada rama con 8-17 fascículos, cada fascículo con 4-13 (-19) flores; bráctea c. 2, semiorbicular, casi siempre ausente en las inflorescencias maduras, la superficie externa pubescente. Flores estaminadas con pedicelos 3-6 mm, generalmente robustos; perianto 2.4-5 mm, verde, amarillo, o la combinación de estos colores, connado por 0.7-1.5 mm de su longitud; disco extraestaminal ausente; lóbulos 3, 1.5-3.6 × 0.7-1.5 mm, oblongos a angostamente deltoides, la superficie externa pubescente, los tricomas pardo-ferrugíneos, la superficie interna glabra; estambres 3(4), 2-3.5 mm, la columna de filamentos 1.1-2 mm, separadas por 0.4-0.8 mm de su longitud, las anteras 0.6-1.1 mm, libres, oblongas, generalmente incurvadas en el ápice. Inflorescencias pistiladas, axilares o entre las hojas, ramificándose cerca de la base, 1- o 2-ramificada, con tricomas similares a los de las inflorescencias estaminadas, el eje principal 0.7-4.7 cm, cada rama con 4-8 fascículos de flores, cada fascículo con 1-3 flores; bráctea no vista. Flores pistiladas con pedicelos 2.5-4.5 mm, robustos; perianto 3.3-4 mm, verde o amarillento-verdoso, connado por 1-1.5 mm de su longitud; lóbulos 3, 2-2.5 × 1.3-2.3 mm, angostamente deltoides, la superficie externa densamente pubescente, los tricomas pardo-ferrugíneos, la superficie interna glabra; gineceo 2.5-3 × 0.9-1.4 mm, glabro, cortamente estipitado. Infrutescencia con 1-5 frutos, el eje principal 2-5.5 cm. Frutos 2.3-3.5 × 2-2.5 cm, subglobosos a elipsoides, con una giba o sin esta, glabros, la superficie rugulosa, en la línea de dehiscencia generalmente no carinados, la base obtusa, el ápice apiculado a obtuso, sésiles a cortamente estipitados, verdes; pericarpo (1.4-)2.1-2.3 mm de grosor; pedicelo 0.8-1.2(-1.5) cm; semilla 1.7-2.2 × 1.7-2 cm, subglobosa, generalmente gibosa, aunque en pocas ocasiones hundida o sin la giba en el ápice, la testa grisácea a pardo claro, el arilo descrito en pocas ocasiones como rojo o anaranjado, laciniado. Floración ene.-mar., may.-ago., oct.-nov., fructificación ene.-may., ago.-sep., nov.-dic. *Selvas húmedas, muy húmedas o premontanas*. N (*Moreno 23877*, MO); CR (*Aguilar 2457*, MO); P (*Araúz 1485*, MO). 0-1300 m. (Mesoamérica, Colombia, Venezuela, Ecuador).

Otoba novogranatensis se reconoce por sus flores estaminadas con la columna de filamentos libre por 0.4-0.8 mm y por sus anteras de 0.6-1.1 mm. También se distingue por sus hojas relativamente grandes. *Otoba novogranatensis* es la especie de este género más recolectada en Mesoamérica y la que presenta mayor variación en el tamaño, forma e indumento en las hojas, así como en la longitud de las inflorescencias estaminadas y el perianto.

Los especímenes costarricenses de la región de Monteverde (p. ej., *Bello 500*, MO, flores pistiladas; *Bello & Cruz 839*, MO, frutos) sobresalen por sus hojas un poco más pequeñas, con mayor cantidad de venas secundarias no muy separadas entre ellas y pecíolos más largos. Las flores pistiladas tienen los lóbulos del perianto angostos y el gineceo es angosto y conspicuamente estipitado, característica que también se presentan en el fruto. También los frutos son más o menos fusiformes y el pericarpo algo carinado. Las inflorescencias y flores estaminadas no fueron observadas.

Todo el material mesoamericano estudiado es consistente en que la columna de filamentos nunca se separa hasta la base y el gineceo siempre es glabro, mientras que en Colombia y Ecuador el gineceo es pubescente (Jaramillo-Vivanco & Balslev, 2020; Jaramillo-Vivanco et al., 2004) y la columna de filamentos puede estar separada hasta la base o la mitad de la longitud (Candolle, 1855; Jaramillo-Vivanco & Balslev, 2020; Jaramillo-Vivanco et al., 2004). Otras especies con tipos sudamericanos que han sido descritas o presumiblemente tienen el gineceo glabro son: *O. cyclobasis* T.S. Jaram. & Balslev, *O. gracilipes*, *O. parvifolia* (Markgr.) A.H. Gentry, *O. scottmorii* y *O. squamosa* D. Santam., pero morfológicamente no parece coincidir con ninguna de las anteriores.

La presente interpretación y uso del nombre *O. novogranatensis* para el material mesoamericano no es totalmente satisfactorio y debe ser considerado tentativo. Molina R. (1975) y Nelson (2008) mencionan la presencia de *O. novogranatensis* en Honduras, posiblemente con base en el espécimen *Molina R. 3008* (EAP, imagen en Internet!, frutos); sin embargo, ese ejemplar corresponde con *Beilschmiedia* (Lauraceae). La distribución dada aquí para Venezuela, es basada en la información presentada por Rodrigues (2008), Jaramillo-Vivanco & Balslev (2020) y Ulloa Ulloa et al. (2017).

4. Otoba vespertilio D. Santam. & J.E. Jiménez, *Brittonia* 71: 371 (2019). Holotipo: Costa Rica, *Aguilar et al. 5024* (MO!). Ilustr.: Santamaría-Aguilar et al., *Brittonia* 71: 372, t. 1 (2019b). N.v.: Fruta, CR.

Árboles 5-25 m; tallos c. 60 cm de diámetro; corteza externa pardo-rojiza; savia descrita como rojiza en el fuste principal y acuoso-cremosa en las ramitas jóvenes al desprender hojas o inflorescencias, o incolora y oxidando amarillo-rojizo, sin especificar en cuál parte; ramitas 0.09-0.2 cm de grosor, estrigulosas a glabrescentes, teretes a levemente anguladas, la corteza pardo claro a grisácea. Hojas 5.3-12.5 × 2-3.5(-4.8) cm, elípticas a obovadas, el haz generalmente pardo oscuro, glabro o con escasos tricomas, con pústulas, el envés grisáceo, pardo-rojizo, pardo claro a morado-rojizo, escasamente pubescente, pustulado-rugoso, la vena media plana en el haz, elevada en el envés, escasa a densamente pubescente a glabrescente, las venas secundarias 6-8 por lado, levemente anastomosadas, generalmente casi indistintas en el haz, planas en el envés, la base cuneada, los márgenes planos, el ápice acuminado; pecíolo 0.8-2 cm × 0.6-1 mm, sin alas o muy angostamente alado, estriguloso a glabrescente. Inflorescencias estaminadas axilares o entre las hojas, ramificándose cerca de la base, solitarias o 2-ramificadas, todos los ejes densamente pubescentes, los tricomas pardo-ferrugíneos, el eje principal 0.5-2.5 cm, las flores dispuestas en las ramas principales en fascículos umbeliformes sésiles, cada rama con 1-3 fascículos, cada fascículo con 4-13 flores, o generalmente cuando es solitaria subcorimbosa (posiblemente inmadura); bráctea 1-3.2 mm, deltoide, generalmente caduca, la superficie externa pubescente; bractéola ausente. Flores estaminadas con pedicelos 2-3.6 mm, robustos; perianto 2-3 mm, amarillo claro, amarillo-verdoso, anaranjado o ferrugíneo, connado por 0.3-0.7 mm de su longitud; lóbulos 3(4), 1.5-1.7 × 0.5-1 mm, lanceolados, la superficie externa densamente pubescente, los tricomas pardo-ferrugíneos, la superficie interna glabra; disco extraestaminal ausente; estambres 3, 1-2 mm, la columna de filamentos 0.6-1.5 mm, cilíndrica, un poco angosta en el ápice, los filamentos completamente fusionados hasta el ápice a levemente divergentes distalmente, las anteras c. 0.2-0.3 mm, libres, subglobosas, obtusas en el ápice. Inflorescencias pistiladas axilares, solitarias, con tricomas similares a los de las inflorescencias estaminadas, subcorimbosas, el eje principal c. 0.4 cm, con 2 flores; bráctea no vista; bractéola ausente. Flores pistiladas con pedicelos c. 3 mm, robustos; perianto 2-2.3 mm, verde-cremoso a amarillo-verdoso, connado por c. 0.5 mm de su longitud; lóbulos 3, c. 1.8 × 1 mm, deltoides, la superficie externa densamente pubescente, los tricomas pardo-ferrugíneos, la superficie interna glabra; gineceo c. 1.8 × 0.7 mm, ovado, glabro, cortamente estipitado. Infrutescencia con 1 o 2 frutos en una infrutescencia inmadura, el eje principal 0.4-1.1 cm. Frutos 2.2-2.7 × 1.6-1.7 cm, globosos a subglobosos, no gibosos, glabros, la superficie lisa o rugosa, en la línea de dehiscencia no carinados, la base obtusa, el ápice agudo a obtuso, subsésiles a cortamente estipitados, verdes; pericarpo 1.3-1.8 mm de grosor; pedicelo 0.7-1 cm; semilla 1.8-1.9 × c. 1.7 cm, similar en forma al fruto, gibosa en el ápice, la testa castaña, el arilo descrito en una ocasión como transparente-anaranjado cuando fresco, laciniado. Floración ene.-feb., may.-jun.; fructificación ene., mar., may., jul., sep.-nov. *Selvas húmedas*. CR (*Aguilar et al. 5024*, CR); P (*McPherson 11114*, MO). 100-700 m. (Endémica).

Otoba vespertilio se diferencia por la combinación de hojas y flores estaminadas pequeñas, también las flores estaminadas tienen la columna de filamentos cilíndrica, y las flores pistiladas tienen gineceo glabro. Los ejemplares de esta especie han sido anteriormente identificados como *O. acuminata*, una especie con hojas más grandes y flores pistiladas con el gineceo pubescente. Para diferencias adicionales entre ambas especies véase la clave.

6. Virola Aubl.

Myristica Gronov. sect. *Virola* (Aubl.) Endl.

Por D. Santamaría-Aguilar.

Árboles o arbustos; ramitas teretes, lateralmente aplanadas o pocas veces levemente anguladas, tomentosas o puberulentas a glabrescentes; tricomas en diferentes partes de la planta dendríticos, dendrítico-estrellados, estrellados a irregularmente estrellados, sésiles o pediculados; cristales hialinos ausentes. Hojas con textura variable, sin pústulas, el haz generalmente glabro (al menos en la madurez), algunas veces hirsuto a hirsútulo, el envés variadamente pubescente, con puntuaciones resiníferas, las venas secundarias generalmente anastomosadas, las venas terciarias conspicuas o inconspicuas, la base revoluta o plana, los márgenes enteros, planos o levemente revolutos; pecíolo no alado, acanalado, densamente pubescente a glabrescente. Inflorescencias axilares, supra-axilares, en el ápice de la rama o sobre nudos sin hojas, los ejes glabros o pubescentes; brácteas presentes, envolviendo los fascículos de flores, caducas; bractéola ausente. Flores estaminadas pediceladas; perianto con 3(4) lóbulos, carnoso o subcarnoso, la superficie externa pubescente, la superficie interna levemente pubescente a glabra; filamentos fusionados formando una columna, la columna glabra, las anteras 3(-7), connadas o distalmente divergentes. Flores pistiladas pediceladas; perianto carnoso o subcarnoso, la superficie externa pubescente, la superficie interna levemente pubescente a glabra; gineceo pubescente, el estigma 2-lobado. Frutos elipsoides, esféricos, globosos, subglobosos u ovoides, dehiscentes por 2 valvas, en la línea de dehiscencia lisos, acanalados o carinados, sin costillas; pericarpo delgado o grueso; semilla 1, similar en forma al fruto, la testa sin manchas o líneas, el arilo generalmente rojo, laciniado. Aprox. 70 spp. en América tropical; 16 spp. en Mesoamérica.

Tres ejemplares herborizados en la vertiente Caribe, en territorio costarricense, posiblemente representan dos especies no conocidas para Mesoamérica o no descritas. La primera, es el ejemplar *Zamora 6081* (CR), en condición infértil, recolectado en el Parque Nacional Barbilla. Esta planta es sumamente distinta de las especies actualmente conocidas en Mesoamérica. Se caracterizada por las hojas pequeñas y angostas (c. 11 × 1.7 cm), con el ápice largamente acuminado y el envés densamente pubescente, cubierto con tricomas pediculados, dendríticos a dendrítico-estrellados. Los otros dos ejemplares con frutos, *Jiménez 1681* (USJ) y *Valverde & Zúñiga 1396* (USJ) se caracterizan por sus hojas oblongas (c. 27.5-35 × 6.7-14 cm), el envés con tricomas estrellados y sésiles, las venas secundarias bien separadas unas de las otras y por sus frutos de c. 3.3 × 2.7 cm, levemente carinados, con el pericarpo c. 3 mm de grosor y el arilo negruzco (cuando seco), delgado y laciniado en bandas angostas.

Virola allenii, *V. amistadensis* y *V. otobifolia* fueron identificadas y tratadas como *V. macrocarpa* A.C. Sm., una especie de las montañas andinas (Boyacá, Colombia).

Bibliografía: Duke, J.A. *Ann. Missouri Bot. Gard.* 49: 214-225 (1962d). Gentry, A.H. *Ann. Missouri Bot. Gard.* 62: 474-479 (1975); *Monogr. Syst. Bot. Missouri Bot. Gard.* 85: 1542-1545 (2001). Jiménez Madrigal, Q. *Monogr. Syst. Bot. Missouri Bot. Gard.* 111: 684-691 (2007b). Rodrigues, W.A. *Acta Amazon.* 10(1, Supl.): 1-127 (1980). Santamaría-Aguilar, D.A. et al. *PhytoKeys* 134: 1-82 (2019a). Smith, A.C. & Wodehouse, R.P. *Brittonia* 2: 453-509 (1938). Standley, P.C. & Steyermark, J.A. *Fieldiana, Bot.* 24(4): 294-299 (1946h).

1. Hojas con tricomas pediculados en el envés (algunas veces sésiles en *Virola sebifera* y cortamente pediculados en *V. elongata*).
 2. Hojas con 9-17 venas secundarias por lado, libres o levemente anastomosadas cerca al margen y sin formar una vena intramarginal distintiva, indumento en el envés de la lámina caduco; pecíolo muy ligeramente acanalado; flores estaminadas con la columna de filamentos 0.1-0.4 mm, las anteras con apículo 0.1-0.2 mm; frutos 1.1-1.7(-2.3) × 0.8-1.3(-1.6) cm, esféricos a subglobosos; pericarpo 0.3-0.6(-0.9) mm de grosor.
 15. V. sebifera

2. Hojas con (16-)20-50 venas secundarias por lado, anastomosadas cerca del margen y formando una vena intramarginal, el indumento en el envés de la lámina persistente; pecíolos acanalados a profundamente acanalados; flores estaminadas con la columna de filamentos 0.7-1.5 mm, las anteras sin apículo o este muy inconspicuo; frutos 1.9-5.7 × 1.5-2.9 cm, elipsoides, ovoide-elipsoides o subglobosos; pericarpo 1.2-6 mm de grosor.
3. Hojas con (32-)40-50 venas secundarias por lado; frutos 4-5.7 × 2-2.9 cm, el ápice acuminado a rostrado; pericarpo 3-6 mm de grosor. **9. V. megacarpa**
3. Hojas con (16-)20-35 venas secundarias por lado; frutos 1.9-3.1 × 1.5-1.9 cm, el ápice agudo a apiculado u obtuso; pericarpo 1.2-3.1 mm de grosor.
4. Hojas con el haz pubescente y áspero al tacto (por los tricomas), el envés hirsuto a hirsútulo, tricomas con 3-6 brazos, los brazos 0.2-0.6 mm; flores estaminadas con la columna de filamentos 1.3-1.5 mm; vertiente del Pacífico. **3. V. chrysocarpa**
4. Hojas con el haz glabro a glabrescente y liso al tacto en hojas maduras, el envés densamente tomentoso, tricomas con 4-10 brazos, los brazos 0.1-0.2 mm; flores estaminadas con la columna de filamentos 0.7-0.9(-1.4) mm; vertiente del Caribe. **7. V. koschnyi**
1. Hojas con tricomas sésiles en el envés (a veces cortamente pediculados en *V. elongata*).
5. Hojas con 9-20 venas secundarias por lado, las venas separadas entre sí por (0.8-)1-3 cm; flores estaminadas con el perianto infundibuliforme, la columna de filamentos 0.2-0.9(-1) mm; frutos cuando maduros verdes.
6. Hojas con el envés con tricomas de un solo color, con brazos de 0.1-0.2 mm.
7. Perianto de las flores estaminadas pubescente por dentro, la columna de los filamentos 0.3-0.4 mm; frutos 1.6-1.9 × 0.9-1.1 cm; pericarpo 0.5-0.7 mm de grosor. **4. V. elongata**
7. Perianto de las flores estaminadas glabro por dentro, la columna de los filamentos 0.6-0.8 mm; frutos 3-3.1 × 2.1-2.5 cm; pericarpo c. 3 mm de grosor. **14. V. sanguinea**
6. Hojas con el envés con tricomas de dos colores (la parte central generalmente rojiza, que contrasta en color con los brazos hialinos a rojizo-claro), con brazos de c. 0.01-0.05 mm.
8. Hojas elípticas a ampliamente elípticas, las venas secundarias 9-15 por lado; flores estaminadas con el perianto 1.5-2.2 mm; columna de filamentos 0.2-0.4 mm; frutos 2.1-3.8 × 1.7-2 cm, ovoides a globosos; pericarpo 1-2 mm de grosor. **2. V. amistadensis**
8. Hojas generalmente oblongo-elípticas o raramente elípticas.
9. Hojas 3.2-7.3 cm de ancho; venas secundarias 15-20 por lado, con 4-5 venas por cada 5 cm, separadas entre sí por 1.2-1.8 cm; flores estaminadas en fascículos terminales densos, la superficie interna del perianto glabra o con tricomas cerca al margen de los lóbulos; columna de filamentos 0.5-0.6 mm, delgada, no constricta en el ápice. **1. V. allenii**
9. Hojas (4.1-)7.3-14.2 cm de ancho; venas secundarias 10-16 por lado, con 2-4 venas por cada 5 cm, separadas entre sí por 1.7-3 cm; flores estaminadas en fascículos terminales laxos, la superficie interna del perianto pubescente en los lóbulos; columna de filamentos 0.9-1 mm, muy engrosada, constricta en el ápice. **13. V. otobifolia**
5. Hojas con 10-32 venas secundarias por lado, estas últimas separadas entre sí por 0.2-1.1(-1.5) cm; flores estaminadas con el perianto globoso o subgloboso, la columna de filamentos 0.6-1.3 mm; frutos cuando maduros amarillos, anaranjados o la combinación de estos colores.
10. Envés de las hojas con tricomas caducos o prácticamente glabro, o si algunos tricomas persistentes, entonces a lo largo de las venas, nunca sobre toda la superficie.
11. Ramitas y pecíolos glabros; hojas con 12-20 venas secundarias por lado; flores estaminadas con la columna de filamentos 0.8-1.3 mm; frutos 1.8-2.9 × 1.5-1.8 cm, glabros a glabrescentes o muy escasa y escasamente pubescentes, en la línea de dehiscencia lisos o acanalados; pericarpo 1.8-2.8 mm de grosor; 0-500(-1600?) m. **8. V. laevigata**
11. Ramitas y pecíolos pubescentes; hojas con (15-)18-30 venas por lado; flores estaminadas con la columna de filamentos 0.6-0.9 mm; frutos (2.8-)3-3.6 × 2-2.5 cm, densamente tomentosos a tomentulosos, en la línea de dehiscencia carinados; pericarpo 3.2-5 mm de grosor; 700-2000 m. **10. V. montana**
10. Envés de las hojas con tricomas persistentes y dispersos por toda la superficie.
12. Hojas 1.4-3.6(-4.8) cm de ancho.
13. Hojas con la base revoluta; venas secundarias 16-24 por lado, con 10-15 venas por cada 5 cm, separadas entre sí por 0.2-0.5(-0.7) cm; flores estaminadas con columna de filamentos 0.9-1.3 mm, las anteras 0.6-0.9 mm; frutos 1.5-2.3 × 1.2-1.8 cm; pericarpo 1.5-2.5 mm de grosor. **5. V. fosteri**
13. Hojas con la base no revoluta; venas secundarias 10-18 por lado, con (6-)8-10 venas por cada 5 cm, separadas entre sí por 0.4-0.8 (-1.2) cm; flores estaminadas con columna de filamentos 0.7-1 mm, las anteras 0.3-0.6 mm; frutos 1.3-1.9 × 0.9-1.2(-1.4) cm; pericarpo 0.7-1 mm de grosor. **11. V. multiflora**
12. Hojas (2.4-)3.8-7.1(-8.9) cm de ancho.
14. Venas secundarias 13-21 por lado, ligeramente elevadas o planas en el envés, las venas terciarias casi indistintas o muy ligeramente visibles en ambas caras; frutos comúnmente glabros o glabros distalmente y pubescentes en la base o escasa e inconspicuamente pubescentes; pericarpo 0.4-1(-2.5) mm de grosor. **6. V. guatemalensis**
14. Venas secundarias 20-32 por lado, marcadamente elevadas en el envés, las venas terciarias generalmente distintivas en ambas caras (especialmente en el haz); frutos densamente tomentosos a tomentulosos; pericarpo 2.5-4.2 mm de grosor.
15. Hojas 2.5-4(-5) cm de ancho, angostamente oblongas, el envés pardo-blanquecino, las venas secundarias 8-11 por cada 5 cm; flores estaminadas con la columna de filamentos 0.8-1.1 mm; frutos elipsoides, obtusos a redondeados en el ápice. **12. V. nobilis**
15. Hojas (3-)4.7-7.1 cm de ancho, oblanceoladas o algunas veces angostamente oblongas, el envés pardo-rojizas, las venas secundarias 5-7(-9) por cada 5 cm; flores estaminadas con la columna de filamentos 1.2-1.3 mm; frutos ovoides, agudos en el ápice. **16. V. sp. A**

1. Virola allenii D. Santam. & Aguilar, *PhytoKeys* 134: 14 (2019). Holotipo: Costa Rica, *Allen 5763* (F!). Ilustr.: Santamaría-Aguilar et al., *PhytoKeys* 134: 15, t. 5 (2019a).

Árboles 13-30 m; tallos 10.4-50 cm de diámetro; corteza algunas veces descrita como lisa y rojiza o pardo oscuro; savia algunas veces descrita como abundante y rojiza o acuosa, pero sin especificar en cuál parte; ramitas 0.16-0.22 cm de grosor, teretes a algo aplanadas lateralmente, puberulentas, los tricomas estrellados a irregularmente estrellados, ferrugíneos. Hojas 16.2-29.2 × 3.2-7.3 cm, oblongo-elípticas o raramente elípticas, en hojas maduras el haz oliváceo o pardo claro (algunas veces brillante), glabro o con tricomas estrellados esparcidos, liso, el envés pardo muy claro a blanquecino, densa pero inconspicuamente pubescente, los tricomas estrellados, sésiles, la parte central del tricoma rojiza, que contrasta en color con los brazos hialinos a rojizo claro, con 4-10 brazos, los brazos 0.01-0.05 mm, persistentes, las venas secundarias 15-20 por lado, con 4 o 5 venas por cada 5 cm, separadas entre sí por 1.2-1.8 cm, del mismo color que el haz o ligeramente más claras, planas a impresas en el haz, ligeramente elevadas en el envés, arqueadas, levemente anastomosadas cerca de los márgenes y sin formar una vena intramarginal muy marcada, las venas terciarias apenas visibles en ambas caras, la vena media ligeramente elevada (algunas veces plana, distalmente) en el haz, elevada, redondeada a algo triangular en el envés, tomentosa a glabrescente, la base aguda u obtusa a redondeada, plana, los márgenes planos, el ápice acuminado o raramente redondeado; pecíolo 0.5-1.4 cm × 1.3-2.4 mm, levemente acanalado, tomentoso, los tricomas estrellados a irregularmente estrellados. Inflorescencias estaminadas 3.5-5.5 cm, axilares, los ejes aplanados, tomentosos, los tricomas irregularmente dendríticos, ferrugíneos; pedúnculo 1.2-1.9 cm × c. 1 mm, aplanado; brácteas no vistas. Flores estaminadas en fascículos terminales densos de 15-40 o más flores, sobre un receptáculo de 1.2-2 mm de ancho; pedicelos 0.3-1.2 mm; perianto 2-2.8 mm, infundibuliforme, amarillo, connado por 1.1-1.7(-2.3) mm de su longitud, la superficie externa pubescente con tricomas pardos, la superficie interna glabra o con algo de tricomas cerca del margen de los lóbulos; lóbulos 3(4), 0.8-1.5 × 0.6-0.9(-1.2) mm; estambres 3, la columna de filamentos 0.5-0.6 mm, recta, delgada, algunas veces levemente engrosada en la base, no constricta en el ápice, las anteras 0.6-0.9 mm, con el apículo 0.06-0.1 mm, agudo a apiculado, connadas. Inflorescencias y flores pistiladas no vistas. Infrutescencia 2.5-7.5 cm, con 2-13 frutos, el pedúnculo 2-3.5 cm × c. 4.7 mm. Frutos 2.7-3.5 × 1.5-2.5 cm (posiblemente inmaduros; c. 5 × 3.2 cm cuando frescos), generalmente elipsoides o raramente ovoides, estipitados, densamente tomentosos, los tricomas dendríticos, ferrugíneos (y que caen muy fácilmente al tacto), la superficie rugulosa o lisa, en la línea de dehiscencia generalmente carinados (pero no muy conspicuamente), la base obtusa, el ápice agudo a obtuso, verdes o dorados y ferrugíneos (por la pubescencia); pericarpo 3.2-3.8 mm de grosor; pedicelo 0.4-0.7 cm; semilla c. 2.5 × 1.3 cm, la testa blanquecina-grisácea cuando seca, marcadamente acanalada, el arilo generalmente descrito como rojo (pardo claro cuando seco), seco, delgado, laciniado en bandas angostas distalmente. Floración ene., mar.-abr., dic.; fructificación ene., ago.-oct. *Bosques muy húmedos*. CR (*Thomsen 1284*, NO). 10-350(-1350) m. (Endémica).

Virola allenii se reconoce por sus hojas angostas, las venas secundarias bien separadas, el envés pardo muy claro a blanquecino cubierto con tricomas estrellados, sésiles, la parte central del tricoma rojiza que contrasta en color con los brazos hialinos a rojizo claro; las flores estaminadas con los lóbulos del perianto glabros o con algo de tricomas cerca de los márgenes en la superficie interna, el androceo con la columna de filamentos recta y no constricta en el ápice y las anteras generalmente más largas que la columna de filamentos y apiculadas en el ápice. También es distintiva por sus frutos grandes y verdes cuando maduros, generalmente elipsoides o raramente ovoides, cubiertos por un indumento ferrugíneo que cae muy fácilmente al tacto y el pericarpo grueso; la semilla tiene la testa marcadamente acanalada.

Una muestra con flores estaminadas (*Alfaro 492*, MO), recolectada en los bosques montanos de la vertiente del Pacífico de la Cordillera de Talamanca en Costa Rica, es algo similar en las hojas (forma, tamaño e indumento en el envés) a *V. allenii*. Sin embargo, este material montano, tiene el perianto más grande (c. 3.8-4 mm) y carnoso, y la superficie interna es densamente pubescente desde el ápice hasta la base y la columna de filamentos (0.5-0.7 mm) es más corta que las anteras (c. 1.2 mm). Esta planta posiblemente corresponde a una especie no descrita. Dicha muestra, también fue discutida por Jiménez Madrigal (2007b) bajo *V. macrocarpa*.

Los ejemplares *Allen 5763* (F) y *Allen 6727* (F), citados como *V. guatemalensis* en *The Rain Forests of Golfo Dulce* (Allen, 1956), corresponden a *V. allenii*.

2. Virola amistadensis D. Santam., *PhytoKeys* 134: 24 (2019). Holotipo: Panamá, *McPherson 9717* (MO!). Ilustr.: Santamaría-Aguilar et al., *PhytoKeys* 134: 26, t. 11 (2019a).

Árboles 4-13 m; corteza y savia no descritos; ramitas 0.18-0.42 cm de grosor, teretes, inconspicua, pero densamente estrigulosas, glabrescentes con la edad; tricomas irregularmente estrellados a dendríticos, ferrugíneos a algo blanquecinos. Hojas 12.3-22.8(-27) × 4.4-9.5(-12.5) cm, elípticas a ampliamente elípticas, en hojas maduras el haz pardo claro a pardo oscuro (algunas veces brillante), glabro o en pocas ocasiones con tricomas estrellados dispersos, el envés generalmente blanquecino-grisáceo, aunque también pardo muy claro a pardo oscuro, densa pero inconspicuamente pubescente, los tricomas estrellados (con una capa densa de estructuras escuamiformes hialinas; vistas a muy alta magnificación), sésiles, ferrugíneos o algunas veces con la parte central del tricoma rojiza que contrasta en color con los brazos hialinos a rojizo-claro, con 4-8 brazos, los brazos c. 0.02 mm, persistentes, la vena media elevada en el haz y ligeramente sumergida en un canal, elevada y redondeada en el envés, tomentoso, adpreso-pubescente a glabrescente, las venas secundarias 9-15 por lado, con 3-5 venas por cada 5 cm, separadas entre sí por (1.2-)1.4-2.5 cm, del mismo color que el haz, planas a levemente elevadas o impresas en el haz, elevadas en el envés, arqueadas, libres o levemente anastomosadas cerca al margen y sin formar una vena intramarginal muy marcada, las venas terciarias apenas visibles o indistintas en ambas caras, la base generalmente aguda o pocas veces atenuada, no revoluta, los márgenes planos, el ápice acuminado; pecíolo 1.4-2.3 cm × 1.8-2.3 mm, levemente acanalado, pubescente, los tricomas estrellados. Inflorescencias estaminadas 3-7.5 cm, axilares, los ejes levemente aplanados, pubescentes, los tricomas estrellados, ferrugíneos; pedúnculo 1-2 cm × 0.9-1.6 mm, aplanado; brácteas no vistas. Flores estaminadas en fascículos terminales laxos de 2-11 flores, algunas veces sobre un receptáculo de c. 1 mm de ancho; pedicelos 0.7-1 mm; perianto 1.5-2.2 mm, infundibuliforme, pardo (posiblemente por el indumento), connado por c. 0.8 mm de su longitud, la superficie externa pubescente con tricomas pardos, la superficie interna pubescente especialmente en los lóbulos y los márgenes; lóbulos 3, c. 1.2 × 0.7 mm; estambres 3(-6), la columna de filamentos 0.2-0.4 mm, conspicuamente engrosada en toda su longitud, constricta en el ápice, las anteras 0.6-0.7 mm, con el apículo 0.1-0.15 mm, apiculado, connadas a ligeramente separadas en el ápice. Inflorescencias pistiladas 4.3-5 cm, similares a las estaminadas; pedúnculo 1.5-1.8 cm × 1.8-2.5 mm; brácteas no vistas. Flores pistiladas en fascículos terminales de 4-10 flores, con pedicelos 1.5-2 mm; perianto 3.4-3.8 mm, infundibuliforme, pardo-amarillo, connado por 2.2-2.5 mm, la superficie externa pubescente, la superficie interna pubescente especialmente en los lóbulos y escasamente pubescentes en la parte basal; lóbulos 3, 1-1.4 × 1-1.2 mm; gineceo 1.8-2 × 0.8-1.1 mm, densamente pubescente, ovado, los lóbulos del estigma 0.4-0.5 mm, erectos. Infrutescencia 2.7-6.3 cm, con 1-5 frutos, el pedúnculo 1-2.5 cm × 2.5-5 mm. Frutos 2.1-3.8 × 1.7-2 cm, ovoides a globosos, cortamente estipitados, densamente tomentosos, los tricomas irregularmente estrellados, ferrugíneos, la superficie lisa o rugulosa, en la línea de dehiscencia levemente carinados, la base obtusa, el ápice agudo a obtuso, pardos o pardo-amarillentos; pericarpo 1-2 mm de grosor; pedicelo 0.4-0.9 cm; semilla 1.6-2.2 × 1.4-1.6 cm, la testa pardo claro cuando seca, marcadamente acanalada, el arilo descrito como rojo (pardo claro o negruzco cuando seco), seco, delgado, laciniado en bandas angostas distalmente. Floración abr., jun.-jul.; fructificación ene.-mar., may.-jun., dic. *Bosques húmedos y premontanos*. CR (*Chacón 194*, MO); P (*McPherson 9715*, MO). 650-1200 m. (Endémica).

Virola amistadensis se reconoce por sus hojas elípticas a ampliamente elípticas, con las venas secundarias bien separadas, el envés cubierto con tricomas estrellados sésiles y una capa densa de estructuras escuamiformes hialinas; por las flores estaminadas pequeñas, con la columna de filamentos engrosada y marcadamente constricta en el ápice, las anteras más largas que la columna de filamentos y apiculadas en el ápice; y por los frutos ovoides a globosos, con el pericarpo relativamente delgado y cubiertos por una capa densa pero inconspicua de tricomas ferrugíneos. También es distintiva por ser un árbol pequeño y por habitar en bosques generalmente premontanos.

Recolecciones de esta planta fueron determinadas previamente como: *V. guatemalensis* del norte de Mesoamérica, o como las especies sudamericanas *V. calophylla* (Spruce) Warb. (Colombia, Venezuela, Guyana, Surinam, Ecuador, Perú, Bolivia, Brasil) y *V. macrocarpa* (Colombia).

3. Virola chrysocarpa D. Santam. & Aguilar, *PhytoKeys* 134: 28 (2019). Holotipo: Costa Rica, *Aguilar 3082* (CR-[nr] 9864). Ilustr.: Quesada et al., *Árboles Penins. Osa* 248 (1997), como *V. koschnyi*. N.v.: Fruta dorada, CR, P; bogamani, P.

Árboles 15-45 m; tallos 25-50 cm de diámetro; corteza pocas veces descrita como rojiza a pardo-rojiza; savia una vez descrita como rojiza clara o roja en el tronco; ramitas 0.18-0.28 cm de grosor, teretes, lateralmente aplanadas a levemente anguladas, hirsuto-tomentosas; tricomas dendríticos, amarillentos o pardo muy claro. Hojas (17.5-)24.2-28.8 × 7.6-10 cm, obovadas a oblongas, en hojas maduras el haz oliváceo, pardo a grisáceo, hirsuto a hirsútulo en hojas maduras (hirsuto en hojas nuevas, los tricomas dendrítico-estrellados, pediculados, de textura áspera al tacto), áspero, el envés densamente hirsuto a hirsútulo, los tricomas dendríticos a dendrítico-estrellados, amarillentos a pardo claro, pediculados, con 3-6 brazos, los brazos 0.2-0.6 mm, persistentes, la vena media plana en el haz, pubescente, elevada y redondeada en el envés, pubescente, las venas secundarias 28-32 por lado, con 5-7(-11) venas por cada 5 cm, separadas entre sí por (0.5-)0.7-1.3 cm, del mismo color que el haz o algunas veces contrastando en color, planas a levemente impresas en el haz y conspicuas en el envés, rectas a levemente arqueadas, anastomosadas cerca al margen y formando una vena intramarginal, las venas terciarias generalmente inconspicuas en el haz, conspicuas en el envés, la base por lo general marcadamente cordada, no revoluta, los márgenes planos, el ápice acuminado; pecíolo 1-1.6(-2) cm × 1.5-2.8 mm, acanalado, pubescente, los tricomas dendríticos. Inflorescencias estaminadas 4-8.5 cm, sobre nudos sin hojas o en pocas ocasiones axilares, los ejes levemente aplanados, densamente pubescentes, los tricomas dendríticos, amarillentos a pardo claro; pedúnculo 1.5-4 cm × 1.3-1.9(-3) mm, aplanado; brácteas 0.5-0.8 × 0.3-0.5 cm, pubescentes en ambas caras, caducas. Flores estaminadas en fascículos terminales densos de 15-30 o más flores, sobre un receptáculo de 2-4 mm de ancho; pedicelos 2.8-3.5 mm; perianto 2-3 mm, subgloboso a romboide, amarillo, connado por 0.6-1.5 mm de su longitud, la superficie externa pubescente con tricomas pardo claro, amarillentos o dorados, la superficie interna con pocos tricomas dispersos, especialmente sobre los lóbulos; lóbulos 3, 1.5-2.3 × 0.6-1.5 mm; estambres 3, la columna de filamentos 1.3-1.5 mm, delgada, no constricta en el ápice, las anteras 0.6 mm, con el apículo obtuso. Inflorescencias y flores pistiladas no vistas. Infrutescencia 3.2-7.5 cm, 1 o 2 frutos (o 4 en una infrutescencia inmadura), el pedúnculo 1.2-5 cm × 1.8-2.7 mm. Frutos 2.4-2.9 × 1.7-1.8 cm, elipsoides, sésiles, densamente tomentosos a glabrescentes, los tricomas dendríticos, pardos a pardo-rojizos, la superficie lisa a rugulosa, en la línea de dehiscencia lisos, acanalados a levemente carinados, la base redondeada, el ápice agudo a apiculado, amarillos, anaranjados o ferrugíneos (posiblemente por el indumento); pericarpo 1.8-2.5 mm de grosor; pedicelo 0.5-0.8 cm; semilla 1.7-2.1 × 1.3-1.4 cm, la testa pardo claro a negruzca, con leves canales a casi lisa, el arilo descrito como rojo o rosado (pardo o amarillento cuando seco), grueso, aceitoso, laciniado en bandas angostas o anchas distalmente. Floración ene.-mar., dic.; fructificación mar.-jun. *Bosques muy húmedos*. CR (*Aguilar 3082*, MO); P (*Cooper & Slater 175*, F). 0-700 m. (Endémica).

Virola chrysocarpa se distingue por sus hojas con el haz pubescente y áspero al tacto, con numerosas venas secundarias, la base por lo general marcadamente cordada, así como el indumento hirsuto a hirsútulo con los brazos de los tricomas largos que cubre el envés de la hoja; inflorescencias poco ramificadas, las flores estaminadas con la columna de filamentos mucho más larga que las anteras.

Esta especie parece ser una la única en Mesoamérica que pierde sus hojas por un corto período antes de producir flores (Allen, 1956; R. Aguilar, obs. pers.). Morfológicamente está cercanamente aliada a *Virola koschnyi* de la vertiente del Caribe, la cual se diferencia por las hojas maduras con el haz glabro y liso, el envés densamente tomentoso con los tricomas con brazos cortos y en mayor cantidad, las inflorescencias mucho más ramificadas y las flores con la columna de filamentos similar en tamaño a las anteras.

Los especímenes *Allen 5554* (MO), *Aguilar 3082* (MO) y *Cooper & Slater 175* (F), citados como *V. koschnyi* en *The Rain Forests of Golfo Dulce* (Allen, 1956), *Manual de Plantas de Costa Rica* (Jiménez Madrigal, 2007b) y *Flora of Panama* (Duke, 1962d [1963]), corresponden con *V. chrysocarpa*. Adicionalmente, la ilustración presentada en *Manual de Plantas de Costa Rica*, es una combinación de ambas especies, véase Santamaría-Aguilar et al. (2019a).

4. Virola elongata (Benth.) Warb., *Ber. Deutsch. Bot. Ges.* 13: 89 (1895 [1896]). *Myristica elongata* Benth. *Hooker's J. Bot. Kew Gard. Misc.* 5: 5 (1853). Holotipo: Brasil, *Langsdorff*[?]*116* (K-[cb] K000575136). Ilustr.: Santamaría-Aguilar et al., *PhytoKeys* 134: 22, t. 10C-D (2019a).

Árboles (3-)7-15 m; tallos 0.7-12 cm de diámetro; corteza y savia no descritas; ramitas 0.07-0.2 cm de grosor, teretes a lateralmente aplanadas, puberulentas, los tricomas estrellados o dendrítico-estrellados, comúnmente pardo oscuros. Hojas 10.8-18.5 × 2.7-3.7(-5.1) cm, elípticas a oblongo-elípticas, en hojas maduras el haz pardo oscuro o negruzco, glabro, liso, el envés blanquecino-grisáceo (generalmente) o pardo claro, escasamente pubescente, más densa y comúnmente a lo largo de las venas, los tricomas estrellados a dendrítico-estrellados, comúnmente sésiles, algunas veces cortamente pediculados, con 3-5 brazos, los brazos 0.1-0.2 mm, pardo claro a rojizos, caducos, la vena media elevada en el haz, pero levemente sumergida en un canal, glabra o con pocos tricomas dispersos a lo largo, elevada en el envés, redondeada, escasamente pubescente, las venas secundarias 9-14 por lado, con 4-6(-8) venas por cada 5 cm, separadas entre sí por (0.8-)1-1.7 cm, del mismo color que el haz o pocas veces contrastando en color, planas a levemente impresas en el haz, elevadas en el envés, arqueadas, libres a levemente anastomosadas cerca al margen y sin formar una vena intramarginal muy distintiva, las venas terciarias indistintas a ligeramente visibles en ambas caras, la base cuneada a obtusa, no revoluta, los márgenes planos o ligeramente revolutos, el ápice acuminado; pecíolo 0.6-1.1 × 0.07-0.15 cm, muy levemente acanalado, glabro o pubescente, cuando pubescente con tricomas dendríticos. Inflorescencias estaminadas 3.5-8 cm, axilares, los ejes levemente aplanados, todos escasa a densamente pubescentes, los tricomas dendríticos, pardo claro a rojizos; pedúnculo 1.2-3.2 cm × 0.7-1.5 mm, aplanado; brácteas no vistas. Flores estaminadas en fascículos terminales laxos de 2-6 flores, algunas veces sobre un receptáculo de 0.5-0.6 mm de ancho; pedicelos 1.4-1.8 mm; perianto 1.5-1.9 mm, infundibuliforme, amarillo o amarillo-anaranjado, connado por 0.8-1.2 mm de su longitud, la superficie externa pubescente con tricomas pardo-rojizos, la superficie interna pubescente, especialmente en los lóbulos; lóbulos 3 o 4, 0.5-0.8(-1) × 0.4-0.7 mm; estambres 3(-6), la columna de filamentos 0.3-0.4 mm, engrosada en la base, algo carnosa, levemente constricta en la parte distal, las anteras 0.6-0.9 mm, con el apículo 0.1-0.2 mm, connadas o separadas distalmente. Inflorescencias y flores pistiladas no vistas. Infrutescencia 2.5-3.8(-7) cm, con 1-7 frutos, el pedúnculo 1-3.3 cm × 0.1-1.5(-2.3) mm. Frutos 1.6-1.9 × 0.9-1.1 cm, elipsoides, sésiles a levemente estipitados, inconspicua a escasamente pubescentes (densamente pubescentes cuando jóvenes), los tricomas dendríticos, cuando presentes pardos a ferrugíneos, la superficie ampollosa a rugosa (pardo claro cuando seca), en la línea de dehiscencia acanalados o lisos, la base redondeada, el ápice obtuso, verdes; pericarpo 0.5-0.7 mm de grosor; pedicelo 0.4-0.7 cm; semilla 0.9-1.2 × 0.7-0.8 cm, la testa parda, ligeramente acanalada, el arilo generalmente descrito como rojo (pardo claro cuando seco), delgado, laciniado en bandas angostas distalmente. Floración jul., sep.-oct.; fructificación ene.-feb., abr., jul.-ago., oct. *Bosques húmedos*. P (*Correa & Dressler 1078*, MO). 50-450 m. (Mesoamérica, Colombia, Venezuela, Guyana, Ecuador, Perú, Bolivia, Brasil).

Virola elongata se reconoce por sus hojas relativamente pequeñas, el envés escasamente pubescente con tricomas estrellados a dendrítico-estrellados y generalmente sésiles, con pocas venas secundarias bien espaciadas entre ellas; las flores estaminadas con la columna de filamentos corta, y las anteras más del doble de la longitud que la columna de filamentos y apiculadas en el ápice, y por sus frutos maduros verdes, pequeños, que cuando secos la superficie es ampollosa a rugosa y pardo claro.

El uso de este nombre para las colecciones panameñas debe considerarse como provisional.

5. Virola fosteri D. Santam., *PhytoKeys* 134: 35 (2019). Holotipo: Panamá, *Galdames et al. 6422* (PMA). Ilustr.: Santamaría-Aguilar et al., *PhytoKeys* 134: 37, t. 15 (2019a).

Árboles (15-)20-35 m; tallos 35-60 cm de diámetro; corteza parda o rojiza; savia una vez descrita como acuoso-rojiza, posiblemente en la corteza; ramitas 0.12-0.24 cm de grosor, teretes a levemente anguladas, puberulentas; tricomas estrellados, amarillentos a pardo claro. Hojas 7.8-12 × 1.4-2.7 cm, angostamente elípticas u oblongas a oblanceoladas, en hojas maduras el haz pardo oscuro, pardo claro o negruzco, glabro, liso, el envés pardo claro a pardo-rojizo, puberulento en toda la superficie, los tricomas estrellados, amarillentos a pardo claro, sésiles, con 4-8 brazos, los brazos 0.03-0.05 mm, persistentes, la vena media acanalada en el haz, glabra, elevada y lateralmente comprimida y que en algunas ocasiones se ve como un filo en el envés, tomentosa a escasamente pubescente, las venas secundarias 16-24 por lado, con 10-15 venas por cada 5 cm, separadas entre sí por 0.2-0.5(-0.7) cm, del mismo color que el haz, impresas en el haz, planas a levemente elevadas en el envés, arqueadas, levemente anastomosadas cerca al margen y sin formar una vena intramarginal muy marcada, las venas terciarias casi indistintas a ligeramente impresas en el haz, casi indistintas en el envés, la base atenuada, revoluta, los márgenes revolutos (especialmente cerca de la base) o planos, el ápice agudo a acuminado; pecíolo 0.4-0.7(-1) cm × 0.7-1.2, mm acanalado, densamente tomentoso a escasamente pubescente, los tricomas estrellados. Inflorescencias estaminadas 2.5-5.3 cm, generalmente en la axila de las hojas terminales, los ejes aplanados a irregularmente angulados, tomentosos, los tricomas estrellados, amarillentos a pardo claro; pedúnculo 0.9-17 cm × 1.3-2.5 mm, aplanado; brácteas 0.2-0.5 × c. 0.25 cm, tomentosas en ambas caras, el indumento más denso en la cara externa, caducas. Flores estaminadas en fascículos terminales densos de 5-15 flores o más, sobre un receptáculo de 1.5-2.3 mm de ancho; pedicelos 1-2 mm; perianto 2-2.5(-3) mm, subgloboso, amarillo, anaranjado o amarillo-anaranjado, connado por 0.5-0.8 mm de su longitud, la superficie externa pubescente, la superficie interna glabra o algo pubescente cerca de los lóbulos; lóbulos 3, 1.5-2.6 × (0.6-)1.3-1.8 mm; estambres 3(-6), la columna de filamentos 0.9-1.3 mm, recta o raras veces engrosada cerca de la base en algunas flores (*McPherson 20148*, MO), delgada, no constricta en el ápice, las anteras 0.6-0.9 mm, con el apículo agudo a obtuso. Inflorescencias pistiladas 1.3-3.9 cm, axilares, en los ejes con tricomas similares a los de las inflorescencias estaminadas; pedúnculo 0.7-2.2 cm × 0.8-1.4 mm; brácteas no vistas. Flores pistiladas en fascículos terminales de 4-7 flores, con pedicelos 1.5-2.5 mm; perianto 2-3 mm, subgloboso, amarillo, connado por 0.6-0.8 mm de su longitud, la superficie externa pubescente con tricomas anaranjado-amarillentos o dorados, la superficie interna escasamente pubescente, el indumento sobre los lóbulos; lóbulos 3, 1.2-1.5(-2.5) × 0.7-2.1 mm; gineceo 1.6-2.4 × 1.1-1.4 mm, densamente pubescente, globoso a subgloboso, estipitado, los lóbulos del estigma c. 0.6 mm, erectos. Infrutescencia 2.5-3 cm, con 1-3 frutos, el pedúnculo 1.5-1.7 cm × 1.5-3.8 mm. Frutos 1.5-2.3 × 1.2-1.8 cm, ovoides, sésiles o muy cortamente estipitados, tomentosos, los tricomas estrellados, pardo-rojizos, la superficie rugulosa, en la línea de dehiscencia acanalados o lisos, la base obtusa a redondeada, el ápice obtuso, amarillos, anaranjados o pardo-dorados; pericarpo 1.5-2.5 mm de grosor; pedicelo 0.4-0.5 cm; semilla c. 1.6 × 0.9 cm, la testa pardo claro, muy ligeramente acanalada, el arilo descrito como rojo (pardo-rojizo cuando seco), algo grueso, aceitoso, laciniado en bandas angostas. Floración ene.-abr., jun., oct.; fructificación ene.-abr. *Bosques húmedos y muy húmedos*. CR (*González et al. 1632*, MO); P (*Galdames et al. 6422*, MO). 0-350(-800) m. (Endémica).

Virola fosteri, al igual que *V. multiflora*, se reconoce por sus hojas y frutos pequeños, así como por los tricomas estrellados sésiles en el envés de la hoja. También, se distingue por sus hojas con numerosas venas secundarias impresas en el haz, los márgenes y la base revolutos, la vena media elevada en el envés, lateralmente comprimida, y que en algunas ocasiones se ve como un filo; las flores estaminadas tienen la columna de filamentos más larga que las anteras y los frutos poseen el pericarpo grueso.

Los especímenes panameños de esta especie generalmente fueron determinados como *V. multiflora*; mientras que los especímenes costarricenses fueron tratados por Jiménez Madrigal (2007b) como *Virola* sp. *B*.

6. Virola guatemalensis (Hemsl.) Warb., *Nova Acta Acad. Caes. Leop.-Carol. German. Nat. Cur.* 68: 220 (1897). *Myristica guatemalensis* Hemsl., *Biol. Cent.-Amer., Bot.* 3: 66 (1882). Holotipo: Guatemala, *Skinner s.n.* (K, imagen en Internet!). Ilustr.: Pennington & Sarukhán Kermez, *Árboles Trop. México* ed. 3, 175, t. A-B (2005). N.v.: Cacao volador, Ch, G; Cacao, Ch; cacao cimarrón, chucul, palo de sebo, G; sangre, H.

Árboles 12-35 m; tallos 45-130 cm de diámetro; corteza descrita como lisa, fisurada, escamosa o verrugosa; savia descrita como rojiza o translúcida-rojiza en el tronco, o amarilla-rojiza o anaranjada cambiando a rojo, pero sin especificar en cuál parte; ramitas 0.13-0.25 cm de grosor, teretes, irregularmente anguladas a ligeramente compresas, tomentulosas a glabrescentes con la edad, los tricomas estrellados, pardo claro, grisáceos o amarillentos. Hojas 12.3-17.5(-24.1) × (2.4-)3.8-5.5(-8.9) cm, oblongas a estrechamente elípticas, obovadas, en hojas maduras el haz pardo oscuro, pardo-rojizo, grisáceo o negruzco, glabro, liso, el envés pardo claro, pardo oscuro o blanquecino-grisáceo, inconspicuamente pubescente (los tricomas sobre toda la superficie), los tricomas estrellados, sésiles, con 3-6 brazos, los brazos 0.05-0.1 mm, amarillentos, pardos o blanquecinos, persistentes, la vena media plana o levemente acanalada y glabra en el haz, elevada, redondeada a triangular o lateralmente compresa, tomentulosa a escasamente pubescente y en algunas ocasiones casi glabra en el envés, las venas secundarias 13-21 por lado, con 5-7(-10) venas por cada 5 cm, separadas entre sí por 0.6-1.1 cm, del mismo color que el haz, planas o muy levemente impresas en el haz, ligeramente elevadas o planas en el envés, arqueadas, libres o levemente anastomosadas cerca al margen y sin formar una vena intramarginal muy distintiva, las venas terciarias casi indistintas o muy ligeramente visibles en ambas caras, la base atenuada, aguda a obtusa, plana a levemente revoluta, los márgenes revolutos o planos, el ápice agudo o cortamente acuminado; pecíolo 0.6-1(-1.5) cm × 1-2 mm, ligera a profundamente acanalado, diminutamente pubescente, los tricomas estrellados. Inflorescencias estaminadas 4.5-8.5 cm, supraaxilares o sobre nudos sin hojas, los ejes levemente aplanados a irregularmente angulados, tomentosos a puberulentos, los tricomas irregularmente estrellados a dendríticos, pardos a pardo-amarillentos; pedúnculo 1.6-3.2 cm × 1.3-2.8 mm, aplanado; brácteas no vistas. Flores estaminadas en fascículos terminales densos, con 10-30 o más flores, sobre un receptáculo de 2.5-4.5 mm de ancho; pedicelos 1.3-4 mm; perianto 2.3-3 mm, globoso a subgloboso, amarillo, verde-amarillento o pardo (posiblemente por el indumento), connado por 0.7-1.5 mm de su longitud, la superficie externa pubescente con tricomas dorados a ferrugíneos, la superficie interna glabra en la base, escasamente pubescente sobre los lóbulos; lóbulos 3(4), 1.5-2.2 × 1.1-1.5(-2) mm; estambres 3(-7), la columna de filamentos 1-1.2 mm, recta o algunas veces levemente engrosada en la parte media y algo angosta en el ápice, delgada, no constricta, las anteras 0.5-0.8 mm, con el apículo c. 0.1 mm, el ápice obtuso a inconspicuamente apiculado. Inflorescencias y flores pistiladas no vistas. Infrutescencia 0.7-5.5 cm, con 1 o 2 frutos, el pedúnculo 1-2.3(-3) cm × 1.9-3 mm. Frutos 2.7-3.4 × 1.7-2.3 cm, elipsoides, sésiles, glabros o glabros distalmente y pubescentes en la base, o escasa e inconspicuamente pubescentes o pocas veces densamente tomentosos, los tricomas estrellado-dendríticos, pardo claro, la superficie lisa a rugulosa, en la línea de dehiscencia no carinados o la carina muy leve, pocas veces la carina muy notable, la base comúnmente obtusa, pocas veces truncada, el ápice obtuso, verde-amarillentos o verdes (posiblemente inmaduros); pericarpo 0.4-1(-2.5) mm de grosor; pedicelo 0.3-1 cm; semilla 2-2.7 × 1.3-1.9 cm, la testa pardo claro, casi lisa, el arilo generalmente descrito como rojo (amarillento cuando seco), seco o aceitoso, grueso o delgado, laciniado en bandas angostas distalmente. Floración abr.-may.; fructificación ene., mar., ago., oct., dic. *Bosques húmedos*. Ch (*Breedlove & Almeda 57735*, MO); G (*Steyermark 47624*, MO); H (*Hawkins & Merello 768B*, MO). 100-1350 m. (México [Oaxaca, Veracruz], Mesoamérica).

Virola guatemalensis se distingue por sus hojas con el envés inconspicuamente pubescente, con diminutos tricomas estrellados y sésiles, por las venas secundarias 13-21 por lado y poco visibles en el envés y los márgenes algunas veces revolutos; las flores estaminadas con la columna de filamentos más larga que las anteras y los frutos elipsoides, comúnmente glabros o glabros distalmente y pubescentes en la base, y muy levemente carinados o lisos y el pericarpo delgado.

Los especímenes de Chiapas (*Breedlove & Almeda 57553*, MO; *Breedlove & Almeda 57735*, MO), difieren de los especímenes de Veracruz en tener hojas un poco más anchas y los frutos tienen el pericarpo más grueso (1.5-2.5 mm), más notablemente carinado y densamente tomentoso sobre toda la superficie; mientras que un espécimen del mismo estado (*Ton 5223*, MO), tiene hojas más estrechas y frutos glabros. Especímenes con flores no fueron observados.

El nombre, *V. guatemalensis*, ha sido aplicado para los especímenes de Costa Rica y Panamá, y en estos países es interpretado como una especie distinta (*V. montana*). En el sentido de este trabajo, *V. guatemalensis* está restringida a México, Guatemala y Honduras.

Virola guatemalensis ha sido mencionada en *Flora de Nicaragua* (Gentry, 2001) como una especie esperada para este país; sin embargo, hasta el momento no se han observado especímenes.

En arilo del fruto es comestible en México (Pennington & Sarukhán Kermez, 2005); además, Standley & Steyermark (1946h) indicaron que las semillas secas se usaban para dar sabor a chocolates y otras bebidas y eran comercializadas en Guatemala, en los mercados para este propósito; del aceite que se obtiene de la semilla se elaboran jabones, velas y aceite para maquinaria.

7. Virola koschnyi Warb., *Repert. Spec. Nov. Regni Veg.* 1: 71 (1905). Lectotipo (designado por Santamaría-Aguilar et al., 2019a): Costa Rica, *Koschny s.n.* (F-[nr] 649050). Ilustr.: Zamora, *Árboles Mosquitia* 262 (2000). N.v.: Fruta dorada, N, CR; banak, black banak, B; cedrillo, drago, sangre, G; bahanak wainka, bának, sangre de montaña, sangre real, sebo, sebo banak, sebo negro, H; banak blanco, banak colorado, cebo, N; achiotillo, CR.

Virola merendonis Pittier.

Árboles (4-)10-50 m; tallos 12-80 cm de diámetro; corteza pocas veces descrita como lisa y blancuzca o pardo-rojiza; savia roja sin especificar en cuál parte o acuosa en el pecíolo; ramitas 0.19-0.44 cm de grosor, teretes a lateralmente aplanadas, densamente tomentosas, los tricomas dendríticos, comúnmente pardo oscuro o amarillentos. Hojas 14.1-29.9 × 4.2-8.7 cm, por lo general angostamente oblongas a angostamente elípticas, a ovadas u obovadas, en hojas maduras el haz pardo oscuro o negruzco-grisáceo, glabro a glabrescente (densamente pubescente en hojas nuevas, los tricomas dendríticos, sésiles o subsésiles, suaves al tacto, caducos), lisos, el envés amarillento, pardo a pardo-rojizo, densamente tomentoso, los tricomas dendríticos, pediculados, con 4-10 brazos, los brazos 0.1-0.2 mm, amarillentos a pardo claro, persistentes, la vena media plana en el haz, glabra, elevada y redondeada en el envés, pubescente, las venas secundarias (16-)20-35 por lado, con 5-10(-14) venas por cada 5 cm, separadas entre sí por (0.4-) 0.6-1(-1.2) cm, del mismo color que el haz o algunas veces contrastando en color, levemente impresas en el haz y conspicuas en el envés, rectas a levemente arqueadas, anastomosadas cerca al margen y formando una vena intramarginal, las venas terciarias levemente impresas en el haz, generalmente inconspicuas en el envés, la base aguda, cordada a subtruncada, no revoluta, los márgenes planos, el ápice acuminado a atenuado; pecíolo 0.5-1.5 cm × 2-3.4 mm, acanalado, pubescente, los tricomas dendríticos. Inflorescencias estaminadas 5-11 cm, axilares, los ejes levemente aplanados a irregularmente angulados, densamente pubescentes, los tricomas dendríticos, pardo claro; pedúnculo 0.5-4 cm × 1.3-2.7 mm, aplanado; brácteas 0.35-0.7 × 0.25-0.35 cm, pubescentes en ambas caras, el indumento menos denso en la cara externa, caducas. Flores estaminadas en fascículos terminales densos de 10-25 o más flores, sobre un receptáculo de 1.7-4 mm de ancho; pedicelos 1.5-4 mm; perianto 2-2.5 mm, urceolado a globoso, amarillo, blanco o pardo, connado por 0.7-0.8 mm de su longitud, la superficie externa pubescente con tricomas pardos o algo dorados, la superficie interna glabra en la base y pubescente sobre los lóbulos; lóbulos 3, 1.2-1.8 × 0.7-1 mm; estambres 3, la columna de filamentos 0.7-0.9(-1.4) mm, recta, delgada, no constricta en el ápice, las anteras 0.5-0.7(-1) mm, con el apículo c. 0.1 mm, obtuso a inconspicuamente apiculado en el ápice. Inflorescencias pistiladas 2.3-6.2 cm, axilares, con tricomas similares a los de las inflorescencias estaminadas; pedúnculo 0.7-1.7 cm × 1.8-2.5 mm; bráctea c. 0.4 × 0.2 cm, similar a la de las flores estaminadas. Flores pistiladas en fascículos terminales de 4-7 flores, con pedicelos 3-6 cm; perianto 2.5-3.5 mm, amarillo a amarillo claro, connado por 1.2-1.5 mm de su longitud, la superficie externa pubescente, la superficie interna escasamente pubescente; lóbulos 3, 1.7-2 × 0.8-1.5 mm; gineceo 1.7-2 × 1.1-1.5 mm, densamente pubescente, subgloboso, los lóbulos del estigma 0.4-0.5 mm, erectos a ligeramente recurvados. Infrutescencias 1.5-7.5 cm, con 1-3 frutos, el pedúnculo 1-4 cm × 1.8-3.5 mm. Frutos 1.9-3.1 × 1.5-1.9 cm, elipsoides o subglobosos, sésiles, (generalmente) densamente tomentoso o glabrescentes a tomentulosos, los tricomas dendríticos a dendrítico-estrellados, pardo-rojizos, la superficie rugulosa o lisa, en la línea de dehiscencia lisos o pocas veces levemente carinados, la base redondeada, el ápice obtuso, pardos, amarillos, anaranjados o una combinación de estos colores; pericarpo 1.2-3.1 mm de grosor; pedicelo 0.7-1 cm; semilla 1.5-2 × c. 1.2 cm, la testa parda o amarillo claro a negruzca, con leves canales, el arilo generalmente descrito como rojo (pardo claro cuando seco), pardo-rojizo o amarillento, aceitoso, grueso, laciniado en bandas angostas o anchas distalmente. Floración ene., mar., may., jul., sep.-oct., dic.; fructificación ene.-dic. *Bosques húmedos y muy húmedos*. Ch (*Martínez S. & Ramos 26336*, MEXU, imagen en Internet); B (*Brewer 178*, MO); G (*Tenorio et al. 14953*, MO); H (*Davidse & Pohl 2178*, MO); N (*Aker et al. 624*, MO); CR (*Aguilar 9*, MO); P (*Foster et al. 14559*, F, imagen en Internet). 10-1000(-1400) m. (Endémica).

Virola koschnyi se puede reconocer por sus hojas con el envés densamente tomentoso, con tricomas pediculados, dendríticos, que al tacto tiene consistencia suave, las numerosas venas secundarias y las venas terciarias son generalmente inconspicuas en el envés. Las hojas, cuando nuevas, tienen por el haz una capa densa de tricomas dendríticos sésiles o subsésiles, y en la madurez se tornan glabras a glabrescentes y lisas.

Las plantas recolectadas en Belice, Guatemala y Honduras tienen frutos más pequeños y subglobosos, con menos indumento que las plantas de Nicaragua y Costa Rica. A los especímenes de esos países se les podría aplicar el nombre *V. merendonis*, tipificado por ejemplares que Pittier colectó en la Sierra del Merendón, en el borde entre Honduras y Guatemala. Si se estudian pocas colecciones, se pueden reconocer dos entidades, pero cuando se estudian ejemplares adicionales las delimitaciones entre ellas se vuelven difusas. Se necesita un estudio más detallado para descubrir si se trata de una o dos especies.

Los especímenes de la vertiente del Pacífico, en territorio costarricense y panameño han sido confundidos con *V. koschnyi*, pero en realidad corresponden a *V. chrysocarpa*. Ambas especies se pueden separar por las características presentadas en la clave. De los especímenes citados para Panamá por Smith & Wodehouse (1938) y Duke (1962d [1963]), solo se ha podido ubicar *Cooper & Slater 175* (F), y corresponde con *V. chrysocarpa.*

Los ejemplares de *V. koschnyi* atribuidos para Ecuador por León-Yánez en Jørgensen & León-Yánez (1999), corresponden con *V. multinervia* Ducke (Jaramillo-Vivanco et al., 2004); mientras que el registro para Colombia por Cogollo Pacheco et al. (2007) y Gradstein en Bernal et al. (2016), no pudo ser corroborado. En la primera referencia se menciona que la determinación es dudosa.

8. Virola laevigata Standl., *Publ. Field Mus. Nat. Hist., Bot. Ser.* 4: 209 (1929). Isotipo: Panamá, *Cooper & Slater 308* (US, imagen en Internet!). Ilustr.: Santamaría-Aguilar et al., *PhytoKeys* 134: 49, t. 19 (2019a). N.v.: Fruta dorada, CR; bogamani, P.

Árboles 9-40 m; tallos 35-60 cm de diámetro; corteza algunas veces descrita como grisácea, parda o rojiza, lisa a finamente acanalada; savia algunas veces descrita como rojiza en el tronco o incolora y que se oxida crema, pero sin especificar en cuál parte; ramitas 0.11-0.22 cm de grosor, teretes a lateralmente aplanadas, glabras. Hojas 15-28 × 3.2-6.7 cm, angostamente oblongas u oblanceoladas, en hojas maduras el haz pardo oscuro o algo negruzco, glabro, liso, el envés pardo oscuro a pardo-rojizo claro, prácticamente glabro (excepto con tricomas irregularmente estrellados, sésiles y caducos en las hojas muy jóvenes), la vena media plana o con un canal muy leve en el haz, glabra, elevada en el envés, generalmente redondeada, glabra o casi glabra, las venas secundarias 12-20 por lado, con 4-10 venas por cada 5 cm, separadas entre sí por 0.4-1.3 cm, del mismo color que el haz, planas a levemente impresas en el haz, ligeramente elevadas en el envés, rectas a levemente arqueadas, libres o levemente anastomosadas cerca al margen y sin formar una vena intramarginal distintiva o si lo forman es solo visible en el envés, las venas terciarias inconspicuas en el haz, bien distintivas a levemente visibles en el envés, la base aguda a cuneada, subrevoluta o plana, los márgenes planos a levemente revolutos, el ápice agudo a acuminado; pecíolo 0.6-1 cm, acanalado, glabro. Inflorescencias estaminadas 6.5-13 cm, axilares, supraaxilares o sobre nudos sin hojas, los ejes levemente aplanados, densa a escasamente pubescentes, los tricomas irregularmente estrellados, amarillentos a grisáceos; pedúnculo 1.8-4.2 cm × 0.1-2.2 mm, terete o algo aplanado; brácteas 0.4-0.5 × c. 0.17 cm, la superficie externa densamente tomentosa, la superficie interna escasamente pubescente, el indumento más denso en el ápice, caducas. Flores estaminadas en fascículos terminales densos de 5-20 flores o más, sobre un receptáculo de 1.4-2.5 mm de ancho; pedicelos 1.5-3 mm; perianto 2-2.7 mm, subgloboso, amarillo o pardo claro, connado por 0.5-0.7(-1) mm de su longitud, la superficie externa pubescente con tricomas amarillentos, pardo claro o algo dorados, la superficie interna glabrescente o escasamente pubescente sobre los lóbulos; lóbulos 3, 1.3-1.8 × 1.2-1.5 mm; estambres 3(-6), la columna de filamentos 0.8-1.3 mm, recta o inflada delgada, no constricta en el ápice, las anteras 0.5-0.7 mm, con el apículo obtuso a inconspicuamente apiculado. Inflorescencias y flores pistiladas no vistas. Infrutescencia 3-4.5 cm, con 1 o 2 frutos, el pedúnculo 1-2.8 cm × 2.1-3.1 mm. Frutos 1.8-2.9 × 1.5-1.8 cm, ovoides o subglobosos, sésiles, glabros a glabrescentes o muy escasa y escasamente pubescentes, los tricomas estrellados, amarillentos a pardo claro, la superficie rugulosa, en la línea de dehiscencia lisos o acanalados, la base y el ápice obtusos a redondeados, amarillos; pericarpo 1.8-2.8 mm de grosor; pedicelo 0.5-1 cm; semilla c. 1.6 × 1.3-1.5 cm, la testa pardo claro, ligeramente acanalada, el arilo descrito como rojo o blanquecino cuando inmaduro (amarillento cuando seco), aceitoso, laciniado en bandas angostas distalmente. Floración ene., may., jul., nov.; fructificación ene.-feb., sep.-dic. *Bosques húmedos y muy húmedos.* CR (*Zamora & Pennington 1583*, MO); P (*Cooper & Slater 308*, F). 0-500(-1600?) m. (Endémica).

Virola laevigata se distingue por sus partes vegetativas (ramitas, hojas maduras sobre ambas caras y pecíolos) y frutos glabros o casi de esa manera; también las hojas con 12-20 venas secundarias por lado, con los márgenes y la base planos a ligeramente revolutos; las flores estaminadas tienen la columna de filamentos más larga que las anteras; y los frutos relativamente pequeños. Cuando las hojas frescas se observan a contraluz, son visibles numerosas puntuaciones; mientras que los tricomas pueden ser visibles sobre las yemas foliares o hojas muy nuevas.

El espécimen *Gutiérrez 21* (MO, frutos), de Chiriquí, difiere de los otros por sus hojas (c. 14.5 × 2.5 cm) y frutos más pequeños (1.6-1.8 × 1.3-1.4 cm).

Virola laevigata ha sido ubicada como sinónimo de *V. guatemalensis* (p. ej., Smith & Wodehouse, 1938; Standley & Steyermark, 1946h; Duke, 1962d [1963]); mientras que en el *Manual de Plantas de Costa Rica* (Jiménez Madrigal, 2007b) fue tratada como *Virola* sp. *A*. Se menciona que en Costa Rica esta especie llega hasta los 1600 m (Jiménez Madrigal, 2007b) potencialmente basado en *González 3089*, herborizada en Cerro Turrubares (provincia de San José) (B. Hammel com. pers., ago. 2019); sin embargo, no hemos encontrado ningún espécimen que se presente a esta altitud.

9. Virola megacarpa A.H. Gentry, *Ann. Missouri Bot. Gard.* 62: 474 (1975). Holotipo: Panamá, *Gentry & Dwyer 4804* (MO!). Ilustr.: Gentry, *Ann. Missouri Bot. Gard.* 62: 477, t. 1 (1975).

Árboles 12-30 m; tallos 21.5-53 cm de diámetro; corteza no descrita; savia en pocas ocasiones es descrita en el tronco como rojiza u oxidando pardo-rojizo; ramitas 0.4-0.7 cm de grosor, comúnmente teretes, en pocas ocasiones ligeramente aplanadas lateralmente, densamente tomentosas; tricomas dendríticos, pardo oscuro. Hojas 20.3-37 × 7-13 cm, ampliamente oblongas, en hojas maduras el haz pardo claro a pardo oscuro, glabro (cuando jóvenes con una cubierta de tricomas que cae muy fácil al tacto), liso, el envés pardo claro a ferrugíneo, densamente pubescente, los tricomas dendríticos, pardo oscuro a ferrugíneos, pediculados, con 4-12 brazos, los brazos 0.1-0.2 mm, persistentes, la vena media plana y densamente pubescente a glabrescente con la edad en el haz, elevada, redondeada y densamente pubescente en el envés, las venas secundarias (32-)40-50 por lado, con 5-10 venas por cada 5 cm, separadas entre sí por 0.4-0.9(-1.4) cm, del mismo color que el haz, planas a impresas en el haz, conspicuamente elevadas en el envés, rectas a levemente arqueadas distalmente, anastomosadas cerca al margen y formando una vena intramarginal, las venas terciarias muy levemente impresas en el haz, generalmente inconspicuas en el envés, la base obtusa a subcordada, no revoluta, los márgenes planos a ligeramente revolutos, el ápice agudo a cuspidado; pecíolo 0.7-1.6 cm × 3-5 mm, profundamente acanalado, densamente pubescente, los tricomas dendríticos. Inflorescencias estaminadas c. 14 cm, axilares, los ejes levemente aplanados, densamente pubescentes, los tricomas dendríticos, pardo oscuro; pedúnculo 4.5-5 cm × c. 2.8 mm, aplanado; brácteas no vistas. Flores estaminadas en fascículos terminales densos con 5-10 flores, sobre un receptáculo de c. 3 mm de ancho; pedicelos 1.5-2.6 mm; perianto 2-2.9 mm, globoso a subgloboso, amarillo claro, connado por 0.6-0.8 mm de su longitud, la superficie externa pubescente con tricomas pardo claro, la superficie interna casi glabra o con escasos tricomas; lóbulos 3, 1.3-1.8 × 0.8-1.1 mm; estambres 3 o 4, la columna de filamentos 0.9-1.3 mm, recta, delgada, no constricta en el ápice, las anteras 0.8-0.9 mm, obtusas en el ápice, el apículo en apariencia ausente. Inflorescencias y flores pistiladas no vistas. Infrutescencia 4.5-10.5 cm, con 1-3 frutos, el pedúnculo 2.4-6.5 cm × 2.2-4.7 mm. Frutos 4-5.7 × 2-2.9 cm (c. 7 × 3.1 cm cuando frescos), ovoide-elipsoides, sésiles, densamente pubescentes, los tricomas dendríticos, ferrugíneos, la superficie rugosa, en la línea de dehiscencia lisos a levemente carinados, la base obtusa, el ápice acuminado a rostrado (cuando maduros), pardos o pardo-amarillentos (posiblemente por el indumento); pericarpo 3-6 mm de grosor; pedicelo 0.5-1.3 cm; semilla 3-4.1 × 1.6-2 cm, la testa pardo muy claro a negruzca, con leves canales, el arilo generalmente descrito como rojo (pardo claro, pardo-rojizo o amarillento cuando seco), aceitoso, grueso, laciniado en bandas angostas distalmente. Floración ago.; fructificación feb.-mar., ago.-nov. *Bosques muy húmedos*. P (*Nee & Tyson 10983*, MO). 50-550 m. (Endémica).

Virola megacarpa se puede reconocer por sus hojas grandes, ampliamente oblongas, con numerosas y cercanas venas secundarias, el envés densamente pubescente, con tricomas dendríticos pardo oscuro a ferrugíneos; y por sus grandes frutos con el ápice acuminado a rostrado y el pericarpo grueso. En condición infértil, *V. megacarpa*, se podría confundir con, *V. koschnyi*; pero en esta última, las venas secundarias son menos numerosas y más espaciadas.

Esta especie es atribuida para Colombia en Cogollo Pacheco en Idárraga-Piedrahita et al. (2011), con base en el ejemplar *Brand 1252* (JAUM-[nr] 007070, frutos). Se ha visto una imagen digital de tal espécimen y, por lo que se puede discernir, las hojas por el envés y los frutos son escasamente pubescentes, así como de menor tamaño. Este ejemplar parece corresponder a una especie del grupo *Surinamenses* sensu Smith & Wodehouse (1938).

10. Virola montana D. Santam., *PhytoKeys* 134: 52 (2019). Holotipo: Costa Rica, *Lépiz & Morales 284* (CR-[nr] 201663). Ilustr.: Santamaría-Aguilar et al., *PhytoKeys* 134: 53, t. 21 (2019a).

Árboles 6-35 m; tallos (4-)10-50 cm de diámetro; corteza no descrita; savia descrita en una ocasión como anaranjada en la corteza, ramas y frutos; ramitas 0.13-0.4 cm de grosor, anguladas a ligeramente compresas, densamente tomentosas a puberulentas; tricomas dendríticos, amarillentos, pardos a ferrugíneos. Hojas (11.2-)15-30.5 × (3.9-) 4.5-7.4 cm, oblongo-elípticas, el haz en hojas maduras pardo oscuro, pardo-rojizo o negruzco-grisáceo, glabro o con tricomas muy dispersos, liso, el envés pardo claro, pardo oscuro o blanquecino-grisáceo, escasamente pubescente, pero generalmente densa a escasamente pubescente con algunos tricomas persistentes a lo largo de los nervios (en hojas nuevas con una capa densa sobre toda la superficie y que cae muy fácil al tacto), los tricomas dendríticos o pocas veces irregularmente estrellados, sésiles, con 3-10 brazos, los brazos 0.2-0.6 mm, caducos, amarillentos a pardo claro, la vena media plana o levemente acanalada en el haz, glabra o con tricomas dispersos, algunas veces densamente pubescente en la base, elevada y redondeada en el envés, densamente tomentosa (con tricomas que caen muy fácilmente al tacto), con la edad glabra a glabrescente, las venas secundarias (15-)18-30 por lado, con (4-)6-9 venas por cada 5 cm, separadas entre sí por 0.5-0.9(-1.5) cm, del mismo color que el haz o algunas veces más claras, planas o muy levemente impresas en el haz, elevadas en el envés, rectas a levemente arqueadas (especialmente hacia la parte distal), levemente anastomosadas cerca al margen y sin formar una vena intramarginal muy distintiva, las venas terciarias generalmente visibles en ambas caras, la base aguda a redondeada, plana, los márgenes planos, el ápice agudo a acuminado; pecíolo 0.5-1.2 cm × 1.6-3 mm, acanalado, densa a escasamente pubescente, los tricomas dendríticos a irregularmente estrellados. Inflorescencias estaminadas 3-9 cm, axilares o sobre nudos sin hojas, los ejes levemente aplanados a irregularmente angulados, densamente tomentosos, los tricomas dendríticos, pardos a pardo-amarillentos; pedúnculo 1.7-3.5 cm × 0.5-1.2 mm, aplanado; brácteas 0.3-0.7 × 0.19-0.4 cm, pubescentes en ambas caras, caducas. Flores estaminadas en fascículos terminales densos de 7-20 flores o más, sobre un receptáculo de 1.5-3 mm de ancho; pedicelos 1.7-3.4 mm; perianto (1.6-)2-2.7 mm, subgloboso, amarillo, blanco-verdoso o pardo (posiblemente por el indumento), connado por (0.2-)0.5-0.8 mm de su longitud, la superficie externa pubescente con tricomas pardos a ferrugíneos, la superficie interna glabra en la base, escasamente pubescente sobre los lóbulos; lóbulos 3, 1.5-2 × 1-1.4(-1.8) mm; estambres 3(-6), la columna de filamentos 0.6-0.9 mm, recta o algunas veces levemente engrosada en la base y algo angosta en el ápice, delgada, no constricta en el ápice, las anteras 0.5-0.8 mm, con el apículo c. 0.07-0.1 mm, inconspicuamente apiculado. Inflorescencias pistiladas 3.5 cm, sobre nudos sin hojas, con tricomas similares a los de las inflorescencias estaminadas; pedúnculo 1.8-2.5 cm × 1-2 mm; brácteas no vistas. Flores pistiladas en fascículos terminales de 5-6 flores, con pedicelos 3.5-4 mm; perianto 3.5-4.6 mm, globoso a subgloboso, pardo claro (posiblemente por el indumento), connado por 1-1.5 mm de su longitud, la superficie externa pubescente, la superficie interna escasamente pubescente; lóbulos 3, 2.5-3.5 × 1.5-2.2 mm; gineceo 2-2.7 × 1.5-1.6 mm, densamente pubescente, subgloboso, estipitado, los lóbulos del estigma c. 0.3 mm, erectos. Infrutescencia 3-6.2 cm, con 1(2) frutos, el pedúnculo 2-3.3 cm × 1.9-3 mm. Frutos (2.8-)3-3.6 × 2-2.5 cm, ovoide-elipsoides, sésiles, densamente tomentosos a tomentulosos, los tricomas dendríticos a irregularmente estrellados, pardo claro a ferrugíneos, la superficie (comúnmente) rugulosa o lisa, en la línea de dehiscencia carinados, la base obtusa, el ápice agudo, anaranjados, dorados o pardo-amarillentos; pericarpo 3.2-5 mm de grosor; pedicelo 0.7-1 cm; semilla 2.2-2.5 × c. 1.5 cm, la testa pardo oscuro, casi lisa, el arilo descrito como rojo, (amarillento o pardo-rojizo cuando seco), aceitoso, grueso, laciniado en bandas angostas distalmente. Floración ene., mar.-may., nov.-dic.; fructificación mar., jun.-dic. *Bosques pluviales a montanos*. CR (*Herrera et al. 514*, MO); P (*McPherson 7756*, MO). 700-2000 m. (Endémica).

Virola montana se reconoce por el indumento de tricomas dendríticos o pocas veces irregularmente estrellados, con brazos largos, que cubre las ramitas, el envés de la hoja (especialmente cuando jóvenes), los pecíolos y la inflorescencia, y que al tacto cae con facilidad; este indumento, en el envés de la hoja, se encuentra principalmente sobre la vena media y las venas secundarias. También, ayudan a distinguirla su hábitat montano, las hojas con numerosas venas secundarias, las flores estaminadas con la columna de filamentos casi del mismo tamaño que las anteras, y los frutos densamente tomentosos a tomentulosos, carinados, con el pericarpo grueso. Los especímenes de *V. montana*, históricamente han sido identificados como *V. guatemalensis* (p. ej., *Pittier 16628*, NY, 2 pliegos), un taxón que, como es aquí interpretado, se encuentra restringido al norte de Mesoamérica. Esta última especie se puede diferenciar por sus pequeños tricomas estrellados, sobre todo el envés de la lámina, por las venas secundarias no muy marcadas, por las flores estaminadas con la columna de filamentos más larga que las anteras y los frutos con el pericarpo más delgado.

Santamaría-Aguilar et al. (2019a), mencionaron de forma incorrecta la unidad de medida para el ancho del pedúnculo de la inflorescencia estaminada (1-2 cm), lo correcto es 1-2 mm.

11. Virola multiflora (Standl.) A.C. Sm., *Brittonia* 2: 499 (1938). *Dialyanthera multiflora* Standl., *Publ. Field Mus. Nat. Hist., Bot. Ser.* 8: 12 (1930). Holotipo: Belice, *Schipp 279* (F, imagen en Internet!). Ilustr.: Zamora, *Árboles Mosquitia* 264 (2000). N.v.: Banak, bastard banak, B; asang banak, báhanak luhpia, bának, banak almuk, sangre, sebo álmut, sebo negro, H; conchillo, samo, N; fruta dorada, CR.

Virola brachycarpa Standl.

Árboles 6-30 m; tallos 17-35 cm de diámetro; corteza en una ocasión descrita como lisa; savia en pocas ocasiones descrita como roja o rojiza en la corteza del tronco; ramitas 0.08-0.18 cm de grosor, comúnmente teretes, escasamente pubescentes a glabrescentes con la edad; tricomas estrellados, amarillentos a pajizos. Hojas 5.5-15.5 × 1.5-3.6 (-4.8) cm, angostamente elípticas u oblanceoladas, el haz negruzco en hojas maduras, pardo oscuro a grisáceo, glabro o casi así, liso, el envés pardo claro, pardo oscuro o blanquecino-grisáceo, escasamente puberulento en toda la superficie, los tricomas estrellados, amarillentos a pajizos, sésiles, con 3-6 brazos, los brazos 0.08-0.12 mm, persistentes, la vena media acanalada en el haz, glabra o casi así, elevada en el envés, redondeada o algunas veces lateralmente comprimida, glabrescente a escasamente pubescente, las venas secundarias 10-18 por lado, con (6-)8-10 venas por cada 5 cm, separadas entre sí por 0.4-0.8(-1.2) cm, del mismo color que el haz o algunas veces contrastando en color, planas o levemente impresas en el haz, ligeramente elevadas o planas en el envés, arqueadas, libres o levemente anastomosadas cerca del margen y sin formar una vena intramarginal muy distintiva, las venas terciarias casi indistintas o muy ligeramente visibles en ambas caras, la base aguda o atenuada, no revoluta, los márgenes planos, el ápice agudo a acuminado; pecíolo 0.5-0.9(-1.1) cm × 0.6-1.1 mm, acanalado, glabrescente a escasamente pubescente, los tricomas estrellados. Inflorescencias estaminadas (2-)3.5-8 cm, axilares o supraaxilares, los ejes levemente aplanados a irregularmente angulados, puberulentos, los tricomas estrellados a irregularmente estrellados, amarillentos a pajizos; pedúnculo 1-2.5 cm × 0.8-1.3 mm, terete o aplanado; brácteas 0.13-0.25 × 0.1-0.15 cm, la superficie externa densamente tomentosa, la superficie interna glabra a glabrescente, caducas. Flores estaminadas en fascículos terminales densos de 3-12 flores, sobre un receptáculo de 0.8-1.5 mm de ancho; pedicelos 1-3 mm; perianto 1.7-2.8 mm, globoso a subgloboso, amarillo, anaranjado, dorado o crema-amarillento, connado por 0.7-1.4 mm de su longitud, la superficie externa pubescente con tricomas amarillentos, la superficie interna glabra a glabrescente; lóbulos 3(4), 1-1.3(-1.5) × 0.6-1.1(-1.5) mm; estambres 3, la columna de filamentos 0.7-1 mm, recta, delgada a subcarnosa, no constricta en el ápice o muy ligeramente constricta, las anteras 0.3-0.6 mm, con el apículo obtuso a inconspicuamente apiculado. Inflorescencias pistiladas c. 3.5 cm, axilares o supraaxilares, con tricomas similares a los de las inflorescencias estaminadas; pedúnculo 1.6-2.2 cm × c. 0.8 mm; brácteas no vistas. Flores pistiladas en fascículos terminales de 3 o 4 flores; pedicelos 3.5-4.5 mm; perianto 2.5-3 mm, subgloboso, amarillo, connado por 1-1.5 mm de su longitud, la superficie externa pubescente con tricomas amarillentos a dorados, la superficie interna glabra a glabrescente, el indumento principalmente sobre los márgenes de los lóbulos; lóbulos 3, 1.7-2 mm; gineceo 1.2-1.4 × 0.8-1.2 mm, densamente pubescente, globoso, los lóbulos del estigma 0.5-0.6 mm, suberectos. Infrutescencia 2.5-5.7 cm, con 1-5 frutos, el pedúnculo 1.1-3.5 cm × 0.6-2.3 mm. Frutos 1.3-1.9 × 0.9-1.2(-1.4) cm, ovoides a elipsoides, sésiles o muy cortamente estipitados, escasa e inconspicuamente pubescentes o glabrescentes, los tricomas estrellados, amarillentos a pardo claro, la superficie lisa a rugulosa, en la línea de dehiscencia acanalados, la base y el ápice redondeados, amarillos; pericarpo 0.7-1 mm de grosor; pedicelo 0.5-0.9 cm; semilla 1.1-1.3 × 0.9-1 cm, la testa pardo claro, muy levemente acanalada, el arilo generalmente descrito como rojo (amarillento cuando seco), aceitoso o seco, delgado o grueso, laciniado en bandas angostas. Floración mar.-ago.; fructificación ene.-abr., oct.-dic. *Bosques muy húmedos*. B (*Gentle 4342*, MO); H (*House 2308*, MO); N (*Rueda & Velásquez 15004*, MO); CR (*Grayum & Jacobs 5341*, MO); P (*Hernández et al. 646*, PMA). 0-650(-1400) m. (Endémica).

Virola multiflora se reconoce por sus hojas generalmente pequeñas y angostas con el envés inconspicuamente pubescente, con tricomas estrellados y sésiles, y con pecíolos largos y delgados; por sus flores estaminadas con la columna de filamentos más larga que las anteras; y por los frutos pequeños.

Todos los especímenes fértiles de Panamá que se han estudiado y que han sido identificados como *V. multiflora*, corresponden con *V. fosteri*; incluido *de Nevers et al. 7608* (MO), mencionado en el *Catálogo de las Plantas Vasculares de Panamá* (Correa A. et al., 2004). Hasta el momento el único ejemplar observado de esta especie es el citado arriba.

Standley & Steyermark (1946h) mencionaron que *V. multiflora* es de esperarse en Izabal (Guatemala); mientras que Jiménez Madrigal (2007b) la atribuye a ese país. Pero, hasta el momento no se ha logrado ubicar ninguna colección de esta especie para este país. Jiménez Madrigal (2007b), expandió el ámbito de distribución de esta especie a Perú; la identidad de estos especímenes no pudo ser corroborada y por lo tanto aquí se trata como una especie restringida a Mesoamérica. Así mismo, el registro presentado en Rodrigues (2008) parece ser un error de escritura y más bien puede corresponder con *V. minutiflora* Ducke una especie Sudamericana.

12. Virola nobilis A.C. Sm., *Brittonia* 2: 490 (1938). Isotipo: Panamá, *Wetmore et al. 155* (MO!). Ilustr.: Croat, *Fl. Barro Colorado Isl.* 404, t. 244-245 (1978), como *V. surinamensis*.

Árboles (8-)15-30 m; tallos 60-70 cm de diámetro, algunas veces descritos con contrafuertes; corteza algunas veces descrita como pardo-rojiza, exfoliando en pequeñas piezas, con textura áspera; savia descrita en una ocasión como roja en la corteza del tronco; ramitas 0.11-0.35 cm de grosor, lateralmente aplanadas, puberulentas, glabrescentes con la edad; tricomas estrellados, algunas veces con tricomas dendríticos, amarillentos, blanquecinos a pardo-rojizos. Hojas 9-17.2 × 2.5-4(-5) cm, angostamente oblongas, en hojas maduras el haz pardo oscuro, negruzco o verde oliva, glabro, liso, el envés comúnmente pardo-blanquecino, pocas veces pardo-rojizo, escasamente pubescente, los tricomas estrellados, sésiles, con 3-4(-6) brazos, los brazos 0.08-0.1 mm, persistentes, amarillentos a blanquecinos, la vena media plana a levemente acanalada en el haz, glabra o escasamente pubescente, elevada y redondeada en el envés, puberulenta, las venas secundarias 20-30 por lado, con 8-11 venas por cada 5 cm, separadas entre sí por 0.4-0.6 cm, del mismo color que el haz o un poco más oscuras, planas en el haz, marcadamente elevadas en el envés, rectas y levemente arqueadas hacia la parte distal, anastomosadas cerca al margen, algunas veces tan cercana que es difícil de distinguir, y sin formar una vena intramarginal muy marcada, las venas terciarias generalmente distintivas en ambas caras, ligeramente impresas en el haz, la base atenuada o aguda, leve a marcadamente revoluta, los márgenes por lo general ligeramente revolutos, el ápice cuspidado o cortamente acuminado; pecíolo 0.5-1.1 cm × 1.1-2 mm, acanalado, puberulento a densamente pubescente, los tricomas estrellados. Inflorescencias estaminadas 3-13 cm, axilares, supraaxilares o sobre nudos sin hojas, los ejes levemente aplanados a irregularmente angulados, densamente pubescentes, los tricomas dendríticos, amarillentos o pardos; pedúnculo (0.5-)1.4-3.5 cm × 2-3.2 mm, aplanado; brácteas 0.3-0.5 × 0.25-0.4 cm, pubescentes en ambas caras, caducas. Flores estaminadas en fascículos terminales con 15-35 flores, sobre un receptáculo de 1.4-2.5 mm de ancho; pedicelos 1.5-2.3 mm; perianto 2.3-3.5 mm, subgloboso, amarillo, connado por 0.8-1.5 mm de su longitud, la superficie externa pubescente, los tricomas pardos o amarillentos, la superficie interna glabra en la base, escasamente pubescente sobre los lóbulos o glabra; lóbulos 3, 1.6-2.2 × 1.2-1.5 mm; estambres 3(-6), la columna de filamentos 0.8-1.1 mm, recta, delgada, algunas veces engrosada en la base, no constricta en el ápice, las anteras 0.6-0.8 mm, con el apículo c. 0.1 mm o en apariencia ausente, connadas. Inflorescencias y flores pistiladas no vistas. Infrutescencia 3.5-4.5 cm, con 1 o 2 frutos, el pedúnculo 1.5-2 cm × 1.6-2.3 (-3.1) mm. Frutos 2.3-2.7 × 2.2-2.4 cm, elipsoides, sésiles o cortamente estipitados, densamente puberulentos, los tricomas irregularmente estrellados, pardo-rojizos, la superficie rugulosa, en la línea de dehiscencia levemente carinados, la base y el ápice obtusos o redondeados, pardos o amarillo-anaranjados; pericarpo 2.5-3.5 mm de grosor; pedicelo 0.6-0.8 cm; semilla c. 1.8 × 1.5 cm, la testa pardo-rojiza, levemente acanalada, el arilo rojo (pardo cuando seco), aceitoso, grueso, laciniado en bandas angostas distalmente. Floración ene.-mar., jul., nov.; fructificación feb.-mar., jul.-ago. *Bosques húmedos y muy húmedos*. P (*Croat 7488*, MO). 0-100 m. (Endémica).

Virola nobilis se reconoce por sus hojas angostas con numerosas venas secundarias, así como por los tricomas estrellados y sésiles dispersos por el envés de la lámina y las venas terciarias ligeramente impresas en el haz; las flores estaminadas tienen la columna de filamentos más larga que las anteras y los frutos elipsoides ostentan el pericarpo y el arilo (al menos cuando seco) gruesos.

Esta especie fue incluida en la sinonimia de *V. surinamensis* (Rol. ex Rottb.) Warb. (p. ej., Gentry, 1975; Croat, 1978; Correa A. et al., 2004; Jiménez Madrigal, 2007b). Sin embargo, después de examinar un número importante de especímenes de Sudamérica y algunos de las Antillas, se observaron diferencias en la morfología de las hojas, flores y frutos, y, por lo tanto, en este tratamiento se mantienen separadas.

Varias recolecciones infértiles y con frutos de El Llano Cartí y algunas de Cerro Jefe en Panamá (p. ej., *de Nevers & Herrera 4333*, MO; *Liesner 657*, MO; *Tyson et al. 3353*, MO), las cuales no son incluidas dentro de este concepto ni del de *Virola* sp. *A*, difieren por tener el envés de las hojas cubierto por una capa densa e inconspicua (a simple vista) de tricomas estrellados sésiles y amarillentos; la vena media es ligeramente acanalada en el haz y los frutos tienen la superficie más o menos lisa y son no carinados en la línea de dehiscencia.

13. Virola otobifolia D. Santam., *PhytoKeys* 134: 63 (2019). Holotipo: Panamá, *Folsom 1440* (MO!). Ilustr.: Santamaría-Aguilar et al., *PhytoKeys* 134: 67, t. 26 (2019a). N.v.: Cuinur burwi (Kuna), miguelario, putmas (Kuna), velario, P.

Árboles 6-30 m; tallos 24.9-37.3 cm de diámetro; corteza no descrita; savia algunas veces descrita como roja, acuoso-rojiza o negro-rojiza en el tronco; ramitas 0.23-0.34 cm, teretes a algo aplanadas, glabrescentes a puberulentas; tricomas estrellados a irregularmente estrellados, ferrugíneos a grisáceos. Hojas (14-)18.2-42.5 × (4.1-)7.3-14.2 cm, oblongas a elípticas, en hojas maduras el haz pardo (algunas veces brillante), glabro o algunas veces con tricomas estrellados dispersos (especialmente a lo largo de las venas), liso, el envés blanquecino-grisáceo o pocas veces pardo muy claro, densa pero inconspicuamente pubescente, los tricomas estrellados, la parte central del tricoma generalmente rojiza que contrasta en color con los brazos hialinos a rojizo claro, sésiles, con 4-11 brazos, los brazos c. 0.01-0.05 mm, persistentes, la vena media elevada en el haz pero sumergida en un canal, elevada en el envés, triangular a redondeada, tomentosa, las venas secundarias 10-16 por lado, con 2-4 venas por cada 5 cm, separadas entre sí por 1.7-3 cm, del mismo color que el haz, planas a ligeramente impresas en el haz, levemente elevadas en el envés, arqueadas, levemente anastomosadas cerca al margen y sin formar una vena intramarginal muy marcada, las venas terciarias apenas visibles en ambas caras, la base obtusa a aguda, plana, los márgenes planos a ligeramente revolutos, el ápice acuminado; pecíolo (1-)1.3-2 cm × 1.9-4.4 mm, plano a muy ligeramente acanalado, tomentoso, los tricomas estrellados. Inflorescencias estaminadas 3.5-9.5 cm, axilares o sobre nudos sin hojas, los ejes aplanados o irregularmente angulados, tomentosos, los tricomas irregularmente estrellados a irregularmente dendríticos, pardos a ferrugíneos; pedúnculo 1.4-2.2 cm × 2.2-3.4 mm, aplanado; brácteas no vistas. Flores estaminadas en fascículos terminales laxos de 5-13 flores, sobre un receptáculo de 0.7-1.5 mm de ancho; pedicelos 1.5-2 mm; perianto 2.5-2.8 mm, infundibuliforme, amarillo o pardo, connado por 0.9-1.5 mm de su longitud, la superficie externa pubescente con tricomas pardos, la superficie interna pubescente en los lóbulos, glabra o con escasos tricomas en la base; lóbulos 3(4), 1.2-1.5 × 0.9-1.1 mm; estambres 3(-6), la columna de filamentos 0.9-1 mm, recta y muy engrosada en toda su longitud, carnosa, constricta en el ápice, las anteras 0.6-1 mm, el ápice agudo a apiculado, el apículo c. 0.1 mm, connadas o levemente separadas en el ápice. Inflorescencias pistiladas 3.2-4 cm, axilares, los ejes aplanados o irregularmente angulados, tomentosos, los tricomas estrellados, pardos a ferrugíneos; pedúnculo 0.6-1.2 cm × c. 3.2 mm; brácteas no vistas. Flores pistiladas maduras no vistas. Infrutescencia 3.2-5 cm, con (1)2-4 frutos, el pedúnculo 1-3.5 cm × 3.5-5.3 mm. Frutos (2.7-)3.5-4.5 × (1.9-)2.3-2.9 cm, elipsoides, cortamente estipitados, densamente tomentosos, los tricomas estrellados, ferrugíneos, la superficie rugosa, en la línea de dehiscencia conspicuamente carinados, la base obtusa a subtruncada, el ápice acuminado a agudo, pardos (posiblemente por la pubescencia), aunque presumiblemente verdes; pericarpo (2.7-)3-4.7 mm de grosor; pedicelo 0.5-0.8(-1) cm; semilla 2.5-2.8 × 1.5-1.7 cm, la testa pardo oscura cuando seca, marcadamente acanalada, el arilo rojo (pardo o negruzco cuando seco), seco, delgado, laciniado en bandas angostas Floración feb.-abr.; fructificación feb.-abr., oct. *Bosques muy húmedos*. P (*Gentry et al. 14199*, MO). 50-850 m. (Mesoamérica, Colombia, Ecuador).

Virola otobifolia se reconoce por sus hojas grandes, con las venas secundarias bien separadas, el envés blanquecino-grisáceo, cubierto con tricomas estrellados sésiles; las flores estaminadas con la columna de filamentos recta y muy engrosada en toda su longitud y constricta en el ápice, las anteras casi del mismo tamaño que la columna de filamentos, los frutos grandes, densamente tomentosos y conspicuamente carinados, y el pericarpo grueso.

14. Virola sanguinea D. Santam., *J. Bot. Res. Inst. Texas* 15: 343 (2021). Holotipo: Honduras, *Zamora 1844* (MO!). Ilustr.: Santamaría-Aguilar, *J. Bot. Res. Inst. Texas* 15: 344, t. 1 (2021).

Árboles 20-25 m; tallos c. 40 cm de diámetro; corteza no descrita; savia en la corteza del árbol clara y que se torna pardo. Ramitas 0.16-0.19 cm de grosor, lateralmente aplanadas, tomentosas, los tricomas dendríticos, pardo claro. Hojas 19.5-24 × (4.5-)5.1-7 cm, oblongas a lanceoladas, en hojas maduras el haz pardo oscuro a pardo rojizo, algunas veces brillante, liso, glabro o con pocos tricomas muy dispersos, el envés pardo claro, escasamente pubescente, glabrescente, los tricomas dendríticos, sésiles a subsésiles, con 3-8 brazos, los brazos c. 0.1 mm, castaño claro a amarillentos, la vena media acanalada y pubescente en el haz, elevada y pubescente en el envés, las venas secundarias 21-23 por lado, con 5 o 6 venas por cada 5 cm, separadas entre sí por 0.8-1.2(-1.6) cm, del mismo color que el haz, planas a ligeramente acanaladas en el haz, ligeramente elevadas en el envés, arqueadas, ligeramente anastomosadas cerca del margen y sin formar una vena intramarginal muy marcada, las venas terciarias indistintas en el haz, muy poco visibles en el envés, la base obtusa, plana, los márgenes planos a ligeramente revolutos, el ápice acuminado (c. 2 cm); pecíolo c. 0.7 cm × 1.6-2 mm, acanalado, tomentoso a tomentuloso, los tricomas dendríticos. Inflorescencias estaminadas 6-8.4 cm, axilares, los ejes aplanados, pubescentes, los tricomas dendríticos, pardo claro; pedúnculo 1.9-3 cm × c. 1 mm, aplanado; brácteas c. 0.5 × 0.3 cm, pubescentes en ambas caras. Flores estaminadas (en botón) en fascículos terminales densos, con 5-10 o más flores, sobre un receptáculo de c. 3 mm de ancho o algunas veces ausente; perianto c. 2 mm, elíptico a elongado, subcarnoso, verde-cremoso (por adentro), la parte connada no medida por la inmadurez de los botones, la superficie externa densamente pubescente, los tricomas pardos y dendríticos, la superficie interna glabra; lóbulos no vistos por la inmadurez de las flores; estambres 4, la columna de los filamentos 0.6-0.8 mm, recta, no constricta en el ápice, las anteras 0.7-0.9 mm, con el apículo ausente. Inflorescencia y flores pistiladas no vistas. Infrutescencia 5-5.8 cm, con 1 o 2 frutos, el pedúnculo 2.5-3.1 cm × c. 2.8 mm. Frutos 3-3.1 × 2.1-2.5 cm, globosos, sésiles, cubiertos por una capa muy inconspicua de tricomas dendríticos, pardo-rojizos, la superficie ligeramente verrugosa, en la línea de dehiscencia lisos, la base obtusa a redondeada, el ápice obtuso a ligeramente agudo, verde-amarillentos (cuando secos pardos, por los tricomas, o negruzcos cuando los tricomas son removidos); pericarpo c. 3 mm de grosor; pedicelo 0.8-1.1 cm; semilla y arilo no vistos, el arilo descrito como rojo salmón (*Standley 53873*). Floración mar., may.; fructificación mar., jun. *Bosques húmedos*. H (*Zamora 1844*, MEXU). 20-600 (-1100) m. (Endémica).

Virola sanguinea se reconoce por sus hojas oblongas a lanceoladas, con el envés cubierto con tricomas dendríticos, sésiles o subsésiles y que se pierden con la edad, el ápice acuminado, las venas secundarias bien separadas unas de las otras; flores estaminadas con el perianto densamente pubescente en la cara externa y glabro en la cara interna, y la columna de los filamentos similar en tamaño a las anteras; y sus frutos relativamente globosos y pubescentes (aunque el indumento es inconspicuo y cae fácilmente al tacto).

15. Virola sebifera Aubl., *Hist. Pl. Guiane* 2: 904 (1775). Sintipo: Guayana Francesa, *Aublet s.n.* (BM, imagen en Internet!). Ilustr.: Duke, *Ann. Missouri Bot. Gard.* 49: 223, t. 170 (1962d [1963]). N.v.: Banak, walus, H; banak, cebo, cebo macho, cebo sirsio, sangre drago, N;

coton, fruta dorada, miguelario, CR; bogamani, copidijo, fruta dorada, gorgoran, malagueta de montaña, mancha, sangre, tabegua velario colorado, P.

Knema sebifera (Aubl.) Peterm., *Myristica panamensis* Hemsl., *M. sebifera* (Aubl.) Sw., *Virola panamensis* (Hemsl.) Warb., *V. warburgii* Pittier.

Arbustos o árboles 2-40 m; tallos 25-80 cm de diámetro; corteza pocas veces descrita, como rojiza o grisácea, escamosa; savia pocas veces descrita como roja, rojiza o rojo-café; ramitas 0.13-0.5 cm de grosor, teretes, lateralmente aplanadas a levemente anguladas, algunas veces lenticeladas, tomentosas o glabrescentes; tricomas dendríticos a dendrítico-estrellados, ferrugíneos. Hojas 8-35 × 3.5-9.7 cm, ovadas a oblongas o elípticas, en hojas maduras el haz negruzco a pardo, glabro (en hojas nuevas densamente tomentoso, de textura lisa al tacto, los tricomas estrellados a dendrítico-estrellados, pediculados), liso, el envés generalmente blanquecino-grisáceo, densamente tomentoso, los tricomas dendríticos a dendrítico-estrellados, pardos a ferrugíneos, comúnmente pediculados o algunas veces sésiles, con 3-6 brazos, los brazos c. 0.1 mm, caducos, la vena media plana en el haz, generalmente glabra, aunque algunas veces ferrugíneo-tomentosa, elevada y redondeada en el envés, tomentosa, las venas secundarias 9-17 por lado, con 3 o 4(5) venas por cada 5 cm, separadas entre sí por 1.3-2.7 cm, del mismo color que el haz, planas a levemente impresas en el haz, elevadas en el envés, arqueadas, libres o levemente anastomosadas cerca al margen y sin formar una vena intramarginal distintiva, las venas terciarias inconspicuas a levemente visibles en ambas caras, la base redondeada, obtusa a truncada o subcordada, no revoluta, los márgenes planos o ligeramente revolutos, el ápice agudo a acuminado a cuspidado; pecíolo 0.8-1.7(-2) cm × 1.2-2.8 mm, muy ligeramente acanalado, densamente pubescente, algunas veces glabrescente, los tricomas dendríticos. Inflorescencias estaminadas 6.5-19 cm, axilares, supraaxilares o pocas veces en el ápice de la rama, los ejes levemente aplanados a teretes, densamente pubescentes, los tricomas dendríticos, ferrugíneos; pedúnculo 1.1-4 cm × 1.5-3.9 mm, aplanado; brácteas no vistas. Flores estaminadas en fascículos terminales laxos de 5-15 flores o más, algunas veces sobre un receptáculo de 0.5-1 mm de ancho; pedicelos 0.7-2.2 mm; perianto 1.3-1.6 mm, infundibuliforme, amarillo, anaranjado, blanco o pardo, connado por 0.5-1 mm de su longitud, la superficie externa densamente pubescente con tricomas pardos a ferrugíneos, la superficie interna glabra a glabrescente en la base, densa a escasamente pubescente en los lóbulos; lóbulos 3-4, 0.5-1 × 0.3-0.7 mm; estambres 3(-5), la columna de filamentos 0.1-0.4 mm, gruesa, leve a marcadamente constricta en el ápice, las anteras 0.6-0.8 mm, con el apículo 0.1-0.2 mm, connadas o ligeramente separadas. Inflorescencias pistiladas axilares o supraaxilares, 3.5-7.5 cm, con tricomas similares a los de las inflorescencias estaminadas; pedúnculo 1-3.2 cm × 1.3-4 mm; bráctea no vista. Flores pistiladas en fascículos terminales de 4-15 flores o más, con pedicelos 0.15-0.3 cm; perianto 1.5-2.6 mm, infundibuliforme, amarillento o pardo, connado por 0.8-1.5 mm de su longitud; lóbulos 3, 0.6-1.4 × 0.4-0.8 mm, la superficie externa densamente pubescente, la superficie interna escasamente pubescente; gineceo 0.8-1.7 × 0.5-1 mm, densamente pubescente, subgloboso, los lóbulos del estigma 0.2-0.4 mm, erectos. Infrutescencia 3.3-11 cm, con (1-)4-31 frutos, el pedúnculo (1-)1.5-3.5 cm × 2.2-4.9 mm. Frutos 1.1-1.7(-2.3) × 0.8-1.3(-1.6) cm, esféricos a subglobosos, cortamente estipitados a sésiles, densamente pubescentes (con una capa de tricomas de 0.3-0.6 mm, dendríticos, ferrugíneos), la superficie lisa a rugosa (negro cuando seca), en la línea de dehiscencia lisos o pocas veces muy levemente carinados, la base obtusa a redondeada, el ápice agudo a obtuso, generalmente verdes; pericarpo 0.3-0.6(-0.9) mm de grosor; pedicelo 0.3-0.8 cm; semilla 1.1-1.3(-1.6) × 0.7-0.9(-1.2) cm, la testa pardo claro, negruzca a negruzco-grisácea cuando seca (algunas veces blanquecina cuando fresca), marcada y densamente acanalada, el arilo rojo o rosado (pardo rojizo o negruzco cuando seco), seco o pocas veces aceitoso, delgado, laciniado en bandas angostas distalmente. Floración y fructificación durante todo el año. *Bosques húmedos y muy húmedos.* H (*House 2019*, MO); N (*Coronado et al. 3388*, MO); CR (*Gómez 19479*, MO); P (*Croat 8251*, MO). 0-1000 m. (Mesoamérica, Colombia, Venezuela, Guayanas, Ecuador, Perú, Bolivia, Brasil).

Virola sebifera se reconoce por sus hojas densamente pubescentes en el envés con tricomas pediculados, generalmente pardos a ferrugíneos, con pocas venas secundarias bien espaciadas entre ellas; inflorescencias largas y muy ramificadas; flores estaminadas con la columna de filamentos corta y las anteras más del doble de la longitud que la columna de filamentos y apiculadas en el ápice; frutos pequeños, esféricos a subglobosos y generalmente verdes, cubiertos por una densa capa de tricomas que caen fácilmente y el pericarpo delgado.

Las hojas de esta especie son muy variables en forma y tamaño, así como en el tipo de base. Algunas veces, un solo individuo puede tener hojas de diferentes tamaños. *Virola sebifera* es la especie más recolectada en Mesoamérica.

Los especímenes con hojas pequeñas, escasamente pubescentes y con tricomas sésiles en el envés de la lámina (p. ej., *McPherson et al. 15341*, MO; *McPherson 20671*, MO), pueden ser difíciles de distinguir de *V. elongata*. Sin embargo, los especímenes de *V. sebifera*, tienen ramitas, pecíolos, pedúnculos floríferos y fructíferos más gruesos.

16. Virola sp. **A.** Ilustr.: Santamaría-Aguilar et al., *PhytoKeys* 134: 66, t. 25 (2019a), como *V.* cf. *nobilis*. N.v.: Fruta dorada, CR.

Árboles (5-)20-40 m; tallos 20-60 cm de diámetro, algunas veces descritos con contrafuertes; corteza descrita en una ocasión como pardo-rojiza; savia descrita en una ocasión como acuoso-amarillenta, sin especificar en cuál parte; ramitas 0.13-0.35 cm de grosor, ligeramente comprimidas, puberulentas a glabrescentes con la edad; tricomas estrellados, amarillentos a blanquecinos. Hojas 15.6-27.5 × (3-)4.7-7.1 cm, oblanceoladas o algunas veces angostamente oblongas, en hojas maduras el haz pardo oscuro a negruzco, glabro, liso, el envés pardo-rojizo, escasamente pubescente, los tricomas estrellados, sésiles, con 3-6 brazos, los brazos 0.08-0.1 mm, persistentes, amarillentos a dorados, la vena media plana a levemente acanalada en el haz, glabra, elevada y redondeada en el envés, puberulenta, las venas secundarias 25-32 por lado, con 5-7(-9) venas por cada 5 cm, separadas entre sí por 0.6-0.9 cm, del mismo color que el haz o más oscuras, planas y ligeramente acanaladas en el haz, marcadamente elevadas en el envés, rectas y levemente arqueadas hacia la parte distal, anastomosadas cerca al margen y sin formar una vena intramarginal marcada, las venas terciarias generalmente distintas en ambas caras, la base obtusa a cuneada, levemente revoluta, los márgenes planos, el ápice agudo a abrupta y cortamente acuminado; pecíolo 0.6-0.8(-1) cm × (1.7-)2-2.3 mm, acanalado, puberulento, los tricomas estrellados. Inflorescencias estaminadas 3.8-5 cm, sobre nudos sin hojas, los ejes levemente aplanados a irregularmente angulados, densamente pubescentes, los tricomas dendríticos, amarillentos a dorados; pedúnculo 1-1.4 cm × 1.9-3.8 mm, aplanado o algunas veces de forma muy irregular; brácteas 0.4-0.5 × 0.2-0.45 cm, pubescentes en ambas caras, caducas. Flores estaminadas en fascículos terminales de 5-20 flores, sobre un receptáculo de 1.5-3 mm de ancho; pedicelos 2-3.5 mm; perianto 2.5-3.2 mm, subgloboso, amarillo a verde-dorado, connado por 1.3-1.5 mm de su longitud, la superficie externa pubescente con tricomas amarillentos a dorados, la superficie interna glabra en la base, escasamente pubescente sobre los lóbulos o glabra; lóbulos 3, 2-2.5 × 1.8-2 mm; estambres 3, la columna de filamentos 1.2-1.3 mm, recta, delgada, no constricta en el ápice, las anteras 0.5-0.8 mm, con el apículo (muy inconspicuo) c. 0.05 mm, separado. Inflorescencias y flores pistiladas no vistas. Infrutescencia 3.2-4.5 cm, con 1-3 frutos, el pedúnculo 1.3-2.3(-3) cm × 2-2.9 mm. Frutos 2.1-3.1 × 1.6-2.5 cm, ovoides, sésiles, densamente tomentosos, los tricomas irregularmente estrellados, amarillentos, la superficie rugulosa, en la línea de dehiscencia levemente carinados o lisos, la base obtusa, el ápice agudo, anaranjados o pardo claro; pericarpo 2.5-4.2 mm de grosor; pedicelo 0.4-0.9 cm; semilla 1.4-2.5 × 1.2-1.6 cm, la testa pardo claro a negruzca, levemente acanalada, el arilo descrito como rojo (amarillento a pardo claro cuando seco), aceitoso, algo grueso, laciniado en bandas angostas distalmente. Floración nov.-dic.; fructificación ene., mar.-abr., jun. *Bosques muy húmedos.* CR (*Herrera 4222*, MO); P (*McPherson 8098*, MO). 0-500 m. (Endémica).

Virola sp. *A* se reconoce por sus hojas oblanceoladas o algunas veces angostamente oblongas, con numerosas venas secundarias, así como por los tricomas estrellados y sésiles dispersos por el envés; flores estaminadas con la columna de filamentos más larga que las anteras, y el apículo muy inconspicuo; frutos ovoides, densamente tomentosos con los tricomas amarillentos y el ápice agudo.

Comparte varias características con *V. nobilis*, como el hábito arbóreo de gran tamaño, con las hojas con numerosas venas secundarias, los tricomas estrellados y sésiles dispersos por el envés de la lámina y las flores estaminadas con la columna de filamentos más larga que las anteras. Pero se puede diferenciar por las características presentadas en la clave.

Esta especie generalmente ha sido tratada e identificada como *V. surinamensis* de Sudamérica y las Antillas, con la que comparte muchas de las características, como las mencionadas anteriormente para *V. nobilis*. Sin embargo, *V. surinamensis*, por lo general se caracteriza en tener el perianto más corto y finamente carnoso a submembranáceo, los frutos más pequeños, ovoides a subglobosos, glabrescentes y el pericarpo delgado. Aunque ambas especies pueden tener las hojas similares en tamaño, en *V. surinamensis* son más pequeñas y las inflorescencias son más largas y con muchas más flores. Véase la figura comparativa de estas especies en Santamaría-Aguilar et al. (2019a), donde esta especie fue tratada como *V.* cf. *nobilis*. Más aún, *Virola* sp. *A*, morfológicamente parece estar más relacionada con *V. reidii* Little de Colombia y Ecuador (Jaramillo-Vivanco et al., 2004).

Algunas recolecciones con frutos (p. ej., *Aguilar & Cornejo 9739*, MO; *Hammel & Robles 16722*, MO), difieren por las hojas más angostas.

47. MAGNOLIACEAE

Descripción de la familia por J. Jiménez, R. Cruz & J.A. Vázquez-García.

Árboles o arbustos, hermafroditas, raramente monoicos, dioicos o androdioicos, generalmente protóginos, perennifolios o en ocasiones caducifolios, glabros o pubescentes. Hojas simples, alternas en helicoide, rara vez dísticas; láminas enteras o lobadas, membranáceas o coriáceas, penninervias; pecíolos cilíndricos o acanalados, con o sin cicatriz estipular; estípulas deciduas, dejando una cicatriz anular alrededor del nudo, unidas al pecíolo o libres. Flores trímeras, terminales o terminales en braquiblastos axilares, perfectas o unisexuales, actinomorfas, pediceladas o sésiles, en ocasiones pedunculadas; brácteas 1-3(4), glabras o pubescentes, espatáceas, deciduas; perianto en 3 o más series, con disposición verticilada, los sépalos y pétalos a menudo similares, imbricados, deciduos; androceo con estambres numerosos, libres, con disposición helicoide, los filamentos aplanados, las anteras ditecas, con dehiscencia longitudinal introrsa, el conectivo alargado y conspicuo; gineceo apocárpico, carpelos con arreglo en helicoide sobre un receptáculo cónico, con 2-14 óvulos marginales, anátropos, bitégmicos, el estigma sésil, erecto o recurvado, papiloso. Frutos polifolículos secos o carnosos, o bien samaroides, los folículos libres o unidos en la madurez, dehiscentes por la sutura dorsal y/o ventral; semillas con testa carnosa, generalmente roja, el endospermo aceitoso y el embrión recto. 12 gen., c. 220 spp., este de Norteamérica hasta Brasil, Antillas, sur y sureste de Asia; 1 gen. y 53 spp. en Mesoamérica.

Hay distintas opiniones acerca del número de especies en esta familia; según Vázquez-García et al. (2017), varía desde c. 200 hasta más de 350. En un estudio filogenético, morfológico y de evidencia geográfica, Wang et al. (2020) propusieron una clasificación, seguida aquí, que acepta solo 2 géneros en la familia: *Liriodendron* L., de la subfamilia Liriodendroideae y *Magnolia* en la subfamilia Magnolioideae.

Bibliografía: Hernández-Cerda, M.E. *Fl. Veracruz* 14: 1-14 (1980). Vázquez-García, J.A. et al. *Bot. Sci.* 91: 417-425 (2013b); *Phytotaxa* 328: 101-104 (2017); *Phytotaxa* 529: 57-70 (2021). Xia, N.-H. et al. *Fl. China* 7: 48-91 (2008). Wang, Y.-B. et al. *J. Syst. Evol.* 58: 673-697 (2020).

1. Magnolia L.

Aromadendron Blume, *Blumia* Nees ex Blume, *Buergeria* Siebold & Zucc., *Dugandiodendron* Lozano, *Gwillimia* Rottler ex DC., *Kobus* Kaempf. ex Salisb., *Lirianthe* Spach, *Magnolia* L. subsect. *Dugandiodendron* (Lozano) Figlar & Noot., *M.* sect. *Lirianthe* (Spach) Dandy, *M.* subg. *Lirianthe* (Spach) Rchb., *M.* sect. *Manglietiastrum* (Y.W. Law) Noot., *M.* sect. *Talauma* (Juss.) Baill., *M.* subg. *Talauma* (Juss.) Baill., *M.* subsect. *Talauma* (Juss.) Figlar & Noot., *M.* sect. *Tulipastrum* (Spach) Dandy, *M.* subsect. *Tulipastrum* (Spach) Figlar & Noot., *M.* subg. *Tulipastrum* (Spach) Rchb., *M.* sect. *Yulania* (Spach) Dandy, *M.* subsect. *Yulania* (Spach) Figlar & Noot., *M.* subg. *Yulania* (Spach) Rchb., *Manglietiastrum* Y.W. Law, *Micheliopsis* H. Keng, *Sphenocarpus* Wall., *Svenhedinia* Urb., *Talauma* Juss., *T.* sect. *Svenhedinia* (Urb.) Imkhan., *T.* subsect. *Svenhedinia* (Urb.) Imkhan., *Tulipastrum* Spach, *Yulania* Spach.

Por J. Jiménez, R. Cruz & J.A. Vázquez-García.

Árboles o arbustos, perennifolios o caducifolios, glabros o pubescentes. Hojas simples, alternas, con estípulas unidas al pecíolo o libres, deciduas, cubriendo los brotes; pecíolos cilíndricos o acanalados, con o sin cicatriz estipular; láminas enteras, coriáceas, penninervias. Flores generalmente blancas, terminales, perfectas, actinomorfas, sésiles o pediceladas, en muchas ocasiones pedunculadas; sépalos y pétalos a menudo similares, en series verticiladas, imbricados, deciduos; estambres numerosos, libres, con disposición helicoide, los filamentos aplanados, las anteras bitecas, con dehiscencia longitudinal introrsa, el conectivo alargado y conspicuo, el polen uniaperturado; gineceo apocárpico, los carpelos con arreglo helicoide, sobre un receptáculo cónico, cada uno con 2 óvulos marginales; estigma sésil, recto o curvo, papiloso. Frutos polifolículos secos o carnosos, los folículos libres o unidos en la madurez, dehiscentes por la sutura dorsal; semillas 1-2 por carpelo, con testa generalmente roja; endospermo aceitoso; embrión recto. 218 spp., Canadá a Brasil y Antillas, y Asia, al este del Himalaya, China, Japón y Taiwán; 53 spp. en Mesoamérica (incluidas 2 cultivadas).

En el presente tratamiento se consideran 53 spp. (incluyendo 3 subsp.): 27 spp. corresponden a *Magnolia* sect. *Magnolia*, 1 sp. a *M.* sect. *Michelia* (L.) Baill. y 25 a *M.* sect. *Talauma*; 50 spp. son nativas y endémicas de Mesoamérica, 1 es compartida entre Panamá y Colombia y 2 son ampliamente cultivadas en esta región. El género *Liriodendron*, hoy en día extinto de Mesoamérica, tiene registros de polen fósil en Simojovel, Chiapas (Palacios-Chavez & Rzedowski, 1993).

Clave para las especies de *Magnolia* de Mesoamérica

Por J. Jiménez & R. Cruz.

1. Flores terminales en braquiblastos axilares; polifolículos cilíndricos; plantas cultivadas en Mesoamérica (*Magnolia* sect. *Michelia*). **7. M. champaca**
1. Flores terminales nunca en braquiblastos axilares; polifolículos globosos, ovoides o elipsoides; plantas nativas de Mesoamérica (*M. grandiflora* introducida).
 2. Pecíolo con cicatriz estipular adaxial evidente (corre a lo largo de toda o casi toda su longitud); folículos con dehiscencia circuncísil, generalmente leñosos y siempre desprendiéndose del eje del polifolículo en la madurez dejando desnudas a las semillas (*M.* sect. *Talauma*).
  3. Pecíolo 8 cm o más.
   4. Árboles hasta 9 m; lámina foliar 50-55 cm; carpelos 35-39; Guatemala. **1. M. alfredo-mironii**
   4. Árboles 18-48 m; lámina foliar hasta 42 cm; carpelos 38-92; Chiapas, Guatemala.
    5. Árboles 18-20 m; carpelos 89-92; polifolículos con folículos cayendo en masas irregulares en grupos de alrededor de 15; Chiapas. **35. M. perezfarrerae**
    5. Árboles (20-)28-48 m; carpelos 38-71; polifolículos con folículos desprendiéndose individualmente, en ocasiones los basales cayendo en grupos de 2 o 3.
     6. Árboles (20-)28-35 m; lámina foliar 11-22.5 cm; venas secundarias 9-11 pares; pecíolo (4.8-)6-7.5(-10) cm; estambres 198-248; carpelos 61-71(-80); polifolículos c. 11.5 × 9.5 cm, los folículos desprendiéndose individualmente, en ocasiones los basales cayendo en grupos de 2 o 3; Chiapas. **26. M. lacandonica**
     6. Árboles 35-40 m; lámina foliar 4-42 cm; venas secundarias 12-13 pares; pecíolo 11-13 cm; estambres 102-108; carpelos 38-50; polifolículos 13-15 × 7.5-8.5 cm, los folículos desprendiéndose individualmente; Guatemala. **32. M. ottoi**
  3. Pecíolo 1.8-7.5(-8.1) cm.
   7. Árboles 5-7 m, nunca más altos.
    8. Árboles 7 m; lámina foliar estrechamente obovada, con 10-14(-16) pares de venas secundarias; pecíolo 3.5-4 cm; carpelos c. 30; Costa Rica, Panamá. **47. M. talamancana**
    8. Árboles 5 m; lámina foliar lanceolado-elíptica, elíptica o estrechamente elíptica, con (16-)20 o 21 pares de venas secundarias; carpelos 9-26; Costa Rica.
     9. Lámina foliar estrechamente elíptica, con (16-)20 o 21 pares de venas secundarias; carpelos 26. **3. M. antonii**
     9. Lámina foliar lanceolado-elíptica o elíptica, el haz glabro, con (11-) 13 o 14 pares de venas secundarias; carpelos 9-11. **42. M. savegrensis**
   7. Árboles más de 7 m, algunas especies alcanzan 40 m.
    10. Hojas únicamente lanceoladas (*M. costaricencis*), o elípticas o lanceoladas a oblongas (*M. cirorum*), oblongo-lanceoladas (*M. montebelloensis*), o elípticas a lanceoladas y rara vez obovadas (*M. quetzal*).
     11. Hojas únicamente lanceoladas; Costa Rica. **13. M. costaricensis**
     11. Hojas con las variaciones señaladas en la alternativa 10 arriba.
      12. Carpelos 22-35; Chiapas, Guatemala. **28. M. montebelloensis**
      12. Carpelos 6-12; Honduras, Guatemala.
       13. Estambres 22-30; Honduras. **9. M. cirorum**
       13. Estambres 40-44; Guatemala. **39. M. quetzal**
    10. Hojas nunca lanceoladas ni oblongo-lanceoladas, ni con las variaciones morfológicas mencionadas en las especies señaladas en la opción anterior (*M. cirorum*, *M. quetzal*).
     14. Carpelos 35-155, solamente *M. wetteri* presenta 35-42.
      15. Hojas ovadas, obovadas u oblongo-obovadas.
       16. Hojas ovadas, con 8-11 venas laterales; carpelos 94-96; Honduras. **5. M. atlantida**
       16. Hojas obovadas u oblongo-obovadas, con (11-)12-16 venas laterales; carpelos 45-70.
        17. Hojas oblongo-obovadas, con 15-16 venas laterales; Chiapas. **27. M. mayae**
        17. Hojas obovadas, con (11-)12-15 venas laterales.
         18. Lámina foliar 21-26.5(-28) cm; pecíolo 5-6 cm; Costa Rica. **20. M. guanacastensis**
         18. Lámina foliar (19.5-)29.5-38.5 cm; pecíolo 2-5.2 cm; Costa Rica, Panamá. **23. M. inbioana**
      15. Hojas elípticas, ampliamente elípticas, ovado-elípticas.
       19. Árboles 40 m; hojas ovado-elípticas, con (11-)14-17 venas laterales; Panamá. **41. M. sambuensis**
       19. Árboles 20-35 m; hojas elípticas, ampliamente elípticas; Chiapas, Costa Rica, Guatemala.
        20. Árboles hasta 35 m; estambres 198-248; carpelos 61-70; Chiapas. **26. M. lacandonica**
        20. Árboles 20-30 m; estambres 140-190; carpelos 35-50; Costa Rica, Guatemala.
         21. Árboles hasta 20 m; lámina foliar 13.5-18.3 cm; pecíolo 6-8 cm; Guatemala. **45. M. stefaniana**
         21. Árboles hasta 30 m; lámina foliar (17-)22.5-30 cm; pecíolo (2.1-)2.5-5(-7.5) cm; Costa Rica. **51. M. wetteri**
     14. Carpelos siempre 35 o menos.
      22. Carpelos 6-12.
       23. Estambres 22-30.
        24. Árboles hasta 18 m; lámina foliar con base aguda a redondeada; carpelos 6-10; Honduras, 200-300 m. **9. M. cirorum**
        24. Árboles hasta 15 m; lámina foliar con base cuneada; carpelos 6; Costa Rica, Panamá, 350-1200 m. **29. M. morii**
       23. Estambres 40-85.
        25. Estambres 40-44; Guatemala. **39. M. quetzal**
        25. Estambres 50-82; Honduras, Panamá.
         26. Árboles hasta 16 m; estambres 53; Panamá. **8. M. chiriquiensis**
         26. Árboles hasta 20 m; estambres 72-82; Honduras. **11. M. cochranei**
      22. Carpelos 22-34 (-36).
       27. Pecíolo c. 1.8 cm en hojas maduras y 2.5 cm en hojas juveniles; Guatemala. **24. M. izabalensis**
       27. Pecíolo (1.5-)2-8.1 cm.
        28. Hojas ampliamente elípticas u oblongo-lanceoladas; Chiapas, Guatemala.
         29. Árboles 30-32 m; hojas oblongo-lanceoladas; lámina foliar 19-23 cm; pecíolo 4-7.5(-8) cm; flores 12.5-16 cm de diámetro; Chiapas, Guatemala. **28. M. montebelloensis**
         29. Árboles hasta 16(-24) m; hojas ampliamente elípticas; lámina foliar (9-)15-20.2(-22.2) cm; pecíolo (2.3-)3.2-3.4(-4) cm; flores 11 cm de diámetro; Guatemala. **46. M. steyermarkii**
        28. Hojas elípticas u ovado-elípticas (*M. allenii*), elípticas y rara vez levemente ovadas (*M. gloriensis*), ampliamente ovadas a elípticas u oblongo-elípticas (*M. quichensis*); Guatemala, Costa Rica, Panamá.
         30. Lámina foliar (9.5)14-20(-27.5) cm, las hojas maduras con c. 16 venas laterales, 8-12 en hojas jóvenes; Costa Rica, Panamá. **18. M. gloriensis**
         30. Lámina foliar (11.5-)14-29.3(-34) cm, con 8-11 venas laterales; Guatemala, Panamá.

31. Árboles hasta 30 m; pecíolo 2.5-5(-5.6) cm; Panamá. **2. M. allenii**
31. Árboles hasta 22 m; pecíolo 6-8.1 cm; Guatemala. **40. M. quichensis**
2. Pecíolo sin cicatriz estipular abaxial o al menos esta no evidente; folículos con dehiscencia dorsal, sin desprenderse del eje del polifolículo (*M.* sect. *Magnolia*).
32. Arbustos c. 3(-5) m; hojas jóvenes rojizas en el haz y el envés, las maduras verde oscuro; flor parecida a la del tulipán; estambres 145-150; Guatemala. **10. M. claudiae**
32. Árboles 5-40 m; hojas con diversos tonos de verde en el haz y el envés (nunca rojizo), aunque este puede ser glauco; la flor no se abre como tulipán; estambres usualmente 61-120, rara vez más (*M. sharpii* y *M. grandiflora* con entre 180 y 405).
33. Hojas 30-43 cm; pecíolo 4.5-5.7 cm; carpelos 8-10; Chiapas y Guatemala. **27. M. mayae**
33. Hojas menos de 30 cm (solamente *M. sharpii* alcanza excepcionalmente hasta 39 cm); pecíolo 4 cm o menos (solamente *M. sharpii* alcanza excepcionalmente hasta 5 cm); carpelos 20 o más.
34. Venas secundarias poco visibles en el haz; dicha característica, sumada a la lámina foliar oblanceolada, con envés pubescente, presencia de 20-25 carpelos y de 80-88 estambres la distingue del resto de las especies mesoamericanas de *M.* sect. *Magnolia*; Honduras. **6. M. celaquensis**
34. Venas secundarias totalmente visibles en el haz.
35. Hojas maduras generalmente con indumento denso o dejando ver la epidermis en el envés (rara vez escaso o ausente en *M. hondurensis* y *M. sharpii*), o en las hojas jóvenes de *M. oscarrodrigoi* los márgenes son densamente pubescentes y en el resto de la superficie es glabrescente y glauca.
36. Hojas maduras densa o escasamente pubescentes en el envés, dejando ver la epidermis; hojas jóvenes de *M. oscarrodrigoi* con los márgenes densamente pubescentes y en el resto de la superficie glabrescente.
37. Hojas jóvenes con los márgenes densamente pubescentes y el resto de la superficie glabrescente; Guatemala. **31. M. oscarrodrigoi**
37. Hojas maduras densa o escasamente pubescentes en el envés, dejando ver la epidermis; Guatemala, Honduras, El Salvador.
38. Hojas con el ápice y la base obtusos; carpelos 34-39; estambres 72-76; polifolículos 7-7.5 cm; Guatemala. **4. M. archilana**
38. Hojas con el ápice agudo o acuminado y la base aguda, algunas veces obtusa; carpelos 23-28; estambres 61-93; polifolículos 3-5.7 cm; Guatemala, Honduras, El Salvador. **22. M. hondurensis**
36. Hojas con indumento denso en el envés, ocultando la epidermis; tricomas rectos y/o retorcidos (ocasionalmente, dejando ver la epidermis, y si se presentan tricomas rectos y retorcidos se trata de *M. panamensis*, si son únicamente rectos es *M. sharpii* o *M. grandiflora* y si todos son retorcidos es *M. guatemalensis*); Chiapas, Honduras, Costa Rica, Panamá. *M. grandiflora* cultivada en México y Guatemala.
39. Polifolículos (2.7-)4-6 × (1.7-)2-3 cm, con 16-45 carpelos; Honduras, Nicaragua, Panamá, Costa Rica.
40. Polifolículos 2.7-3.4 × 1.7-2 cm; carpelos 16-18(-20); pedúnculos 1-1.5 cm; Honduras. **44b. M. sororum** subsp. **oligocarpa**
40. Polifolículos 5-6 × 2.4-3 cm; carpelos 32-45; pedúnculos maduros 2.8-4.4 cm.
41. Pubescencia amarillo pálido en el envés de la hoja, las ramas jóvenes, los pedúnculos y generalmente en los polifolículos; hojas estrechamente elípticas a lanceoladas; Costa Rica. **44a. M. sororum** subsp. **lutea**
41. Pubescencia marrón oxidado sobre el envés de la hoja, las ramas jóvenes, los pedúnculos y generalmente en los polifolículos; hojas generalmente anchamente elípticas a obovadas; Honduras, Nicaragua, Panamá. **44c. M. sororum** subsp. **sororum**
39. Polifolículos 8-15 × 3-5.3 cm; carpelos (45-)55-100; Chiapas y Panamá.
42. Estambres 62-80; polifolículos con 67-79 folículos, glabros; Panamá. **33. M. panamensis**
42. Estambres (179-)213-383(-405); polifolículos con (45-)55-100 folículos, pubescentes; *M. grandiflora* cultivada en México y Guatemala, *M. sharpii* habita en Chiapas.
43. Hojas con 11-13(-14) pares de venas secundarias; estambres (179-)213-383(-405); polifolículos con (45-)55-81(-89) folículos; cultivada en México y Guatemala. **19. M. grandiflora**
43. Hojas con 16-22 pares de venas secundarias; estambres 220-240; polifolículos con 85-100 folículos, densamente pubescentes; Chiapas. **43. M. sharpii**
35. Hojas maduras glabras o glabrescentes en el envés (las hojas jóvenes de *M. guatemalensis*, *M. poasana*, *M. poqomchi* y *M. yoroconte* pueden ser glabrescentes).
44. Árboles 4-6 m; hojas jóvenes blancas y las maduras con envés conspicuamente blanco y el haz verde; carpelos 40-50; Guatemala. **30. M. necae**
44. Árboles de más de 6 m; hojas jóvenes y maduras con envés verde, con superficie glabra, glabrescente o pilosa.
45. Polifolículos maduros pubescentes, en *M. yoroconte* los folículos solamente son pubescentes en la base y en ocasiones se ven totalmente glabros.
46. Lámina foliar 4-12.4 × 1.1-4.5 cm; Honduras. **15. M. darioi**
46. Lámina foliar (10-)13-22.6(-26) × (4.5-)5.4-13.5 cm.
47. Hojas con el envés glabrescente o pubescente; estambres 103-405; carpelos 45-81(-89).
48. Hojas con el envés pubescente; estambres; (179-)213-383 (-405); carpelos (45-)55-81(-89); cultivada en México y Guatemala. **19. M. grandiflora**
48. Hojas con el envés glabrescente; estambres 103-111; carpelos 47-55(-58); Guatemala. **49. M. veliziana**
47. Hojas con el envés glabro, pero solamente la vena media de *M. corquinensis* es pubescente.
49. Árboles 37-40 m; hojas (8-)10-13(-14) cm; flores 5-8 cm de diámetro; estambres 100-145; Guatemala, Honduras. **52. M. yoroconte**
49. Árboles 12-30 m; hojas (9-)15.3-21.5(-28) cm; flores de 11-15.5 cm de diámetro; estambres 50-98; Belice, Chiapas, Guatemala, Honduras.
50. Árboles 12-16(-24) m; flores c.11 cm de diámetro; estambres (50-)60-66(-86); Belice, Chiapas, Guatemala. **28. M. montebelloensis**
50. Árboles 20-30 m; flores 12-15 cm de diámetro; estambres 86-98; Guatemala, Honduras.
51. Hojas lanceoladas a oblanceoladas; folículos 27-30(-49); Honduras. **12. M. corquinensis**
51. Hojas subcirculares a elípticas; folículos c. 25; Guatemala. **21. M. guatemalensis**
45. Polifolículos maduros glabros o glabrescentes.
52. Folículos o carpelos 40-58; Guatemala, Honduras.
53. Lámina foliar 6-11 cm.
54. Lámina foliar 5-7 cm de ancho, con 14 pares de venas secundarias; flores blancas, 9-10 cm de diámetro; Guatemala. **25. M. javieri**
54. Lámina foliar 3-5 cm de ancho, con 14-16 pares de venas secundarias; flores blancas a amarillo-verdosas, 8-9 cm de diámetro; Guatemala. **48. M. tribouillieriana**
53. Lámina foliar (7-)10-18.5(-24) cm; Guatemala, Honduras.
55. Árboles hasta 6 m; hojas con el envés muy evidentemente glauco; Guatemala. **30. M. necae**

55. Árboles 10-40 m; hojas con el envés no glauco.
56. Árboles 37-40 m; flores 5-8 cm de diámetro; Guatemala, Honduras. **52. M. yoroconte**
56. Árboles 10-23 m; flores 10.5-17 cm de diámetro; Guatemala.
57. Árboles 10-15 m; flores 10.5-13 cm de diámetro; folículos o carpelos 47-55(-58); Guatemala. **49. M. veliziana**
57. Árboles 16-23 m; flores 15-17 cm de diámetro; folículos o carpelos 40-42; Guatemala. **50. M. weerakitiana**
52. Folículos o carpelos 12-40; Chiapas, Guatemala, Belice, Honduras.
58. Lámina foliar (9-)15.3-25 cm.
59. Hojas con 11-12(-14) pares de venas secundarias; carpelos pubescentes o glabrescentes; Chiapas, Belice, Guatemala.
60. Hojas obovadas a elípticas, rara vez lanceoladas, con 10-14 pares de venas secundarias; estambres 100-120; carpelos 36-40; Chiapas, Guatemala. **17. M. faustinomirandae**
60. Hojas oblongo-lanceoladas, con 11 o 12(13) pares de venas secundarias; estambres 50-86; carpelos (22-)24-34(-35); Chiapas, Guatemala, Belice. **28. M. montebelloensis**
59. Hojas con 13-22 pares de venas secundarias; carpelos glabros; Guatemala.
61. Hojas angostamente lanceoladas; envés glabro, con 18-22 pares de venas secundarias. **16. M. domei**
61. Hojas elípticas a oblongo-elípticas; envés glabrescente (hojas jóvenes con densa pubescencia color beige), con 13-17 pares de venas secundarias. **38. M. poqomchi**
58. Lámina foliar 4.6-14.6 cm.
62. Hojas con 6-8 pares de venas secundarias; estambres 32-36; Honduras. **14. M. cusucoensis**
62. Hojas con 9-18 pares de venas secundarias; estambres 38-112; Chiapas, Guatemala, Honduras, Costa Rica.
63. Hojas con 14-18 pares de venas secundarias; estambres 107-112; carpelos 32-39; Guatemala.
64. Árboles de hasta 14 m; hojas con 14-18 pares de venas secundarias; estambres 72-76. **4. M. archilana**
64. Árboles de hasta 25 m; hojas con 15-17 pares de venas secundarias; estambres 107-112. **31. M. oscarrodrigoi**
63. Hojas con 9-17 pares de venas secundarias; estambres 38-100; carpelos 12-32; Chiapas, Guatemala, Honduras, Costa Rica, Panamá.
65. Estambres 38-42; carpelos 12-22; Guatemala, Honduras.
66. Árboles de hasta 15 m; carpelos 20-22; Honduras. **34. M. pastorcortesii**
66. Árboles de hasta 25 m; carpelos 13-14; Guatemala. **36. M. picopijolensis**
65. Estambres 50-100; carpelos 18-32; Chiapas, Costa Rica, Panamá.
67. Hojas con 12-14 pares de venas secundarias; estambres 50-52(-54); carpelos 18-22; Costa Rica, Panamá. **37. M. poasana**
67. Hojas con 9-16 pares de venas secundarias; estambres 90-100; carpelos 26-32; Chiapas. **53. M. zamudioi**

1. Magnolia alfredo-mironii Archila, Tribouill. & A. Vázquez, *Revista Ecuat. Med. Ci. Biol.* 44(2): 50 (2023). Holotipo: Guatemala, *Archila et al. MG-118* (BIGU-[nr] 085630). Ilustr.: Archila Morales et al., *Revista Ecuat. Med. Ci. Biol.* 44(2): 55, t. 2 (2023b).

Árboles hasta 9 m; ramas apicales con entrenudos largos, glabras, con lenticelas crema. Hojas con la lámina 50-55 × 24.5-28 cm, oblonga o raramente elíptico-oblonga, con 8-10 pares de venas secundarias, el haz glabro, el envés glabro con venas secundarias prominentes, la base cuneada, los márgenes planos, el ápice obtuso; pecíolo 11.5-13.5 × 0.4-0.5 cm, verrugoso, con cicatriz estipular; estípulas no conocidas. Pedúnculo floral 1.2-1.4 × 3.2-3.4 cm, glabro; bráctea solitaria, 8-8.2 × 10.4 cm. Flores 23-25.2 cm de diámetro, blancas; sépalos 3, 11-12 × 9.5-10 cm, oblongos, el ápice redondeado, coriáceos, con 5 venas evidentes en el lado abaxial; pétalos 7, en 2 series de 3 y uno adicional, los de la serie externa anchamente elípticos, 10-10.2 × 6-6.4 cm, el ápice obtuso a agudo, los de la serie interna elípticos, 9-9.4 × 4.8-5 cm, el ápice agudo, el pétalo solitario 7.8-8 × 3.4-3.8 cm, elíptico, el ápice agudo; estaminóforo 1-1.2 × 1.2-1.4 cm, blanco; estambres 165-170, 12-13 × 2-3 mm; gineceo 6.6-7 × 4.8-5 cm, romboide, blanco con amarillo, con 35-39 carpelos, los estigmas persistentes. Polifolículos y semillas no conocidas. Floración jun. *Bosques nublados.* G (*Archila et al. MG-119*, BIGU). c. 1400 m. (Endémica).

Magnolia alfredo-mironii es parecida a *M. ottoi*, pero la primera presenta hojas oblongas, más largas, 50-55 × 24.5-28 cm, con ápice obtuso (vs. hojas elípticas, 40-42 × 18-23 cm, con ápice retuso), bráctea floral 1 (vs. 2), flores 23-25.2 cm en diámetro (vs. 20.2-22.2 cm en diámetro), pétalos 7 (vs. 6) y más estambres (165-170 vs. 102-108).

2. Magnolia allenii Standl., *Publ. Field Mus. Nat. Hist., Bot. Ser.* 22: 331 (1940). Holotipo: Panamá, *Allen 2200* (F!). Ilustr.: Lozano Contreras, Dugandiodendron & Talauma *Neotróp.* 80, t. 33 (1994), como *Talauma allenii.*

Talauma allenii (Standl.) Lozano.

Árboles hasta 30 m; raíces contrafuertes; corteza gris; madera blanca, muy dura. Hojas 5-30(-37.5) cm; lámina (11.5-)14-26(-32) × (6.2-)7.5-17(-21.6) cm, ampliamente elíptica u ovado-elíptica, fuertemente coriácea, generalmente con (8)9-11 pares de venas secundarias, glabra, la base decurrente, los márgenes planos, el ápice obtuso o redondeado; pecíolo 2.5-5(-5.6) cm, canaliculado, con cicatriz estipular, la cicatriz con verrugas o pústulas; estípulas 1.7-2.5 cm, glabras. Pedúnculo floral 2.5-3.5 cm, con 4-6 entrenudos; brácteas hasta 3, glabras; pedicelo hasta 5-12 mm de diámetro (cerca del perianto), con 5 brácteas blancas. Flores blanco crema o blancas; sépalos 3, c. 4 cm; pétalos 6; estambres desconocidos; gineceo con 25-26 carpelos. Polifolículos globosos; folículos 2.3-3.2 × 1 × 0.9-1.2 cm, con dehiscencia circuncísil; semillas desconocidas. Floración feb., abr.-jul.; fructificación jun. *Vegetación no registrada.* P (*McPherson 12453*, MO). 450-1000 m. (Endémica).

3. Magnolia antonii Kottaim., *Phytotaxa* 672: 299 (2024). *Magnolia multinervia* A. Vázquez, *Recursos Forest. Occid. México* 1: 114 (2012) non *M. multinervis* Engelh. (1922). Holotipo: Costa Rica, *Chacón 223* (WIS). Ilustr.: Vázquez-García el al., *Recursos Forest. Occid. México* 1: 116, t. 1.5.13 (2012b), como *M. multinervia.*

Arbolitos c. 5 m; ramillas con entrenudos 2-4 × 0.5-0.75 cm. Hojas 29.5-40 cm; lámina 18.5-35 × (6.8-)10.1-11.1 cm, estrechamente elíptica, con (16-)20 o 21 pares de venas secundarias, glabra, la base aguda, el ápice agudo; pecíolo (3.5-)5.1-6.5 × 0.3-0.45 cm, con cicatriz estipular. Flores con c. 97 estambres; gineceo con c. 26 carpelos. Polifolículos 5.5-6 × 3-3.5 cm, verde pálido, el eje c. 5.5 × 2.2 cm, las celdas del eje 1.1-1.2 cm; folículos 26, los basales c. 2 × 2 cm, con paredes laterales c. 0.4 × 0.4 cm, extendidos con forma de "V" a modo de alas, los folículos superiores c. 1.2 × 1.2 cm, extendidos con forma de "V" a modo de alas; semillas c. 0.9 × 0.7 cm, cordiformes o subprismáticas, con un lado aplanado. Floración desconocida; fructificación jul. *Quebradas.* CR (*Chacón 223*, MO). c. 600 m. (Endémica).

4. Magnolia archilana A. Vázquez, Tribouill. & Véliz, *Phytotaxa* 427: 222 (2019). Holotipo: Guatemala, *Archila & Triboullier MG-001* (BIGU-[nr] 077097). Ilustr.: Vázquez-García et al., *Phytotaxa* 427: 226, t. 4 (2019).

Árboles hasta 14 m, glabros; fuste hasta 60 cm de diámetro. Hojas con la lámina 12-14 × 8-9 cm, ovada a obovada u oblanceolada, con c. 18 pares de venas secundarias, el haz glabro, el envés con pubescencia ferrugínea, los tricomas rectos, la base obtusa, los márgenes enteros, el ápice obtuso, con apículo c. 0.3 cm; pecíolo 2-2.2 cm, glabro, sin cicatriz estipular. Pedúnculo floral 3-3.4 cm, glabro. Flores 12-14 cm de diámetro, blancas; sépalos 7.5-7.8 × 3.5-4 cm, lanceolado-oblongos, con 14-15 venas formando aréolas, glabros, el ápice obtuso, los márgenes enteros; pétalos 8.3-8.8 × 5.5-5.8 cm, espatulados, cóncavos, glabros, el ápice obtuso, los márgenes enteros; estaminóforo c. 0.6 cm, rojo; estambres 72-76, 1.2-1.4 × c. 0.2 cm, curvados; gineceo c. 2 cm, glabro, el estigma c. 0.3 cm, curvo, agudo, sulcado y glanduloso abaxialmente. Polifolículos 7-7.5 × 3.4-3.6 cm; folículos 34-39, 3-3.2 × 0.9-1 cm; semillas 8-10 × 7-8 mm; sarcotesta roja. Floración may.-jul.; fructificación jul.-sep. *Bosques mesófilos de montaña*. G (*Véliz & Velásquez 22726*, BIGU). 1500-2274 m. (Endémica).

5. Magnolia atlantida A. Vázquez, *Recursos Forest. Occid. México* 1: 92 (2012). Holotipo: Honduras, *Yuncker et al. 8845* (NY!). Ilustr.: Vázquez-García et al., *Phytotaxa* 570: 114, t. 3 (2022a). N.v.: Jagua, magnolia, redondo, H.

Árboles hasta 40 m; ramillas con entrenudos 0.7-2 × 0.3-1.1 cm. Hojas 26-52 cm; lámina 17-21.5(-43) × 9-10.5(-17) cm, ovada, coriácea, verde-amarillento, con 8-11 pares de venas secundarias, glabra, la base y el ápice agudos; pecíolo (2-)3-6.2 × 0.3-0.5 cm, canaliculado, con cicatriz estipular. Pedúnculo floral c. 3.5 cm, glabro; pedicelos 6 mm, glabros. Flores en antesis, desconocidas; estambres 304-310; gineceo c. 5 × 3.5 cm, piloso, con 94-96 carpelos, aplanados en la punta estilar de las flores maduras. Polifolículos 10-13 × 8-9 cm, anchamente elipsoides, la dehiscencia circuncísil; semillas 12.8-14 × 6.36-7 mm, la sarcotesta rojo escarlata, la testa negra. Floración feb.-mar.; fructificación ago.-oct. *Bosques tropicales perennifolios*. H (*Yuncker et al. 8845*, MO). 180-650 m. (Endémica).

Magnolia atlantida se distingue de *M. lacandonica* porque presenta hojas con lámina ovada, de base aguda y ápice agudo; carpelos picudos; estambres numerosos (304-310); gineceo con 94-96 carpelos y con estilos de mayor o igual longitud que el ovario.

6. Magnolia celaquensis A. Vázquez & H. Vega, *Phytotaxa* 570: 115 (2022). Holotipo: Honduras, *Vega et al. 2255* (EAP!). Ilustr.: Vázquez-García et al., *Phytotaxa* 570: 116, t. 4D-F (2022a). N.v.: Yaroconte, H.

Árboles hasta 23 m; pérulas 17-19 × 4-4.3 mm, verdes y pubescentes hacia el ápice. Hojas 14-19.7 cm; lámina 12-16.9 × 4.9-6.6 cm, oblanceolada, la vena media adaxialmente hundida y prominente en la parte inferior y densamente velloso-dorada, los márgenes lisos, hialinos, las venas secundarias poco visibles en el haz; pecíolo 2-2.8 × 0.2-0.3 cm, robusto, pubescente, sin cicatriz estipular; estípulas 10-11 × 0.7-0.9 cm, parduscas a rojizas en la madurez, libres del pecíolo, pubescentes. Pedúnculo floral 3.3-3.9 × 0.7-0.8 cm, glabro; brácteas 2, 2.6-3.9 × 2-2.5 cm, ampliamente elipsoidales, densamente cubiertas de pelos marrón-rojizos; pedicelos pubescentes. Botones florales 5.9-6.1 × 4.1-4.2 cm, ampliamente elipsoides, agudos en el ápice, truncados en la base. Flores 5.9-6.1 × 4.1-4.2 cm, blanco cremoso; sépalos 3, (5-)6-6.1 × 2.9-3 cm, cocleados, obtusos en el ápice, la base truncada, 7.9-8.6 mm de ancho; pétalos externos 3, 5.7-5.9 × 2.8-3.5 cm, ancha y profundamente cocleados y revolutos, más anchos en el 1/3 superior, gradualmente estrechándose hacia la uña, ligeramente apiculados en el ápice, la base truncada, 5.3-5.6 mm de ancho; pétalos internos 3, 3.8-4.2 × 1.8-2.5 cm. ancha y profundamente cocleados y revolutos, más anchos en el 1/3 superior, gradualmente estrechándose hacia la uña, ligeramente apiculados en el ápice, la base truncada de 2.5-3.8 mm de ancho; estaminóforo c. 0.5 cm, color vino; estambres 80-88; gineceos estrechamente elipsoide, verde amarillento al principio, los estigmas enrollados y naranja pardusco. Polifolículos 6-6.3 × 3.8-3.9 cm, oblongoides; folículos 20-25, glabros, verdes; semillas, discoideas, aplanadas con sarcotesta rojo-rosada. Floración jul.; fructificación sep.-oct. *Bosques mesófilos de montaña*. H (*Vega et al. 2255*, MO). 1400-1600 m. (Endémica).

Magnolia celaquensis se distingue de *M. montebelloensis* por tener las hojas adaxialmente cóncavas, los márgenes rectos y glabros, los pedúnculos más largos y visibles a pesar de la pubescencia; la bráctea espatácea ovoide y visible a través de densos pelos rojizos; folículos basales más largos que la mitad de la longitud del gineceo; folículos con picos más largos y enroscados; semillas discoideas.

7. Magnolia champaca (L.) Baill. ex Pierre, *Fl. Forest. Cochinch.* 1: t. 3 (1880). *Michelia champaca* L., *Sp. Pl.* 536 (1753). Lectotipo (designado por Nooteboom, 1985): *Herb. Hermann 3: 55, no. 144* (BM-[cb] BM000628007). Ilustr.: Pierre, *Fl. Forest. Cochinch.* 1: t. 3 (1880).

Árboles hasta 15 m; ramillas con abundantes lenticelas blancas. Hojas con la lámina (10-)12-20 × (4-)5-6 cm, elíptica a ovada, con 12-14(-16) pares de venas secundarias, el haz glabro, el envés pubérulo, la base cuneada, los márgenes planos, el ápice acuminado; pecíolo 1.5-3 cm, glabro, con cicatriz estipular; estípulas deciduas. Pedúnculo floral 4-5 mm, glabrescente; pedicelo 8-10(-17) mm. Flores amarillas, rara vez blancas; brácteas no vistas; pétalos 4-4.5 × 1.2-1.5 cm, espatulados; estambres 5 mm, con filamento largo; gineceo c. 1.2 × 0.4 cm, carpelos pubescentes. Polifolículos c. 6.5 × 3 cm, teretes; folículos separados, c. 1.5 × 1 cm, ovoides a elipsoides, pardos, tuberculados, los tubérculos blancos, con 2-4 semillas, dehiscentes por ambas suturas; semillas con testa roja. Floración jul.-nov.; fructificación sep. *Cultivada*. G (*Martínez S. et al. 23494*, MEXU); ES (*Linares 7229*, MEXU); P (*de Nevers 5970*, MEXU). 0-670 m. (Nativa de Asia; cultivada como ornamental en varios países del mundo).

8. Magnolia chiriquiensis A. Vázquez, *Recursos Forest. Occid. México* 1: 94 (2012). Holotipo: Panamá, *McPherson 7766* (IBUG). Ilustr.: Vázquez-García et al., *Recursos Forest. Occid. México* 1: 95, t. 1.5.2 (2012b).

Árboles hasta 16 m; ramillas con entrenudos (0.3-)1.9 × 0.25-0.5 cm, glabras. Hojas 19-26(-30) cm; lámina 13-26.5 × 7-15.5 cm, ampliamente ovado-elíptica, con 8-11 pares de venas secundarias, glabra, la base obtusa, decurrente en el pecíolo, el ápice acuminado; pecíolo 2.4- 5 cm, glabro, con cicatriz estipular. Pedúnculo floral con 3 entrenudos, glabro. Botones florales (2.8-)3.3 × 1.2(-1.6) cm, color canela. Flores blancas; sépalos c. 3.9 × 1-1.5 cm, oblongo-obovados, blancos, basalmente glaucos; pétalos 8, los externos c. 4 × 0.9-1.1 cm, oblongo-obovados, los internos c. 2.8 × 0.6-0.7 cm, lineares; estambres 53, 0.9-1 × c. 0.1 cm, rosa, el conectivo c. 0.25 × 0.2 cm (ancho en la base), triangulares; gineceo con 10 carpelos, amarillo pálido, glabros. Polifolículos desconocidos; semillas desconocidas. Floración dic., may.; fructificación abr. *Vegetación no registrada*. P (*McPherson 12586*, MO). 1050-1100 m. (Endémica).

9. Magnolia cirorum A. Vázquez, S. Estrada & D. Aguirre, *Phytotaxa* 629: 130 (2023). Holotipo: Honduras, *Navarro 1601* (CURLA!). Ilustr.: Vázquez-García et al., *Phytotaxa* 629: 134, t. 4 (2023). N.v.: Redondo negro, H.

Árboles hasta 18 m; corteza exterior rugosa, grisáceo claro; entrenudos de las ramitas terminales 0.3-2 × 0.3-0.5 cm, glabros, verdes, con lenticelas elípticas. Hojas con la lámina 8-15 × 5-7.5, elíptica o lanceolada a oblonga, aguda a redondeada en la base y el ápice, glabras, las venas secundarias 8-10 pares; pecíolo 1.5-4 cm, con cicatriz estipular; estípulas adnadas a lo largo de todo el pecíolo, glabras. Brotes florales 2-2.5 × 1-1.2 cm, blancos. Flores 4-6.8 cm de diámetro, blancas a blanco crema, fragantes; sépalos 3, 2.2-2.6 × 1.2-1.6 cm, oblongos a espatulados, ligeramente reflexos en la fase masculina, cóncavos en el 1/3 superior; pétalos externos 3, 2.8-3.3 × 1.3-1.7 cm, oblanceolados a espatulados, cóncavos en el 1/3 superior; pétalos internos 3, 2.5-2.9 × 0.8-1.1 cm, oblanceolados a espatulados, cóncavos en el 1/3 superior, alternando con los pétalos externos; estambres 22-30; gineceo con 6-10 carpelos. Polifolículos 3.3-4.2 × 2.3 a 3.2 cm, elipsoides, ovoides a romboides; estilos caducos, los carpelos glabros, la dehiscencia circuncísil; semillas 8-11 × 6-8 × 5-7 mm, 1-2 por carpelo, rojas. Floración feb.-jun.; fructificación mar.-ago. *Selvas tropicales caducifolias.* H (*Vázquez-García 10265*, TEFH). 190-300 m. (Endémica).

Magnolia cirorum se diferencia de *M. cochranei* por tener las flores más pequeñas; los sépalos y pétalos más cortos, los estambres menos numerosos y los frutos más cortos.

10. Magnolia claudiae Archila, Tribouill. & A. Vázquez, *Phytotaxa* 629: 86 (2023). Holotipo: Guatemala, *Archila et al. MG-111* (BIGU!). Ilustr.: Archila Morales et al., *Phytotaxa* 629: 87, t. 1 (2023c). N.v.: Magnolia tulipán, G.

Arbustos hasta 5 m; corteza lisa; brotes con pubescencia anaranjado-ferrugínea; entrenudos terminales de las ramitas 0.5-1 × 0.4-0.6 cm. Hojas con lámina 2-17 × 8-10 cm, ampliamente elíptica a suborbicular, verde oscuro, brillantes, glabras; pecíolo 2.5-3.2 × 0.4-0.5 cm, pubescente cuando joven, glabro cuando maduro, acanalado, con cicatriz estipular; estípulas 9.5-10 × 1-1.2 cm, glabras, rosa pálido. Pedúnculo floral 5-6 cm, cubierto con microscópica pubescencia ferrugínea hasta aproximadamente el 80%, 20%, con textura glandular-verrugosa. Botones florales ovoides, glabros, verdes con venas conspicuas; brácteas espatáceas 2, la exterior 7-8.3 × 5-5.5 cm, lisa (áspera cuando está seca), verde, la interna 4.5-5 × 4.5-5 cm, ovoide, con pubescencia apical. Flores 5-5.5 × 13-14 cm, no abriéndose completamente, parecidas a las del tulipán; sépalos 4, verde claro; pétalos 4-5, obovados, apicalmente redondeados, 5.5-6.2 × 4.2-4.4 cm; estaminóforo cilíndrico, inversamente trapezoidal, púrpura oscuro; estambres 145-150, 9-10 × 0.5-0.7 mm, cada estambre blanco con la base y el ápice morados, linealmente recurvados, apicalmente puntiagudos; gineceo con 50-52 carpelos, glabros, con la base ligeramente pubescente (vista al microscopio), el estigma marrón, geniculado, con un tentáculo, dorsalmente ondulado, irregular. Polifolículos 4.8-5 × 2-2.2 cm, verdes, glabros, ovado-piramidales; semillas 5.5-6.5 × 4-5 mm, oblicuamente orbiculares con sarcotesta rojizo-anaranjada. Floración may.-sep. *Bosques mesófilos o bosques nublados con* Podocarpus *y* Quercus. G (*Archila et al. MG-111*, IBUG). c. 1500 m. (Endémica).

Magnolia claudiae difiere de *M. archilana* en su hábito arbustivo.

11. Magnolia cochranei A. Vázquez, *Recursos Forest. Occid. México* 1: 96 (2012). Holotipo: Honduras, *Mejía 356* (MO). Ilustr.: Vázquez-García et al., *Recursos Forest. Occid. México* 1: 97, t. 1.5.3 (2012b).

Árboles o arbolitos hasta 20 m; corteza blanquecina, aromática; ramillas con entrenudos 0.3-1.9 × 0.25-0.35 cm, verde amarillento. Hojas 18-24.5 cm; lámina 8-21 × 6-10 cm, oblonga a subovada, ovada a ampliamente elíptica, papirácea, con 7-10 pares de venas secundarias, glabra, la base obtusa a aguda, el ápice obtuso a agudo; pecíolo (2-)2.4-3.8(-5.6) × 0.2-0.35 cm, con cicatriz estipular; estípulas c. 1.5 cm, glabras. Pedúnculo floral 1-2.4 cm, glabro; brácteas 2, glabras. Botones florales c. 1.9 × c. 2.2 × 1.8-2.4 cm, verde pálido a oscuro. Flores c. 1.8 × 2.5 cm, blancas; sépalos 1.6-1.75 × 1-1.25 cm; pétalos 1.3-1.6 × 0.5-0.7 cm; estambres 72-82; gineceo con 7 u 8 carpelos, carpelos dorsalmente gibosos. Polifolículos c. 5 × 2.5 cm, la dehiscencia circuncísil, ovoides, glabros, verdes; semillas ovoides, prismáticas. Floración feb.-may.; fructificación mar.-ago. *Bosques de* Pinus-Liquidambar, *bosques lluviosos de montaña.* H (*Molina R. 7196*, MO). 1300-2000 m. (Endémica).

Magnolia cochranei difiere de *M. quetzal* por tener estambres más numerosos 72-82, las flores más grandes, 10-12.5 cm in diámetro; y los carpelos con el estilo y el estigma deciduos.

12. Magnolia corquinensis A. Vázquez, S. Morales & H. Vega, *Phytotaxa* 642: 192 (2024). Holotipo: Honduras, *Morales & Vega 003* (TEFH!). Ilustr.: Morales-Molina et al., *Phytotaxa* 642: 194, t. 2, 3 (2024).

Árboles hasta 30 m; corteza verrugosa; entrenudos de las ramillas terminales 0.25-0.9(-1.5) × 0.25-0.55 cm. Hojas 18.6-21.5 cm; láminas 16.4-21.5 × 5.4-5.9 cm, lanceoladas a oblanceoladas; densamente dorado-pilosas y glabrescentes hacia el ápice, glabras abaxialmente, los márgenes rectos, la vena media hundida en el haz y prominente en el envés, las venas secundarias c. 14 pares, discretas en el haz; pecíolo 2.2-3 × 2.5-4 cm, robusto, pubescente, sin cicatriz estipular; estípulas libres del pecíolo, 13-20 × 4-7 mm, marrón a rojizas en la madurez. Pedúnculo floral 2.5-3 × 0.4-0.6 cm, pubescente. Botones florales 4.2-4.3 × 2-2.1 cm, ampliamente elipsoides, el ápice obtuso a agudo, la base truncada; brácteas espatáceas 2, 3.9-4,0 × 1.9-2 cm, ampliamente elipsoidales, densamente cubiertas de pelos marrón rojizo. Flores 12-15 cm de diámetro, blanco-crema, fragantes; sépalos 3, 6.3-7 × 2.5-3 cm, verde-grisáceos, fuertemente nervados, espatulados; pétalos externos 3, 7.2-7.5 × 3.1-3.5 cm, espatulados, el 1/3 superior redondeado y acuminado hacia el ápice, la base truncada; pétalos internos 3, 5-5.8 × 1.9-2.5 cm, espatulados, el 1/3 superior redondeado y acuminado gradualmente hacia el ápice, la base truncada; estambres 86-91(-98), 1.6-1.8 cm, glabros, blancos; gineceo 1.8 × 1.2 cm, ovoide, blanco en la base, con 27-30(-49) carpelos, verde parduzco, pubescentes, los estigmas amarillo y anaranjado, fuertemente rizados. Polifolículos 5.3-6.7 × 2.4-3.4 cm, elipsoides a oblongoides; folículos 1.2-2.5 × 0.5-1 cm, verdosos a púrpuras; semillas 1.1-1.2 × 0.9-1 cm, aplanadas, discoides, rojo brillante, 1 por folículo. Floración may.-oct.; fructificación may.-oct. *Bosques tropicales mixtos.* H (*Vega et al. 2563*, TEFH). 1500-2300 m. (Endémica).

Magnolia corquinensis se distingue de *M. montebelloensis* por tener un mayor diámetro de fuste, venas foliares laterales más numerosas por lado; brácteas espatáceas menos numerosas; entrenudo peduncular más distal y más corto; estambres más numerosos; estambres morados en la base y en la punta de la antera; sépalos ampliamente obovados y verde grisáceo y pardusco en la parte inferior; frutos pubescentes y verde amarillento pálido y semillas ovoides.

13. Magnolia costaricensis A. Vázquez, *Recursos Forest. Occid. México* 1: 98 (2012). Holotipo: Costa Rica, *Hammel & Flores 17086* (WIS). Ilustr.: Vázquez-García et al., *Recursos Forest. Occid. México* 1: 99, t. 1.5.4 (2012b). N.v.: Magnolia, CR.

Árboles hasta 20(-25) m o arbolitos c. 3 m; corteza amarillenta, lisa; ramas colgantes; ramillas glaucas cuando jóvenes. Hojas 16-35(-39) cm; lámina 11.7-29(-32) × 4.3-14 cm, lanceolada, coriácea, con 10-14(-16) pares de venas secundarias, realzadas en el envés, glabra, débilmente glauca, la base aguda a obtusa, decurrente en el pecíolo, los márgenes revolutos, el ápice acuminado; pecíolo (1.5-)1.9-4.5(-5.7) cm, glabro, glauco cuando joven, con cicatriz estipular. Pedúnculo floral 1-1.6 cm, con 1 o 2 entrenudos, cuando joven glauco; pedicelos c. 2 mm, glabros. Botones florales 2.3-3.7 × c. 1.6 cm, blanco-verdosos. Flores c. 3.5 cm de diámetro, color crema; sépalos 3, 2.3-3 × 1.1-1.2 cm, oblongo-obovados; pétalos c. 2.8 × 1.1 cm, obovado-cuneiformes; estambres c. 8 × 0.7 mm, el conectivo c. 2.3 mm; gineceo c. 1 × 0.8 cm, ovoide, glauco o blanco, con estilos c. 0.4 × 1.5 mm, marrón, glabros. Polifolículos verde-grisáceos y prominente lobulados, el eje del polifolículo 4.3-4.5 × 1.6-1.7 cm, elipsoide, cuneiforme, apiculado; celdas del eje del folículo 1.5-2 × 0.5-0.85 cm, los carpelos basales c. 3.5 × 2.3 cm, los carpelos intermedios c. 1.8 × 2.1 cm, los carpelos superiores c. 1.3 × 2 cm, las paredes laterales extendidas horizontalmente (como alas), generalmente bífidos con forma de "V" o "X", cayendo separados, no en masa, el dorso rugoso, escabroso; semillas c. 1 × 0.8 cm, ovoides cordiformes o subprismáticas con un lado plano, con funículo blanco; sarcotesta rojo brillante. Floración abr.-may., ago.; fructificación jul.-nov. *Bosques bajos húmedos, bosques lluviosos.* CR (*Herrera 2176*, MO). 10-1000 m. (Endémica).

Magnolia costaricensis se distingue por sus hojas lanceoladas con la vena media y las venas secundarias realzadas en el envés y los márgenes revolutos.

14. Magnolia cusucoensis A. Vázquez & D.L. Kelly, *Phytotaxa* 570: 121 (2022). Holotipo: Honduras, *Kelly et al. CO/4/MS/970* (TCD!). Ilustr.: Vázquez-García et al., *Phytotaxa* 570: 122, t. 8 (2022a). N.v.: Canelillo, canelo, cardamón o huesito, H.

Árboles hasta 20 m; corteza fuertemente pustular, con lenticelas alargadas horizontalmente con forma de cráteres prominentes, la madera amarillenta a anaranjada, aromática; entrenudos de las ramillas terminales 0.5-3 × 0.2 -0.4 cm, glabros. Hojas 5.2-13.7 cm, coriáceas; láminas foliares 4.6-12 × 1.7-5.6 cm, estrechamente oblanceoladas, agudas en la base y el ápice, glabras, con olor a canela o cardamomo al triturarse, con 6-8 pares de venas secundarias; pecíolo 0.6-1.7 cm, glabro, sin cicatriz estipular; estípulas libres del pecíolo. Pedúnculo floral con 2-3 entrenudos, los entrenudos 0.4-1.6 × 0.2-0.4 cm, pubescentes en los nudos a glabrescentes; brácteas espatáceas 1-2. Botones florales c. 1.3 × 0.8 cm, ovoide-elipsoides, parduscos, con pubescencia brillante, ligeramente pubescente en los márgenes, el ápice y la base; sépalos 3; pétalos 6, estambres 32-36; gineceo elipsoide, con 12-14 carpelos, negruzco después del secado. Polifolículos ovoides a oblongoides, glabrescentes; semillas negruzcas. Floración jul.; fructificación mar. *Bosques lluviosos montanos*. H (*Kelly 7/13*, MO). 1400-1750 m. (Endémica).

Magnolia cusucoensis se distingue de *M. hondurensis* por tener las hojas con menos pares de venas, glabras en el envés; menor número de estambres; y menor número de carpelos.

15. Magnolia darioi A. Vázquez & D.L. Kelly, *Phytotaxa* 570: 123 (2022). Holotipo: Honduras, *Ward et al. CUCA2019* (IBUG!). Ilustr.: Vázquez-García et al., *Phytotaxa* 570: 124, t. 10 (2022a).

Árboles hasta 28 m; corteza pustulosa; madera amarilla, olor dulzón; entrenudos de ramitas vegetativas terminales 0.25-0.9(-1.5) × 0.25-0.55 cm, glabras o con pelos irregulares o dispersos o densamente, color ámbar; lenticelas elevadas ovadas, blanquecinas. Hojas 4.9-14.8 cm; láminas foliares 4-12.4 × 1.1-4.5 cm, estrechamente oblanceoladas a estrechamente elípticas, los márgenes planos o ligeramente ondulados, el ápice generalmente obtuso a redondeado, raramente subagudo, la base generalmente aguda, la vena media formando una cresta prominente en el envés, surcada en el haz, con 17-18 pares de venas secundarias, con un indumento escaso de pelos translúcidos extendidos en el haz, sin ocultar la lámina, pilosas en el envés, con un fuerte olor especiado; pecíolo 0.9-2.4 × 0.15-0.2 cm, glabrescente a glabro, expandido en la base, con crestas irregulares y surcos; cicatrices estipulares anulares prominentes; estípulas libres del pecíolo 1.75-3.7 cm, finamente rugosas y con dispersos pelos ámbar. Pedúnculo floral 2.6-4.3 × 0.4-0.45 cm, con surcos longitudinales, pubescente con pelos ámbar, piloso alrededor de cicatrices estipulares y con una zona estrecha de pelos densos justo debajo de la flor; entrenudos pedunculares 2-3; brácteas espatáceas 2, ampliamente ovoides, densamente doradopubescentes, deciduas antes de la antesis. Botones florales c. 5.3 cm (desprendimiento de brácteas). Flor abierta 10-12.5 cm de diámetro, blanco-crema, con un fuerte aroma dulce; sépalos 3, 5.45-6 × 2.1-3.2 cm, ligeramente obovados; pétalos externos 3, 5.6-.9.5 × 2.4-3.2 cm, ampliamente obovados, redondeados en el ápice; pétalos internos 3, 4.6-6.1 × 1.6-2.3 cm, obovados; estambres c. 70, 0.95-1.4 cm, acuminados en el ápice; gineceo c. 2.6 cm, elipsoide, con 30 carpelos, el carpelo inferior c. 1.4 cm, estigmas curvos. Polifolículos en desarrollo leñosos, elipsoides, con pelos densamente dispersos y cicatrices visibles de estigmas partidos; lóculos cada uno con 2 semillas. Polifolículos 3.5 × 2.8 cm, elipsoides a ovoides; carpelos afieltrado-pubescentes; semillas 8.5 × 6 mm, redondeadas, anaranjadas. Floración jul.; fructificación mar. *Bosques enanos montanos*. H (*Mejía 345*, MO). 1850-2150 m. (Endémica).

Magnolia darioi se distingue de *M. hondurensis* por tener la corteza escabrosa y con pústulas; hojas estrechamente oblanceoladas a estrechamente elípticas, fuertemente decoloradas y aplanadas; pedúnculos más largos y escasamente pubescentes con pelos ámbar, pilosos alrededor de las cicatrices estipulares anulares y con una zona angosta de pelos densos justo debajo de la flor, y carpelos afieltrado-pubescentes.

16. Magnolia domei Archila, Tribouill. & R.E. Aguilar, *Revista Guatemalensis* 25: 124 (2023). Holotipo: Guatemala, *Aguilar MG-110* (BIGU). Ilustr.: Archila Morales et al., *Revista Guatemalensis* 25: 126, t. 1 (2023d).

Árboles hasta 30 m; ramitas glabras verrugosas, las pérulas abundantemente pubescentes. Hojas 16.1-20 × 4.6-5.2 cm, suaves, membranáceas, angostamente lanceoladas con una pequeña depresión en la parte distal, acuminadas, glabras en ambas caras incluyendo las hojas tiernas, con 18-22 pares de venas secundarias; pecíolo 2-2.6 × c. 0.2 cm, glabro, sin cicatriz estipular. Pedúnculo floral 1.7-3.6 × 0.5-0.6 cm, pubescente; brácteas espatáceas 3, 4.2-4.5 × 4.6-4.8 cm, abaxialmente pubescentes y adaxialmente glabras. Flores 13.2-15.2 cm de diámetro; sépalos 3, 5.3-6.8 × 3-3.4 cm, marcadamente reflexos, obovados; pétalos 6, los externos 6.6-6.8 × 2.3-2.5 cm, obovados, el ápice obtuso blancos, los internos 4.8-5.2 × 1.3-1.5 cm, elípticos a obovados, blancos; estambres 75-80, 1.2-1.5 × c. 0.2 cm; gineceo 2-2.1 × 1.1-1.3 cm, globoso, blanco-verdoso, glabro. Polifolículos c. 4 × 2.7 cm elípticos, glabros, verdes; folículos 27-30, 1.8-2 × 0.8-0.9 cm. Floración jun.-ago. *Bosques tropicales lluviosos*. G (*Aguilar MG-110*, BIGU). 600-1600 m. (Endémica).

Magnolia domei se diferencia de *M. montebelloensis* por tener las hojas angostamente lanceolado-elípticas, mayor número de venas secundarias y estambres, y las flores de mayor tamaño.

17. Magnolia faustinomirandae A. Vázquez, *Recursos Forest. Occid. México* 2: 463 (2013). Holotipo: México, Chiapas, *Breedlove & Keller 49350* (CAS). Ilustr.: Vázquez-García et al., *Recursos Forest. Occid. México* 2: 465, t. 10.1.2 (2013d). N.v.: Corazón negro, G.

Árboles hasta 23 m; fuste hasta 50 cm de diámetro. Hojas con la lámina (10-)12-25 × (5-)7-12 cm, obovada a elíptica, raramente lanceolada, con 10-14 pares de venas secundarias, glabra, la base engrosada, el ápice acuminado; pecíolo 1.5-3 cm, sin cicatriz estipular. Pedúnculo floral 1.5-3.4(-4.5) cm, densamente piloso-amarillento; brácteas espatáceas 2. Flores 9-14 cm de diámetro; sépalos 3, 4.1-6 × 2.6-3.3 cm, obovados, fuertemente reflexos y cóncavos, pardo oscuro en la madurez; pétalos (5)6, 4.3-7.1 × 2.4-3.2 cm, estrechamente obovados, fuertemente cóncavos, blanco-cremosos, con una fragancia a limón; estambres 100-120 (estimado a partir de cicatrices estaminales); gineceo romboide, pubescente en el 1/3 inferior, glabrescente, con 36-40 carpelos, estigmas curvados hacia afuera. Polifolículos 5-6.5 × 2.5-3 cm, oblongoides; folículos 36-40, glabrescentes; semillas (1)2 por folículo, negras en seco. Floración mar.-jun; fructificación ene., abr., jun. *Bosques con* Brunellia, Liquidambar, Nyssa, Pinus, Quercus. Ch (*MacDougall s.n.*, MEXU); G (*Tribouillier & Archila MG-076*, BIGU). 1400-1700 m. (Endémica).

18. Magnolia gloriensis (Pittier) Govaerts, *World Checkl. Bibliogr. Magnoliaceae* 71 (1996). *Talauma gloriensis* Pittier, *Contr. U.S. Natl. Herb*. 13: 94 (1910). Holotipo: Costa Rica, *Pittier 16362* (US). Ilustr.: Lozano Contreras, Dugandiodendron & Talauma *Neotróp*. 121, t. 55 (1994), como *T. gloriensis*. N.v.: Magnolia, CR; sigua blanco, P.

Árboles hasta 30 m; fuste hasta 45 cm de diámetro, con contrafuertes; ramillas jóvenes teretes, con nudos marcados, indumento adpreso y corto, caduco. Hojas 13-23(-25) cm; lámina (9.5-)14-20(-27.5) × (4.7-)5-9.5(-14.5) cm, elíptica, en ocasiones levemente ovada, coriácea, con 8-12 pares de venas secundarias en hojas jóvenes, en las maduras generalmente con c. 16, glabra, el haz lustroso, la base cuneada, decurrente, los márgenes ondulados, el ápice redondeado, en ocasiones agudo; pecíolo (1.5-)2-3.8(-4.6) × 0.35-0.4 cm, con cicatriz estipular; estípulas 2-2.5 cm, glabras. Pedúnculo floral 1.8-3 cm, obcónico, con 2-5 entrenudos, glabro; pedicelos c. 1-3 mm, glabros. Botones florales amarillo-verdosos; brácteas 2. Flores color crema, blancas o rosadoblancas, aromáticas; sépalos 3, 4.5-5 × 3-3.5 cm, ovados; pétalos 6, 3.5-4 cm, obovados, la base angosta, el ápice redondeado o emarginado; estambres 110-120; gineceo 1.6-2.2 × c. 2 cm, con 24-28(-36) carpelos. Polifolículos 4.5-5 × 3.6-3.8 cm, cuando inmaduros verde-amarillentos, con dehiscencia circuncísil, la pared externa de los folículos 1.8-2.4 × 1.1-1.7 × c. 0.1 cm; semillas 1 o 2 por folículo, 0.8-1.1 × 0.7-1.3 × 0.4-0.5 cm, cordiformes o triangulares. Floración ene., abr.-jul.; fructificación jul.-sep. *Bosques primarios, bosques siempreverdes húmedos, bosques mesófilos bajos.* N (*Stevens 21920*, MO); CR (*Rodríguez & Chavarría 163*, MO); P (*de Nevers et al. 4695*, MO). 50-300(-2000) m. (Mesoamérica, Colombia).

Magnolia gloriensis es similar a *M. costaricensis*; sin embargo, esta última presenta hojas más grandes y con haz no lustroso, en tanto *M. gloriensis* tiene las hojas más chicas con el haz lustroso.

19. Magnolia grandiflora L., *Syst. Nat., ed. 10* 2: 1082 (1759). Lectotipo (designado por Vázquez-García, 1994): Miller, *Fig. Pl. Gard. Dict.* 2: t. 172 (1755 [1757]). N.v.: Magnolia, tulipán toro.

Árboles hasta 37 m; corteza gris, áspera, gruesa, surcada en gruesas placas; ramitas y yemas foliares densamente peludas, los pelos rojos o blancos. Hojas distintivamente alternas, no terminales en verticilo; lámina (7.5)-13-20(-26) × (4.5-)6-10(-12.5) cm, estrecha a ampliamente elíptica u oblanceolada, coriácea, la base estrechamente cuneada, el ápice abruptamente cónico y agudo a cortamente acuminado, raramente obtuso, el envés glabro a densamente afieltrado, con pelos marrón-rojizos, el haz verde brillante, lustroso, glabro, sin cicatriz estipular; estípulas 2, libres, 4.5-13 × 1.5-3.5 cm, abaxialmente densamente marrón-sedosas, a veces con muescas profundas. Flores 15-30(-45) cm de diámetro, con fragancia fuerte a limón; brácteas externas abaxialmente marrones a grisáceas pilosas, con muescas profundas, brácteas internas blanco-crema; estambres (179-)213-383(-405), 16-29 mm; filamentos morados; gineceo con (45-)55-81(-89) carpelos. Polifolículos 7-10 × 3.5-5 cm, cilíndricos a algo obovoides, escasa densamente sedoso-vellosos; semillas (9-)12-14 mm, lenticulares a estrechamente elipsoidales, ligeramente acanaladas adaxialmente, arilo rojo. Floración nov.-feb.; fructificación feb.-may. *Cultivada.* G (*Steyermark 44142*, MO). 0-2700 m. (Nativa del sureste de Estados Unidos; ampliamente cultivada).

Magnolia grandiflora es muy variable, especialmente las hojas que van desde glabras hasta con fieltro densamente marrón-rojizo en el envés; las estípulas son libres.

20. Magnolia guanacastensis A. Vázquez, *Recursos Forest. Occid. México* 1: 104 (2012). Holotipo: Costa Rica, *Zamora 1835* (WIS). Ilustr.: Vázquez-García et al., *Recursos Forest. Occid. México* 1: 107, t. 1.5.8 (2012b).

Árboles hasta 25 m; fuste hasta 40 cm de diámetro. Hojas (17.5-)20.7-30 cm; lámina 21-26.5(-28) × 9-14.3(-16.8) cm, obovada, con 12-15 pares de venas secundarias, glabra, la base obtusa a aguda, el ápice agudo o redondeado; pecíolo 2-3.6(-4.2) × 0.3-0.65 cm, acanalado, con cicatriz estipular. Botones florales blancos. Pedúnculo floral 1.6-2 cm, cónico hacia el ápice, con abundantes lenticelas blancas; pedicelo 5-6 mm. Flores c. 6.75 × 8 cm de diámetro; sépalos 3, 5.7-5.8 × 3.3-3.6 cm; pétalos 6; los externos c. 6.5 × 3.3 cm, c. 0.9 cm en la base, los internos c. 5.8 × 2.4 cm, c. 0.5 cm en la base, blancos; estambres c. 1.7 × 0.27 cm, los conectivos triangulares; gineceo con 49-52 carpelos. Polifolículos 7.5-9.6 × 2.2-2.5 cm, los carpelos basales 3.7-4.2 × 1.5-2.5, c. 2 cm de espesor, los carpelos intermedios c. 2.7 × 1.5 cm, 1.4-1.6 cm de espesor, los carpelos superiores 1.6-1.85 × 1.1-1.5 cm, 1.2-1.6 cm de espesor; semillas 0.8-1 × 0.7-1.1 cm, ovoides a subprismáticas, con arilo blanquecino. Floración abr.-may., oct.; fructificación oct.-dic. *Bosques primarios.* CR (*Herrera 823*, MO). 600-900 m. (Endémica).

21. Magnolia guatemalensis Donn. Sm., *Bot. Gaz.* 47: 253 (1909). Holotipo: Guatemala, *von Türckheim II 2165* (US-[cb] US00104036). Ilustr.: no se encontró. N.v.: Mamey, G.

Árboles hasta 25(-30) m; fuste hasta 1 m de diámetro. Hojas 8-28 cm; lámina 11-20(-28) × (6-)7.5-13.5 cm, subcircular a elíptica, con 12-14(-18) pares de venas secundarias, el haz peloso en la vena media, el envés glabro (algunas hojas jóvenes pueden ser glabrescentes), la base subobtusa, los márgenes revolutos, el ápice agudo; pecíolo (1.2-)1.7-3.3(-3.8) cm, ferrugíneo, sin cicatriz estipular; estípulas 8.4-10 cm, rojo brillante. Pedúnculo floral 2.2-3.2 cm, con 3 entrenudos, glabro, en ocasiones con pelosidad ferrugínea; brácteas glabras; pedicelo c. 1 mm. Flores 13-15 cm de diámetro, blancas, fragantes, con olor a *Annona*, el receptáculo púrpura; sépalos 4-6 × 1.5-2.2 cm, café-grisáceos, pubescentes; pétalos 4-7 × 1.5-3 cm, obovados a suborbiculares; estambres 92-98; gineceo 1.8-2 × c. 0.8 cm, con 22-25 carpelos, los estigmas curvados. Polifolículos 5-7.5 × 2.3-2.7 cm, ovoides, glabros, con c. 25 folículos, unidos en la madurez; folículos c. 2 × 0.6 cm, no apiculados o ligeramente apiculados; semillas c. 1 × 0.8-1 cm. Floración feb.-may; fructificación abr. *Bosques mixtos, bosques nublados, matorrales, pantanos.* G (*Steyermark 44101*, F). 1300-2600 m. (Endémica).

22. Magnolia hondurensis Ant. Molina, *Ceiba* 18: 95 (1974). Holotipo: Honduras, *Molina R. & Molina 24379* (F!). Ilustr.: no se encontró. N.v.: Cucharo, magnolia, H; oriconte, palo amarillo, ES.

Magnolia guatemalensis Donn. Sm. subsp. *hondurensis* (Ant. Molina) A. Vázquez.

Árboles hasta 30 m, a veces arbolitos (3-)5 m; fuste hasta 1 m de diámetro. Hojas 7.5-19 cm; lámina 7.5-15.5(-19) × (2.8-)6-7(7.7) cm, estrechamente elíptica, oblongo-elíptica a oblanceolada, con 14(15 o 16) pares de venas secundarias, el haz peloso en la vena media, el envés en hojas maduras densa o escasamente pubescente dejando ver la epidermis, todos los tricomas retorcidos, ferrugíneos, la base aguda, los márgenes planos, en ocasiones revolutos, el ápice agudo; pecíolo 1-2.2(-2.4) cm, ferrugíneo, sin cicatriz estipular; estípulas papiráceas. Pedúnculo floral 2.3-2.5 cm, con 3 entrenudos, hirsuto, rara vez glabro, ferrugíneo; brácteas lanoso-pubescentes, con pelosidad ferrugínea; pedicelo 1-3 mm. Flores blancas, fragantes, con olor a *Annona*, receptáculo púrpura; sépalos 4-5.4 × 1-1.2 cm, café-grisáceos, pubescentes; pétalos 4-6 × 1.4-2.5 cm; estambres 61-93; gineceo 1.8-2 × c. 0.8 cm, con 31-32 carpelos, los estigmas curvados. Polifolículos 3-5.7 × 1.2-3 cm, oblongos, pubescentes con pelos ferrugíneos o amarillentos, con 23-38 folículos, unidos en la madurez; semillas 0.8-1.2 × 0.8-1.2 cm. Floración ene., mar.-jun.; fructificación dic., mar.-may., jul., sep. *Bosques primarios, bosques húmedos de neblina, bosques abiertos, bosques densos de montaña, bosques mesófilos.* G (*Linares 10069*, BIGU); H (*Blackmore & Chorley 3946*, F). 1500-2300 m. (Endémica).

23. Magnolia inbioana A. Vázquez, *Recursos Forest. Occid. México* 1: 106 (2012). Holotipo: Costa Rica, *Hammel & Grayum 14099* (WIS). Ilustr.: Vázquez-García et al., *Recursos Forest. Occid. México* 1: 109, t. 1.5.9 (2012b).

Árboles hasta 25 m; fuste hasta 50 cm de diámetro, blancuzco; ramillas 0.5-1.4 × 0.6-1.2 cm. Hojas (22-)24-40 cm; lámina (19.5-)29.5-38.5 × 11.5-15(-17) cm, obovada, aromática al estrujarse, con (11-)13-15 pares de venas secundarias, el haz lustroso, el envés glabro, la base cuneada, los márgenes ondulados, el ápice redondeado; pecíolo 2-5.2 (-8) × 0.3-0.65 cm, canaliculado, con cicatriz estipular; estípulas c. 2.5 × 0.7 cm. Botones florales ovoides, verde-blanquecinos, la base redondeada, el ápice obtuso. Pedúnculo floral c. 2.6 cm, cónico en la parte apical, glabro, con 2 o 3 entrenudos; brácteas 1 o 2; pedicelo c. 4 mm, glabro. Flores blanco-crema o verde-crema, blancas en botón; estambres c. 240; gineceo ovoide, glabro, con (56-)70 carpelos. Polifolículos c. 7 × 6 cm, globosos, verde pálido; folículos c. 44, unidos, glabros, apiculados en el ápice, con abundantes lenticelas blancas; semillas desconocidas. Floración mar.-jul.; fructificación jul. *Bosques siempreverdes, pastizales.* CR (*Stevens 13337*, MO); P (*McPherson 12561*, MO). (80-)260-550(-700) m. (Endémica).

Magnolia inbioana es muy parecida a *M. gloriensis*, pero se distingue de esta última por sus pedúnculos con 1-3 entrenudos, cónicos y más anchos hacia el ápice.

24. Magnolia izabalensis Archila, Tribouill. & A. Vázquez, *Revista Ecuat. Med. Ci. Biol.* 44(2): 51 (2023). Holotipo: Guatemala, *Contreras 10735* (US-[nr] 2795131). Ilustr.: Archila Morales et al., *Revista Ecuat. Med. Ci. Biol.* 44(2): 57, t. 6 (2023b).

Árboles hasta 37 m; fuste c. 70 cm de diámetro; ramillas jóvenes apicales con entrenudos cortos, glabras. Hojas juveniles con la lámina 16-16.5 × 9-9.5 cm, anchamente elípticas, la base cuneada, el ápice agudo, con 11-12 pares de venas secundarias, con la vena media plana y las venas secundarias ligeramente prominentes en el haz, la vena media y las secundarias pubescentes en el envés; pecíolo c. 2.5 cm, con cicatriz estipular; hojas maduras con la lámina 20-21 × 7-8 cm, elípticas, las venas terciarias paralelas entre sí, el ápice agudo; pecíolo c. 1.8 cm, con cicatriz estipular. Pedúnculo floral 3-4 × 8-9 mm, glabro; brácteas no conocidas. Flores blancas; sépalos 3, 5.3-5.5 × 2.5-3 cm, oblongos, el ápice agudo; pétalos al parecer 6, en 2 series de 3, 4-4.2 × 2-2.2 cm, el ápice cóncavo, aristado; estaminóforo 5-6 × 8-10 mm; estambres 72-75, 8-12 × 2-3 mm; gineceo 3-3.3 × 1.5 cm, romboide, con 30-31 carpelos, estigmas persistentes. Polifolículos y semillas no conocidos. Floración may. *Bosques muy húmedos tropicales.* G (*Contreras 10735*, US). Nivel del mar. (Endémica).

25. Magnolia javieri A. Vázquez, Tribouill. & Archila, *Phytotaxa* 529: 60 (2021). Holotipo: Guatemala, *Tribouillier & Archila MG-077* (BIGU). Ilustr.: Vázquez-García et al., *Phytotaxa* 529: 61, t. 2 (2021).

Árboles hasta 12 m; fuste c. 30 cm de diámetro medido a c. 1.3 m del suelo; ramas c. 0.5 cm de diámetro. Hojas 9-11 × 5-7.5 cm, obovadas, con 14 pares de venas secundarias, el haz glabro, el envés glabro, la base obtusa, los márgenes revolutos, el ápice profundamente emarginado; pecíolo 2.3-2.8 × 0.2-0.3 cm, brevemente acostillado, sin cicatriz estipular. Pedúnculo floral 1.5-1.8 × 0.4-0.6 cm, glabro, acostillado. Botones florales c. 0.9 × 0.3 cm, glabros; brácteas espatáceas 1, c. 2 × 2 cm, rugosas, glabras con el ápice ligeramente piloso. Flores 9-10 cm de diámetro, blancas; sépalos 3, 4-4.3 × 1.5-1.7 cm, blanco-verdosos, glabros, oblongos, el ápice redondeado, la venación evidente; pétalos 6, 4.5-4.6 × 2.2-2.3 cm, blancos, espatulados, glabros; estaminóforo 0.5-0.7 cm, púrpura; estambres 80-82, 0.8-0.9 cm; gineceo 1.6-1.8 × 1-1.2 cm, blanco-verdoso, glabrescente con tricomas hialinos en la base y los márgenes de los carpelos. Polifolículos 4-4.4 × 1.8-2 cm, elipsoides, verde pálido, glabrescentes, péndulos en la madurez, suberectos cuando jóvenes; folículos 40-44, 1.1-1.2 × 0.4-0.5 cm; semillas c. 0.4 × 0.5 cm, la sarcotesta color salmón. Floración jun.-ago.; fructificación ago.-sep. *Bosques mesófilos de montaña.* G (*Tribouillier & Archila MG-078*, BIGU). 1350-1670 m. (Endémica).

Magnolia javieri es similar a *M. archilana*, pero difiere de esta última por presentar hojas más pequeñas con envés glabro, el ápice profundamente emarginado, y las flores y los polifolículos más pequeños. Si se compara con *M. guatemalensis*, *M. javieri* presenta los pecíolos más largos, las hojas más pequeñas con envés glabro, los pedúnculos florales más cortos, las flores más pequeñas, menos estambres, los polifolículos glabrescentes y más carpelos.

26. Magnolia lacandonica A. Vázquez, Pérez-Farr. & Martínez-Camilo, *Phytotaxa* 79: 31 (2013). Holotipo: México, Chiapas, *Vázquez-García et al. 9341* (IBUG). Ilustr.: Vázquez-García et al., *Phytotaxa* 79: 32, t. 1 (2013a). N.v.: Anonillo, canelo, jolmashté (Tzeltal), magnolia, tajchak (Lacandón), Ch.

Árboles hasta 35 m; fuste c. 70 cm de diámetro; ramillas 8.7-13 × 0.75-1.5 cm, amarillo-pubescentes. Hojas 18-30 cm; lámina 11-22.5 × 7-12.6 cm, elíptica a ampliamente elíptica, el haz glabro, reticulado, el envés glabro, evidentemente reticulado, con 9-11 pares de venas secundarias, la base redondeada (en hojas jóvenes decurrente), los márgenes enteros, el ápice obtuso y ligeramente emarginado; pecíolo (4.8-)6-7.5(-10) × 0.3-0.4 cm, acanalado, con pubescencia amarilla, con cicatriz estipular; estípulas c. 3 cm, con pelosidad blanca a amarilla. Pedúnculo floral 3-3.5 cm, con 4 o 5 entrenudos, con pelosidad amarilla y escasas lenticelas blancas; brácteas 2, con pelosidad amarilla. Flores blancas, sésiles; sépalos 3.4-5.8 × 3.7-5 cm, ampliamente obovados a subredondeados, cóncavos, blanco-cremosos, más gruesos que los pétalos, glabros; pétalos oblongo-obovados, blanco-cremosos, los externos 6-6.2 × 2.7-3.2 cm, cóncavos, los internos 4.8-5.8 × 2.5-3.3 cm, el ápice agudo; estambres 198-248, c. 12 × 2-2.5 mm, blanco-cremoso; gineceo con 61-71 carpelos, estilos c. 3 × 1 mm. Polifolículos c. 11.5 × 9.5 cm, 11-15 cm de diámetro durante la dehiscencia, ovoides, con marcas estilares hundidas antes de la madurez, verde-amarillentos; folículos 61-70, el dorso ligeramente verrugoso, generalmente se dividen la mitad de su longitud, cayendo individualmente, en ocasiones algunos permanecen formando grupos unidos de 2 o 3 carpelos después de la dehiscencia, el eje del polifolículo 3.6-6.6 cm, elipsoide a oblongoide, el ápice agudo; semillas 1-1.2 cm, subredondeadas; sarcotesta roja; testa negra. Floración ene.-jul.; fructificación jul.-dic., feb., abr. *Bosques tropicales perennifolios, selvas altas subperennifolias, bosques caducifolios, bosques siempreverdes.* Ch (*Martínez S. 11619*, MO). 100-900(-1200) m. (Endémica).

Magnolia lacandonica se distingue por sus hojas con la lámina elíptica a ampliamente elíptica y la pelosidad amarilla en pecíolo, pedúnculos y brácteas.

27. Magnolia mayae A. Vázquez & Pérez-Farr., *Bot. Sci.* 90: 109 (2012). Holotipo: México, Chiapas, *Martínez 2480* (HEM). Ilustr.: Vázquez-García et al., *Bot. Sci.* 90: 110, t. 1 (2012a).

Árboles hasta 25 m; fuste hasta 50 cm de diámetro; corteza externa café, corteza interna amarilla a ocre; primeras ramas a partir de los 3-5 m. Hojas 30-43 × 8.5-13.5 cm; lámina oblongo-obovada, con 15 o 16 pares de venas secundarias, glabra, la base cuneada, el ápice abrupta y cortamente acuminado; pecíolo 4.5-5.7 × 0.3-0.8 cm, glabro, sin cicatriz estipular. Botones florales 3.1-12.2 × 1.6-3.6 cm, elipsoides, verde claro, pubescentes en el ápice. Pedúnculo floral 4.3-8.5 × 0.8-1.3 cm, glabro; brácteas 4, las superiores espatáceas. Flores (8.8-)12-18 cm de diámetro; sépalos 3, 7-8 × 4.6-4.9 cm, oblongo-obovados; pétalos cuneado-obovados, los externos 5.5-9.6 × 2.8-5.5 cm, los internos 5-8.3 × 2.2-4.5 cm; estambres c. 95; gineceo c. 2.1 × 1.3 cm, blanco, con 8-10 carpelos, glabros. Polifolículos 8-10 × 4-5 cm, oblongoides a ovoides; folículos 42-57, 9-13 × 4-8 mm, oblongoides, apiculados, el indumento densamente amarillo-afelpado; semillas 8.6-9 × 8.2-8.5 mm. Floración abr-jun; fructificación sep.-dic. *En suelos rocosos, kársticos. Bosques mesófilos de montaña.* Ch (*Breedlove 57776*, MEXU); G (*Soto 1502*, MO). 750-1200 m. (Endémica).

28. Magnolia montebelloensis A. Vázquez & Pérez-Farr., *Phytotaxa* 328: 104 (2017). Holotipo: México, Chiapas, *Vázquez-García 10109* (IBUG). Ilustr.: Vázquez-García et al., *Phytotaxa* 328: 107, t. 4 (2017). N.v.: Tajchack (Tzeltal), Ch.

Árboles hasta 16(-24) m; fuste hasta 56 cm de diámetro, perennifolio; ramillas con abundantes lenticelas. Hojas (13.3-)16-21 cm; lámina (9-)15.3-20.2(-22.2) × (3.5-)6.6-8.5(-10.8) cm, oblongo-lanceolada, con 10-12(-13) pares de venas secundarias, glabra, la base aguda, los márgenes planos, el ápice agudo; pecíolo (2.3-)3.2-3.4(-4) × (0.2-)0.3-0.4 cm, glabro, sin cicatriz estipular; estípulas 7-11.1 × c. 1.2 cm, rosadas, densamente pubescentes. Pedúnculo floral 2.4-2.5 cm, con pubescencia amarilla; brácteas 3, hirsutas, con tricomas amarillentos. Botones florales ovoides a oblongoides. Flores crema-blanco, c. 11 cm de diámetro; sépalos 3, 4.2-4.3 × 2.7-2.8 cm, verdosos; pétalos 6, obovados, los externos 5.3-5.4 × 2.6-2.7 cm, los internos 4.4-4.5 × 2-2.3 cm; estambres (50-)60-66(-86), laminares, crema-amarillentos, rojizos en la base, el conectivo obtuso a agudo, fuertemente arqueado, el estaminóforo rojizo; gineceo con (22-)24-34(-35) carpelos; carpelos con el ápice agudo, estigmas 0.3-0.4 cm, curvados y filiformes, cafés. Polifolículos (3.5-)5.4-6.3 × 2.5-2.7(-3.4) cm, oblongoides, amarillos a rojizos, glabrescentes a pubescentes, los folículos libres; folículos (22-) 24-34(-35), el ápice apiculado, con estigmas persistentes, los ápices 0.4-0.5 cm, pubescentes a glabrescentes; semillas 1 o 2 por folículo, 0.9-1 × c. 0.8 cm, rojo escarlata. Floración abr.-jun.; fructificación abr., sep.-nov. *En suelos con buen drenaje, volcánicos, bosques mesófilos de montaña, bosques semideciduos.* Ch (Vázquez-García et al., 2017: 104); B (*Holst 4266*, MO); G (Vázquez-García et al., 2019: 236). (800-) 1300-1600 m. (Endémica).

Magnolia montebelloensis se distingue de *M. poasana* por su hábito de menor tamaño, los entrenudos distales, las estípulas y brácteas densamente pubescentes, los entrenudos pedunculares más cortos y un mayor número de estambres, (50-66[-85] vs. 42-44).

Esta descripción está tomada en su mayor parte de Vázquez-García et al. (2017). En el protólogo se menciona que solo es conocida de Chiapas.

29. Magnolia morii (Lozano) Govaerts, *World Checkl. Bibliogr. Magnoliaceae* 71 (1996). *Talauma morii* Lozano, Dugandiodendron & Talauma *Neotróp.* 113 (1994). Holotipo: Panamá, *Mori et al. 4667* (MO-[cb] MO-115802!). Ilustr.: Lozano Contreras, Dugandiodendron & Talauma *Neotróp.* 117, t. 53 (1994), como *T. morii*.

Árboles hasta 15 m; corteza blancuzca; fuste hasta 40 cm de diámetro; ramillas cilíndricas, los nudos poco visibles en las ramas adultas. Hojas (8.5-)10.5-18(-24) cm; lámina (5.2-)7.5-15(-19) × (3.2-)4-7.5 (-8.2) cm, elíptica, coriácea o cartácea, el haz con venación reticulada, con (7-)8-11 pares de venas secundarias, glabra, la base cuneada, el ápice agudo a obtuso; pecíolo (1.2-)2.8-4 × 0.2-0.3 cm, con cicatriz estipular. Pedúnculo floral 0.6-1.2 cm, glabro, con 2 entrenudos; pedicelos c. 1 mm. Flores c. 1.3 cm, blancas, verde-blancas en botón; sépalos 3, grisáceos; pétalos 6, c. 2.5 × 0.7 cm, crema; estambres 24, distribuidos en 2 series; gineceo elíptico, con 6 carpelos. Polifolículos elipsoides, blancos cuando inmaduros, el eje c. 3.8 × 0.9 cm, la pared externa de los folículos 2.7-3 × 0.6-0.8 cm, con dehiscencia circuncísil; semillas 1 o 2 por folículo, 0.8-0.9 × 0.65-1 × 0.5-0.7 cm; sarcotesta roja. Floración dic., feb.-jul.; fructificación feb.-mar. *Bosques húmedos, bosques premontanos húmedos.* CR (*Herrera 3379*, MO); P (*Correa et al. 11432*, MO). (350-)600-1190 m. (Endémica).

30. Magnolia necae Archila, Tribouill. & Á.J. Pérez, *Revista Guatemalensis* 26: 20 (2023). Holotipo: Guatemala, *Archila et al. MG-117* (BIGU). Ilustr.: Archila Morales et al., *Revista Guatemalensis* 26: 24, t. 3 (2023a). N.v.: Sak coj, G.

Árboles hasta 6 m; fuste hasta 25 cm de diámetro. Hojas cartáceas suaves, glabras en ambas superficies, verdes en el lado adaxial y glaucas en el lado abaxial; lámina 11.5-18.5 × 5-7.3 cm, elípticas con el ápice agudo; pecíolo 2.5-2.9 cm, glabro, sin cicatriz estipular. Pedúnculo floral 1.3-3 cm. Flores 9-11.1 cm de diámetro; sépalos verdes cuando acaban de abrir y pardos luego de unas horas abiertos; pétalos 6 en 2 series, los de la primera 4-4.8 × 2.1-2.5 cm, espatulado-obovados con el ápice levemente retuso, los de la segunda 3.9-4.2 × 1-1.5 cm, obovados con el ápice obtuso, blancos; estambres 90-99, 1-1.3 × 0.2-0.23 cm con la base morada. Polifolículos 4.9-5.5 × 2.4-2.5 cm, ovoides, verdes, glabros; carpelos 48-50, 1.2-2 × 0.3-0.5 cm, el estigma levemente curvo y corto. Floración jun.-ago. *Bosques con* Hedyosmum, Quercus *y* Liquidambar. G (*Archila et al. MG-117*, IBUG). c. 1500 m. (Endémica).

Magnolia necae es similar vegetativamente a *M. oscarrodrigoi* difiriendo de esta por tener porte arbóreo, el envés de las hojas glabro; menor número de las brácteas espatáceas y glabras en ambas superficies; flores de menor tamaño; menor número de estambres; frutos angostamente ovoides y el mayor número de carpelos.

31. Magnolia oscarrodrigoi A. Vázquez, Tribouill. & Archila, *Phytotaxa* 529: 62 (2021). Holotipo: Guatemala, *Tribouillier & Archila MG-106* (BIGU). Ilustr.: Vázquez-García et al., *Phytotaxa* 529: 63, t. 3 (2021).

Árboles hasta 25 m; fuste hasta 1.2 m de diámetro. Hojas 9-12 × 4-6 cm, elípticas, con 15-17 pares de venas secundarias, el haz glabro, el envés glauco, escasamente pubescente, cuando jóvenes densamente pubescentes en los márgenes, la base aguda, los márgenes planos, el ápice agudamente retuso; pecíolo 2-3 cm, pubescente en los márgenes internos, sin cicatriz estipular. Pedúnculo floral 2.5-3.2 × 0.7-0.8 cm, con pubescencia amarillo-dorada a amarillo-anaranjada, luego glabrescente. Flores 14-16 cm de diámetro, blancas; brácteas espatáceas 1, 4.5-5 × 3.8-4.2 cm, el haz glabro, el envés con pubescencia amarillo-dorada; sépalos 3, 6.7-7.5 × 2.9-3.4 cm, angostamente obovados a elípticos, el ápice uncinado; pétalos 6, el ápice uncinado, los externos 7-7.8 × 2.5-3.1 cm, elíptico-obovados, los internos 5.5-6 × 2.2-3 cm, elípticos; estaminóforo 0.4-0.5 × 0.5-0.6 cm; estambres 107- 112, 1.3-1.5 × c. 0.3 cm; gineceo 2.4-2.7 × 1.2-1.7 cm, ovoide, glabro, ligeramente blanco-verdoso. Polifolículos 5.3-5.4 × 3.2-3.3 cm, globosos, glabros, verdes, glaucos; folículos 32-39, 1.8-2.2 × 0.8-1 cm, el ápice 3-5 mm, recto, persistente. Floración mar.-jun.; fructificación jun.-sep. *Bosques de galería perturbados.* G (*Tribouillier & Archila MG-012*, BIGU). c. 1300 m. (Endémica).

Magnolia oscarrodrigoi es similar a *M. montebelloensis*, pero se distingue de esta última por presentar las hojas elípticas, los pedúnculos más largos, menos brácteas, las flores más grandes, el estaminóforo más pequeño, más estambres y los polifolículos glabros y globosos.

32. Magnolia ottoi A. Vázquez, Tribouill. & Archila, *Phytotaxa* 455: 189 (2020). Holotipo: Guatemala, *Alvarado MG-005* (BIGU). Ilustr.: Vázquez-García et al., *Phytotaxa* 455: 190, t. 2 (2020).

Árboles hasta 40 m; fuste c. 1.5 m de diámetro, muy ramificados. Hojas con la lámina 40-42 × 18-23 cm, elíptica, con 12 o 13 pares de venas secundarias, glabra, la base aguda, los márgenes planos, el ápice retuso; pecíolo 11-13 cm, con cicatriz estipular; estípulas desconocidas. Pedúnculo floral y pedicelo desconocidos. Flores 20-22.2 cm de diámetro, amarillo-blanquecinas; brácteas 2, 5-6.5 × 7.5-8 cm, globosas, glabras; sépalos 3, 7.5-10 × 6-8.5 cm, obovado-elípticos a orbiculares; pétalos 6, 8-9 × 4-5.7 cm, elíptico-orbiculares, espatulado-obovados; estambres 102-108, c. 10 × 2 mm; gineceo con 38-50 carpelos, pubescente. Polifolículos 13-15 × 7.5-8.5 cm, ovoides, pubescentes, con 38-50 folículos, el ápice prominente, los folículos desprendiéndose individualmente; semillas c. 11 × 11 × 7 mm, suborbiculares; sarcotesta roja. Floración mar.; fructificación abr. *Bosques húmedos con* Liquidambar, Persea, Pinus. G (*Alvarado MG-007*, BIGU). 1550-2300 m. (Endémica).

Magnolia ottoi es afín a *M. steyermarkii*, sin embargo, difiere de esta última por presentar las hojas y flores más grandes, 2 brácteas florales y un mayor número de estambres y carpelos. En Guatemala, *M. ottoi* se usa como combustible para cocinar.

33. Magnolia panamensis A. Vázquez & Iltis, *Brittonia* 46: 15 (1994). Holotipo: Panamá, *van der Werff & Herrera 6361* (MO!). Ilustr.: Vázquez-García, *Brittonia* 46: 16, t. 5 (1994).

Árboles hasta 25 m; ramas gruesas y glabras, negro oscuro cuando secas, con lenticelas 1-2 mm, alargadas, blanquecinas. Hojas (16-)19-24 cm; lámina (12.7-)18-22 × (6.5-)10-14 cm, ampliamente obovada a elíptica, el haz glabro y brillante, marrón amarillento cuando seco, con 12-14(-16) pares de venas secundarias, prominentes, el envés con indumento denso que no deja ver la epidermis, los tricomas rectos y retorcidos, amarillo-aterciopelados, la base cuneada a redondeada, los márgenes planos, el ápice obtuso a redondeado; pecíolo (2-)2.5-4 cm, glabro, negro oscuro, sin cicatriz estipular; estípulas c. 7 cm, coriáceas, glabras. Pedúnculo floral 4.2-4.5(-6.5) cm, liso, glabro, en ocasiones con la superficie de aspecto ceroso, generalmente con 1 entrenudo, rara vez 2; brácteas coriáceas, generalmente 3, la tercera con tricomas largos en la base; pedicelos c. 1 mm, glabros, o ausentes. Flores desconocidas (los polifolículos son grandes, lo que sugiere una flor abierta podría ser de unos 20 cm de diámetro); estambres 62-80 (contados de cicatrices del receptáculo); gineceo oblongoide, con los carpelos alargados en el ápice. Polifolículos 8-12.5 × 3-4.5 cm, oblongoides, glabros; folículos 67-79, 3-3.5 × c. 1 cm, libres, fuertemente recurvados, marrón oscuro, glabros, el ápice apiculado, el pico 6-8 mm, ascendente de muy divergente. Pedúnculo floral 4.5-5.5 × c. 8.5 mm, negro oscuro, alargado con lenticelas blanquecinas; semillas 11-12 × 7-7.5 mm, prismáticas, triangulares, pardo oscuro cuando secas. Floración mar.; fructificación ene.-mar., oct. *Bosques con mezcla de* Quercus-Podocarpus-Magnolia-Symplocos, *bosques mesófilos*. P (*McPherson 15882*, MO). 2200-2600 m. (Endémica).

Magnolia panamensis se distingue por sus pedúnculos y pedicelos glabros, con un entrenudo y polifolículos con folículos con ápice apiculado y glabros.

34. Magnolia pastorcortesii A. Vázquez & D.L. Kelly, *Phytotaxa* 570: 129 (2022). Holotipo: Honduras, *Kelly & Cortés 12106* (TCD!). Ilustr.: Vázquez-García et al., *Phytotaxa* 570: 129, t. 12 (2022a).

Árboles hasta 15 m; corteza fina con la superficie fisurada; madera amarillenta, oscureciéndose a naranja-marrón; entrenudos de las ramillas terminales 0.8-1.5 × 0.3-0.4 cm, glabros a glabrescentes. Hojas 11.4-16.9 cm, coriáceas; lámina (9.4-)12-14.1 × (5.6-)6.6-8.3 cm, ampliamente obovada a ampliamente elíptica, obtusa en la base, obtusa y apiculada en el ápice, coriácea, revoluta, glabra en el haz y muy densamente reticulada, las venas laterales 10-11 por lado; estípulas libres del pecíolo; pecíolo 2-2.8 × 0.2-0.3 cm, grueso, glabro, sin cicatriz estipular. Pedúnculo floral con entrenudos 0.1-0.5 × 0.4-0.6 cm, pubescencia marrón brillante; brácteas espatáceas 2, en su mayoría glabras, los márgenes y el ápice exterior pubescente marrón brillante. Botones florales 3.1-2 cm, ampliamente elipsoides, obtusos en la base, apiculados en el ápice. Flores solitarias 5.5-6.5 cm de diámetro, fragantes, blancas; sépalos 3, 3.3-3.4 × 0.9-1.1 cm, oblongos, ligeramente obovados, glabros, blanco verdoso; pétalos externos 3.1-3.2 × 1.5-1.6 cm, estrechamente obovados, más anchos en el 1/3 superior, blanco cremoso; pétalos internos 2.3-2.4 × 0.9-1.1 cm; estrechamente obovado, más ancho en el 1/3 superior, blanco crema; estambres 38-42 (de cicatrices); gineceo sésil, elipsoide, verdoso, con 20-22 carpelos, negruzcos después del secado, glabros; estigmas c. 2 mm, volviéndose marrón-ferrugíneo, recurvados. Polifolículos 4.4-4.5 × 2.4-2.5 cm, oblongoides; folículos 1-2 × 0.8-0.9 cm, apiculados; semillas 1-2 por folículo, 0.9-1 × 0.6-0.8 cm, prismático-triangular, rojo-anaranjadas. Floración jun.-jul.; fructificación ago.-sep. *Bosques latifoliados perturbados*. H (*Cortés 14153-I*, IBUG). c. 1350 m. (Endémica).

Magnolia pastorcortesii se diferencia de *M. guatemalensis* por tener las hojas más pequeñas y no brillantes en el envés, las venas secundarias menos numerosas, las flores más pequeñas; menos estambres y menos carpelos.

35. Magnolia perezfarrerae A. Vázquez & Gómez-Domínguez, *Bot. Sci.* 91: 419 (2013). Holotipo: México, Chiapas, *Gómez 3143* (IBUG). Ilustr.: Vázquez-García et al., *Bot. Sci.* 91: 418, t. 1 (2013b). N.v.: Flor de corazón, Ch.

Árboles hasta 20 m; fuste hasta 80 cm de diámetro; primeras ramas a partir de c. 6 m; corteza fisurada, grisácea, cubierta de líquenes y musgos, corteza interna rojiza. Hojas 20-23 cm; lámina (12-)17.8-25 × (6-)9.5-14.3 cm, elíptica, con 8 o 9 pares de venas secundarias, el haz lustroso, el envés glabro, la base obtusa a ligeramente aguda, los márgenes enteros, el ápice obtuso; pecíolo 8-12.7 cm, acanalado, engrosado y algo lignificado en la base, glabro, con cicatriz estipular; estípulas 8-12.5 cm, pronto caducas. Pedúnculo floral c. 2.5 cm, con 4 entrenudos, los 2 superiores pubescentes, con pelosidad velutina, blanca; brácteas 2, la exterior 2.3-2.7 × 1.2-1.7 cm, la interior 4-5.3 × 3.2-4.2 cm, espatáceas, ampliamente ovadas, cóncavas, densamente pubescentes en el envés con tricomas dorado-amarillento, adaxialmente glabras. Botones florales 8-12 × 5.6-8.4 cm, ampliamente ovoides, blanco-cremoso. Flores 12-17 cm de diámetro, blancas a blanco cremosas; sépalos 4-7.9 × 3.7-6 cm, 1-2 cm de ancho en la base, cóncavos, blancos, glabros cremosos; pétalos 6, la base estrechándose gradualmente, cóncavos, los pétalos externos 5.9-8.6 × 2.2-3.5(-4.2) cm, los pétalos internos 4.4-6.9 × 2.1-3 cm; estambres 175-179, 8-10 × 1.2-1.3 mm, lineares a ligeramente arqueados, blanco-cremosos; gineceo 4.1-4.8 × 2.9-3.5 cm, ovoide, glabro, con 89-92 carpelos, los estilos 3-4 mm, lineares, blancos en la antesis después se oscurecen, caducos. Polifolículos 10.4-14.8 × 7.9-9.2 cm, elipsoides, marrón-verdosos; folículos 89-92, 1.8-3.6 × 1.5-1.8 cm, c. 1.8 cm de espesor, con forma de "Y", cayendo en masas irregulares, en grupos de c. 15, la pared dorsal de los folículos maduros básicamente aplanada, el ápice ascendente; semillas 1-1.3 × 0.7-1 cm; sarcotesta roja. Floración mar.-ago.; fructificación jul.-oct. *Bosques tropicales perennifolios con* Annona, Cinnamomum, Cupania, Tabebuia. Ch (*Palacios-Ríos 2812*, MEXU). 800-830 m. (Endémica).

Magnolia perezfarrerae tiene uso medicinal y ornamental en Chiapas. Los pétalos en infusión son empleados en el tratamiento de males cardiacos y dolor estomacal, asimismo las flores se venden en los mercados locales (Vázquez-García et al., 2013b).

36. Magnolia picopijolensis A. Vázquez, *Phytotaxa* 570: 133 (2022). Holotipo: Honduras, *Evans 1748* (MO!). Ilustr.: Vázquez-García et al., *Phytotaxa* 570: 134 t. 16 (2022a).

Árboles hasta 25 m; entrenudos de ramillas terminales 7.4-11.1× 2.8-4.2 cm, negruzcos cuando se secan, con lenticelas. Hojas 12.6-15.6 cm; lámina 11-13.5 × 3.3-5 cm, elíptica a oblanceolada, aguda en la base, el ápice agudo, punta de goteo 4-5 mm de largo, las venas laterales por lado 16-17; pecíolo 1.6-2.1 × 0.2-0.3 cm, sin cicatriz estipular. Pedúnculo floral con 1-2 entrenudos, 2-2.5 cm. Flores 10-11.1 cm de diámetro; sépalos 3.9 × 0.6 cm; pétalos 4-4.6 × 1-1.1 cm; estambres 38-42, 8-9 × 1.2-1.5 mm; gineceo con 13-14 carpelos, c. 13 × 8 mm, los estigmas curvados hacia afuera. Polifolículos 3.4-3.5 × 1.8-1.9 cm, elipsoides; carpelos basales 1.7-1.8 × 0.6-0.7 cm, los superiores 1.2-1.3 × 0.4-0.5 cm, dorsalmente gibosos, picudos en el ápice, glabros; semillas desconocidas. Floración abr.-may.; fructificación may.-jun. *Bosques nubosos montanos*. H (*Evans 1748*, MEXU). c. 1600 m. (Endémica).

Magnolia picopijolensis se diferencia de *M. poasana* por tener las flores con los pétalos más angostos; estambres y carpelos menos numerosos; las hojas con venas secundarias más numerosas por lado; y los pedúnculos más cortos.

37. Magnolia poasana (Pittier) Dandy, *Bull. Misc. Inform. Kew* 1927: 263 (1927). *Talauma poasana* Pittier, *Contr. U.S. Natl. Herb.* 13: 93 (1910). Holotipo: Costa Rica, *Pittier 2043* (US). Ilustr.: no se encontró.

Árboles hasta 30(-32) m o arbustos hasta 3.5 m; fuste hasta 0.6(-1) m de diámetro; ramillas negras. Hojas (7.6-)8.5-20(-26) cm; lámina 8-14 × (2.6-)4-6 cm, ovada a oblongo-elíptica o lanceolada, coriácea, con 12(-14) pares de venas secundarias, el haz glabro, el envés glabro (las jóvenes ligeramente pilosas), la base aguda a redondeada, ocasionalmente atenuada, el ápice obtuso o agudo a acuminado; pecíolo (1.5-)3-3.5 cm, sin cicatriz estipular; estípulas 5.2-6.3 × c. 0.8 cm, membranáceas, glabras. Pedúnculo floral 2.2-3.3(-4) cm, glabro, con 1 entrenudo; brácteas 2, coriáceas, glabras; pedicelos 2-5(-6) mm, glabros. Flores blancas o crema, el receptáculo rojo; sépalos c. 6 × 2 cm, elíptico-ovados, gruesos y coriáceos, verdosos abaxialmente, blanco-cremoso con tintes púrpura adaxialmente; pétalos 4.6-6.5 × 1.8-2.7 cm, ovado-espatulados, totalmente blanco-cremoso; estambres 50-52(-54), las anteras c. 12 mm, sésiles, introrsas; gineceo estrobilar 2-2.7 × 0.8-1 cm, glabros; gineceo con 20-26 carpelos, fusiformes, los estilos dorsalmente sulcados, los estigmas obtusos y reflexos, blancos. Polifolículos 4.5-6 × 2.5-2.7 cm, oblongos, con 18-22 folículos; folículos apiculados; semillas desconocidas. Floración mar.-jul., sep.; fructificación mar.-sep.

Bosques primarios, bosques mesófilos de montaña, potreros, bosques pantanosos, bosques siempreverdes. CR (*Haber & Zuchowski 9808*, MO); P (*McPherson 11566*, MO). (250-)850-2540 m. (Endémica).

38. Magnolia poqomchi M.J. Serrano & A. Vázquez, *Phytotaxa* 454: 236 (2020). Holotipo: Guatemala, *Serrano et al. MS-065* (UVAL!). Ilustr.: Serrano et al., *Phytotaxa* 454: 238, t. 6 (2020).

Árboles hasta 22(-30) m; fuste hasta 0.7(-1) m de diámetro; corteza parda, lisa; ramillas 0.4-0.8 cm de diámetro, los entrenudos glabros, con lenticelas. Hojas con la lámina (13.5-) 15.7-22.5 × 5-8.2 cm, elíptica a oblongo-elíptica, con 13-17 pares de venas secundarias (las hojas jóvenes con densa pubescencia beige), glabrescente, la base brevemente atenuada a obtusa, los márgenes enteros, el ápice abruptamente acuminado; pecíolo 1-3.8 × 0.2 cm, glabro, sin cicatriz estipular; estípulas 8-10 × 0.9-1.3 cm, libres del pecíolo, rosadas, densamente pubescentes. Pedúnculo floral con entrenudos 1.9-2.6 × 4.1-6.4 cm. Botones florales 1.5-30.4(-35.3) × 17.8-21(-25.3) mm, ovoides a oblongos; brácteas espatáceas 2, densamente hirsutas, la pelosidad dorada. Flores terminales, 7.3-11 cm de diámetro, blanco-crema; sépalos 3, 4.7-5.8 × 3.7-4.6 cm, blanco-verdosos; pétalos 6, los externos (4.8-) 5.6-7.4 × 3.5-5.7 cm, obovados, blancos, los internos 4.7-5.5(-6.6) × 3-3.7(-4.7) cm, obovados, blanco crema; estaminóforo 7-8 × 5-7 mm, púrpura; estambres 92-94, (14.7-)16-17.8 × 2.7-3.4 mm, blanco-crema, púrpura en la base, el conectivo fuertemente arqueado; gineceo con 26-32 carpelos, los estigmas amarillo-verdoso. Polifolículos 3.8-5.2 × 2.2-2.8 cm, elipsoide-oblongoides, verdes, glabros; folículos 26-32, los basales (13.9-)15-20.2 × (5-)5.9-7.5(-9.5) mm, glabros, agudos en el ápice, el pico 2-3 mm; semillas 7-9 × 6-8 × c. 4 mm, rojo escarlata. Floración mar.-jul.; fructificación jul.-sep. *Bosques mesófilos bajos subtropicales o tropicales con* Hedyosmum, Quercus, Alfaroa *y Lauraceae*. G (*Serrano et al. MS-068*, UVAL). 1450-2200 m. (Endémica).

En Guatemala *Magnolia poqomchi* tiene uso como ornamental y en la fabricación de puertas y muebles.

39. Magnolia quetzal A. Vázquez, Véliz & Tribouill., *Phytotaxa* 76: 2 (2013). Holotipo: Guatemala, *Tribouillier & Pedro 664* (BIGU!). Ilustr.: Vázquez-García et al., *Phytotaxa* 76: 3, t. 1 (2013c).

Árboles hasta 20 m; fuste hasta 0.48(-0.8) m de diámetro; ramillas con entrenudos (0.4-)1.7-2.3 × 0.25-0.4 cm, glabras. Hojas con la lámina (7.5-)15-20 × 6-8.1 cm, elíptica a lanceolada, raramente obovada, cartácea, con 8 o 9 pares de venas secundarias, la base aguda, glabra, el ápice generalmente agudo, obtuso, rara vez emarginado; pecíolo 2.5-5 × 0.1-0.7 cm, con cicatriz estipular. Flores 3.4-3.8 cm; sépalos 3, oblongo-obovados, cóncavos, la base atenuada, c. 0.6 cm de ancho; pétalos 6, 3.4-3.8 × 1.9-2 cm, obovados, cóncavos, la base atenuada abruptamente, 0.4-0.5 cm de ancho, blancos a rosados; estambres 40-44, c. 7.5 × 1.9-2 mm, lineares, obtusos en el ápice; gineceo c. 2.1 × 1.3 cm, con 7-12, carpelos, blancos. Polifolículos 7-7.5 × 3.2-3.5 cm, verdes, glabros, el eje 3.4-4.7 × c. 0.9 cm; folículos 3.5-4.5 × 1.1-1.6 cm, con pico, glabros, con forma de "V" después de la dehiscencia, las paredes laterales con forma de ala extendida horizontalmente; semillas 10-11 × 5.5-6 mm, prismático-triangulares; sarcotesta roja; testa marrón oscuro a negro, opaca. Floración mar., oct.; fructificación oct. *Bosques nubosos con* Guatteria *y* Pseudolmedia. G (*Tribouillier 355*, BIGU). 1600-1700 m. (Endémica).

40. Magnolia quichensis Tribouill., A. Vázquez & Archila, *Phytotaxa* 559: 37 (2022). Holotipo: Guatemala, *Tribouillier & Archila MG-070* (BIGU!). Ilustr.: Vázquez-García et al., *Phytotaxa* 559: 37, t. 2 (2022b).

Árboles hasta 22 m; fuste hasta 70 cm de diámetro. Hojas 25-42 cm; lámina 19-29.3(-34.5) × 8.8-12.9(-15) cm, ampliamente ovada a elíptica u oblongo-elíptica, glabra en ambos lados, la base aguda a obtusa, el ápice retuso a obtuso, las venas secundarias 8-10(-11); pecíolo 6-8.10 × 0.37-0.50 cm, glabro, con cicatriz estipular; estípulas c. 4.1 × 1.1 cm, glabras. Pedúnculo floral 6.2-8.9 × 0.7-0.85 cm, longitud del segmento mayor 2.1-2.7 cm, glabros; pedicelo 3-4 × 4 mm; brácteas espatáceas 1, 4.8-6.3 × 6.4-8.7 cm, orbiculares, glabras en ambos lados, rígidas. Flores 12.5-16 cm de diámetro; sépalos 3, (6.1-)7-8 × (3.8-)4-4.9 cm, obovados, cóncavos, revolutos cuando están secos; pétalos 6, cóncavos, blancos, los externos (5.6-) 6.2-7.7 × 2.9-3.8 cm, estrechamente obovados, los internos 6.2-6.8 × 2.5-3 cm, estrechamente obovados a oblanceolados; estambres 92-103, 1.76-2.14 × 0.24-0.42 cm; gineceo 3.7-4.2 × 2-2.8 cm, romboidal, glabro, con 22-28 carpelos, los estilos persistentes. Polifolículos 12.2-14.6 × 5.5-6.6 cm, estrechamente ovoides a elipsoides, verdes a marrón verdoso, dehiscencia en masas irregulares, el eje del fruto (7.7-)8.6-11 × 1.6-2.45 cm (1.1-1.4 cm de grosor en la base), fusiforme, con fuerte apiculado ápice; carpelos de dehiscencia circuncísil, glabros, abaxialmente verrugosos, acostillados, ligeramente gibosos antes de la dehiscencia, la porción abaxial se separa del eje del fruto individualmente o en pares, a veces en masas de varios carpelos (< 8), a veces permaneciendo adheridos a la base del eje, apiculado a truncado; semillas 1.3-1.6 × 1.2-1.3 cm, 1 cm de grosor, la sarcotesta rojo brillante cuando madura con la testa marrón oscuro a negro. Floración abr.-jun.; fructificación may.-nov. *Bosques nubosos remanentes*. G (*Tribouillier & Archila MG-074*, IBUG). 1250-1560 m. (Endémica).

Magnolia quichensis se diferencia de *M. steyermarkii* por tener las flores más grandes, los estambres más numerosos, menor número de carpelos, las brácteas espatáceas y los sépalos más grandes.

41. Magnolia sambuensis (Pittier) Govaerts, *World Checkl. Bibliogr. Magnoliaceae* 72 (1996). *Talauma sambuensis* Pittier, *Contr. U.S. Natl. Herb.* 20: 105 (1917-1925 [1918]). Holotipo: Panamá, *Pittier 5681* (US-[cb] US00104065). Ilustr.: Lozano Contreras, Dugandiodendron & Talauma *Neotróp.* 88, t. 37, 89 t. 38 (1994), como *T. sambuensis*.

Árboles hasta 40 m; fuste hasta 70 cm de diámetro; ramas glabras. Hojas 20.5-34 cm; lámina (9-)17.3-29 × (6-)9-13 cm, ovado-elíptica, membranosa o cartácea, con (11-)14-17 pares de venas secundarias, lustrosa, glabra, la base agudo-cuneada, el ápice subagudo, algunas veces cortamente obtuso-acuminado; pecíolo 3-5.5 cm, con cicatriz estipular; estípulas c. 2 cm, glabras. Pedúnculo floral 0.57-0.67 cm. Flores color crema; sépalos 3, 7.3-7.6 × 4.4-5.1 cm, obovados; pétalos 6, 5.6-7.3 × 4.8-5.1 cm; estambres c. 222, 1.1-1.3 cm; gineceo 2.6-2.8 × 2.3-2.5 cm, globoso, glabro, con 139-156 carpelos. Polifolículos 13-22 × c. 11.5 cm, ovados a globosos, glabros, crema; semillas 1 o 2 por folículo. Floración mar.; fructificación abr., oct.-nov. *Bosques húmedos de tierras bajas, bosques mesófilos de montaña*. P (*Gentry et al. 28568*, MO). 350-850 m. (Endémica).

Magnolia sambuensis tiene el follaje muy similar a *M. gloriensis*; sin embargo, *M. sambuensis* presenta hojas con pecíolos más largos.

42. Magnolia savegrensis A. Vázquez, *Recursos Forest. Occid. México* 2: 475 (2013). Holotipo: Costa Rica, *Estrada et al. 1891* (CR). Ilustr.: Vázquez-García et al., *Recursos Forest. Occid. México* 2: 477, t. 10.1.8 (2013d).

Arbolitos c. 5 m; ramillas con entrenudos 0.5-1 × 0.2-0.35 cm, glabras. Hojas (9-)12.2-17.2 cm; lámina (8.2-)9.5-14.5 × (2-)2.6-3.8(-5.5) cm, lanceolado-elíptica o elíptica, el haz glabro, el envés glabro, con (11-)13 o 14 pares de venas secundarias, la base aguda, el ápice agudo; pecíolo 0.8-1.5(-1.7) × 0.1-0.2 cm, glabro, con cicatriz estipular. Pedúnculo floral diminutamente granuloso. Flores con c. 30-35 estambres (estimados de cicatrices estaminales); gineceo 2.2-2.5 × 1.3-1.5 cm, elipsoide, verde, con 9-11 carpelos, glabros, las paredes dorsales estriadas, negros en seco. Polifolículos desconocidos. Floración desconocida; fructificación nov. *Vegetación no registrada*. CR (*Estrada et al. 1891*, MO). 700-1100 m. (Endémica).

43. Magnolia sharpii Miranda, *Anales Inst. Biol. Univ. Nac. México* 26: 79 (1955). Holotipo: México, Chiapas, *MacDougall 8213* (MEXU!). Ilustr.: no se encontró.

Árboles hasta 25 m; fuste hasta 60 cm de diámetro; ramillas seríceas. Hojas (12-)17-30(-39) cm; lámina (16-)20-26(-30) × (9.5-)14-19 cm, anchamente obovada a ovada, en ocasiones suborbicular, con (16-) 20-22 pares de venas secundarias, el haz glabro, con la vena media acanalada, en ocasiones pilosa, el envés esparcida o densamente amarillo-velutino, rara vez glabro, la base truncada, emarginada o rara vez cordada, el ápice obtuso, con frecuencia abrupta y cortamente acuminado; pecíolo 2.5-4(-5) cm, ligeramente acanalado, glabro, sin cicatriz estipular; estípulas (4-)9-13 × 1.5-3 cm, oblongo-lanceoladas, glabras o escasa a densamente pardo-pilosas, coriáceas. Pedúnculo floral con 2 entrenudos, pubescente, densamente amarillo-estamíneo, c. 10 cm. Flores blancas, hasta 15 cm de diámetro, en seco hasta 20 cm, en fresco; sépalos 7.5-10.2 × 3-3.5(-5.7) cm, estrechamente ovados; pedicelo c. 5 mm, pubescente; pétalos 7-9(-11.5) × 3-5(-7) cm, anchamente obovados; estambres 220-240, lineares; gineceo c. 4 × 2 cm, oblongoide-ovoide, densamente estamíneo velutino a adpresamente afelpado, los pelos amarillentos. Polifolículos (6-)9-15 × 3-5.3 cm, ovoide-oblongoides a cónicos; folículos 85-100, (6-)9-15 × 3-5.3 cm, densamente afelpados; semillas c. 13 × 9 mm. Floración jul.-ago. *Bosques mesófilos de montaña con* Abies, Drymis, Liquidambar, Podocarpus, Quercus. Ch (*Breedlove 15201*, F). 1700-2750 m. (Endémica).

44. Magnolia sororum Seibert, *Ann. Missouri Bot. Gard.* 25: 828 (1938). Holotipo: Panamá, *White & White 21* (MO!). Ilustr.: Vázquez-García et al., *Phytotaxa* 570: 137, t. 18 (2022a).

Árboles hasta 25(-30) m; fuste hasta 90 cm de diámetro; ramillas con pelosidad amarillo pálido, amarillo-verdosa a blanca o ferrugínea. Hojas (0.8-)10.5-21 cm; lámina (8.3-)9.3-17.5 × (2.7-)6.7-9.8 cm, elíptica a lanceolada, con 11-15 pares de venas secundarias, el haz verde, glabro, el envés densamente pubescente, sin dejar ver la epidermis, la pelosidad marrón óxido o ferrugínea o amarillo-verdosa, la base obtusa a redondeada, los márgenes planos, el ápice obtuso a subagudo; pecíolo 1.4-2.5(-3) cm, con pelosidad amarillo-verdosa o ferrugínea, sin cicatriz estipular; estípulas c. 6.5 cm, con pelosidad ferrugínea o verdosa a blanca. Pedúnculo floral 2.5-4.8 cm, con pelosidad amarillo verdosa o ferrugínea, con 1 o 2 entrenudos; brácteas 2 con pelosidad velutina, ferrugínea o amarillo-verdosa a blanca. Flores 14-15 cm de diámetro; sépalos 3.5-5 × 1.5-2 cm, pilosos externamente; pétalos 5-8 × 2-4.5 cm, espatulados; estambres c. 100; gineceo 1.8-3.2 × 1-1.3-2.6 cm, oblongo, con pelosidad ferrugínea, con 32-45 carpelos, estigmas curvos. Polifolículos (2.7-)4-6 × (1.7-)2-3 cm, oblongos, con pelosidad velutina, amarillo-verdosa o ferrugínea; folículos (16-)32-42; semillas desconocidas. Floración feb.-sep.; fructificación jun.-sep. *Bosques húmedos tropicales, bosques submontanos, bosques de* Quercus, *bosques mesófilos de montaña.* H, CR, P. 1000-2350 m. (Endémica).

44a. Magnolia sororum Seibert subsp. **lutea** A. Vázquez, *Brittonia* 46: 18 (1994). Holotipo: Costa Rica, *Davidse 24891* (MO-[cb] MO-115808!, [cb] MO-115809!). Ilustr.: no se encontró.

Árboles 6-11 m; fuste hasta 35 cm de diámetro; ramillas con pelosidad amarillo pálido o amarillo-verdosa a blanca. Hojas 11.2-17(-20) cm; lámina (8.3-)9.3-16.6 × (4-)4.8-7(-7.5) cm, elíptica a lanceolada, con 12-14 pares de venas secundarias, el haz brillante, glabro, el envés con pelosidad amarillo-verdosa, la base obtusa a aguda, los márgenes planos, el ápice agudo; pecíolo 1.5-2.5(-2.7) cm, con pelosidad amarillo-verdosa; estípulas velutinas, la pelosidad verdosa a blanca. Pedúnculo floral 2.6-4.8 cm, con abundante pelosidad amarillo-verdosa, con 2 entrenudos, el basal más corto; brácteas velutinas, la pelosidad amarillo-verdosa a blanca. Botones florales amarillo dorado. Flores blancas; sépalos 3.5-5 × 1.5-2 cm, pilosos externamente, pelosidad velutina, blanca; pétalos 5-7.2 × 2-2.6 cm, espatulados; estambres no registrados; gineceo 2.5-3.2 × 1.3-2.6 cm, con c. 28 carpelos, con pelosidad verde-amarillenta a blanca, los estigmas curvos. Polifolículos 4-4.2 × 2-2.2 cm, oblongos, con pelosidad velutina, amarillo-verdosa; semillas desconocidas. Floración mar.-jun.; fructificación jul.-sep. *Bosques mesófilos de montaña, bosques de* Quercus. CR (*Aguilar 3979*, MO). 1300-2350 m. (Endémica).

Magnolia sororum subsp. *lutea* se distingue por su pelosidad amarillo pálido o amarillo-verdosa a blanca en las ramillas, el envés de las hojas, las estípulas, los pedúnculos, las brácteas y los sépalos.

44b. Magnolia sororum Seibert subsp. **oligocarpa** A. Vázquez, *Phytotaxa* 570: 140 (2022). Holotipo: Honduras, *Perry et al. 101* (TEFH!). Ilustr.: Vázquez-García, *Phytotaxa* 570: 139, t. 20 (2022a). N.v.: Redondo, H.

Árboles. Hojas con la lámina 8.5-17 × 2.7-6.1 cm, oblonga, con 11-12 pares de venas secundarias, la base aguda, el ápice agudo; pecíolo 1.4-2.6 cm, velutino; estípulas 3.5-5 cm, con pelosidad velutina, amarillenta. Flores desconocidas. Polifolículos 2.7-3.4 × 1.7-2 cm, oblongos, con pelosidad velutina, amarillenta; folículos 16-18(-20), 1-1.4 cm; pedúnculos maduros 1-1.5 cm, con pelosidad velutina, amarillenta. Fructificación feb.-mar. *Bosques submontanos.* H (*Perry 2664*, HJBL). c. 1100 m. (Endémica).

Magnolia sororum subsp. *oligocarpa* se parece a *M. sororum* subsp. *lutea*; sin embargo, se distingue de esta por tener los frutos más pequeños, 2.7-3.4 × 1.7-2 cm vs. 5-6 × 2.4-3.2 cm, con menos carpelos, 16-18(-20) vs. 32-35, y los pedúnculos maduros más cortos, 1-1.5 vs. 2.8-4.4 cm.

44c. Magnolia sororum Seibert subsp. **sororum**.

Árboles hasta 25(-30) m; fuste hasta 90 cm de diámetro. Hojas 10.5-21 cm; lámina (10.5-)12-17.5 × (6.2-)6.7-9.8 cm, elíptica a obovada, con (11-)13-15 pares de venas secundarias, el haz verde, glabro, el envés pubescente, la pelosidad marrón óxido o ferrugínea, la base aguda, los márgenes planos, el ápice agudo; pecíolo (1.5-)1.8-3 cm, con pelosidad ferrugínea cuando joven; estípulas c. 6.5 cm, con pelosidad ferrugínea. Pedúnculo floral 2.5-4 cm, con pelosidad ferrugínea, con 1 entrenudo; brácteas con pelosidad velutina, ferrugínea. Flores blanco-canela; sépalos c. 4 × 2 cm, pilosos externamente; pétalos c. 8 × 3.3 cm, espatulados; estambres c. 100; gineceo 1.8-3 × 1-1.3 cm, oblongo, con pelosidad ferrugínea, con 32-40 carpelos, estigmas curvos. Polifolículos 5-6 × 2.5-3 cm, oblongos; semillas desconocidas. Floración feb., jul.-sep.; fructificación jun.-sep. *Bosques húmedos tropicales, bosques submontanos.* H (*Hawkins et al. 477*, MO); P (*Allen 3752*, MO). 1000-1800 m. (Endémica).

Magnolia sororum subsp. *sororum* se distingue por su abundante indumento marrón óxido o ferrugíneo en el envés de las hojas, los pedúnculos y los sépalos.

45. Magnolia stefaniana Archila, Á.J. Pérez & A. Vásquez, *Revista Ecuat. Med. Ci. Biol.* 44(2): 52 (2023). Holotipo: Guatemala, *Archila et al. MG-120* (BIGU-[nr] 85629). Ilustr.: Archila Morales et al., *Revista Ecuat. Med. Ci. Biol.* 44(2): 58, t. 7-8 (2023b).

Árboles hasta 20 m; fuste c. 40 cm de diámetro; ramas apicales con entrenudos cortos, glabras, con lenticelas crema. Hojas con la lámina 13.5-18.3 × 6.5-8.3 cm, elíptica, con 9-11 pares de venas secundarias, el haz y el envés glabros, con la vena media prominente, la base cuneada, los márgenes aplanados, el ápice obtuso; pecíolo 6-8 × 0.2-0.3 cm, con cicatriz estipular. Pedúnculo floral 1.8-1.9 × 1-1.1 cm, glabro; brácteas florales 2, la externa de contextura leñosa, globosa a sacciforme, con su parte distal apiculada, 3.8-4 × 4.2-4.4 cm, la interna globosa, con su parte distal apiculada, 5.5-5.7 × 8.5-8.6 cm. Flores crema con manchas cafés en su interior, 18-19.2 cm de diámetro; sépalos 3, sin manchas ni secreciones, anchamente obovados, el ápice redondeado, coriáceos, 7-7.2 × 4.3-4.5 cm; pétalos 6, en 2 series de 3, los externos 5.5-5.7 × 3.1-3.3 cm, espatulados, el ápice redondeado, los internos 5.5-5.8 × 2.7-2.8 cm, subespatulados, naviculares, el ápice acuminado; estaminóforo 5-6 × 7-9 mm, blanco; estambres 150-155, 1.5-1.6 × 0.15-0.2 cm; gineceo 3.3-3.5 × 2-2.2 cm, romboide, amarillento, con 45-50 carpelos, los estigmas blancos, deciduos. Polifolículos 10.4-11.4 × 5.3-5.9 cm, oblongo-romboides; semillas no conocidas. Floración may.; fructificación may. *Bosques muy húmedos subtropicales fríos*. G (*Archila et al. MG-121*, BIGU). c. 1350 m. (Endémica).

Magnolia stefaniana es morfológicamente similar a *M. ottoi;* sin embargo, difiere de esta por ser un árbol de menor tamaño (20 m vs. 35-40 m); las hojas son de menor tamaño (13.5-18.3 × 6.5-8.3 cm vs. 40-42 × 18-23 cm); los pecíolos más cortos (6-8 cm vs. 11-13 cm); los estambres más numerosos (150-155 vs. 102-108) y los estigmas deciduos (vs. persistentes), mientras que el polifolículo es oblongo-romboide, 10.4-11.4 × 5.3-5.9 cm (vs. ovoide, 13-15 × 7.5-8.5).

46. Magnolia steyermarkii A. Vázquez, *Recursos Forest. Occid. México* 1: 122 (2012). Holotipo: Guatemala, *Steyermark 48895* (F!). Ilustr.: Vázquez-García et al., *Recursos Forest. Occid. México* 1: 123, t. 1.5.17 (2012b). N.v.: Palo de peña, G.

Árboles hasta 20 m; fuste hasta 40 cm de diámetro; ramillas con entrenudos 0.7-1.7 × 0.7-0.8 cm, glabras, con lenticelas alargadas de c. 1-5 × 1-1.5 mm, marrón oscuro. Hojas 27.5-30(-34) cm; lámina 19-23 × (9.5-)12-12.5(-14) cm, ampliamente elíptica, coriácea, con 11 o 12 pares de venas secundarias, la vena principal glabra o glabrescente, glabra, la base obtusa, ligeramente decurrente (cercana a la cicatriz estipular del pecíolo), el ápice redondeado; pecíolo 4-7.5(-8) cm, glabro, con cicatriz estipular. Pedúnculo floral c. 4 cm, glabro; pedicelo c. 5 mm, glabro. Botones florales c. 4 × 3.5 cm; bráctea espatácea 1. Flores 12.5-16 cm de diámetro, blanco tenue; sépalos c. 6 × 5 cm, cocleados, más delgados que los pétalos, adaxialmente blanco mate; pétalos 6, los externos c. 6.9 × 3.5 cm, gruesos, firmes, blanco mate, los internos c. 6 × 2.9 cm, firmes, blanco opaco; estambres 75-78; gineceo c. 3.5 × 2.2 cm, ovoide, con 30-32 carpelos unidos, estriados en la base y angulosos en el dorso, los estilos pronto caducos, marrón. Polifolículos y semillas desconocidas. *Hábitat desconocido*. Floración jul. G (*Steyermark 48808*, F). c. 1500 m. (Endémica).

47. Magnolia talamancana A. Vázquez, *Recursos Forest. Occid. México* 1: 124 (2012). Holotipo: Costa Rica, *Herrera 3215* (WIS). Ilustr.: Vázquez-García et al., *Recursos Forest. Occid. México* 1: 125, t. 1.5.18 (2012b).

Árboles hasta 7 m; corteza aromática; ramillas con entrenudos 0.4-1.9 × 0.45-0.5 cm. Hojas 18-36 cm; lámina (10.5-)16.5-33.5 (-35) × 7.5-12(-14) cm, estrechamente obovada, el haz glabro, con vena media y secundarias profundamente hundidas, el envés glabro, con 10-13(-16) pares de venas secundarias, prominentemente resaltadas, la base aguda, decurrente, los márgenes enteros, el ápice cortamente acuminado; pecíolo 3.5-4 cm, glabro, con cicatriz estipular. Pedúnculo floral c. 3 cm, curvado, con hasta 6 entrenudos, glabro; pedicelo c. 2 mm. Botones florales blancos. Sépalos y pétalos no conocidos; gineceo ovoide-subgloboso 1.5-2.4 × 1.5-2 cm, verdoso-puberulento; estambres c. 56; gineceo con c. 30 carpelos; carpelos 1.5-1 × c. 3.5 cm. Polifolículos verde pálido; folículos c. 30 aparentemente separados, pubescentes, verde-amarillento; semillas desconocidas. Floración mar.; fructificación jul. *Hábitat desconocido*. CR (*Herrera 3215*, MO); P (*Santamaría et al. 804*, MO). 450-700 m. (Endémica).

Magnolia talamancana se distingue de otras especies porque sus hojas presentan la vena media y las venas secundarias prominentemente resaltadas en el envés y profundamente hundidas en el haz.

48. Magnolia tribouillieriana A. Vázquez, Archila & Véliz, *Phytotaxa* 427: 228 (2019). Holotipo: Guatemala, *Archila & Tribouillier MG-003* (BIGU-[nr] 078998). Ilustr.: Vázquez-García et al., *Phytotaxa* 427: 230, t. 7 (2019). N.v.: Coj macho, G.

Árboles hasta 15 m, glabros; fuste hasta 60 cm de diámetro; primeras ramas a los 5 m de altura. Hojas con la lámina 6-10 × 3-5 cm, oblongo-lanceolada, obovado-lanceolada, glabra, con 14-16 pares de venas secundarias, la base obtusa, los márgenes enteros, el ápice agudo; pecíolo 1.5-2.5 cm, sin cicatriz estipular. Pedúnculo floral c. 2.5 cm, glabro. Flores blancas a amarillo-verdosas, 8-9 cm de diámetro, solitarias; brácteas espatáceas, 4.3-4.5 × 2-2.3 cm; sépalos 4-4.5 × 3-3.3 cm; pétalos externos 4.5-4.9 × 2.3-2.8 cm, obovados, espatulados, cóncavos, blancos, los pétalos internos 2.3-3.6 × 2-2.3 cm; estambres 80-90, 8-9 mm; estaminóforo 3-4 mm; gineceo 1.5-1.9 × 0.4-0.8 cm, glabro, con 42-46 carpelos. Polifolículos 5-7.5 × 2.3-2.7 cm; folículos 40-50, 1.4-1.7 × 0.9-1.1 cm, apiculados; semillas c. 9 × 7 mm, subovoides; sarcotesta roja. Floración jun.-sep.; fructificación sep. *Hábitat desconocido*. G (*Véliz et al. MV 25865*, BIGU). 1250-1300 m. (Endémica).

49. Magnolia veliziana A. Vázquez, Tribouill. & Archila, *Phytotaxa* 529: 64 (2021). Holotipo: Guatemala, *Tribouillier & Archila MG-065* (BIGU). Ilustr.: Vázquez-García et al., *Phytotaxa* 529: 65, t. 4 (2021).

Árboles hasta 15 m; fuste hasta 55 cm de diámetro; ramillas glabras. Hojas (12-)14-22.6 × (4.9-)7.1-9.4 cm, elípticas, angostamente elípticas a obovado-lanceoladas, con 11-14 pares de venas secundarias, el haz amarillento-pálido, pubescente a glabro, la pubescencia principalmente en la vena media y la base, el envés estrigoso glabrescente a glabro, principalmente en la vena media, la base y los márgenes, los tricomas anaranjado pálido, la base aguda a cortamente decurrente-obtusa, los márgenes aplanados, el ápice acuminado a cuspidado-agudo; pecíolo 1.6-3.1 cm, canaliculado, glabro abaxialmente, amarillento-pubescente a glabrescente adaxialmente, sin cicatriz estipular. Pedúnculo floral 2-4.1 × 0.7-0.8 cm, pubescencia estrigosa, rígida, anaranjado-claro, glabrescente. Flores 10.5-13 cm de diámetro; brácteas espatáceas 2, glabras adaxialmente, amarillento-estrigoso-glabrescente abaxialmente, la externa 4.5-4.6 × 4.6-5.6 cm, la interna 4.5-5.4 × 4.4-6.4 cm; sépalos 5.2-5.5 × 3.2-3.5 cm, grisáceos, ampliamente obovado-oblongos a ampliamente elípticos, glabros adaxialmente, escasamente amarillento-pubescentes abaxialmente, glabrescentes; pétalos 6, blancos, los externos 3, 5.4-5.9 × 2.9-3.2 cm, obovados, los internos 5.1-5.6 × 2.1-2.3 cm, angostamente obovados; estaminóforo 0.6-0.9 × 0.5-0.7 cm (en flor), rojo, 0.8-1 × 0.8-0.9 cm en fruto, púrpura oscuro; estambres 103-111, 1.5-1.6 cm; gineceo 2.2-2.3 × 1.1-1.2 cm, elipsoides, velutinos, la pelosidad anaranjado-amarillenta. Polifolículos (6.8-)7.6-8.8 × (2.4-)2.9-3.5 cm, oblongos a oblongo-ovoides, amarillento-velutinos; folículos 47-55 (-58), 1.3-2.4 (0.3-0.4) × 1-1.3 cm; semillas con sarcotesta anaranjada. Floración jun.-ago.; fructificación oct.-dic. *Remanentes de bosques mesófilos de montaña*. G (*Tribouillier & Archila MG-066*, MEXU). 1260-1600 m. (Endémica).

Magnolia veliziana guarda similitud con *M. sororum*; sin embargo, se distingue de esta por presentar las ramillas glabrescentes a glabras, el pecíolo abaxialmente glabro y adaxialmente glabrescente, las hojas con envés glabrescente, el ápice acuminado a cuspidado, las flores más pequeñas, los polifolículos más grandes y con un mayor número de carpelos.

50. Magnolia weerakitiana Archila, A. Vázquez & Tribouill., *Phytotaxa* 559: 39 (2022). Holotipo: Guatemala, *Aguilar MG-090* (BIGU!). Ilustr.: Vázquez-García et al., *Phytotaxa* 559: 38, t. 3 (2022b).

Árboles hasta 23 m; fuste hasta 90 cm de diámetro; ramillas terminales glabras, verrugosas, con las escamas de las yemas pequeñas, glabras, o ligera y discretamente pubescentes apicalmente. Hojas 17.2-19.5 cm; lámina 15-17 × 6.2-7 cm, obovoide a elíptica, los márgenes enteros y lisos, la base ligeramente estrecha, el ápice obtuso a agudo, glabras en ambas superficies, incluso en las hojas tiernas, las venas secundarias 10-15 pares; pecíolo 2.2-2.5 × 0.2-0.3 cm, glabro, sin cicatriz estipular. Pedúnculo floral 5-8 × 0.8-1.2 cm, glabro, verrugoso; brácteas espatáceas 2 por flor, 4-4.6(-5.5) cm, glabras adaxialmente, glabras abaxialmente en la base, pero pubescentes desde la parte media (tricomas dorados amarillentos) hasta el ápice (tricomas ámbar amarillentos); pedicelo inconspicuo. Flores 15-17 cm de diámetro; sépalos 3-4, 6.2-7.2 × 4-4.8 cm, marcadamente reflexos, ampliamente elípticos, cóncavos, con el ápice orbicular a retuso; pétalos 8-10, blancos; pétalos externos 6.5-7 × 3.5 cm con la base de 1.3 cm de ancho, estrecho-obovoides, el ápice obtuso; pétalos internos 4.4-7.2 × 2.2-3.5 cm, elíptico-obovoides a obovoides y espatulados; estaminóforos 1-1.3 × 0.8-1.1 cm, rojo-púrpura; estambres 90-100, 1.5-1.7 × 0.3-0.4 cm; gineceo 2.7-3 × 1.5-1.8 cm, globoso, verde-blanquecino, glabro, con 40-42 carpelos. Polifolículos 6-8 × 2.9-3.1 cm, oblongos, glabros, verdosos cuando inmaduros, volviéndose púrpura oscuro cuando están maduros; carpelos 2.7-3 × 1.4-1.5 cm, los estilos c. 0.8 cm, curvado-geniculados, rígidos. Floración mar.-jun.; fructificación jun.-ago. *Bosques mesófilos de rivera deforestados*. G (*Aguilar MG-090*, IBUG). c. 1300 m. (Endémica).

Magnolia weerakitiana se distingue de *M. montebelloensis* por tener los pedúnculos glabros, menor número de brácteas espatáceas, las flores y los frutos más grandes, y los carpelos, estambres y pétalos más numerosos. Si bien el protólogo dice que la colección es de Archila & Tribouillier, la etiqueta del tipo indica el colector como Aguilar.

51. Magnolia wetteri A. Vázquez, *Recursos Forest. Occid. México* 1: 127 (2012). Holotipo: Costa Rica, *Herrera et al. 3971* (WIS). Ilustr.: Vázquez-García et al., *Recursos Forest. Occid. México* 1: 129, t. 1.5.20 (2012b).

Árboles hasta 30 m; fuste hasta 50 cm de diámetro, cilíndrico; corteza oscura; ramillas con entrenudos 0.9-1.45 × 0.8-0.9 cm. Hojas 17.5-30(-38) cm; lámina (17-)22.5-30 × (6-)9-14(-16) cm, elíptica, glabra, con 12 o 13(-15) pares de venas secundarias, la nervadura secundaria prominente, la base aguda, decurrente, los márgenes planos, el ápice agudo a obtuso; pecíolo (2.1-)2.5-5(-7.2) × 0.2-0.45 cm, glabro, con cicatriz estipular; estípulas c. 4 mm, glabras. Pedúnculo floral 2.2-4.6 cm, glabro, con 3-5 entrenudos; pedicelos 3-5 mm, glabros. Botones florales c. 3 × 2 cm, blanco-amarillentos, elipsoides. Flores c. 7 cm de diámetro, blancas; sépalos 3, 5.5-5.7 × 1.9-2.4 cm; pétalos 6-9, los externos 5-5.1 × 1.8-2.3 cm, los internos 4.4-4.8 × 1.7-1.8 cm; estambres 140-190, 1.7-1.8 × 0.2-0.25 cm, los conectivos 3-4 mm, triangulares; gineceo con 35-42 carpelos. Polifolículos c. 6 × 4 cm, verde-blancos; folículos 35-42, con forma de "V", el eje c. 5.5 × 2.1 cm, las celdas c. 1.1 × 0.6 cm, los folículos basales 3-4 × 1-1.1 cm, los folículos intermedios c. 2.1 × 1.1 cm, los folículos superiores c. 1.9 × 0.9 cm; semillas c. 0.95 × 0.8 cm, rojas. Floración mar.-abr., oct.; fructificación jul.-ago. *Bosques con* Iriartea, Symphonia, Otoba *y* Protium. CR (*Aguilar & Schmidt 1062*, CR). (75-)130-650(-1100) m. (Endémica).

52. Magnolia yoroconte Dandy, *J. Bot.* 68: 147 (1930). Holotipo: Honduras, *Whitford & Stadtmiller 51* (US-[cb] 00104053). Ilustr.: no se encontró.

Árboles hasta 40 m, glabros; fuste hasta 60(-80) cm de diámetro; ramillas florales glabras o con pubescencia pardo-amarillenta, al menos en los nudos. Hojas con la lámina (7-)10-17.2(-24) × (4.2-)4.5-5.5 cm, estrechamente elíptica a oblongo-elíptica o estrechamente lanceolada, con 9-16 pares de venas secundarias, el haz glabro, el envés glabro en la madurez (glabro o escasamente pubescente en las hojas jóvenes), la base obtusa o muy cortamente atenuada, el ápice agudo a acuminado; pecíolo (1.2-)1.5-2 cm, acanalado, glabro, raramente piloso cuando joven, sin cicatriz estipular; estípulas 3.4-7 cm, pilosas, los tricomas blancos o pardos en tono claro. Botones florales 3.1-3.3 × 1.9-2.4 cm, ovoides; brácteas espatáceas 2, glabras, excepto el ápice (con algunos pelos pardos). Pedúnculo floral 6-24 × 4.2-7.7 mm, glabro a densamente pubescente. Flores 5-8 cm de diámetro, blancas; sépalos c. 3 cm, oblongo-ovados, blancos en la madurez, obtusos, eventualmente reflexos; pétalos externos 5.7-6.2 × 4.1-4.5 cm, los internos 5.7-6.2 × 3-3.4 cm, blancos, agudos, la base atenuada; estambres 100-120, 11-13 mm, apiculados; gineceo c. 3.5 × 1.4 cm, oblongoide, pubescente únicamente en la base, con 40-50 carpelos, los estigmas rectos. Polifolículos 4-6 × 2-4 cm; semillas triangulares 0.7-1 cm. Floración abr.-may.; fructificación desconocida. *Bosques mesófilos de montaña, bosques de* Pinus-Liquidambar. G (Vázquez-García et al., 2021: 58); H (*Molina R. 7255*, CHI). 1000-2000 m. (Endémica).

53. Magnolia zamudioi A. Vázquez, *Recursos Forest. Occid. México* 2: 484 (2013). Holotipo: México, Chiapas, *Zamudio 1534* (IEB). Ilustr.: Vázquez-García et al., *Recursos Forest. Occid. México* 2: 485, t. 10.1.12 (2013d).

Árboles hasta 30 m; ramillas terminales pilosas en los nudos. Hojas con la lámina 10-13 × 3.5-5.5 cm, elíptica a lanceolada, con 9-16 pares de venas secundarias, glabra, la base obtusa, el ápice agudo, generalmente plegado en hojas maduras; pecíolo 1.8-2 cm, engrosado en la base, glabro, sin cicatriz estipular; estípulas desconocidas. Pedúnculo floral 1.4-1.6 × 0.3-0.5 cm, glabrescente; brácteas espatáceas 4. Flores completas no conocidas; estambres 90-100 (estimado de cicatrices); gineceo ampliamente ovoide c. 1.5 × 1.4 cm, con 26-32 carpelos dorsalmente encorvados, los estigmas aplanados, glabros. Polifolículos 2.4-2.6 × 3.5-4 cm, elipsoides, verdes a amarillos; folículos 26-32, glabros; semillas color coral. Floración may. (en botón); fructificación jul., dic. *Vegetación no registrada*. Ch (*Cedillo & Higareda 2961*, MEXU). 800-850 m. (Endémica).

48. ANNONACEAE

Descripción de la familia y clave genérica por G.E. Schatz.

Árboles, arbustos o a veces bejucos, glabros o el indumento de tricomas simples o a veces estrellados o escamas; corteza lisa, fibrosa, desprendiéndose en tiras largas. Hojas alternas, dísticas, pinnatinervias, los márgenes enteros, estípulas ausentes. Inflorescencias axilares, supraaxilares, opuestas a las hojas o terminales, algunas veces caulifloras (floreciendo directamente en un tallo leñoso) que puede ser de varios tipos: ramifloras (floreciendo en ramas laterales afilas detrás de las hojas), truncifloras (floreciendo en el tallo vertical principal), basifloras (floreciendo solo en la base del tallo vertical principal) o rara vez flagelifloras (floreciendo en estolones largos desde el tronco principal y tendidas sobre el suelo), con 1-muchas flores, las cimas generalmente bracteadas (ripidios); flores actinomorfas, bisexuales o a veces unisexuales; sépalos 3(4), imbricados o valvares en el botón, libres o connados en la base; pétalos generalmente 6 en 2 verticilos de 3, o algunas veces con un único verticilo exterior de 3, el verticilo interior ausente o vestigial, imbricados o valvares en botón, libres o a veces connados en la base, generalmente más largos que los sépalos; estambres generalmente numerosos, arreglados en espiral sobre un receptáculo aplanado o convexo (toro), los filamentos muy cortos, las anteras basifijas, 4-loculares, rara vez transversalmente septadas, el conectivo generalmente expandido y escutiforme; estaminodios a veces presentes; carpelos generalmente numerosos, arreglados en espiral sobre el receptáculo, a veces pocos, libres (apocárpicos) o a veces llegando a estar connados durante la maduración del fruto (sincárpicos); ovario súpero, los óvulos 1 o 2 y basales o varios a muchos y laterales, el estilo corto o ausente, el estigma ovoide a elipsoide, libre o algunas veces connivente y formando un "compitum" (tejido común de transmisión que permite que el polen llegue a cualquier estigma individual y fertilizar óvulos en cualquier carpelo), a menudo con exudado estigmático. Fruto apocárpico, consistiendo de monocarpos libres, indehiscentes o a veces dehiscentes, con 1-muchas semillas carnosas, estipitados o a veces sincarpos carnosos, con numerosos carpelos con 1 semilla; semillas a veces ariladas, el endospermo ruminado. Aprox. 110 gen. y c. 2500 spp., pantropical extendiéndose en América hasta Canadá (sur de Ontario); 18 gen. y 170 spp. en Mesoamérica.

Además de los taxones nativos y naturalizados, *Polyalthia longifolia* (Sonn.) Thwaites se cultiva ocasionalmente como árbol ornamental; se puede reconocer fácilmente por sus ramas laterales marcadamente dobladas hacia abajo, dando al árbol una apariencia cónica muy estrecha.

1. Indumento de tricomas estrellados o escuamiformes; fruto sincárpico; carpelos estériles y formando un cuello basal. **7. Duguetia**
1. Indumento de tricomas simples o ausente; fruto apocárpico o sincárpico, pero cuando sincárpico entonces los carpelos inferiores son fértiles y sin formar un cuello basal.
 2. Inflorescencias supraaxilares, opuestas a las hojas o terminales o algunas veces surgiendo del tallo principal (truncifloras); frutos apocárpicos o sincárpicos.
  3. Pedicelos sin brácteas.
   4. Pétalos internos generalmente gruesos, naviculares; monocarpos dehiscentes; semillas con arilo bilobado. **5. Cymbopetalum**
   4. Pétalos internos delgados, no naviculares; monocarpos indehiscentes; semillas sin arilo, pero rodeadas por una pulpa carnosa. **13. Porcelia**
  3. Pedicelos con 1 o más brácteas.
   5. Hojas con la vena media elevada en el haz. **11. Mosannona**
   5. Hojas con la vena media impresa o aplanada en el haz.
    6. Fruto sincárpico, cada carpelo con 1 semilla. **2. Annona**
    6. Fruto apocárpico, monocarpos con 1-muchas semillas.
     7. Monocarpos elipsoides, con 1 semilla; pétalos ampliamente elípticos, el ápice obtuso a redondeado, los márgenes ciliados. **10. Malmea**
     7. Monocarpos esféricos, oblongoides, cilíndricos, ovoides, obovoides o elípticos, con más de 1 semilla; pétalos lineares, triangulares, lanceolados, ovados, a veces elipsoides, el ápice agudo a acuminado, a veces obtuso, los márgenes no ciliados.
      8. Pedicelos generalmente con 2 brácteas; pétalos lineares a lanceolados hasta triangulares a ovados, color rosado-salmón, rojo sangre o vino, morado, crema o amarillo, relativamente delgados y con la nervadura tenue por fuera o gruesos y carnosos y sin nervadura, los pétalos internos rara vez con cuerpos alimenticios en la base; frutos generalmente menos de 15 mm de diámetro, rojos a morado oscuro; semillas discoides, elipsoides, subesféricas, esféricas, globosas, hemisféricas, hemidiscoides o cuadrangular-esféricas. **6. Desmopsis**
      8. Pedicelos con una sola bráctea; pétalos lanceolados a elípticos a oblongos, rojo oscuro a marrón oscuro o a veces verdes, membranáceos con la nervadura evidente o a veces carnosos y sin nervadura en la antesis, los pétalos internos en la base con un cuerpo alimenticio arrugado, a veces vestigial; frutos generalmente más de 15 mm de diámetro, a menudo más grandes, verdes a verde-grisáceos hasta amarillo-verdes, a veces menos de 15 mm de diámetro y anaranjados; semillas esférico-cuneiformes hasta aplanadamente elipsoides, a veces discoides, hemisféricas o subesféricas. **15. Sapranthus**
 2. Inflorescencias axilares o rara vez terminales, pero pareciendo axilares en *Klarobelia* o algunas veces surgiendo en el tallo principal (truncifloras) (a veces opuestas a las hojas en *Oxandra aberrans* o terminales en *Guatteria acrantha*); fruto apocárpico.
  9. Sépalos 2; pétalos 4; carpelos 1-5. **16. Tridimeris**
  9. Sépalos 3; pétalos 6; carpelos generalmente numerosos.
   10. Monocarpos dehiscentes; estaminodios presentes.
    11. Monocarpos claviformes, explosivamente dehiscentes; semillas 2, sin arilo. **1. Anaxagorea**
    11. Monocarpos globosos, oblongoides, elipsoides a cilíndricos, no explosivamente dehiscentes; semillas generalmente más de 2, con un arilo basal bilobado. **18. Xylopia**
   10. Monocarpos indehiscentes; estaminodios ausentes.
    12. Hojas con la vena media elevada en el haz (o algunas veces aplanada a levemente elevada en *Cananga*).
     13. Hojas con la vena media distintamente sulcada y llegando a ser más ancha hacia la base por el haz. **4. Cremastosperma**
     13. Hojas con la vena media no sulcada y sin llegar a ser más ancha hacia la base por el haz.
      14. Flores generalmente solitarias, algunas veces varias en un fascículo; pedicelo con 2-6 brácteas cercanamente espaciadas; monocarpos con una semilla. **12. Oxandra**
      14. Inflorescencias de múltiples flores o cuando las flores son solitarias entonces el pedicelo con una sola bráctea; monocarpos con 1-muchas semillas.
       15. Hojas con la vena media aplanada a levemente elevada en el haz; pétalos angostamente lanceolados a lineares, verdes tornándose amarillo-verdosos; monocarpos con 2-16 semillas; semillas aplanadamente elipsoides, el rafe indistinto, con un arilo rudimentario bilobado. **3. Cananga**
       15. Hojas con la vena media distintamente elevada en el haz; pétalos ampliamente ovados, blancos; monocarpos con 1-varias semillas; semillas transversalmente elipsoides hasta aplanadamente globosas, el rafe distintamente elevado y rodeando a la semilla, sin arilo. **17. Unonopsis**
    12. Hojas con la vena media impresa en el haz.
     16. Pedicelos con una articulación suprabasal, varios milímetros arriba de la base. **8. Guatteria**
     16. Pedicelos con una articulación basal.
      17. Pedicelos con 3-6 brácteas cercanamente espaciadas (solo 2 brácteas en *O. aberrans*); estípite de los monocarpos 0.6-10 mm. **12. Oxandra**
      17. Pedicelos con 1 bráctea o sin brácteas; estípite de los monocarpos 9-72 mm.
       18. Pedicelos sin una bráctea arriba de la articulación; pétalos internos cubriendo el androceo/gineceo durante el desarrollo floral; semillas con el rafe impreso, recto a sinuoso. **9. Klarobelia**
       18. Pedicelos con una sola bráctea arriba de la articulación; pétalos patentes en el desarrollo floral temprano, dejando el androceo/gineceo descubierto, los pétalos internos cerrados en la antesis; semillas con el rafe recto, levemente elevado. **14. Pseudomalmea**

1. Anaxagorea A. St.-Hil.

Por G.E. Schatz.

Arbustos a árboles medianos; tallos teretes, por lo general densamente ferrugíneo a pardo-pubérulos inicialmente, frecuentemente glabrescentes. Hojas angostamente elípticas a elípticas hasta rara vez obovadas, membranáceas a cartáceas hasta escasamente coriáceas, el haz glabro, el envés inicialmente pubérulo y luego glabrescente, la vena media aplanada a escasamente impresa en el haz, elevada en el envés, la nervadura broquidódroma, las venas secundarias aplanadas, escasamente elevadas o escasamente impresas en el haz, elevadas en el envés, la base aguda a obtusa a redondeada y algunas veces decurrente, el ápice agudo a acuminado y algunas veces cuspidado; pecíolo acanalado, densamente pubérulo. Inflorescencias axilares o frecuentemente ramifloras, ripidios con 1-varias flores, conspicuamente pedunculadas o no así; pedicelos generalmente engrosados hacia el ápice, axilares a una bráctea triangular diminuta y con una bráctea más grande, generalmente amplexicaule, ampliamente ovada, justo abajo del cáliz hasta la mitad entre la base del pedicelo y el cáliz, persistente o caduca, densamente pubérula; botones florales globosos, ovoides o cónicos; sépalos 3, libres o inicialmente fusionados y luego partiéndose hasta la base, valvares a escasamente imbricados, ovados a ampliamente ovados, cartáceos, densamente pubérulos, erectos a frecuentemente reflexos, rara vez caducos antes de la antesis; pétalos 6, libres, en 2 verticilos valvares subiguales, carnosos, densamente pubérulos por fuera, escasamente pubérulos por dentro, los internos con la cavidad basal rodeando a los estambres, carinados apicalmente, los externos escasa a marcadamente más largos que los internos; receptáculo floral convexo; estambres 25-90, libres, elípticos a angostamente obovados, la prolongación apical del conectivo cuadrangular, truncada, las anteras extrorsas; estambres más internos como estaminodios; estaminodios 5-50; gineceo apocárpico, con 5-22 carpelos; estigmas capitados hasta en forma de herradura; óvulos 2, basales. Fruto un agregado de monocarpos libres, claviformes a dolabriformes, con la porción basal estipitiforme engrosada hacia la cabezuela subglobosa apical, generalmente con un rostro apical conspicuo, persistente, explosivamente dehiscentes a lo largo de la sutura ventral y algunas veces parte de la sutura dorsal; semillas 2, en contacto la una con la otra a lo largo de sus superficies internas aplanadas, el lado externo convexo, negro brillante, sin arilo. 22 spp., en América tropical, desde México a Bolivia y 3 spp. paleotropicales; 6 spp. en Mesoamérica.

Bibliografía: Maas, P.J.M. & Westra, L.Y.T. *Bot. Jahrb. Syst.* 105: 73-134 (1984); 145-204 (1985).

1. Hojas más grandes menos de 18 × 7 cm; arbustos hasta 3.5 m; venas secundarias 7-9 pares; inflorescencia axilar, generalmente con una sola flor. **5. A. panamensis**
1. Hojas más grandes más de 18 × 7 cm; arbustos o más frecuentemente árboles, 2.5-20 m; venas secundarias (5-)8-18 pares; inflorescencia axilar o más frecuentemente ramiflora, generalmente con varias flores.
   2. Botones florales ovoides o globosos; sépalos inicialmente fusionados; inflorescencias generalmente ramifloras, rara vez axilares.
      3. Botones florales globosos a ampliamente ovoides; sépalos deciduos; carpelos 5-11; monocarpos 20-25 mm, el rostro apical 0.5-2 mm. **3. A. dolichocarpa**
      3. Botones florales ovoides; sépalos caducos antes de la antesis; carpelos 7-22; monocarpos 25-42 mm, el rostro apical menos de 1 mm o ausente. **6. A. phaeocarpa**
   2. Botones florales cónicos; sépalos libres; inflorescencias axilares y ramifloras.
      4. Tallos ferrugíneo-pubérulos, los tricomas persistentes; sépalos marcadamente reflexos en la antesis; carpelos 9-16. **2. A. crassipetala**
      4. Tallos pardo oscuro pubérulos hasta ferrugíneo-pubérulos, glabrescentes; sépalos solo escasamente reflexos en la antesis; carpelos 5-13.
         5. Sépalos 8-13 × 5-11 mm, ampliamente ovados; pedicelos conspicuamente engrosados en el ápice, 3-5 mm de diámetro; bráctea superior 5-9 × 5-9 mm; monocarpos 21-35 mm. **1. A. allenii**
         5. Sépalos 7-8 × 5-6 mm, ovados; pedicelos escasamente engrosados en el ápice, c. 2 mm de diámetro; bráctea superior 3.5 × 3.5 mm; monocarpos 29-45 mm. **4. A. guatemalensis**

1. Anaxagorea allenii R.E. Fr., *Ann. Missouri Bot. Gard.* 42: 151 (1955). Holotipo: Panamá, *Allen 2143* (MO!). Ilustr.: Maas & Westra, *Bot. Jahrb. Syst.* 105: 120, t. 13 (1984).

Arbustos a árboles hasta 10 m; tallos pardo oscuro pubérulos, glabrescentes. Hojas 9.5-48.5 × 2.8-14.6 cm, angostamente elípticas a lanceoladas o rara vez oblanceoladas, cartáceas a escasamente coriáceas, glabras en el haz, escasamente pardo-pubérulas y glabrescentes en el envés, la vena media aplanada en el haz, marcadamente elevada en el envés, las venas secundarias 10-18 pares, aplanadas a escasamente elevadas en el haz, elevadas en el envés, la base obtusa a redondeada (rara vez aguda), el ápice agudo a más frecuentemente acuminado; pecíolo 5-24 × 1-4 mm, pardo oscuro pubérulo. Inflorescencias axilares y ramifloras, con 1-varias flores a la vez; pedúnculos hasta 10 mm; pedicelos 5-20 mm, 1-2 mm de diámetro en la base, hasta 3-5 mm de diámetro en el ápice, pardo oscuro pubérulos; bráctea superior 5-9 × 5-9 mm, justo abajo del cáliz hasta 3 mm por abajo de este, pardo oscuro pubérula, persistente; botones florales cónicos; sépalos 8-13 × 5-11 mm, libres, ampliamente ovados, pardo-ferrugíneo-pubérulos, escasamente reflexos en la antesis, el ápice agudo; pétalos externos 16-20 × 4-6 mm, angostamente oblongos, pardo-ferrugíneo-pubérulos por fuera, crema-anaranjado-pubérulos por dentro, el ápice redondeado; pétalos internos 8-12 × 2-4 mm, lanceolados, pardo-ferrugíneo-pubérulos por fuera, crema-anaranjado-pubérulos por dentro, el ápice agudo; estambres 50-70; estaminodios 5-10; carpelos 7-13. Monocarpos 21-35 mm; porción estipitada 15-25 mm; rostro 2-5 mm; semillas 9-12 × 5-6 mm. *Selvas altas perennifolias*. P (*de Nevers & Herrera 7245*, MO). 0-500 m. (Mesoamérica, Colombia).

2. Anaxagorea crassipetala Hemsl., *Diagn. Pl. Nov. Mexic.* 1: 2 (1878). Lectotipo (designado por Maas & Westra, 1984): Nicaragua, *Tate 3* (K). Ilustr.: Maas & Westra, *Bot. Jahrb. Syst.* 105: 132, t. 17 (1984).

Arbustos a árboles hasta 10 m; tallos ferrugíneo-pubérulos. Hojas 8.8-38 × 2.1-12.8 cm, angostamente elípticas a elípticas, membranáceas, glabras en el haz, escasamente ferrugíneo-pubérulas y glabrescentes en el envés, la vena media aplanada en el haz, marcadamente elevada en el envés, las venas secundarias 8-18 pares, aplanadas a escasamente elevadas en el haz, elevadas en el envés, la base obtusa a redondeada, el ápice acuminado; pecíolo 5-20 × 1-2 mm, ferrugíneo-pubérulo. Inflorescencias axilares o ramifloras, con 1-varias flores a la vez; pedúnculos hasta 11 mm; pedicelos 5-17 mm, 0.5-1 mm de diámetro en la base, hasta 1.5-3 mm de diámetro en el ápice, ferrugíneo-pubérulos; bráctea superior 2.5-4.5 × 2.5-4.5 mm, justo abajo del cáliz hasta 5 mm por abajo de este, ferrugíneo-pubérula, persistente; botones florales cónicos; sépalos 5-8 × 4-5 mm, libres, ovados, ferrugíneo-pubérulos, marcadamente reflexos en la antesis, el ápice agudo; pétalos externos 15-20 × 4-5 mm, angostamente oblongos a ovados, densamente ferrugíneo-pubérulos por fuera, crema-anaranjado-pubérulos por dentro, el ápice obtuso a redondeado; pétalos internos 7-14 × 2-3 mm, lanceolados, ferrugíneo-pubérulos por fuera, crema-anaranjado-pubérulos por dentro, el ápice agudo; estambres 35-40; estaminodios 10-20; carpelos 9-16. Monocarpos 20-28 mm; porción estipitada 11-19 mm; rostro 1-3.5 mm; semillas 8-11 × 4-7 mm. *Selvas altas perennifolias*. H (*Maas et al. 8512*, MO); N (*Rueda et al. 2874*, MO); CR (*Carballo 273*, MO); P (*Hammel 1618*, MO). 0-800 m. (Mesoamérica, Colombia, Ecuador, Perú, Bolivia).

3. Anaxagorea dolichocarpa Sprague & Sandwith, *Bull. Misc. Inform. Kew* 1930: 475 (1930). Holotipo: Guyana, *Jenman 5089* (K). Ilustr.: Maas & Westra, *Bot. Jahrb. Syst.* 105: 146, t. 18 (1985).

Árboles hasta 10 m; tallos escasamente ferrugíneo-pubérulos, glabrescentes. Hojas 9.9-27.6 × 2.1-9.1 cm, angostamente elípticas a elípticas, membranáceas a escasamente coriáceas, glabras en el haz, escasamente ferrugíneo-pubérulas y glabrescentes en el envés, la vena media escasamente impresa hasta aplanada en el haz, marcadamente elevada en el envés, las venas secundarias 8-14 pares, aplanadas en el haz, elevadas en el envés, la base obtusa a aguda y escasamente decurrente, el ápice acuminado a cuspidado, el acumen hasta 3 cm; pecíolo 4-14 × 1-3 mm, ferrugíneo-pubérulo, glabrescente. Inflorescencias generalmente ramifloras, rara vez axilares, con 1-varias flores a la vez; pedúnculos hasta 10 mm; pedicelos 7-8 mm, c. 1 mm de diámetro en la base, hasta 1.5-2.5 mm de diámetro en el ápice, ferrugíneo-pubérulos; bráctea superior c. 2 × 2 mm, justo abajo del cáliz hasta 2-4 mm por abajo de este, ferrugíneo-pubérula, persistente; botones florales globosos a ampliamente ovoides; sépalos 4-5 × c. 4 mm, inicialmente fusionados y luego partiéndose hasta cerca de la base, ampliamente ovados, ferrugíneo-pubérulos, escasamente reflexos, el ápice agudo, generalmente deciduos; pétalos externos 10-16 × 6-10 mm, ovados a elípticos, densamente ferrugíneo-pubérulos por fuera, glabros por dentro, el ápice agudo; pétalos internos 9-16 × 5-10 mm, ovados a elípticos, ferrugíneo-pubérulos por fuera, glabros por dentro, el ápice agudo; estambres 40-90; estaminodios 10-50; carpelos 5-11. Monocarpos 20-25 mm; porción estipitada 12-13 mm; rostro 0.5-2 mm; semillas c. 8 × 4 mm. *Selvas altas perennifolias*. CR (*Marín 146*, MO). 0-300 m. (Mesoamérica, Colombia, Venezuela, Guayanas, Ecuador, Perú, Bolivia, Brasil).

4. Anaxagorea guatemalensis Standl., *Trop. Woods* 7: 4 (1926). Holotipo: Guatemala, *Record 41* (US!). Ilustr.: Maas & Westra, *Bot. Jahrb. Syst.* 105: 157, t. 21 (1985).

Arbustos a árboles hasta 20 m; tallos pardo oscuro pubérulos a ferrugíneo-pubérulos, glabrescentes. Hojas 5.8-32.5 × 2.4-11.5 cm, angostamente elípticas a elípticas hasta rara vez obovadas, membranáceas a escasamente coriáceas, glabras en el haz, escasamente ferrugíneo-pubérulas y glabrescentes en el envés, la vena media escasamente impresa a aplanada en el haz, marcadamente elevada en el envés, las venas secundarias (5-)9-15 pares, aplanadas en el haz, elevadas en el envés, la base aguda a más frecuentemente obtusa y escasamente decurrente, el ápice acuminado; pecíolo 4-16 × 1-3 mm, pardo oscuro pubérulo a ferrugíneo-pubérulo, glabrescente. Inflorescencias axilares o ramifloras, con 1(2) flores a la vez; pedúnculos hasta 8 mm; pedicelos 6-11 mm, c. 1 mm de diámetro en la base, hasta c. 2 mm de diámetro en el ápice, ferrugíneo-pubérulos; bráctea superior 3.5 × 3.5 mm, justo abajo del cáliz hasta 1.5-3 mm por abajo de este, ferrugíneo-pubérula, persistente; botones florales cónicos; sépalos 7-8 × 5-6 mm, libres, ovados, ferrugíneo-pubérulos, escasamente reflexos en la antesis, el ápice agudo; pétalos externos 17-22 × 5-6 mm, angostamente ovados, densamente ferrugíneo-pubérulos por fuera, escasamente crema-pubérulos por dentro, el ápice agudo; pétalos internos 13-17 × 2.5-3.5 mm, angostamente ovados, ferrugíneo-pubérulos por fuera, crema-pubérulos por dentro, el ápice agudo; estambres 25-35; estaminodios 10-15; carpelos 5-10. Monocarpos 29-45 mm; porción estipitada 17-31 mm; rostro 2-5 mm; semillas 12-15 × 7-8 mm. *Selvas altas perennifolias*. B (*Holst 5843*, MO); G (*Marshall et al. 382*, MO); H (*Davidse et al. 34533*, MO). 200-1000 m. (México [Oaxaca, Veracruz], Mesoamérica).

5. Anaxagorea panamensis Standl., *J. Washington Acad. Sci.* 15: 101 (1925). Holotipo: Panamá, *Standley 26168* (US-[nr] 1216855!, US-[nr] 1216856!). Ilustr.: Maas & Westra, *Bot. Jahrb. Syst.* 105: 165, t. 24 (1985).

Arbustos hasta 3.5 m; tallos ferrugíneo-pubérulos, glabrescentes. Hojas 5.6-15.6 × 2-6.3 cm, angostamente elípticas a elípticas, membranáceas, glabras en el haz, escasamente ferrugíneo-pubérulas y glabrescentes en el envés, la vena media escasamente impresa en el haz, elevada en el envés, las venas secundarias 7-9 pares, aplanadas en el haz, elevadas en el envés, la base aguda a obtusa, el ápice acuminado; pecíolo 3-9 mm, ferrugíneo-pubérulo, glabrescente. Inflorescencias axilares, generalmente con una sola flor; pedúnculos 8-20 mm; pedicelos 8-15 mm, menos de 0.5 mm de diámetro en la base, hasta 0.5-1 mm de diámetro en el ápice; bráctea superior c. 2.5 × 2.5 mm, justo abajo del cáliz, persistente; botones florales cónicos; sépalos 8-11 × c. 4 mm, libres, ovados, ferrugíneo-pubérulos, glabrescentes, generalmente erectos, el ápice agudo; pétalos externos 13-30 × 4-5 mm, angostamente ovados, densamente ferrugíneo-pubérulos, glabrescentes, el ápice agudo; pétalos internos 10-17 × 2.5-3 mm, angostamente elípticos, ferrugíneo-pubérulos, glabrescentes, el ápice agudo; estambres 25; estaminodios 5; carpelos 5-10. Monocarpos 23-30 mm; porción estipitada 15-20 mm; rostro 2-3 mm; semillas 11-13 × 5-7 mm. *Selvas altas perennifolias*. CR (*Grayum & Burton 4312*, MO); P (*Zetek 5565*, MO). 0-200 m. (Endémica).

6. Anaxagorea phaeocarpa Mart., *Fl. Bras.* 13(1): 40 (1841). Lectotipo (designado por Maas & Westra, 1985): Brasil, *Martius s.n.* (M). Ilustr.: Martius, *Fl. Bras.* 13(1): t. 5, f. 4 (1841).

Anaxagorea costaricensis R.E. Fr.

Arbustos a árboles hasta 10 m; tallos pardo-ferrugíneo-pubérulos, glabrescentes. Hojas 13.6-35.5 × 4-11.5, elípticas a obovadas, membranáceas, glabras en el haz, escasamente ferrugíneo-pubérulas y glabrescentes en el envés, la vena media escasamente impresa en el haz, marcadamente elevada en el envés, las venas secundarias 10-17 pares, juntándose hasta formar una vena marginal conspicua, escasamente impresas en el haz, elevadas en el envés, la base aguda a obtusa, frecuentemente decurrente, el ápice acuminado a cuspidado; pecíolo 6-18 × 1-3 mm, pardo-ferrugíneo-pubérulo, glabrescente. Inflorescencias generalmente ramifloras, rara vez axilares, con 1-varias flores a la vez; pedúnculos 2-8 mm; pedicelos 8-24 mm, c. 1 mm de diámetro en la base, hasta c. 3 mm de diámetro en el ápice; bráctea superior c. 6 × 6 mm, 1.5-5 mm por abajo del cáliz, caduca; botones florales ovoides; sépalos 5-11 × 3-6 mm, inicialmente fusionados hasta arriba de la mitad, luego partiéndose hasta la base, ovados, ferrugíneo-pubérulos, el ápice agudo, caducos antes de la antesis; pétalos externos 15-20 × 4-6 mm, angostamente ovados, densamente ferrugíneo-pubérulos por fuera, escasamente crema-pubérulos por dentro, el ápice agudo; pétalos internos 10-15 × 3-5 mm, angostamente ovados, densamente ferrugíneo-pubérulos por fuera, escasamente crema-pubérulos por dentro, el ápice agudo; estambres 35-85; estaminodios 20-45; carpelos 7-22. Monocarpos 25-42 mm; porción estipitada 15-29 mm; rostro menos de 1 mm o ausente; semillas 10-15 × 5-8 mm. *Selvas altas perennifolias*. N (*Martínez S. 2141*, MO); CR (*Chacón 230*, MO); P (*McPherson 11815*, MO). 0-700 m. (Mesoamérica, Colombia, Guayana Francesa, Ecuador, Perú, Brasil).

2. Annona L.

Rollinia A. St.-Hil.

Por G.E. Schatz.

Arbustos a árboles o a veces bejucos; tallos teretes, glabros o pubescentes, a menudo lenticelados. Hojas angostamente elípticas a elípticas o algunas veces obovadas, membranosas o cartáceas a subcoriáceas, glabras o pubescentes, algunas veces verrugosas o punteadas, la vena media generalmente impresa en el haz, elevada en el envés, la nervadura débil a fuertemente broquidódroma, a menudo con domacios en las axilas de las venas secundarias, la base cuneada a redondeada, algunas veces decurrente o asimétrica, el ápice agudo a acuminado; pecíolo acanalado, glabro o pubescente. Inflorescencias ripidios con pocas a varias flores o las flores solitarias, opuestas a las hojas, internodales o caulifloras, pedúnculo presente o no, pedicelos generalmente con una bráctea diminuta; sépalos 3, libres o connados en sus bases; pétalos 6 en 2 verticilos diferenciados, libres, connados en la base o completamente connados, y luego los pétalos internos formando un tubo hemisférico cubriendo los estambres y carpelos, los pétalos externos con proyecciones aladas aplanadas sobre el lado dorsal, ascendentes a horizontales hasta levemente recurvadas, o 3 pétalos y el verticilo interior ausente o rudimentario, los externos valvares, los del verticilo interior, cuando presentes, valvares o imbricados, generalmente gruesos y carnosos, algunas veces triquetros, los pétalos internos, cuando presentes, a veces con cuerpos alimenticios a lo largo de los márgenes hacia la base; estambres numerosos, los filamentos conspicuos, los conectivos generalmente discoides; carpelos generalmente numerosos, conniventes o connados en la antesis; ovarios oblongos o con forma de prisma; estilo/estigma oblongo; óvulo 1 por carpelo, basal. Frutos en seudosincarpos o a veces un grupo compacto de carpelos separados, subglobosos a ovoides, a veces glaucos, glabros a pubescentes, los carpelos individuales evidentes o no como aréolas aplanadas a elevadas, redondeadas a muricadas o equinadas y espiniformes; semillas oblongoides a obovoides, la cubierta de la semilla delgada a veces gruesa, brillante, con un arilo translúcido. Aprox. 160 spp., principalmente en América tropical, desde los Estados Unidos (Florida) a Bolivia y Paraguay, las Antillas, 2 especies en África, una de las cuales llega hasta Madagascar; 25 spp. en Mesoamérica.

1. Varias de las primeras hojas del vástago por abajo de la flor sésiles, ampliamente elípticas a circulares, la base subcordada y amplexicaule. **12. A. macroprophyllata**
1. Todas las hojas pecioladas, varias de las primeras hojas del vástago por abajo de la flor no amplexicaules.
 2. Flores con 6 pétalos conspicuos en 2 verticilos.
  3. Pétalos completamente connados, los pétalos internos formando un tubo hemisférico cubriendo los estambres y carpelos, los pétalos externos con proyecciones aladas aplanadas sobre el lado dorsal.
   4. Indumento del envés de la hoja erecto, densamente velutino. **21. A. rensoniana**
   4. Indumento del envés de la hoja adpreso, escasa a densamente estrigoso hasta cortamente seríceo.
    5. Alas de los pétalos externos 20-30 × 10-18 mm, 0.5-1 mm de grueso, obovadas; fruto globoso a elipsoide, las aréolas aplanadas, no sobresaliendo, algunas veces solo levemente apiculadas. **16. A. papilionella**
    5. Alas de los pétalos externos 7-20 × 4-10 mm, 1-2 mm de grueso, oblongo-ovadas a obovadas u orbiculares a obovado-obtriangulares; fruto ovoide a globoso, las aréolas sobresaliendo conspicuamente, piramidales a angostamente cónico-equinadas.
     6. Indumento del envés de la hoja escasa a densa y cortamente seríceo y las hojas diminutamente rugulosas en el envés, glaucas cuando vivas; fruto hasta 30 mm, las aréolas 3-5 mm, angostamente cónico-equinadas. **6. A. danforthii**
     6. Indumento del envés de la hoja moderada a densamente blanco-estrigoso a seríceo; fruto 30-90 mm, las aréolas 10-20 mm, piramidales. **14. A. mucosa**
  3. Pétalos libres o connados en la base, los pétalos externos sin proyecciones aladas aplanadas sobre el lado dorsal.
   7. Hojas glaucas en el envés.
    8. Flores pequeñas, los pétalos externos hasta 6 mm. **2. A. amazonica**
    8. Flores más grandes, los pétalos externos hasta 16-18 mm. **4. A. caesia**
   7. Hojas no glaucas en el envés.
    9. Pétalos delgados, no carnosos; pétalos externos connados en sus bases por c. 5 mm, ovados y abruptamente angostados hacia un ápice largamente linear a 10 mm arriba de la base; pétalos internos mucho más pequeños que los externos, 5-7 mm, oblongos, fusionados a los pétalos externos en sus bases; fruto 40-60 mm, 35 mm de diámetro, densamente pubérulo. **8. A. hayesii**
    9. Pétalos gruesos, carnosos; pétalos externos libres, no angostados abruptamente hacia un ápice linear a 10 mm arriba de la base; pétalos internos subiguales a los pétalos externos, 30-58 mm, ovados a elípticos, no fusionados en sus bases a los pétalos externos; fruto c. 75 mm o más largo, glabro o densamente tomentoso.
     10. Hojas densamente ferruginoso-vellosas en el envés, membranáceas; venas secundarias 18-26 pares; botones florales rodeados por un involucro de 2 brácteas superpuestas; flores subsésiles, el pedicelo hasta 2 mm; fruto densamente tomentoso. **20. A. purpurea**
     10. Hojas glabras o cortamente seríceas hacia la base inicialmente, luego glabrescentes en el envés, cartáceas a subcoriáceas; venas secundarias 5-10 pares; botones florales sin involucro, conspicuamente pedicelados, el pedicelo c. 11 mm o más largo; fruto glabro.
      11. Hojas sin domacios en las axilas de las venas secundarias; fruto liso, las aréolas indistintas, no espiniformes; plantas de manglares o hábitats inundados. **7. A. glabra**
      11. Hojas con domacios evidentes en las axilas de las venas secundarias; fruto equinado, con aréolas espiniformes; plantas de bosques no inundados o cultivadas.
       12. Tallos glabros; hojas glabras en el envés; frutos globosos a subglobosos, las aréolas mayormente rectas. **13. A. montana**
       12. Tallos al inicio escasamente cubiertos con tricomas cortos, adpresos, ferrugíneos, glabrescentes; hojas al inicio escasamente cubiertas con tricomas cortos, adpresos, ferrugíneos hacia la base en el envés, glabrescentes; frutos ovoides a oblongo-ovoides, las aréolas rectas a curvadas.
        13. Pecíolo 5-10 mm; frutos ovoides, hasta 75 × 55-60 mm, las aréolas rectas a levemente incurvadas; plantas silvestres. **10. A. inconformis**
        13. Pecíolo 3-6 mm; frutos ovoides a oblongo-ovoides, hasta 300 × 150 mm, las aréolas conspicuamente recurvadas; plantas cultivadas. **15. A. muricata**
 2. Flores con 3 pétalos conspicuos en el verticilo exterior, el verticilo interior ausente o presente como 1-3 pétalos vestigiales rudimentarios, diminutos.
  14. Pétalos externos ovados a ampliamente ovados.
   15. Hojas glabras en el haz, glabrescentes o escasa a densa y cortamente seríceas en el envés; venas secundarias 6-12 pares.
    16. Bejucos; pétalos internos vestigiales presentes. **25. A. volubilis**
    16. Árboles; pétalos internos vestigiales ausentes.
     17. Hojas glabrescentes en el envés, con domacios en las axilas de las venas secundarias, la base cuneada a atenuada. **1. A. acuminata**
     17. Hojas densa y cortamente seríceas en el envés, los domacios ausentes, la base redondeada a truncada. **3. A. billbergii**
   15. Hojas escasa a moderadamente blanco-pilosas a blanco-vellosas en el haz, densamente blanco-amarillento a pardo-amarillento-seríceas a vellosas en el envés; venas secundarias 7-34 pares.
    18. Hojas ampliamente elípticas a circulares, densamente blanco-vellosas en el envés, las venas secundarias 7-18, con domacios en las axilas; sépalos libres, el ápice agudo a cortamente acuminado; verticilo interior de pétalos vestigiales presente; fruto densamente pardo-amarillento-tomentoso, las aréolas 4-6 mm. **9. A. holosericea**
    18. Hojas elípticas a angostamente elípticas hasta a veces obovadas, densamente blanco a pardo-amarillento-seríceas en el envés, las venas secundarias 12-34 pares, domacios ausentes; sépalos connados por 2-3 mm en sus bases, el ápice caudado-aristado, el acumen hasta 9 mm; verticilo interior de pétalos vestigiales ausente; fruto densamente gris-pubérulo, las aréolas hasta 12 mm. **23. A. spraguei**
  14. Pétalos externos lanceolados a angostamente triangulares a oblongos a angostamente oblongos, triquetros.
   19. Hojas cartáceas a subcoriáceas; inflorescencias generalmente axilares en nudos afilos o caulifloras, el pedúnculo con 2-6 brácteas dísticas; pétalos externos 23-41 mm.
    20. Tallos no estriados; pétalos internos ausentes. **11. A. liebmanniana**
    20. Tallos conspicuamente estriados; pétalos internos vestigiales presentes. **17. A. pittieri**
   19. Hojas membranáceas o cuando a veces cartáceas entonces granular-pruinosas y glaucas en el envés; inflorescencias axilares, supraaxilares o internodales entre las hojas, u opuestas a las hojas, el pedúnculo cuando presente sin bractéolas dísticas; pétalos externos 12-32 mm.
    21. Hojas cartáceas, granular-pruinosas y al inicio escasamente blanco-pubérulas, glabrescentes y glaucas en el envés; flores solitarias, opuestas a las hojas o supraaxilares. **19. A. pruinosa**
    21. Hojas membranáceas, glabras o escasa a densamente pubérulas, seríceas o velutino-tomentosas en el envés, pero nunca granular-pruinosas; inflorescencias con pocas a varias flores.
     22. Hojas densa y persistentemente velutino-tomentosas en el envés; verticilo interior de pétalos vestigiales rudimentarios ausente. **5. A. cherimola**
     22. Hojas al inicio escasamente pubérulas a seríceas en el envés, glabrescentes o cuando son escasa a moderadamente velutinas entonces glabrescentes y algo glaucas; verticilo interior de pétalos vestigiales rudimentarios generalmente presente.
      23. Hojas glabras o escasa a moderadamente velutinas en el envés, glabrescentes y algo glaucas, el ápice obtuso a redondeado, siempre redondeado en la punta misma; frutos glaucos, las aréolas 5-8 mm, redondeadas, claramente delineando cada uno de los carpelos. **24. A. squamosa**

23. Hojas al inicio escasamente pubérulas a seríceas, glabrescentes, el ápice agudo a acuminado; frutos no glaucos, lisos, las aréolas aplanadas, indistintamente demarcando cada uno de los carpelos.
24. Hojas al inicio escasamente seríceas y verrugosas en el envés, glabrescentes y punteadas, las venas secundarias 6-11 pares; pedicelo hasta 2 mm de diámetro en fruto; pétalos externos 11-14(-19) mm; carpelos 20-40; fruto 15-25 × 25-30 mm. **18. A. primigenia**
24. Hojas escasamente pubérulas en el envés, glabrescentes, no verrugosas o punteadas, las venas secundarias 11-15 pares; pedicelo hasta 5 mm de diámetro en fruto; pétalos externos hasta 32 mm; carpelos 50-80; fruto hasta 90 × 90 mm. **22. A. reticulata**

1. Annona acuminata Saff., *Contr. U.S. Natl. Herb.* 16: 274 (1912-1916 [1913]). Holotipo: Panamá, *Hayes 142* (K). Ilustr.: Fries, *Ann. Missouri Bot. Gard.* 49: 210, t. 165 (1962 [1963]).

Árboles hasta 8 m; tallos al inicio escasa y diminutamente ferrugíneo-adpreso-pubescentes, glabrescentes, lenticelados. Hojas 1.6-15.3 × 1.2-5 cm, angostamente elípticas a elípticas, membranáceas, glabras en el haz, glabrescentes en el envés, pelúcido-punteadas, la vena media aplanada a levemente impresa hacia la base en el haz, elevada en el envés, las venas secundarias 6-12 pares, con domacios en las axilas, aplanadas en el haz, elevadas en el envés, la base cuneada a atenuada y decurrente a lo largo del pecíolo, a veces obtusa, el ápice acuminado, el acumen hasta 2.5 cm; pecíolo 1.5-6 mm, glabrescente. Flores solitarias, supraaxilares u opuestas a las hojas; pedicelos 8-14 × c. 1 mm, hasta 2.5 mm de diámetro en fruto, al inicio escasamente adpreso-pubescente, glabrescente, surgiendo en la axila de una bráctea diminuta de 1-2 mm, y con una segunda bráctea diminuta de 1-2 mm arriba de la mitad; sépalos connados, el cáliz ciatiforme 6 mm de diámetro, los lóbulos hasta 2 mm, acuminados, reflexos en la antesis, densamente seríceos por fuera, glabros con un fascículo de tricomas ferrugíneos en la base por dentro, persistentes en fruto; pétalos externos 11-14 × 11-14 mm, 1.5-2 mm de grueso, ovados, connados en sus bases por 4 mm, valvares, blanco-pubérulos y algo glaucos por fuera, glabros por dentro, amarillos con tonos rojos en la base por dentro durante la antesis, la base truncada a cóncava, los márgenes fina y cortamente dorado-ciliados, el ápice agudo; pétalos internos ausentes; estambres c. 350, 2.5-3.5 mm, los filamentos c. 0.7 mm, el conectivo c. 0.1 mm, finamente muriculado-tuberculado; carpelos c. 70-110; ovarios c. 1.4 mm, beige-hirsutos; estigma c. 1.5 mm, claviforme. Frutos c. 3 × 4.5 cm, levemente deprimido-globosos, glabros, las aréolas 3-6 mm, cónicas y en general afiladamente apiculadas, el ápice generalmente incurvado; semillas 10-12 × 4-5 mm. *Selvas altas perennifolias*. CR (*Grayum & Hammel 5631*, MO); P (*McPherson 15991*, MO). 0-620 m. (Mesoamérica, Colombia).

2. Annona amazonica R.E. Fr., *Acta Horti Berg.* 10: 266 (1931). Holotipo: Brasil, *Ducke 19639* (S). Ilustr.: no se encontró.

Árboles hasta 30 m; tallos glabros, conspicuamente lenticelados. Hojas 3.8-22 × 1.8-7.1 cm, elípticas a obovadas, membranáceas, glabras en el haz, glaucas en el envés, la vena media impresa en el haz, elevada en el envés, las venas secundarias 7-13 pares, aplanadas en el haz, levemente elevadas en el envés, la base obtusa a redondeada, el ápice acuminado, el acumen hasta 1.7 cm; pecíolo 5-16 × 1-2 mm, glauco. Inflorescencias con pocas flores, opuestas a la primera hoja del vástago nuevo; pedúnculos hasta 3 mm, con varias brácteas diminutas, dísticas, densamente ferrugíneo-seríceas; pedicelos 6-10 × menos 1 mm, hasta 3 mm de diámetro en fruto, inicialmente ferrugíneo-pubérulos, glabrescentes, con una bráctea de 1.5 × 1.5 mm justo arriba de la mitad, ovada, densa y cortamente ferrugíneo-serícea; sépalos c. 2 × 5 mm, levemente triangulares, connados en sus bases por c. 1 mm, ferrugíneo-pubérulos por fuera, glabros por dentro, el ápice agudo, persistentes; pétalos externos 4-6 × 4-5.5 mm, c. 2 mm de grueso, muy ampliamente ovados, gibosos, cortamente ferrugíneo-seríceos por fuera, glabrescentes, glabros y cóncavos por dentro, el ápice obtuso a agudo; pétalos internos c. 3 × 3 mm, rómbicos, tomentulosos por fuera, la base levemente unguiculada, el ápice agudo; estambres c. 100, c. 1.1 mm, los filamentos c. 0.3 mm, el conectivo menos de 0.1 mm, truncado; carpelos 70-80; ovarios c. 0.5 mm; estilo/estigma c. 0.8 mm. Frutos c. 50 × 35 mm, glabros, completamente lisos sin evidencia de aréolas, profundamente arrugados cuando secos. *Selvas altas perennifolias*. CR (*Hammel et al. 16876*, MO). 100-700 m. (Mesoamérica, Brasil).

3. Annona billbergii R.E. Fr., *Acta Horti Berg.* 10: 248 (1931). Sintipo: Panamá, *Billberg 233* (S). Ilustr.: no se encontró.

Árboles; tallos estriados, densamente cubiertos con tricomas adpresos grisáceos, cortos y cerdas suberectas muy cortas, caducas; entrenudos 2-4 cm. Hojas 12-18 × 4-7 cm, ovadas a oblongo-ovadas, membranáceas, distintamente discoloras, glabras o con escasos tricomas en el haz, glaucas o color arcilla y densamente cubiertas con tricomas adpresos cortos en el envés, la vena media impresa y con densos tricomas simples o estrellados en el haz, elevada y rojiza en el envés, las venas secundarias 8-11 pares, aplanadas en el haz, levemente elevadas y rojizas en el envés, la base redondeada a truncada y a menudo levemente emarginada, no decurrente a lo largo del pecíolo, el ápice acuminado, el acumen hasta 2 cm; pecíolo 4-5 × c. 2 mm, cubierto con tricomas adpresos. Flores solitarias, en el punto medio del entrenudo; pedicelos 15-20 mm, densamente cubiertos con tricomas adpresos cortos, pardo-amarillentos, con una bráctea diminuta en el punto medio; sépalos c. 3 × 3 mm, triangulares, densamente cubiertos con tricomas adpresos cortos, pardo-amarillentos por fuera, glabros por dentro, el ápice abruptamente acuminado a mucronado, el mucrón 1-1.5 mm, persistente; pétalos externos 15-18 × 14 mm, c. 2 mm de grueso, ovados, cóncavos, densamente cubiertos con tricomas adpresos cortos pardo-amarillentos por fuera, glabros por dentro, el ápice agudo; pétalos internos ausentes; estambres numerosos, 3-3.3 mm, los filamentos c. 0.3 mm, el conectivo menos de 0.1 mm, truncado, papiloso; ovarios c. 1.5 mm, cubiertos con tricomas erectos ferrugíneos; estilo/estigma c. 1.5 mm, cubierto con tricomas erectos cortos. Frutos desconocidos. *Selvas altas perennifolias*. P (*Billberg 233*, S). Elevación desconocida. (Endémica).

4. Annona caesia G.E. Schatz, C.A. Ramos & O. Ortiz, *Novon* 24: 204 (2015). Holotipo: Panamá, *Flores & Delgado 3545* (PMA!). Ilustr.: Schatz et al., *Novon* 24: 205, t. 1 (2015).

Árboles hasta 10 m; tallos escasamente cubiertos con tricomas adpresos blanquecinos, pronto glabrescentes, lenticelados. Hojas 12-32.5 × 3.7-14 cm, ampliamente elípticas a levemente obovadas, la primera hoja del vástago en crecimiento generalmente mucho más pequeña, 2-4.3 × 1.4-2 cm, delgadamente cartácea, glauca y azulada en el envés, la pruina glauca del envés cayendo al tacto, glabras en el haz excepto por tricomas blanquecinos moderadamente densos a lo largo de la vena media, simples, erectos, algo retorcidos, c. 1 mm, glabras en el envés excepto por los tricomas cortos (menos de 1 mm), simples, blanquecinos dispersos sobre la vena media, las venas secundarias y los márgenes, la vena media prominentemente impresa en el haz, predominantemente elevada en el envés, las venas secundarias (9-)11-24 pares, levemente impresas en el haz, elevadas en el envés, la base aguda a obtusa hasta casi redondeada, el ápice acuminado a cuspidado, el acumen 1.5-4 cm; pecíolo (5-)9-13(-18) × 1.4-2.3 mm, con cortos tricomas blanquecinos adpresos, dispersos, pronto glabrescente. Inflorescencias internodales, emergiendo 5-7 mm arriba de la hoja subyacente; flores solitarias, ampliamente ovoides; pedicelos 6-7 × c. 1 mm, glaucos, densamente cubiertos con tricomas adpresos blancos, cortos, con una bráctea cuculada subyacente cortamente pediculada, foliácea, c. 4 × 3 mm, ovada, membranácea, el ápice acuminado, pardo-amarillento claro con la nervadura visible, densamente cubierta con tricomas adpresos dorados, cortos, caducos y con una bráctea pedicelar más pequeña emergiendo en el 1/2 desde la base, c. 2 × 1 mm, angostamente triangular, pardo-amarillento claro, densamente cubierta con tricomas adpresos cortos, dorados, caducos o algunas veces persistentes; sépalos c. 6 × 4 mm, ampliamente ovados, completamente fusionados al sépalo adyacente o algunas veces los sépalos adyacentes libres, moderada a densamente cubiertos por fuera con tricomas adpresos cortos, glabros por dentro, el ápice mucronado, el mucrón hasta 1.3 mm, persistentes; pétalos 6 en 2 verticilos; pétalos externos 16-18 × 12-15 mm, 2-3 mm de grueso en el ápice, ampliamente ovados, valvares, cóncavos, el ápice agudo, carnoso, verde-amarillo por fuera cuando vivos, crema-verdosos por dentro con estrías blancas basalmente y marcas rojizas en el centro, el cuerpo alimenticio triangular, bilobado, de color carne claro, densamente cubiertos por dentro y por fuera con cortos tricomas adpresos blanquecinos, simples; pétalos internos 4-6 × 2-4 mm, lanceolados, de color carne claro, densamente cubiertos con tricomas adpresos simples y muy cortos por fuera, el ápice agudo; estambres numerosos, c. 3.7 mm, los filamentos c. 0.8 mm, el conectivo arriba de la antera engrosado y aplanado, discoide a pentagonal o hexagonal, papiloso y cubierto con tricomas erectos muy cortos, de color carne claro; carpelos c. 320; ovarios c. 3 mm, cilíndricos, glabros, con un penacho de tricomas cortos en el ápice subyacente al estigma; estigma 0.5-1 mm, ovoide, fusionado en una cabezuela, blanco. Frutos (inmaduros) c. 6 × 3.5 cm, ovoides, azulados y glaucos, densamente cubiertos con tricomas adpresos blanquecinos, la superficie areolada a levemente muricada, el ápice de cada aréola incurvado, densamente cubierto con tricomas dorados cortos; semillas inmaduras hasta 8 × 3.5 mm. *Selvas altas perennifolias*. P (*Flores & Delgado 3545*, MO). 50-500 m. (Endémica).

5. Annona cherimola Mill., *Gard. Dict.* ed. 8, *Annona* no. 5 (1768). Sintipo: Cultivado, *Herb. Miller s.n.* (BM). Ilustr.: no se encontró.

Árboles hasta 9 m; tallos tomentosos. Hojas 7.8-20.5 × 3.2-11 cm, elípticas a veces lanceolado-elípticas u obovado-elípticas, membranáceas, glabrescentes en el haz, densamente blanco-velutino-tomentosas en el envés, la vena media levemente impresa y escasamente pubérula en el haz, prominentemente elevada en el envés, las venas secundarias 11-14 pares, aplanadas y escasamente pubérulas en el haz, elevadas en el envés, la base cuneada a obtusa y levemente decurrente, el ápice obtuso a redondeado; pecíolo 8-18 mm, tomentoso. Inflorescencias con 1-3 flores, axilares, supraaxilares, u opuestas a las hojas; pedicelos 8-19 mm, escasamente tomentulosos, con una bráctea densamente ferrugíneo-tomentosa 1-4 mm desde la base; sépalos c. 3 × 4 mm, triangulares a ovados, tomentulosos por fuera; pétalos externos 15-25 × c. 4 mm, angostamente oblongos, triquetros, densamente gris a ferrugíneo-tomentulosos, la base cóncava con una mancha morada por dentro, el ápice obtuso a redondeado; pétalos internos ausentes; estambres numerosos, 1.5-1.7 mm, los filamentos c. 0.5 mm, el conectivo truncado-discoide; carpelos numerosos. Frutos hasta 110 × 80 mm, ovoides a subglobosos, glabrescentes, lisos o las aréolas levemente elevadas, redondeadas, demarcando los carpelos individuales. *Cultivada*. Ch (*Ton 4191*, MO); G (*Standley 70337*, F); H (*Molina R. 324*, MO); ES (*Linares 2535*, MO); N (*Moreno 24155*, MO); CR (*Grayum 9854*, MO); P (*Walker 373*, MO). 650-1480 m. (México [Cd. México, Colima, Michoacán, Oaxaca, Puebla, Querétaro, Sonora, Veracruz], Mesoamérica, Colombia, Venezuela, Ecuador, Perú, Bolivia).

6. Annona danforthii (Standl.) H. Rainer, *Ann. Naturhist. Mus. Wien, B* 108: 194 (2006 [2007]). *Rollinia danforthii* Standl., *Publ. Field Mus. Nat. Hist., Bot. Ser.* 18: 444 (1937). Holotipo: Costa Rica, *Danforth 30* (F). Ilustr.: no se encontró.

Rollinia chocoensis R.E. Fr.

Árboles hasta 20 m; tallos al inicio densamente pardo claro-pubérulos, glabrescentes. Hojas 12-33 × 6-13 cm, elíptico-oblongas a oblongo-obovadas, levemente coriáceas, glabras a escasamente blanco crespo-pubescentes en el haz, escasa a densa y cortamente seríceas y diminutamente rugulosas en el envés, glaucas cuando vivas, las venas secundarias 15-30 pares, la base obtusa a truncada, el ápice agudo a abruptamente acuminado, el acumen hasta 0.7 cm; pecíolo 10-17 × 1.5-3 mm, al inicio densamente pardo claro-pubérulo, glabrescente. Inflorescencias opuestas a las hojas hasta subaxilares, con 1-3 flores; pedúnculos hasta 2 mm, c. 5 mm en fruto; pedicelos 20-25 mm, alargándose hasta 25-55 mm en fruto, densamente pardo-pubérulos; brácteas hasta 1 mm; sépalos 1.5-2 × 3-4 mm, ampliamente triangulares, gibosos, densamente pardo-pubérulos por fuera, el ápice acuminado; tubo de la corola 3-5 × 9-10 mm, las alas 8-15 × 8-10 mm, 1-2 mm de grueso, orbiculares a obovado-obtriangulares, horizontales a recurvadas, densamente pardo-pubérulas por fuera; carpelos 100-200. Frutos hasta 30 × 20-28 mm, ovoides a globosos, densamente pardo-grisáceo-pubérulos, las aréolas 3-5 mm, angostamente cónico-equinadas, rectas, sobre el receptáculo conspicuo de c. 4 × c. 6 mm; semillas c. 5 × 3 mm. *Selvas altas perennifolias*. CR (*Danforth 30*, F). 0-1000 m. (Mesoamérica, Colombia).

7. Annona glabra L., *Sp. Pl.* 537 (1753). Lectotipo (designado por Dandy, 1958): Catesby, *Nat. Hist. Carolina* 2: t. 64 (1743 [1738]). Ilustr.: Catesby, *Nat. Hist. Carolina* 2: t. 64 (1743 [1738]).

Annona palustris L., *Guanabanus palustris* (L.) M. Gómez.

Árboles hasta 10 m; tallos glabros. Hojas 6-21 × 3.5-8.5 cm, ovado-elípticas a ovado-oblongas, cartáceas a subcoriáceas, glabras en el haz y el envés, la vena media aplanada en el haz, prominentemente elevada en el envés, las venas secundarias 6-10 pares, la base obtusa a redondeada y algo decurrente, el ápice obtuso a agudo; pecíolo 10-20 mm, glabro. Flores solitarias, supraaxilares; pedicelos 14-26 mm, glabros, con una bráctea diminuta, apretadamente adpresa a 5 mm desde la base; sépalos c. 6 × 9 mm, ampliamente ovados, glabros, el ápice apiculado; pétalos externos hasta 44 × 41 mm, c. 5 mm de grueso en el ápice, elípticos a ovados, valvares, glabros y lustrosos por fuera, el ápice agudo a obtuso; pétalos internos hasta 36 × 25 mm, ovados, valvares, glabros, aquillados por fuera, amarillos por fuera, rojos por dentro, con un cuerpo alimenticio en la base por dentro, este de c. 7 mm, elevado, amarillo crema, corrugado, el ápice obtuso truncado; estambres numerosos, c. 3.4 mm, los filamentos c. 0.8 mm, el conectivo c. 0.2 mm, truncado-discoide, papiloso; carpelos numerosos; ovarios c. 1.5 mm; estilo c. 1.5 mm; estigma c. 0.5 mm, globoso. Frutos hasta 120 × 80 mm, ovoides, glabros, lisos, las aréolas indistintas. *Manglares o hábitats inundados*. T (*Conrad & Conrad 2971*, MO); Y (*Carnevali et al. 5576*, MO); C (*Cabrera & Cabrera 14980*, MO); QR (*Davidse et al. 20641*, MO); B (*Dwyer 10961*, MO); G (*Contreras 9863*, MO); H (*Clewell & Cruz 4032*, MO); ES (*Villacorta 797*, MO); N (*Rueda et al. 4105*, MO); CR (*Herrera 1771*, MO); P (*Galdames et al. 2204*, MO). Cerca del nivel del mar. (Estados Unidos [Florida], México [Jalisco, Nayarit, Veracruz], Mesoamérica, Colombia, Venezuela, Guayanas, Ecuador, Brasil, África).

8. Annona hayesii Saff. ex Standl., *J. Washington Acad. Sci.* 15: 102 (1925). Holotipo: Panamá, *Pittier 6592* (US-[nr] 717078!). Ilustr.: no se encontró.

Arbustos a árboles hasta 7 m; tallos al inicio densamente ferrugíneo-seríceo-tomentosos, glabrescentes. Hojas 8-25 × 4-9 cm, elípticas a oblongas a levemente obovadas, membranáceas, escasamente blanco o ferrugíneo-pubérulas en el haz, glabrescentes, escasa a moderadamente ferrugíneo-pubérulas en el envés, la vena media aplanada a levemente impresa y densamente ferrugíneo-tomentosa en el haz, elevada y moderada a densamente ferrugíneo-tomentosa en el envés, las venas secundarias 9-13 pares, aplanadas en el haz, elevadas y escasamente ferrugíneo-tomentosas en el envés, ocasionalmente con domacios en las axilas con la vena media, la base obtusa a redondeada, el ápice abruptamente acuminado a cuspidado, el acumen hasta 2 cm; pecíolo 3-10 mm, densamente ferrugíneo-seríceo-tomentoso. Inflorescencias con pocas flores, opuestas a las hojas o internodales; pedicelos 10-15 × c. 1 mm, hasta 25 mm en fruto, densamente ferrugíneo-hirsuto-tomentosos, con una bráctea 2-3 × 2-3 mm, ovada, en la parte media; sépalos 3.5-4 ×

c. 3 mm, ovados, densamente ferrugíneo-seríceo-tomentosos por fuera, el ápice acuminado; pétalos externos hasta 32 mm, connados por 5 mm en sus bases, ovados y abruptamente angostados a c. 10 mm hasta un ápice largamente linear, no carnosos, densamente ferrugíneo-seríceo-tomentulosos por fuera; pétalos internos hasta 5-7 mm, oblongos, fusionados a los pétalos externos en sus bases, no carnosos; estambres 1.2-1.5 mm, el conectivo discoide, pero más angosto que las anteras; carpelos c. 50. Frutos 40-60 × c. 35 mm, ovoides a subglobosos, densamente pubérulos, lisos, las aréolas solo levemente elevadas y delineadas; semillas 8-10 × c. 5 mm. *Selvas altas subperennifolias*. P (*Miller 1022*, MO). 0-100 m. (Mesoamérica, Colombia).

9. Annona holosericea Saff., *Contr. U.S. Natl. Herb.* 16: 269 (1912-1916 [1913]). Holotipo: Costa Rica, *Tonduz 13930* (US!). Ilustr.: no se encontró.

Árboles hasta 7 m; tallos densamente ferrugíneo-tomentoso-vellosos. Hojas 2.6-19.3 × 3.1-13.2 cm, ampliamente elípticas a circulares, las hojas más basales del vástago algunas veces oblatas a transversalmente elípticas, membranáceas, escasa a moderadamente blanco-pilosas en el haz, densamente blanco-vellosas en el envés, la vena media aplanada a levemente impresa hacia la base, prominentemente elevada y densamente ferrugíneo-tomentoso-vellosa en el envés, las venas secundarias 7-18 pares, aplanadas en el haz, elevadas y ferrugíneo-tomentosas en el envés, con domacios en las axilas, la base obtusa a redondeada, el ápice obtuso a redondeado y algunas veces emarginado; pecíolo 5-10 mm, densamente ferrugíneo-tomentoso-velloso. Flores solitarias, supraaxilares; pedicelos 4-35 × c. 2 mm, densamente pardo-amarillento-tomentosos; brácteas ausentes; sépalos 5-6 × 4-5 mm, ampliamente ovados, libres, densamente pardo-amarillento-tomentosos por fuera, el ápice agudo a acuminado; pétalos externos 13-30 × 11-28 mm, 1.5-2.5 mm de grueso, ampliamente ovados, fuertemente cóncavos, pubérulos y amarillos por fuera, glabros y rojos por dentro, el ápice obtuso a agudo; pétalos internos vestigiales a menudo presentes, 4-7 × c. 2 mm; estambres c. 280, 3-3.8 mm, los filamentos 0.9-1.1 mm, el conectivo c. 0.2 mm, papiloso con escasos tricomas hasta c. 0.3 mm; carpelos c. 100-110; ovarios 1-2 mm, setosos; estigma c. 1 mm, claviforme a piriforme, densamente papiloso y cortamente setoso. Frutos 30-40 × 30-35 mm, globosos a oblongoides, densamente pardo-amarillento-tomentosos, el cuello 2-3 × c. 7 mm, las aréolas 4-6 mm, equinadas, fuertemente recurvadas; semillas 7-9 × c. 4 mm. *Selvas medianas caducifolias*. Ch (*Matuda 16888*, MEXU); H (*Davidse et al. 35275*, MO); ES (*Linares & Martínez 2689*, MO); N (*Moreno 17079*, MO); CR (*Tonduz 13930*, NY). 40-850 m. (Endémica).

10. Annona inconformis Pittier, *Bol. Soc. Venez. Ci. Nat.* 4: 348 (1938). Holotipo: Venezuela, *Williams 10262* (VEN). Ilustr.: no se encontró.

Árboles hasta 9 m; tallos al inicio escasamente cubiertos con tricomas adpresos cortos (0.1 mm), ferrugíneos, glabrescentes. Hojas (5.5-) 8-20 × 3-6.4 cm, oblongas a elípticas a levemente obovadas, cartáceas a subcoriáceas, glabras y brillantes en el haz, al inicio escasamente cubiertas con tricomas adpresos cortos, ferrugíneos, glabrescentes en el envés, la vena media levemente impresa en el haz, prominentemente elevada y afilada en el envés, escasamente cubierta con tricomas adpresos cortos, ferrugíneos, las venas secundarias c. 10 pares, aplanadas en el haz, aplanadas a levemente elevadas en el envés, mayormente inconspicuas, con depresiones a domacios en las axilas de las venas secundarias con la vena media, los domacios cubiertos con tricomas ferrugíneos moderadamente densos, erectos, hasta 0.2 mm, la base cuneada a aguda y levemente inequilátera, los márgenes levemente revolutos, más marcadamente así hacia la base, el ápice acuminado a cuspidado, el acumen hasta 1.2 cm; pecíolo 5-10 × 1.5-2 mm, acanalado, al inicio escasamente cubierto con tricomas ferrugíneos adpresos, cortos, glabrescente, tornándose negro cuando seco. Flores solitarias, surgiendo en las ramas más viejas y el tronco; pedicelos 20-25 × 2.5-3 mm, con una bráctea a 6 mm desde la base, al inicio escasamente cubierta con tricomas ferrugíneos adpresos, cortos, glabrescente, caduca; sépalos c. 4 × 3.5-5 mm, libres, triangulares, densamente cubiertos por fuera con tricomas ferrugíneos adpresos muy cortos, glabros por dentro, el ápice acuminado; pétalos externos 48-50 × 21-24 mm, triangulares, el ápice agudo, aquillados por fuera, gruesos, carnosos; pétalos internos 42-48 × c. 22 mm, ovados a lanceolados, el ápice agudo, gruesos, carnosos; estambres 4-5 mm, los filamentos 1-1.5 mm, el conectivo de las anteras c. 0.2 mm, papiloso; carpelos c. 160; ovarios c. 2 mm, densamente cubiertos con tricomas ferrugíneos suberectos, cortos. Frutos c. 75 × 55-60 mm, ovoides, glabros, el pedicelo fructífero c. 30 × c. 5 mm, las aréolas espiniformes, las espinas hasta 8 mm, rectas a levemente incurvadas; semillas c. 13 × 6 mm, rojizas, brillantes. *Selvas altas perennifolias*. P (*Antonio 1320*, MO). 250-350 m. (Mesoamérica, Venezuela).

11. Annona liebmanniana Baill., *Adansonia* 8: 266 (1867-1868 [1868]). Sintipo: México, Oaxaca, *Liebmann 31* (C!). Ilustr.: Safford, *J. Washington Acad. Sci.* 3: 107, t. 1 (1913), como *A. scleroderma*.
Annona scleroderma Saff., *A. testudinea* Saff.

Árboles hasta 25 m; tallos glabros, con lenticelas verrugosas elevadas y conspicuas. Hojas 6.1-35 × 2.4-9 cm, oblongas a elípticas hasta levemente obovadas, cartáceas a subcoriáceas, glabras en el haz, glabras o con escasas setas ferrugíneas, adpresas, cortas, menos de 0.1 mm en el envés, la vena media levemente impresa en el haz, prominentemente elevada en el envés, las venas secundarias 8-15 pares, aplanadas en el haz, aplanadas a levemente elevadas en el envés, mayormente inconspicuas, la base cuneada a obtusa y algo decurrente, los márgenes revolutos, marcadamente así hacia la base, el ápice acuminado a cuspidado, el acumen hasta 2.5 cm o a veces retuso; pecíolo 10-24 × 1-3 mm, glabro. Inflorescencias con 1-pocas flores, generalmente axilares desde los nudos afilos, algunas veces caulifloras desde el tronco principal; pedúnculos 2-10 mm, con 2-6 bractéolas diminutas, dísticas; pedicelos 13-42 × 1-1.5 mm, hasta 5 mm de diámetro en fruto, ferrugíneo-pubérulos, glabrescentes, surgiendo en la axila de una bractéola diminuta, y con otra a 3-13 mm de la base; sépalos 2-3 × 4-5 mm, deprimido-ovados, connados por 1-2 mm en sus bases, levemente reflexos en la antesis, ferrugíneo-pubérulos, el ápice obtuso, a menudo persistente en fruto; pétalos externos 23-41 × 7-12 mm, lanceolados a angostamente oblongos, triquetros con una quilla distintiva por dentro, blancos a ferrugíneo-pubérulo-seríceos y algo glaucas por fuera, glabros por dentro, la base marcadamente cóncava, el ápice obtuso; pétalos internos ausentes; estambres c. 400, c. 1 mm, los filamentos c. 0.2 mm, el conectivo truncado-discoide; carpelos c. 70; ovarios 1-1.2 mm, densamente tomentosos; estilo/estigma c. 1.3 mm. Frutos hasta 70 × 70 mm, subglobosos a ovoides, subyacentes al cuello de 3-4 × c. 13 mm, inicialmente ferrugíneo-pubérulos, glabrescentes, las aréolas aplanadas, lisas o algunas veces levemente elevadas, redondeadas, indistintas a algunas veces claramente delineadas, el exocarpo hasta 3 mm de grueso, duro; semillas hasta 31 × 20 × 11-15 mm. *Selvas altas perennifolias*. Ch (*Ton 4525*, MO); B (*Holst 4007*, MO); G (*Stevens et al. 25532*, MO); H (*Wilson 351*, NY). 20-1500 m. (México [Oaxaca], Mesoamérica).

12. Annona macroprophyllata Donn. Sm., *Bot. Gaz.* 49: 453 (1910). Holotipo: Guatemala, *Deam 6191* (US!). Ilustr.: no se encontró.
Annona diversifolia Saff.

Arbustos a árboles hasta 6 m; tallos glaucos. Hojas polimórficas, las primeras hojas del vástago abajo de la flor sésiles, variando a hojas pecioladas arriba de la flor; primeras hojas del vástago 0.6-2.4 × 0.6-2.4 cm, ampliamente elípticas a circulares, membranáceas, glabras en el haz, al inicio escasa y generalmente rojo-pardusco-seríceas en el envés, glabrescentes, la base subcordada y amplexicaule, los márgenes al inicio generalmente rojo-pardusco-ciliadas, el ápice redondeado;

hojas pecioladas 4-14 × 2-6 cm, elípticas a obovadas, membranáceas, glabras en el haz y el envés, algo glaucas en el envés, la vena media impresa en el haz, elevada en el envés, las venas secundarias 8-13 pares, la base agudo-redondeada, el ápice obtuso a redondeado; pecíolo 2-18 mm, glabro. Flores solitarias, axilares en la hoja sésil distal; pedicelos 10-50 mm, glabros y algo glaucos, con una bráctea diminuta por abajo de la mitad; sépalos 2-4 × 2-4 mm, ovados a triangulares, densamente ferrugíneo-vellosos por fuera; pétalos externos 15-27 × 5-7 mm, 2-3 mm de grueso, angostamente oblongos, escasamente pubérulos por fuera, densamente tomentulosos por dentro, la base truncada y cóncava, el ápice obtuso a redondeado; pétalos internos rudimentarios, c. 2.5 × 1 mm; estambres c. 200, 2-2.5 mm, los filamentos 0.6-1 mm, el conectivo c. 0.3 mm; carpelos c. 80; ovarios c. 1 mm, glabros; estilo/estigma c. 1 mm. Frutos 130-150 × 120-150 mm, ampliamente ovoides, tomentulosos, las aréolas obtusas a redondeadas; semillas hasta 20 × 11-12 × c. 1 mm, elipsoides, con cubierta dura, lisa. *Selvas medianas caducifolias*. Ch (*Reyes-García 4674*, MO); G (*Deam 6191*, MICH); ES (*Linares & Martínez 2601*, MO). 550-1100 m. (México [Colima, Guerrero, Jalisco], Mesoamérica).

13. Annona montana Macfad., *Fl. Jamaica* 1: 7 (1837). Tipo: no designado. Ilustr.: no se encontró.

Árboles hasta 20 m; tallos glabros. Hojas 5.3-20 × 2.8-8 cm, elíptico-oblongas a levemente obovadas, cartáceas a subcoriáceas, glabras en el haz y el envés, la vena media impresa en el haz, elevada en el envés, las venas secundarias 8-10 pares, aplanadas en el haz, levemente elevadas en el envés, con domacios conspicuos en las axilas, la base cuneada y decurrente, los márgenes revolutos, el ápice abruptamente acuminado; pecíolo 8-13 × 1-2.2 mm, glabro. Flores solitarias u ocasionalmente pareadas, generalmente caulifloras o algunas veces terminales u opuestas a las hojas; pedicelo 15-20 mm, hasta 6 mm de diámetro en fruto, escasamente ferrugíneo-pubérulo, con una bráctea diminuta en el 1/2 basal; sépalos 3-6 × 3-6 mm, ampliamente ovados a triangulares, reflexos, glabros, el ápice acuminado; pétalos externos hasta 50 × 28 mm, c. 4 mm de grueso, ovados, valvares, levemente reflexos en la antesis, aquillados y glabrescentes por fuera, aquillados y densamente tomentulosos por dentro, la base subcordada, el ápice agudo; pétalos internos hasta 30 × 30 mm, ovados, imbricados, glabros por fuera y por dentro, amarillos con cuerpos alimenticios crema a lo largo de los márgenes hacia la base por dentro, la base angostada hasta una uña corta, el ápice agudo; estambres numerosos, c. 5.5 mm, los filamentos 1-2 mm, el conectivo c. 0.3 mm, diminutamente papiloso; carpelos c. 160; ovarios 2-3 mm, densamente ferrugíneo-tomentosos; estilo/estigma c. 3 mm, tomentulosos con setas cortas dispersas. Frutos hasta 80 × 70 mm, subglobosos, glabros, lisos, las aréolas hasta 9 mm, espiniformes, mayormente rectas; semillas 17-24 × c. 9 × c. 6 mm. *Selvas altas perennifolias*. H (*Molina R. 8473*, F); CR (*Zamora & Chacón 1417*, MO); P (*McPherson 15994*, MO). 80-800 m. (Mesoamérica, Colombia, Venezuela, Surinam, Perú, Brasil, Antillas).

14. Annona mucosa Jacq., *Observ. Bot.* 1: 16 (1764). Neotipo (designado por Maas et al., 1992): Martinica, *Duss 4620* (NY). Ilustr.: Maas et al., *Fl. Neotrop. Monogr.* 57: 127, t. 61 (1992), como *Rollinia muscosa*.

Annona biflora Sessé & Moc., *A. reticulata* L. var. *mucosa* (Jacq.) Willd., *Rollinia jimenezii* Saff., *R. jimenezii* var. *nelsonii* R.E. Fr., *R. mucosa* (Jacq.) Baill., *R. permensis* Standl.

Árboles hasta 20 m; tallos al inicio densamente pardusco-pubescentes con tricomas adpresos a semierectos, luego glabrescentes. Hojas (3-) 7-24 × 2.2-12.5 cm, angostamente elípticas a elípticas hasta oblongo-elípticas, escasamente pubérulas en el haz, moderada a densamente blanco-estrigosas a seríceas en el envés, las venas secundarias 13-25 pares, la base aguda a redondeada, el ápice acuminado, el acumen hasta 2.5 cm; pecíolo 5-20 × 1-2 mm, al inicio densamente pardusco adpreso a semierecto-pubescente, glabrescente. Inflorescencias supraaxilares a opuestas a las hojas, con 1-3 flores; pedúnculos 1-4 × 1-2 mm, 2-5 mm de diámetro en fruto; pedicelos 10-55 × c. 1 mm, moderada a densamente adpresos a semierecto-pubescentes; brácteas 1-4 mm; sépalos 2-5 × 3-5 mm, ampliamente ovado-triangulares, seríceos, el ápice acuminado; tubo de la corola 3-4 × 5-8 mm, las alas 7-20 × 4-10 mm, 1-2 mm de grueso, oblongo-ovadas a obovadas, horizontales a ascendentes, densamente pardo-grisáceo-pubérulas; carpelos 30-150. Frutos 30-90 × 40-55 mm, globosos a deprimido-ovoides, al inicio densamente pubérulos, glabrescentes, las aréolas 10-20 mm, piramidales, rectas; semillas 7-18 × 5-10 mm. *Selvas altas perennifolias*. Ch (*Stevens & Martínez S. 25900*, MO); B (*Davidse 35999*, MO); G (*Contreras 8849*, MO); H (*González 698*, MO); N (*Sandino 3301*, MO); CR (*Moraga 506*, MO); P (*Cuadros et al. 3877*, MO). 0-1500 m. (México [Veracruz], Mesoamérica, Colombia, Venezuela, Guyana, Ecuador, Perú, Bolivia, Brasil, República Dominicana, Haití, Puerto Rico, Guadalupe, Martinica).

15. Annona muricata L., *Sp. Pl.* 536 (1753). Lectotipo (designado por Khatoon, 1985): Sloane, *Voy. Jamaica* 2: t. 225 (1725), como *Anona maxima*. Ilustr.: Sloane, *Voy. Jamaica* 2: t. 225 (1725), como *A. maxima*. N.v.: Guanábana.

Guanabanus muricatus (L.) M. Gómez.

Árboles hasta 12 m; tallos cortamente ferrugíneo-seríceos, glabrescentes. Hojas 3.6-15.1 × 2-5.2 cm, oblongas a obovadas, cartáceas a subcoriáceas, glabras en el haz, al inicio cortamente seríceas hacia la base en el envés, glabrescentes, la vena media levemente impresa en el haz, elevada en el envés, las venas secundarias 5-9 pares, con domacios en las axilas con la vena media, la base cuneada a redondeada, el ápice obtuso a agudo; pecíolo 3-6 mm, ferrugíneo-seríceo. Flores solitarias, terminales, opuestas a las hojas o caulifloras; pedicelos 11-21 mm, ferrugíneo-seríceos, con una bráctea diminuta a lo largo de la mitad proximal; sépalos hasta 6 × 6 mm, ovados a triangulares, reflexos en la antesis; pétalos externos hasta 35 × 25 mm, ampliamente ovados, valvares, reflexos en la antesis, el ápice acuminado, gruesos, carnosos; pétalos internos hasta 30 × 20 mm, elípticos, imbricados, la base angostada hacia una uña, el ápice redondeado, gruesos, carnosos; estambres numerosos, c. 4.5 mm, los filamentos c. 1 mm, el conectivo discoide, diminutamente tuberculado; carpelos 200-300; ovarios c. 3 mm, pardo-amarillento a ferrugíneo-estrigosos; estilo/estigma c. 1 mm. Frutos hasta 300 × 150 mm, ovoides a oblongo-ovoides, glabros, las aréolas 2-5 mm, espiniformes, conspicuamente recurvadas; semillas c. 15 mm. *Cultivada*. Ch (*Ton 4731*, MO); Y (*Méndez 65*, F); C (*Lundell 982*, MO); G (*Lundell 2373*, MO); H (*Nelson & Villeda 4605*, MO); ES (*Standley 23639*, MO); N (*Guzmán et al.771*, MO); P (*Croat 5898*, MO). 0-1200 m. (Nativa de América tropical; ampliamente cultivada).

16. Annona papilionella (Diels) H. Rainer, *Ann. Naturhist. Mus. Wien, B* 108: 197 (2006 [2007]). *Rollinia papilionella* Diels, *Notizbl. Bot. Gart Berlin-Dahlem* 10: 176 (1927). Lectotipo (designado por Maas et al., 1992): Perú, *Tessmann 4664* (B!). Ilustr.: Maas et al., *Fl. Neotrop. Monogr.* 57: 140, t. 65 (1992), como *R. pittieri*.

Rollinia microsepala Standl., *R. pittieri* Saff.

Árboles hasta 40 m; tallos escasa a densa y cortamente pardusco a ferrugíneo-seríceos. Hojas 5-27.6 × 1.9-10 cm, angostamente elípticas a elíptico-ovadas, elíptico-obovadas o elíptico-oblongas, cartáceas a levemente coriáceas, subglabras en el haz, escasa a densa y cortamente blanco-seríceas y gris-farinosas en el envés, las venas secundarias 10-24 pares, la base aguda a redondeado-truncada, el ápice agudo a acuminado, el acumen hasta 1.5 cm; pecíolo 7-16 × 1-2 mm, escasa a densa y cortamente pardusco a ferrugíneo-seríceo. Inflorescencias supraaxilares hasta opuestas a las hojas, con 1-5 flores; pedúnculos 1-3 × 1-1.5 mm, hasta 5 mm de diámetro en fruto; pedicelos 12-40 mm, alargándose hasta 70 mm en fruto, densa y cortamente seríceos; brácteas 1-2 mm; sépalos 2-2.5 × 2-3 mm, triangulares, gibosos, densa y cortamente seríceos por fuera, el ápice agudo a acuminado; tubo de la corola 2-3 × 5-7 mm, las alas 20-30 × 10-18 mm, 0.5-1 mm de grueso, obovadas, horizontales, densa y cortamente seríceas; carpelos 30-70. Frutos 15-38 × 15-35 mm, globosos a elipsoides, densamente parduscopubérulos, las aréolas hexagonales, aplanadas a levemente apiculadas; semillas 6-9 × 4-5 mm. *Selvas altas perennifolias*. H (*House 2102*, MO); N (*Araquistain 3085*, MO); CR (*Aguilar & Schmidt 1004*, MO); P (*Correa & Dressler 741*, MO). 0-1000 m. (Mesoamérica, Colombia, Ecuador, Perú, Bolivia, Brasil).

17. Annona pittieri Donn. Sm., *Bot. Gaz.* 24: 389 (1897). Sintipo: Costa Rica, *Pittier 11108* (US!). Ilustr.: no se encontró.

Árboles hasta 16 m; tallos glabros, distintamente estriados. Hojas 7-27.7 × 2.3-9.6 cm, angostamente oblongas a oblanceoladas, cartáceas, glabras en el haz, con dispersos tricomas cortos adpresos, glabrescentes en el envés, la vena media levemente impresa en el haz, elevada en el envés, las venas secundarias 11-17 pares, aplanadas a levemente elevadas en el haz, elevadas en el envés, la base aguda, el ápice caudado, el acumen hasta 2.4 cm; pecíolo 7-12 × 1-2 mm, glabro. Inflorescencias con 1-3 flores, ramifloras o caulifloras; pedúnculo c. 3 mm, con 2-6 brácteas dísticas; pedicelos 26-40 × c. 1 mm, 3-4 mm de diámetro en fruto, con bractéolas diminutas en la base y cerca del 1/2; sépalos connados, 2-3 × 2-3 mm, ovados, levemente reflexos, persistentes en fruto; pétalos externos 23-40 × 7-11 mm, angostamente triangulares, triquetros, cubiertos con tricomas adpresos muy cortos por fuera, glabros por dentro, la base truncada y cóncava, el ápice agudo; pétalos internos 2.5-3.2 × 0.8-1.2 mm, obovados, el ápice obtuso a redondeado, glabros, aquillados por fuera, fusionados en la base a los pétalos externos; estambres c. 1.6 mm, los filamentos c. 0.2 mm, el conectivo c. 0.1 mm, discoide, papiloso; carpelos c. 100; ovarios c. 1 mm, densamente cubiertos con tricomas adpresos dorados, cortos; estilo/estigma c. 1 mm, ovoide. Frutos hasta 60 × 70 mm, ovoides, glabros, lisos, las aréolas evidentes y levemente elevadas, el cuello basal 3-4 × 12-15 mm; semillas 26-33 × 17-20 × 4-10 mm, elipsoides a obovoides. *Selvas altas perennifolias*. CR (*Formoso et al. 11*, MO); P (*Herrera & González 1338*, MO). 100-1900 m. (Endémica).

18. Annona primigenia Standl. & Steyerm., *Publ. Field Mus. Nat. Hist., Bot. Ser.* 23: 7 (1943). Holotipo: Guatemala, *Lundell 2213* (F!). Ilustr.: no se encontró.

Annona reticulata L. var. *primigenia* (Standl. & Steyerm.) Lundell.

Árboles hasta 13 m; tallos glabros o algunas veces al inicio gristomentulosos, glabrescentes. Hojas 2.8-22.4 × 1.8-9.8 cm, elípticas a ocasional y levemente obovadas, membranáceas, glabras en el haz, al inicio escasamente seríceas y verrugosas en el envés, glabrescentes y punteadas, la vena media levemente impresa en el haz, tomentoso, glabrescente, elevada en el envés, muy escasamente seríceo, glabrescente, las venas secundarias 6-11 pares, aplanadas y tomentulosas en el haz, levemente elevadas y muy escasamente seríceas en el envés, algunas veces con domacios en las axilas, la base cuneada a redondeada, el ápice agudo a acuminado; pecíolo 7-15 × 1-1.5 mm, glabrescente. Inflorescencias con 2-varias flores, internodales; pedicelos 11-30 mm, hasta c. 47 × 2 mm en fruto, con una bráctea diminuta, densamente serícea, cerca de la mitad; sépalos 2-3 × 2-3 mm, ovados a triangulares, densa y cortamente seríceos por fuera, el ápice agudo a acuminado; pétalos externos 12-14(-19) × 4-5 mm, oblongos, triquetros, densa y cortamente seríceos por fuera, densamente tomentulosos por dentro, la base truncada y cóncava, el ápice obtuso a agudo; pétalos internos vestigiales, c. 1 × 0.7 mm, elípticos; estambres c. 180-200, c. 1.2 mm, los filamentos c. 0.4 mm, el conectivo c. 0.2 mm, discoide; carpelos 20-40; ovarios 0.8-1 mm, densamente dorado-tomentosos; estilo/estigma c. 0.6 mm. Frutos 15-25 × 25-30 mm, subglobosos, glabros a escasamente pubérulos, lisos, las aréolas generalmente inconspicuas o el contorno de las semillas evidente cuando secas, el cuello basal c. 1 × 4-5 mm; semillas 7-10 × 6-7 × c. 3 mm, obovoides. *Selvas altas subperennifolias*. Ch (*Cabrera et al. 3016*, MO); Y (*Cabrera & Cabrera 4680*, MO); C (*Sanders et al. 9681*, MO); QR (*Cabrera & Cabrera 6629*, MO); B (*Davidse & Brant 32551*, MO); G (*Contreras 288*, MO). 0-300 m. (Endémica).

19. Annona pruinosa G.E. Schatz, *Novon* 2: 249 (1992). Holotipo: Nicaragua, *Reyes 64* (MO!). Ilustr.: Schatz, *Novon* 2: 250, t. 1 (1992).

Árboles hasta 10 m; tallos al inicio muy escasamente blancotomentosos, glabrescentes. Hojas 6.4-15 × 3.2-8.3 cm, elípticas a obovado-elípticas, cartáceas, glabras en el haz, granular-pruinosas y al inicio escasamente blanco-pubérulas, glabrescentes y glaucas en el envés, la vena media levemente impresa en el haz, prominentemente elevada y escasamente dorado-pubérulas en el envés, la nervadura eucamptódroma, las venas secundarias 9-14 pares, aplanadas en el haz, elevadas y escasamente dorado-pubérulas en el envés, la base cuneada a obtusa, el ápice agudo a redondeado; pecíolo 8-13 mm, muy escasamente tomentoso. Flores solitarias, opuestas a las hojas o supraaxilares; pedicelos 13-24 mm, hasta 31× 2 mm en fruto, blanco-tomentosos, con una bráctea diminuta a 8-9 mm desde la base; sépalos 2-3 × 3 mm, triangulares, densamente blanco-tomentosos por fuera, el ápice agudo; pétalos externos 18-24 × 5-8 mm, oblongos, triquetros, blanco-seríceos en la base a escasamente pubérulos en el ápice por fuera, densamente tomentosos por dentro, la base truncada y cóncava por dentro, el ápice agudo a obtuso; pétalos internos ausentes u ocasionalmente diminutos, vestigiales; estambres numerosos, c. 1 mm, el conectivo truncadodiscoide, diminutamente papiloso; carpelos 25-36. Frutos hasta 45 × 45 mm, subglobosos a ampliamente ovoides, inicialmente pubérulos, glabrescentes, las aréolas individuales inicialmente evidentes, pero luego la superficie completamente lisa sin evidencia de carpelos individuales al madurar; semillas c. 16 × 9 × 6 mm. *Bosques húmedos premontanos*. N (*Moreno 10651*, MO); CR (*Espinoza 633*, MO). 400-900 m. (Endémica).

20. Annona purpurea Moc. & Sessé ex Dunal, *Monogr. Anonac.* 64 (1817). Holotipo: *Sessé & Mociño*, Ilustr. Hunt Inst. 6331.0979!. Ilustr.: Dunal, *Monogr. Anonac.* t. 2 (1817).

Annona involucrata Baill., *A. manirote* Kunth, *A. prestoei* Hemsl.

Árboles hasta 12 m; tallos densamente ferrugíneo-tomentosos, glabrescentes. Hojas 10.3-32 × 4.3-16 cm, elípticas a obovadas, membranáceas, escasamente ferrugíneo-pubérulas en el haz, glabrescentes, densamente ferrugíneo-vellosas en el envés, la vena media impresa en el haz, escasamente ferrugíneo-pubérula prominentemente elevada en el envés, escasamente ferrugíneo-vellosa, la nervadura débilmente broquidódroma, las venas secundarias 18-26 pares, aplanadas en el haz, elevadas y escasamente ferrugíneo-pubérulas en el envés, a veces con domacios, la base obtusa a redondeada, el ápice agudo a acuminado; pecíolo 3-6 mm, densamente ferrugíneo-tomentoso. Flores solitarias o a veces en pares, subsésiles, el pedicelo hasta 2 mm, en el botón rodeadas por un involucro de 2 brácteas sésiles, superpuestas, largamente acuminadas, ferrugíneo-tomentosas; sépalos connados por c. 4 mm en la base, los lóbulos 10-20 × 10-20 mm, triangulares a ovados, densamente ferrugíneo-tomentosos, el ápice acuminado; pétalos externos hasta 58 × 39 mm, c. 9 mm de grueso, ovados, valvares, densa y cortamente ferrugíneo-tomentosos por fuera, glabros y amarillo-anaranjados con una mancha rojo-morada en la base por dentro, el ápice obtuso a agudo; pétalos internos hasta 58 × 32 mm, ovados a oblongos, imbricados, marcadamente cóncavos, pubérulos, rojo-morados con cuerpos alimenticios amarillo-crema a lo largo de los márgenes por dentro hacia la base, el ápice redondeado; estambres c. 750, 5-6 mm, los filamentos c. 1.2 mm, el conectivo c. 0.6 mm, truncado discoide, papiloso; carpelos c. 350; ovarios c. 1.5 mm, seríceos; estilo c. 3 mm; estigma capitado, papiloso y escasamente setoso. Frutos hasta 130 mm de diámetro, globosos a ovoides, densamente pardo claro tomentosos, las aréolas hasta 12 mm, piramidales; semillas 18-32 × 10-18 × c. 9 mm. *Selvas medianas caducifolias*. Ch (*Breedlove & Thorne 30457*, MO); Y (*Gaumer 24036*, F); B (*Campbell 113*, K); G (*Cook 314*, US); H (*Alvarado 194*, MO); ES (*Linares & Martínez 2604*, MO); N (*Moreno 2112*, MO); CR (*Aguilar 1998*, MO); P (*Folsom 3437*, MO). 0-1000 m. (México [Michoacán, Oaxaca, Puebla, Veracruz], Mesoamérica, Colombia, Venezuela, Ecuador, Trinidad).

21. Annona rensoniana (Standl.) H. Rainer, *Ann. Naturhist. Mus. Wien, B* 108: 197 (2006 [2007]). *Rollinia rensoniana* Standl., *J. Washington Acad. Sci.* 13: 351 (1923). Holotipo: El Salvador, *Standley 23022* (US!). Ilustr.: Maas et al., *Fl. Neotrop. Monogr.* 57: 125, t. 60 (1992), como *R. membranacea*.

Rollinia membranacea Triana & Planch., *R. mexicana* Standl., *R. standleyi* R.E. Fr.

Árboles hasta 15 m; tallos al inicio densamente blanco a ferrugíneo-tomentosos, glabrescentes. Hojas (4-)9-26 × 3.5-11 cm, elípticas a ovado-oblongas, cartáceas, escasamente pubérulas en el haz, glabrescentes, densamente o en ocasiones escasamente blanco a pardo claro velutinas en el envés, las venas secundarias 15-25 pares, la base redondeada a aguda, el ápice acuminado; pecíolo 5-12 × 1-2 mm, densamente ferrugíneo a blanco-tomentoso. Inflorescencias supraaxilares hasta opuestas a las hojas, con 1-4 flores; pedúnculos 0-2 mm, alargándose hasta c. 10 mm en fruto; pedicelos 10-45 mm, densamente ferrugíneo-pubérulos; brácteas 1-2 mm; sépalos 2.5-6 × 3-4 mm, triangulares a ampliamente triangulares, densamente ferrugíneo-pubérulos por fuera, el ápice agudo a acuminado; tubo de la corola 3-5 × 4-7 mm, las alas 8-12 × 5-7 mm, 1-2 mm de grueso, obovadas a elípticas, horizontales a levemente recurvadas, densamente blanco-grisáceas, pubérulas; carpelos 50-100. Frutos 20-50 × 20-45 mm, subglobosos a ovoides, densamente blanco-grisáceo a pardo pálido pubérulos, las aréolas 3-8 mm, piramidales, por lo general levemente incurvadas; semillas 12-13 × 5-7 mm. *Selvas altas perennifolias y medianas subperennifolias*. Ch (*Breedlove & Thorne 21060*, MO); G (*Heyde & Lux 6303*, BM); ES (*Villacorta et al. 325*, MO); N (*Araquistain 3569*, MO); CR (*Bello 2255*, MO); P (*Croat 27346*, MO). 0-1700 m. (México [Veracruz], Mesoamérica, Colombia).

22. Annona reticulata L., *Sp. Pl.* 537 (1753). Lectotipo (designado por Rainer en Jarvis, 2007): Sloane, *Voy. Jamaica* 2: t. 226 (1725), como *Anona maxima*. Ilustr.: Sloane, *Voy. Jamaica* 2: t. 226 (1725), como *A. maxima*.

Annona lutescens Saff.

Árboles hasta 20 m; tallos escasamente gris-seríceo-tomentulosos, glabrescentes. Hojas 6-25.1 × 1.9-9.2 cm, angosta a ampliamente elípticas a ocasionalmente ovadas, membranáceas, glabrescentes en el haz, escasamente pubérulas en el envés, la vena media levemente impresa y pubérulo-hirsuta en el haz, elevada y pubérula en el envés, las venas secundarias 11-15 pares, aplanadas a levemente elevadas y pubérulas en el haz, elevadas y escasamente pubérulas en el envés, la base cuneada a obtusa, el ápice acuminado; pecíolo 7-20 mm, escasamente pubérulo, glabrescente. Inflorescencias con varias flores, internodales u opuestas a las hojas; pedúnculo hasta 5 mm; pedicelo 15-25 mm, hasta 5 mm de diámetro en fruto, escasamente pubérulo, con una bráctea diminuta, densamente gris-serícea en el 1/2 proximal; sépalos 2-4 × 2-4 mm, triangulares a ampliamente ovados, gris-tomentosos por fuera, el ápice agudo; pétalos externos hasta 32 × 7 mm, angostamente oblongos, triquetros y aquillados por dentro, gris-pubérulos por fuera, glabros por dentro, la base truncada y cóncava, el ápice obtuso; pétalos internos rudimentarios ocasionalmente presentes; estambres 200-250, c. 1.3 mm, los filamentos c. 0.3 mm, el conectivo c. 0.3 mm, discoide, papiloso; carpelos 50-80; ovarios c. 0.8 mm; estilo c. 0.6 mm; estigma c. 0.2 mm, elipsoide, tomentuloso. Frutos hasta 90 × 90 mm, ovoides a subglobosos, glabros, lisos, las aréolas aplanadas, indistintas a levemente contorneadas. *Selvas medianas caducifolias y cultivada*. T (*Cowan et al. 3427*, MO); Y (*Orellana & Escalante 933*, F); C (*Cabrera & Cabrera 4806*, MO); B (*Gentry 8040*, MO); H (*Davidse 2435*, MO); ES (*Linares & Martínez 2616*, MO); N (*Guzmán et al. 393*, MO); CR (*Rodríguez & Murillo 242*, MO); P (*D'Arcy 13616*, MO). 0-500 m. (México [Jalisco, Michoacán, Oaxaca, Veracruz], Mesoamérica, Colombia, Jamaica).

23. Annona spraguei Saff., *Contr. U.S. Natl. Herb.* 16: 270 (1912-1916 [1913]). Holotipo: Panamá, *Pittier 3409* (US!). Ilustr.: Safford, *Contr. U.S. Natl. Herb.* 16: t. 92-93 (1912-1916 [1913]).

Annona uncinata Sprague.

Árboles hasta 20 m. Tallos moderadamente ferrugíneo a pardo-amarillento-velloso-tomentosos, glabrescentes y algo glaucos. Hojas 7.8-34.3 × 3.9-12 mm, elípticas a angostamente elípticas hasta levemente obovadas, membranáceas, escasa a moderadamente blanco-vellosas en el haz, densamente blanco a pardo-amarillento-seríceas en el envés, la vena media levemente impresa en el haz, elevada y densamente ferrugíneo a pardo-amarillento-tomentosa en el envés, las venas secundarias 12-34 pares, aplanadas en el haz, elevadas y densamente pardo-amarillento-tomentosas en el envés, la base obtusa a veces redondeada, el ápice acuminado, el acumen hasta 1.5 cm; pecíolo 7-15 × 1.5-2.5 mm, densamente ferrugíneo a pardo-amarillento-tomentoso, glabrescente. Flores solitarias, supraaxilares; pedicelo 10-20 × 1.5 mm, hasta 3 mm de diámetro en fruto, densamente ferrugíneo-tomentoso, con una bráctea diminuta cerca de la mitad; sépalos 8-11 × c. 9 mm, ampliamente ovados, densamente tomentosos por fuera, el ápice caudado-aristado, el acumen hasta 9 mm, connados por 2-3 mm en la base; pétalos externos 24-28 × 17-20 mm, c. 2.5 mm de grueso, ovados, densa y cortamente seríceos por fuera, el ápice agudo; pétalos internos ausentes; estambres c. 600, 3.2-3.6 mm, los filamentos c. 0.8 mm, el conectivo c. 0.2 mm, levemente redondeado, muriculado. Carpelos 160-200; ovarios 1-1.5 mm, setosos; estigma c. 1.3 mm, oblongo a obovoide, diminutamente papiloso. Frutos 40-50 mm de diámetro, globosos, densamente gris-pubérulos, el cuello c. 4 × 9-10 mm, las aréolas hasta 12 mm, subuladas, marcadamente recurvadas; semillas 6-9 × 3-4 mm. *Selvas altas perennifolias*. P (*Hammel et al. 16452*, MO). 50-900 m. (Mesoamérica, Colombia).

24. Annona squamosa L., *Sp. Pl.* 537 (1753). Lectotipo (designado por Rainer en Jarvis, 2007): Sloane, *Voy. Jamaica* 2: t. 227, excluyendo hojas/ramas (1725), como *Anona*. Ilustr.: Sloane, *Voy. Jamaica* 2: t. 227, excluyendo hojas/ramas (1725), como *Anona*.

Guanabanus squamosus (L.) M. Gómez.

Árboles hasta 6 m; tallos blanco-tomentosos, glabrescentes. Hojas 3.2-12.4 × 1.4-4.8 cm, elípticas a angostamente elípticas a lanceolado-elípticas, membranáceas, escasamente blanco-velutinas en el haz, glabrescentes, escasa a moderadamente blanco-velutinas a casi glabras y algo glaucas en el envés, la vena media levemente impresa en el haz, prominentemente elevada y blanco-serícea en el envés, las venas secundarias 8-12 pares, aplanadas en el haz, elevadas en el envés, la base cuneada a veces obtusa, el ápice obtuso a redondeado, la punta misma siempre redondeada; pecíolo 4-13 mm, tomentoso. Inflorescencias con pocas flores o las flores solitarias, axilares, supraaxilares u opuestas a las hojas; pedúnculo hasta 2 mm; pedicelos 10-20 mm, pubérulos, con una bráctea diminuta, caduca; sépalos 1.5-2 × 1.5-2 mm, triangulares, tomentulosos por fuera, el ápice agudo; pétalos externos 15-30 × c. 5 mm, angostamente oblongos, triquetros, tomentulosos por fuera, la base cóncava por dentro, el ápice obtuso; pétalos internos ausentes o a menudo presentes como estructuras vestigiales c. 1 × 0.4 mm; estambres c. 120, 1-1.3 mm, los filamentos c. 0.3 mm, el conectivo truncado-discoide; carpelos 90-120; ovarios c. 0.8 mm. Frutos hasta 80 × 80 mm, ovoides a subglobosos, glabros, glaucos, las aréolas 5-8 mm, redondeadas claramente delineando cada uno de los carpelos; semillas 10-14 × 6-7 mm × c. 4 mm. *Cultivada y naturalizada.* Y (*Ibarra & Flores 4073*, MO); QR (*Cabrera & Cabrera 3432*, MO); G (*Steyermark 42170*, F); H (*Williams & Molina R. 18982*, F); ES (*Trott et al. 217*, MO); N (*Guzmán et al. 409*, MO); CR (*Zamora et al. 1870*, MO); P (*Dwyer 4142*, MO). 0-600 m. (México [Oaxaca, Veracruz], Mesoamérica, Antillas).

25. Annona volubilis Lundell, *Wrightia* 5: 23 (1974). Holotipo: Guatemala, *Contreras 6899* (LL). Ilustr.: no se encontró.

Annona rufa Lundell.

Bejucos; tallos al inicio densamente rojo-pardusco-tomentosos, glabrescentes. Hojas 2.4-14.1 × 1.4-5.1 cm, angostamente elípticas a elípticas hasta ocasionalmente oblanceoladas, membranáceas a cartáceas, glabras en el haz, escasa y cortamente seríceas en el envés, la vena media impresa en el haz, densamente pardo claro-tomentosa, elevada en el envés, escasamente rojo-pardusco claro-tomentosa, las venas secundarias débilmente broquidódromas, las venas secundarias 7-11 pares, aplanadas en el haz, levemente elevadas y escasamente rojo-pardusco claro-tomentulosas en el envés, la base cuneada a obtusa, el ápice agudo a acuminado; pecíolo 4-8 × c. 1 mm, densamente rojo-pardusco-tomentoso, glabrescente. Flores solitarias, opuestas a las hojas; pedicelos 5-11 × c. 1.5 mm, densamente pardo claro tomentulosos, con una bráctea diminuta a 4 mm de la base; sépalos c. 3 × 6 mm, connados por c. 2 mm en sus bases, densamente pubérulos por fuera, glabros por dentro, el ápice cortamente acuminado-apiculado; pétalos externos 15-20 × 13-15 mm, 1.5-2.5 mm de grueso, ampliamente ovados, moderada a densamente tomentulosos por fuera y por dentro, el ápice agudo a obtuso; pétalos internos vestigiales a menudo solo 2, c. 4 × 2 mm, elípticos, densamente gris-tomentosos; toro densamente dorado-setoso en la base de los estambres; estambres c. 500-750, 3-3.2 mm, los filamentos c. 0.3-0.5 mm, el conectivo c. 0.3 mm, densamente dorado y cortamente setoso; carpelos c. 200; ovarios c. 2 mm, densamente dorado-seríceos; estilo/estigma c. 1 mm, densamente muriculado. Frutos desconocidos. *Selvas altas subperennifolias.* G (*Lundell 18276*, LL); CR (*Hammel et al. 20502*, MO). 70-400 m. (Endémica).

3. **Cananga** (DC.) Hook. f. & Thomson, nom. cons.

Unona L. f. subsect. *Cananga* DC.

Por G.E. Schatz.

Árboles pequeños a grandes, las ramas horizontales como escalones inclinados; tallos teretes, escasamente lenticelados. Hojas semideciduas, dísticas; pecíolo terete, estriado. Inflorescencias racimos dicásicos con pocas a varias flores, axilares, pedunculados o las flores algunas veces casi sésiles, péndulas; pedicelo en la axila de una bráctea diminuta y con una segunda bráctea diminuta subcentral; sépalos 3, valvares, connados en la base; pétalos 6, en 2 verticilos valvares más o menos iguales o el verticilo interno escasamente menor, a veces con venas longitudinales evidentes; receptáculo floral escasamente convexo; estambres numerosos, los conectivos umbonados, apiculados; gineceo apocárpico; estilo ausente; estigmas obcónicos o claviformes, todos fusionados en una cabezuela que cae como unidad; óvulos 2-16, laterales, en 2 hileras escasamente entremezcladas. Fruto un agregado de monocarpos abayados libres, estipitados, indehiscentes; semillas 2-16, elipsoides, aplanadas, el rafe indistinto, con un arilo rudimentario bilobado, diminuto, la cubierta rugosa a foveolada. 2 spp., paleotropicales; 1 sp. introducida en Mesoamérica.

1. Cananga odorata (Lam.) Hook. f. & Thomson, *Fl. Ind.* 130 (1855). *Uvaria odorata* Lam., *Encycl.* 1: 595 (1785). Sintipo: China, *Sonnerat s.n.* (P). Ilustr.: no se encontró. N.v.: Gavilán, lila, N; Ilán-Ilán, ilang-ilang.

Canangium odoratum (Lam.) Baill. ex King.

Árboles hasta 25 m; tallos blanco-pubérulos, glabrescentes. Hojas 4-20.8 × 2.3-9.4 cm, ovadas a oblongas hasta elípticas, membranáceas, glabras en el haz, escasamente pubérulas en el envés, glabrescentes, la vena media aplanada a escasamente elevada en el haz, elevada en el envés, escasamente pubérula, la nervadura ligeramente broquidódroma, las venas secundarias 8-11 pares, la base oblicua, redondeada a truncada, rara vez cuneada, el ápice acuminado, acumen hasta 1.5 cm; pecíolo 8-20 mm, pubérulo. Inflorescencias con 2-6 flores; pedúnculos hasta 30 mm; pedicelos 25-50 mm, pubérulos; sépalos 5-8 × 5-6 mm, ovados, tomentulosos, los márgenes revolutos, el ápice agudo a obtuso, algunas veces reflexo; pétalos 45-96 × 4-19 mm, angostamente lanceolados a lineares, pubérulos, más densamente así en la base, amarillo-verdosos con una mácula morado-rojiza en la base por dentro, la base ampliamente cuneada y luego truncada, el ápice largamente atenuado; estambres 2.7-3 mm, los conectivos c. 1 mm; carpelos 6-25; ovarios c. 2 mm; estigmas c. 2 mm; óvulos 2-16. Monocarpos 7-20 × 6-11 mm, oblongos a elipsoides, glabros, carnosos, negro-morados; estípite 5-14 mm; semillas 6-9 × 5-6 × c. 1 mm. *Cultivada y naturalizada.* Ch (*Espejo et al. 2349*, MO); G (*Standley 73653*, F); H (*Zelaya 41*, MO); ES (*Berendsohn 295*, MO); N (*Robleto 1859*, MO); CR (*Acevedo 74*, MO); P (*D'Arcy 16238*, MO). 0-900 m. (Nativa de China e India hasta norte de Queensland, Australia y Filipinas; cultivada y ocasionalmente naturalizada en América tropical).

Cananga odorata es cultivada por las flores extremadamente fragantes y los pétalos son destilados para perfumar aceite.

4. **Cremastosperma** R.E. Fr.

Por G.E. Schatz.

Arbustos a árboles medianos; tallos teretes, glabros o densamente cubiertos con tricomas adpresos o erectos. Hojas elípticas a obovadas, cartáceas a coriáceas, glabras en el haz, glabras a densamente pelosas en el envés, la vena media elevada en el haz, conspicuamente ancha hacia la base con un surco longitudinal, elevada en el envés, la nervadura broquidódroma, las venas secundarias aplanadas, escasamente elevadas o levemente impresas en el haz, elevadas en el envés, la nervadura terciaria reticulada o percurrente, la base aguda a redondeada y algunas veces decurrente, el ápice acuminado hasta algunas veces cuspidado; pecíolo acanalado, glabro a densamente pubérulo. Inflorescencias terminales sobre vástagos axilares cortos o frecuentemente ramifloras, generalmente con una sola flor, en ocasiones hasta 8 en un ripidio, conspicuamente pedunculadas; pedicelos generalmente engrosados hacia el ápice, axilares a varias brácteas triangulares diminutas, con una sola bráctea superior ampliamente ovada, persistente o caduca, densamente pubérulos; botones florales anchamente ovoides a deprimido-ovoides; sépalos 3, libres o escasamente connados en la base, imbricados, ovados a ampliamente ovados; pétalos 6, libres, en 2 verticilos imbricados, subiguales, delgados, glabros a densamente pubérulos por fuera, escasamente pubérulos por dentro, los márgenes ciliados, los pétalos externos ovados a ampliamente elípticos, los pétalos internos elípticos a angostamente obovados; receptáculo floral convexo; estambres numerosos, libres, elípticos a angostamente obovados, la prolongación apical del conectivo transversalmente rómbico-hexagonal, truncada, las anteras extrorsas; gineceo apocárpico; carpelos 5-40; estigma sésil; óvulo 1, basal a lateral hasta apical. Fruto un agregado de monocarpos libres, estipitados, indehiscentes, generalmente asimétricos, elipsoides o globosos, frecuentemente con un apículo excéntrico, abayados; semilla 1, elipsoide a globosa, la superficie profunda a levemente foveolada, longitudinalmente rodeada por un rafe elevado o impreso, el endospermo ruminado de manera espiniforme. 34 spp., desde el sur de Costa Rica hasta Bolivia; 3 spp. en Mesoamérica.

Bibliografía: Pirie, M.D. Cremastosperma *Evol. Digressions*. Ph.D. thesis, Utrecht Univ., Utrecht: 1-256 (2005a). Pirie, M.D. et al. *PhytoKeys* 112: 1-141 (2018).

1. Hojas 7-22 × 2-7 cm, angostamente elípticas a elípticas, glabras en el haz y el envés, con diminutas protuberancias ceráceas; monocarpos 8-13 × 7-11 mm, globosos. **2. C. panamense**
1. Hojas (15-)21-50 × 5-20 cm, angostamente elípticas, elípticas, obovadas u obovado-oblanceoladas, glabras y brillantes en el haz, dispersamente cubiertas con tricomas adpresos en el envés; monocarpos 11-22 × 10-12 mm, elipsoides.
  2. Pétalos externos c. 31 mm; monocarpos 20-43; estípite 17-30 mm. **1. C. osicola**
  2. Pétalos externos c. 9 mm; monocarpos 6-10; estípite 4-14 mm. **3. C. westrae**

1. Cremastosperma osicola Pirie & Chatrou, *PhytoKeys* 112: 102 (2018). Isotipo: Costa Rica, *Chatrou et al. 707* (MO!). Ilustr.: Pirie et al., *PhytoKeys* 112: 103, t. 34 (2018).

Árboles hasta 7 m; tallos 5-7 cm de diámetro, muy dispersamente cubiertos con tricomas blanquecinos adpresos de c. 0.2 mm o glabros. Hojas 21-44 × 5-15 cm, obovadas a elípticas, cartáceas, glabras y brillantes en el haz, muy dispersamente cubiertas con tricomas blanquecinos adpresos de c. 0.2 mm o glabras en el envés, la vena media levemente elevada en el haz, elevada y densamente serícea en el envés, glabrescente, la nervadura broquidódroma, las venas secundarias 7-10 pares, levemente elevadas en el haz, elevadas y densamente seríceas en el envés, glabrescentes, la nervadura terciaria mayormente percurrente, la base aguda u obtusa, el ápice acuminado, el acumen hasta 10-20 mm; pecíolo 7-15(-20) × 2-4 mm, muy dispersamente cubierto con tricomas blanquecinos adpresos de c. 0.2 mm o glabro. Inflorescencias solitarias sobre tallos afilos o agregadas sobre el tronco principal; flores solitarias; pedúnculo c. 4 × 4 mm (en fruto); pedicelo 18-23 × c. 3 mm (en la base), 3-4 mm de diámetro en el ápice (en fruto), glabro; brácteas no vistas; sépalos no vistos; pétalos externos c. 31 mm; pétalos internos c. 27 × 9 mm, elípticos; estambres no vistos. Monocarpos 20-43, 11-17 × 11-12 mm, elipsoides, glabros, la base redondeada, el ápice redondeado y a menudo apiculado; estípite 17-30 × 1.5-2 mm; semilla c. 12 × 10 mm, elipsoide, foveolada. *Selvas altas perennifolias*. CR (*Aguilar 467*, MO). 40-300 m. (Endémica).

2. Cremastosperma panamense Maas, *Proc. Kon. Ned. Akad. Wetensch., C* 89: 254 (1986). Holotipo: Panamá, *Johnston 1812* (MO!). Ilustr.: Maas et al., *Proc. Kon. Ned. Akad. Wetensch., C* 89: 255, t. 5-6 (1986).

Arbustos a árboles hasta 7(-20) m; tallos 3-10 cm de diámetro, glabros o algunas veces en el ápice con tricomas blancos de hasta 0.2 mm, verrugosos. Hojas 7-22 × 2-7 cm, angostamente elípticas a elípticas, cartáceas, glabras en el haz y el envés, con protuberancias ceráceas diminutas, la vena media levemente elevada en el haz y sulcada en la base, elevada en el envés, las venas secundarias 5-10 pares, escasamente elevadas en el haz, elevadas en el envés, la nervadura terciaria reticulada, la base aguda a obtusa hasta cuneada, el ápice acuminado, el acumen 5-25 mm; pecíolo 2-10 × 1-2.5 mm, glabro. Inflorescencias axilares entre las hojas, generalmente solitarias o rara vez varias agregadas, con 1 flor; pedúnculos 1-3 × 0.5-1 mm, 1-2 mm de diámetro (en fruto), escasamente cubiertos con tricomas adpresos, algunas veces con 1-pocas brácteas de 1 mm, pubérulas, ciliadas; pedicelos 10-25 × 0.5-0.8 mm (en la base) y hasta c. 1 mm de diámetro (en el ápice), c. 1.2 mm en la base y hasta c. 2 mm en el ápice (en fruto), glabros o escasamente cubiertos con tricomas adpresos, con una articulación basal, con 2 brácteas, una abajo de la articulación y la otra arriba de esta, la bráctea inferior similar a las brácteas pedunculares, la bráctea superior 0.7-1.5 × 0.7-1.5 mm, triangular-ovada a ampliamente elíptica, pubérula, ciliada, persistente; sépalos 1.5-3 × 1.5-3 mm, ampliamente ovados, glabros, los márgenes ciliados, el ápice redondeado, a menudo persistentes; pétalos externos 7-18 × 4-6 mm, angostamente ovados a angostamente elíptico-ovados, glabros, los márgenes ciliados, el ápice redondeado; pétalos internos 6.5-25 × 4-6 mm, ovados, glabros, los márgenes ciliados, el ápice obtuso a redondeado; estambres 1.2-1.5 mm, los filamentos c. 0.1 mm, el conectivo deprimido y truncado, 5-angulado; carpelos hasta 35. Monocarpos 3-10(-25) × 7-11 mm, globosos, glabros, el ápice rara vez apiculado; estípite 7-21 × 1-1.5(-3) mm, glabro; semilla 5-12 × 6-10 mm, ancha y transversalmente elipsoide a globosa. *Selvas altas perennifolias*. P (*Herrera et al. 1231*, MO). 0-800 m. (Endémica).

3. Cremastosperma westrae Pirie, *Blumea* 50: 58 (2005). Holotipo: Panamá, *Liesner 682* (MO!). Ilustr.: Pirie, *Blumea* 50: 59, t. 9 (2005b).

Árboles hasta 8 m; tallos dispersa a densamente cubiertos con tricomas pardos adpresos de hasta 0.1 mm. Hojas (15-)30-50 × (8-)12-20 cm, angostamente elípticas u obovado-oblanceoladas, cartáceas a coriáceas, glabras y brillantes en el haz, escasamente cubiertas con tricomas blanquecinos adpresos de c. 0.1 mm en el envés, la vena media levemente elevada en el haz, elevada y densamente serícea en el envés, glabrescente, las venas secundarias 8-12 pares, levemente elevadas en el haz, elevadas y densamente seríceas en el envés, glabrescentes, la nervadura terciaria mayormente percurrente, la base aguda y decurrente a lo largo del pecíolo, el ápice abruptamente cuspidado, el acumen 10-20 mm; pecíolo 6-20 × 3-6 mm, dispersa a densamente cubierto con tricomas pardos adpresos de c. 0.1 mm, verrugoso, tornándose negro cuando seco. Inflorescencias axilares en nudos generalmente afilos; flores solitarias; pedúnculo 2-3 × 2-3 mm (en fruto); pedicelo 6-17 × 2-3 mm (en fruto), con una bráctea 1-1.5 mm, obtusa, a 5-10 mm arriba de la base; sépalos 2.5-3 × 2.5-3 mm, redondeados, densamente cubiertos con tricomas pardos adpresos, el ápice redondeado; pétalos externos c. 9 × 5 mm, elípticos a ampliamente elíptico-ovados, densamente cubiertos con tricomas pardos adpresos, el ápice redondeado; pétalos internos c. 8 × 4 mm, elípticos, densamente cubiertos con tricomas pardos adpresos, el ápice obtuso a redondeado; estambres c. 1.3 mm, glabros. Monocarpos 6-10, 18-22 × 10-12 mm, elipsoides, glabros, la base redondeada, el ápice redondeado y frecuentemente apiculado; estípite 4-14 × 1-2 mm; semilla c. 16 × 10 mm, elipsoide, arrugada y foveolada. *Selvas altas perennifolias*. P (*Sugden 613*, MO). 50-600 m. (Endémica).

5. Cymbopetalum Benth.

Por G.E. Schatz.

Arbolitos hasta árboles; tallos frecuentemente lenticelados, glabros o inicialmente pubérulos hasta cortamente seríceos, glabrescentes. Hojas perennes, membranáceas a subcoriáceas, algunas veces buliformes o rugulosas en el haz, la vena media aplanada en el haz, marcadamente elevada en el envés, la nervadura broquidódroma a rara vez eucamptódroma; pecíolo terete o acanalado, diminutamente alado. Flores solitarias, péndulas, terminales pero pareciendo internodales u opuestas a la hoja; pedicelos sin brácteas; sépalos 3(4), libres o connados en la base, valvares; pétalos 6(8), libres, en 2 verticilos bastante diferenciados, valvares, los pétalos externos membranáceos a cartáceos, delgados, aplanadas, los pétalos internos generalmente gruesos, carnosos, cimbiformes, la base angostada hasta una uña, los márgenes incurvados o involutos; receptáculo floral convexo, aplanado apicalmente; estambres numerosos; anteras extrorsas, los conectivos hexagonales, truncados a ampliamente cónicos; gineceo apocárpico; estigmas connados en una cabezuela que se desprende como unidad; óvulos en 1 o 2 hileras. Fruto un agregado de monocarpos libres, constrictos alrededor de las semillas (torulosos) o no así, estipitados, abaxialmente dehiscentes, el ápice agudo y algunas veces rostrado a redondeado; semillas en 1 hilera recta o rara vez en zigzag o en 2 hileras completas, aplanadas elipsoides, pardas a negras, brillantes, cubiertas por un arilo bilobado anaranjado a rojo. 27 spp., desde México (Nayarit) hasta Bolivia y Brasil; 10 spp. en Mesoamérica.

Bibliografía: Murray, N.A. *Syst. Bot. Monogr.* 40: 5-87 (1993).

1. Óvulos y semillas en 2 hileras completas; monocarpos cilíndricos a elipsoides u oblongoides, no constrictos alrededor de las semillas, el ápice redondeado.
2. Pétalos externos 25-33 × 20-26 mm; monocarpos 85-135 mm; semillas 23-34 mm. **9. C. steyermarkii**
2. Pétalos externos 8-21 × 7-16 mm; monocarpos hasta 85 mm; semillas 10-16 mm.
3. Carpelos 7-15; pétalos internos c. 1 mm de grueso; monocarpos rectos. **2. C. costaricense**
3. Carpelos 13-36; pétalos internos 2-3.5 mm de grueso; monocarpos escasamente curvados.
4. Pétalos internos rugulosos por dentro, la uña 3-5 × 3-10 mm; estípite de los monocarpos 4-8 mm; tallos glabrescentes. **1. C. baillonii**
4. Pétalos internos escasamente estriados por dentro, no rugulosos, la uña indistinta; estípite de los monocarpos 6-14 mm; tallos tomentulosos. **4. C. mayanum**
1. Óvulos y semillas en 1 hilera recta o rara vez en zigzag; monocarpos cilíndricos, torulosos, el ápice generalmente rostrado o menos frecuentemente agudo a obtuso.
5. Pedicelos c. 6.5 cm o frecuentemente mucho más largos.
6. Sépalos 6-10 × 7-12 mm; monocarpos 40-65 mm, con rostro 4-5 mm. **6. C. penduliflorum**
6. Sépalos 3-6 × 3-7 mm; monocarpos 10-40 mm, con rostro 1-2 mm.
7. Carpelos 20-35(-63); pétalos internos con los márgenes y el ápice involutos; hojas con frecuencia marcadamente buliformes. **3. C. lanugipetalum**
7. Carpelos 5-10; pétalos internos con los márgenes incurvados a escasamente involutos, el ápice erecto; hojas no buliformes. **5. C. mirabile**
5. Pedicelos hasta 4 cm.
8. Pecíolo 1-2 mm; uña basal de los pétalos internos evidente de 1-2 × 4-6 mm, el ápice involuto. **8. C. stenophyllum**
8. Pecíolo 2-8 mm; uña basal de los pétalos internos indistinta, el ápice erecto a escasamente reflexo, no involuto.
9. Tallos glabrescentes; hojas escasa a marcadamente rugulosas en el haz; monocarpos con semillas dispuestas en zigzag, el ápice agudo a obtuso, rara vez escasamente rostrado. **7. C. rugulosum**
9. Tallos gris-pubérulos; hojas lisas en el haz, no rugulosas; monocarpos con semillas dispuestas en línea recta, el ápice conspicuamente rostrado. **10. C. torulosum**

1. Cymbopetalum baillonii R.E. Fr., *Acta Horti Berg.* 10: 190 (1931). Holotipo: México, Veracruz, *Liebmann 29* (C!). Ilustr.: no se encontró.

Árboles hasta 20 m; tallos pubérulos, glabrescentes. Hojas 3.1-25.5 × 2.3-8.1 cm, oblongas a elípticas, cartáceas a subcoriáceas, glabrescentes, la vena media aplanada en el haz, elevada en el envés, escasamente pubérula, la nervadura broquidódroma, las venas secundarias 10-15 pares, aplanadas en el haz, escasamente elevadas en el envés, la base cuneada a redondeada, menos frecuentemente aguda, oblicua, el ápice abruptamente acuminado a cuspidado, el acumen hasta 1 cm; pecíolo 3-7 mm, aplanado por arriba, glabrescente. Pedicelos 2.8-5.2 cm, escasamente pubérulos; sépalos 3-5 × 4-8 mm, connados en la base, ampliamente ovados, pubérulos, el ápice agudo; pétalos externos 12-16 × 10-16 mm, ovados a redondeados, pubérulos, las venas escasamente elevadas por dentro, lisos por fuera, el ápice agudo a obtuso; pétalos internos 20-23 × 20-23 mm, 2-3 mm de grueso, redondeados a elípticos, papilosos, rugulosos por dentro, con la vena media profundamente impresa por fuera, la uña 3-5 × 3-10 mm, los márgenes y el ápice obtuso a redondeado-incurvados; estambres 3-4.5 mm, los conectivos pulviniformes; carpelos 19-36; ovarios 2.5-3.5 mm; estigmas 1.5-2.5 mm, columnares; óvulos 18-30, en 2 hileras. Monocarpos 50-72 × 25-30 mm, no constrictos alrededor de las semillas, oblongoides, escasamente curvados, glabros, el ápice redondeado; estípite 4-8 mm; semillas 15-22 por monocarpo, en 2 hileras completas, 10-15 × 6-9 × 4-6 mm. *Selvas altas perennifolias*. T (*Rico & Martínez S. 747*, MO); Ch (*Breedlove 35018*, MO). 0-700 m. (México [Oaxaca, Puebla, Veracruz], Mesoamérica).

2. Cymbopetalum costaricense (Donn. Sm.) Saff., *J. Washington Acad. Sci.* 2: 235 (1912). *Asimina costaricensis* Donn. Sm., *Bot. Gaz.* 23: 2 (1897). Sintipo: Costa Rica, *Tonduz 8709* (US!). Ilustr.: no se encontró.

Árboles hasta 15 m; tallos escasamente pubérulos, pronto glabrescentes. Hojas (2.8-)5.2-27.3 × 2.5-10 cm, elípticas, membranáceas a cartáceas, glabras, la vena media escasamente elevada en el haz, pero aplanada hacia la base, elevada en el envés, la nervadura ligeramente broquidódroma, las venas secundarias 8-12 pares, aplanadas en el haz, escasamente elevadas en el envés, la base cuneada a obtusa, ligeramente decurrente, el ápice acuminado a cuspidado, el acumen hasta 2.5 cm; pecíolo 3-9 mm, aplanado por arriba, glabrescente. Pedicelos 1.6-8.5 cm, glabros; sépalos 2-4 × 3-6 mm, connados en la base, ampliamente ovados, glabros, el ápice obtuso a agudo; pétalos externos 8-18 × 7-13 mm, ampliamente ovados, glabrescentes, las venas escasamente elevadas por dentro, el ápice agudo; pétalos internos 11-21 × 8-14 mm, c. 1 mm de grueso, elípticos a redondeados, lisos por dentro, pubérulos, lisos por fuera, pubérulos a lo largo de la vena media, la uña 2-4 × 4-6 mm, los márgenes incurvados a involutos, el ápice agudo, incurvado; estambres 2.5-3 mm, los conectivos deprimidos y truncados; carpelos 7-15; ovarios 1.8-2.5 mm; estigmas 1.4-2 mm, columnares; óvulos 10-16, en 2 hileras. Monocarpos 35-60 × 20-30 mm, no constrictos alrededor de las semillas, elipsoides, rectos, glabros, el ápice redondeado; estípite 3-12 mm; semillas 9-12 por monocarpo, en 2 hileras completas, 10-15 × 5-9 × 4-6 mm. *Selvas altas perennifolias*. CR (*Robles 1623*, MO); P (*Croat 38135*, MO). 0-1200 m. (Endémica).

Los ejemplares *Thomsen 1047* (MO) y *Thomsen 829* (MO) de la estación BOSCOSA, Costa Rica, 3.5 km oeste de Rincón, posiblemente son híbridos entre *Cymbopetalum costaricense* y *C. lanugipetalum*. Tienen el pedicelo de más de 11 cm, c. 12 venas laterales, 5-10 monocarpos, las semillas en 2 hileras, y el ápice escasamente agudo (no completamente redondeado). También hay híbridos entre *C. costaricense* y *C. torulosum* en la Estación Biológica La Selva en Costa Rica.

3. Cymbopetalum lanugipetalum Schery, *Ann. Missouri Bot. Gard.* 28: 427 (1941). Holotipo: Panamá, *Woodson & Schery 191a* (MO!). Ilustr.: no se encontró.

Arbolitos hasta 5 m; tallos pubérulos, persistentes o glabrescentes. Hojas 6.2-37 × 2-11 cm, elípticas hasta algunas veces lanceoladas, membranáceas a cartáceas y frecuentemente buliformes, al inicio escasamente pubérulas basalmente en el haz, glabrescentes, pubérulas en el envés, glabrescentes, la vena media aplanada a impresa en el haz, marcadamente elevada en el envés, pubérula, la nervadura broquidódroma, las venas secundarias 10-18 pares, aplanadas en el haz, elevadas en el envés, la base aguda a redondeada, oblicua, el ápice acuminado, el acumen hasta 2.5 cm; pecíolo 1-3 mm, pubérulo. Pedicelos 6.5-40 cm, pubérulos, glabrescentes; sépalos 3-6 × 3-7 mm, libres, ampliamente ovados, escasamente pubérulos, glabrescentes; pétalos externos 15-23 × 10-17 mm, ovados, cartáceos, el ápice agudo; pétalos internos 21-40 × 21-27 mm, 1-2 mm de grueso, oblongos a ampliamente elípticos, inicialmente pubérulos, glabrescentes, lisos por dentro o rara vez las venas escasamente elevadas, lisos por fuera o frecuentemente las venas impresas, la uña indistinta, los márgenes involutos, el ápice abruptamente cuspidado, involuto; estambres 4.8-6.3 mm, el conectivo capitado; carpelos 20-35(-63); ovarios 2.2-3.5 mm; estigmas 4-6 mm, conduplicados; óvulos 3-7, en 1 hilera. Monocarpos 10-40 × c. 10 mm, torulosos, ligeramente curvados, glabrescentes, el ápice con rostro de 1-2 mm; estípite 3-20 mm; semillas 1-5 por monocarpo, en 1 hilera recta, 10-12 × 6-8 × 4-5 mm. *Selvas altas perennifolias*. CR (*Ocampo 88*, MO); P (*McPherson 6935*, MO). 0-850 m. (Mesoamérica, Colombia).

4. Cymbopetalum mayanum Lundell, *Wrightia* 5: 25 (1974). Holotipo: Guatemala, *Lundell 15964* (LL). Ilustr.: no se encontró.

Árboles hasta 25 m; tallos dorado a pardo-tomentulosos. Hojas 5.7-24.4 × 2.9-7.3 cm, elípticas a oblongas, cartáceas a subcoriáceas, inicialmente seríceas en el envés, glabrescentes, la vena media aplanada en el haz, elevada en el envés, tomentulosa o glabrescente, la nervadura broquidódroma, las venas secundarias 9-16 pares, aplanadas en el haz, escasamente elevadas en el envés, la base obtusa a redondeada, oblicua, el ápice acuminado a cuspidado, el acumen hasta 2.5 cm; pecíolo 3-5 mm, aplanado por arriba, tomentuloso. Pedicelos 3.3-11.5 cm en flor, hasta 12 cm en fruto, tomentulosos; sépalos 3-5 × 3-5 mm, libres, ampliamente ovados, pubérulos por fuera, el ápice acuminado; pétalos externos 13-21 × 10-16 mm, ovados, densamente pubérulos por fuera, el ápice agudo; pétalos internos 15-25 × 16-22 mm, 2-3.5 mm de grueso, redondeados, escasamente estriados por dentro, no rugulosos, la vena media impresa por fuera, pubérulos, la uña indistinta, los márgenes y el ápice obtusos e incurvados; estambres 3-4.5 mm, los conectivos deprimidos y truncados; carpelos 13-25; ovarios 3-3.5 mm; estigmas 1-2 mm, columnares; óvulos 20-28, en 2 hileras. Monocarpos 22-85 × 11-25 mm, no constrictos alrededor de las semillas, oblongoides, escasamente curvados, glabrescentes, el ápice redondeado; estípite 6-14 mm, inicialmente pubérulo, glabrescente; semillas 6-28 por monocarpo, en 2 hileras completas, 12-16 × 6-8 × 4-6 mm. *Selvas altas perennifolias*. T (*Matuda 3237*, F); Ch (*Breedlove & McClintock 34114*, MO); B (*Davidse 35791*, MO); G (*Contreras 8867*, MO); H (*Hazlett 1603*, MO). 100-1540 m. (Endémica).

5. Cymbopetalum mirabile R.E. Fr., *Acta Horti Berg.* 10: 192 (1931). Holotipo: México, Chiapas, *Ghiesbreght 721* (K!). Ilustr.: no se encontró.

Cymbopetalum longissimum Lundell.

Arbolitos hasta 6 m; tallos cortamente seríceos inicialmente, pronto glabrescentes. Hojas 12-21.8 × 3.2-6 cm, angostamente elípticas a oblongas, cartáceas a subcoriáceas, glabras, la vena media elevada en el haz y el envés, glabrescente, la nervadura broquidódroma, las venas secundarias 12-23 pares, aplanadas en el haz, escasamente elevadas en el envés, la base obtusa a redondeada, oblicua, el ápice acuminado, el acumen hasta 2 cm; pecíolo 1-3 mm, aplanado por arriba, pubérulo, glabrescente. Pedicelos 8-25 cm, glabrescentes; sépalos 3-4 × 4-6 mm, libres, ampliamente ovados, glabrescentes, el ápice agudo; pétalos externos 9-13 × 10-15 mm, ampliamente ovados, pubérulos, la vena media elevada por dentro, el ápice agudo; pétalos internos 22-30 × 12-18 mm, c. 1.5 mm de grueso, elípticos, pubérulos, lisos por dentro y por fuera, la uña indistinta hasta 1-2 × c. 4 mm, los márgenes incurvados a escasamente involutos, el ápice agudo, erecto; estambres 2.8-3.4 mm, los conectivos pulviniformes con el ápice truncado; carpelos 5-10; ovarios 1.8-2.6 mm; estigmas 2.3-3.2 mm, columnares; óvulos 6-8, en 1 hilera. Monocarpos 30-40 × 12-14 mm, angostamente oblongoides, ligeramente torulosos y curvados, glabros, excepto pubérulos en la base y a lo largo de la sutura, el ápice con rostro hasta 1.5 mm; estípite 5-13 mm, pubérulo; semillas 4-6 por monocarpo, en 1 hilera recta, 12-15 × c. 7 × 4.5-6.5 mm. *Selvas altas perennifolias*. Ch (*Ton 4341*, MO); G (*Contreras 9134*, P). 0-1200 m. (Endémica).

6. Cymbopetalum penduliflorum (Dunal) Baill., *Adansonia* 8: 268 (1867-1868 [1868]). *Unona penduliflora* Dunal, *Monogr. Anonac.* 100 (1817). Lectotipo (designado por Murray, 1993): *Sessé & Mociño*, Ilustr. Hunt Inst. 6331.0097. Ilustr.: Dunal, *Monogr. Anonac.* t. 28 (1817), como *U. penduliflora*.

Árboles hasta 15 m; tallos cortamente seríceos inicialmente, luego glabrescentes. Hojas 11-17 × 3.1-6 cm, elípticas a oblongas, cartáceas a subcoriáceas, glabras, la vena media aplanada a impresa hacia la base en el haz, elevada en el envés, la nervadura ligeramente broquidódroma, las venas secundarias 12-16 pares, aplanadas y evidentes en el haz, elevadas en el envés, la base obtusa a redondeada, oblicua, el ápice acuminado; pecíolo 2-4 mm, aplanado por arriba, cortamente seríceo. Pedicelos 9-17 cm, escasamente subpubérulos; sépalos 6-10 × 7-12 mm, connados en la base, ampliamente ovados, pubérulos, el ápice agudo; pétalos externos 17-24 × 14-20 mm, ovados, pubérulos, el ápice agudo; pétalos internos 23-32 × 18-25 mm, 1.5-2 mm de grueso, ampliamente ovados, pubérulos, lisos y con las venas escasamente elevadas por dentro, lisos por fuera, la uña indistinta hasta 1 × 4-6 mm, los márgenes involutos, el ápice agudo, involuto a erecto; estambres 4-5 mm, los conectivos capitados, generalmente papilosos; carpelos 14-21; ovarios 3.6-5.5 m; estigmas 1.6-2.6 mm, columnares; óvulos 10-19, en 1 hilera. Monocarpos 40-65 × 15-18 mm, cilíndricos, escasamente curvados, glabros, con rostro 4-5 mm; estípite 10-16 mm; semillas 4-6(-10) por monocarpo, en 1 hilera recta, 14-16 × 9-10 × 5-6 mm. *Selvas altas perennifolias*. G (*Steyermark 51855*, F). 1200-1400 m. (Endémica).

No se ha podido confirmar la distribución de *Cymbopetalum penduliflorum* fuera de Guatemala. El lectotipo es una ilustración que no se puede confirmar si es o no de México.

7. Cymbopetalum rugulosum N.A. Murray, *Syst. Bot. Monogr.* 40: 54 (1993). Holotipo: Panamá, *Hammel 2503* (MO!). Ilustr.: Murray, *Syst. Bot. Monogr.* 40: 56, t. 19a-c (1993).

Arbolitos hasta 5 m; tallos escasamente pubérulos, glabrescentes. Hojas 6.2-30 × 3.2-10 cm, elípticas a oblanceoladas, cartáceas, glabras, rugulosas y algunas veces ligeramente escabrosas en el haz, la vena media aplanada a escasamente elevada hacia la base en el haz, marcadamente elevada en el envés, la nervadura broquidódroma, las venas secundarias 9-14 pares, aplanadas a escasamente elevadas en el haz, elevadas en el envés, la base cuneada, el ápice acuminado, el acumen hasta 1.7 cm; pecíolo 3-8 mm, aplanado por arriba, pubérulo. Pedicelos 3.1-4 cm en la flor, hasta 7.5 cm en fruto; sépalos c. 6 × 5 mm, connados en la base, ampliamente ovados, glabros, el ápice apiculado; pétalos externos 15-21 × 11-12 mm, ovados, cartáceos, el ápice agudo; pétalos internos 24-28 × 11-15 mm, c. 1 mm de grueso, oblongos a ovados, escasamente pubérulos, lisos a escasamente corrugados por dentro, lisos o la vena media escasamente elevada por fuera, la uña indistinta, los márgenes involutos, el ápice agudo a abruptamente acuminado, erecto a escasamente reflexo; estambres 4-5 mm, el conectivo truncado, pubérulo; carpelos 10-17; ovarios 2-3.5 mm; estigmas 2.5-3 mm, columnares; óvulos 6-9, en 1 hilera. Monocarpos 8-32 × 8-10 mm, torulosos, glabros, el ápice agudo a obtuso, rara vez escasamente rostrado; estípite 12-19 mm; semillas 1-4 por monocarpo en 1 hilera dispuestas en zigzag, 11-15 × 8-10 × c. 5 mm. *Selvas altas perennifolias*. P (*McPherson & Aranda 10184*, MO). 10-900 m. (Endémica).

8. Cymbopetalum stenophyllum Donn. Sm., *Bot. Gaz.* 20: 2 (1895). Sintipo: Guatemala, *Donnell Smith 1491* (US-[nr] 1391605!, US-[nr] 1391606!). Ilustr.: Murray, *Syst. Bot. Monogr.* 40: 52, t. 17 (1993).

Arbolitos hasta 7 m; tallos inicialmente pubérulos, pronto glabrescentes. Hojas 3.9-22 × 2.1-5.5 cm, angostamente elípticas, membranáceas, glabras, la vena media elevada en el haz y el envés, pubérula, glabrescente, la nervadura broquidódroma, las venas secundarias 9-14 pares, aplanadas en el haz, elevadas en el envés, la base cuneada a aguda, ligeramente oblicua, el ápice agudo a acuminado, el acumen hasta 2 cm; pecíolo 1-2 mm, aplanado por arriba, glabrescente. Pedicelos 1.8-3.4 cm en la flor, hasta 6 cm en fruto, glabros; sépalos 3-5 × 3-6 mm, connados en la base, ampliamente ovados, el ápice agudo a obtuso; pétalos externos 17-18 × 11-13 mm, ovados, pubérulos, las venas escasamente elevadas por dentro, el ápice agudo; pétalos internos 17-22 × 11-14 mm, c. 0.5 mm de grueso, elípticos, pubérulos, las venas escasamente elevadas por dentro, lisos por fuera o la nervadura impresa, la uña 1-2 × 4-6 mm, los márgenes y el ápice agudo-involutos; estambres 4-5.6 mm, el conectivo truncado; carpelos 9-19; ovarios 2.6-3.4 mm; estigmas 2.8-3.2 mm, columnares; óvulos 5-8, en 1 hilera. Monocarpos 32-45 × 9-13 mm, glabros, torulosos, curvados, con rostro hasta 4 mm; estípite 8-11 mm, pubérulo, glabrescente; semillas 4-6 por monocarpo, en 1 hilera recta, 10-11 × c. 7 × 5-6 mm. *Selvas altas perennifolias*. Ch (*Matuda 0625*, MO); G (*Donnell Smith 1491*, K); ES (*Rosales 677*, MO). 80-700 m. (Endémica).

9. Cymbopetalum steyermarkii N.A. Murray, *Syst. Bot. Monogr.* 40: 35 (1993). Holotipo: Guatemala, *Steyermark 49470* (F!). Ilustr.: Murray, *Syst. Bot. Monogr.* 40: 37, t. 13 (1993).

Árboles hasta 23 m; tallos cortamente seríceos inicialmente, luego glabrescentes. Hojas 10-24.5 × 2.7-4.3 cm, elípticas, glabras, la vena media aplanada en el haz, elevada en el envés, glabra, la nervadura broquidódroma, las venas secundarias 10-14 pares, aplanadas en el haz, escasamente elevadas en el envés, la base cuneada a redondeada, el ápice agudo a acuminado, el acumen hasta 1.1 cm; pecíolo 3-5 mm, aplanado por arriba, glabrescente. Pedicelos 2.5-7.2 cm, glabros; sépalos 3-6 × c. 6 mm, libres, ampliamente ovados, pubérulos, el ápice agudo; pétalos externos 25-33 × 20-26 mm, ampliamente ovados, pubérulos, verrugosos, las venas escasamente elevadas por dentro, el ápice agudo; pétalos internos 25-35 × 21-25 mm, c. 2 mm de grueso, ovados a elípticos, pubérulos, verrugosos, las venas elevadas por dentro, impresas por fuera, la uña indistinta, los márgenes y el ápice agudo-involutos; estambres 3.4-4 mm, el conectivo truncado; carpelos 24-31; óvulos 14-22, en 2 hileras. Monocarpos 85-135 × 35-55 mm, no constrictos alrededor de las semillas, oblongoides, glabros, el ápice redondeado; estípite 4-5 mm; semillas 14-22 por monocarpo, en 2 hileras completas, 23-34 × 11-14 mm. *Selvas altas y medianas perennifolias*. Ch (*Martínez S. et al. 20686*, MO); G (*Steyermark 49470*, US). 200-1150 m. (México [Oaxaca], Mesoamérica).

10. Cymbopetalum torulosum G.E. Schatz, *Ann. Missouri Bot. Gard.* 72: 535 (1985). Holotipo: Costa Rica, *Schatz & Grayum 1029* (MO!). Ilustr.: Schatz, *Ann. Missouri Bot. Gard.* 72: 536, t. 1-2, t. 4 (1985).

Arbolitos hasta 5 m; tallos gris-pubérulos. Hojas 8.8-29 × 3.6-9.4 cm, elípticas hasta en ocasiones oblanceoladas, membranáceas, frecuentemente buliformes, al inicio escasamente pubérulas, glabrescentes, la vena media escasamente elevada en el haz, pubérula, marcadamente elevada en el envés, pubérula, la nervadura broquidódroma, las venas secundarias 12-22 pares, aplanadas en el haz, escasamente elevadas en el envés, la base cuneada, el ápice acuminado a cuspidado, el acumen hasta 3.5 cm; pecíolo 2-6 mm, aplanado por arriba, pubérulo, glabrescente. Pedicelos 2-4 cm en la flor, hasta 5.3 cm en fruto, pubérulos; sépalos 3-5 × 4-5 mm, libres, ampliamente ovados, pubérulos, los márgenes escasamente revolutos, el ápice agudo; pétalos externos 11-16 × 10-15 mm, ampliamente ovados, pubérulos, el ápice agudo; pétalos internos 16-25 × 10-14 mm (hasta 36 × 24 mm en material fresco), hasta 1 mm de grueso, ampliamente ovados a elípticos, pubérulos, la uña indistinta, los márgenes involutos, el ápice agudo, erecto; estambres 3-3.5 mm, el conectivo truncado; carpelos 8-25; ovarios 2-3.2 mm; estigmas 1.2-2.2 mm, columnares; óvulos 7-12, en 1 hilera. Monocarpos 13-80 × c. 10 mm, torulosos, glabros, el ápice con rostro 2-5 mm; estípite 8-15 mm, inicialmente pubérulo, glabrescente; semillas 1-10 por monocarpo, en 1 hilera recta, 11-13 × 6-7 × 4-5 mm. *Selvas altas perennifolias*. N (*Moreno & Robleto 26013*, MO); CR (*Haber et al. 1843*, MO); P (*Stern & Chambers 127*, MO). 40-1000 m. (Endémica).

6. Desmopsis Saff.

Stenanona Standl.

Por G.E. Schatz.

Arbustos a árboles pequeños o enanos, rara vez clonales y luego dispersándose vegetativamente por vástagos subterráneos; tallos teretes, dispersa a densamente cubiertos con tricomas adpresos o erectos, a menudo glabrescentes. Hojas perennes, dísticas, membranáceas a cartáceas, la nervadura secundaria semicraspedódroma o ligera a marcadamente broquidódroma, la nervadura terciara reticulada o rara vez percurrente, la vena media impresa a aplanada en el haz, marcadamente elevada en el envés, la base cuneada a redondeada y frecuentemente redondeada a ligeramente subcordado-emarginada a cordada en el punto de unión con el pecíolo, con frecuencia ligeramente oblicua, el ápice acuminado a caudado; pecíolo a veces engrosado, terete hasta ligera a marcadamente acanalado. Inflorescencias en ripidios con pocas flores, terminales pero pareciendo opuestos a las hojas o internodales, rara vez caulifloras en las ramas más viejas (ramifloras) o en el tronco principal (truncifloras a basifloras) o rara vez flagelifloras, pedunculadas, las flores péndulas, amarillas o crema o rosado-salmón a vino o rojo sangre o moradas, en la antesis con un fuerte olor a banano maduro o a veces con olor a vino o a moho; pedicelo generalmente axilar a una bráctea foliácea o algunas veces a una bráctea basal escuamiforme, y con una segunda bráctea foliácea o escuamiforme a lo largo del pedicelo o la bráctea superior ausente; sépalos 3(4), valvares, libres o connados, frecuentemente persistentes en el fruto; pétalos 6 o a veces 8, en 2 verticilos valvares, más o menos iguales a subiguales o los 2 verticilos moderada a conspicuamente diferenciados, libres o connados y luego los márgenes de los pétalos internos fusionados a la superficie interna de los pétalos externos hacia la mitad, los márgenes de los pétalos externos libres, angostamente lineares a lanceolados, relativamente delgados y solo moderadamente carnosos, a veces con venas longitudinales escasamente elevadas por fuera, verrugosos o lisos por dentro, algunas veces con una mácula rojiza en la base por dentro y algunas veces con un cuerpo alimenticio en la base de los pétalos internos; estambres numerosos, unidos al toro por fibras helicoidales, filiformes, las anteras no septadas, el conectivo truncado-discoide o prolongado en un apéndice liguliforme o deltoide, ya sea horizontal y dirigido hacia el gineceo o vertical; gineceo apocárpico, los carpelos varios a numerosos; estaminodios ausentes; estigmas globosos a deprimido-globosos a claviformes o napiformes o piriformes, diminutamente tuberculado-papilosos, densamente tomentosos o escasamente setosos; ovarios elipsoidales a prismáticos, tomentosos a setosos; óvulos 1-8 (-17), laterales, 1-seriados o rara vez 2-seriados. Fruto un agregado de monocarpos libres, esféricos a cilíndrico-ovoides a elipsoides hasta claviformes, estipitados a casi sésiles, rojos a morado intenso o rara veces grises, lisos o rara vez con excrecencias laceradas laminares, el mesocarpo carnoso o rara vez leñoso; semillas discoides a hemisféricas cuando uniseriadas, algunas veces esféricas a elipsoides cuando el monocarpo tiene 1 sola semilla o hemidiscoides o cuadriesféricas cuando son biseriadas, pardo pálido a medio, opacas a escasamente brillantes, lisas o a veces cubiertas con remanentes de la pared del fruto, diminutamente foveoladas o sulcadas, el rafe como un canal superficial rodeando a la semilla, el endospermo ruminado de manera espiniforme, estipitiforme a lamelar. 42 spp., desde México hasta Colombia, 1 sp. en Cuba; 35 spp. en Mesoamérica.

Bibliografía: Schatz, G.E. & Maas, P.J.M. *Blumea* 55: 205-223 (2010). Schatz, G.E. et al. *Blumea* 63: 67-86 (2018a); *Novon* 31: 266-268 (2023).

1. Hojas con la nervadura terciaria marcadamente percurrente; pétalos internos con cuerpos alimenticios en la base; monocarpos con exocarpo y mesocarpo leñosos.
   2. Envés de las hojas densamente cubierto con tricomas pardo-dorados erectos. **9. D. dubia**
   2. Hojas con el envés glabro. **16. D. ibarrarum**
1. Hojas con la nervadura terciaria reticulada; pétalos internos sin cuerpos alimenticios en la base; monocarpos con exocarpo y mesocarpo carnosos.
   3. Verticilos de pétalos internos y externos fusionados una parte de su longitud.

4. Verticilos de pétalos internos y externos fusionados por c. 90 mm (más del 75 % de su longitud); carpelos c. 30; monocarpos brevemente estipitados, el estípite 4-6 mm. **33. D. tubiflora**
4. Verticilos de pétalos internos y externos fusionados por 4-5 mm (menos del 10 % de su longitud); carpelos 2-10; monocarpos sésiles.
5. Brácteas del pedicelo opuestas; inflorescencias generalmente truncifloras; óvulos 6-8, 2-seriados; monocarpos con excrecencias lamelado-laceradas. **7. D. costaricensis**
5. Brácteas del pedicelo alternas, separadas entre sí c. 1 mm; inflorescencias generalmente ramifloras; óvulos 2-4, 1-seriados; monocarpos lisos. **28. D. standleyana**
3. Verticilos de pétalos internos y externos libres.
6. Pétalos internos y externos diferenciados, los pétalos externos linear-triangulares, los internos lanceolados a angostamente ovado-triangulares; plantas clonales, dispersándose vegetativamente por vástagos subterráneos (desconocido en *Desmopsis monticola*); óvulo 1.
7. Pétalos 23-44 mm; sépalos c. 3 mm; pedicelos escasamente dorado-tomentosos; plantas sin verrugas diminutas, lenticulares; 130-140 m de elevación. **15. D. humilis**
7. Pétalos 10-20 mm, sépalos 1.5-2 mm; pedicelos densamente pelosos; hojas y monocarpos cubiertos con verrugas diminutas, lenticulares; 1000-1250 m de elevación. **21. D. monticola**
6. Pétalos internos y externos subiguales, linear-lanceolados a linear-triangulares; plantas no clonales; óvulos 2 o más.
8. Flores 4-meras; sépalos connados.
9. Hojas esencialmente glabras en el envés; inflorescencias truncifloras; pedicelos 8-12 mm. **5. D. cauliflora**
9. Hojas dorado-velutinas en el envés; inflorescencias dispuestas entre las hojas; pedicelos (75-)100-190 mm.
10. Venas secundarias 13-20 pares; pétalos 5-8 mm de ancho en la base, crema o blancos cuando vivos. **4. D. carrillensis**
10. Venas secundarias 9-13 pares; pétalos 2-4 mm ancho en la base, rojo vino los 5-10 mm basales y luego crema-blanco distalmente. **14. D. hondurensis**
8. Flores 3(4)-meras; sépalos libres, rara vez connados.
11. Hojas con indumento persistente, denso y velutino en el envés.
12. Pétalos rosado salmón a rosados, con 3 venas longitudinales. **29. D. stenopetala**
12. Pétalos amarillos, sin venas longitudinales.
13. Monocarpos 5-10.
14. Estípite 5-12 mm; pared de los monocarpos 2-4 mm de grueso. **24. D. oerstedii**
14. Estípite 2-5 mm; pared de los monocarpos 0.2-0.5 mm de grueso. **31. D. trunciflora**
13. Monocarpos 10-25.
15. Pedicelos 50-70 mm, hasta 120 mm en fruto; estípite 5-15 mm. **6. D. confusa**
15. Pedicelos 10-16 mm, hasta 26 mm en fruto; estípite 12-25 mm. **10. D. dukei**
11. Hojas glabras o inicialmente con indumento disperso en el envés, glabrescentes con escasos tricomas adpresos a lo largo de las venas y los márgenes.
16. Óvulos/semillas en 2 hileras.
17. Base de las hojas subcordada a cordada. **13. D. heteropetala**
17. Base de las hojas atenuada a redondeada.
18. Pedicelos 2.5-5 mm; carpelos/monocarpos 2-4. **32. D. tuberculata**
18. Pedicelos 20-140 mm; carpelos/monocarpos 5-20.
19. Bráctea basal del pedicelo foliosa, 10-15 mm. **30. D. talamancana**
19. Bráctea basal del pedicelo escuamiforme, 0.6-3 mm.
20. Hojas 17-42 × 9-17 cm, verrugosas en ambos lados; pedicelos con brácteas basal y superior; Costa Rica y Panamá. **2. D. biseriata**
20. Hojas 8-21 × 3-8 cm, verrugosas solo en el envés; pedicelos solo con una bráctea basal; México.
21. Base de las hojas atenuada a aguda; pétalos crema a rosados, sin venas longitudinales. **20. D. migueliana**
21. Base de las hojas obtusa a redondeada; pétalos amarillos con venas longitudinales. **35. D. zoque**
16. Óvulos/semillas en 1 hilera.
22. Bráctea basal del pedicelo escuamiforme, 1-3 mm.
23. Sépalos pequeños, hasta 3 mm o generalmente menos.
24. Hojas con 6-8 venas secundarias por lado; monocarpos 2-5 (-11), 10-27 mm. **27. D. schippii**
24. Hojas con 8-14 venas secundarias por lado; monocarpos (3-) 6-12, 15-60 mm.
25. Hojas membranáceas, no verrugosas; pedicelo con la bráctea superior escuamiforme; monocarpos 15-45 × 15-26 mm; semillas 2-4; Honduras. **8. D. dolichopetala**
25. Hojas cartáceas, verrugosas; pedicelo sin bráctea superior; monocarpos 55-60 × 45-50 mm; semillas 6-8; Chiapas. **22. D. morenoi**
23. Sépalos más grandes, 3-20 mm.
26. Pétalos rosado salmón hasta el 1/2 y luego verdosos hasta el ápice. **26. D. quichensis**
26. Pétalos amarillos.
27. Hojas no verrugosas; monocarpos esféricos a elipsoides, con 1 o 2 semillas. **12. D. erythrocarpa**
27. Hojas verrugosas en ambos lados; monocarpos oblongoide-elipsoides a esféricos, con 2-7 semillas.
28. Tallos al inicio densamente cubiertos con tricomas adpresos; hojas 10-16 × 4-7 cm; pedicelos 10-15 mm; sépalos 4-6 mm, deciduos. **3. D. brachypoda**
28. Tallos glabros; hojas 13.1-40 × 4.3-17 cm; pedicelos 8-40 mm; sépalos 6-20 mm, a menudo persistentes. **34. D. verrucipes**
22. Bráctea basal del pedicelo foliosa, al menos 4 mm, algunas veces caduca.
29. Tallos densa o dispersamente cubiertos con tricomas persistentes erectos y/o adpresos.
30. Brácteas superiores del pedicelo foliosas 5-50 × 4-11 mm. **11. D. duran**
30. Brácteas superiores del pedicelo escuamiformes.
31. Hojas 2.7-10(-14) × 0.7-3.5(-4) cm; monocarpos esféricos a oblongoide-elipsoides, 4-13 mm; semillas 1 o 2. **17. D. lanceolata**
31. Hojas (3-)10-20(-26) × (1.7-)4-8(-9) cm; monocarpos elipsoide-oblongoides, 10-30 mm; semillas 2-7. **25. D. panamensis**
29. Tallos glabros o inicialmente cubiertos con tricomas adpresos, glabrescentes.
32. Hojas con el ápice agudo a abruptamente acuminado, el acumen hasta 5 mm, el extremo apical obtuso a redondeado; sépalos 2-4 mm. **1. D. bibracteata**
32. Hojas con el ápice largamente acuminado, el acumen 5-35 mm, el extremo apical no marcadamente obtuso a redondeado; sépalos 3-15 mm.
33. Hojas a menudo verrugosas; bráctea superior escuamiforme o mayormente foliosa, el ápice de los pétalos incurvado; monocarpos dispersamente cubiertos con tricomas adpresos. **19. D. microcarpa**
33. Hojas no verrugosas; bráctea superior escuamiforme, el ápice de los pétalos no incurvados; monocarpos glabros.
34. Hojas no negras cuando secas; venas secundarias 6-8 pares; sépalos no acrescentes ni persistentes en fruto, 3-8 × 3-6 mm en flor; pared de los monocarpos 0.3-0.5 mm de grueso. **18. D. maxonii**

34. Hojas negras cuando secas; venas secundarias 9-12 pares; sépalos acrescentes y a menudo persistentes en fruto, hasta 22 × 14 mm; pared de los monocarpos 0.5-1 mm de grueso. **23. D. nigrescens**

1. Desmopsis bibracteata (B.L. Rob.) Saff., *Bull. Torrey Bot. Club* 43: 190 (1916). *Unona bibracteata* B.L. Rob., *Amer. J. Sci. Arts* ser. 3, 50: 175 (1895). Sintipo: Nicaragua, *Wright 1* (GH!). Ilustr.: no se encontró.

Arbustos o árboles hasta 7(-12) m; tallos 8-15 cm de diámetro, cubiertos con tricomas dorados, adpresos, dispersos, glabrescentes. Hojas (1.6-)3.1-16 × (0.7-)1.2-5.4 cm, angostamente elípticas a elípticas, membranosas, glabras y brillantes en el haz, glabras en el envés, la vena media levemente impresa a aplanada en el haz, elevada en el envés, las venas secundarias 9-14 pares, aplanadas a levemente elevadas en el haz y el envés, la nervadura terciaria reticulada, aplanada a levemente elevada en el haz, la base aguda y levemente atenuada, el ápice agudo a cortamente acuminado, el acumen hasta 5 mm, el extremo apical obtuso a redondeado; pecíolo 1.5-5 × c. 1 mm, dispersamente cubierto con tricomas adpresos, glabrescente. Inflorescencias con 1 o 2 flores, opuestas a la hoja; pedicelos 17-50 × 0.5-1 mm, hasta c. 2 mm de diámetro en fruto, glabros a dispersamente cubiertos con tricomas adpresos pardo pálido, la bráctea basal 4-20 × 4-22 mm, foliosa, ampliamente ovada a redondeada, glabra, la bráctea superior 3-4 × 3-4 mm, foliosa, ampliamente ovado-triangular; sépalos 2-4 × 2-5 mm, ampliamente ovado-triangulares, muy dispersamente cubiertos con tricomas adpresos por fuera, levemente reflexos; pétalos 11-25 × 5-9 mm, subiguales, ovados a ovado-triangulares, dispersamente cubiertos con tricomas adpresos por fuera, los márgenes revolutos, el ápice agudo pero el extremo apical redondeado y levemente reflexo. Monocarpos 10-30, 4-20 × 5-10 mm, esféricos a oblongoide-elipsoides, glabros, el ápice redondeado, por lo general fuertemente constrictos entre las semillas cuando secos, la pared c. 0.2 mm de grueso; estípite 6-17 × 0.5-1 mm; semillas 1-4, en 1 hilera, 5-13 mm de diámetro, 2-6 mm de grueso, esféricas, discoides o hemisféricas, sulcadas y diminutamente foveoladas. *Selvas altas o medianas subperennifolias*. ES (*Calderón 314*, US); N (*Robleto 923*, MO); CR (*Jiménez 955*, MO); P (*Pittier 3367*, US). 0-1400(-1800) m. (Endémica).

2. Desmopsis biseriata G.E. Schatz & Maas, *Blumea* 63: 71 (2018). Holotipo: Panamá, *Nee & Hansen 14106* (MO!). Ilustr.: Schatz et al., *Blumea* 63: 70, t. 1c (2018a).

Árboles hasta 5 m; tallos glabros. Hojas 17-42 × 9-17 cm, elípticas, cartáceas, verrugosas en ambos lados, glabras en el haz y el envés, excepto algunos tricomas a lo largo de la vena media en el envés, la vena media impresa en el haz, elevada en el envés, las venas secundarias 5-10 pares, elevadas en el haz y el envés, la nervadura terciaria reticulada, levemente elevada en el haz, la base obtusa, el ápice obtuso a acuminado, el acumen 10-15 mm; pecíolo 5-15 mm, glabro. Inflorescencias no vistas. Infrutescencias con un fruto solitario, opuesto a la hoja; pedicelos fructíferos 20-25 × 2-4 mm, las brácteas basal y superior escuamiformes, ampliamente ovado-triangulares, 1-2 mm. Monocarpos 5-20, 12-30 × 12-20 mm, elipsoide-oblongoides a esféricos, glabros, el ápice redondeado, levemente constrictos entre las semillas cuando secos; estípite 10-25 × 1-2 mm; semillas 2-14, en 2 hileras, 9-12 × 6-8 × c. 3 mm, hemidiscoides o cuadriesféricas, sulcadas y levemente foveoladas. *Selvas altas perennifolias*. CR (*Grayum et al. 8906*, MO); P (*Hernández et al. 663*, PMA). 0-600 m. (Endémica).

3. Desmopsis brachypoda G.E. Schatz & Maas, *Blumea* 63: 71 (2018). Holotipo: Panamá, *Monro & Cafferty 4904* (MO!). Ilustr.: Schatz et al., *Blumea* 63: 70, t. 1b, d-e (2018a).

Árboles hasta 8 m; tallos c. 10 cm de diámetro, densamente cubiertos con tricomas pardos adpresos, glabrescentes. Hojas 10-16 × 4-7 cm, elípticas, cartáceas, verrugosas en ambos lados, glabras en el haz, excepto con tricomas dispersos a lo largo de la vena media, densa a dispersamente cubiertas con tricomas adpresos en el envés, la vena media impresa en el haz, elevada en el envés, las venas secundarias 6-8 pares, levemente elevadas en el haz, la nervadura terciaria reticulada, levemente elevada en el haz, la base obtusa y levemente atenuada, el ápice agudo a acuminado, el acumen 5-10 mm; pecíolo 5-10 × c. 1 mm, densamente cubierto con tricomas adpresos pardos, glabrescente. Inflorescencias con 1 o 2(-8)-flores, opuestas a las hojas; pedicelos 10-15 × c. 1 mm, densamente cubiertos con tricomas adpresos, las brácteas basal y superior 1-3 mm, escuamiformes, ampliamente ovado-triangulares; sépalos 4-6 × 4-6 mm, ampliamente triangulares, densamente cubiertos por fuera con tricomas adpresos, reflexos; pétalos 15-21 × 3-4 mm, subiguales, angostamente triangulares, los márgenes revolutos, amarillos, densamente cubiertos por fuera con tricomas adpresos. Monocarpos 3-9, 10-22 × 7-15 mm, oblongoide-elipsoides, glabros, el ápice redondeado, levemente constrictos entre las semillas cuando secos, la pared c. 0.3 mm de grueso; estípite 4-11 × 1-3 mm; semillas 2-5, en 1 hilera, 9-11 mm de diámetro, 2-3 mm de grueso, discoides o hemisféricas, lisas a levemente foveoladas. *Bosques mesófilos de montaña*. P (*Monro & Cafferty 4692*, MO). 980-1300 m. (Endémica).

4. Desmopsis carrillensis (G.E. Schatz & Maas) G.E. Schatz & Ortiz-Rodr., *Novon* 31: 266 (2023). *Stenanona carrillensis* G.E. Schatz & Maas, *Blumea* 55: 207 (2010). Holotipo: Costa Rica, *Schatz & Young 962* (WIS!). Ilustr.: Schatz & Maas, *Blumea* 55: 209, t. 1a (2010), como *S. carrillensis*.

Árboles hasta 6 m; tallos densamente dorado-hirsuto-tomentosos. Hojas 18.5-32.3 × 5.4-9.9 cm, angostamente elípticas a lanceolado-elípticas, membranáceas, glabras, verde oscuro brillante en el haz cuando vivas, verde-grisáceo mate cuando secas, dorado-velutinas en el envés, la vena media ligeramente impresa en el haz, al inicio densamente dorado-tomentosa hacia la base, glabrescente, marcadamente elevada en el envés, densamente dorado-hirsuta, la nervadura broquidódroma, las venas secundarias 13-20 pares, marcadamente elevadas en el envés, densamente dorado-hirsutas, la base redondeada a obtusa, los márgenes densamente dorado-ciliados, el ápice largamente acuminado a acuminado-cuspidado; pecíolo 9-18 mm, engrosado, ligeramente acanalado, densamente dorado-hirsuto-tomentoso. Inflorescencias con hasta 2-5 flores, pero con 1 flor abierta a la vez; pedúnculo c. 4 mm, densamente dorado-tomentoso; pedicelos 100-123 mm, delgados, densamente dorado-tomentosos, axilares a una bráctea, esta c. 3.5 × 1.5 mm, ovada, densamente dorado-tomentosa, el ápice agudo, el pedicelo con una segunda bráctea diminuta de menos de 1 × 1 mm, dispuesta a c. 12 mm desde la base del pedicelo; sépalos 4, c. 10 × 7 mm, connados en la base, ampliamente ovados, densamente dorado-tomentosos por fuera, glabros por dentro, con la nervadura longitudinal, el ápice acuminado a cuspidado; pétalos 8, en 2 verticilos subiguales, 53-56 × 5-8 mm (los pétalos internos ligeramente más largos y más angostos que los externos), libres, triangular-lanceolados, atenuados uniformemente hasta menos de 1 mm de ancho justo abajo del ápice, aplanados, delgados, blanco-crema cuando vivos, tornándose a morado-rojizo cuando secos (o tratados con alcohol), escasamente blanco-tomentosos por dentro y por fuera, más densamente tomentosos hacia el ápice, con 5 venas longitudinales visibles por fuera, la base truncada, angostamente cóncavos proximalmente y presionados firmemente contra los estambres, los márgenes escasamente ciliados, el ápice acuminado; estambres c. 120, c. 1.4 mm, los filamentos c. 0.3 mm, las tecas c. 1.1 mm, el conectivo c. 0.7 mm de ancho, expandido, truncado-discoide, diminutamente tuberculado, rosa; carpelos c. 32; ovarios 1.3-1.5 mm, prismáticos, densamente setosos; estigmas c. 2 × 1 mm, piriformes, diminutamente papiloso-tuberculados, fusionados en una cabezuela que se desprende como unidad; óvulos 2 o 3, 1-seriados. Monocarpos hasta 15 × 10 mm, elipsoides a ovales, la base y el ápice redondeados, brevemente estipitados, cuando secos morados, densamente dorado-pubérulos; estípite c. 4 mm, densamente dorado-tomentoso; semilla madura desconocida. *Selvas altas perennifolias*. CR (*Schatz & Fetcher 1045*, CR). c. 370 m. (Endémica).

5. Desmopsis cauliflora (J.W. Walker) G.E. Schatz & Ortiz-Rodr., *Novon* 31: 266 (2023). *Reedrollinsia cauliflora* J.W. Walker, *Rhodora* 73: 461 (1971). Holotipo: México, Chiapas, *Walker 357* (GH!). Ilustr.: no se encontró.

Stenanona cauliflora (J.W. Walker) G.E. Schatz.

Árboles hasta 8 m; tallos escasamente adpreso-pubérulos, las yemas vegetativas densamente dorado-seríceas. Hojas 9.5-29.6 × 5.9-10.6 cm, elípticas a elíptico-obovadas, membranáceas, esencialmente glabras en el haz y el envés, solo con indumento blanco-adpreso muy escaso, la vena media impresa en el haz, más profundamente así hacia la base, marcadamente elevada en el envés, escasamente adpreso-pubérula, la nervadura broquidódroma, las venas secundarias 12-17 pares, solo escasamente elevadas en el envés, la base obtusa a redondeada, algunas veces ligeramente oblicua, el ápice acuminado a cuspidado, el acumen hasta 2 cm; pecíolo 13-20 mm, profundamente acanalado, escasamente adpreso-pubérulo. Inflorescencias condensadas, algunas veces con varias flores abiertas a la vez, truncifloras; pedicelos 8-12 mm, densamente dorado-adpreso-pubérulos, axilares a una bráctea de c. 2 × 2 mm, ovada, y con una segunda bráctea diminuta a c. 5 mm arriba de la base; sépalos 4, c. 15 × 7 mm, connados por c. 3 mm en la base, triangulares, el ápice acuminado, escasamente tomentosos; pétalos 8, en 2 verticilos subiguales, 60-105 × 7-9 mm, libres, linear-triangulares a angostamente triangulares, uniformemente atenuados hasta 2 mm de ancho justo abajo del ápice, aplanados, delgados, marrón, escasamente adpreso-pubérulos en la base por fuera y tornándose paulatina a densamente tomentosos hacia el ápice, ligeramente verrugosos hacia la base por dentro, con 3 venas mayores y 4 menores longitudinales escasamente elevadas, y una vena conectiva tenue solo escasamente visible en la base truncada de los pétalos internos, cóncavos proximalmente y apretadamente presionados contra los estambres, el ápice agudo; estambres c. 180, c. 2.6 mm, los filamentos c. 0.4 mm, las tecas c. 2 mm, el conectivo c. 0.2 mm de grueso, expandido-truncado-discoide; carpelos c. 120; ovarios c. 2 mm, prismáticos, tomentosos, setosos en la base; estigmas c. 0.9 mm de diámetro, globosos a napiformes, densa y cortamente setosos, unidos al ovario oblicuamente; óvulos 2-4, 1-seriados. Monocarpos hasta 30 × 14 mm, claviformes a cilíndricos, la base cuneada, el ápice redondeado, brevemente estipitados, anaranjado pálido, glabros; estípite c. 3 mm; semillas 8-10 mm de diámetro, c. 4 mm de grueso, discoides. *Selvas altas perennifolias*. T (*Hammel & Merello 15515*, MO); Ch (*Vásquez 1125*, XAL). 50-450 m. (Endémica).

6. Desmopsis confusa G.E. Schatz, N. Zamora & Maas, *Blumea* 63: 72 (2018). Holotipo: Panamá, *Busey 650* (MO-[nr] 2677482!). Ilustr.: Schatz et al., *Blumea* 63: 73, t. 2b (2018a).

Arbustos o árboles hasta 10 m; tallos densamente cubiertos con tricomas de 0.2-0.5 mm, parduscos, erectos, generalmente persistentes. Hojas 8-19(-22) × 3-7(-9) cm, elípticas a angostamente ovadas, cartáceas, glabras en el haz, excepto la vena media cubierta con tricomas erectos parduscos, en el envés densamente cubiertas con tricomas de 0.2-0.4 mm, parduscos, erectos, generalmente persistentes, la vena media impresa en el haz, elevada en el envés, las venas secundarias 6-10 pares, levemente elevadas en el haz, la nervadura terciaria reticulada a levemente percurrente, levemente elevada en el haz, la base aguda a obtusa, el ápice agudo a acuminado, el acumen 5-10 mm, el extremo apical obtuso; pecíolo 3-10 × 1-2 mm, densamente cubierto con tricomas erectos parduscos, generalmente persistentes. Inflorescencias con 1 o 2 flores, opuestas a las hojas o algunas veces caulifloras; pedicelos 50-70 × 0.5-1 mm, hasta 60-120 × 1-2 mm en fruto, densamente cubiertos con tricomas erectos, la bráctea basal foliosa, ampliamente ovada a ampliamente ovado-cordada, 2-25 × 3-20 mm, la bráctea superior escuamiforme, menos de 1 mm; sépalos 4-6(-9) × 3-4 mm, ovado-triangulares, densamente cubiertos con tricomas erectos por fuera; pétalos 10-20 × 4-9 mm, iguales, angostamente triangulares a ovado-triangulares, densamente cubiertos con tricomas adpresos. Monocarpos 10-25, 5-25 × 5-15 mm, oblongoide-elipsoides a esféricos, dispersamente cubiertos con tricomas adpresos, glabrescentes, el ápice redondeado, levemente constrictos entre las semillas cuando secos, la pared 0.1-0.2 mm de grueso; estípite 5-15 × c. 1 mm; semillas 1-5, en 1 hilera, 6-10 mm de diámetro, 2-3 mm de grueso, esféricas, discoides o hemisféricas, sulcadas. *Bosques mesófilos de montaña*. CR (*Mora 239*, CR); P (*Deago et al. 196*, PMA). (100-)1000-1800 m. (Endémica).

7. Desmopsis costaricensis (R.E. Fr.) G.E. Schatz & Ortiz-Rodr., *Novon* 31: 267 (2023). *Stenanona costaricensis* R.E. Fr., *Acta Horti Berg.* 13: 103 (1944 [1941]). Holotipo: Costa Rica, *Kupper 569* (M!). Ilustr.: no se encontró.

Árboles hasta 6 m; tallos densamente dorado-ferrugíneo-hirsutos, los tricomas menos de 1 mm. Hojas (3.9-)9.4-24.2 × (1.8-)3.2-8.5 cm, elíptico-obovadas a obovadas, membranáceas, al inicio escasamente tomentosas en el haz, glabrescentes, escasa a densamente blanco-velutinas en el envés, la vena media impresa en el haz, dorado-hirsuta, más densamente así hacia la base, marcadamente elevada en el envés, densamente dorado-ferrugíneo-hirsuta, la nervadura ligeramente broquidódroma, las venas secundarias 10-15 pares, elevadas en el envés, blanco y dorado-ferrugíneo-hirsutas, la base obtusa a redondeada, ligeramente oblicua, los márgenes escasamente ciliados, el ápice largamente acuminado a cuspidado, el acumen hasta 2.7 cm; pecíolo 2-6 mm, densamente dorado-ferrugíneo-hirsuto. Inflorescencias condensadas con 1-3 flores, con 1 flor abierta a la vez, dispuestas en áreas floríferas perennes, concentradas a lo largo del tronco principal (truncifloras) o en ocasiones sobre las ramas más viejas; pedicelos 4-6 mm, densamente dorado-hirsutos, axilares a una bráctea, esta c. 1 × 1 mm, ovada, densamente dorado-hirsuta, cuculiforme, y con 2 brácteas adicionales a c. 1 mm de la base del pedicelo, opuestas, c. 1 × 1 mm, angostamente oblongas, densamente dorado-hirsutas, la base decurrente a lo largo del pedicelo, el ápice agudo; sépalos 3, libres, 7-15 × 4-8 mm, ovados, rojos, escasamente dorado-seríceos, con la nervadura broquidódroma visible, la base redondeada a obtusa, el ápice acuminado a cuspidado; pétalos 6, en 2 verticilos subiguales, 31-62 × c. 6 mm, connados, angostados abruptamente hasta 3 mm de ancho a los c. 16 mm desde la base, angostamente lanceolados, ligeramente carnosos, especialmente hacia la base, de color rosa a vino oscuro o rojo sangre, escasamente blanco-tomentulosos, verrugosos tanto por fuera como por dentro, con 3-5 venas longitudinales escasamente elevadas por fuera, la base cuneada a aguda, los márgenes de los pétalos internos fusionados por c. 5 mm a la superficie interna de los pétalos externos cerca del 1/2, los márgenes de los pétalos externos libres, el ápice marcadamente aristado; estambres c. 35, 1.4-2 mm, los filamentos 0.4-1 mm, las tecas c. 1 mm, el conectivo hasta 0.5 mm de largo, deltoide, el apéndice proyectándose hacia el gineceo, diminutamente tuberculado; carpelos 2-6; ovarios c. 3 mm, prismáticos, conniventes, densamente dorado-setosos; estigmas c. 0.9 mm de diámetro, globosos, conniventes, finamente tuberculados, cada tubérculo con un tricoma diminuto; óvulos 6-8, 2-seriados. Monocarpos hasta 25 mm de diámetro, globosos, sésiles, rojo opaco al madurar, con excrecencias lamelado-laceradas de hasta 1 cm, algunas de las cuales están fusionadas para formar placas de c. 1.7 cm ancho, los lóbulos hasta 0.5 cm de profundidad, los senos acuminados, el mesocarpo anaranjado; semilla madura desconocida. *Selvas altas perennifolias*. N (*Miller & Sandino 1152*, MO); CR (*Herrera & Rivera 825*, MO). 40-1300 m. (Endémica).

8. Desmopsis dolichopetala R.E. Fr., *Acta Horti Berg.* 13: 106 (1944 [1941]). Holotipo: Honduras, *Yuncker et al. 6155* (S!). Ilustr.: no se encontró.

Árboles hasta 8 m; tallos 10-12 cm de diámetro, densamente cubiertos con tricomas dorados, glabrescentes. Hojas 8-22 × 3-7 cm, angostamente elípticas, membranáceas, glabras en el haz, escasamente cubiertas con tricomas adpresos en el envés, mayormente a lo largo de la vena media, en el envés, la vena media impresa en el haz, elevada en el envés, las venas secundarias 9-12 pares, aplanadas a levemente elevadas en el haz, levemente elevadas en el envés, la nervadura terciaria reticulada, levemente elevada en el haz, la base aguda a obtusa y levemente atenuada, el ápice agudo a acuminado, el acumen 5-10 mm; pecíolo 2-7 × c. 1 mm, densamente cubierto con tricomas dorados adpresos. Inflorescencias con 1 o 2 flores, opuestas a las hojas o algunas veces caulifloras; pedicelos 38-89 × c. 1 mm, levemente incrementándose en diámetro desde la base hasta el ápice, hasta c. 3 mm de diámetro en fruto, escasamente cubiertos con tricomas adpresos, las brácteas basal y superior 1-2 mm, escuamiformes, ampliamente ovado-triangulares, caducas; sépalos 1-2 × 2-3 mm, levemente ovado-triangulares, densamente con tricomas adpresos por fuera; pétalos 30-55 × 3-6 mm, angostamente triangulares, iguales o subiguales, densa a escasamente cubiertos por fuera con tricomas adpresos. Monocarpos (3-)6-12, 15-45 × 15-26 mm, esféricos a oblongoide-elipsoides, escasamente cubiertos con tricomas adpresos, glabrescentes, el ápice redondeado, no constrictos entre las semillas cuando secos, la pared c. 1 mm de grueso cuando seca; estípite 3-6 × 2-3 mm; semillas 2-4, en 1 hilera, 20-21 mm de diámetro, 6-10 mm de grueso, discoides o hemisféricas, lisas o levemente foveoladas. *Bosques mesófilos de montaña*. H (*Walker 431*, MO). 1400-1800 m. (Endémica).

9. Desmopsis dubia Ortiz-Rodr. & Espinosa-Jim., *Nordic J. Bot.* 38(4, e06208): 2 (2020). Holotipo: México, Chiapas, *Espinosa-Jiménez 1797* (HEM). Ilustr.: Espinosa-Jiménez & Ortiz-Rodríguez, *Nordic J. Bot.* 38(4, e02608): 5, t. 4 (2020).

Árboles hasta 5 m; ramitas jóvenes densamente cubiertas con tricomas pardo-dorados simples erectos y adpresos, glabrescentes. Hojas 9-19 × 3-8 cm, elípticas a obovadas, membranáceas, verrugosas, muy escasamente pubescentes en el haz, densamente cubiertas con tricomas pardo-dorados erectos en el envés, la vena media impresa en el haz, prominentemente elevada en el envés, las venas secundarias 9-11 pares, aplanadas a ligeramente elevadas en el haz, ligeramente elevadas en el envés, la nervadura terciaria marcadamente percurrente, la base obtusa a redondeada, a menudo asimétrica, el ápice agudo a acuminado, rara vez redondeado; pecíolo 4-9 mm, hinchado, canaliculado, densamente cubierto con tricomas pardo-dorados erectos. Inflorescencia con 1 flor, opuesta y entre las hojas o en las ramas afilas (ramiflora); pedúnculo c. 5 mm, el pedicelo 5-15 mm, densamente cubierto con tricomas pardo-dorados, erectos y adpresos; bráctea basal dispuesta a 5-8 mm de la base, diminuta, lanceolada a ovada, densamente cubierta con tricomas pardo-dorados erectos y adpresos; sépalos 3.5-5.5 × 3-4.5 mm, ampliamente ovados, connados en la base, el ápice agudo a ligeramente acuminado, escasa a densamente cubiertos por fuera con tricomas pardo-dorados, glabros por dentro, persistentes en el fruto; pétalos en 2 verticilos subiguales, carnosos y rígidos, amarillos en la antesis, densamente cubiertos por fuera con tricomas cortos, blanquecinos a pardo claro, glabros por dentro, la base obtusa a truncada, el ápice agudo; pétalos externos 12.9-20.5 × 5-9.5 mm, c. 1.6 mm de grosor, elípticos a estrechamente ovados; pétalos internos 10-12.5 × 5-6.6 mm, elípticos a ovados, más gruesos que los pétalos externos, fuertemente cóncavos en la base formando una cúpula que se adhiere firmemente a los estambres y llevando las marcas de los mismos, con un cuerpo alimenticio en la base; estambres c. 70, c. 2 mm, el conectivo discoide o frecuentemente ligulado y proyectado hacia el gineceo, glabro; carpelos 7-11; ovarios densamente cubiertos con tricomas blanquecinos o parduzcos; estigmas 0.3-0.5 mm, elipsoides, densamente cubiertos con tricomas pardos; óvulos 3-10, uniseriados. Monocarpos 5-8, 40-65 × 26-35 mm, de elipsoides a cilíndricos, escasamente seríceos, el exocarpo leñoso; estípite hasta 3 mm; semillas 3-10, 14-22 mm de diámetro, 12-15 mm de grueso, elipsoides a lenticulares. *Selvas altas perennifolias*. Ch (*Espinosa-Jiménez 1797*, MO). 150-820 m. (Endémica).

10. Desmopsis dukei G.E. Schatz, *Blumea* 63: 74 (2018). Holotipo: Panamá, *Duke 8777* (MO-[nr] 2759543!). Ilustr.: Schatz et al., *Blumea* 63: 73, t. 2c (2018a).

Árboles hasta 20 m; tallos 5-7.5 cm de diámetro, densamente cubiertos con tricomas de c. 0.5 mm, erectos, pardo claro, generalmente persistentes. Hojas 4-18.3 × 1.5-9 cm, elípticas, cartáceas, glabras y brillantes en el haz, pero a menudo con una hilera de tricomas erectos a lo largo de la vena media, en el envés densamente cubiertas con tricomas de c. 0.3 mm, erectos, pardo claro, generalmente persistentes, la vena media impresa en el haz, dorado-tomentosa, marcadamente elevada, dorado-hirsuto-tomentosa en el envés, las venas secundarias 7-9 pares, aplanadas a levemente elevadas en el haz, solo escasamente elevadas en el envés, la nervadura terciaria reticulada, aplanada a levemente elevada en el haz, la base cuneada a obtusa, el ápice acuminado, el acumen 5-10 mm; pecíolo 2-6 × c. 1 mm, densamente cubierto con tricomas de c. 0.5 mm, erectos, pardo claro, generalmente persistentes. Inflorescencias con 1 o 2 flores, opuestas a las hojas; pedicelos 10-16 × c. 1 mm, hasta c. 26 × 2 mm en fruto, densamente cubiertos con tricomas hasta c. 0.5 mm, erectos, pardo claro, generalmente persistentes, la bráctea basal 2-12 × 1.5-8 mm, generalmente foliosa, ovada, a menudo caduca, la bráctea superior escuamiforme hasta comparable en tamaño con la bráctea basal; sépalos 5-8 × 3-7 mm, ampliamente triangulares, densamente cubiertos por fuera con tricomas adpresos; pétalos 10-30 × 4-7 mm, levemente desiguales, angostamente triangulares, densamente cubiertos con tricomas adpresos por fuera. Monocarpos 10-20, 9-18 × 7-14 mm, esféricos a oblongoides, escasamente cubiertos con tricomas adpresos, glabrescentes, el ápice redondeado, algunas veces constrictos alrededor de las semillas cuando secos, la pared c. 0.5 mm de grueso; estípite 12-25 × 0.5-1 mm; semillas 1-5, en 1 hilera, 7-9 mm de diámetro, 4-6 mm de grueso, esféricas, discoides o hemisféricas, foveoladas. *Selvas altas perennifolias*. CR (*Gómez-Laurito 8808*, F); P (*Duke 8798*, MO). 0-330 m. (Mesoamérica, Colombia).

11. Desmopsis duran Gómez-Domínguez & Ortiz-Rodr., *Syst. Bot.* 45: 749 (2020). Holotipo: México, Chiapas, *Domínguez 1404* (MEXU). Ilustr.: Gómez-Domínguez & Ortiz-Rodríguez, *Syst. Bot.* 45: 751, t. 2 (2020).

Árboles hasta 7 m; tallos 14-17 cm de diámetro, las ramitas cubiertas con tricomas pardo-dorados erectos y adpresos. Hojas 7.5-18 × 2.3-5 cm, estrechamente elípticas a elípticas, cartáceas, glabras en el haz, cubiertas con tricomas pardo-dorados adpresos en el envés, glabrescentes, la vena media impresa en el haz, cubierta con tricomas adpresos y erectos, elevada en el envés, las venas secundarias 7-10 pares, aplanadas en el haz, ligeramente elevadas en el envés, la venación terciaria reticulada, la base aguda a obtusa, el ápice agudo a largamente acuminado; pecíolo 5-6 mm, canaliculado, cubierto con tricomas pardo-dorados erectos y adpresos. Inflorescencias con 1 o 2 flores, opuestas a las hojas; pedúnculos de 5-35 mm, escasa a densamente cubiertos con tricomas adpresos y erectos pardo claro o grisáceos; pedicelos 50-90 mm, escasa a densamente cubiertos con tricomas adpresos y erectos pardo claro o grisáceos; bráctea basal 13-87 × 7-30 mm, foliosa, lanceolada a cordada, las brácteas superiores 2-4, 5-50 × 4-11 mm, foliosas, lanceoladas a cordadas; sépalos 3(4), 3-4 × c. 3 mm, ovados, reflexos en la antesis, la base truncada, el ápice agudo, escasa a densamente cubiertos por fuera con tricomas pardo-dorados adpresos, glabros por dentro, verrugosos; pétalos 6(8), en 2 verticilos subiguales, 10-13 × 3-4 mm, ovados a triangulares, la base redondeada a truncada, el ápice agudo, densamente cubiertos por fuera con tricomas dorados adpresos, escasamente cubiertos por dentro con tricomas dorado-adpresos a glabros, verde-amarillentos en la antesis matizados de rojo en la base por dentro; estambres c. 50, 1.5-2 mm, el conectivo discoide, truncado; carpelos 8 o 9, c. 2 mm; ovarios prismáticos; estigmas globosos, densamente cubiertos con tricomas adpresos; óvulos 1-4, uniseriados. Monocarpos no vistos. *Selvas altas subperennifolias*. Ch (*Domínguez 1404*, NY). c. 1000 m. (Endémica).

12. Desmopsis erythrocarpa Lundell, *Wrightia* 5: 26 (1974). Holotipo: Guatemala, *Contreras 5976* (LL). Ilustr.: no se encontró.

Árboles hasta 6 m; tallos 2.5-5 cm de diámetro, escasamente cubiertos con tricomas adpresos. Hojas 4.5-22.5 × 1.5-8 cm, angostamente elípticas a elípticas, cartáceas, glabras en el haz y el envés, pero la vena media a menudo densamente cubierta con tricomas de hasta 0.7 mm en el envés, adpresos, la vena media impresa en el haz, más así hacia la base, elevada en el envés, las venas secundarias 8-12 pares, aplanadas a levemente elevadas en el haz, la nervadura terciaria reticulada, aplanada en el haz, la base cuneada a atenuada, los márgenes escasamente revolutos, el ápice largamente acuminado, el acumen 5-25 mm; pecíolo 2-8 × 1-2 mm, escasamente cubierto con tricomas adpresos. Inflorescencias con 1-4 flores, opuestas a las hojas; pedicelos 20-80 × 0.5-1 mm, escasamente cubiertos con tricomas adpresos, las brácteas basal y superior 1-3 mm, escuamiformes, ampliamente ovado-triangulares, caducas; sépalos 3-12 × 3-4 mm, ovado-triangulares, patentes a levemente reflexos, escasamente cubiertos con tricomas adpresos por fuera; pétalos 20-47 × 2-4 mm, levemente subiguales, lineares a angostamente ovado-triangulares, los márgenes revolutos, amarillos, escasamente cubiertos por fuera con tricomas adpresos. Monocarpos 5-15, 8-15 × 7-12 mm, esféricos a elipsoides, escasamente cubiertos con tricomas adpresos, glabrescentes, el ápice redondeado, no constrictos entre las semillas cuando secos, la pared c. 0.5 mm de grueso; estípite 5-8 × c. 1 mm, fuertemente verrugoso; semillas 1 o 2, en 1 hilera, 8-10 mm de diámetro, 5-8 mm de grueso, subesféricas o hemisféricas, sulcadas. *Selvas altas subperennifolias*. B (*Atha & Brewer 1168*, NY); G (*Contreras 5912*, MO). 0-100 m. (Endémica).

13. Desmopsis heteropetala R.E. Fr., *Acta Horti Berg.* 10: 316 (1931). Holotipo: Costa Rica, *Pittier 7967* (BR). Ilustr.: no se encontró.

Árboles hasta 7 m; tallos 5-10 cm de diámetro, glabros. Hojas 10.8-40 × 4.2-17 cm, elípticas a angostamente elípticas, coriáceas, glabras y brillantes en el haz y el envés, la vena media escasamente impresa en el haz, marcadamente elevada y fuertemente acostillada en el envés, las venas secundarias 10-15 pares, escasamente elevadas en el haz y el envés, la nervadura terciaria reticulada, elevada en el haz, la base subcordada a cordada, el ápice agudo a acuminado, el acumen 10-25 mm; pecíolo 2-8 × 2-4 mm, a menudo pareciendo subsésil debido a la base cordada, glabro. Inflorescencias con 1-4 flores, opuestas a las hojas; pedicelos 35-83 × 1-3 mm, 80-140 × 2-5 mm en fruto, glabros, la bráctea basal 20-40 × 20-40 mm, foliosa, ampliamente ovada a orbicular, la bráctea superior 1-2 mm, escuamiforme; sépalos 3-5 × 3-4 mm, levemente ovado-triangulares, glabros; pétalos desiguales; pétalos externos 8-20 × 5-12 mm, angostamente ovado-triangulares a ovado-triangulares, escasamente cubiertos por fuera con tricomas adpresos; pétalos internos 8-20 × 3-5 mm, angostamente ovado-triangulares, escasamente cubiertos por fuera con tricomas adpresos. Monocarpos 5-10, 18-38 × 16-27 mm, esféricos a elipsoides, glabros, el ápice redondeado, no constrictos entre las semillas cuando secos, la pared 2-4 mm de grueso; estípite 2-13 × 2-6 mm; semillas 2-8, en 2 hileras, 6-15 mm de diámetro, 2-4 mm de grueso, hemidiscoides o cuadriesféricas, sulcadas. *Selvas altas perennifolias*. CR (*Herrera 4416*, MO). 0-500 m. (Endémica).

14. Desmopsis hondurensis (G.E. Schatz, F.G. Coe & Maas) G.E. Schatz & Ortiz-Rodr., *Novon* 31: 267 (2023). *Stenanona hondurensis* G.E. Schatz, F.G. Coe & Maas, *Blumea* 55: 211 (2010). Holotipo: Honduras, *Brant & Zúñiga 2840* (MO!). Ilustr.: Schatz & Maas, *Blumea* 55: 209, t. 1b-e (2010), como *S. hondurensis*.

Árboles hasta 15 m; tallos densamente dorado-tomentosos. Hojas 9-23.5 × 3-8.6 cm, angostamente elípticas a elípticas, en ocasiones escasamente más anchas arriba de la mitad, membranáceas, glabras en el haz, densamente dorado-blanquecino-velutinas en el envés, la vena media ligeramente impresa en el haz, inicialmente dorado-blanquecino-tomentoso, glabrescente, marcadamente elevada en el envés, densamente dorado-blanquecino-tomentosa, la nervadura ligeramente broquidódroma, las venas secundarias 9-13 pares, marcadamente elevadas en el envés, densamente tomentosas, la base redondeada a subcordada y escasamente oblicua, los márgenes densamente ciliados, el ápice agudo a largamente acuminado, rara vez retuso debido a un aborto en el desarrollo, el acumen hasta 1.5 cm; pecíolo 7-12 mm, terete, densamente dorado-blanquecino-tomentoso. Inflorescencias con c. 5 (o más) flores, en ocasiones ramificadas, terminales pero pareciendo internodales 2-5 mm por abajo de la primera hoja del vástago de renuevo; pedúnculos 4-15 mm, densamente dorado-tomentosos; pedicelos (75-) 135-190 mm, delgados, densamente dorado-tomentosos, con una bractéola diminuta 5-25 mm desde la base; sépalos 4, 5-8 × 2-4 mm, ovados a triangulares, densamente dorado-tomentosos por fuera, escasamente recurvados en la antesis, connados en la base, el ápice acuminado; pétalos 8, en 2 verticilos subiguales 50-80 × 2-4 mm, libres, linear-triangulares, uniformemente atenuados hasta la punta del ápice agudo, los pétalos internos escasamente más angostos, rojo vino en los 5-10 mm basales y luego blanco-crema distalmente; estambres c. 120, 1.5-2 mm, los filamentos c. 0.2 mm, las tecas externas más largas que las internas, el conectivo engrosado, truncado-discoide; carpelos 25-35; ovarios c. 1 mm, cilíndricos, velutinos; estigmas 0.8-1.2 mm, sésiles, piriformes, coherentes y desprendiéndose en conjunto; óvulos 2. Monocarpos hasta 15 × 12 mm, elipsoides a oblongoides, estipitados, tornándose amarillo ocre, densamente pubérulos; estípite 4-7 mm, unido ligera y oblicuamente al monocarpo; semillas c. 10 mm de diámetro, c. 7 mm de grueso, aplanado-elipsoides. *Selvas altas perennifolias*. H (*Aguilar 4088*, MO). 140-330 m. (Endémica).

15. Desmopsis humilis (Miranda) G.E. Schatz & Ortiz-Rodr., *Novon* 31: 267 (2023). *Sapranthus humilis* Miranda, *Ceiba* 4: 126 (1954). Holotipo: México, Chiapas, *Miranda 6583* (MEXU!). Ilustr.: Schatz & Maas, *Blumea* 55: 213, 3a-b (2010), como *Stenanona humilis*.

Stenanona humilis (Miranda) G.E. Schatz.

Árboles enanos hasta 0.5 m, clonales, dispersándose por vástagos subterráneos; tallos densamente dorado-hirsuto-tomentosos. Hojas 5.7-13.5 × 2-4.9 cm, elípticas a elíptico-obovadas, membranáceas, glabras en el haz, al inicio escasamente dorado claro-tomentosas en el envés, glabrescentes, la vena media marcadamente impresa en el haz, más profundamente así hacia la base, dorado-hirsuto, marcadamente elevada en el envés, escasamente dorado-hirsuto-tomentosa, la nervadura broquidódroma, las venas secundarias 7-10 pares, elevadas y escasamente dorado-tomentosas en el envés, la base aguda a redondeada, oblicua, y ligeramente emarginado-subcordada en el punto de unión al pecíolo, los márgenes inicialmente ciliados, glabrescentes, el ápice largamente acuminado a cuspidado, el acumen hasta 1.8 cm; pecíolo 1.2-3 mm, densamente dorado-ferrugíneo-hirsuto-tomentoso. Inflorescencias con 1-3 flores, dispuestas entre las hojas, terminales, pero pareciendo opuestas a las hojas o supraaxilares; pedúnculos c. 1 mm; pedicelo 9-21 mm, muy delgado, al inicio escasamente dorado-tomentoso, glabrescente, con 2 o 3 brácteas angostamente lanceoladas, densamente dorado-seríceas cerca de la base; sépalos 3, c. 3 × 1 mm, angostamente lanceolados, escasamente dorado-seríceos por fuera, más densamente así hacia el ápice, glabros por dentro, rojo vino, reflexos en la antesis, la base redondeada a truncada, el ápice aristado; pétalos 6, en 2 verticilos diferenciados, libres, geniculados c. 2 mm desde la base, rojo vino; pétalos externos 23-44 × 1-2 mm, linear-triangulares, escasamente seríceos por fuera, marcadamente carinados y glabros por dentro, con 3 venas longitudinales, la base redondeada a truncada, el ápice largamente aristado, los pétalos internos 23-44 × c. 4 mm, lanceolados, muy escasamente seríceos por fuera, glabros por dentro, verrugosos tanto por fuera como por dentro, con 5-7 venas longitudinales, escasamente elevadas, la base redondeada a truncada, el ápice largamente aristado; estambres c. 30, c. 1.2 mm, los filamentos c. 0.6 mm, las tecas c. 0.5 mm de largo, el conectivo crema, ya sea truncado-discoide-expandido o con un apéndice deltoide proyectándose hacia el gineceo; carpelos 4-8; ovarios c. 1.2 mm, elipsoides, densamente seríceos; estigmas c. 0.2 mm de diámetro, globosos, cortamente setosos, rosa; óvulo 1. Monocarpos 8-13 × 5-7 mm, elipsoides, brevemente estipitados, rojos al madurar, la base y el ápice redondeados; estípite 1-3 mm; semillas apenas escasamente más cortas que el monocarpo, elipsoides. *Selvas altas perennifolias*. Ch (*Miranda 6583*, F). 130-140 m. (México [Veracruz], Mesoamérica).

16. Desmopsis ibarrarum G.E. Schatz ex Ortiz-Rodr., *Acta Bot. Mex.* 129(e2110): 3 (2022). Holotipo: México, Veracruz, *Ibarra & Sinaca 7278* (MEXU). Ilustr.: Ortiz-Rodríguez, *Acta Bot. Mex.* 129 (e2110): 5, t. 2 (2022).

Árboles hasta 10 m; tallos 10-18 cm de diámetro, las ramitas densamente cubiertas con tricomas pardo-dorados muy cortos, erectos. Hojas 8-17 × 2.5-7 cm, elípticas a elíptico-obovadas, rara vez lanceoladas, membranosas, glabras en ambas superficies, escasamente verrugosas en ambas superficies, la nervadura débilmente broquidódroma, la vena media canaliculada en el haz, prominentemente elevada en el envés, escasamente cubierta con tricomas erectos, las venas secundarias 9-11 pares, la nervadura terciaria fuertemente percurrente, la base cuneada a redondeada, frecuentemente asimétrica, el ápice agudo a acuminado; pecíolo 2-8 mm, hinchado, canaliculado, densamente cubierto con tricomas pardo-dorados. Inflorescencias con 1-3 flores, opuestas a las hojas o a veces sobre el tronco principal; pedúnculos hasta 3 mm; pedicelos 5-10 mm, hasta 22 mm en fruto, densamente cubiertos con tricomas dorados erectos muy cortos, con una diminuta bráctea estrechamente lanceolada a ovada en la base hasta 2 mm por encima de la base; sépalos 3, 4-5 × 4-5 mm, ampliamente ovados, connados en la base, la mitad distal delgada, la mitad proximal abruptamente engrosada, ligeramente aquillados por arriba, densamente cubiertos por fuera con tricomas dorados erectos, muy cortos, glabros por dentro, la base decurrente sobre el largo pedicelo, el ápice agudo, persistente en el fruto; pétalos 6, en 2 verticilos diferenciados, carnosos y gruesos, densamente cubiertos por fuera con tricomas erectos blancos, muy cortos, glabros en la base por dentro a densamente cubiertos con tricomas muy cortos blancos en el ápice; pétalos externos 20-22 × 12-13 mm, elípticos, la base obtusa a redondeada, el ápice obtuso a agudo, con una cresta triangular estrecha en la base que corresponde al punto de encuentro de los pétalos internos adyacentes; pétalos internos 19-21 × 11-13 mm, ovados, más gruesos que los pétalos externos, la base cuneada, fuertemente cóncavos y doblados hacia adentro en un ángulo de c. 90 grados a c. 4 mm de la base y formando una cúspide que encaja apretadamente sobre los estambres, con un cuerpo alimenticio triangular a redondeado en la parte más profunda de la cúspide, el ápice agudo, reflexo; estambres 70-80, c. 2 mm, el conectivo discoide, truncado; carpelos 8-14; ovarios densamente cubiertos con tricomas blancos muy cortos; estigma c. 1 mm de diámetro, globoso a napiforme, adheridos oblicuamente al ovario; óvulos 4-6, uniseriados. Monocarpos 16-30 × 10-12 mm, ovoides a cilíndricos, redondeados en la base y en el ápice, densamente cubiertos con tricomas dorados adpresos, muy cortos, el mesocarpo de c. 2 mm de grueso, algo leñoso; estípite 3-4 mm; semillas 4-6, 5-7 mm de diámetro, c. 3 mm de grueso, discoides, lisas, pardo-rojizo claro. *Selvas altas perennifolias*. T (*Rico & Martínez S. 697*, MEXU). 60-900 m. (México [Oaxaca, Veracruz], Mesoamérica).

17. Desmopsis lanceolata Lundell, *Lloydia* 2: 85 (1939). Holotipo: México, Chiapas, *Matuda 2299* (MICH!). Ilustr.: Lundell, *Lloydia* 2: 86, t. 3 (1939a).

Desmopsis guatemalensis Standl. & Steyerm., *D. izabalensis* Standl. & Steyerm.

Arbustos a árboles hasta 6 m; tallos densamente cubiertos con tricomas erectos y adpresos pardo-dorados. Hojas 2.7-10(-14) × 0.7-3.5 (-4) cm, angostamente elípticas, cartáceas, brillantes, glabras en el haz pero la vena media algunas veces cubierta con tricomas erectos, escasamente cubiertas con tricomas erectos y adpresos en el envés, la vena media impresa en el haz, las venas secundarias 6-10(-13) pares, aplanadas o levemente elevadas en el haz, la nervadura terciaria reticulada, aplanada a levemente elevada en el haz, la base aguda a cuneada, el ápice obtuso a cuneado hasta algunas veces cortamente acuminado, el acumen hasta 5 mm, el extremo apical redondeado; pecíolo 2-8 × c. 1 mm, densamente cubierto con tricomas erectos y adpresos, pardo-dorados. Inflorescencias 1 o 2 flores, opuestas a las hojas; pedicelos 6-45 × c. 1 mm, densamente cubiertos con tricomas erectos y adpresos, la bráctea basal 5-20 × 3-15 mm, foliosa, ampliamente ovada a orbicular, la bráctea superior 1-2 mm, escuamiforme, ampliamente ovado-triangular; sépalos 2-10 × 2-4 mm, ampliamente ovado-triangulares, reflexos, escasamente cubiertos por fuera con tricomas adpresos; pétalos subiguales; pétalos externos 10-20 × 2-5 mm, angostamente triangulares, escasamente cubiertos por fuera con tricomas adpresos. Monocarpos 2-10(-15), 4-13 × 4-12 mm, esféricos a oblongoide-elipsoides, escasamente cubiertos con tricomas adpresos, glabrescentes, el ápice redondeado, a veces constrictos entre las semillas cuando secos, la pared c. 0.5 mm de grueso; estípite 2-8 × c. 1 mm; semillas 1 o 2, en 1 hilera, 6-9 mm de diámetro, 4-7 mm de grueso, subesféricas o hemisféricas, fuertemente sulcadas. *Selvas medianas subperennifolias*. Ch (*Reyes-García et al. 1696*, MO); G (*Steyermark 37331*, F). 150-1500 m. (México [Oaxaca], Mesoamérica).

18. Desmopsis maxonii Saff., *Bull. Torrey Bot. Club* 43: 188 (1916). Holotipo: Panamá, *Pittier 3154* (US-[nr] 677550). Ilustr.: Safford, *Bull. Torrey Bot. Club* 43: t. 8 (1916).

Arbustos a árboles hasta 10 m; tallos 2-12 cm de diámetro, inicialmente muy escasamente cubiertos con tricomas cortos adpresos, dorados, pronto glabrescentes. Hojas (2.1-)8-22 × (0.9-)3-8.7 cm, ovadas a elípticas, cartáceas, glabras en el haz, glabras a muy escasamente cubiertas con tricomas adpresos en el envés, la vena media impresa en el haz, marcadamente elevada en el envés, las venas secundarias 6-8 pares, escasamente elevadas en el haz y el envés, la nervadura terciaria reticulada, aplanada a levemente elevada en el haz, la base aguda a obtusa, a veces atenuada, el ápice agudo a acuminado, el acumen 5-15 mm; pecíolo 3-8 × c. 1 mm, inicialmente muy escasamente cubierto con tricomas cortos adpresos, dorados, pronto glabrescente. Inflorescencias con 1-4 flores, opuestas a las hojas; pedicelos 25-110 × 0.5-1 mm, hasta 1.5-2 de diámetro en fruto, glabros, delgados, la bráctea basal 3-25 × 3-20 mm, foliosa, ampliamente ovada, glabra, frecuentemente caduca, la bráctea superior 1-2 mm, escuamiforme, ampliamente ovado-triangular; sépalos 3-8 × 3-6 mm, ampliamente ovado-triangulares, patentes a reflexos, escasamente cubiertos por fuera con tricomas adpresos y verrugosos; pétalos subiguales; pétalos internos 15-36 × 3-9 mm, escasamente más angostos que los externos, angostamente triangulares, los márgenes revolutos, escasamente cubiertos por fuera con tricomas adpresos. Monocarpos 5-30, 7-21 × 7-16 mm, esféricos a oblongo-elipsoides, glabros, el ápice redondeado, escasamente constrictos entre las semillas cuando secos, la pared 0.3-0.5 mm de grueso; estípite 10-32 × 0.5-1 mm; semillas 1-5, en 1 hilera, 7-13 mm de diámetro, 2-5 mm de grueso, esféricas, discoides o hemisféricas, sulcadas. *Bosques mesófilos de montaña*. CR (*Davidse et al. 28462*, MO); P (*Correa & Montenegro 10000*, MO). 600-2000 m. (Endémica).

19. Desmopsis microcarpa R.E. Fr., *Acta Horti Berg.* 10: 23 (1930). Holotipo: Costa Rica, *Pittier 16014* (B!). Ilustr.: Fries, *Ann. Missouri Bot. Gard.* 49: 197, t. 160 (1962 [1963]).

Desmopsis glabrata Schery.

Arbustos a árboles hasta 15 m; tallos escasa a densamente cubiertos con tricomas adpresos, pronto glabrescentes. Hojas 4.7-25 × 1.7-10.1 cm, angostamente elípticas a elípticas, cartáceas, a menudo verrugosas en el haz y el envés, brillantes y glabras en el haz, excepto por los tricomas erectos a lo largo de la vena media, glabras en el envés, la vena media escasamente impresa en el haz, las venas secundarias 6-10 pares, levemente elevadas en el haz, la nervadura terciaria reticulada, elevada en el haz, la base cuneada a obtusa o escasamente atenuada, el ápice acuminado, el acumen 5-35 mm, el extremo apical obtuso; pecíolo 3-10 × 1-2 mm, escasa a densamente cubierto con tricomas adpresos, pronto glabrescente. Inflorescencias con 1-3 flores, opuestas a las hojas; pedicelos 20-100 × 0.5-1 mm, hasta c. 2 mm de diámetro en fruto, escasamente cubiertos con tricomas adpresos, la bráctea basal 5-38 × 4-22 mm, foliosa, ampliamente ovada a orbicular, la bráctea superior 2-5 × 2-5 mm, escuamiforme o mayormente foliosa, ampliamente ovado-triangular; sépalos 5-15 × 4-10 mm, ampliamente ovado-triangulares, reflexos, escasamente cubiertos por fuera con tricomas adpresos; pétalos 20-40 × 5-15 mm, subiguales, angostamente triangulares, los márgenes revolutos, el ápice agudo, incurvado, escasamente cubiertos por fuera con tricomas adpresos. Monocarpos 10-25, 7-30 × 6-15 mm, elipsoides a oblongoide-elipsoides, dispersamente cubiertos con tricomas adpresos, pronto glabrescentes, el ápice redondeado, algo constrictos entre las semillas cuando secos, la pared c. 0.5 mm de grueso; estípite 7-25 × 0.5-1 mm; semillas 1-5, en 1 hilera, 7-13 mm de diámetro, 2-5 mm de grueso, esféricas, discoides o hemisféricas, fuertemente sulcadas, foveoladas. *Selvas altas perennifolias*. N (*Rueda et al. 2685*, MO); CR (*Robles 2231*, MO); P (*von Wedel 2464*, MO). 0-1400 m. (Endémica).

20. Desmopsis migueliana (Ortiz-Rodr. & G.E. Schatz) G.E. Schatz & Ortiz-Rodr., *Novon* 31: 267 (2023). *Stenanona migueliana* Ortiz-Rodr. & G.E. Schatz, *Bot. Sci.* 92: 38 (2014). Holotipo: México, Chiapas, *Ortiz-Rodríguez 0354* (HEM). Ilustr.: Ortiz-Rodríguez et al., *Bot. Sci.* 92: 39, t. 1 (2014), como *S. migueliana.*

Árboles pequeños hasta 10 m; tallos densamente cubiertos con tricomas pardo-dorados, erectos hasta semiadpresos. Hojas 8-19 × 3-7 cm, elípticas a ampliamente elípticas, membranáceas, glabras y brillantes en el haz, escasamente cubiertas con tricomas adpresos en el envés, marcadamente punteadas con verrugas diminutas lenticulares, la vena media impresa en el haz, escasamente cubierta con tricomas erectos o glabra, marcadamente elevada en el envés, las venas secundarias 10-15 pares, escasamente elevadas en el envés, la base atenuada a aguda, el ápice obtuso a acuminado; pecíolo 4-9 mm, densamente cubierto con tricomas pardo-dorados, erectos hasta semiadpresos. Inflorescencias sobre las ramas o el tronco, con 1 flor o menos frecuentemente con 2; pedúnculo, pedicelos, brácteas y el lado externo de los sépalos y pétalos densa a muy densamente cubiertos con tricomas pardo-dorados erectos a adpresos. Flores péndulas; pedúnculo 2-5 mm; pedicelos 20-40 mm, delgados, con una bráctea cerca de la base, c. 3 mm, triangular; sépalos 3, 3-6 × 3-5 mm, libres, triangulares, el ápice agudo; pétalos 6, libres, en 2 verticilos subiguales, de color crema antes de la antesis a rosados en la antesis, angostamente triangulares a lineares; pétalos externos 12-40 × 3-7 mm, lineares; pétalos internos 17-50 × 3-8 mm; estambres c. 85, 1.5-2.5 mm, la parte apical del conectivo deprimido-elipsoidal, glabro, truncado o proyectándose hacia el gineceo; carpelos c. 11; ovarios 2-3 × 0.4-0.5 mm, transversalmente elipsoidales, densamente cubiertos con tricomas pardo-dorado adpresos; estigmas 0.3-0.8, capitados, densamente papilosos; óvulos 8-11, 2-seriados. Monocarpos 40-65 × 26-35 mm, oblongoides a subglobosos, brevemente estipitados, marcadamente tuberculados con verrugas lenticulares diminutas, escasamente cubiertos con tricomas adpresos, acostillados, rojos con mesocarpo amarillo al madurar; pedicelos fructíferos hasta 70 mm; estípite 3-5 mm; semillas 14-22 × 12-15 × 9-12 mm, elipsoides a lenticulares, el endospermo irregularmente estipitiforme-ruminado. *Selvas altas perennifolias*. Ch (*Ortiz-Rodríguez 0354*, MO). 900-1150 m. (Endémica).

21. Desmopsis monticola (Maas & G.E. Schatz) G.E. Schatz & Ortiz-Rodr., *Novon* 31: 267 (2023). *Stenanona monticola* Maas & G.E. Schatz, *Blumea* 55: 217 (2010). Holotipo: México, Chiapas, *Breedlove 58440* (CAS). Ilustr.: Schatz & Maas, *Blumea* 55: 214, t. 2 (2010), como *S. monticola.*

Arbustos o árboles hasta 10 m; tallos densamente cubiertos con tricomas erectos a semiadpresos. Hojas 8-13 × 1.5-4 cm, angostamente elípticas, membranáceas, glabras en el haz, escasamente cubiertas con tricomas adpresos en el envés, marcadamente punteadas con verrugas lenticulares diminutas, la vena media impresa en el haz, escasamente cubierta con tricomas erectos o glabra, marcadamente elevada en el envés, las venas secundarias 6-8 pares, escasamente elevadas en el envés, la base cordada a obtusa, el ápice agudo a acuminado, el acumen 5-10 mm; pecíolo 2-4 mm, densamente cubierto con tricomas erectos a semiadpresos. Inflorescencias opuestas a las hojas o escasamente más cortas que la hoja (supraaxilares), con 1 o menos frecuentemente 2 flores; pedúnculo, pedicelos, brácteas y lado externo de los sépalos y pétalos densa a muy densamente cubiertos con tricomas erectos a adpresos. Flores péndulas; pedúnculo 0.5-2 mm; pedicelos 10-20 mm, delgados, con 1 bráctea cerca de la base, 1-2 mm, angostamente triangular; sépalos 3, 1.5-2 × 0.5-1 mm, libres, angostamente triangulares, el ápice agudo; pétalos 6, libres, en 2 verticilos desiguales, morados; pétalos externos 10-16 × 0.5-1 mm, lineares, el ápice caudado de 7-8 mm; pétalos internos 10-20 × 1-5 mm, angostamente ovado-triangulares, el ápice caudado de 5-10 mm; estambres 25-50, 1-1.5 mm, la parte apical del conectivo ovado-triangular deprimida, densamente cubierta con puntos anaranjados, glabra, proyectándose hacia el gineceo; carpelos 3; ovarios 0.8-1 × 0.4-0.5 mm, transversalmente elipsoidales, densamente cubiertos con tricomas adpresos; estigmas densamente papilosos; óvulo 1. Monocarpos 10-20 × 6-10 mm, elipsoides, brevemente estipitados, marcadamente punteados con verrugas lenticulares diminutas, escasamente cubiertos con tricomas adpresos hasta glabros; estípite 1-2 mm; semillas 9-12 × 6-7 × 4-5 mm, elipsoides. *Selvas altas perennifolias*. Ch (*Breedlove 58440*, MO). 1000-1250 m. (Endémica).

22. Desmopsis morenoi (Ortiz-Rodr. & Mor.-Ménd.) G.E. Schatz & Ortiz-Rodr., *Novon* 31: 267 (2023). *Stenanona morenoi* Ortiz-Rodr. & Mor.-Ménd., *Acta Bot. Mex.* 127(e1625): 2 (2020). Holotipo: México, Chiapas, *Moreno-Méndez 87* (HEM). Ilustr.: Moreno-Méndez & Ortiz-Rodríguez, *Acta Bot. Mex.* 127(e1625): 3, t. 1 (2020), como *S. morenoi.*

Árboles hasta 20 m; tallos c. 28 cm densamente cubiertos con tricomas adpresos pardo-dorados. Hojas 8-24 × 3-8 cm, oblongo-elípticas, cartáceas, verrugosas, glabras y brillantes en el haz, muy escasamente cubiertas con tricomas pardo-dorados a glabras en el envés, la vena media impresa en la haz, elevada en el envés, densamente cubierta con tricomas adpresos, las venas secundarias 8-14 pares, la nervadura terciaria reticulada, la base obtusa a aguda, los márgenes levemente revolutos, el ápice agudo a cortamente acuminado; pecíolo 5-10 × c. 2 mm, canaliculado, densamente cubierto con tricomas pardo-dorados adpresos. Inflorescencias con 2 o 4 flores, en las partes afilas de las ramas viejas; pedicelos 18-45 × 2-2.5 mm, densamente cubiertos con tricomas pardo-dorados adpresos y erectos, con una diminuta bráctea basal; sépalos 3, 2-3 × 2-3 mm, anchamente ovados, fusionados en su base truncada, el ápice agudo, densamente cubiertos por fuera por tricomas dorados adpresos, escasamente cubiertos por dentro con tricomas dorados, persistentes en frutos jóvenes; pétalos 6 en 2 verticilos subiguales, 23-60 × 1-3 mm, lineares a linear-triangulares, libres, crema a amarillo claro en la antesis con una mancha roja en la base de los pétalos internos, densamente cubiertos por fuera con tricomas pardo-dorados adpresos, escasamente cubiertos por dentro con tricomas pardo-dorados, la base redondeada a truncada, el ápice agudo a aristado; estambres c. 80, 1.2-1.8 mm, el conectivo truncado discoide o ligeramente ligulado, prolongado hacia el gineceo; carpelos 3-6; ovarios prismáticos a piriformes, densamente cubiertos con tricomas dorados adpresos y erectos; estigma globoso a reniforme; óvulos 9-12, uniseriados. Monocarpos 1-4, 55-60 × 45-50 mm, globosos a elipsoidales, densamente cubiertos con tricomas pardo-dorados erectos, cortos; estípite 4-6 × c. 10 mm; semillas 6-8, 22-25 × 12-14 × 7-11 mm, cuneiformes a globoso-deprimidas. *Selvas altas perennifolias*. Ch (*Moreno-Méndez 87*, MO). 1360-1520 m. (Endémica).

23. Desmopsis nigrescens G.E. Schatz, *Blumea* 63: 79 (2018). Holotipo: Panamá, *Liesner 1038* (MO!). Ilustr.: Schatz et al., *Blumea* 63: 73, t. 2d (2018a).

Árboles hasta 12 m; tallos c. 6 cm de diámetro, glabros. Hojas (4.5-) 8.3-30 × (1.6-)3.4-14 cm, angostamente elípticas a elípticas, algunas veces angostamente obovadas, algo coriáceas, glabras en el haz, glabras en el envés excepto por algunos tricomas escasos a lo largo de la vena media, negras cuando secas, la vena media impresa en el haz, las venas secundarias 9-12 pares, aplanadas a levemente elevadas en el haz, la nervadura terciaria reticulada, levemente elevada en el haz, la base cuneada a obtusa, el ápice acuminado, el acumen 10-25 mm; pecíolo 3-11 × 2-3 mm, glabro. Inflorescencias con 1 o 2 flores, opuestas a las hojas; pedicelos 20-60 × c. 1 mm, hasta 80 × 3 mm en fruto, escasa a densamente cubiertos con tricomas pardos crespos, la bráctea basal 15-55 × 10-50 mm, foliosa, ampliamente ovada, la bráctea superior c. 1 mm, escuamiforme, ampliamente ovado-triangular; sépalos 4-10 × 3-6 mm en la antesis, acrescentes y a menudo persistentes en fruto, expandiéndose hasta 22 × 14 mm, ovado-triangulares; pétalos 17-25 × 4-6 mm, subiguales, angostamente triangulares, escasamente cubiertos por fuera con tricomas adpresos. Monocarpos 10-25, 9-25 × 8-15 mm, subesféricos a oblongoide-elipsoides, glabros, el ápice redondeado, levemente constrictos entre las semillas cuando secos, la pared 0.5-1 mm de grueso; estípite 7-35 × 1-2 mm; semillas 2-6, en 1 hilera, 7-12 mm de diámetro, 2-5 mm de grueso, discoides o hemisféricas, marcadamente sulcadas. *Selvas altas perennifolias*. P (*Correa & Dressler 1822*, PMA). 0-750 m. (Endémica).

24. Desmopsis oerstedii Saff., *Bull. Torrey Bot. Club* 43: 191 (1916). Holotipo: Costa Rica, *Oersted 148* (C!). Ilustr.: no se encontró.

Arbustos o árboles hasta 10 m; tallos c. 15 cm de diámetro, densamente cubiertos con tricomas de 0.2-0.3 mm, erectos, parduscos, generalmente persistentes. Hojas 5-14 × 3-6 cm, angostamente elípticas a elípticas, cartáceas, glabras y brillantes en el haz, excepto por tricomas erectos a lo largo de la vena media, densamente cubiertas con tricomas de 0.2-0.4 mm, erectos, parduscos, generalmente persistentes, en el envés, la vena media impresa en el haz, las venas secundarias 8-11 pares, levemente elevadas en el haz, la nervadura terciaria reticulada, aplanada a levemente elevada en el haz, la base aguda, el ápice agudo a acuminado, el acumen 5-10 mm; pecíolo 4-7 × c. 1 mm, densamente cubierto con tricomas de 0.2-0.3 mm, erectos, parduscos, generalmente persistentes. Inflorescencias no vistas; infrutescencia con un fruto solitario, opuesta a las hojas; pedicelos fructíferos 20-40 × c. 2 mm, densamente cubiertos con tricomas de 0.2-0.3 mm, erectos, parduscos, la bráctea basal 7-25 × 5-5 mm, foliosa, ovada a ampliamente ovada, densamente cubierta por fuera con tricomas de 0.2-0.3 mm, erectos parduscos, la bráctea superior 3-6 × 2-4 mm, foliosa, ovado-triangular. Monocarpos 5-10, 15-30 × 10-20 mm, escasamente cubiertos con tricomas erectos de c. 0.1 mm, glabrescentes, la base atenuada, el ápice redondeado, no constrictos entre las semillas cuando secos, la pared 2-4 mm de grueso; estípite 5-12 × 2-4 mm; semillas 3-5, en 1 hilera, 8-11 mm de diámetro, 2-3 mm de grueso, discoides o hemisféricas, sulcadas a levemente foveoladas. *Bosques mesófilos de montaña*. CR (*Morales 2055*, CR). 700-1300 m. (Endémica).

25. Desmopsis panamensis (B.L. Rob.) Saff., *Bull. Torrey Bot. Club* 43: 185 (1916). *Unona panamensis* B.L. Rob., *Amer. J. Sci.* ser. 3, 50: 175 (1895). Sintipo: Panamá, *Hayes s.n.* (GH!). Ilustr.: Safford, *Bull. Torrey Bot. Club* 43: t. 7 (1916).

Árboles hasta 15 m; tallos densamente cubiertos con tricomas erectos y algunos adpresos, pardos a blancos, a menudo crespos. Hojas (3-)10-20(-26) × (1.7-)4-8(-9) cm, angostamente elípticas, cartáceas, glabras excepto la vena media mayormente cubierta con tricomas erectos y algo así como con un tono mate cuando secas en el haz, escasamente cubiertas con tricomas erectos y adpresos a menudo crespos en el envés, sobre la vena media más densamente así, la vena media impresa en el haz, las venas secundarias 8-12 pares, levemente elevadas en el haz, la nervadura terciaria reticulada, aplanada a levemente elevada en el haz, la base cuneada a obtusa, el ápice acuminado, el acumen 5-10 mm, el extremo apical obtuso; pecíolo 2-6 × 1-2 mm, densamente cubierto con tricomas erectos y algunos adpresos, pardos a blancos, a menudo crespos. Inflorescencias con 1-6 flores, opuestas a las hojas; pedicelos 25-73 × c. 1 mm, hasta c. 100 × 1.5-2 mm en fruto, densamente cubiertos con tricomas erectos y adpresos, la bráctea basal 3-42 × 2-26 mm, foliosa, ampliamente ovada a orbicular, la bráctea superior 1-3 mm, escuamiforme, ampliamente ovado-triangular; sépalos 2-5 × 4-5 mm, ampliamente ovado-triangulares, algunas veces reflexos, densamente cubiertos por fuera con tricomas erectos y adpresos; pétalos 8-31 × 3-7 mm, subiguales, angostamente triangulares, los márgenes marcadamente revolutos, el ápice incurvado, densamente cubiertos por fuera con tricomas erectos y adpresos. Monocarpos 5-25, 10-30 × 9-16 mm, elipsoide-oblongoides, glabros o a veces densamente cubiertos con tricomas erectos y adpresos, blancos, generalmente persistentes, crespos, el ápice redondeado, algunas veces levemente constrictos entre las semillas cuando secos, la pared 0.2-0.5 mm de grueso; estípite 5-12 × 1-1.5 mm; semillas 2-7, en 1 hilera, 6-11 mm de diámetro, 2-5 mm de grueso, discoides o hemisféricas, levemente sulcadas y foveoladas. *Selvas altas subperennifolias*. P (*Croat 7373*, MO). 0-800 m. (Endémica).

26. Desmopsis quichensis Tribouill., Archila & Véliz, *Revista Guatemalensis* 20: 54 (2017 [2018]). Holotipo: Guatemala, *Tribouillier & Archila ANNON-001-ET-FA* (BIGU). Ilustr.: Tribouillier-Navas et al., *Revista Guatemalensis* 20: t. 1-fruto (2017 [2018]).

Árboles hasta 4 m. Tallos moderada a densamente cubiertos con tricomas dorados, adpresos o erectos, moderadamente verrugosos. Hojas 11-20.5 × 3.2-6 cm, elípticas a elíptico-oblongas, membranosas a papiráceas, glabras en el haz con algunos tricomas adpresos a lo largo de la vena media, verrugosas, cubiertas escasa a moderada o densamente con tricomas dorados adpresos en el envés, glabrescentes, la vena media débilmente impresa en el haz, prominentemente elevada en el envés, verrugosa, la nervadura débilmente broquidódroma con 9-15 pares de venas secundarias, la nervadura terciaria reticulada, la base cuneada a obtusa, a veces asimétrica, el ápice acuminado a cuspidado, el acumen hasta 2 cm; pecíolo 5-8 mm, canaliculado, densamente verrugoso y cubierto con tricomas dorados adpresos o erectos. Inflorescencias ramifloras o caulifloras con una flor a la vez; pedúnculo 1.5-8 mm; pedicelo 30-75 mm, axilar a una bráctea diminuta y portando una bráctea cóncava cerca de la base del pedicelo, esta 2.4-2.9 × 1.3-1.5 mm, ovado-lanceolada, el ápice agudo a acuminado, verrugosa en ambas superficies, cubierta con tricomas dorados adpresos o erectos por abajo; sépalos 3, c. 3.2 × 3.2, triangulares, levemente reflexos, persistentes en fruto, verrugosos en ambas superficies, moderadamente cubiertos con tricomas dorados adpresos o erectos por abajo, el ápice agudo, la vena media visible arriba; pétalos 6, en 2 verticilos, libres, subiguales, 30-63 × 2.1-3.6(-5.1) mm, linear-lanceolados, salmón a rosa-salmón en la mitad basal y verdosos hacia el ápice, verrugosos, moderada a densamente cubiertos con tricomas dorados erectos en ambas superficies y escasamente cubiertos por fuera con tricomas estrellados, la base truncada y cóncava, el ápice acuminado; estambres c. 1.1 mm; carpelos hasta 15; ovarios c. 0.95 mm, prismáticos, conniventes, densamente híspido-estrigosos; estigma c. 0.1 mm de diámetro, globoso; óvulos 1 o 2, uniseriados. Monocarpos 16.3-29 × 12.2-19.8 mm, subglobosos a oblongos, escasamente cubiertos con tricomas dorados, glabrescentes, el estípite hasta 10 mm; semillas c. 15 × 12 × 9.5 mm, discoides. *Bosques de neblina*. G (*Tribouillier & Archila ANNON-001-ET-FA*, BIGU). 1300-1600 m. (Endémica).

27. Desmopsis schippii Standl., *Publ. Field Mus. Nat. Hist., Bot. Ser.* 11: 130 (1932). Holotipo: Belice, *Schipp 960* (F-[nr] 657797). Ilustr.: no se encontró.

Desmopsis brevipes R.E. Fr.

Arbustos o árboles hasta 20 m; tallos 5-30 cm de diámetro, glabros o escasamente cubiertos con tricomas adpresos. Hojas (3.1-)8-22 × (1.4-)3-9 cm, angosta a ampliamente elípticas, cartáceas, glabras en el haz, glabras en el envés, pero escasamente cubiertas con tricomas adpresos a lo largo de la vena media, la vena media impresa en el haz, las venas secundarias 6-8 pares, levemente elevadas en el haz, la nervadura terciaria reticulada, levemente elevada en el haz, la base cuneada a obtusa, el ápice agudo a acuminado, el acumen 5-20 mm, el extremo apical obtuso; pecíolo 2-8 × 1-2 mm, escasamente cubierto con tricomas adpresos. Inflorescencias con 1 o 2 flores, opuestas a las hojas o algunas veces caulifloras; pedicelos 9-80 × 0.5-1 mm, hasta 1-2 mm de diámetro en fruto, escasa a densamente cubiertos con tricomas adpresos, las brácteas basal y superior 1-2 mm, escuamiformes, ampliamente ovado-triangulares; sépalos 1-3 × 1.5-4 mm, ampliamente ovado-triangulares, escasamente cubiertos por fuera con tricomas adpresos; pétalos 15-45 × 4-6 mm, subiguales, angostamente triangulares a lineares, los márgenes revolutos, el ápice a menudo incurvado, escasamente cubiertos por fuera con tricomas adpresos. Monocarpos 2-5(-11), 10-27 × 10-25 mm, esféricos, ampliamente elipsoides o menos frecuentemente oblongoide-elipsoides, escasa a densamente cubiertos con tricomas adpresos, glabrescentes, el ápice redondeado, rara vez levemente constrictos entre las semillas cuando secos, la pared 0.5-1 mm de grueso; estípite 1-3(-5) × 1-3 mm; semillas 1-4, en 1 hilera, 8-15 mm de diámetro, 3-5 mm de grueso, esféricas, discoides o hemisféricas, fuertemente sulcadas. *Selvas altas perennifolias*, *bosques mesófilos de montaña*. T (*Conrad et al. 2772*, MO); B (*Schipp 960*, MO); H (*Clewell & Cruz 4205*, MO); N (*Rueda et al. 4267*, MO); CR (*Bello 1151*, MO); P (*Antonio 2074*, MO). 0-1400 m. (Mesoamérica, Colombia).

28. Desmopsis standleyana G.E. Schatz & Ortiz-Rodr., *Novon* 31: 267 (2023). *Stenanona panamensis* Standl., *Publ. Field Mus. Nat. Hist., Bot. Ser.* 4: 205 (1929) non *D. panamensis* (1916). Holotipo: Panamá, *Cooper 427* (F-[nr] 578548!, F-[nr] 579549!). Ilustr.: Schatz & Maas, *Blumea* 55: 213, t. 3c-d, f (2010), como *S. panamensis*.

Árboles hasta 6 m; tallos densamente dorado-ferrugíneo-vellosos o hirsutos, los tricomas hasta 2 mm. Hojas (3.4-)13.4-21.1 × (1.6-)4.8-7.6 cm, oblanceoladas a angostamente obovadas, membranáceas, escasamente pilosas en el haz, pronto glabrescentes, escasamente dorado-blanquecino-pilosas en el envés, la vena media impresa en el haz, marcadamente elevada en el envés, dorado-velloso hirsuta, la nervadura ligeramente broquidódroma a semicraspedódroma, las venas secundarias 8-12 pares, marcadamente elevadas en el envés, dorado-blanquecino-velloso-hirsutas, la base redondeada a emarginada, ligeramente oblicua, los márgenes escasamente ciliados, el ápice largamente acuminado a cuspidado, el acumen hasta 2.6 cm; pecíolo 1-4 mm, densamente dorado-ferrugíneo-velloso-hirsuto. Inflorescencias con 1-3 flores, con 1 flor abierta a la vez, dispuestas generalmente a lo largo de las ramas horizontales por abajo de las hojas (ramifloras), en ocasiones en la unión de las ramas horizontales y el tronco principal, pero no truncifloras; pedicelos 4-5 mm, densamente velloso-hirsutos, axilares a una bráctea, esta 4-5 × c. 1.5 mm, linear-lanceolada, verde, densamente blanco-crema-velloso-hirsuta, el ápice acuminado, con 2 brácteas adicionales de 3-4 × c. 1 mm, a menos de 1 mm desde la base del pedicelo y c. 1 mm entre cada una, angostamente oblongas, dísticas, alternas, rosadas a moradas, densamente dorado-velloso-hirsutas, la base decurrente a lo largo del pedicelo, el ápice acuminado; sépalos 3, c. 11 × 4.5 mm, ampliamente ovados, rosados, dorado-velloso-hirsutos, con la nervadura broquidódroma visible, la base redondeada a obtusa, el ápice cuspidado a aristado; pétalos 6, en 2 verticilos subiguales, c. 53 × 12 mm, connados, agostándose abruptamente hasta 2 mm de ancho a una distancia de 15 mm desde la base, lanceolados, ligeramente carnosos, especialmente hacia la base, inicialmente de color rosado-salmón a rojo vino, tornándose rojo sangre intenso en la antesis, escasamente blanco-crema-tomentulosos y verrugosos tanto por dentro como por fuera, con 3-5 venas longitudinales escasamente elevadas por fuera, la base cuneada a aguda, los márgenes de los pétalos internos fusionados por c. 4 mm a la superficie interna de los pétalos externos cerca del 1/2, los márgenes de los pétalos externos libres, el ápice marcadamente aristado; estambres c. 65, 2-2.5 mm, los filamentos 0.4-1 mm, las tecas c. 1 mm, el conectivo hasta 0.5 mm, prolongado en un apéndice deltoide proyectado hacia el gineceo; carpelos 10; ovarios c. 1.5 mm, prismáticos, conniventes, densamente dorado-setosos; estigmas c. 0.8 mm de diámetro, globosos a napiformes, conniventes; óvulos 2-4, 1-seriados. Monocarpos hasta 20 × 15 mm, subglobosos a claviformes, sésiles, pardo opaco tornándose rojos al madurar, al inicio densamente tomentosos, glabrescentes, la base obtusa a cuneada, el ápice redondeado; semillas c. 12 mm de diámetro, c. 10 mm de grueso, discoides a lenticulares. *Selvas altas perennifolias*. CR (*Grayum et al. 4451*, MO); P (*Cooper 427*, US). 25-40 m. (Endémica).

29. Desmopsis stenopetala (Donn. Sm.) R.E. Fr., *Acta Horti Berg.* 10: 26 (1931 [1930]). *Porcelia stenopetala* Donn. Sm., *Bot. Gaz.* 40: 1 (1905). Sintipo: Guatemala, *von Türckheim II 868* (= *Donnell Smith 8496*) (US). Ilustr.: Schatz & Maas, *Blumea* 55: 213, t. 3e (2010), como *Stenanona stenopetala*.

Sapranthus stenopetalus (Donn. Sm.) Saff. ex Standl., *Stenanona stenopetala* (Donn. Sm.) G.E. Schatz.

Árboles hasta 9 m; tallos densamente dorado-tomentosos. Hojas 5.5-32 × 2.2-9.8 cm, angostamente elípticas a elíptico-obovadas, membranáceas a cartáceas, glabras en el haz, verde oscuro brillante cuando vivas, verde-grisáceo mate cuando secas, dorado-blanquecino-velutinas en el envés, la vena media ligeramente impresa en el haz, más profundamente hacia la base, inicialmente dorado-hirsuta hacia la base, glabrescente, marcadamente elevada en el envés, densamente dorado-hirsuto-tomentosa, la nervadura ligeramente broquidódroma, las venas secundarias 10-17 pares, marcadamente elevadas en el envés, densamente dorado-hirsuto-tomentosas, la base cuneada a obtusa, algunas veces oblicua, los márgenes densamente dorado-ciliados, el ápice acuminado a cuspidado, el acumen hasta 2 cm; pecíolo 3-8 mm, acanalado, densamente dorado-tomentoso. Inflorescencias condensadas, con 1 flor abierta a la vez en nudos floríferos a lo largo del tronco principal (truncifloras) o rara vez entre las hojas; pedicelos 9-23 mm, densamente dorado-tomentosos, axilares a una bráctea diminuta caduca, cerca de la base una segunda bráctea, esta 0.8-1 × c. 1.5 mm, ampliamente ovada, densamente dorado-tomentosa, el ápice agudo; sépalos 3(4), 2-3 × 2.5-3 mm, ampliamente ovados, densamente dorado-tomentosos por fuera, glabros por dentro, el ápice agudo; pétalos 6(8) en 2 verticilos subiguales libres, los pétalos internos 40-60 × c. 4 mm, escasamente más angostos que los pétalos externos en la base, atenuados uniformemente hasta 1 mm de ancho justo abajo del ápice, linear-lanceolados a linear-triangulares, rosado-salmón a rosados, densamente dorado-blanquecino-tomentulosos por fuera, glabros y débilmente verrugosos por dentro, con 3 venas longitudinales (visibles en material rehidratado), la base truncada, cóncavos proximalmente y adheridos firmemente al androceo, con fino retículo por dentro en la base debido a las marcas dejadas por los estambres, el ápice acuminado; estambres c. 90, c. 1.6 mm, los filamentos 0.1-0.3 mm, las tecas externas c. 1.5 mm, las tecas internas c. 1.3 mm, el conectivo hasta 0.8 mm, ya sea truncado-discoide expandido o prolongado hasta un apéndice deltoide proyectándose hacia el gineceo; carpelos 6-16; ovarios c. 1.7 mm, prismáticos, conniventes, híspido-setosos en la base tornándose velloso-tomentosos en el ápice; estigmas c. 0.8 mm de diámetro, globosos a napiformes, con un pliegue central, conniventes, densamente tomentosos; óvulos 6-8, 1-seriados. Monocarpos hasta 18 × 13 mm, elipsoides a oblongoides hasta subglobosos, brevemente estipitados, rojos al madurar, inicialmente dorado-tomentosos, glabrescentes, diminutamente verrugosos, la base redondeada, el ápice agudo a obtuso; estípite hasta 3 mm, escasamente dorado-tomentoso; semillas c. 9 mm de diámetro, c. 5 mm de grueso, discoides. *Selvas altas perennifolias*. T (*Schatz et al. 1179*, MEXU); Ch (*Gómez 322*, US); B (*Davidse et al. 35703*, MO); G (*Contreras 6729*, MO). 100-850 m. (Endémica).

30. Desmopsis talamancana G.E. Schatz & Maas, *Blumea* 63: 81 (2018). Holotipo: Costa Rica, *Aguilar & Jiménez 4317* (MO!). Ilustr.: Schatz et al., *Blumea* 63: 82, t. 4a (2018a).

Árboles hasta 7 m; tallos escasamente cubiertos con tricomas adpresos, glabrescentes. Hojas 5-9 × 2-5 cm, angostamente elípticas, cartáceas, verrugosas en el envés, glabras en el haz excepto por algunos tricomas a lo largo de la vena media, glabras en el envés, la vena media marcadamente impresa en el haz, elevada en el envés, las venas secundarias 6-10 pares, inconspicuas, aplanadas a levemente elevadas en el haz, la nervadura terciaria reticulada, aplanada o levemente elevada en el haz, la base atenuada, el ápice agudo a acuminado, el acumen c. 5 mm; pecíolo 3-5 × 0.5-1 mm, escasamente cubierto con tricomas adpresos, glabrescente. Inflorescencias no vistas. Infrutescencia con un fruto solitario, opuesta a la hoja; pedicelos fructíferos 30-40 × 1-2 mm, glabros a escasamente cubiertos con tricomas adpresos, la bráctea basal 10-15 × 8-10 mm, foliosa, ovada, escasamente cubierta por fuera con tricomas adpresos, generalmente ausente en fruto, la bráctea superior 1-1.5 mm, escuamiforme. Monocarpos c. 5, 20-30 × 14-20 mm, elipsoides a levemente ovoides, escasamente cubiertos con tricomas adpresos cuando jóvenes, glabrescentes, el ápice redondeado, no constrictos entre las semillas cuando secos, la pared 1-1.5 mm de grueso; estípite 3-7 × 2-3 mm; semillas c. 10, en 2 hileras, c. 9 mm de diámetro, 3-5 mm de grueso, hemidiscoides o cuadriesféricas, levemente sulcadas. *Bosques mesófilos de montaña*. CR (*Herrera 3498*, CR). 1450-1500 m. (Endémica).

31. Desmopsis trunciflora (Schltdl. & Cham.) G.E. Schatz, *Candollea* 49: 419 (1994). *Xylopia trunciflora* Schltdl. & Cham., *Linnaea* 6: 417 (1831). Sintipo: México, Veracruz, *Schiede & Deppe 1287* (B!). Ilustr.: no se encontró.

Annona bibracteata Hook., *Desmopsis galeottiana* (Baill.) Saff., *D. galeottiana* var. *subnuda* R.E. Fr., *D. subnuda* (R.E. Fr.) G.E. Schatz & Maas, *Guatteria bibracteata* (Hook.) Hemsl., *Trigynaea galeottiana* Baill., *Unonopsis galeottiana* (Baill.) R.E. Fr., *U. trunciflora* (Schltdl. & Cham.) R.E. Fr., *Xylopicrum trunciflorum* (Schltdl. & Cham.) Kuntze.

Árboles hasta 12 m; tallos moderada a densamente dorado-tomentosos a hirsutos. Hojas 2.2-16 × 1.2-6.3 cm, elípticas a levemente obovadas, membranosas a débilmente cartáceas, glabras en el haz, muy escasamente adpreso-pubescentes a densa y cortamente blanco-velutinas en el envés, el indumento generalmente persistente, la vena media impresa en el haz, escasa a densamente tomentosa, prominentemente elevada en el envés, muy escasamente tomentosa a densamente dorado-hirsuta, las venas secundarias 9-10 pares, aplanadas en el haz, levemente elevadas en el envés, la base obtusa a redondeada, el ápice acuminado a redondeado; pecíolo 3-5 mm, escasa a densamente tomentoso, hinchado. Inflorescencias con 3-4 flores, ocasionalmente caulifloras; pedúnculos 3-13 mm; pedicelos 12-66 mm, escasamente tomentulosos, la bráctea basal 3-35 × 2-21 mm, ampliamente lanceolada a ampliamente ovada, la base subcordada, el ápice agudo, a menudo caduca, la bráctea superior 3-15 × 2-10 mm, ovada, 3-10 mm desde la base del pedicelo; sépalos 3-6 × 3-6 mm, ovados, reflexos en la antesis, tomentulosos por fuera, glabros por dentro, la base emarginada, el ápice obtuso a agudo; pétalos 16-20 × 8-10 mm, más o menos iguales, ovados, la base cuneada a redondeada y doblada hacia adentro para formar una uña corta, el ápice agudo, cortamente seríceos por fuera, glabros por dentro. Monocarpos 5-10, 8-20 × 8-12 mm, esféricos a ovados, glabros, la base y el ápice redondeados, la pared 0.2-0.5 mm de grueso; estípite 2-5 mm; semillas c. 8 mm de diámetro, c. 4 mm de grueso, hemisféricas, escamoso-rugosas. *Selvas altas perennifolias*. T (*Puig 701*, MEXU); Ch (*Calzada 9946*, XAL). 0-900 m. (México [Veracruz], Mesoamérica).

32. Desmopsis tuberculata (G.E. Schatz & Maas) G.E. Schatz & Ortiz-Rodr., *Novon* 31: 267 (2023). *Stenanona tuberculata* G.E. Schatz & Maas, *Blumea* 55: 219 (2010). Holotipo: Honduras, *Hawkins & Merello 743* (MO!). Ilustr.: Schatz & Maas, *Blumea* 55: 216, t. 4a-c (2010), como *S. tuberculata*.

Árboles hasta 10 m; tallos densamente dorado-ferrugíneo-seríceos o estrigosos con tricomas hasta 0.8 mm. Hojas 5-24.2 × 2-8.5 cm, obovadas a elíptico-oblanceoladas, membranáceas, al inicio escasamente blanco-adpreso-pubérulas con tricomas hasta 0.2 mm en el haz, glabrescentes, escasa a moderada o densamente blanco-seríceas con tricomas de 0.4-0.5 mm en el envés, la vena media impresa en el haz, densamente dorado-adpreso-tomentoso, especialmente hacia la base, marcadamente elevada en el envés, con tricomas de 0.2-0.5 mm, dorados, densos, adpresos, seríceos o estrigosos, las venas secundarias (7-) 11-14 pares, escasamente elevadas en el envés, con tricomas escasos a moderados o densos, dorados, adpresos, seríceos o estrigosos, la base cuneada a obtusa y luego redondeada en el punto de unión al pecíolo, escasamente asimétrica, los márgenes escasamente ciliados, el ápice (agudo) acuminado a cuspidado, el acumen hasta 3.1 cm; pecíolo 2-2.5 mm, densamente dorado-ferrugíneo-seríceo-estrigoso con tricomas de c. 0.8 mm. Inflorescencias caulifloras, los ripidios simples o algunas veces ramificados, el eje simpódico de hasta 3-4 mm; pedicelos 2.5-5 mm, en el eje de una bráctea diminuta, densamente dorado-pubérulos, con una segunda bráctea diminuta justo por arriba de la base del pedicelo, caduca; sépalos 6-15 × 2-4 mm, libres, lanceolados, rojo oscuro, moderada a densamente dorado-pubérulos, con la nervadura evidente, la base obtusa, el ápice acuminado; pétalos 6, en 2 verticilos subiguales, 30-45 × 2-5 mm, libres, linear-triangulares, rojo oscuro, escasamente dorado-pubérulos; estambres c. 75, 1.5-2 mm, la parte apical del conectivo dirigida hacia el gineceo; carpelos 2-4; ovarios 1.1-1.3 × 0.7-1 mm, densamente dorado-tomentosos; estigmas c. 1 mm de diámetro, subglobosos; óvulos 4, 2-seriados. Monocarpos 19-23 mm de diámetro, globosos, sésiles, irregularmente tuberculados, los tubérculos hasta 2 mm, densamente gris-dorado-pubérulos; semillas c. 13 × 7-9 mm, cuneiformes. *Selvas altas perennifolias*. H (*Brant & Zúñiga 2832*, MO). 140-500 m. (Endémica).

33. Desmopsis tubiflora (G.E. Schatz & Maas) G.E. Schatz & Ortiz-Rodr., *Novon* 31: 267 (2023). *Stenanona tubiflora* G.E. Schatz & Maas, *Blumea* 55: 221 (2010). Holotipo: Panamá, *de Nevers 7715* (MO!). Ilustr.: Schatz & Maas, *Blumea* 55: 220, t. 5 (2010), como *S. tubiflora*.

Árboles hasta 4 m; tallos densamente dorado-tomentosos. Hojas 25.3-46.5 × 9.8-17.6 cm, oblanceoladas a obovadas, membranáceas, inicialmente muy escasamente blanco-adpreso-pelosas en el haz, glabrescentes, escasamente blanco-dorado-pubérulas, así como con escasa pelosidad blanca, larga, adpresa en el envés, la vena media impresa en el haz, blanco-pubérula, marcadamente elevada en el envés, dorado-tomentosa, la nervadura broquidódroma, las venas secundarias 16-21 pares, escasamente elevadas en el envés, blanco-pubérulas, la base redondeada a subcordada, el ápice cuspidado a caudado, el acumen hasta 4.2 cm; pecíolo 5-6 mm, dorado-tomentoso. Inflorescencias condensadas, con 1 flor abierta a la vez, dispuestas sobre el tronco principal cerca de la base (basifloras), la flor literalmente descansando sobre el suelo; ripidio/pedúnculo hasta 13 mm; pedicelo c. 4 mm, tomentuloso, con varias bractéolas de 1-2 mm, diminutas, ovadas a angostamente triangulares; sépalos 3, 24-26 × 10-11 mm, ovados, escasamente reflexos, verdes, pubérulos por fuera, escasamente pubérulos por dentro, con 5 venas longitudinales escasamente elevadas visibles por fuera, la base redondeada a truncada, los márgenes involutos, el ápice caudado; pétalos 6, en 2 verticilos subiguales, 115-128 × 11-15 mm, connados, angostamente oblongos, carnosos, morados por fuera, marrón por dentro, escasamente pubérulos por fuera, la base truncada, los márgenes de los pétalos internos fusionados a la quilla central hasta 25-28 mm del ápice (c. 3/4 de su longitud) por dentro de los pétalos externos, así formando un tubo largo, los márgenes de los pétalos externos libres, los márgenes de todos los pétalos involutos distalmente más allá del punto de fusión, la quilla central hasta 7 mm de alto por dentro de los pétalos internos, volviéndose muy rugoso-papiloso-verrugosa a 55 mm de la base y ampliándose hacia la base hasta c. 5 mm de ancho, la quilla sobre los pétalos externos también papiloso-verrugosa en la base, todos los pétalos con un canal profundo por fuera correspondiente por dentro a la quilla, el ápice agudo a acuminado; estambres c. 35, c. 4 mm, los filamentos c. 1 mm, las tecas c. 3 mm, el conectivo solo escasamente prolongado hasta un apéndice deltoide proyectándose hacia el gineceo; carpelos c. 30; ovarios 3-4 mm, cilíndricos y escasamente curvados, densa y cortamente seríceos; estigmas c. 1.5 mm, elipsoides, diminutamente tuberculados, unidos al ovario oblicuamente por un estilo muy corto, connados en una cabezuela que cae como unidad; óvulos 4, 1-seriados. Monocarpos 25-40 × 12-20 mm, elipsoides a oblongoides, brevemente estipitados, verrugosos, dorado-pubérulos, el mesocarpo rojo, la base redondeada, el ápice agudo; estípite 4-6 mm; semillas 10-15 mm de diámetro, globosas a discoides. *Selvas altas perennifolias*. P (*Herrera 1775*, MO). 80-350 m. (Endémica).

34. Desmopsis verrucipes Chatrou, G.E. Schatz & N. Zamora, *Blumea* 51: 216 (2006). Isotipo: Costa Rica, *Chatrou et al. 102* (CR!). Ilustr.: Erkens et al., *Blumea* 51: 213, t. 4 (2006).

Árboles hasta 8 m; tallos 2-4 cm de diámetro, glabros. Hojas 13.1-40 × 4.3-17 cm, angosta a ampliamente elípticas, cartáceas, densamente verrugosas y brillantes en ambos lados, glabras en el haz y el envés, pero la vena media algunas veces cubierta con algunos tricomas adpresos, la vena media muy levemente impresa en el haz, las venas secundarias 7-14 pares, elevadas en el haz, la nervadura terciaria reticulada a algo percurrente, aplanada a levemente elevada en el haz, la base cuneada, el ápice acuminado, el acumen 5-20 mm; pecíolo 5-20 × 1-3 mm, glabro. Inflorescencias con 1-6 flores, el ripidio dicásico condensado con 1 flor abierta a la vez, opuestas a las hojas, internodales o a menudo caulifloras; pedicelos 8-40 × c. 1 mm, hasta 1-4 mm de diámetro en fruto, escasamente cubiertos con tricomas adpresos, la bráctea basal 1-8 × 1-4 mm, escuamiforme o a veces foliosa, ampliamente ovado-triangular, la bráctea superior 1-4 × 2-4 mm, escuamiforme, ampliamente ovado-triangular; sépalos 6-20 × 4-10 mm, ovado-triangulares, foliáceos con la nervadura evidente, a menudo persistentes en fruto, escasamente cubiertos por fuera con tricomas adpresos; pétalos 15-35 × 5-9 mm, subiguales, angostamente triangulares, amarillos, escasamente cubiertos por fuera con tricomas adpresos. Monocarpos 5-40, 8-30 × 8-15 mm, oblongoide-elipsoides hasta esféricos, escasamente cubiertos con tricomas adpresos, pronto glabrescentes, el ápice redondeado, algunas veces levemente constrictos entre las semillas cuando secos, la pared 0.3-0.5 mm de grueso; estípite 5-20 × 1-2 mm; semillas 2-7, en 1 hilera, 8-11 mm de diámetro, 2-3 mm de grueso, discoides o hemisféricas, levemente sulcadas, foveoladas. *Selvas altas perennifolias*. CR (*Fonseca 23*, MO); P (*Cooper & Slater 47*, US). 0-500 m. (Endémica).

35. Desmopsis zoque (Ortiz-Rodr. & Gómez-Domínguez) G.E. Schatz & Ortiz-Rodr., *Novon* 31: 267 (2023). *Stenanona zoque* Ortiz-Rodr. & Gómez-Domínguez, *Phytotaxa* 383: 294 (2018). Holotipo: México, Chiapas, *Gómez-Domínguez 3615* (HEM). Ilustr.: Ortiz-Rodríguez et al., *Phytotaxa* 383: 295, t. 1 (2018), como *S. zoque*.

Árboles hasta 12 m; tallos cubiertos con tricomas pardo-dorados erectos y adpresos. Hojas 14-21 × 5-8 cm, oblongas a elípticas, glabras y brillantes en el haz, escasamente cubiertas en el envés con tricomas dorados adpresos y erectos, verrugosas, la vena media ligeramente elevada en el haz, prominentemente elevada en el envés, cubierta con tricomas dorados adpresos y erectos, las venas secundarias 8-15 pares, la nervadura terciaria reticulada, la base obtusa a redondeada, a menudo asimétrica, el ápice acuminado; pecíolo 4-9 mm, canaliculado, densamente cubierto con tricomas pardo-dorados. Inflorescencias dispuestas entre las hojas, en las partes afilas de las ramas o en el tronco principal, a veces 2 o 3-ramificadas, con una flor abierta a la vez; pedúnculo 2-13 mm hasta 10 cm cuando se sale del tronco principal; pedicelos 20-45 mm, axilares a una diminuta bráctea, esta 0.6-2.5 mm, triangular, densamente cubierta con tricomas pardo-dorados adpresos a erectos; sépalos 3, libres, 2-2.5 × 2.5-3 mm, triangulares, densamente cubiertos con tricomas pardo-dorados adpresos a erectos, el ápice agudo; pétalos 6, libres, en 2 verticilos subiguales, 17-48 × 2-7 mm, estrechamente triangulares a lineares, amarillos en la antesis, con venación longitudinal evidente en vivo, densamente cubiertos con tricomas pardo-dorados, adpresos a erectos, los márgenes ligeramente involutos, el ápice agudo a acuminado, ligeramente inclinado hacia adentro; estambres c. 80, 1.5-2 mm, el conectivo elipsoide a ligulado, proyectándose hacia el gineceo, glabro; carpelos 6-10; ovarios 2-3 mm, densamente cubiertos con tricomas pardo-dorados; estigmas 0.3-0.5 mm, capitados, densamente cubiertos con tricomas pardo-dorados; óvulos 6-9, biseriados. Fruto no visto. *Selvas altas perennifolias*. Ch (*Gómez-Domínguez 3615*, MO). c. 1100 m. (Endémica).

7. **Duguetia** A. St.-Hil., nom. cons.

Por G.E. Schatz.

Árboles hasta 30 m; tallos teretes, densa a completamente cubiertos con tricomas estrellados o estrellados a subentero-lepidotos. Hojas por lo general angostamente elípticas a ligeramente oblongas, cartáceas, escasa a moderada o densamente cubiertas ya sea con tricomas estrellados o estrellados a subentero-lepidotos, la vena media impresa en el haz, elevada en el envés, la nervadura secundaria broquidódroma, aplanada a escasamente elevada en el haz, elevada en el envés, la base aguda a redondeada y algunas veces decurrente, el ápice generalmente acuminado; pecíolo engrosado, acanalado, en general densamente estrellado-lepidoto. Inflorescencias condensadas, opuestas a las hojas o supraaxilares, frecuentemente en nudos afilos, con 1-varias flores abiertas a la vez, frecuentemente perennes y finalmente con hasta 25 flores; pedúnculos generalmente cortos; pedicelos axilares a una bráctea diminuta y una segunda bráctea caduca a lo largo del pedicelo; sépalos 3, valvares, libres o escasamente connados en la base; pétalos 6, en 2 verticilos subiguales, imbricados, libres; estambres numerosos, los conectivos discoides. Carpelos fértiles 25-100, libres en la antesis; estilo/estigma sublanceolado a terete; óvulo 1 por carpelo, basal. Fruto un agregado globoso de monocarpos sésiles, dando la apariencia de un seudosincarpo, abrazado por un cuello basal de carpelos estériles connados, los monocarpos individuales obovoides, obovoide-oblongos, obtruloides a claviformes, redondeados en corte transversal a conspicuamente angulados, libres y ligeramente conniventes a parcialmente fusionados a lo largo sus paredes laterales, algunas veces completamente fusionados y sincárpicos, ligeramente leñosos, las aréolas deprimidas, ovoides a piramidales, lisas a verrugoso-rugosas a tuberculadas, algunas veces pruinosas, generalmente apiculadas; semillas obovoides, el arilo rudimentario indistinto como una zona basal pálida. Aprox. 90 spp., en América tropical desde Nicaragua hasta Bolivia y 4 spp. en África tropical; 5 spp. en Mesoamérica.

1. Carpelos fértiles c. 150; cuello basal de 20-22 mm de diámetro con c. 25 carpelos estériles connados; monocarpos fusionados más del 50 % en el fruto, las aréolas densamente cubiertas con tubérculos de 1-2 mm. **4. D. tuberculata**
1. Carpelos fértiles 25-100; cuello basal de 5-20 mm de diámetro con 5-15 carpelos estériles connados; monocarpos libres en el fruto, las aréolas lisas o estriado-rugosas.
  2. Hojas con indumento de tricomas estrellados erectos; carpelos fértiles 25-30; cuello basal de c. 5 mm de diámetro con 5 carpelos estériles connados; aréolas de los monocarpos densamente cubiertas con indumento estrellado gris. **2. D. gentryi**
  2. Hojas con indumento lepidoto de escamas subenteras a estrelladas; carpelos fértiles 40-100; cuello basal de 10-20 mm de diámetro con 10-15 carpelos estériles connados; aréolas de los monocarpos glabras o cubiertas con indumento lepidoto disperso o pruinoso.
    3. Monocarpos indistintamente 2-4-acostillados o redondeados en corte transversal, el 1/2 superior de los monocarpos y las aréolas estriado-rugosas, las aréolas 3-4 mm, deprimido-ovoides, el ápice obtuso a redondeado y brevemente apiculado; carpelos fértiles c. 55. **3. D. panamensis**
    3. Monocarpos conspicuamente 4-6-acostillados en corte transversal, lisos, las aréolas 5-10 mm, piramidales; carpelos fértiles 40-50 o 75-100.
      4. Carpelos fértiles 75-100; aréolas glabras; hojas con la base cuneada a aguda. **1. D. confusa**
      4. Carpelos fértiles 40-50; aréolas frecuentemente pruinosas; hojas con la base obtusa a redondeada, menos frecuentemente aguda. **5. D. vallicola**

1. Duguetia confusa Maas, *Bot. Jahrb. Syst.* 118: 195 (1996). Holotipo: Panamá, *Mori & Kallunki 2206* (MO!). Ilustr.: Maas, *Bot. Jahrb. Syst.* 118: 196, t. 4 (1996).

Árboles hasta 25 m; tallos densamente pardo pálido-estrellados a subentero-lepidotos. Hojas 9-36 × 2.9-11.5, angostamente elípticas, glabras y brillantes en el haz, densa a completamente pardusco pálido o gris-estrelladas a subentero-lepidotas en el envés, la vena media impresa en el haz, elevada en el envés, las venas secundarias 10-15 pares, la base cuneada a aguda, el ápice agudo a acuminado, el acumen hasta 2 cm; pecíolo 3-7 × 2-3 mm, densamente lepidoto. Inflorescencias opuestas a las hojas hasta supraaxilares, con 1-4 flores abiertas a la vez, hasta 8 flores en total; pedúnculos 3-5 × c. 2 mm, hasta 5 mm de diámetro en fruto; pedicelos 5-10 × c. 2 mm, hasta 5 mm de diámetro en fruto, la bráctea superior 3-4 mm, deprimido-ovada, entre 1/3 y 1/2 arriba del pedicelo, caduca; sépalos 12-15 × 9-11 mm, ovado-triangulares, connados en la base, completamente pardo pálido-lepidotos por fuera, el ápice obtuso; pétalos 14-20 × 5-10 mm, oblongo-ovados a angostamente elípticos, completamente blanco-grisáceo-lepidotos por fuera, la base marcadamente cóncava, el ápice obtuso; estambres 1-1.5 mm, los conectivos c. 0.1 × 0.8-1 mm, discoides; carpelos fértiles 75-100; ovarios c. 2.5 mm, subglabros a estrellado-lepidotos. Fruto 35-55 mm de diámetro, subgloboso, abrazado por un cuello basal de 10-20 mm de diámetro con 10-15 carpelos estériles connados. Monocarpos 18-22 × 8-12 mm, conspicuamente 5 o 6-acostillados en corte transversal, obtruloides a oblongo-obovoides, el ápice con apículo de 1-2 mm, libres, las aréolas 5-10 mm, levemente piramidales a piramidales, escasa a densamente estrellado-lepidotas; semillas 12-15 × 8-9 mm, pardo oscuro, brillantes. *Selvas altas perennifolias*. N (*Rueda et al. 4861*, MO); CR (*Hammel et al. 16849*, MO); P (*Herrera & Contreras 925*, MO). 0-1000 m. (Mesoamérica, Colombia).

2. Duguetia gentryi Maas, *Bot. Jahrb. Syst.* 121: 474 (1999). Holotipo: Colombia, *Rentería et al. 2367* (COL). Ilustr.: Maas, *Bot. Jahrb. Syst.* 121: 475, t. 9-11 (1999).

Árboles hasta 15 m; tallos densamente cubiertos con tricomas de 0.2-0.6 mm de diámetro, pardo-estrellados. Hojas 20-32 × 6-9 cm, angostamente elípticas, glabras en el haz, escasamente cubiertas con tricomas de 0.2-0.6 mm de diámetro, estrellados, erectos, en el envés, la vena media impresa en el haz, elevada en el envés, densamente cubierta con tricomas estrellados erectos en el envés, las venas secundarias 15-17 pares, la base obtusa, el ápice acuminado, el acumen hasta 2 cm; pecíolo 5-10 × 2-3 mm, cubierto con tricomas pardo-estrellados. Inflorescencias supraaxilares, con 2 flores abiertas a la vez, hasta 25 flores en total; pedúnculos 2-4 mm; raquis simpódico hasta 30 mm; pedicelos 8-13 × c. 2 mm, hasta 15 × 3 mm en el fruto, la bráctea superior c. 7 mm, ampliamente ovada, dispuesta cerca del 1/2 del pedicelo, caduca; sépalos 20-23 × 8-15 mm, elíptico-ovados, connados en la base, el ápice agudo, completamente cubiertos por fuera con tricomas erectos pardo-estrellados, escasa a densamente cubiertos por dentro con tricomas de 0.1-0.4 mm, simples a ramificados, blancos; pétalos 25-27 × 10-13 mm, ovado-triangulares, la base por dentro callosa, sulcada, el ápice agudo, densamente cubiertos por fuera con tricomas de 0.2-0.3 mm, estrellados, blancos a grisáceos, escasa a densamente cubiertos por dentro con tricomas de 0.1-0.4 mm, simples a ramificados, blancos; estambres c. 1.5 mm, los conectivos 0.4-0.5 × 0.7-0.8 mm, discoides, densamente papilosos; carpelos fértiles 25-30; ovarios 2.5-3 mm, densamente cubiertos con tricomas estrellados blancos en la base, por lo demás subglabros; estigmas cubiertos con tricomas blancos simples. Fruto 30-50 × 25-50 mm, globoso a subgloboso, abrazado por un cuello basal c. 5 mm de diámetro con 5 carpelos estériles connados. Monocarpos c. 10 × 8 mm, obovoides, el ápice obtuso y apiculado, libres, las aréolas 3-4 mm, deprimido-ovoides, densa a completamente cubiertas con tricomas de 0.1-0.2 mm, grisáceo-estrellados; semillas c. 8 × 4 mm. *Selvas altas perennifolias*. P (*Duke 8743*, MO). 100-400 m. (Mesoamérica, Colombia).

3. Duguetia panamensis Standl., *Publ. Field Mus. Nat. Hist., Bot. Ser.* 4: 207 (1929). Holotipo: Panamá, *Cooper 418* (F-[nr] 579538!). Ilustr.: Fries, *Ann. Missouri Bot. Gard.* 49: 207, t. 164 (1962 [1963]).

Árboles hasta 15 m; tallos densamente dorado-estrellado-lepidotos. Hojas 4.8-22 × 1.4-6 cm, angostamente elíptico-oblongas a oblanceoladas, glabras en el haz, escasamente lepidotas en el envés, glabrescentes, la vena media impresa en el haz, elevada en el envés, las venas secundarias 10-14 pares, la base cuneada a atenuada, el ápice acuminado, el acumen hasta 3 cm; pecíolo 3-6 × 1-2 mm, escasamente lepidoto. Inflorescencias opuestas a las hojas o en ocasiones caulifloras, simples u ocasionalmente ramificadas, con 1-3(-5) flores; pedúnculos 0-2 mm; pedicelos 2-4 mm; sépalos 10-12 × c. 8 mm, ovados, el ápice agudo; pétalos 9-16 × 5-7 mm, elíptico-oblongos, el ápice agudo, moderada a densamente plateado-lepidotos por fuera; estambres c. 1 mm; carpelos fértiles c. 55. Fruto 50-55 mm de diámetro, globoso, abrazado por un cuello basal de c. 14 mm de diámetro con c. 10 carpelos estériles connados. Monocarpos 16-22 × 7-8 mm, indistintamente 2-4-acostillados o redondeados en corte transversal, claviformes, el ápice obtuso a redondeado y brevemente apiculado, libres, las aréolas 3-4 mm, deprimido-ovoides, el 1/2 superior de los monocarpos y las aréolas estriado-rugosas; semillas c. 12 × 8 mm. *Selvas altas perennifolias*. N (*Laguna 117*, MO); CR (*Schatz & Grayum 1113*, MO); P (*Cooper 418*, NY). 0-100 m. (Endémica).

4. Duguetia tuberculata Maas, *Bot. Jahrb. Syst.* 118: 224 (1996). Holotipo: Colombia, *Cárdenas 2140* (MO!). Ilustr.: Maas, *Bot. Jahrb. Syst.* 118: 225, t. 16 (1996).

Árboles hasta 30 m; tallos completamente pardo pálido estrellados a subentero-lepidotos. Hojas 5-17.5 × 1.5-5.3 cm, angostamente elípticas, glabras en el haz, escasamente estrellado-lepidotas en el envés, la vena media impresa en el haz, elevada en el envés, las venas secundarias 12-15 pares, la base aguda a atenuada y ligeramente decurrente, el ápice acuminado, el acumen hasta 1.5 cm; pecíolo 3-10 × c. 1 mm, completamente pardo pálido-estrellado a subentero-lepidoto. Inflorescencias opuestas a las hojas a supraaxilares, simples o algunas veces en 2 ripidios, con 1-4 flores, hasta 15 flores en total; raquis hasta 10 mm, simpódico; pedúnculos c. 1 × 1 mm, hasta c. 5 × 5 mm en el fruto; pedicelos c. 10 × 1 mm, hasta 20 × 5-7 mm en el fruto, la bráctea superior diminuta. Flores maduras desconocidas; carpelos fértiles c. 150. Fruto 35-70 mm de diámetro, subgloboso, abrazado por un cuello basal de 20-22 mm de diámetro con c. 25 carpelos estériles connados. Monocarpos 20-25 × 6-10 mm, obovoide-obtruloides, el ápice con apículo de 3-4 mm, fusionados casi la mitad de su longitud, las aréolas 6-7 mm, piramidales, completamente cubiertas con tricomas de 0.1-0.4 mm de diámetro, estrellados, pardos, erectos, y densos tubérculos de 1-2 mm; semillas c. 10 × 7 mm. *Selvas altas perennifolias*. P (*Hammel et al. 16303*, MO). 0-850 m. (Mesoamérica, Colombia).

5. Duguetia vallicola J.F. Macbr., *Contr. Gray Herb.* 56: 51 (1918). Holotipo: Colombia, *Whitford & Pinzón 3* (GH). Ilustr.: no se encontró.

Árboles hasta 25 m; tallos densamente dorado-grisáceo-estrellado-lepidotos. Hojas 9.7-34.2 × 3-11 cm, angostamente elípticas a ligeramente oblongas, escasamente grisáceo-estrellado-lepidotas y estrelladas en el haz, glabrescentes, escasamente dorado-estrellado-lepidotas y grisáceo-estrelladas en el envés, la vena media impresa en el haz, moderada a densamente dorado-grisáceo-estrellado-lepidoto, marcadamente elevada en el envés, moderada y densamente dorado-grisáceo-estrellado-lepidota, las venas secundarias 12-18 pares, elevadas en el envés, la base obtusa a redondeada, menos frecuentemente aguda, el ápice acuminado, el acumen hasta 2 cm; pecíolo 3-6 × 1-2 mm, densamente dorado-grisáceo-estrellado-lepidoto. Inflorescencias opuestas a las hojas, frecuentemente en nudos afilos; pedúnculos 2-3 mm, 3-5 mm de diámetro en fruto; pedicelos 12-15 mm, alargándose hasta 25 × 5 mm en el fruto, densamente grisáceo-estrellados; bráctea superior c. 5 mm, dispuesta en el 1/2 superior del pedicelo, caduca; sépalos 8-12 × 4-6 mm, ovados, reflexos, el ápice agudo, densamente gris-estrellados por fuera y por dentro; pétalos hasta 25 × 15 mm, ovados, el ápice obtuso, densamente gris-estrellados por fuera y por dentro; estambres 1.3-1.5 mm; carpelos fértiles c. 40-50. Fruto 40-55 mm de diámetro, globoso, abrazado por un cuello basal de c. 13 mm de diámetro con 10-15 carpelos estériles, connados. Monocarpos 15-25 × 9-11 mm, 4 o 5-acostillados, obovoide-oblongoides a elipsoides, el ápice cortamente apiculado, libres, las aréolas 7-9 mm, piramidales, lisas y frecuentemente pruinosas; semillas 16-17 × 7-8 mm. *Selvas altas perennifolias*. P (*Díaz 425*, MO). 0-100 m. (Mesoamérica, Colombia).

8. Guatteria Ruiz & Pav., nom. & typ. cons.

Por R.H.J. Erkens, G.E. Schatz & P.J.M. Maas.

Árboles o arbustos, a veces bejucos, cubiertos con tricomas simples hasta glabros. Hojas con la vena media impresa, a veces aplanada o elevada en el haz. Inflorescencias axilares (a veces terminales o surgiendo del tronco principal), entre las hojas, con 1-pocas flores; pedicelos con articulación suprabasal, varias brácteas abajo de la articulación, pronto caedizas. Flores bisexuales, crema, blancas, verdes, amarillas, pardas a anaranjadas, de tamaño mediano; sépalos 3, valvares, libres o connados en la base; pétalos 6, libres, mayormente subiguales, imbricados, mucho más largos que los sépalos; estambres numerosos, no septados, la cubierta del conectivo discoide; estaminodios ausentes; carpelos numerosos, libres; óvulo 1, basal. Frutos apocárpicos, consistiendo de numerosos monocarpos indehiscentes, estipitados, carnosos, verdes, mayormente negros al madurar; semilla 1, no arilada. Aprox. 182 spp., en América tropical, excepto Paraguay; 37 spp. en Mesoamérica.

Bibliografía: Maas, P.J.M. et al. *Blumea* 60: 1-219 (2015).

1. Plantas caulifloras o ramifloras; Costa Rica. **16. G. herrerana**
1. Plantas no caulifloras ni ramifloras.
 2. Flores o inflorescencia terminales (algunas flores axilares podrían también estar presentes).
  3. Pedicelos 5-12 mm; hojas 5-8 × 2-3.5 cm; pétalos 7-9 mm; flores siempre solitarias; Panamá. **2. G. acrantha**
  3. Pedicelos 10-65 mm; hojas 10-27 × 3-8 cm; pétalos 15-40 mm; flores a menudo en inflorescencias con 2-varias flores; México, Guatemala, Honduras. **15. G. grandiflora**
 2. Flores o inflorescencia axilares.
  4. Ramitas jóvenes densamente cubiertas con tricomas erectos.
   5. Base de las hojas obtusa a cordada (algunas veces aguda o abrazando el tallo en *Guatteria tomentosa*).
    6. Envés de las hojas cubierto con tricomas pardo-rojizos, el haz glabro excepto por la vena media pelosa; pedicelos (incl. fructíferos) 10-35 mm; botones florales ovoide-deprimidos; sépalos 5-8 mm; Costa Rica. **23. G. pudica**
    6. Ambos lados de las hojas cubiertos con tricomas rígidos pardos; pedicelos 20-60 mm; botones florales levemente rostrados; sépalos 5-13 mm; Mesoamérica y Sudamérica tropical. **33. G. tomentosa**
   5. Base de las hojas aguda, obtusa o atenuada (algunas veces oblicua en *G. rubiginosa*, *G. tomentosa* y *G. ucayalina*).
    7. Vena media marcadamente elevada en el haz de las hojas (especialmente hacia la base); hojas angostamente oblongo-elípticas; Costa Rica, Panamá. **8. G. chiriquiensis**
    7. Vena media impresa a aplanada (pero algunas veces levemente elevada en *G. oliviformis*, *G. talamancana* y *G. zamorae*) en el haz las hojas (hojas angostamente ovadas a angostamente obovadas a angostamente elípticas, nunca oblongo-elípticas).
     8. Hojas verrugosas.
      9. Sépalos 15-20 mm; Costa Rica, Panamá. **31. G. talamancana**
      9. Sépalos 4-11(-16) mm.
       10. Pecíolo 3-9 mm; ramitas jóvenes finalmente glabras; Panamá. **37. G. zamorae**
       10. Pecíolo 0-7 mm; ramitas jóvenes cubiertas con tricomas generalmente persistentes.
        11. Ramitas jóvenes a menudo claramente en zigzag; monocarpos 9-16 mm, la pared c. 0.5 mm de grueso; Costa Rica, Panamá. **19. G. oliviformis**
        11. Ramitas jóvenes no en zigzag o solo en parte; monocarpos 7-13(-15) mm, la pared 0.2-0.3 mm de grueso.
         12. Hojas 18-42 cm; lado interior de los sépalos no conspicuamente verrugoso; cubierta del conectivo densamente papilosa a pelosa; Honduras, Nicaragua, Costa Rica, Panamá, Colombia. **3. G. aeruginosa**
         12. Hojas (5-)7-21 cm; lado interior de los sépalos conspicuamente verrugoso; cubierta del conectivo glabra; Costa Rica, Panamá. **27. G. rubiginosa**
     8. Hojas no verrugosas.
      13. Botones florales distintivamente rostrados (pero véase también *G. ucayalina*); pétalos pardos a color chocolate; hojas coriáceas; Panamá, Colombia, Brasil (Roraima). **1. G. aberrans**
      13. Botones florales obtusos; pétalos verdes a amarillos; hojas cartáceas (algunas veces hasta coriáceas en *G. ucayalina*).
       14. Sépalos 2-5 mm; pétalos amarillo canario; hojas con frecuencia grises cuando secas; Panamá. **6. G. allenii**
       14. Sépalos 4-13 mm; pétalos de otros colores; hojas nunca verdosas cuando secas.
        15. Sépalos adpresos, finalmente patentes; haz de las hojas mayormente cubierto con tricomas erectos; botones florales levemente rostradas; Mesoamérica, Sudamérica tropical. **33. G. tomentosa**
        15. Sépalos pronto reflexos; haz de las hojas glabro excepto por la vena media con tricomas erectos o la lámina cubierta con tricomas adpresos; botones florales obtusos.
         16. Nervadura terciaria de las hojas mayormente percurrente; estípite de los monocarpos 8-20 mm; sépalos 6-11 mm; Nicaragua, Costa Rica, Panamá, Sudamérica tropical. **35. G. ucayalina**

16. Nervadura terciaria de las hojas reticulada; estípite de los monocarpos 3-20 mm; sépalos 4-7 mm.
17. Pecíolo 2-6 mm; pedicelos 30-60 mm; monocarpos 7-11 mm, el estípite 15-20 mm; Costa Rica, Panamá. **12. G. dolichopoda**
17. Pecíolo 5-10 mm; pedicelos 15-30 mm; monocarpos 5-7 mm, el estípite 3-10 mm; Panamá. **30. G. tacarcunae**
4. Ramitas jóvenes cubiertas con tricomas adpresos o glabras.
18. Ramitas jóvenes distintivamente aladas; Panamá. **4. G. alata**
18. Ramitas jóvenes teretes.
19. Hojas a menudo dobladas a lo largo cuando secas; Panamá. **17. G. jefensis**
19. Hojas nunca dobladas cuando secas.
20. Hojas redondeadas a obtusas en el ápice, densa a escasamente verrugosas; Panamá. **26. G. rotundata**
20. Hojas acuminadas a agudas o algunas veces agudas a obtusas en el ápice, algunas veces verrugosas.
21. Nervadura de la hoja elevada en ambos lados; vena media aplanada a elevada nunca impresa en el haz.
22. Hojas densamente verrugosas a lo largo de la vena media hasta escasamente así en el resto de la hoja; Costa Rica. **10. G. crassivenia**
22. Hojas no verrugosas.
23. Monocarpos 10-25; pecíolo 2-3 mm; hojas 5-9 cm; Panamá. **22. G. pseudorotundata**
23. Monocarpos 30-100; pecíolo 5-10 mm; hojas (10-)13-23 cm; Costa Rica. **34. G. turrialbana**
21. Nervadura de la hoja nunca elevada en ambos lados; vena media aplanada, impresa o elevada en el haz.
24. Monocarpos sésiles o cortamente estipitados (estípite menos 3 mm).
25. Hojas 18-33 × 5-10 cm, densamente verrugosas; Panamá. **28. G. sessilicarpa**
25. Hojas 5-20 × 3-6 cm, no o escasamente verrugosas sobre el envés.
26. Monocarpos globosos, 20-25 mm de diámetro, la pared 5-6 mm de grueso; pedicelos 10-20 mm; Costa Rica. **20. G. pachycarpa**
26. Monocarpos angostamente elipsoides, 10-14 × 4-8 mm, la pared 1-1.5 mm de grueso; pedicelos 3-7 mm; Costa Rica. **24. G. reinaldoi**
24. Monocarpos distintamente estipitados (estípite más de 2 mm).
27. Monocarpos distintamente rostrados en el ápice; pecíolo 15-20 mm; Costa Rica. **25. G. rostrata**
27. Monocarpos redondeados a diminutamente apiculados en el ápice; pecíolo mucho más corto (excepto en *G. slateri* 4-20 mm).
28. Hojas siempre verrugosas. **36. G. verrucosa**
28. Hojas generalmente no verrugosas.
29. Ramitas jóvenes mayormente en zigzag; venas secundarias elevadas en el haz.
30. Pedicelos floríferos 0-15 mm; monocarpos 15-17 mm; Costa Rica. **13. G. dotana**
30. Pedicelos floríferos 5-32(-42) mm; monocarpos 7-10(-13) mm.
31. Monocarpo 0.7-0.8 veces más largo que el estípite; estípite 8-14 mm; vena media pelosa en el haz de las hojas; Costa Rica, Panamá. **9. G. costaricensis**
31. Monocarpo 1.6-2.6 veces más largo que el estípite; estípite 3-10 mm; haz de las hojas glabro; Panamá. **29. G. slateri**
29. Ramitas jóvenes rectas; venas secundarias impresas a elevadas en el haz.
32. Hojas muy pequeñas y angostas (7-12 × 2-4 mm).
33. Flores largamente pediceladas (20-45 mm); pecíolo 5-10 mm; semillas lisas a levemente foveoladas; Panamá. **5. G. aliciae**
33. Flores cortamente pediceladas (10-20 mm); pecíolo 2-5 mm; semillas no conocidas; Costa Rica. **32. G. tenera**
32. Hojas generalmente mucho más grandes.
34. Pedicelos 30-75 mm; Panamá, Colombia. **11. G. darienensis**
34. Pedicelos 7-50(-55) mm.
35. Márgenes basales de las hojas a menudo revolutos; venas secundarias de la hoja distintamente elevadas en el haz; Costa Rica, Panamá. **18. G. lucens**
35. Márgenes basales de las hojas no revolutos; nervadura de la hoja aplanada a levemente elevada o impresa en el haz.
36. Semillas foveoladas; nervadura de la hoja a menudo distintamente impresa en el haz; México, Mesoamérica. **7. G. amplifolia**
36. Semillas rugosas; nervadura de la hoja aplanada a levemente elevada en el haz.
37. Hojas 10-18 × 3-6 cm, venas secundarias 8-15 pares; monocarpos 10-13 mm, estípite 9-17 mm; México, Mesoamérica. **14. G. galeottiana**
37. Hojas 13-27 × 5-12 cm, venas secundarias 15-18 pares; monocarpos 7-10 mm, estípite 6-10 mm; Panamá. **21. G. panamensis**

1. Guatteria aberrans Erkens & Maas, *Blumea* 51: 201 (2006). Holotipo: Panamá, *Maas et al. 9570* (U!). Ilustr.: Erkens et al., *Blumea* 51: 200, t. 1 (2006).

Árboles hasta 25 m; ramitas jóvenes densamente cubiertas con tricomas erectos pardos, crespos, pronto glabras. Hojas 15-32 × 4-9.5 cm, angostamente elípticas hasta algunas veces angostamente ovadas, coriáceas, no verrugosas, rojizas en la base cuando secas, escasamente cubiertas con tricomas adpresos en el haz, pronto glabras, escasamente cubiertas con tricomas adpresos en el envés, la base obtusa, el ápice acuminado, el acumen 10-20 mm, la vena media aplanada a levemente impresa en el haz, las venas secundarias 15-22 pares, distintivas, elevadas en el haz; pecíolo 5-10 × 2-3 mm, decurrente como una costilla prominente en las ramitas jóvenes. Flores solitarias o en pares, en las axilas de las hojas o sobre ramitas afilas; pedicelos 7-20 mm, densamente cubiertos con tricomas erectos pardos, crespos; botones florales cónicos a ovoides, distintamente puntiagudos; sépalos 7-12 × 5-8 mm, triangulares a muy ampliamente triangulares, patentes, pero pronto completamente reflexos, densamente cubiertos por fuera con tricomas erectos pardos, crespos; pétalos pardos a color chocolate, desiguales, los externos 13-27(-32) × 5-9 mm, angostamente elípticos, los internos 15-23(-32) × 7-15 mm, angostamente triangular-ovados, densamente cubiertos por fuera con tricomas erectos pardos, crespos; estambres 1-1.5 mm, la cubierta del conectivo glabra. Monocarpos 10-40, 10-16 × 7-9 mm, elipsoides, verdes, al madurar azul-negros, escasamente cubiertos con tricomas erectos pardos, crespos, pronto glabros, el ápice apiculado, la pared c. 1 mm de grueso; estípite 9-15 × 1-2 mm; semillas 10-12 × 5-6 mm, elipsoides, lisas a foveoladas. *Bosques*. P (*Maas et al. 9564*, U). 0-550 m. (Mesoamérica, Colombia, Brasil).

Guatteria aberrans es muy típica por los botones florales puntiagudos (una característica solo algunas veces vista en *G. ucayalina* y *G. pannosa* Scharf & Maas (de Guayana Francesa y Brasil [Amapá]), los pétalos pardos a color chocolate, y por la base de las hojas rojizas cuando secas. Al parecer en esta especie no se abre el botón en el desarrollo, ya que no se ha observado pétalos internos abiertos, una característica no conocida en el género.

2. Guatteria acrantha Erkens & Maas, *Blumea* 51: 202 (2006). Holotipo: Panamá, *Rivera 355* (SCZ!). Ilustr.: Erkens et al., *Blumea* 51: 205, t. 3 (2006).

Árboles o arbustos hasta 20 m; ramitas jóvenes escasamente cubiertas con tricomas adpresos, pronto glabras. Hojas 5-8 × 2-3.5 cm, angostamente obovadas a angostamente elípticas, cartáceas, no verrugosas, glabras en el haz, densamente cubiertas con tricomas adpresos en el envés, la base atenuada, el ápice mayormente redondeado o muy corta y obtusamente acuminado, la vena media aplanada a levemente impresa en el haz, las venas secundarias 6-9 pares, distintivas, aplanadas a levemente elevadas en el haz; pecíolo 1-3 × c. 1 mm. Flores solitarias, terminales; pedicelos 5-12 mm, densamente cubiertos con tricomas adpresos pardos; botones florales ampliamente ovoides; sépalos 3-5 × 3-4 mm, ovado-triangulares a deltados, adpresos a reflexos, densamente cubiertos por fuera con tricomas adpresos pardos; pétalos 7-9 × 5-7 mm, subiguales, obovados, verdosos, densamente cubiertos por fuera con tricomas adpresos pardos; estambres 1-1.5 mm, la cubierta del conectivo papilosa. Monocarpos c. 10, 7-10 × 3-4 mm, angostamente elipsoides, verdes, subglabros, el ápice apiculado, la pared c. 0.1 mm de grueso; estípite 1-2 × c. 1 mm; semillas c. 8 × 3 mm, angostamente elipsoides, foveoladas a rugosas y más o menos distintiva y longitudinalmente sulcadas. *Bosques de neblina*. P (*Deago et al. 265*, PMA). 900-1500 m. (Endémica).

Guatteria acrantha es única por las flores terminales diminutas y por las hojas muy pequeñas, mayormente redondeadas en el ápice. En términos de la forma de la hoja, esta especie se parece superficialmente a *G. rotundata*, pero se diferencia por tener una flor terminal.

3. Guatteria aeruginosa Standl., *Publ. Field Mus. Nat. Hist., Bot. Ser.* 4: 206 (1929). Holotipo: Panamá, *Cooper 526* (F!). Ilustr.: no se encontró.

Árboles hasta 25 m; ramitas jóvenes densamente cubiertas con tricomas erectos pardos, generalmente persistentes. Hojas 18-42 × 5-16 cm, angostamente oblongo-elípticas a angostamente obovadas, cartáceas, densamente verrugosas, escasamente cubiertas con tricomas adpresos en el haz, pero la vena media densamente cubierta con tricomas erectos pardos, densa a escasamente cubiertas con tricomas erectos pardos en el envés, la base aguda a obtusa, a menudo levemente decurrente al pecíolo, el ápice acuminado, el acumen 10-20 mm, la vena media aplanada a impresa en el haz, las venas secundarias 12-24 pares, distintivas, aplanadas a elevadas en el haz; pecíolo 1-5 × 2-4 mm. Flores solitarias, axilares; pedicelos 13-30 mm, densamente cubiertos con tricomas erectos pardos; botones florales ovoide-deprimidos a subglobosos, ligeramente puntiagudos o no así; sépalos 4-10(-16) × 5-9(-14) mm, ampliamente ovado-triangulares, adpresos, luego reflexos, densamente cubiertos por fuera con tricomas adpresos y erectos, pardos; pétalos 13-32(-35) × 6-22(-27) mm, subiguales, ovado-oblongos a ovado-trulados, verde-amarillentos a amarillo-cremosos, densamente cubiertos por fuera con tricomas adpresos y erectos pardos; estambres 1.5-2 mm, la cubierta del conectivo densamente papilosa a pelosa. Monocarpos 20-50, 8-12(-15) × 4-6(-11) mm, elipsoides, verdes, al madurar negro-morados, subglabros, el ápice apiculado, la pared 0.2-0.3 mm de grueso; estípite 5-10 × 1-2 mm; semillas 8-10 × 4-5 mm, elipsoides, rugosas. *Bosques*. H (*Kelly 23-132*, L); N (*Rueda et al. 5796*, MO); CR (*Maas et al. 9427*, U); P (*Gordon 5*, MO). 0-1200 m. (Mesoamérica, Colombia).

Guatteria aeruginosa es típica por el indumento denso de tricomas erectos pardos y las hojas densamente verrugosas. La base de los pedicelos tiene a menudo 2 o 3 remanentes de brácteas. El material de Nicaragua, Heredia (Costa Rica) y Bocas del Toro (Panamá) tiene hojas menos verrugosas, pero el resto de los caracteres concuerdan bien con *G. aeruginosa*. Las colecciones de Honduras y algunas de Bocas del Toro no tienen hojas verrugosas, pero las ramitas jóvenes están densamente cubiertas con tricomas erectos pardos, generalmente persistentes; por lo tanto, este material se considera que pertenece a *G. aeruginosa*. Para las diferencias con *G. panamensis*, véase bajo esa especie.

4. Guatteria alata Maas & Setten, *Proc. Kon. Ned. Akad. Wetensch., C* 91: 250 (1988). Holotipo: Panamá, *Alverson et al. 1955* (WIS!). Ilustr.: Maas et al., *Proc. Kon. Ned. Akad. Wetensch., C* 91: 272, t. 8-9 (1988).

Árboles hasta 30 m; ramitas jóvenes con alas afiladas decurrentes desde los pecíolos, escasa a densamente cubiertas con tricomas adpresos pardos, pronto glabras. Hojas 18-34 × 10-16 cm, obovadas a elípticas, coriáceas, densamente verrugosas, escasamente cubiertas con tricomas adpresos hasta glabras en el haz y el envés, la base aguda a obtusa, decurrente como alas sobre el pecíolo, el ápice muy cortamente acuminado, el acumen 1-5 mm, la vena media impresa en el haz, aquillada en el envés, las venas secundarias 17-20 pares, distintivas, aplanadas a elevadas en el haz; pecíolo 10-15 × 5-7 mm. Flores solitarias, axilares, sobre ramitas afilas; pedicelos 12-33 mm, densamente cubiertos con tricomas adpresos, pardo pálido; botones florales deprimido-ovoides; sépalos 10-13 × 9-10 mm, ampliamente ovados, adpresos, densamente cubiertos por fuera con tricomas adpresos pardo pálido; pétalos 13-15 × 10-13 mm, iguales, ampliamente ovados, amarillos, densamente cubiertos por fuera con tricomas adpresos; estambres 1.5-2 mm, la cubierta del conectivo papilosa. Monocarpos 6-20, 18-24 × 12-15 mm, elipsoides, verdes a morados, escasamente cubiertos con tricomas adpresos pardos hasta glabros, el ápice redondeado a apiculado, la pared 1-2 mm de grueso; estípite 4-22(-30) × 1-3 mm; semillas 15-19 × 7-8 mm, elipsoides a ovoides, rugulosas. *Bosques*. CR (*Zamora et al. 10938*, CR); P (*McPherson 13675*, U). 200-900 m. (Endémica).

Guatteria alata es única por los tallos marcadamente alados y las hojas anchas y obovadas hasta elípticas, muy cortamente acuminadas.

5. Guatteria aliciae Maas & Erkens, *PhytoKeys* 126: 35 (2019). Holotipo: Panamá, *Ibáñez et al. 5799* (MO!). Ilustr.: Maas et al., *PhytoKeys* 126: 36, t. 6 (2019).

Árboles hasta 6 m; ramitas jóvenes escasamente cubiertas con tricomas adpresos, pronto glabras. Hojas 8-12 × 3-4 cm, angostamente elípticas a angostamente oblongo-elípticas, cartáceas, no verrugosas, opacas, grisáceas en el haz, pardas en el envés, glabras en el haz, las venas principales escasa a densamente cubiertas con tricomas adpresos en el envés, la base aguda a obtusa, el ápice acuminado, el acumen 5-15 mm, la vena media impresa en el haz, las venas secundarias 10-12 pares, distintas, levemente elevadas en el haz; pecíolo 5-10 × c. 2 mm. Flores solitarias, a veces en inflorescencias con 2 flores, en las axilas de las hojas sobre ramitas afilas; pedicelos 20-45 mm, escasa a densamente cubiertos con tricomas adpresos; botones florales deprimido-ovoides; sépalos 5-6 × 5-6 mm, ampliamente ovado-triangulares, adpresos, densamente cubiertos por fuera con tricomas adpresos; pétalos 10-15 × 4-6 mm, iguales, oblongo-elípticos, verdes a verde-amarillentos, densamente cubiertos por fuera con tricomas adpresos; estambres c. 2 mm, la cubierta del conectivo densamente papilosa. Monocarpos c. 20, 9-10 × 4 mm, elipsoides, verdes, al madurar negros, glabros, el ápice apiculado, la pared c. 0.2 mm de grueso; estípite 10-15 × c. 1 mm; semillas c. 10 × 4 mm, elipsoides, la superficie lisa a levemente foveolada. *Bosques*. P (*Ibáñez et al. 5770*, MO). c. 1000 m. (Endémica).

Guatteria aliciae se separa bien de otras especies mesoamericanas de *Guatteria* por las hojas relativamente pequeñas, las flores largamente pediceladas y las semillas lisas a levemente foveoladas.

6. Guatteria allenii R.E. Fr., *Ark. Bot.* n.s. 1: 336 (1950). Holotipo: Panamá, *Allen 1900* (S!). Ilustr.: no se encontró.

Árboles o a veces arbustos hasta 12 m; ramitas jóvenes densamente cubiertas con tricomas erectos, pardos, pronto glabras. Hojas 10-21 × 3-8 cm, angostamente elípticas a angostamente obovadas, cartáceas, no verrugosas, con frecuencia verdosas cuando secas, escasamente cubiertas con tricomas adpresos y erectos hasta glabras en el haz, densamente cubiertas con tricomas erectos pardos en el envés, la base aguda, el ápice acuminado, el acumen 5-20 mm, la vena media aplanada a levemente impresa en el haz, las venas secundarias 8-12 pares, distintas, levemente elevadas en el haz; pecíolo 2-7 × 1-2 mm. Flores solitarias, algunas veces en pares, en las axilas de las hojas o sobre ramitas afilas; pedicelos 8-20 mm, densamente cubiertos con tricomas adpresos pardos; botones florales deprimido-ovoides; sépalos 2-5 × 3-5 mm, ampliamente ovado-triangulares, reflexos, densamente cubiertos por fuera con tricomas adpresos pardos; pétalos 10-15(-25) × 5-9(-15) mm, iguales, oblongo-ovados, verde-amarillentos, al madurar amarillo canario, densamente cubiertos por fuera con tricomas adpresos; estambres 1-2 mm, la cubierta del conectivo pelosa. Monocarpos 25-50, 9-11 × 4-5 mm, elipsoides, verdes, al madurar negros, escasamente cubiertos con tricomas adpresos, el ápice apiculado, la pared 0.1-0.2 mm de grueso; estípite 4-8 × c. 1 mm; semillas 9-10 × 4 mm, elipsoides, rugosas. *Bosques*. P (*Maas et al. 9543*, U). 700-1100 m. (Endémica).

Guatteria allenii se distingue fácilmente por las flores de color amarillo canario. Se puede reconocer fácilmente por las hojas verdosas cuando secas, una característica muy rara en las *Guatteria* mesoamericanas.

7. Guatteria amplifolia Triana & Planch., *Ann. Sci. Nat., Bot.* sér. 4, 17: 35 (1862). Lectotipo (designado aquí): Panamá, *Fendler 3* (K-[cb] K000487319!). Ilustr.: no se encontró.

Guatteria diospyroides Baill., *G. diospyroides* subsp. *diospyroides*, *G. diospyroides* subsp. *hondurensis* R.E. Fr., *G. inuncta* R.E. Fr., *G. inuncta* var. *caudata* R.E. Fr., *G. inuncta* var. *inuncta*, *G. inuncta* var. *minor* R.E. Fr., *G. jurgensenii* Hemsl., *G. platypetala* R.E. Fr.

Árboles o arbustos hasta 12(-20) m; ramitas jóvenes escasa a densamente cubiertas con tricomas adpresos o glabras. Hojas 13-40 × 4-15 cm, angostamente ovadas a angostamente obovadas, algunas veces ovadas o elípticas, cartáceas, no verrugosas, glabras en el haz, escasamente cubiertas con tricomas adpresos hasta glabras en el envés, la base obtusa a cordada (los márgenes basales algo revolutos) o aguda, el ápice acuminado, el acumen 5-30 mm, la vena media impresa en el haz, las venas secundarias 12-20 pares, distintas, impresas a aplanadas en el haz; pecíolo 4-13 × 1-7 mm. Flores solitarias, algunas veces en pares, en las axilas de las hojas o sobre ramitas afilas; pedicelos 10-25(-55) mm, densa a escasamente cubiertos con tricomas adpresos; botones florales deprimido-ovoides; sépalos 3-12 × 4-10 mm, ampliamente ovado-triangulares, reflexos o adpresos, densamente cubiertos por fuera con tricomas adpresos; pétalos 10-25 × 5-15 mm, iguales, oblongo-ovados a oblongo-obovados, verdes tornándose amarillos, densamente cubiertos por fuera con tricomas adpresos; estambres 1-2 mm, la cubierta del conectivo papilosa. Monocarpos (25-)50-75, 7-10 × 3-6 mm, elipsoides, verdes, al madurar rojos hasta finalmente negros, escasamente cubiertos con tricomas adpresos a glabros, el ápice apiculado, la pared 0.1-0.2 mm de grueso; estípite 5-25 × c. 1 mm; semillas 7-10 × 4-6 mm, elipsoides, foveoladas. *Bosques*. T (*Murray & Johnson 1384*, U); B (*Davidse & Holland 36721*, U); G (*Marshall et al. 336*, U); H (*Maas et al. 8492*, U); N (*Stevens 12476*, U); CR (*Maas 7964*, U); P (*Maas et al. 9533*, U). 0-1100(-1850) m. (México [Oaxaca, Veracruz], Mesoamérica).

Guatteria amplifolia es sin lugar a duda el complejo de especies más problemático de *Guatteria* en Mesoamérica y es por esto que, con mucha duda, se han unido varios nombres dentro de esta especie. La típica *G. amplifolia* se encuentra en Panamá y está caracterizada por las hojas y el pecíolo muy grandes con las venas distintamente impresas en el haz; además la base de la hoja es obtusa a cordada con los márgenes basales algo revolutos. En el resto de Mesoamérica, las hojas y los pecíolos tienden a ser más pequeños, y las venas secundarias son menos impresas hasta aplanadas en el haz. Además, la base de la hoja es más aguda, aunque también se encuentran hojas con la base obtusa. Debido a que estos cambios son graduales, se consideran variantes dentro de *G. amplifolia*. Sin embargo, es claro que este complejo debería ser analizado en más detalle tanto morfológica como molecularmente.

Se ha observado, tanto en material de herbario como en el campo, que los sépalos en las muestras de Panamá son algunas veces persistentes como un cáliz alrededor del pedicelo. También se pueden encontrar algunas formas caulifloras (*Davidse et al. 23664*, MO) o ramifloras (*Sytsma et al. 4389*, MO).

8. Guatteria chiriquiensis R.E. Fr., *Kongl. Svenska Vetensk. Acad. Handl.* ser. 3, 24(10): 11 (1948). Sintipo: Panamá, *Pittier 5748* (US!). Ilustr.: no se encontró.

Árboles hasta 25 m; ramitas jóvenes levemente aladas, densamente cubiertas con un indumento velutino de tricomas erectos pardos, generalmente persistentes. Hojas 13-32 × 3-7 cm, angostamente oblongo-elípticas, cartáceas, no verrugosas, densamente cubiertas con tricomas erectos pardos en el haz, densamente cubiertas con un indumento velutino de tricomas erectos pardos en el envés, la base aguda a casi obtusa, algunas veces levemente oblicua (con los márgenes basales mayormente revolutos), el ápice acuminado, el acumen 5-25 mm, la vena media aplanada apicalmente, llegando a ser distintamente elevada basalmente en el haz, las venas secundarias 13-15 pares, distintas, elevadas en el haz; pecíolo 1-5 × 1-2 mm. Flores solitarias o en pares, en las axilas de las hojas o sobre ramitas afilas; pedicelos 15-20(-35) mm, densamente cubiertos con tricomas adpresos y erectos, pardos; botones florales deprimido-ovoides; sépalos 5-7 × 5-7(-9) mm, ampliamente ovado-triangulares, adpresos, densamente cubiertos por fuera con tricomas adpresos pardos; pétalos 10-15(-25) × 10-12(-15) mm, iguales, angostamente oblongo-ovados, amarillos a crema, densamente cubiertos por fuera con tricomas adpresos; estambres 1-2 mm, la cubierta del conectivo glabra. Monocarpos 15-40, 7-10 × 3-5 mm, elipsoides, morado oscuro a negros, escasamente cubiertos con tricomas adpresos, particularmente cerca de la parte apical, el ápice apiculado, la pared 0.1-0.2 mm de grueso; estípite 5-8 × c. 1 mm; semillas 6-8 × 3-4 mm, elipsoides, lisas o foveoladas. *Bosques*. CR (*Maas et al. 9469*, U); P (*Pittier 5132*, US). 0-500 m. (Endémica).

Guatteria chiriquiensis se reconoce por las hojas angostamente oblongo-elípticas, los pecíolos cortos y, particularmente, por la vena media basalmente elevada en el haz, esta última característica muy rara en el género. Los márgenes en la base de la hoja son mayormente revolutos.

9. Guatteria costaricensis R.E. Fr., *Acta Horti Berg.* 12: 514 (1939). Holotipo: Costa Rica, *Oersted 146* (C!). Ilustr.: Fries, *Acta Horti Berg.* 12: 514, t. 34b (1939).

Guatteria costaricensis R.E. Fr. var. *endresii* R.E. Fr.

Árboles o arbustos hasta 10(-20) m; ramitas jóvenes a menudo en zigzag, densa a escasamente cubiertas con tricomas adpresos pardos, pronto glabras. Hojas 7-17 × 2-6 cm, angostamente elípticas, algunas veces levemente falcadas, cartáceas, no verrugosas, grisáceas o negro-parduscas cuando secas, densamente cubiertas con tricomas erectos a lo largo de la vena media en el haz, escasamente cubiertas con tricomas adpresos pardos en el envés, la base aguda, el ápice acuminado, el acumen 5-10 mm, la vena media aplanada a impresa en el haz, a menudo aquillada en el envés, las venas secundarias 8-14 pares, distintas, elevadas en el haz; pecíolo 3-7 × 1-2 mm. Flores solitarias, a veces en pares, axilares; pedicelos 5-20 mm, densa a fina y escasamente cubiertos con tricomas adpresos pardos; botones florales deprimido-ovoides; sépalos 3-4 × 3-6 mm, deltados a levemente ovado-triangulares, reflexos, escasamente cubiertos por fuera con tricomas adpresos pardos, los márgenes superiores densamente así; pétalos 10-14 × 8-9 mm, iguales, ovados a rómbicos, crema a amarillos, densamente cubiertos por fuera con tricomas adpresos; estambres 1.5-2 mm, la cubierta del conectivo papilosa. Monocarpos 30-40, 7-10 × 4-5 mm, elipsoides, verdes cuando jóvenes, escasamente cubiertos con tricomas adpresos, pronto glabros, el ápice apiculado, la pared 0.2-0.3 mm de grueso; estípite 8-14 × c. 1 mm; semillas 8-9 × 3-4 mm, elipsoides, transversalmente sulcadas a rugulosas. *Bosques*. CR (*Grayum & Hammel 5524*, U); P (*Folsom 4878*, MO). 600-1950 m. (Endémica).

Guatteria costaricensis puede confundirse con *G. oliviformis*, pero es diferente por las hojas no verrugosas, un indumento de tricomas adpresos sobre las ramas jóvenes, los estípites más largos, los sépalos y las semillas más pequeñas, las hojas grisáceas o negro-parduscas cuando secas y a veces levemente falcadas.

Los ejemplares panameños de *G. costaricensis* pueden parecerse a aquellos con hojas pequeñas de *G. slateri*. Para las diferencias con *G. slateri* véase bajo esa especie.

Guatteria costaricensis se confunde, a veces, con *G. verrucosa* y *G. oliviformis*. Las tres especies pueden separarse de esta manera: *G. costaricensis* tiene las hojas no verrugosas y las ramas jóvenes con tricomas adpresos; *G. verrucosa* tiene las hojas verrugosas en el haz y el envés y las ramas jóvenes con tricomas adpresos; *G. oliviformis* tiene las hojas densamente verrugosas en el haz y las ramas jóvenes con tricomas erectos.

10. Guatteria crassivenia N. Zamora & Maas, *Blumea* 60: 64 (2015). Holotipo: Costa Rica, *Herrera & Chacón 2746* (CR!). Ilustr.: Maas et al., *Blumea* 60: 65, t. 30 (2015).

Árboles c. 6 m. Ramas jóvenes densamente cubiertas con tricomas adpresos pardos, pronto glabras. Hojas 6-12 × 3.5-5 cm, elípticas, cartáceas, densamente verrugosas a lo largo de la vena media hasta escasamente así en el resto de la hoja, brillantes, pardo oscuro en el haz, pardas en el envés cuando secas, densamente cubiertas con tricomas pardos erectos sobre la vena media en el haz, glabras en el resto, escasamente cubiertas con tricomas adpresos a más o menos erectos en el envés, la base aguda a levemente atenuada, el ápice agudo a acuminado, el acumen 5-15 mm, la vena media elevada en el haz, las venas secundarias 12-22 pares, distintas, marcadamente elevadas en ambos lados; pecíolo 0-3 × 1-2 mm. Flores solitarias, axilares; pedicelos 10-25 mm, densamente cubiertos con tricomas adpresos; botones florales deprimido-ovoides; sépalos 3-6 × 4-5 mm, ampliamente ovado-triangulares, adpresos, finalmente reflexos, escasamente cubiertos por fuera con tricomas adpresos a más o menos erectos; pétalos 10-15 × 6-11 mm, iguales, ovados, amarillos cuando vivos, densamente cubiertos por fuera con tricomas adpresos; estambres c. 1.5 mm, la cubierta del conectivo papilosa. Monocarpos y semillas no vistas. *Bosques*. CR (*Herrera & Chacón 2746*, U). c. 1600 m. (Endémica).

Guatteria crassivenia se reconoce por las hojas brillantes, densamente verrugosas, la vena media elevada en el haz y por la nervadura muy prominente en ambos lados. Ha sido colectada una sola vez.

11. Guatteria darienensis S. Arias & Maas, *Phytotaxa* 173: 150 (2014). Holotipo: Colombia, *Brand & Ascanio 439* (HUA!). Ilustr.: Arias Guerrero et al., *Phytotaxa* 173: 151, t. 1 (2014).

Árboles o a veces arbustos hasta 16 m. Ramas jóvenes densa a escasamente cubiertas con tricomas adpresos, pronto glabras. Hojas 8-21 × 2.5-8 cm, angostamente elípticas a angostamente obovadas, a veces elípticas, cartáceas, no verrugosas, grisáceo opaco a brillante cuando secas, verde oscuro o pardas en el haz, opacas, pardo pálido o pardas en el envés, glabras en el haz, escasamente cubiertas con tricomas adpresos hasta casi glabras en el envés, la base aguda a atenuada, a veces obtusa, el ápice acuminado, el acumen 5-15 mm, la vena media impresa en el haz, las venas secundarias 10-14 pares, distintas, impresas a levemente elevadas en el haz; pecíolo 2-7 mm. Flores solitarias o en pares, axilares; pedicelos 30-75 mm, densa a escasamente cubiertos con tricomas adpresos y algunos erectos; botones florales deprimido-ovoides; sépalos 3-7 × 4-6 mm, ampliamente ovado-triangulares, reflexos, densamente cubiertos por fuera con tricomas adpresos; pétalos 12-26 × 5-10 mm, iguales, angostamente elípticos, verdes, al madurar amarillos cuando vivos, densamente cubiertos por fuera con tricomas adpresos; estambres 1.5-2 mm, la cubierta del conectivo papilosa. Monocarpos 35-50, 7-10 × 4-5 mm, elipsoides u obovoides, verdes o rosados, al madurar rojos a morados cuando vivos, pardos cuando secos, escasamente cubiertos con tricomas adpresos, el ápice apiculado, la pared c. 0.1 mm de grueso; estípite 7-15(-20) × 0.5-1 mm; semillas 6-9 × 3.5-4 mm, elipsoides, foveoladas. *Bosques*. P (*Mori 6256*, MO). 20-800(-1200) m. (Mesoamérica, Colombia).

Guatteria darienensis se reconoce por los pedicelos relativamente largos y delgados (hasta 75 mm en fruto), los monocarpos relativamente pequeños con una pared muy delgada (c. 0.1 mm de grueso) y los estípites largos y delgados.

Algunas colecciones panameñas del Parque Nacional Altos Campana (*Espinosa et al. 720*, U; *FLORPAN et al. 2962*, U; *Galdames et al. 3081*, U; *Galdames et al. 4136*, U; *van der Werff & Herrera 6198*, U; *van der Werff & van Hardeveld 6933*, U) y una de la provincia de Veraguas (*McPherson 12812*, U) son anómalas por las hojas relativamente más pequeñas y más gruesas (8-12 × 2.5-4.5 cm) con la base aguda a obtusa. Sin embargo, se incluyeron todos estos especímenes dentro del concepto de *G. darienensis* ya que las características de la flor, el fruto y las semillas concuerdan muy bien.

Aunque *G. darienensis* comparte con *G. dolichopoda* sus flores largamente pediceladas con los sépalos reflexos y los monocarpos relativamente pequeños, existen diferencias morfológicas claras como las hojas relativamente más grandes, la vena media glabra en el haz, los sépalos ampliamente ovado-triangulares, los pétalos angostamente elípticos y un número menor de monocarpos pardos con pared delgada cuando secos.

12. Guatteria dolichopoda Donn. Sm., *Bot. Gaz.* 23: 2 (1897). Sintipo: Costa Rica, *Donnell Smith 6429* (US!). Ilustr.: no se encontró.

Guatteria dolichopoda Donn. Sm. var. *microsperma* R.E. Fr., *G. rigidipes* R.E. Fr., *G. tonduzii* Diels, *G. tonduzii* var. *leptopus* R.E. Fr., *G. tonduzii* var. *tonduzii*.

Árboles o arbustos hasta 20 m. Ramas jóvenes densa a escasamente cubiertas con tricomas de c. 0.5 mm, erectos, pardos, finalmente glabras. Hojas 11-14 × 2-5 cm, angostamente elípticas, algunas veces angostamente ovadas, cartáceas, no verrugosas, glabras en el haz, pero la vena media y algunas veces las venas secundarias cubiertas con tricomas erectos pardos, escasamente cubiertas con tricomas erectos (y adpresos), pardos en el envés, la base aguda a atenuada, el ápice acuminado, el acumen 10-20 mm, la vena media impresa a aplanada en el haz, las venas secundarias 10-15 pares, indistintas, aplanadas a levemente elevadas en el haz, la nervadura terciaria reticulada; pecíolo 2-6 × c. 1 mm. Flores solitarias, algunas veces en pares, axilares; pedicelos 30-60 mm, densa a escasamente cubiertos con tricomas erectos, llegando a ser casi glabros en fruto; botones florales deprimido-ovoides, ligeramente puntiagudos; sépalos 5-7 × 3-6 mm, ovado-triangulares, pronto reflexos, los márgenes externos enrollados hacia adentro, densa a escasamente cubiertos por fuera con tricomas adpresos; pétalos 14-30 × 4-11 mm, subiguales, angostamente oblongo-elípticos a angostamente ovados, verdes, al madurar amarillos, densamente cubiertos por fuera con tricomas adpresos blancos, particularmente hacia la base; estambres 1.5-2 mm, la cubierta del conectivo papilosa. Monocarpos 75-100, 7-11 × 4-5 mm, elipsoides, negros, escasamente cubiertos con tricomas adpresos, pronto llegando a ser glabros, el ápice apiculado, la pared 0.1-0.2 mm de grueso; estípite 15-20 × c. 1 mm; semilla 6-9 × 4-5 mm, elipsoide, foveolada. *Bosques*. H (*Hazlett 3137*, U); CR (*Maas et al. 9466*, U); P (*Maas et al. 9509*, U). 0-1600 m. (Endémica).

Guatteria dolichopoda se reconoce por los pedicelos largos y las ramas jóvenes cubiertas con tricomas erectos, pardos. Las formas más densamente pelosas pueden confundirse con *G. tomentosa*; véase bajo esa especie.

13. Guatteria dotana N. Zamora & Erkens, *Blumea* 60: 73 (2015). Holotipo: Costa Rica, *Estrada & Valverde 1084* (CR!). Ilustr.: Maas et al., *Blumea* 60: 72, t. 33 (2015).

Árboles hasta 7 m. Ramas jóvenes levemente en zigzag, densamente cubiertas con tricomas adpresos pardos a rojizos. Hojas 10-21 × 3-8 cm, angostamente oblongo-elípticas, coriáceas, no verrugosas, brillantes a opacas, verde-grisáceas en el haz cuando secas, pardo pálido en el envés, glabras en el haz, densa a escasamente cubiertas con tricomas adpresos rojizos mayormente a lo largo de la vena media en el envés, la base aguda a obtusa, el ápice acuminado, el acumen 5-15 mm, la vena media aplanada a levemente elevada en el haz, las venas secundarias 11-17 pares, distintas, levemente elevadas en el haz; pecíolo 5-8 × c. 2 mm. Flores solitarias en las axilas de las hojas o sobre las ramitas afilas; pedicelos 0-15 × 1-4 mm, densamente cubiertos con tricomas adpresos pardo pálido; botones florales ovoides; sépalos 6-8 × 5-7 mm, ampliamente ovado-triangulares, reflexos, densamente cubiertos por fuera con tricomas adpresos; pétalos 7-12(-14) × 6-8 mm, iguales, ovado-elípticos, verdosos a crema cuando vivos, densamente cubiertos por fuera con tricomas adpresos; estambres c. 2 mm, la cubierta del conectivo pelosa. Monocarpos 15-25, 15-17 × 6-10 mm, elipsoides, verdes, al madurar negro-purpúreos cuando vivos, negros cuando secos, glabros, el ápice redondeado, la pared 0.1-0.2 mm de grueso; estípite 4-6 × c. 1 mm; semilla 12-14 × 6-7 mm, elipsoide, transversalmente sulcada (a foveolada). *Bosques húmedos*. CR (*Lobo 3343*, CR). 500-1300 m. (Endémica).

Guatteria dotana se distingue por las ramas jóvenes en zigzag, densamente cubiertas con tricomas adpresos pardos a rojizos, las flores muy cortamente pediceladas (pedicelos floríferos 0-7 mm) y los monocarpos cortamente estipitados.

14. Guatteria galeottiana Baill., *Adansonia* 8: 268 (1867-1868 [1868]). Sintipo: México, Oaxaca, *Liebmann 16* (C!). Ilustr.: no se encontró.

Árboles hasta 10 m. Ramas jóvenes escasamente cubiertas con tricomas adpresos, pronto glabras. Hojas 10-18 × 3-6 cm, angostamente elípticas, a veces algo obovadas, cartáceas, no verrugosas, a menudo verde brillante cuando secas, glabras en el haz, glabras en el envés, excepto por algunos tricomas a lo largo de la vena media, la base atenuada, los márgenes basales no revolutos, el ápice acuminado, el acumen 10-20 mm, la vena media aplanada en el haz, las venas secundarias 8-15 pares, distintas, levemente elevadas en el haz; pecíolo 4-8 × 1-2 mm. Flores solitarias, axilares; pedicelos 10-50 mm, escasamente cubiertos con tricomas adpresos hasta glabros; botones florales deprimido-ovoides; sépalos 4-5 × 4-5 mm, deltados, reflexos, densamente cubiertos por fuera con tricomas adpresos; pétalos 12-15 × 6-7 mm, subiguales, ovados, verde-amarillentos, densamente cubiertos por fuera con tricomas adpresos; estambres 1-2 mm, la cubierta del conectivo papilosa. Monocarpos 10-20, 10-13 × 5-6 mm, angostamente elipsoides, verdes, al madurar negros, escasamente cubiertos con tricomas adpresos hasta glabros, el ápice apiculado, la pared c. 0.2 mm de grueso; estípite 9-17 × c. 1 mm; semilla 9-12 × 4-5 mm, elipsoide, rugosa. *Bosques*. Ch (*Gómez-Domínguez HGD 2013*, MO). 0-1400 m. (México [Oaxaca, Veracruz], Mesoamérica).

Guatteria galeottiana se reconoce por las hojas a menudo verde brillante cuando secas, los pedicelos largos, los monocarpos angostamente elipsoides y apiculados, y las venas secundarias casi perpendiculares. Todos estos caracteres concuerdan muy bien con el tipo. Sin embargo, las colecciones de Oaxaca (p. ej., *Hernández & González 1695*, MO) se diferencian por los monocarpos más redondeados y las venas secundarias algo más ascendentes, pero por lo demás se ajustan perfectamente con la descripción de la especie.

15. Guatteria grandiflora Donn. Sm., *Bot. Gaz.* 14: 25 (1889). Lectotipo (designado aquí): Guatemala, *von Türckheim 1235* (K-[cb] K000487206!; isolectotipos: B-[cb] B 10 0242429!, GH-[cb] GH00039367!, P-[cb] P00123845!, US-[nr] 1391861!, US-[nr] 1391862!). Ilustr.: no se encontró.

Guatteria anomala R.E. Fr.

Árboles hasta 60 m, los tallos profundamente acanalados. Ramas jóvenes densamente cubiertas con tricomas adpresos blancos, pronto glabras. Hojas 10-27 × 3-8 cm, angostamente elípticas a angostamente obovadas, cartáceas, densamente verrugosas a no verrugosas, glabras en el haz y el envés, la base obtusa a atenuada, el ápice acuminado, el acumen 2-10 mm, la vena media impresa a aplanada en el haz, las venas secundarias 9-17 pares, distintas, levemente elevadas a elevadas en el haz; pecíolo 2-9 × 1-4 mm. Flores terminales, solitarias o en inflorescencias paniculiformes con varias flores, también axilarmente; pedicelos 10-65 mm, escasamente cubiertos con tricomas adpresos blancos, engrosados arriba de la articulación; botones florales deprimido-ovoides, ligeramente puntiagudos; sépalos 4-10 × 4-7 mm, ampliamente ovado-triangulares, reflexos, densamente cubiertos por fuera con tricomas blancos adpresos y erectos, crespos; pétalos 12-40 × 5-13 mm, iguales, angostamente oblongo-ovados a angostamente ovados, densamente cubiertos por fuera con tricomas blancos adpresos y erectos, crespos; estambres (1-)1.5-3 mm, la cubierta del conectivo papilosa. Monocarpos 5-40, 15-30 × 8-12 mm, angostamente elipsoides a elipsoides, el ápice redondeado a levemente apiculado, glabros; estípite 4-15 × 2-3 mm; semilla 15-25 × 8-12 mm, elipsoide, rugulosa. *Bosques*. Ch (*Davidse et al. 20484*, MO); G (*Cook & Doyle 160*, US); H (*Fritch R54*, U). 0-3150 m. (México [Oaxaca, Veracruz], Mesoamérica).

Guatteria grandiflora, una de las dos especies en Mesoamérica con flores terminales, es notoria por la unión parcial de los ejes que, en algunos ejemplares, forman el arreglo paniculiforme al final de las ramitas. Se piensa que esta especie incluye los árboles más grandes dentro del género y se han reportado ejemplares de hasta de 60 m de alto, con tallos de 170 cm de diámetro. *Guatteria anomala* ha sido tratada como especie distinta de *G. grandiflora*, pero un estudio más detallado mostró una gran cantidad de caracteres comunes, a excepción de la fusión de los ejes de la inflorescencia. Debido a la aparente homogeneidad de todos los especímenes, *G. anomala* se ha sinonimizado con *G. grandiflora*.

16. Guatteria herrerana N. Zamora & Maas, *Blumea* 60: 93 (2015). Holotipo: Costa Rica, *Herrera 8401* (CR!). Ilustr.: Maas et al., *Blumea* 60: 94, t. 42 (2015).

Árboles c. 7 m. Ramas jóvenes densamente cubiertas con tricomas erectos, pronto glabras. Hojas 6-16 × 3-6 cm, elípticas a oblongo-elípticas, cartáceas, no verrugosas, cuando secas opacas, pardas en el haz y el envés, escasamente cubiertas con tricomas erectos en el haz, escasa a densamente cubiertas con tricomas erectos pardos en el envés, la base obtusa, el ápice acuminado, el acumen 10-20 mm, la vena media impresa en el haz, las venas secundarias 8-12 pares, distintas, impresas en el haz; pecíolo 8-10 × 2-3 mm. Flores solitarias o en pares, sobre ramitas afilas o sobre el tallo; pedicelos 10-25 × 1-2 mm, densamente cubiertos con tricomas erectos pardos; botones florales no observados; sépalos 6-7 × 7-8 mm, ampliamente ovado-triangulares, adpresos, densamente cubiertos por fuera con tricomas adpresos; pétalos 10-15 × 6-10 mm, iguales, oblongo-elípticos, amarillos cuando vivos, densamente cubiertos por fuera con tricomas adpresos pardos; estambres no vistos. Monocarpos c. 25, 11-12 × 8-9 mm, elipsoides a ovoides, verdes cuando vivos, negros cuando secos, glabros, el ápice obtusamente apiculado, la pared 0.1-0.2 mm de grueso; estípite 21-23 × 1-2 mm; semilla c. 10 × 7 mm, ovoide a elipsoide, foveolada. *Bosques*. CR (*Herrera 8401*, L). c. 1200 m. (Endémica).

Guatteria herrerana, conocida solo de la colección tipo, se caracteriza por ser cauliflora a ramiflora. Su relación con otras especies necesita ser estudiada.

17. Guatteria jefensis Barringer, *Ann. Missouri Bot. Gard.* 71: 1186 (1984 [1985]). Holotipo: Panamá, *Hammel 6302* (MO!). Ilustr.: no se encontró.

Arbustos o árboles hasta 6 m. Ramas jóvenes escasamente cubiertas con tricomas adpresos, pronto glabras. Hojas 7-20 × 3-7 cm, ovadas a elípticas, coriáceas, a menudo dobladas a lo largo cuando secas, no verrugosas, escasamente cubiertas con tricomas erectos a lo largo de la vena media y las venas secundarias en el haz, escasamente cubiertas con tricomas adpresos en el envés, la base obtusa, el ápice cortamente acuminado, el acumen hasta 10 mm, la vena media impresa en el haz, las venas secundarias 10-13 pares, distintas, impresas a aplanadas en el haz; pecíolo 3-8 × 1-3 mm. Flores solitarias o en pares, en las axilas de las hojas o en ramitas afilas; pedicelos 10-50 mm, densamente cubiertos con tricomas adpresos; botones florales deprimido-ovoides; sépalos 5-8 × 5-7 mm, ampliamente ovado-triangulares, adpresos, finalmente patentes a levemente reflexos, los márgenes revolutos, densamente cubiertos por fuera con tricomas adpresos; pétalos 10-15(-20) × 7-15 mm, iguales, ampliamente ovados a obovados, verde-amarillentos a amarillos, densamente cubiertos por fuera con tricomas adpresos; estambres 1-2 mm, la cubierta del conectivo glabra, algunas veces levemente umbonada. Monocarpos 25-50, 10-13 × 5-7 mm, elipsoides, verdes, al madurar morado-negruzcos, glabros, el ápice redondeado o apiculado (mucrón c. 1 mm), la pared 0.2-0.3 mm de grueso; estípite 4-8 × 1-2 mm, distintivamente constrictos en el ápice; semilla 8-11 × 5-6 mm, elipsoide, foveolada. *Bosques enanos de neblina*. P (*Valdespino et al. 685*, U). 800-1000 m. (Endémica).

Guatteria jefensis, una de las muchas especies endémicas del Cerro Jefe, se diferencia fácilmente por las hojas gruesas a menudo dobladas a lo largo y por los estípites constrictos.

18. Guatteria lucens Standl., *Trop. Woods* 42: 22 (1935). Holotipo: Panamá, *Cooper 280* (F!). Ilustr.: Fries, *Kongl. Svenska Vetensk. Acad. Handl.* ser. 3, 24(10): t. V (1948), como *G. dumetorum*.

Guatteria dumetorum R.E. Fr.

Árboles hasta 38 m. Ramas jóvenes densa a escasamente cubiertas con tricomas adpresos, pronto glabras. Hojas 10-21 × 2-6 cm, angostamente elípticas a angostamente obovadas, cartáceas, densamente verrugosas o no así, brillantes en el haz, escasamente glabras en el haz, algunas veces densamente cubiertas con tricomas adpresos en el envés, la base largamente atenuada, los márgenes basales a menudo revolutos, el ápice acuminado, el acumen 5-15 mm, la vena media impresa en el haz, a menudo aquillado en el envés, las venas secundarias 11-20 pares, distintas, elevadas en el haz; pecíolo 5-11 × 1-2 mm. Flores solitarias, algunas veces en pares, axilares; pedicelos 7-35 mm, densamente pero pronto escasamente cubiertos con tricomas adpresos; botones florales deprimido-ovoides; sépalos 2-5 × 2-4 mm, deltados a ligeramente triangulares, reflexos, densamente cubiertos por fuera con tricomas adpresos; pétalos 10-19 × 3-9 mm, subiguales, angostamente ovados a rómbico-ovados, amarillos, anaranjados, hasta rojo-verdosos, densamente cubiertos por fuera con tricomas adpresos; estambres c. 1 mm, la cubierta del conectivo papilosa. Monocarpos 40-75, 5-12 × 3-7 mm, angostamente elipsoides a elipsoides, verdes, rojos, hasta finalmente negros, densa a escasamente cubiertos con tricomas adpresos hasta glabros, el ápice apiculado, la pared 0.2-0.3 mm de grueso; estípite 5-20 × 0.5-1 mm; semilla (5-)7-12 × 3-5 mm, angostamente elipsoide, foveolada. *Bosques*. CR (*Maas et al. 9486*, U); P (*Maas et al. 9561*, U). 0-900 m. (Endémica).

Guatteria lucens se caracteriza bien por las hojas con el haz brillante, la base largamente atenuada y la nervadura prominente. La mayor parte del material de Costa Rica se caracteriza por las hojas no verrugosas a levemente verrugosas y se ajusta bien con *G. lucens*. La mayoría de las colecciones de Panamá (especialmente aquellas de Colón) y algunos especímenes de Costa Rica (Puntarenas y Limón), tienen, sin embargo, hojas distintamente verrugosas y encajan dentro del concepto de *G. dumetorum*. Ya que todas las otras características de estas colecciones panameñas concuerdan muy bien en *G. lucens*, hasta este momento -y con algo de duda- se han unido las dos especies bajo el nombre más antiguo, *G. lucens*.

19. Guatteria oliviformis Donn. Sm., *Bot. Gaz.* 23: 1 (1897). Isolectotipo (designado por Fries, 1939): Costa Rica, *Tonduz 1740* (BR!). Ilustr.: no se encontró.

Árboles hasta 25 m. Ramas jóvenes a menudo en zigzag, densamente cubiertas con tricomas erectos pardos, generalmente persistentes. Hojas 10-20 × 3-7 cm, angostamente elípticas a angostamente obovadas, coriáceas a levemente cartáceas, densamente verrugosas, a menudo verde-azuladas cuando secas, densamente cubiertas con tricomas erectos pardos a lo largo de la vena media en el haz, llegando a ser glabras, densamente cubiertas con tricomas erectos pardos en el envés, la base aguda a obtusa, el ápice acuminado, el acumen 5-15 mm, la vena media impresa a levemente elevada en el haz, las venas secundarias 8-12 pares, distintas, levemente elevadas en el haz; pecíolo 3-7 × 1-2 mm. Flores solitarias, algunas veces en pares; pedicelos 7-25 mm, densa a escasamente cubiertos con tricomas erectos pardos; botones florales deprimido-ovoides; sépalos 5-7 × 5-9 mm, muy amplia a levemente ovado-triangulares, reflexos, densa a escasamente cubiertos por fuera con tricomas blanquecinos adpresos; pétalos 12-16(-25) × 7-10 (-15) mm, iguales, ovados a elípticos, verde-amarillentos a amarillos, densamente cubiertos por fuera con tricomas adpresos y erectos blanquecinos; estambres 2-2.5 mm, la cubierta del conectivo papilosa. Monocarpos 10-50, verdes, 9-16 × 6-11 mm, elipsoides, algo arrugados, al madurar negro-purpúreo, glabros, el ápice redondeado o apiculado, la pared c. 0.5 mm de grueso; estípite 3-7 × 1-2 mm; semilla 9-12 × 6-7 mm, elipsoide, rugosa. *Bosques*. CR (*Maas et al. 9471*, U); P (*Maas et al. 9510*, U). (0-)700-2200 m. (Endémica).

Guatteria oliviformis puede ser confundida con *G. verrucosa* o *G. costaricensis*. Para conocer las diferencias véase esta última. Varias colecciones de La Amistad, Costa Rica (*Angulo 374*, MO; *Chinchilla 181*, MO; *Acosta 2411*, MO) son algo anómalas con respecto a la típica *G. oliviformis* debido a que no tienen hojas verrugosas. Sin embargo, estas concuerdan en todos los otros aspectos con la descripción de *G. oliviformis*.

20. Guatteria pachycarpa Erkens & N. Zamora, *Blumea* 60: 125 (2015). Holotipo: Costa Rica, *Herrera 5227* (CR!). Ilustr.: Maas et al., *Blumea* 60: 124, t. 55 (2015).

Árboles hasta 16 m. Ramas jóvenes densamente cubiertas con tricomas adpresos, pronto glabras. Hojas 5-14 × 3-5.5 cm, angostamente elípticas a angostamente obovadas, cartáceas, no verrugosas, cuando secas opacas, pardo oscuro en el haz, pardas en el envés, glabras en el haz, escasamente cubiertas con tricomas adpresos, pronto glabras en el envés, la base largamente atenuada, los márgenes basales levemente revolutos, el ápice acuminado, el acumen 5-10 mm, hasta agudo, la vena media levemente elevada en el haz, las venas secundarias 10-17 pares, distintas, elevadas en el haz; pecíolo 10-18 mm. Flores solitarias; pedicelos 10-20 mm, escasamente cubiertos con tricomas adpresos; botones florales deprimido-ovoides; sépalos 3-4 × 4-5 mm, ovado-deprimidos, reflexos, densamente cubiertos por fuera con tricomas adpresos; pétalos 7-10 × 4-7 mm, ovados, verdes a crema cuando vivos, densamente cubiertos por fuera con tricomas adpresos; estambres c. 1 mm, la cubierta del conectivo papilosa. Monocarpos 10-15, 20-25 mm de diámetro, globosos, verdes, al madurar rojo-purpúreos cuando vivos, negros cuando secos, glabros, el ápice redondeado, la pared 5-6 mm de grueso; estípite 1.5-2 × 2.5-3 mm; semilla 9-10 × 3-5 mm, angostamente elipsoide, rugosa. *Bosques húmedos*. CR (*Aguilar & Schmidt 1121*, MO). 1300-1500 m. (Endémica).

Guatteria pachycarpa es muy diferente de las otras especies por la pared del monocarpo muy gruesa (hasta 6 mm), los estípites cortos y gruesos, la base de las hojas largamente atenuada y los pecíolos largos (hasta c. 18 mm).

21. Guatteria panamensis (R.E. Fr.) R.E. Fr., *Ark. Bot.* n.s. 1: 335 (1950). *Guatteria costaricensis* R.E. Fr. subsp. *panamensis* R.E. Fr., *Acta Horti Berg.* 12: 515 (1939). Holotipo: Panamá, *Cooper 382* (F!). Ilustr.: no se encontró.

Árboles o arbustos, 9-15 m. Ramas jóvenes densamente cubiertas con tricomas adpresos. Hojas 13-27 × 5-12 cm, angostamente obovadas a elípticas, cartáceas, no verrugosas, opacas, glabras en el haz, densamente cubiertas con tricomas adpresos sobre la vena media y las venas secundarias, de otra manera escasamente así hasta glabras en el envés, la base aguda, el ápice acuminado, el acumen 5-10(-15) mm, la vena media aplanada a impresa en el haz, las venas secundarias 15-18 pares, distintas, aplanadas a levemente elevadas en el haz; pecíolo 3-7

× 1-2 mm. Inflorescencias con 1 o 2 flores, en las axilas de las hojas o en ramitas afilas; pedicelos 20-40 × 1-2 mm, densamente cubiertos con tricomas adpresos; botones florales no vistos; sépalos 3-4 × 4-6 mm, levemente ovado-triangulares, adpresos a reflexos, densamente cubiertos por fuera con tricomas adpresos; pétalos 6-17 × 7-10 mm, iguales, ovados a ampliamente elípticos, verde-amarillentos hasta amarillo fuerte, densamente cubiertos por fuera con tricomas adpresos, los tricomas 1-2 mm, la cubierta del conectivo papilosa. Monocarpos 30-50, 7-10 × 3-4 mm (inmaduros), elipsoides, verdes, escasamente cubiertos con tricomas adpresos, el ápice apiculado; estípite 6-10 × c. 1 mm; semilla 7-9 × 3-5 mm, elipsoide, rugosa. *Bosques*. P (*von Wedel 1965*, MO). 0-1000 m. (Endémica).

Guatteria panamensis ha sido muy poco colectada. Se asemeja a *G. aeruginosa* con la cual crece simpátricamente en Panamá. Sin embargo, la última tiene hojas densamente verrugosas y tricomas erectos sobre la vena media en el haz, el envés y en las ramas jóvenes. Además del tipo, otras dos colecciones encajan bien dentro del concepto de esta especie (*von Wedel 1965*, MO; *Aizprúa & Álvarez B4240*, MO).

22. Guatteria pseudorotundata Maas & Erkens, *PhytoKeys* 126: 46 (2019). Holotipo: Panamá, *Pineda & Castillo 15* (MO!). Ilustr.: Maas et al., *PhytoKeys* 126: 49, t. 16 (2019).

Árboles hasta 10 m. Ramas jóvenes glabras. Hojas 5-9 × 2-3 cm, angostamente elípticas, cartáceas cuando secas, coriáceas cuando vivas, no verrugosas, glabras en ambos lados, la base atenuada, el ápice más o menos agudo con el extremo obtuso, la vena media levemente elevada en el haz, las venas secundarias 8-12 pares, distintas, elevadas en el haz (pero más así en el envés); pecíolo 2-3 × c. 1 mm. Flores solitarias, axilares; pedicelos 15-20 mm, densa a escasamente cubiertos con tricomas adpresos; botones florales ovoides; sépalos c. 4 × 3 mm, ampliamente ovado-triangulares, adpresos, densamente cubiertos por fuera con tricomas adpresos blanco-grisáceos, particularmente hacia el ápice; pétalos 6-7 × c. 5 mm, iguales, ovado-elípticos, amarillo-verdosos, densamente cubiertos por fuera y por dentro con tricomas adpresos blanco-grisáceos, crespos, la base de los pétalos internos glabra; estambres 1-2 mm, la cubierta del conectivo papilosa. Monocarpos 10-25, 13-16(-18) × 4(-6) mm, angostamente elipsoides, verdes cuando jóvenes, glabros, el ápice apiculado, la pared 0.1-0.2 mm de grueso; estípite 1-4 × 1-2 mm; semilla 13-16 × 4-5 mm, angostamente elipsoide, rugulosa. *Bosques*. P (*Carrión et al. 517*, MO). 1500-1700 m. (Endémica).

Guatteria pseudorotundata se asemeja a otra especie panameña, *G. rotundata*, pero se distingue por las hojas más pequeñas y notablemente por la ausencia de verrugas en la lámina. Además, el ápice de la hoja en *G. pseudorotundata* tiende a ser agudo, más que obtuso a redondeado (excluyendo el acumen), como en *G. rotundata*.

23. Guatteria pudica N. Zamora & Maas, *Bot. Jahrb. Syst.* 122: 244 (2000). Holotipo: Costa Rica, *Herrera 4026* (CR!). Ilustr.: Zamora & Maas, *Bot. Jahrb. Syst.* 122: 245, t. 3 (2000).

Árboles hasta 13 m. Ramas jóvenes densamente cubiertas con un indumento de tricomas erectos pardo-rojizos, generalmente persistentes. Hojas 10-28 × 5-10 cm, angostamente elípticas a angostamente oblongo-elípticas, cartáceas, no verrugosas, glabras en el haz, pero la vena media densamente cubierta con tricomas erectos pardo-rojizos, densamente cubiertas con tricomas erectos pardo-rojizos en el envés, la base obtusa a levemente cordada, los márgenes basales revolutos, el ápice acuminado, el acumen 10-20 mm, la vena media impresa hasta aplanada en el haz, las venas secundarias 7-16(-20) pares, distintas, impresas a levemente elevadas en el haz; pecíolo 3-8 × 2-3 mm. Flores solitarias, axilares; pedicelos 9-17 mm, densamente cubiertos con tricomas erectos y adpresos pardo-rojizos; botones florales deprimido-ovoides; sépalos 5-8 × 5-8 mm, ampliamente ovado-triangulares, adpresos a levemente reflexos, densamente cubiertos por fuera con tricomas adpresos; pétalos 10-20 × 9-18 mm, iguales, ampliamente ovados a rómbicos, verde-amarillentos a amarillos, densamente cubiertos por fuera con tricomas adpresos, pardo-rojizos; estambres 1.5-2 mm, la cubierta del conectivo papilosa. Monocarpos 50-75, 8-11(-13) × 4-6(-8) mm, elipsoides, rojo vino cuando maduros, escasamente cubiertos con tricomas adpresos, el ápice apiculado, la pared 0.1-0.2 mm de grueso; estípite 5-10 × c. 1 mm; semilla 7-8 × c. 4 mm, elipsoide, foveolada. *Bosques*. CR (*Maas et al. 9495*, U). 0-500(-800) m. (Endémica).

Guatteria pudica es probablemente más cercana a *G. chiriquiensis*, con la cual comparte el indumento de tricomas erectos, parduscos, generalmente persistentes sobre la mayoría de sus partes vegetativas. Se diferencia, sin embargo, por la base de la hoja obtusa a levemente cordada, por las hojas angostamente elípticas a angostamente oblongo-elípticas, y por la vena media impresa a aplanada en el haz de la lámina.

24. Guatteria reinaldoi Erkens & Maas, *Blumea* 51: 206 (2006). Holotipo: Costa Rica, *Aguilar et al. 2031* (CR!). Ilustr.: Erkens et al., *Blumea* 51: 207, t. 4 (2006), como *G. reinaldii*.

Árboles hasta 10 m. Ramas jóvenes densamente cubiertas con tricomas adpresos, pronto glabras. Hojas 13-20 × 4-6 cm, angostamente ovadas a angostamente elípticas, cartáceas, escasamente o no verrugosas, brillantes y glabras en el haz, excepto por algunos tricomas a lo largo de la vena media, escasa a densamente cubiertas con tricomas adpresos en el envés, la base obtusa, el ápice acuminado, el acumen 10-15 mm, la vena media aplanada a elevada en el haz, las venas secundarias 6-10 pares, distintas, fuertemente elevadas en el haz; pecíolo 2-4 × 1-2 mm. Flores solitarias o en pares, axilares; pedicelos 3-7 mm, densamente cubiertos con tricomas adpresos pardo oscuro; botones florales deprimido-ovoides; sépalos c. 6 × 6 mm, deltados, adpresos, densamente cubiertos por fuera con tricomas adpresos pardo oscuro; pétalos 8-14 × 8-11 mm, iguales, ovado-triangulares, crema, densamente cubiertos por fuera con tricomas adpresos pardo oscuro; estambres 2-2.5 mm, la cubierta del conectivo papilosa. Monocarpos menos de 10, 10-14 × 4-8 mm, angostamente elipsoides, negro-morados, escasamente cubiertos con tricomas adpresos, el ápice redondeado o apiculado, la pared 1-1.5 mm de grueso; estípite 1-3 × c. 1 mm; semilla 10-11 × 6-7 mm, elipsoide, foveolada. *Bosques*. CR (*Aguilar et al. 2031*, U). c. 900 m. (Endémica).

Guatteria reinaldoi, una especie poco conocida de Costa Rica, puede reconocerse por los monocarpos muy cortamente estipitados y los pedicelos cortos. Esta especie a primera vista se parece a *G. pudica*, pero sus partes son generalmente de menor tamaño. Ambas especies se encuentran en la península de Osa y probablemente están emparentadas cercanamente.

25. Guatteria rostrata Erkens & Maas, *Blumea* 51: 210 (2006). Holotipo: Costa Rica, *Aguilar et al. 3654* (U!). Ilustr.: Erkens et al., *Blumea* 51: 211, t. 5 (2006).

Árboles hasta 20(-30) m. Ramas jóvenes densamente cubiertas con tricomas adpresos, pronto glabras. Hojas 18-28 × 7-11 cm, elípticas a obovadas o angostamente así, cartáceas, no verrugosas, opacas y glabras en el haz, densamente cubiertas con tricomas adpresos en el envés, la base atenuada y decurrente hasta un pecíolo angostamente alado, el ápice acuminado, el acumen 10-20 mm, la vena media impresa en el haz, las venas secundarias 16-19 pares, distintas, elevadas en el haz; pecíolo 15-20 × 2-3 mm. Flores solitarias o en pares, axilares; pedicelos 15-35 mm, densamente cubiertos con tricomas adpresos, finalmente subglabros; botones florales ampliamente ovoides; sépalos 7-12 × 5-10 mm, triangulares, patentes, densamente cubiertos por fuera con tricomas adpresos; pétalos verdes o verde-amarillentos, desiguales, los externos 14-22 × 10-15 mm, ovados, los internos 10-15 × 5-9 mm, oblongo-elípticos a ovados, densamente cubiertos por fuera con tricomas adpresos; estambres c. 2 mm, la cubierta del conectivo papilosa. Monocarpos 5-15, 15-18 × 6-7 mm, angostamente elipsoides, verdes, al madurar rojos a negro-morados, escasamente cubiertos con tricomas erectos, pronto glabros, el ápice rostrado (rostro 1-2 × 1-2 mm), la pared

0.1-0.2 mm de grueso; estípite 3-10 × c. 1 mm; semilla 13-15 × 4-7 mm, elipsoide, transversalmente sulcada a foveolada, con un pico apical c. 1.2 mm. *Bosques*. CR (*Maas et al. 9493*, U). 0-700 m. (Endémica).

Guatteria rostrata puede distinguirse por los monocarpos rostrados, las hojas grandes y los pecíolos extremadamente largos (15-20 mm).

26. Guatteria rotundata Maas & Setten, *Proc. Kon. Ned. Akad. Wetensch., C* 91: 255 (1988). Holotipo: Panamá, *Nee & Tyson 10999* (MO!). Ilustr.: Maas et al., *Proc. Kon. Ned. Akad. Wetensch., C* 91: 273, t. 11 (1988).

Árboles hasta 30 m. Ramas jóvenes escasamente cubiertas con tricomas adpresos, pronto glabras. Hojas 5-14 × 2-6 cm, obovadas a obovado-elípticas, coriáceas, densa a escasamente verrugosas en ambos lados, glabras en el haz, densa a escasamente cubiertas con tricomas adpresos en el envés, la base aguda, el extremo de la base atenuada a decurrente sobre el pecíolo, el ápice redondeado a obtuso, la punta cortamente acuminada, la vena media aplanada en el haz, aquillado en el envés, las venas secundarias 7-12 pares, distintas, elevadas en el haz; pecíolo 2-10 × 1-2 mm. Flores solitarias, axilares; pedicelos 4-15 mm, densamente cubiertas con tricomas adpresos; botones florales deprimido-ovoides; sépalos 3-6 × 4-6 mm, ampliamente ovado-triangulares, adpresos, finalmente reflexos, densamente cubiertos por fuera con tricomas adpresos; pétalos verdes a amarillos, desiguales, los externos 10-17 × 4-12 mm, ovado-elípticos o rómbicos, los internos levemente más pequeños, densamente cubiertos por fuera con tricomas adpresos; estambres 1-2 mm, la cubierta del conectivo papilosa. Monocarpos y semillas desconocidos. *Bosques*. P (*McPherson 8475*, U). 0-500 m. (Endémica).

Guatteria rotundata es única por el ápice de las hojas en general marcadamente redondeado a obtuso. Las medidas de frutos y semillas incluidas bajo *G. rotundata* en la revisión de *Guatteria* (Maas et al., 2015) son erróneos; ese material en fruto parece pertenecer a *G. pseudorotundata*.

27. Guatteria rubiginosa N. Zamora & Maas, *PhytoKeys* 126: 50 (2019). Holotipo: Panamá, *Monro et al. 6108* (CR!). Ilustr.: Maas et al., *PhytoKeys* 126: 51, t. 17A-I (2019).

Árboles hasta 20 m. Ramas jóvenes algo en zigzag, densamente cubiertas con tricomas hasta 3 mm, erectos, pardos a pardo-rojizos, generalmente persistentes. Hojas (5-)7-21 × (2.5-)3-5.5 cm, angostamente ovadas a angostamente oblongo-elípticas, cartáceas, densamente verrugosas sobre ambas superficies, densamente cubiertas con tricomas erectos pardos a pardo-rojizos en ambos lados, pero llegando a ser casi glabros en el haz, excepto por la vena media, la base aguda a obtusa, a menudo oblicua, el ápice agudo a acuminado, el acumen 10-15 mm, la vena media aplanada en el haz, las venas secundarias 10-20 pares, distintas, aplanadas a levemente elevadas en el haz; pecíolo 0-3 mm. Flores solitarias, axilares; pedicelos 5-15 mm, densamente cubiertos con tricomas erectos, pardos o pardo-rojizos; botones florales deprimido-ovoides; sépalos 7-11 × 7-10 mm, ampliamente ovado-triangulares, densamente cubiertos por fuera con tricomas adpresos pardos, glabros por dentro, conspicuamente verrugosos; pétalos 11-17 × 7-10 mm, iguales, ovados a oblongo-ovados, amarillo pálido o crema, densamente cubiertos por fuera con tricomas adpresos, glabros por dentro, conspicuamente verrugosos; estambres 1-2 mm, la cubierta del conectivo glabra. Monocarpos 25-30, 7-13 × 4-7 mm, elipsoides angostamente elipsoides, verdes cuando jóvenes, algunas veces lateralmente comprimidos, glabros, el ápice apiculado, la pared 0.2-0.3 mm de grueso; estípite 1-8 × 2-3 mm; semilla 9-11 × 5-6 mm, elipsoide, rugosa a rugulosa. *Bosques*. CR (*Herrera 3307*, U); P (*Maas et al. 9516*, U). 400-1850 m. (Endémica).

Guatteria rubiginosa puede reconocerse por las ramas jóvenes y el envés de la lámina densamente cubiertos con tricomas erectos pardos a pardo-rojizos, generalmente persistentes. Además, las hojas son subsésiles y densamente verrugosas sobre ambas superficies. Los monocarpos son elipsoides y cortamente estipitados. Algunos ejemplares de *G. rubiginosa* fueron erróneamente identificados como *G. talamancana*, debido a la alta similitud de las partes vegetativas de ambas especies, especialmente el indumento. Además, *G. talamancana* se diferencia por el tipo de hábitat en el que crece, el cual es mucho más húmedo en la vertiente caribeña de la cadena montañosa de Talamanca.

28. Guatteria sessilicarpa Maas & Setten, *Proc. Kon. Ned. Akad. Wetensch., C* 91: 257 (1988). Holotipo: Panamá, *Mori & Kallunki 5037* (MO!). Ilustr.: Maas et al., *Proc. Kon. Ned. Akad. Wetensch., C* 91: 275, t. 13-15 (1988).

Árboles hasta 20 m. Ramas jóvenes densamente cubiertas con tricomas adpresos, pronto glabras. Hojas 18-33 × 5-10 cm, angostamente elípticas a angostamente obovadas, coriáceas, densamente verrugosas, particularmente en el envés, glabras en el haz, excepto por algunos tricomas en la base de la vena media, y ciliadas a lo largo de los márgenes basales, escasamente cubiertas con tricomas adpresos a glabras en el envés, la base aguda, el extremo de la base decurrente a lo largo del pecíolo, los márgenes basales a menudo revolutos, el ápice acuminado, el acumen 5-10 mm, la vena media impresa en el haz, aquillado en el envés, las venas secundarias 17-20 pares, distintas, levemente elevadas en el haz; pecíolo 4-12 × 3-4 mm. Flores solitarias, axilares; pedicelos 7-18 mm, densa a escasamente cubiertos con tricomas adpresos; botones florales deprimido-ovoides; sépalos 7-9 × 8-10 mm, deltados, reflexos, densamente cubiertos por fuera con tricomas adpresos; pétalos 11-20 × 7-13 mm, iguales, elípticos, verdes, al madurar amarillos, densamente cubiertos por fuera con tricomas adpresos; estambres c. 2 mm, la cubierta del conectivo papilosa. Monocarpos 4-20, 12-23 × 8-14 mm, elipsoides a ovoides, verdes, al madurar negros, escasamente cubiertos con tricomas adpresos hasta glabros, el ápice redondeado, la pared 1-2 mm de grueso; estípite ausente o hasta 2 × 2 mm; semilla 12-15 × 5-6 mm, elipsoide a ovoide, foveolada y transversalmente sulcada. *Bosques*. P (*Maas et al. 9554*, U). 350-1000 m. (Endémica).

Guatteria sessilicarpa es típica por los monocarpos sésiles o casi sésiles, junto con las hojas coriáceas, densamente verrugosas particularmente en el envés.

29. Guatteria slateri Standl., *Publ. Field Mus. Nat. Hist., Bot. Ser.* 4: 206 (1929). Holotipo: Panamá, *Cooper & Slater 177* (F!). Ilustr.: no se encontró.

Árboles hasta 30 m. Ramas jóvenes a menudo en zigzag, densamente cubiertas con tricomas adpresos pardos, pronto glabras. Hojas 7-24 × 2.5-8.5 cm, angostamente elípticas a angostamente obovadas, cartáceas a coriáceas, no verrugosas, glabras en el haz, escasamente cubiertas con tricomas adpresos pardos a glabras en el envés, la base aguda a atenuada, el ápice acuminado, el acumen 5-15 mm, la vena media levemente elevada a aplanada en el haz, a menudo aquillada en el envés, las venas secundarias 8-15(-20) pares, distintas, elevadas en el haz; pecíolo 4-20 × 1-3 mm, decurrente como crestas levemente prominentes en ramas jóvenes. Flores solitarias, a veces en pares, axilares; pedicelos 15-32(-42) mm, densa a escasamente cubiertos con tricomas adpresos; botones florales deprimido-ovoides; sépalos 3-6 × 3-7 mm, deltados a levemente ovado-triangulares, apicalmente reflexos o adpresos, escasamente cubiertos por fuera con tricomas adpresos a glabros; pétalos 8-16 × 5-11 mm, iguales, ovados, obovados o rómbicos, verdes, al madurar amarillos, escasa a densamente cubiertos por fuera con tricomas adpresos; estambres 1.5-2 mm, la cubierta del conectivo papilosa a pelosa. Monocarpos 20-60, 8-10(-13) × 5-8 mm, elipsoides, verdes, al madurar rojos hasta finalmente negros, escasamente cubiertos con tricomas adpresos, pronto glabros, el ápice apiculado, algunas veces redondeado, la pared 0.1-0.2 mm de grueso; estípite 3-10 × 1-2 mm; semilla 7-10 × 5-7 mm, elipsoide, transversalmente sulcada a foveolada. *Bosques*. P (*Maas et al. 9513*, U). (0?)600-2100 m. (Endémica).

Guatteria slateri es una especie que se encuentra principalmente a altas elevaciones. Si bien la etiqueta de la colección tipo indica que fue colectada al nivel del mar, se piensa que fue un error que Standley y/o Cooper hicieron en la etiqueta, debido a que esta especie, además de ese registro, nunca ha sido colectada a elevaciones tan bajas. Tiene muchas características en común con *G. costaricensis*, siendo las principales diferencias los estípites más cortos (3-10 vs. 8-14 mm), los pecíolos más largos (4-20 vs. 3-7 mm), los pedicelos más largos (15-42 vs. 5-20 mm) y los pecíolos que son decurrentes como crestas levemente prominentes en las ramas jóvenes. Otra diferencia se encuentra en el haz de la hoja que es glabro en *G. slateri*, mientras que la vena media está cubierta con tricomas en *G. costaricensis*.

Rara vez se encuentran monocarpos maduros en *G. slateri*, excepto por *Maas et al. 9513* (U) con monocarpos (en alcohol) de 10-13 mm, algo más largos que aquellos de colecciones de herbario.

30. Guatteria tacarcunae Erkens & Maas, *Blumea* 60: 171 (2015). Holotipo: Panamá, *Gentry & Mori 13678* (MO!). Ilustr.: Maas et al., *Blumea* 60: 173, t. 80 (2015).

Árboles hasta 20 m. Ramas jóvenes densamente cubiertas con tricomas erectos de c. 2 mm, pronto glabras. Hojas 8-20 × 4-7 cm, elípticas a angostamente elípticas, cartáceas, no verrugosas, cuando secas brillantes, pardo-grisáceas a pardas en el haz, pardas en el envés, densamente cubiertas con tricomas adpresos en el haz, pronto completamente glabras, escasa a densamente cubiertas con tricomas de c. 2 mm, adpresos en el envés, la base aguda a obtusa, el ápice agudo a acuminado, el acumen 5-10 mm, la vena media impresa en el haz, las venas secundarias 7-12 pares, distintas, levemente impresas en el haz, la nervadura terciaria reticulada; pecíolo 5-10 × 1-3 mm. Flores solitarias, axilares; pedicelos 15-30 × 1-2 mm, densamente cubiertos con tricomas erectos; botones florales deprimido-ovoides; sépalos 4-6 × 4-7 mm, amplia a levemente ovado-triangulares, finalmente reflexos, densamente cubiertos por fuera con tricomas adpresos; pétalos 10-20 × 5-7 mm, iguales, elíptico-oblongos, verdes cuando vivos, densamente cubiertos por fuera con tricomas adpresos; estambres c. 1 mm, la cubierta del conectivo papilosa. Monocarpos (inmaduros) 25-50, 5-7 × 3-5 mm, elipsoides, blanco-verdosos con rayas rojas hasta verdes cuando vivos, pardos cuando secos, escasamente cubiertos con tricomas adpresos, el ápice apiculado, la pared 0.1-0.2 mm de grueso; estípite 3-10 × c. 1 mm; semillas no vistas. *Bosques*. P (*Gentry & Mori 13660*, MO). 1400-1600 m. (Endémica).

Guatteria tacarcunae es muy similar a *G. darienensis* pero se diferencia por sus pedicelos más cortos (15-30 vs. 30-75 mm), los estípites más cortos (3-10 vs. 7-15(-20) mm) y las ramas jóvenes cubiertas con tricomas erectos en vez de tricomas adpresos; se encuentra además a elevaciones más altas (1400-1600 vs. 20-1200 m).

31. Guatteria talamancana N. Zamora & Maas, *Bot. Jahrb. Syst.* 122: 241 (2000). Holotipo: Costa Rica, *Aguilar & Morales 4453* (CR!). Ilustr.: Zamora & Maas, *Bot. Jahrb. Syst.* 122: 242, t. 1 (2000).

Árboles hasta 20 m. Ramas jóvenes muy densamente cubiertas con tricomas hasta c. 2 mm, erectos, pardos, generalmente persistentes. Hojas 13-23 × 3.5-8 cm, angostamente oblongo-elípticas, algunas veces angostamente obovadas, coriáceas, densamente verrugosas, glabras en el haz, pero la vena media densamente cubierta con tricomas erectos pardos, densamente cubierta con tricomas erectos pardos en el envés, la base obtusa, los márgenes basales a menudo revolutos, el ápice acuminado, el acumen 5-15 mm, la vena media aplanada a levemente elevada en el haz, las venas secundarias 7-17 pares, distintas, aplanadas a levemente elevadas en el haz; pecíolo 1-5 × 3-4 mm. Flores solitarias, axilares; brácteas 1 o 2, 25-30 mm, foliosas, densamente cubiertas por fuera con tricomas erectos pardos; pedicelos 15-55 mm, densamente cubiertos con tricomas erectos pardos; botones florales cónicos; sépalos 15-20 × 10-15 mm, ovado-triangulares a ampliamente ovado-triangulares, adpresos, densamente cubiertos por fuera y por dentro con tricomas erectos pardos; pétalos 15-25 × 10-12 mm, iguales, ovado-oblongos, amarillos a crema, densamente cubiertos por fuera y por dentro con tricomas adpresos pardos; estambres c. 1.5 mm, la cubierta del conectivo pelosa. Monocarpos 10-15, 20-30 × 18-20 mm, elipsoides a ovoides, negros, glabros, el ápice apiculado, la pared 0.1-0.2 mm de grueso; estípite 2-3 × 2-3 mm; semilla 8-11 × 5-6 mm, elipsoide, foveolada a rugulosa. *Bosques de neblina*. CR (*Maas et al. 9476*, U); P (*Correa et al. 2712*, U). 1000-2000(-3450) m. (Endémica).

Guatteria talamancana se puede reconocer por el indumento de tricomas erectos muy largos, pardos, generalmente persistentes sobre la mayoría de estructuras. Se puede confundir con la especie colombiana *G. elegantissima* R.E. Fr. (Chocó), de la cual se diferencia por el tamaño de los pétalos (15-25 vs. 6-8 mm) y los monocarpos (20-30 vs. 5-8 mm), la forma y el tamaño diferentes de la hoja, y su ocurrencia a elevaciones más altas (1000-2000 m vs. nivel del mar). El ejemplar *Rodríguez et al. 6575* (MO) colectado a 3000-3450 m, es el registro de elevación más alto para *Guatteria*.

32. Guatteria tenera R.E. Fr., *Acta Horti Berg.* 12: 359 (1939). Holotipo: Costa Rica, *Stork 2598* (F!). Ilustr.: Fries, *Acta Horti Berg.* 12: 360, t. 8c-d (1939).

Árboles hasta 8 m. Ramas jóvenes densa a escasamente cubiertas con tricomas adpresos, pronto glabras. Hojas 7-12 × 2-3 cm, angostamente elípticas, cartáceas, escasamente verrugosas o no en ambos lados, brillantes u opacas y glabras en el haz, escasamente cubiertas con tricomas adpresos en el envés, la base aguda, el ápice acuminado, el acumen 5-10 mm, la vena media impresa en el haz, las venas secundarias 11-15 pares, distintas, impresas a levemente elevadas en el haz; pecíolo 2-5 × 0.5-1 mm. Flores solitarias, axilares; pedicelos 10-20 mm, densa a escasamente cubiertos con tricomas adpresos a menos frecuentemente erectos; botones florales anchamente ovoides, cortamente puntiagudos; sépalos 3-4 × 3-4 mm, ampliamente ovado-triangulares, reflexos, densamente cubiertos por fuera con tricomas adpresos; pétalos 7-12 × 3-5 mm, iguales, ovados, amarillo-verdosos, densamente cubiertos por fuera con tricomas adpresos; estambres 1-1.5 mm, la cubierta del conectivo papilosa. Monocarpos y semilla desconocidos. *Bosques*. CR (*Liesner & Judziewicz 14631*, MO). 1500-1600 m. (Endémica).

Guatteria tenera está caracterizada por las hojas pequeñas muy angostas con las venas impresas a levemente elevadas en el haz.

33. Guatteria tomentosa Rusby, *Bull. New York Bot. Gard.* 6: 504 (1910). Holotipo: Bolivia, *Williams 453* (NY!). Ilustr.: no se encontró.

Guatteria dolichopoda sensu Zamora et al. (2000), Schatz (2001) non Donn. Sm.

Árboles o a veces arbustos hasta 10(-25) m. Ramas jóvenes densamente cubiertas con tricomas de hasta 3 mm, erectos, (dorado-) pardos, generalmente persistentes, ásperos (hirsutos). Hojas 9-23 × 4-8 cm, algunas veces convexas, angostamente ovadas a angostamente obovadas, algunas veces elípticas, cartáceas, no verrugosas, opacas, pardas, verde-grisáceas o negras en el haz cuando secas, pardas o pardo-verdosas en el envés, escasa a densamente cubiertas con tricomas de hasta 3 mm, erectos, pardos, generalmente persistentes, ásperos (hirsutos), en el haz, densamente así en el envés, la base algunas veces oblicua, obtusa a cordada, algunas veces aguda o hasta abrazando el tallo, los márgenes basales a menudo revolutos, el ápice largamente acuminado, el acumen 5-35 mm, la vena media impresa en el haz, las venas secundarias distintas, 7-14 pares, levemente impresas a elevadas en el haz; pecíolo 2-5 × 1-2 mm. Flores solitarias, axilares; pedicelos 20-60 mm, densamente cubiertos con tricomas de hasta 3 mm, erectos (dorado-) pardos, generalmente persistentes, ásperos (hirsutos), las brácteas algunas veces presentes sobre pedicelos jóvenes, 6-20 × 2-5 mm, foliosas, angostamente elípticas, densamente cubiertas con tricomas de hasta 3 mm, erectos, generalmente persistentes, pardos, ásperos (hirsutos); botones florales deprimido-ovoides, ligeramente puntiagudos; sépalos 5-13 × 5-10 mm, ampliamente ovado-triangulares, adpresos, finalmente patentes, densamente cubiertos por fuera con tricomas de hasta 3 mm, erectos, pardos, generalmente persistentes, ásperos (hirsutos); pétalos

15-30 × 6-13 mm, iguales, ovado-triangulares a obovados o angostamente así, verdes a amarillo-verdosos, densamente cubiertos por fuera con tricomas adpresos y erectos, pardos; estambres 1-2 mm, la cubierta del conectivo papilosa. Monocarpos 10-50, 6-10 × 4-5 mm, elipsoides, verdes, al madurar negro-morados a negros, escasamente cubiertos con tricomas adpresos, particularmente cerca del ápice, el ápice apiculado, la pared 0.1-0.2 mm de grueso; estípite 4-20 × c. 1 mm; semilla 8-9 × 4 mm, elipsoide, foveolada. *Bosques*. H (*Brant & Zúñiga 2814*, U); N (*Moreno 26097*, U); CR (*Hammel 17561*, U); P (*Maas et al. 9521*, MO). 0-1400 m. (Mesoamérica, Colombia, Perú, Bolivia, Brasil).

Guatteria tomentosa está ampliamente distribuida en Mesoamérica y Sudamérica; se reconoce por el indumento de tricomas erectos, pardo-dorados, generalmente persistentes, ásperos, de hasta 3 mm, sobre la mayoría de sus partes vegetativas y flores; los botones florales son rostrados y los sépalos son grandes. Se diferencia de *G. dolichopoda* por su indumento mucho más denso y más largo, los sépalos más largos (5-13 vs. 5-7 mm) y por la presencia regular de brácteas foliosas.

La base de la hoja en esta especie es extremadamente variable: desde obtusa, cordada, hasta abrazando el tallo y es a menudo oblicua. La forma abrazadora del tallo ocurre en la región del Cerro Jefe en Panamá (p. ej., *Maas et al. 9555*, U), pero es muy similar a especímenes colectados en Brasil (Bahía).

34. Guatteria turrialbana N. Zamora & Erkens, *PhytoKeys* 126: 53 (2019). Holotipo: Costa Rica, *Zamora & Espinoza 10363* (CR!). Ilustr.: Maas et al., *PhytoKeys* 126: 54, t. 18A-J (2019).

Árboles hasta 20 m. Ramas jóvenes levemente en zigzag, escasamente cubiertas con tricomas adpresos, pronto glabras. Hojas (10-)13-23 × 4-8.5 cm, angostamente elípticas a angostamente obovadas, coriáceas, no verrugosas, brillantes en el haz, grises a verde-grisáceas en el envés, glabras en el haz, escasamente cubiertas con tricomas adpresos en el envés, mayormente a lo largo de la vena media, la base largamente aguda a atenuada, el ápice acuminado, el acumen 5-10 mm, la vena media aplanada a levemente elevada en el haz, las venas secundarias 10-15 pares, distintas, levemente elevadas en el haz, la nervadura terciaria reticulada, fuertemente elevada en el haz; pecíolo 5-10 × c. 1 mm. Flores 1 o 2, en las axilas de las hojas o sobre ramitas afilas; pedicelos 10-30(-40) × 0.5-1 mm, densamente cubiertos con tricomas adpresos a glabros; botones florales ovoides, ligeramente puntiagudos; sépalos 5-8 × 3-8 mm, ampliamente ovado-triangulares a ovado-triangulares, reflexos, densamente cubiertos por fuera con tricomas adpresos; pétalos 10-15(-24) × 9-10(-18) mm, iguales, ampliamente ovados a orbiculares, verdes, al madurar amarillos a crema, densamente cubiertos por fuera y por dentro con tricomas adpresos grisáceos; estambres c. 2 mm, la cubierta del conectivo papilosa. Monocarpos 30-100, 8-11 × 3-6 mm, elipsoides, verdes cuando jóvenes, glabros, el ápice rostrado a apiculado; estípite 5-10 × c. 1 mm; semilla 7-9 × 3-5 mm, elipsoide, foveolada. *Bosques*. CR (*Gómez et al. 23305*, U). (700-) 1000-1200(-1800) m. (Endémica).

Guatteria turrialbana se puede diferenciar por las hojas esencialmente glabras, brillantes y conspicuamente reticuladas en ambos lados, especialmente cuando secas, y por la lámina angostamente elíptica a angostamente obovada con la vena media aplanada a levemente elevada en el haz; el ápice rostrado a apiculado de los monocarpos es también típico. Ha sido erróneamente identificada como *G. lucens*, pero se diferencia de esta especie por sus pétalos amarillos a amarillo-cremosos al madurar, ampliamente ovados a orbiculares (vs. pétalos anaranjados o anaranjado-amarillentos y mayormente oblongos a obovados), y por la vena media aplanada a levemente elevada (vs. impresa) en el haz de la lámina.

35. Guatteria ucayalina Huber, *Bol. Mus. Goeldi Hist. Nat. Ethnogr.* 4: 560 (1906). Sintipo: Perú, *Huber 1431* (MG!). Ilustr.: Fries, *Acta Horti Berg.* 12: 446, t. 19e (1939), como *G. recurvisepala*.

Guatteria recurvisepala R.E. Fr.

Árboles hasta 30 m. Ramas jóvenes densamente cubiertas con tricomas erectos pardos, generalmente persistentes. Hojas 15-32 × 4-13 cm, angostamente oblongo-elípticas a angostamente obovadas, cartáceas a coriáceas, no verrugosas, glabras en el haz, pero la vena media densamente cubierta con tricomas erectos pardos, densamente cubiertas con tricomas erectos pardos en el envés, la base obtusa, a veces aguda, algunas veces levemente oblicua, el ápice acuminado, el acumen 5-25 mm, la vena media aplanada en el haz, las venas secundarias 11-18 pares, distintas, aplanadas a levemente elevadas en el haz, la nervadura terciaria mayormente percurrente; pecíolo 5-13 × 2-4 mm. Inflorescencias con varias flores o solitarias, axilares; pedicelos 15-40 mm, densamente cubiertos con tricomas erectos pardos; botones florales deprimido-ovoides, a veces ligeramente puntiagudos; sépalos 6-11 × 7-11 mm, ampliamente ovado-triangulares, pronto fuertemente reflexos, densamente cubiertos por fuera con tricomas adpresos pardos; pétalos 15-30(-45) × 10-15(-25) mm, iguales, obovados a rómbicos, verde-amarillentos, amarillos, hasta pardos, densamente cubiertos por fuera con tricomas adpresos pardos; estambres 1.5-2 mm, la cubierta del conectivo papilosa, levemente umbonada. Monocarpos 50-75, 7-10 × 5-6 mm, elipsoides, verdes, al madurar negro-morados, escasamente cubiertos con tricomas adpresos, el ápice apiculado; estípite 8-20 × 0.5-1 mm; semilla 7-8 × 4-5 mm, elipsoide, lisa. *Bosques*. N (*Stevens 19831*, MO); CR (*Maas et al. 9483*, U); P (*Galdames et al. 2281*, MO). 0-110 m. (Mesoamérica, Colombia, Venezuela, Guyana, Surinam, Ecuador, Perú, Brasil, Bolivia).

Guatteria ucayalina puede diferenciarse por los sépalos notablemente reflexos y por el indumento de tricomas pardos erectos sobre la mayoría de partes vegetativas (aunque el indumento densamente peloso varía), y por los monocarpos largamente estipitados. Los botones florales en esta especie son algunas veces levemente rostrados, una característica que solo se conoce en algunas especies mesoamericanas (*G. aeruginosa*, *G. grandiflora*, *G. tomentosa* y *G. turrialbana*).

36. Guatteria verrucosa R.E. Fr., *Acta Horti Berg.* 12: 519 (1939). Holotipo: Costa Rica, *Brenes 4058* (F!). Ilustr.: Fries, *Acta Horti Berg.* 12: 520, t. 35a (1939).

Árboles hasta 28 m. Ramas jóvenes densamente cubiertas con tricomas adpresos o glabras. Hojas 7-17 × 2.5-5 cm, angostamente elípticas a elípticas, cartáceas, verrugosas en el haz y el envés, opacas, glabras en el haz, escasamente cubiertas con tricomas diminutos adpresos en el envés, la base aguda a atenuada, decurrente a lo largo del pecíolo, el ápice acuminado, el acumen 5-15 mm, la vena media aplanada a levemente elevada en el haz, escasamente cubierta con tricomas erectos en el haz, escasamente cubierta con tricomas adpresos en el envés, las venas secundarias 8-16 pares, distintas, elevadas en el haz; pecíolo 3-5(-8) × 1-2 mm. Flores solitarias, axilares; pedicelos 10-25 mm, densa a escasamente cubiertos con tricomas adpresos, a menudo con 4-6 brácteas prontamente caducas; botones florales deprimido-ovoides; sépalos 3-4 × 5-6 mm, ampliamente ovados, reflexos, densa a escasamente cubiertos por fuera con tricomas adpresos; pétalos 8-15 × 6-9 mm, subiguales, ovados, cremosos o verde-amarillentos hasta crema o amarillo claro, densa a escasamente cubiertos con tricomas adpresos; estambres 1.5-2 mm, la cubierta del conectivo papilosa. Monocarpos 15-25, 10-17 × 9-13 mm, elipsoides a ovoides o ampliamente así, verdes, rojos, hasta finalmente negro-purpúreos, algo arrugados, glabros, el ápice redondeado, la pared 1-5 mm de grueso; estípite 2-5 × 1-3 mm; semilla 9-13 × 6-11 mm, elipsoide, rugosa. *Bosques*. CR (*Haber & Bello 3948*, MO); P (*Hernández et al. 1316*, MO). 900-1600 m. (Endémica).

Guatteria verrucosa se confunde fácilmente con *G. oliviformis*, pero se puede reconocer por las ramas jóvenes densamente cubiertas con tricomas adpresos, las hojas verrugosas en ambos lados y los monocarpos cortamente estipitados, casi elipsoides a ovoides; los pedicelos de esta especie son a menudo leñosos abajo de la articulación. Se conoce principalmente de Monteverde (Puntarenas) y de las montañas de La Palma de San Ramón (Alajuela) en Costa Rica. Para las diferencias con *G. costaricensis* véase bajo esa especie.

37. Guatteria zamorae Erkens & Maas, *Blumea* 51: 213 (2006). Holotipo: Panamá, *Maas et al. 9531* (U!). Ilustr.: Erkens et al., *Blumea* 51: 214, t. 6 (2006).

Árboles hasta 15 m. Ramas jóvenes densamente cubiertas con tricomas erectos pardos, finalmente glabras. Hojas 10-18 × 3-5 cm, angostamente obovadas a angostamente elípticas, cartáceas, verrugosas en el haz, pardo-amarillentas a pardo-grisáceas cuando secas, glabras en el haz, excepto por la vena media y algunas veces las venas secundarias densamente pelosos, densa a escasamente cubiertas con tricomas erectos pardos en el envés, la base aguda, el ápice acuminado, el acumen 5-10 mm, la vena media aplanada a levemente elevada en el haz, las venas secundarias 10-15 pares, distintas, elevadas en el haz; pecíolo 3-9 × 1-2 mm. Flores solitarias, a veces en pares, axilares; pedicelos 10-40 mm, densamente cubiertos con tricomas erectos; botones florales deprimido-ovoides; sépalos 4-5 × 4-5 mm, muy ampliamente ovado-triangulares, patentes, la punta enrollada hacia adentro, densamente cubiertos con tricomas adpresos por fuera; pétalos 10-15 × 5-8 mm, subiguales, ovados a ovado-oblongos, verdes, verde-grisáceos o amarillos, densamente cubiertos por fuera con tricomas adpresos y erectos; estambres 1.5-2 mm, la cubierta del conectivo densamente papilosa. Monocarpos 30-50, 9-12 × 4-5 mm, elipsoides, verdes, al madurar rojo vino oscuro a negros, glabros, excepto por algunos tricomas dispersos cerca del ápice, el ápice apiculado, la pared 0.1-0.2 mm de grueso; estípite 6-10 × c. 1 mm; semilla 8-10 × 3-4 mm, angostamente elipsoide, transversalmente sulcada a rugosa. *Bosques*. P (*Maas et al. 9542*, U). 0-750 m. (Endémica).

Guatteria zamorae se distingue por un indumento de tricomas erectos sobre las ramas foliáceas jóvenes, las hojas verrugosas, pardo-amarillentas a pardas cuando secas, los pétalos muy pequeños (10-15 mm) y las hojas pequeñas (10-18 × 3-5 cm).

9. Klarobelia Chatrou

Por G.E. Schatz.

Arbustos a árboles grandes; tallos teretes, lenticelados, glabros a escasamente adpreso-pubescentes. Hojas angostamente elípticas a oblongas, cartáceas, glabras y brillantes en el haz, glabras a escasamente adpreso-pelosas en el envés, la vena media impresa en el haz, elevada en el envés, la nervadura broquidódroma, la base cuneada y ligeramente decurrente a obtusa hasta redondeada, el ápice agudo a acuminado. Inflorescencias generalmente con 1 flor, terminal sobre vástagos axilares cortos, los vástagos cortos ya sea con brácteas pequeñas o rara vez con brácteas foliáceas grandes; pedicelos sin brácteas; flores bisexuales o masculinas; sépalos 3, imbricados, libres o connados; pétalos 6, en 2 verticilos subiguales, imbricados, los pétalos internos cubriendo los estambres y los carpelos a través de todo el desarrollo floral, carnosos, blancos hasta crema; estambres numerosos, más numerosos en las flores masculinas, los filamentos cortos, el conectivo discoide; carpelos numerosos, libres; estilo ausente; estigmas discoides a elipsoides; óvulo 1, basal. Fruto un agregado de monocarpos estipitados, indehiscentes, oblongoides a elipsoides, la base y el ápice redondeados, algunas veces apiculados, rojos a rojo-negruzcos; semillas elipsoides, lisas a escasamente estriadas, el rafe impreso, recto a sinuoso, el endospermo suave, ruminado con lameladas transversales. 10 spp., desde Costa Rica hasta Perú y Brasil; 2 spp. en Mesoamérica.

Bibliografía: Chatrou, L.W. *Changing Genera*. Ph.D. dissertation, Utrecht Univ., Utrecht: 121-144 (1998).

1. Monocarpos (50-)80-85(-150), oblongoides a elipsoides, 8-9.5 mm de diámetro; estípite 9-33 mm; vástagos cortos con 1-5 brácteas de c. 0.5 × 0.2 cm. **1. K. anomala**
1. Monocarpos 5-10, ampliamente elipsoides, 16-17 mm de diámetro; estípite 28-72 mm; vástagos cortos generalmente con 1 o 2 brácteas de 7-9 × 2.5-3.5 cm, rara vez solo bractéolas. **2. K. stipitata**

1. Klarobelia anomala (R.E. Fr.) Chatrou, *Changing Genera* 123 (1998). *Cremastosperma anomalum* R.E. Fr., *Kongl. Svenska Vetensk. Acad. Handl.* ser. 3, 24(10): 4 (1948). Holotipo: Colombia, *Killip & García 33600* (S). Ilustr.: Fries, *Ann. Missouri Bot. Gard.* 49: 181, t. 154 (1962 [1963]), como *C. anomalum*.

Malmea anomala (R.E. Fr.) Maas.

Arbustos a árboles hasta 25 m; tallos glabros o muy escasamente pardo-amarillento-adpreso-pelosos. Hojas 7-31.6 × 3-11.4 cm, angostamente elípticas a oblongas, glabras en el haz y el envés, la vena media muy escasamente pardo-amarillento-adpreso-pelosa en el envés, las venas secundarias 8-12 pares, la base obtusa a redondeada, rara vez aguda, el ápice agudo a acuminado; pecíolo 4-11 × 2-3 mm, glabro, verrugoso. Vástagos cortos generalmente desde nudos afilos, algunas veces entre las hojas o caulifloros sobre el tronco, 2-6 × 1.5-2.5 mm, hasta 3-7 mm de diámetro en fruto, escasamente adpreso-pelosos, con 1-5 brácteas, las brácteas c. 5 × 2 mm, el ápice agudo, caducas; pedicelos 7-22 × 1-3 mm, hasta 4-6 mm de diámetro en fruto; sépalos 3-5 mm, connados, subglabros, los márgenes ciliados; pétalos 14-30 × 14-22 mm, subcirculares a elípticos, los pétalos externos glabros por fuera, moderada a densamente pelosos por dentro, los pétalos internos moderada a densamente pelosos por fuera, glabros por dentro, el ápice obtuso; estambres 200-300 en las flores masculinas, 50-60 en las flores bisexuales, 1.5-3.5 mm, los filamentos 0.5-1 mm; carpelos c. 150; ovarios 1.8-2 mm, glabros a densamente pelosos; estigmas 0.6-0.8 mm, glabros. Monocarpos (50-)80-85(-150), 16-26 × 8-9.5 mm, oblongoides a elipsoides, glabros, verrugosos, el ápice con apículo caduco; estípite 9-33 × c. 1 mm; semillas 16-17 × 8-9 mm, el rafe recto. *Selvas altas perennifolias*. P (*Herrera 937*, MO). 0-600 m. (Mesoamérica, Colombia).

2. Klarobelia stipitata Chatrou, *Changing Genera* 143 (1998). Holotipo: Costa Rica, *Jiménez et al. 667* (CR). Ilustr.: no se encontró.

Árboles hasta 30 m; tallos moderada a densamente pardo-adpreso-pelosos. Hojas 9.6-16.5 × 3.5-5 cm, angostamente elípticas, glabras en el haz, muy escasamente pardo-adpreso-pelosas en el envés, la vena media moderada a densamente pardo-adpreso-pelosa en el envés, las venas secundarias 8-11 pares, la base cuneada y ligeramente decurrente, el ápice agudo a acuminado; pecíolo 5-8 × 1-2 mm, moderada a densamente pardo-adpreso-peloso por debajo. Vástagos cortos entre las hojas, solitarios o rara vez pareados, 8-61 × c. 1 mm, hasta 3 mm de diámetro en fruto, densamente pardo-rojizo-adpreso-pelosos, glabrescentes en fruto, generalmente con 1 o 2 brácteas foliáceas o algunas veces solo bractéolas diminutas, las brácteas 7-9 × 2.5-3.5 cm, foliáceas; pedicelos hasta 25 × 1 mm, hasta 55 × 2-4 mm en el fruto. Flores maduras desconocidas. Monocarpos 5-10, 21-24 × 16-17 mm, ampliamente elipsoides, glabros, verrugosos; estípite 28-72 × 1-1.5 mm; semillas 21-24 × 14-16 mm, el rafe sinuoso. *Selvas altas perennifolias*. CR (*Aguilar 520*, MO). 100-830 m. (Endémica).

10. Malmea R.E. Fr.

Por G.E. Schatz.

Árboles medianos; tallos escasa a densamente seríceos. Hojas cartáceas, la nervadura broquidódroma, la nervadura terciaria reticulada; pecíolo aplanado por arriba a levemente acanalado. Inflorescencias terminales, pero algunas veces pareciendo opuestas a las hojas o subaxilares o supraaxilares, el ripidio pedunculado con 1-4 flores; pedicelo en la axila de la bráctea, con una articulación cerca de la base, y con una bráctea amplexicaule por arriba del 1/2; flores bisexuales; sépalos 2 o 3, libres, imbricados en el botón; pétalos 4 o 6, en 2 verticilos subiguales, libres, imbricados, cartáceos a subcoriáceos; receptáculo floral cupuliforme a deprimido-ovoide; estambres numerosos, extrorso-dehiscentes, los filamentos muy cortos, el conectivo discoide; gineceo apocárpico; carpelos numerosos; estigmas discoides; óvulo 1, basal. Fruto un agregado de monocarpos libres, elipsoides, estipitados, indehiscentes; semillas elipsoides, foveoladas, el rafe como una costilla escasamente elevada, el endospermo duro, ruminado de manera espiniforme. 6 spp., desde Panamá hasta Brasil; 1 sp. en Mesoamérica.

Bibliografía: Chatrou, L.W. *Changing Genera.* Ph.D. dissertation, Utrecht Univ., Utrecht: 144-155 (1998).

1. Malmea dimera Chatrou, *Novon* 7: 346 (1997 [1998]). Holotipo: Panamá, *Correa et al. 4367* (PMA). Ilustr.: Chatrou, *Novon* 7: 347, t. 1 (1997 [1998]).

Árboles hasta 15 m; tallos escasa y cortamente seríceos, glabrescentes. Hojas 4.2-22 × 1.6-7.7 cm, angostamente elípticas a elípticas o rara vez angostamente obovadas a obovadas, glabras en el haz y el envés, brillantes en el haz, inicialmente verrugosas en el envés, menos evidente con la edad, la vena media escasamente impresa en el haz, marcadamente elevada y carinada en el envés, al inicio escasa y cortamente dorado-seríceas en el envés, glabrescentes, las venas secundarias 8-13 pares, escasamente elevadas en el haz y el envés, la base aguda a atenuada, el ápice agudo a acuminado; pecíolo 3-7 × 1.5-2 mm, cortamente dorado-seríceo inicialmente, glabrescente, verrugoso. Pedúnculos 3-10 × 0.5-2 mm, densa y cortamente seríceos; pedicelos 12-31 mm, c. 1 mm de diámetro en la base hasta 2 mm de diámetro en el ápice, densa y cortamente seríceos, axilares a una bráctea de 1.5-3 mm, caduca y una segunda bráctea en el 1/2 o en el 1/2 superior, esta c. 1.5 mm, ampliamente ovado-triangular, el ápice obtuso a redondeado, semiamplexicaule, densamente serícea; sépalos 2, 3-4.5 × 5-6 mm, muy ampliamente ovados hasta ampliamente elípticos transversalmente, glabros a escasamente pubérulos por fuera, glabros por dentro, los márgenes ciliados, el ápice redondeado; pétalos externos 2, 10-15 × 10-12 mm, ampliamente elípticos, glabros, cóncavos, los márgenes ciliados, el ápice obtuso a redondeado; pétalos internos 2, 6-13 × 7-12 mm, ampliamente elípticos, glabros, cóncavos, los márgenes ciliados, el ápice obtuso a redondeado; estambres c. 150, 1.5-2 mm; carpelos 25-45; ovarios c. 1.5 mm, densamente seríceos; óvulo 1. Monocarpos 25-45, 16-20 × 7-9 mm, elipsoides, glabros a escasamente pubérulos, verrugosos; estípite 18-34 mm, c. 0.5 mm de diámetro en la base, hasta 2 mm de diámetro en el ápice; semillas 16-18 × 6-8 mm. *Selvas altas perennifolias*. P (*Croat 34626*, MO). 20-600 m. (Mesoamérica, Colombia).

11. Mosannona Chatrou

Por G.E. Schatz.

Árboles hasta 20 m; tallos glabros a subglabros hasta moderada a densamente pelosos. Hojas angostamente elípticas a elípticas, cartáceas a subcoriáceas, glabras en el haz, glabras a escasamente pelosas o papilosas y glaucas en el envés, la vena media elevada o algunas veces solo aplanada en el haz, elevada en el envés, la nervadura broquidódroma, las venas secundarias 5-15 pares, escasamente elevadas en el haz, elevadas en el envés, la base atenuada a redondeada, el ápice agudo a acuminado; pecíolo levemente acanalado hasta aplanado por arriba, verrugoso a ruguloso. Inflorescencias con 1 flor terminal, pero generalmente pareciendo opuestas a las hojas, generalmente dispuestas entre las hojas; pedunculadas; pedicelos en la axila de la bráctea justo abajo de la articulación suprabasal y con una segunda bráctea por arriba de la articulación; sépalos 3, imbricados, libres; pétalos 6 en 2 verticilos subiguales, imbricados, patentes en el desarrollo temprano y dejando los estambres y carpelos expuestos, los pétalos internos luego encerrando los estambres y carpelos en la antesis, coriáceos, con cuerpos alimenticios a lo largo de los márgenes de los pétalos internos hacia la base, la base truncada a redondeada, el ápice obtuso a redondeado; estambres numerosos, extrorso-dehiscentes, los filamentos cortos, el conectivo discoide; carpelos numerosos, libres; estigmas discoides; óvulo 1 por carpelo, basal. Fruto un agregado de monocarpos libres, estipitados; semillas foveoladas a estriadas cerca del rafe, el rafe como una costilla escasamente elevada, el endospermo moderadamente duro, ruminado con lamelas irregulares, ampliamente así cerca del rafe y tornándose más angostas alejadas del rafe. 15 spp., desde México hasta Perú y Brasil; 6 spp. en Mesoamérica.

Bibliografía: Chatrou, L.W. *Changing Genera.* Ph.D. dissertation, Utrecht Univ., Utrecht: 155-180 (1998).

1. Hojas glaucas y papilosas en el envés.
  2. Hojas 1.6-4 cm de ancho, 3.8-5.5 veces más largas que anchas. **3. M. garwoodii**
  2. Hojas (2-)4-11 cm de ancho, 1.9-3.4 veces más largas que anchas. **5. M. hypoglauca**
1. Hojas no glaucas ni papilosas en el envés, frecuentemente brillantes.
  3. Venas secundarias 10-12 pares; hojas frecuentemente glaucas en el haz. **1. M. costaricensis**
  3. Venas secundarias 6-10 pares; hojas nunca glaucas en el haz.
    4. Hojas 2.9-13(-16) cm. **2. M. depressa**
    4. Hojas 11.5-23.5 cm.
      5. Tallos glabros a escasamente cubiertos con tricomas adpresos; hojas glabras a escasamente pelosas en el envés, cartáceas. **4. M. guatemalensis**
      5. Tallos glabros; hojas glabras, subcoriáceas. **6. M. maculata**

1. Mosannona costaricensis (R.E. Fr.) Chatrou, *Changing Genera* 157 (1998). *Malmea costaricensis* R.E. Fr., *Acta Horti Berg.* 10: 320 (1931). Holotipo: Costa Rica, *Pittier 6969* (BM). Ilustr.: no se encontró.

Árboles hasta 7 m; tallos glabros a densamente cubiertos con tricomas de 0.2-0.4 mm, adpresos a erectos, pardos. Hojas 16-23 × 4.5-7 cm, angostamente elípticas, cartáceas, glabras en el haz y el envés, frecuentemente glaucas en el haz, la vena media glabra a densamente cubierta con tricomas de 0.2-0.4 mm, adpresos a erectos, pardos, las venas secundarias 10-12 pares, la base aguda a cuneada, el ápice acuminado; pecíolo 4-7 × 1.5-2 mm, verrugoso a ruguloso, glabro a densamente cubierto con tricomas de 0.2-0.4 mm, adpresos a erectos en el envés, pardos. Pedúnculos 9-11 mm; pedicelos 6-10 × 1-2 mm, hasta 15 mm en el fruto, las brácteas 1.5-2 × c. 2 mm, amplexicaules, la bráctea superior entre 1/3 y 1/2 basal del pedicelo; sépalos 2-3.5 × 4-5.5 mm, ampliamente ovados, glabros a densamente pelosos por fuera, los márgenes ciliados; pétalos 16-23 × 9-15 mm, elípticos u ovados, glabros a escasamente pubérulos por fuera, los márgenes ciliados, el ápice obtuso; estambres c. 100, 2-2.4 mm, los filamentos 0.2-0.4 mm; carpelos c. 75; ovarios c. 1.4 mm, densamente pelosos; estigmas c. 1.5 mm, glabros. Monocarpos c. 40, 12-13 × c. 7 mm, elipsoides, verrugosos, subglabros, el ápice escasamente apiculado; estípite 12-15 × c. 1 mm; semillas c. 12 × 7 mm. *Selvas altas perennifolias*. CR (*Schatz & Grayum 1111*, MO). 0-450 m. (Endémica).

2. Mosannona depressa (Baill.) Chatrou, *Changing Genera* 159 (1998). *Annona depressa* Baill., *Adansonia* 8: 267 (1867-1868 [1868]). Sintipo: México, Veracruz, *Liebmann 20* (C!). Ilustr.: no se encontró.

Duguetia leiophylla Donn. Sm., *Guatteria depressa* (Baill.) Saff. ex Standl., *G. gaumeri* Greenm., *G. leiophylla* (Donn. Sm.) Saff. ex Standl., *Malmea depressa* (Baill.) R.E. Fr., *M. gaumeri* (Greenm.) Lundell, *M. leiophylla* (Donn. Sm.) Lundell.

Árboles hasta 15 m; tallos glabros a escasamente cubiertos con tricomas de 0.2-0.3 mm, adpresos, pardo claro. Hojas 2.9-13(-16) × 1.2-7.2 mm, angostamente elípticas, subcoriáceas, glabras en el haz, glabras a escasamente pelosas en el envés, la vena media glabra a escasamente cubierta con tricomas de 0.2-0.3 mm, adpresos, pardo claro, las venas secundarias 8-9 pares, la base atenuada a obtusa, el ápice agudo a acuminado; pecíolo 4-7 × 1-2 mm, verrugoso a ruguloso, glabro a escasamente cubierto con tricomas de 0.2-0.3 mm, adpresos en el envés, pardo claro. Pedúnculos 1-13 mm; pedicelos 8-28 ×1-2 mm, hasta 45 × 3 mm en el fruto; sépalos 2-5 × 3-6 mm, ampliamente ovados, glabros a densamente pelosos por fuera, ciliados; pétalos 25-39 × 14-27 mm, elípticos, verrugosos, glabros, los márgenes ciliados, el ápice obtuso; estambres 150-200; carpelos 50-100. Monocarpos 20-75, 10-17 × 6-10 mm, ampliamente elipsoides, verrugosos, glabros a pelosos, el ápice algunas veces apiculado; estípite 8-21 × c. 1 mm; semillas 9-12 × 6-9 mm. *Selvas medianas caducifolias*. Ch (*Breedlove & Smith 21935*, MO); Y (*Cabrera & Cabrera 4677*, MO); C (*Shepherd 15*, F); QR (*Cabrera & Cabrera 6531*, MO); B (*Davidse & Brant 32758*, MO); G (*Contreras 7197*, MO); H (*Hawkins et al. 132*, MO). 0-1200 m. (México [Veracruz], Mesoamérica).

3. Mosannona garwoodii Chatrou & Welzenis, *Changing Genera* 164 (1998). Holotipo: Panamá, *Garwood & Verhoek-Williams 1959B* (PMA). Ilustr.: no se encontró.

Arbustos a árboles hasta 15 m; tallos subglabros, algunas veces lenticelados. Hojas 8.3-16 × 1.6-4 cm, angostamente elípticas, cartáceas, glabras en el haz, glaucas y papilosas en el envés, la vena media subglabra en el envés, las venas secundarias 12-15 pares, la base aguda a obtusa, el ápice acuminado; pecíolo 2-6 × 1-1.5 mm, verrugoso a ruguloso, subglabro por abajo. Pedúnculos 1-3 × 0.5-1 mm; pedicelos 21-35 × 1-2 mm, hasta 3.5 mm de diámetro en fruto, las brácteas 1-1.5 × 1-3 mm, ampliamente ovadas, la bráctea superior justo por arriba del 1/2 basal del pedicelo; sépalos 1.5-2 × 4-5 mm, deprimido-ovados, glabros, los márgenes ciliados, el ápice obtuso; pétalos 18-27 × 12-16 mm, ampliamente elípticos a ampliamente ovados, verrugosos, glabros; estambres c. 200, 2.4-3.2 mm, los filamentos c. 1 mm; carpelos c. 50-100; ovarios 0.8-1.2 mm, glabros; estigmas 1-2 mm, escasamente pardo-amarillento-pubérulos. Monocarpos 20-40, 16-20 × 8-9 mm, elipsoides, verrugosos, glabros, el ápice algunas veces apiculado; estípite 10-22 × 1-1.5 mm; semillas c. 15 × 8 mm. *Selvas altas subperennifolias*. P (*Foster 2922*, MO). 0-165 m. (Endémica).

4. Mosannona guatemalensis (Lundell) Chatrou, *Changing Genera* 166 (1998). *Malmea guatemalensis* Lundell, *Wrightia* 5: 27 (1974). Holotipo: Guatemala, *Contreras 4408* (LL). Ilustr.: Chatrou, *Changing Genera* 100, t. 5A-B (1998), como *Malmea guatemalensis*.

Árboles hasta 7 m; tallos glabros a escasamente cubiertos con tricomas de 0.2-0.3 mm, adpresos. Hojas 11.5-23.5 × 3.1-7 cm, angostamente elípticas a lanceoladas, cartáceas, glabras en el haz, glabras a escasamente pelosas en el envés, la vena media glabra a escasamente cubierta con tricomas de 0.2-0.3 mm en el envés, adpresos, las venas secundarias 8-9 pares, la base cuneada a obtusa, el ápice acuminado; pecíolo c. 6 × 1-2 mm, verrugoso a ruguloso, glabro a escasamente cubierto con tricomas de 0.2-0.3 mm en el envés, adpresos. Pedúnculos c. 4 × 1 mm; pedicelos c. 18 × 1 mm, las brácteas caducas, en el 1/2 distal; sépalos c. 2 × 3 mm, ampliamente ovados, glabros, los márgenes ciliados; pétalos 18-26 × 13-15 mm, elípticos, verrugosos, glabros, los márgenes ciliados; estambres numerosos; carpelos numerosos. Frutos y semillas desconocidos. *Selvas altas subperennifolias*. G (*Contreras 4408*, LL). c. 230 m. (Endémica).

5. Mosannona hypoglauca (Standl.) Chatrou, *Changing Genera* 166 (1998). *Guatteria hypoglauca* Standl., *Publ. Field Mus. Nat. Hist., Bot. Ser.* 4: 207 (1929). Holotipo: Panamá, *Cooper 661* (F!). Ilustr.: no se encontró.

Malmea hypoglauca (Standl.) R.E. Fr.

Árboles hasta 10 m; tallos subglabros, algunas veces lenticelados. Hojas 6-18.5 × (2-)4-11 cm, angostamente elípticas, cartáceas, glabras en el haz, glaucas y papilosas en el envés, la vena media subglabra en el envés, las venas secundarias 7-11 pares, la base aguda a redondeada, el ápice agudo a acuminado; pecíolo 3-10 × 1.5-2.5 mm, verrugoso a ruguloso, subglabro. Pedúnculos 1-6 × 1-2 mm, hasta 24 mm en el fruto; pedicelos 3-9.5 × 1.5-2.5 mm, hasta 14 × 3 mm en el fruto, las brácteas 1-2 × 1-4 mm, la bráctea superior entre el 1/5 y el 1/2 basal del pedicelo; sépalos 1.5-3.5 × 3-4 mm, deprimido-ovados, glabros a escasamente pelosos por fuera, los márgenes ciliados; pétalos 15-30 × 8-20 mm, elípticos a obovados, verrugosos, glabros, los márgenes ciliados; estambres 200-250, 1.8-2.5 mm, los filamentos c. 0.4 mm; carpelos 55-70; ovarios 1.2-1.7 mm, subglabros; estigmas 0.8-1.2 mm, densamente cubiertos con tricomas de c. 0.2 mm. Monocarpos 45-60, 10-22 × 7-11 mm, elipsoides, verrugosos, glabros, el ápice obtuso; estípite 5.5-15 × 1-1.5 mm; semillas 16-18 × 6-9 mm. *Selvas altas perennifolias*. P (*Herrera & Contreras 923*, MO). 0-500 m. (Mesoamérica, Colombia).

6. Mosannona maculata Chatrou & Welzenis, *Changing Genera* 168 (1998). Holotipo: Colombia, *Brand & Ascanio 473* (COL). Ilustr.: no se encontró.

Árboles hasta 20 m; tallos glabros, frecuentemente lenticelados. Hojas 12.5-20.5 × 3.5-6.5 cm, angostamente elípticas, subcoriáceas, glabras en el haz y el envés, la vena media glabra en el envés, las venas secundarias 6-10 pares, la base atenuada a aguda, el ápice acuminado; pecíolo 4-6 ×1-2 mm, verrugoso a ruguloso, glabro por abajo. Pedúnculos 2.5-9 × 0.5-1.5 mm; pedicelos 8-24 × 1-2 mm, hasta 31 mm en el fruto, las brácteas 0.5-2.5 × 1-2.5 mm, ampliamente-ovadas a deprimido-ovadas, el ápice obtuso a redondeado, la bráctea superior entre 1/3 y 1/2 basal del pedicelo; sépalos 1.5-5 × 2.5-4.5 mm, deprimido-ovados, glabros, los márgenes ciliados; pétalos 18-30 × 13-21 mm, elípticos a obovados, verrugosos, glabros; estambres 250-350, 1.9-2.3 mm, los filamentos 0.3-0.5 mm; carpelos 60-110; ovarios c. 1 mm, glabros; estigmas c. 1.2 mm, glabros. Monocarpos 15-30, 17-22 × 8-14 mm, elipsoides, verrugosos, glabros; estípite 9-15 × 1-1.5 mm; semillas 15.5 × 6.5 mm, elipsoides. *Selvas altas perennifolias*. P (*Duke 14166*, MO). 0-100 m. (Mesoamérica, Colombia).

12. Oxandra A. Rich.

Por L. Junikka, P.J.M. Maas & G.E. Schatz.

Árboles o arbustos hasta 35 m; tallos teretes, a menudo cubiertos con tricomas adpresos, glabrescentes, generalmente lenticelados. Hojas simples, alternas, dísticas, estipuladas, ovadas a elípticas a obovadas, cartáceas a coriáceas, algunas veces verrugosas, mayormente glabras en el haz, glabras o cubiertas con tricomas adpresos a erectos en el envés, la base aguda a obtusa a subcordada, algunas veces con 2 proyecciones a modo de dientes; márgenes revolutos, el ápice agudo a acuminado, la nervadura broquidódroma, la vena media impresa, aplanada o elevada en el haz, las venas secundarias 6-20 pares, mayormente elevadas en el haz, la nervadura terciaria reticulada a percurrente, aplanada o elevada en el haz. Flores pequeñas, axilares o a veces opuestas a las hojas, solitarias o algunas veces en fascículos con 1-varias flores; pedicelos 1-15 × 0.5-3 mm, con 2-6 brácteas pequeñas, cercanamente espaciadas, mayormente ovado-deprimidas, los márgenes ciliados; flores bisexuales o masculinas; sépalos 3, imbricados, libres, cubiertos con tricomas adpresos por fuera o glabros, los márgenes a menudo ciliados; pétalos 6 en 2 verticilos iguales o subiguales, blancos hasta crema, imbricados, libres, delgados, los márgenes a menudo ciliados, cubiertos por fuera con tricomas adpresos o erectos; estambres 5-50, extrorsos, los filamentos muy cortos, el ápice del conectivo angostamente triangular, ampliamente ovado u ovado-deprimido; carpelos pocos a muchos, libres; ovario 1-locular; estigma esférico; óvulo 1, basal, erecto. Monocarpos 1-25, estipitados, indehiscentes, carnosos, elipsoides, ovoides a obovoides o a veces esféricos, mayormente glabros, algunas veces glaucos, el ápice redondeado o apiculado; estípite 0.6-10 mm; semillas 1 por monocarpo, elipsoides, basales, el rafe recto, impreso a elevado, no ariladas, la superficie diminutamente foveolada a transversalmente estriada, ruminada de manera claviforme, espiniforme o con lamelas

4-partidas. 27 spp., en Mesoamérica, Sudamérica y las Antillas; 6 spp. en Mesoamérica.

Bibliografía: Junikka, L. et al. *Blumea* 61: 215-266 (2016).

1. Flores opuestas a las hojas; brácteas 2. **1. O. aberrans**
1. Flores en las axilas de las hojas; brácteas 3 o más.
 2. Vena media levemente impresa a aplanada en el haz.
  3. Hojas cartáceas, verrugosas en ambos lados; monocarpos glabros, el ápice marcadamente apiculado. **5. O. panamensis**
  3. Hojas coriáceas, no verrugosas; monocarpos generalmente glaucos cuando secos, el ápice redondeado, no apiculado. **6. O. venezuelana**
 2. Vena media generalmente elevada a aplanada hacia la base en el haz.
  4. Tallos inicialmente cubiertos con tricomas erectos; hojas con la base obtusa a subcordada; pétalos 8-22 mm; monocarpos con ápice marcadamente apiculado. **3. O. longipetala**
  4. Tallos inicialmente cubiertos con tricomas adpresos; hojas con la base aguda; pétalos 3-7 mm; monocarpos con ápice redondeado, no apiculado.
   5. Hojas rómbicas a ovadas a angostamente ovadas, el ápice obtusamente agudo; pedicelos 1-3 mm. **2. O. lanceolata**
   5. Hojas angostamente elípticas a angostamente ovadas, algunas veces rómbicas, el ápice agudo a generalmente acuminado, el acumen 5-10 mm; pedicelos 3-5 mm. **4. O. maya**

1. Oxandra aberrans Maas & Junikka, *Blumea* 61: 221 (2016). Holotipo: México, Chiapas, *Kennedy & Breedlove 1422* (L). Ilustr.: Junikka et al., *Blumea* 61: 222, t. 3 (2016).

Árboles hasta c. 5 m; tallos escasamente cubiertos con tricomas adpresos, glabrescentes. Hojas 4-8 × 1.5-2.5, angostamente elípticas a elípticas, cartáceas, glabras en el haz, escasamente cubiertas con algunos tricomas adpresos mayormente a lo largo de la vena media en el envés, la vena media aplanada a impresa en el haz, elevada en el envés, las venas secundarias 8-10 pares, elevadas en el haz, la nervadura terciaria reticulada, levemente elevada en el haz, la base aguda y levemente atenuada, el ápice obtusamente agudo; pecíolo 2-3 × c. 0.5 mm, glabro. Flores solitarias, opuestas a las hojas; pedicelos 3-5 × c. 1 mm, densamente cubiertos con tricomas adpresos, con 2 brácteas de 1-1.5 × 1-1.5 mm, ampliamente ovado-triangulares, densamente cubiertas por fuera con tricomas adpresos; sépalos 1.5-2 × 1.5-2 mm, ampliamente ovado-triangulares, densamente cubiertos por fuera con tricomas adpresos; pétalos c. 8 × 5 mm, elípticos, verde pálido a crema, esponjosos, densamente cubiertos por fuera con tricomas; estambres c. 50, 1.5-2 mm, el ápice del conectivo ovado-deprimido; carpelos c. 15. Monocarpos y semillas no vistos. *Bosques caducifolios*. Ch (*Kennedy & Breedlove 1422*, MO). c. 900 m. (Endémica).

2. Oxandra lanceolata (Sw.) Baill., *Adansonia* 8: 168 (1867-1868 [1868]). *Uvaria lanceolata* Sw., *Prodr.* 87 (1788). Sintipo: Jamaica, *Swartz s.n.* (S). Ilustr.: no se encontró. N.v.: Black lancewood, bois de lance, chilcahuite, chilillo, lancewood, yaya, yaya cubens, yaya fina.

Bocagea virgata Benth. & Hook. f., *Cananga lancea* Poit. ex Dunal, *C. virgata* DC. ex Baill., *Drimys lancea* Poit. ex. Baill., *Guatteria virgata* Dunal, *Oxandra lanceolata* (Sw.) Baill. subsp. *macrocarpa* R.E. Fr., *O. laurifolia* sensu Bello y Espinosa (1881) non A. Rich., *O. punctata* C. Wright ex Griseb., *O. virgata* A. Rich. (1841), *O. virgata* A. Rich. (1845), *Uvaria virgata* Sw.

Árboles o arbustos hasta 20 m; tallos hasta 30 cm de diámetro, densamente cubiertos con tricomas adpresos, glabrescentes, con abundantes lenticelas. Hojas 4-9(-10) × 1.5-3.5 cm, rómbicas a ovadas a angostamente ovadas, cartáceas, verrugosas mayormente en el envés, glabras en el haz, glabras o escasamente cubiertas con tricomas erectos en el envés, la vena media levemente elevada en el haz y muy prominente en el envés, las venas secundarias (7-)8-11(-12) pares, elevadas en el haz, la nervadura terciaria reticulada, elevada en el haz, la base aguda a obtusa, el ápice obtusamente agudo; pecíolo 1-2(-3) × 0.5-1 mm. Flores solitarias, axilares; pedicelos 1-3 × 0.5-1 mm, glabros, las brácteas 3-6, 0.4-1 mm, ovado-deprimidas, escasamente cubiertas por fuera con tricomas adpresos hasta glabras; sépalos 0.8-1.4 × 1-2 mm, ovado-deprimidos, glabros por fuera, persistentes; pétalos 3-7 × 3-5 mm, subiguales, los externos elípticos, los internos obovados, blancos, glabros; estambres 10-15, c. 2 mm, el ápice del conectivo angostamente triangular; carpelos hasta 6. Monocarpos 1-4, 7.5-15 × 5-12 mm, elipsoides a ampliamente obovoides, el ápice redondeado, no apiculados; estípite 1-2 × 1-2 mm; semillas 7-12 × 4-10 mm, elipsoides, transversalmente ruminadas con estrías con formaciones claviformes. *Matorrales secos, bosques deciduos, bosques muy húmedos*. QR (*Olmsted et al. 63*, NY). 0-700 m. (Mesoamérica, Antillas).

3. Oxandra longipetala R.E. Fr., *Acta Horti Berg.* 10: 170 (1931). Holotipo: Panamá, *Hayes 385* (K). Ilustr.: Fries, *Ann. Missouri Bot. Gard.* 49: 183, t. 155 (1962 [1963]).

Arbustos a árboles hasta 10 m; tallos hasta 10 cm de diámetro, densa a escasamente cubiertos con tricomas de 0.2-1 mm, erectos, glabrescentes. Hojas 3.7-12.6 × 1.4-5.5 cm, angostamente elípticas a ovadas, cartáceas, glabras en el haz, densa a escasamente cubiertas con tricomas erectos o adpresos o glabras en el envés, la vena media levemente elevada en el haz, elevada en el envés, las venas secundarias 8-10(-12) pares, aplanadas a levemente elevadas en el haz, la nervadura terciaria reticulada, aplanada a levemente elevada en el haz, la base obtusa a subcordada, inequilátera, el ápice obtusamente acuminado, el acumen 5-20 mm; pecíolo 0.5-2.2 × 1-1.5 mm, densa a escasamente cubierto con tricomas de 0.2-1 mm, erectos. Flores solitarias o a veces en pares, axilares; pedicelos 3-6 × c. 0.5 mm, los pedicelos fructíferos 6-10 × 1-2 mm, densamente cubiertos con tricomas erectos pardos, las brácteas 4-6, 1-2 mm, ovado-deprimidas, densamente cubiertas por fuera con tricomas adpresos blancos hasta glabras; sépalos 1-2 × 1-3 mm, ampliamente ovado-triangulares, densamente cubiertos por fuera con tricomas adpresos blancos hasta glabros; pétalos 8-22 × 3-7 mm, angostamente oblongo-elípticos, glabros; estambres 30-40, 1-2 mm, el ápice del conectivo ovado-deprimido; carpelos 6-11. Monocarpos 1-10, 10-14 × 5-8 mm, elipsoides, escasamente cubiertos con tricomas adpresos a glabros, el ápice con apículo de 0.5-1 mm; estípite 0.6-2.1 × 1-2 mm; semillas c. 10 × 5-6 mm, elipsoides, transversalmente ruminadas con estrías con formaciones espiniformes. *Selvas medianas a altas subperennifolias*. N (*Moreno 22134*, MO); CR (*Aguilar et al. 3244*, MO); P (*Galdames et al. 2804*, MO). 100-1000 m. (Mesoamérica, Colombia, Perú, Brasil).

4. Oxandra maya Miranda, *Bol. Soc. Bot. México* 26: 120 (1961). Holotipo: México, Chiapas, *Miranda 8471/2* (MEXU-[cb] MEXU 00096048). Ilustr.: Miranda, *Bol. Soc. Bot. México* 26: 121, t. 1 (1961). N.v.: Nahuacté.

Amyris belizensis Lundell, *Oxandra belizensis* (Lundell) Lundell, *O. guatemalensis* Lundell, *O. proctorii* Lundell.

Árboles hasta 30 m; tallos hasta 45 cm de diámetro, escasamente cubiertos con tricomas adpresos, glabrescentes, con lenticelas escasas a abundantes. Hojas 5-12(-15) × 1-4 cm, angostamente elípticas a angostamente ovadas o algunas veces rómbicas, cartáceas, verrugosas en el envés, glabras en el haz, densamente cubiertas con tricomas erectos y adpresos hasta glabras en el envés, la vena media levemente elevada en el 1/2 apical a aplanada hacia la base en el haz, elevada pero no prominente en el envés, las venas secundarias 6-10 pares, levemente elevadas en el haz, la nervadura terciaria reticulada, levemente elevada en el haz, la base aguda, levemente asimétrica, el ápice agudo a acuminado, el acumen 5-10 mm; pecíolo 1-3 × 0.5-1 mm, escasamente cubierto con tricomas adpresos, glabrescente. Flores 1-4, axilares; pedicelos 3-5 × c. 1 mm, escasamente cubiertos con tricomas adpresos a glabros, las brácteas 4 o 5, 0.5-1 × c. 1.5 mm, ovado-deprimidas, densamente cubiertas por fuera con tricomas adpresos, persistentes; flores bisexuales o a veces masculinas; sépalos 1-1.5 × 1-2 mm, levemente ovado-triangulares, escasa a densamente cubiertos por fuera con tricomas adpresos; pétalos 4-5 × 2-3.5 mm, elípticos, escasamente cubiertos por fuera con tricomas adpresos hasta glabros; estambres 9-10, 2.5-3 mm, el ápice del conectivo angostamente triangular; carpelos hasta 9. Monocarpos 2-6, 9-13 × 6-10 mm, obovoides a elipsoides, glabros, no apiculados; estípite 1-3 × c. 1 mm; semillas c. 10 × 5 mm, elipsoides, transversalmente ruminadas con estrías con formaciones claviformes o espiniformes. *Selvas altas perennifolias*. Ch (*Gómez 306*, US); B (*Stevenson 103*, NY); G (*Contreras 5379*, F). 40-400 m. (Endémica).

5. Oxandra panamensis R.E. Fr., *Acta Horti Berg.* 10: 168 (1931). Holotipo: Panamá, *Williams 1017* (NY). Ilustr.: Fries, *Acta Horti Berg.* 10: 171, t. 5c (1931).

Oxandra oblongifolia R.E. Fr.

Árboles hasta 12 m; tallos hasta 15 cm de diámetro, densamente cubiertos con tricomas adpresos a erectos, glabrescentes, lenticelas abundantes. Hojas (5.8-)7-14.3 × (1.6-)1.9-4.5 cm, angostamente ovadas a angostamente obovadas, cartáceas, verrugosas en ambos lados, glabras en el haz, densa a escasamente cubiertas con tricomas adpresos blancos principalmente sobre la vena media en el envés, la vena media impresa a aplanada en el haz, las venas secundarias 14-17 pares, inconspicuas, aplanadas o elevadas en el haz, la nervadura terciaria reticulada a percurrente, aplanada en el haz, la base aguda a obtusa, asimétrica, con dos proyecciones a modo de dientes cuando jóvenes, el ápice agudo a acuminado, el acumen 5-15 mm; pecíolo 2-5 × 1.5-2 mm. Fascículos con 1(-3) flores; pedicelos 2-3 × c. 1 mm, los pedicelos fructíferos 2-6 × 1-3 mm, densamente cubiertos con tricomas adpresos hasta glabros, las brácteas 4-6, (0.7-)1-1.6 mm, ovado-deprimidas, densamente cubiertas por fuera con tricomas adpresos hasta glabras, persistentes; flores bisexuales o masculinas; sépalos 1-2 × 1.5-2.5 mm, amplia a levemente ovado-triangulares, densa a escasamente cubiertos por fuera con tricomas adpresos; pétalos 5-6 × 2.5-3 mm, elípticos, densamente cubiertos por fuera con tricomas adpresos; estambres c. 12, c. 1.5 mm, el ápice del conectivo angostamente triangular; carpelos no vistos. Monocarpos 5-25, 12-22 × 9-13 mm, ovoides, elipsoides a obovoides, glabros, el ápice con apículo de 0.1-0.5 mm; estípite 1-7 × c. 1 mm; semillas 10-15 × 7-10, elipsoides, transversalmente ruminadas con estrías con formaciones claviformes a espiniformes. *Selvas altas perennifolias*. N (*Stevens & Duarte 28907*, MO); P (*Duke 10257*, MO). 0-1000 m. (Mesoamérica, Colombia).

6. Oxandra venezuelana R.E. Fr., *Mem. New York Bot. Gard.* 10(2): 22 (1960). Holotipo: Venezuela, *Bernardi 1923* (NY). Ilustr.: no se encontró.

Árboles hasta 35(-50) m; tallos hasta 60 cm de diámetro, algunas veces con exudado rojizo, glabros o algunas veces cubiertos con tricomas de c. 2 mm, blancos, dispersos, adpresos, con lenticelas escasas a abundantes. Hojas (4.5-)6.5-15 × (1.6-)2-5.3 cm, angostamente obovadas a angostamente elípticas, coriáceas, no verrugosas, glabras o a veces con tricomas dispersos, erectos o adpresos, en el haz y el envés, glaucas cuando secas en el envés, la vena media levemente impresa en el haz, las venas secundarias (9-)10-13(-14) pares, elevadas en el haz, la nervadura terciaria reticulada a percurrente, elevada en el haz, la base aguda o algunas veces obtusa, asimétrica, el ápice agudo a acuminado, el acumen 5-10 mm; pecíolo 3-8 × 1-5 mm. Flores en fascículos con 1-10 flores, axilares o de las axilas de hojas caídas; pedicelos 1.5 ×1.5 mm, los pedicelos fructíferos 3-10 × 1-3 mm, densamente cubiertos con tricomas adpresos pardos, las brácteas 5 o 6, (1-)1.4-1.9(-2.4) mm, ovado-deprimidas, densamente cubiertas por fuera con tricomas adpresos; sépalos, 2-4 × 2-4 mm, levemente ovado-triangulares, densamente cubiertos por fuera con tricomas adpresos; pétalos 8-14 × 4-7 mm, elípticos a oblanceolados, densamente cubiertos por fuera con tricomas erectos y adpresos; estambres c. 50, 3-4 mm, el ápice del conectivo angostamente triangular; carpelos hasta 20. Monocarpos 4-15, 10-19(-25) × 6-10 mm, ovoides a elipsoides, no apiculados, escasamente cubiertos con tricomas de c. 0.1 mm, adpresos a erectos, blancos o glabros, generalmente glaucos cuando secos, el ápice redondeado, no apiculado; estípite 3-10 × 1-2 mm; semillas 12-15(-19) × 6-8 mm, elipsoides, transversalmente ruminadas con estrías con lamelas 4-partidas. *Bosques húmedos, bosques de galería, bosques secundarios*. Ch (*Matuda 18483*, F); N (*Sandino 5020*, WIS); CR (*Liesner 4848*, MO); P (*Holdridge 6216*, MO). 0-700 m. (Mesoamérica, Colombia, Venezuela).

13. **Porcelia** Ruiz & Pav.

Por G.E. Schatz.

Árboles medianos; tallos conspicuamente lenticelados. Hojas deciduas, membranáceas, la nervadura eucamptódroma, las venas terciarias percurrentes, la base ligera a marcadamente asimétrica, decurrente; pecíolo levemente acanalado. Flores solitarias, péndulas, terminales, pero generalmente pareciendo opuestas a las hojas o internodales; pedicelos sin brácteas; sépalos 3, libres, imbricados en el botón, con los márgenes superpuestos en la antesis; pétalos 6, en 2 verticilos subiguales, libres, cartáceos a subcoriáceos, amarillo-cremosos, con venas longitudinales tenues, los márgenes de los pétalos internos involutos excepto en el ápice y con un cuerpo alimenticio especializado; receptáculo floral escasamente convexo; estambres numerosos, las anteras extrorso-latrorsas, los conectivos hexagonales, truncadas a escasamente deprimidas; gineceo apocárpico; óvulos en 2 hileras. Fruto un agregado de monocarpos libres, estipitados e indehiscentes, glabros, de paredes gruesas y leñosas, con una pulpa carnosa rodeando a las semillas, el ápice redondeado; semillas lunulares a aplanado-oblongas. 7 spp., desde Costa Rica hasta Brasil; 1 sp. en Mesoamérica.

Bibliografía: Murray, N.A. *Syst. Bot. Monogr.* 40: 89-109 (1993).

1. Porcelia magnifructa (Schery) R.E. Fr., *Ark. Bot.* n.s. 1: 343 (1950). *Cymbopetalum magnifructum* Schery, *Ann. Missouri Bot. Gard.* 30: 87 (1943). Holotipo: Panamá, *Allen 2455* (MO!). Ilustr.: Fries, *Ann. Missouri Bot. Gard.* 49: 202, t. 162 (1962 [1963]).

Árboles hasta 12 m; tallos tomentulosos, glabrescentes, conspicuamente lenticelados. Hojas 3.4-23 × 1.8-8.6 cm, ampliamente ovadas a elípticas, al inicio escasamente pubérulas, glabrescentes, la vena media aplanada en el haz, marcadamente elevada en el envés, escasamente pubérula en el envés, las venas secundarias 6-10 pares, escasamente elevadas en el haz, elevadas en el envés, la base asimétrica, obtusa a redondeada, el ápice agudo a acuminado; pecíolo 3-8 × 1-2 mm, tomentuloso, glabrescente. Pedicelos 24-44 mm, escasamente pubérulos; sépalos 3-5 × 3.5-5 mm, ampliamente ovados a redondeados, escasamente pubérulos, el ápice redondeado; pétalos externos 18-25 × 11-16 mm, ampliamente ovados a elípticos, el ápice obtuso a redondeado, los pétalos internos 14-16 × 7-13 mm, elípticos, el ápice obtuso a redondeado; estambres 2.2-2.6 mm; carpelos 12-19; ovarios 1.8-2.8 mm; óvulos 11-16. Monocarpos 1-4, 6.2-8.3 × 3.1-3.5 cm, oblongoides, rectos a escasamente curvados, indehiscentes; estípite 0.8-3 × 0.4-0.7 cm; semillas 24-29 × 12-16 mm, 8-10 mm de grueso. *Selvas altas*. CR (*Maas et al. 9489*, U); P (*McPherson & Stockwell 10902*, MO). 200-300 m. (Endémica).

14. **Pseudomalmea** Chatrou

Por G.E. Schatz.

Árboles medianos a altos; tallos glabros. Hojas membranáceas a subcoriáceas, la nervadura broquidódroma, la vena media impresa en el haz, las venas terciarias reticuladas; pecíolo aplanado y glabro en el haz, escasamente alado. Inflorescencias terminales sobre vástagos axilares, generalmente con una sola flor, con varias hojas sobre vástagos abajo de la articulación; pedicelo con una sola bráctea por arriba de la articulación; flores masculinas o bisexuales, androdioicas; sépalos 3, libres, imbricados; pétalos 6, en 2 hileras, libres, imbricados, patentes en el desarrollo floral temprano y dejando el androceo o androceo/gineceo al descubierto, los pétalos internos cerrados en la antesis; receptáculo floral transversal-elíptico; estambres numerosos, las anteras extrorsas, los conectivos discoides, aplanados en la punta; gineceo apocárpico; carpelos numerosos; ovario con 1 óvulo basal; estigmas discoides. Fruto un agregado de monocarpos libres, estipitados, indehiscentes, glabros; semillas con el rafe recto levemente elevado, el endospermo ruminado en lamelas. 4 spp., desde Panamá hasta Bolivia; 1 sp. en Mesoamérica.

Bibliografía: Chatrou, L.W. *Changing Genera*. Ph.D. dissertation, Utrecht Univ., Utrecht: 180-185 (1998).

1. Pseudomalmea darienensis Chatrou, *Blumea* 51: 217 (2006). Isotipo: Panamá, *McPherson et al. 15345* (MO!). Ilustr.: Erkens et al., *Blumea* 51: 218, t. 7 (2006).

Árboles hasta 25 m; tallos glabros. Hojas 5.4-19 × 3.6-8 cm, elípticas, verrugosas, glabras o con dispersos tricomas de 0.2-0.6 mm, adpresos, la vena media impresa en el haz, elevada en el envés, con dispersos tricomas de 0.2-0.6 mm, adpresos en el envés, las venas secundarias 7-9 pares, aplanadas en el haz, escasamente elevadas en el envés, la base aguda a obtusa y brevemente atenuada en el punto de unión con el pecíolo, el ápice acuminado, el acumen 5-14 mm; pecíolo 3-8 × 1-2 mm, glabro o escasamente cubierto con tricomas de 0.2-0.6 mm, adpresos. Pedicelos 9-25 × 3-4 mm en el fruto, escasamente cubiertos con tricomas adpresos, la bráctea arriba de la articulación c. 1 × 2.5 mm, cubierta por fuera con tricomas de 0.2-0.6 mm, adpresos. Flores desconocidas. Monocarpos 10-39, 18-32 × 10-19 mm, elipsoides a oblongoides, pardo-rojizos cuando secos, escasamente cubiertos con tricomas erectos a adpresos de 0.2-0.6 mm, verrugosos; estípite 25-55 × 1-2 mm, pardo-rojizo cuando seco, escasamente cubierto con tricomas de 0.2-0.6 mm, erectos a adpresos; receptáculo en fructificación 11-15 mm de diámetro, 6-8 mm de alto, transversalmente elipsoidal, densamente cubierto con tricomas cortos erectos; semillas 16-36 × 9-17 mm, leve y transversalmente estriadas, el rafe escasamente elevado, pardo-rojizas. *Selvas altas perennifolias*. P (*McPherson et al. 15345*, U). 100-150 m. (Mesoamérica, Colombia).

15. Sapranthus Seem.

Por G.E. Schatz.

Arbustos a árboles pequeños, a menudo deciduos; tallos teretes, escasamente pubérulos a densamente tomentosos o hirsutos. Hojas elípticas a ampliamente obovadas, membranosas a cartáceas, glabras o velutinas a híspidas, estrigosas y ocasionalmente verrugosas en el haz, pubérulas a hírtulas a velutinas o híspido-estrigosas en el envés, la vena media impresa en el haz, glabra a densamente hirsuta, prominentemente elevada en el envés, pubérula a densamente hirsuta, a veces con domacios presentes en las axilas de la vena media y las venas secundarias en el envés, las venas secundarias eucamptódromas a débilmente broquidódromas, la nervadura terciaria percurrente, la base cuneada a redondeada, ocasionalmente algo inequilátera y subcordada, el ápice obtuso a cuspidado; pecíolo algo hinchado, débil a fuertemente acanalado, tomentoso a hirsuto. Flores péndulas, mayormente solitarias, terminales, pero a menudo pareciendo opuestas a las hojas o las inflorescencias directamente sobre el tronco principal o madera vieja en ripidios condensados; pedicelos en la axila de una bráctea diminuta y con una bráctea foliácea diminuta a ampliamente ovada, desde cerca de la base al punto medio del pedicelo; sépalos 3, libres, imbricados, lanceolados a triangulares a ampliamente ovados, foliáceos con la nervadura evidente, membranosos, escasamente pubérulos a densamente velutinos y ocasionalmente hirsutos sobre las venas, ocasionalmente reflexos en la antesis, la base truncada y decurrente a lo largo del pedicelo, el ápice obtuso a agudo hasta acuminado; pétalos 6, libres, en dos verticilos imbricados subiguales, lanceolados a elipsoides hasta oblongos, membranáceos con la nervadura evidente o a veces carnosos y sin nervadura en la antesis, rojo oscuro a marrón oscuro y las flores luego fétidas, o a veces verdes y las flores con fragancia a frutas, los pétalos internos con un cuerpo alimenticio corrugado en la base por dentro, algunas veces muy reducidos; receptáculo floral convexo, densamente setoso en la base de los estambres y ovarios; estambres 55-180, unidos al receptáculo por una fibra filiforme helicoidal, los filamentos muy cortos, los conectivos expandidos de la antera truncado-discoides a levemente redondeados arriba de las tecas, diminutamente muricados a tuberculados; gineceo apocárpico; carpelos 2-29; estigma esférico a napiforme hasta aplanado-elipsoide, unido al ovario oblicuamente, escasa a densamente pubescente; estilo ausente o a veces muy corto; ovarios prismáticos a elipsoides, irregularmente de 4 lados, escasa a densa y cortamente setoso-seríceos a velutinos; óvulos 5-23, en 2 hileras o a veces en 1 hilera. Fruto en grupos de 3; monocarpos indehiscentes, elipsoides a oblongoides hasta obovoides, casi sésiles a cortamente estipitados, verdes, grises o beige opaco o a veces anaranjados; semillas generalmente esférico-cuneiformes o a veces aplanadamente elipsoides, a veces discoides, hemisféricas o subesféricas, ruminado con las lamelas 4-partidas a claviformes. 8 spp., desde México hasta Colombia; 8 spp. en Mesoamérica.

1. Inflorescencias con varias flores, las flores madurando en sucesión, dispuestas en brotes cortos perennes, ramifloros o truncifloros.
  2. Hojas híspidas y algo escabrosas; flores en grupos en nudos floríferos condensados sobre la madera vieja, primariamente a lo largo del tronco principal desde el nivel del suelo hacia arriba (caulifloros); monocarpos con la superficie lisa. **5. S. palanga**
  2. Hojas velutino-tomentosas; flores sobre vástagos perennes cortos justo detrás de las hojas (ramifloras); monocarpos con excrecencias lamelado-laceradas pateniformes, hasta 11 mm de alto sobre su superficie. **2. S. chiapensis**
1. Inflorescencias con las flores solitarias, la flor terminal, pero de apariencia opuesta a la hoja (rara vez cauliflora en *Sapranthus violaceus*).
  3. Óvulos y semillas laterales en 1 hilera; monocarpos subesféricos a oblongoides, anaranjados al madurar; semillas mayormente discoides o hemisféricas. **4. S. microcarpus**
  3. Óvulos y semillas laterales en 2 hileras, rara vez las semillas en 1 hilera; monocarpos elipsoides a subglobosos, generalmente verdes al madurar (rara vez anaranjados en *S. campechianus*).
    4. Hojas glabras o con escasos tricomas en el envés. **6. S. pinedae**
    4. Hojas densamente cubiertas con tricomas adpresos o erectos en el envés.
      5. Indumento sobre las venas de las hojas, los pedicelos y la nervadura de los sépalos por fuera hirsuta, los tricomas hasta 2 mm; sépalos 15-22 × 12-16 mm. **3. S. hirsutus**
      5. Indumento sobre las venas de las hojas, los pedicelos y la nervadura de los sépalos por fuera tomentosa a vellosa, los tricomas hasta 1 mm.
        6. Pétalos carnosos en la antesis, sin venas evidentes, verdes, con un tinte morado en la base por dentro; estambres c. 60; carpelos 2-6 (generalmente 4). **8. S. viridiflorus**
        6. Pétalos membranosos en la antesis, con venas evidentes, rojos o marrón oscuro; estambres 100 o más; carpelos 9-38.
          7. Pétalos 25-33 × 8-12 mm, rojos en la antesis; carpelos 9-13; monocarpos sésiles. **1. S. campechianus**
          7. Pétalos 25-190 × 11-70 mm, marrón oscuro en la antesis; carpelos más de 13; monocarpos estipitados. **7. S. violaceus**

1. Sapranthus campechianus (Kunth) Standl., *Contr. U.S. Natl. Herb.* 23: 279 (1922). *Asimina campechiana* Kunth in Humb., Bonpl. & Kunth, *Nov. Gen. Sp.* 5: 61 (1821). Lectotipo (designado por Schatz et al., 2018b): México, Campeche?, *Humboldt & Bonpland s.n.* (P!). Ilustr.: no se encontró.

Asimina insularis Hemsl.

Arbustos a árboles pequeños hasta 10 m; tallos hasta 30 cm de diámetro, densamente gris-dorado-tomentosos. Hojas 2.8-21.2 × 1.6-9 cm, elípticas a obovadas, al inicio escasamente pubérulas en el haz, glabrescentes, densamente blanco-tomentosas a vellosas en el envés, la vena media débilmente impresa en el haz, pardo-amarillento claro-tomentosa, prominentemente elevada en el envés, la nervadura débilmente broquidódroma, las venas secundarias 8-12 pares, elevadas en el envés, la base cuneada a obtusa, el ápice acuminado, el acumen 5-15 mm; pecíolo 2-9 × 1-2 mm, densamente gris-dorado-tomentoso. Flores solitarias, terminales pero pareciendo opuestas a las hojas; pedicelos 4-21 mm, densamente gris-dorado-tomentosos, la bráctea pedicelar 420 × 39 mm, angostamente ovada, a lo largo del 1/2 inferior del pedicelo, densamente gris-dorado-tomentosa; sépalos 4-8 × 3-5 mm, triangulares, marcadamente reflexos en la antesis, el ápice agudo; pétalos membranosos, verdes inicialmente, luego amarillos a rojos, pardo-rojizos o pardos en la antesis, la nervadura levemente elevada por fuera, levemente impresa por dentro, los pétalos externos 26-33 × 8-12 mm, angostamente ovados, cóncavos, con 7 venas longitudinales desde la base, escasamente pubérulos por fuera, diminuta y escasamente pubérulos por dentro, la base obtusa a redondeada y ultimadamente truncada, c. 4 mm de ancho, el ápice obtuso a agudo, los pétalos internos 25-33 × 8-11 mm, elípticos a oblongos, convexos, escasamente pubérulos por fuera, glabros por dentro, con 3 venas longitudinales, la base obtusa y luego abruptamente angostada hasta una uña geniculada, c. 3 × 2 mm, el cuerpo alimenticio blanco, brillante, el ápice obtuso a agudo con el extremo redondeado; estambres c. 100, 1.3-1.5 mm, los filamentos c. 0.1 mm; carpelos 9-13; estigma globoso, c. 1 mm de diámetro, unido oblicuamente al ovario, escasamente blanco-setoso, los tricomas hasta c. 0.5 mm; ovarios 1.5-1.7 mm cilíndrico-prismáticos, densamente seríceos; óvulos c. 8, en 2 hileras; toro escasamente setoso. Monocarpos 2-11, 10-35 mm, elipsoides a obovoides, sésiles, con la superficie lisa, inicialmente densamente gris-dorado-tomentosos a velutinos, glabrescentes, verdosos, amarillos o anaranjados al madurar; semillas 1-6, en una o dos hileras, 10-15 × 4-9 mm, esférico-cuneiformes, la cubierta de la semilla lisa, pardo pálido a grisácea. *Selvas altas semicaducifolias*. T (*Rico & Martínez S. 697*, MEXU); Ch (*Miranda 5271*, MEXU); Y (*Gaumer et al. 1094*, MO); C (*Flores 9951*, XAL); QR (*Sousa & Cabrera 11241*, MEXU); B (*Croat 23556*, MO); G (*Croat 24651*, MO); H (*Standley 54270*, F). 0-1200 m. (Endémica).

2. Sapranthus chiapensis Standl. ex G.E. Schatz, *Blumea* 63: 57 (2018). Holotipo: México, Chiapas, *Matuda 16420* (MEXU!). Ilustr.: Schatz et al., *Blumea* 63: 58, t. 1a (2018b).

Arbustos hasta 5 m; tallos densamente dorado-tomentosos. Hojas 520.7 × 2.87.9 cm, elípticas a obovadas, escasamente pubérulas y brillantes en el haz, pardo-rojizo oscuro cuando secas, blanco-velutinas en el envés, la vena media débilmente impresa en el haz, dorado-velutina, prominentemente elevada en el envés, densamente dorado-velutina, la nervadura débilmente broquidódroma, las venas secundarias 11-13 pares, elevadas en el envés, la base levemente inequilátera, cuneada a redondeada, el ápice cortamente acuminado, el acumen hasta c. 5 mm; pecíolo 4-11 × c. 2 mm, densamente dorado-velutino-tomentoso. Flores surgiendo una a la vez sobre vástagos perennes cortos (ripidios) sobre la madera vieja (ramifloras), los vástagos cortos hasta 2 cm; pedicelo 7-10 mm en flor, alargándose hasta 18 × 8 mm en fruto, densamente gris-tomentuloso, la bráctea pedicelar 6-7 × 4-6 mm, ampliamente ovada a orbicular, cerca de la base del pedicelo, densamente gris-tomentulosa, la base obtusa a redondeada, el ápice agudo a obtuso; sépalos 12-13 × 7-11 mm, ampliamente ovados, densamente gris-tomentulosos, reflexos en la antesis, la base truncada a cóncava y decurrente a lo largo del pedicelo, el ápice agudo; pétalos membranosos, densamente tomentulosos por fuera, especialmente sobre las venas, muy escasamente pubérulos por dentro, morado oscuro, con 5-7 venas longitudinales interconectadas por tenues venas cruzadas, las primeras prominentemente elevadas por fuera, los pétalos externos 28-36 × 10-16 mm, elípticos, cóncavos, la base cuneada, c. 4 mm de ancho en el punto de unión, el ápice agudo con el extremo redondeado, los pétalos internos 28-31 × 10-13 mm, elípticos a oblongos, la base angostándose abruptamente y geniculada, formando una uña de c. 3 × c. 3 mm (en el punto de unión) × c. 5 mm (en el punto donde dobla), el ápice obtuso, con el extremo redondeado, el cuerpo alimenticio c. 4 × 6 mm, consistiendo de c. 6 crestas; estambres c. 100, c. 2.1 mm, los filamentos c. 0.4 mm; carpelos c. 20; estigma c. 1.5 mm de diámetro, elipsoide a subgloboso, unido oblicuamente al estilo, escasamente velloso, los tricomas hasta c. 0.5 mm; estilo c. 0.7 mm; ovarios 1.6-1.8 mm, prismáticos, densamente setosos; óvulos 10, laterales en 2 hileras. Monocarpos c. 6 (hasta potencialmente 20), 10-63 × 23-45 mm, elipsoide-oblongoides a obovoides, estipitados, densamente gris-tomentulosos, la superficie con excrecencias hasta 1.1 cm de alto, anastomosadas, lamelado-laceradas, pateliformes; estípite 0-7 mm; semillas 4 o 5, en una o dos hileras, 18-22 × 9-16 mm, esférico-cuneiformes, la cubierta de la semilla lisa, pardo-amarillento claro. *Selvas medianas caducifolias*. Ch (*Matuda 16466*, MEXU). c. 200 m. (Endémica).

3. Sapranthus hirsutus van Rooden ex G.E. Schatz, *Blumea* 63: 58 (2018). Holotipo: Honduras, *Williams & Molina R. 18053* (MO!). Ilustr.: Schatz et al., *Blumea* 63: 58, t. 1b (2018b).

Árboles hasta 15 m; tallos densamente dorado-hirsutos. Hojas 7.5-26.5 × 2.9-8.9 cm, angostamente elípticas a angostamente obovadas, blanco-velutinas, la vena media impresa en el haz, prominentemente elevada en el envés, densamente dorado-hirsuto, la nervadura débilmente broquidódroma, las venas secundarias 9-13 pares, elevadas en el envés, densamente dorado-hirsutas, la base cuneada a redondeada, el ápice abruptamente acuminado a cuspidado; pecíolo 3-7 × 1-3 mm, densamente dorado-hirsuto. Flores solitarias, terminales, pero pareciendo opuestas a las hojas, emitiendo un fuerte olor fétido; pedicelo 12-22 mm, densamente dorado-hirsuto, la bráctea pedicelar 12-32 × 12-19 mm, ampliamente ovada, densamente dorado-hirsuta sobre las venas, aproximadamente en el punto 1/2 del pedicelo, la base redondeada a subcordada y algo amplexicaule y decurrente a lo largo del pedicelo, el ápice agudo; sépalos 15-22 × 12-16 mm, ampliamente ovados, escasamente velutinos y densamente dorado-hirsutos sobre las venas por fuera; pétalos 50-68 × 1625 mm, lanceolados a elípticos, membranosos en la antesis, escasamente hirsutos a velutinos por fuera, más densamente así sobre las 5-7 venas longitudinales elevadas, muy escasamente velutinos por dentro, marrón oscuro, la base cuneada, el ápice triangular con venas interconectadas por tenues venas cruzadas, el cuerpo alimenticio consistiendo de 6 crestas separadas por 5 canales, estos conectándose con las venas longitudinales; estambres c. 140, 2.4-2.6 mm, los filamentos c. 0.2 mm; carpelos c. 22; estigma c. 1 mm de diámetro, subgloboso a elipsoide, unido oblicuamente al ovario, escasamente setoso, los tricomas hasta 0.5 mm; ovarios c. 2 mm, prismático-cilíndricos, densamente seríceo-setosos; óvulos 7-12, en 2 hileras. Fruto y semillas desconocidas. *Selvas*. H (*Molina R. 13657*, F); N (*Grijalva et al. 5948*, MO). 1050-1200 m. (Endémica).

4. Sapranthus microcarpus (Donn. Sm.) R.E. Fr., *Kongl. Svenska Vetensk. Acad. Handl.* n.s. 34(5): 12 (1901 [1900]). *Porcelia microcarpa* Donn. Sm., *Bot. Gaz.* 20: 1 (1895). Sintipo: Guatemala, *Donnell Smith 1484* (B!). Ilustr.: no se encontró.

Asimina purpusii Brandegee, *Sapranthus ligularis* Saff. ex R.E. Fr.

Arbustos a árboles pequeños hasta 15 m; tallos c. 6 cm de diámetro, escasamente pubérulos. Hojas 0.7-20 × 0.5-7.5 cm, elípticas a obovadas, glabras y verrugosas en el haz, escasamente pubérulas a hírtulas y algunas veces verrugosas en el envés, la vena media impresa en el haz, marcadamente así hacia la base, pubérula, prominentemente elevada en el envés, escasamente hírtula, la nervadura débilmente broquidódroma, las venas secundarias 5-8 pares, elevadas en el envés, escasamente hírtulas, con domacios presentes en las axilas de las venas secundarias y la vena media en el envés, la base obtusa a cuneada, los márgenes ciliados, el ápice agudo a acuminado, el acumen c. 10 mm; pecíolo 3-6 × 0.5-1 mm, escasamente puberulento. Flores solitarias, con un leve olor desagradable; pedicelo 9-83 mm, muy delgado, llegando a ser robusto en fruto, hasta 4 mm de diámetro, la bráctea pedicelar 4-33 × 2-13 mm, lanceolado-linear a ovado-elíptica, pubérula en el haz, puberulento-vellosa en el envés, cerca de la base del pedicelo hasta 15 mm de la base del pedicelo, la base obtusa a aguda, el ápice agudo; sépalos 8-12 × 3-4.8 mm, lanceolados a ovados, densamente pubérulos por fuera, escasamente pubérulos por dentro, reflexos en la antesis, la base truncada a cóncava y algo decurrente a lo largo del pedicelo, el ápice obtuso a agudo; pétalos membranosos, de color variable dentro de la población, crema amarillo con un tono morado en la base por dentro hasta rosados o rojo opaco a marrón fuerte, los pétalos externos 21-35 × 6-11 mm, oblongo-lanceolados, cóncavos, delgados, escasamente pubérulos por fuera, muy escasamente pubérulos por dentro, la base redondeada, 2-3 mm de ancho en el punto de unión, el ápice obtuso a agudo, los pétalos internos 24-54 × 7-11 mm, lanceolados, escasamente pubérulos por fuera, glabros por dentro, el ápice agudo y curvado hacia un lado, la base angostándose abruptamente y formando una uña de c. 2 × 2 mm, el cuerpo alimenticio c. 2 × 4 mm, blanco, brillante; estambres c. 55, 1.1-1.4 mm, los filamentos c. 0.3 mm; tecas 0.7-1 mm; carpelos 1013; estigma c. 0.7 × 0.5 mm, globoso-elipsoide, unido oblicuamente al ovario, tuberculado y escasamente setoso, los tricomas hasta 0.5 mm, crema-amarillos; ovarios 1.4-1.5 mm, lanceolado-prismáticos, densa y cortamente setoso-seríceos; óvulos 3-6(-10), en 1 hilera. Monocarpos 3-15, 12-45 mm, subglobosos a oblongoides hasta oblongoide-elipsoides, densamente cubiertos con tricomas erectos y adpresos blancos, carnosos, al madurar anaranjado, estipitados, la base redondeada, el ápice redondeado y algunas veces apiculado; estípite 1-4 × 1-3 mm; semillas 1-6, en 1 hilera, 8-12 × 4-6 mm, subesféricas a ampliamente elipsoides, discoides o hemisféricas, la cubierta de la semilla lisa a levemente sulcada, pardo pálido. *Selvas medianas caducifolias*. Ch (*Matuda 17296*, MEXU); G (*Standley 79684*, F); H (*Nelson et al. 302*, MO); ES (*Croat 32795*, MO). 10-1400 m. (México [Colima, Jalisco, Oaxaca, Veracruz], Mesoamérica).

5. Sapranthus palanga R.E. Fr., *Acta Horti Berg.* 10: 12 (1931 [1930]). Sintipo: Costa Rica, *Oersted 158* (C!). Ilustr.: Zamora et al., *Árboles Costa Rica* 2: 241 (2000).

Sapranthus palanga R.E. Fr. var. *santae-rosae* R.E. Fr.

Árboles hasta 12 m; tallos hasta 60 cm de diámetro, algo adpresos, densamente blanco-híspidos, glabrescentes. Hojas 4.2-34 × 3.9-18 cm, elípticas a obovadas, las primeras hojas del vástago algunas veces orbiculares, al inicio escasamente adpreso-híspidas en el haz, los tricomas hasta 1 mm, glabrescentes, híspidas y algo escabrosas en el envés, la vena media levemente impresa en el haz, prominentemente elevada en el envés, la nervadura eucamptódroma, las venas secundarias 8-13 pares, levemente impresas en el haz, prominentemente elevadas en el envés, densamente híspidas, la base cuneada a redondeada y algo truncada a subcordada en el punto de unión con el pecíolo, los márgenes ciliados, el ápice obtuso a cortamente acuminado, el acumen hasta c. 10 mm; pecíolo 4-16 × 1-4 mm, blanco opaco-híspido, algo adpreso. Inflorescencias de rafidios condensados a lo largo del tronco principal y de las ramas horizontales más viejas; pedicelos 14-37 mm, pubérulos, la bráctea pedicelar 5-11 × 3-9 mm, elíptico-ovada a ovado-redondeada, densamente tomentosa, generalmente surgiendo cerca de la base del pedicelo, ocasionalmente hasta 12 mm desde la base del pedicelo, la base decurrente y algo amplexicaule, el ápice agudo a redondeado; sépalos 5-12 × 6-11 mm, triangulares a ampliamente ovados, tomentosos, reflexos en la antesis, el ápice acuminado con el extremo redondeado; pétalos membranosos, glabros por fuera, excepto pubérulos sobre las venas, glabros por dentro, marrón oscuro en la antesis, la nervadura prominentemente elevada por fuera, levemente elevada por dentro, con una vena central extendiéndose por toda la longitud del pétalo, y c. 6 venas adicionales extendiéndose desde la base paralelas a la central y ramificándose antes del ápice, los pétalos externos 86-112 × 31-46 mm, lanceolados a ovados, la base redondeada, cóncava, geniculada, en el punto de unión c. 7 mm de ancho, el ápice agudo a obtuso, los pétalos internos 81-102 × 29-37 mm, angostamente elípticos a oblongos, la base cuneada y luego abruptamente angostada para formar una uña corta, c. 4.7 mm de ancho, 1-2 mm de grueso en el punto de unión, cóncavos, geniculados 3 mm desde la base, el cuerpo alimenticio c. 7 mm en la mitad, hasta 6 mm en los márgenes, 3 mm desde la base (justo arriba del doblez), consistiendo de 6 a 7 crestas separadas por canales, carnosas, crema a amarillas, brillantes, los márgenes fuertemente revolutos arriba del cuerpo alimenticio, el ápice agudo a obtuso; estambres c. 180, 2.5-2.9 mm, los filamentos c. 0.3 mm a lo largo del margen, c. 0.7 mm de largo en el 1/2; tecas c. 2.1 mm a lo largo del margen externo, c. 1.8 mm a lo largo del margen interno; carpelos 10-29; estigma 1.5-1.6 × c. 1 mm, aplanado-elipsoide, unido oblicuamente al ovario, escasamente piloso, los tricomas hasta c. 1 mm, amarillos; ovarios 2.9-3.3 mm, prismáticos, muy cortamente setosos; óvulos 18-23, en 2 hileras. Monocarpos 10-22, 60-125 × 20-40 mm, elipsoide-oblongoides y algo curvados, estipitados, verde-grisáceos y levemente glaucos, escasamente cubiertos con tricomas adpresos a erectos, crespos, al madurar rojos, el ápice redondeado; estípite 5-22 × 5-6 mm; semillas 5-19, en una o dos hileras, 15-33 × 5-19 mm, esférico-cuneiformes, la cubierta de la semilla lisa, pardo-chocolate claro. $2n$ = 18. *Selvas medianas caducifolias*. N (*Grijalva 704*, MO); CR (*Grayum et al. 6092*, MO). 10-650 m. (Endémica).

6. Sapranthus pinedae Ortiz-Rodr. & J. Linares, *Brittonia* 75: 374 (2023). Holotipo: El Salvador, *Linares & Martínez 1296* (MEXU). Ilustr.: Ortiz-Rodríguez & Linares, *Brittonia* 75: 376, t. 3 (2023), como *S. pinedai*.

Árboles hasta 20 m × c. 40 cm; tallos adpresos y erectos, densamente dorado-pubescentes, glabrescentes. Hojas 6-18 × 3-8 cm, elípticas, cartáceas a ligeramente coriáceas, glabras en el haz excepto por tricomas pardo-dorados en la base de la vena media, glabras y generalmente verrugosas en el envés, solo con tricomas esparcidos en las venas, la vena media levemente impresa en el haz, prominentemente elevada en el envés, la nervadura ligeramente broquidódroma, las venas secundarias 8-10 por lado, levemente impresas en el haz, prominentemente elevadas en el envés, con domacios en las axilas de las venas secundarias y la vena media, la base obtusa a redondeada, rara vez aguda, ligeramente decurrente, el ápice agudo a acuminado, el acumen hasta 10 mm; pecíolo 4-10 × c. 1 mm, glabrescente. Inflorescencias con una flor, opuesta a la hoja, o rara vez en la parte afila de la rama (ramiflora); pedicelos 10-15 mm, densamente cubiertos con tricomas adpresos y erectos, pardo-dorados; bráctea pedicelar 4-8 × 2-3 mm, ovada a angostamente triangular, densamente cubierta por fuera con tricomas pardo-dorados; sépalos 5-10 × 3-5 mm, ovados a triangulares, con 4-6 venas, densamente cubiertos por fuera con tricomas adpresos y erectos, pardo-dorados, estos patentes o reflexos en la antesis; pétalos 20-30 × 4-6 mm, angostamente ovados a triangulares, membranosos, rojos, con 5-6 venas, los internos con un cuerpo alimenticio amarillo-crema por dentro en la base; estambres c. 60, 1-1.5 mm, glabros; carpelos 6-8, los ovarios 1.5-2 mm, densamente cubiertos con tricomas adpresos; óvulos 10-12, en 2 hileras; estigma 0.5-1 mm de diámetro, subgloboso a elipsoide, escasamente cubierto con tricomas adpresos. Monocarpos 4-7, 40-80 × 30-60 mm, subglobosos a elipsoides, densamente cubiertos con tricomas adpresos a erectos, glabrescentes; estípite c. 0.5 mm; semillas 10-11, en 2 hileras, 20-26 × 10-15 mm, lunulados o cuneados. *Bosques mesófilos de montaña*. G (*Linares & Martínez 7457*, MEXU); ES (*Linares & Martínez 1296*, MO). c. 1400 m. (Endémica).

7. Sapranthus violaceus (Dunal) Saff., *Science* n.s. 33: 471 (1911). *Unona violacea* Dunal, *Monogr. Anonac.* 105 (1817). Lectotipo (designado por Maas et al., 1994): *Sessé & Mociño*, Ilustr. Hunt Inst. 6331.1791. Ilustr.: Dunal, *Monogr. Anonac.* t. 25 (1817), como *U. violacea*.

Asimina foetida Rose, *A. nicaraguensis* (Seem.) Hemsl., *Porcelia nicaraguensis* (Seem.) Benth. ex Ram. Goyena, *Sapranthus borealis* R.E. Fr., *S. foetidus* (Rose) Saff., *S. longepedunculatus* R.E. Fr., *S. megistanthus* Standl. & Steyerm., *S. nicaraguensis* Seem., *Uvaria nicaraguensis* (Seem.) Baill.

Árboles hasta 12 m; tallos c. 30 cm de diámetro, densamente gris-pardusco-velutino-tomentosos. Hojas 2.7-29.8 × 2.1-11.7 cm, elípticas a obovadas, escasamente blanco-velutino-tomentosas en el haz, blanco-velutino-tomentosas en el envés, la vena media levemente impresa en el haz, prominentemente elevada en el envés, densamente blanco-velutina, la nervadura débilmente broquidódroma, las venas secundarias 6-12(-15) pares, levemente elevadas en el haz, prominentemente elevadas en el envés, la base cuneada a truncada y algo decurrente, el ápice obtuso a largamente acuminado; pecíolo 3-13 × 1-2 mm, densamente gris-pardusco-velutinotomentoso. Flores solitarias, terminales pero pareciendo opuestas a las hojas, ocasionalmente caulifloras, con un fuerte olor fétido en la antesis; pedicelos 6-43 mm, densamente tomentosos, la bráctea pedicelar 6-35 × 4-22 mm, ampliamente ovada a triangular, densamente tomentosa, a 2-18 mm desde la base del pedicelo, la base cuneada a cordada y decurrente a lo largo del pedicelo, el ápice obtuso a acuminado; sépalos 6-18 × 5-12 mm, ampliamente ovados a triangulares, densamente gris-tomentosos, la base truncada y decurrente a lo largo del pedicelo, el ápice redondeado a acuminado; pétalos 25-190 × 11-70 mm, elípticos a oblongos, membranosos en la antesis, marrón oscuro en la antesis, escasamente gris-pubérulos, la nervadura prominentemente elevada sobre la superficie externa, la base obtusa a cuneada, geniculada y abruptamente angostándose para formar una uña corta, el cuerpo alimenticio crema-amarillo, carnoso, brillante, el ápice obtuso a acuminado; estambres 100-160, 1.3-2 mm, los filamentos c. 0.2 mm; carpelos 13-38; estilo 0.3-1.3 mm; estigma 1-1.2 × c. 1 mm, aplanado-elipsoide, amarillento, escasamente velutino; ovarios 1.2-2.2 mm, prismáticos, irregularmente con 4 lados, densa y cortamente dorado-velutinos; óvulos 8-12, en 2 hileras. Monocarpos 10-25, 29-70 × 15-30 mm, elipsoide-oblongoide a obovoides, con la superficie lisa, estipitados, densamente cubiertos con tricomas adpresos grisáceos, crespos; estípite c. 28 × 5.5 mm; semillas 1-10, en 1 o 2 hileras, 10-21 × 4-11 mm, esférico-cuneiformes, la cubierta de la semilla lisa, pardo-anaranjada. *Selvas medianas caducifolias*. G (*Kellerman 6614*, MEXU); H (*Molina R. 105*, MEXU); ES (*Witsberger 302*, MO); N (*Schatz & Stevens 587*, MO). 0-1200 m. (México [Colima, Edo. México, Guerrero, Jalisco, Michoacán, Nayarit, Oaxaca, Sinaloa, Veracruz], Mesoamérica).

8. Sapranthus viridiflorus G.E. Schatz, *Novon* 8: 436 (1998). Holotipo: Costa Rica, *Schatz 963* (MO!). Ilustr.: Schatz, *Novon* 8: 437, t. 1-2 (1998).

Árboles hasta 12 m; tallos hasta 25 cm de diámetro, gris-pardusco-tomentosos. Hojas 5.6-29 × 2.7-13 cm, elípticas a oblongo-obovadas, escasamente blanco-velutinas en el haz y en el envés, la vena media levemente impresa en el haz, densamente blanco-velutina, especialmente hacia la base, prominentemente elevada en el envés, negro-morada cuando secas, cortamente blanco-hirsuta, la nervadura débilmente broquidódroma, las venas secundarias (8-)10-12(-15) pares, elevadas en el envés, cortamente blanco-hirsutas, la base cuneada a redondeada y algo truncada, los márgenes finamente ciliados, el ápice acuminado a cuspidado, el acumen 10-20 mm; pecíolo 4-10 × 1-2 mm, gris-pardusco-tomentoso. Flores solitarias, terminales pero pareciendo opuestas a las hojas (o a veces caulifloras y surgiendo sobre la madera más vieja), con fragancia fructífera, aunque con un leve componente fétido; pedicelo 10-17 mm, escasamente tomentuloso, la bráctea pedicelar 5-9 × 3-5 mm, ovada a redondeada, cerca de la base del pedicelo hasta 8 mm desde la base, la base decurrente a lo largo del pedicelo, el ápice agudo a obtuso, los márgenes revolutos; sépalos 7-8 × 5-7 mm, triangulares, levemente reflexos, tomentulosos por fuera, la base truncada, el ápice agudo; pétalos membranosos, con la nervadura evidente en el botón, llegando a ser carnosos y sin nervadura evidente en la antesis, revelando una nervadura tenue cuando secos, verdes con un tinte morado en la base por dentro, los pétalos externos 26-29 × 1215 mm, ampliamente lanceolados a ovados, al inicio escasamente tomentulosos por fuera, glabrescentes, la base redondeada, el ápice agudo, los pétalos internos 24-28 × 11-13 mm, angostamente ovados, cóncavos, glabros, la base cuneada, los márgenes fuertemente revolutos, el ápice agudo, el cuerpo fructífero c. 2.5 × 4.5 mm, ampliamente triangular, vestigial (falta de crestas carnosas), blanco; estambres c. 60, 1.8-2.3 mm, los filamentos c. 0.3 mm; tecas 1.4-1.9 mm; carpelos 2-6, generalmente 4; estigma c. 1.5 × 2 mm, napiforme, con un canal central, setoso, blanco-amarillento; ovarios c. 2 mm, prismáticos, setosos; óvulos 10-17, en 2 hileras. Monocarpos 1-6, 50-100 × 30-60 mm, elipsoide-oblongoides, con la superficie lisa, estipitados, verdes al madurar, pubérulos, la base y el ápice redondeados; estípite 0-5 mm, unido oblicuamente al monocarpo; semillas 7-12, en una o dos hileras, 15-30 × 3-15 mm, esférico-cuneiformes, la cubierta lisa, pardo-anaranjado claro. *Selvas altas perennifolias*. N (*Neill & Vincelli 3612*, MO); CR (*Herrera & Robles 754*, MO); P (*Deago & Jiménez 346*, PMA). 0-1700 m. (Endémica).

16. **Tridimeris** Baill.

Por G.E. Schatz.

Árboles medianos; tallos al inicio dispersamente cubiertos con tricomas adpresos muy cortos, glabrescentes. Hojas deciduas, membranosas, la nervadura levemente broquidódroma, la nervadura terciaria percurrente, la base débil a fuertemente oblicua, decurrente; pecíolo ligeramente acanalado. Flores solitarias, axilares; pedicelos bracteados; sépalos 2, libres a levemente connados, valvares en el botón; pétalos 4, en 2 verticilos subiguales, libres, cartáceos a subcoriáceos; receptáculo floral levemente convexo; estambres numerosos, extrorsos, los conectivos hexagonales, truncados a levemente deprimidos; gineceo apocárpico, compuesto de 1-5 carpelos; óvulos laterales en 2 hileras. Fruto un aglomerado de monocarpos indehiscentes, libres, estipitados, glabros o a veces densamente cubiertos con tricomas erectos cortos; semillas esféricas, cuneiformes, el endospermo ruminado en lamelas. 5 spp., en México y Mesoamérica; 1 sp. en Mesoamérica.

Bibliografía: Ortiz-Rodríguez, A.E. et al. *PhytoKeys* 74: 79-95 (2016).

1. Tridimeris chiapensis M.A. Escobar & Ortiz-Rodr., *PhytoKeys* 74: 86 (2016). Holotipo: México, Chiapas, *Escobar 0689* (HEM). Ilustr.: Ortiz-Rodríguez et al., *PhytoKeys* 74: 87, t. 3 (2016).

Árboles hasta 9 m; tallos 3-14 cm de diámetro, escasamente pubescentes, cubiertos con tricomas adpresos pardo-dorados, glabrescentes. Hojas 11-20 × 3.5-8 cm, angostamente elípticas a obovadas, glabras en el haz, al inicio escasamente pubérulas en el envés, glabrescentes, la vena media impresa en el haz, prominentemente elevada en el envés, escasamente pubérula en el envés, las venas secundarias 6-9 pares, levemente elevadas en el haz, elevadas en el envés, con domacios tipo bolsa en las axilas de las venas secundarias con la vena media, la base aguda a obtusa, el ápice agudo a acuminado; pecíolo 5-10 mm, hinchado, escasamente cubierto con tricomas muy cortos, pardo claro. Pedicelos 10-17 mm, glabros, con 2 o 3 brácteas basales diminutas, ampliamente ovadas, densamente dorado-tomentosas; sépalos c. 2 × 4-5 mm, ampliamente ovados, glabros, los márgenes ciliados, el ápice redondeado; pétalos 8-14 × 3-5 mm, lanceolados a triangulares, verdes a verde-amarillentos, glabros, la base truncada, los márgenes ciliados, el ápice agudo, los pétalos externos delgados, con la nervadura no evidente, el ápice reflexo, los pétalos internos más gruesos, sin nervadura, el ápice no reflexo, con un parche triangular blanco en la base por dentro; estambres 1-1.5 mm; carpelos 2-5; ovarios 2.5 mm; óvulos 12-18. Monocarpos 1-4, 8-11 × 3-5 cm, elipsoides, rectos, amarillos a pardo claro al madurar, glabros, el ápice y la base redondeados; estípite c. 7 mm; semillas 13-22 mm. *Selvas altas perennifolias*. Ch (*Escobar 0689*, MO). 1000-1100 m. (Endémica).

17. **Unonopsis** R.E. Fr.

Por G.E. Schatz.

Arbustos a árboles grandes; tallos jóvenes por lo general escasa a densamente cubiertos con tricomas simples adpresos o erectos, algunas veces glabros. Hojas por lo general angostamente elípticas a angostamente obovadas, simétricas o escasamente asimétricas, cartáceas a algunas veces coriáceas, el haz glabro o con algunos tricomas adpresos o erectos a lo largo de la vena media, el envés glabro o escasa a densamente cubierto con tricomas adpresos o erectos, en su mayoría a lo largo de las venas primarias y secundarias, la nervadura broquidódroma, la vena media elevada en el haz y el envés, las venas secundarias impresas o algunas veces aplanadas a elevadas en el haz, elevadas en el envés, las venas terciarias generalmente conspicuas, percurrentes; pecíolo acanalado, escasa a densamente cubierto con tricomas simples adpresos a erectos. Inflorescencias axilares entre las hojas o sobre las ramas más viejas o rara vez caulifloras, generalmente compuesta de 1-5(-10) ripidios, sésiles o pedunculados; ripidios con 1-15 flores; pedicelos en la axila de la bráctea basal y con una bráctea superior de 1-3 mm, ovada a ampliamente ovada u ovado-triangular, generalmente en el 1/2 inferior del pedicelo; ejes de la inflorescencia, pedicelos, la superficie externa de las brácteas, sépalos, pétalos externos y superficie externa expuesta de los pétalos internos densa a escasamente cubiertos con tricomas simples adpresos a erectos, la superficie interna de las brácteas, sépalos y pétalos glabra; botones florales globosos a subglobosos u ovoides a deprimido-ovoides; sépalos 3, generalmente connados en la base, valvares, mucho más pequeños que los pétalos; pétalos 6, en 2 verticilos subiguales, libres, valvares, carnosos, los externos ampliamente ovados a deprimido-ovados, aplanados a cóncavos, blancos, los internos ampliamente ovados, por lo general marcadamente cóncavos, generalmente con una quilla central angostamente triangular y escasamente elevada, expuesta sobre la superficie externa; receptáculo floral ampliamente ovoide, transversalmente elipsoidal o cilíndrico; estambres numerosos, libres, la cubierta del conectivo truncado-discoide, algunas veces papilosa, las anteras extrorsas; gineceo apocárpico; carpelos pocos a numerosos, libres, con frecuencia densamente cubiertos con tricomas adpresos; estigmas ampliamente ovoides o levemente obcónicos, pelosos o glabros; óvulos 1-5, basales o laterales, rara vez apicales. Fruto un agregado de monocarpos libres, frecuentemente abrazados por sépalos persistentes, generalmente estipitados, indehiscentes, generalmente globosos a elipsoides, glabros o algunas veces cubiertos con tricomas adpresos a erectos; semillas 1-5 por monocarpo, transversalmente elipsoides a aplanadamente globosas, frecuentemente pardo oscuro, foveoladas, con el rafe conspicuo y elevado rodeando completamente a la semilla, sin arilo, ruminadas de manera espiniforme. 48 spp., desde México hasta Bolivia; 15 spp. en Mesoamérica.

Bibliografía: Maas, P.J.M. et al. *Blumea* 52: 440-548 (2007).

1. Tallos jóvenes glabros.
  2. Tallos jóvenes no glaucos; pecíolo 5-10 mm; hoja con base aguda; pedicelos 25-40 mm; monocarpos con 2 semillas. **8. U. osae**
  2. Tallos jóvenes glaucos; pecíolo 2-4 mm; hoja con base cordada a obtusa; pedicelos 7-18 mm; monocarpos con 1 semilla. **13. U. stevensii**
1. Tallos jóvenes escasa a densamente pelosos, generalmente glabrescentes.
  3. Hojas conspicuamente buliformes.
    4. Hojas (2.7-)3.6-25.5 × 1.1-6.4 cm, la base aguda a obtusa, el envés escasamente cubierto con tricomas erectos a adpresos. **1. U. bullata**
    4. Hojas 18-45 × 6-14 cm, la base obtusa a cordada, el envés densa a muy densamente cubierto con tricomas erectos. **15. U. theobromifolia**
  3. Hojas aplanadas, no conspicuamente buliformes.
    5. Envés de las hojas densa a muy densamente cubierto con tricomas generalmente erectos.
      6. Base de las hojas cordada.
        7. Pecíolo 3-5 mm; pedicelos 15-30 mm; estípite 6-12 mm. **5. U. longipes**
        7. Pecíolo 5-10 mm; pedicelos 3-15 mm; estípite 2-4 mm. **15. U. theobromifolia**
      6. Base de las hojas aguda a obtusa.
        8. Tricomas sobre las ramitas foliosas y el envés de las hojas crespos; hojas angostamente elípticas. **4. U. hammelii**
        8. Tricomas sobre las ramitas foliosas y el envés de las hojas rectos; hojas angostamente obovadas o angostamente elípticas.
          9. Pecíolo 4-15 mm, la base de las hojas aguda a obtusa; inflorescencia con 2-5(-15) flores; semillas 8-10 mm. **3. U. darienensis**
          9. Pecíolo 3-5 mm, la base de las hojas obtusa a cordada; inflorescencia con 1 o 2 flores; semillas 11-13 mm. **5. U. longipes**
    5. Envés de las hojas escasamente cubierto con tricomas o glabro.
      10. Flores pareciendo solitarias.
        11. Pedicelos 50-115 mm.
          12. Hojas 6-16 × 2-4 cm; pecíolo 3-7 mm; pedicelos 50-80 mm. **2. U. costaricensis**
          12. Hojas 25-50 × 7-16 cm; pecíolo 7-15 mm; pedicelos 50-115 mm. **11. U. penduliflora**
        11. Pedicelos 10-50 mm.
          13. Hojas 6-16 cm; monocarpos 3-15. **2. U. costaricensis**
          13. Hojas 14-40 cm; monocarpos 10-50. **10. U. panamensis**
      10. Inflorescencias con pocas a numerosas flores, algunas veces aparentemente con 1 flor.
        14. Hojas con base cordada.
          15. Tallos jóvenes y envés de las hojas cubiertos con tricomas rectos; venas terciarias de las hojas indistintas; inflorescencias generalmente laxas; monocarpos con 1 semilla. **9. U. pacifica**
          15. Tallos jóvenes y envés de las hojas cubiertos con tricomas crespos; venas terciarias de las hojas conspicuas; inflorescencias generalmente compactas; monocarpos con 1-6 semillas. **14. U. storkii**
        14. Hojas con base aguda a obtusa.
          16. Hojas 10-15 × 4-6 cm; venas secundarias 7-9 pares; monocarpos con 2 o 3 semillas. **7. U. megalosperma**
          16. Hojas 10-45 × 4-22 cm; venas secundarias 10-20 pares; monocarpos con 1 semilla.
            17. Venas secundarias 18-20 pares; inflorescencias no muy ramificadas; flores 1 o 2; monocarpos 2-9, 24-30 × 32-25 mm, la superficie profundamente arrugada cuando seca. **6. U. macrocarpa**
            17. Venas secundarias 10-16 pares; inflorescencias bastante ramificadas; flores numerosas; monocarpos 1-15(-50), 11-20(-25) mm de diámetro, la superficie lisa cuando secos, no profundamente arrugada. **12. U. pittieri**

1. Unonopsis bullata Maas & G.E. Schatz, *Blumea* 52: 458 (2007). Holotipo: Panamá, *Maas et al. 9560* (U!). Ilustr.: Maas et al., *Blumea* 52: 459, t. 14 (2007).

Árboles hasta 15 m; tallos tomentulosos, glabrescentes. Hojas (2.7-) 3.6-25.5 × 1.1-6.4 cm, angostamente elípticas a elípticas, algunas veces angostamente obovadas, cartáceas, escasa a marcadamente buliformes, densa a muy densamente verrugosas, al inicio muy escasamente pubérulas, el envés escasamente cubierto con tricomas erectos a adpresos, glabrescentes, la vena media impresa en el haz, al inicio escasamente pubérula, glabrescente, elevada en el envés, las venas secundarias (10-)14-20 pares, escasa a profundamente impresas en el haz, elevadas y escasamente pubérulas en el envés, la base aguda a obtusa, asimétrica, el ápice acuminado a cuspidado, el acumen hasta 20 mm; pecíolo 2-5 × 1-2 mm, tomentuloso. Inflorescencias en ripidios con 1 o 2 flores (sin embargo la segunda flor aparentemente no desarrollándose más allá del estado de botón), axilares; pedúnculos c. 3 mm, con varias brácteas diminutas en la base, densamente tomentulosos; pedicelos 8-20 mm, delgados, marcados por una articulación basal y con una bráctea diminuta aproximadamente en el 1/2, densamente tomentulosos, alargándose hasta 35-45 mm y tornándose rígidos en el fruto; sépalos c. 1 × 2 mm, basalmente connados, densa y cortamente pubérulos por fuera, glabros por dentro; pétalos en verticilos subiguales, los pétalos externos 5-6 × 4-6 mm, ampliamente ovados, marcadamente cóncavos, cortamente pubérulos por fuera, glabros por dentro, los pétalos internos c. 3 × 3 mm, ampliamente ovados, más gruesos y más carnosos que los pétalos externos, glabros por fuera y por dentro, excepto cortamente pubérulos por fuera a lo largo de la quilla central, esta angostamente triangular y delineando el área expuesta que no se superpone al pétalo externo adyacente; estambres 1-1.5 mm; carpelos 4-8; óvulo 1, basal. Monocarpos 11-20 mm de diámetro, globosos, glabros, negro-morados al madurar; estípite 6-15 × 1-2 mm; semillas 10-13 × 9-11 × 5-8 mm. *Selvas altas perennifolias*. CR (*Aguilar & Schmidt 995*, CR); P (*McPherson 10748*, MO). 0-500 m. (Endémica).

2. Unonopsis costaricensis R.E. Fr., *Acta Horti Berg.* 13: 105 (1944 [1941]). Holotipo: Costa Rica, *Standley 33897* (US!). Ilustr.: no se encontró.

Árboles hasta 16 m; tallos al inicio densamente blanco tomentosos, glabrescentes. Hojas (3-)6.5-16.3 × (1.1-)2.2-5.3 cm, angostamente elípticas a elípticas, cartáceas, no conspicuamente buliformes, la vena media escasamente elevada en el haz, elevada en el envés, las venas secundarias 10-14 pares, la base aguda, simétrica a escasamente asimétrica, el ápice acuminado, el acumen 5-10 mm; pecíolo 5-7 × 1-2 mm, tomentuloso. Inflorescencias generalmente con una sola flor, axilar; pedúnculos c. 3 mm, con varias brácteas diminutas en la base, densamente tomentulosos; pedicelos c. 15 mm, delgados, marcados por una articulación basal y con una bráctea diminuta aproximadamente en el 1/2, densamente tomentulosos, alargándose hasta 25-80 mm y tornándose rígidos en el fruto; sépalos c. 2 × 2.5-3 mm, basalmente connados, levemente ovado-triangulares, escasa a densa y cortamente pubérulos por fuera, glabros por dentro; pétalos en verticilos subiguales, los pétalos externos c. 8 × 9 mm, ampliamente ovados, escasamente pubérulos por fuera, glabros por dentro, los pétalos internos no vistos; estambres c. 1 mm; carpelos más de 50; óvulos 1-3. Monocarpos 14-20 × 13-16 mm, globosos a elipsoides, el ápice apiculado, escasamente pubérulos, glabrescentes, rojos al madurar; estípite 5-10 × 1-2 mm; semillas 12-15 × 10-12 × 9-10 mm. *Selvas altas perennifolias*. CR (*Davidse & Herrera 26282*, MO). 800-1400 m. (Endémica).

3. Unonopsis darienensis Maas & Westra, *Blumea* 52: 469 (2007). Holotipo: Panamá, *McPherson & Hensold 15398* (F!). Ilustr.: Maas et al., *Blumea* 52: 472, t. 17 (2007).

Árboles o arbustos hasta 15 m; tallos muy densamente cubiertos con tricomas parduscos cortos, glabrescentes. Hojas 15-45 × 4-16(-22) cm, angostamente obovadas, cartáceas, no conspicuamente buliformes, glabras en el haz excepto la vena media densamente cubierta con tricomas erectos, densa a escasamente cubiertas con tricomas erectos en el envés, las venas secundarias 13-16 pares, la base aguda a obtusa, el ápice acuminado, el acumen 5-15 mm; pecíolo 4-15 × 2-8 mm. Inflorescencias compuestas de 2-5 ripidios, cada uno con 2 o 3 flores; raquis simpódico hasta 15 mm; pedicelos 8-15 mm, delgados, densamente cubiertos con tricomas pardos adpresos y erectos, alargándose hasta 15-35 × 2-5 mm y tornándose rígidos en fruto; sépalos 1.5-2.5 × 1.5-3 mm, basalmente connados, levemente triangulares, densamente cubiertos con tricomas pardos adpresos por fuera; pétalos en verticilos subiguales, los pétalos externos 6-8 × 5-6 mm, ampliamente ovados, escasamente cóncavos, densamente cubiertos con tricomas pardos adpresos por fuera, glabros por dentro, la base truncada, el ápice agudo, los pétalos internos 4-5 × 3-4 mm, ampliamente ovados, marcadamente cóncavos, glabros por fuera y por dentro excepto la quilla densamente pelosa; estambres 1-1.5 mm; carpelos c. 10; óvulos 1-3. Monocarpos 3-15, 10-18 × 10-13 mm, elipsoides a subglobosos, al inicio muy densamente cubiertos con tricomas adpresos, glabrescentes, rojo oscuro con pruina azulada al madurar; estípite 5-20 × 1-2 mm; semillas 8-10 × 7-8 × 5-6 mm. *Selvas altas perennifolias*. P (*Galdames et al. 1317*, PMA). 0-400 m. (Mesoamérica, Colombia).

4. Unonopsis hammelii G.E. Schatz & Maas, *Blumea* 52: 487 (2007). Holotipo: Costa Rica, *Hammel 11608* (CR!). Ilustr.: Maas et al., *Blumea* 52: 488, t. 20 (2007).

Árboles hasta 20 m; tallos tomentulosos, con tricomas crespos, glabrescentes. Hojas 12-22 × 4.5-8 cm, angostamente elípticas, simétricas a escasamente asimétricas, coriáceas, glabras y brillantes en el haz, densa a escasamente cubiertas con tricomas pardos erectos, crespos, en el envés, no conspicuamente buliformes, la vena media impresa en el haz, al inicio escasamente pubérula, glabrescente, elevada en el envés, escasamente pubérula, las venas secundarias 10-13 pares, escasa a profundamente impresas en el haz, elevadas y escasamente pubérulas en el envés, la base aguda a obtusa, el ápice brevemente acuminado a cuspidado, el acumen hasta 10 mm; pecíolo 5-8 × 1-2 mm, tomentuloso. Inflorescencias sobre las ramas más viejas, rara vez entre las hojas, compuestas de 2-5 ripidios, cada uno con 1 o 2(-7) flores; raquis simpódico de hasta 4 mm; pedicelos 10-15 × 1-1.5 mm, densamente cubiertos con tricomas pardos erectos, crespos, alargándose hasta c. 30 × 3 mm en el fruto, la bráctea superior 1.5-2 mm, ampliamente ovado-triangular, la superficie externa densamente cubierta con tricomas pardos erectos, crespos, entre 1/8 y 1/3 basal del pedicelo; sépalos 1-2 × 3-4 mm, levemente ovado-triangulares, basalmente connados, la superficie externa densamente cubierta con tricomas pardos erectos, crespos; pétalos en verticilos subiguales, crema, cremoso-anaranjados o amarillos cuando vivos, los pétalos externos 5-6(-9) × 5-6(-8) mm, ampliamente ovados, escasamente cóncavos, la superficie externa densamente cubierta con tricomas pardos erectos, crespos, los pétalos internos 4-6 × 4-5 mm, ampliamente ovados, marcadamente cóncavos, más gruesos y más carnosos que los pétalos externos, glabros por fuera excepto cortamente pubérulos a lo largo de la quilla central, esta angostamente triangular y delimitando el área expuesta que no se superpone al pétalo externo adyacente; estambres 1-1.5 mm; carpelos 50-60; óvulo 1. Monocarpos 5-40, 13-18 mm de diámetro, globosos, densa a escasamente cubiertos con tricomas pardos erectos, crespos, negro-morados al madurar; estípite 8-15 mm, al inicio escasamente pubérulos, glabrescentes; semillas 8-11 × 8-9 × 2-5 mm. *Selvas altas perennifolias*. CR (*Mora & Rojas 823*, CR); P (*Maas et al. 9522*, PMA). 0-400 m. (Endémica).

5. Unonopsis longipes Maas & Westra, *Blumea* 52: 491 (2007). Holotipo: Colombia, *Warner 301* (MO!). Ilustr.: Maas et al., *Blumea* 52: 492, t. 22 (2007).

Árboles hasta 10 m; tallos densamente cubiertos con tricomas adpresos y erectos, persistentes. Hojas 20-30 × 7.5-12 cm, angostamente elípticas a angostamente obovadas, simétricas o rara vez escasamente asimétricas, cartáceas, no conspicuamente buliformes, escasa a densamente verrugosas, glabras en el haz excepto por la vena media densamente cubierta con tricomas adpresos, con tricomas erectos y adpresos en el envés, las venas secundarias 12-14 pares, escasamente impresas en el haz, la base obtusa a cordada, el ápice acuminado, el acumen 5-30 mm; pecíolo 3-5 × 2-3 mm. Inflorescencias entre las hojas, algunas veces pareciendo terminales debido al aborto del ápice del tallo o sobre los tallos más viejos, compuestas de 1 o 2 ripidios, cada uno con 1 o 2 flores; pedicelos 15-30 × 1-2 mm, densamente cubiertos con tricomas adpresos y erectos, alargándose hasta 50 mm en el fruto, la bráctea superior 2-3 mm, ampliamente ovada, la superficie externa densamente cubierta con tricomas adpresos y erectos, entre 1/6 y 1/3 basal del pedicelo; sépalos 1.5-2 × c. 3 mm, libres, levemente ovado-triangulares, la superficie externa densamente cubierta con tricomas adpresos y erectos; pétalos en verticilos subiguales, crema a amarillos cuando vivos, los pétalos externos 8-10 × 7-8 mm, ampliamente ovados, escasamente cóncavos, densamente cubiertos por fuera con tricomas adpresos y erectos, los pétalos internos 6-7 × 5-6 mm, ampliamente ovados, marcadamente cóncavos, glabros por fuera excepto la quilla central angostamente triangular densamente pelosa y expuesta; estambres 1.5-2 mm; carpelos 5-10; óvulos 3. Monocarpos 5-10, 15-17 × 12-15 mm, elipsoides a subglobosos, escasamente cubiertos con tricomas adpresos y erectos, verdes a azul-verdes cuando vivos; estípite 6-12 × 1-2 mm; semillas 11-13 × 8-11 × 5-6 mm. *Selvas altas perennifolias*. P (*Galdames et al. 1538*, MO). 50-1100 m. (Mesoamérica, Colombia).

6. Unonopsis macrocarpa Maas & Setten, *Proc. Kon. Ned. Akad. Wetensch., C* 91: 265 (1988). Holotipo: Panamá, *Folsom 4324* (MO!). Ilustr.: Maas et al., *Proc. Kon. Ned. Akad. Wetensch., C* 91: 280, t. 23 (1988).

Árboles hasta 12 m; tallos escasamente seríceos, pronto glabrescentes. Hojas 29-42 × 12-19 cm, angostamente elípticas a elípticas, cartáceas, glabras en el haz y el envés, densamente verrugosas, la vena media elevada en el haz y el envés, la nervadura secundaria ligeramente broquidódroma, las venas secundarias 18-20 pares, la base aguda a obtusa, escasamente asimétrica, el ápice acuminado, el acumen 5-10 mm; pecíolo 5-9 × 4-5 mm, glabro. Inflorescencias (conocidas incompletamente) sobre los tallos más viejos, ripidios con 1 o 2 flores; pedúnculos c. 2 mm; pedicelos 15-25 × 1.5-2 mm, alargándose hasta 20-35 × 3.5-4.5 mm en el fruto, la bráctea superior 1.5-2 mm, levemente triangular-ovada, densamente cubierta por fuera con tricomas adpresos, entre 1/3 y 1/2 basal del pedicelo; sépalos 1.5-2 × 3-4.5 mm, levemente ovado-triangulares, connados, densamente cubiertos por fuera con tricomas adpresos; pétalos en verticilos subiguales, los pétalos externos 6-8 × c. 6 mm, ampliamente ovados, escasamente cóncavos, escasamente cubiertos por fuera con tricomas adpresos, los pétalos internos 5-6 × 4-6 mm, c. 1.5 mm de grueso en el ápice, muy ampliamente ovados, marcadamente cóncavos, glabros excepto por la quilla central pelosa expuesta; estambres 1-1.5 mm; carpelos c. 10; ovarios c. 2 mm, densamente cubiertos con tricomas adpresos; óvulo 1. Monocarpos 2-9, 24-30 × 32-35 mm, transversal y ampliamente elipsoides, glabros, marcadamente arrugados cuando secos; estípite 6-14 × 4-5 mm; semillas 25-27 × 20-24 × 15-16 mm, pardo claro. *Selvas altas perennifolias*. P (*Kirkbride & Duke 1222*, MO). c. 1200 m. (Endémica).

7. Unonopsis megalosperma Maas & Westra, *Blumea* 52: 498 (2007). Holotipo: Panamá, *Maas et al. 2789* (U!). Ilustr.: Maas et al., *Blumea* 52: 499, t. 24 (2007).

Árboles hasta 8 m; tallos escasamente cubiertos con tricomas adpresos, pronto glabrescentes. Hojas 10-15 × 4-6 cm, elípticas, simétricas a escasamente asimétricas, cartáceas, escasamente verrugosas o no verrugosas, escasamente cubiertas con tricomas largos adpresos hasta glabras en el haz, escasamente cubiertas con tricomas largos adpresos en el envés, particularmente a lo largo de la vena media, hasta glabras en el envés, las venas secundarias 7-9 pares, escasamente elevadas a impresas en el haz, la base obtusa a algunas veces aguda, el ápice acuminado, el acumen 5-15 mm; pecíolo 4-6 × c. 2 mm. Inflorescencias sobre los tallos más viejos, compuestas de 1-3 ripidios, cada uno con 1(2) flores; pedicelos 10-15 × c. 1 mm, densamente cubiertos con tricomas adpresos, la bráctea superior en la base del pedicelo, esta c. 1.5 mm, ampliamente ovado-triangular, densamente cubierta por fuera con tricomas adpresos; sépalos 1-1.5 × 1.5-2 mm, basalmente connados, levemente ovado-triangulares, densamente cubiertos por fuera con tricomas adpresos; pétalos en verticilos subiguales, blancos o verdes con el lado interno amarillo cuando vivos, los pétalos externos 4-7 × 4-8 mm, ampliamente ovados, escasamente cóncavos, densamente cubiertos por fuera con tricomas adpresos, los pétalos internos 3-6 × 3-5 mm, ampliamente ovados, marcadamente cóncavos, glabros excepto densamente pelosos en la quilla expuesta; estambres c. 1.5 mm; carpelos 5-10; ovarios c. 1.5 mm, densamente cubiertos con tricomas blancos adpresos; óvulos 3. Monocarpos 2, c. 33 × 30 mm, muy ampliamente elipsoides, en un inicio densamente cubiertos con tricomas adpresos, glabrescentes, la superficie rugulosa; semillas 2 o 3; estípite c. 5 × 3 mm; semillas 20-24 × 20-22 × 10-12 mm, pardo oscuro. *Selvas altas perennifolias*. P (*Folsom et al. 5680*, MO). 600-850 m. (Endémica).

8. Unonopsis osae Maas & Westra, *Blumea* 52: 506 (2007). Holotipo: Costa Rica, *Allen 5839* (F!). Ilustr.: Maas et al., *Blumea* 52: 507, t. 28 (2007).

Árboles o arbustos hasta 10 m; tallos glabros. Hojas 15-36 × 3-9 cm, angostamente oblongo-elípticas, escasamente falcadas, cartáceas, escasamente o no verrugosas, glabras en el haz y el envés, las venas secundarias 12-15 pares, la base aguda, el ápice acuminado, el acumen 5-10 mm; pecíolo 5-10 × 1-3 mm. Inflorescencias caulifloras sobre el tronco principal o sobre los tallos más viejos, compuestas de 1(-3) ripidios, cada uno con 1 o 2(-5) flores; raquis simpódico de hasta 3 mm; pedicelos 25-40 × 0.5-1 mm, escasamente cubiertos con tricomas adpresos, la bráctea superior c. 1 mm, ancha a levemente ovado-triangular, escasamente cubierta por fuera con tricomas adpresos, entre 1/5 y 1/4 basal del pedicelo; sépalos 1-1.5 × 1-3 mm, basalmente connados, levemente ovado-triangulares, escasa a densamente cubiertos por fuera con tricomas adpresos; pétalos en verticilos subiguales, blancos con la base verde cuando vivos, los pétalos externos 6-8 × 6-7 mm, ampliamente ovados, cóncavos, densamente cubiertos por fuera con tricomas adpresos, los pétalos internos 5-7 × 4-7 mm, ampliamente ovados, cóncavos, glabros excepto densamente pelosos en la quilla expuesta; estambres 1.5-2 mm; carpelos 10-20; ovarios 2-3 mm, densamente cubiertos con tricomas adpresos cerca del ápice; óvulos 2. Monocarpos 5-20 × 10-22 mm, globosos a elipsoides, glaucos, anaranjados a rojos hasta morado intenso cuando vivos; estípite 10-20 × c. 1 mm; semillas 2, 11-13 × 9-11 × 3-6 mm. *Selvas altas perennifolias*. CR (*Herrera 4486*, MO). 0-540 m. (Endémica).

9. Unonopsis pacifica R.E. Fr., *Ark Bot.* n.s. 1: 340 (1952 [1950]). Holotipo: Colombia, *Cuatrecasas 15973* (S). Ilustr.: Fries, *Ark. Bot.* n.s. 1: t. 5 (1952 [1950]).

Árboles hasta 28 m; tallos densamente cubiertos con tricomas erectos, pronto glabrescentes. Hojas 18-40 × 7-14 cm, angostamente ovadas a angostamente obovadas, cartáceas, densamente verrugosas, glabras en el haz o algunas veces con tricomas a lo largo de la vena media y venas secundarias, escasamente cubiertas con tricomas adpresos hasta glabras en el envés, la vena media marcadamente elevada en el haz y el envés, las venas secundarias 15-18 pares, impresas en el haz, elevadas en el envés, la nervadura terciaria indistinta, la base obtusa a escasamente cordada, el ápice agudo a abruptamente acuminado, el acumen 1-10 mm; pecíolo 5-10 × 2-3 mm, densamente pubérulo. Inflorescencias sobre los tallos más viejos, compuestas de 2-7 ripidios, cada uno con 2 o 3(-10) flores; pedúnculos 2-3 mm; raquis simpódico de 10-35 mm; pedicelos 10-25 × c. 1 mm, alargándose hasta 20-45 × 2-4 mm en el fruto, subglabros, la bráctea superior 1-2 mm, ovado-triangular a ampliamente ovado-triangular, densamente cubierta por fuera con tricomas adpresos y erectos, entre 1/4 y 1/2 basal del pedicelo; sépalos 1-2 mm, casi completamente connados, formando una estructura escasamente lobada, ciatiforme, 4-6 mm de diámetro, densamente cubiertos por fuera con tricomas adpresos; pétalos en verticilos subiguales, amarillos a blancos cuando vivos, los pétalos externos 7-10 × 6-7 mm, ovado-triangulares a ampliamente ovado-triangulares, escasamente cóncavos, densamente cubiertos por fuera con tricomas adpresos, los pétalos internos 5-6 × 4-5 mm, ovados, marcadamente cóncavos, glabros por fuera excepto escasamente pubérulos sobre la quilla, esta angostamente triangular y expuesta; estambres 1-1.5 mm; carpelos 10-15; ovarios 3.5-4 mm; óvulo 1. Monocarpos 5-12, 12-22 mm de diámetro, globosos, glabros; semilla 1; estípite 8-15 × 1-2 mm. *Selvas altas perennifolias*. P (*Hammel et al. 16230*, MO). 0-850 m. (Mesoamérica, Colombia, Ecuador).

10. Unonopsis panamensis R.E. Fr., *Ann. Missouri Bot. Gard.* 42: 151 (1955). Holotipo: Panamá, *Allen 2647* (MO!). Ilustr.: Fries, *Ann. Missouri Bot. Gard.* 49: 190, t. 157 (1962 [1963]).

Arbustos o árboles hasta 10 m; tallos escasamente cubiertos con tricomas erectos diminutos, blancos, y algunas veces con pocos tricomas adpresos, pronto glabrescentes. Hojas 14-40 × 4-10 cm, angostamente oblongo-elípticas, cartáceas, densamente verrugosas, glabras en el haz, escasamente cubiertas con tricomas adpresos hasta glabras en el haz, la vena media marcadamente elevada en el haz y el envés, las venas secundarias 14-21 pares, marcadamente elevadas en el haz y el envés, la base aguda a obtusa, el ápice acuminado a cuspidado, el acumen 5-20 mm; pecíolo 5-10 × 2-3 mm. Inflorescencias sobre los tallos más viejos, con 1(2) flores; pedicelos c. 10 × 1 mm, alargándose hasta 20 × 2-4 mm en el fruto, densamente cubiertos con tricomas pardos adpresos, glabrescentes, la bráctea superior c. 1 mm, ampliamente ovado-triangular, densamente cubierta por fuera con tricomas pardos adpresos, dispuesta c. 1/4 basal del pedicelo; sépalos 1.5-2 × 2-2.5 mm, levemente triangulares, basalmente connados, densamente cubiertos por fuera con tricomas adpresos; pétalos en verticilos subiguales, blancos cuando vivos, los pétalos externos 6-9 × 6-12 mm, ampliamente ovados a deprimido-ovados, escasamente cóncavos, densamente cubiertos por fuera con tricomas adpresos, los pétalos internos 4-7 × 4-6 mm, ampliamente ovados, marcadamente cóncavos, glabros por fuera excepto escasamente pubérulos sobre la quilla, esta angostamente triangular y expuesta; estambres 1-1.5 mm; carpelos 50-75; ovarios 1-1.5 mm, densamente cubiertos con tricomas adpresos; óvulos 3 o 4. Monocarpos 10-50, 10-20 × 10-15 mm, globosos a elipsoides, glabros; estípite 10-20 × 1-15 mm; semillas 10-12 × 9-10 × c. 5.7 mm, pardo oscuro. *Selvas altas perennifolias*. P (*de Nevers 5964*, MO). 0-900 m. (Endémica).

11. Unonopsis penduliflora G.E. Schatz & Maas, *Blumea* 52: 511 (2007). Holotipo: Costa Rica, *Hammel 12099* (CR!). Ilustr.: Maas et al., *Blumea* 52: 512, t. 29 (2007).

Árboles hasta 6 m; tallos escasa a densamente cubiertos con tricomas cortos erectos, crespos, y algunos tricomas largos adpresos, pronto glabrescentes. Hojas 25-50 × 7-16 cm, angostamente elípticas a angostamente obovadas, cartáceas, ligeramente buliformes cuando vivas, densamente verrugosas, escasamente cubiertas con tricomas erectos, crespos, a lo largo de las venas primarias y secundarias, hasta glabras en el haz, escasamente cubiertas con tricomas adpresos a lo largo de las venas primarias, secundarias, y terciarias hasta glabras en el envés, la vena media marcadamente elevada en el haz y el envés, las venas secundarias 12-17 pares, la base cuneada a aguda, el ápice acuminado, el acumen 15-25 mm; pecíolo 7-15 × 3-4 mm, acanalado y conspicuamente engrosado, escasamente cubierto con tricomas adpresos, negro cuando seco. Inflorescencias dispuestas sobre los tallos más viejos, en ocasiones desde el tronco principal, una flor solitaria, péndula; pedúnculos c. 5 mm; pedicelos 50-115 × c. 1 mm, hasta 3 mm de diámetro en fruto, escasamente cubiertos con tricomas adpresos hasta glabros, la bráctea superior c. 1.2 mm, ancha a levemente ovado-triangular, densa a escasamente cubierta por fuera con tricomas adpresos, entre 1/10 y 1/6 basal del pedicelo; sépalos 1.5-2.5 × c. 4 mm, deltados, basalmente connados, densamente cubiertos por fuera con tricomas pardos adpresos; pétalos en verticilos subiguales, crema a blancos cuando vivos, los pétalos externos 13-24 × 9-16 mm, c. 3 mm de grueso, ovado-triangulares, aplanados a escasamente cóncavos, escasamente cubiertos por fuera con tricomas adpresos, los pétalos internos 10-11 × 9-10 mm, ampliamente ovado-triangulares, marcadamente cóncavos, glabros excepto por la quilla central, esta triangular, pelosa y expuesta; estambres 1.5-2 mm; carpelos 40-100; ovarios 1.5-2 mm, densamente cubiertos con tricomas pardo-dorados adpresos; óvulo 1, lateral, cerca de la base. Monocarpos 2-30, 13-25 mm de diámetro, subglobosos, al inicio escasamente cubiertos con tricomas adpresos, glabrescentes, rojos al madurar; estípite 12-17 × c. 1 mm; semillas 12-15 × 11-12 × 8-10 mm, pardo pálido a oscuro. *Selvas altas perennifolias*. CR (*Grayum 6938*, MO). 70-1200 m. (Endémica).

12. Unonopsis pittieri Saff. ex Standl., *J. Washington Acad. Sci.* 15: 102 (1925). Holotipo: Panamá, *Pittier 3871* (US!). Ilustr.: no se encontró.

Unonopsis schippii R.E. Fr.

Árboles hasta 25 m; tallos escasa a densamente cubiertos con tricomas adpresos, glabrescentes. Hojas 12-45 × 4-16(-22) cm, angostamente elípticas a angostamente obovadas, simétricas hasta algunas veces escasamente asimétricas, cartáceas, densamente verrugosas o no, glabras o escasa a densamente cubiertas con tricomas adpresos y erectos a lo largo de las venas primarias y secundarias en el haz y el envés, la vena media impresa a escasamente elevada en el haz, las venas secundarias 10-16 pares, la base aguda a obtusa, el ápice acuminado, el acumen 5-20 mm; pecíolo 4-15 × 1-4(-8) mm. Inflorescencias dispuestas sobre los tallos más viejos, frecuentemente paniculiformes, compuestas de 2-10 ripidios, cada uno con 2 o 3(-10) flores; pedúnculo 0-10 mm; raquis simpódico de 15-35 mm; pedicelos 3-15 × 1-1.5 mm, alargándose hasta 7-45 × 2-6 mm en el fruto, escasa a densamente cubiertos con tricomas pardos adpresos y erectos, la bráctea superior 1-2 mm, deprimido-ovado-triangular, escasa a densamente cubierta por fuera con tricomas adpresos, entre 1/5 y 2/5 basales del pedicelo; sépalos 1-2.5 × 1.5-4 mm, levemente ovado-triangulares, basalmente connados, escasa a densamente cubiertos por fuera con tricomas adpresos; pétalos en verticilos subiguales, crema a amarillos cuando vivos, los pétalos externos (4-)6-9 × 4-8 mm, ovados, aplanados a escasamente cóncavos, densamente cubiertos por fuera con tricomas adpresos, los pétalos internos 4-7 × 3-6 mm, ampliamente ovados, marcadamente cóncavos, glabros por fuera excepto sobre la quilla central, esta densamente pelosa y expuesta; estambres 1-2 mm; carpelos 10-25; ovarios 1-2 mm, escasa a densamente cubiertos con tricomas adpresos; óvulo 1, lateral. Monocarpos 1-15(-50), 11-20(-25) mm de diámetro, subglobosos, al inicio escasamente cubiertos con tricomas adpresos, glabrescentes, rojo oscuro a morados con pruina azulada al madurar, la superficie lisa cuando secos, no profundamente arrugada; estípite 5-20 × 1-3 mm; semillas 10-20 × 9-18 × 5-14 mm, pardas. *Selvas altas perennifolias*. B (*Holst et al. 5134*, MO); G (*Contreras 10035*, MO); H (*Liesner & Mejía 26025*, MO); N (*Rueda et al. 17866*, MO); CR (*Grayum et al. 10605*, CR); P (*Correa & Montenegro 10401*, MO). 0-950 m. (Endémica).

Unonopsis pittieri se encuentra posiblemente en Colombia.

13. Unonopsis stevensii G.E. Schatz, *Novon* 8: 439 (1998). Holotipo: Costa Rica, *Stevens et al. 24716* (MO!). Ilustr.: Schatz, *Novon* 8: 439, t. 3 (1998).

Árboles delgados hasta 12 m; tallos glaucos, glabros. Hojas 12-25 × 2-6.3 cm, angostamente oblongo-elípticas a oblanceoladas, escasamente falcadas, cartáceas, no o escasamente verrugosas a lo largo de la vena media, glabras en el haz y el envés, la vena media elevada en el haz y el envés, las venas secundarias 13-18 pares, la base cordada a obtusa, ligeramente asimétrica, el ápice largamente acuminado a caudado, el acumen 10-20 mm; pecíolo 2-4 × 1-2 mm, robusto, inicialmente glauco. Inflorescencias axilares entre las hojas o caulifloras, compuestas de 1-4 ripidios, cada uno con 1 o 2(-6) flores; raquis simpódico de hasta 5 mm; pedicelos 7-12 × c. 1 mm, alargándose hasta 18 mm en el fruto, densamente cubiertos con tricomas pardos adpresos, la bráctea superior menos de 1 mm, ovado-triangular, densamente cubierta por fuera con tricomas pardos adpresos, entre 1/4 y 1/3 basal del pedicelo; sépalos 1-2 × 1-2 mm, deltados, basalmente connados, densamente cubiertos por fuera con tricomas pardos adpresos; pétalos en verticilos subiguales, amarillos cuando vivos, los pétalos externos 3-5 × 3-4 mm, ampliamente ovados, escasamente cóncavos, densamente cubiertos por fuera con tricomas pardos adpresos, los pétalos internos 3-5 × 2-4 mm, ampliamente ovados a ovados, marcadamente cóncavos, glabros por fuera excepto pelosos a lo largo de la quilla central, esta triangular y expuesta; estambres 1-1.1 mm; carpelos 3-8; ovarios 1-1.5 mm, densamente cubiertos con tricomas pardos adpresos; óvulos 1 o 2. Monocarpos 5-8, 12-18 mm de diámetro, subglobosos, rojo-anaranjados, glaucos; estípite 9-14 × c. 1 mm; semilla 1, 10-12 × 7-9 × 4-6 mm, pardo pálido. *Selvas altas perennifolias*. CR (*Grayum 9822*, MO). 0-170 m. (Endémica).

14. Unonopsis storkii Standl. & L.O. Williams, *Fieldiana, Bot.* 29: 546 (1963). Holotipo: Costa Rica, *Stork 4608* (UC). Ilustr.: no se encontró.

Árboles o arbustos hasta 15 m; tallos densamente cubiertos con tricomas pardos erectos, crespos, glabrescentes. Hojas 15-47 × 4-19(-22) cm, angostamente elípticas a angostamente obovadas, cartáceas, densamente verrugosas, glabras excepto escasamente cubiertas con tricomas erectos crespos a lo largo de la vena media en el haz, escasamente cubiertas con tricomas adpresos y erectos hasta glabras en el envés, la vena media impresa en el haz, las venas secundarias 17-20 pares, la nervadura terciaria conspicua, la base cordada a obtusa, el ápice acuminado, el acumen 10-25 mm; pecíolo 5-10 × 3-5 mm. Inflorescencias dispuestas entre las hojas o sobre los tallos más viejos, compuestas de 1-3 ripidios, cada uno con 1-3(-5) flores; pedúnculo 0-8 mm; raquis simpódico de hasta 3 mm; pedicelos 10-20 × c. 1 mm, alargándose hasta 30-50 × c. 4 mm en el fruto, densamente cubiertos con tricomas pardos adpresos, la bráctea superior entre 1/2-1/4 basal del pedicelo, 2-3 mm, ampliamente ovado-triangular, densamente cubierta por fuera con tricomas pardos adpresos; sépalos 1.5-3 × 2-5 mm, levemente ovado-triangulares, basalmente connados, densamente cubiertos por fuera con tricomas pardos adpresos; pétalos en verticilos subiguales, crema a blancos cuando vivos, los pétalos externos 7-12 × 7-11 mm, ampliamente ovado-triangulares, escasamente cóncavos, densamente cubiertos por fuera con tricomas pardos adpresos, los pétalos internos 6-8 × 5-8 mm, ampliamente ovados, marcadamente cóncavos, glabros excepto densamente pelosos a lo largo de la quilla central expuesta; estambres 1.5-2 mm; carpelos 40-50; ovarios 1-1.5 mm, densamente cubiertos con tricomas adpresos; óvulos 3-6, laterales. Monocarpos 10-25, 10-23 × 10-16 mm, elipsoides a subglobosos, al inicio densamente cubiertos con tricomas adpresos, glabrescentes, rojos al madurar; semillas 1-6; estípite 5-20 × 1-2 mm; semillas 9-11 × 9-11 × 2-5 mm, pardas. *Selvas altas perennifolias*. CR (*González et al. 1607*, MO); P (*Ortiz 1201*, MO). 0-1047 m. (Endémica).

15. Unonopsis theobromifolia N. Zamora & Poveda, *Phytologia* 64: 399 (1988). Holotipo: Costa Rica, *Zamora et al. 1327* (CR). Ilustr.: Zamora & Poveda, *Phytologia* 64: 401, t. a-g (1988).

Árboles o arbustos hasta 15 m; tallos densamente cubiertos con tricomas pardos erectos, glabrescentes. Hojas 18-45 × 6-14 cm, angostamente elípticas a escasa y angostamente obovadas, cartáceas, ligeramente buliformes, densamente verrugosas, glabras excepto densamente cubiertas con tricomas erectos a lo largo de la vena media en el haz, densamente cubiertas con tricomas erectos en el envés, la vena media elevada en el haz y el envés, las venas secundarias 12-18 pares, impresas en el haz, la base obtusa a cordada, el ápice acuminado a cuspidado, el acumen 5-40 mm; pecíolo 5-10 × 2-3 mm. Inflorescencias axilares entre las hojas o sobre las ramas más viejas, compuestas de 1 o 2 ripidios, cada uno con 1 o 2(-8) flores; raquis simpódico de hasta 3 mm; pedicelos 3-5 × c. 1 mm, alargándose hasta 10 × 3 mm en el fruto, densamente cubiertos con tricomas pardos, adpresos y erectos, la bráctea superior 2-4 mm, ampliamente ovado-triangular, densamente cubierta por fuera con tricomas pardos adpresos, entre 1/4 y 1/3 basal del pedicelo; sépalos 3-4 × 3-4 mm, levemente triangulares, basalmente connados, densamente cubiertos por fuera con tricomas pardos adpresos; pétalos en verticilos desiguales, crema a blancos cuando vivos, los pétalos externos 6-8 × 5-7 mm, ampliamente ovados, aplanados a escasamente cóncavos, densamente cubiertos por fuera con tricomas adpresos, los pétalos internos 4-6 × 4-5 mm, c. 1 mm de grueso, ampliamente ovados, cóncavos, glabros excepto densamente pelosos a lo largo de la quilla central angostamente triangular expuesta; estambres 1-1.5 mm; carpelos 7-11; ovarios 1-2 mm, densamente cubiertos con tricomas adpresos; óvulos 2-5, laterales. Monocarpos 5-9, 12-28 × 12-18 mm, elipsoides a subglobosos, al inicio densamente cubiertos con tricomas adpresos y erectos, glabrescentes, rojos al madurar cuando vivos; estípite 2-4 × 2-4 mm; semillas 10-12 × 8-10 × 4-6 mm, pardas. *Selvas altas perennifolias*. CR (*Herrera 4459*, MO). 0-700 m. (Endémica).

18. Xylopia L., nom. & typ. cons.

Por G.E. Schatz.

Árboles pequeños a grandes; tallos teretes, levemente en zigzag, inicialmente pubescentes, glabrescentes y distintamente lenticelados. Hojas cartáceas a subcoriáceas, glabras en el haz, pubescentes en el envés, la vena media aplanada o a menudo impresa en el haz, elevada en el envés, la nervadura levemente broquidódroma, la base cuneada a redondeada, el ápice acuminado a cuspidado; pecíolo acanalado, inicialmente pubescente. Inflorescencias axilares, ripidios bracteados con 1-5 flores o las flores solitarias, pedicelos con 1-varias brácteas; sépalos 3, casi libres y connados en su base o casi completamente connados para formar un cáliz cupuliforme; pétalos 6, en 2 verticilos valvares, los del verticilo exterior generalmente más largos y anchos que los del verticilo interior, delgados hasta muy gruesos y carnosos; estambres numerosos, los filamentos cortos, el conectivo expandido truncado a levemente deltado; estambres más internos y más externos más anchos y estaminodiales; gineceo apocárpico; ovarios sumergidos en una cavidad en el toro, los estilos libres, conniventes, alargados y a menudo engrosados basalmente, terminando en un área estigmática apical fusionada; óvulos 2-10. Monocarpos globosos a cilíndricos, ultimadamente dehiscentes, estipitados; semillas aplanadas elipsoides a ovoides, brillantes, pardo-rojizas a negras, algunas veces foveoladas, con un arilo basal, bilobado. Aprox. 160 spp., pantropical; 7 spp. en Mesoamérica.

1. Carpelos/monocarpos 10-28.
  2. Hojas 1.5-2.1 cm de ancho. **7. X. sericophylla**
  2. Hojas 1.8-5.3 cm de ancho.
    3. Inflorescencias con 1-6 flores; monocarpos 20-25 mm. **1. X. aromatica**
    3. Flores solitarias; monocarpos 30-45 mm. **4. X. macrantha**
1. Carpelos/monocarpos 2-8.
  4. Flores solitarias.
    5. Hojas con la base cuneada a obtusa; pétalos 13-17 × 5-8 mm; monocarpos 30-50 mm, 10 mm de diámetro, cilíndricos. **2. X. bocatorena**
    5. Hojas con la base redondeada a truncada, rara vez obtusa; pétalos 5-7 × 3-5 mm; monocarpos hasta 30 mm, 15 mm de diámetro, elipsoides. **5. X. panamensis**
  4. Inflorescencias con 1-5 flores.
    6. Hojas con tricomas orientados paralelos a la vena media en el envés; monocarpos elipsoides a globosos; pétalos externos 3-11 mm; hojas 2.3-6 × 0.7-1(-1.5) cm. **3. X. frutescens**
    6. Hojas con tricomas orientados en un ángulo de 30-45 grados con la vena media; monocarpos oblongoide-reniformes; pétalos externos (10-) 12-13(-18) mm; hojas (3.7-)5.5-14 × (1.2-)1.5-3 cm. **6. X. sericea**

1. Xylopia aromatica (Lam.) Mart., *Fl. Bras.* 13(1): 43 (1841). *Uvaria aromatica* Lam., *Encycl.* 1: 596 (1785). Sintipo: Perú, *Jussieu s.n.* (P!). Ilustr.: no se encontró.

Habzelia aromatica (Lam.) A. DC., *Unona aromatica* (Lam.) Dunal, *Xylopicrum aromaticum* (Lam.) Kuntze.

Árboles hasta 8 m; tallos densamente tomentosos. Hojas 7.1-18.1 × 1.8-5.3 cm, angostamente ovadas, subcoriáceas, glabras y brillantes en el haz, dispersa a densamente seríceas y algo glaucas en el envés, la vena media aplanada en el haz, puberulento hacia la base, prominentemente elevada en el envés, seríceo, las venas secundarias 8-14 pares, la base obtusa a redondeada, el ápice acuminado; pecíolo 5-7 mm, densamente tomentoso. Inflorescencias axilares, con 1-6 flores; pedicelos c. 4 mm, con una bráctea justo abajo de la flor, densa y cortamente serícea; cáliz c. 4 × 4 mm, levemente cupuliforme, densa y cortamente seríceo, 3-lobado, los lóbulos 1-2 mm, mucronados; pétalos externos hasta 33 × 5 mm, lineares, blanco-crema con una mácula roja en la base, tomentulosos por fuera, el ápice agudo; pétalos internos hasta 25 × 3 mm, lineares, tomentulosos por fuera, el ápice agudo; estambres c. 1.2 mm; carpelos 18-28; ovarios c. 1.4 mm; estilos c. 1.6 mm; estigmas c. 1 mm, fusionados en una cabezuela cónica; óvulos 4-6. Monocarpos 20-25 × 7-12 mm, cilíndricos a claviformes, levemente curvados, la base aguda, el ápice redondeado, dehiscentes; estipes c. 4 mm; semillas c. 6 × 4 mm, 1-2 mm de grueso, aplanado-elipsoides, negro brillante, diminutamente foveoladas, con arilo diminuto basal, bilobado. *Selvas altas perennifolias, sabanas.* H (*Nelson & Romero 4084*, MO); N (*Sandino 3999*, MO); CR (*Aguilar et al. 1924*, MO); P (*Correa et al. 2219*, MO). 0-1450 m. (Mesoamérica, Colombia, Venezuela, Guyana, Surinam, Perú, Bolivia, Brasil, Paraguay, Cuba, Trinidad).

2. Xylopia bocatorena Schery, *Ann. Missouri Bot. Gard.* 30: 86 (1943). Sintipo: Panamá, *von Wedel 2965* (MO-[nr] 1245939!). Ilustr.: no se encontró.

Árboles hasta 20 m; tallos al inicio densamente pardo-dorado-tomentulosos, glabrescentes y distintamente lenticelados. Hojas (4.5-) 6-23 × 2.6-8.1 cm, elípticas a angostamente elípticas hasta rara vez levemente ovadas, cartáceas, glabras en el haz, al inicio escasamente adpreso-pubescentes en el envés, glabrescentes, la vena media levemente impresa en el haz, prominentemente elevada en el envés, las venas secundarias 9-13 pares, escasamente distintas de las venas terciarias densamente reticuladas, la base cuneada a obtusa, el ápice acuminado a cuspidado, el acumen hasta 2 cm; pecíolo 2-10 × 2-3 mm, glabrescente. Flores solitarias, axilares entre las hojas; pedicelos c. 6 mm, densamente ferruginoso-seríceos, con una bráctea basal y varias brácteas adicionales más pequeñas, profundamente emarginadas hasta bilobadas; cáliz 6-8 × c. 8 mm, levemente cupuliforme, 3-lobado, los lóbulos obtusos y mucronados, densa y cortamente ferrugíneo-seríceos por fuera, glabros por dentro; pétalos externos hasta 17 × 8 mm, ovados, carinados y densamente seríceos por fuera, tomentulosos por dentro; pétalos internos hasta 13 × 5 mm, angostamente trulados, carinados por dentro, densamente tomentulosos; estambres c. 2.5 mm; carpelos 2-6; ovarios c. 3.5 mm, dorado-setosos; estilos c. 1 mm; estigmas c. 3.5 mm, lanceolados, libres, escasamente tomentosos; óvulos (2-)5-7(-10). Monocarpos 30-50 × c. 10 mm, cilíndricos, la base aguda, el ápice apiculado e incurvado, puberulentos, dehiscentes; estípite hasta 4 mm; semillas 8-10 × 6-7 × 2-3 mm, aplanado-elipsoides, negro brillante, con arilo basal, bilobado. *Selvas altas perennifolias*. N (*Rueda et al. 4860*, MO); CR (*Bello 1403*, MO); P (*Correa & Dressler 904*, MO). 50-1400 m. (Endémica).

3. Xylopia frutescens Aubl., *Hist. Pl. Guiane* 1: 602 (1775). Sintipo: Guayana Francesa, *Aublet s.n.* (BM). Ilustr.: Fries, *Ann. Missouri Bot. Gard.* 49: 192, t. 158 (1962 [1963]).

Xylopia frutescens Aubl. var. *glabra* S. Watson, *X. muricata* Vell., *X. setosa* Poir., *Xylopicrum frutescens* (Aubl.) Kuntze.

Árboles hasta 25 m; tallos densamente ferrugíneo-tomentoso-velutinos, los tricomas hasta 2 mm, glabrescentes y distintamente lenticelados. Hojas 2.3-6 × 0.7-1(-1.5) cm, lanceoladas, cartáceas a subcoriáceas, glabras en el haz, escasa a densamente blanco-seríceas en el envés, los tricomas orientados paralelos a la vena media en el envés, la vena media levemente impresa en el haz, elevada en el envés, las venas secundarias c. 8 pares, muy leves, escasamente visibles en el envés, la base aguda a cuneada; márgenes revolutos, el ápice acuminado; pecíolo 2-5 mm, acanalado, ferrugíneo-tomentoso. Inflorescencias axilares desde nudos sin hojas, con 1-5 flores; pedicelos c. 2 mm, seríceos, con una bráctea ovada justo abajo de la flor; sépalos 2-2.5 × c. 2.2 mm, ovados, connados solo en la base, seríceos; pétalos externos 3-11 × 2.5-3 mm, angostamente oblongos, el ápice agudo; pétalos internos 7-11 × c. 1 mm, lineares; estambres 0.7-1.3 mm; carpelos 4-7; ovarios c. 0.8 mm, setosos; estilos c. 5.3 mm; óvulos 2(3). Monocarpos 12-15 × 7-10 mm, elipsoides a globosos, glabros, la base aguda, el ápice obtuso a redondeado, dehiscente; estípite c. 2 mm; semillas 6-7 × c. 4.5 mm, ovoides, negro brillante, con arilo basal, bilobado. *Selvas altas perennifolias*. T (*Fernández & Guadarrama 1420*, MO); Ch (*Ventura 21301*, MO); B (*Davidse 36163*, MO); G (*Contreras 2325*, MO); H (*Zamora 1854*, MO); N (*Moreno 14572*, MO); CR (*Chavarría 740*, MO); P (*Galdames et al. 3503*, MO). 0-1100 m. (México [Oaxaca, Veracruz], Mesoamérica, Colombia, Venezuela, Guayanas, Perú, Brasil).

4. Xylopia macrantha Triana & Planch., *Ann. Sci. Nat., Bot.* sér. 4, 17: 38 (1862). Sintipo: Colombia, *Triana s.n.* (P!). Ilustr.: Fries, *Acta Horti Berg.* 10: 113, t. 8 (1931 [1930]).

Árboles hasta 15(-35) m; tallos densamente pardo-dorado-seríceos, glabrescentes y distintamente lenticelados. Hojas (4.2-)6.4-17 × 2.1-4.7 cm, angostamente elípticas a angostamente oblongas hasta levemente oblanceoladas, coriáceas, glabras en el haz, escasa a densa y marcadamente adpreso-seríceas en el envés, los tricomas hasta 1 mm, la vena media aplanada en el haz, glabra, elevada en el envés, densamente dorado-serícea, las venas secundarias 10-12 pares, aplanadas en el haz, levemente elevadas en el envés, la base redondeada a obtusa, los márgenes ciliados, los tricomas hasta 1 mm, el ápice acuminado a cuspidado, el acumen hasta 1.2 cm; pecíolo 2-5 × 1-2 mm, densamente seríceo. Flores solitarias, axilares, generalmente desde nudos con hojas ya caídas; pedicelos 4-6 × c. 3 mm, densamente seríceos, con 2-4 brácteas caducas, la más grande hasta 8 × 7 mm, densamente seríceas por fuera, glabras por dentro; cáliz 9-10 × 9-12 mm, cupuliforme, densamente seríceo, 3-lobado, los lóbulos 3-4 × c. 7 mm; pétalos externos 19-30 × 9-10 mm, c. 1.1 mm de grueso, angostamente oblongos, la base truncada, el ápice agudo, cortamente seríceos por fuera, densamente gris-tomentulosos por dentro, con una carina longitudinal central y levemente elevada por dentro; pétalos internos 15-26 × 3-4 mm, angostamente oblongos, la base truncada y cóncava, el ápice agudo, cuadrangular en sección transversal, densamente gris-tomentulosos; estambres 1-1.1 mm, los filamentos c. 0.1 mm, el conectivo 0.1-0.2 mm, diminutamente tuberculado; carpelos 10-15; estilo/estigma c. 4 mm; óvulos 6-8; receptáculo c. 12 mm de diámetro en fruto. Monocarpos 30-45 × 21-30 mm, aplanado-oblongoides, levemente curvados, la pared c. 2 mm de grueso, dehiscentes, la base aguda, el ápice redondeado, densamente seríceos, glabrescentes; estípite 5-7 × c. 2 mm; semillas c. 10 × 8 mm × 3 mm, con arilo vestigial basal, bilobado. *Selvas altas perennifolias*. CR (*Herrera 4411*, MO); P (*Schmalzel & Greco 914*, MO). 0-450 m. (Mesoamérica, Colombia, Venezuela).

5. Xylopia panamensis G.E. Schatz, *Novon* 3: 475 (1993). Holotipo: Panamá, *de Nevers et al. 7836* (MO!). Ilustr.: Schatz, *Novon* 3: 476, t. 1 (1993).

Árboles hasta 14 m; tallos escasamente velutinos, glabrescentes. Hojas 5.5-12.5 × 1.7-5.2 cm, ampliamente lanceoladas a angostamente ovadas, cartáceas a algo membranosas, glabras en el haz, escasamente blanco-seríceas en el envés, los tricomas hasta 1.5 mm, la vena media aplanada en el haz, elevada en el envés, escasamente blanco-serícea, los tricomas hasta 1.5 mm, las venas secundarias 6-10 pares, la base redondeada a truncada, rara vez obtusa, el ápice acuminado a cuspidado, el acumen hasta 2 cm; pecíolo 2-6 × c. 1 mm, escasa y cortamente velutino. Flores solitarias, axilares. Pedicelos 2-4 mm, con 2 o 3 brácteas amplexicaules dísticas, c. 5 × 5 mm, densamente dorado-seríceos, los tricomas hasta 2 mm; sépalos fusionados por 1/2 de su longitud, 6-9 × 5-8 mm, ampliamente ovados, el ápice agudo, densamente dorado-seríceos por fuera, los tricomas hasta 2 mm, glabros por dentro; pétalos externos c. 7 × 4-5 mm, c. 1 mm de grueso, ovados a angostamente elípticos, fuertemente cóncavos, la base obtusa, el ápice agudo, densa y cortamente blanco-seríceos por fuera, densamente tomentulosos por dentro, con una carina longitudinal central por dentro; pétalos internos c. 5 × 3 mm, c. 0.5 mm de grueso, trulados, la base cuneada y cóncava, el ápice agudo, densa y cortamente blanco-seríceos por fuera, glabros por dentro; estambres no conocidos, c. 200 estimados por las cicatrices sobre el toro; carpelos 3-8; óvulos 2 o 3. Monocarpos hasta 30 × 15 mm, elipsoides, dehiscentes, la base aguda, el ápice apiculado con 1-varias protuberancias rostradas adicionales a lo largo del margen de dehiscencia, inicialmente densamente seríceos, ultimadamente pubérulos; estípite 2-3 × 1-2 mm; semillas c. 10 × 6 mm, aplanado-elipsoides, negro brillante, con arilo basal blanco y carnoso, bilobado. *Selvas altas perennifolias*. P (*Sytsma 1354*, MO). 200-500 m. (Endémica).

6. Xylopia sericea A. St.-Hil., *Fl. Bras. Merid.* 1: 41 (1825). Sintipo: Brasil, *Saint-Hilaire s.n.* (P). Ilustr.: Saint-Hilaire, *Pl. Usuel. Bras.* t. 33 (1824 [1825]).

Árboles hasta 20 m; tallos densamente ferrugíneo-puberulentos o grisáceo-puberulentos. Hojas (3.7-)5.5-14 × (1.2-)1.5-3 cm, lanceoladas o linear-lanceoladas, cartáceas, glabras en el haz, densamente plateado-seríceas en el envés, los tricomas orientados en un ángulo de 30-45 grados con la vena media, la vena media impresa en el haz, elevada en el envés, las venas secundarias 9-11 pares, escasamente visibles en el envés, la base obtusa a redondeada, el ápice largamente acuminado; pecíolo 3-5 mm, densamente ferrugíneo-puberulento. Inflorescencias fasciculadas, con 1-3 flores; pedicelos 2-3 mm, con 2 o 3 brácteas amplexicaules; sépalos 2-3 × 2-3 mm, ovados, densa y cortamente seríceos; pétalos externos (10-)12-13(-18) × 3-4 mm, oblongos, densa y cortamente seríceos por fuera, los pétalos internos 8-11 × 1-2 mm, lineares, trígonos; estambres 0.5-1 mm; carpelos 3-6. Monocarpos 12-20 × 12-13 mm, oblongoide-reniformes; estípite 2-3 mm; semillas 1 o 2 por monocarpo, c. 11 × 5 mm, elipsoides, negro brillante, con arilo basal blanco, bilobado. *Selvas altas perennifolias*. N (*Stevens & Duarte 28264*, MO); CR (*Zamora et al. 2756*, CR); P (*Pérez 2413*, MO). 20-900 m. (Mesoamérica, Colombia, Venezuela, Guyana, Surinam, Ecuador, Perú, Bolivia, Brasil).

Xylopia sericea es una especie sudamericana ampliamente distribuida, la cual fue aceptada en el *Manual de Plantas de Costa Rica* (Schatz et al., 2020). La presencia en Nicaragua y Panamá, y su estatus en general en Mesoamérica, deberían ser evaluados en el contexto de una revisión de *Xylopia* en Sudamérica.

7. Xylopia sericophylla Standl. & L.O. Williams, *Ceiba* 3: 200 (1953). Holotipo: Costa Rica, *Allen 5837* (US). Ilustr.: Allen, *Rain Forests Golfo Dulce* t. 34, arriba izquierda (1956).

Árboles hasta 40 m; tallos densamente cobrizo-puberulentos, glabrescentes y distintamente lenticelados. Hojas (2.7-)4.5-10.2 × 1.5-2.1 cm, angostamente oblongas a rara vez lanceolado-oblongas, cartáceas a subcoriáceas, glabras en el haz, completamente cubiertas con pubescencia adpresa cobriza brillante en el envés, la vena media impresa en el haz, elevada y cobrizo-serícea en el envés, las venas secundarias 20-23 pares, la base obtusa a redondeada, el ápice acuminado a cuspidado, el acumen hasta 1 cm; pecíolo 4-6 × c. 1 mm, profundamente acanalado, densamente cobrizo-puberulento. Inflorescencias axilares, ripidios bracteados mayormente entre las hojas, con 5-10 flores; pedicelos 3-4 mm, densamente seríceos, con una bráctea c. 2 × 2 mm, ovada y densamente serícea; cáliz c. 3 × 4 mm, cupuliforme, densamente seríceo, verrugoso, 3-lobado, los lóbulos c. 1 × 4 mm; pétalos externos 14-22 × 2-3 mm, angostamente linear-lanceolados, carinados y densamente cobrizo-seríceos por fuera, densamente gris-tomentulosos por dentro, glabros y delgados en la base, el ápice agudo; pétalos internos 12-20 × c. 1.5 mm, lineares, cuadrangulares en corte transversal, gris-tomentulosos tanto por dentro como por fuera excepto glabros y delgados en la base, el ápice agudo; estambres c. 100, 1.2-1.5 mm, los filamentos c. 0.2 mm, el conectivo 0.1-0.2 mm; carpelos 14-19; ovarios c. 1 mm, densamente dorado-setosos, los estilos c. 1.5 mm; estigmas c. 1.4 mm; óvulos 1-7. Monocarpos 7-50 × c. 6 mm, cilíndricos, submoniliformes (levemente contraídos alrededor de las semillas cuando secos), glabros, verde oliva, levemente curvados, la base atenuada, el ápice abruptamente incurvado-apiculado, dehiscentes; estípite 4-8 mm; semillas c. 6 × 3-4 mm, elipsoides, pardo-rojizas, foveoladas, con arilo basal, bilobado, los lóbulos c. 2 mm. *Selvas altas perennifolias*. N (*Rueda & Mendoza 17125*, MO); CR (*Herrera & Martínez 2222*, MO); P (*Maas et al. 9527*, CR). 0-750 m. (Endémica).

Taxón poco conocido

Xylopia polyantha R.E. Fr. var. *nicaraguensis* R.E. Fr., *Acta Horti Berg.* 12: 209 (1934). Holotipo: Nicaragua, *Englesing 198* (WIS!). Ilustr.: no se encontró.

Xylopia polyantha R.E. Fr. es una especie sudamericana que fue reportada una sola vez del noreste de Nicaragua en 1928. Esta se puede distinguir de *X. frutescens* y *X. sericea* por sus hojas glabrescentes en el envés, con venas secundarias evidentes y levemente elevadas en el envés vs. hojas con tricomas persistentes en el envés, con venas secundarias escasamente visibles en el envés en *X. frutescens* y *X. sericea*. Su estatus en Mesoamérica debe ser evaluado en el contexto de una revisión de *Xylopia* para Sudamérica.

49. SIPARUNACEAE

Descripción de la familia por S.S. Renner & G. Hausner.

Arbolitos o árboles perennifolios, algunas veces arbustos sarmentosos, con células oleíferas esféricas en todas las partes de la planta. Hojas decusadas o en verticilos de 3, 4, o 6, simples, sin estípulas, aquellas de un mismo par en ocasiones desiguales en tamaño, con tricomas simples, fasciculados, estrellados o lepidotos, los márgenes diversamente serrados, dentados o enteros; pecioladas. Inflorescencias axilares o caulifloras, cimosas. Flores radiales, rara vez asimétricas, unisexuales, plantas dioicas o más rara vez monoicas; receptáculo (ciatio floral) subgloboso o ciatiforme, gineceo apocárpico; tépalos 4-6, rara vez 8, en general menos de 10 mm, en ocasiones fusionados a un borde encerrando el ciatio floral, rara vez un tépalo mucho más largo que los otros o los tépalos formando una caliptra (fuera de Mesoamérica), el centro de la flor más o menos cubierta por una membrana (la cobertura floral o velo) excepto por un poro central a través del cual emergen los estambres o los estilos; estambres (1)2-72, dispersos irregularmente en la copa floral excepto en flores con muy pocos estambres, los filamentos sin apéndices, las anteras introrsas, con 2 sacos polínicos apicales cercanamente adyacentes abriéndose por un sola solapa con bisagra apical; carpelos 3-35, sésiles y completamente inmersos en el receptáculo, los óvulos solitarios, basalmente fusionados, anátropos, unitégmicos y crasinucelados. Receptáculo fructífero maduro carnoso, globoso o piriforme, liso, espinoso o tuberculado, en la mayoría de las especies partiéndose y abriendo al madurar para exponer las drupéolas; drupéolas con un delgado exocarpo y mesocarpo translúcidos y un endocarpo óseo, en la mayoría de las especies dioicas las drupéolas con un apéndice rojo a anaranjado, carnoso, rico en grasa, rara vez las drupéolas sin el apéndice y/o el receptáculo no partiéndose y abriendo al madurar. 2 gen., *Glossocalyx* Benth. con 1 sp. en África occidental y *Siparuna* en América tropical; 9 spp. en Mesoamérica.

Bibliografía: Renner, S.S. & G. Hausner. *Fl. Ecuador* 59: 1-98 (1997a); *Fl. Neotrop. Monogr.* 95: 1-247 (2005).

1. Siparuna Aubl.

Citrosma Ruiz & Pav., *Conuleum* Rich. ex A Rich.

Por S.S. Renner & G. Hausner.

Arbustos monoicos o dioicos, arbolitos, o árboles (hasta 40 m × 120 cm de diámetro). Hojas decusadas o en verticilos de 3, 4, o 6, escasa o densamente pelosas, los tricomas simples, fasciculados, estrellados, estrellado-lepidotos o lepidotos, las hojas más viejas algunas veces glabras, los márgenes dentados, serrados o enteros; pecioladas. Inflorescencias cimas monocasiales o dicasiales, algunas veces bífidas o fasciculadas, axilares y/o sobre nudos afilos. Flores unisexuales, pediceladas; receptáculo subgloboso o ciatiforme, rara vez urceolado o lageniforme, completamente encerrando los estambres o carpelos, en la antesis las partes distales de los estambres y los estilos sobresaliendo desde un poro de talla variable en el centro de la cubierta floral; tépalos 4-6(-8), generalmente pequeños, triangulares, redondeados o espatulados, o formando un borde encerrando el ciatio floral, rara vez la caliptra (no en Mesoamérica), la cubierta floral (velo) en las flores pistiladas algunas veces diferenciadas en una protuberancia externa y un tubo interno apretadamente envainando a los estilos; estambres generalmente 5-9, en ocasiones 1 o hasta 72, libres, rara vez los filamentos lateralmente fusionados, dispersos irregularmente en el ciatio floral excepto en flores con muy pocos estambres, los 2 sacos polínicos introrsos, cercanamente adyacentes y abriéndose por una sola solapa, los filamentos sin apéndices y no diferenciados; carpelos 3-35, los estilos libres, algunas veces fusionados posgenitalmente, los estigmas papilosos y decurrentes. Receptáculos fructíferos maduros 1.5-4 cm de diámetro, carnosos, globosos, lisos, espinosos o con tubérculos, rara vez en forma de almendra o con costillas longitudinales, frecuentemente coronados por los tépalos persistentes, cuando frescos y maduros rojizos o amarillos y con un olor cáustico fuerte, generalmente rajándose irregularmente desde el ápice y abriéndose para revelar las drupéolas; drupéolas frescas con un exocarpo y mesocarpo gris- azulado translúcido y un endocarpo óseo, en la mayoría de las especies dioicas las drupéolas sostienen un excrecencia apical o lateral rojizo-anaranjada desde la base del estilo (arilo estilar), rara vez las drupéolas ausentes en el apéndice y/o el receptáculo sin abrirse completamente al madurar. Aprox. 60 spp. en México, Mesoamérica, a través del norte de Sudamérica a Paraguay, Antillas; 9 spp. en Mesoamérica.

1. Hojas con márgenes enteros, ni siquiera con dientes diminutos; plantas monoicas.
  2. Cimas en agregados subsésiles, en la antesis hasta 1.5 cm; estambres 10-18, membranáceos, angostos distalmente; pedicelos de las flores masculinas no alargándose durante la antesis. **6. S. guianensis**
  2. Cimas 2-7 cm; estambres gruesamente carnosos, no conspicuamente angostos distalmente; pedicelos de las flores masculinas más o menos alargándose durante la antesis.
    3. Estambres 10-18; pedicelos de las flores masculinas gradualmente alargándose durante la antesis y llegando hasta 2 cm; receptáculos fructíferos (1-)2-3.5 cm de diámetro, lisos, no abriéndose al madurar. **2. S. cristata**
    3. Estambres 5 o 6(-10); pedicelos de las flores masculinas llegando hasta 7 mm durante la antesis; receptáculos fructíferos 1-2 cm de diámetro, con tubérculos 1-2 mm, abriéndose al madurar. **3. S. cuspidata**
1. Hojas con márgenes no enteros, con dientes más o menos conspicuos, cada diente con una diminuta glándula de agua (hidatodo) terminal; poblaciones dioicas, muy rara vez plantas masculinas con pocas flores pistiladas o frutos.
  4. Ramitas jóvenes cuadrangulares a (longitudinalmente) 4-acostilladas; tépalos formando un borde patente de 0.8-1.4 mm de ancho, el margen del borde circular u ondulado; cobertura floral densa y persistentemente estrellado-pelosa con tricomas grisáceos cortos; estambres 12-30; estilos 20-30; receptáculos fructíferos 1.5-2.5 cm de diámetro y apicalmente con una profunda depresión crateriforme, envueltos por el borde persistente del tépalo. **8. S. pauciflora**
  4. Plantas no con la combinación de caracteres anterior.
    5. Envés de la hoja glabro, excepto por pocos tricomas simples o bífidos sobre la vena media y demás venas; lámina foliar frecuentemente brillante al secarse, los márgenes frecuentemente crenulados o revolutos. **7. S. laurifolia**
    5. Envés de la hoja más o menos densamente peloso; lámina foliar no brillante al secarse, los márgenes aplanados.
      6. Hojas con tricomas generalmente simples o bífidos de 1-2 mm, los márgenes siempre ciliados con tricomas de hasta 3 mm. **5. S. grandiflora**
      6. Hojas con tricomas fasciculados (los rayos en general menos de 1 mm) o estrellado-pelosos con tricomas cortos y más o menos adpresos, los márgenes no ciliados.
        7. Tépalos en la antesis de al menos 2 mm (en general 2.5 mm o más largos), triangulares, basilateralmente no fusionados. **1. S. conica**
        7. Tépalos hasta 1.5 mm, generalmente formando un borde levemente lobado o circular.
          8. Ambas superficies de la hoja por lo general densamente cubiertas con tricomas fasciculados, y suaves y aterciopeladas al tacto, las venas secundarias frecuentemente acentuadas por una pelosidad amarilla, la base de la lámina sin acarodomacios. **4. S. gesnerioides**
          8. Ambas superficies de la hoja más o menos densamente cubiertas con tricomas estrellados cortos y generalmente adpresos, en Panamá la base de las láminas algunas veces con conspicuos acarodomacios. **9. S. thecaphora**

1. Siparuna conica S.S. Renner & Hausner, *Novon* 6: 108 (1996). Holotipo: Ecuador, *Quelal et al. 685* (QCNE). Ilustr.: Renner & Hausner, *Fl. Neotrop. Monogr.* 95: 191, t. 84 (2005).

Arbustos o arbolitos dioicos, frecuentemente escandentes, 3-8(-15) m; tallos hasta 6.5 cm de diámetro; ramitas jóvenes teretes o rara vez subcuadrangulares, con dispersos tricomas estrellados, glabrescentes, o glabros. Hojas opuestas, 20-30 × 12-14.5(-17) cm, al secarse caqui a pardo, delgadas, lisas, frágiles, elípticas u obovadas, la base truncada, cordada, o rara vez casi redondeada, el ápice acuminado con el extremo extendido 0.5-1(-1.5) cm, el haz con pocos tricomas estrellados sobre las venas, por lo demás subglabras o glabras, el envés moderadamente estrellado-peloso, con 9-17 pares de venas secundarias, las venas lisas en el haz, poco elevadas en el envés, los márgenes finamente dentados o crenados; pecíolo (2.5-)3-5(-9) cm. Cimas axilares en hojas existentes o sobre nudos afilos, 2-7 cm en las masculinas, 1-3 cm en las femeninas, densamente cubiertas con conspicuos tricomas estrellados pardo-dorados o grisáceos, rara vez glabrescentes, con 15-25 flores. Flores frescas amarillo-verdosas, amarillas o rojo-anaranjadas; ciatio floral masculino 2.5-3(-6) × 3.5-7 mm, angostamente obcónico, peloso similar a las cimas, los tépalos 4-6, 2.5-3 mm, triangulares, con pocos tricomas estrellados sobre las puntas del tépalo adaxialmente, por lo demás glabros, la cobertura floral glabra y centralmente elevada hasta un tubo de pared delgada que rodea el poro; estambres 6 o 7, los 4 externos exertos en la antesis y con sus puntas (sacos polínicos) curvados hacia atrás; ciatio floral pistilado similar al ciatio masculino excepto algunas veces más densamente peloso, los tépalos conspicuamente triangulares, de 4-5 mm, la cobertura floral conspicuamente agudamente cónica; carpelos 9-14, los estilos frecuentemente fusionados a lo largo de una columna delgada. Receptáculo fructífero 1.5-2 cm de diámetro, globoso, estrellado-peloso y coronado por los tépalos persistentes, cuando frescos y maduros rojo opaco con máculas blancas y con olor astringente; drupéolas 8-14, cada una con un arilo estilar. *Bosques montanos primarios, matorrales secundarios*. P (*Luteyn & Kennedy 1737*, MO). 200-1200 m. (Mesoamérica, Colombia, Ecuador).

No se pudo verificar el registro de Costa Rica (*Chacón 102*, USJ) de *Siparuna conica* citado por Gómez-Laurito (2015a).

2. Siparuna cristata (Poepp. & Endl.) A. DC., *Prodr.* 16(2.2): 655 (1868). *Citrosma cristata* Poepp. & Endl., *Nov. Gen. Sp. Pl.* 2: 47 (1838). Lectotipo (designado por Renner & Hausner, 1997a): Brasil, *Poeppig 2664* (P). Ilustr.: Renner & Hausner, *Fl. Neotrop. Monogr.* 95: 64, t. 25 (2005).

Siparuna monogyna Jangoux, *S. obconica* Jangoux, *S. williamsii* J.F. Macbr.

Arbolitos o árboles monoicos, rara vez arbustos, (3-)8-22 m; tronco hasta 45(-60) cm de diámetro, recto, redondeado, delgado y sin ramificar hasta la 1/2 del alto total; corteza amarillenta o pardo claro y bastante lisa; ramitas jóvenes teretes pero aplanadas en los nudos, densa o escasamente cubiertas con tricomas adpresos estrellado-lepidotos o escamas argénteas. Hojas opuestas, 18-27(-38) × (7-)9-14 cm, al secarse pardo-grisáceo o pardo-rojizo, rígidamente cartáceas a coriáceas, oblongas o elípticas, la base obtusa, aguda, o brevemente atenuada, el ápice acuminado, hojas maduras con el haz glabro, el envés con diminutas escamas estrellado-lepidotas a lo largo de las venas, rara vez con escamas grandes sobre las venas, por lo demás glabras, con 7-13 pares de venas secundarias, más o menos aplanadas en el haz, elevadas en el envés, anastomosadas varios mm desde el margen, las venas terciarias rectas, paralelas una con la otra y bastante espaciadas, los márgenes enteros; pecíolo (0.8-)1.5-5 cm. Cimas 2.5-7 cm, en las axilas de hojas existentes, generalmente con numerosas (20-50) flores, los pedicelos 3-7 mm, aquellos de flores masculinas gradualmente alargándose durante la antesis y llegando hasta 2 cm, cubiertos con pocas o numerosas escamas diminutas o tricomas argénteo-estrellado-lepidotos. Flores frescas blancas o amarillas; flores masculinas 1.8-4 × 1.7-3 mm, ciatiformes, el indumento similar al de las cimas; tépalos gruesos y semiorbiculares o formando un borde angosto erecto, la cobertura floral con borde membranáceo angosto; estambres 10-18, carnosos y con solapas diminutas en la antera, dorsalmente algunas veces con pocos tricomas estrellados; flores pistiladas 2-4 × 3-4 mm, subglobosas, la cobertura floral cónica; estilos 3-9, frecuentemente fusionados en una columna. Receptáculo fructífero (1-) 2-3.5 cm de diámetro, piriforme a oblongo, fresco e inmaduro verde claro con máculas parduscas, maduro rojo oscuro, al secarse negro con algunos tricomas persistentes estrellado-lepidotos, no rajándose ni abriéndose al madurar; drupéolas 3-5, sin arilo estilar. *Bosques lluviosos tropicales no inundables*. P (*Foster 2969*, MO). 300-800 m. (Mesoamérica, Colombia, Venezuela, Guyana, Guayana Francesa, Ecuador, Perú, Brasil).

3. Siparuna cuspidata (Tul.) A. DC., *Prodr.* 16(2.2): 655 (1868). *Citrosma cuspidata* Tul., *Ann. Sci. Nat., Bot.* sér. 4, 3: 40 (1855). Lectotipo (designado por Renner & Hausner, 2005): Surinam, *Hostmann 1167* (P!). Ilustr.: Renner & Hausner, *Fl. Neotrop. Monogr.* 95: 76, t. 32 (2005).

Siparuna argyrochrysea Perkins, *S. crassiflora* Perkins, *S. lepidiflora* Perkins, *S. ucayaliensis* Perkins.

Arbolitos o árboles monoicos, rara vez arbustos, 3-20(-35) m; tallos hasta 40 cm de diámetro; corteza gris y lisa; látex amarillo o pardo-amarillento; ramitas jóvenes teretes, con escamas peltadas argénteas o tricomas estrellado-lepidotos, glabrescentes. Hojas opuestas, 11-21 × 4.5-6(-9) cm, al secarse grisáceo-pardo o pardas, lisas, oblongas, la base obtusa o redondeada, el ápice cuspidado con el extremo extendido 1-2 cm, hojas más viejas con el haz glabrescente, el envés lepidoto a lo largo de las venas, con 6-8(9) pares de venas secundarias, impresas en el haz, escasamente elevadas en el envés, anastomosadas varios milímetros desde los márgenes, los márgenes enteros; pecíolo 0.5-1 cm. Cimas 2-4 cm, con 10-15 flores terminalmente agregadas sobre pedicelos ligeramente alargados de 3-7 mm, transparentes a argénteo-lepidotas. Flores frescas de color crema-amarillo o rojizas; flores masculinas 1.5-1.7 × 1.1-1.5 mm, ciatiformes, el indumento similar al de las cimas; tépalos formando un borde irregularmente lobado de 0.2-0.3 mm de alto u obsoleto, la cobertura floral con un cuello angosto, glabra; estambres 5-6(-10), cortos, carnosos, conteniendo células oleíferas blanquecinas. Flores pistiladas 1.8-2 × 1.5-2 mm, ovoides a subglobosas, con o sin diminutos tépalos; carpelos 5-9, los estilos formando una columna. Receptáculo fructífero 1-2 cm de diámetro, globoso, con tubérculos de 1-2 mm, cuando fresco e inmaduro amarillo, cuando maduro púrpura y con fuerte olor a limón; drupéolas 5-9, sin arilo estilar. *Áreas alteradas en bosques lluviosos tropicales*. CR (*Burger & Stolze 5595*, MO); P (*Liesner 1162*, MO). 20-1200 m. (Mesoamérica, Colombia, Venezuela, Guayana, Surinam, Ecuador, Perú, Bolivia, Brasil).

4. Siparuna gesnerioides (Kunth) A. DC., *Prodr.* 16(2.2): 646 (1868). *Citrosma gesnerioides* Kunth in Humb., Bonpl. & Kunth, *Nov. Gen. Sp.* 2: 172 (1817 [1818]). Sintipo: Colombia, *Bonpland s.n.* (P-Bonpl.). Ilustr.: Renner & Hausner, *Fl. Neotrop. Monogr.* 95: 133, t. 58 (2005).

Siparuna austromexicana Lorence, *S. chrysothrix* Perkins, *S. coriacea* Perkins, *S. fosbergii* A.C. Sm., *S. griseoflavescens* Perkins, *S. idroboi* A.C. Sm., *S. paralleloneura* Perkins, *S. patelliformis* Perkins, *S. pectinata* A.C. Sm., *S. scandens* Lorence, *S. tetraceroides* Perkins.

Arbustos o arbolitos dioicos, 2-10 m; tallos hasta 6 cm de diámetro, algunas veces bejucos desparramados; ramitas teretes, densamente pelosas con tricomas fasciculados amarillentos o dorados. Hojas opuestas, algunas veces en verticilos de 3, 10-28 × 5-13 cm, el haz al secarse pardo o verde oliva, el envés pardo-amarillento, obovadas, elípticas, oblanceoladas o lanceoladas, la base redondeada, cordada u obtusa, rara vez aguda, el ápice agudo o acuminado con el extremo extendido hasta 2 cm, rara vez obtuso, ambas superficies por lo general densamente pelosas y velutinas al tacto, con (8-)10-14 pares de venas secundarias, estas aplanadas en el haz, moderadamente elevadas en el envés, frecuentemente acentuadas por la pelosidad amarilla, los márgenes denticulados o doblemente dentado-serrados, al secarse aplanados; pecíolo (0.5-)2-5 cm, densamente tomentoso. Cimas 1.5-2(-5) cm, tomentosas o más o menos densamente estrellado-pelosas, con 5-20 flores. Flores frescas amarillas o anaranjadas a rosadas; ciatio floral masculino 1.5-2.7 × 1.5-2.6 mm, subgloboso u obcónico, tomentoso o cubierto con tricomas estrellados o fasciculados amarillentos, la cobertura floral conspicuamente elevada, glabra, rara vez con pocos tricomas estrellados, los 4-7 tépalos de hasta 1.4 mm, anchamente redondeados, o formando un borde ondulado, el lado adaxial glabro excepto por pocos tricomas a lo largo del margen; estambres 6(-9), los 4 externos exertos en la antesis y con sus puntas (sacos polínicos) curvadas hacia atrás, rara vez los filamentos lateralmente fusionados; ciatio floral pistilado 2.5-3.5 × 2-2.7 mm, subgloboso, los tépalos hasta 1.5 mm o fusionados a un borde levemente lobado, anchamente redondeado, la cobertura floral más o menos elevada y envainando los estilos; estilos 5-8(-13). Receptáculo fructífero c. 1 cm de diámetro cuando seco (fresco hasta 2.5 cm de diámetro), globoso y coronado por los tépalos persistentes, cuando inmaduro verde con máculas claras, cuando maduro rojo y con un fuerte olor a limón; drupéolas grises o amarillentas, cada una con arilo estilar rojo. *Bosques de neblina*. Ch (*Breedlove 25101*, MO); CR (*Skutch 3813*, MO); P (*Nee 10702*, MO). 10-2300 m. (México [Guerrero, Oaxaca, Veracruz], Mesoamérica, Colombia, Venezuela).

5. Siparuna grandiflora (Kunth) Perkins, *Bot. Jahrb. Syst.* 28: 685 (1901). *Citrosma grandiflora* Kunth in Humb., Bonpl. & Kunth, *Nov. Gen. Sp.* 2: 172 (1817 [1818]). Lectotipo (designado aquí): Colombia, *Bonpland s.n.* (CGE-[cb] CGE00070670!). Ilustr.: Renner & Hausner, *Fl. Neotrop. Monogr.* 95: 174, t. 77 (2005).

Siparuna auriculata A. DC., *S. hispida* A. DC., *S. tonduziana* Perkins.

Arbustos o arbolitos dioicos, 2-10 m: tallos hasta 8 cm de diámetro; ramitas jóvenes teretes, densamente pardo-dorado-pelosas con tricomas 1-3 mm, patentes simples o poco ramificados; ramitas más viejas glabrescentes, con frecuencia huecas, algunas veces ocupadas por hormigas. Hojas opuestas, 16-50 × 12-24 cm, al secarse frecuentemente grisáceas o pardo-verdosas, delgadamente cartáceas, elípticas a obovadas u oblanceoladas, la base auriculada, obtusa, redondeada o truncada, algunas veces con formicarios o con 2 o 3 serraciones fimbriadas, el ápice acuminado con el extremo extendido 1-2 cm, el haz densamente cubierto con tricomas largos simples o poco ramificados (hasta 2 mm), el envés más densamente peloso con tricomas patentes poco ramificados, con 10-15(-23) pares de venas secundarias, estas aplanadas en el haz y escasamente elevadas en el envés, los márgenes crenulados, denticulados o serrulados, algunas veces marcadamente dentados con dientes agudos de diferente longitud (1-4 mm), y siempre ciliados con tricomas de hasta 3 mm; pecíolo 0.5-2(-4) cm. Cimas 1-2 cm, típicamente con 5-15 flores, dispuestas en las axilas de las hojas o caulifloras sobre la madera vieja. Flores frescas de crema-amarillas o blancas; ciatio floral masculino 2-3 × 2.5-3 mm, obcónico, peloso similar a las ramitas y las cimas; tépalos 4-6, 1.3-2.5 mm, triangulares, con tricomas largos sobre las puntas, la cobertura floral moderadamente elevada, glabra; estambres 5-7, delgados; ciatio floral pistilado 3-4 × 3-4 mm, los tépalos 3-4 mm; estilos (6-)10-24. Receptáculo fructífero 1-1.5 cm de diámetro, globoso y liso, ferrugíneo-tomentoso o glabro, cuando fresco y maduro rosado o rojo con máculas blanquecinas y un fuerte olor a limón, cuando seco las 8-20 drupéolas conspicuamente sobresaliendo; drupéolas frescas salpicadas de gris con arilo estilar rojo. *Bosques nublados del Pacífico, bosques primarios y secundarios*. G (*Jones et al. 3023*, F); H (*Standley 53095*, F); N (*Riviere 335*, MO); CR (*Skutch 3599*, MO); P (*Knapp et al. 4078*, MO). 0-2200 m. (México [Veracruz], Mesoamérica, Colombia, Ecuador, Perú, Bolivia).

6. Siparuna guianensis Aubl., *Hist. Pl. Guiane* 2: 865 (1775). Holotipo: Guayana Francesa, *Aublet s.n.* (BM-[cb] BM000030814!). Ilustr.: Renner & Hausner, *Fl. Neotrop. Monogr.* 95: 50, t. 20 (2005).

Citrosma campora Tul., *C. discolor* Poepp. & Endl., *C. guianensis* (Aubl.) Tul., *Siparuna archeri* A.C. Sm., *S. arianeae* V. Pereira, *S. camporum* (Tul.) A. DC., *S. cavalcantei* Jangoux, *S. discolor* (Poepp. & Endl.) A. DC., *S. duckeana* Jangoux, *S. foetida* Barb. Rodr., *S. itacaiunensis* Jangoux, *S. panamensis* A. DC., *S. savanicola* Jangoux.

Arbustos o arbolitos monoicos, 5-9(-15) m; tallos hasta 20 cm de diámetro; corteza gris y lisa; ramitas jóvenes teretes pero aplanadas en los nudos, con diminutos tricomas estrellados o estrellado-lepidotos. Hojas opuestas, muy rara vez ternadas, 10-22(-33) × 4-10(-16) cm, al secarse irregularmente pardo-grisáceas a pardo-amarillentas, más bien rígidas y apergaminadas, oblongas a elípticas o lanceoladas, la base obtusa, el ápice acuminado con el extremo extendido 0.5-1 cm, las hojas más viejas con pocos tricomas simples en el haz cerca de la base de la lámina y sobre la vena media o glabro, el envés estrellado o sobre las venas lepidoto-estrellado-puberulento, con 9-11 pares de venas secundarias, escasamente elevadas en el haz, más conspicuamente elevadas en el envés, el margen entero; pecíolo 0.5-1.5 cm. Cimas 1-1.5 cm (hasta 3 cm en fruto), en agregados subsésiles y densamente cubiertas con tricomas estrellados a sublepidotos, con 5-15 flores. Flores frescas amarillo-verdosas; flores masculinas 2-3 × 1.5-2.5 mm, ciatiformes, el indumento similar al de las cimas, los tépalos 4-6, diminutos, c. 0.2 mm, anchamente triangulares, la cobertura floral escasamente desarrollada; estambres 10-18, membranáceos, distalmente angostos; flores pistiladas 1.8-2.5 × 2.5-3 mm, ovoides a subglobosas, los tépalos similares a los de las flores masculinas, la cobertura floral cónica; carpelos 3-12(-17); estilos expuestos 5-7, libres o formando una columna. Receptáculo fructífero 1-1.5 cm de diámetro, globoso, más o menos densamente cubierto con tricomas estrellados, cuando fresco y maduro frecuentemente con desagradable olor a limón, rojo-verdoso, al abrirse exponiendo el interior amarillo-anaranjado sobre el cual se ubican las drupéolas; drupéolas 4-10, sin arilo estilar, el exocarpo y mesocarpo carnosos y gris-blanquecinos o anaranjados, pronto de consistencia babosa, el endocarpo óseo. *Bosques primarios y secundarios de tierras bajas*. N (*Proctor et al. 27239*, F); CR (*Skutch 4311*, MO); P (*Allen 3654*, MO). 10-700 m. (Mesoamérica, Colombia, Venezuela, Guyana, Guayana Francesa, Ecuador, Perú, Bolivia, Brasil, Paraguay, Trinidad).

7. Siparuna laurifolia (Kunth) A. DC., *Prodr.* 16(2.2): 651 (1868). *Citrosma laurifolia* Kunth in Humb., Bonpl. & Kunth, *Nov. Gen. Sp.* 2: 171 (1817 [1818]). Sintipo: Colombia, *Bonpland s.n.* (P-Bonpl.!). Ilustr.: Renner & Hausner, *Fl. Neotrop. Monogr.* 95: 152, t. 65 (2005).

Siparuna pennellii Perkins, *S. sinuata* A.C. Sm.

Arbustos o arbolitos dioicos o rara vez monoicos, 1.5-8 m; tallos hasta 10 cm de diámetro, frecuentemente escandentes; corteza gris y lisa; ramitas teretes y con pocos tricomas simples o poco ramificados. Hojas en verticilos de 3(4), algunas veces opuestas, 7-15(-21) × 3-7(-10) cm, al secarse pardo claro o medio, frágiles, elípticas a lanceoladas, la base obtusa, rara vez redondeada o aguda, en ocasiones con pequeños acarodomacios, el ápice acuminado con el extremo extendido hasta c. 1 cm, el envés glabro excepto por pocos tricomas simples o bífidos sobre las venas media y demás venas, con 7-9(-12) pares de venas secundarias, estas escasamente elevadas en el haz, conspicuamente elevadas en el envés, los márgenes frecuentemente crenulados y revolutos; pecíolo 1-2.5 cm, en ocasiones con tricomas rígidos conspicuos. Cimas típicamente 2-3.5 cm, 3-5-ramificadas, deciduamente pelosas o glabras, con (6-)15-20 flores. Flores frescas amarillas a anaranjado pálido; ciatio floral masculino 2-3.5(-5) × 2-3.5(-5) mm, obcónico a subgloboso, los tépalos 4-6, c. 0.9 mm o algunas veces reducidos a un borde angosto de 0.3-0.5 mm de ancho, obtusamente triangulares a redondeados, la cobertura floral anchamente cónica y conspicuamente elevada, glabra; estambres 5 o 6(-8), conteniendo conspicuas células oleíferas amarillentas, algunas veces grandes y conspicuamente exertos a través del poro floral; ciatio floral pistilado, del mismo tamaño y forma que el masculino, la cobertura floral con un tubo cónico agudo envainando los estilos; estilos 8-14(-30), generalmente solo pocos exertos del poro floral. Receptáculo fructífero hasta 2 cm de diámetro, globoso y liso, cuando fresco y maduro rojo con máculas blanquecinas o amarillo-verdes y muy fragante, los pedicelos alargándose durante la maduración y llegando hasta 6.5 cm, péndulos; drupéolas 12-30, conspicuamente sobresaliendo en los receptáculos secos, las drupéolas frescas gris-azules con arilo estilar rojo. *Áreas alteradas en sotobosques, a lo largo de carreteras*. P (*Bristan 1480*, MO). 400-500 m. (Mesoamérica, Colombia, Ecuador).

Siparuna laurifolia se conoce solo de una colección en Mesoamérica del Darién panameño. También se encuentra en los Andes de Colombia hasta el norte de Ecuador entre 350 y 2900 m.

8. Siparuna pauciflora (Beurl.) A. DC., *Prodr.* 16(2.2): 656 (1868). *Citrosma pauciflora* Beurl., *Kongl. Vetensk. Acad. Handl.* 40: 144 (1854 [1856]). Sintipo: Panamá, *Billberg 325* (S!). Ilustr.: Renner & Hausner, *Fl. Neotrop. Monogr.* 95: 95, t. 41 (2005).

Siparuna cauliflora Hemsl.

Arbustos o arbolitos dioicos, 4-10 m; tallos c. 20 cm de diámetro, algunas veces ligeramente escandentes; ramitas cuadrangulares a conspicuamente 4-acostilladas, finamente pardo-pelosas, las ramitas más viejas glabras. Hojas opuestas, 15-40 × 7-17 cm, al secarse pardo-ferrugíneas, cartáceas, obovadas a anchamente elípticas, la base cuneada o aguda, el ápice en general agudo a cortamente acuminado, el haz estriguloso con tricomas patentes simples o poco ramificados, el envés más densamente peloso, con 10-17 pares de venas secundarias, los márgenes denticulados; pecíolo 1.5-6 cm. Cimas 1-3 cm, axilares o sobre los nudos afilos más viejos, densamente pelosas, con 5-15 flores. Flores frescas amarillas a anaranjado pálido; ciatio floral masculino 2-3 × 1.5-2.5 mm, semigloboso a anchamente obcónico, densamente peloso, los tépalos formando un borde patente de 0.8-1.4 mm de ancho, el borde con margen circular u ondulado, la cobertura floral escasamente elevada y densamente estrellado-pelosa con tricomas grisáceos cortos; estambres 12-30; ciatio floral pistilado de casi el mismo tamaño y forma que el masculino, el borde del tépalo persistente en fruto y entonces completamente circular, la cobertura floral casi aplanada a escasamente abultada con un corto tubo cilíndrico central envainado los numerosos (20-30) estilos. Receptáculo fructífero 1.5-2.5 cm de diámetro, globoso con una depresión crateriforme en el ápice envuelta por el borde del tépalo, cuando maduro verde-amarillento claro hasta blanco opaco y rajándose irregularmente para mostrar generalmente menos de 10 drupéolas; drupéolas grises, cada una con arilo estilar carnoso rosado. *Bosques húmedos tropicales*. N (*Moreno 23397*, DUKE); CR (*Holm & Iltis 211*, MO); P (*Liesner 622*, MO). 0-1200 m. (Mesoamérica, Colombia).

9. Siparuna thecaphora (Poepp. & Endl.) A. DC., *Prodr.* 16(2.2): 657 (1868). *Citrosma thecaphora* Poepp. & Endl., *Nov. Gen. Sp. Pl.* 2: 48 (1838). Lectotipo (designado por Renner & Hausner, 1997a): Perú, *Poeppig 2157B* (fragm. F ex B). Ilustr.: Renner & Hausner, *Fl. Neotrop. Monogr.* 95: 139, t. 60 (2005).

Citrosma andina Tul., *C. chiridota* Tul., *C. lagopus* Tul., *C. riparia* Tul., *Siparuna andina* (Tul.) A. DC., *S. calignosa* J.F. Macbr., *S. chiridota* (Tul.) A. DC., *S. colimensis* Perkins, *S. cuzcoana* Perkins, *S. dasyantha* Perkins, *S. davillifolia* Perkins, *S. diandra* J.A. Duke, *S. domatiata* A.H. Gentry, *S. geniculata* A.C. Sm., *S. gilgiana* Perkins, *S. grisea* Perkins, *S. heteropoda* Perkins, *S. lagopus* (Tul.) A. DC., *S. loretensis* Perkins, *S. macra* Standl., *S. manarae* Steyerm., *S. metensis* A.C. Sm., *S. microphylla* Perkins, *S. nicaraguensis* Hemsl., *S. nigra* Rusby, *S. parviflora* Perkins, *S. pubancura* S.S. Renner & Hausner, *S. riparia* (Tul.) A. DC., *S. riparia* var. *sumichrastii* A. DC., *S. stellulata* Perkins var. *manarae* (Steyerm.) Steyerm., *S. sumichrastii* (A. DC.) Perkins, *S. tapatana* A.C. Sm., *S. ternata* Perkins, *S. tetradenia* Perkins, *S. venezuelensis* Perkins, *S. verticillata* S.S. Renner & Hausner.

Arbustos dioicos, algunas veces escandentes, 1-12 m; tallos hasta 10 cm de diámetro, rara vez árboles de hasta 20 m, con tallos c. 20 cm; corteza rosada o rojo oscuro-pardusco hasta pardo-chocolate; ramitas jóvenes teretes, más o menos pelosas con tricomas estrellados, simples o bífidos, cortos, adpresos o patentes, rara vez con tricomas patentes largos (hasta c. 3 mm). Hojas opuestas o en verticilos de 3, 8-25(-39) × (3-)5-8(-15) cm, al secarse rojizo-pardo, grisáceo-pardo, café-pardo, o verdes, cartáceas, elípticas a obovadas, rara vez oblongas o lanceoladas, la base aguda a obtusa, rara vez redondeada o con 2 o 3 serraciones o pequeños apéndices triangulares en la base, algunas veces con conspicuos acarodomacios, el ápice acuminado con el extremo extendido 0.5-1.5 cm, ambas superficies con tricomas simples, bífidos, o estrellados de tamaño y grosor variable, algunas veces glabrescentes en el haz, con 6-12 pares de venas secundarias, las venas lisas en el haz, escasamente elevadas en el envés, los márgenes serrulados, en ocasiones subdentados; pecíolo 0.7-3.5(-5) cm. Cimas 1-5.5 cm, con 10-20(-30) flores, las cimas masculinas algunas veces fasciculadas. Flores frescas amarillas o crema, tornándose rojo-anaranjado; ciatio floral masculino 0.4-2.5 × 0.4-2.5 mm, anchamente obcónico a subgloboso, los tépalos 4-6, 0.1-0.6(-1) mm, anchamente triangulares a lobados, generalmente formando un borde levemente lobado o circular, algunas veces los tépalos obsoletos, la cobertura floral moderada a conspicuamente elevada, glabra o escasamente cubierta con diminutos tricomas estrellados adpresos, glabrescentes; estambres 2-5(-9); ciatio floral pistilado 1.5-2.7 × 2-2.6 mm, anchamente obcónico a subgloboso, la cobertura floral casi aplanada a conspicuamente elevada y típicamente separada del tubo central por un surco profundo, el tubo más o menos desarrollado envainando los estilos, los tépalos como en las flores masculinas excepto hasta 1.2 mm; estilos 5-19, algunas veces fusionados. Receptáculo fructífero 1-1.5 cm de diámetro, globoso y liso, peloso o glabro; drupéolas 6-15, conspicuamente sobresaliendo en receptáculos secos, cuando frescas y maduras rojas con máculas pardo pálido o verdes y un fuerte olor a limón, las drupéolas grises con arilo estilar rojo brillante. *Bosques primarios y secundarios, bosques de neblina*. Ch (*Matuda 2767*, MO); B (*Schipp 140*, MO); G (*Lundell 16273*, CAS); H (*Yuncker et al. 8509*, MO); N (*Walker 420*, DUKE); CR (*Burger & Baker 10063*, MO); P (*Busey 873*, MO). 0-2500 m. (México [Colima, Guerrero, Jalisco, Nayarit, Oaxaca, Veracruz], Mesoamérica, Colombia, Venezuela, Ecuador, Perú, Bolivia).

50. HERNANDIACEAE

Descripción de la familia y clave genérica por A. Espejo Serna.

Árboles, arbustos o bejucos. Hojas alternas, sin estípulas, pecioladas, simples, enteras o lobadas (compuestas en *Illigera* Blume, género del Viejo Mundo), actinódromas, camptódromas o triplinervias. Inflorescencias tirsoides, con dicasios o panículas axilares, rara vez terminales, multifloras, bracteadas o ebracteadas; flores pequeñas, aromáticas, perfectas o unisexuales, a veces bracteoladas; tépalos en 1 o 2 verticilos, libres; estambres 3-5, libres (estaminodios en las flores femeninas), opuestos a los tépalos externos; anteras bitecas, basifijas, introrsas, dehiscentes por valvas; ovario ínfero, unilocular. Frutos secos, indehiscentes. 4 gen., aprox. 67 spp., pantropical; 3 gen. y 8 spp. en Mesoamérica.

Bibliografía: Espejo Serna, M.A. *Fl. Veracruz* 67: 1-22 (1992); *Fl. Méxic.* 7(2): 1-16 (1997). Kubitzki, K. *Bot. Jahrb. Syst.* 89: 78-148 (1969a); 89: 149-209 (1969b).

1. Árboles perennifolios; hojas sin cistolitos; inflorescencias rodeadas por brácteas; fruto incluido en una cúpula acrescente (Subfamilia Hernandioideae). **2. Hernandia**

1. Árboles caducifolios o arbustos escandentes perennifolios; hojas con cistolitos; inflorescencias sin brácteas; fruto no incluido en una cúpula (Subfamilia Gyrocarpoideae).
2. Árboles caducifolios; hojas (3-)5(-7)-lobadas, raramente enteras (*Gyrocarpus americanus*); fruto con 2 alas oblongo-espatuladas terminales; selvas bajas caducifolias y matorrales. **1. Gyrocarpus**
2. Arbustos perennifolios, generalmente escandentes; hojas enteras; fruto nunca alado; selvas altas y medianas perennifolias o selvas riparias. **3. Sparattanthelium**

1. Gyrocarpus Jacq.

Por A. Espejo Serna.

Árboles hasta 30 m, rara vez arbustos, de olor desagradable, andromonoicos, caducifolios. Hojas 3-5(-7)-lobadas a enteras, con cistolitos, actinódromas, en las partes terminales de las ramas. Inflorescencias seudoterminales, agrupadas en el ápice tomentoso de las ramas, tirsoides, presentes cuando el árbol no tiene hojas; brácteas ausentes; flores asimétricas; flores perfectas con (6)7(8) tépalos; estambres 4 a 6, las anteras globosas; estaminodios libres, alternos a los estambres o bien uno central; estilo capitado; flores masculinas con 4-7 tépalos, el ovario reducido, el estilo rudimentario o ausente. Infrutescencias péndulas; frutos samaroides, subglobosos a elipsoides, acostillados o lisos, glabros o tomentosos, sostenidos por 2 tépalos largos, oblongo-espatulados, acrescentes; semillas subglobosas a elipsoides. 3-5 spp., pantropical; 3 spp. en Mesoamérica.

1. Hojas enteras a muy levemente 3-lobadas; estambres 4; fruto ovoide, las costillas inconspicuas o ausentes. **1a. G. americanus** var. **americanus**
1. Hojas profundamente 3-5(-7)-lobadas; estambres 5; fruto oblongo-elipsoide, las costillas conspicuas, elevadas.
2. Frutos completamente glabros. **2. G. jatrophifolius**
2. Frutos densamente amarillo-tomentosos. **3. G. mocinoi**

1. Gyrocarpus americanus Jacq., *Select. Stirp. Amer. Hist.* 282 (1763). Lectotipo (designado por Kubitzki, 1969b): Colombia, *Jacquin s.n.* (BM). Ilustr.: Espejo Serna, *Acta Bot. Mex.* 13: 41, t. 1A (1991).

Gyrocarpus jacquinii Gaertn.

Consiste de 8 variedades, 7 de las cuales se encuentran en África, Madagascar y Australasia; solo la variedad típica se encuentra en América.

1a. Gyrocarpus americanus Jacq. var. **americanus**.

Árboles hasta 20(-25) m. Hojas 4-25 × 4-45 cm, enteras a levemente 3-lobadas, pelosas cuando jóvenes, glabrescentes cuando maduras, la base anchamente cordada; pecíolo 4-19 cm. Inflorescencias 5-15 × 3-15 cm; flores perfectas verdes a verde-amarillentas, los tépalos (7)8, c. 0.5 mm, ovados a lanceolados, pelosos, enteros, agudos; estambres 4, los filamentos c. 3-4 mm, glabrescentes, las anteras c. 0.6 mm de diámetro, cubiertas de glándulas; estaminodios 4, 0.5-1 mm, diminutamente pilosos; flores masculinas similares pero con el ovario reducido y el estilo rudimentario. Frutos 1.6-2.2 × 1-1.4 cm, ovoides, inconspicuamente 8-acostillados longitudinalmente a lisos, pubescentes, pardo-grisáceos, sostenidos por 2 tépalos acrescentes, estos 6.2-8(-10) × 0.9-1.8 cm en la parte distal, oblongo-espatulados, pardo-grisáceos. *Selvas bajas caducifolias, matorrales*. H (*Williams 10858*, MEXU); ES (*Davidse et al. 37329*, BM); N (*Moreno 4824*, MEXU). 0-700 m. (México [Oaxaca], Mesoamérica, Colombia, Venezuela).

2. Gyrocarpus jatrophifolius Domin., *Biblioth. Bot.* 22(Heft 89): 682 (1921-1929 [1925]). Lectotipo (designado por Kubitzki, 1969b): Costa Rica, *Tonduz 13782* (K). Ilustr.: Espejo Serna, *Fl. Veracruz* 67: 5, t. 1 (1992).

Gyrocarpus americanus auct. non Jacq., *G. americanus* Jacq. var. *schiedei* Schltdl.

Árboles hasta 20 m. Hojas 5-45 × 5-45 cm, (3-)5(-7)-lobadas, pelosas cuando jóvenes, glabrescentes cuando maduras, la base anchamente cordada; lóbulos enteros, oblongo-ovados, acuminados, los senos 2/5-3/5 de la longitud de la lámina; pecíolo 1-42.5 cm. Inflorescencias 3-15 × 2-12 cm; flores perfectas, verdes a verde-amarillentas, los tépalos (7)8, c. 0.5 mm, ovados a lanceolados, pelosos, enteros, agudos, inflexos; estambres 5, filamentos c. 1.5 mm, glabrescentes, las anteras c. 0.5 mm de diámetro, cubiertas de glándulas; estaminodio único, c. 0.5 mm, diminutamente granuloso; flores masculinas similares pero con el ovario reducido y el estilo rudimentario. Frutos 1.8-2.9 × 0.85-1 cm, oblongo-elipsoides, con 8-11 costillas longitudinales conspicuas, elevadas, completamente glabros, pardo-grisáceos, sostenidos por 2 tépalos acrescentes, estos (4-)8-12.5 × 0.95-2.4 cm en la parte distal, oblongo-espatulados, pardo-grisáceos. *Selvas bajas caducifolias, matorrales*. Ch (*Matuda 18367*, UAMIZ); Y (*Flores 8161*, XAL); C (*Gutiérrez 5796*, UAMIZ); G (*Heyde & Lux 4408*, US); H (*Standley 21007*, F); ES (*Tucker 557a*, MO); CR (*Tonduz 13782*, GH). 0-2000 m. (México [Colima, Durango, Edo. México, Guerrero, Jalisco, Michoacán, Morelos, Nayarit, Puebla, Sinaloa, Veracruz], Mesoamérica).

3. Gyrocarpus mocinoi Espejo, *Acta Bot. Mex.* 13: 48 (1991). *Gyrocarpus americanus* Jacq. var. *pavonii* Meisn. in DC., *Prodr.* 15: 248 (1864). Lectotipo (designado por Kubitzki, 1969b): México, estado desconocido, "*Pavón s.n.*" [seguramente *Sessé & Mociño s.n.*] (fragm. NY! ex G). Ilustr.: Espejo Serna, *Acta Bot. Mex.* 13: 44, t. 4B (1991).

Gyrocarpus jatrophifolius Domin var. *pavonii* (Meisn.) Domin.

Árboles hasta 20 m. Hojas (3-)5(-7)-lobadas, 6-45 × 5-45 cm, pelosas cuando jóvenes, glabrescentes cuando maduras, la base anchamente cordada; lóbulos enteros, oblongo-ovados, acuminados, los senos 2/5-3/5 de la longitud de la lámina; pecíolo 4-40 cm. Inflorescencias 3-18 × 3-15 cm; flores perfectas, verdes a verde-amarillentas, los tépalos (7)8, c. 0.5 mm, ovados a lanceolados, pelosos, enteros, agudos; estambres 5, los filamentos c. 1.5 mm, glabrescentes, las anteras c. 0.5 mm de diámetro, cubiertas de glándulas; estaminodio único, c. 0.5 mm, diminutamente granuloso; flores masculinas similares pero con ovario reducido y estilo rudimentario. Frutos 1.7-2 × 0.8-1 cm, oblongo-elipsoides, con 8-11 costillas longitudinales conspicuas, elevadas, densamente amarillo-tomentosos, sostenidos por 2 tépalos acrescentes, estos (4-)5-9.5 × 0.8-1.5 cm en la parte distal, oblongo-espatulados, pardo claro. *Selvas bajas caducifolias, matorrales*. Ch (*Espejo 2370*, UAMIZ); G (*Kellerman 5635*, MEXU); ES (*Standley 21976*, US). 0-1600 m. (México [Oaxaca, Puebla], Mesoamérica).

2. Hernandia L.

Hernandezia Hoffmans.

Por A. Espejo Serna.

Árboles perennifolios. Hojas enteras, camptódromas, actinódromas o triplinervias, rara vez peltadas. Inflorescencias agrupadas hacia el extremo de las ramas, tirsoides, los dicasios con 3 flores, rara vez 2, las (1)2 flores laterales masculinas, la central femenina; brácteas de las flores femeninas fusionadas formando una cúpula; flores unisexuales, actinomorfas, aromáticas; flores masculinas con 3-5(6) tépalos; estambres 3-5(6), opuestos a los tépalos externos, los filamentos con 2 glándulas (nectarios glandulares) basales, las anteras oblongas; ovario con estilo rudimentario o ausente; flores femeninas con 4-6 tépalos; estilo sigmoideo, rodeado por 4 o 5(-12) glándulas, el estigma irregular, dilatado en el ápice. Fruto en cipsela ovoide a elipsoide, acostillada, rara vez lisa, generalmente glabra, incluida en una cúpula acrescente, subglobosa a ovoide; semillas ariladas. Aprox. 25 spp., pantropical; 4 spp. en Mesoamérica.

1. Hojas elípticas a oblongas.
  2. Pedicelos de las flores masculinas c. 7 mm; filamentos de los estambres 4-5 mm; brácteas de los dicasios oblongas, c. 7 × 1 mm. **1. H. didymantha**
  2. Pedicelos de las flores masculinas c. 2 mm; filamentos de los estambres de menos de 1 mm; brácteas de los dicasios ovadas u ovado-oblongas, 5-6 × 3-4 mm. **2. H. hammelii**
1. Hojas ovadas a ampliamente ovadas u orbiculares.
  3. Hojas sin acarodomacios en las axilas de las venas por el envés; cúpula ciatiforme, 3.2-5.6 × 2.8-3.2 cm, con un orificio apical 1.1-1.3 cm, exponiendo toda la parte apical del fruto. **3. H. stenura**
  3. Hojas con acarodomacios en las axilas de las venas por el envés; cúpula globosa, 2.8-3.3 cm de diámetro, con un tubo apical de 1.5-2 cm de diámetro, el borde algunas veces reflexo, encerrando completamente al fruto. **4. H. wendtii**

1. Hernandia didymantha Donn. Sm., *Bot. Gaz.* 31: 120 (1901). Holotipo: Costa Rica, *Pittier 12682* (CR!). Ilustr.: Burger, *Fieldiana, Bot.* n.s. 23: 130, t. 23E (1990).

Árboles hasta 40 m. Hojas 10-21 × 3.5-11 cm, conduplicadas, elípticas a oblongas, coriáceas, eucamptódromas, la base obtusa a redondeada, agudas a cortamente acuminadas; pecíolo 3-7 cm. Inflorescencias (4-)9-23 cm; brácteas de los dicasios 3-4, c. 7 × 1 mm, oblongas; flores 2 o 3 por dicasio; dicasios con 2 flores, una flor masculina y la otra femenina, los que tienen 3 flores, 2 son masculinas y 1 femenina; pedicelos de las flores masculinas c. 7 mm; flor masculina con 6 tépalos, los externos 5-7 × c. 2.3 mm, los internos 5-7 × 1.5 mm, oblongos, densamente cinéreo-tomentosos, enteros; estambres 3, los filamentos 4-5 mm, densamente cinéreo-tomentosos, las anteras 1.5-2 mm; flor femenina con 6 u 8 tépalos, los externos 5-6 × c. 2 mm, oblongos, densamente cinéreo-tomentosos, los internos c. 5 × 1 mm, angostamente oblongos, densamente cinéreo-tomentosos ; ovario c. 2 × 1 mm, cilíndrico, densamente cinéreo-tomentoso, incluido en una cúpula c. 3 × 2 mm de diámetro, crateriforme, 3-lobulada, densamente cinéreo-tomentosa, el estilo 3-4 mm, rodeado de (2-)4 glándulas. Frutos 2-2.2 × 1.8-2 cm, ovoides, lisos, glabros, incluidos en una cúpula 2.5-3 cm de diámetro, globosa, glabra, con un orificio 2-3 mm. *Selvas altas perennifolias*. G (*Hayes s.n.*, US); H (*Saunders 1097*, F); N (*Stevens 7507*, MO); CR (*Pittier 12682*, US); P (*Mori 6651*, MEXU). 0-1450 m. (Mesoamérica, Colombia, Ecuador).

2. Hernandia hammelii D'Arcy, *Ann. Missouri Bot. Gard.* 68: 224 (1981). Holotipo: Panamá, *Hammel 7205* (MO!). Ilustr.: no se encontró.

Árboles hasta 20 m. Ramas jóvenes con cicatrices foliares circulares conspicuas, blancas. Hojas 6-12 × 2.5-6.5 cm, elípticas, coriáceas, discoloras, lustrosas, la base redondeada, obtusas a cortamente acuminadas; pecíolo 2-5 cm. Inflorescencias 3.5-17 cm; brácteas de los dicasios 3-4, 5-6 × 3-4 mm, ovadas a ovado-oblongas, densamente cinéreo-tomentosas, obtusas, a veces asimétricas en el ápice; pedicelos de las flores masculinas c. 2 mm; flores masculinas con 6 tépalos, los externos c. 4 × 2-3 mm, elípticos a ampliamente elípticos o elíptico-oblongos, blancos a rosados, los internos c. 4 × 1 mm, oblongos, densamente cinéreo-tomentosos; estambres 3, los filamentos c. 1 mm, con un par de glándulas en la base, las anteras c. 1.5 mm, oblongas; flor femenina sésil, con 8 tépalos, los externos c. 3.5 × 2 mm, oblongos a ligeramente elípticos, densamente cinéreo-tomentosos, los internos c. 3.5 × 1.3 mm, blancos a rosados, densamente cinéreo-tomentosos; ovario c. 3 × 1.5 mm, cilíndrico, incluido en una cúpula de c. 4 × 4 mm, urceolada, densamente cinéreo-tomentosa por fuera, glabra por dentro, con el borde sinuado, el estilo c. 2.5 mm, densamente cinéreo-tomentoso, rodeado de 4 glándulas. Frutos c. 1.2 cm de diámetro, globosos, lisos, incluidos en una cúpula 1.3-1.5 cm de diámetro, globosa a subglobosa, glabra, verde, el orificio 0.6-0.7 mm. *Selvas altas perennifolias*. P (*Mori et al. 4584*, MO). 350-500 m. (Endémica).

3. Hernandia stenura Standl., *Publ. Field. Mus. Nat. Hist., Bot. Sér.* 18: 1553 (1938). Holotipo: Costa Rica, *Brenes 13655* (F!). Ilustr.: Burger, *Fieldiana, Bot.* n.s. 23: 130, t. 23D (1990).

Árboles hasta 30 m. Hojas 6.5-16 × 2.5-7.5 cm, conduplicadas, ovadas o raramente lanceoladas, subcoriáceas, lustrosas, eucamptódromas, la base redondeada a cuneada, agudas a largamente acuminadas; pecíolo 2-7 cm. Inflorescencias 5.5-19 cm; brácteas de los dicasios 3-4, 5-9 × 5-7.5 mm, orbiculares a obovado-oblongas, densamente cinéreo-tomentosas, agudas u obtusas; pedicelos de las flores masculinas 2-2.5 mm; flores masculinas con 6 tépalos, 4.3-7.3 × 2.5-4 mm, orbicular-elípticos a oblongos, densamente cinéreo-tomentosos; estambres 3, los filamentos c. 0.5 mm, glabros a pubérulos, las anteras c. 1 mm; flor femenina sésil, con 8 tépalos similares a los de las flores masculinas; ovario c. 1.5 mm, glabro, incluido en una cúpula de c. 2 × 2.2 mm, campanulada, densamente cinéreo-tomentosa por fuera, glabra por dentro, con el borde levemente ondulado, el estilo c. 3 mm, densamente cinéreo-tomentoso, rodeado de 4 glándulas. Frutos 2.2-2.6 × 1.6-1.7 cm, 7 u 8-acostillados, las costillas conspicuas, elevadas, incluidos en una cúpula 3.2-5.6 × 2.8-3.2 cm, ciatiforme, carnosa, glabra, roja a purpúrea con los márgenes levemente ondulados, el orificio 11-13 mm. *Selvas altas perennifolias*. Ch (*Martínez S. 12047*, UAMIZ); G (*Kuylen 142*, US); H (*Hazlett 3361*, MEXU); N (*Proctor et al. 27360*, F), CR (*Herrera & Chacón 2380*, MO); P (*Gentry & Dwyer 3593*, MO). 0-1100 m. (Endémica).

4. Hernandia wendtii Espejo, *Fl. Veracruz* 67: 14 (1992). Holotipo: México, Veracruz, *Wendt et al. 5272* (CHAPA!). Ilustr.: Espejo Serna, *Fl. Veracruz* 67: 17, t. 3 (1992). N.v.: Aguacatillo, tambor, G.

Árboles hasta 30 m, algunas veces con raíces zancudas. Hojas 4-25 × 2.5-12 cm, ovadas a ampliamente ovadas o casi orbiculares, raramente cortamente peltadas, conduplicadas, subcoriáceas, lustrosas, eucamptódromas, las venas por lo menos con un par de acarodomacios membranosos por el envés, la base redondeada, algunas veces levemente cordada, agudas a largamente acuminadas; pecíolo 2.2-18.5 cm. Inflorescencias 6-25 cm; brácteas de los dicasios 4, 5-9 × 3-4 mm, obovado-oblongas, orbicular-ovadas o elípticas; pedicelos de las flores masculinas 1-2.5 mm; flores masculinas con 6 tépalos, 3-5.5 × 1-2 mm, elípticos a oblongo-lanceolados, densamente cinéreo-tomentosas; estambres 3, los filamentos 0.5-1 mm, densamente cinéreo-tomentosos, las anteras c. 1 mm, oblongo-elipsoides; flor femenina sésil, con (6)8 tépalos, 2-4 × 1-2 mm, elípticos a oblongo-lanceolados, densamente cinéreo-tomentosos ; ovario c. 1.5 mm, glabro, incluido en una cúpula de c. 1.5 × 1.5 mm, campanulada, densamente cinéreo-tomentosa excepto por un arilo marginal interno, el margen levemente ondulado, el estilo c. 2 mm, densamente cinéreo-tomentoso, rodeado de (3)4 glándulas. Frutos c. 1.8 cm, globosos a subglobosos, 8-9-acostillados, glabros, incluidos en una cúpula 2.8-3.3 cm, globosa, surcada longitudinalmente, a veces con el borde reflexo, glabra, cartilaginosa, crema a escarlata-rosado, encerrando completamente al fruto, con un tubo apical de c. 1 × 1.5-2 cm diámetro. *Selvas altas perennifolias*. Ch (Espejo Serna, 1992: 16); G (*Standley 89087*, F). 50-1200 m. (México [Puebla, Veracruz], Mesoamérica).

Los registros anteriores para Honduras y Costa Rica (Espejo Serna, 1992) son erróneos.

3. Sparattanthelium Mart.

Por A. Espejo Serna.

Arbustos hasta 15 m, generalmente escandentes, monoicos, perennifolios. Hojas enteras, con abundantes cistolitos, triplinervias a trinervias, las venas superiores camptódromas. Inflorescencias subterminales a axilares, paniculadas, generalmente sin brácteas, a veces con bractéolas en las ramificaciones inferiores; flores perfectas, actinomorfas, aromáticas, con 4 o 5(-8) tépalos en un solo verticilo; estambres 4 o 5(-7), alternos con los tépalos, los filamentos filiformes, las anteras oblongas, apiculadas; estilo cilíndrico. Infrutescencia acrescente, péndula, nudosa, glabra, blanco-grisácea; frutos en cipselas péndulas, subglobosos a elipsoides, acostillados longitudinalmente; semillas subglobosas a elipsoides. 13 spp., desde el sur de México hasta Sudamérica tropical; 1 sp. en Mesoamérica.

1. Sparattanthelium amazonum Mart., *Flora* 24(2, Beibl. 2): 42 (1841). Lectotipo (designado por Kubitzki, 1969b): Brasil, *Poeppig 2843a* (BR). Ilustr.: Espejo Serna, *Fl. Veracruz* 67: 21, t. 4 (1992).

Sparattanthelium amazonum Mart. subsp. *guatemalense* (Standl.) Kubitzki, *S. guatemalense* Standl., *S. septentrionale* Sandwith.

Arbustos glabrescentes en sus partes maduras, pelosos en sus partes jóvenes. Hojas 2-13 × 1-8 cm, lanceoladas, elípticas u oblongo-ovadas, herbáceas, lustrosas, generalmente glabras, a veces pelosas principalmente en las venas, la base redondeada a atenuada, a veces ligeramente cordada, frecuentemente oblicua, acuminadas; pecíolo 1-8 cm. Inflorescencias axilares, 5-10 × c. 8 cm; flores blancas a blanco-verdosas; tépalos (4)5(-7), 1.6-2 × c. 0.5 mm, oblongos, pelosos, enteros, algunas veces 1 o 2 más pequeños; estambres 4 o 5, los filamentos c. 0.5 mm, pelosos, las anteras c. 1 mm, oblongo-elipsoides; ovario c. 1 mm, campanulado, el estilo 1.5-2 mm, capitado. Infrutescencia 5-10 cm, flexuosa; frutos 1-2 × 0.5-0.9 cm, oblongo-elipsoides, 4-6-acostillados, glabros, articulados, gris a gris-verdosos. *Selvas altas y medianas perennifolias, selvas riparias*. T (*Ventura 21265*, UAMIZ); Ch (*Espejo et al. 1076*, UAMIZ); Y (*Johnson 129*, K); G (*Standley 25066*, US); H (*Standley 54982*, US); N (*Rueda et al. 1738*, MO); CR (*Cooper 10234*, US); P (*D'Arcy et al. 15539*, BM). 0-500 m. (México [Oaxaca, Veracruz], Mesoamérica, Colombia, Ecuador, Perú, Bolivia, Brasil).

51. MONIMIACEAE

Descripción de la familia por D.H. Lorence.

Árboles o arbustos perennifolios, rara vez bejucos, frecuentemente aromáticos, monoicos o dioicos, rara vez con flores perfectas (no en Mesoamérica), la madera con radios anchos. Hojas simples, generalmente opuestas y decusadas, rara vez ternadas o alternas (no en Mesoamérica), sin estípulas, frecuentemente punteado-glandulosas con células con aceites volátiles, los tricomas simples, fasciculados o estrellados (no en Mesoamérica), pinnatinervias, la nervadura generalmente broquidódroma, los márgenes enteros o serrados. Inflorescencias cimosas o tirsoides, o las flores fasciculadas o solitarias, tanto terminales como axilares, ramifloras o caulifloras, las bractéolas pequeñas y caducas. Flores pequeñas a grandes, actinomorfas, generalmente unisexuales, rara vez bisexuales o polígamas (no en Mesoamérica); receptáculo generalmente bien desarrollado, variable en forma, caliptrado o no, algunas veces abriéndose irregularmente; tépalos subiguales, espiralados, verticilados o decusados, generalmente pequeños y reducidos, rara vez petaloides. Flores estaminadas con pocos a numerosos estambres cíclicos o acíclicos, los filamentos generalmente cortos y aplanados, algunas veces con un par de apéndices basales o estaminodios (no en Mesoamérica), las anteras basifijas, 4-esporangiadas, erectas, los lóculos separados o confluentes apicalmente, laterales, longitudinalmente dehiscentes; granos de polen generalmente no aperturados, rara vez aperturados. Flores pistiladas con o sin estaminodios; carpelos (1-) varios a numerosos, acíclicos, rara vez solitarios, 1-loculares, brevemente pedicelados o sésiles, libres o envueltos o inmersos en la pared del receptáculo (no en Mesoamérica), el estilo corto o alargado, el estigma terminal, seco, el ovario solitario, erecto, horizontal o péndulo. Carpelos fructíferos expuestos o envueltos o inmersos en la pared acrescente del receptáculo (no en Mesoamérica), indehiscentes, frecuentemente drupáceos con un mesocarpo membranáceo o carnoso o con apéndice similar al arilo; endocarpo membranáceo a óseo; semilla erecta a péndula, el endospermo abundante, oleífero y carnoso, el embrión recto, los cotiledones erectos a divaricados. 22 gen. y aprox. 200 spp. en los trópicos principalmente del hemisferio sur; 1 gen. y 8 spp. en Mesoamérica.

Monimiaceae es una familia de arbustos y árboles pequeños y consiste de 3 subfamilias: Hortonioideae Thorne & Reveal, Mollinedioideae Thorne y Monimioideae Raf. *Siparuna* fue históricamente ubicado en Monimiaceae, pero ahora se encuentra en su propia familia Siparunaceae.

1. **Mollinedia** Ruiz & Pav.

Por D.H. Lorence.

Arbustos o árboles pequeños, dioicos, glabros a pilosos o estrigulosos, los tricomas simples. Hojas opuestas, pecioladas, enteras a dentadas. Inflorescencias terminales, axilares o sobre nudos afilos, en dicasios o tirsoides, rara vez solitarias. Flores pediceladas, bracteoladas; receptáculo aplanado, campanulado, cupuliforme, obcónico, o urceolado; tépalos 4, en pares iguales o subiguales, 1(2) frecuentemente más grandes y laciniados. Flores estaminadas frecuentemente amarillas; receptáculo internamente glabro, encerrando 8-55 estambres, los filamentos cortos o ausentes, las anteras con los lóculos libres o confluentes apicalmente, dehiscentes longitudinalmente. Flores pistiladas caliptradas, el ápice con 4 tépalos triangulares pequeños, el ápice del hipanto circuncísil y dehiscente después de la antesis, internamente glabro o pubescente; carpelos 6-130. Receptáculo fructífero en forma de un toro carnoso, glabro o pubescente, conteniendo drupas libres; drupas maduras sésiles o estipitadas, ovoides a elipsoidales, lisas o verrugosas, glabras o pelosas, el mesocarpo delgado, carnoso, el endocarpo delgado, córneo. 20-90 spp. en el sur de México, Mesoamérica, Sudamérica tropical; 8 spp. en Mesoamérica.

Mollinedia es un género de 20 (Mabberley, 2017; Renner & Hausner, 1997b) o hasta tal vez 95 (Peixoto, 1986) especies. La mayor diversidad se encuentra en la cuenca del Amazonas y los Andes.

Aunque se han publicado 20 nombres de especies de *Mollinedia* en México y Mesoamérica, en este tratamiento solo se reconocen 8 especies para Mesoamérica. Ciertas especies muestran considerable variación morfológica que hasta ahora no se entiende muy bien (Gómez-Laurito, 2007; Lorence, 2001). Por ejemplo, en especies con amplio rango altitudinal, como *M. viridiflora* y *M. costaricensis*, las poblaciones de elevaciones bajas en general tienen hojas más grandes y más delgadas que aquellas de elevaciones altas. El tamaño, la forma y la dentición de la hoja puede variar considerablemente dentro de una especie y frecuentemente dentro de un solo individuo. Las hojas de las ramas basales o juveniles son más grandes y tienen más dientes que las hojas adultas de las ramas distales.

Algunos caracteres taxonómicamente útiles son la densidad de pelosidad, la relación entre el largo y ancho de la hoja y el número de venas secundarias, el tamaño floral, el número de estambres y el tamaño de los carpelos maduros, así como las características de su superficie. Sin embargo, algunas especies de *Mollinedia* de México y Mesoamérica tienden a intergradarse o traslaparse en uno o más caracteres como la densidad de la pelosidad, el tamaño y la forma de la hoja, el número de flores, el número de estambres, y la forma y color de las drupas, haciendo extremadamente difícil, si no imposible, el reconocimiento de entidades taxonómicas claramente definidas. Esta extrema variabilidad puede deberse a la historia fitogeográfica reciente del género en Mesoamérica y a la subsecuente radiación a hábitats recientemente disponibles en esta región. Además, los frutos de *Mollinedia* están adaptados para la dispersión por aves, y esto podría resultar en un extenso flujo genético impuesto por el cruce obligado y la consiguiente hibridización entre poblaciones, resultando así en un patrón evolutivo complejo y reticulado. En el tratamiento de Monimiaceae para la *Flora of Panama*, Duke (1962c [1963]) reportó la presencia de numerosas entidades pobremente diferenciadas que él llamó "microespecies", las cuales son taxonómicamente desconcertantes. En todo caso, con el fin de producir un tratamiento práctico y suficientemente útil, se decidió reducir a la sinonimia un buen número de nombres y adoptar un concepto amplio de especie para algunos taxones, reconociendo solo 8 especies en Mesoamérica. El concepto amplio de especie adoptado para *M. viridiflora* no es particularmente satisfactorio, pero una subdivisión infraespecífica no es posible debido a la intergradación de caracteres. Claramente se requiere investigación adicional, que incluya trabajo de campo y estudios moleculares, con el fin de llegar a un entendimiento claro de la delimitación de las especies y los linajes filogenéticos en este género taxonómicamente complejo.

1. Hojas (23-)28-42 × (14-)21-28.5 cm; flores estaminadas con c. 150 estambres. **5. M. maxima**
1. Hojas 5-23 × 1-15.5 cm; flores estaminadas con 8-37(-45) estambres.
  2. Tallos, pecíolos e inflorescencias con la superficie oculta por un indumento de tricomas denso y persistente, al menos cuando jóvenes (algunos individuos de *Mollinedia butleriana* y *M. lanceolata* glabros o glabrescentes).
    3. Hojas anchamente elípticas, anchamente ovado-elípticas, o suborbiculares, o algunas veces obovado-elípticas, la relación longitud/ancho de 1.25:1-2:1. **2. M. butleriana**
    3. Hojas lanceoladas, oblongo-ovadas, ovadas, elípticas u obovado-elípticas, la relación longitud/ancho de 1.2:1-4:1.
      4. Hojas más amplias en o por encima de la mitad. **3. M. costaricensis**
      4. Hojas más amplias por debajo de la mitad. **4. M. lanceolata**
  2. Tallos, pecíolos e inflorescencias glabros a estrigulosos, las superficies no ocultas por un indumento de tricomas, lisos cuando jóvenes.
    5. Hojas con la relación longitud/ancho de 3.6:1-7:1, con 8-14 pares de venas secundarias.
      6. Corteza de las ramitas más viejas y de las ramas lisa, lenticelada o fisurada, no suberosa. **1. M. angustata**
      6. Corteza de las ramitas más viejas y de las ramas con estrías o marcas suberosas. **7. M. pallida**
    5. Hojas con la relación longitud/ancho de 1.75:1-4:1, con 4-6(-8) pares de venas secundarias.
      7. Flores estaminadas 2-3(-5) × 2-4(-5) mm; estambres 8-18; flores pistiladas 4-5 × 3-4 mm incluyendo la caliptra; carpelos fructíferos maduros 8-11 × 7-8 mm, anchamente ovoide-elipsoidales a subglobosos. **6. M. minutiflora**
      7. Flores estaminadas 4-6 × 4-7 mm; estambres 20-25; flores pistiladas 5-10 × 2.5-6 mm incluyendo la caliptra; carpelos fructíferos maduros 13-15 × 9-10 mm, ovoide-elipsoidales. **8. M. viridiflora**

1. Mollinedia angustata Lundell, *Wrightia* 5: 29 (1974). Isotipo: Guatemala, *Contreras 10889* (F!). Ilustr.: no se encontró.

Árboles hasta 9 m; tallos jóvenes y hojas diminuta y escasamente estrigulosos, glabrescentes; ramitas foliosas 1.5-2 mm de diámetro. Hojas 8-14 × 1.3-2.8 cm, la relación longitud/ancho de 4:1-7:1, angostamente lanceoladas a angostamente elípticas o linear-elípticas, cartáceas a subcoriáceas, glabras excepto la vena media escasamente estrigulosa en el envés, las venas secundarias 8-14 pares, broquidódromas, inconspicuas en el haz, la nervadura ligeramente prominente en el envés y visible hasta el tercer grado, la base angostamente cuneada, los márgenes subenteros o con 1-5 pares de dientes en el 1/2 distal, escasamente revolutos o aplanados, el ápice acuminado, escasamente falcado; pecíolo 4-9 × 0.8-1 mm. Inflorescencias estaminadas 1.5-3 × 1.5-2 cm, de 1-3 dicasios, escasamente estrigulosas; bractéolas hasta 1 mm, angostamente triangulares a ovado-elípticas; pedúnculos 5-13 mm; pedicelos 4-12 mm, delgados; flores estaminadas c. 3 × 2-2.5 mm en yema, 4-5 mm de ancho en la antesis; tépalos 1-2 × 1-2 mm, triangular-ovoides; estambres 10-26, 0.6-0.8 × 0.8-1 mm, los lóculos confluentes apicalmente. Flores pistiladas solitarias sobre nudos afilos, estrigulosas; pedicelo más pedúnculos 25-30 mm, diminutamente bracteolados en el medio; receptáculo 4-5.5 × c. 3 mm, angostamente ovoide; tépalos c. 1 mm, angostamente triangulares; carpelos 10-12. Pedúnculo fructífero (incluido el pedicelo) 10-23 mm; toro pubescente; carpelos fructíferos 12-18 × 8-11 mm, brevemente estipitados, anchamente ovoides a ovoide-elipsoidales, rugulosos, glabrescentes o escasamente estrigulosos basalmente. *Selvas altas perennifolias*. G (*Lundell & Contreras 20429*, MO). 1500-2300 m. (México [Veracruz], Mesoamérica).

Mollinedia angustata se espera encontrar en Chiapas. Se distingue por sus hojas angostas con relación longitud/ancho de 4:1-7:1. Se asemeja a *M. torresiorum* Lorence de Oaxaca, México, la cual difiere en tener tallos y hojas completamente glabros, bractéolas de la inflorescencia más largas de 5-6 mm, flores estaminadas con 16-19 estambres, receptáculo fructífero con toro glabro y carpelos lisos (Lorence, 1999).

2. Mollinedia butleriana Standl., *Publ. Field Mus. Nat. Hist., Bot. Ser.* 4: 306 (1929). Holotipo: Honduras, *Standley 56770* (F!). Ilustr.: no se encontró.

Arbustos o árboles pequeños hasta 6 m; tallos jóvenes y hojas densamente pardo-velutino-hírtulas con tricomas patentes. Hojas (10-) 15-20 × (5.5-)6.5-15.5 cm, la relación longitud/ancho de 1.25:1-2:1, anchamente elípticas, anchamente ovado-elípticas o suborbiculares, cartáceas a subcoriáceas, pardas al secarse, el haz escasamente hírtulo sobre todas las venas, el envés hírtulo sobre la superficie y densamente hírtulo a lo largo de las venas y la vena media, los tricomas hasta 0.5 mm, patentes, las venas secundarias 5 o 6 pares, broquidódromas, la nervadura hasta el quinto grado ligeramente prominente en el envés, la base anchamente cuneada a obtusa o redondeada, los márgenes generalmente con 5-15 pares de dientes pequeños en los 2/3 distales o subenteros, el ápice obtuso a redondeado o con la punta abrupta y cortamente acuminada de hasta 0.5 cm; pecíolo 10-20 × 1.5-2.5 mm, hírtulo, velutino-tomentoso. Inflorescencias axilares, sobre nudos afilos o algunas veces terminales, dicasiales, densamente pardo-hírtulo-velutinas. Inflorescencias estaminadas 2-3 cm, de 1-3 dicasios; pedúnculos 4-20 mm; brácteas 1.5-2.5 mm, ovadas; pedicelos 1.5-7 mm; flores estaminadas c. 3 × 3-4 mm en yema, obcónicas, 4-5 × 4-5 mm en la antesis; tépalos c. 2 × 4 mm, obtusos; estambres 30-35, 1-1.5 mm. Inflorescencia pistilada de 1-3 flores; pedúnculos 2-10 mm; pedicelos 1-3 mm; receptáculo 4-5 × 5-6 mm, ovoide-urceolado; tépalos 4, triangulares; carpelos 15-20. Pedúnculo fructífero (incluido el pedicelo) 8-25 mm; toro hírtulo; carpelos 15-16 × c. 12 mm, sésiles o brevemente estipitados, anchamente ovoide-elipsoidales o subglobosos, la superficie rugulosa, pilósula-estrigulosa, morado-negra al madurar. *Selvas altas perennifolias, bosques mesófilos de montaña con* Quercus *y* Liquidambar. H (*MacDougal et al. 3406*, MO). 500-1200 m. (México [Oaxaca, Veracruz], Mesoamérica).

Mollinedia butleriana está caracterizada por la pelosidad densa y generalmente de tricomas pardos, patentes sobre los tallos, hojas e inflorescencias, además por sus hojas comparativamente grandes. La pelosidad parda, patente, se asemeja a aquella de *M. costaricensis*, la cual difiere por sus hojas más angostas con relación longitud/ancho de 2:1-3:1, y pedicelos y pedúnculos más largos. Sin embargo, algunas colecciones de *M. butleriana* de Honduras (p. ej., *Liesner 26695*, MO) se acercan a *M. costaricensis* en tener pelosidad relativamente espaciada y pedicelos más largos.

3. Mollinedia costaricensis Donn. Sm., *Bot. Gaz.* 33: 257 (1902). Sintipo: Costa Rica, *Donnell Smith 6760* (US!). Ilustr.: no se encontró.

Arbustos o árboles pequeños, 2-10 m, en ocasiones desparramados; tallos jóvenes y hojas densamente velloso-tomentosos, los tricomas 0.2-0.5 mm, persistentes, pardos, patentes o antrorsamente curvados; ramitas foliosas frecuentemente comprimidas. Hojas (6-)7-16 × (2-) 3.5-7 cm, la relación longitud/ancho de 1.2:1-4:1, anchamente elípticas a elípticas, oblongo-elípticas u obovado-elípticas, cartáceas, el haz escasamente estriguloso, más densamente a lo largo de la vena media y demás venas, o glabrescente, el envés moderada a densamente estriguloso-tomentoso, las venas secundarias 6 o 7 pares, broquidódromas, la base cuneada a redondeada, algunas veces atenuada, los márgenes subenteros o con 3-10 pares de dientes delgados en el 1/2 distal, el ápice generalmente obtuso o algunas veces redondeado, la punta 0.5-1.5 cm, con frecuencia abrupta y cortamente acuminada; pecíolo 7-14 × 1-2 mm, estriguloso-tomentoso. Inflorescencias axilares o sobre nudos afilos, dicasiales, moderada a densamente estriguloso-tomentosas. Inflorescencias estaminadas 1.5-5 × 2-4 cm, de (1)2-4 dicasios o pleyocasios; pedúnculos 10-35 mm; pedicelos 3-6 mm, bracteolados; flores estaminadas 3-5 × 4-5 mm en yema, subglobosas, 5-7 mm de diámetro en la antesis; tépalos agudos a redondeados; estambres (16-)32-37(-45), 0.8-1.2 × 0.4-1 mm, los lóculos confluentes apicalmente. Inflorescencias pistiladas con 1-3 flores; pedúnculo (incluido el pedicelo) 12-35 mm; flores pistiladas 5-7 × 5-10 mm, subglobosas a anchamente ovoides; tépalos 1-3 mm, triangulares; carpelos 20-35, densamente seríceos. Pedúnculo fructífero (incluido el pedicelo) 1.5-5 cm; toro tomentoso; carpelos fructíferos 11-14 × 9-10 mm, anchamente ovoides a elipsoidales, estrigulosos, rugulosos. *Selvas altas perennifolias, bosques mesófilos de montaña.* H (*Liesner 26087*, MO); N (*Rueda et al. 9650*, MO); CR (*Grayum et al. 5836*, MO); P (*Sytsma 3779*, MO). 0-1900 m. (Endémica).

4. Mollinedia lanceolata Ruiz & Pav., *Syst. Veg. Fl. Peruv. Chil.* 143 (1798). Sintipo: Perú, *Ruiz & Pavón s.n.* (MA). Ilustr.: Renner & Hausner, *Fl. Ecuador* 59: 105, t. 36 (1997b).

Arbustos o árboles pequeños, hasta 4 m; tallos pardusco-velutino-tomentosos, estrigulosos, o menos generalmente glabrescentes cuando jóvenes, glabrescentes con la edad. Hojas 15-24 × 5.5-8.5 cm, la relación longitud/ancho de 3:1-4:1, oblongo-ovadas o lanceoladas, rígidamente cartáceas, el haz escasamente estriguloso o glabrescente, el envés estriguloso, los tricomas más densos a lo largo de la vena media y demás venas, las venas secundarias 7-10 pares, conspicuamente curvadas, broquidódromas, ligeramente prominentes en el haz, la nervadura hasta el cuarto grado ligeramente prominente en el envés, la base cuneada u obtusa a redondeada, los márgenes generalmente con 7-9 pares de dientes pequeños en el 1/2 distal, el ápice acuminado, algunas veces caudado, la punta hasta 2.5 cm; pecíolo 7-11 × 2 mm, velutino-tomentoso a glabrescente. Inflorescencias frecuentemente terminales o axilares, o sobre nudos afilos, dicasiales o pleyocasiales, pardusco-velutino-tomentosas o estrigulosas. Inflorescencias estaminadas 4-13 × 2-4 cm, dicasiales o pleyocasiales, 6-15-flores; pedicelos 3-10 mm; flores estaminadas 3-4 × 4-5 mm, obcónicas o campanuladas, laxamente adpreso-estrigosas; tépalos 2-2.5 × 2.5-3 mm, triangular-ovados; estambres 18-30, 0.8-1 mm. Inflorescencias pistiladas dicasiales o pleyocasiales, con 3-6 flores o las flores solitarias; pedicelo más pedúnculo 12-18 mm, bracteolados; receptáculo 4-5 × 5-6 mm, anchamente ovoide, adpreso-estriguloso; tépalos 4, c. 1 mm, triangulares; carpelos c. 25. Pedúnculo fructífero (incluido el pedicelo) 12-35 mm; toro pubescente; carpelos 12-14 × 9-10 mm, sésiles, ovoide-elipsoidales, lisos a arrugados. *Bosques montanos bajos, bosques montanos húmedos.* P (*Gentry & Mori 13961*, MO). 1000-1900 m. (Mesoamérica, Colombia, Ecuador, Perú, Bolivia).

Varias colecciones que aparentemente representan esta especie son conocidas de las provincias de Darién y Chiriquí en Panamá.

5. Mollinedia maxima J.F. Morales & Grayum, *Darwiniana* 47: 229 (2009). *Mollinedia macrophylla* J.F. Morales & Q. Jiménez, *Novon* 6: 395 (1996) non (A. Cunn.) Tul. (1855). Isotipo: Costa Rica, *Morales et al. 1500* (MO!). Ilustr.: Morales & Jiménez Madrigal, *Novon* 6: 396, t. 1 (1996), como *M. macrophylla*.

Arbustos o árboles pequeños hasta 2 m; ramitas 6-12 mm de diámetro, densamente hírtulas. Hojas (23-)28-42 × (14-)21-28.5 cm, anchamente ovadas a anchamente ovado-elípticas, subcoriáceas, el haz glabrescente, el envés densamente hírtulo sobre la vena media y demás venas, la superficie hírtula, la nervadura secundaria elevada y hasta el sexto grado prominente sobre ambas superficies, la base obtusa, redondeada o subcordada, los márgenes con 15-20 pares de dientes pequeños en los 2/3 distales, el ápice obtuso o agudo y brevemente acuminado con la punta de hasta 1 cm; pecíolo 13-30 × 4-5 mm, densamente hírtulo. Inflorescencias axilares o sobre nudos afilos, dicasiales o pleyocasiales, hírtulo-velutinas, bracteoladas. Inflorescencias estaminadas 4-7 × c. 5 cm, en (1)2-4 cimas, con 3-12 flores; pedúnculos 2-3.5 cm; bractéolas 2-3 mm; pedicelos 3-8 mm, delgados; flores estaminadas 7-9 × 5-8 mm en yema, ovoide-elipsoidales, c. 10 mm en la antesis, estrigulosas; tépalos obtusos; estambres c. 150, 1-2 mm, subsésiles, los lóculos confluentes apicalmente. Inflorescencias pistiladas con 2-5 flores; carpelos 31-40. Pedúnculo fructífero (incluido el pedicelo) c. 1.7 cm; toro hírtulo; drupas maduras 14-17 × 7-8 mm, sésiles o subsésiles, ovoide-elipsoidales, la superficie lisa o escasamente arrugada, escasamente estrigulosas o glabrescentes, negras al madurar. *Bosques muy húmedos, bosques pluviales, bosques de neblina.* CR (*Vargas 416*, MO). 400-1600 m. (Mesoamérica, Colombia, Ecuador).

Renner & Hausner (1997b) registraron *Mollinedia macrophylla* de Panamá, pero no citaron ejemplares.

6. Mollinedia minutiflora Standl. & L.O. Williams, *Ceiba* 1: 237 (1951). Holotipo: Costa Rica, *Norby & Norby 317* (US-[nr] 2215925 ex EAP!). Ilustr.: no se encontró.

Árboles o arbustos, 3-10 m, en ocasiones desparramados; nuevo crecimiento escasamente estriguloso, glabrescente. Hojas 6-17 × 1.7-5.7 cm, elípticas a angostamente elípticas u ovado-elípticas, la base aguda a obtusamente cuneada o redondeada, los márgenes enteros o con 1-7 pares de dientes pequeños, el ápice acuminado; pecíolo 5-12 × 1-1.5 mm. Inflorescencias axilares, sobre nudos afilos o terminales, dicasiales o pleyocasiales, estrigulosos, bracteolados. Cimas estaminadas 1.5-3.5 cm, con 9-15 flores, solitarias o en fascículos de 2 o 3; pedicelos 2-10 mm, delgados; receptáculo 2-3 × 2-4 mm, obcónico, cupuliforme; tépalos obtusos; estambres 8-18, 0.8-1 mm, los filamentos cortos o insignificantes, los lóculos confluentes apicalmente. Inflorescencias pistiladas con 1-5 flores; pedicelo más pedúnculo 10-15 mm, delgado, 2-bracteolado medialmente; receptáculo 4-5 × 3-4 mm, ovoide-urceolado; tépalos 4, triangulares, erecto-patentes en la antesis; carpelos 10-20. Pedúnculo fructífero (incluido el pedicelo) 10-25 mm; toro puberulento; drupas maduras 8-11 × 7-8 mm, sésiles o subsésiles, anchamente ovoide-elipsoidales o subglobosas, morado-pardas o morado-negras al madurar, glabras, rugulosas. *Bosques montanos húmedos, bosques lluviosos.* N (*Rueda et al. 5439*, MO); CR (*Hammel & Nepokroeff 15057*, MO); P (*Hamilton & Stockwell 3558*, MO). 10-800 m. (Endémica).

Mollinedia minutiflora está cercanamente relacionada con *M. viridiflora*, de la cual difiere en tener las flores estaminadas más grandes con los estambres más numerosos, las flores pistiladas ligeramente más grandes con los pedicelos más largos y las drupas ligeramente más grandes. Aunque las diferencias entre estos 2 taxones frecuentemente se traslapan o intergradan, los ejemplares pueden en general separarse por las características dadas en la clave, y en este tratamiento tentativamente se mantienen como especies distintas.

7. Mollinedia pallida Lundell, *Wrightia* 5: 30 (1974). Isotipo: México, Chiapas, *Matuda 2094* (MEXU!). Ilustr.: no se encontró.

Mollinedia flavida Lundell, *M. pauciflora* Lundell.

Arbustos o árboles pequeños, hasta 20 m, algunas veces trepadores; tallos jóvenes y hojas glabros o escasamente estrigulosos cuando jóvenes y pronto glabrescentes; la corteza de las ramitas más viejas y las ramas desarrollando estrías o marcas suberosas distintivas. Hojas 7.5-17 × 1.2- 4.5 cm, la relación longitud/ancho de 3.7:1-6.3:1, angostamente elípticas, oblongo- o linear-elípticas, o rara vez oblanceoladas, delgada a rígidamente cartáceas, ambas superficies glabras, las venas secundarias 8-13 pares, broquidódromas, las venas ligeramente prominentes en el haz, la nervadura hasta el tercer grado ligeramente prominente en el envés, la base angostamente cuneada a cuneada, los márgenes generalmente con 5-15 pares de dientes pequeños en los 2/3 distales o subenteros, el ápice angostamente agudo a acuminado con la punta de hasta 1-1.5 cm; pecíolo 5-8 × 1-1.2 mm, glabro. Inflorescencias frecuentemente terminales, o axilares o sobre nudos afilos, dicasiales o frecuentemente pleyocasiales, escasamente estrigulosas o glabrescentes. Inflorescencias estaminadas 2-3.5 × 3-4 cm, de 1-6 dicasios; pedúnculos 15-20 mm; brácteas 0.5-1.5 mm, angostamente triangulares; pedicelos 2-8 mm; flores estaminadas 3-5 × 4-5 mm en yema, obcónicas, 6-8 × 6-8 mm en la antesis; tépalos 2-3 × 3-4 mm, triangular-obtusos; estambres 25-40, 1-2 × 1-2 mm, sésiles, los lóculos confluentes apicalmente. Inflorescencias pistiladas no vistas. Pedúnculo fructífero (incluido el pedicelo) 10-25 mm; toro estriguloso; carpelos 14-20 × 8-11 mm, sésiles, ovoide-elipsoidales, rostrados o no, lisos o con frecuencia longitudinalmente arrugados, morado-negros al madurar. *Bosques montanos húmedos, bosques lluviosos.* Ch (*Breedlove & Bartholomew 55778*, MO); G (*Steyermark 37177*, MO). 1200-2100 m. (Endémica).

Mollinedia pallida se asemeja a formas de *M. viridiflora* de altas elevaciones en la morfología de la hoja, pero en *M. pallida* las estrías suberosas sobre los tallos más viejos son distintivas, las hojas son virtualmente glabras y relativamente más angostas con una relación longitud/ancho de 3.7:1-6.3:1, y las inflorescencias estaminadas son frecuentemente terminales.

8. Mollinedia viridiflora Tul., *Ann. Sci. Nat., Bot.* sér. 4, 3: 43 (1855). Holotipo: México, Oaxaca, *Galeotti 7172* (P!). Ilustr.: Duke, *Ann. Missouri Bot. Gard.* 49: 238, t. 174 (1962c [1963]), como *M. stipitata*.

Mollinedia darienensis Standl., *M. guatemalensis* Perkins, *M. mexicana* Perkins, *M. nigrescens* Tul., *M. orizabae* Perkins, *M. pinchotiana* Perkins, *M. ruae* L.O. Williams & Ant. Molina, *M. stipitata* J.A. Duke.

Arbustos o árboles pequeños, 2-12(-18) m; tallos escasa a moderadamente estrigulosos o glabrescentes. Hojas 6-15(-23) × 2-9 cm, la relación longitud/ancho de 1.5:1-4.5:1, angosta a anchamente elípticas, ovado-elípticas u obovado-elípticas, cartáceas a subcoriáceas, el haz glabro, el envés escasa a moderadamente estriguloso, las venas secundarias 7 u 8 pares, la nervadura hasta el tercer grado visible en el haz, la de cuarto o de quinto grado ligeramente prominente y visible en el envés, la base cuneada a obtusa o redondeada, los márgenes enteros o serrulados con 1-9(-12) pares de dientes pequeños en el 1/2-2/3 distales, el ápice acuminado o menos frecuentemente agudo; pecíolo (2-) 6-15 × 1-2 mm, estriguloso o glabrescente. Inflorescencias axilares, sobre nudos afilos o menos frecuentemente terminales, en grupos de 1-varias cimas. Inflorescencias estaminadas 2.5-5 cm, dicasiales o pleyocasiales, generalmente con (1-)3-9(-12) flores, estrigulosas; pedúnculos o raquis 10-30 mm; pedicelos 3-17 mm; receptáculo 4-6 × 4-7 mm, obcónico o campanulado; estambres 20-25, 0.5-1.5 mm, los lóculos confluentes apicalmente, los filamentos cortos o insignificantes. Inflorescencia pistilada con 1-5 flores; pedicelo más pedúnculo 15-30 mm; receptáculo 5-10 × 2.5-6 mm, urceolado u ovoide; tépalos 4, c. 2 × 2 mm, triangulares, erecto-patentes; carpelos 15-22. Pedúnculo fructífero (incluido el pedicelo) 5-30 mm; toro puberulento o glabrescente; carpelos fructíferos 13-15 × 9-10 mm, sésiles o brevemente estipitados, ovoide-elipsoidales, glabros o glabrescentes, lisos o rugulosos. *Tierras bajas, selvas montanas perennifolias, selvas altas perennifolias, bosques de neblina, bosques mesófilos de montaña.* Ch (*Breedlove & Almeda 60285*, MO); B (*Whitefoord 1216*, MO); G (*Contreras 6779*, P); H (*Davidse et al. 35341*, MO); N (*Grijalva 417*, MO); CR (*Grayum & Hammel 5682*, MO); P (*Churchill & de Nevers 4369*, MO). 100-2700 m. (México [Guerrero, Oaxaca, Veracruz], Mesoamérica).

Linares (2003 [2005]) registró esta especie de El Salvador, pero no citó ejemplares. *Mollinedia viridiflora* está ampliamente distribuida desde el sur de México y en toda Mesoamérica y es extremadamente diversa ecológicamente, encontrándose desde cerca del nivel del mar hasta los 2700 m, en hábitats variados de selvas húmedas de tierras bajas, selvas altas perennifolias y bosques de neblina. Es también extremadamente variable en la morfología vegetativa (pelosidad, tamaño, forma y textura de las hojas) y en menor medida en la morfología floral (pelosidad floral, y número de estambres y carpelos). Las formas con carpelos brevemente pediculados o "estipitados" han sido descritas como *M. darienensis* y *M. stipitata*; sin embargo, esta no es una característica constante y puede ser una consecuencia del espécimen al secarse. Las formas con hojas relativamente más grandes y más anchas (relación longitud/ancho de 1.5:1-3:1) en general se encuentran en elevaciones bajas en el sur de México y norte de Centroamérica (Guatemala a Honduras), y fueron descritas como *M. guatemalensis* y *M. pinchotiana*. Otras formas con hojas pequeñas y más angostas (relación longitud/ancho de 3:1-4:1) en general se encuentran en elevaciones más altas en el sur de México y Centroamérica, y fueron descritas bajo los nombres *M. darienensis*, *M. mexicana*, *M. nigrescens*, *M. orizabae* y *M. ruae*. Aunque estas formas parecen distintas, especialmente en el sur de México, las características morfológicas con frecuencia varían continuamente y al parecer en forma independiente, especialmente en el centro y sur de Mesoamérica, por lo que es prácticamente imposible, dividir a *M. viridiflora* en infraespecies.

52. LAURACEAE

Descripción de la familia por H. van der Werff.

Árboles, arbustos, rara vez hierbas, bejucos parásitos (*Cassytha*), siempreverdes. Hojas alternas, algunas veces verticiladas, rara vez opuestas, simples, enteras, a veces escuamiformes (en *Cassytha*); domacios presentes o ausentes; pecioladas a sésiles; estípulas ausentes. Indumento de tricomas simples 1-celulares o ausente. Inflorescencias axilares, cimoso-paniculadas, umbeladas, rara vez espigadas (*Cassytha*); involucro rara vez presente (*Litsea*). Flores pequeñas, actinomorfas, bisexuales o unisexuales, si unisexuales, las plantas dioicas o rara vez ginodioicas (*Andea*); tépalos 6, en 2 verticilos de a 3, iguales o rara vez desiguales; estambres en 4 verticilos de a 3, el verticilo más interno generalmente como estaminodios o ausente, los estambres fértiles generalmente 9, con menos frecuencia 6 o 3; estambres del verticilo III generalmente con 2 glándulas en la base de los filamentos, las anteras con 2 o 4 lóculos abriéndose por valvas; receptáculo poco profundo a tubular, no fusionado con el ovario; ovario súpero, 1-carpelar, 1-locular; óvulo 1. Fruto una baya con 1 semilla, asentado en un pedicelo no modificado o formando una estructura cupuliforme poco profunda a muy profunda, o completamente envuelto por el receptáculo agrandado; endospermo ausente. Aprox. 55 gen. y 2500-3000 spp., distribución pantropical, mejor representada en los trópicos de América y Asia; 21 gen. y 267 spp. en Mesoamérica.

Lauraceae es una familia ampliamente distribuida en los trópicos, desde el nivel del mar hasta el límite del bosque en zonas montañosas; está poco representada en bosques estacionalmente secos y en zonas templadas. Varios de los géneros que están mejor representados en Sudamérica lo están también en Mesoamérica, en Panamá, Costa Rica y en la zona adyacente de Nicaragua: *Aniba*, *Caryodaphnopsis*, *Cryptocarya*, *Endlicheria*, *Rhodostemonodaphne* y *Williamodendron*. Dos géneros monotípicos son endémicos de Mesoamérica (*Gamanthera* y *Povedadaphne*), mientras que un género (*Litsea*) se encuentra predominantemente en la parte más norteña de Mesoamérica y está ausente en Sudamérica.

Clave para los géneros de Lauraceae de Mesoamérica

Por H. van der Werff & F.G. Lorea-Hernández.

1. Bejucos parásitos con hojas escuamiformes. **6. Cassytha**
1. Arbustos o árboles con hojas verdes.
  2. "Estambre" 1 por fusión completa de 3 estambres. **11. Gamanthera**
  2. Estambres más de 1.
    3. Estambres 3.
      4. Anteras con 2 lóculos. **12. Licaria**
      4. Anteras con 4 lóculos. **21. Williamodendron**
    3. Estambres más de 3.
      5. Los 6 estambres externos con 2 lóculos.
        6. Flores unisexuales. **10. Endlicheria**
        6. Flores bisexuales.
          7. Tépalos desiguales, los 3 externos c. 1/2 de la longitud de los internos. **17. Persea (7. *P. cuneata*)**
          7. Tépalos iguales o casi iguales.
            8. Flores arregladas en cimas de 3 flores con las flores laterales estrictamente opuestas.
              9. Flores glabras; filamentos de los estambres glabros o con pocos tricomas cerca de la base. **1a. Aiouea**
              9. Flores (diminutamente) pubescentes; filamentos de los estambres pubescentes. **3. Aniba**
            8. Flores arregladas en cimas de 3 flores, pero las flores laterales no estrictamente opuestas.
              10. Tubo floral poco profundo; fruto desprotegido asentado en el pedicelo; hojas alternas u opuestas. **4. Beilschmiedia**
              10. Tubo floral bien desarrollado; fruto envuelto por el tubo floral acrescente; hojas alternas. **8. Cryptocarya**
      5. Los 6 estambres externos con 4 lóculos.
        11. Tépalos desiguales, los 3 externos más pequeños que los 3 internos.
          12. Hojas opuestas, 3-plinervias o pinnatinervias; tépalos deciduos en fruto. **5. Caryodaphnopsis**
          12. Hojas alternas, pinnatinervias; tépalos persistentes en fruto. **17. Persea**
        11. Tépalos iguales o casi iguales.
          13. Flores arregladas en seudoumbelas, unisexuales; inflorescencias jóvenes envueltas por brácteas decusadas. **13. Litsea**
          13. Flores arregladas en panículas, unisexuales o bisexuales; inflorescencias jóvenes no envueltas por brácteas decusadas.
            14. Flores unisexuales.
              15. Lóculos en un arco poco profundo o en una línea horizontal. **20. Rhodostemonodaphne**
              15. Lóculos en 2 pares superpuestos.
                16. Hojas sésiles o casi sésiles; flores rotáceas en la antesis; ramas gruesas. **2. Andea**
                16. Hojas pecioladas; flores con tépalos erectos o semierectos; ramas delgadas. **16. Ocotea**
            14. Flores bisexuales.
              17. Estaminodios del verticilo IV con un ápice sagitado o triangular.
                18. Hojas mayormente 3(5)-plinervias; domacios frecuentemente presentes, ligeramente cóncavos hasta urceolados y hundidos; márgenes de las hojas generalmente engrosados.
                  19. Venas secundarias (3)4-6(-10) pares, los domacios, si presentes, estrictamente en la axila de las venas, ligera a notoriamente cóncavos; plantas nativas. **1b. Aiouea**
                  19. Venas secundarias aparentemente 1(2) pares, los domacios urceolados, hundidos directamente en la base de las venas, a un lado de la axila; plantas cultivadas. **7. Cinnamomum**
                18. Hojas pinnatinervias; domacios (fascículos de tricomas en las axilas de las venas secundarias) ausentes; márgenes de las hojas no engrosados.
                  20. Hipanto floral cóncavo, desarrollándose en una cúpula continua con el pedicelo engrosado; fruto asentado por debajo del nivel de origen de los tépalos; tépalos persistentes en el fruto, al menos parcialmente (la base), engrosados y acrescentes. **1b. Aiouea**
                  20. Hipanto floral más bien plano, no desarrollándose en una cúpula; fruto asentado al nivel de la emergencia de los tépalos; tépalos no persistentes en el fruto o, si persistentes, entonces marcescentes, no engrosados o acrescentes de manera notoria (excepto *Persea albida*). **17. Persea**
              17. Estaminodios del verticilo IV ausentes o estipitiformes, sin un ápice triangular.
                21. Glándulas estaminales bastante agrandadas, sobresalientes entre los 6 estambres externos y generalmente fusionadas en una masa formando un disco. **18. Pleurothyrium**
                21. Glándulas estaminales pequeñas, globosas y no sobresalientes entre los 6 estambres externos, libres.
                  22. Estambres columnares, los lóculos de las anteras visibles como poros apicales. **19. Povedadaphne**
                  22. Estambres no columnares, los lóculos de las anteras laterales, no apicales.
                    23. Lóculos de las anteras arreglados en un arco poco profundo; tépalos a menudo fusionados en la base y cayendo en conjunto como una unidad.
                      24. Superficie interna de los tépalos con algunos tricomas cerca de la base y tal vez distalmente papilosa; filamentos de los estambres pubescentes. **9. Damburneya**
                      24. Superficie interna de los tépalos glabra o papilosa; filamentos de los estambres glabros. **15. Nectandra**
                    23. Lóculos de las anteras arreglados en 2 pares superpuestos; tépalos generalmente libres y cayendo individualmente en las flores viejas.
                      25. Estambres lingüiformes y con el ápice estéril y densamente papiloso; inflorescencias en las axilas de brácteas y no en las axilas de hojas; cúpulas fructíferas con el margen doble. **14. Mespilodaphne**
                      25. Estambres claramente con un filamento o si son algo lingüiformes, entonces las inflorescencias en las axilas de las hojas; cúpulas fructíferas con el margen simple.

26. Hojas sésiles; ramitas c. 7 mm de diámetro o más a una distancia de c. 5 cm por debajo de la punta; tépalos patentes. **2. Andea**
26. Hojas pecioladas; ramitas menos de 5 mm de diámetro a una distancia de c. 5 cm por debajo de la punta; tépalos patentes o semierectos. **16. Ocotea**

1. Aiouea Aubl.

El concepto de *Aiouea* no es uniforme entre los autores, por lo que se presentan dos tratamientos según el número de lóculos de las anteras.

1a. Aiouea con las anteras con 2 lóculos

Por H. van der Werff.

Árboles o arbustos. Hojas alternas, pinnatinervias o 3-plinervias; domacios algunas veces presentes. Inflorescencias cimoso-paniculadas o racemosas por reducción. Flores bisexuales; tépalos iguales, algunas veces persistentes en el fruto; estambres (6)9, las anteras con 2 lóculos, los 6 estambres externos con las anteras con lóculos introrsos, los 3 estambres internos con un par de glándulas globosas cerca de la base y las anteras con lóculos extrorsos; estaminodios presentes o ausentes. Frutos asentados sobre una cúpula poco profunda con un margen simple. 26 spp., América tropical; 7 spp. en Mesoamérica.

Aiouea es un género polifilético, con las especies de Sudamérica derivadas por la reducción del número de los lóculos de la antera de 4 a 2 a partir de *Cinnamomum*, y las especies mesoamericanas derivadas por el mismo proceso a partir de *Damburneya*, *Nectandra* y *Ocotea*. En este tratamiento se mantiene, por razones prácticas, *Aiouea* como género con 7 especies. Véase el otro tratamiento más abajo y también la discusión en *Damburneya*.

Bibliografía: Penagos Zuluaga, J.C. & van der Werff, H. *Novon* 32: 114-124 (2024). Renner, S.S. *Fl. Neotrop. Monogr.* 31: 85-117 (1982).

1. Ramitas huecas. **7. A. vexatrix**
1. Ramitas sólidas.
 2. Hojas glaucas en el envés; tépalos densamente papilosos por dentro (véase *Nectandra hypoleuca*).
 2. Hojas no glaucas; tépalos glabros o pubescentes por dentro.
  3. Hojas 3-plinervias; algunas hojas con domacios foveolados en la base de las venas secundarias basales. **4. A. obscura**
  3. Hojas pinnatinervias; domacios foveolados generalmente ausentes.
   4. Yemas terminales glabras.
    5. Inflorescencias ampliamente ramificadas, 15-25 × c. 10 cm (véase *Ocotea laetevirens*).
    5. Inflorescencias escasamente ramificadas a racemosas, hasta 8 × 3 cm.
     6. Hojas 9-19 × 3-9 cm. **2. A. guatemalensis**
     6. Hojas 1.5-5(-7) × 0.7-2 cm. **5. A. parvissima**
   4. Yemas terminales pubescentes.
    7. Hojas obovadas, el ápice obtuso o redondeado, la base frecuentemente decurrente a lo largo del pecíolo.
     8. Hojas anchamente obovadas, 10-25 cm de ancho; inflorescencias escasamente pubescentes (véase *O. rivularis*).
     8. Hojas obovadas, hasta 11 cm de ancho; inflorescencias glabras o casi glabras. **1. A. costaricensis**
    7. Hojas elípticas, el ápice agudo o acuminado, la base no decurrente a lo largo del pecíolo.
     9. Inflorescencias 8-16 cm; domacios ausentes (véase *O. laetevirens*).
     9. Inflorescencias hasta 6 cm; domacios (como pequeños fascículos axilares de tricomas) presentes o ausentes.
      10. Tricomas sobre las yemas terminales y vástagos jóvenes adpresos. **6. A. talamancensis**
      10. Tricomas sobre las puntas de las ramas y yemas terminales erectos (vistos con lupa).
       11. Hojas generalmente más de 7 cm; venas secundarias fácilmente visibles; domacios, como fascículos axilares de tricomas, presentes. **3. A. inconspicua**
       11. Hojas rara vez más de 5 cm; venas secundarias indistintas; domacios ausentes. **5. A. parvissima**

1. Aiouea costaricensis (Mez) Kosterm., *Recueil Trav. Bot. Néerl.* 35: 73 (1938). *Bellota costaricensis* Mez, *Jahrb. Königl. Bot. Gart. Berlin* 5: 27 (1889). Holotipo: Costa Rica, *Hoffmann 857* (B, destruido). Ilustr.: Mez, *Jahrb. Königl. Bot. Gart. Berlin* 5: t. 3, f. 24 (1889).

Boldus costaricensis (Mez) Kuntze.

Árboles o arbustos, rara vez más de 15 m; ramitas estriadas, moderada a densamente adpreso-pubescentes cuando jóvenes, glabrescentes con la edad, sólidas; yemas terminales densamente adpreso-pubescentes. Hojas 8-24 × 2.5-11 cm, obovadas, cartáceas a coriáceas, la base cuneada o aguda, frecuentemente decurrente sobre el pecíolo, los márgenes aplanados o escasamente recurvados cerca de la base, el ápice obtuso a redondeado, el haz glabro, el envés glabro o escasamente adpreso-pubescente, con puntos glandulares inconspicuos en ambas superficies, la vena media, las venas secundarias y las terciarias inmersas en el haz, elevadas en el envés, pinnatinervias, las venas secundarias 6-8 pares; domacios ausentes; pecíolo 5-10 mm, escasamente adpreso-pubescente o glabro, acanalado. Inflorescencias 5-20 cm, cimoso-paniculadas, glabras o casi glabras, en las axilas de las hojas; pedicelos 3-4 mm. Flores c. 4 mm de diámetro, amarillo-verdosas; tépalos c. 1.2 mm, ovados, glabros en ambas superficies, semierectos en la antesis; estambres externos c. 1 mm, glabros o con algunos tricomas cerca de la base de los filamentos, las anteras más largas que los filamentos, los estambres internos c. 1.3 mm, los filamentos tan largos como las anteras, pubescentes; estaminodios no vistos; pistilo c. 2 mm, glabro, el estilo un poco más largo que el ovario; receptáculo cupuliforme, glabro o con algunos tricomas en la parte superior. Frutos c. 1.5 × 1.1 cm, elipsoides; cúpula hasta 9 mm de diámetro, con forma de tazón poco profundo, los tépalos frecuentemente persistentes a manera de dientes sobre el margen de la cúpula. *Bosques montanos*. CR (*van der Werff et al. 14035*, MO); P (*McPherson 8971*, MO). 1100-2500 m. (Endémica).

Aiouea costaricensis se reconoce prontamente por sus estambres con 2 lóculos, las hojas obovadas y claramente pecioladas y el hábitat montano. Solo se puede separar de *Ocotea insularis* por los estambres biloculares (4 lóculos en *Ocotea*) y es casi con certeza derivada de esa especie. Las plantas de la península de Osa, Costa Rica, con los estambres biloculares y las hojas obovadas grandes con pecíolo corto se asemejan a *O. rivularis* y son incluidas en esa especie.

2. Aiouea guatemalensis (Lundell) S.S. Renner, *Fl. Neotrop. Monogr.* 31: 93 (1982). *Aniba guatemalensis* Lundell, *Wrightia* 4: 98 (1968). Isotipo: Guatemala, *Contreras 7941* (MO!). Ilustr.: Renner, *Fl. Neotrop. Monogr.* 31: 94, t. 47B (1982).

Damburneya guatemalensis (Lundell) Rohwer.

Arbustos o árboles pequeños, hasta 10 m; ramitas teretes o estriadas, lisas, glabras, sólidas; yemas terminales glabras. Hojas 9-19 × 3-9 cm, angostamente elípticas, oblongas o anchamente elípticas, cartáceas, la base obtusa o aguda, los márgenes aplanados, el ápice agudo o acuminado, el acumen hasta 1.5 cm, glabras en ambas superficies, con puntos glandulares conspicuos en el haz de las hojas jóvenes, la vena media, las secundarias y las terciarias ligeramente elevadas en el haz, más marcadamente así en el envés, pinnatinervias, las venas secundarias 6-9 pares; domacios ausentes; pecíolo 6-15 mm, terete, glabro. Inflorescencias 2-8 × c. 3 cm, con pocas flores, racemosas o solo con ramas de primer orden, estas consistiendo de una sola cima, glabras o casi glabras, en las axilas de las brácteas cerca de las puntas de las ramas o a lo largo de vástagos afilos cortos; pedicelos 1-1.5 mm. Flores 2-2.5 mm de diámetro, glabras o con pocos tricomas pequeños, amarillentas; tépalos c. 1 mm, ovados a anchamente ovados, erectos en la antesis, glabros por dentro; estambres c. 1 mm, glabros o con pocos tricomas cerca de la base de los filamentos, los estambres con conectivos escasamente sobresaliendo o no más allá de los lóculos de la antera; estaminodios no vistos; pistilo c. 1.5 mm, glabro, el ovario c. 1 mm; receptáculo cupuliforme, glabro por dentro. Frutos c. 2.3 × 1.3 cm, elipsoides; cúpula c. 1 cm de diámetro, con forma de tazón poco profundo, los tépalos no persistentes; pedicelo gradualmente ampliado hasta la cúpula. *Bosques lluviosos*. Ch (*Breedlove & Smith 31285*, CAS); G (*Contreras 10244*, MO). c. 1600 m. (Endémica).

Aiouea guatemalensis es una especie poco conocida, que se reconoce por la combinación de estambres biloculares y las yemas terminales glabras. Los pecíolos son relativamente gruesos y de color oscuro. Su relación con otras especies no es clara. Las plantas con hojas más grandes se pueden confundir con ejemplares de *Ocotea laetevirens* por los estambres biloculares, pero esa especie difiere en sus inflorescencias más grandes y los estambres con filamentos pubescentes.

Dos colecciones de Chiapas (*Breedlove 24867*, CAS y *Breedlove & Smith 31285*, CAS) se ubican provisionalmente aquí. Estas difieren por tener las hojas más coriáceas con el retículo más marcadamente elevado y las flores son más pubescentes; comparten las inflorescencias con pocas flores, los 9 estambres biloculares (también están presentes estaminodios y estos se han observado en otras colecciones de *A. guatemalensis*) y las yemas terminales glabras. No se menciona la altitud en las colecciones de Guatemala y esta ha sido tomada de las colecciones de Chiapas.

3. Aiouea inconspicua van der Werff, *Ann. Missouri Bot. Gard.* 74: 401 (1987). Holotipo: México, Veracruz, *Brigada Dorantes 2929* (MO-[nr] 2627756!). Ilustr.: van der Werff, *Ann. Missouri Bot. Gard.* 74: 402, t. 1 (1987b).

Damburneya inconspicua (van der Werff) Trofimov.

Arbustos o árboles pequeños, hasta 15 m; ramitas teretes, diminutamente pubérulas con tricomas erectos muy cortos cuando jóvenes, pero tornándose glabras, sólidas; yemas terminales densamente tomentulosas, los tricomas erectos y cubriendo toda la superficie. Hojas 7-16 × 2-4 cm, elípticas a elíptico-lanceoladas, cartáceas, la base aguda, los márgenes aplanados, el ápice agudo o acuminado, el acumen hasta 1 cm, glabras en ambas superficies excepto por los pequeños domacios, obvia y densamente glanduloso-punteadas en el envés, menos obviamente en el haz, la vena media inmersa, las venas secundarias escasamente impresas, las venas terciarias inmersas en el haz, la vena media y las secundarias elevadas, las venas terciarias ligeramente elevadas o inmersas en el envés, pinnatinervias, las venas secundarias arqueadas hacia arriba y tornándose entrelazadas; domacios pequeños generalmente presentes en las axilas de las venas secundarias basales; pecíolo 5-9 mm, aplanado por encima, con el indumento similar al de las ramitas. Inflorescencias 2-4 cm, racemosas o con pocas cimas, diminutamente pubérulas, en las axilas de las brácteas; pedicelos c. 2 mm. Flores 2-3 mm de diámetro, amarillentas; tépalos c. 1 mm, ovados, glabros, más o menos erectos en la antesis; estambres c. 1 mm, los filamentos ligeramente pubescentes; estaminodios no vistos; pistilo c. 1 mm, glabro, el estilo muy corto; receptáculo cupuliforme, glabro por dentro. Frutos c. 1.8 × 1.5 cm, anchamente elipsoides; cúpula c. 8 mm de diámetro, los tépalos no persistentes; pedicelo gradualmente engrosado hacia la cúpula. *Selvas altas perennifolias*. Ch (*Martínez S. 11860*, MO). 100-500 m. (México [Veracruz], Mesoamérica).

Aiouea inconspicua se reconoce por el indumento muy corto y erecto sobre las ramitas jóvenes, las hojas más bien delgadas con las venas secundarias escasamente impresas y entrelazadas, y los numerosos puntos glandulares en el envés. La mayoría de las colecciones están en fruto; las inflorescencias con pocas flores y las flores pequeñas hacen difícil encontrar material en flor. Cuando hay flores, los estambres biloculares ayudan en la identificación.

4. Aiouea obscura van der Werff, *Ann. Missouri Bot. Gard.* 75: 402 (1988). Holotipo: Costa Rica, *Hammel et al. 15197* (MO!). Ilustr.: van der Werff, *Ann. Missouri Bot. Gard.* 75: 403, t. 1 (1988b).

Árboles pequeños, hasta 8 m; ramitas teretes, delgadas, glabras, sólidas; yemas terminales glabras. Hojas 12-18 × 2.5-4 cm, angostamente elípticas a oblongas, membranáceas a cartáceas la base aguda, los márgenes aplanados, el ápice agudo o acuminado, el acumen hasta 1.5 cm, glabras en ambas superficies, con puntos glandulares visibles en el haz, 3-plinervias, con el segundo par de venas secundarias surgiendo cerca del 1/2 de la lámina, las venas secundarias en el 1/2 distal ligeramente entrelazadas, la vena media, las secundarias y terciarias ligeramente elevadas o inmersas en el haz, la vena media y las secundarias elevadas, y las venas terciarias ligeramente elevadas en el envés, las venas secundarias 3-5 pares; domacios foveolados presentes en las axilas de las venas secundarias basales en algunas de las hojas de cada espécimen visto, los márgenes de la fóvea glabros; pecíolo 1-1.5 cm, terete, glabro. Inflorescencias 8-15 cm, cimoso-paniculadas, glabras, en las axilas de las brácteas cerca de las puntas de las ramas; pedicelos 8-10 mm. Flores c. 3 mm de diámetro, verde pálido, glabras; tépalos c. 2 mm, anchamente elípticos, glabros en ambas superficies; estambres 1-1.2 mm, los filamentos pubescentes, especialmente aquellos de los estambres internos, el conectivo apenas sobresaliendo más allá de la antera; estaminodios no vistos; ovario c. 1 mm, gradualmente angostado hasta el estilo corto; receptáculo poco profundo, glabro por dentro. Frutos c. 2.8 × 1.8 cm, elipsoides; cúpula hasta 1.5 cm de diámetro, pateliforme, los tépalos no persistentes; pedicelo gradualmente engrosado hacia la cúpula. *Bosques lluviosos montanos bajos, bosques de tierras bajas*. CR (*Hammel et al. 17008*, MO). 50-1000 m. (Endémica).

Aiouea obscura se identifica fácilmente por sus hojas 3-plinervias las cuales secan verde oscuro, y por los domacios foveolados y las inflorescencias laxas con los pedicelos relativamente largos. Se asemeja a *Ocotea tenera* con la cual comparte las inflorescencias laxas, las hojas oscuras cuando secas y la forma de las cúpulas, pero *O. tenera* tiene las hojas pinnatinervias y los estambres con 4 lóculos. A pesar de todo, se considera *O. tenera* como el pariente más cercano de *A. obscura*. La mayoría de las colecciones de *A. obscura* provienen de la península de Osa, mientras que una colección viene de altas elevaciones cerca de Tinamaste.

5. Aiouea parvissima (Lundell) S.S. Renner, *Fl. Neotrop. Monogr.* 31: 96 (1982). *Aniba parvissima* Lundell, *Wrightia* 4: 31 (1968). Isotipo: Guatemala, *Contreras 6204* (MO!). Ilustr.: no se encontró.

Damburneya parvissima (Lundell) Trofimov.

Arbustos o árboles pequeños, hasta 6 m; ramitas anguladas o estriadas, escasamente pubescentes muy cerca de las puntas, los tricomas erectos, pronto tornándose glabras, sólidas; yemas terminales pubescentes cerca de la base, con frecuencia distalmente glabras. Hojas 1.5-5(-7) × 0.7-2 cm, elípticas a ovado-elípticas, coriáceas, la base aguda, los márgenes aplanados, el ápice obtusamente agudo, glabras en ambas superficies, con puntos glandulares no visibles, la vena media, las secundarias y las terciarias elevadas en ambas superficies, pinnatinervias, las venas secundarias 7-10 pares a cada lado, indistintas; domacios ausentes; pecíolo 2-4 mm, acanalado, con el indumento similar al de las ramitas. Inflorescencias 2-5 × c. 3 cm, racemosas o con pocas cimas a lo largo del eje principal, escasamente pubescentes con tricomas erectos, en las axilas de las brácteas; pedicelos 1-2 mm. Flores 2-3 mm de diámetro, blanquecinas; tépalos c. 1.2 mm, ovado-elípticos, con pocos tricomas adpresos por fuera, glabros por dentro, semierectos en la antesis; estambres c. 1 mm, glabros o con pocos tricomas cerca de la base; estaminodios no vistos pero se reportan como presentes; pistilo c. 1 mm, glabro, el estilo mucho más corto que el ovario; receptáculo cupuliforme, generalmente glabro pero con un fleco de tricomas alrededor de su borde. Frutos c. 1.1 × 0.9 cm; cúpula c. 4 mm de diámetro, casi pateliforme, los tépalos algunas veces persistentes; pedicelo engrosado. *Bosques lluviosos*. G (*Lundell & Contreras 20783*, MO). Elevación desconocida. (Endémica).

Aiouea parvissima se reconoce fácilmente por sus hojas coriáceas pequeñas, las venas secundarias indistintas, los estambres biloculares y el retículo elevado en ambas superficies; las ramitas delgadas y anguladas con el indumento erecto cuando joven también ayudan en la identificación. Esta especie se conoce solo de pocas colecciones de Guatemala, todas hechas por Contreras o Lundell y Contreras, y no parece estar cercanamente relacionada con ninguna especie de *Ocotea*.

6. Aiouea talamancensis W.C. Burger, *Fieldiana, Bot.* n.s. 23: 37 (1990). Holotipo: Costa Rica, *Molina R. et al. 18359* (F). Ilustr.: Burger & van der Werff, *Fieldiana, Bot.* n.s. 23: 17, t. 4 (1990).

Árboles pequeños, hasta 10 m; ramitas teretes o estriadas, escasamente adpreso-pubescentes cuando jóvenes, pronto tornándose glabras, sólidas; yemas terminales adpreso-pubescentes. Hojas 2.5-8 × 0.8-2.4 cm, elípticas a angostamente elípticas, rígidamente cartáceas, la base aguda, los márgenes aplanados, el ápice agudo o brevemente acuminado, el haz glabro, el envés glabro o muy escasamente adpreso-pubescente, con puntos glandulares visibles en el haz, la vena media ligeramente elevada, las venas secundarias y las terciarias inmersas en el haz, la vena media elevada, las venas secundarias y las terciarias más o menos inmersas en el envés, pinnatinervias, las venas secundarias 3-6 pares; domacios como fascículos de tricomas axilares algunas veces presentes; pecíolo 3-7 mm, acanalado, escasamente adpreso-pubescente a glabro. Inflorescencias 2-6 cm, racemosas o con pocas cimas a lo largo del eje central, en las axilas de las brácteas u hojas, escasamente adpreso-pubescentes o glabras; pedicelos 2-4 mm. Flores 2-3 mm de diámetro, blanco-verdosas; tépalos c. 1.2 mm, ovados, con pocos tricomas o glabros por fuera, glabros por dentro, semierectos en la antesis; estambres externos c. 1 mm, glabros, la antera un poco más larga que los filamentos, los estambres internos c. 1.2 mm, glabros, los filamentos tan largos como la antera; estaminodios no vistos; pistilo glabro, c. 1.6 mm, el ovario un poco más largo que el estilo; receptáculo cupuliforme, glabro por dentro. Frutos c. 1.8 × 0.9 cm, elipsoides; cúpula c. 5 mm de diámetro, con forma de tazón poco profundo, los tépalos no persistentes. *Bosques montanos*. CR (*Davidse & Herrera 29178*, MO). 1600-2300 m. (Endémica).

Aiouea talamancensis es una especie inconspicua y poco conocida que se reconoce por sus hojas pequeñas, los estambres biloculares y crece en hábitats montanos. Las colecciones en fruto son muy difíciles de identificar. No parece que *A. talamancensis* tenga ningún pariente cercano en *Ocotea*. No se ha visto el tipo, por lo que el concepto se basa en 2 colecciones citadas por Burger & van der Werff (1990): *Davidse & Herrera 29178* (MO) y *Chacón & Herrera 1574* (MO).

7. Aiouea vexatrix van der Werff, *Ann. Missouri Bot. Gard.* 75: 404 (1988). Holotipo: Panamá, *McPherson 9226* (MO!). Ilustr.: van der Werff, *Ann. Missouri Bot. Gard.* 75: 406, t. 2 (1988b).

Árboles pequeños, hasta 7 m; ramitas anguladas, diminutamente pardusco-pubérulas, tornándose glabras y redondeadas con la edad, huecas, frecuentemente con poros dando acceso al centro hueco, las yemas terminales pequeñas, moderada a densamente adpreso-pubescentes. Hojas 13-27 × 3.5-9 cm, elípticas a escasamente obovadas, cartáceas a membranáceas, glabras en ambas superficies, con puntos glandulares algunas veces visibles en el haz, la base y el ápice agudos, los márgenes aplanados, la vena media y las secundarias inmersas, las venas terciarias inmersas o escasamente elevadas en el haz, la vena media y las venas secundarias elevadas, las terciarias ligeramente elevadas en el envés, pinnatinervias, las venas secundarias 6-8 a cada lado; domacios ausentes; pecíolo 1-1.5 cm, ligeramente acanalado o aplanado por encima, con el indumento similar al de las ramitas. Inflorescencias 4-9 cm, glabras o diminutamente pubérulas cerca de la base, cimoso-paniculadas, las ramitas secundarias y las terciarias generalmente aplanadas; pedicelos c. 2 mm. Flores c. 3 mm de diámetro, verdosas, glabras; tépalos c. 2 × 1.7 mm, erectos en la antesis, glabros; estambres c. 1.5 mm, las anteras c. 0.9 mm, el ápice estéril pequeño; estaminodios ausentes; pistilo c. 1.5 mm, glabro, el estilo tan largo como el ovario; receptáculo cupuliforme, glabro por dentro. Frutos c. 2 × 0.9 cm, elipsoides a angostamente elipsoides; cúpula c. 8 mm de diámetro, poco profunda, los tépalos persistentes como lóbulos triangulares de c. 3 mm. *Selvas altas perennifolias, bosques de neblina*. P (*Croat 17203*, MO). 200-1000 m. (Endémica).

Aiouea vexatrix se reconoce fácilmente por las ramitas huecas, las hojas más bien grandes y cartáceas a membranáceas que frecuentemente secan verde oscuro, la cúpula con tépalos persistentes y las flores con anteras biloculares. Esta especie solo se conoce del área del Cerro Campana-Cerro Jefe y a lo largo del paso de la carretera Santa Rita. Está cercanamente relacionada con *Ocotea atirrensis*, y entonces representa otro caso de polifilia en el género *Aiouea* (van der Werff, 1988b).

1b. Aiouea con las anteras con 4 lóculos

Por F.G. Lorea-Hernández.

Arbustos o árboles de tamaño medio a muy altos. Hojas alternas, pecioladas, glabras o pubescentes de manera diversa, 3-plinervias, subtriplinervias o penninervias; domacios frecuentemente axilares en las venas secundarias (domacios primarios) y en las venas terciarias (domacios secundarios). Inflorescencias cimoso-paniculadas, axilares a las hojas o a escamas diminutas en ramas muy cortas y entonces dispuestas en racimos, algunas veces reducidas a una sola cima; flores bisexuales, subglobosas, urceoladas o angostamente campanuladas; tépalos similares, glabros o pubescentes por fuera, generalmente seríceos por dentro; estambres fértiles 9, ocasionalmente 6 o 3 (no en Mesoamérica), todos con 4 lóculos, los filamentos del verticilo III con un par de glándulas en o por arriba de la base, los estambres del verticilo IV modificados en estaminodios bien diferenciados en filamento y ápice, el ápice amplio, por lo común cordado; hipanto somero, pateliforme, ligeramente acrescente en el fruto, por lo común craso y rojizo, continuándose con el pedicelo floral también engrosado, los tépalos ligeramente acrescentes y persistentes en el fruto, completa o a veces parcialmente con una línea de abscisión cerca de la base y entonces solo parcialmente persistentes. Aprox. 70 spp., desde México hasta Uruguay, norte de Argentina y en las Antillas; 17 spp. en Mesoamérica.

Hasta hace muy poco tiempo, todas las especies de *Aiouea* aquí consideradas se incluían en *Cinnamomum*, conforme al criterio de Kostermans (1961). Sin embargo, la evidencia molecular reciente (Rohde et al., 2017; Rohwer et al., 2009) ha demostrado que no hay relación entre estas especies y las de *Cinnamomum* del Viejo Mundo, sino que más bien son parte del grupo de especies sudamericanas de *Aiouea*. El resto de las especies no tratadas en este concepto genérico aquí presentado se ubicarían mejor en *Damburneya* u *Ocotea*; véase el tratamiento anterior.

Bibliografía: Hammel, B.E. *J. Arnold Arbor.* 67: 123-136 (1986). Kostermans, A.J.G.H. *Reinwardtia* 6: 17-24 (1961). Lorea-Hernández, F.G. *Acta Bot. Mex.* 40: 1-18 (1997). Rohde, R. et al. *Taxon* 66: 1085-1111 (2017).

1. Hojas maduras escasa a densamente pubescentes en el envés (algunas veces de modo imperceptible); tricomas de las ramillas rectos a ondulados, adpresos o erectos.
2. Indumento del envés de la hoja constituido solamente por tricomas rectos y adpresos, a veces imperceptibles.

3. Superficie de los domacios foliares convexa en el haz y cóncava o plana en el envés. **1. A. ampullacea**
3. Superficie de los domacios foliares plana en el haz y el envés.
4. Tépalos sin una línea de abscisión en la base, completamente persistentes en el fruto. **11. A. montana**
4. Tépalos con una línea de abscisión por arriba de su base, parcialmente persistentes en el fruto. **14. A. paratriplinervis**
2. Indumento del envés de la hoja constituido por tricomas ondulados o rizados, adpresos o erectos, si se encuentran tricomas rectos, estos son generalmente extendidos o erectos.
5. Domacios secundarios ausentes. **5. A. brenesii**
5. Domacios secundarios presentes, al menos en algunas hojas.
6. Tépalos con una línea de abscisión arriba de su base, parcialmente persistentes en el fruto. **15. A. tonduzii**
6. Tépalos sin una línea de abscisión, completamente persistentes en el fruto.
7. Ramillas en su parte distal y envés de las hojas con glomérulos de cera blanca. **4. A. breedlovei**
7. Ramillas en su parte distal y envés de las hojas sin glomérulos de cera blanca.
8. Hipanto completamente glabro por dentro o con algunos tricomas en el 1/2 superior. **13. A. padiformis**
8. Hipanto conspicua y uniformemente seríceo por dentro. **17. A. zapatae**
1. Hojas maduras con el envés totalmente glabro (las venas pueden tener algunos tricomas); pubescencia de las ramillas, si existe, compuesta de tricomas rectos y adpresos, rara vez mezclados con tricomas extendidos.
9. Domacios ausentes.
10. Inflorescencias paucifloras, cada una compuesta de 1-3 dicasios.
11. Base de la hoja atenuada; venas secundarias 5-8(-10) pares; glándulas presentes en los estambres del verticilo III. **7. A. chiapensis**
11. Base de la hoja redondeada o truncada, con frecuencia oblicua; venas secundarias 3 o 4 pares; glándulas ausentes en los estambres del verticilo III. **9. A. elegans**
10. Inflorescencias multifloras, cada una generalmente con más de 15 flores.
12. Tépalos sin una línea de abscisión cerca de su base, completamente persistentes en el fruto. **6. A. chavarriana**
12. Tépalos con una línea de abscisión por arriba de su base, parcialmente persistentes en el fruto. **10. A. hammeliana**
9. Domacios presentes, al menos uno en el par más inferior de las venas secundarias de algunas hojas.
13. Hipanto glabro por dentro.
14. Tépalos con una línea de abscisión individual por arriba de su base, parcialmente persistentes en el fruto. **12. A. neurophylla**
14. Tépalos sin línea de abscisión, completamente persistentes en el fruto.
15. Pedicelo del fruto turbinado distalmente, su porción proximal más bien cilíndrica; últimas divisiones de la inflorescencia no reducidas. **8. A. costaricana**
15. Pedicelo del fruto turbinado de la base al ápice, conspicuamente engrosado en toda su longitud; últimas divisiones de la inflorescencia por lo común reducidas y las flores hacinadas. **16. A. triplinervis**
13. Hipanto seríceo por dentro, al menos algunos manchones o bandas de tricomas presentes.
16. Tépalos con una línea de abscisión por arriba de su base, parcialmente persistentes en el fruto.
17. Domacios secundarios ausentes. **5. A. brenesii**
17. Domacios secundarios presentes (por lo menos en algunas hojas). **9. A. bladenense**
16. Tépalos sin una línea de abscisión cerca de su base, completamente persistentes en el fruto.
18. Domacios cóncavos en el envés, planos o levemente ampollosos en el haz de las hojas; retículo de las venas terciarias ligeramente elevado en el envés. **2. A. areolata**
18. Domacios planos en el haz y envés de las hojas; retículo de las venas terciarias plano en el envés. **11. A. montana**

1. Aiouea ampullacea Lorea-Hern., *Taxon* 66: 1098 (2017). Holotipo: México, Chiapas, *González et al. 1910* (CH!). Ilustr.: no se encontró.

Cinnamomum ampullaceum (Lorea-Hern.) van der Werff.

Arbustos o árboles 3.5-10 m; ramas jóvenes escasa e imperceptiblemente pubescentes, glabras con la edad, los tricomas rectos y adpresos. Hojas (3.5-)5.5-10(-12.5) × (1-)1.5-2.5(-3) cm, lanceoladas o angostamente elípticas, la base aguda, el ápice caudado-acuminado, 3-plinervias o subtriplinervias, la vena media hundida a marcada y glabra en el haz, elevada y escasamente pubescente a glabrescente en el envés, los tricomas rectos y adpresos, las venas secundarias (5)6 o 7(8) pares, planas y glabras en el haz, levemente elevadas y glabrescentes o glabras en el envés, las superficies foliares escasamente pubescentes en el haz cuando jóvenes, pronto glabras, los tricomas rectos, adpresos, escasa e imperceptiblemente pubescentes en el envés, glabrescentes con la edad, los tricomas rectos y adpresos; domacios primarios por lo general presentes, con frecuencia solo el par basal, gibosos en el haz, hundidos o planos en el envés, los secundarios ausentes; pecíolo (3-)4-6(-8) mm, escasamente pubescente, los tricomas como en las ramas. Inflorescencias 2-3.5 cm, en la axila de las hojas o surgiendo de diminutas brácteas deciduas, las cimas simples trifloras, rara vez con 2 ramificaciones; pedúnculo 1.5-2.8 cm, glabrescente o glabro; pedicelos 4-8 mm, glabros. Flores amarillo-verdoso pálido, urceoladas; tépalos 2-2.5 × 1.5-1.8 mm, ovados o ampliamente ovados, glabros por fuera, seríceos por dentro; estambres de los verticilos I y II c. 1.5 mm, los filamentos seríceo-pilosos, sobre todo en el 1/2 inferior por ambas caras, las anteras c. 0.8 mm, completamente glabras; estambres del verticilo III c. 1.5 mm, los filamentos glabros adaxialmente, escasamente seríceos en el 1/2 inferior abaxialmente, las anteras c. 0.7 mm, completamente glabras, las glándulas 0.5-0.6 mm, ovadas; estaminodios c. 1 mm, los filamentos glabros adaxialmente, seríceos en el 1/2 superior abaxialmente y en los márgenes, la cabeza del estaminodio c. 0.6 mm, triangular, plicada, no mucho más ancha que el filamento, glabra en su totalidad; hipanto 0.5-0.6 mm de profundidad, glabro por fuera, glabrescente por dentro, con 2 o 3 bandas de tricomas escasos; ovario 0.9-1.2 mm. Frutos c. 0.7 × 0.5 cm, elipsoides; cúpula c. 6.5 × 2.6 mm, los tépalos persistentes; pedicelo c. 1.2 × 0.6 mm. Floración y fructificación abr. *Bosques mixtos, bosques de neblina.* Ch (*Lorea 5515*, XAL). c. 2400 m. (Endémica).

2. Aiouea areolata (Lundell) R. Rohde, *Taxon* 66: 1098 (2017). *Phoebe areolata* Lundell, *Contr. Univ. Michigan Herb.* 7: 13 (1942). Holotipo: México, Chiapas, *Matuda 4296* (MICH!). Ilustr.: no se encontró.

Cinnamomum areolatum (Lundell) Kosterm.

Árboles 3-10(-16) m o arbustos 2-4.5 m; ramas jóvenes más o menos aplanadas a cuadrangulares, acostilladas, pronto teretes, pubescentes a glabrescentes, los tricomas rectos y adpresos. Hojas (4-)7-11.5(-14) × (1.5-)2.5-4.5(-5-5) cm, elípticas a ovadas, a veces lanceoladas, la base redondeada u obtusa a aguda, el ápice agudo a largamente acuminado, 3-plinervias, subtriplinervias o rara vez penninervias, la vena media plana a levemente hundida y pubescente en un principio pero pronto glabrescente en el haz, elevada y pubescente o glabra en el envés, las venas secundarias (4)5-7 pares, planas y glabras en el haz, levemente elevadas y escasamente pubescentes o glabras en el envés, las superficies foliares escasamente pubescentes en el haz cuando jóvenes pero pronto glabras, escasa e imperceptiblemente pubescentes a glabras en el envés, los tricomas en ambas caras como en las ramas; domacios primarios generalmente presentes, al menos uno de los basales, aunque varias hojas pueden no presentarlos, los secundarios ausentes; pecíolo (4-)6.5-13.5(-19) mm, escasamente pubescente o glabrescente, los tricomas como en las ramas. Inflorescencias (2-)4-9(-12) cm, axilares, cimoso-paniculadas, algunas veces con brácteas foliosas en la base de las ramificaciones principales; pedúnculo (1-)2.5-5.5(-7.5) cm, escasamente pubescente, el raquis de igual manera pubescente o glabrescente, los tricomas adpresos; pedicelos (3-)4-6.5(-8) mm, glabrescentes o glabros. Flores angostamente campanuladas o urceoladas, blanco-verdoso pálido, amarillo-verdosas o blanco-amarillentas; tépalos 2.2-2.7 × 1.6-2.2 mm, ovados a ampliamente ovados, glabros por fuera o los 3 internos escasamente pubescentes, seríceos por dentro, con algunos tricomas rojos presentes; estambres de los verticilos I y II 1.7-2 mm, los filamentos seríceos o glabros en ambas caras, las anteras 0.9-1.1 mm, glabras adaxialmente, escasamente seríceas en la base del conectivo o completamente glabras abaxialmente; estambres del verticilo III 1.7-2.1 mm, los filamentos seríceos adaxialmente, con algunos tricomas rojos, seríceos en el 1/2 inferior abaxialmente, algunas veces glabrescentes en ambas caras, las anteras 0.8-1 mm, seríceas adaxialmente, sobre todo en el 1/2 inferior, con tricomas rojos, las glándulas c. 0.5 mm, justo arriba de la base del filamento, seríceas adaxialmente, con tricomas rojos; estaminodios 1-1.2 mm, el filamento seríceo en ambas caras, algunas veces solo hacia el margen, con tricomas rojos adaxialmente, la cabeza del estaminodio 0.6-0.8 mm, de contorno trulado, escasamente serícea en la base adaxialmente, serícea o glabrescente abaxialmente; hipanto c. 0.5 mm de profundidad, glabro o glabrescente por fuera, densamente pubescente por dentro, algunas veces solo con bandas de tricomas descendiendo de las bases de los estambres internos y estaminodios, los tricomas en su mayoría rojos; ovario 1.1-1.4 mm. Frutos 1.5-2.2 × 0.8-1.2 cm, elipsoides; cúpula 7-10 × 6-7 mm, los tépalos persistentes; pedicelo 1-4.5 × 1.5-2 mm. Floración mar.-may., ago.; fructificación abr.-may. *Bosques de neblina, bosques mixtos, bosques deciduos, bosques riparios*. Ch (*Matuda 5017*, MO); ES (*Reyna 1296*, F). (1250-)1500-2100(-2600) m. (México [Oaxaca], Mesoamérica).

Standley & Steyermark (1946e: 339) consideraron que esta especie se encontraba en Guatemala y Belice sobre la base de una identificación errónea. Es probable que sea así, sobre todo en Guatemala; sin embargo, durante la revisión del material de herbario no se encontraron ejemplares que sustenten su presencia actual en esos países.

3. Aiouea bladenense (S.W. Brewer & G.L. Stott) Lorea-Hern., comb. nov. *Cinnamomum bladenense* S.W. Brewer & G.L. Stott, *PhytoKeys* 81: 3 (2017). Holotipo: Belice, *Brewer & Stott 7529* (MO!). Ilustr.: Brewer & Stott, *PhytoKeys* 81: 6, t. 4 (2017), como *C. bladenense*.

Aiouea maya Lorea-Hern., *Cinnamomum trinerve* (Lundell) Kosterm., *Phoebe trinervis* Lundell non *A. trinervis* Meisn.

Árboles 10-25(-40) m; ramas jóvenes conspicuamente pubescentes, glabrescentes con la edad, los tricomas rectos y adpresos a extendidos o erectos. Hojas (3-)4.5-10(-16) × (1-)2.5-5(-6.5) cm, elípticas, angostamente elípticas u ovadas, la base aguda u obtusa, ligeramente cuneada, el ápice acuminado, 3-plinervias, la vena media ligeramente hundida y más o menos pubescente o glabrescente en el haz, elevada y escasamente pubescente en el envés, los tricomas rectos y extendidos a erectos, las venas secundarias (3)4(5) pares, ligeramente hundidas y más o menos pubescentes o glabrescentes en el haz, ligeramente elevadas y escasamente pubescentes en el envés, los tricomas como en la vena media, las superficies foliares glabras o a veces escasamente pubescentes en el haz, en general glabras en el envés, en ocasiones escasa e imperceptiblemente pubescentes en el 1/3 inferior; domacios primarios 1 o 2(3) presentes, los secundarios presentes, al menos uno en alguna de las venas secundarias más inferiores de algunas hojas; pecíolo (5.5-)7-12(-18) mm, pubescente, los tricomas como en las ramas jóvenes. Inflorescencias (2-)3.5-6(-7.5) cm, axilares a las hojas o a diminutas brácteas en la base de ramas jóvenes, cimoso-paniculadas; pedúnculo (0.2-)1.5-2.5(-4) cm, el pedúnculo y el raquis pubescentes, glabrescentes con la edad; pedicelos 1.5-2.5(-3.5) mm, glabros, a veces con algunos tricomas escasos. Flores subglobosas; tépalos 1.5-1.9 × 1-1.3 mm, ovados, glabros por fuera, los externos pubescentes solo a lo largo de su línea media por dentro, los internos seríceos por dentro, en ocasiones glabrescentes hacia los márgenes; estambres de los verticilos I y II 1-1.2 mm, los filamentos poco o muy pubescentes abaxialmente, glabros o escasamente pubescentes adaxialmente, las anteras c. 0.6 mm, glabras en ambas caras; estambres del verticilo III 1.1-1.3 mm, los filamentos pubescentes en ambas caras, las anteras 0.5-0.7 mm, glabras abaxialmente, glabras o pubescentes solo en la base adaxialmente, las glándulas c. 0.4 mm, ampliamente ovadas o redondeadas, insertadas por arriba de la base del filamento, glabras, excepto por su punto de fijación seríceo por dentro; estaminodios 0.7-1 mm, los filamentos seríceos en ambas caras, la cabeza del estaminodio 0.4-0.6 mm, cordada, acuminada, serícea abaxialmente, glabra adaxialmente; hipanto 0.3-0.4 mm de profundidad, glabro por fuera, con manchones de tricomas hacia el borde superior por dentro; ovario 0.6-0.8 × 0.6-0.8 mm. Frutos 0.85-1 × 0.55-0.65(-0.85) cm, elipsoides o ampliamente elipsoides; cúpula c. 1.5 × 3.5-4.5 mm, crateriforme; tépalos parcialmente persistentes, con una línea de abscisión por arriba de su base; pedicelos 1-1.5 mm de grueso en la base. Floración jul.-ago.; fructificación dic.-ene. *Selvas altas perennifolias*. Ch (*Rincón 830*, MEXU); B (*Contreras 7157*, MO); G (*Lundell & Contreras 19558*, MO). 130-150 m. (Endémica).

Aunque son parecidas morfológicamente, se ha preferido considerar a *Aiouea bladenense* como distinta de *A. brenesii*. Esto se sustenta en que hasta ahora no se ha registrado un traslape geográfico entre los individuos que se asocian a la morfología de una y otra especie; los domacios secundarios presentes, las inflorescencias y flores relativamente pequeñas en *A. bladenense*, y los domacios secundarios ausentes e inflorescencias y flores más grandes en *A. brenesii*.

El nombre *A. maya* se creó innecesariamente debido a que solo poco después de publicado se tuvo acceso a material original de *Cinnamomum bladenense*, pudiendo entonces constatar que se trataba de la misma especie.

4. Aiouea breedlovei (Lundell) R. Rohde, *Taxon* 66: 1098 (2017). *Phoebe breedlovei* Lundell, *Wrightia* 5: 341 (1977). Holotipo: México, Chiapas, *Ton 2812* (LL!). Ilustr.: no se encontró.

Cinnamomum breedlovei (Lundell) Kosterm.

Árboles 8-30 m; ramas jóvenes densamente pubescentes, los tricomas rectos, extendidos a casi adpresos, entremezclados aquí y allá con áreas furfuráceas blancas, en ocasiones densas, sobre todo cerca de las yemas terminales, los tricomas más bien persistentes, la cera desapareciendo con la edad. Hojas (5-)10-17(-22) × (1.5-)4-7(-8.5) cm, obovadas o elípticas, la base aguda, el ápice acuminado 3-plinervias o a veces subtriplinervias, la vena media hundida y glabra en el haz, fuertemente elevada y pubescente en el envés, los tricomas adpresos, las venas secundarias 4-6 pares, el par más inferior hundido y glabro en el haz, fuertemente elevado y pubescente a glabrescente en el envés, los pares de venas restantes ligeramente hundidos y glabros en el haz, elevados y glabrescentes en el envés, las superficies foliares pubescentes cuando jóvenes en el haz, pronto glabras, densa pero imperceptiblemente pubescentes en el envés, los tricomas como en las ramas jóvenes, glabrescentes con la edad en parte o en toda su extensión, a veces con áreas blanco-furfuráceas cuando jóvenes; domacios primarios en la mayoría de las axilas de las venas secundarias, los secundarios con frecuencia presentes en varias de las axilas de las venas terciarias; pecíolo (10-)15.5-27.5(-35) mm, densamente pubescente y furfuráceo como las ramas jóvenes, glabrescente con la edad. Inflorescencias (10.5-)14-20.5(-24) cm, axilares a las hojas o brácteas pequeñas deciduas en la base de brotes terminales, cimoso-paniculadas, con frecuencia con brácteas foliosas en la base de algunas divisiones; pedúnculo (0.2-)2-7.5(-9.5) cm o ausente, densamente pubescente, el raquis densamente pubescente, glabrescente con la edad; pedicelos 3-5(-6.5) mm, glabrescentes o glabros. Flores urceoladas, amarillo pálido o blanquecinas; tépalos 2-2.6 × 1.5-2.1 mm, ovados o ampliamente ovados, escasamente pubescentes o glabros por fuera, seríceos por dentro, a veces los externos escasamente así, en ocasiones algunos tricomas rojos presentes; estambres de los verticilos I y II 1.5-1.9 mm, los filamentos escasamente seríceos o glabros abaxialmente, sobre todo en el 1/2 inferior, escasamente seríceos o glabros adaxialmente, las anteras 0.8-1.1 mm, glabras en ambas caras; estambres del verticilo III 1.5-2 mm, los filamentos seríceos a lo largo de su sección media abaxialmente, escasamente seríceo-pilosos adaxialmente, las anteras 0.6-0.9 mm, glabras abaxialmente, escasamente seríceo-pilosas en el 1/2 inferior adaxialmente, las glándulas 0.4-0.5 mm, en el primer 1/3 del filamento o justo arriba de su base, glabras abaxialmente, escasamente seríceas en su punto de unión adaxialmente; estaminodios 0.8-1 mm, los filamentos seríceo-pilosos por fuera, sobre todo en los márgenes, glabros o escasamente seríceos en el 1/2 superior adaxialmente, la cabeza del estaminodio 0.5-0.7 mm, ovado-triangular en contorno, glabra en ambas caras; hipanto c. 0.5 mm de profundidad, glabrescente o glabro por fuera, casi glabro por dentro, los tricomas seríceos en bandas o parches descendiendo de los márgenes de los estaminodios; ovario 0.8-1 × 0.8-1 mm. Frutos 1.25-1.4 × 0.8-0.9 cm, elipsoides; cúpula 8-9 × 6.5-7 mm, los tépalos persistentes; pedicelo 3-5.5 × 1-1.2 mm. Floración jun.-ago.; fructificación abr. *Bosques de neblina, bosques mixtos*. Ch (*Ton 2812*, NY). 1800-2000 m. (México [Oaxaca], Mesoamérica).

5. Aiouea brenesii (Standl.) R. Rohde, *Taxon* 66: 1098 (2017). *Phoebe brenesii* Standl., *Publ. Field Mus. Nat. Hist., Bot. Ser.* 18: 459 (1937). Holotipo: Costa Rica, *Brenes 17048* (F!). Ilustr.: Burger & van der Werff, *Fieldiana, Bot.* n.s. 23: 14, t. 1 (1990), como *P. brenesii*.

Cinnamomum brenesii (Standl.) Kosterm.

Árboles o arbustos, 2-15(-25) m; ramas jóvenes tomentosas, glabrescentes con la edad, los tricomas ondulados, extendidos o erectos, enmarañados cuando son densos. Hojas (3-)5-9(-12) × (1.5-)2.5-4(-5) cm, elípticas u ovadas, rara vez obovadas, la base redondeada a aguda, cortamente atenuada, el ápice acuminado, 3-plinervias o subtriplinervias, la vena media ligeramente marcada y glabra en el haz, elevada y glabrescente o glabra en el envés, las venas secundarias 4 o 5 pares, el par más inferior distinto, plano en el haz y ligeramente elevado en el envés, glabro, el resto de los pares distintos y planos en el haz, casi planos en el envés, las superficies foliares escasamente pubescentes en el haz cuando jóvenes, pronto glabras, escasamente pubescentes en el envés, glabrescentes o glabras con la edad, los tricomas como en las ramas jóvenes; domacios primarios presentes, con frecuencia solo el par más inferior, los secundarios ausentes; pecíolo (8-)13-23(-32) mm, tomentoso cuando joven, pronto glabrescente, los tricomas como en las ramas jóvenes. Inflorescencias (3.5-)5.5-13(-16) cm, axilares a las hojas o a brácteas pequeñas deciduas en la base de brotes jóvenes, cimoso-paniculadas, las brácteas foliosas presentes con frecuencia en las divisiones principales, algunas veces tan grandes como las hojas normales; pedúnculo (1.5-)3-6(-7) cm, escasamente pubescente a glabrescente, el raquis glabrescente o glabro; pedicelos 2.5-3.5 mm, glabros. Flores oblongo-urceoladas; tépalos 2.2-2.8 × 1.3-1.8 mm, elípticos a ovados, los externos glabros por fuera, los internos pubescentes, todos seríceos por dentro; estambres de los verticilos I y II 1.7-2.1 mm, los filamentos escasamente pubescentes a glabrescentes a lo largo de su sección media adaxialmente, escasamente seríceo-pilosos abaxialmente, las anteras 1-1.2 mm, glabras por ambas caras; estambres del verticilo III 1.8-2.2 mm, los filamentos seríceo-pilosos por ambas caras, algunos tricomas rojos presentes adaxialmente, las anteras 0.8-1 mm, glabras abaxialmente, escasamente pubescentes en el 1/2 inferior adaxialmente, las glándulas 0.6-0.8 mm, en la base de los filamentos, glabras abaxialmente, seríceas a lo largo de su sección media adaxialmente; estaminodios 0.9-1.6 mm, los filamentos densamente seríceo-pilosos abaxialmente, completamente glabros o seríceos en el 1/2 superior adaxialmente, con algunos tricomas rojos, la cabeza del estaminodio 0.6-0.9 mm, triangular, cordada en la base, acuminada en el ápice, seríceo-pilosa o glabrescente abaxialmente, glabra adaxialmente; hipanto c. 0.5 mm de profundidad, glabro por fuera, densamente seríceo a glabrescente por dentro; ovario 0.9-1.2 × 0.7-1 mm. Frutos 0.8-1.1 × 0.45-0.7 cm, elipsoides; cúpula 3.5-7 × 4-5 mm, los tépalos parcialmente persistentes, con una línea de abscisión por debajo del 1/2; pedicelos 2-3 × 0.9-1.1 mm. Floración ene.-abr.; fructificación abr.-jun. *Bosques montanos, áreas perturbadas*. CR (*Morales 2437*, MO); P (*Galdames et al. 2232*, MO). (100-)700-1000(-1200) m. (Endémica).

6. Aiouea chavarriana (Hammel) R. Rohde, *Taxon* 66: 1099 (2017). *Phoebe chavarriana* Hammel, *J. Arnold Arbor.* 67: 131 (1986). Isotipo: Costa Rica, *Hammel 11931* (F!). Ilustr.: Hammel, *J. Arnold Arbor.* 67: 132, t. 4 (1986), como *P. chavarriana*.

Cinnamomum chavarrianum (Hammel) Kosterm.

Árboles 7-15 m; ramas jóvenes densamente tomentulosas, los tricomas rectos, adpresos, escasos con la edad. Hojas (27-)30-39(-45) × (10-)13-21.5 cm, elípticas, angostamente elípticas u ovadas, la base obtusa o redondeada, algunas veces aguda, el ápice agudo a acuminado penninervias, la vena media fuertemente marcada a hundida y glabra en el haz, fuertemente elevada y escasamente tomentulosa a lo largo de los márgenes en el envés, las venas secundarias 9-11 pares, planas o ligeramente impresas y glabras en el haz, elevadas y escasamente tomentulosas en el envés, las superficies foliares glabras en el haz, escasa e imperceptiblemente tomentulosas en el envés o glabras; domacios ausentes; pecíolo (23-)30-44(-50) mm, imperceptiblemente tomentuloso, los tricomas como en las ramas jóvenes. Inflorescencias (7-)11.5-18(-20.5) cm, axilares a las hojas o a pequeñas brácteas deciduas, solitarias o agrupadas sobre cortísimas ramas axilares, cimoso-paniculadas; pedúnculo (0.4-)3-8(-9.5) cm, puberulento, el raquis puberulento; pedicelos (2.5-)3-4(-5) mm, glabros o escasamente puberulentos. Flores urceoladas; tépalos 2-2.8 × 1.6-2.4 mm, ovados o ampliamente ovados, tomentulosos por fuera, los externos escasamente así, los internos seríceos por dentro, los externos glabros o glabrescentes por dentro; estambres de los verticilos I y II c. 1.9 mm, los filamentos escasamente tomentulosos adaxialmente, tomentulosos abaxialmente, las anteras c. 1.1 mm, glabras sobre ambas caras o escasamente tomentulosas en la base; estambres del verticilo III c. 1.9 mm, los filamentos seríceo-vellosos adaxialmente, seríceos abaxialmente, con tricomas rojos, las anteras c. 0.9 mm, seríceo-vellosas en la base adaxialmente, glabras abaxialmente, las glándulas c. 0.6 mm, insertadas por arriba de la base del filamento, glabras excepto por su punto de unión adaxialmente; estaminodios 1.2-1.4 mm, los filamentos seríceo-vellosos por ambas caras, los tricomas rojos abundantes, la cabeza del estaminodio 0.8-1 mm, cordiforme, glabra adaxialmente, seríceo-vellosa abaxialmente, a veces solo escasamente en su 1/2 superior; hipanto c. 0.6 mm de profundidad, glabro o glabrescente por fuera, seríceo por dentro (a veces irregularmente), con tricomas rojos abundantes a escasos; ovario 1-1.2 × 0.9-1.1 mm. Frutos c. 1.3 × 1 cm, elipsoides; cúpula 9-10 × c. 7.5 mm, los tépalos persistentes; pedicelos c. 2.5 mm de ancho, indistintos. Floración abr.-may.; fructificación ago.-sep. *Selvas altas perennifolias*. CR (*Hammel & Trainer 12922*, F). 100-200 m. (Endémica).

7. Aiouea chiapensis (Lundell) R. Rohde, *Taxon* 66: 1099 (2017). *Phoebe chiapensis* Lundell, *Contr. Univ. Michigan Herb.* 6: 21 (1941). Holotipo: México, Chiapas, *Matuda 2064* (MICH!). Ilustr.: no se encontró.

Cinnamomum chiapense (Lundell) Kosterm.

Árboles o arbustos 2-8 m; ramas jóvenes glabras o adpreso-pilosas, a veces solo cerca de la yema terminal. Hojas (4-)6.5-10.5(-12.5) × (0.9-)1.2-2(-2.5) cm, angostamente elípticas o lanceoladas, la base atenuada, el ápice largamente acuminado, en ocasiones ligeramente falcado penninervias en su mayoría, a veces subtriplinervias o 3-plinervias, la vena media plana o ligeramente convexa y glabra en el haz, ligeramente elevada y glabra o con tricomas adpresos escasos en el envés, las venas secundarias 5-8(-10) pares, planas en el haz, ligeramente elevadas en el envés, las superficies foliares completamente glabras en ambas caras, escasamente adpreso-pilosas cuando jóvenes; domacios ausentes; pecíolo (3-)5.5-8(-9.5) mm, glabro o escasamente adpreso-piloso cuando joven. Inflorescencias 2.5-5.5 cm, axilares a las hojas, cimosas, paucifloras, solo con 1-3 dicasios; pedúnculo 2-3.8 cm, glabro o escasamente pubérulo; pedicelos (4-)5-7.5(-9) mm, glabros. Flores urceoladas; tépalos 1.8-2.1 × 1.7-2 mm, ovados a ampliamente ovados, glabros por fuera, raras veces los internos escasamente pubescentes, seríceos por dentro, con algunos tricomas rojos en la base; estambres de los verticilos I y II 1.1-1.6 mm, los filamentos densamente seríceos en ambas caras, algunos tricomas rojos presentes adaxialmente, las anteras 0.8-1 mm, escasamente seríceas en la base y a lo largo de su sección media abaxialmente; estambres del verticilo III 1.3-1.6 mm, los filamentos densamente seríceos en ambas caras, los tricomas rojos generalmente presentes en el 1/2 inferior adaxialmente, las anteras 0.7-1 mm, escasamente seríceas en el margen en la base y a lo largo de su sección media adaxialmente, las glándulas 0.3-0.5 mm, en la base del filamento, seríceas adaxialmente; estaminodios 0.7-1.1 mm, los filamentos densamente seríceos en ambas caras, adaxialmente con los tricomas rojos cubriendo la mayor parte, la cabeza del estaminodio 0.4-0.8 mm, de contorno ovado-trulado, glabra o largo serícea en su zona central abaxialmente; hipanto c. 0.5 mm de profundidad, glabro por fuera, densamente pubescente por dentro, los tricomas rojos, algunas veces cubriendo casi toda la superficie; ovario 0.8-1 × c. 0.8 mm. Frutos 1.1-1.2 × 0.75-0.9 cm, elipsoides; cúpula 6-8.5 × 5-5.5 mm, los tépalos persistentes, el 1/2 o 1/3 inferior engrosados, carnosos; pedicelo 2.5-3.5 × 0.8-1 mm, a veces indistinto. Floración dic.-abr.; fructificación abr. *Bosques mixtos*. Ch (*Lorea 5525*, XAL). 1700-1800 m. (Endémica).

8. Aiouea costaricana (Mez & Pittier) Lorea-Hern., comb. nov. *Phoebe costaricana* Mez & Pittier in Mez, *Bull. Herb. Boissier, sér. 2* 3: 230 (1903) non *A. costaricensis* (Mez) Kosterm. (1938). Isolectotipo (designado por Rohde et al., 2017): Costa Rica, *Pittier 11107* (GH!). Ilustr.: Allen, *Ann. Missouri Bot. Gard.* 35: 11, t. 6 (1948), como *P. costaricana*.

Aiouea pittieri Rohwer, *Cinnamomum costaricanum* (Mez & Pittier) Kosterm.

Árboles 8-20(-30) m; ramas jóvenes más o menos aplanadas o teretes, glabrescentes, los tricomas rectos, adpresos. Hojas (5.5-)7.5-13.5 (-18) × (1.5-)3-5(-7) cm, angostamente elípticas, la base aguda a atenuada, el ápice agudo a acuminado, 3-plinervias o subtriplinervias, la vena media ligeramente marcada y glabrescente o glabra en el haz, elevada y glabra o casi glabra en el envés, las venas secundarias (3)4 o 5(6) pares, el par más inferior distinto, fuertemente ascendente, plano y glabro en el haz, ligeramente elevado y glabro en el envés, el resto de los pares menos conspicuos, planos en el haz, apenas elevados o planos en el envés, glabros en ambas superficies, las superficies foliares glabras en ambas caras; domacios primarios presentes, solo el par más inferior, en ocasiones ausentes en varias hojas, los secundarios ausentes; pecíolo (6-)9.5-16(-20.5) cm, glabrescente, los tricomas como en las hojas jóvenes. Inflorescencias (7-)8.5-15(-18) cm, axilares a las hojas, solitarias o agrupadas en cortísimos racimos axilares, cimoso-paniculadas; pedúnculo (3-)4-8.5(-10) cm, rara vez casi nulo, glabro, el raquis glabro; pedicelos (3.5-)4-6(-7.5) mm, glabros. Flores angostamente urceoladas; tépalos 1.9-2.4 × 1.3-2 mm, ovados, glabros por fuera, seríceos por dentro; estambres de los verticilos I y II 1.5-1.9 mm, los filamentos glabros en ambas caras, a veces escasamente seríceos adaxialmente, las anteras 0.7-0.9 mm, glabras en ambas caras, rara vez algunos tricomas en la base de los lóculos inferiores; estambres del verticilo III 1.5-1.9 mm, los filamentos glabros o escasa y largamente seríceos en el 1/2 superior adaxialmente, glabros o escasa y largamente seríceos en la base abaxialmente, las anteras 0.6-0.7 mm, glabras o escasa y largamente seríceas en el 1/2 inferior adaxialmente, glabras abaxialmente, las glándulas 0.5-0.6(-0.7) mm, ovadas, insertadas en la base del filamento, glabras o con algunos tricomas en su punto de unión en la cara adaxial; estaminodios 0.8-1.1 mm, los filamentos glabros o con algunos tricomas largamente seríceos en los márgenes y el 1/2 superior adaxialmente, la cabeza del estaminodio 0.5-0.7 mm, triangular, a veces ligeramente cordada en la base, el ápice acuminado, glabras en ambas caras; hipanto 0.4-0.5 mm de profundidad, glabro por fuera y por dentro; ovario 1.1-1.3 × 0.8-1.1 mm. Frutos 1.1-2.1 × 0.8-1.1 cm, elipsoides; cúpula 5-8 × 5-7.5 mm, los tépalos persistentes; pedicelos 3-5 × 0.9-1.7 mm. Floración feb.-abr.; fructificación (sep.-) dic.-feb.(-jul.). *Bosques de neblina, selvas altas perennifolias, bosques secundarios*. N (*Grijalva & Araquistain 197*, MO); CR (*Burger et al. 12190*, MO); P (*Pittier 3146*, F). 1000-1500(-1700) m. (Endémica).

Como se mencionó antes, *Aiouea neurophylla* y *A. costaricana* son muy parecidas. La distinción entre ellas se basa en que en *A. costaricana* el primer par de venas secundarias no es fuertemente elevado en el envés, los tricomas de los domacios son extendidos a erectos y los tépalos son persistentes, en tanto que *A. neurophylla* presenta el primer par de venas secundarias fuertemente elevado, los tricomas de los domacios en su mayoría son paralelos a la superficie de la hoja y los tépalos son parcialmente persistentes. Otra especie con morfología parecida a *A. costaricana* es *A. triplinervis*; véase la comparación de sus caracteres en los comentarios sobre la última especie.

En algunas ocasiones se ha considerado a *A. costaricana* sinónimo de *A. montana* (Burger & van der Werff, 1990), pero las diferencias morfológicas marcadas en la clave entre estas 2 especies son consistentes. Solo los individuos con hojas glabrescentes de *A. montana* podrían confundirse con *A. pittieri*, pero la presencia o ausencia de pubescencia por dentro del hipanto los distinguiría.

El nombre *A. pittieri* fue sugerido por Rohde et al. (2017: 1105) sobre la base de la posible confusión de *A. costaricana* y *A. costaricensis*. Si bien estos nombres, conforme a lo dicho en el artículo 53.2 del Código internacional de nomenclatura para algas, hongos y plantas (Turland et al., 2018), podrían, por el parecido, ser tratados como homónimos y sustentar la creación de *A. pittieri*, en opinión del comité editorial de esta flora, es mejor esperar la aceptación del nombre después de someter el caso al Comité General, siguiendo las reglas del propio Código.

9. Aiouea elegans (van der Werff) Rohwer, *Taxon* 66: 1099 (2017). *Phoebe elegans* van der Werff, *Ann. Missouri Bot. Gard.* 75: 415 (1988). Holotipo: México, Oaxaca, *Ishiki 1501* (MO!). Ilustr.: van der Werff, *Ann. Missouri Bot. Gard.* 75: 416, t. 7 (1988b), como *P. elegans*.

Cinnamomum concinnum Lorea-Hern.

Árboles 3-5 m; ramas jóvenes glabras. Hojas (2.5-)4.5-8(-9.5) × (1-) 2-3(-3.5) cm, ovadas, rara vez lanceoladas, la base redondeada o truncada, con frecuencia oblicua, el ápice largamente acuminado o algunas veces acuminado, completamente glabras, 3-nervias o 3-plinervias, la vena media plana en el haz, ligeramente elevada en el envés, las venas secundarias 3 o 4 pares, distintas, planas; domacios ausentes; pecíolo (8.5-)11-18(-20.5) mm, glabro. Inflorescencias 2.5-4.5 cm, axilares a las hojas, cimosas, paucifloras, con solo 1 o 2 ramificaciones; pedúnculo 1.5-3 cm, glabro, el raquis glabro; pedicelos (8-)9.5-12.5 mm, glabros. Flores urceoladas o ligeramente campanuladas; tépalos 2.2-2.4 × 1.6-2 mm, ampliamente ovados, glabros por fuera, seríceos por dentro, con tricomas rojos; estambres de los verticilos I y II c. 1.1 mm, los filamentos tan anchos como las anteras, seríceos en ambas caras, con tricomas rojos, las anteras 0.6 mm, glabras en ambas superficies; estambres del verticilo III c. 1.3 mm, los filamentos más anchos que las anteras, seríceos en los márgenes, rojo-seríceos a veces abaxialmente, las anteras c. 0.6 mm, glabras en ambas superficies, las glándulas ausentes; estaminodios 0.7-0.8 mm, los filamentos escasamente seríceos en sus márgenes, algunas veces también abaxialmente, la cabeza del estaminodio c. 0.5 mm, de contorno ligeramente trulado u ovado, glabra en ambas caras; hipanto c. 0.5 mm de profundidad, glabro por fuera y por dentro, o con algunos tricomas rojos en bandas partiendo de la base de los estambres internos y estaminodios; ovario c. 1 × 1 mm, glabro. Frutos (casi maduros) 0.8-0.85 × 0.6-0.65 cm, elipsoides; cúpula 4-5 × c. 3.5 mm, los tépalos persistentes; pedicelos 1.5-4.5 × 0.6-0.7 mm. Floración y fructificación abr. *Selvas bajas perennifolias*. Oaxaca (*Ishiki 1501*, MEXU). 1700-1800 m. (México [Oaxaca]).

Aiouea elegans se conoce solo de una montaña pequeña en el Istmo de Tehuantepec, Oaxaca, muy cerca de la frontera con Chiapas. Dada la continuidad geográfica y ecológica de la sierra entre estos dos estados, es muy probable que la especie se encuentre también en Chiapas.

Podría ser que la ubicación genérica de esta especie cambie en el futuro; los filamentos tan anchos o más anchos que las anteras, así como la ausencia de glándulas en el verticilo III de estambres, son características no vistas en ninguna especie dentro del género. No obstante, la presencia de hojas 3-nervias o 3-plinervias, los tépalos seríceos por dentro y persistentes en el fruto sustentan una fuerte relación con *Aiouea*.

10. Aiouea hammeliana (W.C. Burger) R. Rohde, *Taxon* 66: 1101 (2017). *Phoebe hammeliana* W.C. Burger, *Fieldiana, Bot.* n.s. 23: 113 (1990). Isotipo: Costa Rica, *Lent 1678* (F!). Ilustr.: Burger & van der Werff, *Fieldiana, Bot.* n.s. 23: 25, t. 12 (1990), como *P. hammeliana*.

Cinnamomum hammelianum (W.C. Burger) Lorea-Hern. ex J.Á. González & Hammel.

Árboles 8-20 m; ramas jóvenes densa o escasamente tomentulosas, sobre todo cerca de la yema terminal, los tricomas rectos y adpresos, escasos muy pronto. Hojas (5-)9-20(-29) × (2.5-)3.5-8.5(-15) cm, elípticas u ovadas, la base redondeada u obtusa (rara vez subcordada), el ápice agudo a acuminado penninervias, la vena media fuertemente impresa o hundida y glabra en el haz, elevada y glabra en el envés, las venas secundarias (5-)7-9(-10) pares, ligeramente impresas o planas y glabras en el haz, ligeramente elevadas y glabras en el envés, las superficies foliares glabras en ambas caras, escasamente pubescentes en el envés cuando jóvenes; domacios ausentes; pecíolo (6-)12-22(-28) mm, glabrescente, los tricomas como en las ramas jóvenes. Inflorescencias (6-)8.5-17(-20) cm, cimoso-paniculadas, generalmente aglomeradas sobre ramas muy cortas axilares a las hojas, o solitarias, o aglomeradas cerca de las yemas terminales, las brácteas foliáceas a veces presentes en algunas divisiones; pedúnculo (0.3-)2-7(-8.5) cm, pubérulo, el raquis pubérulo a glabrescente; pedicelos (3-)3.5-4.5(-5) mm, glabros. Flores campanuladas; tépalos 2.1-3.2 × 1.9-2.4 mm, ovados o ampliamente ovados, glabros por fuera, los internos con algunos tricomas (en especímenes de baja altitud), seríceos por dentro, escasamente así los externos (pero no los especímenes de baja altitud); estambres de los verticilos I y II 1.5-2.2 mm, los filamentos escasamente seríceos a lo largo de su sección media adaxialmente, glabros abaxialmente (seríceo-vellosos en ambas caras en especímenes de baja altitud), las anteras 0.9-1.5 mm, glabras; estambres del verticilo III 1.5-2.2 mm, los filamentos escasamente seríceo-vellosos adaxialmente, glabros abaxialmente (seríceo-vellosos en ambas caras en especímenes de baja altitud), las anteras 0.7-1 mm, glabras, las glándulas (0.5-)0.7-0.8 mm, insertadas en la base del filamento, glabras o escasamente seríceas en su punto de unión adaxialmente; estaminodios 0.8-1.5 mm, los filamentos escasa a densamente seríceo-vellosos adaxialmente, glabros o glabrescentes abaxialmente (seríceo-vellosos en ambas caras en especímenes de baja altitud), la cabeza del estaminodio 0.5-1.1 mm, de contorno triangular cordado, glabra (escasamente seríceo-vellosa en la base abaxialmente en especímenes de baja altitud); hipanto c. 0.5 mm de profundidad, glabro; ovario 0.9-1.1 × 0.8-1 mm, glabro. Frutos 1.8-2 × 0.9-1.25 mm, elipsoides; cúpula 9.5-11.5 × 6.5-8 mm, estrechándose a una base 3.5-4.5 mm de ancho, los tépalos parcialmente persistentes, con una línea de abscisión por arriba de su base; pedicelos indistintos. Floración may.-jul.; fructificación mar.-jun. *Bosques de neblina, selvas medianas perennifolias, áreas perturbadas*. CR (*Hammel & Grayum 14091*, MO); P (*Quiroz & Garrido 268*, MO). (600-)1200-2500 m. (Endémica).

Como Burger & van der Werff (1990) ya lo mencionaron, *Aiouea hammeliana* es parecida a *A. chavarriana*. El único carácter vegetativo que ayuda a distinguir estas especies es el envés de las hojas verde claro y liso en *A. hammeliana*, glauco y diminutamente papiloso en *A. chavarriana*. El mejor carácter distintivo es la persistencia de los tépalos; estos son parcialmente deciduos en la primera y completamente persistentes en la última. Desafortunadamente, contrario a lo que se presenta en otras especies de *Aiouea* con tépalos deciduos, en *A. hammeliana* los tépalos caen mucho después de la antesis, por lo que el material en flor es difícil de separar de *A. hammeliana*.

11. Aiouea montana (Sw.) R. Rohde, *Taxon* 66: 1102 (2017). *Laurus montana* Sw., *Prodr.* 65 (1788). Lectotipo (primer paso designado por Imkhanitskaya, 1974; segundo paso designado por Rohwer, 2014): Jamaica, *Swartz s.n.* (S-[nr] S-R-3167). Ilustr.: Rohwer, *Fl. Repúbl. Cuba, ser. A, Pl. Vasc.* 19(2): 24, t. 4 (2014), como *Cinnamomum montanum*.

Cinnamomum australe Vattimo-Gil, *C. brasiliense* (Mez) Kosterm., *C. chana* Vattimo-Gil, *C. cinnamomifolium* (Kunth) Kosterm., *C. cubense* (Nees) Kosterm., *C. fruticosum* (Lundell) Kosterm., *C. heterotepalum* (Mez) Kosterm., *C. johnstonii* (C.K. Allen) Kosterm., *C. maynense* (Nees) Kosterm., *C. mexicanum* (Meisn.) Kosterm., *C. montanum* (Sw.) Bercht. & J. Presl, *C. paraguariense* (Hassl.) Kosterm., *C. peruvianum* (Meisn.) Kosterm., *C. phoebe* Doweld, *C. pichisense* (A.C. Sm.) Kosterm., *C. pickellii* (Coe-Teix.) Kosterm., *C. portosecurianum* Vattimo-Gil, *C. triplinerve* (Ruiz & Pav.) Kosterm., *C. xinguense* Vattimo-Gil, *Laurus elongata* Vahl ex Nees, *L. triplinervis* Ruiz & Pav., *Ocotea flavescens* Rusby, *Persea cinnamomifolia* Kunth, *P. mexicana* (Meisn.) Hemsl., *P. triplinervis* (Griseb.) M. Gómez var. *valenzuelana* (A. Rich.) M. Gómez, *Phoebe antillana* Meisn. var. *cubensis* (Nees) Meisn., *P. brasiliensis* Mez, *P. cinnamomifolia* (Kunth) Nees, *P. cubensis* Nees, *P. elongata* Nees, *P. filamentosa* C.K. Allen, *P. fruticosa* Lundell, *P. granatensis* Meisn., *P. heterotepala* Mez, *P. johnstonii* C.K. Allen, *P. maynensis* Nees, *P. mexicana* Meisn., *P. mexicana* var. *bourgeauana* Mez, *P. montana* (Sw.) Griseb., *P. paraguariensis* Hassl., *P. peruviana* Meisn., *P. peruviana* var. *glabriflora* Meisn., *P. pichisensis* A.C. Sm., *P. pickellii* Coe-Teix., *P. poeppigii* Meisn., *P. triplinervis* (Ruiz & Pav.) Mez non Griseb., *P. triplinervis* var. *cubensis* (Nees) Sauvalle, *P. valenzuelana* A. Rich.

Árboles de hasta 25 m; ramas jóvenes más o menos pubescentes o glabrescentes, los tricomas por lo general extendidos, a veces adpresos, rectos u ondulados, escasos con la edad. Hojas (3.5-)8-15(-24) × (1.5-)3-5.5(-9) cm, angostamente elípticas, elípticas u ovadas, la base aguda a obtusa, el ápice agudo a acuminado 3-plinervias o subtriplinervias, la vena media ligeramente hundida y glabra en el haz, elevada y glabra o escasamente pubescente en la base en el envés, las venas secundarias 5-7 pares, más bien planas y glabras en el haz, ligeramente elevadas y glabras en el envés, las superficies foliares glabras en el haz, generalmente pubescentes en el envés, algunas veces de manera imperceptible, o glabrescentes; domacios primarios presentes, 2 o más pares a lo largo de la vena media, rara vez solo el par basal, los secundarios no siempre presentes, pocos, no en todas las hojas; pecíolo 10-15(-25) mm, pubescente cuando joven, pronto glabrescente. Inflorescencias (2-)5-15 cm, axilares a las hojas, paniculadas, con frecuencia las últimas divisiones reducidas, haciendo que las flores se vean aglomeradas, solitarias o agrupadas a manera de racimos en ramas axilares muy cortas, a veces en la base de brotes nuevos o seudoterminales; pedúnculo (0.2-)1.5-3.5(-6.5) densa a escasamente pubescente, el raquis conspicuamente pubescente a glabrescente; pedicelos (1-)2.5-4(-5) mm, densa a escasamente pubescentes. Flores subglobosas a urceoladas; tépalos 2-2.5 × 1.5-2 mm, ovados, por lo general pubescentes por fuera, algunas veces glabros, seríceos en su cara adaxial, a veces con tricomas rojos; estambres de los verticilos I y II 1.5-2 mm, los filamentos generalmente seríceo-pilosos en ambas caras, las anteras 0.8-1 mm, glabras adaxialmente, glabrescentes o escasamente seríceas abaxialmente; estambres del verticilo III 1.5-2.5 mm, los filamentos por lo común densamente seríceos adaxialmente, con tricomas rojos, las anteras 0.7-0.9 mm, glabrescentes o seríceas adaxialmente, glabras abaxialmente, las glándulas c. 0.5 mm, insertadas en la base del filamento, o ligeramente arriba de este punto; estaminodios 1-1.5 mm, los filamentos generalmente seríceos en ambas caras, la cabeza del estaminodio 0.5-0.7 mm, de contorno triangular a cordado, acuminada; hipanto c. 0.5-0.6 mm de profundidad, pubescente a glabro por fuera, por lo general densamente seríceo por dentro, los tricomas rojos por lo general presentes; ovario 1-1.5 mm. Frutos 0.95-1.4 × 0.7-1 cm, elipsoides; cúpula 2-3.5 × 5-7 mm, crateriforme, los tépalos la mayoría de las veces persistentes; pedicelos 1-1.5(-2.5) mm de grueso en la base. *Selvas altas a medianas perennifolias, bosques nublados, bosques mixtos.* T (*Chávez 314*, XAL); Ch (*Breedlove 50903*, MEXU); B (*Gentle 2499*, MO); G (*Contreras 9796*, ENCB); H (*Saunders 459*, NY); ES (*Williams et al. 15170*, GH); N (*Moreno 3361*, MO); CR (*Zúñiga 244*, F); P (*Johnston 553*, US). 0-2600 m. (México [Guerrero, Oaxaca, Veracruz], Mesoamérica, Colombia, Venezuela, Guyana, Surinam, Ecuador, Perú, Bolivia, Brasil, Paraguay, Uruguay, Antillas).

Como se circunscribe aquí, *Aiouea montana* es considerada una especie muy variable. Se pueden reconocer varios grupos morfológicos por diferentes combinaciones de caracteres, pero todas ellas presentan casos intermedios entre sí, lo cual anula la posibilidad de distinguir claramente diferentes taxones. La única característica que parece ser común a todos estos grupos morfológicos es la superficie papilosa en el envés de las hojas.

Los tipos de *Phoebe heterotepala*, *P. johnstonii*, *P. mexicana* (en parte), *P. pichisensis*, *P. poeppigii* y *Persea cinnamomifolia*, que comparten la presencia de tricomas adpresos en las ramas jóvenes y en el envés de las hojas, solo domacios primarios en las hojas, inflorescencias solitarias y tépalos pubescentes por fuera, corresponden al grupo morfológico típico de Mesoamérica. Una leve variación hacia la presencia de inflorescencias agrupadas en brotes axilares muy cortos, corresponde a la morfología de los tipos de *Phoebe mexicana* (en parte) y *P. mexicana* var. *bourgeauana*. Las plantas con tricomas extendidos a erectos en las ramas jóvenes y el envés de las hojas, y los domacios secundarios a veces presentes se corresponden con los tipos de *Cinnamomum australe*, *Laurus triplinervis* y *P. brasiliensis*. La abundancia y longitud de los tricomas en el envés de las hojas es muy variable en toda el área de distribución de la especie.

12. Aiouea neurophylla (Mez & Pittier) R. Rohde, *Taxon* 66: 1104 (2017). *Phoebe neurophylla* Mez & Pittier in Mez, *Bull. Herb. Boissier, sér. 2* 3: 231 (1903). Isotipo: Costa Rica, *Pittier 12054* (P!). Ilustr.: Burger & van der Werff, *Fieldiana, Bot.* n.s. 23: 14, t. 1 (1990), como *P. neurophylla*.

Cinnamomum neurophyllum (Mez & Pittier) Kosterm.

Árboles 10-18 m; ramas jóvenes diminuta e imperceptiblemente pubescentes, pronto glabras, los tricomas rectos, adpresos. Hojas (6.5-)12-23.5(-30.5) × (2-)4-7.5(-10.5) cm, angostamente elípticas o elípticas, la base aguda a cortamente atenuada, el ápice aguda a cortamente acuminado, 3-plinervias o ligeramente subtriplinervias, la vena media hundida y pubescente cuando joven, pronto glabra en el haz, fuertemente elevada y glabrescente en el envés, los tricomas como en las ramas jóvenes, las venas secundarias 3 o 4(5) pares, el par basal marcadamente ascendente, paralelo al margen foliar la mayor parte de su longitud, hundido en el haz, fuertemente elevado en el envés, glabrescente o glabro, los otros pares de venas menos conspicuos, levemente elevados en el envés, las superficies foliares escasamente pubescentes en ambas superficies cuando jóvenes, pronto glabras; domacios primarios presentes, solo el par más inferior, los secundarios ausentes; pecíolo (6-)11.5-21.5(-30) mm, escasamente pubescente, los tricomas como en las ramas jóvenes. Inflorescencias (3.5-)6-11(-15.5) cm, axilares a diminutas brácteas deciduas, dispuestas en brotes axilares muy cortos a manera de un racimo, cimoso-paniculadas; pedúnculo (1-)3-6(-8.5) cm, escasamente pubescente a glabrescente, el raquis glabrescente o glabro; pedicelos (3-)4-6(-7.5) mm, glabros o glabrescentes. Flores urceoladas; tépalos 1.8-2.5 × 1.2-1.9 mm, ovados, glabros por fuera, seríceos por dentro, los externos escasamente así; estambres de los verticilos I y II 1.5-2 mm, los filamentos glabros o escasamente seríceos en ambas caras, las anteras 0.8-0.9 mm, glabras en ambas caras; estambres del verticilo III 1.5-2 mm, los filamentos escasamente seríceos o glabrescentes adaxialmente, glabros abaxialmente, las anteras 0.6-0.7 mm, glabras en ambas caras, en ocasiones escasamente seríceas en el 1/2 inferior adaxialmente, las glándulas 0.5-0.7 mm, insertadas en la base del filamento, ampliamente ovadas, glabras en ambas caras; estaminodios 0.8-1.3 mm, los filamentos escasa y largamente seríceos en ambas caras, la cabeza del estaminodio 0.5-0.9 mm, de contorno ovado-triangular, glabra en ambas caras; hipanto 0.3-1 mm de profundidad, glabro por fuera y por dentro; ovario 0.9-1.4 × 0.7-1.1 mm. Frutos 1.3-2.1 × 0.8-1.4 cm, elipsoides; cúpula 9-16.5 × 8.5-11 mm, gradualmente estrechándose a una base 1.2-2 mm de ancho, los tépalos parcialmente persistentes, con una línea de abscisión individual por arriba de su base; pedicelos indistintos. Floración ene.-mar.; fructificación jun.-ago. *Selvas altas perennifolias.* H (*Yuncker 4945*, F); CR (*Skutch 3844*, NY). 100-800 m. (Endémica).

Aiouea costaricana y *A. neurophylla* son muy similares morfológicamente. Además de las diferencias mencionadas en los comentarios de *A. costaricana*, el hecho de que crecen a intervalos de altitud que no se sobreponen, apoya la decisión de considerarlas como dos especies distintas. El material de Nicaragua previamente adscrito a *A. neurophylla* (Burger & van der Werff, 1990) corresponde a *A. montana*.

13. Aiouea padiformis (Standl. & Steyerm.) R. Rohde, *Taxon* 66: 1105 (2017). *Phoebe padiformis* Standl. & Steyerm., *Publ. Field Mus. Nat. Hist., Bot. Ser.* 23: 117 (1944). Holotipo: Guatemala, *Skutch 1367* (F!). Ilustr.: no se encontró.

Cinnamomum padiforme (Standl. & Steyerm.) Kosterm.

Árboles 6-15(-25) m o arbustos 2-6 m; ramas jóvenes conspicuamente pubescentes, los tricomas rectos a ondulados, extendidos o más o menos erectos. Hojas (3.5-)5.5-9(-11) × (1-)2-3.5(-4.5) cm, elípticas a angostamente elípticas, la base aguda, el ápice agudo a acuminado, 3-plinervias, subtriplinervias o penninervias, la vena media plana a ligeramente marcada y pubescente cuando joven, completamente glabra o más o menos pubescente en la base del haz, elevada y conspicuamente pubescente en el envés, los tricomas erectos, la mayoría caedizos, las venas secundarias 4-6 pares, planas y glabras en el haz, elevadas y glabrescentes o glabras en el envés, las superficies foliares pubescentes en el haz cuando jóvenes, pronto glabras, pubescentes en el envés, los tricomas como en las ramas jóvenes, cayendo más bien pronto, más o menos persistentes en algunas áreas; domacios primarios presentes en la mayoría de las axilas de las venas secundarias, los secundarios presentes con frecuencia a lo largo de varios pares de venas secundarias; pecíolo (5-)7-10(-12) mm, pubescente cuando joven, luego glabrescente. Inflorescencias (1.5-)3-6(-10) cm, axilares a las hojas, cimoso-paniculadas; pedúnculo (1-)1.5-3.5(-4.5) cm, escasamente pubescente a pubescente; pedicelos 2.5-4.5(-7) mm, glabros o escasamente pubescentes. Flores urceoladas; tépalos 1.6-2.6 × 1.2-1.8 mm, ovados o ampliamente ovados, pubescentes o escasamente pubescentes por fuera, rara vez glabros, seríceos por dentro, los externos a veces glabrescentes hacia los márgenes; estambres de los verticilos I y II 1.2-1.8 mm, los filamentos glabros o esparcidamente pubescentes a lo largo de su parte media por ambas caras, las anteras 0.7-1 mm, glabras en ambas caras; estambres del verticilo III 1.2-1.7 mm, los filamentos densa a escasamente seríceos adaxialmente, escasamente pubescentes en la base abaxialmente, las anteras 0.6-0.8 mm, glabras o escasamente pubescentes en la base del conectivo adaxialmente, glabras abaxialmente, las glándulas (0.3-)0.5 mm, insertadas bien arriba de la base del filamento, ovadas, escasamente seríceas adaxialmente, glabras abaxialmente; estaminodios 0.7-1 mm, los filamentos densamente seríceos o glabrescentes adaxialmente, escasamente seríceos abaxialmente, la cabeza del estaminodio 0.5-0.7 mm, de contorno ovado, aguda, glabra adaxialmente, escasa y largamente serícea en el 1/2 inferior abaxialmente; hipanto 0.3(-0.5) mm de profundidad, glabro o escasamente pubescente por fuera, glabro por dentro o con algunos tricomas seríceos en el 1/2 superior; ovario 0.8-1.1 × 0.8-1.1 mm. Frutos 0.9-1.3 × 0.45-0.9 cm, elipsoides; cúpula 5-8.5 × 3.5-5 mm, algunas veces estrechándose gradualmente hasta una base 1.3-1.8 mm de ancho, los tépalos persistentes; pedicelos 1.7-3 × 0.8-1.6 mm, algunas veces indistintos. Floración may.-ago.(-oct.); fructificación ene.-abr. *Bosques mixtos, bosques de neblina, pinares.* G (*Skutch 1358*, BM); H (*Molina R. 7962*, F); N (*Stevens 11555*, MO). (600-)1300-2100 m. (México [Guerrero, Jalisco], Mesoamérica).

14. Aiouea paratriplinervis Lorea-Hern., *Taxon* 66: 1105 (2017). Isotipo: Costa Rica, *Bello 589* (MO!). Ilustr.: no se encontró.

Cinnamomum paratriplinerve (Lorea-Hern.) van der Werff.

Árboles 6-15(-25) m; ramas jóvenes acostilladas, las costillas pareadas, derivando del punto de inserción del pecíolo, pronto teretes, pubescentes, los tricomas más bien rectos y adpresos, pocos extendidos, algo persistentes o cayendo pronto. Hojas (3.5-)7-12(-14.5) × (1.5-)2.5-4(-5) cm, elípticas o angostamente elípticas, rara vez oblanceoladas u ovadas, la base atenuada, el ápice acuminado a largamente acuminado, 3-plinervias o subtriplinervias, la vena media ligeramente marcada y glabra o glabrescente en el haz, elevada y escasamente pubescente en el envés, las venas secundarias (3)4 o 5 pares, planas y glabras en el haz, ligeramente elevadas y glabrescentes en el envés, las superficies foliares glabras en el haz, escasa o moderadamente pubescentes de manera imperceptible en el envés, los tricomas rectos, adpresos; domacios primarios 1 o 2 correspondientes a las venas secundarias más inferiores, pero no en todas las hojas, los secundarios ausentes; pecíolo (5-)8-14(-18) mm, pubescente adaxialmente, glabrescente abaxialmente, los tricomas como en las ramas jóvenes. Inflorescencias 4-8(-10) cm, axilares a las hojas, algunas veces seudoterminales, solitarias o en cortos racimos axilares, cimoso-paniculadas, las brácteas foliosas a veces presentes; pedúnculo 0.5-3.5(-5.5) cm, escasamente pubescente, el raquis escasamente pubescente; pedicelos (1.5-)2-4(-6) mm, glabrescentes o glabros. Flores urceolado-campanuladas; tépalos 2.2-2.8 × 1.7-2 mm, ovados, glabros por fuera, seríceos por dentro, en los externos de manera escasa; estambres de los verticilos I y II c. 2 mm, los filamentos escasamente seríceos en la base adaxialmente y los márgenes, glabros o pubescentes abaxialmente, las anteras c. 1 mm, glabras en ambas caras; estambres del verticilo III c. 2 mm, los filamentos escasamente pubescentes adaxialmente, glabros o pubescentes abaxialmente, las anteras c. 0.8 mm, glabras en ambas caras, las glándulas c. 0.6 mm, insertadas en la base del filamento, escasamente tomentosas adaxialmente, glabras abaxialmente; estaminodios 1.1-1.4 mm, los filamentos seríceos en el 1/2 superior adaxialmente, glabros o escasa y largamente seríceos abaxialmente, la cabeza del estaminodio 0.6-0.8 mm, de contorno cordado-triangular, glabra en ambas caras; hipanto c. 0.5 mm de profundidad, glabro por fuera, casi glabro por dentro, solo algunos tricomas en el borde superior entre las bases de los estaminodios y estambres del verticilo III; ovario c. 1.2 × 0.9-1.1 mm. Frutos 1.1-1.45 × 0.85-1 cm, elipsoides; cúpula 8-12 × 5.5-6 mm, estrechándose gradualmente a una base de 1.6-2.1 mm de ancho, los tépalos parcialmente persistentes, con una línea de abscisión por arriba de su base; pedicelos indistintos. Floración mar.-may.; fructificación (ago.-)oct.(-ene.). *Bosques mixtos, selvas altas perennifolias, vegetación secundaria, potreros.* CR (*Haber & Bello 3683*, F); P (*Correa & Montenegro 10793*, MO). (800-)1100-1600 m. (Endémica).

15. Aiouea tonduzii (Mez) R. Rohde, *Taxon* 66: 1107 (2017). *Phoebe tonduzii* Mez, *Bot. Jahrb. Syst.* 30(Beibl. 67): 15 (1901). Isotipo: Costa Rica, *Tonduz 11735* (BM!). Ilustr.: no se encontró.

Cinnamomum tonduzii (Mez) Kosterm.

Árboles 15-20 m; ramas jóvenes acostilladas, las costillas 1 o 2, derivando del punto de inserción del pecíolo, densamente tomentosas, la superficie imperceptible, los tricomas ondulados a rizados, adpresos a extendidos. Hojas (5-)7-10(-12) × 2.5-5(-7) cm, ovadas o elípticas, la base aguda u obtusa, el ápice agudo a acuminado, 3-plinervias o a veces subtriplinervias, la vena media ligeramente marcada o plana y glabra en el haz, elevada y glabra o glabrescente en el envés, las venas secundarias 4 o 5 pares, planas en el haz, ligeramente elevadas en el envés, las superficies foliares tomentosas en el haz cuando jóvenes, glabras muy pronto, tomentosas en el envés, por lo común la mayor parte de la superficie glabra muy pronto, los tricomas rizados, adpresos; domacios primarios presentes, 1 o 2 pares, los secundarios con frecuencia presentes en el par más inferior de las venas secundarias; pecíolo (10-)13.5-20(-25) mm, densamente tomentoso, los tricomas como en las hojas. Inflorescencias (4-)6-13(-16) cm, axilares a las hojas, cimoso-paniculadas, las brácteas foliosas a veces presentes; pedúnculo (1.5-)3-8.5 cm, densamente tomentoso, el raquis densamente tomentoso; pedicelos 4-5.5 mm, densamente tomentosos. Flores angostamente campanuladas o urceoladas; tépalos 2.3-2.6 × 1.6-1.9 mm, ovados, densamente tomentosos por fuera, seríceos por dentro; estambres de los verticilos I y II c. 1.8 mm, los filamentos escasamente seríceos adaxialmente, seríceos abaxialmente, las anteras c. 1 mm, glabras en ambas caras, a veces con algunos tricomas a lo largo del conectivo abaxialmente; estambres del verticilo III 1.8-2 mm, los filamentos densamente seríceos adaxialmente, a veces con tricomas rojos, seríceos abaxialmente, sobre todo en el 1/2 inferior, las anteras c. 0.8 mm, los filamentos seríceos en el 1/2 inferior adaxialmente, glabros en el resto de su superficie, las glándulas c. 0.5 mm, insertadas en el 1/3 inferior del filamento, ovadas, seríceas en su punto de unión adaxialmente, glabras en el resto de su superficie; estaminodios c. 1.3 mm, los filamentos densamente seríceos en ambas caras, los tricomas rojos presentes, la cabeza del estaminodio c. 0.8 mm, de contorno cordado, acuminada, glabra adaxialmente, serícea abaxialmente; hipanto c. 0.5 mm de profundidad, densamente tomentoso por fuera, rojo seríceo por dentro; ovario c. 1 × 1 mm. Frutos 1.15-1.8 × 0.7-1 cm; cúpula 5-8.5 × 6.5-8 mm, a veces estrechándose a una base 1.5 mm de ancho, los tépalos parcialmente persistentes, con una línea de abscisión arriba de su base; pedicelos 1.5-3 × 1.7-2.1 mm, a veces indistintos. Floración feb.-mar.; fructificación jul.-sep. *Selvas medianas perennifolias, bosques de neblina.* CR (*Burger et al. 12193*, F); P (*Allen 4832*, MO). 1600-1800(-2100) m. (Endémica).

La presencia de tricomas ondulados a rizados en las hojas, junto con los domacios secundarios y tépalos parcialmente persistentes en el fruto, funcionan bien en conjunto para separar a *Aiouea tonduzii* de otras especies en Mesoamérica. Se ha considerado en alguna ocasión a *A. tonduzii* sinónimo de *A. montana* (Burger & van der Werff, 1990), pero, al igual que en el caso de la sugerida conespecificidad entre esta última y *A. costaricana*, las diferencias morfológicas señaladas en la clave con *A. tonduzii* son consistentes.

16. Aiouea triplinervis (Griseb.) Lorea-Hern., comb. nov. *Phoebe triplinervis* Griseb., *Pl. Wright.* 1: 187 (1860). Isolectotipo (designado por Howard, 1988a): Cuba, *Wright 1400* (BR!). Ilustr.: no se encontró.

Aiouea grisebachii (Lorea-Hern.) Rohwer, *Cinnamomum grisebachii* Lorea-Hern., *Persea triplinervis* (Griseb.) M. Gómez.

Árboles 7-8(-17) m; ramas jóvenes pubescentes, los tricomas rectos, adpresos o ligeramente extendidos, pronto glabrescentes o glabras. Hojas (5-)9-16(-23) × (1.5-)3-6(-9) cm, angostamente elípticas o elípticas, la base aguda, el ápice agudo o cortamente acuminado 3-plinervias o subtriplinervias, la vena media marcada a plana y glabra en el haz, fuertemente elevada y glabra o glabrescente en el envés, las venas secundarias 4 o 5(6) pares, planas en el haz, elevadas en el envés, el par inferior más conspicuo que los otros, glabras en ambas superficies, las superficies foliares glabras en ambas superficies; domacios primarios presentes, solamente el par más inferior, los secundarios ausentes; pecíolo (8.5-)12.5-21 mm, escasamente pubescente, pronto glabro, los tricomas como en las ramas jóvenes. Inflorescencias (2-)3-6(-7.5) cm, axilares a las hojas y solitarias o axilares a pequeñas brácteas deciduas y arregladas en racimos sobre cortísimos brotes axilares, paniculadas, las últimas divisiones generalmente muy reducidas o ausentes; pedúnculo 0-2.5(-3.5) cm, pubescente, el raquis pubescente; pedicelos 2-4.5 mm, glabros. Flores urceoladas; tépalos 2.3-3 × 1.6-2.2 mm, ovados a ampliamente ovados, glabros por fuera, los externos glabrescentes por dentro, los internos seríceos por dentro; estambres de los verticilos I y II 1.7-2.3 mm, los filamentos glabros, a veces escasamente pubescentes en la base, las anteras 1-1.3 mm, glabras; estambres del verticilo III 1.7-2.3 mm, los filamentos glabros, las anteras 0.8-1 mm, glabras, las glándulas 0.5-0.7 mm, insertadas por arriba de la base del filamento, ovadas, glabras, a veces escasamente seríceas en su punto de unión adaxialmente; estaminodios 0.9-1.2 mm, el filamento glabro o escasamente seríceo abaxialmente, la cabeza del estaminodio c. 0.6 mm, de contorno ovado-triangular, glabra; hipanto 0.5-0.7(-0.8) mm de profundidad, glabro; ovario 1-1.2 × 0.9-1.1 mm, glabro. Frutos 1.3-1.7 × 0.95-1.1 cm, elipsoides; cúpula 8.5-13.5 × 7-9 mm, estrechándose hacia una base 1.7-2.5 mm de ancho, los tépalos persistentes; pedicelos indistintos. Floración mar.-jul.(-ago.); fructificación dic.-abr. *Selvas medianas perennifolias*. T (*Hanan-Alipi 580*, XAL); Ch (*Breedlove 56597*, CAS). 800-1200 m. (México [Oaxaca], Mesoamérica, Cuba, República Dominicana).

Aiouea triplinervis y *A. costaricana* son muy parecidas en su morfología. La distinción entre ellas se basa en lo siguiente: los tricomas de los domacios en su mayoría son paralelos a la superficie foliar, los ejes de las penúltimas divisiones de la inflorescencia son nulos, haciendo que las flores se vean aglomeradas y los pedicelos de los frutos son gradualmente turbinados desde la base en *A. triplinervis*, en tanto que *A. costaricana* presenta los tricomas de los domacios extendidos a erectos, los ejes de las penúltimas divisiones de la inflorescencia están bien desarrollados y los pedicelos de los frutos son turbinados distalmente. Cierto es que las diferencias no son tajantes, y puede ser que más adelante se compruebe que *A. costaricana* es sinónimo de *A. triplinervis*, pero por el momento, dado que no se ha observado traslape en la distribución de los individuos que presentan una y otra morfología, se considera mejor mantenerlas como especies distintas.

El nombre *A. grisebachii* es ilegítimo debido a que el epíteto *triplinervis* estaba disponible para *Aiouea* y debía ser usado. Por tanto, se propone la combinación arriba presentada.

17. Aiouea zapatae (Lorea-Hern.) R. Rohde, *Taxon* 66: 1107 (2017). *Cinnamomum zapatae* Lorea-Hern., *Acta Bot. Mex.* 40: 13 (1997). Holotipo: México, Guerrero, *Lorea 4172* (FCME!). Ilustr.: Lorea-Hernández, *Acta Bot. Mex.* 40: 14, t. 5 (1997), como *C. zapatae*.

Árboles 20-25 m; ramas jóvenes densamente pubescentes, los tricomas en su mayoría ondulados o rizados, adpresos a erectos, más bien persistentes. Hojas (5-)8-13(-16) × (2.5-)4-6.5(-9.5) cm, ovadas a ampliamente ovadas, ocasionalmente elípticas, la base obtusa a redondeada, a veces oblicua, el ápice agudo a acuminado, 3-plinervias o subtriplinervias, la vena media ligeramente marcada y glabra en el haz, fuertemente elevada y densamente pubescente en el envés, los tricomas ondulados a rizados, extendidos a erectos, las venas secundarias (3)4 o 5 pares, más bien planas en el haz, fuertemente elevadas en el envés, densamente pubescentes, los tricomas como en la vena media, las superficies foliares pubescentes cuando jóvenes en el haz, pronto glabras, densamente pubescentes en el envés, los tricomas como en las ramas jóvenes, más bien persistentes, a veces cayendo totalmente en partes de la hoja; domacios primarios presentes en la mayoría de las axilas de las venas secundarias, los secundarios presentes, sobre todo a lo largo del primer par de venas secundarias, los terciarios ocasionalmente presentes; pecíolo (9.5-)11-17(-20) mm, densamente pubescente, los tricomas como en las ramas jóvenes. Inflorescencias (3-)6.5-11 (-13.5) cm, axilares a las hojas, solitarias o en racimos muy cortos; pedúnculo 0.5-3.5(-5.5) cm o ausente, densamente pubescente, el raquis densamente pubescente; pedicelos 2.5-5(-7) mm, pubescentes. Flores urceoladas; tépalos 2.3-2.7 × 1.6-2.3 mm, ovados o ampliamente ovados, pubescentes por fuera, seríceos por dentro, con algunos tricomas rojos; estambres de los verticilos I y II 1.6-1.8 mm, los filamentos glabros adaxialmente, glabros o escasamente seríceos abaxialmente, las anteras 0.7-1.1 mm, glabras en ambas caras, a veces escasamente seríceas en la base abaxialmente; estambres del verticilo III 1.7-2 mm, los filamentos seríceo-tomentosos adaxialmente, los tricomas rojos a veces presentes, escasa y largamente seríceos abaxialmente, sobre todo en el 1/2 inferior, las anteras 0.7-1 mm, escasamente seríceo-tomentosas adaxialmente en el 1/2 inferior, glabras abaxialmente, las glándulas c. 0.5 mm, insertadas por arriba de la base del filamento, redondeadas, largamente seríceas adaxialmente, glabras abaxialmente; estaminodios 0.9-1.1 mm, los filamentos seríceo-tomentosos adaxialmente, a veces con muchos tricomas rojos, seríceos abaxialmente, la cabeza del estaminodio 0.5-0.7 mm, de contorno ampliamente cordado, acuminada, glabra adaxialmente, escasa y largamente sericea en el 1/2 inferior abaxialmente; hipanto c. 0.5 mm de profundidad, pubescente por fuera, seríceo por dentro, los tricomas rojos abundantes; ovario 0.8-1.2 × 0.9-1.2 mm. Frutos 0.9-1.55 × 0.6-1 cm, elipsoides; cúpula 5-9.5 × 5-8.5 mm, estrechándose a una base 1.5-2.5 mm de ancho, los tépalos persistentes; pedicelos indistintos. Floración (ene.-) may.; fructificación dic.-feb. *Bosques de neblina, bosques mixtos*. Ch (*Ton 5332*, MEXU); G (*Williams et al. 43353*, NY). (1300-)1600-2450(-2750) m. (México [Guerrero, Oaxaca], Mesoamérica).

2. **Andea** van der Werff

Por H. van der Werff.

Árboles o arbustos ginodioicos; ramas robustas, teretes, sólidas. Hojas alternas, sésiles o casi sésiles, pinnatinervias; domacios ausentes. Inflorescencias en las axilas de las hojas, raramente en las axilas de brácteas, cimoso-paniculadas, algunas veces reducidas y pareciendo racemosas. Flores pistiladas o bisexuales, con tépalos iguales, los tépalos rotáceos en la antesis, las inflorescencias jóvenes no envueltas por brácteas decusadas. Flores pistiladas con 9 estaminodios, los 3 estaminodios internos con 2 glándulas en su base; estaminodios del verticilo IV ausentes; pistilo bien desarrollado, con un estigma conspicuo elevado por encima del nivel de los estaminodios. Flores bisexuales con 9 estaminodios robustos; ovario hinchado; estigma conspicuo; pistilo tan largo o levemente más corto que los estambres; estambres 9 (externos 6, internos 3); estaminodios del verticilo IV generalmente ausentes. Frutos con la cúpula (no muy profundamente) cupuliforme con un margen entero simple; tépalos deciduos. 25 spp., distribuidas principalmente en los Andes de Colombia, Venezuela, Ecuador, Perú; 1 sp. en Mesoamérica.

Andea es el único género ginodioico en Lauraceae y los árboles individuales tienen las flores ya sea pistiladas o bisexuales. Todas las especies se encuentran en bosques montanos y se pueden reconocer vegetativamente por sus hojas (sub)sésiles, las ramas gruesas (5-12 mm de diámetro) y las flores grandes con tépalos patentes.

Bibliografía: van der Werff, H. *Ann. Missouri Bot. Gard.* 107: 422-431 (2022).

1. Andea fulvescens (Standl. & L.O. Williams) van der Werff, *Ann. Missouri Bot. Gard.* 107: 429 (2022). *Ocotea fulvescens* Standl. & L.O. Williams, *Ceiba* 1: 237 (1951). Holotipo: Costa Rica, *León 2166* (US!). Ilustr.: no se encontró.

Árboles hasta 20 m; ramitas anguladas, densamente pardo-rojizo-pubescentes, los tricomas adpresos, ascendentes y cubriendo completamente la superficie, tornándose pardas con la edad, sólidas; yemas terminales densamente, más o menos seríceo-pubescentes. Hojas 10-20 × 4-7 cm, (angostamente) elípticas, coriáceas, alternas, la base revoluta y decurrente sobre el pecíolo, así las hojas tienen la apariencia sésil, los márgenes recurvados o enrollados hacia adentro hacia la base, el ápice agudo, el haz densa a escasamente adpreso-pubescente, tornándose glabro con la edad, el envés densamente adpreso-seríceo-pubescente o los tricomas parcialmente ascendentes, discernibles al tacto, la superficie no visible, las líneas de vernación claramente visibles en el envés, la vena media, las secundarias y las terciarias inmersas en el haz, la vena media elevada, las secundarias y las terciarias inmersas en el envés, las venas secundarias 10-13 pares; pecíolo indistinto debido a la base decurrente de las hojas. Inflorescencias 8-25 cm, cimoso-paniculadas, densamente pardo-rojizo-pubescentes, en las axilas de las hojas. Flores c. 10 mm de diámetro, verde pálido o amarillo pálido; tépalos c. 4 mm, elípticos, densamente pubescentes por fuera, pubescentes y papilosos hacia el ápice y los márgenes por dentro, algunas veces la pubescencia restringida a la base de los tépalos, patentes en la antesis. Flores bisexuales con estambres externos 2-2.5 mm, glabros, los filamentos libres, la antera c. 1.4 mm, los lóculos en 2 pares superpuestos, ocupando toda la antera, los lóculos introrsos; estambres internos c. 3 mm, las anteras casi tan largas como los filamentos; estaminodios no vistos; pistilodio c. 4 mm, delgado, glabro; receptáculo glabro por dentro; flores (femeninas) pistiladas con estaminodios, 1-1.3 mm, glabros, los lóculos de la antera visibles, pero no abriéndose; pistilo c. 4 mm, glabro; receptáculo glabro por dentro. Frutos 2-2.5 cm, elipsoides, la cúpula 1-1.3 cm de diámetro. *Bosques altos montanos, bosques montanos*. CR (*León 2166*, MO). 2600-3000 m. (Endémica).

Andea fulvescens es una especie llamativa y fácil de reconocer por las hojas sésiles densamente pubescentes con la base revoluta, las líneas de vernación sobre las hojas y el hábitat alto montano. La pubescencia de las hojas puede variar desde seríceo-adpresa hasta más o menos ascendente. Las 4 colecciones que se han visto de Costa Rica tienen el indumento adpreso-seríceo sobre las hojas. Las flores pistiladas se pueden reconocer prontamente como unisexuales, debido a que los estaminodios son pequeños y los lóculos de la antera permanecen cerrados.

3. **Aniba** Aubl.

Por H. van der Werff.

Árboles o arbustos. Hojas alternas, con menos frecuencia verticiladas, pinnatinervias, los fascículos de tricomas axilares o los domacios ausentes. Inflorescencias cimoso-paniculadas, las flores laterales de una cima siempre estrictamente opuestas. Flores bisexuales; tépalos iguales (rara vez los 3 externos más pequeños que los 3 internos), generalmente tomentulosos, persistentes sobre los frutos jóvenes, pero no agrandándose en fruto; estambres 9, en 3 verticilos de 3 (rara vez 6 en 2 verticilos de 3), las anteras con 2 lóculos; los 3 estambres internos con 2 glándulas en la base de los filamentos, los filamentos generalmente densamente pubescentes; estaminodios del verticilo IV diminutos o ausentes. Frutos asentados en una cúpula conspicuamente cupuliforme, con un margen simple (rara vez doble). 44 spp., distribuidas en América tropical; 5 spp. en Mesoamérica.

Aniba puede reconocerse rápidamente por las flores pequeñas con los tépalos erectos o incurvados y los 9 estambres biloculares frecuentemente anchos y densamente pubescentes. En casi todas las especies los tépalos y los estambres persisten en los frutos jóvenes y esto hace posible la identificación hasta género de los ejemplares fructíferos. Varias especies tienen las hojas verticiladas, mientras que otras tienen el envés cubierto por papilas finas, dando a la superficie una apariencia cespitosa verde pálido. Debido a que las flores son relativamente uniformes en el género, las especies se separan frecuentemente por diferencias vegetativas y caracteres florales pequeños, lo que dificulta el reconocimiento de especies. *Aniba* está representada en Mesoamérica por varias especies, cada una conocida de pocas colecciones. El material disponible no es suficiente para la descripción de taxones nuevos y no concuerda lo suficiente con las especies sudamericanas. Por consiguiente, aún permanecen sin nombre varios taxones que representan especies no descritas. Se requieren más colecciones para resolver estos problemas.

Bibliografía: Kubitzki, K. *Fl. Neotrop. Monogr.* 31: 1-84 (1982).

1. Hojas verticiladas.
 2. Envés de la hoja moderada a densamente pubérulo. **5. Aniba** sp. **A**
 2. Envés de la hoja glabro o casi glabro.
  3. Hojas gradualmente angostadas hacia la base, la base abruptamente redondeada. **1. A. bracteata**
  3. Hojas con la base aguda. **3. A. puchury-minor**
1. Hojas uniformemente distribuidas a lo largo de las ramitas.
 4. Hojas moderada a densamente pubérulas en el envés. **5. Aniba** sp. **A**
 4. Hojas glabras o casi glabras en el envés.
  5. Envés de la hoja microscópicamente papiloso, con apariencia opaca, verde-amarillento. **2. A. cinnamomiflora**
  5. Envés de la hoja no microscópicamente papiloso. **4. A. venezuelana**

1. Aniba bracteata (Nees) Mez, *Jahrb. Königl. Bot. Gart. Berlin* 5: 66 (1889). *Aydendron bracteatum* Nees, *Syst. Laur.* 256 (1836). Tipo: San Vicente, *Anon. s.n.* (Herb. Schott). Ilustr.: Mez, *Jahrb. Königl. Bot. Gart. Berlin* 5: t. 3, f. 32 (1889).

Árboles hasta 25 m; ramitas anguladas, diminutamente pubérulas cuando jóvenes, pronto glabrescentes; yemas terminales densa y diminutamente adpreso-pubescentes. Hojas agrupadas en el ápice de las ramas, 12-35 × 3-10 cm, angostamente elípticas o elíptico-obovadas, cartáceas, gradualmente angostadas hacia la base abruptamente redondeada, el ápice agudo o acuminado, glabras en ambas superficies, el envés no papiloso, la vena media, las secundarias y las terciarias inmersas en el haz, la vena media y las secundarias elevadas, las terciarias ligeramente elevadas en el envés, las venas secundarias 10-20 pares, arqueadas hacia arriba cerca de los márgenes y con frecuencia entrelazadas con las venas distales; pecíolo 3-5 mm, grueso, con el indumento similar al de las ramitas. Inflorescencias 10-20 cm, densamente tomentulosas. Flores c. 2.5 mm de diámetro; tépalos c. 1.2 mm, tomentulosos por fuera, glabros por dentro, erectos o ligeramente incurvados en la antesis; estambres c. 0.7 mm; estambres externos 6, los lóculos de la antera introrso-laterales, el conectivo sobresaliendo más allá de la antera, el filamento pubescente y más angosto que la antera; estambres internos 3, los lóculos de la antera extrorsos; estaminodios no vistos; pistilo c. 1.6 mm, piloso o glabro, el receptáculo glabro o piloso por dentro. Frutos c. 2.2 × 1.2 cm, elipsoides; cúpula c. 1 × 1.2 cm. *Selvas altas perennifolias*. P (*de Nevers & Herrera 5121*, MO). c. 350 m. (Mesoamérica, Puerto Rico, Dominica, Guadalupe, Nieves, Martinica, Santa Lucía, San Vicente).

Aniba bracteata puede reconocerse fácilmente por las hojas glabras agrupadas, gradualmente angostadas hacia la base y abruptamente redondeadas en la base. Las 2 colecciones de Panamá comparten estos caracteres de la hoja con la típica *A. bracteata*, pero difieren en su distribución (la especie se conocía solo de las Antillas Menores), y las flores no son constrictas en la base de los tépalos. *Aniba robusta* (Klotzsch & H. Karst.) Mez también tiene las hojas glabras y agrupadas, angostadas hacia la base y abruptamente redondeadas en la base, pero esta es una especie montana de Venezuela y de los países andinos, y tiene las hojas coriáceas, las flores con la base de los tépalos constricta y un receptáculo glabro; la colección en flor de Panamá tiene el receptáculo densamente pubescente por dentro, y también tiene las flores escasamente más grandes que *A. bracteata*. Debido a que *A. bracteata* es una especie más bien variable, las colecciones de Panamá se ubican dentro de esta, a reserva de obtener más información que demuestre lo contrario.

2. Aniba cinnamomiflora C.K. Allen, *Mem. New York Bot. Gard.* 10(5): 49 (1964). Holotipo: Venezuela, *Maguire & Politi 28476* (NY). Ilustr.: Allen, *Mem. New York Bot. Gard.* 10(5): 46, t. 30 (1964).

Árboles hasta 15 m; ramitas anguladas o estriadas, diminutamente tomentulosas cuando jóvenes, pronto glabrescentes; yemas terminales densamente tomentulosas. Hojas uniformemente distribuidas a lo largo de las ramitas, 5-15 × 2.5-6 cm, elípticas o lanceoladas, firmemente cartáceas a coriáceas, la base aguda u obtusa, el ápice agudo o acuminado, el acumen hasta 1.5 cm, glabras, el envés microscópicamente papiloso, verde-amarillento, la vena media, las secundarias y las terciarias inmersas en el haz, la vena media elevada, las secundarias ligeramente elevadas y las terciarias inmersas en el envés, las venas secundarias 6-9 pares; pecíolo 0.7-1.6 cm, con el indumento similar al de las ramitas. Inflorescencias en las axilas de catafilos en la base de los crecimientos jóvenes, hasta 6 cm, diminutamente tomentulosas. Flores c. 2 mm de diámetro, amarillas o verde pálido; tépalos c. 1 mm, pubescentes por fuera, glabros por dentro, erectos en la antesis; estambres c. 0.7 mm; estambres externos 6, los filamentos tan anchos como las anteras; estaminodios no vistos; pistilo c. 1.5 mm, delgado, pubescente excepto por la base glabra, el receptáculo profundo, densamente pubescente por dentro. Frutos c. 2 × 1.5 cm, elipsoides; cúpula c. 1 × 1.5 cm, verrugosa cerca de la base y frecuentemente agrietada por el fruto agrandado. *Bosques montanos*. CR (*Herrera 1920*, MO); P (*McPherson 8399*, MO). 1100-1300 m. (Mesoamérica, Venezuela).

Aniba cinnamomiflora es una especie montana que se reconoce por las hojas papilosas, verde-amarillentas en el envés. Según la clave de Kubitzki (1982) esta especie es parte de un grupo de 4 especies con las hojas papilosas que se encuentra en bosques de neblina, las cuales son poco conocidas. Dos especies tienen las flores ligeramente más pequeñas (c. 1.5 mm vs. c. 2 mm de diámetro) y la tercera, no conocida por mí, fue descrita con frutos de hasta 4 cm (2 cm en *A. cinnamomiflora*). Algunas colecciones de los bosques de las tierras bajas de Panamá llegan a *A. cinnamomiflora* en la clave debido al envés papiloso de las hojas. Estas son *Garwood 944* (MO) y *Garwood 960* (MO), de la costa del Darién (una estéril, la otra con una flor) que se diferencian de *A. cinnamomiflora* por la pubescencia más larga y más densa sobre las ramitas jóvenes; *Sytsma 1367* (MO) de la carretera a Sta. Rita, se diferencia por las hojas más angostas y más coriáceas. Sin colecciones adicionales estos ejemplares no pueden ser identificados con certeza.

3. Aniba puchury-minor (Mart.) Mez, *Jahrb. Königl. Bot. Gart. Berlin* 5: 70 (1889). *Ocotea puchury-minor* Mart., *Repert. Pharm.* 35: 172 (1830). Isolectotipo (primer paso designado por Kubitzki, 1982): Brasil, *Martius s.n.* (B, no se encontró). Ilustr.: no se encontró.

Nectandra puchury-minor (Mart.) Nees.

Árboles hasta 15 m; ramitas ligeramente anguladas, diminutamente pardo-tomentulosas; yemas terminales densa y diminutamente adpreso-pubescentes. Hojas 10-24 × 4.5-8.5 cm, elípticas, cartáceas, la base aguda, el ápice agudo o brevemente acuminado, la vena media y las secundarias inmersas o escasamente impresas, las terciarias no visibles en el haz, la vena media y las secundarias elevadas, las terciarias escasamente visibles en el envés, el haz glabro, el envés glabro o con algunos tricomas diminutos adpresos, no papiloso, las venas secundarias 6-9 pares; pecíolo 1.5-2.5 cm, con el indumento similar al de las ramitas, escasamente engrosado en el 1/2 inferior. Inflorescencias 2-12 cm, densa y diminutamente pubescentes. Flores 1.5-2.5 mm de diámetro, amarillas o verdosas; tépalos 0.7-1 × 0.9-1.4 mm, más anchos que largos, pubescentes por fuera, glabros por dentro, erectos o incurvados; estambres externos 6, 0.6-1 mm, los filamentos pubescentes y más anchos que las anteras, las anteras con lóculos introrsos, el conectivo escasamente sobresaliendo más allá de la antera; estambres internos 3, tan largos como los externos, los lóculos extrorsos, los filamentos pubescentes y el conectivo sobresaliendo más allá de los lóculos; estaminodios no vistos; pistilo c. 1.8 mm, glabro, el ovario gradualmente angostado hasta el estilo, el receptáculo profundo, la parte inferior glabra, la parte superior pubescente. Frutos c. 3 × 1.5 cm; cúpula c. 1 × 1.5 cm, verrugosa por fuera. *Selvas altas perennifolias*. P (*Hartman 12507*, MO). 0-200 m. (Mesoamérica, Colombia, Ecuador, Perú, Brasil).

Aniba puchury-minor se puede reconocer por las hojas agrupadas y la base aguda. El indumento del envés es muy inconspicuo y puede pasar por alto fácilmente. No hay certeza de si los ejemplares de Panamá y del oeste de los Andes en Colombia pertenecen a esta especie; estos difieren de las colecciones de las tierras bajas amazónicas por tener las flores más pequeñas (c. 1.5 vs. 2-2.5 mm de diámetro) y la base de los pecíolos engrosada. Se necesitan estudios adicionales para determinar si estas diferencias son significativas o si simplemente reflejan variaciones dentro de la especie.

4. Aniba venezuelana Mez, *Jahrb. Königl. Bot. Gart. Berlin* 5: 63 (1889). Lectotipo (designado por Kubitzki, 1982): Venezuela, *Funck & Schlim 569* (P). Ilustr.: González & Poveda, *Monogr. Syst. Bot. Missouri Bot. Gard.* 111: 98 (2007).

Árboles hasta 25 m; ramitas anguladas, densa y diminutamente pardo-tomentulosas, el indumento caedizo con la edad; yemas terminales densa y diminutamente pardo-tomentulosas. Hojas uniformemente distribuidas a lo largo de las ramitas, 14-28 × 4.5-8 cm, elípticas o angostamente elípticas, firmemente cartáceas, la base aguda a obtusa, el ápice generalmente acuminado, el acumen hasta 1 cm, glabras o casi glabras en ambas superficies, el envés no microscópicamente papiloso, la vena media y las secundarias inmersas, las terciarias no visibles en el haz, la vena media elevada, las secundarias ligeramente elevadas y las terciarias escasamente visibles en el envés, las venas secundarias 6-9 pares; pecíolo 1-1.7 cm, con el indumento similar al de las ramitas. Inflorescencias 6-16 cm, densa y diminutamente tomentulosas. Flores 1.8-2.2 mm de diámetro, verdosas; tépalos c. 1 × 0.6 mm, anchamente elípticos, pubescentes por fuera, glabros por dentro, erectos en la antesis; estambres externos 6, c. 0.7 mm, ligeramente incurvados, los filamentos pubescentes, casi tan anchos como la antera, las anteras con lóculos introrsos, el conectivo no o escasamente sobresaliendo más allá de la antera; estambres internos 3, c. 0.5 mm, la antera con lóculos lateral-extrorsos, los filamentos pubescentes; estaminodios no vistos; pistilo c. 1.5 mm, delgado, pubescente, el receptáculo profundo, pubescente por dentro. Frutos c. 3 × 1.5 cm, elipsoides; cúpula c. 1.3 × 1.8 cm, verrugosa, casi completamente envolviendo a los frutos jóvenes. *Selvas altas perennifolias*. N (*Rueda et al. 5183*, MO); CR (*Herrera 2211*, MO). 0-300 m. (Mesoamérica, Colombia, Venezuela).

Aniba venezuelana se reconoce por sus hojas uniformemente distribuidas y no papilosas en el envés. No es rara en las tierras bajas del Caribe de Costa Rica y áreas adyacentes de Nicaragua. Unas pocas colecciones de elevaciones altas en Costa Rica, con inflorescencias más cortas y hojas ligeramente papilosas se incluyen provisionalmente aquí. Una colección de la península de Osa (*Aguilar 2407*, MO) también llega en la clave a *A. venezuelana*, pero difiere por tener las ramitas escasamente gris-pubescentes y las hojas más angostas con menos venas secundarias; probablemente es una especie aún no descrita y el único espécimen en fruto no es suficiente para describirla.

Se usa el nombre de *A. venezuelana* con cierto recelo para los ejemplares mesoamericanos. Solo tres colecciones fueron citadas por Kubitzki (1982), dos de las montañas costeras de Venezuela y una de las tierras bajas del Pacífico en Colombia. Debido a que esta especie es poco conocida, se hace difícil incluirla o excluirla de los ejemplares mesoamericanos de *A. venezuelana*. Se requieren más colecciones de la localidad tipo para un mejor entendimiento de esta especie.

La descripción aquí está basada en ejemplares de Costa Rica y no en los pocos ejemplares sudamericanos.

5. Aniba sp. A.

Árboles c. 25 m; ramitas anguladas o estriadas, densamente pardo-tomentulosas, glabrescentes con la edad; yemas terminales densamente pubescentes. Hojas más o menos agrupadas en las puntas de las ramas, 10-15 × 4-6 cm, elípticas u obovadas, firmemente cartáceas, la base obtusa o aguda, el ápice brevemente acuminado, el haz escasamente adpreso-pubescente, el indumento más denso a lo largo de las venas principales, el envés densa a moderadamente tomentuloso, no papiloso, las venas secundarias 9-12 pares; pecíolo 7-12 mm, con el indumento similar al de las ramitas. Inflorescencias y flores desconocidas. Infrutescencias 10-16 cm, diminutamente tomentulosas. Frutos inmaduros casi completamente envueltos en una cúpula c. 13 × 13 mm, redondeada, verrugosa, con los tépalos viejos y los estambres unidos a esta; tépalos c. 1.5 mm, pubescentes por fuera, glabros por dentro excepto pubescentes en la base; estambres externos 6, c. 1.5 mm, los filamentos delgados, pubescentes, los lóculos de la antera introrsos, el conectivo no sobresaliendo más allá de la antera; estambres internos 3, c. 1 mm, los filamentos densamente pubescentes, las glándulas unidas por encima de la base. *Selvas altas perennifolias*. P (*Dwyer 10545*, MO). Elevación desconocida. (Endémica).

Esta es probablemente una especie de *Aniba* no descrita que se puede reconocer principalmente por su indumento tomentuloso en el envés de las hojas, el cual es único entre las especies mesoamericanas de *Aniba*. No concuerda con ninguna de las especies aceptadas por Kubitzki; sin embargo, se asemeja ligeramente a *A. hostmanniana* (Nees) Mez y *A. williamsii* O.C. Schmidt, pero difiere en su indumento y menor tamaño de la hoja. La única colección que se tiene no es suficiente para describir esta nueva especie.

4. **Beilschmiedia** Nees

Bellota Gay p. p., *Hufelandia* Nees.

Por S. Nishida & H. van der Werff.

Árboles o rara vez arbustos. Hojas alternas o (sub)opuestas, a veces agrupadas, pinnatinervias. Inflorescencias paniculadas o racemosas, con las ramas terminales de las panículas no estrictamente cimosas. Flores bisexuales, arregladas en cimas de 3 flores, pero las flores laterales no estrictamente opuestas; tépalos 6, generalmente iguales, ovados a elípticos, generalmente deciduos; estambres 9 o raramente 6, los filamentos generalmente más cortos que las anteras, las anteras con 2 lóculos, las del verticilo I y II introrsas, las del verticilo III extrorsas a casi introrsas, las glándulas basales de los 3 estambres más internos globosas; estaminodios 3 en el verticilo IV o ausentes, o rara vez 6 en el verticilo III y IV (en Mesoamérica siempre 3 en el verticilo IV), estaminodios en el verticilo IV sagitados o deltoides; receptáculo aplanado a levemente cupuliforme. Frutos elipsoides, esféricos o piriformes, generalmente negro-morados; cúpula ausente. Aprox. 250 spp., distribución pantropical; 15 spp. en Mesoamérica.

Bibliografía: Allen, C.K. *J. Arnold Arbor*. 26: 280-364 (1945a), 365-434 (1945b). Burger, W.C. & van der Werff, H. *Fieldiana, Bot*. n.s. 23: 39-43 (1990). Kostermans, A.J.G.H. *Recueil Trav. Bot. Néerl.* 35: 837-865 (1938). Nishida, S. *Ann. Missouri Bot. Gard.* 86: 657-701 (1999).

1. Estambres fértiles 6. **8. B. osacola**
1. Estambres fértiles 9.
 2. Hojas opuestas; nervadura menor con patrón grueso en el envés, las aréolas (las áreas más pequeñas del tejido de la hoja rodeadas por las venas menores) más de 1.5 mm de diámetro.
  3. Pedicelos florales (1.5-)3-7 mm; hojas con el ápice agudo; pecíolos concoloros con las ramitas. **3. B. brenesii**
  3. Pedicelos florales 0.5-2 mm; hojas con el ápice generalmente acuminado; pecíolos generalmente más oscuros que las ramitas. **5. B. hondurensis**
 2. Hojas alternas, agrupadas en espiral o rara vez subopuestas; nervadura menor con patrón fino, las aréolas menos de 0.7 mm de diámetro.
  4. Tricomas sobre las yemas terminales y ramitas adpresos o ascendentes, cortos y rectos.
   5. Venas menores de la hoja inmersas en el haz (el patrón generalmente visible); hojas glaucas en el envés.
    6. Hojas 2-4(-6) cm de ancho, la base cuneada; pecíolo 1-1.5 cm. **11. B. pendula**
    6. Hojas 4-8(-14) cm de ancho, la base generalmente cordada a obtusa; pecíolo 1.5-2.5(-3) cm. **15. B. tovarensis**
   5. Venas menores de la hoja elevadas en el haz; hojas generalmente no glaucas en el envés.
    7. Aréolas anguladas con las vénulas ramificadas de terminaciones libres adentro; pedicelos de los frutos no constrictos en el ápice. **4. B. costaricensis**
    7. Aréolas redondeadas rara vez con vénulas de terminaciones libres adentro; pedicelos de los frutos levemente constrictos en el ápice. **7. B. mexicana**
  4. Tricomas sobre las yemas terminales y ramitas erectos, cortos y crespos, o largos y rectos u ondulados.
   8. Hojas (14-)18-30 cm.
    9. Frutos 3.5-4.5 cm; ápice de la antera glabro; pecíolo (0.7-)1.5-2.5(-3.5) cm. **1. B. alloiophylla**
    9. Frutos c. 15 cm; ápice de la antera pubescente; pecíolo (2.5-)3-4 cm. **2. B. anay**
   8. Hojas 4-16.5 cm.
    10. Frutos esféricos; hojas generalmente más anchas que 2/3 de su longitud.
     11. Hojas con 11-14 pares de venas secundarias; pecíolo 2-3 cm. **9. B. ovalioides**
     11. Hojas con 5-9 pares de venas secundarias; pecíolo 1-1.5 cm. **10. B. ovalis**
    10. Frutos generalmente elipsoides; hojas más angostas que 2/3 de la longitud.
     12. Venas secundarias de la hoja inmersas en el envés (patrón de venación visible). **6. B. immersinervis**
     12. Venas secundarias de la hoja elevadas en el envés.
      13. Hojas 1.4-4 cm de ancho. **13. B. steyermarkii**
      13. Hojas 4-7.5 cm de ancho.
       14. Hojas cartáceas, el envés generalmente no glauco. **12. B. riparia**
       14. Hojas coriáceas, el envés glauco. **14. B. tilaranensis**

1. Beilschmiedia alloiophylla (Rusby) Kosterm., *Recueil Trav. Bot. Néerl.* 35: 849 (1938). *Ocotea alloiophylla* Rusby, *Descr. S. Amer. Pl.* 21 (1920). Isolectotipo (designado por Kostermans, 1938): Colombia, *Smith 2104* (MO!). Ilustr.: no se encontró.

Árboles hasta 25 m; yemas terminales y ramitas densamente pubescentes con tricomas erectos, cortos y crespos, o largos y rectos. Hojas agrupadas o alternas, (15-)18-30 × (7-)9-13(-17) cm, elípticas a obovadas, firmemente cartáceas, las venas secundarias (10)11-16(-18) pares, elevadas en el envés, las venas menores en un patrón fino, casi inmersas (el patrón poco visible) o escasamente elevadas en el haz, elevadas en el envés, el haz casi glabro, el envés pubescente con tricomas rectos a crespos o glabro, el envés glauco, la base cuneada u obtusa, el ápice agudo a acuminado; pecíolo (0.7-)1.5-2.5(-3.5) cm. Inflorescencias (4-)8-25 cm, axilares, paniculadas, pubescentes; pedicelos florales de las divisiones laterales 0.5-0.7 mm, los pedicelos de las flores centrales hasta de 2 mm. Flores c. 2.5 mm, verdes hasta crema, el ápice de la antera glabro. Frutos 3.5-4.5 × 1.5-2.5 cm, elipsoides, negro-morados; pedicelo fructífero apicalmente constricto o rara vez no constricto. *Bosques siempreverdes de tierras bajas, bosques montanos húmedos*. CR (*Moraga 337*, CR); P (*McPherson 12122*, MO). 50-1900 m. (Mesoamérica, Colombia, Venezuela, Ecuador).

Beilschmiedia alloiophylla es un complejo de especies con el indumento variable. Las colecciones del distrito de Panamá (c. 900 m), las de elevaciones altas (700-1900 m) en Costa Rica y Panamá (excluyendo el distrito de Panamá) y las de elevaciones inferiores (debajo de 350 m) de la península de Osa probablemente representan especies distintas.

2. Beilschmiedia anay (S.F. Blake) Kosterm., *Recueil Trav. Bot. Néerl.* 35: 847 (1938). *Hufelandia anay* S.F. Blake, *J. Washington Acad. Sci.* 9: 459 (1919). Holotipo: Guatemala, *Popenoe 754* (US!).

Ilustr.: Blake, *J. Washington Acad. Sci.* 9: 460, t. 1 (1919), como *H. anay*.

Árboles hasta 40 m; yemas terminales y ramitas generalmente densamente pubescentes con tricomas erectos, cortos y crespos, o largos y ondulados o rectos, las ramitas rara vez glabrescentes con la edad. Hojas (14-)18-28 × 11-15 cm, alternas y más bien agrupadas alrededor de las yemas terminales, anchamente elípticas a ovadas, cartáceas, las venas secundarias 12-17 pares, elevadas en el envés, las venas menores en un patrón fino, inmersas en el haz (el patrón parcialmente visible), escasamente elevadas o casi inmersas en el envés (el patrón visible), el haz glabro o pubescente con tricomas ondulados a lo largo de la vena media, el envés pubescente con tricomas erectos, cortos y crespos o largos y ondulados, el envés frecuentemente glauco, la base obtusa a redonda, rara vez cuneada, el ápice agudo, rara vez cuspidado; pecíolo (2.5-)3-4 cm. Inflorescencias 5-10 cm, axilares, paniculadas, pubescentes; pedicelos florales de las divisiones laterales 0.5-1 mm, los pedicelos de las flores del centro hasta 4 mm. Flores c. 3 mm, amarillentas, el ápice de la antera pubescente. Frutos c. 15 cm, elipsoides a piriformes; pedicelo fructífero desconocido. Floración abr.-may. *Bosques mesófilos de montaña, bosques deciduos*. G (*Johnson 170*, MO). 100-920 m. (México [Puebla, Veracruz], Mesoamérica).

Blake (1919) describió como piriformes los frutos de *Beilschmiedia anay*, pero el carácter de la forma del fruto debe ser confirmado a través de material más completo.

3. Beilschmiedia brenesii C.K. Allen, *J. Arnold Arbor.* 26: 415 (1945). Holotipo: Costa Rica, *Brenes 6214* (F!). Ilustr.: Nishida, *Ann. Missouri Bot. Gard.* 86: 664, t. 5B (1999).

Árboles hasta 20(-35) m; yemas terminales y ramitas casi glabras o pubescentes con tricomas ascendentes o adpresos, rectos. Hojas (4-)6-9(-12) × 1.7-4.2(-6) cm, elípticas, coriáceas, las venas secundarias 7-13 pares, elevadas en el envés, las venas menores con patrón grueso, escasamente elevadas o casi inmersas en el haz, elevadas en el envés, glabras en ambas superficies, la base cuneada, el ápice agudo, rara vez obtuso; pecíolo 0.5-0.8 cm, concoloro con las ramitas. Inflorescencias 3-9 cm, generalmente agrupadas alrededor de las yemas terminales o sobre vástagos afilos cortos, paniculadas, escasamente pubescentes; pedicelos florales de las divisiones laterales (1.5-)3-7 mm, los pedicelos de las flores del centro hasta 7 mm. Flores 2.5-4 mm, amarillo-verdosas hasta crema, el ápice de la antera glabro. Frutos c. 3.3 × 1.8 cm, elipsoides; pedicelo fructífero no constricto. Floración dic.-feb. *Bosques húmedos montanos*. CR (*Smith 2717*, F); P (*McPherson & Hensold 15312*, MO). 520-1800 m. (Endémica).

Burger & van der Werff (1990) trataron a *Beilschmiedia brenesii* como un sinónimo de *B. pendula*, pero *B. brenesii* se distingue de *B. pendula* por las hojas opuestas, la nervadura con patrón grueso y el pedicelo fructífero no constricto en el ápice.

4. Beilschmiedia costaricensis (Mez & Pittier) C.K. Allen, *J. Arnold Arbor.* 26: 415 (1945). *Hufelandia costaricensis* Mez & Pittier in Mez, *Bull. Herb. Boissier, sér. 2* 3: 228 (1903). Isolectotipo (designado por Nishida, 1999): Costa Rica, *Tonduz 11713* (CR!). Ilustr.: González & Poveda, *Monogr. Syst. Bot. Missouri Bot. Gard.* 111: 100 (2007).

Beilschmiedia roehliana Lasser, *Cryptocarya kostermansiana* C.K. Allen.

Árboles hasta 30 m; yemas terminales y ramitas pubescentes con tricomas adpresos a ascendentes, cortos y rectos, menos densamente pubescentes cuando viejas. Hojas 5-13(-18) × 2.5-8 cm, alternas, elípticas, generalmente cartáceas, las venas secundarias 6-9(10) pares, elevadas en el envés, las venas menores en un patrón fino a intermedio en tamaño, las aréolas anguladas con vénulas ramificadas de terminaciones libres por dentro, elevadas en ambas superficies, glabras en ambas superficies o rara vez el envés escasamente pubescente con tricomas adpresos a ascendentes, el envés no glauco, la base cuneada, el ápice agudo a acuminado, rara vez obtuso; pecíolo 1-1.5(-2) cm. Inflorescencias 2-10(-16) cm, axilares, paniculadas, escasamente pubescentes; pedicelos florales de las divisiones laterales (0.3-)0.7-1.5 mm, los pedicelos de las flores del centro hasta de 4 mm. Flores 2-3 mm, crema a blanquecinas, el ápice de la antera glabro. Frutos 3-4(-5) × 1.5-2(-3) cm, elipsoides; pedicelo fructífero no constricto en el ápice. *Bosques premontanos a bosques de neblina*. N (*Stevens & Montiel 29566*, MO); CR (*Haber & Bello 6531*, MO); P (*McPherson & Aranda 10125*, MO). 100-2300 m. (Mesoamérica, Colombia, Venezuela, Ecuador, Perú).

Burger & van der Werff (1990) ubicaron a *Beilschmiedia costaricensis* en la sinonimia de *B. pendula*, pero *B. costaricensis* difiere de *B. pendula* por tener las hojas no glaucas con las venas menores elevadas en el haz y el pedicelo fructífero no constricto en el ápice.

Hay una variación más amplia en el tamaño de la hoja y la inflorescencia entre ejemplares de esta especie fuera de Mesoamérica.

5. Beilschmiedia hondurensis Kosterm., *Recueil Trav. Bot. Néerl.* 35: 854 (1938). Isotipo: Belice, *Schipp 1262* (F!). Ilustr.: no se encontró.

Árboles hasta 30 m; yemas terminales pubescentes con tricomas adpresos o escasamente ascendentes, rectos; ramitas glabras. Hojas (5-)8.3-13.2(-18) × (1.5-)2.9-4.6(-6.5) cm, opuestas, elípticas, firmemente cartáceas, las venas secundarias (7-)9-12(-14) pares, escasamente elevadas en el envés, las venas menores con patrón grueso, escasamente elevadas en el haz, elevadas en el envés, glabras en ambas superficies, el envés no glauco, la base cuneada, el ápice acuminado, rara vez agudo; pecíolo 0.5-1(-1.2) cm, generalmente más oscuro que las ramitas o rara vez concoloro con ellas. Inflorescencias 3-6 cm, en las axilas de las hojas o alrededor de las yemas terminales, paniculadas con pocas ramas, escasamente pubescentes o casi glabras; pedicelos florales de las divisiones laterales 0.5-1 mm, los pedicelos de las flores del centro hasta de 2 mm. Flores c. 3 mm, el ápice de la antera glabro. Frutos (inmaduros?) 2.3-3 × c. 1.3 cm, elipsoides; pedicelo fructífero apicalmente constricto o rara vez no constricto. Floración feb. *Selvas altas perennifolias a bosques montanos*. Ch (*Breedlove & Smith 31417*, MEXU); B (*Holst 4435*, BM); G (*Lundell & Contreras 19280*, MO); H (*Hawkins 412*, MO); N (*Araquistain & Moreno 706*, MO). (200-)750-1850 m. (México [Oaxaca], Mesoamérica).

Algunas de las colecciones mexicanas de *Beilschmiedia hondurensis*, si no es que todas, se parecen a *B. brenesii* en los pecíolos concoloros con las ramitas, el ápice de la hoja agudo y el pedicelo fructífero no constricto en el ápice. El carácter que más separa a estas 2 especies es la longitud de los pedicelos florales, pero esto no está claramente confirmado debido a que solo una colección de *B. hondurensis* posee flores en buena condición. Se necesita más material fértil de *B. hondurensis* para distinguirla de *B. brenesii*.

6. Beilschmiedia immersinervis Sach. Nishida, *Ann. Missouri Bot. Gard.* 86: 678 (1999). Holotipo: Costa Rica, *Guindon & Brenes 36* (MO!). Ilustr.: Nishida, *Ann. Missouri Bot. Gard.* 86: 679, t. 10 (1999).

Árboles hasta 30 m; yemas terminales y ramitas pubescentes con tricomas erectos, cortos y crespos, las ramitas menos densamente pubescentes hasta casi glabras cuando viejas. Hojas 6-10(-13) × 2-4(-6) cm, alternas a subopuestas, más bien agrupadas cerca de las yemas terminales, oblanceoladas a elípticas, firmemente cartáceas, las venas secundarias 7-10 pares, inmersas en el envés, las venas menores en un patrón fino, inmersas y difícilmente visibles en el haz, casi inmersas o muy escasamente elevadas en el envés, glabras en ambas superficies, el envés glauco, la base atenuada a cuneada, el ápice agudo, rara vez obtuso; pecíolo 0.7-1.5 cm. Inflorescencias 2-6 cm, axilares, paniculadas con pocas ramas, pubescentes; pedicelos florales de las divisiones laterales c. 1 mm, los pedicelos de las flores del centro hasta de 3 mm. Flores c. 2.8 mm, amarillo-verdosas, el ápice de la antera pubescente. Frutos c. 2.5 × 1.5 cm, elipsoides; pedicelo fructífero escasamente constricto en el ápice o casi no constricto. Floración dic.-ene. *Bosques húmedos premontanos*. CR (*Pennington & Poveda 11416*, CR). 300-1400 m. (Endémica).

Colecciones de *Beilschmiedia immersinervis* son algunas veces identificadas como *B. pendula*, probablemente debido a la forma similar de la hoja. *Beilschmiedia immersinervis* se puede separar de *B. pendula* por sus tricomas erectos y crespos sobre las yemas terminales y las anteras pubescentes en el ápice.

7. Beilschmiedia mexicana (Mez) Kosterm., *Recueil Trav. Bot. Néerl.* 35: 846 (1938). *Hufelandia mexicana* Mez, *Jahrb. Königl. Bot. Gart. Berlin* 5: 20 (1889). Lectotipo (primer paso designado por Kostermans, 1938): México, Veracruz, *Müller 1460* (K!). Ilustr.: Lorea-Hernández & van der Werff, *Fl. Bajío* 56: 5 (1997).

Linociera areolata Lundell.

Árboles hasta 25 m; yemas terminales y ramitas pubescentes con tricomas adpresos o glabrescentes. Hojas 5-13(-19) × 3-8(-10) cm, alternas, elípticas, algunas veces asimétricas, cartáceas, las venas secundarias 6-11 pares, elevadas en el envés, las venas menores en un patrón fino, las aréolas redondeadas y sin vénulas de terminaciones libres por dentro, las venas menores generalmente elevadas en el haz y el envés, glabras en ambas superficies, el envés generalmente no glauco, la base cuneada, el ápice agudo a obtuso, rara vez acuminado; pecíolo 0.5-2 cm. Inflorescencias 1-10(-16) cm, axilares, paniculadas, escasamente pubescentes o casi glabras; pedicelos florales de las divisiones laterales (0.3-)1-1.5 mm, los pedicelos de las flores del centro hasta de 4(-5.5) mm. Flores c. 2.5 mm, el ápice de la antera glabro. Frutos 2.5-3(-4) × c. 1.5 cm, elipsoides; pedicelo fructífero ligeramente constricto en el ápice. *Bosques mesófilos de montaña, bosques semideciduos*. Ch (*Ton 7686*, MO); B (*Holst et al. 5236*, MO). 800-1780 m. (México [Veracruz], Mesoamérica).

8. Beilschmiedia osacola Aguilar, D. Santam. & van der Werff, *Phytotaxa* 498: 198 (2021). Holotipo: Costa Rica, *Aguilar & Santamaría 15554* (MO!). Ilustr.: Santamaría-Aguilar et al., *Phytotaxa* 498: 198, t. 1 (2021).

Árboles hasta 45 m; yemas terminales densamente pubescentes con tricomas rectos más o menos erectos. Hojas 10-15 × 2.5-5.5 cm, alternas, elípticas, cartáceas, las venas secundarias 8-11 pares, elevadas en ambas superficies, la vena media plana o levemente elevada en el haz, elevada en el envés, las venas secundarias inmersas en el haz, levemente elevadas en el envés, las venas terciarias prominentes en ambas superficies en especímenes secos, glabras o con pocos tricomas en el envés, la base cuneada, el ápice agudo; pecíolo 1-1.3 cm. Inflorescencias 7-10.5 cm, escasamente pubescentes; pedicelos florales densamente pubescentes. Flores 2-3.5 ×1.5-2 mm, blanco-verdosas; estambres 6, aquellos de los verticilos I y II fértiles, aquellos de los verticilos III y IV estaminodiales; pistilo 1.2-1.8 mm, pubescente. Frutos 6 × 2 cm, elipsoides, el pedicelo fructífero no constricto en el ápice. Floración feb.; fructificación jun. *Bosques lluviosos de tierras bajas*. CR (*Aguilar & Santamaría 15554*, MO). c. 150 m. (Endémica).

9. Beilschmiedia ovalioides Sach. Nishida, *Ann. Missouri Bot. Gard.* 86: 686 (1999). Holotipo: México, Oaxaca, *Lorence & Cedillo 4078* (MEXU!). Ilustr.: Nishida, *Ann. Missouri Bot. Gard.* 86: 687, t. 13 (1999).

Árboles hasta 35 m; yemas terminales y ramitas densamente pubescentes con tricomas ferrugíneos, erectos, cortos y crespos. Hojas (8-)11-16 × 5-10 cm, alternas, anchamente elípticas a obovadas, algunas veces escasamente asimétricas, coriáceas, las venas secundarias 11-14 pares, elevadas en el envés, las venas menores en un patrón fino, inmersas en el haz, escasamente elevadas o inmersas en el envés (patrón de la nervadura visible en el envés), el haz glabro, el envés puberulento con tricomas cortos y erectos, el envés generalmente glauco, la base obtusa a cuneada, el ápice agudo a acuminado; pecíolo 2-3 cm. Inflorescencias 4.5-12 cm, axilares, paniculadas, pubescentes; pedicelos florales de las divisiones laterales 0.5-0.7 mm, los pedicelos de las flores del centro hasta de 1 mm. Flores c. 3 mm, amarillo-verdosas, el ápice de la antera glabro. Frutos 3-4 × 3-4 cm, esféricas; pedicelo fructífero no constricto en el ápice. Floración may.-ago. *Bosques mesófilos de montaña*. Ch (*Martínez S. et al. 19456*, MO). 1850-2750 m. (México [Oaxaca], Mesoamérica).

Beilschmiedia ovalioides se asemeja a *B. ovalis* en el indumento, en el patrón de la nervadura, en la estructura de la flor y en la forma del fruto. Sin embargo, *B. ovalioides* puede distinguirse de la otra por sus pecíolos más largos y las hojas más grandes con tricomas permaneciendo inclusive cuando viejas.

10. Beilschmiedia ovalis (S.F. Blake) C.K. Allen, *J. Arnold Arbor.* 26: 418 (1945). *Hufelandia ovalis* S.F. Blake, *J. Washington Acad. Sci.* 9: 461 (1919). Holotipo: Costa Rica, *Pittier 2040* (US!). Ilustr.: Burger & van der Werff, *Fieldiana, Bot.* n.s. 23: 18, t. 5 (1990).

Beilschmiedia austin-smithii (Standl.) C.K. Allen, *Persea austin-smithii* Standl.

Árboles hasta 30 m; yemas terminales y ramitas pubescentes con tricomas erectos cortos y crespos, las ramitas menos densamente pubescentes a glabras cuando viejas. Hojas 4-10(-14) × 3-8(-10.5) cm, alternas, ovadas a anchamente elípticas, coriáceas, las venas secundarias 5-9 pares, elevadas en el envés, las venas menores en un patrón fino, inmersas o escasamente elevadas en el haz, escasa a conspicuamente elevadas en el envés, glabras en ambas superficies, rara vez en parte pubescentes cuando jóvenes, el envés glauco, la base obtusa a redonda, el ápice obtuso; pecíolo 1-1.5 cm. Inflorescencias 3-15 cm, axilares, paniculadas, pubescentes; pedicelos florales de las divisiones laterales 0.5-1.2 mm, los pedicelos de las flores del centro hasta de 2 mm. Flores c. 3 mm, amarillentas, el ápice de la antera glabro. Frutos c. 3.5 × 3.5 cm (o más grandes), esféricos; pedicelo fructífero no constricto en el ápice. *Bosques de neblina*. H (*Hawkins et al. 584*, MO); CR (*Smith NY675*, NY); P (*Allen 3490*, MO). 1800-2800 m. (Endémica).

11. Beilschmiedia pendula (Sw.) Hemsl., *Biol. Cent.-Amer., Bot.* 3: 70 (1882). *Laurus pendula* Sw., *Prodr.* 65 (1788). Isolectotipo (primer paso designado por Kostermans, 1938): Jamaica, *Swartz s.n.* (BM!). Ilustr.: Burger & van der Werff, *Fieldiana, Bot.* n.s. 23: 26, t. 13 (1990).

Beilschmiedia thomaea (Nees) Benth. & Hook. f. ex B.D. Jacks., *Hufelandia pendula* (Sw.) Nees, *H. thomaea* Nees.

Árboles hasta 30 m; yemas terminales y ramitas pubescentes con tricomas adpresos rectos, las ramitas glabrescentes cuando viejas. Hojas 6-11 × 2-4(-6) cm, alternas, elípticas a oblanceoladas, firmemente cartáceas, las venas secundarias 7-9(10) pares, elevadas o rara vez casi inmersas en el envés, las venas menores en un patrón fino, inmersas en el haz (el patrón parcialmente visible), casi inmersas o escasamente elevadas en el envés, el haz glabro, el envés glabro o rara vez escasamente pubescente con tricomas adpresos, el envés glauco, la base cuneada, el ápice acuminado o muy rara vez agudo a obtuso; pecíolo 1-1.5 cm. Inflorescencias 3-9 cm, axilares, paniculadas con pocas ramas, casi glabras o escasamente pubescentes; pedicelos florales de las divisiones laterales 0.5-1.5 mm, los pedicelos de las flores del centro hasta de 4 mm. Flores 2-3 mm, amarillo-verdosas a blanquecinas, el ápice de la antera glabro. Frutos 2-3.5 × c. 1.5 cm, elipsoides; pedicelo fructífero marcadamente constricto en el ápice. Floración mar. *Bosques montanos*. H (*Aguilar & Evans 4073*, MO); N (*Stevens & Riviere 20891*, MO); CR (*Herrera 5861*, MO); P (*Stern & Chambers 173*, NY). (200-)600-1520 m. (Mesoamérica, Colombia, Venezuela, Ecuador, Antillas).

Beilschmiedia pendula es frecuentemente confundida con *B. costaricensis* y *B. mexicana* debido a la similitud en el tipo de pubescencia, la forma de la hoja, la estructura de la flor y la forma del fruto. Sin embargo, *B. pendula* puede distinguirse de esas especies por las hojas glaucas en el envés, las venas menores casi inmersas en el haz y el pedicelo fructífero marcadamente constricto en el ápice. Existe una variación amplia en el tamaño de la hoja y la inflorescencia entre ejemplares de esta especie fuera de Mesoamérica, especialmente de las Antillas.

12. Beilschmiedia riparia Miranda, *Anales Inst. Biol. Univ. Nac. México* 24: 75 (1953). Holotipo: México, Chiapas, *Miranda 6872* (MEXU!). Ilustr.: Miranda, *Anales Inst. Biol. Univ. Nac. México* 24: 76, t. 4 (1953).

Persea primatogena L.O. Williams & Ant. Molina.

Árboles hasta 40 m; yemas terminales y ramitas pubescentes con tricomas erectos, largos y rectos a ondulados, las ramitas menos densamente pubescentes o rara vez glabras cuando viejas. Hojas 7-16.5 × 4-7.5 cm, elípticas a rara vez ovadas, algunas veces asimétricas, cartáceas, alternas, rara vez subopuestas, las venas secundarias 8-13 pares, elevadas en el envés, las venas menores en un patrón fino, inmersas en el haz (el patrón visible), escasamente elevadas en el envés, el haz glabro, el envés pubescente con tricomas erectos, rectos a ondulados cuando jóvenes, glabro o pubescente sobre las venas principales cuando viejas, el envés generalmente no glauco, la base cuneada, rara vez obtusa, el ápice agudo a obtuso; pecíolo 1-2 cm. Inflorescencias 2-14 cm, axilares o rara vez agrupadas sobre las yemas, paniculadas, pubescentes; pedicelos florales de las divisiones laterales 0.5-0.7 mm, los pedicelos de las flores del centro hasta de 1.5(-2) mm. Flores 2-3 mm, blancas hasta crema, el ápice de la antera generalmente pubescente. Frutos c. 4 × 1.5 cm, elipsoides; pedicelo fructífero constricto en el ápice. Floración ene.-may. *A lo largo de arroyos, bosques semideciduos, bosques de neblina mixtos*. Ch (*Bachem & Rojas 1000*, MO); H (*von Hagen & von Hagen 1257*, NY); N (*Moreno 21657*, MEXU). 480-1500 m. (México [Guerrero, Oaxaca], Mesoamérica).

13. Beilschmiedia steyermarkii C.K. Allen, *J. Arnold Arbor.* 26: 417 (1945). Holotipo: Guatemala, *Steyermark 44494* (F!). Ilustr.: no se encontró.

Árboles hasta 27 m; yemas terminales y ramitas pubescentes con tricomas erectos, cortos y crespos, las ramitas menos densamente pubescentes cuando viejas. Hojas 5-10 × 1.5-4 cm, alternas, elípticas a angostamente ovadas, frecuentemente asimétricas, coriáceas, las venas secundarias 7 u 8 pares, escasamente elevadas en el envés, las venas menores en un patrón fino, inmersas en el haz (algunas veces el patrón visible), escasamente elevadas en el envés, glabras en ambas superficies, la base y el ápice agudos, rara vez el ápice obtuso; pecíolo 1-1.7 cm. Inflorescencias 4-8 cm, axilares, paniculadas, pubescentes; pedicelos florales de las divisiones laterales 0.5-1 mm, los pedicelos de las flores del centro hasta de 3 mm. Flores c. 2.4 mm, el ápice de la antera glabro. Frutos no conocidos. Floración mar. *Hábitat desconocido*. G (*Contreras 9448*, MO). 300-400 m. (Endémica).

14. Beilschmiedia tilaranensis Sach. Nishida, *Ann. Missouri Bot. Gard.* 86: 694 (1999). Holotipo: Costa Rica, *Guindon & Brenes 40* (MO!). Ilustr.: Nishida, *Ann. Missouri Bot. Gard.* 86: 695, t. 17 (1999).

Árboles hasta 20 m; yemas terminales y ramitas pubescentes con tricomas erectos cortos y crespos, las ramitas menos densamente pubescentes cuando viejas. Hojas 6-13 × 4-7 cm, alternas, obovadas o rara vez elípticas, coriáceas, las venas secundarias 7-11 pares, elevadas en el envés, las venas menores en un patrón fino, inmersas en el haz, elevadas en el envés, glabras en ambas superficies, el envés glauco, la base cuneada, el ápice obtuso; pecíolo 1-2 cm. Inflorescencias 5-12 cm, axilares, paniculadas, escasamente pubescentes; pedicelos florales de las divisiones laterales 0.5-1 mm, los pedicelos de las flores del centro hasta de 2 mm. Flores c. 2.3 mm, crema, el ápice de la antera glabro. Frutos 5.5-6.5 × 2-2.5 cm, elipsoides u obovoides; pedicelo no constricto en el ápice. Floración abr. *Bosques premontanos*. CR (*Gómez-Laurito 9800*, CR); P (*Hammel 6286*, MO). 1100-1580 m. (Endémica).

Burger & van der Werff (1990) identificaron algunos ejemplares de esta especie como *Beilschmiedia ovalis* comentando que tenían hojas atípicas para *B. ovalis* y podrían tal vez pertenecer a una especie aún no descrita. *Beilschmiedia tilaranensis* se distingue de *B. ovalis* por sus hojas obovadas y frutos elipsoides.

15. Beilschmiedia tovarensis (Klotzsch & H. Karst. ex Meisn.) Sach. Nishida, *Ann. Missouri Bot. Gard.* 86: 696 (1999). *Hufelandia tovarensis* Klotzsch & H. Karst. ex Meisn. in A. DC., *Prodr.* 15(1): 65 (1864). Lectotipo (primer paso designado por Kostermans, 1938): Colombia, *Karsten 88* (LE!). Ilustr.: no se encontró.

Aniba pseudocoto (Rusby) Kosterm., *Ocotea pseudocoto* Rusby.

Árboles hasta 25(-40) m; yemas terminales y ramitas pubescentes con tricomas adpresos rectos, las ramitas menos densamente pubescentes cuando viejas. Hojas 8-18(-25) × 4-8(-14) cm, alternas, ovadas a anchamente elípticas o anchamente obovadas, coriáceas a firmemente cartáceas, las venas secundarias (7)8-10(11) pares, elevadas en el envés, las venas menores en un patrón fino, inmersas en el haz (el patrón algunas veces escasamente visible), casi inmersas en el envés (el patrón visible), el haz glabro, el envés pubescente con tricomas adpresos cortos y rectos, el envés glauco, la base cordada a obtusa, rara vez cuneada, el ápice acuminado, rara vez agudo; pecíolo 1.5-2.5(-3) cm. Inflorescencias 4-15(-23) cm, axilares, paniculadas, pubescentes; pedicelos florales de las divisiones laterales 0.5-1.5 mm, los pedicelos de las flores del centro hasta de 3 mm. Flores 2-3 mm, blanco-amarillentas, el ápice de la antera glabro. Frutos 2.5-3.5 × 1.5-2 cm, elipsoides; pedicelo fructífero generalmente constricto en el ápice. Floración nov.-abr. *Selvas premontanas altas perennifolias a bosques de neblina*. CR (*Peralta s.n.*, CR); P (*Croat 5813*, MO). 200-1700 m. (Mesoamérica, Colombia, Venezuela, Ecuador, Bolivia).

Beilschmiedia tovarensis comprende básicamente 2 grupos de especímenes, uno con los pecíolos más cortos, las hojas ovadas, los ovarios pubescentes y el pedicelo fructífero no constricto en el ápice, y otro grupo con los pecíolos más largos, las hojas elípticas, los ovarios glabros y el pedicelo fructífero constricto en el ápice. Los ejemplares de Mesoamérica generalmente pertenecen al segundo grupo.

Nombres excluidos

Beilschmiedia sulcata (Ruiz & Pav.) Kosterm., *Recueil. Trav. Bot. Néerl.* 35: 850 (1938). *Laurus sulcata* Ruiz & Pav., *Fl. Peruv.* 4: t. 356 (c. 1830). Isolectotipo (designado por Kostermans, 1938): Perú, *Ruiz & Pavón s.n.* (F!).

Hufelandia sulcata (Ruiz & Pav.) Nees, *Persea sulcata* (Ruiz & Pav.) Meisn.

Burger & van der Werff (1990) ubicaron algunos ejemplares de Costa Rica bajo el nombre de *Beilschmiedia sulcata*. Sin embargo, *B. sulcata* es una especie imperfectamente conocida, la cual fue ilustrada en el protólogo como teniendo anteras con 4 lóculos, pero no se tienen ejemplares fértiles que confirmen este carácter.

Beilschmiedia zapoteoides (Lundell) Kosterm., *Reinwardtia* 6: 156 (1962). *Endlicheria zapoteoides* Lundell, *Wrightia* 1: 145 (1946). Holotipo: México, Chiapas, *Matuda 5153* (LL!).

Cryptocarya zapoteoides (Lundell) Miranda.

Beilschmiedia zapoteoides es una especie imperfectamente conocida, teniendo solo la colección tipo que parece ser anormal.

5. Caryodaphnopsis Airy Shaw

Por H. van der Werff.

Árboles. Hojas opuestas, 3-plinervias (Mesoamérica) o pinnatinervias; domacios ausentes. Inflorescencias en las axilas de hojas normales, cimoso-paniculadas, las flores laterales de una cima estrictamente opuestas. Flores bisexuales, los tépalos marcadamente desiguales (los

3 externos mucho más pequeños que los 3 internos), libres, deciduos en el fruto; estambres 9 (rara vez 6), con 4 lóculos (rara vez con 2 lóculos); estaminodios presentes en los verticilos más internos. Frutos asentados sobre un pedicelo no modificado, la cúpula ausente. Aprox. 15 spp., desde Costa Rica hasta Sudamérica, Asia tropical; 1 sp. en Mesoamérica.

Caryodaphnopsis se reconoce rápidamente por sus hojas opuestas y las flores con tépalos marcadamente desiguales.

Bibliografía: van der Werff, H. & Richter, H.G. *Syst. Bot.* 10: 166-173 (1985).

1. Caryodaphnopsis burgeri N. Zamora & Poveda, *Ann. Missouri Bot. Gard.* 75: 1160 (1988). Isotipo: Costa Rica, *Zamora et al. 1208* (MO!). Ilustr.: González & Poveda, *Monogr. Syst. Bot. Missouri Bot. Gard.* 111: 104 (2007).

Árboles hasta 30 m; ramitas glabras o escasamente adpreso-pubescentes cuando jóvenes, más o menos teretes, las yemas terminales densamente adpreso-pubescentes. Hojas 8-19 × 3-7.5 cm, (angostamente) elípticas, cartáceas, la base aguda o cuneada, los márgenes no engrosados, el ápice agudo o acuminado, glabras en ambas superficies o con algunos tricomas adpresos en el envés; marcadamente 3-plinervias, las venas secundarias llegando hasta el ápice de la hoja, la vena media y las secundarias impresas en el haz, elevadas en el envés, las venas terciarias inmersas o ligeramente elevadas en el envés; pecíolo 8-15 mm, aplanado por encima, redondeado por debajo. Inflorescencias no conocidas. Flores rotáceas, c. 10 mm de diámetro, los tépalos externos c. 1 mm, los internos c. 5 mm, los estambres c. 5 mm, los 3 estambres internos con 2 glándulas unidas un poco por encima de la base de los filamentos; pistilo c. 4 mm, escasamente pubescente, el estilo delgado. Frutos c. 1.5 × 1.3 cm, lisos. *Selvas altas perennifolias*. CR (*Zamora et al. 1208*, F); P (*Peralta 606*, MO). 0-500 m. (Endémica).

Las dos colecciones que se conocen de Panamá son estériles y, por lo tanto, su identificación es tentativa.

6. Cassytha Osbeck ex L.

Por H. van der Werff.

Bejucos parasíticos herbáceos. Hojas marcadamente reducidas, escuamiformes, alternas. Inflorescencias axilares, espigadas, o reducidas a 1 o 2 flores sésiles. Flores bisexuales; tépalos desiguales (los 3 externos más pequeños que los 3 internos); estambres 9, todos con 2 lóculos. Frutos envueltos en el tubo floral acrescente, los tépalos persistentes como una corona pequeña sobre el tubo floral. 17 spp., distribución pantropical; 1 sp. en Mesoamérica.

El hábito de bejuco parasítico y las flores lauráceas (3-meras, con los lóculos abriéndose por valvas) son característicos de este género.

Bibliografía: Weber, J.Z. *J. Adelaide Bot. Gard.* 3: 187-262 (1981).

1. Cassytha filiformis L., *Sp. Pl.* 35 (1753). Lectotipo (designado por Imkhanitskaya, 1974): India, *Osbeck Herb. Linn. 519.1* (LINN). Ilustr.: Rheede, *Hort. Malab.* 7: t. 44 (1688), como *Acatsja-valli*.

Cassytha americana Nees, *C. dissitiflora* Meisn., *C. paradoxae* Proctor.

Tallos delgados hasta varios metros de largo, glabros o escasamente pubescentes, con haustorios elípticos. Hojas 1-2 × c. 1 mm, glabras o con pocos tricomas, sésiles. Inflorescencias espigadas o reducidas a 1 o 2 flores sésiles. Flores c. 2 mm, abrazadas por 3 brácteas pequeñas; tépalos externos c. 0.7 mm, los internos c. 1.5 mm; estambres 1-1.4 mm; pistilo c. 1.3 mm, glabro. Frutos 0.5-0.7 × 0.4-0.6 cm, envueltos por el tubo floral. *Vegetación costera, matorrales secos*. Ch (*Breedlove 20135*, MO); Y (*Espejo et al. 1324*, MO); C (*Martínez S. & Téllez 2993*, MO); QR (*Cabrera et al. 7686*, MO); B (*Schipp 819*, MO); G (*Tenorio 14575*, MO); H (*Nelson & Romero 4232*, MO); N (*Stevens & Moreno 19399*, MO); CR (*Grayum et al. 8064*, MO); P (*Hammel 4536*, MO). 0-400 m. (Estados Unidos, Mesoamérica, Colombia, Venezuela, Guayanas, Bolivia, Brasil, Bahamas, Cuba, Haití, Jamaica, Puerto Rico, Islas Vírgenes, Islas Turcos y Caicos, Islas Caimán, Trinidad y Tobago, Asia, África, Australia, islas del Pacífico).

Este bejuco herbáceo parásito, solo se puede confundir con *Cuscuta* spp., pero esta última tiene las flores y los frutos completamente diferentes. *Cassytha paradoxae* se dice que difiere de *C. filiformis* en tener las flores solitarias y los tallos escasamente más delgados. A pesar de todo, aunque el paratipo de *C. paradoxae* tiene algunas flores pareadas, considero esta como una forma menos robusta de *C. filiformis*. Si se quiere reconocer a las plantas menos robustas como una especie distinta, entonces *C. dissitiflora* es probablemente el nombre correcto.

7. Cinnamomum Schaeff.

Camphora Fabr., *Cecidodaphne* Nees, *Parthenoxylon* Blume.

Por F.G. Lorea-Hernández.

Árboles o arbustos de tamaño medio a grande. Hojas (sub)opuestas o alternas, pecioladas, glabras o pubescentes, (sub)3-plinervias o penninervias, generalmente sin domacios. Inflorescencias comúnmente axilares a las hojas o terminales, cimoso-paniculadas. Flores bisexuales, urceoladas o campanuladas; tépalos semejantes entre sí, glabros o pubescentes por fuera, generalmente pubescentes por dentro; estambres fértiles 9, rara vez 6, las anteras con 4 lóculos, en ocasiones los estambres del verticilo III con 2 lóculos, las glándulas del verticilo III insertadas cerca del 1/2 del filamento o hacia la base; estaminodios del verticilo IV bien desarrollados, con filamento y ápice, el ápice triangular a cordado; hipanto somero, ensanchado pero no acrescente en el fruto, los tépalos deciduos o parcial a completamente persistentes. Aprox. 250 spp., distribuidas en Asia y Oceanía (Li et al., 2008); 3 spp. introducidas en Mesoamérica.

Conforme a los últimos estudios filogenéticos, basados en datos moleculares (Huang et al., 2016; Rohde et al., 2017), *Cinnamomum* es un género cuya distribución se restringe al este de Asia y Oceanía. Varias especies han sido extensamente cultivadas en el mundo para la extracción de aceites esenciales o como especias; tal es el caso de las especies descritas aquí.

Bibliografía: Huang, J-F. et al. *Molec. Phylogen. Evol.* 96: 33-44 (2016). Li, H.W. et al. *Fl. China* 7: 166-187 (2008).

1. Hojas alternas; domacios presentes, sobre el tejido de las venas secundarias, justo en el punto de unión con la vena media; tépalos con una línea de abscisión en o por debajo de su base, no persistentes en el fruto. **2. C. camphora**
1. Hojas subopuestas a opuestas (sobre todo al final de las ramas) o a veces alternas; domacios ausentes; tépalos parcial o completamente persistentes en el fruto.
   2. Hojas angostamente elípticas, con un solo par de venas secundarias. **1. C. aromaticum**
   2. Hojas elípticas u ovadas a angostamente elíptico-lanceoladas, por lo general con un par de venas secundarias conspicuo y otro adicional entre este y el margen de la hoja. **3. C. verum**

1. Cinnamomum aromaticum Nees in Wall., *Pl. Asiat. Rar.* 2: 74 (1831). Tipo: Java, *Blume s.n.* (GZU). Ilustr.: Köhler, *Med.-Pfl.* 1: t. 77 (1887 [1883-1887]), como *C. Cassia*. N.v.: Canela, canela de Cassia.

Árboles 3-7(-10) m; ramas jóvenes densamente pubescentes, la superficie apenas visible, los tricomas adpresos. Hojas (7.5-)10-15(-20) × (2.5-)3-4(-6) cm, alternas a subopuestas y opuestas hacia el final de las ramas, angostamente elípticas, pocas veces elípticas, 3-plinervias, rara vez subtriplinervias, la vena media plana en el haz, glabra o escasamente pubescente en la base, elevada en el envés, pubescente, las venas secundarias siempre un solo par, ascendentes, llegando casi hasta la punta de la hoja, planas en el haz, glabras, elevadas en el envés, pubescentes, las superficies foliares glabras en el haz, escasamente pubescentes en el envés, la base aguda, el ápice agudo, pero casi siempre marcescente y apareciendo retuso; domacios ausentes; pecíolo 12-17 mm, densamente pubescente. Inflorescencias (2.5-)5-10(-13.5) cm, cimosas, axilares o en la base de ramitas axilares que terminan en una yema; pedúnculo (1.5-)3-6.5(-9) cm, densamente pubescente; raquis densamente pubescente; pedicelo (1.5-)2-4 mm, densamente pubescente. Flores urceoladas; tépalos 1.9-2.3 × 1.3-1.8 mm, ovados a ampliamente ovados, densamente seríceo-pubescentes por fuera, los externos seríceo-pubescentes por dentro, los internos seríceos o a veces escasamente así por dentro; estambres de los verticilos I y II 1.6-2 mm, los filamentos pubescentes abaxialmente, pubescentes solo a lo largo de la línea media adaxialmente, las anteras c. 1 mm, pubescentes en el 1/2 inferior abaxialmente, glabras adaxialmente; estambres del verticilo III 1.8-2.2 mm, los filamentos pubescentes abaxialmente, glabros o escasamente pubescentes adaxialmente, las anteras c. 0.8 mm, glabras en ambas caras, las glándulas c. 0.5 mm, insertadas cerca de la parte media del filamento, glabras; estaminodios 1-1.3 mm, los filamentos pubescentes abaxialmente, glabros o escasamente pubescentes adaxialmente, la cabeza del estaminodio 0.5-0.7 mm, triangular, pubescente abaxialmente, glabra adaxialmente; hipanto c. 0.8 mm, densamente seríceo-pubescente por fuera, glabro por dentro; ovario 1-1.2 × 0.8-1 mm. Frutos 0.9-1.1 × 0.7-0.85 cm, elipsoides; cúpula 3-4.5 × 7-10 mm, crateriforme, lisa en el borde o ligeramente lobulada por la base persistente de los tépalos. Floración jun.-ago.; fructificación oct.-dic. *Cultivada en huertos y jardines*. G (*von Türckheim II 1011*, US); H (*Molina R. 10435*, F). c. 350 m. (Nativa de China, India, Laos, Vietnam; cultivada en regiones tropicales del mundo).

Debido a un cambio nomenclatural ignorado por muchos años, el nombre *Cinnamomum cassia* (L.) J. Presl se aplicó erróneamente a los ejemplares mesoamericanos.

2. Cinnamomum camphora (L.) J. Presl, *Prir. Rostlin* 2: 47 (1825). *Laurus camphora* L., *Sp. Pl.* 369 (1753). Lectotipo (designado por Kostermans, 1978): Japón, *Herb. Linn. 518.7* (LINN). Ilustr.: Michaux, *N. Amer. Sylv.* 2: t. 83 (1865), como *Xanthoxylum Carolinianum*. N.v.: Alcanfor.

Camphorina camphora (L.) Farw., *Persea camphora* (L.) Spreng.

Árboles, 5-6 m; ramas jóvenes glabras. Hojas (4.5-)6.5-8.5(-10) × (2-)3.5-5.5(-7) cm, elípticas a ampliamente ovadas, las superficies y venas glabras o el envés escasa e imperceptiblemente pubescente con tricomas rectos y adpresos, 3-plinervias, pocas veces penninervias, la vena media ligeramente elevada en el haz y el envés, las venas secundarias 1-3(-5) pares, ligeramente elevadas en el haz, elevadas en el envés, la base redondeada a truncada, a veces obtusa, el ápice acuminado; domacios primarios 1 o 2(-4) pares, gibosos en el haz, aparentemente planos en el envés, directamente sobre el tejido de las venas, rodeados por un tejido esclerenquimatoso, con una abertura al exterior muy pequeña, apretadamente pubescentes por dentro, en ocasiones no bien diferenciados, los secundarios ausentes; pecíolo (12-)17-22(-29) mm, glabro. Inflorescencias (3-)5-7(-8.5) cm, comúnmente axilares, a veces en la base de las ramas jóvenes y axilares a brácteas vestigiales, cimoso-paniculadas; pedúnculo (1.8-)3-4.5(-5.5) cm, glabro; raquis glabro; pedicelos 2-3 mm, glabros. Flores campanuladas; tépalos 1.5-2 × 1-1.4 mm, ovados, glabros por fuera, vellosos por dentro, con una línea de abscisión en o por debajo de su base, no persistentes en el fruto; estambres de los verticilos I y II 1-1.3 mm, los filamentos escasamente vellosos en ambas caras, las anteras c. 0.6 mm, glabras por ambas caras o escasamente vellosas en la base abaxialmente; estambres del verticilo III 1.3-1.6 mm, los filamentos vellosos por ambas caras, las anteras c. 0.6 mm, vellosas en la base por ambas caras, las glándulas c. 0.4 mm, insertadas por arriba de la base de los filamentos, pediceladas, vellosas en la parte central abaxialmente; estaminodios 0.8-1 mm, los filamentos vellosos por ambas caras o glabros adaxialmente, la cabeza del estaminodio c. 0.5 mm, triangular, cordada en la base, vellosa abaxialmente, glabra adaxialmente; hipanto c. 0.7 mm de profundidad, glabro por fuera y por dentro; ovario c. 1 × 0.8 mm. Frutos 0.65-0.8 × 0.6-0.75 cm, ampliamente elipsoides a esferoides; cúpula 1.5-1.8 × 3.5-4.5 mm, pateliforme a crateriforme; pedicelo 0.9-1.4 mm de grueso en la base. Floración abr.-may.; fructificación ago.-nov. *Cultivada en huertos, parques y jardines*. ES (*Rodríguez & Bosse DR-01224*, MO). 5-800 m. (Nativa de China y Japón; ampliamente cultivada en las zonas tropicales del mundo y en regiones templadas).

3. Cinnamomum verum J. Presl, *Prir. Rostlin* 2: 37 (1825). *Laurus cinnamomum* L., *Sp. Pl.* 369 (1753). Sintipo: *Herb. Clifford s.n.* (BM). Ilustr.: Kostermans, *Bull. Bot. Surv. India* 25: 127, t. 14 (1983). N.v.: Canela, canela de Ceylán.

Cinnamomum zeylanicum Blume.

Arbustos o árboles 2-8(-12) m; ramas jóvenes escasamente pubescentes, casi glabras, los tricomas rectos y adpresos, muy pronto glabras. Hojas (4-)6-11(-17) × (2-)3.5-5.5(-7.5) cm, subopuestas a opuestas, a veces alternas en la base de las ramas, elípticas u ovadas a angostamente elípticas o lanceoladas, 3-plinervias, con frecuencia con un par basal extra de venas secundarias mucho más delgadas entre el margen y las venas principales, la vena media ligeramente elevada en el haz, glabra, elevada en el envés, escasamente pubescente, los tricomas rectos y adpresos, muy pronto glabra, las venas secundarias 1(2) pares, ligeramente elevadas en el haz, glabras, elevadas en el envés, escasamente pubescentes, pronto glabras, las superficies foliares glabras en el haz, glabras o escasamente pubescentes cuando jóvenes en el envés, glabras al madurar, la base redondeada a obtusa, en ocasiones cortamente atenuada, el ápice agudo a acuminado; domacios ausentes; pecíolo (6-)8.5-12(-15) mm, glabro o escasamente pubescente cuando joven, pronto glabro. Inflorescencias 5-12.5 cm, terminales o axilares a las hojas, rara vez axilares a brácteas diminutas en la base de brotes nuevos; pedúnculo (0.2-)3-7.5 cm, pubescente, en ocasiones casi glabro; raquis pubescente, en ocasiones casi glabro, los tricomas adpresos a ligeramente extendidos; pedicelos 3.5-6.5 mm, pubescentes, seríceos. Flores urceoladas; tépalos 3.2-3.8 × 1.4-2 mm, ovados o elípticos, seríceo-pubescentes en ambas superficies, glabros por dentro en los márgenes y el ápice; estambres de los verticilos I y II 2.2-2.6 mm, los filamentos glabros o escasamente pubescentes en el 1/2 inferior adaxialmente, escasamente pubescentes abaxialmente, las anteras 0.8-1 mm, glabras por dentro, escasamente pubescentes por fuera en el 1/2 inferior; estambres del verticilo III 2.5-3 mm, los filamentos glabros adaxialmente, pubescentes abaxialmente, sobre todo en el 1/2 inferior, las anteras 0.8-0.9 mm, glabras en ambas caras, a veces con algunos tricomas hacia los márgenes adaxialmente, las glándulas 0.7-1 mm, ovadas, cordadas en la base, insertadas hacia el 1/2 del filamento, glabras en ambas caras; estaminodios 1.6-2.2 mm, los filamentos glabros adaxialmente, más o menos pubescentes abaxialmente, la cabeza del estaminodio 0.6-1 mm, de contorno cordado-triangular, acuminada, glabra adaxialmente, pubescente abaxialmente hacia la parte media; hipanto 0.8-1 mm de profundidad, densamente seríceo-pubescente por fuera, glabro por dentro; ovario 1.4-1.6 × 0.8-1 mm. Frutos 1-1.4 × 0.65-0.85 cm, elipsoides; cúpula 4.5-6 × 6.5-8 mm, estrechándose a una base de c. 2 mm que se continúa con el pedicelo de 1-1.3 mm de grueso, ligeramente acostillado, los tépalos persistentes, ensanchados, hasta c. 4 mm de ancho en la base, ligeramente acostillados, marcescentes en el 1/2 superior. Floración dic.-feb., abr., jun.; fructificación jun.-jul. *Cultivada en calles, parques y jardines*. T (*Ortiz 734*, MO); G (*Castillo 164*, MO); H (*Molina R. et al. 32070*, MO); ES (*Renderos & Frey 708*, MEXU); N (*Rueda et al. 17257*, MO); CR (*González & Campos 2921*, MO); P (*Guerra 641*, MO). 50-1300 m. (Nativa de Sri Lanka; cultivada ampliamente en las zonas tropicales del mundo).

8. Cryptocarya R. Br.

Por H. van der Werff.

Árboles. Hojas pinnatinervias; domacios ausentes. Inflorescencias más o menos cimoso-paniculadas, pero las flores laterales de las cimas generalmente no estrictamente opuestas. Flores bisexuales; tépalos iguales, sus bases unidas en un tubo floral corto, deciduo con la edad; estambres 9, las anteras todas con 2 lóculos, los 3 estambres internos con 2 glándulas en la base de los filamentos. Frutos completamente envueltos por el tubo floral agrandado solo con un poro apical muy pequeño, este con margen simple, el tubo floral envolviendo al fruto al madurar, longitudinalmente acostillados. Aprox. 350 spp., Costa Rica, Sudamérica, Madagascar, Asia tropical, Australia, islas del Pacífico; 1 sp. en Mesoamérica.

Cryptocarya es único entre las lauráceas de América tropical debido a que los frutos están completamente envueltos en el tubo floral longitudinalmente acostillado; las flores tienen un tubo floral corto.

Bibliografía: Kostermans, A.J.G.H. *Recueil Trav. Bot. Néerl.* 34: 557-575 (1937).

1. Cryptocarya sp. **A**.

Árboles c. 10 m; ramitas glabras o casi glabras, escasamente estriadas; yemas terminales adpreso-pubescentes. Hojas 6-11 × 2-3 cm, elípticas, cartáceas, glabras en ambas superficies, las venas terciarias reticuladas, más o menos inmersas en el haz, elevadas en el envés, la base aguda, los márgenes engrosados, ligeramente cartilaginosas, el ápice agudo a acuminado; pecíolo 7-10 mm, glabro, más o menos acanalado por encima, redondeado por debajo. Inflorescencias y flores desconocidas. Infrutescencias 5-10 cm, glabras o con algunos tricomas adpresos, con 1-4 frutos. Frutos c. 1.5 × 0.7-1 cm, elípticos, con una corona corta formada por el tubo floral seco. *Quebradas*. CR (*Rivera 1447*, MO). c. 500 m. (Endémica).

Las especies sudamericanas (mayormente del sur de Brasil) son poco conocidas; algunas colecciones se conocen de Venezuela, Ecuador y Perú, pero permanecen sin identificar. Sin flores, una identificación certera es imposible.

Nombre excluido

Cryptocarya hintonii C.K. Allen, *J. Arnold Arbor.* 26: 423 (1945). Holotipo: México, Michoacán, *Hinton 13737* (GH) = *Prunus* sp.

9. Damburneya Raf.

Por H. van der Werff.

Árboles o arbustos. Hojas pinnatinervias; domacios presentes o ausentes. Inflorescencias paniculadas. Flores bisexuales; tépalos iguales, patentes en la antesis, glabros o pubescentes por fuera, pubescentes cerca de la base y papilosos hacia el ápice por dentro, unidos en la base y caedizos como una unidad después de la antesis; estambres 9, los filamentos pubescentes, las anteras con 4 lóculos, apicalmente redondeadas a truncadas, nunca apiculadas o triangulares, estos generalmente dispuestos en un arco poco profundo, rara vez en 2 pares sobrepuestos; estaminodios 3, los filamentos pubescentes y el ápice glanduloso; receptáculo con forma de tazón poco profundo hasta cupuliforme, la cúpula con forma de tazón poco profundo. Aprox. 20 spp., en su mayoría en Mesoamérica, pocas especies en Estados Unidos (Florida), norte de Sudamérica con una especie llegando hasta Bolivia y Brasil (Espiritu Santo) y en las Antillas; 18 spp. Mesoamérica.

Damburneya fue recientemente separado de *Nectandra* (Trofimov et al., 2016) y difiere de este en lo siguiente: en *Damburneya* los tépalos tiene algunos tricomas en la base por dentro, los filamentos son más angostos que las anteras, los estambres no tienen el ápice estéril alargado sino que es redondeado o truncado y son lisos o escasamente papilosos, mientras que en *Nectandra* los tépalos no tienen tricomas en la base por dentro, los filamentos son en general tan anchos como las anteras y los estambres tienen con frecuencia un ápice estéril triangular y son densamente papilosos. En la filogenia publicada por Trofimov et al. (2016), 3 especies de *Aiouea* formaron un grupo con *Damburneya*, pero no anidado dentro de *Damburneya*. Trofimov et al. (2016) transfirieron estas especies a *Damburneya*, ya que estas transferencias dejarían al concepto expandido de *Damburneya* sin ningún soporte morfológico, estas especies se retienen en este tratamiento en *Aiouea* (véase arriba el grupo con especies 2-loculares).

Bibliografía: Trofimov, D. et al. *Taxon* 65: 980-996 (2016).

1. Lóculos de la antera dispuestos en 2 pares, las anteras grandes, 1.4-2.5 mm; flores rosadas.
  2. Estambres externos dorsalmente glabros. **1. D. ambigens**
  2. Estambres externos dorsalmente pubescentes. **6. D. leucocome**
1. Lóculos de la antera dispuestos en un arco poco profundo o, si más o menos en 2 pares, entonces las anteras muy pequeñas; flores blancas, verdosas o amarillentas.
  3. Base de la hoja enrollada hacia adentro y las flores grandes, c. 8 mm o más de diámetro. **14. D. rudis**
  3. Base de la hoja aplanada o si ligeramente enrollada hacia adentro, entonces las flores más pequeñas.
    4. Envés de la hoja con tricomas predominantemente erectos.
      5. Hojas 5-10 cm, el indumento erecto generalmente confinado a las venas principales en el envés; ovarios y frutos glabros; flores 4.5-6.5 mm de diámetro. **7. D. longicaudata**
      5. Hojas 14-22 cm, el indumento uniformemente erecto-pubescente en el envés; ovarios y frutos jóvenes pubescentes; flores 7-9 mm de diámetro. **13. D. roberto-andinoi**
    4. Envés de la hoja con tricomas predominantemente adpresos o glabros.
      6. Filamentos de los estambres glabros o casi glabros.
        7. Hojas maduras hasta 10 cm de ancho, 1.5-3 veces más largas que anchas. **12. D. purpurea**
        7. Hojas maduras hasta 3 cm de ancho, 3-5.5 veces más largas que anchas. **16. D. salicina**
      6. Filamentos pubescentes, al menos sobre el lado adaxial de los estambres externos.
        8. Anteras de los 6 estambres externos 0.7-1 mm.
          9. Hojas maduras 1-3.5 cm de ancho.
            10. Ramitas jóvenes escasamente pubescentes o glabras; fascículos axilares de tricomas ausentes en el envés de la hoja. **16. D. salicina**
            10. Ramitas jóvenes con el indumento más bien denso de tricomas parduscos; fascículo axilar de tricomas generalmente presente en el envés de la hoja. **17. D. smithii**
          9. Hojas maduras 5-10 cm de ancho.
            11. Flores inconspicuamente pubescentes por fuera, la superficie bastante visible entre la pubescencia. **4. D. cufodontisii**
            11. Flores densamente blanco-pubescentes por fuera, el indumento cubriendo completamente a la superficie. **10. D. mirafloris**
        8. Anteras de los 6 estambres externos 0.3-0.5 mm.
          12. Lóculos de la antera dispuestos más o menos en 2 pares o los 2 lóculos inferiores mucho más grandes que los 2 superiores; filamentos 3/5 de la longitud de la antera o más largos; tépalos elípticos. **12. D. purpurea**
          12. Lóculos de la antera dispuestos en un arco poco profundo, todas casi del mismo tamaño; filamentos menos de 1/2 de la longitud de las anteras; tépalos alargados a elípticos.
            13. Tricomas de las yemas vegetativas y ramitas jóvenes blancos o blanquecinos, escasos o ausentes.
              14. Ramitas 3-6 mm de diámetro a c. 5 cm por debajo de la yema terminal; pecíolo 15-25 mm. **5. D. gentlei**
              14. Ramitas menos de 3 mm de diámetro a c. 5 cm por debajo de la yema terminal; si más de 3 mm, entonces el pecíolo más corto.

15. Indumento de las yemas floríferas denso, blanco, cubriendo completamente la superficie; envés de la hoja con tricomas más bien largos, algunos adpresos. **9. D. martinicensis**
15. Indumento de las yemas floríferas moderadamente denso a escaso, no conspicuamente blanco, la superficie visible entre los tricomas; envés de la hoja con tricomas adpresos, algunos cortos, o glabro.
16. Frutos jóvenes finamente pubérulos; flores escasamente pubescentes. **8. D. longipetiolata**
16. Frutos jóvenes glabros; flores moderada o densamente pubescentes.
17. Inflorescencias en las axilas de catafilos, dispuestas a lo largo de vástagos cortos afilos o por debajo de las yemas terminales. **3. D. coriacea**
17. Inflorescencias generalmente en las axilas de hojas normales, algunas veces también en las axilas de catafilos, pero no dispuestas a lo largo de vástagos cortos afilos. **15. D. salicifolia**
13. Tricomas de las yemas vegetativas y ramitas jóvenes parduscos o rojizos, generalmente (moderadamente) densos, si pardo-grisáceos, entonces muy densos y persistentes.
18. Mayoría de las hojas hasta 2 veces más largas que anchas, el haz y el envés de la hoja discoloros, el haz gris-verde, el envés pardo oscuro. **2. D. bicolor**
18. Mayoría de las hojas más de 2 veces tan largas como anchas, si el haz y el envés de la hoja son discoloros, entonces el haz más oscuro que el envés.
19. Indumento corto sobre las ramitas jóvenes (tricomas no más de 0.2 mm) o, si más largo, la superficie de las ramitas visible entre los tricomas adpresos.
20. Pistilos glabros; vena media inmersa en el haz; puntos glandulares, si visibles, más bien ampliamente espaciados y no formando un denso patrón punteado. Nicaragua hacia el norte. **15. D. salicifolia**
20. Pistilos con frecuencia más o menos pubescentes; vena media escasamente elevada en el haz; puntos glandulares formando un patrón punteado conspicuo. Costa Rica hacia el sur. **18. D. umbrosa**
19. Indumento sobre las ramitas jóvenes relativamente largo (numerosos tricomas más de 0.3 mm) y denso (epidermis completamente cubierta o solo visible cuando los tricomas son erectos o ascendentes).
21. Puntos glandulares (células oleaginosas colapsadas) en el haz de la hoja formando un patrón punteado conspicuo; vena media escasamente elevada en el haz. **18. D. umbrosa**
21. Puntos glandulares en el haz de la hoja no visibles hasta conspicuos, pero no formando un patrón punteado conspicuo; vena media inmersa en el haz.
22. Indumento no completamente cubriendo la superficie de las ramitas jóvenes, en parte visible entre los tricomas erectos o ascendentes; envés de la hoja frecuentemente con tricomas erectos, estos más visibles sobre la vena media o venas secundarias. **7. D. longicaudata**
22. Indumento completamente cubriendo la superficie de las ramitas jóvenes; envés de la hoja con tricomas adpresos o glabro. **11. D. nitida**

1. Damburneya ambigens (S.F. Blake) Trofimov, *Taxon* 65: 989 (2016). *Phoebe ambigens* S.F. Blake, *Contr. U.S. Natl. Herb.* 24: 3 (1922). Holotipo: Honduras, *Whitford & Stadtmiller 7* (US). Ilustr.: Trofimov et al., *Taxon* 65: 981, t. 1F (2016).

Nectandra ambigens (S.F. Blake) C.K. Allen, *N. venosissima* Lundell, *Ocotea venosissima* (Lundell) Lundell.

Árboles hasta 30 m; ramitas anguladas, moderada a escasamente adpreso-pubescentes, pronto tornándose glabras; yemas terminales densamente adpreso-pubescentes. Hojas 8-20 × 2.2-6 cm, (angostamente) elípticas, cartáceas, la base aguda, los márgenes aplanados o casi aplanados, el ápice agudo u obtuso, la vena media y las secundarias escasamente elevadas en el haz, más así en el envés, las venas terciarias conspicuamente elevadas en ambas superficies, reticuladas, el haz y el envés glabros o con algunos tricomas adpresos por debajo, los fascículos axilares de tricomas presentes en las axilas de las venas secundarias más basales, las venas secundarias 5-8 pares; células oleaginosas visibles o ligeramente visibles en el haz, no visibles en el envés; pecíolo 10-25 mm, con el indumento similar al de las ramitas. Inflorescencias 10-18 cm, en las axilas de hojas normales, escasamente adpreso-pubescentes, el indumento tornándose más denso y más erecto hacia las flores. Flores 11-18 mm de diámetro, rosadas; tépalos patentes, 4.5-6.5 mm, anchamente elípticos, densamente blanco-pubescentes por fuera, densamente papilosos y con algo de pubescencia cerca de la base por dentro; estambres 1.8-2.5 mm, los filamentos hasta 0.5 mm, pubescentes, las anteras grandes, ligeramente papilosas, los lóculos de la antera dispuestos en 2 pares; pistilo 1.5-2 mm, glabro, el receptáculo más bien poco profundo, glabro o casi glabro por dentro. Frutos 1.4-2.2 × 1.2-1.6 cm; cúpula 11-13 mm de diámetro, c. 5 mm de alto, con forma de tazón poco profundo y longitudinalmente estriada. *Bosques lluviosos de tierras baja*s. G (*Contreras 6915*, MO); H (*Hazlett 3104*, MO). 50-500 m. (México [Veracruz], Mesoamérica).

Damburneya ambigens y *D. leucocome* son distintivas por sus flores rosadas grandes y las anteras grandes con los lóculos dispuestos en 2 pares. *Damburneya leucocome* difiere por tener las anteras pubescentes y las ramitas e inflorescencias más densamente pubescentes.

2. Damburneya bicolor (Rohwer) Trofimov & Rohwer, *Taxon* 65: 989 (2016). *Nectandra bicolor* Rohwer, *Fl. Neotrop. Monogr.* 60: 79 (1993). Isotipo: Panamá, *McPherson 9804* (MO!). Ilustr.: Rohwer, *Fl. Neotrop. Monogr*. 60: 79, t. 20 (1993), como *N. bicolor*.

Árboles pequeños, hasta 10 m; ramitas más o menos anguladas, más bien densamente pardo-adpreso-pubescentes, pero pronto tornándose glabras con la edad; yemas terminales densamente pardo-pubescentes. Hojas 3-6 cm, hasta 2 veces más largas que anchas, (anchamente) elípticas, firmemente cartáceas, la base obtusa, con menos frecuencia aguda, los márgenes escasamente enrollados hacia adentro, el ápice obtuso u obtusamente acuminado, la vena media y las secundarias más o menos inmersas, las terciarias elevadas en el haz, la vena media, las secundarias y las terciarias elevadas en el envés, el haz glabro o con algunos tricomas adpresos en la base de la vena media, el envés con algunos tricomas adpresos, especialmente cerca de la base, o glabro, las venas secundarias 3-5 pares, los fascículos axilares de tricomas presentes; puntos glandulares no visibles en hojas maduras; pecíolo 3-6 mm, con el indumento similar al de las ramitas. Inflorescencias 5-8 cm, en las axilas de hojas normales, escasa a moderadamente adpreso-pubescentes. Flores 4.5-6 mm de diámetro, blancas; tépalos 1.7-2.5 mm, alargados, moderadamente adpreso-pubescentes por fuera, papilosos y pubescentes hacia la base por dentro; estambres c. 0.8 mm, los filamentos c. 0.3 mm, pubescentes, las anteras glabras o con pocos tricomas abaxialmente, los lóculos de la antera en un arco poco profundo, el ápice estéril ausente; pistilo c. 1 mm, glabro, el receptáculo poco profundo, con pocos tricomas por dentro. Frutos c. 1.8 × 0.8 cm; cúpula c. 7 mm de diámetro, poco profunda, gradualmente angostada en el pedicelo. *Bosques de neblina*. P (*McPherson 9741*, MO). 800-1000 m. (Endémica).

Damburneya bicolor puede reconocerse por sus hojas bicoloras con el haz de color más claro que el envés, y relativamente anchas, no más de 2 veces tan largas como anchas. Está restringida a los bosques de neblina del Cerro Jefe (Panamá).

3. Damburneya coriacea (Sw.) Trofimov & Rohwer, *Taxon* 65: 989 (2016). *Laurus coriacea* Sw., *Prodr.* 65 (1788). Lectotipo (primer paso designado por Imkhanitskaya, 1974; segundo paso designado por

Rohwer, 2014): Jamaica, *Swartz s.n.* (S-[nr] S-R-3160). Ilustr.: Trofimov et al., *Taxon* 65: 981, t. 1A, C, G (2016).

Damburneya maritima Raf., *Nectandra coriacea* (Sw.) Griseb., *N. willdenoviana* Nees, *Ocotea coriacea* (Sw.) Britton, *O. lundellii* Standl., *Oreodaphne coriacea* (Sw.) Nees.

Arbustos o árboles pequeños, hasta 15 m; ramitas redondeadas o ligeramente estriadas, inicialmente moderada o escasamente adpreso-pubescentes, pronto glabrescentes; yemas terminales blanquecino-adpreso-pubescentes. Hojas 6-14 × 2-6 cm, elípticas a lanceoladas, firmemente cartáceas, la base aguda a obtusa, los márgenes aplanados, el ápice agudo o ligeramente acuminado, la vena media y las secundarias inmersas, las terciarias (escasamente) elevadas en el haz, la vena media elevada, las secundarias y terciarias escasamente elevadas en el envés, el haz glabro, el envés glabro o con pocos tricomas adpresos, los fascículos axilares de tricomas generalmente ausentes en ejemplares mesoamericanos, las venas secundarias 5-8 pares; puntos glandulares no o poco visibles; pecíolo 4-12 mm, glabro. Inflorescencias 2-10 cm, en las axilas de catafilos, por debajo de las yemas terminales o a lo largo de vástagos afilos cortos, rara vez también en las axilas de hojas normales, moderadamente adpreso-pubescentes hasta glabras. Flores 4-8 mm de diámetro, blancas, fragantes; tépalos 2-4 mm, alargados, escasamente pubescentes o hacia el ápice papilosos por fuera, papilosos y con algunos tricomas hacia la base por dentro; estambres 0.5-0.8 mm, incluyendo el filamento 0.1-0.3 mm, pubescente, las anteras escasamente papilosas y frecuentemente con algunos tricomas abaxialmente, los lóculos de la antera en un arco poco profundo, el ápice estéril ausente; pistilo 1-1.3 mm, glabro, el receptáculo poco profundo, glabro o casi glabro. Frutos 0.9-1.8 × 0.7-1.1 cm, glabros cuando jóvenes; cúpula hasta 7 mm de diámetro, con forma de tazón poco profundo. *Bosques estacionalmente secos sobre suelos derivados de caliza.* Y (*Cabrera 11357 bis*, MO); C (*Cabrera & Cabrera 2460*, MO); QR (*Cabrera et al. 2564*, MO); B (*Gentle 1206*, MO); G (*Contreras 9045*, MO); H (*Gaumer 54*, US). 0-500 m. (Estados Unidos, Mesoamérica, Colombia, Antillas).

Damburneya coriacea se asemeja bastante a *D. salicifolia*, pero difiere mayormente por tener las inflorescencias en las axilas de los catafilos. La corteza en los ejemplares de herbario es con frecuencia bastante pálida, más que en *D. salicifolia*. También, las 2 especies tienen una distribución diferente: *D. coriacea* se encuentra en bosques secos en suelos derivados de caliza en la península de Yucatán y áreas adyacentes de Belice y Guatemala (las colecciones de Honduras y Colombia provienen de las islas caribeñas), mientras que *D. salicifolia* es más común en suelos no derivados de caliza, alejados de las costas. Muy pocas colecciones mencionan altitud.

4. Damburneya cufodontisii (O.C. Schmidt) Trofimov & Rohwer, *Taxon* 65: 990 (2016). *Ocotea cufodontisii* O.C. Schmidt, *Arch. Bot.* (Forlì) 11: 50 (1935). Isolectotipo (designado por Rohwer, 1993): Costa Rica, *Cufodontis 315* (F). Ilustr.: Burger & van der Werff, *Fieldiana, Bot.* n.s. 23: 25, t. 12 (1990), como *Nectandra cufodontisii.*

Nectandra cufodontisii (O.C. Schmidt) C.K. Allen, *Ocotea seibertii* C.K. Allen.

Árboles hasta 25 m; ramitas anguladas, escasamente adpreso-pubescentes, glabrescentes con la edad; yemas terminales densamente adpreso-pubescentes. Hojas 10-25 × 5-10 cm, elípticas, firmemente cartáceas, la base aguda a obtusa, los márgenes aplanados, el ápice agudo o acuminado, la vena media y las secundarias inmersas o ligeramente elevadas en el haz, las venas terciarias elevadas, la vena media, las secundarias y las terciarias elevadas en el envés, el haz glabro, el envés glabro o con pocos tricomas adpresos, pequeños fascículos axilares de tricomas presentes o ausentes, las venas secundarias 5-7 pares; puntos glandulares no visibles en hojas maduras; pecíolo 8-25 mm, con el indumento similar al de las ramitas. Inflorescencias 5-20 cm, en las axilas de hojas normales o catafilos, en la base escasamente adpreso-pubescentes, hacia el ápice moderadamente adpreso-pubescentes. Flores 4.5-6 mm de diámetro, blancas o amarillentas; tépalos 1.6-2.2 mm, moderadamente adpreso-pubescentes, la superficie visible entre los tricomas por fuera, densamente papilosos y hacia la base pubescentes por dentro; estambres 1-1.4 mm, los filamentos hasta c. 0.4 mm, pubescentes, las anteras escasamente papilosas hasta glabras, los lóculos de la antera en un arco poco profundo, el ápice estéril ausente; pistilo 1.5-2 mm, glabro, el receptáculo con forma de tazón poco profundo, glabro o con pocos tricomas adpresos por dentro. Frutos 2-3 × 1.7-2.7 cm; cúpula c. 1 cm de diámetro, pateliforme al madurar, lenticelada, el pedicelo no engrosado. *Bosques montanos.* CR (*Hammel & Grayum 14088*, MO); P (*Lao 351*, MO). 1300-2700 m. (Endémica).

Damburneya cufodontisii es vegetativamente similar a *D. miraflo-ris*; las diferencias se discuten bajo esta última. El hábitat montano, las hojas frecuentemente brillantes con las venas terciarias elevadas y las flores moderada a escasamente pubescentes son buenos caracteres para reconocer a *D. cufodontisii.*

5. Damburneya gentlei (Lundell) Trofimov, *Taxon* 65: 990 (2016). *Persea gentlei* Lundell, *Contr. Univ. Michigan Herb.* 6: 18 (1941). Isotipo: Belice, *Gentle 3288* (F). Ilustr.: no se encontró.

Nectandra lundellii C.K. Allen, *Phoebe gentlei* (Lundell) Standl. & Steyerm.

Árboles, generalmente hasta 25 m, pero ocasionalmente más altos (hasta 45 m); ramitas 3-6 mm de diámetro a c. 5 cm por debajo del ápice, anguladas, moderada a densamente adpreso-pubescentes cuando jóvenes, glabrescentes con la edad; yemas terminales densamente adpreso-pubescentes. Hojas 16-30 × 7-15 cm, elípticas, firmemente cartáceas, la base aguda a obtusa, los márgenes aplanados, el ápice acuminado, la vena media y las secundarias inmersas o escasamente elevadas, las terciarias elevadas en el haz, la vena media, las secundarias y las terciarias elevadas en el envés, el haz glabro y frecuentemente brillante, el envés glabro o escasamente adpreso-pubescente, los fascículos axilares de tricomas presentes o ausentes, las venas secundarias 7-14 pares; puntos glandulares no visibles en hojas maduras; pecíolo 15-25 mm, con el indumento similar al de las ramitas. Inflorescencias 8-20 cm, generalmente en las axilas de catafilos, con menos frecuencia en las axilas de hojas normales, escasa a densamente adpreso-pubescentes. Flores 5.5-8.5 mm de diámetro, blancas, fragantes; tépalos 2-3.5 mm, elípticos a alargados, densamente pubescentes por fuera, densamente papilosos y pubescentes hacia la base por dentro; estambres 0.7-0.9 mm, los filamentos 0.2-0.3 mm, pubescentes, las anteras papilosas y con algunos tricomas abaxialmente, los lóculos de la antera en un arco poco profundo, el ápice estéril ausente; pistilo 1.2-1.5 mm, con pocos tricomas en la base, el receptáculo con forma de tazón poco profundo, con algunos tricomas adpresos por dentro. Frutos 1.8-2.2 × 1.1-1.7 cm; cúpula c. 1 cm de diámetro, cupuliforme, poco profunda, el pedicelo escasamente engrosado. *Bosques lluviosos de tierras bajas.* Ch (*González et al. 789*, MO); B (*Gentle 8670*, MO); G (*Lundell & Contreras 20683*, MO); H (*Hazlett 2767*, MO). 100-500 m. (México [Puebla, Veracruz], Mesoamérica).

Damburneya gentlei se reconoce por sus hojas brillantes más bien grandes, con el retículo elevado, las ramitas más bien gruesas y las flores densamente pubescentes. *Damburneya ambigens* se encuentra en la misma área y también tiene las hojas brillantes más bien grandes, con el retículo elevado. Esta última difiere vegetativamente por tener las hojas más angostas y las ramitas escasamente pubescentes y rápidamente glabrescentes. Las flores de las 2 especies son bastante diferentes, siendo mucho más grandes (c. 1.5 cm de diámetro) y rosadas (no blancas) en *D. ambigens*. La mayoría de los ejemplares de *D. gentlei* de Mesoamérica no tienen los fascículos axilares de tricomas y las hojas en los ejemplares secos son más bien verde oscuro, mientras que los ejemplares de Veracruz tienen generalmente los fascículos axilares de tricomas y, cuando secos, las hojas son verde pálido. Hay varias excepciones: plantas de Veracruz con hojas verde oscuro y sin domacios, plantas de Guatemala con hojas verde pálido sin domacios y plantas de

Chiapas y Honduras con hojas verde oscuro con domacios. No se justifica reconocer los ejemplares de Veracruz como un taxón distinto.

6. Damburneya leucocome (Rohwer) Trofimov & Rohwer, *Taxon* 65: 990 (2016). *Nectandra leucocome* Rohwer, *Fl. Neotrop. Monogr.* 60: 90 (1993). Holotipo: México, Chiapas, *Gómez 302* (US). Ilustr.: Rohwer, *Fl. Neotrop. Monogr.* 60: 91, t. 24 (1993), como *N. leucocome.*

Árboles c. 30 m; ramitas anguladas, cuando jóvenes más bien densamente blanquecino-pubescentes con tricomas adpresos hasta ascendentes, no prontamente glabrescentes; yemas terminales densamente adpreso-pubescentes. Hojas 12-35 × 4-12 cm, (angostamente) elípticas a oblongas, cartáceas, la base aguda a atenuada, los márgenes aplanados, algunas veces escasamente recurvados cerca de la base, el ápice brevemente acuminado o agudo, la vena media y las secundarias inmersas en el haz, elevadas en el envés, las venas terciarias elevadas en ambas superficies, reticuladas, el haz glabro o con algunos tricomas adpresos, especialmente a lo largo de la vena media, el envés escasamente adpreso-pubescente, los fascículos axilares de tricomas no vistos, las venas secundarias 6-12 pares; puntos glandulares visibles en el haz; pecíolo 11-22 mm, con el indumento similar al de las ramitas. Inflorescencias 10-20 cm, en las axilas de hojas normales, más bien densamente blanco-pubescentes, los tricomas erectos, crespos. Flores 10-12 mm de diámetro, rosadas; tépalos 3.5-4.3 mm, patentes, densamente pubescentes por fuera, densamente papilosos y con algunos tricomas cerca de la base por dentro; estambres c. 2 mm, los filamentos 0.2-0.5 mm, pubescentes, las anteras grandes, dorsalmente pubescentes, escasamente papilosas, los lóculos de la antera en 2 pares, sin ocupar toda la antera, pero dejando un margen estéril; pistilo c. 2 mm, glabro, el receptáculo poco profundo, glabro por dentro. Frutos c. 2.8 × 1.5 cm; cúpula c. 12 × 8 mm, cupuliforme, longitudinalmente estriada. *Bosques lluviosos de tierras bajas*. Ch (*Martínez S. et al. 24809*, MO). 200-500 m. (Endémica).

Las flores rosadas grandes y las anteras pubescentes son características de esta especie. Véase también la discusión bajo *Damburneya ambigens*.

7. Damburneya longicaudata (Lundell) Trofimov & Rohwer, *Taxon* 65: 990 (2016). *Phoebe longicaudata* Lundell, *Bull. Torrey Bot. Club* 64: 548 (1937). Lectotipo (primer paso designado por Standley & Steyermark, 1946e; segundo paso designado por Trofimov et al., 2016): Belice, *Lundell 6833* (MICH-[cb] MICH1002614A). Ilustr.: no se encontró.

Nectandra longicaudata (Lundell) C.K. Allen, *N. savannarum* (Standl. & Steyerm.) C.K. Allen, *Phoebe savannarum* Standl. & Steyerm.

Árboles pequeños, hasta 10 m; ramitas ligeramente estriadas, moderadamente pardo-pubescentes con tricomas erectos o ascendentes, la superficie de las ramitas visible, (pronto) glabrescentes; yemas terminales densamente pardo-pubescentes. Hojas 5-10 × 2-4.5 cm, (angostamente) elípticas, cartáceas, la base aguda u obtusa, los márgenes aplanados o ligeramente enrollados hacia adentro, el ápice acuminado, la vena media, las secundarias y las terciarias inmersas, o las terciarias escasamente elevadas en el haz, la vena media y las secundarias más bien marcadamente elevadas, las terciarias escasamente elevadas en el envés, el haz glabro o con algunos tricomas adpresos, el envés muy escasamente pubescente con tricomas predominantemente erectos, estos más visibles en la vena media y las secundarias, hasta glabras, los fascículos axilares de tricomas presentes, las venas secundarias 3-5 pares; puntos glandulares visibles o no; pecíolo 4-10 mm, con el indumento similar al de las ramitas. Inflorescencias 2-7 cm, en las axilas de hojas normales o catafilos, escasa a moderadamente pubescentes con tricomas erectos o ascendentes. Flores 4.5-6.5 mm de diámetro, blancas; tépalos 1.7-3 mm, alargados, patentes, escasa o moderadamente adpreso-pubescentes por fuera, papilosos con algunos tricomas hacia la base por dentro; estambres 0.5-0.8 mm, los filamentos c. 0.2 mm, pubescentes, las anteras glabras o con algunos tricomas abaxialmente, los lóculos de la antera en un arco poco profundo, el ápice estéril ausente; pistilo 1-1.2 mm, glabro, el receptáculo poco profundo, pubescente por dentro. Frutos 1-2 × 0.8-1 cm, glabros; cúpula hasta 6 mm de diámetro, con forma de tazón poco profundo, el pedicelo ligeramente engrosado. *Bosques altos perennifolios*. Ch (*Martínez S. 18221*, MO); B (*Gentle 8651*, MO); G (*Marshall et al. 431*, MO); H (*Yuncker et al. 8762*, MO). 0-300 m. (México [Oaxaca], Mesoamérica).

Damburneya longicaudata se reconoce por la combinación de tricomas erectos o ascendentes cubriendo completamente la superficie de las ramitas y los tricomas erectos o ascendentes en el envés de la hoja, especialmente sobre la vena media y las venas secundarias. Los ejemplares con el indumento más denso sobre las ramitas se acercan a *D. nitida*, pero esta última especie tiene solo tricomas adpresos en el envés de la hoja, mientras que los ejemplares de *D. longicaudata* con denso indumento muestran claramente tricomas erectos o ascendentes en el envés de la hoja.

8. Damburneya longipetiolata (van der Werff) Trofimov & Rohwer, *Taxon* 65: 990 (2016) *Nectandra longipetiolata* van der Werff, *Fieldiana, Bot.* n.s. 23: 60 (1990). Holotipo: Costa Rica, *Grayum & Hammel 5769* (MO!). Ilustr.: Burger & van der Werff, *Fieldiana, Bot.* n.s. 23: 26, t. 13 (1990), como *N. longipetiolata.*

Árboles pequeños, hasta 8 m; ramitas redondeadas, con algunos tricomas adpresos justo debajo del ápice, muy pronto glabrescentes; yemas terminales adpreso-pubescentes. Hojas 9-17 × 5-8 cm, (anchamente) elípticas, cartáceas, la base obtusa o aguda, los márgenes aplanados, el ápice agudo, la vena media inmersa, las secundarias y terciarias elevadas en el haz, la vena media marcadamente elevada, las secundarias y terciarias elevadas en el envés, el haz glabro y el envés glabro excepto por la presencia ocasional de fascículos axilares de tricomas, las venas secundarias 5-8 pares; puntos glandulares en hojas maduras no visibles; pecíolo 10-25 mm, glabro. Inflorescencias 3-7 cm, en las axilas de catafilos, glabras o escasamente adpreso-pubescentes, rojizas. Flores 6-7 mm de diámetro, blancas; tépalos c. 2.5 mm, alargados, patentes a reflexos en flores viejas, escasa y diminutamente pubescentes por fuera, papilosos y hacia la base ligeramente pubescentes por dentro; estambres 0.8-1 mm, los filamentos cortos, pubescentes, las anteras glabras o con pocos tricomas abaxialmente, los lóculos de la antera en un arco poco profundo, el ápice estéril ausente; pistilo 1.2-1.4 mm, glabro o fina y diminutamente papiloso, el receptáculo con forma de tazón poco profundo, glabro por dentro. Frutos c. 1.8 × 1 cm, finamente pubérulos cuando jóvenes; cúpula c. 7 mm de diámetro, con forma de tazón poco profundo, el pedúnculo engrosado. *Bosques húmedos de tierras bajas*. CR (*Herrera 2231*, MO). 40-200 m. (Endémica).

Damburneya longipetiolata es una especie rara, conocida solo de 4 colecciones. Los caracteres útiles para distinguirla son: las hojas verde pálido más bien anchas con pecíolo relativamente largo, las inflorescencias con pocas flores, escasamente pubescentes a glabras y los frutos pubérulos. En Costa Rica, *D. umbrosa* también puede tener los frutos escasamente pubérulos, pero esta especie tiene las hojas claramente punteado-glandulares. El indumento en los frutos permanece visible en los frutos casi maduros, especialmente en las arrugas de la superficie.

9. Damburneya martinicensis (Mez) Trofimov, *Taxon* 65: 990 (2016). *Nectandra martinicensis* Mez, *Mitt. Bot. Vereins Kreis Freiburg* 47-48: 421 (1888). Lectotipo (designado por Bernardi, 1967a): Trinidad, *Sieber 99* (G). Ilustr.: Burger & van der Werff, *Fieldiana, Bot.* n.s. 23: 30, t. 17 (1990), como *N. martinicensis.*

Nectandra tabascensis Lundell, *N. woodsoniana* C.K. Allen, *Ocotea tabascensis* (Lundell) R.A. Howard.

Árboles hasta 20 m; ramitas anguladas, moderadamente adpresas o ascendente-pubescentes, glabrescentes con la edad; yemas terminales densamente blanco-pubescentes. Hojas 12-20 × 3.5-7 cm, angostamente elípticas, cartáceas, la base atenuada a obtusa, los márgenes aplanados, el ápice agudo o escasamente acuminado, la vena media inmersa, las secundarias y terciarias elevadas en el haz, la vena media y las secundarias elevadas, las terciarias escasamente elevadas en el envés, el haz glabro o con algunos tricomas adpresos en la base de la vena media, el envés con tricomas adpresos escasos, estos hasta 0.6 mm, los fascículos axilares de tricomas presentes, las venas secundarias 7-11 pares; puntos glandulares visibles en el haz de hojas jóvenes, indistintos en las hojas maduras y en el envés de la hoja; pecíolo 6-15 mm, con el indumento similar al de las ramitas. Inflorescencias 7-20 cm, generalmente en las axilas de hojas normales, rara vez en las axilas de catafilos, moderada a escasamente adpreso-pubescentes. Flores 4-6.5 mm de diámetro, blancas; tépalos 2-2.8 mm, alargados, patentes, densamente blanco-pubescentes por fuera, densamente papilosos y pubescentes hacia la base por dentro; estambres 0.6-0.8 mm, los filamentos 0.2-0.3 mm, pubescentes, las anteras glabras o las 3 externas con algunos tricomas abaxialmente, los lóculos de la antera en un arco poco profundo, el ápice estéril ausente; pistilo 1-1.5 mm, glabro, el receptáculo con forma de tazón poco profundo, glabro o casi glabro por dentro. Frutos 1.2-1.5 × 0.8-1.2 cm; cúpula hasta 7 mm de diámetro, con forma de tazón poco profundo. *Bosques perennifolios*. T (*Matuda 3299*, F); Ch (*Ton 9071*, MO); B (*Anon. 14*, F); ES (*Calderón 1117*, MO); N (*Stevens 4727*, MO); CR (*Skutch 2634*, MO); P (*Croat 22484*, MO). 20-1000 m. (México [Guerrero, Jalisco, Nayarit], Mesoamérica, Colombia, Venezuela, Ecuador, Trinidad).

Damburneya martinicensis se reconoce por sus yemas y flores densamente blanco-pubescentes, sus hojas en general no lustrosas con tricomas largos escasos en el envés y las ramitas rápidamente glabrescentes.

10. Damburneya mirafloris (van der Werff) Trofimov & Rohwer, *Taxon* 65: 991 (2016). *Nectandra mirafloris* van der Werff, *Ann. Missouri Bot. Gard.* 75: 410 (1988). Holotipo: Nicaragua, *Neill 329* (MO!). Ilustr.: van der Werff, *Ann. Missouri Bot. Gard.* 75: 412, t. 5 (1988b).

Árboles o arbustos, hasta 15(-25) m; ramitas anguladas, escasamente adpreso-pubescentes, glabrescentes; yemas terminales densamente adpreso-pubescentes, los tricomas blancos. Hojas 10-23 × 5-10 cm, elípticas, firmemente cartáceas, la base aguda a obtusa, los márgenes aplanados, el ápice agudo, la vena media y las secundarias inmersas en el haz, las terciarias elevadas, la vena media, las secundarias y las terciarias elevadas en el envés, el haz casi glabro, el envés con pocos tricomas adpresos, pronto tornándose glabro, los fascículos axilares de tricomas generalmente presentes, las venas secundarias 6-10 pares; puntos glandulares poco o no visibles; pecíolo 7-18 mm, con el indumento similar al de las ramitas. Inflorescencias 5-15 cm, en las axilas de catafilos u hojas normales, cerca de la base escasamente adpreso-pubescentes, el indumento tornándose más denso hacia las flores. Flores 7.5-9.5 mm de diámetro, blancas; tépalos 2.2-3.5 mm, densamente blanco-pubescentes por fuera, densamente papilosos por dentro, con algunos tricomas en la base; estambres 0.8-1.2 mm, papilosos, los filamentos cortos (hasta 0.2 mm), pubescentes, los lóculos de la antera dispuestos en un arco poco profundo, el ápice estéril ausente; pistilo c. 1.5 mm, glabro, el receptáculo con forma de tazón poco profundo, glabro por dentro. Frutos 2-2.2 × 1.5-1.8 cm; cúpula c. 8 mm de diámetro, poco profunda a casi pateliforme, el pedicelo engrosado. *Bosques montanos*. N (*Moreno 472*, MO). 1200-1600 m. (Endémica).

Damburneya mirafloris puede reconocerse por sus flores densamente pubescentes y las hojas más bien grandes con las venas terciarias claramente elevadas; está restringida a los bosques montanos en Nicaragua. *Damburneya cufodontisii*, conocida de Costa Rica y Panamá, es vegetativamente y en fruto muy similar, y difiere de *D. mirafloris* en tener las flores escasamente pubescentes.

11. Damburneya nitida (Mez) Trofimov & Rohwer, *Taxon* 65: 991 (2016). *Nectandra nitida* Mez, *Jahrb. Königl. Bot. Gart. Berlin* 5: 461 (1889). Lectotipo (designado por Rohwer, 1993): Panamá, *Hayes 133* (K). Ilustr.: Burger & van der Werff, *Fieldiana, Bot.* n.s. 23: 30, t. 17 (1990), como *N. nitida*.

Damburneya matudae (Lundell) Trofimov & Rohwer, *Nectandra glandulosa* Lundell, *N. matudae* Lundell, *N. perdubia* Lundell, *Pleurothyrium glandulosum* (Lundell) Lundell.

Arbustos o árboles hasta 25 m; ramitas inicialmente anguladas o estriadas, tornándose redondeadas, densamente pardas, adpreso o ascendente-pubescentes; yemas terminales densamente pardo-pubescentes. Hojas 7-22 × 2.5-7 cm, (angostamente) elípticas, cartáceas, la base atenuada a obtusa, los márgenes aplanados, el ápice acuminado o agudo, la vena media, las secundarias y las terciarias más o menos inmersas en el haz, la vena media marcadamente elevada, las secundarias elevadas y las terciarias más o menos inmersas en el envés, el haz glabro o con algunos tricomas adpresos, especialmente hacia la base, el envés con pequeños tricomas adpresos o casi glabro, los fascículos axilares de tricomas presentes, las venas secundarias 4-8 pares; puntos glandulares visibles o no; pecíolo 3-13 mm, con el indumento similar al de las ramitas. Inflorescencias 3-15 cm, en las axilas de hojas normales o catafilos, moderada a (densamente) pardo-adpreso-pubescentes. Flores 3.5-6 mm de diámetro, blancas; tépalos 1.5-3 mm, alargados, patentes, adpreso-pubescentes por fuera, papilosos y pubescentes hacia la base por dentro; estambres 0.4-0.8 mm, los filamentos c. 0.2 mm, (escasamente) pubescentes, las anteras glabras o con pocos tricomas abaxialmente, los lóculos de la antera en un arco poco profundo, el ápice estéril ausente; pistilo 1-1.4 mm, glabro, el receptáculo poco profundo, glabro o pubescente por dentro. Frutos 0.8-1.5 × 0.6-1.2 cm; cúpula hasta 7 mm de diámetro, con forma de tazón poco profundo, el pedicelo engrosado o no. *Bosques perennifolios altos, bosques estacionalmente secos*. T (*Matuda 3576*, F); Ch (*Matuda 5934*, MO); QR (*Durán et al. 2740*, MO); B (*Gentle 1692*, MO); G (*Harmon & Dwyer 2783*, MO); N (*Neill 1985*, MO); CR (*Pittier 11490*, F); P (*Croat 14601*, MO). 0-2000 m. (México [Guerrero, Michoacán, Nayarit, Oaxaca, Puebla, Veracruz], Mesoamérica).

Damburneya nitida es una especie común desde Nicaragua hacia el norte y se reconoce por la combinación de sus ramitas densamente pardusco-pubescentes y la ausencia del conspicuo patrón de puntos glandulares en el haz de la hoja. El haz de la hoja es con frecuencia brillante. Aquí se incluye *Nectandra matudae* en la sinonimia, pero fue tratada como una especie distinta por Rohwer (1993).

12. Damburneya purpurea (Ruiz & Pav.) Trofimov, *Taxon* 65: 991 (2016). *Laurus purpurea* Ruiz & Pav., *Fl. Peruv.* 4: t. 351 (1830). Lectotipo (designado por Bernardi, 1967b): Perú, *Ruiz & Pavón s.n.* (B). Ilustr.: Burger & van der Werff, *Fieldiana, Bot.* n.s. 23: 30, t. 17 (1990), como *Nectandra latifolia*.

Nectandra latifolia (Kunth) Mez, *N. polita* Nees & Mart. var. *oerstedii* Meisn., *N. purpurea* (Ruiz & Pav.) Mez, *Ocotea flexuosa* Rusby, *O. latifolia* Kunth, *Persea latifolia* (Kunth) Spreng.

Arbustos o árboles hasta 20 m; ramitas ligeramente anguladas, moderada a escasamente adpreso-pubescentes, glabrescentes; yemas terminales densamente adpreso-pubescentes. Hojas 11-25 × 5-10 cm, elípticas, cartáceas, la base aguda a obtuso-redondeada, los márgenes aplanados, el ápice agudo o brevemente acuminado, la vena media y las secundarias inmersas, las terciarias elevadas en el haz, la vena media, las secundarias y las terciarias elevadas en el envés, el haz glabro, el envés glabro o con algunos tricomas adpresos, las venas secundarias 6-10 pares, los fascículos axilares de tricomas presentes o ausentes; puntos glandulares poco o no visibles; pecíolo 4-14 mm, con el indumento similar al de las ramitas. Inflorescencias 4-16 cm, en las axilas de hojas normales o catafilos, moderadamente pubescentes con tricomas adpresos a ascendentes. Flores 3-5 mm de diámetro, blancas; tépalos 1.2-2 mm, elípticos, patentes, moderada a densamente pubescentes por fuera, algunas veces ligeramente papilosos, especialmente los tépalos internos, papilosos por dentro y pubescentes hacia la base; estambres

0.8-1.1 mm, los filamentos 0.3-0.6 mm, glabros o pelosos, las anteras pequeñas, glabras o con algunas papilas, los lóculos de la antera más o menos en 2 pares o con los 2 lóculos inferiores mucho más grandes que los 2 superiores, el ápice estéril ausente; pistilo 1.1-1.6 mm, glabro o casi glabro, el receptáculo con forma de tazón, glabro o con pocos tricomas por dentro. Frutos 1.5-2.6 × 0.8-1.3 cm; cúpula 5-8 mm de diámetro, con forma de tazón poco profundo o cupuliforme. *Bosques perennifolios altos*. N (*Oersted 12*, B); CR (*Grayum et al. 8898*, MO); P (*Hammel et al. 6874*, MO). (Mesoamérica, Colombia, Venezuela, Guayana Francesa, Ecuador, Perú, Bolivia, Brasil).

Como con otras especies del complejo de *Damburneya coriacea*, *D. purpurea* no es fácil de identificar. Sus flores tienen los tépalos relativamente cortos y amplios (menos de 2 veces tan largos como anchos), los estambres con filamentos relativamente largos y los lóculos de la antera dispuestos como en *Ocotea* (los lóculos están casi en 2 hileras, más bien que en un arco). Algunas poblaciones no pueden identificarse con certeza, por ejemplo, ejemplares de Chiapas y Guatemala que tienen las flores pequeñas con estambres del tipo de *D. purpurea*, con los tépalos más alargados y las hojas más angostas. Estos ejemplares son intermedios entre *D. purpurea* y *D. salicifolia* y pueden representar una especie aún no descrita. Rohwer (1993) no describió estos como una especie nueva porque el complejo de *D. coriacea* todavía es poco entendido y concuerdo con él en este aspecto; *Breedlove 28566* (MO) es un miembro de este grupo. *Damburneya purpurea* puede parecerse bastante a *D. cufodontisii* en estado vegetativo, pero difiere en sus hojas menos coriáceas, los estambres con filamentos glabros relativamente largos y los lóculos de la antera dispuestos casi en 2 pares separan mejor estas especies.

13. Damburneya roberto-andinoi (C. Nelson) van der Werff, *Novon* 29: 49 (2021). *Pleurothyrium roberto-andinoi* C. Nelson, *Phytologia* 72: 402 (1992). Isotipo: Honduras, *Nelson & Andino 13119* (MO!). Ilustr.: no se encontró.

Nectandra roberto-andinoi (C. Nelson) C. Nelson.

Árboles c. 15 m; ramitas escasamente anguladas o teretes, densamente pardo-pubescentes, los tricomas erectos y completamente cubriendo la superficie, el indumento desapareciendo con la edad; yemas terminales densamente pardo-pubescentes. Hojas 14-22 × 7-10 cm, (anchamente) elípticas, cartáceas, la base aguda u obtusa, los márgenes aplanados, el ápice brevemente acuminado, la vena media y las secundarias inmersas, las terciarias inmersas o escasamente elevadas en el haz, la vena media y las secundarias claramente elevadas, las terciarias elevadas en el envés, el haz con algunos tricomas adpresos o erectos, estos más densos a lo largo de la vena media, el envés moderada a escasamente pubescente, los tricomas erectos, más densos a lo largo de la vena media y las secundarias, los fascículos axilares de tricomas presentes, las venas secundarias 5-7 pares; células oleaginosas claramente visibles en el haz de las hojas jóvenes, menos así en las más viejas; pecíolo 7-11 mm, con el indumento similar al de las ramitas. Inflorescencias 5-15 cm, en las axilas de hojas normales o catafilos, densamente pubescentes, los tricomas erectos y adpresos. Flores 7-9 mm de diámetro, blancas o amarillentas; tépalos c. 3 mm, angostamente elípticos, pubescentes por fuera, papilosos y ligeramente pubescentes por dentro en la base, más o menos patentes o semierectos; estambres c. 0.7 mm, los filamentos pubescentes, las anteras glabras o casi glabras, los lóculos de la antera en un arco afilado poco profundo, ocupando toda la antera; pistilo c. 1.2 mm, más o menos pubescente, el receptáculo poco profundo, glabro o casi glabro por dentro. Frutos jóvenes c. 0.8 × 0.6 cm, pubescentes; cúpula c. 7 mm de diámetro, con forma de tazón poco profundo. *Bosques montanos*. H (*Nelson & Andino 12797*, MO); N (*Little 25041*, MO). 850-1000 m. (Endémica).

Otras 2 colecciones de esta especie fueron discutidas por Rohwer (1993) bajo *Nectandra nitida*. *Damburneya roberto-andinoi* difiere de esa especie por sus hojas más anchas con el indumento erecto en el envés. *Damburneya longicaudata* tiene también algunos tricomas erectos en el envés de la hoja, pero este indumento es mucho más escaso y más corto que el encontrado en *D. roberto-andinoi*; también difiere por tener las hojas más pequeñas. *Damburneya roberto-andinoi* se conoce solo de 5 colecciones y colectas adicionales de Honduras podrían mostrar que esta se intergrada con especies relacionadas.

14. Damburneya rudis (C.K. Allen) Trofimov & Rohwer, *Taxon* 65: 992 (2016). *Nectandra rudis* C.K. Allen, *J. Arnold Arbor*. 26: 401 (1945). Holotipo: México, Chiapas, *Matuda 470* (A). Ilustr.: no se encontró.

Árboles c. 30 m; ramitas anguladas, moderadamente adpreso-pubescentes cuando jóvenes, pronto glabrescentes; yemas terminales densamente blanco-adpreso-pubescentes. Hojas 13-25 × 5-10 cm, elípticas, firmemente cartáceas, la base atenuada debido a los márgenes enrollados hacia adentro, algunas veces decurrentes sobre el pecíolo, el ápice agudo, la vena media y las secundarias inmersas en el haz, elevadas en el envés, las venas terciarias elevadas en ambas superficies, el haz glabro, el envés glabro o con algunos tricomas adpresos, estos generalmente a lo largo de la vena media, los fascículos axilares de tricomas presentes, las venas secundarias 7-10 pares; puntos glandulares no o escasamente visibles; pecíolo 10-27 mm, con el indumento similar al de las ramitas. Inflorescencias 5-20 cm, en las axilas de hojas normales, moderada y densamente blanco-pubescentes, los tricomas adpresos a ascendentes. Flores 8-11 mm de diámetro, blancas; tépalos 3-4 mm, densamente blanco-tomentulosos por fuera, densamente papilosos y con algunos tricomas cerca de la base por dentro, patentes; estambres 1-1.2 mm, papilosos, los 6 externos también dorsalmente pubescentes, los lóculos de las anteras dispuestos en un arco afilado poco profundo, el ápice estéril ausente; pistilo 1.6-2 mm, glabro, el receptáculo con forma de tazón poco profundo, glabro por dentro. Frutos 2-2.9 × 1.8-2.3 cm; cúpula 10-13 mm de diámetro, disciforme. *Bosques montanos*. Ch (*Miller et al. 2688*, MO); G (*Williams 14342*, F); ES (*Tucker 1318*, F). 1600-2500 m. (Endémica).

Damburneya rudis se reconoce fácilmente por sus hojas grandes con la base revoluta y las flores grandes. *Ocotea chiapensis* es otra especie montana de Chiapas con la base de las hojas revolutas y ha sido confundida con *D. rudis*, pero difiere por tener los tépalos más bien escasamente adpreso-pubescentes por fuera, sus domacios mucho más grandes y los estambres glabros (no papilosos).

15. Damburneya salicifolia (Kunth) Trofimov & Rohwer, *Taxon* 65: 992 (2016). *Ocotea salicifolia* Kunth in Humb., Bonpl. & Kunth, *Nov. Gen. Sp*. 2: 166 (1817). Lectotipo (primer paso designado por Rohwer, 1993; segundo paso designado por Trofimov et al., 2016): México, Guerrero, *Humboldt & Bonpland 3880* (P-[cb] P00128686). Ilustr.: Lorea-Hernández & van der Werff, *Fl. Bajío* 56: 33 (1997), como *Nectandra salicifolia*.

Damburneya colorata (Lundell) Trofimov, *Nectandra cayoana* Lundell, *N. colorata* Lundell, *N. loeseneri* Mez, *N. salicifolia* (Kunth) Nees, *N. sanguinea* Rol. ex Rottb. var. *lanceolata* Meisn., *Persea salicifolia* (Kunth) Spreng.

Arbustos o árboles hasta 25 m; ramitas redondeadas o escasamente anguladas, moderadamente adpreso-pubescentes hasta casi glabras; yemas terminales densamente blanquecino-adpreso-pubescentes. Hojas 6-18 × 2-7 cm, lanceoladas o elípticas, cartáceas, la base aguda u obtusa, los márgenes aplanados, el ápice agudo o escasamente acuminado, la vena media inmersa, las secundarias y las terciarias escasamente elevadas en el haz, la vena media elevada, las secundarias y las terciarias escasamente elevadas en el envés, el haz glabro, el envés glabro o escasamente adpreso-pubescente, los fascículos axilares de tricomas con frecuencia presentes, pero algunas veces ausentes, las venas secundarias 4-9 pares; puntos glandulares visibles o no en ambos lados de la hoja; pecíolo 5-15 mm, con el indumento similar al de las ramitas. Inflorescencias 3-12 cm, generalmente en las axilas de hojas normales, algunas veces también en las axilas de catafilos, moderadamente adpreso a ascendente-pubescentes a glabras. Flores 4-8 mm de diámetro, blancas; tépalos 1.5-4 mm, alargados, patentes, moderada a escasamente pubescentes por fuera, papilosos y hacia la base (ligeramente) pubescentes por dentro; estambres 0.6-0.8 mm, los filamentos 0.1-0.3 mm, pubescentes, las anteras papilosas cerca del ápice o sin las papilas, algunas veces abaxialmente pubescentes, los lóculos de la antera en un arco poco profundo, el ápice estéril ausente; pistilo 1-1.6 mm, glabro, el receptáculo poco profundo, glabro o con pocos tricomas por dentro. Frutos 0.9-1.4 × 0.8-1.2 cm, glabros cuando jóvenes; cúpula hasta 7 mm de diámetro, variable, con forma de tazón poco profundo a cupuliforme. *Bosques estacionales perennifolios altos, bosques semideciduos*. T (*Fernández et al. 1340*, MO); Ch (*Matuda 4264*, MO); C (*Collins 47a*, US); QR (*Téllez & Cabrera 1975*, MO); B (*Gentle 1410*, MO); G (*Lundell & Contreras 19074*, MO); H (*Yuncker et al. 6144*, MO); N (*Molina R. 20454*, MO). 0-2300 m. (México [Colima, Edo. México, Guerrero, Hidalgo, Jalisco, Michoacán, Nayarit, Oaxaca, Puebla, Querétaro, San Luis Potosí, Tamaulipas, Veracruz], Mesoamérica).

Damburneya salicifolia es una especie variable y la mayoría de los ejemplares que no encajaron en especies relacionadas, relativamente mejor definidas, han sido asignadas a esta especie. Estas especies relacionadas difieren en caracteres del indumento (pubescencia sobre ramitas más densa y pardusca) o, en el caso de *D. umbrosa*, por tener los puntos glandulares en un denso patrón punteado en las hojas maduras. Rohwer (1993) discute varios intermedios entre *D. salicifolia* y especies relacionadas. *Damburneya colorata*, reconocida por Rohwer (1993) como una especie distinta, es aquí tratada como un sinónimo de *D. salicifolia*. El nombre *Nectandra sanguinea* Rol. ex Rottb. fue frecuentemente aplicado para *D. salicifolia*, pero Bernardi (1967b) indicó que esto no era correcto.

16. Damburneya salicina (C.K. Allen) Trofimov & Rohwer, *Taxon* 65: 992 (2016). *Nectandra salicina* C.K. Allen, *J. Arnold Arbor.* 26: 385 (1945). Holotipo: Costa Rica, *Brenes 4206 (218)* (F). Ilustr.: Allen, *Ann. Missouri Bot. Gard.* 35: 50, t. 31 (1948), como *N. salicina*.

Nectandra davidsoniana C.K. Allen.

Árboles hasta 20 m, pero frecuentemente floreciendo cuando muy pequeños; ramitas escasamente anguladas, escasamente adpreso-pubescentes con tricomas blancos, pronto tornándose glabras; yemas terminales blanco-adpreso-pubescentes o subglabras. Hojas 5-11 × 1-3 cm, lanceoladas, (firmemente) cartáceas, la base aguda o atenuada, los márgenes aplanados, con frecuencia engrosados, el ápice agudo o acuminado, la vena media, las secundarias y las terciarias elevadas en ambas superficies, el haz glabro, el envés glabro o con pocos tricomas adpresos blancos a lo largo de la vena media, los fascículos axilares de tricomas ausentes, las venas secundarias 5-8 pares; puntos glandulares poco visibles; pecíolo 4-12 mm, glabro o con pocos tricomas blanco-adpresos. Inflorescencias 3-12 cm, en las axilas de catafilos u hojas normales, escasamente adpreso-pubescentes o glabras, rojas. Flores 4.5-7 mm de diámetro, blancas; tépalos 2-3 mm, patentes, escasamente adpreso-pubescentes a glabros por fuera, finamente papilosos y hacia la base pubescentes por dentro; estambres 1-1.5 mm, los filamentos 0.2-0.3 mm, pelosos, las anteras glabras, el ápice estéril ausente, los lóculos de la antera en un arco poco profundo; pistilo 1.5-2 mm, glabro, el receptáculo poco profundo, glabro o casi glabro. Frutos 1.5-2.2 × 1.2-1.7 cm; cúpula hasta 1 cm de diámetro, con forma de tazón poco profundo, el pedicelo engrosado. *Bosques montanos*. Ch (*Ton 3411*, F); CR (*Haber & Bello 3699*, MO); P (*McPherson 10334*, MO). 600-1500 m. (Endémica).

Características distintivas de esta especie son las hojas lanceoladas, (casi) glabras sin domacios, las ramitas escasamente pubescentes o glabras y el hábitat montano. Puede confundirse con *Damburneya smithii*, la cual difiere por tener los domacios pequeños, las ramitas pubescentes y las hojas apenas más anchas. En Monteverde, Costa Rica, se encuentran ambas especies, pero no se han colectado intermedios. Se sigue a Rohwer (1993) en asignar una sola colección de Chiapas a *D. salicina*, aunque ambos tenemos dudas al respecto. *Damburneya salicina* es más bien común en Costa Rica, pero incluso en Panamá está raramente colectada.

El isotipo de *Nectandra davidsoniana* en MO concuerda vegetativamente con ejemplares de *D. salicina* de la provincia de Chiriquí en Panamá. Rohwer (1993) mencionó que el tipo tenía flores juveniles y frutos inmaduros, lo cual hace difícil una identificación certera. Sin embargo, preferimos ignorar pequeñas diferencias florales entre el tipo de *N. davidsoniana* y *D. salicina* y, basados en similitudes vegetativas, tratamos a *N. davidsoniana* como un sinónimo de *D. salicina*, una especie conocida del área donde fue colectado el tipo de *N. davidsoniana*.

17. Damburneya smithii (C.K. Allen) Trofimov & Rohwer, *Taxon* 65: 992 (2016). *Nectandra smithii* C.K. Allen, *J. Arnold Arbor.* 26: 370 (1945). Isotipo: Costa Rica, *Smith H541* (MO!). Ilustr.: Allen, *Ann. Missouri Bot. Gard.* 35: 40, t. 25 (1948), como *N. smithii*.

Árboles hasta 20 m; ramitas más o menos anguladas, (densamente) pubescentes con tricomas adpresos parduscos; yemas terminales densamente pubescentes. Hojas 5-12 × 1.5-3.5 cm, elípticas a lanceoladas, cartáceas, la base aguda, los márgenes aplanados, algunas veces engrosados, el ápice acuminado o agudo, la vena media, las secundarias y las terciarias ligeramente elevadas en el haz, escasamente más así en el envés, el haz glabro o (especialmente cuando joven) con tricomas adpresos en la vena media, el envés escasamente adpreso-pubescente, especialmente a lo largo de la vena media, los fascículos axilares de tricomas generalmente presentes, las venas secundarias 4-7 pares; puntos glandulares con frecuencia claramente visibles y formando un denso patrón punteado en el haz, escasamente visibles en el envés; pecíolo 5-12 mm, con el indumento similar al de las ramitas. Inflorescencias 2-8 cm, generalmente en las axilas de hojas normales, algunas veces en las axilas de catafilos, moderadamente adpreso-pubescentes, rojizas. Flores 4-7 mm de diámetro, blancas; tépalos 1.6-2.5 mm, patentes, adpreso-pubescentes por fuera, finamente papilosos y hacia la base pubescentes por dentro; estambres 0.8-1.3 mm, los filamentos 0.1-0.3 mm, pubescentes, las anteras glabras, los lóculos de la antera en un arco poco profundo, el ápice estéril ausente; pistilo c. 1.5 mm, glabro, el receptáculo con forma de tazón poco profundo, con algunos tricomas adpresos por dentro. Frutos c. 1.5 × 1 cm; cúpula c. 6 mm de diámetro, poco profunda, el pedúnculo engrosado. *Bosques montanos*. CR (*Dryer 1333*, MO). 1100-1700 m. (Endémica).

Damburneya smithii está restringida a los bosques montanos en el centro de Costa Rica. Las plantas con hojas más coriáceas se acercan a *D. salicina* y las diferencias entre las dos son discutidas bajo esta última especie. Las plantas con hojas más cartáceas se pueden confundir con *D. umbrosa*; estas plantas tienen el patrón de los puntos glandulares más conspicuo en sus hojas. Estas dos especies pueden separarse por el tamaño de los estambres (más pequeños en *D. umbrosa*); el indumento en la superficie interna de los tépalos consiste de papilas cortas en *D. umbrosa*, mientras que en *D. smithii* es de papilas más largas, casi piliformes. Los frutos jóvenes de *D. umbrosa* son con frecuencia ligeramente pubescentes, mientras que son glabros en *D. smithii*. Los ejemplares estériles son casi imposibles de identificar.

18. Damburneya umbrosa (Kunth) Trofimov, *Taxon* 65: 992 (2016). *Ocotea umbrosa* Kunth in Humb., Bonpl. & Kunth, *Nov. Gen. Sp.* 2: 161 (1817). Lectotipo (primer paso designado por Rohwer, 1993; segundo paso designado por Trofimov et al., 2016): Colombia?, *Bonpland s.n.* (P-[cb] P00128735). Ilustr.: no se encontró.

Nectandra umbrosa (Kunth) Mez, *Oreodaphne humboldtii* Meisn., *O. umbrosa* (Kunth) Nees, *Persea umbrosa* (Kunth) Spreng.

Arbustos o generalmente árboles pequeños, rara vez llegando hasta 35 m; ramitas redondeadas, al inicio moderada a escasamente adpreso o ascendente-pubescentes, los tricomas generalmente parduscos; yemas terminales densamente adpreso-pubescentes. Hojas 4-20 × 2-7.5 cm, elípticas a lanceoladas, cartáceas, la base obtusa a aguda, los márgenes aplanados, el ápice acuminado, la vena media, las secundarias y las terciarias escasamente elevadas en el haz, la vena media elevada, las secundarias y terciarias escasamente elevadas en el envés, el haz y envés glabros o con algunos tricomas adpresos, el indumento si presente más denso a lo largo de la vena media, los fascículos axilares de tricomas presentes o ausentes, las venas secundarias 4-8 pares; puntos glandulares prontamente visibles en el haz y formando un denso patrón punteado, algunas veces también visibles en el envés; pecíolo 4-13 mm, con el indumento similar al de las ramitas. Inflorescencias 2.5-15 cm, en las axilas de hojas normales, rara vez en las axilas de catafilos, moderada a escasamente ascendente-pubescentes. Flores 3-6.5 mm de diámetro, blancas o verdosas; tépalos 1.5-2.7 mm, alargados, moderadamente pubescentes, algunas veces con algunas papilas por fuera, papilosos y pubescentes hacia la base por dentro; estambres 0.5-0.8 mm, los filamentos c. 0.2 mm, pubescentes, las anteras glabras, los lóculos de la antera en un arco poco profundo, el ápice estéril ausente; pistilo c. 1 mm, con frecuencia más o menos pubescente, receptáculo poco profundo, glabro o con pocos tricomas. Frutos 0.9-1.7 × 0.9-1.4 cm, frecuentemente con pocos tricomas; cúpula hasta 10 mm de diámetro, poco profunda, gradualmente angostada hacia el pedicelo. *Bosques perennifolios altos*. CR (*Croat 36346*, MO); P (*Liesner 1372*, MO). 0-1500 m. (Mesoamérica, Colombia).

Damburneya umbrosa es una especie más bien común en Costa Rica y Panamá. Rohwer (1993) cita una colección de Honduras y otra de Nicaragua, pero no se han visto esos ejemplares. Esta especie se reconoce por el denso patrón de los puntos glandulares en el haz de la hoja y la vena media escasamente elevada en el haz de la hoja. Ejemplares de altas elevaciones tienen las hojas más pequeñas y se pueden confundir con *D. smithii*; la última especie difiere también de *D. umbrosa* en tener el ovario y los frutos glabros y los estambres más grandes. Croat (1978) listó colecciones de *D. umbrosa* de la Isla de Barro Colorado como *Nectandra purpurea* (como *N. purpurascens*) y *N. savannarum*.

10. Endlicheria Nees, nom. & typ. cons.

Por H. van der Werff.

Árboles o arbustos dioicos. Hojas alternas (Mesoamérica) o rara vez verticiladas, pinnatinervias o 3-plinervias, los fascículos axilares de tricomas rara vez presentes. Inflorescencias en las axilas de hojas normales, cimoso-paniculadas, las flores laterales de una cima siempre estrictamente opuestas. Flores unisexuales; tépalos iguales, libres; flores masculinas con 9 estambres de 2 lóculos (1 especie sudamericana tiene 6 estambres externos con 2 lóculos y 3 estambres internos con 4 lóculos) y un pistilodio; flores pistiladas con 9 estaminodios y un pistilo. Frutos asentados sobre una cúpula de forma diversa, desde pateliforme a conspicuamente cupuliforme, generalmente lisa y glabra, con un margen simple, (1 sp. sudamericana con la cúpula densamente pardo-dorado pubescente). Aprox. 40 spp., principalmente en Sudamérica, extendiéndose hasta Costa Rica; 5 spp. en Mesoamérica.

Endlicheria incluye todas las especies de América tropical con flores unisexuales y estambres con 2 lóculos. El género es muy probablemente no monofilético y necesita ser revisado. Algunas especies se asemejan muy de cerca a especies de *Rhodostemonodaphne* (por ej., el complejo de *E. sericea* y el complejo de *R. grandis* (Mez) Rohwer o *E. vinotincta* C.K. Allen y *R. celiana* (C.K. Allen) Rohwer) y una especie recientemente descrita, *R. revolutifolia* Madriñán, tiene las flores estaminadas con 6 estambres con 2 lóculos y 3 estambres de 4 lóculos, mientras que las flores pistiladas tienen 9 estaminodios con 4 lóculos. Otras especies de *Endlicheria*, por ejemplo *E. punctulata* (Mez) C.K. Allen, se asemejan a especies de *Ocotea* y finalmente un grupo de especies (por ej., el grupo de *E. verticillata* Mez) no muestra semejanza con otros géneros. Así, *Endlicheria* es un género de conveniencia y las especies asignadas a este no están cercanamente relacionadas necesariamente.

En el tratamiento de Lauraceae para la *Flora Costaricensis* (Burger & van der Werff, 1990) los autores incluyeron provisionalmente *Endlicheria* sp., basados en una colección en fruto y varias estériles. Yo no puedo identificar este taxón con certeza hasta género y por consiguiente no lo puedo incluir en este tratamiento.

Bibliografía: Chanderbali, A. *Fl. Neotrop. Monogr.* 91: 1-141 (2004). Kostermans, A.J.G.H. *Recueil Trav. Bot. Néerl.* 34: 500-557 (1937).

1. Envés de la hoja densamente adpreso-pubescente, el indumento brillante y cubriendo completamente la superficie. **4. E. sericea**
1. Envés de la hoja escasamente adpreso-pubescente o glabro, la superficie siempre (parcialmente) visible.
  2. Flores deprimido-globosas, más anchas que largas; tépalos erectos o dirigidos hacia adentro en la antesis; flores más bien densa y diminutamente adpreso-pubescentes. **2. E. formosa**
  2. Flores turbinadas, más largas que anchas; tépalos patentes en la antesis; flores glabras, escasamente adpreso-pubescentes o gruesamente pubescentes.
    3. Inflorescencias y flores más bien densamente pubescentes, los tricomas ascendentes, gruesos y cubriendo la mayor parte de la superficie. **5. E. sp. A**
    3. Inflorescencias y flores glabras o escasa y diminutamente adpreso-pubescentes, la superficie completa o totalmente visible.
      4. Retículo elevado en el haz; hojas más de 20 cm; flores e inflorescencias diminutamente adpreso-pubescentes. **1. E. browniana**
      4. Retículo inmerso en el haz; hojas hasta 15 cm; flores e inflorescencias glabras. **3. E. jefensis**

1. Endlicheria browniana Mez, *Jahrb. Königl. Bot. Gart. Berlin* 5: 115 (1889). *Aydendron macrophyllum* Meisn. in A. DC., *Prodr.* 15(1): 92 (1864) non *E. macrophylla* (Meisn.) Mez (1889). Holotipo: Panamá, *Seemann 1094 bis* (K). Ilustr.: no se encontró.

Árboles pequeños, hasta 15 m; ramitas anguladas, densa y diminutamente adpreso-pubescentes cuando jóvenes, tornándose glabras con la edad; yemas terminales densamente adpreso-pubescentes. Hojas 20-35 × 8-16, anchamente elípticas a elípticas, cartáceas, la base aguda a obtusa, el ápice acuminado, el acumen hasta 3 cm, el ápice rara vez redondeado, la vena media y las secundarias inmersas o escasamente impresas, las venas terciarias elevadas en el haz, la vena media marcadamente elevada, frecuentemente con una estría afilada, las secundarias elevadas y las terciarias ligeramente elevadas en el envés, el haz glabro, el envés glabro o con algunos tricomas diminutos adpresos, las venas secundarias 6-9 pares; puntos glandulares no obvios; pecíolo 1.5-3 cm, con el indumento similar al de las ramitas. Inflorescencias 5-10 cm, diminutamente adpreso-pubescentes. Flores 3-4 mm de diámetro, amarillas o blanco-cremosas; tépalos c. 1 mm, patentes, escasa y diminutamente pubescentes por fuera, escasamente pubescentes por dentro. Flores masculinas con los estambres externos 6, c. 0.5 mm, triangulares, estambres internos 3, c. 0.6 mm, columnares, fusionados, todos los estambres glabros; glándulas y pistilodio no vistos. Flores pistiladas con 9 estaminodios, 0.2-0.3 mm, escasamente pubescentes; pistilo c. 1.5 mm, glabro; estigma conspicuo, peltado o ligeramente lobado; receptáculo urceolado, glabro por dentro. Frutos c. 4 × 2 cm, elipsoide-oblongos; cúpula 1-1.5 × c. 2 cm, cupuliforme. *Selvas altas perennifolias*. P (*Sytsma 994*, MO). 50-600 m. (Mesoamérica, Colombia, Ecuador).

Endlicheria browniana se reconoce por sus hojas grandes con el retículo elevado en el haz y las flores turbinadas con los tépalos patentes. Se podría confundir con *E. formosa*, pero la última especie tiene las hojas más angostas, agudas (no acuminadas) y las flores globosas deprimidas con los tépalos erectos o incurvados; sus cúpulas son con forma de tazón, no cupuliformes como en *E. browniana*. El material en fruto de *Rhodostemonodaphne kunthiana* difiere por tener las hojas más o menos oblongas con más venas secundarias (6-9 vs. 9-14) y el indumento pardusco, más o menos erecto sobre las ramitas y hojas.

2. Endlicheria formosa A.C. Sm., *Phytologia* 1: 118 (1935). Isotipo: Brasil, *Krukoff 5156* (MO!). Ilustr.: González & Poveda, *Monogr. Syst. Bot. Missouri Bot. Gard.* 111: 112 (2007).

Árboles hasta 25 m; ramitas anguladas, moderada a escasamente adpreso-pubescentes, rápidamente tornándose glabras con la edad; yemas terminales densamente adpreso-pubescentes. Hojas 17-35 × 5-10 cm, (angostamente) elípticas o elíptico-obovadas, firmemente cartáceas, la base aguda o cuneada, el ápice agudo o rara vez brevemente acuminado, la vena media y las secundarias inmersas, las terciarias elevadas en el haz, la vena media marcadamente elevada, las secundarias elevadas y las terciarias ligeramente elevadas en el envés; hojas maduras glabras o con algunos tricomas adpresos escasos en el envés; células oleíferas no visibles; pecíolo 1.5-4 cm, con el indumento similar al de las ramitas. Inflorescencias 6-12 cm, en la base escasa y diminutamente adpreso-pubescentes, el indumento tornándose denso hacia y sobre las flores. Flores 2-3 mm de diámetro, amarillo pálido, deprimido-globosas; tépalos c. 1 mm, los internos escasamente más cortos que los externos, moderada a densamente adpreso-pubescentes por fuera, glabros por dentro, erectos o incurvados, dejando solo una apertura pequeña; flores masculinas con los estambres externos 6, c. 0.8 mm, (angostamente) triangulares, estambres internos 3, c. 0.8 mm, (anchamente) triangulares, los filamentos ausentes, el 1/2 inferior de todos los estambres pubescente; glándulas no vistas; pistilodio c. 0.3 mm, diminuto, columnar. Flores pistiladas con 9 estaminodios, c. 0.4 mm, anchamente triangulares, la base pubescente; pistilo c. 1.5 mm, elipsoide, glabro; estilo mucho más corto que el ovario. Frutos c. 4 × 2 cm, elipsoides; cúpula (madura) c. 18 × 6 mm, algo con forma de tazón poco profundo, las cúpulas inmaduras varían desde profundamente cupuliformes a cupuliformes. *Bosques lluviosos de tierras bajas hasta de elevaciones moderadas*. CR (*Herrera 4967*, MO); P (*McPherson & Merello 8131*, MO). 200-750 m. (Mesoamérica, Colombia, Ecuador, Perú, Brasil).

Endlicheria formosa se puede reconocer por sus flores globosas deprimidas con los tépalos erectos o incurvados y sus hojas grandes con retículo elevado. Se puede confundir con *E. browniana* y las diferencias entre las dos son discutidas bajo esta última.

3. Endlicheria jefensis van der Werff ex Chanderb., *Fl. Neotrop. Monogr.* 91: 38 (2004). Holotipo: Panamá, *McPherson 8493* (MO-[nr] 5156279!). Ilustr.: Chanderbali, *Fl. Neotrop. Monogr.* 91: 39, t. 10 (2004).

Árboles c. 8 m; ramitas teretes, escasamente adpreso-pubescentes sobre las partes jóvenes, pronto tornándose glabras; yemas terminales densamente blanco-pubescentes. Hojas 8-15 × 2.5-5 cm, elípticas, firmemente cartáceas, la base aguda o escasamente decurrente sobre el pecíolo, los márgenes aplanados o ligeramente recurvados sobre las hojas más viejas, el ápice acuminado, el acumen hasta 1 cm, la vena media, las secundarias y las terciarias inmersas en el haz, la vena media y las secundarias elevadas, las terciarias escasamente elevadas en el envés, glabras en ambas superficies o con pocos tricomas en el envés, las venas secundarias 3-6 pares, arqueadas hacia arriba y hacia los márgenes y tornándose escasamente entrelazadas; puntos glandulares no visibles sobre hojas maduras; pecíolo 0.7-1.5 cm, escasamente adpreso-pubescente o glabro. Inflorescencias 4-10 cm, glabras o con pocos tricomas adpresos. Flores c. 4 mm de diámetro, blancas. Flores masculinas infundibuliformes, glabras; tépalos patentes, c. 1.6 mm, anchamente ovados, glabros por dentro o con algunas papilas pequeñas, especialmente a lo largo de los márgenes; estambres externos 6, c. 0.6 mm, anchamente triangulares, los filamentos ausentes, glabros, estambres internos 3, c. 0.5 mm, columnares, fusionados; glándulas, estaminodios y pistilodio no vistos. Flores pistiladas y frutos no conocidos. *Bosques lluviosos montanos bajos*. P (*McPherson 8493*, F). c. 600 m. (Endémica).

Endlicheria jefensis solo se conoce de la colección tipo. Características distintivas de la especie son los tallos y las hojas glabros, las venas terciarias inmersas y las flores infundibuliformes con los tépalos patentes, y los estambres triangulares sésiles, de los cuales los 3 internos están fusionados.

4. Endlicheria sericea Nees, *Linnaea* 8: 38 (1833). Isotipo: Trinidad, *Sieber 175* (MO!). Ilustr.: no se encontró.

Árboles pequeños, hasta 12 m; ramitas estriadas, densamente adpreso-pubescentes, la superficie no visible sobre las ramitas jóvenes, el indumento tornándose menos denso con la edad; yemas terminales densamente adpreso-pubescentes. Hojas 12-30 × 6.5-12 cm, (anchamente) elípticas a elíptico-ovadas, firmemente cartáceas, la base aguda u obtusa, los márgenes aplanados, el ápice agudo o acuminado, la vena media, las secundarias y las terciarias inmersas en el haz, la vena media marcadamente elevada, las secundarias elevadas y las terciarias escasamente elevadas o inmersas en el envés, el haz escasa e inconspicuamente adpreso-pubescente o glabro, el envés densamente adpreso-pubescente, el indumento brillante y cubriendo completamente la superficie, las venas secundarias 5-7 pares, no entrelazadas; puntos glandulares no visibles sobre hojas maduras; pecíolo 2-4 cm, estriado, con el indumento similar al de las ramitas. Inflorescencias 7-14 cm, densamente seríceas. Flores 1.5-2 mm de diámetro, verdes o rojo pálido. Flores masculinas claviformes; tépalos c. 1 mm, erectos, glabros o con pocos tricomas cerca de la base por dentro; estambres externos 6, c. 0.6 mm, los filamentos cortos, glabros o casi glabros; estambres internos 3, c. 0.8 mm, columnares, el 1/2 inferior densamente pubescente sobre el lado dorsal; glándulas globosas unidas cerca de la base; pistilodio c. 0.5 mm, estipitiforme, glabro; receptáculo densamente pubescente por dentro. Flores pistiladas claviformes hasta tubulares; tépalos erectos, glabros o con algunos tricomas cerca de la base por dentro; estaminodios c. 0.4 mm, los externos 6, glabros, los internos 3, pubescentes cerca de la base; pistilo c. 2 mm, piriforme, glabro; receptáculo densamente pubescente por dentro. Frutos c. 2 × 1.2 cm, elipsoides; cúpula c. 8 × 18 mm, cupuliforme, poco profunda. *Bosques lluviosos de tierras bajas y elevaciones medias*. P (*McPherson 10000*, MO). 300-1000 m. (Mesoamérica, Colombia, Venezuela, Surinam, Guayana Francesa, Ecuador, Perú, Bolivia, Brasil, Trinidad).

Endlicheria sericea se identifica fácilmente por su densa pubescencia serícea sobre las ramitas. Esta especie, como es aceptada aquí, tiene una amplia distribución, se encuentra en una variedad de hábitats y muy probablemente varias especies forman el complejo de *E. sericea*. Hasta que se haya realizado un estudio detallado, aceptamos la amplia circunscripción de *E. sericea*. La descripción aquí dada se basa únicamente en ejemplares de Panamá, pero aún en Panamá se pueden discernir algunas variaciones; las colecciones del Cerro Jefe tienen un indumento más denso y más dorado que el de las colecciones del Darién y Bocas del Toro.

5. Endlicheria sp. **A.**

Árboles pequeños, hasta 8 m; ramitas teretes o ligeramente anguladas, moderadamente adpreso o ascendente-pubescentes, el indumento tornándose escaso con la edad; yemas terminales densamente adpreso o ascendente-pubescentes. Hojas 9-14 × 3-5 cm, (angostamente) elípticas, cartáceas, la base aguda a obtusa, el ápice acuminado, el acumen hasta 1.5 cm, los márgenes aplanados, la vena media, las secundarias y las terciarias inmersas en el haz, la vena media y las secundarias elevadas, las terciarias escasamente elevadas en el envés, el haz glabro o con algunos tricomas adpresos en hojas jóvenes, el envés escasamente adpreso-pubescente o, con la edad, glabro o casi glabro, las venas secundarias 3 o 4 pares, libres o escasamente entrelazadas; puntos glandulares visibles o no; pecíolo 1-1.5 cm, con el indumento similar al de las ramitas. Inflorescencias 3-5 cm, moderada a densamente adpreso-pubescentes. Flores c. 5 mm de diámetro, turbinadas; tépalos patentes en la antesis. Flores masculinas con tépalos c. 1.5 mm, glabros por dentro; estambres externos 6, c. 1 mm, con los filamentos cortos y angostos, pubescentes; estambres internos 3, c. 1.2 mm, columnares, fusionados; glándulas y pistilodio no vistos. Flores pistiladas y frutos no conocidos. *Bosques lluviosos de tierras bajas*. P (*Mori 7708*, MO). 300-400 m. (Endémica).

Esta especie se puede reconocer por sus hojas más bien pequeñas, la pubescencia adpresa sobre las ramitas y el envés de las hojas, y los estambres con los filamentos cortos pero conspicuos. Los caracteres florales sugieren una relación con *Endlicheria paniculata* (Spreng.) J.F. Macbr., una especie ampliamente distribuida y variable de Sudamérica, pero esa especie tiene la pubescencia erecta sobre las ramitas y las hojas. Aunque las 2 colecciones de Panamá probablemente representan una especie aún no descrita, esta solo debería ser descrita cuando se obtenga más material y cuando las especies del grupo *E. paniculata* (tales como *E. acuminata* Kosterm. y *E. anomala* (Nees) Mez) hayan sido estudiadas en detalle.

11. **Gamanthera** van der Werff

Por H. van der Werff.

Árboles. Hojas pinnatinervias; domacios ausentes. Inflorescencias en las axilas de hojas normales, paniculadas. Flores en agregados densos, unisexuales o posiblemente unisexuales y bisexuales sobre la misma planta; tépalos desiguales, los internos más cortos que los externos, unidos en la parte inferior, persistentes en fruto; estambres 3, pero completamente fusionados en un sinandro, el número de lóculos 3, 2 o 1; pistilodios ausentes en las flores estaminadas; flores pistiladas con un sinandro que puede ser funcional o no. Frutos asentados en una cúpula cupuliforme, esta con un margen doble marcadamente ondulado-lobado y conspicuo, el cual inicialmente es patente pero se convierte en reflexo al madurar. Género monoespecífico, endémico.

Características únicas de *Gamanthera* son los estambres completamente fusionados con reducido número de lóculos y la presencia de flores estaminadas y pistiladas (o bisexuales) en la misma planta. Otra característica importante son las cúpulas con un margen reflexo, ondulado y doble, y las brácteas alrededor de las yemas vegetativas.

Bibliografía: Kostermans, A.J.G.H. *Taxon* 42: 853-854 (1993). van der Werff, H. & Endress, P.K. *Ann. Missouri Bot. Gard.* 78: 401-408 (1991).

1. Gamanthera herrerae van der Werff, *Ann. Missouri Bot. Gard.* 78: 401 (1991). Holotipo: Costa Rica, *Herrera 1228* (MO!). Ilustr.: van der Werff & Endress, *Ann. Missouri Bot. Gard.* 78: 402, t. 1 (1991).

Licaria herrerae (van der Werff) Kosterm.

Hasta 8 m; ramitas teretes, densamente pardo-tomentulosas, con verticilos de cicatrices de brácteas caídas; yemas terminales cubiertas por las brácteas, las externas pubescentes, las internas glabras. Hojas 12-20 × 5-8 cm, cartáceas, la base cuneada, los márgenes no engrosados, el ápice agudo o brevemente acuminado, la vena media y las secundarias elevadas, las terciarias ligeramente elevadas en el envés, las venas inmersas en el haz, el haz glabro excepto la vena media tomentulosa, la vena media y las secundarias pardo-tomentulosas en el envés, la lámina con tricomas erectos; pecíolo 1-1.5 cm, pardo-tomentuloso, aplanado por encima, redondeado por debajo. Inflorescencias hasta 7 cm, pardo-tomentosas, con cicatrices en la base de brácteas caídas. Flores 4-4.5 mm, sésiles o casi sésiles; tépalos erectos, pubescentes; sinandro c. 2 mm, formado por la fusión de los 3 estambres; pistilo glabro; receptáculo glabro por dentro. Frutos c. 1.5 cm, elipsoides, exertos c. 1 cm de la cúpula. *Selvas altas perennifolias*. CR (*Herrera 1228*, MO). 80-200 m. (Endémica).

Gamanthera herrerae es conocida de un solo árbol; se necesitan colecciones adicionales para entender mejor la biología reproductiva de esta especie.

12. **Licaria** Aubl.

Acrodiclidium Nees & Mart., *Chanekia* Lundell, *Evonymodaphne* Nees, *Misanteca* Schltdl. & Cham.

Por F.G. Lorea-Hernández.

Árboles o arbustos. Hojas alternas, penninervias; domacios ausentes. Inflorescencias cimosas, paniculadas, a veces racemosas o capitadas, axilares a pequeñas brácteas caedizas de los brotes jóvenes y/o axilares a las hojas, pocas veces terminales; flores perfectas, períginas, los tépalos todos iguales o los externos claramente más grandes que los internos, todos extendidos, sin traslaparse, o todos erectos, rectos o incurvados, con los externos claramente sobrepuestos a los internos, glabros o variadamente pubescentes, no persistentes en el fruto; estambres de los verticilos I y II ausentes o vestigiales (estaminodios), los 3 estambres del verticilo III libres o, más frecuentemente, parcial a completamente fusionados alrededor del estilo, insertos o exertos, las anteras solo con 2 lóculos, apicales o laterales, extrorsos o introrsos, las glándulas estaminales presentes o ausentes, libres o fusionadas entre sí, los estaminodios del verticilo IV generalmente ausentes; hipanto tubular, obcónico, globoso o urceolado, encerrando por completo al ovario. Fruto asentado en una cúpula conspicua, pateliforme a cotiliforme, por lo general con margen doble bien diferenciado, los márgenes apenas agrandados, semejantes entre sí y erectos, como 2 crestas cortas o acrescentes y entonces el margen interno erecto, delgado, y el externo craso, extendido a reflexo y más o menos ondulado. Aprox. 70 spp., en América tropical; 36 spp. en Mesoamérica.

La mayoría de las especies de *Licaria* se reconocen rápidamente como elementos de este género por la presencia combinada de flores con 3 estambres fértiles, cada uno con solo 2 lóculos, y por la cúpula en el fruto bien desarrollada con margen doble, cubriendo la base del fruto. Sin embargo, el material estéril o con frutos jóvenes es muy difícil de distinguir de entre las varias especies de *Licaria* y de algunas de *Ocotea* u otros géneros.

La revisión de las especies mesoamericanas que aquí se presenta, difiere en varios aspectos de la parte correspondiente a la publicada por Kurz (2000) para todo el género. La disponibilidad de varias decenas de muestras adicionales a las que no tuvo acceso Kurz, permite tener una mejor visión de la variación y constancia de algunos caracteres y, con ello, admitir o rechazar varias de las decisiones taxonómicas que tomó ese autor en su momento, así como el reconocimiento de nuevas especies. Un punto interesante, que surge de la revisión de los nuevos materiales, es que pareciera que aún se desconoce una buena parte de la diversidad de este género; es muy posible que en los próximos tres o cinco años el número de especies de *Licaria* será el doble de las reconocidas por Kurz. El hecho de que la mayoría de las especies sean árboles muy altos, con flores diminutas y períodos de floración cortos, con seguridad ha influido negativamente en la obtención de suficientes muestras para cubrir la diversidad existente de este género. Esta situación condiciona también la percepción que tenemos de la distribución de varias especies, y puede ser que algunas que consideramos ahora como endémicas de un país o región dentro del área de Mesoamérica, en realidad no lo sean.

Por otra parte, en tanto no se cuente con propuestas filogenéticas para el género, basadas en caracteres moleculares y, con ello de información más clara de la relación entre la combinación de caracteres y la circunscripción de las diferentes especies o grupos de especies, es mejor considerar como especies diferentes aquellas que presentan alguna singularidad en la presencia de algún carácter o combinación de ellos. Esta propuesta tiene mayor sustento cuando los rasgos morfológicos indican cierta restricción geográfica y/o alguna condición ecológica. Estos aspectos se desglosan con más detalle en los comentarios sobre el reconocimiento de varias de las especies aquí incluidas.

Finalmente, es necesario decir que permanecen en los herbarios muchos especímenes cuya identidad es incierta, dada su condición morfológica, que no permite con claridad considerarlos pertenecientes a alguna especie reconocida o representantes de un taxón aún no descrito. El género *Licaria* es un ejemplo de los casos donde existe la necesidad de más trabajo de campo para resolver estos problemas taxonómicos.

Bibliografía: Kurz, H.W. *Mitt. Inst. Allg. Bot. Hamburg* 28/29: 89-221 (2000).

1. Hojas maduras pubescentes en el envés (al menos en la base), en ocasiones de manera imperceptible a simple vista.
 2. Flores con tépalos extendidos; estaminodios de los verticilos I y II presentes; lóculos de la antera introrsos. **4. L. armeniaca**
 2. Flores con tépalos erectos, cóncavos, o ligera a fuertemente inflexos; estaminodios de los verticilos I y II ausentes; lóculos de la antera extrorsos.
  3. Flores en un solo capítulo (a veces hasta 2 capítulos menores adicionales) largamente pedunculado. **8. L. capitata**
  3. Flores en inflorescencias cimoso-paniculadas, botrioides o racemosas.
   4. Tépalos erectos, ligeramente cóncavos; anteras ligera a claramente exertas en la antesis.
    5. Envés de las hojas seríceo, los tricomas de un solo tipo, rectos y adpresos; inflorescencias pequeñas (1.5-3.5 cm de largo), axilares a brácteas deciduas, solo en la base de las ramas jóvenes. **24. L. multinervis**
    5. Envés de las hojas seríceo-tomentoso, los tricomas de 2 tipos, los más abundantes ondulados, más o menos extendidos, los menos abundantes rectos y adpresos; inflorescencias grandes (9-18 cm de largo), axilares a las hojas o terminales. **26. L. ochracea**
   4. Tépalos ligera a fuertemente inflexos, cóncavos; anteras insertas en la antesis.
    6. Envés de las hojas conspicuamente piloso-velloso; tricomas erectos; hipanto glabro por dentro. **27. L. peckii**
    6. Envés de las hojas seríceo, tomentoso o pubérulo, a veces de manera imperceptible a simple vista; tricomas adpresos, más o menos extendidos o erectos pero diminutos; hipanto notoriamente pubescente por dentro, al menos en parte, a veces glabro.
     7. Estambres claramente unidos a todo lo largo; ovario escasamente pubescente en su parte apical.
      8. Tépalos externos tomentosos por fuera, glabros o con algunos tricomas claros basales por dentro. **5. L. breedlovei**
      8. Tépalos externos glabros por fuera, hirsuto-tomentosos por dentro, con tricomas pardo-rojizos. **29. L. rufotricha**
     7. Estambres completamente libres o los filamentos unidos en diversa proporción; ovario totalmente glabro.
      9. Hojas generalmente 5-10 cm, con el ápice largamente acuminado a caudado; inflorescencias paucifloras (generalmente menos de 15 flores).
       10. Tépalos tomentulosos por fuera; pedicelos generalmente 1-2 mm. **7. L. campechiana**
       10. Tépalos glabros por fuera; pedicelos generalmente 3.5-6 mm. **10. L. caudata**
      9. Hojas generalmente 18-25 cm, con el ápice agudo a acuminado; inflorescencias multifloras (generalmente más de 20 flores).
       11. Hipanto densamente hirsuto-tomentoso por dentro. **22. L. leonis**
       11. Hipanto parcialmente seríceo o glabro por dentro. **28. L. pergamentacea**
1. Hojas maduras glabras en el envés, en ocasiones algunos tricomas adpresos presentes sobre la vena media.
 12. Flores con tépalos extendidos; estaminodios de los verticilos I y II presentes; lóculos de la antera introrsos. **4. L. armeniaca**
 12. Flores con tépalos erectos, planos o cóncavos y ligera a fuertemente inflexos; estaminodios de los verticilos I y II presentes o ausentes; lóculos extrorsos (laterales, dorso-laterales o apicales).
  13. Anteras con aperturas lateralzes o dorso-laterales, generalmente más largas que anchas, visibles a través de la comisura del traslape de los tépalos o expuestas en diverso grado; estambres insertos o exertos; tépalos cóncavos, erectos o ligeramente inflexos.
   14. Estaminodios de los verticilos I y/o II presentes.
    15. Lóculos de la antera más bien apicales, redondeados; anteras insertas por completo; estaminodios ovados, semejantes a los tépalos, siempre presentes. **30. L. sarapiquensis**
    15. Lóculos de la antera abaxiales, más largos que anchos; anteras parcialmente exertas; estaminodios oblongos a oblanceolados, ligeramente capitados, con frecuencia incompletos o no del todo desarrollados.
     16. Estambres fusionados por los filamentos y parte de las anteras; hojas generalmente caudadas; venas secundarias difíciles de distinguir. **13. L. coriacea**
     16. Estambres libres; hojas generalmente acuminadas; venas secundarias conspicuas. **34. L. urceolata**
   14. Estaminodios de los verticilos I y II ausentes.
    17. Flores dispuestas en un solo capítulo (a veces hasta 2 capítulos menores adicionales) largamente pedunculado; pedicelo floral por lo general 0.5-1 mm. **8. L. capitata**
    17. Flores dispuestas en inflorescencias cimoso-paniculadas, aunque a veces muy compactas o racemiformes; pedicelo floral hasta más de 2 mm.
     18. Glándulas de los estambres del verticilo III ausentes; estambres libres.
      19. Hipanto no desarrollado más allá de la base de los estambres. **11. L. clavata**
      19. Hipanto desarrollado más allá de la base de los estambres, formando un tubo perigonial conspicuo en la base de los tépalos.
       20. Hipanto glabro por dentro, excepto por el ápice tomentoso; tricomas pardo-anaranjados, rectos; estilo pubérulo. **1. L. agglomerata**
       20. Hipanto densamente lanoso-tomentoso por dentro; tricomas blanquecinos, sinuosos; estilo glabro. **35. L. vanderwerffii**
     18. Glándulas de los estambres del verticilo III presentes; estambres fusionados al menos por los filamentos o libres.
      21. Anteras insertas; lóculos de la antera laterales, fuertemente oblicuos. **20. L. gracilis**
      21. Anteras al menos parcialmente exertas; lóculos de la antera dorso-laterales, ligeramente oblicuos, casi verticales.
       22. Inflorescencias glabras; márgenes de la cúpula semejantes entre sí, no acrescentes. **25. L. nitida**
       22. Inflorescencias pubescentes, al menos en parte; márgenes de la cúpula diferentes entre sí, acrescentes, el interno erecto, el externo por lo común, conspicuamente crenado o sinuado. **33. L. triandra**
  13. Anteras con aperturas apicales, más o menos circulares, visibles desde arriba del eje de la flor (excepto *Licaria cogolloi*); estambres insertos; tépalos planos o, por lo general, cóncavos y claramente inflexos.
   23. Estaminodios de los verticilos I y/o II presentes, conspicuos.
    24. Tépalos pubescentes por fuera.
     25. Glándulas de los estambres del verticilo III presentes; lóculos de la antera apicales, diminutos. **3. L. areolata**
     25. Glándulas de los estambres del verticilo III ausentes; lóculos de la antera laterales, tan largos como el cuerpo de la antera. **12. L. cogolloi**
    24. Tépalos glabros por fuera.
     26. Estaminodios angostamente oblongos, a veces capitados; hojas agudas a cortamente acuminadas; venas secundarias poco notorias en ambas superficies. **19. L. glaberrima**

26. Estaminodios ovados, tepaloides; hojas en general largamente acuminadas; venas secundarias conspicuas en ambas superficies. **30. L. sarapiquensis**
23. Estaminodios de los verticilos I y II ausentes o imperceptibles.
27. Tépalos pubérulos a densamente pubescentes por fuera.
28. Tépalos planos, escasamente pubérulos por fuera; flores campanuladas. **9. L. caribaea**
28. Tépalos cóncavos, ligera a conspicuamente inflexos, notoriamente pubescentes por fuera; flores elipsoides a casi esferoides u obovoides.
29. Pistilo glabro; tépalos ligeramente inflexos. **28. L. pergamentacea**
29. Pistilo pubescente, en la parte superior del ovario y en la base del estilo o solo en el estilo; tépalos claramente inflexos.
30. Tépalos velloso-tomentosos, con tricomas hasta 0.3 mm; flores esferoides. **31. L. sarukhanii**
30. Tépalos pubérulos a tomentosos, con tricomas hasta 0.15 mm; flores elipsoides u obovoides.
31. Base de los tépalos muy engrosada, protuberante; tépalos pubérulos por fuera; flores ampliamente obovoides. **18. L. gibbitepala**
31. Base de los tépalos llana o apenas engrosada, no protuberante; tépalos densamente tomentosos por fuera; flores elipsoides a obovoides.
32. Tépalos externos no más de 1 mm de ancho, glabros por dentro. **23. L. minutiflora**
32. Tépalos externos 1.5-1.7 mm de ancho, pubescentes hacia los márgenes y en la base por dentro. **32. L. tomentulosa**
27. Tépalos glabros por fuera, al menos en su mayor parte.
33. Hipanto pubescente por fuera, glabro o tomentoso por dentro.
34. Hipanto densamente tomentoso por dentro. **17. L. excelsa**
34. Hipanto glabro por dentro. **21. L. guatemalensis**
33. Hipanto glabro por fuera; glabro o pubescente en diverso grado por dentro.
35. Estambres ampliamente ovados, muy juntos, pero no unidos; tallos huecos. **6. L. brenesii**
35. Estambres oblongos a ovados, fusionados al menos por los filamentos; tallos gruesos.
36. Ramas jóvenes, así como el pedúnculo y el raquis de las inflorescencias claramente pubescentes; hojas más grandes por lo general más de 20 cm.
37. Hipanto glabro por dentro; hojas más grandes generalmente 6-9 cm de ancho; cúpula con el margen doble conspicuo. **2. L. alata**
37. Hipanto pubescente por dentro; hojas más grandes generalmente 4.5-6 cm de ancho; cúpula con el margen simple. **36. L. velutina**
36. Ramas jóvenes, así como el pedúnculo y el raquis de las inflorescencias glabros o diminuta e imperceptiblemente pubescentes; hojas más grandes por lo general no más de 16 cm.
38. Inflorescencias botrioides; pedicelos en la antesis más de 8 mm. **15. L. dolichopoda**
38. Inflorescencias claramente paniculadas; pedicelos en la antesis menos de 3.5(-5) mm de largo.
39. Panículas axilares a las hojas o a brácteas deciduas en la sección proximal de las ramas nuevas; flores campanuladas, los tépalos erectos a ligeramente extendidos, traslapados sólo en su mitad basal. **14. L. cufodontisii**
39. Panículas terminales; flores globosas, con los tépalos fuertemente inflexos y traslapados en toda su longitud. **16. L. eurypaniculata**

1. Licaria agglomerata van der Werff, *Harvard Pap. Bot.* 14: 146 (2009). Holotipo: Panamá, *Dwyer et al. 4492A* (MO!). Ilustr.: van der Werff, *Harvard Pap. Bot.* 14: 148, t. 2A-B (2009b).

Arbustos 1-3 m o árboles hasta 6 m; ramas jóvenes glabras, lisas, pero ligera a claramente acostilladas, las costillas acrópetas, originándose una a una de los extremos de la base del pecíolo (o de las brácteas que sostienen las inflorescencias), fistulosas; yemas glabras. Hojas (19-)30-40(-50) × (6.5-)9-12(-15) cm, angostamente elípticas u oblanceoladas, completamente glabras, la vena media plana en el haz, elevada en el envés, las venas secundarias (7-)9-12 pares, planas o casi planas en el haz, ligeramente elevadas en el envés, la base obtusa o cuneada, el ápice agudo o acuminado; pecíolo 12-25 mm, glabro, redondeado abaxialmente, marginado-canaliculado adaxialmente. Inflorescencias 1.5-3 cm, axilares a las hojas o a pequeñas brácteas deciduas de los brotes nuevos, cimoso-paniculadas, pero con el raquis y los ejes de las divisiones muy cortos; pedúnculo 0.5-1.3 cm, glabro; pedicelos 0.5-2(-2.5) mm, glabros. Flores verde pálido, elipsoides; tépalos externos 0.8-1 × 0.6-0.8 mm, ampliamente ovados, erectos, glabros, diminutamente erosos, los internos 0.5-0.7 × 0.3-0.4 mm, ovados, erectos, glabros, diminutamente erosos; estaminodios de los verticilos I y II ausentes, los estambres del verticilo III 1.4-1.6 mm, unidos por sus filamentos y la base de las anteras, los filamentos densamente pubescentes, las anteras 0.8-1.1 mm, exertas, pubescentes en la base, glabras hacia el ápice, los tricomas de los estambres pardo-anaranjados, la apertura de los lóculos dorso-lateral, las glándulas al parecer no desarrolladas; hipanto 1.3-1.6 mm de profundidad, glabro por fuera, pubescente en la parte apical, con tricomas pardo-anaranjados, o completamente glabros por dentro, el pistilo 2.2-2.5 mm, el ovario c. 1 mm, glabro, el estilo puberulento. Frutos c. 23 × 18 mm, elipsoides a ovoides; cúpula c. 13 × 18 mm, cotiliforme, claramente con doble margen, ambos márgenes c. 1 mm de alto, el pedicelo 1.7-2.5 × 1.8-2.8 mm en su extremo distal. Floración ene., mar.; fructificación mar.-abr. *Bosques lluviosos tropicales*. P (*Dwyer et al. 4492A*, MO). 200-800(-1300) m. (Endémica).

2. Licaria alata Miranda, *Ceiba* 4: 128 (1954). Lectotipo (designado aquí): México, Chiapas, *Miranda 7723* (MEXU-[nr] 14825!). Ilustr.: Miranda, *Ceiba* 4: 129 (1954).

Misanteca alata (Miranda) Miranda.

Arbustos o árboles de hasta 25 m; ramas jóvenes acostilladas, las costillas acrópetas partiendo una a una de los extremos de la base del pecíolo de cada hoja, pardo-grisáceas o pardo-rojizas, con lenticelas dispersas, puberulentas, pronto glabras, los tricomas 0.1-0.3 mm, erectos o inclinados, blanquecinos; yemas glabras o dispersamente seríceo-pubescentes. Hojas (12.5-)22-28(-31) × 6-9(-11.5) cm, angostamente elípticas, a veces elípticas, completamente glabras, la vena media ligeramente hundida en el haz, elevada en el envés, las venas secundarias 12-14(-16) pares, planas o casi planas en el haz, ligeramente elevadas en el envés, la base aguda u obtusa, el ápice agudo o cortamente acuminado, rara vez obtuso; pecíolo (16-)20-28(-32) mm, glabro, bimarginado adaxialmente. Inflorescencias (9-)13-21.5 cm, en la axila de pequeñas brácteas deciduas en la base de las ramas nuevas, paniculadas; pedúnculo (1.8-)3-5.5(-6.5) cm, escasamente pubescente, al igual que el raquis y los ejes secundarios, los tricomas semejantes a los de las ramillas; pedicelos 1-2.5(-3.5) mm, glabros, rara vez con algunos tricomas dispersos. Flores elipsoides, blanco-amarillentas; tépalos externos 0.6-0.7 × 1-1.3(-1.5) mm, muy ampliamente ovados, glabros, los internos 0.5-0.7 × 0.6-0.9 mm, ovados, glabros; estaminodios de los verticilos I y II ausentes, a veces alguno del verticilo externo presente, los estambres del verticilo III 0.6-0.8 mm, unidos a todo lo largo o por los filamentos hasta la base de las anteras, los filamentos glabros, las anteras c. 0.2 mm, glabras, la apertura de los lóculos apical, las glándulas 0.3-0.4 mm, libres o fusionadas por pares, elípticas (cuando libres) o como una banda alrededor de la base de los filamentos, glabras; hipanto 0.6-0.8 mm de profundidad, glabro, el pistilo 1.4-1.6 mm, glabro, el ovario 0.8-1 mm. Frutos 28-33 × 17-21 mm, elipsoides; cúpula 14-15.5(-17.5) × 17.5-19 mm, crateriforme, notoriamente lenticelada, el pedicelo 3.8-5 mm de diámetro en el ápice. Floración mar.-abr.;

fructificación dic.-feb. *Selvas altas perennifolias, bosques lluviosos montanos*. Ch (*Breedlove 24795*, NY). 550-1250 m. (México [Guerrero, Oaxaca], Mesoamérica).

Licaria alata fue considerada por Kurz (2000) como un sinónimo de *L. excelsa*. Sin embargo, hay características florales que son distintas entre las dos; en particular la ausencia total de tricomas en el interior de las flores de *L. alata*, en tanto que *L. excelsa* presenta los filamentos de los estambres y el interior del hipanto cubiertos por una densa capa de tomento pardo-rojizo. Además, el hipanto en las flores de *L. alata* es glabro también por fuera, mientras que en *L. excelsa* es tomentoso.

Miranda no definió explícitamente cuál de los duplicados depositados en MEXU, de los dos números de recolecta utilizados para la descripción de la especie, debería ser considerado el holotipo. El ejemplar *Miranda 7648* (MEXU) corresponde a una muestra de un individuo con frutos, y es el que se menciona primero en el texto de la publicación de esta especie. En tanto, el ejemplar *Miranda 7723* (MEXU), que corresponde a material con flores (quizás del mismo individuo, ya que Miranda los recolectó a ambos en el mismo lugar con apenas dos meses y medio de diferencia), es citado unas cuantas palabras después en el párrafo. Las etiquetas de ambos especímenes están escritas a mano, y en las dos está anotada la palabra "Tipo"; a mi juicio, los especímenes mencionados corresponden a sintipos y existe la necesidad de designar un lectotipo. En ese caso, dado que las más claras diferencias de la especie están en las flores, como sucede con muchas especies dentro del género *Licaria*, el espécimen *Miranda 7723* (MEXU) debe ser el lectotipo.

3. Licaria areolata Lundell, *Wrightia* 4: 156 (1971). Isotipo: Guatemala, *Contreras 10108* (MO!). Ilustr.: van der Werff, *Ann. Missouri Bot. Gard.* 74: 404, t. 2 (1987b), como *L. bracteata*. N.v.: Laurel, G.

Licaria bracteata van der Werff, *Misanteca areolata* (Lundell) Lundell.

Árboles 8-30 m; ramas jóvenes glabras, rara vez escasamente puberulentas, muy pronto glabras, los tricomas 0.05-0.1 mm, rectos y ascendentes. Hojas (9-)15-30(-45) × (3.5-)5-10(-15) cm, completamente glabras, la vena media plana en el haz, elevada en el envés, levemente aquillada, las venas secundarias (10-)13-15(-17) pares, planas en el haz, ligeramente elevadas en el envés, la base cuneada, a veces obtusa, el ápice agudo a acuminado; pecíolo 12-20(-27) mm, glabro. Inflorescencias (2.5-)5-7 cm, en brotes cortos axilares o en la base de ramas jóvenes, cimoso-paniculadas; pedúnculo (1-)1.5-3 cm, pubescente; pedicelos (1-)1.5-2.5 mm, pubescentes. Flores amarillo pálido, ovoides; tépalos externos 0.6 × 1.2 mm, muy ampliamente ovados a deprimido-ovados, incurvados, pubérulo-papilosos por fuera, glabros por dentro, los internos c. 0.6 × 0.4-0.5 mm, ovados, incurvados, pubérulo-papilosos en el 1/2 superior por fuera, glabros por dentro; estaminodios de los verticilos I y II presentes, semejantes entre sí, 0.5-0.6 × c. 0.2 mm, oblongos, aplanados, glabros, a veces con indicios de los lóculos, los estambres del verticilo III c. 0.7 mm, libres, los filamentos glabros, las anteras c. 2 mm, glabras, la apertura de los lóculos apical, las glándulas 0.2-0.4 mm, claviformes, glabras; hipanto 0.8-1 mm de profundidad, pubérulo-papiloso por fuera, hirsuto por dentro, a veces glabro en el 1/2 inferior, el ovario 0.6-0.9 mm. Frutos (casi maduros) 18-20 × 12-14 mm, elipsoides; cúpula 10.5-12.5 × 12-15 mm, cotiliforme, roja, coriácea, con doble margen, el interno 0.5-1 mm de alto, liso, el externo 0.5 mm de alto, liso, a veces vuelto hacia afuera. Floración may., jul.; fructificación feb., abr. *Bosques húmedos tropicales, bosques alterados*. T (*Menéndez et al. 379*, XAL); Ch (*Breedlove 26142*, MEXU); B (*Brewer & Rejmánek 1230*, MO); G (*Contreras 9086*, LL). 30-900 m. (México [Veracruz], Mesoamérica).

Los pocos ejemplares conocidos de Mesoamérica que comparten la presencia de flores pubérulo-papilosas, tépalos incurvados, estaminodios presentes y estambres libres, además de las hojas glabras en ambas superficies, dan cuenta de una amplia variación en algunos de sus caracteres, tales como el tamaño de las flores, el grado de desarrollo de los estaminodios y, sobre todo, el tamaño de las hojas. Sin embargo, no parece que haya justificación, por el momento, para reconocer más de una especie en este conjunto de plantas, por lo que todas ellas se ubican dentro del concepto de *Licaria areolata*.

4. Licaria armeniaca (Nees) Kosterm., *Recueil Trav. Bot. Néerl.* 34: 584 (1937). *Evonymodaphne armeniaca* Nees, *Syst. Laur.* 264 (1836). Lectotipo (primer paso designado por Macbride, 1938; segundo paso designado aquí): Perú, *Poeppig 1787* (GZU-[cb] GZU000254083, imagen en Internet!; isolectotipos: F-[nr] 870522, M-[cb] M0152446, imagen en Internet!, P-[cb] P00128453, imagen en Internet!, P-[cb] P00128454, imagen en Internet!). Ilustr.: no se encontró.

Acrodiclidium armeniacum (Nees) Mez, *Misanteca armeniaca* (Nees) Lundell.

Árboles 5-12 m; ramas jóvenes pubescentes, los tricomas 0.1-0.15 mm, rectos y adpresos, glabras muy pronto con la edad, la corteza pardo-rojiza. Hojas (8-)10-14.5(-18) × (2.5-)3-4(-6) cm, angostamente elípticas, la vena media plana a ligeramente hundida en el haz, glabra, elevada en el envés, glabra o escasa e imperceptiblemente puberulenta en la base, las venas secundarias (5)6-8(9) pares, glabras, planas o ligeramente marcadas en la haz, ligeramente elevadas en el envés, las superficies foliares glabras en el haz, imperceptiblemente pubescentes en el envés, glabrescentes, los tricomas 0.05 mm, la base cuneada, el ápice acuminado, con frecuencia levemente falcado, a veces agudo; pecíolo (3-)6.5-9(-12) mm, ligeramente canaliculado, glabro. Inflorescencias 2-8 cm, en la axila de brácteas de brotes muy cortos axilares a las hojas o en la base de brotes nuevos, racemosas o paniculadas; pedúnculo 0.5-1 cm, pubescente; pedicelos (3-)4-8(-12) mm, escasamente pubescentes. Flores verde-amarillento pálido, campanuladas; tépalos extendidos, los externos c. 1.6 × 1.3-1.5 mm, ovados, agudos, escasamente pubescentes por fuera, glabros o escasamente pubescentes en la base por dentro, los internos c. 1.4 × 1.2 mm, ovados, agudos, escasamente pubescentes por fuera, ligeramente seríceos por dentro; estaminodios de los verticilos I y II presentes, los del verticilo III c. 1 × 0.7 mm, ampliamente ovados, los márgenes hialinos, ligeramente inflexos, convexos en su cara abaxial, adpresos a la cara abaxial de cada uno de los estambres, los internos c. 0.8 × 0.4 mm, angostamente elípticos, claramente inflexos; estambres del verticilo III 1-1.2 mm, libres entre sí, los filamentos ligeramente pubescentes en la cara abaxial, densamente hirsutos en la cara adaxial, las anteras 0.8-0.9 mm, glabras, la apertura de los lóculos en la cara adaxial de las anteras, introrsa, las glándulas c. 0.6 mm, angostamente elípticas, pubescentes en el ápice en la cara abaxial; hipanto 0.8-1 mm de profundidad, escasamente pubescente por fuera, ligeramente pubescente en la base por dentro, el ovario c. 1 mm. Frutos 15-25 × 8-15 mm, elipsoides; cúpula 4-15 × 6-15 mm, con pocas o ninguna lenticela suberosa en la superficie externa, el margen externo acrescente, ancho, distinto, el pedicelo engrosado. Floración y fructificación feb. *Bosques perennifolios tropicales*. P (*Gentry & Mori 14120*, MO). 1500-1600 m. (Mesoamérica, Colombia, Guyana, Perú, Brasil).

No se observaron frutos en los ejemplares de Mesoamérica y los datos presentados son de Kurz (2000).

5. Licaria breedlovei Lorea-Hern., *Revista Mex. Biodivers.* 96(e965456) (2025). Holotipo: México, Chiapas, *Breedlove 50394* (MO!). Ilustr.: Lorea-Hernández, *Revista Mex. Biodivers.* 96(e965456): t. 1, 3 arriba (2025).

Árboles hasta 15 m; ramas jóvenes seríceo-pubescentes, pronto glabrescentes, los tricomas (0.2-)0.3-0.5 mm, más o menos erectos a adpresos, blanquecinos o grisáceos, acostilladas, las costillas acrópetas, partiendo una a una de los extremos de la base del pecíolo de cada hoja, pardo-grisáceas a pardo oscuro; yemas densamente seríceo-tomentosas. Hojas (17.5-)23-28 × (3.5-)4.5-7 cm, angostamente elípticas, la vena media plana en el haz, glabra, elevada en el envés, escasamente serícea, glabrescente, las venas secundarias 11-13 pares, planas en el haz, glabras, ligeramente elevadas en el envés, escasamente seríceas, pronto glabras, las superficies foliares glabras en el haz, escasamente seríceas en el envés, los tricomas semejantes a los de las ramillas, pero más cortos (0.1-0.3 mm), pronto glabras, la base obtusa, los flancos basales de la lámina vaginantes, claramente elevados y proyectados más allá del punto de inserción del pecíolo, el ápice acuminado; pecíolo 9-10.5 (-12) mm, bimarginado adaxialmente, seríceo en la cara abaxial, glabrescente. Inflorescencias (7.5-)10-16.5 cm, en la axila de pequeñas brácteas deciduas y de hojas en la base de los brotes nuevos, paniculadas; pedúnculo (2.5-)4-6.5 cm, pubescente, a veces glabrescente, los tricomas semejantes a los de las ramas jóvenes; pedicelos 0.5-1.2(-2.5) mm, densamente tomentosos, los tricomas extendidos, gris-amarillos a pardo-amarillos. Flores obloides; tépalos conspicuamente inflexos, los externos 0.8-1 × 1.7-2 mm, muy ampliamente ovados, tomentosos por fuera, ligeramente papiloso-pubescentes hacia el ápice, glabros o con algunos tricomas en la base por dentro, los internos c. 0.6 × 1-1.1 mm, ovados o elípticos, tomentosos por fuera, glabros por dentro; estaminodios de los verticilos I y II ausentes, los estambres del verticilo III 1-1.1 mm, fusionados a todo lo largo, los filamentos pubescentes en la base en la cara abaxial y en el 1/2 superior en la cara adaxial o glabros, las anteras 0.2-0.3 mm, glabras, la apertura de los lóculos apical, las glándulas c. 0.2 mm, aplanadas, de forma variable, a veces muy reducidas o ausentes; hipanto c. 0.8 mm de profundidad, densamente tomentoso por fuera, los tricomas pardo-amarillos, hirsuto-tomentoso por dentro, los tricomas gris-amarillos, el pistilo 1.3-1.4 mm, con algunos tricomas dispersos en el estilo, el ovario 0.8-1 mm. Frutos no conocidos. Floración mar. *Bosques lluviosos montanos*. Ch (*Breedlove 50394*, MO). c. 1700 m. (Endémica).

A primera vista, *Licaria breedlovei* es muy parecida *a L. sarukhanii*, pero, aparte de presentar el envés de las hojas por lo general escasamente seríceo, difiere de esta por tener las inflorescencias axilares (a brácteas u hojas) con un pedúnculo conspicuo, las flores obloides, las anteras fusionadas, el pistilo con un estilo bien diferenciado y la base del estilo apenas escasamente pubescente. En tanto, *L. sarukhanii* presenta el envés de las hojas glabro desde un principio, las inflorescencias más bien terminales, con pedúnculo muy corto, las flores elipsoides, las anteras libres y el pistilo cónico con su mitad apical claramente pubescente.

Licaria breedlovei se conoce solo por el tipo y se reconoce por las diferencias arriba mencionadas.

6. Licaria brenesii W.C. Burger, *Fieldiana, Bot.* n.s. 23: 47 (1990). Holotipo: Costa Rica, *Brenes 13523* (F-[nr] 857810, imagen en Internet!). Ilustr.: Burger & van der Werff, *Fieldiana, Bot.* n.s. 23: 16, t. 3 (1990).

Árboles 4-8 m; ramas jóvenes acostilladas, huecas en el centro, habitadas por hormigas, acostilladas, las costillas acrópetas, partiendo una a una de los extremos de la base del pecíolo de cada hoja, glabras, café claro, escasamente lenticeladas. Hojas (12-)16-25(-32.5) × (4-)5-6.5(-8) cm, angostamente elípticas, a veces elípticas, completamente glabras, la vena media ligeramente elevada en el haz, elevada en el envés, las venas secundarias (11-)13-17 pares, planas en el haz, apenas elevadas en el envés, la base obtusa o redondeada, a veces ligeramente cordada, el ápice acuminado o largamente acuminado, en ocasiones agudo; pecíolo (5-)7-10(-14) mm, acostillado en el haz, glabro. Inflorescencias 6-12(-16) cm, axilares o en la base de ramas jóvenes (terminales o axilares), paniculadas; pedúnculo 3-5(-8) cm, glabro, al igual que el raquis y otros ejes; pedicelos (2-)3-4.5 mm, glabros. Flores verde-amarillento pálido o crema, oblongas a obovadas; tépalos externos 0.8-1 × 1.1-1.4 mm, ampliamente depreso-ovados a depreso-ovados, ligeramente incurvados, glabros, los internos 0.6-0.8 × 0.7-0.8 mm, ampliamente ovados, ligeramente incurvados, glabros; estaminodios de los verticilos I y II ausentes, los estambres del verticilo III c. 0.7 mm, connados, pero fácil de separar, los filamentos c. 0.2 mm, apenas distinguibles, glabros, las anteras c. 0.5 mm, insertas, glabras en la cara abaxial, con 2 líneas de tricomas hirsutos a lo largo de la cara adaxial, la apertura de los lóculos apical, las glándulas c. 0.2 mm, a veces ausentes, orbiculares, glabras; hipanto c. 1 mm de profundidad, glabro, el ovario c. 0.8 mm. Frutos 17-22 × 14-16.5 mm, elipsoides; cúpula 8.5-11 × 17-20 mm, crateriforme, leñosa, roja, con doble margen, el interno 0.5-1 mm de alto, liso, el externo hasta 3 mm de alto, patente, el pedicelo ligera a fuertemente engrosado debajo de la cúpula. Floración feb.-mar., sep.; fructificación jul., sep. *Bosques lluviosos premontanos*. N (*Rueda et al. 9063*, MO); CR (*Hammel et al. 18098*, XAL); P (*Correa et al. 1807*, MO). 500-700(-1250) m. (Endémica).

7. Licaria campechiana (Standl.) Kosterm., *Recueil Trav. Bot. Néerl.* 34: 599 (1937). *Ocotea campechiana* Standl., *Publ. Carnegie Inst. Wash.* 461: 56 (1935). Holotipo: México, Campeche, *Lundell 1295* (F!). Ilustr.: Lorea-Hernández & van der Werff, *Fl. Bajío* 56: 23 (1997). N.v.: Chancantonche, hocche, Y; bac-zodz, laurelillo, pimienta tabasco, C; manzanito, zotzno, zunte, G.

Acrodiclidium campechianum (Standl.) Lundell, *A. lucidum* Lundell, *Chanekia campechiana* (Standl.) Lundell, *Licaria lucida* (Lundell) C.K. Allen, *Misanteca campechiana* (Standl.) Lundell, *M. lucida* (Lundell) Lundell.

Árboles o arbustos 10-15(-25) m; ramas jóvenes tomentosas, glabrescentes con la edad, los tricomas 0.1-0.2 mm, rectos y adpresos a ascendentes. Hojas (4-)7-9.5(-12.5) × (1.2-)1.5-2.5(-3) cm, angostamente elípticas o lanceoladas, la vena media levemente hundida en el haz, glabra, ligera a claramente elevada en el envés, seríceo-tomentosa, glabrescente, los tricomas rectos y adpresos, las venas secundarias apenas perceptibles, (9)10-11(-13) pares, planas en ambas superficies, glabras en ambas superficies, las superficies foliares seríceo-tomentosas cuando jóvenes, los tricomas rectos y adpresos, el haz glabro al madurar, escasamente seríceo-tomentosas en el envés, a veces glabrescentes, los tricomas rectos y adpresos, como en las ramas jóvenes, la base cuneada u obtusa, el ápice largamente acuminado o acuminado; pecíolo (5.5-)7-10(-13) mm, tomentoso o glabrescente, los tricomas rectos y adpresos a ascendentes. Inflorescencias 1.5-4 cm, en la base de ramas nuevas o axilares, por lo general botrioides, a veces paniculadas; pedúnculo 0.5-2.2 cm, tomentoso, al igual que el raquis; pedicelos (0.8-) 1.2-1.7(-2.5) mm, tomentosos. Flores blancas, verde pálido o amarillo-verdoso pálido, rosadas al final de la antesis, ampliamente obovoides; tépalos externos 1.3-1.5 × 1.2-1.4 mm, muy ampliamente ovados, incurvados, pubérulos por fuera, seríceos por dentro, los internos 0.7-0.9 × 0.8-0.9 mm, ovados, incurvados, escasamente pubérulos por fuera, seríceos por dentro; estaminodios de los verticilos I y II ausentes, los estambres del verticilo III 0.8-1 mm, unidos en la base, a veces también por los filamentos, los filamentos hirsutos, las anteras 0.4-0.5 mm, insertas, glabras, pero el conectivo seríceo adaxialmente, apiculadas, la apertura de los lóculos apical, las glándulas c. 0.4 mm, más o menos cuadrangulares; hipanto 0.8-1.1 mm de profundidad, puberulento por fuera, densamente seríceo, al menos parcialmente, por dentro, el ovario 0.7-1 mm. Frutos 11-15 × 8-10 mm, elipsoides, negro-morados al madurar; cúpula 7-11 × 10.5-14 mm, cotiliforme, roja, leñosa, lenticelada, con doble margen, el externo liso, rara vez ligeramente crenado, el interno liso, pedicelo levemente engrosado. Floración feb.-may.; fructificación sep.-dic. *Bosques húmedos tropicales, selvas altas y medianas subperennifolias, bosques tropicales caducifolios, sabanas, acahuales*. Y (*Enríquez 179*, F); C (*Martínez S. et al. 30144*, MEXU); QR (*Campos et al. 2861*, CICY); B (*Brokaw 339*, MO); G (*Contreras 6131*, DS). 100-250 m. (Endémica).

No es seguro que *Licaria lucida* sea un sinónimo de *L. campechiana*. El tipo de la primera, que solo presenta frutos, tiene unas cúpulas muy singulares, donde el margen externo es claramente ondulado, con 6 lóbulos, como si fueran los tépalos acrescentes de las flores, como sucede en muchas especies de *Aiouea* y algunas de *Ocotea* en Mesoamérica; una condición morfológica de la cúpula que no es compatible con lo conocido en *Licaria*. El único ejemplar adicional (*Gómez-*

Domínguez 1654, HEM) encontrado con esas características, proviene también de la vertiente Pacífica de la Sierra Madre del Sur en Chiapas, pero igualmente carece de flores.

8. Licaria capitata (Schltdl. & Cham.) Kosterm., *Recueil Trav. Bot. Néerl.* 34: 592 (1937). *Misanteca capitata* Schltdl. & Cham., *Linnaea* 6: 637 (1831). Lectotipo (designado por Kostermans, 1937): México, Veracruz, *Schiede & Deppe 1148* (B, destruido; isolectotipos: HAL, LE, imagen en Internet!). Ilustr.: Kostermans, *Recueil Trav. Bot. Néerl.* 34: 594, t. 5 (1937). N.v.: Jochok apinure, onte, t'sipch'e, Ch; laurel, B; aguacatillo, laurel, G; palo pipa, H.

Acrodiclidium capitatum (Schltdl. & Cham.) Lundell, *A. glabrum* Brandegee, *Aniba mexicana* Kosterm., *Licaria oblongifolia* Lundell, *Misanteca oblongifolia* (Lundell) Lundell.

Árboles o arbustos (2-)10-20(-30) m; ramas jóvenes densamente pubérulas, glabrescentes, glaucas a grisáceas, cubiertas por una especie de capa cerosa, los tricomas c. 0.05(-0.1) mm, adpresos o extendidos, rectos a sinuosos. Hojas (8.5-)12-20(-31) × (3.5-)5.5-9(-14.5) cm, elípticas o angostamente elípticas, la vena media plana o levemente elevada en el haz, glabra, elevada en el envés, escasamente puberulenta en su 1/2 inferior, glabrescente, las venas secundarias 9-12(-14) pares, planas o casi planas en el haz, glabras, ligeramente elevadas en el envés, escasamente pubérulas, glabrescentes, las superficies foliares pubérulas en el haz cuando jóvenes, muy pronto glabras, pubérulas en el envés, al menos cerca de la base o glabras, la base cuneada u obtusa, el ápice apiculado-acuminado; pecíolo (7-)9-14(-20) mm, pubérulo cuando joven, pronto glabro. Inflorescencias (2.2-)5-8(-11.5) cm, en la base de brotes jóvenes, capitadas, generalmente monocéfalas, a veces hasta con 3 capítulos adicionales; pedúnculo (1.5-)4.5-7.5(-10.5) cm, densamente pubérulo a tomentuloso, el raquis con el mismo tipo de pubescencia; pedicelos 0.5-1(-1.5) mm, tomentulosos. Flores verde pálido o verde-amarillento pálido, rosadas hacia el final de la antesis, tubulares; tépalos externos c. 0.5 × 0.5-0.7 mm, ampliamente ovados, erectos, pubérulos por fuera, seríceos por dentro en la base y hacia los márgenes, glabrescentes, los internos c. 0.4 × 0.4 mm, ovados, erectos, pubérulos por fuera en el 1/2 superior, seríceos por dentro en la base, glabrescentes; estaminodios de los verticilos I y II ausentes, los estambres del verticilo III 1.1-1.3 mm, fusionados a todo lo largo, los filamentos hirsutos en la cara abaxial, glabros en la cara adaxial, en ocasiones también hirsutos, las anteras c. 0.5 mm, exertas en su totalidad, glabras, obtusas, la apertura de los lóculos en la cara abaxial de las anteras, las glándulas c. 0.4 mm, cuadrangulares, aplanadas; hipanto 0.7-1 mm de profundidad, pubérulo por fuera, glabro por dentro, el ovario 0.5-0.8 mm. Frutos 18-25 × 12-19 mm, elipsoides, negro-morados al madurar; cúpula 9.5-15(-22) × 16-21(-27) mm, cotiliforme, roja, leñosa, lenticelada, con doble margen, el externo de hasta 3.5 mm de alto, grueso, por lo general acrescente, extendido hacia afuera, crenado-lobulado, el interno liso y delgado, el pedicelo muy engrosado, continuo con la base de la cúpula. Floración ene., mar.-may.; fructificación durante todo el año. *Bosques tropicales perennifolios, selvas medianas subperennifolias bosques de galería, cafetales, potreros*. Ch (*Domínguez 628*, MEXU); B (*Gentle 2412*, F); G (*Contreras 7874*, DS); H (*Hazlett 1466*, MO); N (*Molina R. 2353*, US). (80-)200-700(-1700) m. (México [Oaxaca, Puebla, San Luis Potosí, Veracruz], Mesoamérica).

9. Licaria caribaea Gómez-Laur. & Cascante, *Novon* 9: 199 (1999). Isotipo: Costa Rica, *Cascante & Ruiz 705* (MO!). Ilustr.: Gómez-Laurito & Cascante Marín, *Novon* 9: 200, t. 1 (1999).

Árboles 12-15 m; ramas jóvenes densamente pubérulas, pronto glabras, los tricomas c. 0.05 mm, rectos, encorvados a erectos. Hojas (16.5-)18-22(-24) × (6-)8-9.5(-11) cm, elípticas o angostamente elípticas, la vena media ligeramente impresa o plana en el haz, glabra, elevada en el envés, escasamente pubérula, los tricomas como en las ramas, las venas secundarias 8-9(10) pares, planas en el haz, glabras, ligeramente elevadas en el envés, glabras, las superficies foliares ambas pubérulas cuando jóvenes, pronto glabras, la base obtusa a cuneada, el ápice acuminado-caudado; pecíolo (10-)12-15(-20) mm, ligeramente acanalado, glabro. Inflorescencias 13-18(-32) cm, axilares a las hojas o extra axilares, paniculadas, las flores aglomeradas en el extremo de las últimas divisiones; pedúnculo 5-12 cm, pubérulas en todos los ejes; pedicelos (1.5-)2-3(-4) mm, escasamente pubérulos. Flores amarillo pálido, ligeramente campanuladas u obovoides; tépalos externos c. 0.6 × 1 mm, deprimido-ovados, erectos, escasamente pubérulos por fuera, pubescentes por dentro, sobre todo hacia la base y los márgenes, los internos 0.4-0.6 × 0.5-0.6 mm, ovados, erectos, escasamente pubérulos por fuera, pubescentes en el 1/2 superior por dentro; estaminodios de los verticilos I y II ausentes, los estambres del verticilo III 0.8-0.9 mm, fusionados a lo largo de los filamentos y la base de las anteras, los filamentos pubescentes, a veces casi glabros, las anteras 0.5-0.6 mm, glabras, extrorsas, con dehiscencia apical-lateral, las glándulas c. 0.3 mm, las de cada par adyacente fusionadas, formando solo 3 cuerpos subrectangulares, glabras; hipanto c. 0.9 mm de profundidad, escasamente pubérulo por fuera, glabro por dentro, el ovario 0.6-0.8 mm, con algunos tricomas en el 1/2 superior. Frutos 20-25 × c. 10 mm, elipsoides; cúpula 12-16 × 22-25 mm, lenticelada, el margen externo semejante al interior, no acrescente, el pedicelo c. 3 × 2 mm. Floración sep.; fructificación feb.(?), sep. *Bosques lluviosos tropicales*. CR (*Cascante & Ruiz 705*, F). 0-10 m. (Endémica).

10. Licaria caudata (Lundell) Kosterm., *Recueil Trav. Bot. Néerl.* 34: 596 (1937). *Chanekia caudata* Lundell, *Phytologia* 1: 178 (1937). Holotipo: Belice, *Lundell 6183* (MICH!). Ilustr.: no se encontró. N.v.: Isa-ché, palo de humo, Ch; laurel, pimientillo, G.

Acrodiclidium caudatum (Lundell) Lundell, *Misanteca caudata* (Lundell) Lundell.

Árboles o arbustos (2-)5-15(-20) m; ramas jóvenes tomentosas, glabras con la edad, los tricomas (0.3-)0.5-0.7 mm, rectos y reclinados hacia la superficie del tallo. Hojas (3.5-)5-7.5(-9) × (1.5-)2-2.5(-3) cm, elípticas o angostamente elípticas, pocas veces obovadas, la vena media ligeramente elevada en el haz, glabra, plana a ligeramente elevada en el envés, escasamente tomentosa, glabrescente, los tricomas adpresos, las venas secundarias 7-9 pares, apenas perceptibles en ambas superficies, planas en ambas superficies, glabras, las superficies foliares tomentosas cuando jóvenes, el haz muy pronto glabro, el envés escasamente tomentoso, glabrescente, la base obtusa a cuneada, el ápice caudado o largamente acuminado; pecíolo 3-6 mm, tomentoso cuando joven, glabrescente. Inflorescencias (1.2-)2-3(-4.5) cm, en la base de ramas jóvenes, botrioide; pedúnculo (0.7-)1.5-2(-3) cm, tomentoso; pedicelos (2-)3.5-6(-9) mm, tomentosos, glabrescentes. Flores blancas o amarillo-verdoso pálido, rosadas hacia el fin de la antesis, obovoides; tépalos externos 0.9-1.1 × 0.8-1 mm, ovados o ampliamente ovados, incurvados, crasos hacia la base, glabros, los internos c. 0.6 × 0.6 mm, ovados, incurvados, crasos hacia la base, glabros; estaminodios de los verticilos I y II ausentes, los estambres del verticilo III c. 0.8 mm, libres, los filamentos glabros o hirsutos en la base por la cara adaxial, las anteras c. 0.4 mm, insertas, glabras, la apertura de los lóculos apical, las glándulas ausentes; hipanto c. 0.5 mm de profundidad, glabro, a veces hirsuto en el borde superior de la cara adaxial, el ovario c. 0.5 mm. Frutos 12-17 × 8.5-12 mm, elipsoides, negro-morados al madurar; cúpula 3.5-5.5 × 8.5-10 mm, pateliforme, roja, coriácea, lisa, con doble margen, el externo c. 0.5 mm de alto, liso, vuelto hacia afuera, casi basiscópico, el interno hasta 1 mm de alto, liso, erecto, el pedicelo engrosado, continuo con la base de la cúpula. Floración ene.-jul, oct.-dic.; fructificación ene.-abr., oct.-dic. *Bosques tropicales perennifolios, bosques tropicales subcaducifolios, bosques de pino-encino, acahuales*. Ch (*Martínez S. 11134*, MEXU); C (*Ucán 5697*, CICY); B (*Schipp 1279*, F); G (*Lundell 15540*, MO). 100-700(-1200) m. (Endémica).

Kurz (2000) consideró a *Licaria caudata* como un sinónimo de *L. misantlae* (Brandegee) Kosterm. Hay, sin embargo, además de una clara separación geográfica (la primera en el sureste de México y región contigua de Centroamérica, y la segunda en una pequeña área de la vertiente Atlántica en México), varias diferencias morfológicas constantes entre ellas; por un lado, *L. caudata* presenta ramas y hojas jóvenes pubescentes, ápice de las hojas largamente acuminado a caudado, y estambres totalmente libres entre sí, mientras que *L. misantlae* tiene las ramas y hojas jóvenes siempre glabras, el ápice de las hojas obtuso (a veces agudo) y los estambres fusionados (por los filamentos y, al menos, hasta la base de las anteras).

11. Licaria clavata Lundell, *Wrightia* 5: 32 (1974). Isotipo: Guatemala, *Contreras 10923* (MO!). Ilustr.: no se encontró. N.v.: Laurel, G.

Misanteca clavata (Lundell) Lundell.

Árboles hasta 11 m; ramas jóvenes pardo-grisáceas a gris oliva, no acostilladas, glabras, escasamente lenticeladas; yemas glabras. Hojas (7-)9-12(-13.5) × (1.5-)2.5-4 cm, angostamente elípticas, a veces elípticas o lanceoladas, completamente glabras, la vena media plana en el haz, ligeramente elevada en el envés, las venas secundarias (5)6-8 pares, planas, apenas perceptibles en el haz, ligeramente elevadas en el envés, la venación menor resaltada, dando una apariencia reticulada, sobre todo en el envés, la base cuneada o angostamente cuneada, el ápice largamente acuminado a caudado, con la punta obtusa; pecíolo (5-)7-10(-13) mm, glabro. Inflorescencias 3-6 cm, axilares a las hojas, sencillas o hasta 3 por axila, pocas veces en segmentos afilos de las ramas, botrioides, pareciendo racimos o paniculadas, paucifloras, glabras en su totalidad; pedúnculo (0.5-)1-2 cm, glabro; pedicelos (2.5-) 4.5-6.5(-8) mm, glabros. Flores obovoides, verdosas o amarillo-verdoso pálido; tépalos externos 1-1.4 × 0.8-1.1 mm, ovados, erectos, glabros por fuera, tomentosos por dentro, particularmente en la base y parte central en el 1/2 superior, los internos 1-1.3 × 0.7-0.8 mm, ovados, erectos, glabros por fuera, con indumento similar al de los tépalos externos por dentro pero menos abundante; estaminodios de los verticilos I y II ausentes, los estambres del verticilo III 1.3-1.8 mm, libres, los filamentos tomentosos en la cara adaxial, escasamente tomentosos en la cara abaxial, las anteras 0.6-0.9 mm, glabras, parcialmente exertas, la apertura de los lóculos en la cara abaxial de las anteras, las glándulas ausentes; hipanto 0.8-1 mm de profundidad, glabro por fuera, tomentoso, al menos parcialmente, en el 1/2 superior de la cara adaxial, el pistilo 2.3-3.3 mm, glabro, el ovario 0.9-1.2 mm. Frutos c. 22 × 12 mm (no totalmente maduros), elipsoides; cúpula c. 7.5 × 13 mm, cotiliforme, con los márgenes indistintos, pareciendo con un solo margen, el pedicelo acrescente, c. 13 × 4 mm (en el ápice), hasta c. 1.5 mm (en la base). Floración jun.-ago.; fructificación jun., ago. *Bosques húmedos de montaña*. G (*Lundell & Contreras 19651*, MO). 1650-1800 m. (Endémica).

Licaria clavata también fue considerada como un sinónimo de *L. misantlae* por Kurz (2000), pero las hojas largamente acuminadas a caudadas, con venas secundarias conspicuas por el envés, los tépalos erectos, los estambres libres, exertos y la apertura de los lóculos en la cara abaxial de las anteras que presenta *L. clavata*, contrastan claramente con las hojas de ápice obtuso (a veces agudo), las venas secundarias inconspicuas en ambas superficies, las flores con tépalos inflexos, los estambres fusionados (al menos hasta la base de las anteras) insertos y la apertura apical de los lóculos presentes en *L. misantlae*. La singularidad de la combinación de caracteres descrita en *L. clavata* y *L. misantlae* es además reforzada por una separación de más de 800 km entre sus áreas de distribución, sin que hasta ahora se conozcan especímenes morfológicamente intermedios en el espacio geográfico que las separa.

12. Licaria cogolloi van der Werff, *Harvard Pap. Bot.* 14: 149 (2009). Holotipo: Colombia, *Cogollo & Borja 1585* (MO!). Ilustr.: van der Werff, *Harvard Pap. Bot.* 14: 148, t. 2E-F (2009b).

Árboles 7-20 m; ramas jóvenes puberulentas, glabras con la edad, los tricomas c. 0.1 mm, rectos y adpresos, pardo-amarillentos. Hojas (3.5-)5-8(-10) × (2-)3-4 cm, elípticas, penninervadas, la vena media plana en la base y ligeramente elevada hacia el ápice en el haz, escasamente puberulenta, pronto glabra, ligeramente elevada en el envés, escasamente puberulenta, glabrescente, los tricomas como en las ramillas, las venas secundarias 4-6 pares, planas en el haz, escasamente puberulentas, pronto glabras, apenas ligeramente elevadas en el envés, escasamente puberulentas, glabrescentes, las superficies foliares escasamente puberulentas en el haz cuando jóvenes, pronto glabras, los tricomas como en las ramillas, levemente ampollosas, escasamente puberulentas en el envés, glabrescentes, los tricomas como en las ramillas, la base cuneada, rara vez obtusa, el ápice acuminado, a veces agudo; pecíolo (3-)5-7(-10) mm, puberulento, los tricomas como en las ramillas, glabrescente. Inflorescencias 2-6.5 cm, en la base de los brotes nuevos, axilares a diminutas brácteas deciduas o a las hojas, o aglomeradas en brotes muy cortos axilares a las hojas, botrioides, con frecuencia pareciendo racemosas; pedúnculo 1-2.6 cm, densamente puberulento; pedicelos (0-)0.5-1.6 mm, puberulentos. Flores amarillo pálido, ampliamente obovoides; tépalos externos 0.5-0.6 × 0.8-1 mm, deprimido-ovados, fuertemente incurvados desde su base, puberulento-papilosos por fuera, tomentosos por dentro, sobre todo en la base, puberulentos hacia el ápice, cortamente laciniados, los internos 0.3-0.5 × 0.5-0.7 mm, ampliamente ovados, fuertemente incurvados desde su base, puberulentos por fuera, tomentosos por dentro; estaminodios de los verticilos I y II 0.4-0.6 × 0.3-0.8 mm, ampliamente ovados a depreso-ovados, a veces oblongos, tomentosos, los estambres del verticilo III 0.5-0.6 mm, unidos por sus filamentos, los filamentos ausentes o muy cortos, tomentoso-velutinos, las anteras 0.4-0.5 mm, triangulares, tomentosas en la base por la cara adaxial, tomentosas en la cara abaxial, la apertura de los lóculos lateral-apical, ligeramente inclinada hacia el interior, las glándulas ausentes; hipanto 0.7-0.8 mm de profundidad, puberulento por fuera, densamente velutino por dentro, el ovario 0.6-0.8 mm. Frutos c. 30 × 15 mm, elipsoides; cúpula c. 12 × 18 mm, el pedicelo c. 1.5 × 3.5 mm, continuo con la cúpula. Floración mar.-abr., nov.; fructificación abr., nov. *Bosques lluviosos tropicales*. P (*de Nevers 4210*, MO). 350-500 m. (Mesoamérica, Colombia).

13. Licaria coriacea (Lundell) Kosterm., *Recueil Trav. Bot. Néerl.* 34: 604 (1937). *Chanekia coriacea* Lundell, *Phytologia* 1: 179 (1937). Holotipo: Belice, *Schipp 1282* (MICH!). Ilustr.: no se encontró. N.v.: Charrito, sombrerito, Ch; laurel, G.

Licaria reclinata Lundell, *Misanteca coriacea* (Lundell) Lundell, *M. reclinata* (Lundell) Lundell.

Árboles hasta 15 m o arbustos (posiblemente derivados del corte de la punta del eje principal), de 3-4 m; ramas jóvenes gris oliva o pardo-grisáceo hasta rojizo, con lenticelas dispersas, no acostilladas, generalmente glabras, rara vez pubescentes, pero muy pronto glabras con la edad, los tricomas 0.05-0.1 mm, rectos, erectos o inclinados; yemas glabras o a veces los catafilos pubescentes en los bordes. Hojas (4.5-) 7-9(-11.5) × (1.5-)2.5-4(-5.5) cm, elípticas a angostamente elípticas, a veces ovadas o angostamente ovadas, completamente glabras, la vena media plana o apenas elevada en el haz, ligeramente elevada en el envés, las venas secundarias (6)7-9(10) pares, difíciles de distinguir, sobre todo en el haz, planas en el haz, planas o apenas elevadas en el envés, la base obtusa o cuneada, el ápice caudado, rara vez acuminado; pecíolo (4.5-)6-10(-13) mm, glabro, a veces puberulento, pero pronto glabro, los tricomas como en las ramillas. Inflorescencias (2-)3-5.5 (-7.5) cm, axilares a pequeñas brácteas deciduas en la base de las ramas nuevas o axilares a las hojas, botrioides, con solo uno o dos pares de divisiones, las flores aglomeradas al final de los ejes; pedúnculo (1-) 2-3.5(-5) cm, glabro; pedicelos 1-2.5 mm, glabros. Flores elipsoides, amarillo-verdoso pálido o blanquecinas, tornándose pronto rojizas; tépalos erectos; tépalos externos (0.5-)0.6-0.8(-0.9) × 0.8-1 mm, ovados a ampliamente ovados, glabros en su cara abaxial, glabros en su cara adaxial o escasamente seríceos en la base y a veces hacia arriba en el centro, los internos (0.5-)0.6-0.8 × 0.6-0.7(-0.8) mm, ovados o depreso-ovados, glabros por fuera y por dentro, o con algunos tricomas seríceos hacia la base por dentro; estaminodios de los verticilos I y II

(0.5-)0.6-0.8 mm, a veces incompletos o faltando todos los de uno u otro verticilo, angostamente oblongos, con frecuencia variadamente capitados, glabros o pubescentes en los bordes, los estambres del verticilo III (0.8-)0.9-1.1(-1.4) mm, fusionados por los filamentos y hasta la base o el 1/2 basal de las anteras, los filamentos tomentosos en la cara abaxial, a veces ocultos por las glándulas, glabros en la cara adaxial, las anteras (0.4-)0.5-0.7 mm, parcialmente exertas, glabras o escasamente tomentosas hacia los bordes por el lado adaxial, la apertura de los lóculos en la cara abaxial de las anteras, las glándulas 0.4-0.6(-0.8) mm, libres o rara vez algunas fusionadas, más o menos elípticas o con frecuencia de forma irregular, glabras; hipanto 0.6-0.8 mm de profundidad, glabro, el pistilo1.6-1.8 mm, glabro o rara vez con el ápice del ovario y la base del estilo puberulentos, el ovario 0.8-1.1 mm. Frutos (9-)12-19 × (7.5-)10-12.5 mm, elipsoides; cúpula (4.5-)7.5-9.5 × (8.5-)13-16.5 mm, ligeramente lenticelada, conspicuamente con doble margen, el interno 1.1-2(-2.7) mm, erecto, entero o levemente ondulado, el externo 0.9-1.8 mm, extendido o hasta reflexo, leve o fuertemente ondulado, el pedicelo (1.5-)3.5-6.5(-8) × (2-)3.5-4.5 mm en la parte apical, (1.5-)2-3 mm en la base. Floración mar.-jul., sep.; fructificación ene.-abr., oct., dic. *Bosques tropicales deciduos, bosques tropicales semideciduos, bosques tropicales perennifolios*. Ch (*Palacios 1956*, CHAPA); B (*Schipp 1282*, MO); G (*Contreras 1532*, MEXU). (300-)600-1000(-1300) m. (Endémica).

Al igual que con *Licaria caudata* y *L. clavata*, *L. coriacea* fue considerada por Kurz (2000) como un sinónimo más de *L. misantlae*. Infortunadamente, Kurz no tuvo la oportunidad de estudiar ejemplares con flores de esta especie, tales como *Espinosa-Jiménez et al. 1080* (MO), *Gómez-Domínguez 2053* (HEM) o *Palacios 1956* (MEXU), pero, sobre todo, ejemplares con flores y frutos, que indiscutiblemente apoyan la relación de los caracteres florales con los rasgos de los frutos, como *Breedlove 39886* (NY), *López 1199* (MO), *Miranda 5298* (MEXU) y *Paray 726* (MEXU). Las diferencias principales en la morfología de las flores están en la disposición de los tépalos y estambres: tépalos inflexos y estambres insertos con apertura apical de lóculos en *L. misantlae*, en tanto que en *L. coriacea* los tépalos son erectos, los estambres son parcialmente exertos y la apertura de los lóculos es en la cara abaxial de las anteras. Además, en *L. misantlae* no hay glándulas en la base de los estambres, en tanto que en *L. coriacea* sí las hay. En cuanto a la morfología del fruto, la diferencia más aparente se halla en la cúpula que lo sostiene: más bien pateliforme y de márgenes semejantes poco desarrollados y lisos en *L. misantlae*, y crateriforme con márgenes diferenciados, donde el externo es acrescente llegando a ser lobulado en *L. coriacea*. Precisamente la morfología del fruto y la apariencia de las hojas son los rasgos que sugieren que *L. reclinata* es un sinónimo de *L. coriacea* más que de *L. triandra*; en esta última, el margen externo de la cúpula generalmente es más grueso, extendido y lobulado que lo que se observa en el tipo de *L. reclinata*.

14. Licaria cufodontisii Kosterm., *Recueil. Trav. Bot. Néerl.* 34: 591 (1937). Isotipo: Costa Rica, *Cufodontis 187* (W!). Ilustr.: Burger & van der Werff, *Fieldiana, Bot.* n.s. 23: 29, t. 16 (1990).

Acrodiclidium cufodontisii (Kosterm.) Lundell, *Misanteca cufodontisii* (Kosterm.) Lundell.

Árboles hasta 12 m; ramas jóvenes diminuta e imperceptiblemente pubescentes, los tricomas de menos de 0.1 mm, rectos y adpresos, pronto glabras, lisas o con muy pocas lenticelas, pardo-grisáceas o pardo-rojizas; yemas, excepto por una banda pubescente adaxial, glabras o pubescentes por completo. Hojas alternas, (5-)7-12(-15.5) × (1.5-)3-4(-5) cm, angostamente elípticas a elípticas, penninervias, la vena media ligeramente elevada por el haz y el envés, glabra en ambas caras, las venas secundarias 7-9 pares, aplanadas o apenas elevadas en el haz, glabras, ligeramente elevadas por el envés, el haz y el envés glabros desde jóvenes, a veces diminutamente pubescentes cuando jóvenes en el envés, la base obtusa a cuneada, el ápice caudado, rara vez acuminado; pecíolo (3-)5-8(-10.5) mm, ligeramente acanalado por arriba, glabro. Inflorescencias (3-)4.5-8(-11) cm, axilares a las hojas, a veces axilares a pequeñas brácteas deciduas en la sección basal de las ramas nuevas, paniculadas, las flores a veces subumbeladas en el extremo de los últimos ejes, diminutamente pubescentes a lo largo del eje principal, pedúnculo y raquis glabrescentes; pedúnculo (0.2-)1-2(-3) cm; pedicelos (2.5-)3-4(-5) mm, glabros. Flores obovoides, campanuladas, amarillo pálido; tépalos erectos a ligeramente extendidos, los externos 0.8-0.9 × 1.1-1.5 mm, amplia a muy ampliamente ovados, glabros por fuera y por dentro, o con algunos tricomas largos y ascendentes desde la base por dentro, los internos 0.7-0.9 × 0.8-1.1 mm, ovados o ampliamente ovados, glabros por fuera, usualmente vellosos por dentro, los tricomas ascendentes; estaminodios de los verticilos I y II ausentes; estambres del verticilo III 0.7-0.8 mm, al parecer fusionados por completo en un solo cuerpo, pero fáciles de separar, los filamentos hirsuto-tomentosos por fuera, y densamente así por dentro, las anteras cerca 0.2 mm, el conectivo tomentoso por ambas caras, así como la base de las anteras, insertas, la apertura de los lóculos apical, pero ligeramente oblicuos; glándulas 0.3-0.4 mm, unidas o libres, cuadrangulares, comprimidas, glabras; hipanto 0.6-0.8 mm de profundidad, obcónico, glabro por fuera y por dentro, pistilo 1.5-1.8 mm, glabro, ovario c. 0.7 mm. Frutos c. 30 × 19 mm, ligeramente ovoides a elipsoides; cúpula 8.5-12.5 × 16.5-21.5 mm, pateliforme, bimarginada, el margen interno cerca 1.3 mm, erecto, el externo cerca 3 mm, perpendicular al interno a reflexo; pedicelo c. 10.5 × 2.5 (en la base) a 4.5 mm (en el ápice). Floración abr., jun., sep., dic.; fructificación dic. *Bosques tropicales húmedos*. CR (*Aguilar 364*, XAL). 0-150 m. (Endémica).

Sin tener conocimiento de la existencia de un duplicado del material original de esta especie y tomando como base la descripción elaborada por Kostermans (1937), Kurz decidió considerar a *Licaria cufodontisii* como un sinónimo de *L. misantlae*. No obstante, la localización de un isotipo en el herbario del Museo de Historia Natural de Viena (W), ha permitido confrontar la morfología vegetativa general y, en particular, los detalles de las flores del espécimen y así concluir que *L. cufodontisii* es una especie distinta. La inflorescencia botrioide, así como la presencia de los estaminodios del verticilo I y la ausencia de glándulas en las flores de *L. misantlae*, contrastan claramente con la inflorescencia paniculada, la ausencia total de estaminodios y la presencia de glándulas en la base de los estambres en las flores de *L. cufodontisii*, lo que muestra que no son conespecíficas. Por otra parte, las características referidas, así como las flores más bien campanuladas de tépalos ligeramente extendidos, los filamentos de los estambres hirsuto-tomentosos, y la apertura de los lóculos apical, pero ligeramente oblicuas, separan a *L. cufodontisii* de otras especies cercanas de hojas y flores glabras de la región. Bajo este nombre se incluye la colecta *Herrera 2959* (MO) cuya morfología vegetativa y floral coincide por completo, excepto por las glándulas estaminales que no se encuentran fusionadas.

15. Licaria dolichopoda Lorea- Hern., *Revista Mex. Biodivers.* 96(e965456) (2025). Holotipo: Costa Rica, *Hammel et al. 16790* (MO!). Ilustr.: Lorea-Hernández, *Revista Mex. Biodivers.* 96(e965456): t. 2, 3 abajo (2025).

Árboles hasta 25 m; ramas jóvenes lisas a ligeramente estriadas, glabras, pardo-rojizas a pardo-grisáceas, esparcidamente lenticeladas. Yemas glabras. Hojas alternas, las láminas (4.5-)7-11(-13) × (1.5-)2.5-4(-5) cm, elípticas a angostamente elípticas, penninervias, la vena media fina, pero claramente elevada en el haz, glabra, casi plana en el envés, las venas secundarias 6-11 pares, casi planas por el haz y el envés, glabras por ambos lados, las superficies foliares glabras por arriba y por abajo desde jóvenes, la base cuneada u obtusa, el ápice caudado, a veces acuminado; pecíolos (3.5-)6.5-9(-11) mm, ligeramente acanalados por arriba, redondeados por abajo, glabros. Inflorescencias 2.5-5 cm, axilares a pequeñas brácteas deciduas en ramas muy cortas axilares a las hojas, botrioides, a veces, por supresión de la yema terminal de la rama florífera, paniculadas, totalmente glabras, el pedúnculo 0.2-

1.7 cm, los pedicelos (6-)10-13(-16) mm, glabros. Flores ampliamente obovoides, amarillo-verdosas, los tépalos cóncavos, conspicuamente inflexos, los externos 0.9-1.3 × 1.1-1.7 mm, ampliamente ovados, a veces ligeramente cuspidados, glabros por fuera y por dentro, cortamente ciliados, los internos 0.75-1.1 × 1.1-1.2 mm, ovados o ampliamente ovados, glabros por fuera y por dentro, corto-ciliados, los estaminodios de los verticilos I y II ausentes, los estambres del verticilo III 0.6-1 mm, fusionados a todo lo largo en un solo cuerpo, los filamentos glabros por fuera y por dentro, a veces con algunos tricomas en la base por fuera, las anteras cerca 0.1 mm, glabras, insertas, la apertura de los lóculos apical, las glándulas c. 0.4 mm, libres, oblongas, a veces casi cuadradas, obtusas o subagudas, glabras; hipanto 0.6-0.9 mm de profundidad, obcónico, glabro por fuera y por dentro, el pistilo cerca 1.5 mm, glabro, el ovario 0.7-0.9 mm. Frutos c. 27 × 21 mm, ovoides a elipsoides, la cúpula c. 15 × 20 mm, crateriforme, claramente bimarginada, el margen interno c. 2 mm, erecto, el externo c. 3.5 mm, oblicuo a ligeramente reflexo, someramente lobado, grueso, el pedicelo c. 4.5 × 5.5 mm (en la base) a 7 (en el ápice), obcónico, continuo con la cúpula. Floración may., jul., oct.; fructificación oct. *Bosques tropicales húmedos*. CR (*Herrera 4000*, XAL). 200-400(-1200) m. (Endémica).

Esta especie se distingue entre las especies de *Licaria* con tallos, hojas y flores glabras, por el ápice caudado de sus hojas, la estructura botrioide de sus inflorescencias, con flores largo-pediceladas, sin estaminodios y estambres con aperturas apicales.

16. Licaria eurypaniculata Lorea-Hern., *Revista Mex. Biodivers.* 96(e965456) (2025). Holotipo: Panamá, *McPherson 10830* (MO!). Ilustr.: Lorea-Hernández, *Revista Mex. Biodivers.* 96(e965456): t. 4, 6 arriba (2025).

Árboles pequeños, hasta 7 m; ramas jóvenes lisas a ligeramente estriadas, glabras, pardo-rojizas, escasamente lenticeladas; yemas glabras. Hojas alternas, (7-)11-16(-19.5) × (2-)3-4.5(-6) cm, angostamente elípticas a elípticas, completamente glabras, la vena media plana o apenas elevada en el haz, ligeramente elevada en el envés, las venas secundarias 7-9 pares, planas o apenas elevadas en el haz, apenas elevadas en el envés, la base obtusa a cuneada, el ápice acuminado a cortamente caudado; pecíolo (5.5-)7-9(-10.5) mm, ligeramente acanalado adaxialmente, glabro. Inflorescencias 10-11 cm, al parecer terminales, paniculadas, las flores no aglomeradas en el extremo de los últimos ejes, los ejes basales mucho más largos que el pedúnculo, glabras en su totalidad o con algunos tricomas dispersos hacia el extremo distal de los ejes de segundo orden; pedúnculo c. 3 cm, los pedicelos 2-3.2 mm, glabros o escasamente pubérulos. Flores esferoidales, al parecer verdosas; tépalos conspicuamente inflexos, los externos c. 0.5 × 0.9-1.0 mm, ampliamente ovados a depreso-ovados, glabros por fuera y por dentro, los internos c. 0.4 × 0.6-0.7 mm, ovados o casi orbiculares, glabros; estaminodios de los verticilos I y II ausentes, los estambres del verticilo III 0.5-0.6 mm, fusionados por completo en un solo cuerpo, los filamentos glabros en la cara adaxial, ligeramente tomentosos en la cara abaxial, las anteras c. 0.1 mm, glabras insertas, la apertura de los lóculos apical, las glándulas c. 0.1 mm, libres, ampliamente elípticas a orbiculares, glabras; hipanto c. 0.7 mm de profundidad, hemisférico, glabro por fuera, glabro por dentro o con algunos tricomas en la región apical, el pistilo 1.1-1.2 mm, glabro, el ovario c. 0.6-0.7 mm. Frutos (no totalmente maduros) 15-17 × 12-12.5 mm, ovoides a elipsoides; cúpula 10-11 × 14-15 mm, crateriforme, claramente bimarginada, el margen interno 1.1-1.3 mm, erecto, el externo 0.5-0.7 mm de alto, pareciendo un reborde perpendicular al interno, pedicelo 3-3.6 × 2-2.2 (en la base) a 3.6-4 mm (en el ápice). Floración abr.; fructificación feb. *Bosques húmedos tropicales*. P (*McPherson 10830*, XAL). 300 m. (Endémica).

La posición terminal de las inflorescencias, así como su estructura paniculada, sin flores amontonadas al final de los ejes, son rasgos distintivos de esta especie. Las flores orbiculares, con tépalos inflexos, totalmente glabros, los estambres fusionados a todo lo largo, el hipanto glabro por fuera y por dentro, y el pistilo glabro, complementan la singularidad de este taxón entre las especies de *Licaria* con lóculos con apertura apical.

17. Licaria excelsa Kosterm., *Recueil Trav. Bot. Néerl.* 34: 595 (1937). Holotipo: Panamá, *Pittier 3200* (US!). Ilustr.: Burger & van der Werff, *Fieldiana, Bot.* n.s. 23: 29, t. 16 (1990). N.v.: Siguatón, P.

Acrodiclidium excelsum (Kosterm.) Lundell, *Misanteca excelsa* (Kosterm.) Lundell.

Árboles hasta 60 m; ramas jóvenes glabras, lisas a ligeramente acostilladas, las costillas acrópetas, partiendo una a una de los extremos de la base del pecíolo de cada hoja, escasamente lenticeladas; yemas vegetativas glabras. Hojas 19-24 × 5-8.5 cm, elípticas o angostamente elípticas, completamente glabras, la vena media plana o apenas elevada en el haz, ligeramente elevada a casi plana por el envés, las venas secundarias 10-13 pares, apenas elevadas en ambas superficies, la base obtusa a ligeramente redondeada, el ápice agudo a cortamente acuminado; pecíolo 15-23 mm, glabro, conspicuamente bimarginado, los rebordes por lo general plegados adaxialmente. Inflorescencias 7-8 cm, en la axila de brácteas deciduas de brotes nuevos, axilares a las hojas o terminales, paniculadas; pedúnculo 2-3 cm, tomentoso, glabrescente, los tricomas rectos o sinuosos, amarillentos a pardo-rojizos, el raquis y los ejes secundarios de la inflorescencia con el mismo tipo de pubescencia; pedicelos (2-)2.5-3.5(-4.5) mm, tomentosos, los tricomas semejantes a los del pedúnculo. Flores elipsoides, crasas, coriáceas; tépalos externos 0.7-0.9 × 1.3-1.4 mm, ampliamente ovados, leve a claramente inflexos, glabros por fuera, glabros por dentro o con algunos tricomas en la base, los internos 0.6-0.7 × 0.6-0.9 mm, ovados, ligeramente inflexos, glabros; estaminodios de los verticilos I y II ausentes, los estambres del verticilo III 0.7-0.8 mm, los filamentos densamente tomentosos, los tricomas pardo-rojizos, gruesos, las anteras c. 0.2 mm, insertas, la apertura de los lóculos apical, glabras, a veces pubescentes al centro por fuera, las glándulas 0.3-0.4 mm de altura, rectangulares, en apariencia solo 3 debido a la fusión de cada par adyacente de los 3 estambres, glabras; hipanto 0.8-1 mm de profundidad, tomentoso por fuera, densamente tomentoso por dentro, los tricomas semejantes a los del pedicelo, pardo-rojizos, gruesos, el pistilo glabro, el ovario 1-1.2 mm. Frutos c. 20 × 15 mm (inmaduros), elipsoides; cúpula c. 20 × 22 mm, el pedicelo c. 15 × 7-9 mm. Floración jun.; fructificación mar., jun. *Bosques húmedos montanos*. P (*Stern & Chambers 95*, MO). 1700-1900 m. (Endémica).

El nombre *Licaria excelsa* ha sido aplicado hasta ahora de manera muy amplia; en general, mucho del material mesoamericano con hojas glabras y grandes, mayores a 20 cm, y tallos acostillados, sin considerar los detalles de la morfología floral, se ha reconocido como representante de esa especie. La especie fue descrita por Kostermans basándose en material sin flores, aunque el holotipo presenta inflorescencias jóvenes cubiertas por una pubescencia característica. De todo el material revisado de la región mesoamericana, el ejemplar colectado por Stern y Chambers citado aquí, es el único que concuerda con la morfología del holotipo, particularmente en el tipo y color de la pubescencia de las inflorescencias. La recolecta de Stern y Chambers viene de las estribaciones del Volcán Barú, cerca de Cerro Punta, a unos 1900 m de altitud; un sitio entre 12-14 km en línea recta de la localidad tipo (ladera sur del Cerro Horqueta, a unos 1700 m). Ambas localidades se ubican en la vertiente Pacífica del extremo oeste de la Cordillera Central de Panamá. Con base en la morfología de las flores de la recolecta de Stern y Chambers se pudo constatar que la gran mayoría de las muestras identificadas previamente como *L. excelsa* estaban equivocadas. En general, los rasgos que distinguen a *L. excelsa* son los tépalos glabros en su cara abaxial y el pistilo glabro; otras especies con ramas acostilladas y hojas grandes y glabras (p. ej., *L. minutiflora*, *L. sarukhanii*, *L. tomentulosa*) semejantes a las de *L. excelsa*, tienen los tépalos abaxialmente cubiertos con algún tipo de pubescencia, al igual que el ápice del ovario y la base del estilo.

18. Licaria gibbitepala Lorea-Hern., *Revista Mex. Biodivers.* 96(e965456) (2025). Holotipo: Costa Rica, *Herrera & Chacón 2427* (MO!). Ilustr.: Lorea-Hernández, *Revista Mex. Biodivers.* 96(e965456): t. 5, 6 abajo (2025).

Árboles 15-20 m y tronco c. 25 cm de diámetro, con corteza lisa, aromática; ramas huecas, habitadas por hormigas, las ramas jóvenes ligeramente acostilladas, las costillas acrópetas partiendo una a una de los extremos de la base del pecíolo de cada hoja, glabras, espaciadamente lenticeladas; yemas parcialmente pubescentes. Hojas (20-)24-30 × (9-)11-13 cm, obovadas u oblanceoladas, a veces elípticas, completamente glabras, la vena media leve a notoriamente hundida en el haz, fuertemente elevada en el envés, las venas secundarias (12-)14-16 pares, planas o ligeramente hundidas en el haz, elevadas en el envés, la base obtusa a redondeada, glabras, el ápice apiculado, en ocasiones apiculado-acuminado; pecíolo 10-12(-14) mm, bimarginado por arriba, glabro. Inflorescencias 9-15 cm, axilares a brácteas deciduas en la base de brotes jóvenes, pareciendo terminales, paniculadas, notoriamente puberulentas en todos los ejes, los tricomas amarillentos a pardo-anaranjados; pedúnculo (1-)3.5-4.5 cm, escasamente puberulento, glabrescente; pedicelos 2.5-5.5(-7) mm, densamente puberulentos, los tricomas semejantes a los de los ejes mayores. Flores ampliamente obovoides, amarillo-verdosas, crasas, coriáceas, aromáticas; tépalos inflexos, con la base conspicuamente engrosada, protuberante, sobre todo en los externos, los tépalos externos 1.2-1.4 × 1.6-1.9 mm, ampliamente ovados, puberulentos por fuera, seríceo-tomentosos en la base y hacia los márgenes por dentro, los tricomas pardo-anaranjados, los internos 0.8-1 × 1-1.2 mm, ovados, puberulentos por fuera, seríceo-tomentosos en la base y tomentosos en el centro en la parte media por dentro; estaminodios de los verticilos I y II ausentes, los estambres del verticilo III 0.7-0.8 mm, unidos por sus filamentos, los filamentos tomentosos en la base en la cara abaxial, tomentosos en la cara adaxial, los tricomas pardo-anaranjados, las anteras c. 0.2 mm, libres o unidas justo en la base, glabras, la apertura de los lóculos apical, las glándulas c. 0.3 mm de alto, ampliamente oblongas, al parecer solo 3, por fusión de los pares adyacentes de cada estambre, glabras; hipanto 1-1.2 mm de profundidad, obcónico, densamente puberulento por fuera, los tricomas pardo-anaranjados a amarillentos, seríceo-tomentoso por dentro, los tricomas pardo-rojizos, el pistilo 1.6-1.8 mm, el estilo y el ápice del ovario pubescentes, el ovario 0.8-1.2 mm. Frutos (inmaduros) 19-23 × 15.5-16.5 mm, elipsoides; cúpula c. 16.5 × 18.5 mm, obcónica, escasamente lenticelada, en apariencia con triple margen, los bordes derivados de la base de los estambres (interno) y la orilla del receptáculo (externo), más las proyecciones gibosas, ligeramente acrescentes, de la base de los tépalos, el margen interno c. 1.6 mm de alto, erecto, el margen externo 2.2-2.5 mm de alto, erecto, el pedicelo continuo con la base de la cúpula, c. 3.5 mm de ancho en la base. Floración y fructificación feb. *Bosques húmedos siempreverdes*. CR (*Herrera & Chacón 2427*, XAL). c. 200 m. (Endémica).

Licaria gibbitepala se parece bastante a *L. tomentulosa*; ambas comparten las ramas jóvenes fistulosas, las hojas que alcanzan los 30 cm de longitud, las inflorescencias tomentulosas, las flores obovoides, crasas, coriáceas, los estambres fusionados al menos por los filamentos, y el pistilo pubescente. Las características que distinguen a *L. gibbitepala* son la presencia de hojas más bien obovadas a oblanceoladas, el indumento externo puberulento de los tépalos y la notoria base engrosada y protuberante de los mismos. Al momento no se conocen más colecciones de *L. gibbitepala* que la descrita aquí y pudiera ser que nuevas recolectas señalaran que se trata de una variante extrema de *L. tomentulosa*.

19. Licaria glaberrima (Lundell) C.K. Allen, *J. Arnold Arbor.* 26: 426 (1945). *Acrodiclidium glaberrimum* Lundell, *Lloydia* 4: 46 (1941). Isotipo: México, Chiapas, *Matuda 2981* (MICH!). Ilustr.: no se encontró. N.v.: Canelillo, Ch; laurel, G.

Licaria ibarrae (Lundell) Lundell, *Misanteca glaberrima* (Lundell) Lundell, *M. ibarrae* Lundell.

Árboles de hasta 20 m; ramas jóvenes glabras, lisas, café-rojizo oscuro con muy pocas lenticelas; yemas glabras. Hojas (6.5-)9-18(-24.5) × (2-)3.5-6(-8.2) cm, angostamente elípticas, a veces elípticas, ovadas o hasta lanceoladas, completamente glabras, la vena media plana en el haz, glabra, ligeramente elevada en el envés, las venas secundarias (7-) 9-11 pares, apenas perceptibles en el haz, planas, poco notorias en el envés, planas a ligeramente elevadas, la base aguda u obtusa, el ápice agudo a acuminado, a veces obtuso; pecíolo (7-)10-16(-20) mm, levemente acanalado adaxialmente, glabro. Inflorescencias 3-6(-13.5) cm, axilares a pequeñas brácteas deciduas en la base de brotes nuevos o en la axila de algunas hojas cerca del final de las ramas, paniculadas, glabras totalmente o pubescentes, sobre todo en los penúltimos y últimos ejes, los tricomas adpresos o ligeramente extendidos, amarillentos o pardo-amarillentos; pedúnculo 0.7-2(-4) cm, glabro o pubescente; pedicelos 1.5-4 mm, glabros o pubescentes. Flores amarillo-verdosas, tornándose rosadas muy pronto después de la antesis, elipsoides a obovoides; tépalos cóncavos, (ligeramente) inflexos, los tépalos externos 0.7-1 × 1.2-1.7 mm, ampliamente ovados a deprimido-ovados, apiculados, glabros, rara vez con algunos tricomas en la base por dentro, los internos 0.7-0.9 × 0.7-1.1 mm, ovados o ampliamente ovados, glabros, rara vez con algunos tricomas basales por dentro; estaminodios de los verticilos I y II presentes, aunque no siempre ambos, a veces los del verticilo I ausentes, cuando presentes 0.7-0.9 mm, ligulados, aplanados, glabros; estaminodios del verticilo II 0.4-0.8 mm, estipitiformes, glabros, los estambres del verticilo III 0.6-1.1 mm, libres, insertos, los filamentos glabros o escasamente pubescentes por los flancos en la cara adaxial y en la base en la cara abaxial, las anteras 0.2-0.3 mm, glabras, la apertura de los lóculos apical, las glándulas 0.4-0.6 mm, libres, aplanadas, por lo general más o menos cuadrangulares, a veces onduladas en su borde superior, glabras; hipanto 0.8-1.2 mm de profundidad, glabro o escasamente pubescente por fuera, y pubescente en el 1/2 superior por dentro, el pistilo 1.6-2.1 mm, glabro, el ovario 1-1.4 mm. Frutos 24-30 × 15-17.5 mm, elipsoides, negros al madurar; cúpula 8.5-12 × 14-16 mm, con doble margen, los márgenes 0.7-1.3 mm, erectos, semejantes, el pedicelo 5.5-7.5 × 5-6 mm en su parte distal y 2.5-3.5 mm en la base. Floración ene.-feb., abr.-may.; fructificación ene.-feb., may. *Bosques mesófilos de montaña, selvas bajas perennifolias, bosques lluviosos montanos*. Ch (*Solórzano 41*, XAL); G (*Lundell & Contreras 19796*, LL). 1600-2400 m. (Endémica).

Se propone aquí que *Licaria ibarrae* sea considerada sinónimo de *L. glaberrima*. La característica principal por la que *L. ibarrae* podría tomarse como una especie diferente radica en presentar los ejes de las inflorescencias pubescentes desde el pedúnculo al pedicelo floral; por lo demás, la morfología de los tipos de ambos nombres es bastante semejante. En particular, las flores de los tipos de *L. glaberrima* y *L. ibarrae* coinciden en presentar tépalos glabros por fuera, mayormente así por dentro, y los dos verticilos de estaminodios externos. No obstante, en algunas flores de las muestras de *Lundell & Contreras 19789* (LL, MEXU), los estaminodios del verticilo I no se desarrollan completos, al igual que sucede en recolectas posteriores a la descripción de *L. glaberrima* (*Lorea 5521*, XAL y *Solórzano 41*, MEXU) donde faltan también los estaminodios del verticilo I. Asimismo, los ejemplares de *Solórzano 41* (MEXU) presentan pedicelos florales escasamente pubescentes, con tricomas semejantes a los que se encuentran en el tipo de *L. ibarrae*.

20. Licaria gracilis Lorea-Hern., *Revista Mex. Biodivers.* 96(e965456) (2025). Holotipo: Panamá, *Aranda et al. 3912* (MO!). Ilustr.: Lorea-Hernández, *Revista Mex. Biodivers.* 96(e965456): t. 7, 9 arriba (2025).

Árboles al parecer pequeños, hasta 6 m; ramas jóvenes lisas, pardo oscuro, después pardo-rojizas, con una película grisácea evanescente, escasamente puberulentas, los tricomas en general menos de 0.1 mm, más o menos extendidos, glabras con la edad, escasamente lenticeladas; yemas glabras. Hojas 8.5-13 × 3.5-5.5 cm, elípticas a angostamente elípticas, la vena media ligeramente elevada en el haz, glabra, elevada en el envés, al principio escasamente pubérula, después glabra, las venas secundarias 5-7 pares, planas en el haz, glabras, ligeramente elevadas a planas en el envés, glabras, las superficies foliares glabras por el haz y el envés, aunque la inferior escasamente pubérula al principio, la base obtusa a cuneada, el ápice caudado, a veces solo acuminado; pecíolo (4-)8-11 mm, puberulento, pronto glabro, canaliculado por arriba. Inflorescencias 2.5-3.5 cm, axilares a las hojas y a pequeñas brácteas deciduas hacia la base de las ramas jóvenes, botrioides, parecidas a un racimo, con menos de 10 flores, glabras por completo o con algunos tricomas hacia el final del pedúnculo; pedúnculo 1.8-2 cm; pedicelos 3-4.5 mm, glabros. Flores obovoides, amarillo pálido; tépalos erectos, rectos a levemente encorvados en el 1/2 superior, ligeramente cóncavos, los externos c. 0.8 × 1.3 mm, muy ampliamente ovados a depreso-ovados, glabros por fuera, con algunos tricomas largos, ascendentes y adpresos en la base por dentro, los internos c. 0.5 × 0.8 mm, ovados a ampliamente ovados, glabros por fuera, por dentro como los externos, pero con tricomas más abundantes; estaminodios de los verticilos I y II ausentes, los estambres del verticilo III c. 0.7 mm, muy juntos pero libres, de contorno ampliamente ovado, los filamentos escasamente tomentulosos, las anteras c. 0.4 mm, tomentulosas abaxialmente en la base, tomentulosas adaxialmente a lo largo del área central, los lóculos laterales, oblicuos, las glándulas c. 0.4 mm, más o menos orbiculares, casi tocándose una con otra, glabras; hipanto c. 0.7 mm de profundidad, obcónico, glabro, el pistilo c. 1.7 mm, glabro, el ovario c. 0.8 mm. Frutos no conocidos. Floración may. *Bosques húmedos tropicales*. P (*Aranda et al. 3912*, MO). c. 400 m. (Endémica).

Licaria gracilis se distingue sobre todo por la combinación de algunos rasgos de su morfología floral, como el tener los tépalos erectos, las anteras relativamente grandes con lóculos que abren lateralmente de manera divergente y los estambres libres, aunque muy juntos. La inflorescencia de tipo botrioide también es distintiva.

21. Licaria guatemalensis Lundell, *Phytologia* 12: 243 (1965). Isotipo: Guatemala, *Contreras 4322* (MICH!). Ilustr.: no se encontró. N.v.: Laurel, G.

Licaria conoidea Lundell, *Misanteca conoidea* (Lundell) Lundell, *M. guatemalensis* (Lundell) Lundell.

Árboles 6-13(-20) m; ramas jóvenes glabras, a veces escasamente pubescentes, pero glabras con la edad, los tricomas 0.1-0.2 mm, rectos y adpresos. Hojas (8-)12-18(-25.5) × (2.5-)3.5-5(-7) cm, la vena media plana en el haz, glabra, levemente elevada en el envés, glabra o escasamente puberulenta, las venas secundarias 7-9(-11) pares, planas en el haz, glabras, planas o apenas elevadas en el envés, glabras, las superficies foliares glabras en ambas superficies, la base cuneada u obtusa, el ápice apiculado-acuminado o largamente acuminado; pecíolo 5-10 mm, glabro. Inflorescencias 1.5-3.5 cm, en ramas muy cortas axilares, botrioides; pedúnculo 0.7-2 cm, pubescente, los tricomas rectos, adpresos a ascendentes, amarillo-dorados, el raquis del mismo modo pubescente; pedicelos 1.5-2.5(-3.5) mm, pubescentes al igual que los otros ejes. Flores rosadas a rojizas, elipsoides; tépalos externos 0.9-1.2 × 0.9-1.2 mm, ampliamente ovados, fimbriolados, escasamente pubescentes en la base o totalmente glabros por fuera, glabros en la cara adaxial, los internos 0.8-1.2 × 0.8-1.1 mm, ovados o ampliamente ovados, glabros; estaminodios de los verticilos I y II ausentes, los estambres 1.1-1.3 mm, fusionados a todo lo largo, los filamentos hirsutos en la cara abaxial, seríceos en la cara adaxial, las anteras c. 0.7 mm, hirsutas en la cara abaxial, glabras o seríceas en la cara adaxial, la apertura de los lóculos apical, las glándulas 0.4-0.5 mm, cuadrangulares, aplanadas; hipanto 0.8-1 mm de profundidad, pubescente por fuera, glabro por dentro, el ovario 0.7-0.9 mm, glabro. Frutos 12-20 × 8.5-13 mm, elipsoides; cúpula (10-)12-15.5 × (11-)13-17.5 mm, cotiliforme, leñosa, roja, con doble margen, el interno hasta 2 mm de alto, liso, erecto, el externo hasta 2 mm de alto, vuelto hacia afuera, liso o ligeramente crenado, el pedicelo engrosado o muy engrosado y continuo con la cúpula. Floración abr.-jul., sep.; fructificación sep. *Bosques tropicales, bosques de galería, bosques de neblina*. Ch (*Heath & Long 24*, MEXU); G (*Contreras 4208*, MO); H (*Yuncker et al. 8716*, F). 250-800 m. (Endémica).

22. Licaria leonis Gómez-Laur. & A. Estrada, *Lankesteriana* 3: 5 (2002). Isotipo: Costa Rica, *Estrada & Binder 2085* (MO!). Ilustr.: Gómez-Laurito & Estrada, *Lankesteriana* 3: 6, t. 1 (2002).

Árboles 15-25 m; ramas jóvenes densamente seríceo-tomentosas, los tricomas 0.1-0.2(-0.3) mm, más bien persistentes, rectos y adpresos, amarillos a pardo-dorados. Hojas (12.5-)18-26(-30) × (3.5-)5-7(-9) cm, angostamente elípticas, la vena media plana a ligeramente hundida en el haz, glabra, en ocasiones pubescente en la base, elevada en el envés, serícea, glabrescente con la edad, los tricomas como en las ramas jóvenes, las venas secundarias 13-16 pares, planas en el haz, glabras, ligeramente elevadas en el envés, seríceas, glabrescentes con la edad, las superficies foliares glabras en el haz, seríceas en el envés, glabrescentes, los tricomas como en las ramas jóvenes, la base cuneada a largamente cuneada, el ápice acuminado, a veces agudo; pecíolo 10-15(-22) mm, 2-acostillado a alado en la cara adaxial, seríceo. Inflorescencias 5-7 cm, en la base de ramas jóvenes, paniculadas; pedúnculo (0.2-)1-2 cm, seríceo, al igual que todos los otros ejes; pedicelos 0.5-1.5(-2.5) mm, seríceos. Flores oblongas a obovadas, amarillas; tépalos externos 0.8-1 × 1.2-1.5 mm, ampliamente ovados, inflexos, seríceo-pubérulos por fuera, seríceos en el 1/2 inferior por dentro, los internos 0.5-0.7 × 0.5-0.7 mm, oblongos a ovados, inflexos, pubescentes como los externos; estaminodios de los verticilos I y II presentes, aunque vestigiales, c. 0.4 mm, angostamente oblongos o filiformes, a veces ausentes, los estambres del verticilo III 0.8-0.9 mm, unidos solo por sus filamentos, los filamentos tomentosos, las anteras 0.3-0.4 mm, insertas, glabras, la apertura de los lóculos apical, las glándulas c. 0.5 mm, oblongo-rectangulares, aplanadas, glabras; hipanto 0.9-1 mm de profundidad, seríceo-puberulento por fuera, densamente hirsuto por dentro, el pistilo c. 1.8 mm, glabro, el ovario c. 0.8 mm. Frutos (inmaduros), c. 8.5 × 13 mm, oblatos; cúpula c. 13 × 20 mm, oblata, encerrando por completo al fruto, coriácea, lenticelada, con doble margen, los márgenes c. 0.8 mm, lisos, el pedicelo engrosado. Floración feb.-mar.; fructificación ago.-oct. *Bosques, áreas de cultivos*. CR (*Estrada et al. 865*, F); P (*Aranda et al. 3926*, MO). 200-700 m. (Endémica).

23. Licaria minutiflora Lorea-Hern., *Revista Mex. Biodivers.* 96 (e965456) (2025). Holotipo: Costa Rica, *Herrera 500* (MO!). Ilustr.: Lorea-Hernández, *Revista Mex. Biodivers.* 96(e965456): t. 8, 9 abajo (2025).

Árboles hasta 20 m; tronco c. 30 cm de diámetro; ramas huecas, habitadas por hormigas, las ramas jóvenes glabras, lisas o ligeramente acostilladas, las costillas acrópetas, partiendo una a una de los extremos de la base del pecíolo de cada hoja, escasamente lenticeladas; yemas glabras. Hojas (11-)20-28(-34.5) × (3-)5-9(-13) cm, angostamente elípticas o angostamente ovadas, completamente glabras, la vena media plana o ligeramente elevada en el haz, elevada en el envés, las venas secundarias 9-12 pares, planas en el haz, ligeramente elevadas en el envés, la base aguda u obtusa, el ápice agudo, ligeramente apiculado; pecíolo (7-)15-20(-30) mm, glabro, bimarginado adaxialmente. Inflorescencias (6-)9-12(-15) cm, axilares a pequeñas brácteas deciduas, en la base de brotes jóvenes, terminales o axilares a las hojas, paniculadas, tomentulosas, los tricomas gris-amarillos a pardo-anaranjados, 0.1-0.2 mm; pedúnculo (0.5-)1.5-3(-4) cm, tomentuloso, glabrescente; pedicelos (1.2-)2.5-4(-6) mm, densamente tomentulosos, los tricomas como en los ejes menores. Flores obovoides o elipsoides, verde-amarillentas; tépalos externos 0.5-0.8 × 0.8-1 mm, ampliamente ovados, inflexos, densamente tomentulosos por fuera, los tricomas cubriendo casi o totalmente la superficie, glabros por dentro, los internos 0.5-0.7 × 0.5-0.6 mm, ovados, inflexos, densamente tomentulosos por fuera, glabros por dentro; estaminodios de los verticilos I y II ausentes, los estambres del verticilo III 0.5-0.6 mm, libres o apenas unidos en la base de los filamentos, los filamentos tomentosos en la base en la cara abaxial, glabros o con algunos tricomas a lo largo de la parte media en la cara adaxial, las anteras c. 0.2 mm, glabras, la apertura de los lóculos apical, las glándulas c. 0.2 mm, libres, redondeadas; hipanto 0.6-0.8 mm de profundidad, obcónico, densamente tomentuloso por fuera, seríceo en el 1/2 superior por dentro, los tricomas amarillentos a rojizos, el pistilo c. 1.4 mm, pubescente en la parte superior del ovario y el estilo, el ovario 0.8-1 mm. Frutos c. 19.5 × 15-16.5 mm, elipsoides; cúpula 15-16 × 18-20 mm, urceolada, lenticelada, con doble margen conspicuo, el interno 1.2-1.5 mm de alto, el externo 1-1.2 mm, el pedicelo 6.5-9 mm, continuo con la cúpula, 2.8-3.6 mm en la base. Floración feb., abr.; fructificación ago. (fruto inmaduro). *Bosques lluviosos tropicales, potreros*. CR (*Bello 784*, XAL). 200-1000 m. (Endémica).

Licaria minutiflora es cercana a *L. pergamentacea*, ya que comparte con ella la presencia de ramas lisas a ligeramente acostilladas, hojas angostamente elípticas de hasta más de 30 cm, inflorescencias conspicuamente pubescentes y flores con tépalos densamente pubescentes por fuera. No obstante, con base en la presencia de ramas fistulosas, yemas vegetativas glabras, hipanto pubescente por dentro, así como el ápice del ovario y el estilo pubescentes, se considera que *L. minutiflora* reúne rasgos morfológicos que sostienen su distinción taxonómica a nivel específico.

24. Licaria multinervis H.W. Kurz, *Mitt. Inst. Allg. Bot. Hamburg* 28/29: 203 (2000). Holotipo: Costa Rica, *León 1104* (MO!). Ilustr.: Kurz, *Mitt. Inst. Allg. Bot. Hamburg* 28/29: 204, t. 55 (2000). N.v.: Quina, CR.

Árboles 15-20(-35) m; ramas jóvenes seríceas, los tricomas 0.3-0.5 mm, pardo-dorados, rectos, adpresos a ascendentes, persistentes al menos en parte en las ramas viejas. Hojas (5.5-)7-12(-16) × (1-)2-3 (-3.5) cm, angostamente elípticas, la vena media hundida en el haz, glabra, elevada en el envés, serícea, los tricomas pardo-dorados, las venas secundarias (10-)12-15 pares, planas en el haz, glabras, casi plano-elevadas en el envés, seríceas, las superficies foliares seríceas en el haz cuando jóvenes, glabras muy pronto, seríceas en el envés, a veces glabrescentes, los tricomas rectos, adpresos, la base cuneada, a veces obtusa, el ápice acuminado; pecíolo (5-)7-9(-11) mm, seríceo, los tricomas como en las ramas jóvenes. Inflorescencias 1.5-3.5 cm, en la base de ramas jóvenes, cimoso-paniculadas; pedúnculo 0.5-1 cm, seríceo-velloso, el raquis con las mismas características; pedicelos 0.4-0.7 mm, seríceo-vellosos. Flores oblongas; tépalos externos c. 0.9 × 0.9 mm, ampliamente ovados, erectos, ligeramente cóncavos, fimbriolados, tomentulosos por dentro, glabros o escasamente seríceos en la base por fuera, los internos c. 0.7 × 0.4 mm, ovados, erectos, ligeramente cóncavos, fimbriolados, tomentulosos por fuera, glabros por dentro; estaminodios de los verticilos I y II ausentes, los estambres del verticilo III 1.2-1.4 mm, débilmente unidos por los filamentos, casi libres, los filamentos hirsutos, las anteras c. 0.6 mm, visibles entre los tépalos, ligeramente exertas, glabras, la apertura de los lóculos en la cara abaxial de las anteras, las glándulas c. 0.5 mm, claviformes; hipanto 0.9-1.1 mm de profundidad, tomentuloso por fuera, seríceo a hirsuto por dentro, el ovario 0.6-0.8 mm. Frutos (inmaduros) 7.5-10 × 6-8 mm, elipsoides; cúpula 6.5-8.5 × 6-10 mm, cotiliforme, roja, el margen aparentemente simple, el pedicelo 3.5-4 × 1.5-2 mm, engrosado. Floración may.-jun.; fructificación may., oct. *Bosques de galería*. Ch (*Ton 8289*, XAL); N (*Stevens 31531*, MO); CR (*Hammel et al. 17335*, F). 300-800(-1200) m. (Endémica).

25. Licaria nitida van der Werff, *Harvard Pap. Bot.* 14: 155 (2009). Isotipo: Panamá, *Espinosa et al. 541* (MO!). Ilustr.: van der Werff, *Harvard Pap. Bot.* 14: 154, t. 8C-D (2009b).

Árboles hasta 15 m; ramas jóvenes glabras, pardo-grisáceas, sin lenticelas, fistulosas más tarde al ser habitadas posiblemente por hormigas. Hojas (12.5-)16-22(-26.5) × (4-)5.5-7(-8) cm, angostamente elípticas, pocas veces ovadas, completamente glabras, la vena media plana en el haz, elevada en el envés, las venas secundarias 9-11(-15) pares, planas en el haz, ligeramente elevadas en el envés, la base cuneada, a veces obtusa o redondeada, el ápice ligeramente acuminado o agudo; pecíolo (14.5-)19-27.5 mm, glabro, canaliculado adaxialmente Inflorescencias 3.5-6 cm, axilares a pequeñas brácteas deciduas en la base de los brotes nuevos o axilares a las hojas, cimoso-paniculadas, con las flores aglomeradas en el extremo de las últimas divisiones; pedúnculo 0.8-2.8 cm, glabro; pedicelos (1.5-)2-3 mm, glabros. Flores verde pálido, angostamente oblongas u oblanceoladas; tépalos externos 0.4-0.6 × 0.5-0.6 mm, erectos, ampliamente ovados, glabros, los internos 0.3-0.5 × 0.3-0.5 mm, erectos, ovados, glabros, todos diminutamente erosos; estaminodios de los verticilos I y II ausentes, los estambres del verticilo III c. 0.9 mm, unidos a lo largo de sus filamentos o hasta la base de las anteras, los filamentos pubescentes, las anteras c. 0.6 mm, glabras, exertas, la apertura de los lóculos en la cara abaxial de las anteras, las glándulas c. 0.4 mm, las de cada par adyacente fusionadas formando solo 3 cuerpos subcuadrangulares, glabras; hipanto 0.7-0.9 mm de profundidad, glabro, el ovario c. 0.8 mm. Frutos c. 13 × 10 mm, elipsoides u ovoides; cúpula c. 8.5 × 11 mm, el pedicelo c. 2 × 1.3 mm. Floración mar., jun.; fructificación mar.-abr. *Bosques húmedos tropicales, bosques residuales*. CR (*Morales 4384*, XAL); P (*Espinosa et al. 541*, PMA). 0-1200 m. (Endémica).

26. Licaria ochracea Lorea-Hern., *Revista Mex. Biodivers.* 96 (e965456) (2025). Holotipo: Nicaragua, *Vincelli 756* (MO!). Ilustr.: Lorea-Hernández, *Revista Mex. Biodivers.* 96(e965456): t. 10, 12 arriba (2025).

Árboles hasta 22 m; ramas jóvenes lisas, después ligeramente estriadas, densamente tomentosas, los tricomas 0.1-0.2 mm de largo, persistentes, inicialmente pardo-amarillentos, después grisáceos, escasa e imperceptiblemente lenticeladas; yemas tomentosas. Hojas 12.5-18.5 × (2.5-)3.5-4.5 cm, angostamente elípticas, la vena media plana en el haz, glabra, ligeramente elevada por el envés, tomentosa, los tricomas como en las ramas jóvenes, las venas secundarias (9)10-13 pares, planas en el haz, glabras, levemente elevadas en el envés, tomentosas, la superficie foliar glabra en el haz, tomentosa en el envés, los tricomas de 2 tipos, unos sinuados, abundantes, adpresos a más o menos extendidos, otros, los menos abundantes, rectos, adpresos, la base angostamente cuneada, el ápice acuminado; pecíolo (10-)15-20 mm, inicialmente tomentoso, glabrescente, acanalado por la cara superior. Inflorescencias (7-)10-18 cm, axilares a las hojas o con menor frecuencia terminales, cimoso-paniculadas, las flores aglomeradas en el extremo de las últimas divisiones, densamente tomentosas, los tricomas como en las ramas jóvenes; pedúnculo 0.2-1.5(-3.5) cm; pedicelos (1-)1.5-2 mm, tomentosos. Flores angostamente oblongas; tépalos erectos, cóncavos, los externos 1-1.3(-1.5) × (1-)1.1-1.3 mm, ampliamente ovados, tomentosos por fuera, glabros por dentro, excepto por algunos tricomas largos en la base y hacia el centro, los internos 1-1.1(-1.4) × 0.8-0.9 mm, ovados, con un patrón de pubescencia semejante a los externos; estaminodios de los verticilos I y II ausentes, los estambres del verticilo III 3-3.3(-3.8) mm, unidos a lo largo de sus filamentos o hasta la base de las anteras, pero separables con facilidad, los filamentos tomentosos, las anteras 0.9-1.1 mm, libres, glabras, exertas por completo, la apertura de los lóculos en la cara abaxial de las anteras, las glándulas 0.7-0.8 mm, libres, oblanceoladas, glabras, claramente pediceladas, el pedicelo pubescente; hipanto 1.2-1.3(-1.6) mm de profundidad, prolongado c. 0.3 mm más allá del punto de inserción de los estambres, tomentoso por fuera, densamente hirsuto-tomentoso por dentro, los tricomas pardo-dorados, el pistilo 3.6-3.9 mm, escasamente pubescente, al menos con algunos tricomas en el 1/2 superior del ovario y/o en el 1/2 basal del estilo, los tricomas adpresos, el ovario 0.9-1.1 mm. Frutos no conocidos. Floración jul. *Bosques premontanos tropicales*. N (*Vincelli 756*, MO). c. 1300 m. (Endémica).

Licaria ochracea se conoce solo del tipo. El material fue considerado por Kurz como parte de la variación morfológica que abarca *L. multinervis*. No obstante, la posición y estructura de las inflorescencias son muy diferentes en *L. ochracea*, ya que son axilares a las hojas o terminales, con un raquis que llega hasta los 15 cm y 9-12 ejes secundarios, en tanto que en *L. multinervis* las inflorescencias son axilares a brácteas deciduas en la parte proximal de las ramas jóvenes, su raquis no sobrepasa los 3 cm y tienen hasta 4 ejes secundarios. También hay diferencias en las flores; en *L. ochracea*, las anteras son exertas por completo, incluso hasta 0.5 mm de los filamentos, las glándulas son pediceladas y el hipanto claramente se proyecta más allá de la inserción de los estambres, en tanto que en *L. multinervis* las anteras son apenas exertas, las glándulas no son pediceladas y el hipanto acaso llega a extenderse c. 0.1 mm más allá de la inserción de los estambres. Además, la pubescencia que cubre la superficie de estas plantas es distinta, como se nota particularmente en el envés de las hojas; mientras *L. multinervis* presenta solo tricomas de tipo seríceo, *L. ochracea* tiene de manera predominante tricomas sinuosos, más o menos adpresos, al mismo tiempo que algunos tricomas seríceos.

27. Licaria peckii (I.M. Johnst.) Kosterm., *Recueil Trav. Bot. Néerl.* 34: 597 (1937). *Misanteca peckii* I.M. Johnst., *Contr. Gray Herb.* 70: 70 (1924). Holotipo: Belice, *Peck 826* (GH!). Ilustr.: no se encontró. N.v.: Canelillo, T; cacawché, laurelillo, tzots-ni, Ch; laurel peludo, pimientillo, C; bastard oak, laurel, B; laurel, senk-cul, zosni, G.

Acrodiclidium peckii (I.M. Johnst.) Lundell, *Chanekia peckii* (I.M. Johnst.) Lundell.

Árboles o arbustos (2-)7-20(-25) m; ramas jóvenes densamente piloso-vellosas, los tricomas 0.5-0.8 mm, rectos y erectos, pardo-dorados. Hojas (6-)9-15(-20.5) × (2-)3.5-5(-7) cm, elípticas o angostamente elípticas, rara vez oblanceoladas, la vena media marcada a ligeramente hundida en el haz, pubescente, elevada en el envés, piloso-vellosa, los tricomas como en las ramas jóvenes, las venas secundarias (6)7-9 pares, levemente marcadas en el haz, pubescentes al menos en el 1/2 inferior, ligeramente elevadas en el envés, escasamente piloso-vellosas, las superficies foliares pubescentes en el haz cuando jóvenes, pronto glabrescentes, piloso-vellosas en el envés, los tricomas como en las ramas jóvenes, la base cuneada, a veces obtusa, el ápice agudo a acuminado; pecíolo (7-)9-11(-13) mm, piloso-velloso. Inflorescencias (2-) 3.5-5.5(-8) cm, en la base de ramas jóvenes o en ramas axilares muy cortas, botrioides, a veces en panículas muy reducidas; pedúnculo (1.5-)2-4.5(-6.5) cm, piloso-velloso, el raquis con las mismas características; pedicelos (1-)1.5-3(-4.5) mm, vellosos, a veces solo en el 1/2 proximal. Flores blancas, amarillo pálido, amarillo-verdoso pálido, rosadas al final de la antesis, deprimido-obovoides; tépalos externos 0.6-0.9 × 1.6-2.2 mm, deprimido-ovados, fuertemente inflexos, glabros por fuera, glabros o escasamente seríceos por dentro, los internos 0.6-0.9 × 0.7-0.8 mm, ovados, inflexos, glabros por fuera, glabros o escasamente seríceos por dentro; estaminodios de los verticilos I y II ausentes, los estambres del verticilo III 0.6-0.8 mm, fusionados a todo lo largo, los filamentos glabros o pilosos, las anteras c. 0.3 mm, glabras, la apertura de los lóculos apical, las glándulas c. 0.5 mm, cuadrangulares, libres o fusionadas en diverso grado; hipanto c. 0.8 mm de profundidad, glabro por fuera o a veces escasamente velloso en la base, glabro por dentro, el ovario 0.5-0.7 mm. Frutos (13-)17-20(-22.5) × 9.5-12(-15) mm, elipsoides, negro-morados al madurar; cúpula (6-)8-11(-12.5) × 10.5-13(-15.5) mm, crateriforme, leñosa, roja, lisa, con doble margen, el externo erecto o vuelto hacia afuera, liso o rara vez ligeramente crenado, el interno de hasta 3.5 mm de alto, erecto, liso, el pedicelo 4-6 × 3.5-7 (en el ápice), 2.5-4 mm (en la base), muy engrosado, a veces indistinguible de la base del fruto. Floración nov.-jun.; fructificación ene.-jun., oct., dic. *Bosques tropicales perennifolios, selvas altas perennifolias, selvas medianas subperennifolias y subcaducifolias, bosques mesófilos de montaña, vegetación riparia, acahuales, en patios caseros*. T (*Leija & Hernández 277*, ENCB); Ch (*Davidse et al. 20418*, MO); C (*Carnevali et al. 6192*, F); QR (*Téllez & Cabrera 2437*, MEXU); B (*Bartlett 13072*, US); G (*Contreras 9449*, DS). (50-) 200-800(-1700?) m. (México [Oaxaca, Veracruz], Mesoamérica).

28. Licaria pergamentacea W.C. Burger, *Fieldiana, Bot.* n.s. 23: 50 (1990). Holotipo: Costa Rica, *Allen 5950* (F). Ilustr.: Burger & van der Werff, *Fieldiana, Bot.* n.s. 23: 29, t. 16 (1990).

Árboles o arbustos (4-)10-20(-30) m; ramas jóvenes densamente pubescentes, los tricomas 0.1-0.2(-0.3) mm, mayormente rectos y adpresos, hasta patentes y sinuosos, por lo general más bien persistentes, blanquecinos a pardo-amarillentos; yemas vegetativas pubescentes (seríceas). Hojas (11.5-)18-27(-32.5) × (3-)5-7.5(-9) cm, angostamente elípticas, a veces elípticas, la vena media ligeramente elevada en el haz, glabra, elevada en el envés, pubescente, glabrescente, los tricomas rectos y adpresos, las venas secundarias (8-)12-15 pares, glabras, muy ligeramente elevadas a planas en el haz, ligeramente elevadas en el envés, a veces escasamente pubescentes en la base, los tricomas semejantes a los de la vena media, las superficies foliares glabras en el haz, glabras o casi glabras en el envés, la base obtusa a redondeada, rara vez cuneada, el ápice acuminado; pecíolo (6-)8-12(-14) mm, pubescente, los tricomas como en las ramas jóvenes. Inflorescencias 3.5-7.5 cm, en la base de ramas nuevas, paniculadas; pedúnculo 1-3.5 cm, densamente pubescente, los tricomas como en las ramas jóvenes; pedicelos (0.5) 1.5-3(-4.5) mm, densamente pubescentes. Flores crema, oblongas; tépalos externos 0.6-0.7 × 0.8-0.9 mm, ampliamente ovados, ligeramente inflexos, sobre todo hacia el ápice, pubescentes por fuera, glabros o con algunos tricomas en la base por dentro, los internos 0.4-0.5 × c. 0.5 mm, ampliamente elípticos, erectos o ligeramente inflexos, pubescentes por fuera, glabros o con algunos tricomas en la base por dentro; estaminodios de los verticilos I y II ausentes, estambres del verticilo III c. 0.5 mm, libres, los filamentos glabros, las anteras c. 0.4 mm, glabras, insertas, la apertura de los lóculos apical, las glándulas c. 0.2 mm, cuadrangulares; hipanto 0.5-0.6 mm de profundidad, pubescente por fuera, glabro o parcialmente pubescente por dentro, el ovario 0.4-0.5 mm, glabro. Frutos 26-28.5 × 17-19 mm, elipsoides; cúpula 12-14 × 19-21 mm, crateriforme, lenticelada, leñosa, con doble margen, el interno hasta 0.8 mm de alto, erecto, liso, el externo hasta 0.6 mm de alto, erecto a patente, liso, el pedicelo 2-3.5 × 2.8-3.2 mm. Floración feb.-mar., may.; fructificación ago.-oct. *Bosques lluviosos tropicales, bosques alterados*. CR (*Burger et al. 12366*, F). 50-350 m. (Endémica).

Licaria pergamentacea es muy parecida a *L. minutiflora*, pero difiere de esta por presentar ramas sólidas, yemas vegetativas pubescentes (seríceas), hojas con el pecíolo y la vena media pubescentes por el envés, y el pistilo glabro. Hasta ahora, todos los especímenes conocidos de *L. pergamentacea* provienen de la península de Osa y zonas aledañas, pero es posible que se encuentre también en Panamá, en áreas cercanas al Puerto Armuelles, en la provincia de Chiriquí.

29. Licaria rufotricha Lorea-Hern., *Revista Mex. Biodivers.* 96 (e965456) (2025). Holotipo: Panamá, *Mori & Kallunki 4977* (MO!). Ilustr.: Lorea-Hernández, *Revista Mex. Biodivers.* 96(e965456): t. 11, 12 abajo (2025).

Árboles hasta 12 m; ramas jóvenes lisas o imperceptiblemente acostilladas, las costillas acrópetas, partiendo una a una de los extremos de la base del pecíolo de cada hoja, lenticeladas, grisáceas, densamente puberulentas, glabras con la edad, los tricomas c. 0.05 mm, erectos o más o menos adpresos, blanquecinos; yemas al parecer glabras. Hojas (14.5-)16.5-20(-23) × 4-5.5(-9) cm, elípticas o angostamente elípticas, la vena media plana o ligeramente elevada en el haz, densamente puberulenta al principio, luego glabrescente a glabra, ligeramente elevada en el envés, densamente puberulenta, los tricomas como en las ramas jóvenes, las venas secundarias 6-7 pares, planas en ambas superficies, poco notorias por el envés, densamente puberulentas al principio, con la edad glabras en el haz, las superficies foliares densamente puberulentas en el haz cuando jóvenes, glabras con la edad, puberulentas en el envés, los tricomas como en las ramas jóvenes, la base cuneada, a veces obtusa o angostamente cuneada, el ápice acuminado; pecíolo 10-13(-17) mm, levemente acanalado adaxialmente, puberulento, los tricomas como en las ramas jóvenes. Inflorescencias (3-)5-8(-10.5) cm, axilares a pequeñas brácteas en la base de ramas jóvenes o en la axila de las hojas nuevas, paniculadas; pedúnculo (2-)3.5-5.5(-7.2) cm, densamente puberulento en los ejes principales, glabrescente hacia los ejes menores; pedicelos 2-3.5(-4.6) mm, glabros o escasamente pubérulos. Flores obovoides u obcónicas, amarillo pálido; tépalos externos 1-1.2 × 2-2.4 mm, ampliamente ovados, inflexos, glabros por fuera, hirsuto-seríceos por dentro, los tricomas pardo-rojizos, los internos 0.8-1 × 0.8-0.9 mm, ovados o elípticos, inflexos, glabros por fuera, generalmente hirsutos en su mayor parte por dentro, la pubescencia sobresaliendo por el margen de los tépalos dando la apariencia de que están fimbriados, los tricomas pardo-rojizos; estaminodios de los verticilos I y II ausentes, los estambres del verticilo III 0.6-0.7 mm, unidos en toda su extensión, los filamentos hirsuto-pubescentes, los tricomas pardo-rojizos, las anteras c. 0.2 mm, pubescentes, excepto alrededor del margen de la boca de los lóculos, los cuales son apicales, los tricomas semejantes a los de los filamentos, las glándulas c. 0.4 mm, libres, redondeadas a oblatas, glabras; hipanto 0.8-0.9 mm de profundidad, glabro por fuera, a veces escasamente pubérulo, hirsuto por dentro, los tricomas como los de los filamentos, el pistilo 1.7-2 mm, el ovario c. 0.8 mm, con algunos tricomas hacia la parte apical, los tricomas blanquecinos. Frutos no conocidos. Floración mar. *Bosques lluviosos premontanos*. P (*Mori & Kallunki 4977*, MO). c. 750 m. (Endémica).

Hay varios caracteres que distinguen a *Licaria rufotricha* del resto de las especies de *Licaria* de Mesoamérica con flores glabras por fuera y los tépalos notoriamente inflexos; la combinación de hojas pubérulas en el envés; tépalos glabros por fuera, pero cubiertos por tricomas pardo-rojizos por dentro, al igual que los estambres e interior del hipanto, es específica.

30. Licaria sarapiquensis Hammel, *J. Arnold Arbor.* 67: 124 (1986). Isotipo: Costa Rica, *Hammel 8663* (MO!). Ilustr.: Hammel, *J. Arnold Arbor.* 67: 125, t. 1 (1986).

Árboles hasta 20 m; ramas jóvenes glabras o escasamente pubérulas, glabras con la edad; yemas glabras. Hojas (8.5-)12-17(-20) × (2.5-)3.5-5.5(-7) cm, elípticas a angostamente elípticas, a veces lanceoladas, completamente glabras, la vena media ligeramente elevada a plana en el haz, elevada en el envés, las venas secundarias 3-6 pares, planas o apenas elevadas en el haz, ligeramente elevadas en el envés, la base aguda, rara vez obtusa, el ápice por lo general largamente acuminado, el acumen hasta 3 cm; pecíolo (4-)6-9.5(-12) mm, glabro, ligeramente acanalado adaxialmente. Inflorescencias 2.5-4(-5) cm, axilares a pequeñas brácteas deciduas en la parte basal de las ramas nuevas, a veces axilares a las hojas, cimoso-paniculadas o racemosas, paucifloras, no más de 12 flores, glabras por completo; pedúnculo (0.6)1.8-2.5 cm. Flores elipsoides, verde-amarillentas; tépalos erectos, ligeramente cóncavos, los externos c. 0.5-0.6 × 0.4-0.5 mm, ovados, glabros en ambas caras, los internos de tamaño similar, ovados, glabros; estaminodios de los verticilos I y II c. 0. 4 mm, ovados, semejantes a los tépalos, glabros, los estambres del verticilo III c. 0.6 mm, libres, los filamentos glabros, las anteras c. 0.2 mm, glabras, las glándulas c. 0.2 mm, oblongas; hipanto c. 0.5 mm de profundidad, glabro en ambas caras; pistilo c. 1 mm, glabro, el ovario c. 0.5 mm. Frutos 16-20 × 8-13 mm, elipsoides; cúpula c. 12 × 12-16 mm. Floración abr.-may.; fructificación nov. *Bosques tropicales húmedos*. CR (*Hammel 12235*, F). 50-500(-800) m. (Endémica).

Es pertinente aclarar que los datos morfométricos que aquí se presentan de las estructuras florales están basados sólo en las flores del isotipo en MO. Lamentablemente, debido a problemas logísticos, no se pudo tener acceso a otras muestras de la especie con flores. De ahí que haya en algunos datos una discrepancia amplia con lo que se reporta en la literatura taxonómica previa a esta revisión. Cabe señalar que el isotipo en MO presenta principalmente flores aún incompletamente maduras.

31. Licaria sarukhanii Lorea-Hern., *Revista Mex. Biodivers.* 96 (e965456) (2025). Holotipo: México, Chiapas, *Lorea 5522* (XAL!). Ilustr.: Lorea-Hernández, *Revista Mex. Biodivers.* 96(e965456): t. 13, 15 arriba (2025). N.v.: Canelillo, Ch.

Árboles hasta 20 m; ramas jóvenes glabras, ligeramente acostilladas, las costillas acrópetas, partiendo una a una de los extremos de la base del pecíolo de cada hoja, grisáceas a pardo grisáceas, inicialmente con pocas lenticelas; yemas glabras o pubescentes hacia el ápice de las brácteas. Hojas (12.5-)20-32(-37) × (5-)7-10(-11.5) cm, angostamente elípticas, rara vez oblanceoladas, completamente glabras, la vena media levemente hundida en el haz, elevada en el envés, las venas secundarias (12-)14-18 pares, planas en el haz, ligeramente elevadas en el envés, la base obtusa o aguda, el ápice acuminado, en ocasiones agudo; pecíolo (11-)13-17(-20) mm, ligeramente bimarginado, glabro. Inflorescencias 12-22 cm, terminales, paniculadas; pedúnculo 0.2-0.4 cm, tomentoso, el resto de los ejes con igual tipo de pubescencia, pronto glabrescentes, excepto en la base de las divisiones, los tricomas 0.3-0.6 mm, grises o gris-amarillentos, extendidos o reclinados; pedicelos (3-)5-8(-10.5) mm, glabros o escasamente tomentosos, los tricomas como en los otros ejes. Flores ampliamente elipsoides, verde pálido; tépalos externos 0.8-0.9 × 1.8-2 mm, muy ampliamente ovados, cóncavos e inflexos, tomentosos en el 1/2 basal y pubescente-papilosos en el 1/2 distal por fuera, glabros o con algunos tricomas basales por dentro, los internos 0.7-0.9 × 0.4-0.8 mm, ovados, ligeramente cóncavos e inflexos, pubescentes de manera semejante a los externos por fuera, aunque menos papilosos, glabros por dentro; estaminodios de los verticilos I y II ausentes, los estambres del verticilo III 0.7-0.9 mm, unidos por los filamentos, los filamentos más o menos tomentoso-pubescentes a lo largo de su parte central, adaxial y abaxialmente, los tricomas rectos o ligeramente sinuosos, pardo-amarillentos, las anteras 0.2-0.4 mm, glabras, la apertura de los lóculos apical, las glándulas c. 0.4 mm, oblongas, aplanadas, a veces muy reducidas o ausentes, glabras o tomentosas en la base en la cara abaxial; hipanto c. 1 mm de profundidad, densamente tomentoso por fuera, los tricomas c. 0.3 mm, ondulados, pardo-amarillentos, seríceo-tomentoso por dentro, los tricomas más o menos rectos, pardo-amarillentos, el pistilo 1.3-1.6 mm, el estilo pubescente, el ovario 0.8-1.2 mm. Frutos 27-30 × 17-18 mm, elipsoides; cúpula 15-17.5 × 18-19.5 mm, urceolada, con doble margen, los márgenes apenas distinguibles, erectos, c. 0.5 mm de alto, el pedicelo 4-5 × 3.5-4.6 mm. Floración feb., abr.; fructificación feb.-mar. *Bosques mesófilos de montaña, bosques de neblina*. Ch (*Solórzano 67*, MEXU). 1850-2000 m. (Endémica).

Las panículas grandes tomentosas, con flores pubescentes ampliamente elipsoides a obloides, además de las hojas largas y angostamente elípticas que presentan *Licaria breedlovei* y *L. sarukhanii*, las hacen ver bastante parecidas. No obstante, las características que se mencionan en los comentarios sobre *L. breedlovei* las separan sin mayores problemas. Adicionalmente, se pueden señalar también las diferencias en la base de la lámina foliar y la longitud de los pedicelos florales; en tanto *L. breedlovei* presenta la base de la hoja vaginante y los pedicelos cortos (0.5-1.2[-2.5] mm), *L. sarukhanii* presenta las bases de las hojas planas y los pedicelos conspicuamente más largos (de 5-8 y hasta 10.5 mm).

32. Licaria tomentulosa Lorea-Hern., *Revista Mex. Biodivers.* 96 (e965456) (2025). Holotipo: Costa Rica, *Herrera 2165* (MO!). Ilustr.: Lorea-Hernández, *Revista Mex. Biodivers.* 96(e965456): t. 14, 15 abajo (2025).

Árboles de hasta 25 m; tallos 50 cm de diámetro; ramas huecas, habitadas por hormigas, las ramas jóvenes lisas o ligeramente estriadas, glabras, pardo-grisáceas, con pocas lenticelas; yemas vegetativas glabras. Hojas (22-)25-30(-34) × (6-)8-10(-12) cm, angostamente elípticas a elípticas, completamente glabras, la vena media plana a ligeramente elevada en el haz, elevada en el envés, las venas secundarias (9-)11-13 pares, planas en el haz, apenas elevadas en el envés, la base obtusa a redondeada, el ápice agudo a cortamente acuminado; pecíolo (14-)17-22(-24) mm, bimarginado en la cara adaxial, glabro. Inflorescencias 6.5-9.5(-13.5) cm, axilares a diminutas brácteas deciduas de ramas muy cortas en la axila de las hojas, paniculadas; pedúnculo 2.5-4 cm, tomentuloso, glabrescente, los tricomas pardo-amarillentos, rectos o ligeramente sinuosos, extendidos a casi adpresos, los otros ejes con pubescencia similar; pedicelos (1-)2-3.5 mm, densamente tomentuloso, los tricomas de aspecto similar a los del pedúnculo. Flores amarillo-verdosas, obovoides, crasas, coriáceas; tépalos externos 0.7-1 × 1.4-1.7 mm, ampliamente ovados, inflexos, cóncavos, densamente tomentulosos por fuera, los tricomas cubriendo casi o totalmente la superficie, con bandas tomentosas marginales de tricomas pardo-rojizos y algunos tricomas largos adpresos en la base por dentro, los internos 0.6-0.9 × 0.8-0.9 mm, ovados, ligeramente conduplicados, densamente tomentulosos por fuera, ligeramente tomentosos hacia los márgenes por dentro; estaminodios de los verticilos I y II ausentes, los estambres del verticilo III 0.8-1.1 mm, fusionados a todo lo largo, los filamentos tomentosos en el 1/2 basal de la cara abaxial, densamente tomentosos en toda la cara adaxial, los tricomas pardo-rojizos, las anteras c. 0.2 mm, glabras abaxialmente, densamente tomentosas adaxialmente, los tricomas semejantes a los de los filamentos, la apertura de los lóculos apical, las glándulas 0.3-0.4 mm de alto, por lo general las de los pares adyacentes fusionadas o parcialmente libres, oblongas o, si fusionadas, transversalmente oblongas, glabras; hipanto 1-1.2 mm de profundidad, densamente tomentuloso por fuera, los tricomas semejantes a los del pedicelo, tomentuloso por dentro, a veces solo en el 1/2 superior, los tricomas pardo-amarillentos o principalmente pardo-rojizos, el pistilo 2-2.3 mm, el estilo y el ápice del ovario pubescentes, el ovario 1.1-1.4 mm. Fruto (inmaduro) c. 13 × 13 mm, globoso; cúpula 13-14 × 17-18 mm, lenticelada, con doble margen, el interno 0.7-1 mm de alto, erecto, el externo 0.5-0.7 mm de alto, erecto a ligeramente extendido, el pedicelo 4-6 × 3-4 mm en su extremo distal, c. 2 mm en la base. Floración ago., oct.; fructificación jul. *Bosques tropicales perennifolios*. CR (*Herrera 4115*, XAL). 100-1000 m. (Endémica).

Los ejemplares que se han reunido bajo este nombre se diferencian de los que se ubican en *Licaria breedlovei*, *L. brenesii*, *L. excelsa*, *L. minutiflora*, *L. pergamentacea* o *L. sarukhanii* -que son especies con las ramas ligera a fuertemente acostilladas y con las hojas que generalmente alcanzan los 30 cm de longitud- se caracterizan por presentar las ramas fistulosas, las inflorescencias densamente pubescentes, las flores obovoides con tépalos densamente tomentulosos por fuera, los estambres fusionados a todo lo largo, el hipanto tomentuloso por dentro, y el estilo y el ápice del ovario pubescentes.

33. Licaria triandra (Sw.) Kosterm., *Recueil Trav. Bot. Néerl.* 34: 588 (1937). *Laurus triandra* Sw., *Prodr.* 65 (1788). Lectotipo (primer paso designado por Kostermans, 1937; segundo paso designado por Rohwer, 2014): Jamaica, *Swartz s.n.* (S-[nr] S-R-3173, imagen en Internet!). Ilustr.: Rohwer, *Fl. Repúbl. Cuba, ser. A, Pl. Vasc.* 19(2): 34, t. 7 (2014).

Acrodiclidium cervantesii (Kunth) Lundell, *A. triandrum* (Sw.) Lundell, *Laurus cervantesii* Kunth, *Licaria cervantesii* (Kunth) Kosterm., *L. nayaritensis* (Lundell) Lundell, *L. pittieri* (Mez) C.K. Allen, *L. tikalana* (Lundell) Lundell, *Misanteca cervantesii* (Kunth) Lundell, *M. costaricensis* I.M. Johnst., *M. jurgensenii* Mez, *M. nayaritensis* Lundell, *M. pittieri* Mez, *M. tikalana* Lundell, *M. triandra* (Sw.) Mez.

Árboles hasta 20 m; corteza principal lisa, pero con muchas lenticelas, pardo-grisácea; ramas jóvenes lisas, pardo-rojizas, inicialmente puberulentas, los tricomas 0.1-0.2 mm, rectos, inclinados, translúcidos, muy pronto glabras, con escasas lenticelas pequeñas; yemas glabras o escasa a densamente adpreso-pubescentes, sobre todo en el 1/2 distal. Hojas (6-)12-18(-24) × (3-)4.5-6.5(-8) cm, angostamente elípticas a elípticas, rara vez ovadas, la vena media plana a ligeramente elevada en el haz, glabra, a veces inicialmente puberulenta, ligera a marcadamente elevada en el envés, glabra, a veces, como en la cara superior, inicialmente puberulenta, los tricomas 0.05-0.1 mm, inclinados, casi adpresos, las venas secundarias 7-9(-11) pares, glabras, planas en el haz, ligeramente elevadas en el envés, las superficies foliares glabras, la base obtusa a cuneada, a veces redondeada, el ápice agudo a acuminado, en ocasiones apiculado; pecíolo (7-)9-13(-17) mm, ligera a marcadamente bimarginado adaxialmente, ligera a conspicuamente acanalado, glabro. Inflorescencias 2.5-6 cm, axilares a pequeñas brácteas deciduas en la parte basal de las ramas nuevas o axilares a las hojas, paniculadas, aunque generalmente los penúltimos ejes reducidos por completo y las flores aglomeradas en los extremos de los ejes precedentes; pedúnculo 1.5-3 cm, puberulento, pero a veces solo en su parte distal, el raquis puberulento, los tricomas como en las ramillas; pedicelos (0.6-)0.8-1.2(-1.5) mm, puberulentos. Flores elipsoides, en ocasiones ensanchadas en la parte media, blanquecinas; tépalos externos 0.7-1.2 × 0.7-1.4 mm, ampliamente ovados, rara vez ovados, erectos, papilosos a puberulentos por fuera, sobre todo en el 1/2 basal, a veces glabros, o pilosos en diverso grado en la base, con tricomas 0.2-0.4 mm, los internos 0.7-1 × 0.5-0.8 mm, ovados o elípticos, erectos, glabros o con presencia de indumento, semejante al de los tépalos externos; estaminodios de los verticilos I y II ausentes, los estambres del verticilo III 0.9-1.3 mm, fusionados a todo lo largo, o con la parte distal de las anteras separada, los filamentos ligera a densamente tomentosos en su cara abaxial, glabros en su cara adaxial, las anteras 0.5-0.7 mm, parcialmente exertas, glabras, la apertura de los lóculos en la cara abaxial de la antera, las glándulas 0.3-0.5 mm, libres o las de pares adyacentes unidas, cuando libres elípticas o cuadrangulares, a veces con el ápice emarginado o lobulado, glabras; hipanto 0.6-0.8 mm de profundidad, obcónico, puberulento a papiloso por dentro, glabro por fuera, el pistilo 1.4-1.7 mm, glabro, el ovario 0.5-0.7 mm. Frutos 20-22 × 14-16 mm, ovoides; cúpula 7.5-14 × 14-19 mm, con 2 márgenes conspicuos, el interno 2-3.5 mm, erecto, el externo 3.5-6 mm, extendido, hasta más o menos recurvado e irregularmente lobulado, el pedicelo 3-5 × 3-3.8 mm en el ápice, 2-2.5 mm en la base. Floración may.-jun.; fructificación feb.-may. *Bosques tropicales perennifolios, bosques tropicales subperennifolios, bosques de galería*. Ch (*Martínez S. 11477*, F); G (*Lundell 17841*, US); H (*Molina R. 6818*, MEXU); N (*Sandino 4682*, MO); CR (*Martínez et al. 72*, MEXU). 50-750(-1200) m. (México [Colima, Guerrero, Jalisco, Michoacán, Nayarit, Oaxaca], Mesoamérica, Colombia, Venezuela, Ecuador, Perú, Bolivia, Antillas).

Aunque con cierta reserva, se acepta aquí un concepto amplio de *Licaria triandra*. Si bien la morfología de las flores y de la cúpula del fruto es lo que unifica de manera más fuerte a las poblaciones de las islas caribeñas con las del continente, la variación en la morfología de las hojas sugiere la distinción de al menos 2 especies. En general, las hojas en las muestras que provienen de las Antillas son más pequeñas, de aspecto verde-grisáceo opaco, al igual que las ramas jóvenes; mientras que en las muestras de México y Mesoamérica las hojas son más grandes, de tonos verde-amarillentos, más bien brillantes y los tallos de las ramas jóvenes son pardo-rojizos. Por otro lado, las glándulas de los estambres generalmente están fusionadas en los especímenes de las Antillas, y en los del continente por lo general son libres. Del mismo modo, el margen externo de las cúpulas en los ejemplares de las Antillas es por lo común menos desarrollado que en los provenientes de México y Mesoamérica.

Es probable que *Misanteca costaricensis* sea en verdad una especie diferente de *L. triandra*; si bien la morfología floral del material tipo (*Brenes 14403*, US) encaja con la de *L. triandra*, la posición, la estructura y la pubescencia de la inflorescencia son diferentes. En la recolecta de Brenes las inflorescencias se encuentran hacia el final de las ramas, y su eje principal (pedúnculo y raquis) es grueso con varios ejes secundarios, lo que resulta en panículas más bien largas y multifloras, todas ellas cubiertas por un denso tomento formado por tricomas gris-amarillentos a pardo-anaranjados. Del material revisado, solamente una recolecta de *Haber & Bello 7199* (F) es semejante con la del material tipo de *M. costaricensis*. Cabe mencionar que en los especímenes recolectados por Haber el envés de las hojas es diminutamente puberulento (sobre todo hacia la base y cerca de la vena media); un rasgo que no presenta *L. triandra* y que no fue posible confirmar su presencia en el único isotipo de *M. costaricensis* revisado en US.

34. Licaria urceolata Lundell, *Wrightia* 4: 33 (1968). Isotipo: Guatemala, *Contreras 6005* (NY!). Ilustr.: no se encontró. N.v.: Laurel, G.

Misanteca urceolata (Lundell) Lundell.

Arbustos hasta 5.5 m (posiblemente originados por la poda del tallo principal) o árboles hasta 14 m; tronco hasta 20 cm de diámetro; ramas jóvenes pardo-grisáceas a pardo-rojizas, no acostilladas, glabras, escasamente lenticeladas; yemas glabras. Hojas (6-)8-12(-16.5) × (2-)3-4.5(-6) cm, elípticas a angostamente elípticas, a veces lanceoladas, completamente glabras, la vena media plana en el haz, plana o apenas elevada en el envés, las venas secundarias (5)6-9(10) pares, planas en el haz, resaltadas en el envés, la base cuneada, a veces obtusa, el ápice acuminado a cortamente caudado, la punta obtusa; pecíolo (5-)8-12 (-16) mm, glabro. Inflorescencias (2-)3-4.5(-5.5) cm, axilares a brácteas deciduas en la base de los brotes nuevos, a veces axilares a las hojas o terminales, una sola cima largamente pedunculada a botrioide, a veces paniculada; pedúnculo 1-3 cm, glabro; pedicelos 2-4 mm, a veces pareciendo más largos (hasta 6 mm) por el segmento final del raquis en las flores terminales, glabros. Flores amarillentas a rojizas, elipsoides a ovoides; tépalos externos c. 1.2 × 1.6-1.8 mm, ampliamente ovados, erectos, glabros por fuera, glabros o escasamente tomentosos, sobre todo hacia el centro y la base en la cara por dentro, los internos 0.8-1 × c. 1 mm, ovados a ampliamente ovados, erectos, variadamente tomentosos por dentro; estaminodios de los verticilos I y II presentes, aunque no siempre completamente desarrollados ni todos presentes, 0.4-0.8 mm, glabros, a veces ligeramente capitados, los estambres del verticilo III 1-1.2 mm, libres, los filamentos densamente tomentosos en la cara adaxial, tomentosos en la cara abaxial, las anteras 0.5-0.6 mm, parcialmente exertas, glabras o escasamente tomentosas en la cara adaxial, la apertura de los lóculos en la cara abaxial de la antera, las glándulas c. 0.4 mm, aplanadas, oblongas o más o menos cuadrangulares; hipanto 0.8-0.9 mm de profundidad, glabro por fuera, mayormente glabro por dentro, tomentoso en el ápice, el pistilo 1.8-2.2 mm, glabro, el ovario 0.8-1 mm. Frutos 11-12 × 9-10 mm, elipsoides; cúpula 9-12 × (10-)12-15 mm, claramente bimarginada, el pedicelo 2.5-6 × 3.5-5.5 mm (diámetro en el ápice), 1.5-3 mm de diámetro en la base. Floración mar.-abr., jun.; fructificación mar., ago., oct. *Bosques húmedos tropicales*. G (*Lundell & Contreras 20835*, MEXU). 100-350 m. (Endémica).

35. Licaria vanderwerffii Lorea-Hern., *Revista Mex. Biodivers.* 96(e965456) (2025). Holotipo: Panamá, *Gentry & Mori 13920* (MO!). Ilustr.: Lorea-Hernández, *Revista Mex. Biodivers.* 96(e965456): t. 16, 17 (2025).

Arbustos o árboles 1-3 m; ramas jóvenes no acostilladas, escasamente lenticeladas, glabras, pardo-rojizas a pardo-amarillentas, fistulosas; yemas glabras. Hojas c. 15-23 × 6-7.5 cm, angostamente elípticas, completamente glabras, la vena media plana en el haz, elevada en el envés, las venas secundarias 9-11 pares, planas o casi planas en el haz, ligeramente elevadas en el envés, la base obtusa o cuneada, el ápice acuminado; pecíolo c. 12.5-15 mm, levemente acanalado y bimarginado adaxialmente, glabro. Inflorescencias c. 1.5-2 cm, axilares a las hojas y, al parecer, también en la axila de pequeñas brácteas deciduas hacia la base de las ramas nuevas, paniculadas, fuertemente condensadas por la longitud reducida del eje principal y los ejes secundarios, los pedúnculos c. 0.5 cm, glabros; pedicelos (1.2-)1.5-2.5(-3) mm, glabros. Flores elipsoides, ensanchadas en su parte media, verdosas; tépalos externos 0.5-0.6 × 0.5-0.6 mm, ovados, erectos, glabros, excepto por algunos tricomas seríceos en la base, los internos 0.4-0.5 × 0.2-0.3 mm, ovados, erectos, completamente glabros o con algunos tricomas seríceos en la base; estaminodios de los verticilos I y II ausentes, los estambres del verticilo III 1-1.2 mm, libres, los filamentos blanco-tomentosos, más densos en su cara adaxial, las anteras 0.3-0.4 mm, exertas, proyectadas por completo fuera del perianto, tomentosas en el 1/2 basal adaxialmente, glabras en la cara abaxial o escasamente tomentosas en la base, la apertura de los lóculos en la cara abaxial de la antera, las glándulas ausentes; hipanto 1.1-1.3 mm de profundidad, obcónico, prolongándose apicalmente un poco más allá del punto de inserción de los estambres, glabro por fuera, densamente blanco-tomentoso por dentro, el pistilo 2-2.3 mm, glabro, el ovario 1-1.2 mm. Fruto desconocido. Floración ene. *Bosques lluviosos premontanos*. P (*Gentry & Mori 13920*, F). 1250-1450 m. (Endémica).

Licaria vanderwerffii tiene varias similitudes con *L. agglomerata*; como la presencia de ramas fistulosas, hojas glabras, inflorescencias capituliformes, flores con tépalos erectos y estambres exertos. Pero difiere de esa especie por tener los estambres libres por completo, el hipanto densamente tomentoso por dentro (con tricomas blancos) y el pistilo glabro.

36. Licaria velutina van der Werff, *Ann. Missouri Bot. Gard.* 75: 409 (1988). Holotipo: México, Veracruz, *Ibarra & Sinaca 100* (MEXU!). Ilustr.: van der Werff, *Ann. Missouri Bot. Gard.* 75: 411, t. 4 (1988b).

Árboles (8-)12-20(-30) m; ramas jóvenes densamente pubescentes, con 2 tipos de tricomas, unos 0.3-0.7 mm, rectos, reclinados a ascendentes, notorios, los otros 0.1-0.15 mm, rectos a ondulados y muy cortos, los primeros prontamente deciduos, los segundos más o menos persistentes con la edad, la corteza pardo-rojiza. Hojas (14-)18-25(-30) × (3-)4.5-6(-7) cm, angostamente elípticas, la vena media plana o apenas elevada en el haz, glabra, notoriamente elevada en el envés, glabra o escasamente serícea en la base, las venas secundarias (12)13-16 pares, glabras, planas en el haz, ligeramente elevadas en el envés, las superficies foliares glabras en el haz, escasamente seríceo-pubescentes en el envés cuando jóvenes, pronto glabras, la base obtusa, el ápice agudo, a veces obtuso; pecíolo (12-)15-20(-25) mm, pubescente cuando joven, glabro al envejecer, a veces pubescente solo adaxialmente. Inflorescencias 6-8 cm, desarrollándose en la base de brotes nuevos, axilares a las hojas o de pequeñas brácteas deciduas, paniculadas; pedúnculo 2-3 cm, pubescente; pedicelos 1-2.5(-3.5) mm, escasamente pubescentes a glabros. Flores obovoides, amarillo-verdoso pálido o crema; tépalos externos 0.5-0.7 × 0.8-1 mm, ampliamente deprimido-ovados, incurvados, agudos, glabros, enteros o diminutamente erosos, los internos 0.5-0.6 × 0.6-0.7 mm, ovados, incurvados, agudos, glabros, diminutamente erosos, los estaminodios de los verticilos I y II ausentes, los estambres del verticilo III 0.4-0.6 mm, insertos, fusionados entre sí a todo lo largo, los filamentos 0.1-0.2 mm, glabros, las anteras 0.3-0.5 mm, glabras, la apertura de los lóculos apical, las glándulas c. 0.3 mm, cuadrangulares, adpresas a la base del estambre, aparentemente solo 3 por la fusión de las glándulas contiguas de cada estambre; hipanto 1-1.2 mm de profundidad, glabro por fuera, hirsuto-pubescente por dentro, al menos parcialmente, el pistilo 1.1-1.3 mm, glabro, el ovario 0.8-1.1 mm. Frutos 26-30 × 20-24 mm, elipsoides; cúpula 17-20 × 21.5-29 mm, el margen uniforme, sin evidencia de un doble margen, no acrescente, el pedicelo 3-4 × 3.5-7 mm. Floración may.-jul.; fructificación feb., abr.-ago. *Bosques tropicales perennifolios*. Ch (*Serrano & Rojas s.n.*, MEXU). 100-400(-650) m. (México [Oaxaca, Veracruz], Mesoamérica).

Kurz sugirió que esta especie debiera ser considerada un sinónimo de *Licaria excelsa*. Al parecer, su idea de lo que esta especie es, que incluye a *L. alata* en su circunscripción, es lo que lo lleva a tal sugerencia. Ciertamente *L. velutina* se parece a *L. alata*, pero difiere en varios rasgos importantes, como son la presencia de ramas jóvenes densamente pubescentes, con una combinación de tricomas cortos y largos, hipanto pubescente por dentro y cúpula con margen simple.

13. **Litsea** Lam., nom. cons.

Por H. van der Werff.

Árboles o arbustos. Hojas rara vez opuestas, generalmente pinnatinervias o inconspicuamente 3-plinervias; domacios ausentes. Inflorescencias una sola en las axilas de hojas normales o varias en las axilas de catafilos a lo largo vástagos afilos cortos, las flores agrupadas en seudoumbelas, estas envueltas por las brácteas decusadas cuando inmaduras. Flores unisexuales y plantas dioicas. Flores estaminadas con estambres 9-12, las anteras con 4 lóculos, todos introrsos; pistilodio presente. Flores pistiladas con 9-12 estaminodios. Frutos asentados en una cúpula pequeña variando desde pateliforme hasta más bien profundamente cupuliforme. Aprox. 200 spp., principalmente en Asia tropical, América tropical; 1 sp. en Mesoamérica.

Litsea es un género grande y difícil en Asia, con problemas tanto en el reconocimiento de las especies como en la delimitación genérica. Solo unas pocas especies están presentes América, donde el género se puede reconocer fácilmente por las flores unisexuales dispuestas en umbelas.

1. Litsea glaucescens Kunth in Humb., Bonpl. & Kunth, *Nov. Gen. Sp.* 2: 168 (1817). Sintipo: México, Guerrero, *Bonpland 4443* (P). Ilustr.: González & Poveda, *Monogr. Syst. Bot. Missouri Bot. Gard.* 111: 120 (2007).

Litsea acuminatissima Lundell, *L. cervantesii* Kunth, *L. flavescens* Bartlett, *L. glaucescens* Kunth var. *flavescens* (Bartlett) C.K. Allen, *L. glaucescens* var. *major* (Meisn.) Hemsl., *L. glaucescens* var. *racemosa* (Meisn.) Hemsl., *L. glaucescens* var. *subcorymbosa* (Meisn.) Hemsl., *L. glaucescens* var. *subsolitaria* (Meisn.) Hemsl., *L. guatemalensis* Mez, *L. matudae* Lundell, *L. neesiana* (S. Schauer) Hemsl., *L. neesiana* var. *corymbifera* (Meisn.) Hemsl., *L. neesiana* var. *villosa* (M. Martens & Galeotti) Hemsl., *L. orizabae* (M. Martens & Galeotti) Mez, *Malapoenna glaucescens* (Kunth) Kuntze, *M. orizabae* (M. Martens & Galeotti) Kuntze, *Persea orizabae* M. Martens & Galeotti, *Tetranthera cervantesii* (Kunth) Nees, *T. glaucescens* (Kunth) Spreng., *T. glaucescens* var. *major* Meisn., *T. glaucescens* var. *racemosa* Meisn., *T. glaucescens* var. *subcorymbosa* Meisn., *T. glaucescens* var. *subsolitaria* Meisn., *T. neesiana* S. Schauer, *T. neesiana* var. *corymbifera* Meisn., *T. neesiana* var. *villosa* (M. Martens & Galeotti) Meisn., *T. villosa* M. Martens & Galeotti.

Arbustos o árboles dioicos, hasta 20 m; ramitas teretes o estriadas, glabras o escasa a densamente pubescentes, los tricomas generalmente erectos, crespos, frecuentemente las ramitas jóvenes claramente más densamente pubescentes que las ramitas de crecimiento del año anterior; yemas terminales glabras o pubescentes, frecuentemente protegidas por las brácteas y en ese caso las ramitas con cicatrices en la base de las brácteas caídas del crecimiento estacional. Hojas 4-10 × 1.5-5 cm, angostamente elípticas, elípticas u ovado-elípticas, rara vez lanceoladas, firmemente cartáceas, la base aguda o redondeada, los márgenes aplanados, el ápice agudo, pinnatinervias o inconspicuamente 3-plinervias, la vena media, las secundarias y las terciarias finamente reticuladas y ligeramente elevadas en el haz, la vena media elevada o ligeramente elevada, las secundarias y las terciarias más o menos inmersas en el envés, el haz glabro o escasamente pubescente con tricomas erectos, el envés glauco o verde, glabro, adpreso-pubescente o tomentoso, algunas veces el envés completamente cubierto por el indumento tomentoso, las venas secundarias 4-8 pares, algunas veces difíciles de discernir; pecíolo 0.5-2.5 cm, aplanado o acanalado por encima, con el indumento similar al de las ramitas. Inflorescencias 1-1.8 cm, consistiendo de una sola umbela envuelta por brácteas decusadas las cuales son deciduas en la antesis; seudoumbelas con 5-7 flores, algunas veces con una flor separada del grupo de flores del centro por la bráctea, solo en las axilas de las hojas o varias a lo largo de vástagos afilos cortos, sobre las axilas de las hojas, estos vástagos con una yema vegetativa terminal; pedículo de la umbela glabro o diversamente pubescente. Flores c. 5 mm de diámetro, amarillas o blancas; pedicelos c. 2 mm, glabros a densamente pubescentes. Flores masculinas con tépalos c. 2 mm, glabros o casi glabros, brevemente unidos en la base, patentes en la antesis; estambres 9, todos con 4 lóculos introrsos, 2.5-3 mm, las anteras 1.3-1.7 mm; glándulas presentes en la base de los 3 estambres internos; estaminodios tan largos como las glándulas, estipitiformes; pistilodio presente, c. 1 mm, glabro; receptáculo glabro por dentro. Flores pistiladas con 9 estaminodios, c. 1.4 mm, filiformes; glándulas presentes en la base de los 3 estaminodios internos; pistilo c. 2 mm, glabro; estilo tan largo como el ovario; estigma disciforme, conspicuo; receptáculo glabro por dentro. Frutos hasta c. 1.3 cm de diámetro, redondeados; cúpula c. 5 mm de diámetro, disciforme, pequeña, las partes florales persistentes en frutos jóvenes, pero finalmente caedizas. *Bosques semisiempreverdes, selvas altas perennifolias montanas*. Ch (*Breedlove 9591*, MO); G (*Contreras 11033*, MO); H (*House 1190*, MO); ES (*Calderón 2456*, MO); N (*Padilla 200*, MO); CR (*Morales 4241*, MO). 800-2500 m. (México [Guerrero, Veracruz], Mesoamérica).

Como se acepta aquí, *Litsea glaucescens* es una especie muy variable, pero fácilmente reconocible por sus flores unisexuales dispuestas en umbelas. Varias especies y variedades han sido reconocidas por autores anteriores, por la variación en el indumento (plantas glabras o casi glabras de *L. glaucescens* s. str., plantas con el indumento tomentoso sobre las hojas en *L. neesiana* o *L. orizabae*, plantas con el indumento estrigoso en *L. guatemalensis*), el envés glauco o no (no glauco en *L. flavescens*), la disposición de las umbelas (umbelas solo una o 2 o 3 juntas en *L. glaucescens* var. *subsolitaria*, dispuestas a lo largo de vástagos afilos cortos en otros taxones). Es posible reconocer varios taxones que difieren en un solo carácter, pero debido a que estos taxones varían ampliamente en otros caracteres y distribución, es mejor aceptar solo una especie variable. Si se consideran solo los extremos, esta solución parecería errónea; plantas 3-plinervias glabras como de las de *Breedlove 37058* (MO) se ven completamente diferentes en *House 1190* (MO), con el envés completamente cubierto por un indumento tomentoso y las hojas pinnatinervias. Sin embargo, el número de ejemplares intermedios es mucho más grande que el número de ejemplares extremos.

14. **Mespilodaphne** Nees & Mart. ex Nees

Por H. van der Werff.

Árboles (en Mesoamérica) o arbustos. Hojas lanceoladas a elípticas u oblongas, glabras a dispersamente pubescentes; domacios ausentes. Inflorescencias en las axilas de brácteas cerca del extremo de las ramas. Flores trímeras, bisexuales; tépalos generalmente libres y cayendo individualmente; estambres 9, lingüiformes y con el ápice estéril y densamente papilosos, anteras con 4 lóculos arreglados en 2 pares superpuestos; estaminodios generalmente presentes, inconspicuos; receptáculo relativamente profundo, hemisférico a urceolado; cúpula con margen doble, este generalmente patente. 9 spp., en Centroamérica, norte de Sudamérica y las Antillas; 4 spp. en Mesoamérica.

Mespilodaphne se caracteriza por los estambres lingüiformes y densamente papilosos, las inflorescencias en las axilas de las brácteas cerca de los extremos de las ramas y las cúpulas con un doble borde en el margen. Los estambres densamente papilosos con un extremo estéril también se encuentran en *Nectandra*, pero el género difiere en la posición de los lóculos (*Nectandra* en un arco poco profundo; *Mespilodaphne* en 2 pares superpuestos). La mayoría de las especies de *Nectandra* tienen las inflorescencias en las axilas de las hojas, no en las axilas de las brácteas.

Bibliografía: Trofimov, D. et al. *Bot. J. Linn. Soc.* 190: 25-50 (2019).

1. Ramas densamente pubescentes. **3. M. paradoxa**
1. Ramas glabras o casi glabras.
2. Ramas huecas.

3. Arbustos o árboles pequeños hasta 10 m; inflorescencias hasta 15 cm; frutos c. 2.5 × 1 cm, la cúpula c. 1.4 cm de diámetro, el margen muy levemente doble, el margen externo c. 0.5 mm. **1. M. macrophylla**
3. Árboles hasta 35 m; inflorescencias hasta 8 cm; frutos c. 5 × 3.5 cm, la cúpula 4-6.5 cm de diámetro, con el margen conspicuamente doble, este 1-1.5 cm de ancho. **2. M. morae**
2. Ramas sólidas.
4. Inflorescencias mucho más cortas que las hojas, densamente pubescentes; base de las hojas levemente revolutas; frutos c. 5 × 3.5 cm, con margen conspicuamente doble, este 1-1.5 cm de ancho. **2. M. morae**
4. Inflorescencias tan largas como las hojas, dispersa a moderadamente pubescentes; base de las hojas planas, no revolutas; frutos c. 1.8 × 0.9 cm; cúpula c. 1 cm de diámetro, con el margen doble, el margen externo c. 2 mm de ancho. **4. M. veraguensis**

1. Mespilodaphne macrophylla (Beurl.) Trofimov., *Bot. J. Linn. Soc.* 190: 43 (2019). *Dendrodaphne macrophylla* Beurl., *Kongl. Vetensk. Acad. Handl.* 1854: 145 (1856) non *Ocotea macrophylla* Kunth (1818). Holotipo: Panamá, *Billberg s.n.* (S). Ilustr.: Burger & van der Werff, *Fieldiana, Bot.* n.s. 23: 15, t. 2 (1990), como *O. dendrodaphne*.

Ocotea dendrodaphne Mez, *O. ovandensis* Lundell, *O. quisara* Mez & Donn. Sm.

Árboles pequeños hasta 10 m, raramente hasta 20 m; ramas angulares, diminutamente adpreso-pubescentes cuando jóvenes, pronto glabrescentes, huecas, la parte superior frecuentemente con hendiduras y huecos, a menudo con hormigas viviendo dentro; yemas terminales densa y diminutamente adpreso-pubescentes. Hojas 14-40 × 5-14 cm, elípticas, firmemente cartáceas, la base aguda u obtusa, los márgenes aplanados, el ápice agudo a acuminado, el acumen hasta 1 cm, pinnatinervias, la vena media, las secundarias y las terciarias inmersas en el haz, la vena media elevada, las secundarias levemente elevadas y las terciarias más o menos inmersas en el envés; glabras en ambas superficies, las venas secundarias 5-11 pares; domacios ausentes; pecíolo 8-35 mm, glabro o casi glabro, sulcado por arriba. Inflorescencias 3-15 cm, cimoso-paniculadas, diminutamente pubescentes, en las axilas de catafilos. Flores c. 8 mm de diámetro, blancas; tépalos c. 5 mm, elípticos, algo patentes en la antesis, escasamente adpreso-pubescentes por fuera, diminutamente papilosos a subglabros y con algunos tricomas cerca de la base por dentro; estambres externos 6, 2.5-3 mm, sésiles o con el filamento cortamente pubescente, las anteras con los lóculos arreglados en 2 pares, el extremo estéril c. 0.7 mm; estambres internos 3, de la misma longitud, con lóculos laterales; glándulas 2 cerca de la base; estaminodios c. 1 mm, estipitiformes; pistilo c. 2 mm, glabro; receptáculo cupuliforme, densamente pubescente por dentro. Frutos c. 2.5 × 1 cm, elipsoides; cúpula c. 0.7 cm de alto × 1.4 cm de diámetro, cupuliforme, dispersamente pubescente por dentro, aparentemente con margen simple, pero el margen externo erecto y ocultando el margen interno más corto. *Bosques húmedos de tierras bajas y montanas.* T (*Cowan & Zamudio 4673*, MO); Ch (*Breedlove 35304*, MO); G (*Skutch 2007*, MO); H (*Brant & Hazlett 2888*, MO); N (*Moreno 23376*, MO); CR (*Beach 1318*, MO); P (*Gentry 7459*, MO). 50-1300 m. (México [Oaxaca, Veracruz], Mesoamérica).

Mespilodaphne macrophylla es la única especie de *Mespilodaphne* en Mesoamérica con estambres lingüiformes y ramas huecas, habitadas por hormigas. Su pariente más cercano es *M. veraguensis* y las diferencias entre las dos especies son discutidas bajo esta última. *Mespilodaphne morae* tiene también algunas veces las ramas huecas, y difiere de *M. macrophylla* en sus inflorescencias densamente pubescentes, en su talla (árbol hasta 35 m) y en sus frutos más grandes con un conspicuo margen doble patente.

2. Mespilodaphne morae (Gómez-Laur.) Trofimov, *Bot. J. Linn. Soc.* 190: 43 (2019). *Ocotea morae* Gómez-Laur., *Novon* 7: 145 (1997). Isotipo: Costa Rica, *Gómez-Laurito & Mora 12817* (MO!). Ilustr.: Gómez-Laurito, *Novon* 7: 146, t. 1 (1997), como *O. morae*.

Árboles hasta 35 m; ramas angulares, diminutamente adpreso-pubescentes, glabrescentes con la edad, sólidas o huecas; yemas terminales densamente adpreso-pubescentes. Hojas 18-28 × 5-10 cm, elípticas u oblongas, firmemente cartáceas, la base obtusa o aguda, los márgenes levemente recurvados, el ápice obtuso o agudo, pinnatinervias, el haz con la vena media inmersa o impresa cerca de la base, las venas secundarias y las terciarias inmersas, el envés con la vena media fuertemente elevada, y las venas secundarias y las terciarias levemente elevadas, el haz glabro, el envés glabro o con algunos tricomas adpresos pequeños, las venas secundarias 9-12 pares; domacios ausentes; pecíolo 1.5-2 cm, fuertemente canaliculado, glabro o casi glabro. Inflorescencias 2-8 cm, cimoso-paniculadas, en las axilas de hojas o catafilos, densa y diminutamente pubescentes. Flores c. 1 cm de diámetro, blancas; tépalos c. 4 mm, elípticos, patentes en la antesis, fina y dispersamente pubescentes por fuera, más o menos papilosos y pubescentes en la base por dentro; estambres externos 6, c. 2 mm, sésiles, con los lóculos arreglados en 2 pares, introrsos, la base pubescente, por lo demás escasamente papilosos, el extremo estéril c. 0.5 mm; estambres internos 3, con lóculos laterales; glándulas no visibles y probablemente fusionadas con la base de los estambres internos; estaminodios c. 0.5 mm, triangulares, densamente pubescentes; pistilo c. 2 mm, glabro; receptáculo urceolado, densamente pubescente por dentro. Frutos c. 5 × 3.5 cm, elipsoides; cúpula 4-6.5 cm de diámetro, c. 2 cm de alto, cupuliforme, con un margen doble conspicuo, este patente y 1-1.5 cm de ancho, los tépalos deciduos en fruto. *Bosques húmedos de tierras bajas y montanas.* CR (*Thomsen 1475*, MO); P (*Correa & Montenegro 9334*, MO). 100-800 m. (Endémica).

Mespilodaphne morae es poco conocida y no se han visto buenos especímenes en flor. Su ubicación en el género *Mespilodaphne* es sin ninguna duda porque tiene los estambres lingüiformes con el extremo estéril y la cúpula con el margen doble. Se puede confundir con *M. macrophylla*, pero difiere en su hábito (árbol hasta 35 m de alto) y en la base de las hojas enrolladas hacia adentro. Un espécimen en fruto (*Espinoza et al. 848*, MO) ha sido previamente identificado como una especie de *Licaria*, un género donde las cúpulas con el margen doble son comunes.

3. Mespilodaphne paradoxa (Mez) Hammel, *Phytoneuron* 2020-84: 1 (2020). *Ocotea paradoxa* Mez, *Bot. Jahrb. Syst.* 30(Beibl. 67): 16 (1901). Holotipo: Costa Rica, *Tonduz 7648* (BR). Ilustr.: van der Werff, *Novon* 11: 507, t. 6 (2001), como *O. klepperae*.

Mespilodaphne klepperae (van der Werff) Trofimov, *Ocotea klepperae* van der Werff.

Árboles hasta 8 m; ramas teretes, sólidas, densamente pubescentes, los tricomas erectos y completamente cubriendo la superficie; yemas terminales densamente pubescentes. Hojas 8-16 × 3-6 cm, elípticas, cartáceas, la base obtusa o aguda, los márgenes aplanados, el ápice agudo o levemente acuminado, pinnatinervias, la vena media y las secundarias inmersas pero visibles, las terciarias inmersas y no visibles en el haz, la vena media y las secundarias elevadas, las terciarias moderadamente elevadas en el envés, el haz glabro, el envés dispersamente pubescente, los tricomas erectos y discernibles al tacto, el indumento más denso a lo largo de las venas secundarias y media o enteramente cubriendo la vena media, las venas secundarias 5-7 pares; domacios ausentes; pecíolo 5-9 mm, con el indumento similar al de las ramas, canaliculado, el indumento desapareciendo con la edad y así el pecíolo de color más oscuro que las ramas. Inflorescencias 5-8 cm, paniculado-cimosas, en las axilas de brácteas mayormente cerca de los extremos de las ramas, menos frecuentemente en las axilas de brácteas a lo largo de las ramas, densamente pubescentes, la superficie completamente cubierta por tricomas erectos. Flores c. 1 cm de diámetro; tépalos 4-4.5 mm, angostamente elípticos a oblongos, patentes en la antesis, densamente pubescentes en ambas superficies; estambres externos 6, c. 2.5 mm, los extremos estériles c. 1 mm, los lóculos arreglados en 2 pares e introrsos; estambres internos 3, c. 2.5 mm, columnares, los lóculos extrorso-laterales, en 2 pares, en la base con 2 glándulas 1-1.5 mm, las glándulas cubriendo parte o la mayor parte de los lóculos inferiores; estaminodios ausentes o raramente uno presente y entonces c. 1.5 mm, estipitado, con glándulas en la base; pistilo c. 2.5 mm, glabro; estilo c. 1 mm; receptáculo profundamente cupuliforme, densamente pubescente por dentro. Fruto y cúpula no conocidos. *Bosques lluviosos de tierras bajas*. CR (*Harmon 82*, MO). 10-300 m. (Endémica).

Los estambres lingüiformes, papilosos con un extremo estéril, las flores grandes y la posición de las inflorescencias en las axilas de brácteas cerca de los extremos de las ramas ubica a esta especie en el género *Mespilodaphne*. Esta difiere de otras especies por su indumento denso sobre ramas, inflorescencias y flores. *Mespilodaphne paradoxa* difiere además de las comunes *M. veraguensis* y *M. macrophylla* en tener las inflorescencias más cortas con pocas flores.

El indumento de las ramas, inflorescencias y flores es menos denso en la colección, *Harmon 82* (MO); en otros caracteres, como las inflorescencias con pocas flores y la base de las hojas obtusa, concuerda con la colección tipo.

4. Mespilodaphne veraguensis (Meisn.) Rohwer, *Bot. J. Linn. Soc.* 190: 44 (2019). *Sassafridium veraguense* Meisn. in A. DC., *Prodr.* 15(1): 171 (1864). Lectotipo (designado por Trofimov et al., 2019): Panamá, *Bridges s.n.* (K). Ilustr.: González & Poveda, *Monogr. Syst. Bot. Missouri Bot. Gard.* 111: 155 (2007), como *Ocotea veraguensis*.

Ocotea bakeri S.F. Blake, *O. escuintlensis* Lundell, *O. veraguensis* (Meisn.) Mez.

Árboles pequeños hasta medianos, raramente hasta 30 m; ramas teretes o angulares, finamente adpreso-pubescentes, pronto glabrescentes, sólidas; yemas terminales densamente pubescentes. Hojas 6-14 × 2-5 cm, elípticas, firmemente cartáceas, la base y el ápice agudos a obtusos, los márgenes aplanados, pinnatinervias, la vena media, las secundarias y las terciarias inmersas en el haz, la vena media elevada, las secundarias y las terciarias inmersas o casi inmersas en el envés; glabras en ambas superficies o el envés con algunos tricomas adpresos, las venas secundarias 5-8 pares; domacios ausentes; pecíolo 5-12 mm, poco profundamente sulcado encima, glabro o escasamente adpreso-pubescente. Inflorescencias 5-16 cm, cimoso-paniculadas, en las axilas de catafilos, ocasionalmente en las axilas de hojas normales, dispersa a moderadamente pubescentes. Flores 7-10 mm de diámetro, blancas; tépalos 3-4 mm, elípticos, patentes en la antesis, dispersa a moderadamente adpreso-pubescentes por fuera, papilosos por dentro excepto por la base pubescente; estambres 1.7-2.1 mm, papilosos, sésiles o casi sésiles, con un extremo apical estéril de c. 0.5 mm, algunas veces los estambres del verticilo II con 2 glándulas en la base, los 3 estambres internos con 2 glándulas en la base; estaminodios, cuando visibles c. 0.5 mm, estipitiformes, pubescentes; pistilo c. 1.5 mm, glabro; receptáculo urceolado, glabro por dentro. Frutos c. 1.8 × 0.9 cm, elipsoides; cúpula cupuliforme poco profunda, c. 1 cm de diámetro, con el margen doble, el margen interno erecto, el margen externo patente, c. 2 mm de ancho, los tépalos deciduos. *Bosques lluviosos o estacionalmente secos de tierras bajas, ocasionalmente en bosques montanos*. Ch (*Ventura & López 4311*, MO); QR (*Cabrera & Cabrera 4410*, MO); B (*Brewer & Webb 438*, MO); G (*Johnston 1550*, F); H (*Saunders 154*, MO); ES (*Sermeño AS014*, MO); N (*Stevens 6476*, MO); CR (*Godfrey 67078*, MO); P (*Schmalzel 1333*, MO). 10-2000 m. (México [Jalisco, Nayarit, Oaxaca, Sinaloa, Veracruz], Mesoamérica, Colombia, Ecuador).

Mespilodaphne veraguensis es una especie ampliamente distribuida y frecuentemente colectada. Es bastante variable en caracteres vegetativos y especialmente especímenes de altitudes altas muestran un indumento más denso que las colecciones de tierras bajas. También sus flores varían más de lo usual; por ejemplo, glándulas pueden estar presentes en la base de los estambres del verticilo II, algunas veces las anteras tienen solo 3 lóculos en lugar de 4 y una colección (*Lundell & Contreras 19947*, MO) tiene las flores con las partes en verticilos de 4 en lugar de 3. Sin embargo, la combinación de flores con estambres papilosos lingüiformes, con un extremo estéril, tallos sólidos, hojas (casi) glabras y cúpulas con doble margen es característica de la especie. Su pariente más cercano es *M. macrophylla*, especie que difiere por tener las hojas más grandes, las ramas huecas, la pubescencia dentro del receptáculo y las cúpulas que parecen tener el margen simple y no tienen un margen externo patente. Provisionalmente ubicadas en *M. veraguensis* están dos colecciones de *Matuda 4368* (MO) y *Matuda 5157* (F) de Siltepec, Chiapas, las cuales difieren en sus inflorescencias cortas y compactas, y *Thomsen 1269* (MO) de la península de Osa en Costa Rica, la cual difiere en sus inflorescencias laxas, con pocas flores, las flores con tépalos reflexos y sus hojas delgadas, acuminadas.

15. Nectandra Rol. ex Rottb., nom. cons.

Por H. van der Werff.

Árboles o arbustos. Hojas rara vez opuestas (*Nectandra oppositifolia*), pinnatinervias, los fascículos axilares de tricomas (domacios) algunas veces presentes. Inflorescencias cimoso-paniculadas, las flores laterales de una cima siempre estrictamente opuestas. Flores bisexuales; tépalos iguales, (ligeramente) papilosos por dentro, escasa a moderadamente pubescentes por fuera, unidos en la base y caedizos como una unidad en las flores viejas; estambres 9, en 3 verticilos de 3, las anteras 4-loculares, los lóculos dispuestos en un arco poco profundo o raramente en 2 pares; estambres internos con 2 glándulas en la base de los filamentos; estaminodios 3, pequeños. Frutos asentados sobre una cúpula ligera a profundamente cupuliforme, con margen simple. 94 spp., América tropical; 11 spp. en Mesoamérica.

Nectandra ha sido tradicionalmente separada de *Ocotea* por la posición de los lóculos de la antera (en un arco en *Nectandra*, en 2 pares en *Ocotea*). Este carácter funciona bastante bien para las especies con anteras casi sésiles con el ápice estéril. Este grupo de especies forma la mayor parte de *Nectandra*, pero está más bien poco representado en Mesoamérica. La mayoría de las especies mesoamericanas tienen las anteras pequeñas con los lóculos no claramente dispuestos en un arco. Los caracteres más útiles en la separación de las especies entre *Nectandra* y *Ocotea* son las siguientes: las especies de *Nectandra* tienen la superficie interna de los tépalos papilosa (algunas veces también pubescente cerca de la base), mientras que las especies de *Ocotea* tienen la superficie interna de los tépalos pubescente o glabra, pero no papilosa (especies del grupo de *O. helicterifolia* frecuentemente tienen los márgenes de los tépalos papilosos, pero no la superficie interna) y en *Nectandra* los tépalos están unidos muy en la base y caen como una unidad, mientras que en las especies de *Ocotea* los tépalos son libres y caen individualmente. Así, los frutos jóvenes de *Nectandra* carecen de tépalos en la cúpula, mientras que en *Ocotea* los tépalos pueden persistir sobre la cúpula. Desafortunadamente, existen excepciones. Especies de *Mespilodaphne* también tienen las anteras papilosas con un ápice estéril conspicuo, pero con los lóculos de la antera dispuestos en 2 pares. Las diferencias con el género *Damburneya*, con el cual está cercanamente relacionado, se discuten bajo ese género.

Bibliografía: Rohwer, J.G. *Fl. Neotrop. Monogr.* 60: 1-332 (1993).

1. Conectivo de las anteras no prolongado más allá de los lóculos de la antera, los lóculos ocupando casi toda la antera; base de los tépalos algunas veces pubescente por dentro.
  2. Ramitas jóvenes densamente pubescentes, la superficie completamente cubierta por el indumento.
    3. Superficie interna de los tépalos y estambres densamente papilosa; hojas elípticas a levemente obovadas, sin un ápice largamente atenuado. **2. N. cissiflora**
    3. Superficie interna de los tépalos y estambres escasamente papilosa; hojas lanceoladas, ovado-lanceoladas o elípticas, gradualmente atenuadas hasta un ápice largo. **3. N. cuspidata**

2. Ramitas jóvenes moderada o escasamente pubescentes, la superficie siempre parcialmente visible entre el indumento.
4. Pequeños fascículos de tricomas presentes en las axilas de algunas de las venas secundarias; hojas glaucas en el envés. **5. N. hypoleuca**
4. Fascículos axilares de tricomas ausentes; hojas no glaucas en el envés. **7. N. membranacea**
1. Conectivo de las anteras prolongado más allá de los lóculos de la antera formando un ápice estéril, generalmente triangular; base de los tépalos nunca pubescente por dentro.
5. Hojas opuestas o subopuestas. **8. N. oppositifolia**
5. Hojas alternas.
6. Base de las hojas con los lóbulos reflexos. **10. N. reticulata**
6. Base de las hojas plana o enrollada hacia adentro, pero nunca con los lóbulos reflexos.
7. Envés de la hoja con tricomas erectos. **1. N. belizensis**
7. Envés de la hoja con tricomas adpresos o glabro.
8. Indumento sobre las ramitas jóvenes más bien denso, en gran parte ocultando la superficie.
9. Venas laterales 7-13 pares. **6. N. lineata**
9. Venas laterales 4-6 pares. **9. N. ramonensis**
8. Indumento sobre las ramitas jóvenes más bien escaso, la superficie bastante visible.
10. Flores 6-11 mm de diámetro; anteras con el ápice estéril bien desarrollado. **4. N. hihua**
10. Flores 4-7 mm de diámetro; anteras con el ápice estéril inconspicuo. **11. N. turbacensis**

1. Nectandra belizensis (Lundell) C.K. Allen, *J. Arnold Arbor.* 26: 400 (1945). *Phoebe belizensis* Lundell, *Contr. Univ. Michigan Herb.* 6: 20 (1941). Isotipo: Belice, *Gentle 3304* (MO!). Ilustr.: Burger & van der Werff, *Fieldiana, Bot.* n.s. 23: 21, t. 8 (1990).

Nectandra schippii C.K. Allen.

Árboles c. 16 m; ramitas teretes o escasamente anguladas, densamente pardo-tomentosas; yemas terminales densamente pardo-tomentosas. Hojas 8-20 × 3-8 cm, elípticas a oblongas, cartáceas, la base obtusa o rara vez atenuada y obtusa en la base misma, los márgenes aplanados, el ápice cortamente acuminado o agudo, la vena media, las secundarias y las terciarias inmersas en el haz, elevadas en el envés, el haz glabro excepto por la vena media pubescente y algunos tricomas sobre las venas secundarias, el envés pubescente, los tricomas erectos, la superficie mayormente visible, la pubescencia más densa a lo largo de las venas secundarias y tomentosa a lo largo de la vena media, las venas secundarias 6-9 pares, los fascículos axilares de tricomas algunas veces presentes; puntuaciones glandulosas no visibles en hojas maduras; pecíolo 5-11 mm, densamente pubescente. Inflorescencias 5-12 cm, en las axilas de hojas normales o catafilos, (densamente) tomentosas. Flores 5-8 mm de diámetro, blancas; tépalos 2.2-3.2 mm, elípticos, patentes, escasa a moderadamente pubescentes por fuera, ligeramente papilosos por dentro; estambres c. 0.8 mm, papilosos, sin tricomas, los lóculos de la antera formando un arco; pistilo c. 1.4 mm, glabro; receptáculo con forma de tazón poco profundo, pubescente por dentro. Frutos c. 0.8 × 0.6 cm; cúpula c. 5 × 7 mm, cupuliforme. *Bosques lluviosos de tierras bajas*. B (*Gentle 3281*, MO); N (*Guadamuz 2556*, MO); CR (*Utley & Burt-Utley 4046*, MO); P (*Galdames et al. 2599*, MO). 0-300 m. (Mesoamérica, Colombia).

Características son las ramitas tomentosas, las hojas con pubescencia erecta y las anteras con el ápice estéril. Los especímenes de *Nectandra reticulata* con los lóbulos en la base de las hojas poco desarrollados difieren por tener las flores mucho más densamente pubescentes.

2. Nectandra cissiflora Nees, *Syst. Laur.* 296 (1836). Lectotipo (designado por Rohwer, 1993): Perú, *Poeppig 3061* (GZU). Ilustr.: Allen, *Ann. Missouri Bot. Gard.* 35: 59, t. 37 (1948), como *N. Paulii*.

Nectandra paulii C.K. Allen.

Árboles hasta 35 m; ramitas conspicuamente estriadas, densamente pubescentes, los tricomas adpresos o ascendentes, la superficie completamente cubierta por el indumento; yemas terminales densamente pubescentes. Hojas 10-25 × 4-11 cm, elípticas a levemente obovadas, cartáceas, la base aguda a obtusa, los márgenes aplanados o recurvados en la base, el ápice agudo o acuminado, la vena media, las secundarias y las terciarias inmersas en el haz, la vena media y las secundarias elevadas en el envés, las terciarias inmersas o casi inmersas, el haz glabro o con algunos tricomas adpresos a lo largo de las venas principales y la vena media, el envés escasamente adpreso-pubescente, más densamente a lo largo de las venas principales, las venas secundarias 6-10 pares, los fascículos axilares de tricomas ausentes; puntuaciones glandulosas no visibles; pecíolo 10-25 mm, con el indumento similar al de las ramitas. Inflorescencias 8-35 cm, en las axilas de hojas normales o catafilos, moderada a densamente pubescentes, los tricomas adpresos o erectos. Flores 3.3-5 mm de diámetro, blancas; tépalos 1-2 mm, más o menos adpreso-pubescentes por fuera, densamente papilosos por dentro, sin tricomas en la base, más o menos patentes; estambres hasta 0.7 mm, densamente papilosos, los filamentos muy cortos, sin tricomas, las anteras anchas, escasamente emarginadas, los lóculos ocupando casi toda la antera; pistilo c. 1 mm, glabro; receptáculo poco profundo, glabro por dentro. Frutos 1.3-1.8 × 0.7-1.5 cm; cúpula c. 10 mm de diámetro, con forma de tazón poco profundo. *Selvas altas perennifolias*. Ch (*Martínez S. 18186*, MO); G (*von Türckheim 8262*, MO); H (*Hawkins & Merello 781*, MO); CR (*Hammel 11168*, MO); P (*Croat 14989*, MO). 100-1000 m. (México [Veracruz], Mesoamérica, Guayanas, Ecuador, Perú, Bolivia, Brasil).

Las ramitas claramente estriadas y densamente pubescentes son distintivas.

3. Nectandra cuspidata Nees & Mart., *Syst. Laur.* 330 (1836). Lectotipo (designado por Rohwer, 1993): Brasil, *Martius s.n.* (M). Ilustr.: Allen, *Ann. Missouri Bot. Gard.* 35: 47, t. 29 (1948), como *N. Gentlei*.

Nectandra gentlei Lundell, *N. membranacea* (Sw.) Griseb. subsp. *cuspidata* (Nees & Mart.) Rohwer.

Árboles hasta 30 m; ramitas teretes o escasamente anguladas, densamente pardo-pubescentes, el indumento consistiendo de tricomas erectos muy cortos, con un menor número de tricomas erectos más largos, los tricomas más largos a menudo desapareciendo con la edad, el indumento cubriendo completamente la superficie de las ramitas jóvenes; yemas terminales densamente pardo-pubescentes. Hojas 8-18 × 1.5-6 cm, lanceoladas, ovado-lanceoladas o elípticas, cartáceas, la base aguda, los márgenes en la base generalmente recurvados o enrollados hacia adentro, el ápice gradualmente atenuado hasta un ápice largo, la vena media, las secundarias y las terciarias inmersas en el haz, la vena media y las secundarias elevadas, las terciarias inmersas en el envés, el haz moderada y diminutamente adpreso-pubescente a glabro, el envés moderada a densamente, pero con frecuencia inconspicuamente adpreso-pubescente, el indumento más denso a lo largo de la vena media, las venas secundarias 3-7 pares, los fascículos axilares de tricomas ausentes; puntuaciones glandulosas generalmente no visibles; pecíolo 4-15 mm, con el indumento similar al de las ramitas. Inflorescencias 4-14 cm, moderada a escasamente pubescentes, los tricomas erectos a adpresos. Flores 3-4 mm de diámetro, blancas o amarillo-verdes; tépalos 1.2-2 mm, (escasamente) adpreso-pubescentes por fuera, escasamente papilosos y sin tricomas por dentro, patentes; estambres c. 0.7 mm, escasamente papilosos en el ápice, por lo demás glabros, los lóculos de la antera formando un arco, el conectivo no prolongado más allá de los lóculos; pistilo c. 1.4 mm, glabro; receptáculo urceolado, glabro por dentro. Frutos 0.8-1.4 × 0.6-1 cm; cúpula c. 6 mm de diámetro, con forma de tazón poco profundo. *Bosques de tierras bajas, bosques húmedos tropicales, bosques semicaducifolios*. T (*Conrad 2983*, MO); Ch (*Martínez S. 8271*, MO); B (*Davidse & Brant 32328*, MO); G (*Martínez S. et al. 22693*, MO); H (*Standley 54734*, F); N (*Little*

25144, MO); P (*de Nevers 6098*, MO). 100-1200 m. (México [Oaxaca, Veracruz], Mesoamérica, Colombia, Venezuela, Guyana, Surinam, Ecuador, Perú, Bolivia, Brasil, Paraguay).

Nectandra cuspidata es muy similar a ejemplares con hojas angostas de *N. membranacea* y las 2 especies se confunden con frecuencia. Estas se pueden separar mejor por el indumento sobre las ramitas, siendo muy denso y con tricomas cortos erectos, pero más largos, en *N. cuspidata*, mientras que los tricomas son más espaciados y generalmente adpresos en *N. membranacea*.

4. Nectandra hihua (Ruiz & Pav.) Rohwer, *Fl. Neotrop. Monogr.* 60: 196 (1993). *Laurus hihua* Ruiz & Pav., *Fl. Peruv.* 4: t. 366 (c. 1830). Lectotipo (designado por Rohwer, 1993): Ecuador, *Ruiz & Pavón s.n.* (MA). Ilustr.: Ruiz & Pavón, *Fl. Peruv.* 4: t. 366 (c. 1830).

Nectandra albiflora Lundell, *N. glabrescens* Benth., *Sassafridium macrophyllum* Rose.

Árboles hasta 40 m; ramitas más o menos anguladas, escasa y finamente adpreso-pubescentes, pronto tornándose glabras con la edad; yemas terminales densamente adpreso-pubescentes. Hojas 10-30 × 3-12 cm, elípticas u oblongas, cartáceas, la base atenuada a obtusa, los márgenes aplanados o enrollados hacia adentro cerca de la base, el ápice acuminado o agudo, la vena media y las secundarias inmersas en el haz, elevadas en el envés, las venas terciarias inmersas en ambas superficies, el haz glabro o, cuando jóvenes con tricomas adpresos escasos, estos generalmente a lo largo de la vena media, el envés glabro o escasamente adpreso-pubescente, las venas secundarias 6-9 pares, los fascículos axilares de tricomas presentes o ausentes; células oleíferas algunas veces visibles en hojas jóvenes, no en hojas maduras; pecíolo 7-20 mm, glabro o casi glabro. Inflorescencias 4-16 cm, generalmente en las axilas de hojas normales, escasamente adpreso-pubescentes, la pubescencia más densa hacia las flores. Flores 6-11 mm de diámetro, blancas; tépalos 2-5 mm, patentes, elípticos, moderada a escasamente adpreso-pubescentes por fuera, densamente papilosos y sin tricomas en la base por dentro; estambres 1-1.4 mm, papilosos, los lóculos de la antera en un arco poco profundo, con un ápice estéril; pistilo 1-1.5 mm, glabro; receptáculo cupuliforme, glabro o con algunos tricomas adpresos por dentro. Frutos 0.9-1.3 × 0.9-1.1 cm; cúpula 1-4 mm de profundidad, 5-10 mm de diámetro, con forma de tazón poco profundo. *Bosques montanos y de tierras bajas*. T (*Rovirosa 35*, US); Ch (*Breedlove 48557*, MO); C (*Cabrera & Cabrera 14928*, MO); B (*Gentle 7787*, MO); G (*Contreras 8924*, MO); H (*Gentry et al. 7524*, MO); ES (*Standley 22225*, MO); N (*Castro 128*, MO); CR (*Herrera 4817*, MO); P (*Croat 12520*, MO). 0-1300 m. (México [Colima, Guerrero, Jalisco, Michoacán, Morelos, Nayarit, Oaxaca, Veracruz], Mesoamérica, Colombia, Venezuela, Guayanas, Ecuador, Perú, Bolivia, Brasil, Paraguay, Cuba, República Dominicana, Haití, Jamaica, Puerto Rico).

Nectandra hihua se puede reconocer por sus ramitas escasamente pubescentes y las flores más bien grandes con las anteras con el ápice estéril. Se puede confundir con *N. turbacensis*, con el indumento similar en las ramitas, pero esta última difiere por tener las flores más pequeñas y el ápice estéril menos desarrollado. Los frutos de *N. turbacensis* están generalmente asentados en una cúpula claramente cupuliforme, mientras que la cúpula de *N. hihua* es poco profunda. *Nectandra turbacensis* puede también tener domacios foveolados, además de los fascículos axilares de tricomas, pero los domacios foveolados no siempre se desarrollan. *Nectandra lineata* es también cercana, pero difiere en sus ramitas más densamente pubescentes y el tipo de fascículos de tricomas axilares (en *N. hihua* estos tricomas en general se encuentran en la axila entre la vena media y las venas secundarias o son escasos en la lámina, mientras que en *N. lineata* los tricomas salen generalmente de la lámina).

El nombre *N. globosa* (Aubl.) Mez ha sido con frecuencia aplicado a *N. hihua*, pero Rohwer (1993) considera a *N. globosa* como una especie sudamericana.

De los varios sintipos de *N. glabrescens*, la mayoría pertenecen a *N. hihua*, pero al menos uno, *Barclay 2055* (F) de Nicaragua, pertenece a *N. lineata*. Rohwer (1993) seleccionó como lectotipo de *N. glabrescens* a *Beechey s.n.* (K), por lo cual esa especie es ahora un sinónimo de *N. hihua*.

5. Nectandra hypoleuca Hammel, *J. Arnold Arbor.* 67: 126 (1986). Isotipo: Costa Rica, *Hammel 9111* (MO!). Ilustr.: Hammel, *J. Arnold Arbor.* 67: 127, t. 2 (1986).

Árboles hasta 15 m (rara vez 30 m); ramitas estriadas cuando jóvenes, teretes cuando maduras, moderadamente adpreso-pubescentes, a veces con algunos tricomas más largos patentes, glabrescentes; yemas terminales más o menos densamente adpreso-pubescentes. Hojas 10-28 × 5-10 cm, elípticas, cartáceas, la base aguda u obtusa, los márgenes aplanados, el ápice acuminado o agudo, la vena media, las secundarias y las terciarias inmersas en el haz, la vena media y las secundarias elevadas en el envés, la nervadura terciaria inmersa o muy inconspicuamente elevada en el envés, el haz glabro, el envés escasamente adpreso-pubescente a glabro, glauco, las venas secundarias 5-8 pares, los fascículos axilares de tricomas presentes; puntuaciones glandulosas visibles en el haz en las hojas jóvenes, no visibles en las hojas maduras; pecíolo 10-20 mm, con el indumento similar al de las ramitas. Inflorescencias 4-20 cm, en las axilas de catafilos o de hojas normales, escasa a moderadamente adpreso-pubescentes. Flores 4-5 mm de diámetro, blancas, fragantes; tépalos 1.6-2.4 mm, semierectos, escasamente adpreso-pubescentes por fuera, densamente papilosos y sin tricomas por dentro; estambres 0.6-1 mm, diminutamente papilosos, los lóculos de la antera en un arco poco profundo, el ápice estéril ausente; pistilo 1.2-1.6 mm, glabro; receptáculo cupuliforme, glabro o casi glabro por dentro. Frutos 1.5-2 × 0.7-1 cm; cúpula 6-10 mm de diámetro, con forma de tazón poco profundo. *Bosques húmedos de tierras bajas*. CR (*Gentry 1118*, MO). 0-200 m. (Endémica).

Nectandra hypoleuca se reconoce por el envés de la hoja glauco y por los fascículos axilares de tricomas.

6. Nectandra lineata (Kunth) Rohwer, *Fl. Neotrop. Monogr.* 60: 209 (1993). *Ocotea lineata* Kunth in Humb., Bonpl. & Kunth, *Nov. Gen. Sp.* 2: 165 (1817). Holotipo: Venezuela, *Bonpland s.n.* (P). Ilustr.: no se encontró.

Nectandra amazonum Nees var. *oerstedii* Meisn., *N. fuscobarbata* (Mez) C.K. Allen, *N. glabrescens* Benth. var. *fuscobarbata* Mez, *N. petenensis* Lundell, *Persea lineata* (Kunth) Spreng.

Árboles hasta 30 m; ramitas más o menos anguladas, más bien densa y diminutamente pubescentes, los tricomas en gran parte ocultando la superficie, adpresos o con frecuencia erectos; yemas terminales densamente pubescentes, los tricomas diminutos y mayormente erectos. Hojas 10-25 × 4-8 cm, lanceoladas a elípticas, cartáceas, la base aguda a obtusa, los márgenes aplanados pero con frecuencia revolutos muy en la base, el ápice acuminado o agudo, la vena media, las secundarias y las terciarias inmersas en el haz, la vena media y las secundarias elevadas en el envés, las terciarias ligeramente elevadas en el envés, el haz escasamente adpreso-pubescente, el envés moderada a escasamente adpreso-pubescente, gradualmente glabrescente con la edad, las venas secundarias 7-13 pares, los fascículos axilares de tricomas generalmente presentes; células oleíferas rara vez visibles; pecíolo 8-17 mm, cuando joven densa y finamente pubescente, glabrescente con la edad. Inflorescencias 5-15 cm, en las axilas de hojas normales, moderada a densamente pubescentes, los tricomas erectos o adpresos. Flores 5-9 mm de diámetro, blancas; tépalos 2-3.8 mm, elípticos, patentes, moderadamente pubescentes por fuera, papilosos y sin tricomas por dentro; estambres 0.8-1.4 mm, papilosos, los lóculos de la antera formando un arco poco profundo, con un ápice estéril presente; pistilo 1-1.4 mm, glabro; receptáculo cupuliforme, glabro o con pocos tricomas adpresos. Frutos 1-1.2 × 0.7-1 cm; cúpula hasta 1.5 × c. 6 mm, casi disciforme, poco profunda. *Bosques montanos o de tierras bajas*. Ch (*Domínguez 219*, MO); G (*Lundell 17791*, MO); H (*Croat & Hannon 64130*, MO); ES (*Shannon 5003*, US); N (*Stevens 22619*, MO); CR (*Haber 262*, MO); P (*Croat 12848*, MO). 0-1300 m. (Mesoamérica, Colombia, Venezuela, Ecuador, Perú).

Entre las especies mesoamericanas de *Nectandra*, *N. lineata* se reconoce por sus ramitas más bien densamente pubescentes, las hojas relativamente con muchas venas secundarias y sus flores más bien grandes. Las diferencias con *N. hihua* y *N. ramonensis* se discuten bajo esas especies. El nombre *N. globosa* ha sido frecuentemente aplicado a esta especie.

7. Nectandra membranacea (Sw.) Griseb., *Fl. Brit. W. I.* 282 (1864 [1860]). *Laurus membranacea* Sw., *Prodr.* 65 (1788). Lectotipo (primer paso designado por Bernardi, 1967a): Jamaica, *Swartz s.n.* (S). Ilustr.: Allen, *Ann. Missouri Bot. Gard.* 35: 55, t. 34 (1948), como *N. Standleyi.*

Nectandra skutchii C.K. Allen, *N. standleyi* C.K. Allen, *Ocotea membranacea* (Sw.) R.A. Howard, *Persea membranacea* (Sw.) Spreng., *Phoebe membranacea* (Sw.) Nees.

Árboles hasta 35 m; ramitas anguladas, moderada a escasamente pubescentes, los tricomas muy cortos y predominantemente adpresos, la superficie visible entre el indumento; yemas terminales densamente adpreso-pubescentes. Hojas 8-25 × 3-9 cm, elípticas, lanceoladas u ovado-elípticas, cartáceas, la base atenuada a redondeada, los márgenes aplanados a enrollados hacia adentro (generalmente revolutos) en la base, el ápice acuminado, la vena media, las secundarias y las terciarias inmersas en el haz, la vena media y las secundarias elevadas en el envés, las terciarias inconspicuamente elevadas o inmersas en el envés, el haz y el envés escasamente adpreso-pubescentes a glabros, los tricomas más densos a lo largo de las venas principales, las venas secundarias 3-7 pares, los fascículos axilares de tricomas ausentes; puntuaciones glandulosas generalmente no visibles; pecíolo 5-15 mm, con el indumento similar al de las ramitas. Inflorescencias 5-20 cm, en las axilas de hojas normales, moderada a escasamente adpreso-pubescentes. Flores 3-5 mm de diámetro, blancas o amarillentas; tépalos 1.2-2 mm, moderadamente adpreso-pubescentes, papilosos y sin tricomas por dentro, patentes; estambres 0.6-0.8 mm, escasamente papilosos, los filamentos no pubescentes, las anteras sin ápice estéril; pistilo 1.2-1.8 mm, glabro; receptáculo urceolado, glabro o casi glabro por dentro. Frutos 0.8-1.4 × 0.8-1.4 cm; cúpula hasta 11 mm de diámetro, poco profunda, con frecuencia lenticelada. *Bosques húmedos, bosques muy húmedos de tierras bajas, bosques nublados, bosques secundarios*. N (*Grijalva & Ríos 3497a*, MO); CR (*Herrera 670*, MO); P (*Mori & Kallunki 2996*, MO). 100-1500 m. (México [Veracruz], Mesoamérica, Colombia, Venezuela, Ecuador, Perú, Bolivia, Brasil, Antillas).

Nectandra membranacea puede confundirse fácilmente con *N. cuspidata*; las diferencias son discutidas bajo de esta última especie.

8. Nectandra oppositifolia Nees & Mart., *Linnaea* 8: 47 (1833). Lectotipo (primer paso designado por Rohwer, 1993): Brasil, *Sello 5722* (B, destruido). Ilustr.: no se encontró.

Nectandra mollis (Kunth) Nees subsp. *oppositifolia* (Nees & Mart.) Rohwer.

Árboles c. 20 m; ramitas con frecuencia ligeramente aplanadas, estriadas, densamente pardo-rojizo-tomentulosas; yemas terminales densamente pardo-rojizo-tomentulosas. Hojas 10-25 × 3-9 cm, (angostamente) elípticas, cartáceas, la base aguda, rara vez obtusa, los márgenes aplanados, el ápice acuminado, la vena media, las secundarias y las terciarias inmersas en el haz, elevadas en el envés, el haz pubescente con tricomas cortos, erectos, crespos, el indumento más denso a lo largo de la vena media y las secundarias, tornándose glabras con la edad, el envés pubescente con tricomas cortos, erectos, crespos, tornándose rojizo-tomentuloso a lo largo de las venas secundarias y la vena media, las venas secundarias 8-12 pares, los fascículos axilares de tricomas no visibles; puntuaciones glandulosas no visibles; pecíolo 8-20 mm, con el indumento similar al de las ramitas. Inflorescencias 4-12 cm, en las axilas de hojas normales, densamente pardo-rojizo-tomentulosas. Flores 9-12 mm de diámetro, blancas; tépalos 3.5-5 mm, patentes, densamente pardo-rojizo-pubescentes por fuera, densamente papilosos y sin tricomas cerca de la base por dentro; estambres 1-2 mm, los filamentos muy cortos, las anteras densamente papilosas, el ápice estéril grande, los lóculos en un arco poco profundo; pistilo 1.8-3 mm, glabro o el estilo papiloso; receptáculo profundamente urceolado, glabro o con pocos tricomas por dentro. Frutos 1.3-1.5 × c. 1.1 cm; cúpula 7-11 mm de profundidad, 13-17 mm de diámetro, profundamente cupuliforme. *Bosques lluviosos de tierras bajas*. P (*McDade 774*, MO). Elevación desconocida. (Mesoamérica, Colombia, Brasil).

Esta es la única especie de *Nectandra* en Mesoamérica con hojas opuestas o subopuestas. Las pocas colecciones panameñas no son típicas, pero se entreveran con *N. reticulata*. Esta última especie difiere en los lóbulos reflexos en la base de las hojas.

9. Nectandra ramonensis Standl., *Publ. Field Mus. Nat. Hist., Bot. Ser.* 18: 453 (1937). Holotipo: Costa Rica, *Brenes 17018* (F). Ilustr.: Allen, *Ann. Missouri Bot. Gard.* 35: 46, t. 28 (1948).

Árboles c. 20 m; ramitas anguladas, fina y más bien densamente pubescentes, los tricomas adpresos o ascendentes, cubriendo la mayor parte o toda la superficie cuando jóvenes, glabrescentes con la edad; yemas terminales densamente pubescentes. Hojas 5-13 × 2.5-5 cm, elípticas, (delgadamente) cartáceas, la base aguda o atenuada, los márgenes aplanados o escasamente revolutos cerca de la base, el ápice acuminado o agudo, la vena media y las secundarias inmersas en el haz, elevadas en el envés, las venas terciarias inmersas en ambas superficies, el haz con algunos tricomas adpresos, más así a lo largo de la vena media, tornándose glabro con la edad, el envés escasamente adpreso-pubescente, las venas secundarias 4-6 pares, los fascículos axilares de tricomas generalmente presentes, las células oleíferas solo visibles en las hojas jóvenes; pecíolo 3-12 mm, con el indumento similar al de las ramitas. Inflorescencias 5-12 cm, en las axilas de hojas normales, finamente pubescentes, los tricomas ascendentes o erectos. Flores 7-10 mm de diámetro, blancas o blanco-verdosas; tépalos 2.7-3.8 mm, patentes, moderada o escasamente adpreso-pubescentes por fuera, densamente papilosos y sin tricomas por dentro; estambres 1-1.5 mm, papilosos, los filamentos muy cortos, los lóculos de la antera en un arco poco profundo, el ápice estéril presente; pistilo c. 1.2-1.7 mm, glabro; receptáculo con forma de tazón poco profundo, con tricomas adpresos cerca de la base, por lo demás glabro. Frutos c. 1.27 cm; cúpula 5-6 × c. 8 mm, cupuliforme. *Bosques moderadamente secos*. CR (*Gómez et al. 22697*, MO); P (*Hammel 1783*, MO). 100-1500 m. (Endémica).

Nectandra ramonensis se reconoce por sus hojas más bien pequeñas con pocas venas secundarias y las ramitas jóvenes densa y uniformemente pubescentes. Los pedúnculos son bastante largos, generalmente el doble del largo de la parte ramificada de la inflorescencia.

10. Nectandra reticulata (Ruiz & Pav.) Mez, *Jahrb. Königl. Bot. Gart. Berlin* 5: 404 (1889). *Laurus reticulata* Ruiz & Pav., *Fl. Peruv.* 4: t. 348 (c. 1830). Lectotipo (designado por Rohwer, 1993): Perú, *Ruiz & Pavón s.n.* (MA). Ilustr.: Allen, *Ann. Missouri Bot. Gard.* 35: 60, t. 38 (1948).

Árboles hasta 40 m; ramitas anguladas, densamente pardo-tomentulosas; yemas terminales densamente pardo-tomentulosas. Hojas 14-35 × 5-11 cm, elípticas, cartáceas, la base aguda a redondeada, los márgenes formando 2 lóbulos reflexos cerca de la base, el ápice agudo o acuminado, la vena media, las secundarias y las terciarias inmersas en el haz, claramente elevadas en el envés, el haz con tricomas erectos, crespos, densamente así a lo largo de la vena media, el envés pubescente, los tricomas erectos, crespos, el indumento más denso a lo largo de las venas principales, la superficie de la hoja permanece visible, las venas secundarias 8-14 pares, con fascículos axilares de tricomas; puntuaciones glandulosas no visibles; pecíolo 7-25 mm, con el indumento similar al de las ramitas. Inflorescencias 6-20 cm, pardo-tomentulosas. Flores 8-14 mm de diámetro, blancas; tépalos 3.5-6 mm, elípticos, patentes, los externos densamente pubescentes por fuera, los internos con una angosta banda central pubescente, por lo demás papilosos, todos densamente papilosos por dentro, sin tricomas; estambres 1.2-2 mm, densamente papilosos, el filamento muy corto, los lóculos de la antera en un arco poco profundo, el ápice estéril grande; pistilo 2-3 mm, mayormente glabro, pero en ocasiones pubescente; receptáculo profundamente urceolado, densamente pubescente por dentro. Frutos 0.9-2 × 0.6-1.1 cm, la cúpula 6-11 mm de profundidad, 7-14 mm de diámetro, cupuliforme. *Bosques montanos de tierras bajas*. T (*Rovirosa 338*, NY); Ch (*Aguilar & López 9187*, MO); G (*Contreras 10441*, MO); H (*Record H-69*, US); N (*Moreno 18988*, MO); CR (*Liesner 5021*, MO); P (*McPherson 12232*, MO). 0-1700 m. (México [Oaxaca, Veracruz], Mesoamérica, Colombia, Venezuela, Surinam, Guayana Francesa, Ecuador, Perú, Bolivia, Brasil).

Nectandra reticulata se puede identificar vegetativamente por sus hojas pubescentes con los lóbulos de la base reflexos.

11. Nectandra turbacensis (Kunth) Nees, *Syst. Laur.* 316 (1836). *Ocotea turbacensis* Kunth in Humb., Bonpl. & Kunth, *Nov. Gen. Sp.* 2: 162 (1817). Lectotipo (primer paso designado por Rohwer, 1993): Colombia, *Bonpland 1396* (P). Ilustr.: Burger & van der Werff, *Fieldiana, Bot.* n.s. 23: 31, t. 18 (1990).

Nectandra mopanensis Lundell, *N. nervosa* Mez & Pittier, *N. panamensis* Mez, *N. turbacensis* (Kunth) Nees var. *mexicana* Meisn.

Árboles hasta 35 m; ramitas escasamente anguladas, escasamente adpreso-pubescentes, tornándose glabras con la edad; yemas terminales densamente adpreso-pubescentes. Hojas 6-22 × 2.5-6.5 cm, elípticas a lanceoladas, cartáceas, la base atenuada a obtusa, los márgenes aplanados, rara vez recurvados en la base de la hoja, el ápice acuminado o agudo, la vena media, las secundarias y las terciarias inmersas en el haz, la vena media y las secundarias elevadas en el envés, las terciarias menos elevadas o inmersas, el haz glabro o casi glabro, el envés escasamente adpreso-pubescente a glabro, las venas secundarias 4-7 pares, los fascículos axilares de tricomas con frecuencia presentes, algunas veces con domacios foveolados; puntuaciones glandulosas visibles o no; pecíolo 5-18 mm, con el indumento similar al de las ramitas. Inflorescencias 4-18 cm, en las axilas de catafilos, o a lo largo de vástagos afilos cortos o con menos frecuencia en las axilas de hojas normales, escasamente adpreso-pubescentes a glabras. Flores 4-7 mm de diámetro, blancas; tépalos 1.8-2.5 mm, patentes, escasamente adpreso-pubescentes a casi glabros por fuera, densamente papilosos por dentro; estambres 0.5-1. mm, papilosos, los lóculos de la antera en un arco poco profundo, el ápice estéril pequeño; pistilo 1.5-1.9 mm, glabro; receptáculo con forma de tazón poco profundo, glabro por dentro. Frutos 1-2 × 0.6-1.2 cm; cúpula 3-7 × 7-12 mm, (profundamente) cupuliforme, con frecuencia lenticelada. *Bosques moderadamente secos*. Ch (*Breedlove 50893*, MO); B (*Dwyer 12756*, MO); G (*Jones & Facey 3457*, US); H (*Croat & Hannon 64130a*, MO); CR (*Herrera 4968*, MO); P (*Carrasco 21*, MO). 0-1700 m. (México [Veracruz], Mesoamérica, Colombia, Venezuela, Perú, Bolivia, Brasil, Cuba, República Dominicana, Haití, Jamaica, Puerto Rico, Islas Vírgenes, Trinidad).

Características son las ramitas escasamente pubescentes, las flores relativamente grandes y las hojas relativamente angostas. Las diferencias con especies relacionadas son discutidas bajo *Nectandra hihua*.

16. Ocotea Aubl.

Por H. van der Werff.

Árboles o arbustos. Hojas rara vez verticiladas, generalmente pinnatinervias; domacios (fóveas, cavidades o fascículos de tricomas en las axilas de las venas secundarias más basales) algunas veces presentes. Inflorescencias en las axilas de las hojas, rara vez en axilas de catafilos, cimoso-paniculadas, las flores laterales de una cima estrictamente opuestas, rara vez las inflorescencias racemosas por reducción. Flores bisexuales o unisexuales; si unisexuales, las plantas dioicas; tépalos iguales, erectos o semierectos, generalmente caedizos en fruto. Flores bisexuales; estambres 9, las anteras con 4 lóculos en 2 pares superpuestos; estambres externos 6, con la apertura introrsa; estambres internos 3, generalmente con la apertura extrorsa (algunos con apertura lateral-extrorsa), con 2 glándulas en la base de los filamentos; estaminodios ausentes o presentes, si presentes 3, estipitiformes y pequeños; flores pistiladas con 9 estaminodios, las flores estaminadas con o sin pistilodio. Frutos asentados en una cúpula de forma diversa, esta generalmente cupuliforme con un margen simple, pero en ocasiones con un margen doble o reducida hasta un plato pequeño; tépalos rara vez persistentes sobre las cúpulas. 300 spp. o más, en América tropical, África, Madagascar; 96 spp. en Mesoamérica.

Ocotea es un género grande y variable. En Mesoamérica son predominantes las especies con flores bisexuales y se reconocen por los 9 estambres con 4 lóculos de la antera dispuestos en 2 pares, y los estaminodios pequeños, estipitiformes (o estos ausentes). Estas especies se pueden confundir con *Nectandra* y las diferencias se discuten dentro de este último. También se pueden confundir con el grupo de *Aiouea* que posee los estaminodios relativamente grandes con un ápice glanduloso y las hojas con frecuencia son 3-plinervias. Las especies con flores unisexuales se pueden confundir con *Endlicheria* (estambres con 2 lóculos) o *Rhodostemonodaphne* (estambres con 4 lóculos dispuestos en un arco poco profundo); incluso en las flores pistiladas se puede ver generalmente anteras rudimentarias y su posición sobre los estaminodios.

Ocotea es sin duda el género más grande de Lauraceae en América tropical y la delimitación de especies en algunos casos es aún difícil.

Bibliografía: van der Werff, H. *Ann. Missouri Bot. Gard.* 89: 429-451 (2002a).

1. Estambres lingüiformes, con un conspicuo ápice estéril, moderada a densamente papilosos; filamentos ausentes o muy cortos.
  2. Par de venas secundarias más bajo con conspicuos domacios sacciformes. **39. O. holdridgeana**
  2. Conspicuos domacios sacciformes ausentes de las hojas.
    3. Hojas verticiladas. **93. O. verticillata**
    3. Hojas uniformemente distribuidas a lo largo de las ramitas.
      4. Envés foliar completamente cubierto por el indumento, los tricomas cortos y crespos. **61. O. pharomachrosorum**
      4. Envés foliar no completamente cubierto por el indumento, pero en parte o casi completamente visible.
        5. Inflorescencias racemosas; pistilo glabro. **13. O. botrantha**
        5. Inflorescencias cimoso-paniculadas; pistilo densamente pubescente. **78. O. sinuata**
1. Estambres no lingüiformes, generalmente rectangulares, sin ápice estéril, no papilosos (o rara vez con las papilas sobre los márgenes); filamentos generalmente presentes.
  6. Envés de las hojas completamente oculto por el indumento.
    7. Hojas con la base enrollada hacia adentro y brevemente decurrente sobre el pecíolo. **77. O. salvinii**
    7. Hojas con la base aplanada y no decurrente.
      8. Indumento del envés de la hoja pardo-rojizo. **75. O. rufescens**
      8. Indumento del envés de la hoja pardo pálido o blanquecino.
        9. Domacios presentes como fascículos de tricomas axilares; flores c. 4 mm de diámetro, los tépalos c. 1.5 mm. **41. O. iridescens**
        9. Domacios ausentes; flores c. 6 mm de diámetro, los tépalos 2-2.5 mm. **76. O. salvadorensis**
  6. Envés de las hojas glabro o en parte cubierto por el indumento.
    10. Ramitas huecas, frecuentemente habitadas por hormigas.
      11. Inflorescencias y flores glabras o escasamente pubérulas; hojas (angostamente) elípticas u obovadas, (firmemente) cartáceas, retículo inmerso o elevado. **5. O. atirrensis**

11. Inflorescencias y flores densamente pardo-tomentulosas; hojas anchamente obovadas, coriáceas, con el retículo elevado. **42. O. jefensis**
10. Ramitas sólidas.
12. Flores unisexuales.
13. Envés foliar con tricomas erectos, discernibles al tacto.
14. Superficie de las ramitas parcialmente visible entre los tricomas. **91. O. velloziana**
14. Superficie de las ramitas jóvenes completamente cubierta de indumento.
15. Hojas con la base obtusa, claramente diferenciada del pecíolo, las venas terciarias escasamente elevadas en el envés y no escalariformes; indumento sobre las ramitas jóvenes muy corto, erecto. **6. O. atlantica**
15. Hojas escasamente decurrentes sobre el pecíolo; hojas y pecíolos no marcadamente diferenciados, las venas terciarias claramente elevadas en el envés y escalariformes; indumento sobre las ramitas jóvenes enmarañado. **28. O. fendleri**
13. Envés de las hojas glabro o con tricomas adpresos.
16. Ramitas fuertemente anguladas, el haz de la hoja con retículo elevado, diminuto. **7. O. aurantiodora**
16. Ramitas redondeadas o escasamente anguladas, el haz de la hoja sin retículo elevado o con retículo grueso.
17. Pistilo pubescente; cúpula pateliforme, con margen doble. **29. O. floribunda**
17. Pistilo glabro; cúpula variada, pero no pateliforme y con margen doble.
18. Domacios foveolados presentes en las axilas de las venas secundarias de algunas hojas, no pubescentes. **56. O. oblonga**
18. Domacios foveolados ausentes (pero fascículos de tricomas axilares algunas veces presentes).
19. Fascículos de tricomas axilares presentes sobre el envés de la hoja; tépalos persistentes sobre la cúpula; glándulas oleíferas prontamente visibles en el haz de la hoja como puntos negros. **74. O. rubrinervis**
19. Fascículos de tricomas axilares ausentes; tépalos caedizos o persistentes en el fruto; glándulas oleíferas no o escasamente visibles.
20. Ramitas densa y diminutamente gris-adpreso-pubescentes, los tricomas individuales pequeños y escasamente visibles; indumento sobre las inflorescencias y pedicelos notablemente más denso que sobre las flores. **46. O. leucoxylon**
20. Ramitas escasamente pubescentes, los tricomas individuales visibles, o glabras; inflorescencias y flores glabras, o casi la misma densidad de indumento sobre flores e inflorescencias.
21. Los filamentos de los 6 estambres externos fusionados con los tépalos; inflorescencias y flores glabras. **16. O. cernua**
21. Los filamentos de los 6 estambres externos libres; inflorescencias y/o flores escasamente pubescentes.
22. Hojas 4-11 cm, las venas terciarias inmersas en el haz, las venas secundarias escasamente impresas en el haz. **2. O. adela**
22. Hojas 7-25 cm, las venas terciarias escasamente elevadas en el haz, las venas secundarias inmersas en el haz. **67. O. puberula**
12. Flores bisexuales.
23. Envés de las hojas y ramitas jóvenes con tricomas predominantemente erectos, estos discernibles al tacto.
24. Hojas con la base decurrente sobre el pecíolo y generalmente enrollada hacia adentro.
25. Ramitas jóvenes adpreso-pubescentes, el indumento moderado o escaso y siempre parte de la superficie visible; superficie interna de tépalos glabra o casi glabra. **23. O. dentata**
25. Ramitas jóvenes con tricomas erectos o ascendentes cubriendo (casi) completamente la superficie; superficie interna de los tépalos pubescente.
26. Hojas con la base marcadamente recurvada, las venas secundarias 9-12 pares. **80. O. stenoneura**
26. Hojas con la base escasamente recurvada o enrollada hacia adentro, las venas secundarias 4-8 pares.
27. Indumento predominantemente erecto en el envés; hojas 10-20 cm. **35. O. hartshorniana**
27. Indumento predominantemente adpreso en el envés; hojas 5-12 cm. **53. O. monteverdensis**
24. Hojas con la base no decurrente sobre el pecíolo, generalmente aplanada.
28. Superficie externa de los tépalos densamente pubescente, la superficie completamente cubierta por indumento; si los tépalos internos presentan menos indumento sobre el 1/2 superior, entonces al menos los tépalos externos densamente pubescentes.
29. Flores 10-14 mm de diámetro. **31. O. gomezii**
29. Flores menos de 8 mm de diámetro.
30. Inflorescencias con pocas flores, racemosas o con algunas ramas laterales terminando en una cima; hojas coriáceas. **66. O. pseudopalmana**
30. Inflorescencias con numerosas flores, las ramas laterales varias veces partidas; hojas coriáceas o cartáceas.
31. Pecíolo c. 30 mm. **3. O. amplifolia**
31. Pecíolo hasta 15 mm.
32. Hojas coriáceas, densamente ferrugíneo-pubescentes en el envés; cúpula con margen entero; hoja con el ápice obtuso o muy brevemente acuminado. **22. O. darcyi**
32. Hojas cartáceas, moderada a escasamente pardo-dorado-pubescentes en el envés; tépalos persistentes sobre la cúpula; hoja con el ápice acuminado. **52. O. mollifolia**
28. Superficie externa de todos los tépalos glabra o diversamente pubescente; si diversamente pubescente, la superficie de los tépalos siempre parcialmente visible.
33. Inflorescencias racemosas o rara vez con pocas cimas laterales.
34. Vena media, venas secundarias y terciarias claramente impresas; hojas rugosas. **21. O. corrugata**
34. Venas inmersas o elevadas, no impresas; hojas no rugosas.
35. Superficie externa de los tépalos glabra; anteras sésiles. **32. O. gordonii**
35. Superficie externa de los tépalos (escasamente) pubescente; estambres con los filamentos 1/3 o más de la longitud de las anteras.
36. Tricomas ascendentes en el envés de las hojas, cubriendo la mayor parte de la lámina; indumento gris. **51. O. mollicella**
36. Tricomas erectos en el envés de las hojas, la mayor parte de la lámina visible; indumento pardo o ferrugíneo. **69. O. purpurea**
33. Inflorescencias cimoso-paniculadas.
37. Hojas agrupadas.
38. Superficie externa de los tépalos glabra. **14. O. bourgeauviana**
38. Superficie externa de los tépalos pubescente.
39. Pecíolo al menos 10 mm; hojas 10-15 × 6-7 cm; indumento de las ramitas pardo. **19. O. congregata**
39. Pecíolo hasta 6 mm; hojas 15-25 × 5-6 cm; indumento de las ramitas pardo-amarillento. **85. O. tonii**
37. Hojas uniformemente distribuidas a lo largo de las ramitas.
40. Flores en la antesis 2-3 mm de diámetro; tépalos erectos; superficie interna de los tépalos y los estambres glabros. **57. O. oblongifolia**
40. Flores en la antesis 5-10 mm de diámetro; tépalos patentes o semierectos; superficie interna de los tépalos y/o los estambres parcialmente papilosos o pubescentes.
41. Receptáculo pubescente por dentro.
42. Hojas elípticas, hasta 18 cm. **12. O. betazensis**
42. Hojas obovadas, 20-40 cm.

43. Superficie de las ramitas y de las inflorescencias visible entre el indumento. **45. O. lentii**
43. Indumento cubriendo completamente las ramitas jóvenes y las inflorescencias. **89. O. valerioides**
41. Receptáculo glabro por dentro.
44. Superficie externa de los tépalos pubescente. **59. O. patula**
44. Superficie externa de los tépalos glabra.
45. Tépalos con superficie interna pubescente; filamentos conspicuos, c. 1/3 de la longitud de las anteras.
46. Hojas 10-20 cm, acuminadas o gradualmente angostadas hacia el ápice estrecho. **14. O. bourgeauviana**
46. Hojas hasta 10 cm, el ápice agudo u obtuso o acuminado. **64. O. praetermissa**
45. Tépalos con superficie interna glabra; anteras sésiles o casi sésiles.
47. Superficie de las ramitas jóvenes parcialmente visibles entre el indumento; cúpula con forma de tazón poco profundo o pateliforme. **36. O. helicterifolia**
47. Superficie de las ramitas jóvenes completamente cubierta por el indumento; cúpula cupuliforme. **88. O. valeriana**
23. Envés foliar y ramitas jóvenes glabros o con tricomas predominantemente adpresos, rara vez con tricomas erectos escasos, pero estos no discernibles al tacto.
48. Hojas con la base enrollada hacia adentro y/o decurrente sobre el pecíolo o reflexa, o las hojas subsésiles con la base ligeramente recurvada; pecíolo libre generalmente ausente o muy corto.
49. Flores densamente rojizo-pubescentes; yemas terminales glabras o finamente adpreso-pubescentes en el 1/2 distal. **84. O. tonduzii**
49. Flores gris-pubescentes o glabras; yemas terminales uniformemente pubescentes o rara vez glabras.
50. Hojas (27-)30-50 cm, el ápice generalmente redondeado; domacios ausentes. **72. O. rivularis**
50. Hojas menos de 30 cm, generalmente menos de 25 cm, el ápice agudo, obtuso o redondeado o acuminado; domacios ausentes o presentes.
51. Hojas con la base reflexa, los lóbulos con frecuencia cubriendo la vena media; flores glabras. **25. O. endresiana**
51. Hojas con la base decurrente o enrollada hacia adentro, pero no reflexa; flores generalmente pubérulas.
52. Flores 4-6 mm de diámetro.
53. Superficie externa de los tépalos moderadamente pubescente, la superficie en parte visible; líneas de vernación no visibles; receptáculo con forma de tazón poco profundo. **17. O. chiapensis**
53. Superficie externa de los tépalos densamente blanquecino-pubescente, la superficie completamente cubierta; líneas de vernación visibles sobre el envés de la hoja; receptáculo (profundamente) cupuliforme. **30. O. glaucosericea**
52. Flores 2.5-4 mm de diámetro.
54. Hojas 5-12 cm de ancho, obovadas, glabras o con pocos tricomas adpresos en el envés, las venas terciarias inmersas en el haz. **40. O. insularis**
54. Hojas hasta 5 cm de ancho, elípticas u oblongas, adpreso-pubescentes o glabras en el envés, las venas terciarias inmersas o escasamente elevadas en el haz.
55. Hojas con la base cuneada o aguda, moderada o ligeramente reflexa, no decurrente sobre el pecíolo; hojas subsésiles. **40. O. insularis**
55. Hojas con la base decurrente sobre el pecíolo, generalmente enrollada hacia adentro; hojas pecioladas.
56. Venas terciarias elevadas en el haz de la hoja, el ápice obtuso, la base de las hojas enrollada hacia adentro. **8. O. austinii**
56. Venas terciarias no o rara vez elevadas en el haz de la hoja, si elevadas, el ápice de la hoja agudo o acuminado y/o las hojas con la base decurrente, pero no enrollada hacia adentro.
57. Pecíolo aparentemente formado por la base decurrente de la hoja, enrollada hacia adentro de 4-5 cm; flores escasamente pubescentes. **65. O. producta**
57. Pecíolo aparentemente hasta 2 cm, generalmente más corto; indumento de las flores variado. **95. O. whitei**
48. Hojas con la base decurrente sobre el pecíolo y generalmente no enrollada hacia adentro, el pecíolo generalmente conspicuo.
58. Tépalos (parcialmente) papilosos por dentro, glabros o escasamente puberulentos por fuera, patentes en la antesis; generalmente más de 3 mm.
59. Tricomas erectos en el envés de la hoja (a lo largo de la vena media y las venas secundarias).
60. Inflorescencias racemosas; ramitas jóvenes densamente pubescentes con diminutos tricomas erectos. **62. O. pittieri**
60. Inflorescencias cimoso-paniculadas; ramitas jóvenes moderada a densamente adpreso-pubescentes. **71. O. rhytidotricha**
59. Tricomas adpresos en el envés de la hoja o ausentes.
61. Estambres con filamentos al menos tan largos como las anteras; estambres externos marcadamente curvados hacia adentro. **60. O. pausiaca**
61. Estambres con filamentos menos de 1/2 del largo de las anteras; estambres externos rectos.
62. Domacios foveolados presentes en las axilas de las venas secundarias más basales. **4. O. arcuata**
62. Domacios foveolados ausentes, los fascículos de tricomas axilares algunas veces presentes.
63. Inflorescencias densa y diminutamente pardusco-pubescentes, la superficie cubierta o casi cubierta.
64. Flores 10-12 mm de diámetro; península de Osa, 100-200 m. **47. O. macrantha**
64. Flores 6-7 mm de diámetro; S. México a Panamá, 100-350 m. **73. O. rubriflora**
63. Inflorescencias escasa o moderadamente pubescentes, la superficie bastante visible.
65. Hojas con los márgenes (angostamente) reflexos o enrollados en la base hacia adentro. **63. O. platyphylla**
65. Hojas con los márgenes aplanados o casi aplanados en la base.
66. Inflorescencias paniculadas, al menos con pocas cimas laterales 3-floras, rara vez racemosas, pero entonces con las flores c. 6.5 mm de diámetro o más y las hojas verdosas cuando secas.
67. Indumento sobre las ramitas pardo y más o menos persistente; indumento del pedúnculo moderadamente denso.
68. Venas laterales 6-9 pares; Guatemala y Chiapas. **48. O. magnifolia**
68. Venas laterales 4 o 5 pares; Costa Rica. **96. Ocotea** sp. **A**
67. Indumento sobre las ramitas pálido y tornándose rápidamente escaso con la edad; indumento del pedúnculo más bien escaso.
69. Flores 4.5-5.5 mm de diámetro; tierras bajas. **9. O. bajapazensis**
69. Flores 6.5-9 mm de diámetro; bosques montanos, generalmente por encima de 600 m. **38. O. heydeana**
66. Inflorescencias racemosas; hojas verde oscuro cuando secas o las flores menos de 5 mm de diámetro.
70. Indumento sobre las ramitas jóvenes denso y consistiendo de tricomas cortos y erectos. **62. O. pittieri**
70. Indumento sobre las ramitas jóvenes de densidad variable y consistiendo de tricomas adpresos, rara vez ligeramente ascendentes.

71. Receptáculo escasa o muy escasamente pubescente por dentro; Chiapas, Guatemala. **1. O. acuminatissima**
71. Receptáculo densamente pubescente por dentro; Costa Rica. **15. O. brenesii**
58. Tépalos glabros o pubescentes por dentro, glabros o diversamente pubescentes por fuera, generalmente erectos o semierectos en la antesis, generalmente menos de 3 mm.
72. Envés foliar con domacios foveolados, las cavidades con pequeñas hendiduras u orificios redondeados, en las axilas de las venas secundarias basales o a lo largo de las venas secundarias inferiores; orificio generalmente glabro, rara vez con un fascículo de tricomas.
73. Domacios al menos una vez, frecuentemente varias veces, su diámetro alejados de la vena media; 3 o más pares de domacios presentes en cada hoja; domacios con un fascículo de tricomas. **10. O. barbatula**
73. Domacios adyacentes a o menos de su diámetro alejados de la vena media; domacios presentes en las axilas de varios pares de venas secundarias o solo en la axila del par basal; domacios generalmente glabros.
74. Flores escasamente adpreso-pubescentes; inflorescencias moderada a densamente adpreso-pubescentes. **34. O. haberi**
74. Flores glabras; inflorescencias glabras o casi glabras.
75. Hojas 3-plinervias; domacios solo presentes en el par de venas secundarias más basal. **90. O. vanderwerffii**
75. Hojas pinnatinervias; domacios frecuentemente presentes en las axilas de más de un par de venas secundarias o a lo largo de las venas secundarias.
76. Yemas terminales glabras.
77. Hojas anchamente elípticas, 17-27 × 8-15 cm. **27. O. euvenosa**
77. Hojas elípticas, 5-18 × 1.5-7 cm.
78. Tépalos erectos o semierectos en la antesis; hojas verde oscuro a negruzcas cuando secas, la vena media concolora con la lámina. **83. O. tenera**
78. Tépalos semierectos o patentes en la antesis; hojas verde-amarillentas cuando secas, la vena media frecuentemente de color más claro que la lámina. **94. O. viridiflora**
76. Yemas terminales pubescentes.
79. Hojas con el ápice obtuso a redondeado; hojas coriáceas; domacios conspicuos, restringidos a las axilas de los pares de venas secundarias más basales. **68. O. pullifolia**
79. Hojas con el ápice agudo o acuminado; hojas papiráceas, cartáceas a coriáceas; domacios pequeños, dispuestos a lo largo de las venas secundarias más basales.
80. Hojas papiráceas, glandular-punteadas en el haz y muy oscuras cuando secas. **83. O. tenera**
80. Hojas firmes, no visiblemente glandular-punteadas en el haz; verdes a muy verde oscuro o negras cuando secas.
81. Venas terciarias inmersas o casi inmersas en el envés; hojas coriáceas a firmemente cartáceas, verde oscuro cuando secas. **43. O. jorge-escobarii**
81. Venas terciarias elevadas en el envés; hojas cartáceas, negras o verde-amarillentas cuando secas.
82. Inflorescencias hasta 21 cm; hojas negras cuando secas, la vena media muy oscura. **11. O. bernoulliana**
82. Inflorescencias hasta 10 cm; hojas verde-amarillentas cuando secas, las venas principales frecuentemente de color más claro que la lámina. **50. O. meziana**
72. Envés foliar generalmente sin domacios foveolados; fascículos de tricomas axilares algunas veces presentes en una pequeña depresión.
83. Yemas terminales glabras (algunas veces pocos tricomas presentes a lo largo de los márgenes de las brácteas alrededor de las yemas).
84. Flores e inflorescencias glabras. **92. O. verapazensis**
84. Flores y partes distales de las inflorescencias escasa o moderada y diminutamente pubescentes.
85. Hojas 10-15 × 4-5 cm, la base aguda; tépalos patentes en la antesis. **49. O. matudae**
85. Hojas 15-35 × 7-15 cm, la base redondeada, rara vez obtusa o subcordada; tépalos erectos o casi erectos en la antesis. **79. O. standleyi**
83. Yemas terminales pubescentes.
86. Ramitas densamente pubescentes, la superficie completamente cubierta por tricomas erectos o ascendentes. **20. O. contrerasii**
86. Ramitas glabras, escasamente pubescentes o, si densamente pubescentes, los tricomas adpresos.
87. Hojas amarillo-verdosas cuando secas, rara vez verde más oscuro, las venas terciarias formando un retículo elevado en el envés de la hoja, la vena media y las venas secundarias generalmente de color más claro que el tejido foliar circundante. **44. O. laetevirens**
87. Hojas verde oscuro cuando secas, las venas terciarias sin formar un retículo elevado en el envés de la hoja, las venas principales concoloras con el tejido de la hoja o más oscuras que el tejido de la hoja.
88. Tépalos hasta 1 mm; inflorescencias moderada a escasamente pubescentes, los tricomas erectos a ascendentes. **54. O. multiflora**
88. Tépalos al menos 1.5 mm; si rara vez más cortos (1.3-1.5 mm), entonces las inflorescencias muy escasamente pubescentes con tricomas adpresos.
89. Inflorescencias densamente pubescentes, la superficie mayor o completamente cubierta por el indumento.
90. Hojas con el ápice obtuso a redondeado; fascículos de tricomas axilares ausentes en el envés de la hoja. **18. O. chrysobalanoides**
90. Hojas con el ápice agudo o acuminado; fascículos de tricomas axilares presentes en el envés de la hoja.
91. Hojas obovadas, hasta 4.7 cm de ancho, verdes cuando secas; ramitas, cuando jóvenes, aladas o fuertemente anguladas; envés de las hojas escasamente pubescente, los tricomas cortos, erectos e inconspicuos. **26. O. eucuneata**
91. Hojas elípticas u oblanceoladas; si es que son más anchas entonces por encima del 1/2, negras cuando secas; ramitas acostilladas o anguladas; envés de las hojas escasamente adpreso-pubescente o glabro.
92. Hojas hasta 2.5 cm de ancho, oblanceoladas o angostamente obovado-elípticas, negras cuando secas; tépalos c. 1.5 mm. **55. O. nigrita**
92. Hojas 2.5-8 cm de ancho, elípticas o rara vez angostamente elíptico-obovadas, verdes a verde oscuro cuando secas; tépalos 2-2.5 mm. **87. O. uxpanapana**
89. Inflorescencias escasa o moderadamente pubescentes, la superficie mayor o completamente visible.
93. Ramitas jóvenes densamente pubescentes, los tricomas erectos; inflorescencias 15-20 cm, con el indumento erecto similar al de las ramitas; domacios ausentes. **82. O. subalata**
93. Ramitas jóvenes adpreso-pubescentes o casi glabras; si con algunos tricomas erectos, estos extremadamente cortos y su orientación escasamente visible; inflorescencias generalmente menos de 15 cm; domacios a manera de fascículos de tricomas axilares en fóveas superficiales, frecuentemente presentes.
94. Hojas lanceoladas; domacios consistiendo de fóveas superficiales, estas glabras o con tricomas en los márgenes. **24. O. effusa**

94. Hojas elípticas, ovadas o elíptico-obovadas; domacios, si presentes, con fascículos de tricomas axilares.
95. Hojas 13-25 × 4-8 cm, las venas terciarias elevadas en el envés. **33. O. guatemalensis**
95. Hojas en general menos de 12 × 5 cm; si en ocasiones hasta 15 cm, las venas terciarias inmersas en el envés.
96. Hojas elípticas a elíptico-oblongas, el ápice obtuso; domacios consistiendo de fascículos de tricomas blancos, al menos su propio diámetro, alejadas de la vena media. **37. O. heribertoi**
96. Hojas ovadas, obovadas o elípticas, el ápice agudo o acuminado; domacios, cuando presentes, en las axilas de las venas secundarias cerca a la vena media.
97. Hojas ovadas, distalmente atenuadas hasta un ápice largo y delgado.
98. Domacios presentes como fascículos de tricomas axilares; la superficie externa de los tépalos glabra. **58. O. parvula**
98. Domacios ausentes; la superficie externa de los tépalos escasamente pubescente. **81. O. strigosa**
97. Hojas (ancha o angostamente) elípticas, sin un ápice largo y delgado.
99. Flores pubescentes, el indumento cubriendo los tépalos casi completamente; hojas verdes a verde oscuro cuando secas; domacios, cuando presentes, no visibles sin aumento. **70. O. racemiflora**
99. Flores glabras o casi glabras; hojas verde oscuro cuando secas; domacios (como fascículos de tricomas axilares) visibles sin aumento. **86. O. truncata**

1. Ocotea acuminatissima (Lundell) Rohwer, *Bot. Jahrb. Syst.* 112: 379 (1990/1991 [1991]). *Phoebe acuminatissima* Lundell, *Contr. Univ. Michigan Herb.* 6: 19 (1941). Isotipo: México, Chiapas, *Matuda 2107* (NY!). Ilustr.: no se encontró.

Cinnamomum acutatum Kosterm., *C. siltepecanum* (Lundell) Kosterm., *Phoebe saxchanalensis* Lundell, *P. siltepecana* Lundell.

Árboles hasta 15 m; ramitas teretes o estriadas, sólidas, moderada a densamente adpreso-pubescentes; yemas terminales densamente adpreso-pubescentes. Hojas 8-12 × 2-4 cm, cartáceas, lanceoladas, elípticas a elíptico-ovadas, la base aguda, los márgenes aplanados, el ápice agudo, pinnatinervias, la vena media, las secundarias y las terciarias inmersas en el haz, la vena media y las secundarias elevadas, las terciarias inmersas en el envés, el haz glabro, el envés escasamente adpreso-pubescente a glabro, las venas secundarias 5-9 pares; domacios como pequeños fascículos de tricomas axilares con frecuencia presentes; pecíolo 8-14 mm, aplanado o casi aplanado por encima, con un indumento similar al de las ramitas. Inflorescencias 2-5 cm, racemosas, en las axilas de hojas normales, moderada a escasamente adpreso-pubescentes. Flores 6-8 mm de diámetro, blancas, bisexuales; tépalos 2-3 mm, patentes en la antesis, escasamente adpreso-pubescentes a casi glabros por fuera, papilosos por dentro; estambres externos c. 1.4 mm, papilosos, los filamentos muy cortos, libres, los lóculos ocupando toda la antera; estambres internos c. 1.2 mm, papilosos, los filamentos 0.1-0.2 mm; estaminodios presentes, con el ápice glanduloso; pistilo c. 2 mm, glabro; estilo la mitad de la longitud del ovario; receptáculo cupuliforme, con pocos tricomas adpresos por dentro. Frutos c. 1.5 × 1 cm, elipsoides; cúpula c. 6 mm de diámetro, con forma de tazón por profundo a pateliforme, con un margen simple, el pedicelo engrosado en fruto, los tépalos persistentes. *Bosques montanos*. Ch (*Breedlove 48693*, MO); G (*Steyermark 33156*, F); N (*Rueda et al. 14945*, MO). 900-2700 m. (Endémica).

Se ha incluido en *Ocotea acuminatissima* todos los ejemplares de Chiapas y Guatemala con inflorescencias racemosas, los tépalos papilosos por dentro, los tépalos patentes en la antesis y el indumento adpreso escaso en el envés de la hoja (u hojas casi glabras). Estos ejemplares varían en la forma de la hoja, desde lanceoladas a elípticas, y también la cantidad de pubescencia sobre las ramitas es variable. Sin embargo, debido a los varios intermedios entre los extremos, no es práctico dividir a esta especie, pero una vez que se tengan más colecciones, el concepto de *O. acuminatissima* aceptado aquí podría mostrar ser muy amplio.

2. Ocotea adela van der Werff, *Novon* 11: 501 (2001). Holotipo: Panamá, *Croat 13049* (MO!). Ilustr.: van der Werff, *Novon* 11: 503, t. 1 (2001).

Arbustos o árboles pequeños, dioicos, hasta 8 m; ramitas estriadas, sólidas, escasa a moderadamente pubérulas, los tricomas muy cortos y ascendentes a erectos; yemas terminales densamente amarillento-pubescentes, los tricomas muy cortos y ascendentes a erectos, completamente cubriendo las yemas. Hojas 4-11 × 2.3-5 cm, cartáceas, elípticas a ovado-elípticas, la base aguda, los márgenes aplanados, el ápice agudo o brevemente acuminado, pinnatinervias, la vena media y las secundarias escasamente impresas, las terciarias inmersas y no discernibles en el haz, la vena media y las secundarias elevadas, las terciarias escasamente elevadas o inmersas en el envés, el haz y el envés glabros, o con pocos tricomas diminutos erectos presentes a lo largo de la vena media, las venas secundarias 4-6 pares; domacios ausentes; pecíolo 5-10 mm, aplanado o levemente acanalado por encima, con el indumento similar al de las ramitas. Inflorescencias 3-7 cm, racemosas o con ramitas laterales cortas terminando en una cima, las inflorescencias pistiladas más cortas y con menos flores que las estaminadas, escasamente pubescentes a subglabras, en las axilas de las hojas. Flores unisexuales, 3-4 mm de diámetro, amarillo-verdosas. Flores masculinas con tépalos c. 1.5 mm, anchamente elípticos a triangulares, glabros en ambas superficies o con pocos tricomas adpresos cerca de la base por dentro, erectos o semierectos; estambres externos c. 1.2 mm, los filamentos c. 0.4 mm, libres, glabros, el ápice estéril ausente; estambres internos tan largos como los externos; estaminodios no vistos; pistilodios c. 1.6 mm, glabros, delgados, algunas veces con el ápice oscuro indicando el estigma; receptáculo angosto, más bien profundo, con algunos tricomas adpresos por dentro. Flores pistiladas con tépalos como en las flores masculinas; estaminodios c. 0.6 mm; pistilo c. 2.5 mm, glabro; estilo c. 0.5 mm; receptáculo profundo, escasamente adpreso-pubescente por dentro. Frutos c. 0.8 × 0.7 cm, subglobosos; cúpula c. 6 mm de diámetro, con forma de tazón poco profundo, con un margen simple, el pedicelo engrosado cónicamente hacia la cúpula, los tépalos persistentes sobre la cúpula. *Bosques montanos bajos*. P (*Galdames & Guerra 1940*, MO). 500-900 m. (Endémica).

Ocotea adela, como el nombre lo sugiere, no es una especie atractiva. Actualmente, se conoce solo del área Cerro Jefe-Cerro Azul cerca de Ciudad de Panamá. Entre las especies panameñas, esta se reconoce por sus flores unisexuales, las inflorescencias cortas, casi glabras, las hojas con venas secundarias y la vena media escasamente impresas, las cúpulas poco profundas con tépalos persistentes y los pedicelos engrosados en fruto. La especie más cercanamente relacionada es la sudamericana *O. camphoromoea* Rohwer.

3. Ocotea amplifolia (Mez & Donn. Sm.) van der Werff, *Novon* 11: 510 (2001). *Phoebe amplifolia* Mez & Donn. Sm., *Bot. Gaz.* 19: 261 (1894). Sintipo: Guatemala, *Heyde & Lux 3033* (GH!). Ilustr.: Smith, *Bot. Gaz.* 19: t. 24 (1894).

Cinnamomum amplifolium (Mez & Donn. Sm.) Kosterm.

Árboles, tamaño desconocido; ramitas anguladas, sólidas, densamente pardo-tomentulosas, la superficie completamente cubierta por el indumento; yemas terminales densamente pardo-tomentulosas. Hojas 20-30 × 8-13 cm, elípticas a anchamente elípticas, firmemente cartáceas, la base aguda, los márgenes recurvados hacia la base, el ápice agudo, pinnatinervias, la vena media, las secundarias y las terciarias inmersas o escasamente impresas en el haz, elevadas en el envés, el haz glabro excepto por remanentes de indumento tomentuloso a lo largo de las venas principales, el envés escasa a moderada y densamente pubescente con tricomas erectos, crespos, la superficie prontamente visible entre los tricomas, el indumento tomentuloso sobre la vena media y las secundarias, discernible al tacto, las venas secundarias 8-11 pares; domacios ausentes; pecíolo c. 3 cm, levemente acanalado, con el indumento similar al de las ramitas. Inflorescencias 10-15 cm, cimoso-paniculadas, en las axilas de las hojas, la superficie no visible, densamente pardo-tomentulosas. Flores 6-7 mm de diámetro, bisexuales; tépalos c. 3.5 mm, densamente pubescentes por fuera, la superficie no visible, moderada a densamente pubescentes por dentro, la superficie parcialmente visible, más o menos patentes en la antesis; estambres externos c. 1.2 mm, los filamentos c. 0.2 mm, libres, con pocos tricomas; estambres internos c. 1.5 mm, los filamentos c. 0.5 mm, uniformemente pubescentes; estaminodios c. 1 mm, pubescentes; pistilo c. 2 mm, glabro; ovario el doble de la longitud del estilo; receptáculo con forma de tazón poco profundo, glabro por dentro. Frutos c. 3.5 × 1.5 cm (desprendidos), elipsoides; cúpula no vista. *Bosques montanos*. G (*Heyde & Lux 3033*, US). c. 3000 m. (Endémica).

Ocotea amplifolia se conoce solo de la colección tipo y las medidas por lo tanto probablemente no reflejan adecuadamente la variación de esta especie. Se reconoce fácilmente por los pecíolos largos, y por el indumento denso sobre las ramitas, las inflorescencias y la superficie externa de los tépalos. El indumento denso sobre la superficie externa de los tépalos también se encuentra en algunas especies en Costa Rica y Panamá, pero estas difieren como sigue: *O. gomezii* tiene las flores mucho más grandes y *O. mollifolia* tiene los pecíolos más cortos y los tricomas rectos y erectos en el envés de la hoja. Allen (1945a) citó una segunda colección de Guatemala como *O. amplifolia*. Esta colección (*Steyermark 43641*, F) difiere de *O. amplifolia* por tener los tépalos escasamente pubescentes y el indumento en el envés de la hoja restringido a las venas principales y no sobre la lámina. Esta representa una especie desconocida.

4. Ocotea arcuata Rohwer, *Bot. Jahrb. Syst.* 112: 380 (1990/1991 [1991]). Holotipo: Panamá, *Mori et al. 6883* (MO!). Ilustr.: Rohwer, *Bot. Jahrb. Syst.* 112: 381, t. 2 (1990/1991 [1991]).

Árboles pequeños, hasta 5 m; ramitas teretes o escasamente anguladas, sólidas, moderada a densa y escasamente adpreso-pubescentes, la superficie parcialmente visible; yemas terminales densamente adpreso-pubescentes. Hojas 8-16 × 4-8 cm, elípticas, delgadamente cartáceas o membranáceas, la base obtusa, los márgenes aplanados, el ápice acuminado, el acumen 0.5-1.5 cm, pinnatinervias, la vena media, las secundarias y las terciarias inmersas o la vena media y las secundarias escasamente impresas en el haz, elevadas en el envés, el haz glabro o con algunos tricomas adpresos sobre la base de la vena media, el envés glabro o con pocos tricomas adpresos, los tricomas erectos muy cortos algunas veces presentes a lo largo de las venas principales en el envés, las venas secundarias 4-6 pares, dirigidas hacia arriba y entrelazadas hacia los márgenes; domacios foveolados (cavidades con una apertura pequeña) presentes en las axilas de las venas secundarias más basales; pecíolo 6-18 mm, acanalado por encima, con el indumento similar al de las ramitas. Inflorescencias 3-7 cm, cimoso-paniculadas, en las axilas de las hojas o las brácteas cerca de los extremos de las ramas, moderada a escasamente adpreso-pubescentes. Flores c. 4 mm de diámetro, blancas, bisexuales; tépalos 2-2.5 mm, elípticos, con pocos tricomas adpresos por fuera, papilosos por dentro; estambres 1-1.2 mm, los filamentos muy cortos, libres, las anteras finamente papilosas, el ápice estéril ausente; estaminodios 3, c. 0.4 mm, triangulares, con la base pubescente; pistilo c. 1.6 mm, glabro, el estilo la mitad de la longitud del ovario; receptáculo con forma de tazón poco profundo, pubescente por dentro. Frutos c. 3 × 1.5 cm, elipsoides; cúpula c. 1 cm de diámetro, con forma de trompeta, con un margen simple, gradualmente angostada hasta el pedicelo, los tépalos caedizos en fruto. *Bosques montanos bajos*. P (*McPherson 9195*, MO). 300-550 m. (Endémica).

Ocotea arcuata ha sido rara vez colectada y es solo conocida entre la carretera Cresta de Santa Rita y la carretera a El Llano-Carti en Panamá. Las hojas casi glabras con domacios foveolados son diagnósticos para esta especie. Sus parientes más cercanos en Panamá son *O. pausiaca*, la cual tiene los estambres con filamentos largos y *O. rubriflora*, con el indumento muy denso y corto sobre las ramitas.

5. Ocotea atirrensis Mez & Donn. Sm., *Bot. Jahrb. Syst.* 30(Beibl. 67): 18 (1901). Sintipo: Costa Rica, *Donnell Smith 4930* (US!). Ilustr.: González & Poveda, *Monogr. Syst. Bot. Missouri Bot. Gard.* 111: 135 (2007).

Ocotea nicaraguensis Mez, *O. paulii* C.K. Allen, *O. pedalifolia* Mez, *O. pentagona* Mez, *O. wedeliana* C.K. Allen.

Arbustos o árboles pequeños, hasta 10 m; ramitas (fuertemente) anguladas o aladas, diminutamente adpreso-pubescentes o glabras, huecas, frecuentemente habitadas por hormigas; yemas terminales densa y diminutamente adpreso-pubescentes. Hojas 10-50 × 3-15 cm, (angostamente) elípticas a (angostamente) obovadas u oblongas, membranáceas a firmemente cartáceas, la base redondeada a aguda, los márgenes aplanados, el ápice obtuso a acuminado, el acumen hasta 2 cm, pinnatinervias, la vena media, las secundarias y las terciarias inmersas o la vena media ligeramente impresa en el haz, la vena media y las secundarias elevadas, las venas terciarias ligeramente elevadas a inmersas en el envés, las venas terciarias algunas veces contrastando con el tejido más oscuro de la lámina, el haz y el envés glabros, las venas secundarias 5-12 pares; domacios ausentes; pecíolo 5-18 mm, acanalado, glabro. Inflorescencias 10-30 cm, cimoso-paniculadas, en las axilas de las hojas o catafilos, diminutamente adpreso-pubescentes a glabras, las ramitas aplanadas. Flores 2-2.5 mm de diámetro, blanco-verdosas o crema, bisexuales; tépalos c. 1 mm, ovado-elípticos, escasamente patentes a erectos en la antesis, diminutamente adpreso-pubescentes o glabros; estambres externos 0.7-1 mm, los filamentos 1/2 de la longitud de la antera, con pocos tricomas diminutos, el par de lóculos superior frecuentemente más pequeño que el par inferior; estambres internos tan largos como los externos, pero el lado de frente al pistilo con un fascículo de tricomas cortos blanquecinos en la parte superior del filamento, el ápice estéril ausente, las glándulas globosas presentes en la base; estaminodios no vistos; pistilo c. 1.5 mm, glabro; estilo tan largo como el ovario; receptáculo cupuliforme, glabro por dentro. Frutos 2-3.5 cm, elipsoides; cúpula pequeña, con forma de tazón poco profundo a cupuliforme, con un margen simple, los tépalos algunas veces persistentes sobre la cúpula como pequeños lóbulos. *Selvas altas perennifolias montanas y de tierras bajas*. N (*Neill 3368*, MO); CR (*Morales 128*, MO); P (*Gentry 6817*, MO). 50-1200 m. (Endémica).

Las ramitas anguladas y huecas, los estambres sin ápice estéril y las cúpulas pequeñas hacen la identificación de *Ocotea atirrensis* relativamente fácil. *Mespilodaphne macrophylla* también tiene las ramitas huecas, pero sus estambres tienen un ápice estéril conspicuo y sus cúpulas son cupuliformes con un margen doble pequeño. *Ocotea atirrensis* es una especie variable en la cual se ha incluido otras 3 especies que fueron reconocidas como distintas en Burger & van der Werff (1990). Estas especies, *O. paulii*, *O. nicaraguensis* y *O. wedeliana*, fueron separadas por caracteres como la textura de la hoja (coriáceas vs. cartáceas), el color de las hojas secas (verdes vs. verde muy oscuro), los tallos angulados vs. marcadamente angulados y la cúpula con o sin tépalos persistentes. El estudio de todas las colecciones disponibles ha mostrado que por estos caracteres no pueden dividirse de una forma certera en entidades distintas, y no se han encontrado nuevos caracteres que permitan el reconocimiento de diferentes taxones en este complejo. Se ha encontrado algunas tendencias generales, tales como los ejemplares en fruto que tienen las hojas más coriáceas que ejemplares en flor, y ejemplares de elevaciones más altas que tienen las hojas coriáceas más pequeñas que ejemplares de tierras bajas, pero estas diferencias son clinales y no bimodales o trimodales. Algunas poblaciones parecen distintas, por ejemplo, los ejemplares de la Reserva Biológica Carara (Costa Rica) tienen las flores completamente glabras (la mayoría de las otras colecciones tienen las flores escasamente pubescentes); el hecho de que ejemplares ocasionales de otras localidades también tengan las flores casi glabras sugiere que no es aconsejable el reconocimiento de taxones distintos, dentro de un complejo variable, usando este carácter débil. Por lo anterior, he optado por un concepto mucho más amplio de esta especie como en otras publicaciones.

6. Ocotea atlantica van der Werff, *Novon* 11: 504 (2001). Holotipo: Honduras, *Zamora 1744* (MO!). Ilustr.: van der Werff, *Novon* 11: 503, t. 2 (2001).

Árboles hasta 25 m; ramitas teretes o escasamente anguladas, sólidas, densamente pardo-tomentosas cuando jóvenes, la superficie no visible, glabrescente con la edad; yemas terminales densamente pardo-tomentosas. Hojas 12-23 × 3.5-9 cm, cartáceas, (angostamente) elípticas, la base aguda a obtusa, los márgenes aplanados, el ápice acuminado o agudo, el acumen hasta 1 cm, pinnatinervias, la vena media, las secundarias y las terciarias inmersas o las venas principales escasamente impresas en el haz, la vena media y las secundarias elevadas, las venas terciarias escasamente elevadas en el envés, el haz glabro excepto por la vena media tomentulosa, el envés piloso y suave al tacto, el indumento más denso a lo largo de las venas y sobre la vena media tomentoso, las venas secundarias 5-8 pares, las distales algunas veces entrelazadas cerca los márgenes; domacios ausentes; pecíolo 1-2.5 cm, terete, con el indumento similar al de las ramitas. Inflorescencias 2-10 cm, cimoso-paniculadas o racemosas por reducción, en las axilas de las hojas, pardo-tomentulosas. Flores unisexuales, 3-3.5 mm de diámetro, crema, moderada a escasamente adpreso-pubescentes, el indumento menos denso que sobre las ramitas de la inflorescencia. Flores masculinas con tépalos c. 1 mm, anchamente elípticos, escasamente adpreso-pubescentes por fuera, glabros por dentro; estambres externos c. 0.8 mm, glabros, los filamentos libres, las anteras c. 0.6 mm, el ápice estéril ausente; estambres internos tan largos como los externos; estaminodios no vistos; pistilodio c. 1 mm, glabro, filiforme, con un estigma; receptáculo pequeño, sacciforme, pubescente por dentro. Flores pistiladas con los tépalos como en las flores masculinas o con alguna pubescencia por dentro, unidos en la base y caedizos como una unidad en las flores viejas; estaminodios c. 0.5 mm, los 3 internos con 2 glándulas cerca de la base; pistilo c. 1.5 mm, glabro; estigma conspicuo; receptáculo glabro por dentro. Frutos c. 0.8 × 0.6 cm, redondeados; cúpula con forma de tazón poco profundo, lenticelada, con un margen simple, el pedicelo engrosado, los tépalos caedizos. *Bosques lluviosos de tierras bajas*. H (*Evans 1064*, MO); N (*Rueda et al. 5653*, MO); CR (*Hammel 20710*, MO). 50-400 m. (Endémica).

Ocotea atlantica está restringida a las tierras bajas de la vertiente Atlántica de Costa Rica, Nicaragua y Honduras. Es una de las pocas especies de *Ocotea* con flores unisexuales endémica de Mesoamérica. La cúpula lenticelada y poco profunda, y las flores con el indumento mucho más escaso que el que se encuentra en los pedúnculos y las ramitas de la inflorescencia indican una relación con la especie ampliamente distribuida *O. leucoxylon*. Sin embargo, esa especie no tiene el indumento piloso en el envés de la hoja y el indumento tomentoso o tomentuloso sobre las ramitas jóvenes y las inflorescencias.

Una colección del Cerro Pirre, Panamá (*Herrera et al. 889*, MO) llegará también en la clave a *O. atlantica*, debido a sus flores unisexuales, el indumento erecto sobre las hojas y la pubescencia densa sobre los tallos. Esta difiere de *O. atlantica* en sus pecíolos poco definidos debido a la base de las hojas ligeramente decurrente y en sus venas terciarias elevadas y escalariformes en el envés de la hoja. La única colección conocida tiene las flores pistiladas y se necesitan más colecciones con flores estaminadas y frutos para completar la descripción.

7. Ocotea aurantiodora (Ruiz & Pav.) Mez, *Jahrb. Königl. Bot. Gart. Berlin* 5: 295 (1889). *Laurus aurantiodora* Ruiz & Pav., *Fl. Peruv.* 4: t. 349 (c. 1830). Isolectotipo (designado por Moraes, 2012): Perú, *Ruiz & Pavón s.n.* (B). Ilustr.: Ruiz & Pavón, *Fl. Peruv.* 4: t. 349 (c. 1830).

Mespilodaphne aurantiodora (Ruiz & Pav.) Meisn.

Árboles pequeños, hasta 15 m; ramitas marcadamente anguladas, sólidas, moderada a escasamente adpreso-pubescentes, glabrescentes con la edad; yemas terminales densamente adpreso-pubescentes. Hojas 13-35 × 4-10 cm, elípticas, firmemente cartáceas, la base cuneada y con frecuencia ligeramente decurrente, los márgenes hacia la base recurvados, el ápice agudo o brevemente acuminado, pinnatinervias, la vena media y las secundarias ligeramente impresas en el haz, las venas terciarias elevadas y formando a fina malla, la vena media marcadamente elevada, las secundarias y las terciarias elevadas en el envés, el haz glabro, el envés moderadamente denso a escasamente adpreso-pubescente, las venas secundarias 9-14 pares; domacios ausentes; pecíolo hasta 10 mm, aplanado o anchamente acanalado por encima, con el indumento similar al de las ramitas. Inflorescencias 10-20 cm, paniculado-cimosas, en las axilas de las hojas distales, moderada a densamente pubescentes, los tricomas adpresos o ascendentes. Flores c. 3 mm de diámetro, unisexuales; tépalos 1-1.5 mm, anchamente elípticos, moderada a densamente adpreso-pubescentes por fuera, glabros o casi glabros por dentro, erectos o escasamente patentes en la antesis. Flores masculinas con los estambres externos c. 1.2 mm, glabros, los filamentos 1/2 de la longitud de la antera, libres, los lóculos ocupando toda la antera, el ápice estéril ausente; estambres internos tan largos como los externos, glabros, apretados entre sí y con los filamentos fusionados, las glándulas apretadas entre sí y casi formando un disco anular; estaminodios no vistos; pistilodio filiforme, la parte inferior adpreso-pubescente, el 1/2 superior glabro; receptáculo cupuliforme, pubescente por dentro. Flores pistiladas con 9 estaminodios, c. 0.6 mm, glabros, los filamentos libres; pistilo c. 1.7 mm, glabro; receptáculo cupuliforme, glabro por dentro. Frutos c. 0.8 cm, elipsoides a ovoides; cúpula c. 5 mm de profundidad, c. 6 mm de diámetro, cupuliforme, con un margen simple, los tépalos frecuentemente persistentes sobre las cúpulas en frutos jóvenes, caedizos más adelante. *Bosques lluviosos montanos bajos, bosques lluviosos de tierras bajas*. N (*Robleto 676*, MO); CR (*Smith 15313*, MO); P (*Galdames & Araúz 3301*, MO). 0-600 m. (Mesoamérica, Colombia, Venezuela, Guayana Francesa, Ecuador, Perú, Bolivia, Brasil).

Ocotea aurantiodora se puede reconocer por sus ramitas fuertemente anguladas, por el retículo pequeño y elevado formado por las venas terciarias, por las flores unisexuales y pequeñas, y las cúpulas cupuliformes. Casi todos los ejemplares sudamericanos incluidos en la distribución de la especie han sido identificados como *O. longifolia* Kunth, la cual es casi con certeza un sinónimo de *O. aurantiodora*. En ocasiones el envés de la hoja es escasamente glauco y las líneas tenues de vernación son algunas veces visibles sobre las hojas más pubescentes; estas líneas nunca son tan claramente visibles como en *Andea fulvescens*, una especie cercanamente relacionada.

8. Ocotea austinii C.K. Allen, *J. Arnold Arbor.* 26: 350 (1945). Isotipo: Costa Rica, *Smith A125* (MO!). Ilustr.: Allen, *Ann. Missouri Bot. Gard.* 35: 31, t. 20 (1948).

Ocotea irazuensis Lundell.

Árboles hasta 20 m; ramitas anguladas o estriadas, sólidas, glabras a densamente adpreso-pubescentes; yemas terminales densamente adpreso-pubescentes. Hojas 8-14 × 3-4.5 cm, elípticas a oblongas, coriáceas, la base decurrente sobre el pecíolo y enrollada hacia adentro, los márgenes recurvados hacia la base, el ápice obtuso o agudo, pinnatinervias, la vena media, las secundarias y las terciarias elevadas en ambas superficies, el haz glabro o con algunos tricomas adpresos a lo largo de la vena media, con frecuencia brillante, el envés moderada a densamente adpreso-pubescente, ligeramente seríceo, líneas de vernación con frecuencia visibles sobre el envés, las venas secundarias 6-9 pares, los fascículos de tricomas axilares o depresiones glabras en las axilas de venas secundarias presentes o ausentes; pecíolo discernible 1-2 cm, aplanado por encima, con el indumento similar al de las ramitas. Inflorescencias 7-18 cm, cimoso-paniculadas, escasa a densamente adpreso-pubescentes. Flores c. 4 mm de diámetro, verdes o amarillas, bisexuales; tépalos 2-3 mm, adpreso-pubescentes por fuera, la superficie densa o completamente cubierta por el indumento, moderada a escasamente pubescentes por dentro, ligeramente patentes en la antesis, patentes en las flores viejas; estambres externos c. 1.5 mm, los filamentos con pocos tricomas adpresos, 1/2 de la longitud de la antera, libres, los lóculos ocupando toda la antera, los estambres internos c. 2 mm, los filamentos c. 0.7 mm, con algunos tricomas, en especial dorsalmente, los lóculos lateral-extrorsos; estaminodios no vistos; pistilo c. 2 mm, glabro; ovario tan largo como el estilo; receptáculo cupuliforme, pubescente por dentro. Frutos c. 3 × 1.5 cm, elipsoides; cúpula hasta 1.5 cm de diámetro, pateliforme, con un margen simple, los tépalos algunas veces persistentes en frutos jóvenes. *Bosques montanos*. CR (*Proctor 32355*, MO); P (*Todzia & Schmalzel 2590*, MO). 2000-3000 m. (Endémica).

Ocotea austinii se reconoce por las venas terciarias elevadas en el haz de la hoja y las hojas coriáceas, más bien pequeñas y con frecuencia oblongas; la base de la hoja es siempre decurrente sobre el pecíolo y enrollada hacia adentro. Podría confundirse con *O. glaucosericea*, pero esa especie tiene las hojas más grandes (hasta 21 cm), menos coriáceas, las flores densamente pubescentes y el receptáculo es en general glabro por dentro. Está también relacionada con *O. whitei* (incl. *O. skutchii*), pero esta especie no tiene las venas terciarias elevadas en el haz de la hoja y tiene las hojas menos coriáceas.

9. Ocotea bajapazensis Lundell, *Wrightia* 6: 8 (1978). Isotipo: Guatemala, *Lundell & Contreras 20946* (F!). Ilustr.: Lundell, *Wrightia* 6: t. 18 (1978).

Árboles pequeños, hasta 8 m; ramitas anguladas, sólidas, escasamente adpreso-pubescentes con tricomas cortos blancos; yemas terminales densamente blanco-pubescentes, la superficie completamente cubierta. Hojas 11-18 × 4-7 cm, elípticas, cartáceas, la base aguda, los márgenes aplanados, el ápice agudo o escasamente acuminado, pinnatinervias, la vena media, las secundarias y las terciarias inmersas en el haz, la vena media y las secundarias elevadas, las terciarias ligeramente elevadas en el envés, el haz con algunos tricomas escasos adpresos, pronto tornándose glabro, pero algunos tricomas persistentes a lo largo de las venas principales, el envés con algunos tricomas adpresos, estos más densos a lo largo de las venas principales, la lámina tornándose glabra con la edad, las venas secundarias 4-7 pares; domacios en forma de pequeños fascículos de tricomas axilares con frecuencia presentes; pecíolo 1-1.5 cm, acanalado, con el indumento similar al de las ramitas. Inflorescencias 4-13 cm, cimoso-paniculadas, frecuentemente con pocas brácteas de la inflorescencia desarrolladas en hojas normales, en las axilas de hojas normales, escasamente adpreso-pubescentes. Flores 4.5-5.5 mm de diámetro, blancas, fragantes, bisexuales; tépalos 2-2.5 mm, glabros por fuera, la superficie interna de los tépalos internos uniformemente papilosa por dentro, los tépalos externos con un parche basal triangular papiloso, por lo demás glabros, patentes en la antesis; estambres externos c. 1.2 mm, densamente papilosos, los lóculos ocupando toda la antera, los filamentos libres; estambres internos c. 1.2 mm, los lóculos lateral-extrorsos; estaminodios no vistos; pistilo c. 1.8 mm, glabro; estilo tan largo como el ovario; receptáculo cupuliforme, pubescente por dentro, los tépalos caedizos en flores viejas. Frutos y cúpula no conocidos. *Bosques lluviosos de tierras bajas*. G (*Lundell & Contreras 20886*, MO). 100-300 m. (Endémica).

Ocotea bajapazensis se puede reconocer por las ramitas escasamente adpreso-pubescentes, las inflorescencias cimoso-paniculadas y las flores más bien pequeñas. Se asemeja cercanamente a *O. heydeana*, la cual difiere mayormente por tener las flores más grandes y por encontrarse a elevaciones más altas. Estas diferencias no son fuertes, pero, por otro lado, si juntáramos *O. heydeana* y *O. bajapazensis*, sería una especie con una variación extremadamente grande en el tamaño de la flor. Prefiero reconocer *O. bajapazensis* como una especie separada como lo hizo Rohwer (1990/1991 [1991]).

10. Ocotea barbatula Lundell, *Wrightia* 5: 336 (1977). Isotipo: Guatemala, *Lundell & Contreras 19444* (MO!). Ilustr.: no se encontró.

Árboles hasta 16 m; ramitas teretes o anguladas, sólidas, moderada a escasamente adpreso-pubescentes, tornándose glabras con la edad; yemas terminales densamente adpreso-pubescentes. Hojas 6-11 × 2-3.5 cm, elípticas, cartáceas, la base aguda, los márgenes aplanados, el ápice agudo o acuminado, el acumen hasta 1 cm, pinnatinervias, la vena media, las secundarias y las terciarias inmersas en el haz, elevadas en el envés, las venas terciarias formando una fina malla, las venas principales frecuentemente de color más claro que la lámina, el haz glabro, el envés con algunos tricomas adpresos, tornándose glabro con la edad, las venas secundarias 6-8 pares; domacios presentes como fóveas pubescentes en los márgenes, una o varias veces su diámetro alejadas de la vena media; pecíolo 5-14 mm, ligeramente acanalado, con el indumento similar al de las ramitas. Inflorescencias 3-6 cm, glabras o casi glabras, cimoso-paniculadas, en las axilas de las hojas. Flores 2-2.5 mm de diámetro, amarillentas, bisexuales; tépalos c. 1.5 mm, anchamente elípticos, glabros o casi glabros en ambas superficies, erectos en la antesis; estambres externos c. 1 mm, glabros, los filamentos libres, los lóculos ocupando toda la antera; estambres internos tan largos como los externos, los filamentos pubescentes, por lo demás glabros, los lóculos lateral-extrorsos; estaminodios no vistos; pistilo c. 1.8 mm; estilo conspicuo y casi tan largo como el ovario; receptáculo cupuliforme, adpreso-pubescente por fuera, glabro por dentro. Frutos c. 1.7 × 1.1 cm, elipsoides; cúpula hasta 1 cm de diámetro, disciforme, con un margen simple, el pedicelo conspicuamente ampliado hacia la cúpula, los tépalos caedizos. *Selvas altas perennifolias*. G (*Lundell & Contreras 20916*, MO). 1600-1800 m. (Endémica).

Ocotea barbatula es similar a *O. meziana*, pero puede separarse por los domacios foveolados con los márgenes pubescentes, los cuales están bien alejados de la vena media. Tengo duda de si este carácter es suficiente para separar las dos especies. Un número de ejemplares ubicados en *O. meziana* tienen los domacios pequeños a lo largo de las venas secundarias, mientras que en otros estos domacios secundarios están ausentes. Esto sugiere que la distribución de los domacios es variable y deja los márgenes pubescentes de los domacios como el único carácter que separa a *O. barbatula* de *O. meziana*.

11. Ocotea bernoulliana Mez, *Jahrb. Königl. Bot. Gart. Berlin* 5: 275 (1889). Sintipo: Guatemala, *Bernoulli & Cario 2590* (U!). Ilustr.: no se encontró.

Árboles hasta 11 m; ramitas anguladas, sólidas, glabras; yemas terminales glabras. Hojas 10-16 × 3.5-6.5 cm, elípticas, cartáceas, glabras, la base aguda, los márgenes aplanados, el ápice agudo o acuminado, el acumen hasta 1 cm, pinnatinervias, la vena media, las secundarias y las terciarias elevadas en ambas superficies, verde oscuro cuando secas, las venas secundarias 4-6 pares; domacios foveolados conspicuos abriendo por una hendidura presentes en las axilas de varias venas secundarias; domacios foveolados menores presentes a lo largo de las venas secundarias basales; domacios con los márgenes glabros; pecíolo 7-12 mm, aplanado por encima, glabro. Inflorescencias c. 21 cm, cimoso-paniculadas, glabras. Flores 2.5-3 mm de diámetro, bisexuales; tépalos c. 1.7 mm, ovados, glabros en ambas superficies, erectos hasta 1/2 en la antesis; estambres externos c. 1 mm, los filamentos 1/2 de la longitud de la antera, libres, escasamente pubescentes, las anteras glabras, los lóculos ocupando toda la antera; estambres internos casi tan largos como los externos, los filamentos muy cortos, más bien densamente pubescentes; estaminodios estipitiformes, pubescentes; pistilo

c. 1.7 mm, glabro; estilo casi tan largo como el ovario; receptáculo profundo, pubescente por dentro. Frutos c. 2.5 × 1.5 cm; cúpula c. 2.5 cm de diámetro × c. 2 cm de profundidad, cupuliforme, angostada hasta el pedicelo, con 6 costillas longitudinales prominentes que terminan en un diente obtuso, con un margen simple. *Bosques montanos*. Ch (*Matuda 17659*, CAS); G (*Steyermark 37643*, F). 1000-1600 m. (Endémica).

Ocotea bernoulliana se puede reconocer por la siguiente combinación de caracteres: ramitas, hojas, yemas terminales y flores glabras; hojas con domacios foveolados conspicuos en las axilas de las venas secundarias y domacios foveolados más pequeños a lo largo de las venas secundarias; hojas verde oscuro cuando secas y cúpulas profundas con 6 estrías longitudinales prominentes. Esta especie ha sido rara vez colectada y la colección tipo es la única que he visto con flores. Está cercanamente relacionada con *O. vanderwerffii*, la cual difiere mayormente por tener los domacios foveolados solo en las axilas de las venas lateral-basales, las hojas 3-plinervias y una cúpula casi con forma de tazón por profundo. La mayoría de las colecciones de *O. vanderwerffii* son de elevaciones bajas (150-700 m), aunque algunas ascienden a 1000-1300 m.

12. Ocotea betazensis (Mez) van der Werff, *Novon* 9: 572 (1999). *Phoebe betazensis* Mez, *Jahrb. Königl. Bot. Gart. Berlin* 5: 192 (1889). Sintipo: México, Oaxaca, *Liebmann 23* (C!). Ilustr.: van der Werff, *Novon* 9: 573, t. 1 (1999).

Ocotea mexicana (Meisn.) Hemsl. var. *diminuta* (Meisn.) Hemsl., *Oreodaphne mexicana* Meisn. var. *diminuta* Meisn.

Árboles hasta 20 m; ramitas teretes o escasamente anguladas, sólidas, densamente pardas tomentuloso-tomentosas, el indumento completamente cubriendo las ramas; yemas terminales densamente tomentuloso-tomentosas. Hojas 8.5-18 × 4.5-7.5 cm, (anchamente) elípticas, firmemente cartáceas, la base obtusa o redondeada, rara vez aguda, los márgenes aplanados, el ápice obtuso, agudo o brevemente acuminado, pinnatinervias, el haz escasamente pubescente cuando jóvenes, los tricomas erectos, pronto tornándose glabro, el indumento persistente sobre la vena media y las secundarias, el envés escasa a moderadamente pubescente, los tricomas erectos, discernibles al tacto, la superficie muy visible, la vena media y las secundarias densamente pubescentes, las venas secundarias 5-7 pares, los fascículos de tricomas axilares blancos algunas veces presentes en el envés; pecíolo 1.2-2.3 cm, redondeado por encima, con pubescencia densa similar a la de las ramitas. Inflorescencias 4-12 cm, cimoso-paniculadas, en las axilas de hojas o catafilos, escasa a moderadamente hirsutas, la superficie muy visible. Flores 7-9 mm de diámetro, blancas o amarillas, bisexuales; tépalos c. 3 mm, elípticos, glabros por fuera, glabros o con pocos tricomas cerca de la base por dentro, patentes en la antesis; estambres externos c. 1.2 mm, los filamentos 1/2 de la longitud hasta tan largos como la antera, libres, glabros, el ápice estéril ausente; estambres internos c. 1.8 mm, los filamentos c. 0.8 mm, glabros, los lóculos lateral-extrorsos; estaminodios 3, estipitiformes, c. 0.6 mm, pubescentes; pistilo c. 2 mm, glabro; estilo c. 0.7 mm; receptáculo cupuliforme, glabro o pubescente por dentro. Frutos c. 1.5 × 1.3 cm, anchamente elipsoides; cúpula c. 1 cm de diámetro, poco profunda, casi con forma de tazón poco profundo, con un margen simple, el pedicelo engrosado, los tépalos caedizos. *Bosques montanos*. Oaxaca (*Sousa et al. 9337*, MO). 2000-2600 m. (México [Oaxaca]).

Ocotea betazensis se puede reconocer por sus hojas (anchamente) elípticas, los pecíolos relativamente largos, filamentos de los estambres bien desarrollados y el indumento denso de las ramitas jóvenes. Ha sido generalmente incluida en *O. helicterifolia*, pero esa especie tiene frecuentemente las hojas obovadas, los pecíolos más cortos, el indumento hirsuto sobre las ramitas el cual generalmente no cubre completamente la superficie de las ramitas y las anteras casi sésiles. El indumento de las ramitas es el mejor carácter para identificar ejemplares en fruto. En algunos ejemplares la superficie interna del receptáculo es glabra, mientras que en otros es pubescente; en la mayoría de las especies relacionadas este carácter no varía. Esta especie se espera encontrar en Chiapas.

13. Ocotea botrantha Rohwer, *Bot. Jahrb. Syst.* 112: 375 (1990/1991 [1991]). *Persea matudae* Lundell, *Lloydia* 4: 49 (1941) non *O. matudae* Lundell (1942). Isotipo: México, Chiapas, *Matuda 1880* (MO!). Ilustr.: no se encontró.

Árboles hasta 25 m; ramitas anguladas o teretes, densamente blanquecino-tomentosas cuando jóvenes, el indumento tornándose más oscuro y desapareciendo con la edad, sólidas; yemas terminales densamente tomentosas. Hojas 15-22 × 6-17 cm, (anchamente) obovadas, cartáceas, la base cordada a aguda, los márgenes aplanados, el ápice (brevemente) acuminado, el acumen hasta 1.5 cm, pinnatinervias, la vena media, las secundarias y las terciarias inmersas en el haz, la vena media marcadamente elevada, las venas secundarias y las terciarias elevadas en el envés, el haz glabro o escasamente pubescente cuando jóvenes, el envés moderada a densamente pubescente, los tricomas erectos, discernibles al tacto, y la superficie visible entre los tricomas, las venas secundarias 8-10 pares; domacios ausentes; pecíolo 2-4 cm, aplanado a acanalado por encima. Inflorescencias 6-18 cm, racemosas, en las axilas de hojas o catafilos, densa a moderadamente pubescentes. Flores 1.2-1.4 cm de diámetro, blancas, bisexuales; tépalos c. 5 mm, elípticos, patentes en la antesis, los externos densamente pubescentes por fuera y con un parche triangular papiloso por dentro, por lo demás glabros, los internos con un parche triangular pubescente por fuera, densamente papilosos; estambres lingüiformes, papilosos, sésiles, los estambres externos c. 3 mm, el ápice estéril c. 1 mm, los internos c. 3 mm, los lóculos laterales; estaminodios no individualmente visibles, aparentemente fusionados con glándulas y formando un anillo por encima del receptáculo; pistilo glabro o escasamente pubescente; receptáculo pubescente por dentro. Frutos c. 1.5 × 1 cm, glabros; cúpula c. 1.5 cm de diámetro, cupuliforme, con un margen simple, los tépalos y los estambres frecuentemente persistentes sobre cúpulas jóvenes. *Bosques lluviosos montanos*. Ch (*Lorea 5526*, MO); G (*Williams et al. 40699*, MO); ES (*Standley 22968*, MO). 800-2400 m. (Endémica).

Ocotea botrantha puede reconocerse fácilmente por las inflorescencias racemosas, las flores grandes con estambres lingüiformes y sus ramitas densamente pubescentes. Está cercanamente relacionada con *O. sinuata*, la cual difiere por tener las inflorescencias cimoso-paniculadas y los pistilos densamente pubescentes.

14. Ocotea bourgeauviana (Mez) van der Werff, *Novon* 9: 574 (1999). *Phoebe bourgeauviana* Mez, *Jahrb. Königl. Bot. Gart. Berlin* 5: 194 (1889). Isosintipo: México, Veracruz, *Bourgeau 2234* (MO!). Ilustr.: van der Werff, *Novon* 9: 573, t. 2 (1999).

Cinnamomum bourgeauvianum (Mez) Kosterm., *C. chinantecorum* (R.E. Schult.) Kosterm., *Nectandra longicuspis* Lundell, *Phoebe chinantecorum* R.E. Schult.

Árboles hasta 25 m; ramitas teretes, densamente hirsutas, sólidas, la superficie escasamente visible entre los tricomas. Hojas agrupadas o pocas hojas a lo largo de las ramitas, 10-20 × 3.5-6 cm, angostamente elípticas a angostamente elíptico-obovadas, cartáceas, la base aguda u obtusa, los márgenes aplanados, el ápice acuminado, el acumen hasta 1.5 cm, o agudo, pinnatinervias, la vena media, las secundarias y las terciarias inmersas en el haz, la vena media y las secundarias claramente elevadas, las terciarias ligeramente elevadas en el envés, el haz moderadamente erecto-pubescente cuando jóvenes, pronto tornándose glabro, el indumento más denso y tomentuloso a lo largo de la vena media, el envés moderadamente pubescente con tricomas erectos, la superficie generalmente visible entre los tricomas, el indumento discernible al tacto, más denso a lo largo de la vena media y las secundarias, las venas secundarias 6-9 pares; domacios ausentes; pecíolo 0.6-0.9 cm, aplanado por encima, con el indumento denso similar al de las ramitas. Inflorescencias 5-10 cm, cimoso-paniculadas, en las axilas de hojas o catafilos, escasa a moderadamente pubescentes con tricomas erectos. Flores 5-6 mm de diámetro, amarillentas o crema, bisexuales; tépalos c. 2 mm, elípticos, glabros por fuera, pubescentes por dentro, especialmente cerca de la base, algunas veces papilosos distalmente, patentes en la antesis; estambres externos c. 1.2 mm, los filamentos c. 0.3 mm, libres, con algunos tricomas gruesos hasta en la base del estambre, el ápice estéril ausente; estambres internos c. 1.1 mm, los filamentos c. 0.3 mm, glabros o con pocos tricomas; estaminodios 3, pubescentes, poco visibles entre los tricomas sobre la cima del receptáculo; pistilo c. 1.2 mm, glabro; estilo c. 0.2 mm; receptáculo profundamente cupuliforme, glabro o pubescente por dentro. Frutos c. 1.6 × 1 cm, elipsoides; cúpula c. 0.6 cm de diámetro, pateliforme, con un margen simple, los tépalos caedizos. *Bosques montanos y de tierras bajas*. Ch (*Breedlove 50583*, CAS); B (*Davidse 36160*, MO); G (*Contreras 11186*, MO); H (*Brant & Hazlett 2871*, MO). 100-1200 m. (México [Oaxaca, Veracruz], Mesoamérica).

Ocotea bourgeauviana se puede reconocer por la combinación de hojas agrupadas y los tépalos glabros por fuera y pubescentes por dentro. En ocasiones, las hojas pueden ser ligeramente alternas y tales plantas se asemejan a *O. helicterifolia* vegetativamente; estas difieren de *O. helicterifolia* en los tépalos pubescentes por dentro y las flores y los estambres más pequeños. Las hojas angostamente elípticas, agrupadas, también se encuentran en *O. tonii*, pero esta especie tiene los tépalos pubescentes por fuera y las flores más grandes (5-6 vs. 9-10 mm de diámetro). Las dos colecciones de Guatemala y Honduras tienen el receptáculo pubescente por dentro, mientras que las colecciones mexicanas tienen el receptáculo glabro. Debido a que no se han encontrado otras diferencias entre estos ejemplares, las he incluido en una misma especie. Si en un futuro se encontraran diferencias adicionales (por ejemplo, no se conoce material en fruto de Guatemala u Honduras), el nombre *Nectandra longicuspis* estaría disponible para el taxón de Guatemala/Honduras. Provisionalmente también se han ubicado aquí algunas colecciones de Veracruz las cuales difieren de *O. bourgeauviana* por tener la superficie interna de los tépalos glabra y las flores escasamente más pequeñas (4-5 mm de diámetro). En estos ejemplares el receptáculo es pubescente por dentro. Estas difieren de *O. bourgeauviana* en solo un carácter (los tépalos glabros) y prefiero tener al menos 2 buenas diferencias para el reconocimiento de una nueva especie.

15. Ocotea brenesii Standl., *Publ. Field Mus. Nat. Hist., Bot. Ser.* 18: 454 (1937). Holotipo: Costa Rica, *Brenes 13653* (F!). Ilustr.: Burger & van der Werff, *Fieldiana, Bot.* n.s. 23: 26, t. 13 (1990).

Nectandra brenesii (Standl.) C.K. Allen.

Árboles generalmente hasta 12 m, pero en ocasiones más altos (hasta 28 m); ramitas estriadas o teretes, sólidas, moderada a escasamente adpreso-pubescentes; yemas terminales densamente adpreso-pubescentes. Hojas 7-16 × 3-6 cm, elípticas, delgadamente cartáceas, la base obtusa a aguda, los márgenes aplanados, el ápice acuminado o agudo, pinnatinervias, la vena media y las secundarias inmersas, las venas terciarias inmersas o escasamente elevadas en el haz, la vena media y las secundarias elevadas, las terciarias escasamente elevadas en el envés, el haz glabro, el envés muy escasamente pubescente, los tricomas adpresos y más densos a lo largo de las venas principales, las venas secundarias 4-6 pares; domacios ausentes; pecíolo 1-1.5 cm, acanalado, con el indumento similar al de las ramitas. Inflorescencias 2.5-7 cm, racemosas, en las axilas de las hojas, escasamente adpreso-pubescentes. Flores 6-9 mm de diámetro, blancas, bisexuales; tépalos 3-4 mm, glabros por fuera, ligeramente papilosos por dentro, patentes en la antesis; estambres externos c. 1.5 mm, papilosos, los filamentos c. 0.3 mm, libres, los lóculos ocupando casi toda la antera; estambres internos tan largos como los externos, los lóculos lateral-extrorsos, los filamentos con pocos tricomas patentes cerca de la base; estaminodios no vistos; pistilo c. 1.8 mm, glabro; estilo escasamente más corto que el ovario; receptáculo cupuliforme, densamente adpreso-pubescente por dentro. Frutos c. 3 × 1 cm, elipsoides; cúpula, c. 1 cm de diámetro, poco profunda, casi pateliforme, con un margen simple, los tépalos caedizos. *Bosques montanos*. CR (*Alvarado 108*, MO); P (*Quiroz 717*, MO). 700-2000 m. (Endémica).

Las inflorescencias racemosas y el indumento adpreso de las ramitas jóvenes caracterizan a *Ocotea brenesii*. Otros caracteres útiles son las flores glabras relativamente grandes, con tépalos patentes y la cúpula pequeña y pateliforme asentada sobre un pedicelo engrosado. Se asemeja a *O. pittieri*, pero esta última especie tiene el indumento erecto sobre las ramitas jóvenes, así como también los domacios formando fascículos de tricomas axilares.

16. Ocotea cernua (Nees) Mez, *Mitt. Bot. Vereins Kreis Freiburg* 47-48: 422 (1888). *Oreodaphne cernua* Nees, *Syst. Laur.* 424 (1836). Sintipo: Martinica, *Sieber 106* (MO!). Ilustr.: Burger & van der Werff, *Fieldiana, Bot.* n.s. 23: 27, t. 14 (1990).

Arbustos o árboles hasta 20 m; ramitas algo anguladas o teretes, sólidas, glabras o al inicio escasamente adpreso-pubescentes; yemas terminales más bien densamente adpreso-pubescentes. Hojas 6-15 × 3-6 cm, oblongas, elípticas o anchamente elípticas, cartáceas, la base aguda a obtusa, los márgenes aplanados, el ápice acuminado o caudado, el acumen hasta 2 cm, pinnatinervias, rara vez ligeramente 3-plinervias, la vena media, las secundarias y las terciarias inmersas en el haz, inmersas o escasamente elevadas en el envés; glabras o casi glabras, las venas secundarias 3-6 pares, el par basal algunas veces más fuertemente desarrollado que el más distal; domacios ausentes; pecíolo 0.6-2 cm, acanalado, glabro. Inflorescencias 4-14 cm, cimoso-paniculadas, en las axilas de las hojas, glabras. Flores 3-4 mm de diámetro, amarillentas, fragantes, unisexuales; tépalos c. 1.5 mm, elíptico-ovados, glabros en ambas superficies o con algunas papilas a lo largo de los márgenes, semierectos en la antesis. Flores masculinas con los estambres externos c. 0.7 mm, los filamentos bastante fusionados con los tépalos, las anteras glabras, los lóculos ocupando toda la antera; estambres internos c. 1 mm, los filamentos casi completamente ausentes, los lóculos de la antera extrorsos (el par inferior) o laterales (el par superior); estaminodios no vistos; pistilo diminuto o ausente; receptáculo urceolado, pubescente por dentro. Flores pistiladas con 9 estaminodios, c. 0.5 mm, los 3 internos con 2 glándulas globosas pequeñas en la base; pistilo c. 1.5 mm, glabro, el estilo muy corto; receptáculo urceolado, glabro por dentro, en las flores viejas los tépalos unidos en la base y caedizos como una unidad. Frutos c. 1.5 × 1 cm, elipsoides; cúpula de c. 10 mm de ancho y 6-7 mm de profundidad, (profundamente) cupuliforme, con un margen simple, los tépalos caedizos. *Bosques siempreverdes de tierras bajas*. T (*Cowan 2046*, CAS); Ch (*González et al. 1006*, MO); B (*Proctor 36013*, MO); G (*Contreras 4300*, MO); H (*Yuncker et al. 8788*, MO); N (*Little 25445*, MO); CR (*Stevens et al. 25112*, MO); P (*Croat 8186*, MO). 0-700 m. (México [Oaxaca, Veracruz], Mesoamérica, Colombia, Venezuela, Guayanas, Ecuador, Perú, Bolivia, Brasil, Dominica, Guadalupe, Martinica, Santa Lucía).

Ocotea cernua se reconoce fácilmente por sus ramitas, hojas, inflorescencias y flores casi glabras, las flores unisexuales las cuales son frecuentemente ligeramente reflexas o péndulas, las cúpulas más bien profundamente cupuliformes y las hojas ligeramente 3-plinervias (aunque esta no sea siempre la norma). La especie está ampliamente distribuida y por esta razón es variable. Las flores son frecuentemente descritas como fragantes; para mí tienen un fuerte olor a limón.

17. Ocotea chiapensis (Lundell) Standl. & Steyerm., *Publ. Field Mus. Nat. Hist., Bot. Ser.* 23: 114 (1944). *Nectandra chiapensis* Lundell, *Contr. Univ. Michigan Herb.* 6: 12 (1941). Isotipo: México, Chiapas, *Matuda 2042* (MO!). Ilustr.: no se encontró.

Árboles hasta 25 m; ramitas anguladas, sólidas, densamente adpreso-pubescentes cuando jóvenes, el indumento tornándose escaso con la edad; yemas terminales densamente seríceas. Hojas 11-21 × 3.5-8 cm, elípticas a elíptico-obovadas, firmemente cartáceas, la base enrollada hacia adentro y decurrente sobre el pecíolo, los márgenes enrollados hacia adentro en la base, el ápice agudo o brevemente acuminado, pinnatinervias, la vena media, las secundarias y las terciarias escasamente elevadas en el haz o la vena media inmersa, la vena media, las secundarias y las terciarias elevadas a escasamente elevadas en el envés, el haz glabro, el envés escasa a moderadamente adpreso-pubescente; domacios presentes y generalmente conspicuos como fascículos de tricomas axilares; pecíolo 2-3 cm, formado por la base de las hojas decurrentes y enrolladas hacia adentro, con el indumento similar al de las ramitas. Inflorescencias 12-20 cm, cimoso-paniculadas, en las axilas de las hojas, moderada a escasamente adpreso-pubescentes o pubérulas. Flores 5-6 mm de diámetro, verdosas, bisexuales; tépalos c. 1.8 mm, moderadamente adpreso-pubescentes y ligeramente papilosos por fuera, densamente así por dentro, elípticos, patentes en la antesis; estambres externos c. 1.2 mm, los filamentos c. 0.4 mm, libres, pubescentes, los lóculos en 2 pares superpuestos y ocupando toda la antera; estambres internos c. 1.5 mm, dorsalmente con algunos tricomas en la unión del filamento y la antera, los lóculos de la antera laterales (el par superior) o extrorsos (el par inferior); estaminodios c. 0.3 mm, estipitiformes, con pocos tricomas; pistilo c. 2 mm, glabro; estilo tan largo como el ovario; receptáculo cupuliforme, poco profundo, glabro o pubescente por dentro. Frutos c. 2 × 1 cm, elipsoides; cúpula inicialmente cupuliforme poco profunda, tornándose aplanada, pateliforme al madurar, con un margen simple, los tépalos caedizos. *Bosques montanos*. Ch (*Matuda 4579*, MO); G (*Castillo et al. 2052*, MO). 1000-2800 m. (México [Guerrero], Mesoamérica).

Ocotea chiapensis es bastante similar a *O. glaucosericea*, pero la última especie tiene un indumento más denso sobre las hojas y las flores (las flores son blanco-pubescentes), generalmente sin domacios y tiene un receptáculo cupuliforme y la cúpula más profunda, con los tépalos semipersistentes. La distribución de las 2 especies no se sobrepone; *O. chiapensis* se conoce de México y Guatemala, mientras que *O. glaucosericea* solo se conoce de Costa Rica y Panamá. Las flores relativamente grandes y las hojas con la base decurrente, enrollada hacia adentro son características para ambas especies.

18. Ocotea chrysobalanoides (Lundell) Lundell, *Wrightia* 5: 35 (1974). *Persea chrysobalanoides* Lundell, *Wrightia* 1: 151 (1946). Isotipo: México, Chiapas, *Matuda 5582* (MO!). Ilustr.: no se encontró.

Árboles hasta 10 m; ramitas estriadas y anguladas, sólidas, densa y diminutamente gris-adpreso-pubescentes, el indumento cubriendo la rama completamente; yemas terminales no vistas, pero probablemente grises y densamente pubescentes. Hojas 9-18 × 5.5-10 cm, elípticas a escasamente obovado-elípticas, coriáceas, la base obtusa o aguda, brevemente decurrente sobre el pecíolo, pero un pecíolo conspicuo presente, los márgenes aplanados, el ápice obtuso a redondeado, pinnatinervias, la vena media, las secundarias y las terciarias elevadas en ambas superficies, pero más prominentemente elevadas en el envés, el haz y el envés glabros, las venas secundarias 8-12 pares; domacios ausentes; pecíolo 1-1.8 cm, grueso, aplanado por encima, con el indumento similar al de las ramitas. Inflorescencias hasta 21 cm, paniculado-cimosas, axilares, densa y diminutamente pubescentes, el indumento cubriendo las inflorescencias casi completamente. Flores 4-5 mm de diámetro, bisexuales; tépalos c. 3 mm, anchamente elípticos, densamente pubescentes en ambas superficies, semierectos en la antesis; estambres externos c. 1.5 mm, glabros o con pocos tricomas sobre los filamentos, los filamentos 2/3 de la longitud de la antera, libres, los lóculos ocupando toda la antera; estambres internos c. 1.8 mm, glabros o con pocos tricomas, los filamentos casi tan largos como la antera; estaminodios presentes, c. 0.8 mm, con el ápice triangular, pubescentes; pistilo glabro, c. 2 mm; estilo tan largo como el ovario; receptáculo cupuliforme, adpreso-pubescente por dentro. Frutos y cúpula no conocidos. *Bosques lluviosos montanos*. Ch (*Matuda 5582*, LL). c. 2000 m. (Endémica).

Ocotea chrysobalanoides solo se conoce de la colección tipo y sus relaciones aún no son claras. Se puede reconocer por sus hojas, con el ápice obtuso a redondeado, el receptáculo pubescente, los estaminodios grandes, y el denso indumento gris sobre las ramitas y las inflorescencias.

19. Ocotea congregata van der Werff, *Novon* 9: 574 (1999). Holotipo: México, Chiapas, *Ton 8930* (MO!). Ilustr.: van der Werff, *Novon* 9: 573, t. 3 (1999).

Árboles pequeños, hasta 15 m de alto; ramitas teretes, sólidas, densamente pardo-tomentosas o tomentulosas, los tricomas erectos y torcidos, cubriendo completamente la superficie de las ramitas jóvenes; yemas terminales densamente pardo-tomentosas. Hojas agrupadas, 9-17 × 4-7 cm, elípticas a anchamente elípticas, firmemente cartáceas, la base redondeada u obtusa, rara vez aguda, los márgenes aplanados, el ápice obtuso a agudo, pinnatinervias, la vena media y las secundarias impresas, las terciarias ligeramente impresas en el haz, la vena media y las venas principales marcadamente elevadas, las venas menores elevadas en el envés, el haz moderadamente pubescente cuando jóvenes, estos tricomas erectos, pronto tornándose glabro, la pubescencia más densa y persistente a lo largo de las venas principales, el envés moderada a densamente pubescente, los tricomas erectos y discernibles al tacto, la superficie prontamente visible entre los tricomas, el indumento más denso y tomentoso a lo largo de la vena media y las secundarias; domacios ausentes; pecíolo 10-25 mm, redondeado, con el indumento similar al de las ramitas. Inflorescencias 5-12 cm, cimoso-paniculadas, las flores en agregados compactos, generalmente en las axilas de las brácteas, rara vez en las axilas de las hojas, densamente hirsuto-tomentosas. Flores 7-9 mm de diámetro, blancas, bisexuales; tépalos c. 3 mm, elípticos, moderada a escasamente pubescentes por fuera, pubescentes cerca de la base por dentro, por lo demás glabros, patentes en la antesis; estambres externos c. 1.6 mm, sésiles o casi sésiles, con pocos tricomas cerca de la base, por lo demás glabros, el ápice con un borde angosto estéril; estambres internos c. 1.7 mm, los filamentos c. 0.5 mm, con poco tricomas, los lóculos lateral-extrorsos; estaminodios 3, diminutos, estipitiformes, ocultos entre los tricomas en el extremo del receptáculo; pistilo c. 1.5 mm, glabro; estilo c. 0.4 mm; receptáculo cupuliforme, adpreso-pubescente por fuera, glabro por dentro. Frutos c. 2 × 1.3 cm, elipsoides; cúpula c. 1 cm de diámetro, profundamente cupuliforme cuando joven, con forma de tazón poco profundo al madurar, con un margen simple, los tépalos caedizos. *Bosques montanos*. Ch (*Ton & Martínez de López 9594*, MO). 800-1400 m. (Endémica).

Ocotea congregata, fue nombrada por sus estambres erectos agrupados en un agregado más bien apretado; actualmente solo se conoce de Chiapas, entre 800 y 1370 m de elevación. También se puede reconocer por las hojas escasamente buliformes, laxamente agrupadas, las flores pubescentes dispuestas en inflorescencias cimoso-paniculadas, el indumento pardo a pardo oscuro sobre las ramitas y los pecíolos más bien largos (10 mm o más). Está cercanamente emparentada con *O. tonii*, la cual difiere en sus hojas más angostas y más largas, los pecíolos más cortos (hasta 6 mm) y el indumento pardo-amarillento sobre las ramitas jóvenes.

20. Ocotea contrerasii Lundell, *Wrightia* 5: 337 (1977). Isotipo: Guatemala, *Lundell & Contreras 19588* (MO!). Ilustr.: no se encontró.

Árboles hasta 20 m; ramitas teretes, sólidas, densamente pubescentes, los tricomas erectos o ascendentes, cubriendo completamente la superficie de las ramitas jóvenes; yemas terminales completamente cubiertas por tricomas blanquecinos erectos o ascendentes. Hojas 9-14 × 3-4.5 cm, elípticas, subcartáceas, la base y el ápice agudos, o el ápice acuminado, los márgenes aplanados, pinnatinervias, la vena media, las secundarias y las terciarias inmersas en el haz, elevadas en el envés, las venas principales más claras en color que la lámina circundante, especialmente en las hojas viejas, el haz glabro o con pocos tricomas adpresos escasos, estos más numerosos a lo largo de las venas principales, el envés con algunos tricomas adpresos o ascendentes, glabrescente, la vena media y las secundarias pubescentes, los tricomas erectos, no discernibles al tacto, los tricomas más densos y más largos que en las axilas de las venas secundarias, las venas secundarias 7-9 pares; domacios presentes como fascículos de tricomas axilares; pecíolo 7-12 mm, aplanado por encima, con el indumento similar al de las ramitas. Inflorescencias 3-6 cm, racemosas, con menos de 10 flores, moderada a más bien densamente pubescentes, los tricomas ascendentes o erectos. Flores c. 4 mm de diámetro, amarillo-verdes, bisexuales; tépalos c. 1.8 mm, moderadamente pubescentes en ambas superficies, semierectos en la antesis; estambres externos c. 1.2 mm, la antera 2 veces la longitud del filamento, los filamentos dorsalmente pubescentes, libres, los lóculos ocupando toda la antera; estambres internos c. 1.2 mm, los filamentos 1/2 de la longitud de la antera, densamente pubescentes dorsalmente y junto con el 1/2 inferior de la antera; estaminodios no vistos; pistilo c. 2 mm, glabro; ovario gradualmente angostado hasta el estilo; receptáculo profundamente cupuliforme, la parte basal glabra, los 2/3 superiores adpreso-pubescentes. Frutos c. 3 × 1.5 cm (hasta 4 cm de largo según Lundell, 1977), elipsoides; cúpula c. 1.5 cm de diámetro, poco profunda, los tépalos persistentes como pequeños dientes sobre un margen simple. *Bosques lluviosos*. G (*Lundell & Contreras 20942*, MO). Elevación no conocida. (Endémica).

Ocotea contrerasii es una especie rara vez colectada, relacionada con *O. meziana*. Se reconoce principalmente por el denso indumento sobre las ramitas, con tricomas erectos o ascendentes, y los tricomas patentes a lo largo de las venas principales en el envés. El indumento sobre las ramitas es más bien persistente y es también prontamente visible sobre ejemplares en fruto.

21. Ocotea corrugata van der Werff, *Novon* 9: 574 (1999). Isotipo: México, Oaxaca, *Wendt et al. 6765* (MO!). Ilustr.: van der Werff, *Novon* 9: 573, t. 4 (1999).

Árboles pequeños, hasta 4 m; ramitas teretes, sólidas, densamente pardo-tomentulosas, la superficie de las ramitas jóvenes no visible; yemas terminales densamente tomentulosas. Hojas 7-14 × 2.5-7 cm, elípticas a anchamente elípticas, firmemente cartáceas, la base variable, desde aguda/obtusa hasta redondeada, los márgenes aplanados, el ápice agudo u obtuso, pinnatinervias, la vena media, las secundarias y las terciarias impresas en el haz, marcadamente elevadas en el envés, las hojas bullado/rugosas, el haz escasamente pubescente con tricomas erectos o ascendentes cuando jóvenes, pronto tornándose glabro, el envés escasamente pubescente, los tricomas erectos y discernibles al tacto, el indumento más denso y tomentuloso a lo largo de las venas principales, las venas secundarias 5-7 pares; domacios ausentes; pecíolo 7-15 mm, aplanado por encima, con el indumento similar al de las ramitas. Inflorescencias 3-5 cm, racemosas, con menos de 10 flores agrupadas cerca del ápice de la inflorescencia, densamente hirsutas. Flores 7-8 mm de diámetro, crema, bisexuales; tépalos c. 3 mm, elípticos, pubescentes cerca de la base en ambas superficies, por lo demás glabros, patentes en la antesis; estambres externos c. 1.5 mm, los filamentos c. 0.4 mm, libres, con algunos tricomas cerca de la base, por lo demás glabros, el ápice estéril ausente; estambres internos c. 1.5 mm, los filamentos c. 0.4 mm, los lóculos de la antera laterales (par superior) o lateral-extrorsos (par inferior); estaminodios 3, claviformes, con pocos tricomas, difíciles de ver entre los tricomas en el borde del receptáculo; pistilo glabro, c. 1 mm; estilo muy corto; receptáculo cupuliforme, adpreso-pubescente por dentro. Frutos y cúpula no conocidos. *Bosques montanos*. Oaxaca (*Wendt et al. 6765*, MEXU). 1100-1300 m. (México [Oaxaca]).

Ocotea corrugata puede reconocerse fácilmente por sus hojas rugosas; esta es la única especie con este tipo de hojas en el complejo *O. helicterifolia* y podría ser la única especie centroamericana de *Ocotea* con esta característica. Adicionalmente, las inflorescencias racemosas y pubescentes por dentro del receptáculo son caracteres útiles. Aunque esta especie aún no se ha encontrado en Chiapas, se encuentra tan cerca de ese estado en el istmo de Tehuantepec, que se justifica su inclusión en la *Flora Mesoamericana*.

22. Ocotea darcyi van der Werff, *Novon* 11: 505 (2001). Isotipo: Panamá, *Correa et al. 11554* (MO!). Ilustr.: van der Werff, *Novon* 11: 503, t. 3 (2001).

Árboles hasta 20 m; ramitas anguladas, sólidas, densamente ferrugíneo-tomentulosas, la superficie completamente cubierta por el indumento; yemas terminales densamente ferrugíneo-tomentulosas. Hojas 9-15 × 4-7 cm, obovadas a obovado-elípticas, coriáceas, la base aguda a cuneada, los márgenes aplanados, el ápice obtuso o con un acumen muy corto, pinnatinervias, la vena media, las secundarias y las terciarias inmersas en el haz, elevadas a marcadamente elevadas en el envés, el haz escasa o moderadamente pubescente, pero pronto tornándose glabro excepto por las venas principales tomentulosas, el envés densamente ferrugíneo-pubescente, los tricomas erectos, discernibles al tacto, la superficie visible entre los tricomas, las venas principales densamente tomentulosas y completamente cubiertas por el indumento; domacios ausentes; pecíolo 5-8 mm, con el indumento similar al de las ramitas. Inflorescencias 10-20 cm, cimoso-paniculadas, con muchas flores, generalmente en las axilas de las brácteas cerca las puntas de las ramitas, con menos frecuencia en las axilas de hojas, densamente ferrugíneo-tomentulosas, la superficie completamente cubierta por el indumento. Flores 4-4.5 mm de diámetro, bisexuales; tépalos c. 1.5 mm, densamente pubescentes en ambas superficies, semierectos en la antesis; estambres externos c. 0.9 mm, los filamentos c. 0.4 mm, libres, pubescentes, la antera glabra, el ápice estéril ausente; estambres internos c. 1.1 mm, los filamentos y la base de la antera pubescentes, los lóculos extrorsos (el par inferior) o laterales (el par superior); estaminodios no vistos; pistilo glabro, c. 2 mm (pero ya desarrollándose en frutos jóvenes); receptáculo cupuliforme, con un anillo de tricomas en la parte superior, por lo demás glabro. Frutos 1-1.4 cm de diámetro, globosos; cúpula c. 9 mm de diámetro, muy poco profunda a pateliforme, con un margen simple, los tépalos caedizos. *Bosques montanos*. P (*Galdames et al. 3891*, MO). 700-1000 m. (Endémica).

Ocotea darcyi puede confundirse con *O. pseudopalmana*, pero difiere en sus inflorescencias multifloras y bastante ramificadas, su indumento ferrugíneo y las flores más pequeñas. *Ocotea darcyi* está probablemente más cercanamente relacionada a *O. stenoneura*; las 2 especies tienen un indumento similar (los tricomas sobre las hojas de *O. pseudopalmana* son muchos más cortos y no tan rectos), la forma del fruto y de la cúpula, la densa pubescencia sobre las superficies interna y externa de los tépalos y el patrón escalariforme de las venas intersecundarias. Sin embargo, *O. stenoneura* difiere en sus hojas con la base decurrente enrollada hacia adentro y las hojas de forma elíptica con el ápice agudo.

23. Ocotea dentata van der Werff, *Fieldiana, Bot.* n.s. 23: 78 (1990). Holotipo: Costa Rica, *Gómez & Herrera 23653* (MO!). Ilustr.: Burger & van der Werff, *Fieldiana, Bot.* n.s. 23: 33, t. 20 (1990).

Árboles hasta 25 m; ramitas (marcadamente) anguladas, escasa a moderadamente adpreso-pubescentes, glabrescentes con la edad, sólidas o rara vez huecas; yemas terminales densa a escasamente adpreso-pubescentes. Hojas 18-35 × 6-12 cm, obovadas a elíptico-obovadas, firmemente cartáceas a coriáceas, la base decurrente sobre el pecíolo y enrollado hacia adentro, los márgenes enrollados hacia adentro muy hasta la base, el ápice obtuso o brevemente acuminado, pinnatinervias, la vena media, las secundarias y las terciarias inmersas en el haz, la vena media marcadamente elevada, las secundarias y las terciarias (ligeramente) elevadas en el envés, el haz glabro, el envés escasamente pubescente con tricomas erectos o ascendentes, el indumento discernible al tacto, las venas secundarias 9-12 pares; domacios ausentes; pecíolo hasta 2 cm, pero algunas veces difícilmente medibles debido a la base decurrente de las hojas, con el indumento similar al de las ramitas, (no muy profundamente) acanalado. Inflorescencias 10-25 cm, cimoso-paniculadas, en las axilas de hojas o catafilos, modera a densamente pubérulas, los tricomas erectos o ascendentes. Flores bisexuales, 3-4 mm de diámetro, verdosas o amarillentas, más o menos erectas en la antesis; tépalos 1.5-2 mm, anchamente ovados, los 3 externos densamente pubérulos externamente, los 3 internos con la base pubérula, por lo demás subglabros, todos los tépalos glabros por dentro excepto por unos pocos tricomas cerca de la base; estambres externos c. 1 mm, los filamentos c. 0.2 mm, libres, pubescentes, la antera glabra, el ápice estéril ausente; estambres internos c. 1.4 mm, los filamentos con un parche pubescente cerca del ápice sobre el lado dorsal, la antera glabra, el par inferior de lóculos más grande que el par superior; estaminodios no vistos; pistilo c. 1.8 mm, glabro; ovario 0.7 mm; receptáculo cupuliforme, con algunos tricomas cerca del ápice. Frutos c. 1 × 0.8 cm, elipsoides; cúpula c. 8 mm de diámetro, cupuliforme, con un margen simple, los tépalos persistentes sobre la cúpula. *Selvas altas perennifolias montanas y de tierras bajas*. N (*Sandino 4492*, MO); CR (*Bello 1311*, MO); P (*Lao 94*, MO). 100-1000 m. (Endémica).

Ocotea dentata se puede reconocer por sus hojas con las bases decurrentes enrolladas hacia adentro y con un indumento erecto más bien escaso, y por las ramitas con pubescencia adpresa. Caracteres adicionales son los tépalos persistentes en fruto y las hojas obovado-elípticas. Las otras especies con indumento erecto sobre las hojas y con las bases decurrentes enrolladas hacia adentro tienen el indumento más denso y predominantemente erecto sobre las ramitas. *Ocotea dentata* parece estar restringida a las laderas del Atlántico de Nicaragua, Costa Rica y Panamá.

24. Ocotea effusa (Meisn.) Hemsl., *Biol. Cent.-Amer., Bot.* 3: 73 (1882). *Oreodaphne effusa* Meisn. in A. DC., *Prodr.* 15(1): 120 (1864). Isosintipo: México, Oaxaca, *Jürgensen 906* (BM!). Ilustr.: no se encontró.

Árboles hasta 20 m; ramitas estriadas, escasamente adpreso-pubescentes, pronto tornándose glabras, sólidas; yemas terminales densamente adpreso-blanco-pubescentes. Hojas 6-10.5 × 1.5-2.5 cm, lanceoladas, cartáceas, la base aguda, los márgenes aplanados, el ápice finamente agudo o acuminado, pinnatinervias, la vena media escasamente elevada, las venas secundarias y las terciarias inmersas en el haz, la vena media, las secundarias y las terciarias elevadas en el envés, el haz glabro o con algunos tricomas adpresos a lo largo de la vena media cuando muy jóvenes, el envés escasamente adpreso-pubescente cuando jóvenes, pronto tornándose glabro, las venas secundarias 7-10 pares, ligeramente desarrolladas y difíciles de contar; domacios presentes como pequeñas fóveas poco profundas, estas con los márgenes glabros o pubescentes; pecíolo 6-9 mm, glabro o con pocos tricomas adpresos, acanalado. Inflorescencias 5-10 cm, cimoso-paniculadas, en las axilas de las brácteas u hojas, escasamente adpreso-pubescentes o glabras. Flores 2.5-3 mm de diámetro, verde-amarillentas, fragantes, bisexuales; tépalos c. 1.5 mm, ovado-lanceolados, escasamente pubescentes por fuera, glabros por dentro, semierectos en la antesis; estambres c. 1.4 mm, los filamentos casi tan largos como las anteras, libres, glabros o con pocos tricomas adpresos, el ápice estéril ausente, los estambres internos con lóculos lateral-extrorsos; estaminodios c. 0.8 mm, estipitiformes, pubescentes; pistilo glabro, c. 1.4 mm; estilo la mitad de la longitud del ovario; receptáculo con forma de tazón poco profundo, glabro por dentro. Frutos c. 1.2 × 0.8 cm, elipsoides; cúpula c. 7 mm de diámetro, con forma de tazón poco profundo, con un margen simple, los tépalos caedizos en fruto. *Bosques lluviosos montanos y de tierras bajas*. Ch (*Gómez-Domínguez HGD 2401*, MO); B (*Gentle 2926*, MO); G (*Steyermark 49373*, F); N (*Rueda & Coronado 7851*, MO). 200-2000 m. (México [Oaxaca, Veracruz], Mesoamérica).

Ocotea effusa se reconoce por sus hojas lanceoladas con domacios foveolados poco profundos, frecuentemente pubescentes, en el envés. Los estaminodios grandes y pubescentes son también un carácter útil. Provisionalmente incluidas en *O. effusa* están varias colecciones de altas elevaciones (1700-2000 m) de Oaxaca (Cerro Salomón) y Chiapas (Cerro Tres Picos, *García-Mendoza & Martínez S. 2167*, MO) las cuales difieren por tener las cúpulas más pequeñas con los tépalos persistentes. No hay flores disponibles al momento y es muy posible que estas plantas representen una especie aún no descrita. La descripción que aquí se presenta está basada en ejemplares de elevaciones inferiores.

25. Ocotea endresiana Mez, *Jahrb. Königl. Bot. Gart. Berlin* 5: 257 (1889). Holotipo: Costa Rica, *Endrés 223* (K!). Ilustr.: Burger & van der Werff, *Fieldiana, Bot.* n.s. 23: 23, t. 10 (1990).

Árboles hasta 25 m; ramitas anguladas, sólidas, glabras o escasamente adpreso-pubescentes y pronto glabrescentes; yemas terminales adpreso-pubescentes o glabras. Hojas 10-30 × 4-20 cm, obovadas, coriáceas, gradualmente angostadas hacia la base y en la base reflexas y decurrentes sobre el pecíolo, los márgenes recurvados hacia la base, el ápice redondeado a brevemente acuminado, pinnatinervias, la vena media, las secundarias y las terciarias inmersas en el haz o las venas terciarias escasamente elevadas, la vena media y las secundarias elevadas, las terciarias escasamente elevadas en el envés, el haz y el envés glabros o el envés con pocos tricomas adpresos, las venas secundarias 5-10 pares; domacios presentes como fascículos de tricomas axilares; pecíolo libre por c. 0.5 cm, debido a la base de las hoja decurrente y reflexa, glabro. Inflorescencias 10-25 cm, cimoso-paniculadas, en las axilas de las hojas o las brácteas hacia las puntas de las ramitas, glabras. Flores 3-4 mm de diámetro, verdosas, glabras, bisexuales; tépalos c. 1.4 mm, elípticos, con tricomas papiliformes muy cortos por dentro; estambres externos c. 1 mm, glabros, las anteras el doble de la longitud de los filamentos libres; estambres internos c. 1.2 mm, los filamentos dorsalmente pubescentes pero las anteras glabras, los filamentos un poco más cortos que las anteras, los lóculos laterales (par superior) o extrorsos (par inferior); estaminodios no vistos; pistilo c. 2 mm, glabro; estilo escasamente más largo que el ovario; receptáculo cupuliforme, glabro por dentro. Frutos 0.8-1.5 × 0.7-1 cm, elipsoides; cúpula c. 8 mm de diámetro, cupuliforme, poco profunda, con un margen simple, los tépalos caedizos en fruto. *Bosques montanos y de tierras bajas*. CR (*Solomon 19240*, MO); P (*Folsom et al. 5049*, MO). 200-1500 m. (Endémica).

Distintivo de *Ocotea endresiana* es la combinación de las hojas, inflorescencias y flores glabras, la base de las hojas reflexa y las cúpulas sin tépalos persistentes. Casi todas las colecciones de Costa Rica tienen los domacios bien desarrollados, pero estos son menos conspicuos o ausentes en las colecciones de Panamá. Ejemplares con las hojas grandes se pueden confundir con *O. rivularis* de la península de Osa en Costa Rica, pero esa especie tiene las flores pubérulas y carece de domacios.

26. Ocotea eucuneata Lundell, *Contr. Univ. Michigan Herb.* 6: 16 (1941). Isotipo: Belice, *Gentle 3068* (MO!). Ilustr.: no se encontró.

Árboles grandes; ramitas aladas o fuertemente anguladas cuando jóvenes, tornándose anguladas con la edad, sólidas, muy escasamente adpreso-pubescentes, tornándose glabras; yemas terminales delgadas, fina y densamente adpreso-pubescentes. Hojas 8-14 × 2.8-4.7 cm, obovadas, cartáceas, la base cuneada, los márgenes aplanados o enrollados hacia adentro, el ápice agudo a acuminado, pinnatinervias, la vena media y las secundarias escasamente elevadas, las terciarias inmersas en el haz, la vena media, las secundarias y las terciarias elevadas en el envés, el haz glabro, el envés escasamente pubescente, los tricomas cortos, erectos, más densos a lo largo de las venas principales, no discernibles al tacto, las venas secundarias 6-8 pares; domacios presentes como depresiones fimbriadas poco profundas con tricomas erectos; pecíolo 7-12 mm, glabro, acanalado por encima. Inflorescencias hasta 8.5 cm, cimoso-paniculadas, en las axilas de las hojas, cerca de la base escasamente pubérulas, cerca de las flores moderadamente a densamente pubérulas, los tricomas cortos y erectos. Flores c. 3 mm de diámetro, crema, bisexuales; tépalos c. 1.5 mm, elípticos, moderada a densamente pubérulos por fuera, moderada a escasamente pubérulos por dentro, más o menos patentes en la antesis; estambres externos c. 0.8 mm, los lóculos ocupando toda la antera, los filamentos libres, pubescentes, tan largos como las anteras; estambres internos c. 1 mm, los filamentos pubescentes, escasamente más cortos que las anteras; estaminodios no vistos; pistilo c. 3 mm, glabro; estilo el doble de la longitud del pistilo; receptáculo profundamente cupuliforme, glabro por dentro. Frutos y cúpula no conocidos. *Bosques lluviosos de tierras bajas*. B (*Gentle 3068*, F). 200 m. (Endémica).

Ocotea eucuneata solo se conoce de la colección tipo. Características que distinguen esta especie son las hojas obovadas, el indumento erecto y escaso en el envés de la hoja, lo que se ve mejor a lo largo de las venas principales, el estilo largo y delgado, y las ramitas aladas o fuertemente anguladas cuando jóvenes. Se necesitan colecciones en fruto para obtener un mejor entendimiento de sus relaciones. Los ejemplares de Guatemala citados por Allen (1945a) como *O. eucuneata* no pertenecen aquí.

27. Ocotea euvenosa Lundell, *Wrightia* 4: 157 (1971). *Ocotea venosa* Lundell, *Phytologia* 12: 245 (1965) non Gleason (1931). Holotipo: Guatemala, *Contreras 4678* (LL!). Ilustr.: no se encontró.

Árboles c. 17 m; ramitas anguladas, sólidas, glabras; yemas terminales glabras. Hojas 17-27 × 8-15 cm, anchamente elípticas, cartáceas, la base obtusa, los márgenes aplanados, el ápice agudo o brevemente acuminado, el acumen hasta 1 cm, oscuras a casi negras cuando secas, pinnatinervias, la vena media, las secundarias y las terciarias elevadas en ambas superficies, glabras en ambas superficies, las venas secundarias 5-7 pares; domacios foveolados presentes en las axilas de las venas secundarias más proximales; pecíolo 1.5-2 cm, aplanado por encima, glabro. Inflorescencias c. 25 cm, cimoso-paniculadas, en las axilas de las hojas, glabras. Flores no vistas, bisexuales; tépalos c. 2 mm, ovados, glabros en ambas superficies; estambres externos c. 1.2 mm, glabros, la antera escasamente más larga que el filamento; estambres internos tan largos como los externos, glabros, el filamento tan largo como la antera, los lóculos lateral-extrorsos; estaminodios no vistos; pistilo glabro; receptáculo (encerrando a los frutos jóvenes) profundamente cupuliforme, glabro por dentro. Frutos y cúpula no conocidos, los tépalos caedizos en fruto joven. *Bosques lluviosos*. G (*Contreras 4678*, MEXU). Elevación no indicada. (Endémica).

Ocotea euvenosa es una especie rara vez colectada de la cual yo solo he visto el espécimen tipo. Este espécimen tiene los frutos muy jóvenes con los remanentes de las partes florales y la descripción está basada en este material incompleto. Diagnósticas son las hojas grandes, verde oscuro a negras cuando secas con la nervadura pinnada y los domacios foveolados en las axilas de las venas secundarias más proximales. El espécimen es completamente glabro; aunque las yemas terminales no están presentes en el tipo; las describí como glabras basado en la afirmación de Lundell de que la planta es completamente glabra. *Ocotea euvenosa* está cercanamente relacionada con *O. bernoulliana*, la cual difiere en sus hojas más pequeñas, más angostas, con domacios foveolados no solo en las axilas de las venas secundarias más proximales, sino también a lo largo de las venas secundarias, y a *O. vanderwerffii*, la cual difiere en sus hojas más pequeñas y 3-plinervias.

28. Ocotea fendleri (Meisn.) Rohwer, *Mitt. Inst. Allg. Bot. Hamburg* 20: 152 (1986). *Gymnobalanus fendleri* Meisn. in A. DC., *Prodr.* 15(1): 142 (1864). Holotipo: Venezuela, *Fendler 2395* (G-DC). Ilustr.: no se encontró.

Árboles hasta 20 m; ramitas teretes o anguladas, sólidas, con el indumento densamente enmarañado, pardo-rojizo-pubescente, la superficie completamente cubierta por el indumento, los tricomas tornándose tupidos y menos erectos con la edad; yemas terminales densamente pubescentes, la superficie completamente cubierta. Hojas 10-17 × 4-7 cm, elípticas, cartáceas, la base aguda y escasamente decurrente sobre el pecíolo, los márgenes aplanados o escasamente enrollados hacia adentro, el ápice brevemente acuminado o agudo, el acumen hasta 1 cm, pinnatinervias, la vena media y las secundarias ligeramente elevadas, las terciarias inmersas en el haz, la vena media, las secundarias y las terciarias elevadas en el envés, las terciarias con frecuencia escalariformes, el haz al madurar casi glabro, pero algunos tricomas enmarañados persistentes a lo largo de las venas principales, cuando jóvenes, cerca de la base más bien densamente enmarañado-pubescentes, escasamente adpreso-pubescentes distalmente, el envés escasamente pubescente, los tricomas erectos y discernibles al tacto, el indumento más denso a lo largo de las venas principales, estas tornándose tomentosas; domacios ausentes; pecíolo 8-15 mm, con el indumento similar al de las ramitas, ligeramente acanalado. Inflorescencias 5-10 cm, cimoso-paniculadas, en las axilas de las hojas, moderadamente pubescentes, los tricomas erectos. Flores 3-4 mm de diámetro, verdes o amarillas, unisexuales; tépalos c. 1.5 mm, elípticos, moderadamente pubescentes en ambas superficies o escasamente pubescentes por dentro, semierectos en la antesis, pero patentes en las flores viejas; flores estaminadas con los estambres externos c. 1 mm, los filamentos muy cortos, libres, con pocos tricomas, los lóculos ocupando toda la antera, la antera glabra; estambres internos c. 1.5 mm, los filamentos c. 0.4 mm, con pocos tricomas; estaminodios no vistos; pistilodio (o pistilo?) c. 1.5 mm, glabro; estilo c. 1 mm, claramente diferenciado del ovario; estigma presente; pistilodio completamente oculto por los estambres internos en las flores estaminadas; receptáculo cupuliforme, adpreso-pubescente por dentro; flores pistiladas con 9 estaminodios, c. 0.5 mm, los lóculos de la antera no desarrollados; pistilo c. 1.5 mm, glabro, el estilo tan largo como el ovario; estigma elevado por encima del nivel de los estaminodios; pistilo más grande y más grueso que en las flores estaminadas; receptáculo cupuliforme, glabro o con pocos tricomas adpresos por dentro. Frutos c. 1.5 × 1 cm, elipsoides; cúpula c. 0.5 cm de diámetro, pequeña, pateliforme, con un margen simple, los tépalos caedizos. *Bosques lluviosos montanos*. P (*Herrera et al. 889*, MO). 1000-1100 m. (Mesoamérica, Venezuela, Guayana Francesa).

Ocotea fendleri es conocida en Mesoamérica de solo 2 colecciones, una pistilada y una estéril; por consiguiente, la identificación es mejor considerarla como tentativa. Entre las especies mesoamericanas con flores unisexuales, esta puede reconocerse mejor por la pubescencia densa y enmarañada sobre las ramitas jóvenes, la base de las hojas decurrentes, el indumento erecto, y las venas terciarias escalariformes y elevadas en el envés. Los ejemplares venezolanos (el tipo es de Venezuela) difieren por tener las hojas más grandes (hasta 22 cm), el pecíolo hasta 2 cm y el indumento más pálido y escasamente más corto sobre las ramitas y las hojas. Sin embargo, parece que por ahora es mejor identificar la colección panameña como *O. fendleri*.

29. Ocotea floribunda (Sw.) Mez, *Jahrb. Königl. Bot. Gart. Berlin* 5: 325 (1889). *Laurus floribunda* Sw., *Prodr.* 65 (1788). Lectotipo (designado por Howard, 1988b): Jamaica, *Swartz s.n.* (S-[nr] S-R-3163). Ilustr.: Burger & van der Werff, *Fieldiana, Bot.* n.s. 23: 27, t. 14 (1990).

Nectandra floribunda (Sw.) Nees, *Strychnodaphne floribunda* (Sw.) Griseb.

Árboles hasta 30 m; ramitas anguladas, escasamente adpreso-pubescentes cuando jóvenes, pronto glabrescentes, sólidas; yemas terminales densamente gris-adpreso-pubescentes. Hojas 7-18 × 2-7 cm, elípticas a obovadas, firmemente cartáceas, la base aguda a cuneada, los márgenes aplanados, el ápice agudo o brevemente acuminado, pinnatinervias, la vena media escasamente elevada, las venas secundarias y las terciarias inmersas en el haz, la vena media elevada, las secundarias y las terciarias escasamente elevadas o inmersas en el envés, glabras o casi glabras en ambas superficies, las venas secundarias 5-8 pares; domacios ausentes; pecíolo 5-15 mm, con el indumento similar al de las ramitas, levemente acanalado. Inflorescencias 5-15 cm, cimoso-paniculadas, en las axilas de hojas o catafilos, escasa a densamente pubérulas. Flores 6-7 mm de diámetro, amarillo-verdes, unisexuales; tépalos 2.5-3 mm, anchamente ovados, patentes en la antesis, escasa a moderadamente adpreso-pubescentes en ambas superficies; flores masculinas con los estambres externos 2-2.5 mm, escasamente pubescentes, los filamentos libres, tan largos como las anteras, los lóculos ocupando toda la antera; estambres internos 2-3 mm, escasamente pubescentes a glabros, el filamento casi tan largo como la antera, los lóculos lateral-extrorsos; estaminodios no vistos; pistilodio delgado, c. 2.5 mm, (escasamente) pubescente, el receptáculo poco profundo, pubescente; flores pistiladas con 9 estaminodios, c. 1 mm, las glándulas presentes en la base de los estaminodios más internos; pistilo c. 3 mm; ovario glabro; estilo (densamente) pubescente, las bases redondeadas de los tépalos persistentes en fruto; receptáculo cupuliforme, glabro. Frutos c. 1.5 cm de diámetro, redondeados; cúpula c. 8 mm de diámetro, aplanada, pateliforme, con margen doble, los remanentes de los tépalos frecuentemente persistentes en el fruto. *Selvas altas perennifolias montanas y de tierras bajas*. N (*Seemann 141*, BM); CR (*Herrera 5002*, MO); P (*Correa et al. 11171*, MO). 100-1400 m. (Mesoamérica, Colombia, Venezuela, Guayanas, Ecuador, Perú, Brasil, Antillas).

Distintivo de *Ocotea floribunda* son el pistilo pubescente y grueso, la cúpula pateliforme y las flores unisexuales grandes. La especie es ampliamente distribuida y variable en la cantidad de indumento sobre las ramitas, inflorescencias y flores, pero no es del todo certero que esta variación tenga algún significado taxonómico.

30. Ocotea glaucosericea Rohwer, *Mitt. Inst. Allg. Bot. Hamburg* 20: 144 (1986). *Nectandra hypoglauca* Standl. ex C.K. Allen, *J. Arnold Arbor.* 26: 399 (1945) non *O. hypoglauca* (Nees & Mart.) Mez (1889). Isotipo: Panamá, *Davidson 531* (MO!). Ilustr.: Burger & van der Werff, *Fieldiana, Bot.* n.s. 23: 25, t. 12 (1990).

Árboles hasta 30 m; ramitas anguladas o estriadas, sólidas, densamente gris-pubescentes con tricomas adpresos o ascendentes, la superficie no visible; yemas terminales densamente gris-pubescentes. Hojas 9-21 × 3.5-9 cm, elípticas a obovado-elípticas, rígidamente cartáceas, gradualmente angostadas hacia la base, la base enrollada hacia adentro y decurrente a lo largo del pecíolo, el ápice obtuso o agudo, pinnatinervias, la vena media, las secundarias y las terciarias elevadas en ambas superficies, el haz glabro o con tricomas adpresos a lo largo de la vena media, el envés moderada a densa y escasamente adpreso-pubescente, la superficie siempre parcialmente visible, las venas secundarias 6-10 pares; domacios ausentes; pecíolo hasta 3 cm, poco definido debido a la base decurrente de las hojas, con el indumento similar al de las ramitas. Inflorescencias 10-22 cm, paniculado-cimosas, en las axilas de las hojas normales, densamente pubescentes con tricomas crespos ascendentes, la superficie no visible. Flores 5-6 mm de diámetro, blanco-cremosas, bisexuales; tépalos c. 2 mm, anchamente ovados, densamente pubescentes por fuera, la superficie no visible, los tépalos internos densamente pubescentes por dentro, la superficie no visible, los tépalos externos apenas menos densamente pubescentes y la superficie con frecuencia parcialmente visible; estambres externos c. 1 mm, los filamentos mucho más cortos que las anteras, libres, pubescentes dorsalmente, en 2 pares sobrepuestos, el ápice estéril ausente; estambres internos c. 1.3 mm, los filamentos c. 0.3 mm, ligeramente pubescentes, los lóculos de la antera laterales (el par superior) o extrorsos (el par inferior); estaminodios diminutos, pubescentes, escasamente sobrepasando las glándulas; pistilo c. 2 mm, glabro; ovario gradualmente angostado hasta el estilo; estilo c. 0.7 mm; receptáculo cupuliforme, glabro o con algunos tricomas en la parte superior. Frutos c. 3 × 1.5 cm, elipsoides; cúpula 1.5-2 cm de diámetro, inicialmente cupuliforme con los tépalos persistentes, al madurar aplanada o levemente cupuliforme y poco profunda, con un margen simple y con los tépalos caedizos. *Bosques montanos*. CR (*Vargas et al. 946*, MO); P (*Galdames et al. 2931*, MO). 1500-2000 m. (Endémica).

Ocotea glaucosericea es similar a *O. chiapensis* y las diferencias entre las 2 especies son discutidas dentro de esta última. Las formas con hojas grandes de *O. whitei* y *O. austinii* pueden también confundirse con *O. glaucosericea*, pero difieren por tener las flores más pequeñas, y en el caso de *O. whitei*, las venas terciarias elevadas en el haz están ausentes. Las flores e inflorescencias de *O. austinii* son menos pubescentes que en *O. glaucosericea* y la superficie generalmente permanece visible. Bernardi trató a esta especie como un sinónimo de *O. caracasana* (Nees) Mez, de las montañas costeras de Venezuela. Aquí se consideran como 2 especies distintas: en *O. glaucosericea* los tricomas en el envés de la hoja son estrictamente adpresos, y más bien largos (hasta 0.4 mm), las anteras son escasamente más largas que anchas y tienen un fascículo de tricomas blancos en su base (en los estambres internos y los externos), mientras que en *O. caracasana* los tricomas son mucho más cortos y ligeramente ascendentes, y las anteras son escasamente más anchas que largas y no tienen el fascículo de tricomas en la base.

31. Ocotea gomezii W.C. Burger, *Fieldiana, Bot.* n.s. 23: 81 (1990). Isotipo: Costa Rica, *Gómez-Laurito et al. 11450* (MO!). Ilustr.: Burger & van der Werff, *Fieldiana, Bot.* n.s. 23: 19, t. 6 (1990).

Árboles pequeños, hasta 10 m; ramitas redondeadas, sólidas, densamente ferrugíneo-tomentulosas, la superficie completamente cubierta; yemas terminales densamente ferrugíneo-tomentulosas. Hojas alternas o agrupadas cerca de las puntas de las ramitas, 10-25 × 6-16 cm, anchamente elípticas, firmemente cartáceas, la base redondeada u obtusa, los márgenes algunas veces enrollados hacia adentro en el 1/2 inferior, el ápice agudo o acuminado, el acumen hasta 2 cm, pinnatinervias, la vena media y las secundarias escasamente elevadas, las terciarias escasamente elevadas y formando un retículo fino en el haz, el haz un poco brillante, la vena media y las secundarias marcadamente elevadas, las terciarias elevadas en el envés, el haz glabro excepto por la vena media y las secundarias tomentulosas, el envés pubescente, los tricomas erectos y discernibles al tacto, la superficie visible, la pubescencia más densa y tomentulosa a lo largo de las venas principales, las venas secundarias 5-8 pares; domacios ausentes; pecíolo 12-25 mm, con el indumento similar al de las ramitas. Inflorescencias 10-20 cm, paniculado-cimosas, en las axilas de catafilos en las puntas de las ramas, densamente tomentulosas, la superficie no visible, las infrutescencias a lo largo las ramitas, pero no en las axilas de las hojas. Flores 10-14 mm de diámetro, amarillentas, bisexuales; tépalos 5-7 mm, elípticos, los 3 externos densamente pubescentes por fuera, los 3 internos con un parche basal triangular densamente pubescente, la parte distal con indumento denso, papiloso, densamente papilosos y pubescentes en la base por dentro, patentes en la antesis; estambres externos 2-3 mm, los filamentos c. 1.4 mm, libres, densamente pubescentes, la antera glabra, el ápice estéril ausente; estambres internos tan largos como los externos, los filamentos densamente pubescentes; estaminodios ausentes; pistilo 3-3.5 mm, glabro; receptáculo cupuliforme, densamente pubescente por dentro. Frutos c. 2.5 × 1.5 cm, pubescentes cuando inmaduros, finalmente tornándose glabros; cúpula c. 1 cm, cónica, con un margen simple, los tépalos persistentes sobre la cúpula a manera de lóbulos de c. 5 mm. *Bosques lluviosos montanos*. CR (*Herrera 504*, MO). 800-1400 m. (Endémica).

Ocotea gomezii es una especie muy distintiva en virtud de sus flores grandes, la pubescencia densa sobre las ramitas, flores y hojas, la cúpula con tépalos persistentes grandes, y los frutos pubescentes. Provisionalmente ubicada aquí está la colección de Panamá (Chiriquí, Presa de la Fortuna, *McPherson 12585*, MO). Esta colección difiere en su reducida inflorescencia (un racimo casi contraído en una umbela), su pistilo pubescente y sus hojas escasamente buliformes, más coriáceas. Esta colección muy bien podría ser una especie aún no descrita, pero se necesitan más colecciones para describirla.

32. Ocotea gordonii van der Werff, *Novon* 9: 575 (1999). Holotipo: Panamá, *McPherson 10421* (MO!). Ilustr.: van der Werff, *Novon* 9: 576, t. 5 (1999).

Árboles pequeños, hasta 10 m; ramitas teretes, sólidas, densamente tomentosas, la superficie no o escasamente visible entre los tricomas; yemas terminales densamente tomentosas. Hojas alternas y uniformemente distribuidas a lo largo de las ramitas, 12-22 × 5-8 cm, angosta a anchamente elípticas, cartáceas, la base aguda u obtusa a casi redondeada, los márgenes aplanados o algunas veces enrollados hacia adentro, el ápice acuminado con un acumen de hasta 2 cm o agudo, pinnatinervias, la vena media y las secundarias ligeramente impresas, las terciarias escasamente elevadas en el haz, la vena media, las secundarias y las terciarias elevadas o marcadamente elevadas en el envés, el haz con algunos tricomas crespos erectos, cuando jóvenes, pero este indumento rápidamente desapareciendo, los tricomas más densos y tornándose tomentosos a lo largo de las venas principales, el envés copiosamente pubescente, los tricomas erectos y suaves al tacto, más densos y tomentosos a lo largo de la vena media y las secundarias, las venas secundarias 6-8 pares; domacios ausentes; pecíolo 8-14 mm, aplanado por encima, con el indumento similar al de las ramitas. Inflorescencias 8-16 cm, racemosas, en las axilas de las brácteas o con menos frecuencia en las axilas de hojas normales, moderada a densa y escasamente pubescentes, los tricomas hasta 0.6 mm, erectos o patentes. Flores 8-10 mm de diámetro, glabras, blancas, fragantes, bisexuales; tépalos 4-4.5 mm, elípticos, patentes en la antesis, los 3 externos con un parche basal triangular papiloso, por lo demás glabros, los 3 internos uniformemente papilosos por dentro; estambres externos ligeramente papilosos, dispuestos en 2 filas, los lóculos de la antera lateral-introrsos, las anteras sésiles o casi sésiles, el ápice estéril 0.2-0.3 mm; estambres internos c. 1.5 mm, la antera ligeramente papilosa y con pocos tricomas cerca de la base, los lóculos lateral-extrorsos; estaminodios no vistos; receptáculo cupuliforme, pubescente por dentro. Frutos y cúpulas no conocidos. Floración feb.-abr. *Bosques montanos*. P (*McPherson 10573*, MO). 1000-1150 m. (Endémica).

Ocotea gordonii es parte del complejo de *O. helicterifolia* debido a los tépalos papilosos por dentro, las flores relativamente grandes, el indumento largo, patente en los tallos, y las hojas y los tépalos patentes. Existe un parecido en estado vegetativo entre *O. gordonii* y *O. valeriana* y *O. helicterifolia*, estas dos últimas de Costa Rica con las inflorescencias cimoso-paniculadas y los receptáculos glabros. Otras 2 especies de Costa Rica y Panamá, *O. lentii* y *O. valerioides*, tienen el receptáculo pubescente similar al de *O. gordonii*, pero difieren en sus inflorescencias cimoso-paniculadas y las hojas obovadas.

33. Ocotea guatemalensis Lundell, *Wrightia* 5: 339 (1977). Isotipo: Guatemala, *Lundell & Contreras 19754* (MO!). Ilustr.: no se encontró.

Árboles hasta 20 m; ramitas anguladas, en un principio finamente adpreso-pubescentes, pero luego tornándose glabras, oscuras cuando secas, sólidas; yemas terminales densa y finamente adpreso-pubescentes. Hojas 13-25 × 4-8 cm, elípticas o anchamente elípticas a elíptico-oblongas, firmemente cartáceas, la base obtusa o aguda, los márgenes aplanados, el ápice obtuso a romo, pinnatinervias, la vena media, las secundarias y las terciarias escasamente elevadas en el haz, la vena media, las secundarias y las terciarias elevadas en el envés, el haz glabro, el envés muy escasamente adpreso-pubescente, tornándose glabro con la edad, las venas secundarias 8-12 pares; domacios presentes como fascículos de tricomas axilares; pecíolo 7-12 mm, con el indumento similar al de las ramitas, acanalado. Inflorescencias 5-15 cm, cimoso-paniculadas, en las axilas de las brácteas u hojas, escasamente adpreso-pubescentes, el indumento más denso hacia las flores y casi completamente cubriendo la superficie de los pedicelos. Flores 4-5 mm de diámetro, amarillo-verdes, bisexuales; tépalos 1.5-2 mm, ovados, moderada a densamente pubescentes por fuera, escasamente pubescentes por dentro, semierectos a patentes en la antesis; estambres 1.2-1.4 mm, glabros o con pocos tricomas en la base, libres, un poco más cortos que las anteras, el ápice estéril ausente, los estambres internos con los lóculos laterales (el par superior) o extrorsos (el par inferior); estaminodios no vistos; pistilo c. 2 mm, glabro; estilo la mitad de la longitud del ovario; receptáculo poco profundo, glabro por dentro. Frutos y cúpula no conocidos. *Bosques lluviosos*. G (*Lundell & Contreras 19747*, F). Elevación desconocida. (Endémica).

Ocotea guatemalensis se conoce solo de 3 colecciones, todas de Baja Verapaz en Guatemala. Se reconoce por sus hojas más bien grandes, oscuras cuando secas, con domacios conspicuos y el retículo elevado en el envés, y además el indumento de las flores y pedicelos es mucho más denso cerca de la base de la inflorescencia. La base de las hojas es con frecuencia obtusa. Podría estar relacionada con el grupo de *O. insularis*, por las ramitas aplanadas de las inflorescencias, pero carece de los fascículos de tricomas sobre el lado ventral de los filamentos de los 3 estambres internos, los cuales por lo demás caracterizan el grupo de *O. insularis*.

Se han incluido provisionalmente algunas colecciones de la costa Pacífica de Costa Rica y región adyacente de Panamá (Costa Rica: *Herrera 5404*, MO yemas; *Lobo 16*, MO yemas; *Herrera 6078*, MO flores; Panamá: *McPherson 11081*, MO flores; *McPherson 12587*, MO frutos; *Churchill et al. 4602*, MO frutos). Estas colecciones difieren por tener las flores menos pubescentes (escasamente pubescentes en *McPherson 11081*, MO) y más pequeñas (c. 3 mm de diámetro). Hay alguna variación en la densidad del indumento entre estas colecciones y parece prematuro describir otra especie nueva por el tamaño de la flor cuando se tienen tan pocas colecciones.

34. Ocotea haberi van der Werff, *Novon* 11: 505 (2001). Holotipo: Costa Rica, *Haber et al. 11093* (MO!). Ilustr.: van der Werff, *Novon* 11: 503, t. 4 (2001).

Árboles hasta 20 m; ramitas anguladas, sólidas moderada a escasamente adpreso-pubescentes, tornándose glabras con la edad; yemas terminales densamente adpreso-pubescentes. Hojas 6-16 × 2-5 cm, elípticas a obovado-elípticas, cartáceas a papiráceas, la base aguda a cuneada, los márgenes aplanados, el ápice obtuso, agudo o brevemente acuminado, el acumen hasta 8 mm, pinnatinervias, la vena media, las secundarias y las terciarias inmersas en el haz, la vena media y las secundarias elevadas, las terciarias escasamente elevadas o inmersas en el envés, el haz glabro excepto algunas veces la vena media adpreso-pubescente, el envés escasamente adpreso-pubescente a glabro, el indumento más denso a lo largo de la vena media, las venas secundarias 3-6 pares; fóveas o domacios sacciformes presentes en las axilas de las venas secundarias basales, generalmente visibles en el haz de la hoja; pecíolo 6-13 mm, acanalado, escasamente adpreso-pubescente o glabro. Inflorescencias 4-10 cm, racemosas o con varias cimas cerca de la base de la inflorescencia y la parte distal racemosa, en las axilas de las hojas, moderada a escasamente adpreso-pubescentes. Flores c. 4 mm de diámetro, amarillas, bisexuales; tépalos c. 1.7 mm, escasamente adpreso-pubescentes por fuera, escasa a moderadamente pubescentes por dentro, semierectos en la antesis, el ápice estéril ausente; estambres externos c. 1.2 mm, glabros, las anteras c. 0.7 mm, los filamentos libres, estambres internos c. 1.4 mm, glabros o con los filamentos pubescentes, las anteras c. 1 mm, tan anchas como el filamento; estaminodios 3, angostamente cilíndricos; pistilo c. 1.7 mm, delgado, glabro; ovario mucho más corto que el estilo; receptáculo profundamente cupuliforme, pubescente por dentro. Frutos c. 1.5 × 0.7 cm (descritos como verdes y probablemente inmaduros), elipsoides; cúpula profundamente cupuliforme, con un margen simple, los tépalos algunas veces persistentes. *Bosques montanos*. CR (*Haber & Zuchowski 11158*, MO); P (*Allen 1907*, MO). 800-1400 m. (Endémica).

Ocotea haberi es una especie inconspicua, que se reconoce mejor por la combinación de las flores pubescentes, los domacios foveolados sacciformes (frecuentemente la apertura es mucho menor que el domacio) y el receptáculo pubescente por dentro. Las otras especies con domacios foveolados tienen las flores glabras y el receptáculo glabro por dentro. Las cúpulas inmaduras son profundamente cupuliformes al contrario de las cúpulas de las otras especies con domacios foveolados, pero no es seguro que las cúpulas maduras continúen siendo cupuliformes. Una colección con inflorescencias con agallas tiene los frutos asentados en cúpulas poco profundas, pero estos frutos y cúpulas podrían estar enfermos y no ser los típicos. Las ramitas de los ejemplares secos tienen con frecuencia la corteza muy clara, mientras que otras especies en el grupo de *O. meziana* tienden a tener las ramitas más oscuras. *Ocotea haberi* se conoce solo de los bosques montanos en Costa Rica y Panamá.

35. Ocotea hartshorniana Hammel, *J. Arnold Arbor.* 67: 128 (1986). Isotipo: Costa Rica, *Hammel 11932* (MO!). Ilustr.: Hammel, *J. Arnold Arbor.* 67: 129, t. 3 (1986).

Árboles hasta 30 m; ramitas estriadas o anguladas, sólidas, densamente pardo-rojizo-tomentulosas, la superficie completamente cubierta por el indumento; yemas terminales densamente pardo-rojizo-tomentulosas. Hojas 10-20 × 4-10 cm, (angostamente) obovadas a (angostamente) elípticas, cartáceas, la base aplanada, decurrente sobre el pecíolo o rara vez aguda, el ápice agudo o acuminado, el acumen hasta 1.5 cm, pinnatinervias, la vena media, las secundarias y las terciarias inmersas en el haz, la vena media y las secundarias elevadas, las terciarias ligeramente elevadas en el envés, el haz glabro o con algunos tricomas crespos a lo largo de la vena media, el envés con tricomas cortos erectos o ascendentes, pero la superficie visible entre los tricomas, el indumento más denso a lo largo de las venas principales y tornándose tomentuloso, más o menos discernible al tacto, con frecuencia glaucas, las venas secundarias 4-8 pares; domacios ausentes; pecíolo hasta 2 cm, pero no siempre conspicuo debido a la base decurrente de las hojas. Inflorescencias 8-18 cm, cimoso-paniculadas, en las axilas de hojas normales, densamente pardo-rojizo-pubescentes, la superficie completamente cubierta por el indumento. Flores 3-4 mm de diámetro, pardo-amarillentas o amarillentas por dentro, bisexuales; tépalos c. 1.5 mm, anchamente elípticos u ovados, densamente pubescentes en ambas superficies, semierectos en la antesis; estambres externos c. 1 mm, los filamentos c. 0.3 mm, libres, pubescentes, el ápice estéril ausente; estambres internos c. 1.2 mm, los filamentos c. 0.4 mm, pubescentes, los lóculos extrorsos (el par inferior) o lateral-extrorsos (el par superior); estaminodios no vistos; pistilo c. 2 mm, glabro; estilo tan largo como el ovario; receptáculo cupuliforme, (escasamente) pubescente por dentro. Frutos c. 1.5 cm (probablemente inmaduros), elipsoides; cúpula c. 15 × 15 mm, profundamente cupuliforme, con un margen simple, entero, los tépalos caedizos en fruto. *Bosques lluviosos de tierras bajas*. CR (*Folsom 9930*, MO); P (*Churchill & de Nevers 4324*, MO). 100-300 m. (Endémica).

Ocotea hartshorniana se reconoce por su indumento erecto o ascendente en el envés de la hoja, el indumento pardo-rojizo denso sobre las ramitas e inflorescencias y la base de las hojas decurrentes. Se asemeja a *O. stenoneura*, pero esa especie tiene la base de la hoja enrollada hacia adentro, no aplanada; es también cercana a *O. monteverdensis*. Esta última especie tiene la pubescencia predominantemente adpresa en el envés de la hoja, las hojas más pequeñas y los pecíolos más cortos; se encuentra en altitudes más elevadas que *O. hartshorniana*. Las diferencias entre *O. hartshorniana* y *O. monteverdensis* son más bien débiles. Es muy posible que colecciones adicionales de la vertiente de Caribe demuestren que las colecciones de *O. hartshorniana* de tierras bajas gradualmente cambian a *O. monteverdensis* en las zonas montanas, y que estas 2 especies necesiten ser unidas. Al momento no se ha tomado esa decisión ya que solo se ha estudiado una colección de elevaciones altas (*Haber & Bello 11522*, MO, entre 960 y 1700 m) que presenta la pubescencia erecta como en *O. hartshorniana*.

36. Ocotea helicterifolia (Meisn.) Hemsl., *Biol. Cent.-Amer., Bot.* 3: 73 (1882). *Oreodaphne helicterifolia* Meisn. in A. DC., *Prodr.* 15(1): 123 (1864). Sintipo: México, Chiapas, *Linden 1641* (K!). Ilustr.: Burger & van der Werff, *Fieldiana, Bot.* n.s. 23: 21, t. 8 (1990).

Cinnamomum corzoanum (Lundell) Kosterm., *C. helicterifolium* (Meisn.) Kosterm., *C. obtusatum* (Lundell) Kosterm., *Nectandra corzoana* Lundell, *Ocotea mexicana* (Meisn.) Hemsl. var. *longipes* (Meisn.) Hemsl., *O. mexicana* var. *subsessilis* (Meisn.) Hemsl., *O. tenejapensis* Lundell, *Oreodaphne mexicana* Meisn. var. *longipes* Meisn., *O. mexicana* var. *subsessilis* Meisn., *O. umbrosa* (Kunth) Nees var. *bullata* Meisn., *Phoebe corzoana* (Lundell) Lundell, *P. helicterifolia* (Meisn.) Mez, *P. nectandroides* Mez, *P. obtusata* Lundell.

Árboles hasta 20 m; ramitas teretes, sólidas, densamente pardo-hirsutas, los tricomas erectos, generalmente rectos y la superficie parcialmente cubierta por el indumento; yemas terminales densamente tomentosas. Hojas 8-30 × 3.5-11 cm, angosta a anchamente elípticas u obovadas, con frecuencia más anchas por encima del 1/2, cartáceas, pinnatinervias, la base aguda, obtusa, redondeada a cordada, los márgenes aplanados, el ápice obtuso, agudo o acuminado, la vena media y las secundarias inmersas o escasamente impresas, las venas terciarias inmersas en el haz, la vena media y las secundarias elevadas, las venas terciarias escasamente elevadas en el envés, el haz escasa a moderadamente pubescente, los tricomas erectos y discernibles al tacto, o glabro, el envés moderada a escasamente pubescente, los tricomas erectos y discernibles al tacto, la mayor parte de la superficie visible entre los tricomas, el indumento más denso a lo largo de las venas principales, las venas secundarias 5-13 pares; domacios ausentes; pecíolo 4-15 mm, aplanado por encima, con el indumento similar al de las ramitas. Inflorescencias 6-30 cm, cimoso-paniculadas, en las axilas de hojas o catafilos, (escasamente) hirsutas, los tricomas erectos, la superficie muy visible. Flores 5-8 mm de diámetro, blancas o amarillentas, bisexuales; tépalos 2-3 mm, elípticos, glabros en ambas superficies o ligeramente papilosos por dentro, patentes en la antesis; estambres externos 1-1.5 mm, sésiles o casi sésiles, glabros, el ápice estéril ausente; estambres internos 1-1.5 mm, los filamentos c. 0.2 mm, glabros o con pocos tricomas, los lóculos lateral-extrorsos; estaminodios 3, pequeños, c. 0.3 mm, ocultos entre las glándulas; pistilo c. 2 mm, glabro; estilo c. 0.6 mm; receptáculo cupuliforme, glabro por dentro. Frutos c. 2.5 × 1.5 cm, elipsoides; cúpula c. 1 cm de diámetro, muy poco profunda al madurar, casi pateliforme, con un margen simple, los tépalos caedizos en fruto; cúpulas inmaduras cupuliformes, el pedicelo engrosado en fruto. *Bosques montanos o de tierras bajas* (en Costa Rica). Ch (*Ton 5902*, MO); B (*Allen 15209*, MO); G (*Williams et al. 40390*, MO); H (*Williams 15760*, MO); N (*Moreno 21103*, MO); CR (*Herrera 4866*, MO). 1000-1900 m, en Costa Rica 50-600 m. (México [Oaxaca, Veracruz], Mesoamérica).

Ocotea helicterifolia es una especie ampliamente distribuida y vegetativamente variable. En este concepto se incluyen todos ejemplares con inflorescencias cimoso-paniculadas, las flores glabras, el receptáculo glabro por dentro, las hojas alternas y el indumento hirsuto sobre ramitas y hojas. Las diferencias con las especies similares *O. betazensis* y *O. valeriana* se discuten bajo esas especies. El hecho de que especies ubicadas aquí bajo el concepto de *O. helicterifolia* hayan sido descritas en *Ocotea*, *Phoebe* Nees y *Nectandra*, y la variación en la forma de la hoja encontrada en *O. helicterifolia* han llevado a una extensa sinonimia. Ejemplares identificados como *N. corzoana* y *P. obtusata* tienen las hojas con la base obtusa a subcordada, pero los caracteres florales en estos ejemplares no difieren. Aunque las formas extremas de la hoja pueden reconocerse fácilmente, el número de colecciones con hojas intermedias entre estos extremos me hacen rechazar la forma de la hoja como un carácter de especie en este complejo. El caso más fuerte para aceptar un taxón en este complejo, por la forma de la hoja, sería con las colecciones de Costa Rica: estas tienen las hojas claramente obovadas, gradualmente angostadas hacia la base y la base abruptamente redondeada; además, estas se encuentran en elevaciones bajas. Los caracteres florales no separan a estos ejemplares de otras colecciones de *O. helicterifolia*. Se ha incluido provisionalmente en este concepto a *O. tenejapensis* Lundell, solo conocida de la colección tipo. Esta colección difiere de la típica *O. helicterifolia* por tener los estambres externos con filamentos 1/3 de la longitud de las anteras, el envés de la hoja muy escasamente pubescente y frecuentemente con pequeños fascículos de tricomas axilares. No se han encontrado otras colecciones con estos caracteres y se considera a *O. tenejapensis* como una forma aberrante de *O. helicterifolia*.

37. Ocotea heribertoi T. Wendt, *Lundellia* 1: 40 (1998). Isotipo: México, Oaxaca, *Wendt et al. 6871* (MO!). Ilustr.: Wendt, *Lundellia* 1: 42, t. 3 (1998).

Árboles hasta 40 m; ramitas estriadas, diminuta y escasamente adpreso-pubescentes, pronto glabrescentes, sólidas; yemas terminales blanco-adpreso-pubescentes. Hojas 7-15 × 2.5-5 cm, elípticas a elíptico-oblongas, firmemente cartáceas, la base aguda o cuneada, los márgenes aplanados, el ápice obtuso o romo, pinnatinervias, la vena media, las secundarias y las terciarias inmersas en el haz, las terciarias frecuentemente no visibles en el haz, la vena media elevada, las secundarias y las terciarias inmersas a escasamente elevadas en el envés, glabras en ambas superficies, las venas secundarias 6-10 pares; domacios como fascículos de tricomas blancos, frecuentemente presentes cerca de la base de las venas secundarias, pero generalmente distanciados de la vena media su diámetro o más; pecíolo 8-20 mm, glabro o casi glabro, acanalado por encima. Inflorescencias 2-7 cm, cimoso-paniculadas, en las axilas de las brácteas, escasamente adpreso-pubescentes o glabras. Flores 2.5-4 mm de diámetro, verde pálido, bisexuales; tépalos 1.5-2.3 mm, escasamente adpreso-pubescentes por fuera, más densamente así por dentro, erectos o semierectos en la antesis; estambres externos 1-1.5 mm, los filamentos escasamente más cortos que las anteras, libres, escasamente pubescentes, el ápice estéril ausente; estambres internos 1.5-1.8 mm, los filamentos casi tan largos como las anteras, escasamente pubescentes; estaminodios c. 0.8 mm, estipitiformes o con el ápice engrosado; pistilo c. 2.5 mm (en las flores viejas), glabro; estilo casi tan largo como el ovario; receptáculo cupuliforme, glabro por dentro. Frutos c. 2.5 cm de diámetro, redondeados; cúpula c. 3.5 cm de diámetro, con forma de tazón poco profundo, verrugosa o marcadamente verrugosa por fuera, con un margen simple, los tépalos caedizos en fruto. *Bosques lluviosos de tierras bajas*. Oaxaca (*Wendt et al. 6871*, MEXU). 200-300 m. (México [Oaxaca]).

Ocotea heribertoi se conoce solo del istmo de Tehuantepec, pero posiblemente se encuentre en bosques de tierras bajas en Chiapas. La descripción de las flores está basada en flores viejas y las medidas de flores jóvenes son probablemente ligeramente más pequeñas. Esta especie se puede reconocer por sus hojas lisas con el ápice obtuso, los domacios muy distanciados de la vena media y, en fruto, por los frutos grandes (hasta 4.5 cm de diámetro cuando frescos) y las cúpulas grandes con forma de tazón poco profundo. No es clara su relación con otras especies; no hay otras especies en la región con frutos y cúpulas de forma o tamaño similares. El gran tamaño de los árboles hace difícil su recolecta y tal vez podría explicar las pocas colecciones que se han hecho de esta especie.

38. Ocotea heydeana (Mez & Donn. Sm.) Bernardi, *Candollea* 22: 93 (1967). *Nectandra heydeana* Mez & Donn. Sm., *Bot. Gaz.* 19: 262 (1894). Lectotipo (primer paso designado por Standley & Steyermark, 1946e): Guatemala, *Heyde & Lux 4260* (MO!). Ilustr.: Smith, *Bot. Gaz.* 19: t. 25 (1894).

Árboles hasta 30 m; ramitas anguladas, sólidas, escasa a moderadamente adpreso-pubescentes; yemas terminales densamente adpreso-pubescentes, la superficie completamente cubierta. Hojas 9-18 × 4-8 cm, (angostamente) elípticas, cartáceas, la base obtusa o aguda, los márgenes aplanados, el ápice agudo a escasamente acuminado, pinnatinervias, la vena media y las secundarias inmersas, las terciarias escasamente elevadas en el haz, la vena media y las secundarias elevadas, las terciarias escasamente elevadas en el envés, glabras o casi glabras en ambas superficies, el indumento más denso a lo largo de las venas principales, las venas secundarias 6-8 pares, pequeños fascículos de tricomas axilares algunas veces presentes; pecíolo 15-20 mm, sulcado, con el indumento similar al de las ramitas. Inflorescencias 6-12 cm, paniculado-cimosas, algunas veces con 1 o 2 brácteas de la inflorescencia desarrolladas en hojas normales, en las axilas de hojas o catafilos cerca de la punta de las ramas, con algunos tricomas adpresos escasos. Flores 6.5-9 mm de diámetro, blancas, bisexuales; tépalos 3-4 mm, patentes en la antesis, glabros por fuera, los 3 tépalos internos uniformemente papilosos por dentro, los 3 tépalos externos con un parche papiloso triangular basal; estambres externos c. 1.5 mm, casi sésiles, papilosos, los lóculos ocupando casi toda la antera; estambres internos c. 1.5 mm, columnares, los lóculos lateral-extrorsos; estaminodios estipitiformes, c. 0.3 mm; pistilo c. 1.6 mm, glabro; estilo la mitad de la longitud del ovario; receptáculo cupuliforme, escasamente adpreso-pubescente por dentro. Frutos c. 2.7 × 1.5 cm, elipsoides; cúpula c. 1 cm de diámetro, con forma de tazón poco profundo o pateliforme, con un margen simple, el pedicelo ligeramente engrosado, los tépalos caedizos. *Bosques lluviosos montanos*. G (*Heyde & Lux 4578*, MO); H (*Molina R. 23335*, F); ES (*Davidse et al. 37453*, MO); N (*Robleto 530*, MO). 600-1900 m. (Endémica).

Ocotea heydeana se puede reconocer por sus flores relativamente grandes, glabras (o casi glabras), las inflorescencias paniculadas con al menos algunas cimas laterales cerca de la base de la inflorescencia y las ramitas escasamente pubescentes. Se puede confundir con *O. bajapazensis* que tiene las flores más pequeñas y se encuentra en elevaciones inferiores, y con *O. magnifolia* con el indumento más denso sobre las ramitas. Se requieren más y mejores colecciones de las especies en el complejo *O. heydeana* para probar el concepto de especie actualmente aceptado; las diferencias entre especies parecen algunas veces débiles.

39. Ocotea holdridgeana W.C. Burger, *Fieldiana, Bot.* n.s. 23: 83 (1990). Isotipo: Costa Rica, *Lent 1677* (MO!). Ilustr.: Burger & van der Werff, *Fieldiana, Bot.* n.s. 23: 25, t. 12 (1990), como *O. holdridgeiana*.

Árboles hasta 15 m; ramitas redondeadas, la pubescencia gris-adpresa, pronto glabrescentes, sólidas; yemas terminales densamente adpreso-pubescentes. Hojas 8-18 × 2-6 cm, elípticas, cartáceas, la base aguda o rara vez obtusa, los márgenes aplanados, el ápice agudo a acuminado, 3-plinervias o ligeramente pinnatinervias, la vena media, las secundarias y las terciarias inmersas o escasamente elevadas en el haz, elevadas en el envés, el haz glabro, el envés glabro o con algunos tricomas adpresos escasos, estos más densos a lo largo de la vena media y las secundarias, las venas secundarias 3-5 pares, el par basal más desarrollado que los más distales; domacios conspicuos (más bien sacciformes con tricomas rígidos en los bordes) presentes en las axilas del par más proximal de venas secundarias y visibles como abultamientos en el haz; pecíolo 8-18 mm, con el indumento similar al de las ramitas, (angostamente) acanalado. Inflorescencias 3-8 cm, racemosas, en las axilas de catafilos cerca de las puntas de las ramas, rara vez en las axilas de las hojas, moderada a densamente adpreso-pubescentes. Flores c. 1 cm de diámetro, blancas, fragantes, bisexuales; tépalos 4-5 mm, elípticos, glabros por fuera, los 3 externos con un parche triangular papiloso basal y apical por dentro, los 3 internos papilosos por dentro, patentes en la antesis; estambres externos 6, 2-2.5 mm, ligeramente papilosos, los filamentos c. 0.3 mm, libres, el ápice estéril 0.4-0.5 mm; estambres internos c. 2.2 mm, los filamentos c. 0.4 mm, pubescentes, los lóculos lateral-extrorsos; estaminodios no vistos, pero se dice que son pequeños y presentes; pistilo c. 2 mm, glabro; estilo tan largo como el ovario; receptáculo poco profundo, pubescente por dentro. Frutos c. 2.5 × 1.5 cm, elipsoides; cúpula con forma de tazón poco profundo, gradualmente angostada hacia el pedicelo, con un margen simple, los tépalos caedizos en fruto. *Selvas altas perennifolias montanas*. CR (*Jiménez et al. 1052*, MO); P (*McPherson 9444*, MO). 1600-2400 m. (Endémica).

Ocotea holdridgeana se reconoce fácilmente por los domacios sacciformes conspicuos en las axilas del par de venas lateral basales, las flores grandes y los estambres grandes con el ápice estéril. Está probablemente relacionada con *O. brenesii*, la cual difiere por la ausencia de domacios y las flores más pequeñas; ambas especies tienen la inflorescencia racemosa, un carácter poco frecuente en *Ocotea*. La forma de la cúpula y el indumento papiloso de los tépalos y los estambres también sugiere una relación con *O. brenesii* y sus aliados.

40. Ocotea insularis (Meisn.) Mez, *Jahrb. Königl. Bot. Gart. Berlin* 5: 271 (1889). *Phoebe insularis* Meisn. in A. DC., *Prodr.* 15(1): 33 (1864). Isotipo: Costa Rica, *Menzies s.n.* (MO!). Ilustr.: Allen, *Ann. Missouri Bot. Gard.* 35: 23, t. 14 (1948), como *O. ira*.

Aiouea lundelliana C.K. Allen, *Ocotea floccifera* Mez & Sodiro, *O. ira* Mez & Pittier.

Árboles hasta 25 m; ramitas anguladas o estriadas, sólidas, glabras o escasamente adpreso-pubescentes; yemas terminales escasa a moderadamente adpreso-pubescentes. Hojas 8-25 × 5-12 cm, elípticas a obovadas, cartáceas a coriáceas, la base cuneada o aguda, rara vez enrollada hacia adentro y decurrente sobre el pecíolo o a veces cortamente decurrente, los márgenes aplanados, el ápice redondeado a brevemente acuminado, pinnatinervias, la vena media, las secundarias y las terciarias inmersas en el haz, escasamente elevadas en el envés, el haz glabro, el envés glabro o escasamente adpreso-pubescente, las venas secundarias 6-10 pares; domacios consistiendo de fascículos de tricomas frecuentemente presentes en las axilas de las venas secundarias; pecíolo hasta 1.2 cm, aplanado o escasamente acanalado por encima, con el indumento similar al de las ramitas. Inflorescencias 8-20 cm, cimoso-paniculadas, en las axilas de hojas normales. Flores 2.5-3.5 mm de diámetro, verdosas o cremosas, bisexuales; tépalos c. 1.5 mm, ovados, moderada a escasamente pubescentes por fuera, menos pubescentes a glabros por dentro, erectos hasta semierectos en la antesis; estambres externos c. 1.5 mm, los filamentos libres, 1/2 de la longitud de la antera, glabros, el ápice estéril ausente; estambres internos c. 1.5 mm, los filamentos 1/2 de la longitud de la antera, con un fascículo de tricomas blanquecinos en la transición del filamento a la antera; estaminodios no vistos; pistilo c. 1.6 mm, glabro; ovario casi tan largo como el estilo; receptáculo con forma de tazón poco profundo, glabro por dentro. Frutos c. 2 × 1 cm, elipsoides; cúpula hasta 12 mm de diámetro, levemente cupuliforme poco profunda, con un margen simple, los tépalos rara vez persistentes sobre la cúpula. *Bosques montanos y de tierras bajas*. CR (*Stevens 14131*, MO); P (*Croat 22225*, MO). 100-2000 m. (Mesoamérica, Colombia, Ecuador).

Ocotea insularis es una especie variable que se reconoce por sus hojas grandes con la base decurrente (a veces brevemente) y a veces enrollada hacia adentro, el ápice de las hojas con frecuencia redondeado u obtuso, las flores pequeñas con los tépalos generalmente erectos y los fascículos de tricomas sobre el dorso de los estambres internos. Las colecciones de las tierras bajas tienen las hojas más grandes, más cartáceas y escasamente obovadas o elípticas, mientras que las colecciones montanas tienen las hojas obovadas más rígidas, con los ápices redondeados. La presencia de tépalos persistentes en las cúpulas y de domacios no está correlacionado con otros caracteres. Las colecciones de Colombia y Ecuador tienen las hojas más bien grandes (hasta 35 cm), más coriáceas en elevaciones altas, y pueden tener o no domacios o tépalos persistentes sobre las cúpulas.

Las poblaciones montanas frecuentemente tienen las hojas más pequeñas y más coriáceas; estas se conocen de Monteverde en Costa Rica y de Cerro Jefe, Cerro Campana, Cerro Gaital y Cerro Tute en Panamá. Estas poblaciones montanas pueden variar también en el indumento con las inflorescencias y las flores desde blanco-pubescentes a casi glabras, y en fruto desde angostamente elipsoidal (hasta 4 cm de largo) hasta anchamente elipsoidal (hasta 1.5 cm). Si se les diera reconocimiento taxonómico a estas poblaciones se crearía una especie poco definida y por esta razón se prefiere reconocer *O. insularis* como una especie muy variable.

Las especies cercanamente emparentadas son *O. whitei*, una especie igualmente variable, pero con hojas elípticas más pequeñas con la base enrollada hacia adentro; *O. endresiana*, con la base de las hojas marcadamente reflexas; *O. rivularis*, restringida a la península de Osa en Costa Rica y con las hojas más grandes que *O. insularis*; y *O. glaucosericea*, con las flores más grandes y densamente pubescentes. Estudios futuros podrían demostrar que el concepto de *O. insularis* aquí aceptado es demasiado amplio y que es mejor dividir este taxón.

41. Ocotea iridescens Lorea-Hern. & van der Werff, *Brittonia* 54: 148 (2002). Isotipo: México, Oaxaca, *Salas et al. 1182* (MO!). Ilustr.: Lorea-Hernández & van der Werff, *Brittonia* 54: 149, t. 2 (2002).

Arbolitos hasta 7 m; ramitas teretes, sólidas, densamente adpreso o ligeramente ascendente-pubescentes, la superficie completamente cubierta, tornándose glabra con la edad; yemas terminales densamente blanquecino-pubescentes, la superficie completamente cubierta. Hojas 6-11 × 1.7-4.5 cm, elípticas, cartáceas, la base aguda, los márgenes aplanados, el ápice acuminado, el acumen hasta 1.5 cm, pinnadas o 3-plinervias, la vena media, las secundarias y las terciarias inmersas en el haz, la vena media y las secundarias escasamente elevadas, las terciarias no evidentes en el envés, el haz glabro, el envés densa y diminutamente adpreso-pubescente, la superficie completamente cubierta por el indumento blanquecino-plateado, este tornándose pardo claro con la edad; domacios presentes como fascículos de tricomas axilares, algunas veces también pocos a lo largo de las venas secundarias; pecíolo 6-10 mm, aplanado por encima, con el indumento similar al de las ramitas. Inflorescencias 4-7 cm, cimoso-paniculadas, poco ramificadas, laxas, densamente adpreso-pubescentes. Flores c. 4 mm de diámetro, amarillentas, bisexuales; tépalos c. 1.5 mm, elípticos, escasamente pubescentes por fuera, con algunos tricomas adpresos cerca de la base y escasamente papilosos cerca del ápice por dentro, patentes en la antesis; estambres c. 1 mm, glabros, los filamentos libres, la antera casi tan larga como el filamento, el ápice estéril ausente, los 3 estambres internos con los lóculos lateral-extrorsos; estaminodios presentes, c. 0.7 mm, con el ápice triangular, varios tricomas cerca de la base de los filamentos y los filamentos con apariencia pubescente; pistilo c. 1 mm, glabro; estilo mucho más corto que el ovario; receptáculo poco profundo, pubescente por dentro. Frutos c. 1.4 × 0.9 cm, elipsoides; cúpula poco profunda, con un margen simple patente, los pedicelos fructíferos claramente engrosados, los tépalos caedizos en fruto. *Bosques montanos*. Oaxaca (*Wendt et al. 4641*, MO). 1400-1600 m. (México [Oaxaca]).

No son obvios los parientes más cercanos de *Ocotea iridescens*. Los tépalos patentes, el pedicelo fructífero engrosado y la presencia de papilas pequeñas por dentro de los tépalos indica el grupo de *O. heydeana* según Rohwer (1990/1991 [1991]). Una especie aliada a este grupo, *O. pharomachrosorum*, también tiene el indumento denso y de coloración clara en el envés de la hoja. Aunque las especies del grupo de *O. heydeana* tienen las flores y los estambres más grandes, pienso que *O. iridescens* se relaciona con este grupo. Entre las especies mexicanas de *Ocotea*, *O. iridescens* se identifica fácilmente por su indumento denso, diminuto y de coloración clara en el envés de la hoja, por las hojas acuminadas, las inflorescencias delgadas y el pedicelo engrosado en fruto. Las tres colecciones de *O. iridescens* provienen de Oaxaca, pero 2 han sido colectadas casi en el límite con Chiapas y es muy posible que esta especie también se encuentre allí.

42. Ocotea jefensis van der Werff, *Novon* 11: 506 (2001). Holotipo: Panamá, *Carrasquilla 2123* (MO!). Ilustr.: van der Werff, *Novon* 11: 507, t. 5 (2001).

Árboles pequeños, hasta 15 m; ramitas gruesas, marcadamente anguladas, diminuta y más bien densamente adpreso-pubescentes cuando jóvenes, glabrescentes con la edad, huecas, con agujeros para la salida de las hormigas que habitan en las ramas; yemas terminales densamente adpreso-pubescentes. Hojas 16-21 × 8-12 cm, anchamente obovadas, coriáceas, la base decurrente sobre el pecíolo, los márgenes recurvados hacia la base, el ápice obtuso a redondeado, pinnatinervias, la vena media ancha e inmersa, las secundarias inmersas y las terciarias elevadas en el haz, la vena media, las secundarias y las terciarias elevadas en el envés, glabras en ambas superficies, las venas secundarias 7-9 pares; domacios ausentes; pecíolo 5-10 mm, aplanado, inconspicuo debido a la base decurrente de la hoja, la base enrollada hacia adentro de la hoja. Inflorescencias 15-20 cm, cimoso-paniculadas, en las axilas de las hojas, escasamente pubescentes cerca de la base, pero hacia las flores progresiva y más densamente tomentulosas, los tricomas muy cortos y patentes; ramitas anguladas o aplanadas. Flores c. 4 mm de diámetro, bisexuales; tépalos c. 1.3 mm, ovados a elípticos, más bien densa y diminutamente pubescentes por fuera, glabros por dentro; estambres externos c. 1 mm, glabros, el filamento c. 0.3 mm; estambres internos tan largos como los externos, con pocos tricomas sobre la parte distal del filamento, lóculos de las anteras extrorsos (el par inferior) o laterales (el par superior); estaminodios no vistos; pistilo c. 1.5 mm, glabro; receptáculo cupuliforme, glabro por dentro. Frutos inmaduros largamente encerrados en la cúpula profundamente cupuliforme; frutos maduros c. 15 × 6 mm, angostamente elipsoides, la cúpula 5-6 mm de profundidad y c. 6 mm de diámetro, pequeña, con forma de tazón poco profundo, con un margen simple, los tépalos caedizos. *Selvas altas perennifolias, selvas montanas, selvas de tierras bajas*. P (*Mori 7745*, MO). 200-900 m. (Endémica).

Ocotea jefensis es un miembro del grupo de *O. insularis* según Rohwer (1986) por las ramas de la inflorescencia aplanadas y el fascículo de tricomas sobre el lado interno distal de los filamentos de los estambres internos. Dentro de este grupo comparte con *O. atirrensis* s. l. las ramitas huecas habitadas por hormigas, pero difiere en sus flores e inflorescencias tomentulosas, los pecíolos indistintos debido a las bases decurrentes e incurvadas de las hojas y las hojas coriáceas anchamente obovadas con las venas terciarias elevadas. Con *O. insularis* s. l. comparte las hojas de forma obovada con la base decurrente, pero difiere de esta en sus ramitas gruesas y huecas, las hojas coriáceas con las venas terciarias elevadas y las flores e inflorescencias tomentulosas. *Ocotea tonduzii*, una especie montana de Costa Rica, también se puede confundir con *O. jefensis*. *Ocotea tonduzii* tienen las hojas obovadas y glabras, con venas terciarias elevadas y las flores tomentulosas como en *O. jefensis*, pero difiere en sus ramitas sólidas y glabras, las yemas terminales bastante o completamente glabras, las inflorescencias menos pubescentes y la pubescencia en la superficie interna de los tépalos.

43. Ocotea jorge-escobarii C. Nelson, *Ceiba* 25: 173 (1984). Isotipo: Honduras, *Nelson & Soto 8188* (MO!). Ilustr.: van der Werff, *Ann. Missouri Bot. Gard.* 75: 726, t. 2 (1988a).

Árboles hasta 20 m; ramitas anguladas, escasamente adpreso-pubescentes, tornándose glabras con la edad, sólidas; yemas terminales densamente blanco-pubescentes, los tricomas adpresos y cubriendo por completo a las yemas. Hojas 9-15 × 3.5-6 cm, elípticas a elíptico-obovadas, coriáceas a firmemente cartáceas, la base aguda o cuneada, los márgenes aplanados, el ápice obtusamente agudo, pinnatinervias, la vena media, las secundarias y las terciarias inmersas en el haz, la vena media elevada, las secundarias y las terciarias inmersas en el envés, el haz glabro, el envés glabro o con pocos tricomas adpresos, generalmente a lo largo de la vena media, las secundarias 5-8 pares; domacios foveolados presentes, generalmente a lo largo de las venas secundarias basales, en ocasiones también en las axilas de las venas secundarias basales, sus aperturas redondeadas y glabras; pecíolo 7-13 mm, aplanado por encima, glabro o con pocos tricomas adpresos. Inflorescencias 10-15 cm, cimoso-paniculadas, en las axilas de las hojas, glabras. Flores 5 mm de diámetro, verdosas, bisexuales; tépalos c. 1.6 mm, glabros por fuera, los 3 tépalos externos escasamente adpreso-pubescentes por dentro, los 3 tépalos internos glabros en ambas superficies, generalmente erectos, pero en flores viejas patentes y finalmente caedizos; estambres externos c. 1.8 mm, los filamentos libres, pubescentes, casi tan largos como las anteras; estambres internos tan largos como los externos, los lóculos lateral-extrorsos; estaminodios presentes, tan largos como las glándulas, con pocos tricomas; pistilo c. 2.2 mm, glabro, el estilo tan largo como el ovario; receptáculo cupuliforme, glabro por dentro, con un fleco de tricomas distalmente. Frutos c. 2.5 × 2 cm, elipsoides; cúpula c. 2.5 cm de diámetro, profundamente cupuliforme, frecuentemente con 6 costillas longitudinales engrosadas, y gradualmente angostada en el pedicelo, con un margen simple. *Selvas altas perennifolias montanas*. H (*Mejía 138*, MO); N (*Montenegro et al. 1872*, MO). 1000-1500 m. (Endémica).

Ocotea jorge-escobarii se reconoce por sus hojas rígidas más bien verde oscuro, con domacios foveolados a lo largo de las venas secundarias y sus cúpulas grandes y acostilladas. Se puede confundir con *O. meziana*, la cual difiere en sus hojas más delgadas y verde-amarillentas cuando secas, inflorescencias más cortas (no más de 10 cm), la cúpula poco profunda a casi pateliforme y el retículo elevado en el envés de la hoja. También cercanamente relacionada es *O. pullifolia*, la cual difiere en sus hojas coriáceas, oscuras, con el ápice obtuso a redondeado y los domacios foveolados grandes restringidos a las axilas de las venas secundarias basales. Algunas colecciones de Nicaragua ubicadas aquí son inusuales por el color verde pálido de las hojas secas (como en *O. meziana*), pero la textura de la hoja, el tamaño del fruto y la cúpula coinciden con la típica *O. jorge-escobarii*.

44. Ocotea laetevirens Standl. & Steyerm., *Publ. Field Mus. Nat. Hist., Bot. Ser.* 23: 114 (1944). Isotipo: Guatemala, *Steyermark 49189* (US!). Ilustr.: Burger & van der Werff, *Fieldiana, Bot.* n.s. 23: 25, t. 12 (1990).

Ocotea clarkei Lundell.

Árboles hasta 15 m; ramitas teretes o anguladas, glabras a escasamente adpreso-pubescentes, sólidas; yemas terminales moderada a densamente adpreso-pubescentes. Hojas 12-25 × 5-11 cm, elípticas a elíptico-obovadas, cartáceas, pinnatinervias, la base aguda, los márgenes aplanados y el ápice agudo o brevemente acuminado, el haz glabro, el envés glabro o con pocos tricomas adpresos, la vena media y las secundarias inmersas, las terciarias elevadas sobre el haz, la vena media, las secundarias y las terciarias elevadas en el envés, las hojas generalmente amarillento-verdosas cuando secas, las venas de color más pálido que la lámina, las venas secundarias 5-8 pares; domacios ausentes o presentes como fascículos de tricomas axilares; pecíolo 8-20 mm, glabro o casi glabro, aplanado o ligeramente acanalado por encima. Inflorescencias 8-25 cm, cimoso-paniculadas, generalmente en las axilas de las hojas, glabras o escasamente adpreso-pubescentes. Flores 3.3-4 mm de diámetro, amarillo pálido, bisexuales; tépalos 1.2 mm, elípticos, glabros o escasamente pubescentes en ambas superficies, semierectos en la antesis; estambres externos c. 1.4 mm, los filamentos libres, más cortos que las anteras, glabros o pubescentes, el ápice estéril ausente; estambres internos tan largos como los externos pero con los filamentos pubescentes o glabros y los lóculos de las anteras lateral-extrorsos; estaminodios ausentes o estipitiformes, hasta 0.7 mm, pubescentes; pistilo c. 1.5 mm, glabro; ovario gradualmente angostado hasta el estilo; receptáculo cupuliforme, glabro o adpreso-pubescente por dentro. Frutos hasta 2.8 × 1.5 cm, elipsoides; cúpula poco profunda a profundamente cupuliforme, con un margen simple, los tépalos caedizos. *Bosques lluviosos montanos*. Ch (*Clarke 38*, CAS); G (*Steyermark 49189*, F); H (*Davidse et al. 34535*, MO); CR (*Marín 346*, MO); P (*Gentry 2978*, MO). 100-3000 m. (México [Oaxaca], Mesoamérica).

Ocotea laetevirens, como se acepta aquí, es una especie variable e incluye todos los ejemplares del grupo de *O. meziana* con hojas glabras o escasamente adpreso-pubescentes, las yemas terminales pubescentes, la ausencia de domacios o estos como fascículos de tricomas axilares. Es similar a *O. meziana*, pero esta especie tiene en general las hojas más pequeñas y los domacios foveolados en el envés de la hoja. La escasez de colecciones de Chiapas, Honduras y Guatemala hacen impráctico dividir a *O. laetevirens*, que ya es variable, en una especie más definida. Los ejemplares de Costa Rica son menos pubescentes que los tipos de *O. laetevirens* y *O. clarkei*, pero aún dentro de Costa Rica los ejemplares de tierras bajas difieren de los ejemplares de elevaciones altas, como *Chavarría 758* (MO) por tener las hojas cartáceas (no coriáceas) y las cúpulas mucho menos profundas. Desafortunadamente, aún no se conocen colecciones en flor con dichas hojas coriáceas. Así, la presente circunscripción de *O. laetevirens* podría ser demasiado amplia y necesitaría ser revisada una vez que se obtengan más ejemplares de México, Guatemala, Honduras y Nicaragua. Las colecciones del Cerro Campana en Panamá, de la península de Osa y del área de Monteverde en Costa Rica tienen los estambres con 2 lóculos, pero son por lo demás indistinguibles de *O. laetevirens* y son provisionalmente incluidas en esta especie. Por otro lado, describir estas colecciones como nuevas especies de *Aiouea*, a pesar de estar muy cercanamente relacionadas con *O. laetevirens*, crearía más confusión que claridad.

45. Ocotea lentii W.C. Burger, *Fieldiana, Bot.* n.s. 23: 86 (1990). Isotipo: Costa Rica, *Lent 794* (MO!). Ilustr.: Burger & van der Werff, *Fieldiana, Bot.* n.s. 23: 15, t. 2 (1990).

Arbustos o árboles pequeños, hasta 8 m; ramitas teretes, sólidas, más bien densamente pilosas, los tricomas erectos, rígidos, la superficie visible entre los tricomas; yemas terminales densamente pilosas. Hojas 18-40 × 8-16 cm, obovadas u obovado-elípticas, firmemente cartáceas, la base obtusa o redondeada, los márgenes aplanados, el ápice brevemente acuminado u obtuso, pinnatinervias, la vena media, las secundarias y las terciarias más o menos inmersas en el haz, la vena media marcadamente elevada, las secundarias y las terciarias elevadas en el envés, el haz glabro o con algunos tricomas erectos, estos más densos a lo largo de la vena media y las secundarias, el envés moderadamente pubescente con tricomas erectos largos (c. 1 mm), estos discernibles al tacto, la mayor parte de la superficie visible, el indumento más denso a lo largo de las venas principales, pero no cubriéndolas completamente, las venas secundarias 7-12 pares; domacios ausentes; pecíolo 10-20 mm, sulcado por encima, con el indumento similar al de las ramitas. Inflorescencias 10-20 cm, cimoso-paniculadas, generalmente en las axilas de catafilos, escasamente pubescentes con tricomas erectos o ascendentes. Flores c. 10 mm de diámetro, amarillas, blanquecinas o verde claro, bisexuales, escasamente pubescentes por fuera; tépalos c. 4 mm, elípticos, pubescentes cerca de la base por dentro, por lo demás papilosos, patentes en la antesis; estambres externos 1.5-2 mm, los filamentos c. 0.5 mm, libres, con pocos tricomas, la antera glabra con el ápice estéril ausente, el par inferior de lóculos extendiéndose al lado del par superior; estambres internos c. 1.8 mm, los lóculos de las anteras lateral-extrorsos, los filamentos c. 0.6 mm, con pocos tricomas; estaminodios 3, diminutos, pubescentes; pistilo c. 2.2 mm, glabro; estilo tan largo como el ovario; receptáculo cupuliforme, densamente pubescente por dentro. Frutos c. 5 × 2.5 cm, elipsoides; cúpula c. 1.5 cm de diámetro, en principio profundamente cupuliforme, al madurar poco profunda, casi pateliforme, con un margen simple, los tépalos caedizos. *Bosques montanos*. CR (*Herrera & Valverde 8938*, MO). 700-1400 m. (Endémica).

Ocotea lentii se puede reconocer por sus hojas grandes, obovadas, las inflorescencias escasamente pubescentes, los receptáculos pubescentes y los frutos grandes. Debido a sus hojas grandes, los ejemplares rara vez tienen más que unas pocas hojas con un corto tramo de rama; es posible que las hojas sean más agrupadas que alternas. Algunas ramitas tienen un centro suave y podrían llegar a ser huecas con la edad, pero las puntas de crecimiento son todas sólidas. Las diferencias con especies similares se discuten bajo *O. valerioides*.

La colección en fruto *Quesada 941* (MO) se ubica aquí provisionalmente; concuerda muy bien con *O. lentii*, pero fue colectada a solo 100 m de altitud, muy inferior a la de cualquiera de las otras colecciones de *O. lentii*.

46. Ocotea leucoxylon (Sw.) Laness., *Pl. Util. Col. Franç.* 158 (1886). *Laurus leucoxylon* Sw., *Prodr.* 65 (1788). Lectotipo (primer paso designado por Imkhanitskaya, 1974; segundo paso designado por Rohwer, 2014): Jamaica, *Swartz s.n.* (S-[nr] S-R-3164). Ilustr.: Burger & van der Werff, *Fieldiana, Bot.* n.s. 23: 27, t. 14 (1990).

Ocotea lenticellata Lundell, *O. subsericea* Standl., *Oreodaphne leucoxylon* (Sw.) Nees.

Árboles hasta 25 m, pero con frecuencia florecen cuando tienen 5-8 m; ramitas anguladas, sólidas, densamente gris-adpreso-pubescentes, glabrescentes con la edad, los tricomas diminutos y cubriendo la superficie casi completamente sobre los vástagos jóvenes; yemas terminales densamente adpreso-pubescentes. Hojas 10-25 × 30-9 cm, elípticas a oblongas, rígidamente cartáceas, la base aguda u obtusa, los márgenes algunas veces revolutos, el ápice agudo o acuminado, el acumen hasta 2 cm, pinnatinervias, la vena media, las secundarias y las terciarias inmersas en el haz, este liso, la vena media y las venas secundarias elevadas, las terciarias inmersas o escasamente elevadas en el envés, el haz glabro, el envés glabro o diminutamente adpreso-pubescente, las venas secundarias 4-8 pares; domacios ausentes; pecíolo 1-2 cm, ligeramente acanalado, con el indumento similar al de las ramitas. Inflorescencias 4-12 cm, cimoso-paniculadas, en las axilas de las hojas, densa a moderadamente adpreso-pubescentes. Flores 3-4 mm de diámetro, blancas, unisexuales. Flores masculinas con tépalos c. 2 mm, escasamente adpreso-pubescentes por fuera, glabros por dentro, patentes o semierectos en la antesis; estambres externos c. 0.8 mm, glabros, los filamentos c. 0.2 mm, libres, el ápice estéril ausente; estambres internos tan largos como los externos, los lóculos lateral-extrorsos; estaminodios no vistos; pistilodio c. 1.8 mm, delgado, glabro, con el estigma disciforme pequeño; receptáculo profundamente cupuliforme, pubescente por dentro. Flores pistiladas con 9 estaminodios, c. 0.5 mm, glabros, los 3 internos con 2 glándulas en la base; pistilo c. 1.2 mm, glabro; estilo c. 0.4 mm; estigma disciforme; receptáculo profundamente cupuliforme, glabro por dentro. Frutos c. 1.2 cm de diámetro, subglobosos; cúpula c. 8 mm de diámetro, con forma de tazón poco profundo, el pedicelo frecuentemente engrosado y lenticelado, con un margen simple, los tépalos caedizos en fruto. *Selvas altas perennifolias montanas y de tierras bajas*. Ch (*Martínez S. 18866*, MO); B (*Holst & Meadows 5744*, MO); G (*Contreras 10291*, MO); CR (*Bello 1281*, MO); P (*McPherson 7891*, MO). 200-1600 m. (México [Oaxaca, Veracruz], Mesoamérica, Colombia, Venezuela, Guayanas, Ecuador, Perú, Brasil, Cuba, República Dominicana, Jamaica, Puerto Rico, Tórtola, Antigua, Dominica, Guadalupe, Montserrat, Granada, Martinica, Trinidad).

Las flores unisexuales, las hojas con el haz liso, el diminuto indumento gris, adpreso sobre las ramitas jóvenes y las cúpulas pequeñas casi pateliformes son diagnósticos de *Ocotea leucoxylon*. Sin embargo, cuando los frutos están aún inmaduros, las cúpulas son más profundas y cupuliformes. Los pedicelos están con frecuencia engrosados y lenticelados en fruto. *Ocotea leucoxylon* es una especie ampliamente distribuida y más bien variable. Algunas colecciones (pero no todas) del Cerro Jefe (Panamá) tienen las hojas más pequeñas y más angostas con la base enrollada hacia adentro y las flores son más grandes, mientras que las colecciones en fruto, sobre las cuales se basa *O. lenticellata*, tienen cúpulas más profundas de lo normal. Sin embargo, separar estas poblaciones de *O. leucoxylon* solo resultaría en la proliferación de especies mal definidas y prefiero tratar a *O. leucoxylon* en un sentido más amplio. *Ocotea subsericea* se ubica en la sinonimia según Burger & van der Werff (1990); el holotipo (*Brenes 6789*, F) está en botón y tiene las hojas muy inmaduras, haciendo casi imposible una identificación adecuada.

47. Ocotea macrantha van der Werff, *Novon* 11: 508 (2001). Holotipo: Costa Rica, *Aguilar 4688* (MO!). Ilustr.: van der Werff, *Novon* 11: 507, t. 7 (2001).

Árboles hasta 20 m; ramitas estriadas a anguladas, sólidas, densa y diminutamente pardo-tomentulosas, la superficie completamente cubierta de tricomas y estos escasamente reconocibles individualmente; yemas terminales completamente cubiertas con el mismo indumento. Hojas 19-26 × 7-12 cm, elípticas, cartáceas, la base obtusa, rara vez aguda, los márgenes aplanados, el ápice acuminado o agudo, el acumen hasta 2 cm, pinnatinervias, la vena media y las secundarias inmersas, las terciarias escasamente elevadas en el haz, la vena media marcadamente elevada, las secundarias elevadas y las terciarias levemente elevadas en el envés, el haz glabro excepto por algunos tricomas diminutos sobre las venas principales, el envés escasa a moderada y diminutamente pubérulo, los tricomas individuales escasamente visibles, el indumento más denso y tornándose tomentuloso a lo largo de las venas principales, las venas secundarias 7-10 pares; domacios ausentes; pecíolo 2-3 cm, sulcado, con el indumento denso y pardo similar al de las ramitas. Inflorescencias 9-17 cm, paniculado-cimosas, en las axilas de hojas normales, densa y diminutamente pardo-tomentulosas, la superficie completamente cubierta. Flores 10-12 mm de diámetro, verde pálido, bisexuales; tépalos 4-5 mm, elípticos, patentes en la antesis, los 3 externos escasa a moderadamente pubérulos por fuera y con un parche papiloso basal triangular, por lo demás glabros por dentro, los 3 internos densa y gruesamente papilosos en ambas superficies, algunas veces de apariencia flocosa por fuera; estambres c. 1.6 mm, densamente papilosos, sésiles o casi sésiles; estambres externos sin el ápice estéril, los estambres internos con el par inferior de lóculos extrorsos, los del par superior laterales; estaminodios no vistos; pistilo 3-4 mm, glabro; estilo un poco más corto que el ovario; receptáculo profundamente cupuliforme, densamente adpreso-pubescente por dentro. Frutos c. 2.8 × 1.4 cm, elipsoides; cúpula c. 14 mm de diámetro, con forma de tazón poco profundo, el pedicelo escasamente engrosado en fruto, con un margen simple, los tépalos caedizos. *Bosques lluviosos de tierras bajas*. CR (*Aguilar 4785*, MO). 100-200 m. (Endémica).

Ocotea macrantha es muy similar vegetativamente a *O. rubriflora*; el indumento peculiar corto y denso de las ramitas e inflorescencias no se encuentra en ninguna otra especie del grupo de *O. heydeana* y la superficie externa pubescente de los tépalos, compartida por ambas especies, es también muy inusual en el grupo. Las colecciones en flor de *O. macrantha* se pueden identificar prontamente por el tamaño de las flores: 10-12 mm de diámetro en *O. macrantha* vs. 6-7 mm en *O. rubriflora*.

48. Ocotea magnifolia (Lundell) Lundell, *Wrightia* 5: 341 (1977). *Nectandra magnifolia* Lundell, *Wrightia* 4: 103 (1969). Isotipo: Guatemala, *Contreras 7865* (MO!). Ilustr.: no se encontró.

Nectandra thornei Lundell.

Árboles hasta 20 m; ramitas anguladas o estriadas, sólidas, moderada a densamente adpreso-pubescentes, los tricomas muy cortos y mayormente cubriendo la superficie de las ramitas; yemas terminales densamente adpreso-pubescentes, la superficie completamente cubierta por los tricomas. Hojas 17-24 × 5-10 cm, (anchamente) elípticas a elíptico-ovadas, cartáceas, la base obtusa, rara vez redondeada o aguda, los márgenes aplanados, el ápice agudo a acuminado, pinnatinervias, la vena media, las secundarias y las terciarias inmersas en el haz, la vena media y las secundarias elevadas, las terciarias ligeramente elevadas en el envés, el haz glabro, el envés con algunos tricomas diminutos adpresos a lo largo de las venas principales, por lo demás glabro, las venas secundarias 6-9 pares; domacios ausentes; pecíolo 15-30 mm, sulcado por encima, con el indumento similar al de las ramitas. Inflorescencias 4-12 cm, paniculado-cimosas, en las axilas de hojas normales, más bien densa y diminutamente adpreso-pubescentes. Flores 6-7 mm de diámetro, amarillentas, fragantes, bisexuales; tépalos c. 3 mm, ovado-elípticos, glabros por fuera, los 3 internos densamente papilosos por dentro, los 3 externos con un manchón basal triangular papiloso por dentro, patentes en la antesis; anteras c. 1 mm, densamente papilosas; estambres externos con los lóculos ocupando casi toda la antera, los filamentos muy cortos o ausentes; estambres internos con los lóculos laterales; estaminodios no vistos; pistilo c. 2 mm, glabro; estilo tan largo como el ovario; receptáculo cupuliforme, glabro o adpreso-pubescente por dentro. Frutos c. 2 × 1 cm, elipsoides; cúpula c. 1 cm de profundidad × 1 cm de diámetro, profundamente cupuliforme, con un margen simple, los tépalos caedizos. *Bosques lluviosos de tierras bajas*. Ch (*Cabrera & Cabrera 3118*, MO); G (*Contreras 7865*, LL). 100-200 m. (Endémica).

Ocotea magnifolia es una especie poco conocida y no claramente definida. El carácter más distintivo es el indumento sobre las ramitas y las inflorescencias, el cual es más denso que en *O. heydeana* y más escaso que en *O. rubriflora*. El material en fruto es mejor identificado por comparación con ejemplares de *O. heydeana* y *O. rubriflora*. Las 2 colecciones en flor que se conocen (citadas anteriormente) difieren la una de la otra en la pubescencia por dentro del receptáculo: en la colección tipo el receptáculo es glabro, en la colección de Chiapas este es claramente pubescente. Se requieren más colecciones de especies en este complejo, las cuales podrían resultar en circunscripciones de distintas especies.

49. Ocotea matudae Lundell, *Bull. Torrey Bot. Club* 69: 388 (1942). Isotipo: México, Chiapas, *Matuda 4221* (F!). Ilustr.: no se encontró.

Árboles pequeños, hasta 10 m; ramitas teretes o escasamente estriadas, sólidas, glabras; yemas terminales glabras. Hojas alternas y uniformemente distribuidas a lo largo de las ramitas, 10-16 × 3.5-6 cm, elípticas, cartáceas, pinnatinervias, la base y el ápice agudos, los márgenes aplanados, glabras en ambas superficies excepto por los fascículos de tricomas axilares sobre el envés, la vena media y las secundarias inmersas, las terciarias ligeramente elevadas en el haz, la vena media elevada, las secundarias y las terciarias ligeramente elevadas en el envés, pinnatinervias, las venas secundarias 7-10 pares; domacios a manera de fascículos conspicuos de tricomas; pecíolo 1.2-1.8 cm, ligeramente acanalado, glabro. Inflorescencias 3-10 cm, cimoso-paniculadas, ramificadas muy desde la base, escasamente y en las partes distales moderadamente pubescentes, los tricomas muy cortos y ascendentes a erectos, en las axilas de las brácteas cerca de las puntas de las ramitas o en las axilas de las hojas. Flores 4-5 mm de diámetro, blancas, bisexuales; tépalos 1.4-1.6 mm, elípticos, escasamente pubescentes por fuera, con pocos tricomas cerca de la base y ligeramente papilosos cerca del ápice por dentro, patentes a reflexos en la antesis; externos c. 1.3 mm, glabros, los filamentos libres, la antera c. 1 mm, el ápice estéril ausente; estambres internos tan largos como los externos, las anteras tan largas como los filamentos, los lóculos laterales; estaminodios diminutos, c. 0.3 mm, estipitiformes, glabros; pistilo c. 1.5 mm, glabro; ovario gradualmente angostado hacia el estilo; receptáculo cupuliforme poco profundo, glabro por dentro. Frutos y cúpula no conocidos. *Bosques montanos lluviosos*. Ch (*Matuda 4221*, MO). 1300-2700 m. (Endémica).

Ocotea matudae ha sido rara vez colectada y es conocida de muy pocas colecciones. Se reconoce por sus yemas terminales y hojas glabras, y los tépalos patentes en la antesis; el indumento diminuto, predominantemente erecto sobre las partes distales de las inflorescencias, es también un carácter útil. Los tépalos elípticos, más bien angostos, los cuales son escasamente papilosos cerca del ápice, son raros en *Ocotea*, pero más comunes en *Nectandra* y es posible que esta especie sea mejor ubicada en este último género. Se requieren colecciones adicionales para resolver este problema.

50. Ocotea meziana C.K. Allen, *J. Arnold Arbor.* 26: 360 (1945). Isotipo: Costa Rica, *Smith H359* (MO!). Ilustr.: Burger & van der Werff, *Fieldiana, Bot.* n.s. 23: 27, t. 14 (1990).

Árboles hasta 20 m; ramitas anguladas o estriadas, sólidas, inicialmente moderada a escasamente adpreso-pubescentes, pronto tornándose glabras con la edad; yemas terminales densamente blanco-adpreso-pubescentes. Hojas 7-16 × 3-5.5 cm, elípticas o angostamente elípticas, cartáceas, la base aguda, los márgenes aplanados, el ápice obtusamente agudo u obtusamente acuminado, pinnatinervias, la vena media, las secundarias y las terciarias inmersas en el haz, elevadas en el envés, el haz glabro, el envés glabro o con pocos tricomas adpresos, estos generalmente cerca de la base a lo largo de la vena media, las venas secundarias 4-6 pares; domacios foveolados pequeños presentes a lo largo de las venas secundarias basales; domacios foveolados más grandes en ocasiones presentes en las axilas de las venas secundarias más proximales; pecíolo 5-15 mm, aplanado por encima, con pocos tricomas adpresos o glabro. Inflorescencias 3-10 cm, cimoso-paniculadas, en las axilas de las hojas, glabras. Flores 2.5-3.2 mm de diámetro, amarillas, bisexuales; tépalos c. 1.8 mm, ovados, glabros en ambas superficies, erectos hasta semierectos en la antesis; estambres externos c. 1.2 mm, los filamentos libres, escasamente pubescentes y casi tan largos como las anteras, el ápice estéril ausente; estambres internos c. 1.5 mm, los filamentos dorsalmente pubescentes, escasamente más largos que las anteras, los lóculos lateral-extrorsos; estaminodios no vistos; pistilo c. 2 mm, glabro; estilo c. 1 mm, delgado; receptáculo levemente cupuliforme o cupuliforme, glabro o con pocos tricomas por dentro. Frutos c. 2.5 × 1.5 cm, elipsoides; cúpula c. 1.2 cm de diámetro, como un disco expandido, el pedicelo engrosado hacia la cúpula, con un margen simple, los tépalos caedizos. *Selvas altas perennifolias montanas y de tierras bajas*. H (*Hawkins & Merello 771*, MO); N (*Rueda et al. 8603*, MO); CR (*Haber 9835*, MO); P (*Quiroz 718*, MO). 100-1800 m. (Endémica).

Ocotea meziana se puede reconocer por sus hojas verde-amarillentas cuando secas, domacios foveolados pequeños a lo largo de las venas secundarias, y en ocasiones domacios foveolados más grandes en las axilas de las venas secundarias, las yemas terminales pubescentes y las flores glabras. Es bastante similar a *O. viridiflora*, la cual difiere en sus yemas terminales glabras, el ápice de las hojas finamente agudo y sus inflorescencias más cortas y con pocas flores. Ejemplares de Cerro Campana (Panamá) son provisionalmente incluidos en *O. meziana*. Estos ejemplares tienen en general las hojas más tiesas, sin domacios foveolados; una colección con pocas flores tiene los estambres con 2 lóculos. El aspecto general, color de las hojas, las venas elevadas en el envés, la cúpula y el fruto son buenas características para reconocer a *O. meziana*. Se requieren colecciones en flor para determinar la correcta posición de estas plantas.

Las colecciones de las zonas bajas de Costa Rica son también similares a *O. laetevirens*, pero esta última especie no tiene los domacios foveolados, sino más bien depresiones generalmente poco profundas con tricomas en el borde o carece de domacios.

51. Ocotea mollicella (S.F. Blake) van der Werff, *Fieldiana, Bot.* n.s. 23: 88 (1990). *Phoebe mollicella* S.F. Blake, *Contr. Gray Herb.* 52: 64 (1917). Holotipo: Costa Rica, *Tonduz 11676* (GH!). Ilustr.: van der Werff, *Novon* 9: 578, t. 10 (1999).

Cinnamomum mollicellum (S.F. Blake) Kosterm.

Árboles hasta 15 m; ramitas teretes o escasamente anguladas, sólidas, densamente pubérulas o tomentulosas, el indumento cubriendo la superficie casi por completo; yemas terminales densamente tomentulosas. Hojas 3-8 × 1-2.5 cm, elípticas a angostamente elípticas, firmemente cartáceas, la base aguda, los márgenes aplanados, el ápice agudo, pinnatinervias, la vena media, las secundarias y las terciarias inmersas en el haz, la vena media y las secundarias elevadas, las terciarias inmersas o muy ligeramente elevadas en el envés, el haz glabro excepto por la vena media gris-tomentulosa, el envés moderada a densamente gris-pubescente, los tricomas cortos, ascendentes a ligeramente erectos, la superficie visible entre los tricomas, el indumento discernible al tacto, las venas secundarias 3-6 pares; domacios como pequeños fascículos de tricomas axilares blancos presentes o ausentes; pecíolo 6-12 mm, aplanado o escasamente sulcado por encima, con el indumento similar al de las ramitas. Inflorescencias hasta 6 cm, racemosas, en las axilas de catafilos u hojas normales, moderada a densamente pubescentes con tricomas ascendentes o erectos, la superficie visible entre los tricomas. Flores 5-6 mm de diámetro, amarillo-verdosas, glabras o casi glabras por fuera, bisexuales; tépalos c. 2 mm, elípticos, con pocos tricomas por fuera, pubescentes muy en la base pero por lo demás glabros por dentro, patentes en la antesis; estambres externos c. 1 mm, glabros, los filamentos 1/3 de la longitud de la antera, libres, los lóculos ocupando toda la antera, el ápice estéril ausente; estambres internos c. 1 mm, glabros, los filamentos 1/3 de la longitud de la antera, los lóculos lateral-extrorsos; estaminodios 3, c. 0.5 mm, inconspicuos; pistilo c. 2 mm, glabro; estilo tan largo como el ovario; receptáculo con forma de tazón poco profundo, glabro por dentro, pero con un anillo de tricomas en el borde superior. Frutos c. 2 × 1 cm, elipsoides; cúpula c. 6 mm de diámetro, cupuliforme poco profunda, con un margen simple, el pedicelo engrosado en fruto, los tépalos caedizos. *Bosques montanos*. CR (*Poveda 455*, MO). 1400-2300 m. (Endémica).

Ocotea mollicella se reconoce fácilmente por sus inflorescencias racemosas, las hojas elípticas a angostamente elípticas con suave pubescencia gris y las ramitas densamente pubescentes. No existe ninguna especie con la que se pueda confundir. *Ocotea mollicella* no ha sido colectada con frecuencia.

52. Ocotea mollifolia Mez & Pittier in Mez, *Bull. Herb. Boissier, sér.* 2 3: 233 (1903). Holotipo: Costa Rica, *Pittier 16031* (B). Ilustr.: Burger & van der Werff, *Fieldiana, Bot.* n.s. 23: 20, t. 7 (1990).

Árboles hasta 25 m; ramitas teretes o escasamente anguladas, sólidas, densamente tomentulosas, los tricomas pardos y cubriendo la superficie completamente; yemas terminales densamente tomentulosas. Hojas 12-25 × 5-15 cm, obovadas a anchamente elíptico-obovadas, cartáceas, la base aguda, obtusa a redondeada, los márgenes aplanados, el ápice acuminado, el acumen hasta 1.5 cm, rara vez el ápice redondeado, pinnatinervias, la vena media, las secundarias y las terciarias inmersas en el haz, elevadas en el envés, el haz escasamente pubescente a glabro excepto por las venas principales pubescentes, el envés moderadamente pubescente, los tricomas erectos, discernibles al tacto, la superficie visible entre los tricomas, las venas principales densamente pubescentes; domacios ausentes; pecíolo 4-15 mm, con el indumento similar al de las ramitas. Inflorescencias 6-20 cm, cimoso-paniculadas, generalmente en las axilas de las brácteas cerca de las puntas de las ramas, rara vez en las axilas de las hojas, densamente pardo-tomentulosas, la superficie no visible. Flores 3-6 mm de diámetro, amarillentas, bisexuales; tépalos c. 2 mm, anchamente elípticos, densamente pubescentes por fuera, glabros o casi glabros por dentro, erectos hasta semierectos en la antesis; estambres externos c. 1 mm, los filamentos 1/2 de la longitud de las anteras, pubescentes, libres, las anteras glabras, el ápice estéril ausente; estambres internos tan largos como los externos, los filamentos pubescentes, los lóculos lateral-extrorsos, con glándulas en la base de los filamentos grandes y reniformes; estaminodios no vistos; pistilo c. 1.5 mm, glabro; ovario gradualmente angostado hasta el estilo; receptáculo cupuliforme, pubescente por dentro. Frutos c. 3.5 × 1.3 cm, angostamente elipsoides al madurar; cúpula cupuliforme poco profunda, con un margen simple, los tépalos persistentes sobre la cúpula a manera de 6 lóbulos. *Selvas altas perennifolias montanas y de tierras bajas*. CR (*Hammel & Robles 16776*, MO); P (*McPherson 11134*, MO). 50-1000 m. (Endémica).

Ocotea mollifolia se puede reconocer por sus ramitas densamente pubescentes, las hojas pubescentes y cartáceas, las inflorescencias con muchas flores y los tépalos persistentes sobre la cúpula. La base de la hoja puede ser bastante variable, variando desde aguda hasta abruptamente redondeada. Las diferencias con *O. pseudopalmana* son discutidas dentro de esta última especie. Se puede confundir con *O. darcyi*, pero esta tiene las hojas coriáceas, la pubescencia ferrugínea mucho más densa sobre las hojas y los tépalos no son persistentes sobre la cúpula.

53. Ocotea monteverdensis W.C. Burger, *Fieldiana, Bot.* n.s. 23: 89 (1990). Isotipo: Costa Rica, *Hartshorn 1900* (MO!). Ilustr.: Burger & van der Werff, *Fieldiana, Bot.* n.s. 23: 17, t. 4 (1990).

Árboles hasta 35 m; ramitas anguladas o estriadas, sólidas, pardo-tomentulosas, la superficie completamente cubierta por el indumento; yemas terminales densamente tomentulosas. Hojas 5-12 × 1.5-4 cm, elípticas o angostamente elípticas, rígidamente cartáceas, la base aguda y decurrente sobre el pecíolo, los márgenes rara vez ligeramente enrollados hacia adentro, el ápice agudo o rara vez obtuso, pinnatinervias, la vena media, las secundarias y las terciarias inmersas en el haz, la vena media y las secundarias elevadas, las terciarias escasamente elevadas en el envés, el haz glabro excepto por algunos tricomas adpresos persistentes sobre la vena media, especialmente cerca de la base, el envés con indumento moderadamente denso, adpreso o ascendente, este escasamente discernible al tacto, la superficie permaneciendo en su mayoría visible, las venas secundarias 3-8 pares; domacios ausentes; pecíolo menos de 1 cm, no claramente reconocible debido a la base decurrente de las hojas. Inflorescencias 6-14 cm, cimoso-paniculadas, en las axilas de las hojas, densamente pardo-tomentulosas, la superficie completamente cubierta. Flores bisexuales, c. 4 mm de diámetro, amarillentas, densamente tomentulosas por fuera; tépalos 1.5-2 mm, erectos hasta semierectos en la antesis, pubescentes por dentro; estambres externos c. 1.2 mm, los filamentos 1/2 de la longitud de las anteras, libres, pubescentes dorsalmente, el par superior de lóculos más pequeño que el par inferior, el ápice estéril ausente; estambres internos c. 1.2 mm, los filamentos tan largos como las anteras, pubescentes, los lóculos del par superior laterales, los del par inferior extrorsos; estaminodios no vistos; pistilo 1.5-2 mm, glabro; receptáculo cupuliforme, escasamente adpreso-pubescente por dentro. Frutos c. 3 × 1.5 cm, elipsoides; cúpula c. 1.5 cm de diámetro, inicialmente cupuliforme, al madurar aplanada y pateliforme, con un margen simple, los tépalos caedizos en fruto. *Bosques montanos*. CR (*Haber & Zuchowski 8521*, MO). 800-1500 m. (Endémica).

Ocotea monteverdensis es muy cercana a *O. hartshorniana* y las 2 difieren mayormente en el indumento del envés de la hoja (adpreso o ascendente en *O. monteverdensis*, erecto en *O. hartshorniana*). Diferencias adicionales son el tamaño de la hoja (10-20 cm en *O. hartshorniana*, 5-12 cm en *O. monteverdensis*) y el indumento en general más denso sobre las hojas en *O. monteverdensis*. Estas diferencias no son fuertes y colecciones de otros sitios distintos de Monteverde y La Selva podrían muy bien indicar que las 2 especies se podrían unir.

54. Ocotea multiflora van der Werff, *Novon* 6: 481 (1996). Holotipo: Costa Rica, *Aguilar 791* (MO!). Ilustr.: no se encontró.

Árboles hasta 45 m; ramitas delgadas, anguladas, lenticeladas con la edad, glabras o casi glabras, sólidas; yemas terminales blanco-adpreso-pubescentes. Hojas 6-9 × 1.5-3 cm, angostamente elípticas a elípticas, cartáceas, la base cuneada, escasamente enrollada hacia adentro y decurrente sobre el pecíolo, los márgenes aplanados, el ápice (obtusamente) agudo, pinnatinervias, la vena media, las secundarias y las terciarias inmersas en el haz, ligeramente elevadas en el envés, punteaduras glandulares prontamente visibles en el envés de la hoja en ejemplares en flor, menos visibles en ejemplares en fruto, el haz glabro, el envés glabro o con algunos tricomas adpresos especialmente a lo largo de la vena media, las venas secundarias 12-17 pares; domacios ausentes; pecíolo 4-7 mm, aplanado por encima, glabro o con algunos tricomas adpresos. Inflorescencias 6-10 cm, cimoso-paniculadas, en las axilas de hojas, casi glabras cerca de la base, pero progresivamente más pubérulas hacia las flores, los tricomas cortos, erectos a ascendentes. Flores 2-2.5 mm de diámetro, blancas, bisexuales; tépalos 0.8-1 mm, semierectos en la antesis, moderadamente pubescentes en ambas superficies, los tricomas cortos, ascendentes a erectos; estambres externos c. 0.6 mm, la antera sésil o casi sésil, dorsalmente con algunos tricomas crespos, el ápice estéril ausente; estambres internos c. 0.8 mm, el filamento pubescente, los lóculos lateral-extrorsos; estaminodios c. 0.5 mm, estipitados, pubescentes; pistilo c. 2 mm, glabro; estilo c. 0.5 mm; receptáculo cupuliforme, glabro por dentro; flores pubescentes por dentro en la inserción de los tépalos y los estambres. Frutos c. 2 × 1.2 cm, elipsoides; cúpula c. 5 mm de diámetro, pequeña, pateliforme, con un margen simple y entero. *Bosques lluviosos de tierras bajas*. CR (*Aguilar & Flores 4844*, MO). 10-200 m. (Endémica).

Ocotea multiflora es una especie inconspicua que se reconoce por sus hojas más bien pequeñas con numerosos pares de venas secundarias, las flores pequeñas, las inflorescencias con muchas flores de tamaño grande. Solo se conoce de la península de Osa en Costa Rica. Los frutos de esta especie están oblicuamente unidos a las cúpulas, una característica que no se conoce en otras especies de *Ocotea*. Los frutos disectados no muestran signos de daño por insectos y tienen cotiledones bien formados.

55. Ocotea nigrita (Lundell) Lundell, *Wrightia* 5: 341 (1977). *Nectandra nigrita* Lundell, *Wrightia* 4: 132 (1970). Isotipo: Guatemala, *Contreras 9465* (CAS!). Ilustr.: no se encontró.

Árboles hasta 30 m; ramitas anguladas, sólidas, escasamente adpreso-pubescentes, pronto tornándose glabras; yemas terminales densamente adpreso-pubescentes. Hojas 6-15 × 1.5-2.5 cm, oblanceoladas, rara vez angostamente obovado-elípticas, cartáceas, negras cuando secas, la base cuneada o aguda, los márgenes aplanados o casi aplanados, el ápice obtuso u obtusamente agudo, el haz glabro, el envés glabro o escasamente adpreso-pubescente, pinnatinervias, la vena media, las secundarias y las terciarias elevadas en ambas superficies, las venas secundarias 7-10 pares; domacios presentes como fascículos de tricomas axilares; pecíolo 6-12 mm, con el indumento similar al de las ramitas, levemente acanalado. Inflorescencias 5-10 cm, cimoso-paniculadas, en las axilas de catafilos u hojas normales, densa y diminutamente pubérulas, el indumento cubriendo completamente la superficie hacia las flores. Flores 3-4 mm de diámetro, blanco-cremosas, bisexuales; tépalos c. 1.5 mm, densamente pubérulos en ambas superficies, patentes en la antesis; estambres externos c. 1 mm, pubescentes, libres, los filamentos tan largos como las anteras, el ápice estéril ausente; estambres internos tan largos como los externos, pubescentes, las anteras pubescentes en el borde inferior, los lóculos extrorso-latrorsos; estaminodios presentes, c. 0.6 mm, delgados, estipitiformes, glabros e inconspicuos; pistilo glabro, c. 1.8 mm; estilo c. 0.7 mm, delgado; receptáculo poco profundo, glabro por dentro. Frutos y cúpulas no conocidos. *Bosques lluviosos de tierras bajas*. G (*Lundell & Contreras 18984*, MO). 100-300 m. (Endémica).

Ocotea nigrita es una especie rara vez colectada, solo conocida de Guatemala. Esta puede reconocerse mejor por sus hojas oblanceoladas, negras al secarse, las flores pequeñas densamente pubérulas y los fascículos de tricomas en las axilas de las venas secundarias basales. Se puede confundir con *O. uxpanapana*, una especie con hojas más largas y más anchas y flores más grandes.

56. Ocotea oblonga (Meisn.) Mez, *Jahrb. Königl. Bot. Gart. Berlin* 5: 367 (1889). *Mespilodaphne oblonga* Meisn. in A. DC., *Prodr.* 15(1): 107 (1864). Holotipo: Guayana Francesa, *Sagot 491* (G-DC). Ilustr.: Burger & van der Werff, *Fieldiana, Bot.* n.s. 23: 24, t. 11 (1990).

Cinnamomum mayanum (Lundell) Kosterm., *Ocotea mayana* (Lundell) Lundell, *Phoebe mayana* Lundell.

Árboles hasta 30 m; ramitas anguladas, escasa a densamente adpreso-pubescentes, sólidas; yemas terminales densamente adpreso-pubescentes, delgadas. Hojas 5-16 × 2-5 cm, obovado-elípticas a oblanceoladas, firmemente cartáceas, la base cuneada y recurvada o escasamente enrollada hacia adentro y decurrente sobre el pecíolo, el ápice agudo u obtuso, pinnatinervias, la vena media, las secundarias y las terciarias inmersas en el haz, la vena media elevada, las secundarias ligeramente elevadas, las terciarias inmersas y ligeramente o no visibles en el envés, el haz glabro o con algunos tricomas adpresos cuando jóvenes, estos con frecuencia persistentes sobre la parte basal de la vena media, el envés muy escasa a moderadamente adpreso-pubescente, la superficie visible, las venas secundarias 5-8 pares; domacios presentes en forma de aperturas o fóveas circulares los cuales con frecuencia se ven como pequeños abultamientos en el haz; pecíolo 1-2 cm, frecuentemente poco diferenciado de la base decurrente de las hojas. Inflorescencias 5-14 cm, cimoso-paniculadas, en las axilas de las hojas, moderadamente pubescentes, los tricomas adpresos o ascendentes. Flores 3-4 mm de diámetro, blancas, unisexuales; tépalos 1.5-2 mm, anchamente elípticos, moderadamente adpreso-pubescentes por fuera, moderada a densamente pubescentes por dentro, semierectos a patentes en la antesis. Flores masculinas con los estambres sin ápice estéril; estambres externos c. 1 mm, glabros, los filamentos libres, las anteras escasamente más largas que los filamentos; estambres internos c. 1.2 mm, glabros, las anteras escasamente más largas que los filamentos; pistilodio c. 1.4 mm, delgado, glabro, con estigma pequeño; estaminodios ausentes; receptáculo cupuliforme, adpreso-pubescente por dentro. Flores pistiladas con 9 estaminodios, c. 0.5 mm, las glándulas en la base de los 3 estaminodios internos presentes; pistilo c. 1.7 mm, glabro; receptáculo profundamente cupuliforme, glabro por dentro. Frutos 0.9-1.8 × 0.7-0.9 cm; cúpula c. 7 mm de diámetro, a manera de un plato poco profundo, el pedicelo gradualmente engrosado hasta la cúpula pateliforme, con frecuencia lenticelada, con un margen simple, los tépalos caedizos en fruto. *Selvas altas perennifolias montanas y de tierras bajas*. B (*Gentle 4212*, MO); G (*Steyermark 44649*, F); CR (*Herrera 645*, MO); P (*Croat 16515*, MO). 0-1000 m. (México [Oaxaca], Mesoamérica, Colombia, Venezuela, Guayanas, Ecuador, Perú, Bolivia, Brasil, Puerto Rico, Trinidad).

Ocotea oblonga puede reconocerse fácilmente por la combinación de flores unisexuales y hojas con domacios foveolados o con forma de hendidura. Este tipo de domacios es raro entre las lauráceas de Mesoamérica. Las cúpulas pateliformes con pedicelos engrosados, los cuales son con frecuencia lenticelados, también son caracteres útiles para la identificación de ejemplares en fruto. *Ocotea mayana* ha sido reconocida como diferente de *O. oblonga* debido al envés de la hoja glauco y la presencia consistente de los domacios. La mayoría de las colecciones de *O. oblonga* de Sudamérica tiene los domacios ligeramente desarrollados o carece de ellos, pero algunos (por ejemplo, *Holm-Nielsen & Jeppesen 801*, MO, de Ecuador) tienen también los domacios muy prominentes y los ejemplares con el envés de la hoja pálido o glauco no están restringidos a Mesoamérica. Por consiguiente, *O. mayana* es aquí tratada como un sinónimo de *O. oblonga*.

57. Ocotea oblongifolia van der Werff, *Novon* 11: 509 (2001). Holotipo: Guatemala, *Walker 442* (US!). Ilustr.: van der Werff, *Novon* 11: 507, t. 8 (2001).

Árboles pequeños, hasta 6 m; ramitas teretes, sólidas, densamente pardo claro-pubescentes con tricomas generalmente erectos, rectos, cubriendo casi completamente a la superficie; yemas terminales completamente cubiertas por indumento denso, pardo claro, erecto. Hojas 9-13 × 3-5 cm, oblongas a escasamente ovado-oblongas, cartáceas, la base obtusa a subcordada, los márgenes aplanados, el ápice gradualmente agudo, pinnatinervias, la vena media, las secundarias y las terciarias inmersas en el haz, la vena media y las secundarias elevadas, las terciarias inmersas en el envés, el haz escasamente pubescente con tricomas erectos, el indumento más denso a lo largo de las venas principales, el envés densamente pubescente con tricomas erectos, estos suaves al tacto, la superficie parcialmente visible entre los tricomas, la pubescencia más densa a lo largo de las venas principales y es claramente visible, las venas secundarias 7-10 pares; domacios ausentes; pecíolo 6-8 mm, terete, con el indumento denso similar al de las ramitas. Inflorescencias 4-6 cm, cimoso-paniculadas, en las axilas de las hojas, más bien con pocas flores, escasa a moderadamente pubescentes, con tricomas erectos. Flores 2-3 mm de diámetro, crema, bisexuales; tépalos 1-1.2 mm, erectos hasta semierectos en la antesis, el hipanto y los tépalos escasamente pubescentes por fuera, glabros por dentro; estambres c. 0.7 mm, glabros, las anteras sésiles o casi sésiles, los lóculos ocupando toda la antera, el ápice estéril ausente; estambres externos con lóculos introrsos; estambres internos con lóculos lateral-extrorsos; estaminodios pequeños, triangulares, glabros; pistilo c. 1.5 mm, glabro; receptáculo profundo, cupuliforme. Frutos y cúpulas no conocidos. *Bosques montanos*. G (*Walker 442*, BR). 1400-1800 m. (Endémica).

Ocotea oblongifolia puede reconocerse prontamente por la combinación de las hojas oblongas densamente pubescentes con la base obtusa a subcordada y las flores pequeñas bisexuales. El indumento suave y velloso es similar al encontrado en el grupo de *O. helicterifolia*, pero las flores pequeñas con tépalos erectos hasta semierectos, que no tienen el indumento papiloso tan típico del grupo de *O. helicterifolia*, sugieren que no está relacionada con ese grupo. Morfológicamente, *O. oblongifolia* es bastante distinta y fue descrita solo con base en la colección tipo; su relación con otras especies no es clara.

58. Ocotea parvula (Lundell) van der Werff, *Novon* 11: 510 (2001). *Phoebe parvula* Lundell, *Wrightia* 5: 343 (1977). Holotipo: México, Chiapas, *Ton 605* (LL!). Ilustr.: no se encontró.

Cinnamomum parvulum (Lundell) Kosterm.

Arbustos o árboles pequeños, hasta 7 m; ramitas teretes, sólidas, moderada a densamente adpreso-pubescentes, el indumento tornándose escaso con la edad; yemas terminales densamente seríceas. Hojas 3-8 × 1-2.5 cm, ovadas o angostamente ovadas, cartáceas, la base aguda, los márgenes aplanados, el ápice atenuado hasta un ápice delgado, pinnatinervias, la vena media, las secundarias y las terciarias inmersas en el haz, la vena media elevada, las secundarias y las terciarias muy escasamente elevadas en el envés, el haz glabro, el envés glabro o con algunos tricomas adpresos, estos generalmente a lo largo de la vena media, las venas secundarias 3 a 4 pares; domacios presentes como fascículos de tricomas axilares; pecíolo 5-9 mm, moderadamente adpreso-pubescente, aplanado o levemente acanalado por encima. Inflorescencias hasta 5 cm, cimoso-paniculadas, adpreso-pubescentes, en las axilas de hojas, las brácteas frecuentemente persistentes en la antesis. Flores 3-3.5 mm de diámetro, bisexuales; tépalos c. 1.5 mm, lanceolados, glabros en ambas superficies, inicialmente erectos, pero patentes en las flores viejas; estambres glabros, el ápice estéril ausente; estambres externos c. 1.2 mm, los filamentos libres, tan largos como las anteras; estambres internos c. 1.5 mm, los filamentos tan largos como las anteras; estaminodios presentes, c. 0.8 mm; pistilo c. 1.5 mm, glabro; estilo escasamente más corto que el ovario; receptáculo poco profundo, con pocos tricomas adpresos y un anillo de tricomas sobre el borde. Frutos c. 1.7 × 0.7 cm, elipsoides o angostamente elipsoides; cúpula c. 7 mm de diámetro, con forma de tazón poco profundo, con un margen simple, el pedicelo engrosado en fruto, los tépalos algunas veces persistentes, cuando caen, los márgenes escasamente lobados. *Bosques de neblina*. Ch (*Breedlove & Thorne 21508*, MO). 1800-2800 m. (México [Oaxaca], Mesoamérica).

Ocotea parvula es una especie rara vez colectada que se reconoce por sus hojas ovadas, gradualmente atenuadas hasta el ápice, la presencia de domacios, los tépalos glabros y las inflorescencias pequeñas con brácteas frecuentemente persistentes. Está cercanamente relacionada con *O. strigosa*, una especie de Nicaragua (véase esta última para las diferencias). Se han ubicado provisionalmente aquí las colecciones encontradas desde 1000 a 1300 m de altitud que difieren por tener un indumento más denso sobre las ramitas e inflorescencias y en sus flores pubescentes.

59. Ocotea patula van der Werff, *Novon* 9: 577 (1999). Holotipo: Costa Rica, *Aguilar et al. 2715* (MO!). Ilustr.: van der Werff, *Novon* 9: 578, t. 11 (1999).

Árboles pequeños, hasta 8 m; ramitas teretes o escasamente estriadas, sólidas, densamente pardo-amarillento-tomentosas cuando jóvenes, la superficie completamente cubierta por el indumento, el indumento tornándose blanquecino con la edad; yemas terminales densamente pardo-amarillento-tomentosas. Hojas 12-24 × 9-14 cm, anchamente elípticas, cartáceas, la base obtusa a redondeada, los márgenes aplanados, el ápice obtuso o brevemente acuminado, pinnatinervias, la vena media, las secundarias y las terciarias inmersas en el haz, elevadas a marcadamente elevadas en el envés, el haz con algunos tricomas erectos cuando jóvenes, pronto glabrescentes, la vena media y las secundarias tomentulosas, el envés escasa a moderadamente pubescente, los tricomas erectos, discernibles al tacto, el indumento más denso y tomentuloso a lo largo de la vena media y las secundarias, las venas secundarias 7-8 pares; domacios ausentes; pecíolo 17-26 mm, con el indumento similar al de las ramitas, levemente acanalado. Inflorescencias

10-16 cm, cimoso-paniculadas, en las axilas de catafilos, rara vez en las axilas de hojas normales, densamente pardo-amarillento-tomentulosas; pedicelos 2-3 mm. Flores c. 7 mm de diámetro, blancas, bisexuales, escasa a moderadamente pubescentes; tépalos c. 2.5 mm, elípticos, pubescentes por fuera, patentes o ligeramente reflexos en la antesis, moderada a escasamente papilosos por dentro; estambres externos c. 1.2 mm, ligeramente papilosos, el ápice estéril c. 0.2 mm, las anteras sésiles o casi sésiles; estambres internos tan largos como los externos, también ligeramente papilosos, sésiles o casi sésiles; estaminodios no vistos; pistilo c. 1.5 mm; estilo tan largo como el ovario, glabro; receptáculo cupuliforme, glabro por dentro. Frutos y cúpulas no conocidos. Floración dic. *Bosques montanos*. CR (*Hammel et al. 19217*, MO). 1000-1400 m. (Endémica).

Ocotea patula es parte del grupo *O. helicterifolia* y se asemeja a *O. valeriana*. Sin embargo, *O. patula* difiere en sus inflorescencias densamente tomentulosas, con la superficie completa o casi completamente cubierta por el indumento (vs. escasa a moderadamente pubescente), por sus pedicelos tomentulosos más cortos (2-3 mm vs. 6-8 mm) y sus flores pubescentes (vs. glabras). Solo se conoce de 2 colecciones de la misma localidad y se ha registrado que crece sobre substrato calizo.

60. Ocotea pausiaca Rohwer, *Bot. Jahrb. Syst.* 112: 387 (1990/1991 [1991]). Holotipo: Panamá, *Knapp 5782* (MO!). Ilustr.: Rohwer, *Bot. Jahrb. Syst.* 112: 388, t. 3 (1990/1991 [1991]).

Árboles hasta 10 m; ramitas anguladas, sólidas, densa a escasamente adpreso-pubescentes, tornándose glabras con la edad; yemas terminales densamente adpreso-pubescentes, la superficie cubierta por el indumento. Hojas 5-11 × 2.5-5.5 cm, elípticas, firmemente cartáceas, la base obtusa a aguda, los márgenes aplanados, el ápice obtuso a acuminado, pinnatinervias, la vena media, las secundarias y las terciarias escasamente elevadas en el haz, algunas veces las venas principales escasamente elevadas en una depresión y de apariencia impresa, la vena media y las secundarias elevadas, las terciarias ligeramente elevadas en el envés, el haz glabro, el envés glabro o con pocos tricomas adpresos, especialmente a lo largo de las venas principales, las venas secundarias 4-6 pares; domacios ausentes; pecíolo 7-15 mm, profundamente acanalado, con el indumento similar al de las ramitas. Inflorescencias 2-7 cm, paniculadas o, en pequeñas agrupaciones racemosas en las axilas de hojas normales o catafilos y algunas veces de apariencia terminal, moderada a densamente adpreso-pubescentes. Flores 7-10 mm de diámetro, blancas, fragantes, bisexuales; tépalos 4-5 mm, patentes en la antesis, glabros por fuera o casi glabros, finamente papilosos por dentro, los 3 externos con la papilosidad restringida a un parche triangular basal; estambres 1.5-2.2 mm, los filamentos libres, al menos el doble de la longitud de las anteras; estambres externos marcadamente curvados hacia adentro, el ápice estéril ausente; estambres internos erectos, los lóculos lateral-extrorsos; estaminodios 3, 1/3-1/2 de la longitud de los estambres internos, claviformes; pistilo c. 1.8 mm, glabro, el estilo tan largo como el ovario; receptáculo cupuliforme poco profundo, pubescente por dentro. Frutos y cúpula no conocidos. *Bosques montanos*. P (*McPherson 9550*, MO). 900-1500 m. (Endémica).

Ocotea pausiaca es una especie rara restringida a Panamá. Los ejemplares en flor se pueden reconocer prontamente por los estambres peculiares: tienen los filamentos largos, las anteras delgadas y los 6 estambres externos son curvados hacia adentro, mientras que las otras especies en el grupo de *O. heydeana* de Rohwer tienen los estambres casi sésiles y las anteras anchas. *Ocotea pausiaca* se puede confundir fácilmente en estado vegetativo con ejemplares de *O. rubriflora* con hojas pequeñas, pero esta última tiene un indumento diminuto muy denso sobre las ramitas jóvenes el cual cubre completamente la superficie y los tricomas individuales no son discernibles, mientras que el indumento sobre las ramitas jóvenes de *O. pausiaca* es menos denso, no cubre la superficie completamente y los tricomas individuales pueden ser claramente vistos bajo aumento moderado.

61. Ocotea pharomachrosorum Gómez-Laur., *Novon* 3: 31 (1993). Isotipo: Costa Rica, *Gómez-Laurito et al. 12160* (MO!). Ilustr.: Gómez-Laurito, *Novon* 3: 32, t. 1 (1993).

Árboles hasta 20 m; ramitas anguladas o estriadas, densamente gris-pardo-tomentulosas, la superficie completamente cubierta por el indumento afelpado, sólidas; yemas terminales densamente tomentulosas. Hojas 10-16 × 5-6.5 cm, elípticas u ovadas, firmemente cartáceas, la base obtusa o aguda, algunas veces inequilátera, los márgenes aplanados, el ápice agudo a redondeado, pinnatinervias, la vena media y las secundarias inmersas o impresas y luego las hojas buliformes en el haz, las venas terciarias escasa a moderadamente elevadas, la vena media y las secundarias elevadas, las terciarias no visibles en el envés, el haz inicialmente tomentuloso, pero pronto tornándose glabro y brillante, el envés densamente enmarañado, gris-pardo-tomentuloso, la superficie no visible, el indumento escasamente discernible al tacto, las venas secundarias 4-6 pares; domacios ausentes; pecíolo 2-3 cm, con el indumento similar al de las ramitas, pero generalmente más escaso, longitudinalmente estriado, por lo demás aplanado. Inflorescencias hasta 10 cm, cimoso-paniculadas, en las axilas de las hojas distales o catafilos, densamente gris-tomentulosas, contrastando con el color oscuro de las flores cuando secas. Flores c. 8 mm de diámetro, blancas, fragantes, bisexuales; tépalos c. 4 mm, elípticos, semierectos, escasamente pubescentes por fuera, papilosos cerca del ápice, por lo demás glabros por dentro; estambres externos c. 2 mm, lingüiformes, glabros, los filamentos 0.1-0.2 mm, el ápice estéril presente, c. 0.8 mm; estambres internos c. 1.5 mm, papilosos, los filamentos c. 0.2 mm, la antera rectangular, los lóculos lateral-extrorsos; estaminodios c. 1 mm, claviformes; pistilo c. 1 mm, glabro; receptáculo cupuliforme, glabro por dentro. Frutos c. 3 × 2 cm, elipsoides; cúpula c. 1.2 cm de diámetro, con forma de tazón poco profundo, el pedicelo engrosado, con un margen simple, los tépalos caedizos en fruto. *Bosques montanos*. CR (*Herrera et al. 7449*, MO); P (*Quiroz 719*, MO). 1800-2200 m. (Endémica).

Ocotea pharomachrosorum es la única especie que tiene los estambres externos lingüiformes con el ápice estéril presente y el envés de las hojas densamente tomentuloso. Otros caracteres distintivos son los pecíolos más bien largos y la base de las hojas con frecuencia inequilátera. Sus estambres sugieren una relación con el grupo de *O. dendrodaphne* (= *Mespilodaphne macrophylla*), pero otros caracteres (estambres glabros, la cúpula con un margen simple, la pubescencia densa) indican el grupo de *O. helicterifolia* y pienso que está relacionada con este último grupo.

62. Ocotea pittieri (Mez) van der Werff, *Fieldiana, Bot.* n.s. 23: 92 (1990). *Phoebe pittieri* Mez, *Bot. Jahrb. Syst.* 30(Beibl. 67): 16 (1901). Holotipo: Costa Rica, *Tonduz 11893* (B). Ilustr.: Burger & van der Werff, *Fieldiana, Bot.* n.s. 23: 17, t. 4 (1990).

Cinnamomum pittieri (Mez) Kosterm.

Árboles pequeños o arbustos; ramitas teretes, sólidas, moderada a densamente pubescentes con tricomas muy cortos y erectos, la superficie en su mayoría o completamente cubierta; yemas terminales densamente blanco-pubescentes. Hojas 6-10 × 2.3-3.8 cm, elípticas, cartáceas, la base aguda, los márgenes aplanados, el ápice acuminado, rara vez agudo, pinnatinervias, la vena media, las secundarias y las terciarias inmersas en el haz, elevadas o escasamente elevadas en el envés, el haz glabro, el envés glabro excepto por tricomas cortos y erectos a lo largo de las venas principales, las venas secundarias 4 o 5 pares; domacios presentes como fascículos de tricomas axilares; pecíolo c. 1 cm, aplanado por encima, con el indumento denso similar al de las ramitas. Inflorescencias hasta 8 cm, racemosas, escasa a moderadamente pubescentes, los tricomas ascendentes, en las axilas de las hojas o las brácteas. Flores 6-7 mm de diámetro, blancas, bisexuales; tépalos escasamente adpreso-pubescentes por fuera, papilosos por dentro, patentes en la antesis; estambres externos con filamentos muy cortos; estaminodios presentes, delgados. Frutos y cúpula no conocidos. *Bosques montanos*. CR (*Morales 3397*, MO). 1800-2200 m. (Endémica).

Ocotea pittieri está caracterizada por sus inflorescencias racemosas y el indumento denso, corto, erecto sobre las ramitas jóvenes. Es muy cercana a *O. brenesii*, la cual difiere por tener el indumento adpreso sobre las ramitas. *Ocotea pittieri* es rara vez colectada y esta descripción está basada en la descripción original de Mez y en una segunda colección, la cual solo tiene botones. El nombre *O. pittieri* fue usado por Burger & van der Werff (1990) para la especie aquí tratada como *O. praetermissa*.

63. Ocotea platyphylla (Lundell) Rohwer, *Bot. Jahrb. Syst.* 112: 390 (1990/1991 [1991]). *Phoebe platyphylla* Lundell, *Contr. Univ. Michigan Herb.* 6: 23 (1941). Isotipo: México, Chiapas, *Matuda 1930* (MO!). Ilustr.: no se encontró.

Nectandra platyphylla (Lundell) C.K. Allen.

Árboles hasta 20 m; ramitas anguladas, sólidas, moderada a escasamente adpreso-pubescentes, glabrescentes con la edad; yemas terminales densamente blanquecino-pubescentes, la superficie completamente cubierta. Hojas 13-25 × 4-8 cm, obovado-elípticas a elípticas, delgadamente cartáceas, la base obtusa a redondeada, los márgenes reflexos o enrollados hacia adentro, el ápice agudo a brevemente acuminado, pinnatinervias, la vena media y las secundarias elevadas, las terciarias escasamente elevadas en el envés, el haz glabro, el envés glabro o con pocos tricomas adpresos a lo largo de las venas principales, la vena media y las secundarias inmersas, las terciarias escasamente elevadas en el haz, las venas secundarias 9-14 pares; domacios ausentes; pecíolo 1-2 cm, acanalado, escasamente adpreso-pubescente. Inflorescencias 5-10 cm, cimoso-paniculadas, en las axilas de las hojas, adpreso-pubescentes a casi glabras. Flores 8-9 mm de diámetro, bisexuales; tépalos 3.5 mm, anchamente ovados, glabros por fuera, diminutamente papilosos por dentro, patentes en la antesis; estambres externos c. 1.6 mm, finamente papilosos, los filamentos c. 0.3 mm, libres, cortos, los lóculos ocupando toda la antera; estambres internos tan largos como los externos, las glándulas basales parcialmente fusionadas con la base de los filamentos; estaminodios 3, c. 0.2 mm, con el ápice glanduloso; pistilo c. 1.8 mm, glabro; estilo tan largo como el ovario; receptáculo cupuliforme, con pocos tricomas por dentro. Frutos c. 2.3 × 1.3 cm, elipsoides; cúpula c. 1 cm de diámetro, con forma de tazón poco profundo, con un margen solitario, los tépalos caedizos. *Bosques montanos*. Ch (*Lorea 5528*, MO); G (*Molina R. & Molina 12373*, F); ES (*Reyna de Aguilar 1444*, MO). 900-2600 m. (Endémica).

Característico de esta especie son las bases de las hojas enrolladas hacia adentro o revolutas. Por lo demás, se asemeja bastante a *Ocotea heydeana*. La descripción del fruto proviene de la colección de El Salvador. Este ejemplar difiere de las colecciones de Chiapas y Guatemala por tener los fascículos de tricomas en las axilas de las venas secundarias más proximales y menos (5-8) venas secundarias.

64. Ocotea praetermissa van der Werff, *Novon* 6: 482 (1996). Holotipo: Costa Rica, *Burger et al. 12065* (MO!). Ilustr.: van der Werff, *Novon* 9: 578, t. 12 (1999).

Arbustos o árboles de talla mediana, hasta 15 m; ramitas teretes, sólidas, densamente tomentulosas cuando jóvenes, el indumento generalmente cubriendo toda la superficie, tornándose glabras con la edad; yemas terminales densamente pubescentes. Hojas 3-10 × 1.5-4 cm, elípticas u obovado-elípticas, cartáceas, la base aguda o rara vez obtusa, el ápice agudo u obtuso, pinnatinervias, la vena media, las secundarias y las terciarias inmersas o escasamente elevadas en el haz, elevadas en el envés, el haz glabro o casi glabro, el envés (escasamente) pubescente, los tricomas erectos, generalmente discernibles al tacto, más densos a lo largo de las venas principales, las venas secundarias 3-6 pares, con fascículos de tricomas axilares con frecuencia presentes; pecíolo 5-12 mm, aplanado o levemente acanalado, con el indumento similar al de las ramitas. Inflorescencias hasta 12 cm, cimoso-paniculadas, glabras o con pocos tricomas. Flores 5-7 mm de diámetro, amarillentas, glabras, bisexuales; tépalos 6, 2-2.5 mm, pubescentes por dentro, especialmente cerca de la base, glabros por fuera, los márgenes con frecuencia papilosos, patentes en la antesis; estambres externos 1-1.4 mm, glabros, el ápice estéril ausente, los filamentos libres, desde 1/3 hasta casi tan largos como las anteras; estambres internos c. 1.3 mm, glabros, los filamentos tan largos como las anteras, los lóculos lateral-extrorsos; estaminodios generalmente presentes, 3, glabros; pistilo 2-2.5 mm, glabro; estilo la mitad de la longitud del ovario; receptáculo cupuliforme, glabro por dentro. Frutos c. 2.5 × 1.8 cm, elipsoides; cúpula c. 1.3 cm de diámetro, con forma de tazón poco profundo, el pedicelo engrosado en fruto, con un margen simple, los tépalos algunas veces persistentes. *Bosques montanos, en laderas expuestas*. CR (*Rivera 260*, MO); P (*Hammel et al. 7013*, MO). 2000-3200 m. (Endémica).

Ocotea praetermissa se asemeja vegetativamente a *O. purpurea*; esta última especie difiere en sus inflorescencias racemosas y las flores pubescentes. Hasta hace poco, numerosas colecciones ahora incluidas en *O. praetermissa* habían sido identificadas como *O. pittieri*, pero esa especie tiene las hojas casi glabras, mientras que el indumento en el envés de la hoja de *O. praetermissa* es discernible al tacto.

65. Ocotea producta (C.K. Allen) Rohwer, *Mitt. Inst. Allg. Bot. Hamburg* 20: 143 (1986). *Nectandra producta* C.K. Allen, *J. Arnold Arbor.* 26: 397 (1945). Isotipo: Costa Rica, *Skutch 3906* (MO!). Ilustr.: no se encontró.

Árboles hasta 30 m; ramitas estriadas, sólidas, algo seríceas, densamente adpreso-pubescentes, el indumento completamente cubriendo la superficie, glabrescentes con la edad; yemas terminales densamente seríceo-pubescentes. Hojas 12-17 × 2.5-4 cm, angostamente elípticas, cartáceas, la base enrollada hacia adentro y largamente decurrente sobre el pecíolo, los márgenes enrollados hacia adentro hacia la base, el ápice agudo, pinnatinervias, la vena media, las secundarias y las terciarias inmersas en el haz, escasamente elevadas en el envés, el haz glabro, el envés moderada a escasamente adpreso-pubescente, las venas secundarias 6-9 pares; domacios ausentes; pecíolo aparentemente 4-5 cm, no claramente diferenciado de la lámina debido a la base decurrente de las hojas enrollada hacia adentro. Inflorescencias 10-12 cm, cimoso-paniculadas, en las axilas de las hojas. Flores 3-4 mm de diámetro, verdosas, bisexuales; tépalos c. 1.5 mm, elípticos, escasamente pubescentes por fuera, moderadamente pubescentes por dentro, semierectos hasta patentes en la antesis; estambres externos c. 0.8 mm, la antera tan larga como ancha, los filamentos cortos y libres, el filamento y la base de la antera dorsalmente pubescentes, las 4 lóculos dispuestos en un arco, el ápice estéril ausente; estambres internos c. 1 mm, los lóculos lateral-extrorsos, los filamentos unidos en un tubo, los estaminodios no vistos; pistilo c. 1.5 mm, glabro; receptáculo glabro por dentro, profundamente cupuliforme, los tépalos fusionados en la base y caedizos como una unidad en flores viejas. Frutos y cúpula no conocidos. *Selvas premontanas*. CR (*Skutch 3906*, US). 700 m. (Endémica).

Ocotea producta solo se conoce de la colección tipo. Son distintivos los pecíolos aparentemente largos, con la base de las hojas decurrente enrollada hacia adentro. Los filamentos fusionados de los 3 estambres internos son también un carácter inusual. Sin embargo, la única colección de esta especie se considera como una forma aberrante de *O. skutchii* (= *O. whitei*), y la acepto como una especie válida debido a que esta posee 2 caracteres distintivos, los pecíolos aparentemente largos y los filamentos fusionados de los estambres internos.

66. Ocotea pseudopalmana W.C. Burger, *Fieldiana, Bot.* n.s. 23: 92 (1990). Holotipo: Costa Rica, *Lent 1679* (F). Ilustr.: Burger & van der Werff, *Fieldiana, Bot.* n.s. 23: 19, t. 6 (1990).

Árboles hasta 30 m; ramitas anguladas, sólidas, densamente pardo-tomentulosas cuando jóvenes, la superficie completamente cubierta, el indumento caedizo con la edad; yemas terminales densamente pardo-tomentulosas. Hojas 8-20 × 3-9 cm, (anchamente) elípticas o elíptico-oblongas, coriáceas, la base cuneada u obtusa, algunas veces escasamente decurrente y enrollada hacia adentro cerca de la base, el ápice obtuso o cortamente acuminado, pinnatinervias, la vena media y las secundarias inmersas, las terciarias escasamente elevadas en el haz, la vena media y las secundarias marcadamente elevadas, las terciarias elevadas en el envés, el haz escasamente pubescente cuando jóvenes, más densamente pubescente a lo largo de la vena media, tornándose glabro con la edad, el envés moderada a escasamente pubescente, los tricomas erectos, generalmente discernibles al tacto, más densamente pubescente y tomentuloso a lo largo de las venas principales, las venas secundarias 5-8 pares; domacios algunas veces presentes como fascículos de tricomas axilares; pecíolo 6-15 mm, con el indumento similar al de las ramitas. Inflorescencias 6-16 cm, racemosas o cimoso-paniculadas, en las axilas de hojas normales, densamente pardo-tomentulosas, la superficie completamente cubierta. Flores 6-8 mm de diámetro, verdes o amarillas, bisexuales; tépalos 3.5-4 mm, anchamente elípticos, densamente pubescentes por fuera, la superficie no visible, escasamente pubescentes por dentro, semierectos en la antesis; estambres externos c. 1.8 mm; antera c. 1 mm, glabra, los filamentos pubescentes, el ápice estéril ausente; estambres internos c. 2 mm, los filamentos pubescentes, libres, tan largos como las anteras; estaminodios ausentes; pistilo c. 3.5 mm, glabro; estilo tan largo como el ovario; receptáculo profundamente cupuliforme, glabro por dentro. Frutos c. 2.5 × 1.5 cm, elipsoides; cúpula c. 1.3 cm de diámetro, con forma de tazón poco profundo, con un margen simple, el pedicelo engrosado, los tépalos caedizos. *Bosques montanos*. CR (*van der Werff et al. 14041*, MO); P (*Aranda et al. 1224*, MO). 2200-2900 m. (Endémica).

La combinación de las hojas coriáceas con indumento erecto en el envés, las inflorescencias con pocas flores y las flores más bien grandes (6-8 mm de diámetro) es diagnóstica para *Ocotea pseudopalmana*. Puede confundirse con *O. mollifolia*, pero esa especie tiene las hojas cartáceas con el ápice acuminado, las flores más pequeñas (3-6 mm de diámetro), se encuentra en elevaciones bajas (generalmente bajo 1000 m) y tiene los tépalos persistentes sobre la cúpula. Rara vez algún espécimen de *O. mollifolia* puede tener la inflorescencia reducida, pareciéndose a *O. pseudopalmana*, pero las hojas con textura más delgada, el ápice acuminado y la distribución altitudinal permiten una correcta identificación.

Provisionalmente he ubicado aquí 4 colecciones que difieren de *O. pseudopalmana* por tener indumento adpreso en el envés de la hoja y las hojas más pequeñas (hasta 10 cm). Las 2 colecciones en flor (*Davidse & Pohl 1510A*, MO y *van der Werff et al. 14038*, MO) se asemejan a *O. pseudopalmana* en sus inflorescencias laxas con pocas flores grandes. Sin embargo, *Davidse et al. 28550* (MO), citada en Burger & van der Werff (1990) como *O. pseudopalmana*, tiene los tricomas adpresos en el envés foliar y la hoja del tamaño típico para *O. pseudopalmana*. Debido a que las 4 colecciones de hojas pequeñas también varían en la densidad del indumento, parece mejor ubicarlas, por ahora, bajo *O. pseudopalmana*, pero es muy posible que representen una especie aún no descrita. Se necesitan colecciones adicionales para dar respuesta a esta pregunta.

67. Ocotea puberula (Rich.) Nees, *Syst. Laur.* 472 (1836). *Laurus puberula* Rich., *Actes Soc. Hist. Nat. Paris* 1: 108 (1792). Sintipo: Guayana Francesa, *Leblond s.n.* (P). Ilustr.: no se encontró.

Ocotea pyramidata S.F. Blake ex Brandegee, *Strychnodaphne puberula* (Rich.) Nees & Mart.

Árboles hasta 40 m; ramitas estriadas o ligeramente anguladas, glabras, escasa a moderada y densamente adpreso o ascendente-pubescentes, sólidas; yemas terminales densamente adpreso-pubescentes o ascendente-pubescentes. Hojas 7-25 × 3-10 cm, elípticas o anchamente elípticas, cartáceas, la base aguda a obtusa, los márgenes aplanados, el ápice obtuso a acuminado, pinnatinervias, la vena media y las secundarias inmersas, las terciarias elevadas y visibles en el haz, la vena media prominentemente, las secundarias uniformemente y las terciarias ligeramente elevadas en el envés, glabras en ambas superficies o el envés con algunos tricomas adpresos (rara vez erectos); domacios ausentes; pecíolo 1-3 cm, glabro o casi glabro. Inflorescencias 4-15 cm, cimoso-paniculadas, en las axilas de las hojas, escasa a moderadamente pubescentes, los tricomas adpresos o ascendentes. Flores 4-5 mm de diámetro, verdoso pálido, unisexuales; tépalos 2-2.5 mm, anchamente ovados, erectos hasta semierectos en la antesis, glabros o con algunos tricomas adpresos cerca de la base por fuera, subglabros a moderadamente pubescentes por dentro. Flores masculinas con los estambre glabros; estambres externos c. 2 mm, los filamentos 1/2 de la longitud de las anteras, libres, el ápice estéril ausente; estambres internos c. 2.4 mm, los filamentos c. 0.7 mm, algunas veces con pocos tricomas; estaminodios no vistos; pistilodio c. 1.2 mm, glabro; flores pistiladas con 9 estaminodios, c. 0.8 mm, glabros, las glándulas presentes en la base de los 3 estaminodios internos, todos los estaminodios mucho más cortos que el pistilo; pistilo c. 2 mm, glabro; estilo tan largo como el ovario; estigma capitado; receptáculo con forma de tazón poco profundo, glabro por dentro. Frutos c. 0.8 cm de diámetro, subglobosos; cúpula 6-8 mm de diámetro, pateliforme, con un margen simple, el pedicelo ligeramente engrosado, los tépalos caedizos en fruto, el pedicelo y la cúpula no lenticelados. *Selvas altas perennifolias montanas y de tierras bajas*. Ch (*Breedlove 52277*, MO); CR (*Grayum et al. 9104*, MO); P (*Croat 12805*, MO). 0-1300 m. (México [Oaxaca, Puebla, Veracruz], Mesoamérica, Colombia, Venezuela, Guayanas, Ecuador, Perú, Bolivia, Brasil, Paraguay, Argentina).

Ocotea puberula se puede reconocer por la combinación de las flores unisexuales, un retículo ligeramente elevado en el haz de la hoja y las hojas (delgadamente) cartáceas más bien grandes. Se puede confundir con *O. leucoxylon*, pero esa especie tiene el haz de las hojas liso y en general cúpulas y/o pedicelos lenticelados. Al igual que *O. leucoxylon*, tiene una distribución amplia y es ligeramente variable en sus caracteres vegetativos, especialmente en su indumento.

68. Ocotea pullifolia van der Werff, *Novon* 11: 509 (2001). Holotipo: Costa Rica, *Herrera 4119* (CR). Ilustr.: van der Werff, *Novon* 11: 510, t. 9 (2001).

Árboles hasta 25 m; ramitas anguladas, sólidas, el ápice escasa a moderadamente adpreso-pubescente, pero pronto tornándose glabro; yemas terminales densamente adpreso-pubescentes, los tricomas blancos y frecuentemente contrastando con las hojas y ramitas oscuras. Hojas alternas o mucho más juntas cerca de las puntas de las ramas, 7-15 × 2.5-5 cm, elípticas hasta obovado-elípticas, coriáceas, la base aguda a cuneada, los márgenes aplanados o escasamente enrollados hacia adentro, el ápice obtuso o redondeado, pinnatinervias, la vena media, las secundarias y las terciarias inmersas a elevadas en el haz, elevadas en el envés, glabras en ambas superficies o con pocos tricomas adpresos en el envés, las venas secundarias 4-7 pares; domacios a manera de pocas fóveas profundas, en las axilas de las venas secundarias basales, no a lo largo de las venas secundarias, glabras, visibles como abultamientos en el haz; pecíolo 6-11 mm, glabro, marcadamente estriado por encima. Inflorescencias 4-7 cm, cimoso-paniculadas, en las axilas de las hojas, glabras o muy escasamente adpreso-pubescentes. Flores 4-5 mm de diámetro, verdes, bisexuales; tépalos 1.8 mm, glabros en ambas superficies, patentes en las flores viejas; estambres externos c. 1.2 mm, glabros, los filamentos libres, tan largos como las anteras, el ápice estéril ausente; estambres internos tan largos como los externos, los filamentos anchos, tan largos como las anteras, con un parche de tricomas blancos en la base de la antera sobre el lado que mira al pistilo; los estaminodios no vistos; pistilo c. 1.5 mm, glabro; estilo casi tan largo como el ovario; receptáculo cupuliforme, glabro por dentro. Frutos c. 2.6 × 1.8 cm, elipsoides; cúpula c. 1 cm de profundidad × 2 cm de diámetro, cupuliforme, con un margen simple, los tépalos caedizos. *Bosques lluviosos montanos bajos*. CR (*Aguilar 1211*, MO); P (*McPherson 9608*, MO). 200-1100 m. (Endémica).

Ocotea pullifolia está cercanamente relacionada con *O. jorge-escobarii*, pero difiere por tener los domacios restringidos a las axilas de las venas secundarias basales, en el pequeño número de domacios y las hojas con el ápice obtuso. En *O. jorge-escobarii* los pequeños domacios se encuentran a lo largo de las venas secundarias y el ápice de las hojas es obtusamente agudo.

Los domacios son más comunes en las colecciones de Costa Rica que en las de Panamá; algunas veces solo una hoja de los especímenes de Panamá puede mostrar 1 o 2 domacios y en pocas colecciones los domacios están ausentes. En ese caso, es posible identificarla por las hojas oscuras cuando secas, el retículo elevado y las hojas con el ápice obtuso. En el Cerro Jefe en Panamá, *O. pullifolia* se encuentra junto con *O. whitei* s. l. y las dos pueden parecerse notoriamente la una a la otra. Estas pueden separarse por las cúpulas mucho más grandes de *O. pullifolia* y el retículo más escalariforme en el haz de la hoja que el encontrado en *O. whitei* s. l.

69. Ocotea purpurea (Mez) van der Werff, *Novon* 9: 579 (1999). *Phoebe purpurea* Mez, *Jahrb. Königl. Bot. Gart. Berlin* 5: 196 (1889). Sintipo: Guatemala, *von Türckheim 371* (K). Ilustr.: van der Werff, *Novon* 9: 580, t. 13 (1999).

Nectandra capituliforma Lundell.

Arbustos o árboles hasta 20 m; ramitas teretes, sólidas, densamente pardo o ferrugíneo-tomentulosas, el indumento caedizo con la edad, pero inicialmente cubriendo la superficie por completo; yemas terminales densamente pardo o ferrugíneo-tomentulosas. Hojas 7-11 × 2-4 cm, alternas, angosta a anchamente elípticas, firmemente cartáceas, la base aguda a obtusa, los márgenes aplanados, el ápice agudo o acuminado, el acumen hasta 1.5 cm, pinnatinervias, la vena media y las secundarias inmersas, las terciarias ligeramente elevadas en el haz, la vena media y las secundarias elevadas, las terciarias ligeramente elevadas en el envés, el haz escasamente pubescente, los tricomas erectos o ascendentes, o glabro, las venas principales frecuentemente tomentulosas, el envés escasa a moderadamente pubescente, los tricomas erectos, discernibles al tacto en las hojas jóvenes, la pubescencia más densa a lo largo de las venas principales, estas tomentulosas, las venas secundarias 4-8 pares, con fascículos de tricomas axilares con frecuencia presentes; pecíolo 5-14 mm, ligeramente sulcado a aplanado por encima, con el indumento similar al de las ramitas. Inflorescencias 5-10 cm, escasa a moderada o rara vez densamente pubescentes, los tricomas erectos, la superficie generalmente visible, racemosas o en ocasiones con algunas cimas a lo largo de la parte inferior de la inflorescencia, en las axilas de hojas o catafilos. Flores 4-7 mm de diámetro, blancas, amarillentas o crema, bisexuales; tépalos 2.5-3 mm, elípticos, escasamente pubescentes por fuera, papilosos, glabros o con pocos tricomas cerca de la base por dentro, patentes o semierectos en la antesis; estambres externos c. 1.6 mm, los filamentos libres, 1/3-1/2 de la longitud de las anteras, el ápice estéril ausente; estambres internos c. 1.6 mm, los filamentos c. 0.6 mm, los lóculos lateral-extrorsos; estaminodios 3, c. 0.6 mm, el ápice ligeramente engrosado; pistilo c. 2 mm, glabro; estilo c. 0.5 mm; receptáculo profundamente cupuliforme, glabro por dentro. Frutos c. 1.8 × 1.4 cm, anchamente elipsoides; cúpula c. 8 mm de diámetro, con un margen simple, al madurar un disco acampanado en el pedicelo engrosado, los tépalos algunas veces persistentes sobre cúpulas jóvenes, pero eventualmente caedizos. *Bosques montanos y alto montanos*. Ch (*Ton 7399*, MO); G (*Contreras 11318*, MO); H (*Hazlett 582*, MO); P (*Aranda et al. 1261*, MO). 1400-2600 m. (México [Oaxaca], Mesoamérica).

Ocotea purpurea se identifica fácilmente por sus inflorescencias generalmente racemosas, las flores escasamente pubescentes y las hojas elípticas más bien pequeñas (hasta 11 cm). Otra especie en el grupo de *O. helicterifolia* con las inflorescencias racemosas y flores pubescentes es *O. corrugata* de Oaxaca con hojas grandes (hasta 14 cm) y obovadas. Los ejemplares de *O. purpurea* han sido con frecuencia erróneamente identificados como *Phoebe bourgeauviana* (= *O. bourgeauviana*), pero esa especie tiene las flores glabras y una inflorescencia cimoso-paniculada.

Ocotea purpurea es una especie variable ampliamente distribuida. Los ejemplares de Panamá difieren de los ubicados más hacia el norte por tener pocas (generalmente 4) venas secundarias. Hay también variación en la densidad de la pubescencia sobre las hojas; los tipos de *O. purpurea* y *Nectandra capituliforma* tienen un indumento más denso que la mayoría de las otras colecciones, mientras que algunas colecciones de Honduras tienen un indumento más bien escaso. Prefiero incluir a todas en una especie variable en lugar de reconocer taxones adicionales basados en caracteres vegetativos débiles.

70. Ocotea racemiflora Lundell, *Wrightia* 4: 107 (1969). Holotipo: Guatemala, *Contreras 7904* (LL!). Ilustr.: no se encontró.

Árboles hasta 13 m; ramitas teretes, sólidas, más bien densa y diminutamente pubérulas, los tricomas muy cortos, parcialmente adpresos, parcialmente erectos; yemas terminales densamente adpreso-pubescentes, los tricomas mucho más largos y más ligeramente coloreados que aquellos sobre las ramitas. Hojas 5-12 × 2.5-5 cm, elípticas a anchamente elípticas, subcartáceas, la base aguda, los márgenes aplanados, el ápice brevemente acuminado, el acumen hasta 1 cm, pinnatinervias, la vena media, las secundarias y las terciarias inmersas en el haz, la vena media y las secundarias elevadas, las terciarias ligeramente elevadas en el envés, glabras en ambas superficies, las venas secundarias 4-6 pares, ocasionalmente fascículos de tricomas en las axilas de las venas secundarias; pecíolo 5-11 mm, con el indumento similar al de las ramitas, ligeramente acanalado. Inflorescencias hasta 3 cm, racemosas, en las axilas de las hojas, moderadamente adpreso-pubescentes. Flores c. 2.5 mm de diámetro, bisexuales; tépalos c. 1.5 mm, erectos en la antesis, moderadamente adpreso-pubescentes en ambas superficies; estambres c. 1.5 mm, los filamentos libres, con algunos tricomas en la base, casi tan largos como las anteras, el ápice estéril ausente; estaminodios no vistos; pistilo c. 2 mm, glabro. Frutos c. 1 cm de diámetro, redondeados; cúpula c. 6 mm de diámetro, pateliforme, con un margen simple, el pedicelo ligeramente engrosado, los tépalos persistentes sobre la cúpula. *Bosques lluviosos*. G (*Contreras 7904*, MO). Elevación desconocida. (Endémica).

Ocotea racemiflora solo se conoce de la colección tipo. Los isotipos en F y MO están en fruto, y el holotipo tiene un pedazo de la inflorescencia incluido en un sobre. Debido a esto, pocas flores están disponibles. He tomado las medidas florales de la descripción de Lundell. Lundell consideró a la especie como dioica. Existen muy pocas especies de *Ocotea* dioicas conocidas de Mesoamérica y solo una, *O. atlantica*, parece ser endémica. Es también muy poco común encontrar flores y frutos juntos en un mismo espécimen e imagino que el poco desarrollo de la antera se debe al hecho de que las flores son viejas y las tapitas de las anteras han caído. Por consiguiente, acepto *O. racemiflora* como una especie con flores bisexuales. La especie está morfológicamente aislada; las cúpulas aplanadas y delgadas con tépalos persistentes y los frutos redondeados no se conocen de otras especies en Mesoamérica.

71. Ocotea rhytidotricha Rohwer, *Bot. Jahrb. Syst.* 112: 391 (1990/1991 [1991]). Holotipo: Nicaragua, *Hall & Bockus 7919* (MO!). Ilustr.: Rohwer, *Bot. Jahrb. Syst.* 112: 392, t. 4 (1990/1991 [1991]).

Árboles hasta 20 m; ramitas anguladas, sólidas, moderada a densamente adpreso-pubescentes, tornándose glabras con la edad; yemas terminales densamente adpreso-pubescentes. Hojas 10-20 × 5-14 cm, elípticas a anchamente elípticas, cartáceas, la base obtusa o rara vez aguda, los márgenes aplanados, el ápice obtuso a brevemente acuminado, pinnatinervias, la vena media, las secundarias y las terciarias inmersas en el haz o las venas terciarias escasamente elevadas, la vena media, las secundarias y las terciarias escasa a moderadamente elevadas en el envés, el haz glabro, excepto por algunos tricomas adpresos sobre las venas principales, el envés escasamente pubescente, generalmente con tricomas erectos, estos más densos y más visibles a lo largo de la vena media y las secundarias; domacios (como fascículos de tricomas axilares) generalmente presentes, pero inconspicuos; pecíolo 1-2.5

cm (rara vez hasta 4 cm), ligeramente acanalado, con el indumento similar al de las ramitas. Inflorescencias 2-14 cm, cimoso-paniculadas, en las axilas de las hojas, escasa a moderadamente adpreso-pubescentes. Flores 7-8 mm de diámetro, blancas, bisexuales; tépalos c. 3 mm, anchamente ovados, glabros o con pocos tricomas por fuera, los 3 externos con un parche papiloso, basal y triangular, los 3 internos completamente papilosos, patentes en la antesis; estambres externos c. 1.2 mm, marcadamente papilosos, los filamentos muy cortos y las anteras de apariencia sésil, llenado la antera casi por completo, el ápice estéril ausente; estambres internos c. 1.2 mm, densamente papilosos, columnares, sin un filamento conspicuo, los lóculos extrorsos o lateral-extrorsos; pistilo c. 2 mm, glabro; estilo 0.7 mm; receptáculo cupuliforme, con algunos tricomas adpresos por dentro. Frutos c. 3 × 1.7 cm, elipsoides; cúpula c. 1 cm de diámetro, pateliforme, con un margen simple, los tépalos caedizos en fruto. *Bosques montanos*. H (*Yuncker et al. 6386*, MO); ES (*Villacorta & González 704*, MO); N (*Neill 2307*, MO). 1200-1600 m. (Endémica).

Ocotea rhytidotricha se reconoce por sus inflorescencias cimoso-paniculadas y el indumento erecto en el envés de la hoja. Esta pubescencia es inconspicua, no discernible al tacto y es más claramente visible a lo largo de las venas principales. Los estambres son también densamente papilosos. La colección de El Salvador tiene las hojas escasamente obovadas, mientras que las otras colecciones tienen las hojas (anchamente) elípticas. Una colección de México (Veracruz) (*Martínez 1487*, MO) se asemeja a *O. rhytidotricha*, pero tiene la pubescencia más escasa en el envés de la hoja, los tricomas más cortos y las flores más pequeñas; se ha incluido en *O. rhytidotricha* con dudas.

72. Ocotea rivularis Standl. & L.O. Williams, *Ceiba* 1: 238 (1951). Isotipo: Costa Rica, *Allen 5590* (MO!). Ilustr.: Burger & van der Werff, *Fieldiana, Bot.* n.s. 23: 15, t. 2 (1990).

Árboles hasta 15 m; ramitas anguladas, sólidas, finamente adpreso-pubescentes, pronto glabrescentes; yemas terminales densamente adpreso-pubescentes. Hojas (27-)30-50 × 15-25 cm, anchamente obovadas, cartáceas, gradualmente angostadas hacia la base enrollada hacia adentro o reflexa, el ápice redondeado o brevemente acuminado, pinnatinervias, la vena media, las secundarias y las terciarias inmersas en el haz, la vena media y las secundarias elevadas, las terciarias inmersas en el envés, al madurar glabras en ambas superficies, las venas secundarias 10-15 pares; domacios ausentes; pecíolo hasta 1 cm, con frecuencia poco definido debido a la base decurrente de las hojas, glabro. Inflorescencias 15-30 cm, cimoso-paniculadas, en las axilas de las hojas, moderada a densamente pubérulas, los tricomas ascendentes a erectos. Flores c. 3.5 mm de diámetro, verdosas, bisexuales; tépalos c. 1.3 mm, elípticos, (escasamente) pubescentes en ambas superficies, la superficie prontamente visible, más o menos patentes en la antesis; estambres externos c. 1 mm, glabros, los filamentos 1/2 de la longitud de las anteras, libres, el ápice estéril ausente; estambres internos c. 1.2 mm, con pocos tricomas diminutos en la unión de la antera y el filamento, por lo demás glabros, el par superior de lóculos más pequeño que el par inferior; estaminodios no vistos; pistilo glabro, 1.5-2 mm; ovario tan largo como el estilo; receptáculo cupuliforme, glabro por dentro. Frutos c. 1.5 × 0.7 cm, elipsoides; cúpula c. 7 mm de diámetro, poco profunda, cupuliforme, con un margen simple, los tépalos inicialmente persistentes sobre la cúpula, pero finalmente caedizos. *Bosques lluviosos de tierras bajas*. CR (*Chavarría et al. 514*, MO). 50-300 m. (Endémica).

Ocotea rivularis es prontamente reconocida por sus hojas obovadas grandes. Se puede confundir con *O. endresiana*, debido a la base de las hojas con frecuencia reflexa, pero esta última especie tiene las hojas más pequeñas, las inflorescencias y las flores glabras y sin los tépalos persistentes sobre los márgenes de la cúpula. *Ocotea rivularis* solo se conoce de la península de Osa y está relacionada con la variable *O. insularis*. Una población de esta última especie en la península de Osa puede separarse por sus hojas de hasta 25 cm y los domacios como fascículos de tricomas en las axilas de las venas secundarias. Incluidas aquí hay varias colecciones vegetativamente similares a *O. rivularis*, pero con los estambres de 2 lóculos (por ejemplo, *Herrera et al. 3974*, MO); estos ejemplares podrían ser una especie nueva de *Aiouea*, pero prefiero por el momento incluirlas en *O. rivularis*.

73. Ocotea rubriflora Mez, *Jahrb. Königl. Bot. Gart. Berlin* 5: 279 (1889). Sintipo: México, Tabasco, *Linden s.n.* (G!). Ilustr.: no se encontró.

Nectandra rubriflora (Mez) C.K. Allen, *Ocotea perseifolia* Mez & Donn. Sm.

Árboles hasta 20 m; ramitas anguladas, sólidas, densa y diminutamente pardo-pubescentes, la superficie completamente cubierta, los tricomas individuales apenas reconocibles; yemas terminales densa y diminutamente pubescentes, la superficie completamente cubierta. Hojas 10-30 × 7-13 cm, ovado-elípticas a elípticas, cartáceas, la base redondeada a obtusa, los márgenes aplanados, el ápice agudo, pinnatinervias, la vena media, las secundarias y las terciarias escasamente elevadas en el haz, elevadas o ligeramente elevadas en el envés, el haz glabro excepto por algunos tricomas adpresos sobre las venas principales, el envés escasa a moderadamente pubescente, los tricomas cortos y adpresos, las venas secundarias 7-13 pares; domacios ausentes; pecíolo 2-4 cm, estriado, con el indumento denso similar al de las ramitas. Inflorescencias 5-15 cm, cimoso-paniculadas, en las axilas de las hojas o las brácteas cerca del ápice de las ramitas, densa y diminutamente pardusco-pubescentes, la superficie cubierta o casi cubierta. Flores 6-7 mm de diámetro, rojas, rara vez blancas o amarillentas, bisexuales; tépalos c. 3 mm, ovados, escasa a moderadamente adpreso-pubescentes por fuera, papilosos por dentro, patentes en la antesis; estambres externos c. 1.2 mm, densamente papilosos, los filamentos c. 0.2 mm, libres, los lóculos ocupando toda la antera; estambres internos c. 1.8 mm, densamente papilosos, el filamento c. 0.4 mm, tan amplio como la antera, los lóculos ocupando toda la antera, las glándulas presentes pero más bien pequeñas e inconspicuas; estaminodios no vistos; pistilo c. 1.5 mm, glabro; ovario gradualmente angostado hasta el estilo corto; receptáculo profundamente cupuliforme, pubescente por dentro. Frutos c. 2.8 × 1 cm, elipsoides; cúpula c. 10 mm de diámetro, infundibuliforme, con un margen simple, el pedicelo engrosado, los tépalos generalmente caedizos. *Bosques lluviosos de tierras bajas*. T (*Rico & Martínez S. 746*, MO); Ch (*Ton 7452*, MO); B (*Schipp 1164*, MO); G (*Contreras 10044*, MO); CR (*Hammel et al. 16929*, MO); P (*Sytsma 1323*, MO). 100-350 m. (México [Oaxaca, Puebla, Veracruz], Mesoamérica).

El carácter que más distingue a *Ocotea rubriflora* es el indumento denso y diminuto sobre las ramitas e inflorescencias, el cual cubre la superficie completamente. Este indumento está también presente sobre las venas principales y en un menor grado en el envés de la hoja. El color de la flor en la mayoría de las colecciones es descrito como rojo; sin embargo, algunas colecciones ubicadas aquí tienen las flores blancas o amarillentas. Aunque los tépalos están ausentes del borde de las cúpulas maduras, una colección, *Contreras 10288* (MO), tiene cúpulas inmaduras con tépalos persistentes. Tres colecciones en fruto de Panamá (*McPherson 12128*, MO; *Mori & Kallunki 4928*, MO; *Nee 11285*, MO) se han incluido aquí, pero difieren por tener las cúpulas poco profundas, las hojas más pequeñas y los frutos grandes (c. 35 × 20 mm); todas muestran un indumento distintivo. Vegetativamente, *O. rubriflora* se asemeja a *O. macrantha* de la península de Osa en Costa Rica, pero la última difiere en sus flores más grandes (10-12 mm vs. 6-7 mm de diámetro).

74. Ocotea rubrinervis Mez, *Jahrb. Königl. Bot. Gart. Berlin* 5: 351 (1889). Sintipo: Perú, *Spruce 4580* (B!). Ilustr.: Allen, *Ann. Missouri Bot. Gard.* 35: 33, t. 21 (1948).

Arbustos o árboles pequeños, hasta 10 m; ramitas teretes, escasa a densamente pubescentes, los tricomas más o menos adpresos o ascendentes, sólidas; yemas terminales densamente pubescentes, los tricomas ascendentes o adpresos. Hojas 6-12 × 2.5-6 cm, (anchamente) elípticas, cartáceas, la base obtusa o aguda, los márgenes aplanados, el ápice obtuso, agudo o brevemente acuminado, pinnatinervias, la vena media y las secundarias inmersas, las terciarias escasamente elevadas y formando un retículo pequeño en el haz, la vena media y las secundarias elevadas, las terciarias ligeramente elevadas en el envés, el haz glabro excepto por algunos tricomas sobre las partes proximales de la vena media, el envés con algunos tricomas diminutos y erectos sobre las venas principales, por lo demás glabro, las venas secundarias 4-6 pares, con fascículos de tricomas axilares presentes; punteaduras glandulares por lo general fácilmente visibles en el haz como puntos negros; pecíolo 4-6 mm, con el indumento similar al de las ramitas. Inflorescencias hasta 6 cm, cimoso-paniculadas, axilares, moderadamente pubescentes, los tricomas ascendentes. Flores c. 3 mm de diámetro, blancas o cremosas, unisexuales; tépalos c. 1.8 mm, anchamente elípticos, moderadamente adpreso-pubescentes por fuera, más bien escasamente adpreso-pubescentes por dentro, erectos a ligeramente patentes en la antesis. Flores masculinas con los estambres externos c. 1.5 mm, glabros o casi glabros, los filamentos libres, escasamente más cortos que las anteras, tan largos como los internos, el ápice estéril ausente; estaminodios c. 0.2 mm, estipitiformes; pistilodios c. 1.4 mm, estipitiformes, glabros; receptáculo poco profundo, pubescente por dentro. Flores pistiladas con 9 estaminodios, c. 0.5 mm, glabros, las glándulas presentes en la base de los 3 estaminodios internos; pistilo c. 1.5 mm, glabro; estilo tan largo como el ovario; receptáculo poco profundo, pubescente por dentro. Frutos c. 1 × 0.8 cm, elipsoides; cúpula c. 8 mm de diámetro, pateliforme, con un margen simple, el pedicelo ampliado, los tépalos persistentes en fruto. *Selvas altas perennifolias de tierras bajas, cerca de la costa, a lo largo de riachuelos*. P (*Tyson & Loftin 5057*, MO). 0-50 m. (Mesoamérica, Perú?).

Ocotea rubrinervis se caracteriza por sus flores unisexuales, las punteaduras glandulares prontamente visibles en el haz de la hoja y la cúpula poco profunda con tépalos persistentes. Las colecciones de Panamá vienen todas de islas del Pacífico (isla San José, isla Coiba) o de la costa Pacífica. No es claro si esta especie difiere de *O. bofo* Kunth; por consiguiente, su distribución fuera de Panamá es incierta.

75. Ocotea rufescens van der Werff, *Novon* 6: 479 (1996). Holotipo: Costa Rica, *Aguilar & Schmidt 1077* (MO!). Ilustr.: van der Werff, *Novon* 6: 480, t. 2 (1996).

Árboles hasta 25 m; ramitas teretes o estriadas, densamente pardo-ferrugíneo-tomentulosas, la superficie completamente cubierta por el indumento, sólidas; yemas terminales densamente pardo-tomentulosas. Hojas 9-16 × 3.5-6 cm, elípticas u ovado-elípticas, firmemente cartáceas, la base aguda u obtusa, algunas veces inequilátera, los márgenes aplanados y no decurrentes sobre el pecíolo, el ápice agudo o escasamente acuminado, pinnatinervias, la vena media, las secundarias y las terciarias escasamente elevadas en el haz, la vena media elevada, las secundarias ligeramente elevadas y las terciarias escasamente visibles en el envés, el haz glabro, brillante, excepto por algunos tricomas crespos a lo largo de la vena media y las secundarias, el envés completamente cubierto por indumento pardo-ferrugíneo-tomentuloso, este discernible al tacto, las venas secundarias 4-6 pares; domacios ausentes; pecíolo 1-2 cm, densamente tomentuloso. Inflorescencias 5-11 cm, paniculado-cimosas, en las axilas de catafilos u hojas normales, densamente pardo-ferrugíneo-tomentulosas. Flores c. 6 mm de diámetro, blancas, bisexuales; tépalos 2-2.5 mm, elípticos, semierectos, pubescentes cerca de la base por fuera, tornándose glabros cerca del ápice, papilosos por dentro; estambres externos c. 1 mm, glabros, los filamentos c. 0.1 mm, las anteras rectangulares a redondeadas, con un margen estéril angosto cerca del ápice, el ápice estéril ausente; estambres internos c. 1 mm, los lóculos lateral-extrorsos; estaminodios presentes, muy pequeños; pistilo glabro; receptáculo profundo, glabro por dentro. Frutos 2-2.5 cm, elipsoides; cúpula c. 8 mm de diámetro, con forma de tazón poco profundo, con un margen simple, el pedicelo engrosado, los tépalos caedizos. *Bosques montanos*. CR (*Herrera 5279*, MO). 450-1500 m. (Endémica).

Ocotea rufescens solo se conoce de las laderas caribeñas de Costa Rica cerca del límite con Panamá y se espera encontrarla en la zona adyacente de Bocas del Toro. Puede reconocerse mejor por la pubescencia densa, pardo-ferrugínea en el envés de la hoja y es la única especie en Costa Rica o Panamá con tal indumento. En apariencia general se asemeja a *O. pharomachrosorum*, pero esa especie tiene una pubescencia densa gris-parda y tiene estambres externos lingüiformes con ápice estéril.

76. Ocotea salvadorensis (Lundell) van der Werff, *Novon* 6: 481 (1996). *Nectandra salvadorensis* Lundell, *Wrightia* 4: 105 (1969). Isotipo: El Salvador, *Allen 7173* (GH!). Ilustr.: no se encontró.

Phoebe salvadorensis (Lundell) Lundell.

Árboles hasta 25 m; ramitas anguladas, densa y diminutamente pardo-tomentulosas, la superficie no visible, el indumento caedizo con la edad, sólidas; yemas terminales densamente tomentulosas. Hojas 7-10 × 2.5-3.5 cm, (angostamente) elípticas, firmemente cartáceas, la base y el ápice agudos, los márgenes aplanados, pinnatinervias, la vena media y las secundarias inmersas o escasamente impresas, las terciarias escasamente elevadas en el haz, la vena media y las secundarias elevadas, las terciarias escasamente visibles en el envés, el haz glabro, el envés completamente cubierto con un denso indumento tomentuloso, gris-pardo, este discernible al tacto, las venas secundarias 4-6 pares; domacios ausentes; pecíolo 1-1.5 cm, estriado o escasamente sulcado, con el indumento similar al de las ramitas. Inflorescencias hasta 7 cm, cimoso-paniculadas, en las axilas de catafilos, densamente adpreso-pubérulas. Flores c. 6 mm de diámetro, blanquecinas, bisexuales; tépalos 2-2.5 mm, escasamente adpreso-pubescentes por fuera, moderadamente papilosos con algunos tricomas adpresos cerca de la base por dentro, más o menos patentes; estambres externos c. 1.5 mm, los filamentos muy cortos, la antera rectangular, el ápice estéril ausente, glabros; estambres internos c. 1.8 mm, los lóculos lateral-extrorsos; estaminodios c. 1 mm, claviformes, con pocos tricomas cerca de la base; pistilo c. 2.8 mm, glabro; receptáculo adpreso-pubescente por dentro. Frutos y cúpula no conocidos. *Bosques de neblina*. ES (*Allen 7173*, F). 2500 m. (Endémica).

Ocotea salvadorensis solo se conoce de la colección tipo. Solo 2 especies comparten con *O. salvadorensis* el distintivo indumento tomentuloso gris-pardo en el envés de la hoja, y de estas, una, *O. pharomachrosorum*, tiene los estambres lingüiformes con el ápice estéril, así como también hojas más grandes, más anchas y frecuentemente con la base inequilátera; la otra, *O. iridescens*, tiene los domacios sobre el envés de la hoja y las flores más pequeñas. Se han incluido provisionalmente en *O. salvadorensis* 2 colecciones de Honduras (*Mejía 407*, MO y *Liesner 26530*, MO). Ambas colecciones provienen de árboles altos (30-35 m) en bosques de neblina y difieren de *O. salvadorensis* en su indumento pardo-rojizo sobre las hojas y las ramitas y en la pubescencia más bien densa sobre la superficie interna de los tépalos. Posiblemente estos especímenes representan una especie aún no descrita, pero se necesitan más colecciones para tener un mejor entendimiento de la variación de los caracteres del indumento.

77. Ocotea salvinii Mez, *Jahrb. Königl. Bot. Gart. Berlin* 5: 264 (1889). Sintipo: Guatemala, *Salvin s.n.* (K). Ilustr.: no se encontró.

Cinnamomum salvinii (Mez) Kosterm., *Phoebe salvinii* (Mez) Lundell.

Árboles hasta 20 m; ramitas anguladas, densamente ferrugíneo-tomentulosas, la superficie no visible, el indumento tornándose más escaso con la edad, sólidas; yemas terminales densamente ferrugíneo-tomentulosas. Hojas 8-12 × 4-7 cm, elípticas, coriáceas, la base obtusa a aguda, enrollada hacia adentro, los márgenes recurvados hacia la base, el ápice agudo u obtuso, pinnatinervias, la vena media, las secundarias y las terciarias inmersas o casi inmersas en el haz, la vena media y las secundarias elevadas, las terciarias no visibles en el envés, el haz glabro, frecuentemente brillante, o, cuando muy jóvenes, escasamente tomentuloso, el envés densamente ferrugíneo-tomentuloso, completamente cubierto por el indumento, este discernible al tacto, las venas secundarias 8-10 pares; domacios ausentes; pecíolo 1.3-2.5 cm, con el indumento similar al de las ramitas, longitudinalmente estriado. Inflorescencias 5-14 cm, cimoso-paniculadas, en las axilas de hojas normales, menos generalmente en las axilas de catafilos, densamente ferrugíneo-tomentulosas, pero las flores y las yemas menos densamente pubescentes que los ejes de la inflorescencia. Flores c. 8 mm de diámetro, verdes o amarillas, bisexuales; tépalos c. 3 mm, elípticos, patentes, escasa a moderadamente pubescentes por fuera, con el ápice tomentuloso por dentro, por lo demás glabro o con pocos tricomas; estambres externos c. 1.5 mm, los filamentos c. 0.5 mm, libres, glabros o con pocos tricomas, las anteras glabras, el ápice estéril ausente; estambres internos c. 1.5 mm, glabros, los filamentos casi tan largos como las anteras, los lóculos lateral-extrorsos; estaminodios c. 1 mm, estipitiformes a claviformes, glabros; pistilo c. 2 mm, glabro; estilo c. 0.7 mm; receptáculo urceolado, glabro o con pocos tricomas por dentro. Frutos hasta 3 × 2 cm, elipsoides; cúpula c. 1.2 cm de diámetro, con forma de tazón poco profundo, tornándose pateliforme, con un margen ligeramente doble, el margen interno erecto de c. 0.5 mm, el margen externo patente de c. 1 mm, los tépalos caedizos. *Bosques de neblina*. Ch (*Breedlove & Strother 46290*, MO); G (*Standley 80191*, F). 2400-3000 m. (Endémica).

Característico de *Ocotea salvinii* es la combinación de hojas densamente ferrugíneo-tomentulosas con la base enrollada hacia adentro y las flores bisexuales. Esta solo puede confundirse con *O. rufescens*, la cual tiene flores bisexuales e indumento similar, pero esta especie no tiene la base de las hojas enrollada hacia adentro. *Ocotea salvinii* parece ser una especie sin parientes cercanos; los estaminodios grandes y el indumento de los tépalos (papiloso-tomentuloso cerca del ápice por dentro) indican su pertenencia al grupo de *O. helicterifolia*, pero las cúpulas con margen doble no han sido registradas en este grupo.

78. Ocotea sinuata (Mez) Rohwer, *Bot. Jahrb. Syst.* 112: 373 (1990/1991 [1991]). *Nectandra sinuata* Mez, *Jahrb. Königl. Bot. Gart. Berlin* 5: 402 (1889). Isosintipo: Guatemala, *Bernoulli & Cario 2581* (B). Ilustr.: Burger & van der Werff, *Fieldiana, Bot.* n.s. 23: 20, t. 7 (1990), como *N. sinuata*.

Árboles hasta 30 m; ramitas teretes o estriadas, densamente pardusco-tomentosas, sólidas; yemas terminales densamente tomentosas. Hojas 9-21 × 5-11 cm, (anchamente) obovadas o elípticas, cartáceas, pinnatinervias, la base redondeada, obtusa o aguda, los márgenes aplanados, el ápice brevemente acuminado, agudo u obtuso, el haz moderada a escasamente pubescente, los tricomas erectos, el envés moderada a densamente pubescente, los tricomas erectos, discernibles al tacto, la superficie visible entre los tricomas, la vena media, las secundarias y las terciarias inmersas en el haz, la vena media y las secundarias claramente elevadas, las terciarias elevadas en el envés, las venas secundarias 8-11 pares; domacios ausentes; pecíolo 1.5-2.5(-3) cm, acanalado por encima, con el indumento similar al de las ramitas. Inflorescencias 10-30 cm, cimoso-paniculadas, densamente pubescentes, en las axilas de hojas o con menos frecuencia en las axilas de catafilos. Flores 13-16 mm de diámetro, blancas o rosadas, bisexuales; tépalos c. 5 × 3.5 mm, patentes en la antesis, densamente pubescentes por fuera, densamente papilosos por dentro; estambres externos 2.5-3 mm, (densamente) papilosos, sésiles, el ápice estéril 0.6-0.8 mm; estambres internos c. 2.5 mm, los filamentos cortos (0.3 mm); estaminodios no vistos; pistilo c. 2.5 mm, densamente pubescente; receptáculo glabro por dentro. Frutos c. 2.5 × 1.5 cm, elipsoides, pubescentes cuando jóvenes, tornándose glabros con la edad; cúpula c. 1.5 cm de diámetro, (ligeramente) cupuliforme, con un margen simple, los tépalos caedizos. *Bosques lluviosos montanos y de tierras bajas*. Ch (*Breedlove & McClintock 23720*, MO); G (*Standley 64949*, F); ES (*Martínez ISF00129*, MO); CR (*Herrera 467*, MO); P (*Roubik 464*, MO). 200-1500 m. (México [Oaxaca], Mesoamérica).

Ocotea sinuata está caracterizada por sus inflorescencias ramificadas grandes, y ramitas, hojas y pistilo pubescentes. Vegetativamente es difícil separarla de *O. botrantha*; sin embargo, esta última tiene, al menos en México, indumento blanquecino (no pardusco) sobre las ramitas, los pecíolos más largos y tiende a encontrarse en elevaciones más altas.

79. Ocotea standleyi C.K. Allen, *J. Arnold Arbor.* 26: 343 (1945). *Phoebe macrophylla* Standl. & Steyerm., *Publ. Field Mus. Nat. Hist., Bot. Ser.* 23: 116 (1944) non *O. macrophylla* Kunth (1818). Holotipo: Guatemala, *Standley 70009* (F). Ilustr.: no se encontró.

Árboles hasta 15 m, rara vez más altos; ramitas redondeadas o anguladas y estriadas, glabras, sólidas; yemas terminales glabras. Hojas (12-)15-35 × 7-15 cm, anchamente elípticas, coriáceas o firmemente cartáceas, la base redondeada, rara vez subcordada u obtusa, los márgenes aplanados, el ápice obtuso a ligeramente agudo, pinnatinervias, la vena media, las secundarias y las terciarias escasamente elevadas en el haz, todas estas elevadas en el envés, glabras en ambas superficies, las venas secundarias 8-13 pares; domacios ausentes; pecíolo 1.5-2 cm, glabro, ligeramente acanalado o aplanado por encima. Inflorescencias hasta 15 cm, cimoso-paniculadas, en las axilas de las hojas o cerca de las puntas de las ramitas, escasamente pubescentes, los tricomas muy cortos y erectos. Flores c. 4 mm de diámetro, bisexuales; tépalos c. 1.5 mm, anchamente ovados o redondeados, escasamente pubescentes por fuera, glabros o con pocos tricomas cerca de la base por dentro, erectos o casi erectos en la antesis; estambres externos c. 1.3 mm, glabros, los filamentos angostos, las anteras libres, escasamente más largas que los filamentos, el ápice estéril ausente; estambres internos tan largos como los externos, glabros, los lóculos inferiores extrorsos, los superiores laterales y algunas veces más pequeños; estaminodios estipitados, c. 0.4 mm, glabros; pistilo c. 1.5 mm, glabro; ovario el doble de la longitud del estilo; receptáculo cupuliforme, glabro por dentro. Frutos c. 2.5 × 2 cm, anchamente elipsoides, el pedicelo más bien gradualmente angostado hasta la cúpula; cúpula c. 1.5 cm de diámetro, cupuliforme, poco profunda, frecuentemente lenticelada, con un margen simple, los tépalos caedizos. *Bosques lluviosos montanos*. Ch (*Breedlove & Almeda 58139*, MO); G (*Williams et al. 40600*, F). (800-)1500-2500 m. (Endémica).

Ocotea standleyi es una especie distinta, prontamente reconocible por sus hojas grandes, casi coriáceas, con la base redondeada a subcordada y las hojas y yemas terminales glabras. Esta es una especie morfológicamente separada sin parientes cercanos. Una especie de *Licaria* de Chiapas, probablemente *L. alata*, se asemeja vegetativamente a *O. standleyi* y ha sido confundida con esta. Cuando fértil, esa *Licaria* puede ser identificada por sus flores con solo 3 estambres de 2 lóculos y su cúpula profundamente cupuliforme con un margen doble poco desarrollado. *Licaria alata* se encuentra en Chiapas por lo general debajo de los 1000 m.

80. Ocotea stenoneura Mez & Pittier in Mez, *Bull. Herb. Boissier, sér. 2* 3: 233 (1903). Isolectotipo (primer paso designado por Allen, 1945a): Costa Rica, *Tonduz 13377* (US!). Ilustr.: no se encontró.

Árboles hasta 25 m; ramitas anguladas y estriadas, sólidas, densamente ferrugíneo-tomentulosas o tomentosas; yemas terminales densamente ferrugíneo-tomentulosas o tomentosas. Hojas 12-22 × 6-11 cm, elípticas, subcoriáceas, la base decurrente sobre el pecíolo y revoluta, algunas veces auriculada, los márgenes recurvados hacia la base, el ápice obtuso a brevemente acuminado, pinnatinervias, la vena media, las secundarias y las terciarias inmersas en el haz, elevadas en el envés, con las venas intersecundarias formando un patrón escalonado, el haz generalmente glabro, pero tomentuloso sobre la base de la vena media, el envés densa o moderadamente piloso, la superficie visible entre los tricomas, el indumento discernible al tacto, las venas secundarias 9-12 pares; domacios ausentes; pecíolo hasta 2 cm, aplanado por encima, con el indumento similar al de las ramitas y poco diferenciado debido a la base decurrente de las hojas. Inflorescencias c. 15 cm, cimoso-paniculadas, densamente ferrugíneo-tomentulosas, en las axilas de hojas normales. Flores 4-5 mm de diámetro, blanquecinas, bisexuales; tépalos 2-2.5 mm, anchamente ovados, densamente pubescentes en ambas superficies, más o menos erectos en la antesis; estambres externos 1-1.5 mm, los filamentos libres, pubescentes y casi 1/2 de la longitud de las anteras, el ápice estéril ausente; estambres internos casi tan largos como los externos, los filamentos densamente pubescentes dorsalmente; estaminodios no vistos; pistilo c. 2 mm, glabro; estilo la mitad de la longitud del ovario; receptáculo cupuliforme, densamente pubescente por dentro. Frutos c. 1.2 × 1.4 cm, redondeados; cúpula 8-10 mm de diámetro, aplanada, pateliforme, con un margen simple, los tépalos persistentes sobre cúpulas jóvenes, pero finalmente caedizos. *Bosques montanos*. CR (*Aguilar & Schmidt 1176*, MO); P (*Gentry & Mori 14126*, MO). 650-1800 m. (Endémica).

Ocotea stenoneura se puede reconocer por la base de sus hojas decurrente y revoluta, el indumento erecto, más bien denso en el envés de la hoja y por las venas marcadamente elevadas (incluyendo la nervadura terciaria) en el envés de la hoja. Ha sido raramente colectada y los pocos ejemplares asignados a esta especie varían ligeramente en caracteres vegetativos. Una colección (*Skutch 3014*, MO) tiene el envés de la hoja glauco, un carácter no visible en las otras colecciones; la descripción de las flores está basada en esta colección. Provisionalmente incluidos aquí hay 2 especímenes de la región de San Vito en Costa Rica; estos ejemplares difieren por tener las cúpulas cupuliformes, un indumento más suave sobre las hojas y los pecíolos más largos con la base de las hojas decurrente y enrollada hacia adentro, pero no recurvado-auriculada. Otras colecciones incluidas con duda en *O. stenoneura* tienen un indumento patente más denso y más ascendente en el envés de la hoja (*Morales 4353*, MO; *Rivera 1983*, MO). Describir estas colecciones como una especie diferente incrementaría el número de especies poco conocidas y débilmente definidas, y parece mejor esperar hasta que se obtengan más colecciones.

81. Ocotea strigosa van der Werff, *Ann. Missouri Bot. Gard.* 75: 723 (1988). Holotipo: Nicaragua, *Stevens & Moreno 22181* (MO!). Ilustr.: van der Werff, *Ann. Missouri Bot. Gard.* 75: 724, t. 1 (1988a).

Arbustos o árboles pequeños, hasta 10 m; ramitas teretes, sólidas, glabras al madurar, pero con cantidades variables de tricomas adpresos pardos cerca de las puntas; yemas terminales densamente adpreso-pubescentes. Hojas 6-9 × 2-3.5 cm, ovadas o angostamente ovadas, firmemente cartáceas, la base obtusa o aguda, los márgenes aplanados, el ápice gradualmente angostado hasta una punta delgada, pinnatinervias, la vena media, las secundarias y las terciarias inmersas en el haz, la vena media elevada, las secundarias y las terciarias escasamente elevadas en el envés, estrigosas en ambas superficies cuando jóvenes, tornándose glabras con la edad, las venas secundarias 3-6 pares; domacios ausentes o rara vez unos pocos tricomas erectos presentes en las axilas de las venas secundarias; pecíolo 6-10 mm, escasamente adpreso-pubescente o subglabro, aplanado por encima. Inflorescencias hasta 6 cm, cimoso-paniculadas, en las axilas de hojas o catafilos, escasa a moderadamente adpreso-pubescentes. Flores 3-4 mm de diámetro, blancas, bisexuales; tépalos c. 1.5 mm, angostamente elípticos, inicialmente erectos, pero patentes en las flores viejas, escasamente pubescentes por fuera, glabros y las puntas de los tépalos externos papilosas por dentro; estambres glabros; estambres externos c. 1 mm, los filamentos libres, las anteras tan largas como los filamentos, el ápice estéril ausente; estambres internos c. 1.5 mm, los filamentos casi tan largos como las anteras, los lóculos lateral-extrorsos; estaminodios presentes, c. 0.7 mm, con el ápice triangular pequeño; pistilo c. 1.5 mm, glabro; ovario tan largo como el estilo; receptáculo poco profundo, escasamente pubescente por dentro, con un anillo de tricomas sobre el borde superior. Frutos c. 1.2 × 0.7 cm, elipsoides; cúpula c. 1 cm de diámetro, cupuliforme, muy poco profunda, con un margen simple, los tépalos caedizos. *Bosques de neblina*. N (*Moreno 20201*, MO). 1000-1600 m. (Endémica).

Ocotea strigosa es una especie inconspicua que se reconoce por sus hojas ovadas e inflorescencias con pocas flores. Esta es muy similar a *O. parvula*, una especie de los bosques de neblina de Chiapas, la cual difiere por tener los domacios y tépalos glabros. Estas diferencias no son muy fuertes y si es que hubiera ejemplares intermedios colectados en Guatemala o en Honduras, se podría mejor considerar a *O. strigosa* como un sinónimo de *O. parvula*. *Ocotea iridescens* es otro pariente cercano de *O. strigosa* y *O. parvula*, pero esta difiere en el indumento denso en el envés de la hoja.

82. Ocotea subalata Lundell, *Lloydia* 4: 48 (1941). Isotipo: México, Chiapas, *Matuda 2957* (F!). Ilustr.: no se encontró.

Árboles hasta 10 m; ramitas marcadamente anguladas a aladas, sólidas, densamente pubescentes, los tricomas erectos y cubriendo la mayor parte de la superficie, pronto tornándose glabras; yemas terminales completamente cubiertas por tricomas blanquecinos, adpresos o ascendentes. Hojas 9-19 × 3-6.5 cm, angostamente elípticas a angostamente obovadas, la base obtusa o aguda, los márgenes aplanados, el ápice obtuso o agudo, pinnatinervias, la vena media, las secundarias y las terciarias escasamente elevadas en el haz, más marcadamente elevadas en el envés, el haz glabro o con pocos tricomas adpresos cerca de la base, el envés escasamente adpreso-pubescente, el indumento más denso y parcialmente ascendente a lo largo de las venas principales, las venas secundarias 9-12 pares, los domacios ausentes; pecíolo 10-15 mm, con el indumento similar al de las ramitas, marcadamente acanalado. Inflorescencias 15-20 cm, cimoso-paniculadas, moderada a escasamente pubescentes, los tricomas erectos, en las axilas de hojas normales. Flores c. 3 mm de diámetro, bisexuales; tépalos c. 1.5 mm, anchamente ovados, moderada a densamente pubescentes en ambas superficies, erectos en la antesis; estambres c. 1.5 mm, el ápice estéril ausente, los filamentos libres, pubescentes y casi tan largos como las anteras; estambres internos con la base de la antera densamente pubescente; estaminodios no vistos; pistilo c. 1.8 mm; ovario c. 1.3 mm, glabro; estilo escasamente pubescente; receptáculo poco profundo, glabro por dentro. Frutos c. 2 × 1 cm, elipsoides; cúpula c. 1.1 cm de diámetro, aplanada, con un margen simple, el pedicelo engrosado, los tépalos caedizos. *Bosques montanos*. Ch (*Matuda 5376*, MO). 2100-2500 m. (Endémica).

Ocotea subalata solo se conoce de 2 colecciones, ambas de Chiapas. Caracteres útiles para la identificación de esta especie son las inflorescencias largas, y las ramitas jóvenes fuertemente anguladas o aladas y densamente pubescentes. Su relación con otras especies no es muy bien entendida. La forma de la cúpula y el engrosamiento de los pedicelos durante la fructificación sugieren su adscripción al grupo de *O. tenera*, pero el indumento sobre las ramitas y las inflorescencias no sugieren lo mismo.

83. Ocotea tenera Mez & Donn. Sm. in Smith, *Bot. Gaz.* 35: 6 (1903). Lectotipo (designado por González & Poveda, 2007): Costa Rica, *Pittier 13396* (US!). Ilustr.: González & Poveda, *Monogr. Syst. Bot. Missouri Bot. Gard.* 111: 153 (2007).

Ocotea effusoides Lundell, *O. eucymosa* Lundell.

Arbustos o árboles pequeños, hasta 12 m; ramitas teretes, sólidas, glabras; yemas terminales glabras o pubescentes. Hojas 5-18 × 2-7 cm, elípticas u ovado-elípticas, papiráceas, la base aguda, los márgenes aplanados, el ápice agudo o acuminado, el acumen hasta 1.5 cm, oscuras cuando secas, pinnatinervias, la vena media, las secundarias y las terciarias inmersas en el haz, elevadas en el envés, glabras en ambas superficies, las venas secundarias 4-7 pares, arqueadas hacia arriba cerca de los márgenes y algunas veces entrelazadas, pequeños domacios foveolados presentes en las axilas de las venas secundarias basales o a lo largo de esas venas; punteaduras glandulares visibles como puntitos en el haz; pecíolo 6-12 mm, aplanado o acanalado, glabro. Inflorescencias 4-12 cm, cimoso-paniculadas, delgadas, floreciendo laxamente, en las axilas de hojas normales, glabras. Flores 2.5-3 mm de diámetro, amarillo pálido, bisexuales (pero véase discusión); tépalos 1.3-1.5 mm, glabros en ambas superficies, erectos en la antesis; estambres externos c. 1.3 mm, glabros, los filamentos libres, las anteras casi tan largas como los filamentos, el ápice estéril ausente; estambres internos c. 1.5 mm, glabros, la antera c. 0.6 mm, los lóculos ocupando toda la antera en todos los estambres; estaminodios c. 0.4 mm, lineares, glabros; pistilo c. 1.5 mm, glabro; estilo c. 0.6 mm; receptáculo con forma de tazón poco profundo, glabro por dentro. Frutos c. 3 × 1.5 cm, elipsoides o angostamente elipsoides; cúpula c. 1 cm de diámetro, disciforme, con un margen simple, el pedicelo gradualmente engrosado hacia la cúpula, los tépalos caedizos. *Bosques lluviosos montanos y de tierras bajas*. G (*Lundell & Contreras 19174*, MO); CR (*Grayum & Sleeper 3875*, MO). 100-1600 m. (Endémica).

Ocotea tenera se reconoce fácilmente por su tamaño pequeño, sus hojas delgadas, secando oscuras con punteaduras glandulares en el haz, las yemas terminales glabras y las flores pequeñas y glabras con tépalos erectos. Está relacionada con unas pocas especies de México y Guatemala las cuales tienen hojas glabras que secan oscuro, los domacios foveolados y las flores glabras con los tépalos erectos. De estas, *O. vanderwerffii* tiene las hojas 3-plinervias, *O. bernoulliana* las inflorescencias grandes (hasta 20 cm) y las cúpulas profundamente cupuliformes, y *O. euvenosa* las hojas grandes (hasta 27 × 15 cm). También está relacionada una especie aún no descrita de Costa Rica y Panamá, la cual difiere por tener las hojas coriáceas con el ápice obtuso, los domacios grandes, la cúpula cupuliforme más grande y las yemas terminales pubescentes.

Las flores de *Ocotea tenera* han sido descritas aquí como bisexuales. Los estudios de campo detallados han mostrado que algunos árboles de esta especie nunca producen fruto y que otros consistentemente producen frutos. Las observaciones cuidadosas de flores preservadas en líquido indican que se puede distinguir 3 tipos florales, uno asociado con árboles que nunca producen frutos, otro de árboles que rara vez producen frutos y otro más de árboles que con frecuencia producen frutos. Los autores de este estudio (Gibson & Diggle, 1997) concluyen que *O. tenera* es ginodioica. Aunque acepto sus conclusiones, aún describo esta especie como teniendo flores bisexuales debido a que las diferencias entre los tipos florales son tan pequeñas que un observador casual casi con seguridad consideraría las flores como bisexuales.

El tipo de *Ocotea eucymosa* tiene las hojas de color mucho más claro que el típico de *O. tenera*, pero otras colecciones de *O. eucymosa*, de la misma zona, tienen hojas tan oscuras como el aspecto típico *O. tenera*. Debido a que no se pueden encontrar otras diferencias entre *O. tenera*, *O. effusoides* y *O. eucymosa*, ubico estas dos últimas especies bajo la sinonimia de la primera.

84. Ocotea tonduzii Standl., *Publ. Field Mus. Nat. Hist., Bot. Ser.* 18: 456 (1937). *Ocotea cuneata* Mez, *Bot. Jahrb. Syst.* 30(Beibl. 67): 17 (1901) non (Griseb.) M. Gómez (1889). Sintipo: Costa Rica, *Tonduz 2142* (BR!). Ilustr.: no se encontró.

Árboles hasta 15 m; ramitas (fuertemente) anguladas, glabras, sólidas; yemas terminales glabras o finalmente adpreso-pubescentes en el 1/2 distal. Hojas 11-22 × 4.5-11 cm, (anchamente) obovadas, rara vez elípticas, rígidamente cartáceas o coriáceas, la base cuneada con los márgenes enrollados hacia adentro, el ápice obtuso, pinnatinervias, la vena media, las secundarias y las terciarias escasamente elevadas o inmersas en el haz, escasa a moderadamente elevadas en el envés, el haz glabro, el envés glabro o con pocos tricomas adpresos, las venas secundarias 7-9 pares, los fascículos de tricomas erectos parduscos con frecuencia presentes a lo largo de la vena media en el envés y estos no confinados a las axilas de las venas secundarias principales; pecíolo 1-2 mm y las hojas de apariencia sésil. Inflorescencias 7-19 cm, cimoso-paniculadas, generalmente en las axilas de hojas normales, generalmente glabras, pero hacia las flores aumentando la cantidad de indumento rojizo. Flores c. 5 mm de diámetro, de color bronce, bisexuales, densamente rojizo-pubescentes por fuera; tépalos c. 2.5 mm, adpreso-pubescentes por dentro, semierectos en la antesis; estambres externos c. 1 mm, glabros, los filamentos libres, las anteras tan largas como los filamentos, el ápice estéril ausente; estambres internos c. 1.5 mm, glabros, los 2 lóculos superiores laterales, los 2 lóculos inferiores extrorsos; estaminodios 3, c. 0.7 mm, estipitados; pistilo 2.5 mm, glabro; ovario gradualmente angostado hacia el estilo; receptáculo cupuliforme a profundamente cupuliforme, glabro por dentro. Frutos (probablemente inmaduros) c. 0.9 × 0.6 cm, elipsoides; cúpula cupuliforme poco profunda, con margen simple entero. *Bosques montanos*. CR (*Morales 1716*, MO). 1500-2400 m. (Endémica).

Ocotea tonduzii se reconoce fácilmente por el denso indumento rojizo sobre las flores, las yemas terminales grandes y glabras (o parcialmente adpreso-pubescentes), las venas terciarias elevadas en el envés de la hoja, y las hojas glabras, casi sésiles con la base enrollada hacia adentro. *Ocotea endresiana* tiene la apariencia similar, pero no tiene el indumento rojizo de las flores.

85. Ocotea tonii (Lundell) van der Werff, *Novon* 9: 579 (1999). *Nectandra tonii* Lundell, *Wrightia* 4: 106 (1969). Isotipo: México, Chiapas, *Ton 2014* (NY!). Ilustr.: van der Werff, *Novon* 9: 580, t. 14 (1999).

Árboles hasta 15 m; ramitas teretes, sólidas, densamente pardo-amarillento-tomentosas, el indumento tornándose más oscuro en el crecimiento más viejo, cubriendo completamente las ramitas jóvenes; yemas terminales densamente tomentosas. Hojas agrupadas, 13-25 × 3-6 cm, angostamente elípticas a angostamente elíptico-obovadas, firmemente cartáceas, gradualmente angostadas hacia la base, la base redondeada, los márgenes aplanados, el ápice agudo, gradualmente angostado hasta un ápice delgado, pinnatinervias, la vena media, las secundarias y las terciarias inmersas en el haz, elevadas en el envés, el haz moderadamente pubescente, los tricomas erectos y discernibles al tacto, el envés moderada a densamente pubescente, los tricomas erectos y suaves al tacto, las venas secundarias 10-15 pares; domacios ausentes; pecíolo hasta 6 mm, densamente pubescente. Inflorescencias 6-15 cm, cimoso-paniculadas, generalmente en las axilas de catafilos, densamente tomentosas. Flores 8-10 mm de diámetro, blancas, bisexuales; tépalos c. 3.5 mm, elípticos, patentes en la antesis, escasamente pubescentes por fuera, pubescentes cerca de la base y papilosos distalmente por dentro; lóculos externos c. 1.8 mm, escasamente papilosos, los filamentos ausentes, el ápice estéril c. 0.3 mm; estambres internos c. 1.5 mm, sésiles o casi sésiles; estaminodios no vistos; pistilo c. 2 mm, glabro; estilo c. 0.6 mm; receptáculo cupuliforme, glabro por dentro, densamente pubescente por fuera. Frutos c. 3 × 1.8 cm, elipsoides; cúpula c. 1.3 cm de diámetro, inicialmente cupuliforme, al madurar con forma de tazón poco profundo, con un margen simple, el pedicelo engrosado, los tépalos caedizos. *Bosques montanos*. Ch (*Ton 5264*, MO). 1000-1500 m. (Endémica).

Ocotea tonii se reconoce fácilmente por sus hojas agrupadas con pecíolos cortos, el indumento pardo-amarillento, las inflorescencias cimoso-paniculadas y las flores pubescentes. La mayoría de estos caracteres también se encuentran en *O. congregata*, pero esa especie difiere en sus pecíolos más largos (10 mm o más vs. menos de 6 mm), la vena media y las secundarias impresas en el haz de la hoja, las hojas relativamente más anchas (2-2.5 veces tan largas como anchas vs. 3-4 veces tan largas como anchas en *O. tonii*) y el indumento de las ramitas más oscuro.

86. Ocotea truncata Lundell, *Phytologia* 12: 244 (1965). Isotipo: Guatemala, *Contreras 4731* (US!). Ilustr.: no se encontró.

Arbustos o árboles pequeños, hasta 13 m, pero generalmente más pequeños; ramitas teretes, sólidas, escasa a más bien densamente adpreso-pubescentes; yemas terminales densamente adpreso-pubescentes, los tricomas blancos. Hojas 6-12 × 1.8-4 cm, elípticas a anchamente elípticas, delgadamente cartáceas a papiráceas, la base aguda o cuneada, los márgenes aplanados, el ápice brevemente acuminado a agudo, el acumen hasta 1 cm, verde oscuro cuando secas, pinnatinervias, la vena media, las secundarias y las terciarias inmersas o escasamente elevadas en el haz, la vena media y las secundarias elevadas, las terciarias escasamente elevadas en el envés, la vena media y las secundarias frecuentemente de color más claro que el tejido de la hoja; pequeñas punteaduras glandulares generalmente presentes en el envés, glabras en ambas superficies o el envés con pocos tricomas adpresos, las venas secundarias 4-6 pares; domacios presentes como fascículos de tricomas axilares, frecuentemente en una depresión pequeña, visibles a simple vista; pecíolo 4-9 mm, aplanado por encima, con el indumento similar al de las ramitas. Inflorescencias hasta 7 cm, cimoso-paniculadas, con pocas flores, en las axilas de hojas o brácteas, escasamente adpreso-pubescentes hasta casi glabras. Flores c. 2.5 mm de diámetro, blancas, bisexuales; tépalos c. 1.5 mm, glabros o casi glabros en ambas superficies, erectos en la antesis; estambres externos c. 1 mm, glabros o con pocos tricomas sobre los filamentos, los filamentos libres, las anteras escasamente más largas que los filamentos, el ápice estéril ausente; estambres internos c. 1.3 mm, con un parche de tricomas dorsalmente en la base de la antera, los filamentos casi tan largos como las anteras; pistilo c. 1.8 mm, glabro; ovario gradualmente angostado hasta el estilo; receptáculo poco profundo, glabro por dentro. Frutos c. 3 × 1.2 cm, angostamente elipsoides; cúpula hasta 7 mm de diámetro, con forma de tazón poco profundo, pero cupuliforme en frutos inmaduros, con un margen simple, el pedicelo no o escasamente engrosado, los tépalos caedizos. *Bosques lluviosos montanos*. Ch (*Breedlove 56243*, CAS); G (*Williams et al. 42057*, F). 700-1200 m. (Endémica).

Ocotea truncata se puede reconocer por sus hojas delgadas y verde oscuro cuando secas, con domacios más bien conspicuos, sus inflorescencias con pocas flores glabras y sus frutos delgados. La presencia de numerosas punteaduras glandulares pequeñas en el envés de la hoja y las venas de color más claro que el verde oscuro de las hojas son también caracteres útiles. El espécimen tipo tiene las hojas más angostas que las otras colecciones. Esta especie está posiblemente relacionada con *O. tenera*, pero la cúpula es más pequeña y el pedicelo no está o está escasamente agrandado en fruto. El ápice truncado de los frutos jóvenes es menos pronunciado en frutos más maduros y no ayuda mucho en la identificación.

87. Ocotea uxpanapana T. Wendt & van der Werff, *Ann. Missouri Bot. Gard.* 74: 413 (1987). Isotipo: México, Veracruz, *Wendt et al. 2869* (MO!). Ilustr.: Wendt & van der Werff, *Ann. Missouri Bot. Gard.* 74: 414, t. 1 (1987).

Árboles hasta 30 m; ramitas anguladas, finamente adpreso-pubescentes, pronto glabrescentes, sólidas; yemas terminales delgadas, densamente adpreso-pubescentes. Hojas 10-25 × 2.5-8 cm, angostamente elípticas a elíptico-obovadas, cartáceas, la base aguda a cuneada, los márgenes aplanados o escasamente recurvados, el ápice agudo o acuminado, pinnatinervias, la vena media, las secundarias y las terciarias ligeramente elevadas en el haz, más marcadamente elevadas en el envés, el haz glabro, el envés escasamente adpreso-pubescente o glabro, las venas secundarias 7-14 pares; domacios presentes como fascículos de tricomas axilares alrededor de una depresión poco profunda; pecíolo 1-2.3 cm, con el indumento similar al de las ramitas, levemente acanalado. Inflorescencias 5-20 cm, cimoso-paniculadas, generalmente en las axilas de catafilos cerca de las puntas de las ramitas, rara vez en las axilas de las hojas, más bien densamente pubérulas con los tricomas ascendentes. Flores 4-6 mm de diámetro, amarillento pálido o verdosas, bisexuales; tépalos 2-2.5 mm, anchamente ovados, densamente pubescentes con tricomas grises cortos por fuera, menos densamente pubescentes por dentro, más o menos patentes en la antesis; estambres externos c. 1.2 mm, los filamentos 1/2 de la longitud de las anteras, pubescentes, libres, el ápice estéril ausente; estambres internos c. 1.5 mm, los filamentos tan largos como las anteras, pubescentes; estaminodios no vistos; pistilo c. 2 mm, glabro; estilo tan largo como el ovario; receptáculo cupuliforme, glabro por dentro. Frutos c. 2.2 × 1.9 cm, elipsoides; cúpula c. 1 cm de diámetro, con forma de tazón poco profundo, con 6 lóbulos marcadamente desarrollados, la superficie de los frutos finamente arrugada excepto por el ápice liso, con un margen simple, los tépalos caedizos. *Bosques lluviosos de tierras bajas*. Veracruz (*Wendt et al. 2869*, MEXU). 100-300 m. (México [Veracruz]).

Ocotea uxpanapana es actualmente solo conocida de la región de Uxpanapa en Veracruz, donde es un árbol ripario más bien común; se espera encontrarla en Chiapas. Se asemeja a *O. eucuneata* y *O. nigrita*, pero difiere de estas en sus hojas generalmente elípticas y más bien grandes, y las flores escasamente más grandes. Las cúpulas marcadamente lobadas son una característica única de esta especie, pero los frutos y las cúpulas de *O. eucuneata* y *O. nigrita* aún no se conocen.

88. Ocotea valeriana (Standl.) W.C. Burger, *Fieldiana, Bot.* n.s. 23: 96 (1990). *Phoebe valeriana* Standl., *Publ. Field Mus. Nat. Hist., Bot. Ser.* 18: 460 (1937). Holotipo: Costa Rica, *Tonduz 11746* (F). Ilustr.: van der Werff, *Novon* 9: 580, t. 15 (1999).

Cinnamomum valerianum (Standl.) Kosterm., *Nectandra austinii* C.K. Allen, *Phoebe smithii* C.K. Allen.

Árboles hasta 15(-20 m); ramitas teretes o ligeramente anguladas, densamente tomentulosas, la superficie casi completamente cubierta, el indumento gris o pardo-amarillento, sólido; yemas terminales densamente tomentulosas. Hojas 8-25 × 4-14 cm, elípticas, oblongas u obovadas, (rígidamente) cartáceas, la base aguda, obtusa o redondeada, los márgenes aplanados, el ápice acuminado o redondeado, el acumen hasta 1 cm, pinnatinervias, las venas secundarias y las terciarias inmersas o casi inmersas en el haz, la vena media más bien marcadamente elevada, las secundarias y las terciarias elevadas en el envés, el haz escasamente pubescente con tricomas generalmente erectos, pronto tornándose glabro, los tricomas más densos a lo largo de la vena media y las secundarias, el envés moderada a escasamente pubescente con tricomas erectos, estos más densos a lo largo de las venas principales y discernible al tacto, la vena media, las secundarias 8-12 pares; domacios ausentes; pecíolo 4-15 mm, aplanado por encima, con el indumento similar al de las ramitas. Inflorescencias 8-30 cm, cimoso-paniculadas, en las axilas de hojas o catafilos, escasa a moderadamente pubescentes, los tricomas erectos; pedicelos 6-8 mm. Flores 6-9 mm de diámetro, blancas o amarillentas, fragantes en la noche, glabras, bisexuales; tépalos 3-4 mm, glabros por dentro, con pocos tricomas cerca de la base o papilosos, patentes en la antesis; estambres externos 1.5-2 mm, los filamentos libres, las anteras sésiles, los filamentos 1/3 de la longitud del estambre, el ápice estéril ausente; estambres internos c. 1.7 mm, los lóculos lateral-extrorsos; estaminodios 3, hasta 0.7 mm, glabros; pistilo 2-2.5 mm, glabro; estilo c. 1 mm; receptáculo más bien profundamente cupuliforme, glabro por dentro. Frutos c. 3 × 1.8 cm, elipsoides; cúpula c. 1.5 cm de profundidad, c. 2 cm de diámetro, cupuliforme, con un margen simple, los tépalos persistentes sobre los frutos jóvenes, pero caedizos en frutos maduros. *Bosques montanos*. CR (*Haber & Atwood 9155*, MO); P (*McPherson 9259*, MO). 800-2200 m. (Endémica).

Ocotea valeriana es similar a *O. helicterifolia* de la cual difiere en el indumento de las ramitas, consistiendo de tricomas más cortos, enmarañados con unos más largos y erectos en *O. valeriana* y solo tricomas erectos largos en *O. helicterifolia*; los tricomas más cortos enmarañados en *O. valeriana* tienden a cubrir completamente la superficie de las ramitas jóvenes, mientras que la superficie es al menos en parte visible en *O. helicterifolia*. Otras diferencias son las cúpulas más profundas y la presencia en altitudes mayores de *O. valeriana*. Otras dos especies con hojas obovadas y pubescentes se encuentran en Costa Rica, *O. lentii* y *O. valerioides*, pero estas tienen los receptáculos densamente pubescentes por dentro y las hojas son más grandes. *Ocotea valeriana*, como es aceptada aquí, es una especie variable. Ejemplares con pecíolos cortos, hojas obovadas e inflorescencias cortas han sido descritos como *Phoebe smithii*. Sin embargo, estos caracteres varían independientemente y considero a *P. smithii* como un extremo de un continuo, al cual no se le debería dar reconocimiento taxonómico.

89. Ocotea valerioides W.C. Burger, *Fieldiana, Bot.* n.s. 23: 97 (1990). Isotipo: Costa Rica, *Hartshorn 1530* (MO!). Ilustr.: van der Werff, *Novon* 9: 580, t. 16 (1999).

Árboles hasta 20 m, pero con frecuencia menos de 10 m; ramitas estriadas, densamente tomentulosas, los tricomas amarillentos a grispardos, cubriendo completamente las ramas jóvenes, sólidas; yemas terminales densamente tomentulosas. Hojas 13-40 × 10-22 cm, obovadas a oblongo-obovadas, firmemente cartáceas, gradualmente angostadas hacia la base obtusa o redondeada, los márgenes aplanados, el ápice redondeado o brevemente acuminado, pinnatinervias, la vena media y las secundarias inmersas o escasamente elevadas, las venas terciarias inmersas en el haz, la vena media marcadamente elevada, las secundarias y las terciarias elevadas en el envés, el haz con algunos tricomas erectos cuando jóvenes, la lámina tornándose glabra, pero las venas principales permaneciendo pardo-tomentulosas, el envés moderada a escasamente pubescente, los tricomas erectos y discernibles al tacto, las venas principales tomentulosas a tomentosas, las venas secundarias 8-12 pares; domacios ausentes; pecíolo 5-12 mm, sulcado por encima, con el indumento similar al de las ramitas. Inflorescencias 10-30 cm, cimoso-paniculadas, en las axilas de catafilos, rara vez en las axilas de hojas normales, densamente tomentulosas, la superficie cubierta completamente o casi así. Flores 8-9 mm de diámetro, blancas, bisexuales, escasamente pubescentes externamente; tépalos 3-4 mm, elípticos, patentes en la antesis, con algunos tricomas cerca de la base y distalmente papilosos por dentro; estambres externos c. 1 mm, sésiles o casi sésiles, glabros, el ápice estéril ausente; estambres internos c. 1.2 mm, los filamentos muy cortos, pubescentes, los 2 lóculos superiores extrorsos, los 2 lóculos inferiores laterales; estaminodios no vistos; pistilo c. 2 mm, glabro; estilo delgado, tan largo como el ovario; receptáculo cupuliforme poco profundo, adpreso-pubescente por dentro. Frutos c. 3 × 2 cm, elipsoides; cúpula c. 1.7 cm de diámetro, con forma de tazón poco profundo, con un margen simple, el pedicelo engrosado, los tépalos caedizos. *Bosques lluviosos de tierras bajas.* CR (*Grayum 3519*, MO); P (*Kirkbride & Duke 486*, MO). 50-500 m. (Endémica).

Ocotea valerioides puede reconocerse prontamente por sus hojas obovadas grandes y el denso indumento tomentuloso sobre las ramitas e inflorescencias. Se puede confundir con *O. lentii*, la cual difiere en su indumento piloso, no tomentuloso, con la superficie de las ramitas e inflorescencias visible; los tricomas de *O. lentii* son también rígidos y gruesos. La mayoría, pero no todas las colecciones de *O. lentii*, provienen de elevaciones altas (por encima de 700 m). *Ocotea helicterifolia*, la cual puede también tener hojas obovadas más bien grandes, no tiene el indumento tomentuloso sobre las ramitas y las inflorescencias y tiene flores glabras y el receptáculo por dentro es también glabro. Así mismo, *O. valeriana* tiene receptáculo glabro y flores glabras, aunque sus ramitas son densamente pubescentes, muy similares a las de *O. valerioides*.

90. Ocotea vanderwerffii (Kosterm.) van der Werff, *Novon* 11: 511 (2001). *Cinnamomum vanderwerffii* Kosterm., *Reinwardtia* 10: 454 (1988). *Phoebe glabra* van der Werff, *Ann. Missouri Bot. Gard.* 74: 406 (1987) non *C. glabrum* hort. ex Ettingsh. (1861). Holotipo: México, Oaxaca, *Wendt et al. 4813* (MO!). Ilustr.: van der Werff, *Ann. Missouri Bot. Gard.* 74: 407, t. 3 (1987b), como *P. glabra*.

Árboles hasta 20 m; ramitas finamente estriadas, glabras, sólidas; yemas terminales glabras. Hojas 8-16 × 2.5-6 cm, elípticas, cartáceas, la base aguda a obtusa, los márgenes aplanados, el ápice agudo a acuminado, el acumen hasta 1 cm, 3-plinervias, la vena media, las secundarias y las terciarias inmersas o las terciarias elevadas en el haz, la vena media, las secundarias y las terciarias escasamente elevadas en el envés, glabras en ambas superficies, verde oscuro cuando secas, las venas secundarias 3-5 pares, el par basal más fuertemente desarrollado que los otros; domacios foveolados presentes en las axilas del par de venas secundarias más proximal, estos generalmente visibles como protuberancias en el haz de la hoja; punteaduras glandulosas no conspicuas en el haz; pecíolo 8-15 mm, acanalado, glabro. Inflorescencias 5-10 cm, cimoso-paniculadas, en las axilas de hojas normales, glabras. Flores c. 3 mm de diámetro, verdosas, bisexuales; tépalos c. 1.5 mm, glabros en ambas superficies o con pocos tricomas por dentro, erectos en la antesis; estambres externos c. 1.2 mm, los filamentos libres, ligeramente más cortos que las anteras, con pocos tricomas cerca de la base, el ápice estéril ausente; estambres internos c. 1 mm, los filamentos pubescentes sobre el lado cercano al pistilo, la antera c. 0.6 mm, los lóculos lateral-extrorsos; estaminodios c. 0.5 mm, pubescentes; pistilo c. 2 mm, glabro; estilo conspicuo, c. 0.5 mm; receptáculo cupuliforme, glabro por dentro. Frutos c. 2.5 × 1.5 cm, elipsoides; cúpula pateliforme o con forma de tazón poco profundo, con un margen simple, el pedicelo gradualmente engrosado hacia la cúpula, los tépalos con frecuencia, pero no siempre persistentes sobre la cúpula como dientes pequeños. *Bosques lluviosos montanos y de tierras bajas.* Ch (*Breedlove 50853*, MO). 150-1200 m. (México [Oaxaca, Veracruz], Mesoamérica).

Ocotea vanderwerffii es mejor reconocida por sus hojas 3-plinervias, oscuras cuando secas, con domacios foveolados grandes en las axilas de las venas secundarias basales y las flores glabras con tépalos erectos. Se asemeja a *O. tenera* de Costa Rica, pero esta última especie tiene las hojas pinnatinervias y los domacios foveolados pequeños los cuales no son visibles en el haz de la hoja. Para diferencias con *O. bernoulliana* véase la discusión bajo de esta última.

91. Ocotea velloziana (Meisn.) Mez, *Jahrb. Königl. Bot. Gart. Berlin* 5: 347 (1889). *Oreodaphne velloziana* Meisn. in A. DC., *Prodr.* 15(1): 132 (1864). Isotipo: Brasil, *Riedel 1313* (NY!). Ilustr.: Burger & van der Werff, *Fieldiana, Bot.* n.s. 23: 21, t. 8 (1990), como *Ocotea babosa*.

Ocotea babosa C.K. Allen.

Árboles hasta 30 m; ramitas anguladas, moderada a densamente pubescentes, la superficie de las ramitas parcialmente visible entre los tricomas, los tricomas crespos, erectos, sólidas; yemas terminales densamente tomentulosas. Hojas 12-25 × 6-12 cm, anchamente elípticas a elípticas u ovado-elípticas, (firmemente) cartáceas, la base obtusa, los márgenes aplanados, el ápice agudo u obtuso, pinnatinervias, la vena media y las secundarias inmersas a escasamente impresas, las terciarias escasamente elevadas en el haz, la vena media, las secundarias y las terciarias elevadas en el envés, el haz con escasos tricomas cuando jóvenes, pronto glabrescente, pero la vena media y las secundarias algunas veces pubescentes, el envés escasa a moderada o densamente pubescente, los tricomas erectos y crespos, discernibles al tacto, el indumento más denso a lo largo de la vena media y las secundarias, las venas secundarias 5-7 pares; domacios ausentes; pecíolo 10-25 mm, con el indumento similar al de las ramitas, aplanado por encima. Inflorescencias 7-12 cm, cimoso-paniculadas, en las axilas de las hojas, pubérulas o densamente pubérulas, los tricomas crespos y erectos, las ramitas redondeadas. Flores 5-6 mm de diámetro, amarillo-verdosas, unisexuales. Flores masculinas con tépalos c. 1.5 mm, ovado-elípticos, glabros o casi glabros por fuera, distalmente glabros pero pubescentes cerca de la base por dentro; estambres externos c. 2 mm, glabros, los filamentos libres, escasamente más cortos que la antera, el ápice estéril ausente; estambres internos c. 2 mm, el filamento con pocos tricomas, tan largo como la antera, el par inferior de lóculos extrorsos, el par superior de lóculos latrorsos; estaminodios no vistos; pistilodio filiforme, glabro. Flores pistiladas con tépalos como en las flores masculinas, los estaminodios 0.8-1 mm, glabros, los 3 estaminodios internos con 2 glándulas pequeñas en la base de los filamentos; pistilo glabro, c. 3 mm en flores viejas y probablemente más pequeño en la antesis; receptáculo cupuliforme y glabro por dentro en flores viejas. Frutos c. 1 cm de diámetro, redondeados; cúpula pateliforme, con un margen simple, los tépalos caedizos. *Bosques montanos y de tierras bajas*. CR (*Zamora et al. 2342*, MO); P (*Correa et al. 8431*, MO). 100-800 m. (Mesoamérica, Colombia, Venezuela, Ecuador, Brasil).

Ocotea velloziana se reconoce por la combinación de flores unisexuales y el indumento erecto sobre las ramitas, hojas y flores. Esta combinación de caracteres también se encuentra en *O. atlantica*, pero esta última especie tiene flores más pequeñas (3.5 vs 5-6 mm de diámetro) y un indumento más denso sobre las ramitas (cubriendo la superficie completamente en *O. atlantica* vs. la superficie visible en *O. velloziana*). También, *O. velloziana* tiene una cúpula pateliforme delgada y un pedicelo liso, mientras que *O. atlantica* tiene un pedicelo turbinado engrosado, frecuentemente con lenticelas, pero no tiene la cúpula pateliforme. Esta especie se encuentra en un amplio intervalo de elevaciones, desde 100 m en Costa Rica hasta 2600 m en Ecuador. Casi todas las colecciones en Sudamérica provienen de los 2000 m o más, pero hay una colección de Colombia hecha a 1450 m. Estas colecciones de elevaciones altas tienen un indumento ligeramente más denso sobre las ramitas y las hojas y menos indumento en las flores. Sin embargo, la única colección de Panamá fue hecha a los 800-900 m y conecta las colecciones de tierras bajas de Costa Rica con las colecciones de elevaciones altas de Sudamérica. A pesar de todo, la especie es poco conocida; todos los ejemplares estaminados provienen de Mesoamérica, mientras que todas las colecciones pistiladas provienen de Sudamérica y es posible que más colecciones muestren que los ejemplares de Mesoamérica y Sudamérica sean mejor tratados como especies separadas. Las colecciones de Costa Rica fueron previamente identificadas como *O. babosa*, la cual ubico como un sinónimo de *O. velloziana*. En el *Manual de Plantas de Costa Rica* (González & Poveda, 2007) se usó el nombre *O. macropoda* (Kunth) Mez para esta especie.

92. Ocotea verapazensis Standl. & Steyerm., *Publ. Field Mus. Nat. Hist., Bot. Ser.* 23: 114 (1944). Holotipo: Guatemala, *Standley 71421* (F-[nr] 983559!). Ilustr.: no se encontró.

Árboles hasta 10 m; ramitas estriadas a anguladas, glabras, sólidas; yemas terminales glabras. Hojas 12-20 × 4.5-8 cm, elípticas o elíptico-obovadas, firmemente cartáceas, la base aguda a redondeada, los márgenes aplanados, el ápice obtuso a agudo, pinnatinervias, la vena media, las secundarias y las terciarias ligeramente elevadas en el haz, elevadas en el envés, glabras en ambas superficies, las venas secundarias 6-9 pares; domacios foveolados algunas veces presentes en las axilas de las venas secundarias; pecíolo 1.2-1.8 cm, aplanado por encima, la base de las hojas frecuentemente decurrente como alas angostas a lo largo del pecíolo. Inflorescencias 5-14 cm, cimoso-paniculadas, en las axilas de hojas normales, glabras. Flores c. 3 mm de diámetro, verdes, bisexuales; tépalos c. 1.6 mm, ovados, glabros, erectos en la antesis; estambres con el ápice estéril ausente; estambres externos c. 1.7 mm, glabros, los filamentos libres, las anteras tan largas como los filamentos; estambres internos tan largos como los externos, pero el filamento pubescente en la parte distal; estaminodios c. 1 mm, estipitiformes, pubescentes; pistilo c. 2 mm, glabro; estilo mucho más corto que el ovario; receptáculo más bien poco profundo, glabro por dentro. Frutos c. 2.5 × 1.7 cm, elipsoides; cúpula c. 1.5 cm de diámetro, poco profunda, con un margen simple, gradualmente angostada hasta el pedicelo, los tépalos caedizos. *Bosques lluviosos montanos*. G (*Standley 71421*, F). 1500-2000 m. (Endémica).

Ocotea verapazensis es una especie poco conocida, que se reconoce por sus yemas terminales, las ramitas y hojas glabras, y sus pecíolos escasamente alados. En hojas más viejas las venas principales son de color más claro que la lámina; esto, las cúpulas poco profundas y las flores con tépalos erectos indican una relación con *O. meziana* y sus aliados. Vegetativamente esta especie se asemeja a *O. subalata*, pero esta última especie tiene yemas terminales densamente pubescentes e inflorescencias y flores pubescentes. Sin embargo, *Steyermark 37752* (F) se posiciona entre estas 2 especies; sus ramitas, inflorescencias y flores son escasamente pubescentes. Los domacios foveolados están solo presentes sobre las hojas más viejas; *Standley 71163* (F) tiene solo hojas jóvenes sin ninguna seña de domacios.

93. Ocotea verticillata Rohwer, *Bot. Jahrb. Syst.* 112: 369 (1990/1991 [1991]). Holotipo: México, Veracruz, *Ibarra 2328* (MO!). Ilustr.: Rohwer, *Bot. Jahrb. Syst.* 112: 371, t. 1 (1990/1991 [1991]).

Árboles hasta 15 m; ramitas redondeadas, densamente amarillentas o pardusco-pubescentes, el indumento cubriendo completamente la superficie, sólidas; yemas terminales densamente pubescentes. Hojas verticiladas, 14-26 × 5-15 cm, obovadas, firmemente cartáceas, gradualmente angostadas hacia la base y la base abruptamente redondeada, los márgenes aplanados, el ápice brevemente acuminado, pinnatinervias, la vena media, las secundarias y las terciarias inmersas en el haz, la vena media y las secundarias marcadamente elevadas en el envés, las terciarias menos marcadamente elevadas, el haz glabro excepto por la vena media y los márgenes pubescentes, el envés moderada a densamente pubescente, los tricomas erectos, discernibles al tacto y más densos a lo largo de la vena media y las venas principales, las venas secundarias 7-12 pares; domacios ausentes; pecíolo 3-8 mm, sulcado por encima, con el indumento similar al de las ramitas. Inflorescencias 5-10 cm, racemosas o con pocas cimas de tres flores cerca de la base, densamente pubescentes. Flores 7-10 mm de diámetro, blancas, bisexuales; tépalos 3-4 mm, elípticos, patentes en la antesis, los 3 externos pubescentes por fuera; todos los tépalos con un parche pubescente triangular cerca de la base, por lo demás glabros por dentro; estambres 2-3 mm; estambres externos pubescentes cerca de la base dorsalmente, por lo demás escasamente papilosos, lingüiformes, sésiles, el ápice estéril c. 0.5 mm; estambres internos con el filamento corto; estaminodios no vistos; pistilo 2.5-3 mm, glabro; receptáculo glabro por dentro. Frutos c. 3 × 1.5 cm, elipsoides; cúpula c. 1.5 cm de diámetro, cupuliforme, poco profunda, con un margen simple, los tépalos caedizos. *Bosques lluviosos montanos y de tierras bajas*. Veracruz (*Cedillo 2940*, MO). 100-1000 m. (México [Oaxaca, Veracruz]).

Ocotea verticillata se reconoce fácilmente por sus hojas verticiladas, gradualmente angostadas hacia la base y abruptamente redondeadas en la base, y sus estambres lingüiformes con el ápice estéril. Junto con *O. botrantha* y *O sinuata* forman un grupo conspicuo y su relación con otras especies de *Ocotea* no son claras. Se espera encontrarla en Chiapas.

94. Ocotea viridiflora Lundell, *Wrightia* 5: 36 (1974). Isotipo: Panamá, *Proctor 31916* (MO!). Ilustr.: no se encontró.

Arbustos a árboles, c. 18 m; ramitas estriadas o teretes, glabras, sólidas; yemas terminales glabras. Hojas alternas 5-12 × 1.5-3 cm, angostamente elípticas, cartáceas, la base aguda, los márgenes aplanados, el ápice finamente agudo a acuminado, el acumen hasta 1 cm, pinnatinervias, la vena media, las secundarias y las terciarias inmersas en el haz, elevadas en el envés, glabras en ambas superficies, las venas secundarias 4-7 pares; domacios foveolados presentes en las axilas de varias venas secundarias, pequeños, rara vez también presentes a lo largo de las venas secundarias; pecíolo 5-12 mm, glabro, acanalado o levemente acanalado. Inflorescencias 3-5 cm, cimoso-paniculadas o rara vez racemosas, en las axilas de hojas distales o de las brácteas, glabras. Flores c. 5 mm de diámetro, verde pálido, bisexuales; tépalos c. 2 mm, anchamente elípticos, glabros en ambas superficies, semierectos a patentes en la antesis; estambres sin ápice estéril; estambres externos c. 1.5 mm, glabros o con pocos tricomas sobre el filamento, filamentos libres, las anteras escasamente más largas que los filamentos; estambres internos c. 1.5 mm, las anteras pubescentes sobre el lado introrso y casi tan largas como los filamentos, los lóculos laterales; estaminodios estipitados, c. 0.5 mm, escasamente pubescentes; pistilo c. 2 mm, glabro; estilo tan largo como el ovario; receptáculo poco profundo, glabro por dentro. Frutos c. 2.5 × 1.2 cm, elipsoides; cúpula c. 1 cm de diámetro, con forma de tazón poco profundo, con un margen simple, el pedicelo engrosado, los tépalos generalmente persistentes sobre la cúpula como lóbulos cortos. *Bosques montanos*. CR (*Haber & Bello 6383*, MO); P (*Mori & Kallunki 5787*, MO). 1300-1800 m. (Endémica).

Ocotea viridiflora es similar a *O. meziana*, pero difiere de esta en sus yemas terminales glabras, las hojas fuertemente agudas y las inflorescencias más cortas con las flores escasamente más grandes. Esta comparte con *O. meziana* sus hojas elípticas con las venas terciarias elevadas en el envés, el color gris-verdoso de las hojas secas y los pequeños domacios foveolados en las axilas de las venas secundarias. Las colecciones de Costa Rica no tienen los tépalos persistentes sobre las cúpulas.

95. Ocotea whitei Woodson, *Ann. Missouri Bot. Gard.* 24: 188 (1937). Holotipo: Panamá, *Seibert 307* (MO!). Ilustr.: Burger & van der Werff, *Fieldiana, Bot.* n.s. 23: 24, t. 11 (1990).

Nectandra whitei (Woodson) C.K. Allen, *Ocotea eusericea* Lundell, *O. skutchii* C.K. Allen.

Árboles hasta 30 m; ramitas estriadas o anguladas, sólidas, (escasamente) adpreso-pubescentes, pronto tornándose glabras; yemas terminales densamente adpreso-pubescentes. Hojas 5-15 × 2-5 cm, (angostamente) elípticas a obovadas, firmemente cartáceas a coriáceas, la base enrollada hacia adentro y con frecuencia, pero no siempre, decurrente sobre el pecíolo, el ápice agudo, con menos frecuencia obtuso, pinnatinervias, la vena media, las secundarias y las terciarias inmersas o escasamente elevadas en el haz, ligeramente más elevadas en el envés, el haz glabro, el envés (escasamente) adpreso-pubescente, la superficie siempre visible, las venas secundarias 6-12 pares; domacios presentes o ausentes; pecíolo 5-20 mm, con frecuencia poco definido debido a la lámina decurrente de las hojas, con el indumento similar al de las ramitas. Inflorescencias 6-20 cm, cimoso-paniculadas, en las axilas de hojas normales, moderada a escasamente adpreso-pubescentes. Flores 3-4 mm de diámetro, blancas o verdes, bisexuales; tépalos c. 2 mm, ovados, escasa a densamente pubescentes por fuera, escasa a moderadamente pubescentes por dentro, semierectos en la antesis; estambres externos c. 1.2 mm, los filamentos libres, c. 0.4 mm, dorsalmente con algunos tricomas, el ápice estéril ausente; estambres internos c. 1.4 mm, los filamentos 1/2 de la longitud de las anteras, dorsalmente pubescentes; estaminodios no vistos; pistilo c. 1.5 mm, glabro; receptáculo glabro por dentro, cupuliforme, los tépalos generalmente caedizos como una unidad en flores viejas. Frutos c. 4 × 2 cm, elipsoides; cúpula c. 1.3 cm de diámetro, inicialmente cupuliforme, al madurar pateliforme, con un margen simple, los tépalos generalmente caedizos, rara vez persistentes sobre el margen de la cúpula. *Bosques montanos y de tierras bajas*. N (*Nee & Robleto 28059*, MO); CR (*Rivera 1303*, MO); P (*Quiroz 447*, MO). 100-2500 m. (Mesoamérica, Venezuela).

Como es aquí aceptada, *Ocotea whitei* es una especie variable, que se reconoce por sus estambres internos con filamentos dorsalmente pubescentes y las hojas más bien angostas (hasta 5 cm de ancho), con frecuencia oblanceoladas u obovado-elípticas con la base decurrente sobre el pecíolo y algunas veces enrollada también hacia adentro. *Ocotea skutchii* ha sido reconocida por otros autores como una especie distinta, debido a la presencia o ausencia de los domacios o la orientación del indumento en el envés, pero encontré que estos caracteres son muy variables. Por ejemplo, algunas colecciones de la Isla Barro Colorado tienen domacios, mientras otras no; lo mismo para las colecciones de Chiriquí en Panamá. *Ocotea insularis* está cercanamente relacionada con *O. whitei*, pero difiere por tener hojas más anchas las cuales con frecuencia tienen el ápice obtuso. También incluidos aquí (aunque con cierta duda) están los ejemplares ubicados en Burger & van der Werff (1990) bajo *O.* aff. *bijuga* (Rottb.) Bernardi. Estos ejemplares, todos de la Estación Biológica La Selva en Costa Rica, se asemejan mucho a *O. whitei* vegetativamente y en la estructura de la flor. Estos difieren de la típica *O. whitei* por tener un fruto redondeado asentado sobre una cúpula pateliforme pequeña. Las inflorescencias de los ejemplares de La Selva muestran las ramitas laterales aplanadas y los estambres del verticilo III tienen un mechón de tricomas cerca del ápice de los filamentos y la base de las anteras; ambos caracteres son típicos para el grupo de *O. insularis* al cual *O. whitei* pertenece. No puedo explicar lo inusual de los frutos y las cúpulas, pero no quiero describir una especie nueva solo por la forma de los frutos y la cúpula. Bernardi, quien vio el tipo de *O. bijuga*, reconoció *O. neesiana* (Miq.) Kosterm. como un sinónimo de esta, y por tanto haciendo que la especie se encuentre en la Guayana venezolana, las Guayanas, zona adyacente de Brasil y la Amazonía colombiana. Según el concepto de Bernardi, considero a *O. bijuga* como una especie con flores unisexuales, definitivamente diferente de los ejemplares de La Selva.

Especie de *Ocotea* poco conocida

96. Ocotea sp. A.

Árboles hasta 8 m; ramitas anguladas, sólidas, densa y diminutamente adpreso-pubescentes, la superficie completamente cubierta en las ramitas jóvenes. Hojas 10-15 × 4-5 cm, elípticas, cartáceas, la base obtusa a aguda, los márgenes aplanados, el ápice agudo a acuminado, el acumen hasta 1.5 cm, pinnatinervias, la vena media y las secundarias inmersas, las terciarias inmersas o escasamente elevadas en el haz, la vena media y las secundarias elevadas, las terciarias ligeramente elevadas en el envés, el haz en un inicio escasamente adpreso-pubescente, pronto tornándose glabro excepto por algunos tricomas persistentes sobre la vena media y las secundarias, el envés con algunos tricomas adpresos, estos más densos a lo largo de las venas principales, las venas secundarias 4 o 5 pares; domacios ausentes; pecíolo 13-20 mm, aplanado por encima, con el indumento similar al de las ramitas. Inflorescencias 5-12 cm, cimoso-paniculadas, en las axilas de hojas normales o de las brácteas, moderada a densamente adpreso-pubescentes. Flores c. 6 mm de diámetro, blancas, bisexuales; tépalos c. 2.3 mm, glabros o con pocos tricomas adpresos por fuera, escasamente papilosos y con pocos tricomas cerca de la base por dentro; estambres c. 1 mm, papilosos, los filamentos cortos, los estambres externos parcialmente fusionados con los tépalos, los estaminodios presentes casi tan largos como las glándulas; pistilo c. 2 mm, glabro; estilo casi tan largo como el ovario; receptáculo cupuliforme, glabro por dentro. Frutos y cúpula no conocidos. *Bosques*. CR (*Carvajal 328*, MO). c. 900 m. (Endémica).

Solo se conoce de una colección de Costa Rica y probablemente representa una especie aún no descrita. Concuerdo con Rohwer (1990/1991 [1991]) que es mejor esperar para hacer la descripción cuando se obtengan más colecciones. Esta se asemeja a *Ocotea brenesii*, pero difiere de esa especie en su inflorescencia paniculada (racemosa en *O. brenesii*) y en la superficie del receptáculo glabra por dentro.

17. Persea Mill., nom. cons.

Por H. van der Werff.

Árboles y arbustos. Hojas uniformemente distribuidas a lo largo de las ramitas o agrupadas, pinnatinervias, los fascículos axilares de tricomas o domacios ausentes. Inflorescencias en las axilas de hojas o catafilos, cimoso-paniculadas, con las flores laterales de una cima siempre estrictamente opuestas. Flores bisexuales; tépalos 6, iguales o desiguales, si desiguales, los 3 externos más pequeños que los 3 internos, deciduos o persistentes en el fruto, si persistentes, generalmente permaneciendo enteros, rara vez las puntas de los tépalos internos quebradas; estambres 9 o 6, si 6, los estambres del verticilo III como estaminodios; anteras generalmente con 4 lóculos, rara vez con 2 , los estambres internos con 2 glándulas en la base; estaminodios del verticilo IV presentes, con el ápice sagitado o triangular. Frutos con o sin tépalos persistentes en la base, pero nunca con cúpula. 80-90 especies en América tropical, 1 sp. en las Islas Canarias; 22 spp. en Mesoamérica.

Persea es un género variable e incluye en Mesoamérica 3 grupos de especies bastante distintos. Estos son el *P.* subg. *Persea*, caracterizado por tener flores con tépalos iguales los cuales son deciduos en fruto, el *P.* subg. *Eriodaphne* Nees, caracterizado por sus flores con tépalos desiguales los cuales son persistentes en fruto, y un grupo caracterizado por flores con tépalos iguales y persistentes. Las especies relacionadas de fuera de Mesoamérica poseen además otras combinaciones de caracteres. Una revisión de todo el grupo, incluyendo especies asiáticas ubicadas en *Machilus* Rumph. ex Nees, *Alseodaphne* Nees, *Dehaasia* Blume y *Phoebe* es necesaria para reevaluar los límites genéricos en el grupo. En Mesoamérica las especies de *Persea* pueden reconocerse en numerosos casos por los tépalos desiguales, que son persistentes en fruto sin la formación de cúpula, por la ausencia de domacios, por los estaminodios del verticilo IV bien desarrollados o por los estambres con filamentos más largos que las anteras (en el caso de especies con tépalos iguales). Numerosas especies tienen pecíolos relativamente largos. Las especies con tépalos deciduos se pueden confundir con *Beilschmiedia* cuando están en fruto. *Persea americana*, la especie tipo del género, es ampliamente cultivada por sus frutos comestibles; su larga historia de cultivo ha producido frutos y caracteres vegetativos muy variables, lo cual se refleja en una muy complicada sinonimia.

Bibliografía: van der Werff, H. *Novon* 12: 575-586 (2002b).

1. Tépalos iguales o casi iguales.
 2. Pistilos pubescentes; pedicelos 5-25 mm.
  3. Pedicelos 5-8 mm; brácteas alrededor de las yemas terminales uniformemente pubescentes; pistilos escasa a densamente pubescentes. **3. P. americana**
  3. Pedicelos 10-25 mm; brácteas alrededor de las yemas terminales con los márgenes escariosos; pistilos densamente pubescentes. **17. P. schiedeana**
 2. Pistilos glabros; pedicelos hasta 5 mm.
  4. Envés de la hoja glauco; tépalos hasta 2 mm.
   5. Hojas 15-30 cm; pecíolo 15-40 mm. **2. P. albiramea**
   5. Hojas hasta 15 cm; pecíolo hasta 16 mm.
    6. Corteza de las ramitas pardo oscuro, la vena media y el retículo inmersos en el haz; yemas terminales densamente blanco-pubescentes. **9. P. laevifolia**
    6. Corteza de las ramitas blanquecina, la vena media impresa y el retículo elevado en el haz; yemas terminales escasa a moderadamente adpreso-pubescentes. **12. P. perglauca**
  4. Envés de la hoja generalmente no glauco; tépalos c. 2.5 mm o más largos.
   7. Hojas uniformemente distribuidas; puntas de las ramas no engrosadas, sin múltiples ramas. **1. P. albida**
   7. Hojas verticiladas, agrupadas cerca de las puntas de las ramas; las ramas con nudos engrosados desde los cuales emergen múltiples ramas.
    8. Inflorescencias y flores densamente blanco-pubescentes, la superficie de las flores completamente cubierta. **15. P. rigens**
    8. Inflorescencias y flores escasamente pubescentes o si densamente pubescentes, el indumento pardo.
     9. Pecíolo hasta 8 mm; venas terciarias elevadas en el haz, formando un retículo grueso; flores escasamente pubescentes a subglabras. **5. P. brevipetiolata**
     9. Pecíolo 8-25 mm; venas terciarias inmersas o elevadas en el haz; si elevadas, formando un retículo fino; flores moderada a escasamente pubescentes.
      10. Hojas 3-6 cm de ancho, la base ligeramente decurrente sobre el pecíolo; flores moderadamente pubescentes, los tricomas ascendentes a erectos. **16. P. rufescens**
      10. Hojas 7-12 cm de ancho, la base no decurrente sobre el pecíolo; flores escasa o moderadamente pubescentes, los tricomas adpresos. **19. P. silvatica**
1. Tépalos desiguales, los 3 externos claramente más cortos (no más de 2/3 de la longitud) que los tépalos internos.
 11. Flores con 9 estambres con 2 lóculos. **7. P. cuneata**
 11. Flores con 6 o 9 estambres con 4 lóculos.
  12. Flores con 6 estambres con 4 lóculos. **14. P. pseudofasciculata**
  12. Flores con 9 estambres con 4 lóculos.
   13. Tépalos externos glabros o casi glabros por fuera; tépalos internos moderada a densamente pubescentes por fuera, la diferencia en indumento entre la superficie interna y la externa bastante visible. **13. P. povedae**
   13. Indumento, si presente, similar en los tépalos internos y externos.
    14. Hojas sésiles, la base cordada o redondeada. **18. P. sessilis**
    14. Hojas pecioladas, la base nunca cordada.
     15. Ramitas densamente tomentosas, la superficie completamente cubierta; envés de la hoja moderada a densamente tomentoso, el indumento discernible al tacto. **8. P. donnell-smithii**
     15. Ramitas glabras o diversamente pubescentes, pero no densamente tomentosas; envés de la hoja generalmente glabro o adpreso-pubescente; si hay tricomas ascendentes, entonces estos rectos, no ondulados ni crespos.
      16. Envés de la hoja cubierto por indumento corto, denso, afelpado, este algunas veces difícil de discernir; tricomas individuales no o escasamente visibles. **22. P. vesticula**
      16. Envés de la hoja glabro o con tricomas adpresos o ascendentes; si pubescente, el indumento no afelpado y los tricomas individuales visibles.
       17. Hojas, ramitas y yemas terminales glabras; hojas más de 10 cm de largo. **20. P. standleyi**
       17. Plantas vegetativamente con algún indumento (en ocasiones ejemplares de *Persea vesticula* pueden ser glabros, pero esta especie tiene las hojas en general de menos de 10 cm).
        18. Hojas y ramitas inicialmente pubescentes, los tricomas erectos o ascendentes, pero pronto tornándose glabras; hojas coriáceas, rara vez más de 10 cm. **11. P. obtusifolia**
        18. Indumento de las ramitas y hojas, cuando presente, estrictamente adpreso; hojas coriáceas o cartáceas, generalmente más de 10 cm.
         19. Hojas elípticas, hasta 10 × 3.5 cm, pecíolo 1-1.5 cm; indumento denso sobre las ramitas y el envés de la hoja, consistiendo de tricomas adpresos gruesos. **4. P. brenesii**
         19. Hojas elípticas a anchamente elípticas u ovadas, en general más largas y/o más anchas que 10 × 3.5 cm; indumento variable, si es que es denso, entonces los tricomas finos.
          20. Tépalos internos 3-4 veces más largos que los tépalos externos; flores con el pedicelo delgado y conspicuo; parte distal de los tépalos internos quebradiza en fruto, así el fruto pareciendo abrazado por 6 tépalos iguales. **6. P. caerulea**
          20. Tépalos internos el doble de la longitud de los externos; fruto sésil o casi sésil, sin pedicelo delgado; parte distal de los tépalos internos no quebradiza en fruto, así el fruto abrazado por 6 tépalos desiguales.
           21. Inflorescencias más o menos uniformemente distribuidas a lo largo del crecimiento estacional, generalmente en las axilas de hojas, rara vez más de 1/2 de la longitud de las hojas subyacentes. **10. P. liebmannii**
           21. Inflorescencias agrupadas en la base del crecimiento estacional o cerca del ápice de las ramitas, en las axilas de brácteas u hojas, casi tan largas como las hojas. **21. P. veraguasensis**

1. Persea albida Kosterm., *Reinwardtia* 7: 511 (1969). *Persea pallida* Mez & Pittier in Mez, *Bull. Herb. Boissier, sér. 2* 3: 231 (1903) non (Nees) Oliv. (1880). Isotipo: Costa Rica, *Pittier 11111* (G!). Ilustr.: Burger & van der Werff, *Fieldiana, Bot.* n.s. 23: 28, t. 15 (1990).

Persea guatemalensis Lundell.

Árboles hasta 25 m; ramitas anguladas, escasa a moderadamente adpreso-pubescentes, glabrescentes, la ramificación no agregada, sin conspicuos grupos de cicatrices de las brácteas, aunque algunas cicatrices presentes; yemas terminales densamente blancas, adpreso-pubescentes, no envueltas por las brácteas. Hojas más o menos uniformemente distribuidas a lo largo de las ramas, 9-22 × 3.5-9 cm, elípticas, cartáceas, la base y el ápice agudos, la vena media inmersa, las secundarias y las terciarias escasamente elevadas y las terciarias formando un retículo fino en el haz, la vena media y las secundarias (escasamente) elevadas y las terciarias inmersas o escasamente elevadas en el envés, el haz glabro, el envés glauco, muy escasamente adpreso-pubescente, los tricomas más densos a lo largo de las venas principales, las venas secundarias 6-9 pares; pecíolo 2-4.5 cm, estriado y escasamente acanalado, con el indumento similar al de las ramitas. Inflorescencias 6-15 cm, generalmente en las axilas de las hojas superiores, rara vez en las axilas de las brácteas; pedúnculo sin ramificar casi 2/3 de la longitud de la inflorescencia, escasamente adpreso-pubescente, la parte superior y ramificada de la inflorescencia moderada a densamente adpreso-pubescente o escasamente tomentulosa. Flores c. 4 mm de diámetro, amarillo-verdosas; pedicelos 1-2 mm; tépalos 4-4.5 mm, iguales o los 3 internos escasamente más largos, gruesos, ovados, erectos en la antesis, densamente pubescentes en ambas superficies; estambres 9, todos con 4 lóculos; estambres externos 6, c. 2.3 mm, los filamentos más bien anchos y gradualmente ensanchados hasta la antera, la antera escasamente más larga que el filamento, dispuestos en 2 pares sobrepuestos, los lóculos introrsos, los filamentos y la base de la antera abaxialmente pubescentes, adaxialmente glabros; estambres internos tan largos como los externos, los filamentos tan anchos como la antera y no diferenciados de esta, pubescentes abaxialmente, la antera glabra, los lóculos del par inferior extrorsos, los del par superior laterales, los filamentos con 2 glándulas globosas cerca de la base; estaminodios 0.8-1 mm, anchamente triangulares, abaxialmente pubescentes; pistilo c. 3 mm, glabro; estilo más largo que el ovario; receptáculo poco profundo, glabro por dentro. Frutos 1.5-2 cm de diámetro, redondeados, glabros, los tépalos persistentes y endurecidos en la base de los frutos. *Bosques montanos*. G (*Contreras 10943*, MO); H (*House 1057*, MO); CR (*Burger et al. 12182*, MO). 1200-2100 m. (Endémica).

Persea albida es una especie rara en bosques de neblina y se reconoce por sus flores densamente pubescentes con los tépalos iguales y persistentes y las hojas uniformemente distribuidas y frecuentemente glaucas. Puede confundirse con *P. rigens* y *P. silvatica*, pero estas 2 especies tienen las hojas conspicuamente agrupadas. Incluida aquí con algo de duda está la colección en fruto de Chiapas (*Breedlove & Smith 31306*, CAS), la cual difiere en su indumento en el envés (con tricomas erectos, ondulados, estos claramente más densos a lo largo de las venas principales y no con tricomas rectos y adpresos). Tal indumento se encuentra en *P. cinerascens* S.F. Blake, conocida solo de Veracruz, pero los ejemplares que se han visto de *P. cinerascens* tienen un indumento mucho más denso sobre las hojas y ramitas. Se necesita material en flor de Chiapas para hacer una identificación más certera.

2. Persea albiramea van der Werff, *Novon* 12: 578 (2002). Holotipo: Costa Rica, *Marín 128* (MO!) Ilustr.: van der Werff, *Novon* 12: 579, t. 1 (2002b).

Árboles hasta 30 m; ramitas gruesas, estriadas o anguladas, con la corteza gris pálido, glabras o con algunos tricomas adpresos cerca del ápice, la ramificación agregada hacia el ápice de vástagos afilos, agregados de las cicatrices de las brácteas ausentes; yemas terminales densamente pubescentes, los tricomas parduscos, ascendentes, completamente cubriendo la superficie, no protegidas por las brácteas. Hojas agrupadas distalmente en los vástagos estacionales, 15-30 × 5-10 cm, elípticas, cartáceas, la base y el ápice agudos, los márgenes engrosados, la vena media inmersa o escasamente elevada, las secundarias y las terciarias inmersas en el haz, la vena media y las secundarias elevadas y las terciarias inmersas en el envés, glabras en ambas superficies o diminutamente pubérulas a lo largo de las venas principales en el envés, el envés glauco, las venas secundarias 10-16 pares; pecíolo 1.5-4 cm, estriado, glabro, pardo oscuro y contrastando en color con la coloración clara de las ramitas. Inflorescencias 7-15 cm, en las axilas de las brácteas inmediatamente por debajo del ápice del crecimiento estacional, escasamente pubérulas. Flores 2.5-3 mm de diámetro, blancas, los pedicelos escasamente más largos que las flores; tépalos c. 2 mm, los 3 externos apenas más cortos que (2/3-4/5 de la longitud) los 3 internos, erectos en la antesis, escasamente pubérulos o glabros por fuera, pubérulos por dentro; estambres 9, c. 1.5 mm, los filamentos casi tan largos como las anteras, escasamente más angostos que las anteras, pubescentes; las 6 anteras externas con lóculos introrsos, las 3 anteras internas con los lóculos extrorsos, los filamentos con 2 glándulas globosas en la base; estaminodios c. 0.8 mm, anchamente triangulares, con la base cordada, abaxialmente pubescentes, adaxialmente pubescentes solo cerca de la base; pistilo c. 1.5 mm, glabro; estilo conspicuo y casi tan largo como el ovario; receptáculo cupuliforme, densamente pubescente por dentro. Frutos c. 1.4 × 1.9 cm, más anchos que largos, los tépalos persistentes en la base de los frutos, reflexos, no agrandados ni engrosados; pedicelo engrosado hacia el fruto, c. 4 mm de diámetro en la base, c. 8 mm de diámetro cerca del ápice. *Selvas altas perennifolias*. CR (*Herrera 4980*, MO); P (*Croat 27170*, MO). 200-600 m. (Endémica).

Persea albiramea es una especie muy distintiva y se reconoce fácilmente por la combinación de hojas grandes glaucas agrupadas cerca de las puntas de las ramas, las ramitas gruesas y pálidas y los pecíolos largos. Al igual que *P. laevifolia* esta no encaja bien en ninguno de los taxones infragenéricos propuestos para *Persea* debido a sus flores pequeñas con tépalos subiguales y los tépalos persistentes, pero no agrandados en fruto. Se asemeja notablemente a especies asiáticas ubicadas en *Alseodaphne* o *Dehaasia* y probablemente está cercanamente relacionada con esas especies. Una característica inusual, compartida con *P. laevifolia*, son las venas terciarias impresas en el haz. La mayoría de las especies de *Persea* tiene las venas terciarias elevadas y formando un retículo fino.

El espécimen de Panamá incluido aquí difiere de los ejemplares de Costa Rica en sus yemas florales glabras; vegetativamente, este concuerda con los ejemplares de Costa Rica.

3. Persea americana Mill., *Gard. Dict.* ed. 8 *Persea* no. [1] (1768). *Laurus persea* L., *Sp. Pl.* 370 (1753). Lectotipo (designado por van der Werff, 2002b): Sloane, *Voy. Jamaica* 2: t. 222, f. 2 (1725). Ilustr.: Sloane, *Voy. Jamaica* 2: t. 222, f. 2 (1725). N.v.: Aguacate, avocado, palta.

Persea americana Mill. var. *angustifolia* Miranda, *P. americana* var. *drymifolia* (Schltdl. & Cham.) S.F. Blake, *P. americana* var. *leiogyna* (S.F. Blake) H.P. Kelsey & Dayton, *P. americana* var. *nubigena* (L.O. Williams) L.E. Kopp, *P. drymifolia* Schltdl. & Cham., *P. edulis* Raf., *P. floccosa* Mez, *P. gigantea* L.O. Williams, *P. gratissima* C.F. Gaertn., *P. gratissima* var. *drymifolia* (Schltdl. & Cham.) Mez, *P. gratissima* var. *macrophylla* Meisn., *P. gratissima* var. *oblonga* Meisn., *P. gratissima* var. *praecox* Nees, *P. gratissima* var. *vulgaris* Meisn., *P. leiogyna* S.F. Blake, *P. nubigena* L.O. Williams, *P. paucitriplinervia* Lundell, *P. steyermarkii* C.K. Allen.

Árboles hasta 40 m; ramitas anguladas, al inicio moderadamente pubescentes, los tricomas generalmente erectos, pronto tornándose glabras, la ramificación no agregada, las cicatrices de las brácteas con frecuencia presentes en la base del crecimiento estacional; yemas terminales densamente pubescentes, rara vez glabras; brácteas alrededor de las yemas terminales densamente pubescentes. Hojas ligeramente agrupadas cerca de las puntas de las ramas, 6-25 × 3-11 cm, angosta a anchamente elípticas, cartáceas, la base aguda a obtusa, el ápice agudo, la vena media y las secundarias inmersas, o la vena media impresa, las terciarias escasamente elevadas y formando un retículo denso en el haz, la vena media y las secundarias elevadas, las terciarias escasamente elevadas en el envés, glabras en el haz, escasa a más bien densamente pubescentes y rara vez glabras en el envés, los tricomas erectos, glaucas o no, las venas secundarias 5-9 pares; pecíolo 1-6 cm, terete o aplanado por encima, glabro o pubérulo. Inflorescencias 5-15 cm, generalmente en las axilas de las brácteas en la base del crecimiento estacional, algunas veces afilas en la antesis o con hojas muy inmaduras, escasa a moderadamente pubérulas. Flores c. 1 cm de diámetro cuando los tépalos son patentes, amarillo-verdosas; pedicelos 5-8 mm; tépalos 4-6 mm, angostamente elípticos, iguales, densamente pubescentes en ambas superficies; estambres 9, todos con 4 lóculos; estambres externos 6, c. 3.5 mm, la antera c. 1.5 mm, glabra, los lóculos del par superior introrsos, los del par inferior laterales, los filamentos más bien densamente pubescentes; estambres internos 3, c. 4 mm, la antera c. 1.5 mm, glabra, los lóculos del par interior extrorsos, los lóculos del par superior laterales, las glándulas en la base de los estambres internos c. 5 mm; estaminodios presentes, c. 1.5 mm, el filamento y el ápice abaxialmente triangular-pubescentes; pistilo c. 4 mm, escasa a densamente pubescente; ovario c. 1.5 mm; receptáculo poco profundo, pubescente por dentro. Frutos 5-15 cm, piriformes a redondeados, glabros, la piel lisa o verrugosa, verde o negra, los tépalos algunas veces persistentes en la base de frutos jóvenes, pero finalmente caen individualmente. *Selvas altas perennifolias*. Ch (*Breedlove & Bartholomew 55612*, MO); Y (*Gaumer 402*, MO); C (*Lundell 1292*, MO); QR (*Téllez & Cabrera 1629*, MO); B (*Balick et al. 2458*, MO); G (*Lundell & Contreras 19177*, MO); H (*García 37*, MO); ES (*Sandoval & Sandoval 887*, MO); N (*Stevens & Montiel 22514*, MO); CR (*Haber 9841*, MO); P (*Busey 564*, MO). 0-3000 m. (Cultivada en países tropicales y subtropicales).

Persea americana es apreciada por los frutos comestibles. Es una especie morfológicamente variable y está cercanamente relacionada con *P. schiedeana*. Se puede separar de esa especie por sus pedicelos más cortos (hasta 8 mm), las brácteas uniformemente pubescentes protegiendo las yemas terminales y sus hojas más angostas. Smith (1966) reportó que cotiledones de *P. americana* fueron encontrados en depósitos de cuevas de hace aprox. 10 mil años, comprobando así que la especie ha sido cultivada por un largo periodo. Mucha de la variación en la forma y tamaño del fruto, así como la variación en el indumento y forma de la hoja puede atribuirse a procesos de selección bajo cultivo. Una clasificación basada en estos caracteres (por ejemplo, la propuesta por Williams, 1977) solo llevaría al reconocimiento de cultivares; prefiero aceptar *P. americana* en sentido amplio e ignorar las razas cultivadas de esta especie. Es muy probable que *P. americana* se haya originado en las tierras altas de Mesoamérica. Sin embargo, no sabría cómo reconocer las formas silvestres de *P. americana* e incluir todos los ejemplares que concuerdan con la descripción de *P. americana* dada anteriormente, sin importar si provienen de árboles obviamente cultivados o aparentemente silvestres.

4. Persea brenesii Standl., *Publ. Field Mus. Nat. Hist., Bot. Ser.* 18: 458 (1937). Holotipo: Costa Rica, *Brenes 4451* (F!). Ilustr.: no se encontró.

Mutisiopersea brenesii (Standl.) Kosterm.

Árboles pequeños, hasta 8 m; ramitas anguladas, sólidas, moderada a densamente adpreso-pubescentes, pocas cicatrices de las brácteas presentes en la base del crecimiento estacional, la ramificación no agregada; yemas terminales densamente adpreso-pubescentes, no protegidas por las brácteas. Hojas uniformemente distribuidas a lo largo de las ramitas, 5-10 × 1-3.5 cm, elípticas o angostamente elípticas, coriáceas, la base y el ápice agudos, los márgenes aplanados a escasamente revolutos cerca de la base, la vena media, las secundarias y las terciarias inmersas en el haz, la vena media y las secundarias elevadas, las terciarias inmersas en el envés, el haz glabro excepto por la vena media con pubescencia adpresa cerca de la base, el envés moderada a densamente adpreso-pubescente, los tricomas gruesos, las venas secundarias 5-7 pares; pecíolo 1-1.5 cm, adpreso-pubescente, aplanado por encima. Inflorescencias 7-11 cm, en las axilas de las hojas, moderada a densamente pubescentes en todas partes. Flores c. 5 mm de diámetro, los pedicelos c. 2 mm, mucho más cortos que las flores; tépalos desiguales, erectos a ligeramente patentes en la antesis, densamente pubescentes por fuera, los 3 externos c. 2 mm, glabros por dentro, los 3 internos 4-5 mm, pubescentes por dentro; estambres 9, todos con 4 lóculos, c. 3 mm, los filamentos tan largos a más cortos que las anteras, pubescentes, las anteras glabras; estambres externos con lóculos introrsos; estambres internos con lóculos extrorsos, los filamentos con 2 glándulas en la base; estaminodios c. 1.5 mm, pubescentes; pistilo c. 4 mm, glabro; ovario c. 1.5 mm; receptáculo poco profundo, pubescente por dentro. Frutos c. 1 cm de diámetro, redondeados, abrazados por los tépalos persistentes, estos permaneciendo enteros, amplexicaules o patentes; pedicelo escasamente engrosado. *Bosques montanos*. CR (*Primack et al. 254*, F). 900-1200 m. (Endémica).

Persea brenesii es una especie poco conocida. El tipo tiene un indumento notable sobre las hojas y las ramitas, el cual no está presente en otras colecciones incluidas aquí. Sin los tricomas gruesos notables, *P. brenesii* difiere de *P. obtusifolia* solo en su indumento adpreso, y de *P. veraguasensis* en sus hojas y pecíolos más cortos. La descripción de las flores fue tomada de *Primack et al. 254* (F), la cual tiene un indumento más escaso que el del tipo en fruto. Tres colecciones recientes de Rincón de la Vieja concuerdan bien con la colección de Primack y son tentativamente incluidas en *P. brenesii* debido al tamaño de sus hojas y a la longitud de los pecíolos. Sin más colecciones que concuerden con el tipo, *P. brenesii* continuará siendo una especie no delimitada satisfactoriamente.

5. Persea brevipetiolata van der Werff, *Novon* 12: 581 (2002). Isotipo: México, Veracruz, *Wendt et al. 4794* (MO!). Ilustr.: van der Werff, *Novon* 12: 579, t. 2 (2002b).

Árboles pequeños, hasta 8 m; ramitas lisas, teretes, sólidas, glabras, los nudos engrosados desde los cuales pueden emerger múltiples ramas, pocas brácteas o cicatrices de brácteas presentes en la base del crecimiento estacional; yemas terminales pequeñas, glabras, protegidas por pocas brácteas. Hojas agrupadas en los nudos, 10-16 × 2.5-5 cm, elípticas, coriáceas, la base aguda o ligeramente decurrente sobre el pecíolo, el ápice gradualmente agudo, la vena media, las secundarias y la nervadura terciaria elevadas en el haz, elevadas en el envés, glabras en ambas superficies, las venas secundarias 7-10 pares; pecíolo 5-8 mm, glabro, aplanado por encima, de color similar al de las ramitas. Inflorescencias 10-15 cm, glabras o casi glabras, frecuentemente con pocas brácteas o cicatrices de brácteas muy en la base, en las axilas de hojas o de las brácteas en los nudos. Flores c. 4 mm de diámetro, amarillo-verdosas; pedicelos c. 5 mm; tépalos c. 2.5 mm, iguales o subiguales, los externos escasamente más cortos, anchamente elípticos, erectos o ligeramente patentes en la antesis, la superficie externa glabra o muy dispersa y diminutamente pubescente, la superficie interna glabra o casi glabra; estambres 9, c. 2 mm, todos con 4 lóculos, los filamentos 1/2 del ancho de las anteras, pubescentes, las anteras tan largas como los filamentos, glabras; estambres externos 6, con lóculos introrsos; estambres internos 3, con lóculos extrorso-laterales, los filamentos con 2 glándulas globosas cerca de la base; estaminodios presentes, c. 1.3 mm, anchamente triangulares, abaxialmente pubescentes; pistilo c. 2 mm, glabro; ovario c. 1.2 mm, diferenciado del estilo delgado; receptáculo poco profundamente cupuliforme, glabro por dentro. Frutos c. 2 cm de diámetro, globosos, los tépalos persistentes en fruto, pero no agrandados, patentes, el pedicelo poco engrosado y verrugoso. *Bosques de tierras bajas*. Veracruz (*Wendt et al. 4794*, MO). 200-300 m. (México [Veracruz]).

Persea brevipetiolata se conoce solo de 2 colecciones de bosques de tierras bajas en el Istmo de Tehuantepec; se espera encontrar en Tabasco o Chiapas. Está cercanamente relacionada con *P. rufescens*, la cual se encuentra en bosques montanos entre 1500 y 2500 m. *Persea brevipetiolata* difiere de esta especie en sus flores e inflorescencias glabras (o casi glabras), en el retículo elevado en el envés y en sus pecíolos más cortos (hasta 8 mm vs. 15-25 mm en *P. rufescens*). *Per-*

sea brevipetiolata es también cercana a *P. rigens* y *P. silvatica* de Costa Rica y Panamá; la primera se puede reconocer por su indumento denso blanco sobre las flores e inflorescencias, y la última difiere en sus hojas más grandes y más anchas e inflorescencias más largas. Las cuatro especies en este conjunto han sido rara vez colectadas y son necesarias más colecciones para entender mejor al grupo.

6. Persea caerulea (Ruiz & Pav.) Mez, *Jahrb. Königl. Bot. Gart. Berlin* 5: 171 (1889). *Laurus caerulea* Ruiz & Pav., *Fl. Peruv.* 4: t. 350 (c. 1830). Lectotipo (designado por Kopp, 1966): Perú, *Ruiz 13/22* (MA-[cb] MA811812). Ilustr.: Ruiz & Pavón, *Fl. Peruv.* 4: t. 350 (c. 1830).

Persea laevigata Kunth, *P. petiolaris* Kunth, *P. skutchii* C.K. Allen.

Árboles hasta 25 m; ramitas anguladas o teretes, sólidas, escasa a densamente pubescentes, los tricomas ascendentes o adpresos, la ramificación no verticilada, con pocas cicatrices de brácteas presentes en la base del crecimiento estacional o estas ausentes; yemas terminales densamente pubescentes. Hojas uniformemente distribuidas a lo largo de las ramitas, 8-24 × 4-12 cm, elípticas, ovado-elípticas u ovado-oblongas, cartáceas, la base aguda, obtusa o redondeada, los márgenes aplanados, el ápice agudo o con menos frecuencia obtuso, la vena media, las secundarias y las terciarias inmersas en el haz, la vena media y las secundarias elevadas, las terciarias inmersas en el envés, el haz glabro, el envés escasamente adpreso-pubescente a glabro, las venas secundarias 8-12 pares; pecíolo 1.5-6 cm, estriado, glabro a moderadamente pubescente. Inflorescencias 4-15 cm, en las axilas de hojas, moderada a más bien densamente pubescentes. Flores 5-6 mm de diámetro, amarillo-verdes; pedicelos 2-4 mm, delgados; tépalos desiguales, inicialmente erectos, finalmente algo patentes, moderada a densamente pubescentes por fuera, los 3 externos 1-2 mm, anchamente ovados, glabros por dentro, los internos 4.5-6 mm, oblongos, densamente pubescentes por dentro; estambres 9, todos con 4 lóculos, 3.5-4 mm, los filamentos 2.5-3 mm, pubescentes, las anteras c. 1 mm, glabras; estambres externos 6, los lóculos introrsos; estambres internos 3, los lóculos lateral-extrorsos, los filamentos con 2 glándulas unidas c. 1 mm por encima de la base; estaminodios c. 2 mm, pubescentes, con un ápice sagitado grande; pistilo c. 3 mm, glabro; ovario c. 1 mm; estilo delgado; receptáculo poco profundo, pubescente por dentro. Frutos 0.8-1 cm de diámetro, globosos, azules, los tépalos persistentes en fruto, pero el 1/2 distal de los tépalos externos quebradizo y el fruto aparentemente abrazado por 6 tépalos iguales; pedicelo escasamente engrosado en fruto. *Bosques montanos, vegetación secundaria.* H (*Williams & Molina R. 14056*, MO); N (*Moreno 24139*, MO); CR (*Fuentes 252*, MO); P (*Nee 10168*, MO). 500-1800 m. (Mesoamérica, Colombia, Venezuela, Ecuador, Perú, Bolivia).

Persea caerulea es una especie colectada con frecuencia, que se reconoce por sus tépalos internos y externos marcadamente desiguales, sus hojas cartáceas y los tépalos internos en parte deciduos en fruto. Los filamentos relativamente largos (al menos el doble del largo de las anteras) son también un carácter útil. Esta especie es frecuentemente confundida con *P. americana*, pero esta última tiene los tépalos iguales, los cuales son deciduos en fruto. *Persea caerulea* puede persistir bastante bien en la vegetación alterada y es frecuentemente colectada a lo largo carreteras o en pastizales. Varias colecciones de Honduras han sido identificadas con el nombre provisional "*P. microbotrys*" nom. inval., un nombre inédito de L.O. Williams.

7. Persea cuneata Meisn. in A. DC., *Prodr.* 15(1): 46 (1864). Holotipo: Colombia, *Jervise s.n.* (K). Ilustr.: no se encontró.

Beilschmiedia cuneata (Meisn.) Kosterm., *Mutisiopersea cuneata* (Meisn.) Kosterm.

Arbustos o árboles pequeños, hasta 15 m; ramitas estriadas o anguladas irregulares, glabras, sólidas o fistulosas, las ramificaciones con cicatrices de brácteas con frecuencia verticiladas presentes en la base del crecimiento estacional; yemas terminales glabras, rara vez escasamente adpreso-pubescentes, envueltas por las brácteas. Hojas agrupadas en las partes distales de vástagos estacionales, 5-12 × 2.5-5 cm, elípticas a obovadas, firmemente cartáceas a coriáceas, la base cuneada, aguda u obtusa, el ápice obtuso o redondeado, la vena media impresa, las secundarias y las terciarias inmersas o escasamente elevadas, las terciarias formando un retículo fino en el haz, la vena media y las secundarias elevadas, las terciarias inmersas o escasamente elevadas en el envés, el envés finamente punteado-glanduloso, glabras en ambas superficies, las venas secundarias 7-12 pares; pecíolo 1-2 cm, glabro, acanalado. Inflorescencias 7-14 cm, en las axilas de las hojas y casi tan largas como las hojas subyacentes, glabras. Flores c. 3 mm de diámetro, amarillo pálido; pedicelos cortos, hasta 5 mm, escasamente más largos que las flores o las flores subsésiles; tépalos desiguales, erectos o escasamente patentes, los externos c. 2 mm, anchamente ovados, glabros o escasamente adpreso-pubescentes por fuera, glabros por dentro, los internos 3.5-4 mm, oblongos, escasa a densamente cobrizo-adpreso-pubescentes por fuera, escasamente pubescentes por dentro; estambres 9, todos con 2 lóculos, los filamentos el doble de largo de las anteras; estambres externos 6, c. 2.5 mm, los filamentos casi tan anchos como las anteras, glabros o escasamente pubescentes, los lóculos introrsos; estambres internos 3, tan largos como los externos, los filamentos pubescentes, los lóculos laterales, los filamentos con glándulas unidas por encima de la base; estaminodios presentes, c. 1.5 mm, con el ápice triangular, abaxialmente pubescentes; pistilo c. 2.8 mm, glabro; ovario c. 1 mm; receptáculo cupuliforme, pubescente por dentro. Frutos c. 0.9 × 0.7 cm, globosos a elipsoides, los tépalos completamente persistentes y más o menos amplexicaules en el fruto. *Bosques montanos*. CR (*Herrera 3378*, MO); P (*McPherson 13522*, MO). 1000-1900 m. (Mesoamérica, Colombia, Venezuela, Ecuador, Perú).

Persea cuneata es la única especie de *Persea* en Mesoamérica con estambres con 2 lóculos y por esta razón se identifica fácilmente. Incluso en fruto algunos estambres generalmente permanecen unidos a los tépalos. Vegetativamente, *P. cuneata* es muy similar a *P. povedae*; la última tiene las hojas y los frutos ligeramente más grandes, pero difiere principalmente por tener 9 estambres con 4 lóculos. *Persea cuneata* es una especie variable en toda su área geográfica. La cantidad de indumento sobre los tépalos es variable, así como la longitud de los pedicelos; un espécimen de Colombia (*Giraldo 584*, MO) tiene el indumento denso y erecto sobre las ramitas y yemas terminales, así como también el indumento erecto y escaso en el envés de las hojas. La diferencia en la densidad del indumento sobre los tépalos internos y externos es por lo general lo suficientemente marcada para ser vista sin aumento y este es un carácter inusual en *Persea*.

8. Persea donnell-smithii Mez, *Arbeiten Königl. Bot. Gart. Breslau* 1: 113 (1892). Isolectotipo (designado por Kopp, 1966): Guatemala, *Donnell Smith 1718* (MO!). Ilustr.: no se encontró.

Mutisiopersea donnell-smithii (Mez) Kosterm.

Árboles hasta 15 m; ramitas anguladas a redondeadas, densamente pardo-tomentosas, la superficie completamente cubierta por el indumento, el indumento caedizo con la edad, la ramificación no agregada, pocas cicatrices presentes en la base del crecimiento estacional; yemas terminales densamente pardo-tomentosas, con pocas brácteas. Hojas 10-24 × 5-21 cm, elípticas, anchamente elípticas a casi redondeadas, firmemente cartáceas, la base aguda, obtusa o redondeada, los márgenes aplanados, no engrosados, el ápice agudo, obtuso a redondeado, la vena media, las secundarias y las terciarias inmersas en el haz, las venas terciarias formando un retículo fino, la vena media y las secundarias marcadamente elevadas, las terciarias elevadas en el envés, el haz escasamente tomentoso cuando joven, pronto tornándose glabro, algunas veces las venas principales, especialmente la vena media, tomentosas, el envés densa a escasamente tomentoso, la superficie escasamente visible a casi completamente expuesta, las venas secundarias 6-9 pares; pecíolo 2-6 cm, terete o escasamente aplanado por encima, con el indumento similar al de las ramitas. Inflorescencias 5-12 cm, cimoso-paniculadas, generalmente en las axilas de las brácteas a lo largo de la parte inferior del crecimiento estacional, con menos frecuencia en las axilas de las hojas, densamente tomentosas, la superficie completamente cubierta. Flores c. 4 mm de diámetro, crema, sésiles o casi sésiles; tépalos más o menos erectos, desiguales, densamente pubescentes por fuera, los 3 externos 2-2.5 mm, anchamente elípticos, glabros por dentro, los 3 internos c. 4 mm, elípticos a oblongos, pubescentes por dentro; estambres 9, todos con 4 lóculos; estambres externos 6, c. 2.5 mm, el filamento c. 0.5 mm, densamente pubescente, la antera c. 2 mm, glabra, los lóculos introrsos; estambres internos 3, c. 3 mm, lineares, el filamento poco diferenciado de la antera, el filamento y la base de la antera densamente pubescentes, los lóculos extrorsos, los filamentos con glándulas en la base; estaminodios presentes, c. 1 mm, densamente pubescentes, los tricomas c. 1 mm, y así los estaminodios aparentemente c. 2 mm; pistilo c. 4 mm, glabro o con pocos tricomas en la base del estilo; ovario c. 1.5 mm, globoso, claramente diferenciado del estilo, el estilo c. 2.5 mm. Frutos c. 1.2 cm de diámetro, globosos, glabros, los tépalos persistentes en la base de los frutos, las puntas de los tépalos internos no quebradizas y los tépalos permaneciendo desiguales en fruto. *Bosques montanos*. Ch (*Breedlove 24731*, MO); G (*Lundell & Contreras 19196*, MO); H (*Williams 15988*, MO); N (*Pipoly 6036*, MO); CR (*Herrera 3710*, MO). 900-2400 m. (Endémica?).

Persea donnell-smithii puede reconocerse rápidamente por la combinación de su pubescencia densa sobre las ramitas y el envés de las hojas, y los tépalos desiguales. Esta es una especie variable en cuanto al tamaño de la hoja y densidad del indumento en el envés. La única colección de Costa Rica tiene las hojas más angostas (4-5 cm de ancho) de lo usual, pero no difiere en otros caracteres de la típica *P. donnell-smithii*. Varias otras colecciones de Costa Rica, generalmente estériles, se ubican aquí de manera provisional. Estos ejemplares tienen el indumento erecto como en *P. donnell-smithii*, pero este es mucho menos denso y la mayor parte de la superficie de las ramitas y hojas es visible. Esta especie está cercanamente relacionada con *P. chamissonis* Mez, conocida en México desde Oaxaca hacia el norte. No se ha visto buen material de *P. chamissonis*, pero sospecho que *P. donnell-smithii* y esta pueden ser conespecíficas. Uno de los sintipos de *P. donnell-smithii* (*Liebmann 11*, C) citado por Mez proviene de Veracruz, México. Este espécimen no ha sido visto por botánicos posteriores a él, quienes han aceptado *P. donnell-smithii* como distribuido desde Chiapas hacia el sur y *P. chamissonis* desde Oaxaca hacia el norte. El nombre *P. chamissonis* tiene prioridad sobre *P. donnell-smithii*.

9. Persea laevifolia van der Werff, *Novon* 12: 582 (2002). Holotipo: Costa Rica, *Hammel & Grayum 17334* (MO-[nr] 5294890!). Ilustr.: van der Werff, *Novon* 12: 583, t. 4 (2002b).

Árboles hasta 20 m; ramitas escasamente estriadas, glabras o casi glabras, con la corteza pardo oscuro, la ramificación no agregada, agregados de cicatrices de brácteas ausentes; yemas terminales densamente blanco-pubescentes, no protegidas por las brácteas. Hojas agrupadas cerca de las puntas de las ramas, 7-15 × 2-4 cm, elípticas a escasamente obovadas, cartáceas, la base angostamente cuneada y ligeramente decurrente sobre el pecíolo, los márgenes engrosados, el ápice agudo o brevemente acuminado, la vena media inmersa o ligeramente elevada, las secundarias y las terciarias inmersas en el haz, la vena media elevada, las secundarias y las terciarias inmersas en el envés, el envés glauco, glabras en ambas superficies, las venas secundarias 7-10 pares, poco visibles; pecíolo 7-14 mm, glabro, acanalado. Inflorescencias 4-12 cm, cerca de la base de crecimientos estacionales, escasamente pubescentes cuando inmaduras, glabras en estado joven de fructificación. Flores desconocidas; descripción de partes florales basada en residuos de frutos jóvenes; tépalos c. 1.7 mm, anchamente elípticos, iguales, escasa a moderadamente pubescentes por fuera, moderada a densamente pubescentes por dentro; estambres 9, todos con 4 lóculos, pero frecuentemente solo 2 o 3 lóculos se abren, los estambres internos algunas veces con los 2 lóculos superiores vestigiales; estambres externos 6, c. 1 mm, el filamento basalmente pubescente, la antera claramente más ancha y casi tan larga como el filamento, los lóculos introrsos; estambres internos 3, tan largos como los externos, el filamento densamente pubescente, la antera escasamente más ancha y tan larga como el filamento, los filamentos con glándulas grandes cerca de la base; estaminodios c. 0.8 mm, anchamente triangulares, pubescentes sobre ambas superficies; pistilo glabro. Frutos c. 0.6 cm de diámetro (el más grande visto), globosos cuando jóvenes, los tépalos persistentes en estadios muy jóvenes, pero finalmente dehiscentes como una unidad con los estambres unidos o, con menos frecuencia, individualmente. *Selvas altas perennifolias*. CR (*Hammel & Chacón 16055*, MO). 100-200 m. (Endémica).

Persea laevifolia es una especie inusual debido a sus flores pequeñas con los tépalos iguales y finalmente dehiscentes en fruto. Así, esta no encaja bien en los taxones infragenéricos de *Persea* previamente reconocidos. La mayoría de las especies de *Persea* en América tropical tienen los tépalos desiguales o iguales persistentes, o tépalos iguales deciduos los cuales no están unidos basalmente. Casi todos tienen flores claramente más grandes. *Persea laevifolia* se asemeja a *P. perglauca* de Guatemala, pero difiere por tener las ramitas pardo oscuro (no muy pálido a blanquecinas), las yemas terminales densamente pubescentes (no escasamente pubescentes), las venas secundarias y terciarias inmersas (no elevadas o escasamente elevadas) en ambas superficies, la base de las hojas escasamente decurrente sobre el pecíolo y la vena media inmersa (no impresa) en el haz. Estas diferencias son reducidas, pero consistentes y se espera que cuando se obtengan buenas colecciones en flor, también se encontrarán diferencias florales. Actualmente *P. laevifolia* solo se conoce de 3 colecciones de la vertiente Atlántica de Costa Rica.

10. Persea liebmannii Mez, *Jahrb. Königl. Bot. Gart. Berlin* 5: 166 (1889). Lectotipo (designado por Kopp, 1966): México, Oaxaca, *Liebmann 116* (C-[cb] C10013791!). Ilustr.: Lorea-Hernández & van der Werff, *Fl. Bajío* 56: 52 (1997).

Mutisiopersea liebmannii (Mez) Kosterm., *Persea flavifolia* Lundell, *P. petenensis* Lundell.

Árboles pequeños; ramitas anguladas, sólidas, densamente adpreso-pubescentes, la superficie de las ramitas jóvenes completamente cubierta, con algunas cicatrices de las brácteas en la base del crecimiento estacional, la ramificación no agregada; yemas terminales densamente adpreso-pubescentes, completamente cubiertas por el indumento. Hojas uniformemente distribuidas, 9-16 × 3.5-8 cm, angosta a anchamente elípticas, firmemente cartáceas a coriáceas, la base aguda a obtusa, los márgenes aplanados, el ápice agudo u obtuso, la vena media, las secundarias y las terciarias inmersas en el haz, la vena media y las secundarias ligeramente elevadas, las terciarias inmersas en el envés, el haz glabro, el envés densa a moderadamente pubescente, las venas secundarias 7-11 pares; pecíolo 2-4 cm, estriado, aplanado por encima, con el indumento similar al de las ramitas. Inflorescencias 4-7 cm, en las axilas de las hojas, en ocasiones en las axilas de las brácteas, densamente adpreso-pubescentes. Flores 3-4 mm de diámetro, gradualmente angostadas hasta el pedicelo corto y así de apariencia subsésil; tépalos erectos, desiguales, los 3 externos 1.7-2.2 mm, ovados, glabros por dentro, los 3 internos 3-4 mm, elípticos, densamente pubescentes en ambas superficies; estambres 9, todos con 4 lóculos; estambres externos 6, c. 2 mm, los filamentos escasamente más cortos que las anteras, pubescentes, la antera glabra, los lóculos introrsos; estambres internos 3, c. 2.5 mm, el filamento pubescente, las anteras tan largas como los filamentos, glabras, los lóculos extrorso-laterales, los filamentos con 2 glándulas globosas cerca de la base; estaminodios 3, c. 1 mm, densamente pubescentes; pistilo c. 3 mm, glabro; ovario c. 1 mm; estilo delgado; receptáculo poco profundo, pubescente por dentro. Frutos c. 1 cm de diámetro, globosos, los tépalos persistentes en la base de los frutos, amplexicaules o patentes, permaneciendo enteros; pedicelo escasamente engrosado en fruto. *Bosques montanos*. Ch (*Purpus 7096*,

MO); G (*Contreras 903*, MO). 2000-2500 m. (México [Oaxaca], Mesoamérica).

Persea liebmannii, como es aceptada aquí, se reconoce por su indumento adpreso sobre las ramitas y las hojas, los pecíolos más bien largos, las inflorescencias cortas y predominantemente ubicadas en las axilas de las hojas. Esta especie se asemeja cercanamente a *P. veraguasensis* y las diferencias son discutidas bajo esta última. La descripción aquí presentada está basada en ejemplares de Chiapas, incluyendo el tipo de *P. flavifolia*. Las colecciones de otras partes de México varían ligeramente y se requiere investigación futura para determinar los límites dentro de *P. liebmannii* s. l., sea como una sola especie o como varias especies en este complejo. La única colección de Guatemala, *Contreras 903* (MO), el tipo de *P. petenensis*, difiere por tener las inflorescencias más largas (15-20 cm) y las ramitas menos densamente pubescentes. Se necesitan más colecciones para determinar si *P. petenensis* debería ser reconocida como una especie distinta. Las diferencias no son consideradas aquí lo suficientemente fuertes como para reconocer *P. petenensis*, basada en una sola colección.

11. Persea obtusifolia L.E. Kopp, *Mem. New York Bot. Gard.* 14: 81 (1966). Isotipo: Panamá, *Allen 4883* (MO!). Ilustr.: Burger & van der Werff, *Fieldiana, Bot.* n.s. 23: 18, t. 5 (1990).

Arbustos o árboles pequeños, hasta 6 m; ramitas anguladas, sólidas, moderada a densamente pubescentes cuando jóvenes, los tricomas ascendentes o erectos, pronto tornándose glabras, con algunas cicatrices de brácteas presentes en la base del crecimiento estacional, la ramificación no agregada; yemas terminales densamente pubescentes, los tricomas generalmente erectos, cubriendo por entero la superficie, pero las yemas terminales con frecuencia cubiertas por las hojas. Hojas uniformemente distribuidas a lo largo de las ramitas, 4-11 × 2-5.5 cm, ovadas a obovado-elípticas, coriáceas, la base aguda a obtuso-redondeada, los márgenes aplanados, el ápice obtuso a agudo, la vena media y las secundarias inmersas o casi inmersas, las terciarias inmersas o ligeramente elevadas, formando un retículo fino en el haz, la vena media y las secundarias elevadas, las terciarias inmersas o ligeramente elevadas en el envés, el haz glabro, pero la vena media algunas veces tomentosa cuando jóvenes, el envés densa o moderadamente pubescente cuando jóvenes, los tricomas ascendentes, el indumento caedizo con la edad pero persistente a lo largo de la vena media, las venas secundarias 4-6 pares; pecíolo 5-12 mm, con el indumento similar o más denso que en las ramitas, estriado. Inflorescencias 2.5-6 cm, en las axilas de las hojas normales u hojas reducidas, moderada a densamente pubescentes, el indumento generalmente cubriendo completamente los ejes laterales. Flores c. 4 mm de diámetro, verdes o amarillo pálido; pedicelos c. 2 mm, más cortos que las flores; tépalos erectos, desiguales, densamente pubescentes por fuera, los 3 externos c. 3.5 mm, glabros por dentro, los 3 internos c. 5 mm, densamente pubescentes por dentro; estambres 9, todos con 4 lóculos; estambres externos 6, c. 3 mm, los filamentos tan largos como las anteras, densamente pubescentes, las anteras glabras, los lóculos introrsos; estambres internos 3, casi de la misma longitud que los externos, pubescentes, los lóculos extrorsos, los filamentos con 2 glándulas globosas en la base; estaminodios presentes, c. 1 mm, densamente pubescentes; pistilo c. 3 mm, glabro; ovario c. 1 mm; receptáculo poco profundo, pubescente por dentro. Frutos c. 1 cm de diámetro, redondeados, abrazados por los tépalos persistentes, estos patentes, sus puntas quebradizas. *Selvas bajas perennifolias o páramos arbustivos*. CR (*van der Werff et al. 14040*, MO); P (*Hammel 5623*, MO). 2500-3300 m. (Endémica).

Persea obtusifolia es un arbusto o árbol pequeño de elevaciones altas, que se reconoce por sus hojas coriáceas más bien pequeñas y el indumento erecto o ascendente sobre las ramitas y hojas. Aunque este indumento desaparece con la edad, generalmente persisten trazas a lo largo de la vena media en el envés. *Persea brenesii*, otra especie de Costa Rica con hojas coriáceas más bien pequeñas, difiere en su indumento estrictamente adpreso y se encuentra en altitudes inferiores. La mayoría de los ejemplares de Costa Rica aquí incluidos en *P. obtusifolia* habían sido previamente identificados como *P. vesticula*, pero esa especie, como es aceptada aquí, tiene indumento diferente sobre las hojas (diminuto, denso, con tricomas individuales escasamente visibles) y no se encuentra en Costa Rica.

12. Persea perglauca Lundell, *Wrightia* 5: 147 (1975). Isotipo: Guatemala, *Lundell & Contreras 19217* (MO!). Ilustr.: no se encontró.

Árboles hasta 20 m; ramitas glabras, estriadas, la corteza blanquecina, agregados de cicatrices de las brácteas ausentes, la ramificación no agregada; yemas terminales escasa a moderadamente adpreso-pubescentes, no protegidas por las brácteas. Hojas agrupadas cerca de las puntas de las ramas, 5.5-12 × 2.2-4 cm, elípticas, firmemente cartáceas, la base aguda o rara vez obtusa, el ápice agudo, la vena media impresa, las secundarias y las terciarias escasamente elevadas, las venas terciarias formando un retículo elevado y fino en el haz, la vena media elevada, las secundarias y las terciarias ligeramente elevadas en el envés, las terciarias formando un retículo similar a aquel en el haz, el haz glabro, el envés glabro o con escasos tricomas adpresos cuando inmaduras, glauco, las venas secundarias 7-10 pares; pecíolo 9-16 mm, estriado, ligeramente acanalado, glabro. Inflorescencias hasta 2.5 cm, las flores agrupadas en el ápice de la inflorescencia, en las axilas de las brácteas en la base del crecimiento estacional, escasa a moderadamente adpreso-pubescentes. Flores c. 3.5 mm de diámetro, amarillo-verdes; pedicelos 2-3 mm; tépalos erectos o escasamente patentes, c. 2 mm, iguales o casi iguales, ovados, moderadamente adpreso-pubescentes en ambas superficies; estambres 9, todos con 4 lóculos, pero el par de lóculos superior no siempre desarrollado; estambres externos 6, c. 1.3 mm, los filamentos casi tan largos como las anteras, pubescentes, en 2 pares, los lóculos introrsos; estambres internos de la misma longitud que lo externos, el filamento tan largo como la antera, pubescente, los lóculos del par superior laterales, las inferiores extrorsos, los filamentos con glándulas en la base; estaminodios c. 0.8 mm, con un ápice triangular, escasamente pubescentes abaxialmente; pistilo c. 2 mm, pubescente excepto por el 1/2 inferior del ovario; estilo casi tan largo como el ovario; receptáculo poco profundamente cupuliforme, glabro por dentro. Frutos c. 2.8 × 2.5 cm cuando secos, redondeados a ligeramente piriformes, los tépalos persistentes o deciduos en fruto, no agrandados y reflexos si persistentes. *Bosques lluviosos*. G (*Lundell & Contreras 20910*, MO). Elevación no conocida. (Endémica).

Persea perglauca solo se conoce de pocas colecciones hechas en el departamento de Baja Verapaz en Guatemala. Esta es prontamente reconocida por el envés glauco, la corteza pálida de las ramitas contrastando con los pecíolos oscuros y la vena media impresa en el haz. Esta es similar a *P. laevifolia* de Costa Rica, la cual también tiene hojas agrupadas glaucas casi del mismo tamaño y forma, pero esa especie difiere por tener las ramitas oscuras, la vena media y las terciarias (estas últimas no visibles) inmersas en el haz, la yema terminal blanco-pubescente y las hojas con la base escasamente decurrente sobre el pecíolo. *Persea perglauca* puede también confundirse con ejemplares identificados como *P. steyermarkii* los cuales han sido aquí incluidos en *P. americana* s. l.; *P. perglauca* difiere de estos ejemplares en sus flores (tépalos c. 2 mm vs. 4-6 mm) mucho más pequeñas. Sin embargo, solo el tipo de *P. perglauca* tiene flores; todas las otras colecciones están en fruto y son muy difíciles de separar de ejemplares identificados como *P. steyermarkii*. Colecciones adicionales podrían mostrar que *P. perglauca* no es más que una variedad de flores pequeñas de la ya variable *P. americana*.

13. Persea povedae W.C. Burger, *Fieldiana, Bot.* n.s. 23: 105 (1990). Isotipo: Costa Rica, *Poveda 740* (MO!). Ilustr.: Burger & van der Werff, *Fieldiana, Bot.* n.s. 23: 28, t. 15 (1990).

Árboles hasta 30 m; ramitas estriadas o irregularmente anguladas, glabras, fistulosas, la ramificación algunas veces verticilada, las cicatrices de las brácteas presentes en la base del crecimiento estacional;

yemas terminales glabras, protegidas por las brácteas. Hojas agrupadas hacia las puntas de las ramas o más o menos uniformemente distribuidas, 9-21 × 4-9 cm, obovadas o elípticas, firmemente cartáceas, la base cuneada u obtusa, el ápice obtuso o redondeado, la vena media impresa, las secundarias y las terciarias inmersas o escasamente elevadas y las venas terciarias formando un retículo fino en el haz, la vena media y las secundarias elevadas y las terciarias ligeramente elevadas en el envés; glabras en ambas superficies, las venas secundarias 8-12 pares; finamente punteado-glandulosas en el envés; pecíolo 15-40 mm, glabro, acanalado. Inflorescencias 8-15 cm, solo ramificadas en el 1/3 superior, en las axilas de las hojas, glabras. Flores c. 5 mm de diámetro, amarillo pálido; pedicelos 2-3 mm; tépalos erectos o escasamente patentes en la antesis, desiguales, los 3 externos c. 2 mm, anchamente ovados, glabros en ambas superficies o la superficie externa escasamente adpreso-pubescente, los 3 internos 5-6 mm, oblongos, moderada a densamente pubescentes en ambas superficies, los estambres 9, todos con 4 lóculos; estambres externos 6, c. 4.5 mm, los filamentos c. 3.5 mm, pubescentes, las anteras c. 1 mm, glabras, los lóculos introrsos; estambres internos 3, c. 4 mm, los filamentos c. 3 mm, pubescentes, las anteras c. 1 mm, glabras, los lóculos extrorso-laterales, los filamentos con glándulas unidas c. 0.5 mm por encima de la base; estaminodios presentes, c. 2.5 mm, el ápice angostamente triangular, glabros adaxialmente, por lo demás pubescentes; pistilo c. 4.5 mm, glabro; ovario c. 1 mm; estilo largo, delgado; receptáculo poco profundo, densamente pubescente por dentro. Frutos hasta 1.7 cm de diámetro, globosos, los tépalos inicialmente persistentes, finalmente cayendo individualmente, no agrandados o engrosados; parte distal de los tépalos internos no quebradiza; pedicelos en fruto engrosados y frecuentemente verrugosos. *Bosques montanos*. CR (*Bello 856*, MO); P (*Galdames 4148*, MO). 700-1100 m. (Mesoamérica, Ecuador).

Persea povedae es una especie rara vez colectada, que se reconoce por la combinación de sus anteras con 4 lóculos, los tépalos internos mucho más densamente pubescentes que los pequeños tépalos externos y las ramitas glabras y hojas obovadas glabras. Es bastante similar a *P. cuneata*, pero difiere en sus anteras con 4 lóculos (no con 2 lóculos), y las hojas, flores y frutos más grandes. Sin embargo, vegetativamente estas 2 especies son difíciles de separar. Dos colecciones en fruto de Venezuela, pueden pertenecer a *P. povedae*, pero la ausencia de flores hace imposible una identificación más definida de estos ejemplares.

14. Persea pseudofasciculata L.E. Kopp, *Mem. New York Bot. Gard.* 14: 85 (1966). Isotipo: Bolivia, *Krukoff 11283* (MO!). Ilustr.: Kopp, *Mem. New York Bot. Gard.* 14: 84, t. 8, f. 4 (1966), como *P. pseudofasciculata* var. *pseudofasciculata*.

Árboles, 25 m; ramitas teretes o escasamente anguladas, glabras o con unos pocos tricomas adpresos, fistulosos, la ramificación desconocida, las cicatrices de las brácteas ausentes en las ramitas; yemas terminales densamente adpreso-pubescentes, no envueltas por las brácteas. Hojas uniformemente distribuidas a lo largo de las ramitas, 15-20 × 4.5-5.5, elípticas, firmemente cartáceas, la base y el ápice agudos, la vena media impresa, las secundarias escasamente impresas o inmersas, las terciarias ligeramente elevadas a inmersas, formando un retículo fino en el haz, la vena media y las secundarias elevadas, las terciarias inmersas en el envés, el haz glabro, el envés muy escasa a escasamente adpreso-pubescente, las venas secundarias 6-8 pares; pecíolo 2-3 cm, estriado, glabro o con unos pocos tricomas adpresos. Inflorescencias 2-6 cm, ramificadas muy desde la base, en las axilas de las hojas normales, densamente pubescentes, los tricomas ascendentes. Flores c. 4 mm de diámetro, verde-amarillentas; pedicelos muy cortos, c. 1 mm; tépalos erectos o ligeramente patentes, desiguales, los 3 externos 1.5-2 mm, densamente pubescentes por fuera, glabros por dentro, los 3 internos c. 5.5 mm, oblongos, densamente pubescentes en ambas superficies; estambres fértiles (externos) 6, todos con 4 lóculos, c. 4 mm, el filamento mucho más corto que la antera, delgado, pubescente, las anteras c. 1.2 mm, glabras; estambres internos 3, c. 4.5 mm, como estaminodios, el ápice glabro, por lo demás pubescentes, los filamentos con glándulas pediculadas unidas cerca de la base; estaminodios (verticilo IV) presentes, c. 2 mm, el ápice incurvado, escasamente más anchos que los filamentos y adaxialmente glabros, por lo demás densamente pubescentes; pistilo c. 4 mm, glabros; ovario c. 1 mm; estilo delgado; estigma conspicuo, el receptáculo poco profundo, pubescente por dentro. Frutos 1-1.3 cm de diámetro, globosos, los tépalos persistentes, pero no agrandados, patentes a reflexos, los pedicelos engrosados en fruto. *Selvas altas perennifolias*. CR (*Herrera 4799*, MO). 500 m. (Mesoamérica, Venezuela, Ecuador, Perú, Bolivia, Brasil).

Persea pseudofasciculata es la única especie de *Persea* en Mesoamérica con el verticilo III como estaminodios y así con solo 6 estambres fértiles. Caracteres adicionales útiles son las inflorescencias densamente pubescentes, cortas, ramificadas y las ramitas casi glabras. Esta especie es conocida de una colección en Mesoamérica. Su distribución en Sudamérica no es certera; la mayoría de las colecciones identificadas como esta especie son estériles y las identificaciones no son más que tentativas. El tamaño floral de la colección de Costa Rica la ubica en *P. pseudofasciculata* var. *pseudofasciculata*; *P. pseudofasciculata* var. *parviflora* L.E. Kopp tiene flores con los 3 tépalos internos de c. 2 mm.

15. Persea rigens C.K. Allen, *J. Arnold Arbor.* 26: 297 (1945). Isotipo: Panamá, *Little 6058* (MO!). Ilustr.: Allen, *Ann. Missouri Bot. Gard.* 35: 5, t. 2 (1948).

Árboles hasta 30 m; ramitas teretes o escasamente anguladas, glabras, sólidas, ramificadas en verticilos, los nudos engrosados y claviformes; cicatrices de las brácteas presentes en la base del crecimiento estacional; yemas terminales glabras, protegidas por las brácteas glabras. Hojas agrupadas cerca de las puntas de las ramas, 10-20 × 4-10 cm, elípticas, rígidamente cartáceas, la base obtusa a aguda, el ápice agudo, la vena media, las secundarias y las terciarias inmersas o escasamente elevadas en el haz, la vena media y las secundarias elevadas, las terciarias escasamente elevadas o inmersas en el envés, glabras en ambas superficies, las venas secundarias 6-8 pares; pecíolo 1-1.5 cm, glabro. Inflorescencias (inmaduras) hasta 8 cm, en las axilas de las brácteas en las puntas engrosadas de las ramas o en las axilas de las hojas, cerca de la base moderadamente blanco-pubescentes, las partes distales densamente blanco-pubescentes. Flores más desarrolladas c. 3 mm de diámetro, maduras no conocidas; pedicelos tan largos como las flores; tépalos (en flores inmaduras) iguales, c. 3 mm, ovados, densamente blanco-pubescentes en ambas superficies, los estambres 9, c. 1.5 mm, con 4 lóculos, los filamentos tan largos y escasamente más angostos que las anteras, pubescentes, las anteras glabras; estambres externos 6, las anteras con lóculos introrsos; estambres internos 3, las anteras con lóculos lateral-extrorsos, los filamentos con glándulas en la base; estaminodios presentes, c. 1 mm, anchamente triangulares, abaxialmente pubescentes, adaxialmente glabros y doblados alrededor del pistilo; pistilo c. 2.5 mm, glabro; estilo un poco más largo que el ovario; receptáculo cupuliforme, glabro por dentro. Frutos 0.7-0.8 cm de diámetro, globosos, los tépalos persistentes en la base del fruto, ligeramente patentes a adpresos; pedicelo escasamente engrosado. *Bosques montanos*. CR (*Herrera 4744*, MO); P (*Croat 26775*, MO). 1400-1600 m. (Endémica?).

Persea rigens es una especie poco conocida; probablemente se encuentra en Colombia. La colección tipo está en su mayoría en botón y las medidas de las partes florales podrían por consiguiente ser no muy precisas. Distintivas son las inflorescencias y flores densamente blanco-pubescentes. Está cercanamente relacionada con *P. silvatica* y *P. rufescens*, con las cuales comparte la ramificación verticilada y las puntas engrosadas de las ramas. Ejemplares identificados como *P. rigens* de Venezuela difieren por tener los pecíolos más largos (hasta 3 cm) y los frutos más anchos (c. 2.8 cm) que largos (c. 1.8 cm) y es muy probable que reportes de *P. rigens* de Venezuela y Ecuador sean de alguna especie cercana, pero diferente.

16. Persea rufescens Lundell, *Wrightia* 5: 38 (1974). Isotipo: México, Chiapas, *Matuda 5394* (MO!). Ilustr.: van der Werff, *Novon* 12: 583, t. 3 (2002b).

Árboles hasta 12 m; ramitas teretes o estriadas, glabras, sólidas, los nudos engrosados; pocas cicatrices de las brácteas presentes en la base del crecimiento estacional y las inflorescencias; yemas terminales glabras, envueltas por unas pocas brácteas. Hojas agrupadas cerca de las puntas de las ramas, 13-20 × 3-6 cm, angostamente elípticas a angostamente oblongas, coriáceas, la base aguda o ligeramente decurrente sobre el pecíolo, el ápice agudo, la vena media, las secundarias y las terciarias inmersas en el haz, la vena media elevada, las secundarias escasamente elevadas y las terciarias inmersas en el envés, glabras en ambas superficies, las venas secundarias 7-11 pares; pecíolo 1.5-2.5 cm, glabro, aplanado por encima. Inflorescencias 12-16 cm, en las axilas de hojas o brácteas cerca de las puntas de las ramas, muy escasamente pubescentes cerca de la base, tornándose densamente pubescentes distalmente, los tricomas pardos, muy cortos y predominantemente erectos. Flores c. 5 mm de diámetro, amarillas; pedicelos 4-5 mm, densamente pubérulos; tépalos iguales, c. 2.5 mm, anchamente ovados, densamente pelosos por fuera, moderadamente pubescentes por dentro; estambres 9, con 4 lóculos; estambres externos 6, 1.5-2 mm, los filamentos casi tan anchos como las anteras, pubescentes, las anteras escasamente más largas que los filamentos, glabras, los lóculos introrsos; estambres internos casi tan largos como los externos, los filamentos un poco más cortos que las anteras, pubescentes, las anteras glabras, los lóculos lateral-extrorsos, los filamentos con glándulas en la base; estaminodios presentes, c. 1.3 mm, abaxialmente pubescentes, el ápice anchamente triangular-sagitado; pistilo c. 2 mm, glabro; estilo tan largo como el ovario; receptáculo cupuliforme, en su mayoría glabro por dentro. Frutos c. 1.8 cm de diámetro, globosos, abrazados por los tépalos persistentes, no agrandados, estos amplexicaules al fruto o patentes. *Bosques montanos*. Ch (*Matuda 5394*, LL). 1500-2500 m. (México [Oaxaca], Mesoamérica).

Persea rufescens se reconoce fácilmente por la combinación de las flores y partes distales de las inflorescencias densamente pardo-pubescentes, las hojas agrupadas, los nudos engrosados y las flores con tépalos iguales y estaminodios grandes. La descripción de las flores se hizo de una colección de Oaxaca (*Cedillo & Lorence 2339*, MO) y no sobre los restos secos en la base de los frutos. *Persea rigens*, una especie de Costa Rica y Panamá, difiere por tener las flores e inflorescencias densamente blanco-pubescentes.

17. Persea schiedeana Nees, *Syst. Laur.* 130 (1836). Holotipo: México, Veracruz, *Schiede 1141* (B). Ilustr.: Burger & van der Werff, *Fieldiana, Bot.* n.s. 23: 19, t. 6 (1990).

Persea gratissima C.F. Gaertn. var. *schiedeana* (Nees) Meisn., *P. pittieri* Mez.

Árboles hasta 40 m; ramitas anguladas, densamente pardo-tomentosas cuando jóvenes, las partes viejas tornándose glabras, agregados conspicuos de las cicatrices de las brácteas presentes en la base del crecimiento actual; ramificaciones no agrupadas; yemas terminales latentes cubiertas por brácteas anchamente elípticas, estas abaxialmente pubescentes excepto por los márgenes escariosos, adaxialmente glabras; yemas terminales activas densamente pardo-tomentosas. Hojas agrupadas cerca de las puntas de las ramas, 8-30 × 4-20 cm, anchamente elípticas, rara vez elípticas, (firmemente) cartáceas, la base obtusa, redondeada, rara vez cordada o aguda, el ápice obtuso o redondeado, rara vez agudo, la vena media, las secundarias y las terciarias inmersas o escasamente elevadas en el haz, elevadas en el envés, el haz tomentoso en hojas jóvenes, glabro al madurar, el envés densamente tomentoso en hojas jóvenes, la superficie completamente cubierta, al madurar tornándose escasamente pubescente, los tricomas erectos y más densos a lo largo de las venas principales, algunas veces glaucas, las venas secundarias 6-10 pares; pecíolo 2-4 cm, con el indumento similar al de las ramitas, redondeado o aplanado por encima. Inflorescencias 4-10 cm, en las axilas de las brácteas en la base del crecimiento reciente, tomentosas o tomentulosas, la superficie (casi) completamente cubierta. Flores c. 1.2 cm de diámetro con los tépalos patentes, verde-amarillentas; pedicelos 10-25 mm; tépalos 6-8 mm, iguales, angostamente elípticos a lanceolados, densamente pubescentes en ambas superficies, patentes en las flores viejas; estambres 9, todos con 4 lóculos; estambres externos 6, c. 5 mm, pubescentes cerca de la base, por lo demás glabros, el filamento c. 3 mm, densamente pubescente, la antera c. 2 mm, el par superior de lóculos introrso, el par inferior lateral; estambres internos 3, c. 5.5 mm, el filamento c. 3.5 mm, densamente pubescente, la antera c. 2 mm, pubescente cerca de la base, el par superior de lóculos extrorso, el par inferior lateral, los filamentos con glándulas brevemente pediculadas en la base; estaminodios c. 2 mm, delgados, el ápice glabro y apenas más ancho que el filamento pubescente o el ápice triangular conspicuo; pistilo c. 5 mm, densamente pubescente; ovario c. 3 mm; receptáculo muy poco profundo, pubescente por dentro. Frutos c. 4.5 × 3-4 cm, elipsoides, obovoides o globosos, densamente pubescentes cuando jóvenes, escasamente pubescentes al madurar, los tépalos inicialmente persistentes en la base del fruto, finalmente cayendo individualmente. *Selvas altas perennifolias de tierras bajas a montanas*. Ch (*Breedlove 8852*, CAS); G (*Williams et al. 40462*, F); H (*Mejía 163*, MO); ES (*Calderón 1497*, US); CR (*Gómez & Herrera 21130*, MO); P (*Lao 326*, MO). 800-2500 m. (México [Oaxaca, Veracruz], Mesoamérica).

Persea schiedeana está cercanamente relacionada con *P. americana* y se reconoce por sus pedicelos largos (10-25 mm vs. menos de 8 mm), las ramitas jóvenes densamente tomentosas y las brácteas anchas con los márgenes escariosos protegiendo las yemas terminales. En contraste con *P. americana*, los frutos son generalmente pubescentes, aunque la pubescencia desaparece en los frutos completamente maduros. Esta especie ha sido algunas veces tratada como una variedad de *P. americana* y con seguridad, algunos ejemplares son difíciles de ubicar. Algunos ejemplares de la parte norte de la distribución (por ejemplo, *Ibarra & Gama 3047*, MO, de Veracruz), tienen hojas con la forma y textura (elípticas, con el ápice agudo, las venas terciarias menos elevadas en el envés) de *P. americana*, pero poseen las brácteas y la longitud del pedicelo de *P. schiedeana*. Los frutos no son muy frecuentemente colectados; la mayoría son escasamente asimétricos, frecuentemente un signo de frutos enfermos. *Lao 326* (MO) de Panamá tiene un fruto grande, simétrico, el cual es glabro y semejante a los frutos de *P. americana*, pero tiene las brácteas de *P. schiedeana*. Kopp (1966) registra esta especie también en Colombia con base en una colección que no he visto. En muchos casos las flores aparecen con un nuevo crecimiento de hojas y por esta razón la mayoría de los ejemplares en flor tienen hojas muy inmaduras.

18. Persea sessilis Standl. & Steyerm., *Publ. Field Mus. Nat. Hist., Bot. Ser.* 23: 115 (1944). Holotipo: Guatemala, *Steyermark 42487* (F!). Ilustr.: no se encontró.

Arbustos, c. 1.5 m; ramitas teretes, glabras, sólidas, la ramificación no vista; yemas terminales no vistas. Hojas 8-20 × 3-7 cm, angostamente elípticas a obovado-elípticas, firmemente cartáceas, la base cordada o redondeada, el ápice agudo, glabras en ambas superficies, la vena media inmersa o escasamente impresa, las secundarias y las terciarias inmersas en el haz, la vena media y las secundarias elevadas, las terciarias ligeramente elevadas y formando un retículo fino, las venas secundarias 10(15) pares; pecíolo ausente. Infrutescencias casi tan largas como las hojas, axilares, escasamente estrigosas, los tricomas ascendentes. Flores no conocidas. Remanentes de tépalos en el fruto iguales o subiguales (aquellos internos escasamente más largos que los externos), adpreso-pubescentes, patentes en fruto. Frutos inmaduros c. 1 cm de diámetro, redondeados. *Bosques montanos*. G (*Steyermark 42487*, US). 2100-2400 m. (Endémica).

Persea sessilis es una especie muy distintiva en virtud de sus hojas sésiles con la base cordada, una combinación única dentro de las Lauraceae mesoamericanas. Esta solo se conoce de la colección tipo, de la cual he visto el holotipo y el isotipo en US. Estos especímenes son estériles y parte de la descripción dada anteriormente fue tomada de la descripción original. Aunque no haya visto flores o frutos de esta especie, es aceptada aquí como una especie distintiva de *Persea*. En la forma de la hoja *P. sessilis* se asemeja a *P. pajonalis* van der Werff, una especie conocida de pocas colecciones de las montañas del centro de Perú. Esta especie difiere por tener un indumento escaso en el envés, corto, pero los pecíolos visibles y las ramitas fistulosas. La distribución también hace poco probable que *P. pajonalis* sea un sinónimo de *P. sessilis*.

19. Persea silvatica van der Werff, *Fieldiana, Bot.* n.s. 23: 107 (1990). Holotipo: Costa Rica, *Schatz & Young 964* (MO!). Ilustr.: Burger & van der Werff, *Fieldiana, Bot.* n.s. 23: 34, t. 21 (1990).

Árboles hasta 10 m; ramitas teretes o estriadas, glabras, sólidas o fistulosas, los nudos engrosados desde los cuales surgen múltiples ramas; cicatrices de las brácteas ausentes; yemas terminales glabras, con muy pocas brácteas o sin estas. Hojas agrupadas en las puntas de las ramas, 15-25 × 7-12 cm, elípticas, elíptico-oblongas o escasamente obovadas, cartáceas, la base aguda u obtusa, el ápice agudo u obtuso, la vena media inmersa, las secundarias y las terciarias ligeramente elevadas en el haz, la vena media, las secundarias y las terciarias elevadas en el envés, las terciarias formando un retículo fino, glabras en ambas superficies, las venas secundarias 6-10 pares; pecíolo 8-15 mm, glabro, aplanado o escasamente sulcado por encima. Inflorescencias 10-20 cm, en las axilas de las hojas en las puntas de las ramas, muy escasamente pubescentes cerca de la base, tornándose escasamente pubescentes sobre las ramitas distales. Flores 3-4 mm de diámetro, blancas; pedicelos 4-5 mm; tépalos iguales, 2.5-3 mm, anchamente ovados, erectos en la antesis, escasamente puberulentos en ambas superficies; estambres 9, con 4 lóculos; estambres externos 6, c. 2.4 mm, los filamentos c. 1.4 mm, puberulentos, los lóculos introrsos; estambres internos 3, c. 2.1 mm, los filamentos c. 1.3 mm, pubescentes, los lóculos extrorsos, los filamentos con glándulas globosas en la base; estaminodios presentes, c. 1.3 mm, abaxialmente pubescentes, el ápice triangular-sagitado; pistilo c. 2.2 mm, glabro; ovario c. 1.1 mm; receptáculo poco profundo, glabro. Frutos c. 1.9 × 2.7 cm, más anchos que largos, los tépalos persistentes, pero no agrandados o esclerosados en fruto, patentes a reflexos, el pedicelo verrugoso y un poco engrosado. *Selvas altas perennifolias*. CR (*Herrera & Solís 2430*, MO). 80-300 m. (Endémica).

Persea silvatica está aparentemente restringida a las tierras bajas en las laderas Atlánticas de Costa Rica y se conoce de 5 colecciones. Está cercanamente relacionada con *P. rigens*, de la cual difiere en las flores e inflorescencias escasamente pubescentes y los pedicelos más largos. Sin embargo, *P. rigens* es poco conocida y colecciones adicionales podrían cambiar el concepto de estas 2 especies. Vegetativamente, estas especies y otras 2 especies relacionadas de Chiapas/Oaxaca, pueden reconocerse fácilmente por los tépalos iguales, las hojas agrupadas, los nudos de las ramitas engrosados y sus ramificaciones, con ramas múltiples emergiendo desde los nudos.

20. Persea standleyi C.K. Allen, *J. Arnold Arbor.* 26: 301 (1945). Holotipo: Guatemala, *Steyermark 47130* (F). Ilustr.: no se encontró.

Mutisiopersea standleyi (C.K. Allen) Kosterm.

Árboles hasta 20 m; ramitas teretes o anguladas, glabras, sólidas, glaucas, con pocas cicatrices de las brácteas en la base del crecimiento estacional, la ramificación no agregada; yemas terminales glabras, protegidas por pocas brácteas. Hojas 9-20 × 3-8 cm, angostamente oblongas, oblongas o elípticas, cartáceas, la base obtusa o aguda, los márgenes aplanados, el ápice agudo u obtuso, la vena media, las secundarias y las terciarias inmersas en el haz, las terciarias formando un retículo fino, la vena media y las secundarias elevadas, las terciarias inmersas en el envés, el envés glauco, glabras en ambas superficies, las venas secundarias 7-10 pares; pecíolo 1-4 cm, estriado. Inflorescencias 5-10 cm, en las axilas de las hojas normales, el eje principal glabro, frecuentemente glauco, el eje secundario y los demás moderada a densamente adpreso-pubescentes. Flores solo en botón, c. 2.5 mm de diámetro, crema; pedicelos c. 2 mm, tan largos como los botones; tépalos desiguales, los 3 externos 1.5-2 mm, anchamente ovados, moderada a densamente pubescentes por fuera, los 3 internos c. 3 mm (pero no completamente desarrollados), densamente pubescentes por fuera; estambres 9, todos con 4 lóculos; estaminodios 3; pistilo glabro; estilo casi tan largo como el ovario; medidas de las partes florales no dadas, debido a que las flores están claramente inmaduras. Frutos c. 1 cm de diámetro, redondeados, los tépalos persistentes, patentes, puntas de los tépalos internos no quebradizas y los tépalos desiguales en fruto. *Bosques montanos*. G (*Steyermark 31491*, F); H (*Molina R. & Molina 13919*, F). 1500-2100 m. (Endémica).

Persea standleyi es una especie poco conocida de la cual se han visto 4 colecciones, ninguna con flores. Características son las hojas, las ramitas y yemas vegetativas glabras, con ramitas y hojas frecuentemente glaucas y las hojas más bien grandes (hasta 20 cm). Dos de las colecciones tienen hojas más bien largas y angostas, pero otras dos (*Molina R. & Molina 14042* y *Davidse & Zúñiga 34645*, MO) tienen hojas más anchas. Doy más importancia a la ausencia de indumento sobre las partes vegetativas que a la forma de la hoja. Dos colecciones de Chiapas (*Lorea 5527*, MO y *Heath & Long 935*, MO) difieren de la típica *P. standleyi* en sus hojas más coriáceas y más pequeñas (8-10 cm). Sin embargo, debido a sus hojas oblongas e inflorescencias con el eje principal glabro y los ejes laterales pubescentes, se incluyen aquí estos ejemplares en *P. standleyi*. *Martínez S. et al. 18545* (MO), también de Chiapas, es similar, pero difiere en su pubescencia adpresa sobre ramitas y hojas. *Persea standleyi* parece cercanamente relacionada con *P. longipes* (Schltdl.) Meisn., la cual se conoce de Veracruz. Ambas especies son vegetativamente glabras y tienen pedicelos largos. Las hojas de *P. longipes* son elípticas a anchamente elípticas en forma y las pocas colecciones en fruto que se han visto aquí tienen tépalos persistentes, pero con las puntas de los tépalos quebradizas. Para poder determinar si *P. longipes* y *P. standleyi* son sinónimos, se necesitan más y mejores colecciones. Una colección de Chiapas, *Miranda 6269* (US), podría ser identificada como *P. longipes*. *Persea standleyi* ha sido comparada con *P. podadenia* S.F. Blake de México; esta última difiere en sus yemas vegetativas, y en las ramitas y hojas pubescentes.

21. Persea veraguasensis Seem., *Bot. Voy. Herald* 193 (1854). Sintipo: Panamá, *Seemann 1578* (BM, foto MO!). Ilustr.: Allen, *Ann. Missouri Bot. Gard.* 35: 8, t. 4 (1948).

Mutisiopersea veraguasensis (Seem.) Kosterm.

Arbustos o árboles pequeños, hasta 12 m; ramitas estriadas o anguladas, sólidas, densa o rara vez moderadamente adpreso-pubescentes, la superficie en su mayoría o completamente cubierta, glabrescente con la edad, algunas cicatrices de las brácteas presentes en la base del crecimiento estacional, la ramificación más o menos agregada; yemas terminales densamente adpreso-pubescentes, protegidas por pocas brácteas. Hojas agrupadas cerca de las puntas del vástago estacional, 6-15 × 2.5-6 cm, angostamente ovadas, lanceoladas a ovado-elípticas, coriáceas, la base aguda a redondeada, los márgenes aplanados, el ápice agudo a obtuso, la vena media, las secundarias y las terciarias inmersas sobre el haz, la vena media elevada, las secundarias ligeramente elevadas y las terciarias inmersas en el envés, el haz glabro, el envés escasa a densamente adpreso-pubescente, las venas secundarias 6-10 pares; pecíolo 2-5 cm, estriado, aplanado por encima, con el indumento similar al de las ramitas. Inflorescencias 5-15 cm, generalmente en las axilas de las brácteas agrupadas en la base del vástago estacional, densamente adpreso-pubescentes. Flores c. 3 mm de diámetro, verdes o amarillas, gradualmente angostadas en la base hasta el pedicelo corto y grueso, las flores de apariencia sésil o casi sésil; tépalos desiguales, densamente pubescentes por fuera, los 3 externos 2-2.5 mm, ovados, glabros por dentro, los 3 internos 3.5-4.5 mm, elíptico-ovados, la superficie interna densamente pubescente; tépalos erectos en la antesis; estambres 9, todos con 4 lóculos, c. 2.5 mm, la antera casi tan larga o escasamente más larga que los filamentos, generalmente glabra, los filamentos pubescentes; estambres externos 6, con lóculos introrsos; estambres internos 3, con lóculos extrorso-laterales, los filamentos con 2 glándulas cerca de la base; estaminodios c. 1 mm, pubescentes; pistilo 3-3.5 mm, glabro; ovario c. 1 mm; receptáculo poco profundo, pubescente por dentro. Frutos c. 1 cm de diámetro, globosos, abrazados por los tépalos persistentes y patentes, los tépalos internos permaneciendo intactos y tépalos en estado de fructificación desiguales; tépalos en fruto engrosados cerca de la base. *Bosques montanos*. CR (*Bello 2692*, MO); P (*Lao 337*, MO). 1200-2000 m. (Endémica).

Persea veraguasensis es muy similar a *P. liebmannii*, pero se puede reconocer por sus inflorescencias más bien grandes (casi tan largas como las hojas) las cuales están agrupadas en la base del crecimiento estacional. En *P. liebmannii* las inflorescencias son mucho más cortas (no más de 1/2 del largo de las hojas) y generalmente se encuentran en las axilas de las hojas y no agrupadas en la base del crecimiento estacional. La distribución de las 2 especies es también bastante diferente. *Persea caerulea* difiere de *P. veraguasensis* en sus tépalos externos relativamente más cortos (1/3-1/4 de la longitud de los internos), sus pedicelos conspicuos y los filamentos largos (2-3 veces la longitud de las anteras). En algunas colecciones, por ejemplo, *Bello 2692* (MO), las flores abiertas tienen los estambres más cortos (c. 1.5 mm vs. c. 2.5 mm); los lóculos de la antera de estos estambres aparecen solo como hendiduras delgadas y no con valvas abiertas como normalmente ocurre. El pistilo es también más largo que los estambres, mientras este es más corto que los estambres en flores con estambres completamente desarrollados. Así, estas flores parecen ser pistiladas, pero no han sido registradas flores unisexuales en ninguna especie de *Persea*.

En el pasado, algunos autores han usado la variante ortográfica *P. veraguensis* Meisn. para esta especie, la cual se considera un error para *P. veraguasensis*, el nombre publicado por Seemann.

22. Persea vesticula Standl. & Steyerm., *Publ. Field Mus. Nat. Hist., Bot. Ser.* 23: 116 (1944). Holotipo: Guatemala, *Steyermark 36207* (F). Ilustr.: Burger & van der Werff, *Fieldiana, Bot.* n.s. 23: 18, t. 5 (1990).

Mutisiopersea vesticula (Standl. & Steyerm.) Kosterm., *Persea chiapensis* Lundell, *P. popenoei* L.O. Williams.

Árboles hasta 30 m, pero algunas veces fértiles siendo arbustos de 2-3 m; ramitas anguladas, sólidas, inicialmente diminuta y densamente pardo-pubérulo oscuro, tornándose glabras con la edad, algunas cicatrices de las brácteas presentes en la base del crecimiento estacional, la ramificación no agregada; yemas terminales densa y diminutamente pubérulas, protegidas por pocas brácteas. Hojas uniformemente distribuidas a lo largo de las ramitas, 6-17 × 3-6 cm, elípticas, elíptico-oblongas o anchamente elípticas, coriáceas, la base aguda u obtusa, los márgenes aplanados o escasamente enrollados hacia adentro, el ápice agudo, rara vez obtuso, la vena media, las secundarias y las terciarias inmersas en el haz, la vena media y las secundarias claramente elevadas, las terciarias elevadas, escalariformes o inmersas, el haz glabro, el envés densa y diminutamente pubérulo, el indumento afelpado, los tricomas individuales escasamente visibles, las venas secundarias 6-10 pares; pecíolo 1-2.3 cm, con el indumento similar al de las ramitas, aplanado o ligeramente acanalado por encima. Inflorescencias 5-15 cm, en las axilas de las hojas o de las brácteas, densa y diminutamente pubérulas. Flores c. 7 mm de diámetro, amarillo-verdes; pedicelos 2-3 mm; tépalos desiguales, densamente pubescentes por fuera, los 3 externos c. 2 mm, anchamente ovados o anchamente triangulares, glabros por dentro, los 3 internos c. 4 mm, elípticos, densamente pubescentes por dentro; estambres 9, todos con 4 lóculos; estambres externos 6, c. 3 mm, los filamentos más angostos que las anteras, pubescentes, las anteras tan largas como el filamento, glabras, los lóculos introrsos; estambres internos 3, c. 3 mm, los filamentos c. 2 mm, tan anchos como la antera, pubescentes, las anteras glabras, los lóculos extrorsos, los filamentos con 2 glándulas en la base; estaminodios c. 1.5 mm, con el ápice triangular, abaxialmente pubescentes; pistilo c. 3.5 mm, glabro; ovario c. 2 mm; estilo delgado; receptáculo poco profundo, glabro por dentro. Frutos c. 1.2 cm de diámetro, redondeados, los tépalos persistentes en el fruto, patentes o amplexicaules, las puntas de los tépalos internos no quebradizas y los tépalos permaneciendo desiguales en el fruto, ligeramente engrosados en sus bases. *Bosques montanos*. Ch (*Matuda 5526*, MO); G (*Contreras 5006*, MO); H (*Hawkins 918*, MO); ES (*Allen 7145*, F). 1800-2500 m. (Endémica).

Persea vesticula se reconoce por su distintivo indumento en el envés; varios ejemplares, pero no todos, también tienen las venas terciarias escalariformes en el envés. En hábito de esta especie es muy variable, variando desde arbustos de 2-3 m hasta árboles de 30 m. Burger & van der Werff (1990) incluyeron varias colecciones de Costa Rica en *P. vesticula*; aquí considero mejor incluirlas en *P. obtusifolia*, debido a que no tienen el distintivo indumento de *P. vesticula*.

18. **Pleurothyrium** Nees

Por H. van der Werff.

Árboles. Hojas alternas o agrupadas, pinnatinervias, la nervadura camptódroma o broquidódroma; domacios ausentes. Inflorescencias generalmente en las axilas de catafilos, rara vez en las axilas de hojas normales, cimoso-paniculadas (rara vez racemosas), las flores laterales de una cima estrictamente opuestas. Flores bisexuales; tépalos iguales, deciduos en fruto; estambres 9, todos con 4 lóculos; anteras de los estambres externos dobladas hacia adentro con 2 o todos los 4 lóculos dorsales; glándulas de los 3 estambres internos por lo general marcadamente agrandadas y formando un disco alrededor de los estambres; estaminodios cuando presentes, inconspicuos. Frutos asentados en una cúpula, con frecuencia grande. 42 spp. en América tropical; 13 spp. en Mesoamérica.

Características son las glándulas marcadamente agrandadas las cuales con frecuencia forman un disco alrededor de los estambres.

Bibliografía: van der Werff, H. *Ann. Missouri Bot. Gard.* 80: 39-118 (1993).

1. Envés de las hojas densamente tomentuloso, la superficie completamente cubierta por el indumento. **7. P. palmanum**
1. Envés de las hojas glabro o diversamente pubescente, la superficie nunca completamente cubierta por el indumento.
  2. Envés de la hoja con indumento consistiendo de tricomas erectos.
    3. Hojas con la base aguda u obtusa, el ápice acuminado, las venas secundarias 14-20 pares. **8. P. pauciflorum**
    3. Hojas con la base y el ápice obtusos a redondeados (rara vez agudos en *Pleurothyrium racemosum*), las venas secundarias 6-9 pares.
      4. Hojas 15-25 × 7-13 cm, pubescentes en el envés, el indumento no prontamente deciduo con la edad. **9. P. pilosum**
      4. Hojas 6-14 × 2.5-4 cm, el envés prontamente glabrescente, el indumento persistente a lo largo de la vena media y de las venas secundarias. **10. P. racemosum**
  2. Envés de las hojas con tricomas adpresos o glabro.
    5. Tépalos erectos o semierectos en la antesis; glándulas de los estambres agrandados, libres, sin formar un disco alrededor de los estambres; anteras sostenidas por encima de las glándulas. **11. P. trianae**
    5. Tépalos patentes o reflexos en la antesis; glándulas de los estambres agrandadas, fusionadas o libres, formando un disco alrededor de los estambres; estambres casi tan altos como el disco glandular.
      6. Hojas con la base obtusa, redondeada a redondeado-cordada, las venas secundarias marcadamente entrelazadas en los 2/3 distales de la lámina; hojas 20-45 cm.
        7. Hojas obovadas; pecíolo c. 5 mm. **4. P. hexaglandulosum**
        7. Hojas oblongas a elíptico-oblongas; pecíolo 15-25 mm. **6. P. oblongum**

6. Hojas con la base angosta, aguda o rara vez obtusa, las venas secundarias no entrelazadas o solo entrelazadas en el 1/2 distal de la lámina; hojas en general menos de 20 cm.
8. Brácteas de la inflorescencia presentes en la antesis; hojas con la base obtusa. **2. P. golfodulcense**
8. Brácteas de la inflorescencia ausentes en la antesis (algunas veces presentes en *P. immersum*); hojas con la base aguda, cuneada, atenuada o ligeramente decurrente.
9. Tépalos glabros cerca de la base por dentro, papilosos hacia el ápice; hojas obovadas u obovado-elípticas. **3. P. guindonii**
9. Tépalos uniformemente pubescentes o papilosos por dentro; hojas elípticas.
10. Inflorescencias consistiendo de una sola cima o racemosas.
11. Tépalos semierectos; hojas 7-21 × 3-8 cm; bosques montanos. **1. P. amissum**
11. Tépalos patentes; hojas 6-12 × 2.5-4.5 cm; bosques húmedos de tierras bajas. **12. P. triflorum**
10. Inflorescencias hasta 8 cm, cimoso-paniculadas.
12. Flores c. 5 mm de diámetro; tépalos patentes o reflexos en la antesis; hojas hasta 9 cm. **5. P. immersum**
12. Flores c. 8 mm de diámetro; tépalos patentes en la antesis; hojas 15-20 cm. **13. P. westphalii**

1. Pleurothyrium amissum P. Juárez & J.F. Morales, *Novon* 29: 79 (2021). Holotipo: Costa Rica, *Morales 7606* (USJ). Ilustr.: Juárez & Morales, *Novon* 29: 80, t. 1 (2021).

Árboles pequeños, hasta 8 m; ramas teretes, diminuta y densamente adpreso-pubescentes. Hojas 7-21 × 3-8 cm, elípticas a elíptico-obovadas, firmemente cartáceas, la base cuneada a levemente redondeada, el ápice obtuso o levemente acuminado, el haz glabro, el envés adpreso-pubescente, las venas secundarias 13-16 pares, las venas arqueadas hacia arriba cerca de los márgenes y llegando a estar entrelazadas; pecíolo 1-1.5 cm, canaliculado, tomentuloso. Inflorescencias en las axilas de las hojas, 4.5-8 cm, racemosas, con pocas flores (hasta 4 flores), densa y diminutamente adpreso-pubescentes; brácteas ausentes en la antesis. Flores 6-9 mm de diámetro, rojizas a amarillentas; pedicelos 0.5-1.3 cm; tépalos 6, c. 7 × 5 mm, semierectos, tomentulosos por fuera, diminutamente papilosos por dentro; estambres 9, 4-loculares; glándulas agrandadas, fusionadas, formando un disco alrededor de los estambres. Frutos y cúpula no conocidos. *Bosques montanos*. CR (*Alfaro et al. 3032*, MO). c. 2400 m. (Endémica).

Pleurothyrium amissum es similar a *P. pauciflorum* de la cual difiere en su porte más pequeño, las hojas más pequeñas con el ápice obtuso, la pubescencia más corta y menos rojiza en las ramas jóvenes, y los pecíolos más cortos. Ambas especies comparten la presencia de inflorescencias con pocas flores.

2. Pleurothyrium golfodulcense W.C. Burger & N. Zamora, *Fieldiana, Bot.* n.s. 23: 115 (1990). Holotipo: Costa Rica, Sánchez et al. 1228 (CR). Ilustr.: van der Werff, *Ann. Missouri Bot. Gard.* 80: 77, t. 24 (1993).

Árboles hasta 15(-25) m; ramitas teretes, grises, más o menos adpreso-pubescentes. Hojas 10-20 × 4-7 cm, elípticas a elíptico-obovadas, cartáceas, la base obtusa o aguda, el ápice acuminado, el haz glabro (algunas veces las venas medias con alguna pubescencia), el envés glabro o con diminutos tricomas adpresos, la vena media y las secundarias más o menos adpreso-pubescentes, las secundarias 6-10 pares, entrelazadas en el 1/2 distal de la lámina, las venas inmersas en el haz, la vena media y las secundarias elevadas y las venas terciarias ligeramente elevadas o inmersas en el envés; pecíolo 6-22 mm. Inflorescencias hasta 10 cm, en las axilas de catafilos o (rara vez) en las axilas de hojas normales, cimoso-paniculadas, pardo-pubescentes; brácteas presentes en la antesis. Flores 9-12 mm de diámetro, blancas; tépalos patentes, elípticos, 4-6 mm, pubescentes por fuera, papilosos por dentro; glándulas agrandadas, no completamente fusionadas, con los estambres formando un disco con forma de domo c. 2.5 × 1 mm, las anteras en la superficie del domo, los lóculos laterales; pistilo c. 2.2 mm, el ovario pubescente, el estilo menos pubescente; el receptáculo pubescente por dentro. Frutos c. 4 × 2 cm, elipsoides; cúpula c. 2 × 2 cm, con verrugas gruesas por fuera. *Selvas altas perennifolias de tierras bajas*. CR (*Herrera 4870*, MO). 100-600 m. (Endémica).

Características de *Pleurothyrium golfodulcense* son las hojas con la base obtusa y las brácteas persistentes de las inflorescencias.

3. Pleurothyrium guindonii van der Werff, *Novon* 6: 476 (1996). Holotipo: Costa Rica, *Haber et al. 11089* (MO-[nr] 05022925!). Ilustr.: van der Werff, *Novon* 6: 477, t. 1 (1996).

Árboles hasta 25 m; ramitas anguladas, adpreso-pubescentes, glabrescentes con la edad. Hojas 5-11 × 2-4.5 cm, obovadas u obovado-elípticas, cartáceas, la base atenuada o aguda, el ápice obtuso o muy brevemente acuminado, el haz glabro, el envés glabro o con algunos tricomas adpresos a lo largo de la vena media, las venas secundarias 5-7 pares, arqueadas hacia arriba cerca de los márgenes, pero no entrelazadas, estas y las venas terciarias inmersas en ambas superficies; pecíolo 6-9 mm. Inflorescencias 2.5-6 cm, en las axilas de catafilos, cimoso-paniculadas o racemosas, gris o pardo-pubescentes; brácteas no presentes en la antesis. Flores 8-10 mm de diámetro, verdosas; tépalos 3-4 mm, patentes, puberulentos por fuera, glabros cerca de la base por dentro, papilosos hacia el ápice, las glándulas casi completamente fusionadas, formando un disco con forma de domo alrededor de los estambres, las anteras en la superficie del disco, los lóculos laterales; pistilo c. 3 mm, glabro; receptáculo (escasamente) pubescente por dentro. Frutos c. 3.5 × 1.7 cm, elipsoides; cúpula c. 1 × 1.5 cm, profundamente cupuliforme, generalmente hendida en 3 partes, con pocas lenticelas gruesas, las glándulas secas y los estambres con frecuencia presentes en el borde de la cúpula. *Selvas altas perennifolias de tierras bajas*. CR (*Guindon 48*, MO). 700-1500 m. (Endémica).

Esta especie puede confundirse con *Pleurothyrium immersum*, pero esta última difiere por tener las hojas elípticas con puntos glandulares más bien conspicuos en el haz y un ápice acuminado, las flores c. 5 mm de diámetro y la superficie interna de los tépalos uniformemente pubescente.

4. Pleurothyrium hexaglandulosum van der Werff, *Ann. Missouri Bot. Gard.* 75: 417 (1988). Holotipo: Panamá, *Hammel & Trainer 14781* (MO!). Ilustr.: van der Werff, *Ann. Missouri Bot. Gard.* 80: 81, t. 27 (1993).

Árboles hasta 6 m; ramitas teretes, densamente tomentulosas. Hojas 30-45 × 10-15 cm, obovadas, cartáceas, gradualmente angostadas hacia la base, abruptamente redondeada o redondeado-cordada, el ápice acuminado, el haz glabro, el envés con algunos tricomas adpresos pequeños, especialmente a lo largo de la vena media y las secundarias, las venas secundarias 14-16 pares, marcadamente entrelazadas en los 2/3 distales de la lámina, la vena media y las secundarias inmersas en el haz, elevadas en el envés; pecíolo c. 5 mm, grueso. Inflorescencias hasta 65 cm, en las axilas de catafilos, cimoso-paniculadas, pardo-pubescentes; brácteas ausentes en la antesis. Flores c. 10 mm de diámetro, verdes, tornándose amarillas con la edad; tépalos c. 4 mm, elípticos, patentes, densamente pubescentes por fuera, glabros por dentro excepto por áreas lineares pubescentes donde la superficie interna no fue apretadamente presionada contra las glándulas y los estambres en botón; glándulas agrandadas, pero no fusionadas en un disco con forma de domo y sin encerrar a los estambres; anteras elevadas por encima de las glándulas, los lóculos lateral-introrsos; pistilo c. 1.5 mm, pubérulo; receptáculo poco profundo, pubescente por dentro. Frutos y cúpula no conocidos. *Selvas altas perennifolias de tierras bajas*. CR (*Croat & Grayum 59792*, MO); P (*Hammel & Trainer 14781*, F). 50-250 m. (Endémica).

Pleurothyrium hexaglandulosum solo se conoce de las 2 colecciones citadas. Características son las hojas grandes, obovadas, las inflorescencias grandes y los pecíolos cortos y gruesos. La colección de Costa

Rica difiere del tipo de Panamá por tener las ramitas casi glabras, las inflorescencias más cortas y menos pubescentes y el indumento por dentro de los tépalos escasamente diferente. En otras características las 2 colecciones concuerdan. Una vez que se obtengan más colecciones, será posible determinar si las plantas de Costa Rica representan un taxón diferente.

5. Pleurothyrium immersum van der Werff, *Ann. Missouri Bot. Gard.* 80: 118 (1993). Holotipo: Costa Rica, *Herrera & Fallas 4638* (MO!). Ilustr.: no se encontró.

Árboles hasta 20 m; ramitas teretes, finamente gris-adpreso-pubescentes. Hojas 5-9 × 1.5-2.5 cm, elípticas, firmemente cartáceas, la base aguda, el ápice acuminado o agudo, el haz glabro, el envés con tricomas adpresos escasos, estos más densos a lo largo de la vena media, o glabro, la vena media escasamente elevada en ambas superficies, por lo demás las venas secundarias y las terciarias inmersas y escasamente visibles, las venas secundarias 5 o 6 pares, no entrelazadas; pecíolo 4-9 mm, finamente adpreso-pubescente. Inflorescencias hasta 5 cm, en las axilas de catafilos u hojas normales, cimoso-paniculadas, adpreso-pubescentes; brácteas algunas veces presentes en la antesis. Flores c. 5 mm de diámetro, amarillo-verdes, los tépalos c. 2 mm, elípticos, pubescentes en ambas superficies, patentes o reflexos; glándulas marcadamente agrandadas, formando un disco con forma de domo junto con los estambres, fusionadas; anteras en la superficie de la cúpula, dorsales o dorsal-laterales; pistilo c. 1.2 mm, el ovario más o menos pubescente; receptáculo pubescente por dentro. Frutos y cúpula no conocidos. *Selvas altas perennifolias de tierras bajas*. CR (*Marín & Trejos 313*, MO). 550-700 m. (Endémica).

La única otra especie de *Pleurothyrium* con hojas similarmente pequeñas es *P. guindonii* (véase discusión dentro de esta última para las diferencias). Un carácter adicional para *P. immersum* es la presencia de puntos glandulares más bien conspicuos en el haz. Tales puntos glandulares están presentes en todas las Lauraceae, pero estos son rara vez tan obvios como en esta especie. Esta especie está probablemente más cercanamente relacionada con *P. golfodulcense*, en la cual la estructura de la flor es similar (las glándulas no presionan los estambres externos apretadamente contra los internos y los estambres externos están por fuera del disco glanduloso cupuliforme) y también tiene las brácteas persistentes en la antesis. Sin embargo, estas 2 especies claramente difieren en el tamaño de la hoja y la flor, y forma de la hoja.

6. Pleurothyrium oblongum van der Werff, *Novon* 6: 476 (1996). Holotipo: Costa Rica, *Estrada 445* (CR). Ilustr.: no se encontró.

Árboles hasta 8 m; ramitas teretes o escasamente anguladas, glabras o escasamente adpreso-pubescentes. Hojas 20-45 × 8-16 cm, oblongas o elíptico-oblongas, cartáceas, la base redondeada a obtusa, el ápice acuminado, el acumen c. 1 cm, glabras en ambas superficies, las venas inmersas en el haz, la vena media y las secundarias elevadas en el envés, las terciarias inmersas en el haz, ligeramente elevadas en el envés, las venas secundarias 10-20 pares, conspicuamente entrelazadas; pecíolo 15-25 mm, glabro. Inflorescencias (desprendidas) 12 cm, laxamente ramificadas, paniculado-cimosas, diminutamente pubérulas, más densamente pubérulas hacia las flores; tépalos c. 3 mm, semierectos en la antesis, los 3 externos densamente pubérulos por fuera, los 3 internos con un parche densamente triangular cerca de la base, por lo demás glabros por fuera, glabros o casi glabros por dentro; glándulas marcadamente agrandadas, pero no fusionadas; estambres externos con las anteras curvadas hacia adentro, descansando sobre las glándulas, los lóculos de la antera laterales; pistilo c. 1.5 mm, gris-pubérulo; receptáculo glabro por dentro. Frutos c. 2.5 × 1.5 cm, elipsoides; cúpula c. 1 × 1.5-2 cm, poco profundamente cupuliforme, con pocas protuberancias verrugosas. *Selvas altas perennifolias de tierras bajas*. CR (*Estrada 445*, MO); P (*Cooper 539*, F). c. 200 m. (Endémica).

Pleurothyrium oblongum puede reconocerse prontamente por sus hojas oblongas grandes, con las venas marginales marcadamente desarrolladas. La única colección en flor tiene pocas flores sobre una pieza desprendida de la inflorescencia, así la posición de la inflorescencia y algunos detalles de las flores (rotácea o no, diámetro) aún no se conocen. Sin embargo, no hay duda en la identificación genérica, y los caracteres vegetativos claramente la separan de todas las otras especies de *Pleurothyrium*.

7. Pleurothyrium palmanum (Mez & Donn. Sm.) Rohwer, *Mitt. Inst. Allg. Bot. Hamburg* 20: 41 (1986). *Ocotea palmana* Mez & Donn. Sm., *Bot. Gaz.* 33: 258 (1902). Isotipo: Costa Rica, *Tonduz 12652* (B!). Ilustr.: Burger & van der Werff, *Fieldiana, Bot.* n.s. 23: 19, t. 6 (1990).

Árboles hasta 30 m; ramitas estriadas o teretes, tomentulosas con tricomas pardos o amarillo-pardos. Hojas 10-28 × 7-15 cm, obovadas o anchamente obovadas, firmemente cartáceas, la base cuneada o aguda, el ápice redondeado o con un acumen muy corto, el haz glabro excepto por la pubescencia corta y erecta a lo largo de la vena media, el envés densamente tomentuloso con tricomas erectos, amarillo-pardos a pardos, las venas inmersas en el haz o la vena media escasamente elevada, la vena media y las secundarias elevadas en el envés, las terciarias ligeramente elevadas, las venas secundarias 5-9 pares, ligeramente entrelazadas en el 1/2 distal de la lámina; pecíolo 1-2 cm, con el indumento similar al de las ramitas. Inflorescencias 4-10 cm, en las axilas de catafilos, cimoso-paniculadas, rara vez depauperadas y racemosas, pardo-tomentulosas, las brácteas algunas veces persistentes en la antesis. Flores 10-12 mm de diámetro, amarillo-verdosas; tépalos c. 5 mm, elípticos, patentes, los 3 externos tomentulosos por fuera, los 3 internos papilosos por fuera, todos los tépalos papilosos por dentro; glándulas agrandadas, pero permaneciendo libres, no totalmente encerrando a los estambres externos, las anteras elevadas por encima de las glándulas, sus lóculos laterales; ovario c. 1 mm, globoso, glabro; receptáculo glabro por dentro. Frutos c. 2 × 1.5 cm, anchamente elipsoides; cúpula c. 1 × 1.8 cm, con forma de tazón poco profundo, con algunas verrugas gruesas por fuera. *Selvas altas perennifolias montanas*. CR (*Bello 1277*, MO); P (*Stern et al. 1064*, MO). 1000-1600 m. (Endémica).

Esta es la única especie de *Pleurothyrium* en Mesoamérica con el envés de la hoja completamente cubierto por el indumento. El tamaño de la hoja es variable; el tipo tiene las hojas hasta de 28 cm, mientras que la única colección de Panamá tiene las hojas de casi 10 cm.

8. Pleurothyrium pauciflorum van der Werff & Hammel, *Ann. Missouri Bot. Gard.* 80: 94 (1993). Holotipo: Costa Rica, *Hammel et al. 17909* (MO-[nr] 3896440!). Ilustr.: van der Werff, *Ann. Missouri Bot. Gard.* 80: 95, t. 36 (1993).

Árboles hasta 35 m; ramitas teretes, ferrugíneo-tomentulosas. Hojas algo agrupadas cerca de las puntas de las ramas, 16-35 × 7-12 cm, oblongas o elípticas, firmemente cartáceas, la base aguda u obtusa, el ápice acuminado, el acumen hasta 2 cm, pero el ápice con frecuencia dañado, el haz glabro o con trazos de indumento a lo largo de la vena media, el envés pubescente con tricomas más o menos erectos, este indumento más denso a lo largo de las venas principales y la vena media, pero sin cubrir completamente la superficie, las venas inmersas en el haz, la vena media y las secundarias elevadas en el envés, las terciarias menos elevadas en el envés, las venas secundarias 14-20 pares, entrelazadas en el 1/2 distal de la lámina; pecíolo 1.5-5 cm, con el indumento similar al de las ramitas. Inflorescencias hasta 3 cm, con hasta 7 flores (generalmente 3 o 1), en las axilas de catafilos, racemosas o cimoso-paniculadas, ferrugíneo-tomentulosas; brácteas algunas veces presentes en la antesis. Flores c. 8 mm de diámetro; tépalos 4-5 mm, elípticos, semierectos, los 3 externos ferrugíneo-tomentulosos por fuera, los 3 internos papilosos excepto por la base tomentulosa, todos los tépalos escasamente papilosos por dentro; glándulas marcadamente agrandadas, fusionadas, formando un disco con forma de domo con los estambres en el centro, las anteras en la superficie de la cúpula, los lóculos lateral-dorsales; pistilo 3 mm, el ovario pubescente gradualmente angostado hasta el estilo glabro; receptáculo profundo, más o menos pubescente por dentro. Frutos c. 3 × 1.5 cm, elipsoides; cúpula c. 2 × 3 cm, c. 1.5 cm de profundidad, gruesa, verrugosa, los tépalos persistentes en la cúpula. *Selvas altas perennifolias de tierras bajas*. CR (*Herrera 4895*, MO). 50-600 m. (Endémica).

Pleurothyrium pauciflorum se reconoce prontamente por sus inflorescencias cortas con pocas flores y el indumento ferrugíneo sobre las ramitas jóvenes, inflorescencias y hojas.

9. Pleurothyrium pilosum van der Werff, *Ann. Missouri Bot. Gard.* 80: 96 (1993). Holotipo: Panamá, *de Nevers et al. 7520* (MO!). Ilustr.: no se encontró.

Árboles, tamaño desconocido; ramitas anguladas o teretes, pardo-rojizo-tomentosas, con cicatrices conspicuas de las hojas caídas. Hojas agrupadas en las puntas de las ramas, 15-25 × 7-13 cm, obovadas, cartáceas, la base obtusa a redondeada, el ápice redondeado o muy brevemente acuminado, el haz glabro o con muy pocos tricomas rojizos escasos, el envés densamente cubierto con tricomas rojizo erectos, pero la superficie visible entre los tricomas, tornándose tomentoso a lo largo de la vena media y las secundarias, las venas inmersas en el haz, la vena media y las secundarias conspicuamente elevadas en el envés, las terciarias menos conspicuamente elevadas en el envés, las venas secundarias 6-9 pares, marcadamente arqueadas hacia arriba cerca de los márgenes, pero solo las 2 o 3 distales entrelazadas; pecíolo 1.5-3 cm, con el indumento similar al de las ramitas. Inflorescencias hasta 15 cm, en las axilas de catafilos, cimoso-paniculadas, pardo-rojizo-tomentosas. Flores en la antesis no conocidas, los tépalos (presentes sobre frutos jóvenes) c. 3 mm, elípticos, densamente pubescentes en ambas superficies; glándulas marcadamente agrandadas, encerrando a los estambres, pero no fusionados, los lóculos laterales; pistilo glabro; receptáculo pubescente por dentro. Frutos jóvenes envueltos en la cúpula, esta c. 1.5 cm, con 6 costillas longitudinales. *Selvas altas perennifolias de tierras bajas*. P (*de Nevers et al. 7520*, PMA). c. 30 m. (Endémica).

Pleurothyrium pilosum solo se conoce de la colección tipo; esta se reconoce por sus hojas grandes obovadas y pilosas, las ramitas ferrugíneo-tomentosas y sus hojas con la base obtusa y el ápice redondeado. Esta colección está en estado de fruto joven y la descripción de las flores por esta razón es incompleta.

10. Pleurothyrium racemosum van der Werff, *Ann. Missouri Bot. Gard.* 80: 100 (1993). Holotipo: Panamá, *McPherson 12120* (MO!). Ilustr.: van der Werff, *Ann. Missouri Bot. Gard.* 80: 101, t. 38 (1993).

Árboles hasta 7 m; ramitas teretes, pardo-tomentosas, el indumento tornándose gris con la edad. Hojas agrupadas cerca de las puntas de las ramas, 6-14 × 2.5-4 cm, oblongas u oblongo-obovadas, firmemente cartáceas, la base truncada o aguda, el ápice obtuso o escasamente agudo, el haz glabro o con algunos tricomas pardos cerca de la base de la vena media y las secundarias, el envés escasamente pubescente con tricomas erectos, crespos, pardos, el indumento más denso a lo largo de la vena media, las venas secundarias y los márgenes, tornándose tomentoso en la base de la vena media, las venas inmersas en el haz, la vena media y las secundarias elevadas en el envés, las venas terciarias escasamente elevadas, las venas secundarias 6-9 pares, marcadamente arqueadas hacia arriba y tornándose entrelazadas en el 1/2 distal de la lámina; pecíolo 9-12 mm, pardo-tomentoso. Inflorescencias 3-7 cm, en las axilas de catafilos, racemosas, pardo-tomentosas, las brácteas presentes en la antesis. Flores c. 9 mm de diámetro, blanco-cremosas por dentro; tépalos c. 4.5 mm, elípticos, patentes, los 3 externos pardo-tomentosos por fuera, los 3 internos con un parche triangular tomentoso basal, por lo demás glabros, los 3 externos con un parche pubescente triangular basal, por lo demás glabros por dentro, los 3 internos pubescentes por dentro; glándulas agrandadas, alrededor de los estambres, pero no fusionadas; anteras escasamente elevadas por encima de las glándulas, los lóculos laterales; pistilo c. 2 mm, glabro; receptáculo más bien profundo, pubescente por dentro. Frutos y cúpula no conocidos. *Selvas altas perennifolias montanas*. P (*McPherson 12120*, PMA). c. 900 m. (Endémica).

Pleurothyrium racemosum solo se conoce de la colección tipo. Es probable que esté cercanamente relacionada con *P. pilosum*, de la cual difiere en sus hojas más pequeñas y en su indumento consistiendo de tricomas crespos.

11. Pleurothyrium trianae (Mez) Rohwer, *Mitt. Inst. Allg. Bot. Hamburg* 20: 43 (1986). *Nectandra trianae* Mez, *Jahrb. Königl. Bot. Gart. Berlin* 5: 439 (1889). Holotipo: Colombia, *Triana 1037* (P). Ilustr.: Burger & van der Werff, *Fieldiana, Bot.* n.s. 23: 22, t. 9 (1990).

Árboles hasta 35 m; ramitas teretes o anguladas, finamente adpreso-pubescentes, glabrescentes con la edad. Hojas 8-20 × 3-7 cm, elípticas, (firmemente) cartáceas, la base aguda o decurrente sobre el pecíolo con los márgenes enrollados hacia adentro, el ápice agudo o brevemente acuminado, el haz glabro, el envés diminutamente papiloso a pubérulo con tricomas adpresos o glabro, las venas inmersas en el haz, la vena media y las secundarias elevadas, las terciarias inmersas en el envés, las venas secundarias 8-12 pares, no entrelazadas; pecíolo 10-15 mm, con el indumento similar al de las ramitas. Inflorescencias hasta 12 cm, en las axilas de hojas normales o catafilos, cimoso-paniculadas, finamente adpreso-pubescentes, las brácteas no persistentes. Flores c. 4 mm de diámetro, blancas; tépalos c. 3 mm, elípticos, erectos o semierectos, finamente pubescentes por fuera, papilosos por dentro; glándulas agrandadas, libres, no encerrando o escasamente encerrando a los estambres, las anteras sostenidas por encima de las glándulas, erectas, un par de lóculos lateral, el otro dorsal; pistilo 1.5-2 mm, glabro o escasamente papiloso sobre la parte superior; receptáculo profundo, glabro por dentro. Frutos c. 2.2 × 1.6 cm, elipsoides; cúpula c. 15 × 10 mm, verrugosa. *Selvas altas perennifolias de tierras bajas*. H (*Soto 613*, MO); N (*Bunting & Licht 872*, F); CR (*Hammel et al. 18068*, MO). 0-250 m. (Mesoamérica, Colombia, Venezuela, Ecuador).

Pleurothyrium trianae es una especie algo variable y ampliamente distribuida. En su morfología floral (anteras erectas, no dobladas hacia adentro, glándulas completamente libres no encerrando los estambres) esta es menos avanzada que las otras especies de *Pleurothyrium*. Los ejemplares de la península de Osa en Costa Rica son inusuales por tener la base de las hojas decurrente sobre el pecíolo y los márgenes enrollados hacia adentro. En los otros caracteres encajan bien en *P. trianae*, y por esta razón preferimos no reconocerlos como un taxón distinto.

12. Pleurothyrium triflorum van der Werff, *Novon* 19: 546 (2009). Holotipo: Panamá, *McPherson 20452* (PMA). Ilustr.: van der Werff, *Novon* 19: 547, t. 8 (2009a).

Árboles hasta 10 m; ramitas teretes, diminutamente pardo-tomentulosas llegando a ser glabras con la edad. Hojas 6-12 × 2.5-4.5 cm, elípticas a levemente obovadas, cartáceas, la base y el ápice agudos, el haz glabro, el envés glabro o con pocos tricomas adpresos a lo largo de las venas principales, las venas secundarias 5-7 pares, las distales entrelazadas; pecíolo 9-16 mm, con el indumento similar al de las ramas. Inflorescencias una cima de 1-1.5 cm, con 3 flores, en las axilas de brácteas inmediatamente debajo de los botones terminales, densamente pardo-tomentulosas; brácteas no presentes en la antesis. Flores 8-10 mm de diámetro; pedicelos c. 3 mm; tépalos patentes, iguales, rotáceos, c. 3.5 × 2 mm, pardo-tomentulosos por fuera, gris-papilosos por dentro; estambres 9, todos 4-loculares, los lóculos laterales, las glándulas marcadamente agrandadas, fusionadas o casi fusionadas, formando un disco de c. 3 mm de diámetro alrededor de los estambres, receptáculo pubescente por dentro, el ovario globoso, los 2/3 basales pubescentes. Frutos (inmaduros) c. 2 × 1.5 cm; cúpula 1.5 × c. 2.5 cm, profundamente cupuliforme, verrugosa. *Bosques húmedos de tierras bajas*. P (*McPherson 20452*, MO). 250 m. (Endémica).

Pleurothyrium triflorum puede reconocerse fácilmente por sus inflorescencias pequeñas con 3 flores y las hojas pequeñas. Entre las especies mesoamericanas de *Pleurothyrium*, solo *P. pauciflorum* tiene inflorescencias comparablemente pequeñas, pero esta última especie difiere por tener las hojas más grandes (16-35 cm) con tricomas erectos sobre el envés de la hoja, más venas secundarias (14-20 vs. 5-7) y el ápice de las hojas acuminado. *Pleurothyrium glabritepalum* van der Werff, de las tierras bajas del Pacifico colombiano, tiene también las inflorescencias pequeñas con pocas flores, pero difiere de *P. triflorum* en los tépalos glabros por dentro, el indumento erecto sobre el envés de las hojas y los tépalos desiguales, con los 3 externos más pequeños que los 3 internos.

13. Pleurothyrium westphalii van der Werff, *Ann. Missouri Bot. Gard.* 74: 410 (1987). Holotipo: Guatemala, *Kunkel 9* (BR!). Ilustr.: van der Werff, *Ann. Missouri Bot. Gard.* 80: 114, t. 46 (1993).

Árboles hasta 20 m; ramitas anguladas, densamente adpreso-pubescentes, glabrescentes con la edad. Hojas 15-20 × 4-7 cm, elípticas, membranáceas, la base aguda, cuneada o ligeramente decurrente sobre el pecíolo, el ápice agudo, el haz glabro o casi glabro, el envés con algunos tricomas adpresos escasos, más densamente así a lo largo de la vena media y las secundarias, las venas inmersas o casi inmersas en ambas superficies, las venas secundarias 5-8 pares, no entrelazadas; pecíolo c. 1 cm, con el indumento similar al de las ramitas. Inflorescencias c. 8 cm, en las axilas de catafilos, cimoso-paniculadas, densamente gris-pardo-pubescentes; brácteas no presentes en la antesis. Flores c. 8 mm de diámetro; tépalos c. 4 mm, patentes, tomentulosos en ambas superficies; glándulas marcadamente agrandadas, completamente alrededor de los estambres, fusionadas, las anteras en la superficie glandulosa de la cúpula, los lóculos laterales; pistilo c. 1.5 mm, glabro; receptáculo más bien profundo, glabro por dentro. Frutos y cúpula no conocidos. *Selvas altas perennifolias montanas*. G (*Kunkel 17*, MO). 900-1100 m. (Endémica).

Pleurothyrium westphalii es la única especie de *Pleurothyrium* que se conoce de Guatemala y se reconoce por sus hojas delgadas, las venas secundarias no entrelazadas y el indumento gris-pardo de las ramitas jóvenes y las inflorescencias.

19. Povedadaphne W.C. Burger

Por H. van der Werff.

Árboles. Hojas pinnatinervias; domacios presentes. Inflorescencias axilares, cimoso-paniculadas, con las flores laterales de las cimas estrictamente opuestas. Flores bisexuales; tépalos iguales, libres, deciduos con la edad; estambres 9, todos con 4 lóculos, los 6 estambres externos recurvados hacia adentro con los lóculos dispuestos en un arco en el ápice de la antera, los 3 internos columnares con los lóculos dispuestos en 2 filas sobre el ápice aplanado. Frutos asentados sobre una cúpula disciforme pequeña, esta con margen simple. Género monoespecífico endémico de Costa Rica.

Característico de *Povedadaphne* son los estambres con los lóculos dispuestos cerca o en el ápice; así, todos son visibles cuando se mira dentro de la flor. Vegetativamente, el género es indistinto, los domacios son un indicador útil, pero los domacios están también presentes en otros géneros.

Bibliografía: Burger, W.C. *Brittonia* 40: 275-282 (1988).

1. Povedadaphne quadriporata W.C. Burger, *Brittonia* 40: 277 (1988). Holotipo: Costa Rica, *Poveda & Castro 3561* (CR). Ilustr.: González & Poveda, *Monogr. Syst. Bot. Missouri Bot. Gard.* 111: 170 (2007).

Ocotea quadriporata (W.C. Burger) Kosterm.

Árboles hasta 30 m; ramitas ligeramente estriadas, glabras o escasamente adpreso-pubescentes; yemas terminales adpreso-pubescentes. Hojas 7-18 × 3.5-6.5 cm, elípticas, cartáceas, la base aguda o decurrente sobre los pecíolos, los márgenes no engrosados, el ápice agudo o acuminado, glabras en ambas superficies excepto por fascículos de tricomas blanquecinos en las axilas de las venas secundarias basales en el envés, la vena media y las secundarias inmersas en el haz, elevadas en el envés, las venas terciarias inmersas o casi inmersas; domacios presentes como fascículos de tricomas axilares; pecíolo hasta 1 cm, acanalado por encima, redondeado por debajo, glabro. Inflorescencias hasta 15 cm, glabras o escasamente adpreso-pubescentes. Flores diminutamente adpreso-pubescentes por fuera, cremosas, los tépalos c. 1.2 mm, anchamente elípticos, glabros por dentro, los filamentos pubescentes, los estambres internos con 2 glándulas grandes en la base, los estaminodios ausentes; pistilo c. 2 mm, glabro. Frutos hasta 8 × 4 cm, elipsoides, ásperos debido a numerosas protuberancias verrugosas alargadas; cúpula c. 15 mm de ancho. *Selvas altas perennifolias de tierras bajas*. CR (*Robles et al. 2064*, MO). 100-1000 m. (Endémica).

20. Rhodostemonodaphne Rohwer & Kubitzki

Synandrodaphne Meisn. non Gilg.

Por H. van der Werff.

Árboles. Hojas pinnatinervias; domacios ausentes. Inflorescencias en las axilas de las hojas, cimoso-paniculadas, las flores laterales de una cima estrictamente opuestas. Flores unisexuales; tépalos iguales, generalmente persistentes en fruto. Flores estaminadas con estambres, todos con 4 lóculos dispuestos en un arco o en una línea horizontal, los 3 estambres internos con 2 glándulas en la base; estaminodios ausentes; pistilodio presente. Flores pistiladas con 9 estaminodios y un pistilo bien desarrollado. Frutos asentados en una cúpula (profundamente) cupuliforme con margen simple, los remanentes de los tépalos con frecuencia presentes en la cúpula. 36 spp. Costa Rica, Panamá, Sudamérica; 1 sp. en Mesoamérica.

Características son las flores unisexuales y los estambres con los lóculos dispuestos en un arco poco profundo o una línea recta.

Bibliografía: Madriñán, S. *Fl. Neotrop. Monogr.* 92: 1-102 (2004).

1. Rhodostemonodaphne kunthiana (Nees) Rohwer, *Mitt. Inst. Allg. Bot. Hamburg* 20: 84 (1986). *Acrodiclidium kunthianum* Nees, *Syst. Laur.* 269 (1836). Holotipo: Guayana Francesa, *Poiteau s.n.* (B-[cb] B 10 0247364). Ilustr.: González & Poveda, *Monogr. Syst. Bot. Missouri Bot. Gard.* 111: 171 (2007).

Nectandra kunthiana (Nees) Kosterm., *Ocotea cooperi* C.K. Allen, *O. kunthiana* (Nees) Mez.

Árboles hasta 25 m; ramitas teretes o anguladas, escasa a densamente pardo-tomentulosas; yemas terminales densamente tomentulosas. Hojas 12-35 × 6-14 cm, elípticas a oblongas, cartáceas, la base obtusa, el ápice agudo o acuminado, el haz glabro, el envés tomentuloso a escasamente pubescente, el indumento frecuentemente más denso a lo largo de la vena media y las secundarias, la vena media y las secundarias inmersas en el haz, las terciarias escasamente elevadas, conspicuamente escalariformes, la vena media, las secundarias y las terciarias escalariformes y elevadas en el envés, las venas secundarias 9-14 pares; pecíolo 10-35 mm, con el indumento similar al de las ramitas, acanalado. Inflorescencias 10-20 cm, tomentulosas; tépalos c. 1.5 mm, anchamente elípticos, densamente pubescentes por fuera, escasamente pubescentes por dentro. Flores estaminadas con los estambres c. 1 mm, pubescentes en la base, y un pistilodio linear. Flores pistiladas con un pistilo bien desarrollado; estigma disciforme; estaminodios con lóculos que permanecen cerrados. Frutos 2.5-4 × c. 1.5 cm, los tépalos no persistentes en la cúpula. *Selvas altas perennifolias montanas y de tierras bajas*. N (*Rueda et al. 7527*, MO); CR (*Herrera 4263*, MO); P (*Cooper 489*, F). 50-1000 m. (Mesoamérica, Colombia, Venezuela, Guayanas, Ecuador, Perú, Bolivia, Brasil).

21. Williamodendron Kubitzki & H.G. Richt.

Por H. van der Werff.

Árboles. Hojas marcadamente agrupadas en las puntas de las ramas, pinnatinervias; domacios ausentes. Inflorescencias axilares, cimoso-paniculadas, las flores laterales de las cimas estrictamente opuestas, pero con frecuencia las flores laterales de una cima ausentes, así parte de la inflorescencia de apariencia racemosa. Flores bisexuales; tépalos iguales o casi iguales, libres, persistentes en fruto; estambres 3, con 4 lóculos, apical-extrorsos, dispuestos en 2 filas. Frutos sin la cúpula, solo abrazados por los pequeños tépalos persistentes. 3 spp., Costa Rica al sur hasta Brasil; 2 spp. en Mesoamérica.

Este género se puede reconocer rápidamente por sus 3 estambres con 4 lóculos, las hojas agrupadas con pecíolos largos y la ausencia de cúpula. Está cercanamente relacionado con *Mezilaurus* Kuntze ex Taub. el cual tiene 3 estambres con 2 lóculos, así como madera y anatomía de la corteza diferentes.

Bibliografía: Kubitzki, K. & Richter, H.G. *Bot. Jahrb. Syst.* 109: 49-58 (1987).

1. Envés de la hoja, pecíolo y ramitas jóvenes con indumento diminuto y adpreso; superficie de los pecíolos y las ramitas jóvenes visible. **1. W. glaucophyllum**
1. Envés de la hoja con tricomas erectos escasos; pecíolo y ramitas jóvenes con un indumento erecto denso, la superficie de los pecíolos y las ramitas jóvenes completamente cubierta por indumento. **2. W. sp. A**

1. Williamodendron glaucophyllum (van der Werff) Kubitzki & H.G. Richt., *Bot. Jahrb. Syst.* 109: 58 (1987). *Mezilaurus glaucophylla* van der Werff, *Ann. Missouri Bot. Gard.* 74: 164 (1987). Holotipo: Costa Rica, *Zamora & Poveda 1014* (MO!). Ilustr.: van der Werff, *Ann. Missouri Bot. Gard.* 74: 165, t. 4 (1987a).

Árboles, 10-25 m; ramitas gruesas, teretes, las partes jóvenes diminutamente adpreso-pubescentes, las cicatrices de hojas caídas conspicuas; yemas terminales densa y diminutamente adpreso-pubescentes. Hojas 14-30 × 7-15 cm, obovadas a oblongo-obovadas, cartáceas, el haz glabro, el envés diminuta y más bien escasamente adpreso-pubescente, glauco, el haz con la vena media y las secundarias inmersas, las terciarias escasamente elevadas, el envés con la vena media y las secundarias elevadas, las terciarias inmersas, la base aguda, frecuentemente desigual, el ápice obtuso a cortamente acuminado; pecíolo 3-8 cm, más o menos terete, diminuta y escasamente adpreso-pubescente. Inflorescencias 6-20 cm, adpreso-pubescentes. Flores glabras; tépalos c. 0.6 mm, glabros por dentro; estambres c. 1 mm; estaminodios 3, c. 0.8 mm, pubescentes, el pistilo c. 1.2 mm, glabro. Frutos c. 3 × 1.7 cm, elipsoides, lisos; pedicelos no engrosados por debajo del fruto. *Selvas altas perennifolias de tierras bajas*. CR (*Hammel et al. 17035*, MO). 50-400 m. (Endémica).

Diagnósticas son las hojas obovadas grandes y glaucas, agrupadas cerca de las puntas de las ramas con pecíolos largos.

2. Williamodendron sp. A.

Árboles c. 15 m; ramitas jóvenes densamente pardo-pubescentes, el indumento corto y erecto, cubriendo completamente la superficie; cicatrices de hojas caídas conspicuas; yema terminal densamente pardo-pubescente. Hojas 30-45 × 12-18 cm, elípticas o elíptico-obovadas, cartáceas, el haz glabro excepto por la vena media pubescente, el envés con la vena media y las secundarias pardo-tomentulosas, la lámina con indumento erecto escaso, la base aguda, algunas veces desigual, los márgenes tomentulosos, el ápice brevemente acuminado, las venas inmersas o escasamente elevadas en el haz, la vena media y las secundarias elevadas, las terciarias escasamente elevadas el envés; pecíolo 5-9 cm, densamente pardo-tomentulosos. Flores y frutos no conocidos. *Selvas altas perennifolias de tierras bajas*. P (*de Nevers et al. 7522*, MO). c. 30 m. (Endémica).

Esta especie solo se conoce de una colección estéril. Esta difiere claramente de las otras especies de *Williamodendron* en su indumento. Podría pertenecer a *Mezilaurus*, pero una vez más, esta difiere de las especies de *Mezilaurus* conocidas en su indumento. Se necesita material en flor para una descripción completa.

53. CERATOPHYLLACEAE

Descripción de la familia por F.R. Barrie.

Hierbas perennes, acuáticas, sumergidas o a menudo formando tapetes vegetativos densos, con aerénquima presente en tallos y hojas, completamente glabras; plantas monoicas; raíces ausentes; tallos péndulos o anclados al sustrato. Hojas verticiladas, 3-11 por nudo, no pecioladas, estipuladas; lámina filiforme o 2-4 veces dicotómicamente dividida, o más, los últimos segmentos lineares y fina a toscamente dentados. Flores solitarias, unisexuales, actinomorfas, sésiles o subsésiles, sumergidas en la antesis, subyacentes a un involucro de 8-15 brácteas de 1.5-2 mm, lineares; cáliz y corola ausentes; estambres 3 a numerosos, c. 2 mm, anteras 2-loculares, longitudinalmente dehiscentes, el conectivo proyectándose apicalmente, con 2 o más dientes pequeños, el polen es dispersado por agua; ovario 1, súpero, 1-locular, con 1 óvulo, péndulo; estilo 1, terminal, persistente, acicular o aleznado; estigma decurrente con un surco estilar. Fruto un aquenio elipsoide, moderadamente comprimido lateralmente, la superficie lisa a papilosa o tuberculada, el margen entero o alado, con o sin espinas basales, marginales y apicales; semilla 1, elíptica, sin endospermo, el embrión bien desarrollado. 1 gen., 6 spp., cosmopolita; 2 spp. en Mesoamérica.

Bibliografía: Les, D.H. *Fam. Gen. Vasc. Pl.* 2: 246-250 (1993).

1. Ceratophyllum L.

Dichotophyllum Moench.

Por F.R. Barrie.

Características de la familia.

Ceratophyllum se encuentra en todos los continentes en lagos, estanques, pantanos y corrientes de movimiento lento. Duke (1962b [1963]) sugirió que *C. echinatum* A. Gray, posiblemente ocurra en Panamá, aunque aún no haya sido colectada allí. Sin embargo, la distribución de *C. echinatum*, está restringida al este de Estados Unidos y Canadá (Les, 1997). Wilmot-Dear (1985) trató *C. echinatum* como una variedad de *C. submersum* L. y Carnevali et al. (2010) reportaron *C. submersum* var. *echinatum* (A. Gray) Wilmot-Dear de Tabasco y Campeche. Wilmot-Dear (1985) consideró tanto *C. muricatum* como *C. australe* sinónimos de *C. submersum* var. *echinatum*, mientras Les (1988) consideró *C. muricatum* como una especie distinta y *C. australe* una subespecie de esta. Los especímenes de Tabasco examinados en este tratamiento (no se han visto especímenes de Campeche) son referidos a *C. muricatum* subsp. *australe*.

Bibliografía: Les, D.H. *Syst. Bot.* 11: 549-558 (1986); 13: 73-86 (1988). Lowden, R.M. *Aquatic Bot.* 4: 127-142 (1978).

1. Hojas agrupadas apicalmente; lámina de las hojas más grandes 1 o 2 veces dicotómicamente dividida, raramente más dividida; fruto sin alas ni espinas marginales. **1. C. demersum**
1. Hojas más o menos uniformemente distribuidas; lámina de las hojas más grandes 3 o 4 veces dicotómicamente dividida; fruto con ala y 2-20 espinas marginales. **2a. C. muricatum** subsp. **australe**

1. Ceratophyllum demersum L., *Sp. Pl.* 992 (1753). Lectotipo (designado por Aziz, 1974): Europa, *Herb. Clifford 446, Ceratophyllum 1* (BM!). Ilustr.: Lowden, *Aquatic Bot.* 4: 129, t. 1a-h (1978).

Ceratophyllum apiculatum Cham., *C. demersum* L. var. *apiculatum* (Cham.) Asch., *Dichotophyllum demersum* (L.) Moench.

Tallos hasta c. 3 m, libremente ramificados y a menudo formando tapetes densos. Hojas agrupadas apicalmente, verde brillante a oscuro; láminas 1-3 cm, las hojas más grandes 1 o 2 veces dicotómicamente divididas (raramente hasta 3 veces), raramente simples, los últimos segmentos lineares, los dientes marginales conspicuos, típicamente con una base amplia. Fruto 3.5-6 × 2-4 × 1-2.5 mm, verde o pardo-rojizo; espinas basales 2, 0.1-12 mm, raramente ausentes, rectas o curvadas; espinas y alas marginales ausentes; espina apical 0.5-14 mm. *Lagos, estanques, ríos o corrientes de agua con movimiento lento, pantanos*. T (*Orozco & González 1*, MO); Ch (*Holmes et al. 3492*, TEX); C (*Ocaña 72*, MO); G (*Steyermark 4728*, F); H (*Carr 2351*, F); ES (*Fassett 28748*, F); N (*Moreno 21135*, MO); CR (*Crow & Rivera 6276*, F); P (*Kennedy 2375*, MO). 0-1400 m. (Canadá, Estados Unidos, México [Baja California Sur, Cd. México, Michoacán, Nayarit, Oaxaca, Tamaulipas, Veracruz], Mesoamérica, Colombia, Guayanas, Ecuador, Perú, Bolivia, Brasil, Argentina, Cuba, La Española, Jamaica, Puerto Rico, Europa, Asia, África, Australia, Nueva Guinea).

2. Ceratophyllum muricatum Cham., *Linnaea* 4: 504 (1829). Isolectotipo (designado por Les, 1988): Egipto, *Sieber s.n.* (MO!). Ilustr.: Chamisso, *Linnaea* 4: t. 5, f. 6c (1829).

Ceratophyllum demersum L. var. *muricatum* (Cham.) K. Schum., *C. submersum* L. subsp. *muricatum* (Cham.) Wilmot-Dear.

Les (1988) reconoció 3 subespecies en *Ceratophyllum muricatum*, dos de ellas, *C. muricatum* subsp. *muricatum* y *C. muricatum* subsp. *kossinskyi* (Kusen.) Les, están restringidas a Europa, Asia y África. La distribución de la tercera, *C. muricatum* subsp. *australe*, está exclusivamente en el continente americano. El fruto de *C. muricatum* subsp. *australe* es, en promedio, más grande que el de las otras 2 subespecies, pero la variación en tamaño y longitud y número de espinas puede ser considerable.

2a. Ceratophyllum muricatum Cham. subsp. **australe** (Griseb.) Les, *Syst. Bot.* 13: 85 (1988). *Ceratophyllum australe* Griseb., *Abh. Königl. Ges. Wiss. Göttingen* 24: 14 (1879). Lectotipo (designado por Les, 1988): Argentina, *Lorentz & Hieronymus 547* (GOET, imagen en Internet!). Ilustr.: Lowden, *Aquatic Bot.* 4: 132, t. 2g-k (1978), como *C. muricatum*.

Ceratophyllum demersum L. var. *cristatum* K. Schum., *C. floridanum* Fassett, *C. llerenae* Fassett.

Tallos hasta c. 1 m, libremente ramificados. Hojas más o menos uniformemente distribuidas a lo largo de las ramas, amarillo-verdes; láminas 1-3 cm, las hojas más grandes 3 o 4 veces divididas dicotómicamente, los últimos segmentos lineares, el diente marginal débil e inconspicuo. Frutos 3-4.5 × 2-3 × 1-2 mm, verdes o pardo oscuro; espinas basales 2, 0.3-4.5 mm, rectas o curvadas, raramente ausentes; márgenes angostamente alados, con 2-20 espinas, 0.1-4 mm; espina apical 1.5-7.5 mm. *Efímera o persistente en estanques y lagos.* T (*Orozco & González 5*, MO); C (Carnevali et al., 2010: 117); B (*Peck 894*, NY); G (*Tonduz 594*, GH); ES (*Fassett 29116*, F); N (*Stevens & Montiel 27595*, MO); CR (*Crow & Rivera 7406*, F). 0-500 m. (Estados Unidos, México [Tamaulipas], Mesoamérica, Colombia, Venezuela, Surinam, Ecuador, Perú, Bolivia, Brasil, Argentina, Antillas).

54. PAPAVERACEAE

Descripción de la familia y clave genérica por S.P. Thornton-Wood & M.H. Grayum.

Hierbas anuales o perennes, rara vez leñosas o escandentes (y a veces con zarcillos), frecuentemente con látex lechoso, amarillo, anaranjado u ocre. Hojas alternas o basales, rara vez opuestas, enteras, lobadas o divididas, generalmente sin estípulas. Inflorescencias comúnmente terminales, solitarias, racemosas o cimosas. Flores regulares o zigomorfas, generalmente grandes y vistosas; sépalos 2-4 o más, libres o rara vez unidos, a veces petaloides, frecuentemente cayéndose al abrir la flor; pétalos generalmente 4, a veces ausentes (*Bocconia*) o numerosos, a veces coherentes apicalmente, caducos tempranamente, o rara vez persistentes, los externos a veces sacciformes o espolonados basalmente; estambres 4, 6 o numerosos, insertados por debajo o rara vez alrededor de los ovarios, los filamentos a veces fusionados; anteras uniloculares o más frecuentemente biloculares, longitudinalmente dehiscentes; carpelos 2-varios, fusionados, rara vez libres; ovarios 1-muchos, con 1-muchos óvulos, parietales; estilo corto, a veces caduco o ausente; estigma 1, o más frecuentemente estigmas tantos como carpelos, separados o más o menos unidos por encima del ovario. Fruto en cápsula, dehiscente por poros o valvas, o nuciforme e indehiscente. 44 gen., en las regiones templadas, sobre todo en el hemisferio norte, con concentraciones de géneros en el oeste de los Estados Unidos, el Mediterráneo y el este de Asia; poco representada en los trópicos; 6 gen. y 9 spp. en Mesoamérica.

Bibliografía: Fedde, F.K.G. *Pflanzenr.* IV. 104(Heft 40): 1-430 (1909).

1. Flores zigomorfas, el pétalo externo superior con una corta espuela basal nectarífera; estambres 6 (en 2 fascículos de 3 cada uno); frutos nuciformes, indehiscentes. **4. Fumaria**
1. Flores regulares, los pétalos sin espuelas, o pétalos ausentes; estambres numerosos; frutos en cápsulas, dehiscentes.
 2. Árboles o arbustos; pétalos ausentes; fruto generalmente con 1 semilla. **2. Bocconia**
 2. Hierbas; pétalos presentes; fruto con muchas semillas.
  3. Cápsulas lineares, marcada y longitudinalmente acostilladas; segmentos foliares angostos y lineares; hojas rara vez enteras.
   4. Sépalos fusionados, formando una caliptra, la cual es empujada hacia afuera al abrirse la flor; semillas finamente ornamentadas. **3. Eschscholzia**
   4. Sépalos libres, con un lobo en el margen superior izquierdo; semillas lisas. **5. Hunnemannia**
  3. Cápsulas globosas a oblongas; hojas variadamente divididas, pero no con segmentos angostos y lineares.
   5. Hojas con márgenes aguijonosos. **1. Argemone**
   5. Hojas no aguijonosas. **6. Papaver**

1. **Argemone** L.

Echtrus Lour.

Por S.P. Thornton-Wood.

Hierbas anuales o perennes, aguijonosas, con un solo tallo, o ramificándose cerca de la base, glaucas; látex amarillento pero oscuro en ejemplares secos. Hojas alternas, sésiles o amplexicaules, pinnatilobadas, los lóbulos con aguijones gruesos y una espina en el ápice. Flores solitarias, terminales en las ramas principales o axilares, regulares; botones erectos, aguijonosos; sépalos generalmente 3, libres, terminando en una espina robusta; corola biseriada, los pétalos generalmente 6; estambres numerosos; estilo corto o ausente; lóbulos estigmáticos 3 o más, cóncavos. Frutos en cápsulas, elipsoides, con 3 o más valvas; dehiscencia basípeta e incompleta; semillas numerosas, sin arilo, diminutamente foveoladas. Aprox. 28 spp., Estados Unidos hasta Sudamérica, las Antillas y Hawái; 1 sp. en Mesoamérica.

Bibliografía: Ownbey, G.B. *Mem. Torrey Bot. Club* 21: 1-159 (1958).

1. Argemone mexicana L., *Sp. Pl.* 508 (1753). Lectotipo (designado por Fawcett & Rendle, 1914): Cultivada, *Herb. Linn. 670.1* (LINN!). Ilustr.: Fawcett & Rendle, *Fl. Jamaica* 3: 222, t. 91 (1914). N.v.: Cardo santo, chicalote.

Echtrus mexicanus (L.) Nieuwl., *E. trivialis* Lour., *Papaver mexicanum* (L.) E.H.L. Krause.

Plantas 25-100 cm, anuales, algo aguijonosas. Hojas oblanceoladas a elípticas, amplexicaules, profundamente lobadas, escasamente aguijonosas en ambas superficies, los aguijones más separados en las hojas superiores. Pétalos 6, amarillo brillante u ocasionalmente amarillo pálido; estambres 30-50, las anteras amarillas, los filamentos amarillo pálido; estigmas purpúreos, los lóbulos muy pegados entre sí en la antesis. Frutos 25-45 ×12-20 mm, espinescentes; estilo c. 1 mm en el fruto. $2n = 28$. *Caminos y terrenos baldíos*. T (*Magaña 1437*, MEXU); Ch (*Laughlin 62*, F); Y (*Gaumer 562*, MO); C (*Martínez S. et al. 28698*, MEXU); B (*Bartlett 12965*, NY); G (*Steyermark 31839*, F); H (*Molina R. 2706*, F); ES (*Carlson 68*, F); N (*Araquistain & Moreno 1555*, BM); CR (*Grayum 3430*, BM); P (*Lewis et al. 1568*, MO). 0-3200 m. (S. Estados Unidos, México, Mesoamérica, Colombia, Venezuela, Ecuador, Perú, Bolivia, Brasil, Paraguay, Argentina, Antillas; ampliamente introducida en los trópicos y subtrópicos del Viejo Mundo).

Argemone ochroleuca Sweet, quizá solo una variedad de *A. mexicana*, no se extiende hacia Mesoamérica.

2. **Bocconia** L.

Por S.P. Thornton-Wood.

Hierbas grandes, perennes, arbustos o arbolitos tomentosos o glabros, frecuentemente un tanto glaucos, la corteza lisa o suberosa; látex anaranjado o amarillo. Hojas alternas, generalmente pecioladas, enteras o profundamente pinnadas. Inflorescencias en panículas. Flores regulares, protóginas; botones paralelos al eje principal; sépalos 2; pétalos ausentes; estilo característico; lóbulos estigmáticos 2, alargados. Frutos en cápsulas, elipsoides (algunas veces obovadas), glaucas, estipitadas, característicamente recurvadas en la dehiscencia; dehiscencia por valvas, completa; semilla 1, lisa, con un arilo grande, basal, generalmente rojo. 8 spp., distribuidas en las tierras altas desde México hasta Argentina y las Antillas; 3 spp. en Mesoamérica.

Bibliografía: Hutchinson, J. *Bull. Misc. Inform. Kew* 1920: 275-282 (1920).

1. Hojas sésiles; panícula más bien angosta y densa. **3. B. vulcanica**
1. Hojas pecioladas; panícula ancha y laxa.
  2. Hojas menos de 3 veces tan largas como anchas, lobadas o incisas, rara vez enteras, glaucas o verdes en el envés. **1. B. frutescens**
  2. Hojas más de 3 veces tan largas como anchas, enteras, característicamente glaucas en el envés. **2. B. glaucifolia**

1. Bocconia frutescens L., *Sp. Pl.* 505 (1753). Lectotipo (designado por Galán de Mera et al., 2020): Sloane, *Voy. Jamaica* 1: t. 125 (1707). Ilustr.: Martínez Ojeda, *Fl. Veracruz* 22: 13, t. 2 (1982). N.v.: Sangre de toro.

Bocconia arborea S. Watson, *B. gracilis* Hutch., *B. integrifolia* Bonpl. var. *seleri* Fedde, *B. latisepala* S. Watson.

Hierbas perennes, arbustos débiles o árboles pequeños hasta 4(-6) m. Hojas (5-)10-30(-45) × (3.5-)7-23(-28) cm, ampliamente pecioladas, oblanceoladas a oblongas, variadamente partidas o enteras, los segmentos rectos o algo curvados hacia el ápice, el haz glabro, el envés peloso (sobre todo a lo largo de las venas), grisáceo o glauco, la base cuneada a truncada o redondeada, los márgenes repando-dentados o serrados a subenteros, el ápice redondeado o subagudo; pecíolo 20-50(-70) mm. Inflorescencias laxas. $2n = 40$. *Matorrales húmedos, bosques*. Ch (*Breedlove 9338*, F); B (*Whitefoord 3000*, BM); G (*Molina R. et al. 30238*, F); H (*Blackmore & Chorley 3807*, BM); ES (*Monro et al. 2298*, MEXU); N (*Moreno 16104*, BM); CR (*Davidse 24436*, BM); P (*Liesner 282*, F). 500-3500 m. (México [Coahuila, Colima, Edo. México, Guanajuato, Guerrero, Hidalgo, Jalisco, Michoacán, Morelos, Nayarit, Nuevo León, Oaxaca, Puebla, Querétaro, San Luis Potosí, Sinaloa, Tamaulipas, Tlaxcala, Veracruz], Mesoamérica, Colombia, Venezuela, Ecuador, Perú, Bolivia, Argentina).

Las plantas de México y Guatemala con hojas incisas más que lobuladas, generalmente se separan como *Bocconia arborea*; sin embargo, la diferencia entre las plantas del resto de Mesoamérica no es tan clara. Las plantas de Guatemala, con hojas enteras, se han considerado *B. gracilis*; sin embargo, a pesar de que se han visto ejemplares tanto con hojas enteras como partidas, por ejemplo, *Skutch 1767* (F, NY), en este tratamiento se ubica en la sinonimia de *B. frutescens*.

2. Bocconia glaucifolia Hutch., *Bull. Misc. Inform. Kew* 1920: 281 (1920). Isotipo: Guatemala, *Heyde & Lux 2899* (BM!). Ilustr.: no se encontró.

Bocconia integrifolia Bonpl. subforma *glaucescens* Fedde, *B. integrifolia* var. *mexicana* DC.

Arbustos o arbolitos, 3-5 m; ramas característicamente glaucas. Hojas 10-25 × 3-5.5 cm, pecioladas, enteras, oblanceoladas a oblongas, el envés glauco, glabro, la base cuneada, los márgenes enteros a parcial o completamente undulado-serrados, el ápice agudo a subagudo; pecíolo 20-70 mm. Inflorescencias laxas. *Bosques de neblina*. Ch (*Breedlove 40871*, MEXU); G (*Förther 10109*, BM); H (*Molina R. 22109*, F); ES (*Molina R. et al. 16900*, F). 1400-2500 m. (Endémica).

3. Bocconia vulcanica Donn. Sm., *Bot. Gaz.* 16: 1 (1891). Sintipo: Guatemala, *Donnell Smith 2172* (US). Ilustr.: no se encontró.

Bocconia oblanceolata Lundell.

Arbustos o árboles pequeños, 3-7 m. Hojas 8-30(-35) × 3.5-10 cm, densamente agrupadas en los extremos de las ramas, sésiles, obovadas a elípticas, enteras, glabras, subagudas, la base angostamente cuneada, el ápice subagudo. Inflorescencias marcadamente más angostas y densas que en otras especies, sobre todo en los ejemplares maduros. *Bosques húmedos*. Ch (*Martínez S. et al. 19512*, MEXU); G (*Williams et al. 22767*, F). 1500-3000 m. (Endémica).

3. **Eschscholzia** Cham.

Por S.P. Thornton-Wood.

Plantas herbáceas anuales o perennes, ramificadas desde la base; pelosas o glabras, glaucas; látex ausente de las partes aéreas. Hojas alternas u opuestas, pecioladas, divididas en 3 o rara vez enteras y lineares. Flores terminales o axilares, regulares; botones péndulos o erectos; sépalos 2, fusionados, formando una caliptra que es empujada hacia afuera cuando se abre la flor; pétalos generalmente 4, anaranjados, amarillos o algunas veces blancos o rosado pálido; estambres numerosos; estilo corto; estigmas 2 o más, angostamente aplanados o filiformes. Frutos en cápsulas, alargadas, longitudinalmente acostilladas, bivalvas; dehiscencia acropétala, incompleta; semillas numerosas, sin arilo, variadamente ornamentadas. 8-14 spp., en el oeste de los Estados Unidos y norte de México; se cultiva en muchas partes del mundo; 1 sp. cultivada en Mesoamérica.

1. Eschscholzia californica Cham. in Nees, *Horae Phys. Berol.* 74 (1820). Sintipo: Estados Unidos, *Chamisso s.n.* (LE). Ilustr.: Chamisso, *Horae Phys. Berol.* t. XV (1820).
Chryseis californica (Cham.) Lindl.

1a. Eschscholzia californica Cham. **subsp. californica.**
Plantas anuales o perennes, 20-60 cm. Hojas ternadamente divididas, glaucas, los últimos segmentos angostos, lineares, obtusos. Pétalos 1.5-3.5 cm, anchamente triangulares, anaranjados o amarillos. Frutos hasta 6 cm; semillas globosas, reticuladas. $2n = 12$. *Cultivada.* Ch (*Breedlove 9200*, F); G (Standley & Steyermark, 1946k: 353); H (*Galeas 290*, TEFH); CR (*Gómez-Laurito 8651*, F). 1300-1400 m. (SO. Estados Unidos; ampliamente cultivada).

4. Fumaria L.

Por M.H. Grayum.

Hierbas anuales, erectas a escandentes, ramificadas, glabras; savia acuosa. Hojas alternas, pecioladas (al menos las basales), 2-4-pinnaticompuestas. Inflorescencias en racimos alargados. Flores zigomorfas; sépalos 2; pétalos 4, adnados basalmente a los estambres, el pétalo externo superior con una corta espuela basal nectarífera, los pétalos internos connados apicalmente; estambres 6, en 2 fascículos de 3 cada uno, los filamentos fusionados en cada fascículo; estilo hialino, caduco; estigma 1, con 2 papilas grandes. Frutos nuciformes, subglobosos, indehiscentes, con 2 fóveas apicales; semilla 1, sin arilo. Aprox. 50 spp., nativas de Eurasia, Macaronesia, norte y este de África, Península Arábiga; 1 sp. introducida en Mesoamérica.
Bibliografía: Lidén, M. *Opera Bot.* 88: 1-133 (1986).

1. Fumaria officinalis L., *Sp. Pl.* 2: 700 (1753). Lectotipo (designado por Sell, 1963): *Herb. Linn. 881.13* (LINN). Ilustr.: Tebbitt et al., *Bleeding Hearts, Corydalis, & Relatives* t. 106 (2008).
Plantas anuales, a veces subescandentes, hasta 0.75 m; tallos angulados, frecuentemente glaucos. Hojas tripinnaticompuestas, basalmente decurrentes, el raquis a veces portándose como zarcillo, los segmentos angostamente lineares, apiculados; pecíolo 0.5-3.5 cm. Inflorescencias 1.5-3 cm, subsésiles o cortamente pedunculadas, con 6-11 flores; pétalos 0.6-0.7 cm, rosados con una mancha púrpura apicalmente. Frutos c. 0.2 cm, rugulosos, verdes. $2n = (28)32, 48$. *Adventicia en cultivos.* CR (*Hammel et al. 25350*, CR). 1850-1900 m. (Nativa de Europa, N. África y O. Asia; introducida a otras regiones templadas del mundo).
Lidén (1986) reconoció 3 subespecies de *Fumaria officinalis*, pero el escaso material recolectado de Costa Rica no concuerda satisfactoriamente con ninguna.

5. Hunnemannia Sweet

Por S.P. Thornton-Wood.

Plantas perennes, herbáceas o algo leñosas, ramificadas, glaucas y glabras. Hojas alternas, pecioladas, multífidas. Flores regulares; botones terminales, erectos; sépalos 2, libres, con un lóbulo en el margen superior izquierdo; pétalos 4, amarillos; estambres numerosos; estigmas subsésiles, 4-lobados. Frutos en cápsulas, alargadas, bivalvas; dehiscencia acropétala, completa; semillas numerosas, sin arilo, lisas. 1 sp., nativa de México, cultivada en Mesoamérica.
Bibliografía: Nesom, G.L. *Phytologia* 73: 330-337 (1992).

1. Hunnemannia fumariifolia Sweet, *Brit. Fl. Gard.* 3: t. 276 (1827-1829 [1828]). Lectotipo (designado por Nesom, 1992): Sweet, *Brit. Fl. Gard.* 3: t. 276 (1827-1829 [1828]). Ilustr.: Sweet, *Brit. Fl. Gard.* 3: t. 276 (1827-1829 [1828]).
Plantas perennes hasta 60 cm. Hojas 5-10 × 1-3 cm, los segmentos angostos, lineares, obtusos, glaucos. Pétalos 2-4 × 2.1-4.2 cm, muy anchamente obovados. Frutos hasta 14 × 0.4 cm, acostillados. $2n = 56$. *Cultivada.* H (Molina R., 1975: 49). 1100-2300 m. (México [Coahuila, Guanajuato, Hidalgo, Nuevo León, Oaxaca, Puebla, San Luis Potosí, Tamaulipas, Veracruz, Zacatecas]; cultivada en Mesoamérica).

6. Papaver L. N.v.: Adormidera, amapola.

Por S.P. Thornton-Wood.

Hierbas anuales o perennes, algunas veces ramificadas, pelosas o glabras, glaucas; látex blanco. Hojas alternas o algunas veces verticiladas, generalmente las basales pecioladas a las apicales sésiles, enteras a pinnatisectas. Flores solitarias, terminales, regulares; yemas floríferas péndulas o erectas; sépalos generalmente 2, libres; corola biseriada, los pétalos 4; estambres numerosos; estigmas 4 a numerosos, sésiles, extendiéndose sobre las placentas como un disco. Frutos en cápsulas, subglobosas a obovoides; dehiscencia basípeta e incompleta, por valvas como poros; semillas numerosas, sin arilo, variadamente ornamentadas. Aprox. 50 spp., hemisferio norte, Sudáfrica y Australia; introducida en otros lugares; 2 spp. en Mesoamérica.
Bibliografía: Kadereit, J.W. *Bot. Jahrb. Syst.* 108: 1-16 (1986); *Notes Roy. Bot. Gard. Edinburgh* 45: 225-286 (1988).

1. Plantas no glaucas; hojas pinnatisectas a pinnadas, las superiores no amplexicaules. **1. P. rhoeas**
1. Plantas glaucas; hojas someramente lobadas, las superiores amplexicaules. **2. P. somniferum**

1. Papaver rhoeas L., *Sp. Pl.* 507 (1753). Lectotipo (designado por Jonsell & Jarvis, 1994): Europa, *Herb. Linn. 669.6* (LINN!). Ilustr.: Kadereit, *Notes Roy. Bot. Gard. Edinburgh* 45: 232, t. 3, f. 16 (1988), como *P. rhoeas* var. *rhoeas*.
Plantas anuales o bianuales hasta 60 cm; tallos generalmente ramificados, con tricomas patentes, rígidos. Hojas irregularmente pinnatisectas o pinnadas, los segmentos angostos, agudos, dentados a pinnatisectos, el segmento terminal generalmente mucho más grande que los segmentos laterales; hojas inferiores pecioladas, las superiores sésiles. Pétalos 1.5-5 cm, el externo más ancho que el interno; generalmente rojos, con una mácula basal oscura, rara vez blancos o rosados. Frutos 1-2 cm; disco generalmente más ancho que el cuerpo del fruto. *Cultivada.* Ch (*Breedlove & Raven 8267*, F); H (Molina R., 1975: 49). c. 2000 m. (Nativa del S. Europa, N. de África y regiones templadas de Asia; introducida a otras regiones templadas del mundo).

2. Papaver somniferum L., *Sp. Pl.* 508 (1753). Lectotipo (designado por Jafri & Qaiser, 1974): Europa, *Herb Linn. 669.8* (LINN!). Ilustr.: Thomé, *Fl. Deutschl.* 2: t. 259 (1886).
Plantas anuales, hasta 1 m; tallos simples o ramificados, glaucos, glabros o con algunos tricomas patentes, rígidos. Hojas ovado-oblongas, pinnadas, los lóbulos someros, irregulares, dentados; hojas inferiores basalmente atenuadas, cortamente pecioladas, las superiores amplexicaules. Pétalos 2-6 cm, blancos o lila claro, con una mácula basal in-

distinta o sin ella. Frutos 3-5 cm; disco no más ancho que el cuerpo del fruto. *Cultivada.* Ch (*Breedlove 25983*, MO). c. 2000 m. (Nativa en el S. de Europa; muy ampliamente distribuida, cultivada como ornamental o en plantíos ilícitos y como maleza introducida).

55. MENISPERMACEAE

Descripción de la familia y clave genérica por R. del C. Ortiz.

Bejucos leñosos o herbáceas, sin zarcillos, ocasionalmente hierbas perennes, arbustos erguidos a escandentes o árboles, predominantemente dioicos; tallos redondeados o aplanados, con cambium único o sucesivo que resulta en la formación de anillos o arcos parciales constituidos por bandas de haces vasculares radialmente separadas por bandas de parénquima y tangencialmente por arcos de esclerénquima, glabros a variadamente pubescentes. Hojas espiraladas, sin estípulas, subbasifijas o peltadas; lámina simple, raramente compuesta o partida en 3-5 folíolos seudopeciolulados (fuera de Mesoamérica), entera, lobulada o dentada (fuera de Mesoamérica), palmatinervias, plinervias o pinnatinervias; pecíolo generalmente con pulvínulos en ambos extremos, frecuentemente el pulvínulo distal más conspicuo, en ocasiones el pulvínulo basal torcido u obsoleto. Inflorescencias axilares o supraaxilares o caulifloras, a veces terminales, cimosas, espigadas, (seudo)racemosas o (seudo)paniculadas, a veces las flores solitarias, en corimbos condensados o en cabezuelas (fuera de Mesoamérica), generalmente bracteadas, las inflorescencias estaminadas frecuentemente multifloras, las pistiladas paucifloras. Flores pequeñas, unisexuales, generalmente 3-meras, radialmente simétricas, raramente bilateralmente simétricas (flores pistiladas de *Cissampelos*), el perianto crema, verdoso, blanquecino, verde-amarillento, amarillento, amarillo pálido, menos frecuentemente rosado salmón a marrón hasta anaranjado. Flores estaminadas con (2-4) 6-12 o más sépalos, generalmente desiguales, los internos más grandes que los externos, libres o parcialmente unidos, imbricados o valvares; pétalos 3-6 o ausentes (frecuentemente connados formando una corola pateliforme o cupuliforme en *Cissampelos*), libres o unidos; estambres (1)3-6 o más, los filamentos libres o unidos formando un sinandro, glabros a pubescentes, a veces papilosos, las anteras con 2 tecas, con dehiscencia longitudinal, menos frecuentemente transversal, generalmente inmersas en el conectivo, este a veces prolongado distalmente. Flores pistiladas generalmente con los sépalos y pétalos como en las flores estaminadas, excepto generalmente 1 sépalo y 1 pétalo en *Cissampelos*; estaminodios presentes o ausentes; carpelos (1)3-6 o más, libres, glabros o pubescentes, gibosos, el crecimiento desigual, la parte abaxial desarrollándose más que la adaxial; lóculo 1, la placentación submarginal, los óvulos 2, desarrollándose solo 1; estilo corto, conspicuo u obsoleto; estigma subulado, lingüiforme, subpeltado o trífido, menos frecuentemente lobulado. Frutos drupeolas, con 1 semilla, el remanente (o la cicatriz) del estilo apical, subapical o basal como resultado del crecimiento desigual del ovario, a veces sobre carpóforos alargados o estrechándose hacia la base formando un estípite; exocarpo membranáceo o (sub)coriáceo; mesocarpo generalmente carnoso; endocarpo de forma variada, papiráceo, cartáceo, leñoso u óseo, liso o variadamente ornamentado en la superficie externa y en ocasiones también en la superficie interna, a menudo con una intrusión adaxial (el cóndilo), de formas variadas, confiriendo la curvatura al endocarpo-evidente en cortes a lo largo del plano medio- y a la semilla; semilla recta o variadamente curvada y moldeada por la forma de la intrusión adaxial cuando esta está presente; endospermo continuo, adaxial a completamente ruminado o ausente; cotiledones escasa a abundantemente carnosos, subteretes y adpresos o foliáceos y divaricados en un solo plano a escasa y lateralmente imbricados. Aprox. 72 gen., 525 spp., distribución pantropical; 11 gen. y 41 spp. en Mesoamérica.

La familia se caracteriza por su hábito predominante de bejucos y trepadoras herbáceas, pocas especies siendo hierbas, arbustos o árboles; tallo generalmente con cambium sucesivo, los rayos amplios; a veces con exudado lechoso (*Borismene*, *Disciphania calocarpa* y algunas especies de *Odontocarya*); los cortes frescos del tallo son de color púrpura (*Anomospermum schomburgkii*), amarillo (*Abuta obovata* Diels -fuera de Mesoamérica-, *Anomospermum reticulatum* y en *D. calocarpa*) o lavanda (*Anomospermum chloranthum*) (Krukoff & Barneby, 1970); hojas con pecíolos pulvinados en ambos extremos, los pulvínulos basales generalmente torcidos en *Borismene*, *Cissampelos*, *Disciphania* y *Odontocarya*; los endocarpos generalmente están ornamentados en la superficie externa y las semillas son curvadas.

La presencia de dioecia es predominante en la familia. Ejemplos de monoecia han sido reportados en la literatura para algunas especies de *Cissampelos*, donde las flores estaminadas y pistiladas se encuentran en la misma planta, ya sea en la misma inflorescencia o en inflorescencias separadas (Miers, 1871; Ortiz & Nee, 2014). La presencia de plantas con flores hermafroditas en especies de *Anomospermum* y *Tiliacora* Colebr. fue reportada por Miers (1871) y por Kessler (1993) para *Tiliacora* y *Parabaena* Miers. Por otro lado, la presencia ocasional de un único pistilodio ha sido observada en algunas colecciones de *A. chloranthum*. En Mesoamérica, el ejemplar tipo de *Disciphania spadicea*, presenta frutos y también una inflorescencia estaminada; ejemplos de monoecia en esta especie han sido reportados por Carrillo-Reyes et al. (2013).

La naturaleza dioica de la familia, en combinación con el hábito trepador, contribuye a que los sexos estén pobremente representados en los herbarios; como consecuencia, muchas de las especies se conocen ya sea de un solo sexo o de especímenes estériles, dificultando no solo su identificación, sino que también la limitación de caracteres comparables dificulta la separación de las entidades en la clave.

Debido a la naturaleza del crecimiento desigual del fruto, en la mayoría de las especies del clado Menispermoideae el remanente del estilo se encuentra cerca de la base del fruto (Ortiz, 2012; Ortiz et al., 2016). En estas especies, tradicionalmente las medidas del largo y diámetro de los frutos y de los endocarpos corresponden al diámetro y al largo estructural, respectivamente; esta práctica se mantiene en este estudio por convención. Sin embargo, es importante notar que las medidas de la longitud y del diámetro de los frutos en especies pertenecientes al clado Menispermoideae (i.e., *Abuta*, *Chondrodendron*, *Cissampelos*, *Curarea*, *Hyperbaena* y *Sciadotenia*, exceptuando *Anomospermum* y *Elissarrhena*) no son comparables con los de las especies pertenecientes al clado Chasmantheroideae (i.e., *Borismene*, *Disciphania* y *Odontocarya*).

En este tratamiento se utilizan los términos adaxial, abaxial y lateral para describir los endocarpos, en vez de ventral y dorsal, utilizada por otros autores. Las medidas de los caracteres morfológicos utilizadas en las descripciones de las especies corresponden al intervalo entre los valores mínimos y máximos de los ejemplares estudiados.

Bibliografía: Barneby, R.C. *Mem. New York Bot. Gard.* 20(2): 81-158 (1970); *Fl. Venez. Guayana* 6: 554-578 (2001). Barneby, R.C. & Krukoff, B.A. *Mem. New York Bot. Gard.* 22(2): 1-89 (1971). Jacques, F.M.B. & De Franceschi, D. *IAWA J.* 28: 139-172 (2007). Kessler,

P.J.A. *Fam. Gen. Vasc. Pl.* 2: 402-418 (1993). Krukoff, B.A. & Barneby, R.C. *Mem. New York Bot. Gard.* 20(2): 1-70 (1970). Lian, L. et al. *Molec. Phylogen. Evol.* 136: 44-52 (2019). Miers, J. *Contr. Bot.* 3: 1-402 (1871). Ortiz, R. del C. *Int. J. Pl. Sci.* 173: 344-364 (2012). Ortiz, R. del C. et al. *Taxon* 65: 1288-1312 (2016).

1. Flores pistiladas con 1 carpelo; flores estaminadas generalmente con los pétalos connados, raramente 2-4 libres. **5. Cissampelos**
1. Flores pistiladas con 3-6 carpelos; flores estaminadas con los pétalos libres o ausentes.
 2. Flores pistiladas apétalas o los pétalos obsoletos en *Abuta panamensis*. **1. Abuta**
 2. Flores pistiladas con pétalos conspicuos.
  3. Semillas sin endospermo; cotiledones muy carnosos.
   4. Frutos conspicuamente atenuados hacia la base formando un estípite. **4. Chondrodendron**
   4. Frutos generalmente truncados hacia la base, a veces escasamente atenuados y cortamente estipitados, entonces elevados sobre carpóforos cortos o conspicuamente alargados.
    5. Flores pistiladas con 6 carpelos; flores estaminadas con los sépalos en 4-8 ciclos formando un cono. **11. Sciadotenia**
    5. Flores pistiladas con 3(4) carpelos; flores estaminadas con los sépalos en 2 o 3 ciclos, sin formar un cono.
     6. Carpelos densamente pubescentes. **6. Curarea**
     6. Carpelos glabros (desconocidos en *Hyperbaena allenii*). **9. Hyperbaena**
  3. Semillas con endospermo; cotiledones escasamente carnosos, adpresos o foliáceos y divaricados.
   7. Semillas con endospermo completamente ruminado; cotiledones escasamente carnosos, adpresos.
    8. Endocarpos con la superficie externa generalmente ornamentada, si lisa, las hojas 5.7-9.2 × 3.3-5.2 cm. **2. Anomospermum**
    8. Endocarpos con la superficie externa lisa; hojas c. 22.5 × 12.7 cm. **8. Elissarrhena**
   7. Semillas con endospermo continuo o adaxialmente ruminado; cotiledones foliáceos, divaricados a escasamente imbricados lateralmente.
    9. Endospermo ruminado adaxialmente. **10. Odontocarya**
    9. Endospermo continuo.
     10. Endocarpo papiráceo, liso en la superficie externa. **3. Borismene**
     10. Endocarpo crustáceo, variadamente ornamentado en la superficie externa. **7. Disciphania**

1. Abuta Aubl.

Por R. del C. Ortiz.

Bejucos leñosos, robustos, arbustos escandentes o erguidos (o árboles fuera de Mesoamérica); ramitas variadamente pubescentes, lenticeladas o no. Hojas subbasifijas, enteras, ovadas, ovado-lanceoladas, elípticas, obovadas a suborbiculares, escasamente discoloras, grisáceo opaco a marrón lustroso en el haz, a veces también en el envés, generalmente opacas en el envés, 3-5-palmatinervias o 3-5-plinervias, las venas secundarias 1-4 pares, rara vez ausentes (fuera de Mesoamérica), surgiendo cerca de la mitad distal, las venas terciarias escalariformes, escasa a conspicuamente prominentes en el envés, las vénulas generalmente prominentes en ambas superficies, menos frecuentemente inmersas, glabras a variadamente pubescentes en ambas superficies, los márgenes enteros a moderadamente ondulados; pecíolo pulvinado en ambos extremos, generalmente el pulvínulo distal más conspicuo. Inflorescencias estaminadas seudoracemosas a angostamente paniculadas, pubescentes a glabras (fuera de Mesoamérica), bracteadas. Flores estaminadas con el perianto verdoso a amarillo pálido; sépalos 6, libres, carnosos, los externos más pequeños que los internos; pétalos generalmente ausentes (presentes y obsoletos en *Abuta chiapasensis* y *A. panamensis*); estambres 6(7), libres o connados hasta c. 1/2 de su longitud, las anteras con dehiscencia longitudinal, generalmente incurvadas, inmersas en el conectivo. Inflorescencias pistiladas en racimos o espigas, en ocasiones flores solitarias, pubescentes a glabras (fuera de Mesoamérica), bracteadas. Flores pistiladas con perianto amarillo, los sépalos como en las flores estaminadas; pétalos generalmente ausentes, menos frecuentemente 1-3, obsoletos en *A. panamensis*; estaminodios 3-6; carpelos 3, pubescentes (glabros fuera de Mesoamérica); estilos conspicuos; estigmas subulados, bífidos a lobulados. Frutos generalmente madurando 1 o 2, obovoides, oblongoides a escasamente reniformes, escasa y bilateralmente comprimidos, anaranjados o amarillos al madurar, sésiles, atenuados hacia la base o cortamente estipitados, sobre un toro subgloboso, pubescentes a glabrescentes, a veces lenticelados, el remanente del estilo basal; endocarpo generalmente oblongoide a obovoide, moderada y bilateralmente comprimido, leñoso, reticulado por venas impresas en la superficie externa, generalmente liso en la interna, intrusión adaxial septiforme; semilla con endospermo completamente ruminado, hipocrepiforme; cotiledones subteretes, escasamente carnosos, adpresos. Aprox. 32 spp., desde el sur de México hasta Perú y Bolivia; 6 spp. en Mesoamérica.

Bibliografía: Krukoff, B.A. *Phytologia* 41: 239-255 (1979a); 44: 11-18 (1979b).

1. Hojas moderada a densamente vellosas o piloso-tomentosas; indumento erecto.
 2. Hojas moderadamente dorado-vellosas a glabrescentes en las venas en el envés. **5. A. spicata**
 2. Hojas moderadamente piloso-tomentosas a piloso-hirsútulas en toda la superficie en el envés. **6. A. steyermarkii**
1. Hojas glabras, pubérulas, escasamente seríceo-tomentosas, con menos frecuencia densamente adpreso-pubescentes en el envés; indumento patente o adpreso.
 3. Hojas con los márgenes escasa a moderadamente ondulados; frutos no lenticelados. **4. A. seemannii**
 3. Hojas con los márgenes enteros a escasamente ondulados; frutos escasa a conspicuamente lenticelados o sin lenticelas.
  4. Hojas lustrosas en ambas superficies; frutos conspicuamente lenticelados. **2. A. dwyeriana**
  4. Hojas opacas en ambas superficies; frutos escasamente lenticelados o sin lenticelas.
   5. Flores estaminadas con los filamentos libres, papilosos. **1. A. chiapasensis**
   5. Flores estaminadas con los filamentos frecuentemente connados basalmente c. 1/2 de su longitud, densamente adpreso-pubescentes a hírtulos, menos frecuentemente papiloso-pubérulos. **3. A. panamensis**

1. Abuta chiapasensis Krukoff & Barneby, *Mem. New York Bot. Gard.* 20: 23 (1970). Holotipo: México, Chiapas, *Miranda 7757A* (MEXU!). Ilustr.: no se encontró.

Bejucos leñosos; ramitas dorado-tomentosas a glabrescentes, lenticeladas. Hojas 5.3-11.8 × 2.1-5 cm, angostamente ovadas a ovado-lanceoladas a elípticas, cartáceas a subcoriáceas, grisáceas y opacas en el haz, pálidas en el envés, 3-5-palmatinervias a cortamente 3-5-plinervias, las venas secundarias 1-4 pares, glabras en el haz, glabrescentes a escasamente seríceo-tomentosas en el envés, el indumento adpreso, la base truncada, aguda, obtusa a redondeada, los márgenes enteros a escasamente ondulados, el ápice agudo, acuminado, mucronado; pecíolo 1-4.5 cm, glabrescente a escasamente tomentoso, pulvinado. Inflorescencias estaminadas seudoracemosas a angostamente paniculiformes, axilares; eje 7-10 cm, dispersamente tomentuloso; brácteas ovado-lanceoladas a lineares, tomentulosas; pedicelos 1-2.5 mm, tomentulosos. Flores estaminadas con los sépalos externos 0.5-0.8 × 0.4-0.5 mm, ovados, los internos c. 2.2-2.3 × 1.3-1.9 mm, obovados, ambos verticilos seríceo-tomentulosos abaxialmente, glabros y papilosos adaxialmente, moderadamente carnosos; pétalos 6, 0.3-0.4 × c. 0.2 mm, obovados, membranáceos, glabros a seríceos, papilosos, adnados a la base de los filamentos; estambres 6, los filamentos 1-1.2 mm, libres, unidos en la base, teretes a subclaviformes, curvados distalmente, glabros, papilosos, las anteras inmersas en el amplio conectivo. Inflorescencias y flores pistiladas desconocidas. Frutos inmaduros 2.2-2.7 × 1.3-1.6 cm, escasamente obovoides a elipsoides, adpreso-pubescentes a glabrescentes, con lenticelas pequeñas; mesocarpo carnoso; endocarpo obovoide, crustáceo, escasamente ornamentado por venas incisas en la superficie externa, no observado en la superficie interna. *Selvas medianas subdeciduas, selvas medianas o altas perennifolias, bosques estacionales siempreverdes.* Ch (*Miranda 7757A*, MEXU). 260-1200 m. (Endémica).

Abuta chiapasensis se conoce solo de Chiapas; se caracteriza por su inflorescencia estaminada con indumento tomentuloso, las flores estaminadas con filamentos glabros, papilosos y las hojas angostamente ovadas a ovado-lanceoladas a elípticas. La colección *Contreras 9512* (CAS, MO), proveniente de Guatemala, reportada como *A. chiapasensis* (Krukoff, 1979b: 15) que, aunque también presenta hojas seríceo-tomentosas en el envés, los filamentos de los estambres son pubescente-tomentosos, está siendo considerada en este tratamiento como *A.* cf. *panamensis*.

2. Abuta dwyeriana Krukoff & Barneby, *Mem. New York Bot. Gard.* 20(2): 73 (1970). Holotipo: Panamá, *Duke 9425* (NY!). Ilustr.: no se encontró.

Arbustos subescandentes a bejucos leñosos; ramitas dispersamente ferrugíneo-pubérulas a glabrescentes, lenticeladas. Hojas 9.2-28 × 4.3-15 cm, ovadas a ovado-lanceoladas, cartáceas a subcoriáceas, frecuentemente marrón-lustrosas en el haz, más pálidas y marrón-lustrosas en el envés, 3-5-palmatinervias, las venas secundarias 1 o 2 pares, glabras en el haz, dispersamente pubérulas a glabrescentes en el envés, el indumento más conspicuo sobre las venas, la base truncada, obtusa a escasamente cordada, los márgenes enteros, el ápice acuminado; pecíolo 1.7-10.5 cm, glabro a escasamente pubérulo, pulvinado. Inflorescencias estaminadas y pistiladas desconocidas. Frutos 2-3.5 × 1-1.6 cm, oblongoides, a veces escasamente curvados (p. ej., *Gentry et al. 28567*, MO), truncados o escasamente atenuados hacia la base, en ocasiones cortamente estipitados, escasamente ferrugíneo-pubérulos a glabrescentes, conspicuamente lenticelados; endocarpo 2-2.7 × 0.9-1.2 cm, oblongoide, leñoso, conspicuamente sulcado en la superficie externa, la superficie interna no observada. *Bosques húmedos*. P (*Croat 34314*, MO). 180-900 m. (Endémica).

Abuta dwyeriana se conoce solo en fruto. El ejemplar *Lent 4077* (F!), proveniente de Cartago (Costa Rica) y reportado como *A. dwyeriana* por Krukoff & Barneby (1978: 289), presenta los frutos moderadamente lenticelados, amplia y ligeramente obovoides como en *A. panamensis*, mientras que son oblongoides en *A. dwyeriana*. La presencia de lenticelas en los frutos varía desde ausentes a escasamente conspicuas en *A. panamensis* hasta marcadamente conspicuas en *A. dwyeriana*. *Lent 4077* (F) al igual que varios otros ejemplares de localidades cercanas están referidos en este tratamiento como *A. panamensis*.

3. Abuta panamensis (Standl.) Krukoff & Barneby, *Mem. New York Bot. Gard.* 20(2): 22 (1970). *Hyperbaena panamensis* Standl., *J. Washington Acad. Sci.* 15: 474 (1925). Holotipo: Panamá, *Standley 28417* (US-[cb] US00104011, imagen en Internet!). Ilustr.: no se encontró. N.v.: Bejuco prieto, costilla de vaca, Ch.

Abuta brunnescens (Standl.) Krukoff & Barneby, *Hyperbaena brunnescens* Standl., *H. hondurensis* Standl., *H. vulcania* Standl. & Steyerm.

Bejucos leñosos, menos frecuentemente arbustos escandentes; ramitas densamente ferrugíneo- o marrón-adpreso-pubescentes, tomentosas a glabrescentes, lenticeladas. Hojas 6.1-24 × 2.4-13.1 cm, ovadas, escasamente obovadas a elípticas, cartáceas, marrón oscuro y opacas en el haz, más claras y opacas en el envés, 3-5-palmatinervias o 3-5-plinervias, las venas secundarias 1-4 pares, glabras en el haz, en ocasiones ferrugíneo-adpreso-pubescentes sobre las venas, especialmente en la base, glabras a dispersamente pardo claro-adpreso-pubescentes a pubérulas en el envés, con menos frecuencia densamente adpreso-pubescentes, el indumento conspicuo en las venas, la base cuneada, obtusa, truncada, redondeada a escasamente cordada, los márgenes enteros, en ocasiones escasamente ondulados, el ápice agudo, acuminado, mucronulado; pecíolo 1.6-10.8 cm, dispersamente marrón- o pardo-adpreso-pubescente a glabrescente, pulvinado. Inflorescencias estaminadas seudoracemosas a angostamente paniculadas, axilares; eje 2.2-24.7 cm, moderadamente marrón- o ferrugíneo-tomentuloso o adpreso-pubescente; brácteas lanceoladas, ferrugíneo-pubescentes; pedicelos 0.5-5.7 mm, tomentulosos. Flores estaminadas con los sépalos externos 0.5-1.2 × 0.4-0.8 mm, angosta a ampliamente ovados, elípticos a escasamente obovados, poco carnosos, especialmente hacia la base, ferrugíneo-adpreso-pubescentes abaxialmente, glabros adaxialmente, los internos 2-3.6 × 1.1-3 mm, en general ampliamente ovados a elípticos, carnosos, adpreso-pubescentes abaxialmente, papilosos adaxialmente; pétalos 3(6), 0.2-1 × 0.1-0.4 mm, diminutos, obovados, ovados a lanceolados, membranosos, moderada a densamente adpreso-pubescentes abaxialmente, glabros adaxialmente; estambres 6, los filamentos 1-1.5 mm, connados basalmente c. 1/2 de su longitud, menos frecuentemente libres, sigmoide-claviformes, adpreso-pubescentes a hírtulos, el indumento generalmente más denso abaxialmente y papiloso-pubérulo adaxialmente, con menos frecuencia completamente papiloso-pubérulos, las anteras inmersas en el conectivo. Inflorescencias pistiladas racemosas o las flores solitarias, axilares; eje 2.1-18 cm, pardo-pubescente a pubérulo; brácteas angostamente ovadas a ovado-lanceoladas, pardo-tomentulosas; pedicelos 1.3-7.5 mm, pubescentes. Flores pistiladas con los sépalos externos 0.8-2 × 0.9-2.1 mm, deltados, moderadamente carnosos, especialmente hacia la base, los internos 2.4-4 × 2.5-3.4 mm, angostamente ovados, ampliamente ovados a elípticos, carnosos, seríceo-pubescentes abaxialmente, papilosos adaxialmente; pétalos ausentes, raramente presentes, (1)3, 0.5-1 × c. 0.1 mm, lineares, membranáceos, moderada a densamente pubescentes abaxialmente, glabros adaxialmente; estaminodios 6, moderadamente piloso-hírtulos; carpelos pubescentes, los estilos cortos; estigmas lobulados. Frutos 2-3.9 × 1.4-1.9 cm, oblongoides, obovoides, con menos frecuencia escasamente reniformes, atenuados hacia la base, en ocasiones cortamente estipitados, glabrescentes a cortamente marrón-adpreso-tomentosos, escasamente lenticelados o las lenticelas ausentes; endocarpo 1.6-3.8 × 1.3-1.8 cm, con la misma forma de los frutos, moderadamente leñoso, escasamente ornamentado por venas incisas en la superficie externa, la superficie interna con retículo poco prominente. *Bosques premontanos siempreverdes, selvas altas perennifolias, selvas bajas y medianas subcaducifolias, bosques secundarios, matorrales húmedos.* Ch (*Ibarra et al. 4033*, MO); B (*Dwyer & Coomes 12937*, MO); G (*Lundell & Contreras 20198*, MO); H (*Molina R. 30600*, MO); N (*Moreno 26766*, MO); CR (*Bello & Méndez 2620*, MO); P (*McPherson 11697*, MO). 200-1600 m. (México [Oaxaca, Veracruz], Mesoamérica).

El reporte para Brasil (Pérez Cueto, 1995: 6) parece ser un error ya que, hasta la fecha, no hay evidencias de que la especie se encuentre en ese país. El ejemplar de la colección tipo es estéril y proviene del área del canal de Panamá, y hasta la fecha, luego de varios años de exploraciones en ese país, no se ha vuelto a recolectar la especie en dicha área. Para propósitos de esta contribución, se continúa con la interpretación convencional del nombre.

La especie, tal como se reconoce actualmente, es morfológicamente variable a lo largo de su área de distribución. Esta variación no es sorprendente, ya que la delimitación actual de la especie incluye varios sinónimos heterotípicos. De ellos solo uno de los ejemplares tipo de *Hyperbaena vulcania* es fértil y presenta flores pistiladas, lo cual limita estudios comparativos. Del mismo modo, muchas de las colecciones provenientes de las localidades tipo son estériles, en particular aquellas de Honduras y Guatemala. En este estudio, *Abuta panamensis* incluye la variación morfológica observada en los ejemplares fértiles a lo largo de su distribución, varios de ellos se aceptan provisionalmente en este tratamiento.

4. Abuta seemannii Triana & Planch., *Ann. Sci. Nat., Bot.* sér. 4, 17: 50 (1862). Lectotipo (designado por Krukoff & Barneby, 1970): Colombia, *Seemann s.n.* (K-[cb] K000485758, imagen en Internet!). Ilustr.: no se encontró.

Bejucos leñosos o rara vez arbustos erguidos; ramitas ferrugíneo-pardo-pubescentes a glabrescentes, el indumento patente, carente de lenticelas. Hojas 6-12 × 2.6-5.6 cm, angostamente ovadas a elípticas, cartáceas, verdosas a marrón opaco en el haz, más claras en el envés, 3-palmatinervias a 3-plinervias, las venas secundarias 1-3 pares, glabrescentes a escasamente pubescentes en el haz, dispersamente pubescentes en el envés, el indumento patente, la base cuneada, obtusa a escasamente cordada, los márgenes escasa a moderadamente ondulados, el ápice agudo, agudo-acuminado, mucronado; pecíolo 0.5-4.7 cm, moderadamente ferrugíneo-pubescente, el indumento patente. Inflorescencias estaminadas angostamente paniculadas, axilares a supraaxilares; eje 2.2-8.5 cm, moderadamente pubescente, el indumento patente o erecto; brácteas ovadas a ovado-lanceoladas, seríceas; pedicelos 0.8-3.5 mm, el indumento como en las inflorescencias. Flores estaminadas con los sépalos externos 0.5-0.9 × 0.2-0.4 mm, angostamente ovados a ovados, seríceos abaxialmente, glabros adaxialmente, los sépalos internos 0.6-2.2 × 0.6-1.8 mm, ampliamente ovados, elípticos a ampliamente elípticos, seríceos abaxialmente, glabros, papilosos adaxialmente; pétalos ausentes; estambres 6(7), los filamentos 0.6-1 mm, libres, claviforme-sigmoides, incurvados, glabros a papilosos, pubérulos (escasamente tomentulosos abaxialmente fuera de Mesoamérica), las anteras moderadamente inmersas en el conectivo amplio. Inflorescencias pistiladas racemosas, supraaxilares; eje 2.6-4.5 cm, pubescente; brácteas angostamente ovadas, moderadamente seríceas; pedicelos 2-3.2 mm, escasamente pubescentes. Flores pistiladas con los sépalos externos 0.7-1 × 0.4-0.6 mm, ovados a angostamente ovados, seríceos abaxialmente, glabros adaxialmente, los internos 2-2.4 × 1.8-2.3 mm, ampliamente ovados a ampliamente elípticos, seríceos abaxialmente, glabros, escasamente papilosos adaxialmente; pétalos ausentes; estaminodios 3-6, glabros a papilosos; carpelos densamente seríceos; estilos cortos; estigmas subulados. Frutos inmaduros 1-1.9 × 0.8-1 cm, oblongoides, truncados hacia la base, cortamente pubescentes a glabrescentes, no lenticelados; endocarpo no observado. *Hábitat desconocido*. P (*Croat 15004*, MO). 0-200 m. (Mesoamérica, Colombia).

Abuta seemannii es vegetativamente, similar a *A. racemosa* (Thunb.) Triana & Planch., del oeste de Colombia, de la cual se diferencia en la condición estaminada por presentar 6(7) estambres con los filamentos libres, papilosos, pubérulos a tomentulosos vs. 3 o 6 estambres en *A. racemosa*; cuando son 3, se encuentran connados casi en toda su longitud, mientras que cuando son 6, los 3 externos son libres mientras que los 3 internos están siempre connados, los filamentos son escasamente tomentulosos abaxialmente y las anteras se encuentran separadas por un conectivo angosto. En la condición pistilada, los sépalos internos son adaxialmente glabros y escasamente papilosos vs. moderadamente tomentosos adaxialmente en *A. racemosa*.

Los ejemplares de Panamá anteriormente asignados a *A. racemosa*, se consideran como *A. seemannii* en este tratamiento, dado que no se han observado ejemplares con flores estaminadas de *A. racemosa* fuera de Colombia.

Los ejemplares *Wetmore & Woodworth 912-76* (A) y *Bangham 484* (A), citados por Krukoff & Barneby (1970: 23) como *A. panamensis*, fueron posteriormente identificados como *A. racemosa* por los mismos autores (Krukoff & Barneby, 1974: 25). En este último reporte la colección de *Wetmore & Woodworth 912-76* (A), se cita solo como 76. Los ejemplares citados arriba no han sido estudiados en este tratamiento, pero es posible que se traten de *A. seemannii*.

5. Abuta spicata (Thunb.) Triana & Planch., *Ann. Sci. Nat., Bot.* sér. 4, 17: 49 (1862). *Batschia spicata* Thunb., *Nova Acta Regiae Soc. Sci. Upsal.* ser. 2, 5: 122 (1792). Tipo: Thunberg, *Nova Acta Regiae Soc. Sci. Upsal.* ser. 2, 5: t. 2, f. 1G-H, Y, J-O (1792). Ilustr.: Thunberg, *Nova Acta Regiae Soc. Sci. Upsal.* ser. 2, 5: t. 2, f. 1G-H, Y, J-O (1792). *Trichoa conferta* DC., *T. spicata* (Thunb.) Pers.

Bejucos leñosos; ramitas dorado-vellosas, no lenticeladas. Hojas 13.2-15.6 × 9.4-10.8 cm, ovadas, cartáceas a subcoriáceas, marrón oscuro, moderadamente lustrosas en el haz, más pálidas en el envés, 3-palmatinervias, las venas secundarias 3 pares, glabras en el haz, moderadamente dorado-vellosas a glabrescentes en el envés, el indumento erecto, más conspicuo sobre las venas, la base truncada a escasamente cordada, los márgenes enteros a escasamente ondulados, el ápice agudo a acuminado; pecíolo 3.8-6.2 cm, dorado-velloso, pulvinado. Inflorescencias y flores estaminadas desconocidas. Inflorescencias pistiladas (viejas) en espiga, axilares; brácteas ovado-lanceoladas, piloso-tomentosas; pedicelos ausentes. Flores pistiladas viejas con los sépalos externos 1.7-2 × c. 0.8 mm, angostamente ovados, piloso-tomentosos abaxialmente, glabros adaxialmente, los internos 1.8-2.2 × 1.7-2 mm, ovados, piloso-tomentosos abaxialmente, glabros adaxialmente, escasamente papilosos; estaminodios 4 (en flores viejas 6, según Triana & Planchon, 1862: 49), piloso-tomentosos en la base, pubérulos hacia el ápice; pétalos ausentes; carpelos piloso-tomentosos; estilos y estigmas no observados. Frutos inmaduros c. 3.9 × 2.1 cm, oblongoides, truncados hacia la base, glabrescentes a moderadamente vellosos, no lenticelados; endocarpo no observado. *Hábitat desconocido*. P (*Garwood et al. 267*, MO). 0-100 m. (Mesoamérica, Colombia).

Abuta spicata es poco conocida, pero se caracteriza por presentar las inflorescencias pistiladas en espiga. Se diferencia de *A. steyermarkii* por sus hojas ovadas y moderadamente lustrosas vs. frecuentemente suborbiculares a obovadas o elípticas, menos frecuentemente ovadas, con la superficie opaca. Triana & Planchon (1862: 49) diferenciaron *A. spicata* de *A. racemosa* por presentar las flores pistiladas con 6 estaminodios (vs. 3[4] en *A. racemosa*). El ejemplar referido a Panamá en este tratamiento presenta frutos inmaduros y flores viejas, y se asigna provisionalmente a esta especie.

6. Abuta steyermarkii (Standl.) Standl., *Publ. Field Mus. Nat. Hist., Bot. Ser.* 23: 156 (1944). *Hyperbaena steyermarkii* Standl., *Publ. Field Mus. Nat. Hist., Bot. Ser.* 22: 232 (1940). Holotipo: Guatemala, *Steyermark 39454* (F-[nr] 1037084, imagen en Internet!). Ilustr.: no se encontró. N.v.: Tzotzotz chos, Ch.

Bejucos leñosos; ramitas densamente dorado-piloso-tomentosas, moderadamente lenticeladas. Hojas 8-26.5 × 6.2-23.5 cm, suborbiculares a elípticas, a veces obovadas, menos frecuentemente ovadas, cartáceas a subcoriáceas, marrón opaco en el haz, pálidas en el envés, 5-palmatinervias, generalmente el par de venas externas menos conspicuas, las venas secundarias 1-3 pares, piloso-tomentosas en las venas en el haz, moderadamente piloso-tomentosas a piloso-hirsútulas en el envés, el indumento erecto, la base truncada, obtusa a redondeada, los márgenes enteros, el ápice generalmente agudo o cortamente acuminado, menos frecuentemente retuso; pecíolo 3-8 cm, piloso-tomentoso. Inflorescencias y flores estaminadas desconocidas. Inflorescencias pistiladas espigadas, rara vez racemosas; eje hasta c. 5 cm, densamente piloso-tomentoso; brácteas de inflorescencias viejas 1.6-1.7 × 0.6-0.9 mm, ovado-lanceoladas; pedicelos ausentes. Flores pistiladas sésiles, los sépalos externos 1.1-1.9 × 1.2-2.2 mm, los internos 2.8-3 × 2.6-3.4 mm, ampliamente ovados, densamente piloso-tomentosos abaxialmente, glabros adaxialmente; carpelos densamente piloso-tomentosos; estilos y estigmas no observados. Frutos 2.9-4 × 1.8-2.3 cm, obovoides a oblongoides, hasta escasamente reniformes, glabrescentes a moderadamente piloso-tomentosos, escasamente lenticelados; endocarpo no observado.

Bosques húmedos montanos bajos, bosques húmedos tropicales. Ch (*Breedlove & Almeda 57902*, MEXU); B (*Whitefoord & Quiroz 106045*, MO); G (*Steyermark 39454*, F); CR (*Zamora et al. 1458*, MO); P (*Blanco & Penneys 2830*, MO). 45-1900 m. (Endémica).

Abuta steyermarkii es poco conocida; el ejemplar tipo no ha sido estudiado para este tratamiento. Los ejemplares de Chiapas y Belice están siendo incluidos provisionalmente bajo esta especie.

2. Anomospermum Miers

Orthomene Barneby & Krukoff.

Por R. del C. Ortiz.

Bejucos leñosos, robustos; ramitas glabras a pubescentes, el indumento adpreso o patente. Hojas subbasifijas, enteras, elípticas, elíptico-rómbicas, ovadas a obovadas, cartáceas a coriáceas, a veces escasamente discoloras, la venación principal tenue a conspicua, 3(-5)-palmatinervias o 3-plinervias, menos frecuentemente el par de venas externas tenues o ausentes, las venas secundarias 2-7 pares, las venas terciarias tenuemente escalariformes, las vénulas generalmente prominentes en ambas superficies, menos frecuentemente inmersas, en ocasiones con domacios sacciformes en los ángulos formados por las venas principales en la base en el envés, glabras en ambas superficies a moderada y cortamente adpreso-pubescentes en el envés; pecíolo pulvinado en ambos extremos, con el pulvínulo distal más conspicuo. Inflorescencias estaminadas cimosas, seudoracemosas a angostamente seudopaniculadas, a menudo las cimas se encuentran en 1-3 series a lo largo de las ramas secundarias, axilares, cortamente pubescentes a glabras, el indumento adpreso o patente; brácteas ovadas a ovado-lanceoladas, pubescentes, el indumento patente. Flores estaminadas con el perianto verdoso, verde-amarillento, marrón-amarillento o anaranjado, con 6 sépalos libres, en 2 ciclos, los externos más pequeños que los internos, los internos moderada a fuertemente carnosos, glabros a dispersamente pubescentes abaxialmente, glabros a papilosos adaxialmente; pétalos 6 (9 en *Anomospermum steyermarkii* Krukoff & Barneby, fuera de Mesoamérica), libres, carnosos, compactos o no, involutos, encerrando completamente a los estambres; estambres 6, los filamentos libres, rectos o curvados distalmente, teretes, rectos a escasamente sigmoides, las anteras con dehiscencia longitudinal, pareciendo transversales debido a la inflexión de las anteras, estas últimas inmersas en el conectivo, erectas o fuertemente incurvadas formando un ángulo de 90° con el filamento. Inflorescencias pistiladas de flores solitarias o en pares; pedúnculo escasamente setuloso a glabro. Flores pistiladas con perianto verdoso, los sépalos y pétalos como en las flores estaminadas; estaminodios 6, glabros; carpelos 3, glabros; estilos cortos; estigmas subpeltados, reflexos. Frutos generalmente madurando 1 o 2, asimétricos, ovoides, subglobosos a elipsoides, a veces escasamente reniformes, abaxialmente escasa a fuertemente convexos y adaxialmente relativamente rectos, en ocasiones, ligeramente gibosos en la base por debajo de la inserción con el pedúnculo, anaranjados o amarillos cuando maduros, generalmente sésiles sobre un toro subgloboso, el remanente del estilo subapical o apical; exocarpo coriáceo; mesocarpo carnoso; endocarpo de forma igual a los frutos, escasa y bilateralmente comprimido, moderadamente recto, leñoso a óseo, superficie externa lisa a fuertemente rugulosa, cuando rugulosa, las venas fuertemente incisas formando pequeñas protuberancias, a veces moderadamente foveolados, la superficie interna lisa a escasamente reticulada a acostillada o con proyecciones laminares irregulares, la intrusión adaxial septiforme; semilla con endospermo completamente ruminado, moderadamente recta a curvada en la parte proximal, semejando una "J", los cotiledones subteretes, escasamente carnosos, adpresos. Aprox. 12 spp. en Mesoamérica, Colombia, Venezuela, Guayanas, Ecuador, Perú, Bolivia, Brasil, Antillas; 4 spp. en Mesoamérica.

El género *Orthomene*, previamente segregado de *Anomospermum* es actualmente reconocido como sinónimo de este último (Lian et al., 2019). Las colecciones fragmentarias disponibles al momento dificultan la delimitación taxonómica de las especies y subespecies, particularmente en los complejos de *A. reticulatum* y *A. chloranthum*.

1. Hojas con la venación tenue palmatinervia, las venas laterales obsoletas. **3. A. schomburgkii**
1. Hojas con la venación conspicua 3(-5)-palmatinervia o 3(-5)-plinervia, cuando 5 venas, el par externo apenas visible.
  2. Endocarpo con la superficie externa escasamente rugulosa a lisa. **1a. A. chloranthum** subsp. **isthmicola**
  2. Endocarpo con la superficie externa moderada a fuertemente rugulosa o moderadamente rugulosa y foveolada o moderadamente reticulada y foveolada.
    3. Endocarpo leñoso, superficie externa moderada a fuertemente rugulosa. **2a. A. reticulatum** subsp. **allenii**
    3. Endocarpo óseo, superficie externa moderadamente rugulosa y foveolada o moderadamente reticulada y foveolada.
      4. Frutos ovoide- a elipsoide-asimétricos. **2b. A. reticulatum** subsp. **idroboi**
      4. Frutos subglobosos, escasamente gibosos. **4. A.** sp. **A**

1. Anomospermum chloranthum Diels, *Notizbl. Königl. Bot. Gart. Berlin* 6: 132 (1914). Lectotipo (designado por Barneby & Krukoff, 1971): Brasil, *Ule 9388* (K-[cb] K000485632, imagen en Internet!). Ilustr.: no se encontró.

Anomospermum chloranthum es un complejo de aproximadamente 6 taxones, difíciles de elucidar taxonómicamente debido a la falta de material en estadios comparativos. Se distribuye en Mesoamérica, Colombia, Venezuela, Guayanas, Perú, Bolivia, Brasil. La especie está representada en Mesoamérica por 1 subsp.

1a. Anomospermum chloranthum Diels subsp. **isthmicola** Krukoff & Barneby, *Mem. New York Bot. Gard.* 22(2): 70 (1971). Holotipo: Colombia, *Feddema 1905* (US!). Ilustr.: no se encontró.

Ramitas moderada y cortamente pubescentes a glabrescentes, el indumento patente. Hojas 5.7-9.2 × 3.3-5.2 cm, ovadas, elípticas a rómbicas, cartáceas, conspicuamente 3(-5)-palmatinervias o cortamente 3(-5)-plinervias, cuando 5 venas, el par externo apenas visible, las venas secundarias 2 o 3 pares, las vénulas moderadamente prominentes en ambas superficies, el retículo fino, glabras en el haz, escasa y cortamente adpreso-pubescentes a glabras en el envés, el indumento más conspicuo en las venas, la base obtusa, los márgenes enteros a levemente ondulados, el ápice acuminado, mucronado; pecíolo 3.8-5.4 cm, escasa y cortamente pubescente a glabrescente. Inflorescencias y flores estaminadas desconocidas. Inflorescencias y flores pistiladas desconocidas. Frutos inmaduros 2.8-2.9 × 2.2-2.5 cm, subgloboso-asimétricos, escasamente gibosos en la base; endocarpo c. 2.7 × 2 cm, subgloboso, leñoso, escasamente ruguloso a liso en la superficie externa, escasamente alado dorsalmente en la superficie interna. *Selvas altas perennifolias.* P (*Duke 4929*, MO). 0-100 m. (Mesoamérica, Colombia).

Anomospermum chloranthum subsp. *isthmicola* se diferencia de la subespecie típica por presentar el endocarpo escasamente ruguloso a liso en la superficie externa y escasamente alado dorsalmente en la superficie interna, además de las vénulas finamente reticuladas (vs. endocarpo prominentemente acostillado abaxialmente, ruguloso y foveolado en la superficie externa, las fóveas proyectándose como dientes en la superficie interna y las hojas con vénulas formando un retículo amplio).

2. Anomospermum reticulatum (Mart.) Eichler, *Flora* 47: 388 (1864). *Cocculus reticulatus* Mart., *Flora* 24(2, Beibl. 2): 44 (1841). Sintipo: Brasil, *Martius 3027* (M-[cb] M0239784, imagen en Internet!). Ilustr.: no se encontró.

Ramitas moderada a densamente ferrugíneo-pubescentes a glabrescentes, el indumento erecto o patente. Hojas 6.7-14.8 × 2.7-7.2 cm, ovadas, elípticas a oblongo-elípticas, cartáceas a coriáceas, conspicuamente 3(-5)-palmatinervias o cortamente 3(-5)-plinervias, cuando son 5 venas, el par externo apenas visible, en ocasiones formando domacios sacciformes en los ángulos basales del envés, las venas secundarias 2-5 pares, tenues a conspicuas, las vénulas prominentes formando aréolas conspicuas en ambas superficies, glabras a moderada y cortamente ferrugíneo-pubescentes en ambas superficies, más conspicuamente en las venas del envés, el indumento patente, la base aguda, obtusa, redondeada a escasamente cordada, los márgenes enteros a escasamente ondulados, el ápice agudo a acuminado; pecíolo 1.1-5.7 cm, moderada y cortamente pubescente a glabrescente, el indumento adpreso, patente o erecto, el pulvínulo distal más conspicuo. Inflorescencias estaminadas 1-3 flores individuales a 1-3-subcimosas, axilares en hojas adultas o jóvenes, o arregladas en ejes seudoracemosos o seudopaniculados; ejes 9.2-33 cm; pedúnculo de las subcimas 1.1-2.3 cm, glabro a pubescente, el indumento patente o adpreso; brácteas ovadas a ovado-lanceoladas, pubescentes; pedicelos 1.1-10 mm, dispersamente pubescentes. Flores estaminadas con los sépalos externos 0.7-1.3 × 0.6-1.2 mm, ovados, escasamente carnosos, los internos 2.4-4.6 × 2.7-4.5 mm, ovados, escasamente obovados, elípticos a suborbiculares, ambos verticilos escasa a moderadamente pubescentes abaxialmente, el indumento adpreso o patente, glabros adaxialmente, los internos ciliolados, carnosos; pétalos 1.1-2 × 0.8-1.8 mm, moderada a fuertemente compactos, obovados, involutos, escasamente papilosos abaxialmente; estambres con los filamentos 1.1-1.9 mm, teretes, rectos a escasamente sigmoides, glabros, escasamente papilosos, las anteras con dehiscencia longitudinal, moderada a conspicuamente incurvadas, en ocasiones formando un ángulo de 90° con el filamento. Inflorescencias pistiladas (solo observadas en *Anomospermum reticulatum* subsp. *allenii* y *A. reticulatum* subsp. *idroboi*) de flores solitarias, axilares o supraaxilares; pedúnculos 1-2.4 cm, escasamente pubescentes a glabrescentes. Flores pistiladas (solo observadas en *Anomospermum reticulatum* subsp. *allenii* y *Anomospermum reticulatum* subsp. *idroboi*) con los sépalos externos 0.9-1.3 × 0.6-1.1 mm, ovados, los internos 1.5-2.4 × 2-2.2 mm, ampliamente ovados a suborbiculares, ambos verticilos glabros a dispersamente pubescentes abaxialmente, glabros adaxialmente; pétalos 1.2-1.7 × 0.8-1 mm, obovados, glabros, escasamente papilosos; estaminodios escasamente papilosos; carpelos glabros; estilos conspicuos; estigmas subpeltados (vistos solo en *Anomospermum reticulatum* subsp. *allenii*). Frutos 2.9-3.8 × 1.8-2.8 cm, asimétricos, ovoides, subglobosos a elipsoides, escasamente gibosos por debajo de la inserción con el pedúnculo; endocarpo 2.7-3.2 × 1.7-2.2 cm, leñoso a óseo, liso a fuertemente ruguloso en la superficie externa, escasamente ondulado, escasamente acostillado o con una hilera irregular de proyecciones lameliformes en la superficie interna, el ala abaxial 0.5-2 mm. *Bosques primarios, bosques secundarios, bosques húmedos, bosques pluviales, bosques secos tropicales, bosques de neblina degradados, potreros*. N-P. 10-1100 m. (Mesoamérica, Colombia, Venezuela, Perú, Bolivia, Brasil).

Anomospermum reticulatum comprende 7 subspp., las cuales se diferencian por una combinación de caracteres, tales como el tipo de retículo de las hojas y caracteres de la superficie externa e interna del endocarpo. Generalmente restringida a la cuenca amazónica y al pie de monte andino, la especie está representada en Mesoamérica por 2 subspp.

2a. Anomospermum reticulatum (Mart.) Eichler subsp. **allenii** Krukoff & Barneby, *Mem. New York Bot. Gard.* 22(2): 77 (1971). Isotipo: Panamá, *Allen 3538* (MO!). Ilustr.: no se encontró. N.v.: Yar gusep, P.

Frutos 2.9-3.8 × 2-2.7 cm, asimétricos, ovoides, subglobosos a elipsoides, escasamente gibosos por debajo de la inserción con el pedúnculo; endocarpo 2.7-3.2 × 1.9-2.2 cm, leñoso, moderada a fuertemente ruguloso en la superficie externa, escasamente acostillado en la superficie interna, el ala abaxial 0.5-2 mm. *Bosques húmedos, bosques pluviales, bosques secos tropicales, bosques de neblina degradados*. N (*Robleto 1825*, MO); CR (*Herrera 4836*, MO); P (*Allen 3538*, NY). 10-1000 m. (Mesoamérica, Colombia).

Anomospermum reticulatum subsp. *allenii* se diferencia de las otras subspp. de *A. reticulatum* por la combinación de los siguientes caracteres: retículo amplio en ambas superficies de la hoja (vs. pequeño) y por el endocarpo moderada a fuertemente ruguloso en la superficie externa y escasamente acostillado en la superficie interna (vs. liso). El retículo amplio y conspicuo de las hojas es similar al descrito para *A. chloranthum* subsp. *pacificum* Krukoff & Barneby, diferenciándose de esta por la ornamentación del endocarpo, i.e., foveolado externamente y con proyecciones laminares en la superficie interna (vs. conspicuamente ruguloso externamente y escasamente acostillado en la superficie interna). *Anomospermum chloranthum* subsp. *pacificum* se conoce solo de pocas colecciones del noroeste de Colombia; estas últimas carecen de flores, por tanto, no son comparables al momento. Por otro lado, la identidad taxonómica de los taxones que actualmente se encuentran subordinados tanto a *A. chloranthum* como a *A. reticulatum*, es aún incierta debido a que se necesita una revisión taxonómica de todos los taxones involucrados, como ya lo mencionaron Barneby & Krukoff (1971).

La colección *Folsom et al. 5062* (MO), se acepta provisionalmente; se diferencia de las colecciones restantes por las hojas coriáceas y el indumento más denso. El endocarpo moderada a fuertemente ruguloso en la superficie externa es similar al descrito para *A. chloranthum* subsp. *occidentale* (Cuatrec.) Krukoff & Barneby, del noroeste de Colombia, diferenciándose de esta por los frutos mucho más grandes, aunque los frutos de *A. chloranthum* subsp. *occidentale* son inmaduros y no comparables.

2b. Anomospermum reticulatum (Mart.) Eichler subsp. **idroboi** Krukoff & Barneby, *Mem. New York Bot. Gard.* 22(2): 75 (1971). Holotipo: Colombia, *Idrobo & Schultes 1064* (US!). Ilustr.: no se encontró.

Frutos 3.2-3.3 × 2.1-2.4 cm, ovoide- a elipsoide-asimétricos, escasamente reniformes, moderadamente gibosos por debajo de la inserción con el pedúnculo, el remanente del estilo subapical; endocarpo c. 2.8 × 1.7 cm, óseo, moderadamente ruguloso y foveolado en la superficie externa, las fovéolas correspondiendo con una hilera irregular de proyecciones lameliformes en la superficie interna. *Bosques primarios, bosques secundarios, potreros*. CR (*Barquero s.n.*, MO); P (*Folsom 1313*, MO). 100-1100 m. (Mesoamérica, Colombia).

Anomospermum reticulatum subsp. *idroboi* se caracteriza por presentar el endocarpo foveolado en la superficie externa, el cual forma proyecciones lameliformes en la superficie interna. Sin embargo, estas características se observan también en *A. chloranthum* subsp. *pacificum* y en *A. chloranthum* subsp. *asplundii* Krukoff & Barneby, de la costa Pacífica de Colombia y Ecuador. De ambas especies se diferencia generalmente en la forma de las hojas. En *A. reticulatum* subsp. *idroboi*, las hojas son en general angostamente ovadas, elípticas a escasamente obovadas, conspicuamente reticuladas en ambas superficies formando aréolas relativamente grandes; además, es común observar domacios sacciformes en los ángulos basales del envés. En *A. chloranthum* subsp. *pacificum*, las hojas son generalmente ovadas a rómbicas, mientras que en *A. chloranthum* subsp. *asplundii* las hojas son ampliamente elípticas a escasamente obovadas.

3. Anomospermum schomburgkii Miers, *Contr. Bot.* 3: 71 (1871). Lectotipo (designado por Ott, 1997): Guyana, *Schomburgk 833* (B-[cb] B 10 0244573, imagen en Internet!). Ilustr.: Barneby, *Fl. Venez. Guayana* 6: 574, t. 491 (2001), como *Orthomene schomburgkii*.

Anomospermum hostmannii Miers, *A. lucidum* Miers, *A. oblongatum* Miers, *A. ovatum* Miers, *A. schomburgkii* Miers var. *lucidum* (Miers) Diels, *Orthomene schomburgkii* (Miers) Barneby & Krukoff.

Ramitas glabras (en Mesoamérica). Hojas 7.9-9.5 × 2.1-3.1 cm, elípticas a oblongas, subcoriáceas, tenuemente palmatinervias, la vena media conspicua, las laterales obsoletas, las venas secundarias 4-6 pares, tenues, las vénulas moderadamente inmersas en ambas superficies, glabras en ambas superficies, la base obtusa, los márgenes enteros, el ápice acuminado, mucronado; pecíolo 0.9-1.3 cm, glabro, el pulvínulo distal moderadamente conspicuo, el basal obsoleto. Inflorescencias estaminadas subracemosas, las flores 1-3 seriadas en ramas foliadas o efoliadas; eje c. 7.9 cm; pedicelos 0.8-2 cm, glabros. Flores estaminadas con los sépalos externos 0.7-0.9 × 0.7-0.9 mm, ovados, los internos 3.5-3.8 × 3.7-4.4 mm, ampliamente ovados, ambos verticilos glabros en ambas superficies, escasamente ciliolados, fuertemente carnosos; pétalos c. 1.6 × 1.1-1.3 mm, obovados, fuertemente carnosos, abrazando completamente a los filamentos; estambres con los filamentos 1.2-1.6 mm, sigmoides, glabros, las anteras, moderadamente inmersas en el conectivo amplio, incurvadas. Inflorescencias, flores pistiladas y frutos desconocidos. *Hábitat desconocido*. P (*Duke 8770*, MO). Elevación desconocida [100-200 m, fuera de Mesoamérica]. (Mesoamérica, Colombia, Venezuela, Guayanas, Ecuador, Perú, Bolivia, Brasil, Antillas).

Las inflorescencias y las flores estaminadas de *Anomospermum schomburgkii* son similares a las de *A. andersonii* Krukoff, conocida actualmente de Venezuela, Brasil y Bolivia, y probablemente es conespecífica con esta.

4. Anomospermum sp. A.

Ramitas glabras. Hojas 6.5-8 × 3.3-4.36 cm, angostamente ovadas, coriáceas, conspicuamente 3-palmatinervias, las venas secundarias 3 o 4 pares, las vénulas prominentes en ambas superficies, glabras en ambas superficies, la base obtusa, los márgenes escasamente ondulados, el ápice agudo a ligeramente retuso; pecíolo 0.7-1.2 cm, glabro, el pulvínulo distal más conspicuo. Inflorescencias y flores estaminadas desconocidas. Inflorescencias y flores pistiladas desconocidas. Frutos 3.3-3.5 × 2.8-2.9 cm, subglobosos, escasamente gibosos por debajo de la inserción con el pedúnculo; endocarpo c. 2.9 × 2.3 cm, subgloboso, óseo, moderadamente reticulado y escasamente foveolado en la superficie externa, con hileras de fovéolas distribuidas irregularmente, la superficie interna no observada. *Bosques primarios*. P (*de Nevers et al. 8403*, MO). 1200-1500 m. (Endémica).

Este taxón no es comparable con ninguna de las especies mesoamericanas; se caracteriza por las hojas de textura coriácea, el ápice agudo a escasamente retuso y el endocarpo escasamente foveolado en la superficie externa.

3. **Borismene** Barneby

Por R. del C. Ortiz.

Bejucos leñosos de tallos suaves; ramitas glabras. Hojas subbasifijas, enteras, ovadas, angostamente ovadas a elípticas, cartáceas a subcoriáceas, moderadamente discoloras, 3-5-palmatinervias a cortamente 3-5-plinervias, las venas secundarias 3 o 4 pares, las venas terciarias tenuemente escalariformes, las vénulas prominentes en ambas superficies, más conspicuas en el envés, glabras en ambas superficies; pecíolo con el pulvínulo basal frecuentemente retorcido. Inflorescencias estaminadas racemosas a paniculadas, solitarias o varias, axilares, glabras; brácteas ovado-lanceoladas, membranáceas a escasamente carnosas, glabras. Flores estaminadas con el perianto crema; sépalos 9 en 3 verticilos desiguales, membranáceos; pétalos 6, más pequeños que los sépalos internos, parcialmente abrazando a los filamentos, libres; estambres 6, los filamentos libres, las anteras con dehiscencia longitudinal. Inflorescencias pistiladas racemosas, solitarias o varias, axilares, glabras. Flores pistiladas con el perianto verdoso; sépalos y pétalos como en las flores estaminadas; estaminodios 6, glabros; carpelos 3, glabros; estilo obsoleto; estigma lobado. Frutos a menudo solitarios, elipsoides a escasamente obovoides, rojos o anaranjados al madurar, el remanente del estilo apical; exocarpo coriáceo; endocarpo elipsoide a escasamente obovoide, papiráceo, la superficie externa e interna lisa, intrusión adaxial angostamente excavada; semillas con endospermo continuo, elipsoides, ampliamente surcadas adaxialmente, rectas, cotiledones foliáceos, divaricados. Género monoespecífico distribuido en Mesoamérica, Colombia, Venezuela, Ecuador, Perú, Bolivia, Brasil.

Bibliografía: Barneby, R.C. *Mem. New York Bot. Gard.* 22(4): 144-148 (1972).

1. Borismene japurensis (Mart.) Barneby, *Mem. New York Bot. Gard.* 22(4): 145 (1972). *Cocculus japurensis* Mart., *Flora* 24(2, Beibl. 2): 44 (1841). Lectotipo (designado por Barneby, 1972): Brasil, *Martius s.n.* (M-[cb] M0239790, imagen en Internet!). Ilustr.: Barneby, *Mem. New York Bot. Gard.* 22(4): 146, t. 2 (1972).

Anomospermum japurense (Mart.) Eichler, *Hyperbaena cuatrecasasii* Moldenke.

Hojas 11.2-12.7 × 6.4-7.6 cm, ovadas, cartáceas a subcoriáceas, 3-5-plinervias, el par de venas externas tenues, las vénulas moderadamente prominentes en ambas superficies, frecuentemente más conspicuas en el envés, glabras en ambas superficies, la base obtusa, redondeada a truncada, a veces escasamente cordada, los márgenes enteros, el ápice acuminado a veces mucronulado; pecíolo glabro. Flores estaminadas y pistiladas no vistas en Mesoamérica. Frutos inmaduros elipsoides; endocarpo elipsoide, ampliamente surcado adaxialmente. *Bosques húmedos tropicales*. P (*Ortiz & Barsallos 1350*, MO). c. 100 m. (Mesoamérica, Colombia, Venezuela, Ecuador, Perú, Bolivia, Brasil).

4. **Chondrodendron** Ruiz & Pav.

Por R. del C. Ortiz.

Bejucos leñosos, los tallos moderadamente suaves; ramitas densamente pubescentes. Hojas subbasifijas a escasamente peltadas, enteras, ovadas, obovadas a suborbiculares, cartáceas a subcoriáceas, discoloras, 3(5)-palmatinervias o 3(5)-plinervias, las venas secundarias 3 o 5 pares, el par basal originándose en la mitad proximal, las venas terciarias irregularmente escalariformes, las vénulas moderadamente prominentes en el haz, cubiertas por indumento en el envés, glabras en el haz, densamente plateado-tomentosas en el envés, los márgenes a menudo ondulados; pecíolo pulvinado, el pulvínulo más conspicuo distalmente. Inflorescencias estaminadas seudoracemosas a cimoso-paniculadas, caulifloras o axilares, a menudo fasciculadas, densamente pubescentes, el indumento erecto o patente; brácteas ovadas a deltadas, densamente pubescentes. Flores estaminadas con el perianto blanco a amarillo-verdoso; sépalos 9 o más, en 3 o más verticilos, los externos más pequeños que los internos, los internos petaliformes, reflexos en la antesis, membranáceos; pétalos 6, libres, membranáceos a escasamente carnosos en la base, involutos, generalmente encerrando en la base a los estambres; estambres 6, libres (3 y connados fuera de Mesoamérica), rectos o curvados distalmente, las anteras con dehiscencia longitudinal, inmersas en el conectivo, incurvadas, el conectivo generalmente prolongado distalmente. Inflorescencias pistiladas racemiformes a paniculadas, densamente pubescentes; brácteas ovadas a deltadas, densamente pubescentes. Flores pistiladas con perianto amarillento; sépalos y pétalos como en las flores estaminadas; estaminodios ausentes; carpelos 6, densamente pubescentes (observados solo en *Chondrodendron tomentosum*); estilos cortos; estigmas lingüiformes. Frutos generalmente madurando 1 o 2, oblongoides, conspicuamente atenuados hacia la base formando un estípite, radiando de un toro subgloboso, púrpuras cuando maduros, el remanente del estilo basal; endocarpo oblongoide, moderada y bilateralmente compreso, cartáceo, reticulado por venas anastomosadas en la superficie externa, liso en la superficie interna, con intrusión adaxial septiforme; semilla sin endospermo, hipocrepiforme, los cotiledones abundantemente carnosos, adpresos. 3 spp. en Mesoamérica, Colombia, Ecuador, Perú, Bolivia, Brasil; 1 sp. en Mesoamérica.

1. Chondrodendron tomentosum Ruiz & Pav., *Syst. Veg. Fl. Peruv. Chil.* 261 (1798). Isolectotipo (designado por Krukoff & Moldenke, 1938): Perú, *Ruiz & Pavón s.n.* [*34/10*] (MA-[cb] MA811595, imagen en Internet!). Ilustr.: Rhodes, *Ann. Missouri Bot. Gard.* 49: 159, t. 148 (1962 [1963]). N.v.: Yonus nantup o nus nantup (Kuna), P.

Chondrodendron hypoleucum Standl., *Epibaterium tomentosum* (Ruiz & Pav.) Pers.

Ramitas densamente marrón-pubescentes, el indumento erecto o patente. Hojas 11.7-19.5 × 10-17.2 cm, subbasifijas a escasamente peltadas, ovadas a suborbiculares, cartáceas, 3(-5)-palmatinervias en la base, el par de venas externo tenue, las venas secundarias 3-5 pares, glabras; base obtusa, truncada o ligeramente cordada, los márgenes ondulados; ápice agudo, obtuso a retuso; pecíolo 7-20.5 cm, tomentoso a glabrescente, el pulvínulo distal más conspicuo. Inflorescencias estaminadas racemiformes a angostamente paniculiformes, caulifloras; brácteas, ovadas a deltadas; eje 4-8.5 cm; pedicelos 1-3 mm, todas las partes tomentosas. Flores estaminadas con 9 sépalos, los internos c. 3.6 × 2.2 mm, elípticos, membranáceos, dispersamente tomentulosos a glabros abaxialmente, glabros adaxialmente, los márgenes ciliolados; pétalos c. 0.8 × 0.7 mm, obovados, membranáceos, con los bordes laterales inflexos, a veces abrazando a los estambres en la parte basal; estambres con los filamentos c. 1.6 mm, teretes, escasamente incurvados, glabros, las anteras inmersas en el conectivo. Inflorescencias y flores pistiladas desconocidas. Frutos no observados en Mesoamérica (oblongoides, conspicuamente estipitados hacia la base, fuera de Mesoamérica). *Bosques de galería.* P (*Woodworth & Vestal 438*, MO). 0-120 m. (Mesoamérica, Colombia, Ecuador, Perú, Bolivia, Brasil).

5. Cissampelos L.

Por R. del C. Ortiz.

Trepadoras delgadas a robustas (fuera de Mesoamérica), poco leñosas, raramente hierbas erguidas (fuera de Mesoamérica). Hojas subbasifijas o peltadas, enteras, ovadas, deltadas a suborbiculares, membranáceas, cartáceas a subcoriáceas, generalmente discoloras, pálidas en el envés, 5-12-palmatinervias, las venas secundarias 1 a 4 pares, moderadamente conspicuas, las venas terciarias tenues, irregularmente escalariformes, las vénulas moderadamente prominentes en ambas superficies, más conspicuas en el envés, glabras a pubescentes en ambas superficies; base truncada, obtusa, redondeada a cordada, los márgenes enteros u ondulados; ápice agudo, acuminado, obtuso, a retuso-emarginado, mucronado; pecíolo con el pulvínulo basal más conspicuo y frecuentemente torcido. Inflorescencias estaminadas en cimas laxas o compactas, estas últimas frecuentemente en arreglos umbeliformes, las cimas axilares en hojas adultas o jóvenes, o arregladas a lo largo de ejes secundarios, estas a su vez axilares en hojas adultas o jóvenes, a veces a lo largo de ejes terminales, generalmente bracteadas. Flores estaminadas con perianto blanco, amarillento, verde a verde amarillento; sépalos 4, libres, brevemente connados en la base, membranáceos, los márgenes enteros a escasamente ondulados, a veces conspicuamente maculados; pétalos connados formando una corola pateliforme o cupuliforme, a veces ciatiforme, en ocasiones escasamente lobulados y 4-sulcados, menos frecuentemente 2-4 y libres, más pequeños que los sépalos, escasamente carnosos a membranáceos, glabros a escasamente pubescentes; estambres 4-8(-9, fuera de Mesoamérica), los filamentos connados formando un sinandro a veces muy corto, las anteras con dehiscencia transversal, a veces sésiles. Inflorescencias pistiladas de flores fasciculadas (corimbos condensados) en las axilas de hojas reducidas o en brácteas a lo largo de ejes seudoracemosos a seudopaniculados, los ejes generalmente axilares. Flores pistiladas con perianto blanquecino a verdoso, bilateralmente simétrico; sépalo 1; pétalos 1 o 2; estaminodios ausentes; carpelo 1, pubescente a glabro; estilo conspicuo u obsoleto; estigmas 3-fidos, reflexos. Frutos ovoides a obovoides hasta subglobosos, anaranjados a rojos cuando maduros, generalmente pilosos, sésiles sobre un toro subgloboso, el remanente del estilo basal; endocarpo ovoide a obovoide a subgloboso, crustáceo, bilateralmente comprimido, externamente tuberculado, acostillado o con prolongaciones cónicas o lameliformes, con intrusión adaxial subconvexa; semilla con endospermo continuo, hipocrepiforme o anular; cotiledones subteretes, escasamente carnosos, adpresos. Aprox. 23 spp., distribución pantropical; 5 spp. en Mesoamérica.

En América las especies se distribuyen desde el sur de Estados Unidos hasta Argentina.

Bibliografía: Rhodes, D.G. *Phytologia* 30: 415-482 (1975). Standley, P.C. & Steyermark, J.A. *Fieldiana, Bot.* 24(4): 258-266 (1946g).

1. Hojas conspicuamente peltadas hasta 42 mm del borde de la lámina.
  2. Inflorescencias estaminadas en cimas congestas, umbeliformes. **3. C. grandifolia**
  2. Inflorescencias estaminadas en cimas laxas. **5. C. tropaeolifolia**
1. Hojas generalmente subbasifijas o escasamente peltadas hasta 11 mm del borde de la lámina.
  3. Flores pistiladas con carpelos glabros; flores estaminadas con corola cupuliforme. **1. C. andromorpha**
  3. Flores pistiladas con carpelos pubescentes; flores estaminadas con corola pateliforme.
    4. Flores estaminadas con los sépalos conspicua y frecuentemente maculados. **2. C. fasciculata**
    4. Flores estaminadas con los sépalos sin máculas o en ocasiones escasamente maculados. **4. C. pareira**

1. Cissampelos andromorpha DC., *Syst. Nat.* 1: 539 (1818 [1817]). Sintipo: Guayana Francesa, *Patris s.n.* (G-DC-[cb] G00201745, imagen en Internet!). Ilustr.: Rhodes, *Phytologia* 30: 442, t. 9 (1975).

Cissampelos ramiflora Miers.

Trepadoras delgadas; ramitas dispersamente tomentosas a glabras. Hojas 4.2-14.4 × 3.7-12 cm, subbasifijas a brevemente peltadas, ovadas, membranáceas a cartáceas, pálidas en el envés, 5-12-palmatinervias, las venas secundarias 2 o 3 pares, glabras a escasamente pilósulas en ambas superficies; base truncada a escasamente cordada, los márgenes enteros a escasamente ondulados; ápice agudo, acuminado, acuminado-atenuado, mucronado; pecíolo 3.7-12.5 cm, insertado hasta c. 11 mm del borde de la lámina, dispersamente pilósulo a glabrescente, el pulvínulo distal obsoleto, el basal generalmente conspicuo y torcido. Inflorescencias estaminadas en dicasios laxos frecuentemente fasciculados, axilares en hojas adultas o jóvenes o en brácteas a lo largo de ramas secundarias axilares, o los dicasios arreglados en ejes racemosos o paniculados, axilares en hojas adultas o jóvenes; ejes 1.1-8 cm, moderadamente pilósulos; brácteas 0.8-1.8 × 0.3-1.8 mm, ovadas a ovado-lanceoladas, mucronadas, frecuentemente involutas, pilosas, pediculadas; pedúnculos de las cimas 0.2-1.8 cm, escasamente pilosos a glabrescentes; bractéolas angostamente ovadas, pilosas; pedicelos 0.5-1.6 mm, escasamente pilósulos a glabrescentes. Flores estaminadas con los sépalos 1-1.5 × 0.3-1 mm, ovados, obovados a elípticos, brevemente connados en la base, dispersamente pilósulos abaxialmente, glabros adaxialmente; corola 0.4-0.7 × 0.5-1.1 mm, cupuliforme, en ocasiones escasamente lobulada y 4-sulcada, membranácea, glabra, papilosa, los sépalos y la corola en ocasiones moderada a conspicuamente maculados; sinandro 4-mero, 0.2-0.3 mm. Inflorescencias pistiladas de 4-6 flores fasciculadas en brácteas a lo largo de ramas jóvenes o en ejes seudoracemosos, los ejes axilares en hojas adultas o jóvenes; eje 2.6-8.5 cm, dispersamente piloso a glabrescente; brácteas 1-1.3 × 0.4-0.8 mm, ovadas, mucronadas, planas o involutas, pediculadas; pedicelos 1.4-1.8 mm, escasamente pilósulos. Flores pistiladas con el sépalo 1.4-1.7 × 1-1.2 mm, obovado, los márgenes enteros, escasamente pilósulos abaxialmente, glabros adaxialmente, papilosos; pétalos 0.8-0.9 × 0.5-0.8 mm, ovados a obovados, glabros, papilosos; carpelos glabros. Frutos 0.5-0.7 × 0.5-0.6 cm, obovoides a subglobosos, sésiles; endocarpo obovoide, bilateralmente comprimido, crustáceo, externamente ornamentado con proyecciones laminares y cónicas. *Bosques húmedos de zonas bajas, senderos, bosques pluviales premontanos, matorrales, plu-*

vioselvas. G (Rhodes, 1975: 441); N (*Moreno & Sandino 14902*, MO); CR (*Skutch 4944*, MO); P (*Mori & Kallunki 6170*, MO). 5-1400 m. (Mesoamérica, Colombia, Venezuela, Guayanas, Ecuador, Perú, Bolivia, Brasil).

Cissampelos andromorpha se acepta provisionalmente para Mesoamérica. Las identificaciones en los ejemplares estudiados para este tratamiento son tentativas. Descrita de la Guayana Francesa, la especie fue diferenciada por presentar las inflorescencias pistiladas en panículas, un carácter no observado en los ejemplares estudiados en Mesoamérica. La especie es similar a *C. fasciculata* y fue diferenciada de esta por el indumento menos denso de las hojas. *Cissampelos andromorpha* se caracteriza por su corola cupuliforme. Los ejemplares de Mesoamérica frecuentemente presentan las hojas con el ápice acuminado similar a *C. laxiflora* Moldenke, una especie sudamericana caracterizada por la corola pateliforme, aunque algunos autores la consideran conespecífica con *C. andromorpha*. La confirmación de la identificación de los ejemplares asignados a *C. andromorpha* en Mesoamérica requiere de una revisión taxonómica que incluya la distribución geográfica global de la especie.

2. Cissampelos fasciculata Benth., *London J. Bot.* 2: 361 (1843). Sintipo: Guyana, *Schomburgk 677* (K-[cb] K000485708, imagen en Internet!). Ilustr.: Rhodes, *Phytologia* 30: 445, t. 10 (1975). N.v.: Sakil ch'in ak', Ch.

Cissampelos coriacea Standl.

Trepadoras delgadas; ramitas pilosas a tomentosas, menos frecuentemente glabras. Hojas 5.6-13.7 × 4.4-14.8 cm, ovadas, subbasifijas a escasamente peltadas, membranáceas, cartáceas a subcoriáceas; 5-7-palmatinervias, menos frecuentemente 12-nervias, las venas secundarias 2-5 pares, glabras a dispersamente pilosas en el haz, pilosas a tomentosas en el envés, la base cordada, raramente truncada, los márgenes a veces escasamente ondulados, el ápice acuminado a obtuso, menos frecuentemente retuso, mucronado; pecíolo 5-10 cm, insertado hasta a 5 mm del borde de la lámina, piloso a tomentoso, el pulvínulo distal obsoleto, el basal conspicuo y torcido. Inflorescencias estaminadas en dicasios laxos, fasciculados, axilares en hojas jóvenes o adultas o las cimas arregladas a lo largo de ejes subracemosos o subpaniculados, bracteadas o ebracteadas, en ocasiones las cimas axilares en hojas jóvenes a lo largo de ramas secundarias; ejes 2.7-25 cm, pilosos, tomentosos; brácteas 1.5-8.2 × 0.4-7.9 mm, ovadas a ampliamente ovadas, membranáceas, planas o involutas, conspicuamente mucronadas, pilosas a tomentosas, pediculadas; pedúnculos de las cimas 0.5-2.7 cm, tomentulosos; bractéolas angostamente ovadas a lineares, tomentosas, piloso-tomentosas; pedicelos 1-2.3 mm, tomentulosos. Flores estaminadas con los sépalos 1-1.4 × 0.5-0.9 mm, ovados, obovados a elípticos, pilosos abaxialmente, glabros adaxialmente, escasamente papilosos, conspicua y frecuentemente maculados; corola 0.2-0.5 × 0.8-1.1 mm, pateliforme, escasamente pilosa abaxialmente, membranácea, en ocasiones maculada, escasamente papilosa; sinandro 4-mero, 0.1-0.2 mm. Inflorescencias pistiladas de 5-9 flores fasciculadas a lo largo de ejes seudoracemosos a seudopaniculados, axilares en hojas jóvenes o adultas, bracteadas; eje 5.7-19.2 cm, piloso a tomentoso; brácteas 1.2-7.2 × 1.3-6.5 mm, ovadas, ampliamente ovadas a suborbiculares, membranáceas, frecuentemente revolutas, mucronadas, pilosas a tomentosas, pediculadas; pedicelos 0.7-2 mm, piloso-tomentulosos. Flores pistiladas con el sépalo 1.1-1.6 × 0.4-0.8 mm, elíptico a obovado, los márgenes escasamente ondulados, dispersamente piloso-tomentoso abaxialmente, glabro adaxialmente, escasamente papiloso, maculado; pétalos 0.6-0.9 × 0.5-0.8 mm, obovados, glabros a dispersamente pilosos abaxialmente, glabros adaxialmente; carpelos densamente pubescentes. Frutos 0.48-0.51 × 0.48-0.5 cm, obovoides, sésiles; endocarpo obovoide, externamente tuberculado. *Bosques de neblina, boques húmedos montanos bajos, bosques húmedos en transición a bosques secos, bosques secundarios, pastizales, cafetales*. Ch (*Breedlove & Smith 32714*, MO); C (Rhodes, 1975: 444); G (Rhodes, 1975: 446); H (*Hazlett 1479*, MO); ES (*Sidwell et al. 520*, MO); CR (*Lent 1968*, MO); P (*Mori et al. 3884*, MO). 300-1700 m. (México [Veracruz], Mesoamérica, Colombia, Venezuela, Guyana, Guayana Francesa, Ecuador, Perú, Bolivia, Brasil).

Cissampelos fasciculata es similar a *C. andromorpha* y se diferencia por el indumento más denso en las hojas (vs. escasamente pubescente a glabro) y por las flores estaminadas con la corola pateliforme (*vs.* cupuliforme). Algunos autores consideran a las dos especies como conespecíficas.

3. Cissampelos grandifolia Triana & Planch., *Ann. Sci. Nat., Bot.* sér. 4, 17: 44 (1862). Lectotipo (designado por Ott, 1997): Colombia, *Triana s.n.* (P-[cb] P00745147, imagen en Internet!). Ilustr.: Rhodes, *Phytologia* 30: 434, t. 5 (1975). N.v.: Alcotán, G.

Cissampelos acuta Triana & Planch.

Trepadoras delgadas; ramitas piloso-tomentosas. Hojas 4.9-23.5 × 5.4-19 cm, conspicuamente peltadas, ampliamente ovadas a suborbiculares, membranáceas, 9-12-palmatinervias, las venas secundarias 1-4 pares; escasamente pilosas a glabrescentes en el haz, piloso-tomentulosas en el envés, la base redondeada, truncada o ligeramente cordada, los márgenes enteros a ondulados, el ápice agudo a obtuso, menos frecuentemente acuminado o escasamente retuso, mucronado; pecíolo 4.8-26 cm, insertado a 11-42 mm del borde de la lámina, pilósulo, el pulvínulo distal obsoleto, el basal conspicuo y torcido. Inflorescencias estaminadas en cimas congestas, frecuentemente en arreglos umbeliformes, fasciculadas, arregladas en ejes subracemosos o subpaniculados, bracteadas, axilares o terminales, o las cimas axilares en hojas jóvenes o adultas; brácteas 1.3-2.1 × 0.6-1.7 mm, ovadas, involutas, pilosas, pediculadas; pedúnculos de las cimas 0.3-1.3 cm; ejes 6-19.5 cm, piloso-tomentosos; bractéolas angostamente ovadas, pilosas a glabras; pedicelos 4-4.5 mm, pilosos. Flores estaminadas con los sépalos 0.8-1.3 × 0.6-1 mm, ovados a escasamente obovados, pilosos abaxialmente, glabros adaxialmente, sin máculas; corola 0.2-0.6 × 0.6-1.2 mm, pateliforme a ampliamente ciatiforme, membranácea, glabra, papilosa; sinandro 4-8-mero, 0.1-0.3 mm. Inflorescencias pistiladas de 4-6 flores fasciculadas a lo largo de ejes subracemosos a subpaniculados, axilares o terminales, bracteadas; eje 5.7-13 cm, pilósulo; brácteas 1.5-2.9 × 0.4-1.1 mm, ovadas, pilosas a glabras, pediculadas o no; pedicelos 0.7-1.5 mm, pilosos. Flores pistiladas con sépalo 1.3-1.6 × 1-1.3 mm, ovado, los márgenes irregularmente ondulados, pilosos abaxialmente, glabros adaxialmente; pétalos 1(2), 0.7-0.9 × 0.6-0.7 mm, obovados a ampliamente obovados, escasamente pilosos a glabros abaxialmente, glabros adaxialmente, papilosos, el carpelo densamente piloso. Frutos 0.4-0.5 × 0.4-0.5 cm, ovoides, sésiles; endocarpo ovoide, externamente con proyecciones cónicas. *Bosques húmedos tropicales*. T (Pérez Cueto, 1995: 12); C (Martínez S. et al., 2001: 36); H (*Davidse et al. 35546*, MO); G (Standley & Steyermark, 1946g: 260); N (*Robleto 573*, MO); CR (*Ortiz & Aguilar 322*, MO); P (*Croat 22210*, MO). 30-1200 m. (México [Veracruz], Mesoamérica, Colombia, Ecuador, Perú, Bolivia, Puerto Rico).

La distribución en México se basa en Pérez Cueto (1995: 12). Rhodes (1975: 433) reportó (*Matuda 1800*, MO) de Chiapas, pero en este tratamiento dicho ejemplar está referido como *Cissampelos* cf. *tropaeolifolia*. La distribución en Puerto Rico es de acuerdo con Rhodes (1975: 433) de la colección de *Heller 332* (NY), la cual no ha sido verificada para este tratamiento.

4. Cissampelos pareira L., *Sp. Pl.* 1031 (1753). Lectotipo (designado por Troupin, 1955): Plumier, *Descr. Pl. Amér*. t. 93 (1693). Ilustr.: Rhodes, *Phytologia* 30: 462, t. 11 (1975). N.v.: Barba de viejo, péepen tuunich, pek-te-tun, petektun, peteltún, sak xiiw, xok'ab aak', xowen aak', xpen kuch xiw, xpet'etuum, Y; hembra, om ak', C; hoja preñada, B; alcotán, barrigona, bejuco de preñada, curarina, curarina de monte, cuxbá, cuxoguí, estrella de la preñada, guaco, ixcatú-can, pakil, tamagás, tsutsuc, G; alcotán, ES.

Cissampelos acuminata Benth. non DC., *C. benthamiana* Miers, *C. tomentosa* DC.

Trepadoras delgadas; ramitas seríceas a tomentosas. Hojas 2.6-7.8 × 2.8-7.7 cm, subbasifijas a escasamente peltadas, ovadas a suborbiculares, membranáceas a cartáceas, 5-12-palmatinervias, las venas secundarias 1-4 pares; dispersamente seríceas en el haz, seríceo-tomentosas en el envés, la base generalmente cordada, a veces truncada, los márgenes enteros, el ápice generalmente obtuso, agudo a retuso, mucronado; pecíolo 1.1-6.2 cm, insertado hasta a 5 mm del borde de la lámina, dispersa o moderadamente seríceo-tomentoso, el pulvínulo distal obsoleto, el basal conspicuo y torcido. Inflorescencias estaminadas en dicasios laxos, axilares en hojas adultas o jóvenes, en ocasiones las cimas arregladas en ejes secundarios axilares, subracemosos a subpaniculados, los ejes en ocasiones bracteados; ejes secundarios 8-15 cm, seríceo-tomentosos; brácteas 2.3-6.5 × 2.9-7.8 mm, ampliamente ovadas a reniformes, membranáceas, planas o involutas, mucronadas, seríceas a tomentosas, pediculadas; pedúnculo de las cimas 0.4-1.5 cm; bractéolas 0.3-1.3 × 0.1-0.3 mm; pedicelos 1.2-3 mm, dispersamente tomentulosos. Flores estaminadas con los sépalos 0.7-1.3 × 0.4-0.8 mm, obovados a elípticos, seríceos abaxialmente, glabros adaxialmente, papilosos, membranáceos, en ocasiones escasamente maculados; corola 0.2-0.5 × 0.6-1.1 mm de diámetro, generalmente pateliforme, membranácea, glabra a pilosa abaxialmente; sinandro 4-mero, 0-0.2 mm. Inflorescencias pistiladas de 5-10 flores fasciculadas, axilares en hojas adultas o jóvenes o en brácteas a lo largo de ejes seudoracemosos; eje 3.5-11 cm, seríceo-tomentoso; brácteas 1.8-3.1 × 2-5.5 mm, ampliamente ovadas a reniformes, generalmente planas, a veces involutas, mucronadas, seríceas a tomentosas, pediculadas; pedicelos 0.7-1.8 mm, tomentulosos. Flores pistiladas con el sépalo 0.8-1.4 × 0.4-0.9 mm, obovado a elíptico, los márgenes enteros, pilosos abaxialmente, glabros adaxialmente, papilosos; pétalos 0.4-0.8 × 0.6-1 mm, parcialmente libres o connados cuando 2, obovados a ampliamente obovados, dispersamente pilosos a glabros abaxialmente, glabros adaxialmente, papilosos, membranáceos; carpelo pubescente. Frutos 0.35-0.45 × 0.34-0.39 cm, generalmente subglobosos, en ocasiones obovoides, dispersamente pilosos, sésiles; endocarpo subgloboso a obovoide, moderadamente acostillado y tuberculado en la superficie externa. *Bosques húmedos tropicales, vegetación secundaria, orillas de caminos, acahuales de selvas medianas, potreros, cafetales, matorrales, selvas medianas subcaducifolias, selvas bajas caducifolias.* T (*Ortiz 669*, MEXU); Ch (*Ortiz et al. 369*, MO); Y (*Cabrera & Cabrera 9070*, MEXU); C (*Davidse et al. 20593*, MEXU); QR (*Balam 394*, MO); B (*Dwyer et al. 198*, MO); G (*Wallnöfer & Tut-Tesucun 7136*, MO); H (*Blackmore & Chorley 3680*, MO); ES (*Villacorta & Martínez 276*, MO); N (*Rueda et al. 13699*, MO); CR (*Alfaro 2307*, CR); P (*Knapp & Mallet 2982*, MO). 0-2700 m. (Canadá, Estados Unidos, México [Colima, Edo. México, Guerrero, Hidalgo, Jalisco, Michoacán, Morelos, Nayarit, Nuevo León, Oaxaca, Puebla, Querétaro, Sinaloa, Sonora, San Luis Potosí, Tamaulipas, Veracruz], Mesoamérica, Colombia, Venezuela, Guayanas, Ecuador, Perú, Bolivia, Brasil, Paraguay, Uruguay, Argentina, Cuba, República Dominicana, Haití, Jamaica, Puerto Rico, Islas Vírgenes, Antillas Menores, Trinidad y Tobago, Europa, Asia, África, Australia, Islas del Pacífico).

Cissampelos pareira es una especie bastante común y variable. La variación observada podría corresponder a entidades taxonómicas diferentes. La especie se reconoce por una combinación de caracteres, entre ellos las hojas ovadas a suborbiculares con la base cordada a truncada, el ápice retuso, seríceas a tomentosas y las flores estaminadas con la corola pateliforme.

5. Cissampelos tropaeolifolia DC., *Syst. Nat.* 1: 532 (1818 [1817]). Sintipo: Perú, *Dombey s.n.* (P-[cb] P00745164, imagen en Internet!). Ilustr.: Rhodes, *Phytologia* 30: 428, t. 3 (1975). N.v.: Curarina, Ch; alcotán, aspirina, G.

Trepadoras delgadas; ramitas pilosas. Hojas 4-11.5 × 4.2-10.5 cm, peltadas, ampliamente ovadas a suborbiculares, membranáceas, 8-12-palmatinervias, las venas secundarias 2-4 pares; dispersamente seríceas en ambas superficies, menos frecuentemente glabras en el envés, la base truncada a redondeada, raramente cordada, los márgenes moderadamente ondulados, el ápice agudo a acuminado, mucronado, menos frecuentemente retuso; pecíolo 4.3-10 cm, insertado 9-25 mm del borde de la lámina, moderadamente piloso, el pulvínulo distal obsoleto, el basal conspicuo y torcido. Inflorescencias estaminadas en cimas laxas arregladas en ejes subracemosos, bracteados o las cimas axilares en hojas adultas o jóvenes; ejes 5.7-13 cm, pilosos; brácteas 3.4-6.8 × 5-8 mm, ovadas, ampliamente ovadas a reniformes, involutas o planas, membranáceas, mucronadas, pediculadas; pedúnculos de las cimas 0.9-2.3 cm; bractéolas angostamente ovadas, elípticas a obovadas, escasamente seríceas abaxialmente, glabras adaxialmente; pedicelos 1-2.3 mm, dispersamente pilosos a glabros. Flores estaminadas con los sépalos 0.9-1.8 × 0.6-1.2 mm, ovados, elípticos a obovados, escasamente seríceos abaxialmente, glabros adaxialmente, papilosos, escasamente carnosos, en ocasiones brevemente connados en la base; corola 0.3-0.6 × 0.6-1.2 mm, generalmente pateliforme, menos frecuentemente ampliamente cupuliforme, membranácea, glabra, el sinandro 4-mero, 0.1-0.2 mm. Inflorescencias pistiladas de 5-9 flores fasciculadas, axilares en brácteas a lo largo de ejes seudoracemosos, estas axilares, bracteadas; eje 5-18 cm, piloso; brácteas 1.6-4.6 × 1.9-7.4 mm, ovadas, generalmente reniformes, generalmente involutas, dispersamente seríceas a glabrescentes, pediculadas; pedicelos 0.7-1.9 mm, glabros a densamente pilosos. Flores pistiladas con el sépalo 1.1-1.2 × 0.9-1.1 mm, ovado, ampliamente elíptico a escasamente obovado, glabro a escasamente seríceo abaxialmente, glabro adaxialmente, papiloso, los márgenes enteros; pétalos 0.5-0.7 × 0.5-1.2 mm, ampliamente obovados a suborbiculares, glabros, papilosos, escasamente carnosos a membranáceos. Frutos 0.5-0.6 × 0.5-0.6 cm, ampliamente obovoides a subglobosos, sésiles, dispersamente pilosos; endocarpo obovoide, la superficie externa con prolongaciones lameliformes conspicuas. *Vegetación secundaria, bosques tropicales premontanos, bosques siempreverdes, bosques húmedos tropicales.* T (*Magaña & Suárez 705*, MEXU); Ch (*Ortiz et al. 376*, MO); B (*Balick et al. 2531*, MO); G (*Lundell & Contreras 20593*, MO); H (*MacDougal et al. 3288*, MO); N (*Stevens 12912*, MO); CR (*González et al. 779*, CR); P (*Mori et al. 1897*, MO). 100-2050 m. (Mesoamérica, Colombia, Ecuador, Perú, Bolivia, Brasil).

Cissampelos tropaeolifolia se reconoce fácilmente por sus hojas peltadas, membranáceas y generalmente por tener todas las partes de la planta pilosas.

6. Curarea Barneby & Krukoff

Por R. del C. Ortiz.

Bejucos leñosos; ramitas densamente pubescentes. Hojas subbasifijas, enteras, ovadas a ovado-elípticas, cartáceas a subcoriáceas, discoloras, el envés con indumento grisáceo o blanquecino, 3(-5)-palmatinervias o 3(-5)-plinervias, las venas secundarias 3 o 4 pares, las venas terciarias irregularmente escalariformes, las vénulas prominentes en ambas superficies, glabras a tomentosas en las venas en el haz, tomentulosas, estriguloso-tomentulosas a vellosas en el envés, el indumento a veces confinado a las aréolas con la edad; pecíolo pulvinado en ambos extremos, el distal generalmente más conspicuo. Inflorescencias estaminadas tirsoides, cortamente pubescentes. Flores estaminadas con perianto blanquecino, verdoso, amarillento a pardo, con 6(9) sépalos en 2 o 3 verticilos, los externos más pequeños que los internos, reflexos en la antesis, membranáceos a escasamente carnosos; pétalos (4-)6, más pequeños que los sépalos internos, membranáceos, involutos, encerrando en la base a los estambres; estambres 3-6, libres o connados, rectos o curvados distalmente, las anteras con dehiscencia longitudinal, inmersas en el conectivo, incurvadas, el conectivo a veces escasamente prolongado distalmente (fuera de Mesoamérica). Inflorescencias pistiladas racemiformes o tirsoides, pubescentes, los tricomas adpresos o patentes. Flores pistiladas con perianto verdoso, amarillento a pardo, los sépalos como en las flores estaminadas; pétalos 3(5 o 6), libres, membranáceos; estaminodios ausentes; carpelos 3, densamente pubescentes; estilos cortos; estigmas subulados, reflexos. Frutos generalmente madurando 1 o 2, oblongoides, elipsoides o piriformes, amarillos cuando maduros, sésiles, escasamente atenuados hacia la base a cortamente estipitados, en ocasiones elevados sobre carpóforos alargados, o sésiles sobre un toro globoso (fuera de Mesoamérica), el remanente del estilo basal; endocarpo oblongoide a obovoide, cartáceo, moderada y bilateralmente comprimido, externamente reticulado por venas anastomosadas, internamente liso, intrusión adaxial septiforme; semilla sin endospermo, hipocrepiforme, los cotiledones fuertemente carnosos, adpresos. 9 spp. en Mesoamérica, Colombia, Venezuela, Guayanas, Ecuador, Perú, Bolivia y Brasil; 1 sp. en Mesoamérica.

Bibliografía: Ortiz, R. del C. *PhytoKeys* 100: 9-89 (2018).

1. Curarea cuatrecasasii Barneby & Krukoff, *Mem. New York Bot. Gard.* 22(2): 14 (1971). Holotipo: Colombia, *Cuatrecasas & Willard 26168* (COL!). Ilustr.: Ortiz, *PhytoKeys* 100: 55, t. 17 (2018).

Ramitas moderada y cortamente plateado-pubescentes a marrón-pubescentes. Hojas 8-26 × 4-14 cm, ovadas a elípticas, cartáceas, más pálidas en el envés, 3-5-palmatinervias a 3-5-plinervias, las venas secundarias 2-4 pares, glabras en el haz, tomentulosas en el envés, el indumento a veces confinado a las aréolas con la edad, la base obtusa, redondeada, truncada a ligeramente cordada, los márgenes enteros, el ápice acuminado; pecíolo 4.5-18.5 cm, estriguloso a glabrescente, el pulvínulo distal conspicuo. Inflorescencias estaminadas tirsoides; eje 1.8-8.6 cm, estriguloso-tomentuloso; brácteas ovadas, setulosas; pedicelos 0-0.5 mm, cortamente pubescentes. Flores estaminadas con los sépalos externos 0.7-1.1 × 0.2-0.9 mm, ovados a elípticos, los internos 1.1-1.7 × 0.6-1.2 mm, obovados a elípticos, ambos verticilos tomentulosos abaxialmente, glabros adaxialmente, escasamente carnosos; pétalos 5 o 6, 0.2-0.8 × 0.1-0.6 mm, obovado-3-lobados, los bordes laterales inflexos, la base abrazando a los estambres en la parte distal; estambres con los filamentos 0.4-0.8 mm, libres, claviformes escasamente incurvados distalmente, glabros, las anteras inmersas en el conectivo, este en ocasiones prolongado adaxialmente en la parte distal. Inflorescencias pistiladas no observadas. Frutos 1.9-2.8 × 1.1-1.5 cm, elipsoides a oblongoides, escasamente atenuados hacia la base, a veces cortamente estipitados, elevados sobre carpóforos cortos, hirsútulos; carpóforos 2-3.5 × 2.1-3.7 mm; endocarpo con la misma forma de los frutos, externamente casi liso excepto por venas prominentes, liso en la superficie interna. *Bosques húmedos premontanos.* CR (*Ortiz & Aguilar 323*, MO); P (*Dressler 4372*, MO). 0-1100 m. (Mesoamérica, Colombia).

Los ejemplares de Costa Rica y Panamá, identificados anteriormente como *Curarea toxicofera* (Wedd.) Barneby & Krukoff por Barneby & Krukoff (1971), se reconocen actualmente como *C. cuatrecasasii* (Ortiz, 2018).

7. Disciphania Eichler

Por R. del C. Ortiz.

Trepadoras herbáceas o bejucos leñosos, generalmente delgados, los tallos suaves, la corteza en ocasiones suberosa con la edad. Hojas subbasifijas o peltadas, enteras a palmatilobadas (o partidas en 3-5 foliolos seudopeciolulados, fuera de Mesoamérica), variadas en forma, generalmente ovadas, oblongas a suborbiculares, 3(-9)-palmatinervias o 3(-9)-plinervias, las venas secundarias 2-6 pares o 3-5 pares por lóbulo en las palmatilobadas, las venas terciarias poco conspicuas, irregularmente escalariformes, las vénulas poco conspicuas en ambas superficies o en ocasiones inmersas, glabras, dispersamente estrigulosas, setulosas a hirsútulas en ambas superficies, la base redondeada, obtusa, cordada a truncada, los márgenes enteros, glabros o ciliolados, el ápice agudo a acuminado; pecíolo glabro a moderadamente pubescente, hirsuto, con el pulvínulo basal generalmente torcido. Inflorescencias estaminadas y pistiladas espigadas, racemosas o paniculadas, bracteadas, glabras a dispersamente estrigulosas; flores estaminadas y pistiladas con perianto verdoso, blanco-amarillento, rosado-salmón a pardo. Flores estaminadas con 6 sépalos, rotáceos o erguidamente conniventes, generalmente carnosos, en ocasiones membranáceos, unidos solo en la base o hasta cerca de la mitad de su longitud; pétalos 3-6, libres, a veces ausentes, más pequeños que los sépalos, escasamente membranáceos a carnosos, adnados en la base a los sépalos y agrupados formando un seudodisco, o membranáceos y erectos; estambres 3(6), los filamentos libres, generalmente dilatados o en ocasiones atenuados hacia el ápice, a veces reducidos, las anteras con dehiscencia longitudinal a oblicua, erectas escasamente incurvadas, inmersas en el conectivo, este generalmente amplio. Flores pistiladas con sépalos y pétalos como en las flores estaminadas; estaminodios ausentes; carpelos 3, glabros; estilos cortos; estigmas subpeltados, 2-3-lobados, reflexos. Frutos generalmente madurando 1 o 2, subglobosos a oblongo-elipsoides, generalmente aplanados cuando secos, rojos, anaranjados o púrpura cuando maduros, sésiles sobre el engrosamiento del eje (sobre el toro globoso del pedúnculo en *Disciphania domingensis* Urb., fuera de Mesoamérica), rojos cuando maduros, el remanente del estilo apical; endocarpo cartilaginoso o crustáceo, recto, externamente 8-acostillado u 8-alado, las alas formadas por fibras filamentosas o crustáceas, la intrusión adaxial ausente; semillas con endospermo continuo, rectas, adaxial a abaxialmente comprimidas, los cotiledones escasamente carnosos, foliáceos, divaricados a escasamente imbricados lateralmente. 26 spp. en México (Edo. México, Jalisco, Michoacán, Nayarit, Oaxaca, Sinaloa, Veracruz), Mesoamérica, Colombia, Venezuela, Guayana Francesa, Ecuador, Perú, Brasil, Paraguay, República Dominicana, Antillas Mayores; 5 spp. en Mesoamérica.

El reporte de *Disciphania cardiophylla* Standl. para Panamá por Pérez Cueto (1995), parece ser un error, la especie se conoce solo del centro de Veracruz según Carrillo-Reyes et al. (2013).

Bibliografía: Carrillo-Reyes, P. et al. *Brittonia* 65: 439-451 (2013). Pérez Cueto, E. *Fl. Veracruz*. 87: 27-33 (1995).

1. Hojas peltadas hasta 39 mm del borde de la lámina. **1. D. calocarpa**
1. Hojas subbasifijas o peltadas solo hasta 2 mm del borde de la lámina.
  2. Hojas lobadas; flores estaminadas con 6 estambres. **3. D. spadicea**
  2. Hojas enteras; flores estaminadas con 3 estambres (desconocidas en *Disciphania* sp. *B*).
    3. Hojas con la base obtusa a truncada. **4. D.** sp. **A**
    3. Hojas con la base cordada.
      4. Hojas en general dispersa y cortamente estrigulosas, menos frecuentemente glabras en ambas superficies, los márgenes ciliolados. **2a. D. ernstii** var. **ernstii**
      4. Hojas glabras en ambas superficies, los márgenes glabros. **5. D.** sp. **B**

1. Disciphania calocarpa Standl., *Publ. Field Mus. Nat. Hist., Bot. Ser.* 4: 305 (1929). Holotipo: Honduras, *Standley 52817* (F!). Ilustr.: Pérez Cueto, *Fl. Veracruz* 87: 29, t. 4a-f (1995). N.v.: Bejuco huaco, uva de montaña, T; pa ak, Ch; rat root, B; hoja de murciélago, G.

Disciphania coriacea Standl.

Bejucos con corteza suberosa con la edad; ramitas glabras. Hojas 8.5-17 × 2.8-10.7 cm, peltadas, enteras, ovadas a oblongas, cartáceas a coriáceas, opacas en el haz, más pálidas en el envés, 6-9-palmatinervias o 6-9-plinervias, las venas secundarias 2-5 pares, las vénulas generalmente inmersas en ambas superficies, glabras en el haz y en el envés, la base redondeada a truncada, los márgenes enteros, glabros, el ápice agudo a acuminado; pecíolo 3.5-13.5 cm, insertado 1.1-3.9 cm en el borde de la lámina, glabro, el pulvínulo distal obsoleto, el basal moderada y conspicuamente torcido. Inflorescencias estaminadas en espigas; eje (incluyendo el pedúnculo) 1.7-6.5 cm, glabro a escasamente seríceo, supraaxilar o caulifloro sobre excrecencias cortas a lo largo del tallo, solitario o varios; flores sésiles. Flores estaminadas con los sépalos 1.6-3 × 0.6-1.2 mm, connados cerca de la mitad de su longitud, los lóbulos libres, angostamente ovados, dispersamente seríceos abaxialmente, glabros adaxialmente, tenuemente papilosos, escasamente carnosos; pétalos generalmente ausentes, menos frecuentemente 3(6?) y adnados a los sépalos internos; estambres 3, los filamentos 0.6-1 mm, rectos, glabros, las anteras inmersas en el amplio conectivo, erectas o escasamente incurvadas. Inflorescencias pistiladas en espigas; eje (incluyendo el pedúnculo) 5-30 cm, dispersamente setuloso a glabrescente, supraaxilares o caulifloro, solitario. Flores pistiladas con 6 sépalos, libres, los externos c. 1.5 × 0.8 mm, ovados, los internos c. 1.6 × 0.8 mm, oblongos, ambos verticilos dispersamente setulosos abaxialmente, glabros adaxialmente, no maculados, escasamente carnosos; pétalos ausentes; estaminodios ausentes; carpelos con los estigmas subpeltados a 2-lobados. Frutos 1.6-1.9 × 1.1-1.6 cm, subglobosos, sésiles, glabros; carpóforos ausentes; endocarpo elipsoide, crustáceo, externamente 8-alado, las alas crustáceas en toda su extensión o crustáceas en la mitad proximal y membranáceas a filamentosas en la mitad distal o formadas por costillas fibrosas, generalmente no anastomosadas, la superficie interna con invaginaciones que corresponden con las alas externas; semillas con cotiledones foliáceos, parcialmente imbricados proximalmente, escasamente divaricados distalmente. *Bosques húmedos, bosques siempreverdes, bosques húmedos montanos, selvas bajas caducifolias, sabanas, bosques mesófilos de montaña, bosques tropicales perennifolios.* T (*Hammel & Merello 15532*, MO); Ch (*Martínez S. & Soto 18761*, CAS); B (*Schipp S-458*, F); G (*Lundell 16449*, MO); H (*Standley 54128*, F); N (*Sandino 224*, MO); CR (*Liesner 5160*, MO). 5-1700 m. (México [Oaxaca, Veracruz], Mesoamérica).

Disciphania calocarpa se diferencia de las otras especies con hojas peltadas por presentar las flores estaminadas generalmente sin pétalos; sin embargo, la muestra proveniente de Chiapas (*Martínez S. & Soto 18761*, CAS) algunas veces presenta 3 pétalos, los cuales se encuentran adnados a los sépalos internos. Del mismo modo, la descripción de las flores pistiladas se basa en una sola colección con flores viejas, y la presencia de pétalos descrita por Barneby (1970) no ha sido confirmada para este tratamiento. Por otro lado, la distribución en Nicaragua y Costa Rica se incluye de manera provisional. Los únicos ejemplares disponibles de Nicaragua presentan solo frutos con las alas de los endocarpos que consisten de costillas fibrosas, las cuales se ramifican y anastomosan. Estos tipos de alas de los endocarpos se observan también en los ejemplares de Costa Rica. Las flores estaminadas fragmentarias (*Tonduz 13021*, US; *Haber 4453*, MO) y pistiladas (*Liesner 5160*, MO), también de Costa Rica, asociadas con este tipo de endocarpo son rotáceas, similares a las que se observan en las especies de *D.* sect. *Sarcostephana* Barneby y no en *D.* sect. *Taubertia* (K. Schum.) Barneby, a la que *D. calocarpa* pertenece. Los ejemplares podrían representar una especie nueva o una extensión de la distribución de la especie de Sudamérica; sin embargo, el material disponible al momento es inadecuado y dificulta tomar decisiones taxonómicas.

2. Disciphania ernstii Eichler, *Jahrb. Königl. Bot. Gart. Berlin* 2: 329 (1883). Sintipo: Venezuela, *Ernst s.n.* (B-[cb] B 10 0248736, imagen en Internet!). Ilustr.: Eichler, *Jahrb. Königl. Bot. Gart. Berlin* 2: t. 12 (1883).

2a. Disciphania ernstii Eichler var. **ernstii**.

Trepadoras herbáceas; ramitas dispersamente pubescentes a glabras. Hojas 6.2-10.7 × 6.2-10 cm, subbasifijas, enteras, ovadas, membranáceas, verde oscuro en el haz, más claras en el envés, 5-7-palmatinervias, las venas secundarias 2 o 3 pares, las vénulas inmersas en ambas superficies; dispersa y cortamente estrigulosas a cortamente seríceas o menos frecuentemente glabras en ambas superficies, la base cordada, el seno 0.6-1.8 cm de profundidad, los márgenes enteros, ciliolados, el ápice cortamente acuminado; pecíolo 5.9-11 cm, insertado al borde de la lámina, glabro a moderadamente pubescente, el pulvínulo distal obsoleto, escasamente pulvinado y torcido en la base. Inflorescencias estaminadas espigadas; eje c. 3.5 cm, glabro; brácteas ovado-lanceoladas, membranáceas, setulosas; pedicelos ausentes. Flores estaminadas con 6 sépalos, unidos en la base, los externos c. 9.3-9.6 × 4.1-4.7 mm, los internos 8-8.8 × 5.3-5.5 mm, ambos verticilos elípticos, ovados a obovados, escasamente setulosos a glabros abaxialmente, glabros y papilosos adaxialmente, escasamente carnosos, los márgenes a veces ciliolados; pétalos 6, 1.2-1.4 (3.2-3.4 incluyendo el apéndice incurvado) × 1.7-2.5 mm, obovados, apendiculados u obovado-lanceolados cuando el apéndice es continuo con el pétalo, carnosos, los apéndices subulados, membranáceos, glabros; estambres 3, los filamentos 0.7-0.8 mm, glabros, las anteras erectas, inmersas en el conectivo amplio. Inflorescencias pistiladas espigadas; ejes 5-5.8 cm (incluyendo el pedúnculo), glabros. Flores pistiladas con 6 sépalos, los externos 3.4-4.3 × 1.9-2.5 mm, elípticos, ovados a obovados, escasamente setulosos abaxialmente, glabros adaxialmente, los internos 3.1-4.7 × 2-3.2 mm, ovados, dispersamente setulosos, papilosos en ambas superficies, ambos verticilos escasamente carnosos; pétalos 6, 1.2-2 × 0.7-1.4 mm, obovados, apendiculados, adnados a los sépalos, glabros, papilosos, moderadamente carnosos; estaminodios ausentes; estilos conspicuos. Frutos c. 1.4 × 1.1 cm, elipsoides a subglobosos, sésiles, glabros; endocarpo crustáceo, externamente 8-alado, liso en la superficie interna, con invaginaciones correspondiendo con las alas externas. *Bosques húmedos tropicales premontanos.* CR (*Aguilar 4545*, MO); P (*Correa & Montenegro 11094*, MO). 0-900 m. (Mesoamérica, Colombia, Venezuela, Ecuador, Perú, Brasil).

La presencia de *Disciphania ernstii* en Costa Rica es tentativa debido al estado fragmentario de los 2 únicos ejemplares disponibles.

3. Disciphania spadicea Barneby, *Mem. New York Bot. Gard.* 20(2): 143 (1970). Holotipo: Costa Rica, *Brenes 12724* (NY!). Ilustr.: Carrillo-Reyes et al., *Brittonia* 65: 449, t. 5A-F (2013).

Trepadoras herbáceas, delgadas; ramitas moderadamente dorado-hirsutas. Hojas 7-9(-27) × (11-)12-27(-30) cm, subbasifijas, 3-7-lobadas, opacas en el haz, más pálidas en el envés, 5-7-palmatinervias, las venas secundarias 3-5 pares por lóbulo, las vénulas inmersas en ambas superficies, moderadamente hirsutas en ambas superficies, la base profundamente cordada, el seno basal 1.6-5.5 cm de profundidad, los márgenes enteros, ciliados, el ápice de los lóbulos acuminados, cortamente aristados; pecíolo 7.2-15.2 cm, insertado al borde de la lámina, hirsutos, el pulvínulo obsoleto distalmente, escasamente pulvinados y torcidos en la base. Inflorescencias estaminadas racemosas; ejes 4.6-5 cm (incluyendo los pedúnculos), hirsútulos; brácteas lineares, pilosas; pedicelos 1-2.5 mm, dispersamente hirsútulos. Flores estaminadas con 6 sépalos libres, los externos 2.5-2.6 × 1.1-1.2 mm, ovado-lanceolados, dispersamente hirsútulos, los internos 2.1-2.5 × c. 2.1 mm, ampliamente ovados, ambos verticilos escasamente hirsútulos abaxialmente, glabros adaxialmente, papilosos, escasamente membranáceos; pétalos 6, libres, 0.7-1 × 1.1-1.5 mm, los internos generalmente más pequeños, suborbiculares, membranáceos, con los bordes latero-basales 2-lobulados, los lóbulos inflexos, abrazando a los estambres; estambres 6, los filamentos 0.7-0.9 mm, libres, subiguales, atenuados hacia el ápice, escasamente incurvados distalmente, glabros, las anteras inmersas en el conectivo amplio, incurvadas c. 90°. Inflorescencias pistiladas espigadas, supraaxilares, solitarias; eje (incluyendo el pedúnculo) c. 7.1 cm, dispersamente hirsútulo, la espiga engrosada distalmente. Flores pistiladas sésiles, sobre pequeñas proyecciones del eje, pareciendo racemosas, con 6 sépalos, los externos 1.6-1.7 × 0.4-0.8 mm, angostamente ovados a ovado-lanceolados, glabros, los internos c. 1.5 × 0.9 mm, escasamente obovados, ambos verticilos glabros, papilosos en ambas superficies, con máculas oscuras en ambas superficies, membranáceos; pétalos 6, los 2 verticilos subiguales, 0.9-1.1 × 0.4-0.6 mm, obovados, libres, glabros, papilosos, escasamente carnosos; estigmas escasamente 3-lobados. Frutos 1-1.3 × 0.6-0.9 cm, subglobosos, sésiles; endocarpo elipsoide, crustáceo, externamente 8-acostillado, las costillas cartáceas, en ocasiones las costillas distalmente fibrosas, liso en la superficie interna, con invaginaciones que corresponden con las crestas externas; semilla con los cotiledones lateralmente imbricados. *Bosques secos tropicales*. ES (*Rosales 863*, MO); N (*Stevens 13138*, MO); CR (*Espinoza 1120*, CR). 100-500 m. (México [Jalisco, Oaxaca], Mesoamérica).

Disciphania spadicea fue reportada en Jalisco y Oaxaca (Carrillo-Reyes et al., 2013); dichos ejemplares no fueron estudiados para este tratamiento. Además de presentar la inflorescencia pistilada engrosada en la parte distal, se caracteriza por sus hojas lobadas moderadamente hirsutas en ambas superficies y los lóbulos con el ápice acuminado y cortamente aristado. Las hojas lobadas de *D. mexicana* Bullock (de México) son glabras en ambas superficies y el ápice, aunque es acuminado, no presentan la corta arista observada en *D. spadicea*.

La especie, como las demás menispermáceas, ha sido descrita como dioica; sin embargo, estudios del ejemplar tipo (*Brenes 12724*, NY) indican que, aunque descrita como planta pistilada, presenta también una inflorescencia de flores estaminadas. La inflorescencia estaminada es bastante inmadura y fácil de pasar desapercibida. La presencia de ambos sexos en una misma planta también fue reportada para la especie por Carrillo-Reyes et al. (2013) y para *Cissampelos arenicola* M. Nee & R. Ortiz de Bolivia (Ortiz & Nee, 2014), ambas especies de hábito herbáceo, y además una de las condiciones (sea estaminada o pistilada) parece ser más predominante que la otra. Es probable que ambos sistemas reproductivos se presenten ocasionalmente en algunas de las especies con hábito herbáceo. La frecuencia y su relevancia puede ser objeto de futuros estudios.

4. Disciphania sp. **A**.

Trepadoras; ramitas glabras. Hojas 8.1-13.2 × 3.3-7.2 cm, subbasifijas a escasamente peltadas, enteras, ovadas, subcarnosas, verde oscuro en el haz, más claras en el envés, 3(5)-palmatinervias, las venas secundarias 4-6 pares, las vénulas algo conspicuas en el haz, inmersas en el envés, glabras en ambas superficies, la base truncada a obtusa, los márgenes enteros, glabros el ápice acuminado; pecíolo insertado a 0.1-2 mm del borde de la lámina, 5.2-9.6 cm, glabros, el pulvínulo distal obsoleto, el basal moderadamente conspicuo y torcido. Inflorescencias estaminadas espigadas; ejes (incluye el pedúnculo) 5.1-9.7 cm, glabros; pedicelos ausentes. Flores estaminadas con los sépalos cortamente unidos en la base, los externos 2.7-4.1 × 2.2-2.6 mm, elípticos, los internos 2.9-4 × 1.8-2.7 mm, elípticos, ovados a obovados, ambos verticilos glabros en ambas superficies, conspicuamente papilosos en la mitad distal y en los márgenes, modernamente carnosos; pétalos 6, 0.7-1.5 × 1.1-1.7 mm, obovado-truncados, carnosos, glabros, adnados en la base a los sépalos; estambres 3, los filamentos 0.4-0.7 mm, teretes a escasamente claviformes, rectos, glabros, las anteras inmersas en el conectivo amplio, rectas o escasamente incurvadas. Inflorescencias pistiladas espigadas; eje (incluyendo el pedúnculo) 5.1-9.7 cm, glabro; brácteas angostamente ovadas, glabras, cilioladas en el ápice. Flores pistiladas con 6 sépalos, los externos 4.1-7.3 × 2.7-4.1 mm, angostamente ovados a elípticos, glabros en ambas superficies, papilosos, las papilas más conspicuas distalmente, los internos 4.3-6.5 × 2.2-4.8 mm, ovados a escasamente obovados, glabros a conspicuamente papilosos en los márgenes y distalmente en ambas superficies, moderadamente carnosos; pétalos 6, 1.5-2 × 1.1-1.8 mm, obovado-truncados, aparentemente subpeltados cuando jóvenes, glabros, carnosos; estaminodios ausentes. Frutos desconocidos. *Hábitat desconocido*. P (*Churchill et al. 4000*, MO). 200-800 m. (Endémica).

Las colecciones asignadas a *Disciphania* sp. *A* provienen de Panamá, provincias de Panamá, Coclé y Colón, y podrían corresponder a una especie no descrita. Los ejemplares presentan flores estaminadas y pistiladas; sin embargo, estas son muy jóvenes (en botones florales) o son muy fragmentarias; consecuentemente, no son comparables al momento. Todas estas colecciones están siendo asignadas provisionalmente a este taxón con base en la textura carnosa de las hojas y el retículo generalmente más conspicuo en el haz que en el envés.

5. Disciphania sp. **B**.

Trepadoras; ramitas glabras. Hojas c. 8.5 × 5.2 cm, subbasifijas, enteras, ovadas, membranáceas, 3-palmatinervias, las venas secundarias 4 pares, las vénulas no observadas en el haz, inmersas en el envés, glabras en ambas superficies, la base ligeramente cordada, los márgenes enteros, glabros, el ápice acuminado; pecíolo c. 6.8 cm, glabro, insertado cerca de la base de la lámina, obsoleto distalmente, escasamente pulvinado y torcido en la base. Inflorescencias y flores estaminadas y pistiladas desconocidas. Frutos aplanados (cuando secos), sésiles, glabros; endocarpo elipsoide, crustáceo, externamente 8-alado, las alas fibrosas, liso en la superficie interna, con invaginaciones que se corresponden con las alas externas; semillas no observadas. *Hábitat desconocido*. P (*Cuadros et al. 3844*, MO). 200-400 m. (Endémica).

El ejemplar citado presenta una sola hoja de textura membranácea y ligeramente cordada; los frutos no son comparables al momento.

8. Elissarrhena Miers

Anomospermum Miers sect. *Elissarrhena* (Miers) Barneby & Krukoff.

Por R. del C. Ortiz.

Bejucos leñosos; ramitas cortamente seríceo-pubérulas a glabrescentes. Hojas subbasifijas, enteras, ovadas, 5-palmatinervias o 5-plinervias, generalmente el par de venas externas tenues, las venas secundarias 2 a 4 pares, las venas terciarias irregularmente escalariformes, las vénulas inmersas en el haz, escasamente prominentes en el envés, glabras en el haz, glabras a escasa, adpresa y cortamente seríceo-pubérulas en el envés; pecíolo con el pulvínulo distal más conspicuo que el basal. Inflorescencias estaminadas supraaxilares, subcimoso-paniculadas, (tricótomo-corimbosas, generalmente seriadas, las subcimas solitarias o varias a lo largo del eje, cortamente adpreso-pubescentes. Flores estaminadas con el perianto crema; sépalos 6, en 2 ciclos, los externos más pequeños que los internos, los internos moderadamente carnosos; pétalos 6, libres, escasamente carnosos, involutos, encerrando completamente a los estambres; estambres 6, los filamentos libres, rectos, las anteras con dehiscencia longitudinal, pareciendo transversal, inmersas en el conectivo, erectas a conspicuamente incurvadas. Inflorescencias y flores pistiladas desconocidas. Frutos generalmente madurando 1 o 2, subelipsoides, amarillos cuando maduros, escasamente convexos abaxialmente, relativamente rectos adaxialmente, sésiles sobre un toro subgloboso, moderadamente velutinos a glabrescentes, escasamente lenticelados, el remanente del estilo subapical; endocarpo subelipsoide, leñoso, superficie externa e interna lisas, intrusión adaxial septiforme; semilla curvada en su parte proximal semejando una "J", con endospermo completamente ruminado, los cotiledones subteretes, escasamente carnosos, adpresos. 2 spp. en Mesoamérica, Colombia, Guyana, Ecuador, Bolivia, Perú, Brasil; 1 sp. en Mesoamérica.

Elissarrhena fue sinonimizado como una sección de *Anomospermum* por Barneby & Krukoff (1971) y ha sido recientemente restablecido por Lian et al. (2019).

Bibliografía: Diels, F.L.E. *Pflanzenr.* IV. 94(Heft 46): 188-189 (1910). Krukoff, B.A. & Moldenke, H.N. *Brittonia* 3: 1-74 (1938).

1. Elissarrhena longipes Miers, *Ann. Mag. Nat. Hist.* ser. 3, 13:124 (1864). Lectotipo (designado aquí): Brasil, *Spruce 1538* (K-[cb] K000485630, imagen en Internet!); isolectotipos: K-[cb] K000485631!, M-[cb] M0239781, P-[cb] P00744897. Ilustr.: Diels, *Pflanzenr.* IV. 94(Heft 46): 189, t. 68 (1910), como *E. grandifolia*.

Abuta macrocarpa Moldenke, *Anomospermum grandifolium* Eichler, *A. ulei* Diels, *Elissarrhena grandifolia* (Eichler) Diels.

Ramitas escasa y cortamente seríceo-pubérulas. Hojas c. 22.5 × 12.7 cm, ovadas, cartáceas, las venas secundarias 2 o 3 pares, glabras en ambas superficies, la base obtusa, los márgenes enteros, el ápice acuminado; pecíolo 6.5-11.2 cm, glabro, el pulvínulo distal más conspicuo que el basal. Inflorescencias y flores estaminadas desconocidas en Mesoamérica, pero de Sudamérica descritas como inflorescencias subcimoso-paniculadas; flores con sépalos 6, los externos ovados, los internos elípticos a ampliamente elípticos, densamente tomentosos abaxialmente y en la mitad distal adaxialmente, glabros hacia la base adaxialmente; pétalos 6, escasamente carnosos, sin formar un seudodisco, obovados, glabros, abrazando a los filamentos; estambres 6, los filamentos libres, glabros, las anteras con dehiscencia longitudinal, inmersas en el conectivo e incurvadas formando un ángulo recto con el filamento, de modo que la dehiscencia parece transversal. Inflorescencias y flores pistiladas desconocidas. Frutos desconocidos en Mesoamérica, pero de Sudamérica descritos como subelipsoides, moderada a densamente velutinos, moderadamente lenticelados; endocarpo c. 3.2 × 2.6 cm, subelipsoide, leñoso, liso a escasamente reticulado por venas impresas en la superficie externa, el retículo escasamente prominente en la superficie interna. *Selvas altas perennifolias*. P (*Garwood 1119*, MO). 0-100 m. (Mesoamérica, Colombia, Guyana, Ecuador, Perú, Bolivia, Brasil).

Krukoff & Barneby (1970: 33, como *Anomospermum grandifolium*) reportaron una distribución esperada en Venezuela; sin embargo, aún no hay colecciones de la especie que confirmen su presencia en ese país.

9. Hyperbaena Miers ex Benth., nom. & typ. cons.

Por R. del C. Ortiz.

Árboles, arbustos o bejucos; ramitas glabras o variadamente pubescentes. Hojas subbasifijas, enteras, ovadas, angostamente ovadas, ovado-lanceoladas, obovadas, oblongas a oblongo-lanceoladas, menos frecuentemente obovado-trilobadas a obovado-triangulares, cartáceas, subcoriáceas a coriáceas, escasamente discoloras, algo pálidas en el envés, 3-5-palmatinervias, 3-5-plinervias o pinnatinervias, las venas secundarias conspicuas o tenues, las venas terciarias tenues, irregularmente escalariformes, las vénulas inmersas, escasas a conspicuamente prominentes o inmersas en ambas superficies, glabras, cortamente adpreso-pubescentes, piloso-tomentulosas sobre las venas en ambas superficies, indumento algo más denso en el envés, los márgenes enteros, escasamente ondulados o dentados (fuera de Mesoamérica), el ápice agudo, acuminado-mucronado, acuminado-redondeado, menos frecuentemente retuso o redondeado, mucronado; pecíolo con el pulvínulo distal generalmente más conspicuo que el basal. Inflorescencias estaminadas axilares a supraaxilares, solitarias o varias, espigadas, racemiformes, ampliamente paniculadas o angostamente paniculiformes, glabras a variadamente pubescentes. Flores estaminadas con perianto verde a verde-amarillento; sépalos 6(7), en 2 ciclos, iguales o desiguales, membranáceos, glabros a escasamente pubescentes, pétalos (4-)6, libres, angosta a ampliamente obovados, membranáceos, glabros, involutos o no; estambres (3)6, libres, menos frecuentemente connados, en ocasiones exertos pasada la antesis, los filamentos generalmente libres, con menos frecuencia variadamente connados, rectos o escasamente curvados distalmente, las anteras con dehiscencia longitudinal, rectas o incurvadas, a veces inmersas en el conectivo, este angosto y escasamente distinguible. Inflorescencias pistiladas axilares o supraaxilares, solitarias o varias, racemosas, variadamente pubescentes. Flores pistiladas con perianto verdoso; sépalos (4-)6, obovados, glabros o escasamente pubescentes; pétalos 6, obovados a espatuliformes; estaminodios ausentes; carpelos 3(4), glabros; estilo corto; estigma lingüiforme. Frutos generalmente madurando 1 o 2, subglobosos a obovoides, anaranjados, rojos, amarillos a negros, cuando maduros, sésiles sobre un toro subgloboso, el remanente del estilo basal; endocarpo obovoide a subgloboso, leñoso a crustáceo, escasa y bilateralmente comprimido, variadamente acostillado, reticulado-tuberculado o reticulado por venas impresas en la superficie externa, las costillas moderada a conspicuamente prominentes, generalmente liso en la superficie interna, intrusión adaxial septiforme o clavada; semilla sin endospermo, hipocrepiforme o anular, los cotiledones abundantemente carnosos, adpresos. 22 spp., desde México (Colima, Guerrero, Jalisco, Michoacán, Oaxaca, Veracruz), Mesoamérica, hasta Brasil, Paraguay, Argentina, Antillas; 11 spp. en Mesoamérica, 3 de ellas aún por describir.

Bibliografía: Mathias, M.E. & Theobald, W.L. *Brittonia* 33: 81-104 (1981).

1. Hojas generalmente obovado-oblanceoladas, obovado-trilobadas a obovado-trianguladas distalmente, la venación secundaria tenue. **8. H. winzerlingii**
1. Hojas variadas en forma, menos frecuentemente obovadas, la venación secundaria moderadamente prominente.
 2. Bejucos. **5. H. smilacina**
 2. Arbustos o árboles.
  3. Hojas conspicuamente plinervias.
   4. Endocarpos subglobosos, las costillas prominentes, casi alados; hojas con las vénulas conspicuamente prominentes en ambas superficies. **6. H. standleyi**
   4. Endocarpos obovoides o si subglobosos, entonces las costillas poco prominentes (desconocidos en *Hyperbaena allenii*); hojas con las vénulas poco prominentes en ambas superficies.
    5. Endocarpos 5-7-acostillados en la superficie externa; hojas generalmente oblongas, elípticas a escasamente obovadas, menos frecuentemente ovadas; flores estaminadas pediceladas. **4. H. mexicana**
    5. Endocarpos irregularmente reticulado-tuberculados en la superficie externa; hojas en general conspicuamente ovadas; flores estaminadas sésiles. **7. H. tonduzii**
  3. Hojas pinnatinervias.
   6. Flores estaminadas con los estambres conspicuamente exertos pasada la antesis. **1. H. allenii**
   6. Flores estaminadas con los estambres no exertos pasada la antesis.
    7. Flores estaminadas con 3-6 estambres, los filamentos variadamente connados, raramente libres cuando 3. **3. H. leptobotryosa**
    7. Flores estaminadas con 5 o 6 estambres, los filamentos libres.
     8. Frutos obovoides. **9. H. sp. A**
     8. Frutos subglobosos.
      9. Hojas con el ápice generalmente acuminado-mucronado; pecíolo 1.3-3.3 cm. **10. H. sp. B**
      9. Hojas con el ápice acuminado-redondeado; pecíolo 0.6-1.8 cm.
       10. Inflorescencias estaminadas ampliamente paniculadas, laxas; flores estaminadas con pedicelos 2.2-5 mm. **2. H. eladioana**
       10. Inflorescencias estaminadas angostamente paniculiformes, congestas; flores estaminadas con los pedicelos ausentes o hasta 0.4 mm. **11. H. sp. C**

1. Hyperbaena allenii Standl., *Ann. Missouri Bot. Gard.* 27: 310 (1940). Isotipo: Panamá, *Allen 1656* (MO!). Ilustr.: Rhodes, *Ann. Missouri Bot. Gard.* 49: 166, t. 150 (1962 [1963]).

Árboles hasta 15 m; ramitas densamente velloso-tomentosas. Hojas 16-22.5 × 4.6-6.5 cm, enteras, oblongas a elípticas, cartáceas a subcoriáceas, verde-grisáceas en el haz, más pálidas en el envés, pinnatinervias, las venas secundarias 12 o 13 pares, las vénulas conspicuamente prominentes en ambas superficies; dispersamente piloso-tomentulosas en las venas a glabras en el haz, densa a moderadamente piloso-tomentulosas en el envés, la base aguda, obtusa a redondeada, los márgenes enteros, el ápice agudo a acuminado-redondeado; pecíolo 1.6-2.8 cm, densa a moderadamente velloso-tomentoso, fuertemente pulvinado distalmente. Inflorescencias estaminadas paniculiformes (las flores dispuestas en címulas cortas a lo largo del eje), axilares a supraaxilares, solitarias o varias; eje 1.3-2.5 cm, moderadamente robusto, velloso-tomentuloso, brácteas angostamente ovadas; pedicelos 0.1-0.6 mm, vellosos; bractéolas angostamente ovadas, moderadamente hispídulas. Flores estaminadas con 6 sépalos, los externos 0.7-0.9 × 0.3-0.5 mm, angostamente obovados a espatulados, escasamente setulosos abaxialmente, glabros adaxialmente, tenuemente papilosos en ambas superficies, los internos 1.3-1.5 × 0.6-0.7 mm, obovados a espatulados, escasamente setulosos abaxialmente, glabros adaxialmente, tenuemente papilosos en ambas superficies; pétalos 6, 0.6-0.7 × 0.25-0.3 mm, obovados, glabros en ambas superficies, tenuemente papilosos, los márgenes escasamente inflexos, encerrando a los filamentos conspicuamente exertos pasada la antesis; estambres 6, los filamentos 07-1.4 mm, libres, teretes, rectos, glabros, tenuemente papilosos, las anteras glabras. Inflorescencias y flores pistiladas desconocidas. Frutos 1.7-2 × 1.4-1.6 cm, globosos, glabros, algo bilateralmente comprimidos. *Bosques montanos*. P (*Allen 2465*, MO). 600-1000 m. (Endémica).

Hyperbaena allenii se conoce solo de la localidad tipo. Las inflorescencias pistiladas fueron descritas por Mathias & Theobald (1981: 85), donde los autores citan 2 colecciones adicionales, además del ejemplar tipo. Esas mismas colecciones estuvieron disponibles en este estudio, una con flores estaminadas y la otra descrita con frutos maduros, estos últimos ausentes en el ejemplar, las medidas de los frutos son de acuerdo a Mathias & Theobald (1981: 85).

2. Hyperbaena eladioana Q. Jiménez, *Brenesia* 35: 113 (1991). Isotipo: Costa Rica, *Jiménez et al. 926* (MO!). Ilustr.: Jiménez Madrigal, *Brenesia* 35: 116, t. 1 (1991).

Arbustos o árboles hasta de 10 m; ramitas moderada y cortamente pubescentes. Hojas 7.4-15.1 × 1.1-3.3 cm, enteras, linear-lanceoladas, elípticas u ovado-lanceoladas, cartáceas, verdes a verde oliva en el haz, más claras en el envés, pinnatinervias, las venas secundarias 8-19 pares, moderadamente prominentes en ambas superficies, las vénulas moderadamente prominentes en ambas superficies, glabras a escasa y cortamente adpreso-pubescentes en la vena media en el haz y en las venas en el envés, la base aguda, cuneada, obtusa a redondeada, los márgenes enteros, escasa a moderadamente ondulados, el ápice acuminado-redondeado; pecíolo 0.6-1.2 cm, moderadamente estriguloso, moderadamente pulvinado distalmente. Inflorescencias estaminadas ampliamente paniculadas, laxas, axilares, solitarias o en pares; eje 12.8-14 cm, filiforme, moderadamente estriguloso a pilósulo; brácteas obovadas a lanceoladas, escasamente pilósulas; pedicelos 2.2-5 mm, pilósulos. Flores estaminadas con los sépalos externos 1.9-2 × 1-1.1 mm, angostamente obovados, dispersamente piloso-setulosos abaxialmente, glabros adaxialmente, dispersamente ciliolados en los márgenes, papilosos, los internos 2-2.2 × 1.2-1.4 mm, ampliamente obovados, glabros en ambas superficies, papilosos; pétalos 6, 1-1.3 × 0.6-0.8 mm, angosto a ampliamente obovados, glabros en ambas superficies, papilosos, los márgenes inflexos encerrando a los filamentos, estos no exertos pasada la antesis; estambres 6, los filamentos 0.7-0.8 mm, libres, teretes, rectos, glabros, papilosos, las anteras glabras. Inflorescencias y flores pistiladas desconocidas. Frutos 1.3-1.5 × 1.5-1.9 cm, subglobosos, escasa y bilateralmente comprimidos, sésiles; endocarpo subgloboso, crustáceo, 5-7-acostillado en la superficie externa, las costillas moderadamente pronunciadas, liso en la superficie interna, excepto tenuemente sulcado, correspondiendo con las costillas externas; semilla curvada, los cotiledones fuertemente carnosos, adpresos. *Bosques pluviales premontanos, bosques pluviales montanos bajos*. CR (*Jiménez et al. 926*, CR). 1100-1684 m. (Endémica).

Una de las características de la familia Menispermaceae es la presencia de dioecia, i.e., flores estaminadas y pistiladas en diferentes individuos, aunque se ha observado esporádicamente la presencia de ambas condiciones en una misma rama (ver nota en *Disciphania spadicea*), en trepadoras herbáceas. *Hyperbaena eladioana* fue descrita como arbolito y, tanto el holotipo como los isotipos, presentan ramas con frutos y flores estaminadas, sin conexión entre ellas, de modo que, al momento, es incierto si ambos sexos se encuentran en la misma planta.

Hyperbaena eladioana se caracteriza por presentar las hojas angostas ya sea linear-lanceoladas, elípticas u ovado-lanceoladas, en combinación con las inflorescencias estaminadas en panículas amplias, laxas, los pedicelos conspicuos, las flores estaminadas con los filamentos libres y los endocarpos 5-7-acostillados en la superficie externa. Se puede confundir con *H. leptobotryosa*, la cual se diferencia por las inflorescencias estaminadas angostamente paniculadas, las flores con pedicelos cortos hasta casi sésiles, las hojas generalmente más amplias y los endocarpos 7-acostillados en la superficie externa, y las costillas moderadamente pronunciadas. Puede también confundirse con *H.* sp. *C*, con la que comparte las flores estaminadas con los 6 estambres libres y las hojas angostas, diferenciándose por las inflorescencias estaminadas ampliamente paniculadas, laxas (vs. angostamente paniculiformes, congestas), las flores conspicuamente pediceladas (vs. sésiles a subsésiles) y el endocarpo 5-7-acostillado en la superficie externa (vs. 9-11-acostillado).

3. Hyperbaena leptobotryosa (Donn. Sm.) Standl., *Publ. Field Mus. Nat. Hist., Bot. Ser.* 18: 618 (1937). *Phyllanthus leptobotryosus* Donn. Sm., *Bot. Gaz.* 54: 241 (1912). Lectotipo (designado por Mathias & Theobald, 1981): Costa Rica, *Tonduz 9937* (F!). Ilustr.: Jiménez Madrigal, *Monogr. Syst. Bot. Missouri Bot. Gard.* 111: 625 (2007a).

Hyperbaena isophylla Standl.

Arbustos o árboles pequeños de hasta 8 m; ramitas escasa y cortamente adpreso-pubescentes a glabrescentes. Hojas 9-20.9 × 2.5-9.4 cm, enteras, ampliamente elípticas, elíptico-oblongas a escasamente obovadas, menos frecuentemente elíptico-lanceoladas, cartáceas a subcoriáceas, verde-grisáceas a marrón claro en el haz, más claras en el envés, pinnatinervias, las venas secundarias 5-12 pares, moderadamente prominentes, las vénulas moderadamente prominentes en ambas superficies, glabras en ambas superficies a escasamente pubérulas o tomentosas en el envés, la base aguda, cuneada a obtusa, los márgenes enteros, escasamente ondulados, el ápice acuminado, mucronado, menos frecuentemente acuminado-redondeado; pecíolo 0.9-2.5 cm, glabro a escasamente tomentuloso, el pulvínulo distal conspicuo, el basal corto u obsoleto. Inflorescencias estaminadas angostamente paniculadas, generalmente seriadas o agrupadas; eje 1.8-10 cm, filiforme, moderadamente tomentuloso; brácteas ovadas, pilósulas; pedicelos 0.1-0.7 mm, tomentosos. Flores estaminadas con los sépalos externos 0.9-1.4 × 0.4-0.8 mm, angostamente obovados a espatulados, los internos 0.9-1.5 × 0.6-1 mm, obovados a espatulados, ambos verticilos escasamente setulosos abaxialmente, glabros adaxialmente, tenuemente papilosos en ambas superficies; pétalos (4-)6, 0.4-0.8 × 0.3-0.5 mm, obovado-rómbicos a espatuliformes, glabros en ambas superficies, papilosos, los márgenes inflexos o no; estambres 3-6, los filamentos variadamente connados, raramente libres cuando 3, estos no exertos pasada la antesis, el sinandro/filamentos 0.2-0.6 mm, glabros, tenuemente papilosos, las anteras glabras. Inflorescencias pistiladas racemosas, solitarias o en pares, pilósulas; eje 0.3-0.7 cm, filiforme; pedicelos 1.5-2.8 mm, moderadamente tomentulosos. Flores pistiladas con 6 sépalos, los externos 0.9-1.2 × 0.5-0.7 mm, angostamente obovados, dispersamente tomentulosos abaxialmente, glabros adaxialmente, los internos 1.3-1.6 × 0.7-1.1 mm, obovados, glabros, papilosos, ambos verticilos membranáceos; pétalos 5 o 6, 0.9-1.1 × 0.6-0.7 mm, obovados, membranáceos, glabros en ambas superficies, escasamente papilosos; carpelos 3(4), gibosos, glabros. Frutos 1.4-2.2 × 1.5-2.4 cm, subglobosos, ligera y bilateralmente comprimidos, sésiles, el remanente del estilo cerca a la base; endocarpo subgloboso, leñoso, 5-7-acostillado en la superficie externa, las costillas moderadamente prominentes, liso en la superficie interna; semilla curvada, los cotiledones fuertemente carnosos, adpresos. *Bosques húmedos tropicales, bosques primarios*. G (Mathias & Theobald, 1981: 96); ES (Mathias & Theobald, 1981: 96); CR (*Ham-*

mel & Robles 16749, MO); P (*Herrera 766*, MEXU). 0-650(-1300) m. (Endémica).

No se pudieron estudiar los ejemplares de Guatemala y El Salvador citados por Mathias & Theobald (1981). La distribución en Nicaragua es incierta, pero fue indicada como esperada en Ortiz (2001).

Hyperbaena leptobotryosa se caracteriza por presentar las flores estaminadas con 3-6 estambres variadamente connados, raramente libres cuando 3. La especie ha sido colectada con relativa frecuencia en Mesoamérica, en la península de Osa, provincia de Puntarenas, localidad de la colección tipo. Los ejemplares provenientes de Alajuela y Limón están siendo asignados provisionalmente a *Hyperbaena* sp. *B* e *H.* sp. *C*, respectivamente. *Hyperbaena* sp. *B* se diferencia de *H. leptobotryosa* por presentar las hojas más grandes, las venas prominentes, especialmente en el envés, el pulvínulo distal conspicuo y las flores estaminadas con los filamentos siempre libres. *Hyperbaena* sp. *C* difiere de *H. leptobotryosa* por las hojas generalmente más pequeñas con el ápice acuminado-redondeado, las inflorescencias estaminadas angostamente paniculiformes y las flores estaminadas con los filamentos libres.

4. Hyperbaena mexicana Miers, *Contr. Bot.* 3: 298 (1871). Holotipo: México, Oaxaca, *Jürgensen 91* (K-[cb] K000485747, imagen en Internet!). Ilustr.: no se encontró. N.v.: Chilillo, T; pie de pava, Ch; bailador, cicarillo, Ma'ax' luch (Itzá Maya), G; jocomiso montés, H; árbol de iguano, huevo de iguana, huevo del diablo silvestre, iguana de altura, totoposte, ES.

Hyperbaena guatemalensis Standl., *H. nectandrifolia* Standl., *H. phanerophlebia* Standl.

Arbustos o árboles hasta 15-18 m; ramitas glabras a moderada y cortamente pubescentes. Hojas 7.8-21.7 × 2.1-8.6 cm, enteras, oblongas, elípticas, ovado-lanceoladas a escasamente obovadas, menos frecuentemente ovadas, subcoriáceas a coriáceas, menos frecuentemente cartáceas, verdosas a verde-grisáceas en el haz, escasamente más claras en el envés, 3(5)-plinervias, las venas secundarias 4-13 pares, moderadamente prominentes, las vénulas poco prominentes en ambas superficies, glabras a escasamente pubescentes en ambas superficies, la base obtusa, aguda a cuneada, menos frecuentemente redondeada, los márgenes enteros, escasamente ondulados, el ápice agudo, acuminado, acuminado-redondeado, menos frecuentemente retuso o redondeado, mucronado; pecíolo 1-3.9 cm, glabro a moderadamente tomentoso, el pulvínulo distal conspicuo, el basal obsoleto. Inflorescencias estaminadas paniculadas, contraídas o laxas, axilares, varias; eje 2.4-5.5 cm, filiforme, dispersa a densamente pilósulo-tomentuloso; brácteas ovado-lanceoladas, pilósulas; pedicelos 0.1-5.6 mm. Flores estaminadas con sépalos 6(-9), los externos 0.9-1.9 × 0.5-1.2 mm, ovados, obovados a oblongos, los márgenes irregularmente ondulados, los internos 1.2-2 × 0.9-1.5 mm, elípticos a obovados, oblongos a espatuliformes, ambos verticilos glabros a escasamente pilósulos abaxialmente, glabros adaxialmente, tenuemente papilosos; pétalos 5 o 6, 0.6-0.8 × 0.4-0.6 mm, obovados, oblongos a rómbicos, glabros en ambas superficies, tenuemente papilosos, los márgenes escasamente inflexos, a veces encerrando a los filamentos, estos no exertos pasada la antesis; estambres (5)6, los filamentos 0.4-0.7 mm, libres, teretes, rectos, glabros, tenuemente papilosos, las anteras glabras. Inflorescencias pistiladas racemosas; ejes c. 0.6 cm, filiformes, pilósulos; pedicelos 1.2-1.8 mm, pilósulos. Flores pistiladas con sépalos (5)6, los externos c. 1.2 × 0.9 mm, ovados a elípticos, los internos 1.2-1.3 × 0.9-1 mm, elípticos a escasamente obovados, ambos verticilos escasamente pilósulos abaxialmente, glabros adaxialmente, tenuemente papilosos, membranáceos; pétalos 6, 0.7 × 0.4-0.5 mm, obovados, membranáceos, glabros, tenuemente papilosos; carpelos gibosos, glabros. Frutos 1.7-2.6 × 1.5-2.4 cm, generalmente obovoides a escasamente subglobosos, ligera y bilateralmente comprimidos, sésiles sobre un toro subgloboso; endocarpo obovoide a escasamente subgloboso, leñoso, externamente 5-9-acostillado, las costillas moderadamente pronunciadas, liso en la superficie interna; semilla curvada, cotiledones fuertemente carnosos, adpresos. *Bosques húmedos tropicales, selvas altas perennifolias, bosques deciduos tropicales, selvas medianas.* T (*Matuda 3380*, MO); Ch (*Martínez S. et al. 35855*, MO); Y (*Angulo et al. 71*, MO); QR (*Schultz & Palestina 1048*, MO); B (*Schipp 1305A*, MO); G (*Zomer 274*, MO); H (*Nelson et al. 6630*, MO); ES (*Lemus RC-00127*, MO). 76-2010 m. (México [Guerrero, Oaxaca, Veracruz], Mesoamérica).

Hyperbaena mexicana se caracteriza por presentar las hojas elípticas a oblongas, algunas veces obovadas, generalmente subcoriáceas a coriáceas, menos frecuentemente cartáceas, frecuentemente plinervias, la inflorescencia y las flores glabras a escasamente pilósulas. La especie presenta una gran variación morfológica, en general regionalmente localizadas y corresponden cercanamente a entidades anteriormente descritas como diferentes y actualmente incluidos como sinónimos de *H. mexicana*. La variación es conspicua con respecto al tamaño y en ocasiones la forma de las hojas, las inflorescencias estaminadas que varían desde muy laxas hasta compactas, los pedicelos que pueden estar casi ausentes hasta 5.6 mm. Estos grupos morfológicos podrían corresponder a entidades taxonómicas diferentes; sin embargo, debido a la carencia de material comparable a través de su distribución, para este tratamiento se acepta la especie ampliamente variable como fue delimitada por Mathias & Theobald (1981).

5. Hyperbaena smilacina Standl., *J. Washington Acad. Sci.* 15: 473 (1925). Holotipo: Costa Rica, *Valerio 15* (US!). Ilustr.: no se encontró.

Bejucos, extensión desconocida; ramitas glabras a escasamente pubescentes en las axilas de las hojas. Hojas 6.2-12.2 × 3.2-8.2 cm, enteras, ovadas a ampliamente ovadas, cartáceas, verde oliva oscuro a grisáceas en el haz, más claras en el envés, lustrosas en ambas superficies, 3(5)-palmatinervias, las venas secundarias 3-6 pares, moderadamente prominentes, las vénulas moderadamente prominentes en ambas superficies, glabras en ambas superficies, la base truncada, obtusa, redondeada a ligeramente cordada, los márgenes enteros, escasamente ondulados, el ápice acuminado-mucronado; pecíolo 2.3-4.7 cm, glabro, con el pulvínulo distal más conspicuo que el basal. Inflorescencias estaminadas angostamente paniculiformes, axilares, solitarias o varias; eje 1.7-6.2 cm, filiforme, escasamente pilósulo; brácteas lanceoladas, escasamente pilósulas; pedicelos 0.9-1.9 mm, glabros. Flores estaminadas con los sépalos externos 0.6-1.1 × 0.3-0.7 mm, oblongos a angostamente ovados, los márgenes enteros, los internos 1-1.9 × 0.7-1.1 mm, ovados, elípticos a escasamente obovados, ambos verticilos glabros en ambas superficies, tenuemente papilosos; pétalos 0.5-1.3 × 0.2-0.6 mm, obovados a elípticos, glabros en ambas superficies, tenuemente papilosos, los márgenes a veces inflexos y encerrando a los filamentos, estos no exertos pasada la antesis; estambres 6, los filamentos 0.2-0.6 mm, libres, teretes, rectos, glabros, papilosos, las anteras glabras. Inflorescencias y flores pistiladas desconocidas. Frutos inmaduros 1.4-1.6 × 1.8-2 cm, subglobosos, ligera y bilateralmente comprimidos, sésiles sobre un toro subgloboso; endocarpo subgloboso, leñoso, conspicuamente reticulado en la superficie externa, liso en la superficie interna; semilla curvada, los cotiledones fuertemente carnosos, adpresos. *Bosques de galería, bosques semihúmedos, transición a bosques secos.* N (*Moreno 19034*, MO); CR (*Hammel et al. 17766*, MO); P (*Hernández et al. 640*, MO). 400-1200 m. (Mesoamérica, Colombia).

6. Hyperbaena standleyi Mathias & W.L. Theob., *Brittonia* 33: 100 (1981). Holotipo: Honduras, *Standley 53154* (A-[cb] A00038896, imagen en Internet!). Ilustr.: no se encontró.

Arbustos o árboles hasta 10 m; ramitas dispersa y cortamente adpreso-pubescentes a glabras. Hojas 8.8-25 × 3.3-6.9 cm, enteras, angosta a ampliamente elípticas, angostamente ovadas a escasamente obovadas, cartáceas a subcoriáceas, verde oliva claro a grisáceas en el haz, más claras en el envés, generalmente lustrosas en ambas superficies, conspicuamente plinervias, las venas secundarias 5-12, moderadamente prominentes, las vénulas conspicuamente prominentes en ambas superficies; generalmente glabras en ambas superficies, menos frecuentemente dispersa y cortamente adpreso-pubescentes en las venas en el envés, la base aguda, cuneada a obtusa, los márgenes enteros, escasamente ondulados, el ápice acuminado-redondeado; pecíolo 1.1-2.4 cm, dispersamente pubescente a glabrescente, fuertemente pulvinado distalmente, sin lenticelas. Inflorescencias y flores estaminadas desconocidas. Inflorescencias y flores pistiladas desconocidas. Frutos 2-2.6 × 2.1-2.7 cm, subglobosos, ligera y bilateralmente comprimidos, sésiles sobre un toro subgloboso; endocarpo subgloboso, leñoso, generalmente 5-acostillado en la superficie externa, las costillas fuertemente pronunciadas, casi alado, internamente con surcos correspondiendo con las costillas externas; semilla curvada, los cotiledones fuertemente carnosos, adpresos. *Bosques húmedos montano bajos*. Ch (*Breedlove & Smith 21651*, MO); H (*Hazlett et al. 8034*, MO). 20-600(-1000) m. (México [Guerrero, Oaxaca, Veracruz], Mesoamérica).

Hyperbaena standleyi, una especie conocida solo en fruto, se caracteriza por el endocarpo con las costillas prominentes, casi aladas, en combinación con las vénulas prominentes en ambas superficies de la hoja. Los ejemplares provenientes de Chiapas (*Breedlove & Smith 21651*, MO) y de Oaxaca (*Hernández 1226*, MO) presentan las hojas más pequeñas que las observadas en los ejemplares de la localidad tipo. Sin embargo, la colección de *Breedlove & Smith* presenta los endocarpos 5-acostillados, las costillas prominentes, casi alados, similar a lo observado en el ejemplar tipo, de manera que ambos ejemplares son tratados como *H. standleyi*.

7. **Hyperbaena tonduzii** Diels in Engl., *Pflanzenr.* IV. 94(Heft 46): 203 (1910). Sintipo: Costa Rica, *Tonduz 13793* (F!). Ilustr.: no se encontró. N.v.: Cuero del diablo, H; mamón silvestre, falso mamón, jocote del diablo, mano de león, salitre, ES; papatura, CR; chaparrón, huevo del diablo, naranjo de monte, mala sombra, cornuta.

Hyperbaena salvadorensis Steyerm.

Arbustos o árboles hasta 12 m; ramitas adpreso-pubescentes a cortamente patente-pubescentes, tomentulosas a glabrescentes. Hojas 7.9-18 × 5.1-9.3 cm, enteras, en general conspicuamente ovadas, menos frecuentemente elípticas a oblongas, subcoriáceas a coriáceas, menos frecuentemente cartáceas, generalmente verde-grisáceas a verde-amarillentas en el haz, más claras en el envés, 3-plinervias, las venas secundarias 3-10, las vénulas generalmente prominentes en el haz, moderadamente inmersas en el envés, glabras en el haz, glabras a escasamente tomentulosas en el envés, la base obtusa a redondeada, menos frecuentemente aguda o truncada, los márgenes enteros, menudamente ondulados, el ápice obtuso, escasamente retuso, redondeado, menos frecuentemente agudo o acuminado; pecíolo 2.4-6.8 cm, pubescente a glabrescente, escasamente pulvinado en ambos extremos. Inflorescencias estaminadas angostamente tirsoides a subespiciformes, axilares o supraaxilares; eje 2.2-7.5 cm, densamente setuloso; brácteas angostamente oblongas, densamente pilósulas; pedicelos ausentes, las flores sésiles, agrupadas en ejes de segundo orden, cortos o estos ausentes. Flores estaminadas con sépalos 6(7), los externos 0.8-1.8 × 0.4-0.9 mm, ovados, elípticos, oblongos a obovados, escasamente pubescentes abaxialmente, glabros adaxialmente, los internos 1.3-2.2 × 0.7-1.5 mm, elípticos a obovados, glabros a escasamente pubescentes abaxialmente, glabros adaxialmente, tenuemente papilosos, ambos verticilos con los márgenes irregularmente ondulados; pétalos 6, en 2 verticilos similares, 0.6-1 × 0.4-0.6 mm, obovados, menos frecuentemente flabeliformes, membranáceos, los bordes laterales inflexos, abrazando los filamentos, estos no exertos pasada la antesis; estambres 6, los filamentos 0.5-0.8 mm, libres, teretes, rectos, glabros, papilosos, las anteras glabras, papilosas. Inflorescencias pistiladas subracemosas a racemosas, axilares, en pares o varias; eje 2.3-6.5 cm, densamente pubescente; pedicelos 1.1-1.5 mm. Flores pistiladas con 6 sépalos, los externos 0.9-1.1 × 0.7-0.9 mm, ovados, los internos c. 1.9 × 1.4-1.6 mm, ambos verticilos moderadamente pubescentes abaxialmente, glabros adaxialmente; pétalos 6, 0.9-1 × 0.5-0.6 mm, oblongos a escasamente obovados, glabros en ambas superficies; estaminodios ausentes; carpelos 3(4), glabros. Frutos 2.4-3.4 × 1.8-2.2 cm, obovoides, en ocasiones escasamente gibosos en la base por debajo de la inserción con el pedúnculo, escasa y bilateralmente comprimidos, sésiles sobre un toro subgloboso; endocarpo obovoide, escasa y bilateralmente comprimido, leñoso, irregularmente reticulado-tuberculado en la superficie externa, liso en la superficie interna; semilla curvada, los cotiledones fuertemente carnosos, adpresos. *Selvas bajas caducifolias, bosques secos*. H (*Standley 20734*, NY); ES (*Linares 4669*, MEXU); N (*Moreno 25164*, MO); CR (*Burger & Liesner 6704*, MO); P (*McPherson 9253*, MO). 0-1100 m. (Endémica).

Hyperbaena tonduzii se caracteriza por la siguiente combinación de caracteres: hojas generalmente plinervias, las vénulas moderadamente prominentes en el haz, inmersas en el envés y el endocarpo obovoide con la superficie externa irregular y tenuemente reticulado-tuberculada.

8. **Hyperbaena winzerlingii** Standl., *Trop. Woods* 9: 10 (1927). Holotipo: Belice, *Winzerling V-12* (US!). Ilustr.: no se encontró. N.v.: Naranjillo, tripa de cochino, xchoch-guitan, C; u najil tikin xiw, QR; knock me back, tcansic, B.

Arbustos o árboles hasta 20 m; ramitas hispídulo-tomentulosas a glabrescentes. Hojas 5-14 × 2.3-5.5 cm, generalmente obovadas, oblanceoladas, obovado-trilobadas a obovado-trianguladas distalmente, coriáceas, verde-grisáceas a escasamente marrón en el haz, más claras en el envés, lustrosas en ambas superficies, pinnatinervias, rara vez plinervias, las venas secundarias tenues, escasamente visibles, las vénulas inmersas en ambas superficies, glabras en ambas superficies, la base aguda, cuneada a obtusa o redondeada, los márgenes enteros, el ápice agudo, agudo-mucronado, acuminado o retuso; pecíolo 0.5-2 cm, tomentuloso a glabrescente, escasamente pulvinado en ambos extremos. Inflorescencias estaminadas angostamente paniculiformes, axilares o caulógenas, solitarias o agrupadas; eje 1.2-5.5 cm, tomentuloso; brácteas angostamente oblongas, setulosas; pedicelos 0.7-2.5 mm, escasamente tomentosos. Flores estaminadas con (5)6 sépalos, los externos 1.3-1.9 × 0.8-1.2 mm, obovados, escasamente tomentulosos abaxialmente, glabros adaxialmente, los márgenes irregularmente ondulados, los internos 1.7-2 × 1-1.8 mm, obovados, ambos verticilos escasamente pilósulos abaxialmente, glabros adaxialmente, tenuemente papilosos, los márgenes irregularmente ondulados; pétalos 0.7-1 × 0.5-0.9 mm, obovados, membranáceos, glabros en ambas superficies, tenuemente papilosos, los márgenes laterales escasamente inflexos o no; estambres (5)6, estos no exertos pasada la antesis, los filamentos 0.3-0.6 mm, libres, frecuentemente claviformes, rectos, glabros, tenuemente papilosos, las anteras glabras, tenuemente papilosas. Inflorescencias pistiladas racemosas, axilares o caulógenas, solitarias o agrupadas; eje, 1-2.7 cm, tomentuloso; pedicelos 1-2.3 mm, tomentulosos. Flores pistiladas con (4-)6 sépalos, los externos 1.2-1.9 × 0.7-1.1 mm, obovados, los internos 1.7-2 × 1.2-1.6 mm, ambos verticilos escasamente pilósulos abaxialmente, glabros adaxialmente; pétalos 6, 0.7-1 × 0.5-0.7 mm, obovados, glabros, tenuemente papilosos; estaminodios ausentes; carpelos 3, glabros. Frutos 1.9-2.3 × 1.5-1.8 cm, obovoides o escasamente subglobosos, ligera y bilateralmente comprimidos, sésiles sobre un toro subgloboso; endocarpo obovoide a escasamente subgloboso, leñoso, reticulado por las venas impresas en la superficie externa, liso en la superficie interna; semilla curvada, los cotiledones fuertemente carnosos, adpresos. *Selvas bajas caducifolias, selvas bajas subcaducifolias, selvas medianas alteradas, dunas costeras*. Y (*Darwin 2352*, MO); C (*Martínez S. et al. 28322A*, MO); QR (*Carnevali et al. 4972*, MO); B (*Gentle 939*, MO); G (Mathias & Theobald, 1981: 103); H (*Molina R. 22072*, F). 0-500 m. (Endémica).

Hyperbaena winzerlingii se distingue por sus hojas ovadas, oblanceoladas, en ocasiones con el ápice trilobado a triangular; la venación secundaria apenas es visible y las vénulas están inmersas en ambas superficies.

9. Hyperbaena sp. **A**.

Arbustos o árboles hasta 15 m; ramitas dispersamente tomentulosas a glabrescentes. Hojas 18-27 × 4.7-8.5 cm, elípticas a oblongas, subcoriáceas a coriáceas, menos frecuentemente cartáceas, verdes a verde-grisáceas en el haz, más claras en el envés, pinnatinervias, menos frecuentemente plinervias, las venas secundarias 10-12 pares, moderadamente prominentes, las vénulas generalmente inmersas en ambas superficies, con menos frecuencia moderadamente prominentes en el haz, glabras en el haz, glabras a escasamente tomentulosas sobre las venas en el envés, la base aguda a obtusa, los márgenes enteros, el ápice acuminado-mucronado; pecíolo 0.9-4.6 cm, dispersamente pubescente a glabrescente, conspicuamente pulvinado distalmente, obsoletos en la base. Inflorescencias estaminadas en panículas laxas, axilares o en tallos viejos; eje 3.2-3.7 cm, moderadamente pilósulo; pedicelos 0.2-3 mm, pilósulos. Flores estaminadas con 6 sépalos, los externos 1.2-1.4 × 0.9-1 mm, elípticos a escasamente obovados, los internos c. 1.4 × 1.3-1.4 mm, elípticos a ampliamente obovados, ambos verticilos escasamente pilósulos abaxialmente, glabros adaxialmente, escasamente papilosos, con los márgenes irregularmente ondulados; pétalos 6, ambos verticilos similares, 0.6-0.8 × 0.5-0.7 mm, obovados a obovado-trapezoides, escasamente carnosos, la mitad basal inflexa, a veces abrazando al filamento opuesto; estambres 6, estos no exertos pasada la antesis, los filamentos 0.3-0.5 mm, libres, teretes, rectos, glabros, las anteras glabras. Inflorescencias y flores pistiladas desconocidas. Frutos inmaduros 2-2.3 × 1.7-1.9 cm, obovoides, escasa y bilateralmente comprimidos, sésiles; endocarpo, con la misma forma de los frutos, leñoso, 7-acostillado en la superficie externa, reticulado entre las costillas, escasamente ruguloso en la superficie interna; semilla curvada, los cotiledones fuertemente carnosos, adpresos. *Cafetales, selvas altas perennifolias, bosques montanos bajos*. T (*Hanan-Alipi 395*, MEXU); Ch (*Breedlove & Almeda 48305*, CAS); G (*Stevens et al. 25378*, MEXU). 50-550 m. (Endémica).

Hyperbaena sp. *A* se conoce solo de pocas colecciones de Tabasco y Chiapas, y un par de Guatemala. Se caracteriza por sus hojas elípticas a oblongas y subcoriáceas a coriáceas, menos frecuentemente cartáceas. Es afín a *H. allenii*, de la cual se diferencia por los estambres no exertos.

10. Hyperbaena sp. **B**.

Arbustos o árboles hasta 7 m; ramitas dispersamente pubérulo-tomentulosas a glabrescentes. Hojas 9.3-28 × 4-11.3 cm, elípticas, ampliamente elípticas a escasamente obovadas, cartáceas, verde oliva oscuro a verde-grisáceas en el haz, más claras en el envés, pinnatinervias, las venas secundarias 7-12 pares, moderadamente prominentes en el envés, las vénulas moderadamente prominentes en ambas superficies, glabras en el haz, glabras a escasamente tomentuloso-puberulentas en el envés, más conspicuamente sobre las venas, la base aguda, cuneada a obtusa, los márgenes enteros, escasamente ondulados, el ápice generalmente acuminado-mucronado, en ocasiones triangulado; pecíolo 1.3-3.3 cm, dispersamente pubérulo-tomentuloso a glabrescente, el pulvínulo distal conspicuo, el basal corto y frecuentemente obsoleto. Inflorescencias estaminadas angostamente paniculiformes, supraaxilares; eje 2.1-8 cm; pedicelos 0.5-3.2 mm, el eje y los pedicelos pubérulo-tomentulosos. Flores estaminadas con 6 sépalos, los externos 0.9-1.2 × 0.6-0.9 mm, ovados a angostamente obovados, escasamente setulosos abaxialmente, glabros adaxialmente, los internos 1.3-2 × 0.8-1.2 mm, escasamente setulosos a glabros abaxialmente, glabros adaxialmente, conspicuamente papilosos; pétalos 6, los 2 verticilos similares, 0.8-1 × 0.5-0.8 mm, obovados, membranáceos, los márgenes inflexos, encerrando a los filamentos, estos no exertos pasada la antesis; estambres 5 o 6, los filamentos 0.4-0.5 mm, libres, teretes a escasamente claviformes, rectos, glabros, las anteras glabras. Inflorescencias y flores pistiladas desconocidas. Frutos 1.6-2.3 × 1.8-2.3 cm, subglobosos, escasa y bilateralmente comprimidos, sésiles; endocarpo subgloboso, escasa y bilateralmente comprimido, leñoso, 5-acostillado en la superficie externa, liso en la superficie interna; semilla curvada, los cotiledones fuertemente carnosos, adpresos. *Bosques siempreverdes en pendientes moderadas*. CR (*Rodríguez & Ramírez 2239*, MO). 0-850 m. (Endémica).

Hyperbaena sp. *B* se conoce solo de pocas colecciones de la vertiente caribeña, en la provincia de Limón y en las laderas de las montañas en Alajuela, Costa Rica. Se caracteriza por presentar las hojas relativamente grandes, las venas secundarias moderadamente prominentes, los pulvínulos distales conspicuos y las flores estaminadas con los sépalos y pétalos conspicuamente papilosos. Es afín a *H. leptobotryosa* de la cual se diferencia por las flores estaminadas con los pedicelos conspicuos y los filamentos libres.

11. Hyperbaena sp. **C**.

Árboles de 7-15 m; ramitas dispersamente pubérulo-tomentulosas a glabrescentes. Hojas 7.9-17.3 × 2.1-3.8 cm, angostamente elípticas a elíptico-lanceoladas, cartáceas a subcoriáceas, marrón claro a verde-grisáceas en el haz, más claras en el envés, pinnatinervias, las venas secundarias 8-10 pares, moderadamente prominentes, las vénulas prominentes en el haz, prominentes o inmersas en el envés, glabras en ambas superficies, la base aguda a cuneada, los márgenes escasa a moderadamente ondulados, el ápice acuminado-redondeado; pecíolo 1.1-1.8 cm, escasamente piloso-tomentuloso a glabrescente, conspicuamente pulvinado distalmente, el basal corto u obsoleto. Inflorescencias estaminadas angostamente paniculiformes, congestas, supraaxilares, solitarias; eje 0.7-2.5 cm, filiforme, densamente ferrugíneo-piloso-tomentuloso; bractéolas oblongo-lanceoladas a angostamente obovadas, pilósulas; pedicelos ausentes o hasta 0.4 mm, pubescentes. Flores estaminadas con 6 sépalos, los externos c. 1.7 × 0.5-0.9 mm, angostamente obovados, escasamente piloso-setulosos abaxialmente, glabros adaxialmente, papilosos, los márgenes ciliolados, los internos c. 1.7 × 0.9-1.3 mm, ampliamente obovados, escasamente piloso-setulosos abaxialmente, glabros adaxialmente, papilosos, los márgenes escasamente ciliolados; pétalos 6, c. 0.9 × 0.5-0.6 mm, obovados a espatuliformes, glabros por fuera y por dentro, papilosos, los márgenes escasamente inflexos encerrando a los filamentos, estos no exertos pasada la antesis; estambres 6, filamentos libres, 0.6-0.7 mm, escasamente claviformes, rectos, glabros, las anteras glabras. Inflorescencias y flores pistiladas desconocidas. Frutos inmaduros 1.5-1.7 × 1.7-2 cm, subglobosos, escasa y bilateralmente comprimidos, sésiles; endocarpo subgloboso, escasa y bilateralmente comprimido, leñoso, 9-11-acostillado en la superficie externa, liso en la superficie interna; semilla curvada, los cotiledones fuertemente carnosos, adpresos. *Bosques de neblina*. P (*Hampshire & Whitefoord 113*, MO). 1200-1440 m. (Endémica).

Hyperbaena sp. *C* se conoce solo de 3 colecciones; se caracteriza por presentar las hojas angostamente elípticas a elíptico-lanceoladas, y las flores estaminadas sésiles o casi sésiles, con los filamentos libres. Las hojas se asemejan a las de *H. eladioana*, diferenciándose por las inflorescencias estaminadas congestas (vs. laxas), mientras que de *H. leptobotryosa* se diferencia por presentar los endocarpos 9-11-acostillados en la superficie externa (vs. 5-7-acostillados tanto en *H. eladiona* como en *H. leptobotryosa*).

10. Odontocarya Miers

Por R. del C. Ortiz.

Bejucos subherbáceos a leñosos, delgados a moderadamente robustos; tallos suaves, con corteza delgada, papirácea y exfoliosa, menos frecuentemente conspicuamente tuberculada (fuera de Mesoamérica); ramitas glabras, lenticeladas a pubescentes. Hojas subbasifijas, enteras, ampliamente ovadas, ovadas a elípticas, membranáceas a cartáceas, menos frecuentemente subcoriáceas (fuera de Mesoamérica), escasamente discoloras, el envés más claro; generalmente 3-7-palmatinervias, pocas veces pinnatinervias (fuera de Mesoamérica), frecuentemente con domacios (nectarios?) planos o sacciformes y poriformes en los ángulos basales formados por las venas principales, en ocasiones también en los ángulos formados por las venas secundarias, las venas secundarias 2 o 3 pares (o más cuando pinnatinervias), moderadamente prominentes, las venas terciarias tenues, irregularmente escalariformes, las vénulas moderadamente prominentes y glabras en ambas superficies, a veces pubescentes a papiloso-pubérulas en el envés, menos frecuentemente escabrosas a hirsútulas en ambas superficies, la base leve a profundamente cordada formando lóbulos basales redondeados a angulados, truncada, obtusa o cuneada (fuera de Mesoamérica), los márgenes enteros, el ápice agudo, acuminado, en ocasiones mucronado; pecíolo en general conspicuamente largo, el pulvínulo basal conspicuo y frecuentemente torcido. Inflorescencias estaminadas seudoracemosas o paniculadas (2-3-racemosas), supraaxilares o caulifloras, glabras a papiloso-pubérulas. Flores estaminadas con perianto verdoso, blanco a blanco-verdoso, con 6 sépalos, membranáceos, en 2 ciclos desiguales, los internos más grandes que los externos; pétalos 3-6, más pequeños que los sépalos internos, libres, escasa a moderadamente carnosos; estambres 3-6 o 1 (fuera de Mesoamérica), los filamentos generalmente connados, raramente libres, frecuentemente los 3 del verticilo externo connados hasta la mitad, los internos casi siempre completamente connados, teretes, raramente dilatados (fuera de Mesoamérica), las anteras con dehiscencia generalmente longitudinal, raramente transversal, no inmersas en el conectivo, erectas o curvadas hacia afuera. Inflorescencias pistiladas racemosas o paniculadas (2-racemosas), glabras o papiloso-pubérulas, menos frecuentemente pubescentes, supraaxilares o caulógenas. Flores pistiladas con perianto anaranjado a verde-amarillento, los sépalos y pétalos como en las flores estaminadas; estaminodios 3-6, glabros; carpelos 3, glabros; estilo corto; estigma 3-fido o 3-lobulado. Frutos generalmente madurando 1 o 2, globosos a elipsoides, anaranjados o amarillos cuando maduros, sésiles sobre un toro subgloboso, el remanente del estilo apical; endocarpo asimétrico, abaxialmente convexo, plano y excavado adaxialmente, crustáceo, variadamente ornamentado en la superficie externa (i.e., carinado, ruguloso o con protuberancias cónicas, 3-dentado apicalmente y a veces también basalmente), la intrusión adaxial excavada, generalmente con aperturas externas de forma variada; semilla con endospermo tenuemente ruminado adaxialmente, subelipsoide, abaxial y adaxialmente asimétrica (dorsiventral), generalmente recta o apenas curvada, los cotiledones escasamente carnosos, foliáceos, divaricados. Aprox. 35 spp. en México, Mesoamérica, Colombia, Venezuela, Guayanas, Ecuador, Perú, Bolivia, Brasil, Paraguay, Antillas Menores, distribuidas mayormente en la cuenca Amazónica, casi ausente de las Guayanas; 5 spp. en Mesoamérica.

1. Inflorescencias estaminadas 3-racemosas. **5. O. zuliana**
1. Inflorescencias estaminadas seudoracemosas, racemosas, 2-racemosas a seudopaniculadas.
  2. Inflorescencias estaminadas seudoracemosas a racemosas, menos frecuentemente seudopaniculadas.
    3. Plantas hispídulas a escabrosas. **1. O. paupera**
    3. Plantas glabras. **2. O. tamoides**
  2. Inflorescencias estaminadas 2-racemosas.
    4. Anteras con dehiscencia transversal; domacios (nectarios?) planos, descoloridos en los ángulos basales de las venas principales en el envés. **3. O. tripetala**
    4. Anteras con dehiscencia longitudinal; domacios (nectarios?) sacciformes con aberturas poriformes en los ángulos basales de las venas principales en el envés. **4. O. truncata**

1. Odontocarya paupera (Griseb.) Diels in Engl., *Pflanzenr.* IV. 94(Heft 46): 172 (1910). *Cocculus pauper* Griseb., *Abh. Königl. Ges. Wiss. Göttingen* 7: 162 (1857). Tipo: Guadalupe, *Duchassaing s.n.* (GOET-[cb] GOET007865, imagen en Internet!). Ilustr.: Rhodes, *Ann. Missouri Bot. Gard.* 49: 162, t. 149 (1962 [1963]).

Odontocarya hederifolia Miers, *O. hederifolia* var. *canescens* Miers, *O. scabra* Miers, *O. tamoides* (DC.) Miers var. *canescens* (Miers) Barneby, *O. tamoides* var. *paupera* (Griseb.) Hassl.

Bejucos generalmente delgados; ramitas glabras o pubescentes. Hojas 3.8-10.4 × 4.1-9.5 cm, subbasifijas, enteras, a veces escasamente lobadas basalmente, ampliamente ovadas, membranáceas, verde opaco a marrón claro en el haz, más claras en el envés, 5-palmatinervias, las venas secundarias 2 o 3 pares, moderadamente prominentes, las vénulas moderadamente prominentes en ambas superficies, generalmente más conspicuas en el envés, escabrosas a hirsútulas en ambas superficies, con nectarios (?) planos, descoloridos en los ángulos basales de las venas principales y en ocasiones en los ángulos de las venas secundarias en el envés, la base leve a profundamente cordada formando lóbulos basales redondeados a angulados, los márgenes enteros, el ápice agudo o acuminado; pecíolo 1.9-8.2 cm, glabro a hirsútulo, el pulvínulo distal obsoleto, el basal torcido. Inflorescencias estaminadas seudoracemosas, glabras a hirsútulas; eje 5.4-17.5 cm; pedicelos 2-5.8 mm. Flores estaminadas con 6 sépalos, los externos 0.9-1.9 × 0.5-0.8 mm, ovados, los internos 2.3-3.8 × 1.3-1.9 mm, obovados, ovados a elípticos, ambos verticilos glabros a escasamente papilosos, membranáceos, los márgenes tenuemente denticulados; pétalos 6, subiguales, 1.4-3.2 × 0.6-1.8 mm, obovados, escasamente carnosos, sin abrazar a los filamentos, el sinandro 6-mero, 1-2 mm, glabro, las anteras rectas o curvadas hacia afuera, no inmersas en el conectivo. Inflorescencias pistiladas racemosas, simples, glabras a hirsútulas; eje 2.7-6.2 cm; pedicelos 1.5-5.5 mm. Flores pistiladas con 6 sépalos, los externos 1.1-1.3 × 0.8-0.9 mm, ovados, escasamente papilosos abaxialmente, glabros adaxialmente, los internos 2.6-2.7 × c. 1.8 mm, obovados, glabros en ambas superficies, ambos verticilos membranáceos, los márgenes tenuemente denticulados; pétalos 6, subiguales, 1.6-2.6 × 0.9-1.6 mm, obovados, glabros, escasamente carnosos; estaminodios 5 o 6, glabros; carpelos 3, glabros, estigma trífido. Frutos 0.8-0.9 × 0.5-0.7 cm, elipsoides, sésiles; endocarpo crustáceo, recto, la superficie externa tenuemente carinada, la superficie interna lisa, 3-dentado apicalmente, 5-denticulado basalmente, los dientes cortos, rectos. *Playas, manglares, sabanas, bosques secos, matorrales, rocas calizas.* Ch (*Matuda 17141*, MO); H (*Molina R. & Molina 34328*, MO); P (*Knapp 4931*, MEXU). 0-300 m. (Mesoamérica, Colombia, Venezuela, Guyana, Surinam, Bolivia, Brasil, Paraguay, Antillas Menores).

2. Odontocarya tamoides (DC.) Miers, *Ann. Mag. Nat. Hist.* ser. 3, 14: 100 (1864). *Cocculus tamoides* DC., *Syst. Nat.* 1: 521 (1818 [1817]). Holotipo: Guayana Francesa, *Martin s.n.* (P). Ilustr.: no se encontró.

Odontocarya sagittata Miers.

Bejucos generalmente delgados; ramitas glabras. Hojas 7.4-9.6 × 6.8-9.6 cm, subbasifijas, enteras, a veces escasamente lobadas basalmente (fuera de Mesoamérica), ampliamente ovadas, membranáceas a cartáceas, verde opaco en el haz, más claras en el envés, 5-palmatinervias, las venas secundarias 2 o 3 pares, moderadamente prominentes, las vénulas moderadamente prominentes en ambas superficies, generalmente más conspicuas en el envés, glabras en ambas superficies, con nectarios (?) planos, descoloridos en los ángulos basales de las venas principales y en ocasiones en los ángulos de las venas secundarias en el envés, la base leve a profundamente cordada formando lóbulos basales redondeados, los márgenes enteros, el ápice acuminado; pecíolo 4.4-6.4 cm, glabro a hirsútulo, el pulvínulo distal obsoleto, el basal torcido. Inflorescencias estaminadas seudoracemosas, glabras; eje 6.1-8.3 cm; pedicelos 1.6-5 mm. Flores estaminadas con 6 sépalos, los externos 0.6-1.1 × 0.5-0.8 mm, ovados, los internos 2-3.8 × 1.4-2.9 mm, obovados, ovados a escasamente obovados, ambos verticilos glabros a escasamente papilosos, membranáceos; pétalos 6, subiguales,

1.4-3. × 0.8-1.8 mm, obovados, carnosos, sin abrazar a los filamentos, el sinandro 6-mero, 1.1-1.9 mm, glabro, las anteras rectas o curvadas hacia afuera, no inmersas en el conectivo. Inflorescencias pistiladas no vistas. Frutos y endocarpos no vistos. *Hábitat desconocido*. B (Barneby, 1972: 137); N (*Robleto 891*, MO). c. 45 m. (Mesoamérica, Venezuela, Guayanas, Ecuador, Brasil).

El ejemplar proveniente de Nicaragua, se incluye bajo este taxón de manera provisional; presenta la inflorescencia estaminada con pocos botones florales, lo cual dificulta la identificación. *Odontocarya tamoides* es una especie poco conocida y para este tratamiento se acepta el concepto de Barneby (1970), excluyendo *O. tamoides* var. *canescens*, la cual es reconocida bajo *O. paupera*, de acuerdo con la delimitación de Diels (1910).

3. Odontocarya tripetala Diels, *Notizbl. Bot. Gart. Berlin-Dahlem* 13: 28 (1936). Isolectotipo (designado por Ott, 1997): Colombia, *Lawrance 302* (MO!). Ilustr.: Ott, *Fl. Ecuador* 58: 51, t. 14 (1997).

Bejucos moderadamente robustos, leñosos, con tallos suaves; ramitas glabras. Hojas 6.2-12.2 × 5.3-9.7 cm, subbasifijas, ovadas, enteras, membranáceas, verdes algo oscuro en el haz, más claras en el envés, 5-7-palmatinervias, las venas secundarias 3 pares, moderadamente prominentes, las vénulas moderadamente prominentes en ambas superficies, más conspicuas en el envés, con nectarios descoloridos y planos en las axilas de las venas principales en el envés, glabras en el haz, papiloso-pubérulas en las venas en el envés, la base cordada, los márgenes enteros, el ápice acuminado; pecíolo 5.7-9.3 cm, glabro, el pulvínulo distal obsoleto, el basal conspicuo y torcido. Inflorescencias estaminadas 2-racemosas, glabras; ejes 10-22 cm. Flores estaminadas con 6 sépalos, los externos 0.4-0.6 × 0.2-0.4 mm, ovados, los internos 0.8-1.3 × 0.6-0.8 mm, escasamente obovados, ambos verticilos moderadamente pubérulo-papilosos, membranáceos; pétalos 3-6, 0.6-1 × 0.3-0.5 mm, obovados, escasamente carnosos, sin abrazar a los filamentos, cuando 6 pétalos, el verticilo interno más angosto; sinandro 3-mero, 0.4-0.7 mm, glabro, las anteras con dehiscencia transversal, no inmersas en el conectivo. Inflorescencias y flores pistiladas no observadas. Frutos c. 1.2 × 0.8 cm, subglobosos, sésiles; endocarpo crustáceo, abaxial-adaxialmente comprimido (i.e., dorsiventral), recto, carinado en la parte central-abaxial y con protuberancias cónicas continuas o discontinuas en toda la superficie abaxial, con 2 costillas laterales (una en cada lado) y adaxialmente con una protuberancia central rodeando al orificio externo de la intrusión adaxial, 3-dentado apicalmente, variadamente espinuloso basalmente, los dientes y/o espinas cortos o largos, rectos, la superficie interna lisa. *Bosques tropicales estacionales*. P (*Duke 14151*, MO). 0-600 m. (Mesoamérica, Colombia, Ecuador, Perú, Bolivia, Brasil).

4. Odontocarya truncata Standl., *J. Arnold Arbor.* 11: 121 (1930). Holotipo: Panamá, *Bangham 541* (F-[nr] 604409, imagen en Internet!). Ilustr.: no se encontró.

Bejucos leñosos, con tallos suaves; ramitas glabras, moderadamente lenticeladas. Hojas 7.7-13.8 × 6.4-14 cm, subbasifijas, enteras, ovadas a ampliamente ovadas, verdosas en el haz, pálidas en el envés, 5-palmatinervias, las venas secundarias 3 pares, moderadamente prominentes, las vénulas prominentes en ambas superficies, más conspicuas en el envés, con 4 nectarios sacciformes en las axilas de las venas en el envés, frecuentemente también en las axilas de las venas secundarias, los nectarios con aperturas poriformes, glabras en el haz, papiloso-pubérulas en el envés, más conspicuamente sobre las venas, la base escasamente cordada a truncada, los márgenes enteros, el ápice acuminado; pecíolo 4.2-17.8 cm, glabro, el pulvínulo distal obsoleto, el basal torcido. Inflorescencias estaminadas 20.5-25 cm, 2-racemosas, glabras. Flores estaminadas con 6 sépalos, los externos 0.5-1 × 0.3-0.8 mm, ovados, los internos 2-2.6 × 1.2-1.6 mm, obovados, ambos verticilos moderadamente papiloso-pubérulos, membranáceos; pétalos 6, 1.5-1.9 × 0.5-1 mm, obovados, escasamente carnosos, sin abrazar a los filamentos; sinandro 6-mero, 0.9-1.3 mm, glabro, las anteras con dehiscencia longitudinal, rectas o curvadas hacia afuera, no inmersas en el conectivo. Inflorescencias y flores pistiladas desconocidas. Frutos 1.6-1.9 × 1.2-1.3 cm, elipsoides, sésiles; endocarpo crustáceo, asimétrico, recto, ruguloso y escasamente carinado abaxialmente, lateralmente con 2 costillas angostas, cortamente 3-dentado apical y basalmente, los dientes cortos, rectos, la superficie interna lisa. *Bosques primarios, pastizales*. CR (*Hammel 10942*, MO); P (*Systma 999*, MO). 0-450 m. (Mesoamérica, Colombia).

5. Odontocarya zuliana Barneby, *Mem. New York Bot. Gard.* 20(2): 116 (1970). Holotipo: Venezuela, *Steyermark & Fernández 99623* (NY!). Ilustr.: no se encontró.

Bejucos grandes; ramitas no observadas. Hojas no observadas. Inflorescencias estaminadas c. 45 cm, 3-racemosas, pubérulas. Flores estaminadas con los sépalos externos c. 0.7 × 0.4 mm, ovados, los internos c. 1.4 × 0.7 mm, obovados, ambos verticilos moderadamente papilosos, membranáceos; pétalos 6, c. 1.1 × 0.3-0.4 mm, obovados, escasamente carnosos, sin abrazar a los filamentos; sinandro 3-mero, c. 0.8 mm, glabro, las anteras con dehiscencia longitudinal, rectas o curvadas hacia afuera, no inmersas en el conectivo. Inflorescencias y flores pistiladas desconocidas. Frutos no observados. *Hábitat desconocido*. P (*Gentry & Mori 13543*, MO). 150-500 m. (Mesoamérica, Colombia, Venezuela).

La identificación para Mesoamérica es tentativa. *Odontocarya zuliana* se conoce solo de algunas colecciones provenientes de Venezuela y Colombia, fue originalmente descrita de un ejemplar con flores estaminadas y sin hojas. En el protólogo, *O. zuliana* fue comparada con *O. steyermarkii* Barneby y diferenciada de esta por presentar los filamentos connados, mientras que en *O. steyermarkii* los filamentos son libres (no observados). Sin embargo, se ha observado la tendencia de los estambres de presentar varios grados de fusión, y es muy probable que *O. zuliana* y *O. steyermarkii* sean conespecíficas.

11. Sciadotenia Miers

Por R. del C. Ortiz.

Bejucos leñosos o arbustos escandentes (fuera de Mesoamérica); ramitas en general densamente pubescentes. Hojas subbasifijas, enteras, ovadas a ampliamente ovadas, cartáceas a subcoriáceas, escasamente discoloras, 3-5(7)-palmatinervias, las venas secundarias 1-4 pares, conspicuas, las venas terciarias escalariformes, estas y las vénulas moderada a conspicuamente prominentes en ambas superficies, glabras a pubescentes en el envés, los márgenes enteros; pecíolo escasamente pulvinado a obsoleto en ambos extremos. Inflorescencias estaminadas espigadas, seudoracemosas a paniculadas. Flores estaminadas con perianto blanco, verdoso o amarillo, los sépalos 9-24, en 4-8 ciclos, los sépalos incrementan en tamaño en cada ciclo gradualmente, desde el más externo al más interno, formando un cono, escasamente carnosos; pétalos 6, libres, más pequeños que los sépalos internos, escasamente carnosos; estambres 6, los filamentos libres o connados, teretes, las anteras con dehiscencia oblicua, el conectivo prolongado distalmente o no, incurvadas, no inmersas en el conectivo. Inflorescencias pistiladas racemosas, espigadas o las flores solitarias; pubérulas o pilósulas. Flores pistiladas con perianto blanco o amarillo, los sépalos y pétalos como en las flores estaminadas; estaminodios 3 (observado solo en *Sciadotenia toxifera* Krukoff & A.C. Sm., fuera de Mesoamérica); carpelos 6(-15), densamente pilosos; estilos cortos; estigmas subulados (truncados y escasamente bilobados en *S. toxifera*), reflexos. Frutos generalmente madurando 1 o 2; obovoides, menos frecuentemente subgloboso-reniformes (no en Mesoamérica), púrpura cuando maduros, sésiles sobre carpóforos conspicuamente alargados, el remanente del estilo basal; endocarpo obovoide a subgloboso-reniforme (fuera de Mesoamérica), cartáceo, escasamente ornamentado en la superficie externa, liso en la superficie interna, la intrusión adaxial septiforme o umbonada; semillas sin endospermo, curvadas, los cotiledones abundantemente carnosos, adpresos. Aprox. 19 spp. en Mesoamérica, Colombia, Venezuela, Guayanas, Ecuador, Perú, Bolivia, Brasil; 1 sp. en Mesoamérica.

Sciadotenia se distribuye mayormente en la cuenca Amazónica y solo una especie llega a Mesoamérica.

1. Sciadotenia nitida (L. Riley) Krukoff & Barneby, *Mem. New York Bot. Gard.* 22(2): 22 (1971). *Odontocarya nitida* L. Riley, *Bull. Misc. Inform. Kew* 1927: 119 (1927). Isotipo: Panamá, *Riley 136* (MO!) Ilustr.: no se encontró.

Bejucos leñosos; ramitas pubescentes, el indumento corto, adpreso. Hojas 8.2-13.3 × 4.5-6.4 cm, subbasifijas, ovadas, enteras, 3-5-palmatinervias, cuando 5, el par externo tenue, las venas secundarias 3-4 pares, estas tenues hacia el ápice, las venas terciarias escalariformes, estas últimas y las vénulas moderadamente prominentes en ambas superficies; escasamente pilósulas y lustrosas en ambas superficies, la base truncada a escasamente cordada, los márgenes enteros, el ápice acuminado; pecíolo 2.5-7 cm, pilósulo, el pulvínulo obsoleto en ambos extremos. Inflorescencias estaminadas subracemosas a angostamente paniculadas, pilósulas; ejes 3.2-8.7 cm. Flores estaminadas con 15-18 sépalos, en 5 o 6 verticilos, los más grandes 1.5-1.8 × 0.8-1.3 mm, elípticos a obovados, todos los verticilos escasamente carnosos, pilósulos abaxialmente, glabros adaxialmente; pétalos 6, 0.7-1 × 0.3-0.8 mm, obovados, escasamente carnosos, sin abrazar a los filamentos, el indumento como en los sépalos; estambres (4)6, los filamentos 0.3-0.4 mm, libres, claviformes, glabros, las anteras con dehiscencia oblicua, incurvadas e inmersas en el conectivo amplio, el conectivo no prolongado distalmente. Inflorescencias pistiladas racemosas, pilósulas; eje 0.6-0.7 cm. Flores pistiladas con 21 sépalos en 7 verticilos, los más grandes c. 2.5 × 0.7-1 mm, todos los verticilos pilósulos abaxialmente, glabros adaxialmente, escasamente carnosos; pétalos 6, liguliformes, c. 1.2 × 0.45 mm; carpelos 6, densamente pilósulos; estilo corto; estigma subulado, reflexo. Frutos desconocidos. *Bosques, bordes de áreas cultivadas*. P (*Stern et al. 367*, MO). c. 25 m. (Mesoamérica, Colombia).

La caracterización de los pétalos en las flores pistiladas es según Barneby & Krukoff (1971). *Sciadotenia ramiflora* Eichler var. *colombiana* Moldenke fue anteriormente incluida como sinónimo de *S. nitida*; sin embargo, el ejemplar tipo está representado solo por frutos inmaduros, y los frutos son desconocidos en *S. nitida*. Además, el estudio del material tipo de ambas entidades sugiere que *S. ramiflora* var. *colombiana* podría ser conespecífica con *S. ramiflora* Eichler.

56. BERBERIDACEAE

Descripción de la familia por C. Ulloa Ulloa.

Árboles pequeños o arbustos (hierbas fuera de Mesoamérica). Hojas alternas, simples o compuestas. Flores generalmente pequeñas, solitarias o en inflorescencias multifloras, hermafroditas, actinomorfas, hipóginas; perianto constituido generalmente por 6-18 piezas en verticilos de 3 tépalos petaloides, los tépalos más internos con nectarios en la base, los externos se reducen gradualmente en tamaño hasta tener la apariencia de brácteas; estambres generalmente 6, en igual número que los tépalos nectaríferos, las anteras dehiscentes por 2 valvas unidas al ápice; ovario súpero, 1-carpelar con placenta basal o parietal, los óvulos hasta 10. Fruto una baya articulada en la base del pedicelo, con 1 a pocas semillas, el estilo y el estigma persistentes. 15-19 gen., aprox. 650 spp., amplia distribución, pero principalmente en el hemisferio norte en Norteamérica y Asia; solo *Berberis* se extiende al hemisferio sur; 1 gen. y 7 spp. en Mesoamérica.

Nandina domestica Thunb., una especia asiática, fue registrada como ornamental en Honduras (Nelson, 2008: 215), pero no se han visto ejemplares de herbario; es una de las especies más frecuentemente cultivadas de esta familia por las atractivas hojas con numerosos folíolos, enormes inflorescencias con cientos de flores amarillas y los llamativos frutos anaranjado brillante.

1. Berberis L.

Mahonia Nutt., *Odostemon* Raf.

Por C. Ulloa Ulloa.

Arbustos o árboles pequeños, perennes, densamente ramificados, a menudo espinosos, las espinas enteras o estrelladas, la madera amarilla, glabros. Hojas alternas, sea simples amontonadas en brotes cortos arrosetados, sésiles o subsésiles, o sea imparipinnadas, extendidas a lo largo de los tallos con pecíolos ensanchados en la base; raquis engrosado en el punto de inserción de los folíolos; folíolos articulados, el folíolo terminal generalmente más pequeño que los laterales; márgenes enteros o dentado-espinosos. Inflorescencias de una a varias, terminales, de una flor solitaria o de pocas a numerosas flores agregadas en inflorescencias paniculadas o racemosas; brácteas y bractéolas persistentes. Flores bisexuales, 3-meras, de un amarillo muy pálido a amarillo brillante a anaranjado, a veces teñidas de rosado intenso, rara vez blancas, sobre pedicelos delgados bibracteolados que se alargan y engrosan en fruto; tépalos libres, elípticos, ovados a obovados, ligeramente cuculados, los sepaloides en 2-3 ciclos, los petaloides en 2 ciclos; estambres alrededor de 2/3 de la longitud de los tépalos; filamentos algunas veces con un par de dientes laterales diminutos por abajo de las anteras; estilo corto o ausente, el estigma conspicuamente capitado. Fruto elipsoide a ovoide a globoso, rojo, morado y finalmente negro cuando maduro, a menudo pruinoso, jugoso, coronado por el estilo y estigma. Aprox. 600 spp., ampliamente distribuidas, especialmente en el hemisferio norte, llegando hacia el sur a partes de África, Asia, el sur de Sudamérica y sureste de Brasil; 7 spp. en Mesoamérica.

Algunos autores, especialmente en el área hortícola, tratan a las especies de hojas compuestas como el género *Mahonia*. Autores recientes (Yu & Chung, 2017) separaron a los *Berberis* nortemplados en cuatro géneros: *Alloberberis* P.H. Raven ex C.C. Yu & K.F. Chung, *Berberis* s. s., *Mahonia* y *Moranothamnus* P.H. Raven ex C.C. Yu & K.F. Chung. Esos géneros recientemente descritos no tienen especies en Mesoamérica.

Bibliografía: Ahrendt, L.W.A. *J. Linn. Soc., Bot.* 57: 1-410 (1961). Marroquín, J.S. *Monogr. Stud.* Berberis *Mexico*. Unpublished Ph.D. thesis, Northeastern Univ., Boston: 1-177 (1972); *Fl. Veracruz* 75: 1-16 (1993). Morales, J.F. *Monogr. Syst. Bot. Missouri Bot. Gard.* 138: 52-54 (2020). Schneider, C.K. *Bull. Herb. Boissier, sér. 2* 5: 33-48 (1905 [1904]), 133-148 (1905a), 391-403 (1905b), 449-464 (1905c), 655-670 (1905d), 800-812 (1905e), 813-831 (1905f).

1. Hojas simples; tallos espinosos. **5. B. nigricans**
1. Hojas pinnaticompuestas; tallos inermes.
 2. Inflorescencia una panícula.
  3. Hojas 45-58 cm; folíolos enteros, peciolulados. **2. B. chiapensis**

3. Hojas 26-46 cm; folíolos generalmente dentados (rara vez enteros en Costa Rica), cortamente peciolulados a subsésiles. **3. B. hemsleyi**
2. Inflorescencia un racimo.
4. Folíolos con márgenes dentados. **7. B. volcania**
4. Folíolos con márgenes enteros.
5. Inflorescencia tan larga o más larga que las hojas. **6. B. aff. tenuifolia**
5. Inflorescencia más corta que las hojas.
6. Folíolos ovado-lanceolados u oblongo-lanceolados, acuminados, 6.7-15 × 2.6-4.2 cm. **1. B. berriozabalensis**
6. Folíolos elíptico-oblongos u ovados, redondeados a obtusos, a veces retusos, 2.3-8.2 × 1.4-3.4 cm. **4. B. johnstonii**

1. Berberis berriozabalensis (Miranda) Marroq., *Cuad. Inst. Invest. Ci.* 15: 6 (1972). *Mahonia berriozabalensis* Miranda, *Anales Inst. Biol. Univ. Nac. México* 24: 73 (1953). Isotipo: México, Chiapas, *Miranda 5394* (F!). Ilustr.: Miranda, *Anales Inst. Biol. Univ. Nac. México* 24: 74, t. 3 (1953), como *M. berriozabalensis*. N.v.: Yema de huevo, Ch.

Arbustos o árboles pequeños, 2-6 m; tallos sin espinas. Hojas imparipinnadas, hasta 40 cm; pecíolo 6-11 cm; folíolos 9-11, (6.7-)12-15 × (2.6-)3.8-4.2 cm, enteros, cartáceo-coriáceos, ovado-lanceolados u oblongo-lanceolados, de un verde olivo y lustrosos en el haz, más claros y opacos en el envés, con 7-16 venas secundarias por lado, prominentes en el haz y más así en el envés, la nervadura terciaria reticulada, la base ligeramente desigual, atenuada, los márgenes ondulados, ligeramente revolutos en la base, el ápice acuminado y mucronado en el ápice; sésiles. Inflorescencias 10-15 cm, con 20-30 flores, glaucas, en racimos laxos; pedúnculo 2.5-6.5 cm; brácteas 1.2-1.8 mm; pedicelos 4-5.5 mm, 2-bracteolados; bractéolas hasta 0.75 mm, en la base de los pedicelos y ocultas por las brácteas; tépalos 10, 5-6 mm; filamentos con dientes de c. 0.6 mm. Fruto joven c. 3.5 mm, el estigma sésil. Floración jul. *Selvas altas subcaducifolias*. Ch (*Miranda 5394*, MEXU). c. 1200 m. (Endémica).

Esta especie, conocida solo de la colección tipo, es muy parecida a *Berberis tenuifolia* y posiblemente sean conespecíficas. La ilustración mencionada muestra la planta con los folíolos marcadamente peciolulados. Sin embargo el material original observado, así como la descripción original, claramente muestran los folíolos sésiles y articulados al raquis.

2. Berberis chiapensis (Lundell) Lundell, *Field & Lab.* 13: 3 (1945). *Mahonia chiapensis* Lundell, *Lloydia* 3: 209 (1940). Holotipo: México, Chiapas, *Matuda 3996* (MICH!). Ilustr.: no se encontró.

Arbustos, 3 m; tallos sin espinas. Hojas imparipinnadas, 45-58 cm; pecíolo 9-15 cm; folíolos 11-15, 5.5-13.5 × 2.8-6 cm, enteros, cartáceos, ovados a lanceolados, verde olivo y lustrosos en el haz, opacos y papilosos en el envés, con 10 venas secundarias por lado, planas en el haz, conspicuamente elevadas en el envés, la nervadura terciaria reticulada, la base ligeramente desigual, redondeada en los folíolos inferiores, abruptamente aguda en el terminal, los márgenes ondulados, ligeramente revolutos, el ápice acuminado a apiculado; peciólulos 3-7 mm. Inflorescencias 38-50 cm, con más de 100 flores, en laxas panículas abiertas, glaucas; pedúnculo 5.6-19.4 cm; brácteas 5-8 mm; pedicelos hasta 18 mm, 2-bracteolados; bractéolas hasta 3 mm, a lo largo de los pedicelos; tépalos 15, c. 6 mm; filamentos con dientes c. 0.5 mm. Estigma subsésil. Fruto desconocido. Floración nov. *Vegetación de montaña*. Ch (*Matuda 3996*, MO). c. 2000 m. (Endémica).

Esta especie se conoce solo de la colección tipo.

3. Berberis hemsleyi Donn. Sm. in Pittier, *Anales Inst. Fís.-Geogr. Mus. Nac. Costa Rica* 9: 84 (1896 [1898]). *Mahonia paniculata* Oerst., *Vidensk. Meddel. Dansk Naturhist. Foren. Kjøbenhavn* 1856: 36 (1856-1857 [1856]) non *B. paniculata* Juss. ex DC. (1821). Lectotipo (designado aquí): Costa Rica, *Oersted 256* (C, microficha no. 119.I.4!); isolectotipos: C, microficha no. 119.I.3!, C, microficha no. 119.I.5!, K-2 pliegos!). Ilustr.: Fedde, *Bot. Jarhb. Syst.* 31: 104, t. 2E (1902 [1901]), como *Mahonia paniculata*. N.v.: Anchish, yema de huevo, G, palo de San Juan, CR.

Berberis paniculata (Oerst.) Hemsl., *B. standleyi* Marroq. & Laferr., *Mahonia glauca* Standl. & L.O. Williams non *B. glauca* DC.

Arbustos o árboles pequeños, 1.8-5(-10) m; tallos sin espinas. Hojas imparipinnadas, 26-46 cm; pecíolo 5.1-13 cm; folíolos 7-19, (2.1-)5.5-12.5 × (1.1-)2.4-4.4(-4.7) cm, cartáceos a coriáceos, lanceolados u ovados, de un verde olivo, verde mate en el haz, más pálidos en el envés, este a veces glauco, con 7-12 venas secundarias por lado, conspicuamente elevadas en el envés, la nervadura terciaria reticulada y conspicua sobre todo en el haz, la base ovada, atenuada o acuminada, los márgenes con 9-27 dientes espinosos por lado o enteros (en algunos ejemplares de CR), los márgenes a veces revolutos, el ápice apiculado o terminando en un conspicuo mucrón espinoso de hasta 5 mm; peciólulos 2-2.5(-8) mm, espinoso-aserrados. Inflorescencias 18-52 cm, con numerosas flores (hasta c. 100), en densas panículas abiertas reunidas en seudocorimbos o en dicasios; pedúnculo 8-12.8 cm; brácteas hasta 12 mm; pedicelos 6-18 mm, 2-bracteolados; bractéolas hasta 3.5 mm; tépalos 12-14, hasta 7.5 mm; filamentos con dientes c. 0.4 mm. Fruto 6-11 × 6-8.5 mm, el estigma sésil; semillas 2-3. Floración ene.-feb., abr.-may., nov.; fructificación feb., abr.-may., jul., dic. *Bosques de* Quercus, *bosques de neblina*. Ch (*Breedlove 33622*, MEXU); G (*Kellerman 6525*, F); H (*Allen et al. 6071*, F); CR (*Rivera 210*, MO). 1400-3000 m. (México [Colima, Guerrero, Jalisco, Michoacán, Oaxaca, Querétaro], Mesoamérica).

Los duplicados de la colección de Oersted en el herbario de Kew no tienen número, pero la etiqueta tiene, al parecer, su firma en 1857, año en que posiblemente fueron distribuidos ya que las colecciones fueron hechas en Costa Rica diez años antes. Las colecciones del Parque Braulio Carrillo en Costa Rica presentan los márgenes enteros; este material habría que compararlo con *Berberis ilicina* (Schltdl.) Hemsl. del centro de México. *Mahonia glauca* fue descrita sobre la base de material estéril de Honduras. La única diferencia que presenta es que uno de los duplicados de la colección tipo tiene el envés glauco. Esta es la única especie en la que se registran flores blancas en algunos ejemplares.

4. Berberis johnstonii Standl. & Steyerm., *Publ. Field Mus. Nat. Hist., Bot. Ser.* 22: 140 (1940). Holotipo: Guatemala, *Johnston 1525* (F!). Ilustr.: no se encontró.

Mahonia johnstonii (Standl. & Steyerm.) Standl. & Steyerm.

Arbustos, 2-3 m; tallos sin espinas. Hojas imparipinnadas, 11-31 cm; pecíolo 3-8.5 cm; folíolos 7-15, 2.3-8.2 × 1.4-3.4 cm, enteros, elíptico-oblongos u ovados, cartáceos, de un verde olivo en el haz, más pálidos en el envés, opacos, con 4-9 venas secundarias por lado, planas a ligeramente elevadas en el haz, elevadas en el envés, la nervadura terciaria reticulada, la base asimétrica, ampliamente cuneada, los márgenes planos a ligeramente revolutos, el ápice redondeado a obtuso, a veces retuso; sésiles. Inflorescencias 6-11 cm, con 20-40 flores, de 1-6 racimos simples; pedúnculo 2.0-5.5 cm; brácteas 2-3 mm; pedicelos 3.5-5.5 mm, 2-bracteolados; bractéolas 1-1.5 mm; tépalos 6, 4-4.5 mm; filamentos con dientes de 0.5 mm. Fruto 4-9 × 4-6 mm, el estigma subsésil; semillas 2. Floración ene., jul., sep.-nov.; fructificación abr.-may., jul., sep., dic. *Bosques de pinos y encinos, bosques de neblina mixtos*. Ch (*Alexander 1438*, NY); G (*Standley 59895*, F); ES (Linares, 2003 [2005]: 125); N (*Standley 10483*, F). 1200-2800 m. (México [Colima], Mesoamérica).

No se ha visto material original de *Berberis ehrenbergii* Kunze, nombre que ha sido usado para ejemplares de Chiapas. Dichos ejemplares tienen las inflorescencias en racimos simples que coinciden más bien con *B. johnstonii*, mientras que la descripción de *B. ehrenbergii* menciona inflorescencias compuestas.

5. Berberis nigricans Kuntze, *Revis. Gen. Pl.* 1: 10 (1891). Lectotipo (designado aquí): Costa Rica, *Kuntze 2339* (NY-[cb] 00563847!; isolectotipo: NY-[cb] 00563846!). Ilustr.: Duke, *Ann. Missouri Bot. Gard.* 49: 155, t. 147 (1962a [1963]).

Arbustos o pequeños árboles muy ramificados, hasta 6 m; tallos con espinas estrelladas hasta con 6 brazos, hasta 2 cm. Hojas simples, amontonadas en brotes arrosetados, 1.5-7 × 0.8-2.4 cm, cartáceas a coriáceas; pecíolos hasta 6 mm; lámina angosta a anchamente obovada, verde oscuro y brillante en el haz, más pálida y a veces pruinosa en el envés, con 3-5 pares de venas secundarias, la nervadura terciaria reticulada, la base cuneada, los márgenes enteros o hasta con 9 dientes espinosos por lado, a menudo revolutos, el ápice obtuso y apiculado. Inflorescencias hasta 6 cm, hasta con 12 flores, racemosas o subpaniculadas, laxas; pedúnculo hasta 1 cm; pedicelos 6 mm; bractéolas 3 mm; tépalos 6, 3-5 mm; filamentos sin dientes. Fruto 6-10 mm, glauco, el estigma subsésil; semillas 2-3. Floración jun., jul.; fructificación ene., mar., oct.-nov. *Bosques montanos, bosques enanos, páramos.* CR (*Herrera 3738*, MO); P (*Davidson 1033*, MO). 2200-3400 m. (Endémica).

6. Berberis aff. **tenuifolia** Lindl., *Edwards's Bot. Reg.* 24: misc. 64 (1838). Lectotipo (designado por Harber & Bécquer, 2023): México, Veracruz, *Hartweg s.n.* [*262*] (CGE-[nr] 05241). Ilustr.: Hooker, *Icon. Pl.* 4: t. 329-330 (1841b [1840]), como *B. fraxinifolia.*

Berberis fraxinifolia Hook., *Mahonia tenuifolia* (Lindl.) Loudon ex Czerw. & Warsz., *Odostemon tenuifolius* (Lindl.) Standl.

Arbustos o árboles pequeños, 4-5 m; tallos sin espinas. Hojas imparipinnadas, 20-36 cm; pecíolo 4.6-10 cm; folíolos 9-11, 7.8-13.6 × 1.8-6 cm, enteros, coriáceos, lanceolados a ovados, de un verde-gris olivo en el haz, más claros en el envés, con 9-14 venas secundarias por lado, ligeramente prominentes en ambas superficies, la nervadura terciaria reticulada, la base desigual, cuneada a atenuada, los márgenes ondulados, ligeramente revolutos, el ápice acuminado a largamente acuminado. Inflorescencias no vistas; sésiles. Infrutescencias 20.5-34 cm, con 50-60 frutos, laxas, abiertas, brillantes; pedúnculo 2.5-7 cm; brácteas hasta 0.75 mm; pedicelos 6-23 mm; flores no vistas. Fruto obovoide-globoso, 9-11 × 3.5-4 mm, el estilo subsésil. Fructificación feb. *Laderas boscosas.* Ch (*Laughlin 294*, F). 600-700 m. (México [Oaxaca, Veracruz], Mesoamérica?).

El ejemplar de Chiapas se asemeja a *Berberis tenuifolia*, pero esa especie de otra manera solo se conoce con certeza de los estados mexicanos de Oaxaca y Veracruz; se necesitan flores para confirmar su identidad y la distribución geográfica de la especie.

7. Berberis volcania (Standl. & Steyerm.) Marroq. & Laferr., *J. Arizona-Nevada Acad. Sci.* 30: 54 (1997). *Mahonia volcania* Standl. & Steyerm., *Publ. Field Mus. Nat. Hist., Bot. Ser.* 23: 6 (1943). Holotipo: Guatemala, *Standley 65221* (F!). Ilustr.: Morales, *Monogr. Syst. Bot. Missouri Bot. Gard.* 138: 54 (2020). N.v.: K'ante' (tzotzil), Ch; canchichi amarilla, G.

Mahonia racemosa Standl. & L.O. Williams ex Ant. Molina.

Arbustos o árboles pequeños, 1-5(-8) m; tallos sin espinas. Hojas imparipinnadas, (3.5-)8-15 cm; pecíolo (1-)2-3.5 cm; folíolos 5-13, (1.4-)2.5-4.8(-6) × (0.4-)1-2.6 cm, espinoso-aserrados, coriáceos, ovados a oblongo-ovados a oblongos, de color verde-olivo y lustrosos en el haz, pálidos en el envés, papilosos, con 5-7 venas secundarias por lado, planas en el haz, conspicuamente elevadas en el envés, la nervadura terciaria reticulada y conspicua sobre todo en el haz, la base redondeada a obtusa, los márgenes con 5-14 dientes por lado, revolutos, el ápice redondeado a obtuso y espinoso-mucronado; sésiles. Inflorescencias 3.2-6 cm, con 18-30 flores, a veces glaucas, racemosas; pedúnculo 0.6-1 cm; brácteas 1.8-4 mm; pedicelos 7-18 mm, bibracteolados; bractéolas hasta 3 mm; tépalos 15-18, hasta 12 mm; filamentos con dientes laterales en la parte apical, estos c. 0.5 mm. Fruto 6-9 × 4.5-8 mm, glauco, el estigma sésil o hasta 0.5 mm; semillas 2-4. Floración dic.-abr.; fructificación mar., ago.-sep. *Bosques de* Juniperus *sobre piedra caliza, bosques de* Pinus *y* Quercus, *páramos.* Ch (*Breedlove 34452*, MO); G (*Sharp 4627*, MO); CR (*Davidse 24954*, MO). 2100-3900 m. (Endémica).

Nombre excluido

Berberis rigidifolia Kunth ex DC., *Syst. Nat.* 2: 13 (1821). Sintipo: Posiblemente Colombia, *Bonpland s.n.* (P!).

En el mapa no. 50 de Ahrendt (1961), este nombre aparece con una flecha señalando a Nicaragua. Sin embargo, esta especie es estrictamente sudamericana.

57. RANUNCULACEAE

Descripción de la familia y clave genérica por F.R. Barrie.

Hierbas, subarbustos o bejucos, herbáceos o sufruticosos, anuales o perennes, a menudo rizomatosos; plantas dioicas o poligamodioicas; indumento, cuando presente, compuesto de tricomas simples. Hojas alternas, en verticilos o raramente opuestas (*Clematis*), simples o compuestas, estipuladas; pecíolos algunas veces envainadores o amplexicaules. Inflorescencias generalmente determinadas, las flores solitarias a numerosas, conspicuas o raramente inconspicuas; flores actinomorfas o zigomorfas, bisexuales o unisexuales; hipóginas; cáliz generalmente presente, sépalos 3-5 hasta numerosos, a menudo petaloides, a veces espolonados o cuculados; pétalos ausentes a numerosos, típicamente vistosos cuando presentes, con o sin glándulas nectaríferas adaxialmente, ocasionalmente espolonados; estambres 5-numerosos; carpelos 1-numerosos, libres o connados basalmente, los óvulos 1-numerosos por carpelo; estilo y estigma 1 por carpelo. Frutos en agregados de aquenios con una sola semilla, un aquenio solitario, o 1-varios folículos con pocas a muchas semillas, raramente abayados. Aprox. 50 gen. y 1800 spp., cosmopolita, pero más común en las regiones templadas y frías; 7 gen. y 30 spp. en Mesoamérica.

La familia está restringida en Mesoamérica, con la excepción de pocas especies en *Clematis*, a elevaciones altas. Las especies introducidas son comúnmente cultivadas como ornamentales y ocasionalmente se naturalizan localmente.

Bibliografía: Duke, J.A. *Ann. Missouri Bot. Gard.* 49: 144-153 (1962f [1963]). Pool, A. *Monogr. Syst. Bot. Missouri Bot. Gard.* 85: 2190-2192 (2001b). Standley, P.C. & Steyermark, J.A. *Fieldiana, Bot.* 24(4): 243-256 (1946q). Tamura, M. *Fam. Gen. Vasc. Pl.* 2: 563-583 (1993).

1. Bejucos; hojas opuestas. **3. Clematis**
1. Hierbas; hojas alternas o en verticilos.
  2. Flores con algunos o todos los pétalos espolonados; frutos 1-5 folículos con varias a numerosas semillas, libres o connados en la base.

3. Flores con 5 pétalos espolonados; folículos 3-5. **2. Aquilegia**
3. Flores con el sépalo superior y 2 de los pétalos superiores espolonados; folículo 1. **4. Consolida**
2. Flores con los pétalos no espolonados; fruto un agregado de aquenios o una cápsula inflada.
4. Flores y frutos con un verticilo de brácteas foliiformes subyacentes, disectadas en numerosos segmentos laciniados; fruto una cápsula. **5. Nigella**
4. Flores y frutos sin verticilo de brácteas foliiformes subyacentes; fruto un agregado de aquenios.
5. Flores generalmente amarillo brillante; pétalos presentes, con una glándula nectarífera cerca de la base adaxialmente. **6. Ranunculus**
5. Flores rosadas, blancas o verdosas; pétalos ausentes; sépalos petaloides.
6. Hojas 3-lobadas o ternadas; inflorescencia con pocas flores; sépalos blancos o rosados, prominentes; estambres mucho más cortos que los sépalos. **1. Anemone**
6. Hojas 2-4 veces ternadas; inflorescencia con muchas flores; sépalos verdosos; estambres típicamente más largos y más prominentes que los sépalos. **7. Thalictrum**

1. Anemone L., nom. & typ. cons.

Por F.R. Barrie.

Hierbas perennes, erectas, rizomatosas o a partir de un cáudice simple (Mesoamérica); indumento de tricomas simples; tallos 1-varios. Hojas basales o caulinares, las hojas basales alternas, compuestas o palmadamente lobadas o incisas, las hojas caulinares reducidas, en verticilos, o 2 o 3 subyacentes a la inflorescencia. Inflorescencias terminales, con 1-varios pedúnculos alargados sosteniendo una sola flor; flores bisexuales, actinomorfas; sépalos 4-20, petaloides; pétalos ausentes; estambres numerosos; receptáculo globoso o cilíndrico; carpelos numerosos; estilo corto a alargado; estigma diminuto. Aquenios con el estilo generalmente persistente. Aprox. 100 spp., distribuidas en las zonas templadas y montanas de Europa, Asia y Norteamérica; 2 spp. en Mesoamérica. 1 sp. nativa y otra naturalizada.

Bibliografía: Hoot, S.B. et al. *Syst. Bot.* 19: 169-200 (1994).

1. Sépalos 5-20, 15-30 mm; estambres 100-150. **1a. A. hupehensis** var. **japonica**
1. Sépalos 5, raramente algunos más, 7-12 mm; estambres 40-60. **2. A. mexicana**

1. Anemone hupehensis (Lemoine) Lemoine, *Lemoine's Cat.* 176: 40 (1910). *Anemone japonica* (Thunb.) Siebold & Zucc. var. *hupehensis* Lemoine, *Lemoine's Cat.* 170: 42 (1908). Tipo: no conocido. Ilustr.: Wu et al., *Fl. China Ill.* 6: 283, t. 283, f. 1-3 (2003).

1a. Anemone hupehensis (Lemoine) Lemoine var. **japonica** (Thunb.) Bowles & Stearn, *J. Roy. Hort. Soc.* 72: 265 (1947). *Atragene japonica* Thunb., *Syst. Veg., ed. 14* 511 (1785). Tipo: Japón, *Thunberg s.n.* (UPS-THUNB-[nr] 12998, foto!). Ilustr.: Lindley, *Edwards's Bot. Reg.* 31: t. 66 (1845), como *Anemone japonica.*

Anemone hybrida Miq. ex Pritz. var. *japonica* (Thunb.) Ohwi, *A. japonica* (Thunb.) Siebold & Zucc. non Houtt., *A. nipponica* Merr., *A. vitifolia* Buch.-Ham. ex DC. var. *japonica* (Thunb.) Finet & Gagnep., *Eriocapitella japonica* (Thunb.) Nakai.

Tallos 20-40 cm, pilosos. Hojas basales ternadas, los folíolos 6-14 × 6-14 cm, ovados o 3-lobados, pilosas sobre ambas superficies, la base ampliamente cuneada, los márgenes gruesamente serrados; pecíolos apicales 5-35 cm, pilosos. Inflorescencias con 1-varias flores; pedúnculos 6-10 cm, vellosos; flores 5-6 cm de diámetro; sépalos 5-20, 15-30 × 10-20 mm, elípticos u obovados, blancos a rosados, pilosos, el ápice obtuso o redondeado; estambres 100-150, 3-5 mm; receptáculo globoso. Frutos 0.5-1 mm, elipsoides. *Cultivada y naturalizada, matorrales húmedos y bosques secundarios.* G (*Williams et al. 43212*, F). c. 1450 m. (Nativa de Asia; ampliamente cultivada en todo el mundo).

Anemone hupehensis var. *japonica* es una variedad cultivada desarrollada hace siglos en China o Japón a partir de la especie china *A. hupehensis*, difiriendo del tipo silvestre en sus flores parcialmente duplicadas.

2. Anemone mexicana Kunth ex DC., *Syst. Nat.* 1: 210 (1818 [1817]). Holotipo: México, estado desconocido, *Bonpland 4247* (P). Ilustr.: no se encontró.

Anemonidium mexicanum (Kunth ex DC.) Starod.

Tallos 20-40 cm, escasamente pilosos. Hojas ternadas, los folíolos 6.5-12 × 3.7-7 cm, ovados, variadamente lobados o incisos, escasamente pilosos, la base cuneada, los márgenes gruesamente serrados, el ápice acuminado; pecíolos de las hojas basales 20-25 cm, pilosos, a menudo vellosos en la base. Inflorescencias con 1 o 2(-4) flores, los pedúnculos 4-12 cm; flores blancas matizadas con rosado; sépalos 5, raramente más, 7-12 × 5-7 mm, obovados a elípticos, escasamente pilosos abaxialmente; estambres 40-60, 2-4 mm, receptáculo alargado; carpelos 8-12, glabros. Frutos 2-3 mm, ovoides. *Pendientes secas.* Ch (*Breedlove 15080*, F); G (*Steyermark 48448*, F). 2400-3000 m. (México [Edo. México, Guanajuato, Guerrero, Michoacán, Oaxaca, Querétaro, Veracruz], Mesoamérica).

2. Aquilegia L.

Por F.R. Barrie.

Hierbas rizomatosas, perennes; tallos 1-varios, erectos. Hojas alternas, basales o caulinares, las caulinares típicamente reducidas; 2 o 3-ternado-compuestas, cartáceas, los folíolos lobados o incisos; pecíolo con la base envainadora. Inflorescencia de una flor terminal única, o de varias flores laterales; flores bisexuales, actinomorfas; sépalos 5, unguiculados; pétalos 5, prominentemente espolonados; estambres numerosos; carpelos (3-)5(-15), libres o connados basalmente, los óvulos numerosos; estilos simples. Fruto un folículo, típicamente rostrado; semillas varias. Aprox. 70 spp., distribuidas en las regiones templadas y montanas de Europa, Asia y Norteamérica, extendiéndose a elevaciones altas al sur hasta Chiapas; 1 sp. en Mesoamérica.

Bibliografía: Munz, P.A. *Gentes Herbarum* 7: 1-150 (1949 [1946]). Payson, E.B. *Contr. U.S. Natl. Herb.* 20: 133-157 (1917-1925 [1918]).

1. Aquilegia skinneri Hook., *Bot. Mag.* 68: t. 3919 (1842). Lectotipo (designado aquí): Hooker, *Bot. Mag.* 68: t. 3919 (1842). Ilustr.: Hooker, *Bot. Mag.* 68: t. 3919 (1842).

Aquilegia canadensis L. subsp. *skinneri* (Hook.) Brühl.

Tallos 30-50 cm, escasamente pilosos. Hojas basales y caulinares, las basales 15-30 cm, 2-ternadas, los folíolos 2-2.5 cm, ampliamente ovados, 3-lobados o 3-partidos, los lóbulos redondeados, pilosos en el envés, la base cuneada u obtusa; pecíolos 8-16 cm, pilosos. Inflorescencia una flor única, terminal o con 2 o 3 adicionales a partir de las axilas de las hojas caulinares; pedúnculos 5-15 cm; sépalos 15-20 × 3-4 mm, ovados a lanceolados, el ápice acuminado; pétalos 40-55 mm, la lámina amarillo-verde, los espolones rojos, levemente curvados, el extremo en forma de bastón, abaxialmente pubescente; estambres numerosos; carpelos (3-)5, connados en la base; estilos 10-20 mm. Frutos 15-25 × 2-4 mm, los estilos persistentes; semillas 25-30, c. 2 mm, elípticas. *Bosques de* Juniperus, Pinus *y* Abies. Ch (*Zamora & Barquín 954*, F). c. 3000 m. (México [Chihuahua, Durango, Hidalgo, Jalisco, Nuevo León, Sonora], Mesoamérica).

Aquilegia skinneri es más común en el norte de México; la colección de Chiapas fue la única que se estudió de Mesoamérica. Standley & Steyermark (1946q: 245) expresaron sus dudas de que la especie estuviese presente en Guatemala. Sin embargo, la descripción e ilustración de Hooker de *A. skinneri* fueron hechas de especímenes vivos creciendo en Inglaterra de material colectado por George Skinner, reportado de Guatemala. Al momento no existe una colección tipo en el herbario de Kew, y posiblemente nunca se haya hecho.

3. Clematis L.

Por F.R. Barrie.

Bejucos leñosos o sufruticosos, perennes; plantas dioicas o bisexuales; tallos leñosos o herbáceos, a menudo acostillados. Hojas opuestas, simples o más comúnmente ternadas o pinnaticompuestas. Inflorescencias terminales o axilares, las cimas con pocas a muchas flores, paniculadas, compuestas o las flores solitarias; flores bisexuales o unisexuales; sépalos 4, 6 u 8, petaloides, pequeños y relativamente inconspicuos a grandes y vistosos; pétalos ausentes; estambres numerosos, los filamentos comprimidos; estaminodios presentes en flores estaminado-estériles; carpelos varios a muchos; estilo generalmente plumoso, alargándose en fruto. Fruto un aquenio, terete o variadamente comprimido, el estilo persistente y prominente. Aprox. 300 spp., de amplia distribución mundial, excepto Australia; 8 spp. en Mesoamérica.

Clematis incluye muchas especies ornamentales populares, típicamente con sépalos grandes vistosos de color azul, morado, rojo, amarillo o blanco. Los taxones nativos a Mesoamérica pertenecen a *C.* subg. *Clematis* y comparten los caracteres de hábito dioico (unas pocas flores bisexuales ocasionalmente vistas en *C. dioica* y *C. grossa*), las hojas compuestas, las inflorescencias compuestas con muchas flores y las flores con 4 sépalos pequeños, blancos o verdes.

Bibliografía: Moreno, N.P. *Taxon. Revis.* Clematis *subg.* Clematis *(Ranunculaceae) Lat. Amer. and Caribbean.* Unpublished Ph.D. thesis, Rice Univ., Houston: 1-246 (1993). Wang, W.-T. *Acta Phytotax. Sin.* 42: 1-72 (2004).

1. Hojas maduras ternadas.
  2. Hojas glabras o con algunos tricomas cerca de la base de los folíolos; folíolos subcoriáceos o coriáceos, brillantes. **3. C. dioica**
  2. Hojas uniformemente pubescentes o puberulentas; folíolos cartáceos, no brillantes.
    3. Carpelos más de 25; aquenios elípticos a fusiformes; creciendo a elevaciones por debajo de 1300 m. **6. C. polygama**
    3. Carpelos menos de 25; aquenios ampliamente ovados a suborbiculares u orbiculares, creciendo a elevaciones de 1200-3000 m.
      4. Inflorescencias generalmente con segmentos terminales umbeliformes; pedicelos generalmente con un verticilo de brácteas subyacentes; bractéolas ausentes; Costa Rica. **7. C. populifolia**
      4. Inflorescencias con segmentos terminales cimosos o umbeliformes; pedicelos con un par de brácteas subyacentes; típicamente con un par de bractéolas insertas a lo largo del pedicelo; México a Honduras. **8. C. rhodocarpa**
1. Hojas maduras con 5 o más folíolos (hojas subyacentes a inflorescencias distales algunas veces ternadas).
  5. Hojas maduras generalmente bipinnadas, con uno o ambos pares de folíolos laterales trifoliolados. **1. C. acapulcensis**
  5. Hojas maduras pinnadas; todos los folíolos simples, algunas veces 3-lobados.
    6. Folíolos gruesamente dentados o serrados; segmentos terminales de las inflorescencias umbeliformes. **4. C. grossa**
    6. Folíolos enteros o con 1-10 dientes por lado; segmentos terminales de las inflorescencias cimosos.
      7. Folíolos enteros o con 2-10 dientes por lado, el ápice agudo; Chiapas y Guatemala. **2. C. caleoides**
      7. Folíolos enteros o con 1 o 2 dientes por lado, el ápice acuminado; Panamá y Costa Rica. **5. C. guadeloupae**

1. Clematis acapulcensis Hook. & Arn., *Bot. Beechey Voy.* 410 (1841 [1840]). Holotipo: México, Guerrero, *Sinclair s.n.* (K). Ilustr.: Wang, *Acta Phytotax. Sin.* 42: 48, t. 13A-C (2004).

Clematis americana Mill. var. *acapulcensis* (Hook. & Arn.) K.C. Davis, *C. barrancae* M.E. Jones, *C. dioica* L. var. *acapulcensis* (Hook. & Arn.) Grey-Wilson, *C. dioica* subsp. *acapulcensis* (Hook. & Arn.) Kuntze, *C. stipulata* Kuntze.

Bejucos leñosos hasta 5 m; tallos acostillados, verdes a pardo-rojizos, glabrescentes a pilosos o estrigosos, los tricomas blancos. Hojas 2-ternadas o 2-pinnadas, a menudo ternadas subyacentes a la inflorescencia, los folíolos 9-15, 2-10 × 1.5-6.5 cm, ovados o lanceolados, cartáceos, glabrescentes a escasamente seríceos, los tricomas c. 0.3 mm, la base redondeada a cordada, los márgenes enteros o con 1 o 2 dientes por lado cerca del ápice, el ápice agudo a acuminado; pecíolos 3-9 cm; peciólulos 0.5-3.5 cm, glabrescentes o escasamente pilosos. Inflorescencias axilares, compuestas, los segmentos terminales umbeliformes; raquis 5-50 cm; flores 20-150; brácteas apareadas cerca de la base de la inflorescencia, simples o 3-folioladas, ausentes en las ramificaciones de órdenes superiores; pedicelos 10-25 mm; bractéolas ausentes; sépalos 5-9 × 1-4 mm, obovados a oblanceolados, uniformemente pilosos abaxialmente, pilosos solo sobre el 1/2 distal adaxialmente; flores estaminadas con 40-65 estambres, 4-8 mm, los carpelodios 8-15, c. 1 mm; flores pistiladas con 30-50 estaminodios, 3-7 mm, los carpelos 15-30, 0.5-1 mm. Frutos 3-4.5 × 2-2.5 mm, ampliamente elipsoides a oblongoides, comprimidos, pardo-rojizos, seríceos; borde c. 0.2 mm de ancho; estilo 2.5-6.5 cm, los tricomas 3-4 mm. *Bosques húmedos tropicales, bosques de* Pinus-Quercus. Ch (*Breedlove 20229*, MO); G (*Kellerman 7080*, F); H (*Croat & Hannon 64170*, MO); ES (*Villacorta & Reyna de Aguilar 727*, MO); N (*Rueda et al. 3925*, MO); CR (*Estrada 355*, MO); P (*Folsom et al. 7230*, MO). 0-1800 m. (México [Cd. México, Edo. México, Guerrero, Jalisco, Michoacán, Morelos, Nayarit, Oaxaca, San Luis Potosí, Sinaloa, Tamaulipas, Veracruz], Mesoamérica).

2. Clematis caleoides Standl. & Steyerm., *Publ. Field Mus. Nat. Hist., Bot. Ser.* 23: 52 (1944). Holotipo: Guatemala, *Standley 58732* (F). Ilustr.: Wang, *Acta Phytotax. Sin.* 42: 27, t. 7E-F (2004).

Bejucos leñosos hasta 5 m; tallos sulcados, pardos a rojizos, glabros o escasamente pilosos. Hojas pinnadas, los folíolos 5, 5-13.5 × 2.5-8.5 cm, ovados a lanceolados, cartáceos, glabros sobre ambas superficies o con algunos tricomas a lo largo de las venas, la base redondeada, los márgenes enteros o con 2-10 dientes por lado, el ápice agudo; pecíolos 2-8 cm; peciólulos 1-3 cm, glabrescentes o escasamente pilosos. Inflorescencias terminales y axilares, compuestas, los segmentos terminales cimosos; raquis 5-35 cm; flores 25-100; brácteas 1-10 cm, ovadas o lanceoladas; pedicelos 1-2 cm; bractéolas ausentes o presentes en pares; sépalos 5-8 × 1.5-2 mm, obovados u oblanceolados, seríceos abaxialmente, pilosos solo en el 1/2 distal adaxialmente; flores estaminadas con c. 30 estambres, 3-5 mm, los carpelodios 10-12, c. 1 mm; flores pistiladas con 20-25 estaminodios, 2-4 mm, los carpelos c. 1 mm, 8-12. Frutos 3.5-4 × 2.5-3 mm, ovoides a suborbiculares, pardo oscuro, seríceos a escasamente pilosos; borde c. 0.2 mm de ancho; estilo 2-3 cm. *Bosques montanos de neblina, bosques de* Abies *y bosques de* Quercus. Ch (*Breedlove 33558*, F); G (*Molina R. 21261*, F). 1600-3000 m. (Endémica).

3. Clematis dioica L., *Syst. Nat., ed. 10* 2: 1084 (1759). Lectotipo (designado por Lourteig, 1956): *Browne Herb. Linn. 712.8* (LINN). Ilustr.: Wang, *Acta Phytotax. Sin.* 42: 16, t. 4A-C (2004).

Clematis americana Mill., *C. dioica* L. subsp. *americana* (Mill.) Kuntze, *C. glabra* DC., *C. virginiana* L. var. *dioica* (L.) Kuntze, *C. virginiana* subsp. *dioica* (L.) Voss.

Bejucos leñosos hasta 5 m; tallos teretes o sulcados, pardos o rojo oscuro, glabros o escasamente pilosos, los tricomas diminutos y agrupados en los nudos. Hojas ternadas, los folíolos 5-9 × 2-7 cm, ovados a cordiformes, subcoriáceos o coriáceos, el haz brillante, ambas superficies glabras o con algunos tricomas cerca de la base, la base redondeada a subcordada, los márgenes enteros o con 1 o 2 dientes diminutos por lado, el ápice agudo a acuminado; pecíolos 3-7 cm; peciólulos 0.7-3 cm, glabrescentes. Inflorescencias terminales y axilares, una cima con 3 flores o más comúnmente una panícula compuesta, los segmentos terminales cimosos; raquis 5-35 cm; flores (3-)20-100; brácteas apareadas cerca de la base de la inflorescencia, generalmente 3-folioladas; brácteas subyacentes a pedicelos simples, 1-3 mm, lanceoladas; pedicelos 1-4 cm, gráciles; bractéolas ausentes o en pares insertadas cerca del 1/2 del pedicelo; sépalos 4-10 × 2-5 mm, obovados a oblanceolados, pilosos sobre ambas superficies; flores estaminadas con 30-50 estambres, 4- 8 mm; flores pistiladas con 25-40 estaminodios, los carpelos 15-25, c. 6 mm. Frutos c. 4 × 1.5 mm, fusiformes, pardo-rojizos, seríceos o hírtulos; borde ausente o c. 0.2 mm de ancho; estilo 4-6 mm. *Bosques tropicales deciduos, áreas alteradas.* Y (*Schott 711*, F); C (*Burgos 40*, F); QR (*Millspaugh 1505*, F); B (*Gentle 626*, F). 0-300 m. (Mesoamérica, Cuba, La Española, Jamaica, Puerto Rico).

Clematis dioica tiene una distribución caribeña, encontrándose en Mesoamérica solo en la península de Yucatán. Se caracteriza por las hojas ternadas, glabrescentes con folíolos brillantes y enteros. Como fue anotado por Moreno (1993), a menudo el nombre *C. dioica* ha sido aplicado en sentido amplio para incluir a varios taxones con hojas ternadas y 2-pinnadas, incluyendo las especies mesoamericanas *C. acapulcensis*, *C. polygama*, *C. populifolia* y *C. rhodocarpa*.

Los especímenes *Crane 69* (TEX) reportado por Moreno (1993), y *Lundell 143* (US) y *Castillo 45* (GH) por Wang (2004) como provenientes de Honduras fueron en realidad colectados en Belice.

4. Clematis grossa Benth., *Pl. Hartw.* 33 (1839 [1840]). Lectotipo (designado aquí): México, Chiapas, *Hartweg 266* (K-[cb] K000220107!). Ilustr.: Wang, *Acta Phytotax. Sin.* 42: 28, t. 8A-B (2004).

Bejucos sufruticosos hasta 10 m o más; tallos sulcados, pardos o amarillo-pardos, escasa a densamente pilosos, los tricomas blancos o amarillos. Hojas pinnadas, los folíolos 5(-7), 2-12 × 1.7-9 cm, deltoides a ampliamente ovados u ovados, asimétricos, a menudo 3-lobados, cartáceos a subcoriáceos, verde oscuro en el haz, más pálidos en el envés, escasamente seríceos en el haz, escasa a densamente pilosos o seríceos en el envés, la base cordada, los márgenes gruesamente dentados o serrados, el ápice agudo a acuminado; pecíolos 2.5-9 cm, pilosos; peciólulos 0.5-2.5 cm. Inflorescencias terminales y axilares, compuestas, los segmentos terminales umbeliformes; raquis 5-40 cm; flores 10-150; brácteas de las ramas mayores ovadas a lanceoladas; brácteas en las bases de los pedicelos 1-3 mm, lanceoladas, formando involucros; pedicelos 0.5-2.5 cm; bractéolas en pares insertadas cerca del 1/2 del pecíolo; sépalos 5-9 × 1.5-3 mm, ovados o lanceolados, blancos a blanco-verdosos, pilosos adaxialmente, tomentosos abaxialmente; flores estaminadas con 25-65 estambres, 4-14 mm; flores pistiladas con 20-40 estaminodios, los carpelos 10-30. Frutos 2-5-3.3 × 1.5-2 mm, elípticos a ovados, seríceos; borde c. 0.2 mm de ancho; estilos 2-5 cm, los tricomas 3-4 mm. *Bosques montanos deciduos, bosques de neblina, áreas alteradas.* Ch (*Ton 2027*, F); B (*Schipp 1145*, MO); G (*Williams et al. 21817*, F); H (*Edwards P-728*, MO); ES (*Tucker 757*, MICH); N (*Stevens 11479*, MO); CR (*Haber 1131*, MO); P (*Wilbur et al. 10922*, MO). 900-3000 m. (México [Cd. México, Edo. México, Hidalgo, Jalisco, Michoacán, Morelos, Nayarit, Oaxaca, Puebla, Querétaro, San Luis Potosí, Tamaulipas, Veracruz], Mesoamérica).

5. Clematis guadeloupae Pers., *Syn. Pl.* 2: 99 (1806). Holotipo: Guadalupe, *Badier 138* (P-LA). Ilustr.: Wang, *Acta Phytotax. Sin.* 42: 32, t. 9C-E (2004).

Clematis caracasana Kunth ex DC., *C. caripensis* Kunth, *C. guadeloupae* Pers. var. *medusaea* (Planch. & Linden) N.P. Moreno ex P.E. Berry, *C. medusaea* Planch. & Linden.

Bejucos leñosos hasta 10 m o más; tallos acostillados, glabrescentes o tomentulosos, pardo-rojizos, los tricomas blancos. Hojas pinnadas, los folíolos 5 o 7, 3-12 × 3-6.5 cm, lanceolados a ovados, cartáceos, glabrescentes o tomentulosos sobre una o ambas superficies, a menudo más densamente así a lo largo de las venas, la base redondeada a subcordada, los márgenes enteros o con 1 o 2 dientes por cada lado, el ápice acuminado; pecíolos 5-11 cm; peciólulos 1-3.5 cm, glabrescentes o tomentulosos. Inflorescencias terminales o axilares, compuestas, los segmentos terminales 2-cimosos; raquis 5-50 cm; pedúnculos 3-20 cm; flores (15-)40-200; brácteas apareadas en la base de las ramas laterales, 10-25 mm, ovado-lanceoladas, los márgenes enteros o con 1 o 2 dientes; pedicelos 1-5 cm, alargándose en fruto; sépalos 5-9 × 2-2.5 mm, obovados, pilosos sobre ambas superficies; flores estaminadas con 30-60 estambres, 3-6 mm; flores pistiladas con 20-50 estaminodios; receptáculo globoso; carpelos 25-60. Frutos 4-5 × 1-2 mm, fusiformes, comprimidos dorsalmente, pardos a pardo-rojizos; borde c. 0.2 mm de ancho; estilos 3-6 cm, los tricomas 2-5 mm. *Bosques tropicales húmedos.* CR (*Haber & Cruz 5547*, MO); P (*Sytsma 1189*, MO). c. 900 m. (Mesoamérica, Colombia, Venezuela, Ecuador, Perú, Bolivia, Brasil, Paraguay, Argentina, Antillas).

6. Clematis polygama Jacq., *Enum. Syst. Pl.* 24 (1760). Lectotipo (designado aquí): Cuba, *Jacquin s.n.* (BM-[cb] BM000559536). Ilustr.: Wang, *Acta Phytotax. Sin.* 42: 18, t. 5G-I (2004).

Atragene polygama (Jacq.) Jacq., *Clematis mociniana* G. Don, *C. polycephala* Bertol., *C. rufa* Rose.

Bejucos leñosos hasta 10 m o más; tallos sulcados, escasa a moderadamente pilosos, los tricomas blancos o amarillos. Hojas ternadas, los folíolos 5-11 × 2-8 cm, lanceolados a ampliamente ovados, cartáceos, dispersamente seríceos en el haz, escasa a densamente seríceos en el envés, los tricomas blancos o amarillos, la base redondeada a subcordada, los márgenes enteros o más comúnmente con 2-8 dientes por lado, agudos o redondeados, el ápice agudo a acuminado; pecíolos 3-13 cm; peciólulos 0.5-3.5 cm, pilosos o estrigosos. Inflorescencia axilar, compuesta, paniculada, los segmentos terminales umbeliformes; raquis 3-40 cm, piloso; flores 5-120; brácteas de las ramas principales apareadas, lanceoladas a espatuladas, las brácteas subyacentes a pedicelos de 3-9 mm, lanceoladas, involucrales; pedicelos 1-3 cm; bractéolas ausentes; sépalos 8-11 × 2-4 mm, verdes o blancos, pilosos sobre ambas superficies, los tricomas amarillos; flores estaminadas con 30-70 estambres, 7-10 mm; flores pistiladas con estaminodios; receptáculo globoso, los carpelos 20-60. Frutos c. 4 × 1.5-2 mm; elípticos a fusiformes, ligeramente aplanados; pardos a pardo-rojizos, escasamente seríceos; borde 0.1-0.2 mm de ancho; estilo 4-6 mm, los tricomas 3-4 mm. *Bosques tropicales deciduos.* T (*Ventura 20928*, MO); Ch (*Davidse et al. 29909*, MO); C (*Lundell 1133*, F); QR (*Téllez & Cabrera 1216*, MO); B (*Arvigo & Shropshire 193*, MO); G (*Kellerman 7118*, F); H (*Saunders 871*, F); N (*Atwood et al. 6831*, F); CR (*Gómez 19638*, F); P (*Allen 2062*, MO). 0-1300 m. (México [Hidalgo, Morelos, Oaxaca, Puebla, San Luis Potosí, Tamaulipas, Veracruz], Mesoamérica, Cuba, Jamaica, Puerto Rico).

La elección del lectotipo fue hecha por Moreno (1993: 182) en su disertación de doctorado que aún no ha sido publicada. La designación es efectivamente publicada aquí.

7. Clematis populifolia Turcz., *Bull. Soc. Imp. Naturalistes Moscou* 27: 272 (1854). Isotipo: Venezuela, *Funck & Schlim 790* (P, imagen en Internet!). Ilustr.: Wang, *Acta Phytotax. Sin.* 42: 18, t. 5D-F (2004).

Bejucos leñosos hasta 10 m o más; tallos ligeramente sulcados; escasamente pilosos, rojizos a amarillo-pardos. Hojas ternadas, los folíolos 5.5-13 × 3-9.5 cm, ovados a lanceolados, cartáceos, escasamente seríceos a glabrescentes en el haz, escasa a densamente seríceos en el envés, más densamente así a lo largo de las venas, la base redondeada a subcordada, los márgenes enteros, el ápice acuminado; pecíolos 4-11 cm; peciólulos 0.7-3 cm, seríceos a glabrescentes. Inflorescencia axilar, compuesta, los segmentos terminales umbeliformes o menos comúnmente cimosos; raquis 10-30 cm; escasamente piloso; flores 10-100; brácteas en los nudos de las ramas principales apareadas, 4-5 × 2-3 mm, lanceoladas a elípticas; brácteas subyacentes a los pedicelos, apareadas o involucrales, lanceoladas a oblanceoladas; pedicelos 1-3 cm; estrigosos; sépalos 7-10 × 2-4 mm; oblanceolados a obovados; blancos a blanco-verdosos; tomentosos sobre ambas superficies, los tricomas blancos a amarillos; flores estaminadas con 35-50 estambres, 3-7 mm; flores pistiladas con estaminodios, los carpelos 8-25. Frutos 3-4 × 2.5-3.5 mm, ampliamente ovados a orbiculares, hírtulos; borde c. 0.3 mm de ancho; estilos no conocidos. *Bosques montanos bajos lluviosos a bosques de neblina*. CR (*Skutch 3478*, US). 1600-2300 m. (Mesoamérica, Colombia, Venezuela, Ecuador).

8. Clematis rhodocarpa Rose, *Contr. U.S. Natl. Herb.* 10: 95 (1906). Holotipo: México, Oaxaca, *Pringle 4770* (US). Ilustr.: Wang, *Acta Phytotax. Sin.* 42: 18, t. 5A-C (2004).

Clematis pubescens Benth. non Hügel ex Endl.

Bejucos sufruticosos hasta 5 m; tallos sulcados, amarillos a pardo-rojizos; escasa a moderadamente pilosos o tomentosos, los tricomas blancos, a menudo tortuosos. Hojas ternadas, los folíolos 3-13 × 1-6.5 cm, ovados a lanceolados, cartáceos, glabrescentes en el haz, o escasamente seríceos sobre ambas superficies, los tricomas c. 0.5 mm, blancos, más densos a lo largo de las venas, la base redondeada a cordada, los márgenes enteros a serrados; pecíolos 2-6 cm, estrigosos; peciólulos 0.5-3 cm. Inflorescencias terminales y axilares, compuestas, los segmentos terminales cimosos o umbeliformes; raquis 0.5-16 cm; flores 5-45; brácteas de las ramas principales 1-6 cm, ovadas o lanceoladas, las de las ramas de orden superior c. 0.4 cm, lanceoladas a ovadas u oblanceoladas; pedicelos 0.5-2 cm; bractéolas en pares, insertadas a lo largo del pedicelo; sépalos 5.5-9 × 2-3 mm, blanco-verdosos a blancos, oblanceolados a obovados, seríceos o pilosos sobre ambas superficies; flores estaminadas con 25-60 estambres, 3-9 mm; flores pistiladas con 20-50 estaminodios, los carpelos 7-16, 4-5 mm. Frutos 3.5-5 × 2.5-3 mm, ampliamente ovados a suborbiculares, pardo-rojizos; borde 2.5-3 mm de ancho; estilos 2-6 cm. *Bosques montanos deciduos, bosques siempreverdes, bosques de* Pinus-Quercus. Ch (*Cabrera & Cabrera 3678*, MO); G (*Proctor 25520*, MO); H (*Pilz & Pilz 1312*, MO). 1200-3000 m. (México [Cd. México, Chihuahua, Edo. México, Guerrero, Hidalgo, Jalisco, Michoacán, Morelos, Oaxaca, Puebla, Querétaro, Sinaloa, Veracruz, Zacatecas], Mesoamérica).

4. Consolida (DC.) Gray

Delphinium L. sect. *Consolida* DC.

Por F.R. Barrie.

Hierbas anuales; tallos simples o con varias ramas ascendentes. Hojas basales y caulinares, alternas, pecioladas cerca de la base, llegando a ser sésiles o subsésiles distalmente, muy ampliamente ovadas, las láminas palmatilobadas, los lóbulos disectados en numerosos segmentos lineares a oblongos. Inflorescencias en racimos terminales; brácteas simples o disectadas; flores bisexuales, zigomorfas; bractéolas a menudo alejadas de la base de la flor; sépalos 5, petaloides, el sépalo más alto prolongado en un espolón, los otros 4 elípticos a lanceolados; pétalos 2, connados y formando una sola estructura con 1-3 lóbulos, espolonados, el espolón insertado en el sépalo superior; estambres numerosos; carpelos 1; óvulos numerosos. Fruto un folículo; semillas numerosas, pardas o negras. Aprox. 40 spp., nativo de Europa y Asia, muchas especies ampliamente cultivadas en todo el mundo como plantas ornamentales por sus flores vistosas; 1 sp. introducida en Mesoamérica.

Bibliografía: Munz, P.A. *J. Arnold Arbor.* 48: 159-202 (1967). Warnock, M.J. *Fl. N. Amer.* 3: 240-242 (1997).

1. Consolida ajacis (L.) Schur, *Verh. Mitth. Siebenburg. Vereins Naturwiss. Hermannstadt* 4: 47 (1853). *Delphinium ajacis* L., *Sp. Pl.* 531 (1753). Lectotipo (designado por Molero & Blanché, 1984): *Herb. Burser VII(1): 83* (UPS). Ilustr.: Warnock, *Fl. N. Amer.* 3: 243 (1997).

Consolida ambigua (L.) P.W. Ball & Heywood, *Delphinium ambiguum* L.

Tallos 25-80 cm, glabros a escasamente puberulentos, los tricomas 0.1-0.3 mm, blancos, patentes o recurvados. Hojas basales (no vistas) y caulinares, las láminas 3-7 × 3-7 cm, ampliamente ovadas a reniformes en contorno, los segmentos de los lóbulos 5-25 × 1-2 mm, lineares, glabros o escasamente puberulentos, los márgenes enteros; pecíolo 0-2 cm. Inflorescencias 20-50 cm, con 1-muchas ramificaciones, puberulentas, los tricomas 0.2-0.4 mm, patentes o recurvados; flores 5-20 por rama; brácteas más bajas disectadas y foliiformes, las brácteas superiores c. 10 mm, lineares; yemas pubescentes; pedicelos 5-30 mm, puberulentos; bractéolas 2, 1-6 mm, lineares, unidas 4-20 mm por debajo de la base de la flor; sépalos 10-15 × 8-12 mm, ovados a elípticos o ampliamente elípticos, el espolón del sépalo más alto 10-15 mm, recto o levemente curvado, los sépalos laterales e inferior unguiculados, azules o morados, raramente rosados o blancos, escasa a uniformemente puberulentos; pétalo 3-lobado, el lóbulo central 5-8 × 3-6 mm, el ápice hendido, los lóbulos laterales 3-6 × 3-6 mm, el ápice redondeado, color similar o levemente más pálido que los sépalos, escasamente puberulentos; estambres 5-7 mm, la mitad inferior de los filamentos ensanchada; carpelo puberulento. Frutos 10-15 × 5-7 mm, ovoides a elipsoides, el rostro 2-3 mm, puberulentos. *Cultivada, localmente escapada.* G (*Standley 62343*, F); H (*Valerio 3154*, F); ES (*Calderón 2385*, F); CR (*Smith 2779*, F). 800-2400 m. (Nativa de Europa y África; ampliamente cultivada en todo el mundo).

Standley & Steyermark (1946q: 249) reportaron una segunda especie de Guatemala, *Consolida orientalis* (J. Gay ex Des Moul.) Schrödinger (= *Delphinium orientale* J. Gay ex Des Moul.). Sin embargo, esa descripción de *C. orientalis* no es consistente con las descripciones de Munz (1967) o Warnock (1997), sino que más bien concuerda con el concepto de *C. ajacis* de esos autores. No se han visto especímenes en Mesoamérica que puedan ser identificados como *C. orientalis*.

5. Nigella L.

Por F.R. Barrie.

Hierbas, erectas o decumbentes, glabras o pubescentes. Hojas basales y caulinares, alternas, generalmente pinnatisectas, infrecuentemente ternadas, raramente simples; pecíolos presentes o reducidos a ausentes en las hojas caulinares. Inflorescencias terminales o axilares; flores solitarias, brácteas involucrales 5-7 o ausentes; flores bisexuales, radialmente simétricas, azules, amarillas, rosadas o blancas; sépalos 5-20, a menudo petaloides, unguiculados; pétalos 5-10 o ausentes, bilabiados, cuculados, con glándulas nectaríferas apicales; estambres 20-75; carpelos 2-10, el ápice alargado y rostrado. Fruto una cápsula, los estilos persistentes; semillas numerosas. Aprox. 20 especies, nativo de Europa, Asia y norte de África, varias especies cultivadas en todo el mundo como ornamentales; 1 sp. introducida en Mesoamérica.

Bibliografía: Zohary, M. *Pl. Syst. Evol.* 142: 71-107 (1983).

1. Nigella damascena L., *Sp. Pl.* 534 (1753). Lectotipo (designado por Zohary, 1983): *Herb. Linn. 700.1* (LINN). Ilustr.: Zohary, *Pl. Syst. Evol.* 142: 98, t. 8 (1983).

Hierbas hasta c. 50 cm; erectas, glabras excepto por los pétalos. Hojas 5-15 cm, las láminas ovadas o elípticas, pinnatisectas, los segmentos terminales filiformes; hojas caulinares cortamente pecioladas a subsésiles; flores terminales y axilares, brácteas filiformes, pinnatisectas, subyacentes y rodeando las flores y persistentes en el fruto; sépalos 10-25 × 5-15 mm, ovados, azules a blancos o rosados, el ápice agudo;

pétalos 2-5 mm, unguiculados, el lóbulo superior bilabiado, el nectario apical, generalmente con tricomas dispersos en los márgenes, el lóbulo inferior reducido, ovado; estambres 20-50; carpelos 5 o 10, connados más de la mitad de su longitud. Frutos 10-35 mm, inflados. *Cultivada, posiblemente naturalizada localmente*. G (*Standley 91221*, F); CR (*Valerio 119*, F). 1300-2000 m. (Nativa del SO de Asia; cultivada en todo el mundo).

Los especímenes vistos de Mesoamérica fueron colectados en jardines, pero *Nigella damascena* puede escapar localmente para formar pequeñas poblaciones efímeras.

6. Ranunculus L.

Halerpestes Greene.

Por F.R. Barrie.

Hierbas anuales o perennes, glabras o con tricomas simples; raíces fibrosas o tuberosas, a menudo fasciculadas; tallos erectos, decumbentes o rastreros, los estolones o rizomas a menudo presentes. Hojas basales y caulinares, alternas, simples o ternadas o pinnaticompuestas, las hojas basales patentes, pecioladas, las bases de las hojas a menudo envainadoras, las hojas caulinares similares a las hojas basales o reducidas o bracteadas y apecioladas. Inflorescencias cimosas, con 1-varias flores; flores bisexuales, actinomorfas, pediceladas; sépalos 5, patentes o reflexos, deciduos después de la antesis; pétalos (3-)5-numerosos, amarillo brillante o blancos, generalmente vistosos, abaxialmente con una glándula nectarífera cerca de la base; estambres numerosos; carpelos 5-numerosos. Fruto un aquenio, irregularmente ovado en contorno, a menudo comprimido lateralmente, el margen presente o ausente, la superficie lisa, variadamente foveolado, estriado o papiloso, generalmente con un rostro persistente. Aprox. 250 spp. distribuidas en las regiones boreales y templadas de Europa, Asia y Norteamérica y las regiones montañosas de los trópicos; 11 spp. en Mesoamérica.

Muchas especies de *Ranunculus* son acuáticas o se encuentran en pastizales húmedos o pantanos.

Bibliografía: Benson, L.D. *Amer. Midl. Naturalist* 40: 1-261 (1948). Duncan, T. *Univ. Calif. Publ. Bot.* 77: 1-125 (1980).

1. Hojas simples y no lobadas.
 2. Hojas hirsutas; raíces tuberosas. **3. R. donianus**
 2. Hojas glabras o con los márgenes ciliados; raíces fibrosas.
  3. Hojas lanceoladas o elípticas. **6. R. hydrocharoides**
  3. Hojas ovadas a ampliamente ovadas, obovadas o reniformes.
   4. Hojas con los márgenes uniformemente crenados o dentados, a menudo ciliados. **8. R. peruvianus**
   4. Hojas con los márgenes enteros, ondulados o irregularmente dentados.
    5. Hojas 0.5-1.5 cm, la base cordada. **1. R. cymbalaria**
    5. Hojas 1-4 cm, la base cuneada. **4. R. flagelliformis**
1. Hojas compuestas o, cuando simples, 3-lobadas.
 6. Plantas con estolones; raíces fibrosas.
  7. Folíolos disectados en numerosos segmentos lineares. **2. R. dichotomus**
  7. Folíolos incisos o 3-lobados.
   8. Sépalos reflexos; aquenios con el margen angosto o inconspicuo, las superficies papilosas. **5. R. geranioides**
   8. Sépalos patentes; aquenios con el margen prominente, las superficies lisas. **11. R. repens**
 6. Plantas sin estolones; raíces tuberosas.
  9. Folíolos con márgenes serrados; superficies de los aquenios papilosas, el rostro 1.5-5 mm. **9. R. petiolaris**
  9. Folíolos con márgenes lobados o incisos, los lóbulos redondeados u obtusamente agudos; superficies de los aquenios lisas, el rostro 1-2 mm.
   10. Sépalos patentes; pétalos 5-12, elípticos a obovados. **7. R. multicaulis**
   10. Sépalos reflexos; pétalos 10-20, obovados a oblanceolados. **10a. R. praemorsus var. amellus**

1. Ranunculus cymbalaria Pursh, *Fl. Amer. Sept.* 2: 392 (1814 [1813]). Holotipo: Estados Unidos, *Pursh s.n.* (PH, imagen en Internet!). Ilustr.: Whittemore, *Fl. N. Amer.* 3: 124 (1997).

Cyrtorhyncha cymbalaria (Pursh) Britton, *Halerpestes cymbalaria* (Pursh) Greene, *Oxygraphis cymbalaria* (Pursh) Prantl.

Hierbas estoloníferas, perennes; raíces fibrosas; glabras o con algunos tricomas toscos sobre los pecíolos o pedicelos. Hojas simples, 0.5-1.5 × 0.5-1.5 cm, ovadas, reniformes o elipsoides, la base cordada, los márgenes crenados o solo con 3 dientes apicales, el ápice redondeado; pecíolo 2-12 cm. Inflorescencias hasta c. 30 cm, erectas o ascendentes, con pocas flores; pedicelos 1-10 cm; sépalos 2-5 × 1.5-3 mm, elípticos, patentes, amarillo-verdosos; pétalos 5-12, 2-8 × 2-3 mm, obovados; estambres 10-30, 1-2 mm; carpelos 25-150; receptáculo cilíndrico. Infrutescencias cilíndricas; frutos 1-1.5 × 1-1.5 mm, comprimidos lateralmente, los márgenes acostillados, las superficies estriadas, el rostro c. 0. 3 mm, triangular, el extremo recto o ligeramente curvado. *Bordes pantanosos de lagos*. G (*Standley 90687*, F); CR (*McKee 11220*, F). 2500-3000 m. (Canadá, Estados Unidos, México [Cd. México, Coahuila, Durango, Edo. México, Michoacán, Oaxaca, Puebla, San Luis Potosí], Mesoamérica, Colombia, Ecuador, Perú, Bolivia, Uruguay, Chile, Argentina, Europa, Asia, Groenlandia).

2. Ranunculus dichotomus DC., *Syst. Nat.* 1: 288 (1818 [1817]). Lectotipo (designado por McVaugh, 2000): *Sessé & Mociño*, Ilustr. Hunt Inst. 6331.0857. Ilustr.: Duncan, *Univ. Calif. Publ. Bot.* 77: 70, t. 38 (1980).

Ranunculus pinnatus Sessé & Moc. non Poir.

Hierbas estoloníferas, perennes, hasta 60 cm; raíces fibrosas; tallos glabros o seríceos, los tricomas 1-1.5 mm. Hojas pinnaticompuestas, la lámina 6-15 × 4-6 cm, elíptica, los folíolos 3-7, 3-15 × 3-6 cm, disectados en numerosos segmentos lineares, glabros a uniformemente seríceos, los tricomas 1-1.5 mm; pecíolo 7-30 cm, delgado, glabro a seríceo. Inflorescencias con 1-3 flores; pedicelos 5-10 cm; sépalos 6-9 × 3-6 mm, reflexos, ovados, el ápice agudo; pétalos 5-10, 7-12 × 5-10 mm, obovados, amarillos; estambres 30-80, 4-6 mm; carpelos 40-100; receptáculo globoso. Infrutescencias globosas o subglobosas; frutos 2-4 × 1.5-3 mm, comprimidos, el margen inconspicuo o ausente, las superficies foveoladas, el rostro 1.3-3 mm, recto, atenuado desde la base. *Pastizales húmedos, pantanos*. G (*Breedlove 11461*, F); ES (*Cerén et al. 2693*, MHES). 1500-2400 m. (México [Cd. México, Edo. México, Hidalgo, Michoacán, Oaxaca, Puebla, Veracruz], Mesoamérica, Colombia, Ecuador, Perú).

3. Ranunculus donianus Pritz. ex Walp., *Repert. Bot. Syst.* 2: 740 (1843). *Ranunculus humilis* D. Don ex G. Don, *Gen. Hist.* 1: 34 (1831) non Pers. (1807 [1806]) nec Collie ex Hook. (1841 [1830]). Sintipo: México, estado desconocido, *Sessé & Mociño 2309* (MA-[cb] MA600945, imagen en Internet!). Ilustr.: no se encontró.

Hierbas acaulescentes o subcaulescentes, perennes, hasta 4 cm de altura; raíces tuberosas; hojas y pedicelos hirsutos, los tricomas 0.5-1 mm. Hojas simples, 5-10 × 5-10 mm, ampliamente ovadas a orbiculares, la base truncada a subcordada, los márgenes dentados, el ápice ampliamente agudo a obtuso; pecíolo 1-5 cm. Flores solitarias; pedicelos 1-6 cm; sépalos 2-3 × 1.5-2 mm, patentes, verdosos, los márgenes escariosos; pétalos 5, 2-3 × 1.5-2 mm, amarillos; estambres 5-10, 1-2 mm; carpelos 10-20; receptáculo cónico. Infrutescencias subglobosas; frutos c. 1 × 1 mm, túrgidos, el margen inconspicuo, las superficies lisas, el rostro 0.1-0.2 mm, triangular. *Áreas abiertas húmedas en bosques montañosos de coníferas y zonas alpinas*. G (*Steyermark 50300*, F). 2600-3900 m. (México [Michoacán, Puebla, Veracruz], Mesoamérica).

4. Ranunculus flagelliformis Sm. in Rees, *Cycl.* 29: *Ranunculus* no. 13 (1819 [1815]). Sintipo: Chile, *Cavanilles Herb. Smith 987.27.1* (LINN). Ilustr.: no se encontró.

Casalea flagelliformis (Sm.) A. St.-Hil.

Hierbas estoloníferas acuáticas o paludícolas, perennes, con raíces fibrosas, glabras; tallos flotadores o rastreros. Hojas basales y caulinares, simples, 1-4 × 1-4 cm, ovadas a ampliamente ovadas o reniformes, algo carnosas, la base cuneada, los márgenes enteros, ondulados o irregularmente crenados, el ápice redondeado; pecíolo 5-30 cm. Flores solitarias, unidas opuestas a las hojas caulinares; pedicelos 1.5-3 cm; sépalos 2-3 × c. 2 mm, patentes, ampliamente elípticos, el ápice redondeado; pétalos 5, c. 4 × 1.5 mm, elípticos, amarillos; estambres c. 10, 2-3 mm; carpelos 15-25; receptáculo piriforme. Infrutescencias subglobosas; frutos 1.5-2 × 1-1.5 mm, túrgidos, el margen conspicuo, las superficies foveoladas, el rostro c. 0.5 mm, recto. *Aguas poco profundas cerca de los bordes de lagos, lagunas o corrientes de agua.* Ch (*Breedlove 9832*, F); G (*Steyermark 33038*, F); CR (*Burger & Burger 7923*, F); P (*Gómez et al. 22631*, MO). 1500-3000 m. (Mesoamérica, Colombia, Venezuela, Ecuador, Perú, Bolivia, Brasil, Paraguay, Uruguay, Chile, Argentina, República Dominicana).

5. Ranunculus geranioides Kunth ex DC., *Syst. Nat.* 1: 286 (1818 [1817]). Holotipo: Colombia, *Humboldt & Bonpland s.n.* (P). Ilustr.: Duncan, *Univ. Calif. Publ. Bot.* 77: 59, t. 30 (1980).

Hierbas estoloníferas, rastreras, perennes; raíces fibrosas; tallos, hojas e inflorescencias comúnmente vellosos o a veces glabros, los tricomas c. 1 mm. Hojas basales y caulinares, ternadas o biternadamente compuestas, la lámina 3-9 × 3-9 cm, ovada o triangular, los folíolos 2-6 × 2-5 cm, ovados, incisos o 3-lobados, la base cuneada, los márgenes serrados, el ápice agudo; pecíolo 2-18 cm; peciólulos 0.5-3 cm. Inflorescencias con 1-10 flores; pedicelos 3-7 cm; sépalos 4-7 × 2-3 mm, reflexos, ovados, abaxialmente vellosos, el ápice agudo; pétalos 5-10, 6-12 × 2-6 mm, lanceolados a ovados, amarillos; estambres 15-40, 2-4 mm; carpelos 5-35; receptáculo claviforme. Infrutescencias globosas; frutos 2-4 × 1-3 mm, comprimidos, el margen angosto o inconspicuo, la superficie papilosa, el rostro 1-2 mm, atenuado desde la base, uncinado apicalmente. *Páramos, bosques de neblina y pastizales húmedos.* CR (*Acosta & Ramírez 561*, MO); P (*Davidson 444*, MO). 1400-3200 m. (Mesoamérica, Colombia, Venezuela, Ecuador, Perú).

6. Ranunculus hydrocharoides A. Gray, *Pl. Nov. Thurb.* 306 (1854). Lectotipo (designado por Benson, 1948): México, Sonora, *Thurber 441* (GH). Ilustr.: no se encontró.

Ranunculus hydrocharoides A. Gray var. *natans* L.D. Benson ex Standl. & Steyerm., *R. natans* Nees ex G. Don non C.A. Mey.

Hierbas acuáticas o paludícolas, perennes, con raíces fibrosas e inflorescencias emergentes; glabras o con algunos tricomas sobre los tallos y pedicelos; tallos procumbentes o flotantes, enraizando en los nudos. Hojas basales y caulinares, simples, 2-6 × 1-1.5 cm, lanceoladas o elípticas, la base truncada, cuneada o atenuada, los márgenes enteros, irregularmente ondulados o con unos pocos dientes pequeños, fusionadas abruptamente al pecíolo, el ápice agudo; pecíolo 6-20 cm, conduplicado o involuto. Flores generalmente solitarias en las axilas de las hojas; pedicelos 1-8 cm, sépalos 2-3 × 1.5-2 mm, patentes, elípticos, el ápice redondeado, amarillo-verdoso; pétalos 5-10, 5-7 × 2-4 mm, obovados, amarillos; estambres 10-40, 1-2 mm; carpelos 10-25; receptáculo globoso a piriforme. Infrutescencias subglobosas; frutos 1-4 × c. 1 mm, el margen conspicuo, las superficies lisas, el rostro c. 1 mm, recto. *Charcos pequeños y humedales permanentes.* G (*Véliz et al. MV 10035*, MO). 3000-3500 m. (Estados Unidos, México [Baja California, Chihuahua, Edo. México, Guanajuato, Michoacán, San Luis Potosí, Sonora], Mesoamérica).

Las poblaciones mesoamericanas son algunas veces segregadas como *Ranunculus hydrocharoides* var. *natans*, principalmente por caracteres como las hojas basales consistentemente angostas con la base cuneada o atenuada y los pétalos que generalmente son más largos que los sépalos.

7. Ranunculus multicaulis D. Don ex G. Don, *Gen. Hist.* 1: 34 (1831). Holotipo: México, estado desconocido, *Don s.n.* (G, imagen en Internet!). Ilustr.: Duncan, *Univ. Calif. Publ. Bot.* 77: 64, t. 34 (1980), como *R. multicaulis* var. *cuchumatanensis*.

Ranunculus multicaulis D. Don ex G. Don var. *cuchumatanensis* T. Duncan.

Hierbas erectas, perennes, los estolones ausentes; raíces tuberosas, los tallos y las hojas glabros o seríceos, los tricomas 1-2 mm; tallos 5-40 cm, 1-varios. Hojas basales, simples y 3-lobadas o pinnaticompuestas con 5-7 folíolos 3-lobados, la lámina 2-4 × 1.5-2 cm, elípticas, los folíolos 1-1.5 × 0.7-1 cm, ovados, los márgenes lobados, los lóbulos redondeados u obtusamente agudos; pecíolo 3-10 cm. Inflorescencia con 1-varias flores; pedicelos 2-9 cm; sépalos 5-8 × 2.5-5 mm, patentes, elípticos, glabros o con algunos tricomas sobre la superficie externa; pétalos 5-12, 8-15 × 3-6 mm, elípticos a obovados, amarillos; estambres 20-50, 3-5 mm; carpelos 5-40; receptáculo cónico. Infrutescencia globosa; frutos 2-4.5 × 0.8-3.5 mm, comprimidos, el margen inconspicuo, las superficies lisas, el rostro 1-2 mm, el extremo recto. *Pastizales alpinos húmedos y orillas de lagos y arroyos.* G (*Williams et al. 27311*, F); CR (*Rodríguez et al. 6545*, MO). 2700-3900 m. (México [Puebla, Veracruz], Mesoamérica).

Duncan (1980) reconoció dos variedades de *Ranunculus multicaulis*: *R. multicaulis* var. *cuchumatanensis*, conocida solo de la Sierra de los Cuchumatanes, Guatemala, fue descrita con flores con más de 2 veces el número de estambres que de carpelos; la variedad nominativa, *R. multicaulis* var. *multicaulis*, conocida del centro de México, tiene menos de 2 veces el número de estambres que de carpelos.

8. Ranunculus peruvianus Pers., *Syn. Pl.* 2: 103 (1807 [1806]). Holotipo: Perú, *Anon. s.n.* (P-JU!). Ilustr.: Delessert, *Icon. Sel. Pl.* 1: t. 37 (1820 [1821]).

Ranunculus salasii Standl.

Hierbas erectas, perennes, los estolones ausentes; raíces fibrosas; tallos 15-75 cm, escasa a moderadamente pubescentes, raramente glabros, los tricomas c. 1 mm. Hojas basales y caulinares, simples, las hojas caulinares 2-5 × 1-5 cm, sésiles, lineares o 3-5-lobadas, las más distales bracteadas, las hojas basales pecioladas, la lámina 2-5 × 1.5-4 cm, orbicular, ampliamente ovada o reniforme, ambas superficies glabras, los márgenes ciliados, los tricomas 0.5-1 mm, la base cordada o sagitada, los márgenes uniformemente crenados o dentados, el ápice redondeado; pecíolo 5-20 cm, glabro o escasamente pubescente, los restos desgastados de los pedicelos viejos persistentes en la base. Inflorescencias terminales o axilares; flores 1-3; pedicelos 2-15 cm, a menudo pubescentes con tricomas retorcidos blancos o amarillos, 0.5-1 mm; sépalos patentes, 3-6 × 2-3 mm, elípticos, morado-rojizos, pubescentes abaxialmente; pétalos 5, 8-12 × 5-8 mm, obovados, amarillos o blancos, glabros o pilosos cerca de la base abaxialmente; estambres 20-40, 3-5 mm; carpelos 20-40; receptáculo cilíndrico. Infrutescencias cilíndricas; frutos c. 1.5 × 1 mm, el margen inconspicuo, las superficies lisas, el rostro 0.5-1 mm, recto o ligeramente curvado, atenuado desde la base. *Pastizales alpinos húmedos, páramos.* G (*Steyermark 50140*, F); CR (*Jiménez 3394*, F); P (*Gómez et al. 22599*, MO). 2700-3700 m. (México [Nuevo León, Oaxaca, Veracruz], Mesoamérica, Colombia, Ecuador, Perú).

9. Ranunculus petiolaris Kunth ex DC., *Syst. Nat.* 1: 287 (1818 [1817]). Holotipo: México, estado desconocido, *Humboldt & Bonpland s.n.* (P). Ilustr.: Duncan, *Univ. Calif. Publ. Bot.* 77: 75, t. 41 (1980), como *R. petiolaris* var. *petiolaris*.

Ranunculus geoides Kunth ex DC., *R. geoides* var. *standleyi* L.D. Benson, *R. hookeri* Schltdl., *R. petiolaris* Kunth ex DC. var. *hookeri* (Schltdl.) L.D. Benson, *R. petiolaris* var. *standleyi* (L.D. Benson) T. Duncan.

Hierbas erectas o decumbentes, perennes, los estolones ausentes; raíces tuberosas; tallos 10-80 cm, vellosos, los tricomas 1-2 mm. Hojas basales y caulinares, simples y 3-lobadas o ternadamente compuestas, 6-9 × 4-8 cm, deltoides o ampliamente ovadas, los folíolos 2.5-6 × 2-4 cm, ampliamente ovados a ovados, vellosos o seríceos, los tricomas 1-2 mm, la base cuneada, los márgenes serrados, el ápice agudo a acuminado; pecíolos 5-15 cm; peciólulos c. 1 cm. Flores solitarias; pedicelos 2-6 cm; sépalos 6-8 × 2-4 mm, reflexos, ovados, pubescentes abaxialmente, el ápice obtusamente agudo; pétalos 5-16, 8-12 × 3-5 mm, obovados o elípticos, amarillos; estambres 20-150, 2-3 mm; carpelos 10-75; receptáculo cónico. Infrutescencias globosas a cilíndricas; frutos 1.5-4.5 × 1.2-3.5 mm, el margen inconspicuo, las superficies papilosas, el rostro 1.5-5 mm, el extremo recto. *Bosques de* Pinus-Quercus, *pastizales húmedos, áreas alteradas.* Ch (*Ton & Martínez de López 9753*, MO); G (*Standley 59240*, F); H (*Davidse et al. 35222*, MO). 1100-4200 m. (Estados Unidos, México [Edo. México, Guerrero, Hidalgo, Michoacán, Morelos, Nuevo León, Oaxaca, Puebla, San Luis Potosí, Veracruz], Mesoamérica, Colombia, Ecuador, Perú).

Duncan (1980) reconoció 5 variedades, 2 de las cuales se encuentran en Mesoamérica: *Ranunculus petiolaris* var. *petiolaris* a lo largo de todo el intervalo de elevaciones entre 1100 y 3000 m; y *R. petiolaris* var. *standleyi* que se encuentra en la Sierra de los Cuchumatanes (*Smith 696*, F); en esta última las hojas tienden a ser más marcadamente alargado-triangulares.

10. Ranunculus praemorsus Kunth ex DC., *Syst. Nat.* 1: 292 (1818 [1817]). Holotipo: Ecuador, *Humboldt & Bonpland s.n.* (P). Ilustr.: Duncan, *Univ. Calif. Publ. Bot.* 77: 66, t. 35 (1980), como *R. praemorsus* var. *praemorsus*.

Ranunculus amarillo Bertol., *R. pilosus* Kunth ex DC.

Ranunculus praemorsus consiste de 2 variedades. La típica *R. praemorsus* var. *praemorsus*, caracterizada por la textura variable de la hoja, un receptáculo cónico y aquenios menos de 2 veces tan largos como anchos; está restringida a Sudamérica (Duncan, 1980): Colombia, Ecuador, Perú, Bolivia, Chile y Argentina.

10a. Ranunculus praemorsus Kunth ex DC. var. **amellus** (Briq.) T. Duncan, *Univ. Calif. Publ. Bot.* 77: 68 (1980). *Ranunculus amellus* Briq., *Annuaire Conserv. Jard. Bot. Genève* 11-12: 177 (1908). Lectotipo (designado por Duncan, 1980): México, Edo. México, *Pringle 4486* (G!). Ilustr.: Duncan, *Univ. Calif. Publ. Bot.* 77: 69, t. 37 (1980).

Ranunculus geoides Kunth ex DC. var *amellus* (Briq.) L.D. Benson.

Hierbas erectas o decumbentes, perennes, los estolones ausentes; raíces tuberosas; tallos y hojas glabros o escasa a moderadamente seríceos o vellosos, los tricomas 0.5-2 mm; tallos floríferos hasta c. 50 cm. Hojas predominantemente basales, ternadamente lobadas o ternadas a pinnaticompuestas, la lámina 2-6 × c. 2 cm, deltoide a angostamente elíptica en contorno, los folíolos 3-9, 1-2 × 1-2 cm, ovados, cartáceos o subcoriáceos, la base cuneada, los márgenes lobados o incisos, el ápice agudo, los lóbulos redondeados a agudos; pecíolos 5-13 cm; peciólulos ausentes o muy cortos. Inflorescencias con 1-3 flores; sépalos 4-6 × 1.5-4 mm, reflexos, el ápice agudo; pétalos 10-20, 4-12 × 1.5-4 mm, obovados a oblanceolados, amarillos; estambres 20-80, 2-4 mm; carpelos 10-70; receptáculo cupuliforme o cónico. Infrutescencia globosa; frutos 2-3.5 × 1.5-3 mm, el margen 0-0.3 mm, las superficies lisas, el rostro 1-2 mm, atenuado desde la base, el extremo recto. *Pastizales alpinos húmedos.* CR (*Alfaro 1736*, MO); P (Duncan, 1980: 68). c. 3500 m. (México [Edo. México, Oaxaca], Mesoamérica).

11. Ranunculus repens L., *Sp. Pl.* 554 (1753). Lectotipo (designado por Benson, 1954): Europa, *Herb. Linn. 715.52* (LINN). Ilustr.: Duncan, *Madroño* 25: 229, t. 2 (1978 [1979]).

Ranunculus clintonii L.C. Beck, *R. lucidus* Poir., *R. repens* L. var. *glabratus* DC., *R. repens* var. *pleniflorus* Fernald.

Hierbas estoloníferas rastreras; raíces fibrosas; tallos y hojas escasa a moderadamente seríceos o vellosos, los tricomas 1-2 mm. Hojas ternadamente compuestas, la lámina 2-11 × 2-15 cm, deltoide o cordada en contorno, los folíolos 1.5-3 × 2-3.5 cm, ampliamente ovados, 3-lobados, los márgenes incisos; pecíolo 4-10 cm; peciólulos ausentes o cortos. Inflorescencia de 1-varias flores; sépalos patentes, 5-7 × 3-4 mm, vellosos; pétalos 5, 7-13 × 5-10 mm, ampliamente obovados, amarillo brillante, glabros, el ápice redondeado; estambres 50-80, 3-5 mm; carpelos 20-25; receptáculo ovoide o subgloboso. Infrutescencia globosa o subglobosa; frutos c. 2.5 × 2 mm, comprimidos, el margen prominente, las superficies lisas, el rostro c. 1 mm, atenuado desde la base, el extremo recurvado. *Áreas alteradas.* CR (*Rodríguez et al. 3415*, MO). 1500-3000 m. (Nativa de Europa; una maleza introducida en Norteamérica y Mesoamérica).

7. Thalictrum L., nom. & typ. cons.

Por F.R. Barrie.

Hierbas erectas, perennes, 1-4 m de altura; raíces fibrosas; glabras o variadamente pubescentes, los tricomas unicelulares o multicelulares, uniseriados o estrellados; plantas andromonoicas (en Mesoamérica). Hojas basales y caulinares, alternas, las hojas basales a menudo hasta 1 m o más, 2-4 veces ternadas o pinnaticompuestas, las hojas caulinares similares a las hojas basales pero reducidas, los folíolos numerosos, peciolulados; pecíolos con bases envainadas. Inflorescencias terminales o axilares, paniculadas; flores numerosas; flores bisexuales o unisexuales, verdosas; pediceladas; sépalos 4, petaloides; pétalos ausentes; estambres numerosos, los filamentos delgados, alargados en la antesis, las anteras cilíndricas, coronadas por un apéndice 0.1-1 mm; carpelos 2-12, los estilos 4-12 mm, delgados. Fruto un aquenio, expandido asimétricamente sobre un lado, estipitado o subestipitado, la base del estilo a menudo persistente y formando un rostro, las superficies con venas o estrías prominentes. Aprox. 80 spp., en Europa, Asia, África y América; 6 spp. en Mesoamérica.

Bibliografía: Boivin, J.R.B. *Rhodora* 46: 337-377 (1944a), 391-445 (1944b), 453-487 (1944c).

1. La mayoría o todos los folíolos peltados, los peciólulos unidos arriba de la base del folíolo.
   2. Folíolos escabrosos en el haz, toscamente pubescentes en el envés. — **1. T. guatemalense**
   2. Folíolos glabros en el haz, glabros o puberulentos en el envés. — **3. T. lankesteri**
1. Folíolos nunca peltados, los peciólulos unidos a la base del folíolo.
   3. Folíolos 6-11 cm. — **5. T. standleyi**
   3. Folíolos 0.5-3.2 cm.
      4. Pedicelos 4-7 cm. — **6. T. steyermarkii**
      4. Pedicelos 1-3 cm.
         5. Folíolos 0.5-1.5 cm; anteras c. 2 mm, el apéndice c. 0.1 mm. — **2. T. johnstonii**
         5. Folíolos 1-2 cm; anteras 3-4 mm, el apéndice 1-2 mm. — **4. T. panamense**

1. Thalictrum guatemalense C. DC. & Rose, *Contr. U.S. Natl. Herb.* 5: 188 (1897-1901 [1899]). Lectotipo (designado por Boivin, 1944b): Guatemala, *Heyde 164* (US). Ilustr.: no se encontró.

Thalictrum hondurense Standl., *T. peltatum* DC. var. *hirsutum* Loes.

Tallos 1-2 m; escasa a densamente pubescente, el indumento una mezcla de tricomas simples y glandulares, largos (c. 1 mm) y cortos (c. 0.2 mm). Hojas 2-4 veces ternadas o pinnaticompuestas, los folíolos 1-3 × 1-3 mm, obovados a ampliamente obovados, la base redondeada o cordada, los márgenes (1-)3-5-lobados, los lóbulos redondeados y comúnmente mucronulados, las venas prominentes en el envés, el haz escabroso, el envés toscamente pubescente, los tricomas glandulares; pecíolo y peciólulos escasa a densamente pubescentes, similares al tallo, los peciólulos peltadamente unidos arriba de la base del folíolo. Inflorescencias terminales 15-30 cm; flores bisexuales o estaminadas; pedicelos 1-3 cm; sépalos 4-5 × 1.5-2 mm, elípticos; estambres 30-60, los filamentos 5-7 mm en la antesis, las anteras 5-6 mm, el apéndice 0.5-1 mm; carpelos 3-5, estilos 5-10 mm. Frutos 4-6 × 1.5-2 mm, la base 0-1 mm, el rostro 0.5-1 mm, las venas escábridas. *Matorrales y bosques húmedos a secos*. Ch (*Ton 6428*, MO); G (*Proctor 25152*, MO); H (*Molina R. 22198*, F); ES (*Carballo RAC00460*, MO); N (*Moreno et al. 24767*, MO). 800-2200 m. (México [Edo. México, Michoacán], Mesoamérica).

2. Thalictrum johnstonii Standl. & Steyerm., *Publ. Field Mus. Nat. Hist., Bot. Ser.* 22: 229 (1940). Holotipo: Guatemala, *Johnston 1643* (F!). Ilustr.: no se encontró.

Tallos 1-4 m, glabros. Hojas 3-4 veces pinnaticompuestas, los folíolos 0.5-1.5 × 0.5-1.5 cm, obovados o elípticos a ampliamente obovados o elípticos, la base truncada, los márgenes 3-lobados apicalmente, los lóbulos obtusamente agudos u obtusos, glabros; pecíolo y peciólulos glabros, los peciólulos unidos a la base del folíolo. Inflorescencias terminales o axilares, 30-60 cm; flores bisexuales o estaminadas; pedicelos 1-2 cm; sépalos 3-4 × 1.5-2 mm, elípticos; estambres 30-40, los filamentos 3-5 mm, las anteras c. 2 mm, el apéndice hasta 0.1 mm; carpelos 3-6; estilos 5-8 mm. Frutos 6-7 × 2-3 mm, el estípite 1-2 mm, el rostro c. 2 mm, glabros. *Bosques húmedos*. Ch (*Téllez & Pankhurst 7269*, MO); G (*Steyermark 46920*, F); H (*Davidse & Zúñiga 34615*, MO). 1900-3000 m. (Endémica).

3. Thalictrum lankesteri Standl., *Publ. Field Mus. Nat. Hist., Bot. Ser.* 18: 435 (1937). Holotipo: Costa Rica, *Lankester 337* (F!). Ilustr.: Morales, *Monogr. Syst. Bot. Missouri Bot. Gard.* 129: 411 (2014b).

Thalictrum torresii Standl. & B. Boivin.

Tallos hasta c. 1 m, glabros o toscamente glandular-pubescentes, los tricomas 0.1-0.2 mm. Hojas 2-4 veces ternadas o pinnaticompuestas, los folíolos 1-3.5 × 1-3.5 cm, ampliamente obovados a ampliamente ovados, la base cordada, los márgenes 3-lobados o crenados, los lóbulos redondeados a agudos, las venas elevadas en el envés, el haz glabro, el envés glabro o puberulento; pecíolo y peciólulos glabros a toscamente pubescente-glandulares, los peciólulos unidos a la base o peltadamente unidos arriba de la base del folíolo. Inflorescencias terminales o en las axilas de las hojas superiores, 15-30 cm; flores bisexuales o estaminadas; pedicelos 1.5-4 cm; sépalos 2.5-3 × 1-1.5 mm, elípticos; estambres 30-60, los filamentos 2-4 mm, las anteras 2-4 mm, el apéndice 0.8-1.5 mm; carpelos 3-5; estilos 5-7 mm. Frutos 5-7 × 1.2-1.5 mm, el estípite 1-2 mm, el rostro 1-2 mm, glabros. *Terrenos arbustivos abiertos y áreas alteradas*. CR (*Morales 4389*, MO). 800-2000 m. (Endémica).

4. Thalictrum panamense Standl., *Publ. Field Mus. Nat. Hist., Bot. Ser.* 22: 19 (1940). Holotipo: Panamá, *Davidson 791* (F!). Ilustr.: Duke, *Ann. Missouri Bot. Gard.* 49: 153, t. 146 (1962f [1963]), como *T. viridulum*.

Thalictrum viridulum B. Boivin.

Tallos 1-2 m; glabros o escasa y diminutamente puberulentos. Hojas 2-4 veces pinnaticompuestas, los folíolos 1-2 × 1-2 cm, ampliamente ovados a ampliamente obovados, glabros o escasa y diminutamente puberulentos en el envés, la base cordiforme a truncada, los márgenes típicamente con 3 lóbulos apicales, redondeados a agudos u obtusos; pecíolo y peciólulos glabros, los peciólulos unidos a la base del folíolo. Inflorescencias terminales o axilares, 30-50 cm; flores bisexuales o estaminadas; pedicelos 1.5-3 cm; sépalos 3-4 × 2-3 mm; estambres 15-40, los filamentos 2-4 mm, las anteras 3-4 mm, el apéndice 1-2 mm; carpelos 2-3; estilos 4-7 mm. Frutos 5-7 × 2-3 mm, el estípite 0-1 mm, el rostro 1-3 mm, glabros. *Pendientes rocosas abiertas y sitios alterados*. P (*Croat 66196*, MO). 1400-2500 m. (Endémica).

5. Thalictrum standleyi Steyerm., *Publ. Field Mus. Nat. Hist., Bot. Ser.* 22: 229 (1940). Holotipo: Guatemala, *Steyermark 36258* (F!). Ilustr.: no se encontró.

Tallos 1-3 m; glabrescentes o con una mezcla de tricomas simples y estrellados. Hojas 2 o 3 veces compuestas, los folíolos 6-11 × 2-5 cm, ovados, rara vez inconspicuamente 3-lobados, el haz escabroso, el envés con tricomas dispersos, simples o estrellados, principalmente a lo largo de las venas, la base truncada a cordada, los márgenes toscamente serrados, los dientes a menudo mucronulados, el ápice acuminado; pecíolo y peciólulos glabrescentes o pubescentes, similares a los tallos, los peciólulos unidos a la base del folíolo. Inflorescencias terminales o axilares, hasta 30 cm o más; flores bisexuales o estaminadas; pedicelos 1.5-3 cm; sépalos 4-7 × 2-3 mm, elípticos; estambres 30-50, los filamentos 2.5-4.5 mm, las anteras 3-4 mm, el apéndice c. 1 mm; carpelos 4-12; estilos 5-12 mm. Frutos 4.5-5.5 mm, el estípite 0.2-1 mm, el rostro c. 1 mm, glabros. *Bosques húmedos*. G (*Steyermark 37067*, F). 1800-3000 m. (Endémica).

Los especímenes listados por Breedlove (1986) bajo *Thalictrum standleyi* han sido identificados como *T. steyermarkii*.

6. Thalictrum steyermarkii Standl., *Publ. Field Mus. Nat. Hist., Bot. Ser.* 22: 230 (1940). Holotipo: Guatemala, *Steyermark 36575* (F!). Ilustr.: no se encontró.

Tallos hasta 3 m, glabros. Hojas 3-4 veces pinnadamente compuestas, los folíolos 1.7-3.2 × 1-2.1 cm, ovados o elípticos, glabros, la base cuneada o truncada, los márgenes enteros o 2-3-lobados apicalmente, el ápice agudo a obtuso; pecíolos y peciólulos glabros, los peciólulos unidos a la base del folíolo. Inflorescencias terminales y axilares; flores bisexuales o estaminadas; pedicelos 4-7 cm; estambres 15-30, los filamentos c. 5 mm, las anteras 3-4 mm, el apéndice c. 0.5 mm; carpelos 2-4; estilos 6-12 mm. Frutos 6-7 × 2-3 mm, el estípite 1-2 mm, el rostro 2-5(-9) mm, glabros. *Matorrales y bosques húmedos*. Ch (*Matuda 1555*, F); G (*Standley 83652*, F). 1800-2600 m. (Endémica).

58. SABIACEAE

Descripción de la familia por J.F. Morales.

Arbustos o árboles hermafroditas; estípulas ausentes. Hojas simples o rara vez compuestas, alternas a opuestas o subverticiladas, enteras o dentadas a serradas, pecioladas, el pecíolo engrosado en la base. Inflorescencias terminales y/o laterales o axilares, panículas. Flores bisexuales, zigomorfas o actinomorfas, generalmente con un disco 5-lobulado; miembros del perianto diferenciados en 2 verticilos; sépalos (3-)5, libres o basalmente connados, desiguales; pétalos 5, opuestos a los sépalos, ubicados dorsalmente en los filamentos estaminales, libres o basalmente connados, desiguales (los 3 externos más largos), glabros (excepto a veces ciliados en el margen); estambres fértiles 2, separados, los filamentos cortos, curvados distalmente; anteras con dehiscencia transversal; estaminodios 3; pistilo 1, compuesto; ovario súpero, 2 o 3-locular; óvulos 1 a 3 por lóculo; placentación axilar; estilos 2, más o menos connados. Frutos en drupa, el endocarpo muy duro; semillas generalmente sin endospermo. 4 gen. y aprox. 90 spp., en los trópicos y subtrópicos de Asia y América; 1 gen. con 27 spp. en Mesoamérica.

1. Meliosma Blume

Lorenzanea Liebm., *Meliosma* Blume sect. *Lorenzanea* (Liebm.) Beusekom.

Por J.F. Morales.

Árboles o arbustos. Hojas alternas a subopuestas, simples o compuestas, imparipinnadas; lámina entera o dentada. Inflorescencias panículas, terminales, axilares, ramifloras o caulifloras; flores actinomorfas, sésiles o cortamente pediceladas; sépalos (4)5; pétalos (4)5, los externos mucho más grandes que los internos; estambres 5, pero solo 2 fértiles y 3 estaminodios; ovario (2)3-carpelar, los óvulos (2)3. Frutos persistentes en la planta por varios meses. Aprox. 80 spp. en los trópicos y subtrópicos de Asia y América; 27 spp. en Mesoamérica.

1. Hojas largamente pecioladas, la mayoría de los pecíolos más de 4.3 cm.
2. Hojas con la base redondeada, cordada a subcordada; flores pediceladas, los pedicelos 1.5-3 mm.
3. Hojas con 9-12 pares de venas secundarias, las láminas inconspicua y escasamente puberulentas en el envés, con el indumento restringido mayormente a la vena media; oeste de Panamá. **5. M. cordata**
3. Hojas con 16-19 pares de venas secundarias, las láminas glabras en el envés; Chiapas y Guatemala. **25. M. seleriana**
2. Hojas con la base aguda o cuneada a obtusa; flores sésiles a subsésiles, con pedicelos (si presentes) hasta 0.8 mm.
4. Pétalos crema-anaranjados hasta anaranjados; hojas casi glabras en el envés, a veces con indumento ocasional e inconspicuo en las venas; bosques muy húmedos, 0-1000 m. **1. M. allenii**
4. Pétalos blancos a blanco-verdosos; hojas escasamente puberulentas en el envés; bosques muy húmedos y bosques de neblina, 1300-1850 m. **9. M. depressiva**
1. Hojas subsésiles a cortamente pecioladas, los pecíolos cuando desarrollados generalmente menos de 3.8 cm.
5. Hojas lineares a linear-elípticas, 51-90 cm, conspicuamente abolladas. **20. M. linearifolia**
5. Hojas ovadas, angostamente elípticas, elípticas, obovado-elípticas a obovadas u angostamente obovadas, pero nunca lineares o linear-elípticas, 2.5-62.5 cm, rara vez abolladas (*Meliosma dentata* y *M. frondosa*).
6. Inflorescencias espiciformes (o con 2 ejes secundarios inconspicuos), las ramas laterales de las inflorescencias inconspicuas o no evidentes.
7. Hojas escasamente hirsútulas, escasamente puberulentas o densamente hirsutas en el envés, el indumento más denso sobre las venas.
8. Pecíolo 0.3-0.7(-0.9) cm; inflorescencias 1-4 cm; sépalos 1.4-2 mm. **2. M. brenesii**
8. Pecíolo 1.2-1.8 cm; inflorescencias 7.5-9 cm; sépalos 2.5-2.9 mm. **24. M. sancta**
7. Hojas glabras en el envés.
9. Sépalos 1.5-2 mm; pétalos externos 4.8-5.2 mm; frutos 2.1-2.5 × 1.9-2.1 cm. **14. M. grandiflora**
9. Sépalos 1-1.2 mm; pétalos externos 1.8-2 mm; frutos 1.7-1.9 × 1.4-1.6 cm. **23. M. oligantha**
6. Inflorescencias panículas, con 2-4 ejes secundarios, las ramas laterales de las inflorescencias conspicuas y evidentes.
10. Flores conspicuamente pediceladas (nunca sésiles o subsésiles), los pedicelos 1.1-3.5 mm.
11. Hojas con la base subcordada a cordada. **26. M. subcordata**
11. Hojas con la base cuneada o atenuada.
12. Hojas con la base generalmente revoluta; sépalos 1.2-1.7 mm; pétalos internos 1.8-2.1 mm; bosques de neblina, bosques mesófilos, bosques de encino, 1700-3200 m. **8. M. dentata**
12. Hojas con la base no revoluta; sépalos 0.7-1.3 mm; pétalos internos 0.2-1.6 mm; bosques muy húmedos y bosques de neblina, 900-2000 m.
13. Hojas con 8-11 pares de venas secundarias; sépalos 0.7-0.9 mm; frutos 2.1-2.3 cm. **6. M. corymbosa**
13. Hojas con 13-15 pares de venas secundarias; sépalos 1.1-1.3 mm; frutos 0.8-1 cm. **16. M. idiopoda**
10. Flores predominantemente sésiles a subsésiles, a veces algunas flores con pedicelos hasta 1.7 mm.
14. Hojas con 26-46 o más pares de venas secundarias.
15. Hojas con la base angostamente obtusa o redondeada, rara vez subcordada; hojas generalmente glabras en el envés, a veces la vena media con escasos tricomas inconspicuos; sépalos 0.5-0.7 mm. **10. M. donnellsmithii**
15. Hojas con la base estrechamente cuneada, el pecíolo siempre evidente; hojas densa a moderadamente puberulentas o tomentulosas en el envés, la pubescencia más o menos distribuida por toda la lámina; sépalos 1.3-1.9 mm. **18. M. isthmensis**
14. Hojas con 7-23 pares de venas secundarias.
16. Hojas con la base generalmente revoluta. **17. M. irazuensis**
16. Hojas con la base no revoluta (excepto en *M. frondosa*, pero las hojas a veces abolladas).
17. Hojas densa a escasamente puberulentas en el envés, la pubescencia diminuta, pero regularmente distribuida por toda la lámina.
18. Hojas 3.8-6.2 cm de ancho, con 7-10 pares de venas secundarias; frutos 1.1-1.6 cm. **11. M. echeverriae**
18. Hojas 5.9-20.5 cm de ancho, con 15-23 pares de venas secundarias; frutos 1.9-2.8 cm.
19. Sépalos 1.6-1.8 mm; bosques de neblina, 1600-2200 m. **7. M. cresstolina**
19. Sépalos 0.7-1.1 mm; bosques húmedos y muy húmedos, 50-1100 m.
20. Pétalos externos 1.2-1.5 mm, pétalos internos 0.8-1.1 mm; inflorescencias subterminales a terminales. **15. M. grandifolia**
20. Pétalos externos 2-2.4 mm, pétalos internos 1.7-1.9 mm; inflorescencias axilares a ramifloras. **22. M. occidentalis**
17. Hojas generalmente glabras o glabrescentes en el envés y con la pubescencia (si presente) inconspicua y restringida solo a la vena media.
21. Hojas con la base cordada a subcordada. **4. M. clandestina**
21. Hojas con la base angostamente aguda, angostamente cuneada, cuneada, angostamente obtusa, obtusa a redondeada.
22. Sépalos 1.5-2.5 mm.
23. Sépalos 2.2-2.5 mm; hojas a veces abolladas y con el borde revoluto. **12. M. frondosa**
23. Sépalos 1.5-2 mm; hojas nunca abolladas ni con el borde revoluto. **14. M. grandiflora**
22. Sépalos 0.7-1.5 mm.
24. Inflorescencias terminales a subterminales, emergiendo en el ápice de las ramitas o las axilas de las hojas de las ramas jóvenes.
25. Hojas con 9-11 pares de venas secundarias, elípticas. **3. M. chiriquensis**
25. Hojas con 16-23 pares de venas secundarias, obovadas, angostamente obovado-elípticas a elípticas.
26. Hojas 3.1-5.1 cm de ancho; inflorescencias con las flores laxamente dispuestas; pétalos externos 1.6-1.7 mm; frutos 1.7-1.8 cm; bosques muy húmedos, 0-200 m. **19. M. laxiflora**
26. Hojas 5.6-15.9 cm de ancho; inflorescencias con las flores amontonadas; pétalos externos 0.8-1 mm; frutos 2.1-2.4 cm; bosques muy húmedos o bosques de neblina, 1100-2300 m. **27. M. vernicosa**
24. Inflorescencias axilares o ramifloras, emergiendo de las axilas de las hojas viejas o de las ramas maduras.

27. Hojas 2-3.3 cm de ancho; tallos jóvenes subangulados; frutos amarillos (en especímenes de herbario). **21. M. nanarum**
27. Hojas 3.8-9.5 cm de ancho; tallos jóvenes cilíndricos a subcilíndricos; frutos negros (en especímenes de herbario).
28. Hojas angostamente elípticas, angostamente obovado-elípticas a angostamente obovadas, glabras en el envés; pétalos blancos a blanco-verdosos. **13. M. glabrata**
28. Hojas elípticas, con pubescencia sobre las venas principales en el envés; pétalos verdes. **22. M. occidentalis**

1. Meliosma allenii Standl. & L.O. Williams, *Ceiba* 3: 213 (1953). *Meliosma maxima* Standl. & L.O. Williams, *Ceiba* 1: 242 (1951) non Standl. & Steyerm. (1944). Isotipo: Costa Rica, *Allen 5648* (F!). Ilustr.: Morales, *Phytoneuron* 2013-82: 10, t. 2 (2013).

Meliosma longipetiolata Standl. & L.O. Williams ex Brizicky.

Árboles 4-14 m; tallos jóvenes subangulados, cilíndricos a subcilíndricos con la edad, las yemas y los tallos muy jóvenes densamente tomentulosos, los tallos viejos glabrescentes o glabros. Hojas (14.5-)16.1-55.5(-62.5) × (5.1-)6-19.1 cm, angostamente elípticas a angostamente obovado-elípticas, no abolladas, con 11-16(17) pares de venas secundarias, casi glabras en ambas superficies, excepto por el indumento ocasional e inconspicuo en las venas en ambas caras, la base ampliamente cuneada a obtusa, no revoluta, los márgenes enteros, el ápice agudo a agudo-apiculado; pecíolo (3.9-)4.5-15.3 cm. Inflorescencias 19-55 cm, en panículas, terminales, subterminales o axilares o ramifloras en tallos más viejos, con 2 a indistintamente 3 ejes secundarios, densa a moderadamente puberulentas, el indumento pálido a incoloro; brácteas 1-1.3 mm, angostamente ovadas; bractéolas 0.3-0.6 mm, ovadas, escariosas, por lo general una de ellas dispuesta inmediatamente debajo del cáliz y parecidas a sépalos; flores amontonadas, sésiles a subsésiles; sépalos 0.8-1 mm, ampliamente ovados, escasamente puberulentos por fuera, rara vez algo glabrescentes, los márgenes ciliolados, el ápice obtuso a redondeado; pétalos crema-anaranjados hasta anaranjados, los 3 externos 1.9-2.3 mm, ampliamente ovados, glabros, el ápice redondeado a obtuso, los 2 internos 0.9-1.1 mm, linear-ovados, glabros, dispuestos dorsalmente sobre los filamentos y sobrepasándolos; tecas de los estambres 0.7-0.9 mm; estaminodios 1.1-1.3 mm, subcuadrangulares, glabros; ovario 1.3-1.6 mm, glabro. Frutos 2-2.5 × 2-2.2 cm, subpiriformes, blanco-verdosos a blanco-crema al madurar, negros cuando secos. *Bosques muy húmedos*. CR (*Morales 8103*, USJ); P (*Liesner 74*, MO). 0-1000 m. (Endémica).

2. Meliosma brenesii Standl., *Publ. Field Mus. Nat. Hist., Bot. Ser.* 18: 648 (1937). Holotipo: Costa Rica, *Brenes 5556* (F!). Ilustr.: Morales, *Phytoneuron* 2013-82: 12, t. 3 (2013).

Árboles o arbustos 2.5-14 m; tallos cilíndricos a subcilíndricos, las yemas y los tallos jóvenes densamente hirsútulos, rara vez hirsutos, los tallos viejos glabrescentes o glabros. Hojas 6.5-18.6(-25.9) × 2.5-6.1(-9.9) cm, elípticas a obovado-elípticas, no abolladas, con 11-13 pares de venas secundarias, casi glabras en el haz, excepto por el escaso indumento a lo largo de la vena media, escasamente hirsútulas en el envés, el indumento más denso sobre las venas, rara vez densamente hirsuto, la base cuneada a obtusa, no revoluta, los márgenes enteros, subenteros a indistinta o conspicuamente dentados distalmente, el ápice acuminado a caudado-acuminado; pecíolo 0.3-0.7(-0.9) cm. Inflorescencias 1-4 cm, espiciformes, terminales o subterminales, pero volviéndose axilares, indistintamente con 2 ejes secundarios, densa a moderadamente hirsútulas, el indumento amarillo al secarse; brácteas hasta 1.3 mm, angostamente ovadas; bractéolas 0.3-0.9 mm, ovadas, escariosas, numerosas, amontonadas y dispuestas debajo del cáliz, las más grandes pareciendo sépalos; flores amontonadas, sésiles a subsésiles; sépalos 1.4-2 mm, ampliamente ovados, glabros (o casi glabros) por fuera, los márgenes ciliolados, el ápice obtuso a redondeado; pétalos crema, blanco-crema a blancos, los 3 externos 4.1-4.8 mm, ampliamente ovados, el ápice ampliamente agudo a obtuso, glabros, los 2 internos 1.7-1.9 mm, lineares, glabros, dispuestos dorsalmente sobre los filamentos y sobrepasándolos; tecas de los estambres 0.4-0.6 mm; estaminodios 1.2-1.4 mm, subovados, glabros; ovario 0.9-1.2 mm, glabro. Frutos 1.7-2.2 × 1.6-1.9 cm, subpiriformes, morados, blanco-morados o blancos al madurar, negros cuando secos. *Bosques muy húmedos*. CR (*Hammel et al. 15137*, MEXU); P (*Solano et al. 5736*, MO). 150-850 m. (Endémica).

3. Meliosma chiriquensis J.F. Morales, *Sida* 20: 934 (2003). Holotipo: Panamá, *McPherson 10480* (CR!). Ilustr.: Morales, *Phytoneuron* 2013-82: 15, t. 4 (2013).

Árboles de altura desconocida; tallos cilíndricos a subcilíndricos, las yemas y los tallos jóvenes glabros o glabrescentes. Hojas 9.5-11.5 × 3.4-4.5(-9.5) cm, elípticas, no abolladas, con 9-11 pares de venas secundarias, glabras en ambas superficies, la base angostamente cuneada, no decurrente sobre el pecíolo, no revoluta, los márgenes enteros, el ápice agudo, obtuso a redondeado o rara vez emarginado; pecíolo (1.2-)2.5-3.5 cm. Inflorescencias 9-18 cm, panículas, terminales o subterminales, con 3 ejes secundarios, moderada y diminutamente puberulentas, el indumento incoloro al secarse; brácteas hasta 1.1 mm, ovadas; bractéolas 0.4-1.1 mm, ovadas, escariosas, numerosas, amontonadas y dispuestas debajo del cáliz; flores amontonadas, sésiles a subsésiles; sépalos 0.8-1.1 mm, ampliamente ovados, glabros (o casi glabros) por fuera, pero los márgenes ciliolados, el ápice obtuso a redondeado; pétalos blancos, los 3 externos 1.6-1.8 mm, ampliamente ovados, glabros, el ápice ampliamente obtuso a redondeado, los 2 internos hasta 0.4 mm, lineares, glabros, dispuestos dorsalmente sobre los filamentos sin sobrepasarlos; tecas de los estambres hasta 0.4 mm; estaminodios 0.6-0.8 mm, subcuadrangulares, glabros; ovario 0.8-1 mm, glabro. Frutos 1.7-1.8 × 1.4-1.6 cm, subpiriformes, morados. *Bosques muy húmedos*. P (*Valdespino et al. 605*, MO). 875-1150 m. (Endémica).

4. Meliosma clandestina J.F. Morales, *Sida* 20: 934 (2003). Holotipo: Costa Rica, *Morales 7626* (CR!). Ilustr.: Morales, *Phytoneuron* 2013-82: 17, t. 5 (2013).

Árboles o arbustos 2-10 m; tallos subcilíndricos, las yemas y los tallos jóvenes escasa o moderadamente adpreso-puberulentos, pero rápidamente glabrescentes, los tallos viejos glabros. Hojas 8.5-29.5 × 2.6-9.4 cm, obovado-elípticas a obovadas, no abolladas, con 17-23 pares de venas secundarias, ambas superficies casi glabras, excepto por el escaso indumento a lo largo de la vena media, la base cordada a subcordada, no revoluta, los márgenes enteros, subenteros a espaciadamente dentados distalmente, a veces conspicuamente dentados en hojas tiernas, el ápice acuminado, abruptamente acuminado o rara vez redondeado u obtuso; pecíolo hasta 0.5 cm. Inflorescencias 17-26 cm, en panículas, terminales o subterminales, pero volviéndose axilares, con 3 ejes secundarios, densa a moderadamente puberulentas, el indumento incoloro al secarse; brácteas hasta 1.5 mm, angostamente ovadas; bractéolas 0.4-0.8 mm, angostamente ovadas, escariosas, escasas; flores amontonadas, sésiles; sépalos 1-1.2 mm, ampliamente ovados, glabros, pero los márgenes irregularmente ciliolados, el ápice obtuso a redondeado; pétalos blancos, los 3 externos 2.7-2.9 mm, ovados a ampliamente ovados, glabros, el ápice ampliamente obtuso a redondeado, los 2 internos 1.1-1.2 mm, lineares, glabros, dispuestos dorsalmente sobre los filamentos y sobrepasándolos; tecas de los estambres 0.4-0.5 mm; estaminodios 1.1-1.2 mm, subcuadrangulares, glabros; ovario 0.8-1 mm, glabro. Frutos 1.9-2.2 × 1.9-2.1 cm, subglobosos a subpiriformes, blanco-morados al madurar, negros cuando secos. *Bosques muy húmedos*. CR (*Hammel et al. 17116*, CR). 200-1100 m. (Endémica).

5. Meliosma cordata A.H. Gentry, *Ann. Missouri Bot. Gard.* 67: 954 (1980 [1981]). Holotipo: Panamá, *Mori 6297* (MO!). Ilustr.: Morales, *Phytoneuron* 2013-82: 19, t. 7 (2013).

Árboles 5-6 m; tallos jóvenes subcilíndricos o cilíndricos, las yemas y los tallos muy jóvenes densamente tomentulosos, los tallos viejos glabrescentes o casi glabrescentes. Hojas 10.3-19.8 × 4.9-6.1 cm, ovadas a elíptico-ovadas, no abolladas, con 9-12 pares de venas secundarias, casi glabras en el haz, con escaso indumento a lo largo de la vena media, inconspicua y escasamente puberulentas en el envés, con el indumento restringido mayormente a la vena media, la base cordada, no revoluta, los márgenes enteros, el ápice corta y abruptamente acuminado; pecíolo (4.5-)5-10.4 cm. Inflorescencias 15.5-29.5 cm, en panículas, axilares o ramifloras, débilmente con 3 ejes secundarios, densamente tomentulosas (pero el indumento más escaso hacia la base), el indumento café; brácteas hasta 1.4 mm, linear-ovadas; bractéolas hasta 0.1 mm, ovadas, escariosas, dispuestas en la base del pedicelo; flores aparentemente no amontonadas, con pedicelos 1.6-2.5 mm; sépalos 0.8-1 mm, ampliamente ovados, moderadamente hirsútulos por fuera, los márgenes irregularmente ciliolados, el ápice obtuso a redondeado; pétalos desconocidos; ovario c. 8 mm, glabro. Frutos muy inmaduros hasta 1 × 0.7 cm, subpiriformes, blancos a morados al madurar, negros cuando secos. *Bosques muy húmedos*. P (*Mori & Kallunki 5301*, MO). 700-1000 m. (Endémica).

6. Meliosma corymbosa A.H. Gentry, *Ann. Missouri Bot. Gard.* 73: 821 (1986 [1987]). Holotipo: Nicaragua, *Neill 2342* (MO!). Ilustr.: Morales, *Phytoneuron* 2013-82: 21, t. 8 (2013).

Árboles 20-25 m; tallos cilíndricos a subcilíndricos, las yemas y los tallos jóvenes inconspicuamente puberulentos, glabros o glabrescentes con la edad. Hojas 6-13.6(-16.1) × 2.4-3.8(-4.9) cm, angostamente elípticas a angostamente obovadas, no abolladas, con 8-11 pares de venas secundarias, glabras en ambas superficies, la base atenuada, decurrente sobre el pecíolo, no revoluta, los márgenes enteros, no revolutos, el ápice agudo, obtuso a redondeado; pecíolo 1-1.8 cm. Inflorescencias 9-25 cm (o más), en panículas corimbosas, terminales o subterminales en ramas jóvenes, volviéndose axilares con la edad, con 3 ejes secundarios, puberulentas (pero el indumento más escaso hacia la base), el indumento ferrugíneo, glabrescentes en fructificación; brácteas caducas, no vistas; bractéolas hasta 1 mm, ovadas, escariosas, numerosas, por lo general una de ellas sepaliforme y dispuesta inmediatamente debajo del cáliz; flores amontonadas, con pedicelos 1.1-1.3 mm; sépalos 0.7-0.9 mm, ampliamente ovados, glabrescentes, excepto por los cilios marginales, redondeados apicalmente; pétalos crema, los 3 externos 1.9-2.1 mm, ampliamente ovados a suborbiculares, glabros, el ápice redondeado, los 2 internos 1.4-1.6 mm, elípticos, glabros, dispuestos dorsalmente sobre los filamentos y sobrepasándolos; tecas de los estambres 0.7-0.8 mm; estaminodios c. 1.5 mm, subcuadrangulares, glabros; ovario c. 0.5 mm. Frutos 2.1-2.3 × 1.4-1.7 cm, piriformes a subpiriformes, verde pálido al madurar, negros cuando secos. *Bosques muy húmedos, bosques premontanos, bosques de neblina.* G (*Contreras 11212*, MO); H (*Mejía 120*, MO); N (*Stevens & Montiel 22542*, MEXU). 900-1500(-2000) m. (Endémica).

7. Meliosma cresstolina J.F. Morales, *J. Bot. Res. Inst. Texas* 5: 546 (2011). Holotipo: Costa Rica, *Solano & Santamaría 5190* (CR!). Ilustr.: Morales, *Phytoneuron* 2013-82: 23, t. 9 (2013).

Árboles 5-7 m; tallos jóvenes subangulados, cilíndricos a subcilíndricos, las yemas y los tallos muy jóvenes densamente tomentulosos, los tallos viejos glabros o casi glabros. Hojas (19.5-)22.4-38.9(-46.5) × 10.3-16.8 cm, obovado-elípticas a obovadas, no abolladas, con 16-20 pares de venas secundarias, glabrescentes en el haz y con el indumento denso y restringido sobre las venas, moderadamente puberulentas en el envés, la base redondeada a subtruncada, algunas veces levemente subcordada u oblicua, no revoluta, los márgenes enteros, el ápice obtuso o redondeado y abrupta y cortamente cuspidado; pecíolo 1.6-3.4 cm. Inflorescencias (9.5-)18-32 cm, en panículas, terminales, subterminales o axilares en los tallos más viejos, con 3 ejes secundarios, densamente tomentulosas, el indumento de color canela; brácteas hasta 1.3 mm, linear-ovadas; bractéolas 0.8-1.1 mm, ovadas, escariosas, por lo general una de ellas dispuesta inmediatamente debajo del cáliz y sepaliforme; flores amontonadas, básicamente sésiles; sépalos 1.6-1.8 mm, ampliamente ovados, densamente puberulentos por fuera, los márgenes ciliolados, el ápice obtuso; pétalos blancos a blanco-verdosos, los 3 externos 2.4-2.6 mm, ampliamente subovados a suborbiculares, glabros, el ápice redondeado, los 2 internos 1.4-1.6 mm, linear-ovados, glabros, dispuestos dorsalmente sobre los filamentos y sobrepasándolos; tecas de los estambres 0.7-0.9 mm; estaminodios 1.6-1.7 mm, subcuadrangulares, glabros; ovario 0.7-0.9 mm, glabro. Frutos 2.1-2.5 × 1.9-2.1 cm, piriformes, blancos a blanco-morados al madurar, negros cuando secos. *Bosques de neblina*. CR (*Gamboa & Picado 649*, MO). 1600-2200 m. (Endémica).

8. Meliosma dentata (Liebm.) Urb., *Ber. Deutsch. Bot. Ges.* 13: 212 (1895). *Lorenzanea dentata* Liebm., *Vidensk. Meddel. Dansk Naturhist. Foren. Kjøbenhavn* 1850: 70 (1850). Lectotipo (primer paso designado por Morales, 2013; segundo paso designado por Morales, 2023): México, Veracruz, *Liebmann 1996* (C-[cb] C10018513!). Ilustr.: Morales, *Phytoneuron* 2013-82: 26, t. 10 (2013).

Lorenzanea dentata Liebm. var. *minor* Liebm., *Meliosma matudae* Lundell, *M. oaxacana* Standl., *Quercus dawsonii* Trel.

Árboles 4-20 m; tallos cilíndricos a subcilíndricos, las yemas y los tallos muy jóvenes densa a moderadamente hirsútulos o escasamente puberulentos, glabros o glabrescentes con la edad. Hojas 7.2-17.8 × 1.5-6 cm, elípticas, obovado-elípticas a obovadas, no abolladas, rara vez algún espécimen con hojas abolladas, con (6-)8-13(-15) pares de venas secundarias, glabras o glabrescentes en el haz, glabrescentes o escasamente puberulentas en el envés, la base cuneada o atenuada, a veces decurrente sobre el pecíolo, generalmente revoluta, los márgenes enteros, subenteros e inconspicuamente dentados a conspicuamente dentados en la parte media y distalmente, el ápice cortamente acuminado o cuspidado; pecíolo 0.7-1.5 cm. Inflorescencias 6-15(-28) cm, en panículas, axilares o subterminales en las ramas jóvenes, volviéndose axilares con la edad, generalmente con 2 a levemente 3 ejes secundarios, densa a moderadamente hirsútulas, puberulentas a glabrescentes, el indumento (cuando presente) ferrugíneo o amarillento; brácteas 1.1-1.8 mm, angostamente ovadas; bractéolas 0.7-1 mm, angostamente ovadas, escariosas, dispuestas inmediatamente debajo del cáliz y sepaliformes; flores amontonadas, con pedicelos 0.5-3.5 mm; sépalos 5, 1.2-1.7 mm, ampliamente ovados a suborbiculares, glabros a glabrescentes dorsalmente, los márgenes ciliolados, el ápice obtuso a redondeado; pétalos blancos, los 3 externos 1.9-2.3 mm, ampliamente ovados, glabros, excepto por los cilios diminutos e inconspicuos, los 2 internos 1.8-2.1 mm, bilobulados, los lóbulos agudos, glabros, dispuestos dorsalmente sobre los filamentos, pero sin sobrepasarlos; tecas de los estambres 0.8-0.9 mm; estaminodios 1.1-1.3 mm, subcuadrangulares, con la parte superior subovada, glabros; ovario 0.8-1.2 mm, glabro. Frutos 0.8-1.4 × 0.8-1.2 cm, subglobosos a subpiriformes, blanco-verdosos o rojos al madurar, negros cuando secos. *Bosques húmedos, bosques muy húmedos, bosques de neblina, bosques de encino.* Ch (*Davidse et al. 29657*, MO); G (*Véliz & Véliz 94.4197*, MO); H (*Molina R. 1437*, F); ES (*Davidse et al. 37292*, MO); CR (*Holdridge 6557*, CR). 1700-3200 m. (México [Cd. México, Chihuahua, Durango, Edo. México, Guerrero, Jalisco, Michoacán, Morelos, Oaxaca, Sinaloa, Tamaulipas, Veracruz], Mesoamérica).

9. Meliosma depressiva J.F. Morales, *Sida* 20: 937 (2003). Holotipo: Costa Rica, *Morales & Ulate 5379* (CR!). Ilustr.: Morales, *Phytoneuron* 2013-82: 31, t. 12 (2013).

Árboles o arbustos 3-8 m; tallos jóvenes subangulados, cilíndricos a subcilíndricos con la edad, las yemas y los tallos muy jóvenes densa a moderadamente tomentulosos, algunas veces moderadamente puberulentos, los tallos viejos con el indumento muy escaso a glabrescentes. Hojas (11.5-)12.8-27.5 × (5.7-)6.8-10.5(-12.2) cm, elípticas, rara vez ovado-elípticas, no abolladas, con 12-14 pares de venas secundarias, glabrescentes en el haz, el indumento restringido a las venas, escasamente puberulentas en el envés, la base por lo general aguda, algunas veces obtusa, no revoluta, los márgenes enteros a espaciadamente dentados distalmente, el ápice acuminado; pecíolo (4.7-)6.2-10.4 cm. Inflorescencias (17.5-)26-45 cm, en panículas, axilares o ramifloras en tallos más viejos, con 3 ejes secundarios, densa a moderadamente puberulentas, el indumento café al secarse; brácteas hasta 2.5 mm, linear-ovadas; bractéolas 0.3-0.7 mm, linear-ovadas, escariosas, numerosas; flores amontonadas, subsésiles, con pedicelos hasta 0.8 mm; sépalos 0.9-1.1 mm, ampliamente ovados, moderada a escasamente puberulentos por fuera, los márgenes ciliolados, el ápice obtuso; pétalos blancos a blanco-verdosos (pero el resto de la inflorescencia rosada a lila), los 3 externos 2.1-2.5 mm, ampliamente ovados a subovados, glabros, el ápice redondeado, los 2 internos 1.1-1.3 mm, linear-ovados, glabros, dispuestos dorsalmente sobre los filamentos y sobrepasándolos; tecas de los estambres 0.3-0.45 mm; estaminodios 1-1.2 mm, subcuadrangulares, glabros; ovario 0.7-0.8 mm, glabro. Frutos 2-2.3 × 1.9-2.2 cm, subpiriformes a subglobosos, blanco-verdosos, blanco-morados a morados al madurar, negros cuando secos. *Bosques muy húmedos, bosques de neblina*. CR (*Alfaro & Alfaro 2174*, MO). 1300-1850 m. (Endémica).

10. Meliosma donnellsmithii Urb., *Bot. Gaz.* 37: 214 (1904). Lectotipo (primer paso designado por Gentry, 1980 [1981]; segundo paso designado por Morales, 2023): Costa Rica, *Donnell Smith 6852* (US-[cb] US00094253!). Ilustr.: Morales, *Phytoneuron* 2013-82: 34, t. 14 (2013).

Árboles (rara vez arbustos) 4-12 m; tallos jóvenes conspicuamente surcados y subangulados, cilíndricos a subcilíndricos con la edad, las yemas y los tallos muy jóvenes inconspicua y escasamente puberulentos, los tallos viejos glabros o casi glabros. Hojas (19.3-)26.4-57.5 (-62.5) × (6.4-)8.2-15.8 cm, obovadas, no abolladas, con 26-32 pares de venas secundarias generalmente glabras, a veces la vena media con escasos tricomas inconspicuos, la base por lo general angostamente obtusa o redondeada, rara vez subcordada, no revoluta, los márgenes subenteros a espaciadamente dentados en la mitad distal, el ápice acuminado, rara vez agudo; pecíolo (0.4-)0.7-1.3 cm. Inflorescencias 19-31 cm, en panículas, subterminales, axilares o ramifloras en tallos más viejos, con 3 ejes secundarios, inconspicua y escasamente puberulentas, el indumento más denso en los extremos terminales (antes de las flores), incoloro; brácteas hasta 1.5 mm, linear-ovadas; bractéolas 0.4-0.7 mm, linear-ovadas, escariosas, numerosas; flores algo amontonadas, sésiles; sépalos 0.5-0.7 mm, ampliamente ovados, glabros por fuera, pero los márgenes ciliolados, el ápice obtuso; pétalos verdes a blanco-verdosos, los 3 externos 1-1.2 mm, ovados a subovados, glabros, el ápice obtuso, los 2 internos 0.3-0.4 mm, ovados, glabros, dispuestos dorsalmente sobre los filamentos y casi del mismo tamaño que las tecas, apenas sobrepasándolas; tecas de los estambres c. 0.3 mm; estaminodios 0.6-0.7 mm, subcuadrangulares, glabros; ovario 0.6-0.8 mm, glabro. Frutos 2.2-2.8 × 2-2.4 cm, subpiriformes a subglobosos, verdes, blanco-verdosos a morados al madurar, negros cuando secos. *Bosques muy húmedos*. N (*Rueda et al. 2710*, MO); CR (*Aguilar 2153*, MO). 0-750 m. (Endémica).

11. Meliosma echeverriae J. Menjívar, Cerén & J.F. Morales, *Anales Jard. Bot. Madrid* 65: 391 (2008). Holotipo: El Salvador, *Reyna s.n.* (MHES!) Ilustr.: Morales, *Phytoneuron* 2013-82: 37, t. 15 (2013).

Árboles 10-15 m; tallos jóvenes subangulados a subcilíndricos con la edad, ramitas y yemas jóvenes densamente hirsútulas, los tallos viejos glabrescentes y con el indumento restringido a las axilas de las cicatrices foliares. Hojas 8.4-13.1 × 3.8-6.2 cm, elípticas, no abolladas, con 7-10 pares de venas secundarias, glabrescentes en el haz, la pubescencia restringida a la vena media, escasamente puberulentas en el envés, la pubescencia densa sobre la vena media, la base obtusa a redondeada, no revoluta, los márgenes enteros, el ápice obtuso a corta y abruptamente agudo; pecíolo 1.9-3.7 cm. Inflorescencias 11-20 cm, en panículas, axilares (pero pareciendo subterminales en ramas jóvenes), con 3 ejes secundarios, densa a moderadamente puberulentas, el indumento ferrugíneo; brácteas 0.8-1.5 mm, angostamente ovadas; bractéolas 0.5-1.1 mm, ovadas, escariosas, dispuestas inmediatamente debajo del cáliz y a veces sepaliformes; flores amontonadas, sésiles a subsésiles, el pedicelo (cuando presente) menos de 0.7 mm; sépalos 5, 0.9-1.8 mm, ampliamente ovados, escasamente hirsútulos dorsalmente, la pubescencia más densa cerca de la base, los márgenes ciliolados, el ápice obtuso a redondeado; pétalos blanco-crema a blancos, glabros, inconspicuamente ciliolados en los márgenes, los 3 externos 1.3-1.7 mm, ampliamente ovados, glabros, los 2 internos no examinados; estambres no vistos; estaminodios 0.9-1.2 mm, subcuadrangulares, glabros; ovario 0.5-0.7 mm, glabro. Frutos 1.1-1.6 × 1.1-1.4 cm, subglobosos, verdes o blanco-verdosos al madurar, negros cuando secos. *Bosques de neblina*. Ch (*Breedlove & Smith 22616*, MEXU); H (*Hazlett 2276*, MO); ES (*Villacorta & Lara 2665*, LAGU). 2000-2275 m. (Endémica).

12. Meliosma frondosa Cuatrec. & Idrobo, *Caldasia* 7: 193 (1955). Holotipo: Colombia, *Idrobo & Hernández 1532* (COL!). Ilustr.: Cuatrecasas, *Caldasia* 7: 207, t. 5 (1955).

Árboles c. 8 m; ramas cilíndricas a subcilíndricas, las yemas y los tallos muy jóvenes glabrescentes. Hojas 5.5-11.8 × 3.5-7.2 cm, elípticas, a veces abolladas, con 10-12 pares de venas secundarias, glabras en ambas superficies, la base redondeada, los márgenes enteros, revolutos, el ápice redondeado a emarginado; pecíolo 1.7-2.6 cm. Inflorescencias 13-17 cm, en panículas, terminales a subterminales, con 3 ejes secundarios (pero pareciendo ser 2 ejes), moderada a densamente puberulentas, el indumento incoloro o algo amarillento; brácteas hasta 2 mm, angostamente ovadas; bractéolas 0.5-1.2 mm, ovadas, escariosas, numerosas; flores generalmente amontonadas, sésiles; sépalos 2.2-2.5 mm, ampliamente ovados, escasamente puberulentos por fuera, el indumento más denso en la parte media, los márgenes ciliolados, el ápice obtuso a redondeado; pétalos blancos, los 3 externos 1.2-1.5 mm, ovados, glabros, el ápice obtuso, los 2 internos c. 0.5 mm, lineares, glabros, dispuestos dorsalmente sobre los filamentos; tecas de los estambres c. 0.5 mm; estaminodios c. 1 mm, subcuadrangulares, glabros; ovario c. 0.6 mm, glabro. Frutos 2-2.3 × 1.8-2.1 mm, subpiriformes, verde-amarillentos al madurar, negros cuando secos. *Bosques de neblina*. P (*Mori 6753*, MO). 1000-1200 m. (Mesoamérica, Colombia, Ecuador).

13. Meliosma glabrata (Liebm.) Urb., *Ber. Deutsch. Bot. Ges.* 13: 212 (1895). *Lorenzanea glabrata* Liebm., *Vidensk. Meddel. Dansk Naturhist. Foren. Kjøbenhavn* 1850: 71 (1850). Lectotipo (primer paso designado por Gentry, 1980 [1981]; segundo paso designado por Morales, 2023): Costa Rica, *Oersted 1999a* (F-[nr] 667700!). Ilustr.: Morales, *Phytoneuron* 2013-82: 41, t. 17 (2013).

Lorenzanea ira Liebm., *Meliosma ira* (Liebm.) L.O. Williams, *M. panamensis* Standl., *M. tonduzii* Donn. Sm.

Árboles o arbolitos 5-15(-20) m; tallos cilíndricos a subcilíndricos con la edad, las yemas y los tallos muy jóvenes escasa a moderadamente adpreso-puberulentos, los tallos viejos glabros o casi glabros. Hojas (9.2-)12.6-25.5 × 3.8-6.7(-7.2) cm, angostamente elípticas, angostamente obovado-elípticas a angostamente obovadas, no abolladas, con 13-18 pares de venas secundarias, generalmente glabras, la base angostamente cuneada, no revoluta, los márgenes enteros, subenteros a espaciadamente dentados en la mitad distal, el ápice acuminado; pecíolo 0.9-3 cm. Inflorescencias (3.5-)5.5-19.5 cm, en panículas, ramifloras, con 2(3) ejes secundarios, inconspicua y escasa a moderadamente puberulentas, el indumento más denso en los extremos terminales (antes de las flores), glabrescente basalmente, incoloro; brácteas hasta 2.3 mm, linear-ovadas a lineares; bractéolas 0.3-0.7 mm, ovadas, escariosas, numerosas; flores generalmente amontonadas, sésiles a subsésiles, con pedicelos hasta 0.7 mm; sépalos 0.7-0.9 mm, ampliamente ovados, glabros por fuera, pero los márgenes ciliolados, el ápice obtuso a redondeado; pétalos blancos a blanco-verdosos, los 3 externos 2.2-2.4 mm, ovados, glabros, el ápice obtuso a agudo, los 2 internos 1.7-1.9 mm, lineares, glabros, dispuestos dorsalmente sobre los filamentos y sobrepasándolos; tecas de los estambres 0.2-0.3 mm; estaminodios 1-1.2 mm, subcuadrangulares, glabros; ovario 0.7-0.9 mm, glabro. Frutos 2.3-2.6 × 1.8-2 cm, subglobosos, verde-amarillentos, blanco-verdosos a blanco-morados o morados al madurar, negros cuando secos. *Bosques muy húmedos*. N (*Standley 10662*, F); CR (*Morales 5660*, MO); P (*McPherson 7866*, MEXU). 400-1500 m. (México [Veracruz], Mesoamérica, Colombia).

14. Meliosma grandiflora C.V. Morton ex A.H. Gentry, *Ann. Missouri Bot. Gard.* 67: 957 (1980 [1981]). Holotipo: Costa Rica, *Skutch 4049* (MO!). Ilustr.: Morales, *Phytoneuron* 2013-82: 45, t. 18 (2013).

Árboles o arbustos 4-20 m; tallos cilíndricos a subcilíndricos, las yemas y los tallos muy jóvenes muy escasa e inconspicuamente adpreso-puberulentos, rápidamente glabrescentes, los tallos viejos glabros o casi glabros. Hojas (5.1-)6.1-11.6(-14.7) × 2.1-4.6(-5.6) cm, angostamente elípticas, no abolladas, con 10-12 pares de venas secundarias, generalmente glabras, la base angostamente cuneada, no revoluta, los márgenes enteros, el ápice agudo a obtuso o cortamente acuminado (rara vez caudado); pecíolo 0.8-2.1(-2.5) cm. Inflorescencias 1.5-6.5 cm, espiciformes o inconspicuamente con 2 ejes secundarios, axilares, densa a moderadamente puberulentas, el indumento más denso distalmente, incoloro; brácteas 1.4-2.5 mm, linear-ovadas a lineares; bractéolas 0.3-1 mm, ovadas, escariosas, escasas; flores por lo general no amontonadas, sésiles o subsésiles, con pedicelos hasta 0.8 mm; sépalos 1.5-2 mm, ampliamente ovados, glabros por fuera, pero los márgenes ciliolados, el ápice redondeado; pétalos blancos en la antesis, pero rápidamente cambiando a crema, amarillo o anaranjado, los 3 externos 4.8-5.2 mm, ampliamente elípticos a ampliamente ovado-elípticos, glabros, el ápice obtuso a agudo, los 2 internos 1.8-2.3 mm, angostamente elípticos, glabros, dispuestos dorsalmente sobre los filamentos y sobrepasándolos; tecas de los estambres 0.4-0.6 mm; estaminodios 1.4-1.6 mm, subovados, glabros; ovario 0.9-1.1 mm, glabro. Frutos 2.1-2.5 × 1.9-2.1 cm, subpiriformes, amarillentos, blanco-morados a morados al madurar, negros cuando secos. *Bosques muy húmedos*. CR (*Morales 4483*, MO); P (*Hamilton & Krager 3787*, MEXU). 0-1000 m. (Endémica).

15. Meliosma grandifolia (Liebm.) Urb., *Ber. Deutsch. Bot. Ges.* 13: 211 (1895). *Lorenzanea grandifolia* Liebm., *Vidensk. Meddel. Dansk Naturhist. Foren. Kjøbenhavn* 1850: 73 (1850). Lectotipo (designado por Morales, 2023): México, Oaxaca, *Liebmann 1999c* (C-[cb] C10018516!). Ilustr.: Morales, *Phytoneuron* 2013-82: 49, t. 20 (2013).

Meliosma maxima Standl. & Steyerm.

Árboles 6-15 m; tallos cilíndricos a subcilíndricos, las ramas densamente hirsútulas a tomentulosas cuando jóvenes, más escasamente con la edad hasta glabrescentes en los tallos viejos. Hojas (13-)15.5-38.3(-59) × 7.7-13.1(-20.5) cm, elípticas a obovadas, no abolladas, con 19-23 pares de venas secundarias, glabrescentes en el haz, con el indumento restringido a las venas, densa a escasamente puberulentas en el envés, la base cuneada o angostamente obtusa, no revoluta, los márgenes subenteros o escasamente dentados, sobre todo en la parte media y distalmente, el ápice cortamente acuminado o apiculado; pecíolo 0.9-1.8(-3) cm. Inflorescencias 11-29 cm, en panículas, subterminales o terminales en ramas jóvenes, volviéndose axilares con la edad, con 3 ejes secundarios, densamente puberulentas a hirsútulo-puberulentas, rara vez tomentulosas, el indumento algo ferrugíneo o amarillento; brácteas 1-2.1 mm, angostamente ovadas; bractéolas 0.3-1 mm, ovadas, escariosas, dispuestas inmediatamente debajo del cáliz y sepaliforme o en el raquis de la inflorescencia; flores amontonadas, sésiles o subsésiles, rara vez algunas flores con pedicelos hasta 0.9 mm; sépalos 0.7-0.9 mm, ampliamente ovados, escasamente puberulentos por fuera, pero con el indumento concentrado en la parte media, los márgenes irregularmente ciliolados, el ápice obtuso a redondeado; pétalos blancos o color crema, los 3 externos 1.2-1.5 mm, ampliamente ovados, glabros, el ápice obtuso a subagudo, los 2 internos 0.8-1.1 mm, angostamente elípticos, glabros, dispuestos dorsalmente sobre los filamentos y sobrepasándolos; tecas de los estambres c. 0.3 mm; estaminodios c. 0.5 mm, subcuadrangulares, glabros; ovario 0.4-0.5 mm, glabro. Frutos 1.9-2.4 × 1.7-2.2 cm, subglobosos, verde-amarillentos al madurar, negros cuando secos. *Bosques muy húmedos, bosques húmedos*. G (*Steyermark 39084*, F); H (*Liesner & Mejía 26037*, MO); N (*Neill 1812*, MO). 50-950 m. (México [Oaxaca], Mesoamérica).

16. Meliosma idiopoda S.F. Blake, *J. Wash. Acad. Sci.* 14: 289 (1924). Holotipo: Costa Rica, *Tonduz 13372* (US!). Ilustr.: Morales, *Phytoneuron* 2013-82: 51, t. 21 (2013).

Meliosma dives Standl. & Steyerm.

Árboles o arbustos 3-10 m; tallos cilíndricos a subcilíndricos, las yemas y los tallos muy jóvenes muy escasa e inconspicuamente adpreso-puberulentos, rápidamente glabrescentes, los tallos viejos glabros o casi glabros. Hojas (5.2-)6-12.8(-15.7) × (1.8-)2.2-3.8(-4.6) cm, angostamente elípticas a angostamente obovado-elípticas, no abolladas, con 13-15 pares de venas secundarias, generalmente glabras, la base estrechamente cuneada, no revoluta, los márgenes enteros, subenteros a espaciadamente dentados distalmente, el ápice acuminado, rara vez agudo; pecíolo 0.4-1 cm. Inflorescencias 5.5-19.5(-22.5) cm, en panículas, axilares, con 3 ejes secundarios, inconspicua y escasamente puberulentas, el indumento más denso distalmente, incoloro; brácteas hasta 1.5 mm, linear-elípticas, rápidamente deciduas; bractéolas 0.8-1.3 mm, linear-elípticas a lineares, escariosas, escasas; flores apenas amontonadas, con pedicelos 1.2-1.8 mm; sépalos 1.1-1.3 mm, ampliamente ovados, glabros por fuera, pero los márgenes irregular y diminutamente ciliolados, el ápice obtuso a redondeado; pétalos blancos a blanco-crema, los 3 externos 1.8-2 mm, ampliamente ovados, glabros, el ápice redondeado a bilobulado, los 2 internos 0.2-0.3 mm, angostamente ovado-elípticos, glabros, dispuestos dorsalmente en la base de los filamentos, inconspicuos y sin sobrepasarlos; tecas de los estambres 0.4-0.5 mm; estaminodios 0.9-1.1 mm, subcuadrangulares, glabros; ovario 0.5-0.7 mm, glabro. Frutos 0.8-1 × 0.8-1 cm, subesféricos a esféricos, blancos a blanco-rosados al madurar, negros cuando secos. *Bosques muy húmedos, bosques de neblina*. Ch (*Breedlove & Keller 49372*, MO); G (*Steyermark 47920*, F); N (*Rueda et al. 14464*, MO); CR (*Davidse et al. 25671*, MO); P (*Croat 15982*, MO). 1100-1800 m. (México [Oaxaca, Veracruz], Mesoamérica).

17. Meliosma irazuensis Standl. ex Cufod., *Arch. Bot. Sist.* 9: 194 (1933). Holotipo: Costa Rica, *Cufodontis 451* (F!). Ilustr.: Morales, *Phytoneuron* 2013-82: 56, t. 22 (2013).

Meliosma hartshornii A.H. Gentry.

Árboles 8-18 m; tallos cilíndricos a subcilíndricos, las yemas y los tallos jóvenes densamente hirsútulos a adpreso-pubescentes, los tallos viejos glabrescentes. Hojas 3.5-11.5(-16.5) × (1.4-)2.4-4.6(-5.5) cm, elípticas, obovado-elípticas a obovadas, no abolladas, con 9-14 pares de venas secundarias, glabras en el haz, escasa e inconspicuamente puberulentas en el envés, algunas veces glabrescentes, la base estrechamente cuneada, decurrente sobre el pecíolo, generalmente revoluta, los márgenes enteros a espaciadamente dentados, el ápice agudo; pecíolo 0.5-1.2 cm. Inflorescencias (4-)7-15 cm, en panículas, terminales o subterminales en ramas jóvenes, volviéndose axilares con la edad, con 3 ejes secundarios, densa a moderadamente puberulentas, el indumento algo ferrugíneo; brácteas 1.2-2.1 mm, angostamente ovadas; bractéolas 0.8-1.4 mm, ovadas, escariosas, dispuestas inmediatamente debajo del cáliz y sepaliformes; flores amontonadas, sésiles a subsésiles, con pedicelos (cuando presentes hasta 1.3 mm de longitud); sépalos 1.5-1.9 mm, ampliamente ovados, glabros por fuera, los márgenes conspicuamente ciliolados, el ápice obtuso; pétalos verde-crema a crema, los 3 externos 1.8-2.2 mm, ampliamente ovados, glabros, los 2 internos 1.1-1.3 mm, subcuadrangulares, angostamente ovado-elípticos, glabros, dispuestos dorsalmente en la base de los inconspicuos filamentos y sin sobrepasarlos; tecas de los estambres 0.7-0.9 mm; estaminodios 1.1-1.3 mm, subcuadrangulares, glabros; ovario 0.3-0.4 mm, glabro. Frutos 1.2-1.5 × 1-1.2 cm, subglobosos, rojizos o blanco-rojizos al madurar, negros cuando secos. *Bosques muy húmedos, bosques de neblina, bosques de encino.* H (*Mejía 21*, MO); CR (*Morales 13989*, MO); P (*Folsom & Page 6073*, MO). 2250-3300 m. (Endémica).

18. Meliosma isthmensis J.F. Morales, *J. Bot. Res. Inst. Texas* 3: 537 (2009). Holotipo: Costa Rica, *Aguilar et al. 4177* (CR!). Ilustr.: Morales, *Phytoneuron* 2013-82: 58, t. 23 (2013).

Árboles 7-14 m; tallos cilíndricos a subcilíndricos, las yemas y los tallos jóvenes densamente ferrugíneo-pubescentes, los tallos viejos con el indumento más escaso y algo adpreso. Hojas 35-55 × 8-17.5 cm, obovadas a angostamente obovadas, no abolladas, con 37-46 (o más) pares de venas secundarias, glabrescentes en el haz, la pubescencia restringida a las venas, estas densa a moderadamente puberulentas o tomentulosas en el envés, la pubescencia más o menos distribuida por toda la lámina, la base estrechamente cuneada, a veces ligeramente decurrente sobre el pecíolo, no revoluta, los márgenes enteros, el ápice agudo; pecíolo 1.1-1.9 cm. Inflorescencias 13-40 cm, en panículas, laterales o axilares (aparentemente subterminales en las ramas jóvenes), con 3 ejes secundarios, escasamente puberulentas, el indumento incoloro; brácteas 1-3 mm, filiformes; bractéolas 0.4-0.6 mm, angostamente ovadas, escariosas; flores amontonadas, sésiles a subsésiles, con pedicelos (cuando presentes) hasta 0.7 mm; sépalos 1.3-1.9 mm, ampliamente ovados, escasamente hirsútulos por fuera, los márgenes ciliados, el ápice agudo u obtuso; pétalos crema a verde-crema, los 3 externos 1.9-2.2 mm, ampliamente ovados a suborbiculares, glabros, excepto por unos cuantos cilios en los márgenes, los 2 internos 1.1-1.4 mm, angostamente subovados, glabros; tecas de los estambres 0.6-0.9 mm; estaminodios 1.1-1.4 mm, subcuadrangulares, glabros; ovario 0.3-0.6 mm, glabro. Frutos 2.2-2.6 × 1.9-2.2 cm, obovoide-piriformes, blanco-verdosos al madurar, negros cuando secos. *Bosques muy húmedos.* CR (*Poveda 183*, MO); P (*Mori & Crosby 6411*, MO). 100-1000 m. (Endémica).

19. Meliosma laxiflora J.F. Morales, *J. Bot. Res. Inst. Texas* 5: 548 (2011). Holotipo: Costa Rica, *Harmon 273* (CR!). Ilustr.: Morales, *Phytoneuron* 2013-82: 60, t. 24 (2013).

Árboles 4-5 m; tallos cilíndricos a subcilíndricos, las yemas y los tallos jóvenes moderadamente puberulentos, pero rápidamente glabrescentes, los tallos viejos glabros o casi glabros. Hojas 11.3-23.2 × 3.1-5.1 cm, obovadas a angostamente obovado-elípticas, no abolladas, con 19-23 pares de venas secundarias, prácticamente glabras, rara vez con tricomas muy escasos e inconspicuos en el envés, la base angostamente cuneada, tenuemente decurrente sobre el pecíolo, no revoluta, los márgenes subenteros a inconspicuamente dentados distalmente, el ápice cortamente acuminado; pecíolo 0.4-1.4 cm. Inflorescencias 18-30 cm, en panículas, subterminales, con 2 ejes secundarios o débilmente 3 ejes, muy escasa y diminutamente puberulentas, el indumento incoloro; brácteas hasta 1.3 mm, filiformes; bractéolas hasta 0.7 mm, angostamente ovadas, escariosas, dispuestas bajo los sépalos y amontonadas; flores laxamente dispuestas, sésiles a subsésiles, con pedicelos (cuando presentes) hasta 0.9 mm; sépalos 0.8-1.2 mm, ampliamente ovados, glabros excepto por los márgenes ciliados, el ápice redondeado a obtuso; pétalos verde-crema, los 3 externos 1.6-1.7 mm, ampliamente ovados a suborbiculares, glabros, los 2 internos 0.8-1.1 mm, linear-ovados, glabros, dispuestos dorsalmente en la base del filamento y sobrepasándolo; tecas de los estambres c. 0.4 mm; estaminodios 0.7-0.8 mm, subcuadrangulares, glabros; ovario 0.4-0.5 mm, glabro. Frutos 1.7-1.8 × 1.5-1.6 cm, piriformes, de color desconocido. *Bosques muy húmedos.* CR (*Liesner 3227*, MO). 0-200 m. (Endémica).

20. Meliosma linearifolia A.H. Gentry, *Ann. Missouri Bot. Gard.* 67: 960 (1980 [1981]). Holotipo: Panamá, *Correa & Dressler 1148* (MO!). Ilustr.: Morales, *Phytoneuron* 2013-82: 62, t. 25 (2013).

Árboles 6-15 m; tallos cilíndricos a subcilíndricos, las ramas densa a moderadamente ferrugíneo-puberulentas cuando jóvenes, los tallos viejos glabrescentes. Hojas 51-90 × 2-3.6 cm, lineares a linear-elípticas, conspicuamente abolladas, con 34-48 (o más) pares de venas secundarias, glabrescentes, pero la vena media puberulenta en el envés, la base angostamente redondeada a subcordada, los márgenes enteros y revolutos, el ápice agudo; pecíolo 2-5 mm. Inflorescencias 45-65 cm, en panículas, axilares, pero agrupadas en las ramas terminales, con 4 ejes secundarios, escasamente puberulentas, el indumento café; brácteas hasta 10 mm, linear-ovadas; bractéolas hasta 1.1 mm, angostamente ovadas, escariosas, ubicadas en la base del pedicelo; flores amontonadas, con pedicelos 1.4-2.6 mm; sépalos 5, 0.8-1 mm, ampliamente ovados, glabrescentes, ciliolados marginalmente, con tricomas glandulares globulares, obtusos a redondeados apicalmente; pétalos blancos, los 3 externos hasta 1.5 mm, ampliamente ovados a suborbiculares, glabros, los 2 internos 0.7-0.9 mm, elípticos, glabros, dispuestos dorsalmente en la base del filamento, sin sobrepasarlo; tecas de los estambres 0.2-0.3 mm; estaminodios 0.3-0.4 mm, subcuadrangulares, glabros; ovario c. 0.4 mm, glabro. Frutos 1.6-1.9 × 1.4-1.6 cm, subpiriforme-globosos, verdosos al madurar, negros cuando secos. *Bosques muy húmedos.* P (*Knapp & Schmalzel 5275*, MO). 250-900 m. (Endémica).

21. Meliosma nanarum A.H. Gentry, *Ann. Missouri Bot. Gard.* 73: 821 (1986 [1987]). Holotipo: Nicaragua, *Pipoly 5169* (MO!). Ilustr.: Morales, *Phytoneuron* 2013-82: 63, t. 26 (2013).

Árboles 4-5 m; tallos jóvenes subangulados, cilíndricos a subcilíndricos con la edad, las yemas y los tallos jóvenes diminutamente puberulentos, los tallos viejos glabros o casi glabros. Hojas 7.7-17.8 × 2-3.3 cm, angostamente elípticas a angostamente obovado-elípticas, no abolladas, con 10-15 pares de venas secundarias, prácticamente glabras, la base angostamente aguda, no revoluta, los márgenes enteros, el ápice agudo a cortamente acuminado; pecíolo 1.2-1.7(-2) cm. Inflorescencias 7-15 cm, en panículas, axilares, con 2 ejes secundarios, inconspicuamente puberulentas, glabrescentes (en fruto), el indumento incoloro; brácteas y bractéolas desconocidas; flores sésiles (2 flores viejas estudiadas), las flores maduras desconocidas; sépalos 5 (con base en los remanentes en los frutos), hasta 1 mm, ampliamente ovados, glabros por fuera, pero los márgenes conspicuamente ciliolados, el ápice redondeado; pétalos desconocidos. Frutos (1.7-)2-2.3 × (1.3-)1.8-2.2 cm, subpiriformes a subglobosos, de color desconocido al madurar, amarillos cuando secos. *Bosques de neblina.* N (*Grijalva 318*, MO). 800-1200 m. (Endémica).

22. Meliosma occidentalis Cuatrec., *Lloydia* 11: 217 (1948 [1949]). Holotipo: Colombia, *Cuatrecasas 15279* (F!). Ilustr.: Morales, *Phytoneuron* 2013-82: 67, t. 28 (2013).

Árboles 7-20 m; tallos jóvenes cilíndricos a subcilíndricos, las yemas y los tallos jóvenes puberulentos, los tallos viejos glabrescentes o glabros. Hojas 9.5-26.2 × 5.9-9.5 cm, elípticas, no abolladas, con 15-18 pares de venas secundarias, glabrescentes en el haz, con el indumento restringido a la vena media, escasamente puberulentas en el envés, con el indumento distribuido en toda la lámina o glabrescentes y con la pubescencia restringida mayormente a las venas, la base cuneada a obtusa, no revoluta, subenteras o espaciadamente dentadas en la parte media y distalmente, el ápice cortamente acuminado; pecíolo 1.5-3.5 cm. Inflorescencias 7-23(-32) cm, en panículas, axilares o ramifloras, con 3 ejes secundarios, densa a moderadamente puberulentas, el indumento incoloro; brácteas hasta 1.1 mm, linear-ovadas; bractéolas hasta 0.6 mm, angostamente ovadas a linear-ovadas, escariosas, dispuestas densamente bajo los sépalos; flores amontonadas, sésiles a subsésiles, con pedicelos (cuando presentes) hasta 0.8 mm; sépalos 0.9-1.1 mm, ampliamente ovados a suborbicular-ovados, inconspicua y escasamente ciliolados marginalmente, rara vez con tricomas inconspicuos en la parte media, el ápice redondeado; pétalos verde pálido, los 3 externos 2-2.4 mm, ampliamente ovados a suborbicular-ovados, glabros, los 2 internos 1.7-1.9 mm, linear-ovados, glabros, dispuestos dorsalmente en la base de los filamentos y ligeramente sobrepasándolos; tecas de los estambres hasta 0.5 mm; estaminodios 1.1-1.3 mm, subrectangulares, glabros; ovario 0.6-0.8 mm, glabro. Frutos 2.4-2.8 × 1.9-2.2 cm, piriformes, verdes o blanco-verdosos al madurar, negros cuando secos. *Bosques muy húmedos, bosques húmedos*. CR (*Hammel 9724*, MO); P (*Monro & Cafferty 4996*, BM). 50-1100 m. (Mesoamérica, Colombia, Ecuador).

23. Meliosma oligantha J.F. Morales, *J. Bot. Res. Inst. Texas* 5: 550 (2011). Holotipo: Panamá, *Correa & Montenegro 9517* (MO!). Ilustr.: Morales, *Phytoneuron* 2013-82: 69, t. 29 (2013).

Árboles o arbustos 3.5-10 m; tallos cilíndricos a subcilíndricos, las yemas y los tallos muy jóvenes inconspicuamente adpreso-puberulentos, pero rápidamente glabrescentes, los tallos viejos glabros. Hojas (2.5-) 3.5-11.5(-14) × (1.5-)1.9-6.5(-7.5) cm, elípticas a ovadas, no abolladas, con 8-12 pares de venas secundarias, generalmente glabras en ambas caras, la base ampliamente aguda a obtusa, menos frecuentemente redondeada, no revoluta, los márgenes enteros, el ápice agudo a cortamente acuminado; pecíolo 0.4-1 cm. Inflorescencias 0.5-2(-4) cm, espiciformes o inconspicuamente con 2 ejes secundarios, axilares o terminales en los tallos jóvenes (pero rápidamente volviéndose axilares), glabras; brácteas 0.6-0.8 mm, ovadas; bractéolas 0.3-0.8 mm, ovadas a ampliamente ovadas, escariosas, amontonadas y dispuestas inmediatamente bajo los sépalos; flores por lo general algo amontonadas, subsésiles o cortamente pediceladas, los pedicelos hasta c. 1.5 mm; sépalos 1-1.2 mm, ampliamente ovados a suborbiculares, glabros por fuera, pero los márgenes diminutamente ciliolados, el ápice redondeado a obtuso; pétalos amarillos a blanco-verdosos, los 3 externos 1.8-2 mm, ampliamente ovados a suborbiculares, glabros, el ápice redondeado, los 2 internos 0.4-0.7 mm, linear-elípticos, glabros, dispuestos dorsalmente sobre los filamentos, pero no sobrepasándolos; tecas de los estambres 0.3-0.4 mm; estaminodios 0.7-0.8 mm, subrectangulares, glabros; ovario 0.4-0.6 mm, glabro. Frutos 1.7-1.9 × 1.4-1.6 cm, subpiriformes, blanco-verdosos al madurar, negros cuando secos. *Bosques muy húmedos, bosques de neblina*. CR (*Dryer 1054*, CR); P (*McPherson 12609*, MO). 300-1600 m. (Endémica).

24. Meliosma sancta J.F. Morales, A. Estrada & Cascante, *Phytoneuron* 2013-82: 70 (2013). Holotipo: Costa Rica, *Morales 2198* (CR!). Ilustr.: Morales, *Phytoneuron* 2013-82: 71, t. 30 (2013).

Arbustos 2-3 m; tallos subangulados cuando jóvenes, cilíndricos a subcilíndricos con la edad, las yemas y los tallos jóvenes densa a moderadamente hirsútulos, los tallos viejos glabrescentes o glabros. Hojas 10.5-19.3 × 4.3-6.4 cm, elípticas a obovado-elípticas, no abolladas, con 13-16 pares de venas secundarias, glabrescentes en el haz, excepto por el indumento distribuido en la vena media, escasamente puberulentas en el envés, el indumento más denso sobre las venas, la base angostamente subobtusa a subcuneada, no revoluta, los márgenes enteros, el ápice cortamente caudado; pecíolo 1.2-1.8 cm. Inflorescencias 7.5-9 cm, espiciformes o inconspicuamente con 2 ejes secundarios, axilares, densa a moderadamente hirsútulas, el indumento algo ferrugíneo; brácteas hasta 3 mm, angostamente ovadas; bractéolas 1-2.2 mm, ovadas, escariosas, numerosas y amontonadas bajo los sépalos; flores amontonadas, sésiles; sépalos 2.5-2.9 mm, ampliamente ovados, inconspicua y escasamente ciliolados marginalmente, a veces inconspicuamente puberulentos en la parte media, el ápice obtuso a redondeado; pétalos inmaduros crema a verde-crema; ovario c. 0.8 mm, glabro. Frutos 1.7-1.9 × 1.7-1.9 cm, subglobosos, morado oscuro a negro-morados al madurar, negros cuando secos. *Bosques muy húmedos*. CR (*Morales 2198*, USJ). 650-1200 m. (Endémica).

25. Meliosma seleriana Urb., *Symb. Antill.* 1: 507 (1898-1900 [1900]). Lectotipo (designado por Morales, 2013): Guatemala, *Seler 3066* (GH!). Ilustr.: Morales, *Phytoneuron* 2013-82: 73, t. 32 (2013).

Arbustos 3 m; tallos cilíndricos a subcilíndricos, las yemas y los tallos jóvenes escasa e inconspicuamente puberulentos, los tallos viejos glabros. Hojas 15.6-38.3 × 4.2-11.5 cm, angostamente ovadas a angostamente ovado-elípticas, no abolladas, con 16-19 pares de venas secundarias, glabras en ambas superficies, la base redondeada a subcordada, muy espaciadamente dentadas a subenteras, los márgenes no revolutos, el ápice cortamente acuminado; pecíolo 5.5-8.5 cm. Inflorescencias 15-18 cm, en panículas, terminales a subterminales, pero volviéndose rápidamente axilares, con 2 o 3 ejes secundarios, escasa a moderadamente puberulentas, el indumento más denso distalmente, incoloro al secarse; brácteas hasta 1.5 mm, linear-ovadas; bractéolas desconocidas; flores al parecer laxamente dispuestas, con pedicelos 1.5-3 mm; sépalos 0.7-0.9 mm, ampliamente ovados, glabros por fuera, pero los márgenes ciliolados, el ápice obtuso a redondeado; pétalos desconocidos. Frutos 0.8-0.9 × 0.7-0.9 cm, globosos o subglobosos, de color desconocido. *Bosques de* Quercus-Pinus-Liquidambar. Ch (*Breedlove & Thorne 21211*, MO); G (*Seler 3066*, GH). 1200-1300 m. (Endémica).

26. Meliosma subcordata Standl., *Publ. Field Mus. Nat. Hist., Bot. Ser.* 18: 649 (1937). Holotipo: Costa Rica, *Brenes 3781* (F!). Ilustr.: Morales, *Phytoneuron* 2013-82: 77, t. 34 (2013).

Árboles o arbustos 4-6 m; tallos subangulados cuando jóvenes, cilíndricos a subcilíndricos con la edad, las yemas y los tallos jóvenes densa a moderadamente hirsútulos, los tallos viejos glabrescentes o glabros. Hojas 6.5-11.5(-19.2) × 2.8-6.1(-8.5) cm, obovadas a obovado-elípticas, no abolladas, con 15-17 pares de venas secundarias, glabras en el haz, excepto por el indumento distribuido en la vena media, escasamente puberulentas en el envés, la base subcordada a cordada, no revoluta, los márgenes enteros, el ápice cortamente acuminado; pecíolo 0.4-0.7 cm. Inflorescencias 10-14 cm, en panículas, subterminales en las ramas jóvenes y luego axilares, con 2 ejes secundarios o débilmente 3 ejes, densa a moderadamente puberulentas, el indumento incoloro; brácteas 2(-2.5) mm, angostamente ovadas; bractéolas hasta 1 mm, angostamente ovadas, escariosas, dispuestas en el pedicelo, pero no amontonadas; flores más o menos amontonadas, con pedicelos 1.4-2.2 mm; sépalos 1.5-1.9 mm, ampliamente ovados a suborbicular-ovados, conspicuamente ciliado-glandulares marginalmente, el ápice obtuso a redondeado; pétalos crema a verde-amarillentos, los 3 externos 2.7-3.1 mm, ampliamente ovados a suborbiculares, glabros, los 2 internos 2-2.2 mm, linear-ovados, diminutamente ciliolados marginalmente, dispuestos dorsalmente en la base del filamento y sobrepasándolo; tecas de los estambres c. 0.8 mm; estaminodios 1.8-2 mm, subcuadrangulares, glabros; ovario 0.8-0.9 mm, glabro. Frutos 2.2-2.4 × 1.8-2 cm, piriformes, blancos al madurar, negros cuando secos. *Bosques de neblina*. CR (*Haber 529*, MO). 1400-1700 m. (Endémica).

27. Meliosma vernicosa (Liebm.) Griseb., *Cat. Pl. Cub.* 47 (1866). *Lorenzanea vernicosa* Liebm., *Vidensk. Meddel. Dansk Naturhist. Foren. Kjøbenhavn* 1850: 72 (1850). Lectotipo (designado por Morales, 2023): Costa Rica, *Oersted s.n.* [*1999d*] (C-[cb] C10024026!). Ilustr.: Morales, *Phytoneuron* 2013-82: 79, t. 35 (2013).

Árboles 10-20 m; tallos jóvenes subangulados, cilíndricos a subcilíndricos con la edad, las yemas y los tallos muy jóvenes densa a moderadamente tomentulosos, los tallos viejos con el indumento muy escaso a glabrescentes. Hojas 14.1-33.5(-39.6) × 5.6-13.5(-15.9) cm, obovadas, obovado-elípticas a elípticas, no abolladas, con 16-21 pares de venas secundarias, glabrescentes en el haz, el indumento escaso sobre la vena media principalmente, generalmente glabrescentes en el envés, pero con un indumento denso a escaso sobre las venas, la base por lo general angostamente obtusa, angostamente redondeada, o algunas veces suboblicua, no revoluta, los márgenes enteros, el ápice cortamente acuminado, agudo a obtuso; pecíolo (0.6-)1-2.6(-3.5) cm. Inflorescencias (11-)17-37.5(-40.5) cm, en panículas, terminales a subterminales, con 3-4 ejes secundarios, densa a moderadamente puberulentas, el indumento café-ferrugíneo o ferrugíneo al secarse; brácteas hasta 1.2 mm, ovadas; bractéolas hasta 0.9 mm, ovadas, escariosas, numerosas y amontonadas bajo los sépalos; flores amontonadas, sésiles; sépalos 1.1-1.5 mm, ampliamente ovados a suborbiculares, el ápice obtuso a redondeado, los márgenes irregularmente ciliolados; pétalos blancos a blanco-crema, los 3 externos 0.8-1 mm, ampliamente suborbiculares a ampliamente subovados, glabros, el ápice redondeado, los 2 internos 0.3-0.4 mm, dispuestos dorsalmente sobre los filamentos y sobrepasándolos ligeramente, ovados, glabros; tecas de los estambres c. 0.2 mm; estaminodios 0.5-0.6 mm, subrectangulares a subobovados, glabros; ovario 0.3-0.4 mm, glabro. Frutos 2.1-2.4 × 1.9-2.1 cm, subpiriformes, blancos a blanco-rosados al madurar, negros cuando secos. *Bosques muy húmedos, bosques de neblina.* CR (*Haber & Zuchowski 8949*, MO). 1100-2300 m. (Endémica).

59. NELUMBONACEAE

Descripción de la familia por G. Davidse.

Hierbas acuáticas, perennes, rizomatosas, con látex blanco; cámaras de aire conspicuas en las porciones vegetativas de la planta. Rizomas largos y ramificados, enraizando en los nudos, produciendo tubérculos alargados en las puntas al final de la estación de crecimiento. Hojas surgiendo directamente desde los rizomas, dispuestas en espiral y alternas, largamente pecioladas, peltadas, las tempranas flotantes, las tardías largamente emergentes desde el agua, la vernación involuta; pecíolo circular en sección transversal; láminas casi circulares, con un disco central que conecta al ápice del pecíolo, los márgenes enteros, las venas principales radiando desde el disco central, dicotómicamente ramificadas en aproximadamente el 1/3 superior, las venillas enlazadas justo debajo del borde de la lámina. Inflorescencias reducidas a solitarias, flores axilares; flores grandes, bisexuales, actinomorfas, hipóginas, protóginas, diurnas, largamente pedunculadas, bastante emergentes del agua y normalmente sobrepasando las hojas; tépalos numerosos, conspicuos, el más externo reducido, sepaloide, los tépalos internos tornándose más grandes y más petaloides; estambres numerosos, los filamentos delgados, las anteras largas y angostas, dehiscentes por hendiduras longitudinales, con apéndices conectivos prominentes, incurvados, estos más gruesos que la porción fértil y de color mucho más claro; pistilos numerosos, 1-carpelares, embebidos separadamente en las cavidades de un receptáculo turbinado agrandado, con solo los estilos y los estigmas sobresaliendo, el ovario 1-locular, la placentación apical, el óvulo 1, el estilo corto, el estigma casi sésil, capitado con una depresión central. Receptáculo fructífero muy agrandado, anchamente obovado en corte longitudinal, el ápice aplanado, las paredes lisas, marcadamente acostillado. Frutos similares a una nuez, indehiscentes, duros, lisos, embebidos pero laxos en las cavidades del receptáculo agrandado; semilla 1, sin endospermo, el embrión completamente llenando la semilla. 1 gen., 2 spp., este de los Estados Unidos y este de Asia hasta Australia; introducidos en otras áreas tropicales y subtropicales; 1 gen. y 1 sp. en Mesoamérica.

Bibliografía: Wiersema, J.H. *Fl. N. Amer.* 3: 64-65 (1993).

1. **Nelumbo** Adans.

Nelumbium Juss.

Por G. Davidse.

Véase descripción de la familia. 2 spp., nativas del este de los Estados Unidos y este Asia hasta Australia; introducidas en otras áreas tropicales y subtropicales; 1 sp. en Mesoamérica.

El género *Nelumbo* ha sido tradicionalmente tratado como parte de las Nymphaeaceae, pero datos moleculares muestran claramente que no está cercanamente relacionado con esta familia y sorprendentemente se posiciona dentro del orden Proteales, y debería ser reconocido dentro de su propia familia (véase Stevens, 2001 en adelante).

Las dos especies han sido usadas de numerosas formas, incluyendo usos medicinales y alimenticios, pero tal vez son mejor conocidas como símbolo sagrado en el budismo e hinduismo. Es extraordinario que las semillas de *Nelumbo nucifera* Gaertn. del Viejo Mundo han mostrado mantener su viabilidad por 1300 años (Borsch & Barthlott, 1994 [1996]; Shen-Miller et al., 1995, 2002; Yatskievych, 2013); ambas especies son en la actualidad ampliamente cultivadas como acuáticas ornamentales.

1. Nelumbo lutea Willd., *Sp. Pl.* 2: 1259 (1799). Neotipo (designado por Wiersema & Reveal, 1991): Estados Unidos, *Bartram s.n.* (BM!). Ilustr.: Yatskievych, *Steyermark's Fl. Missouri* 3: 475, t. 458g-h (2013).

Nelumbium luteum Willd., *Nelumbo nucifera* Gaertn. subsp. *lutea* (Willd.) Borsch & Barthlott, *N. nucifera* var. *lutea* (Willd.) Kuntze, *N. pentapetala* (Walter) Fernald, *Nymphaea pentapetala* Walter.

Tubérculos 5-15 cm. Hojas 75-300 cm; pecíolo liso o rara vez con pocos aguijones; láminas 20-60(-80) cm de diámetro. Pedúnculos lisos o rara vez con pocos aguijones. Flores hasta 24 cm de diámetro, amarillo pálido a casi blanco; tépalos 14-30, 7-12 cm, los más externos 1-5, más cortos, normalmente largo-persistentes y reflexos durante el desarrollo del fruto, verdosos dorsalmente; estambres 100-200, 2.5-3 cm, las anteras 1-2 cm, los apéndices estériles 5-7 mm. Receptáculo con 8-32 pistilos embebidos, agrandándose hasta 10 cm de diámetro en el fruto al madurar, finalmente curvados hacia abajo para liberar las semillas a través de las aperturas agrandadas. Frutos 9-16 × 8-13 mm, casi globosos a escasamente alargados al madurar. $2n = 16$. *Borde de estanques y lagos en agua estancada.* T (*Novelo & Ramos 2311*, MO); C (*Ocaña & Vera 70*, MO); H (*Chorley & Atkinson 80*, MO). 0-800 m. (E. Estados Unidos; probablemente introducida y naturalizada en el resto del mundo).

Nelumbo lutea está cercanamente relacionada con el loto sagrado del Viejo Mundo, *N. nucifera*, y fue tratada como una subespecie de esta por Borsch & Barthlott (1994 [1996]). *Nelumbo nucifera* tiene flores rosadas (vs. amarillo pálido) y el pecíolo tiene numerosos aguijones (vs. liso o casi liso).

60. PLATANACEAE

Descripción de la familia por T. Helgason.

Árboles con corteza exfoliante, monoicos. Hojas caducas, alternas, estipuladas, pecioladas, cartáceas, palmatilobadas; estípulas abaxiales, abrazando el tallo para rodear a la yema, caducas. Inflorescencia en cabezuelas globosas, pedunculadas, persistentes. Flores unisexuales; perianto 4-6-mero, diminuto, 2-verticilado; estambres 4-6, opuestos a los segmentos externos del perianto; ovario súpero; carpelos libres, cada uno con 1(2) óvulos péndulos, ortótropos. Fruto en aquenio. 1 gen., 6-7 spp., en Norteamérica, Mesoamérica, Europa, Asia; 1 gen. y 1 sp. en Mesoamérica.

1. Platanus L.

Por T. Helgason.

Hojas densamente tomentosas cuando jóvenes, permaneciendo así o volviéndose glabrescentes, la base cordata a atenuada, los márgenes enteros a gruesamente serrados, los lóbulos ovados a lanceolados, el ápice agudo a acuminado; estípulas foliosas, amplexicaules, los lóbulos basales redondeados a agudos, los márgenes enteros a gruesamente serrados (generalmente reflejando el patrón en las hojas). Inflorescencias con 1-7 cabezuelas floríferas. Flores estaminadas con 3 o 4(-6) sépalos y pétalos, los pétalos diminutos; pistilodios algunas veces presentes; filamentos muy cortos, las anteras 4-esporangiadas, el conectivo distalmente expandido en un disco peltado terminal. Flores pistiladas con 3 o 4 sépalos, los pétalos ausentes; estaminodios presentes; carpelos 3-6(-9), libres; estilo 1, alargado, persistente; óvulos 1(2). Aquenios pardos, persistentes, rodeados por un anillo de tricomas unidos basalmente. 6 o 7 spp., en Norteamérica, Mesoamérica, Europa, Asia; 1 sp. en Mesoamérica.

Platanus ×acerifolia (Aiton) Willd. (un híbrido de *P. orientalis* L. y *P. occidentalis* L.) está registrado como árbol urbano alrededor de la ciudad de Guatemala (Standley & Steyermark, 1946m), así como en muchas otras ciudades en el mundo debido a su crecimiento rápido y su longevidad. Puede diferenciarse de *P. mexicana* por ser la hoja (3-)5-7-lobada, los lóbulos foliares más someros, las superficies superior e inferior de las láminas foliares glabrescentes y las cabezuelas pistiladas 1 o 2(3) y mucho más grandes. Se conocen muchas variedades cultivadas y no se sabe cuál ha sido vista en Guatemala. En la preparación de esta descripción no se vieron ejemplares de este híbrido.

Bibliografía: Denk, T. et al. *Willdenowia* 42: 99-115 (2012). Standley, P.C. & Steyermark, J.A. *Fieldiana, Bot.* 24(4): 431-432 (1946m).

1. Platanus mexicana Moric., *Pl. Nouv. Amer.* 39 (1837). Sintipo: México, Cd. México?, *Berlandier 493* (BM!). Ilustr.: Pennington & Sarukhán, *Árboles Trop. México* 159, t. A-C (1968), como *P. lindeniana*.

Platanus chiapensis Standl., *P. lindeniana* M. Martens & Galeotti, *P. oaxacana* Standl., *P. occidentalis* L. var. *lindeniana* (M. Martens & Galeotti) Jaennicke, *P. occidentalis* var. *mexicana* (Moric.) Jankó, *P. orientalis* L. var. *lindeniana* (M. Martens & Galeotti) Kuntze.

Árboles hasta 45 m. Hojas (3.7-)5-22 × 3-16(-21) cm, 3-5-lobadas; lámina 3-5-nervia, el haz densamente dendrítico-tomentoso cuando joven, blanco-cremoso a pardo-naranja, volviéndose glabrescente, el envés densamente dendrítico-tomentoso, blanco, algunas veces amarillo a anaranjado, la base truncada a atenuada, los márgenes enteros a remotamente serrados, rara vez serrados, frecuentemente con la punta glandulosa, los lóbulos ovados a lanceolados, el ápice agudo a acuminado; estípulas 0.5-3.4 × 0.5-2.2 cm; pecíolo 0.3-4.5(-6.2) cm. Inflorescencia 13-25(-36) cm; cabezuelas estaminadas no vistas; cabezuelas pistiladas (2-)3-7, 9-20 mm de diámetro, sésiles o pediceladas. Aquenios 4-6 mm, claviformes, el anillo de tricomas en la base 2/3 a casi tan largo como el aquenio. *Bosques de latifoliadas y semiperennifolios, cerca de ríos.* Ch (*Martínez S. et al. 22575-A*, MEXU); G (*Skutch 1839*, BM). 800-1700 m. (México [Cd. México, Edo. México, Hidalgo, Nuevo León, Oaxaca, Puebla, Querétaro, San Luis Potosí, Tamaulipas, Veracruz], Mesoamérica).

61. PROTEACEAE

Descripción de la familia y clave genérica por G.T. Prance & K.S. Edwards.

Árboles o arbustos. Hojas alternas, opuestas o verticiladas, simples, pinnatífidas, pinnadas o bipinnadas, generalmente coriáceas; sin estípulas. Inflorescencia simple o compuesta, axilar o terminal, racemosa o paniculada. Flores generalmente actinomorfas, generalmente bisexuales, solitarias o pareadas en las axilas de brácteas, rara vez sin brácteas; perianto de 4 tépalos valvados, libres o variadamente unidos, cada uno con un limbo levemente expandido; estambres 4, generalmente todos fértiles, opuestos a los tépalos, los filamentos parcial o verticiladamente adnados a los tépalos, rara vez libres; glándulas hipóginas (2-)4 generalmente presentes, escuamiformes o carnosas, libres o fusionadas; gineceo de 1 carpelo; ovario generalmente súpero, rara vez perígino, sésil o estipitado, 1-locular; óvulos 1-muchos, variadamente insertados; estilo simple, a menudo persistente, a menudo con el ápice expandido como un presentador de polen; estigma pequeño, terminal o subterminal. Fruto dehiscente o indehiscente, un folículo leñoso o coriáceo, o un aquenio; semillas 1-muchas, generalmente endospérmicas. 79 gen., aprox. 1700 spp. en América, África, Asia, Australia, islas del Pacífico; 4 gen. y 16 spp. en Mesoamérica.

Proteaceae es una familia principalmente del hemisferio sur, siendo Australia y el sur de África los centros de mayor diversidad.

Bibliografía: Johnson, L.A.S. & Briggs, B.G. *Bot. J. Linn. Soc.* 70: 83-182 (1975). Prance, G.T. & Plana, V. *Austral. Syst. Bot.* 11: 287-299 (1998). Sleumer, H. *Bot. Jahrb. Syst.* 76: 139-211 (1954).

1. Frutos indehiscentes y drupáceos o folículos tardíamente dehiscentes; hojas adultas simples, en espirales de 4, o verticiladas.
   2. Fruto un folículo dehiscente con protuberancia apical; márgenes de las hojas ondulados, muchas veces espinosos. **2. Macadamia**
   2. Fruto una drupa indehiscente; márgenes de las hojas enteros, no ondulados. **3. Panopsis**

1. Fruto folículos dehiscentes; hojas simples o pinnatipartidas.
   3. Hojas pinnatipartidas; nectario hipógino integral o anular. **1. Grevillea**
   3. Hojas maduras simples; nectarios hipóginos 4, carnosos o escuamiformes, bien separados. **4. Roupala**

1. Grevillea R. Br. ex Knight, nom. & orth. cons.

Por G.T. Prance.

Arbustos erectos o prostrados, o árboles hasta 40 m. Hojas sésiles o pecioladas, enteras o dentadas o imparipinnadas hasta 3 grados, los márgenes lisos o revolutos, la venación pinnada-reticulada o paralela. Flores bisexuales, pediceladas o sésiles, en pares, con una bráctea, agregada en sinflorescencias; perianto zigomorfo, glabro o piloso, los tépalos 4, las anteras sésiles, adnadas a los tépalos; nectario hipógino integral o anular; pistilo glabro o velloso; ovario súpero, sésil o estipitado; óvulos 2. Fruto un folículo dehiscente, glabro o velloso; semillas 1 o 2. 362 spp., la mayoría en Australia, 1 sp. en Sulawesi, 3 en Nueva Guinea y 3 en Nueva Caledonia; 2 spp. introducidas en Mesoamérica.

1. Folículo 15-25 mm, tomentoso; hojas 4-12-lobadas; perianto tomentoso o cortamente piloso; pistilo 32-50 mm. **1. G. banksii**
1. Folículo 12-16 mm, glabro; hojas profundamente divididas en segmentos estrechos, 11-24(-31)-lobadas; perianto glabro; pistilo 21-29 mm. **2. G. robusta**

1. Grevillea banksii R. Br., *Trans. Linn. Soc. London* 10: 176 (1811 [1810]). Lectotipo (designado por McGillivray & Makinson, 1993): Australia, *Brown 3344* (BM). Ilustr.: Makinson, *Fl. Australia* 17A: 99, t. 8 (2000).

Hakea banksii (R. Br.) Christenh. & Byng, *Stylurus banksii* (R. Br.) O. Deg.

Arbustos o árboles, 2-10 m. Hojas pinnatipartidas, 8-30 cm; lóbulos 4-12, 5-18 × 5-15 mm, lineares o anchamente-elípticos, los márgenes recurvados o revolutos, el envés subseríceo o subvelloso. Inflorescencias rectas, cilíndricas, el raquis 50-120 mm. Flores blancas o carmesíes; pedicelos 3-10 mm; perianto tomentoso o cortamente piloso con tricomas bifurcados o simples; pistilo 32-50 mm, el estilo con tricomas bifurcados de hasta 4 mm, glabro encima, sin protuberancia debajo del estilo; ovario peloso. Fruto 15-25 mm, tomentoso con tricomas bifurcados. *Cultivada.* Ch (*Breedlove & McClintock 23791*, MO); G (Standley & Steyermark, 1946p: 59); H (Molina R., 1975: 41); ES (*Galán et al. 2192*, MO); CR (*Croat 595*, MO). 30-1450 m. (Nativa de Australia; cultivada en varias partes del mundo).

2. Grevillea robusta A Cunn. ex R. Br., *Suppl. Prod. Fl. Nov. Holl.* 24 (1830). Lectotipo (designado por Makinson, 2000): Australia, *Cunningham s.n.* (K). Ilustr.: Degener, *Fl. Hawaiiensis* 2: t. family 98, *Stylurus robusta* (1932).

Hakea robusta (A. Cunn. ex R. Br.) Christenh. & M.W. Chase, *Stylurus robusta* (A. Cunn. ex R. Br.) O. Deg.

Árboles 8-40 m. Hojas compuestas, 10-34 × 9-15 cm; folíolos profundamente divididos en segmentos estrechos; lóbulos 11-24(-31), los primarios enteros o 5-partidos, los últimos 0.5-5 cm × 2-10 mm, oblongos o elípticos o subtriangulares, los márgenes brevemente recurvados, el envés subseríceo o subvelloso. Inflorescencias rectas, terminales, hasta con 4 ramificaciones, 12-16 cm. Flores acroscópicas, amarillas o anaranjadas; pedicelos 7.5-16 mm; perianto glabro; pistilo 21-29 mm, glabro, el ovario glabro. Fruto un folículo dehiscente, 12-16 mm, elipsoide u ovado, glabro. *Cultivada.* G (*Andrews 202*, NY); H (*Davidse 34984*, MO); ES (*Allen 7259*, NY); N (*Neill 824*, MO); CR (*Taylor & Taylor 11824*, MO); P (*Standley 30851*, MO). 10-1600 m. (Nativa de Australia; cultivada en varias partes del mundo).

2. Macadamia F. Muell.

Por G.T. Prance.

Árboles, 3-40 m. Hojas simples, verticiladas, sésiles, los márgenes lisos o espinosos. Sinflorescencias simples. Flores hermafroditas; pediceladas, en pares, con una bráctea; tépalos 4, cremosos o rosados, reflexos; filamentos 4, adnados a los tépalos, el conectivo más largo que las anteras; nectario hipógino, cilíndrico, glabro; ovario súpero, glabro o velloso, sésil; óvulos 2, ortótropos. Fruto un folículo globoso con protuberancia apical, tardíamente dehiscente. 8 spp., 7 endémicas de Australia y 1 en Sulawesi; 1 sp. cultivada en Mesoamérica.

1. Macadamia integrifolia Maiden & Betche, *Proc. Linn. Soc. New South Wales* ser. 2, 21: 624 (1896 [1897]). Holotipo: Australia, *Moore s.n.* (NSW). Ilustr.: Gross, *Fl. Australia* 16: 421, t. 181K-N (1995). N.v.: Macadamia.

Macadamia ternifolia F. Muell. var. *integrifolia* (Maiden & Betche) Maiden & Betche.

Árboles, 6-18 m. Hojas simples, en espirales de 3; pecíolo 6-18 mm; lámina 6-5-14 × 2-6.5 cm, ovada a obovada, coriácea, el envés lustroso, el haz glabrescente, los márgenes ondulados, lisos o espinosos, el ápice agudo u obtuso. Sinflorescencias simples, el raquis 8.5-25 cm; bráctea 0.5-5 mm, cóncava, ovada; tépalos 5-10 mm, cremosos; filamentos 4.5-76 mm, adnados a los tépalos por 3-5.5 mm; ovario 0.5-2 mm, glabro. Fruto 3-4 × 2-4.5 cm, globoso; semillas 25-31 × 24-30 mm. *Cultivada.* B (*Balick 3803a*, NY); G (*Rodas & Barrios 380*, MO); H (*Croat 42680*, MO); ES (*Berendsohn WB 0083*, MO); CR (*Haber & Bello 7517*, MO). 10-1400 m. (Nativa de Australia; cultivada en varios sitios del mundo).

3. Panopsis Salisb. ex Knight

Andriapetalum Pohl, *Andripetalum* Schott ex Endl.

Por G.T. Prance & K.S. Edwards.

Arbustos o árboles, hasta 25 m; ramas jóvenes lisas, longitudinalmente acostilladas, generalmente pubescentes cuando jóvenes, llegando a ser glabras y lenticeladas; lenticelas (rara vez ausentes) pequeñas a grandes, a menudo se expanden formando fisuras, circulares a fusiformes, granulares a no granulares, planas a elevadas, pardo-anaranjado pálido a rojo-pardo, rara vez con engrosamientos distintivos y borde liso (*Panopsis macrocarpa*). Yemas axilares que pueden ser pequeñas, generalmente solitarias y con pubescencia densa, o hasta 4 grandes, solitarias cercanamente yuxtapuestas en alineación desde la axila hacia arriba ("apiladas"), la pubescencia densamente compacta formando unidades apretadas, sólidas. Hojas enteras, simples, arregladas en verticilos de 4, los verticilos reproductivos, decusados, subopuesto-decusados o espiralados, cartáceas a coriáceas, el indumento generalmente presente cuando jóvenes, glabrescentes, persistente por más tiempo en el envés y en el haz a lo largo de la vena media, la nervadura conspicua a inconspicua, plana a levemente elevada en el haz, más conspicua y prominente en el envés, fractiflexa, broquidódroma, frecuentemente eucamptódroma en la base, la vena marginal débil derivada de las venas secundarias ascendentes, la vena media elevada, plana o más frecuentemente hundida en el haz, prominente y longitudinalmente acostillada por debajo, la nervadura de orden superior reticulada, la base de la lámina a veces descendiendo al pecíolo a cada lado, los márgenes no marcadamente revolutos, a menudo solo un borde elevado, delgado en la periferia sobre el lado inferior, dándole apariencia revoluta; pecíolo cuando presente plano, sulcado o semiterete, (rara vez sulcado en *P. polystachya*). Inflorescencias generalmente terminales, algunas veces laterales o subterminales; eje primario de la inflorescencia puede ser no ramificado y racemiforme, o ramificado y paniculiforme, portando inflorescencias laterales que generalmente reflejan la filotaxia de las hojas en su disposición sobre el eje primario, abrazadas por hojas que van reduciendo su tamaño sobre el eje primario ascendente hasta formar estructuras liguladas y bracteiformes subyacentes a las inflorescencias más terminales; inflorescencias laterales a veces de nuevo ramificadas, la ramificación accesoria (más de una inflorescencia lateral saliendo de la axila); brácteas comunes subyacentes a flores pareadas deciduas, pequeñas, liguladas, pubescentes por fuera, glabras por dentro, la inflorescencia abrazada por hojas maduras o por hojas considerablemente más pequeñas en talla (pero demasiado grandes para llamarlas brácteas). Yemas florales alargadas o alargado-piriformes, abriéndose apicalmente por el alargamiento del estilo. Flores pareadas, agrupadas en intervalos cortos a lo largo del raquis (algunas veces distintamente verticiladas) o distribuidas al azar a lo largo de racimos y ramas, bisexuales, esencialmente actinomorfas, las partes del perianto fuertemente recurvadas, pubescentes a pilosas por fuera, con el indumento generalmente más marcadamente adpreso que aquel de los pedicelos e inflorescencia, glabras por dentro; pedicelos pubescentes a pilosos, el indumento generalmente como en la inflorescencia, más denso y más largo en la inserción al racimo y en la unión de la flor al pedicelo; estambres con filamentos adnados a la parte del perianto debajo de la mitad, las partes libres de los filamentos acintadas, o completamente libres, las anteras oblongas a elípticas hasta ampliamente ovadas, el conectivo apiculado; nectario hipógino, tubular, delgado, membranáceo, 4-lobado, los lóbulos agudos a apiculados, eventualmente contraídos y fragmentados; ovario estipitado, el indumento amarillo-anaranjado- a anaranjado-velloso por fuera, glabro por dentro; estilo de lados rectos hasta clavado, longitudinalmente estriado; estigma ausente, a veces se desarrolla una superficie estigmática especializada; óvulos 2, colaterales, ortótropos, péndulos. Fruto una drupa con una semilla, ya sea globosa, redondeada hasta variadamente mucronada en el ápice, la cicatriz apical a menudo no alineada con el extremo proximal, la línea de sutura débil, la superficie lisa o escamosa, semibrillante a opaca, el indumento presente inicialmente, caduco, o el fruto fusiforme, arrugado, con una sutura gruesa y el indumento permanente (*P. rubescens* (Pohl) Pittier); semilla grande, carnosa, redondeada, la cubierta delgada, cartácea a coriácea, el indumento cuando presente compuesto de tricomas simples, no glandulares. 24 spp. en América tropical; 5 spp. en Mesoamérica.

1. Hojas en verticilos de 4; frutos 8-9 × 5.5-7 cm. **3. P. macrocarpa**
1. Hojas arregladas en espiral o decusadas o subopuesto-decusadas; frutos 2-6 × 2-5.5 cm.
  2. Ramitas conspicuamente lenticeladas; lenticelas elevadas, 0.5-3 × 0.5-1 mm, amarillas o anaranjadas.
    3. Hojas (11-)13-26 cm; venas secundarias 11-15 pares; tépalos 3-4 mm; distribución por debajo de 800 m. **1. P. acostana**
    3. Hojas 5-13 (-17) cm; venas secundarias 5-8 pares; tépalos 4.5-7 mm; distribución sobre los 1000 m. **2. P. costaricensis**
  2. Ramitas no conspicuamente lenticeladas; lenticelas ausentes o planas, hasta 0.8 × 0.8 mm.
    4. Hojas con indumento caduco, densamente crespo-velloso a adpresamente velloso-piloso en el envés; vena media plana en el haz; venas secundarias 4-6(-7) pares; frutos 2-4 × 2-4 cm. **4. P. polystachya**
    4. Hojas con indumento persistente y denso, marcadamente adpreso-tomentosas en el envés; vena media prominente en la mitad proximal del haz; venas secundarias 8-16 pares; frutos 5.5-6 × 4.5-5.5 cm. **5. P. yolombo**

1. Panopsis acostana J.F. Morales, *Brenesia* 66: 69 (2006). Holotipo: Costa Rica, *Morales 6438* (CR). Ilustr.: Morales, *Brenesia* 66: 73, t. 1 (2006b).

Árboles, 8-25 m; ramas jóvenes glabras o glabrescentes, leve a moderadamente lenticeladas con las lenticelas más numerosas en tallos viejos. Hojas alternas o subopuestas; láminas (11-)13-26 × 2-6 cm, angostamente obovadas, angostamente elípticas o angostamente ovado-elípticas, enteras, coriáceas, las venas secundarias 11-15 pares, las venas secundarias y terciarias conspicuamente impresas en ambas superficies, las venas terciarias conspicuamente reticuladas, glabras o glabrescentes en ambas superficies, la base obtusa o cuneada, los márgenes no revolutos, el ápice agudo o cortamente acuminado; pecíolo 0.5-1.2 cm, a veces las hojas subsésiles en brotes inmaduros con pecíolos 2-3 × 1.5-2 mm. Inflorescencias en panículas de racimos, terminales, o subterminales y axilares, (14.5-)19-33.5 cm de largo, inconspicua y diminutamente adpreso-puberulentas, con numerosas flores dispuestas de manera usual en fascículos; pedicelos 2.5-3.5(-4) mm; tépalos 3-4 mm, linear-obovados a linear elípticos, blancos, diminutamente adpreso-puberulentos externamente; filamentos 1.2-1.9 mm, adnados a las partes del perianto a 0.2-0.4 mm de la base, las anteras c. 1 mm; ovario c. 1.4 mm, densamente seríceo. Frutos 3.2-5 cm de diámetro, subglobosos o anchamente elipsoides. *Bosques húmedos y muy húmedos, bosques secundarios, orillas de quebradas y ríos*. CR (*Aguilar 214*, MO). 0-900 m. (Endémica).

2. Panopsis costaricensis Standl., *J. Washington Acad. Sci.* 17: 164 (1927). Holotipo: Costa Rica, *Brenes 14303* (US!). Ilustr.: Morales, *Monogr. Syst. Bot. Missouri Bot. Gard.* 129: 397 (2014a). N.v.: Bonita de zarcero, coquillo, papa.

Árboles pequeños a grandes; ramas jóvenes mayormente glabras, las ramitas jóvenes con indumento de tricomas muy escasos, adpresos, amarillo pálido a ferrugíneos, la corteza gris a amarilla o parda, con lenticelas 0.5-3 × 0.5-1 mm, numerosas. Hojas en espiral, decusadas o rara vez verticiladas; láminas 5-17 × 1.5-5(-9) cm, oblanceoladas o en ocasiones angostamente elípticas o angostas a ampliamente obovadas, subcoriáceas, las venas conspicuas a inconspicuas, elevadas, eucamptódromas en la base, inconspicuamente broquidódromas más arriba, la vena media elevada en el haz con un surco delgado en el centro, las venas secundarias (5-)6-8 pares (saliendo de la vena media en un ángulo de 40-80°), glabras, la base (aguda-)cuneada, rara vez obtusa, los márgenes más o menos revolutos con el borde muy angosto de la hoja enrollado, el ápice agudo a obtuso, rara vez redondeado; pecíolo (1-)3-12 × 1(-2) mm, plano a semiterete, levemente arrugado. Inflorescencia con eje primario de 6-24 cm × 2-3 mm, ramificado, con (3-)5-8 inflorescencias laterales en (2-)4-8 nudos, cada una 5-18 cm × 1(-1.5) mm, arregladas en espiral, agrupadas cerca de la base del eje primario, el indumento amarillo-pardo, adpreso-tomentoso a adpreso-piloso; brácteas comunes 0.7-1 mm, escasamente anaranjado-vellosas; pedicelos 3-5.7 × 0.25-0.3 mm, con indumento denso, cortamente seríceo, adpreso-velloso llegando a ser piloso, amarillo a anaranjado-pardo. Flores 4.7-7.5 mm; perianto con indumento amarillo-pardo, cercanamente adpreso-escasamente piloso, glabrescente; filamentos con parte libre de 2.5-4.3 mm, adnados a las partes del perianto 0.3-2 mm de la base, las anteras 0.8-1.4 × 0.4-0.7 mm; nectario 0.4-0.8 mm; ovario amarillo-anaranjado a anaranjado-velloso, el estilo 0.2-0.4 mm de ancho en el punto medio, angostamente claviforme. Fruto 5-5.5 × 4-5 cm, subgloboso, gradualmente mamiliforme en el ápice por 5-10 mm, pardo medio a pardo oscuro, la superficie áspera con escamas amarillas a pardo-anaranjado pálido; pedicelo fructífero (1-)4-7(-10) × 3-7 mm. *Orillas de carreteras, a lo largo de ríos, pastizales, matorrales, bordes de bosques, bosques enanos a bosques húmedos y bosques montanos bajos*. CR (*Hartshorn 2129*, MO); P (*McPherson 8998*, MO). 1000-2100 m. (Endémica).

3. Panopsis macrocarpa K.S. Edwards & R.T. Penn., *Kew Bull.* 48: 658 (1993). Holotipo: Panamá, *McPherson 10799* (BM!). Ilustr.: Edwards & Prance, *Kew Bull.* 48: 659, t. 8 (1993).

Árboles; ramas jóvenes glabras, la corteza gris-rojo oscuro, sin cubierta membranosa externa, con numerosas lenticelas de 2 tipos, c. 3 × 1-1.5 mm. Hojas en verticilos de 4; láminas 17-26 × c. 8.5 cm, angostamente obovadas, coriáceas, las venas no conspicuas en el haz, elevadas, la vena media plana en el haz con un surco delgado corriendo en el centro, las venas secundarias 8 pares (saliendo de la vena media en un ángulo de 50-60°), glabras, la base cordada, los márgenes más o menos revolutos con el borde muy angosto enrollado, el ápice redondeado; pecíolo c. 1 cm × 3-6 mm, semiterete, liso. Inflorescencia desconocida. Fruto 8-9 × 5.5-7 cm, subgloboso, mamiliforme en el ápice hasta 12 mm, fuertemente curvado y no alineado con el eje principal, secando pardo medio con algunas escamas amarillas. *Bosques lluviosos*. P (*McPherson 10799*, MO). 300-400 m. (Endémica).

Panopsis macrocarpa tiene frutos notablemente grandes; se conoce solo del tipo de Panamá.

4. **Panopsis polystachya** (Kunth) Kuntze, *Revis. Gen. Pl.* 2: 579 (1891). *Roupala polystachya* Kunth in Humb., Bonpl. & Kunth, *Nov. Gen. Sp.* 2: 154 (1817). Lectotipo (designado aquí): Colombia, *Bonpland 2147* (B-[cb] B 10 0250337; isolectotipos: F-[nr] 893826, L-[cb] L0039631, P-[cb] P00670010, P-[cb] P00750527, NY-fragm.). Ilustr.: Humboldt et al., *Nov. Gen. Sp.* 2: t. 121 (1817), como *R. polystachya*.

Andriapetalum polystachyum (Kunth) Schott ex Klotzsch, *Embothrium polystachyum* (Kunth) Willd. ex Roem. & Schult.

Árboles o arbustos; ramas densamente vellosas a cortamente tomentosas, ferrugíneas o pardas, decolorándose desde amarillo a gris, glabrescentes, la corteza pardo medio a pardo oscuro (ocasionalmente rojo-parda), con lenticelas de hasta c. 0.8 mm de diámetro (eje más largo). Hojas decusadas o subopuesto-decusadas, algunas veces en espiral; láminas 3-11 × 1.3-6.4 cm, mayormente elípticas a angosta o ampliamente obovadas, con menos frecuencia ampliamente elípticas, coriáceas, las venas no conspicuas, diminutamente elevadas en el haz, la vena media plana en el haz, algunas veces levemente acanalada, las venas secundarias 4-6(7) pares (saliendo de la vena media en un ángulo de (40-)50-60(-80)°), las venas primarias predominante más gruesas algo más agudas, hasta en un ángulo (20-)30-40(-50)°, densamente crespo-vellosas a adpreso-velloso-pilosas en el envés, largamente tomentosas o vellosas hasta pilosas en el haz, generalmente glabrescentes, la base simétrica, agudo-decurrente, rara vez obtuso-decurrente, los márgenes revolutos, el ápice redondeado a obtuso, rara vez agudo; pecíolo (4-)6-15(-21) × 1-3 mm (ancho rara vez hasta 5 mm en la base), plano a semiterete, rara vez sulcado, algo rugoso. Inflorescencia con el eje primario 6-9 cm × 1.5-2 mm, ramificado (a veces 2 ejes emergen juntos), compacta, rara vez laxa, con (2-)4-5(-8) inflorescencias laterales en 2-5(6) nudos, cada una 2.5-10.3 cm × 1-1.5 mm, arregladas en espiral, rara vez decusadas, a veces laterales, con indumento ferrugíneo a rojo-pardusco-velloso-crespo, llegando a ser piloso, luego glabro; brácteas comunes (1.5-)2-4 mm, amarillo-pardas a rojo-pardusco-vellosas(-crespas); pedicelos 1.7-4.2 × 0.5-1 mm, no alargándose significativamente después de la antesis, hasta 2-4.5 mm, el indumento ferrugíneo a rojo-pardusco-velloso-crespo, ocasionalmente arenoso-pardo-adpreso-pubescente o rojo-pardusco-piloso. Flores 3.4-4.8 mm; perianto con indumento como en el pedicelo; filamentos con parte libre de 2-3 mm, adnados a las partes del perianto 0.2-1.4 mm de la base, las anteras 0.7-1 × 0.4-0.5 mm, oblongas o elípticas; nectario 0.4-0.8 mm; ovario con tricomas alcanzando hasta 2.5 mm desde la base, con pocos tricomas rara vez llegando hasta el estilo, el estilo 0.2-0.5 mm de ancho en el medio, filiforme. Fruto 2-4 × 2-4 cm, globoso, en general algo alargado en la unión basal, algunas veces levemente umbonado en el ápice, liso, pardo medio a pardo claro, los tricomas escasos, pardos, cortos y cercanamente adpresos cuando jóvenes llegando a ser glabros; pedicelo fructífero 2-5 × 1.5-2.5 mm. *Bosques de neblina y subpáramos*. P (*Croat 14799*, MO). 1000-2800 m. (Mesoamérica, Colombia, Venezuela).

5. **Panopsis yolombo** (Posada-Ar.) Killip in Cuatrecasas, *Lloydia* 13: 204 (1950). *Andriapetalum yolombo* Posada-Ar., *Bull. Soc. Bot. France* 18: 374 (1871 [1872]). Lectotipo (designado por Sleumer, 1954): Colombia, *Triana 1073* [2149/1] (P!). Ilustr.: no se encontró.

Arbustos o árboles; ramas jóvenes con indumento adpreso-tomentoso, los tricomas cortos, largos y entremezclados, amarillos a gris pálido, glabrescentes, la corteza pardo oscuro a negra, con pocas a numerosas lenticelas hasta 0.5 mm de diámetro. Hojas decusadas, a veces subopuesto-decusadas; láminas 6.5-25 × 3-9.5 cm, ampliamente elípticas cuando jóvenes, llegando a ser ampliamente obovadas a angostamente obovadas, coriáceas, las venas inconspicuas (a veces secando conspicuas), la vena marginal rara vez conspicua a medida que las venas se hacen inconspicuas hacia los márgenes, levemente elevada en el haz donde las venas secundarias emergen de la vena media, luego haciéndose planas, la vena media prominente en el haz solo hasta c. 1/2 de su longitud y luego volviéndose plana, las venas secundarias 8-16 pares (saliendo de la vena media en un ángulo de (50-)60-70(-90)°), densamente adpreso-velloso-tomentosas en el haz, glabrescentes, la base simétrica o asimétrica, obtusa a redondeada, rara vez aguda, rápidamente decurrente, los márgenes levemente revolutos, el ápice redondeado, ocasionalmente obtuso; pecíolo 1-3 cm × 1.5-3 mm (hasta c. 5 mm en la base), plano y grueso hasta subterete, rugoso-ruminado. Inflorescencia con eje primario de 7-19 cm × 1.5-3 mm, ramificado, con 4-7 inflorescencias (difícil de determinar debido a que las cicatrices hacia la base del eje primario podrían ser aquellas de hojas o inflorescencia lateral) laterales en 2-6 nudos, cada una 4-17 cm × 1-1.5 mm, arregladas en espiral, bien espaciadas, el indumento cortamente velloso a tomentoso, amarillo a amarillo pálido-pardo; brácteas comunes 1-1.5 mm, frecuentemente de color más pálido que las yemas, pardo-anaranjadas decolorándose a amarillo-velloso; pedicelos 2-4.5 × 0.3-0.6 mm, cortamente vellosos a tomentosos, pardo-anaranjados, pilosos con la madurez. Flores 4-4.5 mm; perianto con indumento pardo-anaranjado, glabrescente, cortamente velloso a piloso; filamentos 3-4 mm, libre de las partes del perianto hasta la base, las anteras 0.6-1 × 0.3-0.5 mm; nectario 0.4-0.5 mm, lobado hasta menos del 1/2 de la distancia hacia el ápice; ovario con tricomas extendiéndose hasta 1.5-2 mm de la base, frecuentemente con pocos tricomas subiendo hasta c. 3 mm en el estilo, el estilo 0.2-0.3(-0.4) mm de ancho en el medio, solo levemente clavado. Fruto 5.5-6 × 4.5-5.5 cm, globoso, muy levemente mucronado hasta 2 mm, marcadamente desalineado del eje del fruto, liso, glabro, pardo oscuro opaco matizado con rojo; pedicelo fructífero 2-3 × 3-4 mm. *Bosques húmedos sobre montañas*. CR (*Herrera 8000*, K); P (*McPherson 9915*, MO). 1100-2600 m. (Mesoamérica, Colombia, Venezuela).

4. **Roupala** Aubl.

Por G.T. Prance & K.S. Edwards.

Arbustos o árboles hasta 25 m; ramas jóvenes densamente pelosas, rara vez glabras, el indumento de tricomas no glandulares simples, este ausente con la edad, con lenticelas diminutas hasta 0.5 mm, conspicuas o inconspicuas, planas a elevadas. Hojas heterófilas, compuestas o pinnatisectas cuando jóvenes, este estado algunas veces retenido en el estado fértil/adulto; hojas adultas simples, arregladas en espiral, cartáceas a rígidamente coriáceas, glabras a densamente tomentosas cuando jóvenes, el indumento rápidamente glabrescente en el haz, glabrescente o persistente en el envés, los tricomas erectos o adpresos, blanquecinos o amarillentos hasta ferrugíneos o rojo-parduscos; pecíolo mal definido debido a que la base de la lámina desciende sobre el pecíolo a cada lado, hasta bien definido, aplanado a terete rara vez canaliculado o sulcado, liso a rugoso. Hojas simples con las venas conspicuas a inconspicuas, planas a levemente elevadas en el haz, generalmente más prominentes en el envés, en algunas especies las venas secundarias completamente inconspicuas en el envés, eucamptódromas a semicraspedódromas, ocasionalmente broquidódromas, las venas terciarias reticuladas, la vena media generalmente llegando hasta el ápice, los márgenes enteros a fuertemente serrados, revolutos o no, ocasionalmente los márgenes estriados o elevados en el envés; corta a largamente pecioladas. Hojas compuestas, imparipinnadas, con 2-15 pares de folíolos opuestos o alternos, asimétricos, los márgenes serrados, rara vez enteros; peciólulos sésiles a cortos. Inflorescencia sin ramificar, seudoracemosa, axilar o terminal, generalmente solitaria, glabra a densamente tomentosa o velutina; brácteas comunes subyacentes a los pares de flores caducas, protegiendo las yemas jóvenes al formar un pequeño cono en inflorescencias jóvenes, las brácteas estériles ausentes a numerosas en la base del pedúnculo de la inflorescencia; eje de las flores pareadas (pedúnculo) ausente, rara vez presente. Yemas florales alargadas o alargado-piriformes, abriéndose apicalmente por alargamiento del estilo. Flores pediceladas, actinomorfas, el indumento generalmente como en la inflorescencia; tépalos recurvándose en la antesis, glabros a densamente tomentosos por fuera, glabros por dentro; filamentos de los estambres adnados al perianto en diferentes grados, generalmente casi completamente fusionados, los filamentos acintados, las anteras lineares a oblongas; nectarios hipóginos 4, carnosos o escuamiformes, bien separados, algunas veces tocándose en la base; ovario subsésil, glabro a densamente pubescente, algunas veces aplanado longitudinalmente y débilmente aquillado, el estilo erecto, claviforme, el estigma una hendidura apical. Fruto un folículo dehiscente con 1 o 2 semillas, longitudinalmente aplanado, comúnmente constricto en la base y el ápice, el ápice afilado y recto, o fuertemente curvado hacia el lado sin sutura, con estilo ocasionalmente persistente; semilla comprimida, alada, en el centro del ala. 34 spp. en América tropical; 8 spp. en Mesoamérica.

Roupala es un género ampliamente distribuido que se encuentra desde el extremo sur de Estados Unidos, sur de México a través de Centroamérica, hasta Bolivia y Argentina. Su distribución incluye los Andes hasta Bolivia, el escudo guayanés y la cuenca amazónica hasta el sureste de Brasil; desde el nivel del mar hasta 4000 m de elevación.

1. Hojas con venación plinervia. **1. R. casota**
1. Hojas con venación no plinervia, con una vena media.
  2. Ovario glabro (o solo con pequeños parches de indumento en *Roupala glaberrima*); nervadura terciaria no visible.
    3. Hojas distribuidas uniformemente a lo largo del tallo, delgadamente coriáceas, dispersa y adpresamente pilosas hasta largamente tomentosas en la base de la lámina y a lo largo del pecíolo; pecíolo (1-)2-4(-6.5) cm, muy rara vez menos de 2 cm; inflorescencias (3-)9-19(-30) × 2.5-4, muy rara vez menos de 9 cm; pedicelos (2-)3-7 mm. **2. R. glaberrima**
    3. Hojas concentradas en el ápice de los tallos, frecuentemente erectas y ocultando el tallo, gruesamente coriáceas, completamente glabras; pecíolo 0.3-1.5 cm; inflorescencias 5-7.5 × c. 2 cm; pedicelos c. 1 mm. **3. R. loranthoides**
  2. Ovario peloso; perianto escasamente estrigoso a tomentoso, nunca completamente glabro; nervadura terciaria conspicua.
    4. Hojas densamente rojo-pardusco-velutinas en el envés cuando jóvenes; perianto completamente rojo-pardusco-velutino; frutos 5-6 cm. **4. R. mexicana**
    4. Hojas glabras o adpreso-puberulentas a cortamente ferrugíneo-tomentosas, perianto no velutino; frutos 2-3.5(-3.7) cm. (desconocidos en *R. sessiliflora*).
      5. Flores sésiles; árboles grandes 30-35 m. **8. R. sessiliflora**
      5. Flores con pedicelos 1-4 mm; árboles 1-15 m.
        6. Hojas revolutas, gruesamente coriáceas, rojo-pardusco-estrigosas en el envés. **7. R. percoriacea**
        6. Hojas no revolutas, delgadamente coriáceas; escasamente pubescentes o tomentosas en el envés.
          7. Frutos no constrictos en la base, comúnmente aplanados sobre ambos lados, alargados, generalmente con persistente indumento rojo-pardusco-velutino a cortamente lanado; pecíolo bien definido, subterete en la base, aplanado adaxialmente arriba hacia la lámina, no alado; hojas secando de color oscuro. **5a. R. monosperma var. monosperma**
          7. Frutos constrictos (1.5-)3-6 mm en la base, más o menos ovoides, glabros o si tomentosos el indumento amarillo; pecíolo mal definido, frecuentemente sulcado, levemente alado con la base de la lámina descendiendo; hojas, generalmente secando gris-verde claro. **6a. R. montana var. montana**

1. Roupala casota J.F. Morales, *J. Bot. Res. Inst. Texas* 12: 84 (2018). Holotipo: Costa Rica, *Morales 4480* (CR). Ilustr.: Morales, *J. Bot. Res. Inst. Texas* 12: 8: 85, t. 1 (2018).

Árboles, 5-25 m; ramas jóvenes ligeramente puberulentas, las ramas adultas glabrescentes. Hojas compuestas, los catafilos imparipinnados con 5-7 folíolos; láminas (10-)11-16.5 × 5-9.5 cm, anchamente elípticas, anchamente ovado-elípticas a anchamente ovadas, raramente asimétricas, coriáceas, glabras en el haz, la base cuneada a obtusa, los márgenes enteros, el ápice acuminado o agudo, el envés con venas inconspicuamente puberulentas, plinervias, con 2-3 pares de venas secundarias, generalmente impresas en ambas superficies, las venas terciarias visibles en ambas superficies; pecíolos 2-7 cm. Inflorescencias espiciformes, 15-22 cm, glabrescentes, con numerosas flores en pares o solitarias; pedicelos c. 2 mm, tépalos 7-8 mm, linear-obovados, verde-crema a crema, escasa y diminutamente puberulentos externamente, glabros en el interior, las anteras c. 2 mm, los filamentos hasta 0.7 mm; ovario hasta 0.8 mm, ovoide, uniformemente seríceo, el estilo 3.5-4 mm, los nectarios libres. Folículos 6-6.5 × 2.1-2.6 cm, glabros; semillas desconocidas. *Bosques muy húmedos, vegetación secundaria, orillas de quebradas*. CR (*Aguilar 2734*, MO). 300-1000 m. (Endémica).

Roupala casota corresponde a *R.* sp. *B* en el *Manual de Plantas de Costa Rica* (Morales, 2014a).

2. Roupala glaberrima Pittier, *Contr. U.S. Natl. Herb.* 18: 229 (1917). Holotipo: Costa Rica, *Tonduz 2228* (US!). Ilustr.: no se encontró.

Árboles; corteza de las ramas pardo claro tornándose pardo claro, rojo oscuro-gris o rojo oscuro-pardo al desprenderse la corteza, el indumento escasamente piloso a densamente tomentoso, amarillo dorado a ferrugíneo, glabrescente, con numerosas lenticelas 0.5-1 mm de diámetro, inconspicuas, planas llegando a estar elevadas en la periferia, a veces con tubérculos granulares, rojo a pardo-anaranjados. Hojas distribuidas uniformemente a lo largo del tallo, simples y compuestas, secando verde pálido a pardo-rosado hasta púrpura oscuro-pardo, mate, el indumento dorado a ferrugíneo, rápidamente glabrescentes, o glabras durante todo el desarrollo. Hojas simples (2.5-)6-10(-14.5) × (1.5-)3-6(-8) cm, elípticas, menos frecuentemente amplia o angostamente elípticas, angostamente ovadas u ovadas, delgadamente coriáceas, las venas inconspicuas en el haz, conspicuas y prominentes en el envés, la vena media alcanzando el ápice y algunas veces sulcada, las venas secundarias 3-4(-6) pares, marcadamente ascendentes desde la base (saliendo de la vena media en un ángulo de 20-30° en la base y en un ángulo de 20-40(-50)° hacia el ápice), separadas entre sí 0.5-1.5 cm en la base y 2-4 cm en el ápice, el indumento como en el pecíolo, glabrescentes, la base aguda a obtusa y decurrente, la lámina angostándose gradualmente hacia el pecíolo, simétrica, plana, los márgenes enteros, rara vez ondulados, crenados o con 3-7 dientes, revolutos, el ápice corto a largamente atenuado angostándose hacia la punta o finalmente redondeado, algunas veces retuso, a menudo doblado, el extremo apical de la vena media no sobresaliente; pecíolo (1-)2-4(-6.5) cm × 1-2 mm, subterete en la base, aplanándose hacia la lámina, canaliculado, el surco formado por los lados descendentes de la lámina, el indumento denso, escasa y adpresamente piloso a tomentoso, amarillo-dorado a ferrugíneo, decolorándose a gris, persistiendo por más tiempo en la base del pecíolo, rápidamente glabrescente. Hojas juveniles compuestas, con 10-15 pares de folíolos; pecíolo 10-11 cm, terete, densamente ferrugíneo y largamente tomentoso; folíolos 38-39 × 16-18 cm, opuestos en la base y subopuestos a alternos apicalmente, el eje 29-38 cm, el raquis 2-acostillado adaxialmente, el indumento como en el pecíolo;

folíolos laterales 5-10 × 2.5-3.5 cm, pequeños en la base, más grandes en la mitad del eje, más pequeños hacia el ápice, de forma asimétrica, con 4-9 pares de venas secundarias (saliendo de la vena media en un ángulo de 45°), densa a escasamente ferrugíneo-pilosas en la base, glabras apicalmente, la base fuertemente asimétrica, cuneada en ambos lados, los márgenes serrados, con 3-13 dientes, el ápice agudo a atenuado; peciólulos c. 0-3 mm; folíolos terminales 8.5-9.5 × 4.3-5.6 cm, romboides, con c. 6 pares de venas secundarias, el indumento como en los folíolos laterales, la base cuneada, decurrente, simétrica o asimétrica, los márgenes serrados, con 5 o 6 dientes en ambos lados, el ápice agudo o atenuado; peciólulo terminal 1.5-2 cm, terete. Hojas compuestas de individuos maduros 2-lobadas o con 2-9 pares de folíolos, los folíolos 10-20(-30) × 6-14 cm, opuestos en la base, el resto así mismo o llegando a ser subopuestos a alternos apicalmente, el eje 5-12(-18) cm; pecíolo (2-)3-6(-10) cm, terete proximalmente llegando a ser sulcado, escasamente piloso a glabro; folíolos laterales 3-8 × 1.5-4 cm, más grandes hacia el ápice, simétricos o asimétricos, ovados o elípticos, las venas como en las hojas simples, glabras, la base aguda sobre el lado más corto de la lámina, aguda hasta obtusa a truncada sobre el lado más largo, los márgenes enteros, ondulados, crenados o serrados; peciólulos laterales 2-10 mm, planos o levemente sulcados; folíolos terminales 6-10(-14) × 3-7 cm, ovados o elípticos, simétricos si distantes del último folíolo, asimétricos si cercanos a este, las venas como en las hojas simples, glabras, la base mayormente obtuso-decurrente, algunas veces con un lado ampliamente cuneado, los márgenes enteros a serrados, el ápice largamente atenuado a redondeado y cortamente atenuado al final, a menudo algo doblado; peciólulos terminales 0-2.5(-4) cm, sulcados hacia la base. Inflorescencias (3-)9-19(-30) × 2.5-4 cm, laterales o axilares, no ramificadas, con nuevos retoños de hojas terminales en la región que produce la inflorescencia; eje de las flores pareadas ausente, las flores pareadas bien dispersas, escasamente ferrugíneo-pilosas en la punta de crecimiento, algunas veces extendiéndose hasta el raquis, densa y largamente pilosas alrededor de la inserción de flores pareadas, rojo-pardusco-estrigosas en la base; pedúnculo 0.5-4.5 cm × 0.6-2.5 mm, con pocas brácteas estériles hacia la base, no persistentes, las cicatrices conspicuas. Flores 8.5-17 mm; pedicelos (2-)3-7 × 0.5-1 mm, glabros; lóbulos nectaríferos 0.1-0.5 mm, libres, separados o tocándose en la base; ovario glabro o con pequeños parches de indumento. Infrutescencia 4.7-20 cm, glabra; pedicelo fructífero 3-5(-8) × 1.5-3 mm, glabro; fruto (3-)3.5-5.5 × 2-2.2 cm, frecuentemente péndulo, el lado con sutura más fuertemente curvado que el lado sin sutura, la base constricta 3-12 mm, el ápice constricto 2-4 mm, fuertemente curvado hacia atrás en dirección al pedicelo hasta levemente curvado y rostrado, el estilo algunas veces persistiendo, los lados del folículo enrollados hacia afuera de manera que se encuentran en un mismo plano al abrir, glabros, rugulosos, secando negros cuando inmaduros, claros a medianamente pardos o gris-púrpura cuando maduros, una vena marginal fuerte corre alrededor de la periferia de frutos maduros; semillas 2.8-3 × 1.3-1.4 cm. *Bosques siempreverdes montanos, bosques montanos bajos húmedos, bosques de neblina, bosques primarios, remanentes de bosques, pastizales, bordes de caminos, suelos de caliza.* B (*Schipp S-649*, F); G (*Standley 60103*, NY); ES (*Allen 7076*, US); N (*Grijalva & Sosa 3710*, MO); CR (*Skutch 3789*, NY); P (*Croat 26774*, NY). 800-3000 m. (Mesoamérica, Venezuela).

3. Roupala loranthoides Meisn. in A. DC., *Prodr.* 14: 425 (1856). Lectotipo (designado por Edwards et al., 2007): Costa Rica, *Friedrichsthal 1225* (F). Ilustr.: no se encontró.

Arbustos c. 1 m; corteza externa de las ramas jóvenes pardo claro tornándose gris-rojo oscuro al desprenderse, el indumento cortamente adpreso-tomentoso, ferrugíneo decolorándose a gris; tallos viejos pardos hasta casi negros, robustos, glabros, con numerosas lenticelas de 0.5-1 mm de diámetro, conspicuas, prominentemente elevadas en la periferia, con granulaciones pardo-anaranjadas. Hojas simples, agrupadas en las ramas terminales, gruesamente coriáceas, secando rígidamente verde pálido a pardo-ocráceo, brillantes en el haz; láminas 1.5-6 × 1-4.5 cm, ovadas a ampliamente ovadas o ampliamente elípticas a elípticas, las venas planas e inconspicuas en el haz, impresas e inconspicuas en el envés, solo la vena media y las venas secundarias levemente elevadas o planas pero claramente marcadas, las venas terciarias completamente inconspicuas, semicraspedódromas, con 2-4 pares de venas secundarias, completamente glabras, la base obtuso-decurrente a redondeado-decurrente, simétrica, prensando plana, los márgenes enteros, revolutos, con borde cartilaginoso, prominente en el envés, el ápice obtuso a redondeado, por lo general diminutamente retuso, el extremo apical de la vena media no sobresaliendo más allá de la lámina, el final de la vena media marcada con un punto negro en el ápice de la lámina; pecíolo 0.3-1.5 cm × 1-1.75 mm (en el medio), glabro, algunos tricomas grises a veces persistentes en la base. Inflorescencias 5-7.5 × c. 2 cm, sobrepasadas por las hojas terminales, axilares, no ramificadas, glabras; eje de las flores pareadas (pedúnculo) ausente. Yemas florales 1.1-1.3 mm de ancho en el ápice, 0.5-0.6 mm de ancho en el medio, glabras. Flores c. 9 mm; pedicelos c. 1 × 0.8-1 mm, glabros; lóbulos nectaríferos c. 0.3 mm, triangulares, bien separados; ovario glabro. Infrutescencia c. 6 cm (quebrada hacia el ápice), glabra; pedicelo fructífero 3-3.5 × 2-2.5 mm, glabro; fruto 2.8-3 × 1.5-1.8 cm, más o menos ovoide, el lado sin sutura leve a más fuertemente curvado que el lado con sutura, el ápice constricto c. 2 mm, curvado, el estilo no persistente, la base constricta 1.5-2 mm, glabro, gris-pardo, brillante, diminutamente ruguloso; semillas no conocidas. *Sabanas en áreas azotadas por el viento.* CR (*Morales 2273*, CR). c. 300 m. (Endémica).

4. Roupala mexicana K.S. Edwards & Prance, *Brittonia* 55: 64 (2003). Holotipo: México, Veracruz, *Sinaca & Chigo 254* (MO!). Ilustr.: Edwards & Prance, *Brittonia* 55: 65, t. 2 (2003). N.v.: Palo zorrillo.

Árboles (6-)18-30 m; corteza de las ramas gris a beige tornándose gris-rojo oscuro o pardo oscuro al desprenderse la corteza, el indumento rojo-pardusco-velutino, lentamente glabrescente, con pocas a numerosas lenticelas de hasta 0.5 mm de diámetro, con granulaciones planas, rojo-parduscas a pardas. Hojas simples, algunas veces 2-lobadas, glaucas en el haz, verde claro-pardo en el envés, mate; láminas 4.5-12(-14) × 3-7.5(-9) cm, suborbiculares o ampliamente elípticas, rara vez elípticas, delgadamente coriáceas, las venas inconspicuas en el haz, la vena media y las venas secundarias planas o levemente impresas, conspicuas y prominentes en el envés, las venas secundarias unidas formando una vena marginal tenue, con (3)4 o 5(-7) pares de venas secundarias (saliendo de la vena media en un ángulo de 30-40° en la base y en un ángulo de 20-30° en el ápice), el indumento adpreso, ferrugíneo-piloso en el haz, glabrescente, densamente rojo-pardusco-velutino en el envés, los tricomas persistentes especialmente hacia la base de la lámina a lo largo de la vena media y las venas secundarias, la base aguda a obtusa o rara vez redondeada, fuertemente decurrente, generalmente asimétrica, los márgenes enteros a levemente ondulados, revolutos en la base, el ápice mayormente obtuso-acuminado, menos frecuentemente redondeado, atenuado o emarginado, a menudo doblado, la vena media no sobresaliendo más allá de la lámina; pecíolo no bien definido, (1.5-)2.5-7(-8) cm × 1.1-1.5 mm (ancho en el medio), terete en la base, semiterete hacia la lámina, aplanado adaxialmente o a veces sulcado con los márgenes de la lámina descendiendo sobre el pecíolo, todo el pecíolo rojo-pardusco-velutino en las hojas de la unidad de crecimiento actual, los tricomas persistentes cerca de la base adaxialmente, decolorándose a grises en hojas inmaduras. Inflorescencias (3.6-)8.5-13.5 × 1.5-2.5 cm, axilares, no ramificadas, rojo-pardusco-velutinas, las flores pareadas densamente agrupadas; eje de las flores pareadas ausente; pedúnculo 0.4-1.5 cm × 1.5-2 mm, con pocas a muchas brácteas estériles en la base. Flores 7-10 mm; pedicelos 1-2.3 × 0.6-1 mm, el indumento escaso, rojo-pardusco a ferrugíneo-tomentoso a densamente velutino; tépalos completamente rojo-pardusco-velutinos; filamentos 0-1.5 mm, adnados 4.5-7 mm desde la base de los tépalos, las anteras 2-2.8 × 0.5-0.8 mm; lóbulos nectaríferos c. 0.4 mm, separados; ovario largamente seríceo-velloso, los tricomas rojo-parduscos a ferrugíneo pálido, extendiéndose 1.3-1.5 mm desde la base del ovario, erectos a adpresos, cubriendo el ovario completamente. Infrutescencia 11-14 cm, cortamente rojo-pardusco-tomentosa; pedicelo c. 4 × 2 mm; cuerpo del fruto 5-6 × c. 2 cm, alargado, los lados con sutura y sin sutura igualmente curvados, la base constricta 0.5-1.2 cm, el ápice no constricto c. 1 mm, fuertemente curvado, los márgenes con sutura comúnmente más delgados, púrpura a rojo-pardusco-velutino, glabrescente, persistente en la base, ruguloso, pardo medio por abajo, el estilo no persistente; semilla c. 4 × 1.7 cm, el extremo apical más grueso por c. 1.2 cm. *Remanentes de bosques húmedos altos*. T (*Calzada 2346*, NY). 100-500 m. (México [Oaxaca, Veracruz], Mesoamérica).

5. Roupala monosperma (Ruiz & Pav.) I.M. Johnst., *Contr. Gray Herb.* 73: 42 (1924). *Embothrium monospermum* Ruiz & Pav., *Fl. Peruv.* 1: 63 (1798). Sintipo: Perú, *Ruiz & Pavón s.n.* (MA). Ilustr.: no se encontró.

5a. Roupala monosperma (Ruiz & Pav.) I.M. Johnst. var. **monosperma**.

Árboles 3-15(-35) m, o más rara vez arbustos 2-6 m; ramas jóvenes con indumento muy corto, pardo, adpreso-piloso, más rara vez denso, ferrugíneo-tomentoso; tallos más viejos glabros, la corteza pardo claro-gris superficialmente, gris oscuro(-pardo) por debajo cuando cae la capa de la epidermis, generalmente con numerosas lenticelas de hasta c. 0.7 mm de diámetro, comúnmente conspicuas, granulares, planas y ferrugíneas a rojo-parduscas, luego elevándose y grises. Hojas simples, secando pardas, grisáceas o verdes, el indumento mayormente inconspicuo, los tricomas cortos, adpreso-piloso, pardo pálido a rojo-pardusco en ambas superficies cuando jóvenes, glabrescentes, algunas veces persistiendo sobre la vena media en el haz, y a lo largo de la vena media y las venas secundarias en el envés; láminas 4-18(-26) × 3-9(-11.5) cm, elípticas, ampliamente elípticas o suborbiculares, cartáceas cuando nuevas, llegando a ser coriáceas en varios grados, las venas secundarias levemente impresas a levemente prominentes en el haz, conspicuas y prominentes en el envés, la vena media llegando hasta el ápice, con 7-10(-13) pares de venas secundarias (saliendo de la vena media en un ángulo de 30-70° en la base y en un ángulo de 40-60° en el ápice), la vena marginal doble, la base cuneada o aguda, obtusa o redondeada, subcordada o truncada, a menudo asimétrica, los márgenes enteros, crenados a serrados, con 5-24 pares de dientes, u ondulados, el ápice agudo, obtuso o redondeado, más rara vez atenuado u obtuso-acuminado, el extremo apical de la vena media no sobresaliendo más allá de la lámina; pecíolo bien definido, 0.5-5.5(-7.5) cm × 1.5-3 mm (ancho en el medio), subterete en la base, aplanado adaxialmente arriba hacia la lámina, adpreso-puberulento a cortamente ferrugíneo-tomentoso, rara vez glabrescente. Inflorescencias (5-)7-14(-22) × (1.2-)1.8-2.7 cm, axilares, no ramificadas o algunas veces ramificadas, el indumento corto, adpreso-piloso a tomentoso, glabrescente, pardo pálido, pardo o ferrugíneo; eje de las flores pareadas 0-3 × 1-1.5 mm; pedúnculo 0.5-1.5 (-3.2) cm × 1.2-2 mm, las brácteas estériles ausentes a numerosas. Yemas florales 1-1.5 mm de ancho en el ápice, 0.5-0.75 mm de ancho en el medio, más o menos glabras o escasamente pilosas, generalmente con menos tricomas que el pedicelo. Flores 5-8(-9) mm; pedicelos (1-)1.5-4(-5) × 0.3-0.5 mm, más o menos glabros, o el indumento muy corto, escasamente piloso, rara vez densamente tomentoso, ferrugíneo a pardo; filamentos 0-0.3 mm, adnados 3.5-5.75 mm desde la base de los tépalos, las anteras (1.2-)1.5-2(-2.5) mm; lóbulos nectaríferos 0.2-0.5 × 0.2-0.3 mm, bien separados; ovario con cubierta velutina de indumento, o si los tricomas más largos entonces cortamente estrigoso a velloso, extendiéndose hasta c. 1.2 mm desde la base del ovario, cubriendo completamente el ovario, pálido- a pardo-anaranjado o pardo. Infrutescencia 7-17(-26) cm × 1.5-3 mm, glabra a escasamente tomentosa; pedicelo del fruto 2-6 × (0.5-)0.8-1.2 mm, glabro a rojo-pardusco-puberulento; fruto 2-3(-3.5) × 0.6-1(-1.5) cm, alargado, comúnmente ambos lados (con sutura y sin sutura) aplanados, frecuentemente ambos lados curvados el mismo grado, la base constricta 1-3.5 mm, el ápice no constricto (solo el estilo persistente presente) o constricto 3 mm, no curvado, rojo-pardusco-velutino a cortamente lanado cuando inmaduro, el indumento persistiendo hasta la madurez, o glabrescente, el fruto glabrescente pardo a gris, liso o ruguloso, el estilo algunas veces persistente; semillas desconocidas. *Bosques montanos y premontanos*. P (*Hayes 1070*, BM). 1500-2700 m. (Mesoamérica, Colombia, Venezuela, Ecuador, Perú, Bolivia).

6. Roupala montana Aubl., *Hist. Pl. Guiane* 1: 83 (1775). Holotipo: Guayana Francesa, *Aublet s.n.* (BM!). Ilustr.: Morales, *Monogr. Syst. Bot. Missouri Bot. Gard.* 129: 399 (2014a).

Roupala borealis Hemsl., *R. darienensis* Pittier, *R. martii* Meisn. var. *pinnata* Meisn., *R. martii* var. *simplicifolia* Meisn., *R. mayana* Lundell, *R. repanda* Lundell.

6a. Roupala montana Aubl. var. **montana**.

Arbustos o árboles, 1-8 m, menos comúnmente hasta 25 m; ramas jóvenes con indumento pardo claro, ferrugíneo o rojo-pardusco, velutino, corta a largamente tomentoso o adpreso-piloso, rápidamente glabro a gradualmente glabrescente y decolorándose a gris; corteza generalmente pardo claro cuando joven, gris oscuro, púrpura oscuro a rojo-gris o rojo-pardo después de mudar la capa externa, con numerosas lenticelas de 0.2-0.5 mm de diámetro, inconspicuas, menos comúnmente conspicuas, agrandándose hasta 1 mm en los ejes más largos sobre las ramas más viejas, granulares, planas o elevadas, pardo-anaranjadas a beige o gris. Hojas simples, rara vez compuestas en especímenes de herbario fértiles, delgadamente coriáceas y prensando planas, hasta muy rígidamente coriáceas y prensando irregularmente (unduladas y abultadas) o plegadas, secando gris pálido-verde hasta pardusco pálido, algunas veces verde oscuro o pardas, el indumento velutino hasta recto-adpreso, denso a escaso, glabrescente, más rápidamente así en el haz, los tricomas a menudo persistentes basalmente a lo largo de la vena media y la lámina sobre el envés, pardo claro hasta pardo-anaranjado a rojo-pardusco. Hojas simples (2.5-)4-14 × (1-)2-9(-11) cm, la forma extremadamente variable, desde angostamente ovadas hasta ovadas a ampliamente ovadas, elípticas a ampliamente elípticas, oblongas, y más rara vez muy ampliamente ovadas, suborbiculares, ampliamente oblongas, angostamente obovadas a ampliamente obovadas, angostamente elípticas y lanceoladas, las venas inconspicuas a conspicuas, levemente impresas, planas o levemente elevadas en el haz, generalmente conspicuas y prominentes en el envés, semicamptódromas, la vena media llegando hasta el ápice pero el extremo apical no sobresaliendo más allá de la lámina, las venas secundarias (3)4-7(-10) pares, la vena marginal simple o doblemente fractiflexa, gruesa y prominente en el envés, la base aguda, obtusa, redondeada o cordada, angosta a anchamente cuneada, marcadamente decurrente, los márgenes enteros, ondulados o con 3-22 pares de dientes, más rara vez crenados, irregularidades empezando mucho más abajo del medio de la lámina, revolutos o no, más pronunciadamente hacia la base de la lámina, el ápice agudo u obtuso y corta a largamente angosto-atenuado, más rara vez redondeado o redondeado y acuminado; pecíolo (0.5-)1-5(-6) cm × 1-2(-3) mm (ancho en el medio), semiterete al final de la lámina, plano adaxialmente, alado con la base de la lámina descendiendo sobre el pecíolo, a veces llegando a ser acanalado, terete hacia la base, a menudo rugoso hacia la base, escasa a densamente ferrugíneo a gris-velutino o adpreso-tomentoso a piloso, glabrescente, persistiendo por más tiempo en la base adaxialmente. Hojas compuestas 4-8-pareadas, 19.7-33 cm (incluyendo el pecíolo); pecíolo 4.5-11.4 cm, frecuentemente sulcado; folíolos laterales 6.1-12.2 × 1.2-4.3 cm, con 3-6 pares de venas secundarias, la base fuerte a levemente asimétrica, cuneada a angostada, aguda a redondeada, los márgenes con 3-20 dientes, rara vez enteros, el ápice agudo a atenuado, los peciólulos c. 0.5 mm; folíolos terminales 7.6-11.1 × 2.7-7.6 cm, con c. 3 pares de venas secundarias, la base simétrica a asimétrica, atenuada, algunas veces redondeada a casi truncada, los márgenes con 7-9 pares de dientes, menos comúnmente casi enteros con solo 1 o 2 pares de dientes, el ápice agudo a atenuado, los peciólulos 2-2.3(-4) cm. Inflorescencias 5-20(-26) cm × (1.5-)1.7-2.5 (-2.8) mm, axilares, ocasionalmente terminales, no ramificadas, el indumento pardo claro, pardo, corto, escasamente piloso (algunas veces adpreso) a densamente tomentoso; eje de las flores pareadas ausente; pedúnculo (0.2-)0.5-2(-3) cm × 0.8-2.5 mm, las brácteas estériles pocas hasta abundantes hacia la base. Yemas florales 0.8-1.7 mm de ancho en el ápice, 0.5-1 mm de ancho en el medio, cuadradas a redondeadas en corte transversal. Flores (5-)7-9(-10.5) mm; pedicelos (1-)1.5-4.5 × 0.3-1 mm, el indumento como en la inflorescencia; perianto con indumento variando desde más o menos glabro, hasta muy escaso, cortamente adpreso-piloso, a tomentoso, pardo claro a pardo medio; filamentos 0-0.8(-1.5) mm, unidos a los tépalos 2-6.5 mm desde la base, las anteras (1-)1.5-3 × 0.4-0.8 mm; lóbulos nectaríferos 0.2-0.6 mm, carnosos, los lóbulos libres pero a menudo pareciendo fusionados cuando secos; ovario simétrico o asimétrico más curvado en un lado que en el otro, los tricomas del ovario extendiéndose hasta 1-3 mm desde la base, cubriendo completamente el ovario o más abajo sobre un lado, cortamente seríceos, los tricomas débiles, rectos, adpresos, pardo claro, anaranjado, hasta ferrugíneos a rojo-parduscos. Infrutescencia 4.5-19 cm, glabra, con algún indumento persistente alrededor de los pedicelos, hasta puberulenta o escasamente tomentosa; pedicelos del fruto 2-5 × 0.8-1.5(-2) mm; fruto 2-3.5(-3.7) × 0.8-1.5 cm, el lado con sutura y el lado sin sutura igualmente curvados, o el lado con sutura más fuertemente curvado, rara vez el fruto alargado y los lados casi aplanados, la base constricta (1.5-)3-6 mm, el ápice no constricto hasta constricto c. 4 mm, incluyendo la base persistente del estilo, recta o curvada hasta perpendicular al lado sin sutura, rara vez fuertemente curvada y así dirigida hacia atrás, la vena marginal inconspicua a conspicua sobre el lado sin sutura, el tejido vascular algunas veces conspicuo sobre la superficie, pardo claro a pardo oscuro, el indumento adpreso-piloso, o densamente velutino cuando joven, los tricomas pardo claro a pardo-anaranjados a rojo-parduscos, glabrescente, glabro al madurar; semillas 1.8-2.5 × 0.5-1 mm. *Bosques secos y húmedos, bosques de galería, bosques deciduos.* Ch (*Matuda 16241*, MO); B (*Dwyer & Liesner 12268*, MO); G (*Watson 62*, GH); H (*Saunders 275*, NY); ES (*Tucker 1112*, F); N (*Moreno 24364*, NY); CR (*Hammel 17301*, MO); P (*Allen 1600*, NY). 0-2600 m. (México [Oaxaca, Veracruz], Mesoamérica, Colombia, Venezuela, Guayanas, Perú, Bolivia, Brasil, Paraguay).

Roupala montana var. *montana* es una entidad taxonómica variable y ampliamente distribuida.

7. Roupala percoriacea A.H. Gentry, *Ann. Missouri Bot. Gard.* 60: 571 (1973). Holotipo: Panamá, *Gentry 2887* (MO). Ilustr.: no se encontró.

Árboles pequeños hasta 5 m; ramas jóvenes con indumento escaso, diminutamente escabroso, los tricomas rojo oscuro-pardo, rápidamente glabrescentes; tallos más viejos beige a gris pálido, cambiando a pardo oscuro, glabros, con pocas lenticelas de hasta 0.5 mm de diámetro, inconspicuas, granulares, planas, anaranjado oscuro. Hojas simples, las hojas nuevas algunas veces asimétricamente bífidas, secando verde oliva-pardo y algo brillantes en el haz (rojo intenso en partes del haz y sobre toda la superficie en el envés); láminas 7.8-13.5 × 4.5-7.5 cm, ovadas, extremada y gruesamente coriáceas, las venas planas excepto la vena media sulcada, inconspicua en el haz, levemente elevada e inconspicua en el envés, broquidódroma vista desde arriba, semicraspedódroma desde abajo, la vena media llegando hasta el ápice, con 4-6 pares de venas secundarias, la base redondeada, los márgenes enteros y marcadamente revolutos, el ápice obtuso y acuminado, menos frecuentemente agudo o atenuado, el extremo apical de la vena media no sobresaliendo más allá de la lámina, glabras; pecíolo 1-3 cm × 2.5-3 mm (ancho a la mitad), sulcado al final de la lámina, subterete hacia la base, glabro excepto diminutamente rojo-pardusco-puberulento hacia la base. Inflorescencias 3.9-11 × 1.4-1.6 cm, axilares, no ramificadas, el indumento rojo-pardusco, adpresamente puberulento a estrigoso; eje de las hojas pareadas ausente; pedúnculo 0.5-1.5 cm × 0.5-1 mm, las brácteas estériles pocas, dispersas. Yema floral 0.8-1.1 mm de ancho en el ápice, c. 0.5 mm ancho en el medio, rojo-pardusco-estrigosa, escasamente hacia el ápice. Flores 6-7 mm; pedicelos 1-2 × 0.5 mm, el indumento como en la inflorescencia; filamentos hasta 0.5 mm, adnados c. 4 mm desde la base de los tépalos, las anteras 1.5-2 × c. 0.5 mm; lóbulos nectaríferos hasta 0.5 mm, bien separados; ovario inmaduro, el indumento rojo-pardusco oscuro, cubriendo completamente el ovario, variada y cortamente estrigoso. Infrutescencia desconocida; fruto 3-3.3 × 1.5-1.7 cm, constricto 4-5 mm en la base, y 2-3 mm en el ápice (el cual está fuertemente curvado), el estilo no persistente, glabro, liso, pardo o gris a negro; semillas no conocidas. *Bosques lluviosos premontanos.* P (*Gentry 2887*, F). 800-1000 m. (Endémica).

Roupala percoriacea solo se conoce del tipo.

8. Roupala sessiliflora J.F. Morales, *Darwiniana* 44: 490 (2006). Holotipo: Costa Rica, *Zamora et al. 2204* (CR). Ilustr.: Morales, *Darwiniana* 44: 491, t. 1 (2006a).

Árboles 30-35 m; ramas jóvenes inconspicuamente puberulentas, glabrescentes, la corteza levemente escamosa y lenticelada. Hojas compuestas, catafilos imparipinnados con 5-7 folíolos, simples; láminas 11-18 × (5-)8-12.3 cm, anchamente elípticas a obovado-elípticas, usualmente simétricas, coriáceas, la base cuneada, los márgenes enteros (levemente dentados en los folíolos de los catafilos), no revolutos, el ápice apiculado o raramente agudo-emarginado, glabras en el haz, las venas secundarias 7-12 pares, generalmente impresas en ambas superficies, las venas terciarias visibles en el envés, apenas impresas adaxialmente, el pecíolo 2.2-3.4 cm, bien diferenciado. Inflorescencias espiciformes, 4.3-11.5 cm, densamente ferrugíneo-tomentulosas, con numerosas flores pareadas o solitarias, sésiles y fragantes, los tépalos 7-8 mm, linear-obovados, blancos, densa a moderadamente ferrugíneo-tomentulosos externamente, glabros más raramente glabrescentes en la cara interna, anteras 1.7-2.1 mm, filamentos 0.5-0.8 mm; ovario 1-1.9 mm, ovoide, densamente ferrugíneo-tomentuloso; nectarios libres. Folículos desconocidos. *Bosques muy húmedos, orillas de ríos.* CR (*Rodríguez 1688*, MO). 50-450 m. (Endémica).

Nombre poco conocido

Roupala adiantifolia Klotzsch var. *grandidentata* Meisn. in Mart., *Fl. Bras.* 5(1): 89 (1855-1875 [1855]). Holotipo: Costa Rica, Panamá, *Warszewicz 5* (B).

La colección probablemente fue destruida en Berlín, por lo que no es posible saber a qué corresponde este nombre.

62. BUXACEAE

Haptanthaceae

Descripción de la familia y clave genérica por G. Davidse.

Árboles, arbustos, o rara vez hierbas, monoicos o rara vez dioicos, generalmente glabros, algunas veces pelosos con tricomas simples. Hojas opuestas o alternas, simples, generalmente enteras, algunas veces dentadas, pinnatinervias y algunas veces 3-nervias desde la base, generalmente coriáceas o herbáceas, sin estípulas. Inflorescencias axilares o terminales, espigadas, racemosas o cimosas, frecuentemente congestas, bracteadas; flores con sépalos y pétalos no diferenciados o completamente ausentes. Flores estaminadas generalmente con 4 tépalos separados (ninguno en *Haptanthus*) y 4-6(-muchos) estambres generalmente separados, 2 y unidos en *Haptanthus*, cuando 4, opuestos a los tépalos, los filamentos ausentes a conspicuos, las anteras frecuentemente dorsifijas, 2-loculares, introrsas, longitudinalmente dehiscentes o dehiscentes por valvas; pistilodio desarrollado o ausente. Flores pistiladas generalmente pocas y más grandes que las estaminadas, los tépalos 4-6 (ninguno en *Haptanthus*), el ovario súpero, 2 o 3-carpelar, 1-3-locular, la placentación axilar (parietal en *Haptanthus*), los estilos 2 o 3, cortos, generalmente recurvados, el área adaxial estigmática generalmente conspicua, sulcada, los óvulos 1 o 2(-15 en *Haptanthus*) por lóculo, péndulos, anátropos, con una rafe ventral. Fruto una cápsula loculicida dehiscente o drupa, los estilos generalmente persistentes y conspicuos, dorsalmente sulcados; semillas generalmente 1 o 2, probablemente más en *Haptanthus*, con endospermo, frecuentemente negro y brillante, el embrión recto con cotiledones aplanados o gruesos. 6 gen., aprox. 130 spp., de distribución cosmopolita, excepto en Australia; 3 gen. y 4 spp. en Mesoamérica.

El desarrollo de estructuras reproductivas y la filogenia de la familia son discutidos en detalle por von Balthazar & Endress (2002a, 2002b) y von Balthazar et al. (2000).

Bibliografía: von Balthazar, M. & Endress, P.K. *Bot. J. Linn. Soc.* 140: 193-228 (2002b); *Int. J. Pl. Sci.* 163: 847-876 (2002a). von Balthazar, M. et al. *Int. J. Pl. Sci.* 161: 785-792 (2000). Gentry, A.H. *Ann. Missouri Bot. Gard.* 65: 5-8 (1978). Standley, P.C. & Steyermark, J.A. *Fieldiana, Bot.* 24(6): 172-174 (1949).

1. Hojas alternas; frutos drupáceos; estilos 2. **3. Sarcococca**
1. Hojas opuestas; frutos capsulares (desconocidos en *Haptanthus*); estilos 3.
  2. Flores con 4 o más tépalos; estambres 4, libres. **1. Buxus**
  2. Flores sin tépalos; estambres 2, apretadamente adpresos y adherentes o unidos en el ápice. **2. Haptanthus**

1. Buxus L.

Buxus L. sect. *Tricera* (Schreb.) Baill., *Crantzia* Sw. non Scop., *Macropodandra* Gilg, *Tricera* Schreb.

Por G. Davidse.

Arbustos o árboles pequeños, monoicos; ramas tetragonales. Hojas opuestas, enteras, coriáceas, pinnatinervias y 3-nervias desde la base con las 2 venas externas formando venas submarginales. Inflorescencias axilares, racemosas, congestas, bracteadas, generalmente con una sola flor pistilada terminal, sésil y varias a numerosas flores estaminadas laterales. Flores estaminadas con 4 tépalos, estos decusados y petaloides; estambres 4 (Mesoamérica), separados, opuestos a los tépalos, los filamentos exertos, ligeramente aplanados, las anteras dorsifijas cerca de la base, introrsas, un pistilodio generalmente evidente. Flores pistiladas con 5-8 tépalos bracteiformes; ovario 3-carpelar, 3-locular con 3 estilos conspicuos y 2 óvulos por lóculo, la superficie interestilar con protuberancias nectaríferas. Fruto una cápsula, 3-partida, apicalmente 3-corniculada desde los estilos persistentes, dehiscencia loculicida en 2 mitades corniculadas; semillas 6 o menos por aborto, oblongas, triangulares en corte transversal, con las 2 superficies internas aplanadas y la superficie externa curvada, negro brillante, expulsadas con fuerza al madurar. Aprox. 90 spp., en Mesoamérica, norte de Sudamérica, Antillas, este de Asia, África, Madagascar; 2 spp. en Mesoamérica.

1. Hojas más grandes 3-6 cm; tépalos de las flores estaminadas 0.9-2.1 mm; cápsulas 4-5 mm excluyendo los estilos recurvados. **1. B. bartlettii**
1. Hojas más grandes 7-12 cm; tépalos de las flores estaminadas 2-4 mm; cápsulas 7-8.5 mm excluyendo los estilos curvados hacia adentro. **2. B. citrifolia**

1. Buxus bartlettii Standl., *Publ. Field Mus. Nat. Hist., Bot. Ser.* 11: 134 (1932). Holotipo: Belice, *Bartlett 11437* (F!). Ilustr.: no se encontró.

Arbustos 1-4 m; ramas jóvenes cuadrangulares, glabras, rara vez esparcidamente hispídulas. Hojas 3-6(-8.2) × 0.7-2(-2.8) cm, brevemente pecioladas, elípticas a angostamente lanceolado-oblongas, rígidas, coriáceas, glabras, verde pálidas cuando secas, el ápice agudo a acuminado o subobtuso y apiculado, la base aguda a atenuada, 3-nervias desde la base y débilmente pinnatinervias, el nervio principal impreso en el haz, elevado en el envés, los márgenes engrosados y ligeramente revolutos; pecíolo 2-3 mm, sulcado por encima, glabro o esparcidamente hispídulo, escasamente decurrente en el tallo. Racimos 1 por axila, 0.6-1.1 cm en la antesis, compacto, las flores densamente dispuestas especialmente hacia el ápice; pedúnculos 1-3 mm, glabros o rara vez hispídulos; las brácteas pedunculares 4-8, 1.5-2.1 mm, decusadas, cercanamente espaciadas en la base del pedúnculo, triangulares. Flores blancas a blanco-cremosas. Flores estaminadas cortamente pediceladas, abrazadas por las brácteas solitarias 1.5-2.1 mm; pedicelos 3 mm o menos, escasamente más largos en las flores inferiores que en las flores superiores; tépalos 0.9-2.1 mm, ciliolados, los 2 internos con frecuencia escasamente mayores que los 2 externos; estambres con los filamentos c. 1.5 mm. Flor pistilada con 6 tépalos 0.7-2 mm, verdes, triangulares, ciliolados; ovario 2-3 mm, los estilos 2.5-3 mm. Cápsulas 4-5-mm excluyendo los estilos, los estilos c. 3 mm, recurvados; semillas c. 3-4.7 × 1.7-1.9 mm. *Selvas bajas inundables, selvas bajas caducifolias*. Y (*Méndez et al. 485*, MO); QR (*Cabrera & Cabrera 4023*, MO); B (*Croat 24597*, MO); G (*Contreras 9689*, MO); ES (Linares, 2003 [2005]: 130). 0-100 m. (México [Oaxaca], Mesoamérica).

2. Buxus citrifolia (Willd.) Spreng., *Syst. Veg.* 3: 847 (1826). *Tricera citrifolia* Willd., *Sp. Pl.* 4: 338 (1805). Tipo: Venezuela, *Bredemeyer 18* (B-W-[cb] B -W 17384 -01 0). Ilustr.: Gentry, *Ann. Missouri Bot. Gard.* 65: 7, t. 1 (1978).

Arbustos o árboles pequeños 3-5 m, los tallos hasta 5 cm de diámetro; ramitas glabras, ligeramente tetragonales, los ángulos estriados y prominentes. Hojas 5-12.5 × 2-5.5 cm, pecioladas, elípticas a angostamente elíptico-ovadas, la base cuneada a redondeada, subcoriáceas o coriáceas, glabras, el ápice más o menos acuminado, la nervadura inconspicua en el haz, la vena media impresa en el haz, elevada en el envés, los márgenes engrosados, no revolutos; pecíolo 2-6 mm, levemente sulcado por encima, glabro. Racimos 1 o 2 por la axila, 1.5-3 cm en la antesis, las flores relativamente bien espaciadas, pero más compactas hacia el ápice; pedúnculos 1-3 mm, glabros; brácteas pedunculares 6-12, 0.7-1.5 mm, decusadas, cercanamente espaciadas en la base, triangulares. Flores blancas, fragantes. Flores estaminadas pediceladas, abrazadas por una bráctea solitaria; pedicelos 2-4 mm, escasamente más largos en las flores superiores; tépalos 4, 2-3.5 mm, obovados, papiloso-ciliados; estambres con los filamentos 1.5-3 mm. Flor pistilada con 5-8 tépalos verdes, ciliolados; tépalos 1-1.5 mm, ciliolados y ligeramente pubérulos; ovario 3-4 mm excluyendo los estilos, los estilos 3-4 mm. Cápsulas 7-8.5 mm, los estilos 5-7 mm, curvados hacia adentro; semillas 5-5.5 × 2-2.2 mm. *Bosques sobre afloramientos de piedra caliza.* P (*Galdames et al. 6226*, MO). 0-700 m. (Mesoamérica, Colombia, Venezuela, Antillas).

Aunque también atribuida a las Guayanas, el único ejemplar que se ha estudiado probablemente representa otra especie.

2. **Haptanthus** Goldberg & C. Nelson

Por G. Davidse.

Árboles, monoicos, completamente glabros. Hojas opuestas, enteras, coriáceas. Inflorescencias axilares, cimosas, bracteadas, generalmente 1 por la axila, algunas veces 2, consistiendo de 1(2) flor(es) pistiladas centrales y generalmente 2(3) ramas basales de 4-6 flores estaminadas cada una, estas frecuentemente dispuestas en pares opuestos o casi opuestos, algunas veces con 1(2) ramas adicionales de inflorescencias estaminadas laterales en los nudos más altos del raquis, el raquis pistilado con 1-3 entrenudos, todas las flores abrazadas por una o más bractéolas. Flores sin perianto. Flores estaminadas pediceladas, con 2 estambres sésiles aparentemente unidos en sus márgenes cuando jóvenes, cada antera introrsa con 2 tecas 2-loculares internas, las tecas y los márgenes de las anteras longitudinalmente dehiscentes en la antesis, la base y el ápice permaneciendo unidos, los pedicelos aplanados. Flores pistiladas 3-carpelares; pistilo estipitado con 3 estigmas sésiles grandes, amarillos; ovario con 3 placentas parietales, cada una con 8-15 óvulos en 2 hileras. Frutos desconocidos. 1 sp. en Honduras, endémica.

Debido a que su fruto y el tipo de semilla son desconocidos, y a lo inusual de la flor y la estructura de la inflorescencia, *Haptanthus* no fue inicialmente asignado a una familia (Goldberg & Nelson, 1989); sin embargo, posteriormente fue ubicado en su propia familia, Haptanthaceae (Nelson, 2001 [2002]). El reciente descubrimiento de plantas vivas (Shipunov, 2010) facilitó el análisis molecular, el cual proporcionó evidencia firme para ser tratado mejor dentro de las Buxaceae (Shipunov & Shipunova, 2011).

La interpretación de las flores estaminadas es particularmente polémica. Véase Goldberg & Nelson (1989), Goldberg & Alden (2005) y Doust & Stevens (2005) para diferentes puntos de vista.

Bibliografía: Doust, A.N.L. & Stevens, P.F. *Syst. Bot.* 30: 779-785 (2005). Goldberg, A. & Alden, H.A. *Syst. Bot.* 30: 773-778 (2005). Goldberg, A. & Nelson, C.H. *Syst. Bot.* 14: 16-19 (1989). Nelson, C.H. *Ceiba* 42: 1-71 (2001 [2002]). Shipunov, A.B. http://herba.msu.ru /shipunov/ang/haptanthus/index.htm (2010). Shipunov, A.B. & Shipunova, E. *Amer. J. Bot.* 98: 761-763 (2011).

1. Haptanthus hazlettii Goldberg & C. Nelson, *Syst. Bot.* 14: 16 (1989). Isotipo: Honduras, *Hazlett 3383* (MO!). Ilustr.: Goldberg & Nelson, *Syst. Bot.* 14: 17, t. 1 (1989).

Árboles hasta 5 m; tronco gris, liso. Hojas generalmente dísticas, sin puntos glandulosos; láminas 10-13.5 × 4.1-5.6 cm, elípticas, oscuras, verde brillante en el haz, más claras en el envés, la base redondeada, el ápice subacuminado, pinnatinervias, las venas elevadas en el envés, la vena media la más fuerte, 6 o 7 venas secundarias a cada lado, anastomosadas hacia el margen de las hojas, las venas terciarias anastomosadas irregularmente; pecíolo 7-8 × c. 1 mm, angostamente sulcado por encima. Inflorescencias 1.5-3.5 cm; pedúnculo de la parte estaminada de la inflorescencia 6-7 mm, el entrenudo entre las flores estaminadas 1-3 mm, rara vez con 2 flores en el mismo nudo con los pedicelos luego connatos por c. 3/4 mm. Flores amarillo-verdosas cuando jóvenes, amarillo más oscuro cuando viejas. Flores estaminadas con los pedicelos 2-5 × 1-1.5 mm, cada flor abrazada por una bractéola deltoide de 0.5-1 mm; anteras 2-2.5 × 1.3-1.5 mm, el ápice en general agudo. Flores pistiladas 5-7 mm, cada flor abrazada por 2 pares de bractéolas decusadas anchamente triangulares de 0.3-0.5 mm, el estípite 3-5 mm; ovario 1-locular, las placentas 3, parietales; óvulos 8-15 por placenta, bitégmicos, en 2 hileras, ascendentes, el funículo corto; estilo ausente, los estigmas c. 4 × 1 mm, arqueados, dorsalmente receptivos. Frutos desconocidos. *Bosques lluviosos.* H (*Hazlett 3383*, TEFH). c. 300 m. (Endémica).

Haptanthus hazlettii se conoce solo de una localidad que está bajo constante riesgo de alteración y destrucción.

3. **Sarcococca** Lindl.

Por G. Davidse & A. Floden.

Arbustos o árboles pequeños, monoicos. Hojas alternas, cortamente pecioladas, coriáceas, pinnatinervias o 3-nervias. Inflorescencias (Mesoamérica) terminales y axilares, cimosas, aglomeradas en la porción distal que sostiene las flores, las inflorescencias estaminadas y pistiladas en diferentes axilas, o las flores pistiladas y estaminadas en la misma inflorescencia (Mesoamérica). Flores con 4 tépalos, 2-seriadas; flores del disco ausentes. Flores estaminadas con 4 estambres opuestos a los tépalos; estambres separados, exertos, con los filamentos aplanados bien desarrollados, las anteras dorsifijas cerca de la base, oblongas; pistilodio inconspicuo. Flores pistiladas con 4 (Mesoamérica) o 6 tépalos; ovario 2- o 3-locular; estilos 2 (Mesoamérica) o 3; óvulos 2 en cada lóculo. Fruto más o menos drupáceo, ovoide o globoso, escasamente corniculado, indehiscente; semillas generalmente solitarias y subglobosas. 12 spp., Mesoamérica, sureste de Asia; 1 sp. en Mesoamérica.

La única especie de *Sarcococca* de México y Mesoamérica se ha recuperado como hermana de *Pachysandra* Michx. y *Styloceras* Kunth ex A. Juss. o como una rama larga en la base del clado de especies asiáticas de *Sarcococca* (González Gutiérrez, 2014; Shipunov et al., 2020). Aunque los resultados moleculares son equívocos, *S. conzattii* tiene una flor femenina terminal como *Buxus*, tiene bractéolas y tépalos bien desarrollados, y la morfología y estructura del fruto son distintas a las de *Sarcococca* asiáticas (Shipunov et al., 2020).

Bibliografía: González Gutiérrez, P.A. *Evol. Biogeo.* Buxus. Unpublished Ph.D. dissertation, Freie Univ. Berlin, Berlin: i-xvi, 1-180 (2014). Köhler, E. *Fam. Gen. Vasc. Pl.* 9: 40-47 (2007). Shipunov, A.B. et al. *bioRxiv* https://doi.org/10.1101/2020.08.03.235267 (2020).

1. Sarcococca conzattii (Standl.) I.M. Johnst., *J. Arnold Arbor.* 20: 240 (1939). *Buxus conzattii* Standl., *Publ. Field Mus. Nat. Hist., Bot. Ser.* 11: 163 (1936). Holotipo: México, Oaxaca, *Conzatti 2508* (F!). Ilustr.: no se encontró.

Sarcococca guatemalensis I.M. Johnst.

Arbustos o árboles pequeños, 1.5-6 m, glabros excepto por los tépalos ciliados; ramas angulosas. Hojas 5-10 × 1.5-4.5 cm, lanceoladas a elípticas, coriáceas, el ápice agudo a acuminado, la base aguda a obtusa, de color verde oliva cuando secas, muy brillantes en el haz, más pálidas en el envés, las venas secundarias 8-10; pecíolo 5-10 mm, anchamente sulcado por encima. Inflorescencias bracteadas, algunas veces no ramificadas y reducidas a un solo agregado de flores, pedunculadas, densamente congestas en las puntas de las ramas floríferas con 5-15 flores; pedúnculo anguloso, las brácteas 1-8 mm, anchamente triangulares a linear-lanceoladas, con 1 o 2 flores pistiladas más distales, todas las flores inferiores estaminadas. Flores estaminadas con los pedicelos ausentes o hasta c. 3 mm; tépalos 3-4 mm, ciliolados, los 2 externos carinados; filamentos 3-6 mm, blancos; anteras 1-2.5 × c. 1 mm, introrsas, pero curvadas hacia arriba en la antesis, diminutamente puberulentas en la superficie externa; pistilodio presente. Flores pistiladas 1 o 2 en las ramas superiores de la inflorescencia, algunas veces ninguna en las ramas inferiores; pedicelos 1-5 mm; brácteas 1-2 mm, triangulares, acuminadas; tépalos 4, ciliolados; estilos 2. Frutos 8 mm o mayores, brevemente estipitados, blancos, ovoides; semillas pardusco-negras. *Bosques de* Pinus-Quercus, *bosques de* Quercus, *bosques de ciprés*. G (*Harmon 2225*, MO). 2000-2300 m. (México [Oaxaca], Mesoamérica).

63. DILLENIACEAE

Descripción de la familia y clave genérica por G. Aymard Corredor & C.A. Todzia.

Bejucos o lianas leñosas gruesas de hasta 40 cm en circunferencia, trepadoras, arbustos escandentes o árboles pequeños con ramas tortuosas (*Curatella*). Tallos con los haces vasculares generalmente arreglados en bandas o anillos concéntricos, los cuales se encuentran separados por abundante parénquima (*Doliocarpus*, *Neodillenia* Aymard, *Pinzona*, y algunas especies de *Davilla* y *Tetracera*). Hojas alternas, rara vez opuestas, simples, los márgenes enteros, crenados, sinuados o dentados, generalmente con numerosas venas secundarias paralelas, con frecuencia coriáceas y escabrosas, glabras o pelosas con tricomas esclerificados o silicificados (*Curatella*), simples o fasciculados (*Tetracera*); estípulas generalmente ausentes o pronto caducas, a veces aladas y adnadas al pecíolo. Inflorescencias axilares o ramifloras, cimosas, racemosas o las flores solitarias. Flores bisexuales o polígamas (plantas androdioicas, individuos con flores masculinas y con flores bisexuales, en las especies neotropicales de *Tetracera*), hipóginas; sépalos 2-7(-14), con frecuencia 5, persistentes, generalmente imbricados en espiral en la base, los 2 internos más largos que los externos (*Davilla*, *Neodillenia*), crustáceos en la madurez (*Davilla*); pétalos 2-7, libres o connados en la base, imbricados, frecuentemente arrugados en el botón, deciduos, blancos o amarillos, delgados y delicados; estambres generalmente numerosos (20-700), centrífugos, libres, persistentes, las anteras abriéndose por hendiduras longitudinales o poros apicales, el conectivo engrosado (en casi todas las especies de *Doliocarpus*); carpelos 1-20, libres o connados a lo largo del lado ventral; estilo generalmente delgado y alargado, con estigma terminal frecuentemente capitado; óvulos 1-muchos en cada carpelo. Fruto un folículo, una cápsula o abayado e irregularmente indehiscente (*Doliocarpus*), o seco y dehiscente, o como en *Dillenia*, indehiscente y luego incluido en un cáliz más o menos carnoso, algunas veces rodeado de 2 sépalos acrescentes (*Davilla*) o con todos los sépalos (*Neodillenia*); semillas ariladas, el arilo entero o profundamente lacerado (*Tetracera*); endospermo copioso, carnoso. 12 gen., c. 300 spp., generalmente en regiones tropicales y subtropicales, especialmente Australasia; 6 gen. y 22 spp. en Mesoamérica.

Bibliografía: Aymard Corredor, G.A. *Fl. Venez. Guayana* 4: 671-685 (1998); *Harvard Pap. Bot.* 22: 77-80 (2017). *Fl. Ecuador* 97: 3-33 (2020). Aymard Corredor, G.A. & Kelloff, C.L. *Fl. Guianas, ser. A, Phanerog.* 31: 1-40 (2016). Correa A., M.D et al. *Cat. Pl. Vasc. Panamá* 1-599 (2004). González, J. *Monogr. Syst. Bot. Missouri Bot. Gard.* 119: 203-212 (2010). Horn, J.W. *Fam. Gen. Vasc. Pl.* 9: 132-154 (2006). Kubitzki, K. *Mitt. Bot. Staatssamml. München* 9: 1-105 (1971).

1. Plantas cultivadas, árboles; flores 7-20 cm de ancho. **3. Dillenia**
1. Plantas nativas; generalmente bejucos o arbustos escandentes, rara vez árboles (*Curatella*); flores 0.3-1.5 cm de ancho.
 2. Plantas androdioicas (flores masculinas y bisexuales); frutos folículos; carpelos piriformes, 1-5, los óvulos varios por carpelo; semillas con el arilo lacerado. **6. Tetracera**
 2. Plantas bisexuales; frutos bayas o cápsulas, carpelos globosos, 1 o 2, los óvulos 2 por carpelo; semillas con el arilo entero.
  3. Sépalos desiguales, los 2 internos más grandes y encerrando el fruto; fruto con 1 semilla (en Mesoamérica). **2. Davilla**
  3. Sépalos casi iguales, no encerrando al fruto; fruto con 1 o 2 semillas por carpelo.
   4. Árboles pequeños o arbustos; hojas estrellado-pubescentes en ambas superficies, escabrosas. **1. Curatella**
   4. Bejucos; hojas glabras o pubescentes con tricomas simples, lisas.
    5. Hojas agudas a acuminadas en el ápice, lanceoladas, elípticas, obovadas, dentadas, sinuadas o crenadas; carpelo y estilo 1; fruto una baya irregularmente indehiscente; arilo blanco. **4. Doliocarpus**
    5. Hojas redondeadas en el ápice, suborbicular-ovadas, obovadas, enteras o gruesamente onduladas; carpelos y estilos 2; fruto una cápsula dídima; arilo anaranjado. **5. Pinzona**

1. Curatella Loefl.

Por C.A. Todzia.

Árboles pequeños o arbustos; tronco corto y ramas tortuosas, con pubescencia áspera y tosca. Hojas alternas, coriáceas, escabrosas, pelosas con tricomas estrellados, incrustados con sílice, pinnatinervias. Inflorescencias axilares, paniculadas, con muchas flores; flores bisexuales, actinomorfas, pequeñas, blancas; sépalos 3 o 5, patentes, persistentes; pétalos 3(4), caducos; estambres numerosos; anteras oblongas, dehiscentes longitudinalmente; carpelos generalmente 2, globosos, connados ventralmente desde la base hasta la mitad del ovario, 1-locular; óvulos 2, erectos, basales; estilos filiformes; estigmas capitados. Frutos capsulares, generalmente 2-lobados, globosos, parcialmente connados hasta la base; semillas (1)2 por carpelo, lisas, casi completamente envueltas por el arilo membranáceo. Género monoespecífico de América tropical.

1. Curatella americana L., *Syst. Nat., ed. 10* 2: 1079 (1759). Neotipo (designado por Todzia & Barrie, 1991): Venezuela, *Williams & Alston 97* (LL!). Ilustr.: Gallardo-Hernández, *Fl. Veracruz* 134: 7, t. 1 (2004).
Curatella americana L. var. *pentagyna* Donn. Sm.

Plantas hasta 10 m; tallos torulosos, con epidermis escamosa grisácea a rojiza. Hojas 8-20(-35) × 5-10(-15) cm, ovadas a elípticas, la nervadura craspedódroma con 10-22 pares de venas secundarias, escabrosas y escasamente pilosas en el haz, escasa a densamente pilosas en el envés con tricomas estrellados, la base decurrente, el ápice redondeado, los márgenes irregulares y escasamente ondulados; pecíolo corto. Inflorescencias en racimos o panículas axilares, a veces terminales, 5-12 cm. Flores 7-12 mm de ancho, pediceladas; sépalos, 4-7 mm, obovados, pelosos; pétalos 5-7 mm, obovados, blancos a rosados; estambres c. 80, dilatados en el ápice. Cápsulas 4-6 mm, coriáceas, pelosas; semillas c. 4 mm, obovadas, negras, lustrosas, el arilo blanco, casi envolviendo a la semilla al madurar. *Bosques secundarios, sabanas*. T (*Ventura 20628*, MO); Ch (*Breedlove 26678*, MO); Y (Villaseñor Ríos, 2016: 720); C (*Chan 4702*, MO); QR (Villaseñor Ríos, 2016: 720); B (*Davidse & Brant 32744*, MO); G (*Contreras 9786*, MO); H (*Williams & Molina R. 10666*, MO); ES (*Davidse et al. 37132*, MO); N (*Stevens 7612*, MO); CR (*Liesner & Lockwood 2434A*, MO); P (*Nee 10787*, MO). 0-900 m. (México [Colima, Edo. México, Guerrero, Hidalgo, Jalisco, Michoacán, Nayarit, Oaxaca, Puebla, Sinaloa, Veracruz], Mesoamérica, Colombia, Venezuela, Guayanas, Perú, Bolivia, Brasil, Paraguay, Antillas).

Kubitzki (1971) señaló que no encontró en el herbario Linneano el material original de *Curatella* recolectado por P. Loefling en la Orinoquía venezolana.

2. Davilla Vand.

Por G. Aymard Corredor & C.A. Todzia.

Arbustos trepadores pequeños o bejucos leñosos. Hojas pecioladas, aladas a angostamente aladas, con frecuencia escabrosas, glabras, pubescentes solo con tricomas simples. Inflorescencias panículas terminales o axilares en los nudos de las hojas más distales. Flores bisexuales, actinomorfas, amarillas; sépalos 5, desiguales, los 2 internos mayores, muy cóncavos, acrescentes, volviéndose coriáceos y encerrando al fruto en la madurez, simulando una cápsula globosa; pétalos 3-6, obovados, deciduos; estambres 30-700; carpelos 1 o 2, libres, 1-loculares; óvulos 2, erectos, basales; estilos claviformes, sublaterales; estigmas peltados, emarginados. Frutos globosos, indehiscentes o abriéndose irregularmente; semilla 1, lisa, con el arilo envolviendo completamente a la semilla al madurar. Aprox. 40 spp., desde México hasta Paraguay, Antillas; 3 spp. en Mesoamérica.

1. Hojas brillantes en el haz, glabras o escasamente pilosas en el envés, la venación eucamptódroma (las venas secundarias disminuyendo en tamaño cerca del margen, se conectan sin la formación de arcos conspicuos); raquis de las inflorescencias y sépalos internos por fuera glabros o laxamente pilosos. **2. D. nitida**
1. Hojas opacas en el haz, pubescentes en el envés, la venación broquidódroma (las venas secundarias formando curvas, uniéndose a otras venas secundarias antes de llegar al margen), rara vez craspedódroma (las venas secundarias terminando en el margen); raquis de las inflorescencias y sépalos internos por fuera pubescentes.
   2. Hojas coriáceas, escabrosas en el haz; vena media en el envés, raquis de las inflorescencias y pedicelos con pubescencia adpresa blanca; estambres 50-70. **1. D. kunthii**
   2. Hojas cartáceas o subcoriáceas, no escabrosas en el haz; vena media en el envés, raquis de las inflorescencias y pedicelos con pubescencia de tricomas patentes, ferrugíneos; estambres 38-50. **3a. D. rugosa** var. **rugosa**

1. Davilla kunthii A. St.-Hil., *Pl. Usuel. Bras.* sub t. 22 (1824 [1825]). Holotipo: Venezuela, *Humboldt & Bonpland 252* (P-JU). Ilustr.: Gallardo-Hernández, *Fl. Veracruz* 134: 11, t. 2 (2004).

Davilla lucida C. Presl, *D. ovata* C. Presl.

Bejucos o árboles pequeños, con corteza exfoliante; ramas jóvenes escasamente estrigosas. Hojas 6-18 × 3-8 cm, elípticas a suborbiculares, la nervadura broquidódroma, con 10-29 pares de venas secundarias prominentes, escabrosas en el haz, suavemente vellosas en el envés, coriáceas, la base redondeada a cuneada, los márgenes dentados, pero frecuentemente revolutos, el ápice obtuso a cortamente acuminado; pecíolo 1-3 cm. Inflorescencias terminales o axilares; panículas 6-15 cm, ferrugíneo-vellosas. Flores 8-15 mm de ancho; sépalos internos anchamente ovados a redondeados, densamente hirsutos, anaranjados; pétalos 6-9 mm, obovados, amarillos; estambres 50-85; carpelo 1, glabro; semilla 3-4 mm. *Bosques premontanos húmedos, sabanas, bosques alterados húmedos, bosques de galería.* T (*Cowan 1998*, MO); Ch (*Breedlove & Almeda 57804*, MO); C (*Martínez S. et al. 28123*, MO); QR (*Cabrera & Cabrera 4176*, MO); B (*Davidse & Brant 32455*, MO); G (*Contreras 6848*, MO); H (*Saunders 152*, MO); N (*Stevens 7914*, MO); CR (*Davidse & Herrera 26299*, MO); P (*Nee 9134*, MO). 0-1200 m. (México [Colima, Jalisco, Michoacán, Oaxaca, Puebla, Veracruz], Mesoamérica, Colombia, Venezuela, Guayanas, Ecuador, Perú, Bolivia, Brasil, Trinidad).

2. Davilla nitida (Vahl) Kubitzki, *Mitt. Bot. Staatssamml. München* 9: 95 (1971). *Tetracera nitida* Vahl, *Symb. Bot.* 3: 70 (1794). Holotipo: Guayana Francesa, *Rohr s.n.* (C). Ilustr.: Standley & Williams, *Fieldiana, Bot.* 24(7/1): 5, t. 1 (1961), como *D. aspera* var. *matudae*.

Davilla aspera (Aubl.) Benoist var. *matudae* (Lundell) L.O. Williams, *D. matudae* Lundell, *D. multiflora* (DC.) A. St.-Hil., *Tetracera multiflora* DC.

Bejucos con corteza exfoliante; ramas jóvenes glabras. Hojas 5-18 × 3-8(-9) cm, elípticas, oblongas a lanceoladas la venación eucamptódroma con 6-13(-17) venas secundarias, glabras, lisas a escasamente escabrosas en el haz, glabras o escasamente pilosas en el envés (solo a lo largo de las venas), coriáceas, la base atenuada a redondeada, algunas veces oblicua, los márgenes enteros a dentados, el ápice redondeado, agudo o apiculado; pecíolo 1-3 cm. Inflorescencias 7-20 cm, terminales o axilares, escasamente pelosas. Flores 7-12 mm de ancho; sépalos internos anchamente ovados, glabros, anaranjados; pétalos 4-6 mm, obovados; estambres 40-50; carpelo 1, glabro; semillas 2.5-4 mm, con arilo blanco. *Bosques alterados, orillas de caminos, bosques de galería.* Ch (*Breedlove & Smith 21834*, MO); B (*Gentry 8236*, MO); G (*Contreras 9345A*, MO); N (*Stevens 19974*, MO); CR (*Hammel 11454*, MO); P (*McPherson 6951*, MO). 0-800 m. (México [Veracruz], Mesoamérica, Colombia, Venezuela, Guayanas, Ecuador, Perú, Bolivia, Brasil, Cuba, Jamaica).

3. Davilla rugosa Poir., *Encycl. Suppl.* 2: 457 (1811 [1812]). Holotipo: Brasil, *Dombey s.n.* (P-JU). Ilustr.: no se encontró.

Solo *Davilla rugosa* var. *rugosa* se encuentra en Mesoamérica; *D. rugosa* var. *riedelii* Eichler está restringida a Brasil (Mato Grosso).

3a. Davilla rugosa Poir. var **rugosa**.

Bejucos o arbustos sarmentosos con corteza exfoliante; ramas jóvenes híspido-ferrugíneas, glabrescentes en la madurez. Hojas (4.5-) 9.5-11 × 4-6.5 cm, elípticas, oblongas u ovadas, la venación broquidódroma, rara vez craspedódroma, con 6-16(-18) pares de venas secundarias, glabras y lisas en el haz, ferrugíneo-pilosas en el envés, con tricomas patentes, la pubescencia más evidente a lo largo de las venas, cartáceas o subcoriáceas la base obtusa o aguda, los márgenes enteros o a rara vez serrulados, subrevolutos, el ápice acuminado hasta obtuso; pecíolo 1-1.2(-1.7) cm. Inflorescencias 5-20 cm, terminales o axilares, ferrugíneo-vellosas. Flores 7-12 mm de ancho; sépalos internos elípticos o subobovados, pilosos por fuera, anaranjados; pétalos 3-5 mm, obovados; estambres 30-70; carpelo 1, glabro; semillas c. 3 mm, con arilo blanco. *Bosques alterados y orillas de caminos, bosques de galería.* B (*Gentle 3101*, US); G (*Díaz 666*, MO); H (*Standley 53089*, US); CR (*Aguilar et al. 870*, MO); P (*Piper 5793*, US). 200-800 m. (Mesoamérica, Colombia, Venezuela, Guayanas, Ecuador, Perú, Bolivia, Brasil, Cuba).

3. Dillenia L.

Por C.A. Todzia.

Árboles o arbustos. Hojas dispuestas en espiral, pinnatinervias, enteras o dentadas; pecíolo angosto a anchamente alado. Inflorescencias racemosas o las flores solitarias, ya sea axilares o terminales. Flores bisexuales, pediceladas; sépalos generalmente 5, libres, imbricados, persistentes; pétalos generalmente 5, caducos; estambres numerosos, todos de casi la misma longitud o en 2 grupos más o menos notablemente separados de diferentes longitudes; anteras lineares, abriéndose por hendiduras longitudinales o poros apicales; carpelos 4-20, dispuestos en un verticilo alrededor de la parte ancha a angostamente cónica sobresaliente del receptáculo, generalmente libres; óvulos 4-80 por carpelo. Frutos consistiendo de gineceo y cáliz, dehiscentes; carpelos patentes; semillas ariladas. Aprox. 60 spp., en Madagascar hasta las Islas Fuji, Australia; 2 spp. introducidas en Mesoamérica.

Bibliografía: Hoogland, R.D. *Blumea* 7: 1-145 (1952).

1. Hojas con 30-40 pares de venas secundarias; flores solitarias, 10-20 cm de ancho; pétalos 7-9 cm; frutos 8-10 cm de diámetro. **1. D. indica**
1. Hojas con 8-17 pares de venas secundarias; flores en racimos de pocas flores, 7-9 cm de ancho; pétalos 3-5 cm; frutos 2-2.5 cm de diámetro. **2. D. suffruticosa**

1. Dillenia indica L., *Sp. Pl.* 535 (1753). Lectotipo (designado por Hoogland, 1952): Rheede, *Hort. Malab.* 3: t. 38-39 (1682). Ilustr.: Rheede, *Hort. Malab.* 3: t. 38-39 (1682).

Árboles perennifolios hasta 30 m; tronco levemente sulcado y con numerosos nudos; ramas jóvenes vellosas. Hojas 10-35 × 5-15 cm, oblongas, con 30-40 pares de venas secundarias, el ápice agudo a acuminado, la base redondeada a atenuada, el margen dentado con las venas terminando en el ápice de los dientes, lisas, estrigosas a lo largo de las venas en el envés; pecíolo 2.5-10 cm, glabro a escasamente estrigoso. Flores 10-20 cm de ancho, solitarias, terminales; pedicelos 4-8 cm; sépalos 5, en flores abiertas formando un cáliz ciatiforme, verde-amarillento; estilos c. 2.5 cm. Frutos indehiscentes, globosos, 8-10 cm de diámetro, verde-amarillento. *Cultivada en áreas húmedas a estacionalmente secas*. H (*Sierra 69*, MO); N (*Araquistain 3498*, MO); CR (*Stevens 13591*, MO); P (*Croat 5920*, MO). 0-1000 m. (Nativa de Sumatra, Java, Borneo, India a China; ampliamente cultivada).

2. Dillenia suffruticosa (Griff. ex Hook. f. & Thomson) Martelli, *Malesia* 3: 163 (1886-1890 [1887]). *Wormia suffruticosa* Griff. ex Hook. f. & Thomson, *Fl. Brit. India* 1: 35 (1872), nom. cons. Tipo cons.: Malasia, *Griffith 55* (K-[cb] K000687377). Ilustr.: Endress, *Pl. Syst. Evol.* 206: 101, t. 1A-B (1997).

Árboles o arbustos 2.5-10 m; ramas jóvenes escasamente pelosas. Hojas 12-30(-50) × 5.5-18 cm, obovadas a anchamente elípticas, el ápice redondeado a agudo, la base decurrente a lo largo del pecíolo, con 8-17 pares de venas secundarias extendidas hasta el margen, lisas, glabras en el envés, estrigosas a lo largo de la vena media y en las axilas de las venas secundarias, gruesamente dentadas; pecíolo 2-3 cm, escasamente estrigoso, anchamente alado. Inflorescencias 10-20 cm, los racimos laxos, con 4-8 flores. Flores 7-9 cm de ancho; sépalos 1-1.5 cm, elípticos a ovados, glabros; pétalos 3-5 cm, amarillos, delgados, glabros; estambres c. 60; carpelos 6-8, glabros, cada uno con 1-4 óvulos; estilos c. 1 cm. Frutos 2-2.5 cm, dehiscentes, casi aplanados al abrirse, rojos; semillas obovoides, envueltas por un arilo membranáceo rojo escarlata. *Cultivada*. H (*Meyer 9946*, MO); ES (*Berendsohn & Berendsohn WB 0030*, MO); CR (*Solomon 19146*, MO); P (*Schmalzel 270*, MO). 0-1100 m. (Nativa de Indo-Malasia; ampliamente cultivada en los trópicos).

4. Doliocarpus Rol.

Por G. Aymard Corredor & C.A. Todzia.

Bejucos leñosos, trepadoras o arbustos escandentes o sarmentosos. Hojas lisas, glabras o pubescencia solo de tricomas simples, los márgenes dentados, sinuados, enteros a subenteros; pecíolo angostamente alado o subalado. Inflorescencias axilares, ramifloras o caulifloras, con muchas flores, paniculadas o fasciculadas o aglomeradas. Flores bisexuales, actinomorfas; sépalos (3-)5 o 6, desiguales, persistentes; pétalos (2)3 o 4(-6), obovados, caducos; estambres 20-100, los filamentos filiformes, las anteras pequeñas, longitudinalmente indehiscentes; carpelo 1, 1-locular; óvulos 1 o 2, anátropos; estilo terminal, filiforme, el estigma peltado. Fruto abayado, dehiscente o irregularmente indehiscente, globoso; semillas 1 o 2, ariladas, el arilo blanco, cubriendo completamente a la semilla. Aprox. 40 spp., en México, Mesoamérica, Colombia, Venezuela, Ecuador, Perú, Bolivia, Brasil, Paraguay, Antillas, principalmente Brasil; 9 spp. en Mesoamérica.

1. Venas terciarias reticuladas, las hojas con verrugas en el envés.
  2. Hojas punteadas, las venas secundarias arqueadas, juntándose cerca del margen; sépalos adpreso-pilosos por fuera; frutos 1-1.3 cm de diámetro, con tricomas estrigosos menos de 0.5 mm. **6. D. major**
  2. Hojas no punteadas, las venas secundarias rectas, terminando en el margen; sépalos glabros por fuera; frutos 1.5-2 cm de diámetro, con tricomas estrigosos 1-2 mm. **8. D. olivaceus**
1. Venas terciarias subparalelas, las hojas sin verrugas en el envés.
  3. Flores y frutos sésiles o subsésiles sobre pedúnculos de 0.5-6 mm; plantas poco abundantes.
    4. Hojas 6-15 cm, glabras, las venas terciarias no elevadas en el envés. **1. D. brevipedicellatus**
    4. Hojas 12-30 cm, pilosas, las venas terciarias elevadas en el envés.
      5. Hojas oblongas, oblongo-obovadas, con areolas en el envés, la base redondeada; sépalos obovado-elípticos, laxo seríceos por dentro; frutos c. 9 mm de diámetro, densamente adpresos pubescentes, los tricomas amarillos. **3. D. dressleri**
      5. Hojas obovadas u oblanceolado-elípticas, sin areolas en el envés, la base atenuada; sépalos ovados a obovados, glabros por dentro; frutos 1-1.5 cm de diámetro, con pubescencia escasa, adpresa, los tricomas blancos. **4. D. foreroi**
  3. Flores y frutos sobre pedúnculos 3-30 mm; plantas comunes.
    6. Inflorescencia racemosas, pedúnculos con 2-10 flores. **7. D. multiflorus**
    6. Inflorescencias fascículos, pedúnculos en general con 1 sola flor.
      7. Sépalos laxamente pubescentes hasta glabrescentes por fuera; carpelos glabros; frutos glabros. **2a. D. dentatus subsp. dentatus**
      7. Sépalos densamente pubescentes por fuera; carpelos pilosos; frutos densamente pubescentes por fuera.
        8. Márgenes de las hojas dentados o sinuado-crenados; pecíolos 1-2.5 cm; sépalos glabros por dentro. **5. D. hispidus**
        8. Márgenes de las hojas enteros o subsinuados; pecíolos 3-4.5 cm; sépalos pubescentes por dentro. **9. D. robustus**

1. Doliocarpus brevipedicellatus Garcke, *Linnaea* 22: 47 (1849). Holotipo: Surinam, *Kegel 1186* (GOET). Ilustr.: Aymard Corredor & Kelloff, *Fl. Guianas, ser. A, Phanerog.* 31: 16, t. 3 (2016).

Bejucos; ramas jóvenes glabras. Hojas 6-15 × 2.5-7 cm, lanceoladas a elípticas, el ápice acuminado, la base atenuada, con 6-9 pares de venas secundarias, las venas terciarias no elevadas, lisas, estrigosas en el envés a lo largo de las venas, los márgenes gruesamente dentados a lo largo de la mitad distal; pecíolo 0.5-1 cm, estrigoso, muy angostamente alado. Inflorescencias 0.5-1 cm, fascículos de racimos con 2-4 flores densamente compactadas, o las flores solitarias; pedúnculos 0.1-0.3 cm, escasamente pilosos; flores 3-5 mm de ancho; sépalos desiguales, los externos 1.5-2 mm, los internos 3-3.5 mm, ovado-elípticos, escasamente pilosos por fuera, glabros por dentro; pétalos 2-3 mm, blancos; estambres 30-40; carpelo 1, glabro, el estilo c. 1 mm. Frutos 5-6 mm de diámetro, glabros, rojos, dehiscentes; semilla 1. *Bosques húmedos de tierras bajas*. N (*Sandino 4886*, MO); CR (*Quesada 422*, MO); P (*Steyermark & Allen 16756A*, MO). 200-1150 m. (Mesoamérica, Venezuela, Surinam, Bolivia, Brasil, Antillas).

2. Doliocarpus dentatus (Aubl.) Standl., *J. Washington Acad. Sci.* 15: 286 (1925). *Tigarea dentata* Aubl., *Hist. Pl. Guiane* 2: 920 (1775). Holotipo: Guayana Francesa, *Aublet s.n.* (BM). Ilustr.: Standley & Williams, *Fieldiana, Bot.* 24(7/1): 8, t. 2 (1961).

Consiste de 7 subespecies, solo la típica se encuentra en Mesoamérica mientras que las otras 6 se encuentran en Sudamérica.

2a. Doliocarpus dentatus (Aubl.) Standl. subsp. **dentatus**.

Bejucos; ramas jóvenes glabras, frecuentemente con corteza exfoliante blanco-grisácea. Hojas 6-24 × 3-10 cm, lanceoladas a elípticas, el ápice acuminado, la base atenuada, con 11-18 pares de venas secundarias, terminando en los márgenes en un diente afilado, lisas en el haz y el envés, vellosas en el envés a lo largo de las venas, los márgenes gruesamente dentados, no punteadas; pecíolo 1-2.5 cm, velloso, muy angostamente alado. Inflorescencias axilares, fasciculadas con 10-30 flores; pedúnculos 1-2.5 cm, escasamente estrigosos; flores 0.7-1.2 cm de ancho; sépalos desiguales, 2-5 mm, elípticos a obovados, pelosos por fuera, glabros por dentro; pétalos c. 4 mm, obovados, blancos, deciduos; estambres 25-35; carpelo 1, glabro; estilo c. 1 mm. Frutos 0.5-0.9 cm de diámetro, globosos, rojos; semilla 1, negra. *Bosques pantanosos, bosques perennifolios y semideciduos, áreas alteradas*. T (*Ventura 19962*, MO); Ch (*Breedlove & Almeda 57912*, MO); C (Villaseñor Ríos, 2016: 720); QR (Villaseñor Ríos, 2016: 720); B (*Gentle 3910*, MO); G (*Contreras 6096*, MO); ES (*Carballo et al. 1058*, MO); N (*Stevens 8052*, MO); CR (*Gómez et al. 20779*, MO); P (*Foster 1470*, MO). 0-1000 m. (México [Oaxaca, Puebla, Veracruz], Mesoamérica, Colombia, Venezuela, Guayanas, Ecuador, Perú, Bolivia, Brasil, Paraguay, Cuba, Trinidad y Tobago).

3. Doliocarpus dressleri Aymard, *Novon* 3: 317 (1993). Holotipo: Panamá, *Dressler 3468* (MO!). Ilustr.: no se encontró.

Bejucos leñosos; ramas grisáceas, glabras. Hojas c. 22 × 13 cm, cartáceas a subcoriáceas, oblongo-obovadas, glabras en el haz, pilosas en el envés, principalmente en la vena media y venas secundarias, la nervadura terciaria reticulada, areolada en el envés, la base redondeada, los márgenes subcrenados, el ápice obtuso; pecíolo c. 2.8 cm, canaliculado, muy robusto en la base, basalmente adpreso-pubescente. Inflorescencias glomeruladas; pedúnculos 0.4-0.5 cm, no ramificados, densamente adpreso-pubescentes; sépalos 5, 5-8 × 4-6 mm, obovado-elípticos, seríceos por fuera, laxamente seríceos por dentro, principalmente en la parte media; pétalos no vistos; estambres 50-60, los filamentos glabros o pubérulos, las anteras c. 0.5 mm; ovario densamente híspido. Frutos c. 0.9 cm de diámetro, globosos, adpreso-pubescentes. *Bosques muy húmedos*. P (*Dressler 3468*, MO). 700-800 m. (Endémica).

4. Doliocarpus foreroi Aymard, *Anales Jard. Bot. Madrid* 55: 22 (1997). Holotipo: Colombia, *Gentry et al. 47901* (COL!). Ilustr.: Aymard Corredor, *Anales Jard. Bot. Madrid* 55: 23, t. 1 (1997).

Bejucos leñosos; ramas marrón-rojizas, glabras. Hojas 12-30 × 4-14 cm, subcoriáceas, obovadas u oblanceolado-elípticas, glabras en el haz, excepto la vena media, la cual es densamente amarillo-pubescente en las hojas jóvenes hasta laxamente pilosa en las hojas adultas con la pubescencia adpreso-amarilla, las hojas jóvenes en el envés con tricomas 1-2 mm, principalmente en la vena media y las venas secundarias, las hojas adultas glabrescentes, la base atenuada, los márgenes no revolutos, sinuado-dentados, generalmente a partir de 1/3 desde la base, el ápice cuspidado-acuminado; pecíolo 1.5-3 cm, canaliculado, densamente amarillo-pubescentes. Inflorescencias subsésiles, unifloras; pedúnculos menos de 0.1 cm; sépalos (en los frutos jóvenes) 5, 5-8 × 3-6 mm, ovados a obovados, escasamente adpreso-pubescentes por fuera, glabros por dentro; pétalos no vistos; estambres 30-50, unidos basalmente por 4-6 mm. Frutos 1-1.5 cm de diámetro, globosos, con pubescencia escasa, adpresa. *Bosques muy húmedos*. N (*Rueda et al. 4530*, MO); CR (*Hammel et al. 20244*, MO). 50-400 m. (Mesoamérica, Colombia).

5. Doliocarpus hispidus Standl. & L.O. Williams *Fieldiana, Bot.* 29: 350 (1961). Holotipo: Costa Rica, *Allen 5822* (F). Ilustr.: no se encontró.

Bejucos leñosos; ramas grisáceas, glabras, Hojas 10-23 × 4-12 cm, cartáceas a subcoriáceas, anchamente elípticas a obovado-oblongas, glabrescentes en el haz, excepto la vena media la cual es densamente pubescente hacia la base, híspido-pubescentes en el envés, principalmente la vena media y las venas secundarias, con tricomas patentes, c. 1 mm de longitud, la base cuneada, los márgenes sinuado-dentados, generalmente a partir de 1/3 de la base, el ápice apiculado-acuminado; pecíolo c. 1.5 cm, canaliculado, densamente híspido. Inflorescencias fasciculadas, 1-2-flores; pedúnculos c. 1 cm, híspidos; sépalos (en los frutos jóvenes) 4, 5-8 × 3-5 mm, subiguales, anchamente ovados hasta suborbiculares, densamente híspido-pubescentes por fuera, glabros por dentro; pétalos no vistos; estambres numerosos. Frutos c. 1 cm de diámetro, subglobosos, densamente cubiertos por tricomas erectos de color ocre; semillas no vistas. *Bosques muy húmedos*. N (*Rueda et al. 8707*, MO); CR (*Aguilar 550*, CR). 150-600 m. (Mesoamérica, Colombia, Brasil).

Los ejemplares citados de Nicaragua y Costa Rica no se ajustan completamente con el concepto morfológico de *Doliocarpus hispidus*; por lo tanto, estos podrían representar una especie nueva.

6. Doliocarpus major J.F. Gmel., *Syst. Nat.* ed. 13, 2: 805 (1791). Holotipo: Surinam, *Rolander s.n.* (SBT). Ilustr.: no se encontró.

Doliocarpus punctatus Standl.

Bejucos. Hojas 4.5-16(-20) × 2-7 cm, lanceoladas a elípticas, con 6-9 pares de venas secundarias, estas extendiéndose hasta los márgenes, lisas en el haz y el envés, escasamente estrigosas en el envés a lo largo de las venas, punteadas con cristales de sílice, la base atenuada, los márgenes gruesamente dentados, el ápice acuminado; pecíolo 0.2-1.5 cm, estrigoso, muy angostamente alado. Inflorescencias axilares, compuestas de fascículos de 2-14 flores; pedúnculos 0.7-2.5 cm, pelosos. Flores 1-1.5 cm de ancho; sépalos desiguales, obovados o elípticos, los externos 2-3 mm, los internos 4-7 mm, pelosos por fuera, adpreso-pilosos por dentro; pétalos c. 1.5 mm, blancos; estambres 70-80. Fruto 1-1.3 cm de diámetro, subgloboso, peloso con tricomas menos de 0.5 mm, rojos; semillas 1 o 2, negras. *Bosques húmedos perennifolios, bosques estacionalmente semideciduos*. N (*Stevens 4861*, MO); CR (*Liesner 2989*, MO); P (*Mori & Kallunki 1733*, MO). 0-300 m. (Mesoamérica, Colombia, Venezuela, Guayanas, Ecuador, Perú, Bolivia, Brasil).

7. Doliocarpus multiflorus Standl., *J. Washington Acad. Sci.* 15: 285 (1925). Holotipo: Panamá, *Standley 30285* (US). Ilustr.: no se encontró.

Doliocarpus guianensis auct. non (Aubl.) Gilg.

Bejucos; ramas glabras, pardo-rojizas, con corteza exfoliante. Hojas 8-20 × 3-10 cm, elípticas a obovadas, con 6-11 pares de venas secundarias, lisas, adpreso-pilosas sobre las venas en el envés, la base atenuada, el ápice cortamente acuminado; pecíolo 1-3 cm, angostamente alado. Inflorescencias 2-4 cm, axilares, los fascículos de racimos con 2-4 flores, o panículas, escasamente pilosas; flores 0.7-0.9 cm de ancho; pedicelos 2-5 mm; sépalos 4-5, 5-6 mm, oblongos a obovados, escasamente pilosos por fuera, glabros por dentro; pétalos 3-4 mm, blancos; estambres 50-80; carpelo 1, piloso; estilo 1-2 mm. Fruto hasta c. 1.2 cm de diámetro, glabro a escasamente piloso, rojo; semillas 1(2), aplanado-reniformes. *Bosques húmedos tropicales de tierras bajas*. Ch (*Álvarez et al. 3783*, MO); B (*Croat 24826*, MO); H (*Saunders 1006*, MO); N (*Stevens 17737*, MO); CR (*Liesner et al. 15188*, MO); P (*Croat 13488*, MO). 0-900 m. (México [Veracruz], Mesoamérica, Colombia, Venezuela, Ecuador, Perú, Bolivia, Brasil, Cuba).

8. Doliocarpus olivaceus Sprague & R.O. Williams ex Standl., *Contr. U.S. Natl. Herb.* 27: 265 (1928). Lectotipo (designado por Hunter, 1965 [1966]): Panamá, *Maxon & Harvey 6746* (US). Ilustr.: Hunter, *Ann. Missouri Bot. Gard.* 52: 591, t. 4 (1965 [1966]).

Bejucos; ramas jóvenes glabras, las ramas más viejas con corteza exfoliante gris. Hojas 8-13 × 3.5-9 cm, elípticas, lisas, glabras con 7-11 pares de venas secundarias, generalmente recurvadas y enlazadas, la base atenuada, los márgenes inconspicuamente dentados en el 1/4 distal de la hoja, el ápice acuminado; pecíolo 1-2.5 cm, muy angostamente alado, glabro, engrosado y oscurecido en la base. Inflorescencias axilares, compuestas de fascículos de 5-14 flores largamente pedunculadas;

pedúnculos 0.2-0.6(-1.2) cm; flores 0.9-1.3 cm de ancho; sépalos 4-5, 4-6 mm, obovados o elípticos, glabros por fuera, adpreso-pilosos por dentro en la base; pétalos c. 6 mm; estambres 40-50. Frutos 1.5-2 cm, con tricomas estrigosos de 1-2 mm, rojos; semillas 2. *Bosques húmedos perennifolios o semideciduos*. P (*Foster 846*, MO). 0-300 m. (Mesoamérica, Colombia, Ecuador, Perú, Puerto Rico).

9. Doliocarpus robustus (Aymard) Aymard, *Harvard Pap. Bot.* 20: 221 (2015). *Doliocarpus dasyanthus* Kubitzki subsp. *robustus* Aymard, *Novon* 3: 318 (1993). Holotipo: Panamá, *McPherson 11862* (MO!). Ilustr.: no se encontró.

Bejucos leñosos; ramas marrón-rojizas, tomentosas, glabras en la madurez. Hojas 22-28 × 9-15 cm, oblanceoladas, coriáceas, glabras en el haz, excepto la vena media la cual es laxamente pilosa, laxamente pubescentes en el envés, principalmente en la vena media y las venas secundarias, la base cuneada, los márgenes enteros o sinuado-dentados, generalmente a partir de 1/3 de la base, el ápice acuminado; pecíolo 3-5 cm, robusto, acanalado, adpreso-pubescente. Inflorescencias fasciculadas, con 5-8 flores; pedúnculos 0.5-1.5 cm, densamente tomentosos; sépalos 5(6), 8-12 × 4-8 mm, oblongo-elípticos, densamente pubescentes por fuera, laxamente pubescentes por dentro; pétalos no vistos; estambres c. 50; ovario 4-8 mm de longitud, densamente seríceo. Frutos y semillas no vistas. *Bosques muy húmedos*. CR (*Hammel 20632*, MO), P (*McPherson 11862* (MO). 150-350 m. (Mesoamérica, Colombia, Ecuador).

5. Pinzona Mart. & Zucc.

Por G. Aymard Corredor & C.A. Todzia.

Bejucos leñosos, grandes; ramas solo con tricomas simples; tallos más de 30 cm en circunferencia, con haces vasculares generalmente arreglados en bandas o anillos concéntricos separados por abundante parénquima. Hojas alternas, lisas, enteras; pecioladas. Inflorescencias axilares, racemosas o panículas arregladas en racimos; flores bisexuales; sépalos 3 o 4, subiguales; pétalos 3, obovados, subemarginados; estambres numerosos; carpelos 2, glabros, connados ventralmente, 1-loculares; óvulos 2, anátropos; estilos 2, terminales; estigma peltado. Fruto una cápsula dídima; semillas 1 o 2, el arilo completamente rodeando a la semilla. Género monoespecífico, desde Belice hasta Brasil, La Española, Puerto Rico, Guadalupe, Trinidad y Tobago.

1. Pinzona coriacea Mart. & Zucc., *Abh. Math.-Phys. Cl. Königl. Bayer. Akad. Wiss.* 1: 371 (1832). Lectotipo (designado aquí): Brasil, *Martius s.n.* (M-[cb] M0212835, imagen en Internet!). Ilustr.: Aymard Corredor, *Fl. Venez. Guayana* 4: 682, t. 539 (1998).

Curatella coriacea (Mart. & Zucc.) Benoist, *Doliocarpus belizensis* Lundell, *D. coriaceus* (Mart. & Zucc.) Gilg, *D. nicaraguensis* Standl.

Ramas y ramitas anguladas, escasamente adpreso-pubescentes, glabras a estrigulosas en la madurez, la corteza rojiza, desprendiéndose en largas tiras en la madurez. Hojas 6-16 × 5-12 cm, elípticas, ovado-suborbiculares a obovadas, con 7-10 pares de venas secundarias, lisas, estrigulosas a lo largo de las venas en el envés, la base redondeada, obtusa, cuneada, decurrente sobre el pecíolo, el ápice redondeado, obtuso o cortamente acuminado; pecíolo 1-2.5 cm, alado, adpreso-pubescente, glabrescente en la madurez. Inflorescencias axilares, 3-7(-10) cm, racemosas o paniculadas, estrigulosas o pilosas, glabrescentes en la madurez; brácteas 1-2 mm, lanceoladas a ovadas, adpreso-pubescentes por fuera, glabrescentes por dentro; flores c. 0.5 cm de ancho; pedicelos 2-8 mm, estrigosos; sépalos 3-5 mm, subiguales, ovados a anchamente ovado-elípticos, escasamente pilosos por fuera, glabros por dentro, los márgenes pilosos; pétalos 3, 4-5 mm, deciduos, oblongo-obovados, subemarginados, blancos hasta cremas, glabros por fuera y por dentro, excepto en la parte media por dentro, la cual es adpresa pubescente; estambres 25-40, más largos que los sépalos; estilos 2, 2-2.5 mm, terminales, persistentes en el fruto; carpelos globosos, glabros, connados ventralmente. Frutos 3-5 × 5-8 mm, los lóculos subglobosos, connados por encima, lisos, glabros; semillas 2, c. 3 mm de diámetro, obovadas, lustrosas, lisas, negras con arilo anaranjado. *Bosques húmedos de tierras bajas*. B (*Croat 24553*, MO); H (*Evans 1688*, MO); N (*Moreno 25553*, MO); CR (*Hammel & Trainer 12994*, MO); P (*de Nevers et al. 7570*, MO). 0-500 m. (Mesoamérica, Colombia, Venezuela, Guayanas, Ecuador, Perú, Bolivia, Brasil, Antillas).

6. Tetracera L.

Por G. Aymard Corredor & C.A. Todzia.

Arbustos escandentes o bejucos leñosos, con pubescencia frecuentemente estrellada y áspera al tacto. Hojas simples, alternas, coriáceas, las venas conspicuas, escabrosas con tricomas simples o fasciculados; pecioladas; sin estípulas. Inflorescencias racimos (tirsos, cincinos), panículas o tirsos, axilares o terminales con muchas flores; brácteas lanceoladas. Plantas androdioicas (especies neotropicales). Flores bisexuales o polígamas, actinomorfas; sépalos (4-)7(-12), persistentes, más o menos iguales o los externos escasamente más pequeños; pétalos 3-5, caducos; estambres 50-200, persistentes; carpelos 1-6, piriformes, libres, 1-loculares; estigmas capitados o peltados. Folículos 1-6, piriformes, secos, coriáceos, dehiscentes a lo largo de una sutura ventral; semillas 1-4, envueltas por un arilo lacerado, rojo, amarillo o anaranjado. Aprox. 45 spp., distribución pantropical; 6 spp. en Mesoamérica.

Bibliografía: Kubitzki, K. *Mitt. Bot. Staatssamml. München* 8: 1-98 (1970).

1. Nervadura craspedódroma (las venas secundarias terminando en el margen); sépalos densamente seríceos por dentro.
  2. Hojas abruptamente atenuadas en la base; folículo 1. **3. T. portobellensis**
  2. Hojas redondeadas a angostamente cuneadas en la base; folículos 3-5.
    3. Hojas no escabrosas, pilosas (tricomas erectos) en el envés; botones floríferos obovados; folículos densamente tomentosos. **5a. T. volubilis** subsp. **mollis**
    3. Hojas escabrosas, glabrescentes o escasamente pubescentes (tricomas adpresos) en el envés; botones floríferos globosos; folículos glabros a escasamente estrigosos en el ápice. **5b. T. volubilis** subsp. **volubilis**
1. Nervadura broquidódroma (las venas secundarias formando curvas, uniéndose a otras venas secundarias antes de llegar al margen); sépalos glabros o con muy pocos tricomas estrellados por dentro.
  4. Hojas orbiculares, anchamente elípticas, rara vez obovadas; sépalos con muy pocos tricomas estrellados por dentro; folículos pilosos dorsalmente. **4. T. tigarea**
  4. Hojas elípticas u obovado-elípticas, rara vez suborbiculares o lanceolado-ovadas; sépalos glabros por dentro; folículos glabros o escasamente pilosos en el ápice.
    5. Hojas dentadas. **1. T. hydrophila**
    5. Hojas enteras o subsinuadas.
      6. Pecíolo adpreso-pubescente con tricomas simples; inflorescencias 2.5-3 cm; pedicelos c. 3 mm; sépalos 9; folículos glabros. **2. T. macphersonii**
      6. Pecíolo estrellado-pubescente; inflorescencias 10-30 cm; pedicelos 0.5-1 mm; sépalos 5; folículos escasamente pilosos en el ápice. **6a. T. willdenowiana** subsp. **willdenowiana**

1. Tetracera hydrophila Triana & Planch., *Ann. Sci. Nat., Bot.* sér. 4, 17: 20 (1862). Lectotipo (designado por Aymard Corredor, 2017): Colombia, *Triana s.n.* (G-[cb] G00410169!). Ilustr.: Aymard Corredor, *Fl. Ecuador* 97: 29, t. 6 (2020).

Tetracera belizensis Lundell, *T. ovalifolia* auct. non DC.

Bejucos; ramas jóvenes esencialmente glabras, las ramas más viejas con corteza exfoliante roja. Hojas 7.5-18(-22) × 4-12 cm, elípticas, redondeadas, con 9-15 pares de venas secundarias, lisas en el haz, escasamente escabrosas en el envés, coriáceas, la base algunas veces oblicua o decurrente sobre el pecíolo, los márgenes inconspicuamente dentados, el ápice agudo a cortamente acuminado, redondeado; pecíolo 1-2.5 cm, escasamente estrigoso, angostamente alado. Inflorescencias en tirsos terminales o axilares, 5-25 cm, estrellado-pubescentes; flores 1-1.5 cm de ancho; sépalos c. 0.5 mm, obovados, generalmente glabros, rara vez escasamente pelosos por dentro y por fuera; pétalos c. 1 cm, obovados, blancos; estambres 150-200. Folículos 4 o 5, estos 0.5-1 cm, glabros, pardo claro; semillas c. 5 mm de diámetro, negras, glabras. *Bosques húmedos perennifolios*. B (*Gentry 8428*, MO); H (*Liesner 26405*, MO); N (*Araquistain 3284*, MO); CR (*Heithaus 210*, MO); P (*von Wedel 1664*, MO). 0-500 m. (Mesoamérica, Colombia, Ecuador, Perú, Bolivia).

2. Tetracera macphersonii Aymard, *Novon* 6: 325 (1996). Isotipo: Panamá, *McPherson 9753* (MO!). Ilustr.: Aymard Corredor, *Novon* 6: 326, t. 1 (1996).

Bejucos; ramas dispersamente estrellado-pubescentes, glabrescentes. Hojas 3-8 × 1.5-4 cm subcoriáceas, escabrosas, elípticas u obovado-elípticas, la base cuneada u obtusa, el ápice redondeado o agudo, los márgenes enteros, frecuentemente subrevolutos desde la mitad hasta el ápice de la lámina, las venas elevadas en el envés, con 5-8 venas paralelas sobre cada lado de la vena media, convergentes hacia el margen, estrellado-lepidotas en el haz, glabras en el envés excepto a lo largo de la vena media y las venas secundarias, estas escasamente adpreso-pubescentes; pecíolo 1.2-1.7 cm, subulado, acanalado, adpreso-pubescente. Inflorescencia un tirso axilar, rara vez terminal, con 2 o 3 flores, 2.5-3 cm, adpreso-pubescente, con tricomas estrellados y simples; pedicelos 2-3 mm, densamente estrellado-pubescentes; flores bisexuales; sépalos 9, suborbiculares, desiguales, sin cilios, los 3 externos 4-6 mm, escasamente estrellado-lepidotos por fuera, glabros por dentro, los 6 internos 5-8 mm, estrellado-lepidotos por fuera, glabros por dentro; pétalos no vistos; estambres 80-100, 3.5-4 mm, los filamentos glabros. Folículos 3, 10-11 mm, coriáceos, lisos, brillantes y glabros por fuera, abriéndose por hendiduras longitudinales, con un rostro 2-3 mm; semilla 1 por lóculo, 2-4 mm, negra, con el arilo más largo que la semilla y profundamente lacerado. *Bosques húmedos*. P (*McPherson 9753*, MO). 300-400 m. (Endémica).

3. Tetracera portobellensis Beurl., *Kongl. Svenska Vetensk. Acad. Handl.* n.s. 1856: 113 (1856). Lectotipo (designado aquí): Panamá, *Billberg 323* (S-[nr] 08-20778, imagen en Internet!; isolectotipos: MO-[nr] 05036612, S-[nr] 08-20777, S-[nr] R-7903). Ilustr.: Hunter, *Ann. Missouri Bot. Gard.* 52: 583, t. 1 (1965 [1966]).

Delima mexicana DC., *Tetracera sessiliflora* Triana & Planch., *T. volubilis* Kunth non L.

Bejucos; ramas jóvenes hirsutas y estrellado-pubescentes, las ramas más viejas con corteza exfoliante roja. Hojas 6-20 × 4-9 cm, angostamente elípticas, elípticas a anchamente elípticas, coriáceas, con 12-24 pares de venas secundarias, escabrosas y escasamente estrigosas en el haz, escabrosas en el envés y estrigosas solo a lo largo de las venas, la base abruptamente atenuada, los márgenes fuertemente dentados, el ápice obtuso a cortamente acuminado; pecíolo 0.5-1 cm, estrigoso y estrellado-pubescente. Inflorescencias en tirsos compuestos, terminales o axilares, 10-20 cm, escasamente vellosos; flores c. 5 mm de ancho; sépalos c. 3 mm, suborbiculares, hirsutos por fuera, seríceos por dentro; pétalos c. 5 mm, obovados, blancos; estambres 50-80. Folículo 1, 6-9 mm glabro, pardo oscuro; semillas c. 2.5 mm, con el arilo rojizo-anaranjado. *Bosques de galería, orillas de ríos, bordes de bosques alterados*. Ch (Villaseñor Ríos, 2016: 720); H (*Nelson & Cruz 9331*, MO); N (*Neill 3721*, MO); CR (*Hammel 11563*, MO); P (*Foster 1405*, MO). 0-400 m. (México [Colima, Guerrero, Jalisco, Michoacán, Nayarit, Oaxaca], Mesoamérica, Colombia).

4. Tetracera tigarea DC., *Syst. Nat.* 1: 403 (1818 [1817]). *Tigarea aspera* Aubl., *Hist. Pl. Guiane* 2: 918 (1775) non *Tetracera aspera* (Lour.) Raeusch. (1797). Lectotipo (designado por Kubitzki, 1970): Guayana Francesa, *Aublet s.n.* (BM-[cb] BM000571181, imagen en Internet!). Ilustr.: Aymard Corredor, *Fl. Venez. Guayana* 4: 685, t. 540 (1998).

Davilla aspera (Aubl.) Benoist, *Delima aspera* Blanco, *Tetracera aspera* (Aubl.) Willd.

Bejucos o arbustos escandentes; ramas más viejas con corteza exfoliante marrón; ramas viejas y ramitas jóvenes estrellado-pubescentes, glabrescentes en la madurez. Hojas 2.5-7 × 2-9 cm, orbiculares, anchamente elípticas, rara vez obovadas, con 5-9 pares de venas secundarias, escabrosas, papiladas y densamente estrellado-pubescentes en el haz y el envés, escasamente pubescentes hasta glabras en la madurez, subcoriáceas, la base redondeada u obtusa, los márgenes enteros o crenados, el ápice anchamente redondeado o agudo; pecíolo 0.8-1.5 cm, tomentoso-pubescente, con tricomas simples y estrellados. Inflorescencias en tirsos compuestos, terminales o axilares, 4-11 cm, densamente estrellado-pubescentes; flores c. 3 mm de ancho; sépalos 5, 2-4 mm de longitud, suborbiculares, subiguales, estrellados tomentosos por fuera, escasamente estrellados por dentro, márgenes ciliados; pétalos 3-4, 3-4 mm de longitud, obovados, blancos; estambres c. 100. Folículos 3-4, c. 9 mm, estrellado-pilosos dorsalmente, pardo oscuro; semillas c. 5 mm, el arilo rojo. *Bosques primarios*. CR (*Morales & González 3284*, MO). 0-110 m. (Mesoamérica, Venezuela, Guayanas, Brasil).

5. Tetracera volubilis L., *Sp. Pl.* 533 (1753), nom. cons. Tipo cons.: México, Veracruz, *Purpus 2206* (F). Ilustr.: Standley & Williams, *Fieldiana, Bot.* 24(7/1): 11, t. 3 (1961).

Gynetera volubilis (L.) Raf.

Arbustos pequeños o, más frecuentemente, bejucos, con corteza exfoliante; ramas jóvenes glabras a hirsutas. Hojas 7-20 × 2.5-9 cm, angostamente elípticas a angostamente obovadas, redondeadas, el ápice agudo a cortamente acuminado, la base redonda a angostamente cuneada, con 9-15(-19) pares de venas secundarias, escabrosas en el haz y el envés, glabras o escasamente pubescentes (tricomas adpresos) en el envés, coriáceas, los márgenes fuertemente dentados; pecíolo 1-3 cm, alado, escasamente estrigoso. Inflorescencias en tirsos axilares o terminales, 8-30 cm, pelosas. Flores 0.5-1 cm de ancho; sépalos 3-5 mm, orbiculares, estrellado-pubescentes por fuera, seríceos por dentro; pétalos 0.5-1 cm, elípticos, blancos; estambres 100-200; carpelos 3-5, cortamente rostrados; estilo c. 2 mm. Folículos 3-5, 0.7-1 cm, escasamente pilosos en el ápice; semillas c. 4 mm de diámetro, negras con el arilo anaranjado a rojo. *Bosques estacionalmente secos, bosques montanos lluviosos bajos, bosques húmedos premontanos, bosques alterados y orillas de caminos*. T-P. 0-700 m. (México [Veracruz], Mesoamérica, Colombia, Venezuela, Ecuador, Perú, Brasil, Cuba, Jamaica).

5a. Tetracera volubilis L. subsp. **mollis** (Standl.) Kubitzki, *Mitt. Bot. Staatssamml. München* 8: 46 (1970). *Tetracera mollis* Standl., *Publ. Field Mus. Nat. Hist., Bot. Ser.* 8: 25 (1930). Holotipo: Belice, *Lundell 47* (F). Ilustr.: no se encontró.

Hojas lisas, pilosas (tricomas erectos) en el envés. Inflorescencia con raquis densamente estrellado-pubescente; yemas floríferas obovadas, 5-6 mm; sépalos c. 7 mm, hirsutos por fuera. Folículos densamente tomentosos. Ch (*Breedlove 26685*, MO); C (*Martínez S. et al. 27865*, MO); QR (*Téllez & Cabrera 3073*, MO); B (*Gentle 3706*, MO); G (*Contreras 9137*, MO); P (*Carrasquilla 3038*, MO). 0-600 m. (Mesoamérica, Cuba).

5b. Tetracera volubilis L. subsp. **volubilis**.

Hojas escabrosas, pubescentes (tricomas adpresos) en el envés. Inflorescencia con raquis escasamente estrellado-pubescente; yemas floríferas globosas, 3-6 mm; sépalos 3-5 mm, escasamente estrellado-pubescentes por fuera. Folículos escasamente estrigosos en el ápice. T (*Novelo et al. 120*, MO); Ch (*Ton 3808*, MO); C (*Lundell 1273*, MO); QR (*Téllez et al. 3619*, MO); B (*Davidse & Brant 32440*, MO); G

(*Ortiz 467*, MO); H (*Nelson & Romero 4563*, MO); ES (*Morales 2104*, MO); N (*Stevens 23351*, MO); CR (*Liesner 4957*, MO); P (*Knapp 1919*, MO). 0-700 m. (México [Veracruz], Mesoamérica, Colombia, Venezuela, Ecuador, Perú, Brasil, Cuba, Jamaica).

6. Tetracera willdenowiana Steud., *Nomencl. Bot.* ed. 2, 2: 670 (1841). *Tetracera fagifolia* Willd. ex Schltdl., *Linnaea* 8: 174 (1833) non Blume (1825). Lectotipo (designado por Kubitzki, 1970): Brasil, *Hoffmannsegg s.n.* (B). Ilustr.: Aymard Corredor, *Fl. Venez. Guayana* 4: 685, t. 542 (1998), como *T. willdenowiana* subsp. *willdenowiana*.

Tetracera ovalifolia auct. non DC.

Comprende dos subsp., la típica se encuentra en Mesoamérica mientras que *Tetracera willdenowiana* subsp. *emarginata* Kubitzki está restringida a Brasil y Venezuela.

6a. Tetracera willdenowiana Steud. subsp. **willdenowiana**.

Bejucos; ramas jóvenes con corteza exfoliante. Hojas 5-12 × 3.5-7.5 cm, elípticas, con 7-16 pares de venas secundarias, lisas a escasamente escabrosas, glabras, la base redondeada a truncada a subcordada (algunas veces oblicua), los márgenes enteros, el ápice agudo a cortamente acuminado; pecíolo 0.7-3 cm, alado solo en el ápice, estrellado-pubescente; flores 6-9 mm de diámetro; sépalos 5, 3-4 mm, orbiculares, estrellado-pubescentes por fuera, glabros por dentro; pétalos c. 5 mm, obovados, blancos. Folículos 3 o 4, 6-9 mm, escasamente pilosos en el ápice; semillas c. 3 mm de diámetro, negras con el arilo rojo. *Bordes de bosques, vegetación secundaria.* G (*Harmon & Dwyer 2665*, MO); CR (*Kernan 1071*, MO); P (*Antonio 2393*, MO). 0-200 m. (Mesoamérica, Colombia, Venezuela, Surinam, Guayana Francesa, Ecuador, Perú, Bolivia, Brasil).

64. FAGACEAE

Descripción de la familia por K.C. Nixon.

Árboles o arbustos, perennifolios o deciduos, arbustos algunas veces rizomatosos. Yemas axilares sésiles, con pocas a numerosas escamas imbricadas (2 escamas valvares encerrando escamas imbricadas en *Castanea* Mill.); yema terminal presente o ausente. Hojas alternas, simples, dispuestas en espiral; estípulas deciduas o persistentes en las yemas, conspicuas, escariosas. Hojas pinnatinervias, los márgenes serrados, dentados o enteros, las superficies generalmente pelosas, al menos cuando jóvenes. Inflorescencias en amentos estaminados rígidos o laxos (en Mesoamérica), consistiendo de pocos a numerosos agregados floríferos; brácteas presentes o ausentes; amentos pistilados rígidos o flexibles, con 1-varias cúpulas dispuestas en espigas o solitarias, las cúpulas con 1 (en Mesoamérica) a 3(-15 o más) flores pistiladas. Flores estaminadas bracteadas, las brácteas frecuentemente caducas; sépalos (3)4-6(-8); los estambres (3-)6-12(-18 o más); pétalos ausentes; anteras 2-loculares, dehiscentes por hendiduras longitudinales, los sacos polínicos contiguos; pistilodio frecuentemente presente y endurecido, o vestigial como un fascículo central de tricomas (en Mesoamérica). Flores pistiladas con sépalos 4-6, conspicuos o connados; pétalos ausentes; pistilo con 1, 3 (en Mesoamérica) hasta 6 carpelos o más; ovario ínfero, los lóculos tan numerosos como los carpelos; placentación axial; óvulos 2 en cada lóculo, péndulos, todos excepto 1 en cada pistilo generalmente abortando; estilos en igual número que los carpelos, separados hasta la base, los estigmas secos; estaminodios presentes o ausentes (en Mesoamérica). Frutos nueces, teretes (en Mesoamérica) o algunas veces aladas, con 1 semilla, abrazadas o envueltas individualmente (en Mesoamérica) o en grupos de 2 o 3(-15) por una cúpula multibracteada escamosa (en Mesoamérica) o espinosa; semilla con cubierta membranácea; endospermo maduro ausente; embrión recto, tan largo como la semilla; cotiledones carnosos, almidonados o grasosos. 9 gen., 600-800 especies, ampliamente distribuidas especialmente en el hemisferio norte, frecuentemente árboles dominantes en bosques de áreas templadas, subtropicales y tropicales; 1 gen. y 39 spp. en Mesoamérica.

Fagaceae se encuentra en el hemisferio occidental desde el sur de Canadá hasta Colombia; está ausente o es infrecuente en la mayor parte al norte de las Grandes Planicies y al norte de la región de las Montañas Rocosas. Fagaceae es una de las familias más importantes de plantas leñosas del hemisferio norte en términos de biomasa total y uso económico. Es ampliamente utilizada como madera, leña y en plantaciones. Las nueces se usan a menudo para forraje y, en algunas especies, para la alimentación humana (particularmente *Castanea*). Como dominantes en los bosques, montes y chaparrales, los manchones nativos de árboles y arbustos fagáceos proporcionan un hábitat óptimo para la vida silvestre, a menudo albergan una fauna de insectos excepcionalmente diversa. La mayor diversidad de la familia en el hemisferio occidental se concentra en el género *Quercus*, con el mayor número de especies en México (al menos 125 especies) y una segunda región diversa en el sureste de los Estados Unidos. No se ha reportado poliploidia en ninguna población natural de especies de Fagaceae. La hibridación interespecífica natural es común en la familia, particularmente en *Quercus* y también en *Castanea* y *Lithocarpus* Blume.

Las especies de *Castanea* son apreciadas por sus nueces comestibles, y la "castaña" europea, *C. sativa* Mill., se puede encontrar como árbol cultivado en las zonas montañosas de Mesoamérica, pero no se ha naturalizado.

La característica diagnóstica más importante de las Fagaceae es la cúpula del fruto que se presenta como una copa o caperuza en la bellota en *Quercus* y *Lithocarpus* y la cipsela espinosa que rodea los frutos de *Castanea* y *Chrysolepis* Hjelmq. La cúpula se considera a veces como un involucro. Un verdadero involucro, sin embargo, está formado por brácteas, mientras que la cúpula ha demostrado ser una estructura compleja que se interpreta como una inflorescencia parcial pesada, condensada, formada por la fusión de ejes del tallo en varios órdenes de ramificación, sosteniendo brácteas que se han modificado como escamas o espinas (véase Fey & Endress, 1983).

Bibliografía: Elias, T.S. *J. Arnold Arbor.* 52: 159-195 (1971). Fey, B.S. & Endress, P.K. *Flora* 173: 451-468 (1983). Forman, L.L. *Kew Bull.* 18: 385-419 (1966). Hjelmquist, H. *Bot. Not., Suppl.* 2(1): 1-171 (1948). Nixon, K.C. & Crepet, W.L. *Amer. J. Bot.* 76: 828-841 (1989). Soepadmo, E. *Fl. Malesiana* Ser. 1, Spermatoph. 7: 265-403 (1972).

1. Quercus L. N.v.: Bellota, encino, roble.

Erythrobalanus (Spach) O. Schwarz, *Macrobalanus* (Oerst.) O. Schwarz, *Quercus* L. subg. *Erythrobalanus* (Spach) Oerst., *Q.* sect. *Erythrobalanus* Spach, *Q.* subg. *Lepidobalanus* (Endl.) Oerst., *Q.* [sin rango] *Lepidobalanus* Endl., *Q.* subg. *Macrobalanus* Oerst.

Por K.C. Nixon & F.R. Barrie.

Árboles o arbustos, perennifolios o deciduos en invierno, algunas veces rizomatosos; yemas terminales esféricas a ovoides, teretes o anguladas, todas las escamas imbricadas; estípulas deciduas e inconspicuas o en algunas especies persistentes, particularmente en las yemas terminales. Hojas lobadas o no lobadas (en Mesoamérica), delgadas o coriáceas, los márgenes enteros, dentados, o aristado-dentados; venas secundarias pueden no ramificarse, ser más o menos paralelas y extenderse hasta los márgenes, o ser ramificadas y anastomosadas antes de llegar a los márgenes. Inflorescencias unisexuales, en las axilas de las hojas o escamas de la yema, generalmente agregadas en la base del crecimiento nuevo; inflorescencias estaminadas espigadas, laxas; inflorescencias pistiladas generalmente rígidas, con una cúpula terminal y algunas veces 1-varias cúpulas laterales sésiles. Flores estaminadas con sépalos connados; estambres (2-)6(-12), rodeando un fascículo de tricomas sedosos (aparentemente un pistilodio reducido). Flor pistilada 1 por cúpula; sépalos connados; carpelos y estilos 3(-6). Frutos de maduración anual o bienal; cúpula de forma diversa (pateniforme, ciatiforme o cupuliforme), sin indicación de valvas, cubriendo la base de la nuez, con escamas imbricadas o reducidas a tubérculos, no o ligeramente reflexa, nunca uncinada; nuez (bellota) 1 por cúpula, redondeada en corte transversal, no alada. x = 12. Aprox. 400 spp., desde Canadá a través de Mesoamérica hasta Colombia, Antillas, Eurasia, África; 39 spp. en Mesoamérica.

Quercus es sin duda uno de los géneros leñosos más importantes del hemisferio norte. Históricamente, los encinos o robles han sido una importante fuente de combustible, forraje y material de construcción. Otros productos incluyen taninos y tintes, y las hojas y la corteza se han usado para la curtiduría. Las bellotas fueron históricamente un alimento importante para los pueblos indígenas de Norteamérica, Centroamérica, Europa y Asia. En algunas áreas, el consumo de la bellota sigue siendo importante, pero en general ha dejado de ser usada como alimento humano en áreas desarrolladas debido a la intensa labor empleada en eliminar los taninos y el fuerte sabor de los productos de bellota. Siguen siendo, sin embargo, una fuente de sustento importante para la fauna y los animales domésticos en muchas áreas rurales. Las especies de encino blanco tienden a tener vasos de duramen con oclusiones de tílides, haciéndolos ideales para la fabricación de barriles herméticos. Aunque los barriles de encino blanco son actualmente poco usados para alimentos o agua, siguen siendo importantes en la producción de whisky escocés, irlandés y estadounidense, y también en la mayoría de los vinos finos.

Los encinos mesoamericanos pueden dividirse en dos secciones que se pueden distinguir fácilmente con caracteres del fruto: *Q.* sect. *Rubrae* Loudon (los encinos rojos) tiene las nueces con el endocarpo tomentoso, mientras que *Q.* sect. *Quercus* (los encinos blancos) tiene el endocarpo glabro, típicamente debido a la adherencia de la capa papirácea marrón de la semilla al endocarpo. Los encinos rojos también tienden a tener escamas no tuberculadas, aplanado-ciatiformes, en contraste con las escamas verrugosas y a menudo ciatiformes y pelosas de los encinos blancos. Otras características usadas comúnmente, tales como la presencia de setas o aristas en las hojas, como un indicador de encino rojo, no son marcadores confiables en Mesoamérica, debido a que en varios encinos rojos las setas están siempre ausentes o al menos han desaparecido en muchos individuos. La mayoría de los taxónomos principiantes que estudian encinos usan las bellotas para asignar especímenes a una sección; aquí hemos tratado de no enfatizar en las secciones, si bien las usamos en la clave para separar los encinos rojos de los encinos blancos. Ecológicamente, los encinos rojos se encuentran más a menudo en hábitats más húmedos y los encinos blancos son más prevalentes en hábitats más secos. En Mesoamérica, esta distinción es evidente en el mayor número de especies de encino rojo en la flora comparado mayormente con las áreas más secas de México y el suroeste de Estados Unidos, donde las especies de encino blanco son más numerosas.

Entre los caracteres diagnósticos más importantes dentro de *Quercus* y particularmente del grupo de encinos blancos (*Q.* sect. *Quercus*), están las características de los tricomas foliares. El patrón de distribución y el tipo de tricomas pueden ser diagnósticos para una especie en particular. A menudo los tricomas pueden verse con una lupa de 10× o 15×; aumentos superiores a veces son necesarios y útiles particularmente cuando se estudian por primera vez los caracteres de una especie o complejo. Aunque estos caracteres microscópicos pueden parecer intimidantes, los caracteres alternativos de la forma de la hoja y dentición, a menudo utilizados en el campo, en muchos casos no son confiables. El gran número de ejemplares mal identificados en los herbarios, que podría ser fácilmente identificado correctamente con el uso de los caracteres de tricomas, ilustra este aspecto. Además, muchos ejemplares se encuentran, tanto en el campo como en el herbario, sin frutos o solo tienen frutos inmaduros. Muy pocas especies requieren de frutos maduros para una diagnosis acertada; la mayoría pueden identificarse adecuadamente con una selección representativa de hojas maduras, de ser posible, unidas a las ramitas con yemas maduras. La combinación del indumento de la hoja, la forma de los márgenes (enteros, lobados, dentados, espinosos), el indumento de las ramas y la forma y el indumento de la yema constituyen la mayoría de los caracteres diagnósticos necesarios a nivel de especie.

Un tema importante a considerar cuando se identifican encinos, ya sea de América tropical o de otros lugares, es el problema de la extrema variación foliar en lo que comúnmente se denomina crecimiento "juvenil". Tal crecimiento se produce en plántulas, tocones y ramas cortadas que rebrotan. En Mesoamérica el crecimiento juvenil a menudo se manifiesta con hojas mucho más grandes, más estrechas y a menudo más dentadas o espinosas, pecíolos extremadamente cortos, ramas largas rectas con hojas agrupadas en la punta y nudos suprimidos sin hojas a lo largo de las ramas descubiertas. En los encinos rojos, estos brotes a menudo se parecen a *Q. cortesii*, *Q. eugeniifolia* o si son bastante dentados pueden parecerse a *Q. skinneri* o *Q. xalapensis*, independientemente de las especies verdaderas. Una advertencia para los usuarios de este tratamiento es que el crecimiento juvenil o las hojas recolectadas en sombra completa (que también a menudo muestran caracteres juveniles) pueden no ser identificables con las descripciones o claves aquí presentadas.

Los caracteres de las inflorescencias y flores estaminadas no se han utilizado en forma significativa en la taxonomía de *Quercus*. El material florífero inmaduro es a menudo difícil de identificar con certeza, y las características florales tales como el número y la forma de los sépalos, el número de estambres y la pubescencia de las flores o raquis florales parecen variar independientemente de la afinidad de las especies dentro de muchos grupos y se consideran poco confiables y de poco valor diagnóstico. Debido a esto no se ha incluido en este tratamiento las descripciones de las flores estaminadas. Cuando se colectan encinos, además de flores solicitamos se haga el esfuerzo de recoger cuidadosamente hojas adultas y frutos caídos en el suelo, de haberlos, y volver a visitar de ser posible dichas poblaciones cuando esté disponible material maduro, para poder verificar las identificaciones.

El carácter de la maduración de la bellota en el primer año (maduración anual) o el segundo año (maduración bienal) después de la polinización es comúnmente usado para diferenciar los grupos principales dentro de *Quercus*. Todos los encinos blancos mesoamericanos tienen maduración anual; los encinos rojos mesoamericanos pueden tener ya sea maduración bienal o más comúnmente maduración anual, aunque la mayoría de especies de encino rojo mexicanas y templadas tienen maduración bienal. En el campo, la maduración de la bellota puede observarse durante la temporada de crecimiento mediante el examen de una muestra de las ramas del mismo árbol. Si los frutos en desarrollo exhiben solo un tamaño y solo se encuentran en el año de crecimiento en curso, la maduración es anual; si los frutos en desarrollo presentan dos clases de tamaño con flores pistiladas pequeñas sobre crecimientos nuevos y frutos más grandes sobre las ramas del año anterior, la maduración es bienal. En algunas especies perennes del norte de Mesoamérica, la maduración bienal puede confundirse con maduración anual porque a veces las ramas con frutos no producen nuevo crecimiento en el segundo año después de la polinización. En esos casos, el estudio cuidadoso de una amplia muestra de ramitas de un mismo árbol y de una población ayudará a verificar si la maduración es bienal. Los ejemplares de herbario son a veces inadecuados para esta determinación.

La hibridación entre especies de *Quercus* ha sido ampliamente documentada y se sospecha que es aún más frecuente de lo que se pensaba. Aunque bien documentada en Norteamérica y Europa, raramente se ha estudiado la hibridación del encino en América tropical y nuestro entendimiento del fenómeno es limitado. Individuos o poblaciones morfológicamente intermedios, particularmente con variación inusual, pueden señalar una hibridación en casos específicos. La presencia de híbridos se conoce en la naturaleza solo entre miembros de una misma sección, e intentos de cruces artificiales entre especies de diferentes secciones o subgéneros dentro de *Quercus*, con muy pocas excepciones, han fracasado (Cottam et al., 1982). Cuando se sospeche que se está tratando de un híbrido, se debe considerar primero la posibilidad de variación intraespecífica o plasticidad ambiental y luego buscar el parentesco entre los miembros simpátricos de la misma sección.

En Mesoamérica las especies de *Quercus* son dominantes en una amplia variedad de hábitats y son más abundantes en los bosques montanos con una estación seca marcada. Por lo tanto, son más comunes en la vertiente del Pacífico a medida que nos movemos hacia el sur y están casi ausentes de la vertiente húmeda del Atlántico en Costa Rica. La diversidad más alta de encinos se encuentra en las montañas del sur y oeste de México y disminuye a medida que uno viaja hacia el sur en Mesoamérica. Así mismo, se evidencia un cambio notable de especies desde encino blanco, mayormente en las partes más secas de México, hasta principalmente especies de encino rojo en Mesoamérica. Lamentablemente, junto con este cambio filogenético hay una taxonomía más compleja y difícil a nivel de especie. Varias especies de encino rojo en los bosques más húmedos de Mesoamérica son similares en la forma general de la hoja, es decir, hojas enteras, en su mayoría angostas, elípticas a obovadas. Esto ha resultado en una aplicación muy amplia de los nombres de las especies en muchos casos, tales como la aplicación del nombre *Q. salicifolia* Née (en herbarios) a casi cualquier encino rojo con hojas estrechas. Nos hemos esforzado en resolver algunos de estos problemas por medio del estudio cuidadoso de otros caracteres tales como las bellotas, yemas y ramas, y por comparación de los encinos mesoamericanos con los encinos mexicanos, aunque no tratamos estos últimos aquí.

Aunque los encinos son más comunes en las elevaciones más altas de Mesoamérica, varias especies se encuentran en bosques de elevación inferior que son muy tropicales en naturaleza, tales como los bosques premontanos de Costa Rica. Estos tienden a ser árboles muy grandes, a menudo con contrafuertes y con frecuencia pasan inadvertidos como *Quercus*. Al menos una especie, *Q. oleoides*, se encuentra en bosques tropicales secos/sabanas, hasta el nivel del mar, y es particularmente común en Guanacaste, Costa Rica. *Quercus oleoides* es parte del grupo de encinos blancos de tierras bajas que se extiende hacia el sureste de Estados Unidos. Sin embargo, el resto de los encinos mesoamericanos tiene parientes cercanos en México sin aparentes conexiones filogenéticas con las especies más templadas de Norteamérica.

Bibliografía: Hunt, D.M. *Syst. Review* Quercus. Unpublished Ph.D. dissertation, Univ. of Georgia, Athens 1-2: 1-1024 (1990). Muller, C.H. *Contr. Texas Res. Found., Bot. Stud.* 1: 21-323 (1951); *Amer. Midl. Naturalist* 65: 17-39 (1961). Nixon, K.C. *Ann. Sci. For.* 50(Suppl. 1): 25s-34s (1993a); *Biol. Diversity Mexico: Origins & Distr.* 447-458 (1993b). Palmer, E.J. *J. Arnold Arbor.* 29: 1-48 (1948). Sargent, C.S. *Bot. Gaz.* 65: 423-459 (1918). Tillson, A.H. & Muller, C.H. *Amer. J. Bot.* 29: 523-529 (1942). Trelease, W. *Mem. Natl. Acad. Sci.* 20: 1-255 (1924).

1. Endocarpo glabro; óvulos abortivos basales; dientes de las hojas cuando presentes mucronados; ápice de las hojas obtuso, agudo o mucronado; bellota madurando siempre anualmente (*Quercus* sect. *Quercus*, los encinos blancos).
  2. Cotiledones fusionados; superficie del envés de las hojas con cobertura densa.
    3. Envés de la hoja con la superficie cubierta de tricomas planos adpreso-estrellados y tipo escama, plateados o blanquecinos, ocultando la superficie, pareciendo punteada cuando vista bajo aumento debido al centro deprimido de cada tricoma. **23. Q. oleoides**
    3. Envés de la hoja con la superficie cubierta de tricomas erectos, multirradiados, a menudo enredados, amarillentos o crema, sin ocultar la superficie.
      4. Frutos solitarios o en pares, subsésiles o con pedúnculos hasta 13 mm. **20. Q. melissae**
      4. Frutos 2-5, los pedúnculos 25-50(-140) mm. **26. Q. peduncularis**
  2. Cotiledones libres; superficie del envés de las hojas variada y densamente pubescente a glabrescente o glabra.
    5. Superficie del envés de la hoja glabra o glabrescente y glauca al madurar, ocasionalmente con pocos tricomas persistentes flocosos, estos fácilmente removibles.
      6. Base de las hojas cuneada a angostamente cuneada o atenuada. **18. Q. lancifolia**
      6. Base de las hojas redondeada o truncada a cordada.
        7. Hojas 8-25 cm; venas secundarias 12-16 por lado; márgenes subenteros o con 16-25 dientes a lo largo de los 2/3 distales; nueces 25-60 × 25-30 mm. **7. Q. corrugata**
        7. Hojas 2.3-19 cm; venas secundarias menos de 12 por lado; márgenes enteros o con hasta 12 dientes; nueces mucho más pequeñas.
          8. Pecíolo 8-22 mm; hojas 7.5-19 cm, ovadas a obovadas; venas impresas en el envés; nueces 12-20 × 9-14 mm; árboles. **27. Q. polymorpha**
          8. Pecíolo 1-5 mm; hojas 2.3-6.5 cm, angostamente elípticas a angostamente obovadas; venas no impresas en el envés; nueces c. 20 × 11 mm; arbustos bajos hasta raramente c. 3 m de alto. **32. Q. sebifera**
    5. Superficie del envés de las hojas variada.
      9. Fruto grande, la nuez hasta 60 mm o c. 43 mm de ancho, subsésil o sobre pedúnculos menos de 25 mm.
        10. Superficie del envés de las hojas pareciendo glabrescente o con dispersos y diminutos tricomas estrellados adpresos; cotiledones casi del mismo tamaño. **7. Q. corrugata**
        10. Superficie del envés de las hojas con tricomas 2-6-ramificados, afelpados, erectos, moderadamente densos, pero no completamente ocultando la superficie; cotiledones obviamente de diferente tamaño.
          11. Nuez hemisférica, en la germinación la raíz emergiendo entre la cicatriz basal y la pared lateral de la nuez. **17. Q. insignis**
          11. Nuez ovoide o en forma de barril, en la germinación la raíz emergiendo del 1/2 distal, en un lado o en el extremo. **24. Q. oocarpa**
      9. Fruto más pequeño, la nuez menos de 25 mm.
        12. Yemas sin estípulas o catafilos persistentes, estípulas caducas y/o inconspicuas. **14. Q. glabrescens**
        12. Estípulas y/o catafilos persistentes alrededor de las yemas.
          13. Hojas planas; dientes concentrados en el 1/3 distal de la lámina. **38. Q. vicentensis**
          13. Hojas moderada a marcadamente cupuliformes; dientes cuando presentes no concentrados en el 1/3 distal de la lámina.
            14. Superficie del haz de la hoja impreso-rugosa, las venas inmersas. **29. Q. rugosa**
            14. Superficie del haz de la hoja no impreso-rugosa, las venas no inmersas.
              15. Hojas con envés glabrescente o con tricomas rectos multirradiados mayormente concentrados a lo largo de la vena media; base redondeada o subcordada o cuneada. **5. Q. bumelioides**
              15. Hojas con envés glabrescente o con densos tricomas cremas entrelazados y uniformemente distribuidos sobre la superficie; base caudada y amplexicaule, rara vez cordada. **34. Q. segoviensis**
1. Endocarpo leñoso, seríceo o pubescente; óvulos apicales abortivos; dientes en las hojas cuando presentes típicamente setosos o aristados, el ápice de las hojas a menudo con un diente o una cerda afilados; maduración de la bellota bienal o anual (*Q.* sect. *Rubrae*, los encinos rojos).
  16. Fruto bienal, el fruto maduro/madurando sobre ramas del segundo año; frutos inactivos pequeños en ramas actuales.

17. Bellotas con el borde de las cúpulas enrollado hacia adentro.
18. Superficie del envés de las hojas glabrescente o con tricomas glandulares diminutos y tricomas multirradiados no glandulares, sin ocultar la superficie de la hoja. **1. Q. acutifolia**
18. Superficie del envés de las hojas cubierta por tricomas multirradiados no glandulares, lanosos, ocultando la superficie de la hoja. **11. Q. crispipilis**
17. Bellotas con el borde de las cúpulas no enrollado hacia adentro.
19. Envés de las hojas con densos tricomas finos o lanosos que ocultan la superficie.
20. Hojas angostamente elípticas a angostamente oblongas, 1.5-4.7 cm de ancho, sin dientes prominentes. **36. Q. skutchii**
20. Hojas ampliamente obovadas a orbiculares, 5-11 cm de ancho.
21. Hojas con 13-25 o más dientes setosos o aristados de hasta 6 mm; pubescencia de la superficie del envés de la hoja blanquecina a grisácea; hojas cartáceas. **6. Q. calophylla**
21. Hojas a lo máximo con 6-12 dientes inconspicuos o cerdas cortamente espinosas hasta 3 mm; pubescencia ocrácea; hojas coriáceas. **10. Q. crassifolia**
19. Envés de las hojas glabro o glabrescente, algunas veces con fascículos de tricomas en las axilas de las venas o a lo largo de la vena media.
22. Hojas con dientes aristados, distribuidos más o menos uniformemente.
23. Nueces 15-40 × 25-38 mm. **35. Q. skinneri**
23. Nueces 9-18 × 15-18 mm. **39. Q. xalapensis**
22. Hojas enteras o asimétricamente dentadas distalmente, con 1-5 dientes aristados o setosos.
24. Hojas a menudo algo cupuliformes; venas impresas en el haz, con prominentes fascículos de tricomas en las axilas de las venas y a menudo a lo largo de la vena media en el envés. **19. Q. laurina**
24. Hojas no cupuliformes; venas no impresas en el haz; venas secundarias típicamente inconspicuas, glabras o con mechones de tricomas en las axilas de las venas en el envés.
25. Ramas 1-2 mm de diámetro, rojo oscuro, glabras o glabrescentes; hojas 3.5-9 × 1.2-3.5 cm, oblanceoladas u obrómbicas a lanceoladas o angostamente elípticas. **2. Q. affinis**
25. Ramas 2-3 mm de diámetro, pardo-rojizas a grises, glabras o puberulentas; hojas 6.2-11.2 × 1.6-3.5 cm, lanceoladas o angostamente elípticas. **22. Q. ocoteifolia**
16. Fruto anual, sobre las ramas del primer año.
26. Hojas dentadas, con más de 5 dientes afilados o aristados (hasta 15 mm o más), estos solo en la porción distal o en todo el margen.
27. Dientes concentrados en la porción distal de la lámina; base de las hojas cuneada/atenuada. **8. Q. cortesii**
27. Dientes numerosos y distribuidos en todo el margen; base de las hojas cuneada o redondeado/atenuada, redondeada a subtruncada, algunas veces oblicua.
28. Base de la hoja cuneada o angostamente cuneada o angostamente redondeado-atenuada, algunas veces oblicua; dientes con o sin una base triangular prominente; pecíolos 6-22 mm. **4. Q. breedloveana**
28. Base de las hojas redondeada a subtruncada, generalmente oblicua con uno o ambos lados atenuados; dientes con base triangular; pecíolos 13-49 mm. **25. Q. paxtalensis**
26. Hojas enteras o con pocos (1-5) dientes afilados cerca del ápice.
29. Hojas menos de 1.5 cm de ancho, 4.5-10 veces más largas que anchas; venas secundarias 18-30 o más por lado. **21. Q. mulleri**
29. Hojas más de 1.5 cm de ancho, menos de 4.5 veces más largas que anchas; venas secundarias hasta 18 por lado.
30. Nueces maduras más de 20 mm (hasta 36 mm).
31. Bellota con cúpula ciatiforme, 10-18 mm de profundidad; venas secundarias 10-13 por lado; hojas enteras. **16. Q. humboldtii**
31. Bellota con cúpula pateniforme, 6-10 mm de profundidad; venas secundarias 12-15 por lado; hojas enteras o con 1-5 dientes distales. **31. Q. sarahmariae**
30. Nueces maduras menos de 20 mm.
32. Hojas marcadamente cupuliformes, con tomento denso en el envés o restringido a las venas. **9. Q. costaricensis**
32. Hojas planas a convexas, glabras o glabrescentes.
33. Bellota madura con cúpula 5-7 mm de ancho. **30. Q. sapotifolia**
33. Bellota madura con cúpula más de 7 mm de ancho.
34. Venas secundarias más de 12 por lado. **15. Q. gulielmi-treleasei**
34. Venas secundarias hasta 12 por lado.
35. Yemas ovoides o fusiformes, 4-7 mm, pubescentes. **3. Q. benthamii**
35. Yemas ovoides o globosas, (0.5)2-3(-5) mm, glabras o con pocos tricomas a lo largo de los márgenes escamosos.
36. Base de las hojas redondeada, subcordada, cordada o truncada.
37. Epidermis del envés de las hojas reráceo-buliforme bajo magnificación, generalmente con tricomas dispersos. **37. Q. tristis**
37. Epidermis del envés de las hojas lisa, típicamente glabra o con mechones de tricomas en las axilas de las venas, estos a menudo inconspicuos.
38. Hojas lanceoladas, elípticas u oblanceoladas, 6-12.5 × 1.5-4 cm, los márgenes enteros o más comúnmente con (1-)7-10 dientes o más en el 1/2 o 1/3 distal. **8. Q. cortesii**
38. Hojas más anchas, lanceolado-elípticas a elípticas, oblongas, obovadas u oblanceoladas, 4-20 × 2-7 cm, los márgenes enteros y frecuentemente ondulados. **12. Q. elliptica**
36. Base de las hojas cuneado-atenuada o angostamente redondeado-atenuada.
39. Hojas 3-7.5 cm de ancho; cúpula 16-20 mm de ancho. **28. Q. rapurahuensis**
39. Hojas 1.5-4 cm de ancho; cúpula 8-18 mm de ancho.
40. Pedúnculos 0-5 mm; hojas típicamente con dientes setoso/aristados (raramente enteras). **8. Q. cortesii**
40. Pedúnculos 2-12 mm; hojas enteras.
41. Venas secundarias 12 por lado, en ángulo casi recto con respecto a la vena media. **13. Q. eugeniifolia**
41. Venas secundarias 6-10 por lado, ascendentes. **33. Q. seemannii**

1. Quercus acutifolia Née, *Anales Ci. Nat.* 3: 267 (1801). Lectotipo (designado por Nixon & Barrie, 2017): México, Guerrero, *Née s.n.* (MA-[cb] MA25953!). Ilustr.: Trelease, *Mem. Natl. Acad. Sci.* 20: t. 388 (1924), como *Q. conspersa.*

Quercus acutifolia Née var. *angustifolia* A. DC., *Q. acutifolia* var. *conspersa* (Benth.) A. DC., *Q. acutifolia* var. *microcarpa* A. DC. non *Q. microcarpa* Lapeyr., *Q. candolleana* Trel., *Q. conspersa* Benth., *Q. conspersa* forma *caudata* Trel., *Q. conspersa* forma *ovatifolia* Trel., *Q. correpta* Trel., *Q. nitida* M. Martens & Galeotti non Raf., *Q. uruapanensis* Trel.

Árboles pequeños, 5-15 m; ramitas 2-3 mm de diámetro, acostilladas, pardo-rojizas, glabrescentes o con una mezcla de tricomas estrellados y glandulares dispersos, diminutos, tricomas vermiformes dorados; lenticelas pequeñas, blancas; estípulas caducas; yemas 2-3 mm, ovoides, el ápice agudo, glabras o con pocos tricomas. Hojas 8-18 × 2-6 cm, lanceoladas a ovadas u obovadas u oblanceoladas, en ocasiones moderadamente asimétricas, 2-4.5 veces tan largas como anchas; venas secundarias (6-)8-12 por lado, arqueadas, la vena media recta o algo curvada; haz verde opaco, glabro, las venas ligeramente elevadas; envés amarillo-verde o cobrizo debido a la uniforme cubierta de tricomas glandulares diminutos, también con tricomas multirradiados enredados, eglandulares, blancos, en las axilas de las venas, glabrescente; base redondeada o subcordada a cuneada, ocasionalmente oblicua o desigual, los márgenes enteros o con 1-varios dientes dispuestos a lo largo de estos o restringidos al 1/3 distal, los dientes terminando en una cerda de 2-7 mm, con o sin base triangular prominente, el ápice agudo a acuminado o falcado, generalmente con una cerda de 1-4 mm; pecíolo 10-42 mm, glabro o con pocos y diminutos tricomas estrellados, similares a los de las ramas. Fruto bienal, 1 o 2 por nudo, subsésil o con pedúnculo hasta 10 mm, más delgado que la rama de soporte; cúpula 4-10 × 15-20 mm, hemisférica a pateniforme o casi plana, el margen prominentemente enrollado hacia adentro, las escamas apretadamente imbricadas, pubescentes; nuez 13-15 × 10-11 mm, ovoide a cilíndrica, pardo claro, glabrescente. Cotiledones libres. *Bosques secos de* Quercus *o* Quercus-Pinus. Ch (*Matuda 4653*, F); B (*Whitefoord 9220*, MO); G (*Steyermark 42288*, F); ES (*Tucker 1182*, F). 700-2200 m. (México [Cd. México, Edo. México, Guerrero, Jalisco, Michoacán, Oaxaca, Veracruz], Mesoamérica).

Trelease (1924) y Muller (1942) aplicaron el nombre *Quercus acutifolia* a la especie mexicana *Q. grahamii* Benth., la cual no presenta tricomas glandulares en el envés de la hoja y el margen de la cúpula no se enrollada hacia adentro como en esta especie. El carácter inusual de la cúpula con el margen enrollado hacia adentro en la bellota es una característica que se encuentra solo en esta especie y en *Q. crispipilis*.

2. Quercus affinis Scheidw., *Hort. Belge* 4: 321 (1837). Lectotipo (designado por Trelease, 1924): México, Hidalgo, *Galeotti 115* (BR-[cb] BR0000006914974). Ilustr.: Scheidweiler, *Hort. Belge* 4: t. 17 (1837).

Quercus nitens M. Martens & Galeotti.

Arbustos y árboles de talla pequeña a mediana, 5-15 m; ramitas 1-2 mm de diámetro, rojo oscuro, furfuráceo-pelosas, finalmente glabras o glabrescentes; lenticelas inconspicuas a prominentes; estípulas caducas; yemas 1-2(-4) mm, ovoides, el ápice agudo, pardo oscuro, glabras. Hojas 3.5-9 × 1.2-3.5 cm, oblanceoladas u obrómbicas a lanceoladas o angostamente elípticas, 2.5-4 veces tan largas como anchas, planas, onduladas o frecuentemente conduplicadas; venas secundarias 5-12 por lado, no llegando hasta los márgenes de las hojas enteras; haz verde oscuro, brillante, las venas planas y frecuentemente inconspicuas; envés verde más pálido o casi concoloro, glabro o con diminutos mechones de tricomas multirradiados en las axilas de las venas; base redondeada a cuneada o atenuada, los márgenes enteros o remotamente con 2-8 dientes de 1-3 mm, de forma irregular, el ápice agudo a acuminado, generalmente con una cerda de 0.5-2 mm; pecíolo 2-12 mm, rojo o pardo. Fruto bienal, 1-3 por nudo, subsésil o con pedúnculo hasta c. 10 mm, frecuentemente 2-3 veces tan grueso como la rama de soporte; cúpula 6-13 × 11-20 mm, hemisférica a ciatiforme, las escamas grisáceo-puberulentas; nuez 12-18 × 10-13 mm, cilíndrica u ovoide, glabra o pelosa apicalmente. Cotiledones libres. *Bosques montanos, bosques de* Quercus *y* Quercus-Pinus. Ch (*Muller 9438*, BH); G (*Molina R. 15371*, F). 1900-3000 m. (México [Hidalgo, Jalisco, Michoacán, Nuevo León, Oaxaca, Puebla, Querétaro, Tamaulipas, Veracruz], Mesoamérica).

El material de *Quercus affinis* en herbarios ha sido frecuentemente anotado como *Q. acatenangensis* o más recientemente como *Q. laurina*.

3. Quercus benthamii A. DC., *Prodr.* 16: 29 (1864). *Quercus undulata* Benth., *Pl. Hartw.* 81 (1841) non Torr. (1827). Isolectotipo (designado por Candolle, 1864): Guatemala, *Hartweg 563* (NY, imagen en Internet!). Ilustr.: Trelease, *Mem. Natl. Acad. Sci.* 20: t. 284 (1924).

Quercus gemmata Trel.

Árboles grandes, hasta 50 m o más, con las ramitas emergentes, las hojas e inflorescencias densamente cubiertas con tricomas dorados, flocosos, pronto glabrescentes; ramitas 2-3 mm de diámetro, acostilladas, rojo oscuro, furfuráceas a glabrescentes; lenticelas generalmente prominentes; yemas 4-7 mm, ovoides a fusiformes, el ápice agudo, pelosas; estípulas caducas. Hojas 8-17 × 2.5-5 cm, angostamente obovadas u oblanceoladas, en ocasiones ovado-lanceoladas, 2-4 veces tan largas como anchas; venas secundarias 9-12 por lado, arqueado-ascendentes, bifurcándose cerca del margen; haz verde oscuro, glabro o con escasos tricomas, las venas secundarias pardo-amarillentas, planas a ligeramente inmersas; envés verde más pálido, las venas pardo-amarillentas, con o sin fascículos de tricomas en las axilas de las venas, por lo demás glabro; base cuneada a angostamente cuneada y decurrente a lo largo del pecíolo, los márgenes enteros, ondulados o crespos, el ápice agudo a acuminado, con o sin una cerda de 0.5-2 mm; pecíolo (7-)10-30 mm, furfuráceo-peloso, rojo oscuro basalmente. Fruto anual, 1 o 2 por nudo; pedúnculo 5-14 mm, robusto y frecuentemente más grueso que la rama de soporte; cúpula 10-15 × 14-23 mm, hemisférica o crateriforme, dilatada alrededor de la nuez, las escamas planas, imbricadas, pardo claro, puberulentas; nuez 6-10 × 10-18 mm, oblata, escasamente sobrepasando la cúpula, puberulenta. Cotiledones libres. *Bosques montanos de* Quercus *y de* Pinus-Quercus. Ch (*Breedlove 65785*, MO); G (*Breedlove & Almeda 64874*, MO); H (*Molina R. & Molina 13940*, F); ES (*Villacorta & Renderos 2749*, F). 1400-3800 m. (Endémica).

Este nombre ha sido aplicado en herbarios a material que tratamos aquí como *Quercus rapurahuensis*, así como otras especies similares. *Quercus benthamii* como es delimitada aquí es más una especie que se distribuye al norte de Mesoamérica y tiene yemas distintivas más grandes y pelosas, las ramitas generalmente más pelosas, en contraste con la especie más sureña *Q. rapurahuensis*, la cual tiene yemas glabrescentes de menor tamaño. Existe una considerable brecha geográfica entre las dos especies.

4. Quercus breedloveana Nixon & Barrie, *Novon* 25: 444 (2017). Holotipo: México, Guerrero, *Contreras 1207* (CAS!). Ilustr.: Nixon & Barrie, *Novon* 25: 445, t. 1 (2017).

Árboles, hasta 20 m o más; ramitas 1-2 mm de diámetro, teretes, rojo-púrpura o grises, glabras; lenticelas generalmente inconspicuas; estípulas caducas; yemas 2-3 mm, globosas u ovoides, el ápice obtusamente agudo, pardas, glabras. Hojas 9-21 × 2.4-6 cm, angostamente elípticas o lanceolado-elípticas, 3-4 veces tan largas como anchas; venas secundarias 6-14 por lado, rectas y ascendentes, uniformemente espaciadas, todas excepto las más proximales terminando en una cerda; haz verde, glabro, las venas planas; envés verde pálido, glabro rara vez con pocos tricomas en las axilas de las venas, las venas convexas; base cuneada o angostamente cuneada, o angostamente redondeado-atenuada, algunas veces oblicua, los márgenes ondulados, con o sin dientes triangulares de 1-4 mm, estos subyacentes a 16-26 setas, el ápice acuminado a caudado-acuminado, ligeramente falcado, generalmente con una cerda de 1-5 mm; pecíolo 6-22 mm, rojo proximalmente, glabro. Fruto anual, generalmente solitario al madurar; cúpula 17-21 × 10-12 mm, turbinada; nuez 14-17 × 13-15 mm, ampliamente ovoide o deprimido-globosa, glabra o escasamente puberulenta, contenida c. 1/3 de su longitud en la cúpula. Cotiledones libres. *Bosques de neblina, especialmente con* Liquidambar. Ch (*Breedlove 24954*, CAS). 1100-1800 m. (México [Guerrero], Mesoamérica).

Quercus breedloveana difiere de *Q. paxtalensis* por sus hojas elípticas, marcadamente simétricas, con la base consistentemente cuneada a redondeado-atenuada.

5. Quercus bumelioides Leibm., *Overs. Kongel. Danske Vidensk. Selsk. Forh. Medlemmers Arbeider* 1854: 188 (1854). Lectotipo (designado por Trelease, 1924): Panamá, *Seemann s.n.* (K-[cb] K000575038, imagen en Internet!). Ilustr.: Trelease, *Mem. Natl. Acad. Sci.* 20: t. 291b (1924).

Quercus aaata C.H. Mull., *Q. copeyensis* C.H. Mull., *Q. costaricensis* Liebm. forma *kuntzei* Trel., *Q. panamandinaea* C.H. Mull., *Q. wesmaelii* Trel.

Árboles grandes, hasta 50 m o más; ramitas 3-4 mm de diámetro, angulosas en corte transversal, pardo claro-amarillentas o gris pálido, escasa a densamente pelosas, los tricomas rojo-parduscos, finalmente furfuráceas o glabrescentes; lenticelas inconspicuas a prominentes; estípulas 6-8 mm, subuladas, prominentes alrededor de las yemas, persistentes; yemas 1-2(-3) mm, globosas a ovoides, pardas, glabras. Hojas 5.5-18.5 × 2.5-7 cm, elípticas a obovadas u oblanceoladas, 2-4 veces tan largas como anchas; venas secundarias (8)9-12 por lado, ascendentes a arqueadas, generalmente bifurcándose cerca de los márgenes; haz verde claro a oscuro, glabrescente, las venas ligeramente impresas; envés verde claro a oscuro, densamente peloso con tricomas multirradiados a lo largo de los lados de la vena media y en las axilas de las venas, con o sin tricomas seríceos simples, a lo largo de la vena media, finalmente glabrescente; base redondeada a subcordada o cuneada, los márgenes enteros, subcrenados o con pocos dientes mucronados o inconspicuos cerca del ápice, el ápice agudo; pecíolo 3-8(-13) mm, rojo oscuro, glabrescente. Fruto anual, 1-4 por nudo; pedúnculo 5-60 mm; cúpula 5-10 × 15-30 mm, hemisférica, laxamente cubriendo la nuez, las escamas laxamente imbricadas, tomentosas y más o menos tuberculadas hacia la base; nuez 12-25 × 13-25 mm, obloide a globosa, pardo oscuro, glabra. Cotiledones libres. *Generalmente en bosques húmedos de* Quercus *a altas elevaciones, descendiendo hasta los bosques premontanos*. Ch (*Breedlove et al. 66274*, MO); G (*Steyermark 49861*, F); H (*Molina R. 12701*, F); ES (*Tucker 1200*, F); N (*Williams & Molina R. 42686*, F); CR (*Morales 7168*, MO); P (*Muller 11260*, BH). 1100-2700 m. (Endémica).

Quercus bumelioides es una de las especies más ampliamente distribuidas y polimórficas en Mesoamérica, con la morfología de la hoja altamente variable. Esta especie frecuentemente se encuentra con *Q. costaricensis* y puede confundirse con esa especie de encino rojo en Costa Rica y Panamá.

6. Quercus calophylla Schltdl. & Cham., *Linnaea* 5: 79 (1830). Lectotipo (designado por Bartholomew & Almeda, 2023): México, Veracruz, *Schiede 24* (HAL-[cb] HAL0060349, imagen en Internet!). Ilustr.: Muller, *U.S.D.A. Bur. Pl. Industr. Misc. Publ.* 477: 216, t. 124 (1942), como *Q. candicans* Née.

Quercus acuminata M. Martens & Galeotti, *Q. alamo* Benth.?, *Q. calophylla* Schltdl. & Cham. forma *acuminata* Seemen ex Trel., *Q. calophylla* forma *alamo* (Benth.) Trel.?, *Q. calophylla* forma *intermedia* Seemen ex Trel., *Q. candicans* auct. non Née, *Q. intermedia* M. Martens & Galeotti.

Árboles hasta 25 m; ramitas (2-)3-4 mm de diámetro, levemente acostilladas, gris claro o blancas a gris oscuro o pardas, glabrescentes o pubescentes, los tricomas ocráceos; lenticelas inconspicuas; estípulas caducas; yemas 2-5 × 1.5-2.5 mm, ovadas o globosas, pardo claro a oscuro, glabras o pubescentes. Hojas 11.5-18 × 6-11 cm, obovadas a orbiculares, 1.5-2.5 veces tan largas como anchas; venas secundarias (7)8-10 por lado, ascendentes, terminando en una cerda; haz verde oscuro, glabro; envés oculto por tricomas blanquecinos a grisáceos, persistentes, entrelazados, afelpados, las venas prominentes, glabrescentes, rojizas o pardas; base ampliamente redondeada a truncada o subcordada, ocasionalmente oblicua, los márgenes con 13-25 o más dientes setosos o aristados de 2-6 mm, generalmente restringidos al 1/2 o 2/3 distales, cada uno terminal en la vena, el ápice abruptamente acuminado, con una cerda de 0.5-3 mm; pecíolo 13-40 mm, puberulento. Fruto bienal, 1-3 por nudo; pedúnculo 6-22 mm, robusto, típicamente más grueso que la rama de soporte; cúpula 8-12 × 17-25 mm, hemisférica a pateniforme, con escamas laxamente imbricadas, planas, pardas, puberulentas; nuez 17-19 × 15-17 mm, ampliamente ovoide o subglobosa, parda, puberulenta, finalmente glabrescente. Cotiledones libres. *Bosques montanos de* Quercus. Ch (*Breedlove 10126*, F); G (*Standley 81976*, F). 1400-3200 m. (México [Colima, Durango, Edo. México, Guanajuato, Guerrero, Hidalgo, Jalisco, Michoacán, Morelos, Nayarit, Oaxaca, Puebla, Sinaloa, Veracruz], Mesoamérica).

7. Quercus corrugata Hook., *Icon. Pl.* 5: t. 403-404 (1842 [1841]). Lectotipo (designado aquí): Guatemala, *Skinner 5* (K-[cb] K000512592!; isolectotipos: K-[cb] K000512591!, K-[cb] K000512593!). Ilustr.: Hooker, *Icon. Pl.* 5: t. 403 (1842b [1841]).

Quercus corrugata Hook. var. *granulifera* Trel., *Q. corrugata* var. *ipalensis* Trel., *Q. corrugata* var. *microcarpa* Wenz., *Q. cyclobalanoides* Trel., *Q. excelsa* Liebm., *Q. insignis* M. Martens & Galeotti subsp. *pilarius* (Trel.) A.E. Murray, *Q. insignis* var. *pilarius* (Trel.) A.E. Murray, *Q. molinae* C.H. Mull., *Q. ovandensis* Matuda?, *Q. pilarius* Trel., *Q. pilgeriana* Seemen, *Q. reevesii* Trel., *Q. yousei* Trel.

Árboles, hasta 50 m o más, ejemplares mayores frecuentemente con contrafuertes; ramitas 2-3 mm de diámetro, grises o pardo-rojizas, glabrescentes o furfuráceo-pelosas o parcialmente araneosas; lenticelas moderadamente prominentes, blancas; estípulas caducas; yemas 2-3 mm, globosas, pardas o grises, glabrescentes. Hojas 8-25 × 2.5-7 cm, angostamente elípticas a oblanceoladas u obovadas, 2.5-4.5 veces tan largas como anchas; venas secundarias 12-16 por lado, ascendentes; haz verde claro a verde oliva, glabro, las venas no prominentes; envés escasa a densamente seríceo a lo largo del 1/2 proximal de la vena media, por lo demás glabrescente, las venas convexas; base redondeada o truncada, los márgenes subenteros o más generalmente serrados antrorsamente a lo largo de al menos los 2/3 distales, con 16-25 dientes, mucronados, el ápice agudo; pecíolo (12-)20-25 mm. Fruto anual, 1 o 2 por nudo, subsésil o con pedúnculo c. 16 mm, casi tan grueso como la rama de soporte; cúpula (5-)13-18 × 30-35 mm, hemisférica hasta pateniforme, con escamas apretadamente adpresas, tuberculadas, densamente pubescentes; nuez 25-60 × 25-30 mm, angostamente ovoide a anchamente ovada, parda, glabra. Cotiledones libres. *Bosques premontanos y partes inferiores de bosques montanos de* Quercus. Ch (*Ton 4711*, MO); B (*Cafferty & Monro 46*, BM); G (*Stone et al. 4349*, MO); H (*Yuncker et al. 6297*, MO); CR (*Gamboa 2244*, MO); P (*McPherson 15326*, MO). 700-2200 m. (México [Oaxaca, Veracruz], Mesoamérica).

Quercus corrugata es frecuentemente identificada como *Q. lancifolia* en los herbarios. Las dos difieren tanto en caracteres de la hoja como de la bellota, y *Q. corrugata* es típicamente una especie de bosques de elevación baja a lo largo de Mesoamérica, mientras que *Q. lancifolia* tiene una distribución más hacia el norte y se encuentra en bosques de neblina a elevaciones altas.

8. Quercus cortesii Liebm., *Overs. Kongel. Danske Vidensk. Selsk. Forh. Medlemmers Arbeider* 1854: 175 (1854). Lectotipo (designado por Trelease, 1924): México, Veracruz o Puebla, *Liebmann 3463* (C, foto!). Ilustr.: Trelease, *Mem. Natl. Acad. Sci.* 20: t. 373b (1924).

Quercus anglohondurensis C.H. Mull., *Q. boquetensis* Standl., *Q. brenesii* Trel., *Q. flagellifera* Trel., *Q. gracilior* C.H. Mull., *Q. huitamalcana* Trel., *Q. lowilliamsii* C.H. Mull., *Q. serra* Liebm. non Unger, *Q. tenuiaristata* Trel.?, *Q. trichodonta* Trel.?, *Q. xalapensis* Bonpl. forma *jalapae* Trel.

Árboles 10-25 m o más; ramitas 1-2 mm de diámetro, pardo-rojizo oscuro, dorado-velutinas, pronto glabrescentes o los tricomas persistentes en mechones; lenticelas pardo pálido; estípulas caducas; yemas 3-4 mm, ovoides, el ápice agudo, pardas, glabras. Hojas 6-12.5 × 1.5-4 cm, lanceoladas, elípticas u oblanceoladas, 3.5-5.5 veces tan largas como anchas; venas secundarias 8-12 por lado, ascendentes o arqueadas y llegando hasta los dientes, cuando presentes, con o sin venas intermedias que terminan en los senos; haz verde oscuro a verde-purpúreo, glabro o con tricomas flocosos basalmente; envés verde pálido, glabrescente o con mechones de tricomas flocosos persistentes en las axilas de las venas; base cuneado-atenuada, en ocasiones redondeado-atenuada, los márgenes enteros o más generalmente con (1-)7-10 dientes sobre el 1/2 o 1/3 distal, los dientes con cerdas de (1-)3-4 mm y típicamente con una base triangular ancha, el ápice acuminado, generalmente con una cerda de 0.5-3 mm; pecíolo 3-20 mm, rojo oscuro, glabro o con pocos tricomas persistentes. Fruto anual, 1 o 2 por nudo, sésil o con pedúnculo de 2-5 mm; cúpula 6-12 × 13-18 mm, ciatiforme o hemisférica, con escamas imbricadas, planas, pardo claro, puberulentas; nuez 12-16 × 9-16 mm, subglobosa a oblonga, parda a pardo oscuro, puberulenta, los tricomas fácilmente quebradizos. Cotiledones libres. *Bosques de neblina, bosques de* Quercus. Ch (*Breedlove & Almeda 56989*, MO); B (*Schipp 1249*, MO); G (*Véliz MV6335*, MO); H (*Williams 17012*, F); ES (*Tucker 1202*, F); N (*Moreno 24864*, CAS); CR (*Gentry & Haber 48767*, CAS); P (*McPherson 9906*, CAS). 400-2000 m. (México [Oaxaca, Puebla, Veracruz], Mesoamérica).

Quercus cortesii es una especie con extrema variación en el tamaño, la textura y los márgenes (en ocasiones sin dientes) de la hoja. Las poblaciones del sur, que corresponden a *Q. brenesii*, son ligeramente diferentes, pero debido a la amplia variación en la forma de la hoja, no se puede mantener como una especie separada. El material hondureño identificado como *Q. lowilliamsii* y *Q. trichodonta* tiende a tener hojas más grandes y tricomas lanosos dorados más persistentes sobre las ramitas, pero el indumento es del mismo tipo de los tricomas caducos encontrados en el resto las especies.

9. Quercus costaricensis Liebm., *Overs. Kongel. Danske Vidensk. Selsk. Forh. Medlemmers Arbeider* 1854: 184 (1854). Lectotipo (primer paso designado por Trelease, 1924; segundo paso designado por Bartholomew & Almeda, 2023): Costa Rica, *Oersted 3465* (C-[cb] C10012470!). Ilustr.: Trelease, *Mem. Natl. Acad. Sci.* 20: t. 281 (1924).

Quercus endresii Trel., *Q. irazuensis* Kuntze.

Árboles, hasta 30 m o más, frecuentemente cerca del límite del bosque; ramitas 2-4 mm de diámetro, pardo oscuro o casi negras, flocosas, los tricomas color bronce, finalmente glabrescentes; lenticelas frecuentemente prominentes; estípulas caducas; yemas c. 3 mm, ovoides, el ápice agudo, pardo claro, puberulentas. Hojas 3-10 × 2.5-5 cm, orbiculares a elípticas, obovadas u ovadas, 1.5-2 veces tan largas como anchas; venas secundarias 5-7 por lado, ascendentes, bifurcándose cerca de los márgenes; haz verde brillante, las venas profundamente impresas, la vena media atenuada y frecuentemente bifurcándose distalmente; envés uniformemente peloso o el indumento restringido a las venas, las venas prominentes, reticuladas; base redondeada a subcordada o amplexicaule, los márgenes enteros, reflexos o revolutos, el ápice redondeado o rara vez agudo, la cerda ausente; pecíolo 1-4(-6) mm, robusto, oscuro. Fruto anual, 1 o 2 por nudo, rara vez numerosos, pero frecuentemente varios frutos abortados; pedúnculo 7-15 mm, rara vez subsésil, frecuentemente más grueso que la rama de soporte; cúpula 10-20 × 20-40 mm, crateriforme, hemisférica o pateniforme, con escamas laxamente imbricadas, pardo-pelosas, el ápice agudo; nuez 15-20 × 22-28 mm, oblata o globosa a ovoide o cilíndrica, glabrescente. Cotiledones libres. *Bosques montanos húmedos con* Quercus. CR (*Muller 10961*, BH); P (*Davidse et al. 25277*, MO). 1700-3300 m. (Endémica).

Quercus costaricensis es un componente importante de los bosques de *Quercus* en las tierras altas de Costa Rica y con frecuencia se encuentra en asociación con *Q. bumelioides*, con la cual se puede confundir. Los híbridos entre *Q. seemannii* y *Q. costaricensis*, con frutos grandes, han sido nombrados *Q. ×tonduzii* Seemen (holotipo: Costa Rica, *Tonduz 10788*, BR; = *Q. seemannii* Liebm. var. *tonduzii* (Seemen) A.E. Murray). La hibridación se expresa en pocos especímenes aislados en la zona de contacto entre las dos especies en el Volcán Poas.

10. Quercus crassifolia Bonpl. in Humb. & Bonpl., *Pl. Aequinoct.* 2: 49 (1809 [1810-1811]). Lectotipo (designado aquí): México, Guerrero, *Bonpland 4142* (P-[cb] 00129735!, foto BH!; isolectotipos: P-[cb] P00129736!, P-[cb] P00129737!, P-[cb] P00669730!). Ilustr.: Humboldt & Bonpland, *Pl. Aequinoct.* 2: t. 91 (1809 [1810-1811]).

Quercus brachystachys Benth., *Q. brachystachys* forma *caerulea* Trel., *Q. brachystachys* forma *venulosa* Trel., *Q. chicamolensis* Trel., *Q. crassifolia* Bonpl. var. *errans* (Trel.) E.F. Warb., *Q. errans* Trel., *Q. miguelitensis* Trel., *Q. mollis* M. Martens & Galeotti non Raf., *Q. moreliana* Trel., *Q. orbiculata* Trel., *Q. spinulosa* M. Martens & Galeotti, *Q. stipularis* Bonpl.

Árboles, hasta 30 m; ramitas 3-5 mm de diámetro, velutinas, los tricomas ocráceos a furfuráceos con diminutos tricomas grises; estípulas caducas u ocasionalmente persistentes; yemas 4-7 mm, fusiformes, el ápice agudo, pardas, pelosas. Hojas 6.5-9 × 5-11 cm, oblongo-obovadas a orbiculares, 1.5-2 veces tan largas como anchas, patentes o algunas veces cupuliformes; venas secundarias 8-10 por lado, rectas y ascendentes; haz verde oscuro a verde-gris, glabro, las venas impresas, la vena media atenuada o bifurcada distalmente; envés con la superficie densamente cubierta de tricomas ocráceos fasciculados y enredados; base cordada a subcordada, en ocasiones oblicua, los márgenes generalmente reflexos o revolutos, enteros a lo largo del 1/2 proximal, con 6-12 dientes mucronados prominentes a inconspicuos en el 1/2 distal, anchos, irregulares, con o sin cerdas de 1-3 mm, el ápice redondeado a obtuso, agudo o acuminado, generalmente con una cerda de 0.5-3 mm; pecíolo 8-40 mm. Fruto bienal (a veces de apariencia anual cuando las ramitas nuevas fallan en alargarse), solitario, pareado o rara vez espigado, subsésil o con pedúnculos hasta 13 mm; cúpula 7-11 × 11-13 mm, hemisférica; nuez 11-12 × 6-9 mm, ovoide-oblonga, parda, glabrescente. Cotiledones libres. *Bosques a altas elevaciones de* Quercus *y* Pinus. Ch (*Matuda 4652*, BH); G (*Muller 11068a*, BH). 1000-2600 m. (México [Chihuahua, Durango, Edo. México, Guanajuato, Guerrero, Hidalgo, Michoacán, Nayarit, Oaxaca, Puebla, Querétaro, San Luis Potosí, Tlaxcala, Veracruz], Mesoamérica).

Quercus crassifolia es uno de los encinos mexicanos ampliamente distribuidos que se extiende hasta la parte norte de Mesoamérica.

11. Quercus crispipilis Trel., *Mem. Natl. Acad. Sci.* 20: 184 (1924). Lectotipo (designado por Bartholomew & Almeda, 2023): Guatemala, *Seler & Seler 2667* (GH). Ilustr.: Trelease, *Mem. Natl. Acad. Sci.* 20: t. 370b (1924).

Quercus cerifera Trel., *Q. cinnamomea* Trel., *Q. cuajimalpana* Trel., *Q. imbricariifolia* Trel., *Q. pablillensis* C.H. Mull., *Q. rugulosa* M. Martens & Galeotti.

Árboles pequeños a medianos, hasta 18 m; ramitas 2-3 mm de diámetro, pardo-rojizo oscuro o grises, persistentemente flocosas a glabrescentes; lenticelas pardas, ligeramente prominentes; estípulas caducas; yemas 1-2(-4) mm, ovoides, el ápice agudo, glabras o con pocos tricomas persistentes. Hojas 4-12 × 1.5-3.5 cm, elípticas a angostamente elípticas o angostamente oblongas, 3-4 veces tan largas como anchas; venas secundarias 10-14 por lado, arqueadas, no llegando hasta los márgenes; haz verde-gris, glabrescente, las venas secundarias planas a impresas; envés persistente y densamente tomentoso, los tricomas grises, multirradiados, fácilmente quebradizos pero no deciduos; base redondeada a truncada o subcordada, en ocasiones oblicua, los márgenes enteros, ondulados y ligeramente revolutos, sin dientes prominentes, el ápice agudo o redondeado, generalmente con una cerda de 0.5-3 mm; pecíolo 3-8 mm, puberulento o glabrescente. Fruto bienal, 1-3 por nudo, subsésil o con pedúnculos hasta 7 mm, el doble del grueso de la rama de soporte, con lenticelas prominentes; cúpula 9-11 × 11-20 mm, ciatiforme o hemisférica, el margen enrollado hacia adentro, las escamas cercanamente adpresas, planas, gris-puberulentas, los márgenes pardos; nuez 7-15 × 8-12 mm, subglobosa a cilíndrico/ovoide, frecuentemente el 1/2 o más incluido dentro de la cúpula, pardo claro a oscuro, el ápice puberulento. Cotiledones libres. *Bosques de* Quercus *y* Quercus-Pinus. Ch (*Raven & Breedlove 20084*, F); G (*Steyermark 50584*, F). 1600-2800 m. (Endémica).

Quercus crispipilis se asemeja a *Q. mexicana* Bonpl. en caracteres del follaje y a *Q. crassipes* Bonpl. en el inusual enrollado hacia adentro del margen de la cúpula.

12. Quercus elliptica Née, *Anales Ci. Nat.* 3: 278 (1801). Lectotipo (designado por Bartholomew & Almeda, 2022): México, Hidalgo, *Née s.n.* (MA-[cb] MA25956, imagen en Internet!). Ilustr.: McVaugh, *Contr. Univ. Michigan Herb.* 12: 37, t. 13 (1974).

Quercus botryocarpa Trel., *Q. chiquihuitillonis* Trel., *Q. comayaguana* Trel., *Q. exaristata* Trel., *Q. guayabalana* Trel., *Q. hondurensis* Trel., *Q. langlassei* Trel., *Q. linguifolia* Liebm., *Q. oajacana* Liebm., *Q. peradifolia* E.F. Warb., *Q. productipes* Trel., *Q. pubinervis* M. Martens & Galeotti, *Q. salicifolia* Née var. *oajacana* (Liebm.) Wenz., *Q. yoroensis* Trel., *Q. yoroensis* var. *aguanana* Trel.

Árboles, hasta 15 m, rara vez hasta 30 m; ramitas 2-4 mm de diámetro, grises, densa y persistentemente velutinas, los tricomas ocráceos, en ocasiones glabrescentes; lenticelas típicamente inconspicuas;

estípulas caducas; yemas 0.5-3 mm, ovoides o globosas, pardo claro, fasciculado-ciliadas. Hojas 4-20 × 2-7 cm, lanceolado-elípticas a elípticas, oblongas, obovadas u oblanceoladas, 2-3 veces tan largas como anchas; venas secundarias 8-12 por lado, ascendentes; haz verde oscuro, uniformemente peloso, los tricomas estrellados, finalmente glabrescentes con tricomas concentrados a lo largo de la vena media, la vena media convexa, las venas secundarias impresas; envés verde pálido, glabrescente o generalmente peloso con tricomas estrellados persistentes a lo largo de la vena media, frecuentemente con áreas irregulares claras y/o oscuras debido a la infección de hongos; base redondeada a cordada, los márgenes enteros y frecuentemente ondulados, el ápice redondeado a agudo o acuminado, generalmente con una cerda de 0.5-3 mm; pecíolo 2-10 mm, pelosidad similar a la lámina de la hoja. Fruto anual, 1 o 2(-4) por nudo, subsésil o sobre pedúnculos delgados de 2-10 mm; cúpula 3-6 × 10-15 mm, pateniforme hasta hemisférica; nuez 12-15 × 10-18 mm, ovoide a anchamente ovoide, parda. Cotiledones libres. *Bosques de* Quercus *en tierras bajas, bosques secos*. Ch (*Espinosa 485*, MO); B (*McDaniel 14469*, F); G (*Steyermark 42311*, F); H (*Howard et al. 557*, BM); ES (*Carlson 1005*, F). 700-1800 m. (México [Edo. México, Guerrero, Hidalgo, Jalisco, Michoacán, Nayarit, Oaxaca, Sinaloa, Veracruz], Mesoamérica).

13. Quercus eugeniifolia Liebm., *Overs. Kongel. Danske Vidensk. Selsk. Forh. Medlemmers Arbeider* 1854: 185 (1854). Neotipo (designado por Bartholomew & Almeda, 2023): Trelease, *Mem. Natl. Acad. Sci.* 20: t. 316a (1924). Ilustr.: Trelease, *Mem. Natl. Acad. Sci.* 20: t. 316 (1924), como *Q. eugeniaefolia.*

Árboles, 15-30 m o más, completamente glabros; ramitas 1-2 mm de diámetro, grises a pardo-rojizo oscuro; lenticelas inconspicuas; estípulas caducas; yemas 1-2 mm o menores, ovoides, pardo claro. Hojas 5-10 × 1.5-3 cm, angostamente elípticas o elípticas, 2.5-4.5 veces tan largas como anchas; venas secundarias 12 por lado, más las intermedias, divergiendo en ángulos casi rectos desde la vena media y bifurcándose en los márgenes; haz verde oscuro, las venas inconspicuas o las venas secundarias moderadamente impresas; envés verde más pálido, las venas inconspicuas a prominentes; base cuneada a angostamente cuneada o moderadamente redondeada, los márgenes enteros, frecuentemente crespos o finamente ondulados, el ápice agudo a acuminado, generalmente con una cerda de 0.5-3 mm; pecíolo 1-8(-10) mm, frecuentemente rojizo. Fruto anual, 1-3 por nudo; pedúnculo 2-8 mm, similar en grosor a la rama de soporte; cúpula 4-8 × 8-13 mm, hemisférica o infundibuliforme; nuez 9-15 × 7-11 mm, ovoide a anchamente elipsoide, parda, puberulenta, finalmente glabrescente. Cotiledones libres. *Bosques montanos húmedos con* Quercus. Ch (*Breedlove 62124*, MO); G (*Williams et al. 22880*, F); H (*Williams & Molina R. 13702*, F); ES (*Heed s.n.*, F); N (*Stevens et al. 32855*, MO); CR (*Wilbur 31482*, F); P (*Muller 11254*, BH). 900-2500 m. (México [Guerrero, Jalisco, Oaxaca, Puebla?, Veracruz?], Mesoamérica).

El nombre *Quercus salicifolia* ha sido con frecuencia aplicado erróneamente a este taxón, así como también a *Q. seemannii*. El tipo de *Q. salicifolia*, de bosques de tierras bajas secas cerca de Acapulco, Guerrero, difiere en caracteres de la hoja tales como forma, arreglo de las venas, longitud del pecíolo y en la presencia de tricomas glandulares, los cuales están completamente ausentes tanto en esta especie como en *Q. seemannii*. Como es aquí interpretada, *Q. eugeniifolia* es una especie ampliamente distribuida que varía en tamaño y forma de las hojas, pero con hojas glabras teniendo venas prominentes impresas, dispuestas en ángulos rectos, o casi rectos desde la vena media, y ramitas glabras. *Quercus seemannii* tiene pelosidad sobre los crecimientos nuevos y típicamente retiene la pelosidad en las axilas de las venas en el envés.

14. Quercus glabrescens Benth., *Pl. Hartw.* 56 (1840). Lectotipo (designado por Bartholomew & Almeda, 2023): México, Hidalgo, *Hartweg 428* (K-[cb] K000512603). Ilustr.: Trelease, *Mem. Natl. Acad. Sci.* 20: t. 34a (1924).

Quercus glabrescens Benth. var. *radlkoferiana* (Trel.) A. Camus, *Q. pacayana* C.H. Mull., *Q. radlkoferiana* Trel.

Árboles, (5-)10-30 m o más; ramitas 2-3 mm, teretes, pardo-rojizo oscuro a grises, furfuráceas a glabrescentes; lenticelas típicamente prominentes; yemas 1-2(-3) mm, ovoides, el ápice agudo, pardas, glabras. Hojas 3.5-11.5 × 1.5-4 cm, elípticas o angostamente elípticas a obovadas u oblanceoladas, 2-3.5 veces tan largas como anchas; venas secundarias 7-9(10) por lado, ascendentes, rectas o arqueadas; haz verde oscuro, brillante, glabrescente, las venas impresas; envés verde más pálido, glabrescente o más generalmente con tricomas multirradiados, persistentes, patentes, a lo largo de las venas, las venas prominentes; base redondeada a subcordada, los márgenes reflexos a revolutos, con 8-10(-14) dientes inconspicuos y redondeados hasta prominentes, antrorsos y mucronados, el ápice agudo a obtuso; pecíolo 3-9 mm, rojizo basalmente, puberulento. Fruto anual, 1 o 2 por nudo; pedúnculo 5-12 mm; cúpula 3-11 × 13-25 mm, anchamente infundibuliforme o hemisférica hasta pateniforme, con escamas finas, escasamente tuberculadas basalmente; nuez 10-20 × 12-16 mm, oblata a ovada, parda, glabra. Cotiledones libres. *Bosques de* Quercus *y* Quercus-Pinus. Ch (*Reyes-García et al. 6094*, MO); G (*Standley 58467*, F). 700-800 m. (México [Edo. México, Hidalgo, Oaxaca, Puebla], Mesoamérica).

15. Quercus gulielmi-treleasei C.H. Mull., *U.S.D.A. Bur. Pl. Industr. Misc. Publ.* 477: 58 (1942). Holotipo: Panamá, *Seibert 226* (MO). Ilustr.: Muller, *U.S.D.A. Bur. Pl. Industr. Misc. Publ.* 477: 171, t. 79 (1942).

Quercus seemannii Liebm. subsp. *gulielmi-treleasei* (C.H. Mull.) A.E. Murray, *Q. seemannii* var. *gulielmi-treleasei* (C.H. Mull.) A.E. Murray.

Árboles, hasta 35 m; ramitas 2-3 mm de diámetro, teretes o ligeramente acostilladas, grises o pardo-rojizas, furfuráceas, finalmente glabrescentes; lenticelas prominentes, blancas; estípulas caducas; yemas 1-3 mm, ovoides, pardo claro, glabras. Hojas 11.5-28.5 × 3.5-8.5 cm, angostamente elípticas o elípticas a angostamente obovadas u obovadas, 2.5-4 veces tan largas como anchas; venas secundarias 12-18 por lado, ascendentes, bifurcándose distalmente; haz verde oscuro, glabrescente, más o menos plano; envés verde pálido, la vena media y las venas secundarias prominentes, rojizas, persistentemente pelosas, los tricomas multirradiados, la superficie por lo demás glabrescente; base cuneada a angostamente redondeada o atenuada, los márgenes enteros, crespos u ondulados, el ápice acuminado a caudado-acuminado, generalmente con una cerda de 0.5-3 mm; pecíolo 5-12(-20) mm, uniformemente oscuro, glabrescente o persistentemente peloso. Fruto anual, 1 o rara vez 2 por nudo, subsésil o con pedúnculo hasta 8(-14) mm, peloso; cúpula 10-19 × 12-21 mm, hemisférica a anchamente hemisférica o ciatiforme, las escamas apretadamente imbricadas, planas, anaranjado-pardas, puberulentas; nuez 8-20 × 12-20 mm, anchamente ovoide a hemisférica, frecuentemente la 1/2 o más incluida en la cúpula, puberulenta, los tricomas fácilmente quebradizos, finalmente glabrescentes. Cotiledones libres. *Bosques montanos y menos frecuentemente bosques premontanos con* Quercus. CR (*Stork 1745*, F); P (*Hammel et al. 6788*, MO). 900-2300 m. (Endémica).

16. Quercus humboldtii Bonpl. in Humb. & Bonpl., *Pl. Aequinoct.* 2: 155 (1809). Lectotipo (designado aquí): Colombia, *Bonpland 2083* (P-[cb] P00129753, imagen en Internet!; isolectotipo: P-[cb] P00669716, imagen en Internet!). Ilustr.: Trelease, *Mem. Natl. Acad. Sci.* 20: t. 272 (1924).

Erythrobalanus humboldtii (Bonpl.) O. Schwarz, *E. lindenii* (A. DC.) O. Schwarz, *E. tolimensis* (Bonpl.) O. Schwarz, *Quercus almaguerensis* Bonpl., *Q. humboldtii* Bonpl. var. *lehmanniana* Hieron. ex Trel., *Q. lindenii* A. DC., *Q. tolimensis* Bonpl.

Árboles grandes, hasta 30 m; ramitas 2-3 mm de diámetro, acostilladas, pardo-purpúreo oscuro, glabrescentes; lenticelas prominentes; estípulas caducas; yemas 2-3 mm, subglobosas, pardo claro, glabrescentes. Hojas 7.5-18 × 3.3-6 cm, elípticas o angostamente elípticas a obovadas u oblanceoladas, 2.5-3.5 veces tan largas como anchas; venas secundarias 10-13 por lado, ascendentes, bifurcándose distalmente; haz verde, glabrescente, las venas impresas; envés verde más pálido, glabrescente excepto por tricomas multirradiados persistentes a lo largo de la vena media y proximalmente a lo largo de las venas secundarias; base redondeada a cuneada, los márgenes enteros, planos o crespos, el ápice abruptamente acuminado, generalmente con una cerda de 0.5-3 mm; pecíolo 5-13 mm, rojo oscuro, glabrescente. Fruto anual, 1-3 por nudo, sésil; cúpula 10-18 mm de profundidad, ciatiforme, las escamas laxamente imbricadas, pardo-amarillentas, persistentemente pelosas; nuez 23-35 × 20-28 mm, cilíndrico-ovoide, parda, glabra. Cotiledones libres. *Bosques montanos con* Quercus. P (*McPherson 11620*, MO). 1100-1700 m. (Mesoamérica, Colombia).

Quercus humboldtii se consideraba restringida a Colombia, pero aquí se incluyen poblaciones de Panamá (Darién).

17. Quercus insignis M. Martens & Galeotti, *Bull. Acad. Roy. Sci. Bruxelles* 10(1): 219 (1843). Lectotipo (designado por Trelease, 1924): México, Veracruz, *Galeotti 125* (BR). Ilustr.: Trelease, *Mem. Natl. Acad. Sci.* 20: t. 14 (1924).

Quercus davidsoniae Standl., *Q. galeottii* M. Martens, *Q. schippii* Standl., *Q. seibertii* C.H. Mull., *Q. strombocarpa* Liebm.

Árboles, hasta 20 m; ramitas 3-5 mm de diámetro, acostilladas o teretes, densamente tomentosas, los tricomas pardo-rojizos a rojo-dorados; lenticelas prominentes; estípulas persistentes, ocultando las yemas terminales, pelosas; yemas 3-6 mm, ovoides, pardas, puberulentas. Hojas 9-28 × 6-11.5 cm, obovadas a elípticas o angostamente elípticas, 2-2.5 veces tan largas como anchas; venas secundarias 14-22 o más por lado, rectas y ascendentes, llegando hasta los márgenes, especialmente aquellas arriba de la mitad; haz verde oscuro, glabrescente; envés dispersamente tomentoso con tricomas erectos a patentes, simples o generalmente 2-6-ramificados, los tricomas mucho más largos y adpresos a lo largo de las venas, las venas secundarias prominentes; base redondeada a subcordada, los márgenes enteros, repandos o con numerosos dientes mucronados a lo largo del 1/2-2/3 distales, el ápice obtuso a agudo; pecíolo 2-13 mm, tomentoso. Fruto anual, 1 o rara vez 2 por nudo, subsésil o con pedúnculo hasta 25 mm, robusto; cúpula 18-25 × 45-60 mm, anchamente pateniforme o ciatiforme, las escamas laxamente imbricadas, puberulentas; base engrosada, el ápice geniculado; nuez 29-40 × c. 43 mm, hemisférica, la cicatriz de unión 35-40 mm de diámetro, justo por encima del punto más ancho, dorado-puberulenta, finalmente glabrescente, la radícula de germinación emergiendo desde un punto sobre la cicatriz. Cotiledones libres. *Partes bajas de bosques montanos y bosques premontanos con* Quercus, *cerca de cursos de agua.* Ch (*Reynoso 492*, MO); B (*Hawkins 1413*, BH); H (*Chorley 74*, BM); N (*Moreno 22681*, MO); CR (*Rivera 2020*, CR); P (*Antonio 1683*, MO). 700-2500 m. (México [Jalisco, Sinaloa, Veracruz], Mesoamérica).

Quercus insignis tiene una amplia distribución, desde el noroeste de México hasta Panamá, pero las poblaciones están muy localizadas y se encuentran esporádicamente. Varios autores (p. ej., Breedlove, 1986, 2001; Berendsohn et al., 2009) trataron a *Q. oocarpa*, otra especie de encino ampliamente distribuida con bellotas masivas, como conespecífica con *Q. insignis*, lo que ha llevado a un excesivo reporte de *Q. insignis* en la literatura. Por ejemplo, los especímenes de Chiapas citados por Breedlove (1986) como *Q. insignis* son *Q. oocarpa*. Standley y Steyermark (1952b) reconocieron ambos taxones, pero aparentemente incluyeron *Q. insignis* en el tratamiento de encinos para la *Flora of Guatemala*, debido a que el tipo de *Q. schippii* fue colectado en Belice cerca de la frontera con Guatemala. Los caracteres que separan *Q. insignis* y *Q. oocarpa* se discuten en mayor detalle bajo esta última.

18. Quercus lancifolia Schltdl. & Cham., *Linnaea* 5: 78 (1830). Lectotipo (designado por Valencia Ávalos & Coombes, 2020): México, Veracruz, *Schiede 15* (P-[cb] P00754120). Ilustr.: Trelease, *Mem. Natl. Acad. Sci.* 20: t. 32 (1924).

Quercus boqueronae Trel., *Q. leiophylla* A. DC.

Árboles, hasta 25 m o más; completamente glabros; ramitas 1-2 mm, acostilladas, grises a pardo-amarillentas; lenticelas presentes o inconspicuas; estípulas caducas; yemas 1-2 mm, globosas, pardo oscuro. Hojas 5-11.5 × 1.5-3.2 cm, angostamente obovadas u oblanceoladas a angostamente elípticas o elípticas, 2.5-4 veces tan largas como anchas; venas secundarias 7-12 por lado, ascendentes a más o menos arqueadas, ambas superficies verdes, brillantes, glabras, las venas no elevadas; base cuneada a angostamente cuneada o atenuada, los márgenes enteros a repandos o hasta con 26 dientes mucronados en el 1/2 distal, antrorsos, el ápice agudo; pecíolo 2-7(-10) mm, oscurecido cerca de la base. Fruto anual; pedúnculo 3-15 mm; cúpula 12-16 × 18-23 mm, turbinada o hemisférica, con escamas tuberculadas, puberulentas; nuez 13-20 × 14-20 mm, oblonga, ovoide o subglobosa, pardo claro a oscuro, brillante. Cotiledones libres. *Bosques montanos de neblina y bosques de* Quercus. Ch (*Breedlove 65584*, MO); G (*Breedlove & Almeda 64868*, MO); H (*Molina R. 3156*, F); ES (*Witsberger 643*, F). 900-2300 m. (México [Veracruz], Mesoamérica).

Quercus lancifolia se puede diferenciar de *Q. corrugata*, especie más ampliamente distribuida, por tener las hojas frecuentemente enteras o con menos dientes, las venas menos prominentes, las ramas y hojas completamente glabras, los frutos típicamente más pequeños y el hábitat en bosques de neblina más húmedos y más fríos. En contraste, *Q. corrugata* típicamente tiene las hojas más grandes, con más dientes, más venas secundarias, a menudo con ramas escasamente furfuráceas, con tricomas diminutos simples a lo largo de la vena media en el envés, los frutos más grandes y las estípulas generalmente persistentes. Sin embargo, las dos especies han sido sinonimizadas extensivamente en herbarios y listas florísticas, bajo el nombre de *Q. lancifolia*, y reportes de *Q. lancifolia* de Belice, Costa Rica y Panamá se basan en especímenes identificados aquí como *Q. corrugata*.

19. Quercus laurina Bonpl. in Humb. & Bonpl., *Pl. Aequinoct.* 2: 32 (1809). Lectotipo (designado aquí): México, Hidalgo, *Bonpland 4143* (P-[cb] P00129720, imagen en Internet!; isolectotipos: P-[cb] P00129721, P-[cb] P00129722, P-[cb] P00129723, P-[cb] P00669718, UCSB-[cb] UCSB000244). Ilustr.: Humboldt & Bonpland, *Pl. Aequinoct.* 2: t. 80 (1809).

Quercus acatenangensis Trel., *Q. acutifolia* Née var. *longifolia* A. DC., *Q. longifolia* Liebm. non Raf., *Q. xalapensis* Bonpl. var. *longifolia* (A. DC.) Wenz.

Árboles grandes, hasta 30 m; ramitas 1-3 mm de diámetro, rojo-pardas o grises, puberulentas a glabrescentes; lenticelas pequeñas, pálidas; estípulas caducas; yemas 2-3 mm, ovoides, el ápice agudo, pardo claro a oscuro, glabrescentes. Hojas 3.5-10 × 1.6-3.6 cm, oblongas o elípticas a obovadas, oblanceoladas u obrómbicas, 2-3.5 veces tan largas como anchas; venas secundarias 5-9 por lado, arqueadas, irregularmente ramificadas; haz glabro, las venas secundarias planas o impresas; envés con tricomas flocosos conspicuos en las axilas de las venas y generalmente extendiéndose a lo largo de la vena media, por lo demás glabrescente; base redondeada a caudada, frecuentemente oblicua, los márgenes enteros sobre el 1/2 proximal, en el 1/2 distal generalmente con 1-5 dientes (raramente más) aristados, las setas de 0-3 mm, el ápice agudo a acuminado, generalmente con una cerda de 0.5-2 mm; pecíolo 2-11 mm, peloso, flocoso o glabrescente. Fruto bienal, subsésil o con pedúnculo engrosado de 1-2 mm; cúpula 8-10 × 13-15 mm, hemisférica o ciatiforme; nuez 13-16 × 12-13 mm, subglobosa, apiculada, pardo claro, el ápice peloso. Cotiledones libres. *Bosques de* Quercus *y* Quercus-Pinus *a altas elevaciones*. Ch (*Breedlove 6607*, DS); G (*Steyermark 51955*, F). 2000-3000 m. (México [Hidalgo], Mesoamérica).

Este nombre ha sido generalmente usado en los herbarios para ejemplares tratados aquí como *Quercus affinis* o *Q. ocoteifolia*. En el pasado también se ha usado *Q. acatenangensis*, nombre que tratamos aquí en la sinonimia. Las tres especies difieren en los caracteres de forma de la hoja, grosor y pelosidad de la rama y en general el tamaño de la hoja.

20. Quercus melissae Nixon & Barrie, *Novon* 25: 447 (2017). Holotipo: México, Chiapas, *Kaplan & Davis 358* (F!). Ilustr.: Nixon & Barrie, *Novon* 25: 448, t. 3 (2017).

Árboles, c. 20 m; ramitas 2-3 mm de diámetro, pardo oscuro o grises, glabras o escasamente furfuráceo-pelosas; lenticelas moderadamente prominentes; estípulas caducas o en ocasiones persistentes; yemas 4-6 mm, ovoides a cónicas, el ápice agudo, pardas o pardo-amarillentas. Hojas 6-17.5 × 4-9.5 cm, obovadas, c. 2 veces tan largas como anchas; venas secundarias 10-15 por lado, ascendentes, rectas, extendiéndose hasta los márgenes; haz gris opaco-verde, glabro; envés con densos tricomas erectos multirradiados suaves, enredados, crema, a veces con pocos tricomas glandulares amarillos a lo largo de las venas; base redondeada o subcordada, rara vez cordado-amplexicaule, los márgenes repandos a crenados o dentados, los dientes mucronados, el ápice anchamente agudo u obtuso; pecíolo 4-9 mm, glabrescente o furfuráceo-peloso. Fruto anual, 1 o 2 por nudo, subsésil o con pedúnculo hasta 13 mm, furfuráceo-peloso; cúpula 7-12 × 13-22 mm, hemisférica o aplanado-hemisférica, las escamas pelosas, gris-blancas, tuberculadas cerca de la base de la cúpula; nuez 18-21 × 12-16 mm, ovoide, pardo claro a oscuro, el ápice puberulento. Cotiledones fusionados. *Bosques secos de* Quercus *y* Quercus-Pinus. Ch (*Kaplan & Davis 332*, F); G (*Steyermark 42293*, F). 700-2300 m. (Endémica).

Aunque *Quercus melissae* ha sido consistentemente identificada en los herbarios como *Q. segoviensis*, esta difiere de esa especie en características de la hoja y los cotiledones fusionados, en contraste con los cotiledones libres de *Q. segoviensis* (y el sinónimo *Q. purulhana*). Los cotiledones fusionados y la morfología general de la hoja sugieren que *Q. melissae* está relacionada con el grupo generalmente mexicano de encinos blancos centrado alrededor de la especie *Q. glaucoides* M. Martens & Galeotti. Por supuesto, *Q. melissae* se asemeja vegetativamente a *Q. tuberculata* Liebm., más que a *Q. segoviensis*, pero difiere en la escasa pelosidad persistente en el envés de la hoja, en los pedúnculos y la cúpula de la bellota que son muy pelosos.

Otra especie de Oaxaca que podría confundirse con esta especie es *Q. liebmannii* Oerst. ex Trel., que también tiene cotiledones libres, en contraste a los cotiledones fusionados de *Q. melissae*. *Quercus liebmannii* es más similar a, y posiblemente relacionada con, el complejo de *Q. magnoliifolia* Née del oeste de México, y tal relación es también posible con *Q. segoviensis*.

Aunque esta especie es consistente tanto en caracteres de la hoja como de la bellota en Chiapas, algún material de Guatemala es morfológicamente intermedio en la forma de la hoja con *Q. segoviensis*. Dada la posible relación divergente de las dos especies, nosotros lo interpretamos como una intergradación secundaria.

21. Quercus mulleri Martínez, *Anales Inst. Biol. Univ. Nac. México* 24: 51 (1953). Holotipo: México, Oaxaca, *MacDougall 2435* (MEXU). Ilustr.: Martínez, *Anales Inst. Biol. Univ. Nac. México* 24: 53, t. 2 (1953).

Árboles, hasta 20 m; ramitas c. 1 mm de diámetro, acostilladas, grises a pardo oscuro, glabras; lenticelas prominentes; estípulas caducas; yemas 1-2 mm, ovoides, el ápice agudo, pardas, nítidas, glabras. Hojas 4-7.5 × 0.5-1.5 cm, angostamente elípticas o linear-oblongas, 4.5-10 veces tan largas como anchas, coriáceas; venas secundarias 18-30 o más por lado, moderadamente ascendentes; haz verde pálido brillante o verde oliva, glabro, la vena media pardo-amarillenta, las venas secundarias inconspicuas; envés parduzco, glabro, la vena media y las venas secundarias pardo-amarillentas; base cuneada a redondeada, los márgenes enteros, planos o reflexos, el ápice caudado-acuminado, con una cerda de 0.5-2 mm, o el ápice redondeado y la cerda ausente; pecíolo 1-5 mm, glabro. Fruto anual, 1 o 2 por nudo; sésil; cúpula 2-6 × 6-9 mm, ciatiforme o pateniforme, las escamas adpresas, imbricadas, pardo-rojizas, glabras; nuez 8-11 × 7-9 mm, ovoide, parda, glabra. Cotiledones libres. *Bosques secos con* Quercus. Ch (*Matuda 4232*, BH). 1500-1600 m. (México [Oaxaca], Mesoamérica).

Cercanamente relacionada con *Quercus sapotifolia* pero se diferencia en las hojas angostamente elípticas más pequeñas, con un número extremadamente alto de venas secundarias.

22. Quercus ocoteifolia Leibm., *Overs. Kongel. Danske Vidensk. Selsk. Forh. Medlemmers Arbeider* 1854: 176 (1854). Lectotipo (designado por Trelease, 1924): México, Oaxaca, *Liebmann 122-3520* (C-[cb] C10012510, foto ILL!). Ilustr.: Trelease, *Mem. Natl. Acad. Sci.* 20: t. 334 (1924).

Quercus ambivenulosa Trel., *Q. amphioxys* Trel., *Q. esesmilensis* Tucker & C.H. Mull., *Q. laurina* Bonpl. var. *ocoteifolia* (Liebm.) Wenz., *Q. nitens* M. Martens & Galeotti var. *ocoteifolia* (Liebm.) A. DC., *Q. trinitatis* Trel., *Q. zempoaltepecana* Trel.

Árboles, 8-15 m; ramas 2-3 mm de diámetro, pardo-rojizas a grises, glabras o puberulentas; lenticelas frecuentemente conspicuas; estípulas caducas; yemas 1-3 mm, ovoides, el ápice agudo, pardas o pardo claro, glabras o el ápice peloso. Hojas 6.2-11.2 × 1.6-3.5 cm, lanceoladas o angostamente elípticas, 2.5-4 veces tan largas como anchas; venas secundarias 9 o 10 por lado, ascendentes, no llegando hasta los márgenes; haz verde, glabro, la vena media pardo-amarillenta, las venas secundarias inconspicuas; envés verde pálido a verde, glabro con mechones de tricomas flocosos en las axilas de las venas, las venas convexas; base redondeada a atenuada o aguda, los márgenes enteros, crespos u ondulados, rara vez con 1-6 dientes apicales introrsos sobre pocas hojas, el ápice agudo a acuminado o caudado-acuminado, generalmente con una cerda de 0.5-3 mm; pecíolo 6-17 mm, delgado, pardo-amarillento o rojo oscuro, glabrescente. Fruto bienal, subsésil o con pedúnculos hasta 6 mm, más gruesos que las ramitas de soporte, marcadamente lenticelados, glabros; cúpula 9-11 × c. 13 mm, hemisférica, con escamas imbricadas, planas, puberulentas; nuez 11-15 × 11-12 mm, subglobosa a anchamente ovoide, pardo oscuro, glabrescente o puberulenta apicalmente. *Bosques de* Quercus *y* Quercus-Pinus. Ch (*Breedlove 6797*, BH); G (*Steyermark 33029*, F); H (*Mejía 205*, MO); ES (*Tucker 1198*, BH). 1800-3000 m. (México [Hidalgo, Oaxaca, Puebla], Mesoamérica).

Quercus ocoteifolia con frecuencia se confunde con *Q. laurina*, pero difiere en las láminas más grandes, lanceoladas o lanceolado-elípticas, típicamente no dentadas.

23. Quercus oleoides Schltdl. & Cham., *Linnaea* 5: 79 (1830). Lectotipo (designado por Bartholomew & Almeda, 2023): México, Veracruz, *Schiede 23* (HAL-[cb] HAL0060354, imagen en Internet!). Ilustr.: Trelease, *Mem. Natl. Acad. Sci.* 20: t. 191 (1924).

Quercus lutescens M. Martens & Galeotti, *Q. oleoides* Schltdl. & Cham. var. *australis* Trel., *Q. oleoides* var. *lutescens* (M. Martens & Galeotti) A. Camus, *Q. oleoides* forma *lutescens* (M. Martens & Galeotti) Trel., *Q. retusa* Leibm.

Árboles patentes pequeños, 10-15(-20) m, generalmente tan anchos como altos; ramitas 1-2 mm de diámetro, densamente cubiertas con diminutos tricomas fusionado-estrellados, plateados o blanquecinos, las ramitas viejas glabras o glabrescentes; lenticelas no prominentes; estípulas caducas o rara vez persistentes alrededor de las yemas, menos de 1 mm; yemas 0.5-1.5(-2) mm, globosas, pardo oscuro, glabras. Hojas 5-10 × 2.6-6 cm, obovadas a elípticas o anchamente elípticas, 1.5-2.5 veces tan largas como anchas; venas secundarias 5-8 por lado, arqueadas, generalmente ramificadas cerca del margen; haz verde, con la vena media y las venas secundarias ligeramente impresas, glabras o con pocos tricomas basalmente a lo largo de la vena media; envés densamente cubierto con diminutos tricomas fusionado-estrellados y tipo escama, plateados o blanquecinos, con la vena media y las venas secundarias prominentes, escasamente puberulentas; base angosta a anchamente cuneada o redondeada, los márgenes enteros o en el 1/2 distal con (1-)4-8(-10) dientes mucronados inconspicuos a moderadamente prominentes, el ápice obtuso o agudo; pecíolo (1-)5-10 mm, densamente peloso. Fruto anual, 1-3 o más por nudo; pedúnculo 3-20(-50) mm; cúpula 6-12 × 12-17 mm; anchamente infundibuliforme, hemisférica o crateriforme; nuez 15-32 × 12-18 mm; ovoide a obovoide, pardo oscuro, glabra. Cotiledones fusionados. *Bosques secos de tierras bajas y sabanas*. T (*Fernández & Guadarrama 1431*, MO); Ch (*Breedlove & Raven 13645*, BH); B (*Goodwin & López 1689*, MO); G (*Véliz MV 99.7458*, MO); H (*Daniel & Molina R. 9541*, MO); N (*Stevens 10618*, BH); CR (*Frankie s.n.*, BH). 0-1300 m. (México [Oaxaca, Puebla, San Luis Potosí, Tamaulipas, Veracruz], Mesoamérica, Cuba).

Cercanamente relacionada con el encino sureño de los Estados Unidos, *Quercus virginiana* Mill., con el cual comparte los distintivos caracteres de cotiledones fusionados y pelosidad fusionado-estrellada, cercanamente adpresa al envés de la hoja.

24. Quercus oocarpa Liebm., *Overs. Kongel. Danske Vidensk. Selsk. Forh. Medlemmers Arbeider* 1854: 184 (1854). Lectotipo (designado por Bartholomew & Almeda, 2023): Guatemala, *Warszewicz 50* (G-[cb] G00386111!). Ilustr.: Trelease, *Mem. Natl. Acad. Sci.* 20: t. 18 (1924).

Quercus insignis subsp. *oocarpa* (Liebm.) A.E. Murray, *Q. insignis* var. *oocarpa* (Liebm.) A.E. Murray, *Q. tomentocaulis* C.H. Mull., *Q. warszewiczii* Leibm., *Q. yunckeri* Trel.

Árboles, hasta 30 m o más; ramitas 3-6 mm de diámetro, acostilladas o teretes, densamente tomentosas, los tricomas pardo-rojizos o dorado-rojizos; lenticelas prominentes; estípulas persistentes, pelosas y ocultando la yema terminal; yemas globosas a ovoides, glabrescentes, persistentemente pubérulas en la base, marrón. Hojas 8-23 × 4-8.5 cm, elípticas o angostamente elípticas a obovadas o angostamente obovadas, 2-3 veces tan largas como anchas; venas secundarias 10-16(-19) por lado, ascendentes a arqueadas, llegando hasta los márgenes excepto cerca de la base; haz verde oscuro, glabrescente; envés verde más pálido, con escasos tricomas multirradiados suaves, enredados, blancos, más largos y adpresos a lo largo de la vena media, especialmente cerca de la base; base angostamente redondeada a subcordada, los márgenes subenteros o repandos a crenados o dentados, los dientes mucronados, el ápice anchamente agudo o agudo a abruptamente acuminado o redondeado; pecíolo 5-20 mm, densamente puberulento. Fruto anual, generalmente solitario, subsésil; cúpula 14-28 × 21-36 mm, superficial a profundamente hemisférica o ciatiforme, con escamas laxamente imbricadas, escarioso-puberulentas, las puntas libres, más o menos incurvadas; nuez 18-42 × 14-28 mm, ovoide o en forma de barril, el ápice obtuso, la cicatriz de unión 15-20 mm de diámetro, pardo o pardo oscuro, glabra, la radícula de germinación emergiendo apical o lateralmente cerca del ápice. Cotiledones libres. *Bosques premontanos con* Quercus. Ch (*Breedlove 69022*, MO); G (*Steyermark 30525*, F); H (*Shank 12822*, F); N (*Williams et al. 27768*, F); CR (*Utley 7111*, F); P (*Muller 11225*, BH). 900-2200 m. (México [Veracruz], Mesoamérica).

Quercus oocarpa es algunas veces sinonimizada bajo *Q. insignis*. Las dos especies difieren en algunos caracteres de la hoja, así como en la forma general de la bellota y la germinación. En las nueces de *Q. oocarpa*, la radícula emerge del ápice o lateralmente cerca del ápice, mientras que en *Q. insignis* la radícula emerge de la base de la nuez, partiendo la pared entre la cicatriz basal y el lado de la nuez.

25. Quercus paxtalensis C.H. Mull., *U.S.D.A. Bur. Pl. Industr. Misc. Publ.* 477: 75 (1942). Holotipo: México, Chiapas, *Matuda 1724* (MICH). Ilustr.: Muller, *U.S.D.A. Bur. Pl. Industr. Misc. Publ.* 477: 205, t. 113 (1942).

Árboles grandes, hasta 30 m o más; ramitas 1-2 mm de diámetro, teretes, pardo-rojizo oscuro a púrpura-negras, glabras; lenticelas escasas, pequeñas; estípulas caducas; yemas 2-4 mm, ovoide-elipsoides, el ápice agudo, gris oscuro a pardas, glabras. Hojas 9.5-28.5 × 2.5-5 cm, lanceoladas o lanceolado-ovadas, 2.5-4 veces tan largas como anchas; venas secundarias 8-10(-14) por lado, rectas y ascendentes, cada una terminando en un diente; haz verde, glabro, las venas planas; envés verde pálido, glabro o con pocos tricomas en las axilas de las venas; base redondeada a subtruncada, generalmente oblicua con uno o ambos lados atenuados, los márgenes con 16-28 dientes setosos de base triangular, prominentes, las setas de 4-10 mm, flexibles, el ápice agudo o acuminado, generalmente con una cerda de 0.5-2 mm; pecíolo 13-49 mm, delgado, flexuoso, rojo-pardo, glabro. Fruto anual, 1 o 2 por nudo, subsésil o con pedúnculos hasta 18 mm, más delgados que la rama de soporte; cúpula 9-15 × 13-20 mm, hemisférica o ciatiforme, las escamas adpresas, planas, seríceas; nuez 12-22 × 10-14 mm, cilíndrico-ovoide; puberulenta, los tricomas fácilmente desprendibles, pardo oscuro. Cotiledones libres. *Bosques de neblina, frecuentemente asociado con* Liquidambar. Ch (*Breedlove 52101*, CAS); N (*Stevens 11499*, MO). 1100-1800 m. (México [Tamaulipas, Veracruz], Mesoamérica).

Quercus paxtalensis es parte de un complejo de especies con dientes con cerdas largas y es más similar a la especie norteña *Q. sartorii* Liebm., la cual no se encuentra en Mesoamérica.

26. Quercus peduncularis Née, *Anales Ci. Nat.* 3: 270 (1801). Lectotipo (designado por Valencia Ávalos & Coombes, 2020): México, Guerrero, *Née s.n.* (MA-[cb] MA26474). Ilustr.: Muller, *U.S.D.A. Bur. Pl. Industr. Misc. Publ.* 477: 128, t. 36 (1942).

Quercus arachnoidea Trel., *Q. barbanthera* Trel. var. *calva* Trel., *Q. barbeyana* Trel., *Q. callosa* Benth., *Q. chartacea* Trel.?, *Q. peduncularis* Née subsp. *callosa* (Benth.) A. Camus, *Q. peduncularis* var. *callosa* (Benth.) A. Camus, *Q. peduncularis* subsp. *hurteri* (Trel.) A. Camus, *Q. peduncularis* var. *macrodonta* (Trel.) A. Camus, *Q. peduncularis* var. *obovalis* (Trel.) A. Camus, *Q. peduncularis* subsp. *pilicaulis* (Trel.) A. Camus, *Q. pilicaulis* Trel., *Q. pilicaulis* forma *armata* Trel., *Q. pilicaulis* forma *concava* C.H. Mull., *Q. pilicaulis* forma *elongata* C.H. Mull., *Q. pilicaulis* forma *exserta* C.H. Mull., *Q. pilicaulis* subsp. *hurteri* (Trel.) A. Camus, *Q. pilicaulis* forma *hurteri* Trel., *Q. pilicaulis* forma *macrodonta* Trel., *Q. pilicaulis* forma *obovalis* Trel., *Q. tomentosa* Willd., *Q. tomentosa* var. *abbreviata* A. DC., *Q. tomentosa* var. *bullata* A. DC.

Árboles pequeños, 5-15 m; ramitas 2-4 mm de diámetro, teretes, pardo-rojizo oscuro, glabrescentes o puberulentas; lenticelas generalmente prominentes; estípulas persistentes alrededor de las yemas; yemas 2-3 mm, ovoides, pardo claro, pelosas o glabrescentes. Hojas 7-20 × 2.5-9 cm, obovadas o angostamente obovadas, 1.5-3.5 veces tan largas como anchas; venas secundarias 8-16 por lado, ascendentes, rectas; haz verde, glabrescente, las venas finamente impresas, las venas terciarias escalariformes entre las venas secundarias; envés ceráceo y glanduloso, densamente cubierto por tricomas fasciculados largamente multirradiados, enredados; base redondeada a subcordada, los márgenes crenados o dentados, los dientes mucronados, generalmente enteros o subenteros sobre el 1/3 o 1/4 proximal, el ápice agudo u obtuso; pecíolo 3-6 mm, glabrescente. Fruto anual, 2-5 agregados distalmente a lo largo de pedúnculos de 25-50(-140) mm; cúpula 9-12 × 18-20 mm, hemisférica, puberulenta, frecuentemente ampliada alrededor de la nuez, las escamas ligeramente tuberculadas; nuez 11-15 × 10-13 mm, ovoide o globosa, pardo oscuro brillante, glabra. Cotiledones fusionados. *Bosques secos con* Quercus. Ch (*Breedlove 37957*, MO); B (*Meave & How 1443*, MO); G (*Croat 41123*, MO); H (*Sternberg 51902-1*, F); ES (*Monterrosa & Carballo 365*, MO). 600-1700 m. (México [Edo. México, Guerrero, Hidalgo, Jalisco, Michoacán, Oaxaca, Veracruz], Mesoamérica).

Quercus peduncularis es parte de un complejo de encinos mexicanos con cotiledones fusionados y una hoja frecuentemente con epidermis abaxial cerácea. Un aspecto interesante de esta especie es que generalmente se presenta decoloración y moteado de pelosidad en el envés de la hoja putativamente debido a un hongo epifilo.

27. Quercus polymorpha Schltdl. & Cham., *Linnaea* 5: 78 (1830). Lectotipo (designado por Bartholomew & Almeda, 2023): México, Veracruz, *Schiede 20* (HAL-[cb] HAL0060344, imagen en Internet!). Ilustr.: Trelease, *Mem. Natl. Acad. Sci.* 20: t. 36 (1924).

Quercus guatimalensis A. DC., *Q. petiolaris* Benth., *Q. toxicodendrifolia* Trel., *Q. turbinata* Leibm. non Blume, *Q. varians* M. Martens & Galeotti.

Árboles, 5-15 m; ramitas emergentes, con hojas e inflorescencias densamente cubiertas con tricomas flocosos dorados, los cuales desaparecen tempranamente; ramitas 2-4 mm de diámetro, teretes o más generalmente acostilladas, la corteza pardo oscuro a gris y pruinosa; lenticelas pequeñas, prominentes; estípulas caducas; yemas 3-6 mm, ovoides, el ápice agudo, pardo-rojizo oscuro, más o menos pelosas apicalmente. Hojas 7.5-19 × 2.5-8 cm, angostamente ovadas a ovadas (láminas con márgenes enteros) a obovadas (láminas con márgenes dentados), 2-3.5 veces tan largas como anchas; venas secundarias 9-11 por lado, ascendentes, ramificadas cerca de los márgenes; haz verde, brillante, la vena media y las venas secundarias impresas; envés verde más pálido, glauco, las venas prominentes, pardo-amarillentas o amarillas, glabrescente o con pocos tricomas flocosos persistentes a lo largo de las venas; base cordada a redondeada, frecuentemente escasa a moderadamente oblicua, los márgenes enteros, frecuentemente decurvados o revolutos, o con 1-6(-12) dientes mucronados anchos hacia el ápice, el ápice obtusamente agudo a agudo; pecíolo (8-)12-22 mm, glabrescente o con pocos tricomas flocosos persistentes, rojo oscuro basalmente. Fruto anual, 1-3 por nudo, subsésil o sobre pedúnculos de hasta 12 mm; cúpula 8-11 × 15-18 mm, hemisférica, las escamas tuberculadas, pardo-rojizas, pelosas, los tricomas beige o grises; nuez 12-20 × 9-14 mm, ovoide u oblonga, parda a pardo oscuro, puberulenta, los tricomas fácilmente quebradizos. Cotiledones libres. *Bosques montanos con* Quercus *y* Quercus-Pinus, *ocasionalmente en bosques tropicales secos especialmente a lo largo de fuentes de agua.* Ch (*Espinosa et al. 1049*, MO); G (*Castillo & Castillo 2698*, F); H (*Williams & Molina R. 12278*, MO). 800-1700 m. México [Hidalgo, Nuevo León, Querétaro, San Luis Potosí, Tamaulipas, Veracruz], Mesoamérica).

Quercus polymorpha, con nombre acertado, presenta la forma de la hoja marcadamente bimodal dependiendo de la presencia de dientes. Las hojas dentadas tienden a ser elíptico-truncadas u obovadas mientras que las hojas enteras son ovadas y más anchas hacia la base. Está ampliamente distribuida en México.

28. Quercus rapurahuensis Pittier ex Seemen, *Bull. Herb. Boissier, sér. 2* 4: 654 (1904). Lectotipo (designado por Trelease, 1924): Costa Rica, *Tonduz 11795* (BR, foto!). Ilustr.: Trelease, *Mem. Natl. Acad. Sci.* 20: t. 275 (1924).

Quercus baruensis C.H. Mull., *Q. seemannii* Liebm. subsp. *rapurahuensis* (Pittier ex Seemen) A.E. Murray, *Q. seemannii* var. *rapurahuensis* (Pittier ex Seemen) A.E. Murray.

Árboles, hasta 20 m o más; ramitas 2-3 mm de diámetro, acostilladas, pardo oscuro o pardo-purpúreas, glabrescentes; lenticelas pequeñas hasta grandes y prominentes; estípulas caducas; yemas 2-5 mm, ovoides, el ápice agudo, pardo claro, glabras. Hojas 8.5-18.5 × 3-7.5 cm, angostamente elípticas o lanceoladas a ovadas, elípticas, obovadas u oblanceoladas, 2.5-3.5 veces tan largas como anchas; venas secundarias 9-12 por lado, ascendentes, bifurcándose antes del margen; haz verde, glabrescente, las venas planas; envés verde pálido o verde oliva, las venas prominentes, puberulento en las axilas de las venas y a lo largo de la vena media, los tricomas multirradiados; base cuneada, los márgenes enteros, crespos u ondulados, el ápice agudo a acuminado, generalmente con una cerda, 0.5-2 mm; pecíolo 6-18(-25) mm, pardo-rojizo oscuro, glabro. Fruto anual, generalmente solitario, en ocasiones 2 o 3 por nudo, subsésil o con pedúnculos hasta 25 mm; cúpula 4-9 × 16-20 mm, anchamente hemisférica a hemisférica o pateniforme, con escamas adpresas, escasa a moderadamente cupuliforme, pardo-amarillenta o parda, serícea; nuez 15-20 × 16-20 mm, ovoide-cilíndrica, pardo claro a oscuro, finamente puberulenta, los tricomas fácilmente quebradizos. Cotiledones libres. *Bosques montanos con* Quercus. CR (*Alfaro 1702*, MO); P (*Stern & Chambers 55*, BH). 400-1700 m. (Endémica).

Quercus rapurahuensis es algunas veces tratada como sinómimo de *Q. benthamii*. Véase comentario bajo esta última especie.

29. Quercus rugosa Née, *Anales Ci. Nat.* 3: 275 (1801). Lectotipo (designado por Bartholomew & Almeda, 2022): México, Guerrero, *Née s.n.* (MA-[cb] MA26471). Ilustr.: Trelease, *Mem. Natl. Acad. Sci.* 20: t. 102 (1924).

Quercus ambigua Bonpl., *Q. conglomerata* Trel., *Q. decipiens* M. Martens & Galeotti, *Q. diversicolor* Trel., *Q. durangensis* Trel., *Q. macrophylla* Née var. *rugosa* (Née) Wenz., *Q. purpusii* Trel., *Q. reticulata* Bonpl., *Q. reticulata* subsp. *rhodophlebia* (Trel.) A. Camus, *Q. rhodophlebia* Trel., *Q. spicata* Bonpl., *Q. uhdeana* Trel., *Q. vellifera* Trel.

Árboles, hasta 15 m o más; ramitas 2-4 mm de diámetro, acostilladas, pardo-rojizo oscuro, furfuráceo-pelosas a glabrescentes; lenticelas frecuentemente prominentes; estípulas persistentes alrededor de las yemas; yemas 3-7 mm, fusiformes, pardo claro a oscuro, pelosas a glabrescentes. Hojas persistentes sobre las ramitas viejas (perennifolias) de 2 o 3 años, 5-21 × 3-13 cm, oblongo-ovadas a obovadas o panduradas, 1.5-2 veces tan largas como anchas, planas a marcadamente convexas o ciatiformes, coriáceas y rígidas; venas secundarias 8-12 por lado, ascendentes, la vena media irregular y ramificada sobre el 1/2 distal, las venas secundarias ramificadas distalmente, llegando hasta los márgenes solo sobre el 1/2 distal de la lámina; haz verde, brillante, glabro o puberulento a lo largo de la vena media, las venas inmersas; envés verde oliva o pardo-ferrugíneo, uniformemente cubierto con tricomas multirradiados densamente enredados, y con escasos tricomas glandulares cortos, amarillos, las venas secundarias y terciarias prominentes y reticuladas; base cordada y casi amplexicaule a subcordada o redondeada; márgenes subenteros a repandos o irregularmente dentados, los dientes mucronados, generalmente más abundantes sobre el 1/2 distal, el ápice redondeado a anchamente obtuso o anchamente agudo; pecíolo 2-11 mm, rojizo oscuro, puberulento. Fruto anual, 3-10 agregados distalmente a lo largo del pedúnculo 50-110 mm, puberulento, grácil; cúpula 5-10 × 14-23 mm, hemisférica o pateniforme, con escamas tuberculadas, pardas, puberulentas; nuez 13-23 × 9-16 mm, angostamente ovoide a cónico-cilíndrica, pardo oscuro, brillante, glabra. Cotiledones libres. *Bosques de* Quercus *y* Quercus-Pinus. Ch (*Breedlove 7065*, F); G (*Molina R. 15902*, F). 2100-3800 m. (Estados Unidos, México [Aguascalientes, Baja California Sur, Cd. México, Chihuahua, Coahuila, Durango, Edo. México, Guanajuato, Guerrero, Hidalgo, Jalisco, Michoacán, Morelos, Oaxaca, Puebla, Querétaro, Sonora, Tamaulipas, Tlaxcala, Veracruz, Zacatecas], Mesoamérica).

Quercus rugosa es una de las especies americanas de *Quercus* más ampliamente distribuida, desde Arizona a Guatemala. Aunque ligeramente variable, generalmente se identifica por las hojas marcadamente cupuliformes y el fruto largamente pedunculado con nueces alargadas.

30. Quercus sapotifolia Leibm., *Overs. Kongel. Danske Vidensk. Selsk. Forh. Medlemmers Arbeider* 1854: 185 (1854). Holotipo: Guatemala, *Skinner 6* (K-[cb] K000512931, imagen en Internet!). Ilustr.: Trelease, *Mem. Natl. Acad. Sci.* 20: t. 291a (1924), como *Q. sapotaefolia*.

Quercus amissiloba Trel., *Q. apanecana* Trel., *Q. donnell-smithii* Trel., *Q. duratifolia* C.H. Mull., *Q. elliptica* Née var. *microcarpa* A. DC., *Q. microcarpa* Liebm. non Lapeyr., *Q. nectandrifolia* Liebm., *Q. parviglans* Trel., *Q. parviglans* forma *polycarpa* Trel., *Q. parviglans* forma *tejadana* Trel., *Q. perseifolia* Liebm., *Q. perseifolia* var. *achoteana* Trel., *Q. perseifolia* forma *microcarpa* Trel., *Q. siguatepequeana* Trel., *Q. synthetica* Trel., *Q. totutlensis* A. DC.

Árboles, 5-15(-30) m, glabros o con escasos tricomas en el crecimiento emergente, prontamente glabrescentes; ramitas 1-2 mm de diámetro, pardo-rojizas o grises; lenticelas pequeñas, prominentes o inconspicuas; estípulas caducas; yemas 1-3 mm, ovoides, pardo claro. Hojas 4-13 × 1.5-5 cm, angostamente elípticas, elípticas u obovadas, 2-5 veces tan largas como anchas; venas secundarias 7-10(-12) por lado, ascendente-arqueadas, bifurcándose en el margen; haz verde oliva, nítido, las venas inconspicuas o las venas secundarias impresas; envés pardusco o frecuentemente con áreas pálidas y oscuras debido a infección por hongos, glabro o con pocos tricomas persistentes a lo largo de las venas; base redondeada o cuneada, los márgenes enteros, el ápice redondeado a agudo, con o sin cerda, menos de 1 mm; pecíolo 3-9 mm, basalmente oscurecido. Fruto anual, 1 o 2 por nudo; pedúnculo 3-9 mm; cúpula 4-5 × 5-7 mm, hemisférica, las escamas pardo claro, puberulentas; nuez 6-10 × 4-6 mm, cilíndrica a angostamente ovoide. Cotiledones libres. *Bosques de* Quercus. Ch (*Breedlove 65606*, MO); B (*Schipp 663*, F); G (*Standley 69895*, F); H (*Williams & Molina R. 10039*, F); ES (*Escobar & Sandoval ISB00609*, MO); N (*Standley 10385*, F); CR (*McIntyre 32*, F); P (*McPherson 13572*, MO). 400-2200 m. (México [Oaxaca, Veracruz], Mesoamérica).

Quercus sapotifolia es más típica de tierras bajas, las hojas están frecuentemente manchadas debido a un hongo epifilo.

31. Quercus sarahmariae Nixon & Barrie, *Novon* 25: 446 (2017). Holotipo: Costa Rica, *Davidse 24503* (MO!). Ilustr.: Nixon & Barrie, *Novon* 25: 447, t. 2 (2017).

Árboles grandes, hasta 45 m o más; ramitas 2-4 mm de diámetro, acostilladas o teretes, púrpura oscuro-negras, glabras; lenticelas inconspicuas a prominentes, blancas; estípulas caducas; yemas 2-5 mm, ovoides, el ápice redondeado a obtusamente agudo, pardas, glabras. Hojas 6-22 × 2.5-8.5 cm, angostamente elípticas a elípticas, 2-4 veces tan largas como anchas; venas secundarias 12-15 por lado, ascendentes, rectas o arqueadas, bifurcándose distalmente; haz verde opaco, glabro, las venas planas; envés verde-bronce, las venas prominentes, glabrescente o peloso a lo largo de la vena media y las venas secundarias, más así cerca de la base; base cuneada, los márgenes enteros, planos o crespos, ocasionalmente 1-5 dientes a lo largo del 1/4 distal, los dientes triangulares y con una cerda de 1-4 mm o sin esta, el ápice acuminado, generalmente con una cerda de 0-2 mm; pecíolo 7-22 mm, basalmente oscuro, glabrescente o con pocos tricomas. Fruto anual, generalmente solitario al madurar, con pocos frutos abortados frecuentemente presentes; cúpula 6-10 mm de profundidad, pateniforme, las escamas imbricadas, engrosadas basalmente, finamente seríceas; nuez 21-36 × 23-25 mm, cilíndrica, rara vez globosa o subglobosa, el ápice redondeado; base ancha y plana, parda a pardo-rojizo oscuro, puberulenta, los tricomas fácilmente quebradizos. Cotiledones libres. *Bosques húmedos mayormente premontanos, bosques de neblina*. CR (*Herrera 4125*, F); P (*Schmalzel 1974*, MO). 700-1900 m. (Endémica).

Una especie endémica que ha sido diversamente identificada bajo diferentes nombres. Las hojas grandes con dientes ocasionales y bellotas muy grandes con cúpula aplanado-pateniforme la distinguen del resto de las especies en la región y de otros lugares.

32. Quercus sebifera Trel., *Mem. Natl. Acad. Sci.* 20: 93 (1924). Holotipo: México, Chiapas, *Cook 79* (US!). Ilustr.: Trelease, *Mem. Natl. Acad. Sci.* 20: t. 149a (1924).

Quercus ceripes Trel., *Q. opaca* Trel., *Q. schenckiana* Trel., *Q. sebifera* Trel. forma *comitanensis* Trel., *Q. trinidadensis* C.H. Mull.

Arbustos o árboles pequeños, hasta 3(-5) m, con ramitas emergentes, hojas e inflorescencias densamente cubiertas con tricomas dorados flocosos, prontamente glabrescentes; lenticelas inconspicuas; ramitas 1-2 mm, teretes, grises, glabrescentes o con tricomas furfuráceos persistentes; estípulas frecuentemente persistentes rodeando la yema, lineares, crespas; yemas c. 1 mm o menos, globosas, pardo oscuro, glabrescentes. Hojas 2.3-6.5 × 1.2-2.5 cm, angostamente elípticas a angostamente obovadas, 1.5-3.5 veces tan largas como anchas; venas secundarias 5-8 por lado, ascendentes, bifurcándose cerca del margen; haz verde, brillante, las venas secundarias frecuentemente impresas; envés ceráceo, glauco, glabrescente, las venas secundarias convexas; base redondeada a cordada, los márgenes enteros o más generalmente con (1-)5-10 dientes distales redondeados o mucronados, el ápice obtuso a agudo, en ocasiones retuso; pecíolo 1-3(-5) mm, glabro, rojo oscuro en la base. Fruto anual, 1(2) por nudo; pedúnculos c. 12 mm; cúpula c. 6 × 12 mm, hemisférica; nuez c. 20 × 11 mm, pardo-rojiza, glabra. Cotiledones libres. *Bosques de* Quercus, *acantilados y riscos calizos*. Ch (*Breedlove 52469*, MO). 1600-2300 m. (México [Hidalgo, Nuevo León, Oaxaca, Puebla, Querétaro, San Luis Potosí, Tamaulipas], Mesoamérica).

Quercus sebifera está restringida a calizas y dolomitas. Esta es la única especie arbustiva de *Quercus* en Mesoamérica.

33. Quercus seemannii Liebm., *Overs. Kongel. Danske Vidensk. Selsk. Forh. Medlemmers Arbeider* 1854: 188 (1854). Lectotipo (designado por Trelease, 1924): Panamá, *Seemann 1228* (K-[cb] K000575040, imagen en Internet!). Ilustr.: Trelease, *Mem. Natl. Acad. Sci.* 20: t. 317a (1924).

Quercus borucasana Trel., *Q. citrifolia* Leibm., *Q. eugeniifolia* Liebm. forma *petiolata* Trel., *Q. granulata* Liebm. non Raf., *Q. petiolata* (Trel.) A.E. Murray, *Q. salicifolia* Née var. *seemannii* (Liebm.) Wenz.

Árboles, hasta 30 m; ramitas 1-2 mm de diámetro, acostilladas, pardo-rojizo oscuro, glabras; lenticelas inconspicuas sobre los crecimientos nuevos; estípulas caducas; yemas 1-3 mm, ovoides o globosas, el ápice redondeado, pardo claro, glabras. Hojas 5.5-14 × 1.5-4 cm, lanceoladas o angostamente elípticas a elípticas, 2-3.5 veces tan largas como anchas; venas secundarias 6-10 por lado, ascendentes, rectas o ligeramente arqueadas, bifurcándose antes del margen; haz verde, glabro, frecuentemente brillante, con venas secundarias planas, frecuentemente inconspicuas; envés verde pálido, la vena media prominente, las venas secundarias convexas, puberulento en las axilas de las venas o glabrescente; base cuneada o moderadamente atenuada, los márgenes enteros, frecuentemente ondulados, el ápice abruptamente acuminado, generalmente con una cerda de 0.5-2 mm; pecíolo 4-12(-15) mm, oscuro, glabro. Fruto anual, 1-3 por nudo, frecuentemente con varios frutos abortados; pedúnculos 7-12 mm; cúpula 4-12 × 10-16 mm, anchamente hemisférica o ciatiforme, con escamas apretadamente imbricadas, pardas, puberulentas, los tricomas grises; nuez 7-17 × 8-17 mm, hemisférica a ovoide o anchamente ovoide, pardo oscuro, glabrescente. Cotiledones libres. *Bosques húmedos montanos con* Quercus. CR (*Davidse et al. 24050*, MO); P (*Hammel 2881*, MO). 1400-3000 m. (Endémica).

Quercus seemannii es una especie mal entendida, frecuentemente identificada en los herbarios como *Q. salicifolia*, una especie del oeste de México. Difiere de *Q. eugeniifolia* por tener algunos tricomas en las axilas de las venas sobre el envés de la hoja y menos venas, y más arqueadas.

34. Quercus segoviensis Leibm., *Overs. Kongel. Danske Vidensk. Selsk. Forh. Medlemmers Arbeider* 1854: 186 (1854). Lectotipo (designado por Trelease, 1924): Nicaragua, *Oersted 3559* (C-[cb] C10012528, imagen en Internet!). Ilustr.: Trelease, *Mem. Natl. Acad. Sci.* 20: t. 54a (1924).

Quercus achoteana Trel., *Q. achoteana* var. *sublanosa* Trel., *Q. aguana* Trel., *Q. matagalpana* Trel., *Q. peduncularis* Née var. *sublanosa* (Trel.) C.H. Mull., *Q. purulhana* Trel., *Q. reticulata* Bonpl. var. *segoviensis* (Liebm.) Wenz.

Árboles, hasta 25 m; ramitas (2-)3-5 mm de diámetro, pardo-amarillentas o pardas, furfuráceas o densa a escasamente pelosas, los tricomas amarillentos o cinéreos; lenticelas inconspicuas o menos frecuentemente prominentes; estípulas persistentes alrededor de las yemas; yemas c. 3 mm, ovoides, densamente pelosas, pardo claro, frecuentemente ocultadas por las estípulas y la base de las hojas. Hojas (6-)9-24.5 × 4-18 cm, obovadas a anchamente obovadas, 1.5-2 veces tan largas como anchas; venas secundarias 12-17 por lado, ascendentes, rectas, uniformemente paralelas; haz gris-verde, puberulento a lo largo de la vena media, por lo demás glabro, las venas pardo-amarillentas; envés con 2 tipos de indumento, densamente afelpado-puberulento con tricomas multirradiados y fasciculados blancos, las ramas enredadas, o glabrescente con tricomas multirradiados a lo largo de las venas, y con tricomas glandulares amarillos escasos sobre la superficie, las venas prominentes, pardo-amarillentas, las venas terciarias escalariformes entre las venas secundarias; base caudada y amplexicaule, menos generalmente cordada, los márgenes irregularmente sinuados o repandos, o con dientes mucronados, superficiales a bien definidos, redondeados o triangulares, el ápice redondeado a obtuso u obtusamente agudo; pecíolo 2-4(-5) mm, puberulento. Fruto anual, (1)2 o 3 o más por nudo; pedúnculo 9-60 mm, peloso o furfuráceo; cúpula 7-18 × 10-22 mm, profundamente hemisférica, con escamas laxamente imbricadas, tuberculadas proximalmente, gris-pelosas; nuez 12-19 × 8-16 mm, angostamente ovoide a cilíndrica, la pared generalmente rugosa cuando seca, pardo oscuro, glabra. Cotiledones libres. *Bosques secos con* Quercus. B (*Lundell 6729*, F); G (*Williams 14226*, BH); H (*Davidse et al. 35118*, MO); ES (*Tucker 779*, BH); N (*Coronado et al. 4818*, MO). 700-2200 m. (Endémica).

No es posible mantener la distinción entre *Quercus segoviensis* y la especie más pelosa *Q. purulhana*, ya que las dos formas parece que se intergradan libremente. Sin embargo, el nombre *Q. segoviensis* también ha sido aplicado a poblaciones en Chiapas y Guatemala que aquí se separan como *Q. melissae*. Además de los caracteres distintivos de la hoja y los tricomas, *Q. melissae* tiene los cotiledones fusionados en contraste a los cotiledones libres de *Q. segoviensis*.

35. Quercus skinneri Benth. in Anon., *Gard. Chron.* 1841: 116 (1841). Lectotipo (designado aquí): Guatemala, *Hartweg 615* (K-[cb] K000512974, imagen en Internet!); isolectotipos: BM-[cb] BM000798257!, CGE, E-[cb] E00296145!, G-[cb] G00358159!, LD-[cb] LD1217165!, NY-[cb] NY214562!, NY-[cb] NY214563!, OXF, P-[cb] P06851385, UCSB-[cb] UCSB000459!, USCB-[cb] UCSB000460!, UCSB-[cb] UCSB000461!, US-[cb] US00089647!). Ilustr.: Trelease, *Mem. Natl. Acad. Sci.* 20: t. 378 (1924).

Quercus chiapasensis Trel., *Q. chiapasensis* forma *cuneifolia* Trel., *Q. chiapasensis* forma *falcilobata* Trel., *Q. chiapasensis* forma *flagellata* Trel., *Q. chiapasensis* forma *longipes* Trel., *Q. chiapasensis* forma *petiolata* Trel., *Q. chiapasensis* forma *subcuneata* Trel., *Q. crispifolia* Trel., *Q. grandis* Leibm., *Q. grandis* var. *tenuipes* Trel., *Q. hemipteroides* C.H. Mull., *Q. incrassata* Trel.

Árboles grandes, hasta 40 m o más; ramitas pardo oscuro o grises, puberulentas a glabrescentes; lenticelas generalmente prominentes; estípulas caducas; yemas 3-6 mm, ovoides a globosas, el ápice agudo, puberulento o glabrescente. Hojas 9.5-25 × 3-12 cm, lanceolado-ovadas u ovadas a angostamente elípticas o elípticas, 2-4 veces tan largas como anchas; venas secundarias 9-12 por lado, ascendentes, uniformemente espaciadas, terminando en un diente; haz verde, glabro, la vena media y las venas secundarias pardo-amarillentas, planas; envés verde oliva, glabrescente o con mechones de tricomas multirradiados sésiles en las axilas de las venas; base redondeada o cuneada a truncada, los márgenes con 7-12 dientes setosos más o menos distribuidos uniformemente, las setas 3-6 mm, el ápice agudo a acuminado, generalmente con una cerda de 0.5-4 mm; pecíolo 16-55 mm, flexuoso, glabro. Fruto bienal, 1 o 2 por nudo, subsésil o con pedúnculo hasta 5 mm, casi tan grueso como la rama de soporte, con lenticelas prominentes; cúpula 10-15 × 30-40 mm, pateniforme, el margen ligeramente incurvado, las escamas irregularmente engrosadas, los ápices adpresos, pardas, puberulentas; nuez 15-40 × 25-38 mm, ovoide-cilíndrica a subglobosa, oblata, pardo-rojiza, puberulenta, los tricomas fácilmente quebradizos. Cotiledones libres. *Bosques de* Pinus-Quercus, *bosques montanos*. T (*Ortiz 5245*, XAL); Ch (*Matuda 18047*, MO); B (*Matola et al. 5177*, MO); G (*Castillo et al. 2064*, F); H (*Rodríguez 2745*, F); ES (*Tucker 1276*, BH). 700-2100 m. (México [Veracruz], Mesoamérica).

La distinción entre *Quercus skinneri* y *Q. xalapensis* se aprecia mejor en el tamaño de los frutos, los cuales son mayores en *Q. skinneri*. Ambas especies se pueden distinguir de las otras especies con hojas cerdosas, como *Q. paxtalensis*, por sus frutos de maduración bienal.

Muller (1942) consideró *Q. trichodonta*, un nombre basado en un tipo hondureño, como un sinónimo de *Q. skinneri*. Aquí se considera *Q. trichodonta* como un probable sinónimo de *Q. cortesii*.

36. Quercus skutchii Trel., *J. Washington Acad. Sci.* 23: 61 (1933). Holotipo: Guatemala, *Skutch 44* (US!). Ilustr.: Muller, *U.S.D.A. Bur. Pl. Industr. Misc. Publ.* 477: 211, t. 119 (1942), como *Q. crispipilis* var. *pannosifolia*.

Quercus aristigera Trel., *Q. chichavacana* Trel., *Q. chichavacana* forma *oblanceolata* C.H. Mull., *Q. chichavacana* forma *sublobata* C.H. Mull., *Q. chichavacana* forma *undulata* C.H. Mull., *Q. chimaltenangana* Trel., *Q. chimaltenangana* forma *gemmata* C.H. Mull., *Q. crispipilis* Trel. var. *pannosifolia* (C.H. Mull.) C.H. Mull., *Q. pannosifolia* C.H. Mull.

Árboles, hasta 15 m o más; ramitas 2-3 mm de diámetro, pardo o pardo-rojizas, flocosas a glabras o glabrescentes; lenticelas inconspicuas; estípulas caducas; yemas 2-4(-5) mm, ovoides, glabras. Hojas 4.5-11 × 1.5-4.7 cm, angostamente elípticas u oblongo-ovadas a angostamente obovadas, 2-4 veces tan largas como anchas; venas secundarias 8-12 por lado, ascendentes, arqueadas, bifurcándose antes de los márgenes; haz verde opaco, furfuráceo-peloso a lo largo de la vena media proximalmente, por lo demás glabrescente, las venas secundarias profundamente impresas, las venas entrelazadas; envés persistente, uniforme y densamente tomentoso, los tricomas amarillo opacos o pardos, multirradiados, no glandulares, no fácilmente quebradizos, la vena media y las venas secundarias convexas; base abruptamente redondeada a cordada o truncada, los márgenes enteros o erosos, aplanados o menos generalmente revolutos, o las hojas más amplias con 1-6(-10) dientes, estos variando desde triangulares, hasta cerdas simples de c. 2 mm, el ápice agudo, redondeado, generalmente terminando con una cerda de 1-2 mm; pecíolo 4-8(-11) mm. Fruto bienal, 1 o 2 por nudo, subsésil o con pedúnculo hasta 10 mm, casi tan grueso como la rama de soporte, con lenticelas prominentes; cúpula 7-10 × c. 13 mm, ciatiforme, el margen no enrollado hacia adentro, cubriendo 1/2 o más de la nuez; nuez c. 12 × 10 mm, cilíndrica, pardo claro, puberulenta apicalmente. Cotiledones libres. *Bosques de* Quercus *y* Quercus-Pinus. Ch (*Breedlove 34754*, MO); G (*Spross 106*, F). 1500-2700. (Endémica).

Quercus skutchii se asemeja vegetativamente a *Q. crassipes* de México, pero esta última especie no tiene los márgenes de la cúpula enrollados hacia adentro.

37. Quercus tristis Liebm., *Overs. Kongel. Danske Vidensk. Selsk. Forh. Medlemmers Arbeider* 1854: 174 (1854). Lectotipo (primer paso designado por Standley & Steyermark, 1952b; segundo paso designado aquí): Guatemala, *Warszewicz 12* (P-[cb] P00744191, imagen en Internet!; isolectotipo: B, destruido, UCSB-[cb] UCSB000530!, fragm.). Ilustr.: Trelease, *Mem. Natl. Acad. Sci.* 20: t. 341 (1924).

Quercus castanea Née var. *sublobata* A. DC., *Q. consociata* Trel., *Q. scherzeri* Trel., *Q. tristis* Liebm. forma *mixcoensis* Trel., *Q. tristis* forma *niederleinii* Trel., *Q. tristis* forma *sublobata* (A. DC.) Trel., *Q. tristis* forma *vulcani* Trel.

Árboles, hasta 20 m o más; ramitas 1-2 mm de diámetro, teretes a escasamente comprimidas, la corteza pardo claro a oscuro, pelosas, los tricomas verde-grisáceos, finalmente glabrescentes; lenticelas inconspicuas; estípulas caducas; yemas 1-2(-3) mm, ovoides, el ápice agudo, grises, glabrescentes o con pocos tricomas a lo largo de los márgenes escamosos. Hojas (3-)4-10(-20) × 1.5-5(-6.5) cm, elípticas a oblongas o angostamente obovadas, 2.5-3 veces tan largas como anchas; venas secundarias 8-12 por lado, arqueadas, terminando en una cerda, cuando presente; haz al secarse verde oliva, glabrescente, la vena media extendiéndose hasta el ápice, las venas secundarias y terciarias típicamente impresas; envés bronce o pardo claro al secarse, granuloso-buliforme, el indumento de 2 tipos, uno de tricomas cortos, multirradiados distribuidos uniformemente sobre la superficie, pronto quebradizos, y otro de tricomas persistentes más largos concentrados a lo largo de las axilas de las venas; base redondeada a cordada, en ocasiones oblicua, los márgenes enteros o inconspicuamente dentados apicalmente, más generalmente con 5-10 dientes cortos, parecidos a cerdas de 0.5-2 mm, distribuidos por encima del punto más ancho, el ápice redondeado a obtusamente agudo, con o sin una cerda de 0.5-2 mm; pecíolo 2-7 mm, pardo-rojizo, peloso. Fruto anual, 1 o en ocasiones 2 o 3 por nudo, subsésil o con pedúnculo de 4-6 mm; cúpula 11-12 × c. 19 mm, crateriforme, con escamas lisas, apretadamente imbricadas, finamente pelosas o glabrescentes; nuez 11-18 × 9-12 mm, ovoide a oblonga, castaño a púrpura-negra. Cotiledones libres. *Bosques secos de* Quercus. Ch (*Martínez 605*, MO); G (*Molina R. & Molina 24857*, MO); H (*Molina R. 8736*, F); ES (*Molina R. & Montalvo 21519*, F). 1000-2800 m. (Endémica).

Quercus tristis se distingue de *Q. castanea* Née, similar pero más norteña, por la presencia de 2 tipos de tricomas en el envés, multirradiados cortos sobre la superficie de la lámina y persistentes más largos en las axilas de las venas.

38. Quercus vicentensis Trel., *Mem. Natl. Acad. Sci.* 20: 59 (1924). Holotipo: El Salvador, *Standley 21593* (US!). Ilustr.: Muller, *U.S.D.A. Bur. Pl. Industr. Misc. Publ.* 477: 134, t. 42 (1942).

Quercus comasaguana Trel.

Árboles, hasta 25 m; ramitas 2-3 mm de diámetro, acostilladas a teretes, grises, escasamente puberulentas a glabrescentes; lenticelas pequeñas, inconspicuas a ligeramente prominentes; estípulas persistentes en las yemas; yemas 2-3 mm, ovoides, el ápice redondeado o agudo, pardo claro, puberulentas. Hojas planas 6.4-18.5 × 1.8-5.6 cm, angostamente oblongas u obovadas a obrómbicas u oblanceoladas, 3-4 veces tan largas como anchas; venas secundarias 7-14 por lado, ascendentes a arqueadas, llegando hasta los márgenes en el 1/2 distal; haz verde-gris, glabro, las venas impresas; envés uniformemente cubierto con tricomas araneosos blancos, en ocasiones finalmente glabrescente; base angostamente redondeada, los márgenes enteros en los 2/3 proximales, gruesamente antrorso-dentados, los dientes mucronados, hasta levemente repandos o enteros en el 1/3 distal, el ápice acuminado o agudo; pecíolo 4-12 mm, glabro o con pocos tricomas. Frutos sobre pedúnculos c. 25 mm o más; cúpula 5-13 × 8-20 mm, hemisférica, las escamas tuberculadas cerca de la base, gris-pelosas; nuez c. 24 × 15 mm, anchamente cilíndrica, pardo oscuro brillante, glabra. Cotiledones libres. *Bosques secos con* Quercus. Ch (*Matuda 4234*, F); G (*Standley 60102*, F); ES (*Carlson 1003*, F). 1000-1800 m. (Endémica).

Quercus vicentensis es similar a *Q. martinezii* C.H. Mull. del oeste de México; se diferencia en las ramitas glabras en comparación con las ramitas pubescentes/puberulentas de la última.

39. Quercus xalapensis Bonpl. in Humb. & Bonpl., *Pl. Aequinoct.* 2: 24 (1809). Holotipo: México, Veracruz, *Bonpland 4467* (P!). Ilustr.: Humboldt & Bonpland, *Pl. Aequinoct.* 2: t. 75 (1809).

Quercus monserratensis C.H. Mull., *Q. salvadorensis* Trel.?

Árboles, hasta 15 m, rara vez hasta 25 m; ramitas 2-3 mm de diámetro, acostilladas o truncadas, pardo-rojizo oscuro, furfuráceo-pelosas, finalmente glabrescentes; lenticelas inconspicuas o pequeñas; estípulas caducas; yemas 3-4 mm, ovoides, el ápice redondeado a agudo, pardo, glabrescentes. Hojas 9.5-24 × 3-7.5 cm, lanceoladas u obovadas a angostamente elípticas o elípticas, 2.5-4 veces tan largas como anchas; venas secundarias 8-11 por lado, rectas y ascendentes a arqueadas, uniformemente espaciadas y terminando en un diente; haz verde oscuro, glabro, las venas planas; envés verde oliva, con tricomas multirradiados sésiles a fasciculados restringidos a las axilas de las venas, la vena media y las venas secundarias prominentes o convexas; base redondeada a cuneada, frecuentemente oblicua y cortamente atenuada, los márgenes con 8-12 dientes setosos prominentes, más o menos distribuidos uniformemente, la base de los dientes anchamente triangular, las setas de 2-8 mm, flexibles, el ápice acuminado, generalmente con una cerda de 0.5-5 mm; pecíolo 18-38 mm, rojo, glabro. Fruto bienal, solitario, subsésil o con pedúnculo hasta 7 mm; cúpula 9-18 × 17-22 mm, ciatiforme o hemisférica, con escamas engrosadas hacia la base, gris-puberulentas; nuez 9-18 × 15-18 mm, deprimido-globosa y generalmente incluida en la cúpula o elipsoide-cilíndrica y el 1/2 contenido en la cúpula, pardo oscuro, glabra. Cotiledones libres. *Bosques secos a húmedos montanos con* Quercus. Ch (*Breedlove 14831*, DS); B (*Allen 15404*, MO); H (*Molina R. 18406*, CAS); ES (*Molina R. & Montalvo 21805*, CAS); N (*Sandino 1035*, CAS). 900-2100 m. (México [Guerrero, Hidalgo, Puebla, San Luis Potosí, Veracruz], Mesoamérica).

Quercus xalapensis es una especie de bosques secos en México y especialmente bien desarrollada en los bosques secos de *Quercus* en Nicaragua. Es frecuentemente confundida con *Q. sartorii* de México, pero esta última tiene frutos anuales en vez de bienales, en adición a otros caracteres.

Nombres excluidos

Quercus dawsonii Trel., *Publ. Field Mus. Nat. Hist., Bot. Ser.* 17: 357 (1938). Holotipo: Honduras, *Yuncker et al. 6378* (ILL!). = *Meliosma dentata* (Liebm.) Urb. (Sabiaceae).

Quercus pertessellata Trel. *Publ. Field Mus. Nat. Hist., Bot. Ser.* 17: 357 (1938). Isotipo: Honduras, *Yuncker et al. 6376* (MO!). El tipo definitivamente no es una Fagaceae y parece corresponder a *Beilschmiedia* spp. (Lauraceae; M. Grayum, com. pers.).

65. MYRICACEAE

Descripción de la familia por S.Y. Sutton.

Arbustos o árboles pequeños, generalmente aromáticos; monoicos o dioicos. Hojas alternas, simples, coriáceas, frecuentemente pelúcido-punteadas, rara vez pinnatífidas, los márgenes enteros a dentados, generalmente sin estípulas. Flores pequeñas, unisexuales o bisexuales, en amentos oblongos o globosos, o solitarias en la axila de una bráctea grande, con o sin bractéolas más pequeñas; perianto ausente. Flores estaminadas con 2-30 estambres, los filamentos cortos, libres o unidos, insertados en el receptáculo, las anteras 2-loculares, longitudinalmente dehiscentes. Flores pistiladas 2-carpelares; ovario 1-locular con 1 óvulo ortótropo; estilo corto, con 2(3) ramas estilares; estigmas 2(3). Fruto una drupa o nuez pequeña, oblonga o globosa, el endocarpo duro, el exocarpo frecuentemente ceroso; semilla erecta con cotiledones planoconvexos. 3 o 4 gen., aprox. 57 spp. en las zonas templadas del hemisferio norte, en el sureste de Asia, África y América; 1 gen. y 4 spp. en Mesoamérica.

1. **Morella** Lour.

Myrica L. sect. *Morella* (Lour.) Benth. & Hook. f.,
M. subg. *Morella* (Lour.) Engl.

Por S.Y. Sutton & S. Knapp.

Árboles o arbustos, unisexuales o menos frecuentemente bisexuales, frecuentemente ramificándose cerca del suelo; raíces generalmente con nódulos fijadores de nitrógeno; tallos con lenticelas grisáceo pálido. Hojas perennes pinnatinervias, subenteras a dentadas o serradas, aromáticas, sin estípulas; cortamente pecioladas. Inflorescencia axilar, las flores dispuestas en espiral. Flores estaminadas subyacentes a 1 bráctea ancha y generalmente con 2 bractéolas lineares; estambres (2-)4-8(-20), los filamentos libres o connatos. Flores pistiladas subyacentes a 1 bráctea ancha, con o sin bractéolas más pequeñas. Fruto drupáceo, tuberculado, generalmente cubierto con cera blanquecina. Aprox. 40 spp., subcosmopolita; 4 spp. en Mesoamérica.

La propuesta de conservar el nombre genérico de *Myrica* L. (Verdcourt & Polhill, 1997) en lugar de *Morella* fue rechazada por el Comité para las Espermatofitas (Brummit, 1999). El uso de *Myrica*, por lo tanto, queda restringido a dos especies que no se encuentran en Mesoamérica. Las especies de *Myrica* tienen muchos caracteres que las diferencian de *Morella*, descritos por Wilbur (1994, 2001).

Bibliografía: Wilbur, R.L. *Sida* 16: 93-107 (1994); *Rhodora* 103: 120-122 (2001).

1. Plantas bisexuales; hojas con el envés en general densamente puberulento. **4. M. pubescens**
1. Plantas unisexuales o rara vez con flores estaminadas terminales en una espiga pistilada; hojas con el envés esparcidamente puberulento o glabro.
  2. Márgenes foliares enteros o con 3 o 4 dientes obtusos distalmente en cada margen; plantas rara vez encontradas arriba de 1800 m de elevación. **1. M. cerifera**
  2. Márgenes foliares uniformemente serrados con 4-12 dientes hasta aculeados; plantas comúnmente encontradas arriba de 1800 m de elevación.
    3. Hojas 7-12 × 2-3.5 cm; Chiapas, Guatemala y Honduras. **2. M. lindeniana**
    3. Hojas 1.8-5(-8) × 0.8-2(-3) cm; Costa Rica y Panamá. **3. M. phanerodonta**

1. Morella cerifera (L.) Small, *Fl. S.E. U.S.* 337 (1903). *Myrica cerifera* L., *Sp. Pl.* 1024 (1753). Lectotipo (designado por Parra-O., 2001): Estados Unidos, *Clayton 692* (BM!). Epitipo (designado por Parra-O., 2001): Estados Unidos, *Palmer 39776* (NY). Ilustr.: Burger, *Fieldiana, Bot.* 40: 23, t. 5 (1977), como *Myrica cerifera*. N.v.: Chac olol, Ch; tea bark, tea box, B; arrayán, cera vegetal (Kokchí), G.

Cerothamnus cerifer (L.) Small, *Myrica mexicana* Humb. & Bonpl. ex Willd., *M. polycarpa* sensu Martens & Galeotti (1843) non Kunth, *M. xalapensis* Kunth.

Arbustos o árboles hasta 9 m, unisexuales; tallos densa a esparcidamente puberulentos, glabrescentes. Hojas 2-7(-9) × 1-2(-3) cm, angostamente elípticas a elípticas, con 4-9 pares de venas secundarias, frecuentemente inconspicuas tanto en el haz como en el envés, el envés amarillo-punteado, glabras, la base atenuada, los márgenes frecuentemente revolutos cuando secas, subenteras o más frecuentemente sinuado-dentadas con pocos dientes remotos, el ápice agudo, las hojas jóvenes algunas veces gruesamente serradas; pecíolo 1-3(-8) mm. Amentos unisexuales; pedúnculo y raquis c. 0.8 mm; brácteas florales cuadradas, ciliadas en los márgenes. Amentos estaminados 1-3 cm, generalmente en las axilas de hojas persistentes, con 15-40 flores; estambres con filamentos c. 1 mm, basalmente connatos, las anteras 3-5, las tecas 1-1.5 mm. Amentos pistilados 1-3 cm, generalmente en las axilas de hojas caídas, con 8-30 flores; pistilo c. 3 mm, el ovario 0.5-1 mm, globoso, las ramas estilares 2, c. 2 mm. Fruto hasta 4 × 3 mm, ovoide, densamente punteado. *Bosques perennifolios de montaña estacionalmente secos, pantanos de montaña y bosques de coníferas bien drenados.* T (*Cowan 3347*, MO); Ch (*Ton 1956*, US); Y (*Goldman 623*, F); B (*Hunt 226*, BM); G (*Wilson 202*, F); H (*Molina R. 24013*, US); ES (*Allen 7157*, US); N (*Williams et al. 27903*, US); CR (*Jiménez 2688*, F); P (*Correa & Dressler 852*, MO). (500-)800-1800(-2000) m. (E. Estados Unidos, México, Mesoamérica, Antillas).

Se conocen poblaciones de *Morella cerifera* desde cerca del nivel del mar a lo largo de la costa del Caribe, desde Nicaragua hacia el norte, pero en el norte la especie es poco común. Rara vez se encuentra por arriba de los 1800 m, excepto en México. Una variante de hojas pequeñas, a veces identificada como *M. pringlei* (Greenm.) Wilbur una especie de Puebla e Hidalgo, ha sido registrada de Guatemala (*Steyermark 32585*, F), El Salvador (*Tucker 1260*, F) y Panamá (*Hayes 835*, US). Posiblemente se encuentre en Colombia.

2. Morella lindeniana (C. DC.) S. Knapp, *Novon* 12: 200 (2002). *Myrica lindeniana* C. DC., *Prodr.* 16(2): 150 (1864). Lectotipo (designado aquí): México, Chiapas, *Linden 10* (G-[cb] G00341073; isolectotipo: BR-[cb] BR0000013080341). Ilustr.: no conocida. N.v.: Cera vegetal, G.

Arbustos grandes o árboles, hasta 12 m; tallos densa a esparcidamente puberulentos, glabrescentes. Hojas 7-12 × 2-3.5 cm, oblanceoladas a oblongas, con 8-13 pares de venas secundarias, inconspicuas, el envés densamente amarillo-punteado, glabras, la base cuneado-atenuada, los márgenes cercana y homogéneamente serrados desde la base hasta el ápice, con 5-10 dientes a cada lado, la base cuneado-atenuada; pecíolo 2-7 mm. Amentos unisexuales; pedúnculo y raquis c. 1 mm; brácteas florales cuadradas, ciliadas en los márgenes. Amentos estaminados 1-3 cm, con 15-45 flores; estambres con filamentos c. 1 mm, basalmente connatos, las anteras 3-5, las tecas 1-1.2 mm. Amentos pistilados 1-3 cm, con 8-30 flores; pistilo c. 3 mm; ovario 0.5-1 mm, globoso; ramas estilares 2, c. 2 mm. Fruto c. 4 × 3 mm, ovoide, densamente punteado. *Principalmente en bosques mixtos muy húmedos.* Ch (*Raven & Breedlove 20002*, F); G (*Steyermark 39735*, F); H (*Williams & Molina R. 12158*, F). 1600-2700 m. (México, Mesoamérica).

3. Morella phanerodonta (Standl.) Wilbur, *Rhodora* 103: 121 (2001). *Myrica phanerodonta* Standl., *J. Washington Acad. Sci.* 17: 164 (1927). Holotipo: Costa Rica, *Tonduz 10785* (US). Ilustr.: Burger, *Fieldiana, Bot.* 40: 23, t. 5 (1977), como *Myrica phanerodonta*.

Arbustos o árboles hasta 9 m, unisexuales o rara vez bisexuales; tallos esparcida a densamente puberulentos, glabrescentes. Hojas 1.8-5(-8) × 0.8-2(-3) cm, anchamente elíptico-oblongas u obovadas, con (4-)6-10(-14) pares de venas secundarias, generalmente impresas en el haz, prominentes en el envés, la vena media puberulenta en la mitad proximal en el haz, esparcidamente puberulenta o glabra en el envés, la base atenuada, los márgenes a cada lado con 4-12 dientes con puntas glandulares, ligeramente revolutos al secar, el ápice obtuso o redondeado; pecíolo (1-)2-7 × c. 1 mm. Amentos unisexuales, los pistilados rara vez con una flor estaminada terminal. Amentos estaminados 1-3.5 cm, con c. 40 flores; brácteas c. 2 × 2 mm, esparcidamente puberulentas, con glándulas pelúcidas abaxiales; estambres con filamentos hasta c. 1 mm, unidos en casi toda su longitud, las anteras 4-6(-8), las tecas 0.8-1.4 mm. Amentos pistilados hasta 2.5 mm, con 10-40 flores; brácteas 2-3 × 0.5-1 mm, esparcidamente puberulentas y pelúcido-glandulares abaxialmente; pistilo c. 2 mm; ramas estilares 1-2 mm. Fruto 3-4 × 3-4 mm, globoso a anchamente elipsoide, densamente punteado. *Selvas perennifolias de montaña, aparentemente restringida a áreas expuestas a vientos húmedos caribeños.* CR (*Wilbur & Stone 9836*, MO); P (*Hammel 6213*, BM). 1800-2700 m. (Endémica).

4. Morella pubescens (Humb. & Bonpl. ex Willd.) Wilbur, *Rhodora* 103: 121 (2001). *Myrica pubescens* Humb. & Bonpl. ex Willd., *Sp. Pl.* 4: 746 (1806). Holotipo: Colombia, *Humboldt & Bonpland s.n.* (B-W, microficha BM!). Ilustr.: Burger, *Fieldiana, Bot.* 40: 23, t. 5 (1977), como *Myrica pubescens*. N.v.: Encinillo, CR.

Myrica arguta Kunth.

Árboles o arbustos 1.5-7(-10) m, bisexuales; tallos densa y suavemente puberulentos, glabrescentes. Hojas 4-14 × 1-3 cm, angostamente elípticas a angostamente oblongas, rara vez oblanceoladas, con 10-25 pares de venas secundarias impresas ligeramente en el haz, las venas del envés más densamente puberulentas, el haz liso y esparcidamente puberulento, la base aguda, los márgenes serrados o doblemente serrados, con 6-26 dientes pequeños a cada lado, el ápice agudo; pecíolo 3-8 mm. Amentos bisexuales, con 3-7 flores estaminadas por abajo de las 6-12 flores pistiladas; pedúnculo c. 1 mm; raquis 2-5 cm; brácteas florales densamente puberulentas y pelúcido-punteadas abaxialmente. Flores estaminadas con brácteas 2-3 × 1.5 mm; estambres con filamentos 1-2 mm, libres casi hasta la base, las anteras 4-9, las tecas 1.5-2 mm. Flores pistiladas con brácteas c. 2-5 × 1-2 mm, ocasionalmente más grandes; bractéolas laterales c. 1 mm; pistilo 1-2 mm; ramas estilares 2, 0.5-1 mm. Fruto 2.5-3.5 × 3-4 mm, globoso-elipsoide, a veces esparcidamente puberulento, densamente punteado. *Bordes o interior de selvas perennifolias de montaña o en pantanos y vegetación secundaria.* CR (*Lems 5035*, US); P (*Hayes 826*, US). 1300-2800 m. (Mesoamérica, Colombia, Ecuador, Perú, Bolivia).

Morella pubescens se reconoce por las hojas angostas, puberulentas, con muchas venas secundarias y las espigas bisexuales.

66. JUGLANDACEAE

Descripción de la familia y clave genérica por D.E. Stone.

Árboles o rara vez arbustos grandes, deciduos o siempreverdes; contrafuertes ausentes o presentes; corteza clara u oscura, lisa o áspera, adherida firmemente o exfoliante; médula sólida o porosa. Yemas terminales agrandadas y protegidas por escamas, o no desarrolladas y descubiertas. Hojas compuestas, alternas, opuestas (decusadas) o en ocasiones verticiladas, imparipinnadas o paripinnadas, el pecíolo y el raquis cortos a largos, glabros o pelosos y con escamas peltadas dispersas o abundantes; folíolos (1-)5-32, sésiles o peciolulados, las láminas ovado-lanceoladas, redondeadas a truncadas y aplanadas o revolutas y con o sin aurículas en la base, los márgenes enteros o serrados, el haz glabro a ligeramente peloso, el envés glabro o peloso, las escamas peltadas dispersas a densas. Plantas monoicas; flores unisexuales y bastante reducidas; polinizadas por viento. Inflorescencias con flores estaminadas y pistiladas separadas o juntas, erectas o péndulas; amentos estaminados solitarios o en agregados de 3(-10 o más), frecuentemente laterales sobre la madera vieja o agregados en la base de madera nueva (en crecimiento); amentos pistilados terminales, erectos (o péndulos). Flores estaminadas numerosas; bráctea de la copa floral 1 o 3-lobada; bractéolas 2 (o ausentes); receptáculos redondeados o alargados; sépalos 0-4, aplanados o con caperuza; estambres (3)4-100 o más en 1 a varias series. Flores pistiladas pocas a numerosas; bráctea de la cubierta floral ciatiforme, con o sin pedicelo, no lobada o 3-lobada, fusionada a 2 bractéolas, o las bractéolas ausentes; sépalos 0-4, fusionados basalmente con el ovario, libres distalmente; ovario ínfero de 2 carpelos, glabro o peloso; óvulo con un solo integumento, erecto, localizado en el ápice de la partición incompleta; estilo 1, obsoleto a largo, bifurcado con hendiduras leves a profundas; estigmas cortos o largos, 2-4-partidos, carinales (ramas estilares ortogonales hasta la primera partición) o conmisurales (ramas estilares paralelas a la partición primaria). Fruto drupáceo o nuececilla con (2)3 alas pequeñas o grandes, esferoides a elipsoidales, incompletamente con (2-)4 u 8 compartimientos; cáscara ausente o presente, glabra o pelosa, lisa, áspera o corrugada, permaneciendo atada o separándose de la nuez; cubierta delgada (c. 1 mm) o gruesa (c. 4 mm); semilla solitaria, germinación hipogea (o epigea). Plántulas con las primeras hojas aéreas alternas u opuestas, y simples o compuestas. 8-9 gen., aprox. 60 spp., en Norteamérica, Mesoamérica, Sudamérica, las Antillas, Asia; 4 gen. y 9 spp. nativas en Mesoamérica.

La familia Juglandaceae se encuentra concentrada en las regiones templadas de Asia y Norteamérica, pero algunos taxones se distribuyen en las zonas montañosas del sureste de Asia, Centro y Sudamérica, y en las Antillas.

Bibliografía: Manning, W.E. *Amer. J. Bot.* 25: 407-419 (1938); 27: 839-852 (1940 [1941]); 35: 606-621 (1948); *Fieldiana, Bot.* 24(3): 353-354 (1952a), 356-359 (1952b); *Ann. Missouri Bot. Gard.* 47: 90-92 (1960a); 65: 1058-1087 (1978 [1979]). Manos, P.S. & Stone, D.E. *Ann. Missouri Bot. Gard.* 88: 231-269 (2001). Manos, P.S., et al. *Syst. Biol.* 56: 412-430 (2007). Standley, P.C. & Steyermark, J.A. *Fieldiana, Bot.* 24(3): 352-353, 354-355 (1952c). Stone, D.E. *Fieldiana, Bot.* 40: 28-53 (1977); *Novon* 20: 215-224 (2010). Stone, D.E. & Broome, C.R. *World Pollen Spore Fl.* 4: 1-35 (1975).

1. Yemas terminales agrandadas y cubiertas con escamas protectoras; hojas alternas, imparipinnadas, o rara vez paripinnadas; nuez con (2-)4 compartimientos.
  2. Vástagos con médula sólida; amentos estaminados en agregados de 3 en la base de crecimientos nuevos; fruto dehiscente, la cáscara prontamente separándose en 4 valvas. **2. Carya**
  2. Vástagos de crecimiento del último año generalmente con médula porosa; amento estaminado solitario sobre madera vieja; fruto indehiscente, cáscara no separándose al madurar (excepto en la especie cultivada *Juglans regia*). **3. Juglans**
1. Yemas terminales no desarrolladas, sin escamas (descubiertas); hojas en su mayoría opuestas, algunas veces verticiladas, o en ocasiones alternas en los súrculos de vástagos, paripinnadas; nueces y nuececillas con 8 compartimientos.
  3. Fruto una nuez indehiscente. **1. Alfaroa**
  3. Fruto una nuececilla 3-alada. **4. Oreomunnea**

1. Alfaroa Standl.

Por D.E. Stone.

Árboles o rara vez arbustos grandes, siempreverdes; contrafuertes ausentes a moderadamente grandes; corteza oscura, áspera con lenticelas congestas, adherida firmemente o con pequeñas placas exfoliantes; médula sólida. Yemas terminales no desarrolladas, descubiertas. Hojas opuestas, en ocasiones verticiladas, o rara vez alternas, el pecíolo y el raquis cortos a largos, glabros o pelosos, las escamas peltadas dispersas a abundantes; folíolos 6-24(-32), paripinnados, sésiles o peciolulados, las láminas truncadas a obtusas en la base, aplanadas o revolutas sobre uno o ambos márgenes, sin aurículas, los márgenes enteros o serrados, el haz glabro, el envés glabro o peloso, las escamas peltadas dispersas a densas. Inflorescencias terminales sobre el eje principal, con matices rosados del crecimiento nuevo, o algunas veces terminales sobre los vástagos axilares de la madera vieja; amentos estaminados y pistilados ya sea separados y terminales, o combinados en una panícula andrógina, con un agregado de amentos estaminados péndulos subyacente al terminal, el amento pistilado erecto. Flores estaminadas con las brácteas 3-lobadas; receptáculos redondeados o alargados; sépalos 4-7, aplanados o cuculiformes; estambres 6-12 en 1 serie. Flores pistiladas numerosas; bráctea abaxial formando una copa floral 3-lobada, con o sin pedículo, 2 bractéolas formando el borde adaxial; sépalos 4, arqueados para albergar los estigmas y el estilo; ovario glabro o peloso; estilos obsoletos a largos, bifurcados con hendiduras leves a profundas; estigmas cortos, ligeramente 4-partidos, en forma de herradura, carinales. Fruto drupáceo, mediano a grande, elipsoidal a esferoidal, con 8 compartimientos incompletos; cáscara glabra o pelosa, algunas veces glauca, lisa, áspera o corrugada, permaneciendo adherida a la nuez; cubierta delgada o gruesa. Plántulas con las primeras hojas aéreas opuestas, simples o compuestas, enteras o serradas. Aprox. 8 spp., desde México hasta Colombia; 5 spp. en Mesoamérica.

Bibliografía: Manning, W.E. *Bull. Torrey Bot. Club* 76: 196-209 (1949a); 86: 190-198 (1959); *Ann. Missouri Bot. Gard.* 47: 90-92 (1960a). Stone, D.E. *Sida* 3: 352-355 (1967-1970 [1969]); *Fieldiana, Bot.* 40: 28-53 (1977); *Novon* 20: 215-224 (2010).

1. Folíolos con los márgenes enteros en todos los estados de crecimiento, el envés en su mayoría glabro, las escamas peltadas densas, en menor número con el tiempo; fruto pedicelado, oblongo, elipsoidal a esferoide, mediano a grande, 3-6 × 2-4 cm, la cáscara con costillas longitudinales tenues a pronunciadas y con o sin lenticelas conspicuas, glabra, no glauca, la cáscara y la cubierta 2-4 mm, dura; plántulas con las primeras hojas aéreas simples o compuestas.
  2. Folíolos revolutos en la base sobre uno o ambos márgenes, encerrando un denso agregado de tricomas; cáscara con costillas longitudinales tenues, sin lenticelas conspicuas; México, Chiapas, Guatemala. **4. A. mexicana**
  2. Folíolos aplanados en la base, glabros; cáscara con costillas longitudinales bajas a altas, con o sin lenticelas conspicuas.
    3. Frutos grandes, c. 5 × 4 cm; cáscara con lenticelas conspicuas que en su mayoría ocultan las tenues costillas longitudinales; Guatemala, Honduras, El Salvador. **2. A. guatemalensis**
    3. Frutos pequeños a medianos, 2-4 × 1.7-3 cm; cáscara variable, con costillas longitudinales bajas a bastante pronunciadas (corrugadas); Costa Rica. **3. A. manningii**
1. Folíolos con los márgenes enteros en la mayoría de las hojas adultas, las serraciones siempre presentes en plántulas, plantas jóvenes y vástagos, el envés glabro o hirsuto; escamas peltadas dispersas hasta en cantidad mediana; fruto sésil, elipsoide a ovoide, 2-3 × 1.5-2 cm, la cáscara lisa a áspera debido a costillas longitudinales tenues, sin lenticelas conspicuas, glabra o pelosa, algunas veces glauca, la cáscara y la cubierta 1-2 mm, cartilaginosa; plántulas con las primeras hojas aéreas compuestas.
  4. Pecíolo corto, 0.5-1(-2) cm, densa o ligeramente hirsuto; raquis densa o ligeramente hirsuto; folíolos (8-)12-18(-32), sésiles o el peciólulo hasta de 3 mm, la base truncada, redondeada o largamente atenuada, el envés peloso o glabro, las escamas peltadas dispersas a moderadamente dispersas; folíolos basales bastante reducidos, frecuentemente menos de 1/3 de la longitud de los folíolos más largos; flores pistiladas densa o ligeramente híspidas; fruto híspido o glabro.
    5. Folíolos pelosos en el envés en árboles maduros, los súrculos de vástagos y plantas jóvenes frecuentemente glabros; pecíolo y raquis densamente hirsutos; peciólulos 0-1 mm; base de los folíolos truncada o redondeada; flores pistiladas densamente híspidas; fruto densamente hirsuto, tornándose glabro con el tiempo; Costa Rica, Panamá. **1a. A. costaricensis** subsp. **costaricensis**
    5. Folíolos glabros por el envés en todos los estados, el pecíolo y el raquis ligeramente hirsutos; peciólulos 0-3 mm; base de los folíolos largamente atenuada a redondeada; flores pistiladas ligeramente híspidas; frutos glabros; Veracruz, Chiapas, Guatemala. **1b. A. costaricensis** subsp. **septentrionalis**
  4. Pecíolo largos (1.5-)2-5(-7) cm, generalmente glabros, raquis generalmente glabros; folíolos (6-)8-12(-16), sésiles a cortamente peciolulados, 0-2(-3) mm, la base atenuada a redondeada, el envés glabro, las escamas peltadas densas, en menor número con el tiempo; folíolos basales escasamente reducidos, aunque nunca menos de 1/3 de la longitud de los folíolos más largos; flores pistiladas glabras; frutos glabros.
    6. Flores estaminadas con receptáculos redondeados a oblongoides; estambres (6-)8(9); sépalos (segmentos florales) en su mayoría 4; Costa Rica, Panamá. **5a. A. williamsii** subsp. **tapantiensis**
    6. Flores estaminadas con receptáculos alargados; estambres 6-11; sépalos (segmentos florales) 4-7; Nicaragua. **5b. A. williamsii** subsp. **williamsii**

1. Alfaroa costaricensis Standl., *J. Washington Acad. Sci.* 17: 78 (1927). Holotipo: Costa Rica, *Standley 33620* (US!). Ilustr.: Stone, *Fieldiana, Bot.* 40: 31, t. 6a-d (1977). N.v.: Gaulín, CR.

Árboles o arbustos grandes hasta 23 m; tallos hasta 0.9 m de diámetro; contrafuertes pequeños o ausentes; corteza adherida, verrugosa. Hojas opuestas, en ocasiones verticiladas, o rara vez alternas; pecíolo 0.5-1.5(-2) cm, hirsutos; raquis 10-15(-30) cm, hirsutos; folíolos (8-)12-24(-32), los más inferiores conspicuamente reducidos en comparación con los más largos, menos de 1/3 de la longitud de los más largos, y el diminuto par basal frecuentemente inconspicuo, la base truncada, redondeada o largamente atenuada, aplanada o algunas veces anchamente revoluta, los márgenes enteros o algunas veces serrados en árboles maduros, pero gruesamente serrados en los súrculos de vástagos, plántulas y plantas pequeñas, el haz glabro, el envés peloso con tricomas unicelulares o una mezcla de tricomas unicelulares y multicelulares, o glabro en árboles maduros, las escamas peltadas dispersas o de densidad media, algunas veces glaucos, las plantas pequeñas y plántulas glabras; peciólulos 0-3 mm. Flores estaminadas con pedicelos y receptáculos alargados; sépalos 4-7, aplanados y reflexos al madurar para exponer los estambres; estambres 6-11. Flores pistiladas con ovario hirsuto, las escamas peltadas densas; estilos alargados, bifurcados, hendiduras leves a profundas. Fruto c. 3 × 2-2.5 cm, sésil, elipsoidal a ovoide; cáscara glabra o hirsuta, glabrescente, algunas veces glauca, la cáscara y la cubierta 1-2 mm, cartilaginosa. Plántulas con las primeras hojas aéreas opuestas, compuestas. *Selvas altas perennifolias*. Ch-G, CR-P. 1100-3200 m. (México [Veracruz], Mesoamérica).

1a. Alfaroa costaricensis Standl. subsp. **costaricensis**.

Pecíolo y raquis densamente hirsutos; folíolos (8-)12-24(-32), los márgenes en su mayoría enteros en árboles maduros, la base truncada o redondeada, algunas veces anchamente revoluta, el envés peloso, los tricomas en su mayoría limitados a las venas, las escamas peltadas en densidad baja; peciólulos 0-1 mm. Flores estaminadas con pedicelos alargados, 1-2(-8) mm. Flores pistiladas densamente híspidas. Fruto densamente híspido, pero frecuentemente tornándose casi glabro con el tiempo. Plántulas densamente híspidas en tallos, pecíolo y raquis. Floración ene.-mar., may.-ago., nov.; fructificación todo el año. $2n = 32$. *Selvas altas perennifolias*. CR (*Stone 2352*, DUKE); P (*Hammel et al. 11366*, DUKE). 1100-2300 m. (Endémica).

1b. Alfaroa costaricensis Standl. subsp. **septentrionalis** D.E. Stone, *Novon* 20: 215 (2010). Holotipo: Guatemala, *Stone 2210* (DUKE!). Ilustr.: Stone, *Novon* 20: 218, t. 2 (2010).

Pecíolo y raquis ligeramente hirsutos; folíolos 14-26, los márgenes enteros a irregularmente serrados en árboles maduros, la base largamente atenuada, aplanada; peciólulos 0-3 mm, el haz y el envés glabros o algunas veces solo la vena media y las venas secundarias pelosas en el envés, los márgenes finamente serrados en plantas pequeñas y los súrculos de vástagos, las escamas peltadas en bajo número. Flores estaminadas maduras desconocidas. Flores pistiladas ligeramente hirsutas. Fruto glabro o rara vez con pocos tricomas en la base. Plántulas ligeramente híspidas en tallos, pecíolo y raquis. Floración ene., nov.; fructificación mar., may., sep. *n* = 16. *Selvas altas perennifolias*. Ch (*Breedlove 52670*, DUKE); G (*Stone 2210*, MO). 1200-1700 m. (México [Veracruz], Mesoamérica).

Alfaroa costaricensis subsp. *septentrionalis* ha sido rara vez colectada. Los ejemplares de plantas pequeñas y árboles adultos son semejantes al follaje juvenil de *A. costaricensis* subsp. *costaricensis* ya que en ambas subespecies los folíolos son angostos con serraciones conspicuas. Sin embargo, en la subsp. *septentrionalis* la mayoría de los folíolos tienen la base oblicua o atenuada (vs. truncada o redondeada), los peciólulos en general son más largos (0-3 vs. 0-1 mm), el envés del folíolo es glabro (vs. peloso) y el fruto es glabro (vs. peloso). Cuando Manning (1952a) examinó los ejemplares estériles colectados por Standley (*86967*, A; *86985*, US) de la carretera entre la Finca Pirineos y Patzulín, escribió que "es de esperarse que los árboles de Guatemala representen una especie distinta . . ." a pesar de que "ha sido imposible sugerir un carácter determinante por el cual las dos especies puedan separarse. . ." debido a que el "follaje de los árboles de Costa Rica es altamente variable en pelosidad, serraciones y otros detalles" (Manning, 1952a: 354). Si bien los comentarios son correctos y las diferencias anotadas anteriormente parecen ser pequeñas, la subespecie al norte, como se anotó anteriormente, es dramáticamente diferente del tipo de *A. costaricensis* subsp. *costaricensis* (*Standley 33620*, US) sobre la cual se ha basado el género (Standley, 1927).

Algunos ejemplares de Costa Rica no concuerdan con la descripción del tipo de *A. costaricensis* subsp. *costaricensis* (Manning, 1959). La mayoría de estos ejemplares son estériles, provenientes de retoños de tocones o plantas pequeñas, pero uno de ellos que tiene excelente material florífero estaminado (*Skutch 4685*, US) es el tipo de *A. costaricensis* var. *elongata*. Este espécimen de Varablanca, Heredia difiere principalmente en el pecíolo más largo (2-3.5 cm), y el pecíolo y el raquis glabros. En este respecto esta variedad tiende hacia *A. williamsii*, la cual no había sido nombrada cuando Manning publicó *A. costaricensis* var. *elongata*. En *Morales et al. 6990* (CR), de las cabeceras del río Damitas, Puntarenas, hay hojas con el pecíolo largo (5-6 cm) típicas de *A. williamsii*, pero están cubiertas con la pubescencia rojiza hirsuta característica de *A. costaricensis*. Algunas colecciones de la vecindad del río Navarro, Cartago (p. ej., *Stone 3379*, DUKE; *Utley & Burt-Utley 2195*, DUKE) y Tapantí, Cartago (*Stone 2344*, DUKE; *Stone 3358*, DUKE) también tienen la apariencia general de *A. williamsii*, con ciertas características tendiendo hacia *A. costaricensis* subsp. *septentrionalis* (p. ej., pelosidad, pecíolo ligeramente más corto, menor tamaño de los folíolos más inferiores). Debido a que varios de estos ejemplares se encuentran en las vecindades de los padres putativos, estos provisionalmente se consideran como híbridos entre *A. williamsii* y *A. costaricensis*.

2. Alfaroa guatemalensis (Standl.) L.O. Williams & Ant. Molina, *Fieldiana, Bot.* 32: 208 (1970). *Engelhardia guatemalensis* Standl., *Publ. Field Mus. Nat. Hist., Bot. Ser.* 22: 12 (1940). Holotipo: Guatemala, *Standley 70477* (F). Ilustr.: Manning, *Bull. Torrey Bot. Club* 86: 196, t. 1 (1959), como *A. hondurensis*.

Alfaroa hondurensis L.O. Williams, *Oreomunnea guatemalensis* (Standl.) J.-F. Leroy.

Árboles hasta 30 m; tallos hasta 1 m de diámetro; contrafuertes ausentes hasta pequeños; corteza adherida, verrugosa. Hojas opuestas; pecíolo 3.5-7 cm, glabro; raquis 7-12(-15) cm, glabro; folíolos (6-)8-12(-14), los inferiores solo escasamente reducidos en comparación con los más largos, la base cuneada a obtusa, escasamente decurrente sobre el peciólulo, aplanada, los márgenes enteros desde el estado de plántula a adulto, el haz y el envés glabros, las escamas peltadas densas, tornándose dispersas con el tiempo, no glaucos; peciólulos 3-8(-10) mm. Flores estaminadas con pedicelos obsoletos, los receptáculos redondeados; sépalos 4, curvados hacia adentro en las puntas para albergar ternas de estambres en caperuzas protectoras; estambres 12(-14). Flores pistiladas con ovarios glabros; estilos cortos a obsoletos, las hendiduras muy leves. Fruto 4.5-6.1 × 3-3.5 cm, pedicelado, oblongoide a esferoide, comprimido lateralmente; cáscara con superficie áspera, con lenticelas congestas, glabra; cáscara y cubierta hasta 5 mm. Plántulas con las primeras hojas aéreas opuestas, simples o compuestas. Floración ene., jun.-jul.; fructificación feb.-mar., may., sep. *Selvas altas perennifolias*. G (*Stone 2999*, DUKE); H (*Allen & Chable 6573*, DUKE); ES (Paulson Priebe & Linares, 2011: 720). c. 1200 m. (Endémica).

Por las características del fruto, *Alfaroa guatemalensis* y *A. mexicana* son especies distintas de *A. manningii* de Costa Rica, aunque en material estéril son difíciles de distinguir. No parece, sin embargo, que los árboles adultos de las dos especies más al norte se puedan separar por diferencias de los folíolos: el envés de *A. guatemalensis* es glabro y los márgenes son esencialmente aplanados, mientras que *A. mexicana* tiene tricomas agregados entre las venas y los márgenes son revolutos. La textura áspera (lenticelada) de la superficie de los frutos en *A. guatemalensis* no se encuentra en ninguna otra especie con folíolos enteros. La nomenclatura de *A. guatemalensis* tiene una historia muy complicada. El espécimen tipo de Guatemala, el cual es estéril, originalmente se pensó que era miembro del género *Engelhardia* Lesch. ex Blume (= *Oreomunnea*), pero cuando se colectaron frutos sin alas (*Williams et al. 40693*, F) en la misma zona, Williams & Molina (1970) lo reconocieron como un nuevo miembro del género *Alfaroa*. Aunque ellos reconocieron que estaba "emparentado" con *A. hondurensis*, no se consideró hasta ahora, que es un sinónimo por las similitudes vegetativas y las características del fruto.

3. Alfaroa manningii J. León, *Ceiba* 4: 44 (1953). Holotipo: Costa Rica, *León 3649* (CATIE). Ilustr.: Stone, *Fieldiana, Bot.* 40: 33, t. 7h-j (1977). N.v.: Gavilán colorado, CR.

Alfaroa guanacastensis D.E. Stone.

Árboles hasta 30 m; tallos hasta 0.9 m de diámetro; contrafuertes pequeños a grandes, extendiéndose hasta 1-2 m arriba en el tronco; corteza adherida, verrugosa con lenticelas o rara vez con pequeñas placas exfoliantes. Hojas opuestas o alternas en las plantas pequeñas; pecíolo (1.5-)2-9(-11) cm, glabro; raquis 4-28(-40) cm, glabro; folíolos (4-)8-14(-18), los inferiores solo escasa a moderadamente reducidos en comparación con los más largos, la base cuneada a obtusa, escasamente decurrente sobre el peciólulo, aplanada, o algunas veces escasamente revoluta, los márgenes enteros desde el estado de plántula hasta adulto, el haz y el envés glabros, con escamas peltadas densas, tornándose dispersas con el tiempo, no glaucos; peciólulos (1-)2-5(-10) mm. Flores estaminadas con pedicelos obsoletos, el receptáculo redondeado o levemente oblongoide; sépalos 4, curvados hacia adentro en las puntas para albergar ternas de estambres en caperuzas protectoras; estambres 12. Flores pistiladas con ovario glabro; estilos cortos a obsoletos, hendiduras muy leves. Fruto 2-4 × 1.7-3 cm, pedicelado, oblongoide o elipsoide, no comprimido lateralmente, mediano, la cáscara con hendiduras longitudinales poco a muy pronunciadas, glabra; cáscara y cubierta 2-4 mm. Plántulas con las primeras hojas aéreas alternas u opuestas, simples o compuestas. Floración feb.-jul.; fructificación ene.-nov. *Selvas altas perennifolias*. CR (*Stone 2170*, DUKE). 300-1300 m. (Endémica).

El número *3469* de la colección tipo en el protógolo es un error tipográfico por *3649*; además, IICA corresponde a CATIE. Esta especie es bastante variable en la hoja y en la forma y el tamaño del fruto, tanto que describí *Alfaroa guanacastensis* como un segregado con pecíolo relativamente más corto, la cáscara delgada, las costillas menos pronunciadas sobre el fruto maduro y un área geográfica distinta: cuenca del Pacífico para *A. guanacastensis* vs. el Caribe para *A. manningii*.

Colecciones posteriores de estos dos taxones, así como una perspectiva general más comprehensiva de *Alfaroa* en toda América Latina, hace insostenible la separación. Más bien se trata de una serie de poblaciones disyuntas que están caracterizadas por diferencias que se intergradan en los patrones de la morfología externa de la cáscara del fruto.

4. Alfaroa mexicana D.E. Stone, *Amer. J. Bot.* 55: 477 (1968). Holotipo: México, Veracruz, *Stone 2134* (DUKE!). Ilustr.: Stone, *Amer. J. Bot.* 55: 479, t. 1-3 (1968).

Árboles hasta 35 m; tallos hasta 1 m de diámetro; contrafuertes ausentes a moderados; corteza adherida, verrugosa con lenticelas. Hojas opuestas o alternas en plántulas; pecíolo (2.5-)3-4(-10) cm, glabro; raquis (6-)8-12(-19) cm, glabro; folíolos (6-)10-12(-22), los inferiores solo escasamente reducidos en comparación con los más largos, la base cuneada a redondeada, revoluta en uno o ambos márgenes, los márgenes enteros desde el estado de plántula hasta el adulto, el haz y el envés glabros, o cuando adultas con densos agregados de tricomas en la base sobre el envés entre la vena media y los márgenes revolutos, no glaucos; peciólulos (2-)5-8(-10) mm. Flores estaminadas con pedicelos obsoletos, el receptáculo redondeado; sépalos 4, curvados hacia adentro en las puntas para envolver pares o ternas de estambres en caperuzas protectoras; estambres 8-12. Flores pistiladas con ovario glabro; estilos cortos a obsoletos, las hendiduras muy leves. Fruto 2-3.5 × 3-5.5 cm, pedicelado, obloide a elipsoidal, comprimido lateralmente, grande, cáscara con la superficie áspera con estrías longitudinales tenues a leves, glabra; paredes de la cáscara 1-3(-7) mm; paredes de la cubierta 1-4 mm, duras. Plántulas con las primeras hojas simples. Floración feb.-mar., nov.; fructificación feb.-may., sep., nov.-dic. *Selvas altas perennifolias*. Ch (*Ton 4701*, MEXU); G (*Stone 2211*, DUKE). 730-1700 m. (México [Oaxaca, Veracruz], Mesoamérica).

Esta especie fue previamente registrada de Veracruz con base en ejemplares floríferos y fructíferos (Stone, 1968; Narave Flores, 1983). Sin embargo, varias de las colecciones estériles de *Alfaroa* de México y Guatemala no fueron identificadas hasta especie o fueron asignadas a *Engelhardia guatemalensis*. Colecciones de Quetzaltenango (*Stone 2211*, DUKE) y de San Marcos (*Stone 2218*, DUKE), ambas de Guatemala, tienen hojas y frutos que concuerdan con el material de Veracruz.

5. Alfaroa williamsii Ant. Molina, *Fieldiana, Bot.* 31: 357 (1968). Holotipo: Nicaragua, *Williams et al. 23717* (F). Ilustr.: Lozano Contreras et al., *Mutisia* 49: 5, t. 2 (1981), como *A. colombiana*.

Alfaroa colombiana Lozano, Hern. Cam. & Espinal, *A. costaricensis* Standl. var. *elongata* W.E. Manning.

Árboles hasta 30 m; tallos hasta 0.9 m de diámetro; contrafuertes ausentes a moderados; corteza adherida, lisa a verrugosa. Hojas opuestas o en ocasiones alternas; pecíolo (1.5-)2-5(-7) cm, glabro o rara vez peloso; raquis (3-)5-12(-23) cm, glabro; folíolos (6-)8-12(-16), los inferiores moderadamente reducidos, aunque nunca menos de 1/3 de la longitud de los folíolos más largos, la base largamente atenuada, redondeada o hasta truncada, aplanada, frecuentemente asimétrica con el lado inferior decurrente sobre el peciólulo, los márgenes en su mayoría enteros en árboles maduros, en ocasiones con pocos dientes pequeños en el área apical, gruesamente serrados en los súrculos de vástagos, plántulas y plantas pequeñas, el envés siempre glabro, algunas veces glauco, las escamas peltadas densas; peciólulos 1-3 mm. Flores estaminadas con pedicelos obsoletos o esencialmente obsoletos, receptáculos irregulares y alargados o bien definidos y oblongos; sépalos 4, escasamente curvados en las puntas para albergar los estambres; estambres (6)8(9). Flores pistiladas con ovario glabro, las escamas peltadas densas; estilos alargados, las hendiduras leves a profundas. Fruto c. 2 × 1.5 cm, sésil, elipsoide a ovoide, glabro, la cáscara y la cubierta menos de 1 mm, cartilaginosas. Plántulas con las primeras hojas aéreas opuestas, compuestas. Floración feb.-jun.; fructificación ene.-may., ago., oct.-dic. *Selvas altas perennifolias*. N-P. 1100-1900(-2300) m. (Mesoamérica, Colombia.)

5a. Alfaroa williamsii Ant. Molina subsp. **tapantiensis** D.E. Stone, *Fieldiana, Bot.* 40: 44 (1977). Holotipo: Costa Rica, *Stone 3119* (DUKE). Ilustr.: Stone, *Fieldiana, Bot.* 40: 31, t. 6e-i (1977).

Flores estaminadas con receptáculos oblongoides; estambres (6-)8(9); sépalos 4(5), con las puntas escasamente albergando pares de estambres. *Selvas altas perennifolias*. CR (*Stone 3624*, DUKE); P (*McPherson 11826*, DUKE). 1100-1900(-2300) m. (Endémica).

Las diferencias entre estas dos subespecies son sutiles. Las flores estaminadas de *Alfaroa williamsii* subsp. *tapantiensis* son menos variables con 4 sépalos subyacentes a los 8 estambres, mientras que las flores estaminadas de *A. williamsii* subsp. *williamsii* frecuentemente tienen segmentos florales adicionales, además de los 4 sépalos, así como también un número de estambres más alto y más variable. No ha sido posible asignar las colecciones panameñas a subespecies debido a la ausencia del material florífero estaminado. La colección con fruto inmaduro de *Killip & Smith* (*19285*, GH) de Colombia de 1927, fue tentativamente identificada por Manning (1959) como *A. manningii*, pero al mismo tiempo manifestó que podría tratarse de una nueva especie. Posteriormente Molina (1968) describió *A. williamsii* de Nicaragua la cual concuerda con la colección de Killip y Smith. Aún más recientemente, Lozano Contreras et al. (1981) describieron *A. colombiana*, del sur de Antioquia, Colombia. Este material también concuerda con la descripción de *A. williamsii*, aunque es claro que los autores desconocían el artículo de Molina.

5b. Alfaroa williamsii Ant. Molina subsp. **williamsii**.

Flores estaminadas con receptáculos alargados; estambres 6-11; sépalos más bractéolas 4-7, aplanados, las puntas no albergando estambres. *Selvas altas perennifolias*. N (*Stone 2182*, DUKE). 1100-1900 m. (Endémica).

2. Carya Nutt. N.v.: Nuez.

Por D.E. Stone.

Árboles o en ocasiones arbustos grandes, deciduos; contrafuertes ausentes; corteza estriada y adherida firmemente con escamas adpresas o exfoliante en pequeñas escamas pateliformes; médula sólida. Yemas terminales con escamas seudovalvadas (imbricadas o desnudas). Hojas alternas; pecíolo y raquis largos; folíolos (3-)9-13(-21), imparipinnados, sésiles o peciolulados, las láminas algunas veces falcadas, ovadolanceoladas a cuneadas en la base, aplanadas, sin aurículas, los márgenes serrados, el haz glabro, el envés glabro o ligeramente peloso (tomentoso, las escamas peltadas dispersas o abundantes. Inflorescencias surgiendo de crecimientos nuevos; amentos estaminados en fascículos de 3-5(-8), péndulos, en las bases de crecimientos nuevos o algunas veces sobre vástagos reducidos surgiendo sobre las ramas de crecimiento del año anterior; amentos pistilados terminales, erectos. Flores estaminadas con las brácteas 1-lobadas (2 bractéolas posteriores); receptáculos redondeados; sépalos ausentes, a veces 1 o 2, aplanados; estambres (3)4(-15) en 1 serie. Flores pistiladas 2-10, sin pedicelo; bráctea no lobada, fusionada a 2 bractéolas formando un involucro alrededor del ovario; sépalos ausentes; estilos modificados en un disco estigmático (con tejido del sépalo); estigmas cortos, 2-partidos. Fruto drupáceo, mediano a grande, elipsoide a esferoide, con 2-4 compartimientos en la base, la pared delgada (o gruesa), la cáscara glabra, separada de la nuez en 4-6 valvas y típicamente separándose de la nuez al madurar; cubierta delgada o gruesa. Plántulas con las primeras hojas aéreas alternas y compuestas. $2n = 32$ ($2n = 64$). Aprox. 18 spp., nativas de Canadá, Estados Unidos, México y el sureste de Asia; 1 sp. cultivada en Mesoamérica.

Bibliografía: Manning, W.E. *J. Arnold Arbor.* 30: 425-432 (1949b). Narave Flores, H.V. *Fl. Veracruz* 31: 9-18 (1983). Stone, D.E. *Fl. N. Amer.* 3: 417-425 (1997).

1. Carya illinoinensis (Wangenh.) K. Koch, *Dendrologie* 1: 593 (1869). *Juglans illinoinensis* Wangenh., *Beytr. Teut. Forstwiss.* 54 (1787). Lectotipo (designado por Grauke et al., 1986): Wangenheim, *Beytr. Teut. Forstwiss.* t. 18, f. 43 (1787), como *J. illinoinensis*. Ilustr.: Elias, *Complete Trees N. Amer.* 280 (1980), como *C. illinoensis*. N.v.: Nogal, nuez pecana, pecan, pecana.

Árboles hasta 44 m; tallos hasta 1 m de diámetro. Pecíolo 4-8 cm, glabro a furfuráceo con tricomas cortos simples o en fascículos; folíolos (7-)9-13(-17), el envés glabro a furfuráceo con tricomas cortos simples o en fascículos; peciólulos 0-7 mm. Fruto 2.5-6 × 1.5-3 cm; cáscara gruesa 3-4 mm, el exterior áspero, las suturas aladas; cubierta delgada. Floración abr.; fruto maduro abr., sep.-oct. $2n = 32$. *Cultivada*. Ch (*Dwyer 14235*, MO); CR (*Gómez s.n.*, DUKE). (0-)1200-1500 m. (Nativa de Estados Unidos, introducida en México [Chihuahua, Coahuila, Colima, Durango, Guanajuato, Hidalgo, Jalisco, Michoacán, Nuevo León, Oaxaca, Puebla, Querétaro, San Luis Potosí, Tamaulipas, Veracruz] y en Mesoamérica).

La pecana es un fruto nativo muy importante en los Estados Unidos y se cultiva en algunas partes del mundo, incluyendo México donde las plantaciones son comunes y los productores de nueces pecanas son prolíficos. Es posible que en este país también existieron originalmente poblaciones naturales de esta especie. No se conoce la extensión en la cual se cultiva en Mesoamérica.

3. Juglans L. N.v.: Nogal.

Por D.E. Stone.

Árboles (ocasionalmente arbustos grandes), deciduos; contrafuertes ausentes; corteza clara a oscura, lisa a agrietada, o profundamente acanalada; médula generalmente porosa. Yemas terminales con escamas seudovalvadas. Hojas alternas; pecíolo largo, glabro o peloso; raquis largo, glabro o peloso, las escamas peltadas dispersas a abundantes; folíolos (3-)5-18(-21), imparipinnados, largamente atenuados, redondeados o truncados (ovado-lanceolados) en la base, aplanados, sin aurículas, los márgenes serrados o enteros, el haz glabro o escasamente peloso, el envés glabro o peloso; sésiles o peciolulados. Inflorescencias dispuestas por separado; un solo amento estaminado, axilar sobre la madera vieja, péndulo; amentos pistilados erectos sobre crecimientos nuevos. Flores estaminadas con la bráctea dorsal 1-lobada, subyacente a 2 bractéolas laterales; receptáculos redondeados o alargados; sépalos 4, aplanados; estambres 10-100 o más en 1 a varias series. Flores pistiladas 2-5(-38); bráctea no lobada, fusionada a 2 bractéolas y los sépalos formando un involucro alrededor del ovario; sépalos 4; estilos con 2 ramas alargadas recurvadas; estigmas largos, 2-partidos, carinales. Fruto drupáceo, pequeño a grande, esferoide, subgloboso a piriforme, con (2)4 compartimientos en la base, glabra; cáscara indehiscente o irregularmente dehiscente, paredes gruesas; cubierta delgada o gruesa. Plántulas con las primeras hojas aéreas alternas y compuestas. Aprox. 20 spp., desde Canadá, Estados Unidos, México, Mesoamérica hasta el norte de Argentina, sureste de Asia; 2 spp. nativas y 2 cultivadas en Mesoamérica.

Bibliografía: Manning, W.E. *J. Arnold Arbor.* 38: 121-150 (1957b); *Brittonia* 9: 131 (1957a); 12: 1-26 (1960b). Narave Flores, H.V. *Fl. Veracruz* 31: 18-25 (1983). Stone, D.E. et al. *J. Torrey Bot. Soc.* 136: 1-25 (2009).

1. Folíolos con márgenes enteros; flores estaminadas con receptáculos alargados; fruto con cáscara dehiscente; nativa de Eurasia, cultivada en Mesoamérica. **3. J. regia**
1. Folíolos con márgenes serrados; flores estaminadas con receptáculos redondos; fruto con cáscara indehiscente.
    2. Folíolos peciolulados; pecíolo, raquis y láminas glabros; México, Chiapas a Costa Rica, a veces cultivada. **2. J. olanchana**
    2. Folíolos muy cortamente peciolulados o sésiles; pecíolo, raquis y láminas pelosos.
        3. Folíolos sésiles a cortamente peciolulados; pecíolo y raquis con cubierta rojiza de tricomas glandulares diminutos; haz de la lámina esencialmente glabro, con tricomas glandulares diminutos dispersos sobre la vena media; envés con tricomas glandulares diminutos y fascículos de tricomas no glandulares sobre las venas, y tricomas simples y dobles no glandulares concentrados en las axilas de las venas y sobre las superficies; nativa de Perú, Bolivia, cultivada en Costa Rica. **1. J. boliviana**
        3. Folíolos sésiles; pecíolo y raquis con cubierta rojiza de tricomas glandulares capitado-estipitados y entremezclados con fascículos de tricomas no glandulares, blanquecinos y relativamente inconspicuos; haz de la lámina con conspicuos tricomas glandulares y fascículos sobre la vena media y las venas secundarias; envés de la lámina con tricomas glandulares conspicuos en fascículos y tricomas simples y dobles no glandulares sobre las venas; Guatemala. **4. J. steyermarkii**

1. Juglans boliviana (C. DC.) Dode, *Bull. Soc. Dendrol. France* 13: 211 (1909). *Juglans nigra* L. var. *boliviana* C. DC., *Ann. Sci. Nat., Bot.* sér. 4, 18: 33 (1863). Neotipo (designado por Manning, 1960b): Bolivia, *Weddell 185* (P). Ilustr.: Manning, *Brittonia* 12: 9, t. 5-11 (1960b).
Juglans peruviana Dode.

Árboles hasta 35 m; tallos hasta 30 cm o más de diámetro, la corteza parda con costillas aplanadas escamosas y canales leves. Pecíolo c. 7 cm, diminutamente glanduloso-puberulento; raquis c. 44(-60 o más) cm, diminutamente puberulento-glanduloso; folíolos 14-18(-30), largamente atenuados a redondeados en la base, los márgenes finamente serrados, el haz esencialmente glabro, con tricomas glandulares diminutos dispersos sobre la vena media, el envés peloso con tricomas glandulares diminutos y fascículos de tricomas no glandulares sobre las venas, y tricomas simples y dobles no glandulares concentrados en las axilas de las venas y sobre la superficie; peciólulos 0- 3 mm, Flores estaminadas con receptáculo redondeado; estambres 50-105, en 1 a varias series. Fruto hasta 5 cm, subgloboso, la cáscara indehiscente, paredes gruesas; cubierta gruesa. Floración abr.; fructificación ene., mar.-abr. $2n = 32$. *Cultivada*. CR (*Stone 4116*, DUKE). 500-1800 m. (Nativa de Perú y Bolivia; cultivada en Mesoamérica).

Juglans boliviana es una especie sudamericana cultivada en Costa Rica que fue introducida en 1948 (Manning, 1957a). Se pensó en un principio que la semilla proveniente del departamento de Junín en Perú, era de la ampliamente distribuida *J. neotropica* Diels (Colombia, Ecuador, Perú). Después de que Manning estudió los ejemplares de Turrialba (IICA = CATIE) determinó que era *J. boliviana*. Subsecuentemente la semilla fue enviada para estudio a diferentes grupos interesados en Costa Rica. Los árboles en el Wilson Botanical Garden cerca de San Vito de Java (c. 1200 m) crecieron bien y produjeron abundantes frutos durante la estación seca en febrero-marzo.

2. Juglans olanchana Standl. & L.O. Williams, *Ceiba* 1: 76 (1950). Holotipo: Honduras, *Standley 18159* (F). Ilustr.: Stone et al., *J. Torrey Bot. Soc.* 136: 14, t. 16 (2009), como *J. olanchana* var. *olanchana*.
Juglans guatemalensis W.E. Manning.

Árboles hasta 30(-55) m; tallos c. 1 m de diámetro; corteza oscura, adherida pero profundamente acanalada. Pecíolo (4-)6-7(-10) cm, glabro; raquis (14-)16-28(-46) cm, el pecíolo y raquis glabros; folíolos (12-)15-17(-23), truncados o anchamente redondeados en el ápice, marcada y largamente atenuados en la base, los márgenes serrados, el haz y el envés glabros; peciólulos 1-6 mm. Flores estaminadas con receptáculos redondeados; estambres 60-100 o más en 1 a varias series. Fruto 5-6 × 4-5(-5.5) cm; cubierta gruesa, subglobosa a piriforme; cáscara indehiscente, las paredes gruesas de (0.6-0.9 cm). Floración ene.-mar.; fructificación mar., ago.-oct. *Bosques caducifolios*. Ch (Villaseñor Ríos, 2016: 773); G (*Williams et al. 40700*, CAS); H (*Standley 18159*, F); ES (*Renderos s.n.*, MO); N (*Stevens 19731*, MO); CR (*Hammel 25552*, MO). 100-1400 m. (México [Colima, Jalisco, Puebla, Veracruz], Mesoamérica).

Juglans olanchana era un árbol bastante común en la región de Alta y Baja Verapaz en Guatemala (Williams & Molina, 1970) antes de la expansión de las fincas cafeteras (Loening & Sautter, 2005). Manning (1957b) creyó que todos los nogales en El Salvador y Nicaragua habían sido plantados, y esto ciertamente se acerca a la situación actual en Guatemala. Manning (1957b) identificó ejemplares de Colima y Jalisco en la Sierra Madre Occidental que describió como *J. olanchana* var. *standleyi* W.E. Manning (*Mexia 1438*, NY). Esta variedad difiere en tener ramitas, raquis y folíolos conspicuamente pelosos, y los folíolos son sésiles o de peciólulo corto. Él afirmó que "este taxón podría probar, basados en estudios futuros, ser una especie distinta".

3. Juglans regia L., *Sp. Pl.* 997 (1753). Lectotipo (designado por Nasir, 1972): *Herb. Linn. 1129.1* (LINN). Ilustr.: Pabst, *Med.-Pfl.* 1: t. 4 (1887 [1883-1887]). N.v.: Nogal, nuez, nuez de Castilla.

Árboles hasta 30 m; tallos hasta 1.28 m de diámetro; corteza gris, inicialmente lisa, tornándose agrietada y áspera. Pecíolo 5-7 cm, glabro; raquis 20-25 cm, glabro; folíolos (3-)5-9, la base simétrica o anchamente redondeada en los bordes superiores y largamente atenuada en los inferiores, los márgenes enteros o algunas veces finamente serrados en plántulas, el haz y el envés glabros, excepto por fascículos de tricomas en las axilas de las venas; peciólulos 0-2 mm. Flores estaminadas con receptáculos alargados; estambres 6-30(-40). Frutos 4-6 cm, subglobosos; cáscara gruesa, irregularmente dehiscente en 4 valvas, fácilmente separándose de la nuez; cubierta relativamente delgada. $2n = 32$. *Cultivada*. G (*de Milián 11*, BIGU). (Nativa de Eurasia; ampliamente cultivada en las áreas templadas de todo el mundo).

La nuez de Castilla es nativa del Viejo Mundo desde el centro de Asia (Hemery, 1998) hasta el sureste Europa. Es cultivada ampliamente en todo el mundo en climas templados desde el nivel del mar hasta 3300 m.

4. Juglans steyermarkii W.E. Manning, *Fieldiana, Bot.* 24(3): 358 (1952). Holotipo: Guatemala, *Steyermark 51140* (F). Ilustr.: Stone et al., *J. Torrey Bot. Soc.* 136: 18, t. 30 (2009).

Árboles hasta 18 m; tallos hasta 1.35 m de diámetro; corteza pardo-grisácea, acanalada, exfoliante en tiras angostas. Pecíolo (3-)6-8(-14) cm, peloso con una mezcla de tricomas rojizos capitado-glandulares y tricomas blanquecinos simples y fasciculados no glandulares; raquis hasta 50 cm, la pelosidad similar al pecíolo; folíolos (11-)13-18(-21), asimétricos en la base, truncados a anchamente redondeados, los márgenes finamente serrados, la densidad de la pelosidad variable de población a población, el haz con tricomas capitado-glandulares, los tricomas simples y fasciculados sobre la vena media y las nervaduras secundarias, el envés con tricomas simples, fasciculados y capitado-glandulares cortos cerca de la base de la vena media; peciólulos esencialmente ausentes. Flores estaminadas con receptáculo redondeado; estambres 54-76 en 1 serie. Fruto hasta 5 cm o más, globoso o piriforme; cáscara gruesa de hasta 1.25 cm; nuez 3.5-4 cm de largo, 3.6-3.8 cm de ancho a lo largo de la partición primaria y 3.4-3.5 cm de ancho a lo largo de la partición secundaria, subglobosa, globosa a ovoide; cubierta hasta 5 mm de grueso, longitudinalmente acanalada con surcos leves a moderadamente profundos dando una sensación lisa, pero con desniveles. Floración mar.-abr.; fructificación oct.-nov. *Bosques caducifolios*. G (*Stone et al. 4338*, DUKE). 1100-1800 m. (Endémica).

Es muy probable que *Juglans steyermarkii* se encuentre en Chiapas. Se separa de *J. olanchana* por las bases de los folíolos sésiles vs. peciolulados, y truncadas o redondeadas vs. atenuadas; pelosidad sobre el pecíolo, raquis y envés del folíolo vs. esencialmente glabros; y la caída de las hojas parece ser varias semanas más tarde en *J. steyermarkii* que en *J. olanchana*. Las hojas de *J. steyermarkii* son, sin embargo, muy similares a las de *J. boliviana*, *J. hirsuta* W.E. Manning, que es endémica de México (Nuevo León), y *J. olanchana* var. *standleyi* de Colima y Jalisco en el oeste de México.

4. **Oreomunnea** Oerst. N.v.: Gavilán.

Engelhardia Lesch. ex Blume sect. *Oreomunnea* (Oerst.) C. DC.
Por D.E. Stone.

Árboles o rara vez arbustos grandes, siempreverdes; contrafuertes moderada a bien desarrollados; corteza clara u oscura, escasamente áspera, adherida o exfoliante en placas y tiras largas; médula sólida. Yemas terminales no desarrolladas, descubiertas. Hojas opuestas, alternas en plantas pequeñas; pecíolo y raquis cortos a largos, glabros o diminutamente pelosos; folíolos 4-12, paripinnados, sésiles o peciolulados, obtusos en la base, aplanados o revolutos sobre uno o ambos márgenes, con o sin aurículas, los márgenes enteros o serrados, el haz glabro, el envés glabro o escasamente peloso. Inflorescencias terminales, con matices rosados del crecimiento nuevo, o algunas veces terminales sobre vástagos axilares de la madera vieja; amentos estaminados y pistilados ya sea separados y terminales, o combinados en una panícula andrógina con un agregado de amentos estaminados péndulos subyacente al terminal, los amentos pistilados erectos. Flores estaminadas con pedicelos obsoletos, las brácteas 3-lobadas; receptáculos redondeados o alargados; sépalos 4-6, aplanados o cuculiformes; estambres 8-12 en 1 o 2 series, o 16-19 en 2 series. Flores pistiladas numerosas, con o sin pedicelos; bráctea abaxial formando una copa floral 3-lobada, las bractéolas formando un borde adaxial; sépalos 4, arqueados para albergar a los estigmas y los estilos, o reflexos en la antesis; ovarios glabros; estilos cortos o alargados, bifurcados con hendiduras leves a profundas; estigmas cortos, ligeramente 4-partidos, en forma de herradura, carinados. Fruto 3-alado, las alas pequeñas o grandes, la nuececilla pequeña o grande, envuelta por un profilo, esferoide, con 8-compartimientos incompletos; cáscara ausente; cubierta muy delgada. Plántulas con las primeras hojas aéreas opuestas y simples o compuestas. 3 spp., Mesoamérica y Sudamérica; 2 spp. en Mesoamérica.

Bibliografía: Lozano Contreras, G. et al. *Anales Jard. Bot. Madrid* 52: 13-19 (1994). Oersted, A.S. *Vidensk. Meddel. Dansk Naturhist. Foren. Kjøbenhavn*. 1870: 159-174, t. 1-2 (1870a); 1870(8-11): [1]-3 (1870b). Stone, D.E. *Ann. Missouri Bot. Gard.* 59: 297-321 (1972 [1973]).

1. Corteza adherida firmemente; pecíolo largo (3.5-6 cm), la base pelosa; folíolos 6-8; peciólulos largos (5-15 mm); receptáculos de las flores masculinas alargados, con 16-19 estambres; flores pistiladas con el estilo alargado y una hendidura profunda separando las mitades estilares; frutos grandes, el ala lateral hasta 13 cm; plántulas con las primeras hojas aéreas simples. **2. O. pterocarpa**
1. Corteza exfoliante o a veces adherida firmemente; pecíolo corto (1.3-3.3 cm), la base glabra; folíolos 4-12; peciólulos cortos (0-3 mm); receptáculos de las flores masculinas compactos, con 8-12 estambres; flores pistiladas con estilo corto, casi obsoleto y una hendidura leve separando las mitades estilares; frutos pequeños, el ala lateral hasta 5 cm; plántulas con las primeras hojas aéreas compuestas.
   2. Flores estaminadas con receptáculos bien definidos, oblongos; estambres (6-)8(9); sépalos 4-5, curvados en las puntas para albergar los estambres en una caperuza parcial; Costa Rica. **1a. O. mexicana** subsp. **costaricensis**
   2. Flores estaminadas con receptáculos más bien irregulares, alargados; estambres 6-11; sépalos 4-7, aplanados al abrir para exponer los estambres; México, Mesoamérica. **1b. O. mexicana** subsp. **mexicana**

1. Oreomunnea mexicana (Standl.) J.-F. Leroy, *Bull. Mus. Natl. Hist. Nat.* sér. 2, 23: 127 (1951). *Engelhardia mexicana* Standl., *Trop. Woods* 12: 15 (1927). Holotipo: México, Chiapas, *Rovirosa 1006* (PH!). Ilustr.: Stone, *Ann. Missouri Bot. Gard.* 59: 311, t. 6 (1972 [1973]).

Engelhardia nicaraguensis Ant. Molina, *Oreomunnea americana* Lundell.

Arbustos o árboles hasta 40 m; tallos hasta 1.5 m de diámetro; contrafuertes pequeños a medianos, en ocasiones extendiéndose a c. 3 m de alto; corteza oscura, lisa a áspera como papel de lija debido a las lenticelas, adherida o exfoliante en placas y tiras largas. Pecíolo (1.5-)

2-3.5(-4.5) cm, glabro o en ocasiones diminutamente peloso; raquis 2-15 cm, glabro o en ocasiones diminutamente peloso; folíolos (4-)6-12(-18), aplanados en la base, las aurículas frecuentemente presentes sobre los márgenes basales, los márgenes generalmente enteros en árboles adultos, serrados en plántulas, plantas pequeñas y tocones, la vena media algunas veces diminutamente pelosa sobre el haz y el envés; peciólulos 0-3(-6) mm. Flores estaminadas con pedicelos obsoletos; receptáculos redondeados; sépalos 4, cuculiformes; estambres 8-12 en 1 o 2 series. Flores pistiladas con o sin pedicelos; sépalos arqueados sobre el estigma en la antesis, pero luego reflexos; estilos cortos, con una hendidura leve. Fruto con una pequeña ala lateral que alcanza hasta 5 cm, el ala central hasta 4 cm; profilo hasta 1.2 cm. Floración ene.-jun., ago.-sep.; fructificación ene.-sep., nov.-dic. Ch-G, N-P. 600-1900 m. (México [Oaxaca, Veracruz], Mesoamérica).

1a. Oreomunnea mexicana (Standl.) J.-F. Leroy subsp. **costaricensis** D.E. Stone, *Ann. Missouri Bot. Gard.* 59: 320 (1972 [1973]). Holotipo: Costa Rica, *Stone 2680* (DUKE!). Ilustr.: Stone, *Ann. Missouri Bot. Gard.* 59: 318, t. 10A, C-G (1972 [1973]).

Flores pistiladas y frutos esencialmente sin pedicelos; pistilo orientado en un ángulo de 45° al eje de la inflorescencia; sépalos reflexos, el estigma expuesto. *Selvas altas perennifolias*. CR (*Stone et al. 3632*, DUKE). 650-1750 m. (Endémica).

Las características de la flor y el fruto que distinguen esta subespecie parecen ser distintivas con el limitado número de muestras adecuadas. Sin embargo, colecciones adicionales podrían probar que estas diferencias son variables y de menor relevancia taxonómica.

1b. Oreomunnea mexicana (Standl.) J.-F. Leroy subsp. **mexicana**.

Flores pistiladas y frutos con pedicelos conspicuos de 2-3 mm; pistilo orientado paralelo al eje de la inflorescencia; sépalos incurvados sobre el estigma. $2n = 32$. *Selvas altas perennifolias*. Ch (*Rovirosa 1006*, PH); G (*Lundell & Contreras 19701*, DUKE); N (*Stone 2181*, DUKE); P (*McPherson 12490*, DUKE). 600-1900 m. (México [Oaxaca, Veracruz], Mesoamérica).

2. Oreomunnea pterocarpa Oerst., *Vidensk. Meddel. Dansk Naturhist. Foren. Kjøbenhavn* 1856: 34 (1856-1857 [1856]). Holotipo: Costa Rica, *Oersted 3778* (C!). Ilustr.: Stone, *Ann. Missouri Bot. Gard.* 59: 309, t. 4 (1972 [1973]).

Engelhardia pterocarpa (Oerst.) Standl.

Árboles hasta 60 m; tallos hasta 0.8 m de diámetro; contrafuertes bien desarrollados; corteza clara, adherida, lisa a áspera como papel de lija debido a las lenticelas. Pecíolo 3.5-8(-13) cm, glabro o hirsuto en la base de plántulas y tocones; raquis (2.5-)4-10(-22) cm, glabro; folíolos 6-8(12), esencialmente sésiles en árboles pequeños y tocones, con pulvínulo en el punto de unión, revolutos sobre uno o ambos márgenes, sin aurículas, los márgenes siempre enteros en plantas pequeñas a adultas y tocones, el envés glabro; peciólulos (0-)5-10(-15) mm. Flores estaminadas con receptáculo alargado; sépalos 5-6, aplanados; estambres 16-19 en 2 series. Flores pistiladas sin pedicelos; sépalos reflexos; estilo alargado, la hendidura profunda. Frutos con ala lateral grande alcanzando hasta 13 cm, el ala central hasta 11 cm; profilo hasta 3 cm. Floración mar., oct.-nov., fructificación ene.-abr., jul. *Selvas altas perennifolias*. CR (*Stone 1346*, DUKE); P (*Dressler 6000*, DUKE). 200-1500 m. (Endémica).

Oreomunnea pterocarpa es un árbol de dosel, con el fruto grande 3-alado; se encuentra en áreas muy lluviosas, a elevaciones medias en Costa Rica, como el área del río Peñas Blancas, Alajuela (*Bello et al. 4529*, DUKE; *Stone 4118*, DUKE). *Oreomunnea munchiquensis* Lozano & F. González de la Cordillera Occidental de Colombia es morfológicamente muy similar (Lozano Contreras et al., 1994) y se diferencian por la longitud del pecíolo (3.5-8 cm en *O. pterocarpa* vs. 6.3-10 cm), la longitud de los peciólulos (5-10 vs. 0 mm), el pulvínulo del peciólulo (ausente vs. presente) y la base del folíolo (revoluta vs. aplanada). Es curioso que las características distintivas de *O. munchiquensis* son exactamente aquellas encontradas en el follaje juvenil de *O. pterocarpa*. Cuando se trató este tema con el coautor de la especie, Fabio González, él reconoció "que las medidas fueron tomadas en hojas de súrculos de vástagos. Sin embargo, si nos fijamos con mucho cuidado en folíolos caídos del mismo árbol (el tipo), estos se veían muy similares en tamaño y forma" (com. pers.). Las diferencias entre estos dos taxones podrían ser superfluas o tal vez se deban al momento de expresión de los caracteres. En todo caso, se necesita examinar ejemplares adicionales para determinar la variabilidad morfológica de *O. munchiquensis* y si es que es una especie distinta.

67. CASUARINACEAE

Descripción de la familia por M.J.M. Christenhusz.

Árboles deciduos o arbustos con las ramitas articuladas (equisetoides), los entrenudos estriados; monoicos o dioicos. Hojas reducidas a dientes en un verticilo en el ápice de cada entrenudo. Inflorescencias terminales, bracteadas, unisexuales; inflorescencias estaminadas en espigas con flores verticiladas; inflorescencias pistiladas globulares. Flores unisexuales, sin perianto. Verticilos de flores estaminadas abrazadas por un verticilo de brácteas dentiformes; estambre 1, abrazado por 2 bractéolas dentiformes. Flores pistiladas abrazadas por brácteas lineares, los estigmas 2, alargados, abrazados por 2 bractéolas escuamiformes. Infrutescencia un estróbilo más o menos leñoso, las 2 bractéolas esclerosadas y agrandadas como valvas. Fruto una nuez alada (sámara). 4 gen., 91 spp., en el sureste de Asia, Malasia, Australia, Pacífico, introducidas en el resto del mundo; 1 gen. y 2 spp. algunas veces naturalizadas en Mesoamérica.

Casuarina glauca Sieber ex Spreng. y *Allocasuarina verticillata* (Lam.) L.A.S. Johnson (como *C. stricta* Miq. ex Aiton) han sido cultivadas en la Escuela Agrícola Panamericana, El Zamorano, Honduras (Molina R., 1975), pero no están naturalizadas.

Bibliografía: Friis, I. *Taxon* 29: 499-501 (1980). Johnson, L.A.S. *Fl. Australia* 3: 200-202 (1989). Wilson, K.L. & Johnson, L.A.S. *Fl. Australia* 3: 100-174 (1989).

1. Casuarina L. N.v.: She-oak.

Por M.J.M. Christenhusz.

Árboles generalmente dioicos, rara vez monoicos; las ramas persistentes jóvenes se diferencian de las ramas deciduas por los entrenudos más cortos y diferente forma o tamaño de los dientes de la hoja. Hojas equisetoides, en verticilos de 5-20 dientes. Inflorescencias estaminadas en espigas alargadas simples con bractéolas persistentes. Inflorescencias pistiladas globosas, terminales sobre las ramas laterales cortas. Conos pedunculados, entre o debajo de las ramitas fotosintéticas; sámaras glabras, amarillento pálido-pardo o grisáceas. 17 spp., sureste de Asia, Malasia, Australia y el Pacífico; 2 spp. naturalizadas en Mesoamérica.

Las especies de *Casuarina* frecuentemente se encuentran como pioneras de hábitats alterados. Debido a la relación de *Casuarina* con bacterias fijadoras de nitrógeno, estas plantas son usadas para la restitución de suelos erosionados. *Casuarina* es frecuentemente plantada a lo largo de caminos y, debido a su tolerancia al viento y a la sal, también a lo largo playas a cierta distancia de la costa donde sirve como barrera contra el viento y estabilizador de suelos arenosos. Las ramitas caídas se usan como mantillo para el suelo y la madera es usada en la construcción y como combustible.

El nombre genérico se refiere a la semejanza de las ramitas finas inclinadas con las plumas de las aves conocidas como casuarios (*Casuarius*, Casuariiformes) de Australia y Nueva Guinea.

1. Árboles dioicos; espigas estaminadas con más de 11 verticilos por centímetro; conos pistilados 0.7-1.5 cm; sámaras 3-4 mm; dientes de la hoja generalmente con una marca parda o amarillenta; conos y ramitas glabros a esparcidamente pubescentes. **1. C. cunninghamiana**
1. Árboles monoicos; espigas estaminadas con menos de 11 verticilos por centímetro; conos pistilados 1-2.5 cm; sámaras 6-8 mm; dientes de la hoja sin marcas; conos siempre pelosos, las ramitas pubescentes a glabras. **2. C. equisetifolia**

1. Casuarina cunninghamiana Miq., *Nieuwe Verh. Eerste Kl. Kon. Ned. Inst. Wetensch. Amsterdam* ser. 2, 13: 322 (1848). Lectotipo (designado por Johnson, 1989): Australia, *Anon. s.n.* (K!). Ilustr.: Wilson & Johnson, *Fl. Australia* 3: 105, t. 46G-H (1989), como *C. cunninghamiana* subsp. *cunninghamiana*.

Casuarina cunninghamiana Miq. subsp. *miodon* L.A.S. Johnson, *C. equisetifolia* L. var. *microcarpa* F. Muell.

Árboles dioicos hasta 35 m; corteza finamente fisurada y escamosa, pardo-grisácea; ramitas fotosintéticas 0.4-0.7 mm de diámetro, inclinadas o erectas, glabras a esparcidamente pelosas; entrenudos 0.5-9 mm. Hojas en verticilos de 6-10 dientes, los dientes 0.3-0.5 mm, generalmente angulosos con una costilla media, erectos (recurvados en las ramas jóvenes), generalmente con una marca pardo oscuro a amarillenta. Espigas estaminadas 0.4-2(-4) cm, con más de 11 verticilos por centímetro; estambres 0.4-0.9 mm. Conos pistilados 0.7-1.5 cm, generalmente glabros, rara vez esparcidamente pelosos; bractéolas agudas. Sámaras 3-4 mm. *Plantada a lo largo de carreteras y calles, rara vez naturalizada.* T (*Barajas 82*, MO); Ch (*Breedlove & McClintock 23620*, MO); C (*Ramírez 130*, MO); B (*Nee & Atha 46878*, MO); G (*Proctor 25417*, MO); H (*Ochoa 169*, BM); ES (*Calderón 589*, MO); CR (*Khan et al. 543*, BM). 0-1500 m. (Nativa de Australia; cultivada y naturalizada en el resto del mundo).

Miquel (1848) refirió a Cunningham como el colector del tipo, pero el espécimen lectotipo no es de ese colector.

2. Casuarina equisetifolia L., *Amoen. Acad.* 4: 143 (1759). Lectotipo (designado por Merrill, 1917): Indonesia, Rumphius, *Herb. Amboin.* 3: t. 57 (1743), como *C. litorea*. Ilustr.: Wilson & Johnson, *Fl. Australia* 3: 105, t. 46C-D (1989), como *C. equisetifolia* subsp. *equisetifolia*.

Casuarina equisetifolia L. subsp. *incana* (Benth.) L.A.S. Johnson, *C. equisetifolia* var. *incana* Benth., *C. litorea* Rumph.

Árboles monoicos hasta 35 m, las ramas estaminadas en el extremo de los árboles, las inflorescencias pistiladas generalmente sobre las ramas inferiores; corteza escamosa, pardo-grisáceo a negra; ramitas fotosintéticas 0.5-1 mm de diámetro, inclinadas, glabras o glabrescentes, algunas veces densamente pelosas; entrenudos 4-13 mm. Hojas en verticilos de (6)7 u 8 dientes, los dientes 0.3-0.8 mm, angulosos o aplanados, erectos (recurvados en las ramas jóvenes), sin una marca, generalmente pelosos. Espigas estaminadas 0.7-4 cm, con menos de 11 verticilos por centímetro; estambres 0.6-0.8 mm. Conos pistilados 1-2.5 cm, pelosos; bractéolas agudas. Sámaras 6-8 mm. *Plantada en parques y a lo largo de carreteras, también a lo largo de playas arenosas, algunas veces naturalizada.* Ch (*Breedlove 23572*, MO); Y (*Schott 60*, BM); QR (*Cabrera et al. 4523*, MO); B (*Nee & Atha 46845*, MO); G (*Pierola & Hernández 5155*, MO); H (*Molina R. 31926*, MO); ES (*Martínez 53*, BM); N (*Atwood 1342*, BM); CR (*Döbbeler 694*, BM); P (*Blum 4054*, MO). 0-700 m. (Nativa del SE. de Asia y Australia; plantada y naturalizada en el resto del mundo).

Para discusión sobre la validación del nombre véase Friis (1980).

68. TICODENDRACEAE

Descripción de la familia por C. Ulloa Ulloa.

Árboles dioicos o a veces poligamodioicos, las ramas teretes con las cicatrices de las estípulas evidentes. Hojas alternas, simples, pinnatinervias, las venas marcadamente impresas en el haz, elevadas en el envés, los pecíolos acanalados, las estípulas subuladas, rodeando al tallo, caducas. Inflorescencias masculinas amentiformes, a veces coronadas por 1 flor femenina solitaria; perianto ausente; estambres numerosos, dispuestos en 2-4 verticilos, rodeados por 3 brácteas deciduas, las anteras geminadas unidas en la base, el conectivo prolongado en un apéndice apiculado. Inflorescencias femeninas con flores solitarias; brácteas basales 1 o 2, tempranamente deciduas; perianto inconspicuo; ovario ínfero, 4-locular, cada lóculo con 1 óvulo apical péndulo de los cuales solo uno se desarrolla; estilo ausente, los estigmas 2(3), la placentación axilar. Fruto drupáceo con 1 semilla. Familia monoespecífica, 1 gen., 1 sp., sur de México (Oaxaca) y Mesoamérica.

Bibliografía: Gómez-Laurito, J. *Monogr. Syst. Bot. Missouri Bot. Gard.* 131: 416-417 (2015b). Gómez-Laurito, J. & Gómez P., L.D. *Ann. Missouri Bot. Gard.* 76: 1148-1151 (1989); 78: 87-88 (1991). Hammel, B.E. & Burger, W.C. *Ann. Missouri Bot. Gard.* 78: 89-95 (1991).

1. Ticodendron Gómez-Laur. & L.D. Gómez

Por C. Ulloa Ulloa.

Véase descripción de la familia.

1. Ticodendron incognitum Gómez-Laur. & L.D. Gómez, *Ann. Missouri Bot. Gard.* 76: 1148 (1989). Isotipo: Costa Rica, *Herrera et al. 515* (MO!). Ilustr.: Gómez-Laurito & Gómez P. *Ann. Missouri Bot. Gard.* 76: 1150, t. 6 (1989).

Plantas 7-30 m; madera amarillenta dura, corteza interna rojiza o purpúrea. Hojas 7-15 × 4-8 cm, elíptico-ovadas, subcoriáceas, el haz glabro, el envés lanoso y glabrescente, 7-13 pares de venas secundarias, la base cuneada, los márgenes generalmente serrados desde el 1/2 hacia el ápice, el ápice acuminado; pecíolo 7-15 mm. Inflorescencias masculinas 1.5-4 cm; brácteas c. 5 × 5 mm en la base, anchamente ovadas a deltoides; estambres 8 a numerosos, los filamentos 2-3 mm, pilosos, las anteras c. 2 mm. Flores femeninas sobre pedicelos c. 3 mm, adpreso-pilosos; brácteas 2.5-3 mm, ovadas, adpreso-pilosas; estigmas

5-12 mm, alargados, pilosos. Fruto hasta 7 × 4 cm, hinchado en un costado, el ápice agudo, la base redondeada, grueso, mucilaginoso, verde, el endocarpo muy duro con estrías longitudinales. Floración feb.-mar.; fructificación mar., jun.-sep., nov., dic. *Selvas perennifolias, bosques de* Quercus, *vegetación secundaria*. Ch (*Martínez S. & Stevens 23958*, MO); G (*Steyermark 49111*, MO); H (*Aguilar & Evans 4074*, MO); N (*Pipoly 5233*, MO); CR (*Bello 1911*, MO); P (*McPherson 11082*, MO). 650-2800 m. (México [Oaxaca], Mesoamérica).

69. BETULACEAE

Descripción de la familia y clave genérica por M.J.M. Christenhusz.

Árboles o arbustos, monoicos, deciduos. Hojas pecioladas, simples, alternas, pinnatinervias, generalmente con los márgenes serrados o dentados; estípulas libres, deciduas. Inflorescencias terminales o axilares, bracteadas, unisexuales; flores estaminadas en amentos más o menos alargados; flores pistiladas en amentos cortos, péndulos o erectos, o conos leñosos. Flores unisexuales, polinizadas por viento; perianto ausente o tépalos 1-6, libres o connados, escamas similares; corola ausente; estambres 2-12, los filamentos libres o unidos en la base; ovario hipógino, los estilos 2, libres, filiformes. Fruto generalmente una nuez comprimida lateralmente, o una sámara 2-alada, generalmente con 1 semilla; endospermo delgado, carnoso; embrión con cotiledones engrosados. 6 gen., 145 spp., en bosques templados del hemisferio norte, extendiéndose en regiones montañosas tropicales en Sudamérica y sureste de Asia; 3 gen. y 3 spp. en Mesoamérica.

Las Betulaceae son clasificadas en dos subfamilias: las Betuloideae con *Alnus* y *Betula* L., teniendo flores estaminadas en grupos de 3, y las Coryloideae con *Carpinus*, *Corylus* L., *Ostrya* y *Ostryopsis* Decne., teniendo flores estaminadas solitarias. En Mesoamérica las Betuloideae están representadas solo por *Alnus*, y las Coryloideae por *Carpinus* y *Ostrya*, todos con una sola especie.

La "avellana" comestible europea, *Corylus avellana* L., es importada y algunas veces cultivada. Estas no parecen crecer hasta plantas adultas en Mesoamérica, sino solo producen vástagos suaves con grandes hojas cordadas e irregularmente 3-lobadas, pelosas (Standley & Steyermark, 1952a: 360).

1. Flores estaminadas con 4 tépalos, en grupos de 3 abrazadas por una sola bráctea; anteras sin tricomas; flores pistiladas sin un perianto; infrutescencia un estróbilo leñoso. **1. Alnus**
1. Flores estaminadas sin perianto, solitarias, cada una abrazada por una bráctea; anteras con tricomas apicales; flores pistiladas con tépalos inconspicuos diminutos; infrutescencia no leñosa o estrobiliforme.
   2. Fruto abrazado por una bráctea foliiforme 3-lobada; amentos estaminados axilares. **2. Carpinus**
   2. Fruto envuelto en una bolsa vesiculada, formando un estróbilo lupuliforme; amentos estaminados terminales. **3. Ostrya**

1. Alnus Mill.

Por M.J.M. Christenhusz.

Árboles o arbustos, monoicos, deciduos. Hojas dispuestas en espiral, los márgenes enteros a 2-serrados; estípulas caducas. Inflorescencias estaminadas en amentos péndulos, las flores en grupos de 3 abrazadas por una sola bráctea. Flores estaminadas con 4 (o menos) tépalos; estambres 4 opuestos a los tépalos, las anteras basifijas, ovadas, abriéndose por una hendidura, sin tricomas apicales. Inflorescencias pistiladas en espigas agregadas, bracteadas, cilíndricas u oblongas, tornándose leñosas y en una infrutescencia estrobiliforme. Flores pistiladas con perianto; estigmas 2, cortos, subsésiles, erectos. Fruto una nuececilla lateralmente comprimida, generalmente alada. Aprox. 25 spp., generalmente en el norte templado, pero extendiéndose hasta las montañas tropicales de Mesoamérica, los Andes, Assam (India) y sureste de Asia; 1 sp. en Mesoamérica.

Bibliografía: Chen, Z.-D. & Li, J.H. *Int. J. Pl. Sci.* 165: 325-335 (2004). Fernald, M.L. *Proc. Amer. Acad. Arts* 40: 26 (1905 [1904]). Furlow, J.J. *Ann. Missouri Bot. Gard.* 63: 380-381 (1976 [1977]); *Rhodora* 81: 1-121 (1979a); 151-248 (1979b).

1. Alnus acuminata Kunth in Humb., Bonpl. & Kunth, *Nov. Gen. Sp.* 2: 20 (1817). Lectotipo (designado por Furlow, 1979a): Perú, *Humboldt & Bonpland s.n.* (P-Bonpl.-[cb] P00669740). Ilustr.: Standley & Steyermark, *Fieldiana, Bot.* 24(3): 361, t. 50 (1952a), como *A. arguta*. N.v.: Najk, Ch; alder, jaul, CR; aliso, jaul, P.

Alnus acuminata Kunth subsp. *arguta* (Schltdl.) Furlow, *A. acuminata* var. *ferruginea* (Kunth) Regel, *A. acuminata* var. *mirbelii* (Spach) Regel, *A. arguta* (Schltdl.) Spach, *A. castaneifolia* Mirb., *A. ferruginea* Kunth, *A. guatemalensis* Gand., *A. jorullensis* Kunth var. *acuminata* (Kunth) Kuntze, *A. jorullensis* var. *castaneifolia* (Mirb.) Regel, *A. jorullensis* var. *ferruginea* (Kunth) Kuntze, *A. jorullensis* var. *mirbelii* (Spach) H.J.P. Winkl., *A. mirbelii* Spach, *A. ovalifolia* Bartlett, *A. pringlei* Fernald, *Betula arguta* Schltdl.

Árboles pequeños a grandes, generalmente 6-15 m, en ocasiones hasta de 30 m, frecuentemente con varios troncos erectos; corteza lisa a áspera o suberosa, gris a gris-pardo; ramitas jóvenes glabras a densamente pelosas, los tricomas amarillentos o pardos, escasa a densamente glandulosos. Hojas (3.5-)5.5-21 × (2-)3-11 cm, anchamente ovadas, oblongo-ovadas, elípticas a lanceoladas u obovadas, glabras a moderadamente pelosas, escasa a densamente glandulosas en el haz, glabras a densamente pelosas y densamente glandulosas en el envés, especialmente sobre las venas, la base aguda a redondeada, los márgenes gruesa a finamente 2-serrados a serrulados, algunas veces tan finamente que dan la apariencia de ser enteros, los dientes agudos, el ápice largamente acuminado a obtuso, algunas veces redondeado; estípulas 4-8 × 1-1.5 mm, acuminadas a agudas, pelosas, glandulosas, caducas. Inflorescencias dispuestas en agregados racemosos de 2-6, producidas durante el verano previo y llegando al desarrollo pleno cuando las hojas aparecen en la primavera. Amentos estaminados 3-18 × 0.5-1.1 cm, pendientes; brácteas 1-2 × 2-3 mm, triangulares, amarillento-pardo. Flores estaminadas con un perianto de 4 tépalos elípticos u obovados, 1.2-1.8 × 0.6-1.2 mm; estambres basalmente adnados a los tépalos. Inflorescencias pistiladas estrobiliformes, los estróbilos ovoides a cilíndricos, estos 1.2-4 × 0.4-1.5 cm, el ápice del estróbilo obtuso a redondeado; brácteas de los estróbilos 2-5 mm de ancho, pediculadas, leñosas. Nueces 1.5-3 mm de ancho, elípticas a obovadas, lateralmente aplanadas, glabras, angostamente aladas, los estilos persistentes. *A lo largo riachuelos y sobre laderas húmedas, matorrales montanos, bosques perennifolios bajos y bosques de neblina, frecuentemente con* Quercus, Pinus y Abies, *frecuentemente en hábitats alterados, bosques secundarios o potreros*. Ch (*Stafford et al. 241A*, BM); G (*Broome 718*, MO); H (*Hawkins 926*, MO); ES (*Molina R. & Montalvo 21520*, BM); CR (*Fosberg 43247*, MO); P (*Schmalzel 1944*, MO). 1100-3500 m. (México, Mesoamérica, Colombia, Venezuela, Ecuador, Perú, Bolivia, Argentina).

Varios autores (p. ej., Fernald, 1905 [1904]; Furlow, 1979a, 1979b) han intentado darle alguna organización a esta especie variable dividiéndola en varias subespecies o variedades. Sin embargo, los caracteres proporcionados por estos autores para distinguir estos taxones, no parecen ser geográficamente consistentes y los ejemplares frecuentemente no se pueden identificar a nivel de subespecies. Nos parece que estas diferencias son ecológicamente inducidas, las hojas tornándose más glandulosas y más pelosas, frecuentemente con hojas más pequeñas y ápices redondeados en elevaciones más altas y en localidades más expuestas.

Kunth en Humboldt et al. (1817a) describió 3 especies en el complejo de *Alnus acuminata*, y los ejemplares tipo de estas con seguridad difieren en alguna medida. *Alnus jorullensis* Kunth (tipo de la Ciudad de México, México) tiene los márgenes más levemente serrados a sinuados y generalmente el ápice es agudo a redondeado. Las glándulas conspicuas, generalmente usadas para distinguir esta especie, pueden también ser encontradas en *A. acuminata*. Furlow (1979a, 1979b) afirma que hay caracteres consistentes que separan *A. jorullensis* de *A. acuminata*, pero no las señala. Creemos, sin embargo, que en sentido estricto *A. jorullensis* (y sus sinónimos *A. firmifolia* Fernald y *A. jorullensis* subsp. *lutea* Furlow) se distingue de *A. acuminata* por sus ápices agudos a redondeados, pero que la primera está restringida a México llegando hasta su límite sur en Oaxaca. Los ejemplares citados de Mesoamérica por Furlow (1979a) pertenecen a *A. acuminata*. *Alnus ferruginea* (tipo de Colombia) es apenas una forma más pelosa de *A. acuminata*.

Otros nombres usados para ejemplares mesoamericanos son *A. arguta* con hojas gruesamente 2-serradas y los ápices largamente acuminados y *A. pringlei* con hojas más elípticas y pecíolos pelosos. Estas podrían ser variedades de *A. acuminata*, pero los caracteres aquí mencionados no son consistentes, por eso se trata a *A. acuminata* en sentido amplio.

2. **Carpinus** L.

Por M.J.M. Christenhusz.

Árboles monoicos deciduos; ramas jóvenes densamente pelosas. Hojas dispuestas dísticamente, los márgenes 2-serrados; estípulas caducas. Inflorescencias estaminadas en amentos péndulos. Flores estaminadas sin perianto; estambres 4-12, agrupados todos sobre un receptáculo peloso, abrazados por una sola bráctea, las anteras basifijas, 1-locular, abriéndose por una hendidura, el ápice peloso. Inflorescencias pistiladas en amentos bastante bracteados, cada flor abrazada por una sola bráctea lobada. Flores estaminadas con los tépalos diminutos; estigmas 2, subsésiles erectos. Fruto una nuez ovoide lateralmente comprimida con una sola semilla. Aprox. 25 spp., generalmente en el norte templado, extendiéndose hasta las montañas mesoamericanas, más diverso en el este de Asia; 1 sp. en Mesoamérica.

Bibliografía: Furlow, J.J. *Syst. Bot.* 12: 21-40 (1987a); 416-434 (1987b). Yoo, K.-O. & Wen, J. *Int. J. Pl. Sci.* 163: 641-650 (2002).

1. Carpinus tropicalis (Donn. Sm.) Lundell, *Lloydia* 2: 79 (1939). *Carpinus americana* Michx. var. *tropicalis* Donn. Sm., *Bot. Gaz.* 15: 28 (1890). Lectotipo (designado por Lundell, 1939a): Guatemala, *Donnell Smith 1667* (US!). Ilustr.: Standley & Steyermark, *Fieldiana, Bot.* 24(3): 366, t. 51 (1952a), como *C. caroliniana* var. *tropicalis*. N.v.: Tz'utujtez, tzotojtez, Ch; duraznillo, G; capulín macho, escobo, qüiligüishte de montaña, ES.

Carpinus caroliniana Walter var. *tropicalis* (Donn. Sm.) Standl., *C. tropicalis* (Donn. Sm.) Lundell subsp. *mexicana* Furlow.

Árboles grandes, generalmente hasta 20 m, algunas veces más altos. Madera blanquecina, extremadamente pesada y dura; corteza lisa, gris oscuro; ramitas jóvenes densamente pelosas, los tricomas blancos a pardo claro. Hojas (1.5-)3-13 × (0.8-)1.5-5 cm, ovadas a elíptico-lanceoladas, densamente pelosas sobre las venas y escasamente pelosas sobre la lámina en el haz, densamente pelosas sobre las venas y glabras sobre la lámina en el envés, sin glándulas, con domacios densamente pelosos en las axilas de las venas, la base obtusa a cortamente cordata, los márgenes regularmente 2-serrados, los dientes obtusos a agudos, las venas terminando en un diente, el ápice agudo a acuminado (rara vez obtuso); estípulas c. 10 × 1 mm, acuminadas, caducas. Inflorescencias estaminadas 3.5-6 × 0.4-0.6 cm; brácteas c. 1 × 1.2 mm, triangulares, matizadas de pardo con los márgenes ciliados. Flores estaminadas con anteras 1-loculares, pelosas. Inflorescencias pistiladas 4-10 × 3-5.5 cm; brácteas 1.7-3 cm, 3-lobadas, el lóbulo central 0.5-0.9 cm de ancho, pelosas cuando jóvenes, los márgenes enteros o irregularmente dentados, el ápice obtuso a agudo. Flores pistiladas con el ovario peloso. Nueces 2-3 mm de diámetro, ovoides, lateralmente aplanadas, glabrescentes, estriadas, las estrías en pares, con 1 semilla. Las inflorescencias estaminadas se forman junto con las hojas desde enero hasta abril; las inflorescencias pistiladas aparecen escasamente tarde en febrero. *Laderas muy húmedas y a lo largo de arroyos en valles de bosques de montaña, mezclada con* Quercus *y* Pinus. Ch (*Neill 5591*, MO); G (*Véliz s.n.*, BM); H (*Chorley 347*, BM); ES (*Martínez 825*, MO); N (*Rueda et al. 10994*, BM). 1000-2700 m. (México, Mesoamérica).

Carpinus tropicalis se confunde fácilmente con la especie muy similar *C. caroliniana* Walter (de Norteamérica), la cual difiere generalmente en hábito, indumento y tamaño de la hoja. Los caracteres proporcionados por Furlow (1987b) no separan estas especies completamente, probablemente porque en áreas en donde ambas especies ocurren podrían estar presentes formas intermedias. Furlow describió la variación geográfica en detalle y, de acuerdo con esto, dividió esta especie variable en 2 subespecies segregadas por la forma de la hoja ligeramente diferente y la variabilidad de los ápices de la bráctea. Encontramos que estas características no son consistentes y por esta razón no seguimos esa división.

3. **Ostrya** Scop., nom. cons.

Por M.J.M. Christenhusz.

Árboles monoicos deciduos; las ramas jóvenes, hojas e inflorescencias densamente pelosas. Hojas alternas, dispuestas dísticamente, pecioladas, 2-serradas, plegadas a lo largo de las venas en vernación; estípulas caducas. Inflorescencias estaminadas en amentos péndulos. Flores estaminadas sin perianto; estambres 3-14, agrupados todos sobre un receptáculo peloso, abrazados por una sola bráctea escuamiforme, las anteras basifijas, 1-loculares, abriéndose por una hendidura, el ápice peloso. Inflorescencias pistiladas en espigas densas, cada flor envuelta por una bráctea vesiculada, estas abiertas en el ápice al principio, pero cerradas en fruto. Flores pistiladas con tépalos diminutos; estigmas 2, subsésiles, erectos. Fruto una nuez ovoide lateralmente comprimida con 1 semilla. 5 spp., en el norte templado, extendiéndose hasta las montañas subtropicales de Mesoamérica; 1 sp. en Mesoamérica.

Bibliografía: Rose, J.N. *Contr. U.S. Natl. Herb.* 8: 291-293 (1903-1905 [1905]).

1. Ostrya virginiana (Mill.) K. Koch, *Dendrologie* 2(2): 6 (1873). *Carpinus virginiana* Mill, *Gard. Dict.* ed. 8, *Carpinus* no. 4 (1768). Lectotipo (designado por Reveal, 1990): Cultivado en Inglaterra, *Chelsea Physic Garden 938* (BM). Ilustr.: no se encontró.

Ostrya italica Spach subsp. *virginiana* (Mill.) H.J.P. Winkl.

1a. Ostrya virginiana (Mill.) K. Koch subsp. **guatemalensis** (H.J.P. Winkl.) A.E. Murray, *Kalmia* 13: 10 (1983). *Ostrya italica* Spach var. *guatemalensis* H.J.P. Winkl. in Engl., *Pflanzenr.* IV. 61(Heft 19): 22 (1904). Lectotipo (designado aquí): Guatemala, *Heyde & Lux 2910* (MO-[nr] 3460518!; isolectotipo: M-[cb] M0265489). Ilustr.: Standley & Steyermark, *Fieldiana, Bot.* 24(3): 368, t. 52 (1952a), como *O. vir-*

giniana var. *guatemalensis*. N.v.: Tz'ntojtez, tz'utoj tez, Ch; aliso blanco, aliso colorado, duraznillo, G; escobillo, ES.

Ostrya guatemalensis (H.J.P. Winkl.) Rose, *O. virginiana* (Mill.) K. Koch var. *guatemalensis* (H.J.P. Winkl.) J.F. Macbr.

Árboles pequeños a grandes, generalmente 5-20 m. Madera muy dura, de grano fino, durable; corteza grisáceo-pardo o gris acero, partiéndose en tiras verticales angostas, algunas veces más bien irregulares; ramitas jóvenes densamente pelosas, los tricomas blancos a pardo claro. Hojas (1-)4.5-14 × (0.7-)2-6 cm, ovadas a elíptico-lanceoladas, densamente pelosas sobre las venas y la lámina en el haz y el envés, sin glándulas, con domacios densamente pelosos en las axilas de las venas, la base redondeada a cordada, los márgenes regularmente 2-serrados, los dientes agudos, los dientes primarios casi tan grandes como los dientes secundarios, las venas secundarias terminando en un diente, el ápice agudo a acuminado; estípulas c. 10 × 1 mm, acuminadas. Inflorescencias estaminadas 2-9 × 0.4-0.7 cm; brácteas c. 2 × 2.4 mm, triangulares, estriadas, pardo-rojizas. Flores estaminadas con anteras pelosas, 1-loculares. Inflorescencias pistiladas 2-6.5 × 1.3-3.5 cm; brácteas 1.2-1.9 × 0.5-1.1 cm, vesiculiformes, pelosas, blanquecinas a pardo claro, los márgenes enteros, el ápice cónicamente rostrado. Flores pistiladas con el ovario glabro. Nueces 1.5-2 mm de diámetro, ovoides, lateralmente aplanadas, glabras, lisas, con 1 semilla. Floración feb.-mar., las flores pistiladas apareciendo un poco más tarde que las estaminadas; fructificación al final del verano. *Generalmente sobre laderas y a lo largo de riachuelos en bosques mixtos, bosques deciduos, bosques montanos, bosques de neblina, bosques con* Arbutus, Liquidambar, Magnolia, Pinus, Podocarpus *y* Quercus, *pero algunas veces formando rodales casi puros*. Ch (*Breedlove 25933*, MO); G (*Véliz s.n.*, BM); H (*Molina R. 22220*, BM); ES (*Carballo 119*, BM). 1000-2700 m. (México [Guerrero, Jalisco], Mesoamérica).

Ostrya virginiana subsp. *guatemalensis* difiere de la subespecie típica *O. virginiana* subsp. *virginiana* (que se encuentra en el este de Norteamérica), principalmente por sus hojas, pecíolo y ramitas más densamente pelosas.

Debido a la similitud en el follaje, los ejemplares estériles de esta especie son fácilmente confundidos con los ejemplares estériles de *Carpinus tropicalis*. *Ostrya* difiere de *Carpinus* en tener la nervadura secundaria más regular, la corteza áspera, el amento estaminado terminal y las brácteas de la infrutescencia infladas semejando el estróbilo del lúpulo (*Humulus lupulus* L.).

Se dice que la corteza se usa en México como curtiente y colorante (Standley & Steyermark, 1952a: 367).

70. BALANOPHORACEAE

Descripción de la familia y clave genérica por S. Knapp & C. Ulloa Ulloa.

Plantas carnosas, sin clorofila, endoparásitas en las raíces de árboles y arbustos, uniéndose a la planta hospedante por medio de un tubérculo de desarrollo variado. Hojas reducidas a escamas o ausentes, sin estomas, dispuestas en espiral. Inflorescencias ramificadas una sola vez o espadiciformes con las ramas suprimidas; ramas con brácteas subyacentes escamosas reducidas, las brácteas deciduas, frecuentemente con la parte apical peltadamente ensanchada; brácteas triangulares o peltadas y variadamente ovadas a hexagonales o casi circulares, o reducidas y claviformes; flores unisexuales, con tépalos libres a fusionados. Flores estaminadas 3-meras; perianto, si está presente, 3-lobado o irregularmente crenado; estambres (2)3, o un sinandro con 3 anteras libres, las anteras 2-loculares, rara vez 3-loculares, con aperturas longitudinales. Flores pistiladas muy reducidas; perianto 2-lobado, irregularmente lobado o aparentemente ausente; ovario súpero o ínfero, sin lóculos, placentas u óvulos aparentes; estilos 1 o 2, alternados con los lóbulos del perianto; estigma capitado. Fruto en aquenio, muy pequeño; semilla 1. 18 gen., 43 spp. de distribución cosmopolita; 5 gen. y 5 spp. en Mesoamérica.

Bibliografía: Hansen, B. *Fl. Neotrop. Monogr.* 23: 1-80 (1980).

1. Brácteas de la inflorescencia reducidas o ausentes; estilo 1; inflorescencias unisexuales; tubérculos ceríferos. **3. Langsdorffia**
1. Brácteas de la inflorescencia hexagonales o cuadrangulares, peltadas; estilos 2; inflorescencias bisexuales o a veces unisexuales; tubérculos amiláceos.
   2. Flores embebidas en tricomas filiformes; estambres 3.
      3. Tallos emergiendo directamente del tubérculo irregularmente lobulado; plantas creciendo a (1300-)1700-2700 m. **1. Corynaea**
      3. Tallos emergiendo de rizomas alargados; plantas creciendo a 0-1500 (-2200) m. **2. Helosis**
   2. Flores no embebidas en tricomas filiformes; estambres 2.
      4. Flores estaminadas solitarias; anteras sésiles. **4. Lathrophytum**
      4. Flores estaminadas agrupadas en ramas cortas; anteras con filamento. **5. Ombrophytum**

1. Corynaea Hook. f.

Helosis auct. non Rich., *Itoasia* Kuntze.

Por S. Knapp.

Tubérculos subterráneos irregularmente lobados, amiláceos; tallos emergiendo directamente del tubérculo, afilos, sin brácteas; rizomas ausentes. Inflorescencias bisexuales, subesféricas a ovoides; brácteas hexagonales, peltadas, prontamente caducas; flores embebidas en una capa densa de tricomas filiformes. Flores estaminadas tubulares, el perianto 3-lobado o irregularmente crenado, los estambres 3, connados, el sinandro 6-locular, los lóculos dispuestos longitudinalmente. Flores pistiladas muy reducidas; perianto adnado al ovario, los segmentos del perianto 2, inconspicuos; estilos 2. Género monoespecífico, en bosques montanos de Mesoamérica y el norte de Sudamérica.

1. Corynaea crassa Hook. f., *Trans. Linn. Soc. London* 22: 31, 54 (1856). Holotipo: Colombia, *Purdie s.n.* (K). Ilustr.: Hansen, *Fl. Neotrop. Monogr.* 23: 30, t. 11L-O (1980).

Corynaea crassa Hook. f. var. *sprucei* (Eichler) B. Hansen, *C. purdiei* Hook. f., *C. sphaerica* Hook. f., *C. sprucei* Eichler, *Itoasia crassa* (Hook. f.) Kuntze, *I. purdiei* (Hook. f.) Kuntze, *I. sphaerica* (Hook. f.) Kuntze, *I. sprucei* (Eichler) Kuntze.

Plantas pardo-amarillentas a purpúreo intenso, pardas o negruzcas cuando secas; tubérculo 3-6 × 4-8 cm; tallos (0.5-)3-6(-10) × 0.5-2 cm, rompiendo la superficie del tubérculo al salir y formando un anillo conspicuo en la base de cada tallo, ligeramente acanalados longitudinalmente en la mitad distal cuando secos. Inflorescencias 3-7 × 2-5 cm (sin las brácteas), no ramificadas; brácteas 4-8 mm de diámetro, aplanadas o con una protuberancia cónica en el centro; tricomas filiformes 1.8-2 mm, claviformes, rosados. Flores estaminadas con el tubo del perianto 3.5-5 mm, los lóbulos 1.8 × 0.8 mm, ligulados; estambres con la columna 2.5-6 mm, adnados al tubo del perianto en el 1/3 proximal; sinandro c. 1 × 1 mm. Flores pistiladas con los segmentos del perianto 1-1.2 mm, sobresaliendo del ovario; estilos 1-1.2 mm, exertos desde los tricomas filiformes. *Bosques montanos, bosques de* Quercus. CR (*Aguilar & Garrote 3813*, CR); P (*Woodson & Schery 470*, MO). (1300-) 1700-2700 m. (Mesoamérica, Colombia, Venezuela, Ecuador, Perú, Bolivia).

Corynaea crassa ha sido registrada en una variedad de plantas hospedantes, incluyendo a *Eupatorium angulare* B.L. Rob. (Asteraceae) y "sobre brotes de bambú".

2. **Helosis** Rich., nom. cons.

Caldasia Mutis ex Caldas, nom. rej.

Por S. Knapp.

Tubérculos subterráneos irregularmente lobados, amiláceos; tallos con escamas en las yemas, emergiendo de rizomas alargados. Inflorescencias bisexuales, elipsoidales a ovoides; brácteas hexagonales, peltadas, prontamente caducas; flores embebidas en una densa capa de tricomas filiformes. Flores estaminadas tubulares; perianto 3-lobado, los estambres 3, connados en la parte proximal, libres en la parte distal, el sinandro 9-locular, los lóculos dispuestos longitudinalmente. Flores pistiladas muy reducidas; perianto adnado al ovario, los segmentos del perianto 2, ligulados y comprimidos; estilos 2. Género monoespecífico en bosques montanos de América tropical.

1. Helosis cayanensis (Sw.) Spreng., *Syst. Veg.* 3: 765 (1826). *Cynomorium cayanense* Sw., *Prodr.* 12 (1788). Lectotipo (designado por Hansen, 1980): Guayana Francesa, *Richard s.n.* (C!). Ilustr.: Hansen, *Fl. Neotrop. Monogr.* 23: 36, t. 15 (1980).

Caldasia brasiliensis (Schott & Endl.) Kuntze, *C. cayanensis* (Sw.) Mutis ex Steud., *C. mexicana* (Liebm.) Kuntze, *Helosis brasiliensis* Schott & Endl., *H. cayanensis* (Sw.) Spreng. var. *mexicana* (Liebm.) B. Hansen, *H. guyanensis* Rich., *H. guyanensis* forma *andicola* (Hook. f.) Eichler, *H. guyanensis* var. *andicola* Hook. f., *H. guyanensis* forma *brasilensis* (Schott & Endl.) Eichler, *H. mexicana* Liebm., *H. mexicana* var. *andicola* (Hook. f.) Eichler.

Plantas pardo-rojizas a rojo-anaranjadas, pardas o negras cuando secas. Tubérculo 4-5 × 3-4 cm; tallos (1-)5-11(-14) × 0.5-1 cm, carnosos, formando nuevos tubérculos en el punto de contacto con las raíces de la planta hospedante; escamas de las yemas 2 o 6, libres o unidas en forma de anillo en diversos niveles del tallo. Inflorescencias 1.5-4 × 1-3 cm (sin las brácteas), diminuta y conspicuamente ramificadas; brácteas 3.5-4.5 mm de diámetro, aplanadas o con una protuberancia cónica baja en el centro, marginalmente coherente; tricomas filiformes 1.5-2.3 mm, claviformes. Flores estaminadas con el tubo del perianto 1.5-2 mm, los lóbulos c. 2 × 1 mm, ligulados; estambres con la parte tubular connada de los filamentos 1.5-2 mm, la porción libre 0.4-0.6 mm; sinandro c. 1 mm de diámetro, esférico. Flores pistiladas con los segmentos del perianto c. 1.2 × 0.5 mm, anchamente ovados; estilos 1.2-1.5 mm, sobresaliendo de los tricomas filiformes. *Selvas altas perennifolias, bosques montanos.* T (*Sarukhán 1985*, MEXU); Ch (*Hampshire & Reyes-García 1213*, MEXU); B (*Whitefoord 2029*, BM); G (*Hedger 74*, BM); H (*Saunders 742*, BM); ES (*Villacorta 2174*, MO); N (*Grijalva 2852*, MO); CR (*Grayum et al. 5477*, MO); P (*de Nevers et al. 4104*, MO). 0-1500(-2200) m. (México, Mesoamérica, Colombia, Venezuela, Guayanas, Ecuador, Perú, Bolivia, Brasil, Antillas).

Helosis cayanensis ha sido dividida en dos variedades (Hansen, 1980), dependiendo de la ubicación de las escamas en el tallo. En *H. cayanensis* var. *cayanensis*, la proporción entre el largo del tallo y la distancia desde la base del tallo hasta el punto de unión del involucro, es de no menos de 2.8 (y las escamas se encuentran en la parte proximal del tallo), mientras que en *H. cayanensis* var. *mexicana*, la proporción es de 2.8 o menos (y las escamas se encuentran en la parte distal del tallo). Estas proporciones se traslapan totalmente, así que la identificación de ejemplares individuales hasta variedad puede ser extremadamente difícil. No sabemos si estas diferencias tienen una base genética o si son inducidas por el ambiente, y es probable que no sean constantes. Por estas razones prefiero no reconocer estas variedades de manera formal.

Helosis cayanensis es parásita sobre una gran variedad de plantas hospedantes.

3. **Langsdorffia** Mart.

Thonningia auct. non Vahl.

Por S. Knapp.

Tubérculos subterráneos, alargados y rizomatosos, frecuentemente ramificados, ceráceos, nunca amiláceos; tallos emergiendo directamente de los tubérculos. Hojas escamosas numerosas, dispuestas en espiral. Inflorescencias unisexuales, cilíndricas en los tallos estaminados, hemisféricas en los pistilados; brácteas reducidas a cuerpos cónicos con el ápice alargado, ausentes en las inflorescencias pistiladas; flores no embebidas en una capa densa de tricomas filiformes, unisexuales con tépalos libres a connados en la base. Flores estaminadas con 3 segmentos del perianto, anchamente ovados, connados proximalmente, libres distalmente; estambres unidos en un sinandro, las anteras 3, en forma de herradura. Flores pistiladas con los segmentos del perianto linear-prismáticos y angostamente tubulares; estilo 1. Género monoespecífico de América tropical.

1. Langsdorffia hypogaea Mart., *J. Brasil.* 2: 179 (1818). Lectotipo (designado por Hansen, 1980): Brasil, *Langsdorff s.n.* (LE). Ilustr.: Hansen, *Fl. Neotrop. Monogr.* 23: 69, t. 29A-E (1980).

Langsdorffia janeirensis Rich., *L. moritziana* Klotzsch & H. Karst., *L. rubiginosa* Wedd., *Thonningia janeirensis* (Rich.) Liebm., *T. mexicana* Liebm.

Plantas amarillentas a rojo vino, pardo pálido con las hojas escamosas brillantes cuando secas; tubérculo 0.7-1.9 cm de diámetro, en general horizontal, densamente peloso, más largo en las plantas estaminadas; tallos 2-14 cm, más largo en las plantas pistiladas. Hojas 0.4-1 × 1.6-3.5 cm, triangular-lanceoladas, los márgenes ciliados, brillantes, pardo-rojizas en plantas vivas. Inflorescencias no ramificadas, las estaminadas 1.8-3.2 × 2.5-4.5 cm, las pistiladas 1.7-6 × 1.5-3.5 cm. Flores estaminadas con el pedicelo 6-10 mm, verde-amarillento; segmentos del perianto 1.8-1.9 × 1.2-1.5 mm, valvados, cuculados, verde-amarillentos; sinandro c. 1 mm de diámetro, cada antera 2-locular, doblada hacia arriba, blanca. Flores pistiladas c. 1.5 × 0.25 mm, linear-prismáticas, densamente agrupadas; perianto irregularmente lobado; estilo 0.5-0.6 mm, exerto. *Bosques montanos.* G (*Emeterio et al. 949*, UVAL); CR (*Haber & Zuchowski 10507*, CR); P (*Allen 4773*, K). 1000-2300 m. (México, Mesoamérica, Colombia, Venezuela, Guyana, Ecuador, Perú, Bolivia, Brasil, Paraguay).

Langsdorffia hypogaea se ha registrado como parásita sobre una gran variedad de plantas hospedantes (Hansen, 1980).

4. **Lathrophytum** Eichler

Por C. Ulloa Ulloa.

Tubérculos subterráneos elipsoidales, amiláceos, verrugosos; tallos emergiendo directamente de los tubérculos, afilos con una vaina 2 o 3-lobada en la base. Inflorescencias bisexuales, las flores estaminadas más distales; brácteas peltadas, caducas; flores no embebidas en una capa densa de tricomas filiformes. Flores estaminadas sin perianto; estambres 2, los filamentos ausentes, las anteras elipsoidales, 2-loculares. Flores pistiladas numerosas, sésiles, arregladas en ramas muy cortas, el perianto ausente; estilos 2, filiformes. Género monoespecífico de América tropical.

1. Lathrophytum peckoltii Eichler, *Bot. Zeitung (Berlin)* 26: 550 (1968). Holotipo: Brasil, *Peckolt s.n.* (BR). Ilustr.: Hansen, *Fl. Neotrop. Monogr.* 23: 53, t. 22 (1980).

Plantas hasta 15.5 cm; tubérculo hasta 4 cm de diámetro; tallo hasta 3 cm, emergiendo directamente del tubérculo, glabrescente; vaina hasta 3.1 cm, más o menos bilobada. Hojas ausentes. Inflorescencias hasta 10 × 2.7 cm, elipsoides a fusiformes, blancas en la base a moradas en el ápice, la parte pistilada en la base, hasta 5 cm, la parte estaminada en el ápice, hasta 6 cm; brácteas hasta 5 mm de diámetro, irregularmente cuadrangulares a hexagonales. Flores estaminadas solitarias, sin perianto, sésiles, las anteras c. 1.7 mm. Flores femeninas c. 50 por ramita, densamente agregadas, las ramitas filiformes, hasta 7 mm; ovario c. 1.3 mm, oblongoide, los estilos diminutos, divergiendo. *Bosques muy húmedos, bosques primarios*. CR (*Hammel et al. 27341*, MO). c. 150 m. (Mesoamérica, Brasil).

Lathrophytum peckoltii tiene una distribución disyunta ya que solo se conoce de Brasil y Costa Rica. En Mesoamérica se conoce de una sola colección de Costa Rica, creciendo como parásito de *Thinouia myriantha* Triana & Planch. (Sapindaceae).

5. Ombrophytum Poepp. ex Endl.

Juelia Aspl.

Por S. Knapp.

Tubérculos subterráneos redondeados o elipsoidales, muy amiláceos, verrugosos; tallos emergiendo directamente de los tubérculos, afilos con una vaina 2 o 3-lobada en la base. Inflorescencias ramificadas, unisexuales o bisexuales, si son bisexuales, las flores estaminadas más distales; brácteas peltadas o reducidas y claviformes, caducas; flores no embebidas en una capa densa de tricomas filiformes. Flores estaminadas sin perianto; estambres 2, libres, los filamentos filiformes, cortos, las anteras elipsoidales, 4-loculares. Flores pistiladas sésiles, en la base de las ramas, aparentemente sin perianto; estilos 2, insertos en una pequeña cavidad, filiformes. 4 spp. en América tropical; 1 sp. en Mesoamérica.

1. Ombrophytum violaceum B. Hansen, *Bot. Tidsskr.* 71: 231 (1977). Holotipo: Perú, *Wurdack 2360* (US). Ilustr.: Hansen, *Fl. Neotrop. Monogr.* 23: 59, t. 24A-E (1980).

Plantas violetas a amarillentas; tubérculo 1.8-3.5 cm de diámetro, la superficie irregularmente verrugosa; vaina separada del tubérculo por una sección constreñida, 3-6 cm, angostamente infundibuliforme, violeta por dentro, rompiéndose irregularmente en 2 o 3 lóbulos al emerger el tallo; tallos 4-13 cm. Hojas ausentes. Inflorescencias bisexuales, ramificadas, la parte estaminada en el ápice, 3-7 cm, la parte pistilada en la base, 1.5-6 cm; bráctea 1, 0.5-1 mm de diámetro, hexagonal, caduca, subyacente a las ramas, sobre un pedículo de 3-5 mm, pardo-rojizo o violeta, las brácteas densamente imbricadas. Ramas estaminadas 1.5-4 × 1-3 mm, con 4-8 flores, el ápice aplanado y circular; flores estaminadas decusadas, los filamentos 0.25-0.5 mm, las anteras 1-1.25 × 0.5-1 mm. Ramas pistiladas 4-6 × 1-1.5 mm, apicalmente peltadas como las inflorescencias estaminadas; flores pistiladas prismáticas por compresión, el ovario 1.2-1.5 mm, obcónico, los estilos c. 0.5 mm, divergiendo, el estigma capitelado. *Selvas altas perennifolias, bosques premontanos*. P (*Folsom 4270*, MO). c. 1200 m. (Mesoamérica, Ecuador, Perú).

71. OLACACEAE

Descripción de la familia y clave genérica por Q. Jiménez Madrigal, S. Knapp & C. Ulloa Ulloa.

Arbustos, bejucos, arbolitos o árboles, con o sin contrafuertes, algunas veces semiparásitas; corteza lisa o áspera; látex blanco a veces presente. Hojas alternas, membranáceas o carnosas, algunas veces con puntos o líneas resinosas, pinnatinervias, en ocasiones 3-5-nervias desde la base, los márgenes generalmente enteros; pecíolo presente; estípulas ausentes. Inflorescencias axilares o rara vez desde tallos viejos, simples o ramificadas, cortamente racemosas, paniculadas, espigadas, cimosas, rara vez umbeladas, frecuentemente fasciculadas, las flores muy rara vez solitarias. Flores bisexuales o unisexuales, en ocasiones heterostilas, actinomorfas, 3-7-meras; cáliz pequeño con lóbulos dentados o el margen crenulado, la base ciatiforme engrosada e inconspicua, en ocasiones adnada al eje floral; corola con pétalos libres o diversamente connados, valvar en yema; disco algunas veces presente, en ocasiones acrescente en fruto; estambres (3-)5-10, en 1 o 2 series, epipétalos, en ocasiones también episépalos (cuando son 10), las anteras 2 o 3-tecas, en ocasiones con septos transversales, con dehiscencia longitudinal; ovario súpero, semiínfero o ínfero (*Schoepfia*) cuando adnado al eje floral, con 1-varios lóculos; óvulos 1-5(-7), péndulos desde la placenta central. Fruto una drupa o seudodrupa (adnada al eje floral en *Schoepfia*); pericarpo delgado o carnoso; endocarpo crustáceo o leñoso; cáliz fructífero diminuto o marcadamente expandido; semilla 1; testa delgada; endospermo abundante; embrión diminuto. Aprox. 27 gen., 230 spp., distribución pantropical; 6 gen. y 16 spp. en Mesoamérica.

La familia Olacaceae se trata en esta flora en el sentido amplio por razones prácticas, si bien es un agregado parafilético complicado; no se han separado Aptandraceae, Schoepfiaceae ni Ximeniaceae (véase Nickrent et al., 2010; Stevens, 2001 en adelante).

Bibliografía: Burger, W.C. *Fieldiana, Bot.* n.s. 13: 14-27 (1983a). Sleumer, H.O. *Fl. Neotrop. Monogr.* 38: 1-159 (1984).

1. Hojas con la nervadura terciaria escalariforme, subparalela; inflorescencia una espiga alargada, ferrugíneo-tomentosa; látex blanco en tallos y hojas. **4. Minquartia**
1. Hojas con la nervadura terciaria inconspicua, no subparalela (algunas especies de *Heisteria* con nervadura terciaria escalariforme, pero sin látex); inflorescencia cortamente espigada, diversamente fasciculada, paniculada, cimosa o las flores solitarias; látex blanco ausente, savia incolora presente o ausente.
  2. Tallos con espinas; hojas frecuentemente mucronadas, sobre vástagos cortos, deciduas o semideciduas. **6. Ximenia**
  2. Tallos sin espinas; hojas con ápice variado, no mucronado, sobre vástagos largos, perennifolias.
    3. Cáliz fructífero grueso, adnado al eje floral, no expandido; drupa con un pequeño círculo en el ápice. **5. Schoepfia**
    3. Cáliz fructífero muy expandido más allá de la drupa; drupa no como arriba.
      4. Estambres generalmente 10, en doble número que los pétalos; cáliz fructífero generalmente de color brillante. **2. Heisteria**
      4. Estambres en igual número que los pétalos; cáliz fructífero verde o verde-rojizo.
        5. Flores bisexuales; cáliz fructífero completamente extendido, verde-rojizo. **1. Chaunochiton**
        5. Flores unisexuales; cáliz fructífero envolviendo por completo al fruto, verde. **3. Hondurodendron**

1. Chaunochiton Benth.

Sagotanthus Tiegh.

Por S. Knapp & Q. Jiménez Madrigal.

Árboles; corteza rojo-parda manchada con blanco sobre el tronco principal, gris sobre los tallos, con olor a almendra; ramitas sin espinas, sin vástagos cortos, frágiles, teretes; savia incolora, látex lechoso ausente. Hojas perennes, elípticas, carnosas, pinnatinervias, la nervadura terciaria inconspicua; pecioladas. Inflorescencias axilares, panículas corimbiformes con pocas a muchas flores; brácteas diminutas. Flores bisexuales, fragantes, con pedicelos cortos; cáliz 5-lobado, ciatiforme, diminuto en la antesis, agrandado en el fruto; corola 5-lobada, los lóbulos connados en la base o libres; estambres 5, más cortos que los lóbulos de la corola, los filamentos filiformes, adnados a los lóbulos de la corola en la base, las anteras 4-lobadas, subglobosas; disco ausente; ovario súpero, libre, oblongo; óvulo 1, péndulo; estilo filiforme; estigma 5-lobado, capitado. Fruto una drupa globosa o subovoide, verrugosa a tuberculada (Mesoamérica) hasta acostillada y estriada, abrazada por el cáliz fructífero muy agrandado; cáliz fructífero infundibuliforme o aplanado (Mesoamérica); semilla 1. En América tropical se encuentran 3 spp., la mayoría en la Amazonía; 1 sp. en Mesoamérica.

1. Chaunochiton kappleri (Sagot ex Engl.) Ducke, *Arch. Jard. Bot. Rio de Janeiro* 3: 41 (1922). *Heisteria kappleri* Sagot ex Engl., *Fl. Bras.* 12(2): 14 (1872-1877 [1872]). Isolectotipo (designado por Sleumer, 1984): Guayana Francesa, *Sagot 1198* (BM!). Ilustr.: Quesada et al., *Árboles Penins. Osa* 257 (1997). N.v.: Caraño, manglillo, CR.

Sagotanthus kappleri (Sagot ex Engl.) Tiegh. ex Dyer.

Hasta 40 m; tronco hasta 70 cm de diámetro, cilíndrico en la base, sin contrafuertes; corteza gris-rojiza, lisa; ramitas rojizas al secarse, ligeramente frágiles. Hojas 6-10 × 3-4 cm, elípticas, carnosas cuando frescas, frágiles y rojizas al secarse, glabras, la nervadura oscura al secarse, la vena media impresa en el haz, carinada en el envés, la base aguda, ligeramente decurrente sobre el pecíolo, los márgenes enteros, engrosados, el ápice agudo; hojas de plantas juveniles lanceoladas y más delgadas en textura; pecíolo 0.5-1 cm, ligeramente alado desde la base de la hoja. Inflorescencias 1-3 por axila, 2-5 cm, sobre vástagos cortos en ocasiones foliosos; flores verde-rojizas, glabras, en grupos aglomerados de 5-9 a lo largo del eje de la inflorescencia; pedicelos 5-7 mm, filiformes, glabros; tubo del cáliz c. 1 mm, los lóbulos c. 0.5 mm, a manera de proyecciones desde el borde, diminutamente papilosos a lo largo de los márgenes; corola 8-9 mm, los lóbulos libres casi hasta la base, espatulado-cuculiformes, amarillos o amarillo-verdosos, los márgenes con tricomas 1-seriados de c. 1.5 mm; estambres rojos, los filamentos 6-7 mm, glabros, las anteras c. 0.5 mm, formando una especie de corona encima del filamento; ovario glabro, obovoide, el estilo 7-8 mm, glabro, el estigma c. 0.5 mm de diámetro. Fruto 1-1.3 cm de diámetro; cáliz fructífero 9-13 cm de diámetro, aplanado, cartáceo, verde-rojizo. *Selvas altas perennifolias*. CR (*Zamora et al. 1928*, CR). 50-600 m. (Mesoamérica, Guayanas, Brasil).

Chaunochiton kappleri se encuentra solo en la región del Golfito y península de Osa en la vertiente del Pacífico en Costa Rica donde son árboles relativamente comunes en bosques no alterados. Las hojas cuando son machacadas emiten un fuerte olor a cianuro.

2. Heisteria Jacq., nom. cons.

Acrolobus Klotzsch, *Aptandropsis* Ducke, *Hemiheisteria* Tiegh., *Hesioda* Vell., *Phanerocalyx* S. Moore, *Rhaptostylum* Bonpl.

Por S. Knapp & Q. Jiménez Madrigal.

Árboles, arbolitos, escandentes o en ocasiones bejucos; corteza parda o manchada de pardo; ramitas sin espinas, sin vástagos cortos, delgadas, teretes o aladas y estriadas; savia incolora, látex lechoso ausente. Hojas perennes, lanceoladas a ovadas, en ocasiones coriáceas y brillantes, pinnatinervias o en ocasiones 3-nervias desde la base, la nervadura terciaria inconspicua, irregular o rara vez escalariforme, laticíferos e idioblastos de la lámina aparentes como puntos pelúcidos, glabras; pecioladas. Inflorescencias fascículos axilares, los cojines o glomérulos con pocas a muchas bractéolas; brácteas muy pequeñas, glabras. Flores bisexuales, pediceladas (Mesoamérica) o sésiles; cáliz ciatiforme, 5-dentado o lobado, diminuto en la antesis, agrandado en fruto (Mesoamérica) o permaneciendo igual; corola 5-lobada, los pétalos libres o muy ligeramente connados en la base, valvares, deltados a angostamente deltados, pronto deciduos, glabros o pelosos por dentro; estambres 10(12), los externos un poco más largos y episépalos, los internos más cortos y epipétalos, los filamentos ligulares o filiformes, insertos cerca de la base de los lóbulos, las anteras subglobosas; disco adnado a la base del ovario; ovario súpero, lageniforme, 3-locular en la base, 1-locular arriba, el estigma 3-lobado, sésil. Fruto una drupa globosa a elipsoide, en ocasiones en forma de barril, liso o finamente estriado, abrazado por el cáliz fructífero agrandado y generalmente de color brillante; pericarpo delgado a carnoso; cáliz fructífero carnoso, entero a profundamente 5-lobado al madurar. Aprox. 40 spp., 3 spp. en África, el resto en América tropical; 8 spp. en Mesoamérica.

Las especies de *Heisteria* se separan por caracteres como la forma y textura de la hoja y la forma del cáliz fructífero y la drupa madura. Algunas especies son bastante fáciles de distinguir, mientras que otras son extremadamente variables y parecen confundirse entre ellas (*H. macrophylla*/*H. povedae*). No se sabe si el grado de variabilidad se debe a factores ambientales (p. ej., soleado versus sombreado, elevación, diferentes huéspedes) o a hibridización interespecífica. En este tratamiento se da una descripción práctica basada en elementos identificables, pero al mismo tiempo se indican las dificultades potenciales o taxones que necesitan estudios adicionales.

1. Arbustos o arbustos escandentes o bejucos del dosel.
  2. Bejucos o arbustos escandentes; hojas 3-nervias desde la base, elípticas a ovadas; cáliz fructífero marcadamente reflexo, verde. **7. H. scandens**
  2. Arbustos, generalmente con un solo tallo; hojas pinnatinervias, lanceoladas a elípticas hasta angosta a anchamente elípticas; cáliz fructífero no marcadamente reflexo, rojo.
    3. Fruto elipsoide, angosto.
      4. Hojas elípticas a ampliamente elípticas, 6-13 × 3-7 cm, la nervadura terciaria inconspicua; pecíolo verde al secarse. **1. H. acuminata**
      4. Hojas elípticas a angostamente elípticas, 16-35 × 5-11 cm, con nervadura terciaria escalariforme; pecíolo oscuro al secarse. **3. H. latifolia**
    3. Fruto globoso a deprimido-globoso.
      5. Tallos no marcadamente alados; hojas 11-36 × 1.5-10 cm, lanceoladas a angostamente elípticas a elípticas, la nervadura no marcadamente más pálida; selvas altas perennifolias. **4. H. macrophylla**
      5. Tallos alados; hojas 6-20 × 2.5-6.5 cm, elípticas a angostamente elípticas, la nervadura amarillo pálido o blanca y las hojas más o menos pelúcidas; bosques premontanos, selvas altas perennifolias, bosques de *Quercus*. **6. H. povedae**
1. Árboles o arbolitos.
  6. Hojas coriáceas y brillantes, la nervadura inconspicua.
    7. Fruto verrugoso, mate, globoso a elipsoide, blanco o verde pálido; Costa Rica y Panamá. **2. H. concinna**
    7. Fruto liso o escasamente estriado, subgloboso, negro; Chiapas, Guatemala y Belice a Nicaragua. **5. H. media**
  6. Hojas no marcadamente coriáceas y brillantes, si gruesas, entonces no brillantes en el haz.
    8. Fruto globoso a deprimido-globoso; tallos alados; hojas con nervadura blanquecina. **6. H. povedae**
    8. Fruto elipsoide o subgloboso, si subgloboso entonces muy grande; tallos no alados; hoja con nervadura pardusca.
      9. Fruto 1.8-2 cm, subgloboso a ligeramente elipsoide, apicalmente truncado, anaranjado-verdoso cuando maduro. **8. H. skutchii**

9. Fruto 0.9-1.2 cm, angosto y elipsoide, no apicalmente truncado, negro brillante cuando maduro.
   10. Hojas elípticas a ampliamente elípticas, 6-13 × 3-7 cm, la nervadura terciaria inconspicua; pecíolo verde al secarse. **1. H. acuminata**
   10. Hojas elípticas a angostamente elípticas, 16-35 × 5-11 cm, la nervadura terciaria escalariforme; pecíolo oscuro al secarse. **3. H. latifolia**

1. Heisteria acuminata (Bonpl.) Engl. in Mart., *Fl. Bras.* 12(2): 14 (1872-1877 [1872]). *Rhaptostylum acuminatum* Bonpl., *Pl. Aequinoct.* 2: 139 (1809 [1813]). Lectotipo (designado por Sleumer, 1984): Colombia, *Bonpland 1903* (P-Bonpl., el dibujo original de la t. 621 de Turpin). Ilustr.: Sleumer, *Fl. Neotrop. Monogr.* 38: 72, t. 5 (1984). N.v.: Coloradito, CR; naranjillo colorado, vela, P.

Heisteria cyanocarpa Poepp., *H. longipes* Standl.

Arbustos, arbolitos o árboles hasta 9 m; corteza lisa y parda con protuberancias elevadas; ramitas teretes, apenas angulosas cuando muy jóvenes, generalmente oscuras. Hojas 6-13 × 3-7 cm, elípticas a ampliamente elípticas, cartáceas, algunas veces brillantes en el haz; nervadura pinnada, pardusca, la nervadura terciaria inconspicua, la base aguda a cuneada, los márgenes escasamente revolutos, el ápice abruptamente agudo; pecíolo 0.5-1.1 cm, al secar verde y rugoso. Inflorescencia de 4 o 5 glomérulos alargados, de apariencia globosa, con 10-20 flores; pedicelos 3-5 mm. Flores blancas o crema; botones marcadamente ovoides y rostrados en la punta; cáliz aplanado, los lóbulos menos de 0.5 mm, como proyecciones desde el disco aplanado; pétalos c. 2 mm, glabros por dentro; filamentos 1-1.5 mm, petaloides. Fruto 1-1.2 × 0.5-0.7 cm, elipsoide o angostamente elipsoide, negro y brillante cuando maduro, no marcadamente estriado; cáliz fructífero 1.5-2.5 cm de diámetro, no lobado, patente o escasamente reflexo, en material fresco rojo sangre brillante, en material seco rojo-purpúreo, los márgenes sinuados; pedúnculos 1-2 cm, relativamente delgados y finos. *Selvas altas perennifolias*. CR (*Hammel et al. 17894*, MO); P (*Croat & Porter 15335*, NY). 0-1000 m. (Mesoamérica, Colombia, Venezuela, Ecuador, Perú, Bolivia, Brasil).

Ha existido una considerable confusión sobre la correcta aplicación del nombre *Heisteria acuminata*. Burger (1983a) usó el epíteto para el grupo de ejemplares tratado aquí como *H. povedae*, pero él no estudió el ejemplar tipo en el herbario P. Ese espécimen es similar a las especies llamadas *H. cyanocarpa* por Burger. Después de examinar el tipo, Sleumer (1984) llamó *H. acuminata* al grupo de ejemplares que Burger había identificado como *H. cyanocarpa*. El material que Burger (1983a) llamó *H. acuminata* pertenece a un taxón diferente, con su propia confusión sobre los nombres (véase discusión en *H. povedae*). El tipo de *H. acuminata*, sin embargo, habita a 1800 m de elevación, cerca de Popayán, al sur de Colombia, y solo verdaderamente concuerda con algunos especímenes colectados cerca de la localidad tipo (Jørgensen, com. pers.). Para Sudamérica, Sleumer (1984) incluyó varias entidades diferentes y distintas en *H. acuminata* (Jørgensen, 1999, com. pers.). Se necesita el estudio de *Heisteria* a través de toda su área de distribución para poder aclarar esta compleja situación. Aquí se mantiene *H. acuminata* sensu Sleumer (1984) para las plantas mesoamericanas, pero conscientes de que, si un estudio detallado indica que no son conespecíficas con el material tipo, entonces sería *H. longipes* el nombre correcto para el material mesoamericano. Para una completa sinonimia de *H. acuminata* véase Sleumer (1984).

2. Heisteria concinna Standl., *Publ. Field Mus. Nat. Hist., Bot. Ser.* 8: 137 (1930). Holotipo: Panamá, *Pittier 5197* (F!). Ilustr.: Quesada et al., *Árboles Penins. Osa* 258 (1997). N.v.: Naranjillo, CR.

Árboles hasta 20 m; tallos hasta 45 cm de diámetro; corteza lisa, parda; ramas colgantes; ramitas ligeramente aladas cuando jóvenes, luego teretes. Hojas 8-16(-25) × 4-6.5(-13) cm, elípticas a angostamente elípticas hasta en ocasiones ligeramente ovadas, coriáceas, brillantes y con la vena media impresa en el haz, mate en el envés, la nervadura inconspicua, ligeramente amarillenta en el envés, la base aguda, los márgenes engrosados y revolutos, el ápice agudo a acuminado, frecuentemente abruptamente así; pecíolo 1-1.5(-2.5) cm, la 1/2 distal más oscura y rugosa. Inflorescencia un agregado aplanado con 10-30 flores; brácteas glabras; pedicelos 5-8 mm; flores blanco-verdosas; botones probablemente elipsoides; cáliz cupuliforme, los lóbulos 0.5-1 mm, en general más largos que el tubo, fuertemente deltados; pétalos 1.5-2 mm, pelosos por dentro; filamentos 1-1.5 mm, filiformes. Fruto 0.9-1 × 1-1.3 cm, globoso a elipsoide, blanco o verde pálido, mate, verrugoso; cáliz fructífero 1.9-2.6 cm de diámetro, 5-lobado c. 1/2, al madurar patente o escasamente reflexo, rojo; pedúnculos 0.8-1.2 cm, robustos o delgados. *Selvas altas perennifolias*. N (*Guzmán 2213*, MO); CR (*Herrera 4611*, MO); P (*Foster 1968*, F). 0-700 m. (Mesoamérica, Ecuador).

3. Heisteria latifolia Standl., *J. Washington Acad. Sci.* 17: 8 (1927). Holotipo: Panamá, *Pittier 4156* (US). Ilustr.: no se encontró.

Heisteria megalophylla Sleumer, *H. olivae* Steyerm.

Arbustos a árboles pequeños hasta 6 m; corteza lisa y pardo-verdosa; ramitas teretes, pardo-verdosas. Hojas 16-35 × 5.5-11 cm, elípticas a angostamente elípticas, mate sobre ambas superficies, la nervadura pardusca al secarse, la nervadura terciaria escalariforme, la base abruptamente aguda a cuneada, ligeramente auriculada, los márgenes aplanados, el ápice agudo-acuminado a largamente acuminado; pecíolo 0.5-2 cm, completamente oscuro y rugoso al secar. Inflorescencia un grupo compacto de 5 o 6 glomérulos, frecuentemente dispuesta a lo largo de los tallos más viejos casi hasta el nivel del suelo; brácteas glabras; pedicelos 2-3 mm; flores verdosas o rojizas; botones elipsoides; cáliz cupuliforme, los lóbulos c. 0.5 mm, más o menos iguales al tubo; pétalos c. 1.5 mm, glabros por dentro; filamentos 1-1.5 mm, distalmente filiformes, basalmente ligulares. Fruto 0.9-1 × 0.6-0.7 cm, elipsoide, negro y brillante cuando maduro, marcadamente estriado; cáliz fructífero 1.7-2.5 cm de diámetro, no lobado a muy escasamente 5-lobado, patente o deprimido en la base del fruto, rojo brillante; pedúnculos 0.7-1.5 cm. *Bosques premontanos, selvas altas perennifolias*. P (*McPherson 8580*, MO). 100-1000 m. (Mesoamérica, Colombia, Venezuela, Ecuador).

Los especímenes de *Heisteria latifolia* pueden ser muy difíciles de distinguir de *H. macrophylla* cuando no hay frutos maduros.

4. Heisteria macrophylla Oerst., *Vidensk. Meddel. Dansk Naturhist. Foren. Kjøbenhavn* 1856: 40 (1856). Lectotipo (designado por Sleumer, 1984): Nicaragua, *Oersted 4171* (C!). Ilustr.: Burger, *Fieldiana, Bot.* n.s. 13: 18, t. 4 (1983a). N.v.: Kújulan, H (Miskito).

Heisteria costaricensis Donn. Sm.

Arbustos a arbolitos pequeños de 1-3 m, frecuentemente con un solo tallo; corteza más o menos lisa, parda; ramitas teretes, escasamente angulosas cuando jóvenes. Hojas 11-36 × 1.5-10 cm, lanceoladas a angostamente elípticas a elípticas, mate sobre ambas superficies, la nervadura pardusca, la base aguda a cuneada, los márgenes escasamente revolutos, no engrosados, el ápice acuminado; pecíolo 0.5-1.5 cm. Inflorescencia un glomérulo ligeramente alargado, con pocas flores; brácteas c. 0.5 mm, glabras; pedicelos 1-2 mm; flores blancas o blanco-verdosas a rosadas o rojizas; botones elipsoides; cáliz c. 1 mm, cupuliforme a crateriforme, los lóbulos c. 0.5 mm, más o menos iguales al tubo; pétalos 1-2.5 mm; filamentos 1-1.5 mm, ligeramente ligulares en la base. Fruto 6-9 × 6-9 mm, globoso o a veces ligeramente deprimido-globoso, negro o púrpura-negro, brillante, marcadamente estriado; cáliz fructífero 1.5-2(-3) cm de diámetro, 5-lobado hasta c. 1/2, patente o escasamente deprimido en la base del fruto, rojo; pedúnculos 0.5-1 cm. *Selvas altas perennifolias*. H (*Nelson & Cruz 9492*, MO); N (*Moreno 23237*, MO); CR (*Garwood et al. 1145*, BM); P (*de Nevers & Pérez 3696*, MO). 0-900 m. (Endémica).

Heisteria costaricensis se diferencia de *H. macrophylla* por sus hojas muy angostas, pero hay una enorme variación en el ancho de la hoja aun dentro a un mismo individuo, y ejemplares individuales son difíciles de ubicar. La presencia de una vena intramarginal indistinta fue citada por Sleumer (1984) como característica de *H. costaricensis*, pero este carácter no se encuentra consistentemente en ejemplares con hojas angostas y ni siquiera es visible en la mayoría de ejemplares anotados como *H. costaricensis* tanto por Sleumer como Burger (pero véase abajo). Burger (1983a) sugirió que *H. costaricensis*, *H. macrophylla* y lo que él llamó *H. acuminata* (= *H. povedae*) eran posiblemente parte de una sola especie polimórfica o que estas hibridaron en el campo. Se necesita trabajo de campo futuro en estas poblacionales para saber con certeza si en realidad este es el caso.

El concepto de *H. macrophylla* de Sleumer (1984) incluye la especie aquí reconocida como *H. povedae*. Ejemplares de Chiapas, El Salvador y Guatemala identificados como *H. macrophylla* en Sleumer (1984) son todos *H. povedae*. Para más información véase la discusión de *H. povedae* en Jiménez Madrigal & Knapp (2000).

Algunos ejemplares de *H. macrophylla* tienen un cáliz inusual marcadamente reflexo en el fruto; de Panamá: *Knapp 5081* (MO), *D'Arcy 16384* (MO); Costa Rica: *Burger et al. 10571* (F), *Chacón 937* (MO), *Dodge & Goerger 9880* (MO), *Herrera 6775* (MO), *Jiménez 2244* (MO), *Morales 150* (MO), *Morales & Jiménez 835* (MO), *Zúñiga 82* (MO). Estos ejemplares exhiben todo el rango de variación en la forma de la hoja que se encuentra en *H. macrophylla*, y si no tienen frutos maduros no se pueden distinguir de otros ejemplares identificados como *H. macrophylla*. Todos estos ejemplares poseen una nervadura intramarginal tenue, la cual puede ser un carácter distinguible y la razón por la cual se citan como *H. costaricensis*. Estos podrían representar una especie distinta.

5. Heisteria media S.F. Blake, *Contr. U.S. Natl. Herb.* 24: 3 (1922). Holotipo: Honduras, *Pittier 8448* (US!). Ilustr.: no se encontró. N.v.: Copalche macho, nance cimarrón, silion, wild cinnamon, B.

Heisteria chippiana Standl., *H. macrophylla* auct. non Oerst.

Árboles hasta 30 m; tallos hasta 40 cm de diámetro; madera pardo oscuro y dura; corteza escamosa y parda; ramitas teretes, en ocasiones escasamente angulosas cuando muy jóvenes, pardo-verdoso pálido. Hojas 8-15 × 3.5-8 cm, elípticas hasta a veces ligeramente obovadas, gruesas y coriáceas, al secarse verde olivo, brillantes en el haz, la nervadura inconspicua, al secarse amarillentas en el envés, la base aguda a truncada, los márgenes revolutos, engrosados, el ápice agudo a abruptamente agudo-acuminado; pecíolo 1-2 cm, la 1/2 distal más oscura y rugosa. Inflorescencia un glomérulo con 10-30 flores, globoso; brácteas c. 0.5 mm, glabras; pedicelos 5-7 mm; flores amarillentas, fragantes; botones globosos a elipsoides; cáliz c. 2 mm, ciatiforme, los lóbulos más largos que el tubo; pétalos 2-2.5 mm, pelosos por dentro; filamentos 1-1.5 mm, ligulares. Fruto c. 1.5 × 1.3-1.5 cm, subgloboso, negro, brillante, liso o muy escasamente estriado; cáliz fructífero 4-5 cm de diámetro, 5-lobado la mitad hacia la base, patente, rojo; pedúnculos 0.5-1.2 cm. *Selvas medianas perennifolias, selvas altas perennifolias*. Ch (*Matuda 3690*, MEXU); B (*Gentle 2897*, US); G (*Contreras 4618*, NY); H (*Standley 55292*, F); N (*Moreno 25486*, MEXU). 0-600 m. (Endémica).

Los especímenes de Costa Rica identificados como *Heisteria media* por Sleumer (1984) son en realidad *Schoepfia macrophylla*.

6. Heisteria povedae Q. Jiménez & S. Knapp, *Bull. Nat. Hist. Mus. London, Bot.* 30: 1 (2000). Holotipo: Costa Rica, *Azofeifa 25* (CR). Ilustr.: Jiménez Madrigal & Knapp, *Bull. Nat. Hist. Mus. London, Bot.* 30: 2, t. 1 (2000).

Arbustos o árboles pequeños hasta 5 m; corteza pálida; ramitas marcadamente anguladas, 4-aladas, frecuentemente aplanadas cuando muy jóvenes, las alas persistiendo en los tallos más viejos, verde oliva pálido, frecuentemente con rayas blancas. Hojas 6-20 × 2.5-6.5 cm, elípticas a angostamente elípticas, forma muy variable aun dentro de una misma colección, generalmente verde oliva muy pálido al secarse, marcadamente pelúcido-punteadas o rayadas en el envés, mate sobre ambas superficies, la nervadura al secarse amarillo pálido brillante o blanca, todos los órdenes claramente visibles, la base aguda a cuneada, los márgenes revolutos, más pálidos, el ápice acuminado, a veces agudo; pecíolo 0.5-1.1 cm, verde pálido y rugoso a lo largo de toda su longitud. Inflorescencia un glomérulo con 5-7 flores; brácteas glabras, verde pálido; pedicelos 1-2 mm; flores blancas; botones elipsoides; cáliz cupuliforme, los lóbulos 0.25-0.5 mm, como dientes simples en el borde del cáliz o igualando al tubo; pétalos c. 2 mm, glabros por dentro; filamentos 1-1.5 mm, liguliformes a petaloides. Fruto 7-9 mm de diámetro, globoso a deprimido-globoso, negro, brillante, marcadamente estriado y cuando maduro ligeramente pruinoso; cáliz fructífero 1.9-2.5 cm, no lobado, patente o escasamente cubriendo la base del fruto, rojo, los márgenes sinuados; pedúnculos 5-9 mm, muy gruesos. *Bosques premontanos, selvas altas perennifolias, bosques de* Quercus. Ch (*Matuda 18756*, MEXU); G (*Steyermark 52087*, F); ES (*Standley 20185*, F); N (*Moreno 20309*, MO); CR (*Skutch 4581*, F); P (*Knapp 1578*, MO). (200-)800-1500(-2000) m. (Endémica).

Burger (1983a) llamó a estas plantas *Heisteria acuminata*. Las reconoció como distintas de *H. macrophylla* s. str., diferenciándolas por el hábitat: plantas de *H. macrophylla* s. str. en bosques húmedos de tierras bajas y las de *H. povedae* en formaciones más secas y elevaciones mayores. Sleumer (1984) juntó estos dos taxones, diciendo, sin embargo, que "ejemplares con hojas más pequeñas de lo usual se encuentran en Panamá exclusivamente sobre la vertiente del Pacífico". Las últimas décadas de recolección, particularmente en Costa Rica, han arrojado abundantes ejemplares mostrando que estas dos entidades son distintas. *Heisteria povedae* es en general (como reconocida por Burger) una planta de elevaciones más altas, bosques ligeramente más secos y generalmente (pero no siempre) tiene hojas más pequeñas que las de *H. macrophylla* s. str. que son verde oliva pálido al secarse. Los tallos de *H. povedae* son marcadamente angulados y alados en las puntas, con las alas persistiendo hasta las ramitas grandes, y son marcadamente blanco-punteadas o estriadas. Los tallos de *H. macrophylla* s. str. pueden ser escasamente alados cuando muy pequeños, pero los ángulos rara vez persisten más allá de las dos primeras hojas.

7. Heisteria scandens Ducke, *Arch. Jard. Bot. Rio de Janeiro* 4: 9 (1925). Isolectotipo (designado por Sleumer, 1984): Brasil, *Ducke s.n.* [*18154*] (K!). Ilustr.: Burger, *Fieldiana, Bot.* n.s. 13: 18, t. 4 (1983a).

Heisteria fatoensis Standl.

Arbustos escandentes 2-3 m, hasta grandes bejucos del dosel de c. 6 cm de diámetro; corteza lisa, pardusca; ramitas teretes, pardas. Hojas 5.5-11(-16) × 3-6(-9) cm, elípticas a ovadas, brillantes en el haz, la nervadura marcadamente 3-nervia desde la base, al secarse amarillenta en el envés, la base truncada, los márgenes escasamente revolutos, el ápice acuminado, en general abruptamente acuminado; pecíolo 0.8-1.2 cm, en la 1/2 distal ligeramente engrosado y rugoso. Inflorescencia una almohadilla axilar pequeña de fascículos cada uno con 5-10 flores; brácteas c. 0.5 mm, glabras; pedicelos 2-4 mm; flores blancas o crema; botones elipsoides; cáliz cupuliforme, levemente lobado, los lóbulos c. 0.5 mm, más cortos que el tubo, diminutamente papilosos sobre las puntas; pétalos 1-1.5 mm, pelosos por dentro, los márgenes papilosos; filamentos 1-1.5 mm, ligulares. Fruto 1-1.5 × 1-1.5 cm, subgloboso a elipsoide, cuando maduro anaranjado, brillante, liso; cáliz fructífero c. 2 cm de diámetro, orbicular, marcadamente reflexo, verde, el margen entero y ligeramente sinuado; pedúnculos 1.2-1.5(-2) cm, delgados. *Selvas altas perennifolias*. N (*Moreno 26732*, MO); CR (*Herrera 4476*, F); P (*Knapp & Mallet 5712*, MO). 0-700 m. (Mesoamérica, Colombia, Venezuela, Guayanas, Ecuador, Perú, Bolivia, Brasil).

8. Heisteria skutchii Sleumer, *Fl. Neotrop. Monogr.* 38: 50 (1984). Holotipo: Costa Rica, *Skutch 4896* (F!). Ilustr.: no se encontró.

Arbolitos hasta 15 m; corteza rojiza; ramitas teretes, rojizas. Hojas 9.5-15 × 3-5.5 cm, elípticas a angostamente elípticas, gruesas y coriáceas, mate en ambas superficies, la vena media impresa, la nervadura inconspicua, pardusca, la base aguda, los márgenes revolutos, engrosados, el ápice agudo a acuminado; pecíolo 0.9-1.1 cm, engrosado, en la 1/2 distal verrugoso y más oscuro. Inflorescencia un glomérulo axilar con pocas flores; brácteas c. 0.5 mm; pedicelos c. 2 mm; flores blancas; botones marcadamente obovoides; cáliz c. 0.5 mm, levemente 5-lobado, los lóbulos más o menos iguales al tubo; pétalos c. 1 mm; filamentos no conocidos. Fruto 1.8-2 × 1-1.5 cm, subgloboso a ligeramente elipsoide, apicalmente truncado, al madurar verdoso-anaranjado, liso, con algunas estrías muy indistintas; cáliz fructífero 3-4.5 cm de diámetro, levemente 5-lobado, patente o ligeramente encerrando a la drupa, anaranjado; pedúnculos c. 1.5 cm, robustos. *Selvas altas perennifolias, bosques premontanos*. CR (*Herrera 3937*, CR). 600-900 m. (Endémica).

3. Hondurodendron C. Ulloa, Nickrent, Whitef. & D.L. Kelly

Por C. Ulloa Ulloa.

Árboles dioicos, sin exudado; ramas sin espinas. Hojas dísticas, pinnatinervias, la nervadura terciaria reticulada. Inflorescencias axilares en las partes distales de los brotes, las flores crema-verdoso. Inflorescencias estaminadas en unidades cimosas bracteadas; flores masculinas con cáliz cupuliforme con dientes diminutos; pétalos (3-)5 unidos al borde del tubo floral; estambres en igual número que los pétalos, las anteras globosas, 3-lobadas, dehiscentes por una valva longitudinal; disco nectarífero carnoso. Inflorescencias pistiladas cortamente espigadas; flores pistiladas con cáliz cupuliforme, densamente pubescente, el borde entero; pétalos 4-5(6) unidos al borde del tubo floral; ovario súpero, el estilo corto, el estigma grueso, redondeado. Fruto drupáceo completamente envuelto por el cáliz acrescente; cáliz fructífero coriáceo, escondiendo el fruto y formando una bolsa casi cerrada con una extensión cupuliforme en el ápice. Género monotípico endémico.

El género *Hondurodendron* fue descrito dentro de Aptandraceae, pero por razones prácticas, en esta flora se lo mantiene en Olacaceae.

Bibliografía: Ulloa Ulloa, C. et al. *Ann. Missouri Bot. Gard.* 97: 457-467 (2010).

1. Hondurodendron urceolatum C. Ulloa, Nickrent, Whitef. & D.L. Kelly, *Ann. Missouri Bot. Gard.* 97: 459 (2010). Holotipo: Honduras, *Kelly et al. BC/3/MS 233* (TEFH!). Ilustr.: Ulloa Ulloa et al., *Ann. Missouri Bot. Gard.* 97: 460, t. 2 (2010). N.v.: Guayaba de montaña, guayabillo, guayabillo de montaña, H.

Hasta 12 m; tallos hasta 24 cm de diámetro; corteza ligeramente fisurada, lenticelada; ramitas en zigzag; yemas con tricomas rojizos. Hojas 6.5-12.5 × 1.5-4.6 cm, elípticas, ovadas a oblongas, glabrescentes, la base aguda a atenuada, ligeramente decurrente, los márgenes enteros, ligeramente revolutos al secarse, el ápice acuminado a agudo; pecíolo 7-12.5 mm, ligeramente canaliculado adaxialmente. Inflorescencias estaminadas hasta 20 mm, hasta con 20 flores; pedicelos 1-2 mm, pubescentes; flores estaminadas c. 2 mm de diámetro, pubescentes por fuera. Inflorescencias pistiladas hasta con 4 flores; flores pistiladas c. 2.5 mm de diámetro; ovario 1-2 mm densamente pubescente. Fruto 15-18 mm de diámetro; cáliz fructífero 20-27 mm de diámetro, verde, la parte cupuliforme apical c. 13 mm; pedicelos fructíferos 7-10 mm, articulados en la base. Floración jul.-ago.; fructificación jul. *Bosques montanos, bosques de latifoliadas, bosques de pino, bosques secundarios, riscos*. H (*Kelly & Fiallos DA/2/MS 313*, MO). 1250-1700 m. (Endémica).

4. Minquartia Aubl.

Eganthus Tiegh., *Endusa* Miers ex Benth. & Hook. f., *Secretania* Müll. Arg.

Por S. Knapp & Q. Jiménez Madrigal.

Árboles con látex lechoso en tallos y hojas; corteza del tronco por lo general profundamente surcada o perforada; ramas sin espinas, sin vástagos cortos, pelosas con un tomento denso de tricomas ramificados ferrugíneos, estos deciduos en las ramas más viejas. Hojas pinnatinervias, la nervadura terciaria muy fina y escalariforme, subparalela, glabras, con laticíferos y células secretoras, al secarse negras; pecíolo frecuentemente más oscuro que la lámina. Inflorescencias de espigas axilares con muchas flores en fascículos densos con 2-5 flores a lo largo del eje, pedunculadas, generalmente simples; brácteas pequeñas, anchamente deltadas, ferrugíneo-tomentosas; flores bisexuales, cada fascículo abrazado por una bráctea pequeña ovada, tempranamente decidua; sépalos 5, connados; pétalos 5, lobados c. 1/2 de la distancia hacia la base, deltados; estambres 10, epipétalos, alternada y escasamente desiguales, los filamentos filiformes, las anteras 4-loculares, ovoides; ovario lageniforme, ferrugíneo-tomentoso, el estilo recto, el estigma 3-5-lobado, más pálido que el estilo. Fruto una drupa con exocarpo carnoso, este disolviéndose y caedizo. Género monoespecífico de América tropical.

1. Minquartia guianensis Aubl., *Hist. Pl. Guiane* 2(Suppl.): 4 (1775). Lectotipo (designado por Sleumer, 1984): Guayana Francesa, *Aublet s.n.* (BM). Ilustr.: Sleumer, *Fl. Neotrop. Monogr.* 38: 40, t. 2 (1984). N.v.: Manú, manú negro, N, CR; palo de piedra, plátano, N; cricamola, criollo, manwood, níspero negro, P.

Eganthus poeppigii Tiegh., *Endusa punctata* Radlk., *Minquartia macrophylla* Ducke, *M. parvifolia* A.C. Sm., *M. punctata* (Radlk.) Sleumer, *Secretania loranthacea* Müll. Arg.

Hasta 30-40 m; tallos hasta 50 cm de diámetro; tronco con contrafuertes conspicuos; corteza gris-pardusca, perforada, con látex blanco al corte; ramas angulosas. Hojas 9-25 × 4-10 cm, elípticas, al secarse verde pálido, la base truncada, los márgenes enteros, el ápice abruptamente acuminado; pecíolo 1.5-3 cm, al secarse negro, algunas veces diminutamente ferrugíneo-tomentoso. Inflorescencias una por axila (en ocasiones 2), 6-15 cm en la antesis, densamente ferrugíneo-tomentosas; flores ferrugíneo-tomentosas; cáliz c. 1 mm, ciatiforme, el tubo y los lóbulos más o menos iguales en longitud, densamente ferrugíneo-tomentosos; tubo de la corola c. 1 mm, anchamente ciatiforme, los lóbulos 1-1.5 mm, deltados, no ferrugíneo-tomentosos, toda la superficie densamente pelosa con tricomas 1-seriados largos y blancos; filamentos 0.5-1 mm, más largos en los estambres alternos a los lóbulos de la corola; anteras c. 0.5 mm; estilo c. 0.5 mm, el estigma brevemente 3-5-lobado. Fruto hasta 3 × 2 cm, tuberculado; pedicelo 3-4 mm, engrosado. *Selvas altas perennifolias*. N (*Laguna 118*, MO); CR (*Herrera 2255*, MO); P (*Cooper 497*, F). 0-300 m. (Mesoamérica, Colombia, Venezuela, Guayanas, Ecuador, Perú, Bolivia, Brasil).

Minquartia guianensis es un árbol importante, usado en la construcción debido a que su madera es dura, pesada y extremadamente durable. En Costa Rica es localmente común en la península de Osa y también sobre la vertiente del Atlántico. La fina nervadura terciaria escalariforme es inconfundible, y combinada con la presencia de látex, hace que hasta los individuos estériles sean fáciles de identificar.

5. Schoepfia Schreb.

Codonium Rohr, *Diplocalyx* A. Rich., *Haenkea* Ruiz & Pav.

Por S. Knapp & Q. Jiménez Madrigal.

Arbustos, arbolitos o árboles grandes, al parecer parásitos de raíces; ramas sin espinas, sin vástagos cortos, glabras o diminutamente puberulentas; savia incolora. Hojas perennes, lanceoladas elípticas a obovadas a casi orbiculares, 3-5-nervias (en Mesoamérica) a pinnatinervias, la nervadura terciaria generalmente indistinta. Inflorescencias axilares, con 2 o 3 flores, frecuentemente más de una por axila; brácteas en la base de la inflorescencia imbricadas, diminutas; flores bisexuales, frecuentemente heterostilas, tubulares, fragantes, generalmente amarillentas o rojas; bráctea y 2 bractéolas en el ápice del pedicelo fusionadas formando un calículo 3-lobado; cáliz adnado al eje de la flor, inconspicuo; corola con 3 o 4 pétalos, tubular, los lóbulos valvares y revolutos, deltados a angostamente deltados, con un fascículo de tricomas en el centro donde la antera se inserta; estambres opuestos a los lóbulos de la corola, epipétalos, los filamentos adnados con la corola por toda su longitud, las anteras libres, 2-tecas; disco epígino, carnoso; ovario súpero en la 1/2 superior, cubierto por el disco, la 1/2 inferior del ovario epígino, el estilo recto, glabro, en flores de estilo corto no sobrepasando el tubo de la corola, en flores de estilo largo el estigma dispuesto a la misma altura de los lóbulos de la corola, el estigma capitado (Mesoamérica); óvulo 1, péndulo. Fruto una drupa, abrazada por el calículo persistente, coronada por los restos del disco y del cáliz, el epicarpo originándose desde el eje de la flor. Aprox. 23 spp., trópicos de América (19 spp.) y sureste de Asia; 3 spp. en Mesoamérica.

Algunos autores consideran a *Schoepfia* como parte de Schoepfiaceae.

1. Flores todas sésiles o casi sésiles, en pares sobre el pedúnculo; ápice del ovario y del disco gris-pubérulo; corteza blanca, suberosa. **2. S. schreberi**
1. Flores todas, o al menos algunas, pediceladas, generalmente más de 2 por inflorescencia; ápice del ovario y del disco glabros; corteza gris pálido, no marcadamente blanca ni suberosa.
   2. Hojas marcadamente 3 o 5-nervias desde la base, al secarse verde pálido o verde oliva; pedúnculos generalmente 1 por axila; fruto 12-18 mm; selvas altas perennifolias, 0-100 m, vertiente del Caribe. **1. S. macrophylla**
   2. Hojas con la nervadura inconspicua, al secarse frecuentemente negras; pedúnculos más de 2 por axila; fruto 8-10 mm; bosques de neblina, bosques premontanos, bosques de *Quercus* y *Pinus*, 1000-3200 m, vertientes del Caribe y Pacífico. **3. S. vacciniiflora**

1. Schoepfia macrophylla Lundell, *Wrightia* 5: 74 (1975). Isotipo: Guatemala, *Lundell & Contreras 18994* (F!). Ilustr.: Burger, *Fieldiana, Bot.* n.s. 13: 15, t. 3 (1983a), como *Schoepfia* sp. *A*.

Árboles, 10-20 m; tallos 10-35 cm de diámetro; corteza gris-verde, no blanca ni suberosa; ramitas glabras, frágiles, aplanadas y ligeramente aladas. Hojas 7-15 × 4-7 cm, elípticas a obovadas, glabras, verde pálido o verde oliva al secarse, con 3-5 venas principales desde la base, la base obtusa a más o menos truncada, alada sobre el pecíolo corto, los márgenes enteros, ligeramente revolutos, el ápice agudo a acuminado, en ocasiones caudado; pecíolo 2-6 mm, alado desde la base de la hoja. Inflorescencias 1(2) por axila, el pedúnculo 0.2-2.5 cm, glabro, con 2-5 flores corta a largamente pediceladas, los pedicelos c. 2 mm; calículo glabro, el margen muy levemente lobado, no ciliado; flores no conocidas; ovario glabro, no gris-puberulento sobre el ápice. Fruto 12-18 mm, la superficie estriada, roja o rosada; ápice del ovario en el fruto escasamente verrugoso. *Selvas altas perennifolias*. G (*Steyermark 39240*, F); N (*Proctor et al. 26972*, F); CR (*Poveda 976*, F). 0-100 m. (Endémica).

Este taxón corresponde a la *Schoepfia* sp. *A* de Burger (1983a) y a la *Heisteria media* de Costa Rica citada en Sleumer (1984). Sleumer (1984) puso a *S. macrophylla* en la sinonimia de *S. schreberi*, pero el tipo concuerda muy bien con el material claramente diferente de esa especie colectado en Nicaragua y Costa Rica. Otros especímenes con hojas grandes provenientes del Petén y de Chiapas (véase abajo) tienen la característica corteza blanca y las flores sésiles de *S. schreberi*, pero el material vegetativo puede ser difícil de identificar. *Schoepfia macrophylla* habita en un tipo de bosque claramente distinto a lo largo de la vertiente caribeña, a nivel del mar. Dos colecciones hechas a los 750 m de elevación en Cerro Jefe, Panamá (*McPherson 10364*, MEXU; *McPherson & Merello 8133*, MEXU) parecen concordar con el material de *S. macrophylla*, pero cada una solo tienen un fruto inmaduro, haciendo así difícil su identificación.

2. Schoepfia schreberi J.F. Gmel., *Syst. Nat.* 2: 376 (1791). Lectotipo (designado por Sleumer, 1984): Santa Lucía, *Crudy s.n.* (M). Ilustr.: Burger, *Fieldiana, Bot.* n.s. 13: 15, t. 3 (1983a). N.v.: Guayabillo, limoncillo, G; palo de golpe, H.

Codonium arborescens Vahl, *C. chrysophylloides* (A. Rich.) Tiegh., *Diplocalyx chrysophylloides* A. Rich., *Schoepfia americana* Willd., *S. angulata* Planch., *S. arborescens* (Vahl) Schult., *S. chrysophylloides* (A. Rich.) Planch., *S. mexicana* A. DC., *S. parvifolia* Planch.

Arbustos, arbolitos o árboles pequeños, hasta 9 m; corteza blanco brillante, suberosa; ramitas glabras, redondeadas, frágiles. Hojas 3.5-8(-11) × 1.5-4(-6) cm, muy variables en tamaño y forma, lanceoladas, elípticas a obovadas, hasta en ocasiones casi orbiculares, glabras, carnosas, al secarse verde oliva y tuberculadas en ambas superficies, con 3-5 venas principales desde la base, la base aguda, decurrente sobre el pecíolo, los márgenes enteros, el ápice agudo, obtuso en el extremo del ápice; pecíolo 1-5 mm, ligeramente alado desde la base de la hoja. Inflorescencias 1-5(-7) por axila, cortamente pedunculadas, el pedúnculo 5-7 mm, glabro, con un par de flores sésiles; calículo levemente 3-lobado, los márgenes ciliados, en ocasiones solo diminutamente ciliados; flores heterostilas, glabras por fuera, amarillentas, anaranjadas o rojas; tubo de la corola 2-2.5 mm, cilíndrico a campanulado; lóbulos de la corola 1-1.5 mm, deltados, el ápice agudo; anteras c. 0.5 mm; ovario gris-pubérulo en el ápice, el estilo (en flores de estilo largo) 2-2.5 mm, glabro, el estigma c. 1 mm de diámetro, capitado, globoso. Fruto 5-8 mm, glabro, rojo; ápice del ovario en fruto diminutamente gris-pubérulo, pareciendo un parche grisáceo en el ápice del fruto. *Bosques de galería, bordes de potreros, bosque húmedo, zapotales, ramonales*. T (*Rovirosa 279*, NY); Ch (*Breedlove 49077*, NY); Y (*Gaumer 2384*, F); QR (*Cabrera & Cortés 384*, MEXU); B (*Gentle 8060*, MEXU); G (*Contreras 2902*, MO); H (*Hazlett 1151*, MO); ES (*Standley 20889*, US); N (*Moreno 5082*, MO); CR (*Hammel 19327*, MO); P (*Nee 8152*, US). 0-900(-1100) m. (Estados Unidos, México [Edo. México, Guerrero, Oaxaca, Puebla, Querétaro, San Luis Potosí, Sinaloa, Tamaulipas, Veracruz], Mesoamérica, Colombia, Venezuela, Antillas).

Schoepfia schreberi es extremadamente variable en la forma de la hoja dependiendo de la humedad y del contenido de agua del suelo donde crece. Algunos ejemplares de Chiapas y del Petén de Guatemala tienen hojas muy grandes y son muy similares a *S. macrophylla*. El parche de tricomas grisáceos en el ápice del fruto, las hojas con 3-5 venas desde la base y la corteza suberosa blanca son diagnósticas para identificar a *S. schreberi*.

3. Schoepfia vacciniiflora Planch. ex Hemsl., *Diagn. Pl. Nov. Mexic.* 1: 5 (1878). Holotipo: Guatemala, *Salvin s.n.* (K!). Ilustr.: Burger, *Fieldiana, Bot.* n.s. 13: 15, t. 3 (1983a). N.v.: Manzanito, ES.

Arbustos subescandentes, 1-5 m, o árboles pequeños hasta 8 m; corteza gris pálido y ligeramente suberosa; ramitas frágiles, glabras o diminutamente pelosas con tricomas diminutos, 1-celulares (crecimientos muy nuevos con frecuencia también diminutamente pelosos). Hojas 3-10(-12) × 1-3(-4.5) cm, lanceoladas a elípticas, en ocasiones ovadas, carnosas, glabras, frecuentemente negras al secarse, la nervadura inconspicua, la base aguda, los márgenes enteros a diminutamente erosos, el ápice acuminado ligeramente obtuso; pecíolo c. 2 mm, alado desde la base decurrente de la hoja. Inflorescencias generalmente 1-5 por axila, los pedúnculos 5-15 mm, glabros, con 2-5 flores corta a largamente pediceladas, los pedicelos 0.5-3 mm; calículo glabro, el margen muy levemente 2-lobado o 3-lobado, ciliado; flores aparentemente bisexuales, por lo general no heterostilas, glabras, rojas o rosado-rojas; tubo de la corola (4-)5-6 mm, urceolado a tubular-urceolado; lóbulos de la corola 2-2.5 mm, angostamente triangulares, el ápice acuminado; anteras c. 0.5 mm; estilo 2-2.5 mm, glabro, el estigma c. 1 mm de diámetro, aplanado; ovario glabro, no gris-puberulento en el ápice. Fruto 8-10 mm, elipsoide a obovoide, rojo o rosado, tornándose negro; ápice del ovario en fruto escasamente verrugoso. *Bosques de neblina, bosques premontanos, bosques de* Quercus *y* Pinus. Ch (*Hernández & Ton 574*, MO); G (*Steyermark 50804*, F); ES (*Sandoval & Sandoval 1453*, MO); CR (*Herrera 1580*, CR); P (*McPherson 15981*, US). (1000-)1200-2500(-3200) m. (Endémica).

Schoepfia vacciniiflora se encuentra en elevaciones más altas que *S. macrophylla*, la cual tiene flores pediceladas similares.

6. Ximenia L.

Amyris P. Browne p. p., *Heymassoli* Aubl., *Pimecaria* Raf., *Rottboelia* Scop.

Por S. Knapp & Q. Jiménez Madrigal.

Árboles o arbustos; parásita de raíces; troncos en ocasiones múltiples; corteza gris o parda; ramas con espinas axilares, estas frecuentemente con vástagos cortos sosteniendo hojas; savia incolora, sin látex lechoso. Hojas deciduas en la estación seca, elípticas a oblanceoladas hasta algunas veces obovadas o suborbiculares, membranáceas a carnosas, pecioladas o no, la nervadura generalmente inconspicua. Inflorescencias axilares, con 1-varias flores; brácteas diminutas, deltadas, en ocasiones ausentes, glabras; flores unisexuales o bisexuales, crema o amarillas, generalmente fragantes; sépalos 4(5); pétalos 4(5); estambres 8(10), adnados a la base de los lóbulos de la corola; ovario súpero, alargado, 1-locular; estilo 1, glabro; estigma diminuto. Fruto una drupa elipsoide, el pericarpo carnoso y pulposo. 8 spp., trópicos y subtrópicos; 2 spp. en Mesoamérica.

Algunos autores consideran a *Ximenia* como parte de Ximeniaceae.

Bibliografía: DeFilipps, R.A. *Rev.* Ximenia. Unpublished Ph.D. dissertation, Southern Illinois Univ., Carbondale, 1-129 (1968); *Rhodora* 71: 439-443 (1969).

1. Flores en cimas conspicuamente pedunculadas; hojas muy variables, pero con pecíolo conspicuo. **1a. X. americana** var. **americana**
1. Flores en cimas sin pedúnculo conspicuo; hojas oblanceoladas, generalmente sin pecíolo. **2a. X. parviflora** var. **parviflora**

1. Ximenia americana L., *Sp. Pl.* 2: 1193 (1753). Lectotipo (designado por Lucas, 1968): *Herb. Clifford 483, Ximenia 1* (BM!). Ilustr.: Sleumer, *Fl. Neotrop. Monogr.* 38: 92, t. 8A-E (1984), como *X. americana* var. *americana*. N.v.: Manzanilla, G, H; pepenance, ES, CR; po'om chuch, Ch; jobo, G; jocomico, N; patiño, sea lime, P.

Heymassoli inermis Aubl., *H. spinosa* Aubl., *Pimecaria odorata* Raf., *Ximenia aculeata* Crantz, *X. americana* L. forma *inermis* (Aubl.) Engl., *X. americana* forma *inermis* S. Moore, *X. americana* var. *ovata* DC., *X. coriacea* auct. non Engl., *X. fluminensis* M. Roem., *X. montana* Macfad., *X. oblonga* Lam. ex Hemsl., *X. spinosa* Salisb., *X. verrucosa* M. Roem.

Ximenia americana comprende 2 variedades, la típica y más ampliamente distribuida y *X. americana* var. *argentinensis* DeFilipps de Brasil, Paraguay y Argentina.

1a. Ximenia americana L. var. **americana**.

Arbustos o árboles hasta 10 m; tallos generalmente numerosos, frecuentemente patentes; tronco con corteza pardo-grisácea; ramas con espinas axilares de hasta 7 cm, estas laterales y con pocas hojas. Hojas c. 1-7 × 1-4 cm, extremadamente variables en tamaño, forma y textura, elípticas a obovadas o en ocasiones suborbiculares, membranáceas o carnosas, generalmente al secarse pardo-rojizo oscuro y tornándose muy frágiles, la base aguda a truncada, los márgenes enteros, ligeramente revolutos en las hojas más viejas, el ápice agudo o redondeado, en ocasiones mucronado; pecíolo 0.5-1(-1.3) cm, surcado, densamente peloso en el surco. Inflorescencia 1-3 cm, axilar o sobre vástagos laterales cortos, en un grupo de 2-10 cimas subumbeladas; pedúnculo 0.3-1.5 cm; bráctea solitaria en la base o ausente; flores bisexuales, amarillas; pedicelos 0.5-0.8 cm; sépalos 1-1.5 mm, deltoides con los márgenes ciliados; pétalos 5-6 mm, lanceolados, densamente barbados desde la base hasta c. 2 mm del ápice; filamentos 2-3.5 mm, curvados con forma de "S" justo debajo de la antera; anteras 3-4 mm; ovario 2-4 mm, sublanceolado; estilo 1.5-4.5 mm. Fruto 1.5-2.5(-4.5) × 1.5-3 cm; pericarpo pulposo, verde a amarillento o anaranjado pálido; semilla 1, 1.5-2.5 × 1-1.2 cm, blanca. *Bosques secos, bosques caducifolios, sabanas, matorrales espinosos, acahuales, a lo largo playas*. T (*Matuda 3075*, NY); Ch (*Breedlove 24697*, MEXU); Y (*Enríquez 549*, MEXU); C (*Shepherd 73*, F); QR (*Villanueva 726*, MEXU); B (*Schipp 512*, BM); G (*Jones et al. 3140*, MEXU); H (*Molina R. 30465*, MO); ES (*Sandoval & Sandoval 1116*, F); N (*Standley 9281*, F); CR (*Hammel & Garita 18831*, MO); P (*Liesner 410*, NY). 0-1700 m. (SE. Estados Unidos, México [Guerrero, Jalisco, Nayarit, Oaxaca, Veracruz], Mesoamérica, Colombia, Venezuela, Guayanas, Ecuador, Perú, Bolivia, Brasil, Paraguay, Argentina, Antillas; introducido en tropical SE. Asia y África).

2. Ximenia parviflora Benth., *Pl. Hartw.* 7 (1839). Isolectotipo (designado por Sleumer, 1984): México, Guanajuato, *Hartweg 28* (BM!). Ilustr.: no se encontró.

Ximenia parviflora comprende 2 variedades: la típica se encuentra en Mesoamérica, mientras que *X. parviflora* var. *glauca* DeFilipps se encuentra en las regiones desérticas de Baja California. Aunque los caracteres que separan esta especie de la más ampliamente distribuida y variable *X. americana* son difíciles de cuantificar, los ejemplares individuales son bastante claros de diferenciar.

2a. Ximenia parviflora Benth. var. **parviflora**.

Arbustos o árboles pequeños, hasta 4.5 m; corteza grisácea a pardo oscuro; ramas estriadas, con espinas axilares de hasta 2 cm. Hojas 2.5-4 × 1-1.5 cm, oblanceoladas, frecuentemente agregadas en vástagos laterales cortos, membranáceas o carnosas, al secarse generalmente pardo-rojizo oscuro, la base atenuada, los márgenes enteros, ligeramente revolutos en las hojas más viejas, el ápice redondeado, frecuentemente mucronado; pecíolo cuando presente c. 0.3 cm. Inflorescencia 0.5-0.9 cm, axilar o en vástagos laterales cortos, con (1)2-10 flores; pedúnculo 0.1-0.4 cm; brácteas c. 1 mm, deltadas; flores funcionalmente unisexuales, amarillas o crema; pedicelos 2.5-3 mm; sépalos c. 0.5 mm, deltados con el margen ciliado; pétalos 11-12 mm, lanceolados, densamente barbados en la parte central; filamentos c. 2 mm; anteras c. 2.5 mm; ovario funcional 1.5-2.5 mm, cónico con el ápice alargado; estilo c. 2 mm. Fruto 1.5-1.9 × c. 1 cm; pericarpo verde a amarillento; semilla c. 1.2 × 1 cm, elipsoide, blanca. *Matorrales esclerófilos, selvas medianas subperennifolias*. Ch (*Alexander & Sharp 1239*, NY); C (*Vázquez 29*, MEXU). 80-1500 m. (México [Guanajuato], Mesoamérica).

72. OPILIACEAE

Descripción de la familia por P. Hiepko.

Árboles o arbustos (rara vez bejucos); parásitos de raíces. Hojas dísticas, simples, frecuentemente coriáceas, cuando secas por lo general finamente tuberculadas debido a los cistolitos localizados en el mesófilo, por lo general extremadamente variables en forma y tamaño, enteras, generalmente glabras, pinnatinervias, sin estípulas; pecioladas. Inflorescencias axilares o terminales, racemosas (Mesoamérica); brácteas muy pequeñas, frecuentemente escuamiformes, caducas. Flores pediceladas, actinomorfas, 4 o 5-meras, unisexuales y las plantas dioicas (Mesoamérica); perianto con tépalos valvares libres; estambres tan numerosos como los tépalos y opuestos a estos (ausentes en flores pistiladas), las anteras introrsas, con 2 tecas, longitudinalmente dehiscentes; disco intraestaminal lobado (los lóbulos alternando con los estambres), o anular a urceolado; pistilo 1, el ovario súpero, 1-locular, el estigma sésil, entero o levemente lobado; óvulo 1, péndulo desde el ápice en el centro de la placenta, anátropo y unitégmico, algunas veces el integumento no diferenciado (*Agonandra*). Fruto drupáceo, el pericarpo más bien delgado, el mesocarpo jugoso-carnoso, el endocarpo leñoso o crustáceo; semilla grande, el embrión terete, embebido en abundante endospermo, aceitoso, casi tan largo como la semilla, con 3 o 4 cotiledones lineares, la radícula frecuentemente muy pequeña. 10 gen., 33 spp., en los trópicos; 1 gen., 6 spp. en Mesoamérica.

Bibliografía: Hiepko, P.H. *Fl. Neotrop. Monogr.* 82: 1-53 (2000). Nevling, Jr., L.I. *Ann. Missouri Bot. Gard.* 47: 291-292 (1960 [1961]). Sleumer, H.O. *Nat. Pflanzenfam., ed. 2* 16b: 33-41 (1935). Standley, P.C. *J. Washington Acad. Sci.* 10: 505-508 (1920); *Contr. U.S. Natl. Herb.* 23: 235-236 (1920-1926 [1922]). Williams, L.O. *Ciencia (Mexico)* 24: 227-228 (1966).

1. Agonandra Miers ex Benth. & Hook. f.

Izabalaea Lundell.

Por P. Hiepko.

Árboles o arbustos, algunas veces como bejucos; dioicos. Hojas generalmente glabras, la base de la lámina decurrente sobre el pecíolo. Inflorescencias en racimo con 1-3(4) flores por bráctea; raquis glabro, papiloso o pubérulo; brácteas escasamente peltadas, caducas; bractéolas (si presentes) diminutas. Flores con tépalos libres, glabros, papilosos o pubérulos; estambres con filamentos filiformes, sobrepasando el perianto; disco lobado o anular a urceolado; pistilo rudimentario en las flores estaminadas. Fruto hasta 2.5 cm, elipsoide, algunas veces más o menos globoso; pedicelo cilíndrico u obcónico. 10 spp. México, Centro y Sudamérica; 6 spp. en Mesoamérica.

1. Racimos al menos en parte con 3(4) flores por bráctea.
  2. Árboles, hasta 50 m de alto, en bosques riparios altos; racimos glabros, pero diminutamente papilosos. **2. A. goldbergiana**
  2. Árboles pequeños, (1-)2.5-12(-30) m de alto, en sabana o bosque seco deciduo; racimos glabros o pubérulos.
    3. Racimos y flores densamente pubérulos; flores 3(4) por bráctea. **1a. A. brasiliensis** subsp. **brasiliensis**
    3. Racimos y flores glabros; flores 3, 2 o 1 por bráctea. **6. A. racemosa**
1. Racimos con 1 flor por bráctea.
  4. Ramas jóvenes inconspicuamente papilado-puberulentas, los racimos glabros o diminutamente papilosos. **3. A. macrocarpa**
  4. Ramas jóvenes, pecíolo y racimos más o menos pubérulos (rara vez glabros).
    5. Ramas jóvenes y pecíolo pubérulos a glabros; vena media glabra; frutos 8-10 × 5-7 mm; creciendo desde 0 hasta 500 m de altitud. **4b. A. obtusifolia** subsp. **obtusifolia**
    5. Ramas jóvenes, pecíolo y parte proximal de la vena media en el envés pelosos; frutos 15-18 × 10-12 mm; creciendo por encima de 1000 m.
      6. Arbustos hasta 3.5 m de alto; hojas generalmente menores a 3 × 1 cm. **4a. A. obtusifolia** subsp. **conzattii**
      6. Árboles, c. 10 m de alto; hojas 5-8 × 3-6 cm. **5. A. ovatifolia**

1. Agonandra brasiliensis Benth. & Hook. f., *Gen. Pl.* 1: 349 (1862). Lectotipo (designado por Hiepko, 1993): Brasil, *Gardner 1503* (K!). Ilustr.: Nevling, *Ann. Missouri Bot. Gard.* 47: 291, t. 83 (1960 [1961]).

1a. Agonandra brasiliensis Benth. & Hook. f. subsp. **brasiliensis**. Árboles, (1-)3-12(-30) m; corteza suberosa gruesa, longitudinalmente acanalada, amarillo pálido-gris; ramas jóvenes diminutamente papilosas a pubérulas. Hojas 4-9(-11) × 2-5(-6) cm, anchamente ovadas a angostamente elípticas, cartáceas a coriáceas, brillantes en el haz, opacas en el envés, la vena media aplanada en el haz, prominente en el envés, las venas secundarias 6-8 por lado, prominentes en el haz y menos así en el envés, la base redondeada a atenuada, el ápice agudo a brevemente acuminado; pecíolo(3-)5-20(-30) mm. Racimos 1 o 2(-6) por axila (en ejemplares solo masculinos), frecuentemente en nudos defoliados, pubérulos, los racimos masculinos 3-6(-7) cm, los racimos pistilados (1.5-)2-4 cm; brácteas c. 2 mm, anchamente ovadas a angular-ovadas, los márgenes ciliados en el 1/2 distal. Flores 3(4) por bráctea (en inflorescencias pistiladas frecuentemente solo en el 1/2 inferior en grupos de 3), con 2 bractéolas muy pequeñas en la base de los pedicelos de las flores laterales; pedicelos y flores pubérulos; pedicelos 1-2.5 mm. Flores estaminadas con tépalos 2-3 mm, oblongos, agudos; estambres 2.5-3.5 mm, las anteras c. 0.5 mm, ovoides; disco 0.5-0.7 mm, con lóbulos carnosos, el ápice irregularmente dentado; pistilo c. 1 mm, cilíndrico, rudimentario. Flores pistiladas con tépalos c. 0.5 mm, oblongos; disco hasta c. 0.2 mm de alto, anular, delgadamente carnoso; pistilo c. 0.5 mm, cónico, el estigma levemente 3-lobado. Frutos c. 2.3 × 1.7 cm, el pedicelo hasta c. 14 mm. *Sabanas, bosques deciduos, algunas veces en bosques riparios*. P (*Williams 368*, NY). 0-300 m. (Mesoamérica, Colombia, Venezuela, Guyana, Bolivia, Brasil, Paraguay).

2. Agonandra goldbergiana Hiepko, *Willdenowia* 27: 225 (1997). Holotipo: Guatemala, *Contreras 6791* (LL!). Ilustr.: Hiepko, *Fl. Neotrop. Monogr.* 82: 31, t. 16 (2000).

Izabalaea excelsa Lundell non *Agonandra excelsa* Griseb.

Árboles hasta 50 m; tallos c. 1 m de diámetro; ramas jóvenes diminutamente papilosas. Hojas 7-10(-12) × 2-4.5 cm, elípticas a angostamente elípticas, cartáceas a coriáceas, la vena media aplanada en el haz, prominente en el envés, las venas secundarias 5-7 por lado, muy delgadas e inconspicuas, apenas prominentes sobre ambas superficies, la base atenuada, el ápice obtuso a agudo; pecíolo 2-5 mm, diminutamente papiloso en la base adaxialmente. Racimos 1-3 por axila, generalmente sobre nudos defoliados, glabros, pero diminutamente papilosos; raquis densamente papiloso, los racimos masculinos 1-2.5 cm, los racimos pistilados 2-2.5 cm; brácteas c. 3 mm de ancho, depreso-orbiculares, los márgenes ciliolados en el 1/2 distal. Flores generalmente 3 por bráctea, sin bractéolas en la base de los pedicelos de las flores laterales; pedicelos 2-2.5 mm, papilosos similares al raquis, las flores glabras. Flores estaminadas con tépalos 2-2.5 mm, oblongos, agudos; estambres c. 4 mm, las anteras c. 0.5 mm, ovoides; disco 1-1.5 mm, con lóbulos delgadamente carnosos, el ápice extrorso e irregularmente dentado; pistilo c. 1 mm, cilíndrico, rudimentario. Flores pistiladas con tépalos c. 1 mm; disco c. 0.3 mm de alto, anular, delgadamente carnoso; pistilo c. 1 mm, cónico, el estigma pulviniforme. Frutos (aun sin madurar) 2.5 × 1.7 cm, el pedicelo 7-11 mm. Floración mar.; fructificación abr. *Bosques riparios altos*. G (*Contreras 19065*, LL). Elevación desconocida. (Endémica).

Agonandra goldbergiana fue originalmente descrita por Lundell como un nuevo género monotípico de Nyctaginaceae.

3. Agonandra macrocarpa L.O. Williams, *Ciencia (México)* 24: 227 (1966). Holotipo: Honduras, *Standley 25878* (F!). Ilustr.: Burger, *Fieldiana, Bot.* n.s. 13: 15, t. 3 (1983b). N.v.: Pakalché, Y; palo de melón, N.

Agonandra loranthoides L.O. Williams, *A. obtusifolia* sensu Standley (1930) non Standley (1920).

Árboles o arbustos, 3-10(-15) m; corteza gris-pardo con fisuras profundas; ramas jóvenes inconspicuamente papilado-puberulentas. Hojas (2-)3-5.5(-7) × 1-3 cm, elípticas a angostamente ovadas a rómbicas, coriáceas, frecuentemente duras y arrugadas al secar, la vena media aplanada en el haz, prominente en el envés, las venas secundarias 3 o 4 por lado, pronunciadamente ascendentes, más bien inconspicuas sobre ambas superficies, la base atenuada, el ápice obtuso; pecíolo 4-7(-10) mm, glabro. Racimos 1-4 por axila, frecuentemente sobre nudos defoliados; raquis diminutamente papiloso o glabro, los racimos masculinos 1-2.5 cm, los racimos pistilados 0.5-1 cm; brácteas c. 1.5 mm de ancho, lunulares, cilioladas. Flor 1 por bráctea, sin bractéolas; pedicelos 1.5-2 mm, diminutamente papilosos similares al raquis, las flores glabras. Flores estaminadas con tépalos 2-2.5 mm, oblongos, agudos; estambres 3-4 mm, las anteras c. 0.5 mm, ovoides; disco c. 1 mm de alto, con lóbulos delgadamente carnosos, el ápice irregularmente dentado; pistilo c. 1 mm cilíndrico, rudimentario, con el estigma capitado. Flores pistiladas con tépalos c. 1 mm, más o menos triangulares; disco c. 0.3 mm de alto, anular, carnoso, los márgenes ondulados; pistilo c. 1 mm, ovoide, el estigma pulviniforme. Frutos 1.8-2.1 (frescos hasta c. 3 cm) × 1.4-1.9 cm, verdosos, el pedicelo 5-6 mm. Floración dic.-abr.; fructificación feb.-may. *Bosques deciduos o semideciduos estacionalmente muy secos*. Y (*Gaumer et al. 23609*, F); C (*Shepherd 58*, MICH); QR (*Miranda 8159*, MEXU); H (*Molina R. 2724*, BM); N (*Laguna 232*, HNMN); CR (*Gómez-Laurito 10036*, CR). 50-900 m. (Endémica).

Una nota curiosa se encuentra escrita en la etiqueta de *Gaumer et al. 23609*: "el fruto de este árbol es muy buscado por venados, miles de estos son matados bajo estos árboles".

4. Agonandra obtusifolia Standl., *J. Washington Acad. Sci.* 10: 507 (1920). Holotipo: México, Tamaulipas, *Palmer 421* (US!). Ilustr.: Acevedo-Rosas & Martínez y Pérez, *Fl. Veracruz* 84: 5, t. 1 (1995).

Arbustos o árboles, 1-5(-8) m; corteza gris oscura, fisurada; frecuentemente compactos con numerosas ramas laterales y rígidas, las ramitas espiniformes, las ramas jóvenes pelosas o finamente pubérulas. Hojas (2-)3-4(-6) × (0.7-)1-2 cm, elípticas a angostamente oblongas, ovadas u obovadas, coriáceas, frecuentemente duras y arrugadas al secar, la vena media prominente en ambas superficies, las venas secundarias 2 o 3(4) por lado, pronunciadamente ascendentes, prominentes en el haz o más bien inconspicuas sobre ambas superficies, la base atenuada, el ápice obtuso o escasamente mucronulado; pecíolos 2-4 mm, pelosos (algunas veces también la parte proximal de la vena media pelosa en el envés) o pubérulos a más o menos glabros. Racimos 1 o 2(3) por axila, algunas veces sobre nudos defoliados; raquis finamente pubérulo a diminutamente papiloso, los racimos masculinos 0.5-1.5 cm, los racimos pistilados 0.4-0.7 cm; brácteas 1-1.5 mm de ancho, ampliamente ovadas, cilioladas. Flor 1 por bráctea, sin bractéolas; pedicelos 1-1.5 mm, diminutamente papilosos a finamente pubérulos similares al raquis o glabros, las flores glabras. Flores estaminadas con tépalos c. 2 mm, oblongos, agudos; estambres 2.5-3(-4) mm, las anteras 0.5-1 mm, ovoides; disco con lóbulos c. 1 mm, delgadamente carnosos, el ápice irregularmente dentado; pistilo c. 1 mm, cilíndrico, rudimentario, con el estigma capitado. Flores pistiladas con tépalos c. 1 mm, angostamente triangulares; disco c. 0.3 mm de alto, anular, carnoso, los márgenes escasamente ondulados; pistilo c. 1 mm, ovoide, el estigma pulviniforme. Frutos 8-18 × 5-12 mm, amarillo oscuro, el pedicelo 3-4.5(-6) mm, cilíndrico o escasamente obcónico. *Dunas arenosas, bosques deciduos estacionalmente secos o matorrales espinosos, frecuentemente formando cercas vivas*. Ch. 0-1900 m. (México [Oaxaca, Puebla, Querétaro, Tamaulipas, Veracruz], Mesoamérica).

4a. Agonandra obtusifolia Standl. subsp. **conzattii** (Standl.) Hiepko, *Willdenowia* 27: 226 (1997). *Agonandra conzattii* Standl., *J. Washington Acad. Sci.* 10: 508 (1920). Holotipo: México, Oaxaca, *Conzatti 3558* (US-[nr] 1012311!). Ilustr.: no se encontró.

Arbustos, 1.5-3.5 m. Hojas 2-3(-3.5) × 0.7-1(-1.5) cm; pecíolo y 1/3 inferior de la vena media pelosos en el envés. Frutos 15-18 × 10-12 mm, el pedicelo 3-6 mm, obcónico, la base c. 1 mm de grueso, el ápice c. 2 mm de grueso. *Bosques deciduos estacionalmente secos o matorrales espinosos*. Ch (*Miranda 6034*, MEXU). 1000-1900 m. (México [Oaxaca, Puebla], Mesoamérica).

4b. Agonandra obtusifolia Standl. subsp. **obtusifolia**.

Arbustos o árboles, 1-5(-8) m. Hojas (2-)3-4(-6) × 1-2 cm; pecíolo pubérulo a más o menos glabro, la vena media glabra. Frutos 8-10 × 5-7 mm, el pedicelo 3-4.5 mm, cilíndrico. Ch (*Breedlove & Davidse 54190*, CAS). 0-500 m. (México [Oaxaca, Tamaulipas, Veracruz], Mesoamérica).

5. Agonandra ovatifolia Miranda, *Anales Inst. Biol. Univ. Nac. México* 24: 71 (1953). Lectotipo (designado por Hiepko, 2000): México, Chiapas, *Miranda 6906* (F!). Ilustr.: Miranda, *Anales Inst. Biol. Univ. Nac. México* 24: 72, t. 2 (1953). N.v.: Aceituna, Ch.

Árboles, c. 10 m. Hojas 5-8 × 3-6 cm, anchamente ovadas a elípticas, coriáceas, duras y arrugadas cuando secas, la vena media aplanada en el haz, prominente en el envés, 1/3 inferior peloso en el envés, las venas secundarias 3-5(6) por lado, más bien inconspicuas sobre ambas superficies, la base redondeada a atenuada, el ápice obtuso; pecíolo c. 8 mm, peloso por debajo, glabro por encima. Racimos 1-3 por axila, generalmente sobre nudos defoliados, los racimos masculinos no conocidos, los racimos pistilados 5-7 mm, el raquis papiloso; brácteas c. 1.5 mm de ancho, anchamente ovadas, cilioladas. Flor 1 por bráctea; pedicelos 1.5-2 mm, diminutamente papilosos, similares al raquis. Flores estaminadas no conocidas. Flores pistiladas con tépalos c. 1 mm; disco c. 0.3 mm de alto, anular; pistilo c. 1 mm, ovoide. Frutos no conocidos. *Selvas*. Ch (*Miranda 6906*, MEXU). c. 1700 m. (Endémica).

Agonandra ovatifolia se conoce solo del tipo. Las flores pistiladas y las inflorescencias se asemejan a las de *A. obtusifolia* subsp. *conzattii*, y también el indumento del pecíolo y de la parte proximal de la vena media en el envés es también típico de ese taxón. Sin embargo, *A. ovatifolia* es un árbol mucho más grande, y la forma y el tamaño de las hojas son también extremadamente diferentes. Según Miranda (1953), la madera muy dura y amarillenta es usada en construcción.

6. Agonandra racemosa (DC.) Standl., *J. Washington Acad. Sci.* 10: 506 (1920). *Schaefferia racemosa* DC., *Prodr.* 2: 41 (1825). Lectotipo (designado por McVaugh, 2000): *Sessé & Mociño*, Ilustr. Hunt Inst. 6331.0712. Ilustr.: Hiepko, *Fl. Neotrop. Monogr.* 82: 39, t. 22 (2000). N.v.: Limoncillo, Ch; ciprés silvestre, pino silvestre, ES.

Loranthus anomalus M.E. Jones.

Árboles pequeños o arbustos (rara vez tipo bejucos), 2.5-10(-15) m; tallo hasta 25(-100) cm de diámetro; corteza pardo-negro, escasamente suberosa y fisurada; ramas inclinadas, frágiles, glabras. Hojas 4-8(-10.5) × (1-)2-3(-4.5) cm, angostamente ovadas a angostamente elípticas, rara vez anchamente ovadas o elípticas, cartáceas a coriáceas, la vena media aplanada en el haz, escasamente prominente en el envés, las venas secundarias 4-6 por lado, curvado-ascendentes, por lo general escasamente prominentes sobre ambas superficies, algunas veces difícilmente visibles, la base cuneada a redondeada, el ápice agudo a brevemente acuminado; pecíolo 5-10(-12) mm. Racimos terminales o axilares, 1 por axila, 1.5-4(-5.5) cm (inflorescencias terminales frecuentemente con racimos en vez de flores en la parte basal formando así un racimo doble); raquis glabro, longitudinalmente estriado al secar; brácteas c. 1 × 1 mm, glabras, anchamente cordadas, agudas. Flores 3 (2 o 1) por bráctea, con bractéolas lineares, muy pequeñas, en la base de los pedicelos de las flores laterales; pedicelos y flores glabros; pedicelos 1.5-3 mm. Flores estaminadas con tépalos c. 2 mm, oblongos, agudos; estambres 2.5-3 mm, las anteras c. 0.5 mm, ovoides; disco c. 1 mm, con lóbulos delgadamente carnosos, algunas veces más o menos fusionados en la base (hasta c. 1/4 de su longitud), el ápice irregularmente dentado; pistilo rudimentario delgadamente cilíndrico con el estigma capitado, no sobrepasando los lóbulos del disco. Flores pistiladas con tépalos c. 1 mm; disco c. 0.5 mm de alto, anular, delgadamente carnoso, frecuentemente con algunos lóbulos más altos, los cuales son algunas veces tan largos como el pistilo; pistilo c. 1 mm, ovoide, el estigma pulviniforme, levemente 3 o 4-lobado. Frutos (7-)9-11 × 6-8 mm, elipsoides (algunas veces más o menos globosos), amarillos a blanquecinos con púrpura, el pedicelo 5-10(-12) mm. Floración oct.-jun.; fructificación dic.-jun. *Bosques deciduos estacionalmente secos, bosques de galería.* Ch (*Breedlove 42232*, MEXU); G (*Aguilar 1032*, F); H (*Rodríguez 2569*, F); ES (*Sandoval & Chinchilla 138*, LAGU). 600-3500 m. (México [Chihuahua, Colima, Durango, Edo. México, Guanajuato, Guerrero, Jalisco, Michoacán, Morelos, Nayarit, Oaxaca, Puebla, Sinaloa, Sonora, Zacatecas], Mesoamérica).

73. SANTALACEAE

Descripción de la familia por C. Ulloa Ulloa.

Árboles, arbustos o hierbas, hemiparásitos, fotosintéticos, algunas veces espinosos; plantas hermafroditas, monoicas o dioicas. Hojas alternas u opuestas, simples, enteras, sin estípulas, pecioladas o sésiles. Flores bracteoladas, pequeñas, regulares, tricíclicas, solitarias o agregadas en varios tipos de inflorescencias, a menudo en unidades dicásicas, hipóginas, períginas o epíginas; perianto de un solo verticilo, sepaloide o petaloide; tépalos (3)4-5(-8), libres o connados y formando un tubo o copa, los lóbulos valvares en el botón, a menudo con un mechón de tricomas que se adhieren dorsalmente a las anteras; estambres en igual número y opuestos a los tépalos, libres o adnados a los lóbulos del perianto; anteras dorsifijas o basifijas, con dehiscencia longitudinal o poricida, introrsas, ditecas, tetrasporangiadas; disco intraestaminal por lo general presente, epígino y generalmente lobulado y carnoso; ovario (2)3(5)-carpelar, semiínfero a ínfero, 1-locular (por lo menos arriba); estilo 1, apical, estigma 1, capitado o lobulado, la placentación libre central, con una placenta generalmente larga, retorcida y plegada, con 1-4 óvulos péndulos, de los cuales sólo uno se desarrolla. Fruto una nuez o drupa, seca o carnosa, generalmente indehiscente; semilla solitaria. 40 gen., 400 spp., distribución cosmopolita; 1 gen. y 1 sp. en Mesoamérica.

La evidencia molecular y morfológica indica que la familia no es monofilética sino que está compuesta de grupos parafiléticos, y se han tratado a las Eremolepidaceae y Viscaceae dentro de las Santalaceae, y al género *Acanthosyris* bajo las Cervantesiaceae (Nickrent, 2020; Nickrent et al., 2010; Stevens, 2001). En Flora Mesoamericana se mantiene el concepto tradicional de las familias de muérdagos y Santalaceae, tratándolas por separado.

El "sándalo" (*Santalum album* L.) fue registrado de Honduras (Molina R., 1975), pero no se han visto ejemplares de herbario. Es un arbolito asiático muy apreciado por el aceite aromático.

Bibliografía: Dawson, G. *Revista Mus. La Plata, Secc. Bot.* 6: 5-80 (1944-1946 [1947]). Nickrent, D.L. *Taxon* 69: 5-27 (2020). Nickrent, D.L. et al. *Taxon* 59: 538-558 (2010). Pilger, R.K.F. *Nat. Pflanzenfam., ed. 2* 16b: 52-91 (1935). Ulloa Ulloa, C. & Jørgensen, P.M. *Fl. Ecuador* 69: 107-118 (2002).

1. Acanthosyris (Eichler) Griseb.

Osyris L. sect. *Acanthosyris* Eichler.

Por C. Ulloa Ulloa.

Arbustos o árboles, a menudo espinosos. Hojas alternas, pinnatinervias, pecioladas. Inflorescencias axilares, algunas veces fasciculadas, racemosas o cimosas, compuestas de unidades glomeruladas, bracteadas en la base; bractéolas abrazando las flores o los dicasios; flores bisexuales, sésiles o subsésiles; perianto campanulado, los tépalos connados en una copa corta, (4)5(6)-lobulada, los lóbulos triangulares y persistentes, patentes a recurvados en la antesis, por dentro con un mechón central de tricomas pegajosos que se adhieren a las anteras; estambres en igual número y opuestos a los lóbulos, incluidos, los filamentos adheridos a la base de los lóbulos, las anteras introrsas, con dehiscencia longitudinal; disco recubriendo al ovario, con lóbulos intraestaminales carnosos, que alternan con los lóbulos del perianto; ovario semiínfero, 1-locular, la placenta larga, retorcida y plegada, con 2 óvulos apicales; estilo terete, grueso, el estigma terminal, ligeramente 3-lobulado. Fruto drupáceo, globoso, indehiscente, coronado por los lóbulos persistentes del perianto, los lóbulos del disco y los restos del estilo, el epicarpo carnoso, el endocarpo leñoso. 6-7 spp., en Mesoamérica, Colombia, Ecuador, Perú, Bolivia, Brasil, Paraguay, Uruguay, Argentina; 1 sp. en Mesoamérica.

Bibliografía: Nee, M.H. *Brittonia* 48: 574-579 (1996 [1997]). Stauffer, H.U. *Vierteljahrsschr. Naturf. Ges. Zürich* 106: 406-412 (1961). Ulloa Ulloa, C. & Jørgensen, P.M. *Novon* 8: 84-86 (1998).

1. Acanthosyris annonagustata C. Ulloa & P. Jørg., *Novon* 8: 84 (1998). Holotipo: Ecuador, *Aulestia & Grefa 232* (QCNE!). Ilustr.: Ulloa Ulloa & Jørgensen, *Novon* 8: 85, t. 1 (1998).

Árboles de tamaño mediano, hasta 15 m, espinosos; ramas viejas con la corteza conspicuamente blanco-grisácea, estriada o algo escamosa; espinas en las ramas viejas, o en los brotes foliosos, hasta 15 mm de largo, axilares a una hoja y abrazando a una yema axilar; yemas seríceas. Hojas 5.9-12.6 × 2.5-5.4 cm, anchamente elípticas a oblongo-elípticas, o ligeramente obovadas, papiráceas cuando jóvenes, cartáceas cuando maduras, verde oscuro en el haz, más pálidas en el envés, glabras en el haz, esparcidamente pubescentes a lo largo del pecíolo y de la vena media en el envés, la vena media plana a ligeramente elevada en la haz, elevada y redondeada en el envés, las venas secundarias 4-9 por lado, ligeramente elevadas en ambas superficies, la nervadura terciaria reticulada, la base aguda a atenuada y ligeramente decurrente sobre el pecíolo, los márgenes planos a ligeramente revolutos, el ápice agudo a obtuso o redondeado; pecíolos 12-16 mm, canaliculados adaxialmente, redondeados abaxialmente. Inflorescencias 2.2-5.5 cm, generalmente agrupadas en la base de las ramas jóvenes nuevas, rara vez en las axilas defoliadas de los brotes viejos, hasta 5 espigas surgiendo de un brote escamoso, verdes, el raquis densamente puberulento en la mitad apical, esparcidamente pubescente a glabrescente hacia la base, hasta con 33 flores; flores sésiles en el raquis o en grupos de tres, a veces en brotes cortos laterales, densamente pubescentes; bractéolas 1.2-1.5 mm, densamente ferrugíneo-puberulentas. Flores campanuladas, verdes, densamente café-dorado-pubescentes por fuera; lóbulos del perianto 5(6), 2.6-3.7 × 2.0-2.3 mm, triangulares a ovados, agudos, glabros por dentro excepto por un mechón de tricomas largos y pegajosos que se adhieren a las anteras; estambres 5(6), 1.8-1.9 mm; disco con 5(6) lóbulos, 1.8-2.1 mm, oblongos a espatulados, menudamente puberulentos, carnosos; estilo 1.8-2.3 mm. Frutos 3-4 cm × 2.6-3 cm, obovoides a elipsoides, café claro a amarillos, coronados por los restos de los lóbulos del perianto, el disco y el estilo, menudamente granulosos, glabrescentes, el endocarpo duro; semilla solitaria, 1.6-1.7 cm en corte transversal. Floración dic.-ene. *Bosques húmedos.* CR (*Zamora et al. 2938*, MO). c. 500 m. (Mesoamérica, Ecuador, Brasil).

No se han visto frutos de Mesoamérica, pero los caracteres vegetativos y florales coinciden con la especie sudamericana.

74. EREMOLEPIDACEAE

Descripción de la familia por J. Kuijt.

Arbustos pequeños parásitos sobre las ramas de árboles; haustorios primarios grandes; raíces epicorticales pocas; haustorios secundarios conspicuos; plantas dioicas o monoicas. Hojas alternas. Inflorescencias ausentes o un amento pequeño (estaminado) o una espiga (pistilada), con hojas escuamiformes deciduas. Flores estaminadas pediceladas o sésiles, apétalas y con 3 o 4 estambres alrededor de un disco central o de los miembros del perianto; anteras conspicuas; polen equinado, tricolpado. Flores pistiladas sésiles o en una diminuta bráctea ciatiforme; miembros del perianto 2-4, extremadamente pequeños, caducos o persistentes; ovario semiínfero o ínfero; estilo corto, el estigma capitado. Fruto una baya con 1 semilla; endospermo verde claro o blanco; viscina abundante. 13 spp., Mesoamérica (Chiapas) al norte de Argentina y sur de Chile y en las Antillas Mayores; 1 gen. y 2 spp. en Mesoamérica.

Eremolepidaceae ha sido considerada como parte de las Loranthaceae o de las Santalaceae. En este tratamiento se consideran esas familias por separado. Una clave para todos los géneros de muérdagos de Mesoamérica se encuentra al final de este tratamiento.

Bibliografía: Barlow, B.A. *Proc. Linn. Soc. New South Wales* 89: 268-272 (1965). Eichler, A.W. *Fl. Bras.* 5(2): 1-136 (1866-1868 [1868]). Kuijt, J. *Bot. Jahrb. Syst.* 83: 250-326 (1964); *Syst. Bot. Monogr.* 18: 1-60 (1988); *Novon* 8: 402-404 (1998). Rizzini, C.T. *Rodriguésia* 30/31: 87-234 (1956); *Ann. Missouri Bot. Gard.* 47: 263-290 (1960 [1961]).

1. Antidaphne Poepp. & Endl.

Basicarpus Tiegh., *Eremolepis* Griseb., *Ixidium* Eichler, *Stachyphyllum* Tiegh.

Por J. Kuijt.

Plantas foliosas con filotaxia alterna y tallos lisos; raíces epicorticales presentes en la base de la planta al menos cuando jóvenes. Plantas dioicas o monoicas. Inflorescencias (cuando presentes) con escamas caducas. Flores estaminadas con o sin miembros del perianto. Flores pistiladas con 2-4 miembros del perianto pequeños, caducos o persistentes. $n = 10, 13$. Consta de 7 u 8 spp. distribuidas desde Mesoamérica (Chiapas) hasta Sudamérica y en las Antillas Mayores; 2 spp. en Mesoamérica.

1. Plantas monoicas; una flor pistilada y varias estaminadas agregadas en la axila de cada hoja; flor pistilada en una bráctea ciatiforme diminuta; flores sésiles, con 4 miembros del perianto persistentes; frutos púrpuras cuando maduros, esféricos, los recurvados miembros del perianto persistentes. **1. A. hondurensis**
1. Plantas dioicas; flores estaminadas apétalas, con filamentos conspicuos; inflorescencias racemosas; flores pistiladas sobre ramitas foliosas expandidas, a modo de inflorescencia; frutos verdosos, ovoides, los 2 o 3 miembros del perianto caducos. **2. A. viscoidea**

1. Antidaphne hondurensis Kuijt, *Novon* 8: 402 (1998). Holotipo: Honduras, *Mejía 219* (MO!). Ilustr.: Kuijt, *Novon* 8: 403, t. 1-3, 404, t. 4-6 (1998), como *A. hondurense*.

Plantas 0.5 m de diámetro, inconspicuas, glabras. Hojas hasta 3 × 2 cm, elípticas a ovadas, el ápice redondeado, nervadura palmada y evidente; sésiles. Plantas monoicas, las flores sésiles, 4-meras. Flores pistiladas solitarias en la axila de las hojas, abrazadas por 1 bráctea cupuliforme y 2 profilos diminutos. Flores estaminadas en espigas muy cortas abrazadas por profilos, casi 6 por espiga, en depresiones, con 1 estambre corto libre, opuesto a cada pétalo, la antera 4-locular. Frutos c. 8 mm de diámetro, esféricos o casi esféricos, lisos, púrpura, los miembros recurvados del perianto persistentes. *Bosques de neblina, sobre* Quercus. H (*Mejía 219*, UC). 1800-1900 m. (Endémica).

Conocida solo del oeste de Honduras.

2. Antidaphne viscoidea Poepp. & Endl., *Nov. Gen. Sp. Pl.* 2: 70 (1838). Lectotipo (designado aquí): Perú, *Poeppig 1308* (F!). Epitipo (designado aquí): Venezuela, *Steyermark et al. 127742* (MO!). Ilustr.: Kuijt, *Syst. Bot. Monogr.* 18: 36, t. 16 (1988).

Plantas hasta 1 m de diámetro; raíces epicorticales escasamente ramificadas, pardas, apicalmente blanquecinas con la edad. Hojas ovadas a obovadas, el ápice generalmente obtuso, la base aguda, oscuras, verde brillante cuando frescas. Plantas dioicas. Racimo estaminado un amento erecto, escamas caducas; flores apétalas, consistiendo de (2)3 o 4 estambres dispuestos alrededor de un disco central. Inflorescencia pistilada una espiga, las escamas caducas excepto por las hojas diminutas terminales, las cuales se expanden hasta pequeñas hojas foliares a medida que el eje de la inflorescencia fructífera se alarga; flores pistiladas ovoides, con 2 o 3 diminutos miembros del perianto, caducos. Frutos verdosos, ovoides, el perianto caduco; embrión dicótilo, verde brillante. *Laderas montañosas y plantaciones, sobre numerosas especies de árboles.* Ch (*Breedlove 65774*, CAS); G (*Heyde & Lux 3140b*, K); CR (*Kuijt 2433*, CR); P (*Proctor 31973*, MO). (300-)1000-3000 m. (México [Oaxaca], Mesoamérica, Colombia, Venezuela, Guyana, Ecuador, Perú, Bolivia).

Cuando se publicó la monografía de Eremolepidaceae (Kuijt, 1988), no se pudo localizar ningún material original de *Antidaphne viscoidea*. Se supuso que todos los especímenes de *Poeppig 1308* estaban perdidos o destruidos y se designó un neotipo, *Steyermark et al. 127742* (MO). Luego de esa publicación se ha encontrado un espécimen de *Poeppig 1308* en el herbario del Field Museum, Chicago. Como es el único ejemplo disponible de material original, es el lectotipo obligado. Sin embargo, el espécimen, de una sola hoja y brote vegetativo, es fragmentario e inadecuado para la identificación precisa de la especie. Por lo tanto, el espécimen designado en 1988 como el neotipo, *Steyermark et al. 127742* (MO), se designa aquí como el epitipo.

Clave para todos los géneros mesoamericanos de muérdagos (Eremolepidaceae, Loranthaceae y Viscaceae)

Por J. Kuijt.

1. Ovario sin calículo, los miembros del perianto (si presente) continuos con el ovario y (excepto en algunos *Antidaphne*) persistentes en el fruto; flores unisexuales, plantas monoicas o dioicas.
  2. Raíces externas desde la base de las plantas, al menos cuando jóvenes, con haustorios conspicuos; flores estaminadas pediceladas o sésiles, perianto ausente o no; estambres con filamentos, no epipétalos. **Antidaphne** (Eremolepidaceae)
  2. Raíces externas ausentes; flores estaminadas sésiles, con perianto; estambres sin filamentos, las anteras sésiles, epipétalos.
    3. Plantas dioicas y escamosas, parasíticas sobre coníferas; flores pistiladas dímeras; fruto explosivo. **Arceuthobium** (Viscaceae)
    3. Plantas ni dioicas ni escamosas, parásitas principalmente sobre dicotiledóneas (pero véase *Phoradendron bolleanum*); fruto no explosivo.
      4. Anteras con 1 saco de polen central; bayas maduras normalmente blancas; montanas. **Dendrophthora** (Viscaceae)
      4. Anteras con 2 sacos de polen; bayas maduras frecuentemente de otro color que blanco; elevaciones medias e inferiores. **Phoradendron** (Viscaceae)
1. Ovario coronado por un borde (calículo), los miembros del perianto deciduos y bastante diferenciados del ovario; flores unisexuales o bisexuales, pero las plantas no monoicas.

5. Inflorescencias solo en mónades, no díades o tríades.
6. Flores individualmente sobre pedicelos laterales cortos terminando en una estructura ciatiforme formada por 1 bráctea y 2 bractéolas fusionadas; las anteras versátiles; Panamá. **Panamanthus** (Loranthaceae)
6. Flores sésiles, las bractéolas ausentes o diminutas y en parte ocultas en la cavidad floral; las anteras basifijas a sésiles; México a Sudamérica.
7. Flores en 5 pares o menos por inflorescencia, las flores individuales sin bractéolas. **Cladocolea** (Loranthaceae)
7. Flores en 5 o más pares por inflorescencia, cada una con 1 par de bractéolas pequeñas en parte ocultas en la cavidad floral.
8. Inflorescencias axilares, teretes, frecuentemente engrosadas; hojas con haces estrellados; bractéolas aplanadas, casi completamente ocultas por la bráctea. **Oryctanthus** (Loranthaceae)
8. Inflorescencias terminales y axilares, carinadas, no engrosadas; hojas sin haces estrellados; bractéolas carinadas, extendiéndose muy por encima de la bráctea. **Maracanthus** (Loranthaceae)
5. Todas o la mayoría de las flores en la inflorescencia dispuestas en pares de díades o tríades (pero véase *Psittacanthus pusillus*).
9. Inflorescencia determinada, p. ej., con 1 flor terminal.
10. Inflorescencia con pequeñas hojas escuamiformes subyacentes, las tríades y las flores sésiles; Costa Rica hacia el sur. **Peristethium** (Loranthaceae)
10. Inflorescencia sin hojas escuamiformes subyacentes, al menos las tríades y las flores más proximales pediculadas; México a Nicaragua. **Struthanthus deppeanus** (Loranthaceae)
9. Inflorescencia generalmente indeterminada, p. ej., flor terminal ausente.
11. Bractéolas y brácteas foliáceas; flores amarillo dorado; terrestres o sobre las ramas de árboles. **Gaiadendron** (Loranthaceae)
11. Bractéolas y brácteas no foliáceas; flores de color variado, pero no amarillo dorado; parasíticas sobre las ramas de árboles o arbustos.
12. Flores bisexuales; ramas por encima de la base sin raíces.
13. Raíces externas en la base de la planta; flores pequeñas, rojo opaco o amarillento; tríades y flores individuales sésiles o casi sésiles; endospermo presente. **Passovia pyrifolia** (Loranthaceae)
13. Raíces externas ausentes; flores grandes y de colores brillantes; flores y/o díades/tríades pediculadas; endospermo ausente. **Psittacanthus** (Loranthaceae)
12. Flores unisexuales; las ramas al menos en ocasiones con raíces.
14. Inflorescencias, al menos las mayores, ramificadas, especialmente aquellas terminales en el vástago; anteras basifijas; Costa Rica a Sudamérica. **Passovia pedunculata** (Loranthaceae)
14. Inflorescencias simples, racimos o espigas de tríades axilares; anteras dorsifijas, más o menos versátiles; México a Sudamérica. **Struthanthus** (Loranthaceae)

75. VISCACEAE

Descripción de la familia y clave genérica por J. Kuijt.

Plantas parásitas, glabras o cortamente pelosas, sobre las ramas de árboles y arbustos. Hojas expandidas o escuamiformes, en pares, algunas con uno o más pares de hojas escuamiformes basales sobre las ramas laterales y/o inflorescencias, o rara vez entre pares sucesivos de hojas normales; plantas monoicas o dioicas. Inflorescencias determinadas e inconspicuas (*Arceuthobium*) o indeterminadas y conspicuas, en el último caso con 1 o más entrenudos fértiles con flores en 1, 2, o varias series longitudinales, siempre con al menos una flor en posición axilar a la bráctea fértil subyacente. Flores unisexuales, sésiles al menos en la antesis, en parte hundidas frecuentemente en el eje, monoclamídeas, 3 o 4-partidas; anteras diminutas, epipétalas, 1 o 2; ovario ínfero. Fruto abayado con 1 semilla; semilla con abundante endospermo verde y viscosa, en *Arceuthobium* recurvándose y con dehiscencia explosiva. 7 gen., aprox. 400 spp., distribución cosmopolita; 3 gen. y 77 spp. en Mesoamérica.

La familia Viscaceae se encuentra en todo el mundo, pero la mayoría de las especies son tropicales o subtropicales. Viscaceae ha sido tratada como la subfamilia Viscoideae de Loranthaceae o dentro de Santalaceae. En esta flora se consideran las familias por separado. Una clave para todos los géneros de muérdagos de Mesoamérica se encuentra bajo las Eremolepidaceae.

Tanto en *Dendrophthora* como en *Phoradendron*, la presencia y distribución de las hojas escuamiformes constituyen caracteres taxonómicos importantes. Por tradición, estas hojas son llamadas catafilos basales cuando son subyacentes a las ramas vegetativas laterales, o catafilos intercalares cuando están localizados entre pares sucesivos de hojas normales, y brácteas estériles cuando están en la base de las inflorescencias. Estos caracteres son difíciles de usar ya que frecuentemente las estructuras se extienden a medida que se secan. En algunas especies hay ramificación dicótoma a veces ocasionada por una inflorescencia terminal, u otras veces simplemente por aborto del meristemo apical entre las dos últimas hojas normales. La ramificación puede ser una característica muy importante, pero los ejemplares de herbario pueden ser equívocos en este respecto.

Bibliografía: Barlow, B.A. *Proc. Linn. Soc. New South Wales* 89: 268-272 (1965). Burger, W.C. & Kuijt, J. *Fieldiana, Bot.* n.s. 13: 33-79 (1983). Kuijt, J. *Bot. Jahrb. Syst.* 83: 250-326 (1964); *Brittonia* 20: 136-147 (1968); *Ann. Missouri Bot. Gard.* 65: 736-763 (1978 [1979]); *Brittonia* 32: 518-529 (1980 [1981]); *Ann. Missouri Bot. Gard.* 74: 511-532 (1987). Martius, C.F.P. von *Fl. Bras.* 5(2): 1-136 (1866-1868 [1868]). Rizzini, C.T. *Rodriguésia* 30/31: 87-234 (1956); *Ann. Missouri Bot. Gard.* 47: 263-290 (1960 [1961]). Wiens, D. & Barlow, B.A. *Taxon* 20: 313-332 (1971).

1. Plantas escamosas, parásitas sobre Pinaceae; flores solo 1 o agregadas en los nudos, no unidas directamente a los entrenudos; fruto maduro explosivo, sobre un pedicelo recurvado. **1. Arceuthobium**
1. Plantas foliosas o escamosas, parásitas generalmente sobre dicotiledóneas leñosas (pero véase *Phoradendron bolleanum*); flores generalmente en series longitudinales, unidas directamente a los entrenudos, frecuentemente en cavidades pequeñas; fruto no explosivo, sésil.
2. Plantas foliosas o escamosas; anteras 1-loculares. **2. Dendrophthora**
2. Plantas foliosas; anteras 2-loculares. **3. Phoradendron**

1. Arceuthobium M. Bieb.

Razoumofskya Hoffm.

Por J. Kuijt.

Arbustos articulados, parásitos, pequeños, escamosos, glabros, muy frágiles cuando secos, agregados o extendidos a lo largo de las ramas hospederas de Pinaceae; dioicos. Filotaxia decusada. Flores estaminadas axilares en arreglos espiciformes, frecuentemente compuestos, generalmente con 3 o 4 pétalos triangulares cortos, cada uno con una sola antera pulviniforme sésil, con una hendidura más o menos circular y una columela central. Flor pistilada anchamente fusiforme a ovoide, el extremo con 2 diminutos lóbulos de los pétalos rodeando el estigma sésil. Frutos ovoides, verdosos o escasamente azul-morados, las porciones distal y proximal ligeramente de diferente color, recurvándose al madurar, explosivos; semilla en forma de bala y cubierta con viscina; endospermo y embrión verdes, los cotiledones escasamente diferenciados. 12-25 spp., Asia, Europa, África, Azores, América; 2 spp. en Mesoamérica.

Arceuthobium es extraordinariamente complejo y la delimitación de especies en América es muy discutida. El tratamiento aquí presentado contrasta enormemente con la visión de Hawksworth & Wiens (1996), pero pienso que es más realista. Cada especie es considerada como un taxón polimórfico con numerosas poblaciones localizadas que han divergido en varios grados (pero casi enteramente en aspectos dimensionales y geográficos); algunos tal vez puedan tener reconocimiento infraespecífico en el futuro. Viéndolo de esta manera, *A. campylopodum* se encuentra desde el sur de Alaska, por el occidente de Canadá, Estados Unidos y México hasta Honduras, y con seguridad más allá de su amplia (y del hospedero) área geográfica. *Arceuthobium vaginatum* como se trata aquí se distribuye desde Estados Unidos (Utah y Colorado) al menos hasta Chiapas.

Bibliografía: Hawksworth, F.G. & Wiens, D. *Agric. Handb.* 709: 1-410 (1996). Nickrent, D.L. et al. *Amer. J. Bot.* 91: 125-138 (2004).

1. Plantas con flores a finales del verano (o estación seca) y otoño (hasta septiembre); vástagos generalmente 1-10 cm. **1. A. campylopodum**
1. Plantas con flores desde finales de enero hasta principios de marzo; vástagos 10-40(-70) cm, frecuentemente robustos (más de 1 cm) en la base. **2. A. vaginatum**

1. Arceuthobium campylopodum Engelm. in A. Gray, *Boston J. Nat. Hist.* 6: 214 (1850). Lectotipo (designado por Hawksworth & Wiens, 1972): Estados Unidos, *Geyer 577* (GH!). Ilustr.: Hawksworth & Wiens, *Agric. Handb.* 401: 111, t. 43 (1972).

Arceuthobium aureum Hawksw. & Wiens, *A. aureum* subsp. *aureum*, *A. aureum* subsp. *petersonii* Hawksw. & Wiens, *A. globosum* Hawksw. & Wiens subsp. *aureum* (Hawksw. & Wiens) Mathiasen, *A. globosum* subsp. *petersonii* (Hawksw. & Wiens) Mathiasen, *A. guatemalense* Hawksw. & Wiens, *A. hondurense* Hawksw. & Wiens.

Ramificación flabelada, el color verdoso (morado o ligeramente glauco) a amarillo, las ramas frecuentemente más bien delgadas, rara vez más de 10 cm de largo, generalmente hasta 6 mm o menos en la base. Floración a finales del verano u otoño. *Parásitas sobre Pinaceae, generalmente* Pinus. Ch (*Hawksworth et al. 1598*, MO); B (*Hunt 286*, US); G (*Hawksworth et al. 1596*, MO); H (*Hawksworth et al. 1203*, MO); N (*Mathiasen et al. 06-08*, US). 1130-2430 m. (Estados Unidos, México [Baja California, Nuevo León, Oaxaca], Mesoamérica).

2. Arceuthobium vaginatum (Humb. & Bonpl. ex Willd.) J. Presl, *Prir. Rostlin* 2: 28 (1825). *Viscum vaginatum* Humb. & Bonpl. ex Willd., *Sp. Pl.* 4: 740 (1806). Lectotipo (designado por Hawksworth & Wiens, 1996): México, Veracruz, *Humboldt & Bonpland 4465* (B!). Ilustr.: Hawksworth & Wiens, *Agric. Handb.* 401: 160, t. 80 (1972).

Arceuthobium gillii Hawksw. & Wiens subsp. *nigrum* Hawksw. & Wiens, *A. globosum* Hawksw. & Wiens subsp. *grandicaule* Hawksw. & Wiens, *A. hawksworthii* Wiens & C.G. Shaw bis, *A. hondurense* Hawksw. & Wiens subsp. *hawksworthii* (Wiens & C.G. Shaw bis) Mathiasen, *A. nigrum* (Hawksw. & Wiens) Hawksw. & Wiens.

Ramificación flabelada, el color tendiendo a ser oscuro especialmente en la base, la cual puede ser más de 1 cm de diámetro. Floración ene.-may. *Parásitas sobre* Pinaceae, *generalmente* Pinus. Ch (Rzedowski & Calderón de Rzedowski, 2011: 12); B (*Whitefoord 3104*, MO); G (*Véliz et al. MV10145*, MO); H (*Mejía 317*, MO). 1600-3700 m. (Estados Unidos, México [Durango, Edo. México, Guanajuato, Hidalgo, Michoacán, Oaxaca, Puebla, Querétaro, Tlaxcala, Veracruz, Zacatecas], Mesoamérica).

2. Dendrophthora Eichler

Por J. Kuijt.

Arbustos parásitos, glabros, foliáceos o escamosas, de elevaciones medias a altas, las ramas laterales con o sin catafilos basales; dioicas o monoicas. Inflorescencias laterales (terminales en *Dendrophthora terminalis*) indeterminadas, espiciformes, consistiendo de un pedúnculo seguido por 1 o más entrenudos fértiles sobre los cuales las flores surgen secuencialmente en la base del entrenudo, por encima de la bráctea fértil (algunas veces solo una por bráctea), las flores más viejas distales sobre el entrenudo; flores con frecuencia parcialmente hundidas en cavidades ciatiformes en el entrenudo fértil, si más de 1 por entrenudo, entonces en 1 o 3 series longitudinales (1 o 3-seriadas), muy rara vez la serie del medio ausente excepto por la flor apical (2-seriadas). Flores 3(4)-partidas, los pétalos persistiendo sobre el fruto; anteras sésiles, muy pequeñas, 1-loculares. Endospermo y embrión verdes, cubiertos por un tejido acuoso con una capa interna viscosa. Aprox. 130 spp., desde el sur de México hasta Bolivia y las Antillas; 14 spp. en Mesoamérica.

Bibliografía: Kuijt, J. *Wentia* 6: 1-145 (1961); *Acta Bot. Neerl.* 12: 521-524 (1963); *Proc. Kon. Ned. Akad. Wetensch., Biol.* 93: 128-140 (1990); *Bot. Jahrb. Syst.* 122: 169-193 (2000a).

1. La mayoría o todas las plantas bifurcadas, no percurrentes; catafilos basales de las ramas laterales 2 o 3, los superiores a cerca de la mitad de la distancia al próximo par de hojas.
 2. Inflorescencias terminales presentes; hojas con ápice agudo. **6. D. haberi**
 2. Inflorescencias terminales ausentes; hojas con ápice redondeado; extremo terminal del tallo abortando después de formar un par de hojas. **5. D. fortis**
1. Plantas normalmente percurrentes (no bifurcadas).
 3. Flores 2 o 3-seriadas, al menos 3 flores por bráctea fértil.
  4. Plantas monoicas.
   5. Flores estaminadas y pistiladas generalmente sobre entrenudos distintos, o sobre lados diferentes del mismo entrenudo fértil; flores estaminadas 3-seriadas, las pistiladas 1-seriadas. **1. D. ambigua**
   5. Flores estaminadas y pistiladas sobre el mismo entrenudo fértil, las estaminadas por encima de las pistiladas en los entrenudos más grandes; flores de ambos sexos 3-seriadas. **3. D. costaricensis**
  4. Plantas dioicas.
   6. Catafilos basales generalmente 2 pares, bien espaciados a lo largo de la base de la rama; hojas frecuentemente obovadas. **2. D. corynarthron**
   6. Catafilos basales generalmente 1 par; hojas rómbico-lanceoladas a ovadas.
    7. Hojas evidentemente palmatinervias; catafilos basales hasta 3 cm por encima de la base; entrenudos aplanado-carinados, frecuentemente sulcados. **14. D. turrialbae**
    7. Hojas pinnatinervias o la nervadura ligeramente inconspicua; catafilos basales menos de 1.5 cm por encima de la base; entrenudos cuadrangulares a aplanados distalmente, pero no sulcados.
     8. Hojas hasta 4 cm, rómbicas a lanceoladas, con márgenes coriáceos; entrenudos pistilados fértiles con 1-3 flores por bráctea fértil. **8. D. panamensis**
     8. Hojas hasta 11 cm, ovadas, sin márgenes coriáceos; entrenudos pistilados fértiles con 6-10 flores por bráctea fértil. **12. D. tenuis**
 3. Flores 1-seriadas al menos sobre algunos entrenudos fértiles, o 1 flor por bráctea fértil.
  9. Plantas con hojas normales, aunque estas algunas veces son muy pequeñas, c. 3 mm.
   10. Hojas normales más de 2 cm; espigas c. 2 cm o más largas; flores frecuentemente 1 y 3-seriadas (pistiladas y estaminadas respectivamente). **1. D. ambigua**
   10. Hojas normales menos de 1.5 cm; espigas c. 2 cm o menos largas; flores consistentemente 1-seriadas dentro de cada planta.

11. Catafilos basales ausentes (o irregularmente presentes); flores hasta 20 por bráctea fértil; Costa Rica y Panamá. **4. D. davidsei**
11. Catafilos basales 1 par; flores hasta 4 por bráctea fértil; Chiapas. **7. D. mexicana**
9. Toda la planta virtualmente escamosa.
12. Inflorescencia con 1(2) entrenudos fértiles.
13. Entrenudos fértiles volviéndose aplanados con la edad; flores hasta 20 por bráctea fértil; fruto 5-7 mm de diámetro. **10. D. squamigera**
13. Entrenudos fértiles permaneciendo teretes; flores hasta 6 por bráctea fértil; fruto 2-3 mm de diámetro. **11. D. talamancana**
12. Inflorescencia con 3 o más entrenudos fértiles.
14. Entrenudos fértiles c. 7; hojas escuamiformes no marcadamente agudas; inflorescencia (tal vez) solo lateral; Honduras. **9. D. scopulata**
14. Entrenudos fértiles 3 o 4; hojas escuamiformes marcadamente agudas; inflorescencia (tal vez solo) terminal; Honduras y Costa Rica. **13. D. terminalis**

1. Dendrophthora ambigua Kuijt, *Wentia* 6: 29 (1961). Holotipo: Colombia, *Cuatrecasas 18902* (F!). Ilustr.: Kuijt, *Wentia* 6: 30, t. 2 (1961).

Phoradendron ambiguum (Kuijt) J.F. Morales.

Plantas toscas, carnosas, amarillo-verdes, con entrenudos teretes y 1 par de catafilos basales a c. 1 cm por encima de la base de los tallos laterales; monoicas. Hojas hasta 7 × 5 cm, espatuladas, carnosas, la base cuneada; pecíolo c. 5 mm, indistinto, los márgenes pardos, coriáceo. Inflorescencias hasta 9 cm, sin brácteas estériles, el pedúnculo c. 0.6 cm, robusto, seguido por 2 o 3 entrenudos fértiles, individuales o en grupos pequeños en la axila de las hojas. Flores en series sexuales excesivamente variables, 1, 2 o 3-seriadas algunas veces todos los tipos en la misma planta, con el primer patrón casi exclusivamente pistilado, los últimos 2 patrones con flores estaminadas, los patrones 2-seriados raros; un entrenudo individual fértil puede ser 1-seriado, las flores pistiladas sobre un lado y 3-seriadas, las flores estaminadas sobre el otro lado, o sexos diferentes pueden predominar en entrenudos fértiles sucesivos. Frutos c. 6 × 5 mm, blanco-translúcidos. *Barrancos, sobre lava*. CR (*Kuijt 2420*, CR); P (*Hammel 1571*, MO). c. 200 m. (Mesoamérica, Colombia, Venezuela, Ecuador, Perú).

2. Dendrophthora corynarthron (Eichler) Kuijt, *Bot. Jahrb. Syst.* 122: 176 (2000). *Phoradendron corynarthron* Eichler in Mart., *Fl. Bras.* 5(2): 115 (1866-1868 [1868]). Holotipo: Panamá, *Wagner s.n.* (M!). Ilustr.: Burger & Kuijt, *Fieldiana, Bot.* n.s. 13: 61, t. 9 (1983), como *P. corynarthron*.

Phoradendron davidsoniae Standl.

Plantas glabras con tallos cuadrangulares o carinados; entrenudos hasta 5 cm; catafilos basales 2 pares, ubicados a 5-10 y a 20-25 mm por encima de la axila, inconspicuos; posiblemente monoicas. Hojas hasta 7 × 1.5 cm, angostamente lanceoladas a espatuladas con el ápice redondeado y la base cuneada, pecíolo ausente a discreto. Inflorescencias hasta 5 cm, sin catafilos, el pedúnculo 3-5 mm seguido por 5 entrenudos fértiles con 3 o 5 flores por bráctea fértil, 3-seriadas. Frutos ovoides, c. 5 × 3 mm, con pétalos inconspicuos, cerrados, probablemente rojos o rosados. *Laderas de montañas*. P (*D'Arcy & D'Arcy 6445*, MO). c. 1800 m. (Endémica).

3. Dendrophthora costaricensis Urb., *Ber. Deutsch. Bot. Ges.* 14: 285 (1896). Neotipo (designado por Kuijt, 1961): Costa Rica, *Kuijt 1531* (CR!). Ilustr.: Kuijt, *Wentia* 6: 49, t. 14a (1961).

Dendrophthora costaricensis Urb. subsp. *costaricensis*, *D. costaricensis* subsp. *poasensis* Kuijt, *Phoradendron allenii* Trel., *P. costaricense* (Urb.) J.F. Morales, *P. crispum* Trel., *P. rondeletiae* Trel.

Plantas foliosas, inconspicuas, ligeramente suculentas, con entrenudos teretes a angulosos y 1(2) catafilos basales a c. 15 mm por encima de la axila. Hojas 3-5 cm, ovadas a elípticas o rara vez obovadas, frecuentemente con 3 venas prominentes; monoicas. Inflorescencia 2-4 cm, el pedúnculo menos de 1 cm, seguido por 2(-4) entrenudos fértiles con 8-15 flores por bráctea fértil, 3-seriadas, pero algunas veces irregulares; flores estaminadas 3-12, distales sobre el entrenudo fértil, las pistiladas basales. Frutos de hasta 6 mm de diámetro, desde casi esféricos a muy compresos con el contorno lobado, blanco opaco. *Bosques de neblina*. Ch (*Breedlove & Thorne 30081*, CAS); G (*Lundell & Contreras 21015*, UC); H (*Molina R. & Molina 14048*, F); ES (*Molina R. et al. 16800*, F); CR (*Jiménez & Rodríguez 400*, UC); P (*Davidson 369*, GH). 0-3500 m. (México [Veracruz], Mesoamérica, Colombia, Ecuador).

Phoradendron rondeletiae se incluye con reservas en la sinonimia. No se ha podido saber con certeza si la antera del tipo es 1-locular o 2-locular. Sin embargo, material comparable con este (*Lundell & Contreras 21015*, UC) es con certeza 1-locular y se asume de que se trata de una especie de *Dendrophthora*. La elevación (1300-1600 m) de los ejemplares también sugiere este género, siendo *Phoradendron* un género propio de elevaciones inferiores. Sin embargo, los ejemplares de Guatemala son consistentemente diferentes en tener tallos carinados y pedúnculos mucho más cortos; adicionalmente, las inflorescencias más viejas desarrollan un destacado cuello delgado sobre la parte superior del entrenudo fértil más proximal.

4. Dendrophthora davidsei Kuijt, *Ann. Missouri Bot. Gard.* 74: 514 (1987). Holotipo: Costa Rica, *Davidse et al. 28990* (MO!). Ilustr.: Kuijt, *Ann. Missouri Bot. Gard.* 74: 515, t. 3 (1987).

Phoradendron davidsei (Kuijt) J.F. Morales.

Plantas hasta 15 cm de alto, erectas, verde olivo, con hojas pequeñas; catafilos basales completamente ausentes en algunos individuos, irregularmente presentes en otros, o hasta tan arriba como 2 cm; apéndices basales orientados en un plano medio; partes jóvenes frecuentemente con tricomas dispersos, rígidos, a modo de cerdas blancas; monoicas. Hojas hasta 9(-30) × 2(-8) mm, (oblanceoladas) lanceoladas, suculentas, el ápice agudo o casi agudo. Inflorescencias solitarias y axilares así también como terminales, hasta 5(-7) cm incluyendo el pedúnculo de 7(-13) mm seguido de 2 o 3, rara vez 4, entrenudos fértiles. Flores 1-seriadas, frecuentemente rojizas o anaranjadas, hasta 20 por bráctea fértil; flores pistiladas en la parte distal de los entrenudos fértiles, por lo general no sobrepasando en número las estaminadas basales. Frutos 1.5 mm de diámetro, elipsoidales a globosos, blancos a rosados, ligeramente translúcidos; pétalos patentes. *Laderas de montaña, selvas bajas perennifolias*. H (*Hawkins et al. 581*, UC); CR (*Davidse et al. 28755a*, MO); P (*Gómez et al. 22404*, MO). 1900-3000 m. (Endémica).

5. Dendrophthora fortis Kuijt, *Phytologia* 97: 140 (2015). Holotipo: Panamá, *Harrison & Harrison 639* (UCH!). Ilustr.: Kuijt et al., *Phytologia* 97: 143, t. 2 (2015a).

Plantas robustas, glabras, bifurcadas por aborto apical; ramas teretes, hasta 1.5 cm de grueso en los nudos, las ramas terminando en 1 par de hojas normales seguidas de 3 o 4 pares de catafilos basales grandes dispersos a lo largo del 1/2 inferior del vástago; dioicas. Hojas hasta 15 × 10 cm, anchamente elípticas u ovadas a casi orbiculares, coriáceas, los márgenes gruesos, callosos, palmatinervias, pero las venas generalmente inconspicuas; pecíolo 3-5 mm de grueso. Inflorescencias con varios entrenudos estériles agregados o estos ausentes. Inflorescencias estaminadas hasta 9 cm, las flores hasta 18 por bráctea fértil, muy pequeñas, 3-seriadas. Inflorescencias pistiladas similares en tamaño y construcción a las estaminadas. Frutos c. 3 mm, esféricos, rosado pálido. *Bosques de neblina*. P (*Knapp & Huft 4581*, MO). 800-1000 m. (Endémica).

Dendrophthora fortis es similar a *D. obliqua* (C. Presl) Wiens, una especie sudamericana, y posiblemente estén cercanamente emparentadas. Algunos ejemplares panameños fueron erróneamente identificados como *D. obliqua*. No se puedo confirmar la presencia para Chiapas reportada por Villaseñor Ríos (2016: 882, como *D. obliqua*).

6. Dendrophthora haberi Kuijt, *Novon* 6: 33 (1996). Holotipo: Costa Rica, *Haber & Daniel 9904* (MO!). Ilustr.: Kuijt & Kellogg, *Novon* 6: 34, t. 1 (1996).

Phoradendron haberi (Kuijt) J.F. Morales.

Plantas bifurcadas y percurrentes, los tallos teretes, las ramas laterales con 1 o 2 pares de hojas normales y abrazadas por 2-4 pares de catafilos basales; entrenudos percurrentes con 1(2) pares de catafilos intercalares a 5-7 mm por encima del nudo foliar; dioicas. Hojas hasta 6.5 × 2 cm, angostamente lanceoladas, el ápice y la base agudos; pecíolo c. 2 mm, indistinto, la vena media asociada con 2 venas basales inconspicuas y largas. Inflorescencias estaminadas c. 2 cm, el pedúnculo 4-5 mm, con 1 o 2 entrenudos estériles, seguidos de 4 o 5 entrenudos fértiles con 7-11 flores por bráctea fértil, 3-seriadas. Inflorescencias pistiladas hasta 3 cm, entrenudos estériles (1)2, seguidos por 3 o 4 entrenudos fértiles con 3-7 flores por bráctea fértil, 3-seriadas. Frutos c. 2.5 × 3 mm, blancos, ovoides, los pétalos cerrados. *Selvas altas perennifolias, lugares abiertos*. CR (*Haber & Daniel 9904*, CR). 1100-1300 m. (Endémica).

Dendrophthora haberi es muy distintiva e imposible de confundir con ninguna otra especie del género, pero con gran parecido a plantas delgadas de *Phoradendron piperoides*. Los catafilos y la combinación de inflorescencias terminales con crecimiento percurrente inmediatamente la separan de otras especies.

7. Dendrophthora mexicana Kuijt, *Wentia* 6: 88 (1961). Holotipo: México, Chiapas, *Quarles van Ufford 263* (U!). Ilustr.: Kuijt, *Wentia* 6: 89, t. 38 (1961).

Plantas delgadas, 30-40 cm, tallos teretes. Hojas hasta 4 × 12 mm, lanceoladas, los catafilos basales 1 par hasta c. 10 mm por encima de la axila, patentes y espiniformes cuando secos, en posición media; posiblemente monoicas. Espigas solo axilares, el pedúnculo simple de c. 8 mm, seguido por 2 entrenudos fértiles con 1-4 flores por bráctea fértil, 1-seriadas, el ápice de la inflorescencia agudo. *Hábitat desconocido*. Ch (*Quarles van Ufford 263*, U). c. 2700 m. (Endémica).

Conocida solo de la colección tipo.

8. Dendrophthora panamensis Kuijt, *Ann. Missouri Bot. Gard.* 65: 739 (1978 [1979]). Holotipo: Panamá, *Liesner 1305* (MO!). Ilustr.: Kuijt, *Ann. Missouri Bot. Gard.* 65: 740, t. 1 (1978 [1979]).

Plantas glabras, muy ramificadas, percurrentes, los entrenudos jóvenes escasamente compreso-cuadrangulares, volviéndose teretes, los catafilos basales 1(2) pares, inconspicuos, proximales; dioicas. Hojas hasta 4 × 1.5 cm, rómbicas a lanceoladas, delgadas, 3-nervias, las 2 venas laterales emergiendo muy por encima del pecíolo, la base cuneada y largamente atenuada hasta un pecíolo de c. 3 mm, los márgenes claramente definidos y callosos, el ápice largamente atenuado, pero finalmente redondeado. Inflorescencias 1-1.5 cm, el pedúnculo simple (rara vez con un segundo entrenudo estéril). Inflorescencias estaminadas con 2 entrenudos fértiles, las flores hasta 14 por bráctea fértil, 3-seriadas; inflorescencias pistiladas con 2 o 3 entrenudos fértiles, las flores 1-3 por bráctea fértil, sobre la parte distal del entrenudo. Frutos c. 2 mm de diámetro, blancos, comprimidos. *Bosques primarios*. CR (*Lent 1921*, DUKE); P (*Mori et al. 4703*, MO). 300-500 m. (Endémica).

9. Dendrophthora scopulata Kuijt, *Novon* 6: 39 (1996). Holotipo: Honduras, *Williams & Williams 18517* (F!). Ilustr.: Kuijt & Kellogg, *Novon* 6: 40, t. 4 (1996).

Plantas profusamente ramificadas, erectas, delgadas, aparentemente afilas; entrenudos hasta 2.5 cm, teretes, los catafilos basales ausentes; monoicas. Hojas hasta 2 mm, escuamiformes más bien grandes, patentes cuando secas, rara vez se presenta una hoja de hasta 10 × 4 mm, obovada, la primera hoja escuamiforme de las laterales en posición media. Inflorescencia 4-7 cm, delgada, el pedúnculo 8-15 mm, los entrenudos fértiles al menos 6, progresivamente más cortos hacia arriba, flores 4-10 por bráctea, 1-seriadas, las distales 1 o 2 pistiladas, las basales estaminadas. Frutos c. 3 × 2 mm, ovoides, los pétalos cerrados. *Bosques*. H (*Williams & Williams 18517*, US). c. 2100 m. (Endémica).

Cercanamente relacionada con *Dendrophthora squamigera*, pero esta especie en Mesoamérica rara vez tiene más de un entrenudo fértil, mientras que *D. scopulata* tiene los entrenudos fértiles en mayor número y son delgados.

10. Dendrophthora squamigera (Benth.) Kuntze, *Revis. Gen. Pl.* 2: 585 (1891). *Viscum squamigerum* Benth., *Pl. Hartw.* 190 (1845). Sintipo: Colombia, *Hartweg 1046* (K!). Ilustr.: Burger & Kuijt, *Fieldiana, Bot.* n.s. 13: 61, t. 9 (1983).

Dendrophthora biserrula Eichler, *Phoradendron squamigerum* (Benth.) Oliv.

Plantas escamosas, erectas, verde-amarillentas, con entrenudos teretes y sin catafilos basales; profilos pequeños, dentiformes; monoicas. Inflorescencias generalmente 3-5 cm, sin catafilos estériles; pedúnculo hasta 1.5 cm, seguidos por 1 (rara vez 2) entrenudo fértil de hasta 4 cm, hasta 20 flores por bráctea fértil, 1-seriadas. Flores superiores de un entrenudo fértil generalmente pistiladas, las otras estaminadas. Frutos hasta 7 mm de diámetro, esféricos a escasamente comprimidos, blanco nacarados. *Bosques de neblina, selvas bajas perennifolias*. H (*Hawkins 924*, MO); CR (*Kuijt 1532*, CR); P (*Terry 1333*, MO). 2700-3500 m. (Mesoamérica, Colombia, Venezuela, Ecuador, Bolivia).

Esperada en Guatemala (Kuijt, 1986a).

11. Dendrophthora talamancana Kuijt, *Ann. Missouri Bot. Gard.* 74: 514 (1987). Holotipo: Costa Rica, *Davidse 28755b* (MO!). Ilustr.: Kuijt, *Ann. Missouri Bot. Gard.* 74: 516, t. 4 (1987).

Phoradendron talamancanum (Kuijt) J.F. Morales.

Plantas c. 30 cm de alto, profusamente ramificadas, delgadas, erectas, escamosas hasta la base; monoicas. Tallos floríferos c. 1 mm de grueso o menos; catafilos basales ausentes, los apéndices basales con una orientación media. Inflorescencias solitarias, solo axilares, hasta 15 mm de largo, el solo entrenudo fértil escasamente más largo que el pedúnculo, el ápice agudo. Flores 1-seriadas, hasta 6 flores por encima de cada bráctea fértil; flores estaminadas irregularmente distribuidas y mucho más numerosas que las pistiladas. Frutos c. 2 mm de diámetro, ovoides, blancos. *Laderas de montaña*. CR (*Davidse et al. 28755b*, CR); P (Monro et al., 2017: 264). 2000-2400 m. (Endémica).

12. Dendrophthora tenuis Kuijt, *Brittonia* 61: 149 (2009). Isotipo: Ecuador, *van der Werff et al. 19534* (UC!). Ilustr.: Kuijt, *Brittonia* 61: 151, t. 5a-d (2009a).

Plantas de tamaño mediano, glabras; entrenudos 4-7 cm, ligeramente cuadrangulares basalmente, volviéndose aplanados hasta 1 cm distalmente; primer entrenudo lateral (más allá de los catafilos) hasta 14 cm; catafilos basales generalmente 1 par; dioicas. Hojas hasta 11 × 6 cm, ovadas, pinnatinervias, con 2 venas laterales fuertes casi basales y 2 más distintivas en la mitad de la lámina, la base obtusa a aguda, el ápice largamente atenuado, pero finalmente obtuso; pecíolo 5-10 mm. Flores 3-seriadas. Inflorescencias estaminadas hasta 4 cm, el pedúnculo simple o doble, los entrenudos fértiles 4 o 5, hasta 25 flores por bráctea fértil. Inflorescencias pistiladas hasta 3.5 cm, los entrenudos fértiles 3 o 4, 6-10 flores por bráctea fértil. Frutos c. 2 mm de diámetro, globosos, los pétalos cerrados. *Bosques de neblina*. CR (*Mora et al. 13*, UC). c. 1700 m. (Mesoamérica, Ecuador, Perú).

13. Dendrophthora terminalis Kuijt, *Wentia* 6: 109 (1961). Holotipo: Costa Rica, *Skutch 3570* (US!). Ilustr.: Kuijt, *Wentia* 6: 109, t. 50 (1961).

Phoradendron terminale (Kuijt) J.F. Morales.

Plantas escamosas pequeñas, reminiscentes de *Dendrophthora squamigera*. Hojas escuamiformes largas y agudas, patentes cuando secas; profilos c. 2 mm, conspicuos, patentes cuando secos, casi tan largos como las hojas escuamiformes; monoicas, pero las flores pistiladas aparentemente raras. Inflorescencia aparentemente solo terminal, c. 4 cm, con pedúnculo c. 6 mm, seguido por 3 o 4 entrenudos fértiles, 2-5 flores por bráctea fértil, 1-seriadas. Frutos desconocidos. *Laderas de montaña*. H (*House 1281*, MO); CR (*Skutch 3570*, GH). c. 1700-2300 m. (Endémica).

14. Dendrophthora turrialbae Kuijt, *Proc. Kon. Ned. Akad. Wetensch., Biol.* 93: 139 (1990). Holotipo: Costa Rica, *Carlson 3622* (F!). Ilustr.: Kuijt, *Proc. Kon. Ned. Akad. Wetensch., Biol.* 93: 140, t. 12 (1990).

Phoradendron turrialbae (Kuijt) J.F. Morales.

Plantas glabras; entrenudos hasta 7 cm, conspicuamente aplanados y fuertemente carinados distalmente, hasta 2 veces tan anchos como gruesos, o escasamente cuadrangulares; catafilos basales 1(2) pares, a 2.5-3 cm de la base; dioicas. Hojas hasta 10 × 4 cm, anchamente ovadas a lanceoladas, palmatinervias, con 5 venas principales llegando al menos hasta 2/3 de la lámina, la base abrupta o gradualmente atenuada hasta cuneada, el ápice atenuado; pecíolo indistinto c. 1 cm. Inflorescencias estaminadas hasta 2.5 cm, sin brácteas estériles, el pedúnculo c. 5 mm, seguido por 3 o 4 entrenudos fértiles, los más bajos con 12-20 flores por bráctea, 3-seriadas, el entrenudo terminal casi la mitad de los grandes. Espiga pistilada hasta 3.5 cm en fruto, con 3-5 entrenudos fértiles interrumpidos, los frutos agregados en el 1/4 superior. Frutos c. 3.5 mm de diámetro, esféricos, los diminutos pétalos ligeramente erectos. *Selvas altas perennifolias, remanentes de bosque*. CR (*Carlson 3622*, F); P (*McPherson 7804*, MO). 1100-2600 m. (Endémica).

Davidse et al. 28831 (MO) y *McPherson 7804* (MO) se ubican en esta especie provisionalmente, porque las hojas tienen las venas ligeramente inconspicuas y los tallos no son tan claramente sulcados como en el típico *Dendrophthora turrialbae*, tendiendo a ser más cuadrangulares cuando jóvenes; en este concepto también se ubican varios ejemplares con hojas lanceoladas, p. ej., *Davidse 24349* (MO), y con los tallos más teretes.

3. Phoradendron Nutt.

Baratostachys (Korth.) Kuntze sect. *Phorodendrum* (Nutt.) Kuntze, *Phoradendron* Nutt. sect. *Hexanthum* Tiegh.

Por J. Kuijt.

Plantas parásitas, (generalmente) foliosas, unidas al hospedero por un solo haustorio, las raíces epicorticales ausentes; monoicas o dioicas. Ramificación en su mayoría percurrente, pero en algunas especies dicótoma; tales dicotomías podrían ser causadas en algunas por un aborto apical o por la formación de una inflorescencia terminal en otros. Hojas decusadas, las venas paralelas a palmadas o pinnadas; base de las ramas laterales, y en algunas especies la base de las inflorescencias, con 1 o más pares de hojas escuamiformes fusionadas (catafilos basales y brácteas estériles, respectivamente); estas ausentes en algunas especies de Guatemala y hacia el norte; algunas especies con hojas escuamiformes similares a las anteriores intercaladas entre pares sucesivos de hojas normales. Inflorescencias espiciformes, consistiendo de 1 o más entrenudos estériles generalmente cortos, seguidos por 1 a varios entrenudos fértiles en los cuales se forman las flores por medio de meristemos intercalares basales, en las axilas de brácteas fértiles, en cada caso una sola flor o más flores en series longitudinales, 2 o 3-seriadas, siempre con una sola flor media que se produce primero; algunas veces 2 áreas floríferas de un entrenudo confluyen alrededor del eje, las primeras con diversos patrones de distribución de sexos. Flores generalmente 3 o 4-meras, hundidas en varios grados en depresiones del eje de la inflorescencia; anteras 2-loculares, sésiles sobre los pétalos. Frutos de varios colores, con abundante viscina, el endospermo y el embrión verde brillante. Aprox. 280 spp., distribuido desde los Estados Unidos hasta Argentina y las Antillas, generalmente tropical; 61 spp. en Mesoamérica.

Bibliografía: Kuijt, J. *Bot. Jahrb. Syst.* 83: 267-283 (1964); *Ann. Missouri Bot. Gard.* 65: 744-751 (1978 [1979]); *Proc. Kon. Ned. Akad. Wetensch., Biol.* 93: 140-160 (1990); *Monogr. Syst. Bot. Missouri Bot. Gard.* 85: 2531-2535 (2001); *Syst. Bot. Monogr.* 66: 36-574 (2003b).

1. Dicótomas, o al menos predominantemente dicótomas.
  2. Órganos jóvenes uniforme y cortamente pelosos. **54. P. treleaseanum**
  2. Órganos jóvenes glabros.
    3. Flores 1-3 por bráctea fértil (5 en inflorescencias estaminadas de *Phoradendron lundellii*).
      4. Catafilos basales ampliamente espaciados, los distales subyacentes a las inflorescencias; Honduras. **26. P. lentii**
      4. Catafilos basales no ampliamente espaciados, o al menos no fértiles.
        5. Monoicas, pero con pocas flores estaminadas, generalmente sobre los entrenudos más proximales; catafilos basales ampliamente espaciados, pero estériles; Panamá y Sudamérica. **23. P. inaequidentatum**
        5. Dioicas; catafilos basales no ampliamente espaciados; México al centro de Panamá.
          6. Frutos con la base similar a un pedicelo; entrenudos por lo general claviformes, pero aplanados debajo de los nudos foliares. **35. P. pedicellatum**
          6. Frutos no como los anteriores; entrenudos no marcadamente aplanados debajo de los nudos (excepto tal vez en *P. lentii*).
            7. Brotes abortando en el ápice; infrutescencia hasta 2 cm, no marcadamente interrumpida, el entrenudo más proximal de los 2 entrenudos estériles casi sésil; pétalos cerrados en el fruto. **14. P. dwyeri**
            7. Brotes con una inflorescencia terminal; infrutescencia hasta 5 cm, interrumpida; pedúnculo simple o, si doble, el entrenudo inferior no sésil; pétalos erectos en el fruto.
              8. Hojas lanceoladas a elípticas, con venas palmadas evidentes; flores 2-seriadas con más de 3 flores por bráctea; Belice y Costa Rica. **28. P. lundellii**
              8. Hojas angostamente elípticas, con venas palmadas más bien inconspicuas; flores 3-seriadas con más de 3 flores por bráctea; Panamá y Venezuela. **36. P. pergranulatum**
    3. Flores 5 o más por bráctea fértil (1-3 en inflorescencias pistiladas de *P. robaloense*).
      9. Plantas dicótomas hasta la inflorescencia terminal.
        10. Flores solo 2-seriadas, o solo 1-3 flores por bráctea fértil.
          11. Monoicas, las flores estaminadas pocas y basales; hojas hasta 9 cm, cada una con un diente terminal conspicuo; catafilos basales profundamente bífidos; nudos no conspicuamente aplanados; Costa Rica. **20. P. heredianum**
          11. Dioicas; hojas más pequeñas que las anteriores, sin diente terminal; catafilos basales pequeños y muy basales, no bífidos; nudos conspicuamente aplanados; sur y sureste de México a Honduras. **35. P. pedicellatum**
        10. Flores 3-seriadas (algunas veces en parte 2-seriadas en *P. planiphyllum* y rara vez así en *P. berteroanum*).
          12. Hojas más anchas por debajo de la mitad, el ápice generalmente agudo, venas palmadas evidentes. **5. P. berteroanum**
          12. Hojas más anchas en o por encima de la mitad, el ápice redondeado o escasamente emarginado; venas palmadas o pinnadas, pero más bien inconspicuas.
            13. Tallo no especialmente expandido debajo de los nudos; catafilos basales 1 par; hojas hasta 7 × 2.5 cm, no emarginadas; venas más bien inconspicuas, pero con 5 venas palmadas; Chiapas y Guatemala. **4. P. aurantiacum**
            13. Tallo expandido, pero no aplanado debajo de los nudos; catafilos basales 2 o 3(4) pares; hojas hasta 11 × 5.5 cm, por lo general

escasamente emarginadas; venas inconspicuas, pero pinnadas; Veracruz hasta Colombia. **38. P. planiphyllum**

9. Plantas dicótomas por aborto apical.
14. Hojas loriformes a obovadas, no coriáceas, las venas evidentes.
15. Hojas loriformes o casi loriformes, con varias venas paralelas ocupando la longitud de la lámina; flores al menos 5 por bráctea fértil; pedúnculo de la inflorescencia simple; fruto globoso, sin pedicelo. **15. P. falcatum**
15. Hojas obovadas, las venas más o menos palmadas; flores (pistiladas) 1(3) por bráctea fértil; pedúnculo de la inflorescencia generalmente doble; fruto con pedicelo conspicuamente angostado. **35. P. pedicellatum**
14. Hojas lanceoladas a ovadas, carnosas o no, las venas evidentes o frecuentemente inconspicuas.
16. Catafilos basales generalmente grandes y profundamente bífidos, los lóbulos libres c. 4 mm; hojas generalmente agudas en ambos extremos. **45. P. robaloense**
16. Catafilos basales generalmente no grandes ni profundamente bífidos; hojas más o menos obtusas (incluyendo *P. boacoi*).
17. Al menos algunas inflorescencias con una flor terminal y/o entrenudo distal con 1 flor por bráctea; hoja con ápice finalmente obtuso o casi finalmente obtuso, pero no redondeado; Nicaragua. **6. P. boacoi**
17. Flores terminales nunca presentes sobre las inflorescencias, el entrenudo distal fértil con 3 o más flores por bráctea; hojas con ápice redondeado; Mesoamérica.
18. Hojas más bien delgadas, con venas pinnadas evidentes; inflorescencia con pedúnculo desigualmente doble. **41. P. racemosum**
18. Hojas coriáceas, con venas inconspicuas o basalmente palmadas; inflorescencia con pedúnculo generalmente simple.
19. Dioicas; infrutescencia con 5-7 frutos por bráctea fértil. **47. P. robustissimum**
19. Monoicas, pero las flores estaminadas raras; infrutescencias con 6-15 frutos por bráctea fértil.
20. Venas basales, pero no verdaderamente palmadas; flores 6-12 por bráctea fértil. **33. P. nitens**
20. Venas palmadas, conspicuas; flores 13-15 por bráctea fértil. **61. P. zelayanum**

1. Percurrentes, o al menos predominantemente percurrentes; vástago con ápice generalmente ni abortado ni reemplazado por una inflorescencia.
21. Hojas menos de 6 mm, naviculares; monoicas, con espigas estaminadas y pistiladas separadas en el mismo individuo; todas las inflorescencias con 1 flor por bráctea fértil. **31. P. naviculare**
21. Hojas al menos 6 mm, no naviculares; monoicas con inflorescencias bisexuales, o dioicas; generalmente más de 1 flor por bráctea fértil, especialmente las inflorescencias estaminadas.
22. Catafilos intercalares presentes entre pares sucesivos de hojas normales.
23. Venas pinnadas y/o inconspicuas; hoja con ápice agudo o redondeado.
24. Hojas elípticas a espatuladas; venas inconspicuas; flores 1-3 por bráctea fértil. **23. P. inaequidentatum**
24. Hojas lanceoladas u ovadas, con venas pinnadas evidentes, flores hasta 15 por bráctea fértil.
25. Hojas lanceoladas, agudas en ambos extremos; pecíolo conspicuo; monoicas. **37. P. piperoides**
25. Hojas ovadas, la base truncada a amplexicaule, el ápice generalmente redondeado u obtuso; posiblemente dioicas. **50. P. tardispicum**
23. Venas palmadas a casi pinnadas, generalmente evidentes; hoja con ápice agudo.
26. Catafilo intercalar distal subyacente a la inflorescencia. **12. P. crassifolium**
26. Todos los catafilos intercalares estériles.
27. Catafilos intercalares 1 par. **11. P. chrysocladon**
27. Catafilos intercalares 2 o más pares.
28. Catafilos intercalares caducos; flores más de 20 por bráctea fértil; Panamá. **18. P. fosteri**
28. Catafilos intercalares persistentes; flores 7-21 por bráctea fértil; Nicaragua a Perú. **60. P. woodsonii**
22. Catafilos intercalares normalmente ausentes al menos en la mayor parte de la planta.
29. Catafilos basales normalmente ausentes; plantas pelosas a glabras; flores generalmente 3-seriadas (en plantas estaminadas, algunas veces pronto volviéndose irregulares; o con 1 flor por bráctea en *P. bolleanum*); dioicas.
30. Plantas péndulas, frecuentemente grandes con hojas angostas extremadamente largas, generalmente al menos 10 veces tan largas como anchas o más.
31. Todos los órganos glabros inclusive cuando jóvenes; entrenudos muy aplanados y fuertemente carinados inclusive cuando más viejos; tal vez siempre hiperparásitas. **15. P. falcatum**
31. Órganos más jóvenes y frutos cortamente tomentosos; entrenudos generalmente teretes, no carinados; nunca hiperparásitas. **27. P. longifolium**
30. Plantas erectas de tamaño pequeño o moderado, las hojas generalmente no más de 5 veces tan largas como anchas (excepto por las hojas aciculares lisas muy delgadas o menos de 3 cm).
32. Filotaxia basal transversal; parásitas sobre *Hesperocyparis* (ciprés) o *Juniperus*. **7. P. bolleanum**
32. Filotaxia basal media; no se conoce parasitando coníferas.
33. Hojas menos de 1 cm, teretes; inflorescencias pistiladas con 1 flor por bráctea, el fruto ubicado muy alto en el entrenudo; Veracruz, Honduras. **51. P. teretifolium**
33. Hojas más de 2 cm, no teretes; inflorescencias pistiladas con más de 1 flor por bráctea, el fruto no ubicado alto en el entrenudo; no se conoce de Veracruz.
34. Frutos con fuertes cerdas retrorsas amarillas o blancas; cerdas amarillas al menos sobre los ejes de la inflorescencia entre las flores.
35. Plantas pequeñas; hojas hasta 3 × 1 cm; inflorescencias pistiladas c. 1 cm en fruto, con 3 o 4 flores por bráctea fértil, 3-seriadas. **8. P. breedlovei**
35. Plantas moderadamente grandes; hojas hasta 12 × 5 cm; inflorescencias pistiladas hasta 2 cm, el doble en fruto; flores pistiladas hasta 50 por bráctea fértil, no en series regulares. **46. P. robinsonii**
34. Frutos sin cerdas retrorsas fuertes, aunque algunas veces pelosos al menos en la base de los pétalos y/o con diminutas cerdas doradas en los ejes de la inflorescencia algunas veces escasa y cortamente pelosas.
36. Plantas glabras o glabrescentes; hojas 1-2 cm, más anchas por encima de la mitad, las venas inconspicuas o inconspicuamente 3-nervias; pétalos no reflexos en el fruto. **42. P. ramosissimum**
36. Plantas velutinas al menos cuando jóvenes; hojas hasta 16 cm, más anchas en o debajo de la mitad, con (3)5 venas palmadas; pétalos generalmente reflexos en el fruto. **57. P. velutinum**
29. Catafilos basales presentes; plantas glabras; flores 2 o 3-seriadas; monoicas o dioicas.
37. Cada bráctea fértil subyacente a 3 flores, la apical estaminada, las laterales pistiladas; fruto tuberculado. **30. P. mucronatum**
37. Cada bráctea fértil con más de 3 flores, y/o distribución de sexos diferente a la anterior; fruto liso o esencialmente liso (pero véase *P. carneum* y *P. kingii*).
38. Catafilos basales distales de cada vástago subyacentes a la inflorescencia; extremo del vástago abortado. **26. P. lentii**
38. Catafilos basales no fértiles (excepto rara vez en *P. wattii*); vástagos percurrentes.
39. Plantas monoicas (incluyendo *P. dipterum* y *P. kingii*).

40. Hojas amplexicaules al tallo o auriculadas; hiperparásitas sobre otras especies de muérdagos.
41. Hojas c. 10 × 4 cm, variando desde espatuladas hasta lanceoladas; entrenudos principales fuertemente cuadrangulares o carinados; esporádicamente a través de Mesoamérica. **13. P. dipterum**
41. Hojas hasta 0.8 × 0.5 cm, cordadas, caducas; entrenudos redondeado-cuadrangulares; Panamá, Colombia, Venezuela. **17. P. fasciculatum**
40. Hojas pecioladas, no amplexicaules; no hiperparásitas.
42. Frutos muy grandes (hasta 7 × 4 mm), fusiformes o casi fusiformes; pétalos diminutos, erectos a patentes. **34. P. obtusissimum**
42. Frutos menos de 5 mm, no fusiformes; pétalos generalmente cerrados (excepto tal vez en *P. trinervium*).
43. Flores 3-seriadas.
44. Entrenudos principales (no los primeros laterales) fuertemente cuadrangulares o hasta alados; flores 30-70 por bráctea; hiperparásitas. **13. P. dipterum**
44. Entrenudos principales teretes o carinados; flores menos de 30 por bráctea; no hiperparásitas.
45. Hojas pinnatinervias. **21. P. hexastichum**
45. Hojas palmatinervias. **32. P. nervosum**
43. Flores 2-seriadas, o no más de 3 por bráctea fértil.
46. Catafilos basales generalmente 2 o 3 pares, el par distal a 5 cm; pedúnculo de la inflorescencia generalmente compuesto, hasta 5 entrenudos estériles; entrenudos fértiles 6-10. **56. P. undulatum**
46. Catafilos basales 1, rara vez 2 pares; pedúnculo de la inflorescencia generalmente simple, rara vez de 2 entrenudos estériles; entrenudos fértiles generalmente menos de 5 (4-11 en *P. tikalense*).
47. Flores hasta 3 por bráctea fértil, la apical pistilada, las laterales estaminadas. **24. P. kingii**
47. Flores más de 3 por bráctea, o por lo demás con distribución de sexos.
48. Hojas al menos 5 veces tan largas como anchas; frutos escasamente tuberculados. **10. P. carneum**
48. Hojas generalmente no más de 3 veces tan largas como anchas; frutos lisos.
49. Plantas robustas con hojas ovadas de al menos 5 × 3 cm, con varias venas palmadas; catafilos grandes y conspicuos. **32. P. nervosum**
49. Plantas menores con hojas angostamente obovadas a lanceoladas u oblanceoladas, generalmente menos de 5 × 2 cm, frecuentemente con no más de 3 venas basales; catafilos más bien pequeños e inconspicuos.
50. Entrenudos comprimidos y carinados cuando jóvenes. **52. P. tikalense**
50. Entrenudos cuadrangulares más que carinados cuando jóvenes.
51. Generalmente más de 3 flores por bráctea fértil; pétalos cerrados en el fruto; México hasta Sudamérica, Antillas. **40. P. quadrangulare**
51. Generalmente 1-3 flores por bráctea fértil; pétalos erectos en el fruto; Mesoamérica, Sudamérica, Antillas. **55. P. trinervium**
39. Plantas dioicas (véase también *P. obtusissimum*).
52. Catafilos basales 2-7 pares; pedúnculo con 2-5 entrenudos estériles. **59. P. websteri**
52. Catafilos basales generalmente 1 par, rara vez 2 pares; pedúnculo con 1(2) entrenudos estériles.
53. Plantas pistiladas con un solo fruto (algunas veces pedicelado) por bráctea fértil.
54. Frutos maduros con la base pediculiforme, con los pétalos erectos; infrutescencia interrumpida, el eje delgado; inflorescencias estaminadas delgadas. **35. P. pedicellatum**
54. Frutos maduros ovoides, con los pétalos cerrados; infrutescencia con eje grueso, los frutos en alvéolos profundos; inflorescencias estaminadas robustas. **58. P. wattii**
53. Brácteas fértiles con 3 o más flores, ya sea estaminadas o pistiladas.
55. Hojas orbiculares, las venas pinnadas; Costa Rica. **43. P. ravenii**
55. Hojas no orbiculares, las venas variadamente dispuestas; México a Mesoamérica.
56. Hojas muy angostas y largas, 7-10 veces tan largas como anchas.
57. Flores 3-seriadas, más de 3 por bráctea fértil, inflorescencias no especialmente delgadas, frecuentemente muy robustas o con el eje engrosado en fruto.
58. Plantas pistiladas con hasta 6 flores por bráctea, el eje de la inflorescencia muy engrosado especialmente en fruto; venas inconspicuas; más o menos palmadas; plantas negruzcas al secar. **3. P. annulatum**
58. Plantas pistiladas con 7-10 flores por bráctea, el eje de la inflorescencia escasamente engrosado en fruto; venas paralelas evidentes; plantas amarillentas hasta cuando secas. **53. P. tonduzii**
57. Flores normalmente 2-seriadas o 3 flores por bráctea, inflorescencias delgadas (pero véase *P. tonduzii*).
59. Hojas hasta 8 cm, las venas más o menos inconspicuas, solo la vena media llegando hasta por encima de la mitad; flores pistiladas generalmente 3 por bráctea; Costa Rica y Panamá. **48. P. seibertii**
59. Hojas hasta 20 cm, las venas evidentes, al menos 3 venas llegando hasta por encima de la mitad; flores pistiladas 5-7 por bráctea.
60. Flores estaminadas 5-7 por bráctea, rara vez hasta 15, generalmente 2-seriadas; entrenudos fértiles pistilados 5 o 6; México a Honduras. **16. P. falciferum**
60. Flores estaminadas hasta 45 por bráctea, generalmente 3-seriadas; entrenudos fértiles pistilados 3 o 4; México a Panamá. **53. P. tonduzii**
56. Hojas generalmente no largas y angostas, menos de 7 veces tan largas como anchas.
61. Flores 3-seriadas o multiseriadas, más de 3 por bráctea fértil.
62. Flores (estaminadas) multiseriadas, los entrenudos fértiles casi tan gruesos como largos; hojas angostamente lanceoladas, el ápice agudo. **3. P. annulatum**
62. No con los caracteres anteriores.
63. Entrenudos conspicuamente cuadrangulares. **22. P. heydeanum**
63. Entrenudos no cuadrangulares.
64. Plantas muy toscas y carnosas; hojas con ápice agudo o casi agudo, con varias venas gruesas, palmadas a pinnadas; entrenudos fértiles globulares en fruto. **44. P. reichenbachianum**
64. Plantas generalmente toscas o carnosas; hojas con ápice redondeado, las venas no evidentes, o al menos las venas no gruesas; entrenudos fértiles no globulares en fruto.
65. Hojas angostamente ovadas a elípticas, al menos las mayores con venas evidentes, palmadas; catafilos basales generalmente 2 o 3 pares. **39. P. purpusii**
65. Hojas obovadas a ligeramente elípticas o espatuladas, las venas inconspicuas o al menos no palmadas; catafilos basales generalmente 1 par.

66. Plantas al secarse negruzcas, con la textura de la superficie más bien lisa; flores solo 3-seriadas (estaminadas). **2. P. aguilarii**
66. Plantas al secarse grisáceas, con la textura de la superficie más bien áspera; inflorescencias estaminadas frecuentemente en parte 2-seriadas. **49. P. spathulatum**
61. Flores 2-seriadas y/o no más de 3 por bráctea fértil.
67. Entrenudos fértiles generalmente (4)5 o más.
68. Hojas con el ápice (fuertemente) agudo; pétalos erectos en el fruto. **1. P. acutifolium**
68. Hojas con el ápice redondeado a largamente atenuado (pero no fuertemente agudo); pétalos cerrados en el fruto, o las plantas estaminadas.
69. Entrenudos expandidos distalmente, pero no carinados o cuadrangulares; hojas angostamente elípticas a obovadas; algunas veces en parte dicótomas. **35. P. pedicellatum**
69. Entrenudos carinados o teretes, pero no expandidos distalmente; hojas variadas; no dicótomas.
70. Hojas hasta 15 cm, lanceoladas, las venas evidentes, pinnadas; inflorescencias estaminadas hasta 9 cm, flores 11-17 por bráctea fértil. **9. P. burgeri**
70. No con los caracteres anteriores.
71. Hojas espatuladas, rígidas, al secarse grisáceas, palmatinervias, pero las venas inconspicuas; inflorescencias estaminadas frecuentemente 2 y 3-seriadas. **49. P. spathulatum**
71. No con los caracteres anteriores.
72. Hojas más anchas por encima de la mitad; pedúnculo simple; Costa Rica y Panamá. **48. P. seibertii**
72. Hojas más anchas en o por debajo de la mitad; pedúnculo simple o doble.
73. Hojas carnosas, frecuentemente amarillentas o hasta anaranjadas igualmente cuando secas; inflorescencias más bien robustas. **25. P. lanceolatum**
73. Hojas delgadas, grises o negruzcas cuando secas; inflorescencias no robustas.
74. Hojas obovadas o elípticas, al secarse grisáceas; entrenudos teretes; México hasta Sudamérica. **19. P. herbert-smithii**
74. Hojas lanceoladas, al secarse negruzcas; entrenudos jóvenes comprimidos y carinados; Quintana Roo, Guatemala. **52. P. tikalense**
67. Entrenudos fértiles generalmente no más de 3(4).
75. Frutos 3 por bráctea fértil.
76. Hojas delgadas, ovadas, las venas evidentes; inflorescencia con pedúnculo simple o doble, fruto c. 3 × 2 mm. **29. P. molinae**
76. Hojas carnosas, espatuladas a lanceoladas u obovadas, las venas inconspicuas o 3-nervias; inflorescencia con pedúnculo simple.
77. Hojas angostamente lanceoladas, hasta 15 cm, el ápice agudo; inflorescencia gruesa. **3. P. annulatum**
77. Hojas diferentes a las anteriores; inflorescencia no gruesa.
78. Plantas negruzcas al secarse, la textura no granulosa; infrutescencia con entrenudos no muy engrosados; fruto c. 3 × 2.5 mm. **2. P. aguilarii**
78. Plantas grisáceas al secarse, de textura granulosa; infrutescencia con entrenudos muy engrosados abrazando la base de los frutos; fruto c. 5 × 5 mm. **49. P. spathulatum**
75. Frutos más de 3 por bráctea fértil, o plantas estaminadas.
79. Hojas angostamente oblongas o elípticas, el ápice redondeado.
80. Hojas carnosas, las venas más o menos inconspicuas. **25. P. lanceolatum**
80. Hojas no carnosas, generalmente con 3(5) venas evidentes.
81. Inflorescencias estaminadas con pedúnculo corto y robusto; entrenudos teretes; hojas más grandes 5-nervias. **58. P. wattii**
81. Inflorescencias estaminadas con pedúnculo ni corto ni robusto; entrenudos sea teretes y expandidos distalmente, o carinados a angulados; hojas generalmente con 3 venas más o menos evidentes.
82. Entrenudos teretes, algunas veces expandidos debajo de los nudos foliares; flores estaminadas 5-9 por bráctea fértil; sur y sureste de México a Honduras. **35. P. pedicellatum**
82. Entrenudos carinados o angulados, no significativamente expandidos hacia arriba; flores estaminadas hasta 11 por bráctea fértil; Costa Rica y Panamá. **48. P. seibertii**
79. Hojas ovadas, espatuladas, lanceoladas u obovadas, el ápice redondeado o agudo.
83. Superficie de al menos los órganos jóvenes conspicuamente granulosa, al secarse grisácea; venas inconspicuas. **49. P. spathulatum**
83. Superficie de órganos jóvenes lisa y frecuentemente brillante al secarse; venas evidentes o inconspicuas.
84. Entrenudos carinados o muy escasamente cuadrangulares. **52. P. tikalense**
84. Entrenudos teretes o casi teretes.
85. Plantas robustas, con hojas carnosas y venas gruesas; casi exclusivamente sobre *Quercus*, por encima de 800 m. **25. P. lanceolatum**
85. Plantas no robustas, con hojas delgadas, sin venas gruesas; rara vez, si alguna vez, sobre *Quercus*; generalmente a elevaciones bajas.
86. Hojas hasta 15 cm, lanceoladas, el ápice agudo. **9. P. burgeri**
86. Hojas en general mucho más cortas, ovadas a lanceoladas u obovadas, el ápice redondeado.
87. Inflorescencias estaminadas (3-)5-10 cm, más bien delgadas, con 5-7 entrenudos fértiles, flores no agregadas. **19. P. herbert-smithii**
87. Inflorescencias estaminadas 1-4 cm, más bien robustas, generalmente con 3 o 4 entrenudos fértiles, las flores agregadas. **58. P. wattii**

1. Phoradendron acutifolium Kuijt, *Syst. Bot. Monogr.* 66: 66 (2003). Holotipo: Costa Rica, *Herrera 5550* (F!). Ilustr.: Kuijt, *Syst. Bot. Monogr.* 66: 66, t. 13 (2003b).

Plantas percurrentes; entrenudos hasta 7 cm, teretes, pero expandidos por debajo de los nudos; catafilos basales 1 par, c. 3 mm por encima de la base; dioicas. Hojas hasta 10 × 3 cm, lanceoladas, las venas inconspicuas, pero aparentemente palmadas, el ápice y la base agudos; pecíolo delgado, c. 5 mm. Infrutescencia hasta 6 cm, el eje muy delgado, el pedúnculo desigualmente doble de hasta 9 mm, seguido de hasta 6 entrenudos fértiles, flores 3 por bráctea fértil, localizada en o escasamente por encima de la mitad de los entrenudos; frutos c. 4 × 2 mm, blancos, extremadamente delgados, los pétalos erectos o ligeramente abiertos. *Bosques muy húmedos*. CR (*Valerio 1313*, F). 700-1400 m. (Endémica).

2. Phoradendron aguilarii Standl. & Steyerm., *Publ. Field Mus. Nat. Hist., Bot. Ser.* 23: 40 (1944). Holotipo: Guatemala, *Steyermark 31889* (F!). Ilustr.: Kuijt, *Syst. Bot. Monogr.* 66: 75, t. 20 (2003b).

Plantas muy ramificadas, glabras; entrenudos 3-7 cm, teretes o ligeramente comprimidos cuando jóvenes, los catafilos basales 1 par, 5(-10) mm por encima de la axila; dioicas, solo se vio la planta estaminada. Hojas 3(-10) × 1(-2.5 cm), lanceoladas a espatulado-ovadas, el ápice redondeado, la base cuneadamente atenuada; pecíolo indistinto, 5-10 mm. Inflorescencias estaminadas 2-3 cm, normalmente sin catafilos estériles, el pedúnculo hasta 2 mm de largo, seguido por 4 o 5 entrenudos fértiles, flores 3(-7) por bráctea fértil, 2 o 3-seriadas. Inflorescencias pistiladas hasta 2 cm, el pedúnculo simple de c. 2 mm, seguido por 4 o 5 entrenudos fértiles; flores 3(4) por bráctea fértil (generalmente con 1 terminal), 3-seriadas. Infrutescencia hasta 3 cm; frutos c. 3 × 2 mm, lisos, los pétalos cerrados. *Laderas, orillas de caminos, tal vez exclusivamente sobre* Quercus. Ch (*Breedlove 23298*, DS); G (*Aguilar 414*, F); H (*Williams 18850*, F). 1250-2600 m. (México [Oaxaca], Mesoamérica).

Phoradendron aguilarii es muy parecida a una variación pequeña de *P. annulatum*.

3. Phoradendron annulatum Oliv., *Vidensk. Meddel. Dansk Naturhist. Foren. Kjøbenhavn* 1864: 176 (1865). Holotipo: Costa Rica, *Oersted 3082* (C!). Ilustr.: Kuijt, *Syst. Bot. Monogr.* 66: 86, t. 28 (2003b).

Entrenudos basalmente teretes, hasta ligeramente aplanados o carinados, especialmente cuando jóvenes, hasta 6 cm, los catafilos basales 1 par, más bien prominentes, 4-10 mm por encima de la axila; dioicas. Hojas hasta 20 × 3 cm, angostamente lanceoladas, más bien coriáceas, las venas más bien inconspicuas, pero con 3 o 5 venas paralelas largas, la base largamente atenuada hasta un pecíolo indistinto de 1-2 cm. Inflorescencias con pedúnculo simple; inflorescencias estaminadas 1.5-2.5 cm, el pedúnculo c. 2 mm, muy grueso, seguido de 4-8 entrenudos fértiles, globulares, las flores 7(-25) por bráctea fértil, 3-5-seriadas, las zonas de las flores frecuentemente confluentes alrededor del eje; inflorescencias pistiladas 2.5-3(-5) cm, el pedúnculo c. 3 mm, robusto, seguido por c. 6 entrenudos fértiles, las flores 3(-7) por bráctea fértil, 3-seriadas, casi verticiladas cuando 6 flores por entrenudo. Frutos hasta 4 mm de diámetro, esféricos, profundamente hundidos en el eje engrosado, los pétalos cerrados. *Laderas de montañas, cañones sombreados, selvas altas perennifolias, bosques de neblina.* Ch (*Raven & Breedlove 20078*, F); CR (*Davidse et al. 28558*, MO); P (*Davidson 996*, F). 1250-2800 m. (Endémica).

La marcada disyunción es inusual para los *Phoradendron* mesoamericanos. Solo registrada sobre *Quercus*.

4. Phoradendron aurantiacum Trel., *Publ. Field Mus. Nat. Hist., Bot. Ser.* 17: 236 (1937). Holotipo: Guatemala, *Lundell 3191* (ILL!). Ilustr.: Kuijt, *Syst. Bot. Monogr.* 66: 98, t. 37 (2003b).

Plantas glabras, pero ligeramente granulosas, dicótomas hasta las inflorescencias terminales, pardo doradas; tallos teretes, los catafilos basales 1 par, 3-4 mm por encima de la base; dioicas, solo las plantas estaminadas conocidas. Hojas 6-7 × 1-2 cm, lanceolado-elípticas, las venas paralelas, la base atenuada hasta un pecíolo indistinto de c. 4 mm, el ápice redondeado. Inflorescencias estaminadas 3-4 cm, una terminando cada brote, otras axilares a las hojas o en los nudos más viejos, el pedúnculo c. 5 mm, formado de 2 entrenudos estériles, el inferior más corto, seguido por 5-7 entrenudos fértiles, las flores hasta 15 por bráctea fértil, 3-seriadas. *Bosques abiertos, sabanas.* Ch (Villaseñor Ríos, 2016: 882); G (*Lundell 3191*, MICH). c. 200 m. (Endémica).

Superficialmente similar a *Phoradendron treleaseanum* la cual, sin embargo, es cortamente pelosa, es dicótoma debido al aborto apical y tiene flores 2-seriadas. No se mencionaron en el protólogo ni el pedúnculo compuesto ni la inflorescencia terminal.

5. Phoradendron berteroanum (DC.) Griseb., *Fl. Brit. W. I.* 313 (1864 [1860]). *Viscum berteroanum* DC., *Prodr.* 4: 281 (1830). Holotipo: República Dominicana, *Bertero s.n.* (G-DC!). Ilustr.: Kuijt, *Syst. Bot. Monogr.* 66: 110, t. 43 (2003b).

Phoradendron dichotomum Krug & Urb. non Ettingsh., *P. heydeanum* Trel. forma *australis* Trel., *Viscum dichotomum* Bertero ex Spreng.

Plantas dicótomas debido a la inflorescencia terminal; entrenudos hasta 8(-13) cm, teretes, los catafilos basales 1 o 2 pares, el par basal (o un solo) hasta 5 mm por encima de la base, frecuentemente con un segundo par mucho más distal; monoicas. Hojas generalmente hasta 15 × 6 cm, anchamente lanceoladas u ovadas, el ápice casi agudo; palmatinervias, las venas evidentes; pecíolo corto, ancho y aplanado. Inflorescencias tanto terminales como laterales en algunos de los nudos foliares más viejos, 3-9 cm, el pedúnculo de 2 entrenudos estériles (algunas veces simple), seguido por hasta 8 entrenudos fértiles, las flores hasta 20 por bráctea fértil, generalmente 3-seriadas, las de más arriba algunas veces estaminadas, las otras pistiladas, o el sexo de distribución variable. Frutos c. 2.5 × 3 mm, globosos, parcialmente hundidos en el eje engrosado, blancos a escasamente rosados, los pétalos cerrados. *Bosques muy húmedos.* Ch (*Breedlove 48626*, MO); G (*Standley 80496*, F); ES (*Standley 23657*, MO); N (*Moreno 21955*, MO); CR (*Dryer 1590*, MO); P (*Nee 7540*, MO). 0-1700 m. (México [Guerrero, Veracruz], Mesoamérica, Colombia, Venezuela, Ecuador, Perú, Bolivia, Brasil, Antillas).

6. Phoradendron boacoi Kuijt, *Syst. Bot. Monogr.* 66: 119 (2003). Holotipo: Nicaragua, *Moreno 3213* (UC!). Ilustr.: Kuijt, *Syst. Bot. Monogr.* 66: 121, t. 49 (2003b).

Plantas dicótomas, el ápice abortado; entrenudos 2-8 cm, teretes, los catafilos basales 1-3 pares, 2-4 mm por encima de la base, con los márgenes blancos; aparentemente dioicas. Hojas hasta 8 × 2.5 cm, lanceolado-ovadas, las venas inconspicuas, la base atenuada hasta un pecíolo indistinto de 2-4 mm. Inflorescencia hasta 2 cm, el pedúnculo simple o doble de 2-4 mm, seguido de 3 o 4 entrenudos fértiles, flores 1-5 por bráctea fértil, 2-seriadas, el ápice (con frecuencia) reemplazado por 1 sola flor. *Bosques húmedos, sobre* Ficus. N (*Moreno 3213*, MO). 600-1000 m. (Endémica).

7. Phoradendron bolleanum (Seem.) Eichler in Mart., *Fl. Bras.* 5(2): 134m (1866-1868 [1868]). *Viscum bolleanum* Seem., *Bot. Voy. Herald* 295 (1852-1857 [1856]). Lectotipo (designado aquí): México, Durango, *Seemann 2139* (K-[cb] K000601348!; isolectotipo: BM-[cb] BM000993534!). Ilustr.: Kuijt, *Syst. Bot. Monogr.* 66: 123, t. 51-52 (2003b).

Phoradendron abietinum Wiens, *P. acuminatum* Wiens, *P. flavomarginatum* Wiens, *P. hawksworthii* Wiens, *P. sedifolium* Wiens.

Plantas densamente ramificadas, glabras, frágiles, ligeramente carnosas, los catafilos basales ausentes; entrenudos hasta 2 cm, teretes; dioicas. Hojas angostamente oblongas a casi aciculares, frecuentemente con el ápice agudo. Inflorescencias con pedúnculo simple, generalmente 1 entrenudo fértil; inflorescencias estaminadas 3-6 mm de largo, flores 3-10 por bráctea fértil, 3-seriadas; inflorescencias pistiladas con 1 flor por bráctea fértil, escasamente alargándose en fruto. Frutos 3.5-5 mm de diámetro, blanco lechoso o escasamente rosados, los pétalos erectos. *Parásitas sobre ciprés* (Hesperocyparis) *o* Juniperus. Ch (*Hawksworth et al. 1602*, FPF); G (*Hawksworth & Wiens 1225*, FPF). 150-2700 m. (Estados Unidos, México [Aguascalientes, Baja California, Chihuahua, Coahuila, Durango, Guanajuato, Hidalgo, Jalisco, Nayarit, Nuevo León, Puebla, Querétaro, San Luis Potosí, Sinaloa, Sonora, Tlaxcala, Veracruz, Zacatecas], Mesoamérica).

8. Phoradendron breedlovei Kuijt, *Proc. Kon. Ned. Akad. Wetensch., Biol.* 93: 140 (1990). Holotipo: México, Chiapas, *Breedlove 27227* (CAS!). Ilustr.: Kuijt, *Syst. Bot. Monogr.* 66: 130, t. 58 (2003b).

Plantas más bien pequeñas; entrenudos hasta 5 cm, teretes basalmente, escasamente comprimidos por encima y expandidos en los nudos, todas las partes jóvenes densamente hirsutas, amarillo dorado; dioicas. Hojas hasta 3 × 1 cm, espatuladas a lanceolado-elípticas, coriáceas, las venas invisibles; pecíolo 3-5 mm. Inflorescencias foliosas en todos los nudos, c. 1 cm, el pedúnculo c. 2 mm, seguido por 2 o 3 entrenudos fértiles cada uno con 3 o 4 flores (pistiladas) o hasta 12 flores (estaminadas) por bráctea fértil, 3-seriadas, las áreas de las flores confluentes o casi confluentes alrededor del eje en las estaminadas. Frutos c. 2 × 2 mm, esféricos, densamente cerdosos, las cerdas amarillo dorado, retrorsas, con prominentes pétalos cerrados. *Bosques de pino-encino.* Ch (*Breedlove 27227*, MO); H (*Mathiasen 0051*, UC). 1400-2100 m. (Endémica).

9. Phoradendron burgeri Kuijt, *Syst. Bot. Monogr.* 66: 134 (2003). Holotipo: Costa Rica, *Molina R. et al. 18183* (MO!). Ilustr.: Kuijt, *Syst. Bot. Monogr.* 66: 136, t. 62 (2003b).

Plantas generalmente percurrentes, más bien grandes; entrenudos hasta 15 cm, teretes, los catafilos basales 1 par, muy basales; dioicas. Hojas hasta 15 × 5 cm, lanceoladas, delgadas, pinnatinervias, el ápice y la base agudos. Inflorescencias estaminadas hasta 9 cm, muy delgadas, el pedúnculo simple de c. 4 mm, seguido de hasta 7 entrenudos fértiles, las flores 11-17 por bráctea fértil, 2-seriadas. Inflorescencias pistiladas hasta 4 cm, el pedúnculo parecido al de las inflorescencias estaminadas, seguido de c. 4 entrenudos fértiles, flores 3 o 5(-7) por bráctea fértil, 2-seriadas. Frutos c. 4 × 3 mm, el eje permaneciendo delgado, amarillentos, los pétalos cerrados. *Bosques.* N (Kuijt, 2003b: 134); CR (*Hammel 11568*, MO). 0-1000 m. (Endémica).

10. Phoradendron carneum Urb., *Bot. Jahrb. Syst.* 23(5, Beibl. 57): 1 (1897). Lectotipo (primer paso designado por Trelease, 1916; segundo paso designado por Kuijt, 2003b): México, Jalisco, *Pringle 1854* (MO!). Ilustr.: Kuijt, *Syst. Bot. Monogr.* 66: 153, t. 73 (2003b).

Plantas glabras; entrenudos teretes al madurar, hasta 4 cm, los catafilos basales generalmente 1 par, grandes cuando secos; monoicas. Hojas hasta 70 × 5 mm, liguliformes, el ápice angostamente redondeado, las venas paralelas inconspicuas, la base atenuada hasta un pecíolo indistinto. Inflorescencias c. 2 cm en fruto, el pedúnculo simple c. 2 mm, seguido por 2 o 3 entrenudos fértiles, las flores 3-9 por bráctea fértil, 2-seriadas, las flores estaminadas distales sobre los entrenudos. Frutos esféricos, 4-6 mm de diámetro, rojo ladrillo a rosado-anaranjado, finamente tuberculados, los pétalos pequeños, cerrados. *Casi exclusivamente sobre* Ipomoea. Ch (*Breedlove 14051*, MICH). 200-3000 m. (México [Aguascalientes, Cd. México, Colima, Durango, Edo. México, Guanajuato, Guerrero, Hidalgo, Jalisco, Michoacán, Morelos, Nayarit, Oaxaca, Puebla, Querétaro, Sinaloa, Veracruz, Zacatecas], Mesoamérica).

11. Phoradendron chrysocladon A. Gray, *U.S. Expl. Exped., Phan.* 15: 743 (1854). Lectotipo (designado por Trelease, 1916): Brasil, *Wilkes U.S. South Pacific Exploring Expedition s.n.* (GH!). Ilustr.: Kuijt, *Syst. Bot. Monogr.* 66: 158, t. 76 (2003b).

Phoradendron flavens Griseb., *P. quinquenervium* K. Krause, *P. supravenulosum* Trel.

Plantas verde-amarillentas; tallos carinados a teretes, los catafilos basales 1-2 pares; probablemente dioicas, pero algunas plantas tal vez monoicas. Dos pares sucesivos de hojas normales separadas por 1 par de catafilos intercalares estériles, estos carinados y agudos, 1 cm o más por encima de la base. Hojas hasta 11 × 4 cm, anchamente lanceoladas a elípticas o ligeramente ovadas, palmatinervias, con las venas laterales llegando al menos hasta la mitad de la lámina, la vena media hasta el ápice; pecíolo indistinto o hasta 1 cm. Inflorescencias hasta 6 cm, 1 o 3 por axila de la hoja, las primarias generalmente sin catafilos estériles, las secundarias frecuentemente con 1 par, el pedúnculo 3-4 mm, seguido por hasta 8 entrenudos fértiles, las flores hasta 25 por bráctea fértil, 3-seriadas, el entrenudo terminal frecuentemente muy corto. Frutos c. 3 mm de diámetro, esféricos, blanco-amarillentos. *Bosques primarios, borde de carreteras.* Ch (*Breedlove & Almeda 48367*, CAS); B (*Lundell 6188*, F); G (*von Türckheim 8574*, F); H (*Molina R. 5707*, F); N (*Tate 129*, K); CR (*Kuijt 2434*, CR); P (*Terry & Terry 1571*, F). 0-1000 m. (México [Michoacán], Mesoamérica, Colombia, Venezuela, Guyana, Ecuador, Perú, Bolivia, Brasil, Antillas).

12. Phoradendron crassifolium (Pohl ex DC.) Eichler in Mart., *Fl. Bras.* 5(2): 125 (1866-1868 [1868]). *Viscum crassifolium* Pohl ex DC., *Prodr.* 4: 280 (1830). Lectotipo (designado aquí): Brasil, *Pohl 457* (G-DC!; isolectotipo: W). Ilustr.: Kuijt, *Syst. Bot. Monogr.* 66: 169, t. 84 (2003b).

Phoradendron crassifolium (Pohl ex DC.) Eichler var. *pittieri* Trel.

Plantas robustas; tallos teretes, las ramas laterales con 1 par de catafilos basales casi axilares. Hojas hasta 15 × 6 cm, anchamente lanceoladas, coriáceas, palmatinervias, pero las venas inconspicuas cuando frescas; pecíolo corto y robusto, indistinto; monoicas. Cada 2 pares sucesivos de hojas normales separados por casi 4 nudos con hojas escuamiformes deciduas, el par más bajo sobre un entrenudo corto y estéril, los otros sobre entrenudos de 2-4 cm, las hojas escuamiformes subyacentes a 1-3 espigas; otras espigas axilares a las hojas normales. Inflorescencias 2-3 cm en fruto, los catafilos estériles 2-4 pares, entrenudos fértiles 5-7, las flores 3-5 por bráctea fértil, generalmente 3-seriadas, las apicales estaminadas, el resto pistiladas. Frutos c. 3 × 2 mm, esféricos, amarillos o blanquecinos, frecuentemente matizados con rojo. *Bosques primarios, árboles cultivados, a lo largo de cursos de agua.* T (Villaseñor Ríos, 2016: 882); B (*Gentle 3510*, UC); G (*Johnson 133*, US); H (*Hawkins & Merello 777*, UC); N (*Stevens 8166*, MO); CR (*Kuijt 2447*, CR); P (*McPherson 13518*, MO). 0-1600 m. (México [Guerrero], Mesoamérica, Colombia, Venezuela, Guayanas, Ecuador, Perú, Bolivia, Brasil, Paraguay, Antillas).

13. Phoradendron dipterum Eichler in Mart., *Fl. Bras.* 5(2): 109 (1866-1868 [1868]). Lectotipo (designado aquí): Brasil, *Gardner 1672* (P-[cb] P02441994!; isolectotipos: BM-[cb] BM000993560!, BM-[cb] BM000993561!, GH-[cb] 00035756!, K-[cb] K000016700!, K-[cb] K000016701!, P-[cb] P02441993!). Ilustr.: Kuijt, *Fl. Ecuador* 24: 61, t. 26 (1986a).

Phoradendron amplexicaule Eichler, *P. crulsii* Urb., *P. multifoveolatum* Eichler, *P. tetrapterum* Krug & Urb.

Plantas verde brillante a verde-anaranjadas; tallos variablemente cuadrangulares a escasamente 4-alados, el entrenudo 2-carinado por encima de los catafilos basales, los catafilos basales 1 par, axilares; monoicas. Hojas variables en tamaño y forma, frecuentemente c. 10 × 4 cm, espatulado-elípticas a lanceoladas o falcadas, la base abrazando al tallo, algunas veces casi auriculada, las aurículas revolutas hacia abajo, las venas paralelas 5, generalmente conspicuas cubriendo la mayor parte de la longitud de la hoja, los márgenes pardo-anaranjados cuando frescos, el ápice obtuso a redondeado. Inflorescencias generalmente hasta 7 cm, brácteas estériles ausentes, el pedúnculo 4-5 mm, seguido por 5-7 entrenudos fértiles, las flores numerosas, básicamente 3-seriadas, pero frecuentemente en múltiples series y confluentes alrededor del eje, algunas veces aparentemente en 5 series por encima de cada bráctea fértil. Frutos c. 1 × 1.5 mm, blanquecinos, frecuentemente matizados con anaranjado o rosado. *Hiperparásitas sobre otros muérdagos.* Ch (*Matuda 1685*, K); G (*Hawksworth & Wiens 1212*, FPF); H (*Valerio 3789*, F); N (*Stevens & Montiel 17931A*, MO); CR (*Kuijt 2587*, CR); P (*Dillon et al. 1882*, F). 0-2000 m. (México [Colima, Jalisco, Nayarit, Oaxaca, Puebla, Veracruz], Mesoamérica, Colombia, Venezuela, Guyana, Surinam, Ecuador, Perú, Brasil, Paraguay, Argentina, Antillas).

14. Phoradendron dwyeri Kuijt, *Syst. Bot. Monogr.* 66: 182 (2003). Holotipo: Panamá, *Dwyer et al. 4340* (UC!). Ilustr.: Kuijt, *Syst. Bot. Monogr.* 66: 183, t. 93 (2003b).

Plantas muy ramificadas, tanto percurrentes como dicótomas, la mayoría de los brotes con un par de hojas y abortando en el ápice; entrenudos hasta 6 cm, teretes, los catafilos basales 1 par, muy basales y con los márgenes blancos; dioicas. Hojas hasta 5 × 2 cm, elípticas, las venas inconspicuas, pero aparentemente palmadas, la base atenuada hasta un pecíolo aplanado e indistinto de c. 3 mm. Infrutescencias hasta 2 cm, el pedúnculo doble de 2-4 mm, las brácteas estériles basales sésiles en la axila, seguidas por 4 o 5 entrenudos fértiles; flores 3 por bráctea fértil, 2-seriadas. Frutos c. 3 × 3 mm, anchamente ovoides, amarillos, los pétalos cerrados. *Bordes de carreteras.* P (*Dwyer et al. 4340*, MO). c. 200 m. (Endémica).

15. Phoradendron falcatum Eichler in Mart., *Fl. Bras.* 5(2): 107 (1866-1868 [1868]). Holotipo: Hooker, *Icon. Pl.* 4: t. 368 (1841), como *Viscum falcatum* Hook. Ilustr.: Kuijt, *Syst. Bot. Monogr.* 66: 192, t. 100 (2003b).

Phoradendron calyculatum Trel., *P. calyculatum* forma *filipes* Trel., *P. calyculatum* forma *gonzalezii* Trel., *P. calyculatum* forma *occidentale* Trel., *P. uspantanum* Trel.

Plantas glabras (o finamente pelosas sobre las partes más jóvenes); entrenudos hasta 6 cm, extremadamente aplanados y amplios, especialmente justo por debajo de los nudos donde llegan hasta 2 cm de ancho, marcadamente alados, cuadrangulares justo por encima de los nudos, los catafilos basales mayormente ausentes; dioicas. Hojas hasta 12 × 1.5 cm, más o menos loriformes, coriáceas, el ápice redondeado, la base atenuada a gruesa, con 1 o 3 venas paralelas ocupando casi toda la longitud; pecíolo c. 5 mm, lateralmente comprimido. Inflorescencias hasta 4 cm, el pedúnculo simple y generalmente de 2-4 mm, seguido por 3-5 entrenudos fértiles, envainados por unas 12 series de flores dispuestas en espiral; entrenudos estaminados con 6-12 flores por serie, los pistilados con 4-6 flores por serie. Frutos c. 3 × 2 mm, ovoides, los pétalos pequeños, cerrados o escasamente partidos. *Hiperparásitas sobre otros muérdagos.* Ch (*Raven & Breedlove 20074*, MICH); G (*Steyermark 47432*, NY). 1200-2700 m. (México [Colima, Durango, Edo. México, Guanajuato, Guerrero, Jalisco, Michoacán, Morelos, Nayarit, Oaxaca, Puebla, Querétaro, Sonora, Veracruz, Zacatecas], Mesoamérica).

Se reconoce fácilmente por sus hojas glabras extremadamente largas y entrenudos comprimidos y marcadamente carinados. *Phoradendron falcatum* es sin lugar a duda la más espectacular de todas las especies mesoamericanas del género, colgantes en grandes masas verdes desde los árboles hospederos. Aunque puede ser difícil que plantas tan grandes se establezcan, esta especie es con frecuencia y quizás exclusivamente hiperparásita sobre otras especies de *Phoradendron.*

16. Phoradendron falciferum Kuijt, *Syst. Bot. Monogr.* 66: 193 (2003). *Viscum falcatum* Schltdl. & Cham., *Linnaea* 5: 172 (1830) non *P. falcatum* Eichler (1866-1868 [1868]). Lectotipo (designado aquí): México, Veracruz, *Schiede 403* (MO-[nr] 3536257!; isolectotipos: HAL-[nr] 098471, HAL-[nr] 109832, HBG-[cb] HBG513676, M!, MO-[nr] 3536258!). Ilustr.: Kuijt, *Syst. Bot. Monogr.* 66: 194, t. 101 (2003b), como *P. falcifer.*

Phoradendron falcatum (Schltdl. & Cham.) Trel., *Viscum schiedeanum* DC.

Plantas verde olivo, glabras; tallo joven comprimido, 2-carinado, los catafilos basales 1 par, grandes y conspicuos, axilares o casi axilares; dioicas. Hojas generalmente hasta 12 × 2 cm, angostamente ovadas a lanceoladas, el ápice atenuado, frecuentemente agudo o finalmente redondeado, la base cuneada, con 3-5 venas palmadas; pecíolo indistinto, hasta 5 mm. Inflorescencias hasta 3 cm, sin brácteas estériles, el pedúnculo robusto de c. 3 mm, seguido por 3 entrenudos fértiles, las flores 3-7 por bráctea fértil, 2-seriadas, profundamente hundidas en el eje, los márgenes de la depresión floral (pistilada) erectos y patentes al menos cuando secos. Frutos c. 4 × 3 mm, ovoides, rojizos, los pétalos cerrados. *Bosques de neblina, frecuentemente sobre* Liquidambar *o* Quercus. Ch (*Matuda 6011*, UC); G (*Steyermark 49053*, F); H (*House 1081*, MO). 2000-2700 m. (México [Colima, Hidalgo, Jalisco, Michoacán, Oaxaca, Puebla, Querétaro, San Luis Potosí, Veracruz], Mesoamérica).

Similar a *Phoradendron purpusii*, pero con hojas mucho más angostas; también similar a algunos ejemplares de *P. tonduzii* y *P. carneum*, ambas con hojas aún más angostas y tamaño y color del fruto diferente. *Phoradendron carneum* es casi siempre parasítico sobre *Ipomoea*, un hospedero no reportado para *P. falciferum.*

17. Phoradendron fasciculatum Kuijt, *Ann. Missouri Bot. Gard.* 74: 517 (1987). Holotipo: Panamá, *Churchill & Kuijt 5106* (MO!). Ilustr.: Kuijt, *Syst. Bot. Monogr.* 66: 202, t. 107 (2003b).

Plantas rígidamente erectas, glabras, fasciculadas desde la base con 4-6 tallos desde un cojinete común; tallos saliendo desde este cojinete, los catafilos basales ausentes; entrenudos hasta 10 cm, ligeramente cuadrangulares cuando jóvenes, especialmente cuando secos, 2-carinados cuando más viejos, más bien robustos; ramas laterales con 1 par de catafilos basales c. 4 mm por encima la base, patentes cuando secos; monoicas. Hojas c. 8 × 5 mm, carnosas, pronto deciduas, el ápice redondeado, los lados paralelos, la base amplexicaule. Inflorescencias con 1 par de brácteas estériles o sin ellas, entrenudos fértiles 5 o 6, estos algunas veces proliferando terminalmente hasta una segunda serie de entrenudos fértiles más jóvenes, las flores estaminadas 1-3 en el ápice del área de las flores por encima de cada bráctea fértil, las flores pistiladas hasta 12 por bráctea por debajo de estas últimas, 2 o 3-seriadas. Frutos c. 3 mm de diámetro, anchamente ovoides, los pétalos muy pequeños, inconspicuos, más o menos cerrados. *Orillas de caminos, árboles cultivados, sobre otras especies de* Phoradendron. P (*Churchill & Kuijt 5106*, MEXU). c. 1100 m. (Mesoamérica, Colombia, Venezuela).

18. Phoradendron fosteri Kuijt, *Syst. Bot. Monogr.* 66: 209 (2003). Holotipo: Panamá, *Foster et al. 14599* (F!). Ilustr.: Kuijt, *Syst. Bot. Monogr.* 66: 210, t. 113 (2003b).

Plantas percurrentes muy grandes, con casi 4 pares de catafilos intercalares los cuales pronto desaparecen; entrenudos c.18 cm teretes, el catafilo intercalar más distal en la mitad del entrenudo; distribución de los sexos desconocida. Hojas hasta 16 × 10 cm, coriáceas, el ápice cuspidado, la base obtusa a truncada, basalmente 5-nervias; pecíolo 5-6 mm, grueso. Inflorescencia al menos 8 cm, el pedúnculo doble muy desigual, c. 1 cm, seguido de 4 o 6 entrenudos fértiles, las flores hasta 20 o más por bráctea fértil, profundamente hundidas en un eje ligera y turbinadamente engrosado, 3-seriadas. *Sobre* Miconia. P (*Foster et al. 14599*, SCZ). 10-25 m. (Endémica).

Conocida solo de la colección tipo, de la laguna de Chiriquí.

19. Phoradendron herbert-smithii Trel., *Phoradendron* 80 (1916). Lectotipo (designado por Kuijt, 2003b): Colombia, *Smith 1283* (GH!). Ilustr.: Kuijt, *Syst. Bot. Monogr.* 66: 230, t. 129 (2003b).

Plantas percurrentes de tamaño mediano; entrenudos hasta 8 cm, teretes al menos cuando maduros, los catafilos basales 1 par, generalmente 2-4 mm arriba de la base; dioicas. Hojas 4-11 × 2-4 cm, obovadas a elípticas, el ápice más o menos redondeado, inconspicuamente palmatinervias, la base contraída hasta un pecíolo aplanado de 3-5 mm. Inflorescencias 3-5 cm, el pedúnculo 2-3 mm, simple o doble; inflorescencias estaminadas con hasta 7 entrenudos fértiles, las flores 5-13(-19) por bráctea fértil, 2-seriadas; inflorescencias pistiladas con 4-6 entrenudos fértiles, las flores 3-5 por la bráctea fértil, 2-seriadas. Frutos c. 4 × 3 mm, manteniendo su forma cuando secos. *Bosques muy húmedos.* Ch (*Hoover 263*, UC); G (*Lundell 15760*, MEXU); H (*Molina R. 7043*, F); N (*Moreno 6670*, MO); CR (*Hunnewell 16608*, GH); P (*Liesner 68*, MO). 0-1800 m. (México [Oaxaca, Veracruz], Mesoamérica, Colombia, Venezuela, Guyana, Ecuador, Perú, Bolivia, Brasil).

20. Phoradendron heredianum Kuijt, *Syst. Bot. Monogr.* 66: 232 (2003). Holotipo: Costa Rica, *Lent 2144* (U!). Ilustr.: Kuijt, *Syst. Bot. Monogr.* 66: 232, t. 131 (2003b).

Plantas dicótomas; entrenudos hasta 7 cm, teretes, los catafilos basales 1 par, más bien grandes, bífidos al madurar; monoicas. Hojas hasta 9 × 7 cm, elípticas, palmatinervias, la base abruptamente contraída, el ápice obtuso-redondeado; pecíolo aplanado. Inflorescencias agregadas en los nudos y brotes terminales, hasta 5 cm, el pedúnculo simple o desigualmente doble, seguido por 3 o 4 entrenudos fértiles, las flores hasta 11 por bráctea fértil, 2-seriadas, las estaminadas pocas y localizadas basalmente sobre los entrenudos. Frutos c. 2.5 mm de diámetro, globosos, los pétalos cerrados. *Bosques húmedos, sobre* Cedrela. CR (*Rodríguez & Mora 4714*, CR). 0-250 m. (Endémica).

21. Phoradendron hexastichum (DC.) Griseb., *Fl. Brit. W. I.* 313 (1864 [1860]). *Viscum hexastichum* DC., *Prodr.* 4: 282 (1830). Holotipo: Cuba, *Ossa s.n.* (G-DC!). Ilustr.: Kuijt, *Syst. Bot. Monogr.* 66: 235, t. 133 (2003b).

Phoradendron oliverianum Trel., *P. yunckeri* Trel.

Plantas grandes; entrenudos teretes basalmente, expandiéndose y aplanados distalmente, las ramas laterales con 1 par de catafilos basales 3-4 mm por encima de la axila; posiblemente dioicas. Hojas hasta 15 × 6 cm, ovadas o lanceoladas, delgadas, pinnatinervias, las venas evidentes, la vena media pardo claro en el envés cuando seca, la base anchamente atenuada hasta un pecíolo delgado de 1-1.5 cm, el ápice agudo. Inflorescencia pistilada hasta 8 cm, el pedúnculo simple de c. 7 mm, seguido por 3-5 entrenudos fértiles, las flores c. 20 por entrenudo fértil, 3-seriadas. Frutos c. 5 × 5 mm, globulares, blancos a ligeramente anaranjados, los pétalos cerrados. *Bosques, borde de carreteras*. B (*Yuncker 5097*, ILL); CR (*Taylor & Skotak 4828*, DUKE); P (*Croat 37069*, MO). 0-1000 m. (México [Guerrero, Puebla, Veracruz], Mesoamérica, Colombia, Venezuela, Ecuador, Perú, Bolivia, Brasil, Antillas).

22. Phoradendron heydeanum Trel., *Phoradendron* 135 (1916). Lectotipo (designado aquí): Guatemala, *Heyde & Lux 3140* (US-[nr] 398168!; isolectotipos: A-[cb] A00035704, GH-[cb] GH00035700, K-[cb] K000601324!, M!, NY-[cb] NY00285295, US-[nr] 930207!, US-[nr] 930208!). Ilustr.: Kuijt, *Syst. Bot. Monogr.* 66: 240, t. 135 (2003b).

Phoradendron guatemalense Kuijt.

Plantas grandes, percurrentes, glabras; entrenudos largos (hasta 12 cm) y conspicuamente cuadrangulares, pero no alados, los catafilos basales 1 par, 2-3 mm, axilares, generalmente patentes y grises cuando secos; dioicas. Hojas hasta 21 × 9 cm, angostamente ovadas, más o menos simétricas, más bien delgadas, el ápice redondeado a agudo, las 3-5 venas principales casi palmadas, los márgenes lisos o finamente crenados, la base cuneadamente atenuada hasta un pecíolo aplanado y robusto de 0.5-2 cm, la base del pecíolo frecuentemente expandida en forma amplexicaule. Inflorescencias varias a numerosas espigas en cada nudo, sin brácteas estériles, el pedúnculo generalmente c. 3 mm, seguido por 3-6 entrenudos fértiles, las flores 12-36 por bráctea fértil en las estaminadas o 4-9 por bráctea fértil en las pistiladas, 3-seriadas (o 2-seriadas en las pistiladas; en las estaminadas algunas veces 5-seriadas). Frutos c. 5 × 3 mm, elipsoidales, rojo ladrillo opaco, los pétalos cerrados, no prominentes. *Bosques húmedos, bosques montanos*. Ch (*Matuda 4295*, MO); B (*Lundell 6317*, NY); G (*Steyermark 35861*, F); N (*Moreno 23506*, MO). 500-3300 m. (México [Veracruz], Mesoamérica).

23. Phoradendron inaequidentatum Rusby, *Bull. Torrey Bot. Club* 27: 137 (1900). Lectotipo (designado aquí): Bolivia, *Rusby 1544* (NY-[cb] NY00285343!); isolectotipos: F-[nr] 164260, GH-[cb] GH00062305, NY-[cb] NY00285344, NY-[cb] NY00285345, PH-[cb] PH00031210, US-[nr] 32687, US-[nr] 930261. Ilustr.: Kuijt, *Syst. Bot. Monogr.* 66: 244, t. 139 (2003b).

Dendrophthora inaequidentata (Rusby) Trel., *Phoradendron jenmanii* Trel.

Plantas generalmente bifurcadas debido a la inflorescencia terminal; tallos teretes, los catafilos basales 3-4 pares, sobre el 1/2 proximal de cada brote; monoicas. Hojas hasta 8 × 3.5 cm, obovadas a espatuladas, palmatinervias, la base atenuada hasta un pecíolo corto y robusto de c. 3 mm, el ápice obtuso a emarginado. Inflorescencias hasta 2 cm, terminales y axilares, el pedúnculo c. 2 mm, frecuentemente con 2 entrenudos estériles, seguido por 3 o 4 entrenudos fértiles, las flores 1-5 por bráctea fértil, si más de una flor, estas dispuestas irregularmente. Frutos al menos 4 × 2 mm, amarillo-anaranjados, inmersos en la cavidad floral, los pétalos cerrados. *Bosques abiertos, bordes de ríos*. P (*Nee 7420*, MO). 0-500 m. (Mesoamérica, Colombia, Venezuela, Guyana, Guayana Francesa, Perú, Bolivia, Brasil).

24. Phoradendron kingii Kuijt, *Novon* 6: 43 (1996). Holotipo: México, Chiapas, *King 3027* (NY!). Ilustr.: Kuijt, *Syst. Bot. Monogr.* 66: 255, t. 148 (2003b).

Plantas rígidas, glabras, más bien carnosas; entrenudos hasta 4 cm, teretes al menos en la mitad, los catafilos basales 1 par prominente, 3-5 mm por encima de la base; monoicas. Hojas hasta 4.5 × 2.5 cm, obovadas a espatuladas, rígidas, el ápice obtuso; pecíolo indistinto de c. 3 mm. Inflorescencia 1-1.5 cm, el pedúnculo simple, corto, robusto, seguido de 2 o 3 entrenudos fértiles, las flores 3 basales, más pocas por encima, la flor apical pistilada, las laterales aparentemente pistiladas. Frutos c. 3 × 3 mm, en parte inmersos, ligeramente tuberculados, los pétalos cerrados. *Bosques de* Quercus. Ch (*King 3027*, MEXU). c. 2200 m. (Endémica).

Phoradendron kingii se conoce solo de la colección tipo.

25. Phoradendron lanceolatum Engelm. in A. Gray, *Mem. Amer. Acad. Arts* n.s. 4: 59 (1849). Lectotipo (designado aquí): México, Nuevo León, *Gregg 255* (MO-[nr] 3377680!; isolectotipo: NY-[cb] NY00285297!). Ilustr.: Kuijt, *Syst. Bot. Monogr.* 66: 260, t. 153 (2003b).

Phoradendron galeanum Kuijt, *P. schumannii* Trel.

Plantas robustas y suculentas, grandes, escasamente ramificadas, frecuentemente cobrizas o verde-anaranjadas cuando frescas, al secarse amarillo-pardas, glabras; entrenudos teretes basalmente, escasamente comprimidos distalmente, los catafilos basales 1 par, 3-10 mm por encima de la axila; dioicas. Hojas hasta (6-)10(-14) × c. 3 cm, elípticas o angostamente lanceolado-ovadas, coriáceas, las venas inconspicuas o con 3(5) venas basales gruesas, la base aguda y atenuada hasta un pecíolo grueso de 4-10 mm, el ápice redondeado. Inflorescencias con pedúnculo simple y robusto de 4-5 mm; inflorescencia estaminada hasta 6 cm, con 4-6 entrenudos fértiles, las flores (3-)5-9 por bráctea fértil, 2 o 3-seriadas; inflorescencia pistilada más corta, con 4 o 5 entrenudos fértiles, las flores 3-5 por la bráctea fértil. Frutos 4-5 mm, ovoides, los pétalos pequeños, cerrados. *Sobre* Quercus. H (*Nelson & Andino 11481*, TEFH). 700-3000 m. (México [Aguascalientes, Chihuahua, Coahuila, Durango, Edo. México, Guanajuato, Guerrero, Hidalgo, Jalisco, Morelos, Nuevo León, Oaxaca, Puebla, Querétaro, San Luis Potosí, Tamaulipas, Tlaxcala, Veracruz], Mesoamérica).

Los registros de Honduras (Comayagua: *Nelson & Andino 11481*, TEFH; *Nelson & Andino 11594*, TEFH) parecen pertenecer a esta especie y se incluyen con reserva ya que se encuentran muy lejos del área principal de distribución.

26. Phoradendron lentii Kuijt, *Proc. Kon. Ned. Akad. Wetensch., Biol.* 93: 148 (1990). Holotipo: Honduras, *Lent 608* (F-[nr] 1710789!). Ilustr.: Kuijt, *Syst. Bot. Monogr.* 66: 268, t. 159 (2003b).

Plantas glabras; entrenudos hasta 7 cm, teretes; varios entrenudos percurrentes después del aborto de 1 o 2 pares de hojas normales apicales, resultando en una dicotomía; catafilos basales estériles 1 o 2 pares, juntos no más de 10 mm; dioicas. Catafilos estériles y hojas normales 1 o 2 pares subyacentes a la inflorescencia, inflorescencias adicionales en nudos más viejos; el nudo directamente debajo de la dicotomía aplanada. Inflorescencia una espiga hasta 1.5 cm, patente, sésil, pero algunas veces con un par de catafilos estériles muy cortos, los entrenudos fértiles 4-6, extremadamente cortos, una flor por bráctea fértil. Frutos no vistos. *Árboles de potreros*. H (*Lent 608*, F). c. 1100 m. (Endémica).

Phoradendron lentii se conoce solo de la colección tipo. La organización de esta especie es única en el género en su combinación (algunas veces tardía) de dicotomía, las hojas escuamiformes fértiles, a lo largo de la mitad y de la parte inferior de un brote; estas hojas escuamiformes son subyacentes a las inflorescencias.

27. Phoradendron longifolium Eichler ex Trel., *Phoradendron* 53 (1916). Holotipo: México, Oaxaca, *Karwinsky s.n.* (BR!). Ilustr.: Kuijt, *Syst. Bot. Monogr.* 66: 277, t. 165 (2003b).

Phoradendron scaberrimum Trel.

Plantas péndulas grandes, de textura áspera, cortamente amarillento-tomentosas cuando jóvenes, glabrescentes; catafilos basales ausentes; entrenudos hasta 7 cm o más, casi teretes o ligeramente comprimidos debajo de los nudos; dioicas. Hojas 6-20 × 0.5-2 cm, lingüiformes hasta muy angostamente lanceoladas, el ápice agudo o casi agudo, la base angostamente atenuada hasta un pecíolo indistinto. Inflorescencias densa y cortamente tomentoso-amarillentas; inflorescencias estaminadas hasta 1.5 cm, el pedúnculo simple de c. 2 mm, seguido de 2-4 entrenudos fértiles, las flores 7-15 por bráctea fértil, (algunas veces irregularmente) 3-seriadas; inflorescencias pistiladas c. 8 mm, dobladas en fruto, los entrenudos fértiles 2, las flores generalmente 4-6 por bráctea fértil, 3-seriadas. Frutos c. 3 × 3 mm, ovoides, fina y retrorsamente estrigosos, los pétalos cerrados. *General, pero no exclusivamente, sobre* Quercus. Ch (*Matuda 5938*, F). 1200-3000 m. (México [Chihuahua, Colima, Durango, Edo. México, Guanajuato, Guerrero, Hidalgo, Jalisco, Michoacán, Nayarit, Oaxaca, Puebla, Querétaro, San Luis Potosí, Sinaloa, Sonora, Tamaulipas, Zacatecas], Mesoamérica).

28. Phoradendron lundellii Kuijt, *Proc. Kon. Ned. Akad. Wetensch., Biol.* 93: 150 (1990). Holotipo: Belice, *Lundell 6253* (US!). Ilustr.: Kuijt, *Proc. Kon. Ned. Akad. Wetensch., Biol.* 93: 150, t. 19 (1990).

Plantas glabras, dicótomas por la inflorescencia terminal; entrenudos hasta 10 cm, teretes, los catafilos basales 1 par, c. 2 mm por encima de la base; dioicas. Hojas hasta 10 × 5 cm, coriáceas, inconspicuamente palmatinervias, con los márgenes obviamente amarillos cuando secos. Inflorescencias pistiladas hasta 5 cm, con 1 entrenudo estéril basal de 1-2 mm seguido por un pedúnculo de 4 mm y 5 entrenudos fértiles, las flores 3 por encima de cada bráctea fértil, sobre el 1/2 distal del entrenudo, rara vez hasta la cuarta o quinta flor localizadas en posición 2-seriada. Frutos c. 3.5 × 2 mm, más bien delgados, perpendiculares al eje, los pétalos erectos. *Bosques maduros*. B (*Schipp 307*, MO); CR (*Standley & Valerio 45405*, US). c. 50 m. (Endémica).

Phoradendron lundellii es vegetativamente similar a *P. zelayanum*, pero se distingue por ser dioica, bastante diferente en la estructura de la inflorescencia (incluyendo 1 par de catafilos estériles) y por las hojas más grandes y más obovadas.

29. Phoradendron molinae Kuijt, *Ann. Missouri Bot. Gard.* 74: 517 (1987). Holotipo: Nicaragua, *Williams & Molina R. 20270* (US!). Ilustr.: Kuijt, *Ann. Missouri Bot. Gard.* 74: 520, t. 7 (1987).

Plantas más bien grandes, glabras; entrenudos hasta 6 cm, comprimidos y carinados cuando jóvenes, los catafilos basales 1 par, 3-7 mm por encima de la base; dioicas, solo la planta pistilada vista. Hojas hasta 10 × 4.5 cm, ovadas, delgadas, el ápice redondeado, más o menos palmatinervias, la base abruptamente contraída hasta un pecíolo cuneado y conspicuo de hasta 1.5 cm. Inflorescencia pistilada solitaria, hasta 3.5 cm, frecuentemente con 1 par de brácteas estériles, el siguiente entrenudo c. 3 mm en fruto, 2 o 3 entrenudos fértiles, cada uno con hasta 13 flores por bráctea fértil, 3-seriadas, justo por encima del 1/2 del entrenudo. Frutos en una espiga de hasta casi 3 cm, c. 3 × 2 mm, ovoides, lisos, los pétalos cerrados. *Bosques de neblina*. N (*Wilbur & Almeda 16460*, DUKE). 1200-1500 m. (Endémica).

30. Phoradendron mucronatum (DC.) Krug & Urb., *Bot. Jahrb. Syst.* 24: 34 (1897). *Viscum mucronatum* DC., *Prodr.* 4: 282 (1830). Holotipo: República Dominicana, *Bertero s.n.* (G-DC!). Ilustr.: Martius, *Fl. Bras.* 5(2): t. 38, f. 1 (1866-1868 [1868]), como *P. emarginatum*.

Phoradendron caerulescens Trel., *P. chaguaramasanum* Trel., *P. degenianum* Trel., *P. emarginatum* Eichler, *P. emarginatum* var. *minor* Eichler, *P. minor* (Eichler) Trel., *P. mucronatum* (DC.) Krug & Urb. var. *emarginatum* (Eichler) Rizzini, *P. obovatifolium* Morong, *P. yucatanum* Trel.

Plantas densamente foliosas, glabras; tallos angulosos y/o estriados, frecuentemente cuadrangulares; entrenudos hasta 6.5 cm, los catafilos basales 1 par, 2-4 mm por encima de la axila; aparentemente monoicas. Hojas hasta 4.5 × 2.5 cm, obovadas a anchamente elípticas, con 3 o 5 venas palmadas evidentes, la base aguda o casi aguda y atenuada hasta un pecíolo de c. 3 mm, el ápice obtuso, redondeado o mucronado. Inflorescencias hasta 2 cm, más bien robustas, 1-3 por axila de la hoja, el pedúnculo 2-3 mm, seguido por 3-4 entrenudos fértiles interrumpidos, las flores 3 por bráctea fértil, la terminal aparentemente estaminada y tempranamente caediza, las otras dos pistiladas, sin brácteas estériles. Frutos c. 2.5 mm de diámetro, esféricos, los pétalos erectos, tuberculados. *Bosques muy húmedos*. T (Villaseñor Ríos, 2016: 882); Ch (Villaseñor Ríos, 2016: 882); Y (*Gaumer et al. 23214*, US); C (*Lundell 1285*, MO); QR (*Cabrera 9941*, UC); B (*Whitefoord 8171*, MEXU); G (*Steyermark 31834*, F); P (*Pittier 4956*, US). 0-600 m. (México [Querétaro, San Luis Potosí, Veracruz], Mesoamérica, Colombia, Venezuela, Guyana, Bolivia, Brasil, Paraguay, Argentina, Antillas).

31. Phoradendron naviculare Kuijt, *Syst. Bot. Monogr.* 66: 309 (2003). *Dendrophthora guatemalensis* Standl., *Publ. Field Mus. Nat. Hist., Bot. Ser.* 22: 17 (1940) non *P. guatemalense* Kuijt (1990). Holotipo: Guatemala, *Wilson 204* (F!). Ilustr.: Kuijt, *Syst. Bot. Monogr.* 66: 310, t. 194 (2003b).

Plantas extremadamente difusas y finamente ramificadas, solo los tallos más viejos más de 1 mm de grueso, siempre teretes, con 1 par de catafilos basales c. 8 mm por encima de la axila, inconspicuos, en posición media; monoicas, con inflorescencias estaminadas y pistiladas separadas y sobre el mismo individuo. Hojas menos de 3 mm, carnosas, frecuentemente caducas, naviculares, pero aplanadas por encima. Inflorescencias pistiladas c. 4 mm, el pedúnculo simple de 2 mm, seguido por 1(2) entrenudos fértiles; flor 1 por cada bráctea fértil. Frutos c. 3 × 2 mm, los pétalos cerrados. *Bosques montanos*. Ch (*Breedlove 23141*, CAS); B (*Hawkins 1055*, MO); G (*Steyermark 35249*, F); CR (*Gómez et al. 23210*, MO). 600-1700 m. (Endémica).

Phoradendron naviculare es la única especie monoica de *Phoradendron* en Norte y Centroamérica que tiene inflorescencias unisexuales.

32. Phoradendron nervosum Oliv., *Vidensk. Meddel. Naturhist. Foren. Kjøbenhavn* 1864: 175 (1865). Lectotipo (designado por Trelease, 1916): México, Veracruz, *Liebmann s.n. [3090]* (C!). Ilustr.: Kuijt, *Syst. Bot. Monogr.* 66: 312, t. 195 (2003b).

Phoradendron huehuetecum Standl. & Steyerm., *P. mandonii* Eichler, *P. trianae* Eichler.

Plantas grandes, glabras; entrenudos hasta 12 cm, comprimidos cuando jóvenes, volviéndose teretes, los catafilos basales 1 par grande, 2-4 mm por encima de la axila; posiblemente dioicas. Hojas hasta 15 × 5 cm, anchamente falcadas, con venas evidentes más o menos palmadas, la parte superior de la hoja tendiendo a ser ligeramente atenuada, pero el ápice redondeado, la base anchamente atenuada hasta un pecíolo indistinto de hasta 1 cm. Inflorescencias hasta 6 cm (en fruto), 2-6 por nudo, los catafilos basales ausentes, el pedúnculo c. 3 × 3 mm, robusto, con hojas escuamiformes patentes cuando secas, seguido generalmente por 3 entrenudos fértiles volviéndose turbinado, las flores hasta 30 por bráctea fértil, 2 o 3-seriadas, aparentemente las flores estaminadas y pistiladas sobre el mismo entrenudo, pero la distribución de los sexos no es clara. Frutos c. 4 × 3 mm, elipsoidales, blanco crema con anaranjado. *Orillas de caminos, plantaciones*. T (*Hernández 152*, MO); Ch (*Breedlove 12149*, CAS); C (Villaseñor Ríos, 2016: 882); QR (Villaseñor Ríos, 2016: 882); B (*Proctor 36647*, MO); G (*Lundell & Contreras 20705*, LL); H (*Forstreuter 9156*, UC); N (*Téllez et al.*

5207, MO); CR (*Croat 504*, MO). 900-2100 m. (México [Guerrero, Hidalgo, Oaxaca, Puebla, Querétaro, San Luis Potosí, Veracruz], Mesoamérica, Colombia, Venezuela, Ecuador, Perú, Bolivia).

33. Phoradendron nitens Kuijt, *Ann. Missouri Bot. Gard.* 74: 519 (1987). Holotipo: Costa Rica, *Kuijt 2465* (CR!). Ilustr.: Kuijt, *Fl. Ecuador* 24: 25, t. 5 (1986a), como *Phoradendron* sp.

Phoradendron obliquum sensu Kuijt (1964) non (C. Presl) Eichler.

Plantas carnosas, generalmente bifurcadas, donde percurrentes tal vez con 1 par de catafilos intercalares; vástagos laterales con 1 par grande de catafilos basales justo por encima de la axila; tallos ligeramente comprimidos cuando jóvenes, volviéndose teretes; monoicas. Hojas hasta 15 × 7 cm o mayores, obovadas a casi elípticas, brillantes cuando frescas, gruesas y rígidas, la base atenuada o abruptamente contraída; pecíolo muy robusto y aplanado de hasta 6 mm de ancho. Inflorescencias hasta 4 cm, las brácteas estériles ausentes, los entrenudos fértiles 3 o 4, las flores 6-9 por bráctea fértil, 2-seriadas; flores estaminadas muy raras, las más proximales en series. Frutos c. 3 × 1.5 mm, amarillos, elipsoidales, los pétalos cerrados. *Bosques húmedos y muy húmedos, bosques secundarios, quebradas*. Ch (*Breedlove & Thorne 21022*, CAS); G (*Tenorio et al. 14474*, UC); H (*Davidse 34963*, UC); N (*Moreno 1947*, UC); CR (*Gereau & Taylor 3440*, MO); P (*Hammel et al. 14503*, UC). 0-1550 m. (México [Veracruz], Mesoamérica, Colombia, Venezuela, Ecuador).

34. Phoradendron obtusissimum (Miq.) Eichler in Mart., *Fl. Bras.* 5(2): 134m (1866-1868 [1868]). *Viscum obtusissimum* Miq., *Linnaea* 18: 602 (1844 [1845]). Lectotipo (designado aquí): Surinam, *Focke 1019* (U-[cb] U0003750!; isolectotipo: K-[cb] K000601395!). Ilustr.: Kuijt, *Syst. Bot. Monogr.* 66: 325, t. 203 (2003b).

Phoradendron acinacifolium Eichler.

Plantas percurrentes, los catafilos intercalares ausentes, con 1 par de catafilos basales, generalmente inconspicuos; entrenudos 3-10 cm, con frecuencia cortamente claviformes distalmente, casi teretes basalmente; monoicas. Hojas hasta 10 × 3 cm, ligeramente falcadas a elípticas lanceoladas u oblanceoladas, palmatinervias, las venas inconspicuas, la base atenuada hasta un pecíolo indistinto de 2-4 mm, el ápice redondeado. Inflorescencias hasta 2 cm, el eje delgado, pedúnculo generalmente muy desigualmente doble de c. 7 mm, las flores (1)3-6 por bráctea fértil, 2-seriadas, las flores estaminadas por debajo de las pistiladas al menos sobre algunos entrenudos proximales. Frutos 7(-8) × c. 4 mm, elipsoide-fusiformes, translúcidos o blanco opaco, los pétalos diminutos, agudos, erectos a patentes. *Bosques muy húmedos, bosques de* Quercus. CR (*Kuijt 2481*, CR); P (*McPherson 7442*, UC). 600-1850 m. (Mesoamérica, Colombia, Venezuela, Guyana, Surinam, Ecuador, Perú, Bolivia, Brasil, Paraguay, Argentina).

35. Phoradendron pedicellatum (Tiegh.) Kuijt, *Proc. Kon. Ned. Akad. Wetensch., Biol.* 93: 152 (1990). *Dendrophthora pedicellata* Tiegh., *Bull. Soc. Bot. France* 43: 182 (1896). Holotipo: México, Veracruz?, *Karwinsky 289* (P!). Ilustr.: Kuijt, *Syst. Bot. Monogr.* 66: 339, t. 214 (2003b).

Phoradendron cheirocarpum Trel., *P. furcatum* Kuijt, *P. wawrae* Trel., *P. yojoanum* Trel.

Plantas percurrentes o dicótomas; entrenudos teretes, hasta 9 cm, frecuentemente aplanados debajo de los nudos expandidos, con 1 par de catafilos basales c. 2 mm por encima de la base, inconspicuos; dioicas. Hojas hasta 11 × 2.5 cm, angostamente oblongas a casi falcadas, el ápice redondeado, la base cuneada hasta un pecíolo indistinto de 5-8 mm. Inflorescencias hasta 4 cm, delgadas, con (0)1 par de catafilos muy bajos, seguidos por un entrenudo estéril de 2-5 mm y hasta 7 entrenudos fértiles; inflorescencias pistiladas, al menos en los entrenudos proximales con 3 flores por bráctea muy hacia el extremo del entrenudo delgado, los entrenudos distales con 1 flor por bráctea; inflorescencias estaminadas con 5-9 flores por bráctea, 2-seriadas, todas a lo largo del entrenudo fértil. Frutos c. 6 × 2 mm, blancos, el 1/2 inferior en forma de un pedicelo delgado (c. 1 mm), los pétalos erectos. *Orillas de ríos, selvas altas perennifolias, bosques, plantaciones, laderas de montañas*. T (*Hammel & Merello 15534*, MO); Ch (*Breedlove & Thorne 21081*, CAS); QR (*Cabrera 5133*, UC); B (*Lundell 4904*, UC); G (*Ortiz 276*, US); H (*Nelson et al. 6647*, MO). 0-2000 m. (México [Guerrero, Oaxaca, Puebla, Veracruz], Mesoamérica).

Phoradendron pedicellatum es notablemente variable en el patrón de ramificación: puede ser entera o casi enteramente dicótomo, con inflorescencias terminales, pero otras plantas pueden ser completamente percurrentes. Las plantas pistiladas pueden mostrar cualquiera de estos patrones; sin embargo, las estaminadas, por lo que se ha visto hasta ahora, son todas percurrentes, aunque parecen ser infrecuentes.

36. Phoradendron pergranulatum Trel., *Ann. Missouri Bot. Gard.* 27: 308 (1940). Holotipo: Panamá, *Allen 777* (ILL!). Ilustr.: Kuijt, *Syst. Bot. Monogr.* 66: 347, t. 220 (2003b).

Plantas dicótomas, robustas, aparentemente con inflorescencias terminales; entrenudos hasta 10.5 cm, teretes, expandidos clavadamente por debajo de los nudos foliares más viejos, los catafilos basales 1 par, 2-5 mm por encima de la base; dioicas. Hojas hasta 10 × 3 cm, elípticas, las venas inconspicuas, palmadas; pecíolo aplanado y ancho de c. 5 mm. Infrutescencia hasta 3.5 cm, el pedúnculo simple o doble, seguido de 4 o 5 entrenudos fértiles, las flores 3-5 por bráctea fértil, 3-seriadas. Frutos c. 5 × 3.5 mm, ovoides, los pétalos erectos a patentes. *Bosques húmedos*. P (*Allen 777*, MO). 800-1200 m. (Mesoamérica, Venezuela).

37. Phoradendron piperoides (Kunth) Trel., *Phoradendron* 145 (1916). *Loranthus piperoides* Kunth in Humb., Bonpl. & Kunth, *Nov. Gen. Sp.* 3: 443 (1818 [1820]). Lectotipo (designado por Trelease, 1916): Colombia, *Bonpland 1871* (P!). Ilustr.: Kuijt, *Syst. Bot. Monogr.* 66: 356, t. 223 (2003b).

Phoradendron biolleyi K. Krause, *P. latifolium* Griseb., *P. laurifolium* (C. Presl) Eichler, *P. morazanense* Standl. & L.O. Williams, *Viscum latifolium* Sw. non Lam., *V. laurifolium* C. Presl, *V. piperoides* (Kunth) DC.

Plantas verde oscuro a verde-rojizas; tallos teretes, los catafilos intercalares 1 par entre cada dos pares sucesivos de hojas normales; catafilos basales varios pares; monoicas. Hojas hasta 14 × 6 cm, los márgenes frecuentemente ondulados; pecíolo c. 5 mm. Inflorescencias 3-5 cm, agregadas en los nudos, con 1 par o más de brácteas estériles, entrenudos fértiles 6-8 o más, las flores hasta c. 14 por encima cada bráctea fértil, 2-seriadas, las estaminadas por encima de las pistiladas en cada caso. Frutos c. 3 mm de diámetro, más o menos esféricos, amarillos o rojo-amarillentos. *Bosques, plantaciones, borde de carreteras, sobre una gran variedad de especies hospederas*. T (*Croat 40118*, MO); Ch (*Cabrera et al. 1891*, MEXU); B (*Davidse & Brant 31876*, MO); G (*Martínez S. et al. 22803*, MEXU); H (*Yuncker 4652*, MO); ES (*Sandoval & Chinchilla 248*, MO); N (*Moreno 10648*, MO); CR (*Almeda & Nakai 3957*, UC); P (*de Nevers et al. 5009*, MO). 0-1700 m. (México [Edo. México, Guerrero, Nayarit, Oaxaca, Puebla, Veracruz], Mesoamérica, Colombia, Venezuela, Guayanas, Ecuador, Perú, Bolivia, Brasil, Paraguay, Argentina, Antillas).

Phoradendron piperoides es uno de los miembros más ubicuos de Viscaceae, como también lo es *P. quadrangulare*.

38. Phoradendron planiphyllum Kuijt, *Syst. Bot. Monogr.* 66: 358 (2003). Holotipo: Honduras, *Allen 6365* (GH!). Ilustr.: Kuijt, *Syst. Bot. Monogr.* 66: 358, t. 225 (2003b).

Plantas generalmente dicótomas, robustas, al menos algunas con inflorescencias terminales, cuando percurrentes con 2 o 3 pares de catafilos intercalares; entrenudos hasta 5 cm, teretes, engrosados debajo de los nudos foliares, los catafilos basales 2 o varios pares; monoicas. Hojas hasta 11 × 5.5 cm, obovadas, coriáceas, muy aplanadas, el ápice redondeado o escasamente emarginado, las venas inconspicuas, pero pinnadas; pecíolo grueso, c. 5 mm. Inflorescencias hasta de 4 cm, el pedúnculo simple o con hasta 3 entrenudos estériles, seguido de 4-7 entrenudos fértiles, las flores 4-10, generalmente 3-seriadas con ocasionales áreas 2-seriadas. Frutos c. 4 × 2 mm, ovoides, blancos volviéndose rosados, los pétalos cerrados. *Bosques muy húmedos, áreas alteradas*. B (*Gentle 3146*, NY); H (*Hawkins 410*, UC); CR (*Herrera 4451*, MO); P (*Antonio 4100*, UC). 500-1600 m. (México [Veracruz], Mesoamérica, Colombia).

39. Phoradendron purpusii Trel., *Phoradendron* 62 (1916). Lectotipo (designado aquí): México, Veracruz, *Purpus s.n.* (MO-[nr] 3536254!; isolectotipo: RSA-[cb] RSA0006355). Ilustr.: Kuijt, *Syst. Bot. Monogr.* 66: 370, t. 233 (2003b).

Plantas percurrentes, escasamente ramificadas; entrenudos 4-6 cm, teretes basalmente, aplanados justo debajo de los nudos foliares, los catafilos basales (1)2(3) pares; dioicas. Hojas generalmente hasta 15 (-24) × 4(-6) cm, angostamente ovadas a elípticas, el ápice atenuado, pero redondeado, la base atenuada, con 3 o 5 venas más o menos basales; pecíolo indistinto, 1-2.5 cm. Inflorescencias 3-seriadas; inflorescencias estaminadas hasta 4.5 cm, el pedúnculo generalmente simple de 3-4 mm, seguido de 5-9 entrenudos fértiles, las flores hasta 16 por bráctea fértil; inflorescencias pistiladas similares, las flores 3 o 4 por bráctea fértil. *Sobre* Quercus. Ch (*Breedlove 50946*, MEXU). c. 2600 m. (México [Hidalgo, Oaxaca, Puebla, Veracruz], Mesoamérica).

40. Phoradendron quadrangulare (Kunth) Griseb., *Fl. Brit. W. I.* 711 (1864). *Loranthus quadrangularis* Kunth in Humb., Bonpl. & Kunth, *Nov. Gen. Sp.* 3: 444 (1818 [1820]). Holotipo: Colombia, *Bonpland 1795* (P!). Ilustr.: Kuijt, *Syst. Bot. Monogr.* 66: 373, t. 234 (2003b).

Phoradendron belizense Trel., *P. cayanum* Trel., *P. ceibanum* Trel., *P. commutatum* Trel., *P. coquericotanum* Trel., *P. franciscanum* Trel., *P. gaumeri* Trel., *P. guazumae* Trel., *P. herrerense* Trel., *P. huricola* Trel., *P. libertadanum* Trel., *P. manatense* Trel., *P. millspaughii* Trel., *P. paquitanum* Trel., *P. petenense* Trel., *P. rensonii* Trel., *P. sonanum* Trel., *P. tamaulipense* Trel., *P. townsendii* Trel., *P. venezuelense* Trel., *P. zacapanum* Trel., *Viscum quadrangulare* (Kunth) DC.

Plantas frecuentemente más bien pequeñas, glabras, erectas; entrenudos fuertemente cuadrangulares cuando jóvenes, los catafilos basales 1 par, casi axilares, inconspicuos; monoicas. Hojas 2-5 cm, obovadas a lanceolado-espatuladas, el ápice redondeado, la base cuneada; pecíolo no distinguible. Inflorescencias hasta 2.5 cm o más, 1-3 en la axila de las hojas, generalmente las brácteas estériles ausentes, los entrenudos fértiles 4-6, las flores generalmente 3-7 por bráctea fértil, 2-seriadas. Frutos 2-3 mm de diámetro, esféricos, amarillos o escasamente anaranjados (no rojos). *Bosques primarios y secundarios, orillas de caminos, árboles cultivados, sobre numerosas especies de árboles*. T (*Valdivia 2021*, K); Ch (*Matuda 564*, K); Y (*Darwin et al. 2180*, MO); C (*Davidse & Cabrera 20302*, MO); QR (*Cabrera & Cabrera 6799*, MO); B (*Bartlett 12073*, US); G (*Lundell 2398*, US); H (*Saunders 420*, MO); ES (*Tucker 868*, K); N (*Moreno 10896*, MO); CR (*Kuijt 2493*, CR); P (*Seibert 411*, MO). 0-1100 m. (México [Chihuahua, Colima, Durango, Guerrero, Hidalgo, Jalisco, Michoacán, Morelos, Nayarit, Oaxaca, Puebla, Querétaro, San Luis Potosí, Sinaloa, Sonora, Tamaulipas, Veracruz], Mesoamérica, Colombia, Venezuela, Guyana, Ecuador, Perú, Bolivia, Brasil, Paraguay, Argentina, Antillas Mayores).

Phoradendron quadrangulare es una especie que ocupa una vasta área geográfica (posiblemente la más grande en el género); morfológicamente es más bien variable, pero no excesivamente.

41. Phoradendron racemosum (Aubl.) Krug & Urb., *Bot. Jahrb. Syst.* 24: 46 (1897). *Viscum racemosum* Aubl., *Hist. Pl. Guiane* 2: 895 (1775). Lectotipo (designado por Kuijt, 2003b): Plumier in Burman, *Pl. Amer.* t. 258, f. 4 (1760), como *Viscum foliis ovatis*. Ilustr.: Kuijt, *Syst. Bot. Monogr.* 66: 377, t. 237 (2003b).

Viscum flavens Sw.

Plantas dicótomas, el ápice abortado, con raíces zancudas, grandes; entrenudos hasta 13 cm, teretes al menos al madurar, los catafilos basales 1-3 pares, el par más basal extremamente bajo e inconspicuo; monoicas. Hojas grandes (hasta 13 × 10 cm), prominentes, anchamente ovadas, lanceoladas o elípticas, delgadas, la base contraída hasta un pecíolo más bien conspicuo de c. 1 cm. Inflorescencias frecuentemente agregadas en los nudos, hasta 6 cm, el pedúnculo por lo general desigualmente doble de 5-8 mm, seguido de 4 o 5 entrenudos fértiles, las flores 5-9 por bráctea fértil, 2-seriadas, la serie apical estaminada, las series laterales pistiladas. Frutos c. 3.5 × 0.5 mm, ovoides, blanquecinos, los pétalos cerrados. *Bosques húmedos*. CR (*Holm & Iltis 651*, CR). 0-50 m. (Mesoamérica, Colombia, Venezuela, Guayanas, Brasil, Antillas).

42. Phoradendron ramosissimum Kuijt, *Proc. Kon. Ned. Akad. Wetensch., Biol.* 93: 153 (1990). Holotipo: México, Chiapas, *Matuda 18331* (F!). Ilustr.: Kuijt, *Proc. Kon. Ned. Akad. Wetensch., Biol.* 93: 154, t. 21 (1990).

Plantas percurrentes, muy ramificadas, brevemente amarillo-tomentosas cuando jóvenes, volviéndose glabras con la edad; entrenudos teretes, 1-4 cm, nudos escasamente engrosados; posiblemente dioicas. Hojas generalmente 1-2 × 0.5 cm, espatuladas a angostamente obovadas, las venas no evidentes, la base cuneada, el ápice redondeado; pecíolo 2-3 mm. Inflorescencias estaminadas hasta 1.5 cm, el pedúnculo 2-4 mm, seguido por 2-3 entrenudos fértiles, las flores 5-10 por bráctea fértil, el entrenudo terminal con 1-3 flores por bráctea; áreas con flores confluentes, las flores básicamente 3-seriadas. *Bosques*. Ch (*Thorne & Lathrop 46280*, F). c. 1600 m. (Endémica).

43. Phoradendron ravenii Kuijt, *Syst. Bot. Monogr.* 66: 381 (2003). Holotipo: Costa Rica, *Raven 21890* (DS!). Ilustr.: Kuijt, *Syst. Bot. Monogr.* 66: 381, t. 239 (2003b).

Plantas c. 1 m de alto, percurrentes; entrenudos hasta 11 cm, teretes, los catafilos basales 1 par, 2-3 mm arriba de la base, algunas veces con un segundo par hasta 2.5 cm por encima de la base; probablemente dioicas. Hojas hasta 10 × 7 cm, orbiculares, pinnatinervias, el ápice redondeado a retuso, la base truncada y abruptamente contraída hasta un pecíolo aplanado de c. 1 cm. Inflorescencias hasta 4 cm, el pedúnculo de c. 7 mm con 2 entrenudos estériles, el superior el doble del largo que el inferior, seguido por 3 entrenudos fértiles, las flores hasta 11 por bráctea fértil, 3-seriadas. Frutos c. 4 mm de diámetro, más o menos esféricos, los pétalos cerrados. *Bosques pluviales*. CR (*Raven 21890*, US). c. 1000 m. (Endémica).

Phoradendron ravenii se conoce solo del tipo.

44. Phoradendron reichenbachianum (Seem.) Oliv., *Vidensk. Meddel. Dansk Naturhist. Foren. Kjøbenhavn* 1864: 175 (1865). *Viscum reichenbachianum* Seem., *Bot. Voy. Herald* 294 (1856). Lectotipo (primer paso designado por Kuijt, 2003b; segundo paso designado aquí): México, estado desconocido, *Seemann 2141* (K-[cb] K000601328!; isolectotipos: GH-[cb] 00035709 (probable), K-[cb] K000601327, MO-[nr] 3536567). Ilustr.: Kuijt, *Syst. Bot. Monogr.* 66: 385, t. 241 (2003b).

Phoradendron conzattii Trel., *P. conzattii* var. *nochixtlanensis* Trel., *P. conzattii* var. *tecomatlanum* Trel., *P. falcifolium* Trel.

Plantas gruesas, los tallos 2-carinados robustos cuando jóvenes; entrenudos hasta 5 cm, todas las superficies diminutamente blanco-granulares, los catafilos basales 1 par, 3-5 mm por encima de la base, rara vez 3-4 pares llegando hasta 3 cm por encima de la axila; dioicas. Hojas hasta 17 × 5 cm, espatuladas, ovado-lanceoladas y frecuentemente asimétricas, muy carnosas, las venas inconspicuas, la base atenuada hasta un pecíolo indistinto de 1-2 cm, el ápice agudo a ligeramente obtuso. Inflorescencias hasta 4 cm, normalmente con pedúnculo simple, corto y robusto de 2-3 mm; inflorescencias estaminadas con 4-8 entrenudos fértiles, las flores c. 25 por bráctea fértil, 3-seriadas, pero algunas veces volviéndose irregulares, las áreas con flores casi confluentes en el entrenudo; inflorescencias pistiladas con 5 o 6 entrenudos fértiles, las flores 3 o 4 por bráctea fértil, 3-seriadas, el eje florífero marcadamente expandido en fruto. Frutos 4-5 mm de diámetro, globulares, los pétalos cerrados. *Frecuente sobre* Quercus. Ch (*Breedlove & Daniel 70821*, CAS); G (*von Türckheim II 2168*, US). 1200-3000 m. (México [Aguascalientes, Colima, Durango, Edo. México, Guanajuato, Guerrero, Hidalgo, Jalisco, Michoacán, Morelos, Nayarit, Oaxaca, Puebla, Querétaro, Sinaloa, Veracruz, Zacatecas], Mesoamérica).

45. Phoradendron robaloense Woodson ex Rizzini, *Ann. Missouri Bot. Gard.* 47: 282 (1960 [1961]). Holotipo: Panamá, *Allen 4838* (MO!). Ilustr.: Rizzini, *Ann. Missouri Bot. Gard.* 47: 283, t. 79 (1960 [1961]).

Plantas hasta 2.5 m; tallos teretes, dicótomos por aborto, los catafilos basales 1 par, muy grandes, envainadores, llegando hasta al menos 1 cm, pero unidos en la base; dioicas. Hojas hasta 17 × 5 cm, asimétricamente ovadas, palmatinervias, 5-nervias, pero las venas inconspicuas; pecíolo c. 1 cm, atenuado. Inflorescencias delgadas, el pedúnculo simple; inflorescencias estaminadas hasta 9 cm, el pedúnculo c. 1 cm, seguido por 3 o 4 entrenudos fértiles, las flores 9-20 por bráctea fértil, regularmente 2-seriadas, aparentando ser botones; inflorescencias pistiladas hasta 6 cm o más, el pedúnculo de casi 1 cm, seguido por 4-5 entrenudos fértiles de 1-2 cm cada uno, las flores 3 por bráctea fértil, localizadas muy al extremo distal del entrenudo. Frutos hasta 7 × 4 mm, ovoides, de color carne, los pétalos cerrados. *Árboles cultivados, bosques primarios, laderas de montaña.* N (*Aranda et al. 85*, MO); CR (*Valerio 1313*, F); P (*Stern et al. 1992*, US). 400-2500 m. (Mesoamérica, Colombia).

46. Phoradendron robinsonii Urb., *Bot. Jahrb. Syst.* 23(5, Beibl. 57): 4 (1897). Lectotipo (designado aquí): México, Puebla, *Pringle 6272* (US!). Ilustr.: Kuijt, *Syst. Bot. Monogr.* 66: 395, t. 249 (2003b).

Phoradendron colipense Trel., *P. puberulum* Trel., *P. robinsonii* Urb. forma *hindsii* Trel.

Plantas más bien grandes, completamente percurrentes o percurrentes por 2-9 entrenudos después de los cuales se forma la inflorescencia, resultando en una dicotomía, densa a escasamente pelosas al menos sobre los tallos y hojas jóvenes, permaneciendo pelosas o volviéndose glabras al envejecer; tallos teretes o muy escasamente 2-carinados debajo de los nudos; entrenudos hasta 6 cm, los catafilos basales ausentes; dioicas. Hojas hasta 8 × 5 cm, obovadas, coriáceas, palmatinervias, pero las venas ligeramente inconspicuas, la base cuneada hacia un pecíolo aplanado de 1 cm, el ápice redondeado. Inflorescencias de espigas agregadas en los nudos, densamente cubiertas con tricomas amarillos, rígidos los cuales son aún más largos en las depresiones florales; inflorescencia pistilada hasta 5 cm, el pedúnculo 3-5 mm, robusto, seguido por 2-6 entrenudos fértiles, las flores 20-30 completamente rodeando el eje, generalmente no en series regulares, engrosadas en fruto, las flores con tricomas amarillos muy cortos y rígidos; inflorescencia estaminada hasta 5 cm, el pedúnculo c. 4 mm, seguido por c. 6 entrenudos fértiles cada uno frecuentemente con 50-60 flores rodeando completamente el eje, sin patrón serial. Frutos c. 3 mm de diámetro, globosos, especialmente la porción inferior densamente cubierta con tricomas simples amarillo dorados a amarillo-anaranjados, retrorsos, rígidos, los pétalos cerrados. *Bosques espinosos, laderas rocosas abiertas y planas.* Ch (*Croat & Hammon 64830*, MO); Y (*Steere 1598*, F). 0-1200(-2100) m. (México [Colima, Edo. México, Guerrero, Jalisco, Michoacán, Morelos, Nayarit, Oaxaca, Puebla, Querétaro, San Luis Potosí, Tamaulipas, Veracruz], Mesoamérica).

47. Phoradendron robustissimum Eichler in Mart., *Fl. Bras.* 5(2): 122 (1866-1868 [1868]). Neotipo (designado por Kuijt, 1994): Costa Rica, *Tonduz 13705* (MO!). Ilustr.: Kuijt, *Bot. Jahrb. Syst.* 83: 318, t. 22 (1964).

Phoradendron robustissimum Eichler var. *simulans* Trel.

Plantas grandes, con la superficie de textura áspera, verde oscuro a verde-grisáceas cuando frescas; tallos teretes, dicótomos hasta el aborto terminal, algunas veces percurrentes o en parte percurrentes, los catafilos basales 1 par, c. 5 mm por encima de la axila; dioicas. Hojas hasta 10 × 3.5 cm o más grandes, espatuladas a anchamente elípticas o ligeramente falcadas, rígidas y gruesas, palmatinervias, las venas inconspicuas, las mayores con una muesca apical conspicua en el ápice redondeado, la base generalmente cuneada; pecíolo rara vez diferenciado. Inflorescencias generalmente sin brácteas estériles, agregadas en los nudos, el entrenudo estéril c. 3 mm; inflorescencia estaminada hasta 11 cm, pero la pistilada más corta, cada una con 3-6 entrenudos fértiles, las flores hasta 23 (estaminadas) o 5-7 (pistiladas) por bráctea fértil, 2-seriadas. Frutos c. 2 × 4 mm, elipsoidales, amarillo-verdes, pulverulentos cuando secos. *Bosques secos, bosques húmedos, bosques pluviales, matorrales, potreros, orillas de caminos.* Ch (*Breedlove 52745*, CAS); C (*Lundell 1297*, US); QR (*Cabrera et al. 2572*, UC); B (Balick et al., 2000: 105); G (*Donnell Smith 2097*, US); H (*Yuncker et al. 8129*, MO); ES (*Calderón 612*, US); N (*Standley 9159*, F); CR (*Kuijt 2575*, CR); P (*Tyson 6653*, MO). 0-1500 m. (México [Guerrero, Oaxaca, Veracruz], Mesoamérica, Perú, Bolivia).

48. Phoradendron seibertii (Trel.) Rizzini, *Ann. Missouri Bot. Gard.* 47: 285 (1960 [1961]). *Phoradendron corynarthron* Eichler var. *seibertii* Trel., *Ann. Missouri Bot. Gard.* 24: 187 (1937). Holotipo: Panamá, *Seibert 411* (MO!). Ilustr.: Kuijt, *Syst. Bot. Monogr.* 66: 410, t. 259 (2003b).

Tallos percurrentes; entrenudos aplanados y ligeramente carinados; ramitas jóvenes hasta 5 cm, ligeramente anguladas, volviéndose teretes; tallos laterales con 1 par de catafilos basales, c. 2-3 mm por encima de la base, con los márgenes blancos; dioicas. Hojas hasta 8 × 1.5 cm, angostamente oblongas a espatuladas o ligeramente lanceoladas, las venas inconspicuas, la base atenuada hasta un pecíolo indistinto de 3 mm. Inflorescencias estaminadas hasta 2.5 cm, el pedúnculo simple de c. 2 mm, seguido de hasta 8 entrenudos fértiles, cada uno con hasta 11 flores, 2-seriadas. Inflorescencias pistiladas c. 2.5 cm, el pedúnculo 2-3 mm, seguido de 5 entrenudos fértiles, las flores 3 por bráctea fértil, 2 o 3-seriadas. Infrutescencia ligeramente interrumpida; todas las hojas escuamiformes con márgenes blancos cuando secas. *Sabanas, bosques abiertos, bosques muy húmedos, potreros.* CR (*Wilbur 20113*, DUKE); P (*Pittier 4955*, US). 50-1000 m. (Endémica).

49. Phoradendron spathulatum Kuijt, *Proc. Kon. Ned. Akad. Wetensch., Biol.* 93: 155 (1990). Holotipo: México, Chiapas, *Carlson 2020* (F!). Ilustr.: Kuijt, *Proc. Kon. Ned. Akad. Wetensch., Biol.* 93: 155, t. 22 (1990).

Plantas con ramas rígidamente patentes, más bien carnosas, con la superficie granulosa; entrenudos teretes en el medio, gradualmente aplanados por encima y debajo del nudo, o justo por encima, los catafilos basales 1 par, axilares, inconspicuos; dioicas. Hojas hasta 7 × 2 cm, espatuladas, coriáceas; pecíolo robusto, indistinto, al menos 5 mm. Inflorescencias 1 por axila, 1.5-2(-4) cm, sin brácteas estériles, el pedúnculo c. 2 mm, robusto, seguido por 3-4 entrenudos fértiles, cada entrenudo fértil con 3 flores (pistiladas); el terminal frecuentemente con una o hasta 17 (estaminadas) por bráctea fértil. Frutos c. 5 × 5 mm, casi esféricos, la parte inferior con la superficie tuberculosa, profundamente inmersos en el eje, los pétalos cerrados, inconspicuos. *Sobre* Quercus, *sobre gimnospermas, como* Juniperus. Ch (*Carlson 2020*, NY). 2000-3000 m. (México [Edo. México, Guerrero, Oaxaca, Tlaxcala], Mesoamérica).

50. Phoradendron tardispicum Kuijt, *Ann. Missouri Bot. Gard.* 74: 521 (1987). Holotipo: Panamá, *Churchill & Kuijt 5107* (MO!). Ilustr.: Kuijt, *Ann. Missouri Bot. Gard.* 74: 522, t. 8 (1987).

Plantas 1-2 m de diámetro, brillantes, verde oscuro cuando frescas, glabras, ligeramente péndulas; entrenudos escasamente aplanados distalmente cuando jóvenes, pronto volviéndose teretes, 5-9 cm, rectos, los catafilos basales generalmente 1 o 2 pares, muy inconspicuos, si 1 par, este casi axilar, si 2 pares, el segundo par hasta 20 mm por encima de la axila, rara vez hasta 4 pares; catafilos intercalares 1 par entre pares sucesivos de hojas normales, pero irregularmente distribuidos a lo largo de la rama, algunas veces ausentes, siempre inconspicuos; dioicas, solo la planta pistilada conocida. Hojas hasta 7.5 × 6 cm, amplexicaules, cordadas, brillantes cuando frescas, más bien delgadas, pinnatinervias, pero las venas inconspicuas, los márgenes ondulados. Inflorescencias 6-8 cm, delgadas, casi todas sobre entrenudos afilos viejos, varias por nudo, rara vez 1 en las axilas de catafilos intercalares, espiga con 2 pares de catafilos estériles basales a menos de 5 mm por encima la base, c. 7 entrenudos fértiles, las flores hasta 10 por bráctea fértil, 2-seriadas, verde-amarillentas, cada entrenudo fértil con pedicelo y ápice no florífero de 2-4 mm. Frutos c. 3 mm, ovoides, verde-amarillentos, los pétalos cerrados. *Bordes de ríos, árboles cultivados*. P (*Churchill & Kuijt 5107*, MEXU). c. 50 m. (Mesoamérica, Colombia).

51. Phoradendron teretifolium Kuijt, *Proc. Kon. Ned. Akad. Wetensch., Biol.* 93: 156 (1990). Holotipo: México, Veracruz, *Ventura 7756* (F!). Ilustr.: Kuijt, *Proc. Kon. Ned. Akad. Wetensch., Biol.* 93: 157, t. 23 (1990).

Plantas muy ramificadas, glabras, casi afilas, delgadas; entrenudos hasta 3 cm, teretes, los catafilos basales ausentes; dioicas, solo la planta pistilada conocida. Hojas hasta 6 × 1.5 mm, casi teretes, pronto deciduas. Inflorescencias pistiladas hasta 2 cm en fruto, el pedúnculo simple de 2 mm, seguido por 2-4 entrenudos fértiles, 1 flor por bráctea fértil, el entrenudo fértil marcadamente alargándose debajo del fruto. Frutos c. 4 × 3 mm, ovoides, blanquecinos, los pétalos cerrados. *Matorrales*. H (*Yuncker et al. 8067*, F). c. 350 m. (México [Veracruz], Mesoamérica).

El espécimen de Honduras se identifica provisionalmente como esta especie; está extremadamente fragmentado, pero tiene 3 flores por entrenudo, y así podría representar una especie aún no descrita.

52. Phoradendron tikalense Kuijt, *Proc. Kon. Ned. Akad. Wetensch., Biol.* 93: 156 (1990). Holotipo: Guatemala, *Ortiz 425* (F!). Ilustr.: Kuijt, *Proc. Kon. Ned. Akad. Wetensch., Biol.* 93: 158, t. 24 (1990).

Plantas percurrentes, glabras; entrenudos hasta 9 cm, comprimidos y carinados cuando jóvenes, volviéndose teretes, los catafilos basales 1(2) pares, casi axilares; monoicas. Hojas hasta 18 × 8 cm, ovadas, delgadas, con 3 o 5 venas más o menos basales, el ápice más bien obtuso; pecíolo generalmente 3-6 mm. Inflorescencia con pocas flores estaminadas y aparentemente proximales sobre los 5-11 entrenudos fértiles, los cuales sostienen 5-7 flores por bráctea, 2-seriadas. Frutos c. 3 × 2.5 mm, globosos, amarillento-anaranjados, los pétalos cerrados. *Selvas bajas caducifolias*. QR (*Nee & Atha 47170*, UC); G (*Ortiz 1425*, MO). c. 1600 m. (Endémica).

Una especie inconspicua.

53. Phoradendron tonduzii Trel., *Phoradendron* 67 (1916). Holotipo: Costa Rica, *Tonduz 12179* (NY!). Ilustr.: Kuijt, *Syst. Bot. Monogr.* 66: 447, t. 284 (2003b).

Phoradendron angustifolium sensu auct. non (Kunth) Eichler, *P. cooperi* Trel., *P. corynarthron* sensu auct. non Eichler, *P. dodgei* Trel., *P. matudae* Kuijt, *P. multiflorum* Trel., *P. novae-helvetiae* Trel.

Plantas grandes, amarillentas; tallos 2-carinados cuando jóvenes, volviéndose teretes, los catafilos basales 1(2) pares, grandes y conspicuos cuando secos, el par basal envainador, casi axilar; dioicas. Hojas hasta 17 × 2 cm, falcadas, atenuadas en ambos extremos; pecíolo c. 5-8 mm. Inflorescencias hasta 7 cm, frecuentemente agregadas en los nudos, sin catafilos estériles, el pedúnculo 5 mm o menos, seguido por 4-8 entrenudos fértiles, las flores hasta 45 (estaminadas) y 12 (pistiladas) por bráctea fértil, 2 o 3-seriadas. Frutos c. 4 mm de diámetro, esféricos, blanquecinos, pero ligeramente anaranjados cuando expuestos al sol. *Bosques abiertos, orillas de caminos*. Ch (*Breedlove 24086*, MO); B (*Whitefoord & Quiroz 106104*, MO); G (*Ortiz 1663*, F); H (*Forstreuter 9154*, UC); ES (*Sandoval ES-01095*, MO); N (*Standley 10399*, F); CR (*Tonduz 12179*, K); P (*Allen 1399*, US). 50-2000 m. (México [Colima, Guerrero, Veracruz], Mesoamérica).

Phoradendron angustifolium (Kunth) Eichler es una especie monoica similar, pero restringida al sur de Ecuador y norte de Perú.

54. Phoradendron treleaseanum Standl. & Steyerm., *Publ. Field Mus. Nat. Hist., Bot. Ser.* 23: 41 (1944). Holotipo: Guatemala, *Kellerman 7630* (F!). Ilustr.: Kuijt, *Syst. Bot. Monogr.* 66: 450, t. 287 (2003b).

Plantas densa y cortamente pelosas (a casi glabras) sobre todas las partes; entrenudos hasta 7 cm, teretes, robustos, los tallos dicótomos hasta el aborto apical, los tallos laterales con 1 par de catafilos basales robustos unidos muy en la base, llegando hasta casi 5 mm; dioicas. Hojas c. 5.5 × 1.5 cm, lanceoladas, coriáceas, las venas inconspicuas, atenuadas hasta una base aplanada y amplia de 5 mm de ancho, el ápice obtuso; pecíolo ausente. Inflorescencias pistiladas agregadas en los nudos, c. 1.5 cm, sin brácteas estériles, el pedúnculo corto de hasta 5 mm, seguido por 2 entrenudos fértiles, las flores 3-5 por bráctea fértil, 2-seriadas, las flores cortamente pelosas sobre todas las partes externas. Flor estaminada no vista. Frutos c. 4 mm, globoso-ovoides, pelosos. *Crestas secas, laderas*. Ch (*Breedlove 52932*, CAS); G (*Kellerman 7630*, MEXU); ES (*Sandoval & Chinchilla 321*, MO). 500-1200 m. (México [Oaxaca, Puebla], Mesoamérica).

55. Phoradendron trinervium (Lam.) Griseb., *Fl. Brit. W. I.* 314 (1864 [1860]). *Viscum trinervium* Lam., *Encycl.* 3: 57 (1789). Lectotipo (designado por Kuijt, 2003b): Plumier in Burman, *Pl. Amer.* t. 258, f. 2 (1760). Ilustr.: Kuijt, *Syst. Bot. Monogr.* 66: 454, t. 289 (2003b).

Plantas muy ramificadas; entrenudos más bien cortos (2-3 cm), ligeramente, pero no marcadamente cuadrangulares, los catafilos basales generalmente 1 par, profundamente bífidos, axilares o casi axilares; monoicas, con las flores estaminadas pocas y de posición incierta. Hojas generalmente hasta 4.5 × 2 cm, angostamente obovadas a casi elípticas, más bien delgadas, con 3(5) venas basales; pecíolo 2-5 mm, delgado. Inflorescencias 1-1.5 cm, casi el doble en fruto, el eje delgado; pedúnculo 1-3 mm, simple o desigualmente doble, las flores 1-3(-5) por bráctea fértil, 2-seriadas. Frutos c. 4 × 2.5 mm, ovoides, amarillentos a anaranjado-rojos; pétalos pequeños, agudos, más o menos erectos. *Acahuales, bordes de carreteras, selvas medianas*. Y (*Cabrera & Cabrera 10153*, MEXU); B (*Brokaw & Schulze 117*, MO); G (*Contreras 539*, MO); P (*Stern et al. 33724*, US). 0-300 m. (Mesoamérica, Colombia, Venezuela, Guayanas, Brasil, Antillas).

Phoradendron trinervium es muy similar a algunas plantas de *P. quadrangulare* y, en Mesoamérica, posiblemente se intergradan. Se distingue por tener generalmente 1-3 flores por bráctea fértil y por los pétalos sobre el fruto muy pequeños, agudos y casi erectos.

56. Phoradendron undulatum (Pohl ex DC.) Eichler in Mart., *Fl. Bras.* 5(2): 122 (1866-1868 [1868]). *Viscum undulatum* Pohl ex DC., *Prodr.* 4: 282 (1830). Lectotipo (designado aquí): Brasil, *Pohl 868* (G-DC!; isolectotipo: W, destruido?). Ilustr.: Kuijt, *Bot. Jahrb. Syst.* 83: 319, t. 24 (1964).

Phoradendron gracilispicum Trel.

Plantas grandes; entrenudos comprimidos y carinados cuando jóvenes, volviéndose teretes, los catafilos basales 1-3 pares, volviéndose más ampliamente espaciados distalmente, el más basal 10 mm o más por encima de la axila; monoicas. Hojas hasta 15(-17) × c. 4.5 cm, lanceoladas a ovadas, pinnatinervias, la base generalmente aguda, el ápice agudo; pecíolo 5-7 mm. Inflorescencias generalmente sin catafilos, algunas veces con hasta 4 o 5 pares, 4-8 cm, entrenudos fértiles 6-12, las flores 5-7 por bráctea fértil, 2-seriadas, el entrenudo distal frecuentemente con 2 flores, las flores apicales por encima de la bráctea son estaminadas, las otras pistiladas. Frutos c. 4 mm de diámetro, esféricos, blancos. *Árboles en bosques, bordes de carreteras, árboles cultivados*. Ch (*Matuda 4186*, CAS); G (*Steyermark 43957*, US); H (*Molina R. 23341*, F); N (*Molina R. 22954*, F); CR (*Brenes 14406*, K); P (*Luteyn 810*, MO). 600-2500 m. (Mesoamérica, Colombia, Venezuela, Guyana, Ecuador, Perú, Bolivia, Brasil, Antillas).

57. Phoradendron velutinum (DC.) Oliv., *Vidensk. Meddel. Dansk Naturhist. Foren. Kjøbenhavn* 1864: 176 (1865). *Viscum velutinum* DC., *Prodr*. 4: 281 (1830). Lectotipo (designado por Trelease, 1916): México, Edo. México, *Berlandier 1158* (G-DEL!). Ilustr.: Kuijt, *Syst. Bot. Monogr.* 66: 472, t. 299 (2003b).

Plantas foliosas, densamente amarillo-pelosas cuando jóvenes; tallos teretes, los catafilos ausentes; dioicas. Hojas hasta 12(-17) × 4(-5) cm, ovadas, palmatinervias, las venas evidentes, la base contraída hasta un pecíolo de 1 cm, el ápice agudo ligeramente atenuado. Inflorescencias estaminadas hasta 2.5 cm, el pedúnculo simple de 3 mm, seguido por 3 o 4 entrenudos fértiles, las flores hasta c. 20 por bráctea fértil, irregularmente multiseriadas y esencialmente confluentes alrededor del eje. Inflorescencias pistiladas hasta 2 cm, el doble (o más) en fruto, el pedúnculo c. 3 mm, seguido por 3 entrenudos globulares fértiles densamente cubiertos con 20-30 flores, las series difíciles de discernir. Frutos blancos, translúcidos. *Bosques, bordes de claros, laderas rocosas*. Ch (*Breedlove 6683*, CAS); G (*Proctor 25510*, MO); H (*House 1144*, MO). 1500-2800 m. (México [Cd. México, Edo. México, Hidalgo, Jalisco, Michoacán, Morelos, Nuevo León, Oaxaca, Puebla, San Luis Potosí, Sinaloa, Veracruz], Mesoamérica).

58. Phoradendron wattii Krug & Urb., *Bot. Jahrb. Syst.* 24: 43 (1897). Lectotipo (designado por Trelease, 1916): Jamaica, *Hitchcock s.n.* (MO!). Ilustr.: Kuijt, *Syst. Bot. Monogr.* 66: 476, t. 301 (2003b).

Phoradendron decussatum Trel., *P. vernicosum* Greenm., *P. vulcanicum* Trel.

Plantas percurrentes; entrenudos 4-5 cm, casi teretes, los catafilos basales 1 par, extremadamente basales, algunas veces con un segundo par más distal; dioicas. Hojas hasta 9 × 3.5 cm, casi elípticas, generalmente 3-nervias, pero frecuentemente la nervadura inconspicua, la base anchamente atenuada, el ápice redondeado; pecíolo generalmente 2-5 mm. Inflorescencias con pedúnculo simple o doble, corto; inflorescencias estaminadas hasta 4 cm, entrenudos fértiles 3-7, las flores (5-)9-11, 2-seriadas; infrutescencia 2 cm, entrenudos fértiles 4-6, flor/fruto 1 por bráctea fértil. Frutos c. 5 × 3.5 mm, ovoides, amarillentos a pardos con el ápice rojo, la base del fruto en parte hundida en el eje robusto de la infrutescencia, los pétalos cerrados. *Dunas costeras, manglares, bosques de* Pinus *y* Liquidambar, *selvas bajas subcaducifolias*. Ch (*Breedlove 24556*, MEXU); Y (*Gaumer et al. 1850*, GH); QR (*Cabrera & Cabrera 6298*, MEXU); B (*Hawkins 1019*, UC); G (*King 3272*, US); H (*Davidse et al. 35067*, UC); ES (*Sandoval & Chinchilla 1009*, MO); N (*Stevens et al. 14428*, MO); CR (*Brenes 15624*, CR). 0-1400 m. (México [Colima, Edo. México, Jalisco, Michoacán, Morelos, Nayarit, Oaxaca, Veracruz], Mesoamérica, Jamaica).

59. Phoradendron websteri Kuijt, *Novon* 6: 47 (1996). Holotipo: Panamá, *Webster 16650* (MO!). Ilustr.: Kuijt & Kellogg, *Novon* 6: 48, t. 10 (1996).

Tallos jóvenes comprimidos y fuertemente carinados; entrenudos hasta 4 cm, finalmente volviéndose teretes, los entrenudos basales escamosos de las ramas teretes, los catafilos basales 2-7 pares, dispersos sobre los 1-2 cm más basales de las ramas; dioicas, solo plantas pistiladas conocidas. Hojas c. 6 × 1.5 cm, lanceoladas a angostamente ovadas, el ápice angostamente redondeado; pecíolo c. 5 mm, delgado, atenuado hasta la base aguda de la lámina. Inflorescencias pistiladas hasta 4 cm, los entrenudos basales estériles 2-5, los entrenudos fértiles c. 7, las flores (1)3 por bráctea fértil. Frutos c. 3 × 2 mm, ovoides, blancos, los pétalos cerrados. *Matorrales, bordes de caminos*. P (*Him 330*, MO). 850-1200 m. (Endémica).

Phoradendron websteri a primera vista es muy similar a *P. woodsonii*, pero en esta última los tallos percurrentes tienen un número de catafilos intercalares localizados entre pares sucesivos de hojas normales, y los tallos son teretes en toda su longitud, características que claramente separan estas dos entidades.

60. Phoradendron woodsonii Trel., *Ann. Missouri Bot. Gard.* 27: 308 (1940). Holotipo: Panamá, *Woodson et al. 1302* (ILL!). Ilustr.: Kuijt, *Syst. Bot. Monogr.* 66: 483, t. 306 (2003b).

Plantas variables en tamaño, tallos teretes; entrenudos percurrentes con 2-4 pares de catafilos intercalares estériles; dioicas. Hojas 3-12 × 2-6 cm, ovadas a lanceoladas, más bien coriáceas, las venas más o menos palmadas, la base atenuada hasta un pecíolo ancho y corto, los márgenes callosos, el ápice agudo. Inflorescencias 4-7 cm, el pedúnculo compuesto, con varios entrenudos estériles cortos, las flores hasta 15 (estaminadas) y c. 9 (pistiladas) por bráctea fértil, 3-seriadas, el entrenudo terminal reducido. Frutos c. 3 × 2 mm, ovoides, blanquecinos, los pétalos cerrados. *Bosques muy húmedos, bosques de* Quercus, *bosques secundarios, sabanas*. N (*Rueda et al. 9024*, MO); CR (*Grayum & Herrera 7893*, F); P (*McPherson & Aranda 10128*, MO). 400-1900 m. (Mesoamérica, Colombia, Ecuador, Perú).

Esta especie muestra amplia variación en tamaño y forma de sus hojas. Especialmente las plantas grandes con frecuencia forman inflorescencias terminales, llevando a dicotomías. El protólogo habla de espigas bisexuales y flores 2-seriadas, pero todo el material visto parece ser dioico y 3-seriado.

61. Phoradendron zelayanum Kuijt, *Ann. Missouri Bot. Gard.* 74: 521 (1987). Holotipo: Nicaragua, *Stevens 21717* (MO!). Ilustr.: Kuijt, *Ann. Missouri Bot. Gard.* 74: 523, t. 9 (1987).

Plantas bifurcadas, el ápice abortado, las inflorescencias y los vástagos jóvenes amarillo dorado opaco; tallos teretes, robustos; entrenudos hasta 8 cm, los vástagos laterales con 1 par catafilos basales; monoicas. Hojas hasta 8 × 8 cm, anchamente ovadas a orbiculares, con 5 o 7 venas palmadas muy conspicuas llegando casi hasta el ápice; pecíolo c. 8 mm, robusto, aplanado y expandiéndose distalmente. Inflorescencias espigas hasta 4 cm, bisexuales, los catafilos estériles ausentes, el pedúnculo 3 mm, seguido por 3 entrenudos fértiles cada uno con 13-15 flores por bráctea fértil, 2-seriadas. *Bosques de galería, sabanas*. N (*Grijalva & Burgos 1665*, MO). 0-200 m. (Endémica).

76. LORANTHACEAE

Descripción de la familia y clave genérica por J. Kuijt.

Arbustos o árboles pequeños parásitos, generalmente foliáceos y glabros, la mayoría de los géneros con raíces epicorticales en la base de la planta o también en vástagos foliosos, estas raíces con haustorios secundarios. Hojas (alternas) decusadas (verticiladas). Inflorescencias diversas (en algunos, una sola flor y axilar), determinadas o indeterminadas, algunas veces con hojas papiráceas escuamiformes subyacentes, con flores solitarias, en díades, o tríades, con brácteas y/o bractéolas subyacentes, estas generalmente fusionadas con el pedicelo o pedúnculo subyacente. Flores bisexuales o cuando unisexuales las plantas dioicas; cáliz reducido a un borde inconspicuo (calículo) sobre el ovario ínfero; pétalos 4-7, las flores más bien grandes de colores brillantes; estambres epipétalos, las anteras dorsifijas o basifijas, generalmente dimorfos; estilo generalmente tan largo como los pétalos. Fruto abayado, el endospermo blanquecino (en *Psittacanthus* el endospermo ausente y el embrión grueso y algunas veces policótilo), el embrión dicótilo, verde. Aprox. 60 gen. y 800 spp., generalmente en áreas tropicales y subtropicales; 9 gen. y 52 spp. en Mesoamérica.

Loranthaceae es la más grande dentro de las varias familias de muérdagos (las otras son Eremolepidaceae y Viscaceae). Una clave para todos los géneros de muérdagos de Mesoamérica se encuentra bajo Eremolepidaceae.

Bibliografía: Barlow, B.A. *Proc. Linn. Soc. New South Wales* 89: 268-272 (1965). Barlow, B.A. & Wiens, D. *Taxon* 20: 291-312 (1971). Eichler, A.W. *Fl. Bras.* 5(2): 1-135 (1866-1868 [1868]). Kuijt, J. *Bot. Jahrb. Syst.* 83: 250-326 (1964); *Brittonia* 20: 136-147 (1968); *Ann. Missouri Bot. Gard.* 65: 736-763 (1978 [1979]); *Brittonia* 32: 518-529 (1980 [1981]); *Blumea* 27: 1-73 (1981); *Bot. Jahrb. Syst.* 103: 305-342 (1983 [1982]); *Ann. Missouri Bot. Gard.* 74: 511-532 (1987); *Syst. Bot.* 16: 292-298 (1991b). Rizzini, C.T. *Rodriguésia* 30/31: 87-234 (1956); *Ann. Missouri Bot. Gard.* 47: 263-290 (1960 [1961]). Standley, P.C. & Steyermark, J.A. *Fieldiana, Bot.* 24(4): 62-86 (1946f).

1. Inflorescencias espigadas, cimosas o racemosas, las unidades laterales mónades (una flor solitaria sésil o pedicelada) al menos en el ápice de la inflorescencia.
  2. Mónades (o al menos las más superiores) sin bractéolas; inflorescencia determinada, (rara vez) indeterminada. **1. Cladocolea**
  2. Mónades bracteoladas (bractéolas algunas veces ocultas en las depresiones crateriformes floríferas); inflorescencia indeterminada, compuesta solo de mónades.
    3. Mónades cortamente pedunculadas; yemas 8-9 mm; brácteas y bractéolas juntándose para formar una cúpula floral; Costa Rica y Panamá. **5. Panamanthus**
    3. Mónades sésiles; yemas menos de 6 mm; cúpula floral ausente; no exclusiva de Chiriquí.
      4. Inflorescencias delgadas, las flores no en depresiones crateriformes; bractéolas carinadas, exertas muy por encima de las brácteas; conocida solo de la península de Osa, Costa Rica. **3. Maracanthus**
      4. Inflorescencias con la porción que contiene las flores engrosada, las flores dispuestas en depresiones crateriformes; bractéolas angostas, aplanadas, en forma de cinta, casi completamente ocultas por las brácteas; no restringida a la península de Osa. **4. Oryctanthus**
1. Inflorescencias espigadas, racemosas, o umbeladas, las unidades laterales en díades o tríades, al menos en la base de la inflorescencia.
  5. Brácteas y bractéolas foliáceas; flores amarillo dorado; superficie del endospermo con surcos profundos. **2. Gaiadendron**
  5. Brácteas y bractéolas no foliáceas (pero véase *Psittacanthus cucullaris*); flores blanco-verdosas, rojas o rojas y amarillas; superficie del endospermo, si presente, lisa.
    6. Flores al menos 2 cm; endospermo ausente. **8. Psittacanthus**
    6. Flores menos de 1 cm; endospermo presente.
      7. Inflorescencias determinadas, con la mónade ebracteolada subterminal, sésil, con varios pares de escamas basales (algunas veces caducas). **7. Peristethium**
      7. Inflorescencias generalmente indeterminadas, si no, las flores terminales y subterminales pediceladas, sin escamas basales.
        8. Flores rojizas, bisexuales o plantas dioicas con numerosas inflorescencias ramificadas. **6. Passovia**
        8. Flores verde-blanquecinas, las plantas dioicas con inflorescencias sin ramificar. **9. Struthanthus**

1. Cladocolea Tiegh.

Por J. Kuijt.

Arbustos, generalmente pequeños, glabros o cortamente pubescentes; raíces epicorticales basales presentes o ausentes, rara vez en los tallos foliosos. Hojas alternas o decusadas. Plantas dioicas o las flores bisexuales. Inflorescencia normalmente una espiga determinada, cabezuela, dicasio, o un racimo de mónades, o con algunas tríades basales. Flores sin bractéolas (excepto en 2 especies), 4-6-meras; estambres epipétalos, dimorfos o monomorfos; estilo recto o contorto. Semilla con endospermo; embrión dicótilo. Aprox. 30 spp., desde México hasta Perú y Brasil (Bahía); 3 spp. en Mesoamérica.

Bibliografía: Kuijt, J. *J. Arnold Arbor.* 56: 265-335 (1975).

1. Flores insertadas en cúpulas; pétalos unidos en el 1/2 inferior, con un agregado de cerdas detrás de la antera. **1. C. biflora**
1. Flores no insertadas en cúpulas; pétalos libres hasta la base, sin cerdas.
  2. Flores 5-meras; espigas indeterminadas, al menos las pistiladas con 4-8 flores en pares, no dimorfas. **2. C. hondurensis**
  2. Flores 4-meras; inflorescencias determinadas, sin flores en pares, dimorfas. **3. C. oligantha**

1. Cladocolea biflora Kuijt, *Brittonia* 32: 519 (1980 [1981]). Holotipo: México, estado desconocido, *Liebmann 3147* (C!). Ilustr.: Kuijt, *Brittonia* 32: 520, t. 1-6 (1980 [1981]).

Plantas pequeñas; tallos teretes. Hojas alternas, c. 4.5 × 3 cm, anchamente ovadas. Inflorescencias agregadas en la axila de las hojas, indeterminadas, con 2(3) flores, las flores insertadas en conspicuas proyecciones cupuliformes que salen del eje de la inflorescencia y casi ocultan el ovario; pétalos 4 o 5, unidos en el 1/2 inferior, con un agregado de cerdas rígidas detrás de las anteras; anteras sésiles en la región media de los pétalos, probablemente 2-loculares, cada lóculo más o menos circular en contorno; nectario grueso, pulviniforme. Fruto no conocido. *Hábitat desconocido*. Ch (*Matuda 5956*, UC). Elevación no conocida. (México [Oaxaca?], Mesoamérica).

No existen detalles de la localidad tipo y no se sabe si la especie es endémica de Chiapas.

2. Cladocolea hondurensis Kuijt, *J. Arnold Arbor.* 56: 301 (1975). Holotipo: Honduras, *Yuncker et al. 6220* (GH!). Ilustr.: Kuijt, *J. Arnold Arbor.* 56: 300, t. 17 (1975).

Plantas foliosas, glabras; tallos jóvenes conspicuamente sulcados o estriados; depresiones crateriformes conspicuas en la base de los vástagos laterales. Hojas irregularmente decusadas a alternas, c. 4 × 2.5 cm, obovadas a lanceoladas, más bien coriáceas, pinnatinervias, pero las venas levemente inconspicuas; pecíolo 4-5 mm. Espigas indeterminadas; espiga masculina hasta c. 15 mm, con c. 4 pares de flores decusadas sésiles, la flor terminal tal vez ausente; flores c. 6 mm en yema, pétalos 5, libres, las anteras dimorfas. Espiga pistilada frecuentemente casi sésil, muy corta, con 2 pares de flores, las brácteas caducas; calículo abierto, denticulado, aparentemente deciduo, circuncísil; estambres estériles y anteras bien diferenciados. Fruto no conocido. *Laderas, sobre* Quercus. H (*Molina R. & Molina 13922*, F). 1350-2100 m. (Endémica).

3. Cladocolea oligantha (Standl. & Steyerm.) Kuijt, *J. Arnold Arbor.* 56: 317 (1975). *Struthanthus oliganthus* Standl. & Steyerm., *Publ. Field Mus. Nat. Hist., Bot. Ser.* 23: 154 (1944). Holotipo: Guatemala, *Steyermark 50672* (F!). Ilustr.: Kuijt, *J. Arnold Arbor.* 56: 318, t. 26 (1975).

Tallos escasamente ramificados; ramitas más bien suculentas cuando frescas, reducidas cuando secas, rectas y robustas. Hojas alternas, 2-4.5 × 0.8-1.6 cm, lanceoladas a oblanceoladas, largamente atenuadas en la base; pecíolo 2-4 mm. Inflorescencias determinadas, de 2 tipos: (1) inflorescencias primarias, sobre crecimientos del año en curso, axilares, dicasios simples con 3 flores sobre un pedúnculo de 4-10 mm; (2) inflorescencias secundarias, sobre crecimientos del año anterior, con 1 o 2 hojas pequeñas en la base y 4-6 flores en una espiral densa, con 1 flor terminal. Yemas c. 5 × 2 mm, 4-meras; pétalos libres; anteras monomorfas; estilo recto o casi recto. Fruto c. 7 × 5 mm, rojo volviéndose negro. *Laderas rocosas abiertas y cerca de playas, frecuentemente sobre* Bursera *o* Lysiloma. Ch (*Breedlove & Strother 46139*, CAS); G (*Steyermark 50824*, US); N (*Stevens 2993*, MO); P (*Duke 4504*, MO). 0-1700 m. (México [Colima, Edo. México, Guerrero, Jalisco, Michoacán, Morelos, Oaxaca, Veracruz], Mesoamérica).

2. Gaiadendron G. Don

Phrygilanthus Eichler subg. *Taguana* Eichler, *Taguaria* Raf.

Por J. Kuijt.

Árboles o arbustos, terrestres o epífitos, pero siempre parásitos sobre raíces de plantas adyacentes. Hojas decusadas. Inflorescencia un racimo de tríades en pares en las cuales la flor central es sésil y las laterales pediceladas; brácteas y bractéolas foliáceas y verdes. Flores bisexuales, 6 o 7-meras; anteras versátiles, dorsifijas. Fruto globoso; semilla envuelta por un tejido pegajoso, el endospermo profundamente sulcado; embrión delgado, cilíndrico, dicótilo. Género monoespecífico, desde Nicaragua hasta Venezuela y Bolivia.

1. Gaiadendron punctatum (Ruiz & Pav.) G. Don, *Gen. Hist.* 3: 432 (1834). *Loranthus punctatus* Ruiz & Pav., *Fl. Peruv.* 3: 47 (1802). Sintipo: Perú, *Pavón s.n.* (P). Ilustr.: Kuijt, *Fl. Ecuador* 24: 141, t. 11 (1986b).

Gaiadendron poasense Donn. Sm., *G. tagua* (Kunth) G. Don, *Loranthus tagua* Kunth, *Phrygilanthus punctatus* (Ruiz & Pav.) Eichler, *Taguaria punctata* (Ruiz & Pav.) Raf., *T. puracensis* (Kunth) Raf.

Plantas hasta varios metros de alto. Hojas c. 8 × 4 cm, ovadas a anchamente lanceoladas, verde oscuro, brillantes cuando frescas; pecíolo c. 1 cm. Racimo al menos algunas veces determinado, con hasta 8 pares de tríades cortamente pedunculadas, cada flor con una bráctea o bractéola foliácea subyacente, verde, persistente, la bráctea de la flor central la más grande. Flores amarillo dorado (Mesoamérica); pétalos hasta 20 mm; estambres dimorfos o trimorfos, los filamentos largos. Fruto c. 1 cm de diámetro, anaranjado opaco; el endospermo blanquecino. *Páramos, subpáramos, bosques*. N (*Molina R. 22922*, NY); CR (*Kuijt 2471*, CR); P (*Davidson 995*, MO). 1200-3300 m. (Mesoamérica, Colombia, Venezuela, Guyana, Ecuador, Perú, Bolivia, Brasil).

3. Maracanthus Kuijt

Por J. Kuijt.

Arbustos parásitos pequeños, dioicos o con flores bisexuales. Inflorescencia una espiga, flores en pares, sésiles, solitarias en las axilas de hojas escuamiformes, con 2 bractéolas emergentes pequeñas, una en cada costado, carinadas. 2 spp., desde Costa Rica hasta Venezuela y Colombia; 1 sp. en Mesoamérica.

Bibliografía: Kuijt, J. *Brittonia* 28: 231-238 (1976a); *Novon* 10: 391-397 (2000b); *Brittonia* 55: 169-172 (2003a).

1. Maracanthus costaricensis (Kuijt) Kuijt, *Novon* 23: 176 (2014). *Oryctina costaricensis* Kuijt, *Novon* 17: 476 (2007). Holotipo: Costa Rica, *Marín & Marín 521* (UC!). Ilustr.: Kuijt, *Novon* 17: 477, t. 1 (2007), como *O. costaricensis*.

Plantas foliosas, glabras; entrenudos carinados, volviéndose teretes con la edad. Hojas 7.5 × 3.5 cm, lanceoladas a casi elípticas, delgadas, pinnatinervias, la base obtusa, el ápice redondeado; pecíolo c. 5 mm. Flores no conocidas. Infrutescencia hasta 5 cm, delgada, tanto terminal como axilar, con hasta 10 entrenudos carinados sosteniendo pares de frutos sésiles. Ovario c. 1 × 1 mm, con una bráctea triangular a aguda y 2 bractéolas triangulares subyacentes, bractéolas obtusas, c. 0.5 mm; estilo c. 2 mm. Fruto c. 9 × 4 mm, angostamente obovoide, el calículo inconspicuo. *Bosques muy húmedos*. CR (*Marín & Marín 521*, MO). c. 250 m. (Endémica).

Maracanthus costaricensis solo se conoce del tipo de la península de Osa.

4. Oryctanthus (Griseb.) Eichler

Allohemia Raf., *Glutago* Comm. ex Poir., *Loranthus* Jacq. sect. *Oryctanthus* Griseb.

Por J. Kuijt.

Arbustos parásitos más bien pequeños, foliosos, glabros o furfuráceos sobre los tallos; tallos teretes o comprimidos y carinados; raíces epicorticales solo en la base de la planta, más bien pocas. Hojas en pares, frecuentemente rígidas, palmatinervias o pinnatinervias. Inflorescencia una espiga simple, generalmente axilar, solitaria o en pequeños agregados, las flores sésiles, hundidas en cavidades en el eje, una en la axila de cada bráctea escuamiforme y con 2 bractéolas diminutas en los costados, angostas y aplanadas. Flores bisexuales, 6-meras, pequeñas, rojo oscuro; anteras casi sésiles, dimorfas, (2-)4-loculares, las cortas frecuentemente con un cornículo conector; estilo recto, el estigma pequeño, capitado. Fruto diversamente coloreado, frecuentemente verdoso; endospermo presente, blanco cremoso; embrión carnoso, dicótilo. 10 spp., desde el sur de México hasta Bolivia y Brasil, Jamaica; 4 spp. en Mesoamérica.

Bibliografía: Kuijt, J. *Bot. Jahrb. Syst.* 95: 478-534 (1976b); 114: 173-183 (1993 [1992]).

1. Tallos teretes (pero véase *Oryctanthus cordifolius*).
  2. Frutos, flores y yemas inclinados hacia adelante sobre el eje de la inflorescencia. **1. O. alveolatus**
  2. Frutos, flores y yemas perpendiculares al eje de la inflorescencia. **2. O. callicarpus**
1. Tallos comprimidos y/o carinados, al menos cuando jóvenes.
  3. Hojas cordadas, más o menos apecioladas y generalmente amplexicaules; tallos jóvenes no furfuráceos; palmatinervias. **3. O. cordifolius**
  3. Hojas pecioladas, no cordadas ni amplexicaules; tallos jóvenes con la superficie o con líneas obviamente furfuráceas; pinnatinervias. **4. O. spicatus**

1. Oryctanthus alveolatus (Kunth) Kuijt, *Bot. Jahrb. Syst.* 95: 504 (1976). *Loranthus alveolatus* Kunth in Humb., Bonpl. & Kunth, *Nov. Gen. Sp.* 3: 444 (1818 [1820]). Lectotipo (designado por Kuijt, 1976b): Colombia, *Bonpland s.n.* (P-Bonpl.!). Ilustr.: Kuijt, *Bot. Jahrb. Syst.* 95: 485, t. 6b (1976b).

Loranthus amplexicaulis Kunth, *Oryctanthus alveolatus* (Kunth) Kuijt var. *amplexicaulis* (Kunth) Rizzini, *O. amplexicaulis* (Kunth) Eichler, *O. botryostachys* Eichler, *Struthanthus alveolatus* (Kunth) G. Don.

Tallos teretes. Hojas hasta 7 × 6 cm, orbiculares, anchamente ovadas o elípticas, palmatinervias cuando las venas evidentes, cordadas; pecíolo de varios milímetros, robusto, o las hojas amplexicaules. Inflorescencias hasta 5 cm, 1-varias por axila, axilares o también panículas escamosas terminales; espigas normalmente engrosadas; pedúnculo 0-10 mm, flores 30-60 por espiga, sus hojas escuamiformes frecuentemente glabras. Flores marcadamente inclinadas hacia adelante, c. 3 mm; anteras marcadamente dimorfas, los 2 sacos de polen internos mucho menores que los externos. Fruto ovoide, verdoso, aparentemente volviéndose morado-rojizo, algunas veces con la base amarilla, inclinado hacia adelante en un ángulo de c. 45°. *Sobre numerosas especies de árboles nativos e introducidos*. N (*Moreno 22969*, MO); CR (*Kuijt 1528*, CR); P (*Allen 5025*, MO). 0-1500 m. (S. México, Colombia, Venezuela, Guayanas, Ecuador, Perú, Bolivia, Brasil, Antillas).

2. Oryctanthus callicarpus Kuijt, *Phytologia* 97: 51 (2015). *Oryctanthus occidentalis* (L.) Eichler subsp. *continentalis* Kuijt, *Bot. Jahrb. Syst.* 114: 181 (1993 [1992]). Holotipo: Costa Rica, *Kuijt 2570* (CR!). Ilustr.: Kuijt et al., *Phytologia* 97: 54, t. 1 (2015b).

Tallos jóvenes y pedúnculos furfuráceos, teretes; entrenudos 2-5 (-11) cm. Hojas elípticas, orbiculares a anchamente lanceoladas, las venas variables, la base y el ápice obtusos a agudos; pecíolo casi ausente hasta c. 10 mm. Espigas axilares, solitarias o en grupos, 2-4(-12) cm, con hasta 180 flores cuando grandes; pedúnculo 8-13 mm. Anteras 2 o 4-loculares, con conspicuo cornículo conector. Fruto c. 3 × 2 mm, obovoide, elíptico a casi esférico, con el ápice obtuso, escasamente tuberculado, perpendicular, verdoso o verde y amarillo o rojizo. *Sobre numerosos árboles nativos y cultivados*. N (*Stevens 8350*, MO); CR (*Davidse & Pohl 1500*, MO); P (*Croat 7180*, MO). 0-2000 m. (Mesoamérica, Colombia, Venezuela, Guyana, Ecuador, Perú).

Las colecciones continentales fueron tratadas como *Oryctanthus occidentalis* subsp. *continentalis*; sin embargo, es mejor tratarlas como especie y separarlas de *O. occidentalis* (L.) Eichler cuyo tipo es de Jamaica (véase Kuijt, 1976b: 526).

3. Oryctanthus cordifolius (C. Presl) Urb., *Bot. Jahrb. Syst.* 24: 30 (1898 [1897]). *Viscum cordifolium* C. Presl, *Abh. Königl. Böhm. Ges. Wiss.* ser. 5, 6: 613 (1851). Holotipo: Panamá, *Haenke s.n.* (PRC). Ilustr.: Kuijt, *Bot. Jahrb. Syst.* 95: 489, t. 10 (1976b).

Loranthus glaberrimus Oliv., *Oryctanthus glaberrimus* (Oliv.) Eichler, *Phoradendron cordifolium* (C. Presl) Eichler.

Plantas grandes; tallos conspicuamente cuadrangular-comprimidos especialmente cuando jóvenes; entrenudos hasta 9 cm o más. Hojas hasta 10 × 7 cm, flexibles cuando frescas, más bien delgadas, cordadas, pinnatinervias, pero algunas con venas laterales grandes originándose en forma palmada. Espigas generalmente solitarias, llegando hasta 12 cm o más, produciendo hasta 120 flores, pétalos rojos; pedúnculo 10-14 mm. Flores y frutos perpendiculares al eje. Fruto c. 5 × 3 mm, ovoide a elipsoide. *Sobre una variedad de árboles nativos y cultivados en márgenes de bosques, barrancos, plantaciones*. T (*Cowan 3169*, MO); Ch (*Matuda 1803*, MO); C (Villaseñor Ríos, 2016: 786); QR (Villaseñor Ríos, 2016: 786); B (*Holst 6000*, MO); G (*Jones & Facey 3480*, UC); H (*Williams & Molina R. 13016*, F); ES (*Standley 20101*, GH); N (*Atwood 3135*, F); CR (*Kuijt 2571*, CR); P (*Woodson et al. 1830*, MO). 0-1300 m. (México [Oaxaca], Mesoamérica, Colombia, Guyana).

Muy rara vez se encuentran plantas de *Oryctanthus cordifolius* con tallos teretes.

4. Oryctanthus spicatus (Jacq.) Eichler in Mart., *Fl. Bras.* 5(2): 89 (1866-1868 [1868]). *Loranthus spicatus* Jacq., *Enum. Syst. Pl.* 18 (1760). Neotipo (designado por Kuijt, 1976b): Costa Rica, *Skutch 3837* (US!). Ilustr.: Kuijt, *Fl. Ecuador* 24: 128, t. 6 (1986b).

Glutago spicata (Jacq.) Raf., *Oryctanthus guatemalensis* (Standl.) Standl. & Steyerm., *O. phanerolomus* (Standl.) Kuijt, *Phthirusa phaneroloma* Standl., *Struthanthus guatemalensis* Standl., *S. phanerolomus* (Standl.) Lundell, *S. spicatus* (Jacq.) G. Don.

Plantas inconspicuas, pequeñas; tallos jóvenes ligeramente cuadrangulares, los más viejos teretes, puntas de las ramitas furfuráceas, con líneas pardas corriendo por 2 entrenudos y continuando a lo largo de la vena media en el envés de la hoja y frecuentemente a lo largo de los márgenes. Hojas hasta 8 × 3 cm, angostamente ovadas, pinnatinervias, la base ligeramente cuneada, el ápice redondeado; pecíolo hasta 10 mm. Espigas solo axilares, generalmente solitarias, hasta 20 mm; pedúnculo c. 6 mm, la parte florífera delgada y sosteniendo hasta 24 flores, las flores rojo vino oscuro. Yemas, flores, y frutos ligeramente oblicuos. Fruto 2-4 × 1.5-2 mm, elíptico en contorno, verdoso. *Sobre numerosas especies de árboles, en varios hábitats*. B (*Gentle 1426*, F); G (*Bequaert 46*, F); CR (*Kuijt 2476*, CR); P (*Churchill & Kuijt 5075*, MO). 0-2000 m. (Mesoamérica, Colombia, Venezuela, Surinam, Ecuador, Perú, Bolivia, Brasil).

Nota editorial: Caires & Proença (2020) propusieron un nuevo concepto, diferente al presentado por el autor de este tratamiento, y designaron un tipo distinto. El autor de este tratamiento y los editores no lograron dilucidar si la propuesta de Caires & Proença es adecuada por lo que se mantiene el concepto original de Kuijt.

5. Panamanthus Kuijt

Por J. Kuijt.

Plantas glabras, parásitas sobre las ramas de árboles. Hojas decusadas, pinnatinervias, el ápice contraído en una cauda angosta. Inflorescencias axilares, solitarias o en pequeños agregados, indeterminadas, casi sésiles, con varios pares de hojas escuamiformes papiráceas subyacentes, generalmente caducas, con pares de mónades; cada flor abrazada por una cúpula formada por una bráctea y 2 bractéolas. Flores bisexuales, 6-meras; estambres dimorfos, las anteras basifijas o casi basifijas, con 4 sacos polínicos alargados. Fruto esférico; endospermo presente; embrión dicótilo. Género monoespecífico endémico de Costa Rica y Panamá.

1. Panamanthus panamensis (Rizzini) Kuijt, *Ann. Missouri Bot. Gard.* 78: 172 (1991). *Phrygilanthus panamensis* Rizzini, *Ann. Missouri Bot. Gard.* 47: 270 (1960 [1961]). Holotipo: Panamá, *Davidson 431* (US!). Ilustr.: Rizzini, *Ann. Missouri Bot. Gard.* 47: 271, t. 74 (1960 [1961]).

Struthanthus panamensis (Rizzini) Barlow & Wiens.

Plantas escandentes, las ramas ocasionalmente con raíces epicorticales; entrenudos ligeramente cuadrangulares cuando jóvenes, volviéndose teretes. Hojas hasta 4 × 7 cm, la base truncada o muy obtusa, el ápice contraído en una cauda conspicua de hasta 1.5 cm, delgada; pecíolo c. 1.5 cm. Racimos 2-4 cm, casi sésiles, con 6-8 pares de mónades, con varios pares de hojas escuamiformes subyacentes, caducas; bractéolas c. 2 mm, fusionadas a lo largo de 2/3 inferiores de su longitud envolviendo el ovario hasta casi ocultarlo, tanto bractéolas como brácteas con conspicuos márgenes blanquecinos al secar. Flores amarillo pálido, de olor agradable; yema madura 8-9 mm, aguda; ovario muy corto (1 mm); calículo inconspicuo; estilo c. 5 mm, recto; estigma no diferenciado. Fruto c. 1 cm de diámetro, anaranjado-amarillento; calículo inconspicuo; embrión c. 2 mm. *Bosques de neblina, bosques de roble*. CR (*Navarro 473*, CR); P (*Mori & Dressler 7825*, MO). 1200-2200 m. (Endémica).

6. **Passovia** H. Karst.

Por J. Kuijt.

Plantas glabras, pero algunas con característico tallo furfuráceo, las raíces epicorticales en la base de la planta y, en algunos, también en las ramas. Hojas en pares; pecioladas. Inflorescencia un racimo indeterminado o espiga de tríades sésiles o cortamente pedunculadas, cada tríade con al menos la flor central sésil y con las brácteas y bractéolas persistentes; en una especie, inflorescencias compuestas en posición terminal y/o axilar. Flores 6-partidas, perfectas o plantas dioicas, pequeñas, rojo oscuro a blanco-cremosas; estambres dimorfos, los filamentos cortos y aplanados, el más largo de todos con depresiones crateriformes laterales acomodando las anteras de los más cortos, las anteras basifijas, con prominentes cornículos conectores; estilo más bien grueso, con la forma de las anteras impresas sobre este. Fruto de diversos colores, el endospermo conspicuo, cremoso; embrión grueso, dicótilo, con disco haustórico prominente. Aprox. 30 spp., sur de México hasta Bolivia y Brasil, Jamaica; 2 spp. en Mesoamérica.

El tratamiento de Loranthaceae de Brasil por Eichler (1866-1868 [1868]) cambió profundamente la naturaleza del género *Phthirusa* Mart. Regresando al concepto original de Martius, el género *Phthirusa* está restringido a especies 4-meras sin inflorescencias, todas las flores siendo sésiles en la axila de las hojas, solitarias o en agregados pequeños. Tomado en este sentido, no hay especies de *Phthirusa* en Mesoamérica, las 2 especies previamente ubicadas en este género son asignadas a *Passovia*.

Bibliografía: Eichler, A.W. *Fl. Bras.* 5(2): 52-67 (1866-1868 [1868]). Kuijt, J. *Syst. Bot.* 16: 283-291 (1991a); *Plant Div. Evol.* 129: 159-211 (2011).

1. Inflorescencias frecuentemente ramificadas, especialmente cuando son terminales; plantas dioicas; raíces epicorticales en la base y en los tallos. **1. P. pedunculata**
1. Inflorescencias sin ramificar, solo axilares; flores bisexuales; raíces epicorticales solo en la base de la planta. **2. P. pyrifolia**

1. Passovia pedunculata (Jacq.) Kuijt, *Novon* 23: 177 (2014). *Loranthus pedunculatus* Jacq., *Enum. Syst. Pl.* 18 (1760). Neotipo (designado por Kuijt, 2014): Panamá, *Hammel 3298* (MO!). Ilustr.: Kuijt, *Fl. Ecuador* 24: 162, t. 21 (1986b), como *Phthirusa retroflexa*.

Loranthus aduncus G. Mey., *L. conduplicatus* Kunth, *L. paniculatus* Kunth, *L. retroflexus* Ruiz & Pav., *L. sessilis* Jacq., *L. stelis* L., *L. theobromae* Willd. ex Schult. f., *Passovia jamaicensis* (Krug & Urb.) Kuijt, *P. odorata* H. Karst., *P. stelis* (L.) Kuijt, *Phthirusa adunca* (G. Mey.) Maguire, *P. amazonensis* Weir, *P. jamaicensis* Krug. & Urb., *P. paniculata* (Kunth) J.F. Macbr., *P. retroflexa* (Ruiz & Pav.) Kuijt, *P. stelis* (L.) Kuijt, *P. theobromae* (Willd. ex Schult. f.) Eichler, *Struthanthus aduncus* (G. Mey.) G. Don, *S. retroflexus* (Ruiz & Pav.) G. Don, *S. sessilis* (Jacq.) G. Don, *S. stelis* (L.) G. Don.

Plantas escandentes; tallos más o menos teretes, con raíces epicorticales en la base y sobre algunos tallos. Hojas hasta 14 × 7.5 cm, anchamente ovadas, el ápice generalmente atenuado; pecíolo c. 1 cm. Dioicas. Inflorescencias tanto terminales como axilares, la última generalmente simple, la primera ramificada y hasta 15 cm, consistiendo de un racimo terminal más 2-6 racimos laterales inferiores cada uno con 4-12 pares de tríades con pedúnculos hasta 2 mm, la bráctea y las bractéolas persistentes, agudas, subyacentes a cada una de las flores sésiles. Yemas hasta c. 6 mm, las pistiladas más bien agudas y angostas, las masculinas obtusas; pétalos amarillo-blanquecinos a rojo claro. Flores con los órganos del sexo opuesto abortados muy bien diferenciados; antera con cornículo terminal conector. Fruto hasta 10 × 5 mm, elíptico en contorno, rojo ladrillo opaco. *Sobre numerosas especies de árboles*. CR (*Hammel et al. 16705*, MO); P (*Schmalzel 1611*, MO). 0-700 m. (Mesoamérica, Venezuela, Perú, Bolivia, Brasil, Jamaica, Trinidad y Tobago).

2. Passovia pyrifolia (Kunth) Tiegh., *Bull. Soc. Bot. France* 42: 172 (1895). *Loranthus pyrifolius* Kunth in Humb., Bonpl. & Kunth, *Nov. Gen. Sp.* 3: 441 (1818 [1820]). Holotipo: Colombia, *Bonpland 1872* (P). Ilustr.: Kuijt, *Fl. Ecuador* 24: 158, t. 18 (1986b), como *Phthirusa pyrifolia*.

Loranthus affinis Mart., *L. catocarpus* Benth., *L. hoffmannseggianus* Schult. f., *L. lepidobotrys* Griseb., *L. subcampestris* Mart., *Passovia lepidobotrys* (Griseb.) Kuijt, *Phoradendron gentlei* Trel., *Phthirusa brasiliensis* Weir, *P. heterophylla* Rusby, *P. lepidobotrys* (Griseb.) Eichler, *P. pyrifolia* (Kunth) Eichler, *Struthanthus minutiflorus* Lundell, *S. pyrifolius* (Kunth) G. Don.

Raíces epicorticales solo en la base de la planta; tallo muy comprimido y carinado cuando joven, frecuentemente 6 mm de ancho o más justo debajo del nudo, completamente furfuráceo o con líneas furfuráceas separadas por epidermis verde, una línea de estas generalmente continuando sobre la vena media en el envés hasta cerca del ápice. Hojas generalmente c. 10 × 4-5 cm, anchamente lanceoladas, más bien delgadas, verde oscuro brillantes cuando frescas, pinnatinervias, la base obtusa a truncada, el ápice ligeramente atenuado o hasta mucronado; pecíolo c. 1 cm, conspicuo, ligeramente comprimido y carinado. Inflorescencia simple, una o varias por axila, 6-8 cm, con 14-20 tríades sobre pedúnculos cortos; eje con textura áspera, terete. Flores sésiles, las laterales con 2 profilos cada una, formando una pequeña cúpula floral dentada; pétalos c. 1.5 mm, rojo vino oscuro a rojo pálido; estambres sésiles, con un filamento carnoso diminuto. Fruto c. 8 × 5 mm, elipsoide, obtuso, al madurar rojo-anaranjado brillante con el ápice amarillento y la base verde-morado oscuro; embrión con disco radicular obtuso. *Sobre una amplia variedad de árboles cultivados y nativos, en varios hábitats*. B (*Proctor 29950*, BM); G (*Contreras 8501*, MO); H (*Yuncker et al. 871*, BM); ES (*Davidse et al. 37092*, MO); N (*Stevens 6112*, MO); CR (*Kuijt 2560*, CR); P (*Dodge et al. 16571*, MO). 0-1300 m. (Mesoamérica, Colombia, Venezuela, Guayana Francesa, Bolivia, Brasil, Jamaica).

7. **Peristethium** Tiegh.

Por J. Kuijt.

Plantas glabras con raíces epicorticales en la base y en los tallos, los entrenudos con lenticelas pustulares conspicuas. Hojas en pares; pecioladas. Inflorescencia determinada, con varios pares de hojas subyacentes generalmente papiráceas escuamiformes y más o menos persistentes, de una sola flor terminal seguida por 1 o 2 pares de flores solitarias (mónades) sin bractéolas y varios números de pares de tríades sésiles bracteoladas. Flores 4 o 6-meras, bisexuales o plantas dioicas; estambres diminutos, las anteras basifijas, sésiles o casi sésiles, localizados en o por encima de la mitad de los pétalos subyacentes, unidos en 2 alturas diferentes; estilo recto. Fruto rojo volviéndose morado oscuro. 16 spp., desde Costa Rica hasta Brasil; 2 spp. en Mesomamérica.

El género *Peristethium* fue recientemente restablecido y expandido. Este es el único género de América tropical con un agregado, frecuentemente caduco, de hojas escuamiformes en la base de la inflorescencia, y está caracterizado por tener inflorescencias determinadas, diminutas, más o menos sésiles, las anteras basifijas, algunas especies teniendo solo mónades, otras teniendo mónades y tríades, las primeras distales a las últimas.

Bibliografía: Kuijt, J. *Ann. Missouri Bot. Gard.* 98: 542-577 (2011 [2012]).

1. Tríades más de 4 pares; plantas dioicas, flores 6-meras; Costa Rica al N. de los Andes. **1. P. leptostachyum**
1. Tríades 3 o 4 pares; flores bisexuales, 4-meras; únicamente del Cerro Jefe, Panamá. **2. P. primarium**

1. Peristethium leptostachyum (Kunth) Tiegh., *Bull. Soc. Bot. France* 42: 175 (1895). *Loranthus leptostachyus* Kunth in Humb., Bonpl. & Kunth, *Nov. Gen. Sp.* 3: 440 (1818 [1820]). Holotipo: Colombia, *Bonpland s.n.* (P!). Ilustr.: Kuijt, *Ann. Missouri Bot. Gard.* 98: 562, t. 10 (2011 [2012]).

Phthirusa iodocarpa Diels, *P. pittieri* K. Krause, *Struthanthus leptostachyus* (Kunth) G. Don.

Plantas toscas grandes, con ramas largas; tallos teretes, con numerosas lenticelas prominentes. Hojas hasta 20 × 7 cm, generalmente elípticas, ásperas y rígidas, el ápice agudo a atenuado. Inflorescencias 1-varias por axila, hasta 10(-12) cm, con conspicuas hojas papiráceas escuamiformes subyacentes, con 14-20 tríades sésiles, terminando en una flor solitaria y con 2 mónades laterales, las brácteas y bractéolas caducas; eje de la inflorescencia con lenticelas, los nudos hinchados cuando en fruto. Fruto c. 6 × 4 mm, rojo ladrillo volviéndose azul-morado intenso; endospermo amarillento, conspicuamente hexagonal en corte trasversal. *Sobre árboles plantados o en bosques.* CR (*Kuijt 2445*, CR); P (*Woodson et al. 1911*, MO). 0-1600 m. (Mesoamérica, Colombia, Venezuela, Ecuador, Perú).

2. Peristethium primarium (Kuijt) Kuijt, *Ann. Missouri Bot. Gard.* 98: 571 (2011 [2012]). *Cladocolea primaria* Kuijt, *Ann. Missouri Bot. Gard.* 74: 511 (1987). Holotipo: Panamá, *Sytsma & Knapp 4797* (MO!). Ilustr.: Kuijt, *Ann. Missouri Bot. Gard.* 98: 572, t. 16 (2011 [2012]).

Plantas escasamente ramificadas con raíces epicorticales ocasionales en los tallos (y presumiblemente en la base); tallos teretes o casi teretes, los más viejos con lenticelas conspicuas. Hojas decusadas, anchamente lanceoladas a ovadas, el ápice obtuso a escasamente apiculado. Inflorescencia determinada, con varios pares de hojas escuamiformes subyacentes, frecuentemente caducas, secas, pardas, con 3 o 4 pares de tríades debajo seguidas por 1 par de mónades sin bractéolas y la flor terminal. Flores 4-meras; pétalos libres; pétalos y estambres dimorfos; estilo recto. Fruto c. 6 × 4 mm, elipsoide, rojo volviéndose morado oscuro. *Bosques de neblina.* P (*D'Arcy & Hamilton 14817*, MO). 850-3000 m. (Endémica).

8. Psittacanthus Mart.

Chatinia Tiegh., *Loranthus* Jacq. sect. *Psittacanthus* (Mart.) Blume, *Martiella* Tiegh.

Por J. Kuijt.

Arbustos grandes, en general foliosos, glabros, sostenidos por un grueso órgano haustórico, raíces epicorticales ausentes. Hojas en pares o en verticilos de 3 o 4, algunas veces más bien irregulares, frecuentemente coriáceas y brillantes. Inflorescencias ya sea terminales o en racimos de tríades en pares (umbelas reducidas de díades sésiles en *Psittacanthus nudus*), o umbelas laterales de díades (frecuentemente más reducidas en *P. pusillus*). Flores grandes, 6-meras, bisexuales, generalmente pediceladas, con una bráctea o bractéola subyacente, generalmente rojo brillante y/o amarilla; pétalos fusionados en varios grados y correspondientemente recurvados en la antesis, sosteniendo estambres filamentosos, las anteras dorsifijas y generalmente versátiles, los estambres en la antesis agregados alrededor del estilo o patentes, generalmente dimorfos. Fruto una baya grande; semilla envuelta por una sustancia viscosa pegajosa, el endospermo ausente, el embrión grueso, los cotiledones 2-12, carnosos, aplanados o prismáticos. Aprox. 120 spp. desde México hasta Argentina y pocas especies en las Antillas; 19 spp. en Mesoamérica.

Bibliografía: Kuijt, J. *Syst. Bot. Monogr.* 86: 1-361 (2009b).

1. Flores no en obvias díades o tríades, en una inflorescencia en umbela con flores pediceladas; plantas frecuentemente afilas, por lo menos en la antesis. **12. P. nudus**
1. Flores en obvias díades o tríades, estas solitarias, en pares, verticiladas o en racimos; plantas foliosas.
  2. Pedicelos bastante expandidos en el ápice, la cúpula cubriendo la mayor parte del ovario y/o fruto.
    3. Hojas muy angostamente lanceoladas, hasta 6 × 1 cm; bráctea primaria de la tríade acicular; flores pediceladas; Chiapas. **3. P. breedlovei**
    3. Hojas anchamente ovadas, hasta 20 × 7 cm; bráctea primaria anchamente foliácea; Pacífico en México, Costa Rica y Sudamérica. **7. P. cucullaris**
  2. Pedicelos escasamente expandidos en el ápice, la cúpula cubriendo apenas la base del ovario o fruto (sobrepasando en *Psittacanthus chiriquianus*).
    4. Pétalos plegados en el ápice; hojas generalmente menos de 5 cm; Cerro Jefe, Panamá. **15. P. pusillus**
    4. Pétalos no plegados en el ápice; hojas generalmente más de 5 cm.
      5. Márgenes inferiores de los pétalos con apéndices vermiculares conspicuos; hojas con la base amplexicaule. **8. P. hamulifer**
      5. Márgenes de los pétalos lisos; hojas con la base no amplexicaule.
        6. Inflorescencia una umbela de tríades. **6. P. costaricensis**
        6. Inflorescencia no como la anterior.
          7. Inflorescencia de díades, solo laterales (en o cerca de la axila de las hojas).
            8. Vena media llegando hasta el ápice, este bastante agudo; SE. Costa Rica. **18. P. salicifolius**
            8. Vena media inconspicua, o al menos no llegando hasta el ápice, este redondeado; C. México a Panamá.
              9. Hojas generalmente en verticilos de 4; anteras isomorfas. **9. P. krameri**
              9. Hojas en pares, en verticilos de 3, o irregularmente alternas; anteras dimorfas o trimorfas.
                10. Base estilar torcida; creciendo en elevaciones bajas, aparentemente solo sobre *Pinus*. **14. P. pinicola**
                10. Base estilar recta; no conocida sobre *Pinus*.
                  11. Plantas (inconspicuamente) dicótomas; hojas anchamente lanceoladas; inflorescencia doble. **13. P. panamensis**
                  11. Plantas percurrentes; hojas generalmente obovadas; inflorescencia doble o triple.
                    12. Puntas de la inflorescencia y pedúnculos de la díade expandidos, patentes al menos cuando secos; estambres dimorfos y/o trimorfos; lígula basal ausente; Chiriquí, Panamá. **5. P. chiriquianus**
                    12. Puntas de los pedúnculos no obviamente expandidos o patentes; estambres dimorfos; lígula basal presente; C. México, Costa Rica, Panamá. **16. P. ramiflorus**
          7. Inflorescencia de tríades con la principal terminal.
            13. Pétalos 7.5-9 cm; hojas generalmente al menos 2 veces tan largas como anchas, marcadamente atenuadas apicalmente.
              14. Hojas angostamente falcadas, al menos 5 veces tan largas como anchas; Chiapas a Nicaragua. **2. P. angustifolius**
              14. Hojas generalmente menos de 3 veces tan largas como anchas; Costa Rica al O. Panamá. **19. P. schiedeanus**
            13. Pétalos 3.5-7 cm; hojas generalmente menos de 2 veces tan largas como anchas, no más que escasamente atenuadas.
              15. Yema con ápice conspicuamente curvado, agudo y rostrado cuando seco; tallos tendiendo a ser calcáreos al menos cuando secos. **17. P. rhynchanthus**
              15. Yema con ápice recto o escasamente inclinado apicalmente, no rostrado al menos cuando seco; tallos no calcáreos cuando secos, glabros.

16. Tallos jóvenes cuadrangulares.
17. Hojas hasta 8 × 3 cm, ampliadas en o por encima de la mitad; fruto c. 8 mm. **10. P. mayanus**
17. Hojas hasta 16 × 6 cm, ampliadas debajo de la mitad; fruto c. 12 mm. **19. P. schiedeanus**
16. Tallos jóvenes teretes.
18. Plantas robustas; yemas hasta 6 cm, gruesas; lámina hasta 12 × 15 cm, casi orbicular; Costa Rica (cantón de Golfito). **1. P. acinarius**
18. Plantas no robustas; yemas generalmente 3.5-5 cm, no gruesas; lámina hasta 6 × 4 cm, ovada; no conocida de Costa Rica.
19. Pétalos generalmente 4-5 cm, la base internamente sin una costilla elevada; cotiledones 4; Chiapas y hacia el noroeste. **4. P. calyculatus**
19. Pétalos c. 3.7 cm, la base internamente con una costilla elevada; cotiledones 2; Nicaragua. **11. P. minor**

1. Psittacanthus acinarius (Mart.) Mart., *Flora* 13: 108 (1830). *Loranthus acinarius* Mart. in Schult. & Schult. f., *Syst. Veg.* ed. 15 bis, 7: 130 (1829). Holotipo: Brasil, *Martius s.n.* (M). Ilustr.: Kuijt, *Syst. Bot. Monogr.* 86: 60, t. 16 (2009b).

Psittacanthus corynocephalus Eichler.

Plantas robustas y toscas; tallos foliosos, c. 7 mm de ancho; entrenudos hasta 6 cm. Hojas c. 12 × 15 cm, irregularmente ovado-orbiculares, con frecuencia ligeramente asimétricas; pecíolo c. 1 cm, grueso. Inflorescencias terminales, cada una con 2 o 3 pares de tríades; pedúnculo c. 2 cm, la tríade con pedúnculo c. 1 cm, la bráctea robusta, c. 3 mm; pedicelo c. 2 cm, grueso, terminando en una cúpula c. 1 cm de ancho; pétalos c. 6 cm, el 1/3 distal engrosado y conteniendo las anteras dimorfas gruesas, al menos 1 cm, los filamentos casi de la misma longitud que los pétalos; ovario c. 10 × 5 mm, grueso e irregularmente dentado; estilo c. 6 cm, recto, el estigma conspicuo, capitado. Fruto c. 1.8 × 1 cm, el calículo gruesamente dentado. *Bosques primarios*. CR (*Morales et al. 1905*, CR). 100-500 m. (Mesoamérica, Colombia, Venezuela, Guayana Francesa, Ecuador, Perú, Bolivia, Brasil).

Como en el caso de *Psittacanthus cucullaris*, *P. acinarius* es por lo demás solamente conocida de Sudamérica. Es inconfundible debido a que todas sus estructuras son inusualmente gruesas y sus hojas grandes, irregularmente ovado-orbiculares.

2. Psittacanthus angustifolius Kuijt, *Ann. Missouri Bot. Gard.* 74: 523 (1987). Holotipo: Nicaragua, *Moreno 24419* (MO!). Ilustr.: Kuijt, *Syst. Bot. Monogr.* 86: 77, t. 25 (2009b).

Tallos fuertemente cuadrangulares. Hojas decusadas, hasta 17 × 2.5 cm, angostamente falcadas, delgadas, pinnatinervias, la base aguda, el ápice delgadamente atenuado; pecíolo hasta 5 mm. Inflorescencia terminal, con 4 o 6 tríades; pedúnculos de las tríades c. 1 cm, aquellos más bajos con brácteas foliáceas de hasta 2 cm; pedicelos c. 1.5 cm, con cúpulas conspicuas, el calículo liso. Yema robusta, más o menos recta o escasamente curvada, la base c. 5 mm de ancho, el ápice obtuso y c. 4 mm de ancho; pétalos 7.5-8 cm, anaranjados, las partes internas de la flor sin tricomas, la base de los pétalos c. 5 mm de ancho, sin lígula; ápice de los pétalos obtuso y c. 4 mm de ancho, cada uno con una cresta central liguliforme carnosa, extendiéndose hacia adentro; estambres dimorfos, los filamentos c. 5 cm, unidos a c. 2.5 cm por encima de la base de los pétalos, las anteras c. 6 mm; ovario c. 5 × 6.5 mm; estigma muy pequeño, capitado localizado por encima de las anteras. Fruto no conocido. *Laderas y crestas montañosas, sobre* Pinus *y* Quercus. Ch (*Breedlove 69013*, CAS); B (*Proctor 36573*, BM); G (*Steyermark 31517*, F); H (*Molina R. & Molina 25869*, NY); ES (*Martínez CMC00260*, MO); N (*Moreno 24419*, MO). c. 1200 m. (Endémica).

3. Psittacanthus breedlovei Kuijt, *Novon* 6: 51 (1996). Holotipo: Chiapas, *Breedlove 70607* (CAS!). Ilustr.: Kuijt & Kellogg, *Novon* 6: 52, t. 12 (1996).

Plantas más bien pequeñas, glabras; entrenudos hasta 2 cm. Hojas hasta 5.5 × 0.7 cm, muy angostamente lanceoladas; pecíolo c. 5 mm. Inflorescencia un racimo con c. 6 tríades en pares agregados sobre el eje c. 1-1.5 cm; pedúnculo de la tríade 1-1.5 cm, su bráctea 5-6 mm, acicular; pedicelos 10-12 mm, sobrepasando la cúpula ligeramente expandida de c. 4 mm de ancho. Yema floral (incluido el ovario) c. 6 cm, recta, angulada, anaranjada; ovario c. 2 × 2 mm, generalmente ocultado por la cúpula, coronado por un calículo abierto, irregularmente dentado de c. 2 mm; estambres dimorfos, la antera 2.5-3.5 mm, las lígulas ausentes; estilo casi de la misma longitud que los pétalos, recto, el estigma capitado, pequeño. Fruto no conocido. *Sobre* Acacia. Ch (*Breedlove 70607*, CAS). c. 900 m. (Endémica).

Psittacanthus breedlovei es excepcional por las hojas pequeñas y angostas, y por la aparente proliferación del ápice de la inflorescencia formando otro vástago. Solo se conoce del tipo.

4. Psittacanthus calyculatus (DC.) G. Don, *Gen. Hist.* 3: 415 (1834). *Loranthus calyculatus* DC., *Coll. Mém.* 6: 30 (1830). Lectotipo (designado aquí): México, Morelos, *Berlandier 1150* (G-DC!; isolectotipos: P-[cb] P00756370!, P-[cb] P00756371!). Ilustr.: Kuijt, *Syst. Bot. Monogr.* 86: 105, t. 40 (2009b).

Chatinia calyculata (DC.) Tiegh., *Loranthus karwinskyanus* Schult. & Schult. f., *Psittacanthus karwinskyanus* (Schult. & Schult. f.) Eichler.

Plantas robustas; entrenudos ligeramente cuadrangulares cuando jóvenes, volviéndose terete-redondeados. Hojas hasta 9 × 5 cm, frecuentemente ovadas, en ocasiones largamente atenuadas a escasamente falcadas, el ápice al menos finalmente redondeado. Inflorescencia un racimo terminal con varios pares de tríades, las plantas vigorosas presentan inflorescencias adicionales axilares, subterminales. Yema generalmente hasta 5 cm, recta o escasamente inclinada distalmente, el ápice ligeramente expandido y puntiagudo, pero no rostrado; base interna de los pétalos lisa; estambres dimorfos, las 2 series de anteras escasamente superpuestas. Fruto c. 10 × 8 mm, con calículo conspicuo, el embrión con 4 cotiledones. *Bosques, bordes de carreteras, sobre árboles cultivados*. Ch (*King 3438*, NY). 0-2600 m. (México [Aguascalientes, Colima, Edo. México, Guanajuato, Guerrero, Jalisco, Michoacán, Morelos, Nayarit, Oaxaca, Puebla, Querétaro, San Luis Potosí, Sinaloa, Sonora, Veracruz, Zacatecas], Mesoamérica).

Psittacanthus calyculatus es una especie muy variable difícil de separar de otras especies, especialmente cuando no hay flores. Se puede confundir con *P. rhynchanthus* y *P. schiedeanus*, que llegan hasta Panamá, mientras que *P. calyculatus* solo se distribuye hasta Chiapas; es posible que *P. calyculatus* se mezcle con *P. schiedeanus*, especie también muy variable. Los registros de otros autores de esta especie al sureste de Chiapas son posiblemente erróneos.

5. Psittacanthus chiriquianus Kuijt, *Proc. Kon. Ned. Akad. Wetensch., Biol.* 93: 115 (1990). Holotipo: Panamá, *Hammel 6053* (MO!). Ilustr.: Kuijt, *Syst. Bot. Monogr.* 86: 112, t. 44 (2009b).

Tallos teretes, lisos cuando jóvenes, fisurados al envejecer, aparentemente simpódicos, la base de los brotes envuelta por una depresión; entrenudos hasta 12 cm, los nudos escasamente engrosados. Hojas en pares o en verticilos de 3, hasta 6 × 8 cm, anchamente elípticas a ovadas, coriáceas, pinnatinervias pero las venas inconspicuas, la base mayormente atenuada hasta el pecíolo, el ápice redondeado; pecíolo c. 10 × 2 mm. Inflorescencia solo axilar, 1-3 por axila, una umbela con 3 díades, la base envuelta por un depresión suberosa, sus ramas delgadas, anaranjado intenso; pedúnculo de la inflorescencia hasta 2 cm; pedúnculos de las díades c. 8 mm, los pedicelos 6-8 mm; pedúnculos y pedicelos terminando en una bráctea conspicuamente abierta o una cúpula profunda, cada una c. 2.5 mm de ancho. Flores anaranjadas en la base y amarillas en el ápice, yemas maduras c. 3.5 cm, ovario c. 4 × 3 mm, cilíndrico, anaranjado, el tubo floral recto, tan grueso como el ovario pero el 1 cm terminal levemente engrosado, el ápice obtuso; estambres dimorfos o trimorfos en la misma planta, los filamentos

11-15 mm, unidos a los pétalos c. 16 mm por encima de la base, las anteras c. 2.5 × 1 mm, lisas y con ápices redondeados, dorsifijas; estilo de la longitud total de la yema, recto distalmente y ligeramente sinuoso proximalmente, el estigma c. 1 mm, capitado, papiloso, localizado muy por encima de las anteras superiores. Lígula ausente pero la base interna de los pétalos formando una cresta prominente en los primeros 4 mm. Fruto no conocido. *Laderas y crestas boscosas*. P (*McPherson 8055*, MO). 1200-2200 m. (Endémica).

6. Psittacanthus costaricensis Kuijt, *Proc. Kon. Ned. Akad. Wetensch., Biol.* 93: 116 (1990). Holotipo: Costa Rica, *Barlow 1475* (UC!). Ilustr.: Kuijt, *Syst. Bot. Monogr.* 86: 130, t. 54 (2009b).

Tallos teretes. Hojas en pares, hasta 12 × 4 cm, ovadas a lanceoladas, más o menos simétricas. Inflorescencia en el extremo y cerca de los extremos de las ramas, cada umbela con (3)4 tríades pedunculadas. Flores pediceladas; yemas rectas y delgadas, la base algo dilatada, pétalos c. 8 cm; filamentos c. 4 cm, muy delgados, las anteras dimorfas, con escasos tricomas, dorsales, rojos. Fruto no conocido. *Sobre árboles en bosques, árboles cultivados a la sombra.* CR (*Hammel et al. 16949*, MO); P (*Harrison & Harrison 652*, UCH). 0-700 m. (Endémica).

7. Psittacanthus cucullaris (Lam.) G. Don, *Gen. Hist.* 3: 416 (1834). *Loranthus cucullaris* Lam., *J. Hist. Nat.* 1: 444 (1792). Neotipo (designado por Kuijt, 2009b): Surinam, *Lindeman et al. 651* (NY!). Ilustr.: Kuijt, *Syst. Bot. Monogr.* 86: 140, t. 60 (2009b).

Loranthus cupulifer Kunth, *L. mexicanus* C. Presl ex Schult. & Schult. f., *Psittacanthus cupulifer* (Kunth) G. Don, *P. mexicanus* (C. Presl ex Schult. & Schult. f.) G. Don.

Tallos teretes. Hojas hasta 20 × 7 cm, ovadas a lanceoladas, con frecuencia ligeramente falcadas, palmatinervias, la base cuneada. Inflorescencia terminal y en las axilas superiores, cada una un racimo corto de 2-6 tríades pedunculadas, la bráctea de la tríade variable, algunas veces foliácea y hasta 10 cm. Flores sésiles; ovario ocultado por una cúpula angosta y rojiza de c. 1 cm; pétalos hasta 4 cm, muy angostos, marcadamente recurvados en la antesis, amarillos a rojizo-anaranjados (la base). Fruto hasta c. 1.5 cm, morado-negruzco, ocultado hasta el 1/2 por la cúpula. *Bosques de tierras bajas*. CR (*Marín & Quesada 75*, MO). c. 200 m. (México, Mesoamérica, Colombia, Venezuela, Guayanas, Ecuador, Perú, Bolivia, Brasil).

Conocida en Mesoamérica solo de una colección disyunta en Costa Rica (península de Osa), a unos 1000 km desde su localidad más cercana en Colombia.

8. Psittacanthus hamulifer Kuijt, *Ann. Missouri Bot. Gard.* 65: 754 (1978 [1979]). Holotipo: Panamá, *Duke & Elias 13681* (MO-[nr] 2057976!). Ilustr.: Kuijt, *Ann. Missouri Bot. Gard.* 65: 755, t. 7 (1978 [1979]).

Tallos escasamente aplanados, los entrenudos hasta 10 cm. Hojas hasta 15 × 7 cm, ovadas a anchamente lanceoladas, coriáceas, pinnatinervias, la base cordada y amplexicaule, el ápice agudo. Inflorescencia axilar; pedúnculo c. 5 mm, los pedicelos escasamente más largos; pétalos c. 5 cm, angostamente rostrados en la yema recta, anaranjado brillante con el ápice amarillo, los márgenes inferiores con apéndices vermiculares uncinados; estambres c. 1.5 cm, las anteras dimorfas, c. 4.5 mm, angostas, el ápice acicular, c. 1 mm; calículo irregularmente crenado. Fruto no conocido. *Selvas bajas perennifolias*. P (*Duke & Elias 13681*, MO). 800-1500 m. (Mesoamérica, Colombia).

9. Psittacanthus krameri Kuijt, *Candollea* 38: 666 (1983). Holotipo: Panamá, *Luteyn & Foster 1122* (MO!). Ilustr.: Kuijt, *Syst. Bot. Monogr.* 86: 189, t. 87 (2009b).

Tallos teretes, los nudos frecuentemente engrosados, los entrenudos hasta 12 cm. Hojas en verticilos regulares de 4(2), hasta 8 × 4 cm, (obovadas) ovadas a anchamente lanceoladas, coriáceas. Inflorescencia axilar, una umbela con varias díades. Yemas 4-6 cm, rectas, redondeadas en el ápice, claviformes, escasamente dilatadas en la base, rojo brillante o anaranjado con el ápice amarillo; anteras isomorfas, casi basifijas sobre un filamento muy corto (1-1.5 mm) y en el dorso con una media luna de tricomas rojizos largos. Fruto c. 9 × 5 mm, morado oscuro, con calículo inconspicuo. *Laderas montañosas*. CR (*Tonduz 11611*, US); P (*Luteyn & Foster 1122*, F). 500-2200 m. (Mesoamérica, Colombia).

Véase *Psittacanthus panamensis*, una especie muy similar.

10. Psittacanthus mayanus Standl. & Steyerm., *Publ. Field Mus. Nat. Hist., Bot. Ser.* 23: 41 (1944). Holotipo: Belice, *Gentle 116* (F). Ilustr.: Kuijt, *Syst. Bot. Monogr.* 86: 208, t. 96 (2009b).

Tallos cuadrangulares, la parte superior de los entrenudos volviéndose aplanados, en ocasiones hasta 1 cm. Hojas generalmente hasta 8(-15) × c. 3 cm, lanceoladas o falcadas a angostamente obovadas, evidentemente pinnatinervias. Inflorescencia terminal con hasta 6 pares de tríades; pedúnculo de la tríade hasta 2.5 cm, la bráctea frecuentemente alargada hasta c. 5 mm, los pedicelos hasta c. 2 cm, terminando en la cúpula de 2-3 mm de alto, cubriendo la mayoría del ovario en la antesis, el calículo de c. 2 mm extendiéndose más allá; pétalos c. 3.5 cm, rojo-anaranjados, la yema más o menos recta, la dilatación basal o el cuello ausente, el ápice escasamente engrosado hasta 2 mm, agudo; filamentos c. 2.5 cm, las anteras c. 3 mm, dimorfas. Fruto c. 12 × 8 mm, elipsoide, el calículo algo prominente; cotiledones generalmente 5. *Playas, orillas de caminos*. T (*Cowan & Magaña 3047*, MO); Ch (*Laughlin 1322*, CAS); Y (*Gaumer et al. 23213*, K); C (*Cabrera & Cabrera 11886*, MO); QR (*Cabrera & Cabrera 5400*, MO); B (*Davidse & Brant 33133*, MO); G (*King 3365*, UC); N (*Neill 350*, NY). 0-1200 m. (México [Jalisco, Michoacán, Oaxaca, Puebla, Veracruz], Mesoamérica).

11. Psittacanthus minor Kuijt, *Ann. Missouri Bot. Gard.* 74: 525 (1987). Holotipo: Nicaragua, *Stevens 9466* (MO!). Ilustr.: Kuijt, *Ann. Missouri Bot. Gard.* 74: 526, t. 11 (1987).

Tallos teretes. Hojas decusadas, hasta 5.5 × 3.5 cm, ovadas, delgadas, más o menos palmatinervias, el ápice y la base obtusos o casi obtusos; pecíolo 3-5 mm. Inflorescencia terminal, con 4-6 pares de tríades; pedúnculos c. 12 mm; pedicelos c. 10 mm. Yemas rectas, no dilatadas en la base; pétalos c. 3.7 cm, rojo-anaranjados; área ligular ligeramente diferenciada; estambres dimorfos, las anteras c. 3 mm, dorsifijas, las 2 series escasamente superpuestas, los filamentos c. 16 mm, unidos a c. 21 mm por encima de la base de los pétalos. Ovario más o menos cilíndrico, c. 4 × 2 mm; estilo casi tan largo como los pétalos; estigma ligeramente diferenciado; calículo liso. Frutos c. 1.5 × 1 cm, ovoides, con calículo conspicuo, negruzcos. *Sobre Bignoniaceae y Fabaceae*. N (*Moreno 18288*, MO). 0-600 m. (Endémica).

Psittacanthus minor es similar a *P. mayanus* de la península de Yucatán, pero más robusta y con tallos redondeados más bien que cuadrangulares, y el fruto casi dos veces más grande.

12. Psittacanthus nudus (Ant. Molina) Kuijt & Feuer, *Brittonia* 34: 45 (1982). *Phrygilanthus nudus* Ant. Molina, *Ceiba* 3: 92 (1952-1953 [1952]). Holotipo: Honduras, *Molina R. 3931* (EAP!). Ilustr.: Kuijt, *Syst. Bot. Monogr.* 86: 224, t. 105 (2009b).

Plantas afilas o tal vez estacionalmente deciduas; tallos teretes. Inflorescencia una umbela con varias flores pediceladas (representando pares de flores laterales de tríades, las flores centrales y el pedúnculo de la díade ausentes), cada flor con una bractéola diminuta subyacente; yema claviforme, obtusa, pétalos 3.5-4 cm, la superficie interna inferior con apéndices vermiformes y lígula lobada; estambres dimorfos. Fruto c. 8 × 6 mm, ovoide, con calículo inconspicuo. *Laderas con* Pinus *y* Quercus, *sobre* Bursera, Ficus. Ch (*Breedlove & Daniel 70780*, CAS); H (*Molina R. 3931*, US). c. 900 m. (Endémica).

La colección de Chiapas es la segunda que se conoce de esta especie, la colección tipo es de Honduras (sobre *Ficus*), de donde casi con certeza está extinta. Una planta que podría ser esta especie, también, creciendo sobre *Bursera*, ha sido fotografiada pero no colectada por D. Lorence en Oaxaca, pero no se ha confirmado. *Psittacanthus nudus* es posiblemente conespecífica con *P. palmeri* (S. Watson) Barlow & Wiens del oeste de México.

13. Psittacanthus panamensis Kuijt, *Syst. Bot. Monogr.* 86: 234 (2009). Holotipo: Panamá, *McPherson 7735* (UC!). Ilustr.: Kuijt, *Syst. Bot. Monogr.* 86: 235, t. 112 (2009b).

Plantas dicótomas, el ápice del vástago abortando después de que se forman 2 pares de hojas; entrenudos teretes, hasta 8 cm. Hojas en pares, c. 11 × 5 cm, lanceoladas, las venas más bien inconspicuas, el ápice y la base agudos, el ápice al final ligeramente redondeado; cojinetes axilares suberosos presentes. Inflorescencias en la axila de las hojas y agregadas sobre nudos afilos más viejos, cada una de ellas una díade doble; pedúnculo de la inflorescencia c. 4 mm; pedúnculo de la díade c. 5 mm, el pedicelo floral c. 5 mm, las cúpulas grandes. Yema 40-45 mm, roja con ápice amarillo, incluyendo el ovario de c. 2.5 mm, el ápice ligeramente expandido; pétalos con la base escasamente dilatada donde tienen por dentro una pequeña protuberancia liguliforme; estambres dimorfos, las 2 series no superpuestas, glabros. Fruto no conocido. *Bosques*. P (*McPherson 7735*, MO). 1150-1200 m. (Endémica).

Psittacanthus panamensis es muy similar a *P. krameri*, pero difiere de esta por tener estambres dimorfos, glabros.

14. Psittacanthus pinicola Kuijt, *Ann. Missouri Bot. Gard.* 74: 525 (1987). Holotipo: Belice, *Gentle 82* (GH!). Ilustr.: Kuijt, *Ann. Missouri Bot. Gard.* 74: 527, t. 12 (1987).

Tallos casi teretes, volviéndose gruesamente fisurados. Hojas en verticilos de 3 (frecuentemente irregulares), c. 11 × 2.5 cm, angostamente elípticas a lanceoladas, simétricas, el ápice redondeado, la base atenuada hasta el pecíolo; pecíolo c. 5 mm. Inflorescencias axilares, frecuentemente también sobre tallos afilos más viejos, cada umbela con 2 o 3 díades; pedúnculo hasta 13 mm; pedúnculos y pedicelos de las díades 5-7 mm; pétalos c. 4 cm, rojos con ápice amarillo-verde, anaranjados en la mitad, la base de los pétalos con lígula prominente. Yemas ligeramente curvadas, infladas en el ovario hasta un ancho de c. 5 mm, el ápice delgado y escasamente curvado; estambres dimorfos (trimorfos), las anteras 3-4 mm, escasamente pelosas; ovario escasamente constricto en la mitad, el calículo liso; estilo con la base ligeramente torcida; estigma elipsoide, finamente papiloso. Fruto c. 13 × 5 mm, elipsoide, con calículo inconspicuo, morado intenso. *Sobre* Pinus. B (*Whitefoord 2442*, MO); H (*Proctor 38880*, BM); N (*Pipoly 4013*, MO). 0-600 m. (Endémica).

15. Psittacanthus pusillus Kuijt, *Ann. Missouri Bot. Gard.* 65: 758 (1978 [1979]). Holotipo: Panamá, *Foster & Kennedy 1863* (DUKE!). Ilustr.: Kuijt, *Ann. Missouri Bot. Gard.* 65: 759, t. 9 (1978 [1979]).

Especie pequeña y delicada. Hojas en pares, hasta 6 × 2.5 cm, elípticas a anchamente lanceoladas, las venas inconspicuas excepto por la vena media, la base aguda, el ápice redondeado. Flores en díades (tríades) axilares, pedunculadas, los pedicelos 8-10 mm; yema más o menos recta, hasta 3 cm, claviforme, roja en la base con ápice obtuso amarillo, la base escasamente dilatada; pétalos plegados en el ápice, lígula pequeña; estambres dimorfos. Fruto no conocido. *Bosques*. P (*Mori & Kallunki 2192*, MO). 800-900 m. (Endémica).

16. Psittacanthus ramiflorus (DC.) G. Don, *Gen. Hist.* 3: 415 (1834). *Loranthus ramiflorus* DC., *Prodr.* 4: 308 (1830). Lectotipo (designado por McVaugh, 2000): Sessé & Mociño dibujo, DC. t. 448. Ilustr.: Kuijt, *Syst. Bot. Monogr.* 86: 268, t. 131 (2009b).

Psittacanthus allenii Woodson & Schery, *P. lateriflorus* Woodson & Schery, *P. scheryi* Woodson.

Tallos escasamente estriados cuando jóvenes, pronto volviéndose teretes. Hojas generalmente en verticilos de 3 (rara vez 4 sobre vástagos vigorosos) pero tendiendo a ser irregulares, generalmente 8-10 × 3-4 cm, pero algunas veces mucho más grandes, elípticas a anchamente ovadas, verde oscuro brillante, pinnatinervias, la base generalmente cuneada, el ápice redondeado; pecíolo c. 6 mm. Inflorescencia solo axilar, en las axilas de hojas inferiores o en masas nodales sobre los tallos afilos más viejos, cada una siendo una umbela con 2-4 díades cortamente pedunculadas, los pedicelos 4-7 mm. Flores c. 4 cm, expandidas hasta c. 5 mm en la base bulbosa, casi rectas en yema o ligeramente curvadas en la porción distal, abriéndose casi hasta la mitad durante la antesis; porción tubular rojo-anaranjado vivo, el resto amarillo brillante; calículos, pedicelos y pedúnculos verde claro; estambres irregularmente dimorfos, casi tan largos como el estigma, adnados 15-20 mm por encima de la base, permaneciendo unidos alrededor del estilo durante la antesis, las anteras c. 4 mm; lígula pequeña; estigma capitado pequeño. Fruto rojo-morado oscuro. *Laderas y valles boscosos*. T (Villaseñor Ríos, 2016: 786); Ch (*Breedlove & Thorne 30830*, DS); CR (*Tonduz 12214*, BM); P (*Knapp et al. 4184*, MO). 250-3000 m. (México [Colima, Guerrero, Jalisco, Nayarit, Oaxaca, Puebla, Sinaloa, Veracruz], Mesoamérica).

17. Psittacanthus rhynchanthus (Benth.) Kuijt, *Ann. Missouri Bot. Gard.* 74: 529 (1987). *Loranthus rhynchanthus* Benth., *Bot. Voy. Sulphur* 102 (1844 [1845]). Lectotipo (designado por Kuijt, 1987): Honduras, *Sinclair s.n.* (K-[cb] K000567953!). Ilustr.: Kuijt, *Ann. Missouri Bot. Gard.* 74: 530, t. 14d-f (1987).

Psittacanthus chrismarii Urb.

Plantas más bien grandes, frecuentemente con las ramas rastreras, tallos fuertemente cuadrangulares. Hojas decusadas, hasta 20 × 5 cm, asimétricas, anchamente falcadas con los márgenes ondulados, pinnatinervias, las venas laterales basales prominentes, la base frecuentemente cuneada, el ápice atenuado; pecíolo indistinto. Inflorescencia terminal, de tríades, algunas veces con verticilos más bien que pares de tríades; pedicelos c. 2 cm; pedúnculo de la tríade ligeramente más corto; yemas maduras c. 4 cm, la base escasamente dilatada y en parte cubierta por la cúpula, marcadamente curvadas en el 1/2 superior; pétalos rojo-anaranjado brillante; anteras con tricomas rojizos, largos, sobre el lado dorsal; base del estilo con protuberancias bajas, la base de los pétalos con una lígula baja, en forma de "V". Fruto c. 9 × 5 mm, negruzco, elipsoide, con calículo prominente. *Bordes de bosques, árboles cultivados*. T (*Magaña et al. 125*, MEXU); Ch (*Matuda 17348*, K); Y (*Calzada et al. 6525*, F); C (*Lundell 808*, MO); QR (*Cabrera & Cortés 399*, MO); B (*Schipp 1039*, UC); G (*Heyde & Lux 4404*, K); H (*Croat & Hannon 63866*, MO); ES (*Tucker 920*, K); N (*Nee et al. 27966*, MO); CR (*Herrera & Herrera 463*, MO); P (*Nee 13996*, BM). 0-1200 m. (México [Colima, Edo. México, Guerrero, Jalisco, Michoacán, Morelos, Nayarit, Oaxaca, Puebla, Sinaloa, Veracruz, Zacatecas], Mesoamérica, Colombia, Venezuela, Trinidad).

18. Psittacanthus salicifolius Kuijt, *Syst. Bot. Monogr.* 86: 291 (2009). Holotipo: Costa Rica, *Marín 150* (MO!). Ilustr.: Kuijt, *Syst. Bot. Monogr.* 86: 292, t. 142 (2009).

Plantas percurrentes glabras, los entrenudos teretes. Hojas hasta 17.5 × 5 cm, lanceoladas, la vena media llegando hasta el ápice, la base obtusa, el ápice abruptamente agudo; pecíolo c. 1 cm. Inflorescencia una díade doble, 1 o 2 en la axila de cada hoja o sobre la madera vieja; pedúnculo de la inflorescencia c. 2 mm; pedúnculo de la díade c. 3 mm, el pedicelo floral c. 4 mm; ovario c. 3 × 2 mm, el calículo liso. Yema muy delgada, no dilatada en la base, expandiéndose ligeramente hasta 2.5 mm cerca del ápice; pétalos c. 3 cm, isomorfos, rojos, con una lígula basal de c. 2 mm, erecta y carnosa; estambres más o menos trimorfos, las series superpuestas; anteras 2-2.5 mm. Fruto c. 12 × 8 mm, ovoide, morado, el ápice redondeado; cotiledones 2. *Bosques muy húmedos*. CR (*Aguilar et al. 2702*, MO). 300-1200 m. (Endémica).

19. Psittacanthus schiedeanus (Schltdl. & Cham.) G. Don, *Gen. Hist.* 3: 418 (1834). *Loranthus schiedeanus* Schltdl. & Cham., *Linnaea* 5: 172 (1830). Lectotipo (designado aquí): México, Veracruz, *Schiede & Deppe 404* (M!; isolectotipos: HAL-[nr] 98456!, HAL-[nr] 107354!, LE, MO-[nr] 3172641!). Ilustr.: Kuijt, *Syst. Bot. Monogr.* 86: 296, t. 145 (2009b).

Loranthus kerberi E. Fourn., *Psittacanthus kerberi* (E. Fourn.) Engl.

Plantas grandes, verde-azulosas; tallos marcadamente cuadrangulares. Hojas hasta 20 × 8 cm, ovadas, asimétricas, pinnatinervias, el ápice ligeramente atenuado; pecíolo c. 1 cm. Inflorescencia terminal; pedúnculo 1-2 cm, con 4-5 pares de tríades; pedúnculo de la tríade c. 2 cm; pedicelos c. 1.5 cm; tríades más proximales frecuentemente con una bráctea foliácea pequeña. Yemas maduras hasta c. 9 cm, en su mayoría muy escasamente curvadas, delgadas, abriéndose casi hasta la base; estambres dimorfos, los filamentos 4-5 cm, muy delgados, patentes en la antesis, las anteras 6 mm, versátiles, pardas volviéndose moradas, las 2 series superpuestas; estilo tan largo como los pétalos, muy delgado, amarillo, el estigma rojo, escasamente diferenciado. Fruto c. 15 × 10 mm, negruzco, el embrión c. 1 cm, con 8-12 cotiledones prismáticos. *Sobre numerosos árboles nativos y exóticos*. T (Villaseñor Ríos, 2016: 786); Ch (*Breedlove 26209*, MO); Y (Villaseñor Ríos, 2016: 786); C (Villaseñor Ríos, 2016: 786); QR (Villaseñor Ríos, 2016: 786); G (*Smith & Mayer 952*, UC); H (*Williams & Williams 18324*, F); ES (*Tobin M7*, UC); CR (*Zamora et al. 2133*, MO); P (*Grayum et al. 6374*, MO). 1000-2200 m. (México [Colima, Edo. México, Guanajuato, Guerrero, Jalisco, Michoacán, Morelos, Nayarit, Oaxaca, Puebla, Querétaro, San Luis Potosí, Tamaulipas, Tlaxcala, Veracruz], Mesoamérica).

Las plantas del norte del Mesoamérica algunas veces tienen yemas tan cortas como 4.5 cm, mientras que en las poblaciones del sur estas pueden ser de 7.5-9 cm.

9. Struthanthus Mart., nom. & typ. cons.

Eichlerina Tiegh., *Spirostylis* C. Presl,
Struthanthus Mart. subsect. *Cymularia* Benth. & Hook.
Por J. Kuijt.

Arbustos parásitos foliosos, escandentes, con raíces epicorticales desde la base y los vástagos foliosos, la filotaxia decusada; dioicos. Inflorescencia solitaria o en agregados pequeños en la axila de las hojas, siendo una espiga simple determinada o indeterminada o un racimo de tríades en pares, cuando determinada frecuentemente con un solo par de flores debajo de la flor terminal; base de la inflorescencia sin escamas papiráceas, algunas veces emergiendo desde una depresión suberosa. Flores 6-meras, amarillo-verdosas, tanto las flores masculinas como las pistiladas con órganos estériles del sexo opuesto prominentes; brácteas o bractéolas subyacentes a las flores centrales y laterales respectivamente, caducas o persistentes; estambres dimorfos (localizados en 2 alturas diferentes), las anteras basifijas, versátiles. Fruto de varios colores, las semillas con copiosa viscina y endospermo blanquecino; embrión verde, dicótilo. Aprox. 70 spp., desde México hasta Guayanas, Bolivia, Brasil, Argentina; 19 spp. en Mesoamérica.

Bibliografía: Kuijt, J. *Proc. Kon. Ned. Akad. Wetensch., Biol.* 93: 113-161 (1990).

1. Brácteas y bractéolas persistentes, formando una estructura cupuliforme alrededor de las flores; flores sésiles, las tríades casi sésiles. **10. S. hartwegii**
1. Brácteas y bractéolas caducas o, si persistentes, no involucrales; flores pediceladas o sésiles; flores y tríades sésiles o no.
  2. Pedicelos fructíferos volviéndose gruesos y con lenticelas; hojas jóvenes prensiles. **14. S. orbicularis**
  2. Pedicelos fructíferos, si acrescentes, sin lenticelas; hojas jóvenes no prensiles.
    3. Flor central de la tríade pedicelada.
      4. El ápice de la inflorescencia con al menos 1 par de mónades laterales, y generalmente 1 flor terminal. **8. S. deppeanus**
      4. Inflorescencia de tríades en toda su longitud, indeterminada.
        5. Hojas muy angostas, hasta 1 cm de ancho; brácteas y bractéolas escasamente reconocibles. **18. S. tenuifolius**
        5. Hojas más de 1 cm de ancho; brácteas y bractéolas fácilmente reconocibles.
          6. Pedicelo fructífero de la flor central y de las laterales casi igual, ninguno acrescente; venas laterales casi iguales, los márgenes de la hoja lisos; Costa Rica y Ecuador. **1. S. burgeri**
          6. Pedicelo fructífero de la flor central conspicuamente más corto que los pedicelos laterales; venas laterales proximales extendiéndose muy hacia adelante, los márgenes con frecuencia gruesamente callosos; sur de México hasta Nicaragua. **8. S. deppeanus**
    3. Flor central de la tríade sésil.
      7. Flores menos de 2 veces tan largas como el pedúnculo de la tríade en la antesis.
        8. Tríades 8-14 por inflorescencia.
          9. Brácteas y bractéolas persistentes al menos en las flores pistiladas y generalmente en las masculinas. **16. S. quercicola**
          9. Brácteas y bractéolas caducas.
            10. Flores de la tríade patentes; tríade con pedúnculo terete; pedicelo fructífero de las flores laterales alargándose; calículo liso o casi liso. **2. S. cansjerifolius**
            10. Flores de la tríade no patentes; tríade con pedúnculo cuneado, comprimido; pedicelo fructífero ausente; calículo dentado. **7. S. dentatus**
        8. Tríades 2-6 por inflorescencia.
          11. Inflorescencia abrazada por 4 brácteas (caducas) diminutas, con 2(4) tríades.
            12. Tallos jóvenes marcadamente cuadrangulares; hojas con el ápice agudo, pero no caudado; tríade con el pedúnculo más corto que el de la inflorescencia, las flores laterales (frutos) sésiles. **15. S. quadrangularis**
            12. Tallos jóvenes más o menos teretes; hojas con el ápice caudado; tríade con pedúnculo más largo que el pedúnculo de la inflorescencia, las flores laterales sobre pedicelos c. 0.5 mm, pero hasta c. 3 mm en fruto. **17. S. subtilis**
          11. Inflorescencia no abrazada por brácteas, con 4-6 tríades.
            13. Tallos jóvenes suaves; hojas con el ápice generalmente atenuado, la base aguda; yemas masculinas con el ápice bastante engrosado, pero en las pistiladas no claviforme, 1/4 del grosor de las masculinas; pétalos de las flores pistiladas filiformes; Chiapas hasta Honduras y El Salvador. **9. S. filipes**
            13. Tallos jóvenes frecuentemente ásperos; hojas con el ápice redondeado a casi agudo, no atenuado, la base obtusa; yemas masculinas y pistiladas similares en tamaño y forma, solo escasamente claviformes; pétalos de las flores pistiladas no filiformes; Guatemala hasta Costa Rica. **13. S. oerstedii**
      7. Flores al menos 2 veces el largo de los pedúnculos de la tríade en la antesis.
        14. Estilo contorto, especialmente en la flor pistilada.
          15. Brácteas y bractéolas persistentes; tríades 2-4.
            16. Tríades generalmente 4; brácteas y bractéolas no muy prominentes. **3. S. capitatus**
            16. Tríades generalmente 2; brácteas y bractéolas prominentes. **12. S. matudae**
          15. Brácteas y bractéolas caducas; tríades 6-12.
            17. Hoja con ápice agudo; tríades con pedúnculo acrescente y bastante recurvado en fruto; fruto c. 4 mm, verdoso. **6. S. crassipes**
            17. Hoja con ápice obtuso; tríades con pedúnculo solo escasamente engrosado, no recurvado en fruto; fruto c. 8 mm, anaranjado. **11. S. interruptus**

14. Estilo recto o casi recto, liso en la flor pistilada.
18. Tallos cuadrangulares; tríades con pedúnculos 3-4 mm; hoja al menos 3 veces tan larga como ancha. **15. S. quadrangularis**
18. Tallos teretes; tríades con pedúnculos generalmente c. 1 mm o menos; hoja menos de 3 veces tan larga como ancha.
19. Tríades 8-12, sésiles o casi sésiles; hoja con ápice agudo a obtuso.
20. Hoja con ápice obtuso; inflorescencia con eje anguloso; fruto maduro ligeramente constricto en la mitad. **5. S. costaricensis**
20. Hoja con ápice agudo; inflorescencia con eje terete; fruto maduro no constricto. **19. S. woodsonii**
19. Tríades 2-6; pedúnculos 0-5 mm.
21. Tallos jóvenes frecuentemente volubles; hojas generalmente obovadas a cuneadas, frecuentemente en posición erecta, el ápice redondeado a emarginado. **4. S. cassythoides**
21. Tallos jóvenes no volubles; hojas elípticas a lanceoladas, no en posición erecta, el ápice generalmente agudo.
22. Hojas con frecuencia ligeramente grises y coriáceas; tríades sésiles; fruto hasta 9 mm. **3. S. capitatus**
22. Hojas ni grises ni coriáceas; tríades con pedúnculos hasta 5 mm; fruto hasta 6 mm. **13. S. oerstedii**

1. Struthanthus burgeri Kuijt, *Proc. Kon. Ned. Akad. Wetensch., Biol.* 93: 121 (1990). Holotipo: Costa Rica, *Allen 5891* (F-[nr] 1438579!). Ilustr.: Kuijt, *Proc. Kon. Ned. Akad. Wetensch., Biol.* 93: 119, t. 3 (1990).

Plantas grandes, glabras, las ramas hasta 4 m, escasamente ramificadas; entrenudos teretes, hasta 7 cm; plantas aparentemente no floreciendo en los brotes recientes, solo en los más viejos, las ramas foliosas. Hojas hasta 12 × 4 cm, ovadas, conspicuamente pinnatinervias, la base aguda, el ápice delgadamente atenuado; pecíolo 10-15 mm, discreto. Flores e inflorescencias no conocidas. Infrutescencia 1 en la axila de cada hoja, hasta 6 cm; pedúnculo 1 cm o más, delgado, seguido por casi 5 pares de tríades; tríade con pedúnculo 3-4 mm, patente, las brácteas y bractéolas caducas; todos los frutos pedicelados, los pedicelos 5-7 mm, delgados, pero ligeramente expandidos debajo del fruto; fruto c. 5 × 3 mm, ovoide, con calículo muy inconspicuo. *Laderas boscosas.* CR (*Allen 5891*, F). c. 800 m. (Mesoamérica, Ecuador).

2. Struthanthus cansjerifolius (Oliv.) Eichler in Mart., *Fl. Bras.* 5(2): 87 (1866-1868 [1868]). *Loranthus cansjerifolius* Oliv., *Vidensk. Meddel. Dansk Naturhist. Foren. Kjøbenhavn* 1864: 173 (1865). Holotipo: Costa Rica, *Oersted 3109* (C). Ilustr.: no se encontró.

Spirostylis cansjerifolius (Oliv.) Tiegh.

Plantas generalmente verde claro, muy delgadas; tallos teretes. Hojas hasta c. 7 × 3 cm, más o menos lanceoladas, el ápice y la base generalmente agudos; pecíolo c. 1 cm. Inflorescencia 4-6 cm, con 4-7 pares de tríades, tríades con pedúnculo 1-3 mm, las brácteas y bractéolas caducas. Flores 4-5 mm (pistiladas), c. 6 mm (masculinas), las centrales sésiles, las laterales sobre pedicelos 1-2 mm los cuales se alargan hasta 7 mm con el fruto maduro; filamentos de la flor masculina cortos; estilo recto, c. 4 mm. Fruto c. 7 × 5 mm, rojo-anaranjado, el pedicelo (flores laterales) ligeramente engrosado. *Orillas de caminos, barrancos, árboles cultivados.* ES (*Berendsohn JBL00629*, MO); N (*Rueda et al. 13300*, MO); CR (*Kuijt 1526*, CR); P (*Monro & Santamaría 5611*, MO). 1100-3100 m. (Endémica).

Citada como *Struthanthus marginatus* (Lam.) G. Don en algunas publicaciones anteriores para Mesoamérica; la verdadera *S. marginatus*, sin embargo, está limitada a Brasil. La diferencia más consistente es que las brácteas y bractéolas persisten en la última, mientras que en la presente especie son caducas.

3. Struthanthus capitatus Lundell, *Contr. Univ. Michigan Herb.* 7: 7 (1942). Holotipo: México, Chiapas, *Matuda 4327* (MICH). Ilustr.: no se encontró.

Struthanthus johnstonii Standl. & Steyerm.

Plantas más bien toscas; tallos oscuros, teretes, lisos, contrastando con las hojas ligeramente correosas. Hojas hasta 8 × 4 cm, lanceoladas, el ápice y la base agudos (rara vez, obtusos), gris opacas cuando secas; pecíolo 5-8 mm. Inflorescencia con el eje 5-10 mm, tríades 2-4, sésiles, todas las flores sésiles; brácteas y bractéolas persistentes; pétalos largos (c. 4 mm); estilo recto o ligeramente convoluto en la mitad, c. 3 mm, el estigma ligeramente diferenciado. Fruto c. 9 × 4 mm, el calículo prominente. *Barrancos, laderas, generalmente sobre* Quercus. Ch (*Raven & Breedlove 20106*, CAS); G (*Steyermark 50816*, US). 900-2300 m. (México [Oaxaca, Veracruz], Mesoamérica).

4. Struthanthus cassythoides Millsp. ex Standl., *Publ. Field Mus. Nat. Hist., Bot. Ser.* 8: 7 (1930-1932 [1930]). Holotipo: México, Yucatán, *Gaumer 1174* (MO). Ilustr.: no se encontró.

Plantas escandentes, delgadas; tallos jóvenes volubles, teretes, lisos, con raíces. Hojas en pares, pero con frecuencia irregularmente espaciadas, c. 5 × 2 cm, variables en tamaño, obovadas a elípticas a casi cuneadas, aparentemente con frecuencia en posición erecta, delgadas, el ápice redondeado a emarginado. Inflorescencias delicadas, frecuentemente agregadas en la axila de las hojas, de tamaño variable, generalmente menos de 2(-6) cm, con 2 o 3(-6) pares de tríades, tríades con pedúnculos c. 1 mm, las brácteas y bractéolas caducas, las 3 flores sésiles o casi sésiles, o pedicelos laterales hasta 3 mm. Flores muy delgadas, blanquecinas o verdosas; yemas 3-4 mm, las anteras marrón; ovario menos de 1 × 0.5 mm, el estilo c. 3 mm, recto (algunas veces muy escasamente geniculado debajo del ápice), el estigma capitado. Fruto c. 4 × 3 mm, elipsoide, la tríade con pedúnculo volviéndose 5-8 mm. *Manglares, pantanos salinos, sobre frutales.* T (*Croat 40110*, MO); Ch (*Aguilar et al. 6846*, MO); Y (*Linden 92*, K); C (*Cabrera & Canul 5049*, MO); QR (*Cabrera & Canul 5494*, MO); B (*Dwyer 10974*, US); G (*Ortiz 1293*, US); H (*Molina R. 14291*, US); N (*Moreno 12393*, MO); CR (*Hammel & Cano 19571*, MO). 0-200(-1700) m. (México [Guerrero, Oaxaca, Veracruz], Mesoamérica).

5. Struthanthus costaricensis Standl., *Publ. Field Mus. Nat. Hist., Bot. Ser.* 4: 202 (1929). Holotipo: Costa Rica, *Tonduz 11458* (US). Ilustr.: Kuijt, *Bot. Jahrb. Syst.* 83: 322, t. 30 (1964).

Plantas grandes, verde oscuro, generalmente en masas péndulas; tallos teretes, los más jóvenes irregularmente volubles, agarrándose a otras ramas y parasitándolas. Hojas jóvenes recurvadas pero no prensiles, aquellas en porciones enrolladas del tallo permaneciendo pequeñas o abortadas, las otras hasta 10 × 6 cm, anchamente (obovadas) ovadas, conspicuamente pinnatinervias, la base con frecuencia ligeramente cuneada, el ápice obtuso; pecíolo c. 1 cm. Inflorescencias hasta 7 cm o más, frecuentemente agregadas en grupos de hasta 9, cada una con 4-5 pares de tríades las cuales son sésiles o sobre pedúnculos (2 mm) muy cortos, las brácteas y bractéolas caducas; eje cuadrangular. Fruto c. 5 × 3 mm, elipsoide y constricto, rojo brillante. *Orillas de caminos, árboles cultivados.* CR (*Grayum 4572*, MO); P (*Churchill & Kuijt 5088*, MO). 600-2500 m. (Endémica).

6. Struthanthus crassipes (Oliv.) Eichler in Mart., *Fl. Bras.* 5(2): 70 (1866-1868 [1868]). *Loranthus crassipes* Oliv., *Vidensk. Meddel. Dansk Naturhist. Foren. Kjøbenhavn* 1864: 173 (1865). Holotipo: México, estado desconocido, *Liebmann 3115* (US). Ilustr.: no se encontró.

Spirostylis crassipes (Oliv.) Tiegh.

Plantas con tallos largos aparentemente no volubles, escasamente ramificados; entrenudos teretes y lisos, o ligeramente punteados con lenticelas pequeñas, hasta 10 cm, los miembros del mismo par de hojas con frecuencia ampliamente separados sobre vástagos vigorosos. Hojas hasta 10 × 3.5 cm, angostamente ovadas, más bien delgadas, el ápice generalmente atenuado; pecíolo c. 1 cm. Inflorescencias generalmente varias por axila, la base envuelta por una depresión conspicua, hasta 5 cm, el eje liso, terete, indeterminado, con 3 o 4 pares de tríades, las brácteas y bractéolas caducas; tríades con pedúnculos anchos, pero solo c. 1 mm, virtualmente ausentes en las masculinas, todas las flores sésiles. Yemas pistiladas 3-3.5 mm, marcadamente claviformes; ovario c. 1 mm; estilo marcadamente contorto en el 1/2 superior (casi recto en algunas masculinas), el estigma capitado. Fruto c. 5 × 3 mm, elipsoide, recurvado al madurar, la tríade con pedúnculo acrescente hasta una estructura corniculiforme curvada hacia abajo, gruesa, lisa, 4-5 m. *Bosques primarios, bordes de carreteras, áreas alteradas*. T (Novelo Retana & Ramos Ventura, 2005: 141); Ch (*Breedlove & Thorne 21071*, MO). 50-1900 m. (México [Guerrero, Oaxaca, San Luis Potosí, Veracruz], Mesoamérica).

Los ejemplares pistilados, tanto en flor como en fruto, son inconfundibles debido al estilo apretadamente enrollado y la tríade con pedúnculo curiosamente acrescente, aparentemente localizando los frutos maduros en posición péndula. Las plantas masculinas, sin embargo, son similares a aquellas de *Struthanthus quercicola*, excepto por sus estilos ligeramente enrollados, mientras que en *S. quercicola* estos son siempre rectos o casi rectos.

7. Struthanthus dentatus Kuijt, *Proc. Kon. Ned. Akad. Wetensch., Biol.* 93: 122 (1990). Holotipo: Guatemala, *Steyermark 49650* (F!). Ilustr.: Kuijt, *Proc. Kon. Ned. Akad. Wetensch., Biol.* 93: 123, t. 4 (1990).

Plantas robustas, erectas, escasamente ramificadas; entrenudos lisos, teretes, hasta 9 cm. Hojas c. 10 × 4 cm, ovadas, evidentemente pinnatinervias, la base obtusa, el ápice atenuado; pecíolo c. 6 mm. Inflorescencia 1 por axila, rígidamente erecta, hasta 5 cm, generalmente con 5 pares de tríades; tríades con pedúnculo robusto, cuneado, aplanado, las brácteas y bractéolas caducas; flores sésiles; ovario c. 1 × 2 mm, con calículo dentado; estilo c. 5 mm, con estigma pequeño, capitado, la base inserta en un nectario anillado blanquecino. *Hábitat desconocido*. G (*Steyermark 49650*, F). c. 400 m. (Endémica).

Struthanthus dentatus solo se conoce del tipo.

8. Struthanthus deppeanus (Schltdl. & Cham.) G. Don, *Gen. Hist.* 3: 412 (1834). *Loranthus deppeanus* Schltdl. & Cham., *Linnaea* 5: 172 (1830). Sintipo: México, Veracruz, *Schiede & Deppe 405* (HAL-[nr] 097773!). Ilustr.: Kuijt, *Blumea* 27: 50, t. 4, f. 2 (1981).

Eichlerina densiflora (Benth.) Tiegh., *E. deppeana* (Schltdl. & Cham.) Tiegh., *E. liebmannii* (Oliv.) Tiegh., *Loranthus densiflorus* Benth., *L. liebmannii* Oliv., *Ptychostylus deppeanus* (Schltdl. & Cham.) Tiegh., *Struthanthus densiflorus* (Benth.) Eichler, *S. liebmannii* (Oliv.) Eichler, *S. tacanensis* Lundell.

Plantas más bien grandes; tallos rastreros. Hojas hasta 8(-14) × c. 4 cm, ovadas a angostamente lanceoladas, con 2-4 venas laterales basales prolongadas en la lámina, los márgenes con frecuencia ásperamente callosos, el ápice muy agudo. Inflorescencia determinada o indeterminada, la primera con 1 flor terminal y 2 mónades laterales subyacentes, tríades 6-10; pedúnculos hasta 4 mm; todas las flores normalmente pediceladas, los pedicelos alargándose en fruto, pero permaneciendo delgados; brácteas y bractéolas caducas; estigma bien diferenciado, capitado. Fruto c. 6 × 4 mm. *Laderas montañosas*. Ch (*Breedlove 26183*, MO); C (*Martínez S. et al. 13202*, MEXU); G (*Harmon & Dwyer 2991*, MO); H (*Yuncker et al. 6355*, K); ES (*Villacorta et al. 2027*, MO); N (*Moreno 19325*, HNMN). 1000-2600 m. (México [Guerrero, Hidalgo, Oaxaca, Puebla, Veracruz], Mesoamérica).

9. Struthanthus filipes Kuijt, *Proc. Kon. Ned. Akad. Wetensch., Biol.* 93: 122 (1990). Holotipo: México, Chiapas, *Matuda 4363* (A!). Ilustr.: Kuijt, *Proc. Kon. Ned. Akad. Wetensch., Biol.* 93: 124, t. 5 (1990).

Plantas delicadas; tallos jóvenes frecuentemente menos de 1 mm de ancho, glabros. Hojas decusadas, pero frecuentemente ligeramente desplazadas, c. 7 × 2.5 cm, ovadas, delgadas pinnatinervias, el ápice con frecuencia ligeramente atenuado; pecíolo 3-4 mm. Inflorescencia menos de 2 cm, 1-2 en cada axila de hoja, muy delicada; pedúnculos generalmente 0.5 mm de ancho, tríades 2-3 pares; tríades con pedúnculos 3-10 mm, las brácteas y bractéolas caducas; todas las flores sésiles. Yema pistilada 3-4 × c. 0.5 mm de ancho; pétalos filiformes, sin ningún estaminodio visible, el estilo recto, casi tan largo como los pétalos (c. 2.5 mm). Yema masculina c. 3 mm, la parte principal elipsoide y más de dos veces el grosor de la parte debajo del cuello. Fruto no conocido. *Bosques*. Ch (*Matuda 4363*, F); G (*Williams & Molina R. 15268*, F); H (*Hazlett 2281*, MO); ES (*González & Villacorta 104*, MO). c. 2000 m. (Endémica).

10. Struthanthus hartwegii (Benth.) Eichler in Mart., *Fl. Bras.* 5(2): 87 (1866-1868 [1868]). *Loranthus hartwegii* Benth., *Pl. Hartw.* 62 (1840). Lectotipo (designado por Kuijt, 1990): México, estado desconocido, *Hartweg 467* (K!). Ilustr.: Lundell, *Lloydia* 2: 82, t. 2 (1939a), como *S. belizensis*.

Struthanthus belizensis Lundell, *S. escuintlensis* Lundell, *S. macrostachyus* Lundell.

Plantas robustas, escandentes, con pecíolo prensil cuando joven; tallos ligeramente cuadrangulares en un principio, pronto volviéndose teretes. Hojas maduras hasta 9(-12) × 5(-7) cm, anchamente lanceoladas a casi orbiculares, la base obtusa a casi truncada, el ápice redondeado, algunas veces emarginado; pecíolos discretos de hasta 1.5 cm. Inflorescencias indeterminadas, las brácteas y bractéolas grandes y persistentes, las brácteas c. 5 × 4 mm, las bractéolas amplexicaules. Inflorescencia masculina generalmente c. 8 cm, con 8-10 pares de tríades, las tríades sésiles o con pedúnculos 1-2 mm; yema masculina c. 6 mm, de la cual c. 1 mm es el ovario; estilo casi recto, c. 5 mm, el estigma escasamente diferenciado. Inflorescencia pistilada similar, hasta 16 cm, con 20 pares de tríades, las flores del mismo tamaño que las masculinas. Fruto c. 8 × 5 mm, rojo-anaranjado brillante, elipsoide a ligeramente obovoide, el pedúnculo no acrescente. *Quebradas, sobre vegetación secundaria, árboles cultivados*. Ch (*Matuda 3731*, K); B (*Holst 5847*, MO); G (*von Türckheim II 1960*, US); H (*Thieme 5437*, US); CR (*Acosta & Ramírez 2260*, MO); P (*Nee 10635*, MO). (600) 1200-1800 m. (México [Oaxaca], Mesoamérica).

Rizzini (1960 [1961]: 273) consideró *Struthanthus rotundatus* Rizzini como una especie distinta presente en Panamá y Brasil; sin embargo, el tipo de esa especie es de Brasil y no se ha podido confirmar si es el nombre adecuado para los ejemplares panameños.

11. Struthanthus interruptus (Kunth) G. Don, *Gen. Hist.* 3: 413 (1834). *Loranthus interruptus* Kunth in Humb., Bonpl. & Kunth, *Nov. Gen. Sp.* 3: 440 (1818 [1820]). Holotipo: México, estado desconocido, *Bonpland s.n.* (P). Ilustr.: no se encontró.

Loranthus spirostylis DC., *L. venetus* Kunth, *Spirostylis haenkei* C. Presl, *Struthanthus gentlei* Lundell, *S. haenkei* (C. Presl) Engl., *S. phaneroneurus* Standl., *S. spirostylis* (DC.) Eichler, *Tupeia haenkei* (C. Presl) Miers.

Plantas robustas con entrenudos teretes lisos, hasta 7 cm; tallos rectos a ligeramente convolutos, pero no volubles, frecuentemente con raíces en el tallo. Hojas generalmente c. 6 × 3 cm, variables en tamaño y forma, (obovadas) ovadas a lanceoladas o elípticas, la superficie característicamente gris opaco cuando secas; pecíolo corto y robusto. Inflorescencias solo axilares, solo una o en agregados pequeños, frecuentemente envueltas por un borde crateriforme en la base; inflorescencia hasta 6 cm, cuando con 5 o 6 pares de tríades, estas sobre con pedúnculos 2-4 mm; brácteas y bractéolas caducas; flores centrales sésiles, las laterales con pedicelos c. 1 mm. Yema masculina c. 6 mm, claviforme, los estambres dimorfos, las anteras con prominente cornículo conector, especialmente las series inferiores; estilo con el 1/2 superior ligeramente convoluto. Flor pistilada c. 5 mm, con anteras sagitadas abortadas, el estilo marcadamente convoluto. Fruto c. 10 × 6 mm cuando maduro, ovoide, probablemente azul oscuro o negro, obtuso en el ápice, la tríade con pedúnculos y pedicelos florales alargados llegando a ser gruesos. *Orillas de caminos, bosques primarios, sobre nu-*

merosas especies de árboles. T (Villaseñor Ríos, 2016: 786); Ch (*Matuda 2772*, K); B (*Gentle 2660*, K); G (*Ortiz 1263*, US); H (*Valerio 3445*, US); N (*Atwood & Neill AN252*, MO). 300-1800 m. (México [Colima, Durango, Edo. México, Guerrero, Hidalgo, Jalisco, Michoacán, Morelos, Nayarit, Oaxaca, Sinaloa, Veracruz], Mesoamérica).

12. Struthanthus matudae Lundell, *Lloydia* 4: 45 (1941). Holotipo: México, Chiapas, *Matuda 1808* (MICH). Ilustr.: no se encontró.

Una especie distintiva, de hojas pequeñas con tallos jóvenes marcadamente angulosos, volviéndose teretes, con nudos engrosados cuando viejos. Hojas c. 3.5 × 1.5 cm, lanceoladas, brillantes cuando secas; pecíolo 2-3 mm. Inflorescencia tal vez no más de 1 cm, la mayoría conformada por el pedúnculo; tríades aparentemente solo 2, los pedúnculos c. 1 mm, las brácteas y bractéolas c. 2 mm, prominentes, espatuladas, persistentes, la flor central sésil, las laterales casi sésiles; ovario escasamente más de 1 mm, el calículo liso y prominente; pétalos y estilo c. 3.5 mm, el estilo contorto, el estigma capitado. *Laderas montañosas*. Ch (*Matuda 1808*, MEXU); G (*Harmon 2287*, MO). 1700-1880 m. (Endémica).

13. Struthanthus oerstedii (Oliv.) Standl., *J. Washington Acad. Sci.* 15: 458 (1925). *Loranthus oerstedii* Oliv., *Vidensk. Meddel. Dansk Naturhist. Foren. Kjøbenhavn* 1864: 171 (1865). Holotipo: Nicaragua, *Oersted 3121* (C). Ilustr.: Kuijt, *Bot. Jahrb. Syst.* 83: 323, t. 32 (1964).

Oryctanthus oerstedii (Oliv.) Engl., *Struthanthus brachybotrys* Standl. & Steyerm.

Plantas más bien densamente foliosas; tallos teretes con numerosas raíces; entrenudos jóvenes de textura áspera. Hojas hasta 5 × 2 cm, elípticas a ovadas, verde oscuro cuando frescas, la base obtusa, el ápice casi agudo. Inflorescencia 1-varias en la axila de las hojas, las tríades con pedúnculos generalmente hasta 5 mm, 4-6 por inflorescencia, las flores sésiles. Fruto c. 5 × 4 mm, sésil. *Orillas de caminos, bordes de bosques, plantaciones*. G (*Kellerman 5043*, F); ES (*Villacorta et al. 838*, MO); N (*Stevens et al. 17111*, MO); CR (*Kuijt 1527*, CR). 500-1600 m. (Endémica).

Podría ser que se trate de dos taxones: los ejemplares de Guatemala a Nicaragua tienden a tener inflorescencias más alargadas, y brácteas y bractéolas caducas, mientras que las plantas de Costa Rica tienen inflorescencias más cortas, y brácteas y bractéolas persistentes. Sin embargo, por lo demás ambas son parecidas.

14. Struthanthus orbicularis (Kunth) Blume ex Eichler in Mart., *Fl. Bras.* 5(2): 86 (1866-1868 [1868]). *Loranthus orbicularis* Kunth in Humb., Bonpl. & Kunth, *Nov. Gen. Sp.* 3: 434 (1818 [1820]). Holotipo: Ecuador, *Bonpland s.n.* (P). Ilustr.: Kuijt, *Bot. Jahrb. Syst.* 83: 323, t. 33 (1964).

Eichlerina orbicularis (Kunth) Tiegh., *Loranthus chordocladus* Oliv., *L. lucarquensis* Kunth, *Notanthera orbicularis* (Kunth) G. Don, *Oryctanthus lucarquensis* (Kunth) A.C. Sm., *Phthirusa lucarquensis* (Kunth) G. Don, *P. orbicularis* (Kunth) Rusby ex De Wild., *Spirostylis chordocladus* (Oliv.) Tiegh., *Struthanthus chordocladus* (Oliv.) Eichler, *S. lucarquensis* (Kunth) J.F. Macbr.

Plantas grandes, escandentes sobre arbustos y árboles, con frecuencia cubriendo sus coronas y arrastrándose hasta hospederos vecinos, cuando expuestas frecuentemente verde-amarillentas; ramas jóvenes cuadrangulares, muy alargadas y con hojas uncinadas, las jóvenes recurvadas enganchando otras ramas; raíces epicorticales con numerosos haustorios. Hojas permaneciendo pequeñas o hasta 8 × 6 cm, anchamente lanceoladas, obovadas u orbiculares, pinnatinervias, la vena media llegando hasta el ápice, el ápice con frecuencia ligeramente acuminado; pecíolo c. 1 cm, conspicuo, prensil, capturando la rama. Inflorescencia 7-20 cm, el eje cuadrangular, con 6-15 pares de tríades sésiles o más, las brácteas y bractéolas caducas. Fruto c. 13 × 8 mm, morado opaco volviéndose azul ceráceo oscuro, sobre pedicelos robustos engrosados hasta 7 × 3 mm con numerosas lenticelas; viscina o su sustituto blanco y lechoso, volviéndose gomoso cuando expuesto. *Bosques primarios, orillas de caminos, árboles cultivados*. T (Villaseñor Ríos, 2016: 786); Ch (*Matuda 6185*, F); Y (*Téllez & Cabrera 2647*, BM); C (*Chan 6436*, MO); QR (*Cabrera & Cabrera 6612*, MO); B (*Proctor 35781*, BM); G (*Ortiz 1100*, BM); H (*Saunders 602*, BM); ES (*Tucker 945*, F); N (*Stevens 7777*, MO); CR (*Kuijt 2495*, CR); P (*Woodson et al. 1908*, MO). 0-1200 m. (México [Colima, Guerrero, Jalisco, Oaxaca], Mesoamérica, Colombia, Venezuela, Ecuador, Perú, Bolivia, Brasil).

Struthanthus orbicularis es una de las 2 especies en Mesoamérica que usa sus hojas jóvenes y pecíolos como órganos prensiles; la otra es *S. hartwegii*, que se distingue por sus brácteas y bractéolas grandes y persistentes.

15. Struthanthus quadrangularis Kuijt, *Proc. Kon. Ned. Akad. Wetensch., Biol.* 93: 125 (1990). Holotipo: Costa Rica, *Skutch 3954* (A!). Ilustr.: Kuijt, *Proc. Kon. Ned. Akad. Wetensch., Biol.* 93: 126, t. 6 (1990).

Plantas delgadas, glabras, escasamente ramificadas, con raíces epicorticales desde los tallos y la base; entrenudos hasta 5 cm, marcadamente cuadrangulares, frecuentemente con una línea callosa sobre las 4 crestas. Hojas c. 7 × 2 cm, lanceoladas, la vena media llegando hasta el ápice, pero el resto de las venas escasamente visibles; pecíolo 4-6 mm. Inflorescencias 1-3 por axila, con pequeños pares de profilos 2-3 cm; pedúnculos hasta 1 cm, los 2 o 3 pares de tríades agregadas en el ápice en un arreglo umbelado o (más generalmente) distribuidas a lo largo del eje de c. 5 mm; tríades con pedúnculos de 3-4 mm, patentes, las brácteas y bractéolas pequeñas, las 3 flores sésiles. Flores no vistas. Fruto c. 5 × 3 mm, ovoide, el calículo inconspicuo. *Creciendo sobre* Croton. CR (*Skutch 3954*, MO). c. 600 m. (Endémica).

Struthanthus quadrangularis solo se conoce del tipo.

16. Struthanthus quercicola (Schltdl. & Cham.) G. Don, *Gen. Hist.* 3: 414 (1834). *Loranthus quercicola* Schltdl. & Cham., *Linnaea* 5: 173 (1830). Sintipo: México, Veracruz, *Schiede & Deppe 406* (M). Ilustr.: Kuijt, *Bot. Jahrb. Syst.* 83: 324, t. 35 (1964).

Struthanthus papillosus Standl. & Steyerm., *S. selerorum* Loes.

Plantas más bien grandes, verde claro, escandentes; entrenudos generalmente ligeramente bicarinados cuando jóvenes, volviéndose teretes. Hojas generalmente c. 10 × 4 cm, ovadas, pinnatinervias, el ápice atenuado; pecioladas. Inflorescencias agregadas en la axila de las hojas, hasta 6 cm, con 5-7 pares de tríades sobre pedúnculos 2-3 mm; brácteas y bractéolas persistentes al menos en las pistiladas y normalmente en las masculinas, volviéndose ligeramente engrosadas en fruto; flor central sésil, las laterales casi sésiles, los pedicelos muy cortos no alargándose en fruto; inflorescencia con eje más o menos terete. Fruto c. 4 × 6 mm, elipsoide a ovoide, anaranjado opaco. *Laderas montañosas, orillas de caminos*. T (Villaseñor Ríos, 2016: 786); Ch (*Croat & Hannon 65115*, MO); G (*Williams et al. 42181*, F); H (*Molina R. 1454*, F); ES (*Standley & Padilla 2464*, F); N (*Stevens et al. 17031*, MO); CR (*Kuijt 2473*, CR); P (*Woodson et al. 1513*, MO). 700-2300 m. (México [Colima, Edo. México, Guerrero, Hidalgo, Jalisco, Oaxaca, Puebla, Querétaro, San Luis Potosí, Tamaulipas, Veracruz], Mesoamérica).

Una forma distintiva se encuentra en la región de Estelí-Jinotega-Matagalpa de Nicaragua, caracterizada por hojas cortas, anchamente ovadas; esta podría representar una especie distinta. Una planta similar ha sido vista de El Salvador (*Montalvo 6252*, MO).

17. Struthanthus subtilis Kuijt, *Ann. Missouri Bot. Gard.* 74: 529 (1987). Holotipo: Panamá, *Hammel 998* (MO!). Ilustr.: Kuijt, *Ann. Missouri Bot. Gard.* 74: 531, t. 15 (1987).

Plantas delicadas con tallos delgados, más o menos teretes. Hojas hasta 6 × 12 cm, lanceoladas a anchamente ovadas, delgadas, el ápice caudado; pecíolo hasta 3 mm. Inflorescencia indeterminada, generalmente solitaria, abrazada por 4 brácteas (caducas?) diminutas; tríades 2-4, las brácteas y bractéolas caducas; pétalos 2-2.5 mm. Fruto c. 5

mm, anaranjado, casi esférico, los pedicelos laterales alargándose hasta c. 3 mm en fruto. *Bosques, bordes de carreteras, bordes de corrientes de agua*. CR (*Morales 6263*, CR); P (*Croat 49004*, MO). 100-1200 m. (Mesoamérica, Colombia).

18. Struthanthus tenuifolius Standl. & Steyerm., *Publ. Field Mus. Nat. Hist., Bot. Ser.* 23: 155 (1944). Holotipo: Guatemala, *Steyermark 51538* (F). Ilustr.: no se encontró.

Plantas no volubles; entrenudos hasta 5 cm, teretes, lisos, frecuentemente con raíces. Hojas c. 7.5 × 0.7 cm, notablemente angostas, las venas inconspicuas excepto por la vena media, la base y el ápice agudos a atenuados; pecíolo hasta c. 1 cm. Inflorescencia 1 por axila, hasta 2.5 cm, indeterminada, generalmente con 3 pares de tríades; tríades con pedúnculos 3-4 mm, todas las flores pediceladas, los pedicelos 2-3 mm, los laterales patentes; brácteas y bractéolas no reconocibles en la antesis. Yemas (pistiladas) c. 5 mm, de los cuales c. 1.5 mm es el ovario delgado, cilíndrico con calículo inconspicuo liso; estilo 3 mm, marcadamente contorto en el 1/2 superior, el estigma capitado bien diferenciado. *Creciendo sobre* Taxodium mucronatum, *en pantanos*. G (*Steyermark 51538*, F). c. 300 m. (Endémica).

Struthanthus tenuifolius es muy distintiva y no se puede confundir con ninguna otra especie. Las inflorescencias son claramente indeterminadas, en contraste con *S. deppeanus*, especie que parece ser cercanamente similar. Conocida solo de la colección tipo.

19. Struthanthus woodsonii Cufod., *Arch. Bot. Sist.* 10: 31 (1934). Lectotipo (designado aquí): Costa Rica, *Cufodontis 331* (F-[nr] 905430!; isolectotipo: W). Ilustr.: no se encontró.

Plantas delgadas, los entrenudos teretes y lisos hasta 10 cm; tallos no volubles, pero en ocasiones con raíces. Hojas c. 8 × 3 cm, angostamente ovadas, delgadas, las venas evidentes, las venas laterales basales frecuentemente prominentes, la base generalmente aguda, el ápice atenuado. Inflorescencias 1-3 por la axila, sin depresiones crateriformes basales, hasta 6 cm, 3-6 pares de tríades; brácteas y bractéolas caducas; tríades con pedúnculo c. 1 mm o menos, las 3 flores sésiles, o las laterales sobre pedicelos c. 1 mm o menos. Pedúnculo fructífero (y pedicelos) acrescentes hasta una estructura gruesa grande de 3-4 mm, como en *Struthanthus crassipes*. Frutos maduros no vistos. *Sobre árboles cultivados, bosques primarios*. CR (*Grayum 10004*, UC); P (*von Wedel 1287*, MO). 0-250 m. (Endémica).

Localmente muy común, pero aparentemente restringida a la costa atlántica.

Especie excluida

Phthirusa hutchisonii (Kuijt) Kuijt, *Plant Div. Evol.* 129: 166 (2011). Un registro de Panamá (*Andersson s.n.*, S) es muy dudoso (Kuijt, 1978 [1979]: 742; Kuijt, 2011: 168); por lo demás, es conocida del norte de los Andes.

77. POLYGONACEAE

Descripción de la familia y clave genérica por S. Knapp & J.J. Ancona.

Hierbas anuales o perennes, arbustos o árboles, o bejucos herbáceos o leñosos; zarcillos presentes o más frecuentemente ausentes; tallos frecuentemente acanalados o estriados, frecuentemente huecos, algunas veces engrosados en los nudos. Hojas alternas y pinnatinervias, rara vez opuestas o verticiladas, simples; pecioladas o sésiles; estípulas bien desarrolladas y connadas en una vaina tubular persistente o decidua, membranácea a hialina (la ócrea), los márgenes distales frecuentemente ciliados o fimbriados, algunas veces 2-lobadas, rara vez reducidas o ausentes (no en Mesoamérica). Inflorescencias tirsoides, terminales o axilares, simples o ramificadas, dispuestas sobre los tallos principales o sobre vástagos laterales, una panícula, un racimo o espiciformes en apariencia, compuestas de grupos de flores (inflorescencias parciales), cada uno abrazado por una bráctea (la ocréola), esta frecuentemente tubular, cada flor abrazada por una bráctea tubular membranácea; inflorescencias parciales algunas veces (no en Mesoamérica) rodeadas por y en parte incluidas en un involucro; flores bisexuales o unisexuales, pediceladas, diversamente articuladas a lo largo del pedicelo; tépalos 2-6, en 2 verticilos similares a escasamente desiguales, o en un solo verticilo de 5, connados en la base formando el tubo floral, generalmente persistentes en el fruto; estambres (2-)6-9, los filamentos libres o basalmente connados y adnados al tubo floral, las anteras 4-esporangiadas y 2-tecas, generalmente versátiles, abriéndose por hendiduras; disco algunas veces presente o nectarios en la base de los estambres; ovario súpero o semisúpero (*Coccoloba*), 1-locular, con 2-4 carpelos; estilos 1-3, libres o parcialmente fusionados; estigmas filiformes, peltados o capitados, enteros o diversamente fimbriados; óvulo 1, la placenta basal o central-libre. Fruto un aquenio o nuez, 3-angulado o lenticular, generalmente envuelto en el perianto persistente; semilla 1, recta o curvada, el endospermo bien desarrollado. Aprox. 43 gen. (incluyendo los segregados de *Polygonum*) y 1100 spp., con distribución cosmopolita, más diversa en regiones templadas; 12 gen. y 91 spp. en Mesoamérica.

Polygonaceae está actualmente dividida en tres subfamilias (Burke & Sanchez, 2011; Sanchez et al., 2011): Polygonoideae Eaton, Eriogonoideae Arn. y Symmerioideae Meisn. De los 12 géneros que se distribuyen en Mesoamérica, *Fallopia*, *Muehlenbeckia*, *Polygonum*, *Persicaria* y *Rumex* pertenencen a la subfamilia Polygonoideae; y *Antigonon*, *Coccoloba*, *Gymnopodium*, *Neomillspaughia*, *Podopterus*, *Ruprechtia* y *Triplaris* a la subfamilia Eriogonoideae (Burke & Sanchez, 2011; Burke et al., 2010; Sanchez et al., 2011).

Los límites genéricos en *Polygonum* s. l. han recibido mucha atención: estudios del polen (Hedberg, 1946), anatomía (Haraldson, 1978), morfología floral (Ronse Decraene & Akeroyd, 1988) y evidencia molecular (Kim & Donoghue, 2008; Lamb Frye & Kron, 2003; Sanchez et al., 2011; Schuster et al., 2011; Schuster et al., 2015) han contribuido todos al entendimiento de este complejo. Todas las evidencias apoyan el reconocimiento de *Aconogonon* (Meisn.) Rchb., *Bistorta* (L.) Scop., *Persicaria* y *Tovara* Adans. como géneros distintos y filogenéticamente aislados de *Polygonum*.

Dos géneros de Polygonaceae se encuentran en Mesoamérica solo en cultivo, pero podrían potencialmente escapar y llegar a ser parcialmente naturalizados. *Fagopyrum esculentum* Moench, nativo de Asia, es la fuente del "trigo del sarraceno". El "ruibarbo", *Rheum rhabarbarum* L., un tetraploide cultivado (tratado como la diploide europea *R. rhaponticum* L., en Standley & Steyermark, 1946n), es cultivado por su pecíolo suculento. *Rheum* L. es una hierba gigante con hojas palmatilobadas y un perianto 6-partido, la única especie mesoamericana con la cual se podría confundir es *Rumex costaricensis*, también una hierba gigante, pero esta última está restringida a los bosques de neblina y tiene las hojas elípticas pinnatinervias. El ruibarbo aparece registrado como cultivado en Guatemala (Standley & Steyermark, 1946n: 131), pero en los herbarios no se han visto ejemplares de *Rheum* provenientes de Mesoamérica. *Fagopyrum* Mill. es una hierba anual con tallos frágiles, hojas triangulares y fuertemente 3-anguladas, aquenios generalmente alados, estos frecuentemente con dientes en la base y largamente exertos del perianto. Ejemplares de *Fagopyrum* de material cultivado se han colectado en Chiapas (*Breedlove 34848*, MEXU) y Costa Rica (*Hammel et al. 14022*, MO).

Bibliografía: Brandbyge, J.J. *Fam. Gen. Vasc. Pl.* 2: 531-544 (1993). Costea, M. et al. *Fl. N. Amer.* 5: 547-571 (2005). Freeman, C.C. *Fl. N. Amer.* 5: 479-481, 483-489, 534-540 (2005). Freeman, C.C. & Hinds, H.R. *Fl. N. Amer.* 5: 541-546 (2005b), 594-597 (2005a). Freeman, C.C. & Reveal, J.L. *Fl. N. Amer.* 5: 216-218 (2005). Hinds, H.R. & Freeman, C.C. *Fl. N. Amer.* 5: 572-573 (2005b), 574-594 (2005c), 597-600 (2005a). Packer, J.G. & Freeman, C.C. *Fl. N. Amer.* 5: 600-601 (2005). Reveal, J.L. *Fl. N. Amer.* 5: 218-478 (2005).

1. Bejucos con zarcillos. **1. Antigonon**
1. Hierbas, arbustos o árboles, si hierbas, algunas veces volubles o decumbentes, sin zarcillos.
  2. Plantas herbáceas, los tallos en ocasiones leñosos en la base.
    3. Tépalos 6, en 2 verticilos de 3. **10. Rumex**
    3. Tépalos 5, en un solo verticilo.
      4. Plantas volubles.
        5. Tépalos alados o carinados, no carnosos o suculentos. **3. Fallopia**
        5. Tépalos redondeados, carnosos y suculentos en el fruto. **5. Muehlenbeckia**
      4. Plantas erectas o hierbas decumbentes, no volubles.
        6. Tépalos carnosos en el fruto; subarbustos enanos de elevaciones altas o platicaules afilos. **5. Muehlenbeckia**
        6. Tépalos secos y papiráceos en el fruto.
          7. Herbáceas erectas; hojas grandes, más de 5 cm; inflorescencia racemosa o espigada, axilar o terminal. **7. Persicaria**
          7. Herbáceas postradas; hojas menos de 2 cm; flores fasciculadas en las axilas. **9. Polygonum**
  2. Arbustos o árboles.
    8. Tallos afilos, aplanados y verde brillante. **5. Muehlenbeckia**
    8. Tallos con hojas, no aplanados ni verde brillante.
      9. Flores unisexuales; plantas dioicas.
        10. Inflorescencias pistiladas con flores en grupos de 2 o 3; tallos generalmente sólidos. **11. Ruprechtia**
        10. Inflorescencias pistiladas con flores solitarias; tallos huecos y habitados por hormigas. **12. Triplaris**
      9. Flores bisexuales; plantas hermafroditas.
        11. Perianto floral con 5 tépalos.
          12. Perianto en un solo verticilo. **2. Coccoloba**
          12. Perianto en 2 verticilos, 3 externos y 2 internos. **6. Neomillspaughia**
        11. Perianto floral con 6 tépalos.
          13. Inflorescencia racemosa; pedicelo floral no alado. **4. Gymnopodium**
          13. Inflorescencia en fascículos; pedicelo floral alado. **8. Podopterus**

1. Antigonon Endl.

Corculum Stuntz.

Por J.J. Ortiz-Diaz & J.M. Burke.

Trepadoras sufruticosas con las raíces tuberosas; ócreas cilíndricas o reducidas a una línea nodal engrosada rodeando el tallo. Hojas simples; pecíolo terete o con los márgenes de la lámina decurrentes. Inflorescencias axilares y terminales, racimos o panículas, terminando en zarcillos; ocréolas hialinas, escasamente puberulentas; pedicelos articulados; flores bisexuales; perianto de 5 segmentos (tépalos) rosados, rojo-rosados a blancos o amarillo pálido, los 3 segmentos externos más anchos que los internos, ovados, cordados a orbiculares u oblatos, persistentes y acrescentes en el fruto; estambres 7 u 8, libres del perianto, insertados en la base del ovario, connados en la base, con apéndices dentados o no, los filamentos filiformes, glabros o con glándulas estipitadas, las anteras ovadas; estilos 3; estigmas 3, capitados o peltados. Fruto un aquenio trígono, alargado, trisulcado en la porción superior, liso, lustroso, glabro, rodeado por los segmentos del perianto; semilla 1, el endospermo ruminado. 4 spp. en México y Mesoamérica; 4 spp. en Mesoamérica.

1. Tépalos externos blancos a amarillo pálido, ovado-cordados; hojas glabras a escasamente puberulentas en el envés, los márgenes decurrentes sobre el pecíolo. **4. A. platypus**
1. Tépalos externos rosados a rojo-rosados o rosado oscuro (blancos), ovado-cordados, suborbiculares a oblatos; hojas glabras o escasa a densamente pilósulas en el envés, los márgenes decurrentes sobre el pecíolo o no.
  2. Hojas densamente pilósulas en el envés; pecíolo 6-12.5 mm. **1. A. amabile**
  2. Hojas glabras a escasamente pilósulas en el envés; pecíolo 12.2-30 mm.
    3. Tépalos externos suborbiculares u oblatos; márgenes de la hoja decurrentes sobre el pecíolo; pedicelos 13.2-15.4(18.2) mm. **2. A. cordatum**
    3. Tépalos externos ovado-cordados; márgenes de la hoja no decurrentes; pedicelos 8.2-10.6(-12.5) mm. **3. A. leptopus**

1. Antigonon amabile W. Bull., *Cat. New Beautiful Rare Pl.* 1871: 17 (1871). Neotipo (designado aquí): Colombia, *Shuttleworth s.n.* (K-[cb] K000585039!). Ilustr.: Burger, *Fieldiana, Bot.* n.s. 13: 104, t. 19 (1983c), como *A. guatemalensis*. N.v.: Confitillo, H; bellísima, colación, confite, ES.

Antigonon insigne Mast., *A. macrocarpum* Britton & Small.

Trepadoras, 1-3 m; entrenudos 10-100 × 1-2 mm, glabros a escasamente pilósulos; ócreas reducidas a una línea engrosada rodeando el tallo. Hojas 3.7-14.2 × 1.9-8.5 cm, ampliamente ovadas a cordadas, cartáceas, densamente pilósulas en el envés, con tricomas cafés, la base subcordada a cordada, los márgenes enteros a ondulados y no decurrentes, el ápice agudo o acuminado; pecíolo 6-12.5 × 0.5-1.5 mm. Racimos de inflorescencias formando a su vez panículas de 8.4-16.2 cm; ocréolas 1-3 mm, lanceoladas, mucronadas; pedicelos 8.5-14.7 mm, pilósulos, con tricomas multicelulares; perianto 7.7-15.3 mm, rosado, con glándulas estipitadas en el haz; tépalos externos suborbiculares a oblados, 14-28.3 mm en el fruto; estambres glabros, sin apéndices dentados, los filamentos 2.7-5 mm, unidos en un tubo de 0.5-1 mm, las anteras negras o cafés; ovario 1.7-3.3 mm, los estilos 1.9-2.2 mm, los estigmas c. 0.5 mm, rosados o cafés. Aquenios 12-22.5 mm, cafés. Floración durante todo el año. *Matorrales húmedos, bosques secundarios.* G (Standley & Steyermark, 1946n: 107, como *Antigonon guatemalense*); H (*Williams & Molina R. 8800*, US); ES (*González & Villacorta 6*, MO); N (*Moreno 10079*, MO); CR (*Polakowski 49*, BM); P (*Carrasco 13*, MO). 50-1100 m. (Mesoamérica, Colombia, Venezuela, Bolivia, Bahamas, Puerto Rico, Islas Vírgenes; cultivada en las Antillas y Sudamérica).

2. Antigonon cordatum M. Martens & Galeotti, *Bull. Acad. Roy. Sci. Bruxelles* 10(1): 354 (1843). Lectotipo (designado aquí): México, Veracruz, *Galeotti 463* (BR-[cb] 5287789!; isolectotipos: BR-[cb] 5287819, BR-[cb] 5287871, P-[cb] P00646999, US-[nr] 572845). Ilustr.: no se encontró. N.v.: Confite, Ch, ES; bellísima, San Diego, Y; rosa morada, G; colación, ES.

Antigonon grandiflorum B.L. Rob., *A. guatimalense* Meisn., *Polygonum grandiflorum* Bertol. non Willd.

Trepadoras, 1-3 m; entrenudos 10-100 × 1-4 mm, pilósulos; ócreas cilíndricas o reducidas a una línea engrosada rodeando el tallo. Hojas 4.6-15.5 × 2.4-8.8 cm, ampliamente ovadas a sagitadas, cartáceas, glabras, escasamente pilósulas en el envés, con tricomas cafés, la base subcordada a truncada, los márgenes enteros a ondulados y decurrentes sobre el pecíolo, el ápice agudo o acuminado; pecíolo 12.2-23.4 × 0.5-1.5 mm. Racimos de inflorescencias formando a su vez panículas de 12-20 cm; ocréolas 1-3 mm, lanceoladas; pedicelos 13.2-15.4(-18.2) mm, con tricomas multicelulares; perianto 6.5-12.3 mm, rosado a rosarojo, con glándulas estipitadas adaxialmente; tépalos externos suborbiculares u oblatos, 12.8-20.1 mm en el fruto; estambres glabros, sin apéndices dentados, los filamentos 2.6-5 mm, unidos en un tubo de 0.4-0.8 mm, las anteras blancas o amarillas; ovario 1.9-3.5 mm, los estilos 0.4-0.6 mm, los estigmas c. 0.5 mm, rojos o morados. Aquenios 9.7-17.2 mm, cafés o café claro. Floración jul.-nov. *Selvas bajas caducifolias, bosques secundarios.* T (*Ventura 20844*, BM); Ch (*Reyes-García & Hampshire 1969*, MEXU); Y (*Schott 57*, BM); G (*Deam 6339*, MO); H (*Edwards 629*, US); ES (*Montalvo 4009*, MO); N (*Moreno 18897*, MO). 10-800 m. (México [Veracruz], Mesoamérica).

El espécimen *Reyes-García & Hampshire 1969* (BM, MEXU) presenta el perianto pilósulo y los pedicelos de 12-14.3 mm, excediendo el largo establecido en la descripción.

3. Antigonon leptopus Hook. & Arn., *Bot. Beechey Voy.* 308 (1841 [1838]). Lectotipo (designado por McVaugh, 2000): Hooker & Arnott, *Bot. Beechey Voy.* t. 69 (1841 [1838]). Ilustr.: Burger, *Fieldiana, Bot.* n.s. 13: 104, t. 19 (1983c). N.v.: Confite, ES, G; flor de San Diego, Y; flor de San Miguel, G; confitillo, H; bellísima, colación, ES.

Antigonon cinerascens M. Martens & Galeotti, *Corculum leptopus* (Hook. & Arn.) Stuntz.

Trepadoras, 1-2(-10) m; entrenudos 10-100 × 1-4 mm, escasa a densamente puberulentos; ócreas cilíndricas o reducidas a una línea engrosada rodeando al tallo. Hojas 4-12 × 2.4-6 cm, ampliamente ovadas a sagitadas, papiráceas, glabras a escasamente pilósulas en el envés, con tricomas cafés, la base subcordada a cordada con un seno amplio y abierto, los márgenes enteros a ondulados y no decurrentes, el ápice agudo o acuminado; pecíolo 14.2-30 × 0.5-1.5 mm. Racimos de inflorescencias formando a su vez panículas de 12-20 cm; ocréolas 1-3 mm, lanceoladas; pedicelos 8.2-10.6(-12.5) mm, puberulentos, con tricomas multicelulares. Perianto 6.4-11.1 mm, rosado a rosado oscuro (blanco), glabro; tépalos externos ovado-cordados, 12.6-14.4(-18.2) mm en el fruto; estambres con glándulas estipitadas, con apéndices dentados, los filamentos 2.4-4.8 mm, unidos en un tubo de 0.7-2.4 mm, las anteras amarillas; ovario 0.8-2.3 mm, los estilos 1-2 mm, los estigmas 0.3-0.6 mm, rosados o amarillos. Aquenios 10-16.3 mm, cafés. Floración durante todo el año. *Selvas bajas caducifolias, bosques secundarios.* T (*Cabrera & Cabrera 5239*, MO); Ch (*Breedlove 20024*, MO); Y (*Cabrera & Cabrera 9046*, MO); B (*Trelease s.n.*, MO); G (Standley & Steyermark, 1946n: 107); H (*Saunders 757*, BM); ES (*Calderón & Berendsohn 1010*, BM); N (*Moreno 10730*, MO); CR (*Khan et al. 533*, BM); P (*Croat 38324*, MO). 10-1100 m. (México [Durango, Guanajuato, Guerrero, Jalisco, Morelos, Nuevo León, Oaxaca, Sinaloa, Sonora, Tamaulipas, Veracruz]; cultivada en Mesoamérica y en los trópicos).

Cultivada en jardines, pero con frecuencia escapa al cultivo. Es nativa de México y se encuentra ampliamente distribuida en las regiones cálidas del mundo.

4. Antigonon platypus Hook. & Arn., *Bot. Beechey Voy.* 309 (1841 [1838]). Lectotipo (primer paso designado por Duke, 1960 [1961]; segundo paso designado aquí): México, Oaxaca, *Andrieux 117* (P-[cb] P00647000!; isolectotipo: K). Ilustr.: no se encontró. N.v.: Coamécatl, Ch.

Antigonon flavescens S. Watson.

Trepadoras, 1-2(-4) m; entrenudos 10-100 × 1-4 mm, escasa a densamente puberulentos; ócreas cilíndricas o reducidas a una línea engrosada rodeando el tallo. Hojas 4-18.6 × 3.7-9.4 cm, ampliamente ovadas a sagitadas, papiráceas, glabras a escasamente puberulentas en el envés, con tricomas cafés, la base subcordada a cordada con un seno amplio y abierto, los márgenes enteros a ondulados y decurrentes sobre el pecíolo, el ápice agudo o acuminado; pecíolo 10.3-30 × 0.5-1.5 mm. Racimos de inflorescencias formando a su vez panículas de 13-16 cm; ocréolas 1-3 mm, lanceoladas a cirriformes; pedicelos 10.2-13.8 mm, puberulentos, con tricomas multicelulares. Perianto 4.1-8.2 mm, blanco a amarillo pálido, glabro; tépalos externos ovado-cordados, 12.6-16 mm en el fruto; estambres con glándulas estipitadas, con apéndices dentados, los filamentos 1.5-3.8 mm, unidos en un tubo de 0.6-1.9 mm, las anteras amarillas; ovario 0.8-1.5 mm, los estilos 0.6-1.5 mm, los estigmas 0.3-0.5 mm, rosados o amarillos. Aquenios 7.6-15.4 mm, cafés o café claro. Floración may.-nov. *Matorrales húmedos, bosques secundarios.* Ch (*Ventura & López 2205*, MO); G (Standley & Steyermark, 1946n: 106, como *Antigonon flavescens*); N (*Grijalva 1879*, MO). 0-1100 m. (México [Oaxaca], Mesoamérica).

2. Coccoloba P. Browne, nom. & typ. cons.

Coccolobis P. Browne, *Guaiabara* Mill.

Por J.J. Ortiz-Diaz & J.J. Ancona.

Arbustos o árboles, funcionalmente dioicos o monoicos; tallos gruesos y redondeados, glabros a puberulentos o con excreciones glandulares parecidas a tricomas pequeños; entrenudos sólidos o algunas veces huecos, los nudos protuberantes; ócreas bien desarrolladas envolviendo las ramas y los pecíolos, tubulares, con la porción distal delgada y caduca y la porción basal engrosada y persistente, glabras a puberulentas. Hojas mayormente alternas y simples, algunas veces fasciculadas, generalmente dísticas (en *Coccoloba uvifera*), variando considerablemente en tamaño en la misma planta, las hojas de las plántulas mucho más grandes que las de la planta adulta, las venas reticuladas, glabras a puberulentas, enteras a onduladas; pecíolo canaliculado adaxialmente, por lo general originándose en la base de la ócrea o arriba de esta, a veces por debajo o en la parte media de esta. Inflorescencias terminales o subterminales, axilares, espigas, racimos o panículas; pedúnculo muy corto, no diferenciado del raquis; raquis diminutamente puberulento a hirsútulo, glabro, pilósulo, escasamente hirsútulo y papiloso-puberulento; ocréolas 1-4, membranáceas; pedicelos más cortos o más largos que las ocréolas; flores funcionalmente unisexuales, solitarias o fasciculadas, el perianto y la base estaminal formando un hipanto cupuliforme; perianto de 5 segmentos imbricados, reflexos en las flores masculinas, persistentes y adpresos al ovario, suculentos en el fruto, blanco-verdosos o amarillos; estambres 8, exertos, insertados en la base del ovario, los filamentos libres en la porción distal, filiformes, las anteras introrsas, versátiles, 2-loculares, amarillas, con dehiscencia longitudinal; ovario súpero o semisúpero, café, glabro; estilos exertos; estigmas 3, expandidos. Fruto un aquenio encerrado en el hipanto expandido y suculento o semisuculento, café, café-rojizo, café oscuro, rosa-púrpura o verde, tornándose negro al madurar; semilla con el endospermo ruminado. Aprox. 300 spp., en Estados Unidos (Florida), México, Centroamérica hasta Brasil y Argentina, Antillas; 47 spp. en Mesoamérica.

Las especies de *Coccoloba* se reconocen por el hábito arbustivo y arborescente, por las ócreas bien desarrolladas, por el fruto en aquenio encerrado en el hipanto y por los lóbulos del perianto expandidos y suculentos.

Es muy importante reconocer la posición del pecíolo en las ócreas. Algunas veces este carácter es difícil de observar sobre todo cuando las ócreas son prontamente deciduas o cuando las ramas están maduras. Para esto se recomienda localizar la cicatriz de la ócrea que generalmente es de color más oscuro que el entrenudo y el pecíolo.

Bibliografía: Burger, W.C. *Fieldiana, Bot.* n.s. 13: 107-121 (1983c). Howard, R.A. *Baileya* 6: 204-212 (1958); *J. Arnold Arbor.* 40: 176-220 (1959b); *Ann. Missouri Bot. Gard.* 47: 340-353 (1960 [1961]); *Brittonia* 44: 356-367 (1992). Standley, P.C. *Contr. U.S. Natl. Herb.* 23: 243-246 (1920-1926 [1922]); *Publ. Field Mus. Nat. Hist., Bot. Ser.* 3: 157-492 (1930). Standley, P.C. & Steyermark, J.A. *Fieldiana, Bot.* 24(4): 108-118 (1946n).

1. Pecíolos originándose en el ápice de la ócrea o cerca de la base de esta.
  2. Inflorescencias paniculadas.
    3. Panículas escasamente ramificadas con 4 o 5 ramas racemosas; frutos 11-14 × 6-9 mm, globosos a subglobosos; base de la hoja redondeada a cordada. **25. C. lasseri**

3. Panículas muy ramificadas con 6 a numerosas ramas racemosas; frutos 11-14(-15) × 6-9 mm, ovoides, la base constreñida en un pedicelo de 1-2 mm; base de la hoja aguda a redondeada, subtruncada hasta decurrente sobre el pecíolo. **44. C. tuerckheimii**
2. Inflorescencias espigadas o racemosas.
4. Inflorescencias espigadas.
5. Espigas (2.6-)4.8-6.7 cm; hojas 5.5-11.5 × 2.5-5 cm, lanceolado-elípticas a oblongo-elípticas. **35. C. nicaraguensis**
5. Espigas 7-20 cm; hojas 6-23.5 × 3-13.8 cm, elíptico-oblongas a ovado-oblongas.
6. Frutos 9-10 × 7-8 mm, ovoides a subglobosos, el aquenio incluido en el hipanto y los lóbulos del perianto expandidos y suculentos; lóbulos del perianto cubriendo 2/5 de la longitud del fruto. **36. C. obovata**
6. Frutos 5-7 × 3.5-5 mm, ovoides a subglobosos, el aquenio incluido en los lóbulos del perianto expandidos y semisuculentos; lóbulos del perianto unidos 1/4 de la longitud del fruto. **42. C. spicata**
4. Inflorescencias racemosas.
7. Frutos 15-20 × 10-15 mm; hojas 2.8-7.3(-14) × 2.8-5.8(-11) cm, ovadas a orbiculares, obcordadas a peltadas. **1. C. acapulcensis**
7. Frutos 5-14 × 3-9 mm; hojas (3.5)5.5-20.4(-25) × (1.3-)3-13.8 cm, elíptico-oblongas, ovadas a obovadas, no peltadas.
8. Hojas obovadas.
9. Pecíolos 8-11(-15) mm. **9. C. coronata**
9. Pecíolos 2-5 mm. **41. C. reflexiflora**
8. Hojas elípticas, elíptico-oblongas a ovadas.
10. Hojas papiráceas a cartáceas.
11. Hojas 5.2-8.1 × 2.2- 4.9 cm, el ápice largamente acuminado. **24. C. johnstonii**
11. Hojas 14.5-25 × 6.4-9.3 cm, el ápice agudo a acuminado.
12. Ócreas 6-12 mm, papiráceas a cartáceas, pulverulentas a glabras con un mechón de tricomas en el ápice cuando jóvenes. **28. C. lindaviana**
12. Ócreas 10-25 mm, cartáceas, glabras, punteado-glandulares. **40. C. porphyrostachys**
10. Hojas cartáceas a subcoriáceas.
13. Ócreas densamente hirsútulas con tricomas café-rojizos. **8. C. cholutecensis**
13. Ócreas glabras a pulverulentas.
14. Pecíolos 15-34 × 1-2.5 mm. **19. C. guanacastensis**
14. Pecíolos 1-4(-6) × 1-3 mm. **36. C. obovata**
1. Pecíolos originándose en la base o cerca a la base de las ócreas.
15. Inflorescencias paniculadas.
16. Panículas grandes, pedunculadas, con 5 o más ramas.
17. Ramas racemosas; pedicelos 2.5-2.5 mm. **23. C. ibarrae**
17. Ramas espigadas; pedicelos (cundo presentes hasta 1 mm).
18. Ócreas con una cápsula espatulada en el ápice; aquenio ovoide, glabro. **5. C. belizensis**
18. Ócreas sin una cápsula espatulada en el ápice; aquenio obpiramidal, pilósulo. **13. C. efigeniana**
16. Panículas pequeñas, subsésiles, con 2-4 ramas.
19. Inflorescencia con ramas espigadas; hojas elíptico-oblongas a obovado-elípticas, cartáceas, con 8-11 pares de venas. **20. C. hirtella**
19. Inflorescencia con ramas racemosas; hojas lanceolado-oblongas, elíptico-oblongas a ovado-oblongas, papiráceas a coriáceas, con 7-9 pares de venas.
20. Pedicelos 1-1.5 mm. **34. C. montana**
20. Pedicelos 2-3 mm.
21. Hojas lanceolado-oblongas a ovado-oblongas; pecíolo (10-)15-25(-32) mm. **14. C. escuintlensis**
21. Hojas ovado-lanceoladas a elíptico-oblongas; pecíolo (3-)5-8(-12) mm. **33. C. matudae**
15. Inflorescencias espigadas o racemosas.
22. Inflorescencias espigadas.
23. Frutos con los lóbulos del perianto expandidos libres o parcialmente fusionados, sin formar una corona en el ápice.
24. Raquis ensanchado y protuberante en la base de cada flor; hojas con el ápice acuminado a largamente acuminado, la base aguda a obtusa. **2. C. acuminata**
24. Raquis no ensanchado ni protuberante en la base de cada flor; hojas con el ápice acuminado, redondeado a emarginado, la base redondeada a truncada, cordada a subcordada.
25. Ócreas (10-)12.5-23.3(-34.2) mm; hojas ampliamente ovadas a ampliamente oblongas o suborbiculares. **6. C. caracasana**
25. Ócreas 4-12 mm; hojas estrechamente oblongas, angostamente ovadas a ovado-lanceoladas.
26. Frutos subglobosos, glabros; lóbulos del perianto fusionados cubriendo 1/4 de la longitud del fruto. **10. C. cozumelensis**
26. Frutos ovoides, pilósulos; lóbulos del perianto libres o fusionados en la base. **29. C. lindeniana**
23. Frutos con los lóbulos del perianto expandidos formando una corona en el ápice.
27. Hojas con 4-6 pares de venas secundarias.
28. Hojas lanceoladas a estrechamente elíptico-oblongas, 4-6.8 × 2-3.6 cm, el ápice acuminado, la base cuneada a obtusa; aquenios 9.7-10.4 × 8-8.7 mm. **30. C. liportizii**
28. Hojas elípticas a ovadas, 4.5-7.5(-15) × 2.5-5.6(-10) cm, el ápice obtuso a redondeado, la base obtusa a redondeada; aquenios 5.5-6(-10) × c. 6 mm. **43. C. swartzii**
27. Hojas con (6)7-12 pares de venas secundarias.
29. Hojas café oscuro en una o en ambas superficies al secarse, (6.6-)7.8-14.8(-18.7) × (3.5-)4.3-7.4(-10.4) cm, el ápice obtuso a ligeramente acuminado, la base obtusa a redondeada. **21. C. hondurensis**
29. Hojas café claro sin oscurecerse en ambas superficies al secarse.
30. Hojas ovadas a elíptico-oblongas; 4.5-12.5 × 3.5-8 cm, glabras en el haz, el envés hirsútulo en las axilas de la vena media, el ápice obtuso a ligeramente acuminado; frutos 6-10 × 4-5 mm, ovoides. **4. C. barbadensis**
30. Hojas lanceoladas a oblongo-lanceoladas; (7-)10-15 × 3-6(-9.5) cm, glabras, el ápice acuminado; frutos 6-7(-8) × 4-6 mm, globosos. **16. C. floresii**
22. Inflorescencias racemosas.
31. Bejucos.
32. Hojas elípticas a ovadas; racimos (6.9-)9.2-10.6(-12.7) cm; pedicelos 2.5-3.2 mm. **3. C. ascendens**
32. Hojas oblongo-lanceoladas; racimos 5.5-7.6 cm; pedicelos 1.5-1.8 mm. **18. C. gentryi**
31. Árboles o arbustos.
33. Frutos con los lóbulos expandidos del perianto formando una corona en el ápice.
34. Hojas papiráceas; aquenios 12-14 × 7-8.5 mm. **7. C. chiapensis**
34. Hojas cartáceas a coriáceas; aquenios (5.5-)6-10 × 4-6(-6.5) mm.
35. Ócreas 30-50 mm, densamente pubescentes, canescentes; hojas conspicuamente onduladas o ampollosas entre las venas. **32. C. manzinellensis**
35. Ócreas 3-6(-12) mm, glabras a hirsútulas; hojas planas a ligeramente onduladas, no ampollosas.
36. Hojas ovadas a elíptico-oblongas, el haz del mismo color que el envés. **4. C. barbadensis**
36. Hojas elíptico-oblongas a ovadas, el haz más oscuro que el envés. **21. C. hondurensis**
33. Frutos con los lóbulos expandidos del perianto libres en la base o parcialmente fusionados en diferentes grados, sin formar una corona en el ápice o ausentes.
37. Frutos con los lóbulos expandidos del perianto libres hasta la base.
38. Hojas papiráceas; frutos 3.2-4.5 × 3-4 mm. **47. C. venosa**
38. Hojas cartáceas a coriáceas; frutos 5-7.5(-7.8) × 3-5.8 mm.

39. Pedicelos 0.4-1.5 mm.

40. Hojas glabras, el ápice acuminado, la base cuneada. **11. C. darienensis**

40. Hojas densamente hirsútulas en el envés con tricomas café-rojizos, el ápice acuminado a largamente acuminado, la base cordada a subcordada. **29. C. lindeniana**

39. Pedicelos 1.5-5.5(-6) mm.

41. Racimos 6-11(-16) cm, densamente floríferos; hojas oblanceoladas a obovado-oblongas. **17. C. floribunda**

41. Racimos (8-)10-22(-35) cm, escasamente floríferos; hojas elípticas, elíptico-obovadas a oblongas. **26. C. lehmannii**

37. Frutos con los lóbulos expandidos del perianto parcialmente fusionados en diferentes grados, reducidos o ausentes.

42. Frutos con los lóbulos del perianto reducidos o ausentes.

43. Hojas orbiculares; aquenios 10-15 × 7-9 mm. **31. C. ×lundellii**

43. Hojas reniformes a suborbiculares; aquenios c. 20 × 15 mm. **46. C. uvifera**

42. Frutos con los lóbulos expandidos del perianto parcialmente fusionados en diferentes grados.

44. Ócreas escasa a densamente hirsútulas con tricomas amarillos o amarillentos; hojas escasa a densamente hirsútulas o pubescentes en una o en ambas superficies.

45. Inflorescencias (2.7-)4.5-5.1(-6.2) cm; venas primarias 5-8 pares; pedicelos 3-6(-8) mm. **45. C. tunii**

45. Inflorescencias (7.4)9.5-18.8 cm largo; venas primarias 7-16 pares; pedicelos 1-2.3 mm.

46. Hojas angostamente lanceoladas a oblongo-oblanceoladas, cartáceas, los márgenes revolutos, el ápice acuminado. **15. C. euvelutina**

46. Hojas oblongo-obovadas, coriáceas, los márgenes ondulados, el ápice redondeado. **27. C. liebmannii**

44. Ócreas glabras, pulverulentas a escasamente hirsútulas con tricomas rojizos; hojas glabras, escasamente hirsútulas en las axilas de las venas.

47. Frutos 4-7 × 3-4.5 mm.

48. Hojas lanceolado-oblongas; pecíolos 15-25 mm. **14. C. escuintlensis**

48. Hojas obovadas a elíptico-ovadas; pecíolos 2-7 mm.

49. Hojas elíptico-ovadas, 4-11 × 2-8 cm; pecíolo 5-7 mm. **22. C. humboldtii**

49. Hojas obovadas o muy ampliamente obovadas, 3-6 × (2-)2.5-3.8(-4) cm; pecíolo 2-5 mm. **37. C. ortizii**

47. Frutos 8-17.2 × 6-11.2 mm.

50. Racimos 3.5-6.5(-8) cm.

51. Ócreas 3-5 mm; hojas ovado-lanceoladas, elípticas a oblongo-ovadas. **12. C. diversifolia**

51. Ócreas 7-10(-18) mm; hojas elíptico-oblongas a oblongo-obovadas. **38. C. padiformis**

50. Racimos (6.8-)7.5-12.6 cm.

52. Ócreas (7-)9-10.2(-14.2) mm; hojas planas; aquenios (12.2-)15-17.2(-17.8) × (9-)10.3-11.6(-12) mm. **3. C. ascendens**

52. Ócreas 20-25 mm; hojas aplanadas o ampollosas entre las venas; aquenios 9-12 × 7-8 mm. **39. C. parimensis**

1. Coccoloba acapulcensis Standl., *Proc. Biol. Soc. Washington* 33: 66 (1920). Holotipo: México, Guerrero, *Palmer 399* (US!). Ilustr.: Burger, *Fieldiana, Bot.* n.s. 13: 109, t. 22 (1983c). N.v.: Boob ché, xtooj yuub, Y, C, QR; torondón, G, H; uvero, carnero, Ch; mak 'toot ch'pal, G.

Coccoloba browniana Standl., *C. cardiophylla* Standl., *C. wercklei* Standl.

Arbustos o árboles, (2-)6-8(-15) m; entrenudos 5-80 × 1-4 mm, café oscuro, estriados, lisos, glabros a escasamente lenticelados; ócreas 4-15 mm, tubulares, el ápice oblicuo semejando una lígula en la base foliar, café-rojizas, glabras a puberulentas. Hojas 2.8-7.3(-14) × 2.8-5.8(-11) cm, simples, alternas, ovadas a orbiculares, peltadas cuando jóvenes, papiráceas o cartáceas, lisas, con 4-8 pares de venas secundarias, glabras, la base redondeada, obcordada a peltada, los márgenes enteros o ligeramente crenado-ondulados, el ápice redondeado o cortamente acuminado; pecíolo 6-30(-45) × 0.5-1.2(-1.5) mm, liso, café, glabro, articulado en la mitad, originándose arriba de la base de la ócrea. Inflorescencias racemosas, terminales o subterminales, el racimo 3-10 cm; raquis 0.5-2 mm de diámetro, glabro; flores solitarias; ocréolas c. 1 mm, membranáceas; pedicelos 2-12 × 0.5-2 mm, articulados, alargados en el fruto; flores c. 1 mm; estambres 2-3 mm, blanco-amarillentos, los filamentos (2-)3-4 mm, las anteras 0.5-0.7 mm. Frutos 15-20 × 10-15 mm, globosos, los lóbulos del perianto libres en el ápice del fruto. Floración jun.-jul. *Selvas secas estacionales, selvas lluviosas.* T (*Novelo et al. 8*, MEXU); Ch (*Neill 5562*, MO); Y (*Simá et al. 2347*, CICY); C (*Martínez S. et al. 27690*, BM); QR (*Téllez et al. 3561*, MEXU); B (*Brokaw & Schulze 172*, MO); G (*Lundell & Contreras 20487*, MO); H (*Davidse et al. 35494*, MO); ES (*Martínez 875*, MO); CR (*Gómez 20743*, MO). 0-700 m. (México [Guerrero, Oaxaca], Mesoamérica).

2. Coccoloba acuminata Kunth in Humb., Bonpl. & Kunth, *Nov. Gen. Sp.* 2: 176 (1817). Sintipo: Colombia, *Bonpland 1479* (B!). Ilustr.: Burger, *Fieldiana, Bot.* n.s. 13: 110, t. 23 (1983c). N.v.: Papaturro, N, CR; papalán, CR; fruta pava, P.

Coccoloba acuminata Kunth var. *glabra* Lindau, *C. acuminata* var. *pubescens* Lindau, *C. strobilulifera* Meisn.

Árboles, 2-8(-10) m; entrenudos (4-)10-60 × 3-5 mm, estriados, escasamente lenticelados; ócreas (3-)7-15(-20) mm, tubulares, cartáceas, escasa a densamente hirsútulas con tricomas café-rojizos y excreciones glandulares café oscuro, truncadas en el ápice. Hojas (7.5-)9.3-15.6(-21.2) × (2.6-)4.5-10.6(-12.1) cm, simples, alternas, angostamente elípticas a elíptico-oblongas o lanceoladas, cartáceas, con (7-)9-12(-15) pares de venas secundarias, el envés puberulento a hirsútulo sobre la vena media y ángulos de las venas primarias, punteado-glandulares, la base aguda a obtusa, los márgenes enteros, el ápice acuminado a largamente acuminado; pecíolo 6-15 × 1-2 mm, hirsútulo o glabro, originándose en la base de la ócrea. Inflorescencias espigadas, terminales, solitarias, la espiga (10.3-)15-30.2(-45.4) cm; raquis 1-2 mm de diámetro, puberulento a hirsútulo, ensanchado y protuberante en la base de cada flor; ocréolas 1.5-2.3 mm, oblicuamente truncadas, puberulentas; pedicelos 0.4-1 mm, ocultos por las ocréolas, articulados en el ápice; flores solitarias o 2-4 por fascículo; lóbulos del perianto 1-1.5(-6) mm. Frutos 5-6(-7.2) × 5-5.4 mm, ovoides, los lóbulos del perianto libres 1/2-2/3 de la longitud del fruto. Floración jun.-dic. *Bosques lluviosos, vegetación riparia.* B (*Whitefoord 3196*, BM); H (*Davidse et al. 34386*, MO); N (*Sandino 1781*, MO); CR (*Liesner 4693*, MO); P (*Stern et al. 938*, MO). 20-900 m. (Mesoamérica, Colombia, Guayanas, Ecuador, Perú, Brasil).

3. Coccoloba ascendens Duss ex Lindau, *Bot. Jahrb. Syst.* 13: 156 (1890). Lectotipo (primer paso designado por Howard, 1959a; segundo paso designado aquí): Martinica, *Hahn 1005* (B-[cb] B 10 0248250!; isolectotipos: B-[cb] B 10 0000852, BM-[cb] BM000993222, G-[cb] G00437239, G-[cb] G00437240, K-[cb] K000532084, P-[cb] P00734625, P-[cb] P00734626). Ilustr.: no se encontró.

Coccoloba bejuco Poveda & P.E. Sánchez.

Bejucos o árboles, 2-6(-10) m; entrenudos 12-80 × 3-7 mm, estriados, lisos, café oscuro, glabros, escasamente lenticelados; ócreas (7-)9-10.2(-14.2) mm, tubulares, café-rojizas, glabras a puberulentas, el ápice obtuso o acuminado. Hojas (9.7-)12.3-17.5(-25.4) × (3.7-)6-8.4(-13.6) cm, simples, alternas, elípticas a ovadas, coriáceas, planas, con 4 o 5 pares de venas secundarias prominentes en el envés, glabras, el haz lustroso, punteado-glandulares, cafés, la base obtusa a subcordada, los márgenes enteros, revolutos, cortamente decurrentes sobre el pecíolo, el ápice agudo a acuminado; pecíolo (7.6-)10.1-13.2(-41) × 1.8-2.7 mm, liso, glabro, con cicatrices, café, originándose en la base o cerca a la base de la ócrea. Inflorescencias racemosas, terminales o subterminales, el racimo (6.9-)9.2-10.6(-12.7) cm, arqueado u ondulado; raquis 1.8-2.6(-5.6) mm, glabro; flores solitarias o en pares; ocréolas 1-1.8 mm, membranáceas; pedicelos 2.5-3.2 × 0.5-1.7 mm, articulados, alargados en el fruto; perianto 1.6-2.2 mm; estambres 2-3 mm, blanco-amarillentos, las anteras 0.3-0.5 mm. Frutos (12.2-)15-17.2(-17.8) × (9-)10.3-11.6(-12) mm, ovoides, con costillas prominentes, el ápice acuminado, la base abruptamente contraída, los lóbulos del perianto libres en el ápice del fruto. Floración nov.-mar. *Bosques lluviosos*. CR (*Aguilar 4784*, MO); P (*Dwyer 2210*, MO). 50-850 m. (Mesoamérica, Colombia, Venezuela, Guayanas, Brasil, Islas de Sotavento, Islas de Barlovento).

4. **Coccoloba barbadensis** Jacq., *Enum. Syst. Pl.* 36 (1760). Neotipo (primer paso designado por Howard, 1959b; segundo paso designado aquí): México, estado desconocido (Campeche?), *Houstoun s.n.* (BM-[cb] BM000827672!; isoneotipo: BM-[cb] BM000827671!). Ilustr.: no se encontró.

Coccoloba barbadensis Jacq. var. *mexicana* Meisn., *C. fluviatilis* Lundell, *C. jurgensenii* Lindau, *C. leptostachya* Benth., *C. masonii* Lundell, *C. mayana* Lundell, *C. oaxacensis* H. Gross, *C. petenensis* Lundell, *C. schiedeana* Lindau.

Árboles, 4-7(-15) m; entrenudos 10-40 × (3-)4-8 mm, estriados, glabros a puberulentos, cafés a grisáceos, escasamente lenticelados; ócreas 3-6(-8) mm, tubulares, papiráceas, escasamente hirsútulas con tricomas ferruginosos o con excreciones glandulares café-rojizas, o glabras, el ápice membranáceo, caedizas. Hojas 4.5-12.5 × 3.5-8 cm, simples, alternas, ovadas a elíptico-oblongas, cartáceas a subcoriáceas, con 7-10 pares de venas secundarias, el haz glabro, del mismo color que el envés, el envés hirsútulo en las axilas de la vena media en la porción inferior, densamente punteado-glandulares, la base redondeada a cordada, los márgenes enteros, frecuentemente ondulados, el ápice obtuso a ligeramente acuminado; pecíolo 4-20 × 1-2 mm, escasa a densamente hirsútulo con tricomas café-rojizos, originándose en la base de la ócrea. Inflorescencias espigadas o racemosas, terminales o axilares, el racimo o espiga 7-20 cm; raquis 0.5-1 mm de diámetro, estriado, escasamente hirsútulo; ocréolas 0.7-1 mm, membranáceas, hirsútulas; pedicelos 1-1.5 mm, articulados en el ápice; flores 1 o 2(3) por fascículo, 1.5-2 mm, los lóbulos del perianto 0.7-1.5 mm, punteado-glandulares; estambres 2-3.5 mm, los filamentos 1.7-2 mm, las anteras 0.5-0.9 mm. Frutos 6-10 × 4-5 mm, ovoides, estriados, los lóbulos del perianto formando una corona en el ápice. Floración may.-jul. *Selvas bajas inundables, selvas medianas, sabanas*. T (*Spellman et al. 146*, MO); Ch (*Breedlove 48501*, MO); Y (*Ortiz-Diaz & Alfaro 2489*, UADY); C (*Ortiz-Diaz 396*, MO); B (*Arnason & Lambert 17166*, MO); G (*Contreras 7421*, MO); ES (*Wunderlin et al. 745*, MO). 50-200 m. (México [Colima, Guerrero, Jalisco, Oaxaca, Veracruz], Mesoamérica, Antillas Mayores, Islas de Sotavento, Islas de Barlovento).

No se ha encontrado material original asociado con este nombre. Hay dos ejemplares de *Houstoun s.n.* (BM) que tienen anotación a género, pero no hay evidencia de que fueron estudiados ni por Jacquin ni por Howard. Howard (1959b, 1992) cita el material de BM como "type", pero no especificó cuál de los especímenes; se eligieron esos ejemplares para neotipificar este nombre.

5. **Coccoloba belizensis** Standl., *Trop. Woods* 16: 38 (1928). Holotipo: Belice, *Stevenson 7* (F!). Ilustr.: Burger, *Fieldiana, Bot.* n.s. 13: 111, t. 24 (1983c). N.v.: Bul, uva, Y, C, QR; bob, oha ancha, papaturro, uva de mar, uva montés, B; oja ancha, uva, G; papalón, N.

Árboles, 15-30 m; entrenudos 10-80(-100) × 4-8 mm, densamente hirsútulos cuando jóvenes, con tricomas amarillo-cafés a café oscuro, glabros al madurar, en las plántulas densamente puberulentos a tomentulosos; ócreas 1-4 cm, formando una cápsula espatulada en el ápice, densamente hirsútulas con tricomas cafés, rompiéndose irregularmente. Hojas (11-)16-30(-50) × 7.6-14(-30) cm, simples, alternas, oblongas o ampliamente ovadas, subcoriáceas, rugosas, con 9-11 pares de venas secundarias, el haz glabro, gris brillante, el envés puberulento a hirsútulo en las venas con tricomas cafés, la base obtusa a redondeada o subcordada, los márgenes enteros y revolutos, el ápice obtuso, redondeado a ligeramente acuminado; pecíolo 15-30(-50) × 3-8 mm, estriado, densamente hirsútulo con tricomas cafés, originándose cerca de la base de la ócrea. Inflorescencias paniculadas, terminales, solitarias, la panícula 10-18(-20) cm, ramas abiertas espigadas; raquis 1.5-3 mm de diámetro, estriado, puberulento; ocréolas c. 1 mm, membranáceas, hirsútulas; pedicelos 0.5-1 mm, puberulentos, articulados en el ápice; flores 1-3(-5) por fascículo, 1.3-2.8 mm; lóbulos del perianto 0.8-1.5 mm; estambres 1.5-2 mm, los filamentos c. 1 mm, las anteras c. 0.5 mm. Frutos 6-7 × 5-6 mm, ovoides a subglobosos, lisos, lustrosos, los lóbulos del perianto libres 1/2 de la longitud del fruto. Floración jul.-oct. *Bosques secos, selvas lluviosas, bosques de pinos, sabanas, vegetación secundaria.* Ch (*Martínez S. 7181*, MO); QR (*Téllez et al. 3449*, MO); B (*Balick et al. 2030*, MO); G (*Contreras 9167*, MO); H (*Téllez & Martínez S. 8803*, MO); N (*Nee & Miller 27593*, MO). 0-300 m. (Endémica).

En Belice el fruto es comestible y el tronco es utilizado para la construcción de casas y palapas. Las colecciones Costa Rica previamente identificadas como *Coccoloba belizensis* pertenecen a *C. efigeniana*, una especie recientemente descrita; véase discusión bajo esta última.

6. **Coccoloba caracasana** Meisn. in A. DC., *Prodr.* 14: 157 (1856). Lectotipo (designado por Duke, (1960 [1961]): Venezuela, *Vargas 30** (G-DC). Ilustr.: Burger, *Fieldiana, Bot.* n.s. 13: 108, t. 21 (1983c). N.v.: Papaturro blanco, CR, P; papalón, papaturro, N; ubero, P.

Coccoloba caracasana Meisn. forma *glabra* Lindau.

Árboles, 2-8(-12) m, frecuentemente con múltiples troncos y copa redondeada; entrenudos 10-60(-90) × 3-6(-10) mm, con cicatrices a estriados, punteado-glandulares, pulverulentos a hirsútulos con tricomas amarillentos a rojizos, o glabros y grisáceos; ócreas (10-)12.5-23.3(-34.2) mm, tubulares, cartáceas, escasa a densamente hirsútulas, con excrecencias glandulares café oscuro, el ápice oblicuo. Hojas (8-)12.2-20.7(-32.1) × (3.7-)7.5-12.2(-21.1) cm, simples, alternas, ampliamente ovadas a ampliamente oblongas o suborbiculares, cartáceas a subcoriáceas, con 6-10(-12) pares de venas secundarias, el haz glabro a pulverulento, punteado-glandular, el envés escasa a escasamente hirsútulo, especialmente sobre las venas, la base redondeada a truncada o subcordada, los márgenes enteros a ligeramente ondulados, el ápice redondeado a emarginado; pecíolo (8.6-)10.2-23.5(-38) × (0.8-)1-2.5 mm, escasa a densamente hirsútulo, originándose en la base de la ócrea. Inflorescencias espigadas, terminales, solitarias, la espiga (14.2-)15-24.1(-26.4) cm, densamente florífera; raquis 1.5-3 mm, estriado, escasa a densamente hirsútulo; ocréolas 1.5-2.3 mm, densamente hirsútulas; pedicelos 0.4-1.3 mm, ocultos por las bractéolas, articulados en el ápice, densamente hirsútulos; flores 1 o 2(-4) por fascículo, 1-3 mm; lóbulos del perianto 0.8-1.5 mm; estambres 2-4 mm, los filamentos (2-)3-4 mm, las anteras 0.5-0.7 mm. Frutos 4-6.5 × 3-4.5 mm, ovoides, punteado-glandulares, pilósulos, la base truncada, los lóbulos del perianto libres o parcialmente fusionados en la base. Floración ene.-may. *Bosques caducifolios, sabanas, bosques riparios.* Ch (*Matuda 17704*, MEXU); G (Howard, 1959b: 193); H (*Aguilar 104*, MO); ES (*Standley 22171*, MO); N (*Robleto 305*, MO); CR (*Solomon 2449*, MO); P (*Croat 9724*, MO). 0-1500 m. (Mesoamérica, Colombia, Venezuela).

7. **Coccoloba chiapensis** Standl., *Proc. Biol. Soc. Washington* 33: 67 (1920). Holotipo: México, Chiapas, *Purpus 7699* (US). Ilustr.: no se encontró.

Coccoloba anisophylla Standl.

Árboles, 8-10 m; entrenudos 10-50(-100) × 2-4(-5) mm, café-rojizos a grises, estriados, escasa a densamente hirsútulos; ócreas 6-12 mm, cartáceas, densamente hirsútulas. Hojas (11.2-)14.5-20.2 × (4.9-)6-8.3 cm, simples, alternas, elíptico-oblongas, evidentemente más anchas en la porción media, papiráceas, con 11-14 pares de venas secundarias, glabras o en el envés escasamente pilósulas sobre la vena media, punteado-glandulares en ambas superficies, la base abruptamente obtusa, asimétrica, los márgenes enteros a ligeramente ondulados, el ápice abruptamente acuminado; pecíolo 4-8 × 2-3 mm, estriado, densamente hirsútulo, originándose en la base de la ócrea. Inflorescencias racemosas, terminales, el racimo 18-23 cm; raquis 1.5-2.5 mm de diámetro, estriado, escasa a densamente hirsútulo; ocréolas 0.2-0.5 mm, membranáceas, hirsútulas; pedicelos 2-2.5 mm, hirsútulos; flores 1, 3 o 4 por fascículo, 2-3 mm; filamentos 1.2-2.5 mm, las anteras c. 0.5 mm. Frutos 12-14 × 7-8.5 mm, ovoides, estriados, los lóbulos del perianto formando una corona en el ápice. Floración ene.-feb. *Bosques lluviosos, vegetación riparia.* Ch (*Purpus 7599*, MO); H (*MacDougal et al. 3333*, BM). 40-180 m. (Endémica).

8. Coccoloba cholutecensis R.A. Howard, *Brittonia* 44: 361 (1992). Holotipo: Honduras, *Molina R. & Molina 25762* (GH!). Ilustr.: Howard, *Brittonia* 44: 358, t. 3 (1992).

Árboles, 3-5 m; entrenudos 10-80(-100) × 4-8 mm, densamente hirsútulos cuando jóvenes con tricomas cafés a café-rojizos, glabros al madurar; ócreas 4-8 mm, densamente hirsútulas con tricomas café-rojizos. Hojas 6-15.5 × 4-8.6 cm, simples, alternas, ovadas, cartáceas, rugosas, con 7-9 pares de venas secundarias, el haz escasamente hirsuto, el envés densamente hirsuto con tricomas cafés, la base redondeada o subcordada, los márgenes enteros a ondulados, el ápice obtuso; pecíolo 10-27 × 3-8 mm, estriado, densamente hirsútulo con tricomas café-rojizos, originándose arriba de la base de la ócrea. Inflorescencias racemosas, terminales, el racimo 9.5-15.4 cm; raquis 2-3 mm de diámetro, estriado, puberulento; ocréolas c. 1 mm, membranáceas, hirsútulas; pedicelos 1.2-2.3 mm, puberulentos. Flores no vistas. Frutos 8.2-10.3 × 7.1-8 mm, ovoides a subglobosos, la superficie reticulada al secarse, los lóbulos del perianto imbricados y fusionados hasta 4/5 de la longitud del fruto. *Matorrales en vegetación riparia.* H (*Molina R. & Molina 25830*, MO). 800-950 m. (Endémica).

9. Coccoloba coronata Jacq., *Enum. Syst. Pl.* 19 (1760). Neotipo (designado aquí): Jacquin, *Select. Stirp. Amer. Hist.* t. 77 (1763). Ilustr.: Jacquin, *Select. Stirp. Amer. Hist.* t. 77 (1763).

Coccoloba caribaea Urb., *C. dioica* H. Karst. ex Lindau, *C. novogranatensis* Lindau, *C. virens* Lindl., *C. waittii* I.M. Johnst.

Arbustos o árboles, (3-)6-8(-15) m; entrenudos de 10-40(-80) × (3-) 4-8 mm, estriados, glabros a pulverulentos, cafés a grisáceos, escasamente lenticelados; ócreas 3-6(-8) mm, tubulares, papiráceas, punteado-glandulares, café-rojizas, glabras, el ápice membranáceo. Hojas (6-)9-11(-23.4) × 4-5.5(-17.6) cm, simples, alternas, obovadas, cartáceas a subcoriáceas, con 7-10 pares de venas secundarias, estas y las terciarias prominentes en el envés, glabras o con escasos tricomas sobre la vena media en la porción inferior, punteado-glandulares, la base redondeada a cordada, los márgenes enteros, el ápice obtuso a ligeramente acuminado; pecíolo 8-11(-15) × 1-2 mm, glabro a pulverulento, originándose arriba de la base de la ócrea. Inflorescencias racemosas, terminales o axilares, el racimo (3-)5-9 cm; raquis 0.5-1 mm de diámetro, estriado, glabro; ocréolas 2-3 mm, bilobadas, membranáceas, glabras; pedicelos 3-5 mm, articulados en el ápice; flores 1(-3) por fascículo, 2-2.5 mm; lóbulos del perianto 1.5-1.7 mm; estambres 2-2.5 mm, los filamentos 1.8-2 mm, las anteras 0.5-0.7 mm. Frutos 8-10 × 7-9 mm, globosos, estriados, los lóbulos del perianto formando una corona en el ápice cubriendo 1/5 de la longitud del fruto. Floración may. *Dunas costeras, bosques perennifolios.* P (*Allen 802*, MO). 0-250 m. (Mesoamérica, Colombia, Venezuela, Ecuador, Perú, Antillas Mayores, Islas de Sotavento, Islas de Barlovento).

En el *Manual de Plantas de Costa Rica* (Soto, 2014) se reconoce la presencia de *Coccoloba coronata* en ese país. Sin embargo, en la clave dicotómica uno de los caracteres para identificar a *C. coronata* es que el tubo del perianto cubre 2/3 del aquenio, y en la clave esta especie esta morfológicamente similar a *C. lehmannii* y *C. escuintlensis*. *Coccoloba coronata* tiene el aquenio completamente cubierto por el tubo del perianto y los tépalos del perianto son persistentes y forman una corona, de ahí en nombre 'coronata'. Si bien no hemos estudiado el ejemplar citado para Costa Rica (*Flores & Martínez 116*, CR), consideramos por la descripción que no corresponde a esta especie.

10. Coccoloba cozumelensis Hemsl., *Biol. Cent.-Amer., Bot.* 4: 108 (1887). Holotipo: México, Quintana Roo, *Gaumer 18* (K!). Ilustr.: no se encontró. N.v.: Ch'iich'boob, kanbal boob, sak boob, Y, C, QR; uvero negro, T; uva, uvero, G.

Coccoloba cozumelensis Hemsl. var. *tikalana* Lundell, *C. yucatana* Lindau.

Arbustos o árboles, 2-10 m; entrenudos 7-40(-60) × 3-5 mm, estriados, escasamente lenticelados; ócreas 4-7(-10) mm, tubulares, papiráceas, densamente hirsútulas con tricomas café-rojizos o con excrecencias glandulares amarillas o cafés, el ápice truncado, irregular. Hojas 4-11.5 × 2-5 cm, simples, alternas, angostamente ovadas a ovado-lanceoladas, cartáceas, café claro al secarse, con 7 u 8 pares de venas secundarias, el haz glabro, punteado-glandular, el envés glabro, escasa a densamente hirsútulo a piloso en las axilas de la vena media, la base redondeada a subcordada, los márgenes enteros a ligeramente ondulados, el ápice acuminado; pecíolo 3-13 × 1-2 mm, puberulento a densamente hirsútulo, originándose en la base de la ócrea. Inflorescencias espigadas, terminales, solitarias, la espiga 10-20 cm; raquis 1-2 mm, estriado, densamente hirsútulo; flores 1-3 por fascículo, espiraladas; ocréolas c. 1 mm, escasamente hirsútulas con glándulas puntiformes; pedicelos ausentes o de 0.3-0.5 mm, articulados en el ápice. Frutos 5-7 × 3-5 mm, subglobosos, glabros, los lóbulos del perianto fusionados cubriendo 1/4 de la longitud del fruto. Floración abr.-ago. *Selvas secas estacionales, selvas lluviosas, vegetación secundaria, sabanas, bosques de pino.* T (*Novelo et al. 119*, BM); Y (*Simá & Escalante 1314*, CICY); C (*Martínez S. et al. 28365*, MO); QR (*Téllez & Cabrera 3188*, MEXU); B (*Contreras 7062*, MO); G (*Lundell & Contreras 20319*, MO). 10-260 m. (Endémica).

11. Coccoloba darienensis R.A. Howard, *J. Arnold Arbor.* 40: 195 (1959). Isotipo: Panamá, *Allen 934* (MO!). Ilustr.: no se encontró. N.v.: Papaturro, N.

Árboles, 12-33 m; entrenudos 4-60 × 3-5 mm, estriados, escasamente lenticelados; ócreas 7-11 mm, tubulares, oblicuamente truncadas en el ápice, cartáceas, glabras, con excrecencias glandulares amarillas o cafés. Hojas (8-)10.5-14.5(-20.1) × 3.5-5.2(-8) cm, simples, alternas, angostamente oblongas a lanceolado-oblongas, cartáceas, con 9-10 pares de venas secundarias, glabras, punteado-glandulares, la base cuneada, los márgenes enteros a ligeramente ondulados, el ápice acuminado; pecíolo 8-12 × 1-2 mm, glabro, originándose en la base de la ócrea. Inflorescencias racemosas, terminales, solitarias, el racimo 8-14 (-20.4) cm; raquis 1-2 mm de diámetro, estriado, puberulento a pilósulo; ocréolas c. 1 mm, puberulentas, ciliadas en el ápice; pedicelos 1-1.5 mm, articulados en el ápice; flores 1, 3 o 4 por fascículo, 1-3 mm; lóbulos del perianto 1-1.5 mm; estambres 2-3 mm, los filamentos 1.5-2.6 mm, las anteras 0.5-0.7 mm. Frutos 5-6(-7.8) × 5-5.4 mm, ovoides, los lóbulos del perianto libres hasta la base. Floración jun. *Bosques lluviosos.* N (*Sandino 4591*, MO); P (*Stern et al. 813*, MO). 35-900 m. (Endémica).

12. Coccoloba diversifolia Jacq., *Enum. Syst. Pl.* 19 (1760). Neotipo (designado por Howard, 1949): Jacquin, *Select. Stirp. Amer. Hist.* t. 76 (1763). Ilustr.: Jacquin, *Select. Stirp. Amer. Hist.* t. 76 (1763). N.v.: Ch'iich' boo, uvero, Y; uva, G.

Coccoloba cumbreana Lundell, *C. lancifolia* Lundell, *C. laurifolia* Jacq., *C. oligocarpa* Lundell, *Guaiabara laurifolia* (Jacq.) House, *Uvifera laurifolia* (Jacq.) Kuntze.

Arbustos o árboles, 3-5 m, troncos múltiples, copa redondeada; entrenudos 5-30(-40) × 3-7 cm, estriados, café claro a grisáceos, escasamente lenticelados; ócreas 3-5 mm, tubulares, cartáceas, glabras a puberulentas, con excrecencias glandulares escasas o raramente con un mechón de pelos café-rojizos en el ápice, la porción apical prontamente caediza, la porción basal persistente. Hojas 5-15 × 2-6 cm, simples, alternas, ovado-lanceoladas, elípticas a oblongo-ovadas, subcoriáceas, lisas, glabras, café claro, las venas prominentes en el envés, con 5-8 pares de venas secundarias, punteado-glandulares en ambas superficies, la base subcordada, obtusa a redondeada, los márgenes enteros y revolutos, el ápice redondeado, obtuso, acuminado; pecíolo 5-12 × 0.5-1 mm, café claro, glabro a puberulento, originándose en la base de la ócrea. Inflorescencias racemosas, terminales o axilares, solitarias, el racimo 3.5-5 cm; raquis 1-1.2 mm de diámetro, estriado, glabro a puberulento; ocréolas 0.5-1 mm, membranáceas, glabras a puberulentas; pedicelos 2-4 mm, estriados, glabros a puberulentos, articulados en el ápice; flores no vistas. Frutos 8-10 × 6-8 mm, subglobosos a obpiriformes, los lóbulos del perianto cubriendo 1/4 de la longitud del fruto. Floración abr.-jul. *Selvas secas estacionales, selvas lluviosas.* Ch (*Breedlove & Thorne 30857*, MO); QR (*Cabrera & Cabrera 5554*, MO); B (*Davidse & Brant 32525*, MO); G (*Lundell & Contreras 20037*, MO); H (*Nelson & Romero 4592*, MO). 10-500 m. (Estados Unidos, México [San Luis Potosí], Mesoamérica, Antillas Mayores, Islas de Sotavento, Islas de Barlovento, Bermuda).

13. Coccoloba efigeniana Ortiz-Diaz & J.J. Ancona, *Phytotaxa* 599: 101 (2023). Holotipo: Costa Rica, *Marín 112* (MO!). Ilustr.: Ancona et al., *Phytotaxa* 599: 102, t. 1 (2023).

Árboles 10-20 m; entrenudos 1-8 cm × 4-8 mm, densamente hirsútulos cuando jóvenes con pelos amarillo-cafés a café oscuro; ócreas 1.4-3.7 cm, densamente pubescentes a lanosas, con tricomas amarillo-cafés a café oscuro, rompiéndose irregularmente. Hojas (15.4-)17-25.8 × 9-16(-19.2) cm, simples, alternas, oblongo-elípticas a obovado-elípticas, papiráceas, con (9-)10-14 pares de venas secundarias, prominentes, el envés densamente hirsútulo, las venas primarias y secundarios pubescentes a hirsútulas, el haz glabro a hirsútulo en los venas con tricomas amarillo-cafés, la base cordada, los márgenes enteros, el ápice obtuso a ligeramente acuminado; pecíolo 17-30 × 3-7 mm, estriado, pubescente, con tricomas amarillo-cafés, originándose cerca de la base de las ócreas. Inflorescencias paniculadas, 9.5-17.6(-20) cm terminales; ramas abiertas espigadas, densamente hirsútulas a pubescentes; fascículos florales separados; raquis estriado, puberulento; ocréolas 0.6-0.8 mm, coriáceas, puberulentas, redondeadas en el ápice; flores solitarias o 2 o 3 por fascículo; filamentos c. 1 mm, las anteras c. 0.5 mm. Frutos 8-8.5 × 5-6 mm, obpiramidales, la base truncada, el ápice agudo, pilósulos, café claro a marrón, lisos, los lóbulos del perianto libres en el ápice del aquenio. Floración mar.-jul. *Selvas lluviosas*. CR (*Aguilar 5457*, MO); P (*Croat 13866*, MO). 100-350 m. (Mesoamérica, Venezuela, Surinam, Guayana Francesa).

Las colecciones previamente identificadas como *Coccoloba mollis* Casar. de Costa Rica pertenecen a esta especie. El nombre *C. standleyana* P.H. Allen es ambiguo, pues la descripción del nombre está basada en un rebrote de hoja; Ancona et al. (2023) consideraron que debido al tamaño de las hojas y el indumento del envés se asemejaba a lo descrito para *C. hirsuta* Standl., nombre que Howard había asignado como un sinónimo de *C. belizensis*, por lo tanto, los autores consideraron que se trataba de la misma especie. Sin embargo, las hojas en muchas especies de *Coccoloba* observadas en México y Centroamérica, cuando son rebrotes, son muy grandes y de indumento muy variable que se reduce en la madurez. Luego de una revisión más amplia del género y consultando más colecciones de herbario, Ortiz-Diaz & Ancona (2024) excluyeron los nombres *C. hirsuta* y *C. standleyana* como sinónimos de *C. belizensis*. El espécimen tipo de *C. standleyana* es tan ambiguo que puede representar a cualquier especie de *Coccoloba* en estado juvenil, pero basados en la morfología pudiera representar un estadio joven de *C. tuerckheimii*; mientras que el espécimen tipo de *C. hirsuta* puede representar un estado juvenil de las hojas de *C. hirtella*. La revisión de más colecciones de herbario podría dar estabilidad a estas hipótesis taxonómicas.

14. Coccoloba escuintlensis Lundell, *Phytologia* 1: 213 (1937). Holotipo: México, Chiapas, *Matuda 413* (MICH!). Ilustr.: no se encontró.

Coccoloba schippii Lundell, *C. steyermarkii* Standl.

Árboles (4-)8-15(-25) m alto; entrenudos (5-)20-30(-50) × 3-5 mm, estriados, glabros a pulverulentos, cafés a gris pálido, escasamente lenticelados; ócreas 5-9 mm, tubulares, glabras a pulverulentas, café oscuro, el ápice irregularmente truncado, la porción apical rápidamente caediza, la porción basal persistente, pero caediza al madurar, con o sin excrecencias glandulares. Hojas (7-)9.5-19(-26) × (3.9-)4-9(-10) cm, simples, alternas, lanceolado-oblongas a ovado-oblongas, cartáceas, lisas, glabras o hirsútulas en las axilas de las venas del envés, puntiforme-glandulares en ambas superficies, (6-)8 o 9 pares de venas secundarias, la vena media puntiforme-glandular, la nervadura terciaria finamente reticulada, la base redondeada a cordada, los márgenes enteros a ligeramente ondulados, el ápice corta a largamente acuminado; pecíolos (10-)15-25(-32) × 1-1.5 mm, canaliculados con excrecencias glandulares, glabros a pulverulentos, café oscuro, originándose en la base de las ócreas. Inflorescencias (4-)6-14(-25) cm, axilares o terminales, de panículas cortas, racimos o fascículos, péndulas, densamente floríferas; raquis 1-1.5 mm, estriado, glabro a pulverulento; ocreólas 1.2-1.7 mm, membranáceas, glabras a pulverulentas; pedicelos (2-) 2.5-2.7 mm, glabros, articulados en el ápice; flores 1 o 2(3) por fascículo, 0.5-2 mm; lóbulos del perianto 0.8-1.3 mm; filamentos 2-3 mm, las anteras c. 0.5 mm. Frutos (5.5-)6-7 × 4.5-5.5 mm, ovoides a subglobosos, café rojizos, café oscuro, lisos, lustrosos, los lóbulos del perianto cubriendo 1/2 del fruto. Floración: nov.-feb. *Bosques caducifolios, vegetación riparia, vegetación secundaria.* Ch (*Matuda 4143*, MO); B (*Schipp S-687*, F); G (*Contreras 10548*, MO); H (*Saunders 1075*, MO); CR (*Acosta 1137*, MO). 400-1000 m. (México [Oaxaca], Mesoamérica).

15. Coccoloba euvelutina Lundell, *Wrightia* 5: 161 (1975). Holotipo: Guatemala, *Lundell & Contreras 19821* (LL!). Ilustr.: no se encontró. N.v.: Uva, G.

Árboles, 10-15 m; entrenudos 10-50 × 3-5 mm, estriados, escasamente lenticelados, escasamente hirsútulos; ócreas 5-8 mm, tubulares, cartáceas, escasa a densamente hirsútulas con tricomas amarillos, truncadas en el ápice, con excrecencias glandulares café oscuro. Hojas 6.5-12.5 × 2.5-5 cm, simples, alternas, angostamente lanceoladas a oblongo-oblanceoladas, cartáceas, las venas prominentes en el envés, con 12-16 pares de venas secundarias, el haz subampolloso y escasamente hirsútulo, el envés escasa a densamente hirsútulo, punteado-glandular, la base subcordada a cordada, los márgenes revolutos, el ápice acuminado; pecíolo 7-10 × 1-2.5 mm, hirsútulo o glabro, originándose en la base de la ócrea. Inflorescencias racemosas, terminales, solitarias, el racimo (7.4-)9.5-15.1 cm; raquis 1-2 mm de diámetro, escasa a densamente hirsútulo; ocréolas 0.3-0.5 mm, hirsútulas; pedicelos 1-1.5 mm, sobrepasando las bractéolas, articulados en el ápice; flores no vistas. Frutos 8-10.5 × 4.3-5.4 mm, ovoides con la base aguda a obtusa, punteado-glandulares, los lóbulos del perianto fusionados en el ápice del fruto. Floración abr.-may. *Bosques lluviosos*. G (*Lundell & Contreras 20004*, MO). 400-500 m. (Endémica).

16. Coccoloba floresii Ortiz-Diaz & Arnelas, *Phytotaxa* 213: 264 (2015). Holotipo: México, Chiapas, *Ortiz-Diaz et al. 2941* (UADY). Ilustr.: Ortiz-Diaz et al., *Phytotaxa* 213: 265, t. 1 (2015).

Árboles, 6-15 m; entrenudos de las ramas sólidos, glabros, estriados, escasamente punteado-glandulares, lenticelados, amarillos; ócreas 4-11 mm, cilíndricas, membranosas, glabras, el ápice coronado por una vena rojiza, parda o pardusca cuando seca, generalmente la porción arriba de la vena de color dorado. Hojas (7-)10-15 × 3-6 (-9.5) cm, simples, alternas, lanceoladas a oblongo-lanceoladas, subcoriáceas, las venas reticuladas, con 9-12 pares de venas secundarias, la vena media prominente por debajo, parda cuando seca, glabras en ambas superficies, hírtulas sobre las axilas de la vena media y las venas secundarias, la base subcordada a redondeada, los márgenes revolutos, el ápice acuminado; pecíolo (5-)11-15(-23) mm, glabro, originándose en la base o hasta 2 mm arriba de la base de la ócrea. Inflorescencias espigadas, terminales, solitarias, las espigas 10-17(-30) cm; raquis 1-2 mm de diámetro, estriado, puberulento; ocréolas (0.7-)1-1.5 mm, membranáceas, pubescentes; bractéolas 1-1.5 mm, lanceoladas, pubescentes; pedicelos cuando presentes 0.3-0.7 mm en fruto; flores solitarias o en fascículos, 1-2.2 mm; lóbulos del perianto 1-1.2 mm; estambres (1.8-) 2-2.5 mm, los filamentos 0.5-2 mm, las anteras 0.3-0.5 mm. Frutos 6-7(-8) × 4-6 mm, trígonos, globosos, cafés, los lóbulos del perianto carnosos, formando una corona en el ápice, la corona 0.8-1.1 mm. Floración y fructificación oct. *Acantilados, laderas, sobre calizas o areniscas, cerca de arroyos en bosques secos*. Ch (*Breedlove 49070*, MO). 850-2070 m. (Endémica).

17. Coccoloba floribunda (Benth.) Lindau, *Bot. Jahrb. Syst.* 13: 217 (1890). *Campderia floribunda* Benth., *Bot. Voy. Sulphur* 159 (1844 [1846]). Lectotipo (designado por Howard, 1992): Honduras, *Sinclair s.n.* (BM). Ilustr.: Burger, *Fieldiana, Bot.* n.s. 13: 110, t. 23 (1983c), como *Coccoloba venosa*. N.v.: Papaturro, papaturro de playa, ES, N; papaturro negro macho, N.

Campderia mexicana Meisn., *Coccoloba alagoensis* Wedd. var. *major* Meisn.

Arbustos o árboles, 4-6(-10) m, frecuentemente con el tallo retorcido; entrenudos 2-25(-30) × 0.5-3(-6) mm, con cicatrices, escasamente lenticelados, escasamente papilosos, gris pálido o café claro, glabros a pulverulentos, los nudos conspicuamente engrosados; ócreas 3-5(-15) mm, tubulares, papiráceas, glabras a pulverulentas, con excrecencias glandulares, café oscuro, el ápice truncado o irregular, la base caediza o persistente al madurar. Hojas (3.5-)5.5-14.2(-20) × (2.5-)3-7.6(-10.5) cm, simples, alternas o fasciculadas, oblanceoladas a obovado-oblongas, coriáceas, lisas, café claro al secarse, con 5-8 pares de venas secundarias, las venas terciarias ligeramente prominentes en el envés, glabras a pulverulentas, con tricomas en las axilas de la vena media en el envés, punteado-glandulares, la base obtusa a redondeada, los márgenes enteros y revolutos, el ápice redondeado a obtuso; pecíolo 2-10(-15) × 1.5-2.2 mm, gris pálido a café claro, glabro a pulverulento, con excrecencias glandulares, originándose en la base de la ócrea o debajo de esta. Inflorescencias racemosas, terminales o subterminales, el racimo 6-11(-16) cm, densamente florífero; raquis 1-2.5 mm de diámetro, estriado, gabro a puberulento, rojizo; ocréolas 2-3 mm, membranáceas, glabras a pulverulentas; pedicelos 1.5-2.2 mm, articulados en el 1/2 o en el ápice; flores 1 o 2(3) por fascículo, 2-2.5 mm; lóbulos del perianto 0.8-1.4 mm; estambres 2-2.3 mm, los filamentos 1.5-2 mm, las anteras 0.3-0.5 mm. Frutos 5.7-6.5 × 3-4 mm, ovoides, café-rojizos, los lóbulos del perianto libres o fusionados hasta la base. *Dunas costeras, bosques secos espinosos, vegetación secundaria*. Ch (*Breedlove & Davidse 54178*, MO); G (Howard, 1959b: 219, como *Coccoloba venosa*); H (*West 3534*, MO); ES (*Rohweder 931*, MO); N (*Baker 203 (657)*, MO); CR (*Webster & Poveda 22169*, MO); P (*Knapp 1239*, MO). 0-1200 m. (México [Oaxaca], Mesoamérica, Colombia, Brasil).

18. Coccoloba gentryi R.A. Howard, *Brittonia* 44: 359 (1992). Isotipo: Panamá, *Gentry & Dwyer 5545* (MO!). Ilustr.: Howard, *Brittonia* 44: 358, t. 2 (1992).

Bejucos, c. 2 m; entrenudos 12-80 × 3-7 mm, grisáceos a negros, estriados, lisos, glabros, escasamente lenticelados; ócreas 4-6.3 mm, tubulares, negras, el ápice obtuso o acuminado, glabras a puberulentas, caducas. Hojas (5.5-)7.2-10.6(-13.2) × (3-)3.6-5(-6.6) cm, simples, alternas, oblongo-lanceoladas, coriáceas, negras, lisas, con 7 u 8 pares de venas secundarias, glabras, el haz lustroso, punteado-glandulares, la base redondeada, los márgenes enteros y revolutos, el ápice agudo a acuminado; pecíolo 8.5-13 × 1.8-2 mm, negro, glabro, con cicatrices, originándose en las bases de las ócreas. Inflorescencias racemosas, terminales o subterminales, el racimo 5.5-7.6 cm, arqueado u ondulado; raquis 1.8-2.1 mm de diámetro, glabro; flores solitarias o en pares; ocréolas 1-1.8 mm, bilobadas, membranáceas; pedicelos 1.5-1.8 × 0.5 mm; flores 1 o 2(-4) por fascículo, 1-3 mm; perianto 1.6-2.2 mm, blanco-amarillento; anteras 0.3-0.5 mm. Frutos 8-12 × 7-8 mm, oblongoides, lustrosos, el ápice redondeado, la base abruptamente contraída, los lóbulos del perianto imbricados. Floración jul.-sep. *Bosques lluviosos*. P (*McPherson 10360*, MO). 410-1050 m. (Endémica).

19. Coccoloba guanacastensis W.C. Burger, *Phytologia* 49: 387 (1981). Holotipo: Costa Rica, *Opler 555* (F!). Ilustr.: Burger, *Fieldiana, Bot.* n.s. 13: 111, t. 24 (1983c).

Árboles, 5-8(-10) m; entrenudos (5-)10-30(-50) × (1.5-)3-5 mm, estriados, glabros a pulverulentos, cafés a gris pálido, escasamente lenticelados; ócreas 4-8 mm, tubulares, glabras a pulverulentas, café oscuro, el ápice truncado, alargado e irregular, la porción apical caediza, la porción basal persistente, con o sin excrecencias glandulares. Hojas (7.4-)9.2-18.7(-22.2) × (2.8-)3.6-9.7(-10.5) cm, simples, alternas, ampliamente oblongas a elíptico-oblongas, cartáceas a subcoriáceas, con 6-10 pares de venas secundarias, las venas terciarias finamente reticuladas, prominentes en ambas superficies, glabras, la base obtusa a redondeada, los márgenes enteros a ligeramente ondulados, el ápice obtuso, redondeado a cortamente acuminado; pecíolo 15-34 × 1-2.5 mm, café oscuro, glabro a pulverulento, con excrecencias glandulares, originándose en la porción media de la ócrea o arriba de esta. Inflorescencias racemosas, terminales o axilares, el racimo 10-15 cm, solitario o fasciculado en un mismo nudo; raquis 1-1.5 mm de diámetro, estriado, glabro a puberulento; ocréolas c. 0.5 mm, membranáceas, glabras; pedicelos 2.2-4.6(-5.3) mm, glabros a pulverulentos, articulados en el ápice; flores 1 o 2(-4) por fascículo, 4-6 mm; lóbulos del perianto 2-3 mm; estambres 2.5-4.5 mm, los filamentos 2-3 mm, las anteras 0.5-0.8 mm. Frutos 9-10.4 × 7.8-9 mm, ovoides a subglobosos, café-rojizos a café oscuro, lisos a ligeramente estriados, los lóbulos del perianto persistentes y abiertos en el ápice del fruto. Floración feb.-abr. *Vegetación riparia*. N (*Moreno & Stevens 22851*, MO); CR (*Judziewicz 4567*, MO). 0-400 m. (Endémica).

20. Coccoloba hirtella Lundell, *Wrightia* 2: 117 (1961). Holotipo: Belice, *Gentle 5427* (LL!). Ilustr.: no se encontró. N.v.: Wild grape, B.

Árboles, 10-20 m; entrenudos 10-80 × 4-8 mm, densamente hirsútulos cuando jóvenes con tricomas amarillos o café oscuro; ócreas 1-4 cm, densamente hirsútulas con pelos café oscuro, rompiéndose irregularmente. Hojas 12-25.5(-28.3) × 9-16(-19.2) cm, simples, alternas, variables en tamaño pero frecuentemente muy grandes, elíptico-oblongas a obovado-elípticas, cartáceas, con 8-11 pares de venas secundarias, prominentes en ambas superficies, rugosas, las venas pubérulas a hirsútulas sobre ambas superficies con tricomas cafés, la base cordada, los márgenes enteros o revolutos, el ápice obtuso a ligeramente acuminado; pecíolo 20-35 × 3-8 mm, estriado, densamente hirsútulo con tricomas cafés, originándose en la base de la ócrea. Inflorescencias paniculadas, terminales, la panícula 10-18(-20) cm, subsésil, 2-4 ramas, densamente puberulenta; raquis estriado; ocréolas c. 1 mm, membranáceas, puberulentas, redondeadas en el ápice; pedicelos ausentes. Flores 1-5 por fascículo; estambres 1.5-2 mm, los filamentos c. 1 mm, las anteras c. 0.5 mm. Frutos 8-10.5 × 5-6 mm, ovoides con la base redondeada, glabros, los lóbulos del perianto parcialmente fusionados, libres 1/4 de la longitud del fruto. Floración sep.-ene. *Bosques lluviosos*. B (*Gentle 5427*, foto MO); G (*Contreras 9416*, MO); H (*Standley 53555*, US). 40-500 m. (Endémica).

21. Coccoloba hondurensis Lundell, *Bull. Torrey Bot. Club* 66: 591 (1939). Holotipo: Belice, *Lundell 3996* (MICH). Ilustr.: no se encontró. N.v.: Uva, B, G; wild grape, B.

Coccoloba tenuis Lundell, *C. verapazensis* Lundell.

Árboles, (5-)7-12(-18) m; entrenudos 15-50 × (3-)4-5(-7) mm, estriados, glabros a puberulentos, cafés a grisáceos, escasamente lenticelados; ócreas 5-6(-12) mm, tubulares, papiráceas, glabras, hirsutulosas cuando jóvenes con tricomas café-rojizos, punteado-glandulares, ápice membranáceo, caedizas. Hojas (6.6-)7.8-14.8(-18.7) × (3.5-)4.3-7.4(-10.4) cm, simples, alternas, ovadas a elíptico-oblongas, cartáceas, con (6)7-10 pares de venas secundarias, glabras, con el haz más oscuro que el envés, densamente punteado-glandulares en ambas superficies, la base obtusa a redondeada, los márgenes enteros, el ápice obtuso a ligeramente acuminado; pecíolo 4-20 × 1-2 mm, rojo oscuro a negro, glabro a pulverulento, originándose en la base de la ócrea. Inflorescencias espigadas o racemosas, terminales, el racimo o espiga 7-30 cm; raquis 0.5-1 mm de diámetro, estriado, glabro a escasamente hirsútulo; ocréolas 1.8-2.2 mm, membranáceas, glabras; pedicelos 0.3-1.5 mm, articulados en el ápice; flores 1 o 2(3) por fascículo, 1.5-2 mm; lóbulos del perianto 0.7-1.5 mm, con glándulas puntiformes; estambres 2-3.5 mm, los filamentos 1.7-2 mm, las anteras 0.5-0.9 mm. Frutos (5.5-)7.5-8 × 4-5(-6.5) mm, ovoides, estriados, punteado-glandulares, los lóbulos del perianto obtusa a abruptamente formando una corona en el ápice. Floración abr.-nov. *Bosques lluviosos, vegetación riparia*. T (*Magaña & Zamudio 355*, MEXU); Ch (*Reyes-García & Sousa S. 2340*, MO); B (*Dwyer 11044*, MO); G (*Contreras 7001*, MO); H (*Yuncker et al. 8295*, MO). 5-300 m. (México [Oaxaca], Mesoamérica).

22. Coccoloba humboldtii Meisn. in A. DC., *Prodr.* 14: 163 (1856). Lectotipo (designado por Howard, 1959b): México, estado desconocido, *Bonpland 4484* (B-W-[nr] 7705). Ilustr.: no se encontró. N.v.: Tocó prieto, T.

Coccoloba humboldtii Meisn. var. *longipedicellata* H. Gross, *C. orizabae* Lindau, *C. petrophila* Brandegee.

Arbustos o árboles, 5-8 m; entrenudos (5-)20-30(-50) × 3-5 mm, estriados, escasamente lenticelados, cafés a gris pálido, glabros a pulverulentos; ócreas 3-7 mm, tubulares, pulverulentas a densamente hirsútulas o con un mechón de tricomas rojizos en el ápice, café oscuro, el ápice truncado, irregular, la porción apical rápidamente caediza, la porción basal persistente, con o sin excrecencias glandulares. Hojas 4-11 × 2-8 cm, simples, alternas, elíptico-oblongas a ovadas, subcoriáceas, lisas, con 5 o 6 pares de venas secundarias, las venas terciarias finamente reticuladas, prominentes en ambas superficies, la vena media punteado-glandular en el envés, glabra, punteado-glandulares sobre ambas superficies, la base obtusa, redondeada a subcordada, los márgenes enteros, revolutos, el ápice obtuso, redondeado a cortamente acuminado; pecíolo 5-7(-10) × 1-1.5 mm, café oscuro, pulverulento a densamente hirsútulo, con excrecencias glandulares, originándose en la base de la ócrea. Inflorescencias racemosas, terminales, el racimo 7-12 cm; raquis 1-1.5 mm de diámetro, estriado, glabro, puberulento a densamente hirsútulo; ocréolas c. 0.5 mm, membranáceas, glabras; pedicelos 1.5-3 mm, glabros a pulverulentos, articulados en el ápice; flores 1 o 2(-4) por fascículo, 1.5-2 mm; lóbulos del perianto 0.8-1.3 mm; estambres 1.3-2.5 mm, el filamento c. 1 mm, la antera c. 0.5 mm. Frutos 6-6.5 × 4-4.5 mm, ovoides, lisos, lustrosos, café-rojizos a café oscuro, los lóbulos del perianto fusionados cubriendo 1/4 de la longitud del fruto. Floración feb.-abr. *Bosques secos, matorrales de dunas costeras, sabanas, bosques de pinos y en orillas de ríos y lagos*. T (*Hanan-Alipi et al. 961*, BM); C (*Chan 4922*, MO); G (*Tenorio et al. 14587*, MO); H (*Nelson et al. 6640*, MO). 0-50 m. (México [San Luis Potosí, Tamaulipas, Veracruz], Mesoamérica).

Coccoloba humboldtii se distingue por las hojas con los márgenes revolutos, las venas terciarias finamente reticuladas y prominentes en ambas superficies, los racimos 7-12 cm, los pedicelos maduros 1.5-3 mm, el fruto ovoide con el hipanto y los lóbulos del perianto expandidos y suculentos.

De acuerdo con Howard (1959b), consideramos que *C. humboldtii* var. *longipedicellata* es un sinónimo de *C. humboldtii* pues la longitud de la inflorescencia y de los pedicelos, así como la forma de las hojas, pueden variar bastante a lo largo de su distribución. Así, por ejemplo, los ejemplares recolectados en Guatemala (*Harmon & Dwyer 4333*, MO; *Tenorio et al. 14587*, MO; *Martínez S. & Stevens 23291*, MO) presentan frutos y hojas más grandes, base cordada y pecíolo más corto. En cuanto a *C. petrophila* y *C. orizabae*, los ejemplares tipo descritos presentan hojas ovadas más largas y angostas con un ápice acuminado, a diferencia de los ejemplares tipo de *C. humboldtii*.

23. Coccoloba ibarrae J.J. Ancona & Ortiz-Diaz, *Phytotaxa* 599: 103 (2023). Holotipo: México, Oaxaca, *Ibarra et al. 3719* (MEXU!). Ilustr.: Ancona et al., *Phytotaxa* 599: 104, t. 2 (2023).

Árboles, 10-25 m de alto; entrenudos 4-8 cm × 4-8 mm; ócreas 1-1.5 cm, cilíndricas, glabras a puberulentas, con tricomas café oscuro. Hojas 20-31(-35) × 14-21(-25) cm, alternas, simples, variables en tamaño, pero frecuentemente muy grandes, oblongo-elípticas a obovado-elípticas, cartáceas, con (9)10-14 pares de venas secundarias, prominentes, el envés glabro, las venas secundarias y terciarias puberulentas, el haz glabro, la base cordada, los márgenes enteros, el ápice agudo a ligeramente redondeado; pecíolo 25-35 × 4-7 mm, estriado, glabro a puberulento, los tricomas cafés, en las bases de las ócreas. Inflorescencias 17-22(-25) cm, terminales, paniculadas; ramas abiertas racemosas, glabras a puberulentas; raquis estriado, glabro a puberulento; ocréolas 0.6-0.8 mm, membranáceas, glabras, redondeadas en el ápice; flores solitarias; filamentos c. 1 mm, las anteras c. 0.5 mm. Frutos 13-13.75 × 8.6-9.4 mm, ovoides, las costillas prominentes, la base abruptamente contraída, el ápice acuminado, glabros, negros, lisos, los lóbulos del perianto libres en el ápice del aquenio. Floración mar.-jun. *Bosques nublados de montaña*. Veracruz (*Calzada 4263*, MEXU). 1100-1500 m. (México [Oaxaca, Veracruz]).

Coccoloba ibarrae es endémica de México y podría encontrarse en Mesoamérica.

24. Coccoloba johnstonii R.A. Howard, *Brittonia* 44: 357 (1992). Holotipo: Panamá, *Gentry 5022* (MO!). Ilustr.: Howard, *Brittonia* 44: 358, t. 1 (1992).

Árboles, (2.5-)3-5(-15) m, retorcidos; ramas alargadas, arqueadas, extendiéndose hasta el suelo; entrenudos 1-3 × c. 2 mm, con cicatrices, estriados, escasamente lenticelados, lisos, café claro, glabros; ócreas 4-15 mm, tubulares, café-rojizas, glabras a puberulentas, el ápice de la ócrea aparentemente como una lígula en la base foliar, persistentes. Hojas 5.2-8.1 × 2.2- 4.9 cm, simples, alternas, ovadas, papiráceas, lisas, verdes, con 4 o 5 pares de venas secundarias, el envés glabro a puberulento, la base redondeada a truncada, los márgenes enteros, el ápice largamente acuminado; pecíolo (5-)9-11 × 0.7-1.1 mm, liso, café, glabro, articulado en la mitad, originándose arriba de la base de la ócrea. Inflorescencias racemosas, terminales o subterminales, solitarias, el racimo (2-)10-13 cm; raquis 0.3-0.7 mm de diámetro, estriado, glabro a puberulento; ocréolas 0.5-3 mm, glabras a puberulentas; pedicelos 1.6-3 mm; flores 1 o 2(-4) por fascículo, 1.5-3 mm; lóbulos del perianto 0.8-1.5 mm; estambres 3-4.5 mm, los filamentos c. 4 mm, las anteras 0.5-0.7 mm. Frutos c. 9 × 6 mm, ovoides, los lóbulos del perianto imbricados en el ápice del fruto. Floración abr.-may. *Vegetación secundaria*. P (*Croat 34752*, MO). 50-600 m. (Endémica).

25. Coccoloba lasseri Lundell, *Contr. Univ. Michigan Herb.* 6: 10 (1941). Isotipo: Panamá, *Bartlett & Lasser 16946* (MO!). Ilustr.: no se encontró. N.v.: Uvero, P.

Árboles, 7-12 m, tronco retorcido, ramas con cicatrices; entrenudos 5-40 × 6-15 mm, estriados, glabros, cafés a grisáceos, escasamente lenticelado-puntiformes; ócreas c. 1.5 cm, estriadas. Hojas (13-)15-19 (-32) × (5-)8-10.5(-22) cm, simples, alternas, obovadas a oblanceolado-obovadas, cartáceas a coriáceas, con 8-12 pares de venas secundarias, glabras o con escasos tricomas en las axilas de las venas en el envés, la base redondeada a cordada, decurrente sobre el pecíolo a subtruncada, los márgenes enteros a ligeramente ondulados, el ápice abruptamente agudo o cortamente acuminado; pecíolo (3-)5-8(-12) × 1.5-8 mm, estriado, glabro a pulverulento, café, originándose en el ápice o en la parte media de la ócrea. Inflorescencias paniculadas, terminales o laterales, la panícula 20-30 cm, escasamente ramificada, con 4 o 5 ramas racemosas; ramas abiertas, glabras a pulverulentas; raquis 1-2 mm de diámetro, estriado, puberulento; ocréolas 0.6-0.8 mm, membranáceas, pulverulentas, redondeadas en el ápice; pedicelos 1-1.3 mm; flores 1(2 o 3) por fascículo, 2.5-3 mm; lóbulos del perianto 0.8-1.4 mm; estambres 1.5-3 mm, los filamentos 1-2.5 mm, las anteras c. 0.5 mm. Frutos 11-14 × 6-9 mm, globosos a subglobosos, cafés, glabros, los lóbulos del perianto libres en el ápice en c. 1/5-1/4 de la longitud del fruto. Floración jun.-sep. *Manglares, sabanas, vegetación riparia, vegetación secundaria.* P (*Dodge et al. 16732*, MO). 10-300 m. (Endémica).

26. Coccoloba lehmannii Lindau ex Hieron., *Bot. Jahrb. Syst.* 20(3, nr. 49): 7 (1895). Lectotipo (designado por Howard, 1959b): Colombia, *Lehmann 7560* (B-[cb] B 10 0244486!). Ilustr.: Burger, *Fieldiana, Bot.* n.s. 13: 110, t. 23 (1983c).

Coccoloba allenii Lundell, *C. changuinolana* Standl., *Uvifera lehmannii* Lindau ex Hieron.

Árboles, 4-10 m; entrenudos 20-70 × 1.8-4.5 mm, estriados, escasamente lenticelados, cafés a grisáceos, glabros a puberulentos; ócreas 5-15(-20) mm, tubulares, papiráceas, con excrecencias glandulares café-rojizas, glabras, caedizas. Hojas (6.7-)9-18(-26.2) × (3.4-)4.5-9.2 (-16) cm, simples, alternas, elípticas, elíptico-obovadas a oblongas, cartáceas a subcoriáceas, con 7-10 pares venas primarias, el haz glabro, el envés puberulento sobre la vena media, escasamente punteado-glandulares, la base obtusa a redondeada, los márgenes enteros o ligeramente ondulados, el ápice agudo a cortamente acuminado; pecíolo 8.3-15(-25) × 1-3 mm, glabro a puberulento, punteado-glandular, originándose en la base de la ócrea. Inflorescencias racemosas, terminales o axilares, el racimo (8-)10-22(-35) cm; raquis 0.5-2(-3) mm de diámetro, estriado, diminutamente papiloso-puberulento, café; ocréolas 2-3 mm, membranáceas, puberulentas; pedicelos (2-)3.3-5.5(-6) mm, fascículos florales separados a lo largo del raquis; flores 1 o 2(-4) por fascículo, 1.5-2.5 mm; lóbulos del perianto 0.8-1.5 mm, punteado-glandulares; estambres 2.5-3 mm, los filamentos 2-2.4 mm, las anteras 0.5-0.7 mm. Frutos 5.5-6.8 × 4-5 mm, ovoides, los lóbulos del perianto libres hasta la base. Floración mar.-jun. *Bosques lluviosos.* CR (*Gómez-Laurito & Vargas 11953*, MO); P (*Allen & Alston 1857*, MO). 10-1000 m. (Mesoamérica, Colombia, Venezuela, Ecuador, Perú).

27. Coccoloba liebmannii Lindau, *Bot. Jahrb. Syst.* 13: 189 (1890). Holotipo: México, Oaxaca, *Liebmann s.n.* (C). Ilustr.: no se encontró. N.v.: Carnero, Oaxaca.

Árboles, 3-5 m; entrenudos 7-34 × 3-5 mm, estriados, escasamente lenticelados, escasa a densamente hirsútulos cuando jóvenes; ócreas 3-7 mm, tubulares, papiráceas, escasa a densamente hirsútulas con tricomas amarillos, truncadas en el ápice, con excrecencias glandulares café oscuro. Hojas (4.8-)6.2-7.8(-12.5) × 2.8-3.2(-5) cm, simples, alternas, oblongo-obovadas, coriáceas, las venas prominentes en el envés, con 7-9 pares de venas secundarias, el haz escasamente hirsútulo, el envés escasa a densamente hirsútulo, punteado-glandulares, la base cordada, los márgenes ondulados, el ápice redondeado; pecíolo 3-8 × 1-1.5 mm, densamente hirsútulo, originándose en la base de la ócrea. Inflorescencias racemosas, terminales, solitarias, el racimo (9.3-)12.6-18.8 cm; raquis 1-2 mm de diámetro, densamente hirsútulo; ocréolas 0.7-1.3 mm, hirsútulas; pedicelos 1.5-2.3 mm, sobrepasando las ocréolas, articulados en el ápice; flores 1 o 2(3) por fascículo, 1.5-2.3 mm; lóbulos del perianto 0.7-1.2 mm; filamentos 2-3 mm, las anteras c. 0.5 mm. Frutos 6.2-8.5 × 4.3-5.4 mm, ovoides, la base aguda a obtusa, escasamente hirsútulos, los lóbulos del perianto libres 1/2 de la longitud del fruto. Floración nov.-dic. *Selvas bajas caducifolias.* Ch (*Itié 3878*, MEXU). 20-140 m. (México [Oaxaca], Mesoamérica).

28. Coccoloba lindaviana R.A. Howard, *J. Arnold Arbor.* 40: 201 (1959). Holotipo: Honduras, *Yuncker et al. 8032* (GH). Ilustr.: no se encontró. N.v.: Uva, G.

Coccoloba itzana Lundell.

Árboles, (7-)10-15(-25) m; entrenudos 10-50 × 2-4(-5) mm, estriados, café-rojizos a grises, glabros; ócreas 6-12 mm, papiráceas a cartáceas, café-rojizas, pulverulentas a glabras con un mechón de tricomas en el ápice cuando jóvenes. Hojas (12.2-)15.3-20.2 × (4.6-)6-8.1 cm, simples, alternas, oblongas, estrechamente oblongas o elíptico-oblongas, papiráceas a cartáceas, con 8-11(-15) pares de venas secundarias, glabras, punteado-glandulares en ambas superficies, la base abruptamente obtusa, asimétrica, el ápice agudo a acuminado; pecíolo 3-6(-12) × 2-3 mm, estriado, café oscuro a rojizo, glabro, originándose arriba de la base de la ócrea. Inflorescencias racemosas, terminales, el racimo (8-5-)11.2-15.5(-22.6) cm; raquis 1.5-2.5 mm de diámetro, estriado, café oscuro a rojizo, glabro a puberulento; ocréolas 0.2-0.3 mm o ausentes, membranáceas, glabras; pedicelos 2-3.5 mm, leñosos, glabros; flores 1-3 por fascículo, 2-3 mm; filamentos 1.2-2.5 mm, las anteras c. 0.5 mm. Frutos 7-8.5 × 6-7.5 mm, ovoides, estriados, los lóbulos del perianto obtusamente formando una corona en el ápice. Floración abr. *Bosques lluviosos, vegetación riparia.* Ch (*Breedlove 28806*, MO); G (*Lundell & Contreras 20741*, MO); H (*Molina R. 3555*, MO); N (*Neill 4301*, MO). 40-350 m. (México [Veracruz], Mesoamérica).

29. Coccoloba lindeniana (Benth.) Lindau, *Bot. Jahrb. Syst.* 13: 182 (1890). *Campderia lindeniana* Benth., *Gen. Pl.* 3: 103 (1880). Isolectotipo (designado por Howard, 1992): México, Tabasco, *Linden 1602* (P!). Ilustr.: no se encontró.

Árboles, 3-8(-10) m; entrenudos 10-60 × 3-5 mm, estriados, escasa a densamente hirsútulos con tricomas amarillentos a rojizos; ócreas 5-12 mm, tubulares, truncadas en el ápice, cartáceas, escasa a densamente hirsútulas con tricomas café-rojizos, con excrecencias glandulares café oscuro. Hojas (7.6-)10.2-13.7(-16.1) × (3.1-)4.4-5.5(-6.5) cm, simples, alternas, estrechamente oblongas, cartáceas, con 9-12 pares de venas secundarias, densamente hirsútulas en el envés con tricomas café-rojizos, punteado-glandulares, puberulentas a escasamente hirsútulas en el haz principalmente en la vena media, la base cordada a subcordada, los márgenes enteros, el ápice acuminado a largamente acuminado; pecíolo (6-)8-12 × 1-2 mm, densamente hirsútulo, originándose en la base de la ócrea. Inflorescencias racemosas, terminales, solitarias, el racimo (6.8-)12.6-14.1(-15.4) cm; raquis 1-2 mm de diámetro, densamente hirsútulo; ocréolas 1.5-2.3 mm, oblicuamente truncadas, densamente hirsútulas; pedicelos 0.4-1.3 mm, ocultos por las ócreas, articulados en el ápice, densamente hirsútulos; flores 1 o 2(-4) por fascículo, 2.2-2.5 mm; lóbulos del perianto 0.8-1.3 mm; estambres 2-3.2 mm, los filamentos 1.7-2.5 mm, las anteras 0.4-0.7 mm. Frutos 5.4-7.5 × 4.6-5.8 mm, ovoides, la base truncada, punteado-glandulares, pilósulos, los lóbulos del perianto libres hasta la base. Floración mar.-may. *Bosques lluviosos, vegetación riparia.* T (*Cowan et al. 4658*, MO); Ch (*Davidse et al. 20359*, BM). 45-300 m. (Endémica).

Los ejemplares *Davidse et al. 20359* (BM) y *Breedlove 35020* (MO), ambos de Chiapas, presentan pedicelos de hasta 5.6 mm.

30. Coccoloba liportizii Gómez-Laur. & N. Zamora, *Phytologia* 62: 7 (1987). Holotipo: Costa Rica, *Gómez-Laurito et al. 11135* (CR!). Ilustr.: Gómez-Laurito & Zamora, *Phytologia* 62: 8, t. 1a-c (1987).

Arbustos o árboles, 6-12 m; entrenudos (5-)20-30(-60) × 2-3 mm, estriados, glabros a hirsútulos, cafés a gris pálido, escasamente lenticelados; ócreas (3.2-)3.5-6 mm, tubulares, rojizas a café oscuro, glabras a pulverulentas, el ápice truncado, irregular, con o sin excrecencias glandulares. Hojas 4-6.8 × 2-3.6 cm, simples, alternas, ocasionalmente 2 por nudo, lanceoladas a estrechamente elíptico-oblongas, cartáceas a subcoriáceas, con (3)4-6 pares de venas secundarias, la vena media punteado-glandular en el envés, glabras, punteado-glandulares en ambas superficies, la base cuneada a obtusa, los márgenes revolutos, el ápice acuminado; pecíolo 3-4(-6) × 1-1.5 mm, con excrecencias glandulares, café oscuro, glabro a pulverulento, originándose en la base de la ócrea. Inflorescencias espigadas, terminales o subterminales, la espiga 6-12(-13.5) cm; raquis 0.7-1 mm de diámetro, estriado, glabro a pulverulento; ocréolas 1-2 mm, membranáceas, glabras; pedicelos cuando presentes 0.3-0.7(-1.2) mm, glabros, articulados en el ápice; flores 1 o 2(-4) por fascículo, 2-3 mm; lóbulos del perianto 1-1.5 mm; estambres 1.8-2.5 mm, los filamentos 1.5-2 mm, las anteras 0.3-0.5 mm. Frutos 9.7-10.4 × 8-8.7 mm, ovoides a subglobosos, lisos, lustrosos, café-rojizos, café oscuro, los lóbulos del perianto expandidos y suculentos formando una corona corta en el ápice. Floración feb.-abr. (-ago.). *Bosques de neblina.* CR (*Bello et al. 5308*, MO); P (*Croat 13454*, MO). 800-1500 m. (Endémica).

31. Coccoloba ×lundellii Standl., *Publ. Field Mus. Nat. Hist., Bot. Ser.* 8: 138 (1930). Isotipo: Belice, *Lundell 649* (MO-[nr] 980246!). Ilustr.: no se encontró.

Coccoloba suborbicularis Lundell.

Arbustos o árboles, 2-5(-13) m, ramificados desde la base; entrenudos 3-40(-100) × 2.5-10 mm, estriados, grises a café claro, glabros o pulverulentos, escasamente glandular-lenticelados; ócreas 5-12 mm, tubulares, papiráceas, glabras. Hojas 8-14 × 8-11 cm, simples, alternas, orbiculares, coriáceas, gris pálido a rosadas al secarse, con 6 o 7 pares de venas secundarias, glabras o el envés escasamente piloso sobre las venas secundarias y terciarias, escasamente punteado-glandulares, la base redondeada, cordada o asimétrica, los márgenes enteros a ligeramente ondulados, el ápice redondeado; pecíolo 15-22 × 3-5 mm, glabro a hirsútulo, originándose en la base de la ócrea. Inflorescencias racemosas, terminales, solitarias, el racimo 15-25 cm; raquis 2-3 mm de diámetro, glabro a puberulento; ocréolas 2-2.5 mm, membranáceas, pulverulentas a pilósulas; pedicelos 1-3 mm, glabros, articulados en el ápice; flores 1 o 2(3) por fascículo, 2-2.5 mm; lóbulos del perianto 0.5-0.7 mm; estambres 2.5-5 mm, los filamentos 2-4 mm, las anteras 0.5-0.8 mm. Frutos 10-15 × 7-9 mm, subglobosos, los lóbulos del perianto reducidos o ausentes. Floración feb.-abr. *Vegetación secundaria, cultivada.* B (*Gentle 2687*, MO); H (*Ortega 229*, MO). 0-50 m. (Endémica).

La colección de Honduras proviene de una planta cultivada en la Escuela Nacional de Agricultura.

32. Coccoloba manzinellensis Beurl., *Kongl. Vetensk. Acad. Handl.* 1854: 142 (1856). Lectotipo (designado aquí): Panamá, *Billberg 234* (S-[nr] S-R-1167!; isolectotipos: S-[nr] S14-50281, S-[nr] S14-50282). Epitipo (designado aquí): Panamá, *de Nevers 5961* (MO-[cb] MO-323108; isoepitipo: BM-[cb] BM000827787). Ilustr.: no se encontró. N.v.: Hueso, P.

Campderia nematostachya Griseb., *Coccoloba nematostachya* (Griseb.) Lindau.

Árboles, 4-7 m; entrenudos 10-80(-100) × 4-8 mm, estriados, grises, glabros; ócreas 3-5 cm, membranáceas o cartáceas, densamente pubescentes, canescentes. Hojas (11.3-)14.6-18.5(-25) × (6.5-)7.5-8.8 (-14.6) cm, simples, alternas, oblongo-elípticas, obovadas a obovado-elípticas, coriáceas, conspicuamente onduladas o ampollosas entre las venas, con 14-17 pares de venas secundarias, glabras o pilósulas en la vena media en el envés, la base redondeada o subcordada, los márgenes ondulados, el ápice ligeramente acuminado a redondeado; pecíolo 10-22 × 2-3 mm, estriado, canescente adaxialmente, pilósulo o glabro abaxialmente, originándose en la base de la ócrea. Inflorescencias racemosas, terminales, el racimo 15.4-25.5(-34) cm; raquis 1.5-2.5 mm de diámetro, estriado, puberulento a pilósulo; ocréolas 0.4-0.6 mm, membranáceas, hirsútulas; pedicelos 1-1.5 mm, pilósulos; flores 1 o 2(-4) por fascículo, 1-1.5 mm; lóbulos del perianto 0.8-1.2 mm; estambres 2-2.2 mm, los filamentos (2-)2-2.3 mm, las anteras c. 0.5 mm. Frutos 6-7 × 4.8-6 mm, ovoides con la superficie reticulada al secarse, los lóbulos del perianto formando una corona en el ápice. Floración ene.-feb. *Bosques lluviosos, vegetación riparia.* P (*de Nevers 5961*, BM). 0-700 m. (Endémica).

33. Coccoloba matudae Lundell, *Contr. Univ. Michigan Herb.* 7: 8 (1942). Holotipo: México, Chiapas, *Matuda 4315* (MICH!). Ilustr.: no se encontró.

Árboles, 7-12 m; tallos c. 25 cm diámetro; entrenudos 0.5-4 cm, estriados, cafés a gris pálido, glabros a pulverulentos, escasamente lenticelados; ócreas c. 1.5 cm, tubulares, café oscuro a rojizas, glabras a pulverulentas. Hojas (13-)15-19(-32) × (5-)8-10.5(-22) cm, simples, alternas, ovado-lanceoladas a elíptico-oblongas, subcoriáceas, lisas, con 7-9 pares de venas secundarias, las venas terciarias finamente reticuladas, el haz glabro, escasamente hirsútulo en las axilas de las venas primarias, punteado-glandulares en ambas superficies, la base redondeada a cordada, los márgenes enteros, el ápice obtuso a cortamente acuminado; pecíolo 1-3.5 × 1.5-2 mm, café oscuro, glabro a pulverulento, con excrecencias glandulares, originándose en la base de las ócreas. Inflorescencias paniculadas, subsésiles, compuestas de 3-5 ramas terminales, los racimos 15-20(-25) cm, péndulos; raquis 1-1.5 mm de diámetro, estriado, glabro a pulverulento; ocréolas 0.5-1 mm, membranáceas, glabras; pedicelos 2-3 mm, glabros a pulverulentos; flores 1 o 2(-4) por fascículo, 2-2.5 mm; lóbulos del perianto 0.5-1.2 mm; filamentos 2-3 mm, las anteras c. 0.5 mm. Frutos 5-7 × 3.8-4 mm, ovoides, lisos, lustrosos, café-rojizos, los lóbulos del perianto abiertos 1/2 de la longitud del fruto. Floración ene.-jul. *Bosques de pino-encino.* Ch (*Matuda 5144*, MO); G (*Croat & Hannon 63474*, MO). 1200-1400 m. (Endémica).

34. Coccoloba montana Standl., *J. Washington Acad. Sci.* 13: 368 (1923). Holotipo: El Salvador, *Standley 20061* (US!). Ilustr.: no se encontró. N.v.: Papaturro, papaturro de altura, ES.

Árboles, (4-)9-15 m; entrenudos (5-)20-30(-50) × 5-8 mm, estriados, cafés a gris pálido, glabros a pulverulentos, escasamente lenticelados; ócreas 5-10 mm, tubulares, café oscuro, glabras a pulverulentas, el ápice irregularmente truncado, la porción distal prontamente caediza, la porción proximal persistente pero caediza al madurar, con o sin excrecencias glandulares. Hojas (7.8-)14-19(-26) × (4.2-)6.4-7.2(-9) cm, simples, alternas, ovadas a ovado-oblongas, papiráceas, lisas, con 7-9 pares de venas secundarias, las venas terciarias finamente reticuladas, la vena media punteado-glandular en el envés, el haz glabro, escasamente hirsútulo, el envés glabro a escasamente hirsútulo, punteado-glandulares en ambas superficies, la base redondeada a subcordada, los márgenes enteros o revolutos, el ápice obtuso a cortamente acuminado; pecíolo 10-21(-31) × 1-1.5 mm, café oscuro, pulverulento a densamente hirsútulo, con excrecencias glandulares, originándose en la base de la ócrea. Inflorescencias paniculadas, subsésiles, compuestas de 3-5 ramas terminales, los racimos 15-25 cm, péndulos; raquis 1-1.5 mm de diámetro, estriado, escasamente hirsútulo; ocréolas 0.5-1 mm, membranáceas, glabras; pedicelos 1.5-2 mm, glabros a pulverulentos, articulados en el ápice; flores 1 o 2(-4) por fascículo, 1.5-2 mm; lóbulos del perianto 0.5-1.2 mm; filamentos 2-3 mm, las anteras c. 0.5 mm. Frutos 4.5-6 × 4-4.5 mm, globosos, lisos, lustrosos, café-rojizos, los lóbulos del perianto abiertos 1/2 de la longitud del fruto. Floración dic.-mar. *Bosques de pino-encino.* ES (*Sandoval & Sandoval 1089*, MO). 1600-2700 m. (Endémica).

35. Coccoloba nicaraguensis Standl. & L.O. Williams, *Ceiba* 3: 198 (1952-1953 [1953]). Holotipo: Nicaragua, *Standley 10409* (F!). Ilustr.: no se encontró.

Arbustos o árboles, 2-6 m; entrenudos 15-62 × 2-4(-5) mm, estriados, grises a café claro, glabros; ócreas 8-12 mm, papiráceas a cartáceas, café-rojizas, pulverulentas a glabras. Hojas 5.5-11.5 × 2.5-5 cm, simples, alternas, lanceolado-elípticas a oblongo-elípticas, membranáceas, con 6 o 7 pares de venas secundarias, estas y las terciarias prominentes, glabras a pulverulentas, la base aguda a obtusa, los márgenes enteros, el ápice agudo a acuminado; pecíolo 6-8 × 1-2.5 mm, estriado, café oscuro a rojizo, glabro, originándose en el ápice de las ócreas. Inflorescencias espigadas, terminales, la espiga (2.6-)4.8-6.7 cm; raquis 1-1.2 mm de diámetro, estriado, café oscuro a rojizo, glabro a pulverulento; ocréolas 0.2-0.3 mm o ausentes, membranáceas, glabras; pedicelos ausentes; flores 1-3 por fascículo, 1-1.3 mm. Frutos 6-7 mm, globosos, los lóbulos del perianto libres 1/2-2/3 de la longitud del fruto. Floración jun. *Bosques húmedos mixtos*. N (*Standley 10409*, US). 1100-1400 m. (Endémica).

36. Coccoloba obovata Kunth in Humb., Bonpl. & Kunth, *Nov. Gen. Sp.* 2: 176 (1817). Lectotipo (designado por Howard, 1959b): Colombia, *Bonpland s.n.* (P). Ilustr.: Burger, *Fieldiana, Bot.* n.s. 13: 109, t. 22 (1983c). N.v.: Papaturra blanca, peña blanca, P.

Coccoloba coriacea A. Rich., *C. goudotiana* Wedd., *C. riparia* Lundell.

Arbustos o árboles, (3-)6-8(-15) m; entrenudos (5-)10-40 × (3-) 4-8 mm, estriados, cafés a grisáceos, glabros a puberulentos, escasamente lenticelados; ócreas 3-6(-20) mm, tubulares, papiráceas, estriadas, punteado-glandulares, café-rojizas, glabras, el ápice membranáceo. Hojas 12.5-20.4(-23.5) × (3-)5-13.8 cm, simples, alternas, elípticas, elíptico-oblongas a ovado-oblongas, cartáceas, el haz café oscuro, el envés verde pálido, con 7-10 pares de venas secundarias, glabras a pulverulentas en las axilas de las venas en el envés, escasamente punteado-glandulares, la base truncada, obtusa, redondeada a subcordada, los márgenes enteros a ligeramente ondulados, el ápice redondeado a ligeramente acuminado; pecíolo 1-4(-6) × 1-3 mm, glabro o pulverulento, originándose arriba de la base de la ócrea. Inflorescencias espigadas o racemosas, terminales o axilares, la espiga o el racimo 8-20 cm; raquis 1.5-2 mm de diámetro, estriado, glabro, puberulento a pilósulo; ocréolas 1.5-2 mm, membranáceas, glabras; pedicelos 2.5-3 mm, articulados en el ápice; flores 1(-3) por fascículo, 1-1.5 mm; lóbulos del perianto 0.7-1 mm; estambres 1-1.5 mm, los filamentos 0.8-1 mm, las anteras 0.3-0.5 mm. Frutos 9-10 × 7-8 mm, ovoides a subglobosos, estriados a reticulados, los lóbulos del perianto cubriendo 2/5 de la longitud del fruto. Floración mar.-jul. *Vegetación riparia*. CR (*Haber 784*, MO); P (*Dodge et al. 16983a*, MO). 50-1100 m. (Mesoamérica, Colombia).

37. Coccoloba ortizii R.A. Howard, *Brittonia* 44: 359 (1992). Holotipo: México, Quintana Roo, *Ortiz-Diaz 517* (A!). Ilustr.: Howard, *Brittonia* 44: 360, t. 5 (1992).

Arbustos o árboles, 2-6 m; entrenudos 5-25(-30) × 2-4 mm, estriados, escasamente lenticelados, café claro o gris pálido, hírtulos a pulverulentos; ócreas 4-7 mm, tubulares, papiráceas, glabras, pulverulentas o densamente hírtulas, con excrecencias glandulares. Hojas 3-6 × (2-)2.5-3.8(-4) cm, simples, alternas, obovadas o muy ampliamente obovadas, cartáceas o subcoriáceas, lisas, café claro al secarse, glabras, con 4 o 5 pares de venas secundarias, escasamente punteado-glandulares, la base cuneada, obtusa a redondeada, los márgenes enteros, el ápice obtuso abruptamente acuminado; pecíolo 2-5 × 0.5-1 mm, café oscuro a gris pálido, pulverulento a densamente hírtulo, café oscuro a gris pálido, originándose en la base de la ócrea. Inflorescencias racemosas, terminales o subterminales, solitarias, el racimo 3.5-9.5 cm; raquis 0.7-1 mm, estriado, puberulento o densamente hírtulo; ocréolas 0.5-1 mm, membranáceas, pulverulentas o densamente hírtulas; pedicelos 0.7-1.2 mm, reflexos, articulados en el ápice; flores 1 o 2(3) por fascículo, 2-3 mm; lóbulos del perianto 0.8-1.5 mm; estambres 1-1.5 mm, los filamentos 0.7-1 mm, las anteras c. 0.5 mm. Frutos 4-5 × c. 3 mm, ovoides, los lóbulos del perianto libres 1/4 de la longitud del fruto. Floración may.-jun. *Bosques secos*. QR (*Ortiz-Diaz 526*, MO). c. 10 m. (Endémica).

38. Coccoloba padiformis Meisn. in A. DC., *Prodr.* 14: 166 (1856). Lectotipo (designado por Howard, 1992): Venezuela, *Moritz 377* (M). Ilustr.: Burger, *Fieldiana, Bot.* n.s. 13: 111, t. 24 (1983c).

Coccoloba sphaerococca Lindau.

Árboles, 5-8(-30) m; entrenudos 20-30(-60) × 3-5 mm, estriados, cafés a gris pálido, glabros a pulverulentos, escasamente lenticelados; ócreas 7-10(-18) mm, tubulares, el ápice truncado e irregular, la porción apical prontamente caediza, la porción basal persistente, glabras, con o sin excrecencias glandulares. Hojas (6-)9.2-18.4(-26) × (2-)3.5-8.3(-12.2) cm, simples, alternas, elíptico-oblongas a oblongo-obovadas, coriáceas, lisas, con 9-11 pares de venas secundarias, glabras, punteado-glandulares en ambas superficies, la base obtusa a redondeada, los márgenes enteros y revolutos, el ápice obtuso o cortamente acuminado; pecíolo (7-)10-18(-25) × 1-2.5 mm, con excrecencias glandulares, café oscuro, glabro o pulverulento, originándose en la base de la ócrea. Inflorescencias racemosas, terminales a subterminales, 1(-3) por fascículo, el racimo 4-6.5(-8) cm; raquis 1-1.5 mm de diámetro, estriado, glabro, puberulento a hirsútulo; ocréolas c. 1 mm, membranáceas, glabras; pedicelos 3-5 mm, glabros a pulverulentos, articulados en el ápice; flores 1(2) por fascículo, 1.5-2 mm; lóbulos del perianto 0.8-1.2 mm, rosados; estambres 1.5-2 mm, los filamentos 1-1.5 mm, rosados, las anteras 0.5-0.7 mm. Frutos 8-9.5 × 7.8-8.5 mm, globosos a subglobosos, lisos, lustrosos, café-rojizos, los lóbulos del perianto cubriendo 1/4 de la longitud del fruto. Floración ene.-mar. *Bosques lluviosos*. CR (*Hammel 18440*, BM); P (*Steyermark & Allen 17101*, MO). 0-335 m. (Mesoamérica, Colombia, Venezuela, Perú).

39. Coccoloba parimensis Benth., *London J. Bot.* 4: 626 (1845). Holotipo: Brasil, *Schomburgk s.n.* (K!). Ilustr.: no se encontró.

Coccoloba excelsa Benth. var. *glabra* Lindau, *C. parimensis* Benth. var. *schomburgkii* Meisn.

Árboles, 4-7 m, ramas terminales trepadoras, o lianas; entrenudos 10-80(-100) × 4-8 mm, grises, estriados, glabros; ócreas 2-2.5 cm, membranáceas, puberulentas. Hojas (8.7-)12.9-17.7(-22.3) × (4.6-)6.6-9.3(-13.6) cm, simples, alternas, oblongo-elípticas, elíptico-ovadas, cartáceas a coriáceas, aplanadas o ampollosas entre las venas, con 6-9 pares de venas secundarias, glabras, pilósulas sobre la vena media en el envés, la base redondeada o subcordada, los márgenes ondulados, el ápice ligeramente acuminado a obtuso hasta emarginado; pecíolo (12-)15-23(-28) × 2-3 mm, estriado, puberulento, originándose en la base de la ócrea. Inflorescencias racemosas, terminales, el racimo (6.8-)7.5-12.6(-15.6) cm; raquis 1.5-3 mm de diámetro, estriado, puberulento a pilósulo; ocréolas (2.7-)3.2-4(-4.3) mm, membranáceas, bilobadas, agudas, glabras a puberulentas; pedicelos 3.8-5.3(-6.2) mm, glabros; flores 1 o 2(-4) por fascículo, 1.5-2 mm; lóbulos del perianto 0.8-1.2 mm; estambres 2-3.3 mm, los filamentos 2-2.8 mm, las anteras c. 0.5 mm. Frutos 9-12 × 7-8 mm, ovoides, los lóbulos del perianto libres en el ápice 1/4 de la longitud del fruto. Floración mar.-may. *Bosques lluviosos, vegetación riparia*. P (*Croat 6210*, MO). 0-650 m. (Mesoamérica, Colombia, Brasil).

No se ha localizado ninguno de los ejemplares citados en la base de datos Tropicos: *Rueda et al. 9031* (MO) de Nicaragua, *McPherson 11297* (MO) de Panamá, ni tampoco los de Costa Rica.

40. Coccoloba porphyrostachys Gómez-Laur., *Brenesia* 31: 121 (1989 [1990]). Holotipo: Costa Rica, *Ortiz & Mora 310* (CR). Ilustr.: Gómez-Laurito, *Brenesia* 31: 123, t. 1 (1989 [1990]).

Árboles, 8-10 m; entrenudos 10-50(-100) × 2-4(-5) mm, estriados, café-rojizos a grises, glabros, punteado-glandulares; ócreas 10-25 mm, cartáceas, glabras, punteado-glandulares, la base estriada. Hojas (11.2-) 14.5-18(-25) × (5.1-)6.4-9.3(-11) cm, simples, alternas, elíptico-oblongas, papiráceas, con 8-10 pares de venas secundarias, glabras a escasamente pilósulas sobre la vena media en el envés, punteado-glandulares, la base abruptamente obtusa, asimétrica, los márgenes enteros a ligeramente ondulados, el ápice acuminado; pecíolo 5-12 × 2-3 mm, estriado, rojizo, glabro a puberulento, originándose en el ápice o en el 1/2 de la ócrea. Inflorescencias racemosas, terminales, el racimo (10.5-) 18.3-27.8(-34.3) cm; raquis 1.5-2.5 mm de diámetro, estriado, rojizo, glabro a escasamente hirsútulo; ocréolas 0.2-0.5 mm, membranáceas, glabras; pedicelos 2-2.5 mm, glabros; flores 1 o 3 por fascículo, 2-3 mm; filamentos 1.2-2.5 mm, las anteras c. 0.5 mm. Frutos 9-14 × 7-8.5 mm, globosos, los lóbulos del perianto fusionados en la base, libres 1/2-1/4 de la longitud del fruto. Floración jun.-ago. *Bosques lluviosos, vegetación riparia.* CR (*Herrera 1450*, BM); P (*McPherson 13547*, MO). 200-1200 m. (Endémica).

41. Coccoloba reflexiflora Standl., *Publ. Field Mus. Nat. Hist., Bot. Ser.* 4: 203 (1929). Holotipo: Belice, *Karling 15* (F). Ilustr.: no se encontró. N.v.: Uvero, Y, G.

Coccoloba colonensis Lundell.

Arbustos o árboles, 2-3 m; entrenudos 2-25 × 3-6 mm, con cicatrices, escasamente lenticelados, gris pálido o café claro, glabros a pulverulentos; ócreas 2-5(-12) mm, tubulares, papiráceas, café oscuro, glabras a pulverulentas, con excrecencias glandulares, la base caediza al madurar, el ápice truncado o irregular. Hojas (3.5-)5.5-6.2(-8) × (1.3-)3-3.6(-5.5) cm, simples, alternas o fasciculadas, obovadas, cartáceas a subcoriáceas, lisas, café claro al secarse, con 4-6 pares de venas secundarias, la vena media pulverulenta hacia la base en el envés, glabras a pulverulentas, con pelos hirsutos en las axilas de la vena media en el envés, punteado-glandulares, la base redondeada a subcordada, los márgenes enteros y revolutos, el ápice redondeado a obtuso o abrupta y cortamente acuminado; pecíolo 2-5 × 1.5-2 mm, gris pálido a café claro, glabro a puberulento, con excrecencias glandulares, originándose arriba de la base de la ócrea. Inflorescencias racemosas, terminales o subterminales, el racimo 6-8(-12) cm; raquis c. 1 mm de diámetro, estriado, densamente hirsútulo; ocréolas c. 0.5 mm, membranáceas; pedicelos 1-1.5 mm, reflexos, articulados en el 1/2 o en el ápice; flores 1 o 2(3) por fascículo, 2-3 mm; lóbulos del perianto 0.8-1.4 mm; estambres 2-2.3 mm, los filamentos 1-1.5 mm, las anteras c. 0.5 mm. Frutos 5-6.5 × 3-4 mm, ovoides, café-rojizos, los lóbulos del perianto cubriendo 1/4 de la longitud del fruto. Floración nov.-feb. *Bosques secos, sabanas, selvas inundables o tintales (asociaciones vegetales inundables dominadas por* Haematoxylum campechianum*), bosques de pino.* C (*Martínez S. et al. 27835*, MEXU); QR (*Durán & Olmsted 787*, MO); B (*Whitefoord 8173*, BM); G (*Contreras 8237*, MO); H (Howard, 1959b: 214). 20-2000 m. (Endémica).

42. Coccoloba spicata Lundell, *Bull. Torrey Bot. Club* 66: 594 (1939). Holotipo: México, Yucatán, *Lundell & Lundell 7325* (MICH!). Ilustr.: Lundell, *Bull. Torrey Bot. Club* 66: 595, t. 4 (1939b). N.v.: Bob, bochiché, boob, wild grape, xbobché (maya), B.

Árboles, 5-30 m; entrenudos (5-)10-25(-35) × 3-7 mm, estriados, lisos, grisáceos a café claro, glabros a pulverulentos, escasamente punteado-glandulares, lenticelados; ócreas 6-14 mm, tubulares, café-rojizas, pulverulentas a densamente hirsutulosas, con excrecencias glandulares, el ápice truncado. Hojas 6-19 × 5-16 cm, simples, alternas, elíptico-oblongas, ovado-oblongas, subcoriáceas, con 5-8 pares de venas secundarias, glabras o hirsutas en las axilas de las venas secundarias, con o sin glándulas puntiformes, la base obtusa o redondeada a subcordada, los márgenes revolutos, el ápice obtuso a redondeado; pecíolo 15-60 × 1-1.5 mm, estriado, punteado-glandular, gris a café claro, originándose arriba de la base de la ócrea. Inflorescencias espigadas, terminales, solitarias o en pares, la espiga 7-25 cm; raquis 1.5-2(-2.5) mm de diámetro, estriado, glabro a puberulento, escasamente punteado-glandular; ocréolas 1-1.5 mm, membranáceas, densamente hirsutulosas; pedicelos ausentes o cuando presentes hasta 0.5 mm; flores 1 o 2(3) por fascículo, 2-3 mm; lóbulos del perianto 0.5-0.8 mm, pulverulentos a punteado-glandulares; estambres 2.5-3 mm, los filamentos 2-2.5 mm, las anteras 0.5-0.7 mm. Frutos 5-7 × 3.5-5 mm, ovoides a subglobosos, café oscuro, los lóbulos del perianto unidos 1/4 de la longitud del fruto. Floración feb.-jun. *Bosques secos, selvas lluviosas.* Y (*Gaumer et al. 23894*, MO); C (*Martínez S. et al. 27514*, MEXU); QR (*Darwin 2382*, BM); B (*Lundell 560*, MO); G (*Ortiz 1216*, F). 10-250 m. (Endémica).

43. Coccoloba swartzii Meisn. in A. DC., *Prodr.* 14: 159 (1856). Sintipo: "In India Occid.", *Swartz s.n.* (NY!). Ilustr.: no se encontró.

Coccoloba corozalensis Lundell, *C. gentlei* Lundell.

Árboles, 5-15 m; entrenudos 5-20(-25) × 2-3 mm, estriados, escasamente lenticelados, grisáceos a café claro, glabros o pulverulentos; ócreas 5-7(-12) mm, tubulares, glabras a pulverulentas, tardíamente caedizas, con excrecencias glandulares, el ápice truncado. Hojas 4.5-7.5(-15) × 2.5-5.6(-10) cm, simples, alternas, elípticas a ovadas, cartáceas, café oscuro, brillantes al secarse, con 5 o 6 pares de venas secundarias, estas y las terciarias prominentes en ambas superficies, la vena media prominente y punteado-glandular en el envés, escasamente punteado-glandulares, glabras a pulverulentas en la base, la base obtusa a redondeada, algunas veces desigual, los márgenes enteros a ligeramente ondulados, el ápice obtuso a redondeado; pecíolo 3-8 × 1-15 mm, estriado, glabro a pulverulento, con excrecencias glandulares, originándose en la base de la ócrea. Inflorescencias espigadas, terminales, la espiga 5-12(-15) cm; raquis 0.5-1.2 mm de diámetro, estriado, glabro a puberulento, pubescente-glandulares; ocréolas 1-1.5 mm, membranáceas; pedicelos ausentes o cuando presentes hasta 0.5 mm; flores 1 o 2(3) por fascículo, 2.5-3 mm, los lóbulos del perianto 0.8-1.2 mm, punteado-glandulares; estambres 1.2-2 mm, los filamentos 0.7-1.2 mm, las anteras 0.5-0.7 mm. Frutos 5.5-6(-10) × c. 6 mm, ovoides a subpiriformes, los lóbulos del perianto formando una corona en el ápice. Floración ago.-sep. *Bosques secos, bosques de pino.* QR (*Cabrera & Cabrera 3630*, MO); B (*Gentle 6128*, MO); H (Howard, 1959b: 216); N (*Moreno & Sandino 11958*, MO). 10-50 m. (Mesoamérica, Antillas Mayores, Islas de Sotavento, Islas de Barlovento).

44. Coccoloba tuerckheimii Donn. Sm., *Bot. Gaz.* 37: 213 (1904). Isolectotipo (designado por Howard, 1959b): Guatemala, *von Türckheim 8493* (US!). Ilustr.: Burger, *Fieldiana, Bot.* n.s. 13: 109, t. 22 (1983c). N.v.: Uva, G; papaturro, papelón, tabacón, N.

Coccoloba guatemalensis hort. ex Lindau.

Árboles, 7-15(-25) m; entrenudos 5-40(-45) × 6-15 mm, estriados, cafés a grisáceos, glabros, escasamente lenticelado-puntiformes; ócreas 2-3(-5) cm, estriadas, oblicuas. Hojas (13-)20-45(-70) × (7-)10-25(-40) cm, simples, alternas, obovadas a ampliamente elíptico-oblongas, cartáceas, con 6-10 pares de venas secundarias, glabras o con escasos tricomas en las axilas de las venas en el envés, la base aguda a redondeada, decurrentes sobre el pecíolo hasta subtruncadas, los márgenes enteros a ligeramente ondulados, el ápice abruptamente estrecho o cortamente acuminado; pecíolo 15-45(-70) × 1.5-8(-13) mm, estriado, café, glabro a pulverulento, originándose arriba de la base de la ócrea. Inflorescencias paniculadas, terminales, la panícula (13.6-)20.4-26.1(-40.2) cm, muy ramificada, con 6 a numerosas ramas racemosas, glabras; raquis 1-2 mm de diámetro, estriado, puberulento; ocréolas 0.6-0.8 mm, membranáceas, pulverulentas, redondeadas en el ápice; pedicelos 1.5-3 mm; flores 1(-3) por fascículo, 2.5-3 mm; lóbulos del perianto 0.8-1.4 mm; estambres 1.5-3 mm, los filamentos 1-2.5 mm, las anteras c. 0.5 mm. Frutos 11-14(-15) × 6-9 mm, ovoides, la base constreñida en un pedicelo de 1-2 mm, café, glabro, los lóbulos del perianto fusionados, libres en el ápice 1/5-1/4 de la longitud del fruto. Floración may.-sep. *Bosques lluviosos, bosques secos, sabanas*. Ch (*Martínez S. 19046*, MEXU); B (*Monro 1808*, BM); G (*Stevens et al. 25405*, MO); H (*Yuncker et al. 8603*, BM); N (*Téllez et al. 4905*, MO); CR (*Wilbur 66221*, MO); P (*Dunlap 181*, BM). 65-850 m. (Endémica).

45. Coccoloba tunii Ortiz-Diaz & Arnelas, *Phytotaxa* 275: 76 (2016). Holotipo: México, Chiapas, *Ortiz-Diaz & Palma 2942* (UADY). Ilustr.: Ortiz-Diaz et al., *Phytotaxa* 275: 77, t. 1 (2016).

Árboles, 3-7 m; entrenudos 0.7-3.4 cm, estriados, escasamente lenticelados, dispersa a densamente pubescentes, los tricomas simples, verde-amarillentos; ócreas 3-7 mm, cilíndricas, laceradas en el ápice, cartáceas, pardo oscuras, escasa a densamente pubescentes con tricomas simples verde-amarillentos, escasamente puntiforme-glandulares. Hojas (3.5-)6.7-10.3(-11.2) × (2.2-)2.4-3.2(-4.6) cm, simples, alternas, elípticas a elíptico-oblongas o angostamente ovadas, cartáceas, escasamente pubescentes en ambas superficies, con tricomas simples verde-amarillentos, con 5-8 pares de venas secundarias, prominentes en el haz, la base redondeada a subcordada, los márgenes enteros a levemente ondulados, el ápice obtuso a cortamente acuminado; pecíolo 5-7(-11) × 0.5-1 mm, densamente pubescente, originándose cerca o en la base de la ócrea. Inflorescencias racemosas, terminales, solitarias, el racimo (2.7-)4.5-5.1(-6.2) cm; raquis (0.5-)1-2 mm de diámetro, escasa a densamente pubescente; ocréolas 0.3-0.7 mm, escasamente pubescentes, con un fleco de tricomas en el ápice; pedicelos 3-6(-8) mm, glabros, articulados en el ápice; flores solitarias, 2.5-3 mm; lóbulos del perianto 1.5-1.8 mm; estambres connados en la base, los filamentos 1.5-1.7 mm, las anteras 0.3-0.5 mm. Frutos 6-7(-10) × 5.9-7 (-9.7) mm, globosos con la base redondeada a obtusa, verdes a café oscuro al madurar, los lóbulos del perianto libres hasta la parte media del fruto. Fructificación sep. *Acantilados, laderas calizas, areniscas, vegetación secundaria, a lo largo de orillas de ríos en bosques secos*. Ch (*Breedlove 26875*, MO). 650-1800 m. (Endémica).

46. Coccoloba uvifera (L.) L., *Syst. Nat., ed. 10* 2: 1007 (1759). *Polygonum uviferum* L., *Sp. Pl.* 365 (1753). Lectotipo (designado por Brandbyge, 1989): Caribe, *Herb. Linn. 511.1* (LINN). Ilustr.: Burger, *Fieldiana, Bot.* n.s. 13: 108, t. 21 (1983c). N.v.: Ni'che', uva, uva de mar, México; uva de mar, B; uvero, uvita, N.

Guaiabara uvifera (L.) House.

Arbustos o árboles, 2-5(-17) m, ramificados desde la base, tronco retorcido o menos comúnmente recto; entrenudos 3-40(-100) × 2.5-10 mm, estriados, grises a café claro, glabros o pulverulentos, escasamente glandulares, lenticelados; ócreas (3-)7-15 mm, tubulares, papiráceas, café-rojizas, pulverulentas o pilosas. Hojas 8-14(-18) × 8-18 (-27) cm, simples, alternas, generalmente dísticas, más anchas que largas, reniformes a suborbiculares, coriáceas, gris pálido a rosadas al secarse, con 4 o 5 pares de venas secundarias, glabras o escasamente pilosas sobre las venas secundarias y terciarias, escasamente punteado-glandulares, la base redondeada a ampliamente cordada, con un lóbulo basal extendido y cubriendo el pecíolo, los márgenes enteros a ligeramente ondulados o rara vez revolutos, el ápice redondeado, truncado a emarginado; pecíolo (5-)8-12(-15) × 3-7 mm, pulverulento a pilósulo, originándose en la base de la ócrea. Inflorescencias racemosas, terminales, solitarias, el racimo 15-25(-30) cm; raquis 2-3 mm de diámetro, glabro a puberulento; ocréolas 1-1.5 mm, membranáceas, pulverulentas a pilósulas; pedicelos 1-3 mm, glabros, articulados en el ápice; flores 1 o 2(-5) por fascículo, 3.5-5 mm; lóbulos del perianto 3-4 mm; estambres 2.5-5 mm, los filamentos 2-4 mm, las anteras 0.5-0.8 mm. Frutos c. 2 × 1.5 cm, obpiriformes a subglobosos, redondeados y truncados en el ápice, la base angosta, rosa-púrpura, negros al madurar, los lóbulos del perianto reducidos o ausentes. Floración durante todo el año, pero principalmente ene.-jun. *Dunas costeras*. T (*Magaña & Cowan 2115*, MO); Y (*Utley & Burt-Utley 6383*, MO); C (*Ortiz-Diaz 387*, MO); QR (*Cabrera 6367*, MO); B (*Spellman & Stoddart 2290*, MO); G (*Steyermark 39248*, F); H (*Saunders 407*, MO); N (*Moreno & Sandino 12308*, MO); CR (*Chavarría et al. 160*, MO); P (*Lao 132*, MO). 0-100 m. (Estados Unidos, México [Tamaulipas, Veracruz], Mesoamérica, Colombia, Venezuela, Surinam, Ecuador, Brasil, Antillas Mayores, Islas de Sotavento, Islas de Barlovento, Bermuda).

Coccoloba uvifera es usada como planta ornamental. Durante el proceso de secado, en algunos ejemplares de Belice, Honduras, Nicaragua, Costa Rica y Panamá, los lóbulos se reducen descubriendo el ápice del aquenio y en otros los lóbulos tienden a formar un ápice agudo y coronado.

47. Coccoloba venosa L., *Syst. Nat., ed. 10* 2: 1007 (1759). Lectotipo (designado por Howard, 1988c): Plukenet, *Phytographia* 3: t. 237, f. 4 (1692). Ilustr.: Plukenet, *Phytographia* 3: t. 237, f. 4 (1692). N.v.: Uva, G.

Coccoloba molinae Standl. & L.O. Williams, *C. punctata* L., *C. viridis* Lundell.

Arbustos o árboles, 4-6(-8) m; entrenudos 2-25(-30) × 0.5-3(-6) mm, con cicatrices, escasamente lenticelados, gris pálido o café claro, glabros a pulverulentos, escasamente papilosos, los nudos conspicuamente engrosados; ócreas 3-5(-17) mm, tubulares, papiráceas, café oscuro, glabras a pulverulentas, con excrecencias glandulares, la base decidua o persistente al madurar, el ápice truncado o irregular. Hojas (3.5-)6.3-13.2(-21.5) × (2.5-)3-7.6(-10.5) cm, simples, alternas o fasciculadas, oblanceoladas a obovado-oblongas, papiráceas, lisas, café claro al secarse, con 5-8 pares de venas secundarias, las venas terciarias ligeramente prominentes en el envés, glabras a pulverulentas, con tricomas en las axilas de la vena media en el envés, punteado-glandulares, la base aguda a obtusa, los márgenes enteros, el ápice redondeado a obtuso; pecíolo 3-10(-14) × 1.4-1.6 mm, gris pálido a café claro, glabro a pulverulento, con excrecencias glandulares, originándose en o cerca de la base de la ócrea. Inflorescencias racemosas, terminales o subterminales, el racimo 6-11(-18.7) cm; raquis 1-2.5 mm de diámetro, densamente florífero, estriado, rojizo, glabro a puberulento; ocréolas 2-3 mm, membranáceas, glabras a pulverulentas; pedicelos 1.5-2.2 mm, articulados en el 1/2 o en el ápice; flores 1 o 2(3) por fascículo, 2-2.5 mm; lóbulos del perianto 0.8-1.4 mm; estambres 2-2.3 mm, los filamentos 1.5-2 mm, las anteras 0.3-0.5 mm. Frutos 3.2-4.5 × 3-4 mm, ovoides, café-rojizos, los lóbulos del perianto libres hasta la base. Floración jul.-ago. *Bosques húmedos, vegetación secundaria*. Ch (*Fisher 35437*, MO); G (*Contreras 6175*, MEXU); ES (*Berendsohn & Berendsohn 0145*, MO); N (Howard, 1992: 365); CR (*Hammel et al. 17115*, BM). 0-500 m. (México [Colima, Jalisco, Oaxaca], Mesoamérica, Antillas Mayores, Islas de Sotavento, Islas de Barlovento).

3. Fallopia Adans.

Bilderdykia Dumort.

Por S. Knapp.

Hierbas o bejucos ligeramente leñosos; plantas perfectas o funcionalmente dioicas; tallos teretes, glabros o diversamente pelosos; ócrea persistente, generalmente delgada y translúcida, los márgenes enteros, frecuentemente oblicua. Hojas presentes, simples, alternas, pinnatinervias, las venas frecuentemente inconspicuas y difícilmente visibles a simple vista, la vena media generalmente visible, las venas algunas veces inconspicuas, glabras o pelosas, la base deltada a cordada o sagitada, los márgenes generalmente enteros, el ápice agudo a atenuado o algunas veces redondeado; pecioladas. Inflorescencias terminales o axilares, simples o varias veces ramificadas, espigadas, racemosas y generalmente paniculadas, compuestas de grupos de flores irregularmente espaciados, cada uno abrazado por una bráctea transparente (ócrea), las flores en grupos de 5-20 (1-8 en Mesoamérica); pedicelos articulados justo debajo de la flor. Flores bisexuales, en ocasiones funcionalmente unisexuales; tépalos 5, en una sola serie, los lóbulos externos ligeramente más grandes, marcadamente alados o carinados sobre la vena media abaxialmente; estambres 6-9, desiguales, los filamentos de 2 longitudes, las anteras más cortas que los filamentos, ditecas, longitudinalmente dehiscentes, versátiles; pedicelos hasta 3 mm; ovario trígono o lenticular; estilos 2 o 3, diminutos; estigmas capitados. Fruto una nuez, marcadamente 3-angulada, laxamente envuelta en los segmentos secos del perianto, los estilos persistentes; segmentos del perianto secos y papiráceos; superficie de la nuez lisa o rugosa, pardo oscura o negra. Aprox. 12 spp. en el hemisferio norte, regiones templadas y dispersas como malezas en todo el mundo; 3 spp. en Mesoamérica.

1. Plantas erectas; perennes rizomatosas; hojas anchamente ovadas. **3. F. japonica**
1. Plantas con tallos volubles; hierbas anuales o bejucos perennes; hojas hastadas a triangulares.
   2. Pedicelos marcadamente alados; bejucos perennes. **1. F. baldschuanica**
   2. Pedicelos en general no alados; hierbas anuales volubles. **2. F. convolvulus**

1. Fallopia baldschuanica (Regel) Holub, *Folia Geobot. Phytotax.* 6: 176 (1971). *Polygonum baldschuanicum* Regel, *Trudy Imp. S.-Petersburgsk. Bot. Sada* 8: 684 (1884). Sintipo: Turkmenistán, *Regel s.n.* (P). Ilustr.: Regel, *Trudy Imp. S.-Petersburgsk. Bot. Sada* 8: t. 10 (1884), como *P. baldschuanicum.*

Bilderdykia aubertii (L. Henry) Moldenke, *B. baldschuanica* (Regel) D.A. Webb, *Fallopia aubertii* (L. Henry) Holub, *Polygonum aubertii* L. Henry, *Reynoutria aubertii* (L. Henry) Moldenke, *R. baldschuanica* (Regel) Moldenke, *Tiniaria aubertii* (L. Henry) Hedberg ex Janch.

Bejucos perennes, hasta 10 m; plantas perfectas; tallos volubles, leñosos en la base. Hojas hasta 80 × 40 cm, ovado-triangulares, glabras, con 3 venas principales desde la base, la vena media amarillenta, las venas de órdenes inferiores no obvias, la base cordada a hastada, los márgenes enteros, el ápice agudo; ócrea 0.5-0.7 cm, transparente, tempranamente decidua; pecíolo 2.5-4 cm, frecuentemente flexionado en la base. Inflorescencias terminales y axilares, paniculiformes, hasta 10 cm, glabras; flores en grupos de 1-4; ocréolas 1-1.5 mm, transparentes, los márgenes distales enteros, ligeramente engrosados; tépalos 2-3 mm (hasta 20 mm en el fruto), espatulados, blancos a rosados o rosado pálido, glabros, las venas inconspicuas, el ala marcadamente extendiéndose hasta el pedicelo; estambres c. 2 mm, incluidos por dentro de los tépalos; estilos 3, menos de 0.5 mm; estigmas peltados, fimbriados. Fruto 5-6 mm, negro, la superficie lisa y brillante. *Cultivada en jardines.* CR (*Burger & Antonio 10860*, MO). c. 1100 m. (Estados Unidos, Mesoamérica, Europa, Asia; nativa de China, ampliamente cultivada en regiones templadas).

En la *Flora of China* (Shou et al., 2003) se sugirió que *Fallopia baldschuanica* era el nombre correcto para el material reconocido como *F. aubertii*, y las dos especies fueron sinonimizadas en la *Flora Nordica* (Nielsen en Jonsell et al., 2000) y en la *Flora of North America* (Freeman & Hinds, 2005b). En Europa escapa fácilmente de cultivo y probablemente hace lo mismo en las partes más frías de Mesoamérica. Híbridos entre esta especie y la altamente invasiva *F. japonica*, se encuentran esporádicamente en Europa. Las medidas de *F. baldschuanica* son en gran parte de ejemplares de fuera de Mesoamérica. El nombre *F. aubertii* ha sido usado para las plantas con flores blancas o verdosas y ejes de la inflorescencia papilosos o ligeramente escábridos.

2. Fallopia convolvulus (L.) Á. Löve, *Taxon* 19: 300 (1970). *Polygonum convolvulus* L., *Sp. Pl.* 364 (1753). Lectotipo (designado por Bhopal & Chaudhri, 1977): Europa, *Herb. Linn. 510.38* (LINN). Ilustr.: no se encontró.

Bilderdykia convolvulus (L.) Dumort., *Fagopyrum convolvulus* (L.) H. Gross, *Helxine convolvulus* (L.) Raf., *Reynoutria convolvulus* (L.) Shinners, *Tiniaria convolvulus* (L.) Webb & Moq.

Hierbas anuales; plantas perfectas; tallos volubles. Hojas 2-4 × 0.7-3 cm, triangulares, glabras, ambas superficies diminutamente papilosas, la base hastada, los márgenes papilosos, el ápice acuminado, las venas inconspicuas, si visibles, al secarse oscuras; ócrea 2-2.5 mm, transparente y papirácea, prontamente decidua, los márgenes distales oblicuos; pecíolo 0.5-3 cm, papiloso. Inflorescencias axilares, de apariencia terminal debido al desarrollo retardado de las hojas subyacentes, muy cortas a sésiles, glabras; flores en grupos de 5-8; ocréolas 1-1.5 mm, glabras y transparentes, los márgenes distales enteros; tépalos 2-5 mm, elípticos, verdes a rosados o rosado pálido, glabros, densamente papilosos, las venas inconspicuas, el ala no marcadamente extendiéndose hasta el pedicelo; estambres c. 1 mm, incluidos dentro de los tépalos; estilos 3, menos de 0.5 mm; estigmas capitados. Fruto 5-6 mm, negro, la superficie diminutamente rugosa. *Malezas de terrenos baldíos.* P (*Tyson 5810*, MO). 1500-1600 m. (Canadá, Estados Unidos, Mesoamérica, Paraguay, Argentina, Europa, Asia).

Fallopia convolvulus ha sido colectada dos veces en Panamá, en 1938 y en 1969, ambas veces en campos cerca del Cerro Punta en la provincia de Chiriquí. Esta era aparentemente una maleza establecida en campos y terrenos baldíos, pero no ha sido colectada en años recientes.

3. Fallopia japonica (Houtt.) Ronse Decr., *Bot. J. Linn. Soc.* 98: 369 (1988). *Reynoutria japonica* Houtt., *Nat. Hist.* 2: 640, t. 51, f. 1 (1777). Tipo: no se encontró. Ilustr.: Houttuyn, *Nat. Hist.* 2: t. 51, f. 1 (1777), como *R. japonica.*

Fallopia japonica (Houtt.) Ronse Decr. var. *compacta* (Hook. f.) J.P. Bailey, *Pleuropterus cuspidatus* (Siebold & Zucc.) H. Gross, *Polygonum cuspidatum* Siebold & Zucc. non Willd. ex Spreng., *Reynoutria henryi* Nakai, *Tiniaria japonica* (Houtt.) Hedberg.

Perennes rizomatosas, hasta 3 m; plantas funcionalmente dioicas; tallos erectos, huecos, leñosos en la base. Hojas hasta 6-15 × 5-12 cm, anchamente ovadas, glabras, con 5-8 pares de venas secundarias, ásperas y papilosas, todas las venas claramente visibles, la base truncada, los márgenes enteros, el ápice acuminado a cuspidado; ócrea 0.2-0.3 cm, parda; pecíolo 0.6-1.2 cm, transparente, pardusco, prontamente deciduo. Inflorescencias axilares, paniculiformes, hasta 12 cm, pilosas; flores en grupos de 2-4; ocréolas 1-1.5 mm, transparentes y parduscas, los márgenes distales enteros; tépalos c. 3 mm, elípticos, glabros o diminutamente pilosos, blancos o rojizos, las venas inconspicuas, el ala extendiéndose hasta el pedicelo; estambres c. 1 mm, incluidos por dentro de los tépalos; estilos 3, c. 0.5 mm; estigmas triangulares, fimbriados. Fruto hasta 4 mm, pardo oscuro, la superficie lisa y brillante. *Cultivada, posiblemente escapada.* P (*Bartlett & Lasser 16464*, MO). Elevación desconocida. (Estados Unidos, Mesoamérica, Europa, Asia; nativa de Japón, ampliamente cultivada e introducida en áreas templadas).

Fallopia japonica es altamente invasiva en Europa y los rizomas persisten en el suelo por años; es un verdadero problema en numerosas regiones. Se han encontrado híbridos entre esta especie y *F. aubertii*, los cuales son en general menos robustos que los padres. En la *Flora of China* (Li & Park, 2003) esta especie fue tratada bajo el género *Reynoutria* Houtt., pero aquí se sigue el uso europeo al incluirlo en *Fallopia*. Las medidas de *F. japonica* han sido tomadas en gran parte de ejemplares de fuera de Mesoamérica.

4. Gymnopodium Rolfe

Por J.J. Ortiz-Diaz & J.J. Ancona.

Arbustos o árboles con la corteza fisurada; ramas jóvenes escasa a densamente pubescentes; ócreas prontamente deciduas, glabras o escasa a densamente pilosas. Hojas alternas o fasciculadas, originándose en pequeños brotes vegetativos (braquiblastos), glabras a escasamente pilosas. Inflorescencias terminales y solitarias o en pares y racemosas, los racimos agrupándose en panículas; flores fasciculadas; ocréolas lanceoladas, membranáceas; pedicelos articulados en la porción media, pilósulos; flores bisexuales, segmentos del perianto 6, los 3 externos ovados a cordados, reticulados, pilósulos, persistentes y acrescentes en el fruto, los 3 internos subulado-lanceolados, acuminados, más pequeños que los externos, papiráceos, glabros a pilósulos; estambres 9, los 6 externos insertados en un disco nectarífero basal, los 3 internos opuestos a los surcos del ovario; anteras suborbiculares, versátiles, biloculares, con dehiscencia longitudinal; ovario pilósulo; estilos 3, filiformes; estigmas 3, capitados; óvulo 1, basal. Fruto un aquenio trígono, liso, café claro, lustroso, incluido en los lóbulos acrescentes del perianto. 2 spp., en México [Oaxaca] y Mesoamérica; 2 spp. en Mesoamérica.

1. Hojas, inflorescencia, raquis y pedicelos cubiertos con tricomas simples, escasos a densos, con glándulas basales; venas prominentes en el envés de la hoja; segmento basal del pedicelo oculto por la ocréola; segmentos externos del perianto 8.5-9(-9.5) × 6-6.5(-7) mm; segmentos internos del perianto (5-)5.5-6 × 1.5-1.8 mm; fruto 5(-5.5) × 2(-2.5) mm.
2. G. toledense
1. Hojas, inflorescencia, raquis y pedicelos glabros o cubiertos con tricomas simples, escasos a densos sin glándulas basales; venas no prominentes en el envés de la hoja; segmento basal del pedicelo no oculto por la ocréola; segmentos externos del perianto de 6.5-8 × 5-6.5(-7) mm de ancho; segmentos internos de perianto 4-5 × 1-1.5 mm; fruto 4-4.5(-5) × 1.5(-2) mm.
2. Ócrea, pecíolo y envés de las hojas glabros.
1c. G. floribundum subsp. **floribundum**
2. Ócrea, pecíolo y envés de las hojas escasa a densamente pubescente.
3. Distancia entre los fascículos florales 8-5-10.5 mm; tépalos de los segmentos externos del perianto 7.3-7.6 mm; aquenio 3.5-4.5 mm.
1a. G. floribundum subsp. **antigonoides**
3. Distancia entre los fascículos florales 4.5-6 mm; tépalos de los segmentos externos del perianto 8.5-9 mm; aquenio 4.5-5 mm.
1b. G. floribundum subsp. **chiapensis**

1. Gymnopodium floribundum Rolfe, *Hooker's Icon. Pl.* 27: t. 2699 (1901). Lectotipo (designado aquí): Belice, *Campbell 60* (K-[cb] K000585032!; isolectotipo: K-[cb] K000585033!). Ilustr.: Rolfe, *Hooker's Icon. Pl.* 27: t. 2699 (1901). N.v.: Sak ts'its'il che', ts' iits' il che', xts' iits' il che', Y, C, QR.

Millspaughia leiophylla S.F. Blake.

Arbustos o árboles, 2-7 m; corteza gris a café oscuro; ramas jóvenes divaricadas, flexuosas, retorcidas, grises a café claro, escasa a densamente pilosas cuando jóvenes, glabras al madurar; entrenudos 5-30 × 3-7 mm de grueso; ócreas 1-2 mm, anulares. Hojas simples o 1(-3) por fascículo, 2.7-9.5 × (0.9-)2-5 cm, papiráceo-cartáceas, el haz glabro o puberulento a escasamente piloso, pinnatinervias, las venas no prominentes, con 7-10 pares de venas secundarias, la base cuneada a obtusa, los márgenes enteros, el ápice obtuso a redondeado, rara vez emarginado; pecíolo 0.4-4 × 1 mm, café oscuro, con excrecencias glandulares, glabro o escasa a densamente piloso. Inflorescencias panículas 3-12 cm, originándose sobre pequeños brotes vegetativos (braquiblastos); raquis 0.5-1 mm, escasa a densamente piloso; flores en fascículos de 2-4, separados claramente sobre el raquis; ocréolas 1-2 mm, escasa a densamente pilosas; pedicelos (3-)8-14(-20) mm. Flores con los 3 segmentos externos del perianto 5-12 mm, ovado-redondeados a cordados, papiráceos, verdoso-amarillentos, las venas reticuladas, escasa a densamente pilosos cuando jóvenes, glabros o pilósulos al madurar, persistentes y acrescentes en el fruto, los 3 segmentos internos 4-5 mm, subulado-lanceolados, largamente acuminados, papiráceos, la venas reticuladas, glabro-pilósulos, acrescentes en el fruto; estambres con filamentos c. 2 mm, las anteras 0.5-0.7 mm; ovario 1-1.5 mm. Frutos 4-5 × c. 2 mm; semilla glabra o ciliada en los márgenes, con cotiledones vermiformes. Floración mar.-may.(-jun.). *Sabanas, bosques secos, selvas caducifolias.* T, Ch, Y, C, QR, B, G. 0-1350 m. (México [Oaxaca], Mesoamérica).

Gymnopodium floribundum comprende las tres subespecies tratadas a continuación. Es usada como melífera, también como leña y carbón.

1a. Gymnopodium floribundum Rolfe subsp. **antigonoides** (B.L. Rob.) J.J. Ancona & Ortiz-Diaz, *Acta Bot. Mex.* 126(e1517): 14 (2019). *Millspaughia antigonoides* B.L. Rob. in Millsp. & Loes., *Bot. Jahrb. Syst.* 36(Beibl. 80): 14 (1905). Lectotipo (designado por Ancona et al., 2019): México, Yucatán, *Millspaugh 1657* (F!). Ilustr.: Ancona et al., *Acta Bot. Mex.* 126(e1517): 17, t. 7D (2019).

Gymnopodium antigonoides (B.L. Rob.) S.F. Blake, *G. floribundum* Rolfe var. *antigonoides* (B.L. Rob.) Standl. & Steyerm., *G. ovatifolium* (B.L. Rob.) S.F. Blake, *Millspaughia ovatifolia* B.L. Rob.

Árboles o raramente arbustos, 2-7(-12) m; ócrea 1-2 mm, escasa a densamente pubescente; Hojas 3.5-3.7(-4.5) × 1.7-2(-3) cm, obovadas, papiráceas, el envés escasa a densamente pubescente, el ápice redondeado; pecíolo 2.8-3.1 mm, escasamente pubescente. Racimos 7-8 cm; distancia entre los fascículos florales 8.5-10.5 mm; pedicelos 5.7-6.5 mm, articulados, la parte inferior 1.2-1.4 mm, la porción superior 4.5-5.2 mm; segmentos externos del perianto 7.3-7.6 × 5.5-6 mm, cordados, los internos 4-5 × 1.1-1.4 mm, subulado-lanceolados, acuminados. Frutos 4.1-4.5 × 1.7-1.8 mm, trígonos. *Bosques secos.* T (*Calzada 2350*, MEXU); Y (*Webster & Lynch 17569*, MO); C (*Martínez S. & Téllez 3004*, MO); QR (*Ortiz-Diaz 464*, MO); G (*Contreras 989*, MO). 60-260 m. (Endémica).

1b. Gymnopodium floribundum Rolfe subsp. **chiapensis** J.J. Ancona & Ortiz-Diaz, *Acta Bot. Mex.* 126(e1517): 16 (2019). Holotipo: México, Chiapas, *Ancona & Ortiz-Diaz 178* (UADY!). Ilustr.: Ancona et al., *Acta Bot. Mex.* 126(e1517): 17, t. 7A-B (2019).

Árboles, 2-7 m; ócreas 1-2 mm, escasa a densamente pubescentes. Hojas 3.8-4.4(-7) × 1.7-2.3(-4) cm, elípticas, membranáceas, escasa a densamente pubescentes, el ápice agudo-acuminado; pecíolo 2.6-2.8 mm, escasamente pubescente. Racimos 6-7 cm; distancia entre los fascículos florales 4-6 mm; pedicelos 7.5-8.5(-9) mm, articulados, la porción inferior 1.5-1.7 mm, la porción superior 6.5-7.5 mm; los segmentos externos del perianto 8.5-9 × 6.5-7 mm, redondeados, los internos 5-5.5 × 1.4-1.5 mm, subulado-lanceolados, puntiagudos. Frutos 4.5-5 × 1.9-2 mm. *Bosques secos.* Ch (*Breedlove 24575*, MO). 60-1350 m. (México [Oaxaca], Mesoamérica).

Gymnopodium floribundum subsp. *chiapensis* es similar a *G. floribundum* subsp. *antigonoides* debido a la pubescencia de las hojas, del pecíolo y de la ócrea. Este taxón puede distinguirse de *G. floribundum* subsp. *floribundum* y de *G. floribundum* subsp. *antigonoides* por la menor distancia entre los fascículos florales del racimo (4.5-6 mm), dando a la inflorescencia una apariencia densamente aglomerada.

1c. Gymnopodium floribundum Rolfe subsp. **floribundum**.

Arbustos o rara vez árboles, 2-4 m; ócrea 1-2 mm, glabra. Hojas 2-3.5 × 0.8-1.3 cm, elíptico-oblongo-cartáceas, el envés glabro, el ápice obtuso a redondeado; pecíolo 2-2.5 mm, glabro; racimo 4.5-6.8 cm; distancia entre los fascículos florales 6.5-10 mm; pedicelos 4.5-9 mm, articulados, la parte inferior 1.3-1.8 mm, la parte superior 4-5.5 mm; segmentos externos del perianto 7-8 × 4.5-5.5 mm, cordados, los internos, subulado-lanceolados, acuminados, 4-5 × 0.5-1 mm. Fruto 3.5-4 × 1.5-1.7 mm. *Sabanas estacionales.* B (*Croat 23257*, MO). 0-20 m. (Endémica).

2. Gymnopodium toledense J.J. Ancona & Ortiz-Diaz, *Willdenowia* 48: 436 (2018). Holotipo: Belice, *Hawkins 1681* (MO-[cb] MO321695!). Ilustr.: Ancona et al., *Willdenowia* 48: 437, t. 3A-C (2018).

Arbustos a menudo trepadores, 2-4 m; corteza gris a marrón oscuro, fisurada; ramas jóvenes divaricadas, flexuosas, grises a marrón pálido; entrenudos 2-3 cm; ócrea c. 1 mm, caduca, anular, escasamente pubescente; tricomas con glándulas basales. Hojas simples o fasciculadas (2 o 3 juntas) sobre pequeños brotes vegetativos, 5-7 × 3-4 cm, obovadas a obpiriformes, cartáceas, la base obtusa, los márgenes enteros, el ápice obtuso a ligeramente emarginado, el envés densamente pubescente, el haz glabro excepto puberulento en la vena media, las venas prominentes en el envés; pecíolo 1.5-2 × c. 1 mm, canaliculado, café oscuro, densamente pubescente, los tricomas con glándulas basales. Inflorescencias 12-20 cm, terminales; racimos simples o en pares, en braquiblastos; raquis 15-18 cm, densamente piloso, los tricomas con glándulas basales amarillo claro; flores en fascículos de 2-4(-6); ocréolas 1-2 mm, lanceoladas, membranosas, escasa a densamente pubescentes, los tricomas con glándulas basales; pedicelos articulados, la porción inferior 0.5-1 mm, la superior 5-6.5(-8) mm, densamente pubescente, los tricomas con glándulas basales; segmentos externos del perianto, ovado-cordados, cartáceos a papiráceos, verdes a amarillentos, escasa a densamente pilosos cuando jóvenes, glabros o pilosos cuando maduros, en forma de media luna en el fruto, las venas anastomosadas, los segmentos internos subulado-lanceolados, acuminados, papiráceos, glabros a pilósulos, acrescentes en el fruto; perianto en forma de media luna en el fruto, los 3 externos 8.5-9(-9.5) × 6-6.5(-7) mm, los 3 internos (5-)5.5-6 × 1.5-1.8 mm, reticulados; filamentos c. 2 mm, las anteras 0.5-0.7 mm, suborbiculares, versátiles; ovario c. 1 × 0.5 mm, densamente pubescente en los vértices, los tricomas con glándulas basales; estilos 1.5-1.7 mm. Fruto 5(-5.5) × 2(-2.5) mm. Floración nov. *Bosques estacionales*. B (*Hawkins 1681*, MEXU). 150-250 m. (Endémica).

Gymnopodium toledense también podría encontrarse en Guatemala y Honduras; sin embargo, solo se conoce del tipo.

5. **Muehlenbeckia** Meisn., nom. cons.

Calacinum Raf., *Homalocladium* (F. Muell.) L.H. Bailey, *Karkinetron* Raf., *Polygonum* L. sect. *Homalocladium* F. Muell.

Por S. Knapp.

Arbustos o bejucos ligeramente leñosos, dioicos, monoicos o poligamodioicos; tallos teretes o marcadamente aplanados, glabros, marcadamente estriados; ócrea generalmente delgada y translúcida, decidua o persistente. Hojas presentes o muy prontamente caducas y aparentemente ausentes, simples, alternas, orbiculares a lanceoladas hasta elíptico-oblongas, frecuentemente ligeramente carnosas, pinnatinervias, las venas frecuentemente inconspicuas y no fácilmente visibles a simple vista, la vena media generalmente visible, generalmente glabra, la base desde hastada hasta aguda a atenuada, los márgenes generalmente enteros, el ápice agudo a atenuado o algunas veces redondeado; sésiles o pecioladas. Inflorescencias axilares, simples o varias veces ramificadas, de apariencia espigada, algunas veces reducidas a una sola flor axilar, compuestas de grupos de 1-20 flores irregularmente espaciadas, cada grupo abrazado por una bráctea translúcida (ócrea); pedicelos articulados en la base, en la mitad o justo debajo de la flor. Flores unisexuales, en ocasiones bisexuales; tépalos 5, en una sola serie, los lóbulos externos ligeramente más grandes, pero notables. Flores masculinas algunas veces escasamente más grandes que las flores pistiladas en la antesis; estambres 8-10, apenas sobrepasando el perianto, los filamentos tan largos como los lóbulos del perianto, las anteras más cortas que los filamentos, ditecas, longitudinalmente dehiscentes, dorsifijas; pistilodio ausente o presente; pedicelos hasta 2 mm. Flores pistiladas con ovario trígono; estigmas 3, cortos y ligeramente fimbriados; estaminodios generalmente ausentes, algunas veces presentes; pedicelos hasta 2 mm. Flores bisexuales similares a las flores unisexuales, pero con los estambres apenas más pequeños. Fruto un aquenio, con la superficie lisa y brillante hasta opaca y rugulosa, marcadamente 3-angulado, laxamente envuelto en los segmentos agrandados del perianto, los estigmas deciduos, los segmentos del perianto generalmente suculentos, blancos o de color brillante. Aprox. 23 spp. Nueva Guinea, Australia y Nueva Zelandia, montañas de América tropical; 3 spp. en Mesoamérica.

La "enredadera de alambre" *Muehlenbeckia complexa* (A. Cunn.) Meisn., nativa de Nueva Zelandia, fue colectada en cultivo en San Cristóbal de las Casas, Chiapas (*Breedlove 25986*, MEXU) y esporádicamente se cultiva en Norteamérica y Sudamérica (Brandbyge, 1992; Freeman, 2005). Esta se diferencia fácilmente de otras especies de *Muehlenbeckia* de Mesoamérica por sus hojas diminutas, casi orbiculares, y los lóbulos del perianto blanco ceráceos encerrando el aquenio en el fruto, en contraste con los lóbulos rojizos o violeta de *M. platyclada*, la otra especie nativa generalmente cultivada.

Bibliografía: Brandbyge, J.S. *Bot. Jahrb. Syst.* 114: 349-416 (1992).

1. Tallos marcadamente aplanados; hojas muy tempranamente deciduas. **1. M. platyclada**
1. Tallos teretes, estriados o 4-angulados, no aplanados; hojas presentes todo el tiempo.
   2. Bejucos; hojas más de 1 cm, obtriangulares o elípticas; aquenio globoso o escasamente 3-angulado. **2. M. tamnifolia**
   2. Arbustos enanos; hojas menos de 1 cm, elípticas; aquenio trígono. **3. M. volcanica**

1. Muehlenbeckia platyclada (F. Muell.) Meisn., *Bot. Zeitung (Berlin)* 23: 313 (1865). *Polygonum platycladum* F. Muell., *Trans. Philos. Inst. Victoria* 2: 73 (1858). Sintipo: Nueva Caledonia, *Shepherd s.n.* (MEL). Ilustr.: no se encontró. N.v.: Solitaria, tenia, G.

Coccoloba platyclada (F. Muell.) F. Muell., *Homalocladium platycladum* (F. Muell.) L.H. Bailey.

Arbustos erectos, hasta 1.2(-3) m, muy ramificados; plantas monoicas o dioicas, en ocasiones algunas flores aparentemente perfectas; tallos teretes en la base, marcadamente aplanados y expandidos distalmente, hasta 1 cm de ancho, estriados, glabros. Hojas si presentes 2-3.5 × 0.5-0.8 cm (generalmente ausentes, muy tempranamente deciduas), linear-lanceoladas, glabras, con 5 pares de venas secundarias, inconspicuas, pero discernibles, la base aguda a acuminada, los márgenes enteros, el ápice agudo a acuminado; ócreas c. 2 mm, pardo-rojizo oscuro, prontamente deciduas dejando un anillo engrosado oscuro; pecíolo ausente. Inflorescencias fascículos axilares alternando a lo largo de los tallos aplanados; brácteas c. 2 mm; bractéolas 2-2.5 mm; flores en fascículos de 2-10, el tubo del perianto hasta 1 mm; pedicelos hasta 1mm, articulados en la mitad. Flores masculinas verde-rosadas, glabras; tépalos hasta 2 mm, anchamente obovados, el ápice redondeado; estambres 8-10, los filamentos c. 1 mm, las anteras c. 0.5 mm; pistilodio ausente o presente. Flores pistiladas verde-rosadas, glabras; tépalos 1-1.5 mm, anchamente obovados, agrandados en el fruto, el ápice redondeado; ovario 1-1.5 mm; estilos c. 0.5 mm; estigmas diminutos y ligeramente capitados; estaminodios ausentes o presentes, las flores aparentemente algunas veces perfectas. Frutos envueltos en los tépalos carnosos agrandados; tépalos c. 2 mm, ovados, rojos o violeta-púrpuras, el ápice redondeado; aquenio 2.5-3 mm, globoso o escasamente 3-angulado, negro, brillante. *Cultivada, rara vez escapada y naturalizada*. Ch (*Matuda 17701*, MEXU); G (*Véliz 93.2719*, MEXU); H (*Calderón 194*, MO); N (*Moreno 21283*, MO); CR (*Khan et al. 1333*, BM); P (*Croat 10612*, MO). 1000-1500 m. (Estados Unidos, México [Cd. México, Morelos, Nayarit, Oaxaca, Puebla, Veracruz], Mesoamérica, Venezuela, Ecuador, Perú, Brasil, Paraguay; cultivada como planta de jardín en regiones subtropicales y tropicales).

2. Muehlenbeckia tamnifolia (Kunth) Meisn., *Pl. Vasc. Gen.* 2: 227 (1840 [1841]). *Polygonum tamnifolium* Kunth in Humb., Bonpl. & Kunth, *Nov. Gen. Sp.* 2: 180 (1817). Lectotipo (designado por Brandbyge, 1992): Colombia, *Bonpland s.n.* (B-W-[nr] 7683). Ilustr.: Burger, *Fieldiana, Bot.* n.s. 13: 104, t. 19 (1983c).

Calacinum leptobotrys (Meisn.) J.F. Macbr., *C. peruvianum* (Meisn.) J.F. Macbr., *C. tamnifolium* (Kunth) J.F. Macbr., *Muehlenbeckia benthamii* Endl., *M. cuspidata* H. Gross ex Standl., *M. leptobotrys* Meisn., *M. peruviana* Meisn., *M. quadrangulata* (M. Martens & Galeotti) Endl.,

M. stuebelii Lindau, *M. tamnifolia* (Kunth) Meisn. var. *quadrangulata* (M. Martens & Galeotti) Meisn., *Polygonum dombeyanum* Kuntze, *P. flexuosum* Benth., *P. leptobotrys* (Meisn.) Kuntze, *P. quadrangulatum* M. Martens & Galeotti, *Sarcogonum tamnifolium* (Kunth) Rusby.

Bejucos frágiles, leñosos, rastreros, hasta 1 m; plantas dioicas o monoicas; tallos teretes, estriados o 4-angulados. Hojas 2.2-10.5 × 0.8-5 cm, obtriangulares o elípticas, ligeramente carnosas, glabras, con c. 10 pares de venas secundarias, algunas veces matizadas de rosado, la base aguda a cordada (en las hojas más grandes generalmente fuertemente truncada y fuertemente rostrada), los márgenes enteros, el ápice agudo a acuminado; ócreas hasta 1 cm, delgadas, transparentes y papiráceas, prontamente partiéndose en pedazos y deciduas; pecíolo 0.8-2.5 cm. Inflorescencias 1-6 cm, en las ramas axilares afilas, sin ramificar; ocréolas 1-2 mm, papiráceas; bractéolas 2-3 mm, papiráceas y translúcidas; flores en fascículos de 2-5, alternando a lo largo de la inflorescencia, el tubo del perianto 0.5-1 mm, las flores estaminadas siempre más numerosas que las flores pistiladas en plantas monoicas; pedicelos 1.5-2 mm, articulados en la base de la flor, persistentes. Flores masculinas crema o verdes, glabras; tépalos 1.5-2 mm, ovados, el ápice redondeado; estambres 8-10, los filamentos c. 0.5 mm, las anteras c. 0.5 mm; pistilodio ausente o presente, si presente diminuto. Flores pistiladas crema o verdes, glabras; tépalos 1-1.5 mm, ovados, agrandados en el fruto, el ápice redondeado; ovario 1.5-2 mm; estilos c. 0.5 mm; estigmas diminutos y anchamente capitados; estaminodios ausentes o presentes, diminutos. Frutos envueltos en los tépalos carnosos agrandados; tépalos 3-4 mm, ovados, verdes o violeta-púrpuras, el ápice redondeado; aquenio 2-3 mm, globoso o escasamente 3-angulado, negro, diminutamente rugoso. *Bosques de neblina, selvas premontanas, selvas bajas perennifolias*. Ch (*Matuda 5222*, MEXU); G (*Véliz & Rosito 99.7025*, MEXU); H (*Hawkins et al. 359*, MO); ES (*Villacorta & Hellebuyck RV-02064*, MO); CR (*Davidse et al. 25997*, MO); P (*Knapp & Schmalzel 4827*, MEXU). 1200-2800 m. (México [Edo. México, Guerrero, Morelos, Oaxaca, Veracruz], Mesoamérica, Colombia, Venezuela, Ecuador, Perú, Bolivia, Paraguay).

3. Muehlenbeckia volcanica (Benth.) Endl., *Gen. Pl.* Suppl. 4(2): 51 (1847 [1848]). *Polygonum volcanicum* Benth., *Pl. Hartw.* 81 (1841). Lectotipo (designado por Brandbyge, 1992): Guatemala, *Hartweg 562* (B). Ilustr.: Brandbyge, *Bot. Jahrb. Syst.* 114: 391, t. 17 (1992).

Calacinum fruticulosum (Walp.) J.F. Macbr., *C. volcanicum* (Benth.) J.F. Macbr., *Muehlenbeckia fruticulosa* (Walp.) Standl., *M. rupestris* Wedd., *M. rupestris* var. *nivalis* Wedd., *M. rupestris* var. *volcanica* (Benth.) Ball, *M. vulcanica* Meisn., *Polygonum fruticulosum* Walp., *P. rupestre* (Wedd.) Kuntze, *Sarcogonum fruticulosum* (Walp.) Rusby, *S. volcanicum* (Benth.) Rusby.

Arbustos enanos, pequeños, hasta 50 cm, formando tapetes, monoicos o polígamo-monoicos; tallos teretes, generalmente postrados, estriados. Hojas 0.2-1 × 0.2-0.5 cm, elípticas, carnosas, glabras, las venas inconspicuas, la base aguda o decurrentes sobre el pecíolo y las hojas sésiles, los márgenes enteros o ligeramente revolutos, el ápice agudo; ócreas hasta 0.2 cm, papiráceas y translúcidas, rojizas, persistentes; pecíolo hasta 0.3 cm o ausente. Inflorescencias compuestas de fascículos axilares; ocréolas 1-1.5 mm; bractéolas 0.5-2 mm, papiráceas y translúcidas; flores solitarias o en fascículos de 2-5, el tubo del perianto hasta 2 mm; pedicelos 2-3 mm, articulados en la base de la flor. Flores masculinas verdosas, glabras; tépalos 3-3.5 mm, elípticos, el ápice agudo a obtuso; estambres 8-10, los filamentos 1-1.5(-2) mm, las anteras c. 0.5 mm; pistilodio hasta 1 mm o ausente. Flores pistiladas verdosas, glabras; tépalos 3-3.5 mm; ovario 1-1.5 mm; estilos c. 1 mm; estigmas anchamente capitados; estaminodios c. 8, c. 1 mm o ausentes. Flores bisexuales, si presentes, similares a las flores unisexuales. Frutos envueltos en los tépalos ligeramente carnosos; tépalos 3.5-4 mm, negros o púrpura oscuro, el ápice agudo a obtuso; aquenio 1.5-2 mm, trígono, liso, brillante, negro. *Por encima de la línea de árboles en regiones alpinas, sobre afloramientos de lava*. Ch (*Breedlove 29369*, MO); G (*Véliz et al. 8401*, MEXU); CR (*Wilbur 26129*, MO). 1700-3800 m. (Mesoamérica, Colombia, Venezuela, Ecuador, Perú, Bolivia).

6. Neomillspaughia S.F. Blake

Por J.J. Ortiz-Diaz.

Arbustos o árboles. Corteza lisa; entrenudos geniculados, lisos o estriados; ócreas prontamente caedizas, rompiéndose adaxialmente, cafés. Hojas alternas, simples, orbiculares a reniformes, rugosas, emarginadas; pecíolo estriado, escasa a densamente piloso. Inflorescencias terminales, solitarias o en pares, paniculadas; fascículos florales algo separados; ocréolas lanceoladas, largamente acuminadas; pedicelos articulados; flores bisexuales; segmentos del perianto 5, en 2 verticilos, los 3 segmentos externos aquillados, ovados, glabros, persistentes y acrescentes en el fruto, dorsalmente alados, los 2 segmentos internos ovado-lanceolados, sin alas; estambres 8-9; filamentos unidos en la base, insertados en la base del ovario, pilosos; anteras suborbiculares; estilos 3; estigmas 3, capitado-lobulados. Fruto un aquenio ampliamente trígono, café a café oscuro, liso, lustroso, los estilos persistentes. Género endémico de Mesoamérica, con 3 spp.

Bibliografía: Ortiz-Diaz, J.J. et al. *Phytotaxa* 144: 56-60 (2013).

1. Hojas 14-20(-30) cm de ancho, emarginadas 25-40(-50) mm en el ápice; inflorescencias (10-)13-20 × 11-26 cm; perianto 7-8(-10) × 3-4(-4.8) mm, los tépalos internos 0.8-1 mm de ancho. **3. N. paniculata**
1. Hojas 6-14 cm de ancho, obtusas o emarginadas, 5-25 mm en el ápice; inflorescencias (6-)7-14(-19.3) × 2-15(-20) cm; perianto 8-14 × 4-6 mm, los tépalos internos 1.5-2 mm de ancho.
  2. Panículas con (3-)6-10 racimos, 8-15(-20) cm de ancho, el raquis bien diferenciado; aquenios 2.5-3(-4) × 1.8-2 mm. **1. N. emarginata**
  2. Panículas con 1-3 racimos, 2-7 cm de ancho, el raquis no bien diferenciado; aquenios 4-5.5 × 2.5-3.5 mm. **2. N. hondurensis**

1. Neomillspaughia emarginata (H. Gross) S.F. Blake, *Bull. Torrey Bot. Club* 48: 85 (1921). *Podopterus emarginatus* H. Gross, *Repert. Spec. Nov. Regni Veg.* 12: 218 (1913). Sintipo: México, Yucatán, *Seler & Seler 5600* (GH!). Ilustr.: no se encontró. N.v.: Saj iitsa', sak ii tsa', sakiitsab, tsaj iitda', tsajiitsab, Y, C, QR.

Arbustos o árboles, 1-5 m; entrenudos (1.5-)2-3(-5) cm × 2-5 mm, escasamente lenticelados, glabros, pulverulentos, escasa a densamente pilosos, café claro a café oscuro; ócreas c. 4 mm. Hojas dísticas, 5-15.3 × 6-14 cm, orbiculares a reniformes, suborbiculares, papiráceo-cartáceas, rugosas, el haz glabro a escasamente pilósulo sobre las venas primarias y secundarias de la porción media inferior, el haz más oscuro que el envés, el envés glabro o puberulento, escasa a densamente pilósulo en toda la superficie o hacia la porción media inferior, punteado-glandulares, pinnatinervias, con 6 o 7 pares de venas secundarias, las venas media y secundarias prominentes en el envés, la base cordada, los lóbulos cubriendo el pecíolo y una porción de los entrenudos, los márgenes enteros a ondulados, el ápice ligera a profundamente emarginado; pecíolo 15-38 × 1-2 mm, escasa a densamente pilósulo-piloso a hirsútulo, café a café oscuro al secarse. Inflorescencias (6-)7-14(-19.3) × 8-15(-20) cm, con (3-)6-10 racimos en un raquis bien diferenciado; raquis 1.5-3 mm de ancho, escasa a densamente piloso; fascículos florales 2-4; ocréolas 1.5-3 mm, largamente acuminadas, lanceoladas, membranáceas, glabras a pulverulentas; pedicelos (2-)3-4(-6) mm, articulados en la porción media, glabros; segmentos del perianto blancos a cafés al madurar, los 2 segmentos internos (1.5-)2-3 × c. 2 mm, membranáceo-papiráceos, glabros; filamentos 1-2 mm, subulados, pilosos en la base, las anteras 0.3-0.5 mm, suborbiculares, versátiles, biloculares, dehiscencia longitudinal. Frutos 2.5-3(-4) × 1.8-2 mm, incluidos en los segmentos externos del perianto acrescente, estos de (5-)6-7 mm, alados dorsalmente, brillantes. Floración jun.-sep. Fructificación sep.-dic. *Selvas bajas caducifolias, selvas bajas subperenni-*

folias. Y (*Schott 572*, BM); C (*Arreola 10*, MEXU); QR (*Cabrera & Cabrera 6836*, MEXU); B (*Brokaw & Schulze 83*, MO); G (*Contreras 5432*, BM). 20-300 m. (Endémica).

La variabilidad morfológica que muestra *Neomillspaughia emarginata* en su área geográfica es especialmente evidente en el tamaño de la hoja y en el indumento del envés. Los especímenes del sur de Quintana Roo y Campeche (*Álvarez 290*, MO; *Balam 432*, MO; *Ucán 4145*, MO; *Cabrera & Cabrera 3517*, MO; *Téllez et al. 3805*, MO) muestran un aumento gradual en el tamaño de las hojas, a diferencia de los del norte y centro de la península de Yucatán, los cuales son más pequeños. Sin excepción, todos los ejemplares de la región peninsular presentan hojas glabras o escasamente pilósulas sobre las venas medias en el envés. Los ejemplares *Lundell & Contreras 20378* (MO), *Wallnöfer 9484* (MO), *Wallnöfer et al. 6002* (MO) de la región del Petén en Guatemala muestran consistentemente hojas escasa a densamente pilósulas en el envés.

2. Neomillspaughia hondurensis Ortiz-Diaz & Arnelas, *Phytotaxa* 144: 57 (2013). Holotipo: Honduras, *Standley 12421* (EAP!). Ilustr.: Ortiz-Diaz et al., *Phytotaxa* 144: 57, t. 1C-D (2013).

Arbustos, 1-4 m; entrenudos 30-45 × 2-3.5 mm, lenticelados, glabros o escabrosos, parduscos; ócreas 2-4 mm. Hojas 8-12 × 8-10 cm, ampliamente ovado-lanceoladas a orbiculares, subcoriáceas, escabrosas, estriadas, las venas reticuladas, 6-8 venas primarias, las venas primarias y secundarias prominentes en el envés, el haz escabroso sobre los venas primarias y secundarias, pardo, el envés densamente escabroso, espaciadamente punteado-glandular, más claro que el haz cuando secas, la base cordada, los márgenes revolutos, el ápice obtuso o emarginado (5-25 mm); pecíolo 20-30 × 1-2 mm. Inflorescencias terminales, 7-13 × 2-7 cm solitarias o en pares, en panícula laxa y reducida con 1-3 racimos en un raquis no bien diferenciado; raquis 0.8-1.3 mm de ancho, estriado, puberulento; bractéola 1-3 mm, cartácea, acuminada, puberulenta; ocréolas membranosas, glabras; fascículos de 2-6 flores entre las ocréolas; perianto petaloide en la antesis, los tépalos internos ovado-lanceolados, 3.5-4 × c. 1.7 mm en fruto, 5-nervios, escasamente glandulares y escabrosos; estambres 8-9, 2-2.5 mm, unidos en la base por 0.2-0.3 mm, pubescentes en la base sobre la superficie dorsal, las anteras 0.3-0.5 mm, suborbiculares, dehiscencia longitudinal. Frutos 4-5.5 × 2.5-3.5 mm, pardo oscuro, lustrosos, los estilos persistentes, el perianto acrescente y seco en fruto, 10-14 × 5-6 mm, pálido cuando seco. *Laderas rocosas abiertas con matorrales, bosques de pino montanos húmedos*. H (*Molina R. 1125*, BM). 1100-1300 m. (Endémica).

Neomillspaughia hondurensis solo se conoce de pocas localidades del centro de Honduras en el departamento de Francisco Morazán. Varios especímenes con inflorescencias inmaduras colectadas en bosques espinosos entre el km 40 y 45 de la carretera Guatemala-Zacapa, identificados como *N. emarginata* o *N. paniculata*, no parecen pertenecer a *N. hondurensis*, ni tampoco a *N. paniculata* o *N. emarginata*. Son necesarias colecciones adicionales con inflorescencias completamente desarrolladas para poder determinar si las plantas de esta población pertenecen a una de las tres especies descritas o a una especie nueva.

3. Neomillspaughia paniculata (Donn. Sm.) S.F. Blake, *Bull. Torrey Bot. Club* 48: 85 (1921). *Campderia paniculata* Donn. Sm., *Bot. Gaz.* 27: 440 (1899). Sintipo: Honduras, *Thieme 5604* (BM!). Ilustr.: Blake, *Bull. Torrey Bot. Club* 48: t. 1 (1921). N.v.: Tapatamal, H, N; carretilla, H.

Podopterus paniculatus (Donn. Sm.) Roberty & Vautier.

Arbustos o árboles, (2-)4-5(-11) m; entrenudos (3.6-)5.2-6.7(-8) cm × 2-5 mm, geniculados, articulados, lisos o estriados, escasamente lenticelados, café claro, glabros a pulverulentos; ócreas 4 mm. Hojas dísticas, (11.4-)17.3-20.7(-24.8) × 14-20(-30) cm, papiráceo-cartáceas, rugosas, el haz glabro a escasamente pilósulo sobre las venas primarias y secundarias de la porción media inferior, más oscuro que el envés, el envés glabro, puberulento o escasa a densamente pilósulo, en toda la superficie o hacia la porción media inferior, punteado-glandular, pinnatinervias, con 7-9 pares de venas secundarias, las venas media y secundarias prominentes en el envés, la base cordada, los lóbulos cubriendo el pecíolo y una porción de los entrenudos, los márgenes enteros a ondulados, el ápice ligera a profundamente emarginado 25-40(-50) mm; pecíolo 15-30 × 1-2 mm, estriado, café a café oscuro al secarse. Inflorescencias terminales, solitarias, paniculadas, (10-)13-20 × 11-26 cm; raquis 2-3 mm de ancho, escasa a densamente piloso; fascículos florales 5-6; ocréolas 1-2 mm, lanceoladas, membranáceas, glabras a pulverulentas; pedicelos (2-)3-4(-6) mm, articulados en la porción media, glabros; segmentos del perianto (5-)7-8(-10) × 3-4(-4.8) mm, los segmentos externos papiráceo cartáceos, blancos a cafés al madurar, glabros, los segmentos internos 0.8-1 mm de ancho, membranáceo-papiráceos, glabros; filamentos 1-2 mm, subulados, las anteras 0.3-0.5 mm. Frutos, 3-3.5 mm, los segmentos externos del perianto 5-6 mm, alados dorsalmente. Floración jul.-sep.; fructificación sep.-dic. *Bosques deciduos, vegetación riparia*. G (*Steyermark 30272*, F); H (*Chorley 498*, BM); N (*Moreno 1939*, MO). 250-1290 m. (Endémica).

Standley & Steyermark (1946n: 122) presentaron la descripción morfológica de *Neomillspaughia paniculata* y citaron localidades "in thickets along the railroad between Gualán to Zacapa but was not observed in the immediate vicinity of Zacapa". Sin embargo, en las colecciones revisadas de BM y MO no se encontraron especímenes.

7. Persicaria (L.) Mill.

Peutalis Raf., *Polygonum* L. sect. *Persicaria* (L.) Meisn., *P.* subg. *Persicaria* (L.) Raf., *P.* [sin rango] *Persicaria* L.

Por J.J. Ancona & S. Knapp.

Hierbas anuales o perennes, rara vez arbustos, frecuentemente acuáticos; plantas perfectas; tallos teretes, glabros o diversamente pelosos, en ocasiones huecos, frecuentemente con nudos engrosados; ócrea decidua o persistente, generalmente delgada y translúcida, los márgenes cerdosos, ciliados o sin cilios, algunas veces marcadamente recurvados. Hojas simples, alternas, algunas veces carnosas, generalmente glabras, pinnatinervias, la vena media generalmente visible, las venas secundarias frecuentemente inconspicuas, la base hastada a aguda o atenuada, los márgenes generalmente enteros, el ápice agudo a atenuado o algunas veces redondeado; sésiles o pecioladas. Inflorescencias terminales o axilares, simples o varias veces ramificadas, espigadas, racemosas o en ocasiones paniculadas, compuestas de grupos de flores irregularmente espaciados, cada uno abrazado por una ócrea transparente, las flores en grupos (fascículos); pedicelos articulados justo debajo de la flor. Flores bisexuales, en ocasiones funcionalmente unisexuales; tépalos 4-6, en una sola serie, los lóbulos externos ligeramente más grandes que los internos; estambres (3-)5-8(9), frecuentemente desiguales, incluidos o sobrepasando el perianto, los filamentos tan largos como los lóbulos del perianto, las anteras más cortas que los filamentos; ovario trígono o lenticular; estilos 2 o 3, escasamente unidos en la base; estigmas capitados. Fruto un aquenio, marcadamente 3-angulado o lenticular, laxamente envuelto en los segmentos secos del perianto, los estilos persistentes; los segmentos fructíferos del perianto secos y papiráceos; aquenio con la superficie lisa y brillante a opaca y rugulosa. Aprox. 150 spp., cosmopolita, la más alta diversidad de especies en la zona templada del hemisferio norte; 12 spp. en Mesoamérica.

Bibliografía: Duke, J.A. *Ann. Missouri Bot. Gard.* 45: 326-334 (1960 [1961]). Fassett, N.C. *Brittonia* 6: 369-393 (1949). Small, J.K. *Mem. Dept. Columbia Coll.* 1: 1-183 (1895).

1. Inflorescencias en cabezuelas globosas y compactas; hojas ovadas a anchamente elípticas. **3. P. capitata**
1. Inflorescencias espigadas, racemosas o en fascículos al final de las ramas de la inflorescencia, a veces dispuestas en panículas; hojas angostamente elíptico-lanceoladas.

2. Inflorescencias paniculadas, con 3-5 flores fasciculadas al final de la rama de la inflorescencia. **9. P. meisneriana**
2. Inflorescencias espigadas o racemosas, solitarias o dispuestas en panículas.
 3. Perianto punteado-glandular.
  4. Aquenios biconvexos; estilos 2
   5. Tallo, ócrea y ocréola glabros, los márgenes no ciliados. **5. P. glabra**
   5. Tallo, ócrea y ocréola estrigosos, con pelosidad dorada a rojiza, los márgenes cortamente ciliados. **6. P. hispida**
  4. Aquenios trígonos; estilos 3.
   6. Glándulas solo en la base del perianto, no prominentes, ausentes en la ócrea, el pecíolo y el pedúnculo. **7. P. hydropiperoides**
   6. Glándulas prominentes y uniformemente distribuidas sobre perianto, ócrea, pecíolo y pedúnculo. **10. P. punctata**
 3. Perianto no punteado-glandular.
  7. Tépalos en el fruto con las venas externas agrandadas y con forma de "Y". **8. P. lapathifolia**
  7. Tépalos en el fruto con las venas externas agrandadas, sin la forma de 'Y".
   8. Ócreas y ocréolas estrigosas, los márgenes setáceos, las setas 1-2 cm. **2. P. barbata**
   8. Ócreas y ocréolas glabras, los márgenes eciliados o ciliados, cuando ciliados, los cilios de 0.5-1 mm.
    9. Ramas distales y pedúnculo punteado-glandulares; vena media de las hojas glabra. **11. P. segetum**
    9. Ramas distales y pedúnculo no glandular-punteado; vena media de las hojas con indumento.
     10. Vena media densamente pubescente o estrigosa, las ócreas y ocréolas glabras, los márgenes ciliados, los cilios 0.5-1 mm. **1. P. acuminata**
     10. Vena media escábrida, la ócrea y las ocréolas glabras, sin cilios. **4. P. ferruginea**

1. Persicaria acuminata (Kunth) M. Gómez, *Anales Inst. Segunda Enseñanza Habana* 2: 278 (1896). *Polygonum acuminatum* Kunth in Humb., Bonpl. & Kunth, *Nov. Gen. Sp.* 2: 178 (1817). Lectotipo (designado aquí): Venezuela, *Bonpland 135* (B-[cb] B -W 07642-01 0). Ilustr.: Burger, *Fieldiana, Bot.* n.s. 13: 102, t. 17 (1983c), como *Polygonum acuminatum.*

Polygonum acuminatum Kunth var. *brachystemon* Meisn., *P. acuminatum* var. *capense* Meisn., *P. acuminatum* var. *glabrescens* Meisn., *P. acuminatum* var. *humboldtii* Meisn., *P. acuminatum* var. *microstemon* Mart. ex Meisn., *P. acuminatum* var. *setigerum* (Wedd.) Meisn., *P. acuminatum* var. *subcordatum* Meisn., *P. acuminatum* var. *weddellii* Meisn., *P. bettfreundianum* Lindau, *P. cuspidatum* Willd. ex Spreng., *P. erectum* Vell., *P. floribundum* Wedd. non Schltdl. ex Spreng., *P. guatemalense* Gand., *P. setigerum* Wedd.

Hierbas erectas, robustas, hasta 100 cm, creciendo en aguas estancadas; tallos huecos, rojizos, glabros a escasamente adpreso-pelosos, los tricomas 0.5-1.5 mm, multiseriados, blanquecinos. Hojas 8-20(-30) × 1.5-5 cm, lanceoladas a angostamente elípticas o angostamente oblanceoladas, cuando maduras escasa a densa y adpresamente pelosas a lo largo de la vena media, los tricomas c. 0.5 mm, ascendentes, con 11 o 12 pares de venas secundarias, estas amarillentas al secarse, la base aguda, los márgenes densa y adpresamente pelosos con tricomas más robustos que aquellos sobre la lámina, el ápice acuminado; ócreas 1.5-4 cm, densamente adpreso-pelosas con tricomas multiseriados de 1-2.5 mm, translúcidas y papiráceas entre las venas, los márgenes distales largamente ciliados, los cilios 0.5-1 cm, rígidos y erectos; pecíolo 0.5-0.8 cm, escasa a densa y adpresamente peloso. Inflorescencias hasta 10 cm, generalmente terminales o raramente axilares en los nudos superiores, en ocasiones una vez ramificadas, escasa y adpresamente pelosas similares a los tallos superiores; flores en fascículos de 8-10; ocréolas 2.5-3 mm, glabras o escasamente pelosas con tricomas adpresos, los márgenes distales setosos, las setas 0.5-1 mm; tépalos 2-3 mm, ovados a orbiculares, glabros, blancos, en ocasiones con tonos rosados o rosado pálido, las venas inconspicuas; estambres 3-3.5 mm, exertos de los tépalos en la antesis; estilos 2, 2-2.5 mm, libres hasta la base, los estigmas diminutamente capitados. Aquenio 2-3 mm, lenticular, negro o pardo brillante. *Bordes de lagos en agua estancada, pantanos.* T (*Novelo & Ramos 3381*, MEXU); C (*Martínez S. & Álvaro 27319A*, MEXU); QR (*Novelo 264*, MEXU); B (*Whitefoord 2542*, BM); G (*von Türckheim II 1399*, US); H (*Davidse & Pohl 2221*, MO); ES (*Calderón 1863*, US); N (*Rueda et al. 4755*, MO); CR (*Herrera 1758*, MO); P (*Folsom 2219*, MO). 10-1400 m. (México [Edo. México, Guerrero, Jalisco, Michoacán, Morelos, Tamaulipas, Veracruz], Mesoamérica, Colombia, Guayanas, Ecuador, Perú, Bolivia, Brasil, Paraguay, Argentina).

Persicaria acuminata es extremadamente variable en lo que se refiere a la pelosidad de los tallos y las hojas, principalmente cuando son jóvenes, lo que se refleja en el número de variedades descritas por Meisner. Algunos ejemplares de *P. acuminata* son menos robustos y se asemejan a *P. hydropiperoides* en su hábito más débil y hojas escasamente más pequeñas (México, *Magaña 1073*, MEXU; H, *Nelson & Cruz 9249*, MO; P, *Tyson et al. 4581*, MO).

La distribución en México fue tomada de Villaseñor Ríos (2016).

2. Persicaria barbata (L.) H. Hara, *Fl. E. Himalaya* 70 (1966). *Polygonum barbatum* L., *Sp. Pl.* 362 (1753). Nom. & typ. cons.: China, *Sampson 541* (BM). Ilustr.: no se encontró.

Hierbas erectas, robustas, hasta 100 cm, erectas, creciendo en aguas estancadas; tallos huecos, rojizos, glabros a escasamente adpreso-pelosos, los tricomas 0.5-1.5 mm, multiseriados, blanquecinos. Hojas 8-20(-30) × 1.5-5 cm, lanceoladas a angostamente elípticas o angostamente oblanceoladas, escasa a densa y adpresamente pelosas sobre ambas superficies, la pelosidad más densa a lo largo de las venas, los tricomas c. 0.5 mm, ascendentes, con 11 o 12 pares de venas secundarias, estas amarillentas al secarse, la base aguda, los márgenes densa y adpresamente pelosos con tricomas más robustos que aquellos sobre la lámina, el ápice acuminado; ócreas 1.5-1.7 cm, densamente estrigosas, con tricomas multiseriados de 1-1.5 mm, translúcidas y papiráceas entre las venas, los márgenes distales largamente ciliados, los cilios 1-3 cm, rígidos y erectos, blancos; pecíolo 0.5-1 mm, estrigoso a escasa a densa y adpresamente peloso. Inflorescencias terminales, la panícula racemosa, 10-14 cm, en ocasiones una vez ramificadas, escasa y adpresamente pelosas similares a los tallos superiores; flores en fascículos de 5-7; ocréolas 2.5-3 mm, estrigosas o escasamente pelosas con tricomas adpresos, los márgenes distales setosos, las setas 2-3 mm; tépalos 2-3 mm, ovados, glabros, blancos, en ocasiones con tonos rosados o rosado pálido, las venas inconspicuas, sin puntos glandulares; estambres 3-3.5 mm, exertos de los tépalos en la antesis; estilos 2, 2-2.5 mm, libres hasta la base, los estigmas diminutamente capitados. Aquenio 2-3 mm, biconvexo, negro o café oscuro. *Bordes de lagos en agua estancada, pantanos.* C (*Martínez S. et al. 30715A*, MEXU); QR (*Chan 69*, CICY). Nivel del mar. (Mesoamérica, Asia, Madagascar, y posiblemente se encuentre en otras regiones neotropicales).

Persicaria barbata es morfológicamente similar a *P. acuminata*. Se diferencia de *P. acuminata* en la presencia de cerdas en los márgenes de la ócrea, blanquecinas, de más de 1 cm y más robustas. Esta especie era conocida únicamente de las regiones tropicales y templadas de Asia y África. Su presencia en la península de Yucatán, nos da indicio de que podemos encontrar más poblaciones en la América tropical.

3. Persicaria capitata (Buch.-Ham. ex D. Don) H. Gross, *Bot. Jahrb. Syst.* 49: 277 (1913). *Polygonum capitatum* Buch.-Ham. ex D. Don, *Prodr. Fl. Nepal.* 73 (1825). Tipo: Nepal, *Buchanan-Hamilton s.n.* (BM, no se encontró). Ilustr.: Fernandes & Fernandes, *Icon. Selecta Fl. Azor.* 2: 112, t. 69 (1987), como *Polygonum capitatum.*

Cephalophilon capitatum (Buch.-Ham. ex D. Don) Tzvelev.

Hierbas reptantes postradas, hasta 10 cm, enraizando en los nudos; tallos sólidos, alambrinos, pelosos con tricomas de 1-2 mm rematando en una glándula débil. Hojas 1-3 × 0.6-2.1 cm, ovadas a anchamente elípticas, escasamente pelosas sobre ambas superficies, la pelosidad más densa a lo largo de las venas, el envés densamente glanduloso con glándulas sésiles diminutas, con 6-8 pares de venas secundarias, estas más oscuras al secarse, la base aguda, los márgenes escasamente ciliados, el ápice agudo; ócreas 0.4-0.5 cm, translúcidas y bifurcadas, pelosas con tricomas multiseriados de 1-2 mm, estos frecuentemente rematando en una glándula; pecíolo 0.2-0.3 cm, escasa a densamente peloso abaxialmente. Inflorescencia una cabezuela globosa y compacta de flores, pelosas con tricomas glandulares débiles de 0.5 mm con pedículo largo; flores en fascículos de 1-3; ocréolas 2-3 mm, glabras, delgadas y papiráceas; tépalos 1-2 mm, ovados, glabros, rosado-magenta brillante o blancos, las venas inconspicuas; estambres 1-2 mm, incluidos dentro de los tépalos; estilos 3, 0.5-1 mm, libres hasta la base, los estigmas capitados. Aquenio 1-1.5 mm, 3-angulado, pardo oscuro brillante. *Cultivada, frecuentemente escapada en bordes de potreros.* ES (*Berendsohn & Berendsohn WB 0058*, MEXU); CR (*Alfaro 1123*, MO). 800-1300 m. (Nativa de Asia; ampliamente cultivada e introducida en el mundo).

Los tépalos de *Persicaria capitata* son generalmente rosado-magenta brillante en la antesis, pero se destiñen a verdoso en el fruto. Esta especie es introducida desde el Viejo Mundo y cultivada en Mesoamérica, y aparentemente en ocasiones escapa en áreas ruderales.

4. Persicaria ferruginea (Wedd.) Soják, *Preslia* 46: 153 (1974). *Polygonum ferrugineum* Wedd., *Ann. Sci. Nat., Bot.* sér. 3, 13: 252 (1849). Lectotipo (designado aquí): Brasil, *Gardner 1124* (BM-[cb] BM000993218!; isolectotipos: BM-[cb] BM000993217, NY-[cb] NY00323851). Ilustr.: no se encontró.

Polygonum gummiferum Wedd., *P. spectabile* Mart. ex Meisn.

Hierbas erectas, robustas, hasta 60 cm, erectas, creciendo en aguas estancadas; tallos huecos, inflados, rojizos, rastreros en el agua, glabrescentes, tallos jóvenes peloso-glandulares. Hojas 8-25 × 1-6 cm, angostamente oblongas u oblanceoladas, adpresamente estrigosas sobre la vena media en ambas superficies, los tricomas c. 0.5 mm, densamente punteado-glandulares sobre ambas superficies, las glándulas sésiles, generalmente amarillo brillante, con más de 20 pares de venas secundarias cercanamente espaciadas, estas amarillentas al secarse, la base atenuada, los márgenes densa y adpresamente pelosos similares a los de la vena media, el ápice acuminado; ócreas 1-3 cm, translúcidas y papiráceas, rojizas, más o menos infladas, los márgenes distales enteros o escasamente setosos, las setas c. 0.2 cm; pecíolo 0.6-2.1 cm, escasa a densamente adpreso-peloso, los tricomas menos de 0.5 mm. Inflorescencias hasta 10 cm, terminales o axilares en los nudos superiores, en ocasiones una vez ramificadas, densamente amarillo-glandulosas, las glándulas sésiles o muy cortamente pediculadas; flores en fascículos de 4-7; ocréolas 2-3 mm, amarillo-glandulosas, las glándulas sésiles, los márgenes distales setosos, las setas c. 0.5 mm; tépalos 2-3 mm, ovados a orbiculares, glabros, rosados, las venas inconspicuas, tornándose prominentes en el fruto; estambres c. 2 mm, incluidos dentro de los tépalos; estilos 2, 1-1.5 mm, fusionados la mitad de su longitud, los estigmas diminutamente capitados. Aquenio 2-3 mm, ovoide, negro o pardo brillante, el rostro de los estilos fusionados c. 0.5 mm. *Bordes de lagos y en agua estancada, pantanos, frecuentemente forman parte de tapetes de vegetación.* T (*Novelo & Ramos 2599*, MEXU); Ch (Villaseñor Ríos, 2016: 862); QR (*Novelo 269*, MEXU); G (*Fassett 28839*, MEXU); H (*Davidse et al. 35076*, MEXU); ES (*Monro et al. 2765*, BM); N (*Atwood 5011*, MO). 180-920 m. (México [Tamaulipas, Veracruz], Mesoamérica, Colombia, Perú, Bolivia, Brasil, Paraguay, Antillas).

La pelosidad glandular de *Persicaria ferruginea* frecuentemente seca amarillo brillante y aparece cristalina en ejemplares de herbario. Los entrenudos parecen estar ligeramente inflados, y los tallos probablemente son flotantes. La distribución en México es de Villaseñor Ríos (2016).

5. Persicaria glabra (Willd.) M. Gómez, *Anales Inst. Segunda Enseñanza Habana* 2: 278 (1896). *Polygonum glabrum* Willd., *Sp. Pl.* 2: 447 (1799). Neotipo (designado aquí): India, *Klein s.n.* (B-[cb] B -W 07641 -01 0!). Ilustr.: no se encontró.

Persicaria densiflora (Meisn.) Moldenke, *P. portoricensis* Small, *Polygonum densiflorum* Meisn., *P. portoricense* Bertero ex Small non Bertero ex Endl.

Hierbas erectas o desparramadas, menos de 100 cm, solo algunas veces en aguas estancadas; tallos huecos, rojizos, densamente punteado-glandulares, las glándulas sésiles o deprimidas, frecuentemente rojas o negruzcas al secarse. Hojas 13-17 × 2-5.5 cm, lanceoladas a angostamente elípticas, glabras, las venas relativamente inconspicuas, ápice agudo a acuminado, base atenuada; ócreas 1.5-3 cm, papiráceas, café claro, cilíndricas, cartáceas, márgenes truncados, sin cilios, la base inflada, glabras, en general oscuramente punteado-glandulares; pecíolo 1.5-2.5 cm, glabro, con puntos gladulares. Inflorescencia terminal, la panícula racemosa, c. 25 cm; ocréolas 3-4 mm, angostas, densamente punteado-glandulares, las glándulas sésiles o deprimidas, los márgenes distales enteros; tépalos 2.5-4 mm, elípticos, densamente punteado-glandulares (glándulas en ocasiones confinadas al centro de cada tépalo), verdosos o blancos, las venas inconspicuas; estambres 2.5-3 mm, incluidos dentro de los tépalos; estilos 3, 1.5-2 mm, fusionados en el 1/3 basal, los estigmas diminutamente capitados. Aquenio 2-3 mm, marcadamente 3-angulado, pardo oscuro brillante. *Bordes de lagos, depresiones húmedas, pantanos.* Ch (Villaseñor Ríos, 2016: 862); Y (*Tun 1130*, UADY). 0-500 m. (Estados Unidos, México [Baja California Sur, Chihuahua, Coahuila, Colima, Jalisco, Morelos, Nuevo León, Querétaro, San Luis Potosí, Tabasco, Tamaulipas, Veracruz], Mesoamérica, Colombia, Venezuela).

La distribución en México es de Villaseñor Ríos (2016).

6. Persicaria hispida (Kunth) M. Gómez, *Anales Inst. Segunda Enseñanza Habana* 2: 278 (1896). *Polygonum hispidum* Kunth in Humb., Bonpl. & Kunth, *Nov. Gen. Sp.* 2: 178 (1817). Lectotipo (designado aquí): Colombia, *Bonpland s.n.* (B-[cb] B -W 07647 -01 0!); isolectotipo: P-Bonpl. Ilustr.: Burger, *Fieldiana, Bot.* n.s. 13: 102, t. 17 (1983c), como *Polygonum hispidum*. N.v.: Chile de perro, tabacón, tabaquillo, H.

Hierbas erectas, hasta 200 cm, erectas, frecuentemente creciendo en aguas estancadas; tallos huecos, rojizos, rastreros en el agua, densamente híspidos y glandulares, los tricomas hasta 4 mm, patentes, los tricomas glandulares cortamente pediculados o sésiles. Hojas (3-)7-30 × (1.5-)2.5-9 cm, elípticas u ovadas, densamente peloso-glandulares sobre ambas superficies, los tricomas menos de 0.5 mm, escasa a densamente pelosas con tricomas patentes multiseriados en las venas sobre ambas superficies, con 11-15 pares de venas secundarias cercanamente espaciadas, estas rojizas al secarse, pelosas con tricomas patentes, la base abruptamente atenuada, los márgenes recurvados y densamente pelosos similares a la vena media, el ápice largamente acuminado; ócreas 1.5-3.5 cm, persistentes y no papiráceas, densamente pelosas con una mezcla de tricomas multiseriados glandulares y no glandulares similares a aquellos de los tallos, rojizos, inflados y ciatiformes, los márgenes distales ondulados y marcadamente recurvados, ciliados, los cilios 0.1-0.4 cm, de longitud variable; pecíolo 0.2-0.5 cm (debajo del angostamiento abrupto 1-3 cm), densamente peloso, los tricomas 1-3 mm, patentes. Inflorescencias hasta 12 cm, terminales o axilares en los nudos superiores, en ocasiones, una vez ramificadas, densamente híspidas y glandulares, las glándulas sésiles o cortamente pediculadas; flores en fascículos de 5 o 6; ocréolas 4-5 mm, escasa a densamente glandulosas, las glándulas cortamente pediculadas, en ocasiones con escasos tricomas multiseriados, no glandulares, los márgenes distales enteros, escariosos o diminutamente setosos; tépalos 2.5-3 mm, ovados, diminutamente punteado-glandulares, rosado oscuro a rojo brillante, las venas inconspicuas; estambres 2.5-3 mm, incluidos dentro o apenas exertos de los tépalos; estilos 2, 2-2.5 mm, libres hasta la base, los estigmas diminutamente capitados. Aquenio 3-4 mm, lenticular a ligeramente ovoide y angulado, pardo oscuro brillante. *Bordes de lagos y en aguas estancadas, pantanos, frecuentemente forman parte de tapetes de vegetación.* Ch (*Breedlove 26923*, MEXU); G (*Véliz 93.3387*, MEXU); H (*Davidse & Pohl 2129*, MO); ES (*Rohweder 704*, MO); N (*Robleto 1426*, MEXU); CR (*Zamora et al. 1562*, MO); P (*Knapp & Hammel 4395*, MO). 0-2000 m. (México [Guerrero, Oaxaca, Sinaloa], Mesoamérica, Colombia, Ecuador, Perú, Bolivia, Brasil, Paraguay, Argentina).

Persicaria hispida es una de las especies más distintivas de las *Persicaria* mesoamericanas con tallos y ócreas densamente híspidos y hojas elípticas u ovadas con los márgenes recurvados y largamente acuminadas. La planta entera es víscido-glandular, una mezcla de tricomas única en las *Persicaria* mesoamericanas. La especie está casi completamente confinada a la vertiente del Pacífico y está ausente de la península de Yucatán.

La distribución en México es de Villaseñor Ríos (2016).

7. Persicaria hydropiperoides (Michx.) Small, *Fl. S.E. U.S.* 378 (1903). *Polygonum hydropiperoides* Michx., *Fl. Bor.-Amer.* 1: 239 (1803). Lectotipo (designado aquí): Estados Unidos, *Michaux s.n.* (P-[cb] P00734463!; isolectotipo: P-[cb] P00734462!). Ilustr.: Burger, *Fieldiana, Bot.* n.s. 13: 102, t. 17 (1983c), como *Polygonum hydropiperoids*. N.v.: Chile de perro, H.

Persicaria opelousana (Riddell) Small, *P. persicarioides* (Kunth) Small, *Polygonum hydropiperoides* Michx. subsp. *opelousanum* (Riddell) W. Stone, *P. hydropiperoides* var. *persicarioides* (Kunth) Stanford, *P. opelousanum* Riddell, *P. persicarioides* Kunth.

Hierbas rastreras a semierectas, débiles, hasta 40 cm, los tallos frecuentemente rastreros por numerosos metros, frecuentemente en aguas estancadas; tallos casi huecos, rojizos, glabros, en ocasiones escasamente estrigosos en las ramas distales e inflorescencias. Hojas 3-15 (-18) × 0.6-1.8 cm, lineares a lanceoladas, algunas veces diminutamente pelúcido-punteadas en el envés, la lámina glabra o escasamente estrigosa, la vena media glabra o estrigosa con tricomas multiseriados adpresos y robustos menos de 0.5 mm, estos también algunas veces presentes sobre las venas, las venas inconspicuas, glabras o pelosas con diminutos tricomas adpresos multiseriados, la base atenuada, los márgenes diminutamente pelosos con tricomas similares a aquellos de la vena media o glabros, el ápice acuminado; ócreas 1.1-1.7 cm, translúcidas y papiráceas, furcadas y descomponiéndose con la edad, glabras o estrigosas, los tricomas si presentes c. 1 mm, dirigidos hacia la parte distal, los márgenes distales enteros o setosos, las setas 0.5-3 mm; pecíolo 0.2-0.5 cm. Inflorescencias 6-9 cm, generalmente terminales, raramente axilares en nudos superiores, frecuentemente ramificadas y racemosas, glabras o en ocasiones diminutamente estrigosas distalmente; ocréolas 1.5-2 mm, anchamente tubulares, glabras o escasamente estrigosas en la 1/2 distal, los márgenes distales enteros o ciliados; tépalos 2.5-3.5 mm, ovados, en ocasiones diminutamente punteado-glandulares en el centro, blancos, blanco-verdosos o rosados, las venas inconspicuas; estambres 2-3 mm, incluidos dentro de los tépalos en la antesis; estilos 2-3, 2.5-3 mm, libres hasta la base, los estigmas capitados. Aquenio 2.5-4 mm, lenticular (generalmente marcadamente convexo sobre un lado) o marcadamente 3-angulado, pardo oscuro brillante, con frecuencia escasamente exerto de los tépalos. *Acequias, quebradas, pantanos, márgenes de ríos.* T (*Novelo & Ramos 1706*, MEXU); Ch (*Reyes-García & Gómez 4936*, BM); QR (*Durán et al. 1198*, MEXU); B (*Urban 226*, BM); G (*Véliz 93.3385*, MEXU); H (*Molina R. et al. 34922*, MEXU); ES (*Fassett 28817*, MO); N (*Henrich & Stevens 330*, MO); CR (*Tonduz 9287*, US); P (*Correa et al. 3348*, MO). 0-1400(-2650) m. (Estados Unidos, México [ampliamente distribuida], Mesoamérica, Colombia, Venezuela, Ecuador, Perú, Bolivia, Brasil, Paraguay).

Los ejemplares de herbario tratados aquí como *Persicaria hydropiperoides* son complicados y muy variables, los grupos claramente necesitan de una revisión global para organizar la identidad de este y taxones similares. Como sinónimos se han incluido aquí solo los nombres usados para Mesoamérica. Una sinonimia más completa se encuentra en Duke (1960 [1961]), como *Polygonum*, y en Hinds & Freeman (2005c). Dentro del concepto de este taxón se aceptan algunos ejemplares mesoamericanos identificados previamente como *Persicaria portoricensis* (un sinónimo de *P. glabra*), mientras que otros pertenecen a *P. punctata*.

También se incluye en el concepto de este taxón a los ejemplares identificados por Howard (2001) como *Polygonum densiflorum* (sinonimizado por muchos bajo *Persicaria glabra*, una especie de India; véase Wilson, 1990). La clave en la *Flora de Nicaragua* (Howard, 2001) usa el corte transversal del aquenio (3-angulado versus lenticular) como la característica que los distingue, pero numerosos ejemplares mesoamericanos que han sido estudiados poseen ambos tipos de aquenio en una sola inflorescencia. Esta variabilidad es común en numerosas especies de *Persicaria* (Wilson, 1990), pero en Norteamérica, el corte transversal del aquenio es útil para distinguir *P. hydropiperoides* de la similar *P. maculosa* Gray (probablemente de origen alotetraploide, Hinds & Freeman, 2005c). Los ejemplares mesoamericanos tratados aquí como *P. hydropiperoides* tiene al menos algunos tricomas estrigosos sobre las hojas o las brácteas, si bien estos son frecuentemente diminutos. Esperamos que estudios de campo sobre estas plantas clarifiquen algunos de estos caracteres difíciles y continuamente variantes, y que ayuden a entender si se trata de dos taxones combinados dentro de la especie, como aquí es tratada.

Persicaria hydropiperoides tiene hojas mucho más angostas que otras especies similares en Mesoamérica y parece ser una planta débil. La combinación de hojas lineares a lanceoladas, tépalos mayormente no glandulosos y diminutos, y pelosidad estrigosa con base gruesa es característica. Las ócreas de *P. hydropiperoides* son enteras o ciliadas; cuando son ciliadas, los cilios nunca sobrepasan 5 mm y no son tan gruesos como las aristas de las ócreas en *P. acuminata*.

Según Villaseñor Ríos (2016) la especie se encuentra en gran parte de México.

8. Persicaria lapathifolia (L.) Delarbre, *Fl. Auvergne* ed. 2, 519 (1800). *Polygonum lapathifolium* L., *Sp. Pl.* 360 (1753). Lectotipo (designado por Timson, 1961-1963 [1963]): Francia, *Herb. Clifford 42, Persicaria 2* (BM!). Ilustr.: Ekman & Knutsson en Jonsell et al., *Fl. Nordica* 1: 242, t. 84A (2000), como *Persicaria lapathifolia* subsp. *lapathifolia*.

Persicaria lapathifolia (L.) Delarbre subsp. *nodosa* (Pers.) Á. Löve, *P. lapathifolia* var. *nodosa* (Pers.) Lunell, *P. lapathifolia* var. *tomentosa* (Schrank) Tzvelev, *P. nodosa* (Pers.) Opiz, *P. tomentosa* (Schrank) E.P. Bicknell, *Peutalis nodosa* (Pers.) Raf., *Polygonum brittingeri* Opiz, *P. lapathifolium* L. forma *nodosum* (Pers.) Beck, *P. lapathifolium* subsp. *nodosum* (Pers.) Danser, *P. lapathifolium* var. *nodosum* (Pers.) Hook. f., *P. nodosum* Pers., *P. petecticale* Stokes, *P. tomentosum* Schrank.

Hierbas erectas, hasta 60 cm, frecuentemente en agua estancada; tallos huecos, rojizos, glabros cerca de la base de la planta, las ramas distales e inflorescencias peloso-glandulares, las glándulas cortamente pediculadas o casi sésiles, en ocasiones con escasos tricomas multiseriados adpresos de menos de 0.5 mm. Hojas 7-10 × 1-1.5 cm, lanceoladas a oblanceoladas, densamente pelúcido-punteadas sobre ambas superficies, la lámina glabra, la vena media en el envés con tricomas multiseriados cercanamente adpresos de menos de 0.5 mm, con c. 20 pares de venas secundarias, con tricomas similares a los de la vena media, la base atenuada, los márgenes diminutamente pelosos con tricomas similares a los de la vena media, el ápice acuminado; ócreas 1-1.5 cm, translúcidas y papiráceas, furcadas y descomponiéndose con la edad, glabras, los márgenes distales enteros; pecíolo 0.5-1 cm. Inflorescencias 2-4 cm, terminales y en las axilas distales, sin ramificarse, peloso-glandulares, las glándulas cortamente pediculadas o sésiles; ocréolas 2-2.5 mm, papiráceas y furcadas, escasa a densamente glandulosas, las glándulas cortamente pedunculadas, los márgenes distales enteros, escariosos; tépalos 2-2.5 mm, ovados, en ocasiones diminutamente punteado-glandulares, rosados, las venas tornándose prominentes, en forma de "Y" con las ramas recurvadas; estambres 1.5-2 mm, incluidos por dentro o apenas exertos de los tépalos; estilos 2, 1-1.5 mm, libres hasta la base, los estigmas diminutamente capitados. Aquenio 2-3 mm, lenticular, pardo oscuro brillante. *Aguas estancadas, depresiones húmedas, márgenes de quebradas*. Ch (*Matuda 5893*, MEXU); G (*Donnell Smith 1107*, US). c. 1850 m. (Estados Unidos, Mesoamérica, Bolivia, Paraguay, Argentina, Europa, Asia).

Persicaria lapathifolia es morfológicamente muy similar a *P. segetum*, pero las venas de los tépalos son característicamente en forma de "Y" con las ramas recurvadas. Este carácter es más fácilmente visible en material fructífero. La inflorescencia de *P. lapathifolia* está generalmente inclinada, mientras que en especies similares es más erecta. *Persicaria lapathifolia* es esencialmente una especie de distribución más templada, común en Estados Unidos, México y Europa, que apenas llega hasta el área mesoamericana. Se piensa que *P. lapathifolia* es uno de los padres del alotetraploide *P. pensylvanica* (L.) M. Gómez (Consaul et al., 1991). Véase la discusión bajo *P. segetum* para otras especies similares. La cita de *P. tomentosa* por Standley & Steyermark (1946n: 130, como *Polygonum tomentosum*) es una identificación errónea de *Persicaria lapathifolia*. Algunos especímenes de *P. lapathifolia* (p. ej., *Donnell Smith 1107*, US) tienen una densa cubierta de hifas fúngicas en el envés de la hoja, muy semejantes a la pelosidad araneosa o tomentosa de la planta. Esto pudo haber confundido a Standley y Steyermark.

9. Persicaria meisneriana (Cham. & Schltdl.) M. Gómez, *Anales Inst. Segunda Enseñanza Habana* 2: 278 (1896). *Polygonum meisnerianum* Cham. & Schltdl., *Linnaea* 3: 40 (1828). Lectotipo (designado aquí): Brasil, *Sellow s.n.* (HAL-[nr] 53995). Ilustr.: Burger, *Fieldiana, Bot.* n.s. 13: 102, t. 17 (1983c), como *Polygonum meisnerianum*.

Persicaria meisneriana (Cham. & Schltdl.) M. Gómez var. *beyrichiana* (Cham. & Schltdl.) C.C. Freeman, *Polygonum beyrichianum* Cham. & Schltdl., *P. meisnerianum* Cham. & Schltdl. var. *beyrichianum* (Cham. & Schltdl.) Meisn., *P. meisnerianum* var. *jalapense* B.L. Rob.

Hierbas desparramadas, hasta 40 cm, creciendo cerca de aguas estancadas; tallos sólidos, rojizos, rastreros, glabros, estriados. Hojas 6.5-11 × 0.4-0.7 cm, lanceoladas u oblanceoladas, la lámina glabra, la vena media escasamente setosa, las venas inconspicuas, la base truncada a escasamente cordada, los márgenes densamente ciliados con tricomas multiseriados recurvados, el ápice acuminado; ócreas 1-1.5 cm, translúcidas y papiráceas, furcadas con la edad, con tricomas multiseriados a lo largo de las venas, la base con tricomas (setas) rígidos recurvados, los márgenes distales enteros o escasamente setosos, las setas hasta 1 mm, débiles; pecíolo c. 0.1 cm, escasamente peloso, los tricomas 1-1.5 mm, continuando por arriba de la vena media. Inflorescencias en panículas terminales, hasta 7 cm, glabras en la base, distalmente con tricomas delgados de c. 0.5 mm rematando en una glándula; flores en fascículos de 3-5, en las terminales de las ramas de la panícula; ocréolas 1-2 mm, transparentes y furcadas, los márgenes distales fimbriados o ciliados, las setas c. 0.5 mm; tépalos 3-4 mm, ovados a orbiculares, glabros, blancos, en ocasiones con algo de rosado, las venas inconspicuas; estambres 1.5-2 mm, incluidos dentro de los tépalos; estilos 2 o 3, c. 0.5 mm, libres hasta la base, los estigmas capitados. Aquenio 2.5-3 mm, 3-angulado, pardo oscuro brillante, algunas veces blanco. *Bordes de lagos y en aguas estancadas, frecuentemente forma parte de tapetes de vegetación.* Ch (Villaseñor Ríos, 2016: 862); G (*von Türckheim 243*, US); H (*Molina R. & Molina 26074*, BM); ES (*Fassett 28532*, MEXU); CR (*Grayum et al. 6013*, MEXU); P (*Hamilton et al. 925*, MO). 900-2000 m. (México [Veracruz], Mesoamérica, Bolivia, Brasil, Paraguay, Argentina).

Persicaria meisneriana es distintiva por sus pequeñas inflorescencias casi capitadas de muy pocos verticilos de flores y sus hojas lanceoladas u oblanceoladas con la base truncada a escasamente cordada. Esta especie potencialmente se presenta en todos los países mesoamericanos, pero posiblemente ha sido pasada por alto o confundida con las más comúnes *P. segetum* y *P. hydropiperoides*, a las cuales se asemeja superficialmente.

La distribución en México es de Villaseñor Ríos (2016).

10. Persicaria punctata (Elliott) Small, *Fl. S.E. U.S.* 379 (1903). *Polygonum punctatum* Elliott, *Sketch Bot. S. Carolina* 1: 455 (1821 [1817]). Lectotipo (designado aquí): Estados Unidos, *Elliott s.n.* (CHARL-[nr] BY4102!). Ilustr.: Burger, *Fieldiana, Bot.* n.s. 13: 102, t. 17 (1983c), como *Polygonum punctatum*. N.v.: Ya'al wamal, yail vomol, Ch; chile de perro, CR.

Discolenta punctata (Elliott) Raf., *Persicaria acre* (Kunth) M. Gómez, *P. punctata* (Elliott) Small var. *robustior* (Small) Small, *P. robustior* (Small) E.P. Bicknell, *Polygonum acre* Kunth, *P. acre* var. *majus* Meisn., *P. antihaemorrhoidale* Mart. forma *aquatile* Mart., *P. longiocreatum* Bartlett, *P. punctatum* Elliott var. *aquatile* (Mart.) Fassett, *P. punctatum* var. *eciliatum* Small, *P. punctatum* var. *ellipticum* Fassett, *P. punctatum* var. *majus* (Meisn.) Fassett, *P. punctatum* var. *mexicanum* Fassett, *P. punctatum* var. *parviflorum* Fassett, *P. punctatum* var. *robustius* Small, *P. robustius* (Small) Fernald.

Hierbas erectas o desparramadas, menos de 100 cm, solo algunas veces en aguas estancadas; tallos huecos, rojizos, densamente punteado-glandulares, las glándulas sésiles o deprimidas, frecuentemente rojas o negruzcas al secarse. Hojas 5-16 × 0.5-3.5 cm, lanceoladas a angostamente elípticas o en ocasiones casi elípticas, densamente pelúcido-punteadas sobre ambas superficies, la lámina glabra, las venas relativamente inconspicuas, la vena media en el envés estrigosa con tricomas multiseriados cercanamente adpresos c. 0.5 mm, estos también presentes sobre las venas, con c. 10 pares de venas secundarias, estas generalmente no pelosas, la base atenuada, los márgenes estrigosos con tricomas similares a aquellos de la vena media, el ápice acuminado; ócreas 1-1.7 cm, translúcidas y papiráceas, furcadas y descomponiéndose con la edad, densamente punteado-glandulares, los márgenes distales ciliados, los cilios 0.1-1 cm; pecíolo 0.9-2 cm, escasamente estrigoso abaxialmente. Inflorescencias una espiga alargada de 8-15(-30) cm, terminales o en ocasiones en las axilas distales, generalmente sin ramificar o en ocasiones altamente ramificadas y complejas, de apariencia delgada debido al espaciamiento de los verticilos en flor, punteado-glandulares, las glándulas sésiles o deprimidas; ocréolas 3-4 mm, angostas, densamente punteado-glandulares, las glándulas sésiles o deprimidas, los márgenes distales enteros o con pocos cilios apicales; tépalos 2.5-4 mm, elípticos, densamente punteado-glandulares (glándulas en ocasiones confinadas al centro de cada tépalo), verdosos o blancos, las venas inconspicuas; estambres 2.5-3 mm, incluidos dentro de los tépalos; estilos 3, 1.5-2 mm, fusionados en el 1/3 basal, los estigmas diminutamente capitados. Aquenio 2-3 mm, marcadamente 3-angulado, pardo oscuro brillante. *Acequias, bordes de lagos, depresiones húmedas, pantanos*. T (*Novelo & Ramos 2515*, MEXU); Ch (*Breedlove 34319*, MEXU); C (*Ortiz-Diaz 720*, MEXU); B (*Schipp 728*, BM); G (*Véliz 99.7342*, BM); H (*MacDougal et al. 3071*, MO); ES (*Villacorta & González 688*, MO); N (*Neill 2124*, MO); CR (*Rodríguez et al. 1634*, MO); P (*Schmalzel et al. 1054*, BM). 0-2000 m. (Estados Unidos, México [ampliamente distribuida], Mesoamérica, Colombia, Venezuela, Ecuador, Perú, Bolivia, Brasil, Paraguay, Argentina, Antillas).

Esta es la especie de *Persicaria* más ampliamente distribuida y mejor colectada en Mesoamérica. *Persicaria punctata* es fácil de identificar debido a su copiosa punteadura glandular sobre todas las partes de la planta y sus inflorescencias largas y delgadas. Lo delgado de las inflorescencias es debido a las ócreas más angostamente tubulares y el espaciamiento más ancho de los verticilos florales a lo largo del eje de la inflorescencia, aunque estos caracteres son difíciles de cuantificar. La presencia de setas (o cilios) sobre los márgenes de la ócrea es bastante variable; estas variantes han sido descritas en un número de taxones infraspecíficos e intermedios (Fassett, 1949, como *Polygonum*); aquí se han incluido solo aquellos nombres varietales usados para plantas mesoamericanas. Para conocer la sinonimia varietal completa véase Fassett (1949) y Duke (1960 [1961]), ambos como *Polygonum*. Los ejemplares identificados como *Polygonum longiocreatum* tienen inflorescencias escasamente más densas y más grandes, más altamente ramificadas, y hojas apenas más grandes que la típica *Persicaria punctata*. Estos ejemplares fueron identificados como *P. portoricensis*, pero casi con certeza son identificaciones erróneas (véase discusión dentro de *P. hydropiperoides*).

La distribución en México es de Villaseñor Ríos (2016).

11. Persicaria segetum (Kunth) Small, *Fl. S.E. U.S.* 378 (1903). *Polygonum segetum* Kunth in Humb., Bonpl. & Kunth, *Nov. Gen. Sp.* 2: 177 (1817). Lectotipo (designado aquí): Colombia, *Bonpland 1771* (P-[cb] P00136032!; isolectotipos: B-[cb] B-W 07644 -01, P-[cb] P00136033). Ilustr.: Burger, *Fieldiana, Bot.* n.s. 13: 102, t. 17 (1983c), como *Polygonym segetum*.

Persicaria mexicana (Small) Small, *Polygonum mexicanum* Small.

Hierbas erectas o rastreras, hasta c. 1 m, generalmente más cortas, frecuentemente creciendo en aguas estancadas; tallos huecos hasta casi sólidos, rojizos, basalmente glabros, tornándose a escasamente peloso-glandulares hasta las inflorescencias, las glándulas muy cortamente pediculadas de apariencia sésil. Hojas 5-13(-27) × 0.5-2 cm, lanceoladas a angostamente elípticas, densa y diminutamente pelúcido-punteadas sobre ambas superficies, la lámina glabra, la vena media en el envés con escasos tricomas multiseriados cercanamente adpresos de menos de 0.5 mm, estos nunca presentes sobre las venas, las venas inconspicuas, con c. 10 pares de venas secundarias, estas algunas veces con pocos tricomas multiseriados diminutos y adpresos, la base atenuada, los márgenes glabros o diminutamente pelosos con tricomas similares a aquellos de la vena media, el ápice acuminado; ócreas 1-1.5 cm, translúcidas y papiráceas, apretadamente cubriendo los tallos, furcadas y descomponiéndose con la edad, glabras, los márgenes distales enteros; pecíolo 0.6-2 cm, completamente glabro. Inflorescencias 5-10 cm, terminales, solo muy ocasionalmente en las axilas superiores, sin ramificar o algunas veces ramificadas cerca de la base con pedúnculo largo, escasa a densamente peloso-glandulares, frecuentemente rojizas; ocréolas 2-3 mm, glabras o escasa a densamente peloso-glandulares cerca de la base, las glándulas cortamente pedunculadas, los márgenes distales enteros; tépalos 2.5-4 mm, anchamente ovados, glabros, blancos o rosado pálido, las venas inconspicuas; estambres 2.5-3 mm, incluidos por dentro o apenas exertos de los tépalos; estilos 2, 1-1.5 mm, fusionados por c. 1/2 de su longitud; estigmas diminutamente capitados. Aquenio 2.5-3 mm, lenticular o convexo sobre un lado, pardo oscuro brillante, escasamente rostrado. *Riveras de ríos, acequias, bordes de lagos, pantanos*. T (*Novelo & Ramos 3259*, MEXU); Ch (*Breedlove 28394*, MEXU); C (*Ortiz-Diaz 597*, MEXU); QR (*Novelo 313*, MEXU); B (*Whitefoord & Quiroz 106132*, BM); G (*Fassett 28905*, MEXU); H (*Yuncker et al. 8107*, MO); ES (*Renderos & Villacorta 374*, MO); N (*Nee 28215*, MO); CR (*Chavarría 405*, MO); P (*Mori & Kallunki 1993*, MO). 0-1400 m. (México [Aguascalientes, Baja California, Chihuahua, Durango, Edo. México, Guanajuato, Guerrero, Hidalgo, Jalisco, Michoacán, Morelos, Nayarit, Oaxaca, Puebla, Querétaro, San Luis Potosí, Sonora, Tamaulipas, Tlaxcala, Veracruz, Zacatecas], Mesoamérica, Colombia, Ecuador, Perú).

Persicaria segetum es distintiva por sus glándulas pediculadas, tépalos grandes blancos o rosado pálido e inflorescencias muy congestas. La gradación entre esta especie, *P. pensylvanica* y *P. bicornis* (Raf.) Nieuwl. de América del Norte parece ser gradual, y *P. segetum* es extremadamente similar a y puede ser sinónimo de ambas especies. Los tres taxones parecen ser una serie continua de formas y algunos ejemplares mesoamericanos ha sido identificados como *P. pensylvanica*. Los ejemplares de herbario de *P. pensylvanica* de la costa este de Estados Unidos tienen glándulas casi sésiles sobre el pedúnculo, mientras que aquellos tratados aquí como *P. segetum* tiene glándulas pedunculares conspicuamente pediculadas. *Persicaria pensylvanica* es un híbrido alotetraploide altamente variable, con *P. lapathifolia* como uno de los padres (Hinds & Freeman, 2005c). Sin un estudio amplio, a nivel continental, aquí no aceptamos cambiar los nombres en uso común y actual de los taxones mesoamericanos.

La distribución en México es de Villaseñor Ríos (2016).

8. Podopterus Bonpl.

Por J.J. Ortiz-Diaz.

Arbustos o árboles, generalmente ramificados cerca de la base; tallos rectos o angulosos; espinas terminales rígidas; entrenudos lisos, gris oscuro; ócreas prontamente caedizas. Hojas simples, fasciculadas, los fascículos foliares originándose sobre pequeños brotes (braquiblastos), elípticas a obovadas y redondeadas. Inflorescencias compuestas por fascículos florales originados en braquiblastos; pedicelos articulados en la base. Flores bisexuales, regulares; segmentos del perianto 6, en 2 verticilos, los 3 segmentos externos de mayor tamaño, aquillados, las alas dorsales decurrentes sobre el pedicelo, los 3 segmentos internos erectos; estambres 6, libres, los filamentos de las anteras ovados; ovario trígono; estilos 3; estigmas 3, capitados; óvulo basal. Fruto un aquenio envuelto por los segmentos acrescentes del perianto; semillas trígonas, un lado plano y dos lados sulcados; embrión subcentral; cotiledones suborbiculares. 3 spp. en México, Mesoamérica; 2 spp. en Mesoamérica.

Las características particulares de *Podopterus* son las espinas terminales, las hojas deciduas fasciculadas, las flores y los frutos también fasciculados originándose sobre brotes pequeños de las ramas, y el fruto con el perianto alado y persistente. *Podopterus cordifolius* Rose & Standl., con hojas redondeadas y base cordada, se reporta para Oaxaca en el Istmo de Tehuantepec.

1. Hojas densamente pilósulas en el envés, la base redondeada a cordada. **1. P. guatemalensis**
1. Hojas glabras en el envés a escasamente pilósulas o puberulentas en la base de la vena media, la base aguda. **2. P. mexicanus**

1. Podopterus guatemalensis S.F. Blake, *Bull. Torrey Bot. Club* 48: 87 (1921). Holotipo: Guatemala, *Popenoe 973* (US!). Ilustr.: no se encontró. N.v.: Crucito, G.

Arbustos o árboles pequeños, 2-5 m, generalmente con un tronco pequeño; tallos rectos o angulosos en zigzag; entrenudos 3-20 × 1.5-5 mm, lisos, glabros, gris oscuro a negros; cicatrices estipulares rodeando a los tallos jóvenes, en los tallos viejos oscuras, excepto en la base. Hojas 2-4.5 × 1.8-3.2 cm, anchamente obovadas a redondeadas, densamente pilósulas en el envés, pinnatinervias, con 3-6 pares de venas secundarias, la base redondeada a cordada, los márgenes enteros, el ápice redondeado a obtuso-emarginado; pecíolo 5-8(-9) mm, densamente pilósulos. Inflorescencia compuesta por fascículos florales originándose sobre brotes pequeños (braquiblastos), alternos a lo largo de los tallos, 3-6 flores por fascículo. Fruto originándose en las partes del perianto 2-3 cm incluyendo el pedicelo, blanco, café claro o amarillo-rosado, las alas del perianto exterior 10-15 × 2-3 mm, delgadas, translúcidas; aquenio c. 5 mm, café claro, lustroso. Floración mar.-may. *Selvas bajas caducifolias*. G (*Popenoe 973*, US); N (*Stevens 22995*, MO). c. 150 m. (Endémica).

2. Podopterus mexicanus Bonpl., *Pl. Aequinoct.* 2: 89 (1809 [1812]). Sintipo: México, Veracruz, *Bonpland 4470* (P!). Ilustr.: Burger, *Fieldiana, Bot.* n.s. 13: 105, t. 20 (1983c). N.v.: Puuts mukuy, saak baach, Y.

Arbustos o árboles pequeños, 2-5 m, generalmente con un tronco pequeño; tallos rectos o angulosos; entrenudos 3-20 × 1.5-5 mm, glabros, las cicatrices estipulares rodeando a los tallos jóvenes, en los tallos viejos oscuras, excepto en la base. Hojas 2-5 × 1.5-4.5 cm, anchamente elípticas a obovadas, glabras, puberulentas a pilósulas en el envés sobre la vena media, pinnatinervias, con 3-6 pares de venas secundarias, la base aguda, los márgenes enteros, el ápice redondeado a obtuso; pecíolo 5-20 mm, diminutamente puberulento. Inflorescencia compuesta por fascículos florales originándose sobre brotes pequeños (braquiblastos) alternos a lo largo de los tallos, 5-20 flores por fascículo. Fruto 2-3 cm incluyendo el pedicelo, originándose en las partes del perianto, blanco, café claro o amarillo-rosado, las alas del perianto exterior 10-15 × 2-3 mm, delgadas, translúcidas; aquenio c. 5 mm, café claro, lustroso. Floración mar.-may. *Selvas bajas caducifolias*. Y (*Cabrera & Cabrera 11279*, MEXU); H (*Molina R. & Molina 25597*, MO); ES (*Monro et al. 3639*, MO); N (*Moreno 32*, MO); CR (*Chavarría 734*, MO). 5-700 m. (México [Veracruz], Mesoamérica).

Esta planta es usada como melífera y para leña. El ejemplar *Rodríguez & Vargas 2757* (MO) de Costa Rica presenta una combinación de formas de hojas desde ampliamente elípticas y obovadas hasta redondeadas con las bases agudas a redondeadas.

9. Polygonum L., nom. & typ. cons.

Polygonella Michx.

Por J.J. Ancona & S. Knapp.

Hierbas anuales, postradas en el suelo; tallos sólidos, rojizos o amarillo pálido, alambrinos, glabros. Hojas diminutas, lanceoladas a angostamente elípticas, glabras, las venas inconspicuas, la base atenuada, los márgenes escasamente revolutos, el ápice agudo; ócreas, translúcidas y papiráceas, glabras o escasamente hirsutas, prontamente caducas, las venas amarillentas; cortamente pecioladas o sésiles, el pecíolo glabro. Inflorescencias axilares, glabras; flores en fascículos de 2 o 3; ocréolas glabras y papiráceas; tépalos ovados a elípticos, glabros, verdosos o rosados, las venas prominentes; estambres incluidos dentro de los tépalos; estilos 3, libres hasta la base, los estigmas inconspicuos. Fruto un aquenio marcadamente 2-angulado, escasamente alargado, negro o pardo brillante. Aprox. 65 spp., cosmopolita, varias introducidas en América; 1 sp. en Mesoamérica.

1. Polygonum aviculare L., *Sp. Pl.* 362 (1753). Lectotipo (designado por Styles en Pauwels, 1959): Europa, *Herb. Linn. 510.23* (LINN). Ilustr.: Karlsson en Jonsell et al., *Fl. Nordica* 1: 265, t. 93 (2000), como *P. aviculare* subsp. *aviculare*. N.v.: Antzil k'an is, Ch.

Polygonum arenastrum Boreau.

1a. Polygonum aviculare L. subsp. **aviculare**.

Hierbas postradas; tallos sólidos, rojizos o amarillo pálido, alambrinos, glabros. Hojas 0.4-1.8 × 0.1-0.6 cm, lanceoladas a angostamente elípticas, glabras, las venas inconspicuas, la base atenuada, los márgenes escasamente revolutos, el ápice agudo; ócreas 0.4-0.5 cm, translúcidas y papiráceas, prontamente laceradas; pecíolo c. 0.1 cm, glabro. Inflorescencias hasta 10 cm; ocréolas 1-1.5 mm, glabras y papiráceas; tépalos 2-3 mm; estambres 1-1.5 mm; estilos c. 0.5 mm. Aquenio 2-2.5 mm. *Áreas abiertas de suelos compactados, arvense*. Ch (*Breedlove 33834*, MEXU); G (*Molina R. 15357*, MO); CR (*Khan et al. 938*, BM). 1500-2200 m. (Estados Unidos, México [Aguascalientes, Baja California, Baja California Sur, Chihuahua, Coahuila, Durango, Edo. México, Guanajuato, Hidalgo, Michoacán, Morelos, Nuevo León, Puebla, Querétaro, Sinaloa, Sonora, Tlaxcala, Veracruz], Mesoamérica, Ecuador, Perú, Bolivia, Paraguay, Argentina, Europa, Asia, África).

Esta especie arvense es el único miembro de *Polygonum* s. str. que se encuentra en Mesoamérica. En Europa las plantas que crecen sobre suelos compactados son frecuentemente identificadas como *P. arenastrum*; la taxonomía infraespecífica de *P. aviculare* es compleja, en Europa y se reconocen c. 9 subspp. (Jonsell et al., 2000). Costea & Tardif (2003) cambiaron de estatus la especie *P. buxiforme* Small a una subespecie de *P. aviculare*, debido a varios caracteres intermedios observados entre *P. aviculare* subsp. *aviculare* y *P. buxiforme*. Los caracteres descritos por Costea & Tardif (2003) para diferenciar las subespecies *P. aviculare* subsp. *aviculare* y *P. aviculare* subsp. *buxiforme* (Small) Costea & Tardif no son claros, incluso todos o la gran mayoría de los caracteres se sobreponen. En este tratamiento, con los ejemplares estudiados, fue difícil diferenciar entre esas 2 subespecies justamente por la presencia de caracteres intermedios. Por esta razón, aquí se reconoce solo una subespecie presente en Mesoamérica. La distribución en México es de Castillejos-Cruz & Solano Camacho (2008).

10. Rumex L.

Por S. Knapp.

Hierbas perennes, terrestres o semiacuáticas, inermes, monoicas o dioicas. Ramitas teretes, marcadamente acostilladas, generalmente huecas, glabras o diminutamente pelosas. Ócreas generalmente delgadas y papiráceas, prontamente deciduas o rasgándose en cintas laceradas. Hojas simples, alternas, pinnatinervias, las hojas basales frecuentemente en una roseta, lanceoladas a elípticas u oblongas, variando en tamaño desde la base de la planta hasta el ápice, generalmente más grandes en la base de la planta y decreciendo en tamaño distalmente, a menudo ligeramente carnosas, la vena media prominente, las venas algunas veces inconspicuas, generalmente glabras, la base desde hastada hasta aguda a atenuada, los márgenes enteros u ondulados a crespos, el ápice agudo a atenuado o algunas veces redondeado; pecioladas. Inflorescencias terminales o surgiendo de las axilas de las hojas distales, simples o numerosas veces ramificadas, compuestas de verticilos de flores diversamente espaciados, cada uno abrazado por una bráctea transparente (ócrea), las flores en grupos verticilados de 1 a 10; pedicelos articulados en la base o en la mitad. Flores unisexuales, en ocasiones bisexuales; tépalos 6, en 2 series marcadamente diferentes. Flores masculinas generalmente apenas más grandes que las flores pistiladas en la antesis; estambres 6, no sobrepasando el perianto, los filamentos cortos, las anteras más largas que los filamentos, ditecas, longitudinalmente dehiscentes, dorsifijas; pistilodio ausente o presente; pedicelos 1-1.5 mm. Flores pistiladas con un ovario trígono, los estigmas 3, laciniados y plumosos, con frecuencia brillantemente coloreados; estaminodios generalmente ausentes, algunas veces presentes; pedicelos 0.5-1 mm. Fruto un aquenio marcadamente 3-angulado, laxa o apretadamente envuelto en los segmentos agrandados del perianto, generalmente solo el verticilo interno expandido; estigmas deciduos; segmentos internos del perianto en el fruto algunas veces con un tubérculo agrandado abaxialmente sobre al menos un tépalo; aquenio ovoide, con superficie lisa y brillante hasta opaca y ligeramente áspera. Aprox. 200 especies, cosmopolita, la mayoría de las especies se encuentra en el hemisferio norte, algunos taxones han sido introducidos en todo el mundo y se han establecido bien como malezas naturalizadas; 7 spp. en Mesoamérica.

Las mediadas de la flor fueron tomadas en la antesis, cuando los estigmas y las anteras están frescos; las flores más viejas tienen el verticilo interno del perianto más grande debido una expansión a medida que la fructificación se aproxima. Las plantas masculinas de *Rumex* pueden ser difíciles de identificar, especialmente en la compleja sección *Axillares* Rech. f. (véase *R. conglomeratus* más adelante). Para la identificación son esenciales cuidadosas colecciones de plantas con tépalos maduros y completamente expandidos, especialmente para aquellas especies morfológicamente similares. En *Rumex* la parte distal del pedicelo funcional (distal a la articulación) está formado por las bases de los tépalos fusionados; para el propósito de este tratamiento, la estructura entera es tratada como el pedicelo.

Bibliografía: Mosyakin, S.L. *Fl. N. Amer.* 5: 489-533 (2005). Rechinger, K.H. *Publ. Field Mus. Nat. Hist., Bot. Ser.* 17: 3-151 (1937); *Pl. Syst. Evol.* 172: 151-192 (1990).

1. Tépalos con márgenes diversamente laciniados, dentados o crenados.
  2. Tépalos con márgenes de dientes uncinados; tubérculos ausentes; tépalo con ápice acuminado y uncinado. **2. R. brownii**
  2. Tépalos con márgenes de dientes rectos; tubérculos presentes sobre al menos un tépalo en el fruto; tépalos con ápice agudo.
    3. Dientes en los márgenes del tépalo diminutos, apenas crenaciones en el 1/3 inferior; tubérculo 2-3 mm. **6. R. mexicanus**
    3. Dientes en los márgenes del tépalo conspicuos, de hasta 1.5 mm; tubérculo 1-2 mm. **7. R. obtusifolius**
1. Tépalos con márgenes enteros.
  4. Hierbas gigantes de altas elevaciones; hojas hasta 70 cm, sin una roseta basal. **4. R. costaricensis**
  4. Hierbas no gigantes de altas y medianas elevaciones, plantas no sobrepasando 1 m; hojas hasta 20 cm, frecuentemente con una roseta basal.
    5. Hojas con base hastada a truncada; plantas dioicas; tépalos en el fruto hasta 2 mm, sin tubérculo. **1. R. acetosella**
    5. Hojas con base aguda a atenuada; plantas monoicas o poligamodioicas; tépalos en el fruto 2.5-5 mm, tuberculados.
      6. Tépalos en el fruto 4.5-5 mm, orbiculares o anchamente triangulares, el ápice patente y redondeado; pedicelos 6-8 mm; tubérculo ovado, en la base del tépalo. **5. R. crispus**
      6. Tépalos en el fruto menos de 4 mm, triangulares a angostamente elípticos a espatulados, el ápice redondeado o agudo; tubérculo alargado, extendiéndose la longitud del tépalo.
        7. Inflorescencias marcadamente foliosas, cada fascículo de los más proximales con 1 o 2 hojas pequeñas; tubérculos ocupando casi 1/2 de la superficie del área de los tépalos en el fruto; tépalos en el fruto angostamente elípticos a espatulados. **3. R. conglomeratus**
        7. Inflorescencias no marcadamente foliosas; tubérculo ocupando menos de la 1/2 de la superficie del área de los tépalos en el fruto; tépalos en el fruto triangulares. **6. R. mexicanus**

1. Rumex acetosella L., *Sp. Pl.* 338 (1753). Lectotipo (designado por Löve, 1983): Europa, *Herb. Linn. 464.41* (LINN). Ilustr.: Burger, *Fieldiana, Bot.* n.s. 13: 103, t. 18 (1983c).

Acetosa acetosella (L.) Mill., *A. angiocarpa* (Murb.) Holub, *Acetosella angiocarpa* (Murb.) Á. Löve, *A. tenuifolia* (Wallr.) Á. Löve, *A. vulgaris* (W.D.J. Koch) Fourr., *Rumex acetosella* L. subsp. *angiocarpus* (Murb.) Murb., *R. acetosella* subsp. *tenuifolius* (Wallr.) O. Schwarz, *R. acetosella* forma *tenuifolius* Wallr., *R. acetosella* var. *vulgaris* W.D.J. Koch, *R. angiocarpus* Murb., *R. tenuifolius* (Wallr.) Á. Löve.

Hierbas, hasta 60 cm, dispersándose por rizomas, dioicas; tallos glabros. Hojas 0.5-5 × (0.2-)0.5-1 cm, lanceoladas a oblanceoladas, carnosas y suculentas, glabras, la base hastada a truncada, frecuentemente contraída justo por encima de los lóbulos, los lóbulos hasta 1 cm, los márgenes enteros, el ápice agudo; venas inconspicuas; ócreas 0.5-1 cm, translúcidas, papiráceas y prontamente laceradas; pecíolo (1-)2.5-4 cm. Inflorescencias similares en plantas masculinas y pistiladas, hasta 40 cm, terminales y varias veces ramificadas, frecuentemente matizadas de rojizo; flores en fascículos de 1-5(-8); ocréolas 2-3 mm, translúcidas y papiráceas; pedicelos articulados en la base. Flores masculinas glabras, frecuentemente matizadas de rojizo; tépalos externos c. 1 mm, lanceolados; tépalos internos c. 1 mm, ovados, los márgenes enteros, el ápice redondeado; estambres 6, los filamentos c. 1 mm, las anteras c. 1 mm; pedicelos 1-1.5 mm. Flores pistiladas glabras, rojizas a rojo brillante; tépalos externos 0.3-1 mm, lanceolados; tépalos internos c. 1 mm, ovados, apretadamente cubriendo el ovario y ligeramente expandidos en el fruto, los márgenes enteros, el ápice agudo; ovario c. 1 mm, trígono; estigmas c. 0.5 mm; pedicelos 0.5-1 mm. Fruto solo con el verticilo interior del perianto expandido; tépalos internos hasta 2 mm, apretadamente cubriendo el aquenio, rojos, la superficie abaxial escasamente verrugosa; tubérculo ausente; pedicelo hasta 2 mm; aquenio 1-2 mm, pardo, opaco a ligeramente brillante. *Bosques de neblina, áreas abiertas en bosques montanos*. G (*Véliz 92.2215*, MEXU); CR (*Molina R. 27362*, BM); P (*Folsom et al. 2084*, MEXU). 1700-3700 m. (Estados Unidos, México, Mesoamérica, Colombia, Venezuela, Ecuador, Perú, Bolivia, Chile, Argentina; introducida desde Europa).

Las plantas son rara vez monoicas. En Europa las hojas se comen por su sabor amargo.

2. Rumex brownii Campd., *Monogr. Rumex* 64 (1819). *Rumex fimbriatus* R. Br., *Prodr.* 421 (1810) non Poir. (1804). Sintipo: Australia, *Brown s.n.* (BM). Ilustr.: Burger, *Fieldiana, Bot.* n.s. 13: 103, t. 18 (1983c), como *R. nepalensis*.

Rumex brownianus Schult. f.

Hierbas, hasta 1 m, generalmente más pequeñas en Mesoamérica; tallos glabros. Hojas 4-15 × 2-5 cm, ovado-oblongas a triangulares, la lámina frecuentemente constricta justo por encima de la base, carnosas y suculentas, glabras, pinnatinervias, con 9-15 pares de venas secundarias, la base truncada a cordada y algunas veces hastada, los márgenes enteros, ligeramente ondulados, el ápice agudo a obtuso; ócreas 1-2.5 cm, delgadas, papiráceas y prontamente deciduas, rojizas; pecíolo 1-15 cm, más largo en las hojas basales. Inflorescencias 5-20(-50) cm, terminales o axilares en los nudos superiores, sin ramificar; flores en fascículos de 5-7(-10); ocréolas 2-5 mm, translúcidas y papiráceas; pedicelos articulados c. 1 mm desde la base. Flores masculinas glabras, frecuentemente matizadas de rojizo; tépalos externos c. 0.5 mm, lanceolados, el ápice acuminado, uncinado; tépalos internos c. 1 mm, elípticos, los márgenes laciniados, los dientes uncinados, el ápice acuminado, uncinado; estambres 6, los filamentos c. 1 mm, las anteras c. 0.5 mm; pedicelos 1-1.5 mm. Flores pistiladas glabras, rojizas a rojo brillante; tépalos externos c. 0.5 mm, lanceolados, unidos en la base formando un tubo corto; tépalos internos 1.5-2 mm, ovados, expandiéndose en el fruto, los márgenes laciniados, los dientes uncinados, el ápice acuminado y uncinado; ovario c. 1 mm, trígono; estigmas c. 0.5 mm, rojo brillante; pedicelos 2-3 mm. Fruto con ambos verticilos del perianto expandidos; tépalos externos 2-2.5 mm, marcadamente uncinados en el ápice; tépalos internos 4-5 mm, rígidos, las venas prominentes, los márgenes largamente laciniados, los dientes uncinados, el ápice acuminado, uncinado; tubérculo ausente; pedicelo hasta 8 mm; aquenio c. 2 mm, pardo-rojizo, brillante. *Maleza de áreas urbanas*. CR (*Khan et al. 73*, BM). 1000-1200 m. (Nativa de Australia; introducida en varias partes del mundo).

Rumex brownii es fácil de reconocer entre las especies mesoamericanas de *Rumex* por sus dientes largos, marcadamente uncinados sobre las partes internas del perianto en el fruto y el color generalmente rojo brillante de los tallos inferiores. Se sabe que numerosas especies similares de *Rumex* con tépalos largamente uncinados han sido introducidas con los desechos de lana (Mosyakin, 2005). Esta especie ha sido conocida como *R. nepalensis* Spreng. (Burger, 1983c), pero es más cercana morfológicamente a *R. brownii*, la cual es comúnmente introducida con desechos de lana en áreas como Costa Rica (K. Wilson, com. pers.).

3. Rumex conglomeratus Murray, *Prodr. Stirp. Gott.* 52 (1770). Tipo: no se encontró. Ilustr.: Mosyakin, *Fl. N. Amer.* 5: 525 (2005).

Acetosa conglomerata (Murray) M. Gómez, *Rumex acutus* L.

Hierbas, 20-60(-100) cm, monoicas o poligamodioicas, tal vez algunas veces dioicas; tallos glabros. Hojas 2-8(-12) × 0.8-2.5 cm, algunas veces polimórficas y formando una roseta basal, elípticas a angostamente elípticas, algunas veces lanceoladas, carnosas y ligeramente suculentas, glabras, pinnatinervias, con c. 10 pares de venas secundarias, generalmente no fácilmente visibles, la base atenuada, decurrente sobre el pecíolo, los márgenes crenados a erosos, generalmente crespos, el ápice agudo; ócreas hasta 3 cm, translúcidas, papiráceas, prontamente deciduas; pecíolo 0.5-2 cm, hasta 8 cm en las hojas basales. Inflorescencias hasta 50 cm, terminales o en las axilas de los nudos superiores, aparentemente varias veces ramificadas y complejas, el ápice folioso, floración frecuentemente empezando cerca de la base de la planta; flores en fascículos de hasta 20, ampliamente espaciados, cada fascículo con 1 o 2 hojas pequeñas; ocréolas c. 10 mm, translúcidas y papiráceas; pedicelos articulados en el 1/3 basal o en el punto medio. Flores masculinas generalmente verdes, glabras; tépalos externos c. 1 mm, lanceolados, carinados; tépalos internos 2-2.5 mm, angostamente elípticos o espatulados, los márgenes enteros, escariosos, el ápice redondeado o agudo; estambres 4-6, los filamentos c. 0.5 mm, las anteras c. 1 mm; pistilodio ausente; pedicelos c. 2 mm. Flores pistiladas verdes o algunas veces rojizas, glabras; tépalos externos 0.5-1 mm, lanceolados, carinados; tépalos internos c. 1 mm, angostamente elípticos o espatulados, expandiéndose en el fruto, los márgenes enteros, el ápice redondeado o agudo; ovario 0.5-1 mm, trígono; estigmas c. 0.5 mm; estaminodios ausentes; pedicelos c. 2 mm. Fruto solo con el verticilo interior del perianto expandido; tépalos internos 3-3.5 mm, angostamente elípticos a espatulados, con venas prominentes, laxamente cubriendo el aquenio (el aquenio claramente visible entre los tépalos), los márgenes enteros, el ápice redondeado o agudo; tubérculo grande y presente sobre todos los tépalos internos, el más grande hasta 3 mm y ocupando casi 1/2 de la superficie del área de los tépalos en el fruto, generalmente pardo-rojizo; pedicelos 6-8 mm, marcadamente volteados hacia abajo; aquenio c. 2 mm, negro o pardo oscuro, brillante. *Bordes de riachuelos, lugares baldíos*. Ch (*Breedlove 6034*, DS); G (*Harmon & Dwyer 2636*, MO). c. 1600 m. (Estados Unidos, México, Mesoamérica, Ecuador, Perú, Bolivia, Argentina).

Rumex conglomeratus es distintiva por sus tubérculos gigantes sobre los tépalos en el fruto, flores pequeñas e inflorescencia consistentemente foliosa; algunas medidas fueron tomadas de ejemplares norteamericanos y sudamericanos. Es probablemente introducida en Mesoamérica. Esta parecer ser la especie identificada como *R. berlandieri* Meisn. en la *Flora of Guatemala* (Standley & Steyermark, 1946n). *Rumex berlandieri* es un nom. illegit. para *R. chrysocarpus* Moris de Norte y Sudamérica, la cual por lo demás no se encuentra en el área mesoamericana. Ejemplares identificados como *R. berlandieri* de Mesoamérica pueden ser incluidos dentro del concepto de *R. conglomeratus* usado aquí. Es fácil confundir *R. conglomeratus* con ejemplares inmaduros de *R. obtusifolius*, pero las inflorescencias foliosas y tépalos angostos con tubérculos muy grandes son diagnósticos.

4. Rumex costaricensis Rech. f., *Repert. Spec. Nov. Regni Veg.* 40: 300 (1936). Holotipo: Costa Rica, *Stork 3043* (F). Ilustr.: Burger, *Fieldiana, Bot.* n.s. 13: 103, t. 18 (1983c).

Hierbas gigantes, hasta 250(-700) cm, monoicas; tallos hasta 5 cm de diámetro en la base, glabros, huecos. Hojas 20-70 × 5-20 cm, elípticas, ligeramente carnosas, glabras, pinnatinervias, con 20-40 (o más) pares de venas secundarias, pardo-rojizas al secarse, la base aguda a atenuada, los márgenes enteros, el ápice agudo; ócreas hasta 18 cm, delgadas, papiráceas, rojizas, con fuertes venas paralelas; pecíolo hasta 12 cm, las hojas distales frecuentemente sésiles. Inflorescencias 40-60 cm, terminales o en las axilas de las hojas distales, varias veces ramificadas, en ocasiones con hojas pequeñas hasta 2 cm distribuidas en toda la inflorescencia; flores en fascículos de c. 10; ocréolas 5-10 mm, translúcidas y papiráceas, prontamente deciduas; pedicelos articulados en la base. Flores masculinas verdosas, glabras, marcadamente más grandes que las flores pistiladas; tépalos externos 1-2 mm, elípticos; tépalos internos 2-4 mm, ovados, los márgenes enteros, el ápice redondeado; estambres 6, los filamentos c. 0.5 mm, las anteras 1.5-3 mm; pedicelos 8-10 mm. Flores pistiladas verdosas, glabras; tépalos externos 1-1.5 mm, lanceolados, carnosos; tépalos internos 2-3 mm, ovados, expandiéndose en el fruto, los márgenes enteros, el ápice redondeado; ovario c. 2 mm, trígono, negro; estigmas c. 2 mm; pedicelos 4-10 mm. Fruto con solo el verticilo interior del perianto expandido; tépalos internos hasta 5 mm, laxamente cubriendo el aquenio, papiráceos y rígidos, verdes; tubérculo ausente; pedicelo hasta 3 cm; aquenio 3-4 mm, pardo-verdoso, liso y brillante. *Selvas bajas perennifolias, bosques de* Quercus-Podocarpus. CR (*Davidse et al. 25857*, MEXU); P (*Klitgaard et al. 804*, BM). 2900-3200 m. (Endémica).

5. Rumex crispus L., *Sp. Pl.* 335 (1753). Lectotipo (designado por Siddiqi & El-Taife, 1983): Europa, *Herb. Linn. 464.7* (LINN). Ilustr.: Burger, *Fieldiana, Bot.* n.s. 13: 103, t. 18 (1983c).

Lapathum crispum (L.) Scop., *Rumex magellanicus* Campd.

Hierbas, hasta 100 cm, monoicas o poligamodioicas, tal vez algunas veces dioicas; tallos glabros. Hojas 5-15(-20) × 1.2-4 cm, algunas veces polimórficas y formando una roseta basal, elípticas a oblongas, algunas veces lanceoladas, carnosas y ligeramente suculentas, glabras, pinnatinervias, con 4-12 pares de venas secundarias, generalmente no fácilmente visibles, la base atenuada, decurrente sobre el pecíolo, los márgenes crenados a erosos, por lo general marcadamente ondulados, el ápice agudo a acuminado; ócreas hasta 5 cm, translúcidas, papiráceas, prontamente deciduas; pecíolo 1-5 cm, hasta 10 cm en las hojas proximales. Inflorescencias hasta 80 cm, terminales o en las axilas de los nudos superiores, generalmente sin ramificarse, pero de apariencia varias veces ramificada debido a la concentración de inflorescencias en las partes superiores de la planta, frecuentemente matizadas de rojizo; flores en fascículos de hasta 30, muy congestos; ocréolas 2-4 mm, translúcidas y papiráceas; pedicelos articulados en el 1/3 basal. Flores masculinas generalmente verdes, glabras; tépalos externos c. 2 mm, lanceolados, carinados; tépalos internos c. 2 mm, elípticos, los márgenes enteros, escariosos, el ápice redondeado; estambres 6, los filamentos c. 0.5 mm, las anteras c. 2 mm; pistilodio ausente; pedicelos 3-4 mm. Flores pistiladas verdes o algunas veces rojizas, glabras; tépalos externos 0.5-1 mm, lanceolados, carinados; tépalos internos c. 1 mm, anchamente elípticos, expandiéndose en el fruto, los márgenes enteros, engrosados y revolutos, el ápice redondeado, obtuso; ovario c. 1 mm, trígono; estigmas 0.5-1 mm; estaminodios ausentes; pedicelos 2.5-3 mm. Fruto con solo el verticilo interior del perianto expandido; tépalos internos 4.5-5 mm, orbiculares o anchamente triangulares, con venas prominentes, laxamente cubriendo el aquenio, los márgenes enteros, el ápice redondeado, obtuso, patente; tubérculo presente sobre todos los tépalos internos en la base, el más grande hasta 3 mm, generalmente pardo-rojizo; pedicelos 6-8 mm, marcadamente volteados hacia abajo; aquenio 2-2.5 mm, negro o pardo oscuro, brillante. *Áreas alteradas en bosques, orillas de caminos*. Ch (*Breedlove 14672*, MEXU); G (*Sajtoj & Véliz 93.3097*, MEXU); H (*Padilla 617*, BM); ES (*Villacorta & Puig 2414*, MO); N (*Croat 42956*, MO); CR (*Rivera 119*, MO). 1000-2000 m. (Estados Unidos, México, Mesoamérica, Venezuela, Ecuador, Perú, Bolivia, Brasil, Argentina; nativa de Europa, ampliamente naturalizada en todos los continentes).

Puede ser difícil identificar ejemplares inmaduros (especialmente aquellos con preponderancia de inflorescencias masculinas), y una distinción entre esta especie y *Rumex obtusifolius*, si las flores son muy jóvenes, es casi imposible. La forma del tépalo es por lo general un buen carácter, en *R. crispus* los tépalos son más orbiculares en contorno y los dientes marginales siempre están ausentes. Las dos especies se hibridan en Europa y Norteamérica (Snogerup en Jonsell et al., 2000; Mosyakin, 2005), pero no se sabe si la hibridación se da también en Mesoamérica. Estos híbridos son siempre menos fértiles que cualquiera de los taxones parentales.

6. Rumex mexicanus Meisn. in A. DC., *Prodr.* 14: 45 (1856). Sintipo: México, Guanajuato, *Méndez s.n.* (NY!). Ilustr.: no se encontró.

Rumex salicifolius Weinm. subsp. *mexicanus* (Meisn.) A.E. Murray, *R. salicifolius* var. *mexicanus* (Meisn.) C.L. Hitchc.

Hierbas, hasta 80 cm, monoicas, generalmente con algunas flores bisexuales; tallos glabros o diminutamente puberulentos con tricomas papilosos extremadamente escasos a lo largo de las costillas. Hojas 5-14 × 1-2.8(-7 en hojas basales) cm, marcadamente polimórficas, las hojas basales algunas veces más grandes y en una roseta, las superiores lanceoladas, las basales elípticas a oblongas, glabras o en ocasiones diminutamente puberulentas a lo largo de las venas con tricomas papilosos diminutos, punteado-glandulares, pinnatinervias, con c. 14 pares de venas secundarias, no particularmente prominentes, la base atenuada en las hojas superiores, truncada o cordada en las hojas basales, los márgenes enteros o irregularmente erosos, por lo general ligeramente ondulados, el ápice acuminado; ócreas hasta 5 cm, translúcidas, papiráceas y prontamente laceradas y deciduas; pecíolo 2-5 cm, hasta 12 cm en las hojas basales. Inflorescencias hasta 40 cm, terminales o en las axilas de los nudos superiores, generalmente ramificadas, frecuentemente matizadas de rojizo; flores en fascículos de 8-20; ocréolas 1-2 mm, translúcidas y papiráceas; pedicelos articulados en el 1/4 basal. Flores bisexuales, si presentes, similares a las flores pistiladas. Flores masculinas glabras, generalmente verdes; tépalos externos c. 1.5 mm, lanceolados; tépalos internos c. 2 mm, ovados, los márgenes enteros, escariosos, el ápice redondeado; estambres 6, los filamentos c. 0.5 mm, las anteras c. 2 mm; pistilodio presente o ausente, si presente c. 1 mm; pedicelos 3-3.5 mm. Flores pistiladas glabras, rojizas a rojo brillante; tépalos externos 1-1.5 mm, lanceolados; tépalos internos 1-2.5 mm, elípticos a espatulados, expandiéndose en el fruto, los márgenes enteros o irregularmente crenados en el 1/3 basal, el ápice acuminado o truncado; ovario c. 1 mm, trígono; estigmas 0.5-1 mm; estaminodios algunas veces presentes, 3-6, consistiendo de los filamentos en ocasiones con diminutas anteras abortadas; pedicelos 2-3 mm. Fruto solo con el verticilo interno del perianto expandido; tépalos internos 2.5-4 mm, triangulares, con venas prominentes, laxamente cubriendo el aquenio, los márgenes enteros o con crenaciones irregulares en la 1/2 basal, el ápice agudo, generalmente escarioso; tubérculo presente generalmente sobre todos los tépalos, 2-3 mm, extendiéndose casi toda la longitud del tépalo, generalmente pardusco; pedicelos 3-5 mm, marcadamente volteado hacia abajo; aquenio 2-2.5 mm, pardo-rojizo, brillante. *Áreas húmedas a lo largo de caminos, áreas estacionalmente inundadas*. Ch (*Breedlove 39756*, MEXU); G (*Véliz & Véliz 95.4853*, MEXU). 2100-2500 m. (México [Guanajuato], Mesoamérica).

Rumex mexicanus es ligeramente intermedia morfológicamente entre *R. crispus*, con los márgenes del tépalo enteros, y *R. obtusifolius*, con los márgenes del tépalo marcadamente dentados, pero la conspicua roseta basal está ausente. El complejo *R. salicifolius* Weinm. de la sección *Axillares*, al cual *R. mexicanus* pertenece, es taxonómicamente difícil y los tratamientos varían entre reconocer solo pocos taxones ampliamente circunscritos y un número mucho mayor de especies segregadas. El grupo está compuesto de series de formas interfértiles y claramente necesita un tratamiento global. Mosyakin (2005: 505) está de acuerdo con Sarkar (1958) en que "cualquier revisión taxonómica drástica de las especies de la sección *Axillares* debería posponerse hasta que se hayan acumulado datos citogenéticos más completos en relación a las interrelaciones de todos los taxones en esta sección".

7. Rumex obtusifolius L., *Sp. Pl.* 335 (1753). Lectotipo (designado por Jonsell & Jarvis, 1994): Europa, *Herb. Linn. 464.17* (LINN). Ilustr.: Burger, *Fieldiana, Bot.* n.s. 13: 103, t. 18 (1983c).

Acetosa obtusifolia (L.) M. Gómez, *Lapathum obtusifolium* (L.) Moench, *Rumex obtusifolius* L. subsp. *agrestis* (Fr.) Danser, *R. obtusifolius* var. *agrestis* Fr.

Hierbas, 50-150 cm, monoicas, en ocasiones con algunas flores aparentemente bisexuales; tallos glabros o diminutamente puberulentos con diminutos tricomas papilosos unicelulares a lo largo de las costillas. Hojas marcadamente polimórficas, 10-25 × 3-10 cm, las hojas basales frecuentemente más grandes y en una roseta, las distales lanceoladas a elípticas, las proximales ovadas o elípticas a oblongas, glabras o con más frecuencia diminutamente puberulentas a lo largo las venas con tricomas dentiformes diminutos 1-celulares, pinnatinervias, 4-12 pares de venas secundarias, no particularmente prominentes, la base atenuada a truncada en las hojas superiores, truncada y más o menos oblicua en las hojas proximales, los márgenes enteros a crenados, en general ligeramente ondulados, el ápice agudo a acuminado; ócreas hasta 5 cm, translúcidas, papiráceas y prontamente laceradas y deciduas; pecíolo 2-5 cm, hasta 12 cm en las hojas proximales. Inflorescencias hasta 50 cm, terminales o en las axilas de los nudos superiores, generalmente sin ramificarse, pero de apariencia varias veces ramificada debido a la concentración de inflorescencias en las partes superiores de la planta, frecuentemente matizadas de rojizo; flores en fascículos de 4-12(-25); ocréolas 2-3 mm, translúcidas y papiráceas; pedicelos articulados en el medio. Flores bisexuales, si presentes, similares a las flores pistiladas. Flores masculinas glabras, frecuentemente matizadas de rojizo; tépalos externos 1.5-2 mm, lanceolados, carinados; tépalos internos 2-2.5 mm, ovados, los márgenes enteros, escariosos, el ápice redondeado; estambres 6, los filamentos c. 0.5 mm, las anteras c. 2 mm; pistilodio algunas veces presente, c. 0.5 mm, rudimentarios; pedicelos 3-4 mm. Flores pistiladas glabras, rojizas a rojo brillante; tépalos externos 1-1.5 mm, lanceolados, carinados; tépalos internos 2-2.5 mm, elípticos a triangulares, expandiéndose en el fruto, los márgenes largamente dentados en la 1/2 basal, el ápice agudo; ovario c. 1 mm, trígono; estigmas 0.5-1 mm; estaminodios algunas veces presentes, 6, consistiendo de los filamentos; pedicelos 3-4 mm. Fruto con solo verticilo interno del perianto expandido; tépalos internos 4-5 mm, triangulares, con venas prominentes, apretadamente cubriendo el aquenio, los márgenes marcada y largamente dentados en el 1/2 basal, los dientes hasta 1.5 mm, el ápice agudo; tubérculo presente sobre al menos un tépalo en la base, 1-2 mm, generalmente pardusco; pedicelos 5-6 mm, marcadamente volteados hacia abajo; aquenio c. 2 mm, pardo-rojizo, brillante. *Áreas abiertas en bosques montanos y selvas premontanas, bosques de* Quercus-Pinus-Liquidambar. Ch (*Breedlove & McClintock 23686*, MEXU); G (*Orellana 23*, MEXU); ES (*González 430*, MO); CR (*Antonio 886*, MO); P (*Hamilton et al. 750*, MEXU). 1200-3100 m. (Nativa de Europa; introducida en Estados Unidos, México, Mesoamérica, Colombia, Venezuela, Ecuador, Perú, Bolivia).

11. Ruprechtia C.A. Mey.

Enneatypus Herzog, *Magonia* Vell. non A. St.-Hil.

Por C.A. Pendry.

Árboles pequeños a grandes o arbustos, inermes, dioicos. Ramitas teretes, algunas veces pelosas cuando jóvenes, glabrescentes con la edad, generalmente sólidas, pero en ocasiones huecas. Estípulas (ócreas) intrapeciolares, a modo de vaina y encerrando la hoja emergente, adpreso-pelosas en la superficie externa, glabras en la superficie interna, deciduas y ya sea cayendo completamente o dejando un anillo de tejido más o menos persistente; cicatriz de la estípula alrededor de la ramita. Hojas simples, alternas, elípticas u oblongas a ovadas u obovadas, pinnatinervias, las hojas jóvenes en general escasamente pelosas, los tricomas simples, cuando maduras glabras a más bien densamente pelosas, particularmente en el envés, la vena media prominente en el envés, aplanada o prominente en el haz, las venas generalmente más prominentes en el envés que en el haz, y luego algunas veces con la lámina buliforme entre las venas, algunas veces casi igualmente prominentes sobre ambas superficies, la base cuneada a redondeada o en ocasiones cordada, el ápice agudo a acuminado o rara vez obtuso; pecioladas. Inflorescencias masculinas axilares o terminales, solitarias o agregadas, tirsoides, sin ramificar o ramificadas en la base, glabras a pelosas, con grupos cimosos (inflorescencias parciales) de 2-4 flores pediceladas, irregularmente espaciados a lo largo del raquis, abrazados por una bráctea aguda, con bractéolas fusionadas en una estructura tubular; brácteas y bractéolas glabras sobre la superficie interior, generalmente pelosas sobre la superficie exterior; tépalos 6, en 2 series, algunas veces indistinguibles, ovados, oblongos u obovados, glabros o pelosos abaxialmente, glabros adaxialmente; estambres 9, en un verticilo exterior de 6 y un verticilo interior de 3, aquellos del verticilo exterior alternos a los sépalos y pétalos, aquellos del verticilo interior opuestos a los pétalos, las anteras introrsas, dorsifijas, 2-loculares con hendiduras longitudinales; disco peloso, el gineceo vermiforme, rudimentario. Inflorescencias pistiladas similares a las inflorescencias masculinas, con inflorescencias parciales de 2 o 3 flores pediceladas; tépalos en 2 series marcadamente diferentes; sépalos 3, libres o unidos en un tubo, las partes libres ovadas, oblongas u obovadas y agrandándose bastante en el fruto, glabras a densamente pelosas exteriormente; pétalos ausentes o 3, alternos con los sépalos, similares a cerdas, lineares, elípticos u obovados, libres o adnados al cáliz, persistentes y escasamente agrandándose en el fruto, glabros a pelosos; estaminodios ausentes o presentes, dentiformes; disco glabro o peloso; ovario ovoide, glabro a peloso, los estilos 3, los estigmas lineares a elipsoidales u ovoides; óvulo solitario, basal. Fruto un aquenio, 3-lobado o 3-angulado, glabro a peloso, envuelto por el cáliz agrandado, las partes libres generalmente convirtiéndose en alas prominentes, cartáceas con venas evidentes o coriáceas con venas secundarias y terciarias inconspicuas. 37 spp., en América tropical desde el norte de México hasta el norte de Argentina; 5 spp. en Mesoamérica.

Debido a la escasez de caracteres en las flores masculinas, las especies han sido delimitadas principalmente con caracteres del fruto y de las flores pistiladas, y secundariamente con los caracteres de las hojas. Por esta razón los ejemplares de herbario pistilados son los más fáciles de identificar, y los ejemplares masculinos y estériles son mejor identificados cuando se comparan con ejemplares pistilados de la misma localidad.

El espécimen *Alfaro et al. 2892* (MO) colectado en Costa Rica pudiera representar a la especie *Magoniella obidensis* (Huber) Adr. Sanchez. Se necesitan más especímenes con frutos para su correcta delimitación, pues el ejemplar mencionado está representado únicamente con flores masculinas, y puede ser confundido fácilmente con otras especies de *Ruprechtia* (J.J. Ancona, com. pers.).

Bibliografía: Cocucci, A.E. *Kurtziana* 1: 217-269 (1961). Pendry, C.A. *Syst. Bot. Monogr.* 67: 1-113 (2004).

1. Venas secundarias casi igualmente prominentes en el haz y el envés, el haz y el envés de las hojas de apariencia muy similar.
  2. Sépalos en frutos maduros 30-38 mm. **1. R. chiapensis**
  2. Sépalos en frutos maduros 20-25 mm. **2. R. costaricensis**
1. Venas secundarias más prominentes en el envés que el haz, el haz y el envés de las hojas claramente diferentes.
  3. Tubo del perianto en el fruto 1-1.5 mm. **4. R. nicaraguensis**
  3. Tubo del perianto en el fruto 5-6 mm.
    4. Inflorescencias parcialmente abrazadas por brácteas de más de 2 mm; pecíolo 4-8 mm, glabro a escasamente peloso. **3. R. costata**
    4. Inflorescencias parcialmente abrazadas por brácteas de menos de 2 mm; pecíolo 2-5 mm, glabro a densa y cortamente peloso.
      5. Flores pistiladas con pedicelos más de 3 mm; tubo del perianto en el fruto 4-5 mm; hojas con la base cuneada a atenuada; si hay tricomas sobre las hojas, estos solo están a lo largo de los lados de la vena media en el envés. **2. R. costaricensis**
      5. Flores pistiladas con pedicelos hasta 2 mm; tubo del perianto en el fruto 5-6 mm; hojas con la base redondeada a cordada o rara vez cuneada; si hay tricomas sobre las hojas, estos están sobre la toda la superficie en el haz y el envés. **5. R. ramiflora**

1. Ruprechtia chiapensis Lundell ex Standl. & Steyerm., *Fieldiana, Bot.* 24(4): 134 (1946). Holotipo: México, Chiapas, *Matuda 2673* (F!). Ilustr.: no se encontró.

Árboles hasta 20 m. Corteza lisa, gris; corteza interior y madera desconocidas. Ramitas sólidas, glabras, lenticeladas; braquiblastos ausentes. Hojas 5-11 × 2-6 cm, elípticas a angostamente ovadas, rara vez oblongas, glabras en el haz, glabras en el envés o pelosas sobre los lados de la vena media en la base y parte adyacente de la lámina, sin glándulas, la vena media prominente en el haz, las venas secundarias 6-11, más bien tenues y casi igualmente prominentes en el haz y envés, escasamente más prominentes que las tenues venas terciarias densamente reticuladas, la base redondeada a atenuada, los márgenes ondulados, aplanados, el ápice acuminado; pecíolo 2-4 mm, glabro; ócreas 1-2 mm, glabras, caducas. Inflorescencias masculinas hasta 3 cm, densas, con entrenudos hasta 2 mm, con indumento corto de tricomas argénteos erectos; brácteas 0.5-1 mm, adpreso-pelosas; bractéolas 1-1.5 mm, escasamente pelosas; pedicelos c. 2 mm, dejando pedículos de c. 1.5 mm después de que las flores han caído, pelosos; perianto amarillo-verde; sépalos c. 2 mm, obovados, glabros o ciliados; pétalos c. 2 mm, obovados, glabros o ciliados; filamentos hasta 2 mm, las anteras c. 0.7 mm. Inflorescencias pistiladas hasta 5 cm, más bien laxas con entrenudos de hasta 4 mm, con indumento denso de tricomas diminutos; brácteas c. 1 mm, escasamente pelosas; bractéolas 1.5-2 mm, pelosas; pedicelos 3-5 mm, dejando pedículos de 2-3 mm después de que las flores han caído, pelosos; perianto amarillo-verde, abaxialmente con denso indumento de tricomas argénteos adpresos; sépalos 5-7 mm, el tubo del perianto 1-2 mm, las partes libres de los sépalos lineares; pétalos 2-3 mm, adnados al cáliz por hasta 0.5 mm, lineares, glabros; estaminodios glabros, dentiformes, prominentes; disco glabro; ovario 3-4 mm, glabro, los estigmas hasta 1.2 mm, elípticos a ovados. Frutos verdes, amarillo-verdes o en ocasiones rojizos; pedicelos c. 5 mm, dejando pedículos de 2-3 mm después de que los frutos han caído; tubo del perianto 4-6 mm; sépalos de los frutos maduros 30-38 × 5-7 mm, obovados, cartáceos, con venas evidentes, no carinados, con escaso indumento de tricomas erectos en la base, casi glabros sobre las alas; pétalos 3-5 mm, libres desde el cáliz, lineares; aquenio 8-13 mm, 3-lobado, liso, glabro. Floración dic.-jun.; fructificación ene.-jun. *Selvas altas perennifolias o estacionalmente secas y deciduas, bosques de galería, pantanos*. T (*Barlow 3/15A*, MEXU); Ch (*Matuda 2695*, K); Y (*Simá & May 1870*, MO); C (*Chan 6532*, MEXU); G (*Lundell 18166*, F); ES (*Hayes 458*, BM). 0-2250 m. (México [Oaxaca, San Luis Potosí, Veracruz], Mesoamérica).

2. Ruprechtia costaricensis Pendry, *Edinburgh J. Bot.* 60: 23 (2003). Holotipo: Costa Rica, *Tonduz 13872* (K!). Ilustr.: Pendry, *Syst. Bot. Monogr.* 67: 53, t. 21 (2004). N.v.: Escobillo, CR.

Árboles hasta 20 m. Corteza y madera desconocidas. Ramitas sólidas, glabras, escasamente lenticeladas, adpreso-pelosas cuando muy jóvenes; braquiblastos ausentes. Hojas 3-9 × 1-4 cm, elípticas u oblongas a obovadas, glabras en el haz, en general glabras en el envés, pero algunas veces con densos tricomas cortos a lo largo de los lados de la vena media, sin glándulas, la base cuneada a atenuada, los márgenes lisos u ondulados, en ocasiones enrollados hacia adentro, la vena media prominente en el haz, las venas secundarias 6-10, solo escasamente más prominentes en el envés que en el haz, generalmente solo escasamente más prominentes que las venas terciarias, estas tenues, laxas, y reticulado-escalariformes, el ápice agudo a acuminado; pecíolo 2-3 mm, glabro; ócreas 1-2 mm, caducas, glabras a escasamente pelosas. Inflorescencias masculinas hasta 2 cm, densas con entrenudos de hasta 2 mm, con indumento argénteo corto, los tricomas curvados; brácteas 0.5-1 mm, adpresamente pelosas; bractéolas c. 1 mm, escasamente pelosas, ciliadas; pedicelos c. 2 mm, dejando pedículos de c. 2 mm después que las flores han caído, pelosos; perianto verde pálido o amarillo-verde; sépalos c. 1.5 mm, obovados, glabros y ciliados; pétalos c. 1.5 mm, obovados, glabros, ciliados; filamentos hasta 2 mm, las anteras c. 0.7 mm. Inflorescencias pistiladas hasta 2 cm, más bien laxas con entrenudos hasta 2-3 mm, con corto indumento argénteo de tricomas erectos o un indumento escaso más largo de tricomas adpresos; brácteas c. 1 mm, con indumento corto, escaso a denso; bractéolas 1-1.5 mm, escasamente pelosas; pedicelos 3-5 mm, dejando pedículos de c. 2 mm después que las flores han caído, pelosos; perianto amarillo, con denso indumento de tricomas argénteos abaxialmente; sépalos c. 5 mm, el tubo del perianto c. 2 mm, las partes libres de los sépalos lineares; pétalos c. 2 mm, libres o adnados al cáliz por hasta 1 mm, lineares, glabros o escasamente ciliados; estaminodios inconspicuos; disco glabro o escasamente peloso; ovario c. 3 mm, muy escasamente peloso en el ápice; estigmas c. 0.5 mm, ovoides. Frutos pardo pálido o blancos; pedicelos 4-7 mm, dejando pedículos de 2-4 mm después que los frutos han caído; tubo del perianto 4-5 mm; sépalos en los frutos maduros 20-25 × 3-5 mm, cartáceos con venas evidentes, obovados a oblongos, no carinados, adpreso-pelosos en la base, escasamente pelosos sobre las alas; pétalos 3-4 mm, libres desde el cáliz o adnados por hasta 2 mm, lineares; aquenio 9-10 mm, 3-lobado, liso, glabro o escasamente peloso hacia el ápice. *Bosques estacionalmente secos, bosques de galería, sabanas*. N (*Rueda et al. 1433*, MO); CR (*Hartshorn 2243*, F). 0-200 m. (Endémica).

3. Ruprechtia costata Meisn. in A. DC., *Prodr.* 14: 180 (1856). Lectotipo (designado por Pendry, 2004): Nicaragua, *Friedrichsthal 1179* (F!). Ilustr.: Cocucci, *Kurtziana* 1: 252, t. 16 (1961). N.v.: Carreto, sangre de toro, G.

Magonia costata (Meisn.) Kuntze, *Ruprechtia deamii* B.L. Rob., *R. kellermanii* Donn. Sm.

Árboles hasta 15 m. Corteza parda, descascarándose, la corteza interior pardo-canela; madera desconocida. Ramitas sólidas, glabras, lenticeladas; braquiblastos ausentes. Hojas 4-19 × 2-7.5 cm, ovadas a elípticas u oblongas, en ocasiones obovadas, las hojas maduras en general glabras, algunas veces con pocos tricomas erectos sobre la vena media y las otras venas en el envés, sin glándulas, la vena media prominente en el haz, las venas secundarias 9-15, algunas veces impresas en el haz, y luego con la lámina buliforme entre las venas, las venas secundarias marcadamente más prominentes que la tenues y laxas venas terciarias reticuladas, la base cuneada a redondeada, los márgenes lisos, crenados o más bien irregulares, algunas veces escasamente enrollados hacia adentro, el ápice agudo a acuminado; pecíolo 4-8 mm, glabro a escasamente peloso; ócreas 3 mm, caducas, glabras a escasamente pelosas. Inflorescencias masculinas hasta 9 cm, muy densas con entrenudos de hasta c. 1 mm, con denso indumento de tricomas amarillo-pardo; brácteas 2-2.5 mm, densamente pelosas; bractéolas 1.5-2 mm, escasamente pelosas; pedicelos c. 1 mm, dejando pedículos de c. 1 mm después que las flores han caído, pelosos; perianto crema, pardo o verde; sépalos c. 1.5 mm, obovados, glabros o escasamente pelosos, ciliados; pétalos c. 1.5 mm, obovados, glabros o escasamente pelosos, ciliados; filamentos hasta 2 mm, las anteras c. 0.8 mm. Inflorescencias pistiladas hasta 5 cm, densas con entrenudos hasta c. 1 mm, muy rara vez hasta 5 mm, con denso indumento de tricomas erectos cortos; brácteas c. 2.5 mm, densamente pelosas; bractéolas 3-3.5 mm, escasamente pelosas; pedicelos c. 3 mm, dejando pedículos de c. 2 mm después que las flores han caído, pelosos; perianto verde, con denso indumento de tricomas amarillo-pardo abaxialmente; sépalos c. 7 mm, el tubo del perianto c. 1.5 mm, las partes libres de los sépalos lineares; pétalos c. 2 mm, escasamente adnados al cáliz, lineares, glabros o muy escasamente pelosos; estaminodios c. 0.4 mm, dentiformes; disco glabro; ovario c. 3 mm, muy escasamente peloso solo en el ápice, los estigmas c. 0.8 mm, ovoides. Frutos pardo pálido; pedicelos 3-4 mm, dejando pedículos de 2 mm después que los frutos han caído; tubo del perianto 4-5 mm; sépalos en los frutos maduros c. 30 × 5 mm, obovados, cartáceos con venas evidentes, no carinados, con denso indumento de tricomas erectos en la base, escasamente pelosos sobre las alas; pétalos c. 3 mm, libres desde el cáliz, lineares; aquenio 9-10 mm, 3-lobado, liso, glabro o muy escasamente peloso en el ápice. *Bosques secos, matorrales, bosques de galería*. G (*Kellerman 7819*, F); H (*Williams & Molina R. 13643*, US); ES (*Cruz WB-00520*, F); N (*Moreno 22630*, MEXU); CR (Pendry, 2004: 57); P (*Mayo 632*, MO). 50-1200 m. (México [Guerrero, Oaxaca], Mesoamérica).

4. Ruprechtia nicaraguensis Pendry, *Edinburgh J. Bot.* 60: 20 (2003). Holotipo: Nicaragua, *Williams & Molina R. 10946* (GH!). Ilustr.: Pendry, *Syst. Bot. Monogr.* 67: 54, t. 22 (2004). N.v.: Guayabo de monte, N.

Arbustos o árboles, hasta 10 m. Corteza y madera desconocidas. Ramitas sólidas, glabras, lenticeladas; braquiblastos ausentes. Hojas 4-12 × 1.8-5.6 cm, ovadas a elípticas o escasamente obovadas, casi glabras en el haz, el indumento escaso a denso de tricomas cortos adpresos sobre la vena media y venas en el envés, sin glándulas, la base cuneada a redondeada, los márgenes ondulados, en ocasiones enrollados hacia adentro, el ápice agudo a acuminado, la vena media prominente en el haz, las venas secundarias 8-15, algunas veces escasamente impresas en el haz, prominentes en el envés, por lo general marcadamente más prominentes que las tenues y laxas venas terciarias reticulado-escalariformes; pecíolo 1-2 mm, glabro a escasamente peloso; ócreas 1-2 mm, glabras, caducas. Inflorescencias masculinas hasta 3 cm, más bien laxas con entrenudos hasta 3-4 mm, con indumento escaso a denso de tricomas argénteos erectos; brácteas 1-2 mm, escasa a densamente pelosas; bractéolas 1-1.5 mm, escasamente pelosas; pedicelos 2-2.5 mm, dejando pedículos de 2-2.5 mm después que las flores han caído, pelosos; perianto blanco; sépalos c. 2 mm, obovados, muy escasamente pelosos; pétalos c. 2 mm, obovados, muy escasamente pelosos; filamentos hasta 2 mm, las anteras c. 0.5 mm. Inflorescencias pistiladas hasta 2.5 cm, densas con entrenudos hasta 0.5-3 mm, con indumento corto o largo de tricomas argénteos erectos; brácteas 1-1.5 mm, escasamente pelosas; bractéolas 1-1.5 mm, escasamente pelosas; pedicelos 3-6 mm, dejando pedículos de 2-3 mm después que las flores han caído, densamente pelosos; perianto verde, con denso indumento de tricomas argénteos abaxialmente; sépalos 5-7 mm, el tubo del perianto c. 1.5 mm, las partes libres de los sépalos lineares; pétalos 2-2.5 mm, libres desde el cáliz, lineares, glabros, ciliados o escasamente pelosos; estaminodios 0.2-0.4 mm, dentiformes; disco glabro; ovario 2-3 mm, densamente pelosos, los estigmas 0.5-1 mm, ovoides. Frutos rojo-pardos; pedicelos 4-7 mm, dejando pedículos de 2-4 mm después que los frutos han caído; tubo del perianto 1-1.5 mm; sépalos en los frutos maduros 23-32 × 4-7 mm, obovados, cartáceos con venas evidentes, no carinados, con un indumento de tricomas adpresos en la base, escasamente pelosos sobre las alas; pétalos 3-3.5 mm, libres desde el cáliz, lineares; aquenio 8-10 mm, 3-lobado, liso, más o menos peloso, especialmente en el 1/2 distal. *Bosques secos, bosques de galería*. G (*Standley 73744*, F); N (*Moreno 18615*, NY). 50-900 m. (Endémica).

5. Ruprechtia ramiflora (Jacq.) C.A. Mey., *Mém. Acad. Imp. Sci. Saint-Pétersbourg, Sér. 6, Sci. Math., Seconde Pt. Sci. Nat.* 6: 150 (1845 [1840]). *Triplaris ramiflora* Jacq., *Select. Stirp. Amer. Hist.* 14 (1763). Neotipo (designado por Pendry, 2004): Colombia, *Cuadros 1096* (MO!). Ilustr.: Cocucci, *Kurtziana* 1: 259, t. 19A-E (1961).

Enneatypus ramiflorus (Jacq.) Roberty & Vautier, *Magonia ramiflora* (Jacq.) Kuntze.

Árboles hasta 15 m. Corteza gris, fisurada; corteza interior rosada o purpúrea; madera rosada. Ramitas sólidas, glabras; braquiblastos ausentes. Hojas 4-13 × 2.5-6.5 cm, obovadas, oblongas o elípticas, la pelosidad variable, desde glabra a erecto-pelosa en ambas superficies, rara vez diminutamente maculado-glandulosas en el envés, la vena media aplanada a elevada en el haz, las venas secundarias 8-14, prominentes en el envés y algunas veces impresas por encima dando a la hoja una apariencia buliforme, marcadamente más prominentes que las más bien laxas venas terciarias reticulado-escalariformes, la base redondeada o cordada, o rara vez cuneada, los márgenes ondulados, algunas veces enrollados hacia adentro, el ápice obtuso a acuminado; pecíolo 2-5 mm, glabro a densa y cortamente peloso; ócreas 1-2 mm, glabras o pelosas, caducas o ligeramente persistentes. Inflorescencias masculinas hasta 9 cm, más bien laxas con entrenudos hasta 3 mm, con denso indumento de tricomas erectos cortos; brácteas c. 1 mm, densamente adpreso-pelosas; bractéolas c. 1 mm, adpreso-pelosas; pedicelos 2-2.5 mm, dejando pedículos de 1.5-2 mm después que las flores han caído, glabros a escasamente pelosos; perianto verde pálido, blanco o crema; sépalos 1.5-2.5 mm, ovados o elípticos, ciliados, glabros o con escasos tricomas en la base; pétalos 1.5-2.5 mm, elípticos, ciliados, glabros o con escasos tricomas en la base; filamentos hasta 2.5-3 mm, las anteras 0.5-0.9 mm. Inflorescencias pistiladas 0.5-3.5 cm, densas con entrenudos c. 0.5 mm, con denso indumento de tricomas erectos cortos; brácteas 1-1.5 mm, densamente adpreso-pelosas; bractéolas 1-1.5 mm, densamente adpreso-pelosas; pedicelos 1.5-2 mm, dejando pedículos de c. 1 mm después que las flores han caído, pelosos; perianto rojo a purpúreo con denso indumento de tricomas argénteos erectos abaxialmente; sépalos c. 6 mm, tubo del perianto c. 2 mm, partes libres de los sépalos oblongas a acuminadas; pétalos 2-2.5 mm, libres o escasamente adnados al cáliz, elípticos a lineares, escasamente ciliados a densamente pelosos; estaminodios c. 0.5 mm, dentiformes y glabros o inconspicuos y el disco peloso; ovario 2-3 mm, muy escasamente peloso solo en el ápice; estigmas 0.8-1 mm, lineares. Frutos rojizos madurando a verde pálido, blanco, crema o pardo pálido; pedicelos 1.5-4 mm, dejando pedículos de 1-2 mm después que los frutos han caído; tubo del perianto 5-6 mm; sépalos en los frutos maduros 23-37 × 5-6 mm, obovados, cartáceos con venas evidentes, no carinados, densamente erecto-pelosos en la base, escasamente pelosos sobre las alas; pétalos c. 4 mm, libres desde el cáliz o adnados en la base, lineares; aquenio 9-10 mm, 3-lobado, liso, casi glabro con escasos tricomas hacia el ápice. *Bosques secos*. P (*Tyson et al. 3157*, MO). c. 50 m. (Mesoamérica, Colombia, Venezuela).

12. Triplaris Loefl.

Por S. Knapp.

Árboles, inermes, estrictamente dioicos; corteza frecuentemente descascarándose. Ramitas teretes, frecuentemente adpreso-estrigosas cuando jóvenes, glabrescentes con la edad, huecas y frecuentemente habitadas por hormigas mordedoras y urticantes. Ócreas intrapeciolares similares a vainas y encerrando la hoja emergente, adpreso-estrigosas abaxialmente, glabras adaxialmente, deciduas y cayendo por completo o dejando un anillo de tejido más o menos persistente; cicatriz de la estípula rodeando la rama. Hojas simples, alternas, ovadas a elípticas u oblongas a lanceoladas, pinnatinervias, la vena media prominente en el envés, aplanada o prominente en el haz, las venas generalmente prominentes sobre ambas superficies, glabras o adpreso-estrigosas con tricomas simples, la base aguda a redondeada o en ocasiones ligeramente cordada, frecuentemente oblicua, el ápice agudo a acuminado o rara vez obtuso; pecioladas. Inflorescencias masculinas pleiotirsos axilares o terminales, solitarias o agregadas, sin ramificar o ramificadas en la base, densamente pelosas; con grupos cimosos (inflorescencias parciales) de 3-5(-7) flores pediceladas irregularmente espaciados a lo largo del raquis, cada uno abrazado por una bráctea aguda, las bractéolas fusionadas en una estructura tubular; brácteas y bractéolas glabras en la superficie interior, generalmente pelosas sobre la superficie exterior; tépalos 6, en 2 series, escasamente desiguales, algunas veces indistinguibles, glabros o densamente pelosos abaxialmente, glabros adaxialmente, fusionados en un tubo en la base, las porciones libres ovadas a lanceoladas; estambres 9, en un verticilo exterior de 6 y un verticilo interior de 3, los filamentos más largos que los tépalos, las anteras introrsas, dorsifijas, 2-loculares con hendiduras longitudinales; disco peloso, gineceo ausente. Inflorescencias pistiladas similares a las masculinas, las flores solitarias, pediceladas; tépalos en 2 series marcadamente diferentes; sépalos 3, libres o unidos en un tubo, las partes libres ovadas, oblongas u obovadas y agrandándose bastante en el fruto, diversamente pelosos sobre ambas superficies; pétalos 3, alternos con los sépalos, lineares, elípticos u obovados, libres o adnados al cáliz, persistentes y escasamente agrandados en el fruto, glabros o pelosos; estaminodios ausentes; disco ausente; ovario ovoide, peloso, los estilos 3, los estigmas lineares a elipsoidales u ovoides. Fruto un aquenio, 3-angulado, envuelto por el cáliz agrandado, las partes libres del cáliz desarrollándose en alas prominentes, generalmente cartáceas con venas evidentes o coriáceas con venas secundarias y terciarias inconspicuas. 17 spp., en América tropical desde el sur de México hasta Brasil, siendo el centro de diversidad del género el suroeste de la Amazonía; 3 spp. en Mesoamérica.

Bibliografía: Brandbyge, J.S. *Nordic J. Bot.* 6: 545-570 (1986).

1. Eje de las inflorescencias densamente dorado-tomentoso, los tricomas patentes, no adpresos; frutos maduros con la porción libre de los sépalos hasta 3.5 cm. **1. T. americana**
1. Eje de las inflorescencias densamente adpreso-estrigoso, los tricomas rígidos y apretadamente adpresos; frutos maduros con la porción libre de los sépalos hasta 6 cm.
  2. Hojas con (20-)25-30 pares de venas secundarias, las venas amarillas; láminas foliares elípticas a oblongas, generalmente glabras en el envés (apretadamente adpreso-estrigosas sobre la vena media). **2. T. cumingiana**
  2. Hojas con 12-19(-20) pares de venas secundarias (si más de 20 el envés siempre peloso), las venas rojizas a pardas; láminas foliares ovadas a oblongas, diversamente pelosas en el envés. **3. T. melaenodendron**

1. Triplaris americana L., *Syst. Nat., ed. 10* 2: 881 (1759). Lectotipo (designado por Dugand G., 1960): "America meridionali", *Herb. Linn. 108.1* (LINN!). Ilustr.: Brandbyge, *Nordic J. Bot.* 6: 551, t. 2A-C (1986).

Ruprechtia martii Meisn., *Triplaris boliviana* Britton ex Rusby, *T. brasiliana* Cham., *T. estriata* Kuntze, *T. euryphylla* S.F. Blake, *T. felipensis* Wedd., *T. formicosa* S. Moore, *T. guanaiensis* Rusby, *T. laxa* S.F. Blake, *T. noli-tangere* Wedd., *T. pavonii* Meisn., *T. pyramidalis* Jacq., *T. schomburgkiana* Benth., *T. williamsii* Rusby.

Árboles hasta 30 m, más cortos y solo hasta 20 m en Mesoamérica. Hojas (10-)20-30 × 10-15 cm, ovadas a oblongas o elípticas, glabras en el haz, glabras a finamente patente-tomentosas en el envés, especialmente a lo largo de las venas, con 20-30 pares de venas secundarias generalmente tomentosas abaxialmente, la base aguda o atenuada, los márgenes enteros, el ápice agudo a abruptamente acuminado; pecíolo 1-2.5 cm, escasamente acanalado, tomentoso abaxialmente; ócreas 10-12 cm, dorado-piloso-adpresas, especialmente distalmente. Inflorescencias masculinas con las ramas de hasta 30 cm, el eje densamente dorado-tomentoso, los tricomas hasta 3 mm, patentes; brácteas diminutas menos de 1 mm; bractéolas 2-3.5 mm, densamente pilosas a estrigosas en la superficie exterior, glabras en la superficie interior; pedicelos 0.5-1 mm, persistentes después que las flores caen; flores estaminadas 2-2.5 mm, el tubo c. 0.5 m, los tépalos 1.5-2 mm, escasamente diferenciados, densamente dorado-estrigosos o dorado-pilosos; estambres sobrepasando el perianto, los filamentos 3-4 mm, las anteras 0.5-0.75 mm. Inflorescencias pistiladas con las ramas hasta 35 cm, el eje densamente dorado-tomentoso, los tricomas hasta 3 mm, patentes; brácteas c. 1.5 mm, agudas, adpreso-estrigosas; bractéolas 3-5(-9) mm, adpreso-velutinas en la superficie exterior, glabras en la superficie interior; pedicelos menos de 1 mm. Flores pistiladas hasta 5 mm, el tubo 2-3 mm, los sépalos 2-3 mm, los pétalos c. 1 mm, libres hasta la base del tubo del perianto. Frutos 2.5-4(-5) cm, rojo brillante en las alas; pedicelos 2-5 mm, largamente pilosos, los tricomas patentes; tubo del perianto 6-10 mm, oblongo-urceolado, densamente tomentoso sobre ambas superficies, los tricomas hasta 3.5 mm, suaves y patentes; porción libre de los sépalos (alas) 2-3.5 cm, oblonga a oblanceolada, escasamente pubérula, el ápice redondeado; pétalos 6-8 mm, lanceolados a obovados, algunas veces basalmente unguiculados, no adnados al tubo del perianto; aquenios 6-10 × 4-6 mm, escasamente 3-angulados o teretes en la base, pardos, brillantes; estigmas 3-4 mm, el rostro ausente. *Selvas altas perennifolias*. P (*Knapp & Mallet 3953*, MEXU). c. 100 m. (Mesoamérica, Colombia, Venezuela, Ecuador, Perú, Bolivia, Brasil).

Triplaris americana solo se encuentra en Mesoamérica en la provincia del Darién al este de Panamá. Se puede confundir fácilmente con *T. cumingiana*, la cual también se encuentra en el Darién, pero los tricomas de la inflorescencia son notablemente patentes y un tono más brillante de dorado. En general, la pelosidad de las hojas en el envés es más densa a lo largo de la vena media en *T. americana*, pero este carácter es bastante variable en todos los miembros de *Triplaris* mesoamericanos.

2. Triplaris cumingiana Fisch. & C.A. Mey., *Mém. Acad. Imp. Sci. Saint-Pétersbourg, Sér. 6, Sci. Math., Seconde Pt. Sci. Nat.* 4: 148 (1845 [1840]). Neotipo (designado por Koenemann & Burke, 2025): Colombia, *von Sneidern 5706* (US). Ilustr.: Brandbyge, *Nordic J. Bot.* 6: 562, t. 5M-O (1986). N.v.: Guayabo hormiguero, guayabón, vara santa, P.

Triplaris auriculata Meisn., *T. guayaquilensis* Wedd., *T. lindeniana* Wedd.

Árboles hasta 16 m. Hojas 10-30 × 5-12 cm, elípticas a oblongas, glabras en el haz, glabras o escasamente adpreso-estrigosas sobre las venas en el envés, punteado-glandulares, con (20-)25-30 pares de venas secundarias amarillentas, glabras a adpreso-estrigosas en el envés, la base aguda, más o menos oblicua, los márgenes enteros, algunas veces densamente amarillo-estrigosas, el ápice agudo; pecíolo 1-2 cm, acanalado, adpreso, estrigoso abaxialmente y a lo largo de los márgenes; ócreas 4.5-9 cm, con pelosidad estrigosa adpresa y blanco-dorada. Inflorescencias masculinas con las ramas hasta 10 cm, el eje densamente adpreso-estrigoso con tricomas dorados a blancos, los tricomas hasta 1 mm; brácteas c. 1 mm; bractéolas c. 4 mm; pedicelos menos de 1 mm, persistentes después que las flores caen; flores estaminadas c. 5 mm, el tubo 2-2.5 mm, los tépalos 2-2.5 mm, ligeramente diferenciados, los sépalos ovados, densamente estrigosos abaxialmente, los pétalos lanceolados, estrigosos solo sobre la vena media; estambres sobrepasando el perianto, los filamentos c. 4 mm, las anteras c. 1 mm. Inflorescencias pistiladas con las ramas hasta 25 cm, el eje densamente adpreso-estrigoso similar al de las inflorescencias masculinas; brácteas 1-2 mm, densamente estrigosas; bractéolas 5-6 mm, densamente estrigosas en la superficie exterior, glabras en la superficie interior; pedicelos c. 1 mm, densamente estrigosos; flores pistiladas hasta 10 mm, el tubo 3-5 mm, los sépalos 4-5 mm, estrigosos sobre ambas superficies, los pétalos 2-3 mm, lineares, adnados al tubo c. 1/2 de la distancia. Frutos 4-4.7 cm, rojizo brillante a magenta en las alas; pedicelos hasta 4 mm, densamente estrigosos; tubo del perianto 1-1.2 cm, urceolado, densamente adpreso-estrigoso, especialmente en la base; porción libre de los sépalos 4-5 cm, lanceolada a oblanceolada, escasamente adpreso-estrigosa sobre ambas superficies, el ápice agudo a ligeramente redondeado; pétalos adnados al tubo del perianto; aquenios 1-1.2 cm, 3-angulados, amarillentos y brillantes; estigmas negros y persistentes, el rostro c. 1 mm. *Selvas altas perennifolias, selvas subperennifolias, bordes de ríos*. P (*Schmalzel & Acosta 483*, MEXU). 100-300 m. (Mesoamérica, Colombia, Venezuela, Ecuador, Perú).

Algunos autores (Burger, 1983c) han sugerido que *Triplaris cumingiana* y *T. melaenodendron* son conespecíficas. Aunque son extremadamente similares morfológicamente, las dos se reconocen fácilmente usando los caracteres en la clave. Véase comentarios bajo *T. melaenodendron*.

3. Triplaris melaenodendron (Bertol.) Standl. & Steyerm., *Publ. Field Mus. Nat. Hist., Bot. Ser.* 23(1): 5 (1943). *Vellasquezia melaenodendron* Bertol., *Nuovi Ann. Sci. Nat.* 3: 142 (1840). Holotipo: Guatemala, *Velásquez s.n.* (BOLO-[cb] BOLO0508048). Ilustr.: Burger, *Fieldiana, Bot.* n.s. 13: 105, t. 20 (1983c). N.v.: Mulato, palo mulato, Ch; canilla de mula, gallito, mulato, palo mulato, ES; hormigón, tabaco de monte, tabacón de note, N; hormigo, tabacón, CR.

Triplaris macombii Donn. Sm., *T. macombii* var. *rufescens* Donn. Sm.

Árboles hasta 15(-20) m. Hojas 13-32 × 8-19 cm, ovadas a oblongas, escasamente estrigosas en el haz con tricomas finos y delicados, adpreso-estrigosas especialmente sobre las venas en el envés, punteado-glandulares, con 12-19(20) pares de venas secundarias, rojizas o pardas, escasa a densamente adpreso-estrigosas en el envés, los tricomas muy apretadamente adpresos, especialmente en la vena media, la base aguda, en ocasiones ligeramente cordada, los márgenes enteros, algunas veces estrigosas, el ápice agudo; pecíolo 1-2 cm, acanalado, estrigoso abaxialmente y a lo largo de los márgenes; ócreas 8-10 cm, con escasa pelosidad estrigosa adpresa, blanco-dorada. Inflorescencias masculinas con las ramas hasta 20 cm, el eje densamente adpreso-estrigoso con tricomas dorados, los tricomas hasta 1 mm, una capa de tricomas patentes finos y dorados de menos de 0.5 mm en el envés; brácteas c. 1 mm; bractéolas c. 4 mm; pedicelos menos de 1 mm, persistentes después que las flores caen; flores estaminadas 4-5 mm, el tubo 2-3 mm, los tépalos 2-3 mm, ligeramente diferenciados, los sépalos ovados, densamente estrigosos sobre ambas superficies, los pétalos lanceolados, estrigosos principalmente sobre la vena media en ambas superficies; estambres sobrepasando el perianto, los filamentos 4-6 mm, las anteras c. 1 mm. Inflorescencias pistiladas con las ramas hasta 25 cm, el eje densamente adpreso-estrigoso con 2 capas de tricomas similares a las de las inflorescencias masculinas; brácteas c. 4 mm, densamente estrigosas; bractéolas 8-9 mm, densamente estrigosas en la superficie exterior, glabras en la superficie interior; pedicelos 1-1.3 mm, densamente estrigosos; flores pistiladas hasta 10 mm, el tubo 2-3 mm, densamente blanco-estrigoso, los sépalos 4-6 mm, densamente blanco-estrigosos sobre ambas superficies, los pétalos 3-4 mm, lineares o acintados, adnados al tubo c. 1/2 de la distancia. Frutos 4-6 cm, verdosos, cremas o rojos, si rojos, el color generalmente en las alas; pedicelos 4-5 mm, densamente estrigosos; tubo del perianto 1.2-2 cm, campanulado, uniformemente adpreso-estrigoso; porción libre de los sépalos 2.8-6 cm, lanceolada a oblanceolada, adpreso-estrigosa sobre ambas superficies similares al tubo, el ápice agudo a ligeramente redondeado; pétalos 1-1.7 cm, rígidos, adnados al tubo del perianto; aquenios 0.8-1.1 cm, 3-angulados, pardo-amarillentos a rojizos, algunas veces amarillentos, brillantes; estigmas negros y persistentes, el rostro 1-2 mm. *Selvas bajas caducifolias, bosques secos, matorrales*. Ch (*Breedlove & McClintock 23722*, MEXU); G (*Kellerman 4964*, MEXU); H (*Cámbar 107*, MO); ES (*Sidwell et al. 505*, BM); N (*Grijalva & Almanza 3553*, MO); CR (*Davidse et al. 23268*, MEXU). 0-1200 m. (México [Oaxaca], Mesoamérica, Colombia).

Triplaris melaenodendron y *T. cumingiana* son muy similares en apariencia general, pero difieren en varios caracteres además de los usados en la clave. La inflorescencia de *T. melaenodendron* posee 2 capas de tricomas, una capa estrigosa larga y una capa mucho más corta de tricomas finos suaves. *Triplaris cumingiana* tiene solo tricomas estrigosos. En general los frutos son mucho más grandes en *T. melaenodendron*, con el tubo del perianto campanulado de apariencia doblada en los senos. Algunos ejemplares de *T. melaenodendron* del norte de Costa Rica (p. ej., *Garwood et al. 560*, MO) y el sur de Nicaragua (p. ej., *Castro 19*, MO; *Castro 42*, MO; *Castro 43*, MO) tienen más de 20 pares de venas secundarias, pero la hoja en el envés es siempre pelosa.

78. DROSERACEAE

Descripción de la familia por M.D. Correa A. & T.R. dos Santos Silva.

Hierbas insectívoras, perennes; raíces fibrosas. Hojas simples, alternas, principalmente basales o en roseta, frecuentemente circinadas en las yemas, glandulares con tentáculos o modificadas como trampas (*Aldrovanda* L., *Dionaea* Sol. ex J. Ellis); estípulas intrapeciolares o ausentes. Inflorescencias en cimas, los racimos circinados o las flores solitarias (*Aldrovanda*). Flores bisexuales, actinomorfas; sépalos 4-8, frecuentemente connatos en la base; pétalos 4-8, libres, hipóginos, imbricados, marcescentes; estambres 4-20, opuestos a los sépalos cuando son pocos, los filamentos generalmente libres, filiformes o subfiliformes, las anteras 2-loculares, extrorsas, las fisuras longitudinales, el ovario súpero, 3 o 5-carpelar, 1-locular, la placenta parietal o basal (*Dionaea*), los óvulos numerosos, anátropos, los estilos 3 o 6, generalmente libres, simples o unidos (*Dionaea*). Frutos generalmente cápsulas loculicidas o indehiscentes; semillas numerosas, diminutas, oscuras, variadamente reticuladas, ornamentadas o papilosas. 4 gen., aprox. 123 spp., cosmopolita; 1 gen. y 3 spp. en Mesoamérica.

1. Drosera L.

Por M.D. Correa A. & T.R. dos Santos Silva.

Plantas acaules o caulescentes; tallos largos o muy cortos (adpresas al suelo en Mesoamérica). Hojas en roseta, lineares, espatuladas, cuneadas, cubiertas con tentáculos en el haz, generalmente con tricomas en ambas superficies; pecíolo no diferenciado de las láminas o bien diferenciado; láminas cuando diferenciadas, lineares a circulares. Inflorescencias monocásicas, paucifloras, a veces con flores solitarias; pedúnculos con pelos glandulares o simples, o a veces glabros; brácteas lanceoladas o lineares, con pelos glandulares o glabras; pedicelos con pelos glandulares o simples, o glabros; sépalos 5, parcialmente unidos, con pelos glandulares o simples, o glabros, vinosos; pétalos 5, alternos a los sépalos, marcescentes, generalmente persistentes; estambres 5, alternos a los pétalos, erectos, los filamentos glaucos; estigmas 6 (Mesoamérica). Frutos en cápsulas, 1 o 5-valvares; semillas oblongas a elipsoides, la testa reticulada o papilosa. Aprox. 120 spp., la mayor parte en Australia, 20 spp. en América tropical; 3 spp. en Mesoamérica.

Bibliografía: Correa A., M.D. & Silva, T.R. *Fl. Neotrop. Monogr.* 96: 1-65 (2005).

1. Plantas sin estípulas o si presentes, entonces muy reducidas. **1. D. brevifolia**
1. Plantas con estípulas.
  2. Pedúnculos glabros. **2. D. capillaris**
  2. Pedúnculos con tricomas. **3. D. cayennensis**

1. Drosera brevifolia Pursh, *Fl. Amer. Sept.* 1: 211 (1814). Lectotipo (designado por Wood, 1966): Estados Unidos, *Enslen s.n.* (PH). Ilustr.: Correa A. & Silva, *Fl. Neotrop. Monogr.* 96: 30, t. 21A-C (2005).

Drosera chiapensis Matuda, *D. maritima* A. St.-Hil.

Plantas 4-12 cm. Hojas 6-19 mm, color vino; lámina 2.5-8 × 2-6 mm, obovada, el ápice obtuso, la superficie abaxial con escasos tricomas filamentosos; pecíolo 3.5-11 × 0.5-1.5 mm, la porción superior de la superficie adaxial con tricomas glandulares y filamentosos, la porción media con tricomas filamentosos, la porción inferior glabra; estípulas ausentes o si presentes entonces muy reducidas. Inflorescencia 1 por planta, 2-9.5 cm, vinosa, las flores 3-9; pedúnculos 1.5-6 cm, puberulentos, con tricomas glandulares; brácteas c. 3 mm, lineares, la superficie adaxial glabra, la superficie abaxial puberulenta con tricomas glandulares; pedicelos vinosos, puberulentos, con tricomas glandulares; sépalos 2.5-5 ×1-2 mm, unidos hasta la mitad, la superficie abaxial pulverulenta, con tricomas glandulares, los lóbulos ovados; pétalos blancos a rosados; estigmas claviformes. Semillas elípticas; testa reticulada. *Campos arenosos húmedos*. Ch (*Carlson 2304*, F); B (*Dwyer 11656*, MO). 0-1500 m. (Estados Unidos, México [Oaxaca], Mesoamérica, Brasil, Paraguay, Uruguay, Argentina, Antillas).

2. Drosera capillaris Poir. in Lam., *Encycl.* 6: 299 (1804). Sintipo: Estados Unidos, *Bosc s.n.* (P). Ilustr.: Correa A. & Silva, *Fl. Neotrop. Monogr.* 96: 30, t. 21D-F (2005).

Drosera capillaris Poir. var. *brasiliensis* Diels, *D. communis* A. St.-Hil. var. *breviscapa* C. Wright ex Griseb., *D. tenella* Kunth, *D. tenella* Willd. ex Roem. & Schult.

Plantas 2.5-21 cm. Hojas 2-36 mm, rojo oscuro; lámina 1-12 × 1.5-4 mm, obovada a oblanceolada, el ápice agudo a obtuso, el haz glabro, el envés con tricomas filamentosos, escasa o raramente glabras; estípulas 2-4 × 0.5-1.5 mm, rectangulares, membranáceas, las lacinias 1-2.5 mm. Inflorescencias 1-3, 2.5-21 cm, flores 2-15; pedúnculos 2-12 cm, glabros; brácteas 1-1.5 mm, vinosas, lineares, glabras, los ápices agudos; pedicelos glabros; sépalos 2-4 mm, glabros, los lóbulos oblongos a obovados a ovados; pétalos rosados; estigmas claviformes. Semillas oblongas; testa con filas longitudinales de papilas. *Suelos arenosos en sabanas, pinares próximos a ríos y lugares inundados*. T (*Lot & Novelo 1126*, NY); Ch (*Breedlove 47285*, CAS); B (*Davidse & Brant 32959*, MO); H (*Nelson 853*, MO); N (*Stevens 10589*, MO); CR (*Gómez 25914*, PMA); P (*Villarreal et al. 532*, PMA). 10-700 m. (Estados Unidos, México [Veracruz], Mesoamérica, Colombia, Venezuela, Guayanas, Brasil, Paraguay, Uruguay, Antillas).

3. Drosera cayennensis Sagot ex Diels in Engl., *Pflanzenr.* IV. 112(Heft 26): 86 (1906). Sintipo: Guayana Francesa, *Sagot 1228* (P). Ilustr.: Correa A. & Silva, *Fl. Neotrop. Monogr.* 96: 34, t. 22A-D (2005).

Drosera colombiana Á. Fernández, *D. panamensis* M.D. Correa & A.S. Taylor, *D. sanariapoana* Steyerm.

Plantas 3.9-7 cm. Hojas 6.5-11 mm, color vino; lámina 2.5-4 × 2-3.5 mm, obovado-orbicular, el ápice obtuso, el haz viloso, los tricomas filamentosos; pecíolo 5-6 × c. 0.5 mm, la superficie adaxial glabra, la superficie abaxial con tricomas filamentosos; estípulas 2-3 × 0.5-1 mm, rectangulares, membranáceas, las lacinias c. 1.5 mm. Inflorescencias 1 o 2, 2.9-7 cm, vinosas; flores 1-3; pedúnculos 3-4.5 cm, seríceos, con tricomas filamentosos; brácteas c. 1.5 mm, vinosas, lineares, la superficie adaxial glabra, la superficie abaxial pilosa, con tricomas filamentosos; pedicelos vinosos, seríceos.; sépalos 3-5 mm, oblongos a ovados, la superficie abaxial serícea, con tricomas filamentosos; pétalos rosados; estigmas lobados. Semillas oblongas; testa papilosa. *Áreas abiertas con suelos arenosos y húmedos*. P (*Correa et al. 3065*, PMA). 600-1000 m. (Mesoamérica, Colombia, Venezuela, Guayanas, Brasil).

79. CARYOPHYLLACEAE

Descripción de la familia y clave genérica por C. Rodríguez-Jiménez.

Hierbas anuales o perennes. Tallos herbáceos, erectos o postrados, a veces trepadores, frecuentemente con nudos dilatados, glabros o pubescentes. Hojas opuestas, rara vez alternas, decusadas o verticiladas, simples, pecioladas o sésiles, con frecuencia connatas, en ocasiones suculentas; estípulas presentes o ausentes. Inflorescencias en cimas terminales o axilares, en ocasiones tirsos o solitarias, sésiles o pediceladas; brácteas foliáceas o escariosas a veces presentes. Flores 4 o 5-meras, bisexuales, rara vez unisexuales, actinomorfas; sépalos libres o unidos, formando a veces un tubo con (4)5 lóbulos o dientes apicales, a menudo escariosos; pétalos libres, enteros, bífidos o lacerados, en ocasiones diminutos o ausentes, blancos, rosados o rojos, con o sin aurículas; estambres 1-10, en 1 o 2 verticilos, los filamentos libres, las anteras longitudinalmente dehiscentes; ovario súpero, 2-5-carpelar, generalmente 1(3-5)-locular, los estilos 2-5, libres o connatos en la base, las estigmas subcapitados. Fruto una cápsula, dehiscente por valvas enteras o dientes apicales, o bien un fruto monospermo (utrículo), con o sin carpóforo; semillas 1-numerosas, comprimidas, reniformes, globosas o enroscadas. 85 gen., aprox. 3000 spp., en regiones templadas, frías y en lugares montañosos de los trópicos; 13 gen. y 46 spp. en Mesoamérica.

La familia tiene algunos géneros con especies de interés ornamental, otros incluyen taxones de vegetación secundaria y malezas de distribución cosmopolita.

Bibliografía: Bittrich, V. *Fam. Gen. Vasc. Pl.* 2: 206-236 (1993). Pax, F. & Hoffmann, K. *Nat. Pflanzenfam., ed. 2* 16c: 275-364 (1934).

1. Cáliz sinsépalo.
  2. Cáliz campanulado, 5-nervio; sépalos menos de 5 mm; carpóforo ausente. **5. Gypsophila**
  2. Cáliz tubular, multinervio; sépalos más de 5 mm; carpóforo presente.
    3. Estilos 3, 4 o 5; cápsula dehiscente por 6-10 dientes apicales o 3-5 valvas. **11. Silene**
    3. Estilos 2(3); cápsula dehiscente por 4(6) dientes apicales o valvas.
      4. Hojas connatas, una vaina escariosa presente; cáliz con nervios manifiestos, pétalos sin escama en la base de la lámina. **3. Dianthus**
      4. Hojas connatas, una vaina escariosa ausente; cáliz con nervios poco manifiestos; pétalos con una escama en la base de la lámina. **9. Saponaria**
1. Cáliz polisépalo.
  5. Estípulas presentes.
    6. Estilos separados desde su base. **12. Spergula**
    6. Estilos unidos en su base o solo 1.
      7. Hojas deltoides, orbiculares, reniformes u ovadas. **4. Drymaria**
      7. Hojas lineares, elípticas, oblongas o subuladas.
        8. Tallos pubescentes; hojas con el ápice agudo o pilífero; sépalos no carinados. **6. Polycarpaea**
        8. Tallos glabros; hojas con el ápice obtuso o mucronado; sépalos carinados. **7. Polycarpon**
  5. Estípulas ausentes.
    9. Fruto monospermo, un utrículo. **10. Scleranthus**
    9. Fruto con 1-varias semillas, una cápsula dehiscente.
      10. Hojas filiformes o lineares a subuladas. **8. Sagina**
      10. Hojas lanceoladas, ovadas, deltadas y elípticas.
        11. Pétalos enteros o ausentes. **1. Arenaria**
        11. Pétalos bífidos, emarginados o laciniados.
          12. Estilos (3)5; cápsula dehiscente por dientes apicales. **2. Cerastium**
          12. Estilos 3(4); cápsula dehiscente por valvas que se abren hasta la parte media. **13. Stellaria**

1. Arenaria L.

Spergulastrum Michx.

Por C. Rodríguez-Jiménez.

Hierbas perennes (en Mesoamérica). Tallos procumbentes, decumbentes o rastreros, simples o ramificados, pubescentes o glabros. Hojas opuestas, connatas, sésiles o escasamente pecioladas, elípticas a ovadas o linear-lanceoladas, 1 o 3-5-nervias, en ocasiones semisuculentas, el ápice obtuso, acuminado o apiculado; estípulas ausentes. Inflorescencias de flores solitarias, axilares, o en cimas abiertas, axilares o terminales; brácteas pequeñas, foliáceas; pedicelos erectos, reflejos en fruto. Flores con el cáliz polisépalo; sépalos 5, libres o connatos proximalmente, lanceolados a ovados, escariosos o coriáceos, con un nervio central, en ocasiones prominente, el ápice agudo, obtuso o acuminado; pétalos 5, enteros, blancos, a veces ausentes; estambres 10, los filamentos con o sin nectarios en la base; estaminodios ausentes; ovario (2)3(5)-carpelar, los estilos (2)3(-5), libres, los estigmas papilosos. Cápsula elipsoide u ovoide, dehiscente por valvas o dientes recurvados, el doble de los estilos; carpóforo ausente; semillas lustrosas, elipsoides, reniformes o cocleadas, rugosas, escabrosas, o tuberculadas, sin alas, café-rojizas o negras. Aprox. 210 spp., en el hemisferio boreal y las montañas de Sudamérica; 7 spp. en Mesoamérica.

Bibliografía: McNeill, J. *Rhodora* 82: 495-502 (1980). Volponi, C.R. *Anales Inst. Biol. Univ. Nac. Autón. México, Bot.* 66: 133-147 (1995).

1. Hierbas pulvinadas; hojas carinadas, cóncavas adaxialmente; pedicelos menos de 1 mm. **2. A. bryoides**
1. Hierbas decumbentes, procumbentes o rastreras; hojas no carinadas ni cóncavas; pedicelos 2 mm o más.
  2. Hojas secundarias fasciculadas en la axila de las hojas primarias, los márgenes y la vena media engrosados. **4. A. lycopodioides**
  2. Hojas secundarias no fasciculadas, los márgenes y la vena media no engrosados.
    3. Pétalos ausentes.
      4. Tallos erectos o decumbentes; hojas ovadas a obovadas; entrenudos y pedicelos densamente pubescentes; sépalos con el ápice cortamente acuminado. **6. A. quirosii**
      4. Tallos rastreros y estoloníferos; hojas oblanceoladas a espatuladas; entrenudos y pedicelos pilosos; sépalos con el ápice agudo. **7. A. reptans**
    3. Pétalos presentes.
      5. Hierbas rastreras o procumbentes; raicillas en los nudos inferiores; tallos gruesos, cuadrangulares, flácidos; cápsula con las valvas enteras. **5. A. paludicola**
      5. Hierbas procumbentes o decumbentes; raíz semileñosa; tallos delgados, rollizos; cápsula con las valvas emarginadas o bipartidas.
        6. Hierbas procumbentes; hojas 2-8 mm, ciliadas en la base; pedicelos glabros o puberulentos en líneas; valvas emarginadas. **1. A. bourgaei**
        6. Hierbas decumbentes; hojas 5-30 mm; pedicelos pilosos, no en líneas; valvas bipartidas con el ápice recurvado. **3. A. lanuginosa**

1. Arenaria bourgaei Hemsl., *Diagn. Pl. Nov. Mexic.* 2: 21 (1879). Sintipo: México, San Luis Potosí, *Parry & Palmer 62* (NY-[cb] NY342436, foto!). Ilustr.: no se encontró.

Tallos 4-30 cm, procumbentes, teretes, ramificados desde la base, glabros o puberulentos en líneas. Hojas 2-8 mm, sésiles, semisuculentas, lineares a oblanceoladas, unidas por una membrana escariosa, planas, glabras, pero ciliadas en la base, la vena media inconspicua, el ápice agudo u obtuso. Inflorescencias de flores solitarias, axilares; pedicelos 3-20 mm, glabros o puberulentos en líneas. Flores con sépalos 2-4 mm, ovados, glabrescentes, la vena media inconspicua, los márgenes escariosos, el ápice obtuso a ligeramente agudo; pétalos 3-6 mm, ovados; estambres con los filamentos filiformes; ovario globoso, los estilos 3. Cápsula 3-4 mm, globosa, un poco más larga que el cáliz, dehiscente por 6 valvas emarginadas; semillas numerosas, c. 1 mm, lustrosas, café- rojizas. *Praderas subalpinas, bosques de* Abies. Ch (*Ochoa et al. 4495*, ENCB). 2100-2200 m. (México [San Luis Potosí], Mesoamérica, Ecuador).

2. Arenaria bryoides Willd. ex D.F.K. Schltdl., *Mag. Neuesten Entdeck. Gesammten Naturk. Ges. Naturf. Freunde Berlin* 7: 201 (1816). Isotipo: México, Edo. México, *Humboldt & Bonpland 4375* (P!). Ilustr.: no se encontró.

Arenaria bryoides Willd. ex D.F.K. Schltdl. var. *guatemalensis* Hemsl.

Tallos cespitosos, formando un tapiz denso. Hojas 1.5-4 mm, sésiles, anchamente lanceoladas u ovadas, cóncavas adaxialmente, carinadas, lustrosas en el haz, glabras, ciliadas en la base, obtusas. Inflorescencias de flores solitarias, axilares; pedicelos 0.5-0.8 mm, pilosos, o ausentes. Flores con sépalos 2-3 mm, lanceolados a ovados, coriáceos, glabros, la base ciliada, el ápice obtuso; pétalos más cortos que el cáliz, casi inconspicuos, ovados; anteras en ocasiones con tintes morados; ovario globoso, los estilos 3. Cápsula c. 2 mm, o bien más corta que los sépalos, dehiscente por 6 valvas; semillas pocas, c. 1 mm, lustrosas, negras. *Pastizales alpinos*. Ch (*Breedlove 24348*, DS); G (*Beaman 3219*, ENCB). 3500-4220 m. (México [Edo. México], Mesoamérica, Venezuela).

3. Arenaria lanuginosa (Michx.) Rohrb. in Mart., *Fl. Bras.* 14(2): 274 (1872). *Spergulastrum lanuginosum* Michx., *Fl. Bor.-Amer.* 1: 275 (1803). Tipo: Estados Unidos, *Michaux s.n.* (P). Ilustr.: Volponi, *Darwiniana* 26: 345, t. 5A-I (1985). N.v.: Antzilyax-chel, Ch.

Arenaria alsinoides Willd. ex D.F.K. Schltdl., *A. altorum* Standl. & Steyerm., *A. guatemalensis* Standl. & Steyerm., *A. lanuginosa* (Michx.) Rohrb. subsp. *guatemalensis* (Standl. & Steyerm.) J.A. Duke, *A. nemorosa* Kunth, *Micropetalum lanuginosum* (Michx.) Pers., *Stellaria lanuginosa* (Michx.) Torr. & A. Gray.

Tallos 10-100 cm, gráciles, decumbentes, teretes, ramificados desde la base, pilosos o glabrescentes, los entrenudos del mismo tamaño que las hojas o mayores, la pubescencia retrorsa. Hojas 5-30 mm, lineares, lanceoladas u ovado-elípticas, connatas con una vaina escariosa, planas, glabras o pilosas, especialmente en la vena media y los márgenes, papilosas, el ápice agudo, mucronado. Inflorescencias de flores solitarias, axilares o terminales; pedicelos 5-40 mm, pilosos. Flores con sépalos 2-7 mm, lanceolados a ovados, 1-3-nervios, glabros o pilosos, la vena media prominente, pilosa, los márgenes escariosos, ciliados en la parte inferior, el ápice agudo o acuminado; pétalos 2-6 mm, ovados o elípticos, deciduos; estambres sin nectarios en la base; ovario globoso, los estilos 3(4 o 5), filiformes, libres. Cápsula 3-6 mm, con 6 valvas escariosas bipartidas, el ápice agudo, recurvado; semillas c. 1 mm, comprimidas, lisas o ligeramente tuberculadas, café-negruzcas. *Bosques de* Pinus-Quercus, *bosques mesófilos, pastizales, zonas de cultivo en descanso, zonas alteradas y orillas de ríos*. Ch (*Santíz 1097*, ENCB); G (*Sharp 45134*, MEXU); H (*Blackmore & Chorley 4094*, MEXU); ES (*Escobar & Sandoval ISB00516*, MO); N (*Moreno 25916*, CHAPA); CR (*Rodríguez et al. 2574*, CR); P (*Davidse & D'Arcy 10241*, MO). 600-3600 m. (Estados Unidos, México, Mesoamérica, Sudamérica, Antillas).

Arenaria lanuginosa está circunscrita aquí en el sentido amplio. Debido a su amplia distribución geográfica y a la variación morfológica que presenta (hojas, pubescencia, estilos) se han reconocido varios taxones infraespecíficos: *A. lanuginosa* var. *ensifolia* Rohrb., *A. lanuginosa* subsp. *guatemalensis*, *A. lanuginosa* subsp. *lanuginosa*, *A. lanuginosa* var. *lanuginosa*, *A. lanuginosa* var. *megalantha* Rohrb., *A. lanuginosa* var. *ovatifolia* Donn. Sm., *A. lanuginosa* subsp. *saxosa* (A. Gray) Maguire, *A. lanuginosa* var. *saxosa* (A. Gray) Zarucchi, R.L. Hartm. & Rabeler. Se requiere un amplio estudio de poblaciones para poder definir la validez de estos taxones.

Arenaria lanuginosa tiene uso medicinal.

4. Arenaria lycopodioides Willd. ex D.F.K. Schltdl., *Mag. Neuesten Entdeck. Gesammten Naturk. Ges. Naturf. Freunde Berlin* 7: 212 (1816). Isotipo: México, estado desconocido, *Humboldt & Bonpland 4067* (P!). Ilustr.: Sánchez Sánchez, *Fl. Valle México* t. 112Da-Dc (1969), como *A. decussata.*

Arenaria chiapensis Standl. & Steyerm., *A. decussata* Willd. ex D.F.K. Schltdl.

Tallos 4-30 cm, procumbentes, ramificados, postrados, a menudo con estolones o rizomas alargados, pilosos, con pelos reflexos. Hojas 4-15 mm, linear-lanceoladas, planas, lustrosas, glabras, los márgenes y la vena media engrosados, la base ciliada, mucronadas. Inflorescencias de flores solitarias, axilares, en ocasiones subpaniculadas; pedicelos 4-20 mm, densa y cortamente pilosos, los pelos reflexos. Flores con sépalos 4-8 mm, lanceolados a oblongo-lanceolados, glabros a ligeramente ciliados en la base, los interiores con los márgenes escariosos, la vena media conspicua, que se prolonga hacia el ápice en un mucrón, el ápice agudo o acuminado; pétalos 5-8 mm, oblongos. Cápsula 6-8 mm; semillas 0.7-0.8 mm, lustrosas, café oscuro. *Bosques de* Pinus. Ch (*Laughlin 489*, MO); G (*Véliz et al. MV 2M.8012*, MEXU). 2800-3100 m. (México, Mesoamérica).

5. Arenaria paludicola B.L. Rob., *Proc. Amer. Acad. Arts* 29: 298 (1894). *Alsine palustris* Kellogg, *Proc. Calif. Acad. Sci.* 3: 61 (1863) non *Arenaria palustris* Gay (1845 [1846]). Holotipo: Estados Unidos, *Bolander s.n.* (CAS). Ilustr.: no se encontró.

Arenaria palustris (Kellogg) S. Watson, *Minuartia paludicola* (B.L. Rob.) House.

Rizomas delgados. Tallos rastreros, enraizando en los nudos inferiores o bien procumbentes, flácidos, cuadrangulares, poco ramificados, glabros, los nudos pilosos. Hojas 2-5 mm, sésiles, lineares a linear-lanceoladas, connatas por una membrana escariosa, planas, 1-nervias, los márgenes escabrosos o ciliados en la base, el ápice agudo o acuminado. Inflorescencias de flores solitarias, axilares; pedicelos 10-25 mm, glabros, reflexos en fruto. Flores con los sépalos 2.5-3.5 mm, ovados a elípticos, glabros, obtusos, la vena media inconspicua; pétalos 5-6 mm, ovados, el ápice redondeado. Cápsula 3-4 mm, ovoide, las valvas enteras; semillas 0.8-0.9 mm, comprimidas, lisas, rojizo-negruzcas. *Praderas húmedas*. G (*Véliz et al. MV 14126*, MO). 3400-3500 m. (Estados Unidos [California], México, Mesoamérica).

Del área de estudio solo se ha registrado en Guatemala, teniendo la categoría de amenazada o próxima a extinguirse en las otras regiones donde se ha colectado.

6. Arenaria quirosii Standl., *Publ. Field Mus. Nat. Hist., Bot. Ser.* 22: 19 (1940). Isotipo: Costa Rica, *Quirós 812* (CR!). Ilustr.: no se encontró.

Tallos erectos o decumbentes hasta 6 cm; entrenudos 1.5-5 mm, densamente pubescentes con tricomas multicelulares. Hojas 2.5-5 mm, opuestas, sésiles, ovadas a obovadas, planas, la vena media ligera a densamente pilosa, la base atenuada, los márgenes enteros ciliados en la parte basal, el ápice agudo u obtuso, cortamente apiculado. Inflorescencias de flores solitarias, axilares; pedicelos 2-4 mm, densamente pubescentes. Flores con sépalos 2-3.5 mm, lanceolados a oblongo-ovados, con la vena media ciliada, los márgenes escariosos, el ápice cortamente acuminado, café; pétalos ausentes; estambres 0.7-0.8 mm; ovario ovoide, los estilos 3, 0.5-1 mm. Cápsula elipsoide, las valvas en la madurez 2-3 mm, casi del mismo tamaño que los sépalos; semillas 0.6-0.7 mm, reniformes o globosas, lisas, café marrón o negro. *Pára-*

mos, sabanas, pastizales. CR (*Gómez-Laurito 5361*, CR). 3200-3700 m. (Endémica).

7. Arenaria reptans Hemsl., *Diagn. Pl. Nov. Mexic.* 2: 22 (1879). Sintipo: México, Cd. México, *Shaffner 47* (K-[cb] K000075333, foto!). Ilustr.: Sánchez Sánchez, *Fl. Valle México* t. 113C (1969).

Tallos menos de 20 cm, rastreros y estoloníferos, formando matas, ramificados, cuadrangulares, pilosos; entrenudos 1.5-5 mm, más cortos que las hojas. Hojas 2-8 mm, anchamente oblanceoladas a espatuladas, ocasionalmente obovadas, planas, la vena media pilosa en el haz, a veces ciliadas en la base, abruptamente contraídas en la base, agudas a cuspidado-apiculadas. Inflorescencias de flores solitarias, axilares; pedicelos 4-9 mm, pilosos. Flores con sépalos 2.5-4 mm, anchamente lanceolados a ovados, los márgenes escariosos, la nervadura pilosa, el ápice agudo, verde; pétalos ausentes; estilos 3(4). Cápsula 3-5 mm, igual o más larga que los sépalos, dehiscente por 6(8) valvas; semillas numerosas, 0.8-0.9 mm, lenticulares, café-rojizas. *Bosques de* Pinus-Quercus, *bosques mesófilos, praderas subalpinas, orillas de caminos*. Ch (*Matuda 2883*, MEXU); G (*Harmon & Fuentes 4848*, ENCB); ES (*Montalvo 4818*, MO); CR (*Weston 4634*, MO). 2800-4000 m. (México [Cd. México], Mesoamérica).

Arenaria reptans está relacionada con *A. quirosii*.

2. Cerastium L.

Por C. Rodríguez-Jiménez.

Hierbas anuales o perennes. Tallos erectos, simples o ramificados, decumbentes o rastreros, enraizando en los nudos inferiores, pubescentes o puberulentos, con o sin pelos glandulosos. Hojas opuestas, sésiles o subsésiles, planas, linear-lanceoladas a ovado-orbiculares, enteras, pilosas a pubescentes, la base connata, los márgenes enteros, el ápice agudo, obtuso o acuminado; sin roseta basal (especies mesoamericanas); estípulas ausentes. Inflorescencias en cimas terminales, compactas o laxas, en ocasiones de flores solitarias; brácteas herbáceas con o sin márgenes escariosos; pedicelos erectos, retrorsos en fruto. Flores con el cáliz polisépalo, los sépalos (4)5, libres, elípticos u ovados, el ápice obtuso, a veces agudo o acuminado, los bordes escariosos, generalmente pubescentes; pétalos (4)5, blancos, bífidos o emarginados, en ocasiones ausentes; estambres (5)10, los filamentos con nectarios en la base; estaminodios ausentes; ovario 5-carpelar, los estilos (3)5, clavados o filiformes, los estigmas (3)5. Cápsula oblonga o cilíndrica, encorvada, membranosa, por lo general exerta del cáliz, dehiscente por 10 dientes apicales, o el doble de los estilos; carpóforo ausente; semillas numerosas, pequeñas, angular-comprimidas, obovadas, café-amarillentas, tuberculadas, con un ala marginal. Aprox. 100 spp., cosmopolita; 8 spp. en Mesoamérica.

Bibliografía: Good, D.A. *Rhodora* 86: 339-379 (1984).

1. Tallos y hojas lanoso-pubescentes. **8. C. vulcanicum**
1. Tallos y hojas pilosas, los pelos erectos, simples o glandulares, no lanosos.
  2. Hierbas perennes.
    3. Tallos, pedicelos y sépalos pilosos. **3a. C. fontanum** subsp. **vulgare**
    3. Tallos, pedicelos y sépalos piloso-glandulosos.
      4. Hojas con ápice acuminado; cimas de 30-40 flores; pétalos 6-7 mm. **5. C. guatemalense**
      4. Hojas con ápice agudo; cimas de 3-8 flores; pétalos 9-14.5 mm. **6. C. juniperorum**
  2. Hierbas anuales.
    5. Flores con pedicelos 10 mm o más. **7a. C. nutans** var. **nutans**
    5. Flores con pedicelos menos de 10 mm.
      6. Hojas espatuladas, elípticas u orbiculares, el ápice apiculado; sépalos con el ápice por lo general rojizo. **4. C. glomeratum**
      6. Hojas lanceoladas, ovadas u oblanceoladas, el ápice agudo u obtuso; sépalos con el ápice verde.
        7. Pedicelos con pelos reflexos; pétalos 3-4 mm; cápsula 6-12 mm. **1. C. brachypodum**
        7. Pedicelos sin pelos reflexos; pétalos 4.2-6.2 mm; cápsula 4-7 mm. **2. C. cuchumatanense**

1. Cerastium brachypodum (Engelm. ex A. Gray) B.L. Rob., *Mem. Torrey Bot. Club* 5: 150 (1894). *Cerastium nutans* Raf. var. *brachypodum* Engelm. ex A. Gray, *Manual* ed. 5, 94 (1867). Sintipo: Estados Unidos, *Engelmann s.n.* (MO!). Ilustr.: Britton & Brown, *Ill. Fl. N. U.S.* ed. 2, 2: 48, t. 1767 (1913).

Cerastium adsurgens Greene, *C. brachypodum* (Engelm. ex A. Gray) B.L. Rob. var. *compactum* B.L. Rob.

Hierbas anuales. Tallos 10-30 cm, erectos o decumbentes, simples o ramificados, piloso-glandulosos, frecuentemente glutinosos. Hojas 7-25 mm, sésiles, lanceoladas a oblanceoladas, piloso-glandulosas, el ápice agudo, rara vez obtuso. Cimas con 5-30 flores, compactas o laxas, brácteas herbáceas, lanceoladas, piloso-glandulosas, no escariosas; pedicelos 2-6 mm, con pelos reflexos, glandulares. Flores con sépalos 3-5 mm, lanceolados, verdes, piloso-glandulosos o glabros, los márgenes escariosos, el ápice agudo; pétalos 3-4 mm, ovado-elípticos, blancos, bífidos; estambres 2.5-3.2 mm; estilos c.1 mm. Cápsula 6-12 mm, cilíndrica, encorvada, con 10 dientes, el ápice convoluto; semillas, c. 0.5 mm, densamente tuberculadas, café claro. *Praderas alpinas, matorrales, vegetación secundaria, áreas perturbadas*. Ch (*Méndez 2235*, ENCB); G (*Véliz et al. MV 9911*, MEXU). 2000-3800 m. (Canadá, Estados Unidos, México, Mesoamérica).

2. Cerastium cuchumatanense D.A. Good, *Rhodora* 86: 349 (1984). Isotipo: Guatemala, *Beaman 3891* (US-[cb] US00103245, foto!). Ilustr.: Good, *Rhodora* 86: 350, t. 2 (1984).

Hierbas anuales. Tallos 10-25 cm, erectos o decumbentes, piloso-glandulosos. Hojas 6-11 mm, lanceoladas u ovadas, en ocasiones ligeramente espatuladas, piloso-glandulosas, el ápice agudo u obtuso. Cimas con 3-8 flores; pedicelos 1-5 mm, piloso-glandulosos, los pelos no reflexos. Flores con sépalos 3-5 mm, lanceolados a ovados, piloso-glandulosos, los pelos no reflexos, los márgenes escariosos, el ápice verde; pétalos 4.2-6.2 mm, blancos, bífidos; estambres c. 3 mm, las anteras c. 0.3 mm; estilos c. 1.3 mm. Cápsula 4-7 mm; semillas 0.6-0.9 mm, densamente tuberculadas, amarillentas a café-rojizas. *Praderas subalpinas, límite de la vegetación arbórea*. G (*Harmon 3659*, ENCB). 2700-4000 m. (Endémica).

Cerastium cuchumatanense es muy cercana a *C. brachypodum*.

3. Cerastium fontanum Baumg., *Enum. Stirp. Transsilv.* 1: 425 (1816). Neotipo (designado por Wyse Jackson, 2000 [2001]): Romania, *Schur s.n.* (E).

3a. Cerastium fontanum Baumg. subsp. **vulgare** (Hartm.) Greuter & Burdet, *Willdenowia* 12: 37 (1982). *Cerastium vulgare* Hartm., *Handb. Skand. Fl.* 182 (1820). Neotipo (designado por Wyse Jackson, 1995): Suecia, *Hartman s.n.* (UPS, espécimen a la izquierda). Ilustr.: Britton & Brown, *Ill. Fl. N. U.S.* ed. 2, 2: 48, t. 1765 (1913), como *C. vulgatum*.

Alsine trivialis (Link) E.H.L. Krause, *Cerastium caespitosum* Gilib., *C. caespitosum* subsp. *triviale* (Link) Hiitonen, *C. fontanum* Baumg. subsp. *triviale* (Link) Jalas, *C. fontanum* forma *vulgare* (Hartm.) M.B. Wyse Jacks., *C. fontanum* var. *vulgare* (Hartm.) M.B. Wyse Jacks., *C. holosteoides* Fr. subsp. *triviale* (Link) Möschl, *C. holosteoides* subsp. *vulgare* (Hartm.) Buttler, *C. holosteoides* var. *vulgare* (Hartm.) Hyl., *C. triviale* Link, *C. vulgare* Hartm. subsp. *triviale* (Link) Murb., *C. vulgatum* L., *C. vulgatum* var. *hirsutum* Fr.

Hierbas perennes. Tallos 10-25 cm, ramificados, decumbentes, en ocasiones cespitosos, largamente pilosos. Hojas 7-30 mm, ovadas a espatuladas, pilosas, el ápice agudo u obtuso. Cimas densas, eglandulosas, en ocasiones glandulosas, multifloras; brácteas con márgenes escariosos; pedicelos 2-8.5 mm, pilosos. Flores con sépalos 4-6 mm, lanceolados, pilosos, los márgenes escariosos, agudos; pétalos 3-6 mm, por lo general más cortos que los sépalos, blancos, bífidos; estambres c. 4 mm; estilos 1.8-2.2 mm. Cápsula 8-12 mm; semillas 0.5-0.8 mm, ligeramente tuberculadas, café-rojizas. *Bosques mesófilos, áreas boscosas alteradas, matorrales, pastizales, orillas de caminos.* Ch (Good, 1984: 373, como *Cerastium triviale*); G (Good, 1984: 373, como *C. triviale*); H (*Williams & Molina R. 17091*, MO); CR (*Khan et al. 188*, CR); P (*Stevens 18237*, MEXU). 1400-3000 m. (Nativa de Europa; introducida en Canadá, Estados Unidos, México, Mesoamérica).

Amplia distribución en ambos hemisferios.

4. Cerastium glomeratum Thuill., *Fl. Env. Paris* ed. 2, 226 (1799). Sintipo: Vaillant, *Bot. Paris.* t. 30, f. 3 (1727). Ilustr.: Duke, *Ann. Missouri Bot. Gard.* 48: 96, t. 138 (1961a), como *C. viscosum.* N.v.: Bik'tal uskante, Ch; conejera, CR.

Alsine glomerata (Thuill.) E.H.L. Krause, *Cerastium acutatum* Suksd., *C. consanguineum* Wedd., *C. fulvum* Raf., *C. viscosum* L., *C. viscosum* var. *consanguineum* (Wedd.) Rohrb., *C. vulgatum* L. var. *glomeratum* (Thuill.) Edgew. & Hook. f.

Hierbas anuales. Tallos 4-40 cm, ascendentes o erectos, a veces cespitosos, ramificados desde la base, pilosos a piloso-glandulosos. Hojas 5-20 mm, casi sésiles, espatuladas, anchamente elípticas u orbiculares, pilosas, el ápice apiculado. Cimas con 40-50 flores; brácteas lanceoladas, herbáceas, sin márgenes escariosos; pedicelos 1-5 mm, blanco-pilosos, con algunos pelos glandulares. Flores con sépalos 3-5 mm, lanceolados, piloso-glandulosos o con largos pelos no glandulares, los márgenes escariosos, el ápice agudo, por lo general rojizo; pétalos 3-5 mm o más cortos que los sépalos, oblanceolados, bífidos; estambres c. 2 mm; estilos c. 1 mm, libres. Cápsula 6-10 mm, cilíndrica, encorvada, con 10 dientes; semillas c. 0.5 mm, finamente tuberculadas, café pálido. *Bosques de* Pinus, *matorrales, vegetación secundaria, orillas de caminos, áreas cultivadas.* Ch (*Santiz 93*, MEXU); G (*Gálvez et al. 96.5819*, MEXU); H (Good, 1984: 353); N (*Williams et al. 24948*, F); CR (*Rodríguez et al. 2157*, MO); P (*Tyson 1028*, CR). 1300-3700 m. (Especie nativa de Europa; introducida en las Américas).

Cerastium glomeratum se distribuye en Norteamérica boreal, y en partes altas del sur y centro de México, Mesoamérica y Sudamérica. Esta especie tiene uso medicinal.

5. Cerastium guatemalense Standl., *Publ. Field Mus. Nat. Hist., Bot. Ser.* 17: 244 (1937). Holotipo: Guatemala, *Johnston 816* (F-[nr] 898082, foto!). Ilustr.: Baker & Burger, *Fieldiana, Bot.* n.s. 13: 226, t. 42 (1983), como *C. guatemalensis.*

Hierbas perennes. Tallos hasta 45 cm, erectos o decumbentes, muy ramificados, densamente piloso-glandulosos. Hojas 15-45 mm, sésiles, lineares a lanceoladas, piloso-glandulosas, en el envés, la base gradualmente atenuada, el ápice acuminado. Cimas con 30-40 flores, laxas; brácteas herbáceas sin márgenes escariosos; pedicelos 8-35 mm, arqueados en fruto, piloso-glandulosos. Flores con sépalos 4.5-6 mm, lanceolados, piloso-glandulosos, los márgenes escariosos, el ápice acuminado; pétalos 6-7 mm, en ocasiones más cortos que los sépalos, blancos, bífidos; estambres 3-3.5 mm; estilos c. 2 mm. Cápsula 8-12 mm, con dientes cortos; semillas c.1 mm, cafés. *Bosques de* Pinus *y* Juniperus, *praderas subalpinas.* Ch (*Stevens et al. 2427*, MO); G (*Equipo CDC-Flora 1426*, MEXU); CR (*Burger & Gómez 8216*, MO). 2100-4000 m. (Endémica).

6. Cerastium juniperorum Standl. & Steyerm., *Publ. Field Mus. Nat. Hist., Bot. Ser.* 23: 51 (1944). Holotipo: Guatemala, *Steyermark 48413* (F-[nr] 1128282, foto!). Ilustr.: no se encontró.

Hierbas perennes. Tallos 20-30 mm, simples o ligeramente ramificados, densamente piloso-glandulosos. Hojas 10-35 mm, sésiles, lanceoladas a ovadas, densamente pilosas en ambas superficies, la base obtusa, el ápice agudo. Cimas con 3-8 flores, terminales; brácteas herbáceas, no escariosas; pedicelos 10-35 mm, delgados, erectos, algo arqueados en fruto, densamente piloso-glandulosos. Flores con sépalos 6-8 mm, lanceolados a ovados, escasamente piloso-glandulosos, los márgenes escariosos a excepción del ápice, el ápice agudo; pétalos 9-14.5 mm, blancos, bífidos; estambres 5.5-6 mm; estilos c. 4 mm. Cápsula 12-16 mm; semillas c. 1 mm, café rojizo o café oscuro. *Bosques de* Pinus *y* Juniperus. G (*Véliz et al. MV 98.6892*, MEXU). 3400-3800 m. (Endémica).

Cerastium juniperorum es cercana a *C. guatemalense.*

7. Cerastium nutans Raf., *Précis. Découv. Somiol.* 36 (1814). Holotipo: Estados Unidos, *Rafinesque s.n.* (PH-[cb] PH00025362, foto!). Ilustr.: Sánchez Sánchez, *Fl. Valle México* t. 111C (1969).

7a. Cerastium nutans Raf. var. **nutans**.

Hierbas anuales. Tallos 15-50 cm, ramificados, erectos o decumbentes, pilosos, frecuentemente glandulosos, en ocasiones, lanosos en los nudos inferiores. Hojas 7-50 mm, sésiles, oblanceoladas a espatuladas, o elípticas, pilosas a piloso-glandulosas, la vena media prominente, el ápice agudo u obtuso, las hojas caulinares acuminado-apiculadas. Cimas con 3-25(-40) flores, laxas; brácteas elípticas o lanceoladas, glandular-pilosas, sin márgenes escariosos; pedicelos 10-35 mm, arqueados en fruto, piloso-glandulosos, a veces glutinosos. Flores con sépalos 4-7 mm, lanceolados u ovados, el ápice agudo u obtuso, los sépalos interiores con márgenes escariosos, glandulosos; pétalos 4-8 mm, a veces más largos que los sépalos, oblanceolados, blancos, en ocasiones teñidos de lila, bífidos, puberulentos, en ocasiones ausentes; estambres 10, los filamentos 2.5-4 mm; estilos 5, 2-3 mm. Cápsula (6-)8-12 mm, cilíndrica, encorvada; semillas c.1 mm, ligeramente tuberculadas, café-amarillentas. *Bosques de* Pinus *y* Quercus, *bosques mesófilos, orillas de caminos, campos de cultivo.* Ch (*Breedlove 29360*, MEXU); G (Good, 1984: 362, como *Cerastium nutans*). 2000-3600 m. (Estados Unidos, México, Mesoamérica).

8. Cerastium vulcanicum Schltdl., *Linnaea* 12: 208 (1838). Holotipo: México, Veracruz, *Schiede* 508 (HAL-[nr] 3868, foto!). Ilustr.: no se encontró.

Cerastium micropetalum Greenm.

Hierbas anuales, a veces perennes de vida corta. Tallos 6-24 cm, erectos o decumbentes, en ocasiones cespitosos, ramificados, lanosos en la base, piloso-glandulosos en la parte superior. Hojas 10-30 mm, lineares u oblanceoladas, lanosas, vellosas en los márgenes, el ápice agudo u obtuso. Cimas con pocas o hasta 30 flores; brácteas herbáceas, sin márgenes escariosos; pedicelos 5-15 mm, reflexos, densamente glandular-pilosos. Flores con sépalos 3.5-5 mm, lanceolados a ovados, piloso-glandulosos, los márgenes escariosos, el ápice agudo; pétalos 3-5 mm, ligeramente más largos que los sépalos, blancos o verde pálido, bífidos; estambres c. 2.5 mm, los estilos 1-1.5 mm. Cápsula 5-9 mm, hialina, encorvada; semillas 0.5-0.7 mm, ligeramente tuberculadas, cafés. *Praderas alpinas y subalpinas.* G (Good, 1984: 375). 2900-4200 m. (México [Veracruz], Mesoamérica).

3. Dianthus L.

Por C. Rodríguez-Jiménez.

Hierbas perennes, rara vez anuales. Tallos cespitosos, erectos o decumbentes, simples o ramificados, circulares o angulados, glaucos, glabros, con nudos dilatados. Hojas opuestas, connatas, con una vaina escariosa, las basales pecioladas, lineares, ovadas u oblongo-lanceoladas, enteras o serruladas, el ápice agudo; estípulas ausentes. Inflorescencias en cimas paniculadas, cabezuelas densas o de flores solitarias; brácteas 0-4, escariosas o herbáceas; bractéolas 1-3, herbáceas o escariosas; pedicelos erectos en fruto. Flores con el cáliz sinsépalo, multinervio, los sépalos connatos en un tubo cilíndrico, multinervio, en ocasiones rojizos, los lóbulos triangulares o lanceolados, los márgenes escariosos blancos o rojizos, sin escama en la base de la lámina, el ápice agudo u obtuso; pétalos 5-10, unguiculados, dentados, crenados o fimbriados, rosados, rojos o blancos; estambres 10, connatos a los pétalos, sin aurículas, los filamentos diferentes; estaminodios ausentes; ovario 1-locular, los estilos 2, filiformes, los estigmas 2. Cápsula ovoide o cilíndrica, estipitada, dehiscente por 4(5) dientes cortos o valvas; carpóforo presente; semillas numerosas, dorso-ventralmente comprimidas, tuberculadas o estriadas, sin ala marginal, café oscuro. Aprox. 320 spp., nativas del Viejo Mundo, varias introducidas y naturalizadas en América; 4 spp. en Mesoamérica.

Género con un buen número de cultivares de interés ornamental.

Bibliografía: Bailey, L.H. *Man. Cult. Pl.* rev. ed. 372-376 (1949). Nelson, C.H. *Cat. Pl. Vasc. Honduras* 284-285 (2008).

1. Flores en cabezuelas o cimas densas, sésiles o subsésiles. **1a. D. barbatus** subsp. **barbatus**
1. Flores en cimas abiertas, laxas, pediceladas o las flores solitarias.
  2. Brácteas ausentes; pétalos fimbriados. **4a. D. plumarius** subsp. **plumarius**
  2. Brácteas presentes; pétalos crenados o dentados.
    3. Hojas lineares; pétalos generalmente 10. **2. D. caryophyllus**
    3. Hojas linear-lanceoladas u oblanceoladas; pétalos 5. **3. D. chinensis**

1. Dianthus barbatus L., *Sp. Pl.* 409 (1753). Lectotipo (designado por Jonsell & Jarvis, 1994): *Herb. Clifford 165, Dianthus 6* (BM). Ilustr.: Wu et al., *Fl. China Ill.* 6: 97, t. 97, 1-4 (2003), como *D. barbatus* var. *barbatus*. N.v.: Juanita, k'ok sat nichim, pirik'nichim, Ch; clavel imperial, clavelina, coronado, CR.

1a. Dianthus barbatus L. subsp. **barbatus**.

Hierbas bianuales o perennes, cespitosas. Tallos 30-60 cm, erectos, simples, angulados, glabros. Hojas 3.5-7 cm, las caulinares lanceoladas a ovado-lanceoladas, el ápice agudo, las basales connatas formando una vaina de 3-6 mm, oblongas a obovadas, los márgenes finamente ciliados. Inflorescencias con 5-20 flores, en cabezuelas densas, sésiles o subsésiles; brácteas lanceoladas, herbáceas, el ápice agudo; bractéolas 4, ovadas, herbáceas, el ápice aristado; pedicelos 0.5-1.5 mm. Flores pequeñas, fragantes; cáliz 10-15 mm, multinervio, los lóbulos ovados, glabros, dentados, acuminados o largamente aristados; pétalos 4-10 mm, dentados o crenados, rosados, rojos o blancos, el centro oscuro con algunos tricomas. Cápsula 10-12 mm; semillas c. 2 mm, tuberculadas, café oscuro. *Escapada de cultivo*. Ch (Breedlove, 1986: 69, como *Dianthus barbatus*); G (Standley & Steyermark, 1946c: 226, como *D. barbatus*); H (*Clare 15*, MO); CR (*Quirós 562*, CR). 900-2000 m. (Nativa de Europa; introducida en México, Mesoamérica y Sudamérica).

2. Dianthus caryophyllus L., *Sp. Pl.* 410 (1753). Lectotipo (designado por Ghafoor, 1978): *Herb. Linn. 581.8* (LINN). Ilustr.: Wu et al., *Fl. China Ill.* 6: 98, t. 98, 8-11 (2003). N.v.: Clavel, Ch, G.

Dianthus caryophyllus L. var. *coronarius* L., *D. coronarius* (L.) Burm. f.

Hierbas anuales, bianuales o perennes. Tallos 40-100 cm, erectos, ramificados, glaucos, glabros, los nudos conspicuos. Hojas 5-15(-20) cm, las basales formando una vaina, lineares, verde-grisáceo, los márgenes enteros, ligeramente serrulados cerca de la base. Inflorescencias con 2-5(-7) flores en cimas laxas, abiertas, o bien de flores solitarias; brácteas ovadas, abruptamente agudas; pedicelos hasta 3 cm. Flores fragantes; cáliz 20-30 mm, cilíndrico, estriado, los dientes agudos; corola vistosa, los pétalos generalmente 10, rosados, rojos o blancos, glabros, crenados o dentados. *Escapada de cultivo*. T (*Equipo 3 s.n.*, UJAT); Ch (*Laughlin 377*, ENCB); G (Standley & Steyermark, 1946c: 226); H (*García 58*, MO); N (*Rueda 18021*, MO); CR (Baker & Burger, 1983: 234). (Nativa de la región Mediterránea; ampliamente cultivada en el mundo, por su fragancia).

3. Dianthus chinensis L., *Sp. Pl.* 411 (1753). Lectotipo (designado por Langen et al., 1984): China, *Herb. Linn. 581.13* (LINN). Ilustr.: Wu et al., *Fl. China Ill.* 6: 98, t. 98, 1-7 (2003). N.v.: Clavelina, G.

Hierbas perennes de vida corta. Tallos 30-50 cm, cespitosos, erectos, simples, ramificados en la parte superior, glabros. Hojas basales 2-8 cm, linear-lanceoladas u oblanceoladas, los márgenes serrulados o enteros, el ápice acuminado. Inflorescencias con 1-15 flores en cimas laxas, abiertas, o las flores solitarias; brácteas 4(-6), ovadas, cuspidadas; pedicelos c. 2 cm. Flores con el cáliz 1.5-2.5 cm, cilíndrico, estriado, con dientes lanceolados, los márgenes ciliados, agudos o acuminados; corola concéntrica o circular, no fragante; pétalos 5, c. 2 cm, sencillos, rara vez dobles, obovado-triangulares, rojos, rojo oscuro, rosados o blancos, el centro con algunos tricomas, el ápice irregularmente dentado; estambres exertos, las anteras azules; ovario ligeramente oblongo, los estilos lineares. Cápsula c. 2 cm, cilíndrica, dehiscente por 4 dientes; semillas globosas, comprimidas, negras. *Escapada de cultivo*. Ch (*Laughlin 622*, ENCB); G (Standley & Steyermark, 1946c: 227); H (Nelson, 2008: 285); CR (Baker & Burger, 1983: 234); P (*Croat 10405*, MO). (Nativa de China y Japón; cultivada en todo el mundo).

4. Dianthus plumarius L., *Sp. Pl.* 411 (1753). Sintipo: *Herb. Linn. 581.19* (LINN). Ilustr.: Bailey, *Man. Cult. Pl.* rev. ed. 369, t. 65Ca-Ce (1949).

4a. Dianthus plumarius L. subsp. **plumarius**.

Hierbas perennes, cespitosas. Tallos c. 30 cm, delgados, erectos, simples, glaucos, glabros. Hojas basales 2-8 cm, lineares, glaucas, la vena media prominente, los márgenes glabros o ligeramente serrulados. Inflorescencias con 2-4 flores, en cimas laxas abiertas, pediceladas, en ocasiones de flores solitarias; brácteas ausentes; bractéolas 4, obovadas, de la misma longitud o el doble del cáliz, agudas o corto-acuminadas; pedicelos 15-25 mm. Flores fragantes; cáliz 15-20 mm, multinervio, los lóbulos ovados, con dientes anchos, mucronados o agudos, en ocasiones rojizos; pétalos 10-30 mm, fimbriados, con segmentos lineales, blancos o rosa pálido con el centro oscuro, a menudo con tricomas largos; bractéolas (3)4, del mismo tamaño que el cáliz. Cápsula 2-3 cm; semillas 2.5-3 mm, numerosas. *Cultivada*. CR (Baker & Burger, 1983: 235). (Nativa de Europa y Rusia; introducida en otras partes del mundo).

4. Drymaria Willd. ex Schult.

Por C. Rodríguez-Jiménez.

Hierbas anuales o perennes. Tallos procumbentes o erectos, en ocasiones la base leñosa, delgados, ramificados, glabros o pubescentes. Hojas opuestas (en Mesoamérica) o seudoverticiladas, sésiles o pecioladas, glabras o pubescentes; estípulas presentes, con frecuencia caedizas, enteras o multilaceradas. Inflorescencias de flores solitarias o en cimas axilares o terminales, bracteadas. Flores con el cáliz polisépalo, los sépalos 5, libres, con el borde escarioso o membranoso; pétalos 3-5, o ausentes, blancos, bífidos o laciniados, en ocasiones ligulados, con pequeñas aurículas en la base; estambres 2-5, connatos en la base; ovario 3-carpelar, 1-locular, el estilo bífido o trífido, unidos en la base. Cápsula ovoide o globosa, con 3 valvas; semillas obovoides, reniformes o globosas, ligeramente comprimidas, tuberculadas o papilosas. Aprox. 50 spp., principalmente en el continente americano, algunas en el Viejo Mundo; 7 spp. en Mesoamérica.

Bibliografía: Duke, J.A. *Ann. Missouri Bot. Gard.* 48: 173-268 (1961b). Escamilla Báez, M. *Revis. Taxon.* Drymaria. Tesis inédita, Univ. Veracruzana, México: 1-75 (1997).

1. Hierbas menos de 5 cm; hojas basales espatuladas. **2. D. depressa**
1. Hierbas más de 5 cm; hojas de forma diversa, no espatuladas.
2. Estípulas bífidas, trífidas o multilaceradas.
3. Pedicelos farinoso-puberulentos. **1a. D. cordata** var. **cordata**
3. Pedicelos estipitado-glandulosos o con pubescencia septada translúcida.
4. Sépalos lanceolados, apiculados; brácteas aristadas; pétalos con lóbulos linear-espatulados. **3a. D. glandulosa** var. **glandulosa**
4. Sépalos elípticos a oblanceolados, el ápice redondo o agudo; brácteas apiculadas; pétalos con lóbulos oblongos. **5. D. laxiflora**
2. Estípulas enteras.
5. Hojas con indumento velloso o hirsuto.
6. Sépalos oblongos a orbiculares, el ápice obtuso; semillas con papilas cilíndricas. **7a. D. villosa** subsp. **palustris**
6. Sépalos elípticos, el ápice agudo; semillas con papilas cuadrangulares. **7b. D. villosa** subsp. **villosa**
5. Hojas glabras.
7. Hojas con la nervadura secundaria formando un retículo conspicuo; pedicelos capilares, divaricados. **4. D. ladewii**
7. Hojas con la nervadura secundaria sin formar un retículo, 3-5-nervias; pedicelos no divaricados. **6. D. multiflora**

1. Drymaria cordata (L.) Willd. ex Schult., *Syst. Veg.* 5: 406 (1819). *Holosteum cordatum* L., *Sp. Pl.* 88 (1753). Lectotipo (designado por Burger en Cafferty & Jarvis, 2004): Hermann, *Parad. Bat.* t. 11 (1698). Ilustr.: Duke, *Ann. Missouri Bot. Gard.* 48: 252, t. 18B-D (1961b). N.v.: Comida de canario, petatillo, trencilla, G; comapona, pelitaria, H, ES; cinquito, nervillo, CR.

Drymaria adenophora Urb., *D. cordata* (L.) Willd. ex Schult. var. *diandra* (Sw.) Griseb., *D. cordata* subsp. *diandra* (Blume) J.A. Duke, *D. cordata* var. *pacifica* M. Mizush., *D. cordata* var. *puberula* Triana & Planch., *D. diandra* (Sw.) Macfad., *D. diandra* Blume, *D. procumbens* Rose, *Holosteum diandrum* Sw., *Stellaria adenophora* (Urb.) León.

1a. Drymaria cordata (L.) Willd. ex Schult. var. **cordata**.

Hierbas anuales. Tallos 7-50 cm, delgados, erectos o procumbentes, ramificados, glandular-puberulentos o glabros, enraizando en los nudos inferiores. Hojas 5-30 mm, ampliamente ovadas a orbiculares, glabras a ligeramente glandular-puberulentas, la base obtusa, redondeada a ligeramente cordada, el ápice redondeado en ocasiones mucronulado; pecíolos 2-15 mm; estípulas 2-6 mm, multilaceradas, caducas en la madurez. Inflorescencias en cimas terminales y axilares, laxas; brácteas 1-3 mm, lanceoladas, los márgenes escariosos; pedicelos 1-10 mm, glandulosos, farináceos. Flores con sépalos 2-5 mm, lanceolados a ovados, glabros a glandular-puberulentos, los márgenes escariosos, agudos o acuminados; pétalos 5, 2-3 mm, profundamente 2-lobados, sin aurículas, el ápice redondeado o apiculado; estambres 2 o 3, connatos en la base; ovario ovoide, el estilo bífido o trífido. Cápsula 1.5-3.5 mm, ovoide; semillas 0.5-1.5 mm, enroscadas, café-rojizas u oscuras, densamente papilosas, sin cresta marginal. *Vegetación secundaria, derivada de bosques tropicales perennifolios, tropicales caducifolios y mesófilos de montaña, áreas cultivadas.* T (*Cowan 2738*, ENCB); Ch (*Matuda 2287*, MEXU); Y (*Carnevali & Ramírez 6849*, MO); B (*Gentle 6666*, ENCB); G (*Véliz 94.3531*, MEXU); H (*Molina R. et al. 32171*, MEXU); ES (*González & Villacorta 9*, MO); N (*Stevens 19962*, MEXU); CR (*Córdoba 2019*, MEXU); P (*Duke 3898*, MEXU). 0-3000 m. (Estados Unidos, México, Mesoamérica, Colombia, Venezuela, Guayanas, Ecuador, Perú, Bolivia, Brasil, Chile, Argentina, Antillas; trópicos del Viejo Mundo).

2. Drymaria depressa Greene, *Leafl. Bot. Observ. Crit.* 1: 153 (1905). Isotipo: Estados Unidos, *Metcalfe 1430* (MO!). Ilustr.: Duke, *Ann. Missouri Bot. Gard.* 48: 207, t. 6A (1961b), como *D. effusa* var. *depressa*.

Drymaria effusa A. Gray var. *depressa* (Greene) J.A. Duke, *D. minuscula* Standl. & Steyerm.

Hierbas anuales, algo cespitosas. Tallos 1-5 cm, delgados, rollizos, ramificados desde la base, glabros o puberulentos. Hojas 0.5-10 mm, sésiles o subsésiles, las basales espatuladas u obovado-espatuladas, las caulinares lineares a filiformes, atenuadas hacia la base, el ápice redondeado o agudo; estípulas simples, subuladas, deciduas. Inflorescencias en cimas terminales densas; brácteas 1.5-2 mm; pedicelos glabros a ligeramente glandulosos. Flores pequeñas; sépalos 1.5-2.5 mm, ovados o lanceolados, con 3 nervios subapicalmente confluentes, obtusos, glabros; pétalos de la misma longitud que los sépalos, 2-lobados, los lóbulos lineares, 1-nervios, el ápice redondeado o agudo; estambres 5, cortos; ovario globoso, el estilo trífido. Cápsula 1.5-2.5 mm, elipsoide a subglobosa; semillas 0.5-0.6 mm, enroscadas, densamente papilosas. *En claros y orillas de bosques de coníferas.* G (*Véliz 95.4650*, MEXU). c. 3100 m. (S. Estados Unidos, México, Mesoamérica).

3. Drymaria glandulosa C. Presl, *Reliq. Haenk.* 2: 9 (1831). Holotipo: México, estado desconocido, *Haenke s.n.* (PR). Ilustr.: Duke, *Ann. Missouri Bot. Gard.* 48: 246, t. 16D, E (1961b).

Drymaria fendleri S. Watson, *D. glandulosa* C. Presl var. *fendleri* (S. Watson) Fosberg, *D. leptoclados* Hemsl., *D. ramosissima* Schltdl.

3a. Drymaria glandulosa C. Presl var. **glandulosa**.

Hierbas anuales o perennes. Tallos 5-40 cm, ascendentes, densa a escasamente estipitado-glandulosos. Hojas 3-15 mm, opuestas, ovadas u ovado-cordadas, la base cordada a ligeramente obtusa, los márgenes enteros, el ápice apiculado a mucronulado; pecíolos 1-6 mm; estípulas 0.5-2 mm, linear-lanceoladas a filiformes, laceradas, blancas, caducas. Inflorescencias terminales, en cimas laxas o densas; pedúnculos 2-8 cm; brácteas 1.5-2.5 mm, lanceoladas, 3-nervias, aristadas, la vena media conspicua; pedicelos 1-1.5 mm, estipitado-glandulosos. Flores con sépalos 2-3.5 mm, los externos (2) más pequeños que los internos, lanceolados, 3-nervios, glandulosos, el borde escarioso, agudos o acuminados, apiculados; pétalos 3-5, por lo general más cortos que los sépalos, 2-lobados, los lóbulos linear-espatulados, por lo general sin aurículas, agudos o emarginados; estambres 2-5, desiguales; ovario subgloboso, el estilo bífido o trífido hasta la mitad de su longitud. Cápsula 1.5-2.8 mm, ovoide, 3-valvada; semillas 0.5-0.8 mm, reniformes, enroscadas, pardas, papilosas, sin cresta marginal. *Bosques de* Quercus, *bosques mesófilos alterados, matorrales y arvense en terrenos de cultivo.* Ch (*Breedlove 40011*, MEXU); G (Standley & Steyermark, 1946c: 229, como *Drymaria glandulosa*); H (*Hernández & Hernández 5323*, MEXU). 800-1000 m. (Estados Unidos, México, Mesoamérica, Colombia, Perú, Bolivia, Paraguay, Argentina).

4. Drymaria ladewii Rusby, *Phytologia* 1: 54 (1934). Lectotipo (designado aquí): Bolivia, *Tate 652* (NY-[cb] NY00342516, foto!; isolectotipos: MO, NY-[cb] NY00342517). Ilustr.: Duke, *Ann. Missouri Bot. Gard.* 48: 252, t.18A (1961b).

Drymaria hypericifolia auct. non Briq.

Hierbas anuales o perennes. Tallos hasta 100 cm, erectos, delgados, rollizos, glabros a ligeramente puberulentos, con entrenudos de 2-6 cm, divergentes. Hojas 1-2.8 cm, deltoide-ovadas, 3-nervias, los nervios secundarios formando un retículo conspicuo, glabras, la base truncada o redondeada, los márgenes enteros, el ápice redondeado, agudo o apiculado; pecíolos 1-6 mm, delgados; estípulas 1-2 mm, lanceoladas, enteras, por lo general caedizas. Inflorescencias en cimas terminales y axilares, laxas; pedicelos 5-12 mm, capilares, divaricados, glabros o ligeramente pilosos; brácteas 1.5-3 mm, lanceoladas; sépalos 3-5 mm, oblongo-lanceolados, glabros o pilosos, obtusos o agudos, los márgenes blancos; pétalos 5, tan largos como los sépalos o ligeramente más cortos, 2-lobados, los lóbulos obtusos, 2-5-nervios, la uña carnosa, sin aurículas; estambres 5, los filamentos 1.5-2.5 mm, connatos en un anillo más o menos carnoso; ovario con uno estilo trífido. Cápsula 2-4 mm, obcónica, 3-valvada; semillas pocas, c. 1 mm, enroscadas, rojizas, papilosas, sin cresta marginal. *Laderas alteradas de bosques de* Quercus *y bosques mesófilos*. Ch (*Matuda 2994*, MEXU); G (*Hunnewell 14660*, MO); ES (*Linares & Martínez 1218*, MEXU); CR (*Lent 3979*, CR); P (*Davidse & D'Arcy 10301*, MO). 1500-2500 m. (Mesoamérica, Perú, Bolivia).

5. Drymaria laxiflora Benth., *Pl. Hartw.* 73 (1841). Sintipo: Guatemala, *Hartweg 523* (K-[cb] K000471754). Ilustr.: Duke, *Ann. Missouri Bot. Gard.* 48: 221, t. 10E (1961b).

Hierbas perennes (anuales?). Tallos 20-40 cm, difusos, ramificados, delgados, glabros a ligeramente estipitado-glandulosos. Hojas 4-10 mm, ovadas a deltoides, glabras o ligeramente glandulosas, la base cuneada a subcordada, el ápice apiculado o redondeado; pecíolos 2-6 mm, glabros; estípulas 1-3 mm, bífidas o trífidas, setiformes, blanco-amarillentas. Inflorescencias en cimas axilares, laxas, con pocas flores; pedicelos 2-7 mm, ligeramente estipitado-glandulosos; brácteas 1-2 mm, ovado-lanceoladas, apiculadas, escariosas. Flores con sépalos 2-5 mm, angostamente lanceolados, glabros a glandulosos, los márgenes escariosos, el ápice redondeado o agudo; pétalos 5, 2-4.5 mm, 2-lobados, los lóbulos oblongos, emarginados, sin aurículas; estambres 3-5, los filamentos delgados; ovario ovoide, el estilo trífido, Cápsula 2-4 mm, 3(4)-valvada, el ápice de las valvas recurvado; semillas 0.4-0.8 mm, reniformes, oscuras, papilosas, con cresta marginal. *Bosques de* Quercus *alterados, matorrales, orillas de caminos*. Ch (*Breedlove 6602*, MEXU); G (*Pérez 454*, MO). 1300-2400 m. (Estados Unidos [Texas], México, Mesoamérica).

6. Drymaria multiflora Brandegee, *Zoë* 5: 232 (1906). Isolectotipo (designado por Duke, 1961b): México, Edo. México, *Purpus 1653* (MO!). Ilustr.: Duke, *Ann. Missouri Bot. Gard.* 48: 225, t. 11A (1961b).

Hierbas anuales o perennes. Tallos 30-50 cm, erectos o ascendentes, ramificados, glabros o glandulosos. Hojas 4-20 mm, deltoide-ovadas a orbiculares o reniformes, 3-5-nervias, glabras, la base atenuada o truncada, el ápice apiculado u obcordado; pecíolos 2-15 mm; estípulas 1-3 mm, enteras, lanceoladas. Inflorescencias en cimas terminales con 3 a muchas flores; pedúnculos 20-40 mm, glabros; brácteas 2-3 mm, ovadas; pedicelos 1-9 mm, glabros o estipitado-glandulosos. Flores con sépalos 3-5 mm, sacciformes, lanceolado-deltoides, glabros, a veces con glándulas sésiles, los márgenes escariosos; pétalos 5, 2.5-5 mm, 2-lobados, los lóbulos oblongos, 2-5-nervios, el ápice redondeado, con aurículas ciliadas en la base; estambres 3-5, desiguales; ovario globoso, el estilo bífido o trífido. Cápsula 2-3.5 mm, 3-valvada, ovada o globosa; semillas c. 1 mm, con papilas cónicas. *Sitios abiertos alterados*. G (*Bell & Duke 16975*, MO); CR (*Skutch 2992*, MO); P (Baker & Burger, 1983: 237). 700-1800(-2700) m. (México [Edo. México], Mesoamérica).

Standley & Steyermark (1946c: 229) consideraron a *Drymaria multiflora* como sinónimo de *D. gracilis* Schltdl. & Cham., especie de las zonas montañosas de México.

7. Drymaria villosa Schltdl. & Cham., *Linnaea* 5: 232 (1830). Sintipo: México, Veracruz, *Schiede & Deppe 505* (LECB). Ilustr.: Duke, *Ann. Missouri Bot. Gard.* 48: 101, t. 140 (1961a). N.v.: Muk ta kenya, sak pajtz wamal, Ch; llovizna blanca, millón, poleo, G; hierba del conejo, H; barillo de altura, ES.

Drymaria barrancae M.E. Jones, *D. cordata* (L.) Willd. ex Schult. var. *pilosa* Schltdl., *D. cordata* var. *villosa* (Schltdl. & Cham.) Rohrb., *D. cubensis* Regel, *D. hirsuta* Bartl., *D. idiopoda* S.F. Blake, *D. stylosa* Backer, *D. tepicana* M.E. Jones, *D. villosa* Schltdl. & Cham. forma *tepicana* (M.E. Jones) J.A. Duke.

Hierbas anuales o perennes. Tallos 10-40 cm, postrados o ascendentes, glabros, hirsutos o vellosos con pelos septados y translúcidos. Hojas 2-15 mm, pecioladas, deltoide-orbiculares a reniformes, 3-7-nervias, hirsutas o vellosas, la base obtusa a cordada, el ápice redondeado o apiculado; pecíolos 1-8 mm, glabros o vellosos; estípulas 0.5-1.5 mm, filiformes o deltoides, enteras, blancas. Inflorescencias en cimas terminales o axilares; pedúnculos 3-10 cm, glabros o vellosos; brácteas 0.5-2 mm, ovadas, lanceoladas, obtusas o apiculadas; pedicelos 1-15 mm, delgados, glabros o vellosos, en ocasiones con glándulas. Flores con sépalos 2-3.5 mm, oblongos, elípticos u orbiculares, vellosos o glabros, agudos u obtusos; pétalos 5, 1-3 mm, en ocasiones reducidos o ausentes, bífidos, los lóbulos elípticos u ovados con el ápice agudo o emarginado, 2-4-nervios, con aurículas (1-5) o sin ellas, el ápice dentado o entero; estambres 2-5, los filamentos aplanados; ovario c.1 mm, globoso, el estilo bífido o trífido. Cápsula 2.5-3.8 mm, ovoide o elipsoide, en ocasiones con el ápice revoluto; semillas 0.5-1 mm, orbiculares, reniformes, papilosas, con cresta marginal. Ch, G-P. 0-3000 m. (México [Veracruz], Mesoamérica, Colombia, Venezuela, Ecuador, Perú, Bolivia; introducida en el Viejo Mundo).

Drymaria villosa tiene uso medicinal. Las dos subespecies comparten la misma área de distribución.

7a. Drymaria villosa Schltdl. & Cham. subsp. **palustris** (Schltdl. & Cham.) J.A. Duke, *Ann. Missouri Bot. Gard.* 48: 227 (1961). *Drymaria palustris* Schldtl. & Cham., *Linnaea* 5: 232 (1830). Neotipo (primer paso designado por Duke, 1961b; segundo paso designado aquí): México, Veracruz, *Schiede & Deppe 405* (LE-[cb] LE00001733, foto!; isoneotipo: LE-[cb] LE00001732). Ilustr.: no se encontró. N.v.: Kuchtz'ujul, Ch.

Drymaria cordata (L.) Willd. ex Schult. var. *palustris* (Schltdl. & Cham.) Rohrb.

Hojas 3-10 mm, el ápice redondeado; estípulas deltoides. Brácteas 1-2 mm, ovadas; pedicelos glabros; sépalos oblongos a orbiculares, el ápice obtuso; pétalos 2 o 3, con aurículas o sin ellas. Semillas con papilas cilíndricas, pardo-amarillentas. *Bosques de coníferas, bosques mesófilos, praderas, sitios abiertos alterados*. Ch (*Stevens & Martínez S. 25683*, MEXU); G (*Véliz 93.3372*, MEXU); CR (*Grayum et al. 5219*, MEXU); P (*D'Arcy & Sytsma 14672*, MO). 15-3000 m. (México [Veracruz], Mesoamérica, Colombia, Venezuela, Ecuador, Perú, Bolivia).

7b. Drymaria villosa Schltdl. & Cham. subsp. **villosa**.

Hojas 3-8 mm, el ápice apiculado; estípulas filiformes. Brácteas 1-1.5 mm, ovado-lanceoladas; pedicelos ligera a densamente vellosos; sépalos elípticos, vellosos, el ápice agudo; pétalos con 1-5 aurículas. Semillas con papilas cuadrangulares, cafés o grisáceas. *Bosques mesófilos, bosques de coníferas, bosques de* Quercus, *terrenos de cultivo (milpas y cafetales), sitios alterados*. Ch (*Breedlove 38554*, MEXU); G (*Stevens et al. 25355*, MEXU); H (*Molina R. 34108*, MEXU); ES (*Linares 440*, MEXU); N (*Stevens 10155*, MEXU); CR (*Weston et al. 1741*, MEXU); P (*D'Arcy & D'Arcy 6325*, MO). 400-2900 m. (México [Veracruz], Mesoamérica, Perú, Bolivia).

5. Gypsophila L.

Gypsophila L. sect. *Macrorrhizaea* Boiss., *Psammophila* Fourr. ex Ikonn. non Schult., *Psammophiliella* Ikonn.

Por C. Rodríguez-Jiménez.

Hierbas anuales o perennes. Tallos erectos o decumbentes, a veces con raíces adventicias, ramificados, glaucos, glabros. Hojas opuestas, sésiles, lineares, lanceoladas u ovadas, glaucas, enteras, 1-5-nervias, el ápice obtuso o acuminado. Inflorescencias en cimas dicótomas o panículas; brácteas proximales foliáceas, las distales con los márgenes escariosos; pedicelos erectos en fruto. Flores numerosas; cáliz sinsépalo, ampliamente campanulado, 5-nervio, los lóbulos ovados a elípticos, los márgenes blancos, el ápice redondeado u obtuso, a veces mucronado; pétalos 5, excediendo en tamaño a los sépalos, blancos o rosados, angostos en la base, enteros, emarginados a bífidos; estambres 10; estaminodios ausentes; ovario 1-locular con muchos óvulos, los estilos 2(3), libres, los estigmas 2, papilosos. Cápsula ovoide o globosa, dehiscente por 4(6) valvas o dientes; carpóforo ausente; semillas subreniformes, tuberculadas, negras o cafés. Aprox. 150 spp., nativas de Eurasia; 2 spp. en Mesoamérica, ornamentales y escapadas de cultivo.

Bibliografía: Barkoudah, Y.I. *Wentia* 9: 1-203 (1962).

1. Hierbas anuales; hojas inferiores abrazadoras; inflorescencias en cimas dicótomas; pétalos 6-12(-15) mm. **1. G. elegans**
1. Hierbas perennes; hojas inferiores no abrazadoras; inflorescencias en panículas; pétalos 1-4 mm. **2. G. paniculata**

1. Gypsophila elegans M. Bieb., *Fl. Taur.-Caucas.* 1: 319 (1808). Tipo: Cáucaso, *Bieberstein s.n.* (LE). Ilustr.: Barkoudah, *Wentia* 9: 138, t. XIV, f. 1-6 (1962), como *G. elegans* var. *elegans*. N.v.: Gipsofila, llovizna, G, CR.

Hierbas anuales. Tallos 30-60 cm, erectos, simples o ramificados distalmente, glabros. Hojas 2-7 cm, lanceoladas a linear-lanceoladas, las inferiores abrazando el tallo, el ápice obtuso o agudo. Inflorescencias en cimas dicótomas; brácteas herbáceas con márgenes escariosos; pedicelos glabros, filiformes. Flores numerosas; cáliz 2-5 mm, campanulado, 5-nervio, los lóbulos glabros, el ápice obtuso o mucronado; pétalos 6-12(-15) mm, blancos, en ocasiones con los nervios rosados, enteros o emarginados; estambres 4-5 mm; ovario ovoide, los estilos c. 3 mm, filiformes. Cápsula 3-5 mm, globosa; semillas 1-1.5 mm, tuberculadas. *Cultivada, maleza en claros de bosque de* Quercus. G (Standley & Steyermark, 1946c: 233). c. 1800 m. (Nativa de la región del Cáucaso, Irán y Turquía; introducida en otras partes del mundo).

2. Gypsophila paniculata L., *Sp. Pl.* 407 (1753). Lectotipo (designado por Barkoudah, 1962): *Herb. Linn 579.5* (LINN). Ilustr.: Wu et al., *Fl. China Ill.* 6: 106, t. 106, 1-7 (2003). N.v.: Nube T, Ch; sakil boton, Ch.

Arrostia paniculata (L.) Raf., *Saponaria paniculata* (L.) H. Neumayer.

Hierbas perennes, rizomatosas. Tallos 60-100 cm, simples, erectos, poco ramificados, glabros, o pubescente-glandulosos. Hojas 3-8 cm, lanceoladas a linear-lanceoladas, glabras, pubescente-glandulosas, glaucas, el ápice agudo o acuminado. Inflorescencias en panículas; brácteas triangulares; pedicelos 5-15 mm, delgados, glabros. Flores pequeñas, numerosas; cáliz 1.5-2 mm, ampliamente campanulado, con nervios púrpura, los lóbulos ovados, el ápice obtuso; pétalos 1-4 mm, linear-espatulados, blancos, en ocasiones rosados; estambres con filamentos c. 3 mm, las anteras globosas; ovario c. 1 mm. Cápsula c. 2 mm, globosa; semillas c. 1 mm, globosas, tuberculadas, café-rojizas. *Escapada de cultivo.* T (*Equipo 3 s.n.*, UJAT); Ch (*Breedlove 16078*, DS). 70 -2500 m. (Nativa de Eurasia; introducida en otras partes del mundo).

6. Polycarpaea Lam., nom. & typ. cons.

Lahaya Schult., *Mollia* Willd., *Polycarpoea* Lam.

Por C. Rodríguez-Jiménez.

Hierbas anuales o perennes. Tallos erectos o postrados, ramificados, pubescentes, glabrescentes. Hojas opuestas en apariencia verticiladas, las caulinares sésiles, las basales cortamente pecioladas, oblongo-ovadas, lineares o subuladas, 1-nervias, el ápice agudo; estípulas escariosas, conspicuas. Inflorescencias en cimas terminales; brácteas escariosas; pedicelos erectos o flexibles. Flores blancas o rojizas; cáliz polisépalo, los sépalos 4 o 5, plateados, en ocasiones 2-seriados, ovados a lanceolados, no carinados, el ápice agudo o pilífero; pétalos 4 o 5, cortos como los sépalos, enteros o irregularmente dentados; estambres 4 o 5, los filamentos ligeramente connatos en la base; ovario 1-locular, el estilo pequeño, filiforme, los estigmas 3, subcapitados. Cápsula ovoide o elipsoide, dehiscente en 3 valvas; carpóforo presente; semillas 3-8, piriformes, tuberculadas, sin alas. Aprox. 50 spp., nativas del Viejo Mundo, algunas introducidas en el Nuevo Mundo; 1 sp. en Mesoamérica.

1. Polycarpaea corymbosa (L.) Lam., *Tabl. Encycl.* 2: 129 (1793 [1797]). *Achyranthes corymbosa* L., *Sp. Pl.* 205 (1753). Lectotipo (designado por Turrill, 1956): Sri Lanka, *Herb. Hermann 3: 3, no. 100* (BM-[cb] BM000621797, foto!). Ilustr.: Duke, *Ann. Missouri Bot. Gard.* 48: 105, t. 141 (1961a).

Lahaya corymbosa (L.) Roem. & Schult., *Mollia spadicea* Willd., *Polycarpa breviflora* Kuntze, *Polycarpaea atherophora* Steud., *P. brasiliensis* Cambess., *P. brevifolia* F. Muell., *P. corymbosa* (L.) Lam. var. *brasiliensis* (Cambess.) Chodat & Hassl., *P. corymbosa* var. *brevifolia* (F. Muell.) Domin, *P. densiflora* Wall., *P. filifolia* Muschl., *P. indica* Lam., *P. spadicea* Lam., *P. subulata* Wight & Arn.

Hierbas anuales o perennes. Tallos 10-60 cm, erectos, simples o ramificados, pubescentes o glabrescentes. Hojas 5-20 mm, las basales oblongo-ovadas a suborbiculares, glabras, con pecíolos de 2-4 mm, las caulinares 1-2.5 mm, sésiles, lineares, glabras o vellosas; estípulas 2-5 mm, plateadas. Inflorescencias en cimas densas; brácteas 2.5-6 mm, por lo general de mayor tamaño que los pedicelos; pedicelos 2-5 mm, puberulentos. Flores numerosas; sépalos 5, 2-4 mm, en ocasiones 2-seriados, lanceolados u ovados, plateados, el ápice agudo; pétalos 5, 0.5-1 mm, más pequeños que los sépalos, obovados, apicalmente ondulados, amarillos o cafés; estambres 5, los filamentos ligeramente aplanados; ovario obovoide, el estilo y estigma diminutos. Cápsula 1-2 mm, elipsoide; semillas c. 0.5 mm, translúcidas, rugosas. *Sabanas arenosas.* P (Duke, 1961a: 106). c. 0 m. (Nativa del Viejo Mundo; introducida en América y de amplia distribución en los trópicos y subtrópicos de ambos hemisferios).

7. Polycarpon Loefl.

Por C. Rodríguez-Jiménez.

Hierbas anuales. Tallos postrados o erectos, difusos o ramificados, glabros. Hojas opuestas o verticiladas, pecioladas, oblanceoladas, ovadas o elípticas, el ápice obtuso o mucronado; estípulas presentes, plateadas, escariosas. Inflorescencias en cimas densas o laxas, ramificadas, subsésiles; brácteas escariosas o ausentes; pedicelos erectos. Flores pequeñas; cáliz polisépalo, los sépalos 5, carinados en el dorso, la vena media prominente, el ápice acuminado o aristado; pétalos (3)5, pequeños, libres, blancos, hialinos, enteros o emarginados; estambres 3-5, connatos en la base; ovario ovoide, 1-locular, el estilo corto, los estigmas 3, papilosos. Cápsula ovoide o esférica, 3-valvada, las valvas divididas hasta cerca de la base, torcidas en espiral al inicio; carpóforo presente; semillas ovoides o triangulares, lisas, finamente granulosas o papilosas, no aladas. Género monoespecífico de las regiones templadas y partes altas de los trópicos, en América, Europa, Asia y África, e introducido en Mesoamérica.

1. Polycarpon tetraphyllum (L.) L., *Syst. Nat.* ed. 10, 2: 881 (1759). *Mollugo tetraphylla* L., *Sp. Pl.* 89 (1753). Lectotipo (designado por Burtt & Lewis, 1952): Italia, *Herb. Clifford 28, Mollugo 2* (BM). Ilustr.: Ghafoor, *Fl. Libya* 59: 22, t. 8 (1978).

Holosteum tetraphyllum (L.) Thunb., *Polycarpaea tetraphylla* (L.) E.H.L. Krause.

Hierbas anuales. Tallos 5-20 cm, postrados o ascendentes. Hojas 5-10 mm, opuestas, o en grupos de 3 o 4, seudoverticiladas, ovadas u obovadas, el ápice obtuso o ligeramente mucronulado; pecíolos 2-3 mm; estípulas 1.5-2.5 mm, subuladas, blanquecinas. Inflorescencias en cimas; brácteas ausentes. Flores con sépalos c. 2 mm, lanceolados, los márgenes blanquecinos; pétalos más cortos que los sépalos, oblongos o lineares, emarginados en el ápice; estambres 3. Cápsula c. 2 mm, subglobosa u ovoide; semillas numerosas, muy pequeñas, papilosas o finamente granulosas, café claro. *Áreas alteradas.* CR (*Gómez-Laurito*

8629, CR). c. 2100 m. (Maleza de la región mediterránea; ampliamente naturalizada en las Américas).

Polycarpon tetraphyllum posiblemente también se encuentre en Guatemala (San Marcos).

8. Sagina L.

Sagina L. subg. *Spergella* (Rchb.) F.N. Williams, *S.* sect. *Spergella* (Rchb.) W.D.J. Koch, *Spergella* Rchb., *Spergula* L. sect. *Spergella* (Rchb.) W.D.J. Koch.

Por C. Rodríguez-Jiménez.

Hierbas anuales o perennes, cespitosas, con o sin roseta basal. Tallos decumbentes o procumbentes, en ocasiones con la base semileñosa, simples o ramificados, glabros o pubescente-glandulosos. Hojas filiformes o lineares a subuladas, sésiles, las basales connatas, el ápice agudo, mucronado o apiculado; estípulas ausentes. Inflorescencias en cimas terminales o axilares, en ocasiones de flores solitarias; pedicelos glabros o pubescente-glandulosos. Flores pequeñas; cáliz polisépalo, los sépalos 4 o 5, lanceolados o elípticos, verdes o rojizos, los márgenes escariosos, el ápice obtuso; pétalos 4 o 5, con frecuencia ausentes o caducos, blancos, enteros; estambres 4-10, los filamentos desiguales; estaminodios ausentes; estilos 4 o 5, los estigmas papilosos. Cápsula globosa u ovoide, 4 o 5-valvada, las valvas opuestas a los sépalos; carpóforo ausente; semillas numerosas, oblicuamente triangulares, reniformes o globosas, lisas, papilosas o tuberculadas, café-rojizas o café obscuro. Aprox. 20 spp., en el hemisferio norte, con clima templado; 3 spp. en Mesoamérica.

Bibliografía: Crow, G.E. *Rhodora* 80: 1-91 (1978).

1. Hierbas anuales, sin roseta basal (a veces un verticilo de hojas basales en ejemplares jóvenes); tallos filiformes; pétalos ausentes o menos de 1 mm. **1. S. apetala**
1. Hierbas perennes, con roseta basal; tallos no filiformes; pétalos 1 mm o más.
  2. Tallos generalmente glabros; hojas con el ápice acuminado o cortamente aristado; flores generalmente 4-meras; estambres 4(8). **2. S. procumbens**
  2. Tallos pubescente-glandulosos; hojas con ápice largamente aristado; flores generalmente 5-meras; estambres (8)10. **3. S. revelierei**

1. Sagina apetala Ard., *Animadv. Bot. Spec. Alt.* 22 (1764). Lectotipo (designado por Crow, 1978): *Herb. Linn. 177.2* (LINN). Ilustr.: Ghafoor, *Fl. Libya* 59: 32, t. 12 (1978). N.v.: Kaxlan yayal, Ch.

Alsine apetala (Ard.) Jess.

Hierbas anuales con raíces delgadas, en ocasiones con un verticilo de hojas basales, en ejemplares jóvenes. Tallos 15-30 cm, filiformes, ascendentes o decumbentes, muy ramificados, enraizando en los nudos inferiores, pubescente-glandulosos. Hojas 2-8 mm, lineares a subuladas, las caulinares connatas en la base, hialinas, ciliadas, el ápice aristado. Inflorescencias de flores axilares, en ocasiones terminales, 4(5)-meras; pedicelos 2-5 mm, filiformes, pubescente-glandulosos. Flores con sépalos 1.5-2 mm, ovados a elípticos, en ocasiones lanceolados, los márgenes blanco-hialinos, agudos; pétalos ausentes o diminutos (menos de 1 mm); estambres 4(5); estilos 4. Cápsula 1.5-2 mm, globosa, dehiscente hasta la base, las valvas excediendo ligeramente los sépalos; semillas 0.3-0.4 mm, oblicuo-triangulares, papilosas, café. *Maleza de lugares abiertos a orillas de caminos*. Ch (*Santíz 374*, ENCB). c. 2900 m. (Nativa de Europa; introducida en Estados Unidos, Mesoamérica, Ecuador, Perú, Brasil, Australia).

Sagina apetala tiene uso medicinal.

2. Sagina procumbens L., *Sp. Pl.* 128 (1753). Lectotipo (designado por Jonsell & Jarvis en Jarvis et al., 1993): Séguier, *Pl. Veron.* 1: 421, t. 5, f. 3, 417 (1745). Ilustr.: Baker & Burger, *Fieldiana, Bot.* n.s. 13: 225, t. 41 (1983).

Alsine procumbens (L.) Crantz.

Hierbas perennes, con una roseta basal en plantas jóvenes. Tallos procumbentes o ascendentes, con raíces en los nudos inferiores, generalmente glabros. Hojas 2.5-15 mm, en fascículos axilares, lineares a subuladas, glandulosas, la base no connata en las hojas basales, los márgenes enteros o con diminutos cilios glandulares, el ápice apiculado o cortamente aristado. Inflorescencias de flores solitarias; pedicelos 0.5-2 cm, filiformes, recurvados en fruto. Flores 4(5)-meras; sépalos 1.5-2 mm, ovados o elípticos, glabros, los márgenes blanco-hialinos, el ápice obtuso; pétalos 1-2 mm, en igual o menor número que los sépalos, a veces ausentes, orbiculares a elípticos; estambres 4(8). Cápsula 2.5-3 mm, ovoide, dehiscente hasta la base; semillas c. 0.4 mm, oblicuamente triangulares, lisas o finamente reticuladas, cafés. *Maleza en orillas de arroyos, praderas, cañadas de bosques*. Ch (*Breedlove 8463*, DS); G (*Véliz et al. 2M.8387*, MEXU); CR (*Sánchez-González et al. 1070*, CR). 1400-3700 m. (Nativa de Eurasia; ampliamente distribuida en América).

3. Sagina revelierei Jord. & Fourr., *Brev. Pl. Nov.* 1: 11 (1866). Tipo: Francia, *Revelière s.n.* (no se ubicó). Ilustr.: Crow, *Rhodora* 80: 35, t. 13 (1978), como *S. subulata*.

Sagina alexandrae Iamonico, *S. subulata* (Sw.) C. Presl., *Spergula subulata* Sw.

Hierbas perennes, cespitosas, con roseta basal, formando grandes matas. Tallos ascendentes o decumbentes con la base semileñosa, pubescente-glandulosos, en ocasiones glabros. Hojas 3-10 mm, lineares a linear-subuladas, pubescente-glandulosas, los márgenes glandular-ciliados, el ápice con arista de 0.5-0.8 mm, las hojas basales connatas. Inflorescencias de flores solitarias, axilares o terminales; pedicelos c. 2 cm, filiformes, pubescentes. Flores (4)5-meras; base del cáliz glandular-pubescente, los sépalos 1.5-2 mm, elípticos, los márgenes hialinos, blanquecinos, el ápice obtuso; pétalos elípticos, de igual tamaño que los sépalos; estambres (8)10, los filamentos c.1 mm. Cápsula 2-3 mm, dehiscente hasta la base; semillas c. 0.4 mm, lisas, cafés. *Orillas de caminos*. CR (*Stevens 13406*, MO). 2600-2700 m. (Nativa de Eurasia; introducida en México [Baja California Sur] y Mesoamérica).

9. Saponaria L.

Saponaria L. sect. *Spanizium* (Griseb.) Boiss., *Spanizium* Griseb.

Por C. Rodríguez-Jiménez.

Hierbas anuales o perennes. Tallos erectos, simples o ramificados, glabros o glabrescentes. Hojas opuestas, sésiles o pecioladas, connatas proximalmente, espatuladas, elípticas u ovadas, el ápice agudo o redondeado; vaina escariosa ausente. Inflorescencias de cimas o corimbos dobles; brácteas foliáceas; pedicelos erectos. Flores vistosas; cáliz sinsépalo, tubular, 5-dentado, verde, rojo o púrpura, multinervio, pero los nervios poco manifiestos; pétalos 5 o el doble en las especies cultivadas, rosados o blancos, enteros o emarginados, unguiculados, con o sin apéndices o escamas; estambres 10, los filamentos ligeramente connatos, exertos; estaminodios ausentes; ovario 1-locular (2-4-locular, incompleto), los estilos 2(3), filiformes, los estigmas 2(3), lineares. Cápsula ovoide a cilíndrica, dehiscente por 4(6) dientes apicales, recurvados; carpóforo presente; semillas aplanadas, reniformes, papilosas, sin alas, cafés. 40 spp., en Eurasia y norte de África; 1 sp. naturalizada en Mesoamérica.

1. Saponaria officinalis L., *Sp. Pl.* 408 (1753). Lectotipo (designado por Shultz, 1984): Europa, *Herb. Linn. 580.1* (LINN). Ilustr.: Wu et al., *Fl. China Ill.* 6: 96, t. 96, 7-11 (2003).

Lychnis officinalis (L.) Scop., *Silene saponaria* Fr. ex Willk. & Lange.

Hierbas perennes. Tallos 20-80 cm, erectos, ramificados distalmente, o procumbentes. Hojas 5-8 cm, ovadas u oblanceoladas, sésiles o subsésiles, atenuadas en la base y abrazando al tallo, los márgenes enteros, el ápice agudo. Inflorescencias en cimas densas, terminales; brácteas similares a las hojas; pedicelos 1-5 mm. Flores vistosas; sépalos 5 unidos en una estructura tubular de 1.5-2 cm, glabros, verdes o teñidos de rojo, los lóbulos c. 5 mm, triangulares, el ápice terminado en un mucrón; pétalos 2-4 cm, oblanceolados o espatulados, blancos o rosados, ocasionalmente lila, con una escama conspicua en la base de la lámina; estambres fusionados en la base y sobrepasando la uña del pétalo; ovario 1-locular, los estilos 2, filiformes. Cápsula c. 2 cm, cilíndrica, incluida en el cáliz; semillas 1.6-1.8 mm, globosas o reniformes, ligeramente reticuladas, negras. *Jardines, terrenos de cultivo*. G (Standley & Steyermark, 1946c: 234). 40-2600 m. (Nativa de Eurasia; introducida como ornamental y naturalizada en América, África y Australia).

10. Scleranthus L.

Por C. Rodríguez-Jiménez.

Hierbas anuales o perennes. Tallos erectos o procumbentes, ramificados, glabros o puberulentos. Hojas opuestas, sésiles, connatas en la base, subuladas a lineares, 1-nervadas, el ápice agudo u obtuso, los márgenes enteros; estípulas ausentes. Inflorescencias en cimas laxas o densas, terminales o axilares; brácteas foliáceas. Flores sésiles o subsésiles, urceoladas; cáliz polisépalo (tépalos), los sépalos (4)5, lanceolados, el ápice agudo, aristado u obtuso; pétalos ausentes; estambres 2-10, con nectarios a la base; estaminodios 5-8 o ausentes; ovario súpero, pero aparentando ser ínfero, 1-locular, los estilos 2, capitados, los estigmas 2. Utrículo ovoide, encerrado en el hipanto; carpóforo presente; semilla 1, lenticular, globosa, sin alas, amarilla. 10 spp., nativas del Viejo Mundo; 1 sp. introducida en Mesoamérica.

1. Scleranthus annuus L., *Sp. Pl.* 406 (1753). Lectotipo (designado por Jonsell & Jarvis en Jarvis et al., 1993): Europa, *Herb. Linn. 578.1* (LINN). Ilustr.: Reed, *Agric. Handb.* 366: 163, t. 79 (1970).

Hierbas anuales o bianuales. Tallos 5-20 cm, rastreros o decumbentes, muy ramificados, puberulentos. Hojas 3-10 mm, el limbo subulado o linear, glabro, los márgenes basales ciliados, el ápice agudo u obtuso. Inflorescencias en cimas densas; brácteas pequeñas, en pares. Flores pequeñas, perianto verdoso, tépalos 1.5-4 mm, persistentes, aristados, los márgenes escariosos, blanquecinos; estilos capitados, los estigmas papilosos. Utrículo 3-5 mm; semilla c. 1 mm, globosa, amarillo pálido. *Bordes de caminos, sitios alterados y áreas cultivadas*. G (*Wallace et al. 408*, ENCB); CR (*Khan et al. 991*, MO). 1500-2400 m. (Nativa de Europa; introducida en las Américas).

11. Silene L., nom. cons.

Lychnis L., *L.* subg. *Melandrium* (Röhl.) A. Braun, *Melandrium* Röhl., *Saponaria* L. subg. *Melandrium* (Röhl.) Fenzl, *Silene* L. subg. *Lychnis* (L.) Greuter, *S.* sect. *Melandrium* (Röhl.) Rabeler.

Por C. Rodríguez-Jiménez.

Hierbas anuales, perennes o pequeños arbustos. Tallos simples o ramificados, glabros o puberulentos. Hojas opuestas o verticiladas, las basales sésiles, las caulinares pecioladas, connatas o libres, lineares, obovadas o espatuladas, 1-5-nervias, el ápice agudo u obtuso. Inflorescencias de flores solitarias o en números reducidos (1-3), o en racimos o cimas, en ocasiones las cimas condensadas, pubescente-glandulosas; brácteas herbáceas, escariosas, los pedicelos erectos. Flores bisexuales o rara vez unisexuales; cáliz sinsépalo, tubular, los sépalos 5, connatos en un tubo verde, blanco o púrpura, 5-10(-30)-nervio, los lóbulos triangulares, oblongos o lineares, escariosos, el ápice agudo u obtuso; pétalos 5, obovados u oblanceolados, angostos en la base formando una uña, usualmente con apéndices, blancos, rosados o blancos teñidos de rojo, el ápice bilobado; estambres 10, los filamentos unidos en la base, con frecuencia dimórficos; ovario 1-3(-5)-locular, los estilos 3-5, filiformes, los estigmas 3-5, lineares, papilosos. Cápsula ovoide o globosa, dehiscente en 3-5 valvas o 6-10 dientes cortos; carpóforo presente; semillas reniformes a subcirculares, diminutamente tuberculadas o papilosas, con o sin alas, rojizas o negras. Aprox. 700 spp., nativas del Viejo Mundo; 3 spp. introducidas en Mesoamérica.

1. Hierbas perennes con pubescencia lanosa, blanca a gris; cápsulas c. 12 mm; estilos 5. **2. S. coronaria**
1. Hierbas anuales, glabras o víscido-pubescentes; cápsulas 9 mm o menos; estilos 3.
  2. Hierbas glabras, glaucas; inflorescencias cimosas; cáliz maduro 14-16 mm; estilos exertos. **1. S. armeria**
  2. Hierbas víscido-pubescentes; inflorescencias racemosas; cáliz maduro 7-10 mm; estilos incluidos. **3. S. gallica**

1. Silene armeria L., *Sp. Pl.* 420 (1753). Lectotipo (designado por Talavera & Muñoz Garmendia, 1988 [1989]): Francia, *Herb. Linn. 583.49* (LINN). Ilustr.: Britton & Brown, *Ill. Fl. N. U.S.* ed. 2, 2: 66, t. 1812 (1913). N.v.: Española, llovizna, CR.

Atocion armeria (L.) Raf.

Hierbas anuales. Tallos 60-70 cm, simples, erectos, glaucos, glabros, en ocasiones glutinosos en las partes distales. Hojas 4-8 cm, sésiles, lanceoladas u ovadas, abrazando el tallo, en ocasiones connatas, glaucas, glabras, agudas o acuminadas. Inflorescencias en cimas capitadas; brácteas 2-8 mm, lanceoladas; pedicelos 1-4 mm. Flores con cáliz maduro 14-16 mm, clavado, 10-nervio, por lo general teñido de púrpura, terminado en la parte distal por 5 lóbulos de c. 1 mm, ovado-triangulares, obtusos; pétalos 5-6 mm, obovados, enteros, rosados o blancos, la base cuneada; estambres 4-5 mm; estilos 3, 4(-5) mm, exertos. Cápsula c. 9 mm, oblonga, dehiscente por 6(8) dientes cortos; carpóforo glabro; semillas c. 1 mm, reniformes, rugosas, café oscuro. *Escapada de cultivo, vegetación secundaria, maleza.* G (Standley & Steyermark, 1946c: 234); CR (*Stone 3853*, CR). 1280-2800 m. (Nativa de Europa; introducida como cultivar en el continente americano).

2. Silene coronaria (L.) Clairv., *Man. Herbor. Suisse* 145 (1811). *Agrostemma coronaria* L., *Sp. Pl.* 436 (1753). Lectotipo (designado por Ghazanfar & Nasir, 1986): Italia, *Herb. Linn. 601.2* (LINN). Ilustr.: Britton & Brown, *Ill. Fl. N. U.S.* ed. 2, 2: 71, t. 1824 (1913), como *Lychnis coronaria*. N.v.: Españolita, CR.

Coronaria tomentosa A. Braun, *Lychnis coronaria* (L.) Desr.

Hierbas perennes. Tallos 50-100 cm, erectos, ramificados distalmente, eglandulosos, con pubescencia blanca- a gris-lanosa. Hojas 5-15 cm, las basales espatuladas y pecioladas, las caulinares ovadas, elípticas y abrazando al tallo, tomentosas, el ápice agudo, apiculado. Inflorescencias en cimas dicótomas; brácteas 10-15 mm; pedicelos 4-10 cm, blanco-lanosos. Flores vistosas, magenta o rosa intenso, rara vez blancas; cáliz 15-20 mm, obovado, 10-nervio, los lóbulos triangulares a lineares, tomentosos; pétalos c. 3.5 cm, obovados, unguiculados, generalmente 2-lobados; estambres c.14 mm; estilos 5, c. 3 mm, libres, los estigmas 5. Cápsula c. 12 mm, obovada o elíptica, dehiscente por 5 dientes lanceolados; carpóforo c. 2 mm; semillas numerosas, c. 1 mm, reniformes, ligeramente verrugosas, café-grisáceas. *Ornamentales, bordes de camino, jardines, sitios alterados*. Ch (*Breedlove 16035*, DS); G (Standley & Steyermark, 1946c: 233, como *Lychnis coronaria*); CR (Standley, 1938: 1551, como *L. Coronaria*). c. 1800 m. (Nativa del sureste de Europa; escapada de cultivo en las Américas).

3. Silene gallica L., *Sp. Pl.* 417 (1753), nom. cons. Lectotipo (designado por Greuter, 1995): Francia, *Herb. Linn. 583.11* (LINN). Ilustr.: Petetin & Molinari, *Reconocimiento Malezas Argentina* 186, t. 46C-G (1992). N.v.: Hierba del recluta, G.

Corone gallica (L.) Fourr., *Silene anglica* L., *S. gallica* L. subsp. *anglica* (L.) Á. Löve & D. Löve, *S. gallica* var. *anglica* (L.) W.D.J.

Koch, *S. gallica* var. *quinquevulnera* (L.) W.D.J. Koch, *S. quinquevulnera* L.

Hierbas anuales. Tallos 15-50 cm, erectos, ramificados, pilosos, víscido-pubescentes en las partes distales. Hojas 3-7 cm, un par por nudo, sésiles o cortamente pecioladas, oblanceoladas a espatuladas, el ápice redondeado, con frecuencia mucronado. Inflorescencias en racimos terminales; raquis glandular pubescente; brácteas lineares, apareadas abrazando los pedicelos; pedicelos 6-10 mm. Flores con cáliz maduro 7-10 mm, tubular-ovoide, 10-nervio, híspido, los lóbulos 2-2.5 mm, lanceolados, el ápice agudo, verde o púrpura; pétalos 5-6 mm, elípticos u obovados, bífidos o dentados, blancos o rosados, con algunas manchas oscuras; estambres 6-10 mm; estilos 3, incluidos, los estigmas 3. Cápsula 6-9 mm, ovoide, dehiscente por 6 dientes triangulares, recurvados; carpóforo ligeramente pubescente; semillas c. 0.5 mm, reniformes, tuberculadas, café o café-rojizas. *Áreas cultivadas, orillas de caminos, bosques de* Pinus-Quercus *alterados.* G (*Molina R. & Molina 27620*, ENCB); ES (*Montalvo 4785*, MO); CR (*Jiménez 2551*, F); P (*Galdames et al. 2928*, MO). 300-2700 m. (Nativa de Europa; introducida en las Américas).

12. Spergula L.

Por C. Rodríguez-Jiménez.

Hierbas anuales. Tallos erectos o decumbentes, simples o ramificados desde la base, pubescente-glandulosos o glabros. Hojas opuestas, sésiles o subsésiles, fasciculadas, aparentando ser verticiladas, lineares a subuladas, con frecuencia revolutas, los márgenes enteros; estípulas ovado-triangulares, blancas, 4 por nudo. Inflorescencias en cimas terminales laxas; brácteas pequeñas; pedicelos erectos, reflejos en fruto. Flores pequeñas; cáliz polisépalo, los sépalos 5, libres, imbricados, elípticos u ovados, los márgenes escariosos; pétalos 5, libres, ovados, enteros, blancos; estambres 5-10; ovario 1-locular, los estilos 5, filiformes, libres, los estigmas 5. Cápsula ovoide, dehiscente en 5 valvas opuestas a los sépalos, sin carpóforo; semillas subglobosas o lenticulares, dorsalmente comprimidas, con los bordes agudos, papilosas, aladas. 3-6 spp., nativas del Viejo Mundo, naturalizadas en las Américas; 1 sp. en Mesoamérica.

1. Spergula arvensis L., *Sp. Pl.* 440 (1753). Lectotipo (designado por Turrill, 1956): Europa, *Herb. Linn. 604.1* (LINN). Ilustr.: Holm et al., *World's Worst Weeds* 441, t. 185 (1977).

Spergula arvensis L. var. *sativa* (Boenn.) Mert. & W.D.J. Koch, *S. sativa* Boenn., *Spergularia arvensis* (L.) Cambess.

Hierbas erectas. Tallos 15-50 cm, delgados, ramificados, frecuentemente pubescente-glandulosos o glabros. Hojas 1-5 cm, en grupos de 6-8, lineares, enteras, puberulentas, los márgenes revolutos; estípulas 0.6-1.5 mm, triangulares, connatas, escariosas. Inflorescencias hasta 20 cm, en cimas compuestas; pedicelos 1-1.5 cm, delgados, pubescente-glandulosos. Flores con sépalos 2.5-5 mm, ovados, obtusos; pétalos 2.5-4.5 mm; estambres 10, los filamentos 1-1.5 mm; ovario c. 2.5 mm, los estilos alternando con los sépalos. Cápsula 3.5-6 mm, un poco más larga que los sépalos; semillas c. 1 mm, negras, rugosas, blanco-papilosas, los márgenes alados, blancos. *Terrenos cultivados, lugares abiertos, vegetación secundaria.* G (*Lobo et al. 1091*, MO); CR (*Alfaro & Quirós 4296*, CR); P (*D'Arcy & D'Arcy 6544*, CHAPA). 1400-2900 m. (Nativa de Europa; introducida en Norteamérica, Mesoamérica, Sudamérica, Asia, África y Australia).

13. Stellaria L., nom. & typ. cons.

Alsine L.

Por C. Rodríguez-Jiménez.

Hierbas bajas, anuales o perennes. Tallos simples o ramificados, erectos o rastreros, flexibles, a veces enraizando en los nudos inferiores, glabros, pilosos o escabrosos. Hojas opuestas, pecioladas o sésiles, algunas connatas, glabras o pubescentes; estípulas ausentes. Inflorescencias en cimas terminales o axilares o de flores solitarias; brácteas foliáceas o ausentes. Flores con el cáliz polisépalo, los sépalos 4 o 5(6), libres o basalmente connatos, los márgenes escariosos, glabros o vellosos; pétalos blancos, bífidos, ocasionalmente laciniados, en igual número que los sépalos, rara vez ausentes; estambres 5-10, hipóginos, rara vez ausentes, los filamentos desiguales; ovario 1-locular, los estilos 3(4), capitados o clavados. Cápsula globosa u ovoide, dehiscente por 3-6 valvas que se abren hasta la parte media, el carpóforo presente o ausente; semillas una a numerosas, globosas a elipsoides, comprimidas, papilosas, rugosas o tuberculadas, en ocasiones lisas. Aprox. 120 spp., ampliamente distribuidas en regiones templadas y frías de ambos hemisferios, algunas de ellas en las partes altas de los trópicos; 5 spp. en Mesoamérica.

1. Hojas lanceoladas a oblanceoladas, las inferiores sésiles. **4. S. nubigena**
1. Hojas ovadas, deltadas o suborbiculares, las inferiores pecioladas.
  2. Hierbas anuales.
    3. Tallos pubescente-glandulosos; hojas con la base truncada o profundamente cordada; semillas con glándulas pediculadas. **1a. S. cuspidata** subsp. **cuspidata**
    3. Tallos con una hilera de pelos simples en los entrenudos; hojas con la base redondeada o cuneada; semillas tuberculadas. **3. S. media**
  2. Hierbas perennes.
    4. Flores solitarias axilares, ebracteadas; pecíolos 20-50 mm. **5. S. ovata**
    4. Flores en cimas dicotómicas laxas, bracteadas; pecíolos 1-4 mm.
      5. Flores 5-meras; cápsula 4-5 mm, dehiscente en 6 valvas. **1b. S. cuspidata** subsp. **prostrata**
      5. Flores 4-meras; cápsula 1.5-2.5 mm, dehiscente en 4 valvas. **2. S. irazuensis**

1. Stellaria cuspidata Willd. ex D.F.K. Schltdl., *Mag. Neuesten Entdeck. Gesammten Naturk. Ges. Naturf. Freunde Berlin* 7: 196 (1816). Isotipo: Ecuador, *Humboldt & Bonpland s.n.* (P!). Ilustr.: Calderón de Rzedowski & Rzedowski, *Fl. Fanerog. Valle Méx.* ed. 2, 167, t. 33 (2001).

Alsine cuspidata (Willd. ex D.F.K. Schltdl.) Wooton & Standl., *Stellaria baldwinii* Fenzl ex Peyr., *S. ciliata* Vahl ex Pers. var. *cuspidata* (Willd. ex D.F.K. Schltdl.) Rohrb., *S. limitanea* Standl.

Hierbas anuales o perennes. Tallos 30-70 cm, rastreros o decumbentes, a veces colgantes, muy ramificados, ligera a densamente pubescente-glandulosos. Hojas 2-4 cm, pecioladas, el limbo deltado-ovado, la base truncada a profundamente cordada, los márgenes glabros, en ocasiones con glándulas en la parte inferior, el ápice agudo o acuminado; pecíolos hasta 2.5 cm, glabros o vellosos. Inflorescencias en cimas dicotómicas, terminales, laxas; brácteas 1-4 cm, ovadas; pedicelos 10-30 mm, ligera a densamente vellosos. Flores 5-meras, con sépalos 4-6 mm, lanceolados a ovados, pubescentes, los márgenes escariosos o membranosos; pétalos 2-10 mm, emarginados; estambres 3-8; estilos 3(4). Cápsula 4-8 mm, ovoide-elipsoide, 3-valvada, las valvas profundamente bífidas; carpóforo ausente; semillas c. 1 mm, globosas con glándulas pediculadas, cafés o café-rojizo. *Vegetación secundaria de bosques de coníferas, pastizales, bordes de caminos, áreas cultivadas.* Ch, G-P. 0-3000 m. (Estados Unidos [Texas], México, Mesoamérica, Colombia, Venezuela, Ecuador, Perú, Bolivia, Chile, Argentina).

Ha sido con frecuencia erróneamente identificada como *Stellaria nemorum* L., una planta europea.

1a. Stellaria cuspidata Willd. ex D.F.K. Schltdl. subsp. **cuspidata**. Anuales. Pétalos 5-10 mm; sépalos angostamente lanceolados. Cápsula 7-8 mm. *Vegetación secundaria de bosques de coníferas, pastizales, bordes de caminos, áreas cultivadas.* Ch (*Breedlove 14165*, MEXU); G (*Croat 41083*, MEXU); ES (*Monro et al. 2336*, MEXU);

CR (*Delprete 5068*, MEXU); P (*Folsom 6030*, MEXU). 2400-3000 m. (Estados Unidos, México, Mesoamérica, Colombia, Venezuela, Ecuador, Perú, Bolivia).

1b. Stellaria cuspidata Willd. ex D.F.K. Schltdl. subsp. **prostrata** (Baldwin) J.K. Morton, *Sida* 21: 888 (2004). *Stellaria prostrata* Baldwin in Elliott, *Sketch Bot. S. Carolina* 1: 518 (1821). Holotipo: Estados Unidos, *Baldwin s.n.* (NY). Ilustr.: no se encontró.

Alsine baldwinii Small, *A. prostrata* (Baldwin) A. Heller.

Perennes. Pétalos 2-4 mm; sépalos ovado-lanceolados. Cápsula 4-5 mm. *Vegetación secundaria, áreas cultivadas*. Ch (*Breedlove 20236*, ENCB); G (*Véliz 96.5772*, MEXU); H (*Molina R. 25406*, MO); ES (*Linares & Martínez 1448*, MEXU); N (*Stevens 4343*, ENCB); CR (*Hammel 18641*, MO). 0-2000 m. (SE. Estados Unidos, México [Hidalgo, Nayarit], Mesoamérica, Colombia, Perú, Argentina).

Stellaria cuspidata subsp. *prostata* tiene uso medicinal.

2. Stellaria irazuensis Donn. Sm., *Bot. Gaz.* 23: 236 (1897). Holotipo: Costa Rica, *Tonduz 4292* (CR!). Ilustr.: Duke, *Ann. Missouri Bot. Gard.* 48: 99, t. 139 (1961a).

Hierbas perennes, extendidas. Tallos 40-80 cm, rastreros, ramificados, glabros. Hojas 5-24 mm, pecioladas, el limbo ampliamente ovado a deltoide-ovado, piloso o velloso, la base truncada o cordada, el ápice agudo o acuminado; pecíolos 1-4 mm, con pubescencia similar al limbo. Inflorescencias en cimas terminales, laxas; brácteas pequeñas; pedicelos 5-10 mm, ligera a densamente glandular-vellosos. Flores pequeñas, 4-meras; sépalos 1.5-3.5 mm, angostamente ovados a elípticos, glabros a glabrescentes, obtusos o agudos; pétalos profundamente 2-lobados, los segmentos lineares; estambres con filamentos 1-1.5 mm; ovario con (2)3 estilos. Cápsula 1.5-2.5 mm, elipsoide, dehiscente por 4 valvas, emarginadas; semillas reniformes, c. 1 mm de ancho, cocleadas o retorcidas, tuberculadas, café-rojizo oscuro. *Bosques de* Pinus-Quercus, *bosques mesófilos, bosques de neblina*. Ch (*Matuda 2189*, MEXU); G (*Beaman 3762*, ENCB); N (*Williams 22199*, F); CR (*Grayum 10306*, CR); P (*Stevens 18234*, MO). 1500-3300 m. (México, Mesoamérica).

3. Stellaria media (L.) Vill., *Hist. Pl. Dauphiné* 3: 615 (1789). *Alsine media* L., *Sp. Pl.* 272 (1753). Lectotipo (designado por Turrill, 1956): Europa, *Herb. Linn. 388.1* (LINN). Ilustr.: Reed, *Agric. Handb.* 366: 169, t. 82 (1970). N.v.: Pelitaria, G.

Hierbas anuales. Tallos 30-40 cm, flácidos, delicados, rastreros o ascendentes, glabros, a excepción de una hilera longitudinal de pelos simples en los entrenudos. Hojas 1-3 cm, las inferiores pecioladas, las superiores sésiles, el limbo ovado, glabro, ciliado, la base redondeada o cuneada, el ápice agudo o ligeramente acuminado; pecíolos hasta 2 cm, glandular-vellosos. Inflorescencias en cimas terminales; brácteas hasta 3 cm, ovadas; pedicelos 1-3 cm, con una línea de pelos; sépalos 3-5 mm, ovados a lanceolado-oblongos, agudos, pubescentes; pétalos de igual tamaño que los sépalos, bífidos, en ocasiones ausentes; estambres 2-8, las anteras violáceas; estilos 3(4). Cápsula 3-6 mm, ovoide a subcilíndrica, abriéndose por 6 valvas; carpóforo ausente; semillas c. 1 mm, reniformes, comprimidas, tuberculadas y crestadas en el dorso. *Bosques de* Quercus, *pastizales, áreas cultivadas y zonas alteradas*. Ch (*Breedlove & Raven 8279*, ENCB); G (*Rodas & Jiménez 209*, MO); H (Nelson, 2008: 285); N (*Araquistain & Moreno 813*, MO); CR (González, 2020b: 405); P (*Kirkbride & Duke 544*, MO). 2300-2700 m. (Nativa de Eurasia; naturalizada otras partes del mundo).

4. Stellaria nubigena Standl., *J. Washington Acad. Sci.* 17: 250 (1927). Holotipo: Costa Rica, *Standley 35344* (US-[nr] 1229094, foto!). Ilustr.: no se encontró.

Hierbas perennes, formando matas. Tallos hasta 15 cm, ramificados, cuadrangulares, glabros. Hojas 4-8 mm, abrazando al tallo, el limbo lanceolado u oblanceolado, glabro distalmente y velloso en la base, los márgenes enteros, el ápice agudo con el extremo calloso, las hojas inferiores sésiles. Inflorescencias de flores solitarias o en cimas; pedúnculos de 2.5-5 mm; pedicelos 4-10 mm; brácteas escariosas. Flores pocas; sépalos 5, c. 2 mm, lanceolados, glabros con márgenes escariosos; pétalos 5, blancos, de igual tamaño que los sépalos, bífidos hasta cerca de la base; estambres 8, desiguales; ovario ovoide, los estilos 3. Cápsula c. 3 mm, ovoide, abriéndose en 6 valvas; semillas reniformes, enroscadas, tuberculadas, café-rojizas. *Orillas húmedas de caminos*. CR (*Standley 35344*, US). 1600-2600 m. (Endémica).

5. Stellaria ovata Willd. ex D.F.K. Schltdl., *Mag. Neuesten Entdeck. Gesammten Naturk. Ges. Naturf. Freunde Berlin* 7: 196 (1816). Isotipo: Venezuela, *Humboldt & Bonpland 176* (P!). Ilustr.: Baker & Burger, *Fieldiana, Bot.* n.s. 13: 226, t. 42 (1983). N.v.: Cuartillera, culantro de monte, tripa de pollo, G.

Hierbas perennes. Tallos hasta 60 cm, postrados, ramificados, enraizando en los nudos, glabros a densamente hirsútulos, los tricomas translúcidos. Hojas 1-4.5 cm, cortamente pecioladas, el limbo ovado a suborbicular, glabro o hirsuto, la base redondeada a ligeramente atenuada, los márgenes ligeramente ciliados, el ápice redondeado u obtuso, apiculado; pecíolos 2-5 cm. Inflorescencias de flores solitarias, axilares; brácteas ausentes; pedicelos 6-40 mm, escasamente vellosos, en ocasiones glabros. Flores con sépalos 5(6), 2.5-5 mm, ovados a obovados, obtusos, vellosos en la base; pétalos 2-lobados; estambres c. 3 mm; ovario ovoide, los estilos 3. Cápsula 3-5 mm, ovoide, 3-valvada, las valvas profundamente hendidas; semillas c. 1 mm, subreniformes, café-rojizas, tuberculadas. *Bosques de* Pinus-Quercus, *bosques mesófilos, vegetación secundaria, terrenos cultivados y alterados*. Ch (*Matuda 5026*, MEXU); Y (*Carnevali 6209*, CICY); G (*Dwyer 15260*, MEXU); H (*Nelson & Romero 4666*, MO); ES (*Rodríguez et al. 1356*, MO); N (*Vincelli 749*, MEXU); CR (*Rodríguez 1734*, MEXU); P (*Correa et al. 2495*, MEXU). 300-2600 m. (México, Mesoamérica, Colombia, Venezuela, Ecuador, Perú).

Stellaria ovata tiene uso medicinal.

80. ACHATOCARPACEAE

Descripción de la familia por R. Khan.

Árboles o arbustos, dioicos; ramas algunas veces armadas. Hojas alternas, elípticas, obovadas, oblanceoladas o algunas veces espatuladas, enteras. Inflorescencias racemosas o paniculadas; brácteas subuladas. Segmentos del perianto 4 o 5, persistentes en el fruto; estambres 10-16, las anteras oblongas, basifijas; ovario súpero; estigmas 2 o 3. Frutos drupáceos, indehiscentes; semilla 1, reniforme, el endospermo farináceo. 2 gen., aprox. 13 spp., desde México hasta Argentina; 1 gen. y 2 spp. en Mesoamérica.

Bibliografía: Eliasson, U.H. *Fl. Ecuador* 46: 45-50 (1993). Walter, H. *Pflanzenr.* IV. 83(Heft 39): 1-154 (1909).

1. Achatocarpus Triana

Por R. Khan.

Árboles o arbustos; ramas en su mayoría armadas, con lenticelas y surcos longitudinales. Hojas elípticas, obovadas u oblongas, glabras o pelosas. Inflorescencias en su mayoría paniculadas, algunas veces racemosas. Segmentos del perianto 5; pedicelos bracteolados; filamentos filiformes, insertados alrededor del ovario rudimentario; estigmas 2. Frutos subglobosos; semilla lisa, negra y brillante. Aprox. 12 spp., desde México hasta Argentina; 2 spp. en Mesoamérica.

1. Hojas glabras, lanceoladas o lanceolado-elípticas, el ápice agudo o acuminado. **1. A. nigricans**
1. Hojas pelosas, obovado-oblongas o elíptico-oblongas, el ápice generalmente obtuso o redondeado. **2. A. pubescens**

1. Achatocarpus nigricans Triana, *Ann. Sci. Nat., Bot.* sér. 4, 9: 46 (1858). Sintipo: Colombia, *Triana s.n.* (K!). Ilustr.: no se encontró.

Achatocarpus mexicanus H. Walter, *Ampelocera hondurensis* Donn. Sm.

Árboles 2-10(-18) m, algunas veces arbustos; ramas pardo-gris, glabras. Hojas 3-12(-15) × 2-4(-6) cm, lanceoladas o lanceolado-elípticas, coriáceas o subcoriáceas, frecuentemente pardo-verde oliva opaco, glabras en ambos lados, la base cuneada o atenuada, los márgenes enteros o algunas veces crenulados, el ápice agudo o acuminado, algunas veces abruptamente mucronado; pecíolo 2-10(-15) mm, las hojas ocasionalmente sésiles. Inflorescencias 3-6(-7) cm, frecuentemente paniculadas, rara vez racemosas, las inflorescencias estaminadas considerablemente más pequeñas y menos patentes que las inflorescencias pistiladas; raquis glabro. Flores con sépalos 2-3 mm, en su mayoría orbiculares, obovados o elípticos; anteras 1.5-1.8 mm. Frutos 2-4(-6) mm; semilla 2.5-3(-4) mm. *Bosques densos, matorrales, laderas montañosas despejadas, orillas de arroyos y ríos, planicies arenosas.* T (*Matuda 3489*, MO); Ch (*Matuda 16335*, MO); Y (*Lundell 1425*, F); QR (*Quero et al. 2825*, MO); G (*Véliz & Véliz MV 27360*, BIGU); H (*Molina R. & Molina 26031*, NY); ES (*Sidwell et al. 646*, MO); N (*Robleto 319*, BM); CR (*Gentry et al. 71474*, MO). 0-500(-800) m. (México, Mesoamérica, Colombia, Venezuela, Ecuador).

2. Achatocarpus pubescens C.H. Wright, *Bull. Misc. Inform. Kew* 1906: 6 (1906). Sintipo: Ecuador, *Eggers 15503* (BM!). Ilustr.: Walter, *Pflanzenr.* IV. 83(Heft 39): 135, t. 40 (1909), como *A. mollis*.

Achatocarpus gracilis sensu Todzia (2001) non H. Walter, *A. mollis* H. Walter, *A. oaxacanus* Standl.

Árboles o arbustos, 2-4(-5) m; ramas en su mayoría puberulentas, pardo oscuro. Hojas 4-7 × 2-3.5 cm, obovado-oblongas o elíptico-oblongas, frecuentemente verde intenso, rara vez pardo olivo, en su mayoría cartáceas, rara vez subcoriáceas, el envés densamente peloso, el haz glabrescente pero frecuentemente peloso a lo largo de la costa, la base aguda a atenuada, los márgenes ciliados, el ápice generalmente obtuso o redondeado, frecuentemente con algunas muescas; pecíolo 1-5(-10) mm, puberulento. Inflorescencias 2-3(-4) cm, en su mayoría racemosas, rara vez paniculadas; raquis puberulento. Flores con sépalos 1-1.5(-2) mm, en su mayoría ovados a suborbiculares, algunas veces elíptico-lanceolados; anteras 1-1.5 mm. Frutos 2-3(-4) mm; semilla 1.5-2(-3) mm. *Selvas bajas caducifolias.* G (*Harmon & Dwyer 3533*, MO); H (*Holst 1784*, MO); ES (*Standley 21046*, US); N (*Neill 2388*, BM). 100-500 m. (México, Mesoamérica, Ecuador, Perú).

El material de *Achatocarpus pubescens* se consideró como *A. gracilis* H. Walter en la *Flora de Nicaragua* (Todzia, 2001). El ejemplar tipo de *A. gracilis* (*Langlassé 718* de Petatlán, Guerrero) es totalmente glabro, con hojas angostamente lanceoladas, mientras que el material de Mesoamérica presenta hojas con el envés uniformemente peloso. Algunos ejemplares de *Achatocarpus* de México (Jalisco y Michoacán) son glabros, como el ejemplar tipo de *A. gracilis*, mientras que otros son pelosos como los de Mesoamérica. Eliasson (1993), en su tratamiento de *Achatocarpus* para *Flora of Ecuador*, consideró que los límites específicos entre los taxones de *Achatocarpus* son poco claros y consisten de una serie de caracteres que se traslapan. Con esto en mente, se ha decidido incluir todos los taxones de hojas pelosas en *A. pubescens* y mantener *A. gracilis* como diferente hasta no tener más estudios. *Achatocarpus pubescens* es, según la información en la etiqueta de *Standley 21046* (US), de El Salvador, una especie supuestamente venenosa.

81. AMARANTHACEAE

Nota editorial: esta familia será tratada en un volumen posterior.

81A. CHENOPODIACEAE

Descripción de la familia y clave genérica por H. Flores-Olvera.

Hierbas anuales, perennes, o arbustos; plantas hermafroditas, monoicas, dioicas o polígamas; frecuentemente suculentas, glabras, farinosas con tricomas vesiculares o glandulares; algunas veces aromáticas. Hojas simples, alternas, rara vez opuestas, sin estípulas, sésiles o largamente pecioladas, suculentas o no, glabras, farinosas o glandular-aromáticas. Inflorescencias axilares o terminales, con flores solitarias, cimas, capítulos o en glomérulos simples o arreglados en espigas, racimos, panículas. Flores bisexuales o unisexuales, sésiles o cortamente pediceladas; brácteas ausentes o 1-5, deciduas o persistentes, foliosas, verdosas; perianto con 1-5 sépalos libres o connados en la base o hasta el ápice, persistente en fruto, comúnmente verdoso, la corola ausente; estambres ausentes o 1-5, generalmente en igual número que los sépalos y opuestos a ellos, los filamentos libres o connados en la base, las anteras ditecas con dehiscencia longitudinal comúnmente introrsa; pistilo ausente o con el ovario súpero, rara vez semiínfero, 1-locular, con 1 óvulo, este erecto y con funículo corto, o péndulo y con funículo alargado, placentación basal; estilos 2, libres o connados, o ausentes; estigmas 2-4, sésiles. Fruto un aquenio (rara vez un utrículo) con 1 semilla, indehiscente, el pericarpo y los sépalos adherentes a la semilla o no así, los sépalos alrededor del fruto acrescentes o no así, herbáceos, de diversas formas y ornamentaciones; semillas generalmente lenticulares, subglobosas o elipsoides, erectas, horizontales o invertidas, el embrión curvado, anular o enrollado en espiral comúnmente alrededor del perispermo. Aprox. 100 géneros y 1500 spp., distribución cosmopolita, pero más abundante en las regiones áridas y semiáridas, generalmente en hábitats ruderales o salinos intercontinentales y costeros; 8 gen. y 10 spp. en Mesoamérica.

Chenopodiaceae es tratada como una familia distinta de Amaranthaceae según Hernández Ledesma et al. (2015). En Mesoamérica incluye plantas comestibles cultivadas como la espinaca (*Spinacia oleracea*), la remolacha o acelga (*Beta vulgaris*); *Dysphania ambrosioides* es comestible y se utiliza como medicinal.

Bibliografía: Aellen, P. *Ill. Fl. Mitt.-Eur.* ed. 2, 3(2): 533-612 (1959-1979 [1960]); 613-692 (1959-1979a [1961]); 693-772 (1959-1979b [1961]). Calderón de Rzedowski, G. & Rzedowski, J. *Fl. Fanerog. Valle Méx.* ed. 2, 115-124 (2001). González, J. *Monogr. Syst. Bot. Missouri Bot. Gard.* 137: 196-226 (2020a). Hernández Ledesma, P. et al. *Willdenowia* 45: 281-383 (2015). Kühn, U. *Fam. Gen. Vasc. Pl.* 2: 253-281 (1993). Standley, P.C. *N. Amer. Fl.* 21: 1-93 (1916). Welsh, S.L. et al. *Fl. N. Amer.* 4: 258-261 (2003).

1. Ovario semiínfero; estigmas en fruto aplanados, ensanchados. **2. Beta**
1. Ovario súpero; estigmas en fruto filiformes.
  2. Hojas opuestas, connadas basalmente formando segmentos carnosos alrededor del tallo. **6. Salicornia**
  2. Hojas alternas u opuestas, no connadas basalmente.
    3. Flores pistiladas con 2 sépalos persistentes, encerrando totalmente al fruto.
      4. Estigmas 2, tan largos como los sépalos, pardos. **1. Atriplex**
      4. Estigmas 4 o 5, mucho más largos que los sépalos, blanquecinos. **7. Spinacia**
    3. Flores bisexuales o pistiladas con 4 o 5 sépalos persistentes, encerrando al fruto.
      5. Hojas glabras; suculentas. **8. Suaeda**
      5. Hojas diversamente pubescentes con tricomas de varios tipos; no suculentas.
        6. Plantas con tricomas glandulares, no farinosas, aromáticas. **5. Dysphania**
        6. Plantas con tricomas vesiculares, farinosas, no aromáticas.
          7. Tallos jóvenes y hojas con tricomas vesiculares totalmente colapsados cuando secos, principalmente caducos o rara vez presentes en la madurez; segmentos del perianto con un nervio principal prominente visible en el haz; semillas conspicuamente punteadas hasta algunas veces rugulosas o casi lisas. **3. Chenopodiastrum**
          7. Tallos jóvenes y hojas densamente cubiertos de tricomas vesicular-globosos en forma de copa cuando secos y principalmente persistentes en la madurez; segmentos del perianto sin un nervio principal prominente visible en el haz; semillas casi lisas a finamente estriadas y rugulosas, o diversamente punteadas. **4. Chenopodium**

1. Atriplex L., nom. & typ. cons.

Por H. Flores-Olvera.

Hierbas anuales o perennes, o arbustos, no suculentos; monoicas, dioicas o polígamas; farinosas con tricomas vesiculares, no aromáticas. Hojas alternas, rara vez opuestas, diversamente pubescentes, los márgenes enteros, sinuados a serrados o lobados; sésiles o pecioladas. Inflorescencias en glomérulos densos, pequeños, unisexuales o mixtos, simples o arreglados en espigas o panículas, o flores solitarias, axilares y terminales; afilas. Flores unisexuales, muy rara vez bisexuales; flores estaminadas funcionales, con 4 o 5 sépalos, comúnmente fusionados en la base, obovados, oblongos, obtusos; estambres 4 o 5, los filamentos libres o connados en la base; ovario rudimentario, súpero; flores pistiladas estrictas, con 2 sépalos, comúnmente connados desde la base o hasta arriba de la parte media, acrescentes encerrando al fruto en la madurez, herbáceos, con los márgenes enteros o dentados, las caras lisas o diversamente apendiculadas; ovario ovoide, los estigmas 2, tan largos como los sépalos, filiformes, pardos, connados en la base. Fruto con pericarpo membranáceo, comúnmente no adherido a la semilla; semillas homomorfas o heteromorfas (negras pequeñas y pardas más grandes), erectas o invertidas, la testa membranácea o coriácea, la radícula inferior, lateral o superior, el embrión anular rodeando el perispermo farináceo. 200-250 spp. de distribución cosmopolita; 1 sp. en Mesoamérica.

Bibliografía: Flores-Olvera, H.M. *Anales Inst. Biol. Univ. Nac. Autón. México, Bot.* 63: 155-194 (1992).

1. Atriplex tampicensis Standl., *N. Amer. Fl.* 21: 56 (1916). Holotipo: México, Tamaulipas, *Palmer 332* (US-[nr] 463276!). Ilustr.: Flores-Olvera, *Anales Inst. Biol. Univ. Nac. Autón. México, Bot.* 63: 189, t. 19 (1992).

Hierbas anuales o perennes, monoicas; tallos 30-100(-200) cm de alto, erectos o decumbentes, muy ramificados desde la base, prismáticos, leñosos en la base, glabrescentes. Hojas 10-40(-50) × 3-15 mm, angostamente elípticas, elípticas, angostamente oblongas, oblongas o lanceoladas, el haz glabrescente, verde-amarillento, el envés farináceo, la vena media evidente, las venas secundarias y terciarias comúnmente evidentes, la base cuneada, los márgenes enteros a sinuados, rara vez serrados, el ápice agudo a redondeado, mucronulado; pecíolo 0-2 mm. Inflorescencias de glomérulos estaminados en espigas o panículas laterales y terminales, hasta 60 (-100) mm, los glomérulos compuestos por flores pistiladas axilares. Fruto 3-5 × 3-7 mm, encerrado por 2 sépalos connados hasta la mitad, sésiles, transversalmente elípticos, transversalmente oblongos, a veces muy ampliamente obovados, las caras reticuladas a lisas, irregularmente tuberculadas o crestadas hacia la base, comúnmente con engrosamientos laterales, glabrescentes, los márgenes dentados desde el 1/4 proximal o distal, con 5-7(-11) dientes agudos, subfoliáceos, subiguales; semillas 1-2 mm de diámetro, pardas. Floración durante todo el año. *Asociaciones de halófitas, dunas costeras, manglares, matorrales de dunas secundarias, selvas bajas inundables*. Y (*Salinas-Peba 2643*, MEXU); C (*Zamudio 101*, MEXU); QR (*Cabrera & Cabrera 11501*, MEXU). 0-15 m. (Estados Unidos, México [Tamaulipas, Veracruz], Mesoamérica, Antillas).

Atriplex tampicensis tiene una variación compleja relacionada con *A. arenaria* Nutt. y *A. pentandra* (Jacq.) Standl. que se distribuyen en la costa del Atlántico desde Norteamérica hasta Sudamérica y el Caribe en dunas costeras y marismas salinas. *Atriplex arenaria* es de menor tamaño, erecta, escasamente ramificada, con hojas ampliamente elípticas de márgenes enteros; las flores estaminadas se organizan en glomérulos mixtos axilares y unisexuales en espigas discontinuas de hasta 35 mm (rara vez hasta 60); los sépalos en fruto son obtrulados. *Atriplex pentandra* se distingue por las hojas dentadas, las flores estaminadas en glomérulos arreglados en espigas axilares, los márgenes de los sépalos en fruto con menos dientes y las caras con un par de crestas.

2. Beta L.

Por H. Flores-Olvera.

Hierbas anuales, bianuales o perennes, comúnmente glabras, frecuentemente con raíces carnosas, engrosadas; hermafroditas; tallos erectos o procumbentes. Hojas alternas, pecioladas o sésiles; láminas ovado-cordadas a rómbico-cuneadas, los márgenes casi enteros o sinuados a ondulados, el ápice obtuso. Inflorescencias en cimas o glomérulos arreglados en espigas, sin brácteas, al menos en la mitad distal. Flores bracteadas; sépalos 3-5, fusionados a la base del ovario, escariosos, algunas veces petaloides, redondeados o aquillados abaxialmente; estambres 5; ovario semiínfero; estigmas comúnmente 2 o 3(-5), connados en la base. Frutos con pericarpo adnado al receptáculo, frecuentemente encerrados por los sépalos; semillas horizontales, orbiculares o reniformes, la testa parda, lisa, el embrión más o menos anular, rodeando el perispermo abundante. 7 spp. nativas de Eurasia; 1 sp. en Mesoamérica.

Bibliografía: Letschert, J.P.W. *Wageningen Agric. Univ. Pap.* 93: 1-27 (1993). Reed, C.F. *Man. Vasc. Pl. Texas* 528 (1979). Shultz, L.M. *Fl. N. Amer.* 4: 266-267 (2003a). Standley, P.C. & Steyermark, J.A. *Fieldiana, Bot.* 24(4): 137-143 (1946d).

1. Beta vulgaris L., *Sp. Pl.* 222 (1753). Lectotipo (designado por Letschert, 1993): Europa, *Herb. Van Royen 899.213-556* (L). Ilustr.: Aellen, *Ill. Fl. Mitt.-Eur.* ed. 2, 3(2): 552, t. 252 (1959-1979 [1960]). N.v.: Acelga, remolacha.

Hierbas anuales o bianuales, con raíces fibrosas o carnosas muy engrosadas; tallos 60-120 cm, muy ramificados hacia arriba, verdes o frecuentemente rojizos, profundamente sulcados. Hojas inferiores arrosetadas, después alternas con pecíolo de 1/2 hasta de igual longitud que la lámina; lámina hasta 20 × 13 cm, algo carnosa, rojo oscuro a verde, comúnmente con un nervio principal prominente, la base atenuada, los márgenes enteros, sinuados a undulados. Inflorescencias en cimas de 1-8 flores, axilares o terminales, arregladas en espigas simples, espaciadas, de hasta 30 cm. Flores urceoladas; sépalos 5, 3-5 × 2-3 mm, libres hacia el ápice, persistentes; receptáculo con un anillo carnoso, conspicuo; estigmas 2-5, planos, ensanchados. Frutos 3-5 mm, con pericarpo libre de la semilla, ruguloso; semilla 1.5-2 mm, pardo claro, brillante. Floración ago.-oct. *Cultivada.* G (*Arias & Véliz 93.3289*, MEXU); N (*Stevens 23507*, MO); CR (González, 2020: 208). (Nativa de Asia; cultivada como planta comestible).

3. Chenopodiastrum S. Fuentes-B., Uotila & Borsch

Chenopodium L. subsect. *Undata* Aellen & Iljin ex Mosyakin & Clemants.

Por H. Flores-Olvera.

Hierbas anuales, no suculentas, no aromáticas; tallos jóvenes y hojas glabrescentes con tricomas vesiculares, colapsados cuando secos y principalmente caducos; tallos erectos, ramificados. Hojas alternas, pecioladas; lámina triangular, engrosada, ovada, rómbico-ovada a lanceolada, los márgenes irregularmente dentados a lobados o pinnatífidos con lóbulos angostamente dentados. Inflorescencia con flores en glomérulos densos y pequeños arreglados en espigas o panículas, axilares y terminales, principalmente foliosas o afilas. Flores bisexuales o pistiladas; sépalos 5, connados basalmente, con un nervio principal prominente visible en el haz y una quilla abaxial prominente cerca del ápice, extendidos o encerrando el fruto en la madurez; estambres 5; ovario súpero; estigmas 2. Frutos con pericarpo membranáceo, comúnmente adherido firmemente a la semilla; semillas horizontales, lenticulares, de contorno redondo, los márgenes agudos a obtusos, la testa negra, con frecuencia conspicuamente punteada, a veces rugulosa o casi lisa. 5-7 spp. de distribución mundial; 1 sp. en Mesoamérica.

Bibliografía: Fuentes-Bazán, S. et al. *Willdenowia* 42: 5-24 (2012).

1. Chenopodiastrum murale (L.) S. Fuentes-B., Uotila & Borsch, *Willdenowia* 42: 14 (2012). *Chenopodium murale* L., *Sp. Pl.* 219 (1753). Lectotipo (designado por Brenan, 1954): Europa, *Herb. Linn. 313.6* (LINN). Ilustr.: Aellen, *Ill. Fl. Mitt.-Eur.* ed. 2, 3(2): 646, t. 288a-e (1959-1979a [1961]), como *Chenopodium murale*.

Anserina muralis (L.) Montandon, *Atriplex muralis* (L.) Crantz, *Vulvaria trachiosperma* Bubani.

Tallos 20-50 cm, ramificados desde la base; ramas proximales decumbentes. Hojas 0.8-4(-8) × 0.4-3(-5) cm, la base cuneada, redondeada a subtruncada, el ápice agudo a obtuso; pecíolo 1-2.5 cm. Inflorescencias 6-7 × 4-5 cm, en glomérulos arreglados en panículas laxas o densas, afilas; glomérulos 2-4 mm de diámetro, subglobosos. Flores bisexuales; sépalos 0.5-0.8 × 0.6-0.7 mm, ovados, con una quilla abaxial prominente, farinosos, el ápice agudo a obtuso, connados arriba de la parte media y encerrando incompletamente al fruto; filamentos sobrepasando ligeramente los lóbulos del cáliz; estigmas c. 0.2 mm, subulados, patentes, en fruto filiformes. Frutos deprimido-ovoides; pericarpo pustulado, cambiando a liso con la madurez; semillas 1-1.5 mm de diámetro, los márgenes agudos, diminutamente rugosas hasta más o menos lisas. Floración durante todo el año. *Maleza en terrenos cultivados.* Ch (*Breedlove & Raven 8273*, MEXU); G (*Véliz MV 27456*, MEXU); H (*Molina R. & Molina 34120*, MEXU); N (*Stevens 10105*, MO); P (D'Arcy, 1987: 114). (Nativa de Europa, Asia, África; naturalizada en el continente americano).

4. Chenopodium L.

Vulvaria Bubani.

Por H. Flores-Olvera.

Hierbas anuales o perennes, arbustos o pequeños árboles, no suculentas, no aromáticas, algunas veces fétidas; tallos jóvenes y hojas con frecuencia densamente farinosas, cubiertas con tricomas vesicular-globosos que se colapsan formando una estructura en forma de copa principalmente persistentes en la madurez; tallos erectos o ascendentes, postrados o trepadores, ramificados; ramas alternas o las más bajas algunas veces subopuestas. Hojas alternas u opuestas; lámina linear a trulada, rómbica o triangular-hastada, delgada o engrosada, algunas veces algo carnosa, los márgenes enteros a dentados o lobados; pecioladas. Inflorescencia con flores en glomérulos compactos o laxos, arreglados en espigas o panículas, terminales y laterales, sin brácteas o con hojas bracteiformes. Flores bisexuales o pistiladas; sépalos 4 o 5, algunas veces coloreados, connados cerca de la base o cerca de la mitad, comúnmente los márgenes membranáceos, redondeados a aquillados abaxialmente, en fruto algo cerrados o extendidos; estambres comúnmente 5; ovario súpero; estigmas 2. Fruto con pericarpo membranáceo o algunas veces suculento, firmemente adherido hasta o más o menos fácilmente desprendible de la semilla; semillas horizontales, globular-deprimidas a lenticulares, los márgenes redondeados a subagudos, la testa negra, casi lisa a finamente estriada, rugulosa o diversamente punteada, el embrión rodeando el perispermo farináceo, abundante. *Chenopodium* s. l. comprende 150 spp. (Kühn, 1993) principalmente de regiones templadas de todo el mundo; 2 spp. en Mesoamérica.

Chenopodium pratericola Rydb. fue reportada para Panamá por D'Arcy (1987) y Correa A. et al. (2004), pero no se han visto ejemplares de ese país y la especie solo se conoce de Estados Unidos.

Bibliografía: Clemants, S.E. & Mosyakin, S.L. *Fl. N. Amer.* 4: 275-299 (2003a). Fuentes-Bazán, S. et al. *Willdenowia* 42: 13-14 (2012). Reed, C.F. *Man. Vasc. Pl. Texas* 529-538 (1979).

1. Semillas esencialmente lisas o con tenues estrías reticulado-rugosas, el pericarpo liso o irregularmente rugoso, los márgenes obtusos; hojas glabrescentes en el haz, farinosas en el envés. **1. C. album**
1. Semillas y pericarpo foveolado-reticulados, los márgenes obtusos o redondeados; hojas farinosas cuando jóvenes, glabras con la edad. **2. C. berlandieri**

1. Chenopodium album L., *Sp. Pl.* 219 (1753). Lectotipo (designado por Brenan, 1954): Europa, *Herb. Linn. 313.8* (LINN). Ilustr.: Clemants & Mosyakin, *Fl. N. Amer.* 4: 296 (2003a).

Atriplex alba (L.) Crantz, *Botrys alba* (L.) Nieuwl.

Hierbas anuales; tallos 10-150 cm, erectos a patentes, simples a muy ramificados, esparcida a densamente farinosos. Hojas glabrescentes en el haz, farinosas en el envés; lámina 1-5.5(-12) × 0.5-3.8(-8) cm, ovado-lanceolada a rómbico-lanceolada o anchamente oblonga, la base angosta a anchamente cuneada, los márgenes sinuoso-dentados a algo serrados o enteros, el ápice agudo a subobtuso; pecíolo 1-2.5 cm, más corto que la lámina u ocasionalmente más largo. Inflorescencias en glomérulos de 3-4 mm de diámetro, subglobosos, arreglados en espigas de 2-19 cm, compuestas, laterales y terminales; brácteas ausentes. Flores con sépalos 5, c. 1 × 1.1 mm, connados en la base, ovados, aquillados, farinosos, el ápice obtuso, cubriendo totalmente el fruto en la madurez; estigmas 2, 0.2-0.3 mm. Utrículos deprimido-ovoides; pericarpo no adherente, ocasionalmente adherente, liso o irregularmente rugoso; semillas 0.9-1.6 mm de diámetro, lenticulares, los márgenes obtusos, la testa negra, esencialmente lisa o con tenues estrías reticulado-rugosas. Floración jul.-oct. *Suelos alterados en hábitats abiertos*. Ch (*Breedlove 34849*, MEXU); CR (*Khan et al. 953*, MEXU); P (*Hammel et al. 6965*, MO). 0-1400 m. (Introducida; posiblemente nativa de Europa).

2. Chenopodium berlandieri Moq., *Chenop. Monogr. Enum.* 23 (1840). Holotipo: México, estado desconocido, *Berlandier 1906* (G-DC). Ilustr.: no se encontró.

Botrys berlandieri (Moq.) Nieuwl., *Chenopodium album* L. var. *berlandieri* (Moq.) Mack. & Bush, *C. berlandieri* Moq. subsp. *yucatanum* Aellen.

Hierbas anuales; tallos 10-100 cm, erectos a ascendentes, muy ramificados a simples, farinosos. Hojas densamente farinosas cuando jóvenes, glabras con la edad; lámina 1.2-12(-15) × 0.5-7.5(-9) cm, angosta a anchamente lanceolada, rómbica, ovada o triangular, la base cuneada a truncada, los márgenes serrados, irregularmente dentados, o enteros, comúnmente con dos lóbulos basales, el ápice agudo a acuminado; pecíolo de 0.2-9 cm. Inflorescencia 5-17 cm en glomérulos arreglados en espigas compuestas; glomérulos 4-7 mm de diámetro, irregularmente redondeados; brácteas ausentes. Flores con sépalos 5, 0.7-1.5 × 0.7-1.3 mm, fusionados en la base, ovados a deltados, farinosos, en general prominentemente carinados, el ápice obtuso, cubriendo al fruto o no; estambres 5; estigmas 2, 0.3-0.5 mm. Frutos deprimido-ovoides; pericarpo adherente o no, foveolado-reticulado; semillas 1-2 mm de diámetro, redondeadas, los márgenes obtusos o redondeados, la testa parda a negra, foveolado-reticulada. Floración sep. *Maleza arvense, ruderal en lugares abiertos alterados*. Y (*Gaumer 2159*, MO); QR (*Gaumer 2437*, MO); G (Standley & Steyermark, 1946d: 141). 0-2500 m. (Estados Unidos, México [Cd. México, Chihuahua, Coahuila, Durango, Edo. México, Guanajuato, Guerrero, Hidalgo, Michoacán, Nuevo León, Oaxaca, Puebla, Sinaloa, Sonora, Tlaxcala, Veracruz, Zacatecas], Mesoamérica, Europa).

5. Dysphania R. Br.

Botrydium Spach non Wallr., *Chenopodium* L. sect. *Dysphania* (R. Br.) Aellen, *Neobotrydium* Moldenke.

Por H. Flores-Olvera.

Hierbas anuales o perennes de corta vida, no suculentas, con tricomas glandulares y glándulas subsésiles, aromáticas; tallos erectos, ascendentes, decumbentes o postrados, ramificados. Hojas alternas; lámina delgada, lanceolada, oblanceolada, ovada o elíptica, comúnmente pinnatilobada, los márgenes enteros, dentados o serrados; pecioladas. Inflorescencias terminales y axilares, en cimas compuestas, laxas, sin brácteas, o en glomérulos arreglados en espigas a menudo sostenidas por brácteas filiformes reducidas. Flores bisexuales o rara vez unisexuales; sépalos 1-5, principalmente libres cerca de la base y después cubriendo al fruto laxamente o fusionados desde la base y envolviendo al fruto, algunas veces tornándose blanquecinos, los márgenes membranáceos o herbáceos, casi redondos a aquillados abaxialmente (rara vez con cresta); estambres 1-5; ovario súpero; estigmas 1-3, filiformes. Fruto con pericarpo membranáceo, adherente o no a la semilla; semillas horizontales o verticales; subglobosas a lenticulares, ovoides, los márgenes obtusos a truncados, la testa pardo-rojiza o negra, lisa a rugosa o reticulada, el embrión anular o incompletamente anular, rodeando el perispermo farinoso, abundante. Aprox. 32 spp. en todo el mundo, principalmente en los trópicos, subtrópicos, regiones templado-cálidas; 2 spp. en Mesoamérica.

Bibliografía: Clemants, S.E. & Mosyakin, S.L. *Fl. N. Amer.* 4: 267-275 (2003b). Fuentes-Bazán, S. et al. *Willdenowia* 42: 18-19 (2012).

1. Estambres (3)4 o 5; sépalos sin apéndices; pericarpo no adherente; márgenes de las hojas enteros, laciniados, diversamente dentados a sinuado-dentados o sinuado-pinnatífidos. **1. D. ambrosioides**
1. Estambres 1(2); sépalos con una cresta evidente cerca de ápice; pericarpo adherente; márgenes de las hojas pinnatífidos o enteros en las hojas distales. **2. D. graveolens**

1. Dysphania ambrosioides (L.) Mosyakin & Clemants, *Ukrayins'k. Bot. Zhurn.* n.s. 59: 382 (2002). *Chenopodium ambrosioides* L. *Sp. Pl.* 219 (1753). Lectotipo (designado por Brenan, 1954): México, estado desconocido, *Herb. Linn 313.13* (LINN). Ilustr.: Aellen, *Ill. Fl. Mitt.-Eur.* ed. 2, 3(2): 588, t. 263a-c (1959-1979 [1960]), como *Chenopodium ambroisioides*. N.v.: Apazote, apazote de caballo, apazote de zorro, epazote; paico, peico, P.

Ambrina ambrosioides (L.) Spach, *A. ambrosioides* var. *anthelmintica* (L.) Moldenke, *A. anthelmintica* (L.) Spach, *Atriplex ambrosioides* (L.) Crantz, *A. anthelmintica* (L.) Crantz, *Blitum ambrosioides* (L.) Beck, *Botrys ambrosioides* (L.) Nieuwl., *B. anthelmintica* (L.) Nieuwl., *Chenopodium ambrosioides* L. subsp. *anthelminticum* (L.) Aellen, *C. ambrosioides* var. *anthelminticum* (L.) A. Gray, *C. anthelminticum* L., *Dysphania anthelmintica* (L.) Mosyakin & Clemants, *Neobotrydium ambrosioides* (L.) M.L. Zhang & G.L. Chu, *Orthosporum ambrosioides* (L.) Kostel., *Roubieva anthelmintica* (L.) Hook. & Arn., *Teloxys ambrosioides* (L.) W.A. Weber, *Vulvaria ambrosioides* (L.) Bubani.

Hierbas anuales o perennes de vida corta; tallos erectos o ascendentes, 0.30-100(-150) cm, simples o muy ramificados, sulcados, estriados. Hojas 1.5-8.5(-12) × 0.3-2(-3) cm, oblongas a ovadas, lanceoladas o rómbico-elípticas, puberulentas o cortamente vellosas, generalmente con abundantes glándulas de color ámbar, rara vez glabras, la base cuneada, los márgenes enteros, laciniados, gruesa e irregularmente dentados a sinuado-dentados o sinuado-pinnatífidos, el ápice obtuso a atenuado; pecíolo hasta 18 mm en hojas inferiores, las distales sésiles. Inflorescencias con flores en glomérulos densos 1.5-2.3 mm diámetro, globosos, arreglados en espigas densas o discontinuas de 3-7 cm, foliosas o desnudas; brácteas 0.3-2.5 cm, foliiformes, lanceoladas, oblanceoladas, espatuladas o lineares, el ápice obtuso, agudo o atenuado. Flores bisexuales; sépalos 4 o 5, 1-1.4 mm, connados cerca de la mitad de su longitud, la parte libre ovada, abaxialmente redondeados, sin apéndices, glabros o cortamente vilosos, generalmente glandular-pubescentes, el ápice obtuso; estambres (3)4 o 5, los filamentos casi tan largos como los lóbulos del cáliz; estigmas 3, patentes, alargados. Fruto completamente envuelto por los sépalos, el pericarpo rugoso a liso, no adherente; semilla horizontal o vertical, 0.6-0.9 × 0.6-0.8 mm, la testa rugosa a lisa, rojizo obscuro. Floración durante todo el año. *Bosques de coníferas, bosques húmedos subtropicales, bosques de pino-encino, selvas altas, selvas medianas, selvas bajas caducifolias, vegetación riparia, en sitios inundados, bordes de ríos y lagunas, ecotono entre manglar y selvas bajas, vegetación secundaria, como maleza ruderal, cultivada en huertos familiares, milpas, en solares*. T (*Zárate 71*, MEXU); Ch (*Ramos et al. 2446*, MEXU); Y (*Vargas 395*, MEXU); C (*Álvarez 85*, MEXU); QR (*Cabrera & Cabrera 14213*, MEXU); B (*Dwyer 14674*, MEXU); G (*Gereau & Martin 1884*, MEXU); H (*Croat & Hannon 63782*, MEXU); N (*Rueda et al. 13586*, MEXU); CR (*Liesner 14182*, MEXU); P (*Folsom 4906*, MO). 0-2700 m. (Estados Unidos, México [Baja California, Baja California Sur, Cd. México, Chihuahua, Coahuila, Colima, Durango, Edo. México, Guanajuato, Guerrero, Hidalgo, Jalisco, Michoacán, Morelos, Nayarit, Nuevo León, Oaxaca,

Puebla, Querétaro, San Luis Potosí, Sinaloa, Sonora, Tamaulipas, Tlaxcala, Veracruz, Zacatecas], Mesoamérica, Venezuela, Ecuador, Perú, Bolivia, Paraguay, Argentina, Antillas; naturalizada en los trópicos y regiones templado-cálidas del mundo).

Dysphania ambrosioides es una especie polimorfa, tratada aquí en sentido amplio; se reconoce fácilmente por su olor fuerte, el indumento glandular y los lóbulos del perianto totalmente fusionados tempranamente en el desarrollo. Es una maleza cosmopolita nativa de América. Tiene aplicaciones medicinales como vermífugo y en cataplasmas; también se le usa como condimento.

2. Dysphania graveolens (Lag. & Rodr.) Mosyakin & Clemants, *Ukrainian Bot. J.* 59: 383 (2002). *Chenopodium graveolens* Lag. & Rodr., *Anales Ci. Nat.* 5: 70 (1802). Lectotipo (designado por Mosyakin, 2021): cultivado, *Anon. s.n.* (MA-[cb] MA214007). Ilustr.: Clemants & Mosyakin, *Fl. N. Amer.* 4: 271 (2003b). N.v.: Apazote, epazote de zorro, guizh-met (zapoteco), pazote.

Ambrina incisa (Poir.) Moq., *Chenopodium ambrosioides* L. var. *graveolens* (Lag. & Rodr.) Speg., *C. incisum* Poir., *Teloxys graveolens* (Lag. & Rodr.) W.A. Weber.

Hierbas anuales; tallos 20-80 cm, erectos, simples o ramificados, frecuentemente rojizos. Hojas 1.7-4.5 × 0.7-2.6 cm, deltoide-ovadas u oblongas a angostamente oblongas, el haz verde brillante, glabro o diminutamente víscido-viloso, con glándulas sésiles, el envés con glándulas amarillas, esparcidamente pubescentes con tricomas cortos que rara vez tienen cabezas glandulosas, la base truncada o angostada, los márgenes sinuado-pinnatífidos, laciniado-pinnatífidos o enteros en las hojas distales, los lóbulos obtusos a largamente acuminados, el ápice agudo a acuminado, mucronado; pecíolo hasta 1.3 mm, delgado. Inflorescencias de numerosas cimas compuestas, laxas, axilares con pocas flores, formando panículas de 8.5-22 cm, desnudas, angostas, alargadas; brácteas 2.1-10.3 × 0.1-0.6 mm, filiformes, lanceoladas, generalmente ausentes en fruto, las flores sésiles en las axilas de las ramas y solitarias en la punta de las ramas delgadas laterales, las flores pediceladas comúnmente abortivas, los pedicelos espinosos. Flores unisexuales; sépalos 5, 0.5-0.7 × 0.35-0.6 mm, libres cerca de la base, la parte libre ovada, abaxialmente con una cresta evidente cerca de ápice, cubiertos con glándulas sésiles amarillas, el ápice acuminado; estambres 1(2); estigmas 2. Frutos subglobosos, incompletamente envueltos por los sépalos; pericarpo adherente, membranáceo, papiloso, tornándose rugoso, comúnmente con manchas blancas; semilla 0.6-0.9 × 0.5-0.7 mm, horizontal, subglobosa, la testa rugosa, pardo obscuro, los márgenes obtusos. Floración may.-nov. *Bosques de encino-pino, bosques de galería con* Taxodium, *selvas bajas caducifolias, bosques de neblina, áreas altamente perturbadas, ruderal en cultivos.* Ch (*Breedlove 39581*, MEXU); G (*Sajtoj & Véliz 93.3067*, MEXU). 900-3000 m. (Estados Unidos, México [Aguascalientes, Baja California, Cd. México, Chihuahua, Coahuila, Durango, Edo. México, Guanajuato, Hidalgo, Jalisco, Michoacán, Morelos, Nuevo León, Oaxaca, Puebla, Querétaro, San Luis Potosí, Sonora, Tlaxcala, Veracruz, Zacatecas], Mesoamérica, Argentina, África).

6. Salicornia L.

Por H. Flores-Olvera.

Hierbas anuales, raramente perennes de vida corta, sufrútices o arbustos, raramente subcespitosos o pulviniformes, suculentas, glabras; tallos erectos a postrados o decumbentes, enraizando o no. Hojas opuestas, decusadas, sésiles, connadas en la base, decurrentes y adnadas al tallo formando segmentos; láminas reducidas a escamas carnosas formando un anillo angosto en el ápice de cada segmento, carnosas en la base y comúnmente con los márgenes enteros, angostos, escariosos, anchamente obtusas a agudas en el ápice; cada par de hojas separadas entre sí por un surco que rodea el tallo. Inflorescencias terminales en el tallo principal, y en algunas o todas las ramas, en tirsos sésiles como espigas, aparentemente articuladas, bracteadas; cada segmento fértil compuesto de cimas decusadas de (1-)3-13 flores, las flores dispuestas en triángulo o en hileras en la axila de la bráctea; flores de cada cima separadas por particiones (rara vez flores fusionadas con el raquis carnoso y no visibles). Flores bisexuales o unisexuales; sépalos 3 o 4 unidos hasta el ápice, suculentos, engrosados o esponjosos en fruto; estambres 1 o 2; ovario súpero; estigmas 2 o 3. Frutos con pericarpo membranoso; semillas verticales, elipsoides, la testa membranácea, con tricomas uncinados, cónicos cortos, o verruculosas, rugosas o casi lisas y solamente diminutamente tuberculadas sobre la radícula; embrión conduplicado, el perispermo ausente. Aprox. 46 spp., halófitas de distribución mundial; 1 sp. en Mesoamérica.

Bibliografía: Ball, P.W. *Fl. N. Amer.* 4: 382-384, 385 (2003). Piirainen, M. et al. *Taxon* 66: 109-132 (2017).

1. Salicornia bigelovii Torr. in Emory, *Rep. U.S. Mex. Bound.* 2(1): 184 (1859). *Salicornia mucronata* Bigelow, *Fl. Boston.* ed. 2, 2 (1824) non Lag. (1817). Holotipo: Estados Unidos, *Anon. s.n.* (NEBC-[cb] 00057676). Ilustr.: Ball, *Fl. N. Amer.* 4: 385 (2003).

Hierbas anuales, raramente perennes de vida corta; tallos pocos a muchos, 10-50 cm, erectos, robustos, patentes o ascendentes, verdes, algunas veces tornándose rojos, simples o con ramas primarias y secundarias, las últimas ramas cortas o largas, las partes basales lignificadas en la madurez. Hojas con ápices de 2-4 mm, agudamente mucronados. Inflorescencia terminal en todas las ramas, 2-12 cm, con 5-25 segmentos fértiles de 2-5 × 4.5-6.2 mm, más anchos que largos, en tirsos sésiles como espigas cilíndricas, compuesto por cimas decusadas de tres flores; brácteas con ápices agudos evidentemente mucronados, casi ocultando las cimas. Flores bisexuales, arregladas en triángulo, la central comúnmente un poco más larga que las flores laterales, 2.2-2.8 × 2-2.8 mm; anteras exertas. Semillas 1.5-2 mm, pardo obscuro, la testa con tricomas uncinados. Floración may.-oct. *Matorrales de dunas costeras, pastizales, manglares, vegetación halófila.* T (*Magaña 2314*, MEXU); Ch (*Rejmankova s.n.*, MEXU); Y (*Tapia et al. 2288*, MEXU); C (*Cabrera & Cabrera 14816*, MEXU); QR (*Cabrera 11110*, MEXU); B (*Nee & Atha 46866*, MO). 0-30 m. (Estados Unidos, México [Baja California, Baja California Sur, Jalisco, Nayarit, Sinaloa, Sonora], Mesoamérica, Antillas).

Piirainen et al. (2017) proponen cuatro sublinajes de *Salicornia*, incluyendo *Sarcocornia*, con apoyo filogenético y geográfico, dos de los cuáles contienen especies de América. Para Mesoamérica se reconoce solo *Salicornia bigelovii* perteneciente a *S.* subg. *Salicornia*. Esos autores consideran que este subgénero incluye hierbas suculentas anuales con las partes basales lignificadas en la madurez. Algunas colectas de Mesoamérica tienen tallos robustos patentes, leñosos en la base, rara vez con raíces secundarias. Aunque estas características podrían sugerir que estas ramas provienen de pequeños arbustos de *S.* subg. *Amerocornia* Piirainen & G. Kadereit, los colectores han indicado que las plantas son hierbas anuales o han omitido la forma de vida. Los especímenes fértiles tienen todas las ramas con cimas decusadas de 3 flores arregladas en triángulos y las semillas tienen tricomas uncinados que concuerdan con el *S.* subg. *Salicornia*, por lo que aquí se consideran como *S. bigelovii*. Ball (2003) indicó que, si bien el hábito podría ser útil taxonómicamente, al haber plantas postradas con tallos leñosos prontamente enraizados en el sustrato, como *S. perennis* Mill., otras como *S. pacifica* Standl., son arbustos procumbentes a erectos en donde los tallos leñosos comúnmente no forman raíces, pero que esta diferencia en el hábito es confundida por factores externos; las especies erectas se vuelven procumbentes por el movimiento del agua, o por estar enterradas en depósitos de limo o arena. En cambio, las especies postradas enraizadas pueden ser perturbadas por erosión y parecen ser procumbentes no enraizadas.

7. Spinacia L.

Por H. Flores-Olvera.

Hierbas anuales o bianuales, glabras; monoicas; tallos erectos, simples o ramificados. Hojas basales o alternas; lámina triangular-hastada a ovada, algunas veces con lóbulos alargados, los márgenes enteros o dentados, el ápice agudo; pecioladas. Inflorescencias con flores pistiladas sésiles en las axilas de las hojas; flores estaminadas en espigas densas terminales. Flores unisexuales, rara vez bisexuales; flores estaminadas con 4 o 5 sépalos, fusionados en la base, con 4 o 5 estambres; flores pistiladas con 2 sépalos acrescentes, persistentes, encerrando al fruto en la madurez, connados hasta el ápice; ovario súpero; estigmas 4 o 5. Frutos encerrados por los sépalos acrescentes, esclerosados; pericarpo membranáceo, adherido a la semilla; semillas verticales, la testa pardo obscuro, espinosa o lisa; embrión anular, rodeando el perispermo farináceo, abundante, la radícula inferior. 3 spp., nativas de Eurasia, cultivadas en todo el mundo; 1 sp. cultivada en Mesoamérica.

Bibliografía: Reed, C.F. *Man. Vasc. Pl. Texas* 538 (1979). Shultz, L.M. *Fl. N. Amer.* 4: 302 (2003b).

1. Spinacia oleracea L., *Sp. Pl.* 2: 1027 (1753). Lectotipo (designado por Hedge en Jarvis et al., 1993): *Herb. Linn. 1174.1* (LINN). Ilustr.: Aellen, *Ill. Fl. Mitt.-Eur.* ed. 2, 3(2): 588, t. 263d-m (1959-1979 [1960]). N.v.: Espinaca.

Chenopodium oleraceum (L.) E.H.L. Krause.

Hierbas anuales; tallos 30-35 cm, robustos, foliosos. Hojas numerosas, 4-10 cm, triangular-ovadas, hastadas o subhastadas, la base cuneada, los márgenes enteros o sinuado-dentados, el ápice agudo; pecíolo 1-4 cm, gradualmente más corto distalmente. Flores estaminadas en glomérulos arreglados en espigas terminales interrumpidas, los sépalos oblongos, obtusos, las anteras exertas. Flores pistiladas, axilares, los sépalos 2-4 mm, orbicular-obovados, comúnmente más anchos que largos, sésiles, verdes, connados excepto en el ápice, comúnmente con una espina terminal cada uno; estigmas 4 o 5, filiformes, connados en la base, largamente exertos, blanquecinos. Semilla ligeramente comprimida, aguda en la base. Floración may.-oct. *Cultivada ocasionalmente como planta comestible.* CR (González, 2020: 197). (Nativa de Asia; cultivada en el mundo).

8. Suaeda Forssk. ex J.F. Gmel., nom. & typ. cons.

Por H. Flores-Olvera.

Hierbas anuales o perennes, sufrútices o arbustos, glabras o pubescentes; tallos postrados a erectos, simples o ramificados, no suculentos. Hojas alternas u opuestas; lámina linear, lanceolada, oblanceolada o elíptica, aplanada, suculenta, semiterete o terete, glauca o verde, la base comúnmente angostada, los márgenes enteros, el ápice obtuso o redondeado a agudo o apiculado; sésiles o cortamente pecioladas. Inflorescencia en cimas dicasiales, arregladas en glomérulos comúnmente dispuestos en espigas compuestas o racimos; brácteas foliosas o sin ellas, con 1-7 bractéolas subyacentes, 0-1.5 mm, persistentes, ovadas a lanceoladas, membranáceas, los márgenes enteros o laciniados, a veces ciliados, el ápice redondeado o agudo a acuminado. Flores bisexuales o unisexuales; sépalos 5, libres o connados en la base o casi totalmente connados, comúnmente suculentos, el perianto actinomorfo, zigomorfo, o irregular, los segmentos del perianto persistentes, encerrando al fruto, los márgenes más o menos escariosos; estambres (1-)5, las anteras exertas o incluidas; ovario súpero, los estigmas 2-5. Frutos con pericarpo beráceo, tornándose membranáceo y más o menos adherido a la semilla; semillas horizontales o verticales, algunas veces dimórficas, subglobosas o lenticulares a aplanadas, la testa negra, pardo-negruzca, rojo-negruzca o verde-parduzca, lisa o papilada a reticulada, el embrión enrollado, el perispermo ausente o escaso. Aprox. 110 spp. de distribución cosmopolita en humedales salinos o alcalinos (Ferren & Schenk, 2003); 1 sp. en Mesoamérica.

Suaeda mexicana (Standl.) Standl. es una especie del altiplano mexicano y no se encuentra en Mesoamérica.

Bibliografía: Ferren, W.R. & Schenk, H.J. *Fl. N. Amer.* 4: 390-398 (2003). Hopkins, C.O. & Blackwell, W.H. *Sida* 7: 147-173 (1977).

1. Suaeda linearis (Elliott) Moq., *Chenop. Monogr. Enum.* 130 (1840). *Salsola linearis* Elliott, *Sketch Bot. S. Carolina* 1: 332 (1817). Tipo: Estados Unidos, *Anon. s.n.* (CHARL-[nr] BY2361!). Ilustr.: no se encontró.

Chenopodina linearis (Elliott) Moq., *Dondia linearis* (Elliott) A. Heller.

Hierbas anuales o perennes, glabras; tallos 20-100 cm, erectos o ascendentes, verde obscuro a rojizos o glaucos, muy ramificados desde la base, leñosos en la base; ramas ascendentes o patentes, no decumbentes, delgadas, estriadas. Hojas con lámina 10-50 × 1-3 mm, estrechamente linear, plano-convexa a semiterete, la base envolvente al tallo, el ápice agudo. Glomérulos arreglados comúnmente en espigas compuestas, ramificadas, 5-25 cm; brácteas 3-7(-12) × 2-4 mm, más cortas que las hojas. Flores bisexuales; sépalos fusionados en la base, el perianto más o menos irregular o zigomorfo, 1.2-2.5 mm de diámetro, al menos un sépalo abaxialmente redondeado y aquillado y/o distalmente encapuchado, el ápice agudo; estigmas 2 o 3, fusionados hasta la mitad. Fruto envuelto por los sépalos comúnmente esponjosos, fusionados casi hasta el ápice, 3-4 mm de diámetro, el pericarpo corrugado no adherente con la semilla; semillas horizontales, dimorfas, lenticulares, de 1-1.8 mm de diámetro, con la testa negra, finamente reticulada, brillante, o aplanadas de 1.5-2.6 mm, con la testa parda, opaca, finamente reticulada. Floración abr.-ene. *Dunas costeras, matorrales de dunas secundarias, manglares, zonas inundadas, selvas bajas caducifolias, selvas bajas inundables secundarias, ecotono de manglar-selva baja-duna costera.* Y (*Salinas-Peba 1254*, MEXU); C (*Tovar-Montalvo et al. 017*, UCAM); QR (*Cabrera & Cabrera 14191*, MO). 0-100 m. (Estados Unidos, México [Tamaulipas, Veracruz], Mesoamérica, Bahamas).

82. STEGNOSPERMATACEAE

Descripción de la familia por A.R. Vickery.

Arbustos. Hojas espatuladas, elípticas, ovadas u orbiculares, pecioladas, coriáceas a levemente suculentas; estípulas ausentes. Inflorescencias en racimos (en címulas en algunas especies fuera de Mesoamérica); flores con el perianto pareciendo ser 2-seriado debido a la presencia de estaminodios petaloides; sépalos 5; estambres 5-10; ovario súpero, globoso, con 3-5 carpelos; estigmas 3-5, recurvados. Fruto una cápsula 3-5-locular; semillas 3-5, ariladas. Familia monogenérica con 3 spp., desde México hasta Nicaragua, Antillas; 1 sp. en Mesoamérica.

Bibliografía: Bedell, H.G. *Syst. Bot.* 5: 419-431 (1980 [1981]). Rogers, D.J. *Ann. Missouri Bot. Gard.* 36: 475-477 (1949).

1. Stegnosperma Benth.

Por A.R. Vickery.

Véase la descripción de la familia.

1. Stegnosperma cubense A. Rich. in Sagra, *Hist. Fís. Cuba, Bot.* 10: 309 (1845). Lectotipo (designado aquí): Cuba, *Sagra s.n.* (P-[cb] P00106278!; isolectotipos: P-[cb] P00106279, P-[cb] P00106280, P-[cb] P00106281!). Ilustr.: Fawcett & Rendle, *Fl. Jamaica* 3: 161, t. 57 (1914), como *S. halimifolia.*

Arbustos hasta 4 m, algunas veces escandentes, a veces creciendo como bejucos. Hojas 4-10 × 2.2-8 cm, ovadas a orbiculares; pecíolos 3-18 mm. Racimos 7.5-26 cm, axilares o terminales, con muchas flores; sépalos c. 3.7 × 2 mm, persistentes; estambres 5-10; filamentos c. 4 mm; anteras c. 1.5 mm; ovario con 3(4) carpelos; estigmas 3(4). Fruto c. 5 mm de diámetro, pardo pálido con tonalidades rosado-púrpura; semillas negras; arilo pardo pálido o rojo. *Dunas arenosas, bosques tropicales secos.* Ch (*Morley 710*, MO); G (*Harmon & Dwyer 3532*, MO); ES (*Harmon & Fuentes 4999*, MO); N (*Robbins 6116*, BM); CR (*Liesner 2284*, MO). 0-100 m. (México [Baja California, Coahuila, Colima, Edo. México, Guerrero, Jalisco, Michoacán, Nayarit, Oaxaca, Sinaloa, Veracruz], Mesoamérica, Cuba, República Dominicana, Jamaica, Puerto Rico).

Stegnosperma fue tradicionalmente incluida en Phytolaccaceae. Según Bedell (1980 [1981]), el nombre *S. scandens* (A. Rob. ex Lunan) Standl., una especie endémica de Baja California, fue erróneamente aplicado a esta especie en la *Flora of Guatemala* (Standley & Steyermark, 1943).

83. AIZOACEAE

Descripción de la familia y clave para géneros por S. Knapp.

Hierbas anuales o perennes, o subarbustos, generalmente muy suculentos. Hojas alternas u opuestas, generalmente simples y enteras, rara vez dentadas o pinnatífidas, en ocasiones reducidas a escamas, carnosas y suculentas, glabras o pelosas, la epidermis con idioblastos especializados en almacenamiento de agua y de apariencia papilosa; estípulas ausentes o rara vez presentes e interpeciolares. Inflorescencias axilares o terminales, cimosas, o las flores solitarias. Flores bisexuales o unisexuales y las plantas monoicas o dioicas, carnosas, por lo general de colores brillantes; tépalos 3-8, carnosos, connados en la base formando un ciatio floral; estaminodios numerosos, petaloides, delgados y con forma de cinta o ausentes (en Mesoamérica); estambres 3-muchos, períginos o epíginos, los filamentos libres o connados basalmente en fascículos, las anteras con 2 tecas de dehiscencia longitudinal; ovario súpero a ínfero, 1-5(-20)-locular, la placentación en general axial, en ocasiones parietal o central; estilos y estigmas iguales en número a los lóculos. Fruto una cápsula loculicida o circuncísil, una nuez o nuececilla indehiscente, o abayado; semillas frecuentemente ariladas, el embrión grande. Aprox. 120 gen., 2000-2500 spp., en las zonas tropicales y templadas del hemisferio sur, más diversa en Sudáfrica y Australia; 3 gen., 4 spp. en Mesoamérica.

El número de géneros en Aizoaceae varía desde c. 12 hasta 127 dependiendo de cómo sean tratados *Mesembryanthemum* L. y sus segregados; Hartmann (1993) reconoció, por ej., 127 géneros de los cuales 115 son derivados de *Mesembryanthemum.* Los miembros de las subfamilias Mesembryanthemoideae Burnett y Ruschioideae (sensu Hartmann, 1993 non Schwantes) han sido registrados en cultivo como plantas de jardín en Mesoamérica (Breedlove, 1986; Molina R., 1975; Standley & Steyermark, 1946a) y en México (Rico-Gray, 1979). *Mesembryanthemum blandum* Haw. ha sido registrada de Honduras (Molina R., 1975) y de Guatemala (Standley & Steyermark, 1946a), donde esta se conoce bajo el nombre común de "uña de gato". Los segregados de *Mesembryanthemum*, *Delosperma brunnthaleri* (A. Berger) Schwantes ex H. Jacobsen (*Montalvo 6362*, MO) y *Aptenia cordifolia* (L. f.) Schwantes se han registrado como cultivadas en El Salvador, la última, llamada "siempreviva", es también cultivada como planta de maceta en Guatemala (Standley & Steyermark, 1946a). *Lampranthus multiradiatus* (Jacq.) N.E. Br. ha sido registrada como cultivada en Chiapas (Breedlove, 1986). Las especies de estas dos subfamilias difieren de las especies nativas o adventicias de Aizoaceae en Mesoamérica por tener pétalos conspicuamente lineares, con forma de cinta (en realidad los estaminodios), que son frecuentemente de color magenta brillante o rosado.

1. Hojas alternas o las más proximales algunas veces opuestas; ovario semiínfero o ínfero; fruto indehiscente. **2. Tetragonia**
1. Hojas estrictamente opuestas o subopuestas; ovario súpero (en Mesoamérica); fruto circuncísil.
  2. Estípulas ausentes; hojas en cada nudo del mismo tamaño; estilos 3 o 4 (en Mesoamérica). **1. Sesuvium**
  2. Estípulas presentes; hojas en cada nudo marcadamente desiguales; estilo 1. **3. Trianthema**

1. Sesuvium L.

Halimus Kuntze.

Por S. Knapp.

Hierbas o subarbustos, postrados o suberectos, frecuentemente enraizando en los nudos; tallos suculentos, glabros. Hojas opuestas, todas del mismo tamaño en cada nudo, suculentas, lineares, glabras, las bases unidas en el nudo formando una base amplexicaule o envainadora, los márgenes enteros; estípulas ausentes. Inflorescencias de flores axilares solitarias, con 2 brácteas; pedicelos ausentes o presentes. Flores bisexuales, el perianto de 1 solo verticilo; tépalos 5-partidos, triangulares, con un apéndice abaxialmente; estambres 5-15(-muchos), los filamentos libres o unidos, dispuestos sobre el ciatio floral; ovario súpero (Mesoamérica) o en ocasiones semiínfero, 2-5-locular; estilos 2-5; estigmas longitudinales, papilosos. Fruto una cápsula circuncísil; semillas varias a numerosas, negras, cocleadas, anulares o reniformes, lisas. Aprox. 6 spp., distribución pantropical; 2 spp. en Mesoamérica.

1. Flores sésiles; estambres 5; cápsulas ovoides. **1. S. maritimum**
1. Flores pediceladas; estambres numerosos; cápsulas cónicas. **2. S. portulacastrum**

1. Sesuvium maritimum (Walter) Britton, Sterns & Poggenb., *Prelim. Cat.* 20 (1888). *Pharnaceum maritimum* Walter, *Fl. Carol.* 117 (1788). Neotipo (designado por Ward, 2008): Estados Unidos, *Nelson 5850* (USCH). Ilustr.: Rico-Gray, *Fl. Veracruz* 9: 5, t. 1 (1979).

Halimus maritima (Walter) Kuntze, *Sesuvium pentandrum* Elliott.

Hierbas anuales, postradas y formando densos tapetes de hasta 2 m de diámetro. Hojas c. 2.5 × 1 cm, espatuladas a oblongo-lanceoladas u obovadas, las venas visibles, pero solo la vena media conspicua, la base envainadora, los márgenes enteros, el ápice agudo a obtuso. Flores sésiles; tépalos 2-3 mm, ovados a oblongo-ovados, rosado pálido adaxialmente, persistentes; estambres 5; ovario 2-locular; estilos 2. Cápsulas c. 4 mm, ovoides, verdes o pardas; semillas 5-60, pardo oscuro, anulares. *Playas, manglares*. B (*Vincent et al. 5950*, MO). c. 0 m. (Estados Unidos, México, Mesoamérica, Antillas).

2. Sesuvium portulacastrum (L.) L., *Syst. Nat.* ed. 10, 2: 1058 (1759). *Portulaca portulacastrum* L., *Sp. Pl.* 446 (1753). Lectotipo (designado por Wijnands, 1983): Hermann, *Parad. Bat.* 212 (1698). Ilustr.: Rico-Gray, *Fl. Veracruz* 9: 9, t. 2 (1979). N.v.: Tsaycan, verdolaga de playa, Y; denkum biski (Kuna), P.

Halimus portulacastrum (L.) Kuntze, *Sesuvium ortegae* Spreng., *S. pedunculatum* Pers., *S. revolutifolium* Ortega, *S. sessile* Pers., *S. sessiliflorum* Dombey ex Rohrb.

Hierbas perennes, rastreras o erectas, hasta 2 m de diámetro. Hojas 2-6 × 0.3-1.5 cm, oblongas a oblongo-lanceoladas, las venas no visibles, la base envainadora, los márgenes enteros, el ápice obtuso o redondeado. Flores con pedicelo 2-11 mm; tépalos c. 10 × 6 mm, ovado-lanceolados a lanceolados, persistentes, de color púrpura-rojizo adaxialmente; estambres numerosos; ovario 3 o 4-locular; estilos 3 o 4. Cápsulas 9-11 mm, cónicas, verdes o parduscas; semillas 8-30, negras, lenticular-reniformes. *Playas, manglares, dunas costeras*. T (*Magaña & Cowan 2128*, MEXU); Ch (*Breedlove 25557*, MEXU); Y (*Miranda 8325*, MEXU); C (*Herrera 151*, MEXU); QR (*Rico-Gray 134*, MEXU); B (*Whitefoord 3341*, BM); G (*Anon. 141*, MEXU); H (*Nelson et al. 9756*, MO); ES (*Sidwell et al. 664*, BM); N (*Stevens 23051*, MO); CR (*Grayum et al. 5130*, BM); P (*Herrera & Mojica 570*, MO). 0-50 m. (Estados Unidos, México, Mesoamérica, Colombia, Venezuela, Guyana, Ecuador, Galápagos, Perú, Bolivia, Brasil, Paraguay, Chile, Argentina, Antillas; Asia, África, Australia).

2. Tetragonia L.

Por S. Knapp.

Hierbas o subarbustos, generalmente erectos; tallos carnosos o suculentos, glabros o pelosos. Hojas alternas o algunas veces las basales opuestas, carnosas, pero no redondeadas y suculentas, la base diversamente atenuada, los márgenes enteros; estípulas ausentes. Inflorescencias axilares, fasciculadas o de flores solitarias, o cimosas, sésiles o pedunculadas, algunas veces bracteoladas; pedicelos ausentes o presentes. Flores bisexuales o unisexuales, el perianto en 1 solo verticilo; tépalos 3-5, triangulares o deltados; estambres (1-)4-20, los filamentos libres o unidos en la base, dispuestos sobre el ciatio floral; ovario semiínfero o ínfero, (1-)3-9-locular; estilos iguales en número a los carpelos; estigmas lineares, papilosos. Fruto una nuez indehiscente, 3-5-angular, dura; semillas varias a numerosas, negras o pardas, piriformes a reniformes, lisas. Aprox. 50-60 spp., en Sudamérica (11 spp.), África, Australia, Nueva Zelandia, 1 sp. ampliamente naturalizada en regiones templadas y subtropicales; 1 sp. en Mesoamérica.

Bibliografía: Taylor, C.M. *Syst. Bot.* 19: 575-589 (1994).

1. Tetragonia tetragonoides (Pall.) Kuntze, *Revis. Gen. Pl.* 1: 264 (1891). *Demidovia tetragonoides* Pall., *Enum. Hort. Demidof* 150 (1781). Material original: Pallas, *Enum. Hort. Demidof* t. 1 (1781), como *D. tetragonoides*. Ilustr.: Gonçalves, *Fl. Iberica* 2: 79, t. 20 (1990). N.v.: Espinaca, N; espinaca de Nueva Zelandia.

Tetragonia expansa Murray.

Hierbas anuales, hasta 0.5 m, erectas. Hojas 3.5-11 × 2.5-8 cm, ovadas a lanceoladas, glabras o diminutamente estrigulosas, triplinervias a pinnadas, las venas visibles, la base aguda a cuneada, tornándose a largamente atenuada, los márgenes enteros, el ápice agudo; pecíolo 0-6 mm. Inflorescencias de 1-3 flores axilares; pedúnculo 1-4 mm. Flores bisexuales; tépalos 4, 1.5-2 × 1-1.5 mm, ovados a anchamente triangulares, verdes; estambres c. 10, los filamentos 1-1.5 mm; ovario ínfero, 5-angulado; estilos 5, 1.5-2 mm. Nueces 7-10 × 6-12 mm, turbinadas, subsésiles, marcadamente 5-anguladas, las estrías terminando en cornículos curvos 1-3 mm. *Cultivada y en ocasiones escapada*. H (Molina R., 1975: 45, como *Tetragonia expansa*); N (*Stevens 23515*, MO). 0-100 m. (Estados Unidos, México, Mesoamérica, Venezuela, Ecuador, Perú, Bolivia, Chile, Argentina, Japón, Nueva Zelandia, Nueva Caledonia; nativa de zonas costeras en Chile, Argentina, Japón, Nueva Zelandia).

3. Trianthema L.

Portulacastrum Juss. ex Medik.

Por S. Knapp.

Hierbas o subarbustos, anuales o de vida muy corta, postradas o erectas; tallos suculentos, glabros o puberulentos. Hojas opuestas o subopuestas, las hojas en cada nudo marcadamente desiguales, lineares a orbiculares, suculentas o semisuculentas, la base amplexicaule o envainadora, los márgenes enteros; estípulas presentes. Inflorescencias axilares, las flores solitarias o en fascículos, en ocasiones unidas con la base de la hoja y ocultas; pedicelos ausentes o presentes. Flores bisexuales, el perianto de 1 solo verticilo; tépalos 5, triangulares, algunas veces con un apéndice distal; estambres 5, 10 o numerosos, sobre el borde del ciatio floral, cuando en igual número que los tépalos entonces alternos con estos; ovario súpero, 1-locular; estilo 1, linear. Fruto una cápsula circuncísil; semillas cocleadas o reniformes, ásperas. Aprox. 9 spp., 1 sp. pantropical, 1 sp. en Argentina, y el resto en África, Asia y Australia; 1 sp. en Mesoamérica.

1. Trianthema portulacastrum L., *Sp. Pl.* 223 (1753). Lectotipo (designado por Jeffrey, 1960): Hermann, *Parad. Bat.* 213 (1698). Ilustr.: Rico-Gray, *Fl. Veracruz* 9: 11, t. 3 (1979). N.v.: Verdolaga, Y.

Portulacastrum monogynum (L.) Medik., *Trianthema flexuosa* Schumach. & Thonn., *T. monogyna* L., *T. procumbens* Mill.

Hierbas anuales, erectas o más generalmente patentes, formando tapetes de hasta 1 m de diámetro; tallos jóvenes pelosos. Hojas 1-7 × 0.5-6 cm, obovadas a suborbiculares, suculentas, de diferente tamaño, con la menor 1/2 del tamaño de la mayor, las venas no visibles, excepto por la vena media, la base envainadora, con un apéndice interpeciolar de c. 3 mm, los márgenes enteros, el ápice abruptamente redondeado, algunas veces apiculado; pecíolo 2-30 mm, envainador. Inflorescencias axilares, las flores solitarias, sésiles; pedicelos ausentes. Tépalos c. 1.5 × 1 mm, verdes; estambres 10, dispuestos sobre el borde del ciatio floral; ovario lobado en el ápice. Cápsulas c. 5 × 4 mm, generalmente ocultas por dentro de las bases de las hojas envainadoras, crestadas en el ápice; semillas 2-12, c. 1.5 mm, reniformes, negro-rojizas. *Dunas, manglares, en suelos secos o salados en áreas abiertas*. Ch (*Ventura & López 1890*, MO); Y (*Rico-Gray & Espejel 350*, MO); B (Standley & Steyermark, 1946a: 207); G (*Steyermark 31789*, MO); H (Molina R., 1975: 45); ES (*González & Villacorta 53*, MO); N (*Guzmán 2239*, UNA); CR (*Grayum & Kress 8563*, MO); P (*D'Arcy 16249*, MO). 0-2300 m. (Estados Unidos, México, Mesoamérica, Colombia, Venezuela, Ecuador, Galápagos, Perú, Bolivia, Paraguay, Argentina, Antillas; Asia, África, Australia).

84. PHYTOLACCACEAE

Descripción de la familia y clave genérica por A.R. Vickery & M. Peña-Chocarro.

Hierbas o bejucos leñosos, arbustos o árboles. Hojas alternas, generalmente sin estípulas o estas diminutas, simples, enteras; pecioladas o subsésiles. Inflorescencias racimos, espigas o raramente panículas. Flores pequeñas, bisexuales (raramente unisexuales, entonces plantas dioicas), actinomorfas; segmentos del cáliz 4 o 5, libres o levemente connados; corola ausente; estambres 3-muchos; estaminodios presentes o ausentes; ovario súpero (semiínfero en *Agdestis*); carpelos 1-16, libres o unidos. Fruto en baya, drupa, utrículo, aquenio o sámara; semillas 1 por lóculo, sin arilo. 16 gen., 75-85 spp., pantropical; 8 gen. y 13 spp. en Mesoamérica.

En la *Flora Mesoamericana* se trata a esta familia en el sentido amplio y se incluyen *Microtea*, a veces segregado como Microteaceae y *Ledenbergia*, *Petiveria*, *Rivina*, *Seguieria* y *Trichostigma*, a veces segregados como Petiveriaceae.

Bibliografía: Nowicke, J.W. *Ann. Missouri Bot. Gard.* 55: 294-363 (1968 [1969]). Walter, H. *Pflanzenr.* IV. 83(Heft 39): 1-154 (1909).

1. Ovario de 2 o más carpelos.
  2. Ovario semiínfero; hojas cordadas; bejucos. **1. Agdestis**
  2. Ovario súpero; hojas lanceoladas a ovadas; hierbas. **5. Phytolacca**
1. Ovario de 1 carpelo.
  3. Ovario con 2 estigmas; hierbas pequeñas anuales. **3. Microtea**
  3. Ovario con 1 estigma; hierbas grandes de base leñosa, arbustos, árboles o bejucos.
    4. Fruto una sámara; inflorescencia una panícula. **7. Seguieria**
    4. Fruto un aquenio, drupa, baya o utrículo, inflorescencia una espiga o racimo.
      5. Fruto un aquenio con cerdas uncinadas; inflorescencia una espiga o racimo alargados. **4. Petiveria**
      5. Fruto una drupa, baya o utrículo, sin cerdas uncinadas; inflorescencia un racimo.
        6. Hierbas, algunas veces leñosas en la base, o arbustos pequeños. **6. Rivina**
        6. Arbustos, árboles o bejucos rastreros.
          7. Arbustos o árboles pequeños; frutos secos, verdes o pardos. **2. Ledenbergia**
          7. Arbustos o bejucos rastreros; frutos carnosos, rojo-púrpura o negros. **8. Trichostigma**

1. Agdestis DC.

Por A.R. Vickery & M. Peña-Chocarro.

Bejucos herbáceos creciendo de raíces tuberosas grandes. Hojas membranáceas, sin estípulas; pecíolos largos y delgados. Inflorescencias panículas axilares con muchas flores. Flores con el perianto uniseriado; sépalos 4; estambres 14-25; ovario parcialmente inferior, 2 o 3-locular; estigmas 3 o 4. Fruto un aquenio rodeado por los sépalos persistentes. 1 sp., desde el sur de los Estados Unidos hasta Mesoamérica, ocasionalmente cultivada en el resto del mundo como ornamental.

1. Agdestis clematidea DC., *Syst. Nat.* 1: 543 (1818 [1817]). Holotipo: *Sessé & Mociño*, Ilustr. Hunt Inst. 6331.1450. Ilustr.: Martínez-García, *Fl. Veracruz* 36: 5, t. 1 (1984).

Bejucos ramificados trepando alto; tallos delgados. Hojas 3-7 × 2-6 cm, más pálidas en la superficie inferior que en la superior, oliendo a ajo o repollo cuando frotadas, la base cordada, el ápice mucronado; pecíolos 2.5-7 cm. Flores fragantes; sépalos 4-8 mm, obovados, blancos, persistentes; estambres 14-25, filamentos filiformes; estigmas recurvados. Fruto 3-5 mm, globoso, verde o pardo. *Matorrales*. T (*Cowan 3152*, MO); Ch (*Matuda s.n.*, F); Y (*Gaumer 871*, US); B (*Whitefoord & Quiroz 10*, BM); G (*Harmon & Dwyer 3540*, MO); H (*Johansen 43*, US); ES (*Rosales 2721*, MO); N (*Robleto 1436*, MO); CR (*Sanders et al. 17621*, MO). 0-500 m. (S. Estados Unidos, México [Colima, Guerrero, Hidalgo, Jalisco, Michoacán, Nayarit, Nuevo León, Oaxaca, Puebla, Querétaro, San Luis Potosí, Sinaloa, Tamaulipas, Veracruz], Mesoamérica).

Se asume que los tres especímenes de Brasil vistos en K fueron colectados de plantas cultivadas, aunque la etiqueta no lo indica.

Morales (2007) menciona que el único espécimen colectado en Costa Rica puede proceder de ejemplares cultivados.

2. Ledenbergia Klotzsch ex Moq.

Flueckigera Kuntze.

Por A.R. Vickery & M. Peña-Chocarro.

Arbustos o árboles pequeños. Hojas membranáceas, sin estípulas; pecíolos delgados. Inflorescencias en racimos largos. Flores con el perianto uniseriado; sépalos 4(5); estambres 12; ovario súpero, 1-locular; estigma 1. Fruto un utrículo seco pequeño, verde o pardo, con sépalos persistentes. 2 spp., desde el centro de México a Venezuela, Martinica; 1 sp. en Mesoamérica.

1. Ledenbergia macrantha Standl., *J. Washington Acad. Sci.* 13: 350 (1923). Holotipo: El Salvador, *Calderón 680* (US!). Ilustr.: no se encontró.

Flueckigera macrantha (Standl.) P. Wilson.

Árboles 6-8(-24) m; ramas algo péndulas. Hojas 4-10 × 2.5-6 cm, elípticas o ampliamente ovadas, el ápice acuminado; pecíolos 3-9 cm. Sépalos 6-13 mm, obovados; filamentos filiformes; estigma penicilado. Fruto 2-3 mm, subgloboso. *Vegetación secundaria, márgenes de bosques*. Ch (Villaseñor Ríos, 2016: 833); G (Nowicke, 1968 [1969]: 343); ES (*Standley 23656*, MO); N (*Chaves 170*, US). 1300 m. (México [Colima, Jalisco, Michoacán, Morelos, Veracruz], Mesoamérica).

3. Microtea Sw.

Por A.R. Vickery & M. Peña-Chocarro.

Hierbas algo carnosas, anuales, pequeñas. Hojas sin estípulas; sésiles o pecioladas. Inflorescencias en racimos o panículas. Flores con el perianto uniseriado; sépalos (4)5, diminutos; estambres 3-9; ovario 1-locular; estigmas 2, lineares. Fruto un aquenio subgloboso. Aprox. 10 spp., México a Paraguay, Antillas; 1 sp. en Mesoamérica.

1. Microtea debilis Sw., *Prodr.* 53 (1788). Sintipo: Jamaica, *Swartz s.n.* (S-[nr] 07-13875). Ilustr.: Raeder, *Ann. Missouri Bot. Gard.* 48: 73, t. 129 (1961).

Hierbas postradas o ascendentes, glabras, a menudo muy ramificadas. Hojas 0.8-7 × 1.2-3 cm, espatuladas a obovadas, verde brillante; pecioladas (algunas veces de manera inconspicua). Racimos delgados, axilares. Flores cortamente pediceladas, verdes o blanco-verdosas; sépalos 5, c. 0.5 mm, elípticos. Fruto c. 1 mm, reticulado y espinoso-tuberculado. *Suelos arenosos cerca de ríos, junto a rocas, alrededor de viviendas*. B (*Gentry 8425*, MO); G (*Bernoulli 877*, K); H (*Yuncker et al. 8374*, BM); ES (Nowicke, 1968 [1969]: 348); N (*Stevens 17789*, MO); CR (*Tonduz 8712*, BM); P (*Hayes 196*, BM). 0-400 m. (Mesoamérica, Colombia, Venezuela, Guayanas, Ecuador, Perú, Bolivia, Brasil, Antillas).

4. Petiveria L.

Por A.R. Vickery & M. Peña-Chocarro.

Hierbas perennes, erectas, de base leñosa. Hojas agudas a acuminadas, con estípulas diminutas; pecioladas. Inflorescencias en espigas o racimos delgados, alargados. Flores cortamente pediceladas a subsésiles con el perianto uniseriado; sépalos 4; estambres 4-9; ovario súpero, 1-locular; estigma 1, sésil. Fruto un aquenio alargado con 3-6 cerdas uncinadas. 1 sp., desde el sur de los Estados Unidos hasta Argentina.

1. Petiveria alliacea L., *Sp. Pl.* 342 (1753). Lectotipo (designado por Barrie en Jarvis et al., 1993): *Herb. Clifford 141, Petiveria 1* (BM!). Ilustr.: Raeder, *Ann. Missouri Bot. Gard.* 48: 67, t. 127 (1961). N.v.: Zorrillo, T, CR; apacín, G; ajillo, CR.

Hierbas hasta 2 m, a menudo leñosas hacia la base, con olor similar al ajo; ramas delgadas. Hojas 4.5-17 × 2-6.5 cm, elípticas a obovadas; pecíolos hasta 1.5 cm. Espiga 10-35 cm. Flores subsésiles; sépalos 3.5-4 mm, oblongo-lineares, blanco-verdosos, persistentes. Fruto 8-10 mm, angostamente cuneado, adpreso al tallo. *Terrenos baldíos, márgenes de bosques, vegetación secundaria.* T (*Ventura 21339*, BM); Ch (*Croat 43848*, MO); Y (*Darwin & Sundell 2135*, BM); C (*Cabrera & Cabrera 15518*, MO); QR (*Téllez & Cabrera 3765*, MO); B (*Whitefoord 1601*, BM); G (*Walker 3570*, MO); H (*Molina R. 26254*, BM); ES (*Tucker 813*, K); N (*Marshall & Neill 6613*, BM); CR (*Khan et al. 821*, CR); P (*Whitefoord & Eddy 331*, BM). 0-1600 m. (S. Estados Unidos, México [Baja California Sur, Chihuahua, Colima, Durango, Edo. México, Guanajuato, Guerrero, Hidalgo, Jalisco, Michoacán, Morelos, Nayarit, Oaxaca, Puebla, Querétaro, San Luis Potosí, Sinaloa, Sonora, Tamaulipas, Veracruz], Mesoamérica, Colombia, Venezuela, Guayanas, Ecuador, Perú, Bolivia, Brasil, Paraguay, Argentina, Antillas; ocasionalmente naturalizada en los trópicos del Viejo Mundo).

5. Phytolacca L.

Por M. Peña-Chocarro.

Hierbas perennes, arbustos, ocasionalmente árboles. Hojas lanceoladas, elípticas, oblongas a ovadas, generalmente glabras. Inflorescencias en espiga, racimo o panícula, terminales o axilares; flores hermafroditas o unisexuales, sésiles o pediceladas; pedicelos sostenidos por una bráctea angosta, raramente ausente, ocasionalmente con 1-2 bractéolas; tépalos (4-)5, libres; estambres 5-30 en 1 o 2 verticilos, los filamentos parcial o totalmente libres, las anteras dorsifijas; estaminodios a veces presentes en flores pistiladas; carpelos 5-17, libres o unidos, los estilos y estigmas libres, tantos como carpelos. Fruto en esquizocarpo o baya carnosa, deprimido, 5-17-acostillado o partido, con el perianto persistente; semillas 5-16. Aprox. 20-25 spp., subcosmopolita, principalmente en el neotrópico, con algunas especies llegando a las regiones templadas; 4 spp. en Mesoamérica.

La taxonomía del género *Phytolacca* es muy complicada, tanto por la gran variabilidad intraespecífica existente, como por la hibridación que se da entre las diferentes especies. Para Mesoamérica se han reconocido entre 3 y 7 especies, dependiendo de los diferentes autores (Davis, 1985 [1986]). En este tratamiento se han considerado 4 especies, siguiendo los tratamientos de Burger (1983e) y Morales (2007).

Bibliografía: Burger, W.C. *Fieldiana, Bot.* n.s. 13: 199-212 (1983e). Davis, J.I. *Amer. J. Bot.* 72: 1944-1953 (1985 [1986]). Morales, J.F. *Monogr. Syst. Bot. Missouri Bot. Gard.* 111: 894-902 (2007).

1. Raquis de las inflorescencias puberulento; flores aglomeradas.
  2. Pedicelo de las flores 1-3 mm; estambres (10-)16-19; frutos con los estilos agrupados en la depresión central; 200-1600 m. **1. P. icosandra**
  2. Pedicelo de las flores 3-10 mm; 6-12 estambres; frutos con los estilos 1-2 mm distantes de la depresión central; 1250-3450 m. **4. P. rugosa**
1. Raquis de las inflorescencias glabro o glabrescente; flores laxamente dispuestas.
  3. Flores generalmente con 8 estilos; frutos con 7 u 8 costillas; tépalos normalmente persistentes; 1700-3000 m. **2. P. meziana**
  3. Flores con 9-17 estilos; frutos con 10-17 costillas; tépalos generalmente deciduos; 0-1950 m. **3. P. rivinoides**

1. Phytolacca icosandra L., *Syst. Nat. ed. 10* 2: 1040 (1759). Lectotipo (designado por Nowicke, 1968 [1969]): *Herb. Linn. 607.4* (LINN). Ilustr.: Martínez-García, *Fl. Veracruz* 36: 17, t. 4 (1984). N.v.: Jaboncillo, CR, P; telcocox, telcox, Y; caladú, tinta, CR.

Phytolacca altamiranii Ram. Goyena, *P. purpurascens* A. Braun & C.D. Bouché.

Hierbas 0.3-2 m. Hojas 4.5-18 × 1.5-9 cm, elípticas, la base atenuada, el ápice agudo a acuminado. Inflorescencias opuestas a las hojas, 12-34(-42) cm, los ejes pubescentes, el raquis puberulento. Flores aglomeradas, el pedicelo 1-3 mm; tépalos 2.5-3.5 mm, blancos, rosados a rojo-morados o lila; estambres (10-)16-19; estilos generalmente 8, agrupados en la depresión central del fruto; ovario con 7 carpelos connados. Frutos 7-9 mm, azul oscuro o morados a negros, con hasta 8 costillas. Floración ene.-abr., jun.-sep. *Bosques húmedos, bosques de pino-encino, zonas perturbadas.* T (Villaseñor Ríos, 2016: 833); Ch (*Ríos 260*, MO); Y (*Chan 4889*, MO); C (*Álvaro & Cahuich 136-K*, MO); QR (*Cabrera 1418*, BM); B (*Monro 754*, BM); G (*Ortiz 632*, BM); H (*Molina R. 26010*, BM); ES (*Monro et al. 2228*, BM); N (*Rueda et al. 12428*, MO); CR (*Liesner 14207*, BM); P (*Lewis et al. 321*, MO). 200-1600 m. (México [Aguascalientes, Baja California, Baja California Sur, Cd. México, Chihuahua, Coahuila, Colima, Durango, Edo. México, Guanajuato, Guerrero, Hidalgo, Jalisco, Michoacán, Morelos, Nayarit, Nuevo León, Oaxaca, Puebla, Querétaro, San Luis Potosí, Sinaloa, Sonora, Tamaulipas, Tlaxcala, Veracruz, Zacatecas], Mesoamérica, Venezuela, Bolivia, Antillas Mayores).

2. Phytolacca meziana H. Walter in Engl., *Pflanzenr.* IV. 83(Heft 39): 57 (1909). Sintipo: Guatemala, *Heyde & Lux 3031* (B). Ilustr.: no se encontró. N.v.: Pinta cashorro, G.

Phytolacca icosandra L. var. *octogyna* Donn. Sm.

Hierbas 0.2-1 m, a veces escandentes. Hojas 6-15 × 2-4.4 cm, elípticas a angostamente elípticas, la base aguda, el ápice agudo a largamente acuminado. Inflorescencias opuestas a las hojas, 12-20 cm; raquis glabro o glabrescente; brácteas subuladas, tan largas o más que los pedicelos. Flores laxamente dispuestas, el pedicelo 5.5-9 mm; tépalos 3.5(-6) mm, oblongo-elípticos, rosados a morados, el ápice redondeado, normalmente persistentes; estambres 12-22(-25); estilos generalmente 8, agrupados en la depresión central del fruto. Frutos 4-5 mm, rojos a morados, con 7 u 8 costillas. Floración feb.-abr., jun.-jul. *Bosques húmedos, bosques de robles, zonas alteradas.* Ch (*Heath & Long AM53*, BM); G (*Heyde & Lux, 3031*, MO); H (*Molina R. 22094*, BM); ES (*Croat 42476*, BM); CR (*Solano 3981*, BM); P (Morales, 2007: 898). 1700-3000 m. (Endémica).

3. Phytolacca rivinoides Kunth & C.D. Bouché, *Index Seminum (Berlin)* 1848: 15 (1848 [1849]). Tipo: Venezuela, *Moritz s.n.* (no se ubicó). Ilustr.: Martínez-García, *Fl. Veracruz* 36: 23, t. 5 (1984). N.v.: Calalú, G, CR; quelite, H, CR; jaboncillo CR, P; pinta machete, sacachán, yakl, G; cola de ardilla, H; colorín, CR.

Hierbas 0.3-2(-2.5) m, a veces con la base leñosa, frecuentemente escandentes; tallo decurrente a difuso, suculento, verde a rojizo. Hojas 6-23(-26) × 1.7-10.7 cm, elípticas a ovadas, la base y el ápice acuminados a atenuados; pecíolo 1.5-5(-7) cm. Inflorescencias terminales u opuestas a las hojas, (8-)10-65(-78) cm, racemosas, el pedúnculo glabro, rosado o rojo. Flores laxamente dispuestas, el pedicelo 5-19 mm (en fruto), rojizo, el raquis glabro o glabrescente; tépalos 1.5-3 mm, blancos o rosados a morados, generalmente deciduos; estambres 9-18, en 2 verticilos; estilos 9-17; ovario con 10-17 carpelos connados. Frutos (4-)5-9 mm, azul oscuro a morados o negruzcos, con 10-17 costillas. Floración y fructificación durante todo el año. *Bosques húmedos, bosques nubosos, zonas perturbadas*. T (*Martínez S. et al. 34808*, BM); Ch (*Ventura & López 1748*, BM); Y (Carnevali et al., 2010: 215); C (Villaseñor Ríos, 2016: 833); QR (Villaseñor Ríos, 2016: 833); B (*Monro 1226*, BM); G (*Ortiz 1623*, BM); H (*Blackmore & Chorley 3789*, MO); N (*Hall & Bockus 7935*, BM); CR (*Quesada et al. 1140*, BM); P (*Hampshire & Whitefoord 965*, BM). 0-1950 m. (México [Chihuahua, Edo. México, Guerrero, Hidalgo, Jalisco, Michoacán, Nuevo León, Oaxaca, Puebla, Querétaro, San Luis Potosí, Tamaulipas, Veracruz], Mesoamérica, Venezuela, Guyana, Surinam, Ecuador, Perú, Bolivia, Brasil, Antillas Mayores, Islas de Barlovento).

4. Phytolacca rugosa A. Braun & C.D. Bouché, *Index Seminum (Berlin)* 1851: 13 (1851). Tipo: Guatemala, *Warszewicz s.n.* (B, destruido, foto F). Ilustr.: Raeder, *Ann. Missouri Bot. Gard.* 48: 69, t. 128 (1961). N.v.: Jaboncillo colorado, CR; jaboncillo, P.

Phytolacca costaricensis Suess.

Hierbas 0.5-2(-4) m, a veces con la base leñosa. Hojas (3.5-)5-21.5 × 1-6(-8.7) cm, ovadas o elípticas a oblongo-elípticas, la base acuminada a atenuada, el ápice agudo a acuminado. Inflorescencias 2.5-14 (-22.5) cm, racemosas, el raquis puberulento. Flores aglomeradas, el pedicelo 3-10 mm; tépalos 3-5 mm, rosados a morado-rojizos, raramente blancos; estambres 6-12; estilos (7)8, distantes 1-2 mm de la depresión central del fruto; ovario generalmente de 8 carpelos. Frutos 6-10 mm, azul oscuro a morados o negros, con hasta 8 costillas. Floración y fructificación durante todo el año. *Bosques de neblina, bosques mesófilos de montaña, encinares y pinares muy húmedos*. Ch (*Huft et al. 2177*, BM); G (*Croat & Hannon 64734*, BM); H (*Croat & Hannon 63780*, BM); ES (*Davidse et al. 37209*, BM); N (*Sandino 1069*, MO); CR (*Grayum 7489*, BM); P (*Knapp & Monro 9996*, BM). 1250-3450 m. (México [Cd. México, Colima, Edo. México, Guanajuato, Guerrero, Hidalgo, Jalisco, Michoacán, Morelos, Nayarit, Oaxaca, Puebla, Tamaulipas, Tlaxcala, Veracruz], Mesoamérica, Colombia, Venezuela).

Phytolacca rugosa está muy relacionada con *P. icosandra* y es considerada por muchos autores como parte del complejo de *P. icosandra*.

6. Rivina L.

Por A.R. Vickery & M. Peña-Chocarro.

Hierbas perennes algunas veces leñosas en la base o arbustos pequeños. Hojas sin estípulas, deltadas a ovado-acuminadas; pecioladas. Inflorescencias un racimo terminal o axilar, con muchas flores. Flores con el perianto uniseriado; sépalos 4, persistentes y erectos o patentes en fruto; estambres 4-9; ovario súpero, 1-locular; estigma 1, capitado. Fruto una baya globosa, rojo escarlata. 1 sp., suroeste de los Estados Unidos hasta Argentina y en las Antillas.

1. Rivina humilis L., *Sp. Pl.* 121 (1753). Lectotipo (designado por Wijnands, 1983): *Herb. Clifford 35, Rivina 1* (BM!). Ilustr.: Raeder, *Ann. Missouri Bot. Gard.* 48: 75, t. 130 (1961). N.v.: Carmín, CR.

Hierbas o arbustos pequeños 30-90 cm, o hasta 250 cm cuando apoyado. Hojas 2-14.5 × 2-7 cm, ovadas, la base obtusa o redondeada, el ápice agudo o acuminado; pecíolos 1-7.5 cm, delgados. Racimos 3.5-10 cm; pedicelos c. 2 mm en la antesis, alargándose hasta c. 7 mm; brácteas deciduas; sépalos blancos o rosados. Fruto c. 3 mm, rojo escarlata. *Terrenos baldíos, bosques, cercas vivas*. T (*Conrad & Conrad 2965*, MO); Ch (*Breedlove 11043*, BM); Y (*Simá 793*, MO); C (*Cabrera & Cabrera 6967*, MO); QR (*Sousa S. et al. 10795*, BM); B (*Whitefoord 2632*, BM); G (*Ortiz 881*, BM); H (*Nelson & Romero 4421*, BM); ES (*Tucker 1348*, K); N (*Moreno 1550*, BM); CR (*Khan et al. 88*, BM); P (*Hunter & Allen 579*, BM). 0-1900 m. (SO. Estados Unidos, México [Baja California Sur, Chihuahua, Coahuila, Colima, Durango, Edo. México, Guanajuato, Guerrero, Hidalgo, Jalisco, Michoacán, Morelos, Nayarit, Nuevo León, Oaxaca, Puebla, Querétaro, San Luis Potosí, Sinaloa, Sonora, Tamaulipas, Veracruz, Zacatecas], Mesoamérica, Colombia, Venezuela, Guayanas, Ecuador, Perú, Bolivia, Brasil, Paraguay, Argentina, Antillas; ocasionalmente naturalizada en los trópicos del Viejo Mundo).

7. Seguieria Loefl.

Por A.R. Vickery & M. Peña-Chocarro.

Árboles, arbustos o bejucos. Hojas lanceolado-elípticas a ovadas, papiráceas a algo coriáceas, mayormente glabras; pecioladas. Espinas estipulares pareadas generalmente presentes. Inflorescencias en panículas terminales o axilares (raramente racimos en especies fuera de Mesoamérica). Flores con el perianto uniseriado; sépalos 5; estambres 15 o más; ovario súpero, consistiendo de 1 carpelo; estigma 1, papiloso. Fruto una sámara. 15-20 spp., desde Panamá hasta Argentina; 2 spp. en Mesoamérica.

Solo dos ejemplares de este género se han visto de Mesoamérica. Debido a que el material en fruto a menudo se confunde con *Securidaca* (Polygalaceae), es posible que a futuro se encuentren otras colecciones en herbarios bajo este género.

Bibliografía: Rohwer, J.G. *Mitt. Bot. Staatssamml. München* 18: 231-288 (1982).

1. Sámara pardo pálido cuando seca; testa rojo-parda; inflorescencia al menos parcialmente tomentosa, mayormente con tricomas ramificados. **1. S. aculeata**
1. Sámara negra cuando seca; testa negra; inflorescencia pubescente, mayormente con tricomas simples. **2. S. macrophylla**

1. Seguieria aculeata Jacq., *Select. Stirp. Amer. Hist.* 170 (1763). Neotipo (designado por Rohwer, 1982): Colombia, *Dugand 6485* (US!). Ilustr.: Aymard Corredor & Cuello A., *Fl. Venez. Guayana* 7: 679, t. 577 (2003).

Arbustos escandentes hasta 15 m, o más raramente árboles pequeños hasta 10 m. Espinas mayormente bien desarrolladas, recurvadas, raramente rectas o patentes, ocasionalmente pequeñas o ausentes. Hojas 4.8-13 × 3-6 cm, generalmente elípticas a ovadas, cartáceo-coriáceas, la base atenuada a redondeada, el ápice generalmente obtuso, más raramente acuminado, generalmente mucronado; pecíolo 2-10 mm. Panículas hasta 50 cm, axilares o terminales, con muchas flores, al menos parcialmente tomentosas, mayormente con tricomas ramificados; pedicelos 2.5-8 mm; sépalos hasta 7.5 × 54.5 mm; estambres 25-60, los filamentos hasta 6 mm, las anteras hasta 2.8 mm; estigma generalmente cubriendo el ápice del estilo. Fruto hasta 4.7 cm, la parte basal hasta 9 mm de diámetro, el ala hasta 2 cm de ancho, secando pardo pálido; semillas con testa rojo-pardo. *Bosques húmedos, laderas de ríos*. CR (*Hammel & Grayum 18940*, MO); P (*Duke 10289*, MO). c. 30 m. (Mesoamérica, Colombia, Venezuela, Perú, Bolivia, Brasil, Paraguay, Argentina, Trinidad).

2. Seguieria macrophylla Benth., *Trans. Linn. Soc. London* 18: 235 (1841 [1839]). Sintipo: Guyana, *Schomburgk 348* (K!). Ilustr.: Aymard Corredor & Cuello A., *Fl. Venez. Guayana* 7: 679, t. 578 (2003).

Albertokuntzea macrophylla (Benth.) Kuntze.

Bejucos altos. Espinas bien desarrolladas, recurvadas, raramente pequeñas o ausentes. Hojas 5.5-14.5 × 3-7 cm, generalmente elípticas u ovado-elípticas, coriáceas, la base, generalmente redondeada u obtusa, el ápice cortamente acuminado a obtuso; pecíolo 0.2-1.2 cm. Panículas hasta 50 cm, axilares o terminales, con muchas flores, pubescentes mayormente con tricomas simples; pedicelos 3-9 mm; sépalos hasta 4.5 × 3.5 mm; estambres 15-40, los filamentos hasta 3.5 mm, las anteras 1.5-2.5 mm; estigma en general completamente lateral sobre el estilo. Fruto hasta 4 cm, la parte basal hasta 8 mm de diámetro, el ala hasta 1.6 cm de ancho, secando negro; semillas con testa negra. *Bosques semideciduos a siempreverdes de tierras bajas*. P (*Duke 8149*, MO). 0-500 m. (Mesoamérica, Colombia, Venezuela, Guyana, Perú, Bolivia, Brasil, Argentina).

8. Trichostigma A. Rich.

Villamillia Ruiz & Pav.

Por A.R. Vickery & M. Peña-Chocarro.

Arbustos o bejucos rastreros. Hojas ovadas a elípticas, sin estípulas; pecioladas. Inflorescencias en racimos laxos, terminales o axilares alargados. Flores pediceladas, con perianto uniseriado; sépalos 4; estambres 8-25; ovario 1-locular, el estigma 1, penicilado. Fruto una drupa carnosa más o menos globosa, con 1 semilla, rojo-púrpura a negra, con sépalos reflexos subyacentes, persistentes. 3 spp., desde Estados Unidos (Florida) hasta Argentina; 2 spp. en Mesoamérica.

1. Pedicelos 5-10 mm; sépalos 3-4 mm en fruto; estambres 8-12, persistentes. **1. T. octandrum**
1. Pedicelos hasta 10-13 mm; sépalos 7-10 mm en fruto; estambres 20-25, deciduos. **2. T. polyandrum**

1. Trichostigma octandrum (L.) H. Walter in Engl., *Pflanzenr.* IV. 83(Heft 39): 109 (1909). *Rivina octandra* L., *Cent. Pl. II* 9 (1756). Lectotipo (designado por Fawcett & Rendle, 1914): *Miller Herb. Linn. 163.3* (LINN). Ilustr.: Burger, *Fieldiana, Bot.* n.s. 13: 200, t. 36 (1983e).

Villamillia octandra (L.) Hook. f.

Bejucos o arbustos. Hojas 4-14 × 1.8-5 cm; pecíolo 0.5-4 cm. Racimos numerosos, 4-15 cm, mayormente axilares; pedicelos 5-10 mm. Flores 11-22 por racimo; sépalos acrescentes hasta 3-4 × 2-4 mm en fruto; estambres 8-12, persistentes; estigma penicilado. Fruto 4-5 mm de diámetro, negro, con los restos de los estambres y sépalos reflexos. *Bosques*. T (*Ventura 19997*, MO); Ch (*Matuda 17542*, MO); B (*Gentle 4028*, MO); G (Standley & Steyermark, 1946l: 202); H (*Saunders 301*, BM); ES (*Sandoval & Chinchilla 169*, MO); N (*Molina R. 2218*, BM); CR (*Tonduz 9182*, BM); P (*Hayes 48*, BM). 0-1500 m. (Estados Unidos, México [Colima, Edo. México, Guerrero, Jalisco, Michoacán, Morelos, Nayarit, Oaxaca, Puebla, Querétaro, San Luis Potosí, Sinaloa, Tamaulipas, Veracruz], Mesoamérica, Colombia, Venezuela, Guyana, Ecuador, Perú, Bolivia, Brasil, Paraguay, Argentina, Antillas).

2. Trichostigma polyandrum (Loes.) H. Walter in Engl., *Pflanzenr.* IV. 83(Heft 39): 112 (1909). *Rivina polyandra* Loes., *Bot. Jahrb. Syst.* 23: 123 (1896). Holotipo: Nicaragua, *Rothschuh 114* (B). Ilustr.: Burger, *Fieldiana, Bot.* n.s. 13: 200, t. 36 (1983e).

Villamillia polyandra (Loes.) H. Walter.

Bejucos. Hojas 7-18 × 2.5-8 cm; pecíolo 0.5-2.5 cm. Racimos pocos, 7-20 cm, mayormente terminales, sobre ramas axilares cortas 0.7-11 cm; pedicelos 10-13 mm. Flores 9-30 por racimo; sépalos acrescentes hasta 7-10 × 2.5-6 mm en fruto; estambres 20-25, deciduos; estigma esparcidamente penicilado. Fruto 4.5-5.5 mm de diámetro, rojo-morado, con sépalos reflexos. *Bosques*. N (*Moreno 19055*, MO); CR (*Holm & Iltis 849*, BM); P (*von Wedel 2571*, MO). 30-1500 m. (Mesoamérica, Colombia).

85. NYCTAGINACEAE

Descripción de la familia y clave genérica por G. Pilz & F.R. Barrie.

Hierbas, arbustos, árboles o lianas, erectos o escandentes, comúnmente con crecimiento secundario anómalo, a veces con espinas; plantas hermafroditas, monoicas o dioicas. Hojas opuestas, subopuestas, verticiladas, fasciculadas o alternas, simples, comúnmente enteras, pinnatinervias; estípulas ausentes. Inflorescencias comúnmente cimosas, dicasios compuestos, paniculadas, tirsoides o capituliformes, terminales o axilares, con 1-3 brácteas o bractéolas subyacentes a cada flor, estas a veces conspicuas o coloridas (*Bougainvillea*), libres o fusionadas; flores hipóginas, actinomorfas (en Mesoamérica); perianto con 1 verticilo, pero con frecuencia semejando ser 2 debido a las brácteas sepaloides y al cáliz petaloide, como en algunas especies de *Mirabilis*, o debido a que el cáliz está diferenciado en una parte inferior sepaloide y una parte superior petaloide, como en *Boerhavia*; cáliz connado en la base formando un tubo bien desarrollado, urceolado o campanulado a cilíndrico, el ápice (3-)5(-8)-lobado o dentado, valvar o plegado, frecuentemente petaloide; corola ausente; estambres 1-10(-numerosos), los filamentos libres o connados en la base formando un tubo corto, las anteras con dehiscencia longitudinal; disco frecuentemente presente; ovario súpero, 1-carpelar, con 1 óvulo, el estilo largo o corto o ausente, el estigma 1, globoso y entero a fimbriado. Fruto un aquenio o una nuez, comúnmente envuelto e inseparable del cáliz persistente (en conjunto se conocen como un antocarpo), carnoso, coriáceo o leñoso. Aprox. 35 gen. y 2500 spp., trópicos y subtrópicos de América, con algunas especies en el Viejo Mundo; 12 gen. y 44 spp. en Mesoamérica.

Nyctaginaceae es una familia de hierbas anuales y perennes y lianas, arbustos y árboles que se encuentra globalmente en regiones tropicales y subtropicales, pero está mejor representada en América tropical.

Bibliografía: Bittrich, V. & Kühn, U. *Fam. Gen. Vasc. Pl.* 2: 473-486 (1993). Bogle, A.L. *J. Arnold Arbor.* 55: 1-37 (1974). Pool, A. *Monogr. Syst. Bot. Missouri Bot. Gard.* 85: 1581-1592 (2001a). Standley, P.C. & Steyermark, J.A. *Fieldiana, Bot.* 24(4): 174-192 (1946i).

1. Hojas claramente alternas.
  2. Trepadoras leñosas, arbustos o árboles pequeños; espinas cortas frecuentemente presentes; cada flor con el pedicelo fusionado a la superficie adaxial de una bráctea grande y conspicua; plantas cultivadas. **3. Bougainvillea**
  2. Hierbas, arbustos o subarbustos; espinas ausentes; flores con pedicelos no fusionados a la superficie adaxial de las brácteas; brácteas pequeñas e inconspicuas; plantas nativas. **12. Salpianthus**
1. Hojas opuestas, subopuestas, verticiladas o fasciculadas.
  3. Árboles, arbustos, subarbustos o trepadoras leñosas; flores unisexuales, plantas dioicas; cáliz no diferenciado, persistiendo completo en el fruto, o solo los lóbulos deciduos.
    4. Plantas frecuentemente con espinas y brotes espolonados; antocarpos secos con hileras longitudinales de glándulas pediculadas o 3 alas prominentes; flores estaminadas campanuladas con estambres exertos.

5. Antocarpo con 3 alas, eglandular; cáliz con 3 o 4(5) lóbulos agudos a undulados, erectos a patentes con pubescencia roja. **6. Grajalesia**
5. Antocarpo sin alas, con hileras longitudinales de glándulas pediculadas; cáliz con (4)5 lóbulos acuminados, recurvados o si erectos a patentes, entonces el tubo del cáliz con algunos tricomas amarillos. **11. Pisonia**
4. Plantas inermes, brotes espolonados ausentes; antocarpos algo carnosos, eglandulares y sin alas; flores estaminadas urceoladas o tubular-elípticas, con estambres totalmente incluidos en el tubo, o campanuladas o infundibuliformes con estambres exertos.
6. Cáliz estaminado campanulado a infundibuliforme, los estambres exertos; antocarpo con estrías muy prominentes, glabro o rojo-velloso en el ápice; botones florales truncados; flores pistiladas con estigmas exertos por 0.7-2 mm. **7. Guapira**
6. Cáliz estaminado tubular-elíptico, oblongo-urceolado, obovoide-urceolado u ovoide-urceolado, los estambres incluidos en el tubo; antocarpo con estrías no muy prominentes, glabro o puberulento (excluyendo las puntas del cáliz); botones florales agudos; flores pistiladas con estigmas incluidos o ligeramente exertos hasta 1 mm. **9. Neea**
3. Hierbas a subarbustos; flores perfectas; cáliz diferenciado en una parte coroliforme apical decidua y una parte basal persistente.
7. Antocarpo hipogeo; flores con (9-)14-19 estambres. **10. Okenia**
7. Antocarpo no hipogeo; flores con 1-7 estambres.
8. Antocarpo lenticular, con márgenes dentados o enteros. **1. Allionia**
8. Antocarpo terete o angular, nunca lenticular ni con márgenes dentados.
9. Brácteas fusionadas en la base en un involucro parecido a un cáliz lobado; cáliz 8-80 mm. **8. Mirabilis**
9. Brácteas libres; cáliz 1.5-15 mm.
10. Frutos maduros marcadamente (3-)5-(10)-acostillados, erectos, 2.5-4 mm, con tricomas glandulares adhesivos o parches sobre o entre las costillas o glabros; parte distal del perianto abruptamente unida a la parte proximal, rosada o carmesí. **2. Boerhavia**
10. Frutos maduros levemente 10-acostillados, 8-10 mm.
11. Estambres 2-5, libres, no insertados en el tubo del perianto; perianto amarillo-verdoso; fruto con glándulas adhesivas largamente pediculadas. **4. Commicarpus**
11. Estambres 3, insertados en el tubo del perianto hacia la mitad; perianto magenta; fruto muy dispersa y diminutamente hirsuto. **5. Cuscatlania**

1. Allionia L., nom. cons.

Wedelia Loefl. non Jacq., *Wedeliella* Cockerell.

Por G. Pilz.

Hierbas postradas, anuales o perennes, pubescentes. Hojas opuestas, aquellas de cada par muy desiguales, pecioladas; láminas amplias, enteras, sinuadas o crenuladas. Flores perfectas, en grupos pedunculados de 3, axilares, cada flor con una bráctea ancha subyacente, cóncava, verde, las brácteas subiguales, levemente unidas en la base, delgadas, encerrando el fruto; perianto coroliforme, rojo-morado, cortamente infundibuliforme, el tubo constricto por encima del ovario, el limbo oblicuo, 4 o 5-lobado, induplicado-plegado; estambres 4-7, los filamentos desiguales, capilares, exertos, las anteras dídimas; ovario ovoide, el estilo capilar, el estigma capitado. Antocarpo lenticular, coriáceo, obovoide u ovoide, fuertemente comprimido, 3-costado o crestado sobre la superficie interna, la superficie externa con 2 hileras longitudinales y paralelas de glándulas estipitadas, los márgenes delgados dentados o enteros, inflexos; embrión uncinado. 2 spp., en América; 1 sp. en Mesoamérica.

Allionia está conformada por 2 especies de hierbas postradas de hábitats secos, consideradas por algunos autores (p. ej., Calderón de Rzedowski, 1979; Fay, 1980) como una sola especie variable, *A. incarnata* L. Sin embargo, Turner (1994) y Spellenberg (2001) argumentaron que los 2 taxones se pueden separar por características del fruto: los antocarpos de *A. choisyi* son aplanados ventralmente, con una fila de dientes rectos, angostamente triangulares a lo largo de los márgenes, mientras que, los antocarpos de *A. incarnata* son abultados ventralmente, con hileras de dientes fuertemente incurvados. El perianto de *A. incarnata* es típicamente más grande, 10-15 mm vs. 3-6 mm en *A. choisyi*.

Ambas especies de *Allionia* tienen una distribución bimodal (véase mapa, Turner, 1994: 50, t. 3): en Norteamérica (suroeste de Estados Unidos y el norte de México hacia el sur hasta Oaxaca) y en Sudamérica (Perú, Bolivia, Chile y Argentina). Las poblaciones de Guatemala son el extremo de su distribución en el hemisferio norte, como lo son aquellas en La Española (*A. choisyi*) y Venezuela (*A. incarnata*). Standley & Steyermark (1946i: 176) trataron las poblaciones de Guatemala como *A. incarnata*; Turner (1994) las localiza en el mapa bajo *A. choisyi*.

Bibliografía: Spellenberg, R.W. *Fl. Bajío* 93: 1-97 (2001). Turner, B.L. *Phytologia* 77: 45-55 (1994).

1. Allionia choisyi Standl., *Publ. Field Mus. Nat. Hist., Bot. Ser.* 8: 310 (1931). *Allionia incarnata* L. var. *glabra* Choisy in A. DC., *Prodr.* 13: 435 (1849) non *A. glabra* (S. Watson) Kuntze (1891). Lectotipo (primer paso designado por Standley, 1909-1912 [1911]; segundo paso designado aquí): México, Tamaulipas, *Berlandier 577* (G-[cb] G00689855!; isolectotipos: MO-[nr] 1746529!, P-[cb] P00712488!, P-[cb] P00712489!, P-[cb] P00712490!, P-[cb] P00712491!). Ilustr.: Fay, *Fl. Veracruz* 13: [5], t. 1 (1980), como *A. incarnata.*

Allionia glabra (Choisy) Standl., *Wedelia glabra* (Choisy) Standl., *Wedeliella glabra* (Choisy) Cockerell.

Hierbas anuales o perennes (en Mesoamérica), con tallos marcadamente postrados. Tallos mayormente delgados, pubérulos a pubérulo-pilosos. Hojas más grandes mayormente 2-5 × 1.2-3.5 cm, ovadas a elípticas, dispersamente pubescentes a glabras, los márgenes crenulados; pecíolo 1-2 cm. Pedúnculos delgados, mayormente 0.5-1.5 cm; brácteas involucrales mayormente 3-5 mm, ovadas; perianto 3-6 mm, infundibuliforme, rosado a morado; estambres 3-4 mm, mayormente incluidos. Frutos 3-5 × 3-4 mm, aplanados, la superficie abaxial con 5-8 dientes agudos a lo largo de cada margen, adpresos, angostamente triangulares (rara vez con una glándula en la punta), afilados, entre estos se encuentran 2 hileras de protuberancias glandulares pegajosas que fácilmente se adhieren a las brácteas envolventes. *Laderas y planicies secas.* G (*Standley 73636*, F). 200-400 m. (Estados Unidos, México [Cd. México, Chihuahua, Coahuila, Edo. México, Guanajuato, Hidalgo, Nuevo León, Puebla, Querétaro, San Luis Potosí, Tamaulipas, Veracruz, Zacatecas], Mesoamérica, Bolivia, Argentina, Cuba).

2. Boerhavia L.

Por G. Pilz.

Hierbas anuales o perennes a subarbustos, a veces leñosas en la base, erectas, ascendentes o decumbentes, sin espinas o brotes espolonados; plantas hermafroditas. Hojas opuestas y normalmente desiguales en un nudo, enteras a undulado-lobadas; pecioladas. Inflorescencias terminales; flores en glomérulos solitarios, racemosos o paniculados, sésiles o pedicelados, con 1-3 bractéolas pequeñas en la base del tubo del cáliz; cáliz contraído por encima del ovario, grueso, tubular, verde y persistente abajo (caliciforme), más delgado, campanulado, colorido, levemente 5-lobado, deciduo arriba (coroliforme); estambres (1)2 o 3(-5), iguales, connados en la base, exertos; pistilo estipitado, el estigma peltado o capitado, comúnmente exerto. Antocarpo seco, oblanceolado, claviforme a obpiramidal, (3-)5(-10)-acostillado, glabro o pubescente-glanduloso. Aprox. 40 spp., en los trópicos y subtrópicos; 3 spp. en Mesoamérica.

Bibliografía: González, J. *Monogr. Syst. Bot. Missouri Bot. Gard.* 111: 786-788 (2007). Spellenberg, R.W. *Fl. Bajío* 93: 15-28 (2001).

1. Hierbas anuales más o menos erectas; hojas con numerosas puntuaciones café-rojas en el envés; flores blancas, rosadas o morado pálido; frutos glabros, claviformes con ápice truncado. **3. B. erecta**
1. Hierbas perennes, postradas a débilmente ascendentes; hojas sin puntuaciones café-rojas; flores rojas o morado obscuro; frutos viscoso-glandulosos, oblanceolados con ápice agudo a redondeado.
   2. Hojas densamente puberulento-glandulosas a tomentoso-glandulosas; pecíolo densamente puberulento-glanduloso a velutino-glanduloso; ramas distales de la inflorescencia densamente puberulento-glandulosas a velutino-glandulosas; inflorescencias pequeñas, densas; flores 3-12. **1. B. coccinea**
   2. Hojas generalmente casi glabras (o con algunos tricomas frecuentemente seríceos en las venas); pecíolo comúnmente puberulento-glanduloso a tomentoso-glanduloso con algunos tricomas pilosos más largos; ramas distales de la inflorescencia escasa y menudamente puberulento-glandulosas a glabras; inflorescencias ramificadas, flores 2-5. **2. B. diffusa**

1. Boerhavia coccinea Mill., *Gard. Dict.* ed. 8 *Boerhavia* no. 4 (1768). Holotipo: Jamaica, *Houstoun s.n.* (BM). Ilustr.: Burger, *Fieldiana, Bot.* n.s. 13: 183, t. 32 (1983d).

Boerhavia caribaea Jacq., *B. coccinea* Mill. var. *viscosa* (Lag. & Rodr.) Moscoso, *B. diffusa* L. var. *viscosa* (Lag. & Rodr.) Heimerl, *B. ixodes* Standl., *B. viscosa* Lag. & Rodr.

Hierbas perennes, leñosas en la base, postradas a débilmente ascendentes, densamente viscoso-velutinas a viscoso-vellosas. Hojas 1.5-5 × 1-4 cm, ovadas, subredondeadas, elípticas u obovadas, densamente puberulento-glandulosas a tomentoso-glandulosas, el envés densamente así y sin puntuaciones café-rojizas, la base redondeada a atenuada (subtruncada), el ápice redondeado a acuminado y comúnmente mucronado; pecíolo 0.3-4.5 cm, densamente puberulento-glanduloso a velutino-glanduloso. Inflorescencias pequeñas, densas, con las ramas dístales densamente puberulento-glandulosas a velutino-glandulosas; flores 3-12; porción basal del cáliz 0.7-1 × 0.5-1 mm, globosa a ampliamente elíptica, puberulento-glandulosa, la porción apical del cáliz 1-1.5 × 1.2-2 mm, campanulada, roja o morada. Antocarpo c. 3 × 1-1.5 mm, oblanceolado, el ápice agudo a redondeado, densamente viscoso-glanduloso. *Áreas abiertas secundarias*. Ch (*Matuda 1610*, MO); G (*Molina R. & Molina 24967*, EAP); H (*Linares & Metsger 1713*, EAP); ES (*Linares & Martínez 2726*, EAP); N (*Molina R. 23198*, EAP); CR (*Jiménez 3469*, MO); P (*Tyson 5410*, MO). 0-1000 m. (Estados Unidos hasta Perú, Argentina, Antillas, Asia, África).

2. Boerhavia diffusa L., *Sp. Pl.* 3 (1753), nom. cons. Tipo cons.: Islas Vírgenes, *Fosberg 56776* (BM). Ilustr.: Burger, *Fieldiana, Bot.* n.s. 13: 183, t. 32 (1983d). N.v.: Hierba de cabro.

Boerhavia coccinea Mill. var. *paniculata* (Rich.) Moscoso, *B. diffusa* L. var. *paniculata* (Rich.) Kuntze, *B. paniculata* Rich., *B. repens* L. var. *diffusa* (L.) Hook. f.

Hierbas perennes, leñosas en la base, postradas a débilmente ascendentes, puberulencia diminuta y frecuentemente dispersa, frecuentemente con algunos tricomas pilosos más largos hasta glabrescente. Hojas 0.8-5 × 1-4.5 cm, ampliamente ovadas, subredondeadas u oblongas, glabras o con algunos tricomas en las venas del envés y en los márgenes, sin puntuaciones café-rojas, la base cuneada a subtruncada, el ápice agudo a redondeado y comúnmente mucronado; pecíolo 0.5-4 cm, puberulento-glanduloso a tomentoso-glanduloso, comúnmente con algunos tricomas pilosos más largos. Inflorescencia con ramas distales escasa y menudamente puberulento-glandulosas a glabras; flores 2-5; porción basal del cáliz 0.5-1 mm de diámetro, globosa, puberulento-glandulosa, la porción apical del cáliz 1-1.5 m de diámetro, campanulada, morada. Antocarpo 2.5-3 × 0.7-1.2 mm, oblanceolado, densamente viscoso-glanduloso, el ápice agudo. *Vegetación secundaria*. Ch (*Croat & Hannon 64777*, MO); Y (*Steere 1019*, MO); B (*Dwyer 11452*, MO); G (*Croat & Hannon 63554*, MO); H (*Nelson & Martínez 1137*, EAP); ES (*Linares & Martínez 2839*, EAP); N (*Stevens 22348*, EAP); CR (*Molina R. et al. 18218*, EAP); P (*Nee 8460*, EAP). 0-1200 m. (Trópicos y subtrópicos, aparentemente nativa del Viejo Mundo).

3. Boerhavia erecta L., *Sp. Pl.* 3 (1753). Neotipo (designado por Fawcett & Rendle, 1914): *Herb. Linn. 9.1* (LINN). Ilustr.: Burger, *Fieldiana, Bot.* n.s. 13: 183, t. 32 (1983d). N.v.: Anisillo, maravillita.

Valeriana latifolia M. Martens & Galeotti.

Hierbas anuales, más o menos erectas, diminutamente y con frecuencia dispersamente puberulento-glandulosas a tomentoso-glandulosas hasta glabras. Hojas 0.8-5.5 × 0.6-3 cm, ovadas, oblongas, obovadas, lanceoladas o lineares, glabras o con pocos tricomas puberulentos diminutos en las venas del envés, con numerosas puntuaciones café-rojas en el envés, la base cuneada, redondeada o subtruncada, el ápice acuminado a redondeado y comúnmente mucronado; pecíolo 0.5-4.5 cm, menudamente puberulento-glanduloso a tomentoso-glanduloso, a veces con algunos tricomas pilosos dispersos. Inflorescencia con las ramas distales glabras; porción basal del cáliz 1-1.2 × 0.5-1 mm, claviforme, glabra, la porción apical del cáliz 1.5-1.7 mm de diámetro, campanulada, blanca, rosada o morado pálido (rara vez más oscura). Antocarpo c. 3 × 0.7-1.5 mm, claviforme, glabro, el ápice truncado. Floración durante todo el año. *Áreas abiertas secundarias*. Ch (*Matuda 17233*, EAP); Y (*Darwin & Sundell 2058*, EAP); C (*Cabrera & Canul 5054*, CAS); B (*Lundell 4918*, MO); G (*Molina R. & Molina 24962*, EAP); H (*Molina R. 216*, EAP); ES (*Linares* 2577, EAP); N (*Standley 11172*, EAP); CR (*Gómez et al. 23051*, EAP); P (*Liesner* 97, MO). 0-900 m. (Estados Unidos hasta Argentina; naturalizada en el Viejo Mundo).

3. Bougainvillea Comm. ex Juss., nom. & typ. cons.

Por G. Pilz.

Comúnmente trepadoras leñosas, arbustos o árboles pequeños, frecuentemente con espinas cortas; plantas hermafroditas. Hojas alternas, enteras; pecioladas. Inflorescencias en brotes axilares modificados, unidades de la inflorescencia cimoso-paniculadas o solitarias, cada unidad consistiendo de un grupo de 3 flores, cada flor con el pedicelo fusionado a la vena media en la superficie interna de brácteas foliáceas grandes, las brácteas rodeando las flores y frecuentemente de colores brillantes; cáliz hipocrateriforme con un tubo largo y angosto contraído cerca del medio (en Mesoamérica) y un limbo 5-lobado, pequeño, comúnmente amarillento, blanquecino o menos frecuentemente del mismo color que las brácteas; estambres 8-10, desiguales, connados en la base, incluidos o algo exertos; pistilo estipitado, el estigma largo y papiloso, comúnmente incluido. Antocarpo rara vez formado en las plantas cultivadas, seco, fusiforme, más o menos 5-angulado, no glanduloso, generalmente coronado por la parte superior marchita del cáliz. Aprox. 18 spp., en Sudamérica, cultivadas con fines ornamentales en los trópicos y subtrópicos; 2 spp. Mesoamérica.

Bougainvillea es un género de arbustos, bejucos y árboles pequeños nativos de Sudamérica y comúnmente cultivado en todo el mundo como ornamental. *Bougainvillea* es valorado por sus inflorescencias de vida larga consistiendo de 3 flores con 3 brácteas subyacentes de colores brillantes. Fuera de su distribución nativa, las especies de *Bougainvillea* rara vez producen semillas y rara vez se naturalizan.

No se ha confirmado la presencia en Mesoamérica de *Bougainvillea spectabilis* Willd., una especie nativa de Brasil, caracterizada por la pubescencia persistente de tricomas erectos de hasta 1 mm sobre tallos, hojas e inflorescencias.

Bibliografía: Gillis, W.T. *Baileya* 20: 34-41 (1976). MacDaniels, L.H. *Baileya* 21: 77-100 (1981).

1. Hojas ampliamente ovadas, el ápice obtuso a agudo, la base subtruncada o redondeada; brácteas comúnmente rosadas, rojas, amarillas o anaranjadas, ovadas a subredondeadas con ápice obtuso o redondeado a apiculado. **1. B. ×buttiana**

1. Hojas lanceoladas, el ápice largamente acuminado, la base cuneada; brácteas moradas, magentas o blancas y lanceoladas u ovadas con ápice acuminado. **2. B. glabra**

1. Bougainvillea ×buttiana Holttum & Standl., *Publ. Field Mus. Nat. Hist., Bot. Ser.* 23: 44 (1944). Holotipo: Singapur, *Holttum s.n.* (F!). Ilustr.: Fay, *Fl. Veracruz* 13: 19, t. 3 (1980), como *B. buttiana*. N.v.: Bombilla, Napoleón.

Ramas jóvenes con tricomas diminutos dispersos. Hojas 3.5-8 × 3-6.5 cm, ampliamente ovadas, menudamente puberulentas en las venas o glabras, el ápice obtuso a agudo, la base subtruncada o redondeada y luego brevemente cuneada. Inflorescencia con ramas dispersas y menudamente puberulentas; brácteas 2.2-4 × 1.5-3.5 cm, ovadas a subredondeadas, rosadas, rojas, amarillas o anaranjadas, el ápice obtuso o redondeado a apiculado; cáliz 1.5-2 cm × 3.5 mm a través del limbo, verde, anaranjado o rojo, con puberulencia diminuta, densa a dispersa. Floración durante todo el año. *Cultivada.* Ch (*Breedlove & McClintock 23474*, DS); H (*Valerio 3019*, EAP); N (*Stevens 10955*, EAP). 0-2300 m. (Origen desconocido, cultivada).

Bougainvillea ×buttiana es posiblemente un híbrido entre *B. glabra* y *B. peruviana* Bonpl. y fue descrita por primera vez de colecciones en un jardín en Singapur. Holttum en Standley & Steyermark (1944) proporciona una larga historia acerca de estas plantas.

2. Bougainvillea glabra Choisy in A. DC., *Prodr.* 13(2): 437 (1849). Sintipo: Brasil, *Blanchard 3950* (MO!). Ilustr.: González, *Monogr. Syst. Bot. Missouri Bot. Gard.* 111: 785 (2007). N.v.: Napoleón.

Ramas jóvenes densamente puberulentas a cortamente vellosas. Hojas 2.5-6.5 × 1.5-3 cm, lanceoladas, menudamente puberulentas en toda la superficie o solo en las venas, la base cuneada, el ápice largamente acuminado. Inflorescencia con ramas dispersa a densamente puberulentas; brácteas 3.7-4.3 × c. 2.5 cm, lanceoladas u ovadas, moradas, magentas o blancas, el ápice acuminado; cáliz c. 2 cm × 5-6 mm a través del limbo, densamente puberulento a cortamente velloso, morado-verdoso por fuera, el limbo amarillo pálido por dentro. Floración durante todo el año. *Cultivada.* Ch (*Breedlove & McClintock 23508*, DS); Y (*Simá 654*, EAP); G (*Heyde & Lux 6370*, F); H (*Molina R. 31831*, EAP); ES (*Standley & Padilla 2917*, EAP); N (*Standley 8647*, EAP); CR (*Jiménez 22*, EAP). 0-1700 m. (Nativa de Sudamérica, ampliamente cultivada).

4. Commicarpus Standl.

Por G. Pilz.

Hierbas perennes o arbustos, pubescentes o glabras, generalmente decumbentes o reclinadas, los tallos muy ramificados, con nudos agrandados. Hojas opuestas, desiguales en un mismo par, anchas, más o menos suculentas, enteras o sinuadas; pecioladas. Flores perfectas, umbeladas o verticiladas, pediceladas, cada pedicelo bracteado en la base, las brácteas formando un involucelo; perianto infundibuliforme o campanulado, coroliforme, blanco, verde o amarillento generalmente con un tubo conspicuo, constricto por encima del ovario, el limbo levemente 5-lobado, induplicado-plegado; estambres 2-5, los filamentos exertos, capilares, desiguales, connados en la base, las anteras dídimas; ovario estipitado, atenuado a un estilo filiforme, el estigma peltado. Fruto cilíndrico-fusiforme, simétrico, finamente acostillado verticalmente, pubescente o glabro, con numerosas glándulas a modo de verrugas, el embrión uncinado. Aprox. 16 spp., en los trópicos y subtrópicos; 1 sp. en Mesoamérica.

Bibliografía: Spellenberg, R.W. *Fl. Bajío* 93: 28-31 (2001).

1. Commicarpus scandens (L.) Standl., *Contr. U.S. Natl. Herb.* 12: 373 (1909). *Boerhavia scandens* L., *Sp. Pl.* 3 (1753). Lectotipo (designado por Kellogg, 1988): Plukenet, *Phytographia* 3: t. 226, f. 7 (1692). Ilustr.: Spellenberg, *Fl. Bajío* 93: 30, t. A-B (2001).

Plantas generalmente trepadoras sobre arbustos, algo leñosas basalmente, muy ramificadas; ramas verde pálido, glabras o inconspicuamente puberulentas en los nudos. Hojas 2-6 × 1-4.5 cm, ampliamente cordado-ovadas a ovado-deltoides, levemente más pálidas en el envés, glabras o casi glabras, atenuadas a agudas o rara vez redondeadas en el ápice, profundamente cordadas a truncadas en la base; pecíolo 1-2 cm, delgado. Umbelas de flores sobre pedúnculos de 2-4.5 cm; pedicelos 5-10 mm; brácteas 2-3 mm, lanceoladas u oblongas, cilioladas; perianto 3-4 mm de diámetro, amarillo-verdoso, glabro o rara vez algo puberulento; estambres generalmente 2. Fruto c. 1 cm × 2 mm, glabro, con pocas o numerosas glándulas irregularmente dispersas a lo largo de las costas. *Vegetación secundaria.* Ch (*Breedlove & Davidse 54379*, CAS); Y (*Gaumer et al. 23413*, MO); C (*Chan 5061*, F); G (*Molina R. & Molina 24969*, EAP). 0-600 m. (S. Estados Unidos, México [Baja California, Baja California Sur, Chihuahua, Colima, Durango, Edo. México, Guanajuato, Guerrero, Hidalgo, Jalisco, Michoacán, Morelos, Nayarit, Oaxaca, Puebla, Querétaro, San Luis Potosí, Sinaloa, Sonora, Tamaulipas, Veracruz], Mesoamérica, Venezuela, Perú, Antillas).

5. Cuscatlania Standl.

Por G. Pilz.

Plantas perennes, con tallos herbáceos ramificados. Hojas opuestas, las de un mismo par muy desiguales, enteras. Inflorescencias terminales, paucifloras, folioso-bracteadas, cimoso-paniculadas, con flores solitarias o en cimas, rodeadas por un involucro de 4-8 bractéolas foliáceas notorias; perianto infundibuliforme, petaloide, magenta, en forma de tubo alargado, algo constricto por encima del ovario, el limbo levemente 5-lobado; estambres 3, los filamentos filiformes, ligeramente exertos, insertados hacia 1/2 del tubo del perianto, las anteras dídimas; ovario oblongo, el estilo filiforme, exerto, el estigma capitado. Antocarpo oblongo-ovoide constricto en la base y en el ápice, casi igualmente 10-acostillado. Género monoespecífico, endémico.

Bibliografía: Linares, J.L. et al. *J. Bot. Res. Inst. Texas* 9: 167-172 (2015). Standley, P.C. *J. Wash. Acad. Sci.* 13: 437 (1923).

1. Cuscatlania vulcanicola Standl., *J. Wash. Acad. Sci.* 13: 437 (1923). Holotipo: El Salvador, *Standley 21678* (US). Ilustr.: Linares et al., *J. Bot. Res. Inst. Texas* 9: 169, t. 1 (2015).

Hierbas ascendentes o decumbentes; ramas delgadas, glabras por abajo, puberulentas o vellosas por encima. Hojas más pequeñas de cada par menos de la mitad del tamaño de la más grande; láminas más grandes 5-12 × 3-4.5 cm, ovadas a oblongo-ovadas o lanceolado-oblongas, ligeramente carnosas, glabras o casi glabras, con numerosos y conspicuos rafidios en ambas superficies, muy desiguales hacia la base con un lado redondeado y en el otro lado agudo o acuminado, acuminadas o largamente acuminadas en el ápice; pecíolo mayormente 1-1.5 cm, delgado, glabro o esparcidamente puberulento. Cimas densas, las ramas de la inflorescencia densamente viscoso-vellosas, cortamente pedunculadas; brácteas 1-2 cm, filiformes, densamente viscoso-vellosas; flores algunas veces solitarias, pero a menudo en grupos de 2 o 3, las bractéolas subyacentes 4-8, 10-15 mm, lanceoladas u oblanceoladas a oblongo-elípticas, foliáceas, largamente ciliadas y viscoso-vellosas, angostadas hacia la base en un corto peciólulo, agudas o acuminadas; perianto c. 20 mm, el tubo muy delgado, densamente viscoso-velloso con tricomas muy cortos, la garganta 3-4 mm de diámetro. Antocarpo c. 8 × 3 mm, muy esparcida y diminutamente hírtulo. Floración mar. *Quebradas.* H (*Linares 14402*, MEXU); ES (*Galán & Jaco 2128*, MO). 400-500 m. (Endémica).

6. Grajalesia Miranda

Por G. Pilz.

Arbustos, árboles o rara vez escandentes, con pocas a numerosas espinas rectas (ligeramente curvadas), con brotes espolonados comúnmente presentes en plantas estaminadas; plantas dioicas. Hojas subopuestas o fasciculadas; pecioladas. Inflorescencia solitaria axilar (pistilada) o terminal en brotes espolonados axilares y cortos (estaminadas); cimas paniculadas capituliformes o umbeliformes; pedúnculo rojizo, tomentoso a velutino; flores sésiles o con pedicelo corto; bractéolas 3, directamente subyacentes al cáliz. Flores masculinas con el perianto turbinado-campanulado, 3-4-lobulado, giboso en los senos; estambres 6, desiguales, exertos; pistilodio rudimentario, capituliforme. Flores femeninas con el perianto subprismático-triangular, 3-lobulado, pronunciadamente giboso en los senos; estilo exerto, el estigma grande, penicilado. Antocarpo subcilíndrico, apergaminado, 3-alado y recto o algo emarginado en el ápice y la base, estriado en el cuerpo entre las alas, sin glándulas. Género monoespecífico, México hasta Nicaragua.

1. Grajalesia fasciculata (Standl.) Miranda, *Bol. Soc. Bot. México* 29: 34 (1965). *Pisonia fasciculata* Standl., *Contr. U.S. Natl. Herb.* 13: 388 (1911). Holotipo: Nicaragua, *Wright s.n.* (US). Ilustr.: Berendsohn et al., *Englera* 29(2): 220, t. 217 (2012).

Grajalesia ferruginea Miranda.

Arbustos o árboles, 2-6(-10) m. Hojas 2-7(-10) × 1-3(-9) cm, elípticas, obovadas o suborbiculares, glabras o puberulentas en la vena media por el envés, la base aguda y decurrente, los márgenes enteros, el ápice agudo a obtuso o redondeado; pecíolo 0.4-1.2 cm. Flores verdes, sésiles o con pedicelo hasta 0.5 mm (en fruto hasta c. 4 mm); bractéolas 0.5-0.7 mm; inflorescencias estaminadas (1)2-6-fasciculadas, el pedúnculo 3-14 mm de largo, el cáliz 2-4 × 3-4.5 mm, campanulado, rojo, víscido-tomentoso, los lóbulos cortamente agudos o el ápice undulado, el pistilodio presente; inflorescencias pistiladas solitarias, el pedúnculo 2-7 mm (en fruto 1.2-2 cm), el cáliz 1.5-2 × c. 0.7 mm, angostamente tubular, rojo, víscido-tomentoso, los lóbulos corta a levemente undulados, los estaminodios reducidos a un collar poco profundo en la base del ovario, el estigma penicilado. Antocarpo 9-18 × 5-12 mm, verde claro o amarillo, glabro (excepto por las puntas del cáliz). *Bosques secos y matorrales*. Ch (*Breedlove 24437*, MO); G (*Deam 270*, GH); H (*Holst 964*, EAP); ES (*Linares & Martínez 3249*, EAP); N (*Wright s.n.*, GH). 200-1000 m. (México [Oaxaca], Mesoamérica).

7. Guapira Aubl.

Torrubia Vell.

Por F.R. Barrie.

Árboles o arbustos, inermes, dioicos. Ramas puberulentas, finalmente glabrescentes. Hojas opuestas o verticiladas, rara vez subopuestas, a menudo bastante variables en tamaño sobre la misma rama o en el mismo nudo; láminas elípticas, obovadas u oblongas, cartáceas, enteras; pecioladas. Inflorescencias paniculadas o tirsoides, 1-3 por nudo, terminales, deflexas o péndulas, las ramas y flores con una puberulencia parda o ferrugínea; ramas en plantas femeninas finalmente glabras o glabrescentes, rojo brillante o rosadas en fruto, las flores sésiles, subsésiles o cortamente pediceladas, en grupos terminales de 2 o 3, con 1-3 brácteas subyacentes diminutas. Flores masculinas obcónicas, campanuladas o infundibuliformes, los lóbulos de la corola 5; estambres (5-)8(-10), unidos en la base, exertos en la antesis. Flores femeninas tubulares a tubular-campanuladas, los lóbulos de la corola 5, pequeños, triangulares; estaminodios incluidos, los estigmas exertos por 0.7-2 mm; ovario angostamente ovado, estipitado, el estípite adnado al tubo, el estigma penicilado o fimbriado. Antocarpo drupáceo, rojo o negro, longitudinalmente estriado cuando seco, el limbo del perianto persistente. Aprox. 50 spp., México a Bolivia, Brasil, las Antillas; 6 spp. en Mesoamérica.

1. Ramas y hojas glabras, o con tricomas diminutos esparcidos y pronto caedizos; Islas Swan (Honduras). **3. G. discolor**
1. Ramas y hojas con prominente vestidura de tricomas, por lo menos en las jóvenes; parte continental de Mesoamérica.
  2. Indumento hírtulo, los tricomas 0.2-0.5 mm, erectos, persistentes sobre las ramitas; bractéolas 2-4 mm, persistentes en el fruto. **1. G. acuminata**
  2. Indumento puberulento o tomentoso, los tricomas 0.25-1 mm, las ramitas pronto glabrescentes; bractéolas 0.5-1.5 mm, persistentes o caducas.
    3. Láminas y pecíolo de hojas maduras persistentemente tomentosos en el envés, el haz típicamente con tricomas dispersos, persistentes. **4. G. petenensis**
    3. Láminas de hojas maduras glabrescentes; pecíolos glabrescentes o puberulentos.
      4. Hojas agrupadas en los extremos de las ramas, las láminas 2.5-9.5 × 1-3.7 cm, las venas secundarias 4-6 por lado, generalmente inconspicuas; pedúnculos y pedicelos en el fruto delgados, gráciles. **6. G. witsbergeri**
      4. Hojas más regularmente distribuidas, las láminas 3-19 × 1.5-7.5 cm, las venas secundarias 6-11 por lado; pedúnculos y pedicelos en el fruto más gruesos, no gráciles.
        5. Antocarpos ovoides a elipsoides; perianto de las flores masculinas 2.5-4.5 mm; perianto de las flores femeninas 2-4 mm, el limbo algo acampanado. **2. G. costaricana**
        5. Antocarpos angostamente elipsoides a oblongos; perianto de las flores masculinas 4-6 mm; perianto de las flores femeninas 1.5-3 mm, el limbo erecto. **5. G. standleyana**

1. Guapira acuminata Lundell, *Wrightia* 4: 79 (1968). Holotipo: Guatemala, *Lundell 16374* (LL!). Ilustr.: no se encontró.

Árboles, c. 7 m. Ramas grises, hírtulas, los tricomas 0.2-0.5 mm. Hojas opuestas, 7-13 × 3-5 cm, elípticas, cartáceas, con 6-8 pares de venas secundarias, el haz glabrescente, el envés hírtulo, la pubescencia persistente a lo largo de la vena media, la base cuneada, el ápice acuminado a caudado-acuminado; pecíolo 12-18 mm, hírtulo. Flores no vistas. Infrutescencia 2.5-60 cm; pedúnculo 2-2.5 cm; pedicelos 0-3 mm, persistentemente hírtulos; bractéolas 2-4 mm, lineares, hírtulas, persistentes en el fruto. Antocarpo c. 10 mm, ovoide, anaranjado brillante, el limbo persistente densamente rojo-pardusco-tomentuloso. *Bosques lluviosos altos*. G (*Lundell 16374*, F). 300-500 m. (Endémica).

Solo se ha visto la colección del tipo que se encuentra en fruto. Los tricomas erectos y persistentes de las hojas y frutos, y las bractéolas relativamente largas y persistentes posicionan a *Guapira acuminata* aparte en el género. El color anaranjado brillante reportado para el antocarpo es único entre las *Guapira* de Mesoamérica y este tal vez no sea el del fruto completamente maduro.

2. Guapira costaricana (Standl.) Woodson, *Ann. Missouri Bot. Gard.* 48: 62 (1961). *Torrubia costaricana* Standl., *Contr. U.S. Natl. Herb.* 13: 385 (1911). Holotipo: Costa Rica, *Tonduz 13927* (US!). Ilustr.: Woodson et al., *Ann. Missouri Bot. Gard.* 48: 63, t. 125 (1961).

Guapira itzana Lundell, *G. linearibracteata* (Heimerl) Lundell, *Pisonia linearibracteata* Heimerl, *Torrubia linearibracteata* (Heimerl) Standl.

Arbustos o árboles hasta 12(-20) m. Ramas en desarrollo, hojas e inflorescencias tomentosas, los tricomas c. 0.25 mm, rojo-parduscodorado. Ramas grises, glabrescentes o glabras. Hojas opuestas o subopuestas, 3-15 × 1.5-5.5 cm, angostamente elípticas o angostamente obovadas a elípticas u obovadas, rara vez anchamente elípticas, cartáceas, glabrescentes, con 7-10 pares de venas secundarias, la base angostamente cuneada o cuneada, el ápice agudo a acuminado; pecíolo 4-10 mm, glabrescente o dispersamente tomentoso. Inflorescencia masculina 5-7(-14) cm, las ramas dispersamente tomentosas; pedúnculo 1.5-3(-7) cm, las flores sésiles, subsésiles o sobre pedicelos de hasta 2 mm; bractéolas 0.5-1.5 mm, lineares; perianto 2.5-4.5 × 1.5-2.5 mm, campanulado, verde pálido a blanco, tomentoso, el indumento más denso basalmente, los lóbulos c. 1 mm, redondeados; estambres 6-8, 5-8 mm. Inflorescencias femeninas 5-9 cm, las ramas rojo-parduscotomentosas, glabrescentes y rojo brillante en fruto; bractéolas 0.2-1 mm, generalmente persistentes en fruto; perianto 2-4 mm, infundibuliforme, el tubo rojo-pardusco tomentoso, el limbo c. 0.5 mm, algo acampanado, glabrescente, el estilo exerto c. 1 mm. Antocarpo 7-14 × 3-7 mm, ovoide a elipsoide, rojo o morado-negro al madurar, glabrescente o con pocos tricomas persistentes. *Bosques de neblina, bosques ribereños, bosques mesófilos*. Y (*Lundell & Lundell 7358*, F); C (*Álvarez 173*, MO); QR (*Cabrera & Cabrera 6414*, MO); G (*Standley 72329*, F); H (*Davidse et al. 35414*, EAP); N (*Stevens & Moreno 22292*, MO); CR (*Kernan 410*, EAP); P (*Allen 2472*, MO). 0-1500 m. (México [Veracruz], Mesoamérica, Colombia).

3. Guapira discolor (Spreng.) Little, *Phytologia* 17: 368 (1968). *Pisonia discolor* Spreng., *Syst. Veg.* 2: 168 (1825). Lectotipo (designado aquí): Jamaica, *Bertero s.n.* (B-[cb] B 10 0248532!). Ilustr.: Proctor, *Fl. Cayman Islands* ed. 2, t. 14, f. 5 (2012).

Guapira bracei (Britton) Little, *G. floridana* (Britton) Lundell, *G. globosa* (Small) Little, *G. longifolia* (Heimerl) Little, *Pisonia discolor* Spreng. var. *floridana* (Britton) D.B. Ward, *P. discolor* var. *longifolia* Heimerl, *P. floridana* Britton, *P. longifolia* (Heimerl) Sarg., *Torrubia bracei* Britton, *T. discolor* (Spreng.) Britton, *T. floridana* (Britton) Britton, *T. globosa* Small, *T. longifolia* (Heimerl) Britton.

Arbustos erectos o estranguladores o árboles pequeños, 1-6 m. Ramas pardo claro o grises. Hojas subopuestas, 2-6 × 1-3.5 cm, angostamente elípticas o angostamente obovadas a elípticas u obovadas, glabrescentes, con 3-5 pares de venas secundarias, la base atenuada a cuneada o redondeada, el ápice agudo a redondeado o retuso; pecíolo 5-25 mm. Inflorescencia masculina 3-6 cm, las ramas dispersamente puberulentas; flores en pares o tríades, sésiles o subsésiles; bractéolas c. 1 mm; perianto 2-4 mm, campanulado, verde pálido o amarillo, los lóbulos c. 1 mm, agudos; estambres c. 6 mm en antesis. Inflorescencia femenina 3-6 cm, glabrescentes; flores c. 14, sésiles o subsésiles; perianto 2-3 mm, el estilo exerto c. 1 mm. Antocarpo 5-9 × 6-7 mm, elipsoide, rojo brillante al madurar. *Matorrales costeros y secos, suelos rocosos*. H (*Cruz & Espinal 250*, MO). 0-50 m. (Estados Unidos, Mesoamérica, Antillas Mayores).

En Mesoamérica *Guapira discolor* solo se conoce de dos ejemplares colectados en las Islas Swan de Honduras.

4. Guapira petenensis (Lundell) Lundell, *Wrightia* 3: 22 (1962). *Torrubia petenensis* Lundell, *Publ. Carnegie Inst. Wash.* 478: 208 (1937). Holotipo: Guatemala, *Lundell 3518* (MICH!). Ilustr.: no se encontró.

Guapira macrocarpa (Miranda) Miranda, *Torrubia macrocarpa* Miranda.

Arbustos o árboles 5-10(-20) m. Ramas en desarrollo, hojas e inflorescencias tomentosas, los tricomas 0.5-1 mm, grises a ferrugíneos; ramas grises, finalmente glabrescentes o glabras. Hojas opuestas, subopuestas o alternas, 3.5-10(-13) × 2.5-7.5 cm, elípticas a obovadas, el haz con tricomas dispersos, tomentosas a lo largo de la vena media, finalmente glabrescentes o glabras, el envés uniformemente tomentoso, glabrescente con la edad, las venas secundarias 5 o 6 por lado, la base cuneada, el ápice redondeado a agudo; pecíolo 1-2.5 cm, tomentoso. Inflorescencia masculina 5-15 cm, piramidal, las ramas seríceas o tomentosas; flores en pares o tríadas, sésiles o subsésiles; bractéolas caducas; perianto 3-5 mm × c. 2 mm de ancho en la antesis, campanulado, blanco-verdoso, puberulento, los lóbulos de la corola c. 1 mm, redondeados; estambres 6-8 mm en la antesis. Inflorescencia femenina 5-10 cm, péndula, con ramas seríceas o tomentosas en flor, glabrescentes y rosadas o rojas en fruto; pedicelos 0.5-2 mm; bractéolas caducas; perianto c. 3 mm, tubular o angostamente infundibuliforme, seríceo, los lóbulos c. 0.5 mm, con tricomas ferrugíneos persistentes sobre el fruto en desarrollo; estilo c. 1 mm, exerto. Antocarpo 10-20 × 8-14 mm, oblongo a elipsoide, rojo, llegando a ser morado-negro al madurar. *Bosques deciduos secos, matorrales espinosos*. Ch (*Breedlove 25253*, DS); Y (*Cabrera & Cabrera 8609*, MEXU); B (*Davidse & Holst 36190*, MO); G (*Morales & Cardona 3531*, EAP); H (*Standley 13833*, EAP); ES (*Linares 6050*, EAP); N (*Moreno 21245*, EAP). 300-1400 m. (México [Guerrero, Jalisco, Michoacán, Oaxaca, Puebla], Mesoamérica).

5. Guapira standleyana Woodson, *Ann. Missouri Bot. Gard.* 48: 62 (1961). Isotipo: Panamá, *Pittier 3544* (F!). Ilustr.: Croat, *Fl. Barro Colorado Isl.* 386, t. 226 (1978).

Árboles 10-30 m. Ramas en desarrollo, yemas, hojas e inflorescencias puberulentas, con tricomas pardo-dorados. Ramas pardas, glabras o glabrescentes. Hojas 6-19 × 2.4-7.5 cm, angostamente elípticas a elípticas u obovadas, opuestas o subopuestas, cartáceas, glabrescentes, con 6-11 pares de venas secundarias, curvado-ascendentes, la base angostamente cuneada, el ápice agudo a acuminado; pecíolo 5-30 mm. Inflorescencias masculinas 5-10 cm, las ramas rojizas, dispersa a densamente diminuto-puberulentas; pedúnculo 4-7 cm; bractéolas 0.5-1.5 mm, ovadas o aciculadas; flores en pares o tríades, sésiles o subsésiles; perianto 4-6 × 1.5-3 mm, campanulado, los lóbulos c. 0.5 mm, verde pálido o amarillo-verde, dispersa a densamente diminuto-puberulentos, los tricomas pardo-dorados; estambres 7-9, 6-9 mm en la antesis. Inflorescencias femeninas 5-10 cm, las ramas rojas o moradas, dispersa a densamente puberulentas en flor, glabrescentes en fruto; pedúnculo 5-6 cm, comprimido; bractéolas c. 1 mm, ovado-triangulares, persistentes en fruto; perianto 1.5-3 × 1-1.5 mm, tubular, verde pálido, diminutamente puberulento, los lóbulos 0.5-1 mm; estilo 1-2 mm, exerto. Antocarpo 10-15 × 3-7 mm, angostamente elipsoide a oblongo, morado al madurar, dispersamente puberulento. *Bosques húmedos de tierras bajas*. P (*Croat 4915*, MO). 0-100 m. (Endémica).

6. Guapira witsbergeri Lundell, *Wrightia* 6: 119 (1980). Holotipo: El Salvador, *Castro s.n.* (LL!). Ilustr.: Berendsohn et al., *Englera* 29(2): 221, t. 218 (2012).

Árboles 3-7 m. Ramas en desarrollo, yemas, hojas e inflorescencias puberulentas, con tricomas dorado-pardo, persistentes sobre las inflorescencias en floración, otras partes prontamente glabrescentes. Ramas delgadas, flexuosas, corteza pardo-amarillento. Hojas opuestas, 2.5-9.5 × 1-3.7 cm, elípticas a obovadas, agrupadas al final de las ramas, coriáceas, con 4-6 pares de venas secundarias, generalmente inconspicuas, la base cuneada o levemente decurrente a lo largo del pecíolo, el ápice agudo a abruptamente acuminado; pecíolo 5-10 mm. Inflorescencia masculina 4-6 cm; pedúnculo 2.5-3.5 cm; bractéolas c. 0.5 mm, aciculares, caducas; perianto 3.5-4 × 2-2.5 cm, campanulado, los lóbulos c. 0.5 mm; estambres (5-)7-8, 7-8 mm en la antesis. Inflorescencias femeninas 3-5 cm en la antesis, péndulas, con pocas flores; pedúnculo 1.5-2 cm, grácil; perianto 3-4 mm, tubular, verde pálido, sésil o sobre pedicelos de 1-2 mm; estigma c. 1 mm, exerto. Fruto no visto. *Bosques tropicales húmedos*. ES (*Rosales 713*, EAP). 200-900 m. (Endémica).

8. Mirabilis L.

Por G. Pilz & F.R. Barrie.

Hierbas anuales o perennes, a veces leñosas en la base, o subarbustos pequeños, erectos o decumbentes, sin espinas o brotes espolonados; plantas hermafroditas. Hojas opuestas, enteras (a undulado-lobadas); pecioladas. Inflorescencias terminales o axilares, con flores en pequeñas cimas, fascículos o racimos; involucro de 3-5 brácteas fusionadas en la base y semejando ser un cáliz lobado y más o menos campanulado, persistente y algo acrescente en fruto, envolviendo 1-10 flores sésiles; cáliz coroliforme, campanulado, infundibuliforme o hipocrateriforme con tubo corto a largo y ápice 5-lobado, deciduo excepto la porción basal (en Nicaragua la porción basal 1-3 mm y globosa); estambres 3-5, desiguales, connados en la base o libres, tan largos como el tubo del cáliz o exertos; pistilo sésil, el estigma papiloso o capitado, exerto o no. Antocarpo seco, cilíndrico a obovoide, 5-19-acostillado (marcada a débilmente), eglandular. Aprox. 60 spp., en las regiones templadas y tropicales, la mayoría en América desde el sur de Canadá hasta Sudamérica, 1 sp. en Asia; 5 spp. en Mesoamérica.

Bibliografía: Le Duc, A. *Sida* 16: 613-648 (1995).

1. Perianto c. 1 cm o más corto, el tubo corto.
  2. Frutos conspicuamente angulados; plantas más o menos leñosas, al menos basalmente. **3. M. pulchella**
  2. Frutos teretes; plantas herbáceas. **4. M. violacea**
1. Perianto 1.5-10 cm, el tubo mucho más largo que el limbo.
  3. Limbo del perianto escasamente más ancho que el tubo; estambres 3. **5. M. watsoniana**
  3. Limbo del perianto varias veces el ancho del tubo; estambres 5.
    4. Perianto 3-8 cm, generalmente morado-rojo pero variable en color. **1. M. jalapa**
    4. Perianto generalmente 7-10 cm, blanco manchado con lavanda o morado-rojo. **2. M. longiflora**

1. Mirabilis jalapa L., *Sp. Pl.* 177 (1753). Lectotipo (designado por Larsen, 1989): *Herb. Linn. 240.2* (LINN). Ilustr.: Burger, *Fieldiana, Bot.* n.s. 13: 182, t. 31 (1983d). N.v.: Maravilla.

Nyctago jalapa (L.) DC.

Hierbas anuales o perennes, o subarbustos. Hojas 3-14 × 1.5-6.5 cm, lanceoladas a triangulares (ovadas), la base subcordada o subtruncada, cortamente decurrente sobre el pecíolo, el ápice acuminado. Inflorescencia con pedúnculos menos de 5 mm; flores numerosas; involucro 5-11 mm de ancho, casi glabro a densamente puberulento, los lóbulos erectos (a ligeramente patentes), lanceolados, el ápice acuminado; porción apical del cáliz (30-)45-80 × 15-30 mm (ancho a través del limbo), infundibuliforme a hipocrateriforme, blanca, crema, amarilla, rosada, lila, morada o rojo obscuro; estambres 5. Antocarpo 8-10 × 4-6 mm, obovoide con una ligera contracción justo por encima de la base, 5-acostillado, tuberculado, glabro, el ápice obtusamente agudo a redondeado. Floración durante todo el año. *Cultivada y frecuentemente escapada de cultivo*. Ch (*Laughlin 1793*, DS); G (*Molina R. & Molina 27125*, EAP); H (*Standley & Chacón 6018*, EAP); ES (*Carlson 109*, EAP); N (*Williams & Molina R. 42310*, EAP); CR (*Khan et al. 34*, MO); P (*de Nevers 4936*, MO). 0-2400 m. (Origen desconocido, México?; ampliamente cultivada y naturalizada en trópicos y subtrópicos).

2. Mirabilis longiflora L., *Cent. Pl. I* 7 (1755). Lectotipo (designado aquí): *Herb. Linn. 240.3* (LINN). Ilustr.: Linnaeus, *Kongl. Svenska Vetensk. Acad. Handl.* 16: t. 6, f. 1 (1755).

Jalapa longiflora (L.) Moench, *Nyctago longiflora* (L.) Salisb.

Plantas erectas, ramificadas, hasta 1 m de alto o menos, los tallos densamente víscido-puberulentos o cortamente vellosos. Hojas 6-11 cm, deltoide-ovadas a lanceolado-ovadas, por lo general densamente víscido-puberulentas, cordadas en la base, agudas a largamente atenuadas en el ápice; cortamente pecioladas o las más distales sésiles, el pecíolo generalmente menos de 1 cm. Inflorescencia de numerosos glomérulos foliosos, densos, axilares o terminales, estos a menudo subyacentes a hojas bracteiformes lineares; involucros 10-15 mm, densamente glandular-vellosos, campanulados, cortamente pedunculados, los lóbulos igualando o levemente excediendo al tubo, triangular o triangular-lanceolados; perianto 7-10 cm o algunas veces más largo, blanco manchado con lavanda o morado-rojo, el tubo muy delgado, c. 2 mm de diámetro, abruptamente expandido hacia un limbo 5-lobado de 2-3 cm de ancho; estambres 5, exertos. Fruto c. 8 mm, elipsoide, obtusamente 5-angulado, tuberculado, densamente puberulento entre los tubérculos. Floración jul.-ago. *Laderas con* Pinus, Quercus *y* Liquidambar, *matorrales xerófilos, pastizales, a lo largo de ríos*. Ch (*Clarke 441*, DS); G (*Steyermark 50340*, F). c. 2800 m. (SO. Estados Unidos, México [Aguascalientes, Cd. México, Chihuahua, Coahuila, Durango, Edo. México, Guanajuato, Hidalgo, Michoacán, Morelos, Nayarit, Nuevo León, Oaxaca, Puebla, Querétaro, San Luis Potosí, Sinaloa, Sonora, Tlaxcala, Veracruz], Mesoamérica).

3. Mirabilis pulchella Standl. & Steyerm., *Publ. Field Mus. Nat. Hist., Bot. Ser.* 23: 5 (1943). Holotipo: Guatemala, *Standley 73841* (F!). Ilustr.: no se encontró.

Hierbas erectas o arbustos, 30-100 cm, más o menos leñosas, al menos basalmente, ramificada, las ramas viejas más o menos glaucas, las jóvenes densamente vellosas. Hojas 3-8.5 × 2.5-5.5 cm, ampliamente ovadas a oblongo-ovadas o deltoide-ovadas, gruesas, dispersamente vellosas en ambas superficies, más o menos desiguales en la base y truncadas a obtusas, agudas o acuminadas en el ápice; delgadamente pecioladas, las distales cortamente pecioladas. Inflorescencia con pedúnculos axilares y dispuestos en pequeñas cimas o racimos terminales; involucro 7-19 mm, campanulado o con la edad casi rotáceo, verde, velloso, con 3 flores, profundamente 5-lobado, los lóbulos triangular-ovados, ciliados, agudos o acuminados; perianto c. 10 mm, infundibuliforme-campanulado, rosa-morado; estambres 3. Antocarpo c. 5 × 2.5 mm, obovoide, conspicuamente angulado, obtusamente 5-acostillado, angostado en la base, pilósulo. Floración oct. *Matorrales húmedos, pendientes rocosas arbustivas*. Ch (*Breedlove 41581*, MO); G (*Standley 74516*, F). 400-600 m. (México [Oaxaca], Mesoamérica).

4. Mirabilis violacea (L.) Heimerl, *Beitr. Syst. Nyctag.* 23 (1897). *Allionia violacea* L., *Syst. Nat., ed. 10* 2: 890 (1759). Neotipo (designado por Dorr & Wiersema, 2010): Venezuela, *Bailey & Bailey 713* (US!). Ilustr.: Burger, *Fieldiana, Bot.* n.s. 13: 182, t. 31 (1983d). N.v.: Clavellina.

Allionia craterimorpha Rusby, *A. mollis* Standl., *Oxybaphus violaceus* (L.) Choisy, *O. violaceus* var. *parviflorus* Choisy.

Hierbas anuales o perennes, o subarbustos. Hojas 1-8 × 1-6.5 cm, ovadas a lanceoladas, la base cordada o subtruncada, el ápice agudo a acuminado. Inflorescencia con pedúnculos 5-25 mm; involucro 8-12 mm de ancho, seríceo, los lóbulos patentes, ovados, el ápice agudo, la porción apical del cáliz 8-11(-15) × 4-10(-15) mm (ancho a través del limbo), angostamente campanulada, con tintes rosados, violeta o morados (rara vez blancos); estambres 3(4). Antocarpo (3.5-)4 × 1.5-2.5 mm, terete, claviforme con una ligera contracción justo por encima de la base, el ápice truncado o la base del estilo retenida como un apículo, 10-acostillado, algo tuberculado, cortamente piloso. Floración durante todo el año. *Matorrales húmedos y áreas alteradas*. Ch (*Matuda 5967*, EAP); Y (*Gaumer 579*, MO); H (*Williams & Molina R. 10503*, EAP); ES (*Linares & Martínez 2699*, EAP); N (*Smith 158*, EAP); CR (*Tonduz 13935*, MO). 100-1600 m. (México [Nuevo León, Oaxaca, Puebla, Veracruz], Mesoamérica, Colombia, Venezuela).

Algunos ejemplares de Chiapas fueron erróneamente identificados como *Mirabilis grayana* (Standl.) Standl., un nombre cuyo tipo es de Texas y no se encuentra en Mesoamérica.

5. Mirabilis watsoniana Heimerl, *Bot. Jahrb. Syst.* 11: 84 (1890 [1889]). Lectotipo (designado aquí): Guatemala, *Bernoulli & Cario 2616* (GOET-[cb] GOET008247, imagen en Internet!). Ilustr.: Heimerl, *Bot. Jahrb. Syst.* 11: 84, t. 2, f. 2a-2h (1890 [1889]). N.v.: Maravilla.

Plantas erectas o procumbentes, muy ramificadas, densamente foliosas, los tallos puberulentos por encima, glabros o glabrescentes abajo. Hojas c. 3.5 × 2.5 cm o más pequeñas, ovado-deltoides a redondeadoovadas, delgadas, dispersa y cortamente vellosas o casi glabras, ciliadas, truncadas o cordadas en la base y por lo general cortamente decurrentes, acuminadas a obtusas o angostamente redondeadas en el ápice; hojas proximales largamente pecioladas, las distales sésiles o subsésiles. Inflorescencia con pedúnculos delgados, cortamente vellosos, arreglados en densos grupos foliosos al final de las ramas; involucro 8-9 mm, tubular-campanulado, desigualmente 5-lobado, cortamente velloso, levemente acrescente con la edad, los lóbulos lanceolado-oblongos, largamente ciliados; perianto 1.5-2 cm, tubular, rojo-morado, cortamente velloso, levemente dilatado hacia arriba, el limbo escasamente más ancho que el tubo, 5-lobado; estambres 3, subiguales, largamente exertos. Antocarpo obovoide-piramidal, pardo oscuro, constricto a cada extremo, 5-angulado, los ángulos subtuberculados, los lados lisos, puberulento. Floración ene., ago. *Áreas rocosas, base de acantilados.* G (*Standley 82969*, EAP). 1400-2200 m. (Endémica).

Aunque Heimerl (1890 [1889]) dijo que el tipo se encontraba en el "herbario Guatemalense", probablemente se refería a la etiqueta del espécimen de Bernoulli en GOET, porque no había herbarios en Guatemala en 1889. El espécimen de W parece ser un fragmento removido.

9. Neea Ruiz & Pav.

Neeopsis Lundell.

Por F.R. Barrie.

Subarbustos, arbustos o árboles pequeños a medianos, dioicos. Tallos inermes; crecimiento joven pubescente, finalmente glabro. Hojas típicamente opuestas, subopuestas o en verticilos de 4, la filotaxia a menudo variable dentro de una planta, las hojas en cada nudo a menudo notablemente desiguales en tamaño; láminas cartáceas o coriáceas, pinnatinervias, los márgenes enteros. Inflorescencias terminales, a veces parecen ser axiales debido al crecimiento de la yema axilar subyacente, péndulas, unisexuales, solitarias o rara vez en pares o tríadas, paniculadas o tirsoides, con ramificación primaria opuesta o alterna; pedúnculos, ramificación secundaria y pedicelos brillantemente coloreados en varios tonos de rosado, rojo o morado; flores a menudo en grupos terminales de 3, subsésiles o pediceladas; bractéolas 1-3, subyacentes al tubo del perianto, blancas, verde pálido o amarillas, rosadas, rojas o moradas. Flores masculinas con el tubo del perianto elipsoide a ovoide o urceolado; lóbulos de la corola 5, pequeños; estambres (5-)8(-10), incluidos, los filamentos desiguales, fusionados basalmente; pistilodio presente. Flores femeninas con el tubo del perianto urceolado o tubular, a menudo constricto en el cuello; lóbulos de la corola 5, pequeños; estaminodios 5-10; gineceo sésil o angostado basalmente, 1-locular; estilo 1; estigma fimbriado, incluido o ligeramente exerto hasta 1 mm; óvulo 1. Antocarpo carnoso formado por el tubo del perianto apretadamente envolviendo al ovario, la porción distal generalmente decidua, amarillo, rosado, rojo oscuro o morado, la superficie lisa, a menudo con costillas aparentes cuando seco. Aprox. 85 spp., México, Mesoamérica, Sudamérica tropical y subtropical, Antillas; 17 spp. en Mesoamérica.

Neea es un género complicado y confuso que necesita de una revisión detallada. Los caracteres vegetativos y reproductivos pueden ser muy variables, traslapándose entre taxones y creando problemas para delimitar las especies sin ambigüedades. Burger (1983d) abordó el problema reconociendo solo 2 especies: *N. amplifolia* y *N. psychotrioides*, y tratando el resto de las especies aquí reconocidas como variantes de una u otra. Sin embargo, los autores dc otras floras de la región, por ejemplo, Berendsohn et al. (2012), González (2007), Pool (2001a), Standley & Steyermark (1944), han reconocido muchas de las variantes de Burger como especies, una práctica que sí tiene valor y se sigue aquí.

1. Hojas más grandes consistentemente 22-50 cm.
  2. Pecíolos 0-2 mm; base de la lámina de la hoja cordada o truncada. **2. N. amplexicaulis**
  2. Pecíolos 5-45 mm; base de la lámina de la hoja cuneada o redondeada.
    3. Bractéolas menos de 1 mm, lanceoladas.
      4. Hojas cartáceas, la base angostamente cuneada; ramas de la infrutescencia 2-3 mm de diámetro. **11. N. orosiana**
      4. Hojas coriáceas, la base cuneada o redondeada; ramas de la infrutescencia más gruesas, c. 5 mm de diámetro. **4. N. darienensis**
    3. Bractéolas 1-5 mm; lanceoladas o aciculadas.
      5. Ramitas jóvenes, yemas e inflorescencias rojo-tomentosas, los tricomas 0.5-1.5 mm; antocarpos 12-18 mm. **6. N. elegans**
      5. Ramitas jóvenes, yemas e inflorescencias ferrugíneo-puberulentas, los tricomas 0.25-0.5 mm.
        6. Hojas angostamente ovadas, elíptico-oblongas a obovadas; bractéolas hasta 1 mm; flores masculinas 7-13 mm, amarillo pálido, verdes o rosadas. **12. N. pittieri**
        6. Hojas angostamente elípticas a angostamente obovadas; bractéolas 3-5 mm; flores masculinas 3-5 mm, rojas a púrpuras.
          7. Arbustos con un solo tallo, 1-2 m; crecimiento joven e inflorescencia diminutamente puberulentos; bractéolas 3-5 mm; perianto morado. **1. N. acuminatissima**
          7. Arbustos pequeños, o árboles hasta 7 m; crecimiento joven tomentuloso; bractéolas c. 2 mm; perianto rosado a rojo oscuro. **9. N. guatemalensis**
1. Hojas más grandes rara vez más de 20 cm.
  8. Inflorescencia relativamente corta, 3-5.5 cm; pedicelos 1-3 mm. **15. N. stenophylla**
  8. Inflorescencia hasta 22 cm; pedicelos mucho más de 2 mm.
    9. Pedúnculos y ramas de la inflorescencia filamentosos, menos de 1 mm de diámetro, los pedicelos más largos 10-27 mm.
      10. Hojas coriáceas, amarillo brillante-verde; pedicelos hasta 27 mm. **8. N. flavifolia**
      10. Hojas cartáceas, verde oscuro o verde-gris; pedicelos 0-10 mm.
        11. Hojas angostamente elípticas de manera consistente, 5-15 veces tan largas como anchas; perianto rosado. **17. N.** sp. A
        11. Hojas por lo general más anchas, elípticas a obovadas, 2-4 veces tan largas como anchas; perianto amarillo pálido-verde o rojo.
          12. Perianto amarillo pálido-verde; antocarpos 5-9 × 4-5 mm. Costa Rica y Panamá. **5. N. delicatula**
          12. Perianto rojo; antocarpos 10-15 × 4-7 mm. México, Guatemala y Honduras. **16. N. tenuis**
    9. Pedúnculos y ramas de la inflorescencia delgados, 1-2 mm de diámetro; los pedicelos más largos 5-8 mm.
      13. Hojas maduras típicamente persistente y uniformemente tomentulosas o cortamente vellosas en ambas superficies; flores amarillas, crema o rosadas. **7. N. fagifolia**
      13. Hojas maduras glabrescentes o con pocos tricomas permaneciendo en la base de la lámina; flores amarillo pálido o verdes, blancas, rosadas o rojas.
        14. Hojas coriáceas; inflorescencia 4-9 cm; pedicelos hasta 2 mm. **3. N. choriophylla**
        14. Hojas cartáceas; inflorescencias más largas; pedicelos hasta 8 mm.
          15. Árboles 12-30 m; Costa Rica (península de Osa). **13. N. popenoei**
          15. Arbustos o árboles pequeños, 0.5-7(-12) m; ampliamente distribuidos.
            16. Flores en la antesis persistentemente ferrugíneo-tomentosas en la base; perianto de las flores masculinas tubular a elíptico-urceolado; vertiente del Atlántico, ampliamente distribuida. **10. N. laetevirens**
            16. Flores en la antesis glabrescentes o dispersa y uniformemente puberulentas; perianto de las flores masculinas ovoide- a obovoide-urceolado; vertiente del Pacífico, Chiapas al El Salvador. **14. N. psychotrioides**

1. Neea acuminatissima Standl., *Publ. Field Mus. Nat. Hist., Bot. Ser.* 4: 304 (1929). Holotipo: Honduras, *Standley 55794* (F!). Ilustr.: no se encontró.

Arbustos con un solo tallo, 1-2 m. Tallos teretes, verdes o pardo-amarillentos, diminutamente puberulentos, los tricomas rojizos, finalmente glabrescentes. Hojas subopuestas o alternas, 17-45 × 6.5-14 cm, angostamente elípticas a angostamente obovadas, cartáceas, glabrescentes, con 15-20 pares de venas secundarias, curvado-ascendentes, convexas en ambas superficies, la base angostamente cuneada, el ápice acuminado a caudado-acuminado, recto o falcado; pecíolo 10-35 mm. Inflorescencia masculina 20-80 mm; pedúnculo 10-40 × c. 2 mm; flores c. 50, 4-5 × c. 2 mm, moradas; pedicelos 1-2 mm; bractéolas 3, 3-5 mm, aciculadas. Inflorescencia femenina c. 20 mm; pedúnculo c. 10 mm; flores c. 12, c. 4 × 2 mm, moradas; pedicelos c. 1 mm. Antocarpo 10-16 × 4-5 mm, elipsoide, blanco, rosado o rojo, glabro. *Bosques húmedos*. H (*Hawkins & Merello 850*, EAP). 0-1100 m. (Endémica).

2. Neea amplexicaulis Dwyer & M.V. Hayden, *Phytologia* 14: 139 (1966). Holotipo: Panamá, *Duke & Bristan 8288* (MO!). Ilustr.: no se encontró.

Arbustos o árboles, 3-10 m. Tallos teretes, glabros (glabrescentes?). Hojas opuestas, 7-36 × 3.5-12 cm, elípticas a oblongas u obovadas, con 12-25 pares de venas secundarias, prominentes sobre el envés, la base cordada o truncada, el ápice redondeado, agudo o acuminado; pecíolo 0-2 mm. Inflorescencias solitarias o en pares; inflorescencia masculina 60-100 mm, el pedúnculo 20-65 mm, comprimido, rojo-pardusco-tomentoso; inflorescencia femenina 80-120 mm, los pedicelos rosados, tomentulosos. Flores masculinas 5-7 mm, sésiles, ampliamente ovoides, rosadas, rojo-pardusco-tomentosas; bractéolas 3, c. 1 mm, tomentulosas. Flores femeninas no vistas. Antocarpo 9-12 × 4-5 mm, angostamente elipsoide a elipsoide u ovoide, subsésil o sobre pedicelos robustos de hasta c. 5 mm. *Bosques húmedos*. P (*de Nevers & Herrera 4546*, MO). 0-400 m. (Endémica).

Neea amplexicaulis se distingue por las hojas subsésiles y la base de la hoja típicamente cordada.

3. Neea choriophylla Standl., *Contr. U.S. Natl. Herb.* 13: 384 (1911). Isotipo: México, Yucatán, *Gaumer 761* (F!). Ilustr.: no se encontró.

Neea choriophylla Standl. var. *hirtella* (Lundell) Lundell, *N. hirtella* Lundell, *N. sphaerantha* Standl.

Arbustos hasta c. 5 m. Ramitas grises, diminutamente hispídulas, finalmente glabrescentes o con pocos tricomas. Hojas opuestas, alternas o en verticilos, 3-11.5 × 0.8-4 cm, elípticas a obovadas, coriáceas, con 5-7 pares de venas secundarias, inconspicuas, el haz verde-gris oscuro, el envés verde pálido, o las láminas casi concoloras, la base cuneada, el ápice redondeado a obtusamente agudo o acuminado; pecíolo 3-12 mm, verde o rojo. Inflorescencia 40-85 mm, relativamente con pocas flores, delgada, verde o rojiza, dispersamente rojizo-puberulenta o glabra; pedúnculo 20-50 mm; pedicelos 0-2 mm; bractéolas c. 1 mm o menos, lanceoladas; flores masculinas c. 60, 4-5 × 3-4 mm, ampliamente elipsoides, rojas o verdes, puberulentas, a menudo más densamente así en la base, o glabrescentes; flores femeninas c. 30, 2-4 × 1-2 mm, cilíndricas, rojas o verdes, uniforme y dispersa a densamente puberulentas, o los tricomas más densos en la mitad inferior. Antocarpo 6-12 × 4-7 mm, oblongo-elipsoide, rojo, glabrescente o con pocos tricomas restantes en la base. *Selvas bajas caducifolias, vegetación secundaria, vegetación costera.* Y (*Lott & Barth 1171*, MEXU); C (*Cabrera & Cabrera 11905*, MEXU); QR (*Téllez & Cabrera 3014*, MEXU); B (*Lentz et. al 2363*, MO). 0-200 m. (Endémica).

Neea choriophylla está caracterizada por las hojas coriáceas e inflorescencias con pocas flores. Su distribución parece restringida a la vegetación seca y costera de la península de Yucatán y Belice. Los reportes de Chiapas (i.e., Breedlove, 1986) son citas de especímenes erróneamente determinados.

4. Neea darienensis Dwyer & M.V. Hayden, *Phytologia* 14: 138 (1966). Holotipo: Panamá, *Stern et al. 429* (MO). Ilustr.: no se encontró.

Neea elegans Dwyer & M.V. Hayden non P.H. Allen.

Subarbustos o arbustos hasta 3(-10?) m. Tallos verdes o pardos, diminutamente rojo-pardusco-puberulentos, finalmente glabrescentes. Hojas opuestas, subopuestas o alternas, 12-30 × 5-13.5 cm, elípticas, subcoriáceas, con 8-15 pares de venas secundarias, la vena media y las venas secundarias rojas en el envés, glabrescentes o persistentes y diminutamente puberulentas, los tricomas más densos a lo largo de la vena media y las venas secundarias por el envés, la base cuneada, el ápice acuminado (15-25 mm); pecíolo 10-40 mm. Inflorescencias 45-75 mm, erectas o péndulas, rojas, rojizo-puberulentas o glabrescentes; pedúnculo 15-30 mm; pedicelos 2-10 mm; bractéolas 3 o 4, 0.5-1 mm, triangulares; flores masculinas 5-11 × 2-3 mm, elipsoides, amarillas o amarillo-verdes; flores femeninas 4-7 × 2-3 mm, cilíndricas, amarillas o amarillo-verdes, glabras o dispersamente puberulentas. Antocarpos 8-12 × 3-6 mm, elipsoides, morado oscuro, dispersamente puberulentos o glabrescentes. *Bosques húmedos*. P (*Maas et al. 1582*, F). 0-200 m. (Endémica).

5. Neea delicatula Standl., *Contr. U.S. Natl. Herb.* 18: 98 (1916). Holotipo: Panamá, *Pittier 3472* (US, imagen en Internet!). Ilustr.: González, *Monogr. Syst. Bot. Missouri Bot. Gard.* 111: 791 (2007).

Torrubia panamensis Standl.

Arbustos o árboles hasta 10 m. Ramitas teretes, pardas o pardo-amarillentas, puberulentas o glabrescentes. Hojas opuestas o verticiladas, 2.5-10 × 0.7-4.5 cm, lanceoladas a angostamente elípticas, elípticas u obovadas, cartáceas, gris opaco-verdes, la vena media verde o rojo oscuro, con 6-10 pares de venas secundarias, inconspicuas, uniforme y diminutamente puberulentas cuando jóvenes, finalmente glabrescentes o con unos pocos tricomas dispersos persistiendo a lo largo de la vena media, la base angostamente cuneada, el ápice agudo a acuminado; pecíolo 2-10(-15) mm, verde o rojo. Inflorescencia 50-120 mm, péndula, grácil, roja; pedúnculo 30-80 mm; pedicelos 2-10 mm; bractéolas c. 0.5 mm, angostamente triangulares, caducas; flores masculinas 5-9 × 3-4 mm, urceoladas, amarillo-verdes, a menudo rosadas basalmente, puberulentas; flores femeninas c. 3 × 1 mm, tubulares, amarillo-verdes, puberulentas a glabrescentes. Antocarpos 5-9 × 4-5 mm, elipsoides, rojos o rojizo-negros, glabrescentes. *Bosques húmedos*. CR (*Grayum et al. 8100*, MO); P (*Tyson 6757*, MO). 0-1100 m. (Endémica).

6. Neea elegans P.H. Allen, *Rain Forests Golfo Dulce* 409 (1956). Isotipo: Costa Rica, *Allen 6683* (EAP!). Ilustr.: Allen, *Rain Forests Golfo Dulce* t. 28, arriba derecha (1956).

Arbustos o árboles, 2-10 m. Crecimiento joven densamente rojo-tomentoso, los tricomas 0.5--1.5 mm, las ramitas persistentemente tomentosas o finalmente glabrescentes. Hojas 8-25 × 5-12 cm, angostamente elípticas u oblongas hasta ampliamente elípticas u obovadas, opuestas o subopuestas, iguales o desiguales en un mismo nudo, cartáceas, uniformemente verdes, tomentosas, el haz finalmente glabrescente con tricomas persistentes a lo largo de las venas, el envés persistentemente tomentoso, más densamente así a lo largo de las venas, o glabrescente, con 10-20 pares de venas secundarias, pronunciadas en el envés, la base cuneada, el ápice agudo a acuminado; pecíolo 5-30 mm, tomentoso. Inflorescencias 15-24 cm; pedúnculos 7-12 cm; pedicelos 1-5 mm; bractéolas 1-3 mm, lanceolado-lineares, tomentosas; flores masculinas con perianto de 5-8 mm, amarillo; flores femeninas con perianto de 3-4 × c. 1 mm; amarillo. Antocarpos 12-18 × 5-9 mm, elipsoides u obloides, morado oscuro al madurar, tomentosos o glabrescentes. *Bosques húmedos*. N (*Moreno 23112*, MO); CR (*Gómez-Laurito et al. 11169*, F); P (*Gentry & Mori 13419*, MO). 0-900 m. (Endémica).

7. Neea fagifolia Heimerl, *Beitr. Syst. Nyctag.* 39 (1897). Lectotipo (designado aquí): Nicaragua, *Oersted 3909* (C-[cb] C10016022, imagen en Internet!; isolectotipos: C-[cb] C10016021, imagen en Internet!, F-[nr] 662307!). Ilustr.: no se encontró.

Árboles hasta c. 15 m. Ramas teretes, pardo claro a oscuro, las ramitas cortamente vellosas o tomentulosas, tempranamente glabrescentes. Hojas opuestas, subopuestas o verticiladas, 4-14 × 1.5-4.5 cm, angostamente oblongo-elípticas a elípticas u obovadas, a menudo en pares desiguales, cartáceas, persistente y uniformemente tomentulosas o cortamente vellosas en ambas superficies o glabrescentes, con 7-9 pares de venas secundarias, más o menos inconspicuas, la base cuneada, el ápice agudo, acuminado o redondeado; pecíolo 4-10 mm. Inflorescencia 70-140 mm; pedúnculos 35-70 mm, hispídulos, amarillos a verdes; pedicelos 1-5 mm; bractéolas 0.5-1 mm, triangulares, generalmente persistentes; flores masculinas 4-8 × c. 2.5 mm, ovoide- a obovoide-urceoladas, amarillas, puberulentas, los lóbulos del cáliz c. 1 mm; flores femeninas 4-5 × 2-3 mm, elipsoides, amarillo pálido, blancas o rosado pálido. Antocarpo 8-12 × 3-5 mm, elipsoide, rojo brillante al madurar, glabrescente o con unos pocos tricomas persistentes. *Bosques tropicales secos, vegetación secundaria.* G (*Steyermark 30264*, F); H (*Repulski 284*, EAP); ES (*Linares & Martínez 2021*, EAP); N (*Salas 17*, EAP). 0-900 m. (Endémica).

8. Neea flavifolia Lundell, *Wrightia* 4: 131 (1970). Holotipo: Guatemala, *Contreras 8823* (LL). Ilustr.: no se encontró.

Neeopsis flavifolia (Lundell) Lundell.

Arbustos o árboles hasta 12 m, glabros o con pocos tricomas diminutos sobre las yemas. Ramitas pardas o grises, teretes. Hojas opuestas o verticiladas, 5-10 × 1.2-3.5 cm, angostamente ovadas a angostamente elípticas, coriáceas, amarillo brillante-verdes, la vena media pardo-amarillento o rojiza, el haz brillante, con 6-8 pares de venas secundarias, la base cuneada, el ápice acuminado; pecíolo 2-12 mm. Inflorescencia 60-90 mm, grácil, los pedúnculos y los pedicelos filamentosos, amarillo brillante-verdes; pedúnculo 35-40 mm; pedicelos 0-27 mm; bractéolas c. 0.5 mm, angostamente triangulares; flores masculinas no vistas; flores femeninas c. 2.5 × 1.5 mm, tubular-campanuladas, verde-amarillo brillante. Antocarpo 7-9 × 4-6 mm, ovoide, rojizo. *Tierras bajas*. G (*Lundell & Contreras 20018*, MEXU). 0-200 m. (Endémica).

Neea flavifolia se distingue fácilmente de otras especies de *Neea* por las hojas e inflorescencias verde-amarillo brillante y los pedicelos filamentosos. Conocida solo del Petén.

9. Neea guatemalensis Lundell, *Wrightia* 4: 84 (1968). Isotipo: Belice, *Gentle 4499* (EAP!). Ilustr.: no se encontró.

Arbustos o árboles pequeños de c. 7 m. Tallos teretes, pardos, tomentulosos, finalmente glabrescentes. Hojas subopuestas, 10-27 × 3-8 cm, angostamente elípticas a elípticas, cartáceas, con 12-15 pares de venas secundarias, curvado-ascendentes, prominentes sobre el envés, la base cuneada, el ápice acuminado o aciculado; pecíolo 10-40 mm. Inflorescencia (50-)180-210 mm, péndula, rosada, tomentulosa; pedúnculo 100-130 mm; flores masculinas c. 200, 3-5 mm, subsésiles, rosadas o rojo oscuro; bractéolas c. 2 mm, aciculares. Inflorescencia femenina en fruto c. 10 cm; pedicelos 0.5-2 mm, glabrescentes; flores femeninas no vistas. Antocarpo 8-15 × 5-6 mm, elipsoide, anaranjado. *Bosques húmedos*. Ch (*Miranda 7828*, MEXU); B (*Whitefoord 3276*, MEXU); G (*Contreras 6536*, MEXU). 0-400 m. (Endémica).

Los individuos pequeños de *Neea guatemalensis* de apenas 1 m ya pueden florecer. En estos, las inflorescencias son algo cortas, 5-10 cm, y relativamente de pocas flores. Como árboles, producen inflorescencias mucho más largas, hasta 21 cm, con numerosas flores.

10. Neea laetevirens Standl., *Publ. Field Mus. Nat. Hist., Bot. Ser.* 4: 204 (1929). Holotipo: Panamá, *Cooper 639* (F). Ilustr.: no se encontró.

Guapira longicuspis Lundell, *Neea belizensis* Lundell, *N. gentlei* Lundell, *N. parvifolia* Lundell, *N. xanthina* Standl.

Arbustos 0.5-3 m o árboles pequeños 5-7 m. Ramitas verdes, teretes, rojo-pardusco-tomentosas, finalmente glabrescentes. Hojas opuestas, subopuestas o verticiladas, 4-21(-34) × 2-7(-9) cm, angostamente elípticas, elíptico-oblongas, obovado-oblongas u oblanceoladas, cartáceas, glabrescentes, con 6-12 pares de venas secundarias, la base angostamente cuneada a cuneada, el ápice redondeado, agudo, abruptamente acuminado o caudado-acuminado; pecíolo 2-15(-30) mm. Inflorescencia 50-130 mm, roja, rojo-pardusco-tomentulosa, finalmente glabrescente o con tricomas dispersos; bractéolas 0.5-1 mm, angostamente triangulares; flores masculinas 5-7 × 2-3 mm, tubulares a elíptico-urceoladas, blancas a verde pálido, los tricomas rojizos persistentes cerca de la base; pedicelos 0.5-8 mm; flores femeninas 3-4 × c. 2 mm, tubulares, con tricomas rojizos dispersos, más densamente en la base. Antocarpo 7-11 × 3-6 mm, elipsoide u ovoide, rojo, dispersamente tomentuloso o glabrescente. *Bosques húmedos, bosques riparios, áreas pantanosas.* T (*Matuda 3076*, MEXU); Ch (*Martínez S. 16390*, MEXU); QR (*Cabrera & Cabrera 4202*, MEXU); B (*Gentle 2527*, F); G (*Lundell 16128*, MEXU); H (*Molina R. 3509*, EAP); N (*Moreno 26064*, MO); CR (*Gallardo 126*, MO); P (*Dwyer 5158*, MO). 0-1100 m. (Mesoamérica, Colombia).

Al norte de Costa Rica, *Neea laetevirens* está restringida a la vertiente atlántica. Las poblaciones con hojas de tamaño excepcional, 25-34 × 6-9 cm y pecíolo hasta 30 mm, se encuentran en la región kárstica de Tabasco; investigación futura podría justificar su reconocimiento como un taxón distinto.

11. Neea orosiana Standl., *J. Wash. Acad. Sci.* 15: 473 (1925). Holotipo: Costa Rica, *Standley 39738* (US!). Ilustr.: no se encontró.

Arbustos o árboles pequeños, 0.5-3(-6) m. Ramitas rojo-pardusco-tomentosas, finalmente glabrescentes. Hojas opuestas, subopuestas o verticiladas, 12-23 × 4-9 cm, angostamente elípticas, elípticas, obovadas o angostamente obovadas, cartáceas, persistentemente tomentulosas a lo largo de la vena media en ambas superficies, de otra manera, glabrescentes, con 8-15 pares de venas secundarias, la base cuneada a atenuada, el ápice abruptamente acuminado o apiculado; pecíolo 7-15 mm, tomentuloso. Inflorescencias 5-10 cm, rojo-pardusco-tomentosas en yema y flor, glabrescentes en fruto; pedúnculos 2.5-5 cm, estos y las ramas de la inflorescencia delgados y flexuosos; flores subsésiles o con pedicelos menos de 1 mm; bractéolas c. 1 mm, triangulares, persistentes o comúnmente caducas; perianto de flores masculinas 5-8.5 × 1.5-2 mm, angostamente urceolado o tubular, verde pálido, amarillo o crema, los lóbulos comúnmente rosados, diminutamente pubescentes basalmente; perianto de flores femeninas c. 4 × 1.5 mm, pubescente, verde pálido, amarillo o rosado. Antocarpo 8-14 × 5-7 mm, elipsoide, rojo, anaranjado o vino tinto. *Bosques húmedos, bosques de neblina.* N (*Rueda et al. 3155*, MO); CR (*Skutch 3157*, MO). 0-1500 m. (Endémica).

12. Neea pittieri Standl., *Contr. U.S. Natl. Herb.* 13: 383 (1911). Holotipo: Costa Rica, *Pittier 16097* (US!). Ilustr.: Burger, *Fieldiana, Bot.* n.s. 13: 186, t. 35 (1983d).

Neea amplifolia Donn. Sm., *N. pycnantha* Standl., *N. urophylla* Standl.

Arbustos o árboles pequeños, 1-4(-7) m. Ramitas jóvenes y yemas rojo-pardusco-tomentulosas, los tricomas c. 0.5 mm o menos, las ramitas glabrescentes. Hojas opuestas, subopuestas o alternas, 9-36 × 3.5-16 cm, variables en tamaño y forma, angostamente ovadas, angostamente elípticas o angostamente obovadas, ovadas a elíptico-oblongas u obovadas, cartáceas o coriáceas, glabrescentes o persistentemente puberulentas a lo largo de la vena media y las venas secundarias sobre la envés, con 7-14 pares de venas secundarias, la base angosta a ampliamente cuneada o redondeada, el ápice agudo a acuminado o apiculado; pecíolo 10-30(-45) mm, tomentuloso o glabrescente. Inflorescencias masculinas 7-34 cm; pedúnculos y ramas delgadas, rojos o magentas, rojo-pardusco-tometulosos; pedicelos 0-1 mm; bractéolas 0.25-1 mm, lanceoladas, persistentes; perianto 7-13 × 1.5-2 mm, tubular, amarillo pálido, verde o rosado, uniformemente puberulento o los tricomas agrupados basalmente. Inflorescencias femeninas 5-25 cm, rojas o magenta en flor y fruto; pedicelos 0-4 mm; bractéolas 1-2 mm, ovadas, comúnmente persistentes en fruto; perianto 3-4 × 1-1.5 mm, crema, amarillo o rosado. Antocarpo 8-12 × 4-7 mm, elipsoide o fusiforme, rojo, rosado o morado. *Bosques húmedos, bosques de neblina*. N (González, 2007: 792); CR (*Grayum & Jacobs 3543*, MO); P (*McPherson 13607*, MO). 0-1200 m. (Endémica).

13. Neea popenoei P.H. Allen, *Rain Forests Golfo Dulce* 410 (1956). Holotipo: Costa Rica, *Allen 5225* (EAP!). Ilustr.: no se encontró.

Árboles grandes, 12-30 m. Ramitas rojas o pardo-amarillentas, glabras o con unos pocos tricomas dispersos. Hojas opuestas, 5-16 × 3.5-5 cm, elípticas, ampliamente elípticas u obovadas, cartáceas, glabrescentes, con 5-8 pares de venas secundarias, más o menos inconspicuas, la base redondeada a cuneada, el ápice redondeado, agudo o acuminado; pecíolo 12-25 mm, rojo. Inflorescencia 50-200 mm, péndula, roja, diminutamente hispídula; pedúnculo 50-100 mm; pedicelos 0-5 mm (flores masculinas); bractéolas c. 1 mm, ovadas, posiblemente caducas; flores masculinas 6-7 mm, campanuladas, blancas, amarillo pálido o verdes, hispídulas. Flores femeninas y antocarpos no vistos. *Bosques lluviosos*. CR (*Aguilar et al. 2784*, MO). 0-300 m. (Endémica).

14. Neea psychotrioides Donn. Sm., *Bot. Gaz.* 16: 199 (1891). Sintipo: Guatemala, *Donnell Smith 2069* (US!). Ilustr.: no se encontró.

Neea turbinata Lundell.

Arbustos o árboles hasta c. 12 m. Ramitas teretes, crecimiento joven dispersamente puberulento, prontamente glabrescente. Hojas opuestas, alternas o en verticilos de 4, a menudo en pares desiguales, 3-13 × 1.5-5 cm, angostamente elípticas a elípticas u obovadas, cartáceas, dispersa a densamente hírtulas, finalmente glabrescentes o con pocos tricomas persistentes cerca de la base, con 6-8 pares de venas secundarias, no prominentes, la base cuneada o redondeada, el ápice agudo, abruptamente acuminado, obtuso o redondeado; pecíolo 5-20 mm, verde o rojizo, glabrescente o con pocos tricomas persistentes. Inflorescencia masculina hasta c. 100 mm o más, con hasta 200 flores; pedúnculo y pedicelos verdes o rojos, diminutamente hispídulos; pedicelos 0-5 mm; flores 3-5 × 2-4 mm, elipsoides u obovoide-urceoladas, verde pálido, diminutamente puberulentas; inflorescencia femenina hasta 80 mm, con 40-50 flores; flores 4-7 × 2-3 mm, elipsoides u obloides, rojas, puberulentas; pedicelos 1-5 mm. Antocarpo 6-10 × 2-5 mm, rojo, dispersamente puberulento, más densamente así en la base, o glabrescente. *Dunas de arena y matorrales riparios, vertiente pacífica*. Ch (*Matuda 913*, F); G (*Donnell Smith 2474*, F); ES (*Linares & Martínez 1320*, EAP). 0-1200 m. (Endémica).

La distribución de *Neea psychotrioides* está restringida a la vertiente del Pacífico desde el sur de Chiapas hasta El Salvador. Los especímenes determinados como tal provenientes de Belice o de la vertiente del Atlántico en Guatemala o México pertenecen a otros taxones, más comúnmente *N. laetevirens*.

15. Neea stenophylla Standl., *Proc. Biol. Soc. Wash.* 37: 51 (1924). Holotipo: Guatemala, *Standley 25059* (US!). Ilustr.: no se encontró.

Arbustos hasta 2(-7) m. Ramitas delgadas, flexibles, dispersamente puberulentas con unos pocos tricomas rojizos o glabras. Hojas opuestas o 3 o 4-verticiladas, 3-11(-16) × 1-2.5 cm, angostamente elípticas a elípticas o angostamente obovadas, cartáceas, glabras, con 4-10 pares de venas secundarias, inconspicuas, la base angostamente cuneada, el ápice agudo a acuminado, recto o falcado; pecíolo 2-8 mm. Inflorescencia 30-55 mm, con 40 flores o menos; pedúnculo y pedicelos delgados, rojo-pardusco-puberulentos, finalmente dispersamente puberulentos o glabrescentes; bractéolas c. 0.5 mm, triangulares; flores masculinas 3-5 × 2-3 mm, urceolado-campanuladas, rojas, los estambres 6-7, los pedicelos 1-3 mm; flores femeninas 2-4 × c. 1.5 mm, campanuladas, rojas, dispersamente puberulentas. Antocarpo 8-10 × 2-4 mm, elipsoide, rojo. *Bosques mixtos húmedos*. Ch (*Martínez S. 9103*, MEXU); G (*Stevens et al. 25316*, EAP). 0-300 m. (Endémica).

Los especímenes reportados como *Neea stenophylla* para Chiapas (Breedlove, 1986) han sido tratados aquí como *N. tenuis*.

16. Neea tenuis Standl., *Contr. U.S. Natl. Herb.* 13: 384 (1909-1912 [1911]). Holotipo: México, Veracruz, *Botteri s.n.* (GH, imagen en Internet!). Ilustr.: Standley, *Contr. U.S. Natl. Herb.* 13: t. 74 (1909-1912 [1911]).

Neea chiapensis Standl., *N. petenensis* Lundell, *N. transparens* Lundell.

Arbustos o árboles pequeños, hasta c. 5 m. Ramitas teretes, grises o rojizas, glabrescentes o persistentemente puberulentas. Hojas 4-15 × 2-7 cm, elípticas a obovadas u oblanceoladas, opuestas o 3 o 4-verticiladas, cartáceas, dispersa a moderadamente pubescentes, finalmente glabrescentes o con unos pocos tricomas persistentes a lo largo de las venas y del pecíolo, uniformemente pubescentes sobre una o ambas superficies, con 5-7 pares de venas secundarias, la base cuneada, el ápice acuminado o caudado-acuminado; pecíolo 4-15 mm. Inflorescencia 50-150 mm; pedúnculos 30-110 mm; pedicelos 1-10 mm; glabros o con tricomas rojizos persistentes; bractéolas menos de 1 mm, lanceoladas; flores masculinas 3-6 × 2-4 mm, urceoladas o subglobosas, rojas, dispersamente puberulentas cerca de la base, los estambres (5-)7-8; flores femeninas 2-4 × 1-1.5 mm, cilíndricas, rojas, dispersamente puberulentas o glabrescentes. Antocarpo 10-15 × 4-7 mm, obovoide o elipsoide, morado o rojo. *Bosques deciduos o semideciduos*. T (*Ventura 20642*, MEXU); Ch (*Breedlove 10685*, DS); G (*Contreras 7470*, F); H (*Molina R. 6999*, EAP). 0-1200 m. (México [Oaxaca, San Luis Potosí, Tamaulipas, Veracruz], Mesoamérica).

17. Neea sp. **A.**

Arbustos o árboles pequeños, 1-5 m. Ramitas jóvenes, yemas e inflorescencias diminutamente rojo-pardusco-tomentulosos, los tricomas c. 0.25 mm, las ramitas delgadas, pardo-amarillento, rojas o gris, glabrescentes. Hojas opuestas o subopuestas, 7.5-19 × 1.5-3.5 cm, angostamente elípticas o angostamente oblongas, cartáceas, concoloras, la vena media verde o roja, con 12-18 pares de venas secundarias, más bien inconspicuas, la base angostamente cuneada, el ápice acuminado o falcado; pecíolo 7-35 mm, rojo, glabrescente. Inflorescencias paniculadas; pedúnculos y ramas delgadas, c. 1 mm de diámetro, flexuosos, rojos, glabrescentes. Inflorescencias masculinas 13-19 cm; pedúnculo 7-10 cm; pedicelos 5-10 mm; bractéolas 3, 0.5-1 mm, lanceoladas, persistentes, puberulentas; perianto 7-8 × 3-4 mm, urceolado, rosado, glabrescente en la antesis, con tricomas persistentes en la base. Inflorescencias femeninas 8-22 cm; pedúnculos 5-12 cm; pedicelos 8-13 mm; bractéolas 3, c. 0.5 mm, persistentes; perianto 3-4 × c. 1 mm, oblongo, rosado, tomentuloso en la antesis, más densamente así sobre la mitad inferior. Antocarpo c. 13 × 5 mm, oblongo-elipsoide, vino tinto, glabrescente. *Bosques húmedos*. CR (*Grayum & Jacobs 5345*, MO); P (*Kirkbride & Duke 639*, MO). 0-300 m. (Endémica).

Estos ejemplares corresponden a una especie nueva en proceso de descripción.

10. Okenia Schltdl. & Cham.

Por G. Pilz.

Hierbas anuales, postradas, espinas y brotes espolonados ausentes; plantas hermafroditas. Hojas opuestas, las del mismo nudo desiguales en tamaño. Flores perfectas; cáliz diferenciado en una parte coroliforme apical decidua y una parte basal persistente; estambres (9-)14-19. Antocarpo hipogeo. Género monoespecífico, Estados Unidos (Florida), México y Nicaragua.

1. Okenia hypogaea Schltdl. & Cham., *Linnaea* 5: 92 (1830). Sintipo: México, Veracruz, *Schiede & Deppe 107* (MO!). Ilustr.: Bogle, *J. Arnold Arbor.* 55: 21, t. 2 (1974).

Hierbas densamente víscido-vellosas. Hojas 1.5-4 × 1-3 cm, ovadas, redondeadas a oblongas, víscido-vellosas, la base cuneada, truncada o subcordada, los márgenes enteros a levemente sinuados, el ápice redondeado a agudo; pecíolo 1-3 cm. Floración jun.-ago. *Dunas costeras*. T (*Conrad & Conrad 2939*, MO); Ch (*Breedlove 51151*, CAS); Y (*Gaumer 24328*, MO); N (*Standley 11573*, EAP). 0-10 m. (SE. Estados Unidos, México [Veracruz], Mesoamérica).

11. Pisonia L.

Por G. Pilz & F.R. Barrie.

Arbustos, árboles o trepadoras leñosas, frecuentemente armadas con espinas, los brotes espolonados cortos frecuentemente presentes; plantas dioicas. Hojas opuestas o subopuestas (alternas), enteras; pecioladas. Inflorescencias axilares o terminales, en cortos brotes espolonados axilares, cimas paniculadas, a veces capituliformes, umbeliformes o corimbiformes, las flores pediceladas, 1-3 bractéolas pequeñas sobre el pedicelo y no directamente en la base del cáliz; flores estaminadas con el cáliz rotáceo, campanulado o tubular, con (4)5 lóbulos pequeños, los estambres 5-10, desiguales, connados en la base, exertos, el pistilodio presente; flores pistiladas comúnmente mucho más pequeñas que las estaminadas, el tubo del cáliz más angosto que el de las estaminadas, con 5 lóbulos pequeños, los estaminodios presentes, frecuentemente formando un disco dentado bajo, adnado a la base estipitiforme del ovario tan alto como este último y con anteras no funcionales, el ovario angostado en la base, el estigma fimbriado, exerto. Antocarpo coriáceo o carnoso, la parte apical libre del cáliz comúnmente retenida, la superficie con bandas longitudinales de 1 o varias hileras de glándulas pediculadas. Aprox. 40 spp., en América tropical, desde el sur de Estados Unidos hasta Argentina y las Antillas, trópicos y subtrópicos del Viejo Mundo; 4 spp. en Mesoamérica.

1. Bejucos rastreros o trepadores; espinas marcadamente recurvadas, numerosas; flores solitarias; antocarpos elipsoide-clavados, las glándulas víscidas en 5 hileras simples. **1. P. aculeata**
1. Arbustos o árboles pequeños; espinas, cuando presentes, rectas y delgadas; inflorescencia cimosa, una cabezuela globosa, o las flores solitarias o en pares; antocarpos angosta a anchamente elipsoides u oblongos, las glándulas víscidas no en 5 hileras simples.
 2. Arbustos o árboles hasta 12 m; flores solitarias o en pares sobre ramas axilares cortas; antocarpos 10-20 × 5-12 mm, ampliamente elipsoides, las glándulas víscidas en 5 bandas de 2-5 hileras. **3. P. macranthocarpa**
 2. Arbustos hasta 5 m; inflorescencias axilares, cabezuelas globosas o capitado-cimosas; antocarpos angostamente elipsoides, angostamente oblongos o angostamente obovoides; glándulas víscidas en 10 hileras simples.
  3. Crecimientos jóvenes densamente pilosos, pronto glabrescentes; sin espinas o si presentes hasta 10 mm; inflorescencias cimoso-capitadas, expandiéndose en fruto; antocarpos angostamente oblongos, 10-15 × 2-3 mm. **2. P. donnellsmithii**
  3. Arbustos glabros; espinas 5-15 mm; inflorescencia una cabezuela globosa; antocarpos angostamente elipsoides a angostamente obovoides, 8-10 × 3-4 mm. **4. P. silvatica**

1. Pisonia aculeata L., *Sp. Pl.* 1026 (1753). Lectotipo (designado por Smith, 1981): Plumier, *Nov. Pl. Amer.* t. 11, *Pisonia* a-g (1703). Ilustr.: Berendsohn et al., *Englera* 29(2): 222, t. 219 (2012). N.v.: Huele de noche, uña de gato, G; cagalera, H; crucito, ES.

Pisonia grandifolia Standl., *P. petenensis* Lundell, *P. proctorii* Lundell.

Enredaderas, bejucos o arbustos pequeños. Ramas jóvenes glabras (amarillo-tomentosas), espinas comúnmente numerosas, marcadamente recurvadas (ocasionalmente con una inflorescencia o algunas hojas). Hojas 4-10(-15.5) × 2-4(-8.5) cm, elípticas (obovadas), generalmente glabras (pubescentes en la vena media en el haz o a veces tomentosas o seríceas en el envés), la base atenuada, el ápice agudo (apiculado); pecíolo 0.5-4 cm. Inflorescencia solitaria; pedúnculo 1.5-3 cm, hasta 4 cm en fruto, amarillo-velloso o pajizo-velloso, tomentoso o puberulento; pedicelos hasta 1 mm o ausentes, muy expandidos en fruto hasta 30 mm; flores estaminadas con cáliz 2.5-3 × 2-3.5 mm, ampliamente campanulado, amarillo-tomentoso o pajizo-tomentoso a menudamente puberulento, blanco a amarillo, los lóbulos 0.5-0.7 mm, erectos, los estambres 5 o 6, el más largo de 4-5 mm, las anteras (0.5-)1 mm; flores pistiladas con cáliz 1.5-2.5 × 0.7-1.5 mm, casi tubular, la base ligeramente abultada, endentada por debajo de los lóbulos, amarillento- a café-puberulento hasta tomentoso, blanco, los lóbulos 0.2-0.5 mm, erectos, los estaminodios connados en una cúpula dentada de 0.2-0.5 mm. Antocarpo 10-15 × 2-2.5 mm, elipsoide-clavado, tomentoso cuando joven luego glabrescente, amarillo a verde, con 5 hileras de glándulas simples. *Bosques secos, bosques montanos, bosques húmedos, zonas costeras*. T (*Ventura 19969*, MO); Ch (*Breedlove & Almeda 57892*, MO); Y (*Simá et al. 1769*, EAP); C (*Álvaro & Martínez S. 265*, EAP); QR (*Gaumer et al. 23638*, MO); B (*Holst 5884*, MO); G (*Contreras 707*, LL); H (*Standley 17432*, EAP); ES (*Linares & Martínez 2703*, EAP); N (*Stevens 6185*, MO); CR (*Hammel 9322*, DUKE); P (*McPherson 12176*, MO). 0-2000 m. (Estados Unidos, México [Colima, Edo. México, Guerrero, Jalisco, Michoacán, Nayarit, Oaxaca, San Luis Potosí, Sinaloa, Tamaulipas, Veracruz], Mesoamérica, Colombia, Venezuela, Ecuador, Perú, Bolivia, Brasil, Paraguay, Argentina, Cuba, La Española, Puerto Rico, Antillas Menores, África).

2. Pisonia donnellsmithii Heimerl ex Standl., *Contr. U.S. Nat. Herb.* 13: 387 (1909-1912 [1911]). Holotipo: Guatemala, *Heyde & Lux 6301* (US-[nr] 1810!). Ilustr.: Berendsohn et al., *Englera* 29(2): 223, t. 220 (2012).

Arbustos hasta 4 o 5 m, Crecimiento joven densamente adpreso-piloso, tempranamente glabrescente; ramitas delgadas, flexuosas, pardo-amarillentas o rojizo-pardo, sin espinas o con espinas rectas y delgadas, 5-10 mm. Hojas 2-8 × 1.5-3 cm, lanceolado-ovadas, elípticas u obovadas, opuestas, desiguales en el nudo, cartáceas, verde brillante, la vena media pardo-amarillenta o roja, con 3-5 pares de venas secundarias, inconspicuas, la base angostamente cuneada, el ápice obtuso a agudo; pecíolo 3-10 mm, rojo. Inflorescencia 2-3 cm en la antesis, expandiéndose hasta c. 11 cm en fruto, axilar, capitado-cimosa, las cabezuelas c. 2 × 2.3 cm en la antesis; pedicelos 1-2 mm; perianto verde pálido, amarillo pálido o blanco; perianto estaminado c. 5 mm, angostamente campanulado, las anteras incluidas; perianto pistilado 2-3 mm, infundibuliforme, estilo exerto c. 1 mm o más. Antocarpos 10-15 × 2-3 mm, angostamente oblongos, con 10 hileras de glándulas víscidas. *Bosques de galería, bosques húmedos, laderas arcillosas*. Ch (*Miranda 5691*, DS); G (*Standley 63882*, F); H (*House et al. 3660*, EAP); ES (*Berendsohn et al. 1353*, MO). 500-1300 m. (México [Guerrero], Mesoamérica).

3. Pisonia macranthocarpa (Donn. Sm.) Donn. Sm., *Bot. Gaz.* 20: 293 (1895). *Pisonia aculeata* L. var. *macranthocarpa* Donn. Sm., *Bot. Gaz.* 16: 198 (1891). Sintipo: Guatemala, *Donnell Smith 2091* (F!). Ilustr.: Berendsohn et al., *Englera* 29(2): 224, t. 221 (2012). N.v.: Clavo, crucito, palo caribe, G; cagalera prieta, H; cirzón, espuela de diablo, guaco, ES.

Pisonia purpusii Brandegee.

Árboles o arbustos (rara vez escandentes), 2-12 m. Ramas jóvenes glabras, menudamente amarillo-puberulentas y luego glabrescentes, sin espinas o de 5-10 mm, rectas frecuentemente desarrollándose en ramas con numerosas hojas, en brotes espolonados e inflorescencias. Hojas 3.5-13 × 1.5-5.5 cm, obovadas, oblanceoladas o elípticas, el haz glabro (menudamente puberulento), el envés velloso en una banda a cada lado de la vena media (rara vez casi glabras o puberulentas el resto de la superficie), la base atenuada, el ápice agudo a redondeado; pecíolo 0.5-4 cm. Inflorescencias solitarias o en pares, en brotes espolonados; pedúnculo 0.5-3 cm, hasta 8 cm en fruto, rojo o rojo y amarillo-tomentoso a puberulento; flores estaminadas con pedicelos 2-6 mm, el cáliz 3-5 × 2.5-4 mm, campanulado-subrotáceo a rotáceo, con pubescencia roja o rojo a amarillo-tomentosa a puberulenta, blanco opaco, amarillo pálido o verde-amarillo pálido, los lóbulos 1.5-3 mm, recurvados (marcadamente patentes), los estambres (6-)8 o 9, el más largo de (3.5-)4.5-7 mm, las anteras 0.2-0.5 mm; flores pistiladas subsésiles hasta con pedicelo 1 mm (hasta c. 40 mm en fruto), el cáliz con tubo globoso coronado con los lóbulos, blanco o verdoso, el tubo de cáliz 2.5-3 × 1.5-2 mm, con pubescencia blanco sucio a amarillento-tomentosa, los lóbulos 0.5-1.5 mm, erectos a ligeramente patentes, rojizo-tomentosos a puberulentos, los estaminodios 0.7-1 mm, filamentosos con estructura anteriforme. Antocarpo (10-)14-20 × (5-)7-12 mm, ampliamente elipsoide, verde o verde-amarillo, tomentoso a puberulento, con 5 bandas de (2)3 o 4(5) hileras de glándulas (frecuentemente no desarrolladas hasta que el fruto está bastante maduro). *Áreas alteradas, bosques secos, bosques húmedos*. Ch (*Breedlove 28410*, MO); G (*Standley 75187*, F); H (*Holst 1476*, EAP); ES (*Rosales 1521*, LAGU); N (*Stevens 33422*, HULE); CR (*Janzen 634*, MO); P (*Standley 20262*, EAP). 0-1880 m. (México [Guerrero, Oaxaca, Veracruz], Mesoamérica, Colombia, Venezuela, Guyana, Ecuador, Perú, Cuba).

4. **Pisonia silvatica** Standl., *Publ. Field Mus. Nat. Hist., Bot. Ser.* 18: 425 (1937). Holotipo: Costa Rica, *Brenes 4822* (F!). Ilustr.: Burger, *Fieldiana, Bot.* n.s. 13: 184, t. 33 (1983d).

Arbustos 2-4 m, glabros. Ramitas pardo-amarillentas o grises, con espinas 5-15 mm, rectas. Hojas 5-10 × 2.5-5 cm, ovadas a elípticas, opuestas, subopuestas o alternas, desiguales en el nudo, cartáceas, secando verde oscuro u oliva, con 5-7 pares de venas secundarias, inconspicuas, la base redondeada o cuneada, el ápice agudo a acuminado; pecíolo 3-10 mm. Inflorescencias 5-7 cm en la antesis, expandiéndose en el fruto hasta 10 cm o más, axilares; flores en cabezuelas capitado-aglomeradas; pedicelos 2-3 mm; perianto crema, amarillo pálido o verde pálido; perianto estaminado c. 4 mm, campanulado, los estambres 10, exertos 3-5 mm; perianto pistilado 2-3 mm, infundibuliforme, el estilo exerto 1-2 mm. Antocarpo 8-10 × 3-4 mm, angostamente elipsoide a angostamente obovoide, con 10 hileras de glándulas víscidas. *Bosques perennes húmedos premontanos y montanos*. CR (*Burger et al. 10845*, MO); P (*Antonio 1747*, EAP). 700-2000 m. (Endémica).

12. Salpianthus Bonpl.

Por G. Pilz & F.R. Barrie.

Arbustos o hierbas sufruticosas, frecuentemente con la base leñosa, sin espinas o brotes espolonados; tallo y hojas escasamente puberulentos a glabrescentes; plantas hermafroditas. Hojas alternas, las láminas anchas, enteras, el limbo decurrente en el pecíolo. Inflorescencias racemosas compactas o aglomeradas, axilares o terminales; ramas densamente puberulentas; pedicelo pequeño o ausente; bractéolas dispersas, no directamente subyacentes al cáliz; cáliz urceolado o tubular, verdoso o blanco, con 4(5) lóbulos diminutos, densamente puberulentos con tricomas uncinados y/o glandulares; perianto 4 o 5-lobulado; estambres 3 o 4, desiguales, exertos; estilo exerto, estigma agudo, continuo con el estilo. Antocarpo utricular, subgloboso, comprimido, coriáceo; semilla 1, con la testa adherente al pericarpo. 3 spp. en México, Mesoamérica y Cuba; 2 spp. en Mesoamérica.

Bibliografía: Spellenberg, R.W. *Fl. Bajío* 93: 90-93 (2001).

1. Perianto tubular, al menos el doble del largo que el fruto, rojizo o blanquecino, 5-7 mm, sin tricomas uncinados. **1. S. arenarius**
1. Perianto campanulado, ligeramente más largo que el fruto, verde, 2.5-3 mm, con numerosos tricomas uncinados. **2. S. purpurascens**

1. **Salpianthus arenarius** Bonpl. in Humb. & Bonpl., *Pl. Aequinoct.* 1: 154 (1808 [1807]). Sintipo: México, Guerrero, *Bonpland 3871* (P, imagen en Internet!). Ilustr.: Humboldt & Bonpland, *Pl. Aequinoct.* 1: t. 44 (1808 [1807]).

Boldoa lanceolata Lag.

Arbustos o con menos frecuencia hierbas frutescentes solo en la base, 1-5 m, muy ramificadas, las ramas ascendentes, verdes, teretes o subanguladas, suavemente puberulentas o cortamente vellosas, las de la inflorescencia densa y cortamente vellosas generalmente con tricomas pardo-amarillentos. Hojas 3-8 × 1.5-4.5 cm, anchamente ovado-rómbicas a lanceolado-ovadas, verde brillante, las venas a menudo prominentes, las laterales arqueado-ascendentes, densamente puberulentas o cortamente vellosas, muy abruptamente acuminadas en la base, muy agudas a obtusas en el ápice, rara vez redondeadas y apiculadas, las hojas de la inflorescencia generalmente muy reducidas; pecíolo 5-12 mm, delgado. Flores en racimos densos de 1-2 cm, arregladas en corimbos densos, grandes o pequeños; raquis densa y cortamente velloso; pedicelos 2-6 mm, delgados, densa y cortamente vellosos y víscidos; perianto 5-7 mm, tubular, rojizo o blanquecino, angulado, densa y cortamente velloso y víscido, levemente 5-dentado, los dientes ampliamente triangulares, obtusos o agudos, conniventes o incurvados; estambres 4, largamente exertos, flexuosos. Antocarpo c. 2 mm, suborbicular, comprimido; semillas negra, lustrosa, lisa. *Bosques secos*. Ch (*Breedlove & McClintock 23733*, DS). 0-1200 m. (México [Guerrero], Mesoamérica).

2. **Salpianthus purpurascens** (Cav. ex Lag.) Hook. & Arn., *Bot. Beechey Voy.* 308 (1841 [1838]). *Boldoa purpurascens* Cav. ex Lag., *Gen. Sp. Pl.* 10 (1816). Lectotipo (designado por Spellenberg, 2001): Cuba, *Boldo s.n.* (MA-[nr] 235211, imagen en Internet!). Ilustr.: Burger, *Fieldiana, Bot.* n.s. 13: 183, t. 32 (1983d). N.v.: Hoja galán.

Boldoa ovatifolia Lag., *Cryptocarpus globosus* Kunth, *C. purpurascens* (Cav. ex Lag.) M. Gómez.

Hierbas sufruticosas, 1-2 m, muy ramificadas, las ramas delgadas, subanguladas, verdes, dispersamente puberulentas o glabrescentes, aquellas de la inflorescencia víscidas y con numerosos tricomas uncinados, cortos. Hojas 4.5-22(-30) × 3-19(-22) cm, ampliamente rómbico-ovadas a ovado-deltoides, cartáceas, verde brillante, finamente escábridas cuando jóvenes, glabrescentes con la edad, la base truncado-atenuada, el ápice agudo a abruptamente acuminado; pecíolo 1-11 cm. Inflorescencias 5-10(-20) mm, cortamente pedunculadas. Flores sésiles o subsésiles, aglomeradas o en racimos cortos y densos; perianto 2.5-3 mm, campanulado, verde, densamente glandular-puberulento y con numerosos tricomas uncinados, cortos y blanquecinos, 4-dentado, los dientes ampliamente ovado-triangulares, obtusos; estambres 4, flexuosos. Fruto c. 1.5 mm de diámetro, subgloboso, levemente comprimido; semillas negras, lustrosas, lisas. *Bosques secos, áreas abiertas*. Ch (*Laughlin 2633*, F); G (*Standley 74406*, F); H (*Standley 13979*, EAP); ES (*Linares & Martínez 3988*, EAP); N (*Molina R. 27238*, EAP); CR (*Opler 1581*, MO). 0-1300 m. (México [Colima, Guerrero, Hidalgo, Jalisco, Michoacán, Nayarit, Oaxaca, Sinaloa, Sonora, Veracruz], Mesoamérica, Venezuela, Cuba).

Especies excluidas o dudosas

Cephalotomandra fragrans H. Karst. & Triana, *Nuev. Jen. Esp.* 24 (1854). Sintipo: Colombia, *Triana 998* (MO!). Ilustr.: no se encontró.

Cephalotomandra panamensis Standl.

Árboles dioicos. Hojas 8-25 × 2.5-15 cm, ampliamente elípticas a ovado-elípticas, opuestas o subopuestas, glabras, la base obtusa o redondeada, el ápice agudo o acuminado. Inflorescencias terminales, corimbosamente tirsoides; flores masculinas ampliamente campanuladas, el perianto c. 4 × 3 mm, amarillo, los estambres 25-30, incluidos; flores femeninas no vistas. Antocarpos c. 10 × 3 mm, oblongoide-fusiformes.

La única colección conocida de *Cephalotomandra fragrans* supuestamente de Mesoamérica es *Hayes 998*, el tipo de *C. panamensis*. Woodson et al. (1961: 56) cuestionaron si el espécimen fue en verdad colectado por Sutton Hayes, argumentando que las similitudes entre el holotipo del nombre de Standley (ahora en NY) y el sintipo de *C. fragrans* (*Triana 998*, MO), sugerían de manera convincente que el espécimen de Hayes fue erróneamente etiquetado, que fue, en realidad, un duplicado de *Triana 998*, colectado no en el Istmo de Panamá sino más bien en la región de Bogotá, Colombia.

Izabalaea Lundell, *Wrightia* 4: 153 (1971). = *Agonandra* Miers ex Benth. & Hook. f. (Opiliaceae).

Izabalaea excelsa Lundell, *Wrightia* 4: 154 (1971). Holotipo: Guatemala, *Contreras 6791* (LL). = *Agonandra golbergiana* Hiepko.

86. MOLLUGINACEAE

Descripción de la familia y clave genérica por S. Knapp.

Hierbas o en ocasiones arbustos; plantas hermafroditas o en ocasiones monoicas. Hojas alternas, opuestas, verticiladas o basales, enteras, no suculentas; estípulas presentes o ausentes. Inflorescencias axilares, cimosas, en glomérulos, o las flores solitarias. Flores actinomorfas; sépalos 4 o 5, libres o ligeramente connatos en la base, persistentes en el fruto; pétalos generalmente 5, pequeños, generalmente libres, algunas veces connatos en la base, o ausentes (Mesoamérica); estambres (2-)5-10(-20), los filamentos libres o connatos en la base, las anteras con 2 tecas de dehiscencia longitudinal; ovario súpero, 1-5-locular o con numerosos lóculos, frecuentemente tornándose 1-locular en el ápice debido a la división incompleta, la placentación axilar o basal; estilos 1-5, libres. Fruto una cápsula loculicida, o dehiscente por hendiduras transversales, o un utrículo; semillas ariladas o no, el embrión anular, envuelto por perispermo. Aprox. 13 gen., 120 spp., de distribución cosmopolita en los trópicos y zonas templadas cálidas, especialmente diversa en Sudáfrica; 2 gen., 2 spp. en Mesoamérica.

En la *Flora of Guatemala* (Standley & Steyermark, 1946a), *Flora Costaricensis* (Burger, 1983f) y *Flora of Panama* (Nevling, 1961), las Molluginaceae fueron tratadas como parte de la familia Aizoaceae. El trabajo filogenético (Angiosperm Phylogeny Group, 2003) ha mostrado que es mejor tratar a las dos familias por separado, siendo ambas miembros de las Caryophyllales.

1. Plantas pelosas; hojas espatuladas a obovadas; flores sésiles. **1. Glinus**
1. Plantas completamente glabras; hojas lineares; flores pediceladas. **2. Mollugo**

1. Glinus L.

Por S. Knapp.

Hierbas anuales, postradas o semierectas; ramas numerosas; tallos densamente gris-pelosos, los tricomas estrellados. Hojas verticiladas, desiguales, espatuladas a obovadas, esparcida a densamente gris-estrellado-pelosas; estípulas ausentes. Inflorescencias glomérulos densos. Flores sésiles; sépalos libres o casi libres, agrandados en fruto, estrellado-tomentosos; pétalos ausentes; estambres 3-5, los filamentos libres; ovario 3-5-locular; estilo 1; estigmas 3-5. Cápsulas elipsoidales; semillas numerosas, ariladas. Aprox. 10 spp., en regiones tropicales y templadas cálidas en ambos hemisferios; 1 sp. en Mesoamérica.

1. Glinus radiatus (Ruiz & Pav.) Rohrb., *Fl. Bras.* 14(2): 238 (1872). *Mollugo radiata* Ruiz & Pav., *Fl. Peruv.* 1: 48 (1798). Sintipo: Chile, *Ruiz & Pavón s.n.* (MA?). Ilustr.: Nee, *Fl. Veracruz* 43: 5, t. 1 (1985).

Tallos hasta 30 cm. Hojas 3-5 en cada nudo, 5-20 × 2-15 mm, la base aguda a cuneada, los márgenes enteros, el ápice agudo a redondeado; pecíolo 3-6 mm. Inflorescencias de 3-8 flores; pedicelos ausentes o hasta c. 1 mm; sépalos 2.5-3 mm, lanceolados a oblongos, con un apéndice en la base, los márgenes no escariosos; estambres 3-5, los filamentos c. 1 mm, las anteras c. 0.5 mm. Cápsulas 3-3.5 mm; semillas c. 0.4 × 0.3 mm, reniformes, brillantes, pardas o pardo-rojizo, el arilo blanco. *Áreas abiertas, generalmente costeras*. Ch (*Matuda 16296*, MEXU); G (*Standley 64089*, MO); H (*Standley 17550*, F); ES (*Standley & Padilla 3062*, F); N (*Grijalva & Estrada 2548*, MO); CR (*Hernández 8923*, CR). 0-400 m. (Estados Unidos, México, Mesoamérica, Colombia, Venezuela, Ecuador, Perú, Bolivia, Brasil, Paraguay, Uruguay, Chile, Antillas).

2. Mollugo L.

Galiastrum Fabr., *Lampetia* Raf.

Por S. Knapp.

Hierbas anuales, postradas o erectas, con numerosas ramas; tallos glabros. Hojas verticiladas, iguales, lineares, glabras; estípulas diminutas, caducas. Inflorescencias cimas sésiles. Flores pediceladas; sépalos libres, glabros, no agrandados en fruto; pétalos ausentes; estambres 3-10, los filamentos connatos en la base; ovario 3-locular; estilos 3, libres; estigmas 3. Cápsulas ovoides o elipsoidales; semillas 20-30, sin arilo. Aprox. 15 spp., en regiones tropicales y cálido-templadas de ambos hemisferios; 1 sp. en Mesoamérica.

1. Mollugo verticillata L., *Sp. Pl.* 89 (1753). Lectotipo (designado por Reveal et al., 1987): *Herb. Linn. 112.4* (LINN). Ilustr.: Nevling, *Ann. Missouri Bot. Gard.* 48: 81, t. 132 (1961). N.v.: Clavellina montés, ES; culantrillo, N.

Tallos hasta 50 cm, generalmente más cortos. Hojas 3-6 en cada nudo, 7-40 × 0.8-2 mm, la base atenuada, los márgenes enteros, el ápice agudo a escasamente redondeado; sésiles. Inflorescencias de 2-6 flores; pedicelos 3-15 mm; sépalos 1.6-2.5 × 0.5-1 mm, sin apéndices en la base, los márgenes escariosos; estambres 3 o 4, los filamentos 1-2 mm, las anteras 0.25-0.4 mm. Cápsulas 2-3 mm; semillas c. 0.5 × 0.5 mm, reniformes, de color pardo-rojizo a negro, con arilo. *Maleza de áreas abiertas, zonas alteradas*. T (*Ventura 21047*, MEXU); Ch (*Breedlove 24845*, MEXU); B (*Whitefoord 10106*, BM); G (*Standley 79487*, MO); H (*Molina R. 310*, MEXU); ES (*Monro et al. 2911*, BM); N (*Seymour 1553*, BM); CR (*Jiménez et al. 1465*, CR); P (*Lewis et al. 903*, MO). 0-900 m. (Canadá, Estados Unidos, México, Mesoamérica, Colombia, Venezuela, Guayanas, Ecuador, Perú, Bolivia, Brasil, Paraguay, Argentina, Antillas; introducida en el Viejo Mundo).

87. MONTIACEAE

Descripción de la familia y clave genérica por G. Ocampo, M.C. Tebbs & B.B. Klitgaard.

Hierbas anuales o perennes, algunas veces arbustos pequeños; raíces carnosas o fibrosas; tallos generalmente suculentos, algunas veces cortos, engrosados o leñosos, en ocasiones ausentes. Hojas en rosetas basales, en espiral, opuestas o alternas, por lo común glabras, los márgenes enteros; estípulas ausentes. Inflorescencias terminales o axilares, generalmente cimosas, en racimos o panículas, a veces escorpioides o las flores solitarias; brácteas foliosas o membranosas; flores bisexuales o unisexuales, actinomorfas o ligeramente zigomorfas; sépalos 2(-9), generalmente persistentes en el fruto; pétalos 4-5(-19), libres o algunas veces connatos cerca de la base; estambres (3)4-5(-100), libres o unidos en su base; ovario súpero; carpelos 2-8; estilos 1-8 lobados. Frutos en cápsulas, con dehiscencia loculicida o por 2-3 valvas; semillas 1-muchas, reniformes a suborbiculares, sin arilo. 13-16 gen., aprox. 200-260 spp., principalmente en Norteamérica, Sudamérica, parte de norte de Asia y Europa, pero también presente en Australia y Nueva Zelanda; 3. gen y 5 spp. en Mesoamérica.

Aquí se sigue la propuesta de Nyffeler & Eggli (2010b), quienes segregaron las Portulacaceae en su sentido tradicional en 4 familias, incluyendo Montiaceae. Otros géneros se ubican en Anacampserotaceae (e.g., *Anacampseros* L., *Talinopsis* A. Gray), Portulacaceae (sensu stricto, con solo *Portulaca*) y Talinaceae (e.g., *Talinum*).

A nivel de subfamilia, recientemente Hershkovitz (2019) propuso 4 tribus (aunque no designó el nombre para una de ellas). Las delimitaciones de varios géneros son objeto de discusión y necesitan estudio futuro. Esto es particularmente cierto para *Calandrinia*, *Claytonia*, *Montia* y géneros relacionados.

Bibliografía: Carolin, R.C. *Fam. Gen. Vasc. Pl.* 2: 544-555 (1993). Eliasson, U.H. *Fl. Ecuador* 55: 29-53 (1996). Ford, D.I. *Fl. Veracruz* 51: 1-38 (1986). Hernández Ledesma, P. & Ocampo, G. *Fl. Bajío* 202: 1-17 (2018). Hershkovitz, M.A. *Ann. Missouri Bot. Gard.* 80: 333-365 (1993); *Phytologia* 84: 98-106 (1998); *Phytoneuron* 2019-27: 1-77 (2019). Nyffeler, R. & Eggli, U. *Taxon* 59: 227-240 (2010b). Standley, P.C. & Steyermark, J.A. *Fieldiana, Bot.* 24(4): 207-214 (1946o).

1. Hojas alternas o en rosetas basales; flores solitarias (en Mesoamérica). **1. Calandrinia**
1. Hojas opuestas o en rosetas basales; flores en inflorescencias terminales.
  2. Plantas erectas; hojas de dos tipos en la misma planta, unas en rosetas basales y las otras un par de hojas opuestas en cada tallo; hojas romboides o elíptico-obovadas. **2. Claytonia**
  2. Plantas cespitosas; hojas de un solo tipo en la misma planta, opuestas; hojas lineares a oblanceoladas o espatuladas. **3. Montia**

1. Calandrinia Kunth, nom. & typ. cons.

Por G. Ocampo, M.C. Tebbs & B.B. Klitgaard.

Hierbas anuales o perennes; tallos alargados a ausentes. Hojas alternas o en rosetas basales, suculentas. Flores solitarias (en Mesoamérica) o en racimos o panículas terminales o axilares (fuera de Mesoamérica); sépalos persistentes, a menudo de diferente tamaño, el tamaño incrementando con la edad; pétalos (3-)5(-7), persistentes, libres; estambres 3-15, más cortos que los pétalos; ovario súpero, el estilo 2-5-lobado. Cápsulas suboblongas a ovoides, dividiéndose longitudinalmente por 3(-7) valvas, membranáceas; semillas numerosas, lenticulares u ovoides o redondeado-reniformes, la testa ornamentada. 14-17 spp., oeste de Norteamérica hasta Chile y Argentina; 2 spp. en Mesoamérica.

Carolin (1993) y Hershkovitz (1993) sugirieron que el género fuera segregado en 3-5 géneros. Hershkovitz (1998) transfirió las especies australianas a *Parakeelya* Hershk. Aquí se adoptó la propuesta de Hershkovitz (2019). La mayoría de las especies de *Calandrinia* se encuentran en los Andes.

Bibliografía: Hershkovitz, M.A. *Phytologia* 84: 98-106 (1998).

1. Hierbas perennes; hojas basales, en roseta. **1. C. acaulis**
1. Hierbas anuales; hojas caulinares, alternas. **2. C. ciliata**

1. Calandrinia acaulis Kunth in Humb., Bonpl. & Kunth, *Nov. Gen. Sp.* folio ed. 6: 63 (1823). Sintipo: Ecuador, *Bonpland 3118* (P). Ilustr.: Ford, *Fl. Veracruz* 51: 13, t. 3 (1986), como *Lewisia megarhiza.*

Calandrinia megarhiza Hemsl., *C. mexicana* (Rydb.) Pax & K. Hoffm., *Claytonia humboldtiana* Kuntze, *C. megarhiza* (Hemsl.) Kuntze non (A. Gray) Parry ex S. Watson, *Lewisia megarhiza* (Hemsl.) MacBryde, *L. mexicana* (Rydb.) S. Clay, *Oreobroma acaule* (Kunth) Rydb., *O. megarhizum* (Hemsl.) Standl. & Steyerm., *O. mexicanum* Rydb.

Plantas perennes hasta 10 cm; tallos formando roseta, con raíz axonomorfa, algunas veces ramificados con varias rosetas de hojas. Hojas 15-40(-70) × (1-)3-7 mm, generalmente lineares, algunas veces angostamente oblanceoladas, los márgenes no ciliados; sésiles. Flores solitarias, parcialmente ocultas por las hojas; pedicelos 10-40 mm; sépalos 6-9 mm, de diferente tamaño y forma, oblongo-lanceolados u oblongo-espatulados, los márgenes no ciliados, el ápice agudo; pétalos 5-6, 9-10 mm, angostamente obovados, blancos; estambres 5(-10). Frutos 4-8 mm, suboblongos a ovoides, el exocarpo membranáceo, delgado, pardo; semillas 1-1.5 mm, ovoides, negras. *Pastizales, en condiciones húmedas.* G (*Steyermark 50123*, F); CR (*Alfaro 1726*, CR). 2100-3000 m. (México [Cd. México, Edo. México], Mesoamérica, Colombia, Venezuela, Ecuador, Perú, Bolivia, Chile, Argentina).

Es posible que esta especie también se encuentre en Panamá. Villaseñor Ríos (2016) reporta a la especie de Chiapas, aunque no se conocen ejemplares de herbario que comprueben su presencia en este estado mexicano.

2. Calandrinia ciliata (Ruiz & Pav.) DC., *Prodr.* 3: 359 (1828). *Talinum ciliatum* Ruiz & Pav., *Syst. Veg. Fl. Peruv. Chil.* 1: 116 (1798). Sintipo: Perú, *Ruiz & Pavón s.n.* (G-DC!). Ilustr.: Ford, *Fl. Veracruz* 51: 5, t. 1 (1986), como *C. micrantha.* N.v.: Barba de San Nicolás, berros, excacahue, G.

Calandrinia caulescens Kunth, *C. micrantha* Schltdl., *Claytonia alba* (Ruiz & Pav.) Kuntze var. *caulescens* (Kunth) Kuntze, *C. caulescens* (Kunth) Kuntze, *Talinum caulescens* (Kunth) Spreng.

Plantas anuales hasta 30 cm, suculentas, ramificadas desde la base; tallos ascendentes, densamente foliosos, glabros. Hojas 15-40 × (1-)3-5 mm, alternas, en general angostamente oblanceoladas, algunas veces lineares, los márgenes a menudo ciliados; cortamente pecioladas (hojas proximales) a sésiles (hojas distales). Flores solitarias en la axila de las hojas; pedicelos 2-10 mm; sépalos hasta 5-6 mm, de diferente tamaño y forma, suborbiculares u ovados, los márgenes ciliados, el ápice agudo; pétalos 3-5, 4-6 mm, oblongos u obovados, rosado pálido, azules, decolorándose a blanco; estambres 3-6(-12). Frutos 4-8 mm, oblongoides a ovoides, el exocarpo grueso, duro, pardo-amarillento; semillas 1.2-1.4 mm, lenticulares, negras. *Campos con malezas o cultivados, riberas, a menudo sobre caliza o arena.* Ch (*Breedlove 40430*, MEXU); G (*Standley 60021*, MO); ES (*Montalvo 4805*, MO). 1500-3500 m. (México [Cd. México, Edo. México, Guanajuato, Hidalgo, Jalisco, Michoacán, Puebla, Querétaro, San Luis Potosí, Tlaxcala, Veracruz], Mesoamérica, Colombia, Ecuador, Perú, Bolivia).

2. Claytonia L.

Por G. Ocampo, M.C. Tebbs & B.B. Klitgaard.

Hierbas anuales o perennes; tallos erectos, suculentos, glabros. Hojas mayormente en rosetas basales y cada tallo con un par de hojas opuestas, glabras. Inflorescencias en cimas terminales con varias flores, a menudo solo con una bráctea basal; flores con los sépalos persistentes, orbiculares a ovados; pétalos 5 o menos, persistentes, cortamente connatos en la base; estambres 5, más cortos que los pétalos y adnatos a estos en la base; ovario súpero, el estilo 3-lobado. Cápsulas membranáceas, globosas u ovoides, dividiéndose longitudinalmente por 3 valvas, reflexas; semillas suborbiculares o reniformes, sin arilo, la testa lisa o alveolada. 24-33 spp. Norteamérica, Mesoamérica, noreste de Asia; 1 sp. en Mesoamérica.

Bibliografía: Miller, J.M. *Syst. Bot.* 3: 322-341 (1978 [1979]). Miller, J.M. & Chambers, K.L. *Novon* 3: 268-273 (1993).

1. Claytonia perfoliata Donn ex Willd., *Sp. Pl.* 1: 1186 (1798). Lectotipo (designado por Miller & Chambers, 1993): *Cl. perfoliata* 2, Mus. Bot. Berol. Film nr. 816a (B-W-[nr] 4984). Ilustr.: Ford, *Fl. Veracruz* 51: 9, t. 2 (1986).

Claytonia perfoliata Donn ex Willd. subsp. *mexicana* (Rydb.) John M. Mill. & K.L. Chambers, *C. tolucana* Holub, *Limnia mexicana* Rydb., *L. perfoliata* (Donn ex Willd.) Haw., *Montia mexicana* (Rydb.) Pax & K. Hoffm., *M. perfoliata* (Donn ex Willd.) Howell.

Hierbas anuales 4-20 cm; tallos erectos. Hojas 1-5 × 0.5-3 cm, romboides o elíptico-obovadas, suculentas, los márgenes del par de hojas connatos en la base; pecíolos 3-15 cm (de las hojas en roseta). Flores en cimas umbeliformes de hasta 19 flores; pedicelos 2-10 mm; sépalos 1.5-4 mm, más largos que el fruto, diferentes en forma y tamaño, orbiculares a ovados; pétalos 4-6 mm, espatulados, blancos a rosado pálido. Cápsulas 1.5-4 mm; semillas 1-3 por fruto, 1-2.2 mm. *Pastizales a altas elevaciones o en bosques de* Juniperus. Ch (*Breedlove 29324*, MO); G (*Williams et al. 22908*, BM). 2600-3800 m. (O. Canadá, O. Estados Unidos, México [Cd. México, Chihuahua, Durango, Edo. México, Guanajuato, Hidalgo, Jalisco, Michoacán, Morelos, Oaxaca, Puebla, Querétaro, Sonora, Veracruz], Mesoamérica; introducida en Europa).

Solo la subespecie *Claytonia perfoliata* subsp. *mexicana* ocurre en Mesoamérica de acuerdo con Miller & Chambers (1993).

3. Montia L.

Por G. Ocampo, M.C. Tebbs & B.B. Klitgaard.

Hierbas suculentas, anuales o perennes, a menudo subacuáticas; tallos en ocasiones rizomatosos o cespitosos, decumbentes a rastreros o ascendentes, enraizando en los nudos. Hojas opuestas, suculentas, glabras. Inflorescencias en cimas terminales monocasiales con varias flores, con una bráctea subyacente, o flores solitarias (fuera de Mesoamérica); flores con sépalos iguales, persistentes; pétalos 5, persistentes, libres o cortamente connados en la base; estambres 3-5, cada uno libre del otro, pero cortamente adnados a los pétalos en la base; ovario súpero, el estilo tan largo como el ovario, 3-lobado. Cápsulas globulares a piriformes, membranáceas, dividiéndose longitudinalmente por 3 valvas reflexas; semillas (1-)3(-4), lenticulares, la testa diminutamente reticulada. 12-19 spp., en Norteamérica, Mesoamérica, Sudamérica, noreste de Asia, Australia, Nueva Zelanda; 2 spp. en Mesoamérica.

Montia es un género complejo y anteriormente sus especies se consideraban como parte de otros 8 géneros (incluyendo *Crunocallis* Rydb.). Aquí se adoptó la propuesta de Nyffeler & Eggli (2010b) y Hershkovitz (2019).

Bibliografía: Nilsson, Ö. *Bot. Not.* 123: 119-148 (1970). Rydberg, P.A. *Bull. Torrey Bot. Club* 33: 137-161 (1906).

1. Pétalos rosas; estambres 5. **1. M. calcicola**
1. Pétalos blancos; estambres 3. **2. M. fontana**

1. Montia calcicola Standl. & Steyerm., *Publ. Field Mus. Nat. Hist., Bot. Ser.* 23: 48 (1944). Holotipo: Guatemala, *Steyermark 50308* (F). Ilustr.: Nilsson, *Bot. Not.* 123: 141, t. 6 (1970), como *C. calcicola*.

Crunocallis calcicola (Standl. & Steyerm.) Ö. Nilsson.

Plantas cespitosas laxas, rastreras bajas; tallos hasta 10 cm, ramificando desde la base. Hojas 2-6 pares por tallo, 1-2.5 × 0.2-0.6 cm, lineares a oblanceoladas, algo suculentas, los márgenes enteros; sésiles. Flores 1-3 en las axilas de las hojas; pedicelos 3-7 mm en la antesis; sépalos 1-1.5 mm, redondeado-obovados; pétalos 2-3 mm, obovados, rosado brillante; estambres 5, 1.5-1.7 mm. Frutos 1.5-2 mm, subglobosos; semillas 1-1.2 mm, pardo-rojizo oscuro, brillantes. *Áreas de caliza en montañas altas*. G (*Steyermark 50127*, F). 3700-3800 m. (Endémica).

Villaseñor Ríos (2016) reporta esta especie para México (Chiapas, Guerrero y Oaxaca), aunque no se conocen ejemplares de herbario que comprueben su presencia en territorio mexicano.

2. Montia fontana L., *Sp. Pl.* 87 (1753). Lectotipo (designado por Jonsell & Jarvis en Jarvis et al., 1993): *Herb. Linn. 57* (BIF-LAPP!). Ilustr.: Paiva & Villanueva, *Fl. Iberica* 2: 470, t. 138 (1990), como *M. fontana* subsp. *fontana*.

Montia fontana L. var. *lamprosperma* (Cham.) Fenzl, *M. fontana* subsp. *lamprosperma* (Cham.) Lindberg, *M. lamprosperma* Cham., *M. rivularis* C.C. Gmel.

Plantas herbáceas, postradas a decumbentes; tallos ramificados de hasta 30 cm, produciendo raíces adventicias. Hojas 0.2-2 × 0.5-1 cm, oblanceoladas a espatuladas, algo suculentas, los márgenes enteros; al menos las hojas superiores sésiles. Flores en racimos de 1-5, terminales o en las axilas de las hojas; pedicelos 1-15 mm; sépalos 1-1.5 mm, redondeado-reniformes; pétalos 1-2 mm, obovados, blancos; estambres 3, 1 mm. Frutos 1.5 mm, subglobosos; semillas 0.7-1.5 mm, negras, brillantes. *Lugares húmedos en subpáramos*. CR (*Estrada et al. 6235*, CR); P (*Knapp & Monro 9944*, MO). 3100-3300 m. (Canadá, Estados Unidos, México [Edo. México], Mesoamérica, Colombia, Venezuela, Ecuador, Perú, Bolivia, Uruguay, Chile, Argentina, Europa, Asia, Oceanía).

88. BASELLACEAE

Descripción de la familia y clave genérica por K. Sidwell.

Bejucos herbáceos, perennes, ligeramente carnosos, glabros, algunas veces puberulentos en tallos jóvenes; raíces rizomatosas o tuberosas; tallos volubles dextrorsamente; estípulas ausentes. Hojas simples, alternas, elípticas, ovadas a anchamente ovadas, los márgenes enteros o ligeramente serrulados; subsésiles a pecioladas. Inflorescencias delgadas, espigadas o racemosas, axilares o terminales; bráctea subyacente al pedicelo angostamente triangular, membranácea, ocasionalmente el nervio medio más oscuro; bractéolas en pares en el ápice del pedicelo, triangulares o rómbicas, persistentes. Flores actinomorfas, bisexuales o funcionalmente unisexuales, ocasionalmente carnosas; sésiles o pediceladas; sépalos 2, libres o ligeramente connatos, opuestos, oblongos a ovados, cóncavos, blancos, crema o verde pálido a rojos o purpúreos, con o sin una carina inflada en el lado abaxial, los márgenes erosos, el ápice redondeado, persistentes en el fruto, secos o carnosos; pétalos 5, casi libres o fusionados hasta c. 1/2 de su longitud, elípticos, ovados u oblongos, blancos, amarillos o verde pálido a rojo-púrpura, los márgenes erosos, el ápice redondeado, permaneciendo casi cerrados o abiertos y reflexos en la antesis, persistentes en el fruto; estambres 5, opuestos a los pétalos, los filamentos erectos y más largos que la corola o curvados y tan largos como ella, más anchos y fusionados a la corola hacia la base, ocasionalmente fusionados en una copa estaminal corta, las anteras ovadas a linear-ovadas, dorsifijas, dehiscentes por aperturas longitudinales, algunas veces marchitas y no produciendo polen; ovario súpero, los estilos 3, libres o en parte fusionados, los estigmas no diferenciados o fusionados y ramificándose en 3 estigmas claviformes o fusionados con un estigma capitado, 3-lobado. Fruto en cápsula indehiscente, globosa, color crema o pardo, glabra, ligeramente puntiaguda en el ápice, con 1 sola semilla, rodeada por las partes persistentes del perianto, carnosas o secas. 4 gen. y 19 spp. distribuidos en los trópicos; 2 gen. y 4 spp. en Mesoamérica.

La terminología usada para la morfología floral de Basellaceae ha sido discutida con referencia a las bractéolas, el cáliz y la corola. Los sépalos han sido llamados bractéolas internas por Bentham & Hooker (1880), Ulbrich (1934) & Steenis (1957), mientras que los pétalos han sido llamados sépalos por Hutchinson (1926), o perianto por Bentham & Hooker (1880), Ulbrich (1934) y Steenis (1957). Cronquist (1981) indicó que los sépalos de Basellaceae son filéticamente bractéolas igual que en Portulacaceae y los pétalos son filéticamente sépalos. Este trabajo utiliza los términos bractéolas, cáliz y corola, de acuerdo con Volkens (1893) y la monografía de la familia de Sperling (1987).

La posición taxonómica de Basellaceae ha sido discutida durante mucho tiempo. Bentham & Hooker (1880) y Baillon (1888 [1887]) colocaron a Basellaceae en Chenopodiaceae. Sin embargo, Morot (1884) encontró que la anatomía de Basellaceae es muy diferente de la de Chenopodiaceae y las mantuvo como familias separadas. Eichler (1878) unió a Basellaceae con Portulacaceae y Volkens (1893), Ulbrich (1934) y Cronquist (1981) aceptaron una afinidad cercana con Portulacaceae. Las investigaciones de la morfología del polen de Nowicke (1996) sugieren que Basellaceae está mejor colocada dentro de Caryophyllales-Portulacinae.

Bibliografía: Sperling, C.R. *Syst. Basellaceae*. Unpublished Ph.D. thesis, Harvard Univ.: 1-279 (1987). Ulbrich, O.E. *Nat. Pflanzenfam., ed. 2* 16c: 263-271 (1934).

1. Flores pediceladas, ligeramente carnosas, generalmente abiertas en la antesis; fruto 0.7-1.3 mm de diámetro; perianto papiráceo. **1. Anredera**
1. Flores sésiles, marcadamente carnosas, apenas abriéndose en la antesis; fruto 4-7 mm de diámetro (incluyendo el perianto); perianto carnoso. **2. Basella**

1. Anredera Juss.

Boussingaultia Kunth, *B.* sect. *Tandonia* (Moq.) Volkens, *Tandonia* Moq.

Por K. Sidwell.

Tallos suculentos, glabros, frecuentemente matizados de rojo. Hojas elípticas u ovadas, la vena media ligeramente marcada en el envés, los márgenes enteros o ligeramente serrulados, pecioladas. Inflorescencias espigadas o racemosas; bractéolas triangulares o rómbicas. Flores bisexuales o funcionalmente unisexuales, ligeramente carnosas, abiertas o apenas abiertas en la antesis, pediceladas; sépalos ligeramente connatos, ovado-redondeados, anchamente ovados o anchamente elípticos, no carinados o carinados, con células mamiformes hacia la base o con una carina ancha desde la base hasta el ápice; pétalos libres, oblongos, ovados o elípticos; estambres erectos o curvados, fusionados a la corola basalmente, libres o fusionados en un tubo estaminal corto, los filamentos anchos hacia la base, delgados en el ápice, las anteras ovado-lineares; ovario globoso, los estilos libres o fusionados hasta 1/2 de su longitud, con 3 estigmas claviformes o unidos con un estigma capitado, 3-lobado. Fruto con perianto papiráceo, persistente, seco, los sépalos reflexos o encerrando al fruto. 12 spp., en Estados Unidos, México, Mesoamérica, Sudamérica, Antillas, 1 sp. cultivada en todo el mundo, 1 sp. ocasionalmente cultivada y escapada en España, Egipto y las Filipinas; 3 spp. en Mesoamérica.

Aunque las especies en este género han sido descritas por otros autores como bisexuales y las flores poseen tanto estambres como carpelos, ningún ejemplar de las tres especies ha sido visto con flores que produzcan tanto polen como fruto en la misma planta. Aunque esto puede sugerir que las especies son funcionalmente dioicas, se necesitan más estudios sobre la biología reproductiva de este grupo, ya que las observaciones hechas aquí pudieran deberse a la falta de ejemplares o a la etapa de floración en que se colectaron los ejemplares.

1. Sépalos con una carina papirácea ancha, lateral, desde la base hasta el ápice, encerrando las partes florales, color crema al secar. **3. A. vesicaria** (forma pistilada)
1. Sépalos con una carina inflada de células mamiformes en la mitad basal, o sin carina, pardos, negros o crema al secar, las flores abiertas o parcialmente abiertas.
  2. Sépalos con una carina inflada de células mamiformes grandes en la mitad basal, volviéndose negros al madurar; flores parcialmente abiertas en la antesis. **2. A. ramosa**
  2. Sépalos sin carina en la mitad basal, pardos, negros o crema al secar; flores ampliamente abiertas en la antesis.
    3. Brácteas generalmente menos de la 1/2 la longitud del pedicelo; estilo 1, 1.3-1.5 mm, fusionado 2/3 de su longitud, 3-lobado en el ápice; ovario 0.4-0.5 mm. **1. A. cordifolia**
    3. Brácteas tan largas como el pedicelo o ligeramente más largas que este; estilos 3, 0.5-0.6 mm, libres; ovario 0.3-0.4 mm. **3. A. vesicaria** (forma estaminada)

1. Anredera cordifolia (Ten.) Steenis, *Fl. Malesiana, Ser. 1, Spermatoph.* 5: 303 (1957). *Boussingaultia cordifolia* Ten., *Ann. Sci. Nat., Bot.* sér. 3, 3: 19: 355 (1853). Material original: Hooker, *Bot. Mag.* 64: t. 3620 (1837). Ilustr.: Martínez-García & Avendaño Reyes, *Fl. Veracruz* 90: 5, t. 1 (1996).

Hojas (12-)20-85(-123) × (8-)20-90(-105) mm, ovadas, la base cordata, los márgenes enteros, el ápice agudo o redondeado, algunas veces ligeramente hendido con un mucrón corto. Inflorescencias (30-)150-200(-250) mm, axilares, las flores ampliamente abiertas en la antesis; brácteas 0.6-1 mm, triangulares, generalmente menos de 1/2 de la longitud del pedicelo; bractéolas 0.5-0.8 mm, rómbicas; pedicelo 1.6-2.2 mm. Flores bisexuales, blancas, volviéndose negras al madurar; sépalos 1.1-2.2 × 1-1.2 mm, anchamente ovados a anchamente elípticos, redondeados y curvados hacia adentro en el ápice; pétalos 1.5-3 × 1.5-2.1 mm, anchamente elíptico-oblongos, curvados hacia adentro en el ápice; estambres con filamentos connatos en la base (1.5-)1.9-2.1 mm, las anteras 0.8-1.1 mm; ovario 0.4-0.5 mm, el estilo 1, 1.3-1.5 mm, fusionado 2/3 de su longitud, 3-lobado en el ápice, los estigmas 0.3-0.5 mm. Fruto no visto. *Áreas alteradas, jardines, paredes.* Ch (*Matuda s.n.*, UC); G (*Ruano 415*, US); H (*Rodríguez 3000*, F); ES (*Calderón 741*, US); CR (*Ramírez & Morales 227*, MO). 600-2100 m. (Estados Unidos, México, Mesoamérica, Colombia, Venezuela, Ecuador, Perú, Bolivia, Brasil, Paraguay, Uruguay, Argentina, Antillas, Bermudas, Europa, Asia, África, Australia).

Anredera cordifolia está ampliamente cultivada y naturalizada. Ha sido tratada por muchos autores, incluyendo Standley & Steyermark (1946b), como conespecífica con *A. baselloides* (Kunth) Baill. de los

Andes (syn. = *Boussingaultia baselloides* Kunth). Sperling (1987) las consideró dos especies separadas, basándose en una serie de características florales bastante variable (*A. cordifolia* tiene un estilo tripartito; sépalos de 1/2 a 1/3 la longitud de los pétalos; pedicelo más largo; pétalos naviculares; estambres en gran parte fusionados y bractéolas fusionadas en un par) y esta diferencia se mantiene aquí.

2. Anredera ramosa (Moq.) Eliasson, *Madroño* 20: 266 (1970). *Tandonia ramosa* Moq. in DC., *Prodr.* 13: 227 (1849). Sintipo: Guatemala, *Skinner s.n.* (K!). Ilustr.: Burger, *Fieldiana, Bot.* n.s. 13: 224, t. 40 (1983g), como *Boussingaultia ramosa.*

Boussingaultia ramosa (Moq.) Hemsl., *Dioscorea calyculata* Donn. Sm.

Hojas (14-)20-45(-55) × (8-)10-30(-47) mm, ovadas a anchamente ovadas, la base cuneada a truncada, los márgenes enteros, el ápice acuminado. Inflorescencias (60-)80-110(-150) mm, axilares, las flores parcialmente abiertas en la antesis; brácteas 1.2-2 × 0.2-0.5 mm, el nervio medio más oscuro, más largas que el pedicelo y las bractéolas; bractéolas 0.8-1 × 0.6-0.8 mm, rómbicas a anchamente ovadas; pedicelo (0.6)0.9-1.5(-1.8) mm. Flores bisexuales; sépalos (1-)1.3-1.5(-1.6) × 1.2-1.3 mm, ampliamente ovados, redondeados e incurvados hacia adentro en el ápice, carinados hacia la base por c. 1/2 de su longitud, la carina inflada de células mamiformes; pétalos (0.8-)1.4-1.8(-2) × (0.7-) 0.9-1(-1.2) mm, ampliamente elípticos, reflexos en la antesis, blancos, amarillos, verdosos a ligeramente anaranjados, volviéndose negros y encerrando al fruto al madurar; estambres con filamentos (0.9-)1.3-1.7 mm, las anteras (0.3-)0.5-0.6 mm; ovario 0.3-0.5 mm, el estilo 0.4-0.6 mm, fusionado con un estigma 3-lobado, claviforme. Fruto 0.7-1 mm de diámetro, brillante, amarillo-cremoso, negro cuando seco, los sépalos reflexos. *Áreas estacionalmente secas.* Ch (*Breedlove 22883*, MO); G (*Williams et al. 25252*, BM); H (*Holst 1380*, MO); ES (*Harmon & Fuentes 4959*, MO); CR (*Standley 41605*, US). 500-2100 m. (México, Mesoamérica, Colombia, Venezuela, Ecuador, Perú, Bolivia).

3. Anredera vesicaria (Lam.) C.F. Gaertn., *Suppl. Carp.* 2: 176 (1807). *Basella vesicaria* Lam., *Encycl.* 1: 382 (1785). Sintipo: Perú, *Lamarck s.n.* (P-LA). Ilustr.: D'Arcy, *Ann. Missouri Bot. Gard.* 66: 111, t. 1 (1979). N.v.: Sueldo con sueldo, ES; suelda con suelda, N.

Anredera leptostachys (Moq.) Steenis, *A. scandens* (L.) Sm., *A. scandens* sensu auct., *Bilderdykia scandens* (L.) Greene, *Boussingaultia leptostachys* Moq., *Fagopyrum scandens* (L.) H. Gross, *Fallopia scandens* (L.) Holub, *Polygonum dumetorum* L. var. *scandens* (L.) A. Gray, *P. scandens* L., *Reynoutria scandens* (L.) Shinners, *Tiniaria scandens* (L.) Small.

Hojas 25-72 × 15-63 mm, ovadas a elípticas, ocasionalmente obovadas, la base cuneada, los márgenes enteros a muy ligeramente serrulados, el ápice cortamente acuminado. Inflorescencias axilares o terminales, las flores en apariencia funcionalmente unisexuales. Inflorescencia estaminada (28-)50-140(-190) × 5-8(-10) mm, las flores homogéneamente espaciadas, totalmente abiertas en la antesis, blancas; pedicelo (0.8-)1.2-2(-2.1) mm; brácteas (1-)1.2-1.5 × 0.2-0.3 mm, triangulares, sin nervio medio más oscuro, acuminadas, tan largas como el pedicelo o ligeramente más largas; bractéolas 0.7-0.8 × 0.4-0.5 mm, triangulares o rómbicas, con un nervio medio claro; sépalos unidos en la base, 1.7-2.1 × 1-1.2 mm, anchamente elípticos; pétalos 1.7-2.1(-2.3) × 1-1.2 mm, elípticos; estambres crema, los filamentos 1.4-2.2 mm, delgados, unidos en la base, las anteras (0.6-)0.8-1.4(-1.5), amarillento-cremosas; ovario 0.3-0.4 mm, los estilos 3, 0.5-0.6 mm, libres con estigmas claviformes distalmente. Inflorescencia pistilada (12-)48-100(-120) × 7-11 mm en el punto central, las flores agrupadas con algunas yemas en el ápice de la inflorescencia pronto convirtiéndose en fruto, verde pálido, tornándose crema, ligeramente fragantes; pedicelo 1.5-4.5 mm; brácteas 0.5-1.2 × 0.3-0.4 mm, ovadas, acuminadas; bractéolas 0.2-0.7 × 0.3-0.4 mm, triangulares, papiráceas; sépalos c. 1 mm en yema, 2.2-3.5 (-3.8) × 0.7-1.5(-1.9) mm cuando maduros, anchamente elípticos, lateralmente carinados de la base hasta el ápice, la carina papirácea, ancha, encerrando las partes florales, crema al secar, con células mamiformes; pétalos 1.8-2.2 × 0.6-1 mm, elípticos, incurvados en el ápice; estambres ligeramente marchitos, los filamentos 1.4-1.5 mm, las anteras 0.1-0.2 mm, blancas; ovario 0.4-0.5 mm, los estilos 3, 0.5-1.2 mm, fusionados en el 1/3 proximal, con 3 estigmas claviformes. Fruto 1.1-1.3 mm de diámetro, de color crema al secar, los sépalos encerrando el fruto. *Generalmente a lo largo de ríos.* Ch (*Matuda 17350*, F); Y (*Gaumer 24231*, NY); C (*Miranda 8008*, MEXU); QR (*Méndez & Durán 991*, F); B (*Gentle 852*, F); G (*Friedrichsthal 1603*, BR); H (*Molina R. 12999*, US); ES (*Velasco 8899*, US); N (*Chaves 239*, US); P (*Bósquez 14*, NY). 0-2000 m. (Estados Unidos, México, Mesoamérica, Colombia, Venezuela, Perú, Antillas, Europa, Asia, África).

Sperling (1987) describió la especie con formas pistiladas y estaminadas. Observaciones en material de herbario muestran los siguientes caracteres que separan a estas formas. Pistilada: inflorescencia aglomerada, más corta; flores más grandes; sépalos fuertemente carinados; anteras marchitas, sin polen; fruto producido. Estaminada: inflorescencia menos aglomerada, más larga; flores más pequeñas; sépalos no fuertemente alados; anteras grandes, con abundante polen; fruto muy rara vez producido.

2. Basella L.

Por K. Sidwell.

Tallos puberulentos cuando jóvenes. Hojas subsésiles a pecioladas, ovadas a anchamente ovadas, los márgenes enteros. Inflorescencias en espigas; bractéolas triangulares. Flores bisexuales, carnosas, apenas abiertas en la antesis, sésiles; sépalos libres, elíptico-ovados, sin la carina inflada; pétalos fusionados por 1-2 mm en un tubo corto, elípticos a ovados; estambres erectos, los filamentos fusionados a los pétalos y connatos en un tubo estaminal corto, angostándose en el ápice, las anteras ovales; ovario globoso, los estilos con una superficie estigmática en la mitad distal. Fruto con perianto carnoso, persistente. 5 spp., 4 en el este y sureste de África y Madagascar, la otra especie pantropical y ampliamente cultivada; 1 sp. en Mesoamérica.

1. Basella alba L., *Sp. Pl.* 272 (1753). Neotipo (designado por Sidwell, 1999): Nepal, *Nicolson 2848* (BM!). Ilustr.: D'Arcy, *Ann. Missouri Bot. Gard.* 66: 113, t. 2 (1979). N.v.: Espinaca.

Basella cordifolia Lam., *B. lucida* L., *B. nigra* Lour., *B. oleracea* Alef. var. *ramosa* (Jacq. ex Spreng.) Alef., *B. ramosa* Jacq. ex Spreng., *B. rubra* L., *Gandola nigra* (Lour.) Raf.

Hojas (13-)25-65(-80) × (10-)25-55(-68) mm, con la vena media excurrente, la base cortamente angostada a truncada o ligeramente cordada, la lámina cortamente decurrente en los pecíolos, el ápice redondeado-obtuso; pecíolo (2-)5-15(-18) mm, frecuentemente rojizo. Inflorescencias (11-)20-60(-115) mm, con flores frecuentemente agrupadas hacia el ápice; brácteas 1-2 × 0.7-1.2 mm, el nervio medio oscuro, excurrente en el ápice; bractéolas 1.4-1.6 × 0.9-1 mm, agudas. Sépalos 3-4 × 2-2.5 mm, anchamente ovado-elípticos, curvados alrededor de la corola, matizados de rosado hacia la punta; pétalos 1.9-2 mm, ovados, los márgenes desiguales; filamentos 1-1.2 mm, las anteras 0.8-0.9 mm; ovario 0.7-0.9 mm; los estilos 0.5-0.8 mm. Fruto 3.5-5 mm de diámetro (4-7 mm de diámetro incluyendo al perianto), brillante, pardo. *Vegetación secundaria, orillas de caminos, terrenos cultivados.* B (*Hedger 262*, BM); H (*Standley 52670*, US); P (*Burch et al. 1125*, MO). 0-1500 m. (Estados Unidos, México, Mesoamérica, Colombia, Guyana, Perú, Brasil, Antillas, Europa, Asia, África).

Basella alba es muy variable en cuanto al tamaño y la forma de las hojas y con base en esto ha sido dividida en varias especies. Se piensa que esta especie se originó en el Viejo Mundo (Steenis, 1957). Es un cultivo importante en los trópicos; se vende con el nombre de espinaca, como planta para ensaladas.

89. TALINACEAE

Descripción de la familia y clave genérica por G. Ocampo, M.C. Tebbs & B.B. Klitgaard.

Hierbas perennes o arbustos, raramente árboles pequeños; raíces carnosas a leñosas, generalmente tuberosas; tallos generalmente suculentos, erectos, decumbentes o rastreros. Hojas opuestas a subopuestas, alternas, en ocasiones fasciculadas en la base o en ramas cortas, glabras a tomentosas, los márgenes enteros; estípulas ausentes. Inflorescencias axilares o terminales, en panículas, racimos, cimas o las flores solitarias; brácteas membranosas o suculentas. Flores unisexuales o bisexuales, actinomorfas; sépalos 2, persistentes o deciduos; pétalos (2-)5; estambres 12-35, libres o unidos en su base; ovario súpero; carpelos (2)3(-5); estilos 2-3-lobados o generalmente capitado-discoides. Fruto una cápsula dehiscente por 3 valvas o raramente una baya; semillas reniformes a suborbiculares, la testa lisa u ornamentada, con o sin arilo. 3 gen., c. 28 spp., mejor representada en África, también en Norteamérica, Mesoamérica, Sudamérica, Asia, Australia, Islas del Pacífico; 1 gen. y 2 spp. en Mesoamérica.

Aquí se sigue la propuesta de Nyffeler & Eggli (2010b), quienes segregaron las Portulacaceae en su sentido tradicional, y reconocen 4 familias siendo una de estas las Talinaceae.

Bibliografía: Carolin, R.C. *Fam. Gen. Vasc. Pl.* 2: 544-555 (1993). Eliasson, U.H. *Fl. Ecuador* 55: 29-53 (1996). Ford, D.I. *Fl. Veracruz* 51: 1-38 (1986). Hernández Ledesma, P. & Ocampo, G. *Fl. Bajío* 195: 1-15 (2016). Nyffeler, R. & Eggli, U. *Taxon* 59: 227-240 (2010b).

1. **Talinum** Adans., nom. & typ. cons.

Chromanthus Phil., *Helianthemoides* Medik., *Litanum* Nieuwl.

Por G. Ocampo, M.C. Tebbs & B.B. Klitgaard.

Hierbas o arbustos, a menudo con raíces tuberosas ramificadas; tallos simples o ramificados desde la base, glabros. Hojas alternas, opuestas o subopuestas, aplanadas, suculentas, glabras. Inflorescencias en cimas, racimos o panículas o las flores solitarias. Flores con los sépalos caducos, del mismo tamaño; pétalos generalmente 5, libres o en ocasiones ligeramente connados en su base, caducos o cubriendo la cápsula en su madurez; estambres 15-muchos; ovario súpero, estilo generalmente 3-lobado. Cápsulas 3-valvadas, globosas, abriéndose hacia abajo desde el ápice, las valvas caducas; semillas numerosas, orbiculares o suborbiculares, la testa lisa a ornamentada con tubérculos y estrías, en ocasiones con surcos concéntricos. Aprox. 15 spp., en Norteamérica, Mesoamérica, Sudamérica y África; solo 3 spp. en América y 2 en Mesoamérica.

Carolin (1993) reconoció 2 secciones: *Talinum* Adans. sect. *Talinum* y *T.* sect. *Phemeranthus* (Raf.) DC. La evidencia molecular y morfológica apoya el restablecimiento del género *Phemeranthus* Raf. como miembro de Montiaceae (Applequist & Wallace, 2001; Hershkovitz & Zimmer, 2000; Kiger, 2001), dejando 15 especies en *Talinum* s. str.

Bibliografía: Brummitt, R.K. *Taxon* 27: 545 (1978 [1979]). Hershkovitz, M.A. *Phytologia* 70: 209-225 (1991). Kiger, R.W. *Novon* 11: 319-321 (2001). McNeill, J. *Taxon* 26: 147 (1977). Murdy, W.H. & Carter, M.E.B. *Castanea* 66: 145-153 (2001). Ocampo, G. *Acta Bot. Mex.* 59: 75-80 (2002). Wijnands, D.O. *Taxon* 34: 308-309 (1985).

1. Flores en una cima de pocas flores; pétalos 7-11 mm; estambres 20-40; cápsulas 5-7 mm de diámetro, amarillentas; testa de la semilla con papilas visibles en perfil a lo largo del margen de la semilla. **1. T. fruticosum**
1. Flores en una inflorescencia paniculada de generalmente muchas flores; pétalos 4-5 mm; estambres 10-20; cápsulas 3-4 mm de diámetro, verde-grisáceas a pardo-verdosas; testa de la semilla sin papilas visibles en perfil a lo largo del margen de la semilla. **2. T. paniculatum**

1. Talinum fruticosum (L.) Juss., *Gen. Pl.* 312 (1789). *Portulaca fruticosa* L., *Syst. Nat., ed. 10* 2: 1045 (1759). Neotipo (designado por Wijnands, 1983): Plumier en Burman, *Pl. Amer.* t. 150, f. 2 (1757). Ilustr.: Burman, *Pl. Amer.* t. 150, f. 2 (1757). N.v.: Espinaca, H.

Claytonia triangularis (Jacq.) Kuntze, *Portulaca paniculata* L., *P. racemosa* L., *P. triangularis* Jacq., *Ruelingia triangularis* (Jacq.) Ehrh., *Talinum racemosum* (L.) Rohrb., *T. triangulare* (Jacq.) Willd.

Tallos hasta 30-100 cm, erectos. Hojas 4-6(-10) × 1.5-3.5 cm, elípticas a obovadas, la vena media prominente. Inflorescencia hasta 20 cm, cimosa, con pocas flores; brácteas 2-4 mm, angostamente triangulares; sépalos 4-6 mm, ampliamente ovados a orbiculares; pétalos 7-11 mm, obovados, amarillos o rosados decolorándose a blanquecinos; estambres 20-40. Frutos 5-7 mm de diámetro, subglobosos a elipsoides, amarillentos; semillas 1-1.2 mm de diámetro, pardo-rojizo oscuro hasta negras, la testa con papilas distintivas arregladas en filas concéntricas, las papilas visibles en perfil a lo largo del margen de la semilla. *Basureros, campos, pistas, bordes de bosque, asociada con cactus*. T (*Spellman et al. 143*, MO); Ch (*Breedlove & Thorne 30571*, MEXU); Y (*Calzada et al. 6503*, MEXU); C (*Chan 4232*, MO); QR (*Gaumer 1550*, F); G (*Harmon & Dwyer 3528*, MO); H (*Davidse et al. 35508*, MO); ES (*Rosales 925*, BM); N (*Hall & Bockus 7878*, BM); CR (*Khan et al. 841*, BM); P (*Hayes s.n.*, BM). 0-700 m. (Estados Unidos [Florida], México [Edo. México, Guerrero, Jalisco, Michoacán, Morelos, Nayarit, Oaxaca, Puebla, Querétaro, Sinaloa, Sonora, Tamaulipas, Veracruz], Mesoamérica, Colombia, Venezuela, Guyana, Surinam, Ecuador, Perú, Brasil, Antillas, África tropical).

2. Talinum paniculatum (Jacq.) Gaertn., *Fruct. Sem. Pl.* 2: 219 (1791). *Portulaca paniculata* Jacq., *Enum. Syst. Pl.* 22 (1760). Neotipo (designado aquí): Jacquin, *Hort. Bot. Vindob.* t. 151 (1772). Ilustr.: Ford, *Fl. Veracruz* 51: 33, t. 5 (1986). N.v.: Dzum-yail, saioch, Y; lechuguilla, ES.

Claytonia paniculata (Jacq.) Kuntze, *C. patens* (L.) Kuntze, *C. sarmentosa* (Engelm.) Kuntze, *Helianthemoides patens* (L.) Medik., *Portulaca patens* L., *Ruelingia patens* (L.) Ehrh., *Talinum chrysanthum* Rose & Standl., *T. paniculatum* (Jacq.) Gaertn. var. *sarmentosum* (Engelm.) Poelln., *T. patens* (L.) Willd., *T. patens* var. *sarmentosum* (Engelm.) A. Gray, *T. reflexum* Cav. forma *sarmentosum* (Engelm.) Small, *T. sarmentosum* Engelm.

Tallos hasta 70 cm, erectos, con raíces axonomorfas, frecuentemente ramificadas. Hojas 4-8(-12) × 1.5-3.5(-6) cm, aquellas sobre la parte inferior de la planta elípticas a obovadas, las hojas superiores más angostas, lanceoladas a oblanceoladas, la vena media prominente. Inflorescencia 20-40 cm, una panícula simple o compuesta, terminal, laxa, con muchas flores; brácteas 1.5-3 mm, angostamente triangulares; sépalos 2.5-3 mm, ampliamente elípticos a orbiculares; pétalos 4-5 mm, obovados a elípticos, rosados o rojizos; estambres 10-20. Frutos 3-4 mm de diámetro, subglobosos, verde-grisáceos a pardo-verdosos; semillas 0.9-1.2 mm de diámetro, pardo-rojizo oscuro a negras, la testa con papilas bajas radialmente alargadas y arregladas en filas concéntricas, el margen exterior de la semilla mayormente regular cuando visto en perfil. *Bosques deciduos, vegetación secundaria*. Ch (*Ventura & López 194*, BM); Y (*Gaumer 2028*, MO); G (*Donnell Smith 2520*, K); H (*Molina R. 23229*, BM); ES (*Harmon & Fuentes 5939*, MO); N (*Nelson 7600*, BM); CR (*Grayum & Sleeper 3880*, BM); P (*Woodson et al. 1491*, MO). 0-2500 m. (Estados Unidos, México [ampliamente distribuida], Mesoamérica, Colombia, Venezuela, Guyana, Guayana Francesa, Ecuador, Perú, Bolivia, Brasil, Paraguay, Argentina, Antillas, África tropical).

89A. PORTULACACEAE

Descripción de la familia y clave genérica por G. Ocampo, M.C. Tebbs & B.B. Klitgaard.

Hierbas anuales y perennes; tallos generalmente ramificados, postrados a ascendentes, suculentos, glabros, algunas con raíces carnosas o tuberosas. Hojas alternas a subopuestas (e.g., *Portulaca oleracea*), en ocasiones opuestas (especies no presentes en Mesoamérica), con tricomas axilares, diminutos (e.g., *P. oleracea* y *P. umbraticola*) a largos y en ocasiones muy evidentes, cubriendo el tallo; sésiles o cortamente pecioladas. Inflorescencias en cimas, muchas de ellas en forma de cabezuela o laxas (fuera de Mesoamérica), o las flores solitarias; flores con los sépalos persistentes, a menudo unidos en la base; pétalos (4)5(6), persistentes, libres o connados en la base; estambres pocos a muchos; ovario parcial o completamente ínfero, el estilo 2-18-lobado. Cápsulas 1-loculares, circuncísiles, bordeadas por un ala membranácea solamente en *P. umbraticola*; semillas reniformes a suborbiculares, con la testa lisa a diversamente tuberculada o papilada. 1 gen., 15 hasta 150 spp., en los trópicos y subtrópicos, algunas ornamentales, algunas malezas casi cosmopolitas; 7 spp. en Mesoamérica.

Aquí se sigue la propuesta de Nyffeler & Eggli (2010b), quienes consideran a las Portulacaceae como una familia monogenérica y candidata, junto con Anacampserotaceae, a ser el grupo más cercanamente emparentado con Cactaceae. Otros géneros tradicionalmente ubicados en Portulacaceae, ahora se encuentran en Anacampserotaceae (e.g., *Anacampseros*, *Talinopsis*), Montiaceae (e.g., *Calandrinia*, *Claytonia*) y Talinaceae (e.g., *Talinum*).

Bibliografía: Danin, A. et al. *Israel J. Bot.* 27: 177-211 (1978); *Fl. Medit.* 18: 89-107 (2008). Eliasson, U.H. *Fl. Ecuador* 55: 29-53 (1996). Geesink, R. *Blumea* 17: 275-301 (1969). Legrand, C.D. *Anales Mus. Hist. Nat. Montevideo* 7(3): 1-147 (1962). Matthews, J.F. & Levins, P.A. *Castanea* 50: 96-104 (1985). Matthews, J.F. et al. *Castanea* 57: 202-208 (1992); *Rhodora* 95: 166-183 (1993). Nyffeler, R. & Eggli, U. *Taxon* 59: 227-240 (2010b). Ocampo, G. *Acta. Bot. Mex.* 63: 59-66 (2003). Ocampo, G. & Columbus, J.T. *Molec. Phylogen. Evol.* 63: 97-112 (2012). Villaseñor Ríos, J.L. *Revista Mex. Biodivers.* 87: 559-902 (2016).

1. Portulaca L.

Por G. Ocampo, M.C. Tebbs & B.B. Klitgaard.

Veáse la descripción de la familia.

1. Plantas aparentemente glabras, con tricomas diminutos en las axilas de las hojas e inflorescencias.
  2. Pétalos 3-5(-7) mm; estambres 6-10(-15) por flor; cápsula sin ala membranácea; semillas negras. **4. P. oleracea**
  2. Pétalos 3-10 mm; estambres 7-25 por flor; cápsula bordeada con un ala membranácea de 1 mm de ancho; semillas grises. **7. P. umbraticola**
1. Plantas con tricomas evidentes, generalmente largos, presentes en la axila de las hojas e inflorescencias.
  3. Corola rosada, magenta o roja.
    4. Pétalos 15-25 mm; estambres 40-75. **2. P. grandiflora**
    4. Pétalos 3-6 mm; estambres 10-35. **5. P. pilosa**
  3. Corola amarilla, anaranjada o blanquecina con base amarilla.
    5. Pétalos 2.5-3 mm, amarillos o blanquecinos con base amarilla; estambres 4-12(-15); frutos con un pedicelo evidente; semillas c. 0.4 mm de diámetro. **3. P. halimoides**
    5. Pétalos 5-8 mm, amarillos o anaranjados; estambres 12-30; frutos sésiles o subsésiles; semillas 0.6-0.8 mm de diámetro.
      6. Hierbas anuales; tallos postrados a decumbentes, difusamente ramificados. **1. P. conzattii**
      6. Hierbas perennes; tallos erectos, la mayoría de las ramas ascendiendo desde cerca de la base. **6. P. rubricaulis**

1. Portulaca conzattii P. Wilson, *Torreya* 28: 28 (1928). Sintipo: México, Oaxaca, *Conzatti 1425* (US). Ilustr.: no se encontró.

Plantas anuales; tallos hasta 30 cm, postrados a decumbentes, difusamente ramificados. Hojas alternas, 15-30 × 3-7 mm, lineares a oblanceoladas, aplanadas, en las axilas con conspicuos fascículos de tricomas de 2-3 mm, blancos. Flores 2-4, terminales, con 6-8 brácteas involucrales foliáceas y tricomas blancos de 6-8 mm subyacentes; sépalos 5-6 × 4-6 mm, triangular-orbiculares; pétalos 7-8 × 3-3.5 mm, elípticos a obovados, amarillos; estambres 20-25; estilo 4-7-lobado. Frutos 4-5 mm de diámetro, ovoides a globosos; semillas c. 0.8 mm de diámetro, negras, la testa redondeado-tuberculada. *Crestas de montañas rocosas secas, bordes de caminos, riveras.* G (*Standley 77421*, F); H (*Williams & Molina R. 14176*, BM); N (*Standley 10147*, F). 900-1300 m. (México [Oaxaca], Mesoamérica).

Villaseñor Ríos (2016) reporta a la especie para Hidalgo y Chiapas, aunque no se conocen ejemplares de herbario que comprueben su presencia en estos estados mexicanos.

2. Portulaca grandiflora Hook., *Bot. Mag.* 56: t. 2885 (1829). Lectotipo (designado por Eliasson, 1996): Hooker, *Bot. Mag.* 56: t. 2885 (1829). Ilustr.: Legrand, *Anales Mus. Hist. Nat. Montevideo* 7(3): t. XVIIIa (1962).

Portulaca caryophylloides hort. ex Vilm., *P. grandiflora* Hook. var. *immersostellulata* (Poelln.) D. Legrand, *P. hilaireana* G. Don, *P. immersostellulata* Poelln., *P. megalantha* Steud., *P. mendocinensis* Gillies ex Rohrb., *P. multistaminata* Poelln., *P. pilosa* L. var. *grandiflora* (Hook.) Kuntze, *P. pilosa* subsp. *grandiflora* (Hook.) R. Geesink.

Plantas anuales; tallos hasta 40 cm, postrados a decumbentes, difusamente ramificados, levemente suculentos. Hojas alternas, 2-25(-30) × 1-5 mm, lineares a lanceoladas, aplanadas hasta casi teretes, en las axilas con fascículos de tricomas de 2-3 mm, blancos. Flores (1-)5-10(-12) agrupadas en un capítulo terminal, con 6-10 brácteas involucrales foliáceas y tricomas de 6-10 mm subyacentes; sépalos (1-)4-8 × 2.5-6 mm, triangular-ovados a ovados; pétalos 15-25 × 10-17 mm, ampliamente obovados, rosados, magenta o rojos; estambres 40-75; estilo 2-20-lobado. Frutos 3-5 mm de diámetro, ovados a obovados; semillas c. 0.8 mm de diámetro, negras, la testa por lo general diminutamente tuberculada. *Márgenes de lagos y ríos con grava, basureros, sabanas y otros lugares arenosos.* C (*Ramírez & Méndez 36*, MEXU); B (*Arnason & Lambert 17508*, MO); P (*Le Clezio 115*, MO). 0-2000 m. (Posiblemente originaria de Argentina; introducida en Estados Unidos, México [Cd. México, Guerrero, Nayarit, Puebla], Mesoamérica, Brasil, Paraguay, Uruguay, Argentina).

En Mesoamérica *Portulaca grandiflora* se comporta como una especie introducida escapada de cultivo como ornamental, y posiblemente se encuentra en otros países mesoamericanos, además de los mencionados en el párrafo anterior. Existen cultivares que exhiben una amplia variación de tamaño y forma de las hojas, número y color de los pétalos, así como de caracteres de la semilla. Véase Ford (1986), Geesink (1969) y Legrand (1962) para una lista extensa de sinónimos y división infraespecífica.

3. Portulaca halimoides L., *Sp. Pl., ed. 2* 639 (1762). Lectotipo (designado por Eliasson, 1996): Sloane, *Voyage Isl.* t. 129, f. 3 (1707). Ilustr.: Eliasson, *Fl. Ecuador* 55: 41, t. 6F-H, 43, t. 7F (1996).

Portulaca haughtii J.F. Macbr., *P. parvula* A. Gray.

Plantas anuales; tallos 5-40 cm, erectos, ramificados, glabros, con raíces fibrosas débiles. Hojas alternas, 5-15 × 1.5-2.5 mm, linear-lanceoladas o linear-suboblongas, aplanadas a casi teretes, en las axilas con fascículos de tricomas de 5-10(-15) mm, blancos a pardo pálido.

Flores 3-6 agrupadas en un capítulo terminal, con 6-8 brácteas involucrales foliáceas y tricomas de 6-10 mm subyacentes; sépalos (2-)2.5-3.5 × 1.5-2.5 mm, triangular-ovados a oblongo-ovados; pétalos 2.5-3 × 1.2-1.5 mm, oblongo-lanceolados a ovado-elípticos, amarillos o blanquecinos con base amarilla; estambres 4-12(-15); estilo 4-lobado. Frutos 1.5-2.5(-3.5) mm en diámetro, subglobosos a elipsoides, generalmente con un pedicelo de hasta 1.5 mm; semillas c. 0.4 mm de diámetro, negras, la testa con papilas bajas de base amplia, estas irregulares a estrelladas en la base. *Sabanas, dunas y otros lugares arenosos*. Y (*Cabrera & Cabrera 9344*, MO); G (*Ramírez & Véliz FR 907*, MO). 0-400 m. (S. Estados Unidos, México [Aguascalientes, Baja California, Baja California Sur, Chihuahua, Coahuila, Durango, Guanajuato, Oaxaca, Querétaro, San Luis Potosí, Sonora], Mesoamérica, Colombia, Venezuela, Ecuador, Perú, Brasil, Antillas).

4. Portulaca oleracea L., *Sp. Pl.* 445 (1753). Lectotipo (designado por Geesink, 1969): país desconocido, *Loefling Herb. Linn. 625.1* (LINN!). Ilustr.: Ford, *Fl. Veracruz* 51: 23, t. 4 (1986), como *P. oleracea* subsp. *granulato-stellulata*. N.v.: Graviol, paxlac, verdolaga, G.

Portulaca consanguinea Schltdl., *P. granulatostellulata* (Poelln.) Ricceri & Arrigoni, *P. intermedia* Link ex Schltdl., *P. marginata* Kunth, *P. neglecta* Mack. & Bush, *P. nicaraguensis* (Danin & H.G. Baker) Danin, *P. oleracea* L. subsp. *granulatostellulata* (Poell.) Danin & H.G. Baker, *P. oleracea* var. *granulatostellulata* Poelln., *P. oleracea* subsp. *nicaraguensis* Danin & H.G. Baker, *P. oleracea* subsp. *papillatostellulata* Danin & H.G. Baker, *P. oleracea* var. *sativa* (Haw.) DC., *P. papillatostellulata* (Danin & H.G. Baker) Danin, *P. pilosa* L. var. *marginata* (Kunth) Kuntze, *P. sativa* Haw.

Plantas anuales, postradas con ramas ascendentes, ocasionalmente con raíz axonomorfa muy bien desarrollada y potencialmente perennes; tallos hasta 5-45 cm, ramificados desde la base, suculentos, glabros. Hojas alternas o las hojas distales frecuentemente opuestas o casi opuestas (subopuestas), 6-30(-50) × 2-12(-20) mm, obovadas a espatuladas, aplanadas, en las axilas con tricomas poco evidentes; sésiles o con un pecíolo diminuto. Flores solitarias o hasta 10 en un capítulo más o menos denso, con un verticilo de 4 (ocasionalmente 1-3) brácteas foliáceas y tricomas cortos subyacentes; sépalos 3-5 × 3-4 mm, ovados a orbicular-ovados, unidos en la base; pétalos 3-5(-7) × 1.5-3 mm, obovados, amarillos; estambres 6-10(-15); estilo 4-6-lobado. Frutos 3-9 mm de diámetro, ovoides, con sépalos y pétalos persistentes sobre el opérculo; semillas 0.5-1 mm de diámetro, negras a grises, la testa lisa, tuberculada o papilada. *Tierras alteradas, costas arenosas, playas*. T (*Rovirosa 511*, K); Ch (*Ventura & López 1936*, BM); Y (*Gaumer 517*, BM); C (*Álvarez 305*, MO); QR (*Cabrera & Cabrera 9201A*, MO); B (*Stoddart 110*, BM); G (*Palmer 343*, BM); H (*Chorley 423*, BM); ES (*González & Villacorta 53*, K); N (*Seymour 2335*, F); CR (*Garwood et al. 552*, BM); P (*Whitefoord & Eddy 392*, BM). 0-2500 m. (Canadá, Estados Unidos, México [ampliamente distribuida], Mesoamérica, Colombia, Venezuela, Guayanas, Ecuador, Perú, Bolivia, Brasil, Paraguay, Uruguay, Chile, Argentina, Antillas, Europa, Asia, África, Australia, Islas del Pacífico).

Portulaca oleracea es una especie altamente variable. Ha sido usada como un vegetal y planta de forraje, y es una maleza muy agresiva distribuida alrededor del mundo. Danin et al. (1978) reconocieron 9 subespecies, varias de las cuales han sido reportadas para Mesoamérica: *P. oleracea* subsp. *granulatostellulata*, *P. oleracea* subsp. *nicaraguensis*, *P. oleracea* subsp. *papillatostellulata*. Los principales caracteres diagnósticos usados para distinguir las subespecies son el tamaño de la semilla, la morfología de las células de la testa de las semillas y el número cromosómico. Danin et al. (2008), inclusive, reconocen estos taxones a nivel de especie. Legrand (1962), similarmente, reconoció varias variedades. Matthews & Levins (1985) y Matthews et al. (1993), sin embargo, no reconocieron ninguna de estas divisiones infraespecíficas, consideración que se sigue aquí.

5. Portulaca pilosa L., *Sp. Pl.* 445 (1753). Lectotipo (designado por Geesink, 1969): país desconocido, *Herb. Linn. 625.2* (LINN). Ilustr.: Eliasson, *Fl. Ecuador* 55: 41, t. 6E, 43, t. 7E (1996). N.v.: Mañanita, T; tsotsilts'ayoch, Y; anisillo, colchón de niño, G.

Portulaca ehrenbergii Poelln., *P. gagatosperma* Millsp., *P. karwinskii* Fisch. & E. Mey., *P. mundula* I.M. Johnst., *P. pilosa* L. forma *mexicana* D. Legrand, *P. pilosa* var. *mundula* (I.M. Johnst.) D. Legrand.

Plantas anuales, postradas, ocasionalmente con un sistema de raíces lignificado, bien desarrollado y potencialmente perennes; tallos hasta 30 cm, ramificados, ascendentes a erectos. Hojas alternas, 2-15 × 1.5-2.5 mm, lineares a angostamente lanceoladas o linear-oblanceoladas, subteretes. Flores solitarias o 5-10(-12) en capítulos terminales con un involucro de 6-10 hojas y copiosa pubescencia pardusca subyacente; sépalos (1-)2-5(-8) × 2-2.5 mm, triangular-ovados a ovados, levemente cuculados o carinados; pétalos 3-6 × 2.5-4.5 mm, obovados u oblongo-obovados, rosados, magenta o rojos; estambres 10-35; estilo 4-5(-6)-lobado. Frutos 3-4 mm de diámetro, subglobosos; semillas 0.4-0.6 mm de diámetro, negro opaco, la testa en general con tubérculos inconspicuamente estrellados, pero algunas veces claramente estrellada sin tubérculos. *Márgenes de grava en lagos y ríos, dunas, otros lugares arenosos*. T (*Barlow 32/21*, BM); Ch (*Burnham 122*, BM); Y (*Chan 2948*, CICY); QR (*Lewis 6880*, MO); B (*Whitefoord 2340*, BM); G (*Martínez S. et al. 23204*, MO); H (*MacDougal et al. 3451*, BM); ES (*Standley & Padilla 2513*, F); N (*Nelson 7805*, BM); CR (*Khan et al. 270*, BM); P (*Croat 22125*, MO). 0-2500 m. (S. Estados Unidos, México [ampliamente distribuida], Mesoamérica, Colombia, Venezuela, Guayanas, Ecuador, Perú, Bolivia, Brasil, Paraguay, Chile, Argentina, Antillas; ampliamente distribuida en el Viejo Mundo).

6. Portulaca rubricaulis Kunth in Humb., Bonpl. & Kunth, *Nov. Gen. Sp.* 6: 73 (1823). Holotipo: Venezuela, *Humboldt & Bonpland 1223* (P). Ilustr.: Eliasson, *Fl. Ecuador* 55: 41, t. 6J, 43, t. 7B (1996).

Portulaca phaeosperma Urb.

Plantas perennes, ocasionalmente con raíces tuberosas bien desarrolladas; tallos erectos, 10-30 cm, la mayoría de las ramas ascendiendo desde cerca de la base, gruesos y suculentos. Hojas alternas, 10-20(-30) × 2-4(-6) mm, aplanadas, ampliamente lineares a angostamente lanceoladas, en las axilas con fascículos de tricomas de 2-5(-10) mm, glabras. Flores 3-5 en capítulos, con un involucro de 3-6 hojas y fascículos axilares de tricomas subyacente; sépalos 5-8 mm, desiguales, triangular-ovados a ovados, levemente cuculados o carinados; pétalos 5-7 mm, obovado-orbiculares, amarillos; estambres 12-30; estilo 5-7-lobado. Frutos 3-5 mm de diámetro, subglobosos o subcónicas; semillas 0.6-0.7 mm de diámetro, pardo-rojizas casi negras, la testa con tubérculos pequeños basalmente conectados. *Dunas y otros lugares arenosos*. Y (*Gaumer 603*, F); C (*Torres 14420*, MEXU); QR (*Cabrera & Cabrera 9758*, MO). 0-100 m. (Estados Unidos [Florida], Mesoamérica, Colombia, Venezuela, Guayanas, Ecuador, Antillas).

7. Portulaca umbraticola Kunth in Humb., Bonpl. & Kunth, *Nov. Gen. Sp.* 6: 72 (1823). Holotipo: Venezuela, *Humboldt & Bonpland 1225* (P). Ilustr.: Eliasson, *Fl. Ecuador* 55: 41, t. 6A, 43, t. 7C (1996).

Portulaca coronata Small, *P. denudata* Poelln., *P. lanceolata* Engelm. non Haw., *P. plano-operculata* Kuntze, *P. umbraticola* Kunth subsp. *coronata* (Small) J.F. Matthews & Ketron, *P. umbraticola* subsp. *lanceolata* J.F. Matthews & Ketron.

Plantas anuales, postradas, con ramas ascendentes a erectas; tallos 10-40 cm, generalmente ramificados. Hojas alternas, 12-27 × 3-13 mm, aplanadas, en la base del tallo espatuladas u obovadas, en el ápice oblanceoladas, las axilas con tricomas poco evidentes de hasta 1.5 mm. Flores 3-5 en un capítulo terminal, con un involucro de 3-5 hojas subyacente; sépalos 3-5(-8) × 1.5-2.0 mm, desiguales, triangular-ovados, carinados; pétalos 3-10 mm, obovados, amarillos a anaranjados; estambres 7-25; estilo 3-8-lobado. Frutos 3-4 mm de diámetro, obcónicos, bordeados por un ala de c. 1 mm de ancho, membranácea; semillas 0.8-1.0 mm de diámetro, gris opaco, la testa con tubérculos ampliamente cónicos y estrellados en la base. *Áreas abiertas, bosques deciduos, sobre suelos arenosos*. QR (*Cabrera et al. 9825*, MO); H (*Molina R. 2541*, F); ES (*Berendsohn & Berendsohn WB 0215*, MO); N (*Moreno 9445*, MO); CR (*Liesner & Lockwood 2687*, MO). 50-1300 m. (Estados Unidos, México [ampliamente distribuida], Mesoamérica, Colombia, Venezuela, Guyana, Ecuador, Perú, Brasil, Paraguay, Argentina, Antillas).

90. CACTACEAE

Descripción de la familia y clave genérica por H. Bravo-Hollis, S. Arias & D.A. Aquino.

Árboles o arbustos suculentos; terrestres, trepadoras, epífitas o saxícolas. Tallos determinados o indeterminados, cilíndricos, globosos o aplanados, o en forma de cladodios o filocladios. Hojas generalmente vestigiales y efímeras, a veces laminares (*Leuenbergeria*, *Pereskia*, *Pereskiopsis*) o subuladas (*Opuntia*), dispuestas en espiral, simples, enteras; tallos con aréolas circulares a lineares, cubiertas con tricomas y espinas (variables en tamaño, número, forma y color). Flores por lo general solitarias, desde pequeñas a grandes, 1-40 cm, ocasionalmente dispuestas en inflorescencias, sésiles o pedunculadas, por lo común perfectas, ocasionalmente unisexuales, entonces las plantas dioicas, actinomorfas o ligeramente zigomorfas por la curvatura del tubo receptacular, diurnas o nocturnas; pericarpelo y tubo receptacular corto a largo, con podarios espiralados, conspicuos o no, inermes o con brácteas desde pequeñas a grandes, cuando presentes forman una transición gradual con los tépalos, las aréolas, cuando presentes, axilares, con o sin pelos, glóquidas y/o espinas; perianto integrado por tépalos espiralados, los externos sepaloides, los internos petaloides; estambres insertos en las paredes del tubo receptacular desde arriba del nectario hasta la garganta, erectos o más o menos declinados en las especies con tubo receptacular curvo; ovario ínfero, excepcionalmente súpero o semisúpero (*Pereskia*), integrado por varios carpelos, 1-locular, los óvulos numerosos, la placentación generalmente hipantial, rara vez basal o basal-parietal (algunas spp. de *Pereskia*); estilo generalmente incluido, algo más largo que los estambres, el estigma con lóbulos más o menos largos y numerosos; nectarios en la base del estilo, formando una cámara o anillo. Frutos carnosos, semicarnosos o secos al madurar, dehiscentes o indehiscentes, el pericarpo formado por el pericarpelo y la pared del ovario, con podarios, brácteas y aréolas presentes o ausentes; semillas numerosas o escasas, discoideas a ovoides, la testa lisa o con ornamentación, el perispermo reducido o reabsorbido, el embrión recto o curvo; cotiledones reducidos, raramente foliáceos. Número cromosómico básico $x = 11$. Aprox. 150 gen. y 1871 spp. (Korotkova et al., 2021), nativas de América, pero varias están naturalizadas en Europa, Asia, África y Australia; 24 gen. y 106 spp. en Mesoamérica, incluyendo 26 subspp., en la mayoría de los ambientes terrestres de la región.

El presente tratamiento incluye las especies nativas silvestres y cultivadas, así como aquellas de regiones adyacentes que son espontáneas. La región de Mesoamérica es el centro de diversidad de *Deamia*, *Disocactus*, *Epiphyllum*, *Pseudorhipsalis*, *Selenicereus* y *Weberocereus*.

Aunque solo 16 spp. nativas de la región de estudio están incluidas en alguna categoría de riesgo en la Lista Roja de la IUCN (2021), no representa que el conjunto de especies aquí incluido se encuentre en condiciones óptimas de conservación, debido a la continua transformación de su hábitat.

Seguimos la síntesis global desarrollada por el grupo de trabajo Caryophyllales - Cactaceae (The Caryophyllales Network, 2015+, https://caryophyllales.org [Cactaceae, 2021]), que integra estudios monográficos, filogenéticos y evolutivos. Estos estudios son fundamentales para acercarnos a una clasificación más estable y reconocer los clados supragenéricos (tribus), pero también para confirmar o refutar los grupos menos inclusivos con un origen común (géneros) y las unidades taxonómicas básicas (especies) que forman la diversidad en la familia.

Varios estudios filogenéticos corroboran que Cactaceae es monofilética. Para la Flora Mesoamericana, decidimos seguir los estudios filogenéticos particulares para el reconocimiento de géneros, sin perder de vista que la clasificación genérica sigue siendo un desafío.

La terminología utilizada es la estándar para esta familia (Anderson, 2001; Bravo-Hollis & Sánchez-Mejorada, 1978; Hunt et al., 2006a). Solo hay dos hábitos (árbol, arbusto) y diversas formas de crecimiento (decumbente, erguido, escandente, trepador, epífito), formas del tallo (globoso, cilíndrico, cladodio, filocladio, etc.), ramificación del tallo y tipos de espinas (espina, glóquida, pelo-espina; hay toda una gradación entre espina rígida y pelo, por lo que se prefiere utilizar términos sencillos y contrastantes). En la organización de la flor se reconocen tres partes (pericarpelo, tubo receptacular, perianto), pero en casos particulares se indican cambios cuando hay reducciones en las partes. Véase también el glosario.

Bibliografía: Anderson, E.F. *Cact. Fam.* 1-776 (2001). Arias, S. & Terrazas, T. *Brittonia* 58: 197-216 (2006); *Syst. Bot.* 34: 68-83 (2009). Arias, S. et al. *Syst. Bot.* 28: 547-557 (2003); *Fl. Valle Tehuacán-Cuicatlán* 95: 1-235 (2012). Barthlott, W.A. et al. *Schumannia* 7: 1-205 (2015). Bravo-Hollis, H. & Arias, A. *Cactaceae para Fl. Mesoamer.*, manuscrito inédito (2011). Bravo-Hollis, H. & Sánchez-Mejorada, H. *Cact. México* ed. 2, 1: 1-743 (1978); 2: 1-404 (1991a); 3: 1-643 (1991b). Britton, N.L. & Rose, J.N. *Cact.* 1: 1-236 (1919); 2: 1-239 (1920); 3: 1-255 (1922); 4: 1-318 (1923). Campos Díaz, M.J. et al. *Acta Bot. Mex.* 127(e1635): 1-18 (2020). Cerén López, J.G. et al. *Divers. Cactus El Salvador* 1-152 (2015). Cruz, M.Á. et al. *Willdenowia* 46: 145-164 (2016). Franco-Estrada, D. et al. *Brazil. J. Bot.* 44: 903-916 (2021). Guzmán Cruz, L.U. et al. *Cat. Cactáceas Mex.* 1-315 (2003). Hammel, B.E. *Monogr. Syst. Bot. Missouri Bot. Gard.* 138: 251-293 (2020). Hernández-Hernández, T. et al. *Amer. J. Bot.* 98: 44-61 (2011). Hernández Ledesma, P. et al. *Willdenowia* 45: 281-383 (2015). Hunt, D.R. et al. *New Cact. Lex.* 1: 1-373 (2006a). Korotkova, N. et al. *Willdenowia* 51: 251-270 (2021). Martínez-Quezada, D.M. et al. *Pl. Syst. Evol.* 306: article 8 (2020). Nyffeler, R. *Amer. J. Bot.* 89: 312-326 (2002). Nyffeler, R. & Eggli, U. *Schumannia* 6: 109-149 (2010a). Rivas Rossi, M.E. *Brenesia* 43-44: 31-37 (1995). Solomon, J.C. *Monogr. Syst. Bot. Missouri Bot. Gard.* 85: 509-519 (2001). Standley, P.C. & Williams, L.O. *Fieldiana, Bot.* 24(7/2): 187-234 (1962). Taylor, N.P. & Zappi, D.C. *Cacti E. Brazil* i-xii, 1-499 (2004). Véliz Pérez, M.E. *Cactáceas Guatemala* 1-130 (2008). Woodson, R.E. & Schery, R.W. *Ann. Missouri Bot. Gard.* 45: 68-91 (1958).

1. Aréolas con glóquidas; semillas orbiculares a suborbiculares, la testa blanquecina, gris o ligeramente parda.
   2. Tallos aplanados (cladodios), las hojas subuladas, pequeñas, presentes solo en tallos juveniles. **14. Opuntia**
   2. Tallos cilíndricos, las hojas con limbo. **17. Pereskiopsis**
1. Aréolas sin glóquidas; semillas por lo común ovoides, reniformes a elipsoides, la testa parda o negra.

3. Hojas con limbo laminar, pecioladas, subsésiles o sésiles.
4. Hojas seudopalmatinervias o pinnatinervias. **9. Leuenbergeria**
4. Hojas pinnatinervias. **16. Pereskia**
3. Hojas vestigiales o ausentes.
5. Tallos globosos, globoso-depresos o cortamente cilíndricos.
6. Tallos tuberculados, con látex lechoso; zona fértil indiferenciada de la infértil; flores emergiendo en círculo (o más o menos así) alrededor del ápice de los tallos. **10. Mammillaria**
6. Tallos acostillados, sin látex; zona fértil diferenciada de la infértil; flores emergiendo de la zona fértil (cefalio). **12. Melocactus**
5. Tallos cilíndricos y/o aplanados (filocladios).
7. Árboles o arbustos terrestres.
8. Tallos con la zona fértil diferenciada de la infértil, por un cefalio o pseudocefalio.
9. Córtex del tallo con mucílago; zona fértil lateral, formada por cúmulos de pelos largos, blancos y espinas. **18. Pilosocereus**
9. Córtex del tallo sin mucílago; zona fértil apical o anular, con cúmulos de pelos y/o espinas setosas.
10. Tallos con más de 22 costillas, el córtex no adquiere tono oscuro al contacto con el aire; zona fértil anular formado por pelos y espinas setosas. **2. Cephalocereus**
10. Tallos con menos de 12 costillas, el córtex adquiere tono oscuro al contacto con el aire; zona fértil apical, formada por espinas setosas.
11. Flores con tricomas escasos en el pericarpelo y tubo receptacular; frutos no cubiertos por tricomas y espinas, escasos, la pulpa blanca. **11. Marshallocereus**
11. Flores con tricomas evidentes en el pericarpelo y tubo receptacular; frutos cubiertos por tricomas y espinas, la pulpa roja. **15. Pachycereus**
8. Tallos con la zona fértil no diferenciada de la infértil.
12. Flores 2-3.5 cm, una o más por aréola, inermes; frutos 0.5-2 cm, inermes; semillas 1.3-1.6 mm. **13. Myrtillocactus**
12. Flores mayores a 3 cm, solitarias, con brácteas y/o tricomas y/o espinas; frutos mayores a 3 cm, con brácteas y/o tricomas y/o espinas; semillas mayores a 1.7 mm.
13. Flores con brácteas foliáceas o subcarnosas, cubriendo el pericarpelo y tubo receptacular.
14. Tallos con 7-14 costillas, las aréolas con espinas diferenciadas en radiales y centrales. **8. Lemaireocereus**
14. Tallos con 3 o 4 costillas, las aréolas con espinas no diferenciadas en radiales y centrales. **20. Pterocereus**
13. Flores con brácteas carnosas o subcarnosas, no cubriendo el pericarpelo y tubo receptacular.
15. Árboles, o más o menos así, cuando arbustos entonces mayores a 4 m; tallos erectos a ascendentes. **23. Stenocereus**
15. Arbustos, o más o menos así, menores a 4 m; tallos ascendentes a escandentes o decumbentes.
16. Tallos con 3-7 costillas, o bien teretes; pericarpelo y tubo receptacular con tricomas y espinas cortas. **1. Acanthocereus**
16. Tallos con 9-11 costillas; pericarpelo y tubo receptacular con tricomas largos, sin espinas. **6. Harrisia**
7. Arbustos trepadores, epífitas o saxícolas.
17. Tallos con ramificación acrótona; flores con tubo receptacular no conspicuo. **21. Rhipsalis**
17. Tallos con ramificación difusa; flores con tubo receptacular conspicuo (reducido o largo).
18. Flores 1-4(-5) cm; tubo receptacular reducido.
19. Filocladios de 1-2(-3) cm de ancho; raíces adventicias ausentes generalmente. **7. Kimnachia**
19. Filocladios de 2-9 cm de ancho; raíces adventicias presentes o ausentes. **19. Pseudorhipsalis**
18. Flores mayores de 4 cm (rara vez desde 3 cm); tubo receptacular conspicuo, más corto o largo que los tépalos.
20. Tallos siempre en filocladios y sin espinas, la base terete sin espinas ni pelos, o rara vez presentes.
21. Flores menos de 7 cm.
22. Pericarpelo y tubo receptacular sin espinas. **4. Disocactus** p. p.
22. Pericarpelo y/o tubo receptacular con espinas. **24. Weberocereus** p. p.
21. Flores más de 7 cm.
23. Tépalos rosados, rosado-amarillos, púrpura o magenta. **4. Disocactus** p. p
23. Tépalos blancos o blanco-amarillentos.
24. Flores diurnas. **4. Disocactus** p. p.
24. Flores nocturnas. **5. Epiphyllum** p. p.
20. Tallos acostillados o filocladios (a veces presentes en el mismo tallo) y con espinas.
25. Tallos solo acostillados (3-12 costillas), nunca en filocladios.
26. Tallos con 5-12 costillas, nunca con menos costillas.
27. Flores con pelo-espinas, sin espinas; semillas 3-3.5 mm. **3. Deamia** p. p.
27. Flores con espinas rígidas o subrígidas; semillas 1.5-3 mm. **22. Selenicereus** p. p.
26. Tallos con frecuencia con 3 o 4 costillas, a veces con 5 costillas.
28. Pericarpelo y tubo receptacular con brácteas grandes, sin pelos o espinas; con frecuencia los márgenes de las costillas cornificados. **22. Selenicereus** p. p.
28. Pericarpelo y tubo receptacular con bractéolas, con pelos y/o espinas; margen de las costillas no cornificado.
29. Flores con tépalos rojos a escarlata. **4. Disocactus** p. p.
29. Flores con tépalos blancos o blanco-amarillentos.
30. Tallos con crecimiento determinado. **3. Deamia** p. p.
30. Tallos con crecimiento indeterminado. **22. Selenicereus** p. p.
25. Tallos en filocladios, o bien tallos dimorfos que cambian entre filocladios y acostillados.
31. Tallos solo en filocladios, con los márgenes lobados o profusamente lobados.
32. Flores 32-42 cm. **5. Epiphyllum** p. p.
32. Flores menores a 12 cm.
33. Flores 10.5-12 cm, el tubo receptacular del mismo tamaño que los tépalos. **22. Selenicereus** p. p.
33. Flores 6-7 cm, el tubo receptacular más largo que los tépalos. **24. Weberocereus** p. p.
31. Tallos en filocladios o acostillados con los márgenes enteros a crenados, nunca lobados.
34. Flores con tépalos rojos, rosados, púrpura o escarlata. **4. Disocactus** p. p.
34. Flores con tépalos blancos, a veces con tono amarillo, anaranjado o rosado.
35. Flores 5.5-7 cm. **24. Weberocereus** p. p.
35. Flores mayores de 7 cm.
36. Flores diurnas. **4. Disocactus** p. p.
36. Flores nocturnas. **5. Epiphyllum** p. p.

1. Acanthocereus (Engelm. ex A. Berger) Britton & Rose

Cereus Mill. subsect. *Acanthocereus* Engelm. ex A. Berger, *Peniocereus* (A. Berger) Britton & Rose subg. *Pseudoacanthocereus* Sánchez-Mej.

Por S. Arias & D.A. Aquino.

Arbustos; raíces frecuentemente engrosadas; tallos con ramificación desde la base o difusa, escandentes a decumbentes, determinados o indeterminados, cilíndricos, 3-7-acostillados o teretes, incluso en la misma especie (en tallos dimorfos los jóvenes más delgados, teretes y sin costillas o con mayor número de costillas que los adultos), con surco intercostal amplio o reducido; aréolas distantes entre sí, con espinas diferenciadas en radiales y centrales o no diferenciadas, rígidas, a veces ausentes; zona fértil no diferenciada de la infértil. Flores solitarias, laterales o subterminales, largamente infundibuliformes, nocturnas, diurnas en una sola especie (*Acanthocereus canoensis*); pericarpelo y tubo receptacular con podarios escasos, los superiores decurrentes; brácteas escasas, las superiores más grandes, las aréolas con tricomas cortos, las espinas cortas y setosas; tubo receptacular más largo que los tépalos; perianto con tépalos patentes, blancos, verdosos a rosados; nectarios ubicados en una zona angosta, no limitada por la base de los estambres. Frutos globosos a obovados, rojos, carnosos, con podarios, las aréolas con espinas cortas, rígidas, deciduas, dehiscencia irregular, la pulpa jugosa roja, los remanentes florales persistentes; semillas ampliamente ovoides, a veces orbiculares, la testa negra y brillante, sin microrrelieve. Aprox. 16 spp., en Estados Unidos, México, Mesoamérica, Colombia, Venezuela y Antillas; 7 spp. en Mesoamérica.

En la actual circunscripción, *Acanthocereus* es un género monofilético y miembro de la tribu Hylocereeae (Korotkova et al., 2017). La mayoría de las especies fueron descritas o incluidas previamente en *Peniocereus* (A. Berger) Britton & Rose (Franco-Estrada et al., 2021); sin embargo, estudios filogenéticos permiten circunscribirlas en *Acanthocereus* (Arias et al., 2005; Bravo-Hollis & Sánchez-Mejorada, 1984; Gómez-Hinostrosa, 2006). *Acanthocereus* se distingue de los otros miembros de Hylocereeae por su hábito terrestre y por tener grandes cristales prismáticos (más de15 µm) en las células epidérmicas (Martínez-Quezada et al., 2020). Habita en ambientes cálido-húmedos, estacionales.

Bibliografía: Arias, S. et al. *J. Pl. Res.* 118: 317-328 (2005). Bravo-Hollis, H. & Sánchez-Mejorada, H. *Cact. Suc. Mex.* 29: 11-24 (1984). Gómez-Hinostrosa, C. *Sist. Gén.* Acanthocereus *(Cactaceae)*. Tesis de Maestría, inédita, Univ. Nacional Autónoma de México, Cd. México: 1-155 (2006). Gómez-Hinostrosa, C. & Hernández, H.M. *Revista Mex. Biodivers.* 76: 129-135 (2005). House, P.R. et al. *Revista Mex. Biodivers.* 84: 1077-1081 (2013). Hummelinck, P.W. *Succulenta (Netherlands)* 20: 165-171 (1938). Korotkova, N. et al. *Phytotaxa* 327: 39 (2017). Vega, H.L. et al. *Acta Bot. Mex.* 130(e2233): 1-7 (2023).

1. Tallos adultos cilindroides, los juveniles acostillados. **3. A. fosterianus**
1. Tallos adultos y juveniles siempre acostillados.
 2. Tépalos internos rosados, los tépalos externos rosados con tono intenso.
  3. Tallos escasamente ramificados, distancia entre aréolas sobre la misma costilla 1-2 cm, espinas 10-13(-15). **1. A. canoensis**
  3. Tallos con ramificación difusa, distancia entre aréolas sobre la misma costilla 3-4(-6) cm, espinas 5-8(-9). **5. A. lempirensis**
 2. Tépalos internos blancos, blanco-amarillentos o blanco-rosados, los tepalos externos verdes, con tonos rojizos, rosados, o pardos.
  4. Tallos verde claro a oscuro; costillas en tallos adultos (5-)7-12(-14).
   5. Aréolas distantes entre sí (sobre la misma costilla) 0.5-1 cm, las espinas radiales aciculares. **4. A. hirschtianus**
   5. Aréolas distantes entre sí (sobre la misma costilla) 1.2-2 cm, las espinas radiales subuladas. **6. A. oaxacensis**
  4. Tallos verde glauco o verde claro a oscuro; costillas en tallos adultos (3-)4-7.
   6. Espinas radiales 0.5-2 cm, subuladas; flores 9-12.5 cm, infundibuliformes; tépalos internos blanco-rosados. **2. A. chiapensis**
   6. Espinas radiales (0.5-)1-4 cm, cónicas a subuladas; flores (14-)16-20 cm, tubular-infundibuliformes; tépalos blancos, a veces rosados en la base. **7. A. tetragonus**

1. Acanthocereus canoensis (P. House, Gómez-Hin. & H.M. Hern.) S. Arias & N. Korotkova, *Phytotaxa* 327: 18 (2017). *Peniocereus canoensis* P. House, Gómez-Hin. & H.M. Hern., *Revista Mex. Biodivers.* 84: 1077 (2013). Holotipo: Honduras, *House et al. 5110* (TEFH!). Ilustr.: House et al., *Revista Mex. Biodivers.* 84: 1078, t. 1 (2013), como *P. canoensis*.

Plantas arbustivas, hasta 1 m; raíz engrosada; tallos con ramificación escasa, arqueados o decumbentes, verde glauco, monomorfos, los tallos juveniles y adultos 2-3 cm de ancho, las costillas 6-7, los márgenes redondeados; aréolas c. 3 mm, distantes entre sí (sobre la misma costilla) 1-2 cm; espinas no diferenciadas en centrales y radiales, 10-13(-15), 0.5-1.5 cm, desiguales, aciculares, rígidas, en los tallos maduros grises, pero en tallos jóvenes rojas en la base y blancas a amarillentas en el ápice. Flores 9-10 cm, hipocraterimorfas, diurnas; pericarpelo 1.5-1.8 × c. 0.8 cm, las brácteas no conspicuas, las espinas hasta 0.8 cm, rojizas; tubo receptacular 5.5-6 cm, rojizo, las brácteas hasta 2 mm, las espinas hasta 1 mm, aciculares, rojizas; tépalos externos 0.6-1.5 cm × 4-6 mm, lineares a lanceolados, acuminados a agudos, los márgenes enteros, rosados en tonos intensos; tépalos internos 2.8-3 cm × 6-8 mm, oblanceolados, los márgenes enteros, rosados en tonos intensos; estambres c. 6 cm, exertos, los filamentos blancos a rosa pálido; cámara nectarial 2.5-2.8 cm; estilo c. 7 cm, rosado, el estigma con 10-12 lóbulos, blanco-crema. Frutos no vistos. Floración mar.-abr. *Bosques estacionales subtropicales*. H (*House 5466*, TEFH). 800-1000 m. (Endémica).

De acuerdo con House et al. (2013), *Acanthocereus canoensis* es similar a *A. hirschtianus*, ya que el último taxón tiene 8-12(-14) costillas, mientras que *A. canoensis* presenta 6-7 costillas. Las flores con tépalos rosados son un carácter que comparte con *A. lempirensis* (Vega et al., 2023), sin embargo, hay diferencias como la antesis diurna en *A. canoensis* vs. nocturna en *A. lempirensis*, la ramificación escasa en *A. canoensis* vs. difusa en *A. lempirensis*, la distancia entre aréolas es de 1-2 cm en *A. canoensis* y de 3-4(-6) en *A. lempirensis*, mientras que el número de espinas en *A. canoensis* oscila entre 10-13(-15) y en *A. lempirensis* es de 5-8(9).

2. Acanthocereus chiapensis Bravo, *Cact. Suc. Mex.* 17: 117 (1972). Holotipo: México, Chiapas, *Bravo 5584* (MEXU-[cb] MEXU00118868!). Ilustr.: Gómez-Hinostrosa & Hernández, *Revista Mex. Biodivers.* 76: 134, t. 3 (2005), como *Peniocereus chiapensis*.

Acanthocereus griseus Backeb., *Peniocereus chiapensis* (Bravo) Gómez-Hin. & H.M. Hern.

Plantas arbustivas, hasta 4 m; raíz engrosada, tallos con ramificación escasa a densa, erguidos, a veces arqueados, verde glaucos, monomorfos, tallos juveniles y adultos 4-8 cm de ancho, las costillas en tallos adultos (3-)4-7, 1.2-2.5 cm de alto, delgadas, subredondeadas, los márgenes enteros o ligeramente sinuados; aréolas 3-5 mm, distantes entre sí (sobre la misma costilla) 2-5 cm; espinas radiales (3-)6-8, 0.5-2 cm, extendidas, subuladas, grises; espinas centrales 1(-4), 1-3 cm, porrectas, subuladas, más gruesas que las radiales, grises. Flores 9-12.5 cm, infundibuliformes; pericarpelo 1.5-2 × 1.2-1.8 cm, las brácteas c. 2 mm, con tricomas gris claro, las espinas 0-4, 1-5 mm, setosas, pardo claro; tubo receptacular 5-7 cm, 1-1.3 cm de ancho en la base, 1.9-2.8 cm de ancho en la garganta, las brácteas 1-2 mm, más amplias hacia la garganta, los tricomas grises, las espinas 0-5, 1-6 mm, setosas, grises o pardo claro; tépalos externos 0.5-3 × 0.4-0.7 cm, oblanceolados, el ápice obtuso a ligeramente agudo, verde rojizos en la base, pardo-verdoso en el ápice; tépalos internos 3-3.6 × 0.5-0.9 cm, oblanceolados, el ápice agudo, blanco-rosados; estambres 1.7-3 cm, los filamentos blancos; estilo 6-8 cm, el estigma con 8-12 lóbulos, 7-8 mm. Frutos 4.5-5.5 × 2.5-4 cm, ovoides a elipsoides, rojo-purpúreos, las espinas 5-9, 0.5-2 cm, aciculares, setosas, blancas; semillas c. 3 × 2 mm. Floración mar.-jun.; fructificación ago.-dic. *Bosques tropicales caducifolios, bosques espinosos, áreas abiertas*. Ch (*Bravo 5630*, MEXU); G (*Véliz & Velásquez MV 19830*, BIGU); H (*Ferrufino et al. 737*, TEFH). 400-800 m. (Endémica).

3. Acanthocereus fosterianus (Cutak) Lodé, *Cact.-Avent. Int.* 98(Suppl.): 2 (2013). *Peniocereus fosterianus* Cutak, *Cact. Succ. J. (Los Angeles)* 18: 19 (1946). Holotipo: México, Guerrero, *Foster s.n.* (MO-[nr] 1292521!). Ilustr.: Cutak, *Cact. Succ. J. (Los Angeles)* 18: 22, t. 18 (1946), como *P. fosterianus*.

Plantas arbustivas, hasta 2 m; raíz engrosada; tallos con ramificación escasa, erguidos a escandentes, verde oscuro, el ápice con tono purpúreo, dimorfos, los tallos juveniles hasta 20 cm, las costillas 3-5(-8), variables en altura, delgadas, apenas discernibles, los tallos adultos hasta de 1.8 m × 0.4-1.2 cm, cilindroides, sin costillas o estas no conspicuas; aréolas pequeñas, distantes entre sí (sobre la misma costilla) (0.6-)1.5-2 cm; espinas radiales 4-9, las superiores 3-6, 0.6-1 mm, cónicas, bulbosas en la base, las inferiores 1-3, 2-3(-6) mm, aciculares, ligeramente bulbosas en la base, todas divergentes, adpresas, pardas a negruzcas; espina central c. 1, 0.6-2 mm, cónica, porrecta a reflexa, bulbosa en la base, parda a negruzca. Flores 8-10 cm, infundibuliformes, nocturnas; pericarpelo 1-1.5 × c. 1 cm, verde pardo, las brácteas acuminadas, las espinas 1-3, subuladas, setosas; tubo receptacular 5-5.5 cm, 6-8 mm de ancho en la base, c. 2.4 cm de ancho en la garganta, verde-pardo, a veces con tono rojizo, las brácteas deltadas, las espinas 1-3, 2-8 mm, setosas; tépalos externos 1-3 × 0.2-0.5 cm, deltados a linear-lanceolados, los márgenes enteros, verde-rojizos con tonos pardos; tépalos internos 2.7-3.1 × 0.5-1.1 cm, linear-lanceolados a espatulados, los márgenes enteros, blancos a blanco-amarillentos; estambres 1.4-3.5 cm, los filamentos blancos; estilo 6.5-8 cm, verde claro a blanquecino, el estigma con 7-8 lóbulos, 6-7 mm. Frutos 3-4 × 2.5-3 cm, obpiriformes, rojo-escarlata, las espinas 6-10, 4-8 mm, setosas, pardas a amarillentas; semillas c. 4 × 2 mm. Floración abr.-may. *Bosques tropicales caducifolios*. Ch (*Greenwood s.n.*, MEXU, líquido). 300-900 m. (México [Guerrero, Oaxaca], Mesoamérica).

4. Acanthocereus hirschtianus (K. Schum.) Lodé, *Cact.-Avent. Int.* 98(Suppl.): 2 (2013). *Cereus hirschtianus* K. Schum., *Gesamtbeschr. Kakt.* 130 (1899 [1897]). Lectotipo (designado por Hunt en Hunt & Taylor, 1991): Nicaragua, *Wright s.n.* (GOET!). Ilustr.: Cerén López et al., *Divers. Cactus El Salvador* 108, t. 20 (2015), como *Peniocereus hirschtianus*. N.v.: Cola de gato, tuna de zorro, G.

Cereus guatemalensis (Britton & Rose) Vaupel, *C. neumannii* K. Schum., *Nyctocereus guatemalensis* Britton & Rose, *N. hirschtianus* (K. Schum.) Britton & Rose, *N. neumannii* (K. Schum.) Britton & Rose, *Peniocereus guatemalensis* (Britton & Rose) D.R. Hunt, *P. hirschtianus* (K. Schum.) D.R. Hunt.

Plantas arbustivas, hasta 1.5 m; raíz engrosada; tallos con ramificación escasa a densa, arqueados, decumbentes o rastreros, verde oscuro, monomorfos, los tallos juveniles y adultos (1-)2-4.5(-6) cm de ancho, las costillas 8-12(-14), 3-5 mm de alto, ligeramente agudas; aréolas 1-2 mm, distantes entre sí (sobre la misma costilla) 0.5-1 cm; espinas radiales 7-10, (0.4-)1-7 cm, aciculares; espinas centrales (1-)3-6, 2-4 cm, aciculares, a veces una más gruesa y porrecta, pardo-amarillentas cuando jóvenes, grisáceas al madurar. Flores 4-7(-10) cm, infundibuliformes, nocturnas; pericarpelo 0.8-1 × c. 0.8 cm, verde pardo, las brácteas c. 0.5 mm, las espinas 3-8 mm, pardo-rosadas, aciculares, semirrígidas; tubo receptacular 2.5-3.2 cm, 5-7 mm de ancho en la base, 1.6-2 cm de ancho en la garganta, las brácteas 1-4 mm, angostamente deltadas, las espinas 6-10 mm; tépalos externos 0.7-2.2 × c. 0.7 cm, lanceolados, el ápice acuminado, extendidos, rosados con tono blanco y moreno; tépalos internos 2.1-2.3 × 0.5-0.7 cm, lanceolados, el ápice agudo, blancos; estambres 0.8-1.5 cm; estilo 4.5-5 cm, el estigma con 6-8 lóbulos, 7-9 mm. Frutos 3-4.3 × 2-3.8 cm, subglobosos a elipsoides, rojo brillante, las espinas 1-7, 0.5-1.3 cm, amarillentas, la pulpa rojo-purpúrea; semillas 4-5 × 2.8-3 mm. Floración mar.-ago.; fructificación may.-oct. *Bosques tropicales caducifolios y transición a los subtropicales, bosques espinosos, sabanas, áreas abiertas*. G (*Véliz & Velásquez MV 20212*, BIGU); H (*Ferrufino 728*, TEFH); ES (*Cerén 3099*, MHES); N (*Vincelli 437A*, MO); CR (*Liesner 4598*, CR). 0-1000 m. (Endémica).

El número y tamaño de las espinas es variable, principalmente las espinas centrales que oscilan de 1-6 y de 2-4 cm.

5. Acanthocereus lempirensis H. Vega, Gómez-Hin. & H.M. Hern., *Acta Bot. Mex.* 130(e2233): 2 (2023). Holotipo: Honduras, *Vega 2561* (TEFH!). Ilustr.: Vega et al., *Acta Bot. Mex.* 130(e2233): 3, t. 1 (2023). N.v.: Tuna, H.

Plantas arbustivas, hasta 1.7 (-4.8) m; raíz engrosada; tallos con ramificación difusa, erectos, verde glauco, monomorfos, los tallos juveniles c. 2.6 cm de ancho, las costillas 6-10, los tallos adultos 1-5(-6) cm de ancho, las costillas 3-5, los márgenes redondeados; aréolas 4-8 mm, distantes entre sí (sobre la misma costilla) 2.5-4(-6) cm; espinas no diferenciadas en centrales y radiales, 5-7(-9), 1-3.2 cm, aciculares con la base bulbosa, rígidas, grisáceas a oscuras, cuando jóvenes con el ápice rojizo. Flores 8-10(-11) cm, hipocraterimorfas, nocturnas; pericarpelo 1-1.7 × 0.8-1 cm, las brácteas no conspicuas, las espinas 2-6 mm, rojizas a blanquecinas; tubo receptacular 4-4.3 cm, verde con ligero tono rojizo, las brácteas hasta 2 mm, las espinas 0.5-1.5 cm, aciculares, beige a rojo oscuro; tépalos externos 1.5-3.8 cm × 0.4-0.8 cm, lineares a oblanceolados, redondeados a diminutamente retusos, los márgenes enteros, rosados en tonos intensos; tépalos internos 2.4-3.7 × 1-1.2 cm, oblanceolados, redondeados a retusos, los márgenes enteros, rosado claro en los márgenes, tornándose más intensos hacia la parte media; estambres 1.8-2 cm, insertos, los filamentos blancos; cámara nectarial 2-2.5 cm; estilo 6.8-7.5 cm, blanco, el estigma con 9-10(11) lóbulos, blanco-crema. Frutos 6-7.5 × 4-5.5 cm, ovoides a obovoides, rojos, las espinas hasta 12(-15) por aréola, 0.5-1.5(-2) cm, aciculares, relativamente flexibles, castaño, rojo púrpura; semillas c. 3.3-3.8 mm. Floración mar.-jun. *Bosques tropicales deciduos y semideciduos con* Pinus *y* Quercus. H (*Vega et al. 2562*, EAP); ES (*Cerén 5699*, MHES). 1100-1560 m. (Endémica).

Acanthocereus lempirensis comparte con *A. chiapensis* la mayor parte de sus caracteres, como los tallos con tonos glaucos, la ramificación difusa y las flores de apertura nocturna (Vega et al., 2023). Difieren por el ancho del tallo, hasta 8 cm en *A. chiapensis* y hasta 3 cm en *A. lempirensis*, así como por el color de los tépalos internos, predominantemente blancos con ligero tono rosado en *A. chiapensis* a completamente rosados en *A. lempirensis*. Es notable la similitud del color de los tépalos de *A. lempirensis* y *A. canoensis*; sin embargo, el periodo de antesis es distinto (House et al., 2013; Vega et al., 2023). Se requieren estudios filogenéticos utilizando secuencias de cpDNA o genómicas que permitan confirmar relaciones de hermandad entre las 3 especies antes señaladas; además, mediante la reconstrucción de estados ancestrales explicar el significado evolutivo del color de los tépalos entre estos taxones y los demás miembros de *Acanthocereus*. El ejemplar aquí citado para El Salvador (*Cerén 5699*, MHES) con restos florales, es identificado como *A. lempirensis* considerando la alta congruencia en los rasgos vegetativos.

6. Acanthocereus oaxacensis (Britton & Rose) Lodé, *Cact.-Avent. Int.* 97: 2 (2013 [2012]). *Nyctocereus oaxacensis* Britton & Rose, *Cact.* 2: 120 (1920). Lectotipo (designado por Hunt en Hunt & Taylor, 1991): México, Oaxaca, *Nelson 2643* (US-[cb] US00115770!). Ilustr.: Hunt et al., *New Cact. Lex.* 2: 24, t. 24.4-24.5 (2006), como *Peniocereus oaxacensis*.

Peniocereus oaxacensis (Britton & Rose) D.R. Hunt.

Plantas arbustivas, hasta 1.2 m; raíz engrosada, tallos con ramificación escasa, erguidos, arqueados o postrados, verde claro, monomorfos, los tallos juveniles y adultos 3-4.5 cm de ancho, las costillas (5-)7-9 (-11), 0.6-1.3 cm de alto, delgadas, subredondeadas, los márgenes enteros o ligeramente sinuados; aréolas 2-4 mm, distantes entre sí (sobre la misma costilla) 1.2-2 cm; espinas radiales 6-12, 0.5-1 cm, extendidas, subuladas, grises; espinas centrales 1-4(-5), 1-1.5 cm, porrectas, subuladas, ligeramente más gruesas que las radiales, grises, todas las espinas amarillentas en plantas juveniles o tallos nuevos. Flores (6-)

7-9 cm, infundibuliformes; pericarpelo 1.8-2 × 1-1.3 cm, verde oscuro, las brácteas c. 1 mm, los tricomas gris claro, las espinas 0-3, 1-5 mm, setosas, rojizo claro a pardas; tubo receptacular 3.6-4.5 cm, c. 1 cm de ancho en la base, c. 1.8 cm de ancho en la garganta, brácteas 1-2 mm, más amplias hacia la garganta, los tricomas grises, las espinas 0-4, 1-2 mm, setosas, rojizo claro a pardas; tépalos externos 1.8-2 × c. 0.4 cm, oblanceolados, el ápice ligeramente agudo, verde-rojizos en la base, pardo-verdoso en el ápice; tépalos internos 2-2.4 × c. 0.5 cm, oblanceolados, el ápice agudo, blancos, blanco-rosados después de la antesis; estambres 2.5-3.5 cm, los filamentos blancos; estilo 6-7.5 cm, el estigma con c. 8 lóbulos, c. 5 mm. Frutos 4.5-6 × 3.5-4 cm, ovoides a elipsoides, rojo-purpúreos, las espinas hasta 5 por aréola, 0.5-1 cm, aciculares, setosas, blancas, la pulpa roja; semillas c. 3 mm. Floración mar.-may. *Matorrales espinosos, bosques tropicales subcaducifolios*. Ch (*Arias & Guzmán 1182*, MEXU). 0-400 m. (México [Oaxaca], Mesoamérica).

7. Acanthocereus tetragonus (L.) Hummelinck, *Succulenta (Netherlands)* 20: 165 (1938). *Cactus tetragonus* L., *Sp. Pl.* 466 (1753). Tipo: no designado. Ilustr.: Britton & Rose, *Cact.* 2: t. 16, f. 1-3 (1920), como *A. pentagonus* y *A. subinermis*. N.v.: Pitahaya, G, ES; tuna cuadrada, H, CR; chaco, Ch; nuum tsuutsuy, tuna silvestre, Y; saite.

Acanthocereus baxaniensis (Karw. ex Pfeiff.) Borg, *A. horridus* Britton & Rose, *A. occidentalis* Britton & Rose, *A. pentagonus* (L.) Britton & Rose, *A. subinermis* Britton & Rose, *Cactus pentagonus* L., *Cereus baxaniensis* Karw. ex Pfeiff., *C. horribilis* A. Berger, *C. pentagonus* (L.) Haw., *C. tetragonus* (L.) Mill.

Plantas arbustivas, hasta 3(-7) m; raíz de condición variable pero frecuentemente engrosada; tallos con ramificación basal o media, densa, erguidos a decumbentes, verde claro a oscuro, monomorfos; tallos juveniles hasta 3 cm de ancho, las costillas 6-8, las espinas flexibles, delgadas; tallos adultos hasta de 10 cm de ancho, las costillas 3-4(-5), 1.5-2.5 cm de alto, agudas, los márgenes enteros a crenados; aréolas (tallos adultos) 1.5-6 mm, distantes entre sí (sobre la misma costilla) 3-6 cm; espinas radiales 5-9, (0.5-)1-4 cm, cónicas a subuladas, rectas, grises; espinas centrales 1(-4), (1-)3-8 cm, variables en tamaño, aciculares, rectas, grises. Flores (14-)16-20 cm, tubular-infundibuliformes, nocturnas; pericarpelo 1.8-2.5 × 0.8-1.1 cm, verde, las brácteas 1-2 mm, deltadas, verdes, las espinas 0-2, 1-5 mm, flexibles; tubo receptacular 11.5-17 cm, 1-1.5 cm de ancho en la base, 2.5-4.5 cm de ancho en la garganta, anchamente infundibuliforme, las brácteas 2-4 mm, deltadas, las espinas 0-3, 3-10 mm, flexibles, pardo claro; tépalos externos 1.5-3.5 × c. 0.5 cm, oblanceolados, márgenes enteros, el ápice acuminado, verde claro; tépalos internos 3-5(-6) × 0.5-0.9 cm, oblanceolados, el ápice acuminado, blancos, a veces rosados en la base; estambres 1.5-4 cm, blancos; estilo 15-18 cm, el estigma con 12-14 lóbulos, 1-1.4 cm. Frutos 4-7(-10) × 3-5 cm, globosos a oblongos, las espinas 1-5, 5-10 mm, aciculares, blanco-grisáceas; semillas 3-4 mm. Floración abr.-sep.; fructificación jul.-oct. *Bosques tropicales caducifolios, manglares, dunas costeras, áreas abiertas, huertos familiares*. T (*Campos & Campos 65*, UJAT); Ch (*Matuda 17665*, MEXU); Y (*Guzmán 988*, MEXU); C (*Arias et al. 1309*, MEXU); QR (*Gómez-Hinostrosa & González 2126*, MEXU); B (Dwyer & Spellman, 1981: 175, como *Acanthocereus* aff. *pentagonus*); G (*Deam 6260*, MO); H (*Yuncker et al. 8256*, MO); ES (*Pennell et al. 252*, MO); N (*Stevens 3754*, MEXU); CR (*Solomon 2459*, MO); P (*Dwyer 4176*, MO). 0-1200 m. (Estados Unidos, México [Colima, Guerrero, Jalisco, Michoacán, Nayarit, Nuevo León, Oaxaca, Puebla, Querétaro, San Luis Potosí, Sinaloa, Tamaulipas, Veracruz], Mesoamérica, Colombia, Venezuela, Cuba, Antillas Menores, Trinidad y Tobago).

Acanthocereus tetragonus es notablemente variable (porte, número de costillas, número y tamaño de espinas, tamaño de flor y fruto). Cuatro nombres se señalan aquí en sinonimia (*Acanthocereus baxaniensis*, *A. horridus*, *A. occidentalis* y *A. subinermis*), con base en estudios previos (Gómez-Hinostrosa, 2006; Korotkova et al., 2017). Es necesario un estudio profundo sobre el género y particularmente sobre esta especie.

2. Cephalocereus Pfeiff.

Carnegiea Britton & Rose subg. *Rooksbya* Backeb., *Cephalocereus* Pfeiff. subg. *Neodawsonia* (Backeb.) Bravo, *Cereus* Mill. subg. *Cephalocereus* (Pfeiff.) A. Berger, *Haseltonia* Backeb., *Neobuxbaumia* Backeb., *Neodawsonia* Backeb., *Pilocereus* Lem., *Pseudomitrocereus* Bravo & Buxb. non *Cephalocereus* Pfeiff. subg. *Mitrocereus* Backeb. nec *Mitrocereus* (Backeb.) Backeb., *Rooksbya* (Backeb.) Backeb.

Por S. Arias & D.A. Aquino.

Árboles o arbustos; tallos sin ramificación (columnares) o con ramificación basal, difusa o de la parte media, erguidos o arqueados, indeterminados (ocasionalmente determinados), cilíndricos, 6-30-acostillados, con surco intercostal reducido, el córtex no adquiere tono oscuro al contacto con el aire, sin mucílago abundante; aréolas próximas entre sí, con espinas diferenciadas en radiales y centrales, rígidas, flexibles o setosas; zona fértil indiferenciada de la infértil o diferenciada en un cefalio o pseudocefalio, entonces lateral, anular o apical, con cúmulos de pelos y espinas setosas largas. Flores solitarias, subapicales, laterales o de la zona fértil cuando existe, infundibuliformes o tubular-infundibuliformes, nocturnas; pericarpelo y tubo receptacular con podarios, los superiores decurrentes o no evidentes, las brácteas carnosas, papiráceas o no evidentes, las aréolas sin tricomas, las espinas setosas presentes o ausentes, tubo receptacular más largo que los tépalos; perianto con tépalos blancos, rosados o rojos; nectarios en una cámara amplia, limitada por la base recurvada de la banda proximal de estambres. Frutos ovoides a globosos, verdes a pardos al madurar, semicarnosos, secos al madurar, las bractéolas pequeñas y deciduas, las aréolas con espinas y tricomas ausentes o presentes pero escasos, dehiscencia lateral, la pulpa blanca, los remanentes florales persistentes formando un casquete; semillas ampliamente ovoides, la testa parda o negra-parda y brillante, sin microrrelieve, intersticios ausentes o presentes. 16 spp. en México y Mesoamérica; 1 sp. en Mesoamérica.

El género *Cephalocereus* es monofilético y está integrado por *Neobuxbaumia* y *Pseudomitrocereus* (Bárcenas-Argüello, 2006; Tapia et al., 2017). Se caracteriza por presentar una depresión intercostal en forma de surco entre las aréolas del tallo, por los cristales prismáticos en la hipodermis y por los frutos con pulpa blanca. Es endémico de México, donde se distribuye en regiones cálido-secas y semiáridas desde el sur de Tamaulipas a Chiapas.

Bibliografía: Bárcenas-Argüello, M.L. *Filogenia Gén.* Cephalocereus. Tesis de Maestría, inédita, Colegio de Postgraduados, Montecillo, Edo. México: 1-114 (2006). Bravo-Hollis, H. & Sánchez-Mejorada, H. *Cact. Suc. Mex.* 28: 94-95 (1983b). Tapia, H.J. et al. *Syst. Bot.* 42: 709-723 (2017).

1. Cephalocereus apicicephalium E.Y. Dawson, *Allan Hancock Found. Publ. Occas. Pap.* 1: 10 (1948). Holotipo: México, Oaxaca, *Dawson 2993* (RSA!, líquido). Ilustr.: Dawson, *Allan Hancock Found. Publ. Occas. Pap.* 1: t. 3, f. 8 (1948). N.v.: Pitahaya de la piedra, Ch.

Neodawsonia apicicephalium (E.Y. Dawson) Backeb., *N. guengolensis* Bravo, *N. nana* Bravo.

Plantas columnares, 1.5-3(-5) m; ramificación ausente, ocasionalmente con ramificación basal (por daños en el ápice), los tallos verde glauco, opacos; costillas 22-25(-29), 6-9 mm de alto, los márgenes enteros o ligeramente sinuados; aréolas 5-6 mm, elípticas, distantes entre sí (sobre la misma costilla) 4-8 mm; espinas radiales 9-12, las inferiores 2-3 cm, las superiores 1.5-2 cm, delgadas, setosas, irregularmente curvas o ligeramente torcidas, grises; espinas centrales (1)2-6, 1 prominentes, c. 4 cm, las otras c. 2 cm, casi rectas, más rígidas que las radiales, deflexas, grises; cefalio apical, en una extensión hasta 7.5 cm, con pelos amarillos a pardo claro, las espinas setosas, amarillo claro o blanquecinas, ocultas por los pelos, al crecer la nueva región vegetativa, el cefalio se desplaza hacia abajo en forma de anillo, persistiendo por algunos años. Flores (3-)4-6 cm, angostamente campanuladas; pericarpelo 1-1.2 × c. 1 cm, rosado con tono amarillento, las bractéolas 2-5 × 2-3 mm, deltadas, blanquecinas, los pelos largos y setosos, emergiendo del pedúnculo floral; tubo receptacular 2-2.5 cm, rosado a verde claro, las bractéolas 4-6 × 2-3 mm, más largas que las del pericarpelo, el ápice abruptamente acuminado, verdes a blancas; tépalos externos 0.8-1 × c. 0.5 cm, espatulados, los márgenes ligeramente serrulados, el ápice acuminado, blancos con una franja media rosada en la cara externa; tépalos internos c. 1.2 × 0.5-0.7 cm, obovados, los márgenes ligeramente serrulados, el ápice acuminado, blancos; estambres 0.4-1.5 cm; estilo 3-3.4 cm. Frutos 2.3-2.6 × 1.6-2 cm, obovoides, las bractéolas 1-2 mm, las espinas 0-4, c. 2 mm, setosas, amarillo translúcido, limitadas a las región terminal del fruto; semillas 2.5-3 mm. Floración mar.-jun.; fructificación abr.-jul. *Bosques tropicales caducifolios.* Ch (*Greenwood & Bravo 3230*, MEXU). 200-600 m. (México [Oaxaca], Mesoamérica).

Tapia et al. (2017) corroboraron la hermandad entre *Cephalocereus apicicephalium* y *C. nizandensis* (Bravo & T. MacDoug.) Buxb., con la cual se confunde por compartir el porte y varios caracteres vegetativos. Sin embargo, *C. apicicephalium* se caracteriza por la combinación de los siguientes caracteres: distancia entre aréolas (sobre la misma costilla) menor de 8 mm, aréolas de 5-6 mm y hasta 12 espinas radiales en la zona infértil del tallo.

3. Deamia Britton & Rose

Selenicereus (A. Berger) Britton & Rose subg. *Deamia* (Britton & Rose) Buxb., *S.* sect. *Deamia* (Britton & Rose) D.R. Hunt.

Por S. Arias & D.A. Aquino.

Arbustos, trepadoras, saxícolas hasta epífitas; raíces adventicias presentes; tallos con ramificación difusa, ascendentes, péndulos o postrados, determinados, cilíndricos, 3-8-acostillados, con surco intercostal amplio o reducido, los márgenes no cornificados; aréolas próximas entre sí, con espinas no diferenciadas en radiales y centrales, rígidas, los tallos juveniles con espinas setosas; zona fértil no diferenciada de la infértil. Flores solitarias, subapicales o laterales, infundibuliformes o tubulares, nocturnas; pericarpelo y tubo receptacular con podarios evidentes, las bractéolas no cubren al pericarpelo y tubo receptacular, las aréolas inermes o con espinas setosas, el tubo receptacular conspicuo, de igual tamaño que los tépalos; perianto con tépalos rotados, pardos a blancos; nectarios ubicados en una zona angosta, no limitada por la base de la primera serie de estambres. Frutos subglobosos, globosos, rojos o amarillos, carnosos, con podarios conspicuos o no evidentes, las aréolas con espinas cortas y flexibles, dehiscencia irregular, la pulpa jugosa, blanca, los remanentes del perianto persistentes; semillas ovoides a ampliamente ovoides, la testa negra a pardo oscuro, lustrosa, sin microrrelieve. 4 spp. en México y Mesoamérica; 3 spp. en Mesoamérica.

Britton & Rose (1920) describieron el género *Deamia* para dar acomodo a un taxón de apariencia particular (*D. testudo*). Fue incluido en *Selenicereus* y *Strophocactus* Britton & Rose por compartir la forma de crecimiento y la flor (Bauer, 2003a); sin embargo los estudios filogenéticos recientes muestran que se trata de un grupo monofilético, integrado por tres especies nativas del sur de México y Mesoamérica (dos de ellas ocurren en Mesoamérica), que no está relacionado con *Strophocactus* ni con *Selenicereus*, pero sí representa el grupo hermano de la subtribu Pachycereinae, que integra a un amplio grupo de especies arborescentes, también nativas de México y Mesoamérica (Cerén López et al., 2018; Korotkova et al., 2017). *Deamia* se caracteriza por incluir arbustos trepadores, con crecimiento determinado, tallos con depósitos de cera sobre la epidermis, pelos y cerdas en la flor y fruto con pulpa blanca.

Bibliografía: Bauer, R. *Cactaceae Syst. Init.* 17: 54-55 (2003a). Cerén López, J.G. et al. *Phytotaxa* 369: 251-259 (2018). Korotkova, N. et al. *Phytotaxa* 327: 33, 40 (2017).

1. Tallos se adhieren con frecuencia a troncos o rocas, 3-10 cm de ancho, 3-5(6) costillas; flores con cerdas. **3. D. testudo**
1. Tallos no se adhieren a troncos, 0.6-2 cm de ancho, (6-)7-8 costillas.
    2. Flores 8-10 cm; frutos c. 2 × 2.5 cm, ovoides, verde-amarillento, las espinas y pelos hasta 0.7 cm, no cubriendo al fruto. **1. D. funis**
    2. Flores (23-)27-30 cm; frutos hasta 6 × 4.5 cm, globosos a ovoides, rojo pálido, las cerdas y pelos hasta 3 cm, cubriendo al fruto completamente. **2. D. montalvoae**

1. Deamia funis Hammel & S. Arias, *Phytotaxa* 576: 221 (2022). Holotipo: Nicaragua, *Stevens & Montiel 39242* (MO!). Ilustr.: Hammel & Arias, *Phytotaxa* 576: 223, t. 2 (2022).

Plantas trepadoras a epífitas, hasta 10 m; tallos 0.6-1.1 cm de ancho, verde claro; costillas (6-)8, 2-3 mm, delgadas y agudas en sección transversal; aréolas distantes entre sí (sobre la misma costilla) 1-1.5 cm; espinas 4-18, hasta 1.4 cm, aciculares, rígidas, anaranjadas a grises al madurar. Flores 8-10 cm; pericarpelo c. 1 × 1 cm, verde-pardo, las bractéolas c. 0.5 mm, deltadas, sin o con escasas espinas, con pelos c. 0.6 cm, castañas; tubo receptacular 5-7 cm, c. 0.7 cm de ancho en la base, c. 3 cm de ancho en la garganta, las bractéolas hasta 2 mm, deltadas, las cerdas y pelos hasta 1.5 cm, blancas a amarillas; tépalos externos 1.5-2 cm, más o menos oblongos, obtusos a agudos, verde-amarillo pálido a blancos, a veces apicalmente marrón pálido; tépalos internos c. 2 cm, oblongos, el ápice agudo, blancos; estambres 1.5-3 cm, los filamentos blancos; estilo 6-8 cm, blanco-amarillento, el estigma con c. 8 lóbulos, blancos o amarillentos. Frutos c. 2 × 2.5 cm, ovoides, verde-amarillento, las espinas y pelos hasta 0.7 cm, no cubriendo al fruto. Floración ene.-abr. *Bosques tropicales estacionales de neblina.* N (*Stevens & Montiel 27909*, MO). 300-423 m. (Endémica).

2. Deamia montalvoae Cerén, J. Menjívar & S. Arias, *Phytotaxa* 369: 253 (2018). Holotipo: El Salvador, *Menjívar et al. 3219* (MHES!). Ilustr.: Cerén López et al., *Phytotaxa* 369: 256, t. 3 (2018).

Plantas trepadoras, hasta 1.5 m; tallos 1-2 cm de ancho, verde lustroso, los tallos jóvenes verde-rojizos; costillas 7-8, 1-5 cm, delgadas y agudas en sección transversal; aréolas distantes entre sí (sobre la misma costilla) 0.5-2 cm; espinas 7-13, 0.4-2.6 cm, aciculares, rígidas, amarillentas con ápice rojizo cuando jóvenes, grises al madurar. Flores (23-)27-30 cm; pericarpelo 2-2.2 ×1.5-1.8 cm, verde, las bractéolas 1-1.5 × c. 0.5 mm, deltadas, las cerdas y pelos 0.5-3 cm, castañas; tubo receptacular 9-15 cm, c. 0.8 cm de ancho en la base, 1-1.2 cm de ancho en la garganta, las bractéolas 2.5-13 × 1-2 mm, deltadas a lineares, las cerdas y pelos hasta 3.2 cm, pardas a blancas; tépalos externos 5-10.5 × 0.4-1 cm, linear-lanceolados, amarillos pardos, el ápice acuminado; tépalos internos 8.9-10 × 0.6–1.1 cm, linear-oblongos, el ápice acuminado, blancos; cámara nectarial 4-5.5 cm; estambres 5.5-8.5 cm, los filamentos blancos; estilo 21.7-21.9 cm, blanco-amarillento, el estigma con c. 15 lóbulos, amarillentos. Frutos 5-6 × 4-4.5 cm, globosos a ovoides, rojo pálido, las cerdas y pelos hasta 3 cm, pardo claro, cubriendo al fruto, la pulpa blanca; semillas 3.1-3.5 mm, ovadas. Floración mar.-abr.; fructificación abr.-ago. *Bosques tropicales subcaducifolios y transición con bosques de neblina.* Ch (*Arias et al. 1640*, MEXU); G (*Véliz & Velásquez MV 20144*, BIGU); ES (*Cerén et al. 3199*, MHES). 600-1200 m. (Endémica).

Deamia montalvoae comparte la mayoría de los caracteres del tallo con *D. chontalensis* (Alexander) Doweld y *D. testudo*. Difiere de *D. chontalensis* en el mayor número de costillas (7-8 vs. 5-7 en *D. chontalensis*), espinas en el tallo (7-13 vs. 1-7), flor más larga (23-30 cm vs. 6-9 cm), el estilo es más largo o alcanza la misma altura de las anteras (estilo más corto en *D. chontalensis*), fruto más grande (5-6 ×

4-4.5 cm vs. 2-3 × 2-2.5 cm) y cubierto por cerdas y pelos. *Deamia montalvoae* se distingue de *D. testudo* por los tallos de menor diámetro (1-2 cm vs. 3-10 cm), incluso la variación del diámetro a lo largo de los tallos es menor y no se adhieren al hospedero (Cerén López et al., 2018).

3. Deamia testudo (Karw. ex Zucc.) Britton & Rose, *Cact.* 2: 213 (1920). *Cereus testudo* Karw. ex Zucc., *Abh. Math.-Phys. Cl. Königl. Bayer. Akad. Wiss.* 2: 682 (1837). Neotipo (designado por Bauer, 2003a): México, Veracruz, *King s.n.* (HNT!). Ilustr.: Standley & Williams, *Fieldiana, Bot.* 24(7/2): 194, t. 30 (1962). N.v.: Pitaya de tortuga, Y, G; devil guts, B.

Cereus miravallensis F.A.C. Weber, *C. pentapterus* Otto ex Salm-Dyck, *C. pterogonus* Lem., *Deamia diabolica* Clover, *Selenicereus miravallensis* (F.A.C. Weber) Britton & Rose, *S. testudo* (Karw. ex Zucc.) Buxb., *Strophocactus testudo* (Karw. ex Zucc.) Ralf Bauer.

Plantas trepadoras o epífitas, hasta 5 m; tallos 3-10 cm de ancho, variable a lo largo de los tallos, se adhieren fuertemente a los árboles por medio de las costillas y raíces adventicias, verdes opacos; costillas 3-5(-6), 1-5 cm, delgadas y agudas en sección transversal, irregularmente recurvadas; aréolas distantes entre sí (sobre la misma costilla) 1-2 cm; espinas 6-12, 1-2(-4) cm, aciculares, rígidas, castaño-oscuras a negras. Flores 25-28 cm; pericarpelo 2-2.5 × 1.8-2 cm, verde, las bractéolas 1-2 × c. 1 mm, deltadas, las espinas 4-15, 0.2-1.5 cm, algunas rígidas y cortas, otras setosas y largas, castañas; tubo receptacular 10-12 cm, 6-8 mm de ancho en la base, 2.5-3.4 cm de ancho en la garganta, las bractéolas 0.2-2 × 0.1-0.2 cm, deltadas a lineares, las espinas hasta 2.5 cm, algunas rígidas y otras setosas, pardo claro; tépalos externos 5-12 × 0.5-0.6 cm, linear-lanceolados, el ápice acuminado, verdosos; tépalos internos 8-10 × 1-1.6 cm, linear-oblongos, el ápice acuminado, blancos a ligeramente amarillentos; cámara nectarial 1.5-2 cm; estambres 6.5-10 cm, los filamentos amarillentos, las anteras c. 3 mm; estilo 21-25 cm, blanco-amarillento, el estigma con lóbulos lineares, amarillentos. Frutos 5-9 × 3-3.5 cm, globosos, rojos pálidos, las espinas 0.4-1.6 cm, aciculares, algunas rígidas y otras flexibles, pardo claro, no cubren al fruto, la pulpa blanca; semillas 2.6-2.8 × 1.5-1.6 mm, largamente ovoides. Floración abr.-jun.; fructificación abr.-oct. *Bosques tropicales perennifolios, bosques tropicales subcaducifolios, bosques de* Pinus, *sabanas, tintales*. T (*Cowan 3292*, MEXU); Ch (*Martínez S. 15061*, MEXU); C (*Álvarez 5196*, MEXU); QR (*Téllez & Cabrera 3574*, MEXU); B (*Croat 23519*, MO); G (*Véliz et al. MV 19975*, BIGU); H (*Yuncker et al. 8607*, MO); N (*Moreno 21075*, MO); CR (*Solomon 603*, CR). 0-600(-1000) m. (México [Oaxaca, Veracruz], Mesoamérica).

En El Salvador no hay registros actuales como especie silvestre, pero sí es cultivada (*Flores JF-00292*, MO).

4. Disocactus Lindl.

Bonifazia Standl. & Steyerm., *Cereus* Mill. subsect. *Heliocereus* A. Berger, *Chiapasia* Britton & Rose, *Disisorhipsalis* Doweld, *Disocactus* Lindl. subg. *Nopalxochia* (Britton & Rose) Barthlott, *Heliocereus* (A. Berger) Britton & Rose, *Lobeira* Alexander, *Nopalxochia* Britton & Rose, *Pseudonopalxochia* Backeb.

Por M.Á. Cruz & S. Arias.

Arbustos, epífitas o trepadoras; raíces adventicias presentes; tallos con ramificación difusa, ascendentes o péndulos, determinados o indeterminados, los tallos cilíndricos, 3-6-acostillados, o aplanados (filocladios) y entonces el tallo principal y los laterales con la región basal terete y la superior en filocladios, los márgenes no cornificados; tallos dimorfos, los jóvenes más delgados, a veces con pelo-espinas; zona fértil no diferenciada de la infértil; aréolas distantes entre sí, inermes o con espinas no diferenciadas en radiales y centrales, aciculares, los pelo-espinas ausentes o presentes. Flores solitarias (con pocas excepciones), infundibuliformes o tubulares, subapicales o laterales, diurnas; pericarpelo y tubo receptacular sin podarios o con podarios bajos y escasos, las brácteas escasas, no cubren al pericarpelo y tubo receptacular, las aréolas inermes o con espinas y/o pelo-espinas; tubo receptacular conspicuo, más corto o de igual tamaño que los tépalos; perianto con tépalos erectos o rotados, anaranjados, rojos, rosados o púrpura, amarillo claro, a veces blancos; nectarios ubicados en una zona angosta, no limitada por la base de la banda proximal de estambres. Frutos subglobosos, globosos o elipsoides, rojos o anaranjados, carnosos, los podarios conspicuos y alineados en costillas o ausentes, las aréolas inermes o con espinas y/o pelo-espinas, los remanentes del perianto persistentes o no, con dehiscencia irregular o indehiscentes, la pulpa jugosa, blanca; semillas ovoides a ampliamente ovoides, la testa negra a pardo oscuro, lustrosa, sin microrrelieve. Aprox. 17 spp. en México y Mesoamérica (principalmente); 12 spp. y 7 subspp. en Mesoamérica.

Disocactus es un género monofilético, miembro de la tribu Hylocereeae y hermano de *Pseudorhipsalis*, *Kimnachia* y *Epiphyllum*. En su actual circunscripción incluye a *Chiapasia*, *Heliocereus*, *Nopalxochia* y un par de especies antes incluidas en *Epiphyllum*, pero no incluye a *Aporocactus* Lem. (Bauer, 2003a; Cruz et al., 2016); sin embargo, es heterogéneo en varios caracteres del tallo y la flor que habían sido reconocidos en propuestas taxonómicas previas (Bauer, 2003a; Kimnach, 1993). Los estudios recientes indican que es uniforme en su floración diurna, las semillas sin microrrelieve marcado y las células corticales exclusivamente de parénquima, sin crecimiento secundario diferencial (Cruz et al., 2016; Martínez-Quezada et al., 2020). *Disocactus* y su grupo hermano conforman un clado que se caracteriza por la tendencia al epifitismo; por tanto, la mayoría de las especies prefieren los bosques húmedos y templados, pero particularmente los bosques mesófilos de montaña y bosques de *Quercus* (Bravo-Hollis & Sánchez-Mejorada, 1985c, 1986a; Cruz et al., 2016).

Bibliografía: Bauer, R. *Cactaceae Syst. Init.* 17: 12-19 (2003a); *EPIG* 60: 5-61 (2008). Bravo-Hollis, H. & Sánchez-Mejorada, H. *Cact. Suc. Mex.* 29: 11-24 (1984); 30: 66-72 (1985b); 30: 91-96 (1985c); 31: 18-24 (1986a). Cerén López, J.G. et al. *Novon* 25: 139-144 (2017). Gómez-Hinostrosa, C. & Hernández, H.M. *Brittonia* 75: 79-88 (2023 [2022]). Kimnach, M.W. *Fieldiana, Bot.* 29: 379-382 (1962a); *Haseltonia* 1: 106-134 (1993). Kimnach, M.W. & Hutchison, P.C. *Cact. Succ. J. (Los Angeles)* 29: 75-79 (1957b). Korotkova N. et al. *Phytotaxa* 327: 40-41 (2017).

1. Pericarpelo y tubo receptacular con espinas y/o pelo-espinas evidentes.
  2. Tépalos internos blancos o amarillo-verdosos.
    3. Tallos 2-7 cm de ancho; flores 18-21 cm. **6. D. lepidocarpus**
    3. Tallos 4-10 cm de ancho; flores (16-)21-29 cm.
      4. Pericarpelo con 0-2(-8) pelo-espinas; filocladios 4.5-10 cm de ancho. **3a. D. crenatus** subsp. **crenatus**
      4. Pericarpelo con (0)-6(-20) pelo-espinas; filocladios (2-)4-6 cm de ancho. **3b. D. crenatus** subsp. **kimnachii**
  2. Tépalos internos anaranjados, rosas o rojos, ocasionalmente blancos.
    5. Tallos péndulos, a veces ascendentes, con pelo-espinas.
      6. Tallos de 1-3 cm de ancho; tépalos internos anaranjados, en ocasiones rosas o rojos. **1. D. aurantiacus**
      6. Tallos de 3-10 cm de ancho; tépalos internos rojos, rojo escarlata o rosa, ocasionalmente blancos. **5. D. heterodoxus**
    5. Tallos ascendentes, algo erguidos, con espinas.
      7. Espinas rígidas en el pericarpelo y la base del tubo receptacular, pero subrígidas o ausentes en la parte superior del tubo receptacular. **12c. D. speciosus** subsp. **speciosus**
      7. Pelo-espinas a lo largo del pericarpelo y tubo receptacular.
        8. Tallos más bien flexibles, con pelo-espinas; pericarpelo y tubo receptacular mayor de 8.5 cm. **12a. D. speciosus** subsp. **blomianus**
        8. Tallos más bien rígidos, con espinas rígidas; pericarpelo y tubo receptacular hasta de 8 cm. **12b. D. speciosus** subsp. **cinnabarinus**

1. Pericarpelo y tubo receptacular inermes, ocasionalmente con escasas pelo-espinas.
9. Flores con tépalos externos erectos, solo recurvados en el ápice.
10. Flores 6-7 cm; tépalos externos rojo-purpúreos, representan 2/3 de la longitud del tubo receptacular. **4. D. eichlamii**
10. Flores (6.8-)7-9(-9.6) cm; tépalos externos amarillos, rosados, ocasionalmente blancos o con franja media más intensa, representan 1/3 de la longitud del tubo receptacular.
11. Tépalos rosado-blancos, los tépalos externos erectos y adpresos sobre los internos, estos adpresos sobre los estambres. **10. D. quezaltecus**
11. Tépalos amarillos, ocasionalmente rosados a blancos, los tépalos externos e internos erectos y recurvados en el 1/3 superior. **11. D. salvadorensis**
9. Flores con tépalos externos expandidos.
12. Tépalos externos castaño-anaranjados, expandiéndose desde la base. **8. D. macranthus**
12. Tépalos externos rosado claro a purpúreos, expandiéndose la mitad superior.
13. Tépalos internos menores de 1 cm de ancho; estambres dispuestos en una sola banda; filocladios 1-2 cm de ancho. **2. D. biformis**
13. Tépalos internos 1.5-2 cm de ancho; estambres dispuestos en 2 bandas; filocladios 2-6 cm de ancho.
14. Filocladios con los márgenes ampliamente crenados, el ápice obtuso; flores 7-8 cm. **7. D. macdougallii**
14. Filocladios con los márgenes obtusamente serrados, el ápice agudo; flores 9-11 cm.
15. Filocladios de 5-6 cm de ancho, gruesos; tépalos externos purpúreo-amarillentos en su cara externa; anteras y estigmas purpúreos. **9a. D. nelsonii** subsp. **hondurensis**
15. Filocladios hasta 3 cm de ancho, delgados; tépalos externos amarillo-verdosos por su cara externa; anteras y estigmas amarillentos. **9b. D. nelsonii** subsp. **nelsonii**

1. Disocactus aurantiacus (Kimnach) Barthlott, *Bradleya* 9: 87 (1991). *Heliocereus aurantiacus* Kimnach, *Cact. Succ. J. (Los Angeles)* 46: 67 (1974). Holotipo: Nicaragua, *Heller s.n.* (UC!). Ilustr.: Kimnach, *Cact. Succ. J. (Los Angeles)* 46: 68, t. 1 (1974), como *H. aurantiacus*.

Disocactus speciosus (Cav.) Barthlott subsp. *aurantiacus* (Kimnach) Ralf Bauer.

Plantas epífitas, hasta 3 m; tallos hasta 1 m × 1-3 cm, con ramificación escasa o densa, péndulos, dimorfos, algunos cilindroides con costillas, otros son filocladios; costillas cuando presentes 3(-5), variando en la misma rama, los márgenes más o menos serrados los lóbulos obtusos, sobresalen 2-5 mm; aréolas distantes entre sí (sobre la misma costilla) (1-)3-4(-7) cm, las bractéolas 1-2 mm, apresadoras, semicirculares o semioblongas, obtusas, pardo-rojizas, translúcidas, amarillentas cerca de los márgenes; pelo-espinas (0-)3-6(-30), 2-15 mm, pardas. Flores 12.5-16 cm, campanulado-infundibuliformes; pericarpelo c. 1.5 × 1 cm, verde claro, las bractéolas c. 1 mm, adpresas, con pelo-espinas 1-6 mm, amarillo claro; tubo receptacular 5.5-8.5 cm, c. 1.1 cm de ancho en la base, c. 1.5 cm de ancho en la garganta, verde claro, con tono pardo, las brácteas 0.1-3 cm, ovadas a linear-ovadas, con pelo-espinas (0-)7(-10), 5-10 mm, blancas; tépalos externos 6-6.5 × 1-1.5 cm, oblongos, agudos, anaranjados, en ocasiones rosas o rojos; tépalos internos 7-8.5 × 2.2-2.8 cm, oblongo-elípticos, anaranjados, en ocasiones rosas o rojos; estambres 5.5-7.8 cm, anaranjados a rojizo-anaranjados, las anteras amarillas; estilo 9-13 cm, 1-2 cm más largo que los estambres, anaranjado, la base blanquecina, el estigma con 8-11 lóbulos. Frutos c. 7 × 3 cm, elipsoides, verde-rojizos, el ápice angostado, truncado, las bractéolas 2-8 mm, las aréolas distantes entre sí c. 2 cm, con pelo-espinas 5-18, c. 8 mm, blanco-amarillentas; semillas c. 2 mm, ovoides. Floración mar.-may.; fructificación abr.-sep. *Bosques de* Pinus *y* Quercus, *bosques de neblina*. H (*Hazlett 14174*, TEFH); ES (*Cerén et al. 2580*, MHES); N (*Heller s.n.*, US). 1000-2500 m. (Endémica).

Este taxón fue tratado como subespecie de *Disocactus speciosus* (Bauer, 2003a). Un estudio filogenético muestra que *Disocactus aurantiacus* no es parte del clado que integra a *D. speciosus*, al encontrar autapomorfias moleculares en el primer taxón (una substitución en *ycf1*, un indel en *psbA-trnH* y *rpl16*; Cruz et al., 2016). La combinación única de caracteres morfológicos de *D. aurantiacus* incluye los tallos péndulos y pelo-espinas. Los tallos son dimorfos, ya que algunos son cilindroides y acostillados, mientras que otros son filocladios. Los tépalos son típicamente anaranjados, pero ocasionalmente pueden variar entre tonos casi claros hasta rojos.

2. Disocactus biformis (Lindl.) Lindl., *Edwards's Bot. Reg.* 31: t. 9 (1845). *Cereus biformis* Lindl., *Edwards's Bot. Reg.* 29: misc. 51 (1843). Neotipo (designado por Kimnach, 1993): Guatemala, *Horich s.n.* (US!). Ilustr.: Kimnach, *Haseltonia* 1: 110, t. F (1993). N.v.: Paxte de palo, G.

Epiphyllum biforme (Lindl.) G. Don, *Phyllocactus biformis* (Lindl.) Labour.

Plantas epífitas, hasta 2 m; tallos hasta 15 × 1-2.6 cm, los filocladios lanceolados, péndulos, a veces linear-elípticos, la base c. 1 × 0.3-0.4 cm, terete, los márgenes del filocladio crenados o ligeramente serrados, con podarios c. 1 mm, el ápice subagudo, verde claro, los tallos adultos ligeramente pruinosos; aréolas distantes entre sí (sobre la misma costilla) 1-1.5 cm; inermes (pelo-espinas hasta 5 mm restringidas a filocladios juveniles). Flores 1 por aréola, 5-6 cm, angostamente infundibuliformes; pericarpelo c. 7 × 5-6 mm, cortamente oblongo, verdoso, las bractéolas c. 0.5 mm, escasas, inerme; tubo receptacular c.1 cm, rojo-purpúreo, las bractéolas 0.5-2 mm, deltadas, inerme; tépalos externos 4 o 5, 2.5-3.5 × 0.2-0.4 cm, lineares o a veces ligeramente lanceolados, el ápice agudo, algo recurvados, expandiéndose solo la mitad superior (o eventualmente desde la base), rojo pálidos; tépalos internos c. 5, c. 3 × 0.5 cm, linear-lanceolados, el ápice agudo, más erectos que los externos, rojos a rosado-purpúreos; nectarios 6-9 mm; estambres 13-16, dispuestos en una banda, 2-2.8 cm, ligeramente exertos, los filamentos rosados, las anteras amarillentas; estilo 3.4-4.4 cm, rosado a purpúreo, los lóbulos del estigma 4 o 5, 4-6 mm, blancos. Frutos 0.8-1.7 × 0.8-1.2 cm, ovoides, túrgidos, rojo-purpúreos, las bractéolas deltadas a ovadas, pardas, con escasas pelo-espinas, la pulpa rosada-blanca; semillas 1-1.7 × c. 1 mm, ovoides a ovoide-reniformes. Floración ene.-abr. *Bosques de neblina*. G (*Véliz & Velásquez MV 19901*, BIGU). 1000-1400 m. (Endémica).

Disocactus biformis es hermana de *D. nelsonii*, con quien comparte varios caracteres morfológicos incluyendo la presencia de pelo-espinas hasta de 5 mm, localizadas en la base de los filocladios juveniles, bractéolas presentes en el pericarpelo y tépalos externos expandidos (Bravo-Hollis & Sánchez-Mejorada, 1985c; Cruz et al., 2016; Kimnach, 1993). Se distingue de ella por los tépalos internos menores de 1 cm de ancho, los estambres están dispuestos en una sola banda y son escasos (13-16), además los filocladios tienen 1-2 cm de ancho. Se conoce solo de Guatemala; sin embargo, por su cercanía con El Salvador y Honduras, eventualmente se podría encontrar en esos países.

3. Disocactus crenatus (Lindl.) M.Á. Cruz & S. Arias, *Willdenowia* 46: 157 (2016). *Cereus crenatus* Lindl., *Edwards's Bot. Reg.* 30: t. 31 (1844). Lectotipo (designado por Bauer, 2003a): Lindley, *Edwards's Bot. Reg.* 30: t. 31 (1844), como *C. crenatus*. Ilustr.: Cruz et al., *Willdenowia* 46: 148, t. 1F (2016), como *D. crenatus* subsp. *crenatus*.

Epiphyllum crenatum (Lindl.) G. Don, *Phyllocactus crenatus* (Lindl.) Lem.

Plantas trepadoras, saxícolas o epífitas; tallos hasta 50 × 4-10 cm, los filocladios ascendentes o péndulos, largamente lanceolados, la base 7-15 × c. 0.5 cm, terete o 3-4-angulada, los márgenes del filocladio crenados a ligeramente serrados, con podarios c. 5 mm, semicirculares a oblicuos, no llegan a la vena media, ligeramente undulados, el ápice obtuso, rígidos, verde-glaucos o verdes, la vena media evidente; aréolas distantes entre sí 2-5 cm, situadas en los senos de los podarios, las aréolas inermes o con hasta 10 pelo-espinas, 1-12 mm, blancas o amarillentas. Flores (16-)21-29 cm, tubular-infundibuliformes; pericarpelo 1.5-2 × 1.2-2.5 cm, los podarios agudos o subcónicos y obtusos, largamente decurrentes, las bractéolas 2-10 × c. 3 mm ovadas a lanceoladas, el ápice subagudo a obtuso, verde-pardas a purpúreas, con pelo-espinas 0-6(-20), 6-12 mm; tubo receptacular (9-)10-18 cm, los podarios conspicuos, las brácteas 1-5 × 0.4-0.8 cm, deltadas a lanceoladas o lineares, el ápice agudo, las inferiores verde-morenas, las superiores amarillentas a pardo-purpúreas, con pelo-espinas 0-2(-8); tépalos externos 4-12 × 0.8-2 cm, lineares a oblanceolados, el ápice agudo a obtuso, amarillos con tono pardo a pardo-rojizo-amarillento; tépalos internos 6.5-10 × 2-3.6 cm, oblanceolados, el ápice acuminado, blancos o amarillo-verdosos; estambres dispuestos en dos bandas, 3-7.2 cm, los filamentos con la base verde claro, el ápice amarillo, las anteras c. 4 mm; estilo (15-)16-23.5 cm, blanco, el estigma con 9-12 lóbulos, 8-10 mm. Frutos 5-7 × 4-7 cm, globosos a elipsoides, los podarios largamente decurrentes, inermes o con escasas pelo-espinas. Floración mar.-may.; fructificación jun.-jul. *Bosques tropicales subcaducifolios, bosques de* Pinus *y* Quercus, *áreas abiertas y rocosas*. Ch-ES. 1700-2500 m. 2 subspp. en México y en Mesoamérica.

Esta especie fue ubicada en *Epiphyllum* por largo tiempo debido a la presencia de flores largas (16-29 cm) y tépalos internos blancos (o amarillo-verdosos); sin embargo, dos análisis filogenéticos confirman que pertenece a *Disocactus* por compartir los siete caracteres moleculares del género (substituciones en *matK*, *trnQ-rps16*, *trnL-F*, *rpl16* y *ycf1*, así como un indel en *rpl16*; Cruz et al., 2016; Korotkova et al., 2017).

3a. Disocactus crenatus (Lindl.) M.Á. Cruz & S. Arias subsp. **crenatus**.

Filocladios 4.5-10 cm de ancho, los podarios generalmente oblicuos. Flores 21-23(-25) cm; pericarpelo y tubo receptacular pentagonal en sección transversal; pericarpelo 1.5-1.8 × 1.2-1.5 cm, los podarios agudos, largamente decurrentes, las bractéolas c. 2 mm, con pelo-espinas 0-2(-8), c. 7 mm; tubo receptacular 10-12 cm, las brácteas 2-5 cm. *Bosques tropicales subcaducifolios, áreas abiertas*. Ch (*MacDougall A184*, MEXU); G (*Véliz & Velásquez MV 20281*, BIGU); H (*Horich s.n.*, MEXU); ES (*Menjívar et al. 2431*, MHES). 1700-2500 m. (Endémica).

3b. Disocactus crenatus (Lindl.) M.Á. Cruz & S. Arias subsp. **kimnachii** (Bravo ex Kimnach) M.Á. Cruz & S. Arias, *Willdenowia* 46: 157 (2016). *Epiphyllum crenatum* (Lindl.) G. Don var. *kimnachii* Bravo ex Kimnach, *Cact. Succ. J. (Los Angeles)* 39: 207 (1967). Lectotipo (designado por Cruz et al., 2016): Bravo-Hollis, *Anales Inst. Biol. Univ. Nac. México* 35: 78, t. 1 (1964 [1965]). Ilustr.: Bravo-Hollis, *Anales Inst. Biol. Univ. Nac. México* 35: 78, t. 1-6 (1964 [1965]).

Epiphyllum crenatum (Lindl.) G. Don subsp. *kimnachii* (Bravo ex Kimnach) U. Guzmán, *Marniera macroptera* (Lem.) Backeb. var. *kimnachii* (Bravo ex Kimnach) Backeb.

Filocladios (2-)4-6 cm de ancho, los podarios generalmente obtusos. Flores (16-)22-29 cm; pericarpelo y tubo receptacular subredondeados en sección transversal; pericarpelo c. 2 × 1.5-2.5 cm, los podarios subcónicos y obtusos, cortamente decurrentes, las brácteas c. 10 mm, con pelo-espinas (0-)6(-20), 6-12 mm; tubo receptacular (9-) 12-18 cm. *Bosques tropicales subcaducifolios, bosques de* Pinus *y* Quercus. Ch (*Alava s.n.*, MEXU). 1800-2200 m. (México [Oaxaca, Veracruz], Mesoamérica).

4. Disocactus eichlamii (Weing.) Britton & Rose, *Contr. U.S. Natl. Herb.* 16: 259 (1912-1916 [1913]). *Phyllocactus eichlamii* Weing., *Monatsschr. Kakteenk.* 21: 5 (1911). Neotipo (designado por Kimnach & Hutchison, 1957b): Guatemala, *Eichlam s.n.* (US-[nr] 68611, imagen en Internet!). Ilustr.: Kimnach, *Haseltonia* 1: 112, t. G (1993).

Epiphyllum eichlamii (Weing.) L.O. Williams, *Trochilocactus eichlamii* (Weing.) Linding.

Plantas epífitas, hasta 1 m; tallos hasta 40 × 1.5-5 cm, los filocladios lanceolados, péndulos, la base c. 1 × 0.4 cm, terete, los márgenes del filocladio crenados a obtusamente serrados, con podarios 4-7 mm, oblicuos, el ápice subagudo; aréolas c. 2 mm, distantes entre sí (sobre la misma costilla), 1-3 cm, a veces prolíferas, inermes, a veces con escasas pelo-espinas. Flores 1(2) por aréola, 6-7 cm, angostamente tubular-infundibuliformes; pericarpelo c. 5 × 4 mm, verdoso, las bractéolas c. 1 mm, adpresas, deltado-lanceoladas, inerme, a veces con escasas pelo-espinas; tubo receptacular c. 2.5 cm, c. 0.3 cm de ancho en la base, rojo-purpúreo, los podarios no conspicuos, las bractéolas c. 1 mm, restringidas a la base del tubo receptacular, inerme o con escasas pelo-espinas; tépalos ocupan 2/3 partes de la longitud del tubo receptacular; tépalos externos 5-6, 2.5-3.5 × 0.1-0.3 cm, linear-lanceolados, erectos, a veces con el ápice ligeramente patente, rojo-escarlata; tépalos internos c. 6, 2-2.5 × c. 0.5 cm, largamente oblongo-ovados, erectos, ligeramente ascendentes, magenta-escarlata; nectarios c. 7 mm, amarillentos; estambres 13-20, dispuestos en dos bandas, la banda proximal c. 4 cm, la banda distal c. 3 cm, rosados, las anteras amarillo claro; estilo 5-6 cm, rosado-magenta, el estigma con c. 5 lóbulos, c. 2 mm. Frutos 0.9-1.4 cm de ancho, globosos, rojos, las bractéolas deltadas, la pulpa blanca, ligeramente rosada; semillas 1-1.5 × 0.7-1 mm, subovoides. Floración mar.-abr. *Bosques tropicales subperennifolios*. G (*Véliz & Velásquez MV 19887*, BIGU). 1000-1600 m. (Endémica).

Disocactus eichlamii se reconoce con facilidad por los márgenes crenados a obtusamente serrados en los filocladios, las flores rojo-purpúreas a rojo-escarlata y los tépalos erectos (Bravo-Hollis & Sánchez-Mejorada, 1985c; Kimnach, 1993). Es hermana de *D. quezaltecus*, de la que se distingue por la flor más pequeña (6-7 cm) de color rojo y por el menor número de estambres (13-20).

5. Disocactus heterodoxus (Standl. & Steyerm.) Lodé, *Cact.-Avent. Int.* 32: 52 (2020 [2022]). *Heliocereus heterodoxus* Standl. & Steyerm., *Publ. Field Mus. Nat. Hist., Bot. Ser.* 23: 67 (1944). Holotipo: Guatemala, *Steyermark 36291* (F-[nr] 1049187, imagen en Internet!). Ilustr.: Cruz et al., *Willdenowia* 46: 148, t. 1B (2016), como *D. speciosus* subsp. *heterodoxus*.

Disocactus speciosus (Cav.) Barthlott subsp. *heterodoxus* (Standl. & Steyerm.) M.Á. Cruz & S. Arias.

Plantas epífitas, hasta 4 m; tallos hasta 1 m × 3-10 cm, erectos a péndulos, en ocasiones ascendentes, verde claro a oscuro; costillas 2(3), rígidas, agudas en sección transversal, los márgenes más o menos sinuados a ondulados; aréolas 2-5 mm, distantes entre sí (sobre la misma costilla) 3-5 cm; espinas 0-10(-15), hasta 1 cm, aciculares, rígidas, pardo claro, amarillo claro, deciduas. Flores 8-11(-13) cm, tubular-infundibuliformes; pericarpelo 1.4-2 × c. 1 cm, verde, las bractéolas c. 1 mm, deltadas, pelo-espinas hasta 1 cm, amarillentas y algo translúcidas; tubo receptacular 5-7 × c. 1.5 cm, los podarios decurrentes, las brácteas 2-6 mm, deltadas a lanceoladas, pardo-rojizas, pelo-espinas hasta 10, hasta 8 mm, pardo-amarillentas; tépalos externos 1-3 × c. 1 cm, oblanceolados, el ápice agudo, verdes, rojizos o púrpura; tépalos internos 4-6.8 × 1-1.8 cm, oblongos, el ápice agudo a acuminado, rojos, rojo-escarlata o rosa (a veces blancos); estambres 3.5-6 cm, los filamentos blancos; estilo hasta 11 cm, tan largo o más que los estambres, la base blanco-rosado, hacia el ápice blanquecino, el estigma con lóbulos c. 7 mm, con tono blanquecino. Frutos 7-9.5 × 4-5 cm, elipsoides a obovoides, verde claro, las espinas 0-12, c. 1 cm, subrígidas; semillas c. 2 mm. Floración jun.-ago. *Bosques de* Pinus, *bosques de neblina*. Ch (*Bravo 4931*, MEXU); G (*Véliz s.n.*, BIGU). 1700-2800 m. (Endémica).

Este taxón se consideró parte de *Disocactus speciosus* subsp. *cinnabarinus*, por compartir algunas características morfológicas principalmente en la flor, referidas como variación morfológica entre poblaciones (Bauer, 2008). Sin embargo, en un análisis filogenético esta subespecie no se recupera como parte de *D. speciosus* subsp. *cinnabarinus* ya que posee dos autapormorfias moleculares (indel en *psbA-*

trnH y *ycf1*; Cruz et al., 2016). Dos caracteres particularmente diferentes permiten reconocer a *D. heterodoxus*: la presencia de filocladios, y las flores con pericarpelo y tubo receptacular más largos que los tépalos. Un registro para Tabasco (*Matuda 3479*, MEXU) concuerda con los caracteres de esta especie, pero es probable que el dato de la localidad sea erróneo, pues el listado más reciente de cactáceas para Tabasco no la reporta (Campos Díaz et al., 2020). Datos complementarios de esta especie se encuentran en Gómez-Hinostrosa & Hernández (2023 [2022]).

6. Disocactus lepidocarpus (F.A.C. Weber) M.Á. Cruz & S. Arias, *Willdenowia* 46: 157 (2016). *Phyllocactus lepidocarpus* F.A.C. Weber, *Bull. Mus. Hist. Nat. (Paris)* 8: 462 (1902). Neotipo (designado por Bauer, 2003a): Costa Rica, *Kimnach 2440* (ZSS!). Ilustr.: Cruz et al., *Willdenowia* 46: 148, t. 1J (2016).

Epiphyllum lepidocarpum (F.A.C. Weber) Britton & Rose.

Plantas trepadoras o epífitas, tallos hasta 70 × 2-7 cm, los filocladios oblongos o angostamente ovado-elípticos, ascendentes a péndulas, la base hasta 15 × 0.5-0.8 cm, angular o alada, los márgenes del filocladio serrados, con podarios 2-7 mm, rectos o ligeramente inclinados hacia el ápice, el ápice obtuso, la vena media evidente; aréolas distantes entre sí (sobre la misma costilla) 3-5 cm, inermes (a veces pelo-espinas 1-3, hasta 3 mm restringidas a filocladios juveniles). Flores 18-21 cm; pericarpelo 1.8-2 × c. 1.4 cm, turbinado, verde-rojizo, las bractéolas 3-6 mm, ovadas, ascendentes, verdes, con pelo-espinas escasas, c. 2 mm; tubo receptacular 7-8.5 cm, c. 0.5 cm de ancho en la base, c. 1.4 cm de ancho en la garganta, las bractéolas escasas, 6-8 mm, con pelo-espinas escasas; tépalos externos 7-8 × 0.2-0.8 cm, lineares, el ápice agudo, rosados; tépalos internos c. 8 × 0.6-1.3 cm, ovado-lanceolados, el ápice apiculado, blancos; estambres dispuestos en dos bandas, la banda proximal c. 5 cm, la banda distal c. 4.5 cm, los filamentos blancos; estilo c. 13 cm, blanco. Frutos c. 9 × 2.4 cm, turbinado-fusiformes, las bractéolas c. 3 mm, lineares. Floración ene.-abr. *Bosques húmedos de montaña, bosques de* Quercus. CR (*Hammel & Pérez 25624*, CR); P (*Davidson 253*, MO). 1300-2300 m. (Endémica).

Disocactus lepidocarpus es una especie morfológicamente diferente a la mayoría de los miembros de *Disocactus*, por las flores largas (18-21 cm), el pericarpelo turbinado y los tépalos blancos. Por otra parte, comparte con todas las especies del género la floración diurna y las semillas casi lisas. Hammel (2020) señala que es altamente autógama.

7. Disocactus macdougallii (Alexander) Barthlott, *Bradleya* 9: 88 (1991). *Lobeira macdougallii* Alexander, *Cact. Succ. J. (Los Angeles)* 16: 178 (1944). Lectotipo (designado por Bauer, 2003a): Alexander, *Cact. Succ. J. (Los Angeles)* 16: t. 162 (1944). Ilustr.: Hunt et al., *New Cact. Lex.* 2: 97, t. 97.2 (2006b). N.v.: Nopalillo, Ch.

Heliocereus macdougallii (Alexander) Doweld, *Nopalxochia macdougallii* (Alexander) W.T. Marshall.

Plantas epífitas, hasta 1 m; tallos hasta 20 × 5 cm, los filocladios ascendentes a péndulos, con la región basal terete, 2-6 × 0.4-0.6 cm, la región apical 15-45 × 2-5 cm, oblongo-lineares, los márgenes ampliamente crenados a sinuados, con podarios 2-10 mm, inclinados hacia el ápice, el ápice obtuso, verde brillante, los tallos en crecimiento rojizos; aréolas distantes entre sí (sobre la misma costilla) 2-4 cm, inermes. Flores 7-8 cm, tubulares infundibuliformes; pericarpelo 1-1.5 × 0.5-1 cm, las bractéolas 1-2 mm, deltadas, ascendentes, verdosas, sin espinas; tubo receptacular 3-4 cm, 0.6-0.8 cm de ancho en la base, 1.2-2 cm de ancho en la garganta, verde-moreno, las bractéolas 2-10 mm, ovado-lanceoladas, el ápice agudo, verde claro, sin espinas; tépalos externos 1.5-3 × c. 0.8 cm, lanceolados, recurvados, expandiéndose solo la mitad superior, verde-rosados con tono moreno; tépalos internos 3-3.5 × c. 1.5 cm, linear-oblongos, el ápice agudo, rosado-purpúreos; nectarios 2.5-3 cm; estambres dispuestos en dos bandas, la banda proximal 3.5-4 cm, la banda distal 2.5-3 cm, exertos, los filamentos blancos, las anteras c. 1.5 mm; estilo c. 5 cm, blanco, el estigma con lóbulos c. 5 mm, lineares. Frutos c. 3.5 cm, ovoides, con escasas pelo-espinas, la pulpa blanca; semillas c. 2.5 mm. Floración jun.-ago. *Bosques de neblina, bosques de* Quercus, *áreas semiabiertas*. Ch (*Bravo 3121*, MEXU). 1000-1600 m. (Endémica).

Especie particularmente interesante por los tallos notablemente suculentos con espinas ocasionales, así como la forma tubular-infundibuliforme de la flor. Comparte con *Disocactus ackermannii* la morfología de la flor, pero el tamaño es diferente (7-8 cm en *D. macdougallii* vs. 11-14 cm en *D. ackermannii*) y el color de los tépalos internos (rosado-purpúreo en *D. macdougallii* vs. rojos en *D. ackermannii*).

8. Disocactus macranthus (Alexander) Kimnach & Hutchison, *Cact. Succ. J. (Los Angeles)* 29: 78 (1957). *Pseudorhipsalis macrantha* Alexander, *Cact. Succ. J. (Los Angeles)* 14: 20 (1942). Lectotipo (designado por Bauer, 2003a): México, Oaxaca, *MacDougall A42* (US-[nr] 2301200, imagen en Internet!). Ilustr.: Kimnach, *Haseltonia* 1: 119, t. K (1993).

Disisorhipsalis macrantha Doweld, *Disocactus macranthus* (Alexander) Kimnach & Hutchison var. *glaucocladus* Ewald.

Plantas epífitas hasta 4 m; tallos hasta 50 × (2-)3-4.5(-6) cm, los filocladios lineares, a veces lanceolados, la base c. 1 cm, terete, los márgenes del filocladio crenulados, con podarios 0.3-1.2 cm, rectos o ligeramente inclinados hacia el ápice, el ápice subobtuso, a veces agudo; aréolas distantes entre sí (sobre la misma costilla) 1-4 cm, inermes. Flores 1(2) por aréola, 5.5-7 cm, infundibuliformes; pericarpelo c. 5 × 4-7 mm, verde, los podarios conspicuos, las bractéolas c. 1 mm, deltadas, pardo-purpúreas, inerme; tubo receptacular 1.8-2.5(-3.5) cm, 3-4 mm de ancho en la base y en la garganta, verdoso-amarillento, los podarios ligeramente conspicuos, desnudo o con bractéolas escasas, 1-2 mm, subovadas, inerme; tépalos externos c. 5, 3-4(-5.5) × 0.2-0.4 cm, lineares, expandiéndose desde la base, rotados a recurvados, castaño-anaranjado claro, la base purpúrea; tépalos internos 5-7, 3-3.5 × c. 0.5 cm, lineares, ligeramente patentes, amarillo-verde claro; nectarios 1.5-1.8 cm, ocupan más de la mitad del tubo receptacular; estambres numerosos, dispuestos en una banda, 2-3(-4) cm, algunos ligeramente curvos, exertos, los filamentos blancos, las anteras amarillo claro; estilo 4.5-6(-7.5) cm, amarillo claro, el estigma con 4-6 lóbulos, 3-4 mm. Frutos 7-8 mm, globosos a ovoides, rojos, las bractéolas ovadas a deltadas, la pulpa rosada; semillas 1.5-2 × c. 1.2 mm, ovoides. Floración dic.-abr. (varias veces al año en cultivo). *Bosques tropicales perennifolios y subperennifolios*. Ch (*MacDougall A197*, MEXU). 700-1700 m. (México [Oaxaca, Veracruz], Mesoamérica).

En estado vegetativo se confunde con otras especies de *Disocactus* (p. ej., *D. ackermannii*), pero se caracteriza por atributos florales, como el bajo número de tépalos, que en antesis son rotados a recurvados, además los tépalos internos son amarillos (Bauer, 2003a; Bravo-Hollis & Sánchez-Mejorada, 1985c). Su presencia en Guatemala no está confirmada.

9. Disocactus nelsonii (Britton & Rose) Linding., *Beih. Bot. Centralbl., Abt. 2* 61: 383 (1942). *Epiphyllum nelsonii* Britton & Rose, *Contr. U.S. Natl. Herb.* 16: 257 (1912-1916 [1913]). Holotipo: México, Chiapas, *Nelson 3761* (US-[nr] 255576, imagen en Internet!). Ilustr.: Hunt et al., *New Cact. Lex.* 2: 100, t. 100.4 (2006b). N.v.: Mainte pejtan, Ch.

Chiapasia nelsonii (Britton & Rose) Britton & Rose, *Phyllocactus nelsonii* (Britton & Rose) Vaupel.

Plantas epífitas, hasta 2 m, tallos hasta 40 × 2-6(-10) cm, ascendentes a péndulos, los filocladios oblanceolados, la base 1-6 × 0.3-0.4 cm, terete, los márgenes del filocladio obtusamente serrados, con podarios 5 mm, el ápice agudo, verdes, los tallos en crecimiento rojizo-pardo; aréolas distantes entre sí 1.2-3.4 cm; pelo-espinas 1-3, hasta 2 mm, blancas, deciduas. Flores 9-11 cm, infundibuliformes; pericarpelo c. 5 mm, las bractéolas 0.5-2 mm, deltadas, inerme; tubo receptacular 3-4 cm, curvo en los filocladios péndulos, más o menos recto en los filocladios ascendentes, las bractéolas 1-4 mm, deltadas a ovadas, inerme; tépalos externos 4-7 × c. 1 cm, linear-lanceolados, carnosos, expandiéndose solo en la mitad superior, rosado claro en la cara interna, recurvados; tépalos internos 5-6, c. 6 × (1-)1.5-2.4 cm, lanceolados, el ápice agudo, a veces mucronado, rosado-purpúreos a fucsia; nectarios c. 12 mm; estambres 55-65, dispuestos en 2 bandas, 6-8 cm, los filamentos con la base rojiza, el ápice blanco o blanco-rosado; estilo 9-10 cm, rosado pálido, el estigma con 4-7 lóbulos, c. 7 mm, lineares. Frutos c. 1.5 × 1.3 cm, globosos, el ápice en forma de cuello, rojo tostado, las bractéolas truncadas, con escasas pelo-espinas, la pulpa rosada; semillas 1.5-1.75 × 1-1.25 mm, ovoides. Floración feb.-mar. *Bosques de* Pinus-Quercus, *bosques de neblina, bosques tropicales perennifolios*. Ch, G-H. 900-2100 m. (Endémica). 2 subspp. en Mesoamérica.

Disocactus nelsonii difiere de *D. eichlamii* y *D. macranthus* por carecer de una base floral alargada, los botones florales tienen más podarios y el ápice de los tépalos es agudo. *Disocactus biformis* es la especie hermana (Cruz et al., 2016; Korotkova et al., 2017), difiere por los tépalos y estambres más cortos y delgados. Se reconocen dos subespecies, ambas en la región de estudio donde tienen una distribución disjunta.

9a. Disocactus nelsonii (Britton & Rose) Linding. subsp. **hondurensis** (Kimnach) Doweld, *Sukkulenty* 4: 41 (2001 [2002]). *Disocactus nelsonii* var. *hondurensis* Kimnach, *Cact. Succ. J. (Los Angeles)* 37: 33 (1965). Holotipo: Honduras, *Kimnach 394* (UC). Ilustr.: Hunt et al., *New Cact. Lex.* 2: 100, t. 100.3 (2006b).

Chiapasia nelsonii (Britton & Rose) Britton & Rose var. *hondurensis* (Kimnach) Backeb., *Disocactus hondurensis* (Kimnach) Lodé.

Filocladios 5-6 cm de ancho, gruesos, los márgenes crenados; pericarpelo y tubo receptacular con bractéolas c. 4 mm; tépalos externos purpúreo-amarillentos en su cara externa; tépalos internos c. 2.4 cm de ancho; estambres basalmente no coalescentes; anteras y estigmas purpúreos. *Bosques de neblina, bosques tropicales perennifolios.* H (*Reyes 141*, TEFH). 1300-2100 m. (Endémica).

9b. Disocactus nelsonii (Britton & Rose) Linding. subsp. **nelsonii**. Filocladios 2-3 cm de ancho, delgados, los márgenes serrados; pericarpelo y tubo receptacular con bractéolas c. 1 mm; tépalos externos amarillo-verdosos por su cara externa; tépalos internos 1.5-2 cm de ancho; estambres en su mayoría basalmente coalescentes; anteras y estigmas amarillos. *Bosques de* Pinus-Quercus, *bosques de neblina.* Ch (*Sánchez-Mejorada 1726*, MEXU); G (*Archila s.n.*, BIGU). 900-2200 m. (Endémica).

10. Disocactus quezaltecus (Standl. & Steyerm.) Kimnach, *Cact. Succ. J. (Los Angeles)* 31: 137 (1959). *Bonifazia quezalteca* Standl. & Steyerm., *Publ. Field Mus. Nat. Hist., Bot. Ser.* 23: 66 (1944). Holotipo: Guatemala, *Standley 85603* (F-[nr] 1094001, imagen en Internet!). Ilustr.: Kimnach, *Haseltonia* 1: 114, t. H (1993).

Epiphyllum quezaltecum (Standl. & Steyerm.) L.O. Williams.

Plantas epífitas, hasta 1 m; tallos hasta 36 × 1.5-6 cm, los filocladios linear-lanceolados, la base c. 1 × 0.3 cm, terete, los márgenes del filocladio obtusamente serrados o crenados, con podarios c. 3 mm; aréolas distantes entre sí 1.6-2.5 cm; pelo-espinas 1-3, c. 4 mm, restringidas a las aréolas superiores de los filocladios, las espinas 1 o 2, c. 1 mm, restringidas a los filocladios secundarios. Flores 8-9 cm, tubular-infundibuliformes; pericarpelo c. 5 mm, purpúreo pálido, sin bractéolas, sin espinas; tubo receptacular c. 5 cm, 4-5 mm de ancho en la base, 6-8 mm de ancho en la garganta, la base purpúreo-blanquecina, el ápice rosado pálido a purpúreo-rojizo, los podarios restringidos al 1/3 inferior, inconspicuos, las bractéolas c. 5 mm, deltadas, inerme, a veces con escasas pelo-espinas restringidas a la base; tépalos ocupan 1/3 de la longitud del tubo receptacular; tépalos externos c. 5, (1.3-)1.6-2.3 × 0.4-0.6 cm, erectos, adpresos sobre los internos, lanceolados, subobtusos a obtusos, rosado-blancos con franja media purpúreo-rosada; tépalos internos 5 o 6, 2-2.3 × 0.6-1 cm, sobresaliendo de los tépalos externos, adpresos sobre los estambres, ovado-lanceolados, obtusos, blanco-rosados, la franja media y el ápice más oscuros; nectarios 8-10 mm, rosados; estambres 40-50, dispuestos en 2 bandas, la banda proximal c. 4 cm, la banda distal c. 2.5 cm, ocasionalmente dispuestos en una banda, exertos, las anteras purpúreas; estilo 7-8 cm, rosado, el estigma con 5 o 6 lóbulos, 3-4 mm, blanco-rosados. Frutos 1.6-1.8 × 1.2-1.5 cm, ovoides, el ápice en forma de cuello, rojo-purpúreos, las bractéolas c. 1 mm, con escasas pelo-espinas; semillas 1.5-2 × 1-1.25 mm, ovoide-reniformes. Floración mar.-may. $2n$ = 22. *Bosques tropicales perennifolios, bosques húmedos.* G (*Véliz & Velásquez MV 20054*, BIGU). 1600-2100 m. (Endémica).

Disocactus quezaltecus presenta características únicas que lo distinguen de su especie hermana *D. eichlamii*, como lo son el color de la flor rosa-blanquecina, los tépalos internos adpresos sobre los estambres y las anteras púrpura.

11. Disocactus salvadorensis Cerén, J. Menjívar & S. Arias, *Novon* 25: 140 (2017). Holotipo: El Salvador, *Menjívar et al. 2432* (MHES!). Ilustr.: Cerén López et al., *Novon* 25: 141, t. 1 (2017).

Plantas epífitas, hasta 2 m, tallos hasta 100 × 1.5-3 cm, ascendentes a péndulos los filocladios linear lanceolados, la base hasta 60 × 1-3 cm, terete, los márgenes del filocladio obtusamente serrados, variables en el mismo tallo, el ápice agudo; aréolas distantes entre sí (sobre la misma costilla) (0.5-)1-3.2(-5) cm, inermes. Flores 1 por aréola, (6.8) 7.3-9(-9.6) × 2.5-3.1(-3.3) cm, tubular; pericarpelo 0.5-0.9 × 0.2-0.3 cm, verde, las bractéolas c. 1 mm, adpresas, deltadas, inermes o con tricomas, inerme; tubo receptacular 2.5-3.5 cm, 2.5-4 mm de ancho en la base, 3-8(-11) mm de ancho en la garganta, rosado pálido, los podarios no conspicuos, las bractéolas hasta 3 × 1 mm, deltadas, verdes, a veces rojas o amarillas, inerme; tépalos externos 2.3-3.5 × 0.2-0.5 cm, linear-lanceolados, erectos con ápice recurvado, amarillos, ocasionalmente rosados o blancos; tépalos internos 2.5-3.5 × 0.3-0.9 cm, lanceolados, erectos con ápice recurvado, amarillos, ocasionalmente rosados o blancos; estambres dispuestos en dos bandas, 2-4.1 cm exertos, blancos, las anteras rosas o blancas; estilo 5-8.3(-9) cm, exerto, blanco, ocasionalmente rosado, el estigma con lóbulos 2-4 mm, amarillos, rosados o rara vez blancos. Frutos 1-1.5 × 0.6-1 cm, ovoides, rojos, las bractéolas hasta 1 mm, sin espinas, la pulpa blanca; semillas 1.5-2 × c. 1 mm, ampliamente ovoides. Floración mar.-abr.; fructificación jul. *Bosques montanos, bosques de* Pinus-Quercus. H (*Davidse et al. 35350*, EAP); ES (*Cerén et al. 2579*, MHES). 1400-2200 m. (Endémica).

Esta especie es similar en su morfología a *Disocactus biformis*, *D. eichlamii* y *D. quezaltecus*. Difiere de *D. biformis* por la flor tubular (vs. angostamente infundibuliforme) y los estambres en dos bandas (vs. en una banda). *Disocactus salvadorensis* comparte varios caracteres florales con *D. eichlamii* (Cruz et al., 2016); difieren en presentar el mismo tamaño entre el tubo receptacular y los tépalos externos (vs. tubo receptacular más corto que los tépalos externos), así como las flores péndulas y los tépalos erectos con el ápice recurvado. Difiere de *D. quezaltecus* en el color y la curvatura de los tépalos y la longitud de los estambres. Una amplia discusión sobre los atributos morfológicos que comparte y marcan diferencia con las especies antes señaladas se encuentra en Cerén López et al. (2017).

12. Disocactus speciosus (Cav.) Barthlott, *Bradleya* 9: 87 (1991). *Cactus speciosus* Cav., *Anales Ci. Nat.* 6: 339 (1803). Neotipo (designado por Bauer, 2003a): México, Cd. México, *Kimnach 383* (HNT!). Ilustr.: Lindley, *Edwards's Bot. Reg.* 28: t. 49 (1842), como *Cereus speciosissimus* (Desf.) Sweet.

Cereus amecamensis Heese ex Rother, *C. coccineus* Salm-Dyck non Salm-Dyck ex DC., *C. schrankii* Zucc. ex Seitz, *C. speciosus* (Cav.) Sweet, *C. speciosus* var. *amecamensis* (Heese ex Rother) Weing. ex A. Berger, *Disocactus schrankii* (Zucc. ex Seitz) Barthlott, *D. speciosus* (Cav.) Barthlott forma *amecamensis* (Heese ex Rother) Barthlott,

Heliocereus amecamensis (Heese ex Rother) Britton & Rose, *H. elegantissimus* Britton & Rose, *H. elegantissimus* var. *helenae* Scheinvar, *H. elegantissimus* var. *stenopetalus* Bravo ex S. Arias, U. Guzmán & Gama, *H. luzmariae* Scheinvar, *H. schrankii* (Zucc. ex Seitz) Britton & Rose, *H. schrankii* subsp. *helenae* (Scheinvar) Doweld, *H. schrankii* var. *helenae* (Scheinvar) Kimnach, *H. schrankii* subsp. *luzmariae* (Scheinvar) U. Guzmán, *H. schrankii* subsp. *stenopetalus* (Bravo ex S. Arias, U. Guzmán & Gama) Doweld, *H. speciosus* (Cav.) Britton & Rose, *H. speciosus* var. *amecamensis* (Heese ex Rother) Bravo, *H. speciosus* subsp. *amecamensis* (Heese ex Rother) Doweld.

Plantas trepadoras o epífitas, hasta 4 m; tallos hasta 30 × (1.5-)3-4 (-5) cm, erectos a péndulos, ascendentes, algo erguidos, verde claro a oscuro, a veces con tono rojizo; costillas 3-4, rígidas, agudas en sección transversal, los márgenes más o menos crenados; aréolas 2-4 mm, distantes entre sí (sobre la misma costilla) 1.5-3 cm; espinas 6-10(-15), 0.4-1.2 cm, aciculares, rígidas, pardo claro, amarillo claro. Flores 11-16 cm, ampliamente infundibuliformes; pericarpelo 1.2-1.5 × 1-1.2 cm, verde, las bractéolas c. 1 mm, deltadas, las espinas 6-12, 2-7 mm, rígidas a subrígidas, amarillentas y algo translúcidas; tubo receptacular 2-3 × c. 1.5 cm, los podarios decurrentes, las brácteas 0.2-2 cm, deltadas a lanceoladas, pardo-rojizas, las espinas 8-10, 5-10 mm, rígidas a subrígidas, pardo-amarillentas, conspicuas en el 1/3 superior del tubo; tépalos externos 5.8-6.5 × 1-1.4 cm, angostamente lanceolados, el ápice agudo, rojizos; tépalos internos 6.8-7 × 1.5-1.8 cm, linear-lanceolados, el ápice agudo a acuminado, rojos escarlata; estambres 5-6 cm, los filamentos con la base verde, el ápice blanquecino; estilo 11-13 cm, tan largo o más que los estambres, la base verde a blanquecina, hacia el ápice rojo o rojo-purpúreo, el estigma con lóbulos c. 9 mm, con tono amarillento a rosado. Frutos 5-5.5 × 2.5-3 cm, elipsoides a obovoides, verde oscuro, las espinas 0-12, 4-6 mm, algunas rígidas a subrígidas; semillas 2.8-3 mm. *Bosques tropicales perennifolios, bosques de neblina, bosques de* Pinus, *bosques de* Pinus-Quercus, *bosques tropicales perennifolios*. Ch, G. 1500-3500 m. (México, Mesoamérica). 5 subspp.; 3 en Mesoamérica.

Se trata de la especie de *Disocactus* con mayor distribución (del noroeste de México hasta Guatemala y El Salvador) y también con la mayor variación en el tallo, así como en el tamaño, forma y color de las flores. Esta variación explica parcialmente la gran cantidad de sinónimos (Cruz et al., 2016). A partir de nuestras observaciones de campo, herbario y de material bajo cultivo, es notable la tendencia hacia la reducción de estructuras morfológicas vegetativas (p. ej., el número de costillas y espinas); tres de cinco subespecies están presentes en Mesoamérica y por lo tanto sostenemos como hipótesis de trabajo que pueden existir formas intermedias (véase aquí la discusión de *D. speciosus* subsp. *blomianus*). Un estudio sistemático con herramientas genómicas permitiría confirmar la presencia de flujo genético entre las poblaciones y tener una propuesta sólida de la circunscripción de la especie y sus entidades subespecíficas, pero también sobre la hibridación con otras especies de *Disocactus*. En México y otros países tiene valor ornamental y se han producido híbridos bajo selección artificial utilizando a *D. speciosus* como uno de los parentales y otros miembros del género. En consecuencia, es indispensable corroborar el origen silvestre o cultivado de las muestras para su correcta identificación.

12a. Disocactus speciosus (Cav.) Barthlott subsp. **blomianus** (Kimnach) Ralf Bauer, *Cactaceae Syst. Init.* 17: 15 (2003). *Heliocereus aurantiacus* Kimnach var. *blomianus* Kimnach, *Cact. Succ. J. (Los Angeles)* 62: 270 (1990). Holotipo: México, Chiapas, *MacDougall A202* (HNT!). Ilustr.: Kimnach, *Cact. Succ. J. (Los Angeles)* 62: 269, t. 2-3 (1990b), como *H. aurantiacus* var. *aurantiacus*.

Disocactus aurantiacus (Kimnach) Barthlott var. *blomianus* (Kimnach) E. Meier, *D. blomianus* (Kimnach) Lodé.

Tallos 1-2 cm de ancho, flexibles, las costillas 3 o 4(5); pelo-espinas hasta 8, 4-8 mm. Flores 16-18 cm; pericarpelo y tubo receptacular 8.5-10 cm, con pelo-espinas 2-5 mm, los filamentos violáceos, las anteras violáceas; tépalos hasta 8 cm; tubo receptacular tan largo como los tépalos. Floración abr.-jun. *Bosques de* Pinus, *bosques de neblina*. Ch (*Breedlove 25009*, MEXU). 1500-1900 m. (México [Oaxaca], Mesoamérica).

Al parecer se trata de una subespecie poco común. Kimnach (1990b) la describió como variedad de *Disocactus aurantiacus*, pero Bauer (2003a) considera que es un taxón intermedio entre *D. speciosus y D. aurantiacus*. Esta última opinión está sujeta a nuevos estudios que confirmen o no su posición intermedia, pero por ahora varios caracteres morfológicos sustentan esa posición intermedia (p. ej., grosor del tallo, número y consistencia de espinas, largo de la flor, relación de largo entre tubo receptacular y perianto).

12b. Disocactus speciosus (Cav.) Barthlott subsp. **cinnabarinus** (Eichlam ex Weing.) Ralf Bauer, *Cactaceae Syst. Init.* 17: 15 (2003). *Cereus cinnabarinus* Eichlam ex Weing., *Monatsschr. Kakteenk.* 20: 161 (1910). Neotipo (designado por Doweld, 2001 [2002]): Guatemala, *Horich s.n.* (MO-[nr] 2287775, imagen en Internet!). Ilustr.: Cerén López et al., *Divers. Cactus El Salvador* 52, t. 6 (2015).

Disocactus cinnabarinus (Eichlam ex Weing.) Barthlott, *Heliocereus cinnabarinus* (Eichlam ex Weing.) Britton & Rose.

Tallos 2-8 cm, rígidos, las costillas 3 o 4(-6), las espinas 4-8, 0.8-1 cm, rígidas, a veces más numerosas en la base de los tallos. Flores 12-16 cm; tépalos (3-)5-9 × 1-2.5 cm; pericarpelo y tubo receptacular 7-8 cm, con pelo-espinas hasta 1 cm; tépalos de 6-9 cm; tubo receptacular tan largo como los tépalos. Floración abr.-may.; fructificación may.-ago. *Bosques de* Pinus-Quercus, *bosques tropicales perennifolios*. Ch (*Martínez S. 20655*, MO); G (*Véliz & Véliz MV 19579*, BIGU); ES (*Cerén 2724*, MHES). 1800-3500 m. (Endémica).

Este taxón se caracteriza por los tallos con 3 o más costillas, 4 o más espinas y flores de 12 cm o más. Se ha confundido con *Disocactus heterodoxus* por la variación en algunos caracteres, como los tallos más angostos (*Martínez S. 20655*, MEXU; *Matuda 2858*, MEXU), y geográficamente corresponde en la zona limítrofe entre Chiapas y Guatemala (Volcán Tacaná), como ya lo señalaron Bauer (2003a, 2008), Bravo-Hollis & Sánchez-Mejorada (1978) y Cruz et al. (2016).

12c. Disocactus speciosus (Cav.) Barthlott subsp. **speciosus**.

Tallos 3-3.5 cm de ancho, rígidos, las costillas 4-7; espinas 10-15, hasta 1.5 cm, aciculares, rígidas. Flor 11-15(-18) cm; pericarpelo y tubo receptacular 3.5-4.5 cm, las espinas hasta 1 cm, aciculares, rígidas hacia la parte basal, subrígidas o ausentes en la parte apical, tépalos 7-9 cm; tubo receptacular más corto que los tépalos. *Bosques de* Pinus, *bosques de* Pinus-Quercus. G (*Véliz & Velásquez MV 19876*, BIGU). 2000-2600 m. (México [Cd. México, Durango, Edo. México, Guerrero, Jalisco, Michoacán, Morelos, Oaxaca, Sinaloa], Mesoamérica).

La distribución actual de la subespecie es amplia, sin problemas de supervivencia evidente, además de cultivarse con cierta frecuencia por su valor ornamental. De acuerdo con Bauer (2003a) el límite de la distribución sur de *Disocactus speciosus* subsp. *speciosus* es el Istmo de Tehuantepec. Sin embargo, Cruz et al. (2016) y Véliz Pérez (2008) la citan para Mesoamérica. La consistencia rígida de las espinas tanto en el tallo como en el pericarpelo es un carácter que permite reconocer a esta subespecie, mientras que en el resto de las subespecies las espinas tienden a ser más delgadas y flexibles. Sin embargo, también existen evidencias de una gradual variación en este carácter, como en otros (número de costillas, ancho del tallo, largo y color de la flor, color de estambres y filamentos), que permiten suponer que existe flujo genético entre las poblaciones.

Especies de *Disocactus* excluidas

Disocactus ackermannii (Haw.) Ralf Bauer, *Cactaceae Syst. Init.* 17: 16 (2003). *Epiphyllum ackermannii* Haw., *Philos. Mag. Ann. Chem.* 6: 109 (1829). Lectotipo (designado por Bauer, 2003a): Lindley, *Edwards's Bot. Reg.* 16: t. 1331 (1830).

Cactus ackermannii (Haw.) Lindl., *Cereus ackermannii* (Haw.) Pfeiff., *Nopalxochia ackermannii* (Haw.) F.M. Knuth, *Phyllocactus ackermannii* (Haw.) Salm-Dyck.

Especie nativa del centro-sur de México (Oaxaca y Veracruz; Bravo-Hollis & Sánchez-Mejorada, 1985b, como *Nopalxochia*; Cruz et al., 2016). Para Chiapas fue descrita una forma con flor blanca que solo se conoció cultivada en San Cristóbal de las Casas (*Epiphyllum ackermannii* forma *candidum* Alexander, después transferida a *Disocactus*; Bauer, 2003a; Cruz et al., 2016), sin registros actuales sobre su presencia en esa entidad como silvestre, o confundida con *D. speciosus*.

Disocactus lodei Véliz, L. Velásquez & R. Puente, *Cact.-Avent. Int.* 104: 2 (2014). Holotipo: Guatemala, *Véliz & Velásquez MV 20100* (BIGU-[nr] 042261!).

Descrita en la proximidad al poblado de Zunil, Quetzaltenango, donde cohabita con *Disocactus crenatus*. Comparte caracteres con *D. speciosus* subsp. *speciosus* y *D. crenatus*, por lo que potencialmente puede representar un híbrido (Véliz Pérez, com. pers.), aunque es necesario un estudio que corrobore esta hipótesis sobre su origen.

Disocactus ×*kimnachii* G.D. Rowley, *Brit. Cact. Succ. J.* 5: 84 (1987). *Nopalxochia horichii* Kimnach, *Cact. Succ. J. (Los Angeles)* 56: 6 (1984) non *D. horichii* Kimnach (1979). Holotipo: Costa Rica, *Horich s.n.* (HNT!).

Bosques tropicales subperennifolios. CR (Kimnach, 1984b: 7). c. 1400 m. (Endémica).

Especie de origen híbrido, de la cual se conoce su procedencia parcial y posiblemente cultivada (Bauer, 2003a; Cruz et al., 2016).

5. Epiphyllum Haw.

Chiapasophyllum Doweld, *Marniera* Backeb., *Phyllocactus* Link.

Por B.E. Hammel & S. Arias.

Arbustos, epífitas o trepadoras; raíces adventicias presentes o ausentes; tallo con ramificación difusa, ascendentes o péndulos, determinados o indeterminados, el tallo principal y los secundarios con la región basal terete y la superior en filocladios, los márgenes levemente crenados a segmentados, cornificados o no cornificados; aréolas distantes entre sí, ocasionalmente con o sin espinas o pelo-espinas (los tallos jóvenes a menudo con pelo-espinas deciduas); hojas reducidas a escamas no conspicuas (relativamente conspicuas, y por ende descritas solamente en *Epiphyllum grandilobum*). Flores solitarias, subapicales o laterales, tubular-infundibuliformes o hipocrateriformes, nocturnas, a veces diurnas; pericarpelo y tubo receptacular lisos a ligeramente acostillados, las bractéolas pequeñas a medianas, que no cubren al pericarpelo y tubo receptacular, las aréolas inermes, a veces con pelo-espinas cortas; tubo receptacular conspicuo, más largo que los tépalos; perianto con tépalos numerosos, extendidos a rotados, generalmente blancos, a veces rosados, amarillo claro o verde claro; nectarios ubicados en una zona angosta, no limitada por la base de la banda proximal de estambres. Frutos ovoides, elipsoides o globosos, amarillentos, rojos o purpúreos, carnosos (que rara vez se abren longitudinalmente), lisos o ligeramente acostillados, las bractéolas ausentes o presentes, las aréolas inermes, rara vez con espinas o pelo-espinas, la pulpa jugosa, blanca, remanentes florales rara vez persistentes; semillas ovoide-reniformes, la testa negra, lustrosa u opaca, con microrrelieve. Aprox. 11 spp. (más de 6 subspp.) en México [Jalisco], Mesoamérica, Colombia, Venezuela, Guayanas, Ecuador, Perú, Bolivia, Brasil, Paraguay y Argentina; 10 spp. y 6 subspp. en Mesoamérica.

Epiphyllum se reconoce por incluir plantas epífitas o trepadoras, los tallos son planos (filocladios), los márgenes oscilan entre crenados a notablemente sectados y por lo común sin pelo-espinas ni espinas (con dos excepciones). Las flores varían de tubulares a infundibuliformes, con tépalos internos por lo general blancos y la floración es nocturna. El pericarpelo y el fruto por lo común no presentan espinas, excepto en *E. chrysocardium*. Anatómicamente, las especies de *Epiphyllum* poseen cutículas inusualmente delgadas (menos de 2 μm de grosor). Existe convergencia en la forma de los filocladios entre algunas especies de *Epiphyllum*, y prácticamente todos los géneros de Hylocereeae, incluso con algunas especies de *Rhipsalis*, lo cual a menudo hace difícil, si no imposible, determinar material de herbario infértil. Sin embargo, la información sobre la ramificación, presencia o no de tallos secundarios y otras observaciones de la forma de crecimiento, cuando conservadas en muestras o conocidas en el campo, hace posible identificar material de muchas especies aún cuando son infértiles. En Mesoamérica faltan estudios sistemáticos con evidencias morfológicas y genéticas que permitan delimitar bien las especies y sus supuestas unidades infraespecíficas.

Estudios filogenéticos confirman la existencia de un clado correspondiente a *Epiphyllum*, incluyendo el tipo *E. phyllanthus*. Se excluyen algunas especies previamente incluidas en *Epiphyllum* (p. ej., *Disocactus crenatus*, *D. lepidocarpus*) y se retiene otra (*E. chrysocardium*). *Disocactus*, *Kimnachia* y *Pseudorhipsalis* son los géneros hermanos de *Epiphyllum* (Cruz et al., 2016; Korotkova et al., 2017; Martínez-Quezada et al., 2020). Las mismas evidencias moleculares muestran que al interior de *Epiphyllum* se reconoce que *E. chrysocardium* es el taxón hermano del resto de especies. Dos clados adicionales y bien apoyados contienen a las especies restantes (sin tomar en cuenta *E. grandilobum* y *E. laui*, que no se incluyeron en los estudios moleculares). El clado Oxypetalum (*E. pumilum*, *E. oxypetalum*, *E. thomasianum*) se caracteriza por presentar estambres en dos bandas; mientras que el clado Phyllanthus (*E. baueri* R. Dorsch, *E. cartagense*, *E. columbiense*, *E. hookeri*, *E. phyllanthus*) con los estambres insertos en una sola banda y semillas (a menudo) notoriamente foveoladas, es taxonómicamente uno de los más complejos en Hylocereeae. Este último clado incluye varias subespecies tratadas en diversas propuestas como *E. hookeri* o *E. phyllanthus* (p. ej., Anderson, 2001; Bauer, 2003a; Hunt et al., 2006a; Kimnach, 1964). Por lo tanto, un estudio sistemático más completo, que incluya caracteres morfológicos y moleculares de todos los taxones conocidos, es fundamental para alcanzar un mejor conocimiento del género.

Bibliografía: Barthlott, W.A. & Rauh, W. *Natl. Cact. Succ. J.* 29: 113-115 (1974); 30: 8-10 (1975). Bauer, R. *Cactaceae Syst. Init.* 17: 19-27 (2003a); *Kakteen And. Sukk.* 54: 245-247 (2003c). Bravo-Hollis, H. & Sánchez-Mejorada, H. *Cact. Suc. Mex.* 30: 38-48 (1985a). Dodson, C.H. & Gentry, A.H. *Selbyana* 2: 30-31 (1977). Hammel, B.E. *Monogr. Syst. Bot. Missouri Bot. Gard.* 138: 257-264 (2020). Hunt, D.R. & Taylor, N.P. *Bradleya* 9: 91 (1991). Kimnach, M.W. *Cact. Succ. J. (Los Angeles)* 30: 23-26 (1958a); 36: 105-115 (1964); 37: 162-168 (1965b). Korotkova, N. et al. *Phytotaxa* 327: 41-42 (2017). Leuenberger, B.E. *Fl. Guianas, ser. A, Phanerog.* 18: 17-21 (1997).

1. Filocladios con los márgenes profusa y profundamente lobulados (segmentados hasta la vena media del filocladio). **2. E. chrysocardium**
1. Filocladios con los márgenes crenados, serrados, ondulados (lobulados hasta al máximo la mitad del filocladio).
  2. Filocladios con el ápice acuminado, en raras ocasiones agudo.
    3. Filocladios 5.5-8(-12) cm de ancho, flores 25-32 cm; frutos hasta 12 cm, ovoides. **7. E. oxypetalum**
    3. Filocladios 2.4-5.5(-8) cm de ancho, flores (6-)9-15 cm; frutos hasta 2 cm, elipsoides. **9. E. pumilum**
  2. Filocladios con el ápice obtuso o ligeramente agudo, ocasionalmente acuminado.
    4. Tallo principal y filocladios con las escamas de las aréolas relativamente conspicuas (2-3 × 4-6 mm); flores con el tubo receptacular 22-27 cm, los estambres insertos en dos bandas. **4. E. grandilobum**
    4. Tallo principal y filocladios con las escamas de las aréolas diminutas; flores con el tubo receptacular igual o menos de 21 cm, los estambres insertos en 1 o 2 bandas.

5. Flores 7.5-16 cm, diurnas; semillas 2-2.3 mm.
6. Filocladios inermes; tépalos externos 1.5-2.5 cm; estambres 1-1.5 cm, insertos en una banda, las anteras 1.2-1.5 mm. **3. E. columbiense**
6. Filocladios con escasas pelo-espinas; tépalos externos 7-9 cm; estambres 4-5 cm, insertos en dos bandas, las anteras c. 3 mm. **6. E. laui**
5. Flores (9.5-)20-34 cm, nocturnas; semillas 2.7-4.3 mm.
7. Flores dispuestas adpresas a la superficie (el "envés") del filocladio, los tépalos internos 9-13.5 cm, los estambres más de 6 cm, insertos en 2 bandas.
8. Filocladios con la base angulada e hirsuta; aréolas del pericarpelo con pelo-espinas; tépalos internos 9-11 cm; fruto con costillas. **10a. E. thomasianum** subsp. **costaricense**
8. Filocladios con la base terete y no hirsuta; aréolas del pericarpelo inermes; tépalos internos 12-13.5 cm; frutos sin costillas. **10b. E. thomasianum** subsp. **thomasianum**
7. Flores dispuestas subpatentes a los márgenes del filocladio, los tépalos internos 3-10 cm, los estambres 1-6 cm, dispuestos en 1 banda.
9. Filocladios no cornificados en los márgenes; semillas relativamente lisas. **1. E. cartagense**
9. Filocladios comúnmente cornificados en los márgenes; semillas notoriamente foveoladas.
10. Flores 20-29 cm; tubo receptacular 20-26 cm; tépalos 2-5 cm. (Panamá y Sudamérica). **8a. E. phyllanthus** subsp. **rubrocoronatum**
10. Flores (9.5-)12-26.5 cm; tubo receptacular 10-19.5 cm; tépalos 3.5-11 cm. (México hasta Ecuador).
11. Flor con el tubo receptacular (6-)8-16(-17) cm; Nicaragua-Panamá. **5c. E. hookeri** subsp. **pittieri**
11. Flor con el tubo receptacular 16-19.5 cm; México-Nicaragua.
12. Tépalos internos 9-11 cm, los estambres 4-6 cm, el estilo 21.5-23 cm, amarillo oscuro. **5a. E. hookeri** subsp. **guatemalense**
12. Tépalos internos 4-6.5 cm, los estambres 2-3.6 cm, el estilo 16-19 cm, magenta-purpúreo, a veces la base y el ápice con tono anaranjado. **5b. E. hookeri** subsp. **hookeri**

1. Epiphyllum cartagense (F.A.C. Weber) Britton & Rose, *Contr. U.S. Natl. Herb.* 16: 256 (1912-1916 [1913]). *Phyllocactus cartagensis* F.A.C. Weber, *Bull. Mus. Hist. Nat. (Paris)* 8: 462 (1902). Neotipo (designado por Bauer, 2003a): Costa Rica, *Tonduz 17850* (G). Ilustr.: Kimnach, *Cact. Succ. J. (Los Angeles)* 30: 25, t. 1-10B (1958a). N.v.: Platanillo de monte, CR.

Phyllocactus cartagensis F.A.C. Weber var. *refractus* F.A.C. Weber.

Plantas epífitas o trepadoras, hasta 3.8 m; tallos dimórficos, el principal ascendente a péndulo, terete, 3-angular o aplanado, los filocladios (2-)5-50 × (0.5-)1.5-8.5(-10) cm, oblongo-elípticos, con el ápice obtuso a agudo (rara vez acuminado), los márgenes crenados, no cornificados, con lóbulos que sobresalen 0.4-1.5 cm, obtusos a subobtusos, ligeramente inclinados hacia el ápice; aréolas 2.5-6(-10) cm distantes entre sí; espinas y pelo-espinas ausentes. Flores dispuestas subpatentes a los márgenes del filocladio, (15-)17-25 cm, tubular-infundibuliformes; pericarpelo 1.5-1.8 × 0.7-1 cm; tubo receptacular 10-15.5 cm, recto (en filocladios ascendentes) o curvo (en filocladios péndulos), la base verde-amarillenta, la parte superior rosado-amarillenta, la base con costillas obtusas poco o no evidentes, las bractéolas 0.5-4(-6) mm, ovadas a angostamente deltadas, verdes con los márgenes rojizos, sin espinas ni pelo-espinas; tépalos externos 5.5-6 × 0.5-0.9 cm, linear-oblanceolados, agudos, ampliamente extendidos, blanco-rosados con tono verdoso, más claros cerca de los márgenes; tépalos internos 5-6 × 0.8-1.1 cm, oblanceolados, agudos a mucronados, ascendentes, amarillentos o blanco-verdosos; estambres 2-3 cm, insertos en una banda 2-3 mm (en la boca del tubo), los filamentos blancos, las anteras 3.5-4.7 mm, amarillentas; estilo 14-16 cm, la mitad inferior con papilas diminutas, blanco-rosado, el estigma con 7-9 lóbulos c. 11 mm, blancos. Frutos 5-8 × 3-5 cm, elipsoides, rosados a rojos, con costillas obtusas a agudas, de poco a muy evidentes, las bractéolas c. 1 × 1 mm, deltadas, las aréolas inermes, la pulpa blanco-rosada; semillas 3-3.7 mm, ovoides, lustrosas, relativamente lisas. *Bosques húmedos*. CR (*Hammel et al. 19793*, MO); P (*Solano & de Sedas 5395*, PMA). 900-1700 m. (Endémica).

Epiphyllum cartagense se destaca por sus tallos notoriamente dimórficos, los primarios a menudo largos (hasta al menos 3.8 m), arqueados y subcilíndricos, los filocladios que a menudo se ubican de la mitad distal del tallo primario (y a menudo patentes a este), puestos de canto, planos y más cortos (hasta c. 50 cm). Se confunde más fácilmente con *E. hookeri* subsp. *pittieri*, cuyos tallos no son tan notoriamente dimórficos, con los filocladios (a menudo cornificados) en un ángulo oblicuo a lo largo del tallo primario, raramente puestos de canto y más largos (hasta c. 180 cm).

2. Epiphyllum chrysocardium Alexander, *Cact. Succ. J. (Los Angeles)* 28: 4 (1956). Holotipo: México, Chiapas, *MacDougall s.n.* (NY!, flor en líquido, sin tallo). Epitipo (designado aquí): Alexander, *Cact. Succ. J. (Los Angeles)* 28: 3, t. 2 (1956). Ilustr.: Alexander, *Cact. Succ. J. (Los Angeles)* 28: 3, t. 2 (1956).

Chiapasophyllum chrysocardium (Alexander) Doweld, *Marniera chrysocardium* (Alexander) Backeb., *Selenicereus chrysocardium* (Alexander) Kimnach.

Plantas trepadoras o epífitas, hasta 4 m; tallos dimórficos, el principal más o menos terete, ascendente a péndulo, con ramificación difusa, los filocladios c. 1 m × 18-30(-38) cm, ovoide-oblongos, con el ápice obtuso o truncado, los márgenes profusa y profundamente lobulados, no cornificados, con lóbulos que sobresalen 11-16 cm (y con el seno prácticamente sobre la vena media del filocladio), oblicuamente oblongos, el lado superior recto o curvo, el lado inferior con la base atenuada, el ápice acuminado; aréolas 2.8-4 cm distantes entre sí; con pelo-espinas 0-3, deciduas, las espinas en la base del tallo principal frecuentes. Flores dispuestas subpatentes a los márgenes del filocladio, 32-42 cm, hipocrateriformes; pericarpelo c. 2.8 × 2 cm; tubo receptacular hasta 28 cm, curvo, verde-amarillento a purpúreo, la base y parte superior rosada, la base lisa (excepto por espinas), las bractéolas 0.8-1.5 × 0.2-0.4 cm, deltadas a lanceoladas, verdosas, las superiores con tono purpúreo, con 1-6 pelo-espinas, 2-4 mm, blancas; tépalos externos 11-14 × 0.5-1.2 cm, linear-lanceolados, agudos, purpúreos a rosado claro; tépalos internos c. 14 × 4 cm, oblanceolados, mucronados, blancos; estambres 11-15 cm, insertos en una banda de c. 80 mm (desde la boca del tubo), los filamentos amarillo intenso, las anteras c. 3 mm, oscuras; estilo 15-25 cm, blanquecino, el estigma con c. 13 lóbulos c. 20 mm, color crema. Frutos 4.6-6.8 × 3.8-5 cm, globosos, verdes, lisa (excepto por espinas), las espinas 0.5-2 cm, amarillo claro a pardas; semillas c. 1.5 mm, lustrosas, relativamente lisas. *Bosques tropicales perennifolios y subperennifolios*. T (*Campos et al. 39*, UJAT); Ch (*Arias et al. 1708*, MEXU). 600-1000 m. (Endémica).

Epiphyllum chrysocardium se caracteriza por sus flores blancas y grandes, como también por los filocladios anchos profundamente segmentados, prácticamente hasta la vena media del filocladio. Tiene pelo-espinas en la flor (pericarpelo) y en el fruto, como también puede suceder en el tallo primario y viejo. Estos atributos fueron considerados para transferirla al género *Marniera*, como también a *Selenicereus* (Kimnach en Hunt & Taylor, 1991). Los estudios filogenéticos antes citados confirman que se trata de un miembro de *Epiphyllum* (Cruz et al., 2016; Korotkova et al., 2017). A diferencia de lo indicado en muchos herbarios y tratamientos, el tipo de esta especie no tiene duplicados. Las muestras que no fueron recolectadas en el mismo momento del tipo, los llamados "clonotipos" no son isotipos (Art. 8.4, Turland et al., 2018). Además, el holotipo consta de solamente flores en líquido, sin tallo. Para distinguir el holotipo, por ejemplo de *Disocactus crenatus* o *Selenicereus grandiflorus* (ambas también con pelo-espinas en la flor), la ilustración en la publicación original (aquí citada) puede servir de epitipo.

3. **Epiphyllum columbiense** (F.A.C. Weber) Dodson & A.H. Gentry, *Selbyana* 2: 31 (1977). *Phyllocactus phyllanthus* (L.) Link var. *columbiensis* F.A.C. Weber in Bois, *Dict. Hort.* 957 (1893-1899 [1898]). Neotipo (designado por Bauer, 2003a): Colombia, *Bauer 36* (ZSS). Ilustr.: Kimnach, *Cact. Succ. J. (Los Angeles)* 36: 111, t. 2, f. 1 (1964), como *E. phyllanthus* var. *columbiense*.

Epiphyllum hookeri subsp. *columbiense* (F.A.C. Weber) Ralf Bauer, *E. phyllanthus* (L.) Haw. var. *columbiense* (F.A.C. Weber) Backeb.

Plantas epífitas; tallos dimórficos, el principal hasta al menos 0.35 m, erecto, cilíndrico o subcilíndrico (cerca de la base), triangulado o trialado, los filocladios generalmente péndulos, 4-63(o más) × 2-6 cm, obovados a ligulados, con el ápice obtuso a agudo, los márgenes someramente crenados o (a veces) obtusamente serrado-lobulados, no cornificados, con lóbulos que sobresalen 0.3-0.5 cm, obtusos, ligeramente inclinados hacia el ápice; aréolas 1.5-4(-6) cm distantes entre sí, inermes. Flores dispuestas subpatentes al margen del tallo, diurnas, dulcemente aromáticas, 7.5-11 cm, tubular-infundibuliformes; pericarpelo 1-1.5 × 0.5-0.8 cm; tubo receptacular c. 4 cm, recto a levemente curvo, la base verde, paulatinamente más pálido distalmente, la base con costillas subagudas más o menos evidentes, las bractéolas 1-2(-5) mm, angostamente deltadas, carinadas, verdes, sin espinas ni pelo-espinas; tépalos externos 1.5-3 × 0.2-0.3 cm, angostamente deltados, ascendentes a reflexos, verde-blanquecinos a blancos; tépalos internos 1.5-2.5 × c. 0.2 cm, angostamente deltados, agudos a (más frecuente) acuminados en el ápice, ascendentes a patentes, blancos; estambres 1-1.5 cm, insertos en una banda hasta c. 5 mm (en la boca del tubo), los filamentos blancos, las anteras 1.2-1.5 mm, blancas a color crema; estilo c. 5 cm, blanco, el estigma con c. 9 lóbulos, blancos. Frutos 2-2.5 × 1-2 cm, elipsoides a ovoides, rojos a rosado-lila, con costillas agudas evidentes, las bractéolas c. 1 mm, angostamente deltadas, las aréolas inermes, la pulpa blanca (insípida); semillas 2-2.3 mm, ovoides, opacas, finamente foveoladas (los huecos hasta c. 0.05 mm, uniformes). *Bosques tropicales perennifolios y subperennifolios*. CR (*Bello 2363*, MO); P (*Croat 8455*, MO). 0-700 m. (Mesoamérica, Colombia, Venezuela, Ecuador).

Epiphyllum columbiense, conocida en Mesoamérica por pocas recolecciones, tiene las flores, anteras y semillas más pequeñas del género en la región. Se diferencia especialmente de sus congéneres aparentemente más cercanos (*E. hookeri* y *E. phyllanthus*) por todas estas razones, pero también se destaca por sus filocladios notoriamente delgados, cartáceos (en vez de cartáceo-coriáceos) cuando secos, y por ser una especie autógama. Bauer (2003a) y Korotkova et al. (2017) la trataron como una subsp. de *E. hookeri*; sin embargo, ya que se encuentra localmente simpátrica y bien distinta de *E. hookeri*, la buena lógica de reconocer a nivel de especie (en vez de infraespecífico) entidades simpátricas, diferenciables y que (al parecer) no forman híbridos (Dodson & Gentry, 1977), se mantiene aquí. *Epiphyllum columbiense* difiere también por sus flores diurnas, que a las seis de la mañana apenas se abren por completo, y se mantienen abiertas hasta al menos las 11 de la mañana. Lo típico para *Epiphyllum* es que se abran al anochecer y se cierren en la madrugada. La única otra especie de *Epiphyllum* aquí tratada como diurna es *E. laui*.

4. **Epiphyllum grandilobum** (F.A.C. Weber) Britton & Rose, *Contr. U.S. Natl. Herb.* 16: 257 (1912-1916 [1913]). *Phyllocactus grandilobus* F.A.C. Weber, *Bull. Mus. Hist. Nat. (Paris)* 8: 464 (1902). Lectotipo (primer paso designado por Kimnach, 1965a; segundo paso designado por Bauer, 2003a): Costa Rica, *Wercklé 3* (P-[cb] P05003211). Ilustr.: Kimnach, *Cact. Succ. J. (Los Angeles)* 37: 18, t. 2 (1965a).

Epiphyllum gigas Woodson & Cutak.

Plantas trepadoras, hasta al menos 10 m; tallos dimórficos, el principal por lo general ascendente, basalmente cilíndrico, pero principalmente aplanado, los filocladios a menudo péndulos, 40-60 × 8-15(-25) cm, ovado-oblongos, con el ápice obtuso a agudo, los márgenes ligeramente crenados a ondulados hasta notoriamente lobulados, no cornificados, con lóbulos que sobresalen (1.5-)4-7 cm, obtusos, a veces ligeramente inclinados hacia el ápice; aréolas 3.5-9 cm distantes entre sí (con las escamas relativamente conspicuas, 2-3 × 4-6 mm); espinas y pelo-espinas ausentes. Flores dispuestas subpatentes a los márgenes del filocladio, o (más a menudo) sobre el tallo principal, 30-42 cm, tubular-infundibuliformes; pericarpelo c. 2 cm; tubo receptacular 22-27 cm, más o menos curvo, verde-amarillento, la base verde oscuro, acostillado-alado, las bractéolas 2-15 × 3-5 mm, angostamente deltadas, más grandes hacia el perianto, verdes, sin espinas ni pelo-espinas; tépalos externos 12-14 × 0.6-1.3 cm, linear-lanceolados, el ápice agudo, recurvados, verde-amarillentos; tépalos internos 10-14 × 3-5 cm, lanceolados a oblongo-lanceolados, el ápice obtuso, mucronado, blanquecinos; estambres 8-10 cm, insertos en dos bandas, la banda inferior (c. 40 mm debajo de la boca del tubo) 20-25 mm, la banda superior justo en la boca del tubo, los filamentos blanco-amarillentos, las anteras c. 5 mm, amarillo claro; estilo 26-29 cm, amarillo claro, el estigma con 19-21 lóbulos 13-20 mm, verde-amarillentos. Frutos 5-7 × c. 3.5 cm, ovoides, de color desconocido, fuertemente acostillado-alados con costillas agudas, bractéolas no vistas, sin espinas ni pelo-espinas, la pulpa desconocida; semillas c. 2.5 mm, ovoides, opacas, diminutamente foveoladas. *Bosques tropicales subperennifolios, bosques húmedos premontanos*. N (*Stevens 5047*, MO); CR (*Hammel et al. 16953*, CR); P (*Nee et al. 8759*, PMA). 0-1000 m. (Endémica).

Epiphyllum grandilobum se caracteriza por sus tallos largos y anchos, las escamas relativamente grandes (hasta 3 × 6 mm) en las aréolas de los filocladios y las flores largas que a menudo se encuentran sobre el tallo principal. El tubo receptacular es notoriamente acostillado-alado en la base. Con frecuencia persiste el cilindro vascular de los tallos después de que los filocladios mueren y se desintegran.

5. **Epiphyllum hookeri** Haw., *Philos. Mag. Ann. Chem.* 6: 108 (1829). Holotipo: Sims, *Bot. Mag.* 53: t. 2692 (1826). Ilustr.: Kimnach, *Cact. Succ. J. (Los Angeles)* 36: 107, t. 1 (1964), como *E. phyllanthus* var. *hookeri*.

Cereus hookeri (Haw.) Pfeiff., *C. marginatus* Salm-Dyck, *Epiphyllum phyllanthus* (L.) Haw. var. *hookeri* (Haw.) Kimnach, *E. phyllanthus* subsp. *hookeri* (Haw.) U. Guzmán, *E. stenopetalum* (C.F. Först.) Britton & Rose, *E. strictum* (Lem.) Britton & Rose, *Phyllocactus hookeri* (Haw.) Salm-Dyck, *P. stenopetalus* C.F. Först., *P. strictus* Lem.

Plantas trepadoras a epífitas, hasta 4 m; tallos dimórficos, con ramificación difusa, el principal ascendente a péndulo, más o menos cilíndrico (cerca de la base) a general y angostamente plano, a veces 3- o 4-alado, los filocladios 25-50 × (3-)5-9(-10) cm, oblongos, el ápice obtuso, los márgenes crenados variablemente, con lóbulos que sobresalen 0.5-1 cm, subagudos a subobtusos; aréolas 3-5(-7) cm distantes entre sí; espinas y pelo-espinas ausentes. Flores dispuestas subpatentes a los márgenes del filocladio, 9.5-26.5 cm, tubular infundibuliformes; pericarpelo 1.2-2.5 × 0.6-0.8 cm; tubo receptacular 10-19.5 cm, más o menos recto (en los filocladios erectos) o curvo (en los filocladios péndulos), la base con costillas obtusas evidentes, las bractéolas de la parte media 1-20 mm, angostamente deltadas, extendidas a recurvadas, verdes a rosadas, sin espinas ni pelo-espinas; tépalos externos 3.5-11 × 0.3-1 cm, linear-lanceolados, el ápice agudo, rotados, los más externos amarillo-verdosos, los más internos verdosos; tépalos internos 3.5-10 × 0.3-0.8 cm, linear-oblanceolados, blancos; estambres 1.2-6 cm, insertos en una banda 8-45 mm (en la boca del tubo), los filamentos blancos o blanquecinos, las anteras amarillentas o amarillo-anaranjadas; estilo 9-24 cm, amarillo-anaranjado, púrpura o rojizo, el estigma con 8-15 lóbulos, 7-10 mm, blancos a amarillos. Frutos 3-8 × 2-3.5 cm, elipsoides a ovoides, rojo-purpúreos, con costillas obtusas notorias, las bractéolas hasta 4 mm, deltadas a ovadas, amarillentos a rojizos, sin espinas ni pelo-espinas, la pulpa blanca; semillas 2.7-4 mm, ovado-reniformes, notoriamente foveoladas (los huecos hasta al menos 0.1 mm). *Bosques tropicales perennifolios y subperennifolios, manglares, bosques de* Quercus, *bosques de* Pinus, *quebradas*. T-P. 100-1200 m.

(México [Edo. México, Guerrero, Jalisco, Michoacán, Oaxaca, Puebla, Veracruz], Mesoamérica, Venezuela, Trinidad y Tobago).

En este tratamiento se siguen principalmente las propuestas taxonómicas de Bauer (2003a) y Korotkova et al. (2017) quienes reconocen a este taxón como distinto a *Epiphyllum phyllanthus*. La combinación de caracteres que permiten reconocer a *E. hookeri* son las flores de 7.5-26.5 cm, el tubo receptacular (6-)8-19.5 cm, los tépalos (externos e internos) de 3-11 cm, con el perianto de 7-23 cm de diámetro, con una distribución que abarca del centro de México, Mesoamérica a Sudamérica. Sin embargo, Kimnach (1964) trató *E. hookeri* como una var. de *E. phyllanthus*. El estudio filogenético de Korotkova et al. (2017) confirma que ambas especies y sus unidades infraespecíficas (incluso la tratada aquí como *E. columbiense*) forman un solo grupo monofilético; por lo tanto, se requiere un estudio sistemático profundo que permita dilucidar sus relaciones y límites.

5a. Epiphyllum hookeri Haw. subsp. **guatemalense** (Britton & Rose) Ralf Bauer, *Cactaceae Syst. Init.* 17: 25 (2003). *Epiphyllum guatemalense* Britton & Rose, *Contr. U.S. Natl. Herb.* 16: 257 (1912-1916 [1913]). Holotipo: Guatemala, *Eichlam s.n.* (US-[nr] 691401, imagen en Internet!). Ilustr.: Kimnach, *Cact. Succ. J. (Los Angeles)* 36: 111, t. 2, f. 4 (1964), como *E. phyllanthus* var. *guatemalense*. N.v.: Pitahaya, Ch, G.

Epiphyllum phyllanthus (L.) Haw. var. *guatemalense* (Britton & Rose) Kimnach, *E. phyllanthus* subsp. *guatemalense* (Britton & Rose) U. Guzmán, *Phyllocactus guatemalensis* (Britton & Rose) Vaupel.

Flores (20-)24-26.5 cm; pericarpelo y tubo receptacular 16-19.5 cm, con costillas hasta 14 cm, las bractéolas 1-20 × 1-5 mm; tépalos externos 6-11 × 0.4-0.8 cm; tépalos internos 9-11 × 0.7-0.8 cm; estambres 4-6 cm, los filamentos blancos; estilo 21.5-23 × c. 0.2 cm, amarillo oscuro, los lóbulos del estigma 12 o 13, 7-10 mm, amarillo oscuro. Frutos c. 8 × 3.5 cm; semillas 2.7-3 mm. *Selvas subperennifolias*. T (*Burelo-Ramos 64*, UJAT); Ch (*Matuda 16636*, MEXU); C (*Martínez S. et al. 27339*, MEXU); G (*Clover 10052*, MEXU); ES (*Rosales 522*, LAGU). 200-1200 m. (México [Oaxaca], Mesoamérica).

Esta subespecie es similar a *Epiphyllum hookeri* subsp. *hookeri*, por tanto, es necesario comparar más de un espécimen con flor que permita evaluar la variación y facilitar su identificación. La combinación de caracteres variables que permite reconocer a *E. hookeri* subsp. *guatemalense* son la flor más larga (mayor de 24 cm), el perianto amplio al abrir (16-23 cm de diámetro) y los tépalos más largos (hasta 11 cm). Es nativa de México, Guatemala y El Salvador donde prefiere las selvas de la vertiente occidental. Es posible que ocurra en Honduras, pero los registros son escasos y sin estructuras reproductivas (*Yuncker et al. 8379*, NY), por lo que su identificación es imprecisa.

5b. Epiphyllum hookeri Haw. subsp. **hookeri**.

Flores (17-)19-23 cm; pericarpelo y tubo receptacular 16-19.5 × c. 0.7 cm, con costillas c. 14 cm, las bractéolas 1-20 × 1-4 mm; tépalos externos (4-)5.5-7 × 0.7-1 cm; tépalos internos 4-6.5 × 0.5-0.8 cm; estambres 2-3.6 cm, los filamentos blancos; estilo 16-19 cm, magenta-purpúreo, a veces la base y el ápice con tono anaranjado, los lóbulos del estigma 12-15, 8-10 mm, amarillos. Frutos 4-7 × 3-3.5 cm; semillas 3.2-3.5 mm. *Bosques con* Pinus, *Bosques tropicales perennifolios*. T (*Guadarrama et al. 6342*, MEXU); Ch (*Bravo s.n.*, MEXU); Y (*Gaumer 24329*, MO); C (*de la Cruz 1241*, UJAT); QR (*Álvarez et al. 9651*, MEXU); B (*Cafferty & Monro 20*, MO); G (*Pozuelos 4612*, MO); H (*Birdsey 320*, HNT); ES (*Sandoval ES-01841*, MO); N (*Stevens et al. 17627*, MO). 300-1000 m. (México [Edo. México, Guerrero, Jalisco, Michoacán, Oaxaca, Puebla, Veracruz], Mesoamérica, Venezuela, Trinidad y Tobago).

5c. Epiphyllum hookeri Haw. subsp. **pittieri** (F.A.C. Weber) Ralf Bauer, *Cactaceae Syst. Init.* 17: 26 (2003). *Phyllocactus pittieri* F.A.C. Weber in Bois, *Dict. Hort.* 957 (1893-1899 [1898]). Lectotipo (designado aquí): Costa Rica, *Pittier 10319* (US-[nr] 471982; isolectotipo: CR-[nr] 10319). Ilustr.: Kimnach, *Cact. Succ. J. (Los Angeles)* 36: 112, t. 3 (1964), como *E. phyllanthus* var. *pitteri*.

Epiphyllum phyllanthus (L.) Haw. var. *pittieri* (F.A.C. Weber) Kimnach, *E. pittieri* (F.A.C. Weber) Britton & Rose.

Flores 9.5-14.5(-16) cm; pericarpelo y tubo receptacular 10.5-12.5 (-14) × 0.5-0.7 cm, las costillas hasta 9 cm, las bractéolas 0.5-12 × 1-3 mm; tépalos externos 3.5-5.5 × 0.3-0.5 cm; tépalos internos 3.5-4 × 0.3-0.4 cm; estambres 1.2-1.5 cm, los filamentos blanquecinos; estilo 9.5-12 cm, rosado o amarillento, los lóbulos del estigma 8-13, 8-9 mm, amarillentos. Frutos 3-4.5 × c. 2 cm; semillas 3-4 mm. *Bosques tropicales perennifolios, quebradas*. N (*Araquistain 3381*, MO); CR (*Herrera & Hammel 3865*, CR); P (*Antonio 1535*, MO). 100-1000 m. (Endémica).

Esta subespecie se caracteriza por la flor con el tubo receptacular a menudo de menos de 16 cm y por las costillas rojizas. Una muestra de Tabasco, tentativamente identificada como esta especie (*Campos et al. 54*, UJAT) requiere más estudio y no se incluye aquí.

La tipificación de este nombre tiene una historia caótica. Primero Kimnach (1964) erró en decir que Weber citó tres sintipos, cuando en la publicación original (Weber, 1893-1899 [1898]) no se citó ningún espécimen. Fue hasta cuatro años después que Weber (1902: 462) mencionó 3 ejemplares bajo el nombre de *Phyllocactus pittieri*. De ellas, Weber (1893-1899 [1898]) solamente pudo haber visto *Pittier 10319* (CR), recolectada en 1896 (según el duplicado). Las otras dos muestras que él citó en Weber (1902) (*Tonduz 1918*, P; *Tonduz 13052*, P) no fueron recolectadas hasta 1900 y 1899, respectivamente. Kimnach (1964) escogió *Tonduz 13052* (P) como "lectotipo" pero debería haber sido "neotipo." De todos modos, dicha recolección es problemática y más probablemente pertenece a *Epiphyllum cartagense*. Bauer (2003a) no encontró en P material citado por Weber, ni el "lectotipo" designado por Kimnach, y escogió otro neotipo (una muestra relativamente reciente, recolectada por Horich). Hoy en día, ambas muestras de Tonduz sí están en P y escaneadas. Dados estos hechos y el epíteto "*pittieri*" usado por Weber, hay suficiente evidencia, en nuestra opinión, de que la muestra *Pittier 10319* fue el único material usado por Weber (1893-1899 [1898]) para hacer su muy reducida descripción. Al parecer ya no existe un duplicado en P de esta muestra. Por lo tanto, hemos escogido el duplicado de *Pittier 10319* (US) (que corresponde en todo sentido con el concepto actual) como lectotipo de este nombre, lo cual supera los neotipos designados por Kimnach (1964) y Bauer (2003a).

6. Epiphyllum laui Kimnach, *Cact. Succ. J. (Los Angeles)* 62: 148 (1990). Holotipo: México, Chiapas, *Lau 1319* (HNT-[cb] HNT0000085, imagen en Internet!). Ilustr.: Kimnach, *Cact. Succ. J. (Los Angeles)* 62: 149, t. 2-3 (1990a). N.v.: Mointez pejtok, Ch.

Plantas epífitas, hasta 2 m; tallos, dimórficos, el principal ascendente, terete a subterete, a veces 3-alado, los filocladios c. 40 × 5-7 cm, ovado-oblongos a oblongos a casi lineares, con el ápice subobtuso, los márgenes crenados a ondulados, no cornificados, con lóbulos que sobresalen c. 0.5 cm, rectos, pero dirigidos hacia el ápice en tallos jóvenes (los jóvenes rojizos); aréolas 3-5 cm distantes entre sí; con pelo-espinas 1-3(-5), hasta 5 mm, pardo-amarillentas, deciduas. Flores dispuestas subpatentes a los márgenes del filocladio, 14-16 cm, infundibuliformes; pericarpelo c. 2 × 1 cm; tubo receptacular 7-9 cm, recto a levemente curvo, la base verde-amarillenta, el ápice amarillo-anaranjado, la base con costillas obtusas inconspicuos, las bractéolas 5-10 × c. 5 mm, deltadas a lanceoladas, verde oscuro a rojo-purpúreas, las de la base con 1-3 espinas c. 5 mm, amarillentas; tépalos externos 7-9 × 0.5-1 cm, linear-oblanceolados, el ápice agudo, rotados a ascendentes, rojizo-anaranjados a amarillos; tépalos internos 6-8 × 2-2.1 cm, obovados a oblongos, el ápice aristado, blancos, a veces los márgenes amarillentos; estambres 4-5 cm, insertos en dos bandas, la inferior

c. 15 mm (desde 7-8 mm debajo de la boca del tubo), la superior justo en la boca del tubo, los filamentos amarillo blanquecinos, las anteras c. 3 mm; estilo 10-12 cm, el estigma con c. 8 lóbulos 7-10 mm, amarillo claro. Frutos hasta c. 8 × 3 cm, elipsoides, rojo-carmín, sublisos, las bractéolas 3-5 mm, extendidas, la pulpa blanca con tonos rosados; semillas c. 2 mm, ovoide-reniformes, diminutamente foveoladas. *Bosques de* Quercus. Ch (*Ton 8237*, MEXU). 1800-2200 m. (Endémica).

Epiphyllum laui se conoce solo de Chiapas. Se distingue porque el tubo receptacular es grueso (c. 1 cm), las aréolas del pericarpelo llevan algunas pelo-espinas y la floración es diurna. Es muy parecida a *Disocactus crenatus*, que también ocurre en elevaciones parecidas de Chiapas y es diurna. Las supuestas diferencias entre ambas son sumamente tenues: filocladios más angostos y tubo floral más ancho en la presente, según Kimnach, 1990a. Dado que las diferencias morfológicas tradicionales entre *Disocactus* y *Epiphyllum* (tamaño y color de las flores) ya no rigen y que *E. laui* nunca se ha incluido en ningún estudio molecular, su ubicación en *Epiphyllum* queda tentativa.

7. Epiphyllum oxypetalum (DC.) Haw., *Philos. Mag. Ann. Chem.* 6: 109 (1829). *Cereus oxypetalus* DC., *Prodr.* 3: 470 (1828). Lectotipo (designado por Bauer, 2003a): Candolle, *Mém. Mus. Hist. Nat.* 17: t. 14 (1828), como *C. oxypetalus*. Ilustr.: Hooker, *Bot. Mag.* 67: t. 3813 (1841a [1840]), como *C. latifrons*. N.v.: Reina de la noche G, ES; paxte de palo G.

Cereus latifrons Zucc. ex Pfeiff., *Epiphyllum acuminatum* K. Schum., *E. grande* (Lem.) Britton & Rose, *E. latifrons* Zucc. ex Pfeiff., *E. oxypetalum* (DC.) Haw. var. *purpusii* (Weing.) Backeb., *Phyllocactus acuminatus* (K. Schum.) K. Schum., *P. grandis* Lem., *P. latifrons* (Zucc. ex Pfeiff.) Link ex Walp., *P. oxypetalus* (DC.) Link ex Walp., *P. purpusii* Weing.

Plantas epífitas o trepadoras, hasta 3 m; tallos dimórficos, el principal ascendente a péndulo, terete, aplanado o trialado, los filocladios 18-45 × 5.5-8(-12) cm, largamente lanceolados, con el ápice acuminado, los márgenes crenados a ondulados, no cornificados, con lóbulos que sobresalen 0.3-1 cm, rectos o ligeramente inclinados hacia el ápice; aréolas 2.6-4.4 cm distantes entre sí; espinas y pelo-espinas ausentes. Flores dispuestas subpatentes a los márgenes del filocladio, 25-32 cm, largamente infundibuliformes; pericarpelo 2-2.8 × 0.5-1.2 cm; tubo receptacular (13-)17-20 cm, curvo, verde con tono rosado, la base con costillas obtusas evidentes, las bractéolas 3-30 (o más) mm, deltadas a lanceoladas, verdes a rosadas, sin espinas ni pelo-espinas; tépalos externos 8-10 × 1-1.5 cm, linear-lanceolados, amarillentos a rosados; tépalos internos 8-9 × 1.9-2.5 cm, lanceolados, apiculados, blancos; estambres 4.5-9 cm, insertos en dos bandas, la banda inferior 40-50 mm (desde 20-30 mm debajo de la boca del tubo) la superior justo en la boca del tubo, los filamentos blancos, las anteras 3-4 mm; estilo 20-24 cm, blanco, el estigma con 11-17 lóbulos, 10-15 mm, blanquecino-amarillentos. Frutos c. 12 × 8 cm, ovoides, rojos a purpúreos, con costillas obtusas poco evidentes; semillas no conocidas. *Bosques tropicales perennifolios y subperennifolios*. T (*Valdivia 2099*, XAL); Ch (*Aguilar et al. 8172*, MEXU); B (*Holst 4039*, MO); G (*Clover 10257*, UC); H (*Standley 52926*, US); ES (*Cerén 2615*, MHES). 100-1000 m. (México [Oaxaca, Puebla, San Luis Potosí, Veracruz], Mesoamérica).

Epiphyllum oxypetalum se caracteriza por las flores grandes (25-32 cm), y por los estambres insertos en dos zonas y de color blanco; adicionalmente los filocladios presentan con frecuencia el ápice acuminado. Se ha confundido con *E. thomasianum*, especialmente con *E. thomasianum* subsp. *thomasianum* que no presenta pelo-espinas (véase nota bajo esta última). Aunque por ahora no se conocen registros de *E. oxypetalum* en Nicaragua, es de esperarse en reportes futuros. Es una especie con valor ornamental en regiones tropicales y subtropicales; en la región mesoamericana hay registros de plantas cultivadas, incluyendo Costa Rica (*Hammel & Pérez 27673*, CR) y Panamá (*Croat 11422*, MO); también está introducida en Sudamérica, Antillas, Asia y África.

8. Epiphyllum phyllanthus (L.) Haw., *Syn. Pl. Succ.* 197 (1812). *Cactus phyllanthus* L., *Sp. Pl.* 469 (1753). Lectotipo (designado por Leuenberger, 1997): Dillenius, *Hort. Eltham.* 1: t. 64, f. 74 (1732a). Ilustr.: Kimnach, *Cact. Succ. J. (Los Angeles)* 36: 111, t. 2, f. 6 (1964), como *E. phyllanthus* var. *phyllanthus*.

Cereus phyllanthus (L.) DC., *Epiphyllum gaillardae* Britton & Rose, *Hariota macrocarpa* (Miq.) Kuntze, *Opuntia phyllanthus* (L.) Mill., *Phyllocactus gaillardae* (Britton & Rose) Vaupel, *P. phyllanthus* (L.) Link, *Rhipsalis macrocarpa* Miq., *R. phyllanthus* K. Schum.

Epiphyllum phyllanthus y *E. hookeri*, incluyendo sus unidades infraespecíficas (incluso *E. columbiense* como aquí tratada), forman un grupo monofilético bien apoyado (Korotkova et al., 2017). La delimitación entre estas entidades y el reconocimiento de subespecies requiere de estudios sistemáticos más profundos, que incluyan un amplio muestreo de datos morfológicos, palinológicos, ecológicos, como lo visualizaron Barthlott & Rauh (1974, 1975), incluyendo datos moleculares para tener un estudio más robusto. Véanse también notas bajo *E. columbiense* y *E. hookeri*.

8a. Epiphyllum phyllanthus (L.) Haw. subsp. **rubrocoronatum** (Kimnach) Ralf Bauer, *Cactaceae Syst. Init.* 17: 25 (2003). *Epiphyllum phyllanthus* var. *rubrocoronatum* Kimnach, *Cact. Succ. J. (Los Angeles)* 36: 110 (1964). Holotipo: Ecuador, *Horich s.n.* (HNT-[cb] HNT0000086, imagen en Internet!). Ilustr.: Kimnach, *Cact. Succ. J. (Los Angeles)* 36: 111, t. 2, f. 3 (1964), como *E. phyllanthus* var. *rubrocoronatum*.

Epiphyllum rubrocoronatum (Kimnach) Dodson & A.H. Gentry, *E. trimetrale* Croizat.

Plantas epífitas a trepadoras, hasta 2 m; tallos dimórficos con ramificación difusa, el principal erecto a péndulo, terete a trialado, los filocladios 25-50 × (3-)5-9(-10) cm, lineares, con el ápice obtuso, los márgenes crenados a serrados, cornificados, con lóbulos que sobresalen 0.5-1 cm, subagudos a subobtusos; aréolas (3-)4-5(-7) cm distantes entre sí; espinas y pelo-espinas ausentes. Flores dispuestas subpatentes a los márgenes del filocladio, 24-30 cm, infundibuliformes; pericarpelo c. 3 × 0.8 cm; tubo receptacular 21-26 cm, rosado en su cara externa, recto, la base con costillas agudas a obtusas, las bractéolas 1-12 mm, lanceoladas, sin espinas ni pelo-espinas; perianto hasta 9 cm de diámetro; tépalos externos 1.5-2.5 × (0.2-)0.4-0.6 cm, linear-lanceolados, blancos; tépalos internos 3-5 × 0.3-0.6 cm, linear-oblanceolados, el ápice agudo, blancos; estambres 2-3 cm, insertos en una banda 2(-4) mm (en la boca del tubo), los filamentos amarillentos cerca de la base, rojo-purpúreos hacia la mitad superior, las anteras c. 3 mm, amarillo-anaranjadas; estilo 18-24 cm, la base rojo-anaranjada, el ápice rojo-purpúreo, el estigma con 10-13 lóbulos, rojo anaranjados. Frutos 5-9 × 2-5 cm, con costillas obtusas poco conspicuas; semillas 3-4 mm, ovado-reniformes, notoriamente foveoladas. *Bosques tropicales perennifolios y subperennifolios, manglares*. P (*McPherson 21007*, MO). 0-300 m. (Mesoamérica, Colombia, Ecuador).

Según un ejemplar colectado en Panamá (*Allen 2334*, MO), es posible que *Epiphyllum phyllanthus* subsp. *phyllanthus* se distribuya en Mesoamérica. Sin embargo, aun cuando el ejemplar de herbario cuenta con una flor preservada, no es posible confirmar la identidad del organismo, pues no puede apreciarse el color de los verticilos florales (filamentos, estilo, lóbulos del estigma). Nuevas exploraciones podrían confirmar la presencia de este taxón en Mesoamérica.

9. Epiphyllum pumilum Britton & Rose, *Contr. U.S. Natl. Herb.* 16: 258 (1912-1916 [1913]). Holotipo: Guatemala, *Eichlam s.n.* (US-[nr] 691392, imagen en Internet!). Ilustr.: Britton & Rose, *Cact.* 4: 189, t. 196 (1923). N.v.: Pitaya, Ch.

Epiphyllum caudatum Britton & Rose, *Phyllocactus caudatus* (Britton & Rose) Vaupel, *P. pumilus* (Britton & Rose) Vaupel.

Plantas epífitas a trepadoras, hasta 5 m; tallos dimórficos con ramificación de escasa a densa, el principal péndulo, terete, los filocladios

10-46(-60) × 2.4-5.5(-8) cm, angostamente lanceolados, con el ápice acuminado o a veces agudo, los márgenes serrados a crenados, los lóbulos que sobresalen 0.2-0.5 cm, dirigidos hacia el ápice, subobtusos; aréolas 2.4-4 cm distantes entre sí; espinas y pelo-espinas ausentes. Flores dispuestas subpatentes a los márgenes del filocladio, (6-)9-15 cm, tubular-infundibuliformes; pericarpelo 0.8-1.2 × c. 0.8 cm; tubo receptacular 5-7 cm, con frecuencia curvo, la base verde claro, el ápice blanquecino-verdoso con tono rosado, la base subcilíndrico o con costillas obtusas poco evidentes, las bractéolas 1-12 mm, deltadas a lanceoladas, rojizas, las de la base a veces con 1 o 2 espinas c. 5 mm, blancas; tépalos externos 4-4.5 × c. 0.5 cm, lineares, el ápice agudo, blanquecino-verdoso claro, a veces con tono rojizo; tépalos internos 3-4 × c. 1 cm, lanceolados, el ápice acuminado, blancos; estambres 2.5-3.5 cm, insertos en dos bandas, la inferior 10-15 mm (subcontinua desde 5-10 mm debajo de la boca del tubo), la superior justo en la boca del tubo, los filamentos blancos, las anteras 2-3(-4) mm; estilo 7-10 cm, blanco, el estigma con 8-10 lóbulos, 5-8 mm, blanquecinos. Frutos c. 2 × 2.5 cm, elipsoides, rojos a rosados, con costillas obtusas poco evidentes, la pulpa blanca. *Bosques tropicales subperennifolios y subcaducifolios*. T (*Campos et al. 13*, UJAT); Ch (*MacDougall A229*, MEXU); B (*Boutin & Schlosser 5010*, HNT); G (*Véliz et al. MV 19965*, BIGU). 100-1500 m. (México [Oaxaca, Veracruz], Mesoamérica).

Epiphyllum pumilum se caracteriza por los filocladios con el ápice acuminado o agudo y las flores pequeñas (9-15 cm). Aunque Britton & Rose (1912-1916 [1913]) refieren flores de 5-6 cm, esto no fue corroborado en Mesoamérica.

10. Epiphyllum thomasianum (K. Schum.) Britton & Rose, *Contr. U.S. Natl. Herb.* 16: 259 (1912-1916 [1913]). *Phyllocactus thomasianus* K. Schum., *Monatsschr. Kakteenk.* 5: 6 (1895). Lectotipo (designado por Bauer, 2003c): Schumann, *Monatsschr. Kakteenk.* 5: t. s.n. (1895), como *P. thomasianus*. Epitipo (designado por Bauer, 2003c): Kimnach, *Cact. Succ. J. (Los Angeles)* 37: 165, t. A (1965b). Ilustr.: Kimnach, *Cact. Succ. J. (Los Angeles)* 37: 165, t. A (1965b), como *E. thomasianum* var. *thomasianum*.

Epiphyllum macropterum (Lem.) Britton & Rose var. *thomasianum* (K. Schum.) Borg, *E. ruestii* (Weing.) F.M. Knuth, *Phyllocactus ruestii* Weing.

Plantas epífitas o trepadoras, hasta 4 m; tallos dimórficos, el principal erecto a péndulo, terete, aplanado, trialado o cuadrangular, los filocladios 20-75 × 6-12.5 cm, oblanceolados a elípticos, con el ápice obtuso a agudo, los márgenes ampliamente crenados, a menudo cornificados, con lóbulos que sobresalen 0.3-2 cm, semicirculares; aréolas 4-9 cm distantes entre sí; espinas ausentes, pelo-espinas presentes o ausentes, cuando presentes limitadas a la región basal y terete de los tallos. Flores dispuestas adpresas a la superficie (el "envés") del filocladio, (20-)24-34 cm, infundibuliformes; pericarpelo 2.5-3 × 1-1.3 cm, verde-amarillento, las bractéolas 3-8 mm, deltadas a obtusas, adpresas, verde-amarillentas, los márgenes dentado-erosos, inermes, a veces con escasas pelo-espinas; tubo receptacular 16.5-21 cm, curvo, la parte basal verde-amarillenta, la parte superior amarillenta con tono rosado, la base con costillas obtusas evidentes, las bractéolas 3-50 mm, largamente deltadas a lanceoladas, sin espinas pero las basales a veces con pelo-espinas; tépalos externos 5-13 × 0.5-1.8 cm, linear-lanceolados o linear-oblanceolados, el ápice agudo, rojizo-amarillentos a verde-rojizos; tépalos internos 9-13.5 × 1.5-4.5 cm, oblanceolados, el ápice abruptamente agudo y mucronado, amarillo-blanquecino; estambres 6-9 cm, insertos en dos bandas, la banda inferior 25-90 mm (c. 15 mm abajo de la boca), la banda superior justo en la boca, los filamentos amarillentos, las anteras 2.5-5 mm, amarillo claro a castaño; estilo 25-30 cm, blanquecino, el estigma con 11-17 lóbulos, 10-25 mm. Frutos 10-11.5 × 4-6.5 cm, elipsoides a ovoide-oblongos, a veces angostos en la parte media, rojos, con costillas obtusas conspicuas, las bractéolas c. 6 × 3 mm, deltadas, extendidas, las aréolas con lana, sin o con pelo-espinas hasta 8 mm, la pulpa blanca; semillas (2.7-)3.5-4.3 mm, ovoides a ovoide-reniformes, lustrosas, relativamente lisas. *Bosques tropicales subperennifolios*. Ch, G, ES, N-P. 0-1500 m. (Endémica).

Epiphyllum thomasianum está relacionada con *E. oxypetalum* y *E. pumilum* (Korotkova et al., 2017). A veces se confunde con *E. oxypetalum*, pero difiere de esta porque *E. thomasianum* presenta flores adpresas a (y eventualmente péndulas de) la superficie (el "envés") de la lámina del filocladio (en vez de patentes al margen), y filocladios oblanceolados a elípticos, con los márgenes ampliamente crenados y el ápice entre obtuso y agudo (lanceolados, márgenes irregularmente crenados y el ápice agudo a caudado en *E. oxypetalum*). Se trata de una especie nativa (y a menudo cultivada) de la región mesoamericana, las referencias de su posible presencia en Colombia y Ecuador (Bauer, 2003a) requieren confirmación. Se reconocen 2 subespecies en *E. thomasianum*, mismas que se encuentran en la región de estudio (Bauer, 2003a; Hunt et al., 2006a; Kimnach, 1965b; Korotkova et al., 2017).

10a. Epiphyllum thomasianum (K. Schum.) Britton & Rose subsp. **costaricense** (F.A.C. Weber) Ralf Bauer, *Cactaceae Syst. Init.* 17: 22 (2003). *Phyllocactus costaricensis* F.A.C. Weber, *Bull. Mus. Hist. Nat. (Paris)* 8: 463 (1902). Neotipo (designado por Bauer, 2003a): Kimnach, *Cact. Succ. J. (Los Angeles)* 37: 167, t. C (1965b). Epitipo (designado por Bauer, 2003a): Kimnach, *Cact. Succ. J. (Los Angeles)* 37: 166, t. B (1965b). Ilustr.: Kimnach, *Cact. Succ. J. (Los Angeles)* 37: 166, t. B (1965b). N.v.: Pitayo, tuna, CR.

Epiphyllum costaricense (F.A.C. Weber) Britton & Rose, *E. macrocarpum* (F.A.C. Weber) Backeb., *E. thomasianum* (K. Schum.) Britton & Rose var. *costaricense* (F.A.C. Weber) Kimnach, *Phyllocactus macrocarpus* F.A.C. Weber.

Filocladios con la base angulada o aplanada, hirsuta, los márgenes con lóbulos extendidos y poco pronunciados, pardos; pericarpelo con pelo-espinas c. 15 mm, blanquecinas; estambres 7-7.5 cm, insertos sobre la mitad superior del tubo receptacular; lóbulos del estigma blancos. Frutos con costillas prominentes y decurrentes, las aréolas con pelo-espinas c. 8 mm; semillas 3.2-3.5 mm. *Bosques tropicales subperennifolios*. N (*Atwood & Neill AN33-A*, MO); CR (*Hammel et al. 20393*, MO); P (*Hammel 2568*, MO). 0-1500 m. (Endémica).

10b. Epiphyllum thomasianum (K. Schum.) Britton & Rose subsp. **thomasianum**.

Filocladios con la base terete, no hirsuta, los márgenes con lóbulos cortos, casi rectos, a veces como muescas, verdes; pericarpelo inerme; estambres 6-9 cm, insertos sobre el 1/3 superior del tubo receptacular; lóbulos del estigma amarillos. Frutos sin costillas, la base del fruto levemente ondulado, las aréolas inermes; semillas 2.75-3.25 mm. *Bosques tropicales perennifolios y subperennifolios*. Ch (*Sánchez-Mejorada 1725*, MEXU); G (*Horich s.n.*, HNT); ES (*Cerén et al. 3182*, MHES); N (*Stevens 9195*, MO). 1000-2000 m. (Endémica).

6. **Harrisia** Britton

Cereus Mill. subg. *Eriocereus* A. Berger, *Eriocereus* (A. Berger) Riccob., *E.* subg. *Roseocereus* Backeb., *Harrisia* Britton subg. *Eriocereus* (A. Berger) A.R. Franck, *H.* [sin rango] *Eriocereus* (A. Berger) Britton & Rose, *Roseocereus* (Backeb.) Backeb., *Serrulatocereus* Guiggi.

Por A.R. Franck & S. Arias.

Arbustos o árboles; raíces a veces engrosadas; tallos con ramificación desde la base o difusa, erectos, escandentes a postrados, indeterminados, cilíndricos, 3-14-acostillados, con surco intercostal amplio o reducido; aréolas distantes entre sí, con espinas centrales a veces más largas y gruesas que las espinas radiales, escasas a abundantes; zona fértil no diferenciada de la infértil. Flores solitarias, laterales o subterminales, infundibuliformes, nocturnas; pericarpelo y tubo receptacular con podarios evidentes, las brácteas más grandes hacia el perianto, las aréolas con tricomas conspicuos y semideciduos, con pelo-espinas a veces presentes en la base de la flor; tubo receptacular más largo que los tépalos; perianto con tépalos patentes, los internos blancos o rosados; nectarios ubicados en una zona angosta, limitada por la base de la banda proximal de estambres. Frutos globosos a obovados, amarillos, anaranjados o rojos, carnosos, con podarios, las brácteas y los tricomas con frecuencia deciduos (retenidos en *Harrisia bonplandii* (Parm. ex Pfeiff.) Britton & Rose y *H. jusbertii* (Rebut & K. Schum.) Frič), indehiscentes (*H.* sect. *Harrisia*) o con dehiscencia irregular (otras secciones), la pulpa jugosa, blanca, los remanentes florales persistentes; semillas ampliamente ovadas, la testa negra y brillante, la región apical con células agrandadas y región hilo-micropilar cavernosa. Aprox. 19 spp., en Estados Unidos [Florida], Antillas, hasta Bolivia y Argentina; 1 sp. en Mesoamérica.

El género probablemente se originó alrededor de los Andes en Sudamérica y posteriormente se dispersó y diversificó en Brasil y las Antillas. *Harrisia* subg. *Eriocereus* se caracteriza por semillas de longitud y anchura casi iguales, con especies confinadas a Sudamérica. *Harrisia* subg. *Harrisia* incluye especies en el este de Brasil y las Antillas, caracterizadas por presentar semillas oblongas. *Harrisia* sect. *Harrisia* contiene 11 especies en las Antillas (una en *H.* ser. *Earlei* A.R. Franck y 10 en *H.* ser. *Harrisia*), todas con lóbulos del estigma relativamente cortos. *H.* ser. *Harrisia* se caracteriza por los tallos erectos a reclinables, con 8-14 costillas, e incluye a *H. caymanensis*.

Bibliografía: Franck, A.R. *Haseltonia* 18: 95-104 (2012); *Phytoneuron* 2016-85: 1-159 (2016). Franck, A.R. et al. *Syst. Bot.* 38: 210-223 (2013).

1. Harrisia caymanensis A.R. Franck, *Haseltonia* 18: 98 (2012). Holotipo: Islas Caimán, *Franck 3035* (USF!). Ilustr.: Franck, *Haseltonia* 18: 98, t. 2 (2012).

Plantas arbustivas, hasta 2 m; tallos con ramificación basal, erectos a escandentes, hasta 2 cm de ancho en el ápice, hasta 5 cm de ancho en la base, verde oscuro, los tallos que se desprenden pueden enraizar, las costillas 9-11, ligeramente tuberculadas; aréolas 2-5 mm de ancho, distantes entre sí (sobre la misma costilla) hasta 1.9 cm; espinas hasta 25 en aréolas basales, hasta 2.5 cm, subuladas, a menudo superpuestas, marrón oscuro a marrón claro cuando jóvenes, blanco grisáceo cuando maduran. Flores 14.5-15 cm; pericarpelo c. 1.5 × 1.3 cm, verde, las bractéolas 4-7 mm, deltado-subuladas, los tricomas evidentes, 10-11 mm; tubo receptacular 7-8 cm, verde claro, las bractéolas de la parte media 8.5-10 mm, subuladas; tépalos externos 4-5.5 × 0.4-0.65 cm, lineales, los márgenes agudos, amarillo-verdosos o verdes; tépalos internos 5-6 × 1.3-1.5 cm, ovados, los márgenes casi enteros, blancos; estambres c. 11 cm, los filamentos verdes a blancos; estilo c. 13 cm, verde claro a blanco, el estigma con c. 12 lóbulos, 3-5 mm. Frutos c. 4.5 × 5 cm, globosos o deprimido-globosos, amarillos, las bractéolas secas, la pulpa blanca, dulce; semillas 1.9-2.1 × 1.4-1.5 mm. *Matorrales costeros, áreas abiertas*. H (*Clough s.n.*, IJ). 0-100 m. (Mesoamérica, Islas Caimán).

Harrisia caymanensis está relacionada con otras especies nativas de las Antillas (Franck et al., 2013). Los caracteres diagnósticos de *H. caymanensis* incluyen las flores relativamente cortas (14.5-15 cm) y las espinas largas en la base del tallo (hasta 6.5 cm). Esta especie se limita a las Islas Caimán y las Islas Swan, Honduras. La identificación de las plantas en las Islas Swan es muy tentativa y se basa principalmente en la geografía, ya que las poblaciones más cercanas se encuentran en las Islas Caimán (Franck, 2012). Todos los especímenes de herbario consultados de las islas Swan presentan tallos apicales estériles o solo tienen botones florales muy pequeños (*Moyne s.n.*, K; *Proctor 32594*, IJ; *Proctor 32614*, IJ). No tenemos conocimiento de ninguna observación de flores maduras. El único fruto maduro observado de las Islas Swan (Franck, 2016: 112, t. 63A) parece muy pequeño en relación con otras poblaciones de las Antillas. Es deseable realizar análisis morfológicos y genéticos detallados para evaluar la identidad taxonómica de las poblaciones en las Islas Swan.

7. Kimnachia S. Arias & N. Korotkova

Por S. Arias & D.A. Aquino.

Arbustos, epífitas; raíces adventicias ausentes; tallos con ramificación difusa, péndulos, determinados, el tallo principal y los secundarios con la región basal terete y la superior en filocladios de 1-2(-3) cm de ancho, lanceolados a lineares, los márgenes no cornificados; tallos dimorfos, los jóvenes más delgados; aréolas distantes entre sí, no conspicuas, inermes. Flores solitarias, rara vez 2 por aréola, rotadas, laterales, diurnas; pericarpelo y tubo receptacular sin podarios, las bractéolas escasas, las aréolas inermes; tubo receptacular conspicuo pero reducido; perianto con tépalos escasos, recurvados, blancos con tono amarillo pálido; estambres escasos, en una sola banda, por arriba de la zona nectarial; nectarios ubicados en una zona angosta, limitada por la base de la banda de estambres. Frutos globosos u ovoides, blanquecinos y translucidos, los podarios ausentes, las aréolas inermes, indehiscentes, la pulpa jugosa, blanquecina, los remanentes florales no persistentes; semillas ovoides a ligeramente reniformes, la testa negra a parda oscura, lustrosa, con microrrelieve. Género monoespecífico distribuido en México, Mesoamérica, Colombia, Venezuela, Brasil, Jamaica.

Kimnachia ramulosa ha sido un taxón cuyas afinidades no habían sido claras. Propuestas previas lo incluían en *Disocactus* (Kimnach, 1961), e incluso en *Pseudorhipsalis* (Barthlott en Hunt & Taylor, 1991). Estudios filogenéticos enfocados en la tribu Hylocereeae demostraron que este taxón no es parte de *Pseudorhipsalis*, ni de *Disocactus*. Las terminales que representan a este taxón se resolvieron como un linaje independiente, hermanado con *Disocactus* y *Epiphyllum*, por lo que se propuso un nuevo género: *Kimnachia* (Korotkova et al., 2017). Las diferencias morfológicas con *Pseudorhipsalis* son parciales y se sobreponen en algunas especies. Los tallos son de consistencia coriácea y algo suculentos e inermes; las flores poseen un tubo receptacular notablemente reducido y son autógamas. Estos caracteres los comparte por ejemplo con *P. acuminata*, *P. himantoclada* (nativos de Costa Rica). Por ahora, Martínez-Quezada et al. (2020) encontraron que *Kimnachia* se caracteriza por la presencia de drusas en las células corticales, mientras que en *Pseudorhipsalis* hay cristales cúbicos en las mismas células. Para propósitos de la flora, reconocemos a *Kimnachia* como género monotípico, a reserva de ampliar la discusión, pero destacando su alta similitud morfológica con *Pseudorhipsalis*.

Bibliografía: Hunt, D.R. & Taylor, N.P. *Bradleya* 9: 86-88 (1991). Kimnach, M.W. *Cact. Succ. J. (Los Angeles)* 33: 11-16 (1961). Korotkova, N. et al. *Phytotaxa* 327: 30-31, 42 (2017).

1. Kimnachia ramulosa (Salm-Dyck) S. Arias & N. Korotkova in D.R. Hunt, *Cactaceae Syst. Init.* 39: 4 (2018). *Cereus ramulosus* Salm-Dyck, *Hort. Dyck.* 340 (1834). Neotipo (designado por Kimnach, 1993): país no conocido, *Anon. s.n.* (foto US ex B, destruido). Ilustr.: Kimnach, *Cact. Succ. J. (Los Angeles)* 33: 13, t. 4 (1961), como *Disocactus ramulosus*. N.v.: Yijkatztez pejtak, Ch.

Disocactus ramulosus (Salm-Dyck) Kimnach, *D. ramulosus* forma *angustissima* (F.A.C. Weber) Kimnach, *D. ramulosus* var. *angustissimus* (F.A.C. Weber) Kimnach, *Hariota coriacea* (Pol.) Kuntze, *H. ramulosa* (Salm-Dyck) Lem., *Kimnachia ramulosa* (Salm-Dyck) S. Arias & N. Korotkova forma *angustissima* (F.A.C. Weber) S. Arias & N. Korotkova, *Pseudorhipsalis ramulosa* (Salm-Dyck) Barthlott, *P. ramulosa* forma *angustissima* (F.A.C. Weber) Barthlott, *Rhipsalis angustissima* F.A.C. Weber, *R. coriacea* Pol., *R. leiophloea* Vaupel, *R. purpusii* Weing., *R. ramulosa* (Salm-Dyck) Pfeiff.

1a. Kimnachia ramulosa (Salm-Dyck) S. Arias & N. Korotkova subsp. **ramulosa**.

Plantas epífitas, hasta 1 m; tallos (0.5-)1-2(-5) cm de ancho, péndulos, más o menos coriáceos, la base terete, los filocladios lanceolados a lineares, los márgenes obtusamente serrados, con podarios que sobresalen 1-5 mm, el ápice agudo a obtuso, a menudo se ramifican desde la base, los filocladios secundarios 1-3 cm de ancho, con tonos rosados, especialmente en los nuevos filocladios; aréolas distantes entre sí 1-2.4 cm (sobre la misma costilla); espinas ausentes, la región basal del tallo principal a menudo hirsuta. Flores 0.7-1.2 cm, más o menos péndulas, más o menos rotadas, rosadas externamente; pericarpelo y tubo receptacular 4-5 × 2.5-4 mm, las bractéolas 6-9, c. 1.5 mm, las inferiores adpresas, las superiores ligeramente extendidas, ampliamente ovadas, el ápice obtuso o subagudo, las aréolas desnudas; tépalos externos c. 2 × 2 mm, oblongos, el ápice ligeramente curvo, rotados hasta angostamente recurvados, obtuso; tépalos internos 3-6 × 1-2 mm, linear-lanceolados, el ápice subobtuso; estambres 12-30, 2-6 mm, los filamentos y las anteras blanquecinos; estilo 5-8 mm, amarillento, los lóbulos del estigma 3 o 4, amarillentos. Frutos 4-8 mm, ovoides, blancos o blanco-rosados, las bractéolas ovadas, rosadas, la pulpa acuosa, blanquecina; semillas 1.2-1.5 mm. Floración abr.-ago.; fructificación jun.-oct. $2n = 22$. *Bosques tropicales perennifolios y subperennifolios, orillas de arroyos*. T (*Matuda 3369*, MEXU); Ch (*Bravo 3044*, MEXU); B (*Whitefoord 2341*, MEXU); G (*Kellerman 5697*, MEXU); H (*Liesner 26751*, MEXU); N (*Neill 1613*, CR); CR (*Wercklé s.n.*, CR). 100-1600 m. (México [Jalisco, Nayarit, Oaxaca, Puebla], Mesoamérica, Colombia, Venezuela, Ecuador, Perú, Bolivia, Brasil).

La especie consiste de 2 subspp.; es de esperarse que esta subespecie también se encuentre en El Salvador y Panamá, aunque por ahora no se conocen registros.

8. Lemaireocereus Britton & Rose

Anisocereus Backeb., *Pachycereus* (A. Berger) Britton & Rose subg. *Lemaireocereus* (Britton & Rose) Bravo, *P.* sect. *Lemaireocereus* (Britton & Rose) P.V. Heath.

Por S. Arias.

Árboles o arbustos; tallos con ramificación basal o de la parte media, erguidos o arqueados, indeterminados, cilíndricos, 7-14-acostillados, con surco intercostal amplio, el córtex adquiere tono oscuro al contacto con el aire, sin mucílago abundante; aréolas distantes entre sí, con espinas diferenciadas en radiales y centrales, rígidas, subuladas; zona fértil indiferenciada de la infértil. Flores 5-10 cm, solitarias, terminales, infundibuliformes, nocturnas; pericarpelo y tubo receptacular con podarios amplios, evidentes, cubiertos por las brácteas, foliáceas a carnosas, las aréolas con tricomas cortos o ausentes, las espinas vestigiales (ausentes en *Lemaireocereus lepidanthus*); tubo receptacular más largo que los tépalos; perianto con tépalos numerosos, rotados, blancos a anaranjados; nectarios en una cámara amplia, limitada por la base recurvada de la banda de estambres. Frutos 3-7 cm, ovoides a piriformes, rojos con tonos verde a púrpura, con podarios evidentes o no, las brácteas amplias, de consistencia carnosa o papirácea, cubriendo parcialmente la pared del fruto, las aréolas inermes o con pelo-espinas, la dehiscencia irregular, la pulpa carnosa, roja o púrpura, dulce, los remanentes florales persistentes; semillas 2.2-3.5 mm, ampliamente ovoides a ligeramente orbiculares, la testa parda a negra y lustrosa, microrrelieve diminutamente rugoso o ausente, las paredes periclinales planas, intersticios presentes. 2 spp. en México y Guatemala; 1 sp. en Mesoamérica.

Lemaireocereus fue descrito por Britton & Rose (1908-1909 [1909]), para incluir a un grupo heterogéneo morfológicamente. Fue incluido en *Pachycereus* por compartir algunos caracteres florales básicos. Estudios filogenéticos más recientes revelan que *Lemaireocereus* es un linaje tempranamente diversificado dentro de la subtribu Pachycereinae y distante de *Pachycereus* (Arias & Terrazas, 2006, 2009; Arias et al., 2003). *Lemaireocereus* se caracteriza por la combinación de tallos con costillas redondeadas, flores terminales, con brácteas evidentes, frutos con dehiscencia irregular y pulpa roja a púrpura; lo integran 2 especies, *L. hollianus* (F.A.C. Weber) Britton & Rose del Valle de Tehuacán-Cuicatlán, y *L. lepidanthus* del monte espinoso en Guatemala (Arias & Terrazas, 2009; Véliz Pérez, 2008) y Honduras.

Bibliografía: Hunt, D.R. & Taylor, N.P. *Cactaceae Syst. Init.* 21: 9 (2006).

1. Lemaireocereus lepidanthus (Eichlam) S. Arias & Terrazas, *Syst. Bot.* 34: 82 (2009). *Cereus lepidanthus* Eichlam, *Monatsschr. Kakteenk.* 19: 177 (1909). Neotipo (designado por Hunt & Taylor, 2006): Eichlam, *Monatsschr. Kakteenk.* 23: 53, t. s.n. (1913). Ilustr.: Véliz Pérez, *Cactáceas Guatemala* 75, t. 1-6 (2008), como *Pachycereus lepidanthus*. N.v.: Tunillo, tuno de punta, G.

Anisocereus lepidanthus (Eichlam) Backeb., *Escontria lepidantha* (Eichlam) Buxb., *Pachycereus lepidanthus* (Eichlam) Britton & Rose.

Plantas arbóreas o arbustivas, hasta 5 m, a veces sin tronco bien definido; tallos 5-8 cm de ancho, arqueados o más o menos erectos, verde oscuro; costillas 7 u 8(9), 8-15 mm de alto, los márgenes ligeramente agudos; aréolas c. 5 mm, distantes entre sí (sobre la misma costilla) 1-1.5 cm; espinas radiales 7-10, 1.5-4 cm, aciculares, rectas; espinas centrales 1-3, no siempre diferenciadas de las radiales, 3-6 cm, gruesas, rectas, grises. Flores 5-7 cm; pericarpelo 1.7-2 cm, las brácteas hasta 1.2 × 0.4 cm, pergaminosas, grises, los tricomas y espinas ausentes o no evidentes; tubo receptacular 3.5-4.6 cm, c. 2.5 cm de ancho en la base, c. 4 cm de ancho en la garganta, las brácteas hasta 1.6 × 0.4 cm, deltadas, pergaminosas, recurvadas, grises (negras al secarse), con pelo-espinas hasta 1.5 cm, ocasionales; tépalos externos 1.5-2 cm, rosados o rosado-anaranjados con el ápice gris; tépalos internos 2-2.5 × 0.8-1 cm, anaranjados, anaranjado-rojizos o rosado-anaranjados, con franja media más roja o ausente, el ápice gris (negro al secarse); estambres 2.5-3 cm, los inferiores más largos, los filamentos amarillo pálido; estilo 5-6.2 cm, rosado hacia la base y amarillo en el ápice, el estigma con 5-8 lóbulos, c. 5 mm, amarillo claro. Frutos 3-4 × 3.5-4 cm, globosos a piriformes, pardo oscuro al madurar, las brácteas hasta c. 2 cm, pardas, con pelo-espinas 0-6, cuando presentes hasta 3 cm, pardas, la pulpa roja; semillas c. 3 × 2.5 mm. Floración mar.-jul.; fructificación abr.-ago. *Bosques tropicales caducifolios, matorrales abiertos*. G (*Véliz et al. MV 19915*, BIGU); H (*Ferrufino 751*, TEFH). 300-600 m. (Endémica).

9. Leuenbergeria Lodé

Por S. Arias & D.A. Aquino.

Árboles o arbustos, foliados; tallos con ramificación desde la base o parte media, erguidos, indeterminados, cilíndricos, sin costillas ni tubérculos. Hojas con limbo laminar, planas o ligeramente suculentas, pecioladas o sésiles, deciduas, seudopalmatinervias o pinnatinervias; aréolas en las axilas de las hojas, con tricomas y a veces hojas, las espinas solitarias o múltiples, no diferenciadas en radiales y centrales. Flores solitarias o en inflorescencias (racimos o fascículos), terminales o laterales, campanuladas, diurnas; pericarpelo (receptáculo) con o sin podarios, las brácteas pequeñas a grandes, foliáceas, verdes o con el color de los tépalos, las aréolas inermes o con espinas y pelo-espinas; tubo receptacular no conspicuo; perianto con tépalos numerosos, rojos, anaranjados o amarillos; estambres numerosos, insertos en la base del perianto, incluidos; ovario ínfero, semiínfero o súpero. Frutos globosos, obovados a turbinados, verdes o amarillos con tinte rojizo, con o sin aroma, las brácteas deciduas a persistentes, las aréolas inermes; pulpa jugosa, con mucílago o esclereidas, los remanentes florales persistentes o deciduos; semillas obovoides, la testa lisa, negra y brillante. 8 spp. en México, Mesoamérica, Colombia, Venezuela, Brasil y Antillas; 3 spp. en Mesoamérica.

En la hipótesis filogenética de Nyffeler (2002), *Pereskia* no se resolvió como un grupo monofilético. Posteriormente, Butterworth & Wallace (2004) y Edwards et al. (2005) corroboraron esta condición en sus respectivos estudios filogenéticos, sin proponer cambios nomenclaturales. Lodé (2013 [2012]) propuso el género *Leuenbergeria* (tipo *L. quisqueyana* (Alain) Lodé), para incluir a los taxones resueltos en el denominado "clado norte". Esta propuesta recibió críticas porque los miembros de *Leuenbergeria* son difíciles de distinguir morfológicamente de *Pereskia*. Para fines de la flora reconocemos a *Leuenbergeria* como un género diferente de *Pereskia*, mientras nuevas evidencias sean publicadas. Se distribuye en ambientes cálido húmedos estacionales.

Bibliografía: Lodé, J. *Cact.-Avent. Int.* 97: 25-27 (2013 [2012]).

1. Árboles de hasta 15 m de altura, tronco de hasta 40 cm de ancho. **3. L. lychnidiflora**
1. Árboles o arbustos de hasta 8 m de altura, tronco de hasta 25(-40) cm de ancho.
   2. Hojas de 6-20 cm, tépalos internos rojo-escarlata o rojo-anaranjados. **1. L. bleo**
   2. Hojas de 2-7(-9) cm, tépalos internos amarillos. **2. L. guamacho**

1. Leuenbergeria bleo (Kunth) Lodé, *Cact.-Avent. Int.* 97: 26 (2013 [2012]). *Cactus bleo* Kunth in Humb., Bonpl. & Kunth, *Nov. Gen. Sp.* 6: 69 (1823). Lectotipo (designado por Leuenberger, 1986): Colombia, *Humboldt & Bonpland 1546* (P-[cb] P00679534!). Ilustr.: Leuenberger, *Mem. New York Bot. Gard.* 41: 100, t. 39 (1986), como *Pereskia bleo*. N.v.: Najíi, najú de culebra, najú de espinas, P.

Pereskia bleo (Kunth) DC., *Rhodocactus bleo* (Kunth) F.M. Knuth.

Plantas arbustivas, a veces arborescentes, 2-8 m; tronco hasta 15 cm de ancho. Hojas (4-)6-20(-25) × (1-)2-7(-8) cm, angostadas en la base, angostamente elípticas a lanceoladas, el pecíolo 0.5-3 cm, ligeramente surcado arriba, pinnatinervias; aréolas 2-5 mm, oblongas a circulares; espinas (0)1-5, 0.2-5 cm en los tallos jóvenes, en el tronco c. 40, 0.5-1.5 cm, subuladas, grises a negras. Flores 3-5 cm, terminales, dispuestas en racimos, el pedicelo 0.5-1 cm; receptáculo 0.5-1(-1.2) cm de ancho, turbinado, irregularmente pentagonal, las brácteas inferiores 1 o 2, las brácteas superiores 4 o 5, c. 1.8 × 0.2 cm; tépalos externos 2 o 3, 1.2-2.1 × 1.2-1.7 cm, ovados, la base amplia, los márgenes verdes o rojizos; tépalos internos 10-15, 2-3(-4) × 2 cm, obovados a ampliamente obovados, el ápice ampliamente redondeado y suavemente mucronado a emarginado, rojo-escarlata o rojo-anaranjados; estambres c. 120, 5-13 mm, los filamentos con el ápice rojo; polen 9-12-colpado; ovario ínfero; estilo 1-1.4 cm, los lóbulos del estigma 5 o 6, amarillo claro. Frutos 4-5(-7) cm, turbinados, ampliamente umbilicados, amarillos al madurar, las brácteas 1 o 2, persistentes; semillas 10-20, 6-7 mm, obovoides. Floración mar.-jun.; fructificación oct.-dic. $2n = 22$. *Bosques tropicales caducifolios secundarios, vegetación riparia, huertos familiares*. H (*Yuncker et al. 5752*, NY); N (*Grijalva & Vanegas 2729*, MO); CR (*Khan et al. 1122*, CR); P (*D'Arcy 5530*, MO). 0-500(-1300) m. (Mesoamérica, Colombia).

Leuenbergeria bleo es una especie nativa de Panamá y Colombia (Leuenberger, 1986), pero introducida como ornamental en otras regiones de Mesoamérica.

2. Leuenbergeria guamacho (F.A.C. Weber) Lodé, *Cact.-Avent. Int.* 97: 26 (2013 [2012]). *Pereskia guamacho* F.A.C. Weber in Bois, *Dict. Hort.* 938 (1893-1899 [1898]). Neotipo (designado por Leuenberger, 1986): Venezuela, *Bailey & Bailey 1351* (US-[nr] 2876207, imagen en Internet!). Ilustr.: Leuenberger, *Mem. New York Bot. Gard.* 41: 86, t. 32 (1986), como *P. guamacho*.

Rhodocactus guamacho (F.A.C. Weber) F.M. Knuth.

Plantas arbustivas o arborescentes, 4-8 m; tallos jóvenes con ramificación subverticilada, difusa; tronco 1(-2) m × 25(-40) cm. Hojas 1-3(4) por aréola, 2-7(-9) × 1-6 cm, angostas, anchamente obovadas o elípticas, el pecíolo corto y grueso, a menudo no discernible, seudopalmatinervias o pinnatinervias; aréolas 2-4 mm de ancho en los tallos jóvenes, 5-7 mm en los tallos maduros, con hojas en los brotes jóvenes; espinas 0-2, 0.5-2 cm en los tallos jóvenes, porrectas, subuladas, con la base ligeramente bulbosa, moreno-rojizas a negras, las espinas de los demás tallos 0-5, (0.5-)1-3(-4) cm, extendidas, morenas a negras, grises con la edad; espinas del tronco 50-60, 3-5 cm, subuladas. Flores 2.5 a 4.5 cm, solitarias o en fascículos 2 o 3, laterales, sésiles o casi sésiles; receptáculo c. 5 mm de ancho cuando está abierto, turbinado, las bractéolas 3-5 × 1-2 mm, linear-lanceoladas, las aréolas con algunas pelo-espinas blancas; tépalos externos 3-5, 10 mm, obovados, el ápice agudo u obtuso, amarillentos, la base con tinte rojizo; tépalos internos 10-12, c. 2.5 × 1.3 cm, obovados hasta angostamente obovados, el ápice redondeado hasta truncado, emarginado, amarillos; estambres 9-11 mm, extendidos, los filamentos amarillos; polen 9-12-colpado; ovario subínfero, globoso, angosto en la base del estilo; estilo c. 10 mm, los lóbulos del estigma 5 o 6. Frutos globosos, obovados, verdes, las aréolas pequeñas; semillas 3.7-4 × 2.9-3.4 mm, reniformes, aplanadas. Floración mar.-may.; fructificación jul.-sep. *Bosques tropicales caducifolios, bosques espinosos, áreas abiertas*. P (*Antonio 4646*, PMA). 0-800 m. (Mesoamérica, Colombia, Venezuela, Antillas Menores).

3. Leuenbergeria lychnidiflora (DC.) Lodé, *Cact.-Avent. Int.* 97: 27 (2013 [2012]). *Pereskia lychnidiflora* DC., *Mém. Mus. Hist. Nat.* 17: 75 (1828). Lectotipo (designado por McVaugh, 2000): *Sessé & Mociño*, Ilustr. Hunt Inst. 6331.1689. Ilustr.: Leuenberger, *Mem. New York Bot. Gard.* 41: 78, t. 29 (1986), como *P. lychnidiflora*. N.v.: Guititache, pititache, Ch; manzanote, matial, G; amatilla, mateado, H; amatillo, matial, matiare, ES; matitir, N; mateares, CR.

Opuntia pititache (Karw. ex Pfeiff.) F.A.C. Weber, *Pereskia autumnalis* (Eichlam) Rose, *P. conzattii* Britton & Rose, *P. nicoyana* F.A.C. Weber, *P. opuntiiflora* DC., *P. pititache* Karw. ex Pfeiff., *Pereskiopsis autumnalis* Eichlam, *P. opuntiiflora* (DC.) Britton & Rose, *P. pititache* (Karw. ex Pfeiff.) Britton & Rose, *Rhodocactus autumnalis* (Eichlam) F.M. Knuth, *R. conzattii* (Britton & Rose) F.M. Knuth, *R. lychnidiflorus* (DC.) F.M. Knuth, *R. nicoyanus* (F.A.C. Weber) F.M. Knuth.

Plantas arborescentes hasta 15 m; tallos jóvenes con ramificación monopódica, al madurar con ramificación subverticilada, horizontal a difusa; tronco 30-40 cm de ancho. Hojas 1 o 2(3) por aréola, (1-)2-8 (-10) × 1-4(-5) cm, obovadas, suborbiculares, elípticas u oblanceoladas, algo carnosas, sésiles, seudopalmatinervias con la vena media bien definida, verdes; aréolas 3-5 mm; con espinas 1-3, más numerosas en las aréolas del tronco, (1-)2-7(-9) cm, más cortas y delgadas en los tallos jóvenes, aciculares, subuladas cuando maduran, amarillas o rojizas en los brotes jóvenes, volviéndose grisáceas, a veces con algunas pelo-espinas moreno-grisáceas. Flores 2-4 cm, solitarias, terminales o laterales; pedicelo 0.5-1(-3) cm, con 1 o varias hojas; receptáculo 1-1.5 × c. 2 cm, las brácteas 1-2 cm, sésiles, las aréolas con tricomas y a veces 1 espina corta; tépalos externos c. 20, c. 3 × 3 mm, erectos, ampliamente obovados o deltados, los más internos c. 6 × 6 mm, verdes a verde-rojizos; tépalos internos 10-20, c. 2 × 0.8-1.5 cm, obovados, amarillos, anaranjados antes de la antesis, después anaranjados a rojos, el ápice emarginado a hendido, los márgenes laciniados a erosos; estambres c. 250, (5-)9-11 mm, los filamentos crema, más largos que el estilo; polen 6-9(-12)-colpado; ovario supero; estilo c. 5 mm, los lóbulos del estigma 10-18. Frutos 2.5-4 cm de ancho, globosos, amarillos con tinte rojizo, olorosos, las brácteas deciduas; semillas 3-3.5 × 2-2.5 × 1.5 mm, obovoides. Floración jun.-oct.; fructificación sep.-ene. *Bosques tropicales caducifolios*. G (*Kellerman 5020*, MEXU); H (*Valerio 44*, MEXU); ES (*Dunn et al. 23023*, MEXU); N (*Moreno*

24594, NY); CR (*Tonduz s.n.*, US). 0-1200 m. (México [Guerrero, Oaxaca], Mesoamérica).

10. Mammillaria Haw., nom. & typ. cons.

Bartschella Britton & Rose, *Chilita* Orcutt, *Dolichothele* (K. Schum.) Britton & Rose, *Escobariopsis* Doweld, *Krainzia* Backeb., *Leptocladia* Buxb. non J. Agardh, *Leptocladodia* Buxb., *Mamillopsis* (Morren) Weber ex Britton & Rose, *Mammillaria* Haw. ser. *Bartschella* (Britton & Rose) Lüthy, *M.* subg. *Dolichothele* K. Schum., *M.* subg. *Krainzia* (Backeb.) Bravo, *M.* subg. *Mammilloydia* (Buxb.) Moran, *M.* subg. *Oehmea* (Buxb.) D.R. Hunt, *M.* ser. *Phellosperma* (Britton & Rose) Lüthy, *Mammilloydia* Buxb., *Oehmea* Buxb., *Phellosperma* Britton & Rose, *Porfiria* Boed., *Pseudomammillaria* Buxb., *Solisia* Britton & Rose.

Por D.A. Aquino & S. Arias.

Arbustos; tallos sin ramificación o con ramificación basal, difusa o apical, globosos, globoso-deprimidos a cortamente cilíndricos, ascendentes o procumbentes, indeterminados, tuberculados, el látex de consistencia lechosa (*Mammillaria* sect. *Mammillaria*), semilechosa (*M.* sect. *Subhydrochylus* Backeb. ex D.R. Hunt) o acuosa (*M.* sect. *Hydrochylus* K. Schum.); tubérculos dispuestos en series espiraladas, redondeados o angulados, las axilas desnudas o con tricomas y/o cerdas; aréolas bipartidas con meristemos espinífero y florífero separados, no conectados por un surco, nectarios extraflorales ausentes; espinas frecuentemente diferenciadas en radiales y centrales, escasas a numerosas, suaves, flexibles o rígidas; zona fértil indiferenciada de la infértil. Flores solitarias, subterminales y en un círculo (o más o menos en un círculo) alrededor del ápice de los tallos, emergen de las axilas de los tubérculos, campanuladas a infundibuliformes, diurnas; pericarpelo y tubo receptacular desnudos; tubo receptacular generalmente más corto que los tépalos; perianto con tépalos escasos, extendidos o recurvados, rojos, anaranjados, rosados, amarillos o blancos. Frutos claviformes a globosos, conspicuos o embebidos en el tallo, rojos, rosados, ocasionalmente verdes, desnudos, generalmente indehiscentes, la pulpa jugosa o semiseca, los remanentes florales persistentes; semillas orbiculares, suborbiculares a ovadas, la testa con microrrelieve, pardas o negras. Aprox. 143 spp. (más de 61 subspp.) en Estados Unidos, México (principalmente), Mesoamérica, Colombia, Venezuela y Antillas. 5 spp. y 5 subspp. en Mesoamérica.

Los estudios filogenéticos revelan que se trata de un género polifilético estrechamente relacionado con *Cochemiea* (K. Brandegee) Walton, *Coryphantha* (Engelm.) Lem., *Neolloydia* Britton & Rose, *Pelecyphora* Ehrenb. (más *Escobaria* Britton & Rose) y *Ortegocactus* Alexander (Butterworth & Wallace, 2004; Hernández-Hernández et al., 2011; Sánchez et al., 2022; Vázquez-Sánchez et al., 2013). Estudios filogenéticos recientes apoyan el reconocimiento de *Cochemiea* como un género independiente de *Mammillaria* (Breslin et al., 2021) y se confirma la monofilia de *M.* ser. *Supertextae* D.R. Hunt (Cervantes et al., 2021). Sin embargo, aún es necesario un estudio incluyendo el mayor número posible de taxones actualmente ubicados en *Mammillaria* y el uso de marcadores moleculares o genómicos que ofrezcan una mejor resolución. Desde la perspectiva morfológica, *Mammillaria* se caracteriza por los tallos tuberculados, las aréolas bipartidas (una adaxial o "axilar" donde surgen las flores y otra apical donde surgen las espinas), pero no conectadas por un surco, las flores subapicales y más o menos en círculo (Hunt et al., 2006a). Las especies están agrupadas en subgéneros, secciones y series; el número de especies y subespecies varían entre las diferentes propuestas (p. ej., Bravo-Hollis & Sánchez-Mejorada, 1991b; Hunt et al., 2006a; Lüthy, 1995). Los estudios formales sobre delimitación de especies, que contengan dos o más fuentes de datos analizados, son exiguos (p. ej., Aquino García, 2014) y subyace un fuerte problema en la circunscripción de un amplio número de ellas, además del uso excesivo de taxones subespecíficos. En este trabajo seguimos la propuesta taxonómica más conservadora y actual (Hunt et al., 2006a), pero incorporando resultados de investigaciones recientes.

Bibliografía: Aquino García, D.A. *Delimitación Esp.* Mammillaria. Tesis de Maestría, inédita, Univ. Nacional Autónoma de México, Cd. México: 1-108 (2014). Arias, S. et al. *Fl. Valle Tehuacán-Cuicatlán* 95: 71-125 (2012). Bravo-Hollis, H. & Sánchez-Mejorada, H. *Cact. México* ed. 2, 3: 1-420 (1991b). Breslin, P.B. et al. *Taxon* 70: 308-323 (2021). Butterworth, C.A. & Wallace, R.S. *Amer. J. Bot.* 91: 1086-1098 (2004). Cervantes, C.R. et al. *Phytokeys* 177: 25-42 (2021). Craig, R.T. Mammillaria *Handb.* 1-390 (1945). Hunt, D.R. *Bradleya* 5: 17-48 (1987); *Cactaceae Syst. Init.* 26: 21-29 (2012). Hunt, D.R. et al. *New Cact. Lex.* 1: 147-180 (2006a); 2: 433 (2006b). Lüthy, J.M. *Taxon. Untersuch. Gattung* Mammillaria 1-230 (1995). Pilbeam, J. Mammillaria 1-376 (1999). Quehl, L. *Monatsschr. Kakteenk.* 18: 65-66 (1908). Reppenhagen, W. *Gatt.* Mammillaria *1988* 1-223 (1989); *Gatt.* Mammillaria *Monogr.* 2: 365-811 (1992). Sánchez, D. et al. *PhytoKeys* 188: 115-165 (2022). Vázquez-Sánchez, M. et al. *Syst. Biodivers.* 11: 103-116 (2013).

1. Tallos con látex lechoso.
  2. Axilas desnudas, ocasionalmente con tricomas solo en la época de floración; flores con los tépalos internos blancos. **4. M. gaumeri**
  2. Axilas provistas de tricomas y cerdas siempre presentes; flores con los tépalos internos amarillos.
    3. Tricomas amarillos, aréolas circulares. **5a. M. voburnensis** subsp. **eichlamii**
    3. Tricomas blancos, aréolas elípticas. **5b. M. voburnensis** subsp. **voburnensis**
1. Tallos con látex semilechoso.
  4. Espinas centrales blancas con el ápice amarillo. **1a. M. albilanata**
  4. Espinas centrales amarillas a castaño-amarillas.
    5. Espinas centrales 4-6, tépalos internos lanceolados, rosados. **2. M. columbiana**
    5. Espinas centrales c. 2, tépalos internos linear-lanceolados, amarillos. **3. M. eriacantha**

1. Mammillaria albilanata Backeb., *Kakteenkunde* 1939: 47 (1939). Lectotipo (designado por Reppenhagen, 1992): Backeberg, *Kakteenkunde* 1939: 47, t. s.n. (1939). Ilustr.: Bravo-Hollis & Sánchez-Mejorada, *Cact. México* ed. 2, 3: t. 253-255 (1991b).

Bosques tropicales caducifolios, bosques espinosos, bosques submontanos, bosques de Quercus-Pinus, *áreas abiertas.* (México [Colima, Guerrero, Jalisco, Oaxaca], Mesoamérica).

Guzmán Cruz et al. (2003) y Hunt et al. (2006a) reconocen 4 subspp., de las cuales 1 se encuentra en Mesoamérica. De acuerdo con Arias et al. (2012), *Mammillaria albilanata* forma parte de un complejo que se distribuye entre el occidente de México y Mesoamérica. Evidencias preliminares basadas en caracteres moleculares indican que las subespecies probablemente se traten de linajes que han evolucionado independientemente como consecuencia de factores ambientales (Cervantes et al., 2021). Se requieren estudios enfocados en evaluar los límites entre las cuatro subespecies y si estas ameritan reconocimiento a nivel de especie. *Mammillaria albilanata* pertenece a *M.* sect. *Subhydrochylus*, *M.* ser. *Supertextae* (Cervantes et al., 2021).

1a. Mammillaria albilanata Backeb. subsp. **tegelbergiana** (H.E. Gates ex G.E. Linds.) D.R. Hunt, Mammillaria *Postscripts* 6: 9 (1997). *Mammillaria tegelbergiana* H.E. Gates ex G.E. Linds., *Cact. Succ. J. (Los Angeles)* 38: 196 (1966). Holotipo: México, Chiapas, *Gates & Tegelberg 113* (CAS). Ilustr.: Véliz Pérez, *Cactáceas Guatemala* 48, t. 1-5 (2008), como *M. albilanata*. N.v.: Huevo de coyote, G.

Plantas sin ramificación o ramificadas; tallos 4-9 × 5-9 cm, globosos; látex semilechoso, las axilas con tricomas blancos, sin cerdas, los tubérculos 0.8-1 × 0.4-0.6 cm, dispuestos en 13 y 21 series, cónicos, verde oscuro; aréolas ovaladas; espinas radiales 18-26, 0.2-0.5 cm, aciculares, rectas, blancas a ligeramente amarillas, con el ápice pardo a negro; espinas centrales 4(-6), 3-7 cm, aciculares, blancas con el ápice ligeramente amarillo. Flores 1.1-1.4 × c. 0.4 cm, infundibuliformes; tépalos externos 4-6 × 1.5-1.6 mm, acuminados, agudos a obtusos, los márgenes enteros, erosos a finamente aserrados, rosados; tépalos internos 5-7 × c. 2 mm, los márgenes enteros, rosados con una franja media más oscura; estambres 3-5 mm, los filamentos rosados; estilo 7-8 mm, rosado, el estigma con 3 o 4 lóbulos, amarillos. Frutos 1.5-2 × c. 0.4 cm, claviformes, rojos; semillas 1-1.3 × c. 0.5 mm, pardo claro. Floración jun.-sep.; fructificación sep.-nov. *Bosques submontanos, bosques de* Quercus-Pinus, *áreas abiertas*. Ch (*Guzmán & Arias 951*, MEXU); G (*Véliz & Morales MV 12535*, MEXU). 700-1700 m. (Endémica).

Esta subespecie llega a medir hasta 9 cm de altura y los tallos son globosos, mientras que en las tres subespecies restantes los tallos pueden medir hasta 15 cm de altura y así pueden llegar a ser cortamente cilíndricos. Los ejemplares de *Breedlove 7877* (DS), *Breedlove 27416* (DS), *Breedlove 33412* (DS), procedentes de Chiapas, corresponden a esta subespecie.

2. Mammillaria columbiana Salm-Dyck, *Cact. Hort. Dyck.* 1849: 99 (1850). Neotipo (designado por Reppenhagen, 1992): Venezuela, *Reppenhagen 2227* (KL). Ilustr.: Hunt et al., *New Cact. Lex.* 2: 433, t. 433.1 (2006b), como *M. albilanata* subsp. *albilanata*.

Bosques tropicales subcaducifolios, bosques espinosos, zonas abiertas y rocosas. (Mesoamérica, Colombia, Venezuela, Jamaica).

Mammillaria columbiana presenta cerdas en las axilas de los tubérculos en algunas ocasiones. Dos subespecies han sido reconocidas por Hunt et al. (2006a), de las cuales una se encuentra en Mesoamérica. Pertenece a *M.* sect. *Subhydrochylus*, *M.* ser. *Supertextae* (Cervantes et al., 2021).

2a. Mammillaria columbiana Salm-Dyck subsp. **yucatanensis** (Britton & Rose) D.R. Hunt, Mammillaria *Postscripts* 6: 9 (1997). *Neomammillaria yucatanensis* Britton & Rose, *Cact.* 4: 114 (1923). Lectotipo (designado por Pilbeam, 1999): México, Yucatán, *Gaumer 24367* (US-[nr] 1821095, imagen en Internet!). Ilustr.: Hunt et al., *New Cact. Lex.* 2: 433, t. 433.4 (2006b).

Mammillaria celsiana Lem. var. *guatemalensis* Eichlam, *M. chiapensis* Repp., *M. fobeana* Boed., *M. graessneriana* Boed., *M. ruestii* Quehl, *M. yucatanensis* (Britton & Rose) Orcutt, *Neomammillaria graessneriana* (Boed.) Britton & Rose, *N. ruestii* (Quehl) Britton & Rose.

Plantas ramificadas o sin ramificación; tallos 6-15 × 4-8 cm, globosos a cortamente cilíndricos, el látex semilechoso, las axilas con tricomas blancos, en raras ocasiones con cerdas, los tubérculos 0.8-1 × 0.4-0.5 cm, dispuestos en 13 y 21 series, cónicos, verde oscuro; aréolas ovaladas; espinas radiales 18-24, 0.3-0.5 cm, aciculares, rectas, blancas con el ápice amarillo; espinas centrales 4(5), 0.4-0.8 cm, aciculares, amarillas con el ápice oscuro. Flores 1.1-1.2 × 0.5-0.7 cm, infundibuliformes; tépalos externos c. 0.2 × 0.1 cm, agudos, los márgenes aserrados, pardos a rosados; tépalos internos 0.2-0.3 × c. 0.1 cm, los márgenes enteros, aserrados hacia el ápice, rosados con una franja media carmín; estambres c. 0.2 cm, los filamentos blancos a rosa-carmín; estilo c. 0.7 cm, la base blanca con el ápice rosado, los lóbulos de estigma 4-6, verde-amarillos. Frutos 1-1.5 × 0.3-0.6 cm, claviformes, rojos; semillas c. 1 × 0.7 mm, pardo claro. 300-2000 m. *Bosques tropicales subcaducifolios, zonas abiertas y rocosas.* Ch (*Reyes 1892*, MEXU); Y (*Bravo s.n.*, MEXU); G (*Véliz et al. MV15120*, MEXU); H (*Nelson & Andino s.n.*, TEFH); ES (*Menjívar 2598*, MHES); N (*Stevens 2981*, MO); CR (*Hammel 23363*, CR). 0-800 m. (Endémica).

Este taxón difiere de la subespecie tipo por el número constante (4) de espinas centrales, rara vez 5 y por ser más pequeña (hasta 15 cm de alto), mientras que *Mammillaria columbiana* subsp. *columbiana* llega a tener hasta 6, incluso 7 espinas centrales y más de 15 cm de alto.

3. Mammillaria eriacantha Link & Otto ex Pfeiff., *Enum. Diagn. Cact.* 32 (1837). Neotipo (designado por Reppenhagen, 1992): Pfeiffer & Otto, *Abbild. Beschr. Cact.* 1: t. 25 (1843 [1842]). Ilustr.: Pfeiffer & Otto, *Abbild. Beschr. Cact.* 1: t. 25 (1843 [1842]).

Este taxón se caracteriza por poseer tallos siempre cilíndricos de hasta 7 cm de diámetro y frutos amarillos a anaranjados, con tonos rojos por lo general en la parte superior del fruto. *Mammillaria eriacantha* pertenece a *M.* sect. *Subhydrochylus*. La posición de *M. eriacantha* ha sido motivo de discusión, Lüthy (1995) la incluyó en *M.* ser. *Supertextae*, por otra parte, Hunt et al. (2006a) la incluyó en *M.* ser. *Polyacanthae* K. Schum. La filogenia molecular enfocada en *M.* ser. *Supertextae*, apoya la inclusión de *M. eriacantha* en esta serie (Cervantes et al., 2021). Anatómicamente, comparte con los miembros de *M.* ser. *Supertextae* la presencia de cristales cuticulares, mientras que los miembros de *M.* ser. *Polyacanthae* no presentan este carácter (Lüthy, 1995). En la actualidad se reconocen 2 subespecies, *M. eriacantha* subsp. *eriacantha* de Veracruz y *M. eriacantha* subsp. *velizii* de Guatemala; 1 subsp. se encuentra en Mesoamérica.

3a. Mammillaria eriacantha Link & Otto ex Pfeiff. subsp. **velizii** J. Linares, *Cact.-Avent. Int.* 70: 4 (2006). Holotipo: Guatemala, *Linares et al. 11199* (USCG). Ilustr.: Véliz Pérez, *Cactáceas Guatemala* 52, t. 1-5 (2008).

Plantas sin ramificación o ramificadas; tallos 10-30(-35) × 4-6(-7) cm, cortamente cilíndricos, el látex semilechoso, las axilas con tricomas blancos, sin cerdas, los tubérculos 0.6-0.8 × 0.4-0.6 cm, dispuestos en 8 y 13 series, cónicos, verde esmeralda; aréolas ovaladas a redondeadas; espinas radiales 20-25, 0.4-0.7 cm, aciculares, rectas, blancas a ligeramente amarillas; espinas centrales 2, 0.8-1.5 cm, aciculares, marrón con tono amarillento. Flores 0.6-0.8 × 0.4-0.5 cm, infundibuliformes; tépalos externos c. 0.3 × 0.2 cm, linear-lanceolados, agudos, margen entero, amarillos; tépalos internos c. 0.5 × 0.2 cm, linear-lanceolados, acuminados, margen entero, amarillos; estambres c. 0.5 cm, los filamentos amarillos con tonos verdes; estilo 0.6 cm, blanco, el estigma con c. 4 lóbulos, verdosos. Frutos c. 1 × 0.3 cm, claviformes, rojos con la base amarilla a anaranjada; semillas c. 1 mm, pardo claro. Floración dic.-mar. *Bosques tropicales caducifolios.* G (*Linares & Martínez 7240*, MEXU). 500-900 m. (Endémica).

Difiere ligeramente de la subespecie tipo en la altura del tallo (hasta 35 cm en *Mammillaria eriacantha* subsp. *velizii* y hasta 40 cm o más en *M. eriacantha* subsp. *eriacantha*).

4. Mammillaria gaumeri (Britton & Rose) Orcutt, *Cactography* 7 (1926). *Neomammillaria gaumeri* Britton & Rose, *Cact.* 4: 72 (1923). Sintipo: México, Yucatán, *Gaumer et al. 23349* (US-[nr] 842324, imagen en Internet!). Ilustr.: Britton & Rose, *Cact.* 4: t. 8, f. 1 (1923), como *N. gaumeri*. N.v.: Biznaga pol tsakam, polmis, Y.

Mammillaria heyderi Muehlenpf. subsp. *gaumeri* (Britton & Rose) D.R. Hunt.

Plantas sin ramificación o ramificadas; tallos 4-15 × 4-12 cm, globosos a globoso- deprimidos, el látex lechoso; tubérculos 0.5-1 cm, dispuestos en 8 y 13 series, obtusos, redondeados en sección transversal cerca de la base y redondeados hacia el ápice, verde oscuro, las axilas desnudas o con tricomas en la región florífera; aréolas circulares; espinas radiales 11-19, 0.2-0.7 cm, aciculares, rectas, blancas con el ápice pardo, las inferiores más oscuras; espinas centrales (0-)2, 0.2-0.6 cm, subuladas, rectas, pardas con el ápice oscuro. Flores 1.6-2 cm; tépalos externos 0.7-0.8 cm, anchamente lanceolados, los márgenes aserrados, verdes con el ápice pardo; tépalos internos 0.9-1 cm, lanceolados, blancos; estambres 3-5 mm, los filamentos blancos; estilo 0.6-0.8 cm, blanco con tonos rosados, el estigma con 3-6 lóbulos, c. 1.6 mm, blancos con ligeros tonos amarillos. Frutos 1.5-3 cm, claviformes, carmesí; semillas 1-1.1 mm, la testa ligeramente rugosa, pardo claro. Floración abr.-jul.; fructificación jun.-sep. *Dunas costeras y bosques tropicales caducifolios.* Y (*Lundell & Lundell 8136*, MEXU). 0-100 m. (Endémica).

Hunt et al. (2006a) la reconocen como subespecie de *Mammillaria heyderi* Muehlenpf., sin embargo, el microrrelieve de las semillas de *M. gaumeri* difiere con respecto al de *M. heyderi* (Lüthy, 1995), por lo que preferimos retener a este taxón a nivel de especie en tanto que no se realice un estudio sistemático. *Mammillaria gaumeri* pertenece a *M.* sect. *Mammillaria*, *M.* ser. *Mammillaria* (Hunt et al., 2006a).

5. Mammillaria voburnensis Scheer in Hook., *London J. Bot.* 4: 136 (1845). Neotipo (designado aquí): Guatemala, *Véliz MV 19665* (BIGU-[nr] 41927!). Ilustr.: Cerén López et al., *Divers. Cactus El Salvador* 84, t. 14 (2015), como *M. voburnensis* subsp. *voburnensis*. N.v.: Chilitos, G.

Cactus voburnensis (Scheer) Kuntze, *Neomammillaria voburnensis* (Scheer) Britton & Rose.

Plantas sin ramificación o ramificadas; tallos 4-15 × 5-7 cm, globosos a cortamente cilíndricos, el látex lechoso; tubérculos 0.6-0.8 cm, dispuestos en 8 y 13 series, obtusos, tetragonales en sección transversal, verde oscuro, las axilas provistas de tricomas y cerdas blancas a amarillas; aréolas circulares a ovaladas; espinas radiales 5-8, 0.25-0.5 cm, aciculares, rectas, amarillas a blancas con el ápice pardo; espinas centrales 1 o 2, 0.7-3 cm, aciculares, rectas, pardas a rojizas. Flores 1.6-1.8 × 1.4-1.7 cm; tépalos externos 0.5-0.6 × 0.1-0.2 cm, lanceolados, acuminados, los márgenes ciliados, amarillos con una franja media rojiza; tépalos internos 1-1.2 × 0.1-0.25 cm, lanceolados, acuminados, los márgenes enteros, amarillos; estambres c. 3 mm, los filamentos blancos con el ápice amarillo; estilo 0.7-1.1 cm, amarillo, el estigma con 3-6 lóbulos, 0.2-0.4 cm, amarillos a verdes. Frutos 2-2.5 cm, claviformes, rojos; semillas 1.1-1.2 mm, la testa rugosa, pardo claro. *Bosques tropicales caducifolios, bosques espinosos áreas abiertas y pedregosas alteradas*. Ch-N. 200-1400 m. (México [Oaxaca], Mesoamérica).

Hunt (2012) considera esta especie en sinonimia con *Mammillaria karwinskiana* Mart., porque en su interpretación no hay caracteres que permitan distinguirlas. Estudios morfológicos recientes indican que la presencia de espinas radiales y la forma de ramificación por brotes basales permiten distinguir a *M. voburnensis* de *M. karwinskiana*, propuesta que aquí es aceptada (Aquino García, 2014). Tres subespecies han sido reconocidas por Guzmán Cruz et al. (2003) de las cuales dos se encuentran en Mesoamérica. *Mammillaria voburnensis* pertenece a *M.* sect. *Mammillaria*, *M.* ser. *Polyedrae* K. Schum. (Hunt et al., 2006a).

Según Hunt (1987), el material original fue recibido y cultivado en Kew proveniente de la colección del duque de Bedford en Woburn, pero el ejemplar tipo no fue preservado. Tratamientos posteriores (Bravo-Hollis & Sánchez-Mejorada, 1991b; Britton & Rose, 1923; Reppenhagen, 1989, 1992) reconocen a esta especie, pero no proponen neotipificación, por lo que proponemos aquí un neotipo.

5a. Mammillaria voburnensis Scheer subsp. **eichlamii** (Quehl) D.R. Hunt, Mammillaria *Postscripts* 6: 11 (1997). *Mammillaria eichlamii* Quehl, *Monatsschr. Kakteenk.* 18: 65 (1908). Neotipo (designado aquí): Britton & Rose, *Cact.* 4: t. 91 (1923), como *Neomammillaria eichlamii*. Ilustr.: Véliz Pérez, *Cactáceas Guatemala* 51, t. 1-4 (2008), como *M. eichlamii*. N.v.: Chilitos, G.

Mammillaria chapinensis Eichlam & Quehl, *M. voburnensis* Scheer var. *eichlamii* (Quehl) Repp., *Neomammillaria eichlamii* (Quehl) Britton & Rose.

Tallos 4-10 × 5-6(7) cm, globosos a cortamente cilíndricos, tubérculos 0.6-0.8 cm, dispuestos en 8 y 13 series, las axilas provistas de tricomas y cerdas amarillas; aréolas circulares; espinas radiales 5-7, 0.25-0.45 cm, blancas con tono amarillo, el ápice pardo; espinas centrales 1 o 2, 2-3 cm, rojizas. Flores 1.65-1.75(1.8) × 1.4-1.6 cm; tépalos externos 0.85-0.9 × 0.5-0.75 cm, amarillos con una franja media rojiza; tépalos internos (0.9-)1-1.2 × 0.1-0.2 cm; estilo 0.7-0.8 cm, amarillo, el estigma con 4 o 5 lóbulos, 0.2-0.3 cm, amarillos. Floración sep.-dic. *Bosques tropicales caducifolios, áreas abiertas y pedregosas alteradas*. Ch (*Arias 1612*, MEXU); G (*Véliz MV 19786*, BIGU). 200-1400 m. (Endémica).

Quehl (1908) recibió un ejemplar por parte de F. Eichlam, nombrando como *Mammillaria eichlamii*. No se preservó un ejemplar tipo y la descripción original no estuvo acompañada por alguna ilustración, pero sí indica la localidad tipo. Britton & Rose (1923) publicaron una fotografía (t. 91) de un ejemplar recolectado por Eichlam en 1908, el cual corresponde con el nombre descrito por Quehl (1908); por tal motivo proponemos que la fotografía sea el neotipo.

5b. Mammillaria voburnensis Scheer subsp. **voburnensis**.

Tallos 4-10 × 4-8 cm, globosos, tubérculos 0.6-0.7 cm, las axilas provistas de tricomas y cerdas blancas; aréolas ovaladas; espinas radiales 6-8, 0.4-0.45 cm, blancas con el ápice pardo; espinas centrales 1 o 2, 1.1-1.4 cm, rojizas con la base blanca. Flores 1.6-1.75 × 1.4-1.7 cm; tépalos externos 0.85-0.9 × 0.5-0.7 cm, castaño con los bordes amarillos; tépalos internos 1.1-1.2 × 0.1-0.2 cm; estambres c. 4 mm; estilo 0.7-0.9 cm, amarillo, el estigma con 4 o 5 lóbulos, c. 1.2 mm, amarillos. Floración sep.-ene.; fructificación ene.-mar. *Bosques tropicales caducifolios, bosques espinosos*. G (*Véliz et al. MV 19677*, BIGU); H (*Linares 6634*, MEXU); ES (*Cerén 2591*, MHES); N (*Stevens 37861*, MO). 400-1100 m. (México [Oaxaca], Mesoamérica).

Nombres de *Mammillaria* excluidos

Mammillaria albilanata Backeb. subsp. *oaxacana* D.R. Hunt, Mammillaria *Postscripts* 6: 9 (1997). *Mammillaria ignota* Repp., *Gatt.* Mammillaria 126 (1987) non Lawr. (1841). Holotipo: México, Oaxaca, *Reppenhagen 1644* (ZSS!).

Mammillaria albilanata subsp. *oaxacana* y *M. albilanata* subsp. *tegelbergiana* presentan caracteres en común: número de espinas radiales (18-26 en *M. albilanata* subsp. *tegelbergiana* y 20-22 en *M. albilanata* subsp. *oaxacana*), las espinas centrales blancas con el ápice amarillo, longitud de la flor (1.1-1.4 cm en *M. albilanata* subsp. *tegelbergiana* y 1.2-1.8 cm en *M. albilanata* subsp. *oaxacana*). Difieren en su distribución: *M. albilanata* subsp. *oaxacana* se restringe a México (Oaxaca), mientras que *M. albilanata* subsp. *tegelbergiana* es endémica de Mesoamérica.

Mammillaria praelii Muehlenpf., *Allg. Gartenzeitung* 14: 372 (1846). Tipo: Guatemala (no preservado).

Cactus praelii (Muehlenpf.) Kuntze, *Mammillaria viridis* Salm-Dyck var. *praelii* (Muehlenpf.) Salm-Dyck, *Neomammillaria praelii* (Muehlenpf.) Britton & Rose.

Mammillaria praelii se describió a partir de muestras colectadas en Guatemala (Bravo-Hollis & Sánchez-Mejorada, 1991b). Britton & Rose (1923) mencionan que durante las exploraciones posteriores no fue posible encontrar este taxón. Craig (1945) citó un ejemplar en cultivo, cuyo origen no fue mencionado, para ampliar la descripción de la especie. Sin embargo, tanto la descripción como la fotografía que la acompaña corresponden a *M. karwinskiana*, especie de Oaxaca, México. Por tal razón, Reppenhagen (1992) incluyó este nombre en su respectiva sinonimia. Bravo-Hollis & Sánchez-Mejorada (1991b) mencionan que *M. praelii* posee 5 espinas, sin embargo, se desconoce si son radiales o centrales. La distinción y número de espinas es un carácter útil para la identificación de especies de *M.* ser. *Polyedrae* (Aquino García, 2014), donde se incluyen los dos nombres aquí señalados. Nuestra conclusión es que *M. praelii* es un nombre ambiguo.

Mammillaria voburnensis Scheer subsp. *collinsii* (Britton & Rose) U. Guzmán, *Cactaceae Syst. Init.* 16: 18 (2003). *Neomammillaria collinsii* Britton & Rose, *Cact.* 4: 101 (1923). Holotipo: México, Oaxaca, *Collins s.n.* (US-[nr] 1821102, imagen en Internet!).

Mammillaria collinsii (Britton & Rose) Orcutt, *M. karwinskiana* Mart. subsp. *collinsii* (Britton & Rose) D.R. Hunt, *M. voburnensis* Scheer var. *collinsii* (Britton & Rose) Repp.

Reportada para Guatemala (Véliz Pérez, 2008), pero una revisión de ejemplares de herbario (*Véliz et al. MV 19677*, BIGU), nos confirma que el ejemplar presenta aréolas ovaladas, carácter que permite reconocerlo como *Mammillaria voburnensis* subsp. *voburnensis*, mientras que *M. voburnensis* subsp. *collinsii*, tiene aréolas circulares y su distribución se restringe a Oaxaca.

Reppenhagen (1989) designó un neotipo de material recolectado en Tehuantepec, Oaxaca (*Reppenhagen 958*, ZSS). Sin embargo, Hunt et al. (2006a) aceptaron como tipo el material original colectado por G.N. Collins y citado en el protólogo de Britton & Rose (1923). Una búsqueda en US confirma la presencia del ejemplar referido; por lo tanto, el neotipo debe ser remplazado por el holotipo en US.

11. Marshallocereus Backeb.

Pachycereus (A. Berger) Britton & Rose sect. *Marshallocereus* (Backeb.) P.V. Heath.

Por S. Arias & D.A. Aquino.

Árboles o arbustos; tallos con ramificación basal o de la parte media, erectos o arqueados, indeterminados, cilíndricos, 6-10-acostillados, con surco intercostal amplio, el córtex sin mucílago abundante, adquiere toño oscuro al contacto con el aire; aréolas distantes entre sí, con espinas diferenciadas en radiales y centrales, o no, rígidas; zona fértil diferenciada de la infértil, apical, con aréolas más grandes, las espinas abundantes, no diferenciadas en radiales y centrales y flexibles. Flores solitarias terminales o subterminales, tubular-infundibuliformes, nocturnas; pericarpelo y tubo receptacular con podarios bajos, los superiores decurrentes, amplios, las brácteas carnosas, las superiores más grandes, las aréolas con tricomas cortos, escasos a abundantes, sin espinas; tubo receptacular más largo que los tépalos; perianto con tépalos ascendentes a reflexos, blancos a rosados; nectarios ubicados en una cámara amplia, limitada por la base de la banda de estambres. Frutos ovoides a globosos, rojizos a púrpura al madurar, casi negros al secarse, carnosos, las aréolas con tricomas escasos y algunas pelo-espinas deciduas, la dehiscencia longitudinal, la pulpa blanca, los remanentes florales persistentes; semillas ovoides a ampliamente ovoides, la testa negra, lustrosa, sin microrrelieve. Género monoespecífico, endémico.

Análisis filogenéticos aún no concluyentes, permiten inferir que *Marshallocereus* pertenece a la subtribu Pachycereinae, como un linaje independiente, aunque relacionado con *Carnegiea* Britton & Rose y *Pachycereus* (Arias & Terrazas, 2006, 2009; Arias et al., 2003; Tapia et al., 2017). En la actualidad se reconoce una especie, limitada a la región mesoamericana (S. México a Costa Rica), con hábito semejante al de algunas especies de *Pachycereus* y *Stenocereus*, además de compartir bandas pruinosas de crecimiento persistente que se acumulan en los segmentos terminales de los tallos maduros. Estos atributos comunes seguramente ha sido la razón para confundirlas, sobre todo si se observan únicamente en estado vegetativo. El siguiente conjunto de caracteres permite diferenciarla de los géneros antes señalados: flor con tricomas cortos, sin espinas; tépalos internos entre rosa intenso y blanco-rosado; fruto con dehiscencia longitudinal, completamente negro al secarse, la pulpa es blanca y las semillas son de las más grandes entre las cactáceas columnares de la tribu Echinocereeae (5-6 mm).

Bibliografía: Otis, G.W. & Buskirk, R.E. *Cact. Succ. J. (Los Angeles)* 58: 25-29 (1986). Tapia, H.J. et al. *Syst. Bot.* 42: 709-723 (2017).

1. Marshallocereus aragonii (F.A.C. Weber) Backeb., *Cact. Succ. J. (Los Angeles)* 23: 121 (1951). *Cereus aragonii* F.A.C. Weber, *Bull. Mus. Hist. Nat. (Paris)* 8: 456 (1902). Holotipo: Costa Rica, *Tonduz s.n.* (P). Ilustr.: Cerén López et al., *Divers. Cactus El Salvador* 88, t. 15 (2015). N.v.: Cardón, N, CR.

Cereus aragonii F.A.C. Weber var. *palmatus* F.A.C. Weber, *C. schumannii* Mathsson ex K. Schum., *Lemaireocereus aragonii* (F.A.C. Weber) Britton & Rose, *L. schumannii* (Mathsson ex K. Schum.) Britton & Rose, *Neolemaireocereus aragonii* (F.A.C. Weber) Backeb., *Pachycereus aragonii* (F.A.C. Weber) P.V. Heath, *P. aragonii* var. *palmatus* (F.A.C. Weber) P.V. Heath, *P. schumannii* (Mathsson ex K. Schum.) C. Nelson, *Rathbunia laevigata* (Salm-Dyck) P.V. Heath var. *schumannii* (Mathsson ex K. Schum.) P.V. Heath, *Stenocereus aragonii* (F.A.C. Weber) Buxb., *S. laevigatus* (Salm-Dyck) Buxb. var. *schumannii* (Mathsson ex K. Schum.) P.V. Heath.

Plantas arborescentes o arbustivas, hasta 6(-8) m; tallo principal simple, hasta 2 m × 15-30 cm, en individuos jóvenes, con ramificación desde la región media o basal en individuos maduros, los tallos secundarios 8-20 cm de ancho, erectos, verde oscuro, segmentos apicales de tallos reproductivos con bandas pruinosas de crecimiento persistente; costillas 6-10, 2-3 cm de alto, subagudas, los márgenes más o menos enteros; aréolas 2-8 mm, distantes entre sí (sobre la misma costilla) 1.5-3 cm; espinas radiales 3-9(-10), 0.4-1.8 cm, aciculares, rectas, divergentes, grises; espinas centrales 1 o 2(-4), 1-3.5 cm, aciculares, rectas, porrectas o ligeramente reflexas, grises. Flores 6-8 cm, infundibuliformes; pericarpelo 1-1.6 × 1-1.8 cm, las bractéolas 1-2 mm, deltadas, los márgenes enteros, los tricomas cortos, amarillo claro; tubo receptacular 1.8-5 cm, no forma un cuello en la base, las bractéolas 2-4 mm, deltadas a lanceoladas, los márgenes ligeramente serrados, los tricomas cortos o ausentes; tépalos externos 0.8-1.5 cm, obovados, los márgenes ligeramente fimbriados, recurvados, pardos o pardo-rojizos; tépalos internos 1-1.5 cm, obovados, los márgenes ligeramente fimbriados, recurvados, rosados pálidos (casi blancos) o rosas intensos; estambres 0.4-1.3 cm, los filamentos blancos; estilo 4-4.5 cm, blanco en la base, rosado hacia el ápice. Frutos 5-8 × 4-6 cm, globosos a ovoides, rojos al madurar, casi negros al secarse, las bractéolas c. 2 × 2 mm, deltadas, los tricomas cortos y escasos, con pelo-espinas 0.2-1.2 cm, pardas; semillas 5-6 mm, la testa más o menos lisa, negro brillante. Floración y fructificación abr.-sep. *Bosques húmedos subtropicales, tropicales caducifolios, espinosos y transición a subhúmedos*. Ch-CR. 0-1000 m. 2 subspp. endémicas.

Marshallocereus aragonii se reconoce aquí en sentido amplio, como una especie de amplia variación en caracteres vegetativos (hábito, grosor de los tallos, número de costillas, número y longitud de espinas) y también reproductivos (longitud y grosor de la flor, color de los tépalos internos). Se requiere un estudio más exhaustivo que permita evaluar si los caracteres señalados son discontinuos. Por ahora dos subespecies son definibles.

1. Tallos con 6-8 costillas; espinas centrales 2(-4).
1a. M. aragonii subsp. **aragonii**
1. Tallos con 8-10 costillas; espina central 1.
1b. M. aragonii subsp. **eichlamii**

1a. Marshallocereus aragonii (F.A.C. Weber) Backeb. subsp. **aragonii**.

Tallos hasta 25 cm de ancho; costillas 6-8, 2-3 cm de alto; espinas radiales 6-8(-10), 0.8-1.5 cm, divergentes; espinas centrales 2(-4), 2-3.5 cm, porrectas o ligeramente deflexas. Flores 6-8 cm; pericarpelo 1-1.5 × c. 1 cm; tubo receptacular 4.5-5 cm, 0.8-1.1 cm de ancho en la base, 1.5-2 cm de ancho en la garganta; tépalos externos 0.8-1 cm, pardos o pardo-rojizos; tépalos internos c. 1 cm, blancos a blanco-rosados. Frutos 5-5.5 × 4-5 cm; semillas 5-6 mm. *Bosques subtropicales, bosques tropicales caducifolios y transición a subhúmedos*. H (*Standley 18843*, EAP); ES (*Menjívar et al. 2933*, MHES); N (*Stevens et al. 29343*, MO); CR (*Burger & Burger 7732*, CR). 0-1000 m. (Endémica).

1b. Marshallocereus aragonii (F.A.C. Weber) Backeb. subsp. **eichlamii** (Britton & Rose) Guiggi, *Cactology* 3: 8 (2012). *Lemaireocereus eichlamii* Britton & Rose, *Cact.* 2: 89 (1920). Tipo: Guatemala, *Eichlam s.n.* (NY!). Ilustr.: Véliz Pérez, *Cactáceas Guatemala* 90, t. 1-6

(2008), como *Stenocereus eichlamii*. N.v.: Guanocol, órgano, pitahaya (fruto), tuna (fruto), Ch, G.

Cereus eichlamii (Britton & Rose) Standl., *C. laevigatus* Salm-Dyck var. *guatemalensis* Eichlam non *C. guatemalensis* (Britton & Rose) Vaupel, *Lemaireocereus laevigatus* (Salm-Dyck) Borg var. *guatemalensis* (Eichlam) Borg, *Pachycereus eichlamii* (Britton & Rose) D.R. Hunt, *Rathbunia eichlamii* (Britton & Rose) P.V. Heath, *Ritterocereus eichlamii* (Britton & Rose) Backeb., *Stenocereus eichlamii* (Britton & Rose) Buxb. ex Bravo.

Tallos hasta 12 cm de ancho; costillas (7)8-10, 2-2.5 cm de alto; espinas radiales 3-9, 0.4-1.8 cm, ligeramente reflexas; espina central 1, 1-3.5(-5) cm, ligeramente reflexa. Flores 6-7 cm; pericarpelo 1.4-1.6 × 1.5-1.8 cm; tubo receptacular (1.5-)1.8-2.5 cm, 1-1.4 cm de ancho en la base, 1.8-2.2 cm de ancho en la garganta; tépalos externos 1-1.5 cm, verde-purpúreos; tépalos internos c. 1.5 cm, blancos con tono purpúreo. Frutos 5-8 × 4-6 cm; semilla 4-6 × c. 2 mm. *Bosques tropicales caducifolios, bosques espinosos*. Ch (*Guzmán & Arias 998*, MEXU); Y (*Arias & Guzmán 1101*, MEXU); G (*Paniagua 79*, USCG); N (*Stevens & Montiel 31878*, MO). 0-400 m. (Endémica).

Esta subespecie puede coexistir con *Stenocereus laevigatus*, con la cual se confunde en el hábito y la forma de los tallos, pero *Marshallocereus aragonii* subsp. *eichlamii* es diferente por presentar tallos erguidos, casi paralelos, nunca arqueados, las espinas son ligeramente reflexas y el tubo receptacular es más corto y ancho.

12. **Melocactus** Link & Otto, nom. cons.

Por S. Arias & D.A. Aquino.

Arbustos; tallos generalmente sin ramificación (simples), a veces con ramificación basal, globosos, globoso-deprimidos a cortamente cilíndricos, indeterminados, 9-20-acostillados; aréolas distantes entre sí o próximas, las espinas diferenciadas en radiales y centrales, variables en tamaño, rectas o curvas, rígidas o flexibles; zona fértil diferenciada de la infértil, el cefalio apical, consistente en un conjunto de aréolas, de dimensiones variables, provistas de abundantes tricomas y pelo-espinas largas, blancas a rojizas. Flores 1.5-3 cm, solitarias, emergen del cefalio, tubulares, diurnas, epíginas; pericarpelo y tubo receptacular inermes; tubo receptacular más largo que los tépalos, angosto; perianto con tépalos escasos, patentes, rojos, púrpura o rosados. Frutos claviformes, magenta o rojizos, con la porción basal blanca e incluida en el cefalio, inermes, los remanentes del perianto persistentes, indehiscentes, la pulpa jugosa; semillas ampliamente ovoides globosas, la testa negra, con ornamentación celular plana o convexa. Aprox. 37 spp. (más de 14 subspp.) en México, Mesoamérica, Colombia, Venezuela, Guayanas, Ecuador, Perú, Brasil (principalmente) y Antillas; 1 sp. en Mesoamérica.

Melocactus es un género caracterizado por la presencia de un cefalio en el ápice del tallo y es miembro de la tribu Cereeae, cuyo centro principal de diversidad es la región oriental de Brasil (Hunt et al., 2006a). Es uno de los géneros de más amplia distribución en América con un centro de diversidad en Brasil (Hunt et al., 2006a; Taylor, 1991). Existe una revisión taxonómica para el género (Taylor, 1991), pero la delimitación de especies es compleja, ya que los caracteres morfológicos utilizados para propósitos taxonómicos han sido pobremente evaluados bajo algún método analítico que ponga a prueba su reconocimiento (Lemus-Barrios et al., 2021).

Bibliografía: Bravo-Hollis, H. & Sánchez-Mejorada, H. *Cact. Suc. Mex.* 31: 70-71 (1986b). Elizondo, J.L. *Cact. Suc. Mex.* 31: 27-32 (1986a); 31: 51-57 (1986b). Fernández-Alonso, J.L. & Xhonneux, G.M. *Revista Acad. Colomb. Ci. Exact.* 26: 353-365 (2002). Lemus-Barrios, H. et al. *Willdenowia* 51: 91-113 (2021). Nassar, J.M. & Ramírez, N. *Pl. Syst. Evol.* 248: 31-44 (2004). Taylor, N.P. *Bradleya* 9: 1-80 (1991).

1. Melocactus curvispinus Pfeiff., *Enum. Diagn. Cact.* 46 (1837). Neotipo (designado por Taylor, 1991): México, Veracruz, *Taylor & Guzmán 365* (MEXU-[nr] 462556!). Ilustr.: Taylor, *Bradleya* 9: 72 (1991), como *M. curvispinus* subsp. *curvispinus*.

Cactus maxonii Rose, *C. oaxacensis* Britton & Rose, *C. ruestii* (K. Schum.) Britton & Rose, *Melocactus brongnartii* Miq. ex Hildm. non Lem., *M. delessertianus* Lem., *M. guatemalensis* Gürke & Eichlam, *M. maxonii* (Rose) Gürke, *M. maxonii* var. *sanctae-rosae* L.D. Gómez, *M. oaxacensis* (Britton & Rose) Backeb., *M. ruestii* K. Schum., *M. ruestii* subsp. *cintalapensis* Elizondo, *M. ruestii* subsp. *maxonii* (Rose) Elizondo, *M. ruestii* subsp. *oaxacensis* (Britton & Rose) Elizondo, *M. ruestii* subsp. *sanctae-rosae* (L.D. Gómez) Elizondo.

En este tratamiento se sigue la propuesta taxonómica de Taylor (1991), quien reconoce una especie de amplia distribución (México al norte de Sudamérica) y notable variación morfológica. Este autor atribuye la amplia distribución de esta especie a la presencia de frutos grandes, que en el área mesoamericana alcanzan hasta 4 cm (Elizondo, 1986a, 1986b) y más de 4 cm en Colombia (Fernández-Alonso & Xhonneux, 2002), y que están sujetos a dispersión a larga distancia por aves, hipótesis que no ha sido probada. Se reconocen 4 subespecies (Hunt et al., 2006a), a partir de observaciones en caracteres morfológicos que requieren ser analizados con un enfoque más poblacional, que ponga a prueba si la condición disjunta de las poblaciones se explica por dispersión a distancia, como lo propone Taylor (1991), o si existe variación discontinua en los caracteres morfológicos y moleculares que permitan delimitar si existe más de una especie, como otras revisiones taxonómicas alternativas lo propusieron (Elizondo, 1986a, 1986b; Fernández-Alonso & Xhonneux, 2002). Un estudio sobre biología reproductiva indica que *Melocactus curvispinus* es autocompatible y autógama (Nassar & Ramírez, 2004), lo cual debe ser relevante en el reconocimiento de la especie. 4 subspp., en México (Colima, Jalisco, Michoacán, Oaxaca, Veracruz), Mesoamérica, Colombia, Venezuela, Cuba, Trinidad y Tobago; 1 subspp. en Mesoamérica.

1a. Melocactus curvispinus Pfeiff. subsp. **curvispinus**.

Plantas generalmente sin ramificación; tallos 7-15(-20) × 9-18(-24) cm, globoso-deprimidos o globosos, verde oscuro, a veces con tono glauco; costillas (10-)12-16, más o menos agudas a fuertemente tuberculadas, hasta 2.7 cm de altura × (2-)3-4.5(-5) cm de grosor; aréolas 0.5-1.3 cm, circulares cuando jóvenes, elípticas al madurar, distantes entre sí (sobre la misma costilla) 1.5-3 cm; espinas radiales 7-11, más o menos curvas, algunas delgadas y otras robustas, subdivididas en superiores, medias e inferiores, las inferiores 1.4-2.8 cm; espinas centrales 1 o 2(3), 1.8-3.5 cm, gruesas, cuando existe una adicional es más delgada y corta, más o menos porrecta, todas redondeadas o aplanadas en la base; cefalio hasta 7(-8) × 9(-10) cm, generalmente de la mitad de ancho del tallo. Flores 2-4 cm, rosado-magenta, sobresalen del cefalio c. 1 cm; pericarpelo 5-7 mm, blanco; tubo receptacular 1.3-2 cm, blanco-rosado; tépalos 7-10 × 1-3 mm, espatulados a lanceolados; cámara nectarial 8-11 mm; filamentos amarillos; estilo 1.5-2 cm, rosado pálido, los lóbulos del estigma 6-8, blancos. Frutos (1.6-)1.8-4 × 0.7-1.5 cm, claviformes, rosados a rojizo-purpúreos, la base blanquecina, el ápice magenta a rosado; semillas 1.2-1.6 × c. 1.2 mm, la testa con células isodiamétricas y aplanadas. Floración (abr.) jun.-ago. *Bosques tropicales caducifolios, áreas pedregosas y acantilados*. Ch (*Guzmán & Arias 955*, MEXU); G (*Véliz & García MV13487*, BIGU); H (*Ferrufino 741*, TEFH); N (*Badger s.n.*, MO); CR (*Liesner 4398*, MO); P (*Aranda & Csech s.n.*, K). 0-800 m. (México [Colima, Jalisco, Michoacán, Oaxaca, Veracruz], Mesoamérica, Colombia).

13. **Myrtillocactus** Console

Cereus Mill. subg. *Myrtillocactus* (Console) A. Berger.

Por S. Arias & D.A. Aquino.

Árboles o arbustos; tallos con ramificación de la parte media o difusa, ascendentes y arqueados, indeterminados, cilíndricos, 5-8-acostillados, con surco intercostal amplio, el córtex no adquiere tono oscuro al contacto con el aire; aréolas distantes entre sí, en ocasiones en braquiblastos cortos, con espinas diferenciadas en radiales y centrales, rígidas; zona fértil indiferenciada de la infértil. Flores solitarias, frecuentemente varias por aréola, subapicales o laterales, infundibuliformes, diurnas; pericarpelo y tubo receptacular con podarios reducidos o ausentes, con bractéolas escasas, las aréolas inermes; tubo receptacular más corto que los tépalos; perianto con tépalos rotados o revolutos, blancos o amarillentos; nectarios en una cámara pequeña, no limitada por la banda de estambres. Frutos globosos a oblongos, rojos a púrpura con tonos oscuros, las aréolas inermes, indehiscentes o con dehiscencia irregular, la pulpa carnosa, roja a purpura, los remanentes florales persistentes o no; semillas ovoides a ampliamente ovoides, la testa negra y opaca, el microrrelieve estriado. 4 spp., en México y Guatemala; 2 spp. en Mesoamérica.

Myrtillocactus forma parte de la tribu Echinocereeae y está relacionado con *Escontria* Rose y principalmente con *Polaskia* Backeb. (Bárcenas Luna et al., 2011; Gibson, 1988). Se caracteriza por la flor y el fruto pequeños, con bractéolas y aréolas vestigiales o ausentes, mientras que la semilla tiene microrrelieve estriado.

Bibliografía: Bárcenas Luna, R.T. et al. *Cladistics* 27: 470-489 (2011). Gibson, A.C. *Cact. Succ. J. (Los Angeles)* 60: 109-116 (1988).

1. Tallos verde glauco cuando jóvenes, verde-amarillento al madurar, las costillas con margen obtuso; aréolas distantes entre sí 2-3.5 cm, flores 2.7-2.9 cm. **1. M. eichlamii**
1. Tallos siempre verde oscuro, las costillas con margen ligeramente agudo; aréolas distantes entre sí 0.4-0.7 cm, flores 2-3 cm. **2. M. schenckii**

1. Myrtillocactus eichlamii Britton & Rose, *Cact.* 2: 180 (1920). Holotipo: Guatemala, *Eichlam s.n.* [*09.203*] (US-[nr] 1821064!). Ilustr.: Véliz Pérez, *Cactáceas Guatemala* 57, t. 1-5 (2008). N.v.: Tuno de Castilla, G.

Plantas arborescentes, 5-7 m; tallos 11-14 cm de ancho, rectos, verde glauco cuando jóvenes, verde-amarillentos al madurar; costillas c. 6, 2-2.5 cm de alto, los márgenes obtusos; aréolas c. 1 cm, orbiculares, distantes entre sí 2-3.5 cm; espinas radiales c. 5, 0.2-0.3 cm, obcónicas, marrón con tintes oscuros; espina central 1, 1-1.5 cm, obcónica, porrecta, marrón. Flores 2.7-2.9 × 2.8-3.2 cm; pericarpelo 5-8 mm, las aréolas escasas y diminutas; tépalos externos 0.5-0.7 × 1-1.2 cm, lanceolado-oblongos, blancos con ligero tono amarillo; tépalos internos c. 0.7 × 1.2-1.4 cm, lanceolado-oblongos, blancos con ligero tono amarillo; estambres c. 0.5 cm, exertos; los filamentos blanquecinos; estilo blanco, el estigma con c. 4 lóbulos, blancos. Frutos 0.5-0.9 × 0.5-1 cm, subglobosos, rojos con tintes púrpura; semillas 1-1.2 mm. Floración ene.-may. *Bosques tropicales caducifolios, bosques espinosos*. G (*Véliz & Ramírez MV 13890*, MEXU). 200-500 m. (Endémica).

Myrtillocactus eichlamii está relacionada con *M. geometrizans* (Mart. ex Pfeiff.) Console, endémica del centro de México, por compartir caracteres del tallo, flor y fruto. Son distintas en el tamaño de las espinas, flores y semillas, además su distribución es disyunta.

2. Myrtillocactus schenckii (J.A. Purpus) Britton & Rose, *Contr. U.S. Natl. Herb.* 12: 427 (1908-1909 [1909]). *Cereus schenckii* J.A. Purpus, *Monatsschr. Kakteenk.* 19: 38 (1909). Lectotipo (designado por Arias et al., 1997): Purpus, *Monatsschr. Kakteenk.* 19: 39 (1909), como *C. schenckii*. Ilustr.: Arias et al., *Fl. Valle Tehuacán-Cuicatlán* 95: 129, t. 22 (2012). N.v.: Tuno pache, G.

Plantas arborescentes, 3-5 m; tallos 7-10 cm de ancho, rectos, verde oscuro; costillas 6-8, 1.5-2 cm de alto, margen ligeramente agudo; aréolas 4-6 mm, orbiculares, distantes entre sí (sobre la misma costilla) 4-7 mm; espinas radiales 5-8, 0.5-1.2 cm, subuladas, pardas a negras, con pelo-espinas a veces presentes; espina central c. 1, 1-1.3(-1.5) cm, subulada, porrecta, negra. Flores 2-3 × 2-2.5 cm; pericarpelo 4-6 mm, las aréolas escasas, no conspicuas; tépalos externos 0.8-1 × c. 0.9 cm, oblongos, pardos con tono verdoso; tépalos internos 1-1.4 × 0.4-0.6 cm, oblongos, amarillos con una franja media castaño oscuro y ápice verde; estambres 0.8-1.2 cm, exertos; los filamentos blancos; estilo blanco, el estigma con 4-6 lóbulos, verdes. Frutos 1.5-2 × 1.2-1.9 cm, obovoides, rojo con tintes púrpura, las espinas ausentes, ocasionalmente en la base; semillas 1-1.5 mm. Floración nov.-may. *Bosques tropicales caducifolios*. G (*Véliz et al. MV 16892*, BIGU). 900-1200 m. (México [Oaxaca, Puebla, Veracruz], Mesoamérica).

Myrtillocactus schenckii se reconoce por la distancia reducida entre las aréolas a casi confluentes (4-7 mm). En Mesoamérica es una especie manejada para consumo local de los frutos (Véliz Pérez, 2008).

14. Opuntia Mill.

Nopalea Salm-Dyck.

Por R. Puente, S. Arias & D.A. Aquino.

Árboles o arbustos; tallos con ramificación desde la base o parte media, erguidos, arqueados, decumbentes o rastreros, determinados, aplanados (cladodios) o cilíndricos, sin costillas. Hojas subuladas, pequeñas, sésiles, solo en tallos jóvenes y pronto deciduas; aréolas con glóquidas y espinas; espinas solitarias o varias, rara vez ausentes, no diferenciadas en radiales y centrales, rígidas o setosas. Flores solitarias, laterales o subterminales, diurnas; pericarpelo y tubo receptacular con o sin podarios, las bractéolas subuladas, carnosas, deciduas, no se integran con los tépalos, las aréolas con glóquidas, a veces con espinas; tubo receptacular corto o no conspicuo; perianto con los tépalos numerosos, rotados o erectos, rojos, anaranjados, rosados, amarillos o verdosos; estambres numerosos, insertos desde el límite superior de la cámara nectarial hasta la garganta, a veces sensitivos. Frutos simples, a veces prolíferos, globosos a claviformes, verdes, amarillentos, rojizos o purpúreos, umbilicados, las aréolas con glóquidas, a veces con espinas, indehiscentes, la pulpa jugosa o seca, colorida, los remanentes florales no persistente; semillas orbiculares a suborbiculares, a veces ovoides, el arilo falso anular, la testa lisa, dura, blanquecina o gris, a veces ligeramente parda. Aprox. 154 spp. (más de 30 subspp.), en Canadá, Estados Unidos, México, Mesoamérica, Colombia, Venezuela, Ecuador, Galápagos, Perú, Bolivia, Brasil, Paraguay, Uruguay, Argentina y Antillas. Introducida en amplias regiones de Europa, Asia, África y Australia; 18 spp. en Mesoamérica.

Evidencias moleculares confirman que *Opuntia* y *Nopalea* forman un linaje único que diversificó en Norteamérica (Majure et al., 2012), por lo que en el presente tratamiento *Nopalea*, cuya principal novedad evolutiva es la presencia de flores modificadas para la polinización por colibríes, es tratado como un sinónimo de *Opuntia*. El número de especies ha sido motivo de discusión, los caracteres morfológicos que permiten la identificación se ven influenciados por las condiciones medioambientales; por otro lado, en zonas del Altiplano mexicano se ha documentado 11 especies simpátricas, por lo que eventos de hibridación son frecuentes, además, la domesticación y el manejo in situ han dificultado el reconocimiento de los límites entre las especies (Martínez-González et al., 2020; Reyes-Agüero et al., 2006). En Mesoamérica se desconocen eventos de flujo génico entre especies simpátricas, por lo que la exploración de este fenómeno puede contribuir al conocimiento de eventos de especiación en la zona. El uso y aprovechamiento de las especies de *Opuntia* se basa en el consumo de los tallos tiernos y la cosecha de los frutos. En Mesoamérica prevalece el uso como cerco vivo y en menor proporción se consumen los frutos, presumiblemente se emplea con fines medicinales (Bravo-Hollis & Sánchez-Mejorada, 1991b; Véliz Pérez, 2008).

Tres especies de *Opuntia* han sido registradas como introducidas en Mesoamérica:

Opuntia brasiliensis (Willd.) Haw., nativa de Sudamérica, introducida a Mesoamérica como planta de ornato (como muchas otras), se conoce de las ciudades de Heredia (Costa Rica), Tegucigalpa (Honduras) y Guatemala (Guatemala); *O. crystalenia* Griffiths, de origen indeterminado, se estima cercana a *O. robusta* H.L. Wendl. ex Pfeiff. del centro de México (no existe en Tabasco como fue citada por Scheinvar et al. (2020) y Villaseñor Ríos (2016), por error de localidad (Cárdenas, San Luis Potosí, confundida con Cárdenas, Tabasco); y *O. ficus-indica* (L.) Mill., de origen cultivado, introducida en todos los continentes (en Mesoamérica solo existe en sitios en donde se cultiva como alimento). *Opuntia tehuantepecana* (Bravo) Bravo, nativa de Oaxaca, no ha sido colectada en Chiapas.

Bibliografía. Arias, S. & Arreola-Nava, H.J. *Cact. Suc. Mex.* 40: 86-92 (1995). Arias, S. et al. *Fl. Valle Tehuacán-Cuicatlán* 95: 192-225 (2012); *Fl. Bajío* 242: 21-96 (2024). Bravo-Hollis, H. & Sánchez-Mejorada, H. *Cact. México* ed. 2, 1: 166-343 (1978); 3: 1-643 (1991b). Cowan, C.P. *Listados Floríst. México* 1: 1-123 (1983). Crook, R. & Mottram, R. *Bradleya* 14: 99-144 (1996); 22: 53-76 (2004). Hernández, H.M. et al. *Succ. Pl. Res.* 8: 185-200 (2014). Hunt, D.R. *Cactaceae Syst. Init.* 21: 12-13 (2006). Hunt, D.R. et al. *New Cact. Lex.* 1: 196-214 (2006a). Majure, L.C. & Puente, R. *Succ. Pl. Res.* 8: 9-30 (2014). Majure, L.C. et al. *Amer. J. Bot.* 99: 847-864 (2012). Martínez-González, C.R. et al. *Bradleya* 38: 158-169 (2020). Pineda, O.P. & Oyuela, O.W. *Revista Forest. Perú* 35: 54-72 (2020). Reyes-Agüero, J.A. et al. *J. Arid Environ.* 64: 549-585 (2006). Scheinvar, L. & Olalde Parra, G. *Cact. Suc. Mex.* 53: 36-50 (2008). Scheinvar, L. et al. *Schumannia* 6: 277-296 (2010); *Ibugana* n.s. 5: 73-94 (2013); *Atlas Nopales Silvestres Mexicanos* 1-607 (2020).

1. Tallos compuestos por artículos fácilmente desprendibles. **14. O. pubescens**
1. Tallos compuestos por cladodios que no se desprenden con facilidad.
 2. Tallos decumbentes, cladodios por lo general provistos de manchas rojas alrededor de la aréola. **4. O. decumbens**
 2. Tallos ascendentes, manchas ausentes o cuando presentes de color negro, nunca rojas.
  3. Cladodios pubescentes. **17. O. tomentosa**
  3. Cladodios glabros.
   4. Cladodios sin podarios.
    5. Plantas hasta 5 m de alto, arbustivas a arborescentes, cladodios verde oscuro.
     6. Ancho de los cladodios terminales de hasta 15 cm, flores hasta 5 cm de longitud. **7. O. elatior**
     6. Ancho de los cladodios terminales de 17 cm o más, flores hasta 7 cm de longitud.
      7. Arbustos de hasta 2 m de alto, cladodios sin manchas alrededor de las aréolas, espinas 1-3. **12. O. lasiacantha**
      7. Árboles de hasta 5 m de alto, cladodios provistos con una mancha negra alrededor de las aréolas, espinas 3-5. **15. O. streptacantha**
    5. Plantas hasta 4 m, en algunas ocasiones hasta 10 m de alto, arborescentes, cladodios verde claro a glaucos.
     8. Cladodios hasta 27 cm de longitud, flores rotadas. **6. O. eichlamii**
     8. Cladodios hasta 21 cm de longitud, flores no rotadas.
      9. Distancia entre aréolas hasta 3 cm, flores 2.5-3.1 cm de longitud. **10. O. hondurensis**
      9. Distancia entre aréolas hasta 3.5 cm, flores 5-6.5 cm de longitud. **18. O. velizii**
   4. Cladodios con podarios evidentes tanto en estadios juveniles como en adultos.
    10. Cerdas presentes en las aréolas de los cladodios. **13. O. lutea**
    10. Cerdas ausentes en las aréolas de los cladodios.
     11. Arbustos de hasta 2 m, flores rotadas, tépalos internos amarillos, estambres y estilo insertos.
      12. Cladodios terminales verde claro a verde oscuro, hasta 38 cm de longitud. **3. O. deamii**
      12. Cladodios terminales verde-azulados a glaucos, hasta 25 cm de longitud.
       13. Cladodios hasta 8 cm de ancho. **9. O. guatemalensis**
       13. Cladodios hasta 15 cm de ancho. **16. O. stricta**
     11. Árboles o arbustos de hasta 5(-7) m de alto, flores no rotadas, tépalos internos rojos a rosados, estambres y estilo exertos.
      14. Árboles de hasta 2.4 m de alto, cladodios de hasta 12 cm de longitud. **8. O. gaumeri**
      14. Árboles de hasta 6 m de alto, cladodios de hasta 17(-30) cm de longitud.
       15. Cladodios de hasta 30 cm de longitud, distancia entre aréolas hasta de 2 cm. **1. O. auberi**
       15. Cladodios de hasta 27 cm de longitud, distancia entre aréolas 3-5 cm.
        16. Cladodios de hasta 17 cm de longitud, flores hasta 4.5 cm de longitud. **11. O. inaperta**
        16. Cladodios de hasta 27 cm de longitud, flores hasta 7 cm de longitud.
         17. Espinas ausentes, en raras ocasiones 3, ancho de los cladodios hasta 8(-12) cm, pericarpelo globoso hasta obovoide. **2. O. cochenillifera**
         17. Espinas 2-4, ancho de los cladodios hasta 6 cm, pericarpelo obcónico. **5. O. dejecta**

1. Opuntia auberi Pfeiff., *Allg. Gartenzeitung* 8: 282 (1840). Neotipo (designado por Scheinvar & Olalde Parra, 2008): Mexico, Oaxaca, *Arias 949* (MEXU). Ilustr.: Britton, *Addisonia* 1: t. 10 (1916). N.v.: Lengua de vaca, nopal, Ch.

Nopalea auberi (Pfeiff.) Salm-Dyck.

Plantas arbustivas o arborescentes, 3-5(-7) m; tallo principal bien definido, con ramificación ascendente; cladodios terminales 15-30 × 3.5-4.5 cm, oblongos a lineares, los más viejos más engrosados, verde claro a glauco, glabros, sin podarios; aréolas 2-3 × c. 2 mm, distantes entre sí 1.8-2.2 cm; glóquidas 1-2 mm, amarillo oscuro a pardas, cerdas ausentes; espinas 0-3, 1-3 cm, subuladas, rectas, rígidas, presentes solo en algunas aréolas, blanquecinas o blanco-amarillentas, el ápice oscuro. Flores 6-7.2(-9) × 1.8-2.1 cm; pericarpelo y tubo receptacular 2.8-4 × 1.5-1.8 cm, obcónico, con podarios, sin espinas; perianto no rotado; tépalos externos 0.4-2.2 × 0.6-1.5 cm, deltados a ovados, el ápice agudo, rojo-amarillentos; tépalos internos 2-3.5 × 1-1.4 cm, obovados, margen, ligeramente sinuado, el ápice acuminado, rosado-purpúreos; estambres exertos (2.6-)3-4 cm, los filamentos con la base blanca, el ápice rosado; estilo exerto 4.5-5.5 cm, rosado a rojo, el estigma con 5-7 lóbulos, c. 2.5 mm, verdes. Frutos 3.8-4.6 × 1.7-2.5 cm, obcónicos a obovoides, los podarios poco evidentes, rojos, las glóquidas c. 1 mm, sin espinas; semillas c. 5 mm. Floración ene.-mar. *Bosques tropicales caducifolios, huertos familiares*. Ch (*Reyes-García et al. 175*, MEXU); C (*Zamora & Uc 6274*, MEXU); G (*Anon. s.n.*, MO). 100-600 m. (México [Durango, Edo. México, Guerrero, Jalisco, Michoacán, Morelos, Nayarit, Oaxaca, Puebla, Querétaro, San Luis Potosí, Sinaloa, Tamaulipas], Mesoamérica, Cuba).

Esta especie se reconoce por los tallos más largos que anchos (4-6 veces más largos que anchos), oblongos a lineares y regularmente no hay podarios en la base. En el occidente y sur de México se encuentra cultivada como ornamental y por los tallos jóvenes comestibles. Aparentemente es silvestre en Mesoamérica (Bravo-Hollis & Sánchez-Mejorada, 1978), aunque también está cultivada.

2. Opuntia cochenillifera (L.) Mill., *Gard. Dict.* ed. 8 *Opuntia* no. 6 (1768). *Cactus cochenillifer* L., *Sp. Pl.* 468 (1753). Lectotipo (designado por Howard & Touw, 1982): Dillenius, *Hort. Eltham.* 2: t. 297, f. 383 (1732b). Ilustr.: Britton & Rose, *Cact.* 1: t. 4, f. 1 (1919), como *Nopalia cochenillifera*. N.v.: Nopal, nopalillo, tuna (fruto), T, Ch, ES; pacam, tsakam, Y; chuh, tuno, tuno de Castilla, G; nopal, tuna, N; tuna caite (fruto), CR.

Nopalea cochenillifera (L.) Salm-Dyck.

Plantas arbustivas o arborescentes, 2-4 m; tallo principal bien definido, con ramificación ascendente a difusa; cladodios terminales 15-27 × 5-8(-12) cm, más o menos elípticos cuando jóvenes, obovados al madurar, verde claro, glabros, podarios ligeramente evidentes; aréolas 1-2 × c. 1 mm, distantes entre sí 3-5 cm; glóquidas c. 1 mm, escasas, amarillo-rojizas, cerdas ausentes; espinas 0(-3), generalmente ausentes, a veces presentes en el tallo principal, escasas, grises. Flores 5-7(-8) cm; pericarpelo y tubo receptacular 2-4.6 × 1.4-2 cm, globoso hasta obovoide, con podarios bajos, poligonales, las glóquidas c. 1 mm, abundantes, sin espinas; perianto no rotado; tépalos externos 0.5-1.5 × 0.6-1 cm, ampliamente ovados a obovados, el ápice agudo, escarlata, ocasionalmente con la base blanca; tépalos internos 1.8-2 × c. 1 cm, obovados, el ápice acuminado, escarlata; estambres exertos (2.6-)3-3.8 cm, los filamentos rosados a rosado-amarillentos; estilo exerto 3-4.2 cm, rosado, el estigma con 6-7 lóbulos, 2-3 mm, verde claro. Frutos 2.5-5 × 2.5-3 cm, obcónicos a piriformes, podarios poco evidentes, rojizos; semillas c. 5 mm. *Cultivada, huertos familiares*. T (*Campos 31*, UJAT); Ch (*Matuda 17307*, MEXU); Y (*Puch & Narváez 245*, CICY); G (*Véliz & Velásquez MV 12954*, BIGU); H (*Dyer 45*, US); ES (*Calderón 556*, US); N (*Grijalva 2202*, MEXU); CR (*Torres 92*, F); P (*Verner 1335*, NY). 0-800(-1800) m. (México [Cd. México, Colima, Edo. México, Guerrero, Jalisco, Michoacán, Morelos, Nayarit, Oaxaca, Puebla, Querétaro, San Luis Potosí, Veracruz], Mesoamérica; introducida en Sudamérica, Antillas, Asia, África).

Opuntia cochenillifera se reconoce por ser inerme y es la única del clado *Nopalea* con esta condición. Solo se conoce bajo cultivo y es manejada como alimento por poblaciones humanas en México (Bravo-Hollis & Sánchez-Mejorada, 1978). Su uso como ornamental se conoce desde el sur de Estados Unidos hasta Argentina, Antillas y en otros continentes. En Chiapas y la península de Yucatán se puede encontrar eventualmente escapada de cultivo. Su origen mesoamericano es factible por formar parte del clado *Nopalea* que es nativo de la región. Sin embargo, se requiere un estudio para comprender si se sostiene esta hipótesis.

3. Opuntia deamii Rose, *Contr. U.S. Natl. Herb.* 13: 309 (1909-1912 [1911]). Holotipo: Guatemala, *Deam 6228* (US!). Ilustr.: Véliz Pérez, *Cactáceas Guatemala* 64, t. 1-5 (2008).

Plantas arbustivas, 0.7-1 m; tallo principal más o menos definido, corto, con ramificación ascendente; cladodios terminales 25-38 × 10-20 cm, obovados a oblongos, verde claro a verde oscuro, glabros, podarios poco evidentes; aréolas 3-5 × 2-5 mm, distantes entre sí (3-)4-5 cm; glóquidas 1-2 mm, amarillo oscuro, escasas, cerdas ausentes; espinas (2-)4(-6), (1-)3-5.5 cm, subuladas, algunas aplanadas, extendidas a porrectas, blancas cuando jóvenes, amarillo-grisáceas al madurar. Flores c. 7 cm; pericarpelo y tubo receptacular 2.4-2.8 × 2-2.5 cm, obovoide, verde oscuro, las glóquidas c. 1 mm, las espinas generalmente ausentes, a veces presentes, escasas; perianto rotado; tépalos externos verdes con ligeros tintes amarillos, deltados; tépalos internos 1-2.8 × 0.6-1.3 cm, amarillos, espatulados; estambres exertos 6-8 mm, los filamentos amarillos; estilo exerto c. 1.3 cm, blanquecino. Frutos 4-6 × 1.8-2.4 cm, obovoides, sin podarios, rojo-purpúreos, las glóquidas c. 1 mm, las espinas ausentes o escasas, limitadas al ápice del fruto; semillas 3-4 mm. Floración feb.-may. *Bosques tropicales caducifolios y subcaducifolios, bosques abiertos de* Quercus, *planicies abiertas*. Ch (*Guzmán & Arias 948*, MEXU); G (*Véliz & Velásquez et al. MV 19717*, BIGU); H (*Ferrufino et al. 717*, TEFH). 900-1000 m. (Endémica).

Opuntia deamii es una especie arbustiva de hasta 1 m de altura, con varios caracteres en común con *O. lasiacantha*, incluyendo su hábito arbustivo, y la forma de la flor y del fruto. Difieren por la presencia de podarios en los cladodios terminales de *O. deamii*, mientras que en *O. lasiacantha* no presentan este carácter.

4. Opuntia decumbens Salm-Dyck, *Hort. Dyck.* 361 (1834). Neotipo (designado por Crook & Mottram, 1996): Hooker, *Bot. Mag.* 68: t. 3914 (1842a [1841]). Ilustr.: Cerén López et al., *Divers. Cactus El Salvador* 92, t. 16 (2015). N.v.: Arpón, nopal de tortuga Ch, G; lengua de vaca, tuna, G.

Opuntia heliae Matuda, *O. puberula* Pfeiff.

Plantas arbustivas, 0.2-0.4(-1) m; tallo principal indefinido, ocasionalmente definido, con ramificación difusa, decumbentes a postrados; cladodios terminales 7-15(-18) × 5-10 cm, obovados, elípticos o angostamente ovados, verde oscuro, a veces con manchas purpúreas rodeando las aréolas, incluso cubriendo al cladodio entero, puberulentos, sin podarios; aréolas 1-2 × c. 2 mm, distantes entre sí 1.6-3 cm; glóquidas 2-5 mm, generalmente más abundantes en el tallo principal, amarillas, cerdas ausentes; espinas 0 o 1(-3), ausentes parcial o completamente en los cladodios terminales, 0.5-5.5(-7) cm, aciculares, divergentes, rígidas, amarillo claro cuando jóvenes, grises al madurar. Flores 4.5-5 × c. 5 cm; pericarpelo y tubo receptacular 2.3-3.5 × 1-1.5 cm, obcónico, verde, puberulentos, sin podarios, las glóquidas 2-3 mm, a veces con espinas setosas c. 1 cm; perianto rotado; tépalos externos 1-1.5 × 0.4-1 cm, deltados a obovados, los márgenes enteros o crenados, el ápice acuminado o apiculado, amarillos, con una franja central rojiza; tépalos internos 1.5-2.4(-3.3) × 1.2-2 cm, obovados, los márgenes enteros a ligeramente irregulares, amarillos; estambres insertos 0.5-1 cm, los filamentos verde claro a rojizos; estilo inserto 1.4-1.6 cm, el estigma con 5-8 lóbulos, 2-5 mm, verde claro a amarillo claro. Frutos 2.5-4 × 1.8-3 cm, más o menos piriformes, puberulentos, sin podarios, rojo-purpúreos, las glóquidas abundantes, 2-4 mm; semillas 4-4.6 mm. Floración ene.-may. *Bosques tropicales caducifolios, subcaducifolios y espinosos, áreas pedregosas y abiertas*. Ch (*Guzmán & Arias 1004*, MEXU); G (*Véliz & Pérez MV 13347*, BIGU); H (*Holst 83*, TEFH); ES (*Cerén et al. 2503*, MHES); N (*Moreno & Henrich 8751*, MO); CR (*Pittier 43633*, NY). 0-1300 m. (México [Chihuahua, Colima, Durango, Guanajuato, Guerrero, Jalisco, Michoacán, Morelos, Nayarit, Oaxaca, Puebla, Querétaro, Sonora, Sinaloa, Tamaulipas], Mesoamérica).

La variación en el porte y la estacionalidad de las manchas purpúreas en el tallo explican la descripción de varios nombres para esta especie (Arias & Arreola-Nava, 1995). Si bien el número de espinas y su longitud es variable, esta especie puede distinguirse por tener tallos decumbentes, cladodios puberulentos, así como manchas purpúreas en torno a la aréola.

5. Opuntia dejecta Salm-Dyck, *Hort. Dyck.* 361 (1834). Neotipo (designado por Scheinvar et al., 2013): México, Tamaulipas, *Bravo 2130* (MEXU!). Ilustr.: Britton & Rose, *Cact.* 1: t. 4, f. 4 (1919), como *Nopalea dejecta*. N.v.: Tuna G, ES; nopal, tuna de playa, Ch.

Nopalea dejecta (Salm-Dyck) Salm-Dyck, *N. escuintlensis* Matuda.

Plantas arborescentes a arbustivas, 1-4.5 m; tallo principal bien definido, con ramificación ascendente y difusa; cladodios terminales 15-20 × 3.5-6 cm, elíptico-oblongos a oblicuamente elípticos, verde claro, glabros, con podarios poco evidentes; aréolas 2-3 mm, distantes entre sí 1.5-3.5 cm; glóquidas 1-2 mm, amarillo oscuro, cerdas ausentes; espinas (0-)2-4, 0.5-4(-5) cm, subuladas, rígidas, presentes solo en algunas aréolas, pardo-amarillentas cuando jóvenes, grisáceas al madurar. Flores 5-6(-8.5) × 1.5-1.6 cm; pericarpelo y tubo receptacular 2.6-3.7(-4.5) × 1.4-2 cm, obcónico, sin podarios bien definidos; perianto no rotado; tépalos externos 0.5-1.8 × 0.4-0.8 cm, deltados a oblongo-lanceolados, rojos con tono rosado o amarillo-rojizo; tépalos internos 1.8-2.4 × c. 1.5 cm, oblongo-obovados, rojos; estambres exertos 2.5-3.5 cm, los filamentos rojizos a amarillos; estilo exerto 3.8-4.5 cm, rojizo a amarillo-verdoso, el estigma con 6-7 lóbulos, 3-4 mm, verdes. Frutos 3-5 × c. 2 cm, glabros, obcónicos, con podarios, rojos; semillas 3-4 mm. Floración dic.-may. *Bosques tropicales subcaducifolios y caducifolios espinosos, zonas abiertas y huertos familiares*. Ch (*Arias & Guzmán 1033*, MEXU); G (*Standley 66634*, F); H (*Standley 28133*, F); ES (*Cerén & Gregorio 3295*, MHES); P (*Cowell 418*, NY). 100-1000 m. (México [Colima, Guerrero, Hidalgo, Morelos, Nayarit, Oaxaca, Querétaro, San Luis Potosí, Sinaloa, Tamaulipas, Veracruz], Mesoamérica).

En Mesoamérica se encuentra en forma silvestre y manejada en huertos; esta especie es próxima a *Opuntia karwinskiana* Salm-Dyck del occidente de México; estas especies difieren entre sí por la longitud de las flores: de 5 a 6 cm en *O. dejecta* y de 7.5-9(-11) cm en *O. karwinskiana*.

6. Opuntia eichlamii Rose, *Contr. U.S. Natl. Herb.* 13: 310 (1909-1912 [1911]). Holotipo: Guatemala, *Eichlam 13* (US!). Ilustr.: Véliz Pérez, *Cactáceas Guatemala* 67, t. 1-6 (2008). N.v.: Tuna, G.

Plantas arbustivas o arborescentes, 1-4 m; tallo principal generalmente bien definido, corto, con ramificación más o menos ascendente; cladodios terminales 15-27 × c. 15 cm, obovados u orbiculares, verde brillantes a más o menos glaucos, glabros, sin podarios; aréolas c. 3 × 5 mm, distantes entre sí 2.5-3.5 cm; glóquidas c. 2.5 mm, castaño oscuro, escasas, cerdas ausentes; espinas 4-6(-9), 0.5-2.4 cm, subuladas, rectas a deflexas, las adultas más o menos aplanadas, blanco-rosadas a blanquecinas cuando jóvenes, grisáceas al madurar. Flores 3-5 × c. 4 cm, el pericarpelo y tubo receptacular 1.5-3 × 1.8-2.4 cm, los podarios ligeramente evidentes, las glóquidas c. 1 mm, amarillas; perianto rotado, los tépalos 0.5-2.5 × 1-1.5 cm, deltados a obovados, rojo-carmín; estambres insertos 6-10 mm, los filamentos rojizos; estilo 1.5-1.8 cm, rojo, el estigma con 8-11 lóbulos, c. 3 mm, verde claro. Frutos 3.2-4 × 2-2.5 cm, semiglobosos, glabros, con podarios; semillas c. 4 mm. Floración ene.-may. *Bosques tropicales caducifolios, áreas abiertas alteradas para cultivo*. Ch (*Laughlin 1010*, CAS); G (*Puente & Véliz 2163*, BIGU); N (*Nichols 1373A*, MO). 1000-2200 m. (Endémica).

Los tépalos internos rojos de *Opuntia eichlamii* son una característica particular entre las especies en la región mesoamericana. *Opuntia elatior* posee tépalos de color a veces semejante, con la característica que varían entre tonos rojos, anaranjados y amarillos; sin embargo, difieren entre sí por la longitud de los cladodios terminales: hasta 27 cm en *O. eichlamii* y hasta 20 cm en *O. elatior*.

7. Opuntia elatior Mill., *Gard. Dict.* ed. 8 *Opuntia* no. 4 (1768). Lectotipo (designado por Howard & Touw, 1982): Dillenius, *Hort. Eltham.* 2: t. 294 (1732b). Ilustr.: Britton & Rose, *Cact.* 1: t. 26, f. 2 (1919). N.v.: Tuno elatior, P.

Cactus tuna L. var. *elatior* (Mill.) Sims.

Plantas arbustivas o arborescentes, 0.5-3(-5) m; con ramificación más o menos ascendente; tallo principal bien definido, más o menos cilindroide; cladodios terminales 10-20(-40) × (6-)8-15 cm, obovados, oblongos o suborbiculares, verde oscuro, glabros, sin podarios; aréolas distantes entre sí 2-4 cm; glóquidas 0.5-3 mm, escasas, las cerdas ausentes, las espinas 2-10, 2-5(-7) cm, aciculares, redondeadas, más o menos rectas, presentes en todo el cladodio, moreno oscuro cuando jóvenes, grises al madurar. Flores 4-5(-7) cm; pericarpelo y tubo receptacular 3-3.5 × 1.8-2.6 cm; perianto no completamente rotado; tépalos 0.7-2 × 0.8-1.6 cm, obovados, el ápice mucronado, amarillos o rojizo-anaranjados, con franja media rojiza oscura; estambres exertos c. 1.3 cm, los filamentos rosados o rojos; estilo exerto, c. 1.6 cm, más o menos blanco, el estigma con c. 5 lóbulos, c. 3 mm, verdes. Frutos 4-4.5 × 2.2-2.8 cm, obovoides, rojos; semillas 3.5-4 mm. Floración feb.-may. *Bosques tropicales caducifolios, planicies abiertas*. P (*Erlanson 171*, US). 0-700 m. (Mesoamérica, Colombia, Venezuela, Antillas).

Observaciones en *Opuntia elatior* indican que el perianto no es completamente rotado como en *Opuntia* s. str. (Puente, obs. pers.), mientras que el polen presenta características intermedias entre *Opuntia* s. str. y el grupo *Nopalea* (Hernández et al., 2014). Tiene similitud con *O. pittieri* Britton & Rose, *O. sanguinea* Proctor, *O. schumannii* F.A.C. Weber ex A. Berger y *O. soederstromiana* Britton & Rose (Colombia, Venezuela, Ecuador, Jamaica) en caracteres del tallo y la flor (incluyendo el perianto no completamente rotado); incluso son referidas como coespecíficas. Si esta hipótesis se corrobora, entonces también se confirmaría su relación con el grupo *Nopalea* (Majure et al., 2012). En la región de estudio se ha confundido con *O. eichlamii* (véase nota bajo esta última) y con *O. guatemalensis* para Costa Rica (*Burger & Gentry 9179*, CR).

8. Opuntia gaumeri (Britton & Rose) R. Puente & Majure, *Succ. Pl. Res.* 8: 25 (2014). *Nopalea gaumeri* Britton & Rose, *Cact.* 1: 216 (1919). Sintipo: México, Yucatán, *Gaumer et al. 23250* (US!). Ilustr.: Britton & Rose, *Cact.* 1: 216, t. 277-278 (1919), como *N. gaumeri*. N.v.: Nopal, pak'am ts'um, sakan, xpakam Y.

Plantas arbustivas a arborescente, 0.5-2.4 m; tallo principal generalmente bien definido, con ramificación ascendente y difusa; cladodios terminales 6-12(-16) × 1.5-4.5 cm, angostamente linear-oblongos a oblanceolados, glabros, verde claro, podarios poco evidentes; aréolas 2-4 mm, distantes entre sí 1-2 cm; glóquidas 2-4 mm, amarillentas, cerdas ausentes; espinas 4-12, 0.5-2.8 cm, aciculares, rectas, rígidas, presentes en todas las aréolas, blanco-amarillentas cuando jóvenes, pardas al madurar. Flores 3-4.6 cm; pericarpelo y tubo receptacular 1.6-2.5 × 1-1.4 cm, obcónico, con podarios evidentes, las espinas 0-2, 2-6 mm, ocasionales; perianto no rotado; tépalos externos 5-10 mm, deltados a ovados, el ápice agudo, rojos con los márgenes rosado-amarillentos; tépalos internos 1-1.7 cm, más o menos oblongos, rojos; estambres exertos, 1.6-2.3 cm, los filamentos rosado-rojizos a amarillentos; estilo exerto 2.3-3.2 cm, rojizo a amarillento, el estigma con 6-7 lóbulos, 2-3 mm, verdes. Frutos 2.2-3.6 × 1.5-2 cm, obovoides, sin podarios, rojo-purpúreos, las espinas 0-3, 3-12 mm, ausentes en algunas aréolas; semillas c. 4 mm, con margen angosto. Floración ene.-feb. *Bosques tropicales caducifolios, tintales, dunas costeras, huertos familiares*. Y (*Puente 2042*, ASU); C (*Martínez S. et al. 30899*, MEXU); QR (*Martínez S. et al. 37274*, MEXU). 0-500 m. (Endémica).

Opuntia gaumeri se caracteriza por poseer cladodios angostamente linear-oblongos a oblanceolados (más delgados y pequeños que en *O. inaperta*), así como frutos sin podarios evidentes. En la península de Yucatán, la distribución de *O. gaumeri* abarca parte de la costa norte. Aunque otros autores la tratan en sinonimia con *O. inaperta* (Hunt et al., 2006a), existen diferencias como las antes señaladas; por lo tanto, para propósitos de esta flora se reconoce como una especie diferente de *O. inaperta*, como también lo refieren otros autores (Hernández et al., 2014). Es necesario conocer el flujo génico entre ambas especies, particularmente en el centro de la península donde llegan a cohabitar.

9. Opuntia guatemalensis Britton & Rose, *Cact.* 1: 218 (1919). Holotipo: Guatemala, *Wilcox s.n.* (US!). Ilustr.: Véliz Pérez, *Cactáceas Guatemala* 69, t. 1-6 (2008). N.v.: Tuna, tuno, G.

Opuntia salvadorensis Britton & Rose.

Plantas arbustivas, 0.4-1(-1.5) m; tallo principal indefinido, con ramificación basal, difusa a ascendente; cladodios terminales 11-17 × 7-8 cm, más o menos obovados, verde glaucos, a veces con manchas púrpura oscuro rodeando las aréolas, glabros, los podarios poco evidentes; aréolas 1-2 mm, distantes entre sí 1.5-2.3 cm; glóquidas 1-5 mm, amarillo claro, abundantes, cerdas ausentes; espinas (0)1 o 2(-4), ausentes parcialmente en los cladodios, (0-)1-3(-7) cm, aciculares, redondeadas, deflexas a rectas, blanco-amarillentas con el ápice negro cuando jóvenes, blanco-grisáceas al madurar. Flores 4.5-5.5 cm; pericarpelo y tubo receptacular 2-2.6 × c. 1.5 cm, obcónico; perianto rotado; tépalos externos 1.2-2 × 0.8-1.3 cm, deltados a obovados, el ápice mucronado, verdes con los bordes amarillos; tépalos internos 2-2.5 × 1-1.3 cm, obovados, amarillo claro; estambres exertos 3-6 mm, los filamentos verdes; estilo c. 1.8 cm, el estigma con c. 9 lóbulos, c. 2 mm, blanco-amarillentos. Frutos 2.4-4 × 2-2.6 cm, obovoides, rojos a rojo-purpúreos, las glóquidas 1-3 mm, las espinas generalmente ausentes; semillas 4-4.6 mm, cubiertas con tricomas. Floración dic.-abr. *Bosques tropicales caducifolios, áreas abiertas, alteradas y pantanosas*. G (*Véliz & Velásquez MV 19900*, BIGU); H (*Yong 126*, MO); ES (*Cerén 2556*, MHES); N (*Moreno & Sandino 6519*, MO); CR (*Burger & Gentry 9179*, CR). 0-900 m. (Endémica).

Opuntia guatemalensis es cercana a *O. decumbens* por el hábito de crecimiento, los cladodios glabros, las manchas púrpuras alrededor de las aréolas, así como por la forma y el color de la flor. Difieren porque en *O. guatemalensis* los cladodios son glabros y las semillas están cubiertas de tricomas (Arias & Arreola-Nava, 1995). A veces las plantas bajas y extendidas de *O. guatemalensis*, forman cadenas de hasta 10 cladodios.

10. Opuntia hondurensis Standl., *Publ. Field Mus. Nat. Hist., Bot. Ser.* 9: 316 (1940). Holotipo: Honduras, *Yuncker et al. 8258* (F!). Ilustr.: Pineda & Oyuela, *Revista Forest. Perú* 35: 64, t. 10 (2020). N.v.: Nopal, oreja de vaca, tuna, H.

Nopalea hondurensis (Standl.) Rebman.

Plantas arborescentes, 7-8(-9) m; tallo principal bien definido, con ramificación ascendente y difusa; cladodios terminales 12-26 × 5-9 cm, obovados a oblongo-obovados, glabros, verdes, sin podarios; aréolas 2-3 × c. 2 mm, distantes entre sí 2-3 cm; glóquidas c. 2 mm, escasas, amarillas, cerdas ausentes; espinas 4-7, 1.5-2 cm, aciculares, rectas, rígidas, presentes en todas las aréolas, castaño-rojizo oscuro. Flores 2.5-3.1 × 1.7-1.9 cm; pericarpelo y tubo receptacular 2-2.8 × 1.7-2.1 cm, obovoide, sin podarios; perianto no rotado; tépalos externos 0.8-1.1 × 0.6-0.8 cm, deltados, rosado-rojos con los márgenes ligeramente amarillos hacia el ápice; tépalos internos 1.4-1.8 × 1-1.2 cm, lanceolados, mucronados, rojos; estambres exertos c. 1.6 cm, los filamentos rojos; estilo 1.9-2.4 cm, el estigma con 4 o 5 lóbulos. c. 2 mm, verdes. Frutos c. 3 × 2.1-3 cm, casi esféricos, rojo-purpúreos, los podarios no evidentes, las glóquidas c. 1 mm, las espinas 1, 1-2 cm, ubicados en la parte superior del fruto; semillas c. 2 mm. Floración feb.-jun. *Bosques tropicales caducifolios, áreas abiertas con suelo arenoso*. H (*Zimmerman & García 2626*, DES). 200-800 m. (Endémica).

Hunt et al. (2006a) indican que *Opuntia hondurensis* no ha sido evaluada. Por nuestra parte, consideramos que se caracteriza por los cladodios de hasta 26 cm, sin cerdas, las espinas de hasta 2 cm, castaño-rojizas y las flores menores a 3.1 cm y el perianto no rotado. *Opuntia hondurensis* puede confundirse con *O. lutea*, sin embargo, los podarios evidentes y la presencia de cerdas en las aréolas en *O. lutea* permite distinguirla de *O. hondurensis* en donde los podarios no son perceptibles y las aréolas no están provistas con cerdas.

11. Opuntia inaperta (A. Schott) D.R. Hunt, *Cactaceae Consensus Init.* 4: 5 (1997). *Nopalea inaperta* A. Schott in Griffiths, *Monatsschr. Kakteenk.* 23: 139 (1913). Holotipo: México, Yucatán, *Schott 186* (MO!). Ilustr.: Britton & Rose, *Cact.* 1: 37, t. 44 (1919), como *N. inaperta*. N.v.: Nopal, tsakam soots', zacamsotz, Y.

Plantas arbustivas, en ocasiones arborescentes, 2-6 m; tallo principal bien definido, con ramificación ascendente y difusa; cladodios terminales (6-)10-17(-25) × 5-8 cm, anchamente oblongos a obovados, glabros, verdes, con podarios poco evidentes; aréolas 2-3 × 1-3 mm, distantes entre sí 1.6-3 cm; glóquidas 1.5-2.2 mm, escasas, amarillentas a castaño, cerdas ausentes; espinas 3-6(-13), 0.5-2 cm, más o menos aciculares, rectas, rígidas, presentes en todas las aréolas, pardo-amarillentas cuando jóvenes, grisáceas al madurar. Flores 3.6-4.5 cm; pericarpelo y tubo receptacular 1.5-2.8 × 1-1.4 cm, obovoide, los podarios conspicuos; perianto no rotado; tépalos externos 0.5-1.4 × 0.2-0.6 cm, deltados a elípticos, rojos con los márgenes rojo-amarillentos; tépalos internos 1.4-1.8 × 0.5-0.7 cm, elíptico-espatulados, rojos; estambres exertos 1.5-2.4 cm, los filamentos rojo-amarillentos; estilo 2-2.5 cm, exerto c. 3 cm, el estigma con 5-6 lóbulos. c. 2 mm, verdes. Frutos (1.5-)2-4 × (1.5-)2-3 cm, obcónicos, con podarios, rojos; semillas c. 4 mm. Floración ene.-feb.; fructificación feb.-abr. *Bosques tropicales caducifolios, áreas abiertas*. Y (*Arias & Guzmán 1080A*, MEXU); C (*Martínez S. et al. 3076*, MEXU); QR (*Ucán 1111*, CICY). 0-100 m. (Endémica).

Opuntia inaperta es endémica de Mesoamérica y se caracteriza por la forma de los cladodios (anchamente oblongos a obovados) y por los podarios en los frutos. Es referida para Tabasco (Cowan, 1983), pero no existen reportes más recientes (Campos Díaz et al., 2020). Un ejemplar procedente de Chiapas (*Farrera 280*, MEXU) e identificado con este nombre lo consideramos aquí como dudoso. También con este mismo nombre se han identificado ejemplares de *Opuntia* (*Nopalea*) fuera de la región de estudio, pero son incorrectos. Es necesario comparar tallos maduros y flores para su identificación. En el centro y norte de la península de Yucatán puede cohabitar con *O. gaumeri* y con *O. stricta*, con quienes posiblemente puede formar híbridos, por lo que se requieren estudios moleculares, morfológicos y de biología reproductiva que permitan conocer las interacciones entre esas especies. La ausencia de estos estudios ha llevado a considerar a *O. gaumeri* y *O. inaperta* como sinónimos (p. ej., Hunt et al., 2006a), propuesta con la cual no estamos de acuerdo.

12. Opuntia lasiacantha Pfeiff., *Enum. Diagn. Cact.* 160 (1837). Neotipo (designado aquí): México, Oaxaca, *Guzmán et al. 898* (MEXU-[nr] 832928, imagen en Internet!). Ilustr.: Hunt et al., *New Cact. Lex.* 2: 510, t. 510.2 (2006b).

Opuntia rzedowskii Scheinvar.

Plantas arbustivas, en ocasiones arborescentes, 0.5-2(-4); tallo principal generalmente indefinido, con ramificación difusa; cladodios terminales 18-30 × 12.5-17 cm, obovados a elípticos, verde oscuro, glabros, sin podarios; aréolas 2-4 × c. 1 mm, distantes entre sí 2-4 cm; glóquidas 2-4 mm, amarillas, cerdas ausentes, las espinas 1-3, 1-4.5 cm, ligeramente subuladas a aciculares, reflexas, rígidas, blancas a amarillas, grises al madurar. Flores (5-)6-7 × 5-6 cm; pericarpelo y tubo receptacular 2.5-3 × 2-2.5 cm, obcónicos, verdes, glabros, los podarios evidentes en estadios tempranos de desarrollo, las glóquidas c. 5 mm, a veces con espinas flexibles c. 1.2 cm; perianto rotado; tépalos externos 1.5-2.5 × 0.8-1.1 cm, obovados, los márgenes enteros, el ápice acuminado o apiculado, rojos con los bordes amarillos, posteriormente amarillos con una franja verde en antesis; tépalos internos 2.5-3.1 × 1.2-1.5 cm, obovados, los márgenes ligeramente irregulares, anaranjados con una franja media roja a amarilla, posteriormente amarillos en antesis; estambres insertos c. 0.7 cm, los filamentos con la base amarilla y el ápice verde; estilo inserto 2.2-2.8 cm, amarillo, anaranjado a rojizo, el estigma con 6-8 lóbulos, 5-6 mm, verde-amarillos. Frutos 3.6-4.5 × 2-2.2 (-3) cm, obcónicos, glabros, verde-amarillentos con tonos rojizos hacia el ápice, sin podarios evidentes, las glóquidas, c. 5 mm, las espinas 0-1, c. 1 cm; semillas 4.6-5 mm. Floración feb.-jul. *Bosques tropicales caducifolios, áreas abiertas alteradas*. Ch (*Arias et al. 1707*, MEXU). 1000-2600 m. (México [Aguascalientes, Cd. México, Edo. México, Guanajuato, Guerrero, Hidalgo, Jalisco, Michoacán, Oaxaca, Puebla, Querétaro, San Luis Potosí, Tamaulipas, Tlaxcala, Zacatecas], Mesoamérica).

Opuntia lasiacantha tiene una amplia distribución en el centro y sur de México, donde forma parte de matorrales y bosques tropicales deciduos, pero también puede llegar a ser frecuente en lugares con perturbación. Se tolera en áreas agrícolas con cierto grado de manejo en el centro de México (Reyes-Agüero et al., 2006). Hay evidencias parciales de probables eventos de hibridación y manejo humano (Arias et al., 2012). En Mesoamérica no se ha documentado esta última información.

Se caracteriza por los cladodios de color verde oscuro, glabros, los tépalos pueden variar de amarillo, anaranjado y rojo, mientras que los frutos son de color verde-amarillento a rojizo. En la actualidad existe una notable confusión en la identificación de la especie, donde contribuye el deficiente protólogo y tipo desconocido. Como explican Arias et al. (2024), el ejemplar designado por Scheinvar et al. (2010) como neotipo de *O. lasiacantha* (*Reyes-Agüero & Carlín 1857*, MEXU) no corresponde al concepto aceptado para esta especie. La presencia de cerdas oscuras en las aréolas, con c. 4 espinas de color gris con el ápice oscuro, que muestra el ejemplar señalado, son característicos de *O. hyptiacantha* F.A.C. Weber. Esta especie se distingue de *O. lasiacantha* por presentar 3-6(-8) espinas por aréola, con color que varía de gris a negro con la edad, mientras que los cladodios son verde oscuro con la edad (Arias et al., 2024). Por las anteriores razones, se propone aquí un neotipo.

13. Opuntia lutea (Rose) D.R. Hunt, *Cactaceae Consensus Init.* 4: 6 (1997). *Nopalea lutea* Rose, *Contr. U.S. Natl. Herb.* 12: 405 (1908-1909 [1909]). Holotipo: Guatemala, *Kellerman 7046* (US!). Ilustr.: Rose, *Contr. U.S. Natl. Herb.* 12: 404, t. 58 (1908-1909 [1909]). N.v.: Nopal, tuno, tuna G, H.

Plantas arbustivas o arborescentes, 2-5(-7) m; tallo principal más o menos definido, con ramificación ascendente a difusa; cladodios terminales (10-)12-18(-33) × 6.5-11.5 cm, obovados a oblongos, verdes, verde-amarillos a ligeramente glaucos, glabros, los podarios evidentes en tallos jóvenes; aréolas 3-7 mm, distantes entre sí 1.6-2.5 cm; glóquidas 1-7 mm, amarillentas a pardas, las cerdas 1-3 mm castaño claro, con ligeros tonos rojizos; espinas 6-26, 0.5-3(-4) cm, algunas aciculares, rectas y rígidas, amarillas a castaño claro, las espinas más abundantes en el tallo principal. Flores 5-6 × c. 1.5 cm; pericarpelo y tubo receptacular 1.9-2.7 × 1-1.4 cm, obcónico, sin podarios o estos poco evidentes, las glóquidas 1-4 mm, abundantes, las cerdas 4-10 mm, amarillas; perianto no rotado; tépalos externos 1.1-1.2 × 1-1.1 anchamente deltados, los márgenes enteros, el ápice agudo, rosados con ligeros tonos verdosos hacia el centro; tépalos internos 1.8-2.1 × 1-1.4 cm deltados a obovados, los márgenes enteros, el ápice agudo, rojos con ligeros tonos rosados; estambres exertos 2.4-3 cm, los filamentos rojizo-amarillentos; estilo exerto, 3-3.8 cm, el estigma con c. 6 lóbulos, c. 2 mm, verdes. Frutos 2.5-3.5 × c. 2.5 cm, obovoides, sin podarios, rojos, las glóquidas 2-4 mm, amarillas, las cerdas 5-10 mm, amarillo claro; semillas 4-5.5 mm. Floración ene.-jun. *Bosques tropicales caducifolios y medianos subcaducifolios*. G (*Puente & Padilla 2151*, BIGU); H (*Nelson 13*, TEFH); ES (*Cerén & Aguilar 3336*, MHES); N (*Stevens 22918*, MO); CR (*Hammel 25518*, CR). 300-1000 m. (Endémica).

Opuntia lutea es arborescente con una copa densa, aunque con menor frecuencia es arbusto; la presencia de cerdas en las aréolas es característica de este taxón; los cladodios son de forma variable (obovados, elípticos u oblongos), con tono verde-amarillo. Se distribuye en Centroamérica, pero su presencia en México (Chiapas) no está confirmada; el ejemplar *Trejo 2219* (MEXU) no pertenece a esta especie, por no presentar los caracteres antes señalados.

14. Opuntia pubescens H.L. Wendl. ex Pfeiff., *Enum. Diagn. Cact.* 149 (1837). Neotipo (designado por Scheinvar & Olalde Parra, 2008): México, Puebla, *Arias et al. 928* (MEXU-[nr] 538237!). Ilustr.: Véliz Pérez, *Cactáceas Guatemala* 70, t. 1-4 (2008). N.v.: Aceituna, espina de chucho, G; tuna, H.

Cactus pubescens (H.L. Wendl. ex Pfeiff.) Lem., *Opuntia hoffmannii* Bravo, *O. pumila* Rose.

Plantas arbustivas bajas, 0.2-0.6 m; sin tallo principal, con ramificación difusa o ascendente; artículos 5-15 × 1.8-3(-3.5) cm, cilíndricos, se desprenden fácilmente, verde intenso, puberulentos, ocasionalmente glabros, con podarios; aréolas 1-2 × 0.5-1.5 mm, distantes entre sí 5-10 mm en artículos terminales, 4-7 mm en artículos basales; glóquidas 1-2 mm, escasas en artículos terminales, más abundantes en artículos basales, amarillas, cerdas ausentes; espinas 1-5 sobre artículos terminales, 0.5-3.5 cm, aciculares, amarillentas a pardas. Flores 3-5 × 3.5-4 cm; pericarpelo y tubo receptacular 1.8-2.5 × 1-1.5 cm, obovoides, pubescentes, podarios ligeramente evidentes, las glóquidas 1-2 mm, el perianto rotado; tépalos externos 1-1.7 × 0.5-0.7 cm de ancho, obovados, los márgenes enteros, el ápice mucronado, amarillos con el ápice rojo; tépalos internos 1.7-2.2 × 0.5-0.9 cm, obovados, los márgenes enteros, el ápice mucronado, amarillos; estambres insertos 5-8 mm, los filamentos verdes con el ápice amarillo; estilo inserto 1.1-1.7 cm, amarillo claro a verde claro, el estigma con 6-8 lóbulos, 2-4 mm, amarillos a verdes. Frutos 2.2-3.5 × 1-1.5 cm, más o menos obcónicos, incluso claviformes, podarios ligeramente evidentes hacia la parte superior del fruto, pubescentes a glabros, rosados a rojos; semillas escasas, 3-4 mm. Floración ene.-abr. *Bosques tropicales caducifolios, vegetación secundaria, zonas abiertas, rocosas y alteradas*. Ch (*Guzmán & Arias 954*, MEXU); Y (*Gentry & Zardini 48874*, MO); G (*Véliz & Velásquez MV 19775*, BIGU); H (*House 3196*, TEFH). 0-1000 m. (México [Baja California Sur, Chihuahua, Guanajuato, Guerrero, Hidalgo, Jalisco, Oaxaca, Puebla, Querétaro, San Luis Potosí, Sonora, Tamaulipas], Mesoamérica, Venezuela, Ecuador, Perú, Bolivia, Paraguay).

Para propósitos de la flora, reconocemos a *Opuntia pubescens* como una especie arbustiva y baja, con variación en la forma de los artículos (cilíndricos o subcilíndricos), puberulentos, pero ocasionalmente glabros, y por el color de las espinas jóvenes (blancas a rojizas). Se caracteriza por los tallos delgados que se desprenden con facilidad y por la presencia de podarios. Otros autores prefieren reconocer dos especies: *Opuntia pubescens* y *O. pumila* (Scheinvar & Olalde Parra, 2008; Scheinvar et al., 2010), pero se requiere un amplio estudio que ponga a prueba su identidad como una o más especies.

15. Opuntia streptacantha Lem., *Cact. Gen. Sp. Nov.* 62 (1839). Neotipo (designado por Scheinvar et al., 2010): México, Hidalgo, *Scheinvar & Ahuatzin 1024* (MEXU-[nr] 367883!). Ilustr.: Véliz Pérez, *Cactáceas Guatemala* 72, t. 1-4 (2008). N.v.: Tuna, G.

Plantas arborescentes, 4-5 m; tallo principal bien definido, con ramificación ascendente; cladodios terminales 18-30 × 14-18 cm, obovados a suborbiculares, verde oscuro, glabros, podarios ausentes; aréolas 4-5 × 2.5-3.5 mm, distantes entre sí 1.3-2.5 mm, las glóquidas 1-2.2 mm, escasas, amarillas a rojizas, las cerdas ausentes, ocasionalmente c. 2, cuando presentes negras, quebradizas; espinas 3-5(-7) sobre artículos terminales, 0.5-2 cm, subuladas, algunas reflexas, grises a blancas. Flores 6-7 × c. 5 cm; pericarpelo y tubo receptacular 2-3 × 2.1-2.2 cm, obovoides, glabros, podarios ausentes, las glóquidas 1-3 mm, el perianto rotado; tépalos externos 0.5-3.5 × 0.6-1.5 cm, obovados, los márgenes enteros, el ápice acuminado, amarillos con el ápice anaranjado a rojizo; tépalos internos 2.5-3.3 × 1.5-1.7 cm, obovados, los márgenes enteros, el ápice acuminado a ligeramente retuso, amarillos a anaranjados; estambres insertos 8-11 mm, los filamentos verde-amarillentos a rojos; estilo inserto 2-2.2 cm, amarillo claro, el estigma con 8-10 lóbulos, c. 5 mm, verdes. Frutos 4-4.2 × 3.5-5 cm, globosos a ovoides, podarios ausentes, glabros, amarillos a rojos; semillas 3.8-4.5 mm. Floración mar.-jun.; fructificación jun.-oct. *Matorrales, bosques de* Quercus *secundarios y deteriorados, solares, cultivada*. G (*Véliz et al. MV 19724*, MEXU). 1600-2200 m. (México [Aguascalientes, Cd. México, Durango, Edo. México, Guanajuato, Hidalgo, Jalisco, Michoacán, Nuevo León, Oaxaca, Puebla, San Luis Potosí, Tamaulipas, Tlaxcala, Zacatecas], Mesoamérica).

Esta especie se caracteriza porque las espinas subuladas no son totalmente reflexas y las flores amarillas cambian a anaranjado. Se distribuye ampliamente como especie silvestre en el centro y sur de México, pero no hay reportes de su presencia en Chiapas. Su presencia en Guatemala, como lo documenta Véliz Pérez (2008), puede deberse a una introducción debido a su utilidad, ya que en México es manejada por los frutos comestibles con algún valor económico.

16. Opuntia stricta (Haw.) Haw., *Syn. Pl. Succ.* 191 (1812). *Cactus strictus* Haw., *Misc. Nat.* 188 (1803). Neotipo (designado por Benson, 1982): Candolle, *Pl. Hist. Succ.* t. 138 (1804), como *C. opuntia inermis*. Ilustr.: Candolle, *Pl. Hist. Succ.* t. 138 (1804), como *C. opuntia inermis*. N.v.: Nopal serrero, pak'an, tasakam, yaaxpakan (Maya), Y.

Cactus dillenii Ker Gawl., *Opuntia dillenii* (Ker Gawl.) Haw., *O. stricta* (Haw.) Haw. var *dillenii* (Ker Gawl.) L.D. Benson.

Plantas arbustivas, 0.5-2 m; tallo principal definido o indefinido, con ramificación difusa abierta; cladodios terminales (7-)10-25 × 5-15 cm, anchamente obovados a oblongos, glabros, con podarios, verde intenso cuando jóvenes, después verde-azulados a ligeramente glaucos; aréolas 5-12 mm, distantes entre sí 3-5 cm; glóquidas 1-7 mm, amarillo-rojizas, numerosas, cerdas ausentes; espinas 0-10, ausentes parcialmente en los cladodios, 0.5-7 cm, subuladas, más o menos redondeadas a aplanadas, ligeramente curvas, a veces aciculares y rectas, amarillas con bandas castañas cuando jóvenes, oscuras al madurar. Flores 6.1-7.2 × 5-6 cm; pericarpelo y tubo receptacular 4-6.5 × 1.5-2 cm, obcónicos a claviformes, las glóquidas c. 5 mm, abundantes, sin espinas; perianto rotado; tépalos externos 2.3-4.5 × 1-2 cm, anchamente obovados, los márgenes enteros, el ápice mucronado, rotados, amarillo-verdosos, a veces con tono anaranjado claro o rojizo; tépalos internos 4-5 × 1.5-2 cm, obovados, los márgenes enteros, el ápice obtuso, amarillos; estambres insertos c. 1.5 cm, los filamentos amarillo-verdosos; estilo inserto c. 2 cm, blanco, el estigma con c. 10 lóbulos, c. 3 mm, blancos. Frutos 4-7 × 2-3.5 cm, piriformes a subglobosos, podarios ausentes, rojo-purpúreos, las glóquidas c. 6 mm, amarillas, sin espinas, la pulpa jugosa, roja; semillas 4.5-5 mm. Floración mar.-jun.; fructificación ago.-oct. *Dunas costeras, bosques tropicales caducifolios, vegetación secundaria*. T (*Campos 70*, MEXU); Y (*Arias & Guzmán 1097*, MEXU); C (*Guzmán & Arias 989*, MEXU); QR (*Téllez & Cabrera 1916*, MEXU). 0-200 m. (Estados Unidos, México [Edo. México, Guerrero, Michoacán, Nayarit, Oaxaca, Querétaro, San Luis Potosí, Sonora, Tamaulipas, Veracruz], Mesoamérica, Antillas; introducida en Sudamérica, Europa, Asia, África, Australia).

Opuntia stricta tiene notable variación morfológica, principalmente en la espinación (número, tamaño y disposición de las espinas), forma de los cladodios y hábito. Una lista actualizada de sinónimos de esta especie se puede consultar en Korotkova et al. (2021). Se han reportado híbridos putativos de *O. stricta* con otras especies simpátricas en el Caribe (*O.* ×*acaulis* Ekman & Werderm. y *O.* ×*lucayana* Britton, Majure et al., 2012).

17. Opuntia tomentosa Salm-Dyck, *Observ. Bot. Horto Dyck* 3: 8 (1822). Neotipo (designado aquí): México, Oaxaca, *Arias & Guzmán 941* (MEXU-[nr] 1280074, imagen en Internet!; isoneotipo: MEXU-[nr] 1280085). Ilustr.: Britton & Rose, *Cact.* 1: t. 33, f. 1 (1919). N.v.: Tuna de monte, G.

Opuntia eichlamii A. Berger non Rose, *O. tomentella* A. Berger.

Plantas arbustivas o arborescentes, 1-4(-5) m; tallo principal bien definido, con ramificación difusa a ascendente; cladodios terminales 17-30 × 10-15 cm, verde claro, más o menos brillantes, obovados a oblongos, pubescentes, podarios más evidentes en cladodios jóvenes; aréolas 3-4 × 2-3 mm, distantes entre sí 1.5-3 cm; glóquidas 2-5 mm, amarillo claro, las cerdas ausentes o escasas, las espinas 0-3, ausentes parcialmente en los cladodios, 0.5-1.2 cm, aciculares a ligeramente subuladas, rectas, blancas o blanco-amarillentas cuando jóvenes, grisáceas al madurar. Flores 5-6 × c. 4.7 cm; pericarpelo y tubo receptacular 2-2.5 × c. 1.8 cm, obovado-globosos, pubescentes, los podarios evidentes, las glóquidas escasas, 1-2 mm, amarillo claro, las espinas generalmente ausentes, cuando presentes c. 5 mm, deciduas; perianto rotado; tépalos externos 0.7-1.8 × 0.7-0.9 cm, más o menos obovados, los márgenes enteros o crenados, el ápice cortamente apiculado, amarillo-anaranjados a rojo-anaranjados, brillantes; tépalos internos 1.8-2.4 × 1.2-2 cm, obovados, los márgenes ligeramente irregulares, el ápice mucronado a redondeado, amarillo-anaranjados a rojos; estambres insertos 6-10 mm, los filamentos con la base verde claro a blanquecina, el ápice rojizo-amarillento; estilo inserto 1.8-2 cm, amarillo, rosado o rojo-purpúreo, el estigma con 6-8 lóbulos, c. 4 mm, blanquecinos. Frutos 2.6-4 × 2-3 cm, obovoides a subglobosos, pubescentes, con podarios ligeramente romboidales, las glóquidas escasas, c. 2 mm; semillas 3-3.5 mm. Floración feb.-jun.; fructificación jun.-oct. *Pastizales, bosques de* Quercus, *áreas abiertas*. Ch (*Martínez 2679*, MEXU); G (*Puente 2159*, BIGU). 1500-2000 m. (México [Aguascalientes, Cd. México, Edo. México, Guanajuato, Guerrero, Hidalgo, Jalisco, Michoacán, Morelos, Nuevo León, Oaxaca, Puebla, Querétaro, San Luis Potosí, Sinaloa, Sonora, Tamaulipas, Tlaxcala, Veracruz], Mesoamérica).

Opuntia tomentosa es una especie de amplia distribución en el centro-sur de México (Bravo-Hollis & Sánchez-Mejorada, 1978), con marcada variación en la forma de los cladodios (obovados a oblongos), grado de pubescencia y espinación (número de espinas, tamaño y color), entre otros caracteres, donde se pude incluir a *O. tomentella*. Esta notable variación explica en parte el nutrido número de sinónimos conocidos de *O. tomentosa*, principalmente del norte y centro de México; una lista actual de sinónimos está disponible en Korotkova et al. (2021). El ejemplar de *Steyermark 36555* (F) identificado como *O. guilanchi* Griffiths, procedente de Guatemala, lo identificamos como *O. tomentosa*. No existen registros que confirmen su presencia en Honduras (Pineda & Oyuela, 2020). Como especie introducida existen reportes de su presencia en Asia, África y Australia.

Crook & Mottram (2004) refieren que el holotipo puede ser un dibujo depositado en la biblioteca privada de Salm-Dyck, pero Hunt et al. (2006a) llega a la conclusión que es incorrecto.

18. Opuntia velizii Lodé, *Cact.-Avent. Int.* 102: 30 (2014). *Nopalea guatemalensis* Rose, *Smithsonian Misc. Collect.* 50: 330 (1908 [1907]) non *O. guatemalensis* Britton & Rose (1919). Holotipo: Guatemala, *Maxon & Hay 3774* (US-[nr] 473713!). Ilustr.: Rose, *Smithsonian Misc. Collect.* 50: t. 41 (1908 [1907]), como *N. guatemalensis*. N.v.: Tuna, tuno, G, H.

Plantas arbustivas o arborescentes, 2-5 m; tallo principal indefinido, con ramificación ascendente y difusa; cladodios terminales 15-21(-25) × 7-11.5(-15) cm, anchamente elípticos a obovados, verde claro o glaucos, glabros, sin podarios; aréolas 3-5 × c. 3 mm, distantes entre sí 2.3-3.5 cm; glóquidas 1.8-2 mm, pardo-amarillentas, cerdas ausentes; espinas 3-8(-12), 0.5-3.5 cm, aciculares, rectas, rígidas, algunas flexibles, presentes en todas las aréolas, blanco-grisáceas con el ápice pardo-amarillento. Flores 5-6.5 × 3 cm; pericarpelo y tubo receptacular 3.5-4.2 × 1.5-2 cm, claviformes, sin podarios, las glóquidas c. 2 mm, sin espinas; perianto no rotado; tépalos externos 6-8 mm, deltados a ovados, engrosados, rojos, a veces con tono anaranjado; tépalos internos 1.2-1.5 cm, rojo-rosados; estambres exertos 2-3.5 cm, los filamentos purpúreos; estilo exerto 3.5-4.5 cm, rojo con ligeros tonos anaranjados, el estigma con 5-7 lóbulos, c. 3 mm, verdes. Frutos 4-5 × 3-3.5 cm, claviformes a obcónicos, rojo-purpúreos, los podarios ligeramente conspicuos; semillas 4-4.5 mm. Floración jul.-abr. *Bosques tropicales caducifolios y subcaducifolios, áreas abiertas, alteradas*. G (*Kellerman 7007*, MO); H (*Standley 28132*, EAP). 200-800 m. (Endémica).

Opuntia velizii se conoce del valle del río Motagua y zonas de influencia en Guatemala, y también del río Cholateca en Honduras. Su presencia en Belice es incierta.

15. Pachycereus (A. Berger) Britton & Rose

Cereus Mill. subg. *Pachycereus* A. Berger.

Por S. Arias.

Árboles; tallos con ramificación de la parte media, ascendentes, erectos, indeterminados, cilíndricos, 7-12-acostillados, con surco intercostal amplio, el córtex adquiere tonos oscuros al contacto con el aire, sin mucílago abundante; aréolas distantes entre sí, con surco interareolar debajo de la aréola, parcial o completo, con espinas diferenciadas en radiales y centrales, rígidas, subuladas; zona fértil diferenciada de la infértil, apical, con aréolas más grandes, las espinas abundantes, no diferenciadas en radiales y centrales, flexibles y pardas. Flores solitarias, terminales o laterales, anchamente tubulares a infundibuliformes, nocturnas a diurnas; pericarpelo y tubo receptacular con podarios numerosos y bajos, las brácteas superiores más grandes, las aréolas con tricomas cortos, abundantes, a veces con espinas cortas, escasas o abundantes; tubo receptacular más largo que los tépalos; perianto con tépalos ascendentes o reflexos, blancos a verdes o rosa-púrpura; nectarios ubicados en una cámara amplia, limitada por la base de los estambres. Frutos globosos, pardos, las brácteas no rígidas, las aréolas con tricomas y espinas flexibles, abundantes, cubriendo parcial o totalmente la pared del fruto, dehiscencia apical, la pulpa jugosa, generalmente rojo-púrpura, los remanentes florales presentes; semillas ovoides o ampliamente ovoides, la testa negra o pardo-negra y brillante, sin microrrelieve, intersticios ausentes o presentes. 5 spp., en México y Mesoamérica; 1 sp. en Mesoamérica.

Pachycereus es monofilético, con 5 especies bien definidas y forma parte de la tribu Echinocereeae. *Carnegiea* es el género hermano y ambos forman parte de la subtribu Pachycereinae (Arias & Terrazas, 2006; Arias et al., 2003). Géneros como *Backebergia* Bravo, *Lemaireocereus*, *Lophocereus* (A. Berger) Britton & Rose y *Pterocereus* han sido incluidos en *Pachycereus*, pero un análisis filogenético más reciente confirma la monofilia de *Pachycereus* con 5 especies y los cuatro géneros antes señalados forman otros linajes (Franco-Estrada et al., 2021). En la actual circunscripción, *Pachycereus* se caracteriza por la presencia de un surco interareolar en los tallos, por los tricomas abundantes en la flor (pericarpelo y tubo receptacular), así como por las espinas flexibles en el fruto (Arias & Terrazas, 2009).

1. Pachycereus pecten-aboriginum (Engelm. ex S. Watson) Britton & Rose, *Contr. U.S. Natl. Herb.* 12: 422 (1908-1909 [1909]). *Cereus pecten-aboriginum* Engelm. ex S. Watson, *Proc. Amer. Acad. Arts* 21: 429 (1886). Holotipo: México, Chihuahua, *Palmer s.n.* (MO!). Ilustr.: Arias & Terrazas, *Syst. Bot.* 34: 73, t. 3 (2009).

Pachycereus pecten-aboriginum (Engelm. ex S. Watson) Britton & Rose subsp. *tehuantepecanus* (T. MacDoug. & Bravo) P.V. Heath, *P. tehuantepecanus* T. MacDoug. & Bravo.

Plantas arborescentes, 5-10(-15) m; tallos con ramificación de la parte media; tallo principal bien definido, 1-2 × 0.19-0.35 m, los tallos secundarios 13-20 cm de diámetro, erectos o ligeramente arqueados, verde oscuro en tallos maduros, verde glauco en tallos juveniles; costillas 8-10(-12), 2.5-3.5(-4) cm de alto; aréolas 0.7-1.1 × c. 0.9 cm, elípticas; espinas radiales 8-10, 0.4-1.5 cm, aciculares, grisáceas con el ápice negro; espinas centrales 1 o 2(3), (0.8-)1.2-3(-8) cm, ligeramente planas en sección transversal, rectas, grises con el ápice negro; zona fértil del tallo provista de aréolas elípticas a orbiculares, con tricomas marrón claro a oscuro, las espinas 20-44(-58), 1-2.5 cm, aciculares, flexibles, amarillentas a marrón oscuro. Flores 7.2-9.5 cm, tubular-infundibuliformes; pericarpelo 1.5-2.5 × c. 1.5 cm, las brácteas 6-9 mm, lanceoladas, marrón con tonos negros, con tricomas cubriendo totalmente al pericarpelo, con pelo-espinas escasas, c. 5 mm, amarillas; tubo receptacular 4-5.2(-5.6) cm, las brácteas 1.3-1.6 cm, lanceoladas, marrón con tintes magenta oscuro, con tricomas, con pelo-espinas escasas; tépalos externos 2-2.4 × 0.5-0.8 cm, espatulados, marrón con tonos verdes; tépalos internos 2.5-3.1 cm, lanceolados, blanquecinos; estambres 8-14 mm, los primarios cerrando parcialmente a la cámara nectarial; estilo 4-6 cm, blanquecino, los lóbulos del estigma 8-11, c. 1 cm, blancos. Frutos 4.3-5.5 × 4-6 cm, las aréolas prominentes, los tricomas amarillo-marrón, las espinas 1.5-5.1 cm, flexibles, amarillo pálido, ambas estructuras cubren al fruto; semillas 3.3-4.7 mm, ovoides. Floración ene., abr.-may.; fructificación may., jul. *Bosques tropicales caducifolios y subcaducifolios*. Ch (*Guzmán & Arias 956*, MEXU). 500-700 m. (México [Baja California Sur, Chihuahua, Colima, Durango, Guerrero, Jalisco, Michoacán, Nayarit, Oaxaca, Sinaloa, Sonora], Mesoamérica).

A lo largo de su distribución geográfica, *Pachycereus pecten-aboriginum* presenta cambios en el tamaño de los individuos, flor, fruto, espinación, etc., que posiblemente representan variaciones ecotípicas. Un carácter que permite diferenciar a *P. pecten-aboriginum* de otras especies del género es la forma de los tallos: ligeramente arqueados en la base, así como la presencia de brácteas más largas (13-16 mm) en el tubo del receptáculo.

16. Pereskia Mill.

Pereskia Mill. ser. *Andeopereskia* Doweld, *P.* ser. *Bleones* Doweld, *P.* ser. *Pereskia*, *P.* ser. *Portulacifoliae* Doweld, *P.* subg. *Rhodocactus* A. Berger, *Rhodocactus* (A. Berger) F.M. Knuth.
Por S. Arias & D.A. Aquino.

Árboles o arbustos, foliados; tallos con ramificación desde la base o parte media, erguidos, a veces trepadores o escandentes, indeterminados, cilíndricos, sin costillas o tubérculos. Hojas con limbo laminar, planas o ligeramente suculentas, pecioladas o sésiles, deciduas, pinnatinervias; aréolas en las axilas de las hojas, con tricomas, las espinas solitarias o múltiples, no diferenciadas en radiales y centrales. Flores, solitarias o en inflorescencias (racemosas, paniculadas a cimoso-paniculadas), terminales o laterales, campanuladas, diurnas; pericarpelo (receptáculo) con o sin podarios, las brácteas pequeñas a grandes, foliáceas, verdes o con el color de los tépalos, las aréolas inermes o con pelos escasos; tubo receptacular no conspicuo; perianto con tépalos numerosos, purpúreos, rosados, amarillos o blancos; estambres numerosos, insertos en la base del perianto, incluidos; ovario ínfero, semiínfero o súpero. Frutos piriformes, turbinados o globosos, amarillos o anaranjados, las brácteas persistentes o deciduas, las aréolas inermes; pulpa jugosa, los remanentes florales persistente o deciduos; semillas obovadas, la testa lisa, negra y brillante. 9 spp., en Colombia, Venezuela, Trinidad y Tobago, Guayanas, Bolivia, Brasil, Paraguay, Uruguay, Argentina; introducida en Norteamérica, Mesoamérica, Asia y África; 2 spp. introducidas en Mesoamérica.

La completa monografía de *Pereskia* realizada por Leuenberger (1986) ofrece información morfológica fundamental para entender el amplio conjunto de caracteres estructurales que cambian entre las especies, como el hábito (arbóreo o arbustivo), el desarrollo temprano o retardado de la corteza, la presencia o ausencia de estomas en el tallo, la presencia de espinas epidérmicas y la raíz engrosada, así como la variación en la posición del ovario: supero, semiínfero a ínfero. Los estudios filogenéticos realizados desde Nyffeler (2002) hasta los más recientes confirman con alta congruencia que *Pereskia* es parafilético sensu Leuenberger (1986). Básicamente, se reconoce un clado norte (Mesoamérica y las Antillas) y otro sur (Sudamérica y Panamá). Butterworth & Wallace (2005) y Edwards et al. (2005), consideraron necesarios estudios complementarios antes de ofrecer una nueva clasificación, ya que el tipo de *Pereskia* y *Rhodocactus* son especies del clado sur. Más recientemente, Lodé (2013 [2012]) propuso el género *Leuenbergeria* para el clado norte, mientras que Rowley (2014) sugirió el subgénero *P.* subg. *Leuenbergera* G.D. Rowley. Como lo explican Hernández Ledesma et al. (2015), *Pereskia* y *Leuenbergeria* comparten caracteres que se interpretan como plesiomorfias en Cactaceae, como el tallo leñoso, la presencia de hojas verdaderas, una morfología de la flor diferente al resto de las Cactaceae y un metabolismo C3. Para esta flora, se decide reconocer ambos géneros y se advierte que la literatura actual transita entre utilizar ambos nombres o solo *Pereskia*. En la zona de estudio se distribuyen 2 spp. y 1 subsp., ambas introducidas como plantas ornamentales o espontáneas.

Bibliografía: Bravo-Hollis, H. & Sánchez-Mejorada, H. *Cact. Suc. Mex.* 28: 63-65 (1983a). Butterworth, C.A. & Wallace, R.S. *Syst. Bot.* 30: 800-808 (2005). Edwards, E.J. et al. *Amer. J. Bot.* 92: 1177-1188 (2005). Estrada-Castillo, S. et al. *Caldasia* 41: 289-300 (2019). Leuenberger, B.E. *Mem. New York Bot. Gard.* 41: 1-141 (1986). Rowley, G.D. *Cactaceae Syst. Init.* 32: 7 (2014).

1. Arbustos trepadores; hojas 4-7.5 cm, flores blancas o con tonos verdosos, amarillentos o rosados, fragantes. **1. P. aculeata**
1. Árboles a arbustos no trepadores, hojas (6-)9-23(-30); flores con tépalos rosado-purpúreos, no fragrantes. **2a. P. grandifolia** subsp. **grandifolia**

1. Pereskia aculeata Mill., *Gard. Dict.* ed. 8 *Pereskia* no. 1 (1768). *Cactus pereskia* L., *Sp. Pl.* 469 (1753). Lectotipo (designado por

Leuenberger, 1986): Dillenius, *Hort. Eltham.* 2: t. 227, f. 294 (1732b). Ilustr.: Leuenberger, *Mem. New York Bot. Gard.* 41: 60, t. 23 (1986). N.v.: Bugambilia blanca, Ch; tzumya, Y.

Plantas trepadoras, 3-10 m; tallos al principio erguidos, después formando enredaderas extendidas; tronco 2-3 cm de ancho, la corteza gris con fisuras longitudinales. Hojas 4-7.5(-11) × 1.5-5 cm, lanceoladas a oblongas, a veces ovadas u orbiculares, verdes o a veces purpúreas, pinnatinervias; aréolas de los tallos c. 2 mm, con pelo-espinas largas, blancas en los brotes jóvenes; espinas dimorfas, al principio geminadas, cortas y recurvadas, morenas a blanco-grisáceas, después grises, las espinas de las aréolas del tronco c. 25, 1-3.5 cm, rectas, subuladas, pardas o casi negras. Flores 2.5-4.5(-5) cm, terminales a laterales, dispuestas en racimos o panículas, 2.5-5 cm de ancho, fragantes; receptáculo 5-6(-8) mm de ancho, en forma de copa o turbinado, verde, las bractéolas inferiores (6-)9-12, patentes a recurvadas, lanceoladas a linear-lanceoladas, verdes, las bractéolas superiores 3-8, 1-3 × 1-3 mm, erectas o adpresas, triangulares, carnosas, verdes, las aréolas con tomento moreno a grisáceo; tépalos externos 2-5, 1.2-2.1 × 0.4-1.1 cm, agudos a redondeados, verde claro en el centro o casi blancos; tépalos internos 6-11, 1.5-2.5 × 0.6-1 cm, obovados a espatulados, algo angostos, blancos o con tonos verdosos, amarillentos o rosados; estambres 100-260, 5-10 mm, los filamentos con la base blanca, el ápice amarillento a rojo-anaranjado; polen 6-9-colpado; ovario súpero pero rodeado por el receptáculo corto; estilo engrosado hacia el estigma, blanco, los lóbulos del estigma 4-7. Frutos 1.5-2.5 cm de ancho, globosos, amarillos o anaranjados, olorosos, con brácteas, las aréolas con espinas deciduas; semillas 4.5-5 mm de ancho. Floración ago.-oct. $2n = 22$. *Cultivada, vegetación secundaria y huertos familiares*. Ch (*Matuda 17050*, MEXU); Y (*Gaumer 25374*, NY); G (*Véliz MV 98.6540*, BIGU); ES (*Flores 284*, LAGU); N (*Quezada 479*, MO); P (*Allen 3972*, MO). 0-1000 m. (Nativa de Colombia, Venezuela, Guayanas, Bolivia, Brasil, Paraguay, Uruguay, Argentina, Trinidad y Tobago; ampliamente introducida).

Especie nativa de Sudamérica y posiblemente de las Antillas Menores, pero introducida como planta ornamental (y en algunos sitios naturalizada) en Mesoamérica, Norteamérica, Asia, África y Australia.

2. Pereskia grandifolia Haw., *Suppl. Pl. Succ.* 85 (1819). Neotipo (designado por Leuenberger, 1986): Brasil, *Bowie & Cunningham s.n.* (K). Ilustr.: Leuenberger, *Mem. New York Bot. Gard.* 41: 114, t. 44 (1986), como *P. grandifolia* var. *grandifolia*. N.v.: Bugambilia blanca, Ch.

Cactus grandifolius (Haw.) Link, *Pereskia tampicana* F.A.C. Weber, *Rhodocactus grandifolius* (Haw.) F.M. Knuth, *R. tampicanus* (F.A.C. Weber) Backeb.

Especie de Brasil con 2 subspp.; *Pereskia grandifolia* subsp. *grandifolia* introducida en Mesoamérica y *P. grandifolia* subsp. *violacea* (Leuenb.) N.P. Taylor & Zappi nativa de Brasil.

2a. Pereskia grandifolia Haw. subsp. **grandifolia**.

Plantas arbustivas, a veces arborescentes, nunca trepadoras, 3-6(-10) m; tallos erguidos a arqueados; tronco hasta 10 cm de ancho, corteza gris-pardo, ligeramente rugosa. Hojas (6-)9-23(-30) × (2.5-)4-6(-9) cm, elíptico-oblongas hasta elíptico-lanceoladas, cortamente acuminadas o agudas, delgadas.; aréolas 3-7(-8) mm de ancho en los tallos secundarios, c. 12 mm de ancho en el tronco; espinas 0-8(-11) en los tallos jóvenes, 1-4 cm, fasciculadas a extendidas, aciculares a subuladas. Flores 3-4 cm, dispuestas en inflorescencias cimoso-paniculadas por proliferación del receptáculo, no fragrantes; receptáculo 5-11 cm de ancho, turbinado, con ángulos conspicuos, verde, las brácteas inferiores 4-7, patentes y ascendentes, de tamaño variable, verdes, las aréolas con pelo-espinas escasas; tépalos externos 2-5, 8-18 × (3-)5-8(-12) mm, ovados a ovado-lanceolados, verde-rosados; tépalos internos 5-12, 1-3.2 × 0.5-1.3(-1.7) cm, ovados a espatulados, rosado-purpúreos; estambres 5-10 mm, los filamentos blancos; polen 6-9(-12)-colpado; ovario ínfero; estilo 8-12 mm, blanco, los lóbulos del estigma 5-8, blancos o ligeramente rosados. Frutos 5-10 × 3-7 cm, piriformes o turbinados, angulados, verde-rojizos hasta amarillentos al madurar; semillas 2-6 mm, ovoide-elipsoides. $2n = 22$. *Cultivada, huertos familiares*. Ch (*Matuda 17608*, MEXU); H (Leuenberger, 1986: 113); CR (*Echeverría 426*, MO). 0-1000 m. (Nativa de Brasil; introducida en México, Mesoamérica, Antillas).

17. Pereskiopsis Britton & Rose

Por S. Arias.

Árboles a arbustos, foliados; tallos con ramificación desde la base o parte media, erguidos, arqueados, a veces escandentes, determinados o indeterminados, cilíndricos, sin costillas ni tubérculos. Hojas con limbo laminar, carnosas, sésiles o subsésiles, glabras o pubescentes, deciduas, palmatinervias o seudopalmatinervias; aréolas en las axilas de las hojas, con glóquidas y espinas solitarias o numerosas en los tallos viejos, a veces no conspicuas o ausentes en los tallos jóvenes, no diferenciadas en radiales y centrales, rectas o reflexas, rígidas. Flores solitarias, laterales, diurnas a vespertinas; pericarpelo y tubo receptacular sin podarios, las brácteas medianas a grandes, foliáceas, carnosas, patentes, verdes, deciduas, no se integran con los tépalos, las aréolas con tricomas y glóquidas; tubo receptacular reducido; perianto con tépalos numerosos, rotados, amarillos; estambres numerosos, insertos en la base del perianto, sensitivos; estilo más largo que los estambres, cilíndrico o dilatado en la base. Frutos simples, a veces prolíferos, piriformes, claviformes o subglobosos, umbilicados, amarillos, anaranjados o rojos, las brácteas deciduas cuando madura el fruto, las aréolas con glóquidas, indehiscentes, la pulpa jugosa o semiseca, translúcida o blanco-amarilla, los remanentes florales no persistentes; semillas orbiculares, el arilo falso anular, la testa lisa, dura, blanquecina, gris o ligeramente parda. 6 spp. en México y Mesoamérica; 1 sp. en Mesoamérica.

Pereskiopsis es miembro de la subfamilia Opuntioideae. Género monofilético hermano de *Micropuntia* Daston, *Grusonia* F. Rchb. & K. Schum. y *Cylindropuntia* (Engelm.) F.M. Knuth. Se estima que se diversificó en los bosques estacionales de la vertiente del Pacífico y del Golfo de México, donde crece preferentemente a la sombra del estrato arbóreo (Majure et al., 2019). Los tallos cilindroides, así como las hojas suculentas y deciduas son atributos comunes con *Quiabentia* Britton & Rose, un género nativo de Sudamérica. Las diferencias se encuentran en la presencia de hojas de origen epidérmico y semillas menores de 4 mm en *Pereskiopsis* (aréola axilar a la hoja) vs. hojas de origen areolar y semillas mayores a 5 mm en *Quiabentia* (Arias, 1996).

Bibliografía: Arias, S. *Revisión Taxon. Gén.* Pereskiopsis. Tesis de Maestría, inédita, Univ. Nacional Autónoma de México, Cd. México: 1-101 (1996). Bravo-Hollis, H. & Sánchez-Mejorada, H. *Cact. Suc. Mex.* 28: 65-67 (1983a). Majure, L.C. et al. *Amer. J. Bot.* 106: 1327-1345 (2019).

1. Pereskiopsis kellermanii Rose, *Smithsonian Misc. Collect.* 50: 332 (1908 [1907]). Holotipo: Guatemala, *Kellerman 6025* (US-[nr] 575464!). Ilustr.: Véliz Pérez, *Cactáceas Guatemala* 80, t. 1-4 (2008).

Pereskia scandens (Britton & Rose) Standl., *Pereskiopsis scandens* Britton & Rose.

Plantas arbustivas, escandentes, 0.5-4(-5) m; tallos con ramificación difusa, el tronco 2-3.7 cm de ancho, los tallos 0.5-1.3(-2) cm de ancho; hojas 2.5-5 × 2-2.8 cm, obovadas a oblanceoladas, el ápice y la base agudos, glabras, verde claro; aréolas 2-4 × 2-3 mm en los tallos, 4-5 × 4-5 mm en los troncos, con tricomas escasos, blanquecinos; glóquidas abundantes sobre tallos y troncos, 1-4 mm, pardo-rojizas o rojizas; espinas 0-3 sobre las ramas, 0-10 sobre los troncos, 1-4 cm, aciculares, rectas, pardo-grisáceas en tallos jóvenes, grises en tallos maduros. Flores 4-6.1 × 4.5-5.5 cm; pericarpelo 2-4.2 × 0.8-1 cm, turbinado, verde claro, el pedicelo se proyecta 1-2.4 cm, las brácteas 8-10, 1-2.5 × 0.8-1.7 cm, elípticas a obovadas, verde claro, las glóquidas 1-2 mm, pardo-rojizas, sin espinas; tépalos externos 0.6-2 cm × 0.8-1.5 cm, más o menos ovados a obovados, los márgenes enteros, el ápice mucronado, amarillos; tépalos internos 1.8-2 × 1-1.4 cm, obovados, el ápice retuso, los márgenes superiores generalmente rasgados, amarillos; estambres c. 160, 6-12 mm, los filamentos amarillos; estilo (1.3-)1.6-2.4 cm, la base dilatada, amarillo claro, los lóbulos del estigma 4 o 5, c. 4 mm, amarillo claro. Frutos 2.5-4.5(-6) × 0.8-1.8 cm, turbinados, con pedicelo, anaranjado, a veces con manchas rojas, las aréolas con tricomas escasos, no siempre presentes, las glóquidas 2-4 mm, pardo-rojizas; semillas 4-4.7 × c. 2 mm, gris claro, cubiertas por tricomas. Floración may.-jul.; fructificación may.-jul. *Bosques tropicales caducifolios, áreas pedregosas*. Ch (*Arias & Guzmán 1028*, MEXU); Y (*Arias et al. 1312*, MEXU); C (*Carnevali et al. 5401*, MEXU); G (*Kellerman 7042*, US). 50-700 m. (México [Oaxaca, Veracruz], Mesoamérica).

No está documentada la presencia de *Pereskiopsis kellermanii* en Honduras. Su presencia en Guatemala no se ha confirmado en años posteriores a las exploraciones de W. Kellerman, antes de 1910 (Véliz Pérez, 2008). La referencia de *P. rotundifolia* (DC.) Britton & Rose para Chiapas parece ser una identificación incorrecta (Bravo-Hollis & Sánchez-Mejorada, 1983a).

18. Pilosocereus Byles & G.D. Rowley

Cephalocereus Pfeiff. subg. *Pilosocereus* (Byles & G.D. Rowley) Bravo, *Pilocereus* K. Schum. non Lem., *Pseudopilocereus* Buxb.

Por D. Franco-Estrada & S. Arias.

Árboles o arbustos; tallos con ramificación basal, difusa o de la parte media, erguidos o arqueados, no articulados, 4-30 acostillados, con surco intercostal amplio o reducido; el córtex con abundante mucílago no adquiere tono oscuro al contacto con el aire; aréolas próximas entre sí, con espinas diferenciadas en radiales y centrales; zona fértil diferenciada de la infértil en un seudocefalio restringido a un costado de los tallos, prolongándose hacia abajo en forma discontinua o continua, con pelos cortos o largos, abundantes, blancos y espinas, o indiferenciada. Flores solitarias, subapicales o laterales, cortamente campanuladas o cortamente infundibuliformes, rectas o curvas, nocturnas; pericarpelo y tubo receptacular sin podarios, las bractéolas vestigiales, inerme, de igual tamaño o más largo que el perianto; perianto con tépalos rotados, los externos verdes, pardos o ligeramente rosa, los internos blancos; nectarios ubicados en una cámara amplia, limitada por la base de los estambres. Frutos subglobosos o globosos, inermes o con aréolas escasas y vestigiales, carnosos, rojos a púrpura, los remanentes del perianto generalmente persistentes, dehiscencia irregular, la pulpa jugosa, roja, purpúrea o blanca; semillas piriformes, la testa negra a parda oscura, lustrosa o no, microrrelieve ausente o marcado. Aprox. 51 spp. (más de 10 subspp.) en Estados Unidos [Florida], México, Mesoamérica, Colombia, Venezuela, Guayanas, Ecuador, Perú, Brasil (principalmente), Paraguay y Antillas; 4 spp. en Mesoamérica.

Estudios filogenéticos revelan que *Pilosocereus* es parte de la tribu Cereeae (subtribu Cereinae) y está relacionado con *Arrojadoa* Britton & Rose, *Discocactus* Pfeiff. y *Melocactus* (Calvente et al., 2017 [2016]; Hernández-Hernández et al., 2011; Nyffeler & Eggli, 2010a); sin embargo, al interior del clado hay ramas colapsadas por lo que es necesario estudios genómicos para resolver relaciones de hermandad poco claras. Estudios filogenéticos más recientes, revelan un clado con alto soporte donde se resuelven principalmente especies de México, Mesoamérica y el Caribe (Lavor et al., 2019 [2018], 2020).

Bibliografía: Arias, S. & Aquino García, D.A. *Fl. Bajío* 209: 222-226 (2019). Calvente, A.M. et al. *Bot. J. Linn. Soc.* 183: 25-38 (2017 [2016]). Franck, A.R. et al. *Phytotaxa* 411: 129-182 (2019). Franco-Estrada, D. et al. *J. Pl. Res.* 135: 423-442 (2022). Lavor, P. et al. *J. Biogeogr.* 46: 238-250 (2019 [2018]); *PlantNow* 1: 52-70 (2020). Nyffeler, R. & Eggli, U. *Schumannia* 6: 109-149 (2010). Zappi, D.C. *Succ. Pl. Res.* 3: 3-160 (1994).

1. Tallos menores de 6 cm de ancho.
   2. Parte terminal del tallo verde oscuro; aréolas elípticas, las espinas menos de 14, pardo oscuro a casi negras en la parte terminal del tallo, pelos de 4 cm. **2. P. collinsii**
   2. Parte terminal del tallo verde o verde-amarillo; aréolas circulares, las espinas más de 15, amarillas en la parte terminal del tallo, pelos hasta 2 cm. **3. P. gaumeri**
1. Tallos mayores de 6 cm de ancho.
   3. Espinas generalmente amarillas en la parte terminal del tallo; pseudocefalio discontinuo sobre el tallo terminal, los pelos c. 3 cm; tépalos internos rosados, a veces con tono amarillo. **1. P. chrysacanthus**
   3. Espinas blanco-amarillentas, amarillas o pardo-anaranjadas en la parte terminal del tallo; pseudocefalio continuo sobre el tallo terminal, los pelos c. 5 cm; tépalos internos rosados con tono verde claro en la parte media. **4. P. leucocephalus**

1. Pilosocereus chrysacanthus (F.A.C. Weber ex K. Schum.) Byles & G.D. Rowley, *Cact. Succ. J. Gr. Brit.* 19: 66 (1957). *Pilocereus chrysacanthus* F.A.C. Weber ex K. Schum., *Gesamtbeschr. Kakt.* 178 (1899 [1897]). Neotipo (designado por Zappi, 1994): México, Puebla, *Rose et al. 9993* (US!). Ilustr.: Arias et al., *Fl. Valle Tehuacán-Cuicatlán* 95: 154, t. 27 (2012).

Cephalocereus chrysacanthus (F.A.C. Weber ex K. Schum.) Britton & Rose, *C. quadricentralis* E.Y. Dawson, *C. tehuacanus* (Weing.) Borg, *Cereus chrysacanthus* (F.A.C. Weber ex K. Schum.) Orcutt, *Pilocereus tehuacanus* Weing., *Pilosocereus quadricentralis* (E.Y. Dawson) Backeb., *P. tehuacanus* (Weing.) Byles & G.D. Rowley.

Plantas arborescentes, de hasta 5 m; tallos 6.5-10 cm ancho, con ramificación desde la parte media, ascendente, verde-azulados en la parte terminal, verde claro en la parte media; costillas 7 u 8, 1-1.3 cm de alto; aréolas 3-4 × 2-3 mm, distantes entre sí (sobre la misma costilla), 1-1.6 cm en la parte media del tallo, más próximas hacia el ápice; espinas radiales 8-10, 1-2 cm, aciculares, divergentes, amarillas a blanco-grisáceas en la parte terminal, gris oscuro en la parte media y basal del tallo; espina central c. 1, hasta 4 cm, acicular, divergente, amarillo claro en la parte terminal, gris en la parte media y basal del tallo; pseudocefalio lateral, en la parte terminal de los tallos, prolongándose hacia abajo en forma discontinua, integrado por espinas abundantes, hasta 4 cm, amarillas y pelos abundantes, hasta 4 cm, blancos. Flores 4.6-5.5 cm, cortamente infundibuliformes; pericarpelo c. 1 × 1.3 cm, verde, las bractéolas hasta 2 mm, deltadas, verdes; tubo receptacular c. 3.5 cm, las bractéolas hasta 6 × 5 mm, deltadas y ligeramente más anchas hacia el perianto, verdes a pardas; tépalos externos c. 1.2 × 1 cm, oblongos, el ápice acuminado, verde claro a pardos, tépalos internos c. 1.3 × 0.8 cm, oblanceolados, blancos con tono verdoso; estambres 0.6-0.8 cm, los filamentos amarillo claro; estilo c. 3 cm, blanco, el estigma con 10-12 lóbulos, c. 3 mm, amarillos. Frutos 2.5-3 × 3-4 cm, subglobosos, rugosos, púrpura, las bractéolas púrpuras, la pulpa jugosa, roja o púrpura; semillas 1.8-2 mm. Floración abr.-may.; fructificación may.-jun. *Bosques tropicales caducifolios y subcaducifolios*. H (*Ferrufino et al. 736*, MEXU). 500-1000 m. (México [Morelos, Oaxaca, Puebla], Mesoamérica).

Los ejemplares conocidos en Honduras presentan el carácter más distintivo de *Pilosocereus chrysacanthus*, que es el color amarillo de las espinas de la parte terminal de los tallos. Las flores oscilan de color, entre verde en la etapa inmadura, hasta pardo en la etapa madura. Esta especie se distribuye en el sur de México (Morelos, Oaxaca, Puebla) y su presencia en Honduras es inusual pero cotejada con ejemplares y observaciones de campo.

2. Pilosocereus collinsii (Britton & Rose) Byles & G.D. Rowley, *Cact. Succ. J. Gr. Brit.* 19: 66 (1957). *Cephalocereus collinsii* Britton

& Rose, *Cact.* 4: 269 (1923). Sintipo: México, Oaxaca, *Purpus 5* (US-[cb] US00115537!). Ilustr.: Britton & Rose, *Cact.* 4: 270, t. 242 (1923), como *C. collinsii*.

Pilocereus collinsii (Britton & Rose) F.M. Knuth.

Plantas arbustivas, a veces arborescentes, de 1-4 m; tallos 3.5-5 cm de ancho, con ramificación basal, más o menos ascendente a estrecha, verde oscuro en la parte terminal; costillas 7-11, 0.7-1.3 cm de alto; aréolas 3-4 × 2-3 mm, distantes entre sí (sobre la misma costilla) 1.7-2.2 cm; espinas radiales 8-10, 0.8-1.6 cm, aciculares a subuladas, pardo oscuro a casi negras; espinas centrales 1(-4), 1.5-2.5 cm, ligeramente más gruesas que las radiales y del mismo color; pseudocefalio lateral, en la parte terminal de los tallos, prolongándose hacia abajo en forma discontinua, integrado por espinas y pelos abundantes, 2-5.5 cm, blancos. Flores (5)6-7.2 cm, cortamente campanuladas; pericarpelo 0.8-1.4 × 1.2-1.7 cm, verde oscuro, pruinoso, las bractéolas ausentes o escasas, c. 0.6 cm, deltadas; tubo receptacular 3-3.4 cm, verde claro, pruinoso, las bractéolas hasta 5 mm, deltadas a suborbiculares; tépalos externos 0.8-1.2 × 0.9-1.1 cm, obovados, el ápice cuspidado, verde claro con franja superior oscura, pruinosos; tépalos internos 1.2-1.6 × 0.6-0.8 cm, oblongos, el ápice cuspidado, blanco-amarillentos, a veces con una franja media rosada; estambres 0.4-1.7 cm, los filamentos blancos, pardos al secarse; estilo 5-6.1 cm, amarillo claro, el estigma con cerca de 10 lóbulos, c. 2 mm, amarillo claro. Frutos 2.5-3 × 3-4 cm, subglobosos, rojos; semillas 1.6-2 mm. *Matorrales espinosos, bosques tropicales caducifolios*. Ch (*Guzmán & Arias 1001*, MEXU). 100-600 m. (México [Guerrero, Oaxaca], Mesoamérica).

Existen al menos cuatro ejemplares del material tipo colectado por C.A. Purpus, uno en US ([cb] US00115537) y tres en NY ([cb] NY00118700, [cb] NY00120551, [cb] NY00120552) que incluyen fragmentos de tallo, flor y fruto. Franck et al. (2019) hacen una aclaración para no confundirlo con *Pilosocereus royenii* (L.) Byles & G.D. Rowley.

Pilosocereus collinsii ha sido relacionada con *P. purpusii* (Britton & Rose) Byles & G.D. Rowley; difieren entre sí por los tallos de 3.5 a 5 cm de ancho en *P. collinsii*, en tanto que en *P. purpusii* los tallos son mayores de 6 cm de ancho. Las espinas pardo oscuro en *P. collinsii*, son otro rasgo característico que permite diferenciarla con respecto a *P. purpusii* en donde las espinas son amarillas; y, por último, la distancia entre aréolas en *P. collinsii* es de 1.7-2.2 cm mientras que en *P. purpusii* es de c. 1 cm.

3. Pilosocereus gaumeri (Britton & Rose) Backeb., *Cactaceae Handb. Kakteen.* 4: 2462 (1960). *Cephalocereus gaumeri* Britton & Rose, *Cact.* 2: 47 (1920). Lectotipo (designado por Zappi, 1994): México, Yucatán, *Gaumer 23934* (US-[nr] 1038832!). Ilustr.: Franck et al., *Phytotaxa* 411: 142, t. 11 (2019). N.v.: K'an chooch, nej-kisin, tso'ots' pak'am (Maya), Y.

Cereus gaumeri (Britton & Rose) Standl., *Pilocereus gaumeri* (Britton & Rose) F.M. Knuth.

Plantas arborescentes, a veces arbustivas, de 2-6 m de alto; tallos (3-)4-5(-6) cm ancho, con ramificación basal o desde la parte media, divergente, verdes o verde-amarillentos en la parte terminal; costillas 8-13, 0.8-1.2 cm alto; aréolas 2.5-3.5 × 2.5-3 mm, distantes entre sí (sobre la misma costilla) 1.5-1.8 cm; espinas no diferenciadas en radiales y centrales, 15-25, (0.5-)1-3(-5) cm, aciculares, rectas, divergentes, amarillas en la parte terminal, pardas a grisáceas hacia la parte media o base de los tallos; pseudocefalio lateral, en la parte terminal de los tallos, prolongándose hacia abajo en forma discontinua, integrado por espinas y pelos abundantes, 1.7-2.3 cm, blanco-amarillentos a grisáceos. Flores (5-)7-8 cm, cortamente infundibuliformes; pericarpelo 0.8-1 × 1-1.5 cm, verde, las bractéolas c. 2 mm, deltadas; tubo receptacular 2.6-3 cm, las bractéolas 2-6 mm, agudas a más o menos ovadas en la parte superior del tubo receptacular; tépalos externos 1-1.3 × 0.5-1 cm, oblongos, el ápice agudo, verde-amarillentos; tépalos internos c. 1.4 × 1 cm, oblongos, blancos, después de la antesis viran a pardos, al secarse oscuros; estambres 0.8-2 cm, los filamentos blanquecinos, negruzcos al secarse; estilo 4.5-6 cm, blanco, el estigma con c. 12 lóbulos, c. 5 mm. Frutos 4-5 cm, subglobosos, ligeramente rugosos, rojo-purpúreos, la pulpa purpúreo-rojiza; semillas 1.9-2.4 mm. Floración abr.-may.; fructificación may.-jun. *Bosques tropicales caducifolios, matorrales espinosos, dunas costeras*. Y (*Arias & Guzmán 1098*, MEXU); C (*Zamora & Uc 5957*, TEX); QR (*Gaumer 1360*, MO). 0-500 m. (Endémica).

Pilosocereus gaumeri fue referido como sinónimo de *P. royenii* y así fue considerado en el estudio taxonómico de Zappi, 1994). Bajo esa propuesta, los taxones distribuidos en las Antillas Menores, Antillas Mayores, Bahamas y México (Yucatán, Campeche, Quintana Roo) fueron tratados como sinónimos (Anderson, 2001; Calvente et al., 2017 [2016]; Hunt et al., 2006a; Lavor, 2017; Lavor et al., 2019 [2018]). Un estudio taxonómico más recientemente considera como entidad independiente a *P. gaumeri* (Franck et al., 2019). El estudio filogenético más actual demuestra con base en caracteres moleculares y morfológicos que *P. gaumeri* es un linaje único y que pertenece al grupo *P. leucocephalus* s. s. de México y Mesoamérica, pero no al grupo antillano. Se caracteriza por presentar ramificación divergente, tallos menores a 6 cm, pelos del pseudocefalio menores de 2.3 cm y frutos púrpura (Franco-Estrada et al., 2022). En contraparte *P. royenii* (Antillas Menores) posee tallos ascendentes, mayores a 6 cm de ancho, pelos del pseudocefalio mayores de 4 cm y frutos rojos.

4. Pilosocereus leucocephalus (Poselg.) Byles & G.D. Rowley, *Cact. Succ. J. Gr. Brit.* 19: 67 (1957). *Pilocereus leucocephalus* Poselg., *Allg. Gartenzeitung* 21: 126 (1853). Neotipo (designado por Zappi, 1994): México, Tamaulipas, *Palmer 362* (US!). Ilustr.: Véliz Pérez, *Cactáceas Guatemala* 81, t. 1-5 (2008). N.v.: Órgano, Ch; cabeza de viejo, órgano, tuno, G.

Cephalocereus cometes (Scheidw.) Britton & Rose, *C. leucocephalus* (Poselg.) Britton & Rose, *C. maxonii* Rose, *C. palmeri* Rose non *Cereus palmeri* Engelm. ex Coult., *Cephalocereus palmeri* var. *sartorianus* (Rose) Krainz, *C. sartorianus* Rose, *Cephalophorus palmeri* (Rose) Boom, *Cereus cometes* Scheidw., *C. maxonii* (Rose) Vaupel, *C. sartorianus* (Rose) Kupper ex A. Berger, *C. victoriensis* Vaupel, *Pilocereus cometes* (Scheidw.) Mittler ex C.F. Först., *P. jubatus* Salm-Dyck, *P. maxonii* (Rose) A. Berger, *P. palmeri* (Rose) F.M. Knuth, *P. sartorianus* (Rose) A. Berger, *Pilosocereus cometes* (Scheidw.) Byles & G.D. Rowley, *P. leucocephalus* (Poselg.) Byles & G.D. Rowley subsp. *palmeri* (Rose) Scheinvar, *P. maxonii* (Rose) Byles & G.D. Rowley, *P. palmeri* (Rose) Byles & G.D. Rowley, *P. palmeri* var. *victoriensis* (Vaupel) Backeb., *P. sartorianus* (Rose) Byles & G.D. Rowley.

Plantas arbustivas a arborescentes, 2-4(-5) m; tallos 9-14 cm de ancho, con ramificación basal o desde la parte media, ascendente a estricta, verde-azulosos en la parte terminal, más o menos verde-glaucos en la parte media; costillas 6-8(-10), 1.8-3.5 cm de alto, anguladas; aréolas 4-5 × 4-5 mm, distantes entre sí (sobre la misma costilla) c. 2 cm; espinas radiales 8-15, 1.3-1.8 cm, aciculares, divergentes, pardo oscuro en la parte terminal, grisáceas en la parte media; espina central c. 1, 1-3 cm, acicular, porrecta, pardo-anaranjada en la parte terminal, gris o pardo-grisácea en la parte media; pseudocefalio lateral, en la parte terminal de los tallos, prolongándose hacia abajo en forma continua, integrado por espinas y pelos abundantes, 4-8 cm, blanco-grisáceos. Flores 5-7 cm, cortamente infundibuliformes; pericarpelo c. 1 × 1.7 cm, verde claro, las bractéolas ausentes o escasas, c. 1 mm, deltadas; tubo receptacular 3-3.2 cm, verde claro, las bractéolas 1-7 mm, deltadas a suboblongas; tépalos externos 1-1.2 × 0.8-1 cm, oblongos, verdes con tono claro a blanquecinos, con franja media superior rojiza o pardo claro; tépalos internos 1-1.2 × 0.5-0.6 cm, oblongos, apiculados, rosados a blanquecinos; estambres 0.6-1.5 cm, los filamentos blancos; estilo 5-6 cm, blanquecino, el estigma con lóbulos c. 2 mm, blanquecinos. Frutos 3-5 cm, suglobosos, púrpura a rojos; semillas 2-2.3 mm. Floración mar.-sep. *Bosques tropicales caducifolios, sabanas*. Ch (*Sánchez-*

Mejorada 72-4055, MEXU); G (*Paniagua 76*, USCG); H (*Holst 1826*, TEFH); ES (*Cerén et al. 2871*, MHES); N (*Stevens 3063*, MO). 100-1000 m. (México [Querétaro, San Luis Potosí, Tamaulipas, Veracruz], Mesoamérica).

Pilosocereus leucocephalus es una especie de amplia distribución por lo que numerosos nombres han sido publicados (Arias & Aquino García, 2019). Un estudio sistemático reciente basado en caracteres morfológicos y moleculares reconoce que es un único taxón con una de las más amplias distribuciones del género (Franco-Estrada et al., 2022).

19. **Pseudorhipsalis** Britton & Rose

Disocactus Lindl. sect. *Pseudorhipsalis* (Britton & Rose) Kimnach, *D.* subg. *Pseudorhipsalis* (Britton & Rose) Kimnach, *Wittia* K. Schum. non Pant., *Wittiocactus* Rauschert.

Por B.E. Hammel & S. Arias.

Arbustos, epífitas o trepadoras; raíces adventicias ausentes o presentes; tallos con ramificación difusa, decumbentes o péndulos, indeterminados, el tallo principal y los secundarios con la región basal terete y la superior en filocladios, 2-9 cm de ancho, lanceolados, lineares o elípticos, los márgenes levemente crenados, no cornificados; aréolas distantes entre sí, sin espinas. Flores solitarias, cortamente rotadas, hipocrateriformes a subtubulares, diurnas; pericarpelo y tubo receptacular sin podarios o rara vez con podarios angulados, las bractéolas pequeñas a medianas, delgadas, verdes o con el color de los tépalos, a veces ausentes sobre el tubo receptacular, las aréolas inermes, rara vez con pelo-espinas; tubo receptacular a menudo más corto que los tépalos; perianto con tépalos escasos, reflexos a erectos, con tonos púrpura a azules o (más comúnmente) blancos o amarillentos a rojos; estambres dispuestos en dos bandas o (más comúnmente) una sola, desde el límite superior de la zona nectarial hasta la garganta. Frutos carnosos, indehiscentes, globosos a subglobosos, rojizos, rosados, purpúreos, blancos o con tonos intermedios, lisos, las bractéolas persistentes, escasas y no conspicuas, las aréolas sin pelos ni espinas, la pulpa blanca a rosada, mucilaginosa, los remanentes florales persistentes; semillas ovoides o ligeramente reniformes, la testa pardo-negruzca, con microrrelieve. 5 spp. (más de 2 subspp.), en Mesoamérica, Colombia, Venezuela, Ecuador, Perú, Brasil, Jamaica; 4 spp. en Mesoamérica.

El género *Pseudorhipsalis* fue descrito por Britton & Rose (1923), quienes incluyeron a *P. alata* (Sw.) Britton & Rose (tipo) y *P. himantoclada*, dos especies que habían sido colocadas anteriormente en *Rhipsalis*. Dos estudios taxonómicos posteriores resolvieron de forma diferente su circunscripción; Barthlott en Hunt & Taylor (1991) mantuvo a *Pseudorhipsalis* como un género y lo expandió para incluir seis especies de Mesoamérica y regiones adyacentes, mientras que Kimnach (1993) propuso la inclusión de *Pseudorhipsalis* en *Disocactus*, al considerar que comparten varios caracteres, en particular la marcada tendencia a la reducción en la flor y sus partes. Una revisión más completa y reciente fue realizada por Bauer (2002a [2003]) quien reconoce a *Pseudorhipsalis* como género y aborda las variaciones en morfología y fenología entre las mismas seis especies referidas por Barthlott en Hunt & Taylor (1991). Con excepción de *P. ramulosa* (transferida al monotípico *Kimnachia*), y a pesar de las observaciones de Hammel (2020, véase bajo *P. ramulosa*), en este tratamiento se sigue la propuesta de Bauer (2002a [2003]).

Los análisis filogenéticos recientes confirman que *Pseudorhipsalis* es monofilético con solo cinco especies (más dos taxones infraespecíficos) y al excluir a *P. ramulosa*. Es un miembro de Hylocereeae, en particular es hermano de *Kimnachia*, *Epiphyllum* y *Disocactus*, con los cuales forma un clado bien soportado (Cruz et al., 2016; Korotkova et al., 2017; Martínez-Quezada et al., 2020). Estos cuatro géneros comparten su condición epífita, así como el hecho de presentar hipodermis parenquimatosa. *Pseudorhipsalis amazonica* se resuelve como un miembro de *Pseudorhipsalis*, caracterizado por el color azul de los tépalos (atributo único entre las cactáceas); sin embargo, su historia taxonómica es compleja porque fue colocado en el género monotípico *Wittia* K. Schum., luego transferido a un nuevo nombre genérico, *Wittiocactus*, para reemplazar el nombre ilegítimo propuesto por Schumann, porque *Wittia* Pant. es un género de Bacillariophyta. *Wittiocactus* se incluyó en *Disocactus* (Hunt & Taylor, 1990), y después en *Pseudorhipsalis* (Bauer, 2002a [2003]), considerando algunos caracteres morfológicos asociados a reducciones en la flor y semilla. Por otra parte, el clado formado por *P. lankesteri*, *P. himantoclada* y *P. alata* comparte como carácter único la formación de polen en tétradas (Bauer, 2002a [2003]; Korotkova et al., 2017). La mayoría de las especies de *Pseudorhipsalis* se encuentran en Mesoamérica y se extienden hacia Sudamérica. *Pseudorhipsalis alata* se conoce solamente de Jamaica.

En el tratamiento de este género las medidas del tubo receptacular incluyen el pericarpelo, ya que las flores son tan pequeñas que reconocer dónde termina el pericarpelo y dónde empieza el tubo receptacular es practicamente imposible.

Bibliografía: Barthlott, W.A. *Kakteen And. Sukk.* 26: 246-249 (1975a); 278-280 (1975b). Bauer, R. *Haseltonia* 9: 94-120 (2002a [2003]). Hammel, B.E. *Monogr. Syst. Bot. Missouri Bot. Gard.* 138: 273-277 (2020). Horich, C.K. *Kakteen And. Sukk.* 26: 230-233 (1975); 34: 212-215 (1983); 38: 188-190 (1987). Hunt, D.R. *Cactaceae Syst. Init.* 9: 25-28 (2000). Hunt & Taylor, *Bradleya* 9: 90 (1991). Kimnach, M.W. *Haseltonia* 1: 106-134 (1993). Korotkova, N. et al. *Phytotaxa* 327: 43 (2017).

1. Flores subtubulares, los tépalos externos púrpura oscuro con tonos azules; estambres dispuestos en dos bandas. **2a. P. amazonica** subsp. **panamensis**
1. Flores rotadas a hipocrateriformes, los tépalos externos verde claro, blancos, amarillos o rosados o rojos, nunca con tono azul; estambres dispuestos en una banda.
  2. Flores con el tubo 3.5-5 mm. **1. P. acuminata**
  2. Flores con el tubo 8-15 mm.
    3. Flores con el tubo rosado-amarillento a verde-rosado o verde, 12-15 mm; frutos 0.7-0.9 cm, con el cuello apical 1-1.5 mm. **3. P. himantoclada**
    3. Flores con el tubo crema o blanquecino, 8-12 mm; frutos 0.8-1.1 cm, con el cuello apical c. 1 mm. **4. P. lankesteri**

1. Pseudorhipsalis acuminata Cufod., *Arch. Bot. Sist.* 9: 196 (1933). Holotipo: Costa Rica, *Cufodontis 494* (W-[cb] W 1933-0001570, imagen en Internet!). Ilustr.: Kimnach, *Haseltonia* 1: 132, t. Q (1993), como *Disocactus horichii.*

Disocactus acuminatus (Cufod.) Kimnach, *D. horichii* Kimnach, *Pseudorhipsalis horichii* (Kimnach) Barthlott, *Rhipsalis acuminata* (Cufod.) Standl.

Plantas epífitas o (rara vez) epilíticas, hasta al menos 4 m (sobre el suelo); tallos con filocladios 9-35 × 1.5-5 cm, lanceolados o linear-lanceolados, delgados, la base terete, el ápice acuminado, los márgenes crenados hacia la mitad inferior, ligeramente serrados hacia la mitad superior, los lóbulos que sobresalen 2-3 mm, verdes, a veces los jóvenes rojizos; aréolas 0.5-3.5 cm distantes entre sí, inermes. Flores 0.9-1.7 cm, rotadas; tubo receptacular 3.5-5 mm, pardo claro, las bractéolas c. 1 mm de ancho, ovadas, los márgenes eroso-denticulados, las aréolas rara vez con pelos c. 1 mm; tépalos hasta 13, 0.5-1.2 × c. 0.3 cm, lanceolados a elípticos, el ápice obtuso o agudo, los externos c. 5, rosadas, internos c. 11, blancos; estambres hasta 45, dispuestos en una zona, los filamentos blancos o blanco-verdosos, exertos del tubo hasta c. 5 mm; estilo c. 8 mm, blanco, el estigma con hasta c. 6 lóbulos, hasta 1.5 mm, blancos. Frutos 5-8 mm de ancho, subglobosos, con un cuello apical hasta c. 0.3 mm, o sin cuello, la cicatriz apical (de la flor caída)

1.5-2 mm de ancho, dorados a rosados o magenta claro, las bractéolas c. 8, c. 1 mm de ancho, adpresas, pardas, la pulpa blanca, viscosa; semillas 1.7-2 mm, ovoides. Floración feb.-jun. *Bosques tropicales perennifolios, vertiente atlántica.* N (*Urbina 1250*, MO); CR (*Grayum 6953*, MO); P (*Croat 14413*, MO). 0-1100 m. (Endémica).

Pseudorhipsalis acuminata es similar vegetativamente a *P. lankesteri* (ambas con los filocladios relativamente delgados que secan con las venas secundarias muy notorias), pero difiere de esta por tener flores más pequeñas, y en número de 1 a 4 por aréola. También difieren porque en la primera la cicatriz apical en el fruto (de la flor caída) es de 1.5-2 mm de ancho vs. 3.5-4 mm de ancho en la segunda. El nombre *P. horichii* fue propuesto considerando como diferencia los filocladios más anchos y las flores ligeramente más largas; sin embargo, actualmente se reconoce que se trata de una sola especie. La identificación de ejemplares sin estructuras reproductivas es muy complicada y puede provocar mayor incertidumbre. Una descripción de la especie detallada y datos sobre su historia taxonómica se encuentran en Bauer (2003a); datos generales sobre el ambiente donde ocurre la especie y especies asociadas (bajo el nombre *Disocactus horichii*) se encuentran en Horich (1983).

2. Pseudorhipsalis amazonica (K. Schum.) Ralf Bauer, *Haseltonia* 9: 101 (2002 [2003]). *Wittia amazonica* K. Schum., *Monatsschr. Kakteenk.* 13: 117 (1903). Isolectotipo (designado por Madsen, 1989): Perú, *Ule 6189* (G!). Ilustr.: Schumann, *Monatsschr. Kakteenk.* 13: 119, t. A-E (1903), como *W. amazonica*. N.v.: Lengua de ciervo, CR.

Disocactus amazonicus (K. Schum.) D.R. Hunt, *Wittiocactus amazonicus* (K. Schum.) Rauschert.

Pseudorhipsalis amazonica se caracteriza por alcanzar ramificación amplia, por el tallo primario y los secundarios bien diferenciados, las flores 1-4 por aréola, los tépalos con colores que transitan entre el blanco, rosa-magenta y azul-violeta, así como por los estambres insertos en dos zonas. Kimnach (1993) y Bauer (2002a [2003]) presentan descripciones morfológicas muy detalladas de la especie, haciendo énfasis en la variación de la flor. Mientras que Kimnach (1993) argumenta que la variación observada a lo largo de su distribución geográfica no justifica el reconocimiento de unidades infraespecíficas, Bauer (2002a [2003]) encuentra que la variación en el tamaño de la flor, en la superficie del pericarpelo lisa, o variadamente angulada, y el largo y color de los tépalos, permiten reconocer tres unidades infraespecíficas, con distribución geográfica discreta. En el presente tratamiento se sigue esta última propuesta.

2a. Pseudorhipsalis amazonica (K. Schum.) Ralf Bauer subsp. **panamensis** (Britton & Rose) Ralf Bauer, *Haseltonia* 9: 106 (2002 [2003]). *Wittia panamensis* Britton & Rose, *Contr. U.S. Natl. Herb.* 16: 241 (1912-1916 [1913]). Holotipo: Panamá, *Pittier 4571* (US-[nr] 691299, imagen en Internet!). Ilustr.: Prain, *Bot. Mag.* 145: t. 8799 (1919), como *W. panamensis*.

Wittiocactus panamensis (Britton & Rose) Rauschert.

Plantas epífitas, hasta 1.5(-4) m (sobre el suelo); tallos con los filocladios 1340(-60) × 3.5-9 cm, linearlanceolados, la base terete, el ápice obtuso a acuminado, los márgenes crenados, eventualmente serrados; aréolas 1-4 cm distantes entre sí, casi siempre inermes. Flores 2.5-4 (-5) × 1.2-1.5(-2) cm, subtubulares; pericarpelo liso a ligeramente angulado; tubo floral hasta c. 20 mm, liso o angulado, rosado-parduzco a pardo, las bractéolas hasta 0.5 mm, deltadas; tépalos c. 15, lanceolados, el ápice obtuso; tépalos externos 10-13 mm, carnosos, azul-purpúreos, erectos a recurvados; tépalos internos azul pálido con tono blanco, expandidos; estambres hasta 40, incluidos o apenas exertos del tubo, dispuestos en dos bandas, los filamentos delgados y coalescentes en la base; estilo 1.5-3 cm, blanco, el estigma con 4-6 lóbulos, 4-5 mm, blancos, no expandidos. Frutos 8-18 × 6-11 mm, obovoides a ovoides, lisos a fuertemente angulados, con un cuello apical c. 2 mm, la cicatriz apical (de la flor caída) 4.5-5 mm de ancho, verdes a blancos o moreno-rojizos, con bractéolas no conspicuas; pulpa acuosa, blanca, los restos secos del perianto persistentes; semillas 1.3-1.6 mm, obovadas. Floración mar. *Bosques húmedos y muy húmedos de ambas vertientes.* CR (*Hammel & Pérez 24524*, CR); P (*Antonio 3777*, PMA). 0-1000 m. (Mesoamérica, Colombia, Venezuela).

Todo el material Mesoamericano pertenece a esta subespecie. Según observaciones en material vivo (Hammel, obs. pers.), estas plantas son al menos potencialmente autógamas, ya que en cultivo y muy lejos del bosque donde crecen, muchas flores producen frutos.

3. Pseudorhipsalis himantoclada (Rol.-Goss.) Britton & Rose, *Cact.* 4: 213 (1923). *Rhipsalis himantoclada* Rol.-Goss., *Bull. Soc. Bot. France* 55: 694 (1908 [1909]). Neotipo (designado por Kimnach, 1993): Costa Rica, *Lankester s.n.* (US-[nr] 2386472, imagen en Internet!). Ilustr.: Kimnach, *Haseltonia* 1: 123, t. M (1993), como *Disocactus himantocladus*.

Disocactus himantocladus (Rol.-Goss.) Kimnach, *Wittia costaricensis* Britton & Rose, *W. himantoclada* (Rol.-Goss.) Woodson.

Plantas epífitas, hasta al menos 10 m (sobre el suelo); tallos con los filocladios 9-60(o más) × 1.5-5.5 cm, lineares, ligeramente lanceolados a oblanceolados, la base terete o elíptica, el ápice obtuso a acuminado, los márgenes ligeramente crenados, a veces serrados hacia la mitad superior, los lóbulos que sobresalen c. 2 mm; aréolas 0.5-3.5 cm distantes entre sí, inermes. Flores 1.5-2.5 cm, hipocrateriformes, ligeramente curvadas; tubo receptacular 12-15 mm, con las bractéolas c. 2 mm, deltadas, rosadas, las aréolas inermes; tépalos 12-14, 0.9-1.5 × 0.2-0.3 cm; tépalos externos linear-lanceolados, subpatentes a recurvados, verde claro a amarillos o amarillentos a rosados; tépalos internos ligeramente obtusos, blanco-amarillentos; estambres con los filamentos exertos hasta c. 10 mm, dispuestos en una zona amplia y apical, los filamentos blancos; estilo 13-17 mm, blanco, el estigma con c. 4 lóbulos, c. 2 mm, amarillentos. Frutos 7-9 mm de ancho, globosos, púrpura-rosados, translúcidos, las bractéolas c. 1 mm, que forman pequeñas líneas horizontales, la pulpa rosada, viscosa; semillas 1.5-2 mm, ovoides. $2n = 22$. Floración feb., ago.-oct. *Bosques tropicales subperennifolios, vertiente pacífica.* CR (*Morales 3121*, CR); P (*Allen 1897*, MO). 0-1100 m. (Mesoamérica, Colombia).

Datos complementarios sobre la morfología de la flor, el polen y el número cromosómico se encuentran en Barthlott (1975a, 1975b); datos sobre las condiciones ambientales donde crece en Costa Rica y especies asociadas se encuentran en Horich (1975). Según observaciones de material en vivo (Hammel, obs. pers.), las plantas de esta especie son al menos potencialmente autógamas, ya que en cultivo y muy lejos del bosque donde crecen, muchas flores producen frutos.

4. Pseudorhipsalis lankesteri (Kimnach) Barthlott, *Bradleya* 9: 90 (1991). *Disocactus lankesteri* Kimnach, *Cact. Succ. J. (Los Angeles)* 51: 168 (1979). Holotipo: Costa Rica, *Lankester s.n.* (HNT-[cb] HNT0000079, imagen en Internet!). Ilustr.: Kimnach, *Cact. Succ. J. (Los Angeles)* 51: 167, t. 1 (1979).

Plantas epilíticas o (más frecuentemente) epífitas; tallos hasta 65 cm, con los filocladios hasta 10-45(-61) × 2.5-5(-6) cm, anchamente lanceolados a linear-elípticos, la base terete, el ápice acuminado, los márgenes crenados hacia la mitad inferior, serrados hacia la mitad superior, los lóbulos que sobresalen c. 2 mm; aréolas 0.5-2.5 cm distantes entre sí, inermes. Flores 1.9-2.4(-2.7) cm, hipocrateriformes, ligeramente recurvadas; tubo receptacular 8-12 mm, verdoso, las bractéolas c. 1 mm de ancho, ampliamente ovadas, rojizas, las aréolas inermes; tépalos c. 10, 0.7-1.1 × 0.3 cm, ligeramente patentes o recurvados; tépalos externos c. 5, lanceolados, el ápice obtuso, amarillo claro; tépalos internos 5 o 6, linear-oblongos, blanco-amarillentos; estambres, dispuestos en una zona amplia y apical, los filamentos amarillentos, exertos del tubo hasta c. 8 mm, las anteras amarillentas; estilo c. 1.5 cm, blanco, el estigma con 3 o 4 lóbulos, blancos. Frutos 0.8-1.1 cm, subglobosos, rosados con tonos magenta, las bractéolas escasas y adpresas, la pulpa blanco-rosada; semillas 1.75-2 mm, ovoides. $2n = 22$. Floración desconocida; fructificación jun. *Bosques tropicales subcaducifolios, vertiente pacífica.* CR (*Lankester s.n.*, MEXU). 600-1500(o más) m. (Endémica).

Las únicas muestras herborizadas como "isotipos" de esta entidad, serían las que fueron preparadas al mismo tiempo que el holotipo, 16 mayo 1962 (véase Art. 8.4, Turland et al., 2018). De otra forma las muestras actualmente depositadas en los 13 herbarios citados en el protólogo, serían paratipos, incluyendo las de MO, MEXU y US, preparadas en 1960.

Todo el material con flores conocido de esta entidad es procedente de viveros de Estados Unidos y Alemania, y preparado de plantas vivas clonadas de las originalmente cultivadas por Lankester y Horich. Por lo tanto, tiene poco sentido el argumento de Bauer (2002a [2003]) supuestamente apoyando la separación de la presente de *Pseudorhipsalis himantoclada*, en mucho con base en diferencias en la temporada de floración. Dado que todo ese material herborizado es muy parecido en todos los sentidos a *P. himantoclada*, es posible que la propuesta de Hammel en Hunt (2000) de tratar la presente como un sinónimo de *P. himantoclada*, sea la correcta. Sin embargo, al incluir en la presente las dos muestras relativamente recientes de J.F. Morales (*Morales 4326*, MO; *Morales 8192*, CR), ambas en fruto y de la misma región y elevación, se apoya tentativamente la separación de *P. lankesteri* (véase Hammel, 2020). *Pseudorhipsalis lankesteri* comparte con *P. himantoclada* y *P. alata* caracteres de flor y fruto, incluso los granos de polen forman tétradas (Barthlott 1975a, 1975b; Bauer, 2002a [2003]; Kimnach, 1993). Datos básicos sobre el ambiente donde ocurre en Costa Rica y especies asociadas se encuentran en Horich (1987). En adición, un análisis filogenético revela que *P. lankesteri* es hermana de *P. himantoclada* y *P. alata* (Korotkova et al., 2017).

20. **Pterocereus** T. MacDoug. & Miranda

Por S. Arias & D.A. Aquino.

Arbustos o árboles; tallos con ramificación escasa, basal o de la parte media, o sin ramificación (columnares), erectos o arqueados, indeterminados, cilíndricos, 3- o 4-acostillados, con surco intercostal amplio, el córtex adquiere tono oscuro al contacto con el aire; aréolas distantes entre sí, con espinas no diferenciadas en radiales y centrales; zona fértil no diferenciada de la infértil. Flores solitarias, subterminales, ampliamente infundibuliformes, nocturnas; pericarpelo y tubo receptacular con podarios bajos, los superiores decurrentes, las brácteas foliáceas a subcarnosas, las superiores más grandes, se integran con los tépalos, las aréolas con tricomas cortos y escasos, las espinas ausentes o presentes; tubo receptacular más largo que los tépalos; perianto con tépalos numerosos, patentes a recurvados, verdes, café-rojizos, negros al secarse; nectarios ubicados en una cámara amplia, limitada por la base de los estambres. Frutos globosos, rojos, negros al secarse, carnosos, las brácteas persistentes, las aréolas con tricomas y espinas oscuras, dehiscencia irregular, la pulpa roja, los remanentes florales persistentes; semillas c. 3 mm, ovoides, la testa negra, lustrosa, sin microrrelieve. Género monoespecífico de México [Veracruz] y Mesoamérica.

Pterocereus se caracteriza por los tallos con escasas costillas, las flores están cubiertas por brácteas foliáceas a subcarnosas, las superiores se integran con los tépalos (Bravo-Hollis & Sánchez-Mejorada, 1983b; Gibson & Horak, 1978 [1979]). Algunas propuestas taxonómicas consideran a *Pterocereus* y *Pachycereus* como un solo género, pero estudios morfológicos y moleculares muestran que *Pterocereus* es parte de la subtribu Pachycereinae y es hermano de *Lophocereus* y *Marshallocereus*, mientras que *Pachycereus* es hermano de *Carnegiea* (Franco-Estrada et al., 2021). Este resultado es muy congruente con evidencia morfológica que permite reconocerlos como distintos. *Pterocereus* se caracteriza por los tallos con costillas escasas, y por la flor cubierta con brácteas verdes, indiferenciadas de los tépalos externos (Arias & Terrazas, 2006; Arias et al., 2003). En la zona de estudio se distribuye 1 sp. y las 2 subspp. conocidas.

Bibliografía: Bravo-Hollis, H. & Sánchez-Mejorada, H. *Cact. Suc. Mex.* 28: 88-90 (1983b). Gibson, A.C. & Horak, K.E. *Ann. Missouri Bot. Gard.* 65: 999-1057 (1978 [1979]).

1. Pterocereus gaumeri (Britton & Rose) T. MacDoug. & Miranda, *Ceiba* 4: 140 (1954). *Pachycereus gaumeri* Britton & Rose, *Cact.* 2: 71 (1920) non *Cereus gaumeri*. Sintipo: México, Yucatán, *Gaumer 23778* (US-[nr] 1267969, imagen en Internet!). Ilustr.: Bravo-Hollis & Sánchez-Mejorada, *Cact. México* ed. 2, 1: 534, t. 336-337 (1978). N.v.: Kulub (Maya), Y.

Anisocereus gaumeri (Britton & Rose) Backeb., *Cereus yucatanensis* Standl.

Plantas columnares, arbustivas o hasta arborescentes, de 2-8 m; tallo simple en individuos juveniles, con ramificación desde basal hasta la parte media en individuos adultos; tallo principal c. 2 m × 14 cm, los tallos secundarios 6-10 cm de ancho, verdes o verde-grisáceos; costillas 3 o 4(5), 3.5-7 cm de alto, los márgenes ligeramente crenados; aréolas 5-10 mm, distantes entre sí (sobre la misma costilla) 1-5 cm; espinas 3-10, 1-4.5 cm, delgadas, subuladas, gris oscuro a blanco-grisáceas. Flores 5-9 cm, cilíndrico-infundibuliformes; pericarpelo 1-2 cm, con brácteas de 1.6-2 cm, deltadas, el ápice agudo, foliáceas a carnosas, verde claro, las espinas ocasionales y reducidas; tubo receptacular 3.5-6.5 cm, con brácteas de 2-3.7 cm, lanceoladas, el ápice agudo a acuminado, foliáceas a carnosas, verde claro, a veces con el ápice rojizo; tépalos externos 1.7-2.4 × 0.3-0.5 cm, deltado-lanceolados, revolutos, verde claro, a veces con el ápice rojizo; tépalos internos 1.8-2 × 0.5-0.6 cm, lanceolados, el ápice acuminado, revolutos, verde claro a blanco-verdoso; estambres 1-2.5 cm, los filamentos blanquecinos, las anteras c. 3 mm, amarillentas; estilo 4-5 cm, blanco, los lóbulos del estigma c. 8, 3-4 mm, blanquecinos. Frutos 3-4.5 × 3.5-5 cm, rojos (negros al secarse), las brácteas foliáceas, rojas (negras al secarse), las espinas c. 12, hasta 2 cm, negruzcas; semillas 4-5 mm. Floración mar.-may.; fructificación may.-ago. *Bosques tropicales caducifolios y subcaducifolios, sobre suelos calizos, someros y dunas costeras.* Ch, Y, C. 0-100 m. (México [Veracruz], Mesoamérica).

La distribución de *Pterocereus gaumeri* es fragmentada en el este y sureste de México (Chiapas, Yucatán, Veracruz), que podrá explicarse por dispersión a larga distancia o poblaciones relictuales de una distribución continua en el pasado.

1. Espinas del tallo hasta 5 cm; flores hasta 9.5 cm; Chiapas. **1a. P. gaumeri** subsp. **foetidus**
1. Espinas del tallo hasta 4 cm; flores hasta 6.5 cm; Campeche, Yucatán, Veracruz. **1b. P. gaumeri** subsp. **gaumeri**

1a. Pterocereus gaumeri (Britton & Rose) T. MacDoug. & Miranda subsp. **foetidus** (T. MacDoug. & Miranda) S. Arias & Terrazas, *Syst. Bot.* 34: 81 (2009). *Pterocereus foetidus* T. MacDoug. & Miranda, *Ceiba* 4: 135 (1954). Holotipo: México, Chiapas, *MacDougall & Miranda 7744* (MEXU-[cb] MEXU00059728!). Ilustr.: Miranda, *Ceiba* 4: 136, t. s.n. (1954), como *P. foetidus*.

Anisocereus foetidus (T. MacDoug. & Miranda) W.T. Marshall, *Pachycereus foetidus* (T. MacDoug. & Miranda) P.V. Heath.

Plantas hasta 8 m; costillas hasta 5 cm de altura; espinas hasta 5 cm; flores hasta 9.5 cm. *Bosques tropicales subcaducifolios, sobre suelos calizos.* Ch (*Guzmán & Arias 1000*, MEXU). c. 100 m. (Endémica).

1b. Pterocereus gaumeri (Britton & Rose) T. MacDoug. & Miranda subsp. **gaumeri**.

Plantas hasta 7 m; costillas hasta 4.5 cm altura; espinas hasta 4 cm; flores hasta 6.5 cm. *Bosques tropicales caducifolios, sobre suelos cali-*

zos, someros y dunas costeras. Y (*Arias & Guzmán 1087*, MEXU); C (*Gutiérrez 5263*, CICY). 0-100 m. (México [Veracruz], Mesoamérica).

21. Rhipsalis Gaertn., nom. cons.

Erythrorhipsalis A. Berger, *Hylorhipsalis* Doweld, *Rhipsalis* Gaertn. subg. *Erythrorhipsalis* A. Berger.

Por S. Arias.

Arbustos, epífitas o saxícolas; raíces adventicias ausentes o presentes; tallos con ramificación acrótona (cuando el ápice no está dañado), péndulos cuando epífitas, ascendentes o decumbentes cuando crecen en rocas, determinados, cilíndricos, 3-6-acostillados o en filocladios; zona fértil no diferenciada de la infértil; aréolas cercanas entre sí, diminutas o casi ausentes, las espinas ausentes, los tallos jóvenes con pelo-espinas, pequeñas, deciduas. Flores 0.5-4.5 cm, 1 o más por aréola, cortamente campanulado-infundibuliformes o rotadas, laterales, diurnas; pericarpelo inerme, verde, las aréolas ausentes; tubo receptacular ausente o extremadamente reducido y no conspicuo; perianto con tépalos escasos, extendidos o recurvados, blancos, amarillos o rosados; estambres escasos o algo numerosos, dispuestos en una sola banda; nectarios en disco ubicado en la base de los estambres. Frutos 3-12 mm, globosos a elipsoides, blancos, anaranjados, rosados, a veces púrpura, inermes o con bractéolas escasas, las aréolas ausentes, dehiscentes, la pulpa mucilaginosa, los remanentes florales presentes; semillas 1-1.7 mm, obovoides o elipsoides, la testa negra, reticulada. Aprox. 45 spp. (más de 18 subspp.) en México, Mesoamérica, Colombia, Venezuela, Guayanas, Ecuador, Perú, Bolivia, Brasil, Paraguay, Uruguay, Argentina, Antillas, se conoce de Asia y África; 2 spp. en Mesoamérica.

Rhipsalis es un género monofilético y hermano de *Lepismium* Pfeiff., *Rhipsalidopsis* Britton & Rose, *Hatiora* Britton & Rose y *Schlumbergera* Lem., géneros que forman la tribu Rhipsalideae; al interior de este género se reconocen entre tres y seis linajes y algunos de ellos corresponden a entidades infragenéricas propuestas por Barthlott & Taylor (1995), pero otros como *Rhipsalis* subg. *Rhipsalis*, que ocurre en Mesoamérica, no lo son (Calvente et al., 2011; Korotkova et al., 2011). Su morfología floral es una de las más reducidas en Cactaceae: tépalos muy cortos, tubo receptacular no conspicuo, así como perianto corto (menor a 2 cm). Hay evidencias que *Rhipsalis* diversificó en las costas de Brasil y posteriormente ocupó otros bosques en Sudamérica, Mesoamérica y las Antillas, así como África y Asia en tiempos más recientes (Barthlott, 1983; Barthlott & Taylor, 1995; Calvente et al., 2011).

Bibliografía: Barthlott, W.A. *Sonderb. Naturwiss. Vereins Hamburg* 7: 241-248 (1983). Barthlott, W.A. & Taylor, N.P. *Bradleya* 13: 48-73 (1995). Calvente, A.M. et al. *Int. J. Pl. Sci.* 172: 902-914 (2011). Cota Sánchez, J.H. & Bomfim-Patrício, M.C. *Polibotánica* 29: 107-129 (2010). Hammel, B.E. *Monogr. Syst. Bot. Missouri Bot. Gard.* 138: 277-279 (2020). Korotkova, N. et al. *Amer. J. Bot.* 98: 1549-1572 (2011). Taylor, N.P. & Zappi, D.C. *Cacti E. Brazil* 205-237 (2004).

1. Segmentos terminales o secundarios del tallo teretes, hasta 6 mm de ancho, a veces con podarios pequeños, integrándose en costillas vestigiales. **1a. R. baccifera subsp. baccifera**
1. Segmentos terminales o secundarios del tallo 3-5(-7)-acostillados, hasta de 1(-2.5) cm de ancho. **2. R. micrantha**

1. Rhipsalis baccifera (Sol.) Stearn, *Cact. J.* (Croydon) 7: 107 (1939). *Cassytha baccifera* Sol. in J.S. Muell., *Ill. Syst. Sex. Linnaei* Class IX, Ordo I (1777 [1771]). Lectotipo (designado por Aymonin, 1983): Mueller, *Ill. Syst. Sex. Linnaei* t. Class IX, Ordo I (1777 [1771]), como *C. baccifera*. Ilustr.: Véliz Pérez, *Cactáceas Guatemala* 84, t. 1-3 (2008). N.v.: Bejuco de quebradura, tatache, G.

Cactus cassythoides DC., *C. parasiticus* Lam., *Hariota cassytha* (Gaertn.) Lem., *H. cassytha* Cels ex C.F. Först., *H. parasitica* (Lam.) Kuntze, *Rhipsalis bartlettii* Clover, *R. cassutha* Gaertn., *R. cassutha* var. *dichotoma* DC., *R. cassutha* var. *hookeriana* DC., *R. cassuthopsis* Backeb., *R. cassythoides* Loefgr. non G. Don, *R. dichotoma* (DC.) G. Don, *R. heptagona* Rauh & Backeb., *R. hookeriana* (DC.) G. Don, *R. hylaea* F. Ritter, *R. minutiflora* K. Schum., *R. parasitica* (Lam.) Haw., *R. undulata* Pfeiff.

Rhipsalis baccifera es el taxón de mayor distribución geográfica para Cactaceae, al extenderse ampliamente en América tropical, así como en África y con menor amplitud en Asia. Al parecer esta amplia distribución actual se favoreció por una combinación de eventos, como la influencia antropogénica (a partir de la colonización europea de América), interacciones (ornitocoria) y procesos biológicos propios (autofertilidad facultativa y reproducción asexual). En la actual circunscripción se trata de una especie compleja, con variación geográfica en el grosor del tallo, color de los tépalos y fruto y diferentes ploidías (2*x*, 4*x*, 8*x*), por lo que se requiere un estudio amplio tanto en lo geográfico como en métodos analíticos (Barthlott & Taylor, 1995; Cota Sánchez & Bomfim-Patrício, 2010; Taylor & Zappi, 2004). Aprox. 6 subspp., 1 subsp. en Mesoamérica.

1a. Rhipsalis baccifera (Sol.) Stearn subsp. **baccifera**.

Plantas epífitas o saxícolas, hasta 4 m; tallo adulto de hasta 0.6 cm de ancho, cilíndricos, con ramificación acrótona, en 3 o más verticilos, angostamente teretes, péndulos, suaves, verde claro; segmentos terminales del tallo a veces con podarios pequeños, próximos, integrándose en costillas vestigiales; aréolas diminutas; pelos hasta 9, 0.5-2 mm, flexibles, blancos, presentes solo en segmentos jóvenes del tallo. Flores c. 10 × 6 mm; pericarpelo globoso, verde, las bractéolas 1 o 2, verdosas; tépalos externos 2-5, c. 2 mm, deltados, verdosos; tépalos internos c. 5, 1-1.5 × 2-3 mm, más o menos oblongos, el ápice agudo, los márgenes enteros, blancos; estambres 1-2 mm, los filamentos blancos, las anteras 0.2-0.3 mm; estilo c. 2 mm, blanco, el estigma con lóbulos c. 1 mm, blancos. Frutos hasta 8 × 6 mm, globosos a ovoides, blancos a veces con tonos rosados, translúcidos, inermes, mucilaginosos, madurando rápidamente; semillas c. 1.2 × 0.5 mm, angostamente obovoides o elipsoides. Floración y fructificación a lo largo del año. *Bosques tropicales perennifolios, subcaducifolios, vegetación secundaria.* T (*Cowan 3078*, MEXU); Ch (*Breedlove & Thorne 21063*, MEXU); QR (*Escalante 224*, MEXU); B (*Dwyer 12685*, MO); G (*Véliz et al. MV 19944*, MEXU); H (*MacDougal et al. 3080*, MO); N (*Sandino 2275*, HNMN); CR (*Chacón 454*, CR); P (*Antonio 3188*, MEXU). 0-1000 m. (México [Hidalgo, Jalisco, Oaxaca, Puebla, Querétaro, San Luis Potosí, Tamaulipas, Veracruz], Mesoamérica, Colombia, Venezuela, Guayanas, Ecuador, Perú, Bolivia, Brasil, Antillas, Asia, África).

2. Rhipsalis micrantha (Kunth) DC., *Prodr.* 3: 476 (1828). *Cactus micranthus* Kunth, *Nov. Gen. Sp.* 6: 65 (1823). Lectotipo (designado por Barthlott & Taylor, 1995): Perú, *Bonpland 3494* (P-Bonpl.!). Ilustr.: Britton & Rose, *Cact.* 4: t. 30, f. 3 (1923), como *R. tonduzii*.

Hariota micrantha (Kunth) Kuntze, *Rhipsalis kirbergii* Barthlott, *R. micrantha* (Kunth) DC. forma *kirbergii* (Barthlott) Barthlott & N.P. Taylor, *R. roseana* A. Berger, *R. tonduzii* F.A.C. Weber, *R. wercklei* A. Berger.

Plantas epífitas hasta 1 m; tallos erectos, después péndulos; tallos variables, el tallo principal ligeramente aplanado, linear-oblongo, o bien cilindroide acostillado, con ramificación en 2-6 verticilos; segmentos terminales o secundarios del tallo 10-20 × 0.3-1(-2.5) cm, acostillados, ramificados en 2-3 verticilos; costillas 3-5(-7), el margen entero o crenado; aréolas distantes entre sí 1-5 cm; pelos 1-2 mm, escasos, blancos, presentes solo en segmentos jóvenes. Flores 6-8(-12) × 6-10 mm; pericarpelo subcilíndrico, verdoso, más o menos amarillento, inerme o con 1 bractéola, no hundido en la rama; tépalos 5 o 6, 4-5(-8) × 2.5-4 mm, ovados, recurvados, el ápice obtuso, blanco-amarillentos; estambres c. 30, 2-3 mm, los filamentos blancos, las anteras blancas; estilo 4-5 mm, sobrepasa a las anteras, blanco, el estigma con 3-5 lóbulos, 1.5-2 mm. Frutos 6-8(-10) mm, cortamente elipsoides o globoso, blancos o blanco-rojizos, a veces abortivos, las aréolas con pelos escasos, blancos, la pulpa pegajosa; semillas 1.1-1.4 × 0.6-0.7 mm. Floración mar.-abr.; fructificación may.-jul. *Bosques de neblina*. CR (*Hammel 18841*, MO). 800-1600 m. (Mesoamérica, Colombia, Ecuador, Perú).

Con el nombre *Rhipsalis micrantha* se identificó un ejemplar procedente de Guatemala (*Johnson 224*, K) el cual se trata de *R. baccifera*. Dos ejemplares estériles procedentes de Panamá (*Hitchcock s.n.*, US; *McPherson 20770*, MO) representan posiblemente a *Weberocereus tunilla*. La presencia de *R. micrantha* en Panamá es factible, pero no se conocen registros.

Especies de *Rhipsalis* excluidas

Rhipsalis cereoides (Backeb. & Voll) A. Cast., *Anais Reunião Sul-Amer. Bot.* 3: 12 (1938). *Lepismium cereoides* Backeb. & Voll, *Kaktus-ABC* 411 (1935). Neotipo (designado por Barthlott & Taylor, 1995): Brasil, *Voll & Brade s.n.* (RB-[cb] RB00537915!).

Esta especie se caracteriza por los segmentos de tallos hasta 14 × 3 cm, 3-5-angulados, las flores 1-4 por aréola, con tépalos blancos y frutos rosados. Es nativa de Brasil (Barthlott & Taylor, 1995; Taylor & Zappi, 2004). Se reportó para Guatemala (Véliz Pérez, 2008) pero se trata de una exótica.

Rhipsalis cereuscula Haw., *Philos. Mag. Ann. Chem.* 7: 112 (1830). Isoneotipo (designado por Barthlott & Taylor, 1995): Brasil, *Souza & Sakuragui 4970* (K-[cb] K000250398!).

Erythrorhipsalis cereuscula (Haw.) Volgin, *Hariota cereuscula* (Haw.) Kuntze.

Rhipsalis elliptica G. Lindb. ex K. Schum., *Fl. Bras.* 4(2): 293 (1869-1890 [1890]). Lectotipo (designado por Barthlott & Taylor, 1995): Brasil, *Mosén 3630* (S-[nr] S-R-5471!).

Esta especie tiene segmentos de tallos en filocladios, hasta 14 × 3-5 cm, las flores 1-5 por aréola, con tépalos amarillos, los frutos rojo-rosados. Es nativa de Brasil (Barthlott & Taylor, 1995; Taylor & Zappi, 2004). En la región de la flora está reportada como exótica y cultivada en Costa Rica (*Hammel & Pérez 24337*, MO).

Rhipsalis oblonga Loefgr., *Arch. Jard. Bot. Rio de Janeiro* 2: 36 (1918). Lectotipo (designado por Barthlott & Taylor, 1995): Loefgren, *Arch. Jard. Bot. Rio de Janeiro* 2: t. VIII (1918).

Es algo similar a *Rhipsalis elliptica*; los tallos en filocladios, a veces 3-angulados, con los márgenes marcadamente crenados, las flores 1 o 2 por aréola, con tépalos amarillos, los frutos blancos con tono rosado. Es una especie nativa de Brasil (Barthlott & Taylor, 1995). Un ejemplar cultivado se conoce para Costa Rica (*Maxon 23*, P).

Rhipsalis pilocarpa Loefgr., *Monatsschr. Kakteenk.* 13: 52 (1903). Lectotipo (designado por Barthlott & Taylor, 1995): Loefgren, *Monatsschr. Kakteenk.* 13: 55, t. s.n. (1903).

Erythrorhipsalis pilocarpa (Loefgr.) A. Berger.

Se caracteriza por los tallos cilíndricos, hasta 40 × 6 mm, las flores 1 o 2 por aréola, con tépalos blancos, los frutos rojos. Es otra especie nativa de Brasil (Barthlott & Taylor, 1995) y reportada como introducida en Costa Rica (Hammel, 2020).

Rhipsalis simmleri Beauverd, *Bull. Herb. Boissier, sér. 2* 7: 136 (1907). Sintipo: Costa Rica, *Beauverd s.n.* (G-[cb] G00236723).

Se caracteriza por los tallos dimorfos, los primarios cilíndricos y hasta 30 cm × 4 mm, los secundarios y de órdenes subsecuentes con ramificación densa, hasta 3 cm × 4 mm, las flores 1-4 por aréola, con tépalos blancos, los frutos blancos. Con el nombre *Rhipsalis simmleri* se identificaron de forma errónea algunos ejemplares para la región de la flora, incluyendo Nicaragua (*Robbins 6228*, MO) y Costa Rica (*Liesner et al. 15173*, MO), pero que se trata de *R. baccifera*. Actualmente se reconoce que *R. simmleri* es sinónimo de *R. cereuscula* (véase más arriba), nativa de Bolivia, Brasil, Paraguay, Uruguay y Argentina (Barthlott & Taylor, 1995).

Rhipsalis teres (Vell.) Steud., *Nomencl. Bot.* ed. 2, 2: 449 (1841). *Cactus teres* Vell., *Fl. Flumin.* 207 (1825 [1829]). Lectotipo (designado por Barthlott & Taylor, 1995): Vellozo, *Fl. Flumin. Icon.* 5: t. 30 (1827 [1831]), como *C. teres*.

Hatiora teres (Vell.) Kuntze.

Los tallos son dimorfos, los primarios hasta 15 cm × 3 mm, los secundarios ramificados c. 1 mm de ancho, las flores con tépalos blancos, los frutos rojos. Es una especie nativa de Brasil, pero existe un registro de Costa Rica considerado como introducido (*Horich s.n.*, MO). Una explicación precisa sobre este registro se encuentra en Hammel (2020).

22. Selenicereus (A. Berger) Britton & Rose

Cereus Mill. subg. *Hylocereus* A. Berger, *C.* subsect. *Selenicereus* A. Berger, *Cryptocereus* Alexander, *Hylocereus* (A. Berger) Britton & Rose, *Selenicereus* (A. Berger) Britton & Rose sect. *Cryptocereus* (Alexander) D.R. Hunt, *Wilmattea* Britton & Rose.

Por S. Arias & B.E. Hammel.

Arbustos, trepadoras o epífitas, a veces saxícolas; raíces adventicias presentes; tallos con ramificación difusa, ascendentes, decumbentes, péndulos o postrados, indeterminados, el tallo principal y los tallos secundarios variables en tamaño, por lo común cilíndricos, 3-12-acostillados, rara vez en filocladios (*Selenicereus anthonyanus*), los márgenes rectos o con lóbulos (desde ligera- a notoriamente conspicuos), cornificados o no cornificados; aréolas inermes o con espinas y/o pelo-espinas. Flores solitarias, subrotadas, subcampanuladas, infundibuliformes o hipocrateriformes, a veces algo irregulares por curvatura del tubo receptacular o de los tépalos, nocturnas; pericarpelo y tubo receptacular con bractéolas pequeñas a grandes, subcarnosas o delgadas, patentes a adpresas, verdes o con el color de los tépalos (que no cubren en nada, o cubren casi o por completo el pericarpelo), y que se integran con los tépalos, las aréolas inermes o con espinas y/o pelo-espinas; tubo receptacular tan largo o más largo que los tépalos, rara vez más corto; perianto con tépalos numerosos, ascendentes, patentes o recurvados, blancos a amarillentos, rara vez rojizos o verdosos; estambres numerosos, dispuestos en una sola banda, desde el 1/3 inferior del tubo receptacular hasta la garganta; nectarios ubicados en una zona angosta, no limitados por la base de los estambres. Frutos globosos a ovoides, piriformes o elipsoides, rojos, purpúreos, rosados o amarillentos, lisos (excepto por espinas) a variadamente esculturados, las bractéolas persistentes, escasas o numerosas, las aréolas inermes o con espinas y/o pelo-espinas, dehiscentes o no, la pulpa jugosa, blanca, amarilla, roja o purpúrea, los remanentes florales persistentes o no persistentes; semillas ovoides o reniformes, la testa pardo oscuro o negra, lisa o con puntuaciones. Aprox. 31 spp. (más de 5 subspp.) en México, Mesoamérica, norte y oeste de Sudamérica, Antillas; 17 spp. en Mesoamérica.

En la propuesta taxonómica más reciente (Korotkova et al., 2017), *Selenicereus* es un género más amplio, por incluir a *Hylocereus* y *Selenicereus* sensu Bauer (2003a) y Hunt et al. (2006a), que contiene plantas trepadoras o epífitas con flores nocturnas, generalmente blancas. Incluye varios linajes con marcada integración gradual de cambios morfológicos; por ejemplo, los tallos delgados a gruesos, en filocladios o con 3-numerosas costillas, las aréolas inermes o notablemente armadas, las flores pequeñas a grandes, las bractéolas grandes y carnosas a reducidas y delgadas, los frutos casi inermes a fuertemente armados, entre algunos de los caracteres relevantes. En esa propuesta, al menos cuatro clados principales conforman *Selenicereus*. El primer clado lo integran las especies de *Hylocereus* sensu Britton & Rose (1920), incluyendo la especie tipo *H. triangularis*, pero también a *Wilmattea minutiflora*, que originalmente se separó de *Hylocereus* por sus flores más cortas. El segundo clado (clado Salmdyckia, Korotkova et al., 2017) contiene especies con caracteres intermedios entre las propuestas genéricas de *Selenicereus* a *Hylocereus* (véase Anderson, 2001; Bauer, 2003a; Buxbaum, 1965; Hunt, 1989). Una historia taxonómica detallada sobre *Mediocactus* Britton & Rose y *S.* sect. *Salmdyckia* D.R. Hunt existe en Hunt (1989). Los restantes clados están formados por linajes de *Selenicereus* sensu Hunt et al. (2006a), incluyendo *Cryptocereus anthonyanus* (≡ *S. anthonyanus*).

El arreglo filogenético descrito también fue confirmado por estudios filogenéticos moleculares previos, considerando un muestreo parcial de especies (Bárcenas Luna et al., 2011; Cruz et al., 2016; Hernández-Hernández et al., 2011; Plume et al., 2013). Sin embargo, aún es necesario emprender estudios sistemáticos combinando datos moleculares, morfológicos y ecológicos para resolver varios complejos en *Selenicereus*; por ejemplo, *S. grandiflorus* y subespecies propuestas, *S. triangularis* - *S. trigonus* (Haw.) S. Arias & N. Korotkova, *S. costaricensis* - *S. monacanthus*, como referencia de algunos taxones nativos de Mesoamérica.

Bibliografía: Bauer, R. *Cactaceae Syst. Init.* 17: 43-50 (2003a); *EPIG* 66: 5-15 (2010). Buxbaum, F. *Kakteen* (H. Krainz) CIIa, 1.VI (1965). Castillo Martínez, R. et al. *Agrociencia* (Montecillo) 39: 183-194 (2005). Doweld, A.B. *Turczaninowia* 5: 11-16 (2002). García Aguilar, M.A. et al. *Revista Fitotecn. Mex.* 36: 13-22 (2013). García-Rubio, L.A. et al. *Bot. Sci.* 93: 921-939 (2015). Gómez-Hinostrosa, C. et al. *Brittonia* 66: 51-59 (2014 [2013]). Hammel, B.E. *Monogr. Syst. Bot. Missouri Bot. Gard.* 138: 279-288 (2020). Horich, C.K. *Kakteen And. Sukk.* 27: 102-103 (1976). Hunt, D.R. *Bradleya* 7: 89-96 (1989). Kimnach, M.W. *Cact. Succ. J. (Los Angeles)* 39: 102-105 (1967); 40: 11-13 (1968a); 55: 61-65 (1983); 56: 177-180 (1984a). Korotkova, N. et al. *Phytotaxa* 327: 43-45 (2017). Plume, O. et al. *Syst. Bot.* 38: 737-751 (2013).

1. Tallos en filocladios, con lóbulos que llegan hasta la vena media. **1. S. anthonyanus**
1. Tallos con 3 o más costillas, no en filocladios, los lóbulos, cuando presentes, rara vez llegan hasta 3/4 la distancia a la vena media.
  2. Tallos con 3(4) costillas; bractéolas cubriendo por completo al pericarpelo o casi.
    3. Flores 3-14 cm.
      4. Flores 3-5 cm; tallos con las costillas 0.8-1.4 cm de alto. **9. S. minutiflorus**
      4. Flores 8-13 cm; tallos con las costillas 1.2-2.5 cm de alto. **13. S. stenopterus**
    3. Flores más de 18 cm.
      5. Costillas de los tallos con los márgenes notoriamente lobulados, los lóbulos que sobresalen 1-3 cm. **2. S. calcaratus**
      5. Costillas de los tallos con los márgenes enteros, someramente crenados a serrados, los lóbulos que sobresalen 0.1-1 cm.
        6. Pericarpelo con las bractéolas que casi lo cubren; estigmas con los lóbulos bífidos; fruto con la pulpa blanca.
          7. Costillas de los tallos con los márgenes cornificados; tépalos internos blancos. **4. S. escuintlensis**
          7. Costillas de los tallos con los márgenes no cornificados; tépalos internos blanco-amarillento o crema-rosado (a menudo rosados en la base). **10. S. monacanthus**
        6. Pericarpelo con las bractéolas que lo cubren completamente; estigmas con los lóbulos enteros; fruto con la pulpa blanca o roja.
          8. Costillas de los tallos con los márgenes cornificados y agudos en sección transversal.
            9. Tallos a menudo glaucos, las costillas con margen entero, a veces someramente, crenado, pero entonces con lóbulos que sobresalen hasta 0.5 cm, las espinas hasta 6; frutos con la pulpa roja. **7. S. guatemalensis**
            9. Tallos verdes, las costillas con margen crenado, con lóbulos que sobresalen hasta 1 cm, rara vez enteros, las espinas hasta 3(-5); frutos con la pulpa blanca (a veces con tono rosado). **17. S. undatus**
          8. Costillas de los tallos con el margen no cornificado y obtuso en sección transversal.
            10. Tallos 3-9 cm de ancho; frutos con la pulpa rojo morado. **3. S. costaricensis**
            10. Tallos 3-4(-6) cm de ancho; frutos con la pulpa blanquecina. **15. S. triangularis**
  2. Tallos con 3-5 o (a menudo) más costillas; bractéolas no cubriendo al pericarpelo; frutos con espinas.
    11. Tallos con 3(4) costillas, 1-2.2(-3) cm de alto; flores 6.5-14 cm.
      12. Aréolas del tallo con 1-3(-5) espinas 2-5 mm, subcónicas a delgadas; tépalos 0.8-2.3 cm. **14. S. tonduzii**
      12. Aréolas del tallo con 2-9 espinas, 1-4 mm, cónicas; tépalos 3-7 cm.
        13. Flores 9-10 cm, con espinas y pelo-espinas escasas. **5a. S. glaber** subsp. **glaber**
        13. Flores 12-14 cm, con espinas y pelo-espinas abundantes. **5b. S. glaber** subsp. **mirandae**
    11. Tallos con 3-12 costillas, 0.2-0.6[-2 (*Selenicereus tricae*)] cm de alto; flores 15-27(-30) cm.
      14. Tallos con las 3 costillas c. 2 cm de alto. **16. S. tricae**
      14. Tallos con las 3-12 costillas 0.2-0.6 cm de alto.
        15. Tallos con 1-5(-10) espinas por aréola o sin espinas; flores 15-25 cm.
          16. Flores con espinas, pero sin pelo-espinas, los tépalos internos blancos con la base rosada o rosado-magenta. **8. S. inermis**
          16. Flores con espinas y pelo-espinas, los tépalos internos totalmente blancos. **12. S. pteranthus**
        15. Tallos con 6-18 espinas por aréola; flores 18-27(-30) cm.
          17. Flores con espinas, pero sin pelo-espinas. **11. S. nelsonii**
          17. Flores con espinas y pelo-espinas.
            18. Aréolas del tallo sin cúmulos de pelo-espinas. **6b. S. grandiflorus** subsp. **grandiflorus**
            18. Aréolas del tallo con cúmulos de pelo-espinas.
              19. Pelo-espinas adpresas al tallo; espinas en aréolas del tallo hasta 2 mm. **6a. S. grandiflorus** subsp. **donkelaarii**
              19. Pelo-espinas no adpresas al tallo; espinas en aréolas del tallo hasta 4 mm. **6c. S. grandiflorus** subsp. **hondurensis**

1. Selenicereus anthonyanus (Alexander) D.R. Hunt, *Bradleya* 7: 93 (1989). *Cryptocereus anthonyanus* Alexander, *Cact. Succ. J. (Los Angeles)* 22: 165 (1950). Lectotipo (designado por Bauer, 2003a): Alexander, *Cact. Succ. J. (Los Angeles)* 22: 163, t. 64 (1950). Ilustr.: Alexander, *Cact. Succ. J. (Los Angeles)* 22: 163, t. 64 (1950), como *C. anthonyanus*.

Plantas trepadoras, hasta al menos 20 m; tallos en filocladios hasta 7-15 cm de ancho, la base terete, verde claro, brillantes, péndulos, los márgenes profusamente lobulados, con lóbulos que sobresalen 2.5-4.5 cm, oblicuamente oblongos a ligeramente ovados, simétricos a levemente recurvados, obtusos; aréolas (1-)4-5 cm distantes entre sí; espinas 1-3 (rara vez sin espinas), c. 5 mm, aciculares, grises. Flores 10.5-12 cm, tubular-infundibuliformes; pericarpelo 1.5-2 × 1.3-1.5 cm, verde, las bractéolas 0.1-0.3 × 0.1-0.15 cm, deltoides, el ápice agudo, verdes con el ápice rojo, subadpresas, que no cubren en nada el pericarpelo, las espinas y pelo-espinas escasas, 1-9 mm, blanquecinas o negruzcas; tubo receptacular 3-4 cm, 1-1.5 cm de ancho en la base, 1.4-1.8 cm de ancho en la garganta, verde, las bractéolas 0.3-2.2 × 0.2-0.4 cm, ovado-lanceoladas, las superiores más grandes, las pelo-espinas 1-4, 4-7 mm, blanquecinas o negruzcas, presentes solo en la mitad inferior del tubo; tépalos externos 3-6 × 0.5-0.6 cm, linear-lanceolados, los márgenes enteros, el ápice agudo, recurvados, los más externos rojo-purpúreos, los intermedios blanco-amarillentos, los márgenes rojizo-purpúreos; tépalos internos 5.5-6 × 0.5-0.6 cm, oblanceolados, los márgenes enteros, el ápice agudo, erecto, blanco-amarillentos; cámara nectarial 2-2.5

cm; estambres 1.3-1.7 cm, los filamentos amarillentos, las anteras 5-6 mm; estilo 6-7 cm, el estigma con 11-14 lóbulos, 1-1.8 cm, enteros. Frutos 6-8 cm, globosos, verde-amarillentos, las espinas 8-15 mm, setosas, blanquecinas a pardas, la pulpa banca; semillas c. 2 mm. *Bosques tropicales subperennifolios y subcaducifolios*. T (*Campos-Díaz et al. 10*, UJAT); Ch (*Guzmán & Arias 940*, MEXU). 700-1000 m. (México [Veracruz], Mesoamérica).

Selenicereus anthonyanus es muy distintiva entre las especies del género por sus tallos en filocladios profundamente lobulados. En ese aspecto es tal vez más parecida a *S. calcaratus*, la cual se distingue fácilmente por sus tallos trialados y no tan anchos. En color, forma y tamaño de sus flores es más parecida a *S. stenopterus*, la cual difiere por sus flores y frutos sin espinas, y vegetativamente por sus tallos trialados menos profundamente lobulados. Se puede confundir vegetativamente con *Weberocereus imitans*, la cual carece de espinas y pelo-espinas en los tallos.

2. Selenicereus calcaratus (F.A.C. Weber) D.R. Hunt, *Cactaceae Syst. Init*. 36: 30 (2017). *Cereus calcaratus* F.A.C. Weber, *Bull. Mus. Hist. Nat.* (Paris) 8: 458 (1902). Neotipo (designado por Bauer, 2003a): Kimnach, *Cact. Succ. J. (Los Angeles)* 39: 103, t. s.n. (1967). Ilustr.: Kimnach, *Cact. Succ. J. (Los Angeles)* 39: 103, t. s.n. (1967), como *Hylocereus calcaratus*.

Hylocereus calcaratus (F.A.C. Weber) Britton & Rose.

Plantas trepadoras; tallos 2.5-7 cm de ancho, verdes, no glaucos; costillas 3, 1.4-3.5 cm de alto, agudas en sección transversal, el margen lobulado, no cornificado, con lóbulos que sobresalen 0.5-2(-3) × 1-4(-6) cm, ovados a obtusos, en ángulo recto respecto al tallo, a menudo recurvados en el ápice; aréolas 3.5-10 cm distantes entre sí (sobre la misma costilla), insertas en la parte proximal de los senos de los lóbulos; sin espinas pero con 1-6 pelo-espinas, 2-4 mm, a veces subrígidas, blancas, a veces persistentes en tallos submaduros. Flores 33-38 cm, infundibuliformes, encorvadas después del pericarpelo; pericarpelo 3-4 × 3.5-4.5 cm, las bractéolas 0.6-2.5 × 2-4 cm, anchamente ovadas, los márgenes ligeramente auriculados en las inferiores, carnosas, el ápice redondeado, ampliamente obtuso a agudo, verdes, adpresas, que cubren por completo el pericarpelo, sin espinas ni pelo-espinas; tubo receptacular 16-21 cm, c. 3 cm de ancho en la base, c. 5 cm de ancho en la garganta, las bractéolas 4-12 × 1-1.5 cm, linear-lanceoladas, el ápice agudo, adpresas a subadpresas, verdes o verde crema a café claro (al menos apicalmente), rara vez con tono rojizo (apicalmente papiráceas y pronto necróticas o que se secan), sin espinas ni pelo-espinas; tépalos externos 12-18 × 1.5-2.5 cm, linear-lanceolados a lanceolados, el ápice agudo, recurvados en su mayoría, algunos patentes o ascendentes, amarillentos con tono verdoso; tépalos internos 10-12 × 1-4.5 cm, oblongo-elípticos a obtusos, el ápice mucronado, emarginado, ascendentes, el ápice ligeramente recurvado, blancos a blanco-amarillentos; cámara nectarial 7-10 cm; estambres 8-12 cm, los filamentos amarillo claro, las anteras 4-7 mm; estilo 29-30.5 cm, la base amarilla, el ápice amarillo-rosado, el estigma con 18-21 lóbulos, 2-3 cm, enteros, densamente papilosos, amarillos. Frutos y semillas no conocidos, pero frutos estériles (sin producir pulpa ni semillas) c. 11 × 6 cm, ovoides a piriformes (a menudo curvos), verdes a amarillentos, con las bractéolas acrescentes, suculentas, las 4 o 5 distales que forman un rostro, muy evidente. *Bosques tropicales subperennifolios a subcaducifolios*. CR (*Hammel 25102*, CR). (0?-)1300-1800 m. (Endémica).

Selenicereus calcaratus se caracteriza porque el margen de las costillas es notoriamente lobulado y las aréolas generalmente son inermes, apenas con pelo-espinas, a veces subrígidas, en partes submaduras. La flor es una de las más largas del género y las bractéolas con los ápices papiráceos y necróticos o que secan pronto, al parecer son únicas. La recolección original (cerca del mar en la vertiente atlántica y estéril) se ha perdido y no se conoce ninguna muestra de esta especie sino de la vertiente pacífica y arriba de 1300 m. Por otra parte, *S. stenopterus* (también descrito por F.A.C. Weber) sí se conoce relativamente cerca de la localidad original, pues es posible que la entidad descrita por Weber corresponda a esta última. Sin embargo, del lectotipo seleccionado por Bauer no hay duda de que se trata de la especie aquí descrita (véanse notas bajo *S. calcaratus* en Hammel, 2020).

3. Selenicereus costaricensis (F.A.C. Weber) S. Arias & N. Korotkova ex Hammel, *Monogr. Syst. Bot. Missouri Bot. Gard.* 138: 283 (2020). *Cereus trigonus* Haw. var. *costaricensis* F.A.C. Weber, *Bull. Mus. Hist. Nat. (Paris)* 8: 457 (1902). Neotipo (designado por Korotkova et al., 2021): Tonduz, *Bull. Herb. Boissier* 4: t. 2 (1896), como *Cactus triangularis*. Ilustr.: Hammel, *Monogr. Syst. Bot. Missouri Bot. Gard.* 138: 283 (2020). N.v.: Pitahaya, CR.

Cereus costaricensis (F.A.C. Weber) A. Berger, *Hylocereus costaricensis* (F.A.C. Weber) Britton & Rose.

Plantas trepadoras; tallos 3-9 cm de ancho, verde-blanquecinos a verde-azulados, a menudo glaucos; costillas c. 3, 1.6-1.8 cm de alto, obtusas en sección transversal, el margen entero a someramente crenado, no cornificado, con lóbulos que sobresalen 0.1-0.2 cm, ligeramente inclinados hacia el ápice; aréolas 2-4 cm distantes entre sí (sobre la misma costilla), insertas sobre los lóbulos o cerca de ellos; con (1-) 3-7 espinas, 2-6 mm, cónicas, pardas a oscuras, sin pelo-espinas. Flores 25-30 cm, infundibuliformes; pericarpelo 3-3.5 × c. 2.5 cm, las bractéolas 0.8-2 × 0.4-0.6 cm, deltoides a ovado-deltoides, el ápice agudo, verdes o verde-grisáceo a amarillas (con el borde rojo), adpresas a subadpresas (a veces con el ápice levemente recurvado), que cubren por completo el pericarpelo, sin espinas ni pelo-espinas; tubo receptacular 12-15 cm, c. 2 cm de ancho en la base, c. 7 cm de ancho en la garganta, las bractéolas 2-6 × 0.5-1 cm, lanceoladas, ascendentes, el ápice agudo a acuminado, verde claro a verde-amarillento y/o crema (a menudo con el borde rojo), sin espinas ni pelo-espinas; tépalos externos 9-19 × 0.8-1 cm, lineares, el ápice acuminado, verdes a verde claro o amarillo-verdoso a amarillo-crema o amarillos (a veces con el borde rojo a morado); tépalos internos 12-13.5 × 2-2.5 cm, oblanceolados, el ápice agudo a obtuso, apiculado, blancos o crema; cámara nectarial c. 3 cm; estambres 8-12 cm, los filamentos blancos, las anteras 5-6 mm; estilo 20-24 cm, blanco-amarillento, el estigma con c. 18-30 lóbulos, c. 2.2 cm, enteros, verdes a crema o amarillo-crema. Frutos 6-11 cm, elipsoides u ovoides a globosos, escarlata al madurar, las bractéolas hasta 2 cm, sin espinas ni pelo-espinas, la pulpa rojo-morada; semillas 2.2-3 mm. *Bosques tropicales subperennifolios a deciduos*. N (*Martínez S. 2207*, MEXU); CR (*Hammel & Pérez 22760*, CR). 0-800(-1400 o más) m. (Endémica).

Los caracteres que permiten reconocer a *Selenicereus costaricensis* son: tallos verde-blanquecinos a verde-azulados con el margen de la costilla no cornificado, obtuso en sección transversal, la flor con numerosas bractéolas que ocultan el pericarpelo y el tubo receptacular, mientras que los tépalos internos son blancos o crema, sin otro color (rosado o rojo). A diferencia de otras sugerencias (véase Bauer, 2003a; Korotkova et al., 2017), como lo entendió Hammel (2020), *S. costaricensis* y *S. monacanthus* son especies bien distintas en su distribución y morfológicamente. La primera está distribuida en Nicaragua y Costa Rica (por gran parte de la costa pacífica), mientras *S. monacanthus* parece reemplazarla desde una reducida zona en el este de Costa Rica hasta Sudamérica. *Selenicereus monacanthus* difiere más notoriamente de *S. costaricensis* por sus bractéolas más delgadas y dispersas, que no cubren por completo el pericarpelo y la base del tubo receptacular, por sus tépalos internos rojizos en la base, por sus estigmas con los lóbulos siempre bífidos, y por sus frutos con la pulpa blanca. También tiene tallos más angostos, con menos espinas y más cortas. Más bien *S. costaricensis* se debe comparar con *S. triangularis*, de la cual se distingue débilmente (véase clave, y notas bajo esta última). De todos modos, hacen falta estudios sistemáticos de campo en la región. No se ha podido confirmar reportes de esta especie de Panamá y Colombia.

Selenicereus costaricensis se cultiva comúnmente, al menos en Costa Rica, como planta ornamental y por sus frutos comestibles.

4. Selenicereus escuintlensis (Kimnach) D.R. Hunt, *Cactaceae Syst. Init.* 36: 31 (2017). *Hylocereus escuintlensis* Kimnach, *Cact. Succ. J. (Los Angeles)* 56: 177 (1984). Holotipo: Guatemala, *Birdsey 313B* (HNT!). Ilustr.: Kimnach, *Cact. Succ. J. (Los Angeles)* 56: 178, t. 1 (1984a), como *H. escuintlensis*. N.v.: Pitahaya, G.

Plantas trepadoras, hasta 5 m; tallos hasta 30 × 3-4 cm, verde oscuro, no glaucos; costillas c. 3, 1-2.5 cm de alto, agudas en sección transversal, el margen laxamente serrado o crenado, cornificado, con lóbulos que sobresalen 0.3-0.5 cm, generalmente inclinados hacia el ápice, a veces casi simétricos; aréolas 2-4 cm distantes entre sí (sobre la misma costilla), insertas en o cerca del ápice de los lóbulos; espinas 1-5, 1-1.5 mm, subuladas, engrosadas en la base, pardas. Flores 28-31 cm, infundibuliformes; pericarpelo 2.5-3 × 1.8-2.5 cm, las bractéolas 0.4-2.5 × 0.3-0.8 cm, las inferiores deltoides, las superiores ovadas, verde-amarillentas, subadpresas a subpatentes, que casi cubren el pericarpelo, con pelo-espinas escasas, c. 1 mm, sin espinas; tubo receptacular 16-18 cm, las bractéolas hasta 7 × 1 cm, linear-oblanceoladas a linear-oblongas, el ápice acuminado, la base amarillo-verdosa, el ápice amarillento, los márgenes y el ápice rojo-purpúreos, sin espinas ni pelo-espinas; tépalos externos 10-15.5 × c. 1 cm, linear-lanceolados, el ápice acuminado, algunos reflexos a recurvados, amarillo-verdosos, los márgenes y el ápice verdosos a rojo purpúreos; tépalos internos 12-13 × 2-3 cm, linear-ovados, oblanceolados a oblongos, el ápice mucronado, ascendentes, amarillentos con tono verdoso; cámara nectarial c. 2.5 cm; estambres 8-12 cm, los filamentos amarillentos, las anteras c. 5 mm; estilo c. 23 cm, amarillo claro, el estigma con 23-26 lóbulos, 1.8-2.3 cm, algunos bífidos, papilosos, amarillos. Frutos hasta 9 × 6.5 cm, elipsoides, rojo-purpúreos, las bractéolas 0.4-3 × 0.3-1 cm, las inferiores ovadas, las superiores lanceoladas, recurvadas, la base rojo-purpúrea, el ápice verde-amarillento, sin espinas ni pelo-espinas, la pulpa blanca con tono rosado, dulce; semillas 2-2.2 mm, ovoides. *Bosques tropicales subhúmedos, márgenes de barrancas y arroyos, bosques medianos*. G (*Véliz et al. MV 13550*, MEXU). 100-300 m. (Endémica).

Selenicereus escuintlensis comparte el tallo cornificado y el fruto con la pulpa blanca con *S. undatus*, la que se distingue por sus bractéolas adpresas que cubren por completo el pericarpelo y por su estigma con los lóbulos enteros. Aunque Kimnach (1984a) consideró a *S. undatus* como la especie más cercana, por los caracteres antes referidos, consideramos que también comparte atributos con *S. monacanthus*, la cual difiere por sus tallos con los márgenes no cornificados y por los tépalos internos rosados en la base. La presencia en Chiapas no está confirmada (García-Rubio et al., 2015).

A diferencia de lo indicado en muchos herbarios y en la base de datos JSTOR, el tipo de esta especie no tiene duplicados. Muestras que no fueron recolectadas en el mismo momento del tipo, los llamados "clonotipos", no son isotipos (véase Art. 8.4, Turland et al., 2018). Al parecer, cuando son citados en el protólogo, serían paratipos.

5. Selenicereus glaber (Eichlam) S. Arias & N. Korotkova in D.R. Hunt, *Cactaceae Syst. Init.* 39: 4 (2018). *Cereus glaber* Eichlam, *Monatsschr. Kakteenk.* 20: 150 (1910). Lectotipo (designado por Bauer, 2003a): Guatemala, *Eichlam s.n.* (US!). Epitipo (designado por Bauer, 2003a): Guatemala, *Deam s.n.* (US!). Ilustr.: Véliz Pérez, *Cactáceas Guatemala* 93, t. 1-4 (2008), como *Weberocereus glaber*. N.v.: Pitaya, G.

Weberocereus glaber (Eichlam) G.D. Rowley, *Werckleocereus glaber* (Eichlam) Britton & Rose.

Plantas trepadoras, epífitas o saxícolas, hasta 5 m; tallos 2-4.5(-6) cm de ancho, verde claro a ligeramente glaucos; costillas c. 3, 1-2.2(-3) cm de alto, subobtusas en sección transversal, los márgenes someramente crenados, no cornificados, con lóbulos ampliamente obtusos que sobresalen 0.2-0.3 cm, inclinados hacia el ápice; aréolas 1-6 cm distantes entre sí (sobre la misma costilla), insertas cerca del ápice de los lóbulos; espinas (0-)2-9, 1-4 mm, cónicas, pungentes, amarillentas a pardo claro. Flores 9-14 cm, subcampanuladas a infundibuliformes; pericarpelo 1.8-2.5(-3) × 1.5-2 cm, oblongo, verde claro, las bractéolas c. 1 × 1 mm, deltoides, el ápice agudo, verdosas con el ápice rojizo, que no cubren en nada el pericarpelo, con espinas 2-5(-10) mm, rígidas, pardo rojizas a negras, las pelo-espinas 10-30 mm, amarillas a pardas; tubo receptacular (5-)6-7 cm, 1.5-1.8 cm de ancho en la base, 3-4 cm de ancho en la garganta, verde, las bractéolas 1-1.5 × c. 1 mm, las espinas 6-12, 5-12 mm, setosas, pardo-amarillentas o negruzcas, las pelo-espinas 10-50 mm, amarillas o pardas; tépalos externos 3-7 × 0.6-1.5 cm, linear-lanceolados a sublineares, el ápice agudo, finamente mucronado y dentado, verde-amarillentos a blanco-amarillentos; tépalos internos 5-7 × c. 1 cm, ascendentes, oblanceolados, el ápice obtuso o subagudo, dentado, blanco-amarillentos; cámara nectarial 1.5-2 cm: estambres 4-5 cm, declinados, blanco-amarillentos, las anteras c. 3 mm; estilo 8-9.5 cm, blanco-amarillento, el estigma con 12-16 lóbulos, c. 0.5 cm, enteros, amarillentos. Frutos 6-7 × 3.5-6 cm, subglobosos, amarillo claro, fragantes, las espinas 15-40, c. 10 mm, setosas, pardo-amarillentas, las pelo-espinas 10-40 mm, pardas, las espinas y pelo-espinas a veces cubren parcialmente la pared del fruto, la pulpa blanca; semillas c. 2 mm, ovadas o subreniformes. *Bosques tropicales subcaducifolios, bosques de neblina*. Ch, G, ES. 200-1600 m. (Endémica).

5a. Selenicereus glaber (Eichlam) S. Arias & N. Korotkova subsp. **glaber**.

Flores 9-10 cm; pericarpelo y tubo receptacular con espinas y pelo-espinas escasas. *Bosques tropicales perennifolios, remanentes de bosque de pino, robre y ciprés, bosques mesófilos alterados*. Ch (*Arias 1665*, CH); G (*Horich s.n.*, MEXU); ES (*Menjívar et al. 2981*, MHES). 900-1950 m. (Endémica).

5b. Selenicereus glaber (Eichlam) S. Arias & N. Korotkova subsp. **mirandae** (Bravo) M.H.J. van der Meer, *Cactol. Phantast.* 8: 1 (2019). *Selenicereus mirandae* Bravo, *Cact. Suc. Mex.* 12: 52 (1967). Holotipo: México, Chiapas, *Bravo 2486* (MEXU!). Ilustr.: Bravo-Hollis & Sánchez-Mejorada, *Cact. México* ed. 2, 1: 476, t. 289-290 (1978), como *S. mirandae*.

Weberocereus glaber (Eichlam) G.D. Rowley subsp. *mirandae* (Bravo) Doweld, *W. glaber* var. *mirandae* (Bravo) U. Eliasson, *Werckleocereus glaber* (Eichlam) Britton & Rose subsp. *mirandae* (Bravo) Doweld, *W. glaber* var. *mirandae* (Bravo) Kimnach.

Flores 12-14 cm; pericarpelo y tubo receptacular con espinas y pelo-espinas abundantes. *Bosques tropicales caducifolios*. Ch (*Bravo 5618*, MEXU). 1200-1350 m. (Endémica).

6. Selenicereus grandiflorus (L.) Britton & Rose, *Contr. U.S. Natl. Herb.* 12: 430 (1908-1909 [1909]). *Cactus grandiflorus* L., *Sp. Pl.* 467 (1753). Lectotipo (designado por Lourteig, 1991): *Herb. Clifford 182, Cactus 10* (BM!). Epitipo (designado por Bauer, 2003a): México, Veracruz, *Lau 1285* (ZSS-[nr] 5477!). Ilustr.: Hunt et al., *New Cact. Lex.* 2: 82, t. 82.5 (2006b), como *S. grandiflorus* subsp. *grandiflorus*. N.v.: Laso ahaw (Tzeltal), reina de la noche, Ch; choj kaa, pool tsuutsuy, tuna trepadora Y; órgano, G; pitaya, H.

Cereus coniflorus Weing., *C. grandiflorus* (L.) Mill., *C. jalapaensis* Vaupel, *C. paradisiacus* Vaupel, *C. roseanus* Vaupel, *C. urbanianus* Gürke & Weing., *Selenicereus coniflorus* (Weing.) Britton & Rose, *S. maxonii* Rose non *C. maxonii*, *S. pringlei* Rose non *C. pringlei* S. Watson, *S. urbanianus* (Gürke & Weing.) Britton & Rose.

Plantas trepadoras o saxícolas, hasta 8 m; tallos 1.2-3 cm de ancho, verde claro o verde-azulosos, a veces con tono rojizo; costillas 5-8(9), 0.2-0.4(-05) cm de alto, obtusas en sección transversal, los márgenes enteros, no cornificados; aréolas 0.6-2 cm distantes entre sí (sobre la misma costilla); espinas 6-18, 3-12 mm, diferenciadas en radiales y centrales, aciculares a cónicas, rígidas a setosas, adpresas a ascendentes o patentes, bulbosas en la base, blanquecinas a amarillentas, pardas al madurar. Flores 18-24(-30) cm, hipocrateriformes a infundibuliformes; pericarpelo 1.4-2.3 × 1.2-1.8 cm, las bractéolas 2-4 × c. 2 mm, deltoides, el ápice agudo, amarillentas, que no cubren en nada el pericarpelo, las espinas 0-4, 2-5 mm, aciculares, pardo-amarillentas a blanquecinas, las pelo-espinas 4-22 mm, pardo-amarillentas a blanquecinas; tubo receptacular 8-14(-15) cm, 1-1.6 cm de ancho en la base, 4-5 cm de ancho en la garganta, las bractéolas 0.3-2 × 0.1-0.3 cm, deltoides a lineares, verdes a verde-rojizas, ascendentes, las espinas 0-4, 2-7 mm, flexibles, presentes solo en la 1/2 o el 1/3 inferior del tubo, pardo-ferrugíneas a blanquecinas, las pelo-espinas 10-30 mm, pardo-amarillentas; tépalos externos 4-11 × 0-4-0.5 cm, linear-lanceolados, atenuados, los márgenes enteros, rojizos, pardo-rojizos, anaranjado-rosados o verde-amarillentos; tépalos internos 6-11 × 1-2 cm, angostamente lanceolados, el ápice agudo o algo apiculado, los márgenes enteros, blancos o blanco-amarillentos; cámara nectarial 3-3.5 cm; estambres 5-9 cm, los filamentos blancos, las anteras c. 3 mm; estilo 15-20 cm, blanco, a veces la base verde, el estigma con 10-17 lóbulos enteros, 7-9 mm, amarillos. Frutos 4-9 × 4-7 cm, más o menos ovoides a piriformes, rojos a rosados, las aréolas con 3-13 espinas 5-8 mm, setosas, amarillas a grises, las pelo-espinas 5-20 mm, pardo-amarillentas, la pulpa blanca; semillas 2.3-3 mm. *Dunas costeras, tintales, manglares, bosques tropicales subcaducifolios, selvas medianas subperennifolias, selvas bajas caducifolias, bosques de* Quercus. T, Ch, Y, C, QR, B-N. 0-1000 m. (México [Veracruz], Mesoamérica, Antillas).

Selenicereus grandiflorus es un complejo de América tropical, con una marcada variación en caracteres del tallo (número de costillas, número, tamaño y color de las espinas) y de la flor (tamaño y color de las estructuras, presencia o ausencia de pelo-espinas y espinas), a partir de los cuales se han descrito más de seis nombres a nivel de especie. La variación en las estructuras señaladas puede observase tanto en ambientes diferentes (p. ej., bosques medianos vs. dunas costeras), como también incluso entre localidades cercanas o en el mismo sitio; por tanto, es muy recomendable evaluar y comparar más de una muestra para una correcta identificación. En el presente estudio se sigue la propuesta taxonómica de Bauer (2003a) quien reconoce 4 subespecies con base en combinaciones de caracteres y su distribución; 3 están en Mesoamérica.

6a. Selenicereus grandiflorus (L.) Britton & Rose subsp. **donkelaarii** (Salm-Dyck) Ralf Bauer, *Cactaceae Syst. Init.* 17: 46 (2003). *Cereus donkelaarii* Salm-Dyck, *Allg. Gartenzeitung* 13: 355 (1845). Neotipo (designado por Bauer, 2003a): México, Yucatán, *Johnson s.n.* (US-[nr] 2830673!). Ilustr.: Hunt et al., *New Cact. Lex.* 2: 82, t. 82.4 (2006b). N.v.: Choj-kaan, pitaya, sak-bak-el-kan, x-akil pakan, Y.

Selenicereus donkelaarii (Salm-Dyck) Britton & Rose.

Tallos hasta 2.5 cm de ancho; espinas 10-19(-21), hasta 5 mm, algunas rígidas, sin cúmulos de pelo-espinas. Flores 17-21 cm; tubo receptacular 8-11.5 cm; tépalos externos con la base verde, el ápice rojizo o pardo-rojizo. *Dunas costeras, tintales, manglares, bosques tropicales subcaducifolios*. T (*Campos et al. 23*, UJAT); Y (*Arias & Guzmán 1090*, MEXU); C (*Guzmán & Arias 986*, MEXU); QR (*Cabrera & Cabrera 4771*, MEXU); B (*Moloney s.n.*, K); G (*Morales et al. 857*, BIGU). 0-100 m. (Endémica).

6b. Selenicereus grandiflorus (L.) Britton & Rose subsp. **grandiflorus**.

Tallos hasta 3 cm de ancho; espinas 6-18, hasta 12 mm, sin cúmulos de pelo-espinas. Flores 18-24(-30) cm; tépalos externos castaño tostado, anaranjado-rosados o verde-amarillentos. *Selvas medianas subperennifolias, selvas bajas caducifolias, bosques de* Quercus. T (*Burelo et al. 260*, UJAT); Ch (*Greenwood s.n.*, MEXU); G (*Véliz MV 20215*, BIGU). 0-1000 m. (México [Veracruz], Mesoamérica, Antillas).

6c. Selenicereus grandiflorus (L.) Britton & Rose subsp. **hondurensis** (K. Schum. ex Weing.) Ralf Bauer, *Cactaceae Syst. Init.* 17: 45 (2003). *Cereus hondurensis* K. Schum. ex Weing., *Monatsschr. Kakteenk.* 14: 147 (1904). Neotipo (designado por Doweld, 2001 [2002]): Honduras, *Yuncker 5019* (MO). Epitipo (designado por Bauer, 2003a): Guatemala, *Bauer 8* (ZSS). Ilustr.: Véliz Pérez, *Cactáceas Guatemala* 87, t. 1, 2, 5 (2008).

Selenicereus hondurensis (K. Schum. ex Weing.) Britton & Rose.

Tallos c. 1.5 cm de ancho; aréolas 0.6-1 cm distantes entre sí (sobre la misma costilla); espinas 10-18, hasta 8 mm, subuladas, algunas rígidas y otras setosas, blancas a grises. Flores 18-20 cm; tubo receptacular 8-11.5 cm; tépalos externos pardos a amarillentos. *Bosques tropicales subperennifolios a caducifolios*. G (*Véliz et al. MV 20486*, BIGU); H (*Saunders 513*, MO); N (*Stevens 20761*, MO). 0-500 m. (Endémica).

7. Selenicereus guatemalensis (Eichlam ex Weing.) D.R. Hunt, *Cactaceae Syst. Init.* 36: 32 (2017). *Cereus trigonus* Haw. var. *guatemalensis* Eichlam ex Weing., *Monatsschr. Kakteenk.* 21: 53 (1911). Neotipo (designado por Doweld, 2002): Guatemala, *Deam 6195* (MO). Ilustr.: Véliz Pérez, *Cactáceas Guatemala* 43, t. 1-7 (2008), como *Hylocereus guatemalensis*. N.v.: Pitahaya, pitahaya dulce, G.

Cereus guatemalensis (Eichlam ex Weing.) A. Berger, *Hylocereus guatemalensis* (Eichlam ex Weing.) Britton & Rose.

Plantas trepadoras, hasta 6 m; tallos 2-5.5(-7) cm de ancho, a menudo verde-glaucos; costillas 3, 0.8-2.5 cm de alto, agudas en sección transversal, los márgenes enteros a someramente crenados, cornificados, sin lóbulos o con lóbulos que sobresalen 0.2-0.5 cm, ligeramente obtusos a ampliamente deltoides; aréolas 2-4 cm distantes entre sí (sobre la misma costilla), insertas en el ápice de los lóbulos o cerca de ellos; espinas 2-6, 2-4 mm, cónicas, pardas a grises, sin pelo-espinas. Flores 27-30 cm, tubular-infundibuliformes; pericarpelo 4-4.5 × 2-3 cm, las bractéolas 1.5-3 × 1-1.4 cm, deltoides (las inferiores más cortas), los márgenes enteros, el ápice agudo, verdes, adpresas, que cubren por completo el pericarpelo, sin espinas ni pelo-espinas; tubo receptacular c. 15 cm, c. 1.7 cm de ancho en la base, c. 6 cm de ancho en la garganta, las bractéolas 4-7.5 × 0.6-1 cm, lanceoladas, ascendentes, verdes, sin espinas ni pelo-espinas; tépalos externos 8-12 × 0.6-1.2 cm, lanceolados, el ápice agudo, blanco-rosados; tépalos internos más o menos lanceolados, blancos; cámara nectarial c. 1.5 cm; estambres 7-9 cm, los filamentos blancos, las anteras c. 5 mm; estilo c. 16 cm, amarillo, el estigma con 21-25 lóbulos, c. 1.8 cm, enteros. Frutos 6-10 × 6-7 cm, globosos a ovoides, rojo-purpúreos, las bractéolas 1-2 × 2.2-3 cm, anchamente deltoides, verde-rojizas, sin espinas ni pelo-espinas, la pulpa roja; semillas c. 3 × 2 mm. *Bosques húmedos, bosques tropicales caducifolios*. G (*Arias et al. 1161*, MEXU); ES (*Menjívar et al. 2865*, MHES). 0-1500 m. (Endémica).

El tallo trialado con los márgenes cornificados de *Selenicereus guatemalensis* también existe en *S. escuintlensis* y *S. undatus*. Estas dos especies difieren por sus frutos con la pulpa comúnmente blanca. La primera difiere, además entre otras razones, principalmente por las bractéolas del pericarpelo que no lo cubren por completo, y por sus estigmas con los lóbulos bífidos. *Selenicereus undatus* difiere además por sus tallos nunca glaucos. En todo es más parecida a *S. costaricensis*, la cual difiere por sus tallos con los márgenes no cornificados y por sus flores más amplias en la boca (infundibuliformes). Los registros procedentes de Yucatán acreditados a esta especie son posiblemente errores de identificación.

8. Selenicereus inermis (Otto) Britton & Rose, *Cact.* 2: 207 (1920). *Cereus inermis* Otto in Pfeiff., *Enum. Diagn. Cact.* 116 (1837). Neotipo (designado por Doweld, 2001 [2002]): Venezuela, *Trujillo & Pulido 19360* (MO!). Ilustr.: Hammel, *Monogr. Syst. Bot. Missouri Bot. Gard.* 138: 287 (2020), como *S. wercklei*.

Cereus karstenii Salm-Dyck, *C. wercklei* F.A.C. Weber, *Epiphyllum steyermarkii* Croizat, *Mediocactus inermis* (Otto) Doweld, *M. wercklei* (F.A.C. Weber) Doweld, *Selenicereus inermis* (Otto) Britton & Rose subsp. *rubineus* (Kimnach) Gómez-Hin. & H.M. Hern., *S. inermis* subsp. *wercklei* (F.A.C. Weber) Gómez-Hin. & H.M. Hern., *S. rubineus* Kimnach, *S. wercklei* (F.A.C. Weber) Britton & Rose.

Plantas trepadoras; tallos 1-3 cm de ancho, verde oscuro; costillas 3-12, 0.4-0.6 cm de alto, agudas a obtusas en sección transversal, los márgenes enteros a someramente ondulados, no cornificados; aréolas 3-6.5(-8) cm distantes entre sí (sobre la misma costilla); sin espinas ni pelo-espinas (en Mesoamérica). Flores 15-25 cm, hipocrateriformes (en forma de trompeta); pericarpelo hasta 2.5 × 2 cm, las bractéolas 0.05-0.4 × 0.05-0.25 cm, deltadas a ovado- o lanceolado-deltadas, el ápice agudo a lanceolado, verdes o (las distales) rojas en el ápice, ascendentes a subpatentes, que no cubren en nada el pericarpelo, con 12-15 espinas, 1.5-11 mm, rígidas, morenas, sin pelo-espinas; tubo receptacular 8-10 cm, c. 1.5 cm de ancho en la base, las bractéolas linear-ovadas, las espinas 8-15, hasta 10 mm, aciculares, pardo claro, sin pelo-espinas; tépalos externos 9-11 × 0.8-1 cm, lineares, agudos, la base ligeramente purpúrea a roja o rojiza, el ápice verde-amarillento; tépalos internos 8-10 × c. 0.6 cm, ascendentes a patentes, lanceolados, acuminados, blancos, con la base rosada o rosado-magenta; cámara nectarial 3-4 cm; estambres hasta 9 cm, los filamentos blancos a amarillentos, las anteras 3-4 mm; estilo 14-18 cm, rosado, rosado-magenta a (distalmente) blanco o crema, el estigma con c. 20 lóbulos, hasta c. 1.9 cm, enteros, verdes a amarillo claro. Frutos 5.5-7 × c. 3 cm, elipsoides, verdes a amarillo claro o rojizo-amarillentos, las espinas 14-30(o más), c. 10 mm, pardo oscuro, aciculares, rígidas, la pulpa blanca y a veces translúcida; semillas 2-3 mm. *Bosques tropicales subcaducifolios, bosques premontanos.* Ch (*Breedlove 34865*, MEXU); CR (*Soto 800*, CR). 500-1000 m. (México [Oaxaca], Mesoamérica, Colombia, Venezuela).

Hammel (2020) consideró esta especie distinta (por varios caracteres) a *Selenicereus wercklei*, la cual está ampliamente distribuida en el occidente de Costa Rica. Sin embargo, por ahora aquí se consideran parte de la variación de una sola especie. Por ahora no se conoce de Panamá, pero se espera por su distribución próxima (Costa Rica y Colombia). Los ejemplares procedentes de Panamá (*Hunter 17040*, MO; *Hunter 17041*, MO), no pudieron identificarse, pues solo incluyen partes vegetativas.

Se trata de una especie (o complejo de especies) nativa de México, la región mesoamericana y Venezuela que requiere un estudio sistemático más profundo que ponga a prueba la relación de los tres nombres señalados aquí en sinonimia, según alguna literatura reciente (Bauer, 2003a; Gómez-Hinostrosa et al., 2014 [2013]; Hunt et al., 2006a). Por otra parte, consideramos que *S. tricae* no está relacionada con esta especie (véase nota bajo esa última).

9. Selenicereus minutiflorus (Britton & Rose) D.R. Hunt, *Cactaceae Syst. Init.* 36: 33 (2017). *Hylocereus minutiflorus* Britton & Rose, *Contr. U.S. Natl. Herb.* 16: 240 (1912-1916 [1913]). Holotipo: Guatemala, *Peters s.n.* (US!). Ilustr.: Véliz Pérez, *Cactáceas Guatemala* 45, t. 1-5 (2008), como *H. minutiflorus*.

Cereus minutiflorus (Britton & Rose) Vaupel, *Wilmattea minutiflora* (Britton & Rose) Britton & Rose.

Plantas trepadoras o epífitas, hasta 9 m; tallos 1.5-3.5 cm de ancho, verde oscuro; costillas 3(4), 0.8-1.4 cm de alto, agudas a subredondeadas en sección transversal, los márgenes enteros o someramente crenados, no cornificados, sin lóbulos o con lóbulos ligeramente conspicuos que sobresalen 0.1-0.2 cm; aréolas 2-4 cm distantes entre sí (sobre la misma costilla), insertas sobre los lóbulos (cuando hay); espinas 1-4, 1-1.5 mm, cónicas, castaño-amarillentas. Flores 3-5 cm, subrotadas o infundibuliformes; pericarpelo c. 1 × 0.6 cm, las bractéolas 0.3-0.5 × 0.3-0.4 cm, ovadas, el ápice obtuso a agudo, adpresas a casi adpresas, verde-rojizas, que ocultan el pericarpelo por completo, las espinas 0-5, c. 3 mm, setosas; tubo receptacular 1-1.5 cm, c. 0.5 cm de ancho en la base, c. 1.2 cm de ancho en la garganta, las bractéolas 0.8-1.5 × c. 0.3 cm, las inferiores ovadas, las superiores lanceoladas, rojo-purpúreas; tépalos externos 1.5-5 cm, lineares a ovado-lanceolados, el ápice acuminado, amarillentos y rosados en los márgenes; tépalos internos 2.5-3 × c. 0.4 cm, lanceolados, el ápice acuminado, amarillo-blanquecinos; cámara nectarial c. 0.2 cm; estambres 0.5-1.5 cm, los filamentos amarillo-blanquecinos, las anteras c. 4 mm; estilo 1.6-1.8 cm, amarillo-blanquecino, el estigma con cerca de 11 lóbulos enteros, 10-12 mm, blancos. Frutos c. 4.5 cm, globosos, rojo-purpúreos, las bractéolas 0.2-1 cm, las espinas 1-6, c. 4 mm, subuladas, algunas setosas, la pulpa blanca; semillas c. 2 mm, la testa lisa, ligeramente verrugosa en el lado opuesto al hilo. *Bosques tropicales perennifolios y subperennifolios.* B (*Schipp s.n.*, NY); G (*Martínez S. et al. 22705*, MEXU); H (*Dyer A28*, US). 0-800 m. (Endémica).

A pesar de ubicarse actualmente en un género bastante más diverso que su original, el epíteto de *Selenicereus minutiflorus* sigue siendo apropiado; tiene la flor más pequeña del género. En tamaño, color y forma, su flor es bastante parecida a las de *S. anthonyanus* y *S. stenopterus*, pero *S. anthonyanus* difiere marcadamente por sus tallos en filocladios profundamente lobulados, mientras *S. stenopterus* difiere por sus tallos con las costillas más altas y delgadas, y por su pericarpelo con bractéolas más grandes (además de su flor más grande).

10. Selenicereus monacanthus (hort. ex Lem.) D.R. Hunt, *Cactaceae Syst. Init.* 36: 33 (2017). *Cereus monacanthus* hort. ex Lem., *Hort. Universel* 6: 60 (1845 [1844]). Neotipo (designado por Bauer, 2003a): Colombia, *Bauer 46* (ZSS). Ilustr.: Hooker, *Bot. Mag.* 80: t. 4814 (1854), como *Cereus lemairii*. N.v.: Pitahaya, N.

Cereus lemairei Hook., *C. polyrhizus* F.A.C. Weber, *C. scandens* Salm-Dyck, *C. trinitatensis* Lem. & Herment, *Hylocereus estebanensis* Backeb., *H. lemairei* (Hook.) Britton & Rose, *H. monacanthus* (hort. ex Lem.) Britton & Rose, *H. peruvianus* Backeb., *H. polyrhizus* (F.A.C. Weber) Britton & Rose, *H. scandens* (Salm-Dyck) Backeb., *H. trinitatensis* (Lem. & Herment) A. Berger, *H. venezuelensis* Britton & Rose, *Wilmattea venezuelensis* (Britton & Rose) Croizat.

Plantas trepadoras a escandentes; tallos 2.5-5 cm de ancho, verdes (pero que pronto se vuelven verde-blanquecino a verde-azulado, a veces glaucos); costillas 3, 1-2.2 cm de alto, obtusas en sección transversal, los márgenes enteros o someramente crenados, no cornificados, con lóbulos que sobresalen 0.1-0.4 cm, rectos o ligeramente inclinados hacia el ápice; aréolas 2-7 cm distantes entre sí (sobre la misma costilla); espinas 1-3(4), hasta c. 3.5 mm, cónicas, rígidas, pardas a grises, sin pelo-espinas. Flores 25-36 cm infundibuliformes; pericarpelo 2.5-4 × 2-3 cm, las bractéolas 0.2-1 × 0.4-1 cm, deltoides a ovado-lanceoladas, el ápice agudo, verdes, a veces rojas a moradas en el ápice, adpresas a subadpresas, que casi cubren el pericarpelo, sin espinas ni pelo-espinas; tubo receptacular 12-15 cm, c. 2 cm de ancho en la base, las bractéolas 1-5 × 0.6-1 cm, linear-oblanceoladas, el ápice agudo, verdes, amarillo-crema o amarillas a rojo-morado o moradas en el ápice, sin espinas ni pelo-espinas; tépalos externos 8-21 × 1-1.4 cm, los más externos lineares, los internos linear-oblongos, verdes a amarillentos o amarillo-rosado a rojo-anaranjado (al menos en la base); tépalos internos 12-19 × 2-2.4 cm, oblongo-ovados, el ápice agudo a obtuso, blancos o crema a blanco-amarillento o crema-rosado (a menudo rosados en la base); cámara nectarial 3-5 cm; estambres 5-9 cm, los filamentos blancos o amarillo-crema a amarillos (a veces con la base rosada), las anteras 6-8 mm; estilo 22-29 cm, blanco a crema o amarillento (a veces teñido de rosado distalmente), el estigma con 20-25 lóbulos, 1.8-2 cm, bífidos, crema a amarillentos . Frutos 6-10 × 5-7 cm, globosos a ovoides (que se abren pronto), rojo-rosados, las bractéolas hasta 2.2 × 1.5 cm, deltoides, el ápice agudo a acuminado, sin espinas ni pelo-espinas, la pulpa blanca; semillas 2.6-2.8 mm. *Bosques tropicales deciduos, áreas abiertas, sabanas, manglares.* CR (*Hammel & Pérez 26719*, CR); P (*Birdsey 15905*, MO). 0-800 m. (Mesoamérica, Colombia, Venezuela, Guayanas, Ecuador, Perú).

Aunque se ha dicho que *Selenicereus monacanthus* se confunde con *S. costaricensis*, en realidad y el sentido de este tratamiento son muy distintos; esta última difiere más obviamente por su pericarpelo completamente cubierto por las brácteas, por sus estigmas con los lóbulos enteros y por sus frutos con la pulpa rojo-morado (véase la discusión bajo *S. costaricensis*). Al menos morfológicamente, *S. monacanthus* tiene mucho más en común con *S. escuintlensis*, la cual difiere principalmente por sus tallos con los márgenes cornificados y las flores menos coloridas.

11. Selenicereus nelsonii (Weing.) Britton & Rose, *Cact.* 4: 283 (1923). *Cereus nelsonii* Weing., *Z. Sukkulentenk.* 1: 33 (1923). Lectotipo (designado por Bauer, 2003a): México, estado desconocido, *Nelson s.n.* (US!). Ilustr.: Britton & Rose, *Cact.* 4: 284, t. 261 (1923).

Plantas trepadoras o epífitas, hasta 3 m; tallos hasta 1.6 cm de ancho, verde oscuro; costillas 6 o 7, 0.3-0.4 cm de alto, obtusas en sección transversal, los márgenes enteros, no cornificados; aréolas 1-1.6 cm distantes entre sí (sobre la misma costilla); espinas 8-12, 5-10 mm, aciculares, algunas flexibles y otras rígidas, blancas a amarillas, sin pelo-espinas. Flores 18-20 cm, tubular-infundibuliformes; pericarpelo 1.6-1.9 × 0.8-1.2 cm, verde, las bractéolas c. 0.1 cm, deltoides, el ápice agudo, pardas, subpatentes, que no cubren en nada el pericarpelo, las espinas hasta 8 mm, setosas, marrón, sin pelo-espinas; tubo receptacular 6-7 cm, c. 8 mm de ancho en la base, c. 1.6 cm de ancho en la garganta, verde con tono pardo, recto, las bractéolas hasta 0.5 cm, deltoides a lanceoladas, subpatentes, de color desconocido, las espinas hasta 8 mm, setosas, sin pelo espinas; tépalos externos 3-4.5 × 0.2-0.4 cm, lineares, el ápice agudo, cafés con tono rojizo; tépalos internos 4-6 × c. 1.2 cm, lanceolados, el ápice cortamente acuminado, blancos; cámara nectarial 2-3 cm; estambres c. 6 cm, los filamentos blancos, las anteras c. 2 mm; estilo c. 12.5 cm, verde claro, el estigma con c. 4 lóbulos, c. 0.8 cm, de otra forma desconocido. Frutos c. 2 cm, globosos, de color desconocido, las espinas subrígidas, amarillentas, sin pelo-espinas, color de la pulpa desconocido; semillas c. 3 mm. *Bosques tropicales subperennifolios, bosques tropicales subcaducifolios.* T (*Birdsey 308*, UC); Ch (*MacDougall A260*, UC); G (*Gómez-Hinostrosa 2250*, MEXU). 300-900 m. (México [Oaxaca, Veracruz], Mesoamérica).

Selenicereus nelsonii se caracteriza por el tallo delgado (hasta 1.6 cm) y las espinas relativamente cortas (menores a 10 mm); la flor y el fruto tienen espinas subrígidas y no tienen cúmulos de pelo-espinas, mientras que los estambres surgen de una única zona. Con base en los caracteres señalados, Bauer (2003a) la ubica como semejante a *S. spinulosus* (DC.) Britton & Rose. Además, el material aquí incluido ha sido identificado como *S. vagans* (K. Brandegee) Britton & Rose. Ambas son especies de más al norte del área de la flora. No se conoce la localidad tipo (no señalada en el protólogo), pero Bauer (2003a) considera que probablemente sea nativa de Chiapas, mientras que Hunt et al. (2006a) la refieren adicionalmente de Oaxaca. Los ejemplares conocidos por nosotros de Tabasco y Chiapas son congruentes con los caracteres arriba señalados, pero la longitud del tubo receptacular es aproximadamente dos veces la del perianto y no es posible compararla con el lectotipo. Para el presente estudio seguimos la propuesta de Bauer (2003a), pero sin duda se trata de una especie que requiere estudios más precisos para delimitarla; además, está poco representada en los herbarios, aunque se destaca que los dos ejemplares aquí señalados fueron cultivados, bien preservados por Myron Kimnach y son informativos.

12. Selenicereus pteranthus (Link ex A. Dietr.) Britton & Rose, *Contr. U.S. Natl. Herb.* 12: 431 (1908-1909 [1909]). *Cereus pteranthus* Link ex A. Dietr., *Allg. Gartenzeitung* 2: 209 (1834). Lectotipo (designado por Bauer, 2002b [2003]: Dietrich, *Verh. Vereins Beförd. Gartenbaues Königl. Preuss. Staaten* 10: t. IV (1834), como *C. nycticallus*. Ilustr.: Dietrich, *Verh. Vereins Beförd. Gartenbaues Königl. Preuss. Staaten* 10: t. IV (1834), como *C. nycticallus*. N.v.: Reina de la noche.

Cereus boeckmannii Otto ex Salm-Dyck, *C. irradians* Lem., *C. kunthianus* hort. ex Salm-Dyck, *C. macdonaldiae* Hook., *C. nycticallus* Link ex A. Dietr., *C. vaupelii* Weing., *Selenicereus boeckmannii* (Otto ex Salm-Dyck) Britton & Rose, *S. brevispinus* Britton & Rose, *S. grandiflorus* (L.) Britton & Rose var. *irradians* (Lem.) Borg, *S. kunthianus* (hort. ex Salm-Dyck) Britton & Rose, *S. macdonaldiae* (Hook.) Britton & Rose, *S. pteranthus* (Link ex A. Dietr.) Britton & Rose forma *macdonaldiae* (Hook.) Ralf Bauer.

Plantas epífitas, trepadoras o saxícolas, hasta 10 m; tallos 2.5-4 cm de ancho, verde claro con tinte purpúreo; costillas 3-5, 0.2-0.5 cm de alto cuando jóvenes, subagudas en sección transversal, los márgenes enteros, no cornificados; aréolas 1-4.5 cm distantes entre sí (sobre la misma costilla); espinas 0-5(-10), 1-2(-5) mm de alto, subuladas, rígidas, ascendentes, bulbosas en la base, grises. Flores 21-25 cm, hipocrateriformes a infundibuliformes; pericarpelo 1.5-2 × 1.4-1.6 cm, verde, las bractéolas 0.2-0.3 cm, deltoides, el ápice agudo, purpúreas, subpatentes, que no cubren en nada el pericarpelo, las espinas 2-4 mm, subrígidas o bien no conspicuas, las pelo-espinas hasta 10 mm, amarillo claro; tubo receptacular 11-13 cm, c. 1 cm de ancho en la base, c. 3 cm de ancho en la garganta, las bractéolas 0.5-1.5 cm, deltoides a lanceoladas, verdes, con tono pardo-rojizo, sin espinas, las pelo-espinas 10-20 mm, amarillo claro; tépalos externos 7-9 × 0.3-0.5 cm, lineares, el ápice agudo, pardos con tonos purpúreos a verdosos; tépalos internos c. 8 × 1-1.6 cm, angostamente oblanceolados, los márgenes superiores ligeramente erosos, el ápice acuminado, blancos; cámara nectarial 2-3 cm; estambres 5.5-7.5 cm, los filamentos amarillo-verdosos, las anteras c. 3 mm; estilo 17-19 cm, verde-amarillento, el estigma con c. 5 lóbulos, 6-8 mm, de otra forma, desconocido, amarillo claro. Frutos 4-4.5 × c. 4.5 cm, más o menos globosos, rojizos, las espinas 5-6 mm, flexibles, pardas, las pelo-espinas 10-20 mm, amarillo claro, que cubren parcialmente al fruto, la pulpa blanca; semillas c. 2.8 mm. *Bosques tropicales perennifolios y subperennifolios.* T (*Hernández 1240*, MEXU); Ch (*Guzmán & Arias 945A*, MEXU). 0-500 m. (México [Oaxaca, Tamaulipas, Veracruz], Mesoamérica, Cuba).

13. Selenicereus stenopterus (F.A.C. Weber) D.R. Hunt, *Cactaceae Syst. Init.* 36: 35 (2017). *Cereus stenopterus* F.A.C. Weber, *Bull. Mus. Hist. Nat. (Paris)* 8: 458 (1902). Isolectotipo (designado por Kimnach, 1968a): Costa Rica, *Tonduz 13053* (US!). Ilustr.: Britton & Rose, *Cact.* 2: t. 27, f. 3 (1920), como *Hylocereus stenopterus*.

Hylocereus stenopterus (F.A.C. Weber) Britton & Rose.

Plantas escandentes o trepadoras; tallos 2.5-5 cm de ancho, verdes, no glaucos; costillas 3(4), 1.2-2.5 cm de alto, agudas en sección transversal, los márgenes someramente crenados, no cornificados, con lóbulos que sobresalen 0.2-0.5 cm, obtusos a ampliamente agudos; aréolas 3-8 cm distantes entre sí (sobre la misma costilla), insertas en los ápices de los lóbulos o cerca de ellos; espinas 1-3(4), 1-3 mm, gruesamente cónicas, pardo claro, sin pelo-espinas. Flores 8-13 cm, hipocrateriformes a subrotadas, a veces ligeramente curvas sobre el tubo receptacular; pericarpelo 2-2.3 × 1.8-2 cm, las bractéolas 0.7-2 × 0.9-1.7 cm, oblatas a ovadas u oblongo-ovadas, redondeadas a agudas en el ápice (los márgenes membranosos, finamente aserrados), verdes a verde claro-rosado, pero rojo-morado marginal y apicalmente, adpresas, que cubren por completo el pericarpelo, sin espinas ni pelo-espinas; tubo receptacular 2-3 cm, 1-1.5 cm de ancho en la base, 2.5-3 cm de ancho en la garganta, las bractéolas 2-5 × 0.5-0.8 cm, las inferiores ovado-oblongas, las superiores lanceoladas, el ápice subagudo, ascendentes, adpresas, verdosas o amarillo-rojizas, sin espinas ni pelo-espinas; tépalos externos 5-8 × c. 0.6 cm, lanceolados a linear-lanceolados, subpatentes a recurvados, el ápice agudo a acuminado, pardo-purpúreos a rojizo-purpúreos; tépalos internos 4-6 × c. 0.8 cm, lanceolados, el ápice agudo a acuminado, subpatentes a recurvados, la mitad superior purpúreo-roja, los márgenes rosados a ligeramente blancos; cámara nectarial 0.6-1 cm; estambres 1-1.5 cm, los filamentos blancos o amarillo claro, las anteras c. 4 mm, amarillo claro; estilo 5.5-6.5 cm, la base amarillo claro, el ápice blanquecino-rosado, el estigma (notoriamente exerto sobre las anteras) con 14-20 lóbulos, 1.2-2 cm, papilosos, enteros o raras veces bífidos, blancos a amarillo-blanquecinos. Frutos 6-7 cm de ancho, subglobosos, verdes a verde-amarillentos, las bractéolas 0.5-2 × 1-2 cm, ovadas, emarginadas, el ápice diminutamente mucronado, adpresas a subpatentes, sin espinas ni pelo-espinas, la pulpa blanca, dulce o insípida; semillas 2.5-3.5 × 1.5-2 mm, más o menos ovoides, la testa casi lisa, diminutamente foveolada cerca del hilo. *Bosques húmedos, orillas de los caminos, zonas pantanosas*. CR (*Chavarría 576*, CR). 0-800(-1000) m. (Endémica).

Selenicereus stenopterus es distintiva por sus tallos verdes y relativamente membranáceos, con 3 costillas enteras a someramente crenadas, con unas pocas espinas cónicas, sus flores relativamente pequeñas, con los tépalos rosados a rojo-morado (poco diferenciados entre los externos e internos), y por sus frutos verdes a verde-amarillentos (cuando maduros) y con la pulpa blanca. El tamaño, color y forma de la flor son algo parecidos a los de *S. anthonyanus*, la cual difiere notoriamente por sus tallos en filocladios profundamente lobulados. Véanse también notas bajo *S. minutiflorus*.

14. Selenicereus tonduzii (F.A.C. Weber) S. Arias & N. Korotkova in D.R. Hunt, *Cactaceae Syst. Init.* 39: 4 (2018). *Cereus tonduzii* F.A.C. Weber, *Bull. Mus. Hist. Nat. (Paris)* 8: 459 (1902). Neotipo (designado por Bauer, 2003a): Costa Rica, *Horich s.n.* (K). Ilustr.: Hunt, *Bot. Mag. (Kew Mag.)* 2: 341, t. A-G (1985), como *Weberocereus tonduzii*. N.v.: Flor de bailarina, hoja de piedra, pitahaya, tuna, CR.

Weberocereus tonduzii (F.A.C. Weber) G.D. Rowley, *Werckleocereus tonduzii* (F.A.C. Weber) Britton & Rose.

Plantas trepadoras o epífitas, hasta 4 m; tallos 2-5 cm de ancho, verde claro, no glaucos; costillas 3(4), 1-1.5 cm de alto, subobtusas en sección transversal, los márgenes someramente crenados, no cornificados, con lóbulos ligeramente obtusos que sobresalen 0.2-0.4 cm, inclinados hacia el ápice; aréolas 1-3.5 cm distantes entre sí (sobre la misma costilla); espinas 1-3(-5), hasta 2-5 mm, subcónicas a delgadas, anaranjadas a café oscuro, sin pelo-espinas. Flores 6.5-9 cm, campanuladas o infundibuliformes; pericarpelo c. 2 × 1.5 cm, verde, las bractéolas c. 0.05 × 0.05 cm, deltoides, el ápice agudo, verdes a rojas, patentes, que no cubren en nada el pericarpelo, las espinas 5-18, 1-6 mm, setosas, pardo oscuro; tubo receptacular 3.5-6 cm, 1.2-1.4 cm de ancho en la base, c. 2.5 cm de ancho en la garganta, recto o algo curvo, verde con tono pardo, las bractéolas c. 1 × 1 mm, deltoides, verdes con tono rojizo, las espinas 5-18, 6-9 mm, setosas, pardo oscuro; tépalos externos 0.8-2 × c. 0.4 cm, lineares a suboblongos, el ápice obtuso y finamente mucronado, carnosos, rosado-amarillento a rosados, los superiores menos carnosos y amarillentos; tépalos internos 1.8-2.3 cm, oblongos, el ápice obtuso, los márgenes superiores dentado-erosos, crema a blanco-rosados o rosados; cámara nectarial c. 1.5 cm; estambres 1.6-2.5 cm, ligeramente más cortos que el estilo, los filamentos con la base verdosa, el ápice blanco-amarillento, las anteras 1.5-2 mm; estilo 4.5-6 cm, blanco-amarillento, el estigma con 9-12 lóbulos, c. 0.7 cm, enteros, papilosos, blancos. Frutos c. 4 cm, subglobosos, amarillo claro, las espinas hasta 60, 4-15 mm, aciculares, pungentes, pardo oscuro, la pulpa blanquecina, translúcida, dulce; semillas 1.5-2.5 mm, obovoides. *Bosques lluviosos premontanos, bosques subhúmedos premontanos*. CR (*Hammel 20557*, CR). (1000-)1500-2000 m. (Endémica).

Selenicereus tonduzii se caracteriza por los tallos con 3 costillas (a veces 4), comúnmente con 1-3 espinas subcónicas a delgadas, sus flores son relativamente pequeñas, campanuladas o infundibuliformes con aréolas espinosas. Es similar a *S. glaber* en varios caracteres, pero se distingue por los tallos verde claro (sin tono glauco) y las flores menores de 8 cm. También está relacionada con *S. anthonyanus* y dos especies de más al norte del área de la flora; *S. hamatus* (Scheidw.) Britton & Rose y *S. spinulosus* (Korotkova et al., 2017).

15. Selenicereus triangularis (L.) D.R. Hunt, *Cactaceae Syst. Init.* 36: 35 (2017). *Cactus triangularis* L., *Sp. Pl.* 468 (1753). Lectotipo (designado por Doweld, 2002): Plukenet, *Phytographia* 1: t. 29, f. 3 (1691). Epitipo (designado por Doweld, 2002): Jamaica, *Proctor 38288* (MO!). Ilustr.: Plukenet, *Phytographia* 1: t. 29, f. 3 (1691).

Cereus anizogonus Salm-Dyck, *C. compressus* Mill., *C. triangularis* (L.) Mill., *C. venditus* Paulsen, *Hylocereus compressus* Y. Itô, *H. cubensis* Britton & Rose, *H. triangularis* (L.) Britton & Rose.

Plantas trepadoras, hasta 4 m; tallos 3-4(-6) cm de ancho, verde opaco, los tallos jóvenes verde claro; costillas c. 3, 1.5-2 cm de alto, obtusas en sección transversal, los márgenes enteros a someramente serrados, no cornificados (a veces levemente cornificados), con lóbulos que sobresalen 0.1-0.3 cm, rectos, a veces ligeramente inclinados hacia el ápice; aréolas 1.5-3.5 cm distantes entre sí (sobre la misma costilla), insertas en el vértice de los lóbulos; espinas 2-6, 2-5 mm, cónicas, rígidas, pardas a grises. Flores 18-24 cm, infundibuliformes; pericarpelo 3.5-4 × c. 3 cm, las bractéolas 0.7-2 × c. 1.5 cm, deltoides, verde claro, que ocultan por completo al pericarpelo, sin espinas ni pelo-espinas; tubo receptacular 9-10 cm, 2.5-3 cm de ancho en la base, las bractéolas hasta 8 × 1.5 cm, linear-lanceoladas, el ápice agudo, verde claro o verde-amarillento, sin espinas ni pelo-espinas; tépalos externos 8-10 × c. 2 cm, lineares a linear-oblongos, verde-amarillentos; tépalos internos 10-11 × c. 3 cm, oblongo-ovados, el ápice acuminado, blancos; cámara nectarial c. 2 cm; estambres 7-9 cm, los filamentos blanco-amarillentos, las anteras c. 3 mm, amarillas; estilo 13-16 cm, amarillo claro, el estigma con c. 12 lóbulos, c. 1.4 cm, enteros, verde-amarillentos. Frutos 10-15 × 6-7.5 cm, globosos a ovoides, rosa brillante, las bractéolas 2-3 × 3-4 cm, deltoides, el ápice agudo, la pulpa blanquecina; semillas c. 2 mm. *Bosques tropicales deciduos, áreas abiertas, sabanas, manglares*. Y (*Arias & Guzmán 1084*, MEXU); QR (*Gómez-Hinostrosa & González 2127*, MEXU). 0-800 m. (Mesoamérica, Cuba, República Dominicana, Haití, Jamaica).

Selenicereus triangularis es una especie nativa de las Antillas Mayores (Cuba, República Dominicana, Haití, Jamaica) y la península de Yucatán en México. Dentro de la región de la flora parece ser más parecida a *S. costaricensis*, la cual difiere por sus tallos maduros glaucos y por sus frutos con la pulpa rojo-morado. También se ha comparado con la antillana *S. trigonus*, una especie con el pericarpelo (a veces con espinas) no cubierto por completo por las bractéolas (véase Bauer, 2003a).

16. Selenicereus tricae D.R. Hunt, *Bradleya* 7: 91 (1989). Holotipo: Belice, *Hunt 7076* (K). Ilustr.: Hunt, *Bradleya* 7: 90, t. 1A-C (1989). N.v.: Cola de lagarto, Ch.

Hylocereus tricae (D.R. Hunt) Ralf Bauer, *Mediocactus tricae* (D.R. Hunt) Doweld, *Selenicereus inermis* (Otto) Britton & Rose subsp. *tricae* (D.R. Hunt) Ralf Bauer.

Plantas trepadoras o epífitas, hasta 5 m; tallos hasta 5 cm de ancho, verde claro, sin tono azuloso o glauco; costillas 3(4), c. 2 cm de alto, agudas en sección transversal, los márgenes remotamente aserrados, no cornificados, con lóbulos que sobresalen 0.4-0.8 cm; aréolas 3-5.5 (-7) cm distantes entre sí (sobre la misma costilla), insertas sobre los lóbulos; espinas 1-5, 1-4 mm, la base bulbosa, pardo-amarillentas a oscuras. Flores 18-22(-27) cm, hipocrateriformes a infundibuliformes; pericarpelo c. 3 × 2 cm, las bractéolas c. 2 mm, deltoides, el ápice agudo, subpatentes, que no cubren en nada el pericarpelo, las espinas hasta 6, c. 6 mm, pardas; tubo receptacular 8-9(-11) cm, 1.3-1.5 cm de ancho en la base, c. 3 cm de ancho en la garganta, verdoso, las bractéolas 2-4 cm, deltoides a lineares, las espinas escasas, hasta 3 mm, presentes en la mitad inferior del tubo; tépalos externos 9-12 × 0.8-1 cm, lineares, acuminados o agudos, verdes o verde-amarillos con tono moreno, la base rosada; tépalos internos 9-12 × 1.2-1.6 cm, acuminados o agudos, blancos en la mitad externa y rosado-purpúreos hacia la base; cámara nectarial desconocida; estambres 4.5-6 cm, los filamentos blancos, las anteras c. 5 mm; estilo 12-15 cm, blanco a rosado, el estigma con 17-20 lóbulos, c. 1.5 cm, enteros, blanco-amarillentos a verde claro. Frutos 4.5-6 × 5-6 cm, globosos a obovoides, verdes a verde-amarillentos, las bractéolas no conspicuas, las espinas hasta 50, c. 10 mm, pardo claro, la pulpa blanca; semillas c. 2 mm. *Bosques tropicales perennifolios y subperennifolios, áreas alteradas*. Ch (*Gómez-Hinostrosa et al. 2595*, MEXU); B (*Adams 31-1*, K); G (*Gómez-Hinostrosa & Montero 2251*, MEXU). 100-200 m. (Endémica).

Selenicereus tricae se caracteriza por una combinación de caracteres del tallo y la flor. El tallo grueso (hasta 5 cm de ancho) y generalmente con 3 costillas, las espinas menos de 5 por aréola y cortas (hasta 4 mm) y la flor relativamente grande hace pensar en la alianza de *S. costaricensis*, *S. guatemalensis* y otras especies. Sin embargo, sus flores con bractéolas pequeñas, que no cubren en nada el pericarpelo más bien sugieren una alianza con *S. inermis*. De hecho, Bauer (2010) y Gómez-Hinostrosa et al. (2014 [2013]) propusieron que la presente sea sinonimizada con *S. inermis*. El estudio filogenético realizado por Korotkova et al. (2017) y el análisis combinado entre caracteres moleculares y morfológicos de Martínez-Quezada et al. (2020), revelan que se trata de linajes independientes, por lo que aquí reconocemos a ambas especies. Son necesarios más estudios integrales para entender las relaciones de este interesante grupo.

17. Selenicereus undatus (Haw.) D.R. Hunt, *Cactaceae Syst. Init.* 36: 35 (2017). *Cereus undatus* Haw., *Philos. Mag. Ann. Chem.* 7: 110 (1830). Neotipo (designado por Taylor in Rowley, 1995): Sims, *Bot. Mag.* 44: t. 1884 (1817), como *Cactus triangularis*. Ilustr.: Britton & Rose, *Cact.* 2: t. 30 (1920), como *Hylocereus undatus*. N.v.: Pitahaya, Ch, Y, G, ES, CR; pitahaya dulce, pitaya, G, ES; chac wab, chacam, sakam, Y.

Hylocereus undatus (Haw.) Britton & Rose.

Plantas trepadoras; tallos 3-6 cm de ancho, verdes; costillas c. 3, 2-3 cm de alto, agudas en sección transversal, los márgenes generalmente crenados, cornificados, con lóbulos que sobresalen 0.2-1 cm, inclinados hacia el ápice; aréolas 2-3.5 cm distantes entre sí (sobre la misma costilla), insertas en el seno entre lóbulos; espinas 1-3(-5), 2-3 mm, cónicas, a veces ligeramente curvas, pardo claro a grises. Flores 26-30 cm, infundibuliformes; pericarpelo 2-2.8 cm, las bractéolas 0.8-2.8 × 0.6-0.8 cm, las inferiores deltoides, las superiores ovadas, el ápice agudo, verdosas, adpresas, que cubren por completo el pericarpelo, sin espinas ni pelo-espinas; tubo receptacular 13-16 cm, las bractéolas 3-8 × 0.6-0.8 cm, linear-lanceoladas, verdes, a veces con los márgenes rojizos, sin espinas ni pelo-espinas; tépalos externos 8.5-13 × 0.6-1.4 cm, lineares, el ápice acuminado, verde-amarillentos con la franja media pardo-rosada; tépalos internos 12-14 × 1.8-3 cm, linear-lanceolados, blancos o ligeramente amarillentos; cámara nectarial 3-5 cm; estambres 8-10 cm, los filamentos blanco-amarillentos; estilo 21-25 cm, ensanchándose hacia el ápice, amarillo, el estigma con c. 25 lóbulos, 1.5-2 cm, enteros, amarillo-blanquecinos. Frutos 8-14 × 7-9 cm, ovoides a subglobosos, rojo-purpúreos a rosados, las bractéolas 0.6-4.5 × 1.6-3 cm, las inferiores anchamente deltoides, las superiores ovado-lanceoladas, del mismo color que el pericarpo, con tonos verdosos, sin espinas ni pelo-espinas, la pulpa blanca, a veces con tono rosado, algo aromática; semillas 2-3 × 1-1.5 mm, piriformes. *Bosques tropicales subhúmedos, bosques tropicales subperennifolios, bosques tropicales deciduos, áreas abiertas, huertos*. T (*Campos & Campos 7*, UJAT); Ch (*Bravo s.n.*, MEXU); Y (*Sanabria & Simá 399*, MEXU); C (*Álvarez 319-bis*, MEXU); G (*Véliz MV 4819*, BIGU); H (*Yuncker et al. 8255*, MO); ES (*Cerén 2602*, MHES); N (*Stevens & Montiel 31830*, MO). 300-2000 m. (México, Mesoamérica; cultivada en Sudamérica, Asia, África).

Selenicereus undatus es una especie silvestre y manejada en México y Mesoamérica, con importancia económica por los frutos comestibles (Castillo Martínez et al., 2005; García Aguilar et al., 2013; García-Rubio et al., 2015). La descripción aquí incluida se basa en ejemplares de procedencia silvestre, pero es relevante tener en cuenta que algunos caracteres muestran variación en las poblaciones manejadas, donde es ligeramente mayor la longitud de las espinas, la flor y el fruto, como también el color de la pulpa (blanco, rojo o púrpura).

Especie de *Selenicereus* excluida

Selenicereus ocamponis (Salm-Dyck) D.R. Hunt, *Cactaceae Syst. Init.* 36: 34 (2017). *Cereus ocamponis* Salm-Dyck, *Cact. Hort. Dyck.* 1849: 220 (1850). Neotipo (designado por Bauer, 200a): M.E. Eaton, ilustración de *Hylocereus ocamponis* (US).

Hylocereus ocamponis (Salm-Dyck) Britton & Rose.

Esta especie es nativa del occidente de México, fuera del área de la flora. Se ha reportado para Guatemala, pero consideramos que ese reporte fue un error y que se trata de *Selenicereus guatemalensis*. En adición, consideramos que *S. purpusii* (Weing.) S. Arias & N. Korotkova es un linaje diferente y también distribuido fuera del área de la flora.

23. Stenocereus (A. Berger) Riccob., nom. cons.

Cereus Mill. subg. *Stenocereus* A. Berger, *Griseocactus* Guiggi, *Griseocereus* (P.V. Heath) P.V. Heath, *Hertrichocereus* Backeb., *Machaerocereus* Britton & Rose, *Neogriseocereus* Guiggi, *Rathbunia* Britton & Rose, *Ritterocereus* Backeb., *Stenocereus* (A. Berger) Riccob. subg. *Griseocereus* P.V. Heath.

Por H. Alvarado-Sizzo & S. Arias.

Árboles o arbustos; tallos con ramificación basal, difusa o de la parte media, erectos, ascendentes, arqueados, decumbentes o procumbentes, indeterminados, cilíndricos, 4-20-acostillados, con surco intercostal amplio, el córtex no adquiere tono oscuro al contacto con el aire (excepto *Stenocereus yunckeri*), sin mucílago abundante; aréolas distantes entre sí, con espinas diferenciadas en radiales y centrales, rígidas; zona fértil no diferenciada de la infértil, o ligeramente diferenciada. Flores 3.5-15 cm, solitarias, apicales, subapicales o laterales, tubular-infundibuliformes o infundibuliformes, nocturnas o diurnas; pericarpelo y tubo receptacular con podarios, los superiores decurrentes, amplios, las brácteas carnosas, las superiores más grandes, las aréolas con tricomas cortos, inermes o con espinas flexibles; tubo receptacular más largo que los tépalos; perianto con tépalos ascendentes a reflexos, blancos a rosados; nectarios ubicados en una cámara amplia, abierta o limitada por la base de los estambres. Frutos subglobosos, globosos o elipsoides, amarillos, rojos o púrpura, carnosos, las aréolas con espinas deciduas, la dehiscencia irregular, la pulpa generalmente jugosa, amarilla, anaranjada, roja a purpúrea, ocasionalmente blanca, los remanentes florales persistentes o no; semillas 1.7-3(-5) mm, ovoides a ampliamente ovoides, la testa negra, generalmente opaca, a veces lustrosa, microrrelieve estriado o ausente. Aprox. 24 spp. (más de 1 subsp.) en Estados Unidos, México (principalmente), Mesoamérica, Colombia, Venezuela y Antillas; 3 spp. (una de ellas esperada) en Mesoamérica.

Stenocereus es uno de los géneros más diversos de Echinocereeae en número de especies, pero también en su morfología. El género se distribuye del suroeste de Estados Unidos a Colombia y Venezuela, con una gran brecha distribucional en Centroamérica (Nicaragua, Costa Rica y Panamá), además de las Antillas Mayores. Su mayor diversidad taxonómica se encuentra en el centro-sur de México (Cuenca del Balsas y Valle de Tehuacán), de donde posiblemente se diversificó hacia el norte, oriente y sur. Es un género monofilético, formado por cuatro clados, de los cuales uno es denominado como grupo *S. griseus* (Alvarado-Sizzo et al., 2019; Arreola-Nava, 2006).

Bibliografía: Alvarado-Sizzo, H. et al. *PLoS ONE* 13(1-e0190385): 1-25 (2018); *Revista Mex. Biodivers.* 90(1-e902675): 1-16 (2019). Arreola-Nava, H.J. *Sist. Filo. Gén.* Stenocereus. Tesis de Doctorado, inédita, Colegio de Posgraduados, Montecillo, Edo México: 1-202 (2006). Arroyo-Cosultchi, G. et al. *Taxon* 55: 983-992 (2006). Bravo-Hollis, H. & Sánchez-Mejorada, H. *Cact. México* ed. 2, 1: 567-608

(1978); *Cact. Suc. Mex.* 28: 92-94 (1983b). Luna-Morales, C. *Agrociencia* (Montevideo) 11(2): 10-16 (2007). Terrazas, T. & Loza-Cornejo, S. *Columnar Cacti Mutualists* 66-86 (2002). Williams, L.O. *Fieldiana, Bot.* 29: 376-384 (1962).

1. El córtex adquiere tono oscuro al contacto con el aire; flores hasta 5 cm, flores y frutos se oscurecen al secarse. **3. S. yunckeri**
1. El córtex no adquiere tono oscuro al contacto con el aire; flores 6-9 cm, flores y frutos no se oscurecen al secarse.
 2. Tallos con costillas rectas, espinas radiales 7-11, las espinas centrales deciduas excepto la central inferior, a veces cicatrices de 2 espinas centrales laterales, rara vez de la central superior. **1. S. laevigatus**
 2. Tallos con costillas rectas a ligeramente sinuadas, espinas radiales (9-) 11, las espinas centrales persistentes, 1 central inferior, 2 centrales laterales y frecuentemente 1 central superior. **2. S. pruinosus**

1. Stenocereus laevigatus (Salm-Dyck) Buxb., *Bot. Stud.* 12: 100 (1961). *Cereus laevigatus* Salm-Dyck., *Cact. Hort. Dyck.* 1849: 204 (1850). Neotipo (designado por Alvarado-Sizzo et al., 2018): México, Yucatán, *Hernández & Flores 2225* (MEXU-[nr] 649000!). Ilustr.: Alvarado-Sizzo et al., *Revista Mex. Biodivers.* 90(1-e902675): 10, t. 3A-D (2019). N.v.: Órgano, pitayo, Ch, G.

Lemaireocereus laevigatus (Salm-Dyck) Borg, *L. longispinus* Britton & Rose, *Rathbunia laevigata* (Salm-Dyck) P.V. Heath, *R. longispina* (Britton & Rose) P.V. Heath, *Ritterocereus laevigatus* (Salm-Dyck) Backeb., *Stenocereus longispinus* (Britton & Rose) Buxb.

Plantas arborescentes, hasta 6(-8) m; tallo principal con ramificación desde la región media, el tronco 0.5-1 m, los tallos secundarios 1-4 m × 8-10(-20) cm, ascendentes con la base algo recurvada, divergentes, verde oscuro a grisáceos, con pruína en el ápice de los tallos, sin formar bandas persistentes; costillas 6-9, 1.5-2.6 cm de alto, prominentes, gruesas, agudas, los márgenes enteros; el córtex no adquiere tono oscuro al contacto con el aire; aréolas 7-13 × 5-10 mm, obovadas a circulares, distantes entre sí (sobre la misma costilla) hasta 3 cm, más próximas en el ápice y más distantes en la zona media o basal de los tallos, los tricomas pardos en tallos jóvenes, grises en tallos maduros; espinas radiales 7-11, hasta 2 cm, subuladas, extendidas, grises, a veces con tono pardo, la base rojiza cuando jóvenes; espinas centrales 1-4, hasta 3.1 cm, subuladas, las tres superiores deciduas, grises o gris oscuro. Flores 7-8.5 cm, infundibuliformes; pericarpelo 1.5-2 × 1-2 cm, ovoide, verde, las bractéolas 1-2 mm, deltadas, los márgenes ligeramente ciliados, verdes a rojizas en el ápice, tricomas ligeramente abundantes, amarillos, las espinas 0-5, 1-4 mm, pardo-grisáceas, a veces completamente ausentes; tubo receptacular 3-4.5 cm, 0.8-1.1 cm de ancho en la base, 2.5-3 cm de ancho en la garganta, formando un cuello en la base, verde a pardo-purpúreo, las bractéolas 1.5-6 mm, más largas hacia el perianto, más o menos oblanceoladas, los márgenes ciliados, el ápice obtuso, verdes a ligeramente rojas, tricomas y espinas ausentes o si presentes escasas y restringidas a la base del tubo; tépalos externos 1.5-2.5 × 1.2-1.4 cm, oblanceolados, los márgenes ciliados, el ápice obtuso, rojos en el ápice o completamente; tépalos internos 1.8-2.6 × 0.8-1.2 cm, oblanceolados, los márgenes ciliados, blancos, a veces con tono rosado; estambres 1-2.7 cm, los filamentos blanco-amarillentos; cámara nectarial 1-1.6 cm; estilo 3.5-4.5 cm, el estigma con 8-10 lóbulos, 6-8 mm. Frutos 5-8 × 3.5-6 cm, subglobosos, rojos, las aréolas con tricomas abundantes, amarillo claro, las espinas hasta 10 mm, más o menos rígidas, moreno-rojizas, deciduas, la pulpa roja; semillas 2-3 × 0.8-2 mm. Floración mar.-may.; fructificación may.-jul. *Bosques tropicales subcaducifolios, espinosos, linderos, huertos familiares.* Ch (*Gómez-Hinostrosa & Hernández 2318a*, MEXU); Y (*Flores & Lira 10644*, MEXU); G (*García & Ramírez MG 268*, BIGU); H (*Ferrufino et al. 727*, TEFH); ES (*Linares & Martínez 6685bis*, MEXU). 0-1100 m. (Endémica).

Stenocereus laevigatus está estrechamente relacionada con *S. pruinosus*, *S. huastecorum* Alvarado-Sizzo, Arreola-Nava & Terrazas, *S. heptagonus* (L.) Mottram y *S. griseus*, que forman el grupo *S. griseus* (Alvarado-Sizzo et al., 2019; Gibson, 1991). En particular, se reconoce que mantiene los menores valores de distancia genética con *S. pruinosus* (sin considerar a *S. heptagonus*), por lo que se considera que su divergencia es relativamente reciente (Alvarado-Sizzo et al., 2018). Se confunde con *S. pruinosus* por compartir atributos del tallo (ramificación, curvatura, número y ángulo de las costillas), así como el patrón de espinación de las aréolas y la similitud de la mayoría de las estructuras florales. Sin embargo, *S. laevigatus* se caracteriza por alcanzar hasta los 8 m de altura, con un tronco también mayor (hasta 1 m de altura), lo que le otorga un aspecto más masivo que *S. pruinosus*. A pesar de que el patrón de espinación es similar, con 7-11 espinas radiales y hasta 4 centrales, *S. laevigatus* presenta con frecuencia 9 espinas radiales y pierde las centrales laterales y superior, mientras que *S. pruinosus* normalmente presenta 11 espinas radiales y 4 centrales: inferior, superior y 2 laterales. Adicionalmente, *S. laevigatus* solo presenta frutos con pulpa roja, mientras que en *S. pruinosus* se registra todo un espectro de variación entre el amarillo y púrpura, pero bajo procesos de manejo (Luna-Morales, 2007). La distribución de *S. laevigatus* está claramente limitada por el Istmo de Tehuantepec, el cual se sugiere ha jugado un papel importante en su separación. De esta forma, *S. laevigatus* se distribuye al oriente del Istmo de Tehuantepec, con dos grupos de poblaciones disyuntas: uno al norte de la península de Yucatán y otra en Chiapas, Guatemala, Honduras y El Salvador (Alvarado-Sizzo et al., 2019). Su presencia en Honduras y posiblemente en Nicaragua (por confirmar) es bajo cultivo y fomentado por el aprovechamiento de los frutos comestibles. En Guatemala se identificaron algunos ejemplares incorrectamente como *S. hystrix* (Haw.) Buxb. (*Deam 6243*, MO), actualmente sinónimo de *S. heptagonus*.

2. Stenocereus pruinosus (Otto ex Pfeiff.) Buxb., *Bot. Stud.* 12: 101 (1961). *Echinocactus pruinosus* Otto ex Pfeiff., *Enum. Diagn. Cact.* 54 (1837). Neotipo (designado por Alvarado-Sizzo et al., 2018): México, Oaxaca, *Aquino & Arias 114* (MEXU-[nr] 1272791!). Ilustr.: Arias et al., *Fl. Valle Tehuacán-Cuicatlán* 95: 179, t. 32 (2012). N.v.: Pitayo.

Cereus pruinosus (Otto ex Pfeiff.) Otto, *Lemaireocereus pruinosus* (Otto ex Pfeiff.) Britton & Rose, *Rathbunia pruinosa* (Otto ex Pfeiff.) P.V. Heath, *Ritterocereus pruinosus* (Otto ex Pfeiff.) Backeb.

Plantas arborescentes, hasta 6 m; tallo principal con ramificación basal hasta la región media, el tronco hasta 60 cm, los tallos secundarios hasta 3(-4) m × 10(-15) cm, ascendentes, divergentes ligeramente arqueados, verde claro, con pruína blanquecina en el ápice de los tallos, sin formar bandas persistentes; costillas 5-7(-8), 2-3 cm de alto, prominentes, gruesas, agudas, los márgenes rectos a ligeramente sinuosos; el córtex no adquiere tono oscuro al contacto con el aire; aréolas 5-12 × 5-9 mm, obovadas, distantes entre sí (sobre la misma costilla) 0.8-2.5 cm, con fieltro moreno cuando jóvenes, gris al madurar; espinas radiales (9-)11, 0.5-3.5 cm, subuladas, extendidas, grises con tono pardo, el ápice rojizo cuando jóvenes; espinas centrales 3(4), 2-5.5(-9) cm, subuladas, ascendentes, la inferior generalmente porrecta, las dos superiores ascendentes, grises, la base rojiza cuando jóvenes. Flores 6-9 cm, infundibuliformes; pericarpelo 1.5-1.8 × 1.3-2 cm, globoso a oblongo, verde a pardo, las bractéolas c. 1 mm, deltadas, los márgenes ligeramente ciliados, verdes a rojizas, los tricomas escasos, amarillos, las espinas 0-3, 1-5 mm, pardo-grisáceas, a veces ausentes; tubo receptacular 3-4 cm, c. 1 cm de ancho en la base, 2.7-3 cm de ancho en la garganta, formando un cuello en la base, verde-rojizo, las bractéolas 1.5-6 mm, más largas hacia el perianto, más o menos oblanceoladas, los márgenes ciliados, el ápice obtuso, verdes a rojizas, las espinas presentes solo en la base, los tépalos externos 2-2.5 × 1.2-1.4 cm, oblanceolados, los márgenes ciliados, el ápice obtuso, rojos en el ápice; tépalos internos 2.5-3 × 0.8-1.2 cm, oblanceolados, los márgenes ciliados, blancos, a veces con tono rosado; estambres 1-2 cm, los filamentos blanco-amarillentos; cámara nectarial 1-1.8 cm; estilo 3.5-5 cm, el estigma con c. 10 lóbulos, 5-7 mm. Frutos 4-7(-12) × 3-5(-8) cm, ovoides, verdes a rojos, las aréolas c. 3 mm, amarillo claro, las espinas 5-10, 2-6 mm, más o menos rígidas, moreno-rojizas, la pulpa roja a amarilla; semillas 2-2.8 × 1.4-2 mm. Floración mar.-sep.; fructificación may.-sep. *Bosques tropicales caducifolios, matorrales espinosos sobre planicies, huertos familiares*. Oaxaca (*Sánchez-Mejorada 72-4029*, MEXU). 0-1650 m. (México [Oaxaca, Puebla]).

El límite sur de la distribución conocida de *Stenocereus pruinosus* se encuentra en el Istmo de Tehuantepec, en el límite geográfico de la Flora Mesoamericana, específicamente en la subprovincia denominada Llanura del Istmo de Tehuantepec. Fuera de esta región, se registra en diversas subprovincias de la Sierra Madre del Sur, siendo particularmente abundante en el Valle de Tehuacán. Aunque no conocemos registros en Chiapas, se incluye por su cercanía. Se trata de la especie más intensamente manejada y cultivada del grupo *S. griseus* y posiblemente, del género. Se reconocen hasta 31 variantes según las características del fruto, tan solo en la Mixteca Baja (Luna-Morales, 2007).

3. Stenocereus yunckeri (Standl.) P.V. Heath, *Calyx* 5: 101 (1996). *Cereus yunckeri* Standl., *Publ. Field Mus. Nat. Hist., Bot. Ser.* 9: 316 (1940). Holotipo: Honduras, *Yuncker et al. 8257* (F-[nr] 942577!). Ilustr.: Yuncker, *Publ. Field Mus. Nat. Hist., Bot. Ser.* 9: 315, t. 7 (1940), como *C. Yunckeri*.

Rathbunia yunckeri (Standl.) P.V. Heath.

Árboles o arbustos, hasta 6(-9) m; tallo principal hasta 3 m × 15-20 cm, ramificación desde la región media o basal, los tallos secundarios (5-)7-10 cm de ancho, erectos, verde oscuro, con bandas pruinosas de crecimiento persistente; costillas 8 o 9, 2-2.5 cm de alto, agudas, los márgenes más o menos enteros; el córtex adquiere tono oscuro al contacto con el aire; aréolas 3-5 mm, distantes entre sí (sobre la misma costilla) 0.5-1.3 cm; espinas radiales (5-)7-8(-10), 0.5-1.3 cm, aciculares, rectas, divergentes, grises; espina central 1, 1.2-2.6(-3) cm, acicular, recta, porrecta o deflexa, gris; zona fértil diferenciada de la infértil, los tallos son ligeramente más delgados, las espinas hasta 15, hasta 5 cm, no diferenciadas entre radiales y centrales, con bandas pruinosas. Flores 4.6-5.2 cm, infundibuliformes; pericarpelo 1-1.3 × 1.7-1.8 cm, las bractéolas 1-2 mm, deltadas, los márgenes enteros, las aréolas con tricomas cortos, abundantes, amarillo claro, casi cubren el pericarpelo, sin espinas; tubo receptacular 3-3.6 cm, no forma un cuello en la base, las bractéolas 2-5 mm, deltadas a lanceoladas, los márgenes irregularmente serrados, las aréolas con tricomas cortos, más escasos hacia el perianto, sin espinas; tépalos externos 0.8-1 cm, obovados, los márgenes ligeramente fimbriados, recurvados, verdes, a veces con tono blanquecino; tépalos internos 1-1.2 cm, obovados, los márgenes ligeramente fimbriados, recurvados, rosas a blanco-rosados; estambres 0.4-0.6 cm, los filamentos blancos; estilo 3.6-4 cm, blanco. Frutos c. 6 cm, globosos, verde-rojizos al madurar, negros al secarse; semillas no conocidas. Floración may.-jun.; fructificación jul. *Bosques tropicales caducifolios, matorrales espinosos*. H (*Zimmerman & García 2622*, DES). 150-300 m. (Endémica).

Especie con distribución restringida a Honduras, abundante localmente, pero pobremente colectada. Su presencia en Guatemala fue referida por Williams (1962), pero consideramos que es una confusión con *Marshallocereus aragonii* subsp. *eichlamii*. El conocimiento actual sobre las relaciones filogenéticas de las cactáceas columnares permite inferir que esta especie presentan caracteres contrastantes con el resto de las conocidas para *Stenocereus*.

Especie de *Stenocereus* excluida

Stenocereus griseus (Haw.) Buxb., *Bot. Stud.* 12: 100 (1961). *Cereus griseus* Haw., *Syn. Pl. Succ.* 182 (1812). Neotipo (designado por Alvarado-Sizzo et al., 2018): Colombia, *Saravia 2183* (COL).

Lemaireocereus griseus (Haw.) Britton & Rose, *Rathbunia grisea* (Haw.) P.V. Heath, *Ritterocereus griseus* (Haw.) Backeb.

Especie referida anteriormente para Mesoamérica, bajo la interpretación de especie introducida en México (Bravo-Hollis & Sánchez-Mejorada, 1978). Evidencias recientes muestran que fue erróneamente determinada como las otras especies mexicanas del grupo (*Stenocereus pruinosus* y *S. laevigatus*). El estudio de Alvarado-Sizzo et al. (2018) demuestra que los individuos más comúnmente referidos como *S. griseus* del norte de México en realidad corresponden a *S. huastecorum*, mientras que aquellos de la región mesoamericana corresponden a *S. laevigatus* y *S. pruinosus*. Por otra parte, *S. griseus* se restringe a las Antillas de Sotavento (Aruba, Bonaire y Curaçao), y al norte de Venezuela y norte de Colombia, en donde crece en al menos tres enclaves áridos interandinos (Chicamocha, Tatacoa y río Patía). Por su distribución queda excluida del ámbito de la *Flora Mesoamericana*.

24. Weberocereus Britton & Rose

Eccremocactus Britton & Rose.

Por B.E. Hammel & S. Arias.

Trepadoras, epífitas, en ocasiones saxícolas; raíces adventicias presentes; tallos con ramificación difusa, ascendentes o péndulos, indeterminados o determinados, el tallo principal y los secundarios variables, en general la porción basal terete y la superior en filocladio o terete a acostillado, los filocladios con los márgenes enteros, crenados o profusamente lobulados, las costillas con los márgenes enteros a ligeramente crenados, no cornificados; aréolas distantes entre sí, inermes o con espinas y pelo-espinas; hojas reducidas a escamas no conspicuas. Flores 5-7 cm, solitarias, infundibuliformes, angostamente infundibuliformes o campanulado-infundibuliformes, nocturnas; pericarpelo y tubo receptacular con podarios más o menos numerosos, bajos, los superiores decurrentes, las bractéolas pequeñas, que no cubren las paredes del pericarpelo y tubo receptacular, patentes o adpresas, verdes, las aréolas con pelos, espinas y pelo-espinas, no cubiertas por las bractéolas, el pericarpelo a veces sin una de ellas; tubo receptacular conspicuo, del mismo tamaño o más largo que los tépalos; perianto con tépalos numerosos, ascendentes a erectos, blancos o amarillo claro, con tonos verdes, castaños, rosado claro o rosado-purpúreos; estambres numerosos, insertos principalmente en dos bandas, una cerca del cuello nectarial del tubo receptacular y la otra en la garganta (a veces con pocos estambres dispersos entre ambas); cámara nectarial ubicada en una zona angosta por debajo de la banda proximal de los estambres. Frutos carnosos, indehiscentes, globosos, subglobosos, ovoides, elipsoides u oblongos, rojos, rosados o amarillos, tuberculados, las bractéolas persistentes, escasas, las aréolas a veces con espinas o pelo-espinas, remanentes florales rara vez persistentes; semillas 1.3-2 mm, ovoides, subreniformes o elipsoides, la testa negra o parda, brillante, lisa o con puntuaciones. 6 spp. (o más de una subsp.) en Mesoamérica y Ecuador; 5 spp. en Mesoamérica.

Weberocereus se caracteriza por la presencia de flores nocturnas y tallos semejantes a miembros de *Selenicereus* y *Epiphyllum* (sensu Korotkova et al., 2017). Evidencias basadas en datos moleculares revelaron que cinco especies incluyendo a *W. tunilla* (especie tipo) se resuelven en un grupo monofilético, mientras que *W. glaber* y *W. tonduzii* se resuelven en clados conformados en su mayoría por especies pertenecientes a *Selenicereus* (véase el respectivo tratamiento) (Korotkova et al., 2017). No se reportan caracteres morfológicos únicos que permitan diferenciar a *Weberocereus* de otros miembros de Hylocereeae (Martínez-Quezada et al., 2020). No obstante, todas tienen flores de tamaño mediano (4-7 cm) más o menos campanuladas y fragancias notorias pero difíciles de describir, entre mango cele (inmaduro), pepino, levadura o pescado fresco, un síndrome de caracteres que sugieren polinización por murciélagos (Tschapka et al., 1999). Para fines de la flora aceptamos la propuesta taxonómica de Korotkova et al. (2017), pero se destacan otras publicaciones dirigidas a algunas especies que son significativas para comprender su variación (Bauer, 2001, 2003a; Kimnach, 1958b, 1962b; Kimnach & Hutchison, 1956a, 1956b). En Mesoamérica se distribuyen 5 spp.; solo *W. rosei* (Kimnach) Buxb. se distribuye fuera de esta región (Ecuador).

Las medidas entre aréolas se toman en línea recta, a lo largo de los márgenes del filocladio, ala o costilla (sin tomar en cuenta los lóbulos de los márgenes).

Bibliografía: Bauer, R. *Kakteen And. Sukk.* 52: 225-230 (2001); 54: 239-244 (2003b). Hunt, D.R. *Bot. Mag. (Kew Mag.)* 2: 339-341 (1985). Kimnach, M.W. *Cact. Succ. J. (Los Angeles)* 30: 35-39 (1958b); 34: 78-82 (1962b). Kimnach, M.W. & Hutchison, P.C. *Cact. Succ. J. (Los Angeles)* 28: 152-156 (1956a); 177-181 (1956b); 29: 26-28 (1957a). Korotkova, N. et al. *Phytotaxa* 327: 1-46 (2017). Tschapka, M. et al. *Pl. Biol.* (Stuttgart) 1: 554-559 (1999).

1. Tallos en filocladios (3-)5-15(-17) cm de ancho.
  2. Filocladios someramente crenado-lobulados, las aréolas inermes o (más frecuentemente) con 1-10(-13) espinas; aréolas de los frutos inermes (a veces con pocos pelos en las aréolas basales). **1. W. bradei**
  2. Filocladios profundamente lobulados, las aréolas inermes (o rara vez pocas espinas presentes, en la base de tallos maduros); aréolas de los frutos con (15-)25-60 espinas. **3. W. imitans**
1. Tallos en filocladios menos de 3 cm de ancho, o (mucho más a menudo) 3(4)-alados a 3-6-acostillados o 3-6(7)-angulados a teretes o subteretes.
  3. Tallos con los entrenudos 6-10 cm de ancho, las aréolas con 10-30(o más) espinas; frutos amarillos, fuertemente angulados (los podarios naviculares), la pulpa blanca. **2. W. frohningiorum**
  3. Tallos con los entrenudos menos de 3 cm de ancho, las aréolas con hasta 2-20(o más) espinas, o inermes; frutos verdes o blancos a rosados o fucsia a rojos o rojizos, notoriamente tuberculados (los podarios cónicos o mamilados), la pulpa magenta a roja o morada.
    4. Tallos teretes o (cuando jóvenes) someramente 5-7-angulados; aréolas con hasta c. 40 pelos sinuosos 5-20 mm. **4. W. trichophorus**
    4. Tallos teretes o subteretes a 3-6-angulados o -acostillados a (raramente) 3 o 4-alados, o (rara vez) en filocladios; aréolas sin pelos o, si (a veces) con algunos, entonces 1-3 mm.
      5. Tallos maduros inermes o rara vez con pocas espinas; 0-1500 m, Honduras a Panamá. **5a. W. tunilla subsp. biolleyi**
      5. Tallos maduros con abundantes espinas; 1000-1800 m, Costa Rica. **5b. W. tunilla subsp. tunilla**

1. Weberocereus bradei (Britton & Rose) G.D. Rowley, *Repert. Pl. Succ.* 23: 10 (1972 [1974]). *Eccremocactus bradei* Britton & Rose, *Contr. U.S. Natl. Herb.* 16: 262 (1912-1916 [1913]). Lectotipo (designado por Bauer, 2003a): Costa Rica, *Brade s.n.* (NY-[cb] NY00120684, imagen en Internet!). Epitipo (designado por Bauer, 2003a): Costa Rica, *Brade s.n.* (NY-[cb] NY00120685, imagen en Internet!). Ilustr.: Kimnach & Hutchison, *Cact. Succ. J. (Los Angeles)* 28: 179, t. 149 (1956b), como *E. bradei.*

Epiphyllum bradei (Britton & Rose) Standl., *Phyllocactus bradei* (Britton & Rose) Vaupel.

Plantas epífitas (hasta al menos 25 m sobre el nivel del suelo); tallos 40-200(0 más) × 5-12 cm, ascendentes a péndulos, en filocladios, estos 13-82(-100) × (3-)5-12(-17) cm, con la base terete, 3-8 cm, el ápice obtuso, los márgenes variables, de ligera a marcadamente crenados, con lóbulos que se proyectan hasta 5 mm, semicirculares; aréolas 1.5-4 cm distantes entre sí, con (0)1-10(-13) espinas, 3-8 mm, aciculares a subuladas, amarillo translúcido, sin pelos. Flores 5.5-7 cm, campanulado-infundibuliformes; pericarpelo 1-2 × 1.2-1.4 cm, verde pálido, la base oscura, angulado, las bractéolas 2 × 5 mm, deltadas a ovadas, verde-amarillentas, las aréolas sin espinas, con 0-6 pelos, c. 5 mm, presentes solo en algunas aréolas inferiores; tubo receptacular 2.1-3.5 cm, 0.9-1.2 cm de ancho en la base, 1.3-1.5 cm de ancho en la garganta, recurvado en tallos péndulos y recto en tallos ascendentes, verde, levemente angulado, las bractéolas 4-10 mm, subcirculares a deltadas, carnosas, subpatentes, verdes a amarillo-pardas, las aréolas sin espinas ni pelos; tépalos externos 1-2.5 × 0.7-1.1 cm, ampliamente ovados, los inferiores más carnosos, castaño-amarillentos; tépalos internos c. 20, 2-3 × c. 1 cm, oblongos, blanco-amarillentos; cámara nectarial c. 1 cm; estambres 2-3 cm, los filamentos blanco-amarillentos, las anteras c. 2 mm, amarillas; estilo 4-6 cm, el estigma con 6-11 lóbulos, c. 4 mm, verdes a crema o amarillos. Frutos 2.5-4 × 2.5-2.7 cm, ovoide-globosos, rojizos, con angulados a lisos, las bractéolas 1-3 mm, sin espinas, con pelos escasos, c. 5 mm en las aréolas basales, la pulpa blanca a rojiza; semillas c. 1.3 mm, elipsoides. Floración ene., mar.-jun. *Bosques tropicales perennifolios y subperennifolios*. CR (*Kernan & Phillips 1148*, MO). 0-850 m. (Endémica).

Weberocereus bradei es muy distintivo por sus filocladios grandes, relativamente gruesos (hasta c. 0.4 cm de grosor) y a menudo con espinas (algo parecido a una *Opuntia*). Es más parecida a *W. frohningiorum*, la cual difiere por sus tallos trialados o triangulados y aréolas de los tallos con abundantes pelos y espinas más largas.

2. Weberocereus frohningiorum Ralf Bauer, *Kakteen And. Sukk.* 52: 228 (2001). Isotipo: Costa Rica, *Frohning 9067* (K-[cb] K000100018, imagen en Internet!). Ilustr.: Hammel, *Monogr. Syst. Bot. Missouri Bot. Gard.* 138: 290 (2020).

Plantas trepadoras, aparentemente terrestres o saxícolas, hasta c. 2 m; tallos, triangulados o trialados, los entrenudos 30-65 × 6-10 cm, los márgenes enteros a crenados, con lóbulos que se proyectan hasta 1 mm, redondeados, el ápice agudo a redondeado; aréolas 1.5-3.3 cm distantes entre sí, con (5-)10-30(o más) espinas, (5-)10-25 mm, aciculares, amarillas o ámbar, con 15-32 pelos hasta c. 40 mm, setosos, rectos a subsinuosos, blancos. Flores 5-6 cm, campanulado-infundibuliformes; pericarpelo c. 0.8 × 1 cm, verde a amarillo-rosado, ligeramente angulado, las bractéolas 1-2 mm, inerme y rara vez con alguna pelo-espina; tubo receptacular c. 0.8 cm, ligeramente curvo, verde-amarillento a rosado, las bractéolas 2-4 mm, espatuladas, marrón con tonos rojizos, sin espinas ni pelos; tépalos externos 1.8-2.6 × c. 0.8 cm, lanceolados, rosados a blanquecinos con una franja central más oscura; tépalos internos 2.5-3.5 × 0.7-0.9 cm, lanceolados, rosado-blanquecinos con una franja media rosada; cámara nectarial c. 1.4 cm; estambres 2-2.5 cm, los filamentos blancos y las anteras amarillentas, c. 1 mm; estilo 4.5-5 cm, rosado con tonos blanquecinos, el estigma con (4)6 o 7 lóbulos, amarillentos a blancos. Frutos c. 3 × 2 cm, ovados, amarillos a verdoso-pálido, más o menos angulado, las bractéolas c. 2 mm, inermes o con espinas 13-23 mm, con pelos 5-18 mm, la pulpa blanca; semillas 1.2-1.5 mm, ovoides. Floración abr.-may., ago. *Bosques tropicales perennifolios, acantilados*. CR (*Morales 8118*, MO). 1200-1400 m. (Endémica).

Weberocereus frohningiorum se distingue fácilmente de otras especies del género de la región por sus tallos trialados o triangulados y con numerosas espinas y pelos en las aréolas, más numerosos y más largos que en cualquier otra especie de *Weberocereus*. Al menos por el grosor de las alas (hasta c. 0.5 cm) es parecido a *W. bradei* con filocladios hasta c. 0.4 cm de grosor.

3. Weberocereus imitans (Kimnach & Hutchison) Buxb., *Succulenta (Netherlands)* 57: 125 (1978). *Werckleocereus imitans* Kimnach & Hutchison, *Cact. Succ. J. (Los Angeles)* 28: 154 (1956). Holotipo: Costa Rica, *Lankester s.n.* (UC-[nr] 052593, imagen en Internet!). Ilustr.: Kimnach & Hutchison, *Cact. Succ. J. (Los Angeles)* 28: 153, t. 121 (1956a), como *Werckleocereus imitans*.

Cryptocereus imitans (Kimnach & Hutchison) Backeb., *Eccremocactus imitans* (Kimnach & Hutchison) Kimnach.

Plantas epífitas o trepadoras (que llegan hasta al menos 20 m sobre el nivel del suelo), hasta c. 10 m o más; tallos en filocladios, estos

35-60 × 6.5-15 cm, ascendentes a péndulos con los márgenes profusamente lobulados, con lóbulos que se proyectan 1-6.6 × 1.5-3 cm, oblicuamente ovados, ligeramente inclinados hacia el ápice, el lado superior casi recto y el inferior en forma de "S", el ápice obtuso; aréolas 2-5 cm distantes entre sí, comúnmente sin espinas, raramente con hasta 3 presentes, 2-4 mm, aciculares, pardo-rojizas, limitadas a la región basal de los tallos maduras. Flores 6-7 cm, campanulado-infundibuliformes; pericarpelo 0.8-1.2 × 0.8-1.1 cm, la base amarillo-verdosa, la parte superior rosado-amarillenta o (más a menudo) verde en todo, conspicuamente tuberculado, con (1-)5-10 espinas, setosas, blanquecinas, sin pelos; tubo receptacular 2-3.5 cm, más o menos curvo, la base verde-amarillenta, la parte superior pardo-rosada, ligeramente angulado-tuberculado, las bractéolas 5-8 × 5-7 mm, deltadas a ovado-obtusas, con (0-)2-7 espinas, hasta 4 mm, presentes en el 1/3 inferior del tubo; tépalos externos c. 16, 1-2.2 × 0.5-0.9 cm, ovado-obtusos, el ápice mucronado, marrón; tépalos internos c. 17, 2.5-3 × 0.8-1 cm, ovado-lanceolados, el ápice mucronado, blancos a blanco-amarillentos con tono rosado; cámara nectarial c. 1.5 cm; estambres 1.7-2.5 cm, los filamentos blancos, blanco-amarillentos o rosados, las anteras c. 1.5 mm; estilo c. 5.5 cm, blanco-amarillento, el estigma con 6-9 lóbulos, blancos o amarillentos. Frutos 3.7-4 × c. 3.1 cm, elipsoides a ovoides, rojos con tono marrón, conspicuamente tuberculados, con (15-)25-60 espinas, 5-11 mm, rígidas, blanco-grisáceas, la pulpa blanquecina; semillas 1.5-2 mm, elipsoides. Floración jun., nov. *Bosques medianos, cañadas húmedas*. CR (*Aguilar et al. 3735*, MO). 0-800 m. (Endémica).

Weberocereus imitans es la única especie del género con filocladios profusamente lobulados. Es fácil confundirla vegetativamente con *Selenicereus anthonyanus* (comúnmente cultivada), la cual difiere por presentar 1-3 espinas en prácticamente todas las aréolas de los filocladios. Además, las flores son más grandes, subrotadas, con los tépalos externos rojos y patentes a reflexos.

4. Weberocereus trichophorus H. Johnson & Kimnach, *Cact. Succ. J. (Los Angeles)* 35: 205 (1963). Holotipo: Costa Rica, *Lankester s.n.* (UC-[nr] 229160, imagen en Internet!). Ilustr.: Johnson & Kimnach, *Cact. Succ. J. (Los Angeles)* 35: 204, t. 1-9 (1963).

Plantas principalmente epífitas trepadoras, hasta al menos 12 m; tallos someramente 5-7-acostillados (cuando jóvenes) a teretes, los entrenudos hasta al menos 200 × 0.8-1.2 cm, ascendentes a péndulos, los márgenes variablemente subenteros; aréolas 1-3 cm distantes entre sí, con 2-20 espinas, 3-12 mm, blanco-amarillentas, con 30-40 pelos, 5-20 mm, subsetosos, sinuosos, blancos. Flores 4.5-6 cm, campanulado-infundibuliformes, fragantes; pericarpelo c. 1.5 × 1 cm, oliva-rosado, tuberculado o mamilado, las bractéolas c. 1 mm, deltadas, expandidas, verdes o purpúreo-amarillentas, con 8-18 pelos, 2-11 mm, sinuosos, blancos; tubo receptacular 2.3-2.5 cm, oliva a oliva-rosado, ligeramente angulado-tuberculado-, obtusos, las bractéolas 3-9 mm, linear-ovadas, abruptamente encorvadas, oliva-rosado a amarillentas, con pelos presentes en el 1/3 inferior; tépalos externos 20, 1-2.5 cm, linear-ovados, adpresos sobre los tépalos internos, carnosos, amarillo-rosados o rosado-purpúreos; tépalos internos c. 12, × 2-3.5 cm, oblongo-lanceolados, rosado claro, a veces con tono anaranjado-rojizo; cámara nectarial 0.8-1 cm; estambres c. 1 cm, los filamentos blancos, las anteras c. 1.5 mm, amarillas; estilo 3.5-4.5 cm, blanco, el estigma con 6 o 7 lóbulos, blancos o blanco-amarillentos. Frutos 2-3 × c. 2 cm, ovoides a subglobosos, verdes a rosados o rojizos, conspicuamente tuberculados o mamilados, las bractéolas 0.5-2 mm, las aréolas con hasta 10 pelos, 5-8 mm, la pulpa morada; semillas 1.1-1.75 × 1-1.2 mm, ovoides. Floración feb., mar., oct.-nov. *Bosques tropicales perennifolios*. CR (*Burger et al. 10464*, CR). 0-100(-350?) m. (Endémica).

Weberocereus trichophorus es semejante a *W. tunilla*, pero se caracteriza especialmente por la gran cantidad de espinas y pelos sobre los tallos, y pelos sobre las flores y los frutos. Dado que los tallos maduros generalmente son teretes (sin costillas notorias) y a veces se pierden los pelos en tallos viejos, la separación de *W. tunilla* puede ser problemática, ya que ambas pueden tener muchas espinas y tallos teretes. Sin embargo, los tallos de *W. tunilla* subsp. *biolleyi*, localmente simpátrica con *W. trichophorus*, carecen de espinas. La elevación (350 m) indicada en el protólogo es dudosa; fuera de esa localidad probablemente errónea, no se ha recolectado arriba de 100 m (véase Hammel, 2020).

5. Weberocereus tunilla (F.A.C. Weber) Britton & Rose, *Contr. U.S. Natl. Herb.* 12: 432 (1908-1909 [1909]). *Cereus tunilla* F.A.C. Weber, *Bull. Mus. Hist. Nat. (Paris)* 8: 460 (1902). Neotipo (designado por Bauer, 2003a): Costa Rica, *Horich s.n.* (ZSS!). Ilustr.: Kimnach, *Cact. Succ. J. (Los Angeles)* 40: 114, t. 1 (1968b).

Plantas epífitas o trepadoras (hasta al menos 35 m sobre el nivel del suelo), hasta 7 m; tallos teretes o subteretes a 3-6-angulados o -acostillados a (raramente) 3 o 4-alados, o (especialmente cuando juveniles) en filocladios (a veces todas estas formas de tallo presentes en una misma planta), los entrenudos hasta al menos 200 × 0.5-2.5 cm, las costillas (cuando presentes) 3-8 mm de alto, los márgenes más o menos enteros (en costillas) a ligeramente crenados y con lóbulos subagudos (en filocladios); aréolas 2-6 cm distantes entre sí, con (0-)6-16(-20 o más) espinas, 3-8 mm, subuladas, anaranjadas a grisáceas, eventualmente caducas, con pocos pelos, 1-3 mm, blanquecinos, a veces persistentes. Flores 4-7 cm, infundibuliformes a campanulado-infundibuliformes; pericarpelo 1-1.3 × 0.5-1 cm, verde oliva a café claro-verdoso o rosado, conspicuamente tuberculado o mamilados, las bractéolas 1-2 × c. 1 mm, ovado-deltadas a deltadas, ámbar con tono castaño, sin espinas, con 1-12 pelos setosos, 2-8 mm, blancos a amarillentos; tubo receptacular 2-2.7 cm, verde oliva a café claro-verdoso o rosado, levemente angulado, las bractéolas 1-13 × 1-3 mm, las inferiores deltadas, obtusas, las superiores lineares, ámbar o rosadas, reflexas o patentes, sin espinas, con 2-4 pelos, 1-3 mm (solo en el 1/3 inferior del tubo); tépalos externos 1.3-2.7 × 0.3-0.7 cm, verdes o verde oliva a rosados o magenta a salmón, los más internos rosados, linear-ovados a linear-obovados, cóncavos, el ápice obtuso, mucronado o ligeramente acuminado, carnosos; tépalos internos 3-4 × 0.4-0.7 cm, blancos a rosado pálido, linear-oblongos, el ápice ligeramente acuminado a subagudo; cámara nectarial 1-1.3 cm; estambres 2-3 cm, los filamentos blanco-amarillentos, las anteras c. 2 mm; estilo 4.5-5 cm, blanco-amarillento con tono rosado, el estigma con 8-10 lóbulos, 3-4 mm, blancos o blanco-amarillentos. Frutos 1.5-3(-4.5) cm, ovoides a subglobosos, verdes o blancos a rosados o fucsia a rojos, más o menos tuberculados, las bractéolas c. 2 mm, con hasta 6 espinas, c. 2 mm, rígidas, aciculares, presentes en el 1/3 superior, amarillentas, y con hasta 8 pelos, c. 9 mm, suaves, blancos, la pulpa magenta a roja o morada; semillas 1.2-2 mm. *Bosques de neblina, bosques tropicales perennifolios, bosques húmedos, bosques de* Quercus, *cañadas húmedas*. H-P. 0-1800 m. (Endémica).

5a. Weberocereus tunilla (F.A.C. Weber) Britton & Rose subsp. **biolleyi** (F.A.C. Weber) Ralf Bauer, *Kakteen And. Sukk.* 54: 243 (2003). *Rhipsalis biolleyi* F.A.C. Weber, *Bull. Mus. Hist. Nat. (Paris)* 8: 467 (1902). Neotipo (designado por Bauer, 2003a): Costa Rica, *Horich s.n.* (ZSS-[nr] 21351). Ilustr.: Britton & Rose, *Cact.* 2: t. 39, f. 2 (1920), como *W. biolleyi*.

Cereus biolleyi (F.A.C. Weber) F.A.C. Weber, *Weberocereus biolleyi* (F.A.C. Weber) Britton & Rose, *W. biolleyi* subsp. *panamensis* (Britton & Rose) Doweld, *W. panamensis* Britton & Rose.

Tallos teretes a subteretes o (menos frecuentemente) acostillados, 3 o 4 alados, o en filocladios, inermes o con pocas espinas en tallos maduros. *Bosques de neblina, bosques tropicales perennifolios*. H (*Yuncker et al. 8740*, MO); N (*Rueda et al. 4639*, MO); CR (*Hammel & Grayum 20719*, CR); P (*McPherson 8534*, MO). 0-1500 m. (Endémica).

Véanse notas bajo *Weberocereus tunilla* subsp. *tunilla*.

5b. Weberocereus tunilla (F.A.C. Weber) Britton & Rose subsp. **tunilla**.

Tallos acostillados, las espinas abundantes sobre tallos maduras (a menudo caducas en las más viejas). *Bosques húmedos, bosques de* Quercus*, cañadas húmedas*. CR (*Hammel 22551*, CR). 1000-1800 m. (Endémica).

Las subespecies *Weberocereus tunilla* subsp. *biolleyi* y *W. tunilla* subsp. *tunilla* se traslapan en sus rangos de elevación, pero la primera se establece en regiones altitudinalmente más bajas que la segunda. Los tallos teretes o subteretes son frecuentes en *W. tunilla* subsp. *biolleyi*, mientras que los tallos acostillados son más comunes en *W. tunilla* subsp. *tunilla*.

GLOSARIO PARA CYCADACEAE A CACTACEAE

Por H.M. Hernández & C. Ulloa Ulloa.

acarodomacio. Órgano, o parte de este, transformado a manera de habitáculo en donde se alojan una o varias especies de ácaros, dándole protección a la planta hospedera frente a fitófagos.

aréola. En Cactaceae, área en la superficie del tallo frecuentemente elevada, con mechones de tricomas, glóquidas, cerdas y/o espinas.

botrioide. Inflorescencia que tiene semejanza a un racimo.

cámara nectarial. Espacio bien definido en la base de la flor en donde se deposita el néctar.

catafilos. Hojas poco desarrolladas, escuamiformes, creciendo en diferentes partes de la planta.

cladodio. En *Opuntia*, segmento del tallo, articulado, aplanado o cilíndrico y fotosintético.

cerda. Estructura espiniforme, esbelta como un pelo, larga y algo rígida, no punzante como la mayoría de las espinas de Cactaceae.

córtex. Tejido inmediatamente por debajo de la epidermis o hipodermis (cuando presente), usualmente compuesto de células parenquimatosas.

espina central. Espina o grupo de espinas surgiendo de la región más interna o central de la aréola, usualmente rodeada por las espinas radiales.

espinas radiales. Espinas dispuestas radialmente o adpresas al cuerpo de la planta, surgiendo de la periferia de la aréola. Generalmente se distinguen de las centrales por ser menos masivas, más pequeñas o de diferente color.

filocladio. Segmento del tallo muy aplanado, fotosintético y generalmente articulado, semejante a una hoja, propio de varias especies de cactáceas epífitas (p. ej., *Disocactus*, *Epiphyllum*). En ocasiones se lo usa como sinónimo de cladodio.

fóvea. Pequeño hoyo o concavidad en una estructura vegetal.

glóquida. En Opuntioideae (Cactaceae), estructuras fácilmente desprendibles que surgen en mechones de las aréolas, generalmente pequeñas (c. 2-3 mm de largo), con minúsculas púas retrobarbadas en su superficie.

hemiparásita. Planta capaz de realizar la fotosíntesis, pero que parasita otra especie.

hilo. Depresión en forma de cicatriz en donde la semilla estuvo unida con el funículo.

hilo-micropilar. Región usualmente hundida que comprende el hilo y el micrópilo de las semillas de las Cactaceae.

hiperparásita. Planta parásita de otra especie parásita.

marcescente. Estructuras, como hojas o estructuras florales, que se secan en la planta, sin desprenderse.

micrópilo. En las semillas de las Cactaceae, abertura que permite la entrada de humedad antes de la germinación.

ócrea. Tubo de origen estipular rodeando al tallo por encima del pecíolo, característica de las Polygonaceae.

ocréola. En las Polygonaceae, tubo de origen estipular en los nudos de las inflorescencias.

parásita. Planta inhábil para realizar la fotosíntesis y que obtiene sus nutrientes de otra especie.

pelo-espina. En Cactaceae se refiere a las espinas flexibles, no rígidas.

pericarpelo. Tejido rodeando los carpelos.

podario. Tubérculo derivado del crecimiento de la porción inferior de una hoja en donde las otras partes no se desarrollan.

profilos. Primeras hojas de una ramificación.

pruina. Revestimiento opaco, generalmente ceroso, cubriendo diversas estructuras como hojas, tallos o frutos, dándoles aspecto glauco.

ramificación acrótona. En cactáceas epífitas (p. ej., *Rhipsalis*), forma de ramificación en donde los tallos nuevos surgen de la región apical de tallos existentes.

viscina. En los muérdagos, substancia clara, pegajosa, que cubre a las semillas.

zona fértil. Porción del tallo correspondiendo al cefalio o seudocefalio de algunos géneros de cactáceas (*Melocactus*, *Cephalocereus*, *Pilosocereus*, etc.) de donde emergen las flores.

APÉNDICE

El apéndice incluye nombres cuyo tipo es de Mesoamérica pero que no se trataron en el manuscrito por diversas razones: no fueron incluidos en el manuscrito original, corresponden a nombres antiguos sin resolver, fueron publicados mientras el volumen ya estuvo en la imprenta. El listado es informativo y no representa decisión alguna sobre el estado del nombre.

CACTACEAE

Selenicereus haberi Hammel, *Phytoneuron* 2025-37: 2 (2025). Holotipo: Costa Rica, *Hammel & Hyams 28052* (CR).

LAURACEAE

Aiouea acuminata van der Werff & Penagos, *Novon* 32: 115 (2024). Holotipo: Costa Rica, *Kernan 793* (MO).

Cryptocarya panamensis P.L.R. Moraes & van der Werff, *Novon* 20: 190 (2010). Holotipo: Panamá, *McPherson 20456* (PMA).

LORANTHACEAE

Struthanthus acostensis L.A. González & J.F. Morales, *Sida* 21: 98 (2004). Holotipo: Costa Rica, *Morales 4582* (CR).

MAGNOLIACEAE

Magnolia emilceana Archila, Tribouill. & A. Vázquez, *Phytotaxa* 665: 130 (2024). Holotipo: Guatemala, *Alvarado MG-115* (BIGU-[nr] 084952).

Magnolia harnpariphana Archila, Tribouill. & A. Vázquez, *Phytotaxa* 665: 135 (2024). Holotipo: Guatemala, *Alvarado MG-113* (BIGU-[nr] 084955).

Magnolia juliana Archila, Tribouill. & O.E. Alvarado, *Phytotaxa* 665: 139 (2024). Holotipo: Guatemala, *Archila & Alvarado MG-116* (BIGU-[nr] 084953).

NYCTAGINACEAE

Mirabilis calophlebia R. García Mart. & Beutelsp., *Lacandonia* 14: 20 (2020). Holotipo: México, Chiapas, *García-Martínez 137* (HEM).

PHYTOLACCACEAE

Phytolacca octandra L., *Sp. Pl., ed. 2* 1: 631 (1762). Lectotipo (designado por Nowicke, 1968 [1969]): *Herb. Linn. 607.1* (LINN).

POLYGONACEAE

Coccoloba burgeri J.J. Ancona, P. Hern.-Led. & Ortiz-Diaz, *Acta Bot. Mex.* 132(e2435): 3 (2025). Holotipo: Costa Rica, *Espinoza 849* (MO).

Coccoloba costaricensis J.J. Ancona, P. Hern.-Led. & Ortiz-Diaz, *Acta Bot. Mex.* 132(e2435): 7 (2025). Holotipo: Costa Rica, *Moraga 238* (UADY).

Coccoloba glandulosa J.J. Ancona, P. Hern.-Led. & Ortiz-Diaz, *Acta Bot. Mex.* 132(e2435): 9 (2025). Holotipo: Costa Rica, *Kernan & Phillips 1201* (UADY).

Coccoloba najarroi Ortiz-Diaz & J.J. Ancona, *Bot. Sci.* 102: 217 (2024 [2023]). Holotipo: Mexico, Chiapas, *Breedlove & Almeda 57722* (MO).

SANTALACEAE

Dendrophthora perlicarpa Kuijt, *Phytologia* 97: 141 (2015). Holotipo: Panamá, *Harrison & Harrison 680* (UCH).

Dendrophthora primaria Kuijt, *Phytologia* 98: 142 (2016). Holotipo: Panamá, *Harrison & Harrison 638* (UCH).

BIBLIOGRAFÍA

Acevedo-Rosas, R. & J.L. Martínez y Pérez. 1995. Opiliaceae. *Fl. Veracruz* 84: 1-6. Instituto Nacional de Investigaciones sobre Recursos Bióticos, Xalapa.

Acuña Castillo, R. 2010. A new species of *Zamia* (Zamiaceae) from Costa Rica. *Brenesia* 73-74: 29-33.

Acuña Castillo, R. & L.D. Gómez P. 2009. Selección de un lectotipo para *Zamia fairchildiana* L.D. Gómez (Zamiaceae). *Brenesia* 71-72: 65-66.

Aellen, P. 1959-1979 [1960]. Chenopodiaceae. *Ill. Fl. Mitt.-Eur.* ed. 2, 3(2 [Lief. 2]): 533-612.

Aellen, P. 1959-1979a [1961]. Chenopodiaceae (con't.). *Ill. Fl. Mitt.-Eur.* ed. 2, 3(2 [Lief. 3]): 613-692.

Aellen, P. 1959-1979b [1961]. Chenopodiaceae (concl.). *Ill. Fl. Mitt.-Eur.* ed. 2, 3(2 [Lief. 4]): 693-772.

Ahrendt, L.W.A. 1961. *Berberis* and *Mahonia*: A taxonomic revision. *J. Linn. Soc., Bot.* 57(369): 1-410.

Alexander, E.J. 1944. A new genus in Cactaceae. *Cact. Succ. J. (Los Angeles)* 16(12): 175-178.

Alexander, E.J. 1950. A new cactus genus from Mexico. *Cact. Succ. J. (Los Angeles)* 22(6): 163-166.

Alexander, E.J. 1956. *Epiphyllum chrysocardium* - a new species. *Cact. Succ. J. (Los Angeles)* 28(1): 3-6.

Allen, C.K. 1945a. Studies in the Lauraceae, VI. Preliminary survey of the Mexican and Central American species. *J. Arnold Arbor.* 26(3): 280-364.

Allen, C.K. 1945b. Studies in the Lauraceae, VI. Preliminary survey of the Mexican and Central American species, concluded. *J. Arnold Arbor.* 26(4): 365-434.

Allen, C.K. 1948. Flora of Panama, Part V. Fascicle 1. Lauraceae. *Ann. Missouri Bot. Gard.* 35(1): 1-68.

Allen, C.K. 1964. Lauraceae. *En*: B. Maguire, J.J. Wurdack et al., The Botany of the Guayana Highland. *Mem. New York Bot. Gard.* 10(5): 44-123.

Allen, P.H. 1956. *The Rain Forests of Golfo Dulce* i-xii, 1-417, t. 1-34. University of Florida Press, Gainesville.

Alpini, P. 1627. *De Plantis Exoticis Libri Duo* 1-344. Guerilium, Venice.

Alvarado-Sizzo, H., A. Casas, F. Parra, H.J. Arreola-Nava, T. Terrazas & C. Sánchez. 2018. Species delimitation in the *Stenocereus griseus* (Cactaceae) species complex reveals a new species, *S. huastecorum*. *PLoS ONE* 13(1-e0190385): 1-25.

Alvarado-Sizzo, H., A. Casas, A. González-Rodríguez, H.J. Arreola-Nava & T. Terrazas. 2019. Clave dicotómica y distribución del complejo de especies de *Stenocereus griseus* (Cactaceae). *Revista Mex. Biodivers.* 90(1-e902675): 1-16.

Ancona, J.J., J.J. Ortiz-Diaz, J. Tun Garrido, M. Monserrat Ferrer & J.P. Pinzón Esquivel. 2018. *Gymnopodium toledense* (Polygonaceae), a new species from Belize resolved by morphology and distance analyses of molecular data. *Willdenowia* 48(3): 433-441.

Ancona, J.J., J.J. Ortiz-Diaz, E. De Luna, J. Tun Garrido & R.C. Barrientos-Medina. 2019. Statistical analyses of morphological variation in the *Gymnopodium floribundum* complex (Polygonaceae): Definition of three subspecies. Análisis estadístico de la variación morfológica en el complejo *Gymnopodium floribundum* (Polygonaceae): Definición de tres subespecies. *Acta Bot. Mex.* 126(e1517): 1-21.

Ancona, J.J., J.J. Ortiz-Diaz & J. Tun Garrido. 2023. *Coccoloba efigeniana* and *C. ibarrae*, two new species of *Coccoloba* sect. *Paniculatae* Meisn. (Polygonaceae). *Phytotaxa* 599(2): 100-108.

Anderson, E.F. 2001. *The Cactus Family* 1-776. Timber Press, Portland.

Andresen, J.W. 1964. The taxonomic status of *Pinus chiapensis*. *Phytologia* 10(6): 417-421.

Angiosperm Phylogeny Group. 2003. An update of the Angiosperm Phylogeny Group classification for the orders and families of flowering plants: APG II. *Bot. J. Linn. Soc.* 141(4): 399-436.

Applequist, W.L. & R.S. Wallace. 2001. Phylogeny of the Portulacaceous cohort based on ndhF sequence data. *Syst. Bot.* 26(2): 406-419.

Aquino García, D.A. 2014. *Delimitación de las Especies de* Mammillaria*, serie Polyedrae (Cactaceae)*. Tesis de Maestría, inédita: 1-108. Univ. Nacional Autónoma de México, Ciudad de México.

Archila Morales, F.L., E. Tribouillier-Navas, O.E. Alvarado, Á.J. Pérez & S. Mendoza Montejo. 2023a. La magnolia blanca, *Magnolia necae* (sect. *Magnolia*), nueva especie de los bosques nublados de Guatemala. *Revista Guatemalensis* 26(2): 17-28.

Archila Morales, F.L., E. Tribouillier-Navas, J.A. Vázquez-García, O.E. Alvarado & Á.J. Pérez. 2023b. Novedades taxonómicas en *Magnolia* (Magnoliaceae, sect. *Talauma*) de Guatemala / Taxonomic novelties in *Magnolia* (Magnoliaceae, sect. *Talauma*) for Guatemala. *Revista Ecuat. Med. Ci. Biol.* 44(2): 49-59.

Archila Morales, F.L., E. Tribouillier-Navas, A.S. Medeiros, M.Á. Muñiz-Castro & J.A. Vázquez-García. 2023c. The tulip *Magnolia* (Magnoliaceae), an endangered new shrubby species endemic to Baja Verapaz, Guatemala. *Phytotaxa* 629(1): 85-92.

Archila Morales, F.L., E. Tribouillier-Navas & R.E. Aguilar. 2023d. Una nueva especie de *Magnolia* de los bosques tropicales lluviosos. *Revista Guatemalensis* 25(1-2): 122-128.

Arias, S. 1996. *Revisión Taxonómica del Género* Pereskiopsis *Britton et Rose (Cactaceae)*. Tesis de Maestría, inédita:

1-101. Univ. Nacional Autónoma de México, Ciudad de México.

Arias, S. & D.A. Aquino García. 2019. Familia Cactaceae I. *Fl. Bajío* 209: 1-278. Instituto de Ecología A.C., Pátzcuaro.

Arias, S. & H.J. Arreola-Nava. 1995. Consideraciones sobre *Opuntia decumbens* Salm-Dyck. *Cact. Suc. Mex.* 40(4): 86-92.

Arias, S. & T. Terrazas. 2006. Análisis cladístico del género *Pachycereus* (Cactaceae) con caracteres morfológicos. *Brittonia* 58(3): 197-216.

Arias, S. & T. Terrazas. 2009. Taxonomic revision of *Pachycereus* (Cactaceae). *Syst. Bot.* 34(1): 68-83.

Arias, S., S.A. Gama López & L.U. Guzmán Cruz. 1997. Cactaceae A.L. Juss. *Fl. Valle Tehuacán-Cuicatlán* 14: 1-146. Universidad Nacional Autónoma de México: Instituto de Biología, Ciudad de México.

Arias, S., T. Terrazas & K.M. Cameron. 2003. Phylogenetic analysis of *Pachycereus* (Cactaceae, Pachycereeae) based on chloroplast and nuclear DNA sequences. *Syst. Bot.* 28(3): 547-557.

Arias, S., T. Terrazas, H.J. Arreola-Nava, M. Vázquez-Sánchez & K.M. Cameron. 2005. Phylogenetic relationships in *Peniocereus* (Cactaceae) inferred from plastid DNA sequence data. *J. Pl. Res.* 118(5): 317-328.

Arias, S., S.A. Gama López, L.U. Guzmán Cruz & B. Vázquez-Benítez. 2012. Cactaceae Juss. *Fl. Valle Tehuacán-Cuicatlán* 95: 1-235. Universidad Nacional Autónoma de México: Instituto de Biología, Ciudad de México.

Arias, S., R. Puente-Martínez & D.A. Aquino García. 2024. Familia Cactaceae II, subfamilia Opuntioideae. *Fl. Bajío* 242: 1-111. Instituto de Ecología A.C., Pátzcuaro.

Arias Guerrero, S., D.A. Sánchez S., P.J.M. Maas & R.H.J. Erkens. 2014. *Guatteria darienensis* (Annonaceae), a new species from Panama and Colombia. *Phytotaxa* 173(2): 149-156.

Arreola-Nava, H.J. 2006. *Sistemática Filogenética del Género* Stenocereus. Tesis de Doctorado, inédita: 1-202. Colegio de Posgraduados, Montecillo, Edo. México.

Arroyo-Cosultchi, G., T. Terrazas, S. Arias & H. Arreola-Nava. 2006. The systematic significance of seed morphology in *Stenocereus* (Cactaceae). *Taxon* 55(4): 983-992.

Aymard Corredor, G.A. 1996. Dilleniaceae novae neotropicae: VI. A new species of *Tetracera* from Panama. *Novon* 6(4): 325-327.

Aymard Corredor, G.A. 1997. Dilleniaceae Novae Neotropicae, V. El género *Doliocarpus* en Colombia. *Anales Jard. Bot. Madrid* 55(1): 17-30.

Aymard Corredor, G.A. 1998. Dilleniaceae. *En*: Steyermark, J.A., P.E. Berry, & B.K. Holst (eds.), *Fl. Venez. Guayana* 4: 671-685. Missouri Botanical Garden Press, St. Louis.

Aymard Corredor, G.A. 2017. Lectotypifications and nomenclatural notes of José Jerónimo Triana's species of Dilleniaceae. *Harvard Pap. Bot.* 22(2): 77-81.

Aymard Corredor, G.A. 2020. 61. Dilleniaceae. *En*: Persson, C.H., R. Eriksson, K. Romoleroux & B. Ståhl (eds.), *Fl. Ecuador* 97: 3-33. Elanders Sverige AB, Mölnlycke.

Aymard Corredor, G.A. & N.L. Cuello A. 2003. Phytolaccaceae. *En*: Steyermark, J.A., P.E. Berry, & B.K. Holst (eds.), *Fl. Venez. Guayana* 7: 672-680. Missouri Botanical Garden Press, St. Louis.

Aymard Corredor, G.A. & C.L. Kelloff. 2016. Dilleniaceae. *En*: Görts-van Rijn, A.R.A. (ed.), *Fl. Guianas, ser. A, Phanerog.* 31: 1-40. Koeltz Scientific Books, Königstein.

Aymonin, G. 1983. Cactées. *Fl. Madagasc.* 145: 109-123.

Aziz, K. 1974. Ceratophyllaceae. *Fl. W. Pakistan* 70: 1-3. Pakistan Agricultural Research Council, Islamabad.

Backeberg, C. 1939. *Mamillaria albilanata* Bckbg. spec. nov. *Kakteenkunde* 1939(2): 47.

Bailey, L.H. 1949. *Manual of Cultivated Plants Most Commonly Grown in the Continental United States and Canada* revised edition 1-1116. Macmillan Co., New York.

Baillon, H.E. 1888 [1887]. Série des Baselles. *Hist. Pl.* 9: 145-148. Libraire Hachette & Co., Paris.

Baker, R.A. & W.C. Burger. 1983. Family 70. Caryophyllaceae. *En:* W.C. Burger (ed.), Flora Costaricensis. *Fieldiana, Bot.* n.s. 13: 227-231, 233-247, 223-226.

Balick, M.J., M.H. Nee & D.E. Atha. 2000. Checklist of the vascular plants of Belize. *Mem. New York Bot. Gard.* 85: i-ix, 1-246.

Ball, P.W. 2003. *Salicornia*. *En*: Flora of North America Editorial Committee (eds.), *Fl. N. Amer.* 4: 382-384, 385. Oxford University Press, New York.

Bárcenas-Argüello, M.L. 2006. *Filogenia del Género* Cephalocereus *Pfeiff. (Cactaceae) sensu Anderson con Base en Caracteres Estructurales*. Tesis de Maestría, inédita: 1-114. Colegio de Postgraduados, Montecillo, Edo. México.

Bárcenas Luna, R.T., C. Yesson & J.A. Hawkins. 2011. Molecular systematics of the Cactaceae. *Cladistics* 27(5): 470-489.

Barkoudah, Y.I. 1962. A revision of *Gypsophila*, *Bolanthus*, *Ankyropetalum* and *Phryna*. *Wentia* 9(S3): 1-203.

Barlow, B.A. 1965. Classification of the Loranthaceae and Viscaceae. *Proc. Linn. Soc. New South Wales* 89(2, no. 405): 268-272.

Barlow, B.A. & D. Wiens. 1971. The cytogeography of the Loranthaceous mistletoes. *Taxon* 20(2/3): 291-312.

Barneby, R.C. 1970. Revision of neotropical Menispermaceae tribe Tinosporeae. *Mem. New York Bot. Gard.* 20(2): 81-158.

Barneby, R.C. 1972. New and notable Menispermaceae tribe Tinosporeae. *Mem. New York Bot. Gard.* 22(4): 137-151.

Barneby, R.C. 2001. Menispermaceae. *En*: Steyermark, J.A., P.E. Berry, & B.K. Holst (eds.), *Fl. Venez. Guayana* 6: 554-578. Missouri Botanical Garden Press, St. Louis.

Barneby, R.C. & B.A. Krukoff. 1971. Supplementary notes on American Menispermaceae. VIII. A generic survey of the American Triclisieae and Anomospermeae. *Mem. New York Bot. Gard.* 22(2): 1-89.

Barrett, W.H.G. & L. Golfari. 1962. Descripción de dos nuevas variedades del "Pino del Caribe" (*Pinus caribaea* Morelet). *Caribbean Forest.* 23(2): 59-71.

Barthlott, W.A. 1975a. Zur systematischen Stellung von *Disocactus himantocladus* (1) (Roland-Gosselin) Kimnach. *Kakteen And. Sukk.* 26(11): 246-249.

Barthlott, W.A. 1975b. Zur systematischen Stellung von *Disocactus himantocladus* (2) (Roland-Gosselin) Kimnach. *Kakteen And. Sukk.* 26(12): 278-280.

Barthlott, W.A. 1983. Biogeography and evolution in neo- and paleotropical Rhipsalinae (Cactaceae). *Sonderb. Naturwiss. Vereins Hamburg* 7: 241-248.

Barthlott, W.A. & W. Rauh. 1974. Some notes on the morphology, palynology and geographical variability of *Epiphyllum phyllanthus* (L.) Haw. (Cactaceae), the type species of the genus. *Natl. Cact. Succ. J.* 29(4): 113-115.

Barthlott, W.A. & W. Rauh. 1975. Some notes on the morphology, palynology and geographical variability of *Epiphyllum phyllanthus* (L.) Haw. (Cactaceae), the type species of the genus [concl.]. *Natl. Cact. Succ. J.* 30(1): 8-10.

Barthlott, W.A. & N.P. Taylor. 1995. Notes towards a monograph of Rhipsalideae (Cactaceae). *Bradleya* 13: 43-79.

Barthlott, W.A., K. Burstedde, J.L. Geffert, P.L. Ibisch, N. Korotkova, A. Miebach, M.D. Rafiqpoor, A. Stein & J. Mutke. 2015. Biogeography and biodiversity of cacti. Biogeographie und Biodiversität der Kakteen. *Schumannia* 7: 1-205.

Bartholomew, B.M. & F. Almeda. 2022. Lectotypification of some early collected species of *Quercus* (Fagaceae) in California and Mexico. *Harvard Pap. Bot.* 27(1): 25-29.

Bartholomew, B.M. & F. Almeda. 2023. Nomenclator botanicus of Fagaceae in Latin America. *Phytotaxa* 580(1): 1-97.

Bartlett, H.H. 1935. Botany of the Maya area: Miscellaneous papers I. A method of procedure for field work in tropical American phytogeography based upon a botanical reconnaissance in parts of British Honduras and the Petén Forest of Guatemala. *Publ. Carnegie Inst. Wash.* 461: 1-26, t. 1-14.

Bauer, R. 2001. Eine neue Art aus Costa Rica: *Weberocereus frohningiorum* Ralf Bauer spec. nov. *Kakteen And. Sukk.* 52(9): 225-230.

Bauer, R. 2002a [2003]. The genus *Pseudorhipsalis* Britton & Rose. *Haseltonia* 9: 94-120.

Bauer, R. 2002b [2003]. The typification of *Cereus pteranthus* Link ex A. Dietr. (*Selenicereus pteranthus* (Link ex A. Dietr.) Britt. & Rose. *Haseltonia* 9: 78-79.

Bauer, R. 2003a. A synopsis of the tribe Hylocereeae F. Buxb. *Cactaceae Syst. Init.* 17: 1-63.

Bauer, R. 2003b. Der Verwandtschaftskreis um *Weberocereus tunilla* (F.A.C. Weber) Britton & Rose. *Kakteen And. Sukk.* 54(9): 239-244.

Bauer, R. 2003c. Typisierung von *Phyllocactus thomasianus* K. Schumann. *Kakteen And. Sukk.* 54(9): 245-247.

Bauer, R. 2008. *Disocactus speciosus* (Cavanilles) Barthlott und seine Unterarten - mit Beschreibung der neuen Unterart *D. speciosus* ssp. *bierianus* Ralf Bauer ssp. nov. *EPIG* 60: 5-61.

Bauer, R. 2010. Was ist *Selenicereus tricae* D.R. Hunt?. *EPIG* 66: 5-15.

Bedell, H.G. 1980 [1981]. A taxonomic and morphological reevaluation of Stegnospermaceae (Caryophyllales). *Syst. Bot.* 5(4): 419-431.

Bello y Espinosa, D. 1881. Apuntes para la flora de Puerto-Rico. *Anales Soc. Esp. Hist. Nat.* 10: 231-304.

Benson, L.D. 1948. A treatise on the North American ranunculi. *Amer. Midl. Naturalist* 40(1): 1-261.

Benson, L.D. 1954. Supplement to a treatise on the North American ranunculi. *Amer. Midl. Naturalist* 52(2): 328-369.

Benson, L.D. 1982. *The Cacti of the United States and Canada* i-ix, 1-1044. Stanford University Press, Stanford.

Bentham, G. & J.D. Hooker. 1880. *Genera Plantarum* 3(1): i-vii, 1-459. Reeve & Co., London.

Berendsohn, W.G., A.K. Gruber & J.A. Monterrosa Salomón. 2009. Nova Silva Cuscatlanica. Árboles nativos e introducidos de El Salvador. Parte 1: Angiospermae - familias A a L. *Englera* 29(1): 1-438.

Berendsohn, W.G., A.K. Gruber & J.A. Monterrosa Salomón. 2012. Nova Silva Cuscatlanica. Árboles nativos e introducidos de El Salvador. Parte 2: Angiospermae - Familias M a P y Pteridophyta. *Englera* 29(2): 1-300.

Bernal, R., S.R. Gradstein & M. Celis. 2016. *Catálogo de Plantas y Líquenes de Colombia* I-II: 1-3059. Universidad Nacional de Colombia (Sede Bogotá), Instituto de Ciencias Naturales, Bogotá.

Bernardi, L. 1967a. De vastitate - in spatio et ob formam - nonnullarum specierum Nectandrae. *Candollea* 22(1): 69-84.

Bernardi, L. 1967b. Emendationes laureae imprimis de *Nectandra*. *Candollea* 22(1): 49-67.

Bhopal, F.G. & M.N. Chaudhri. 1977. Flora of Pothohar and the adjoining areas. Part II. Casuarinaceae to Polygonaceae. *Pakistan Syst.* 1(2): 1-98, t. I-LIV.

Bittrich, V. 1993. Caryophyllaceae. *En*: Kubitzki, K. (ed.), *The Families and Genera of Vascular Plants* 2: 206-236. Springer Verlag, Berlin.

Bittrich, V. & U. Kühn. 1993. Nyctaginaceae. *En*: Kubitzki, K. (ed.), *The Families and Genera of Vascular Plants* 2: 473-486. Springer Verlag, Berlin.

Blake, S.F. 1919. The anay, a new edible-fruited relative of the avocado. *J. Washington Acad. Sci.* 9(16): 457-462.

Blake, S.F. 1921. *Neomillspaughia*, a new genus of Polygonaceae, with remarks on related genera. *Bull. Torrey Bot. Club* 48(3): 77-88, t. 1.

Bogle, A.L. 1974. The genera of Nyctaginaceae in the southeastern United States. *J. Arnold Arbor.* 55(1): 1-37.

Boivin, J.R.B. 1944a. American thalictra and their Old World allies. *Rhodora* 46(550): 337-377.

Boivin, J.R.B. 1944b. American thalictra and their Old World allies. *Rhodora* 46(551): 391-445.

Boivin, J.R.B. 1944c. American thalictra and their Old World allies. *Rhodora* 46(552): 453-487.

Borsch, T. & W.A. Barthlott. 1994 [1996]. Classification and distribution of the genus *Nelumbo* Adans. (Nelumbonaceae). *Beitr. Biol. Pflanzen* 68(3): 421-450.

Brandbyge, J.S. 1986. A revision of the genus *Triplaris* (Polygonaceae). *Nordic J. Bot.* 6(5): 545-570.

Brandbyge, J.S. 1989. 34. Polygonaceae. *En*: Harling, G. & L. Andersson (eds.), *Fl. Ecuador* 38: 1-61. University of Göteborg, Göteborg.

Brandbyge, J.S. 1992. The genus *Muehlenbeckia* (Polygonaceae) in South and Central America. *Bot. Jahrb. Syst.* 114(3): 349-416.

Brandbyge, J.S. 1993. Polygonaceae. *En*: Kubitzki, K. (ed.), *The Families and Genera of Vascular Plants* 2: 531-544. Springer Verlag, Berlin.

Bravo-Hollis, H. 1964 [1965]. Una variedad de *Epiphyllum* crenatum. *Anales Inst. Biol. Univ. Nac. México* 35(1-2): 77-80.

Bravo-Hollis, H. & A. Arias, *Cactaceae para Fl. Mesoamer.*, manuscrito inédito (2011).

Bravo-Hollis, H. & H. Sánchez-Mejorada. 1978. *Cact. México* ed. 2, 1: i-xvi, 1-743. Universidad Nacional Autónoma de México, México.

Bravo-Hollis, H. & H. Sánchez-Mejorada. 1983a. Datos preliminares acerca de las cactáceas de Mesoámerica II. *Cact. Suc. Mex.* 28(3): 60-72.

Bravo-Hollis, H. & H. Sánchez-Mejorada. 1983b. Datos preliminares acerca de las cactáceas de Mesoamérica III. *Cact. Suc. Mex.* 28(4): 85-96.

Bravo-Hollis, H. & H. Sánchez-Mejorada. 1984. Datos preliminares acerca de las cactáceas de Mesoamérica IV. *Cact. Suc. Mex.* 29(1): 11-24.

Bravo-Hollis, H. & H. Sánchez-Mejorada. 1985a. Notas sobre las cactáceas de Mesoamérica. *Cact. Suc. Mex.* 30(2): 38-48.

Bravo-Hollis, H. & H. Sánchez-Mejorada. 1985b. Notas sobre las cactáceas de Mesoamérica X. *Cact. Suc. Mex.* 30(3): 66-72.

Bravo-Hollis, H. & H. Sánchez-Mejorada. 1985c. Notas sobre las cactáceas de Mesoamérica XI. *Cact. Suc. Mex.* 30(4): 91-96.

Bravo-Hollis, H. & H. Sánchez-Mejorada. 1986a. Notas sobre las cactáceas de Mesoamérica XII. *Cact. Suc. Mex.* 31(1): 18-24.

Bravo-Hollis, H. & H. Sánchez-Mejorada. 1986b. Notas sobre las cactáceas de Mesoamérica XIV. *Cact. Suc. Mex.* 31(3): 70-76.

Bravo-Hollis, H. & H. Sánchez-Mejorada. 1991a. *Cact. México* ed. 2, 2: i-x, 1-404, t. 1-480. Universidad Nacional Autónoma de México, México.

Bravo-Hollis, H. & H. Sánchez-Mejorada. 1991b. *Cact. México* ed. 2, 3: 1-643, t. 1-570. Universidad Nacional Autónoma de México, México.

Breedlove, D.E. 1986. Flora de Chiapas. *Listados Florist. México* 4: i-v, 1-246.

Breedlove, D.E. 2001. Fagaceae. *En*: Stevens, W.D., C. Ulloa Ulloa, A. Pool & O.M. Montiel (eds.), Flora de Nicaragua. *Monogr. Syst. Bot. Missouri Bot. Gard.* 85(2): 1076-1084.

Brenan, J.P.M. 1954. Chenopodiaceae. *En*: Turrill, W.B. & R.M. Polhill (eds.), *Fl. Trop. E. Africa* 1-26. A.A. Balkema, Rotterdam.

Breslin, P.B., M.F. Wojciechowski & L.C. Majure. 2021. Molecular phylogeny of the Mammilloid clade (Cactaceae) resolves the monophyly of *Mammillaria*. *Taxon* 70(2): 308-323.

Brewer, S.W. & G.L. Stott. 2017. A new species of *Cinnamomum* (Lauraceae) from the Bladen Nature Reserve, southern Belize. *PhytoKeys* 81: 1-10.

Britton, N.L. 1916. *Nopalea Auberi*. *Addisonia* 1(1): 19-20, t. 10.

Britton, N.L. & A. Brown. 1913. *Ill. Fl. N. U.S.* ed. 2, 2: 1-735. New York Botanical Garden, New York.

Britton, N.L. & J.N. Rose. 1908-1909 [1909]. The genus *Cereus* and its allies in North America. *Contr. U.S. Natl. Herb.* 12(10): 413-437.

Britton, N.L. & J.N. Rose. 1912-1916 [1913]. The genus *Epiphyllum* and its allies. *Contr. U.S. Natl. Herb.* 16(9): 255-262, t. 78-84.

Britton, N.L. & J.N. Rose. 1919. *Cact.* 1: 1-236, t. I-XXXVIII. The Carnegie Institution of Washington, Washington, D.C.

Britton, N.L. & J.N. Rose. 1920. *Cact.* 2: 1-239, t. 1-40. The Carnegie Institution of Washington, Washington, D.C.

Britton, N.L. & J.N. Rose. 1922. *Cact.* 3: 1-255. The Carnegie Institution of Washington, Washington, D.C.

Britton, N.L. & J.N. Rose. 1923. *Cact.* 4: 1-318. The Carnegie Institution of Washington, Washington, D.C.

Brummitt, R.K. 1978 [1979]. Report for the committee for Spermatophyta, 21. *Taxon* 27(5-6): 543-546.

Brummitt, R.K. 1999. Report of the Committee for Spermatophyta: 48. *Taxon* 48(2): 359-371.

Buchholz, J.T. & N.E. Gray. 1948a. A taxonomic revision of *Podocarpus*. II. The American species of *Podocarpus*: Section *Stachycarpus*. *J. Arnold Arbor.* 29(1): 64-76, t. 1-4.

Buchholz, J.T. & N.E. Gray. 1948b. A taxonomic revision of *Podocarpus*. IV. The American species of section *Eupodocarpus*, sub-sections C and D. *J. Arnold Arbor.* 29(2): 123-151, t. 1-8.

Burger, W.C. 1977. Family 46. Myricaceae. *En*: W.C. Burger (ed.), Flora Costaricensis. *Fieldiana, Bot.* 40: 21-27.

Burger, W.C. 1983a. Family 56. Olacaceae. *En:* W.C. Burger (ed.), Flora Costaricensis. *Fieldiana, Bot.* n.s. 13: 14-27.

Burger, W.C. 1983b. Family 57. Opiliaceae. *En*: W.C. Burger (ed.), Flora Costaricensis. *Fieldiana, Bot.* n.s. 13: 27-29, 15, t. 3.

Burger, W.C. 1983c. Family 62. Polygonaceae. *En:* W.C. Burger (ed.), Flora Costaricensis. *Fieldiana, Bot.* n.s. 13: 99-138.

Burger, W.C. 1983d. Family 65. Nyctaginaceae. *En:* W.C. Burger (ed.), Flora Costaricensis. *Fieldiana, Bot.* n.s. 13: 180-199.

Burger, W.C. 1983e. Family 66. Phytolaccaceae. *En:* W.C. Burger (ed.), Flora Costaricensis. *Fieldiana, Bot.* n.s. 13: 199-212.

Burger, W.C. 1983f. Family 67. Aizoaceae. *En:* W.C. Burger (ed.), Flora Costaricensis. *Fieldiana, Bot.* n.s. 13: 213-217.

Burger, W.C. 1983g. Family 69. Basellaceae. *En*: W.C. Burger (ed.), Flora Costaricensis. *Fieldiana, Bot.* n.s. 13: 222-227.

Burger, W.C. 1988. A new genus of Lauraceae from Costa Rica, with comments on problems of generic and specific delimitation within the family. *Brittonia* 40(3): 275-282.

Burger, W.C. 1990. Family 81. Hernandiaceae. *En*: W.C. Burger (ed.) Flora Costaricensis. *Fieldiana, Bot.* n.s. 23: 129-138.

Burger, W.C. & J. Kuijt. 1983. Family 58. Loranthaceae. *En*: W.C. Burger (ed.), Flora Costaricensis. *Fieldiana, Bot.* n.s. 13: 29-79.

Burger, W.C. & H. van der Werff. 1990. Family 80. Lauraceae. *En*: W.C. Burger (ed.), Flora Costaricensis. *Fieldiana, Bot.* n.s. 23: 1-129.

Burke, J.M. & A. Sanchez. 2011. Revised subfamily classification for Polygonaceae, with a tribal classification for Eriogonoideae. *Brittonia* 63(4): 510-520.

Burke, J.M., A. Sanchez, K.A. Kron & M. Luckow. 2010. Placing the woody tropical genera of Polygonaceae: A hypothesis of character evolution and phylogeny. *Amer. J. Bot.* 97(8): 1377-1390.

Burman, J. 1757. *Pl. Amer.* (6): [117]-142, t. 126-150. Sumtibus Auctoris, Amstelaedami.

Burman, J. 1760. *Pl. Amer.* (10): [221]-262, t. 227-262. Sumtibus Auctoris, Amstelaedami.

Burtt, B.L. & P. Lewis. 1952. On the flora of Kuweit: II. *Kew Bull.* 7(3): 333-352.

Butterworth, C.A. & R.S. Wallace. 2004. Phylogenetic studies of *Mammillaria* Cactaceae: Insights from chloroplast sequence variation and hypothesis testing using the parametric bootstrap. *Amer. J. Bot.* 91(7): 1086-1098.

Butterworth, C.A. & R.S. Wallace. 2005. Molecular phylogenetics of the leafy cactus genus *Pereskia* (Cactaceae). *Syst. Bot.* 30(4): 800-808.

Buxbaum, F. 1965. *Kakteen* (H. Krainz) CIIa, 1. VI.

Cafferty, S. & C.E. Jarvis. 2004. Typification of Linnaean plant names in Caryophyllaceae. *Taxon* 53(4): 1049-1054.

Caires, C.S. & C.E.B. Proença. 2020. Return to the original concept and new typification of *Loranthus spicatus* (Loranthaceae), an economically important Neotropical mistletoe. *Taxon* 69(6): 1342-1349.

Calderón de Rzedowski, G. 1979. Nyctaginaceae. *En*: Calderón de Rzedowski, G. & J. Rzedowski, *Flora Fanerogámica del Valle de México* 1: 133-138. Instituto de Ecología A.C., Pátzcuaro.

Calderón de Rzedowski, G. & J. Rzedowski. 2001. *Flora Fanerogámica del Valle de México* ed. 2, i-xv, 1-1406. Instituto de Ecología A.C., Pátzcuaro.

Calonje, M. 2009. A new cliff-dwelling species of *Zamia* (Zamiaceae) from Belize. *J. Bot. Res. Inst. Texas* 3(1): 23-29.

Calonje, M. & J.C. Meerman. 2009. What is *Zamia prasina* (Zamiaceae: Cycadales)?. *J. Bot. Res. Inst. Texas* 3(1): 43-49.

Calonje, M., J.C. Meerman, P. Griffith & G. Hoese. 2009. A new species of *Zamia* (Zamiaceae) from the Maya Mountains of Belize. *J. Bot. Res. Inst. Texas* 3(1): 31-41.

Calonje, M., A.S. Taylor Blake, D.W. Stevenson, G. Holzman & Y.A. Ramos Palacios. 2012. *Zamia lindleyi*: A misunderstood species from the highlands of western Panama. *Mem. New York Bot. Gard.* 106: 419-437.

Calvente, A.M., D.C. Zappi, F. Forest & L.G. Lohmann. 2011. Molecular phylogeny, evolution, and biogeography of South American epiphytic cacti. *Int. J. Pl. Sci.* 172(7): 902-914.

Calvente, A.M., E.M. Moraes, P. Lavor, I.A.S. Bonatelli, P. Nacaguma, L.M. Versieux, N.P. Taylor & D.C. Zappi. 2017 [2016]. Phylogenetic analyses of *Pilosocereus* (Cactaceae) inferred from plastid and nuclear sequences. *Bot. J. Linn. Soc.* 183(1): 25-38.

Campos Díaz, M.J., C.M. Burelo-Ramos & S. Arias. 2020. La familia Cactaceae en Tabasco, México. *Acta Bot. Mex.* 127(e1635): 1-18.

Candolle, A.L.P. P. de. 1855. Note sur la famille des Myristicacees. *Ann. Sci. Nat., Bot., sér. 4,* 4: 20-31.

Candolle, A.L.P. P. de. 1864. Ordo CXC. Cupuliferae. *Prodr.* 16(2.1): 1-123. Victor Masson, Paris.

Candolle, A.P. de. 1804. *Pl. Hist. Succ.* (24): 137-138, t. 137-138[3].

Candolle, A.P. de. 1828. Revue de la famille des cactées. *Mém. Mus. Hist. Nat.* 17: 1-119, t. 1-21.

Carnevali, G., J.L. Tapia-Muñoz, R. Duno de Stefano & I.M. Ramírez Morillo. 2010. *Flora Ilustrada de la Península Yucatán: Listado Florístico* 1-326. Centro de Investigación Científica de Yucatán, A.C., Mérida.

Carolin, R.C. 1993. Portulacaceae. *En*: Kubitzki, K. (ed.), *The Families and Genera of Vascular Plants* 2: 544-555. Springer Verlag, Berlin.

Carrillo-Reyes, P., E. Sahagún-Godínez & G. Ibarra Manríquez. 2013. The genus *Disciphania* (Menispermaceae: Tinosporoideae, Tinosporeae) in Mexico. *Brittonia* 65(4): 439-451.

Carvajal, S. & R. McVaugh. 1992. Pinus. *En*: R. McVaugh (ed.), *Fl. Novo-Galiciana* 17: 32-100. The University of Michigan, Ann Arbor.

Castillejos-Cruz, C. & E. Solano Camacho. 2008. Familia Polygonaceae. *Fl. Bajío* 153: 1-49. Instituto de Ecología A.C., Pátzcuaro.

Castillo Martínez, R., M. Livera-Muñoz & G.J. Márquez-Guzmán. 2005. Caracterización morfológica y compatibilidad sexual de cinco genotipos de pitahaya (*Hylocereus undatus*). *Agrociencia* (Montecillo) 39(2): 183-194.

Catesby, M. 1743 [1738]. *Nat. Hist. Carolina* 2: 61-80, t. 61-80. Mark Catesby, London.

Cerén López, J.G., J. Menjívar Cruz & S. Arias. 2015. *Diversidad de Cactus de El Salvador* 1-152. Museo de Historia Natural de El Salvador, San Salvador.

Cerén López, J.G., J. Menjívar Cruz & S. Arias. 2017. A new species of *Disocactus* (Cactaceae) from El Salvador. *Novon* 25(2): 139-144.

Cerén López, J.G., M.Á. Cruz, J. Menjívar Cruz & S. Arias. 2018. A new species of *Deamia* (Cactaceae) from the Mesoamerican region. *Phytotaxa* 369(4): 251-259.

Cervantes, C.R., S. Hinojosa-Alvarez, A. Wegier, U. Rosas & S. Arias. 2021. Evaluating the monophyly of *Mammillaria* series *Supertextae* (Cactaceae). *PhytoKeys* 177: 25-42.

Chamberlain, C.J. 1926. Two new species of *Zamia*. *Bot. Gaz.* 81(2): 218-227.

Chamisso, L.K.A. von. 1820. Ex plantis, in expeditione Romanzoffiana detectis, genera tria nova. *En*: Nees von Esenbeck, C.G.D., *Horae Physicae Berolinenses* 69-76, t. XIV-XVI. Adolphi Marcus, Bonn.

Chamisso, L.K.A. von. 1829. Aquaticae. Quardam diversae affinitatis. *Linnaea* 4: 497-508, t. 5.

Chanderbali, A. 2004. *Endlicheria* (Lauraceae). *Fl. Neotrop. Monogr.* 91: 1-141.

Chatrou, L.W. 1997 [1998]. Studies in Annonaceae XXXII. A peculiar new species of *Malmea* (Annonaceae) from Panama and Colombia. *Novon* 7(4): 346-349.

Chatrou, L.W. 1998. *Changing Genera. Systematic Studies in Neotropical and West African Annonaceae*. Ph.D. dissertation: 1-224. Utrecht Univ., Utrecht.

Chen, Z.-D. & J.H. Li. 2004. Phylogenetics and biogeography of *Alnus* (Betulaceae) inferred from sequences of nuclear ribosomal DNA ITS region. *Int. J. Pl. Sci.* 165(2): 325-335.

Chen, C.J. & D.W. Stevenson. 2001. Cycadaceae. *En*: Wu, C.Y., P.H. Raven & D.Y. Hong (eds.), *Fl. China Ill.* 4: 1-4. Science Press, Beijing.

Clemants, S.E. & S.L. Mosyakin. 2003a. *Chenopodium*. *En*: Flora of North America Editorial Committee (eds.), *Fl. N. Amer.* 4: 275-299. Oxford University Press, New York.

Clemants, S.E. & S.L. Mosyakin. 2003b. *Dysphania*. *En*: Flora of North America Editorial Committee (eds.), *Fl. N. Amer.* 4: 267-275. Oxford University Press, New York.

Cocucci, A.E. 1961. Revisión del género *Ruprechtia* (Polygonaceae). *Kurtziana* 1: 217-269.

Cogollo Pacheco, Á., C. Velásquez-Rúa & N. García. 2007. Las miristicáceas. *En*: Calderón Sáenz, E, G. Galeano Garcés & N. García (eds.), *Libro Rojo Pl. Colombia* 5: 155-192. Instituto de Investigación de Recursos Biológicos Alexander von Humboldt: Instituto de Ciencias Naturales, Universidad Nacional de Colombia, Bogotá.

Conard, H.S. 1905. The waterlilies. A monograph of the genus *Nymphaea*. *Publ. Carnegie Inst. Wash.* 4: i-xiii, 1-279, t. 1-30.

Condit, R., R.A. Pérez & N. Daguerre. 2011. *Trees of Panama and Costa Rica* 1-494. Princeton University Press, Princeton.

Consaul, L.L., S.I. Warwick & J. McNeill. 1991. Allozyme variation in the *Polygonum lapathifolium* complex. *Canad. J. Bot.* 69(10): 2261-2270.

Correa A., M.D. & T.R. Silva. 2005. *Drosera* (Droseraceae). *Fl. Neotrop. Monogr.* 96: 1-65.

Correa A., M.D., C. Galdames & M. Stapf. 2004. *Catálogo de las Plantas Vasculares de Panamá* 1-599. Smithsonian Tropical Research Institute, Panamá.

Costea, M. & F.J. Tardif. 2003. Nomenclatural changes in the genus *Polygonum* section *Polygonum* (Polygonaceae). *Sida* 20(3): 987-997.

Costea, M., F.J. Tardif & H.R. Hinds. 2005. *Polygonum*. *En*: Flora of North America Editorial Committee (eds.), *Fl. N. Amer.* 5: 547-571. Oxford University Press, New York.

Cota Sánchez, J.H. & M.C. Bomfim-Patrício. 2010. Seed morphology, polyploidy and the evolutionary history of the epiphytic cactus *Rhipsalis baccifera* (Cactaceae). *Polibotánica* 29: 107-129.

Cottam, W.P., J.M. Tucker & F.S. Santamour. 1982. *Oak Hybridization at the University of Utah* i-xiv, 1-82. State Arboretum of Utah, Salt Lake City.

Cowan, C.P. 1983. Flora de Tabasco. *Listados Floríst. México* 1: 1-123.

Craig, R.T. 1945. *The* Mammillaria *handbook.* 1-390. Abbey Garden Press, Pasadena.

Cramer, J.C. 1979. Nymphaeaceae. *En*: Pulle, A.A. (ed.), *Fl. Suriname* 5(1): 370-384. Koninlijke Vereeninging Indisch Instituut, Amsterdam.

Croat, T.B. 1970. Flora of Panama, Part II. Family 2A. Gnetaceae. *Ann. Missouri Bot. Gard.* 57(1): 1-4.

Croat, T.B. 1978. *Flora of Barro Colorado Island* 1-943. Stanford Univ. Press, Stanford.

Cronquist, A.J. 1981. *An Integrated System of Classification of Flowering Plants* i-xviii, 1-1262. Columbia University Press, New York.

Crook, R. & R. Mottram. 1996. *Opuntia* index part 2: Nomenclatural note and C-E. *Bradleya* 14: 99-144.

Crook, R. & R. Mottram. 2004. *Opuntia* index part 10: T-V. *Bradleya* 22: 53-76.

Crow, G.E. 1978. A taxonomic revision of *Sagina* (Caryophyllaceae) in North America. *Rhodora* 80(821): 1-91.

Crow, G.E. 2007. Nymphaeaceae. *En*: Manual de Plantas de Costa Rica. Vol. VI. B.E. Hammel, M.H. Grayum, C. Herrera & N. Zamora (eds.). *Monogr. Syst. Bot. Missouri Bot. Gard.* 111: 797-804.

Cruz, M.Á., S. Arias & T. Terrazas. 2016. Molecular phylogeny and taxonomy of the genus *Disocactus* (Cactaceae), based on the DNA sequences of six chloroplast markers. *Willdenowia* 46(1): 145-164.

Cuatrecasas, J. & J.M. Idrobo. 1955. El género *Meliosma* en Colombia. *Caldasia* 7(33): 187-211.

Cutak, L. 1946. *Peniocereus Fosterianus* sp. nov. A new, unique species from old Mexico. *Cact. Succ. J. (Los Angeles)* 18(2): 19-23.

D'Arcy, W.G. 1979. Flora of Panama, Part IV. Family 58A. Basellaceae. *Ann. Missouri Bot. Gard.* 66(2): 109-115.

D'Arcy, W.G. 1987. Flora of Panama. Checklist and Index. Part 2: Index. *Monogr. Syst. Bot. Missouri Bot. Gard.* 18: vi-ix, 1-672.

D'Arcy, W.G. & R.L. Liesner. 1981. *Hedyosmum* (Chloranthaceae) in Panama. *Syst. Bot.* 6(1): 74-86.

Dandy, J.E. 1958. *The Sloane Herbarium: An Annotated List of the Horti Sicci Composing it; with Biographical Accounts of the Principal Contributors* 1-246. Trustees of the British Museum, London.

Dandy, J.E. 1962 [1963]. Flora of Panama, Part IV. Fascicle 5. Winteraceae. *Ann. Missouri Bot. Gard.* 49(3-4): 177-178.

Danin, A., I. Baker & H.G. Baker. 1978. Cytogeography and taxonomy of the *Portulaca oleracea* L. polyploid complex. *Israel J. Bot.* 27(3-4): 177-211.

Danin, A., G. Domina & F.M. Raimondo. 2008. Microspecies of the *Portulaca oleracea* aggregate found on major Mediterranean islands (Sicily, Cyprus, Crete, Rhodes). *Fl. Medit.* 18: 89-107.

Davis, J.I. 1985 [1986]. Introgression in Central American *Phytolacca* (Phytolaccaceae). *Amer. J. Bot.* 72(12): 1944-1953.

Dawson, E.Y. 1948. New cacti of southern Mexico. *Allan Hancock Found. Publ. Occas. Pap.* 1: 1-24, t. 1-16.

Dawson, G. 1944-1946 [1947]. Las santálaceas argentinas. *Revista Mus. La Plata, Secc. Bot.* 6(23): 5-80, t. 1-7.

de Laubenfels, D.J. 1990 [1991]. The Podocarpaceae of Costa Rica. *Brenesia* 33: 119-121.

de Laubenfels, D.J. 1991. Las podocarpáceas del Perú. *Bol. Lima* 73: 57-60.

De Luca, P., S. Sabato & M. Vázquez Torres. 1981. *Dioon merolae* (Zamiaceae), a new species from Mexico. *Brittonia* 33(2): 179-185.

De Luca, P., S. Sabato & M. Vázquez Torres. 1982. Distribution and variation of *Dion edule* (Zamiaceae). *Brittonia* 34(3): 355-362.

DeFilipps, R.A. 1968. *A revision of* Ximenia *(Plum.) L. (Olacaceae)*. Unpublished Ph.D. dissertation: i-iii, 1-129. Southern Illinois Univ., Carbondale.

DeFilipps, R.A. 1969. Parasitism in *Ximenia* (Olacaceae). *Rhodora* 71(787): 439-443.

Degener, O. 1932. Family: 98. Proteaceae. *Fl. Hawaiiensis* 2: family 98. Honolulu.

Delessert, J.P.B. 1820 [1821]. Ranunculaceae. *Icon. Sel. Pl.* 1: 1-17, t. 1-66. Treuttel & Würtz, Paris.

Denk, T., G.W. Grimm & A.-K. Röseler. 2012. When field botany meets history: Taxonomy of *Platanus mexicana* in Mexico. *Willdenowia* 42(1): 99-115.

Diels, F.L.E. 1910. Menispermaceae. *En*: Engler, H.G.A. (ed.), *Pflanzenr.* IV. 94 (Heft 46): 1-345. Verlag von Wilhelm Engelmann, Leipzig.

Dietrich, A.G. 1834. Beschreibung des *Cereus nycticallus* Link. *Verh. Vereins Beförd. Gartenbaues Königl. Preuss. Staaten* 10(21): 372-375, t. IV.

Dietrich, A.G. 1851. Bericht über zwei neue Zamien, nebst Ubbilbung berselben. *Allg. Gartenzeitung* 19: 145-146, [418], t. s.n.

Dillenius, J.J. 1732a. *Hortus Elthamensis* 1: i-viii, 1-204, t. 1-166. Sumptibus auctoris, London.

Dillenius, J.J. 1732b. *Hortus Elthamensis* 2: 205-438, t. 167-324. Sumptibus auctoris, London.

Dodson, C.H. & A.H. Gentry. 1977. *Epiphyllum phyllanthus* (L.) Haw. (Cactaceae) and its allies in Ecuador. *Selbyana* 2(1): 30-31.

Dorr, L.J. & J.H. Wiersema. 2010. Typification of names of American species of vascular plants proposed by Linnaeus and based on Loefling's Iter Hispanicum (1758). *Taxon* 59(5): 1571-1577.

Doust, A.N.L. & P.F. Stevens. 2005. A reinterpretation of the staminate flowers of *Haptanthus*. *Syst. Bot.* 30(4): 779-785.

Doweld, A.B. 2001 [2002]. Re-classification of Rhipsalideae, a polyphyletic tribe of the Cactaceae Durande. Delineatio et revisio criticae tribuum Rhipsalideae DC. et Hylocereeae F. Buxb. (Cactaceae). *Sukkulenty* 4(1-2): 25-45.

Doweld, A.B. 2002. A typification of the species of *Hylocereus* (Hylocereeae-Cactaceae). *Turczaninowia* 5(1): 11-16.

Dugand G., A. 1960. Aclaración del tipo de *Triplaris americana* L. (Polygonaceae). *Caldasia* 8(39): 385-391.

Duke, J.A. 1960 [1961]. Flora of Panama, Part IV. Fascicle 3. Polygonaceae. *Ann. Missouri Bot. Gard.* 47(4): 323-359.

Duke, J.A. 1961a. Flora of Panama, Part IV. Fascicle 4. Caryophyllaceae. *Ann. Missouri Bot. Gard.* 48(1): 90-106.

Duke, J.A. 1961b. Preliminary revision of the genus *Drymaria*. *Ann. Missouri Bot. Gard.* 48(3): 173-268.

Duke, J.A. 1962a [1963]. Flora of Panama, Part IV. Fascicle 5. Berberidaceae. *Ann. Missouri Bot. Gard.* 49(3-4): 154-156.

Duke, J.A. 1962b [1963]. Flora of Panama, Part IV. Fascicle 5. Ceratophyllaceae. *Ann. Missouri Bot. Gard.* 49(3-4): 144.

Duke, J.A. 1962c [1963]. Flora of Panama, Part IV. Fascicle 5. Monimiaceae. *Ann. Missouri Bot. Gard.* 49(3-4): 225-239.

Duke, J.A. 1962d [1963]. Flora of Panama, Part IV. Fascicle 5. Myristicaceae. *Ann. Missouri Bot. Gard.* 49(3-4): 214-225.

Duke, J.A. 1962e [1963]. Flora of Panama, Part IV. Fascicle 5. Nymphaeaceae. *Ann. Missouri Bot. Gard.* 49(3-4): 137-143.

Duke, J.A. 1962f [1963]. Flora of Panama, Part IV. Fascicle 5. Ranunculaceae. *Ann. Missouri Bot. Gard.* 49(3-4): 144-153.

Dunal, M.F. 1817. *Monographie de la Famille des Anonacées* 1-145, t. 1-33. Treuttel & Würtz, Paris.

Duncan, T. 1978 [1979]. *Ranunculus geranioides* H.B.K. ex DC. in Costa Rica and Panama. *Madroño* 25(4): 228-231.

Duncan, T. 1980. A taxonomic study of the *Ranunculus hispidus* Michaux complex in the Western Hemisphere. *Univ. Calif. Publ. Bot.* 77: 1-125.

Dwyer, J.D. & D.L. Spellman. 1981. A list of the Dicotyledoneae of Belize. *Rhodora* 83(834): 161-236.

Edwards, E.J., R. Nyffeler & M.J. Donoghue. 2005. Basal cactus phylogeny: Implications of *Pereskia* (Cactaceae) paraphyly for the transition to the cactus life form. *Amer. J. Bot.* 92(7): 1177-1188.

Edwards, K.S. & G.T. Prance. 1993. New species of *Panopsis* (Proteaceae) from South America. *Kew Bull.* 48(4): 637-662.

Edwards, K.S. & G.T. Prance. 2003. Four new species of *Roupala* (Proteaceae). *Brittonia* 55(1): 61-68.

Edwards, K.S., V. Plana & G.T. Prance. 2007. *Roupala. Fl. Neotrop. Monogr.* 100: 117-193.

Eichlam, F.F. 1913. *Cereus lepidanthus* Eichlam. *Monatsschr. Kakteenk.* 23(4): 52-53.

Eichler, A.W. 1866-1868 [1868]. Loranthaceae. *En*: von Martius, C.F.P. (ed.), *Fl. Bras.* 5(2): 1-136, t. 1-44. F. Fleischer, Monachii & Lipsiae.

Eichler, A.W. 1878. *Blüthendiagramme* 2: i-xxx, 1-575. W. Engelmann, Leipzig.

Eichler, A.W. 1883. Ueber die Gattung *Disciphania* Eichl. *Jahrb. Königl. Bot. Gart. Berlin* 2: 324-329, t. 12.

Elias, T.S. 1971. The genera of Fagaceae in the southeastern United States. *J. Arnold Arbor.* 52(1): 159-195.

Elias, T.S. 1980. *The Complete Trees of North America* i-xii, 1-948. Van Nostrand Reinhold, New York.

Eliasson, U.H. 1993. 35B. Achatocarpaceae. *En*: Harling, G.W. & L. Andersson (eds.), *Fl. Ecuador* 46: 45-50. University of Göteborg & Swedish Museum of Natural History, Göteborg & Stockholm.

Eliasson, U.H. 1996. 39. Portulacaceae. *En*: Harling, G.W. & L. Andersson (eds.), *Fl. Ecuador* 55: 29-53. University of Göteborg, Göteborg.

Elizondo, J.L. 1986a. El género *Melocactus* Link et Otto en México y Centroamérica 1. *Cact. Suc. Mex.* 31(2): 27-32.

Elizondo, J.L. 1986b. El género *Melocactus* en México y Centroamérica II. *Cact. Suc. Mex.* 31(3): 51-57.

Endress, P.K. 1997. Relationships between floral organization, architecture, and pollination mode in *Dillenia* (Dilleniaceae). *Pl. Syst. Evol.* 206(1-4): 99-118.

Erkens, R.H.J., P.J.M. Maas, L.W. Chatrou, G.E. Schatz & N. Zamora. 2006. Seven taxonomic discoveries in Annonaceae from South-Eastern Central America. *Blumea* 51(2): 199-220.

Escamilla Báez, M. 1997. *Revisión Taxonómica de* Drymaria *Willd. ex Roem. & Schult., (Caryophyllaceae) en el Estado de Veracruz.* Tesis inédita: 1-75. Univ. Veracruzana, Veracruz.

Espejo Serna, M.A. 1991. Notas sobre el género *Gyrocarpus* (Hernandiceae) en México; un nombre nuevo: *Gyrocarpus mocinnoi* Espejo. *Acta Bot. Mex.* 13: 39-51.

Espejo Serna, M.A. 1992. Hernandiaceae. *Fl. Veracruz* 67: 1-22. Instituto Nacional de Investigaciones sobre Recursos Bióticos, Xalapa.

Espejo Serna, M.A. 1997. Hernandiaceae. *Fl. Méxic.* 7(2): 1-16.

Espinosa-Jiménez, J.A. & A.E. Ortiz-Rodríguez. 2020. Taxonomic novelties within a non-monophyletic lineage: A new Mexican species of *Desmopsis* (Annonaceae). *Nordic J. Bot.* 38(4, e02608): 1-6.

Estrada-Castillo, S., M.A. Negritto, J.L. Fernández-Alonso & E. Carbonó Delahoz. 2019. Las especies de *Pereskia* (Pereskioideae, Cactaceae) en Colombia. *Caldasia* 41(2): 289-300.

Farjon, A. 1990. *Pinaceae. Drawings and Descriptions of the Genera* Abies, Cedrus, Pseudolarix, Keteleeria, Nothotsuga, Tsuga, Cathaya, Pseudotsuga, Larix *and* Picea [i-xii], 1-330. Koeltz Scientific Books, Köenigstein.

Farjon, A. 1993. Nomenclature of the Mexican cypress or "cedar of Goa," *Cupressus lusitanica* Mill. (Cupressaceae). *Taxon* 42(1): 81-84.

Farjon, A. 1995. Typification of *Pinus apulcensis* Lindley (Pinaceae), a misinterpreted name for a Latin American pine. *Novon* 5(3): 252-256.

Farjon, A. 2005a. *A Monograph of Cupressaceae and* Sciadopitys 1-643. Royal Botanic Gardens, Kew, Surrey.

Farjon, A. 2005b. *Pines: Drawings and Descriptions of the Genus* Pinus, ed. 2, 1-235. Brill, Leiden.

Farjon, A. 2010. *A Handbook of the World's Conifers* 2: 529-1111. Koninklijke Brill, Leiden.

Farjon, A. & B.T. Styles. 1997. *Pinus* (Pinaceae). *Fl. Neotrop. Monogr.* 75: 1-291.

Fassett, N.C. 1949. The variations of *Polygonum punctatum*. *Brittonia* 6(4): 369-393.

Fassett, N.C. 1953. A monograph of *Cabomba*. *Castanea* 18(4): 116-128.

Fawcett, W. & A.B. Rendle. 1914. Dicotyledons. *Fl. Jamaica* 3: i-xxiv, 1-280, t. 1-5. British Museum, London.

Fay, J.J. 1980. Nyctaginaceae. *Fl. Veracruz* 13: 1-54. Instituto Nacional de Investigaciones sobre Recursos Bióticos, Xalapa.

Fedde, F.K.G. 1902 [1901]. Versuch einer Monographie der Gattung *Mahonia*. *Bot. Jahrb. Syst.* 31: 30-133.

Fedde, F.K.G. 1909. Papaveraceae-Hypecoideae et Papaveraceae-Papaveroideae. *En*: Engler, H.G.A. (ed.), *Pflanzenr.* IV. 104(Heft 40): 1-430. Verlag von Wilhelm Engelmann, Leipzig.

Fernald, M.L. 1905 [1904]. Synopsis of the Mexican and Central American species of *Alnus*. *Proc. Amer. Acad. Arts* 40(1): 24-28.

Fernandes, A. & R.B. Fernandes. 1987. *Icon. Selecta Fl. Azor.* 2(1): 1-178, t. 53-83. A Secretaria Regionali.

Fernández-Alonso, J.L. & G.M. Xhonneux. 2002. Novedades taxonómicas y sinopsis del género *Melocactus* Link & Otto (Cactaceae) en Colombia. *Revista Acad. Colomb. Ci. Exact.* 26(100): 353-365.

Ferren, W.R. & H.J. Schenk. 2003. *Suaeda*. *En*: Flora of North America Editorial Committee (eds.), *Fl. N. Amer.* 4: 390-398. Oxford University Press, New York.

Fey, B.S. & P.K. Endress. 1983. Development and morphological interpretation of the cupule in Fagaceae. *Flora* 173: 451-468.

Flores-Olvera, H.M. 1992. Taxonomía del grupo *Atriplex pentandra* (Chenopodiaceae). *Anales Inst. Biol. Univ. Nac. Autón. México, Bot.* 63(2): 155-194.

Ford, D.I. 1986. Portulacaceae. *Fl. Veracruz* 51: 1-38. Instituto Nacional de Investigaciones sobre Recursos Bióticos, Xalapa.

Forman, L.L. 1966. On the evolution of cupules in the Fagaceae. *Kew Bull.* 18(3): 385-419.

Franck, A.R. 2012. Synopsis of *Harrisia* including a newly described species, several typifications, new synonyms, and a key to species. *Haseltonia* 18: 95-104.

Franck, A.R. 2016. Monograph of *Harrisia* (Cactaceae). *Phytoneuron* 2016-85(1-4): 1-159.

Franck, A.R., B.J. Cochrane & J.R. Garey. 2013. Phylogeny, biogeography, and infrageneric classification of *Harrisia* (Cactaceae). *Syst. Bot.* 38(1): 210-223.

Franck, A.R., D. Barrios, K.C. St. E. Campbell, J. Lange, B. Peguero, E. Santiago-Valentín, Z. Rigerszki, J. Haakonsson, G.D. Gann, W. Cinea, N. Howe, J. St. John, J.S. Moreno & C.A. Clark. 2019. Revision of *Pilosocereus* (Cactaceae) in the Caribbean and northern Andean region. *Phytotaxa* 411(3): 129-182.

Franco-Estrada, D., D. Sánchez, T. Terrazas & S. Arias. 2021. Phylogenetic analysis of *Peniocereus* (Cactaceae, Echinocereeae) based on five chloroplast DNA markers. *Brazil. J. Bot.* 44(4): 903-916.

Franco-Estrada, D., D. Barrios, C.R. Cervantes, X. Granados-Aguilar & S. Arias. 2022. Phylogenetic and morphological analyses of *Pilosocereus leucocephalus* group s.s. (Cactaceae) reveal new taxonomical implications. *J. Pl. Res.* 135(3): 423-442.

Freeman, C.C. 2005. 44b. Polygonaceae Jussieu subfam. Polygonoideae. *En*: Flora of North America Editorial Committee (eds.), *Fl. N. Amer.* 5: 479-481, 483-489, 534-540. Oxford University Press, New York.

Freeman, C.C. & H.R. Hinds. 2005a. *Bistorta*. *En*: Flora of North America Editorial Committee (eds.), *Fl. N. Amer.* 5: 594-597. Oxford University Press, New York.

Freeman, C.C. & H.R. Hinds. 2005b. *Fallopia*. *En*: Flora of North America Editorial Committee (eds.), *Fl. N. Amer.* 5: 541-546. Oxford University Press, New York.

Freeman, C.C. & J.L. Reveal. 2005. 44. Polygonaceae Jussieu. *En*: Flora of North America Editorial Committee (eds.), *Fl. N. Amer.* 5: 216-218. Oxford University Press, New York.

Fries, K.R.E. 1931 [1930]. Revision der Arten einiger Anonaceen-Gattungen. I. *Acta Horti Berg.* 10(1): 1-128, t. 1-6.

Fries, K.R.E. 1931. Revision der Arten einiger Anonaceen-Gattungen. II. *Acta Horti Berg.* 10(2): 129-341, t. 1-27.

Fries, K.R.E. 1939. Revision der Arten einiger Annonaceen-Gattungen.V. *Acta Horti Berg.* 12(3): 289-577, t. 1-40.

Fries, K.R.E. 1948. New or noteworthy Annonaceae from tropical America. *Kongl. Svenska Vetensk. Acad. Handl.* ser. 3, 24(10): 3-19, t. I-VII.

Fries, K.R.E. 1952 [1950]. Contributions to the knowledge of the Annonaceae in northern South America. *Ark. Bot.* n.s. 1(6): 329-347, t. I-VIII.

Fries, K.R.E. 1962 [1963]. Flora of Panama, Part IV. Fascicle 5. Annonaceae. *Ann. Missouri Bot. Gard.* 49(3-4): 179-213.

Friis, I. 1980. The authority and date of publication of the genus *Casuarina* and its type species. *Taxon* 29(4): 499-501.

Fuentes-Bazán, S., P.J. Uotila & T. Borsch. 2012. A novel phylogeny-based generic classification for *Chenopodium* sensu lato, and a tribal rearrangement of Chenopodioideae (Chenopodiaceae). *Willdenowia* 42: 5-24.

Furlow, J.J. 1976 [1977]. Nomenclatural changes in *Alnus* (Betulaceae). *Ann. Missouri Bot. Gard.* 63(2): 380-381.

Furlow, J.J. 1979a. The systematics of the American species of *Alnus* (Betulaceae). *Rhodora* 81(825): 1-121.

Furlow, J.J. 1979b. The systematics of the American species of *Alnus* (Betulaceae) [concl.]. *Rhodora* 81(826): 151-248.

Furlow, J.J. 1987a. The *Carpinus caroliniana* complex in North America. I. A multivariate analysis of geographical variation. *Syst. Bot.* 12(1): 21-40.

Furlow, J.J. 1987b. The *Carpinus caroliniana* complex in North America. II. Systematics. *Syst. Bot.* 12(3): 416-434.

Galán de Mera, A., E. Linares-Perea & J.A. Vicente-Orellana. 2020. Revisiting the typification of *Bocconia frutescens* (Papaveraceae). *Taxon* 69(2): 369-371.

Gallardo-Hernández, C. 2004. Dilleniaceae. *Fl. Veracruz* 134: 1-27. Instituto Nacional de Investigaciones sobre Recursos Bióticos, Xalapa.

García Aguilar, M.A., T. Terrazas, O. Segura León, S. Arias, H. Vibrans & L. López-Mata. 2013. Caracterización molecular de tres especies de *Hylocereus* (Cactaceae) presentes en México. *Revista Fitotecn. Mex.* 36(1): 13-22.

García González, J., M.Á. Pérez-Farrera, J.S. Gutiérrez-Ortega, A.P. Vovides & P. Díaz Jiménez. 2023. *Ceratozamia rosea* (Zamiaceae): A new species from the Northern Mountains of Chiapas, Mexico. *Phytotaxa* 595(1): 73-88.

García-Rubio, L.A., O. Vargas-Ponce, F.J. Ramírez-Mireles, G. Munguía-Lino, C.A. Corona-Oceguera & T. Cruz-Hernández. 2015. Geographic distribution of *Hylocereus* (Cactaceae) in Mexico. *Bot. Sci.* 93(4): 921-939.

Geesink, R. 1969. An account of the genus *Portulaca* in Indo-Australia and the Pacific (Portulacaceae). *Blumea* 17(2): 275-301.

Gentry, A.H. 1975. Additional Panamanian Myristicaceae. *Ann. Missouri Bot. Gard.* 62(2): 474-479.

Gentry, A.H. 1978. Flora of Panama, Part VI. Family 99. Buxaceae. *Ann. Missouri Bot. Gard.* 65(1): 5-8.

Gentry, A.H. 1980 [1981]. Flora of Panama, Part VI. Family 109. Sabiaceae. *Ann. Missouri Bot. Gard.* 67(4): 949-963.

Gentry, A.H. 2001. Myristicaceae. *En*: Stevens, W.D., C. Ulloa Ulloa, A. Pool & O.M. Montiel (eds.), Flora de Nicaragua. *Monogr. Syst. Bot. Missouri Bot. Gard.* 85(2): 1542-1545.

Ghafoor, A. 1978. Caryophyllaceae. *Fl. Libya* 59: 1-122. National Academy for Scientific Research, Tripoli.

Ghazanfar, S.A. & Y.J. Nasir. 1986. Caryophyllaceae. *Fl. Pakistan* 175: 1-125. Univ. of Karachi, Karachi.

Gibson, A.C. 1988. The systematics and evolution of subtribe Stenocereinae. 3. *Myrtillocactus*. *Cact. Succ. J. (Los Angeles)* 60(3): 109-116.

Gibson, A.C. 1991. The systematics and evolution of subtribe Stenocereinae. 10. The species group of *Stenocereus griseus*. *Cact. Succ. J. (Los Angeles)* 63(2): 92-99.

Gibson, A.C. & K.E. Horak. 1978 [1979]. Systematic anatomy

and phylogeny of Mexican columnar cacti. *Ann. Missouri Bot. Gard.* 65(4): 999-1057.

Gibson, J.P. & P.K. Diggle. 1997. Structural analysis of female and hermaphroditic flowers of a gynodioecious tree, *Ocotea tenera* (Lauraceae). *Amer. J. Bot.* 84(3): 298-307.

Gillis, W.T. 1976. Bougainvilleas of cultivation (Nyctaginaceae). *Baileya* 20(1): 34-41.

Goldberg, A. & H.A. Alden. 2005. Taxonomy of *Haptanthus* Goldberg & C. Nelson. *Syst. Bot.* 30(4): 773-778.

Goldberg, A. & C.H. Nelson. 1989. *Haptanthus*, a new dicotyledonous genus from Honduras. *Syst. Bot.* 14(1): 16-19.

Gómez-Domínguez, H. & A.E. Ortiz-Rodríguez. 2020. A new species of *Desmopsis* (Annonaceae) from Mexico: Novel floral characteristics for the Neotropical genera of Miliuseae. *Syst. Bot.* 45(4): 749-753.

Gómez-Hinostrosa, C. 2006. *Sistematica del Género* Acanthocereus *(Cactaceae)*. Tesis de Maestría, inédita: 1-155. Universidad Nacional Autónoma de México, Ciudad de México.

Gómez-Hinostrosa, C. & H.M. Hernández. 2005. A new combination in *Peniocereus* (Cactaceae). *Revista Mex. Biodivers.* 76(2): 129-135.

Gómez-Hinostrosa, C. & H.M. Hernández. 2023 [2022]. Studies on Mexican Cactaceae. VII. Taxonomic notes on *Disocactus heterodoxus*. *Brittonia* 75(1): 79-88.

Gómez-Hinostrosa, C., H.M. Hernández, T. Terrazas & M.E. Correa Cano. 2014 [2013]. Studies on Mexican Cactaceae. V. Taxonomic notes on *Selenicereus tricae*. *Brittonia* 66(1): 51-59.

Gómez-Laurito, J. 1989 [1990]. *Coccoloba porphyrostachys* (Polygonaceae), a new species from Costa Rican forest. *Brenesia* 31: 121-123.

Gómez-Laurito, J. 1993. A new *Ocotea* (Lauraceae) from the high mountains of Costa Rica and Panama. *Novon* 3(1): 31-33.

Gómez-Laurito, J. 1997. *Ocotea morae* (Lauraceae): A new species from Costa Rica. *Novon* 7(2): 145-146.

Gómez-Laurito, J. 2007. Monimiaceae. *En*: Manual de Plantas de Costa Rica. Vol. VI. B.E. Hammel, M.H. Grayum, C. Herrera & N. Zamora (eds.). *Monogr. Syst. Bot. Missouri Bot. Gard.* 111: 632-634.

Gómez-Laurito, J. 2015a. Siparunaceae. *En*: Manual de Plantas de Costa Rica. Vol. VIII. B.E. Hammel, M.H. Grayum, C. Herrera & N. Zamora (eds.). *Monogr. Syst. Bot. Missouri Bot. Gard.* 131: 199-204.

Gómez-Laurito, J. 2015b. Ticodendraceae. *En*: Manual de Plantas de Costa Rica. Vol. VIII. B.E. Hammel, M.H. Grayum, C. Herrera & N. Zamora (eds.). *Monogr. Syst. Bot. Missouri Bot. Gard.* 131: 416-417.

Gómez-Laurito, J. & A. Cascante-Marín. 1999. *Licaria caribaea* (Lauraceae): A new species from the Caribbean lowlands of Costa Rica. *Novon* 9(2): 199-201.

Gómez-Laurito, J. & A. Estrada. 2002. *Licaria leonis* (Lauraceae), una nueva especie del Pacífico Costarricense y algunas notas sobre *Licaria multinervis* H. Kurz. *Lankesteriana* 3: 5-9.

Gómez-Laurito, J. & L.D. Gómez P. 1989. *Ticodendron*: A new tree from Central America. *Ann. Missouri Bot. Gard.* 76(4): 1148-1151.

Gómez-Laurito, J. & L.D. Gómez P. 1991. Ticodendraceae: A new family of flowering plants. *Ann. Missouri Bot. Gard.* 78(1): 87-88.

Gómez-Laurito, J. & N. Zamora. 1987. A new *Coccoloba* (Polygonaceae) from Costa Rica. *Phytologia* 62(1): 7-8.

Gómez P., L.D. 1982. Plantae mesoamericanae novae. II. *Phytologia* 50(6): 401-404.

Gonçalves, M.L. 1990. *Tetragonia* L. *En*: Castroviejo Bolíbar, S. (ed.), *Fl. Iberica* 2: 76-78, 79. Real Jardín Botánico, Madrid.

González, J. 2007. Nyctaginaceae. *En*: Manual de Plantas de Costa Rica. Vol. VI. B.E. Hammel, M.H. Grayum, C. Herrera & N. Zamora (eds.). *Monogr. Syst. Bot. Missouri Bot. Gard.* 111: 785-796.

González, J. 2010. Dilleniaceae. *En*: Manual de Plantas de Costa Rica. Vol.V. B.E. Hammel, M.H. Grayum, C. Herrera & N. Zamora (eds.). *Monogr. Syst. Bot. Missouri Bot. Gard.* 119: 203-212.

González, J. 2020a. Amaranthaceae. *En*: Manual de Plantas de Costa Rica. Vol. IV, Parte 1. B.E. Hammel, M.H. Grayum, C. Herrera & N. Zamora (eds.). *Monogr. Syst. Bot. Missouri Bot. Gard.* 137: 196-226.

González, J. 2020b. Caryophyllaceae. *En*: Manual de Plantas de Costa Rica. Vol. IV, Parte 2. B.E. Hammel, M.H. Grayum, C. Herrera & N. Zamora (eds.). *Monogr. Syst. Bot. Missouri Bot. Gard.* 138: 391-406.

González, J. & L.J. Poveda. 2007. Lauraceae. *En*: Manual de Plantas de Costa Rica. Vol. VI. B.E. Hammel, M.H. Grayum, C. Herrera & N. Zamora (eds.). *Monogr. Syst. Bot. Missouri Bot. Gard.* 111: 90-172.

González Gutiérrez, P.A. 2014. *Evolution and Biogeography of* Buxus *L. (Buxaceae) in Cuba and the Caribbean*. Unpublished Ph.D. dissertation: i-xvi, 1-180. Freie Univ. Berlin, Berlin.

Good, D.A. 1984. A revision of the Mexican and Central American species of *Cerastium* (Caryophyllaceae). *Rhodora* 86 (847): 339-379.

Grauke, L.J., J.W. Pratt, W.F. Mahler & A.O. Ajayi. 1986. (808) Proposal to conserve the name of pecan as *Carya illinoensis* (Wang.) K. Koch and reject the orthographic variant *Carya illinoinensis* (Wang.) K. Koch (Juglandaceae). *Taxon* 35(1): 174-177.

Greuter, W.R. 1995. (1147) Proposal to conserve the name *Silene gallica* L. (Caryophyllaceae) against several synonyms of equal priority. *Taxon* 44(1): 102-104.

Gross, C.L. 1995. *Macadamia*. *Fl. Australia* 16: 419-425. ABRS/CSIRO, Melbourne.

Gutiérrez-Ortega, J.S., M.Á. Pérez-Farrera, A.P. Vovides, A. Chávez-Cortázar, S. López, N.G. Santos-Hernández &

S.K. Ruíz-Roblero. 2021. *Ceratozamia sanchezae* (Zamiaceae): A new cycad species from Chiapas highlands (Mexico). *Phytotaxa* 500(3): 201-216.

Guzmán Cruz, L.U., S. Arias & P. Dávila Aranda. 2003. *Catálogo de Cactáceas Mexicanas* 1-315. UNAM, México.

Hammel, B.E. 1986. New species and notes on Lauraceae from the Caribbean lowlands of Costa Rica. *J. Arnold Arbor.* 67(1): 123-136.

Hammel, B.E. 2020. Cactaceae. *En*: Manual de Plantas de Costa Rica. Vol. IV, Parte 2. B.E. Hammel, M.H. Grayum, C. Herrera & N. Zamora (eds.). *Monogr. Syst. Bot. Missouri Bot. Gard.* 138: 251-293.

Hammel, B.E. & S. Arias. 2022. A new species of *Deamia* (Cactaceae) from Nicaragua. *Phytotaxa* 576(2): 220-226.

Hammel, B.E. & W.C. Burger. 1991. Neither oak nor alder, but nearly: The history of Ticodendraceae. *Ann. Missouri Bot. Gard.* 78(1): 89-95.

Hammel, B.E. & N. Zamora. 2005. *Pleodendron costaricense* (Canellaceae), a new species for Costa Rica. *Lankesteriana* 5(3): 211-218.

Hansen, B. 1980. Balanophoraceae. *Fl. Neotrop. Monogr.* 23: 1-80.

Haraldson, K. 1978. Anatomy and taxonomy in Polygonaceae subfam. Polygonoideae Meisn. emend. Jaretzky. *Acta Univ. Upsal., Symb. Bot. Upsal.* 22: 1-93.

Harber, J.F. & E.R. Bécquer. 2023. *Mahonia sagrana*, a new species from Cuba, and lectotypification of *Mahonia tenuifolia* and *Berberis fraxinifolia* from Mexico. *Edinburgh J. Bot.* 80(Art. 1961): 1-17.

Hartmann, H.E.K. 1993. Aizoaceae. *En*: Kubitzki, K. (ed.), *The Families and Genera of Vascular Plants* 2: 37-69. Springer Verlag, Berlin.

Hawksworth, F.G. & D. Wiens. 1972. Biology and classification of dwarf mistletoes (*Arceuthobium*). *Agric. Handb.* 401: i-vii, 1-234.

Hawksworth, F.G. & D. Wiens. 1996. Dwarf mistletoes: Biology, pathology, and systematics. *Agric. Handb.* 709: i-xiv, 1-410.

Haynes, J.L., L.M. Whitelock, B.M. Schutzman & R.S. Adams. 2008. A new endemic *Ceratozamia* from Honduras (Cycadales: Zamiaceae). *Cycad Newslett.* 31(2/3): 16-21.

Hedberg, K.O. 1946. Pollen morphology in the genus *Polygonum* L. s. lat. and its taxonomical significance. *Svensk Bot. Tidskr.* 40(4): 371-404.

Heimerl, A. 1890 [1889]. Neue Arten von Nyctaginaceen. *Bot. Jahrb. Syst.* 11(1): 83-91, t. 1-5.

Hemery, G.E. 1998. Walnut (*Juglans regia*) seed-collecting expedition to Kyrgyzstan in Central Asia. *Quart. J. Forest.* 92(2): 153-157.

Hemsley, W.B. 1879-1888. List of plates. *Biol. Cent.-Amer., Bot.* 5: i-viii, t. 1-110. R.H. Poret and Dulau & Co., London.

Hermann, P. 1698. *Paradisus Batavus* i-xx, 1-247, t. 1-111. Abrahamum Elzevier, Lugduni-Batavorum.

Hernández, H.M., C. Gómez-Hinostrosa, R.T. Bárcenas Luna, R. Puente-Martínez & J.A. Reyes-Agüero. 2014. A checklist of the subfamily Opuntioideae (Cactaceae) in North and Central America. *Succ. Pl. Res.* 8: 185-200.

Hernández-Cerda, M.E. 1980. Magnoliaceae. *Fl. Veracruz* 14: 1-14. Instituto Nacional de Investigaciones sobre Recursos Bióticos, Xalapa.

Hernández-Hernández, T., H.M. Hernández, J.A. De Nova, R. Puente-Martínez, L.E. Eguiarte & S. Magallón Puebla. 2011. Phylogenetic relationships and evolution of growth form in Cactaceae (Caryophyllales, Eudicotyledoneae). *Amer. J. Bot.* 98(1): 44-61.

Hernández Ledesma, P. & G. Ocampo. 2016. Talinaceae. *Fl. Bajío* 195: 1-15. Instituto de Ecología A.C., Pátzcuaro.

Hernández Ledesma, P. & G. Ocampo. 2018. Montiaceae. *Fl. Bajío* 202: 1-27. Instituto de Ecología A.C., Pátzcuaro.

Hernández Ledesma, P., W.G. Berendsohn, T. Borsch, S. Von Mering, H. Akhani, S. Arias, I.E. Castañeda-Noa, U. Eggli, R. Eriksson, H. Flores-Olvera, S. Fuentes-Bazán, G. Kadereit, C. Klak, N. Korotkova, R. Nyffeler, G. Ocampo, H. Ochoterena-Booth, B. Oxelman, R.K. Rabeler, A. Sanchez, B.O. Schlumpberger & P.J. Uotila. 2015. A taxonomic backbone for the global synthesis of species diversity in the angiosperm order Caryophyllales. *Willdenowia* 45(3): 281-383.

Hershkovitz, M.A. 1991. Taxonomic notes on *Cistanthe*, *Calandrinia*, and *Talinum* (Portulacaceae). *Phytologia* 70(3): 209-225.

Hershkovitz, M.A. 1993. Revised circumscriptions and subgeneric taxonomies of *Calandrinia* and *Montiopsis* (Portulacaceae) with notes on phylogeny of the portulacaceous alliance. *Ann. Missouri Bot. Gard.* 80(2): 333-365.

Hershkovitz, M.A. 1998. *Parakeelya*: A new genus segregated from *Calandrinia* (Portulacaceae). *Phytologia* 84(2): 98-106.

Hershkovitz, M.A. 2019. Systematics, evolution, and phylogeography of Montiaceae (Portulacineae). *Phytoneuron* 2019-27: 1-77.

Hershkovitz, M.A. & E.A. Zimmer. 2000. Ribosomal DNA evidence and disjunctions of Western American Portulacaceae. *Molec. Phylogen. Evol.* 15(3): 419-439.

Hiepko, P.H. 1993. Opiliaceae. *En*: Görts-van Rijn, A.R.A. (ed.), *Fl. Guianas, ser. A, Phanerog.* 14: 36-39. Koeltz Scientific Books, Königstein.

Hiepko, P.H. 2000. Opiliaceae. *Fl. Neotrop. Monogr.* 82: 1-53.

Hill, K.D. 1994. The *Cycas rumphii* complex (Cycadaceae) in New Guinea and the Western Pacific. *Austral. Syst. Bot.* 7(6): 543-567.

Hinds, H.R. & C.C. Freeman. 2005a. *Aconogonon*. *En*: Flora of North America Editorial Committee (eds.), *Fl. N. Amer.* 5: 597-600. Oxford University Press, New York.

Hinds, H.R. & C.C. Freeman. 2005b. *Fagopyrum*. *En*: Flora of North America Editorial Committee (eds.), *Fl. N. Amer.* 5: 572-573. Oxford University Press, New York.

Hinds, H.R. & C.C. Freeman. 2005c. *Persicaria*. *En*: Flora of

North America Editorial Committee (eds.), *Fl. N. Amer.* 5: 574-594. Oxford University Press, New York.

Hjelmquist, H. 1948. Studies on the floral morphology and phylogeny of the Amentiferae. *Bot. Not., Suppl.* 2(1): 1-171.

Holm, L.G., D.L. Plucknett, J.V. Pancho & J. Herberger. 1977. *The World's Worst Weeds: Distribution and Biology* i-xii, 1-609. University Press of Hawaii, Honolulu.

Hoogland, R.D. 1952. A revision of the genus *Dillenia*. *Blumea* 7(1): 1-145.

Hooker, W.J. 1829. *Bot. Mag.* 56: t. 2876-2955.

Hooker, W.J. 1837. *Bot. Mag.* 64: t. 3542-3625.

Hooker, W.J. 1841a [1840]. *Bot. Mag.* 67: t. 3795-3842.

Hooker, W.J. 1841b [1840]. *Icon. Pl.* 4(1): t. 301-350.

Hooker, W. J. 1841. *Icon. Pl.* 4(2): t. 351-400.

Hooker, W.J. 1842a [1841]. *Bot. Mag.* 68: t. 3880-3915.

Hooker, W.J. 1842b [1841]. *Icon. Pl.* 5(9): t. 401-450.

Hooker, W.J. 1842. *Bot. Mag.* 68: t. 3916-3963.

Hooker, W.J. 1854. *Bot. Mag.* 80: t. 4758-4824.

Hooker, W.J. & G.A.W. Arnott. 1841 [1838]. *The Botany of Captain Beechey's Voyage* (7): 289-336, t. 60-69. Henry G. Bohn, London.

Hoot, S.B., A.A. Reznicek & J.D. Palmer. 1994. Phylogenetic relationships in *Anemone* (Ranunculaceae) based on morphology and chloroplast DNA. *Syst. Bot.* 19(1): 169-200.

Hopkins, C.O. & W.H. Blackwell, Jr. 1977. Synopsis of *Suaeda* (Chenopodiaceae) in North America. *Sida* 7(2): 147-173.

Horich, C.K. 1975. Auf »Jagd« nach *Disocactus himantocladus* (Roland-Gosselin) Kimnach (*Wittia himantoclada*). *Kakteen And. Sukk.* 26(10): 230-233.

Horich, C.K. 1976. *Selenicereus wercklei* (Weber) Britton & Rose. *Kakteen And. Sukk.* 27(5): 102-103.

Horich, C.K. 1983. Zum Standort von *Disocactus horichii* Kimnach. *Kakteen And. Sukk.* 34(9): 212-215.

Horich, C.K. 1987. Die Heimat von *Disocactus lankesteri* Kimnach. *Kakteen And. Sukk.* 38(8): 188-190.

Horn, J.W. 2006. Dilleniaceae. *En*: Kubitzki, K. (ed.), *The Families and Genera of Vascular Plants* 9: 132-154. Springer Verlag, Berlin.

House, P.R., C. Gómez-Hinostrosa & H.M. Hernández. 2013. Una especie nueva de *Peniocereus* (Cactaceae) de Honduras. *Revista Mex. Biodivers.* 84(4): 1077-1081.

Houttuyn, M.M. 1777. *Nat. Hist.* 2(8): i-viii, 1-784, t. 45-52. By de Evren van F. Houttuyn, Te Amsterdam.

Howard, R.A. 1949. The genus *Coccoloba* in Cuba. *J. Arnold Arbor.* 30(4): 388-424.

Howard, R.A. 1958. A history of the genus *Coccoloba* in cultivation. *Baileya* 6(4): 204-212.

Howard, R.A. 1959a. Studies in the genus *Coccoloba*, VI. The species from the Lesser Antilles, Trinidad and Tobago. *J. Arnold Arbor.* 40(1): 68-93.

Howard, R.A. 1959b. Studies in the genus *Coccoloba*. VII. A synopsis and key to the species in Mexico and Central America. *J. Arnold Arbor.* 40(2): 176-220.

Howard, R.A. 1960 [1961]. *Coccoloba* P. Br. ex L. *Ann. Missouri Bot. Gard.* 47(4): 340-353.

Howard, R.A. 1988a. *Charles Wright in Cuba, 1856-1867* Appendix 1: 1-219. Chadwyck-Healey, Alexandria.

Howard, R.A. 1988b. Lauraceae. *En*: Howard, R.A. (ed.), *Fl. Lesser Antilles* 4: 247-270. Arnold Arboretum, Harvard University, Cambridge.

Howard, R.A. 1988c. Polygonaceae. *En*: Howard, R.A. (ed.), *Fl. Lesser Antilles* 4: 126-138. Arnold Arboretum, Harvard University, Cambridge.

Howard, R.A. 1992. Collected notes on *Coccoloba* L. (Polygonaceae). *Brittonia* 44(3): 356-367.

Howard, R.A. 2001. Polygonaceae. *En*: Stevens, W.D., C. Ulloa Ulloa, A. Pool & O.M. Montiel (eds.), Flora de Nicaragua. *Monogr. Syst. Bot. Missouri Bot. Gard.* 85(3): 2167-2176.

Howard, R.A. & M. Touw. 1982. *Opuntia* species in the Lesser Antilles. *Cact. Succ. J. (Los Angeles)* 54(4): 170-179.

Huang, J.-F., L. Li, H. van der Werff, H.W. Li, J.G. Rohwer, D.M. Crayn, H.-H. Meng, M. van der Merwe, J.G. Conran & J. Li. 2016. Origins and evolution of cinnamon and camphor: A phylogenetic and historical biogeographical analysis of the *Cinnamomum* group (Lauraceae). *Molec. Phylogen. Evol.* 96: 33-44.

Humboldt, F.W.H.A. v. & A.J.A. Bonpland. 1808 [1807]. *Plantae Aequinoctiales* 1: 139-170, t. 40-48. F. Schoell, Paris.

Humboldt, F.W.H.A. v. & A.J.A. Bonpland. 1809. *Plantae Aequinoctiales* 2: 21-36, t. 74-81. F. Schoell, Paris.

Humboldt, F.W.H.A. v. & A.J.A. Bonpland. 1809 [1810-1811]. *Plantae Aequinoctiales* 2: 37-88, t. 82-105. F. Schoell, Paris.

Humboldt, F.W.H.A. v., A.J.A. Bonpland & C.S. Kunth. 1817. *Nov. Gen. Sp.* 2(5): 1-96, t. 97-121.

Humboldt, F.W.H.A. v., A.J.A. Bonpland & C.S. Kunth. 1825. *Nov. Gen. Sp.* 7(32-36): 145-506, t. 631-700.

Hummelinck, P.W. 1938. Over *Cereus repandus*, *Cephalocereus lanuginosus*, *Lemaireocereus griseus* en *Acanthocereus tetragonus*. III. *Succulenta (Netherlands)* 20(11): 165-171.

Hunt, D.M. 1990. *A Systematic Review of* Quercus *Series Laurifoliae, Marilandicae and Nigrae*. Unpublished PhD dissertation 1-2: i-xix, 1-1024. Univ. of Georgia, Athens.

Hunt, D.R. 1985. 43. *Weberocereus tonduzii*. Cactaceae. *Bot. Mag. (Kew Mag.)* 2(4): 339-341, t. 43.

Hunt, D.R. 1987. A new review of *Mammillaria* names S-Z. *Bradleya* 5: 17-48.

Hunt, D.R. 1989. Notes on *Selenicereus* (A. Berger) Britton & Rose and *Aporocactus* Lemaire (Cactaceae-Hylocereinae). *Bradleya* 7: 89-96.

Hunt, D.R. 2000. A revised species-list of Costa Rican Cactaceae. *Cactaceae Syst. Init.* 9: 25-28.

Hunt, D.R. 2006. *Opuntia*. *Cactaceae Syst. Init.* 21: 12-13.

Hunt, D.R. 2012. A brief outline of the cacti of Nicaragua. *Cactaceae Syst. Init.* 26: 21-29.

Hunt, D.R. & N.P. Taylor. 1990. The genera of Cactaceae: Progress towards consensus. *Bradleya* 8: 85-107.

Hunt, D.R. & N.P. Taylor. 1991. Notes on miscellaneous genera of Cactaceae. *Bradleya* 9: 81-92.

Hunt, D.R. & N.P. Taylor. 2006. Notulae systematicae lexicon cactacearum spectantes VII. *Cactaceae Syst. Init.* 21: 4-10.

Hunt, D.R., N.P. Taylor, G.J. Charles & International Cactaceae Systematics Group. 2006a. *The New Cactus Lexicon* 1(text): i-x, 1-373. dh books. Milborne Port, England.

Hunt, D.R., N.P. Taylor, G.J. Charles & International Cactaceae Systematics Group. 2006b. *The New Cactus Lexicon* 2(Atlas): i-xiv, 1-526. dh books. Milborne Port, England.

Hunter, G.E. 1965 [1966]. Flora of Panama, Part VI. Family 118. Dilleniaceae. *Ann. Missouri Bot. Gard.* 52(4): 579-598.

Hutchinson, J. 1920. *Bocconia* and *Macleaya*. *Bull. Misc. Inform. Kew* 1920(8): 275-282.

Hutchinson, J. 1926. *The Families of Flowering Plants. I. Dicotyledons* i-xiv, 1-328. MacMillan and Co., Limited, London.

Idárraga-Piedrahita, A., R. del C. Ortiz, R. Callejas Posada & M. Merello. 2011. Listado de las plantas vasculares del departamento de Antioquia. *Flora de Antioquia: Catálogo de las Plantas Vasculares* 2: 9-939. Universidad de Antioquia, Medellín.

Imkhanitskaya, N.N. 1974. Lavrovyye Kubovyye (Lauraceae Cubae). *Novosti Sist. Vyssh. Rast.* 11: 192-209.

IUCN. 2021. The IUCN Red List of Threatened Species. Version 2021-3. https://www.iucnredlist.org. [Accedido: 28 diciembre 2021].

Jacques, F.M.B. & D. De Franceschi. 2007. Menispermaceae wood anatomy and cambial variants. *IAWA J.* 28(2): 139-172.

Jacquin, N.J. 1763. *Selectarum Stirpium Americanarum Historia* i-vii, 1-301, t. I-CLXXXIII. Ex Officina Krausiana, Vindobonae.

Jacquin, N.J. 1772. *Hort. Bot. Vindob.* 2: 45-95, t. 101-200. Typis Leopoldi Joannis Kaliwoda, Wein.

Jafri, S.M.H. & M. Qaiser. 1974. Papaveraceae. *Fl. W. Pakistan* 61: 1-32. Pakistan Agricultural Research Council, Islamabad.

Janovec, J.P. 2000. *A Systematic Study of* Compsoneura *(A. DC.) Warb.: A Neotropical Member of the Nutmeg Family (Myristicaceae).* Unpublished Ph.D. thesis: i-xiv, 1-359. Texas A&M Univ., College Station.

Janovec, J.P. & J.S. Harrison. 2002. A morphological analysis of the *Compsoneura sprucei* complex (Myristicaceae), with a new combination for the Central American species *Compsoneura mexicana*. *Syst. Bot.* 27(4): 662-673.

Janovec, J.P. & A.K. Neill. 2002 [2003]. Studies of the Myristicaceae: An overview of the *Compsoneura atopa* complex, with descriptions of new species from Colombia. *Brittonia* 54(4): 251-261.

Jaramillo-Vivanco, T.S. & H. Balslev. 2020. Revision of *Otoba* (Myristicaceae). *Phytotaxa* 441(2): 143-175.

Jaramillo-Vivanco, T.S., P. Muriel, W.A. Rodrigues & H. Balslev. 2000. Myristicaceae novelties from Ecuador. *Nordic J. Bot.* 20(4): 443-447.

Jaramillo-Vivanco, T.S., P. Muriel & H. Balslev. 2004. Myristicaceae. *En*: Harling, G.W. & L. Andersson (eds.), *Fl. Ecuador* 72(48): 1-101. University of Göteborg, Göteborg.

Jarvis, C.E. 2007. *Order Out of Chaos* 1-1016. Linnaean Society of London, London.

Jarvis, C.E., F.R. Barrie, D.M. Allan & J.L. Reveal. 1993. A list of Linnaean generic names and their types. *Regnum Veg.* 127: 1-100.

Jeffrey, C. 1960. Notes on tropical African Aïzoaceae. *Kew Bull.* 14(2): 235-238.

Jiménez Madrigal, Q. 1991. Una nueva especie de *Hyperbaena* Miers ex Benthan [sic] (Menispermaceae) para Costa Rica. *Brenesia* 35: 113-116.

Jiménez Madrigal, Q. 2007a. Menispermaceae. *En*: Manual de Plantas de Costa Rica. Vol. VI. B.E. Hammel, M.H. Grayum, C. Herrera & N. Zamora (eds.). *Monogr. Syst. Bot. Missouri Bot. Gard.* 111: 615-627.

Jiménez Madrigal, Q. 2007b. Myristicaceae. *En*: Manual de Plantas de Costa Rica. Vol. VI. B.E. Hammel, M.H. Grayum, C. Herrera & N. Zamora (eds.). *Monogr. Syst. Bot. Missouri Bot. Gard.* 111: 684-691.

Jiménez Madrigal, Q. & S. Knapp. 2000. A new species of *Heisteria* (Olacaceae) from Mesoamerica. *Bull. Nat. Hist. Mus. London, Bot.* 30(1): 1-5.

Johnson, H. & M.W. Kimnach. 1963. *Weberocereus trichophorus*, a new species from Costa Rica. *Cact. Succ. J. (Los Angeles)* 35(6): 203-206.

Johnson, L.A.S. 1989. *Casuarina*. *Fl. Australia* 3: 200-202. ABRS/CSIRO, Melbourne.

Johnson, L.A.S. & B.G. Briggs. 1975. On the Proteaceae — the evolution and classification of a southern family. *Bot. J. Linn. Soc.* 70(2): 83-182.

Jonsell, B. & C.E. Jarvis. 1994. Lectotypifications of Linnaean names for Flora Nordica Vol. 1 (Lycopodiaceae - Papaveraceae). *Nordic J. Bot.* 14(2): 145-164.

Jonsell, B. et al. (eds.). 2000. *Fl. Nordica* 1: i-xxii, 1-344.

Jørgensen, P.M. & S. León-Yánez. 1999. Catalogue of the Vascular Plants of Ecuador. *Monogr. Syst. Bot. Missouri Bot. Gard.* 75: i-viii, 1-1181.

Juárez, P. & J.F. Morales. 2021. *Pleurothyrium amissum* (Lauraceae), a new endemic tree from the Talamanca montane forest in Costa Rica. *Novon* 29: 78-84.

Junikka, L., P.J.M. Maas, H. Maas-van de Kamer & L.Y.T. Westra. 2016. Revision of *Oxandra* (Annonaceae). *Blumea* 61(3): 215-266.

Kadereit, J.W. 1986. A revision of *Papaver* L. sect. *Papaver* (Papaveraceae). *Bot. Jahrb. Syst.* 108: 1-16.

Kadereit, J.W. 1988. A revision of *Papaver* L. section *Rhoe-*

adium Spach. *Notes Roy. Bot. Gard. Edinburgh* 45(2): 225-286.

Kellogg, E.A. 1988. Nyctaginaceae. *En*: Howard, R.A. (ed.), *Fl. Lesser Antilles* 4: 173-186. Arnold Arboretum, Harvard University, Cambridge.

Kessler, P.J.A. 1993. Menispermaceae. *En*: Kubitzki, K. (ed.), *The Families and Genera of Vascular Plants* 2: 402-418. Springer Verlag, Berlin.

Khatoon, S. 1985. Annonaceae. *Fl. Pakistan* 167: 1-15. Univ. of Karachi, Karachi.

Kiger, R.W. 2001. New combinations in *Phemeranthus* Rafinesque (Portulacaceae). *Novon* 11(3): 319-321.

Kim, S. & M.J. Donoghue. 2008. Molecular phylogeny of *Persicaria* (Persicarieae, Polygonaceae). *Syst. Bot.* 33(1): 77-86.

Kimnach, M.W. 1958a. Icones plantarum succulentarum. 11. *Epiphyllum cartagense* (Weber) Britton et Rose. *Cact. Succ. J. (Los Angeles)* 30(1): 23-26.

Kimnach, M.W. 1958b. Icones plantarum succulentarum. 12. *Werckleocereus tonduzii* (Weber) Britton et Rose. *Cact. Succ. J. (Los Angeles)* 30(2): 35-39.

Kimnach, M.W. 1961. *Disocactus ramulosus*. *Cact. Succ. J. (Los Angeles)* 33(1): 11-16.

Kimnach, M.W. 1962a. *Heliocereus*. *En*: Williams, L.O. (ed.), Tropical American Plants, III. *Fieldiana, Bot.* 29(7): 379-382.

Kimnach, M.W. 1962b. The genus *Eccremocactus*. *Cact. Succ. J. (Los Angeles)* 34(3): 78-82.

Kimnach, M.W. 1964. *Epiphyllum phyllanthus*. *Cact. Succ. J. (Los Angeles)* 36(4): 105-115.

Kimnach, M.W. 1965a. *Epiphyllum grandilobum*. *Cact. Succ. J. (Los Angeles)* 37(1): 15-20.

Kimnach, M.W. 1965b. *Epiphyllum thomasianum*. *Cact. Succ. J. (Los Angeles)* 37(6): 162-168.

Kimnach, M.W. 1967. *Hylocereus calcaratus*. *Cact. Succ. J. (Los Angeles)* 39(3): 102-105.

Kimnach, M.W. 1968a. *Hylocereus stenopterus*. *Cact. Succ. J. (Los Angeles)* 40(1): 11-13.

Kimnach, M.W. 1968b. *Weberocereus tunilla*. *Cact. Succ. J. (Los Angeles)* 40(3): 113-115.

Kimnach, M.W. 1974. *Heliocereus aurantiacus*, a new species from Nicaragua. *Cact. Succ. J. (Los Angeles)* 46(2): 66-69.

Kimnach, M.W. 1979. Two new disocacti from Costa Rica. *Cact. Succ. J. (Los Angeles)* 51(4): 166-171.

Kimnach, M.W. 1983. *Wilmattea minutiflora*. *Cact. Succ. J. (Los Angeles)* 55(2): 61-65.

Kimnach, M.W. 1984a. *Hylocereus escuintlensis*, a new species from Guatemala. *Cact. Succ. J. (Los Angeles)* 56(4): 177-180.

Kimnach, M.W. 1984b. *Nopalxochia horichii*, a new cactus from Costa Rica. *Cact. Succ. J. (Los Angeles)* 56(1): 4-8.

Kimnach, M.W. 1990a. *Epiphyllum laui*, a new diurnal-flowering species. *Cact. Succ. J. (Los Angeles)* 62(1): 148-151.

Kimnach, M.W. 1990b. *Heliocereus aurantiacus* var. *blomianus*. *Cact. Succ. J. (Los Angeles)* 62(2): 268-271.

Kimnach, M.W. 1993. The genus *Disocactus*. *Haseltonia* 1: 95-139.

Kimnach, M.W. & P.C. Hutchison. 1956a. Icones plantarum succulentarum. 2. *Werckleocereus imitans* Kimnach and Hutchison. *Cact. Succ. J. (Los Angeles)* 28(5): 152-156.

Kimnach, M.W. & P.C. Hutchison. 1956b. Icones plantarum succulentarum. 3. *Eccremocactus bradei* Britton et Rose. *Cact. Succ. J. (Los Angeles)* 28(6): 177-181.

Kimnach, M.W. & P.C. Hutchison. 1957a. Comments on the phylogeny of *Werckleocereus* and its allies. *Cact. Succ. J. (Los Angeles)* 29(1): 26-28.

Kimnach, M.W. & P.C. Hutchison. 1957b. Icones plantarum succulentarum. 9. *Disocactus eichlamii* (Weingart) Britton et Rose. *Cact. Succ. J. (Los Angeles)* 29(3): 75-79.

Koenemann, D.M. & J.M. Burke. 2025. A nomenclatural synopsis of the genus *Triplaris* (Polygonaceae). *Phytotaxa* 700(2): 115-146.

Köhler, E. 2007. Buxaceae. *En*: Kubitzki, K. (ed.), *The Families and Genera of Vascular Plants* 9: 40-47. Springer Verlag, Berlin.

Köhler, H.A. 1887 [1883-1887]. *Med.-Pfl.* 1: 1-84, t. 1-84. Fr. Eugen Köhler, Gera-Untermhaus.

Kopp, L.E. 1966. A taxonomic revision of the genus *Persea* in the Western Hemisphere (*Persea*-Lauraceae). *Mem. New York Bot. Gard.* 14(1): 1-120.

Korotkova, N., T. Borsch, D. Quandt, N.P. Taylor, K.F. Müller & W.A. Barthlott. 2011. What does it take to resolve relationships and to identify species with molecular markers? An example from the epiphytic Rhipsalideae (Cactaceae). *Amer. J. Bot.* 98(9): 1549-1572.

Korotkova, N., T. Borsch & S. Arias. 2017. A phylogenetic framework for the Hylocereeae (Cactaceae) and implications for the circumscription of the genera. *Phytotaxa* 327(1): 1-46.

Korotkova, N., D.A. Aquino García, S. Arias, U. Eggli, A.R. Franck, C. Gómez-Hinostrosa, P.C. Guerrero, H.M. Hernández, A. Kohlbecker, M. Köhler, K. Luther, L.C. Majure, A. Müller, D. Metzing, R. Nyffeler, D. Sánchez, B.O. Schlumpberger & W.G. Berendsohn. 2021. Cactaceae at Caryophyllales.org - a dynamic online species-level taxonomic backbone for the family. *Willdenowia* 51(2): 251-270.

Kostermans, A.J.G.H. 1937. Revision of the Lauraceae II. The genera *Endlicheria*, *Cryptocarya* (American species) and *Licaria*. *Recueil Trav. Bot. Néerl.* 34: 500-609.

Kostermans, A.J.G.H. 1938. Revision of the Lauraceae V. A monography of the genera: *Anaueria*, *Beilschmiedia* (American species) and *Aniba*. *Recueil Trav. Bot. Néerl.* 35: 834-931.

Kostermans, A.J.G.H. 1961. The New World species of *Cinnamomum* Trew (Lauraceae). *Reinwardtia* 6(1): 17-24.

Kostermans, A.J.G.H. 1978. Lauraceae. *Fl. W. Pakistan* 118: 1-13. Pakistan Agricultural Research Council. Islamabad.

Kostermans, A.J.G.H. 1983. The South Indian species of *Cinnamomum schaeffer* (Lauraceae). *Bull. Bot. Surv. India* 25(1-4): 90-133.

Kostermans, A.J.G.H. 1993. Reduction of *Gamanthera* to *Licaria* (Lauraceae). *Taxon* 42(4): 853-854.

Krukoff, B.A. 1979a. Supplementary notes on American Menispermaceae XIV. Neotropical Triclisieae and Anomospermeae. *Phytologia* 41(4): 239-255.

Krukoff, B.A. 1979b. Supplementary notes on American Menispermaceae XV. Neotropical Triclisieae and Anomospermeae. *Phytologia* 44(1): 11-18.

Krukoff, B.A. & R.C. Barneby. 1970. Supplementary notes on American Menispermaceae–VI. *Mem. New York Bot. Gard.* 20(2): 1-70.

Krukoff, B.A. & R.C. Barneby. 1974. Supplementary notes on American Menispermaceae. X. *Lloydia* 37(1): 23-29.

Krukoff, B.A. & R.C. Barneby. 1978. Supplementary notes on American Menispermaceae XIII. Neotropical Triclisieae and Anomospermeae. *Phytologia* 39(5): 283-293.

Krukoff, B.A. & H.N. Moldenke. 1938. Studies of American Menispermaceae, with special reference to species used in preparation of arrow-poisons. *Brittonia* 3(1): 1-74.

Kubitzki, K. 1969a. Monographie der Hernandiaceen. Teil I. *Bot. Jahrb. Syst.* 89(1): 78-148.

Kubitzki, K. 1969b. Monographie der Hernandiaceen. Teil II. *Bot. Jahrb. Syst.* 89(2): 149-209.

Kubitzki, K. 1970. Die gattung *Tetracera* (Dilleniaceae). *Mitt. Bot. Staatssamml. München* 8: 1-98.

Kubitzki, K. 1971. *Doliocarpus*, *Davilla* und verwandte Gattungen (Dilleniaceae). *Mitt. Bot. Staatssamml. München* 9: 1-105.

Kubitzki, K. 1982. *Aniba*. *Fl. Neotrop. Monogr.* 31: 1-84.

Kubitzki, K. & H.G. Richter. 1987. *Williamodendron* Kubitzki & Richter, a new genus of neotropical Lauraceae. *Bot. Jahrb. Syst.* 109(1): 49-58.

Kühn, U. 1993. Chenopodiaceae. *En*: Kubitzki, K. (ed.), *The Families and Genera of Vascular Plants* 2: 253-281. Springer Verlag, Berlin.

Kühn, U. & K. Kubitzki. 1993. Myristicaceae. *En*: Kubitzki, K. (ed.), *The Families and Genera of Vascular Plants* 2: 457-467. Springer Verlag, Berlin.

Kuijt, J. 1961. A revision of *Dendrophthora* (Loranthaceae). *Wentia* 6: 1-145.

Kuijt, J. 1963. *Dendrophthora*: Additions and changes. *Acta Bot. Neerl.* 12(4): 521-524.

Kuijt, J. 1964. A revision of the Loranthaceae of Costa Rica. *Bot. Jahrb. Syst.* 83(3): 250-326.

Kuijt, J. 1968. Mutual affinities of Santalalean families. *Brittonia* 20(2): 136-147.

Kuijt, J. 1975. The genus *Cladocolea* (Loranthaceae). *J. Arnold Arbor.* 56(3): 265-335.

Kuijt, J. 1976a. *Maracanthus*, a new genus of Loranthaceae. *Brittonia* 28(2): 231-238.

Kuijt, J. 1976b. Revision of the genus *Oryctanthus* (Loranthaceae). *Bot. Jahrb. Syst.* 95(4): 478-534.

Kuijt, J. 1978 [1979]. Commentary on the mistletoes of Panama. *Ann. Missouri Bot. Gard.* 65(2): 736-763.

Kuijt, J. 1980 [1981]. Miscellaneous mistletoe notes, 1-9. *Brittonia* 32(4): 518-529.

Kuijt, J. 1981. Inflorescence morphology of Loranthaceae-an evolutionary synthesis. *Blumea* 27(1): 1-73.

Kuijt, J. 1983 [1982]. Seedling morphology and its systematic significance in Loranthaceae of the New World, with supplementary comments on Eremolepidaceae. *Bot. Jahrb. Syst.* 103(3): 305-342.

Kuijt, J. 1986a. 32B. Viscaceae. *En*: Harling, G.W. & B. Sparre (eds.), *Fl. Ecuador* 24: 11-112. University of Göteborg & Swedish Museum of Natural History, Göteborg & Stockholm.

Kuijt, J. 1986b. 32C. Loranthaceae. *En*: Harling, G.W. & B. Sparre (eds.), *Fl. Ecuador* 24: 113-194. University of Göteborg & Swedish Museum of Natural History, Göteborg & Stockholm.

Kuijt, J. 1987. Novelties in Mesoamerican mistletoes (Loranthaceae and Viscaceae). *Ann. Missouri Bot. Gard.* 74(3): 511-532.

Kuijt, J. 1988. Monograph of the Eremolepidaceae. *Syst. Bot. Monogr.* 18: 1-60.

Kuijt, J. 1990. New species and combinations in neotropical mistletoes (Loranthaceae and Viscaceae). *Proc. Kon. Ned. Akad. Wetensch., Biol.* 93(2): 113-161.

Kuijt, J. 1991a. Inflorescence structure and generic placement of some small-flowered species of *Phthirusa* (Loranthaceae). *Syst. Bot.* 16(2): 283-291.

Kuijt, J. 1991b. Two new species of *Ixocactus* (Loranthaceae) and a reformulation of the genus. *Syst. Bot.* 16(2): 292-298.

Kuijt, J. 1993 [1992]. Nomenclatural changes, new species, and a revised key for the genus *Oryctanthus* (Loranthaceae). *Bot. Jahrb. Syst.* 114(2): 173-183.

Kuijt, J. 1994. Typification of the names of New World mistletoe taxa (Loranthaceae and Viscaceae) described by Martius and Eichler. *Taxon* 43(2): 187-199.

Kuijt, J. 1998. *Antidaphne hondurense* Kuijt, a second Mesoamerican species of Eremolepidaceae. *Novon* 8(4): 402-404.

Kuijt, J. 2000a. An update on the genus *Dendrophthora* (Viscaceae). *Bot. Jahrb. Syst.* 122(2): 169-193.

Kuijt, J. 2000b. Two new Brazilian species of *Oryctina* (Loranthaceae) with a revised key to the genus. *Novon* 10(4): 391-397.

Kuijt, J. 2001. Viscaceae. *En*: Stevens, W.D., C. Ulloa Ulloa, A. Pool & O.M. Montiel (eds.). Flora de Nicaragua. *Monogr. Syst. Bot. Missouri Bot. Gard.* 85(3): 2531-2535.

Kuijt, J. 2003a. A new species of *Oryctina* (Loranthaceae) from Guyana. *Brittonia* 55(2): 169-172.

Kuijt, J. 2003b. Monograph of *Phoradendron* (Viscaceae). *Syst. Bot. Monogr.* 66: 1-643.

Kuijt, J. 2007. First record of the genus *Oryctina* (Loranthaceae) in Mesoamerica: *O. costaricensis*, a new species from Costa Rica. *Novon* 17(4): 476-478.

Kuijt, J. 2009a. Miscellaneous mistletoe notes, 48-60: Descriptions of twelve new species of Loranthaceae and Viscaceae. *Brittonia* 61(2): 144-162.

Kuijt, J. 2009b. Monograph of *Psittacanthus* (Loranthaceae). *Syst. Bot. Monogr.* 86: 1-361.

Kuijt, J. 2011. Pulling the skeleton out of the closet: Resurrection of *Phthirusa* sensu Martius and consequent revival of *Passovia* (Loranthaceae). *Plant Div. Evol.* 129(2): 159-211.

Kuijt, J. 2011 [2012]. Reinstatement and expansion of the genus *Peristethium* (Loranthaceae). *Ann. Missouri Bot. Gard.* 98(4): 542-577.

Kuijt, J. 2014. Five new species, one new name, and transfers in Neotropical mistletoes (Loranthaceae), miscellaneous notes, 61-68. *Novon* 23(2): 176-186.

Kuijt, J. & E.A. Kellogg. 1996. Miscellaneous mistletoe notes, 20-36. *Novon* 6(1): 33-53.

Kuijt, J., J.S. Harrison & L. Harrison. 2015a. Endemism in two new species of *Dendrophthora* (Viscaceae) from Cerro Jefe, Panama. *Phytologia* 97(2): 139-144.

Kuijt, J., J.S. Harrison & L. Harrison. 2015b. *Oryctanthus callicarpus*, a replacement for Mesoamerican *O. occidentalis* (Loranthaceae). *Phytologia* 97(1): 51-54.

Kurz, H.W. 2000. Revision der Gattung *Licaria* (Lauraceae). *Mitt. Inst. Allg. Bot. Hamburg* 28/29: 89-221.

Lamb Frye, A.S. & K.A. Kron. 2003. *rbcL* phylogeny and character evolution in Polygonaceae. *Syst. Bot.* 28(2): 326-332.

Langen, F.R., E.H. Oost & C.E. Jarvis. 1984. Lectotypification of *Dianthus caryophyllus* L. and *D. chinensis* L. (Caryophyllaceae). *Taxon* 33(4): 716-724.

Larsen, K. 1989. Caryophyllales. *Fl. Cambodge, Laos & Vietnam* 24: 1-144.

Lavor, P. 2017. *Filogenia Molecular, Biogeografia e Aspectos Evolutivos de* Pilosocereus *(Cactaceae)*. Tese de Doutorado, inédita: 1-192. Univ. Federal do Rio Grande do Norte, Natal.

Lavor, P., A.M. Calvente, L.M. Versieux & I. Sanmartín. 2019 [2018]. Bayesian spatio-temporal reconstruction reveals rapid diversification and Pleistocene range expansion in the widespread columnar cactus *Pilosocereus*. *J. Biogeogr.* 46(1): 238-250.

Lavor, P., L.M. Versieux & A.M. Calvente. 2020. Phylogenetic relationships of *Pilosocereus* (Cactaceae) and taxonomic implications. *PlantNow* 1(2): 52-70.

Le Duc, A. 1995. A revision of *Mirabilis* section *Mirabilis* (Nyctaginaceae). *Sida* 16(4): 613-648.

Legrand, C.D. 1962. Las especies americanas de *Portulaca*. *Anales Mus. Hist. Nat. Montevideo* 7(3): 1-147, t. I-XXIX.

Lemus-Barrios, H., D. Barrios, J.A. García-Beltrán, S. Arias & L.C. Majure. 2021. Taxonomic implications of seed morphology in *Melocactus* (Cactaceae) from Cuba. *Willdenowia* 51(1): 91-113.

León, J.J.M.J. 1968. *Fundamentos Botánicos de los Cultivos Tropicales* i-xxii, 1-487. Instituto Interamericano de Ciencias Agricolas de la O.E.A., San José.

Les, D.H. 1986. The evolution of achene morphology in *Ceratophyllum* (Ceratophyllaceae), I. Fruit-spine variation and relationships of *C. demersum*, *C. submersum*, and *C. apiculatum*. *Syst. Bot.* 11(4): 549-558.

Les, D.H. 1988. The evolution of achene morphology in *Ceratophyllum* (Ceratophyllaceae), II. Fruit variation and systematics of the "spiny-margined" group. *Syst. Bot.* 13(1): 73-86.

Les, D.H. 1993. Ceratophyllaceae. *En*: Kubitzki, K. (ed.), *The Families and Genera of Vascular Plants* 2: 246-250. Springer Verlag, Berlin.

Les, D.H. 1997. Ceratophyllaceae. *En*: Flora of North America Editorial Committee (eds.), *Fl. N. Amer.* 3: 81-84. Oxford University Press, New York.

Letschert, P.J.W. 1993. *Beta* section *Beta*: Biogeographical patterns of variation, and taxonomy. *Wageningen Agric. Univ. Pap.* 93(1): 1-154.

Leuenberger, B.E. 1986. *Pereskia* (Cactaceae). *Mem. New York Bot. Gard.* 41: 1-141.

Leuenberger, B.E. 1997. 31. Cactaceae. *En*: Görts-van Rijn, A.R.A. (ed.), *Fl. Guianas, ser. A, Phanerog.* 18: 1-63. Koeltz Scientific Books, Königstein.

Li, A.J. & C.W. Park. 2003. *Reynoutria*. *En*: Wu, C.Y., P.H. Raven & D.Y. Hong (eds.), *Fl. China* 5: 319. Science Press & Missouri Botanical Garden Press, Beijing & St. Louis.

Li, H.W., J. Li & H. van der Werff. 2008. *Cinnamomum* Schaeffer. *En*: Wu, C.Y., P.H. Raven & D.Y. Hong (eds.), *Fl. China* 7: 166-187. Science Press & Missouri Botanical Garden Press, Beijing & St. Louis.

Lian, L., K.I. Xiang, R. del C. Ortiz & W. Wang. 2019. A multilocus phylogeny for the Neotropical Anomospermeae (Menispermaceae): Implications for taxonomy and biogeography. *Molec. Phylogen. Evol.* 136: 44-52.

Lidén, M. 1986. Synopsis of Fumarioideae (Papaveraceae) with a monograph of the tribe Fumarieae. *Opera Bot.* 88: 1-133.

Linares, J.L. 2003 [2005]. Listado comentado de los árboles nativos y cultivados en la República de El Salvador. *Ceiba* 44(2): 105-268.

Linares, J.L., F.S. Cardoza Ruiz & P. Hernández Ledesma. 2015. *Cuscatlania vulcanicola* (Nyctaginaceae) nuevo registro del género y especie para la flora de Honduras. *J. Bot. Res. Inst. Texas* 9(1): 167-172.

Lindley, J. 1830. *Cactus* (*Epiphyllum*) *Ackermanni*. *Edwards's Bot. Reg.* 16: t. 1331.

Lindley, J. 1842. *Edwards's Bot. Reg.* 28: t. 1-69.

Lindley, J. 1844. *Edwards's Bot. Reg.* 30: t. 1-67.

Lindley, J. 1845. *Edwards's Bot. Reg.* 31: t. 1-69.

Lindström, A.J., M. Calonje, D.W. Stevenson, C.E. Husby & A.S. Taylor Blake. 2013. Clarification of *Zamia acuminata* and a new *Zamia* species from Coclé Province, Panama. *Phytotaxa* 98(2): 27-42.

Linnaeus, C. von. 1755. *Mirabilis longiflora*, eller Lang-pipiga Underblomman. *Kongl. Svenska Vetensk. Acad. Handl.* 16: 176-179, t. 6.

Liu, T.S. 1971. *A Monograph of the Genus* Abies 1-608. Dept.

of Forestry, College of Agriculture, National Taiwan University, Tapei.

Lodé, J. 2013 [2012]. *Leuenbergeria* gen. nov. *Cact.-Avent. Int.* 97: 25-27.

Loefgren, J.A.C. 1903. *Rhipsalis pilocarpa* n. sp. *Monatsschr. Kakteenk.* 13(4): 52-57.

Loefgren, J.A.C. 1918. Novas contribuições para o genero *Rhipsalis*. *Arch. Jard. Bot. Rio de Janeiro* 2: 34-45, t. VIII-XVIII.

Loening, L.-J. & H. Sautter. 2005. What drives biodiversity loss in the land of trees? A review of the economic and historical parameters causing deforestation in Guatemala. *En*: Markussen, M., R. Buse, H. Garrelts, M.A. Máñez Costa, S. Menzel & R. Marggraf (eds.), *Valuation and Conservation of Biodiversity. Interdisciplinary Perspectives on the Convention on Biological Diversity* 391-418. Springer, Berlin.

Long, R.W. & O.K. Lakela. 1971. *A Flora of Tropical Florida: A Manual of the Seed Plants and Ferns of Southern Peninsular Florida* i-xvii, 1-962. University of Miami Press, Coral Cables.

Lorea-Hernández, F.G. 1997. On *Cinnamomum* (Lauraceae) in Mexico. *Acta Bot. Mex.* 40: 1-18.

Lorea-Hernández, F.G. 2025. New species of *Licaria* (Lauraceae) from Mesoamerica. *Revista Mex. Biodivers.* 96(e965456).

Lorea-Hernández, F.G. & H. van der Werff. 1997. Familia Lauraceae. *Fl. Bajío* 56: 1-58. Instituto de Ecología A.C., Pátzcuaro.

Lorea-Hernández, F.G. & H. van der Werff. 2002. Three new species of *Ocotea* (Lauraceae) from southern Mexico. *Brittonia* 54(3): 145-153.

Lorence, D.H. 1999. Two new species of *Mollinedia* (Monimiaceae: Monimioideae) from southern Mexico. *Candollea* 54(2): 433-438.

Lorence, D.H. 2001. Monimiaceae. *En:* Stevens, W.D., C. Ulloa Ulloa, A. Pool & O.M. Montiel (eds.). Flora de Nicaragua. *Monogr. Syst. Bot. Missouri Bot. Gard.* 85(2): 1508-1513.

Lourteig, A. 1956. Ranunculáceas de Sudamérica tropical. *Mem. Soc. Ci. Nat. La Salle* 16(43): 19-88.

Lourteig, A. 1991. Nomenclatura plantarum Americanarum. XVI. Cactaceae. *Bradea* 5(44): 400-411.

Löve, Á. 1983. The taxonomy of *Acetosella*. *Bot. Helv.* 93(2): 145-168.

Lowden, R.M. 1978. Studies on the submerged genus *Ceratophyllum* L. in the neotropics. *Aquatic Bot.* 4(2): 127-142.

Lozano Contreras, G. 1994. Dugandiodendron *y* Talauma *(Magnoliaceae) en el Neotrópico* 1-147. Academia de Ciencias Exactas, Físicas y Naturales, Santafé de Bogotá.

Lozano Contreras, G., J. Hernández Camacho & L.S. Espinal T. 1981. Studia plantarum Colombiae–I. *Mutisia* 49: 1-7.

Lozano Contreras, G., N. Ruiz-Rodgers & F. González Garavito. 1994. Hallazgo de *Oreomunnea* (Juglandaceae) en Suramérica y descripción de una especie nueva de Colombia. *Anales Jard. Bot. Madrid* 52(1): 13-19.

Lucas, G.L. 1968. Olacaceae. *En*: Turrill, W.B. & R.M. Polhill (eds.), *Fl. Trop. E. Africa* 1-16. A.A. Balkema, Rotterdam.

Lückhoff, H.A. 1964. The natural distribution, growth and botanical variation of *Pinus caribaea* and its cultivation in South Africa. *Ann. Uniw. Stellenbosch, Reeks A, Wis-Natuurk.* 39A(1): 1-160.

Luna-Morales, C. 2007. Ordenación y clasificación morfológica del fruto de cultivares mixtecos de pitaya (*Stenocereus pruinosus*) en México. *Agrociencia* (Montevideo) 11(2): 10-16.

Lundell, C.L. 1937. Studies of Mexican and Central American plants—II (a). *Phytologia* 1(6): 212-222.

Lundell, C.L. 1939a. Studies of Mexican and Central American plants—VII. *Lloydia* 2(2): 73-108.

Lundell, C.L. 1939b. Studies of Mexican and Central American Plants —VIII. *Bull. Torrey Bot. Club* 66(9): 583-604.

Lundell, C.L. 1977. Studies of American Plants - XIV. *Wrightia* 5(9): 331-351.

Lundell, C.L. 1978. Studies of American plants - XVI. *Wrightia* 6(1): 4-20, t. 1-40.

Lüthy, J.M. 1995. *Taxonomische Untersuchung der Gattung* Mammillaria *Haw. (Cactaceae)* 1-230. Verlag Arbeitskreis für Mammillarienfreunde & J. Lüthy, Berne.

Maas, P.J.M. 1996. Studies in Annonaceae. XXX. Monograph of *Duguetia*: Preliminary notes. *Bot. Jahrb. Syst.* 118(2): 187-227.

Maas, P.J.M. 1999. Studies in Annonaceae. XXXVII. Monograph of *Duguetia*: Preliminary notes II. *Bot. Jahrb. Syst.* 121(4): 465-489.

Maas, P.J.M. & L.Y.T. Westra. 1984. Studies in Annonaceae. II. A monograph of the genus *Anaxagorea* A. St. Hil. Part 1. *Bot. Jahrb. Syst.* 105(1): 73-134.

Maas, P.J.M. & L.Y.T. Westra. 1985. Studies in Annonaceae. II. A monograph of the genus *Anaxagorea* A. St. Hil. Part 2. *Bot. Jahrb. Syst.* 105(2): 145-204.

Maas, P.J.M., E.C.H. van Heusden, J. Koek-Noorman, A.K. van Setten & L.Y.T. Westra. 1986. Studies in Annonaceae. VII. New species from the Neotropics and miscellaneous notes. *Proc. Kon. Ned. Akad. Wetensch., C* 89(3): 249-278.

Maas, P.J.M., E.C.H. van Heusden, J. Koek-Noorman, A.K. van Setten & L.Y.T. Westra. 1988. Studies in Annonaceae, IX. New species from the Neotropics and miscellaneous notes. *Proc. Kon. Ned. Akad. Wetensch., C* 91(3): 243-282.

Maas, P.J.M., L.Y.T. Westra, et al. 1992. *Rollinia*. *Fl. Neotrop. Monogr.* 57: 1-188.

Maas, P.J.M., E.A. Mennega & L.Y.T. Westra. 1994. Studies in Annonaceae. XXI. Index to species and infraspecific taxa of neotropical Annonaceae. *Candollea* 49(2): 389-481.

Maas, P.J.M., L.Y.T. Westra & M. Vermeer. 2007. Revision of the neotropical genera *Bocageopsis*, *Onychopetalum*, and *Unonopsis* (Annonaceae). *Blumea* 52(3): 413-554.

Maas, P.J.M., L.Y.T. Westra, S. Arias Guerrero, A. Lobão, U. Scharf, N. Zamora & R.H.J. Erkens. 2015. Confronting a morphological nightmare: Revision of the Neotropical genus *Guatteria* (Annonaceae). *Blumea* 60(1-3): 1-219.

Maas, P.J.M., L.Y.T. Westra, L.W. Chatrou, N. Verspagen, H. Rainer, N. Zamora & R.H.J. Erkens. 2019. Twelve new and exciting Annonaceae from the Neotropics. *PhytoKeys* 126: 25-69.

Mabberley, D.J. 2017. *Mabberley's Plant-Book: A Portable Dictionary of Plants, Their Classification and Uses* ed. 4, i-xix, 1-1102. Cambridge Univ. Press, Cambridge.

Macbride, J.F. 1938. Lauraceae. *Publ. Field Mus. Nat. Hist., Bot. Ser.* 13(2/3): 819-931.

MacDaniels, L.H. 1981. A study of cultivars in *Bougainvillea* [Nyctaginaceae]. *Baileya* 21(2): 77-100.

Madriñán, S. 2004. *Rhodostemonodaphne* (Lauraceae). *Fl. Neotrop. Monogr.* 92: 1-102.

Madsen, J.E. 1989. 45. Cactaceae. *En*: Harling, G.W. & L. Andersson (eds.), *Fl. Ecuador* 35: 1-79. University of Göteborg & Swedish Museum of Natural History, Göteborg & Stockholm.

Majure, L.C. & R. Puente-Martínez. 2014. Phylogenetic relationships and morphological evolution in *Opuntia* s. str. and closely related members of tribe Opuntieae. *Succ. Pl. Res.* 8: 9-30.

Majure, L.C., R. Puente-Martínez, P. Griffith, W.S. Judd, P.S. Soltis & D.E. Soltis. 2012. Phylogeny of *Opuntia* s.s. (Cactaceae): Clade delineation, geographic origins, and reticulate evolution. *Amer. J. Bot.* 99(5): 847-864.

Majure, L.C., M.A. Baker, M.A. Cloud-Hughes, A. Salywon & K.M. Neubig. 2019. Phylogenomics in Cactaceae: A case study using the chollas sensu lato (Cylindropuntieae, Opuntioideae) reveals a common pattern out of the Chihuahuan and Sonoran deserts. *Amer. J. Bot.* 106(10): 1327-1345.

Makinson, R.O. 2000. Introduction to *Grevillea*. *Fl. Australia* 17A: 1-524. ABRS/CSIRO, Melbourne.

Manning, W.E. 1938. The morphology of the flowers of the Juglandaceae. I. The inflorescence. *Amer. J. Bot.* 25(6): 407-419.

Manning, W.E. 1940 [1941]. The morphology of the flowers of the Juglandaceae. II. The pistillate flowers and fruit. *Amer. J. Bot.* 27(10): 839-852.

Manning, W.E. 1948. The morphology of the flowers of the Juglandaeae. III. The staminate flowers. *Amer. J. Bot.* 35(9): 606-621.

Manning, W.E. 1949a. The genus *Alfaroa*. *Bull. Torrey Bot. Club* 76(3): 196-209.

Manning, W.E. 1949b. The genus *Carya* in Mexico. *J. Arnold Arbor.* 30(4): 425-432.

Manning, W.E. 1952a. *Alfaroa*. *En*: Standley, P.C. & Steyermark, J.A. (eds.), Flora of Guatemala - Part III. *Fieldiana, Bot.* 24(3): 353-354.

Manning, W.E. 1952b. *Juglans*. *En*: Standley, P.C. & Steyermark, J.A. (eds.), Flora of Guatemala - Part III. *Fieldiana, Bot.* 24(3): 356-359.

Manning, W.E. 1957a. A Bolivian walnut from Peru growing in Costa Rica. *Brittonia* 9(2): 131.

Manning, W.E. 1957b. The genus *Juglans* in Mexico and Central America. *J. Arnold Arbor.* 38(2): 121-150.

Manning, W.E. 1959. *Alfaroa* and *Engelhardtia* in the New World. *Bull. Torrey Bot. Club* 86(3): 190-198.

Manning, W.E. 1960a. Flora of Panama, Part IV. Fascicle 2. Juglandaceae. *Ann. Missouri Bot. Gard.* 47(2): 90-92.

Manning, W.E. 1960b. The genus *Juglans* in South America and the West Indies. *Brittonia* 12(1): 1-26.

Manning, W.E. 1978 [1979]. The classification within the Juglandaceae. *Ann. Missouri Bot. Gard.* 65(4): 1058-1087.

Manos, P.S. & D.E. Stone. 2001. Evolution, phylogeny, and systematics of the Juglandaceae. *Ann. Missouri Bot. Gard.* 88(2): 231-269.

Manos, P.S., P.S. Soltis, D.E. Soltis, S.R. Manchester, S. Oh, C.D. Bell, D.L. Dilcher & D.E. Stone. 2007. Phylogeny of extant and fossil Juglandaceae inferred from the integration of molecular and morphological data sets. *Syst. Biol.* 56(3): 412-430.

Markgraf, F. 1930. Monographie der Gattung *Gnetum*. *Bull. Jard. Bot. Buitenzorg* sér. 3, 10(3): 407-511.

Markgraf, F. 1965. New discoveries of *Gnetum* in tropical America. *Ann. Missouri Bot. Gard.* 52(3): 379-386.

Marquínez, X., L.G. Lohmann, M.L.F. Salatino, A. Salatino & F. González Garavito. 2009. Generic relationships and dating of lineages in Winteraceae based on nuclear (ITS) and plastid (*rp*S16 and *psb*A-*trn*H) sequence data. *Molec. Phylogen. Evol.* 53(2): 435-449.

Marroquín, J.S. 1972. *A Monographic Study of the Genus* Berberis *L. in Mexico*. Unpublished Ph.D. thesis: 1-177. Northeastern Univ., Boston.

Marroquín, J.S. 1993. Berberidaceae. *Fl. Veracruz* 75: 1-16. Instituto Nacional de Investigaciones sobre Recursos Bióticos, Xalapa.

Martens, M. & H.G. Galeotti. 1843. Enumeratio synoptica phanerogamicarum ab Henrice Galeotti in regionibus mexicanis collectarum. *Bull. Acad. Roy. Sci. Bruxelles* 10(1): 110-134.

Martínez, M. 1944. Nuevas especies de *Juniperus* mexicanos. *Anales Inst. Biol. Univ. Nac. México* 15(1): 7-15.

Martínez, M. 1948. *Los Pinos Mexicanos* ed. 2, 5-368. Ediciones Botas, Ciudad de México.

Martínez, M. 1953. Una nueva especie de *Quercus*. *Anales Inst. Biol. Univ. Nac. México* 24(1): 51-53.

Martínez, M. 1963. *Las Pináceas Mexicanas* ed. 3, 1-400. Universidad Nacional Autónoma de México, Ciudad de México.

Martínez-Domínguez, L., F. Nicolalde-Morejón, F. Vergara-Silva & D.W. Stevenson. 2016. Integrative taxonomy of Mexican cycads: Biogeography, morphology and DNA barcoding corroborate a new sympatric species in *Ceratozamia* (Zamiaceae). *Phytotaxa* 268(1): 25-45.

Martínez-Domínguez, L., F. Nicolalde-Morejón, F. Vergara-Silva, D.W. Stevenson & E. Callejo. 2017. Cryptic diversity, sympatry, and other integrative taxonomy scenarios in the Mexican *Ceratozamia miqueliana* complex (Zamiaceae). *Organisms Diversity Evol.* 17(4): 727-752. Gesellschaft für Biologishe Systematic, Jena.

Martínez-Domínguez, L., F. Nicolalde-Morejón, F. Vergara-Silva & D.W. Stevenson. 2022. Monograph of *Ceratozamia* (Zamiaceae, Cycadales): An endangered genus. *PhytoKeys* 208: 1-102.

Martínez-Domínguez, L., F. Nicolalde-Morejón, M.A. González-Aguilar, F. Vergara-Silva & D.W. Stevenson. 2024. *Ceratozamia gigantea* (Zamiaceae), a new species of cycad, endemic to the mountain karst forests of Tabasco, Mexico: What the reproductive structures revealed. *Kew Bull.* 79(3): 543-558.

Martínez-García, J. 1984. Phytolaccaceae. *Fl. Veracruz* 36: 1-41. Instituto Nacional de Investigaciones sobre Recursos Bióticos, Xalapa.

Martínez-García, J. & S. Avendaño Reyes. 1996. Basellaceae. *Fl. Veracruz* 90: 1-9. Instituto Nacional de Investigaciones sobre Recursos Bióticos, Xalapa.

Martínez-González, C.R., M.E. Muñiz-Díaz de León, C.A. González-Martínez, J. Jiménez Ramírez, J.M. Morales-Sandoval & C. Gallegos-Vázquez. 2020. Phylogenetic placement and new data on macro- and micromorphology of *Opuntia joconostle* (Cactaceae). *Bradleya* 38: 158-169.

Martínez Ojeda, E. 1982. Papaveraceae. *Fl. Veracruz* 22: 1-16. Instituto Nacional de Investigaciones sobre Recursos Bióticos, Xalapa.

Martínez-Quezada, D.M., S. Arias, N. Korotkova & T. Terrazas. 2020. The phylogenetic significance of the stem morpho-anatomy in the Hylocereeae (Cactoideae, Cactaceae). *Pl. Syst. Evol.* 306(1): article 8.

Martínez Salas, E.M., M. Sousa Sánchez & C.H. Ramos Álvarez. 2001. Región de Calakmul, Campeche. *Listados Florist. México* 22: 1-55.

Martius, C.F.P. von. 1841. Anonaceae. *Fl. Bras.* 13(1): 1-64, t. 1-14. F. Fleischer, Monachii & Lipsiae.

Martius, C.F.P. von. 1866-1868 [1868]. Loranthaceae. *Fl. Bras.* 5(2): 1-136, t. 1-44. F. Fleischer, Monachii & Lipsiae.

Mathias, M.E. & W.L. Theobald. 1981. A revision of the genus *Hyperbaena* (Menispermaceae). *Brittonia* 33(1): 81-104.

Matthews, J.F. & P.A. Levins. 1985. The genus *Portulaca* in the southeastern United States. *Castanea* 50(2): 96-104.

Matthews, J.F., D.W. Ketron & S.F. Zane. 1992. *Portulaca umbraticola* Kunth (Portulacaceae) in the United States. *Castanea* 57(3): 202-208.

Matthews, J.F., D.W. Ketron & S.F. Zane. 1993. The biology and taxonomy of the *Portulaca oleracea* L. (Portulacaceae) complex in North America. *Rhodora* 95(882): 166-183.

McGillivray, D.J. & R.O. Makinson. 1993. Grevillea, *Proteaceae: A Taxonomic Revision* i-xiii, 1-465. Melbourne University Press at the Miegunyah Press, Melbourne.

McNeill, J. 1977. (424) Proposal to conserve 2406 *Talinum* Adanson with the type *T. triangulare* (Jacq.) Willd. *Taxon* 26(1): 147.

McNeill, J. 1980. The delimitation of *Arenaria* (Caryophyllaceae) and related genera in North America, with 11 new combinations in *Minuartia*. *Rhodora* 82(831): 495-502.

McVaugh, R. 1974. Flora Novo-Galiciana: Fagaceae. *Contr. Univ. Michigan Herb.* 12(1,3): 1-93.

McVaugh, R. 2000. A guide to relevant scientific names of plants. *Bot. Results Sessé & Mociño* 7: i-vii, 1-626. Hunt Institute for Botanical Documentation, Pittsburgh.

Merrill, E.D. 1917. *An Interpretation of Rumphius's Herbarium Amboinense* 1-595. Manila Bureau of Printing, Manila.

Mez, C.C. 1889. Lauraceae Americanae. *Jahrb. Königl. Bot. Gart. Berlin* 5: 1-556, t. 1-3.

Michaux, F.A. 1865. *The North American Sylva* 2: 1-215, t. LXI-CXXI. Rice, Rutter & Co., Philadelphia.

Miers, J. 1871. Menispermaceae. *Contr. Bot.* 3: 1-402, t. 88-154.

Miller, J.M. 1978 [1979]. Phenotypic variation, distribution and relationships of diploid and tetraploid populations of the *Claytonia perfoliata* complex (Portulacaceae). *Syst. Bot.* 3(3): 322-341.

Miller, J.M. & K.L. Chambers. 1993. Nomenclatural changes and new taxa in *Claytonia* (Portulacaceae) in western North America. *Novon* 3(3): 268-273.

Miller, P. 1755 [1757]. *Figures of Plants in the Gardeners Dictionary* 2: 113-116, t. CLXX-CLXXIV. John Rivington, London.

Miquel, F.A.W. 1848. Revisio critica Casuarinarum. *Nieuwe Verh. Eerste Kl. Kon. Ned. Inst. Wetensch. Amsterdam* 13: 267-350.

Miranda, F. 1953. Plantas nuevas o notables de la flora de Chiapas. *Anales Inst. Biol. Univ. Nac. México* 24(1): 69-96.

Miranda, F. 1954. Plantas nuevas de Chiapas. *Ceiba* 4(2): 126-145.

Miranda, F. 1961. Plantas nuevas del sur de México. *Bol. Soc. Bot. México* 26: 120-132.

Molero, J. & C. Blanché. 1984. A propósito de los géneros *Aconitum* L. y *Consolida* (DC.) S.F. Gray en la península Ibérica. *Anales Jard. Bot. Madrid* 41(1): 211-218.

Molina R., A. 1968. Two new Nicaraguan Juglandaceae. *Fieldiana, Bot.* 31(16): 357-359.

Molina R., A. 1975. Enumeración de las plantas de Honduras. *Ceiba* 19(1): 1-118.

Monro, A.K., D. Santamaría-Aguilar, F. González, O. Chacón, D. Solano, A. Rodríguez, N. Zamora, E. Fedele & M.D. Correa A. 2017. A first checklist to the vascular plants of La Amistad International Park (PILA), Costa Rica-Panama. *Phytotaxa* 322(1): 1-283.

Moraes, P.L.R. de. 2012. The Lauraceae collected in Brazil by Ludwig Riedel - II. *Ocotea*. *Harvard Pap. Bot.* 17(2): 245-273.

Morales, J.F. 2006a. Novedades en las Proteaceae de Costa Rica. *Darwiniana* 44(2): 490-492.

Morales, J.F. 2006b. *Panopsis acostana* (Proteaceae), una nueva especie del Pacifico sur de Costa Rica. *Brenesia* 66: 69-73.

Morales, J.F. 2007. Phytolaccaceae. *En*: Manual de Plantas de Costa Rica. Vol. VI. B.E. Hammel, M.H. Grayum, C. Herrera & N. Zamora (eds.). *Monogr. Syst. Bot. Missouri Bot. Gard.* 111: 894-902.

Morales, J.F. 2013. Sinopsis del género *Meliosma* (Sabiaceae) en México y Centroamerica. *Phytoneuron* 2013-82: 1-86.

Morales, J.F. 2014a. Proteaceae. *En*: Manual de Plantas de Costa Rica. Vol. VII. B.E. Hammel, M.H. Grayum, C. Herrera & N. Zamora (eds.). *Monogr. Syst. Bot. Missouri Bot. Gard.* 129: 394-400.

Morales, J.F. 2014b. Ranunculaceae. *En*: Manual de Plantas de Costa Rica. Vol. VII. B.E. Hammel, M.H. Grayum, C. Herrera & N. Zamora (eds.). *Monogr. Syst. Bot. Missouri Bot. Gard.* 129: 404-411.

Morales, J.F. 2018. Una nueva especie y notas de las Proteaceae en Costa Rica. *J. Bot. Res. Inst. Texas* 12(1): 81-88.

Morales, J.F. 2020. Berberidaceae. *En*: Manual de Plantas de Costa Rica. Vol. IV, Parte 2. B.E. Hammel, M.H. Grayum, C. Herrera & N. Zamora (eds.). *Monogr. Syst. Bot. Missouri Bot. Gard.* 138: 52-54.

Morales, J.F. 2023. Lectotypifications in *Meliosma* (Sabiaceae). *Anales Jard. Bot. Madrid* 80(1, e139): 1-3.

Morales, J.F. & Q. Jiménez Madrigal. 1996. A new species of *Mollinedia* (Monimiaceae) from Costa Rica. *Novon* 6(4): 395-397.

Morales-Molina, S., H.L. Vega, V. Shalisko, M. Alemán-Avilez & J.A. Vázquez-García. 2024. A new species, *Magnolia corquinensis*, and a new record of *Magnolia quetzal* (Magnoliaceae) for Honduras. *Phytotaxa* 642(2): 191-200.

Moreno, N.P. 1993. *Taxonomic Revision of* Clematis *L. subgenus* Clematis *(Ranunculaceae) for Latin America and the Caribbean*. Unpublished Ph.D. thesis: i-vii, 1-246. Rice Univ., Houston.

Moreno-Méndez, G. & A.E. Ortiz-Rodríguez. 2020. A new species of Annonaceae, endemic to the limestone karst forests of Chiapas, Mexico. *Acta Bot. Mex.* 127(e1625): 1-8.

Mori, S.A., G. Cremers, C.A. Gracie, J.J. de Granville, S.V. Heald, M. Hoff & J.D. Mitchell (eds.). 2002. Guide to the vascular plants of central French Guiana: part 2. Dicotyleons. *Mem. New York Bot. Gard.* 76(2): 1-776.

Morot, L.R.M.F. 1884. Note sur l'anatomie des Basellacées. *Bull. Soc. Bot. France* 31(6): 104-107.

Mosyakin, S.L. 2005. *Rumex*. *En*: Flora of North America Editorial Committee (eds.), *Fl. N. Amer.* 5: 489-533. Oxford University Press, New York.

Mosyakin, S.L. 2021. Nomenclatural and taxonomic comments on some taxa of *Dysphania* (Chenopodiaceae s. str. / Amaranthaceae s. l.). *Ukrainian Bot. J.* 78(4): 266-273.

Mueller, J.S. 1777 [1771]. Enneandria monogynia. *Cassyta* [sic]. *Ill. Syst. Sex. Linnaei* Class IX, Ordo I, t. Class IX, Ordo 1.

Muller, C.H. 1942. The Central American species of *Quercus*. *U.S.D.A. Bur. Pl. Industr. Misc. Publ.* 477: 1-216.

Muller, C.H. 1951. The oaks of Texas. *Contr. Texas Res. Found., Bot. Stud.* 1(3): 21-323.

Muller, C.H. 1961. The live oaks of the series *Virentes*. *Amer. Midl. Naturalist* 65(1): 17-39.

Munz, P.A. 1949 [1946]. *Aquilegia*. The cultivated and wild columbines. *Gentes Herbarum* 7(1): 1-150.

Munz, P.A. 1967. A synopsis of the Asian species of *Consolida* (Ranunculaceae). *J. Arnold Arbor.* 48(2): 159-202.

Murdy, W.H. & M.E.B. Carter. 2001. Speciation in *Talinum* in the southeastern United States. *Castanea* 66(1-2): 145-153.

Murray, N.A. 1993. Revision of *Cymbopetalum* and *Porcelia* (Annonaceae). *Syst. Bot. Monogr.* 40: 1-121.

Narave Flores, H.V. 1983. Juglandaceae. *Fl. Veracruz* 31: 1-29. Instituto Nacional de Investigaciones sobre Recursos Bióticos, Xalapa.

Nasir, E. 1972. Juglandaceae. *Fl. W. Pakistan*. 14: 1-3. Pakistan Agricultural Research Council, Islamabad.

Nassar, J.M. & N. Ramírez. 2004. Reproductive biology of the melon cactus, *Melocactus curvispinus* (Cactaceae). *Pl. Syst. Evol.* 248(1/4): 31-44.

Nee, M.H. 1985. Molluginaceae. *Fl. Veracruz* 43: 1-8. Instituto Nacional de Investigaciones sobre Recursos Bióticos, Xalapa.

Nee, M.H. 1996 [1997]. A new species of *Acanthosyris* (Santalaceae) from Bolivia and a key to the woody South American Santalaceae. *Brittonia* 48(4): 574-579.

Nelson, C.H. 2001 [2002]. Plantas descritas originalmente de Honduras y sus nomenclaturas equivalentas actuales. *Ceiba* 42(1): 1-71.

Nelson, C.H. 2008. *Catálogo de las Plantas Vasculares de Honduras* i-xxix, 31-1576. Secretaría de Recursos Naturales y Ambiente, Tegucigalpa.

Nelson, C.H. & G.G. Sandoval González. 2008. Una especie nueva de *Zamia* (Zamiaceae) de Honduras. *Ceiba* 49(1): 135-136.

Nesom, G.L. 1992. A second species of *Hunnemannia* (Papaveraceae) and synopsis of the genus. *Phytologia* 73(4): 330-337.

Nevling, L.I., Jr. 1960 [1961]. Flora of Panama, Part IV. Fascicle 3. Opiliaceae. *Ann. Missouri Bot. Gard.* 47(4): 291-292.

Nevling, L.I., Jr. 1961. Flora of Panama, Part IV. Fascicle 4. Aizoaceae. *Ann. Missouri Bot. Gard.* 48(1): 80-85.

Nickrent, D.L. 2020. Parasitic angiosperms: How often and how many? *Taxon* 69(1): 5-27.

Nickrent, D.L., M.A. García, M.P. Martín & R.L. Mathiasen. 2004. A phylogeny of all species of *Arceuthobium* (Viscaceae) using nuclear and chloroplast DNA sequences. *Amer. J. Bot.* 91(1): 125-138.

Nickrent, D.L., V. Malécot, R. Vidal-Russell & J.P. Der. 2010. A revised classification of the Santalales. *Taxon* 59(2): 538-558.

Nicolalde-Morejón, F., F. Vergara-Silva, J. González-Astorga, A.P. Vovides & A. Espinosa de Los Monteros. 2009a. Reciprocal illumination of morphological characters upon a molecular hypothesis supports the proposal of a new species of cycad from Mexico. *Syst. Biodivers.* 7(1): 73-79.

Nicolalde-Morejón, F., A.P. Vovides & D.W. Stevenson. 2009b.

Taxonomic revision of *Zamia* in Mega-Mexico. *Brittonia* 61(4): 301-335.

Nilsson, Ö.E.G. 1970. Studies in *Montia* L., *Claytonia* L. and allied genera IV. The genus *Crunocallis* Rydb. *Bot. Not.* 123(1): 119-148.

Nishida, S. 1999. Revision of *Beilschmiedia* (Lauraceae) in the Neotropics. *Ann. Missouri Bot. Gard.* 86(3): 657-701.

Nixon, K.C. 1993a. Infrageneric classification of *Quercus* (Fagaceae) and typification of sectional names. *Ann. Sci. For.* 50(Suppl. 1): 25s-34s.

Nixon, K.C. 1993b. The genus *Quercus* in Mexico. *En*: Ramamoorthy, T.P., R.A. Bye, A. Lot & J. Fa (eds.), *Biological Diversity of Mexico: Origins and Distribution* 447-458. Oxford University Press, New York.

Nixon, K.C. & F.R. Barrie. 2017. Three previously undescribed species of *Quercus* (Fagaceae) from Mesoamerica and the designation of a lectotype for *Q. acutifolia*. *Novon* 25(4): 444-450.

Nixon, K.C. & W.L. Crepet. 1989. *Trigonobalanus* (Fagaceae): Taxonomic status and phylogenetic relationships. *Amer. J. Bot.* 76(6): 828-841.

Nooteboom, H.P. 1985. Notes on Magnoliaceae with a revision of *Pachylarnax* and *Elmerrillia* and the Malesian species of *Manglietia* and *Michelia*. *Blumea* 31(1): 65-121.

Novelo Retana, A. & L. Ramos Ventura. 2005. Vegetación acuática. *En*: Bueno, J., F. Álvarez & S. Santiago (eds.), *Biodiversidad del Estado de Tabasco* (Cap. 5): 111-144. CONABIO-UNAM, Ciudad de México.

Nowicke, J.W. 1968 [1969]. Palynotaxonomic study of the Phytolaccaceae. *Ann. Missouri Bot. Gard.* 55(3): 294-363.

Nowicke, J.W. 1996. Pollen morphology, exine structure and the relationships of Basellaceae and Didiereaceae to Portulacaceae. *Syst. Bot.* 21(2): 187-208.

Nyffeler, R. 2002. Phylogenetic relationships in the cactus family (Cactaceae) based on evidence from trnK/matK and trnL-trnF sequences. *Amer. J. Bot.* 89(2): 312-326.

Nyffeler, R. & U. Eggli. 2010a. A farewell to dated ideas and concepts - molecular phylogenetics and a revised suprageneric classification of the family Cactaceae. *Schumannia* 6: 109-149.

Nyffeler, R. & U. Eggli. 2010b. Disintegrating Portulacaceae: A new familial classification of the suborder Portulacinae (Caryophyllales) based on molecular and morphological data. *Taxon* 59(1): 227-240.

Ocampo, G. 2002. Transferencia de tres especies mexicanas de *Talinum* Adans. a *Phemeranthus* Raf. (Portulacaceae). *Acta Bot. Mex.* 59: 75-80.

Ocampo, G. 2003. Nota sobre la presencia de *Portulaca rubricaulis* H.B.K. (Portulacaceae) en la Península de Yucatán. *Acta Bot. Mex.* 63: 59-66.

Ocampo, G. & J.T. Columbus. 2012. Molecular phylogenetics, historical biogeography, and chromosome number evolution of *Portulaca* (Portulacaceae). *Molec. Phylogen. Evol.* 63(1): 97-112.

Oersted, A.S. 1870a. Bidrag til Kundskab om Valdnödplanterne. *Vidensk. Meddel. Dansk Naturhist. Foren. Kjøbenhavn* 1870(8-11): 159-174, t. 1-2.

Oersted, A.S. 1870b. Notice sur les Juglandeés. *Vidensk. Meddel. Dansk Naturhist. Foren. Kjøbenhavn* 1870(8-11): [1]-3.

Ørgaard, M. 1991. The genus *Cabomba* (Cabombaceae)–a taxonomic study. *Nordic J. Bot.* 11(2): 179-203.

Orr, M.Y. 1944. The leaf anatomy of *Podocarpus*. *Trans. & Proc. Bot. Soc. Edinburgh* 34(1): 1-54.

Ortiz, R. del C. 2001. Menispermaceae. *En:* Stevens, W.D., C. Ulloa Ulloa, A. Pool & O.M. Montiel (eds.), Flora de Nicaragua. *Monogr. Syst. Bot. Missouri Bot. Gard.* 85(2): 1432-1442.

Ortiz, R. del C. 2012. Seed diversity in Menispermaceae: Developmental anatomy and insights into the origin of the condyle. *Int. J. Pl. Sci.* 173(4): 344-364.

Ortiz, R. del C. 2018. A taxonomic revision of *Curarea* Barneby & Krukoff (Menispermaceae). *PhytoKeys* 100: 9-89.

Ortiz, R. del C. & M.H. Nee. 2014. A new species of *Cissampelos* (Menispermaceae) from Bolivia and Paraguay. *PhytoKeys* 38: 89-99.

Ortiz, R. del C., W. Wang, F.M.B. Jacques & Z.-D. Chen. 2016. Phylogeny and a revised tribal classification of Menispermaceae (moonseed family) based on molecular and morphological data. *Taxon* 65(6): 1288-1312.

Ortiz-Diaz, J.J. & J.J. Ancona. 2024. Typification and nomenclatural notes on the Mexican and Central American species of *Coccoloba* (Polygonaceae). *Brittonia* 76(2): 85-97.

Ortiz-Diaz, J.J., I. Arnelas-Seco, J. Tun & J.S. Flores Guido. 2013. *Neomillspaughia hondurensis* (Polygonaceae), a new species from Central America. *Phytotaxa* 144(1): 56-60.

Ortiz-Diaz, J.J., I. Arnelas-Seco, J. Tun & J.P. Pinzón Esquivel. 2015. *Coccoloba floresii* (Polygonaceae), a new species from Chiapas (Mexico). *Phytotaxa* 213(3): 263-270.

Ortiz-Diaz, J.J., I. Arnelas-Seco & J.P. Pinzón Esquivel. 2016. *Coccoloba tunii* (Polygonaceae), a new species from Chiapas (Mexico). *Phytotaxa* 275(1): 75-80.

Ortiz-Rodríguez, A.E. 2022. Naming the long-known: A new species of *Desmopsis* (Annonaceae) endemic to Mexico. Nombrando lo conocido: una nueva especie de *Desmopsis* (Annonaceae) endémica de México. *Acta Bot. Mex.* 129 (e2110): 1-12.

Ortiz-Rodríguez, A.E. & J.L. Linares. 2023. Taxonomic novelties in *Sapranthus* (Annonaceae): A new large-sized species endemic to the mountain cloud forest of Central America. *Brittonia* 75(4): 369-379.

Ortiz-Rodríguez, A.E., G.E. Schatz, Y. Licona-Vera & E. Ruiz-Sanchez. 2014. A new species of *Stenanona* (Annonaceae) endemic to Chiapas, Mexico. *Bot. Sci.* 92(1): 37-41.

Ortiz-Rodríguez, A.E., M.A. Escobar Castellanos & M.Á. Pérez-Farrera. 2016. Phylogenetic analyses and morphological characteristics support the description of a second species of *Tridimeris* (Annonaceae). *PhytoKeys* 74: 79-95.

Ortiz-Rodríguez, A.E., H. Gómez-Domínguez, J.A. Espinosa-

Jiménez, E. Ruiz-Sanchez, J.F. Ornelas & S.W. Brewer. 2018. Living on the rocks: A new species of *Stenanona* (Annonaceae) from karst limestone forests of southern Mexico. *Phytotaxa* 383(3): 293-300.

Osborn, J.M. & E.L. Schneider. 1988. Morphological studies of the Nymphaeaceae sensu lato. XVI. The floral biology of *Brasenia schreberi*. *Ann. Missouri Bot. Gard.* 75(3): 778-794.

Otis, G.W. & R.E. Buskirk. 1986. Annual growth bands in a tropical dry forest cactus, *Lemaireocereus aragonii*. *Cact. Succ. J. (Los Angeles)* 58(1): 25-29.

Ott, C. 1997. 54. Menispermaceae. *En*: Harling, G.W. & L. Andersson (eds.), *Fl. Ecuador* 58: 1-81. University of Göteborg & Swedish Museum of Natural History, Göteborg & Stockholm.

Ownbey, G.B. 1958. Monograph of the genus *Argemone* for North America and the West Indies. *Mem. Torrey Bot. Club* 21(1): 1-159.

Pabst, G. 1887 [1883-1887]. *Med.-Pfl.* 1: 1-84, t. 1-84. Fr. Eugen Köhler, Gera-Untermhaus.

Packer, J.G. & C.C. Freeman. 2005. *Koenigia*. *En*: Flora of North America Editorial Committee (eds.), *Fl. N. Amer.* 5: 600-601. Oxford University Press, New York.

Paiva, J.A.R. d. & E. Villanueva. 1990. *Montia* L. *En*: Castroviejo Bolíbar, S. (ed.), *Fl. Iberica* 2: 469-473. Real Jardín Botánico, Madrid.

Palacios-Chavez, R. & J. Rzedowski. 1993. Estudio palinológico de las floras fósiles del Mioceno inferior y principios del Mioceno medio de la región de Pichucalco, Chiapas, México. *Acta Bot. Mex.* 24: 1-96.

Pallas, P.P.S. v. 1781. *Enumeratio Plantarum Quae in Horti Viri Illustris Atque Excell. Dni. Procopi à Demidof* I-XXXI, 1-163, t. 1-2.

Palmer, E.J. 1948. Hybrid oaks of North America. *J. Arnold Arbor.* 29(1): 1-48.

Parra-O., C. 2001. Lectotypification and epitypification of *Morella cerifera* (L.) Small (Myricaceae). *Caldasia* 23(1): 135-137.

Paulson Priebe, M. & J.L. Linares. 2011. *Alfaroa hondurensis* (Juglandaceae) nuevo género y nueva especie para El Salvador y una extensión significativa de la distribución geográfica y de la variación topográfica de una especie vulnerable. *J. Bot. Res. Inst. Texas* 5(2): 719-724.

Pauwels, L. 1959. Études critiques sur quelques *Polygonum* de Belgique. *Bull. Soc. Roy. Bot. Belgique* 91: 291-297.

Pax, F. & K. Hoffmann. 1934. Caryophyllaceae. *En*: Engler, H.G.A. & K. Prantl (eds.), *Nat. Pflanzenfam., ed. 2* 16c: 275-364. Duncker & Humblot, Berlin.

Payson, E.B. 1917-1925 [1918]. The North American species of *Aquilegia*. *Contr. U.S. Natl. Herb.* 20(4): 133-157, t. 8-14.

Peixoto, A.L. 1986. *Revisão Taxõnomica do Gẽnero* Mollinedia *Ruiz et Pavón (Monimiaceae, Monimioideae)*. Unpublished Ph.D. thesis: 1-358. Univ. Estadual de Campinas, Campinas.

Penagos Zuluaga, J.C. & H. van der Werff. 2024. Five new species of *Aiouea* (Lauraceae) from Central and South America. *Novon* 32: 114-124.

Pendry, C.A. 2004. Monograph of *Ruprechtia* (Polygonaceae). *Syst. Bot. Monogr.* 67: 1-113.

Pennington, T.D. & J. Sarukhán Kermez. 1968. Árboles Tropicales de México. Manual para la Identificación de Campo de los Principales i-vii, 1-413. Instituto Nacional de Investigaciones Forestales, Secretaría de Agricultura y Ganadería, Ciudad de México.

Pennington, T.D. & J. Sarukhán Kermez. 2005. Árboles Tropicales de México. Manual para la Identificación de Campo de los Principales ed. 3, 1-523. Universidad Nacional Autónoma de México: Fondo de Cultura Económica, Ciudad de México.

Pérez Cueto, E. 1995. Menispermaceae. *Fl. Veracruz* 87: 1-43. Instituto Nacional de Investigaciones sobre Recursos Bióticos, Xalapa.

Pérez-Farrera, M.Á., A.P. Vovides & C.G. Iglesias. 1999. A new species of *Ceratozamia* (Zamiaceae, Cycadales) from Chiapas, Mexico. *Novon* 9(3): 410-413.

Pérez-Farrera, M.Á., A.P. Vovides & C.G. Iglesias. 2001. A new species of *Ceratozamia* (Zamiaceae) from Chiapas, Mexico. *Bot. J. Linn. Soc.* 137(1): 77-80.

Pérez-Farrera, M.Á., J. González-Astorga, S. Avendaño Reyes & C.G. Iglesias. 2007. A new species of *Ceratozamia* (Zamiaceae) from the Sierra Madre of Chiapas, Mexico, with comments on species relationships. *Bot. J. Linn. Soc.* 153(4): 393-400.

Pérez-Farrera, M.Á., A.P. Vovides, R. Martínez-Camilo, N. Martínez Meléndez & C. Iglesias. 2009. A reassessment of the *Ceratozamia miqueliana* species complex (Zamiaceae) of southeastern Mexico, with comments on species relationships. *Syst. Biodivers.* 7(4): 433-443.

Pérez-Farrera, M.Á., A.P. Vovides, R. Martínez-Camilo, N. Martínez Meléndez, H. Gómez-Domínguez & S. Galicia-Castellanos. 2012. *Zamia grijalvensis* sp. nov. (Zamiaceae, Cycadales) from Chiapas, Mexico with notes on hybridization and karyology. *Nordic J. Bot.* 30(5): 565-570.

Pérez-Farrera, M.Á., M.G. Martínez-Martínez, G. Moreno-Méndez, A.P. Vovides & J.S. Gutiérrez-Ortega. 2024a. *Ceratozamia alba* (Zamiaceae): A new cycad species from the Selva El Ocote Biosphere Reserve in Chiapas, Mexico. *Phytotaxa* 666(4): 257-276.

Pérez-Farrera, M.Á., P. Díaz Jiménez, M.L. Quezada, A. Marroquín-Tintí, H.M. Delgado Montejo, S. Mendoza Montejo & J.S. Gutiérrez-Ortega. 2024b. *Ceratozamia guatemalensis* (Zamiaceae): A new cycad species from Mesoamerica. *Phytotaxa* 668(1): 63-80.

Perry, J.P. 1991. *The Pines of Mexico and Central America* 1-231. Timber Press, Portland.

Petetin, C.A. & E.P. Molinari. 1992. *Reconocimiento de las Malezas de la República Argentina* 1-231. INTA-Hemisferio Sur, Buenos Aires.

Pfeiffer, L.K.G. & C.F. Otto. 1843 [1842]. *Abbild. Beschr. Cact.* 1(5): t. 21-25.

Pierre, J.B.L. 1880. *Fl. Forest. Cochinch.* 1: t. 1-16. Octave Doin, Paris.

Piirainen, M., Liebisch & G. Kadereit. 2017. Phylogeny, biogeography, systematics and taxonomy of Salicornioideae (Amaranthaceae/Chenopodiaceae) - A cosmopolitan, highly specialized hygrohalophyte lineage dating back to the Oligocene. *Taxon* 66(1): 109-132.

Pilbeam, J. 1999. Mammillaria 1-376. Cirio Publishing Services, Oxford.

Pilger, R.F.K. 1935. Santalaceae. *En*: Engler, H.G.A. & K. Prantl (eds.), *Nat. Pflanzenfam, ed. 2* 16b: 52-91. Duncker & Humblot, Berlin.

Pineda, O.P. & O.W. Oyuela. 2020. Sinopsis del género *Opuntia* Mill. (Opuntioideae, Cactaceae) en Honduras. *Revista Forest. Perú* 35(1): 54-72.

Pirie, M.D. 2005a. Cremastosperma *(and other Evolutionary Digressions): Molecular Phylogenetic, Biogeographic, and Taxonomic Studies in Neotropical Annonaceae*. Ph.D. thesis: 1-256. Utrecht Univ., Utrecht.

Pirie, M.D. 2005b. New species of *Cremastosperma* (Annonaceae) from Colombia, Ecuador, and Panama. *Blumea* 50(1): 41-60.

Pirie, M.D., L.W. Chatrou & P.J.M. Maas. 2018. A taxonomic revision of the Neotropical genus *Cremastosperma* (Annonaceae), including five new species. *PhytoKeys* 112: 1-141.

Plukenet, L. 1691. *Phytographia* 1: i-v, t. 1-72. L. Plukenet, London.

Plukenet, L. 1692. *Phytographia* 3: i-vii, t. 121-250. L. Plukenet, London.

Plume, O., S.C.K. Straub, N. Tel-Zur, A. Cisneros, B. Schneider & J.J. Doyle. 2013. Testing a hypothesis of intergeneric allopolyploidy in vine cacti (Cactaceae: Hylocereeae). *Syst. Bot.* 38(3): 737-751.

Plumier, C. 1693. *Description des Plantes de L'Amérique* iii, 1-94, t. I-CVIII. L'Imprimerie Royale, Paris.

Plumier, C. 1703. *Nova Plantarum Americanarum Genera* i-viii, 1-52, t. 1-40. Joannem Boudot, Paris.

Pool, A. 2001a. Nyctaginaceae. *En*: Stevens, W.D., C. Ulloa Ulloa, A. Pool & O.M. Montiel (eds.), Flora de Nicaragua. *Monogr. Syst. Bot. Missouri Bot. Gard.* 85(2): 1581-1592.

Pool, A. 2001b. Ranunculaceae. *En:* Stevens, W.D., C. Ulloa Ulloa, A. Pool & O.M. Montiel (eds.). Fl. Nicaragua. *Monogr. Syst. Bot. Missouri Bot. Gard.* 85(3): 2190-2192.

Prain, D. 1919. *Bot. Mag.* 145: t. 8786-8829. Sherwood, Neely, & Jones, London.

Prance, G.T. & V. Plana. 1998. The American Proteaceae. *Austral. Syst. Bot.* 11(3-4): 287-299.

Proctor, G.R. 2012. *Flora of the Cayman Islands* ed. 2, 1-724. Kew Publishing, Surrey.

Purpus, J.A. 1909. *Cereus Schenckii* Purp. n. sp. *Monatsschr. Kakteenk.* 19(3): 38-41.

Quehl, L. 1908. *Mamillaria* [sic] *Eichlamii* Quehl n. sp. *Monatsschr. Kakteenk.* 18(5): 65-66.

Quesada, F.J., Q. Jiménez Madrigal, N. Zamora, R. Aguilar Fernández & J. González. 1997. Árboles de la Península de Osa 1-411. INBio, Santo Domingo de Heredia.

Raeder, K. 1961. Flora of Panama, Part IV. Fascicle 4. Phytolaccaceae. *Ann. Missouri Bot. Gard.* 48(1): 66-79.

Rechinger, K.H. 1937. The North American species of *Rumex*. *Publ. Field Mus. Nat. Hist., Bot. Ser.* 17(1): 3-151.

Rechinger, K.H. 1990. *Rumex* subgen. *Rumex* sect. *Axillares* (Polygonaceae) in South America. *Pl. Syst. Evol.* 172: 151-192.

Reed, C.F. 1970. Selected weeds of the United States. *Agric. Handb.* 366: 1-463.

Reed, C.F. 1979. Chenopodiaceae. *En*: Correll, D.S. & M.C. Johnston, *Manual of the Vascular Plants of Texas* 527-551. The University of Texas at Dallas, Richardson.

Regel, E.A. v. 1878. Die Cycadeen der Gärten. *Gartenflora* 27: 3-13, t. 926, t. 929, t. 932.

Regel, E.A. v. 1884. Descriptiones plantarum diversarum, in horto Imperiali Petropolitano cultarum. *Trudy Imp. S.-Peterburgsk. Bot. Sada* 8: 641-702, t. I-XXI.

Renner, S.S. 1982. *Aiouea*. *Fl. Neotrop. Monogr.* 31: 85-117.

Renner, S.S. & G. Hausner. 1997a. 49A. Siparunaceae. *En*: Harling, G.W. & L. Andersson (eds.), *Fl. Ecuador* 59: 1-98. University of Göteborg, Göteborg.

Renner, S.S. & G. Hausner. 1997b. 49B. Monimiaceae. *En*: Harling, G.W. & L. Andersson (eds.), *Fl. Ecuador* 59: 99-123. University of Göteborg, Göteborg.

Renner, S.S. & G. Hausner. 2005. Siparunaceae. *Fl. Neotrop. Monogr.* 95: 1-247.

Reppenhagen, W. 1989. *Gatt.* Mammillaria *1988* 1-223. Arbeitskreis für Mammillarienfreunde.

Reppenhagen, W. 1992. *Die Gattung* Mammillaria *Monographie* 2: 365-811. Herausgeber, Druck und Veralg: Druckerei Steinhart GmbH, Titisee-Neustadt.

Reveal, J.L. 1990. (979) Proposal to conserve the name and type of *Carpinus virginiana* P. Miller (Betulaceae), the basionym of *Ostrya virginiana* (P. Miller) K. Koch. *Taxon* 39(2): 357-359.

Reveal, J.L. 2005. 44a. Polygonaceae Jussieu subfam. Eriogonoideae. *En*: Flora of North America Editorial Committee (eds.), *Fl. N. Amer.* 5: 218-478. Oxford University Press, New York.

Reveal, J.L., C.R. Broome, M.L. Brown & G.F. Frick. 1987. On the identities of Maryland plants mentioned in the first two editions of Linnaeus' *Species Plantarum*. *Huntia* 7: 209-245.

Reyes-Agüero, J.A., J.R. Aguirre-Rivera & A. Valiente-Banuet. 2006. Reproductive biology of *Opuntia*: A review. *J. Arid Environ.* 64(4): 549-585.

Rheede, H.A. von. 1682. Syalita. *Hort. Malab.* 3: 39-42, t. 38-39.

Rheede, H.A. von. 1688. De varii generis fruticibus scandentibus. *Hort. Malab.* 7: i-iv, 1-111, t. 1-59.

Rhodes, D.G. 1962 [1963]. Flora of Panama, Part IV. Fascicle 5. Menispermaceae. *Ann. Missouri Bot. Gard.* 49(3-4): 157-172.

Rhodes, D.G. 1975. A revision of the genus *Cissampelos*. *Phytologia* 30(6): 415-484.

Rico-Gray, V. 1979. Aizoaceae. *Fl. Veracruz* 9: 1-13. Instituto Nacional de Investigaciones sobre Recursos Bióticos, Xalapa.

Rivas Rossi, M.E. 1995. Lista actualizada de cactos (Cactaceae) de Costa Rica. *Brenesia* 43-44: 31-37.

Rizzini, C.T. 1956. Pars specialis prodromi monographiae Loranthacearum Brasiliae terrarumque finitimarum. *Rodriguésia* 30/31: 87-234, t. I-XXIX.

Rizzini, C.T. 1960 [1961]. Flora of Panama, Part IV. Fascicle 3. Loranthaceae. *Ann. Missouri Bot. Gard.* 47(4): 263-290.

Rodrigues, W.A. 1980. Revisão taxonômica das espécies de *Virola* Aublet (Myristicaceae) do Brasil. *Acta Amazon.* 10(1, supl.): 1-127.

Rodrigues, W.A. 1989. Two new neotropical species of *Compsoneura* (Myristicaceae). *Brittonia* 41(2): 160-163.

Rodrigues, W.A. 2008. Myristicaceae. *En*: Hokche D., O., P.E. Berry & O. Huber (eds.), *Nuevo Catálogo de la Flora Vascular de Venezuela* 512-515. Fundación Instituto Botánico de Venezuela, Caracas.

Rogers, D.J. 1949. *Stegnosperma*: A new species and generic commentary. *Ann. Missouri Bot. Gard.* 36(4): 475-477.

Rohde, R., B. Rudolph, K. Ruthe, F.G. Lorea-Hernández, P.L.R. de Moraes, J. Li & J.G. Rohwer. 2017. Neither *Phoebe* nor *Cinnamomum* - the tetrasporangiate species of *Aiouea* (Lauraceae). *Taxon* 66(5): 1085-1111.

Rohwer, J.G. 1982. A taxonomic revision of the genera *Seguieria* Loefl. and *Gallesia* Casar. *Mitt. Bot. Staatssamml. München* 18: 231-288.

Rohwer, J.G. 1986. Prodromus einer monographie der Gattung *Ocotea* Aubl. (Lauraceae), sensu lato. *Mitt. Inst. Allg. Bot. Hamburg* 20: 1-278.

Rohwer, J.G. 1990/1991 [1991]. Borderline cases between *Ocotea*, *Nectandra*, and *Phoebe* (Lauraceae): The "marginal" species of the *Ocotea helicterifolia*-group, including the *O. heydeana*-group. *Bot. Jahrb. Syst.* 112(3): 365-397.

Rohwer, J.G. 1993. Lauraceae: *Nectandra*. *Fl. Neotrop. Monogr.* 60: 1-332.

Rohwer, J.G. 2014. Lauraceae. *Fl. Repúbl. Cuba, ser. A, Pl. Vasc.* 19(2): 1-83.

Rohwer, J.G., J. Li, B. Rudolph, S.A. Schmidt, H. van der Werff & H.W. Li. 2009. Is *Persea* (Lauraceae) monophyletic? Evidence from nuclear ribosomal ITS sequences. *Taxon* 58(4): 1153-1167.

Rolfe, R.A. 1901. *Gymnopodium floribundum*, Rolfe. *Hooker's Icon. Pl.* 27(4): t. 2699.

Ronse Decraene, L. & J.R. Akeroyd. 1988. Generic limits in *Polygonum* and related genera (Polygonaceae) on the basis of floral characters. *Bot. J. Linn. Soc.* 98(4): 321-371.

Rose, J.N. 1903-1905 [1905]. Notes on *Ostrya*, with two new species. *Contr. U.S. Natl. Herb.* 8(4): 291-293.

Rose, J.N. 1908 [1907]. *Nopalea guatemalensis*, a new cactus from Guatemala. *Smithsonian Misc. Collect.* 50: 330, t. 41-42.

Rose, J.N. 1908-1909 [1909]. *Nopalea lutea*, a new cactus from Guatemala. *Contr. U.S. Natl. Herb.* 12(9): 405, 404.

Rowley, G.D. 1995. The Sessé and Mociño cactus plates - a postscript. *Bradleya* 13: 119-120.

Rowley, G.D. 2014. *Pereskia* - one genus or two?. *Cactaceae Syst. Init.* 32: 6-7.

Ruiz, H. & J.A. Pavón. c. 1830. *Fl. Peruv.* 4: t. 326-t. 425. Typis Gabrielis de Sancha. Madrid.

Rumphius, G.E. 1741. *Herb. Amboin.* 1: 1-200, t. I-LXXXII. Fransicum Changuion, Joannem Catuffe, Hermannum Uytwerf, Amsterdam.

Rumphius, G.E. 1743. *Herb. Amboin.* 3: 1-218, t. I-CXLI. Fransicum Changuion, Joannem Catuffe, Hermannum Uytwerf, Amsterdam.

Rydberg, P.A. 1906. Studies on the Rocky Mountain flora - XVI. *Bull. Torrey Bot. Club* 33(3): 137-161.

Rzedowski, J. & G. Calderón de Rzedowski. 2011. Viscaceae. *Fl. Bajío* 170: 1-57. Instituto de Ecología A.C., Pátzcuaro.

Safford, W.E. 1912-1916 [1913]. *Annona sericea* and its allies. *Contr. U.S. Natl. Herb.* 16(10): 263-275, t. 85-99.

Safford, W.E. 1913. *Chelonocarpus*, a new section of the genus *Annona*, with descriptions of *Annona scleroderma* and *Annona testudinea*. *J. Washington Acad. Sci.* 3(4): 103-109.

Safford, W.E. 1916. *Desmopsis*, a new genus of Annonaceae. *Bull. Torrey Bot. Club* 43(4): 183-193, t. 7-9.

Saint-Hilaire, A.F.C.P. 1824 [1825]. *Pl. Usuel. Bras.* (7): t. 31-35.

Salazar Lorenzo, J. 2006. *Systematics of Neotropical Canellaceae*. Unpublished Ph.D. thesis: i-xi, 1-227. Cornell Univ., Ithaca.

Sanchez, A., T.M. Schuster, J.M. Burke & K.A. Kron. 2011. Taxonomy of Polygonoideae (Polygonaceae): A new tribal classification. *Taxon* 60(1): 151-160.

Sánchez, D., B. Vázquez-Benítez, M. Vázquez-Sánchez, D.A. Aquino García & S. Arias. 2022. Phylogenetic relationships in *Coryphantha* and implications on *Pelecyphora* and *Escobaria* (Cacteae, Cactoideae, Cactaceae). *PhytoKeys* 188: 115-165.

Sánchez Sánchez, O. 1969. Caryophyllaceae. *La Flora del Valle de México* 161-167, t. 110-114. Herrero S.A., Ciudad de México.

Santamaría-Aguilar, D. 2021. Una nueva especie de *Virola* (Myristicaceae) para Honduras. *J. Bot. Res. Inst. Texas* 15(2): 343-349.

Santamaría-Aguilar, D. & L.P. Lagomarsino. 2021. Two new species of *Otoba* (Myristicaceae) from Colombia. *PhytoKeys* 178: 147-170.

Santamaría-Aguilar, D., R. Aguilar Fernández & L.P. Lagomarsino. 2019a. A taxonomic synopsis of *Virola* (Myristicaceae) in Mesoamerica, including six new species. *PhytoKeys* 134: 1-82.

Santamaría-Aguilar, D., J.E. Jiménez & R. Aguilar Fernández.

2019b. *Otoba vespertilio* (Myristicaceae), una especie nueva de Mesoamérica. *Brittonia* 71(4): 369-380.

Santamaría-Aguilar, D., R. Aguilar Fernández & H. van der Werff. 2021. *Beilschmiedia osacola* (Lauraceae) a new species from the Osa Peninsula, Costa Rica. *Phytotaxa* 498(3): 197-204.

Sargent, C.S. 1918. Notes on North American trees. I. *Quercus*. *Bot. Gaz.* 65(5): 423-459.

Sarkar, N. 1958. Cytotaxonomic studies on *Rumex* section *Axillares*. *Canad. J. Bot.* 36(6): 947-996.

Savigny, M.J.C.L. d. 1802. Description du *Nymphaea caerulea*. *Ann. Mus. Natl. Hist. Nat.* 1: 366-371, t. 25.

Schatz, G.E. 1985. A new *Cymbopetalum* (Annonaceae) from Costa Rica and Panama with observations on natural hybridization. *Ann. Missouri Bot. Gard.* 72(3): 535-538.

Schatz, G.E. 1992. Taxonomic notes on Mesoamerican *Annona* section *Atta* (Annonaceae), including *Annona pruinosa* sp. nov. *Novon* 2(3): 249-251.

Schatz, G.E. 1993. A new *Xylopia* (Annonaceae) from Panama. *Novon* 3(4): 475-477.

Schatz, G.E. 1998. New species of *Sapranthus* B.C. Seemann and *Unonopsis* R.E. Fries (Annonaceae) from Mesoamerica. *Novon* 8(4): 436-440.

Schatz, G.E. 2001. Annonaceae. *En*: Stevens, W.D., C. Ulloa Ulloa, A. Pool & O.M. Montiel (eds.). Fl. Nicaragua. *Monogr. Syst. Bot. Missouri Bot. Gard.* 85(1): 93-110.

Schatz, G.E. & P.J.M. Maas. 2010. Synoptic revision of *Stenanona* (Annonaceae). *Blumea* 55(3): 205-223.

Schatz, G.E., C.A. Ramos A., O.O. Ortiz & G. McPherson. 2015. A new, restricted range species of *Annona* (Annonaceae) endemic to the Caribbean slope of Panama. *Novon* 24(2): 203-208.

Schatz, G.E., P.J.M. Maas, H. Maas-van de Kamer, L.Y.T. Westra & J.J. Wieringa. 2018a. Revision of the neotropical genus *Desmopsis* (Annonaceae). *Blumea* 63(1): 67-86.

Schatz, G.E., P.J.M. Maas, H. Maas-van de Kamer, L.Y.T. Westra & J.J. Wieringa. 2018b. Revision of the neotropical genus *Sapranthus* (Annonaceae). *Blumea* 63(1): 54-66.

Schatz, G.E., N. Zamora, R.H.J. Erkens & P.J.M. Maas. 2020. Annonaceae. *En*: Manual de Plantas de Costa Rica. Vol. IV, Parte 1. B.E. Hammel, M.H. Grayum, C. Herrera & N. Zamora (eds.). *Monogr. Syst. Bot. Missouri Bot. Gard.* 137: 245-306.

Schatz, G.E., A.E. Ortiz-Rodríguez, M.F. Martínez-Velarde & T.L.P. Couvreur. 2023. New combinations and new names in *Desmopsis* (Annonaceae). *Novon* 31: 266-268.

Scheidweiler, M.J.F. 1837. Explication des planches noires. *Hort. Belge* 4: 321-322, t. 17-18.

Scheinvar, L. & G. Olalde Parra. 2008. Tipificación de algunas cactáceas del estado de Guerrero. *Cact. Suc. Mex.* 53(2): 36-50.

Scheinvar, L., C. Gallegos-Vázquez, G. Olalde Parra & A. Rodríguez Fuentes. 2010. *Opuntia* ser. *Streptacanthae* (Cactaceae) - neotypifications and taxonomic notes for four species. *Schumannia* 6: 277-296.

Scheinvar, L., M.E. Preciado García, G. Olalde Parra & C. Gallegos-Vázquez. 2013. *Nopales silvestres* de Sinaloa, México (Cactaceae). *Ibugana* n.s. 5: 73-94.

Scheinvar, L., C. Gallegos-Vázquez, N. Gámez-Tamariz & G. Olalde Parra. 2020. *Atlas de los Nopales Silvestres Mexicanos* i-xxiv, 1-607. Universidad Nacional Autónoma de México, Ciudad de México.

Schneider, C.K. 1905 [1904]. Die Gattung *Berberis* (Euberberis). Vorarbeiten für eine Monographie. *Bull. Herb. Boissier, sér. 2* 5(1): 33-48.

Schneider, C.K. 1905a. Die Gattung *Berberis* (Euberberis). Vorarbeiten für eine Monographie. *Bull. Herb. Boissier, sér. 2* 5(2): 133-148.

Schneider, C.K. 1905b. Die Gattung *Berberis* (Euberberis). Vorarbeiten für eine Monographie. *Bull. Herb. Boissier, sér. 2* 5(4): 391-403.

Schneider, C.K. 1905c. Die Gattung *Berberis* (Euberberis). Vorarbeiten für eine Monographie. *Bull. Herb. Boissier, sér. 2* 5(5): 449-464.

Schneider, C.K. 1905d. Die Gattung *Berberis* (Euberberis). Vorarbeiten für eine Monographie. *Bull. Herb. Boissier, sér. 2* 5(7): 655-670.

Schneider, C.K. 1905e. Die Gattung *Berberis* (Euberberis). Vorarbeiten für eine Monographie. *Bull. Herb. Boissier, sér. 2* 5(8): 800-812.

Schneider, C.K. 1905f. Die Gattung *Berberis* (Euberberis). Vorarbeiten für eine Monographie. *Bull. Herb. Boissier, sér. 2* 5(9): 813-831.

Schneider, E.L. & P.S. Williamson. 1993. Nymphaeaceae. *En*: Kubitzki, K. (ed.), *The Families and Genera of Vascular Plants* 2: 486-493. Springer Verlag, Berlin.

Schumann, K.M. 1895. *Phyllocactus Thomasianus* K. Sch. *Monatsschr. Kakteenk.* 5(1): 6-7, t. s.n.

Schumann, K.M. 1903. *Wittia Amazonica* K. Sch. n. gen. et spec. *Monatsschr. Kakteenk.* 1: 117-118, 119.

Schuster, T.M., K.L. Wilson & K.A. Kron. 2011. Phylogenetic relationship of *Muehlenbeckia*, *Fallopia*, and *Reynoutria* (Polygonaceae) investigated with chloroplast and nuclear sequence data. *Int. J. Pl. Sci.* 172(8): 1053-1066.

Schuster, T.M., J.L. Reveal, M.J. Bayly & K.A. Kron. 2015. An updated molecular phylogeny of Polygonoideae (Polygonaceae): Relationships of *Oxygonum*, *Pteroxygonum*, *Rumex*, and a new circumscription of *Koenigia*. *Taxon* 64(6): 1188-1208.

Schutzman, B.M. 1984. A new species of *Zamia* L. (Zamiaceae, Cycadales) from Chiapas, Mexico. *Phytologia* 55(5): 299-304.

Schutzman, B.M. & A.P. Vovides. 1998. A new *Zamia* (Zamiaceae, Cycadales) from eastern Chiapas, Mexico. *Novon* 8(4): 441-446.

Schutzman, B.M., A.P. Vovides & B. Dehgan. 1988. Two new species of *Zamia* (Zamiaceae, Cycadales) from southern Mexico. *Bot. Gaz.* 149(3): 347-360.

Schutzman, B.M., A.P. Vovides & R.S. Adams. 1998 [2000]. A

new *Zamia* (Zamiaceae, Cycadales) from central Panama. *Phytologia* 85(3): 137-145.

Séguier, J.F. 1745. *Pl. Veron.* 1: i-lxxiv, 1-517. Typis Seminarii, Veronae.

Sell, P.D. 1963. Taxonomic and nomenclatural notes on European *Fumaria* species. *Feddes Repert. Spec. Nov. Regni Veg.* 68(3): 174-178.

Serrano, M.J., R. Grajeda-Estrada, V.A. Villalobos Díaz, M.R. Álvarez-Ruano & J.A. Vázquez-García. 2020. *Magnolia poqomchi*, a new species of subsection *Magnolia* (Magnoliaceae) from San Cristóbal Verapaz, Alta Verapaz, Guatemala. *Phytotaxa* 454(4): 231-243.

Shen-Miller, J., M.B. Mudgett, J.W. Schopf, S. Clarke & R. Berger. 1995. Exceptional seed longevity and robust growth: Ancient sacred lotus from China. *Amer. J. Bot.* 82(11): 1367-1380.

Shen-Miller, J., J.W. Schopf, G. Harbottle, R. Cao, S. Ouyang, K.-S. Zhou, J.R. Southon & G.-H. Liu. 2002. Long-living Lotus: Germination and soil γ-irradiation of centuries-old fruits, and cultivation, growth, and phenotypic abnormalities of offspring. *Amer. J. Bot.* 89(2): 236-247.

Shipunov, A.B. 2010. Haptanthus *story: Rediscovery of enigmatic flowering plant from Honduras [electronic resource]* http://herba.msu.ru/shipunov/ang/haptanthus/index.htm. A.B. Shipunov, Internet.

Shipunov, A.B. & E. Shipunova. 2011. *Haptanthus* story: Rediscovery of enigmatic flowering plant from Honduras. *Amer. J. Bot.* 98(4): 761-763.

Shipunov, A.B., H.J. Lee, J. Choi, K. Pay, S. DeSpiegelaire & A.J. Floden. 2020. Not out of the box: Phylogeny of the broadly sampled Buxaceae. *bioRxiv* https://doi.org/10.1101/2020.08.03.235267

Shou, W.S., A.J. Li & C.W. Park. 2003. *Fallopia*. *En*: Wu, C.Y., P.H. Raven & D.Y. Hong (eds.), *Fl. China* 5: 315-319. Science Press & Missouri Botanical Garden Press, Beijing & St. Louis.

Shultz, L.M. 2003a. *Beta*. *En*: Flora of North America Editorial Committee (eds.), *Fl. N. Amer.* 4: 266-267. Oxford University Press, New York.

Shultz, L.M. 2003b. *Spinacia*. *En*: Flora of North America Editorial Committee (eds.), *Fl. N. Amer.* 4: 302. Oxford University Press, New York.

Shultz, V.A. 1984. The genus *Saponaria* s. str. (Caryophyllaceae) in the flora of the USSR. *Bot. Zhurn. (Moscow & Leningrad)* 69(11): 1475-1482.

Siddiqi, M.A. & A. El-Taife. 1983. Polygonaceae. *Fl. Libya* 106: 1-36. National Academy for Scientific Research, Tripoli.

Sidwell, K.J. 1999. Typification of two Linnaean names in the Basellaceae. *Novon* 9(4): 562-563.

Silba, J. 1990. A supplement to the international census of the Coniferae, II. *Phytologia* 68(1): 7-78.

Sims, J. 1817. *Bot. Mag.* 44: t. 1874-1941. Sherwood, Neely, & Jones, London.

Sims, J. 1826. *Bot. Mag.* 53: t. 2621-2704. Sherwood, Neely, & Jones, London.

Sinclair, J. 1968. Florae Malesianae Precursores - LXII. The genus *Myristica* in Malesia and outside Malesia. *Gard. Bull. Singapore* 23: 1-540.

Sleumer, H.O. 1935. Opiliaceae. *En*: Engler, H.G.A. & K. Prantl (eds.), *Nat. Pflanzenfam., ed. 2* 16b: 33-41. Duncker & Humblot, Berlin.

Sleumer, H.O. 1954. Proteaceae americanae. *Bot. Jahrb. Syst.* 76(2): 139-211.

Sleumer, H.O. 1984. Olacaceae. *Fl. Neotrop. Monogr.* 38: 1-159.

Sloane, H. 1707. *Voy. Jamaica* 1: i-cliv, 1-264, t. 1-156. B.M., London.

Sloane, H. 1725. *Voy. Jamaica* 2: i-xviii, 1-499, t. 157-274. B.M., London.

Small, J.K. 1895. A monograph of the North American species of the genus *Polygonum*. *Mem. Dept. Bot. Columbia Coll.* 1: 1-183.

Smith, A.C. 1938. Myristicaceae. *Publ. Field Mus. Nat. Hist., Bot. Ser.* 13(2/3): 766-784.

Smith, A.C. 1943. The American species of *Drimys*. *J. Arnold Arbor.* 24(1): 1-33.

Smith, A.C. 1981. Family 69. Nyctaginaceae. *Fl. Vit. Nova* 2: 262-269. Pacific Tropical Botanic Garden, Hawaii.

Smith, A.C. & R.P. Wodehouse. 1938. The American species of Myristicaceae. *Brittonia* 2(5): 393-510.

Smith, C.E., Jr. 1966. Archeological evidence for selection in avocado. *Econ. Bot.* 20(2): 169-175.

Smith, J.D. 1894. Undescribed plants from Guatemala and other Central American republics. XIII. *Bot. Gaz.* 19(7): 255-266, t. 24-26.

Smith, J.D. 1903. Undescribed plants from Guatemala and other Central American republics. XXIV. *Bot. Gaz.* 35(1): 1-9, t. 1, f. 1-12.

Soepadmo, E. 1972. Fagaceae. *En*: van Steenis, C.G.G.J. (ed.), *Fl. Malesiana* Ser. 1, Spermatoph. 7(2): 265-403. Noordhoff-Kolff N.V., Djakarta.

Solomon, J.C. 2001. Cactaceae. *En*: Stevens, W.D., C. Ulloa Ulloa, A. Pool & O.M. Montiel (eds.). Fl. Nicaragua. *Monogr. Syst. Bot. Missouri Bot. Gard.* 85(1): 509-519.

Soto, D.A. 2014. Polygonaceae. *En*: Manual de Plantas de Costa Rica. Vol. VII. B.E. Hammel, M.H. Grayum, C. Herrera & N. Zamora (eds.). *Monogr. Syst. Bot. Missouri Bot. Gard.* 129: 358-383.

Spellenberg, R.W. 2001. Familia Nyctaginaceae. *Fl. Bajío* 93: 1-97. Instituto de Ecología A.C., Pátzcuaro.

Sperling, C.R. 1987. *Systematics of the Basellaceae*. Unpublished Ph.D. thesis: 1-279. Harvard Univ., Cambridge.

Spjut, R.W. 2007a. A phytogeographical analysis of *Taxus* (Taxaceae) based on leaf anatomical characters. *J. Bot. Res. Inst. Texas* 1(1): 291-332.

Spjut, R.W. 2007b. Taxonomy and nomenclature of *Taxus* (Taxaceae). *J. Bot. Res. Inst. Texas* 1(1): 203-289.

Standley, P.C. 1909-1912 [1911]. The Allioniaceae of Mexico and Central America. *Contr. U.S. Natl. Herb.* 13(11): 377-430, t. 74-77.

Standley, P.C. 1916. Order Chenopodiales. *En*: Britton, N.L. (ed.), *N. Amer. Fl.* 21(1): 1-93. New York Botanical Garden, Bronx.

Standley, P.C. 1920. The North American species of *Agonandra*. *J. Washington Acad. Sci.* 10(18): 505-508.

Standley, P.C. 1920-1926 [1922]. Trees and shrubs of Mexico (Fagaceae-Fabaceae). *Contr. U.S. Natl. Herb.* 23(2): 171-515.

Standley, P.C. 1923. New species of plants from Salvador. II. *J. Washington Acad. Sci.* 13(20): 436-443.

Standley, P.C. 1924. New species of plants from Salvador. III. *J. Washington Acad. Sci.* 14(4): 93-99.

Standley, P.C. 1927. *Alfaroa*, a new genus of trees of the family Juglandaceae from Costa Rica. *J. Washington Acad. Sci.* 17(4): 77-79.

Standley, P.C. 1930. Flora of Yucatan. *Publ. Field Mus. Nat. Hist., Bot. Ser.* 3(3): 157-492.

Standley, P.C. 1938. Flora of Costa Rica. Part IV. *Publ. Field Mus. Nat. Hist., Bot. Ser.* 18(4): 1137-1571.

Standley, P.C. 1941. Taxaceae. *En*: Woodson, Jr., R.E. & R.W. Schery (eds.), Contributions toward a Flora of Panama. V. Collections chiefly by Paul H. Allen, and by Robert E. Woodson, Jr. and Robert W. Schery. *Ann. Missouri Bot. Gard.* 28(4): 409-411.

Standley, P.C. & J.A. Steyermark. 1943. Studies of Central American plants-III. *Publ. Field Mus. Nat. Hist., Bot. Ser.* 23(1): 1-28.

Standley, P.C. & J.A. Steyermark. 1944. Studies of Central American plants-IV. *Publ. Field Mus. Nat. Hist., Bot. Ser.* 23(2): 29-109.

Standley, P.C. & J.A. Steyermark. 1946a. Aizoaceae. *En*: Standley, P.C. & Steyermark, J.A. (eds.), Flora of Guatemala - Part IV. *Fieldiana, Bot.* 24(4): 203-207.

Standley, P.C. & J.A. Steyermark. 1946b. Basellaceae. *En*: Standley, P.C. & Steyermark, J.A. (eds.), Flora of Guatemala - Part IV. *Fieldiana, Bot.* 24(4): 214-217.

Standley, P.C. & J.A. Steyermark. 1946c. Caryophyllaceae. *En*: Standley, P.C. & Steyermark, J.A. (eds.), Flora of Guatemala - Part IV. *Fieldiana, Bot.* 24(4): 217-239.

Standley, P.C. & J.A. Steyermark. 1946d. Chenopodiaceae. *En*: Standley, P.C. & Steyermark, J.A. (eds.), Flora of Guatemala - Part IV. *Fieldiana, Bot.* 24(4): 137-143.

Standley, P.C. & J.A. Steyermark. 1946e. Lauraceae. *En*: Standley, P.C. & Steyermark, J.A. (eds.), Flora of Guatemala - Part IV. *Fieldiana, Bot.* 24(4): 302-344.

Standley, P.C. & J.A. Steyermark. 1946f. Loranthaceae. *En*: Standley, P.C. & Steyermark, J.A. (eds.), Flora of Guatemala - Part IV. *Fieldiana, Bot.* 24(4): 62-86.

Standley, P.C. & J.A. Steyermark. 1946g. Menispermaceae. *En*: Standley, P.C. & Steyermark, J.A. (eds.), Flora of Guatemala - Part IV. *Fieldiana, Bot.* 24(4): 258-266.

Standley, P.C. & J.A. Steyermark. 1946h. Myristicaceae. *En*: Standley, P.C. & Steyermark, J.A. (eds.), Flora of Guatemala - Part IV. *Fieldiana, Bot.* 24(4): 294-299.

Standley, P.C. & J.A. Steyermark. 1946i. Nyctaginaceae. *En*: Standley, P.C. & Steyermark, J.A. (eds.), Flora of Guatemala - Part IV. *Fieldiana, Bot.* 24(4): 174-192.

Standley, P.C. & J.A. Steyermark. 1946j. Nymphaeaceae. *En*: Standley, P.C. & Steyermark, J.A. (eds.), Flora of Guatemala - Part IV. *Fieldiana, Bot.* 24(4): 239-242.

Standley, P.C. & J.A. Steyermark. 1946k. Papaveraceae. *En*: Standley, P.C. & Steyermark, J.A. (eds.), Flora of Guatemala - Part IV. *Fieldiana, Bot.* 24(4): 347-354.

Standley, P.C. & J.A. Steyermark. 1946l. Phytolaccaceae. *En*: Standley, P.C. & Steyermark, J.A. (eds.), Flora of Guatemala - Part IV. *Fieldiana, Bot.* 24(4): 192-202.

Standley, P.C. & J.A. Steyermark. 1946m. Platanaceae. *En*: Standley, P.C. & Steyermark, J.A. (eds.), Flora of Guatemala - Part IV. *Fieldiana, Bot.* 24(4): 430-432.

Standley, P.C. & J.A. Steyermark. 1946n. Polygonaceae. *En*: Standley, P.C. & Steyermark, J.A. (eds.), Flora of Guatemala - Part IV. *Fieldiana, Bot.* 24(4): 104-137.

Standley, P.C. & J.A. Steyermark. 1946o. Portulacaceae. *En*: Standley, P.C. & Steyermark, J.A. (eds.), Flora of Guatemala - Part IV. *Fieldiana, Bot.* 24(4): 207-214.

Standley, P.C. & J.A. Steyermark. 1946p. Proteaceae. *En*: Standley, P.C. & Steyermark, J.A. (eds.), Flora of Guatemala - Part IV. *Fieldiana, Bot.* 24(4): 58-62.

Standley, P.C. & J.A. Steyermark. 1946q. Ranunculaceae. *En*: Standley, P.C. & Steyermark, J.A. (eds.), Flora of Guatemala - Part IV. *Fieldiana, Bot.* 24(4): 243-256.

Standley, P.C. & J.A. Steyermark. 1949. Buxaceae. *En*: Standley, P.C. & Steyermark, J.A. (eds.), Flora of Guatemala - Part VI. *Fieldiana, Bot.* 24(6): 172-174.

Standley, P.C. & J.A. Steyermark. 1952a. Betulaceae. *En*: Standley, P.C. & Steyermark, J.A. (eds.), Flora of Guatemala - Part III. *Fieldiana, Bot.* 24(3): 359-369.

Standley, P.C. & J.A. Steyermark. 1952b. Fagaceae. *En*: Standley, P.C. & Steyermark, J.A. (eds.), Flora of Guatemala - Part III. *Fieldiana, Bot.* 24(3): 369-396.

Standley, P.C. & J.A. Steyermark. 1952c. Juglandaceae. *En*: Standley, P.C. & Steyermark, J.A. (eds.), Flora of Guatemala - Part III. *Fieldiana, Bot.* 24(3): 352-353, 354-355.

Standley, P.C. & J.A. Steyermark. 1958. Taxaceae. *En*: Standley, P.C. & Steyermark, J.A. (eds.), Flora of Guatemala - Part I. *Fieldiana, Bot.* 24(1): 60-63.

Standley, P.C. & L.O. Williams. 1961. Dilleniaceae. *En*: Standley, P.C. & Williams, L.O. (eds.), Flora of Guatemala - Part VII, Number 1. *Fieldiana, Bot.* 24(7/1): 2-10.

Standley, P.C. & L.O. Williams. 1962. Cactaceae. *En*: Standley, P.C. & Williams, L.O. (eds.), Flora of Guatemala - Part VII, Number 2. *Fieldiana, Bot.* 24(7/2): 187-234.

Stauffer, H.U. 1961. Südamerikanische Santalaceae I: *Acanthosyris*, *Cervantesia* und *Jodina*. *Vierteljahrsschr. Naturf. Ges. Zürich* 106(4): 406-412.

Steenis, C.G.G.J. van. 1957. Basellaceae. *Fl. Malesiana, Ser. 1, Spermatoph.* 5(3): 300-304. Noordhoff-Kolff N.V., Djakarta.

Stevens, P.F. 2001 (en adelante). *Angiosperm Phylogeny Website* http://www.mobot.org/MOBOT/Research/APweb/welcome .html. Missouri Botanical Garden, St. Louis.

Stevenson, D.W. 1982. A new species of *Ceratozamia* (Zamiaceae) from Chiapas, Mexico. *Brittonia* 34(2): 181-184.

Stevenson, D.W. 1993. The Zamiaceae in Panama with comments on phytogeography and species relationships. *Brittonia* 45(1): 1-16.

Stevenson, D.W. 2001. Cycadales. *En*: Bernal González, R. & E. Forero (eds.), *Fl. Colombia* 21: 1-92. Universidad Nacional de Colombia, Bogotá.

Stevenson, D.W. & S. Sabato. 1986a. Typification of names in *Ceratozamia* Brongn., *Dioon* Lindl., and *Microcycas* A. DC. (Zamiaceae). *Taxon* 35(3): 578-584.

Stevenson, D.W. & S. Sabato. 1986b. Typification of names in *Zamia* L. and *Aulacophyllum* Regel (Zamiaceae). *Taxon* 35(1): 134-144.

Stevenson, D.W., S. Sabato & M. Vázquez Torres. 1986. A new species of *Ceratozamia* (Zamiaceae) from Veracruz, Mexico with comments on species relationships, habitats, and vegetative morphology in *Ceratozamia*. *Brittonia* 38(1): 17-26.

Stevenson, D.W., A. Moretti & L. Gaudio. 1995-1996 [1998]. A new species of *Zamia* (Zamiaceae) from Belize and the Yucatan Peninsula of Mexico. *Delpinoa* n.s. 37-38: 3-8.

Stone, D.E. 1967-1970 [1969]. Documented plant chromosome numbers 1969: 2. *Sida* 3(5): 352-355.

Stone, D.E. 1968. New World Juglandaceae: A new species of *Alfaroa* from Mexico. *Amer. J. Bot.* 55(4): 477-484.

Stone, D.E. 1972 [1973]. New World Juglandaceae III. A new perspective of the tropical members with winged fruits. *Ann. Missouri Bot. Gard.* 59(2): 297-321.

Stone, D.E. 1977. Family 47. Juglandaceae. *En*: W.C. Burger (ed.), Flora Costaricensis. *Fieldiana, Bot.* 40: 28-53.

Stone, D.E. 1997. *Carya*. *En*: Flora of North America Editorial Committee (eds.), *Fl. N. Amer.* 3: 417-425. Oxford University Press, New York.

Stone, D.E. 2010. Review of the New World *Alfaroa* and Old World *Alfaropsis* (Juglandaceae). *Novon* 20(2): 215-224.

Stone, D.E. & C.R. Broome. 1975. Juglandaceae. *World Pollen Spore Fl.* 4: 1-35.

Stone, D.E., S. Oh, E.A. Tripp, L.E. Ríos G. & P.S. Manos. 2009. Natural history, distribution, phylogenetic relationships, and conservation of Central American black walnuts (*Juglans* sect. *Rhysocaryon*). *J. Torrey Bot. Soc.* 136(1): 1-25.

Styles, B.T. & C.E. Hughes. 1983. Studies of variation in Central American pines III. Notes on the taxonomy and nomenclature of the pines and related gymnosperms in Honduras and adjacent Latin American republics. *Brenesia* 21: 269-291.

Sweet, R. 1827-1829 [1828]. *Hunnemannia fumariaefolia*. *Brit. Fl. Gard.* 3: t. 276.

Talavera, S. & J.F. Muñoz Garmendia. 1988 [1989]. Sinopsis del género *Silene* L. (Caryophyllaceae) en la Península Iberica y Baleares. *Anales Jard. Bot. Madrid* 45(2): 407-460.

Tamura, M. 1993. Ranunculaceae. *En*: Kubitzki, K. (ed.), *The Families and Genera of Vascular Plants* 2: 563-583. Springer Verlag, Berlin.

Tapia, H.J., M.L. Bárcenas-Argüello, T. Terrazas & S. Arias. 2017. Phylogeny and circumscription of *Cephalocereus* (Cactaceae) based on molecular and morphological evidence. *Syst. Bot.* 42(4): 709-723.

Taylor, C.M. 1994. Revision of *Tetragonia* (Aizoaceae) in South America. *Syst. Bot.* 19(4): 575-589.

Taylor, N.P. 1991. The genus *Melocactus* (Cactaceae) in Central and South America. *Bradleya* 9: 1-80.

Taylor, N.P. & D.C. Zappi. 2004. *Cacti of Eastern Brazil* i-xii, 1-499. Royal Botanic Garden, Kew. Richmond.

Taylor Blake, A.S. & G. Holzman. 2012. A new *Zamia* species from the Panama Canal area. *Bot. Rev. (Lancaster)* 78(4): 335-344.

Taylor Blake, A.S., J.L. Haynes & G. Holzman. 2008. Taxonomical, nomenclatural and biogeographical revelations in the *Zamia skinneri* complex of Central America (Cycadales: Zamiaceae). *Bot. J. Linn. Soc.* 158(3): 399-429.

Tebbitt, M.C., M. Lidén & H. Zetterlund. 2008. *Bleeding Hearts, Corydalis, and Their Relatives* 1-176, t. 1-112. Timber Press, Portland.

Terrazas, T. & S. Loza-Cornejo. 2002. Phylogenetic relationships of Pachycereeae: A cladistic analysis based on anatomical-morphological data. *En*: Fleming, T.H. & A. Valiente-Banuet (eds.), *Columnar Cacti and Their Mutualists: Evolution, Ecology, and Conservation* 66-86. University of Arizona Press, Tucson.

The Caryophyllales Network. 2015+ [continuously updated]. A global synthesis of species diversity in the angiosperm order Caryophyllales. Published at https://caryophyllales.org.

Thomé, O.W. 1886. 60. Familie: Papaveraceae, Papavergewächse. *En*: Thomé, O.W., *Fl. Deutschl.* 2: 128-131, t. 259-262. E. Köhler, Gera-Untermhaus.

Thunberg, C.P. 1792. *Batschia*, novum plantae genus, nuper detectum et descriptum a Domino Josepho Celestino Mutis, per calidiores Americae plagas peregrinatore illustri. *Nova Acta Regiae Soc. Sci. Upsal.* ser. 2, 5: 120-123, t. 2, f. 1-2.

Tillson, A.H. & C.H. Muller. 1942. Anatomical and taxonomic approaches to subgeneric segregation in American *Quercus*. *Amer. J. Bot.* 29(7): 523-529.

Timson, J. 1961-1963 [1963]. The taxonomy of *Polygonum lapathifolium* L., *P. nodosum* Pers., and *P. tomentosum* Schrank. *Watsonia* 5(6): 386-395.

Todzia, C.A. 1987. A new variety of *Hedyosmum* (Chloranthaceae) from Nicaragua. *Ann. Missouri Bot. Gard.* 74(2): 457-459.

Todzia, C.A. 1988. Chloranthaceae: *Hedyosmum*. *Fl. Neotrop. Monogr.* 48: 1-139.

Todzia, C.A. 2001. Achatocarpaceae. *En*: Stevens, W.D., C. Ulloa

Ulloa, A. Pool & O.M. Montiel (eds.), Flora de Nicaragua. *Monogr. Syst. Bot. Missouri Bot. Gard.* 85(1): 36-37.

Todzia, C.A. & F.R. Barrie. 1991. Neotypification of *Curatella americana* L. (Dilleniaceae). *Taxon* 40(3): 488-489.

Tonduz, A. 1896. Herborisations au Costa-Rica. *Bull. Herb. Boissier* 4(3): 163-177, t. 1-2.

Trelease, W. 1916. *The Genus* Phoradendron 1-224, t. 1-245. Univ. of Illinois, Urbana.

Trelease, W. 1924. The American oaks. *Mem. Natl. Acad. Sci.* 20: i-v, 1-255, t. 1-420.

Triana, J.J. & J.É. Planchon. 1862. Florae Novo-Granatensis ou énumération des plantes de la Nouvelle-Grenade, avec description des espèces nouvelles. *Ann. Sci. Nat., Bot.* sér. 4, 17: 5-190.

Tribouillier-Navas, E., F.L. Archila Morales & M.E. Véliz Pérez. 2017 [2018]. Nueva especie de *Desmopsis* (Annonaceae) para Mesoamérica. *Revista Guatemalensis* 20(1-2): 53-60, t. 1-4; t. 1, t. 2, t. 2.

Trofimov, D., B. Rudolph & J.G. Rohwer. 2016. Phylogenetic study of the genus *Nectandra* (Lauraceae), and reinstatement of *Damburneya*. *Taxon* 65(5): 980-996.

Trofimov, D., P.L.R. de Moraes & J.G. Rohwer. 2019. Towards a phylogenetic classification of the *Ocotea* complex (Lauraceae): Classification principles and reinstatement of *Mespilodaphne*. *Bot. J. Linn. Soc.* 190(1): 25-50.

Troupin, G.M.D.J. 1955. Contribution a l'étude des Ménispermacées africaines III. *Bull. Jard. Bot.* État *Bruxelles* 25(1): 131-141.

Tschapka, M., O. von Helversen & W.A. Barthlott. 1999. Bat pollination of *Weberocereus tunilla*, an epiphytic rain forest cactus with functional flagelliflory. *Pl. Biol.* (Stuttgart) 1(5): 554-559.

Turland, N.J., J.H. Wiersema, F.R. Barrie, W.R. Greuter, D.L. Hawksworth, S. Knapp, W. Kusber, D.-Z. Li, K. Marhold, T.W. May, J. McNeill, A.M. Monro, J. Prado, M.J. Price & G.F. Smith. 2018. International Code of Nomenclature for algae, fungi, and plants Shenzhen Code) adopted by the Nineteenth International Botanical Congress, Shenzhen, China, July 2017. *Regnum Veg.* 159: i-xxxviii, 1-254.

Turner, B.L. 1994. Revisionary study of the genus *Allionia* (Nyctaginaceae). *Phytologia* 77(1): 45-55.

Turrill, W.B. 1956. Caryophyllaceae. *En*: Turrill, W.B. & R.M. Polhill (eds.), *Fl. Trop. E. Africa* 1-38. A.A. Balkema, Rotterdam.

Ulbrich, O.E. 1934. Basellaceae. *En*: Engler, H.G.A. & K. Prantl (eds.), *Nat. Pflanzenfam., ed. 2* 16C: 263-271. Duncker & Humblot, Berlin.

Ulloa Ulloa, C. & P.M. Jørgensen. 1998. *Acanthosyris annonagustata* (Santalaceae), a new species from eastern Ecuador. *Novon* 8(1): 84-86.

Ulloa Ulloa, C. & P.M. Jørgensen. 2002. 31. Santalaceae. *En*: Harling, G.W. & L. Andersson (eds.), *Fl. Ecuador* 69: 107-118. University of Göteborg, Göteborg.

Ulloa Ulloa, C., D.L. Nickrent, C. Whitefoord & D.L. Kelly. 2010. *Hondurodendron*, a new monotypic genus of Aptandraceae from Honduras. *Ann. Missouri Bot. Gard.* 97(3): 457-467.

Ulloa Ulloa, C., P. Acevedo-Rodríguez, S.G. Beck, M.J. Belgrano, R. Bernal, P.E. Berry, L. Brako, M. Celis, G. Davidse, S.R. Gradstein, O. Hokche, B. León, S. León-Yánez, R.E. Magill, D.A. Neill, M.H. Nee, P.H. Raven, H. Stimmel, M.T. Strong, J.L. Villaseñor Ríos, J.L. Zarucchi, F.O. Zuloaga & P.M. Jørgensen. 2017. An integrated assessment of vascular plants species of the Americas. *Science* 358: 1614-1617 [online suppl. materials: 1-23 + 1-2497], t. 1-4 [f. S1-5].

Vaillant, S.S. 1727. *Botanicon Parisiense* I-XII, 1-205, t. I-XXXIII. Chez Jean & Herman Verbeek et Balthazar Lakeman, Leiden & Amsterdam.

Valencia Ávalos, S. & A.J. Coombes. 2020. Nomenclatural revision and lectotypification of five species of Mexican oaks: *Quercus* (Fagaceae). *Phytotaxa* 428(2): 81-92.

van der Werff, H. 1987a. A revision of *Mezilaurus* (Lauraceae). *Ann. Missouri Bot. Gard.* 74(1): 153-182.

van der Werff, H. 1987b. Six new species of neotropical Lauraceae. *Ann. Missouri Bot. Gard.* 74(2): 401-412.

van der Werff, H. 1988a. A new species of *Ocotea* (Lauraceae) from Nicaragua and a note on *Ocotea jorge-escobarii*. *Ann. Missouri Bot. Gard.* 75(2): 723-727.

van der Werff, H. 1988b. Eight new species and one new combination of neotropical Lauraceae. *Ann. Missouri Bot. Gard.* 75(2): 402-419.

van der Werff, H. 1993. A revision of the genus *Pleurothyrium* (Lauraceae). *Ann. Missouri Bot. Gard.* 80(1): 39-118.

van der Werff, H. 1996. Notes on Costa Rican Lauraceae with the description of several new species. *Novon* 6(4): 476-483.

van der Werff, H. 1999. New taxa and combinations in the *Ocotea helicterifolia* (Lauraceae) species group. *Novon* 9(4): 571-583.

van der Werff, H. 2001. New taxa and combinations in *Ocotea* (Lauraceae) from Central America. *Novon* 11(4): 501-511.

van der Werff, H. 2002a. A synopsis of *Ocotea* (Lauraceae) in Central America and southern Mexico. *Ann. Missouri Bot. Gard.* 89(3): 429-451.

van der Werff, H. 2002b. A synopsis of *Persea* (Lauraceae) in Central America. *Novon* 12(4): 575-586.

van der Werff, H. 2009a. Eight new species of Lauraceae from Ecuador, Peru, and Panama. *Novon* 19(4): 534-548.

van der Werff, H. 2009b. Nine new species of *Licaria* (Lauraceae) from tropical America. *Harvard Pap. Bot.* 14(2): 145-159.

van der Werff, H. 2022. *Andea*, a new genus of Neotropical Lauraceae. *Ann. Missouri Bot. Gard.* 107: 422-431.

van der Werff, H. & P.K. Endress. 1991. *Gamanthera* (Lauraceae), a new genus from Costa Rica. *Ann. Missouri Bot. Gard.* 78(2): 401-408.

van der Werff, H. & H.G. Richter. 1985. *Caryodaphnopsis* Airy-Shaw (Lauraceae), a genus new to the Neotropics. *Syst. Bot.* 10(2): 166-173.

Vázquez-García, J.A. 1994. *Magnolia* (Magnoliaceae) in Mexico and Central America: A synopsis. *Brittonia* 46(1): 1-23.

Vázquez-García, J.A., M.Á. Pérez-Farrera, N. Martínez Meléndez, G. Nieves Hernández & M.Á. Muñiz-Castro. 2012a. *Magnolia mayae* (Magnoliaceae), a new species from Chiapas, Mexico. *Bot. Sci.* 90(2): 109-112.

Vázquez-García, J.A., M.Á. Muñiz-Castro, E. Castro-Arce, R. Murguía Araiza, A.T. Nuño Rubio & M.J. Cházaro Basáñez. 2012b. Twenty new neotropical tree species of *Magnolia* (Magnoliaceae). *En*: Salcedo Pérez, E., E. Hernández Álvarez, J.A. Vázquez-García, T. Escoto García & N. Díaz Echavarría (eds.), *Recursos Forest. Occid. México* 1: 91-130. Univ. Guadalajara, Guadalajara.

Vázquez-García, J.A., M.Á. Pérez-Farrera, R. Martínez-Camilo, M.Á. Muñiz-Castro & N. Martínez Meléndez. 2013a. *Magnolia lacandonica* (subsection *Talauma*, Magnoliaceae), a new rainforest species from Chiapas, Mexico. *Phytotaxa* 79(1): 30-36.

Vázquez-García, J.A., H. Gómez-Domínguez, A. López Cruz, J.A. Espinosa-Jiménez, E. Sahagún-Godínez & M.Á. Muñiz-Castro. 2013b. *Magnolia perezfarrerae*, a new species and a key to Mexican species of *Magnolia* (section *Talauma*, subsection *Talauma*, Magnoliaceae). *Bot. Sci.* 91(4): 417-425.

Vázquez-García, J.A., M.E. Véliz Pérez, E. Tribouillier-Navas & M.Á. Muñiz-Castro. 2013c. *Magnolia quetzal* and *Magnolia mayae*, a new species and a new record, respectively, for the flora of Guatemala. *Phytotaxa* 76(1): 1-6.

Vázquez-García, J.A., M.Á. Muñiz-Castro, F. Arroyo, Á.J. Pérez, M. Serna, R. Cuevas Guzmán, R. Domínguez Yescas, E. Castro-Arce & C.M. Gurrola-Díaz. 2013d. Novelties in neotropical *Magnolia* and an addendum proposal to the IUCN Red List of Magnoliaceae. *En*: Salcedo Pérez, E., E. Hernández Álvarez, J.A. Vázquez-García, T. Escoto García & N. Díaz Echavarría (eds.), *Recursos Forest. Occid. México* 2: 461-496, t. 15. Univ. Guadalajara, Guadalajara.

Vázquez-García, J.A., M.Á. Pérez-Farrera, H. Gómez-Domínguez, M.Á. Muñiz-Castro & E. Sahagún-Godínez. 2017. *Magnolia montebelloensis*, a new species in section *Magnolia* from Lagunas de Montebello National Park, Chiapas, México, with a key to Magnoliaceae of Chiapas. *Phytotaxa* 328(2): 101-114.

Vázquez-García, J.A., E. Tribouillier-Navas, F.L. Archila Morales & M.E. Véliz Pérez. 2019. A conspectus of *Magnolia* (Magnoliaceae) in Guatemala: Novelties and conservation. *Phytotaxa* 427(4): 221-238.

Vázquez-García, J.A., E. Tribouillier-Navas, F.L. Archila Morales & M.E. Véliz Pérez. 2020. *Magnolia ottoi* (Magnoliaceae) a new species from Purulhá, Baja Verapaz, Guatemala: Conservation and Mayan Q'eqchi 'ethnotaxonomy. *Phytotaxa* 455(3): 187-195.

Vázquez-García, J.A., E. Tribouillier-Navas, F.L. Archila Morales, M.E. Véliz Pérez, A.S. Ortega Peña & V. Shalisko. 2021. Three new species of *Magnolia* (Magnoliaceae) endemic to the north-wet-arc in the Maya Highlands of Guatemala. *Phytotaxa* 529(1): 57-70.

Vázquez-García, J.A., D.L. Kelly, D.A. Mejía Valdivieso, W. Morales, A. Dahua-Machoa, H.L. Vega, A.S. Ortega Peña, J. Padilla-Lepe & M.Á. Muñiz-Castro. 2022a. *Magnolia* (Magnoliaceae) in Honduras: A synopsis with six new taxa. *Phytotaxa* 570(2): 109-149.

Vázquez-García, J.A., E. Tribouillier-Navas, F.L. Archila Morales, R.E. Aguilar & V. Shalisko. 2022b. Two new species of *Magnolia* (Magnoliaceae) from Alta Verapaz and Quiché, Guatemala. *Phytotaxa* 559(1): 35-44.

Vázquez-García, J.A., S. Estrada, A. Heriberto Martínez, D. Aguirre, K. Cubas & M.Á. Muñiz-Castro. 2023. *Magnolia cirorum* (*Magnolia* sect. *Talauma*, Magnoliaceae), a new species from Pico Bonito National Park, Atlántida, Honduras. *Phytotaxa* 629(2): 129-138.

Vázquez-Sánchez, M., T. Terrazas, S. Arias & H. Ochoterena-Booth. 2013. Molecular phylogeny, origin and taxonomic implications of the tribe Cacteae (Cactaceae). *Syst. Biodivers.* 11(1): 103-116.

Vega, H.L., O.W. Oyuela, M. Alemán, C. Gómez-Hinostrosa & H.M. Hernández. 2023. Una nueva especie de *Acanthocereus* (Cactaceae) de Honduras. A new species of *Acanthocereus* (Cactaceae) from Honduras. *Acta Bot. Mex.* 130 (e2233): 1-7.

Véliz Pérez, M.E. 2008. *Las Cactáceas de Guatemala* 1-130. Univ. de San Carlos de Guatemala, Guatemala.

Vellozo, J.M. da C. 1827 [1831]. *Fl. Flumin. Icon.* 5: t. 1-135. Publicaeque Bibliothecae, Rio de Janeiro.

Verdcourt, B. 1989. Nymphaeaceae. *En*: Turrill, W.B. & R.M. Polhill (eds.), *Fl. Trop. E. Africa* 1-12. A.A. Balkema, Rotterdam.

Verdcourt, B. & R.M. Polhill. 1997. (1291-1292) Proposals to conserve the names *Myrica* and *Gale* (Myricaceae) with conserved types. *Taxon* 46(2): 347-348.

Vidaković, M. 1991. *Conifers: Morphology and Variation* 1-754. Graficki zavod Hrvatske, Zageb.

Villaseñor Ríos, J.L. 2016. Checklist of the native vascular plants of Mexico/Catálogo de las plantas vasculares nativas de México. *Revista Mex. Biodivers.* 87(3): 559-902.

Volkens, G.-L.A. 1893. Basellaceae. *En*: Engler, H.G.A. & K. Prantl (eds.), *Nat. Pflanzenfam.* 3(1a): 124-128. Engelmann, Leipzig.

Volponi, C.R. 1985. Sinopsis de las especies argentinas de *Arenaria* (Caryophyllaceae). *Darwiniana* 26(1-4): 331-351.

Volponi, C.R. 1995. *Arenaria lanuginosa* (Caryophyllaceae) en México: morfología foliar. *Anales Inst. Biol. Univ. Nac. Autón. México, Bot.* 66(2): 133-147.

von Balthazar, M. & P.K. Endress. 2002a. Development of inflorescences and flowers in Buxaceae and the problem of perianth interpretation. *Int. J. Pl. Sci.* 163(6): 847-876.

von Balthazar, M. & P.K. Endress. 2002b. Reproductive structures and systematics of Buxaceae. *Bot. J. Linn. Soc.* 140(3): 193-228.

von Balthazar, M., P.K. Endress & Y.-L. Qiu. 2000. Phylogenetic relationships in Buxaceae based on nuclear internal transcribed spacers and plastid ndhF sequences. *Int. J. Pl. Sci.* 161(5): 785-792.

Vovides, A.P., J.D. Rees & M. Vázquez Torres. 1983. Zamiaceae. *Fl. Veracruz* 26: 1-31. Instituto Nacional de Investigaciones sobre Recursos Bióticos, Xalapa.

Vovides, A.P., M.Á. Pérez-Farrera & C.G. Iglesias. 2001. Another new species of *Ceratozamia* (Zamiaceae) from Chiapas, Mexico. *Bot. J. Linn. Soc.* 137(1): 81-85.

Vovides, A.P., M.Á. Pérez-Farrera, B.M. Schutzman, C. Iglesias, L. Hernández Sandoval & M. Martínez. 2004. A new species of *Ceratozamia* (Zamiaceae) from Tabasco and Chiapas, Mexico. *Bot. J. Linn. Soc.* 146(1): 123-128.

Vovides, A.P., M.Á. Pérez-Farrera, J. González-Astorga & C. Iglesias. 2008. A new species of *Ceratozamia* (Zamiaceae) from Oaxaca, Mexico with comments on habitat and relationships. *Bot. J. Linn. Soc.* 157(2): 169-175.

Walter, H.P.H. 1909. Phytolaccaceae. *En*: Engler, H.G.A. (ed.), *Pflanzenr.* IV. 83(Heft 39): 1-154. Verlag von Wilhelm Engelmann, Leipzig.

Wang, W.-T. 2004. A revision of *Clematis* sect. *Aspidanthera* s.l. (Ranunculaceae). *Acta Phytotax. Sin.* 42(1): 1-72.

Wang, Y.-B., B.-B. Liu, Z.-L. Nie, H.-F. Chen, F.-J. Chen, R.B. Figlar & J. Wen. 2020. Major clades and a revised classification of *Magnolia* and Magnoliaceae based on whole plastid genome sequences via genome skimming. *J. Syst. Evol.* 58(5): 673-695.

Wangenheim, F.A.J. v. 1787. *Beytrag zur Teuteschen Holzgrechten Forstwissenschaft* i-xlvi, 1-124, t. 1-31. Johann Christian Dieterich, Göttingen.

Warburg, O. 1897. Monographie der Myristicaceen. *Nova Acta Acad. Caes. Leop.-Carol. German. Nat. Cur.* 68: 1-680, t. I-XXV.

Ward, D.B. 2008. Thomas Walter typification project, VI: Neotypes for an additional 18 Walter names. *J. Bot. Res. Inst. Texas* 2(2): 1279-1283.

Warnock, M.J. 1997. *Consolida*. *En*: Flora of North America Editorial Committee (eds.), *Fl. N. Amer.* 3: 240-242, 243. Oxford University Press, New York.

Weber, F.A.C. 1893-1899 [1898]. *Phyllocactus*. *En*: Bois, D.G., *Dict. Hort.* 2: 955-957. Paul Klincksieck, Paris.

Weber, F.A.C. 1902. Les cactées de Costarica. *Bull. Mus. Hist. Nat. (Paris)* 8(6): 454-469.

Weber, J.Z. 1981. A taxonomic revision of *Cassytha* (Lauraceae) in Australia. *J. Adelaide Bot. Gard.* 3(3): 187-262.

Welsh, S.L., C.W. Crompton & S.E. Clemants. 2003. Chenopodiaceae. *En*: Flora of North America Editorial Committee (eds.), *Fl. N. Amer.* 4: 258-261. Oxford University Press, New York.

Wendt, T.L. 1998. *Ocotea heribertoi* (Lauraceae), a new species of rain forest canopy tree from the Isthmus of Tehuantepec, Mexico. *Lundellia* 1: 40-45.

Wendt, T.L. & H. van der Werff. 1987. A new species of *Ocotea* (Lauraceae) from southeastern Mexico. *Ann. Missouri Bot. Gard.* 74(2): 413-415.

Whittemore, A.T. 1997. *Ranunculus*. *En*: Flora of North America Editorial Committee (eds.), *Fl. N. Amer.* 3: 88-135. Oxford University Press, New York.

Wiens, D. & B.A. Barlow. 1971. The cytogeography and relationships of the Viscaceous and Eremolepidaceous mistletoes. *Taxon* 20(2/3): 313-332.

Wiersema, J.H. 1987. A monograph of *Nymphaea* subgenus *Hydrocallis* (Nymphaeaceae). *Syst. Bot. Monogr.* 16: 1-112.

Wiersema, J.H. 1989. A new species of *Cabomba* (Cabombaceae) from tropical America. *Ann. Missouri Bot. Gard.* 76(4): 1167-1168.

Wiersema, J.H. 1993. Nelumbonaceae Dumortier. *En*: Flora of North America Editorial Committee (eds.), *Fl. N. Amer.* 3: 64-65. Oxford University Press, New York.

Wiersema, J.H. 1997a. 13. Cabombaceae A. Richard. *En*: Flora of North America Editorial Committee (eds.), *Fl. N. Amer.* 3: 78-80. Oxford University Press, New York.

Wiersema, J.H. 1997b. *Nymphaea*. *En*: Flora of North America Editorial Committee (eds.), *Fl. N. Amer.* 3: 71-77. Oxford University Press, New York.

Wiersema, J.H. 2001. Nymphaeaceae. *En*: Stevens, W.D., C. Ulloa Ulloa, A. Pool & O.M. Montiel (eds.), Flora de Nicaragua. *Monogr. Syst. Bot. Missouri Bot. Gard.* 85(2): 1592-1596.

Wiersema, J.H. & J.L. Reveal. 1991. Proposals (1002-1003) to reject two 1788 Thomas Walter names of American waterlilies (Nymphaeaceae). *Taxon* 40(3): 509-516.

Wiersema, J.H., A. Novelo Retana & J.R. Bonilla-Barbosa. 2008. Taxonomy and typification of *Nymphaea ampla* (Salisb.) DC. sensu lato (Nymphaeaceae). *Taxon* 57(3): 967-974.

Wijnands, D.O. 1983. *The Botany of the Commelins* i-viii, 1-232. A.A. Balkema, Rotterdam.

Wijnands, D.O. 1985. (785-787) Nomenclatural aspects of the plants pictured by Jan and Caspar Commelin with three proposals to conserve or reject. *Taxon* 34(2): 307-315.

Wijnands, D.O., J. Heniger, J.F. Veldkamp, N. Fumeaux & M.W. Callmander. 2017. The botanical legacy of Martinus Houttuyn (1720-1798) in Geneva. *Candollea* 72(1): 155-198.

Wilbur, R.L. 1994. The Myricaceae of the United States and Canada: Genera, subgenera and series. *Sida* 16(1): 93-107.

Wilbur, R.L. 2001. Five new combinations in the genus *Morella* (Myricaceae) for Neotropical species. *Rhodora* 103(913): 120-122.

Wild, H. 1960. Cabombaceae. *Fl. Zambes.* 1(1): 173-175. Royal Botanical Gardens, Kew, London.

Williams, L.O. 1962. Tropical American plants, III. *Fieldiana, Bot.* 29(7): 375-389.

Williams, L.O. 1966. The Agonandras (Opiliaceae) of Mexico and Central America. *Ciencia (Mexico)* 24(5-6): 227-228.

Williams, L.O. 1977. The avocados, a synopsis of the genus *Persea*, subg. *Persea*. *Econ. Bot.* 31(3): 315-320.

Williams, L.O. & A. Molina R. 1970. The Juglandaceae of Guatemala. *Fieldiana, Bot.* 32(13): 207-209.

Williamson, P.S. & E.L. Schneider. 1993. Cabombaceae. *En*: Kubitzki, K. (ed.), *The Families and Genera of Vascular Plants* 2: 157-161. Springer Verlag, Berlin.

Wilmot-Dear, C.M. 1985. *Ceratophyllum* revised–a study in fruit and leaf variation. *Kew Bull.* 40(2): 243-271.

Wilson, K.L. 1990. Some widespread species of *Persicaria* (Polygonaceae) and their allies. *Kew Bull.* 45(4): 621-636.

Wilson, K.L. & L.A.S. Johnson. 1989. Casuarinaceae. *Fl. Australia* 3: 100-174. ABRS/CSIRO, Melbourne.

Wood, C.E. 1966. On the identity of *Drosera brevifolia*. *J. Arnold Arbor.* 47(2): 89-99.

Woodson, R.E., Jr. & R.W. Schery. 1958. Flora of Panama, Part VII. Fascicle 1. Cactaceae. *Ann. Missouri Bot. Gard.* 45(1): 68-91.

Woodson, R.E., Jr., R.W. Schery & H.J. Kidd. 1961. Flora of Panama, Part IV. Fascicle 4. Nyctaginaceae. *Ann. Missouri Bot. Gard.* 48(1): 51-65.

Wu, C.Y., P.H. Raven & D.Y. Hong. 2003. Caryophyllaceae through Lardizabalaceae. *Fl. China Ill.* 6: xi-xii, 1-446. Science Press, Beijing.

Wyse Jackson, M.B. 1995. Typification of *Cerastium fontanum* ssp. *vulgare* (Caryophyllaceae). *Nordic J. Bot.* 15(6): 561-562.

Wyse Jackson, M.B. 2000 [2001]. Typifications and new nomenclatural combinations in Nordic *Cerastium fontanum* taxa (Caryophyllaceae). *Nordic J. Bot.* 20(5): 531-535.

Xia, N.-H., Y. Liu, Y.W. Law & H.P. Nooteboom. 2008. Magnoliaceae. *En*: Wu, C.Y., P.H. Raven & D.Y. Hong (eds.), *Fl. China* 7: 48-91. Science Press & Missouri Botanical Garden Press, Beijing & St. Louis.

Yatskievych, G. 2013. Nelumbonaceae (Lotus family). *Steyermark's Fl. Missouri* 3: 479-481, 475, t. 458g-h. Missouri Botanical Garden Press, St. Louis.

Yoo, K.-O. & J. Wen. 2002. Phylogeny and biogeography of *Carpinus* and subfamily *Coryloideae* (Betulaceae). *Int. J. Pl. Sci.* 163(4): 641-650.

Yu, C.C. & K.-F. Chung. 2017. Why *Mahonia*? Molecular recircumscription of *Berberis* s.l., with the description of two new genera, *Alloberberis* and *Moranothamnus*. *Taxon* 66(6): 1371-1392.

Yuncker, T.G. 1940. Flora of the Aguan Valley and the coastal regions near La Ceiba, Honduras. *Publ. Field Mus. Nat. Hist., Bot. Ser.* 9(4): 245-346.

Zamora, N. 2000. *Árboles de la Mosquitia Hondureña: Descripción de 150 Especies* i-xxx, 1-336. CATIE, Turrialba.

Zamora, N. & P.J.M. Maas. 2000. Two new Costarican species of *Guatteria* (Annonaceae). *Bot. Jahrb. Syst.* 122(2): 241-248.

Zamora, N. & L.J. Poveda. 1988. Una nueva especie de *Unonopsis* R.E. Fries (Annonaceae) para Costa Rica. *Phytologia* 64(5): 399-401.

Zamora, N., Q. Jiménez Madrigal & L.J. Poveda. 2000. *Árboles de Costa Rica* 2: 1-374. INBio, Santo Domingo de Heredia.

Zanoni, T.A. & R.P. Adams. 1979. The genus *Juniperus* (Cupressaceae) in Mexico and Guatemala: Synonymy, key, and distributions of the taxa. *Bol. Soc. Bot. México* 38: 83-121.

Zappi, D.C. 1994. *Pilosocereus* (Cactaceae): The genus in Brazil. *Succ. Pl. Res.* 3: 1-160.

Zárate Gómez, R. 2019. *Arquitectura Foliar y Distribución de las Especies de* Iryanthera *(Myristicaceae) en los Bosques del Sur y Centro América*. Tesis de Maestría, inédita: 1-182. Univ. Nacional Agraria La Molina. Lima.

Zohary, M. 1983. The genus *Nigella* (Ranunculaceae) – a taxonomic revision. *Pl. Syst. Evol.* 142(1-2): 71-107.

ÍNDICE

Se usaron las siguientes reglas para el índice. Para los taxones aceptados en esta obra y tratados en este volumen, así como su número de página correspondiente, se emplearon los caracteres en **negritas**; estas solo en la entrada que encabeza la descripción de los taxones; en las discusiones se utilizaron redondas. Los sinónimos y su número de página correspondiente aparecen en *cursivas*. Se emplearon redondas blancas y su número de página respectivo para: nombres científicos solamente citados en las discusiones, nombres usados erróneamente, nombres en el apéndice y nombres vulgares. Se excluyeron los nombres científicos incluidos en las claves o en las citas de las ilustraciones.

Flora Mesoamericana
vol. 2, parte 1 (Cycadaceae a Cactaceae),
se terminó de imprimir en septiembre de 2025
en los talleres de Sheridan Books.
La composición tipográfica y la paginación
se hicieron en Integrated Publishing Solutions;
la coordinación de la producción
estuvo a cargo de Missouri Botanical Garden Press.
La edición cuenta con 500 ejemplares.

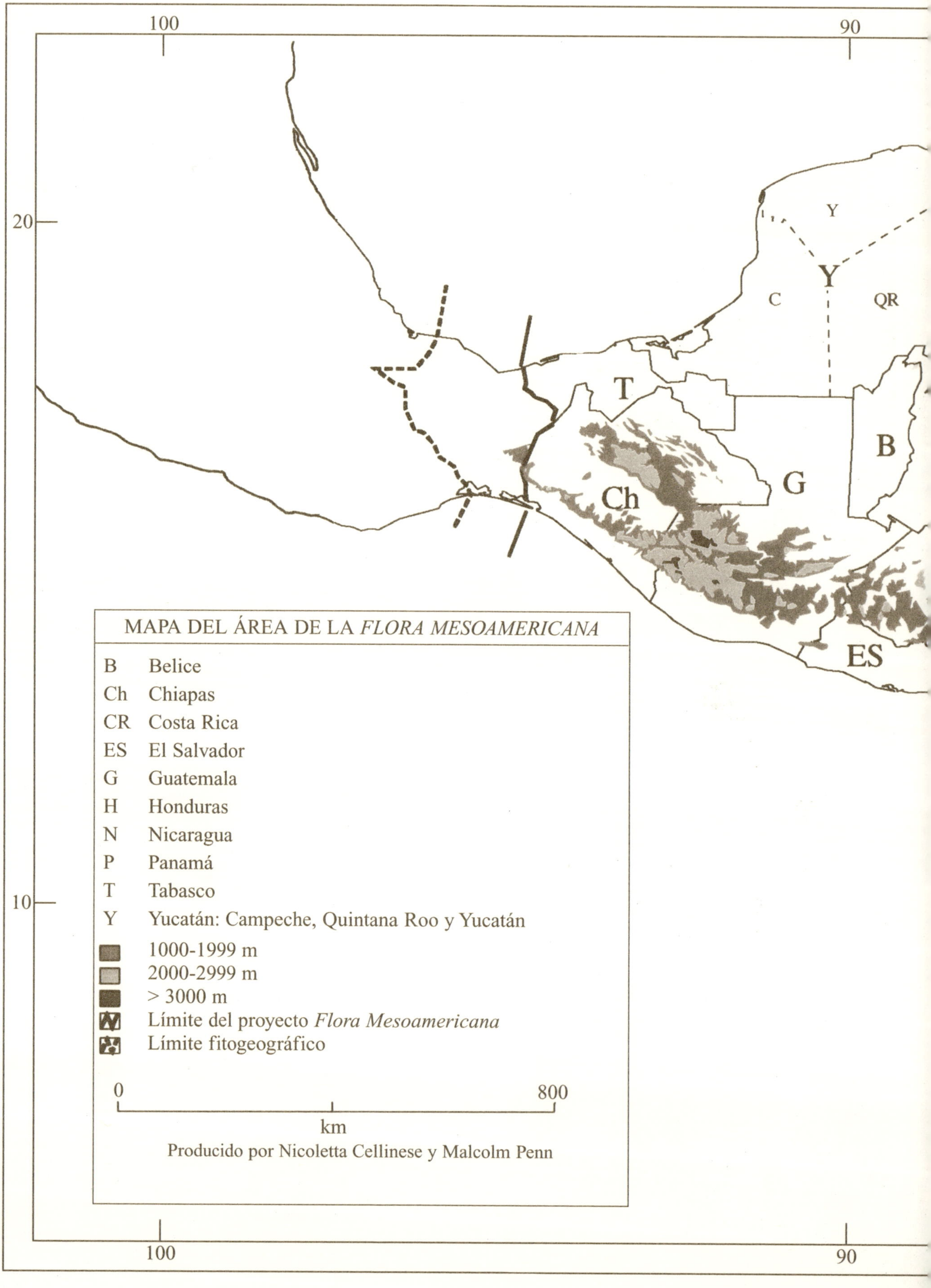
100
90
20
10
Y
Y
C
QR
T
B
G
Ch
ES
MAPA DEL ÁREA DE LA *FLORA MESOAMERICANA*
B Belice
Ch Chiapas
CR Costa Rica
ES El Salvador
G Guatemala
H Honduras
N Nicaragua
P Panamá
T Tabasco
Y Yucatán: Campeche, Quintana Roo y Yucatán
1000-1999 m
2000-2999 m
> 3000 m
Límite del proyecto *Flora Mesoamericana*
Límite fitogeográfico
0
800
km
Producido por Nicoletta Cellinese y Malcolm Penn
100
90